HANDBUCH DER LEBENSMITTELCHEMIE

HERAUSGEGEBEN VON

L. ACKER · K.-G. BERGNER · W. DIEMAIR · W. HEIMANN
F. KIERMEIER · J. SCHORMÜLLER · S. W. SOUCI

GESAMTREDAKTION

J. SCHORMÜLLER

BAND IX

BEDARFSGEGENSTÄNDE, VERPACKUNG REINIGUNGS- UND DESINFEKTIONSMITTEL

SPRINGER-VERLAG
BERLIN · HEIDELBERG · NEW YORK
1970

BEDARFSGEGENSTÄNDE, VERPACKUNG REINIGUNGS- UND DESINFEKTIONSMITTEL

BEARBEITET VON

K. G. BERGNER · H. CAMPHAUSEN · H. H. DIETRICHS · H. HÄFFNER
H.-J. HOFMANN · H. KÜBLER · H. MIETHKE · H. NEUGEBAUER
J. NÜSSLEIN · T. PLOETZ · F. REIFF · B. RÖSSLER
G. VON ROSENBERG · U. RÜDT · F. RUF · G. SCHIKORR
G. TRIEM · R. WEINBERGER-KERN · K. WEINMANN
G. WILDBRETT · H. WISSEMEIER

SCHRIFTLEITUNG

K.-G. BERGNER UND F. KIERMEIER

MIT 82 ABBILDUNGEN

SPRINGER-VERLAG
BERLIN · HEIDELBERG · NEW YORK
1970

ISBN-13: 978-3-642-46228-3 e-ISBN-13: 978-3-642-46227-6
DOI: 10.1007/978-3-642-46227-6

Softcover reprint of the hardcover 1st edition 1970
Library of Congress Catalog Card Number 65-18301

Inhaltsverzeichnis

(Band IX)

Bedarfsgegenstände aus Metall

Bedarfsgegenstände aus keramischen Massen, Glas, Glasuren, Email

Kunststoffe und andere Polymere für Bedarfsgegenstände

Bedarfsgegenstände aus Papier und Pappe

Lacke, Lackfarben, Anstrichstoffe, andere Beschichtungsmittel, sonstige Farben soweit nicht zu Lebensmitteln gehörig

Bedarfsgegenstände aus Holz

Textile Bedarfsgegenstände, Pelze und Leder

Kosmetische Erzeugnisse

Aerosole

Wachse, Paraffine, Kerzen

Petroleum und Verkehr mit feuergefährlichen Stoffen

Reinigungs- und Desinfektionsmittel im Lebensmittelbetrieb

Schädlingsbekämpfungsmittel

Hinweise zur lebensmittelrechtlichen Beurteilung von Anstrichmitteln usw., Kunststoffen und anderen Polymeren

Verzeichnis der Mitarbeiter

Prof. Dr. G. Schikorr
D 2392 Glücksburg/Ostsee
Schwennaustr. 7

H. Miethke
Chem. Landesuntersuchungsanstalt
D 7000 Stuttgart N
Kienestr. 18

Dr. H. Häffner
D 8710 Kitzingen
Sickershauser Str. 25

Dr. G. Triem
Badische Anilin- u. Sodafabrik
D 6700 Ludwigshafen/Rhein

Prof. Dr. Th. Ploetz
Feldmühle Papier und Zellstoffwerk
AG. — Forschung und Entwicklung
D 4060 Viersen/Rhld.
Gladbacher Str. 819

Dr. K. Weinmann
D 7016 Gerlingen-Bopser
Hohewartweg 1

Prof. Dr. H. H. Dietrichs
Lehrstuhl für Holzwirtschaft
(Holztechnologie)
D 2057 Reinbek b. Hamburg
Schloß, Postschließf. 86

Dr. J. Nüsslein
D 8541 Selingstadt ü. Roth b. Nürnberg

Dr. B. Rössler
D 4150 Krefeld
Richard Wagnerstr. 62

Dr. H. Neugebauer
D 7570 Baden-Baden
Metzgerstr. 30

Dr. H. Kübler
D 7850 Lörrach
Basler Str. 77 a

Dr. H.-J. Hofmann
Atlantic, Arco Raffinerie GmbH.
D 2000 Hamburg-Altona 1
Schomburgstr. 120

Dr. Ing. G. von Rosenberg
D 8906 Gersthofen b. Augsburg

Dr. U. Rüdt
Chem. Landesuntersuchungsanstalt
D 7000 Stuttgart N
Kienestr. 18

Prof. Dr. F. Reiff
D 6800 Mannheim-Sandhofen
Leinpfad 30

Dr. H. Wissemeier
Fa. Benickser-Knapsack
D 6700 Ludwigshafen/Rhein

F. Ruf
D 7100 Heilbronn
Alexanderstr. 64/I

Dr. H. Camphausen
MVG Essen GmbH.
D 4300 Essen-Altenessen
Palmbuschweg 38-42

Dr. G. Wildbrett und
Frau Dr. R. Weinberger-Kern
Milchwirtschaftliches Inst. der
Techn. Hochschule München
D 8050 Freising-Weihenstephan

Prof. Dr. K. G. Bergner
Inst. für Lebensmittelchemie der Univ.
D 7000 Stuttgart 1
Keplerstr. 17

Bedarfsgegenstände aus Metall

Von

Prof. Dr. G. SCHIKORR und H. MIETHKE, Stuttgart

Mit 1 Abbildung

A. Allgemeines über das chemische Verhalten von Metallen gegen Lebensmittel

I. Einleitung. Allgemeine Schadenarten und -ursachen

Das chemische Verhalten der metallischen Bedarfsgegenstände gegen Lebensmittel kann von dreierlei Bedeutung sein: es kann erstens infolge Korrosion den Gegenstand dauernd oder zeitweilig unbrauchbar machen, zweitens das Lebensmittel wesentlich verändern – meist ungünstig – und drittens ästhetisch nachteilig wirken.

Betriebsstörende Korrosionen in der Lebensmitteltechnologie sind im besondern solche, die zu Undichtigkeiten von Gefäß- oder Rohrwandungen führen oder die mechanische Festigkeit von Maschinenteilen unzulässig herabsetzen, ferner solche, bei denen Anfressungen schwer steril zu halten sind und dadurch Brutstellen für Bakterien bilden. Die entstehenden Korrosionsprodukte können dadurch betriebsstörend wirken, daß sie zu Verstopfungen oder zu Aufsprengungen führen.

Die Lebensmittel können durch Metallaufnahme bei der Korrosion gesundheitlich schädlich werden oder günstige Eigenschaften – im besondern den Vitamingehalt – verschlechtern (J.W. SELBY, 1955).

Ästhetische Mängel können darin bestehen, daß der Gegenstand unansehnlich wird – am bekanntesten das Anlaufen des Silbers – oder daß das Lebensmittel durch Reaktion mit aufgenommenem Metall ein unangenehmes Aussehen erhält.

Die Ursachen von Metallkorrosionen lassen sich in drei Gruppen unterteilen. Die ersten beiden liegen beim angegriffenen Metall und beim angreifenden Mittel; sie werden meist genügend beachtet. Von etwa gleicher Bedeutung sind aber auch diejenigen Ursachen, die durch die äußeren Umstände bedingt sind und häufig vernachlässigt werden. So ist die Geschwindigkeit des Luftzutritts oft für die Korrosion entscheidend wichtig; in geöffneten Konservendosen ist daher die Korrosion meistens mehrfach so rasch wie in noch geschlossenen. Besonders wichtig für eine gute Haltbarkeit von metallischen Bedarfsgegenständen ist auch die pflegliche Behandlung. Lebensmittel-Geräte und -Behälter sollten dementsprechend höchstens in Ausnahmefällen nach Benutzung ungereinigt stehen bleiben. Alle diese Verhältnisse werden, soweit sie für Lebensmittel zutreffen, in diesem Bericht ausführlich beschrieben werden.

Wichtig ist auch die Unterscheidung zwischen normaler und anomaler Korrosion. Der normalen Korrosion, die häufig durchaus erträglich ist, unterliegt fast jeder metallische Werkstoff. Mitunter bewährt sich ein bestimmter Werkstoff für einen gewissen Zweck durchaus. Plötzlich aber kommen anomal starke Korrosionen vor. Derartige Fälle beruhen meistens auf dem zufälligen Zusammentreffen mehrerer ungünstiger Umstände, selten hingegen auf Werkstoffehlern. In vielen Fällen wird man die anomalen starken Korrosionen in Kauf nehmen können. Das Risiko, daß sie ausnahmsweise entstehen und z.B. Geräte unbrauchbar machen, kann durchaus wirtschaftlicher sein, als für einen bestimmten Zweck z.B. teurere Werkstoffe einzusetzen. Man wird in solchen Fällen die normale Korrosion einer Beurteilung des Einsatzes eines bestimmten Werkstoffes zugrunde legen. Wo Vergiftungsgefahr besteht (z.B. bei Bleirohren für Wasserleitungen) muß jedoch die anomale Korrosion im Vordergrund stehen; denn auch nicht in Ausnahmefällen dürfen Vergiftungen einkalkuliert werden.

II. Begriffs- und Maßnormen der Korrosion

Über den Begriff „Korrosion" besteht keine völlige Einigkeit. Im folgenden wird er entsprechend dem Normblatt DIN 50900 in seiner umfassendsten Form verstanden; diese lautet: „Korrosion ist die Zerstörung von Werkstoffen durch chemische oder elektrochemische Reaktion mit seiner Umgebung".

Auch die andern Korrosionsbegriffe sind nach DIN 50900 gebraucht.

Als Korrosionsmaße sind in Deutschland die folgenden genormt (DIN 50901)

für die absolute Korrosion
- der Flächengewichtsverlust in g/m^2
- die Linearabtragung in mm oder µm;

für die Korrosionsgeschwindigkeit
- die Geschwindigkeit des Flächengewichtsverlustes in $g/(m^2 \cdot Tag)$[1]
- die Geschwindigkeit der Linearabtragung in mm/Jahr.

Die in USA am meisten gebrauchten Maße sind
- mdd = mg je dm^2 je Tag und
- ipy = inch je Jahr.

Das mitunter zu findende „mil" bedeutet milli-inch (1 mil = 0,025 mm).

In Beständigkeitstabellen für metallische Werkstoffe sind häufig Beständigkeitsklassen verwendet. In solchen versteht man vielfach unter Beständigkeitsklasse 0, die „völlig beständig" bedeuten soll, eine Korrosionsgeschwindigkeit von höchstens 0,1 g je m^2 und Std, was bei Schwermetallen einer Linearabtragung von ca. 0,1 mm je Jahr entspricht. Für die chemische Industrie haben sich diese Tabellen vielfach bewährt, besonders dort, wo es auf die reine Werkstoff-Beständigkeit ankommt; in der Lebensmittelchemie ist eine solche Einteilung jedoch nur mit größter Vorsicht zu verwenden, da bei ihrer Beständigkeitsklasse 0 sehr erhebliche Metallmengen in das Lebensmittel übergehen können.

III. Korrosionstheorie

Da die Metallkorrosion definitionsgemäß immer auf chemischen oder elektrochemischen Reaktionen des Metalls mit der Umwelt beruht, ist es bei der Beurteilung einer Korrosion von grundlegender Bedeutung, welches der Reaktionspartner des Metalls in dem angreifenden Mittel ist. Dies ist bei Lebensmitteln oft schwierig und in manchen Fällen (z.B. beim Angriff von Spinat auf Konservendosen) noch unbekannt.

Alle Korrosionen kann man grundsätzlich in die folgenden beiden großen Klassen einteilen:

---

[1] Die mitunter gebrauchte Schreibweise $g/m^2 \cdot Tag$ ist nicht eindeutig, da sie auch $\frac{g}{m^2} \cdot Tag$ bedeuten kann. Im folgenden ist meistens g/m^2 je Tag gesagt.

1. Korrosion unter Wasserstoffentwicklung,
2. Korrosion unter Verbrauch von Oxydationsmitteln.

Diese Klassen können sehr verschiedenen Gesetzmäßigkeiten folgen. Es ist fast immer leicht zu entscheiden, welcher dieser Klassen eine Korrosion durch Lebensmittel angehört, weshalb dies bei einer Korrosionserörterung nie unterbleiben sollte.

Die meisten Korrosionen kann man als heterogene chemische Reaktionen in wäßrigen Lösungen betrachten. Die Eigenarten des metallischen Zustandes haben dabei zur Folge, daß diese Reaktionen ausgeprägt in elektrochemischer Weise vonstatten gehen.

Die aus dieser Erkenntnis entstandene elektrochemische Korrosionstheorie ist weiten Kreisen in einer vereinfachten Form bekannt, die etwa aussagt, daß bei Berührung zweier verschiedener Metalle unter Ausbildung eines galvanischen Elementes ein elektrischer Strom entstehe, der die Auflösung des unedleren Metalls bewirke, und daß bei nur einem Metall die Korrosion darauf beruhe, daß zwischen den verschiedenen Bestandteilen des Metalls derartige Erscheinungen korrosiv wirkten. Diese Theorie ist unzulässig vereinfacht und in dieser Form nicht brauchbar; denn es gibt allgemein bekannte Verhältnisse, die dieser vereinfachten Theorie durchaus widersprechen; so entstehen etwa bei Warmwasserheizungen an Stellen, an denen Ventile aus Kupferlegierungen unmittelbar in Kontakt mit den viel unedleren Stahlrohren stehen, fast nie beträchtliche Korrosionen, und das sehr heterogene Gußeisen, in dem der edle Graphit im Eisen eingebettet ist, zeigt in vielen Fällen auch gegen Wasser eine ausgezeichnete Beständigkeit.

Damit eine erhebliche Korrosion entsteht, müssen noch folgende Bedingungen erfüllt sein:

a) das galvanische Element muß einen geringen elektrischen Widerstand haben,

b) das Medium muß genügende Mengen von Wasserstoffionen oder oxydierenden Stoffen enthalten, damit an der edleren Elektrode die Elektronen aufgenommen werden können, die beim Inlösunggehen der Ionen des unedleren Metalls frei werden.

Der elektrische Widerstand des galvanischen Elements kann dadurch hoch sein, daß das wäßerige Medium eine nur geringe Leitfähigkeit hat, oder dadurch hoch werden, daß sich auf einem oder beiden Polen nichtleitende Stoffe absetzen (z.B. Korrosionsprodukte oder Kesselstein).

Der Elektronen-aufnehmende Bestandteil des Mediums ist zwar anfangs meistens vorhanden, wird jedoch bei Nicht-Erneuerung häufig bald verbraucht, z.B. der gelöste Sauerstoff in vielen in Weißblechdosen konservierten Lebensmitteln oder in dem Heizungswasser vieler Warmwasserheizungen. Die Korrosion kommt dann zum Stillstand.

Es ist auch keineswegs immer von vornherein klar, welches bei Kontakt verschiedener Metalle das edlere ist. Die bekannte elektrochemische Spannungsreihe ist nur bedingt gültig. Verhältnismäßig häufig kommt es zu einer Potentialumkehr, indem edlere Metalle unedler werden, im besondern infolge Komplexbildung, oder unedlere edler, im besondern durch Passivierung. Die bekanntesten Beispiele hierfür sind einerseits Zinn, das in den meisten Lebensmitteln infolge Komplexbildung unedler ist als Eisen, andererseits Aluminium und nichtrostender Stahl, die infolge Passivierung bei Gegenwart von Oxydationsmitteln weit edler sind, als ihrer thermodynamischen Stellung in der Spannungsreihe entspricht.

Ganz allgemein ist für die EMK eines Korrosionselementes nicht das Potential des Kathodenmetalls maßgebend, das sich aus der Spannungsreihe ergibt, sondern das Potential, das der oxydierende Stoff des angreifenden Mediums an der Kathode ausbildet. Die Potentialdifferenz zwischen edlerem und unedlerem Metall in der

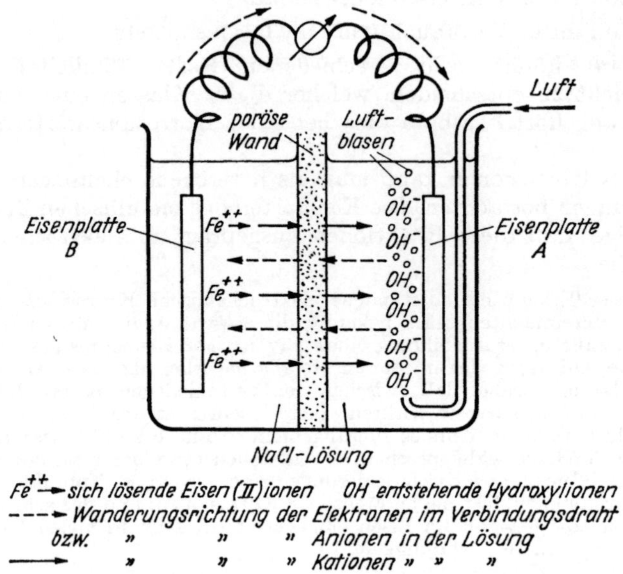

Abb. 1. Effekt der ungleichmäßigen Belüftung (Belüftungselement) nach EVANS
Die Eisenplatte A wird durch die Belüftung veredelt. Die unbelüftete Platte B wird unedel und daher Lösungselektrode. Es bildet sich ein echtes galvanisches Element, bei dem das Oxydationsmittel an dem edlen Pol Luftsauerstoff ist. An beiden Polen entstehen lösliche Stoffe; der unlösliche Rost bildet sich erst in der Lösung und kann daher keine Schutzwirkung haben

Spannungsreihe ist daher für die Stärke der Korrosion des unedleren Metalls oft ziemlich belanglos.

Der edlere Pol bildet sich häufig an Teilen des korrodierten Metalls selbst aus; dies wird im besondern durch Konzentrationsunterschiede des oxydierenden Stoffes im Medium ermöglicht. Bei der Korrosion durch wäßerige Lösungen ist dieser Effekt besonders eingehend untersucht (U.R. EVANS, 1965). Er wird als Evans-Effekt oder Effekt der ungleichmäßigen Belüftung bezeichnet; die entstehenden Elemente nennt man Belüftungselemente. Das Unerwartete bei diesen ist, daß gerade die schlechter belüfteten Teile stärker angegriffen werden. Wegen ihrer allgemeinen Bedeutung seien diese Verhältnisse an einem besonders aufschlußreichen Versuch genauer beschrieben.

Abb. 1 stellt ein Gefäß dar, das durch eine halbdurchlässige Wand in 2 Teile geteilt und mit verdünnter Natriumchlorid-Lösung gefüllt ist. In jeder Hälfte befindet sich ein Eisenplättchen (A bzw. B); die Plättchen sind durch einen Draht über ein Milliampèremeter mit niedrigem Widerstand (z.B. 1 Ohm) miteinander verbunden. Bläst man nun durch die Hälfte mit Plättchen A Luft, so zeigt das Milliampèremeter einen Elektronenstrom an, der von der Platte B durch den Verbindungsdraht und das Milliampèremeter nach der Platte A fließt. Gleichzeitig sendet die Platte B Eisen(II)-ionen unter Eisen(II)-chloridbildung in Lösung, während die Lösung an der Platte A unter Natriumhydroxidbildung alkalisch wird. Diese Vorgänge sind chemisch mit Kaliumhexacyanoferrat(III) bzw. mit Phenolphthalein ohne weiteres nachweisbar. Wenn man beide Platten vor und nach dem Versuch wägt, so findet man nach dem Versuch bei der Platte A nur praktisch keine, bei der Platte B hingegen eine erhebliche Gewichtsabnahme, und zwar ist diese dem durch das Milliampèremeter angezeigten Strom äquivalent. Es tritt also die zunächst unerwartete Erscheinung auf, daß gerade diejenige Platte, an die besonders große Luftmengen gelangen, kaum angegriffen, die nicht belüftete Platte hingegen korrodiert wird. Vom elektrochemischen Standpunkt ist diese Erscheinung jedoch leicht erklärt. Denn die angegebene Versuchsanordnung ist ein echtes galvanisches Element. In diesem wirkt die nicht belüftete Elektrode ganz in der erwarteten

Weise als Eisenelektrode (Normalpotential $-0,44$ V), die belüftete Elektrode hingegen als Sauerstoffelektrode (Normalpotential $+ 0,41$ V), wobei das entstehende Natriumhydroxid das Eisen zusätzlich schützt.

Von großer Bedeutung ist bei diesem Versuch der Umstand, daß an Stelle des beim Rosten des Eisens normalerweise beobachteten, in Wasser unlöslichen Rostes die beiden löslichen Stoffe Eisen(II)-chlorid und Natriumhydroxid entstehen. An Stelle der Reaktion

$$4\,Fe + 3\,O_2 + 2\,H_2O = 4\,FeOOH$$

findet die Reaktion

$$2\,Fe + 4\,NaCl + O_2 + 2\,H_2O = 2\,FeCl_2 + 4\,NaOH$$

statt. Die löslichen Reaktionsprodukte treffen erst später zusammen, wobei sich zunächst Eisen(II)-hydroxyd, dann unter weiterer Sauerstoffaufnahme der bekannte braune Rost bildet.

Entscheidend für die Brauchbarkeit eines Werkstoffs ist häufig nicht die Möglichkeit einer Korrosion, sondern die Geschwindigkeit, mit der bei gegebener Korrosionsmöglichkeit die Korrosion fortschreitet. Hierfür sind vielfach Diffusionsvorgänge maßgebend, z.B. in Konservendosen, in denen die dem Metall anliegende Lebensmittelschicht ihre Aggressivität bald erschöpft und die weitere Korrosion mit derjenigen Geschwindigkeit vonstatten geht, mit der weitere Mengen des aggressiven Stoffes des Lebensmittels aus dem Innern der Dose an die Dosenwand gelangen.

Von allgemeiner Bedeutung ist auch die Wirksamkeit der Chloride. Diese greifen selbst nicht an, können aber die Korrosion in vielen solchen Fällen beschleunigen, in denen bei Abwesenheit der Chloride Passivität bestünde. Diese Gefahr besteht besonders häufig bei denjenigen Werkstoffen, deren Beständigkeit allgemein auf Passivität beruht, im besondern Aluminium und nichtrostender Stahl, oder bei Eisen in alkalischen Lösungen.

Bei vielen Korrosionen unter Verbrauch von Oxydationsmitteln, z.B. bei Stahl, spielt entgegen einer verbreiteten Meinung der Reinheitsgrad des Metalls eine untergeordnete Rolle, da die durch die Begleitstoffe des Metalls entstehenden Effekte durch die soeben genannten Verhältnisse überdeckt werden.

Nicht oxydierende Säuren können unedle Metalle unter Wasserstoffentwicklung angreifen. Hierbei bestehen weitgehend andere Abhängigkeiten als die bisher beschriebenen. Im besondern hängt die Korrosion in nicht oxydierenden Säuren weitgehend vom Reinheitsgrad des Metalls ab. Dies beruht darauf, daß der Wasserstoff sich bevorzugt an denjenigen Stellen der Metalloberfläche abscheidet, die eine besonders niedrige Wasserstoff-Überspannung aufweisen, z.B. an Korngrenzen oder an Einschlüssen. Unedlere Stellen, z.B. an Seigerungen in Stahl, werden von nicht oxydierenden Säuren bevorzugt herausgelöst. Andererseits können derartige Aktivstellen durch Bestandteile des Mediums oder auch des Metalls selbst „vergiftet" werden, so daß die Korrosion unter Wasserstoffentwicklung stark herabgesetzt wird.

Derartige Bestandteile oder Zusätze im Medium gehören zu Stoffen, die man allgemein als Inhibitoren bezeichnet, und hier ist es wiederum wichtig, daß Inhibitoren für die Korrosion unter Wasserstoffentwicklung meistens andere sind als Inhibitoren für die Korrosion unter Sauerstoffverbrauch. So verlangsamen die beim Beizen des Stahls verwendeten Inhibitoren die Korrosion des Stahls unter Wasserstoffentwicklung, nicht aber diejenige Korrosion, die durch allmählich in der Lösung entstehendes Eisen(III)-chlorid erzeugt wird.

In der Lebensmittelchemie ist die Unterscheidung der Korrosionsarten besonders wichtig; denn in Lebensmitteln sind nicht oxydierende Säuren häufig in großer Menge vorhanden (z.B. in Früchten, Wein, Sauerkraut), oxydierende Stoffe hingegen meistens nur in geringerer Menge. Bei Korrosionen durch Lebensmittel sind daher zweckmäßig drei Gruppen zu unterscheiden, und zwar

Korrosionen unter Wasserstoff-Entwicklung,
Korrosionen unter Verbrauch von oxydierend wirkenden Inhaltsstoffen des Lebensmittels,
Korrosionen durch von außen hinzutretendem Luftsauerstoff.

Eine Übersicht über die bisher bekannten oder vermuteten Inhaltsstoffe von Lebensmitteln, die den Metallangriff verursachen oder fördern, ist in Tabelle 1 gegeben.

Tabelle 1. *Den Metallangriff verursachende bzw. fördernde Lebensmittel-Inhaltsstoffe*

Lebensmittel	Inhaltsstoff	Autor
Gemüse	Schwefelhaltige Aminosäuren bzw. Proteine	W. SUMMER (1965); B.C. GOSS (1917); G. BARBIERI u. Mitarb. (1960); D. DICKINSON (1965)
	Aminosäuren, allg.	U. STARK (1952)
	Luftsauerstoff	H.H. HERNANDEZ (1961)
	Oxalsäure? (Spinat)	P. NEHRING (1966); JAKOBSEN und MATHIESEN (1946)
	Chloride	J.M. BRYAN (1956); H. CHEFTEL und Mitarb. (1955); K. HEINTZE und F. BRAUN (1956); H. R. COPSON und C. F. CHENS (1957)
	Nitrate	H. CHEFTEL und Mitarb. (1955); P. NEHRING (1966)
	Kupfer (Kupfergrünung; kupferhaltige Spritzmittel)	G. HEUSER u. E. KRAPOHL (1937)
	Abbauprodukte von Ascorbinsäure und Pektinen	H.H. HERNANDEZ (1961)
Obst, Obstsäfte, Wein, Bier, Spirituosen	Organische Säuren, insbesondere Hydroxysäuren	J.M. BRYAN (1950); P. NEHRING (1966); J. LAFON u. Mitarb. (1960)
	Oxalsäure (Rharbarber)	C.L. DE FOUW (1918); P. NEHRING (1966); JAKOBSEN und MATHIESEN (1946)
	Anthocyane, Flavonole, Catechine	CULPEPPER und CALDWELL (1927); K. HEINTZE (1960); F.W. SALT und J.G.N. THOMAS (1957); G. BARBIERI u. Mitarb. (1960)
	Schwefelverbindungen	G. BARBIERI u. Mitarb. (1960)
	Schweflige Säure	P.E. GILROY und F.A. CHAMPION (1948); E. RABALD und A. BRETSCHNEIDER (1953)
	5-Hydroxymethylfurfurol	H. CHEFTEL u. Mitarb. (1955)
	Luftsauerstoff	E.F. KOHMAN und N.H. SANBORN (1928); R.W. CLOUGH und E.D. CLARK (1925); K.G. BERGNER (1956); A. LOPEZ (1965)
	Kupfer (kupferhaltige Spritzmittel)	Aluminium-Zentrale
Fette, Milch, Milcherzeugnisse	Freie Fettsäuren	H.A. MCCONVILLE (1946); A. BUKOWIECKI (1959); K.G. BERGNER und U. RÜDT (1968)
	Schwefelhaltige Aminosäuren	K. HEINTZE (1960)
	Beim Sterilisieren entstehende Schwefelverbindungen: H_2S, freie Sulfhydrilgruppen und Mercaptane	P. NEHRING (1966); A. BUCKOWIECKI (1959)

Tabelle 1 (Fortsetzung)

Lebensmittel	Inhaltsstoff	Autor
Fette, Milch, Milcherzeugnisse	Luftsauerstoff	K. G. BERGNER und H. MIETHKE (1964)
	Hydroperoxide	K. G. BERGNER und U. RÜDT (1968)
	Freie Fettsäuren	K. G. BERGNER und U. RÜDT (1968)
Fleisch, Fische, Krustentiere, andere proteinhaltige Lebensmittel	Schwefelhaltige Aminosäuren	M. H. THOMPSON (1963); E. RABALD und H. BRETSCHNEIDER (1953); F. JAKOBSEN und E. MATHIESEN
	Beim Sterilisieren entstehende Schwefelverbindungen: H_2S, freie Sulfhydrilgruppen und Mercaptane	P. NEHRING (1966)
	Trimethylaminoxid	J. M. BRYAN; F. JAKOBSEN und E. MATHIESEN (1946); H. CHEFTEL u. Mitarb. (1953)
	Ascorbinsäure	J. SAILER und H. GÜNTHER (1961)
	Nitrit	M. LERCHE u. Mitarb. (1957)
	Polyphosphate	P. PEDERSEN (1964)
	Kochsalz	H. R. COPSON und C. F. CHENG (1957)

IV. Korrosionsformen

Von großer Wichtigkeit ist häufig die Form der Korrosion. Eine ebenmäßige Korrosion ist oft belanglos, während eine ungleichmäßige Korrosion, die sich auf nur kleine Stellen des Metalles erstreckt, unter Entstehung von Lochfraß sehr schädlich sein kann.

Derartige örtliche Angriffe erklären sich häufig, aber keineswegs immer nach dem Effekt der ungleichmäßigen Belüftung. Dabei können mitunter Korrosionselemente entstehen, bei denen große kathodische Flächen kleinen anodischen Flächen gegenüberstehen, so daß hier die Stromdichte hoch wird. Bei entsprechenden sonstigen Bedingungen kann die Wand eines Rohres oder eines Behälters schon in kurzer Zeit durchfressen werden. Besonders gefährdet sind unter solchen Bedingungen alle Arten von Spalten, z.B. an Nieten, Stoßstellen und Berührungsstellen mit Glas. Auch bereits vorhandene Korrosionsprodukte, z.B. Rost, können den Effekt der ungleichmäßigen Belüftung erzeugen und zu raschem Lochfraß führen.

Weiter kann eine ungleichmäßige Korrosion, im besonderen bei Eisen, durch eine von der Herstellung stammende Zunderschicht hervorgerufen werden. Poren oder Fehlstellen in der Zunderschicht sind häufig unedler als die Zunderschicht, so daß auch hier Korrosionselemente entstehen, bei denen eine große edle Fläche einer kleinen unedlen Fläche gegenübersteht, die – wenn der Zunder nicht abrostet – besonders stark angegriffen wird. Eine ähnliche örtliche Korrosion entsteht, wenn ein Metall mit einem edleren Überzug versehen ist, der porig ist. Das bekannteste Beispiel hierfür ist das Verhalten von Weißblech (dünn verzinntem Stahlblech) an der Luft, an der sich an den Poren des Zinnüberzuges Rost bildet. (Für das Innere von gefüllten Weißblechdosen gilt dies nicht, da in den meisten Lebensmitteln, wie gesagt, Zinn unedler als Stahl ist.)

Eine andere Art von ungleichmäßiger Korrosion, die interkristalline Korrosion, entsteht bei manchen Metallegierungen dadurch, daß an den Korngrenzen der Metallkristalle Zonen bestehen, die unedler sind als die Hauptflächen; hier kommt es ebenfalls zur Bildung von Korrosionselementen, bei denen kleine anodische Flächen großen kathodischen Flächen gegenüberstehen. Die interkristalline Korrosion ist besonders bei Aluminiumlegierungen und nichtrostenden Stählen untersucht worden.

Schließlich kann ein örtlicher Angriff auch dadurch entstehen, daß eine Metallegierung aus zwei verschieden edlen Kristallarten besteht; ist die unedle Kristallart nur in geringer Menge vorhanden, so kann sich die Korrosion auf diese konzentrieren. Die bekannteste „selektive Korrosion“ ist die Entzinkung des Messings.

B. Beeinträchtigung der Lebensmittel durch die bei der Korrosion aufgenommenen Metallmengen

Die von den Lebensmitteln bei der Korrosion metallischer Bedarfsgegenstände aufgenommenen Metallmengen können, selbst wenn sie gesundheitlich unbedenklich sind, unerwünscht sein, weil sie die Beschaffenheit der Lebensmittel, insbesondere den Geschmack, den Geruch und das Aussehen auf verschiedene Weise ungünstig beeinflussen. Das führt u.U. dazu, daß die Lebensmittel unbrauchbar oder unverkäuflich werden oder sogar als verdorben im Sinne von § 4 Nr. 2 LMG anzusehen sind. Ähnlich werden Lebensmittel zu beurteilen sein, wenn wertvolle oder sogar wertbestimmende Inhaltsstoffe unter dem Einfluß der in Lösung gegangenen Metallionen zerstört werden, ohne daß äußerliche Veränderungen zu bemerken sind.

Die Metallionen können mit Bestandteilen der Lebensmittel chemische Reaktionen eingehen, wobei schwerlösliche Verbindungen, meist mit Farbveränderungen verknüpfte Metallkomplexe und dgl. gebildet werden. Schwermetallionen können auch die Ursache für unspezifische Eiweißfällungsreaktionen sein. Darüber hinaus wirken sie als Katalysatoren für oft unerwünschte Reaktionen, insbesondere Oxydationsvorgänge. Schließlich können sie auch eine spezifische Aktivierung oder Hemmung von Enzymen verursachen.

Im folgenden soll der Einfluß aufgenommener Metalle auf die Beschaffenheit von Lebensmitteln und einzelne Lebensmittelinhaltsstoffe eingehender besprochen werden.

L-Ascorbinsäure: Für die Oxydation von L-Ascorbinsäure ist die katalytische Wirkung von Metallspuren von größter Bedeutung.

Die Korrosionsprodukte von *Kupfer* und seinen Legierungen fördern schon in Spuren (Verdünnung 1:1 Milliarde) die Zerstörung von Vitamin C. Der Vitamin C-Gehalt von Milch wird in Kupfergefäßen beim Erwärmen auf 60° C bereits nach 30 min völlig zerstört. Bei dreifach konzentriertem Tomatenmark ist der Kupfergehalt von erheblichem Einfluß auf die Erhaltung der L-Ascorbinsäure (G. DELINDATI). Durch Kupferkühler gelaufenes destilliertes oder aus Durchlauferhitzern entnommenes Wasser ist für L-Ascorbinsäure-Zubereitungen ungeeignet (W. MOHR, 1950; P. SPANYÁR u. E. KEVEÌ, 1963). In wäßrigen L-Ascorbinsäurelösungen zeigen bereits 0,02 μg/ml Kupfer stärkste Einwirkung auf die Haltbarkeit von L-Ascorbinsäure. Dagegen ist Dehydroascorbinsäure gegenüber Kupfer nicht so empfindlich (P. SPANYÁR u. Mitarb., 1963).

Von ähnlichem ungünstigem Einfluß auf die Erhaltung der L-Ascorbinsäure erweist sich *Silber*. Die Wirkung von *Zink* ist zwar feststellbar, jedoch nicht erheblich. *Eisen* zeigt eine deutliche Wirkung, sie beträgt jedoch nur ein Drittel bis ein Fünftel derjenigen von Kupfer oder Silber (R. STROHECKER u. Mitarb., 1941; P. SPANYÁR u. E. KEVEÍ, 1963). Einen deutlichen Einfluß von Eisen(III)-ionen auf die Oxydation von L-Ascorbinsäure in schwarzem Johannisbeersüßmost haben K. WUCHERPFENNIG u. G. BRETTHAUER (1963) festgestellt.

Zinn scheint dagegen wenig Einfluß zu haben. Über Feststellungen zahlreicher Autoren, wonach L-Ascorbinsäure in blanken Weißblechdosen im Vergleich zu Schwarzblech- und lackierten Weißblechdosen sowie zu Glaspackungen besser erhalten wird, berichtet J. GUTSCHMIDT (1952). Dieser Effekt läßt sich durch eine hemmende Wirkung von Zinn auf Vitamin C zerstörende Enzyme, die sich in manchen Lebensmitteln befinden, aber auch durch den schützenden Einfluß der reduzierend wirkenden Sn(II)-ionen deuten (W. MOHR, 1950).

Kochtöpfe aus *Aluminium* haben kaum einen Einfluß auf die beim Kochen verschiedener Lebensmittel auftretenden Vitamin C-Verluste (R. ZACHARIAS, 1959).

Tabelle 2. *Gesamt-Vitamin C-Verluste nach dem Kochen* (ZACHARIAS, 1959)

Material	L-Ascorbinsäurelösung %	Tomatenpüree %	Sauerkraut (Ausgangswert 9,6 mg/100 g) mg/100 g
Aluminium	20,7/16,2	29,3/21,3	5,5/6,2
Aluminium, eloxiert	19,8	15,6	6,1
Email	19,2	17,5	6,0
Jenaer Glas	19,5	26,3	6,3
Stahl, emailliert	12,2	24,0	6,3
18/8 Chromnickelstahl	11,7	21,7	6,7

Ätherische Öle: Der Duft von ätherischen Ölen wird in Destillationsapparaten aus *Silber* oder silberplattiertem Stahl, auch durch *Aluminium* und seine Legierungen nicht beeinflußt. Dagegen katalysieren *Kupfer* und in etwas geringerem Maß seine Legierungen die oxydative Veränderung der Duftstoffe. Schon sehr geringe Kupfergehalte können sich bei der Verwendung von Bergamotteöl zu kosmetischen Zwecken (Sonnenschutzmittel) unangenehm bemerkbar machen, weil es am Sonnenlicht schnell oxydiert und dann den Sonnenbrand begünstigt. Citrusöle nehmen unter dem Einfluß von Schwermetallen einen scharfen Geruch und unangenehmen Geschmack an. *Eisen* verändert die Farbe, z.B. von Anisöl, und auch den Geruch (E. RABALD u. H. BRETSCHNEIDER, 1953; H. GOODMAN, 1935; W.H. SHERON u. E.M. BURDICK, 1948).

Spirituosen: In Spirituosen bewirken geringe Metallgehalte eine schnellere Nachreifung der Destillate. Z. SANDOR (1932) hat festgestellt, daß der katalytische Einfluß auf die künstliche Alterung von Spirituosen in der Reihenfolge Pb, Cu, Ni, Mo, Ti abnimmt. Im allgemeinen macht sich jedoch der nachteilige Einfluß aufgenommener Schwermetalle stärker bemerkbar. So ist ungeschütztes *Kupfer* als Lagerbehälter keinesfalls geeignet, da die schwach sauer reagierenden Destillate Kupfer aufnehmen, was zu Geschmacksfehlern und Trübungen führt (H. WÜSTENFELD u. G. HAESELER, 1964). Bei Bourbon-Whisky beeinträchtigen schon geringste Kupfergehalte den Geschmack sehr unangenehm (A.J. SMITH u. R.W. PERCIVAL, 1962). BeiWeinbrand soll sich erst bei höheren Gehalten ein typischer Kupfergeschmack bemerkbar machen (HARTMANN, 1955). Geringe Kupfergehalte sind kaum zu vermeiden, weil die Maischen oder Brennweine flüchtige Säuren enthalten, die sich in den kupfernen Kühlschlangen kondensieren und Kupfer in Lösung bringen.

Zink- und *Aluminiumsalze* führen bei Whisky, Korn, Gin, Rum und anderen Spirituosen zu unangenehmen Nachtrübungen (E. RABALD u. H. BRETSCHNEIDER, 1953; L.A. WARWICKER, 1962). Durch Aluminium wird vielfach auch der Geschmack von Branntweinen ungünstig beeinflußt. Bei vorübergehender Lagerung künstlich gefärbter Spirituosen in Aluminiumbehältern können sich Nachtrübungen bilden, die aus einem schwerlöslichen Additionsprodukt von Aluminium an den Farbstoff bestehen (P. ECKES, 1967).

Wein: In Weinen erzeugen Schwermetalle in erster Linie Trübungen, die mühevoll entfernt werden müssen. Bekannt sind die Erscheinungen des „weißen Bruchs", hauptsächlich aus Eisen(III)-phosphat und mitgefällten Eiweißstoffen bestehend, und des „schwarzen Bruchs", Eisengerbstofftrübungen, in der Regel Reaktionsprodukte von *Eisen* mit kondensierten Gerbstoffen bzw. verwandten gerbstoffartigen Verbindungen, z.B. Eisen(III)-Leucoanthocyanverbindungen. Geringe Eisengehalte sind nach Befunden von E. KIELHÖFER u. G. WÜRDIG (1962) jedoch für Oxydationsvorgänge unentbehrlich, auf welchen der Ausbau des Weines, seine geschmackliche Reifung und damit auch seine Bukettentwicklung beruhen. Die Bedeutung von Kupfer für diese Vorgänge tritt dagegen stark zurück.

Aluminium ruft im Wein kaum nachteilige Veränderungen hervor. Bei der Gärung und dem nachfolgenden Ausbau des Weines werden 70% und mehr des ursprünglich in den Trauben und im Most enthaltenen Aluminiumgehaltes mit dem Hefetrub ausgeschieden. Im Wein beeinflussen erst Aluminiumgehalte > 10 mg/l Klarheit, Farbe, Geruch und Geschmack. Es treten Aluminiumhydroxidtrübungen auf; bei Weißweinen beobachtet man Farbaufhellungen, bei Rotweinen Braunfärbungen; daneben zeigt sich Metallgeschmack, u.U. fauliger Geruch und Geschmack, verursacht durch Schwefelwasserstoff- und Mercaptanspuren (H. ESCHNAUER, 1959; 1963; 1964).

Nickel beeinträchtigt in Konzentrationen < 100 mg/l weder Farbe, Geruch, Geschmack und Klarheit des Weines. Größere Nickelgehalte führen zu Metallgeschmack und Trübungen (H. ESCHNAUER, 1963; 1964; 1965; 1966).

Kupfer kann in Wein mit schwefliger Säure Trübungen (Kupfer(I)-sulfit), mit Eiweißstoffen und Leucoanthocyanen bewirken (P. ECKES). Bei der Bereitung von Apfelwein wirkt es stark gärungshemmend und beeinflußt Farbe und Geschmack (E. RABALD u. H. BRETSCHNEIDER, 1953).

Bier: Bier wird durch Schwermetalle in verschiedener Weise beeinflußt. Während der Bierbereitung erfolgt eine Aufnahme von *Kupfer*, wenn die einzelnen Zwischenstufen mit Kupfergefäßen und -leitungen in Berührung kommen. Etwa 80% des eingebrachten Kupfers werden mit dem Hopfen und im Trub bis zum Ende der Hauptgärung wieder ausgeschieden. Kupfergehalte > 10 mg/l in der Würze vermindern bereits die Gärkraft der Hefe. Deshalb ist der Kupfergehalt der Rohstoffe und die Aufnahme während des Sudprozesses von großer Bedeutung. Mit kupfergespritztem Hopfen sind Biere mit Kupfergehalten < 1 mg/l nur schwierig herzustellen; bei Verwendung von kupferarmem Hopfen beträgt der Kupfergehalt im Bier ca. 0,5 mg/l. Flaschenbier weist üblicherweise zwischen 0,2–1 mg/l Kupfer auf. Das im Bier enthaltene Kupfer verbessert zwar die Schaumhaltigkeit, bei Gehalten über 1 mg/l treten jedoch Eiweißtrübungen auf. Gehalte über 3,5 mg/l machen sich bereits geschmacklich bemerkbar (J. DE CLERCK und A. BRUDZYNSKI, 1959; J.R. HUDSON, 1959; P.H. JOPPIEN u. Mitarb., 1960; U.D. RUNKEL, 1964; E. SCHILD und H. WEYH, 1963; H.P.F. WEBER u. Mitarb., 1955).

Durch Rohstoffe eingebrachtes *Zink* wird im Verlauf des Herstellungsprozesses zu 97–99% entfernt. Flaschenbier enthält normalerweise 0–0,44 mg/l Zink. Diese Gehalte beeinflussen weder die Schaumhaltigkeit noch die Eiweißstabilität des Bieres (P.H. JOPPIEN u. Mitarb., 1960; E. SCHILD und H. WEYH, 1963).

Zinn-ionen sind von größter Bedeutung für das sog. „Wildwerden" von Bier, einem plötzlichen Freiwerden von Kohlendioxid beim Öffnen eines Behälters. Der Einfluß von Metallen auf diese Erscheinung nimmt in der Reihenfolge Ti, V, Bi, Ni, Fe, Mo ab (P.P. GRAY und J. STONE, 1956). Schon geringe Zinngehalte verursachen zudem Biertrübungen, deren Stärke vom Zinngehalt abhängt. In den Zinntrübungen findet man 60% des Zinngehaltes wieder; der organische Anteil der Trübung besteht zur Hälfte aus Protein, daneben enthält er Polysaccharide, Harze und Leucoanthocyanidine. Nach PH. LEBRETON u. Mitarb. (1957), sowie G. MICHEL und PH. LEBRETON (1956) befindet sich im Bier ein labiler Komplex aus Polypeptiden, der Globulinfraktion und Tannin (Leucoanthocyanidin) aus dem Hopfen, der durch Absorption von Zinn(II)-ionen die Trübungen verursacht.

Eisen hat einen geringen Einfluß auf die Bildung von Trübungen. Im Bier erzeugen Eisengehalte > 1 mg/l einen unangenehmen Metallgeschmack. Die Malze werden mißfarbig und grau. Dagegen wirkt sich der Eisengehalt günstig auf die Schaumstabilität aus (H. WILDNER, 1961).

Die Erhöhung des Anteils an *Nickel* führt zu einer Verbesserung der Schaumbildung. Ein Zusatz von 5 mg/kg Ni vor der Pasteurisation bewirkt bei einer Lagertemperatur von 15° C in den ersten vier Wochen keine Geschmacksveränderung, in der 5. und 6. Woche eine Zunahme der Bittere (Metallgeschmack?) J.M.M. LUYKX, 1960).

Aluminium hat keinen Einfluß auf Geruch, Geschmack, Farbe und Aroma des Bieres (R. RÜSSE, 1956).

Fette: Bei Fetten steht der katalytische Einfluß des *Kupfers* auf die Oxydation der ungesättigten Fettsäuren unter Bildung von Peroxiden und auch auf die Zersetzung dieser Peroxide im Vordergrund. Bei geringen Kupfergehalten (< 3 mg/kg) überwiegt der peroxydative Einfluß, bei höheren Konzentrationen jedoch, insbesondere wenn die peroxydative Aktivität wegen Sauerstoffmangels nicht völlig ausgenutzt werden kann, kommt die Zersetzungsreaktion mehr und mehr zur Geltung, so daß das oxydierte Fett nur kleine Peroxidmengen enthält (J. POKORNY u. Mitarb., 1963/64).

Nach A.R. DESCHREIDER u. Mitarb. (1957) hat ein Kupfergehalt von 0,006 mg/kg noch keinen Einfluß auf das Ranzigwerden von Palmöl, dagegen bewirkt ein Gehalt von 0,06 mg/kg bereits einen steilen Anstieg der Peroxidzahl. Die Gegenwart von 0,01 mg/kg Fett wirkt sich erkennbar nachteilig auf die Haltbarkeit von fetthaltigem Dauergebäck aus (K. TÄUFEL und R. SERZISKO, 1958). Neben dem oxidativen Fettverderb fördern Kupfer- und Eisenverbindungen im Lebertran auch die vollständige Zerstörung von Vitamin A (W. HEIMANN).

Der Kupfergehalt von Butter beträgt normalerweise 0,05–0,1 mg/kg (P. SWARTLING, 1954; C.I. KRUISHEER und B.M. KROL, 1955; H. HOFFER, 1966; J.W. MENGER, 1961). In frischer Butter üben selbst Kupfergehalte von 1,2 mg/kg keinen Einfluß auf den Geschmack aus. Bei neunmonatiger Kühlhauslagerung verursachen 0,1 mg/kg Kupfer keine nachteiligen Veränderungen (MENGER, 1961). Dagegen treten bei 85% der Butterproben mit Kupfergehalten > 1,0 mg/kg nach dreimonatiger Lagerung typische Geschmacksfehler auf, die als tranig, metallisch, schmirgelig und talgig angesprochen werden und mit einem Anstieg der Peroxidzahl verbunden sind (C.I. KRUISHEER und B.M. KROL, 1955; H. HOFFER, 1966; C.I. KRUISHEER u. Mitarb., 1949; H. MULDER, 1949).

Bei der Herstellung von Margarine unter Verzicht auf Konservierungsstoffe oder Antioxydantien sind aus den genannten Gründen ebenfalls an den Metallgehalt der Ausgangsstoffe strenge Anforderungen zu stellen (C. VRANG und G. ALS, 1962):

Ausgangsstoff	Fe	Cu	Mn
Kochsalz	< 5 mg/kg	0	< 1 mg/kg
Wasser	< 0,5 mg/kg	0	< 1 mg/kg
Milch		< 0,2 mg/kg	

Wie G. JANIČÉK u. Mitarb. (1963/64) feststellen, wird die Peroxidbildung in Fetten, die mit phenolischen Antioxydantien stabilisiert wurden, durch Kupferzusätze von 0,2 mg/kg stärker beeinflußt als in naturbelassenen. Geringe Kupfergehalte scheinen auch die antioxydative Wirkung von Ascorbinsäure durch Chelatbindung herabzusetzen und damit die Fettoxydation in wäßrigen Fettsystemen, z.B. Pökelfleisch, dem Ascorbinsäure zum Zweck der besseren Farbbildung zugesetzt wird, zu beschleunigen (G.G. Kelley und B. M. Watts, 1957).

Eisen und *Mangan* verursachen in Fetten keine so tiefgreifenden Veränderungen. Höhere Gehalte bewirken in frischer Butter einen wahrnehmbaren Metallgeschmack. Die Angaben in der Literatur sind jedoch unterschiedlich: C.J. Kruisheer u. Mitarb. (1949), finden bei 2,5 mg/kg Eisen noch keine Geschmacksveränderung, jedoch einen Anstieg der Peroxidzahl; dagegen beobachtet H. Mulder (1951) bereits bei Eisengehalten > 0,5 mg/kg einen sauren metallischen Geschmack von frischer Butter. In Palmöl übt ein Zusatz von Eisen allein keinen Einfluß auf die Peroxidzahl aus (A.R. Deschreider u. Mitarb., 1957). In Schweineschmalz, das mit Propylgallat stabilisiert worden ist, sind Blaufärbungen beobachtet worden, die auf geringe Eisengehalte zurückzuführen sind (L.R. Dugan jr. und L. Marx, 1953).

Durch *Aluminium* und seine kupferfreien Legierungen erfolgt weder eine geschmackliche noch farbliche Beeinflussung von Fetten und Ölen. Dagegen kann es durch kupferhaltige Aluminiumlegierungen zu Grünverfärbungen der Fette kommen.

Milch: Schwermetalle, insbesondere Kupfer und Eisen sind auch von Einfluß auf den Geschmack von Milch („Oxydationsgeschmack"). Bei dem Fehler, den man ursprünglich auf den Eigengeschmack der betreffenden Metallsalze zurückgeführt hat, handelt es sich nach heutiger Auffassung um eine milde Oxydation der ungesättigten Fettsäuren der Phospholipoide und der Triglyceride. Neben Kupfer soll auch Xanthindehydrase an der Ausbildung dieses Geschmacksfehlers beteiligt sein. Reaktionsprodukte sind vorwiegend ungesättigte Aldehyde und Ketone mit fünf bis elf C-Atomen (F. Kiermeier u. Mitarb., 1961).

Das von den Milchtieren mit dem Futter und Wasser aufgenommene Kupfer wird bis zu 35% als lipoidgebundenes Kupfer wiedergefunden. Die Zunahme des lipoidgebundenen Kupfergehaltes geht mit einer Änderung der Anfälligkeit für den Oxydationsgeschmack parallel (R.L. King und W.F. Williams, 1963).

Auch die Bildung des sogenannten „Lichtgeschmackes" oder „Sonnengeschmackes", eines ranzigähnlichen Fehlgeschmacks von Milch, die durch eine Proteinspaltung unter Bildung von Methionin und Methional zustande kommt, wird durch Kupfer katalysiert (R.E. Thomé, 1957; W.L. Dunkley u. Mitarb., 1962).

Ein erhöhter Eisengehalt in kondensierter Milch, der durch Anlieferung von Milch in schlecht verzinnten Kannen und insbesondere durch Aufbewahren der kondensierten Milch in bereits geöffneten Weißblech-Konservendosen zustande kommen kann, ist nach W. Mohr und D. Merten (1954) von Bedeutung für die Beschaffenheit mit dieser Milch geweißter Kaffee-Aufgüsse. Bereits Eisengehalte > 6 mg/kg verursachen eine deutliche Vergrauung, die auf Reaktion von Eisen(III)-ionen mit kaffeeeigenen Gerbstoffen zurückzuführen ist.

Durch *Aluminium* wird Milch im allgemeinen nicht beeinflußt.

Käse: In Käse können Schwermetalle, insbesondere Kupfer, Blau-, Grün- und Schwarzverfärbungen verursachen. Derartige Erscheinungen beobachteten z.B. G. Schwarz und O. Fischer (1939) bei Kupfergehalten > 2 mg/kg in Sauermilchkäse. Bei Cheddarkäse traten bei Schwermetallgehalten von höchstens 7 mg/kg nach neun Monaten verschiedenartige Verfärbungen auf, die auch von nachteiligen Geschmacksveränderungen begleitet waren. Bei Emmentalerkäse ist ein höherer Kupfergehalt (10–20 mg/kg), der während der Milchbearbeitung im Kupferkessel aufgenommen wird, von erheblicher Wichtigkeit. Die Kupferionen beeinflussen offensichtlich das Redoxpotential, es wird positiver. Der Eiweißabbau wird durch eine Hemmung von Bakterien-Proteasen verzögert; möglicherweise erfolgt eine Umsteuerung enzymatischer Vorgänge. Die Milchsäure- und Propionsäuregärung werden wahrscheinlich durch die aufgenommenen Kupfermengen etwas verzögert. Die Buttersäuregärung wird weitgehend unterdrückt. Vergleichsweise in Stahlkesseln hergestellte Emmentalerkäse wiesen einen scharfbeißenden, in höherem Alter an H_2S erinnernden Geruch auf und wurden organoleptisch im allgemeinen ungünstiger beurteilt (F. KIERMEIER u. Mitarb., 1961).

Fleisch, Fische, Eiprodukte und andere proteinhaltige Lebensmittel: Bei diesen Erzeugnissen sind Wechselwirkungen zwischen Schwermetallen und schwefelhaltigen Proteinen bzw. Aminosäuren oder aus ihnen abgespaltenem Schwefelwasserstoff zu beobachten, die zu oberflächlichen Verfärbungen der Lebensmittel führen können. Grün- und Blauverfärbungen kommen bei Proteinlösungen (z.B. flüssigen Eiprodukten) im Kontakt mit Kupfer oder kupferhaltigen Legierungen zustande (E. RABALD und H. BRETSCHNEIDER, 1953). Über die Veränderung der Farbe von Oxymyoglobin unter dem Einfluß von Schwermetallen berichten (H. E. SNYDER u. H. B. SKODLANT, 1966).

Die Verwendung von Ascorbinsäure bei der Brühwurst- und Rohwurst-Herstellung kann zu Fehlfabrikaten führen. Schwarzverfärbungen der Wurstmassen werden dadurch hervorgerufen, daß Ascorbinsäure, in geringerem Umfang Natriumascorbat, an nicht rostfreien Eisenoberflächen (z.B. im Kutter oder Fleischwolf) gemischte Eisenoxide und Eisenascorbat bildet. Diese unerwünschten Verfärbungen werden durch Brühen und Räuchern noch verstärkt. U.U. werden die Würste sogar geschmacklich beeinflußt (J. SAILER und H. GÜNTHER, 1961).

Obst- und Gemüseerzeugnisse: Bei Obst- und Gemüseerzeugnissen werden unter dem Einfluß von Schwermetallen in erster Linie die Farbe und der Geschmack größtenteils nachteilig beeinflußt.

Neben dem bereits erwähnten Einfluß von *Kupfer* auf die Ascorbinsäure-Oxydation tritt dieses auch mit anderen Pflanzeninhaltsstoffen in Wechselwirkung. In Apfelsaft genügen bereits geringe Mengen Kupfer, um das Dunkelwerden zu beschleunigen (E. RABALD und H. BRETSCHNEIDER, 1953). M.E. KIESER u. Mitarb. (1957) haben gezeigt, daß in geklärten, pasteurisierten Apfelsäften in Gegenwart von Kupferspuren bestimmte Polyphenole, wie Leucoanthocyanine und Catechine, am Zustandekommen brauner Sedimente beteiligt sind. In größere Mengen schwefelhaltiger Proteine enthaltenden pflanzlichen Produkten (Erbsen, Mais, Zwiebeln, Spargeln) kann während des Verarbeitungsprozesses Schwefelwasserstoff abgespalten werden, der mit Kupfer Verfärbungen durch Bildung von schwarzem Kupfer(II)-sulfid bewirkt. Erbsen sehen bei einem Kupfergehalt von 0,1 mg/kg leicht grau, bei 1 mg/kg bräunlich aus (V.M. LEWIS, 1954).

Von besonderer Bedeutung ist die Wirkung von *Zinn* und *Eisen* auf die Füllgüter in Weißblech-Konservendosen. Höhere Gehalte an diesen Metallen verursachen einen „metallischen“ Geschmack. Die von H. CHEFTEL u. Mitarb. (1955) angegebenen Grenzen für die geschmackliche Beeinflussung von 200 mg/kg Zinn und > 50–60 mg/kg Eisen dürften im allgemeinen zutreffen, doch scheinen Unterschiede von Füllgut zu Füllgut zu bestehen. Bei Zinngehalten > 250 mg/kg ist die geschmackliche Beeinflussung häufig so widerlich, daß derartige Konserven als verdorben im Sinne von § 4 Nr. 2 LMG anzusehen sind.

Die Geschmacksschwelle für Eisen liegt nach Angaben von KERN in Fruchtsäften bei ca. 5 mg/l, in Traubensaft bei 10 mg/l.

Hinsichtlich ihrer Verteilung zwischen Aufguß und festem Füllgut verhalten sich Eisen und Zinn verschieden. Während Zinn(II)-ionen weitgehend aus der Aufgußflüssigkeit verschwinden und durch chemische Bindung im festen

Füllgut überwiegen (S. 70), bleibt Eisen auf beide Anteile gleichmäßig verteilt. Dieser Effekt macht sich besonders stark bei anthocyanhaltigen Früchten, z.B. Pflaumen bemerkbar (K. HEINTZE, 1959, 1960). Zinnionen werden auch durch Proteine absorbiert (B.C. GOSS).

U.U. wird auch die Farbe der Füllgüter durch Reaktionen ihrer Inhaltsstoffe mit gelösten Metallen stark beeinflußt.

Bei stark chlorophyllhaltigen Füllgütern (Erbsen, grünen Bohnen) wird bei den üblichen, schwach sauren pH-Werten während des Sterilisierens aus dem Chlorophyll Magnesium abgespalten. An seine Stelle treten Zinn und Eisen in den Komplex ein und bewirken graue (Chlorophyllzinn) bzw. bräunliche Verfärbungen (Chlorophylleisen), die durch Zugabe von Calciumhydroxid weitgehend verhindert werden können (K. HEINTZE, 1957; D.E. WESTCOTT u. Mitarb., 1955).

Von besonderer Bedeutung sind Farbveränderungen in Konserven polyphenolhaltiger Früchte. Insbesondere Zinn(II)-ionen bilden bei den in Obstkonserven herrschenden niederen pH-Werten gefärbte und auch farblose schwer lösliche Metallchelate mit Anthocyanen, Leucoanthocyanen, Flavonolen und Catechinen. Derartige Reaktionen führen z.B. zur Grau-purpurfärbung von Pflaumen und Kirschen (K. HEINTZE, 1960; C.W. CULPEPER, 1927). Auch Eisen ist an derartigen Verfärbungen beteiligt. J.A. STEIN und K.G. WECKEL (1954) stellten fest, daß die Verfärbung von Kirschen selbst bei −28° C bei 8monatiger Lagerung dem Eisengehalt proportional ist. Maraschino-Kirschen zeigen Verfärbungen an den Stiellöchern, die ebenfalls auf eine Reaktion von Eisen mit mehrwertigen Phenolen zurückgeführt werden und die Früchte unverkäuflich machen (K. HERRMANN, 1959).

In Tomatenketchup, das Tannine sowohl aus den Tomaten als auch aus Gewürzen enthält, verursachen Eisenionen unter dem Einfluß von Sauerstoff die Bildung von schwarzen Ringen am Flaschenhals. Ähnliche Verfärbungen treten in Schokoladensirup als Folge der Verunreinigung mit Eisen auf (V.M. LEWIS, 1954).

Das Schwarzwerden von Kartoffeln nach dem Kochen ist auf die Bildung eines dunkel gefärbten Komplexes aus Chlorogensäure und Eisen zurückzuführen. Die Intensität der Verfärbung ist sortenabhängig. Andere Farbkomplexbildner treten gegenüber dieser Reaktion in den Hintergrund. Kupfer- und Mangansalze haben auf die Verfärbung von gekochten Kartoffeln keinen Einfluß (F. KIERMEIER und E. RICKERL, 1955; F.C. BATE-SMITH u. Mitarb., 1958; K. HERRMANN, 1967; J.C. HUGHES und T. SWAIN, 1962). Schwermetallkomplexe mit Chlorogensäure bewirken auch in Apfelmus blauschwarze Verfärbungen (R. BURKHARDT, 1959).

Die gelegentliche Dunkelfärbung von grünem Dosenspargel wird auf eine dunkle Komplexverbindung von Rutin mit Eisen zurückgeführt. Sie tritt nicht auf, wenn genügend Zinn(II)-ionen in der Lösung vorhanden sind (H.H. HERNANDEZ und D.C. VOSTI, 1963).

Zuweilen werden gewisse Zinngehalte, so bei der Konservierung von Spargeln, Sellerie, Schwarzwurzeln, Kohlrabi, Birnen, Pfirsichen und Pilzen, bewußt in Kauf genommen, weil durch die reduzierende Wirkung der Zinn(II)-ionen die Bildung chinoider Substanzen und damit verbundene Dunkelverfärbungen der betreffenden Füllgüter verhindert werden. Für die Konservierung der genannten Produkte, werden aus diesem Grund blanke Weißblechdosen, zumindest jedoch blanke Böden und Deckel empfohlen (P. NEHRING und H. KRAUSE, 1963; P. NEHRING 1956d) J.C. BAUERNFEIND u. Mitarb., 1952; D. DICKINSON, 1961).

Die Angaben über den Einfluß von Schwermetallionen auf die nicht-enzymatische Bräunung sind widerspruchsvoll. So sollen in erster Linie Eisenionen, aber auch Kupfer- und Zinkionen diese Reaktion stark beschleunigen (R. ANDREOTTI,

1957). Auch V.M. LEWIS (1953) sowie F. ALBANESE (1965) stellen eine katalytische Wirkung von Eisen und Kupfer auf die Bräunung bei der Herstellung von Dickzuckerfrüchten bzw. Trocknung von Bananenpulver fest. Dagegen findet A.R. DESCHREIDER (1950), daß Kupfer-, Eisen- oder Zinkspuren nach 10stündigem Erhitzen von Glucosesirup bei Gegenwart verschiedener Konzentrationen verschiedener Aminosäuren und bei unterschiedlichen pH-Werten den Rückgang des Aminostickstoffs deutlich hemmen, also einer nicht-enzymatischen Bräunung entgegenwirken. Auch nach J.B.S. BRAVERMANN (1959) zeigt Kupfer keinen katalytischen Einfluß auf die Farbentwicklung von Glucosesirup und Citrussaftkonzentraten.

Aluminium macht sich bei Gehalten > 40 mg/l in Trauben- und Apfelsäften geschmacklich bemerkbar (metallisch, im Abgang stumpf). Aufhellungen der Säfte sind eher auf eine indirekte Wirkung (Wasserstoffentwicklung) beim Kontakt der Säfte mit Aluminiumoberflächen von Tanks oder dgl. zurückzuführen (J. KOCH und E. BREKER, 1958). Kochen von Tomaten in Aluminiumgefäßen führt zum Graufleckigwerden der Oberfläche.

C. Bedarfsgegenstände aus den einzelnen metallischen Werkstoffen

I. Bedarfsgegenstände aus Aluminium und Aluminium-Legierungen

1. Technologie und allgemeine Verwendung für Lebensmittel

Die Zusammensetzung des Aluminiums und seiner wichtigsten für Lebensmittel verwendeten genormten Legierungen ist in Tabelle 3 angegeben.

Für Lebensmittelbehälter wird besonders häufig Reinaluminium Al 99,5 in halbhartem Zustand verwendet, doch gelegentlich auch in weichem oder hartem Zustand. Es darf höchstens 0,5% Beimengungen insgesamt enthalten, im einzelnen 0,3% Si, 0,4% Fe; 0,05 Ti; 0,05% Cu; 0,07% Zn (Normblatt DIN 1712).

Al 99,5 ist gut verformbar, so daß es gezogen und auch durch Fließpressen geformt werden kann. Die Herstellung von Tuben, Rohren, kleinen Behältern und Folien ist daher besonders gut möglich (W. LINICUS und W. PAPSDORF, 1957).

Die gute Schweißbarkeit des Aluminiums erlaubt auch die Herstellung von Behältern in beliebiger Größe (L. BOSDORF, 1962).

Tabelle 3. *Zusammensetzung einiger Aluminium-Legierungen nach Normblatt DIN 1725 und Aluminium-Zentrale (Bibl.)*

Kurzzeichen	Legierungsbestandteile in % Cu	Mg	Si	Mn
AlMn	(0,10)	0 –0,3	–	0,8–1,5
AlMg 1	(0,05)	0,6–1,2	–	0 –0,3
AlMgMn	(0,10)	1,6–2,5	–	0,5–1,5
AlMgSi 1	(0,10)	0,6–1,4	0,6–1,6	0 –1,0
AlCuMg 1	3,5–4,7	0,4–1,0	0,2–0,8	0,3–1,0
G-AlSi 12	(0,05)	–	11–13,5	–

„G" bedeutet Gußlegierung. Die übrigen genannten Legierungen sind Knetlegierungen, davon AlMgSi 1 und AlCuMg 1 aushärtbar. Über die gleichfalls genormten zulässigen unbeabsichtigten Beimengungen siehe DIN 1725. Die höchsten zulässigen Kupfergehalte der Legierungen ohne absichtlichen Kupfergehalt sind in der Tabelle in Klammern angegeben.

Aluminium kann auch gelötet werden; doch wird hiervon für Lebensmittel nur selten Gebrauch gemacht.

Bekannte Aluminium-Legierungen sind diejenigen der Gattung AlCuMg („Duralumin"). Sie haben den großen mechanischen Vorteil der Aushärtbarkeit, die schon bei gewöhnlicher Temperatur erfolgt, sind jedoch infolge ihres Kupfergehaltes verhältnismäßig korrosionsanfällig (vgl. Abschnitt C I 2).

Die Legierungen der Gattung AlMg sind zwar nicht vergütbar, sie sind aber bei beachtlicher Festigkeit in vielen Fällen gut korrosionsbeständig. Ähnlich günstige Eigenschaften zeigen die Legierungen der Gattungen AlMn, AlMgMn und AlMgSi. Alle diese Legierungen werden besonders für Knetmaterial verwendet. AlMgSi ist aushärtbar, wenn auch nicht so hohe Festigkeiten erreicht werden wie bei AlCuMg. Speziell für die Nahrungsmittel-Industrie werden empfohlen AlMn, AlMg 1 und AlMgSi 1 (Normblatt DIN 1725, Neuentwurf 1965).

Gußlegierungen sind im besondern diejenigen der Gattung AlSi. Die wichtigste dieser Legierungen ist diejenige mit 13% Silicium; sie ist eutektisch und damit völlig heterogen; sie hat aber dennoch eine häufig befriedigende Korrosionsbeständigkeit.

Die Legierungen zweiter Schmelzung, früher als Umschmelz-Legierungen bezeichnet, die man aus Schrott herstellt, können in den gleichen Reinheitsgraden geliefert werden wie viele aus Hüttenmaterial erschmolzene Legierungen. Für manche Anwendungen läßt man jedoch einen größeren Spielraum der Zusammensetzung zu. Legierungen zweiter Schmelzung, die den für sie aufgestellten Vorschriften entsprechen, bezeichnet man in Deutschland als „Standard-Legierungen". Die Zusammensetzung einiger Standard-Legierungen ist in Tabelle 4 angegeben. Die Bezeichnung „Standard-Legierungen" in manchen andern Ländern entspricht der Bezeichnung „genormte Legierungen" in Deutschland. Der vom Korrosionsstandpunkt wichtigste Unterschied zwischen genormten Legierungen und Standard-Legierungen ist der bei diesen zugelassene höhere Kupfergehalt.

Tabelle 4. *Zusammensetzung einiger Aluminium-Gußlegierungen zweiter Schmelzung* (nach Vereinigung Deutscher Schmelzhütten; *Bibl.*)

Kurzzeichen	Legierungsbestandteile in%				
	Cu	Zn	Si	Fe	Mg
G-AlCu 5 Si 3 . . .	3,0–6,0	(2,5)	2,0–4,0	(1,1)	(0,5)
G-AlSi 6 Cu 4 . . .	3,0–5,0	(2,0)	5,0–7,0	(1,0)	0,1–0,3
G-AlMg 3 (Cu) . .	(0,3)	(0,3)	(1,3)	(0,6)	2,0–4,0
G-AlSi 5 Mg . . .	(0,05)	(0,1)	4,5–6,0	0,5	0,5–0,8

In Klammern Höchstwerte für unbeabsichtigte Beimengungen. Zulässige Höchstwerte für Ti, Ni, Mn, Pb, Sn: siehe das Original.

Da ein Kupfergehalt die Gießeigenschaften der Aluminium-Legierungen verbessert, neigen manche Gießer dazu, bei schwierigen Gußstücken der Schmelze Kupfer zuzufügen. Bei entsprechenden Bestellungen ist es daher mitunter wichtig, die Unzulässigkeit eines erhöhten Kupfergehaltes besonders zu betonen.

Einige der Standard-Legierungen zeichnen sich durch gute Polierbarkeit aus (Vereinigung Deutscher Schmelzhütten). Die Standard-Legierungen können auch erhöhte Zinkmengen enthalten, was für Lebensmittel in bezug auf die Giftigkeit des Zinks zu beachten ist.

Zusammenfassende Darstellungen des Aluminiums und seiner Eigenschaften trerden in Büchern folgender Autoren gegeben: D. Altenpohl, Aluminium-Zenwale, A. v. Zerleeder.

2. Allgemeine Korrosionseigenschaften

Aluminium ist das theoretisch unedelste der für Bedarfsgegenstände verwendeten Metalle. Theoretisch kann es daher grundsätzlich, thermodynamisch betrachtet, von allen Lebensmitteln angegriffen werden. Praktisch ist es jedoch so gut beständig, daß es zu den am meisten verwendeten Metallen gehört. Dieser Gegensatz zwischen Theorie und Praxis ist jedoch nur scheinbar. Denn die gute Beständigkeit des Aluminiums beruht auf einer dichten und widerstandsfähigen Schicht von Aluminiumoxid oder -hydroxid, die sich leicht auf ihm bildet. Von den verschiedenen Modifikationen des Aluminiumhydroxids $Al(OH)_3$ bildet nach D. ALTENPOHL (1962) besonders der Böhmit gute Schutzschichten.

Die Beständigkeit des Aluminiums hängt dem Gesagten entsprechend weitgehend von dem Verhalten der oxydischen Schutzschicht gegen das angreifende Medium ab.

Besonders aggressiv können naturgemäß Stoffe sein, die die Schutzschicht auflösen; solche Stoffe sind starke Säuren (außer Salpetersäure) und Basen, die aber in Lebensmitteln meistens in verhältnismäßig geringen Mengen vorkommen, weshalb hierauf nicht näher eingegangen zu werden braucht.

Auf Auflösung der Schutzschicht und Unmöglichkeit ihrer Neubildung beruht offenbar die folgende Erscheinung: Viele organische Stoffe wie Fettsäuren, Alkohole und Phenole können im wasserfreien Zustand Aluminium stark angreifen, während ein Wassergehalt von ca. 1% genügt, um die Korrosion entscheidend herabzusetzen (K. BROOCKMANN, 1957). Durch geringe Salzsäure-Mengen (z.B. 0,04%) wird die Korrosion des Aluminiums durch Alkohol stark erhöht, während Schwefelsäure weniger wirksam ist (E. HEITZ und C.M. v. MEYSENBUG, 1965). Auf Beeinträchtigung der Schutzschicht beruht auch die starke Anfälligkeit des Aluminiums gegen Quecksilber; man sollte daher bei Aluminium-Gefäßen und -Geräten Quecksilberthermometer vermeiden; denn deren Zerbrechen kann heftige Aluminium-Korrosion erzeugen. Diese kann durch Behandlung mit Salpetersäure oder Kaliumdichromatlösung zum Stillstand gebracht werden.

Viele Korrosionen des Aluminiums entstehen durch Stoffe, die die Schutzschicht durchdringen. Besonders stark können in dieser Beziehung die Chloride wirken.

Aluminiumkorrosionen durch Lebensmittel unter Wasserstoffentwicklung sind besonders in Konservendosen aus Aluminium beobachtet worden (siehe Abschnitt C I 4). Sie sind aber auch in Natriumchlorid-haltigen Medien möglich.

Den Angriff von gepufferter Zitronensäure, Ameisensäure, Milchsäure, Äpfelsäure, Oxalsäure, Bernsteinsäure und Weinsäure mit pH-Werten von 3,0–5,5 unter Bedingungen, die für Konservendosen interessieren, untersuchten F. JAKOBSEN und E. MATHIESEN (1946); besonders stark griff Oxalsäure an, wobei die Abhängigkeit vom pH-Wert gering war. Versuche mit ähnlichen Lösungen, die Ähnliches ergaben, führten R. GRAU und H. BUSS (1943) aus.

Aluminiumkorrosionen unter Verbrauch von Luftsauerstoff entstehen unter Bildung von Korrosionselementen, bei denen am edlen Pol ein Mischpotential des Sauerstoffs und des Aluminiums wirksam ist. Entfernung des Sauerstoffs hat dementsprechend eine starke Verunedlung des Aluminiumpotentials zur Folge (SCHIKORR, 1960).

Besonders günstig für die Verwendung von Aluminium für Lebensmittel ist seine verhältnismäßig geringe Anfälligkeit gegen Schwefeldioxid, das als Konservierungsstoff verwendet wird, und gegen Schwefelwasserstoff, der als Zersetzungsprodukt aus Lebensmitteln entstehen kann.

Häufig ist die Aluminiumkorrosion in neutralen Salzlösungen ausgesprochen örtlich; dabei entsteht an einigen Stellen Lochfraß, während andere Stellen völlig unangegriffen bleiben. Der größte Teil der Korrosion geht dabei unter Sauerstoff-Verbrauch vonstatten; in den Lochfraß-Stellen, die meistens mit gallertartigem Aluminiumhydroxid bedeckt sind, bildet sich aber auch gleichzeitig Wasserstoff, obwohl diese Stellen anodisch sind. Die Ursache hierfür ist eine Nebenreaktion, die darauf beruht, daß in der Lochfraß-Stelle Säure entsteht (F.C. PORTER und S.E. HADDEN, 1953).

Die Anfälligkeit des Aluminiums wird durch einen Kupfergehalt von Lösungen stark erhöht, wobei häufig bereits geringe Verunreinigungen mit Kupfer genügen. Diese Korrosionserhöhung erklärt sich vermutlich zu erheblichem Teil aus der Abscheidung von metallischem Kupfer und damit entstehenden Korrosionselementen; die Wirkung des Kupfers ist jedoch wahrscheinlich spezifisch und hat offenbar auch noch weitere Ursachen, die nicht erforscht sind.

Aluminium kann in sehr reinem Zustand hergestellt werden. Die häufig gehörte Meinung, daß höchst reines Aluminium auch besonders korrosionsbeständig sei, trifft jedoch nur bedingt zu. Im besondern ist in neutralen Lösungen bei Reinheitsgraden oberhalb Aluminium Al 99,5 ein eindeutiger allgemeiner Einfluß des Reinheitsgrades nicht erkennbar (H.U. v. VOGEL, 1938). Ein erheblicher Kupfergehalt des Aluminiums kann jedoch zweifellos korrosionsfördernd wirken, besonders in Chlorid-Lösungen.

Viele kupferfreie Aluminium-Legierungen, z.B. diejenigen der Gattungen AlMg, AlMgSi, AlMn, AlMgMn und AlSi, sind meistens ähnlich korrosionsbeständig wie Rein-Aluminium. Mitunter ist der Angriff jedoch nicht gleichmäßig, sondern interkristallin, was eine erhebliche Abnahme der Festigkeitseigenschaften zur Folge haben kann.

In manchen Fällen erfolgt die Korrosion – auch bei Aluminium Al 99,5 – entlang der Walztextur („Schichtkorrosion"). Dabei kann die Korrosion unter Bildung fester Korrosionsprodukte im Blech unter der Oberfläche parallel zu dieser fortschreiten, was zu Aufblätterungen und schließlich Durchlöcherungen des Blechs führt, eine Korrosionsart, die Räucherfisch erzeugen kann (siehe dort).

Manchmal neigen die Legierungen auch zu Spannungsrißkorrosion; dies ist jedoch unseres Wissens für die Lebensmitteltechnologie von untergeordneter Bedeutung, so daß diese Korrosionsart hier nicht besprochen zu werden braucht.

Aus den mehrfach genannten Korrosionsursachen schreiben die Normen auch für die genannten Aluminium-Legierungen eine niedrige Höchstgrenze für den Kupfergehalt vor. Für Fälle, in denen chloridreiche Mittel auf den Werkstoff einwirken, sollte man daher — wie bereits in Abschnitt C I 1 gesagt — Standard-Legierungen nicht verwenden, da diese etwas mehr Kupfer enthalten als die genormten kupferfreien Legierungen. Bei chloridarmen Mitteln sprechen jedoch alle bisherigen Untersuchungen dafür, daß ein bis 0,4% erhöhter Kupfergehalt der Standard-Legierungen deren Korrosionsbeständigkeit nicht merklich herabsetzt (E.A.G. LIDDIARD und J.A. WHITTACKER; Vereinigung Deutscher Schmelzhütten).

Die Beständigkeit auch der kupferreicheren Standard-Legierungen ist nach allem, was darüber bekannt ist, im besondern dann durchaus befriedigend, wenn an chloridfreier Luft keine langdauernde Berührung mit wäßrigen Systemen besteht und eine regelmäßige Reinigung gewährleistet ist.

Zum Beispiel für Sockel, Gestelle und Gehäuse vieler Maschinen und Geräte sind daher Standard-Legierungen, auch kupferreichere, durchaus geeignet. Zu warnen ist jedoch in allen Fällen vor unkontrollierten Umschmelzlegierungen, da bei ihnen das Risiko zu groß ist, daß sie zuviel Kupfer oder andere korrosionsbegünstigende Bestandteile enthalten.

Einwalzungen und Eindrückungen von Fremdmetallen und auch von Sandkörnern in Aluminium sind streng zu vermeiden, da an derartigen Stellen Lochfraß entstehen kann.

Der oft gebrauchte Ausdruck „seewasserbeständige Aluminium-Legierungen" bezieht sich darauf, daß sich solche Legierungen unter vielen Verhältnissen, unter denen Meeresluft oder auch Meerwasserspritzer auf den Werkstoff einwirken, ausgezeichnet bewährt haben, z.B. bei Deckaufbauten von Schiffen. Bei ständiger Einwirkung von flüssigem Meerwasser, z.B. bei Rohrleitungen, ist wegen dessen Chloridgehalt jedoch Vorsicht geboten. Bei Lebensmitteln läßt sich zur Zeit nicht sagen, wo die Schädlichkeitsgrenze ihres Chloridgehaltes für Aluminium liegt.

Eine gute Pflege von Maschinen und Geräten ist allgemein zur Hebung der Beständigkeit des Aluminiums unerläßlich. Da aber Reinlichkeit sowieso zu den wichtigsten Erfordernissen der Lebensmittelwirtschaft gehört, kann die Forderung einer guten Pflege der Geräte nicht als Nachteil des Aluminiums gewertet werden.

(Eingehendere Darstellung der Korrosion des Aluminiums bei Aluminium-Zentrale.)

Ein vorzügliches Verfahren, die Korrosionsbeständigkeit des Aluminiums und seiner Legierungen noch weiter zu erhöhen, besteht in der Anodisierung, d.h. der anodischen Behandlung in geeigneten Säuren, im besondern in Schwefelsäure, in Deutschland besonders unter der Firmenbezeichnung „Eloxal-Verfahren“ bekannt (*El*ektrisch *ox*ydiertes *Al*uminium). Hierbei bildet sich auf dem Leichtmetall eine Schicht von Aluminiumoxid, deren Dicke je nach den Bedingungen meist 10–25 µm beträgt. Damit sich die schon an sich sehr kleinen Poren in dieser Schicht schließen, wird der anodisierte Gegenstand „nachverdichtet“ oder “versiegelt“, d.h. mit heißem Wasser oder bestimmten wäßrigen Lösungen, mitunter auch mit Wasserdampf behandelt (M. Schenk, 1948; W. Hübner und A. Schildknecht, 1961; Vornorm DIN 17611). Im folgenden ist „anodisiert“ und „eloxiert“ synonym gebracht.

Ein anderes Schutzverfahren ist das Chromatieren, besonders bekannt in der Form des MBV-Verfahrens. Bei derartigen Verfahren, die billiger als Anodisieren sind, läßt man heiße alkalische Chromat-Lösung auf den Werkstoff einwirken, wobei sich eine olivgrüne Schicht von weniger als etwa 1 µm Dicke bildet. Die Schicht übt in manchen Fällen einen deutlichen Schutz aus, wird aber besonders gerne als Grundierung für Anstriche verwendet. Ein in neuerer Zeit entwickeltes Chromatier-Verfahren ist das Alodine-Verfahren. Auch Phosphat-Verfahren sind entwickelt worden (vgl. z.B. Aluminium-Merkblatt 0 2; H. Ketterl, 1958; H.H. Reinsch, 1959).

3. Chemisches Verhalten gegen Lebensmittel

a) Fruchtsäfte, Wein, Branntwein und Alkohol

Nach H. Eschnauer (1964) können ungeschützte Aluminiumgeräte und -gefäße dann für Fruchtgetränke und Süßmost verwendet werden, wenn die Berührung nur kurzfristig ist (z.B. bis 24 Std). Für längere Berührungszeit, also im besondern für Lager- und Transportgefäße ist ein Schutz des Aluminiums unerläßlich. Bei Lagerungen von wenigen Monaten Dauer in ungeschützten Aluminiumtanks wurden bis zu 40 mg/l Aluminium aufgenommen, in kleinen Gefäßen bei sechsmonatiger Lagerung sogar 170 mg/l Aluminium. Bei Verwendung Mangan-haltiger Aluminium-Legierungen findet man auch Mangan im Most, z.B. 5 mg/l. Süßmoste des Handels enthielten 6–20 mg/l Al und 0,6–1,6 mg/l Mn. Die Korrosion des Aluminiums in Süßmosten geht unter Wasserstoff-Entwicklung vonstatten; sie entspricht etwa dem Säuregehalt des Süßmostes (J. Koch u. Mitarb., 1957; J. Koch und E. Breker, 1958). Bei ähnlichen Versuchen von G. Reif und H.J. Steinbeck (1937) griff in 6 Monaten Kirschkonfitüre Aluminium verhältnismäßig wenig an, Pflaumenmus stärker, Apfelmus am stärksten. Bei Aluminium 99,5, hart oder weich-geglüht, wurde dabei kein Unterschied gefunden. Auch die Anthocyane der Früchte können den Angriff auf Aluminium begünstigen (J.M. Bryan, 1950).

Es besteht die Aussicht, durch geeignete Schutzüberzüge Aluminiumgefäße auch für längere Berührungszeiten genügend zu schützen, so daß man solche beispielsweise zum mindesten zum Transport von Süßmosten verwenden könnte (J.M. BRYAN, 1950; K. BROOCKMANN und A. SCHIMMER, 1962).

Wie diese Verhältnisse bei Einfüllen heißen Saftes liegen, dessen Auskühlungsdauer bei größeren Mengen erheblich sein kann, läßt sich zur Zeit nicht übersehen. Das Gleiche gilt für die Verwendung von Konservendosen aus Aluminium für Obst, das auch lackierte Dosen auf die Dauer mitunter erheblich angreift, wobei Wasserstoff entsteht (F. JAKOBSEN und E. MATHIESEN, 1946); eloxierte lackierte Dosen waren jedoch gegen gesüßte Birnen einige Jahre beständig.

Grundsätzlich ist für die Lagerung von Flüssigkeiten in Aluminium-Gefäßen zu beachten, daß mit steigender Größe der Behälter das Verhältnis von berührter Metallfläche zu Flüssigkeitsmenge abnimmt und daß daher mit der Größe der Gefäße die je Liter in der Zeiteinheit aufgenommene Aluminium-Menge sinkt (J. KOCH und E. BREKER, 1958; H. ESCHNAUER, 1966).

Auch gegen heiße Fruchtsäfte ist Aluminium bei kurzfristiger Beanspruchung befriedigend beständig, so daß Aluminium-Werkstoffe für Frucht-Heißentsafter und für Kochtöpfe verwendet werden können; im ersten Fall hat man eine Gebrauchsdauer von 10 Jahren, im zweiten eine solche von 20 Jahren im Haushalt beobachtet, ohne daß erhebliche Korrosionen zu erkennen waren (G. SCHIKORR, 1967). Nach dem Kochen sollen Fruchtsäfte aber nicht in Aluminiumtöpfen aufbewahrt werden, da dann Lochfraß entsteht, der dünnwandige Blechtöpfe in wenigen Tagen durchlöchern kann (P.H. AZIZ, 1957).

Wegen der stets nur kurzen Berührungszeiten sind Aluminium-Werkstoffe bei der Verarbeitung von Obst und Marmeladen in vielfältigem Gebrauch bewährt (Aluminium-Zentrale; P.E. GILROY und F.A. CHAMPION, 1948). Gute Pflege und kupferarmes Material sind dabei jedoch Voraussetzung.

Für Wein gilt grundsätzlich Ähnliches wie für Fruchtsäfte.

Herbstbütten aus AlMgSi1, mit Al 99,8 plattiert, sind nach H. ESCHNAUER (1963) für den Traubentransport geeignet.

Wein greift Aluminium unter Wasserstoff-Entwicklung an (K. BROOCKMANN und A. SCHIMMER, 1963; vgl. auch F.N. TAWADSE, T.A. LASCHDI und T.S. DASCHNIANI, 1960). In Wein des Handels fand H. ESCHNAUER (1964) 1,0–4,3 mg/l Aluminium. Einen Überblick über den Angriff von Wein auf Aluminium und andere metallische Werkstoffe enthält Tabelle 5, aus der sich eine für manche Zwecke befriedigende Beständigkeit des Aluminiums gegen Wein ergibt. Bei einer Einwirkungsdauer von 10 Monaten betrug jedoch der Angriff von Wein auf Aluminium (Al 99,68) 22 g/m² (H. ESCHNAUER, 1959). Wegen der längeren Lagerdauer des Weins in den Tanks ist die Gefahr der Auflösung größerer Aluminiummengen im Wein daher besonders zu beachten. Aluminium in ungeschütztem Zustand kommt somit für Geräte und Gefäße zwar bei kurzfristiger Berührung durchaus in Frage (H. ESCHNAUER, 1939), bei Lager- und Transportgefäßen ist jedoch auf besonders guten Schutz zu achten.

Für Transportgefäße sind in dieser Beziehung beachtliche Fortschritte erzielt worden (K. BROOCKMANN und A. SCHIMMER, 1963).

Der Angriff von Branntwein auf Aluminium hängt ebenfalls von dessen Säuregehalt (K.) ab, und zwar genügen hierzu 0,1–0,2 g/l Säure (L.A. WARWICKER, 1962); die Verwendung von Aluminium von weniger als 99,5% Reinheit ist daher nicht zu empfehlen (C. LUKOW). In der Alkohol-Industrie hat sich Aluminium bisher nur wenig eingeführt, hat aber Zukunft (H. PETZOLDT, 1954).

Rein-Alkohol und Primasprit greifen Aluminium praktisch nicht an, wohl aber Sulfitsprit, Melassesprit und besonders Rohsprit (LAMPE, 1928).

Tabelle 5. *Korrosion von Metallen und Legierungen durch Wein bei Laboratoriumsversuchen*

Werkstoff	Gewichtsverlust in 7 Tagen g/m²*)
Aluminium	0,20
Zink	91
Eisen	14–80
Nickel	3,6–5,7
Zinn	5,5
Blei	4,8
Kupfer	2,0
Silber	0,03
Gold	0
Platin	0
18/8 CrNi-Stahl, Ti-stabilisiert	1,0
18/8/3 CrNiMo-Stahl	1,4
Messing	5,9
Kupfer-Nickel 30	5,0
Monel	4,8–6,1
Inconel	2,0
Hastelloy C	1,2

* Da die Korrosion in nur einer verhältnismäßig kurzen Versuchszeit geprüft wurde, ist die Anwendbarkeit der Ergebnisse beschränkt. Im besonderen ist bei den CrNi-Stählen eine mit der Zeit abnehmende Korrosionsgeschwindigkeit zu erwarten.

Aluminium und seine Legierungen werden sowohl für Flaschenkapseln als auch für Kronenkorken und Abreißverschlüsse verwendet (P. Böhringer 1959; W. Keese, 1961).

b) Aluminium in der Brauerei

Aluminium wird in der Bierbrauerei bereits für Malzdarren (E. Rabald und H. Bretschneider, 1959), im besonderen aber beim Brauen und bei der Lagerung des Biers verwendet (vgl. z.B. L. Bosdorf, 1962; A. Schäfer, 1964), und zwar sowohl Reinaluminium (meistens Al 99,5), als auch bei größeren Festigkeitsanforderungen die Legierungen der Gattungen AlMg, AlMn, AlMgSi und AlMgMn.

Nach allen bisher vorliegenden Erfahrungen wird Aluminium von Bier selbst garnicht angegriffen, wobei auch Chloridgehalte von z.B. 100 mg/l Cl^- nicht schädlich zu sein brauchen. Diese Beständigkeit beruht offenbar im wesentlichen darauf, daß fertiges Bier keinen gelösten Sauerstoff enthält und daß auch sein Kupfergehalt gering ist, ferner vermutlich zum Teil auch darauf, daß Bierstein, der zu z.B. 80% aus Calciumlactat besteht (H. Schnegg, 1934), korrosionshemmend wirkt, indem er Schutzschichten bildet. Mitunter, wenn auch selten auftretende Korrosionen haben andere Ursachen als das fertige Bier (vgl. unter Gärbottichen und Lagertanks). Bei Versuchen von G. Reif (1940), bei denen aber vermutlich ein gewisser Luftzutritt bestand, griff Bier Aluminium bei 25° C, nicht aber bei Kellertemperatur (4° C), an.

Gärbottiche aus Aluminium können sowohl von innen als auch von außen korrodiert werden. Das Bottich-Innere ist der Korrosion durch die vergärende Würze ausgesetzt, die insofern wahrscheinlich aggressiver ist als das fertige Bier, als sie noch Sauerstoff gelöst enthält. Insgesamt gesehen, ist aber auch der Angriff durch Bierwürze zu vernachlässigen; nur AlMg scheint ungeeignet zu sein (E. Rabald und H. Bretschneider, 1953).

Besondere Korrosionsgefahr entsteht durch Kupferabscheidungen auf dem Aluminium, die auf verschiedene Weise entstehen können (G. Zentgraf, 1964;

J. DE CLERCK und A. BRUDZYNSKI, 1959; G. SCHIKORR, 1964). Abscheidungen aus der Würze selbst scheinen nicht vorzukommen, da diese meistens nur sehr wenig Kupfer gelöst enthält. Auch die Hefe, mit der man neue Bottiche zunächst ausreibt, scheint keine Korrosionsgefahr mit sich zu bringen. Beträchtliche Gefahr der Kupferabscheidung besteht jedoch beim Reinigen der Bottiche. Beim mechanischen Reinigen verwendet man mitunter Messingbürsten, und wenn Wurzel- oder Fiberbürsten verwendet werden, kommt es vor, daß man mit diesen zuerst die kupfernen Kühlschlangen abbürstet, so daß die Bürsten als Kupferüberträger wirken.

Eine weitere Kupferquelle können kupferne Zuleitungsrohre sein, besonders, wenn sie innen größere Mengen von Korrosionsprodukten enthalten; durch kupferne Zuleitungsrohre dürfen daher saure Biersteinentfernungsmittel nicht in die Bottiche eingeleitet werden.

Kontaktkorrosionen durch unmittelbare Elementbildung zwischen dem Bottich und den edleren, aus Kupfer oder Edelstahl bestehenden Kühlschlangen (J. MÜHLBAUER; R. RÜSSE) werden meist schon beim Einbau durch entsprechende Isolationen verhindert. Man muß dabei jedoch darauf achten, daß man nicht etwa ungewollt einen Kontakt durch Kitt herstellt, der metallisch leitend sein kann, oder durch Haltevorrichtungen außerhalb des Bottichs.

Außenkorrosionen an Gärbottichen aus Aluminium (G. ZENTGRAF, 1964; G. SCHIKORR, 1964) entstehen durch ungünstige Verhältnisse beim Einbetonieren der Bottiche, wozu man mitunter dünnflüssige Zement-Schlempe verwendet. Sind die Bottiche nicht genügend isoliert oder wird eine vorhandene gute Isolation beim Einbringen der Schlempe beschädigt – z.B. beim Verrühren der Schlempe mit Stangen – so gelangt die alkalische Zementschlempe unmittelbar an das Aluminium und greift dieses stark unter Wasserstoffbildung an.

Bierlagertanks zeigen ebenso wie Gärbottiche in seltenen Fällen sowohl Außen- als auch Innenkorrosionen (G. SCHIKORR, 1964). Die Gefahr der Außenkorrosion besteht dann, wenn die Tanks mit chloridhaltigen Kühlsolen oder Auftausalzen verunreinigt werden, was z.B. dann geschehen kann, wenn man die Tanks beim Transport über Reste von diesen Stoffen rollt, die sich auf dem Kellerboden bzw. dem Brauereihof befinden. Anstriche als Außenschutz für Biertanks beschreibt J. MARTENS (1956).

Das Tankinnere ist ebenso wie das Gärbottichinnere durch Kupfer gefährdet; auch im Tankinnern dürfen daher Messingbürsten nicht verwendet werden, ebenso darf man saure Biersteinlösungsmittel nicht durch Kupferrohre in den Tank fließen lassen. Das Tankinnere ist ferner zwar, soweit bisher bekannt, stets gegen Bier, nicht immer aber gegen Wasser befriedigend beständig, wenn dieses mehr als ca. 80 mg Chlorid gelöst enthält. Man darf daher derartiges Wasser nach dem Abdrücken der Tanks vor der Inbetriebnahme oder nach dem Reinigen nicht unnötig lange (d.h. tage- oder gar wochenlang) in den Tanks stehen lassen.

Schäden durch Quecksilber, einen – wie gesagt – besonders aluminiumschädlichen Stoff, die früher nach Zerbrechen von Quecksilberthermometern häufiger vorgekommen sind (H. NETZ, 1950), sind infolge ständig wiederholter Warnungen so selten geworden, daß unter den von uns untersuchten Schadenfällen an Brauereigefäßen aus Aluminium nicht ein einziger durch Quecksilber verursacht war. (Auch die früher dem Vernehmen nach häufigeren Korrosionen an Gärbottich-Böden, die durch Kupferabscheidung infolge Abtropfens kupferhaltiger Flüssigkeit von der kupfernen Kühlschlange verursacht wurden, haben uns nie zur Untersuchung vorgelegen, da man jetzt wohl stets auf dem Bottichboden unter der Kühlschlange eine Kunststoffplatte anbringt, die den genannten Angriff verhütet.)

Meistens vermutet die betroffene Brauerei bei Korrosionsschäden an Gärbottichen oder Lagertanks aus Aluminium fehlerhaftes Aluminium als Korrosionsursache (W. KLEBER und G. FRANKE, 1963). Uns ist nur ein einziger derartiger Fall bekanntgeworden, in dem diese Vermutung berechtigt war; es handelte sich dabei um einen im Kriege hergestellten Tank. In allen anderen Fällen war das Aluminium nach dem heutigen Stand der Kenntnisse einwandfrei (G. SCHIKORR, 1964). Wahrscheinlich ist aber weiches Aluminium beständiger als hartes.

Für den Transport und die Lagerung von Bier (R. Rüsse, 1956) werden auch in großem Umfang Bierfässer aus Aluminium oder Aluminium-Legierungen (z.B. der Gattung AlMgSi) verwendet. Merkliche Zerstörungserscheinungen an den Fässern sind bisher nicht bekannt geworden. Damit die Aluminiumaufnahme des Biers jedoch möglichst herabgesetzt wird, chromatiert man das Faßinnere (vgl. Abschnitt C I). Doch wird auch dies beanstandet (W. Kleber und G. Franke, 1962). Neuerdings werden Fässer mit Aluminiumoxid-freiem Schutzüberzug hergestellt. Diese sind zunächst mit ca. 0,1 μm anodisiert und dann mit einer Lackschicht auf Epoxyd-Grundlage versehen (A. Broockmann und A. Schimmer, 1962). Auch Epicote-Überzüge sollen sich bewährt haben (Ungenannt, 1963).

Aluminium wird auch für Bier-Konservendosen verwendet. Es hat sich dafür als so geeignet erwiesen, daß in USA 1963 50000 Tonnen Aluminium-Blech für diesen Zweck verbraucht wurden (Ungenannt, 1964). Doch ist die Aluminiumaufnahme des Biers nicht unbeträchtlich. F. Ullmann (1965) fand in Bier, das in eloxierten Aluminiumdosen 30 Tage gelagert war, Aluminiumgehalte von 1,0 und 5,8 mg/l Aluminium (Aluminiumgehalt bei Kontrollversuch mit in einer Flasche gelagertem Bier: 0,05 mg/l). Vermutlich wird sich dieser Mangel durch zusätzliche Schutzüberzüge vermeiden lassen. — Bei Bierdosen aus Weißblech besteht der Deckel häufig aus einer Aluminium-Legierung (Ungenannt, 1966).

Ferner werden folgende Geräte und Gefäße aus Aluminium für das Brauereiwesen verwendet: Hefewannen, -abhebelöffel, -schaber, -feger, -scheffel, -krücken, Eimer, Gieß- und Meßkannen, Schöpfer, Faßtrichter, Eisschwimmer (Aluminium-Zentrale 1965).

Über den Angriff von Entkeimungs- und Reinigungsmitteln auf Aluminiumteile in der Bierbrauerei siehe S. 26.

c) Aluminium in der Milchwirtschaft

Da Milch und die aus ihr hergestellten Produkte meistens neutral sind, ist Aluminium für die Milchwirtschaft ein besonders geeignetes Metall, sowohl was Gewinnung und Verarbeitung, als auch was Transport und Lagerung betrifft (Aluminium-Zentrale; H. Beyer, 1940; H. Quest, 1957; B. Schenkel, 1964). Ganz allgemein ist dabei aber zu sagen, daß gute Pflege der Geräte vom Materialstandpunkt ratsam ist. Denn bei längerem Stehen ungereinigter Geräte bildet sich bekanntlich leicht Milchsäure und diese hat einen gewissen, wenn an sich auch durchaus erträglichen Angriff auf das Aluminium zur Folge. Wenn Fachleute einem Betrieb zur Verfügung stehen, ist eine befriedigende Pflege meistens ohne Schwierigkeiten gewährleistet.

Auch nicht gesäuerte Milch greift Aluminium deutlich, wenn auch belanglos an (G. Reif und H.J. Steinbeck, 1938).

Besonders umfangreich ist der Einsatz von Aluminium für Milchkannen (D. Stüssi, 1952; W. Faisst, 1953; A. Taranger, 1957); für diese werden Legierungen der Gattung AlMgSi, aber auch AlMn verwendet. Der Hauptvorteil des Aluminiums liegt dabei in seinem geringen Gewicht, so daß es sich besonders für eines der wichtigsten Milchgewinnungsgebiete, das Gebirge, eignet. Die Korrosionsbeständigkeit der Aluminium-Milchkannen ist durchaus befriedigend. Zur weiteren Erhöhung der Beständigkeit werden auch anodisierte Milchkannen verwendet, deren Bewährung abzuwarten bleibt, da bei der Reinigung mit alkalischen Mitteln die Anodisierschicht allmählich abgelöst wird.

In den Anfängen der Verwendung von Aluminium-Milchkannen bestand ein gewisser Nachteil darin, daß die Deckel an der Kannenöffnung „schmierten"; dieser Nachteil ist durch geeignete Konstruktionen überwunden.

Aus der Praxis wird berichtet, daß der Milchstein aus Aluminiumkannen etwas schwerer zu entfernen sei als aus anderen Kannen.

Für den Transport von saurer Molke befriedigen Aluminium-Kannen in Käsereien nur bedingt, da die Molke abgesehen von ihrem Säuregehalt mitunter auch noch Kupfer enthält, das Kupferkesseln entstammt (E. FLÜCKIGER und E. HEUSCHER 1963).

Im übrigen aber sind die kupferfreien Aluminiumwerkstoffe gegen alle Milcharten und -erzeugnisse bis zu einem Säuregrad von etwa 75 Soxhlet-Henkel-Einheiten befriedigend beständig, häufig auch in der Wärme (Aluminium-Zentrale).

Im einzelnen sind zu nennen: Kühlgeräte, -wannen und -wagen, Eimer, Melkanlagen, Milchleitungen, Tische, Filter, Trichter, Tanks, offene Milchbehälter, Kannen-Spülwannen, Waagen, Pumpen, Geräte für Messungen und Probenahmen, Separatoren und Zentrifugen, Milchverdampfungsanlagen, Trockentürme, Zerstäuber, Schraubelevatoren, Fördereinrichtungen, Kaseinkessel, Misch- und Kristallisationsgefäße für Zucker, Absetzbecken, Geräte zur Quark- und Joghurt-Herstellung, Geräte, Wannen, Formen, Horden, Bruchwagen, Schneidapparate zur Käseherstellung, Abfüll- und Ausgabegeräte, Säureentwickler, Rahmständer und -reifer, Butterfertiger, -homogenisatoren, -formmaschinen, -schneider, -dauerdosen, Flaschen, Kapseln (Aluminium-Zentrale, 1965).

Zur Aufbewahrung von Kondensmilch sind dünn eloxierte Aluminium-Konservendosen und -Tuben, ferner Tubenbeutel in Gebrauch (W. LINICUS und W. PAPSDORF, 1957). Die Verwendung nicht eloxierter Dosen erscheint nach F. JAKOBSEN und E. MATHIESEN (1946) bedenklich.

In weitem Umfang wird Aluminium als Papier-kaschierte Aluminiumfolie – z.T. auch unmittelbar als Folie – zur Verpackung von Milcherzeugnissen, im besonderen Käse und Butter verwendet (W. LINICUS und W. PAPSDORF, 1957). Hierbei ist besonders der weitgehende Schutz gegen Licht, Luft und Temperaturschwankungen vorteilhaft.

Dies kann jedoch auch gelegentlich zu Nachteilen führen, indem z.B. in Aluminiumfolie verpackter Camembert-Käse bei zu langer Lagerung oberhalb 15° C braunschmierig werden kann (M.E. SCHULZ und H. SIEGFRIED, 1956).

Gelegentlich auftretende Korrosionen der Folie beruhen meistens auf aggressiven Bestandteilen des Papiers, im besondern auf einem Gehalt an Chloriden oder an alkalischen Stoffen. Das verwendete Papier sollte weniger als 0,05% Chlorid (als NaCl berechnet) enthalten und im wäßrigen Auszug einen pH-Wert zwischen 6 und 8 aufweisen (Normblatt DIN 53110, G. SCHIKORR und K. VOLZ, 1962).

Gelegentlich entsteht durch die Einwirkung von Käse auf Aluminiumfolie Wasserstoff, der zu Aufblähungen der Packungen führen kann E. FLÜCKIGER (1964).

d) Aluminium in der Fleisch-, Fisch-, Fett- und Gemüsewirtschaft

Da Fleisch, Fisch und Gemüse meistens etwa neutral sind, haben auch hier Aluminiumwerkstoffe ein großes Anwendungsgebiet gewonnen. Besonders vorteilhaft ist dabei die Beständigkeit des Aluminiums gegen die in diesen Lebensmitteln häufigen Schwefelverbindungen, so daß die bei Verwendung anderer Metalle vorkommenden Verfärbungen ausbleiben. Durch Gehalte an Salz, Säure und Trimethylaminoxid wird die Korrosivität der Lebensmittel erhöht, was bei der Verwendung zu beachten ist (F. JAKOBSEN u. E. MATHIESEN, 1946; J.M. BRYAN, 1950). Salzarme Lebensmittel mit einem pH-Wert zwischen 5,7 und 7,6 können in ungeschütztem Aluminium verpackt werden.

Im Schlächtereigewerbe und beim Fischfang haben sich die Aluminium-Werkstoffe besonders als Gefäße für die verschiedensten Zwecke bewährt, selbst zur Auskleidung ganzer Räume (Aluminium-Zentrale; H. SCHLOSSMACHER, 1962; W. FAISST, 1953); ferner sind sie auch vielfach für Geräte in Fleisch- und Fisch-verarbeitenden Großbetrieben geeignet, z.B. für Wagen, Transport- und Stapelkästen, Waagen, Kocher, Kessel, Pressen, Formen, Heber, Fettseier, Aufschneideplatten, Löffel, Durchschläge, Siebe, Trichter, Stecher, Messer, Gabeln, Spieße, Haken, Schaufeln (W. LINICUS und W. PAPSDORF, 1957; Aluminium-Zentrale, 1965).

Zahlreich waren und sind die Versuche, Aluminium für Konservendosen einzusetzen (Aluminium-Zentrale; K. KLEINJOHANN, 1965; K. KLEINJOHANN u. H.J. MAUTHE, 1965; J. HERRMANN u. B. MÜLLER, 1958; D. ALTENPOHL, 1962; W. HOTTINGER, 1965). Diese Versuche hatten bisher keinen größeren Erfolg (abgesehen vielleicht von Bierdosen, siehe Seite 23), obwohl insgesamt gesehen die Korrosionsbeständigkeit der Aluminium-Dosen nicht geringer ist als die der üblichen Dosen. Die Ursache hierfür liegt wohl einerseits im Preis des Aluminiums, andererseits in seinen Festigkeitseigenschaften; abträgliche Aufblähungen der Dosen beim Abkühlen der Autoklaven wurden zwar durch die Entwicklung besonderer Überdruckautoklaven überwunden; die Festigkeit des Aluminiums reicht jedoch – wirtschaftlich tragbare Blechdicken vorausgesetzt – nicht aus, um z.B. Kilogramm-Dosen einzuführen. Für kleinere Dosen, wie sie etwa für Fische oder für Tomatenmark vielfach üblich sind, sollte Aluminium, gegebenenfalls mit geeignetem Oberflächenschutz, jedoch in größerem Umfang einsetzbar sein als bisher (H. HUBER, 1962; J.H. MAUTHE, 1962; Ungenannt, 1964; F. WIRTH, 1965; G. WÜNSCHE, 1963, 1966). Weitgehend durchgesetzt haben sich hingegen Aluminiumtuben sogar für aggressive Lebensmittel wie Fischpaste, Tomatenmark und Senf (Ungenannt, 1961).

Fleisch und Fisch verhalten sich nach jahrelangen systematischen Versuchen von F. JAKOBSEN u. E. MATHIESEN, 1946 folgendermaßen gegen Aluminium-Konservendosen:

Gegen mageres Fleisch sind die Dosen gut beständig, sehr fettes Fleisch und mit Milch zubereitetes Fleisch erzeugen jedoch eine erhebliche Wasserstoffentwicklung.

Fische in milchfreiem Gelee greifen selbst ungeschützte Dosen nur wenig an; Fische in tomaten- oder milchhaltiger Soße entwickelten jedoch Wasserstoff mit dem Aluminium. Bei Sardinen in Öl sind Sprotten-Sardinen aggressiver als Hering-Sardinen; dies hängt damit zusammen, daß Heringe mehr Trimethylaminoxid enthalten als Sprotten, wobei es unsicher ist, ob die Wirkung des Trimethylaminoxids auf Heraufsetzung des pH-Wertes oder auf Oxydation des entstehenden Wasserstoffs beruht. Im Sommer gefangene Fische erzeugen ebenfalls wegen niedrigeren Trimethylaminoxid-Gehalts weniger Wasserstoff als im Herbst gefangene. Schwach geräucherte Heringe greifen mitunter unter Aufblätterungserscheinungen des Aluminiums an (vgl. Abschnitt C I 2), was durch Anwendung von manganhaltigem Aluminium eingeschränkt werden kann. Krustentiere verhalten sich gewöhnlich befriedigend in Aluminium-Konservendosen; die Wasserstoffentwicklung, die entsteht, wenn jene zu alkalisch werden, läßt sich durch Zugabe von Phosphorsäure verhindern.

Viel verwendet werden Aluminium und seine kupferfreien Legierungen auch in der Fettindustrie, so als Lagerbehälter, Transporttanks, Rohrleitungen, Schmelzkessel (E. RABALD u. H. BRETSCHNEIDER, 1953; F. BAERLECKEN, 1937; P. JUNIÈRE, 1952). Aluminium-kaschiertes Papier wird viel als Packpapier verwendet, doch soll der Natriumchloridgehalt des Fettes dabei nicht zu hoch sein. Ebenfalls gut geeignet ist Aluminium für Lecithin, Gelatine und Leim (E. RABALD u. H. BRETSCHNEIDER). Vitamin A läßt sich in Aluminium-Geräten konzentrieren (P. JUNIERE, 1952).

Von Gemüsen lassen sich nach P. JAKOBSEN u. E. MATHIESEN (1946) Erbsen jahrelang selbst in blanken Aluminium-Dosen lagern, während für Bohnen und Rote Beete eloxiert-lackierte Dosen verwendet werden müssen.

Spinat hingegen greift selbst solche Dosen unter Wasserstoffentwicklung an, was offenbar mit dem Oxalsäuregehalt des Spinats zusammenhängt. Zugabe von Calciumsalzen verringert infolge Bildung unlöslichen Calciumoxalats diese Korrosion. Die Aggressivität des Spinats hängt auch von der Zeit der Aussaat und Ernte ab, indem man z.B. bei am 1. Juni gesätem Spinat fast doppelt so viel Oxalsäure fand wie bei am 1. Juli gesätem.

Ganz allgemein ließ sich auch bei den Untersuchungen von F. Jakobsen u. E. Mathiesen (1946) die Haltbarkeit der Dosen durch Eloxieren und Lackieren entscheidend erhöhen, was von K. Kleinjohann u. J.H. Mantle (1965) bestätigt wird, ferner von A. Jensen (1964).

Außenkorrosionen der Dosen können nach F. Jakobsen u. E. Mathiesen (1946) im besondern durch Verunreinigungen mit Füllgütern, ferner durch saure, alkalische oder chloridhaltige Leime an den Etiketten erzeugt werden (vgl. auch G. Schikorr u. K. Volz, 1962).

Bei der unmittelbaren Zubereitung von Mahlzeiten werden Aluminium-Werkstoffe weitgehend angewendet, und zwar sowohl in Großküchen als auch in Einzelhaushalten. Bei Guß ist streng darauf zu achten, daß kupferarmes Material nicht nur bestellt, sondern auch geliefert wird (H. Kessler, 1939).

So waren unzulässigerweise einer Fabrik für Küchenmaschinen von einem Unterlieferanten mehrmals Teile aus Aluminium-Guß mit mehreren Prozent Kupfer geliefert worden, obwohl AlMg 3 bestellt war, zweifellos weil die betreffenden Teile sich aus AlMg 3 schlecht gießen ließen.

Der Guß sollte auch möglichst porenfrei sein, da Poren Ausgangspunkte von Korrosionen und Bakterienherde sein können. Aus diesen Gründen ist es zweckmäßig, daß der Besteller mit dem Gießer Vereinbarungen über möglichst gießgerechte Konstruktionen trifft.

Normale Aluminium-Kochtöpfe haben sich im Haushalt vorzüglich bewährt.

Unnötig langes Stehenlassen mit Speiseresten, im besondern chlorid- oder säurehaltigen, sollte man jedoch vermeiden. Die in Korrosionsgrübchen am Topfboden mitunter vorhandene schwarze Masse erweist sich als Kohle, von verkohlten Speiseresten herrührend. Wenn Speisen anbrennen, ist daher besonders sorgfältiges Reinigen des Topfes zweckmäßig (P. Melchior, 1953).

Ferner werden im Haushalt und in Großküchen folgende Gegenstände aus Aluminium verwendet: Pfannen, Kannen, Schüsseln, Seiher, Trichter, Durchschläge, Pressen, Grillgeräte, Dämpfer, Dosen, Tortenböden, Formen, Waffeleisen, Quirle, Greifer, Bestecke (Aluminium-Zentrale, 1965; Verband der Aluminium verarbeitenden Industrie). Auch Standard-Legierungen mit erheblichem Kupfergehalt (vgl. Tabelle 4) werden auf diesem Gebiet mit Erfolg eingesetzt. So werden verwendet die Legierungen 221, 223, 225, 231, 234 (1–7,5% Cu) für Bestecke, Suppenkellen, Kochtöpfe, Bratpfannen, Waffeleisen, Becher zum Fördern trockener Nahrungsmittel wie Mehl (Vereinigung Deutscher Schmelzhütten).

Neuerdings führt sich die Verwendung von Aluminiumfolien zunehmend in Haushaltsküchen ein. Das Nahrungsmittel kann unmittelbar in Folie eingepackt und dann gebacken oder gedünstet werden, was einen besonders kräftigen Geschmack der Speise bewirken soll (H. Schlossmacher, 1962; M. Schmidt, 1964). Ferner führen sich Hartfolienpackungen ein, die infolge einer Foliendicke von 0,05—0,1 mm eine gewisse Steifigkeit haben und sich mit einem Deckel verschließen lassen (H.D. Arnold, 1957; W. Linicus u. W. Papsdorf, 1957); sie eignen sich für Backverpackungen und Tiefkühlverpackungen. Vielfach sind auch die Verwendungsmöglichkeiten von kaschierter Folie (mitunter heißsiegelfähiger) für Haushaltsverpackungen (W. Linicus u. W. Papsdorf, 1957).

e) Verhalten von Aluminium gegen Reinigungs- und Entkeimungsmittel

Über den Angriff einwandfreier Entkeimungs- und Reinigungsmittel auf Bedarfsgegenstände aus Aluminium ist bisher nichts bekannt geworden, soweit keine Fehler begangen wurden. Im besondern müssen speziell für Aluminium vorgesehene Mittel verwendet werden, da gewöhnliche Mittel wie Soda-Lösung oder Chlorkalk stark angreifen können (Deutsche Landwirtschaftsgesellschaft; G. Wildbrett u. F. Kiermeier, 1960; G. Wildbrett u. Mitarb., 1967; H. Mrozek u. H.-L. Schlüssler, 1965). Fehler bei der Verwendung an sich geeigneter Mittel können z.B. in Gärbottichen der Bierbrauerei darin bestehen, daß Kühlschlangen aus Kupfer oder nichtrostendem Stahl mit der Gärbottich-Wand aus Aluminium in leitender Verbindung stehen, was bei Füllen des Bottichs mit einem an sich einwandfreien sauren Reinigungsmittel in wenigen Tagen zu einer Korrosion des Aluminiums führen kann; ferner werden mitunter – wie schon erwähnt – fehlerhafterweise saure Reinigungsmittel durch innen ankorrodierte Kupferrohre geleitet, die dort Kupferkorrosionsprodukte auflösen und später Kupfer auf Aluminium ausscheiden, was dann zu erheblicher Korrosion führen kann.

Auch durch Alterung können Reinigungs- und Entkeimungsmittel aggressiv werden (W. Kleber u. G. Franke, 1962).

II. Bedarfsgegenstände aus Blei und Bleilegierungen

1. Technologie und allgemeine Verwendung für Lebensmittel

Blei wird auf dem Lebensmittelgebiet für Wasserleitungsrohre (Band VIII), für Tuben und Flaschenkapseln, ferner in Form von Bleilegierungen als Lotmetall verwendet.

Blei ist sehr rein lieferbar, z.B. als Feinblei Pb 99,99 und als Hüttenblei Pb 99,94 mit nur 0,01% bzw. 0,06% Verunreinigungen (Normblatt DIN 1719). Es ist bekanntlich sehr weich und kann daher schon bei der Handhabung in merklichen Mengen an der Haut hängen bleiben. Infolge seiner guten Verformbarkeit lassen sich Tuben und Kapseln leicht aus ihm herstellen.

Zur Härtung legiert man Blei mit verschiedenen Metallen, im besonderen mit Antimon (Normblatt DIN 17641); auf dem Lebensmittelgebiet sind derartige Legierungen besonders für Wasserleitungsrohre verwendet worden.

Bleilegierungen mit Zinn sind das häufigste Lotmetall (W. R. Lewis, 1963); sie zeichnen sich durch ihren niedrigen Schmelzpunkt aus. Selbst bei überwiegendem Blei-Anteil gelten diese Lote handwerksmäßig noch als Zinnlote, so z.B. das 70% Blei enthaltende Lot, das richtig als Blei-Zinn-Lot zu bezeichnen ist, nach Normblatt DIN 1707 als L PbSn 30. Häufig sind auch als verzinnt bezeichnete Gegenstände in Wirklichkeit mit Blei-Zinn-Lot überzogen.

Blei-Zinn-Legierungen lassen sich besonders leicht gießen. Gegenstände aus „Zinn" enthalten daher mitunter größere Bleimengen und „Zinn-Soldaten" sind häufig eher Blei-Soldaten.

Flaschenkapseln aus „Stanniol" sind fast immer sehr dünn verzinnte Bleikapseln (Eingehende Darstellung des Bleis bei W. Hofmann, 1941).

2. Allgemeine Korrosionseigenschaften

Obwohl Blei viel edler als z.B. Aluminium ist, hängt auch seine Korrosionsbeständigkeit entscheidend von der Schutzschichtbildung ab (vgl. z.B. G. Schikorr, 1940). So gehört Blei zu den in verdünnter Schwefelsäure beständigsten Metallen, da in dieser eine sehr wirksame Schutzschicht aus dem schwer löslichen Bleisulfat entsteht; in konzentrierter Schwefelsäure ist Bleisulfat jedoch löslich und dementsprechend Blei auch nicht beständig.

Besonders bemerkenswert ist in dieser Beziehung das Verhalten von Blei in destilliertem Wasser. Hier findet gewissermaßen ein Wettbewerb zwischen in Lösung gehendem Blei(II)-hydroxid und der Bildung einer Schutzschicht aus Bleicarbonat auf der Bleioberfläche statt. Gelangt die Kohlensäure der Luft rasch genug durch das Wasser an das Blei, so bildet sich eine Bleicarbonat-Schutzschicht, und die Korrosion kommt zum Stillstand. Dies geschieht z.B. bei großer Wasseroberfläche. Ist jedoch der Kohlensäure-Zutritt zu langsam (z.B. bei kleiner Wasseroberfläche), so entsteht das Bleicarbonat zunächst in der Lösung, dann aber an der Lösungsoberfläche; auf dem Blei selbst bildet sich dementsprechend keine Schutzschicht und die Korrosion schreitet ständig fort.

Auch die Korrosion des Bleis in Lösungen organischer Säuren hängt weitgehend von der Löslichkeit des betreffenden Bleisalzes ab; so greift Oxalsäure Blei nur sehr wenig an, die Korrosion durch Essigsäure und Citronensäure ist hingegen stark. Durch Essigsäure wird das Blei häufig ausgesprochen interkristallin angegriffen. Der Angriff von Ölsäuren auf Blei und Blei-Zinn-Lot kann nach K.G. Bergner u. U. Rüdt (1968) sehr erheblich sein.

Wenn Blei und Stahl bei Kontakt miteinander sich in heißen Fettsäuren befinden, wird entgegen der Spannungsreihe Blei unedler als Eisen und bevorzugt korrodiert (H.O. Heyer, 1933).

3. Chemisches Verhalten gegen Lebensmittel

Blei ist zwar als Material für Wasserleitungen vielfach bewährt, wenigstens soweit es sich nicht um zu weiche Wässer handelt; die eigentlichen Lebensmittel dürfen jedoch nach dem Blei-Zink-Gesetz (vgl. Abschnitt F) in Gefäßen oder Geräten, die ganz aus Blei oder Bleilegierungen bestehen, weder aufbewahrt noch zubereitet werden. Derartiges scheint jedoch vorzukommen, denn mitunter findet man nicht unerhebliche Bleimengen in Olivenöl (H. Cheftel u. Mitarb., 1955).

Für kosmetische Artikel sind Bleituben zugelassen, wenn sie innen mit einem Lack- oder Zinn-Überzug versehen sind; diese Bestimmung bedürfte unseres Ermessens jedoch der Präzisierung.

Durchaus verwendet für die Lebensmitteltechnologie werden Blei und Bleilegierungen, wenn keine oder eine nur sehr geringe Berührung mit dem Lebensmittel zu erwarten ist. Besonders wichtig in dieser Beziehung sind Weißblechkonservendosen, da diese außen meistens mit Blei-Zinn-Lot gelötet sind. Bei der Dosenherstellung ist es auch häufig nicht zu vermeiden, daß das Lot durch die Nahtstelle an deren Innenseite gelangt oder daß Lot beim Löten an die Innenwand der Dose spritzt und dort haften bleibt. Ferner werden Fülloch-Dosen für Kondensmilch mit Lot verschlossen, in USA sogar mit Blei-Zinn-Lot L PbSn 2; das Lot tropft hierbei mitunter in die Dosen hinein („Klapper-Dosen"). Wie Untersuchungen von K.G. Bergner u. H. Miethke (1967) ergeben haben, nehmen Lebensmittel in solchen Dosen jedoch nur wenig Blei auf, so daß Bleigehalte von 0,5 mg/kg nicht überschritten werden, wobei außerdem ein erheblicher Teil des Bleis von vornherein in dem Lebensmittel vorhanden ist. F. Emanuele u. E. Ceccherelli (1951) fanden bei Verwendung sehr kleiner Dosen (160 ml) Bleigehalte des Füllguts bis zu einigen Milligramm, die allerdings im Laufe der Zeit (offenbar infolge Wiederausscheidung des Bleis) wieder abnahmen. Ließ man in Pyrex-Gläsern Lebensmittel auf Lotmetall-Streifen einwirken, so betrug der Bleigehalt sogar bis zu 24 mg/kg (vgl. auch H. Cheftel u. M.-L. Panouse-Pigeand, ferner W.R. Lewis, 1963). Die Potentialverhältnisse in dem Korrosionselement Bleilot/Lebensmittel/Zinn geben dabei zu Bedenken keinen Anlaß, indem Zinn und Blei-Zinn-Lot etwa das gleiche Potential zeigen, Blei selbst sogar edler ist (K.G. Bergner u. H. Miethke, 1967).

Die üblichen Weinflaschenkapseln aus sehr dünn verzinntem Blei (Dicke der Zinnschicht ca. 0,1–4 μm) sind zwar in der Regel ausreichend korrosionsbeständig, immer wieder aber entstehen auch starke Korrosionen (F. Querberitz, 1954; K.G. Bergner u. G. Schikorr, 1957; G. Schikorr u. K.G. Bergner, 1957). Die dünne Zinnschicht, die noch dazu meistens keineswegs vollständig deckt, übt dabei praktisch keinen Schutz aus.

Der Hauptangriff entsteht dann, wenn am Flaschenmund stehengebliebene Weinreste essigstichig werden; denn gegen Essigsäure ist, wie gesagt, Blei sehr korrosionsanfällig.

Mitunter findet man völlig zerfallene Flaschenkapseln. Die Korrosionsprodukte können sich auf dem Korken ablagern, so daß auf solchen z. B. 15 mg Blei gefunden wurden. Wird ein derartiger Korken aus Unkenntnis später umgekehrt auf den Flaschenhals gesteckt, so kann Blei in den Wein gelangen. Gefunden wurden unter möglichen Umständen in dem Wein einer Flasche 10 mg Blei.

In Cognac fanden L. LAFON u. Mitarb. (1960) Bleigehalte bis 0,3 mg/l, die aus dem Blei-Zinn-Lot der Abfüllanlage stammten.

Der Angriff von Ölen und fettreichen Lebensmitteln auf Blei und Blei-Zinn-Lot nimmt mit dem Gehalt an freier Ölsäure und Peroxid stark zu; er beträgt bis zu 5 g/m^2 Tag in reiner Ölsäure, ist aber in Handelsprodukten fast stets zu vernachlässigen (K. G. BERGNER u. U. RÜDT, 1968).

Zur Blei-Aufnahme aus bleihaltigen Zinnüberzügen siehe Abschnitt C X.

III. Verchromte Bedarfsgegenstände

1. Technologie und allgemeine Verwendung für Lebensmittel

Chrom wird als kompaktes Metall für Bedarfsgegenstände nicht verwendet, sondern nur als Legierungsbestandteil (Abschnitt C V) und als Chromüberzug.

Bei den Chromüberzügen unterscheidet man Glanzchromüberzüge und Hartchromüberzüge. Als „Verchromung" wird in der Galvanotechnik nicht der Chromüberzug, sondern der Vorgang der Erzeugung der Überzüge bezeichnet.

Glanzchromüberzüge, die meistens auf Zwischenschichten von Nickel oder Nickel und Kupfer aufgebracht werden, dienen in der Regel dekorativen Zwecken. Nach Normblatt DIN 50960 soll ihre Dicke zwischen 0,3 und 1 μm liegen. Glanzchromüberzüge sind somit sehr dünn und daher immer porig. Werden sie für Lebensmittelgeräte und -gefäße verwendet, so in der Regel nur für deren Außenseite, die mit dem Lebensmittel nicht in Berührung kommt. Man findet sie z. B. an Kaffeemaschinen, Teekesseln, Mixgeräten, Armaturen und Dosenöffnern.

Als Hartchromüberzüge werden Chromüberzüge von mehr als ca. 30 μm Dicke bezeichnet. Die Überzüge sind an sich zwar grundsätzlich nicht härter als Glanzchromüberzüge; diese sind jedoch so dünn, daß ihre Härte nicht zur Geltung kommt.

Hartchromüberzüge werden für Messer als Verschleißschutz verwendet. Hierfür reicht die genannte Dicke von 30 μm auch meistens aus, obwohl derartige Überzüge häufig porig sind.

Sollen Hartchromüberzüge auf Stahl, Gußeisen oder Zink als Korrosionsschutz dienen, so müssen sie porenfrei sein.

Weil man sich dessen nicht bewußt ist oder die Preiserhöhung scheut, wird diese Notwendigkeit mitunter nicht beachtet. Dabei ist die Preiserhöhung verhältnismäßig unwesentlich. Denn wegen des häufig notwendigen Polierens und der meistens schwierigen Montage vor dem Verchromen fällt auf diese Arbeitsgänge ein Hauptteil der Verchromungskosten; eine Verdoppelung der Schichtdicke bedeutet daher keineswegs eine Verdoppelung der Verchromungskosten, sondern eine Erhöhung um nur ca. 10–30%, während die Gebrauchsdauer des betreffenden Gegenstandes auf ein Vielfaches erhöht werden kann.

Die üblichen Verchromungen in heißen Bädern streuen nur schlecht, wodurch die Chromschicht an zurückliegenden Stellen verhältnismäßig dünn wird. Es ist daher zu beachten, daß die als Korrosionsschutz geplanten Chromüberzüge nicht nur an einigen, sondern an allen wesentlichen Stellen porenfrei sind. Hierfür müssen häufig Hilfsanoden und Abschirmungen angebracht werden, was die genannte Höhe der Montagekosten erklärt.

Kaltverchromungen streuen zwar besser, sind aber matt und müssen poliert werden. Sie haben sich bisher nur wenig eingeführt.

2. Allgemeine Korrosionseigenschaften

Chrom ist an sich ein ziemlich unedles Metall; unter oxydierenden Verhältnissen bildet sich jedoch auf seiner Oberfläche meistens eine besonders dichte und widerstandsfähige Schutzschicht, so daß Chrom bei Gegenwart von Oxydationsmitteln meistens sehr beständig ist. Von manchen nichtoxydierenden Säuren, im besondern von starker Salzsäure, wird Chrom jedoch heftig angegriffen.

Da reines Chrom, wie gesagt, in der Lebensmitteltechnologie nur als Überzug verwendet wird, ist die Porigkeit der Chromüberzüge von entscheidender Bedeutung. Denn da Chrom meistens das edlere Potential aufweist, können grundsätzlich zwischen Chromüberzug und dem Metall am Grund von Poren Korrosionselemente mit dem Grundmetall als unedlem Pol entstehen, die deshalb besonders schädlich sind, weil einem großen edlen Pol ein kleiner unedler Pol gegenübersteht, der dementsprechend verstärkt angegriffen wird.

Bei Glanzchromüberzügen übernimmt die Chromschicht im wesentlichen den Anlaufschutz, während die darunterliegenden Metalle für die eigentliche Gesamtkorrosionsbeständigkeit maßgebend sind.

Wegen der Wichtigkeit für die Beschlagteile von Kraftfahrzeugen sind diese Verhältnisse für Glanzchromüberzüge oft untersucht worden. Sie sind ziemlich verwickelt, brauchen aber hier nicht erörtert zu werden, da sie für die Lebensmitteltechnologie von untergeordneter Bedeutung sind.

Im besondern müssen Hartchromüberzüge auf Stahl, Gußeisen und Zink porenfrei sein, da wegen der Unedelheit dieser Metalle in Lebensmitteln so starke Korrosionselemente entstehen, daß einerseits das Grundmetall lochartig angefressen und die Chromschicht abgesprengt werden, andererseits verfärbender Rost oder giftige Zinkverbindungen das Lebensmittel verderben können.

Tischmesser mit porigem Hartchromüberzug, die bei Kriegsende vergraben worden waren, erwiesen sich nach wenigen Jahren beim Wiederausgraben als völlig zerfressen. Andererseits sollen sich nach H. Uchida u. A. Horiguchi (1963) Konservendosen aus Stahlblech, die mit 0,05 µm hartverchromt und zusätzlich lackiert waren, befriedigend verhalten haben.

Wie die Verhältnisse bei andern Grundmetallen als den genannten liegen, ist nicht genügend bekannt; wahrscheinlich besteht erhöhte Korrosionsgefahr auch bei Kupferwerkstoffen als Grundmetall, wenn Kupfer mit dem Lebensmittel Komplexverbindungen bildet. Bei porigem Chromüberzug hat sich verchromtes Kupfer in der Milchwirtschaft nicht bewährt (H. Beyer, 1964).

Porenfreie Hartchromüberzüge werden in der Industrie der Fettsäuren verwendet, da sie gegen diese selbst bei hoher Temperatur beständig sind (E. Rabald u. H. Bretschneider, 1953).

IV. Bedarfsgegenstände aus Eisen

1. Technologie und allgemeine Verwendung für Lebensmittel

In der Technik unterscheidet man meistens Reineisen, auch Weicheisen genannt, härtbares Eisen oder Stahl, niedrig legierte Stähle, hochlegierte Stähle und Gußeisen. Reineisen und niedrig legierte Stähle sind für den vorliegenden Zusammenhang von geringerer Bedeutung als die hochlegierten Stähle; von diesen werden in der Lebensmitteltechnologie in weitestem Umfange die Chrom- und besonders die Chrom-Nickel-Stähle verwendet, die in Abschnitt C V behandelt werden. Im folgenden ist das Wort Eisen als Oberbegriff für Stahl und Gußeisen verwendet.

Als Stahl bezeichnete man früher Eisensorten mit z.B. 0,6–0,9% Kohlenstoff, die besonders leicht härtbar sind, während man Eisen mit geringerem Kohlenstoff-Gehalt Flußeisen oder Schmiedeeisen nannte. Da aber auch diese Eisensorten durchaus härtbar sind und der Übergang zu jenen Sorten völlig kontinuierlich verläuft, bezeichnet man heute auch die Eisensorten mit niedrigem Kohlenstoffgehalt als Stahl. Hienach fällt der größte Teil des technisch verwendbaren Eisens außer Gußeisen unter den Begriff Stahl, auch die im Volksmund Eisenbleche und Eisendrähte genannten Halbzeuge sind fast immer Stahlbleche bzw. -drähte.

Gußeisen ist eine Eisenlegierung mit ca. 3,5% Kohlenstoff, 2% Silicium und 1% Phosphor. Der Kohlenstoff ist als Graphit und als Eisencarbid Fe_3C vorhanden; überwiegt dieses, so handelt es sich um weißes, überwiegt jener, um graues Gußeisen. Das letzte, einfach Grauguß genannt, ist das bei weitem häufigste. Gußeisen ist nicht härtbar, dafür aber verhältnismäßig leicht schmelzbar. Bei längerem Erhitzen während des Gebrauchs, das z.B. in Feuerungsräumen die Regel ist, zerfällt das Eisencarbid unter Graphitbildung, was mit Ausdehnung verbunden ist und zu Verwerfungen führen kann. Diese Erscheinung, als „Wachsen des Gußeisens" bezeichnet, kann man häufig bei Ofenrosten und Ofentüren beobachten.

Stahl und Gußeisen sind zwar die an normaler Luft unbeständigsten Gebrauchsmetalle; ihre Beständigkeit ist aber unter vielen Umständen doch so groß, daß sie auch in der Lebensmitteltechnologie weitgehend verwendet werden.

Besonders umfangreich ist der Einsatz dieser Werkstoffe für Gestelle, Sockel, Gehäuse und Verschalungen aller Art an Stellen, an denen sie nicht unmittelbar mit Lebensmitteln in Berührung kommen. Auch für Gefäße ist ihre Verwendung erheblich, meistens allerdings in geschütztem Zustand, wobei die Schutzschichten aus Zink (Abschnitt C IX), Zinn (Abschnitt C X), Email (Seite nach 112) oder organischen Anstrichen bestehen (siehe unten).

Im Kriege wurden Konservendosen aus lackiertem Stahlblech verwendet, die sich durchaus bewährten (Seite 33/34).

Aber selbst in ungeschütztem Zustand ist die Verwendung von Eisen umfangreich. Wasserleitungsrohre sind oft Gußeisenrohre oder aus ungeschütztem Stahl bestehende „schwarze Rohre" (Band VIII). Schließlich sind auch ungeschützte Stahlgefäße in Gebrauch, die unmittelbar mit Lebensmitteln in Berührung kommen, so Gerstenweichen, Kühlschiffe, Malzdarren, Schrotmühlen und Sudpfannen in Brauereien, Maischgefäße in Brennereien, ferner Gefäße an Fleischbearbeitungsgeräten und Koch- und Bratgefäße.

Ein besonderes Gebiet, auf dem ungeschützter Stahl nach wie vor stark eingesetzt wird, sind Zerkleinerungsgeräte vieler Art, wobei die hervorragende Härtbarkeit und Schneidfähigkeit des Stahls wesentlich sind. Zwar geht die Herstellung von Tischmessern aus normalem Kohlenstoffstahl zugunsten solcher aus Chromstahl (Abschnitt C V) immer mehr zurück, für Zerkleinerungsmaschinen aber sind Stahlmesser alter Art noch durchaus üblich. Hier wird ferner auch niedrig legierter Stahl verwendet.

2. Allgemeine Korrosionseigenschaften

Über die Korrosionsbeständigkeit des Eisens sind Tausende von Veröffentlichungen vorhanden, wegen derer auf die Lehrbücher verwiesen sei, im besonderen auf H. Klas und H. Steinrath (1956). Hier kann nur das im vorliegenden Zusammenhang Wichtigste geschildert werden.

Beim Eisen sind die beiden Hauptkorrosionsarten, Korrosion unter Wasserstoffentwicklung und Korrosion unter Verbrauch von Oxydationsmitteln, besonders ausgeprägt unterschieden.

Korrosion unter Wasserstoffentwicklung entsteht auf dem Lebensmittelgebiet bei Einwirkung von Fruchtsäuren auf Eisen, und zwar können die meisten Fruchtsäuren Eisen unter Wasserstoffentwicklung angreifen. Eine praktisch wichtige Rolle spielt diese Korrosion bei Konservendosen (Abschnitt C X).

Als Beispiel für Grundlagenforschung auf diesem Gebiet sei eine Untersuchung von W. R. Buck und H. Leidheiser (1957) genannt, in der gefunden wurde, daß die verschiedenen Kristallflächen von Eisen-Einkristallen von kochenden Zitronensäure-Lösungen verschieden rasch angegriffen werden.

Starke anorganische Säuren, die in wäßeriger Lösung Eisen rasch angreifen, wirken auch in organischen Lösungsmitteln bei geringen Konzentrationen – z. B. 0,01 n – erheblich auf Eisen ein (E. Heitz und C. M. v. Meysenbug, 1965).

Durch manche Stoffe kann die Auflösung des Eisens in nicht oxydierenden Säuren stark gehemmt werden. Von anorganischen Stoffen sind derartige Inhibitoren Arsen- und Antimon-Verbindungen; ebenso wirken Zinnsalze, was für Weißblech-Konservendosen wichtig ist (Abschnitt X). Von organischen Stoffen seien Hexamethylentetramin und Teerbasen genannt. Über alle diese Inhibitoren besteht in theoretischen und praktischen Zusammenhängen eine besonders umfangreiche Literatur.

Nicht minder ausführlich, wenn auch keineswegs ausreichend, ist die Korrosion des Eisens unter Verbrauch von Oxydationsmitteln untersucht worden. In dieser Gruppe von Korrosionen befindet sich die wichtigste Korrosion überhaupt, das atmosphärische Rosten des Eisens (vgl. z. B. A. Kutzelnigg u. R. Ergang, 1960). Dieses ist für den Lebensmittelchemiker bei der Außenkorrosion seiner eisernen Geräte und Anlagen von Bedeutung, weshalb es kurz beschrieben sei.

Das normale atmosphärische Rosten hängt entscheidend von den Feuchtigkeitsverhältnissen und dem Gehalt der Luft an Schwefeldioxid ab, das aus den Verbrennungsgasen der Heiz- und Kraftanlagen stammt. Regen beschleunigt das Rosten zwar erheblich, grundsätzlich genügen dafür jedoch bereits relative Luftfeuchtigkeiten oberhalb ca. 70%. Ein von der Eisenoberfläche aufgenommenes Schwefeldioxid-Molekül kann je nach den Bedingungen bis zu 100 Atome Eisen in Rost überführen. Im Meeresklima bis zu einigen Kilometern von der Küste entfernt wirkt der Gehalt der Luft an versprühtem Natriumchlorid. Schwefeldioxid und Natriumchlorid können auch in Fabrikationsräumen mancher Betriebe an das Eisen der Maschinen gelangen und dort bei ausreichender Luftfeuchtigkeit rostbegünstigend wirken.

Gegen das atmosphärische Rosten in Lebensmittelbetrieben wird Eisen häufig ausreichend durch Anstriche geschützt (Beratungsstelle für Stahlverwendung; K. A. von Oeteren, 1965).

Beim Unterwasserrosten des Eisens ist der gelöste Sauerstoff fast immer die eigentliche Korrosionsursache. Daß Gußeisen- und schwarze Stahlrohre trotz dieses normalerweise vorhandenen Sauerstoffs gegen Wasser in der Regel ausreichend beständig sind, beruht auf der Entstehung von Kalk-Rost-Schutzschichten entsprechend Normblatt DIN 50930/31 (vgl. Band VIII).

In genügend konzentrierten alkalischen Lösungen, z. B. in 0,02 n-Natriumcarbonat-Lösung, wird Eisen gar nicht angegriffen, sondern es ist passiv. Dies beruht jedoch nicht auf der Abwesenheit von Säure, sondern ebenfalls auf Schutzschichten, da das in Wasser etwas lösliche Eisen(II)-hydroxid in alkalischen Lösungen entsprechend dem Massenwirkungsgesetz völlig unlöslich ist. Die gleichzeitige Gegenwart von Chloriden kann dementsprechend die Passivität aufheben, und zwar an Stellen gehemmten Alkalizutritts, da hier das Alkali durch Reaktion mit primär anodisch entstehendem Eisen(II)-chlorid verbraucht wird und dann auch weiterhin hier Eisen(II)-chlorid entstehen kann (vgl. den Versuch von U.R. Evans, 1962, in Abschnitt A III).

In Lebensmitteln können auch andere Oxydationsmittel als Sauerstoff korrodierend wirken (vgl. Zinn, Abschnitt C X). Für Eisen ist hierzu jedoch nichts genaues bekannt.

3. Chemisches Verhalten gegen einzelne Lebensmittel

Die Potentiale von Eisen in Milch sind von H. Beyer (1964), die in Champagner von F.N.Tawadse u. Mitarb. (1960) gemessen worden. Da jedoch Eisen sowohl von Milch als auch von Most und Wein erheblich angegriffen wird, werden Gefäße aus Eisen für Most und Wein nicht verwendet.

Eiserne Gestelle sind in Weinkellereien manchen Korrosionsbeanspruchungen unterworfen, so durch Schwefeldioxid, Fruchtsäuren und Salze. Als geeignetste Abhilfemaßnahme werden Lackanstriche empfohlen, wobei auf geeignete Untergrundbehandlung zu achten ist (R. Bünger, 1957).

In der Alkoholindustrie hat sich Stahl als hinreichend beständig gegenüber Maischen erwiesen, die sogar schwach sauer sein dürfen; er wird für Melasse-Vorratsbehälter, Alkoholbehälter, Vormaischbottiche, Dämpfer und Rektifizierblasen verwendet (H. Petzoldt, 1954), wobei man offenbar gewisse Korrosionen in Kauf nimmt. Denn bei Branntwein genügt bereits ein Säuregehalt von 0,1 bis 0,2 g/l, um Eisen aufzulösen und Ausfällungen zu verursachen (L.A. Warwicker, 1962).

Auch für die Herstellung von Glucose-Sirup sind Geräte mit Stahlteilen in Gebrauch; die hierdurch entstehenden Eisenaufnahmen hat B.L. Scallet (1963) untersucht.

Im Brauerei-Wesen hat sich auffälliger Weise ungeschützter Stahl vielfach für Gerstenweichen, Kühlschiffe und Sudpfannen bewährt, für Sudpfannen besonders dann, wenn mit Kohle geheizt wird, da Stahl hier beständiger ist als Kupfer. Vorzeitige Korrosionsschäden bei stählernen Gerstenweichen und Sudpfannen sind uns nicht bekannt geworden. Von außen können stählerne Sudpfannen jedoch infolge des Schwefeldioxid-Gehalts der Heizgase angegriffen werden (Ungenannt, 1964).

Bei stählernen Kühlschiffen kommen, wenn auch sehr selten, erhebliche Korrosionen vor; hierbei sind jedoch, da starke Beanspruchungen vorliegen, weniger die Korrosionen auffällig als ihr nicht viel häufigeres Auftreten, was vermutlich auf der Bildung von Schutzschichten aus Würzeabscheidungen beruht; nur wenn diese sich nicht vollständig ausbilden, kommt es offenbar zu beträchtlichen Anfressungen.

Wie in Weinkellereien sind auch in Brauereien eiserne Gestelle und Gehäuse starken Rostbeanspruchungen ausgesetzt; diesen kann man wie dort durch Anstriche genügend entgegen wirken (D.H. Edmonds, 1956; R. Bünger, 1958; L.A. Johnson, 1958; K.A. van Oeteren, 1963).

Aus der Küche ist die praktisch vollständige Beständigkeit von Bratpfannen aus Stahl und von Waffeleisen aus Gußeisen bekannt, wobei offenbar wiederum die Schutzschichtbildung von Bedeutung ist, hier vermutlich infolge der Einwirkung von Fetten und ähnlichen Stoffen. Man soll daher derartige Geräte nicht metallisch blank scheuern (H. Klas u. K.F. Mewes, 1940).

Fette greifen Eisen bei 60° C mit einer Geschwindigkeit von 0,05–0,3 mm/Jahr an, wobei es auf den Gehalt an freier Fettsäure, Wasser und Luft ankommt. Die Lagerung von Rohfett erfolgt häufig in Eisengefäßen. Eisen wird ferner für Pressen, Pumpen, Ausschmelzanlagen, Zentrifugen u.a. verwendet, wobei aber immer die Gefahr von Verfärbungen zu beachten ist. Ähnliches gilt für höhere

Fettsäuren, Gelatine, Leim, Lebertran und Lecithin (E. Rabald u. H. Bretschneider, 1953).

Über die Eignung und Zulässigkeit von Polytetrafluoräthylen-beschichteten Koch- und Bratgefäße mit chromathaltigen Haftvermittlern berichtet das Bundesgesundheitsamt.

An eisernen Gefäß- und Zerkleinerungsteilen von Wurstmaschinen entstehen mitunter häßliche Schwarzfärbungen, und auch das Brät wird in solchen Fällen verfärbt. Die Schadenursache ist Ascorbinsäure und in geringerem Maße auch Natriumascorbat. Daher ist die Zugabe von Natriumascorbat-Lösungen auf das nahezu fertig gekutterte Brät zu empfehlen, ferner eine besonders gute Reinigung nach Außerbetriebnahme der Geräte oder bei kontinuierlichem Betrieb zwischenzeitliche Reinigung (J. Sailer u. H. Günther, 1961).

Während des Krieges wurden in Deutschland wegen des Zinnmangels statt Weißblechkonservendosen lackierte geschweißte Schwarzblechdosen verwendet, die sich zum Teil, besonders für nichtsaure Füllgüter ausgezeichnet bewährten. Hierbei war sowohl die Güte der Lacke als auch die Lackierung der sorgfältig vorbehandelten Dosen wichtig (H. Ketterl u. Mitarb., 1944; G. Schikorr, 1944; E. Nehring, 1956a; J. Herrmann u. B. Müller, 1957).

Wenn solche Dosen trotz mancher Vorteile vor Weißblechdosen heute nicht mehr verwendet werden, so deshalb nicht, weil sie teurer sind und die Hausfrauen Weißblechdosen wegen des blanken Aussehens für besser halten, was sich auf den Verkauf auswirkt. In USA sind aber seit einigen Jahren wieder Bestrebungen im Gange, lackierte Schwarzblechdosen für Konserven zu entwickeln, was wegen des inzwischen erfolgten Fortschritts der Lackierungstechnik zu noch besseren und vielleicht auch billigeren Dosen führen sollte, als damals in Deutschland verwendet wurden.

V. Bedarfsgegenstände aus nichtrostenden Eisenlegierungen

1. Technologie und allgemeine Verwendung für Lebensmittel

Die nichtrostenden Stähle bestehen aus zwei großen Gruppen, den Chromstählen und den Chrom-Nickel-Stählen. Die Zusammensetzung der wichtigsten derartigen Stähle ist in Tabelle 6 angegeben.

Die Chromstähle sind billiger als die Chrom-Nickel-Stähle, aber doch bei milderen Beanspruchungen durchaus rostbeständig. Unter ihnen befinden sich die nichtrostenden Stähle mit den besten mechanischen Eigenschaften, im besondern die aushärtbaren Stähle, die sich unter anderm für Messerstähle eignen. Das Gefüge dieser Stähle ist nach der Härtung martensitisch, das der übrigen Chromstähle ferritisch.

Die austenitischen Chrom-Nickel-Stähle haben besonders hohe Korrosionsbeständigkeit. Der einfachste unter ihnen ist der einfache 18/8-Chrom-Nickel-Stahl (Werkstoff-Nr. 1.4300), besonders bekannt unter dem Namen „V2A-Stahl“, einer Firmenbezeichnung der Firma Fried. Krupp AG, Essen.

Sehr wichtig für den Apparatebau ist die einwandfreie Schweißbarkeit der nichtrostenden Stähle.

Im besonderen besteht die Gefahr, daß bei den Schweißtemperaturen der in dem Stahl enthaltene Kohlenstoff unter Ausscheidung von Chromcarbid Cr_3C reagiert, das sich bevorzugt an den Korngrenzen ausscheidet. Da 1 g Kohlenstoff auf diese Weise ca. 13 g Chrom der Legierung an den Korngrenzen entzieht, verarmt diese hier an Chrom und wird dementsprechend korrosionsanfälliger (z.B. R. Stickler und A. Vinckier, 1961; H. Braun, 1951; H.E. Bühler u. Mitarb., 1964; A. Bäumel, 1966; A. Bäumel u. Mitarb., 1961). Man kann diese Gefahr dadurch vermeiden, daß man den Kohlenstoff-Gehalt auf 0,1% und tiefer herabsetzt oder dem Stahl Stoffe („Carbid-Bildner“) wie Titan, Niob und Tantal zufügt, die noch leichter Carbide bilden als Chrom und damit den Kohlenstoff unschädlich machen (A. Bäumel,

Tabelle 6. *Hochlegierte Chrom- und Chrom-Nickel-Stähle großer Korrosionsbeständigkeit* (Auswahl unter Benutzung eines Prospektes der Deutschen Edelstahlwerke, Krefeld*)

Werkstoffnummer	Kurzname	Chemische Zusammensetzung (Richtwerte in %) C	Cr	Ni	Sonstiges**	etwa entsprechender USA-Stahl
Martensitischer Chromstahl (härtbarer Stahl hoher Verschleißfestigkeit und Schneidfähigkeit, z. B. für Messer)						
1.4034	X 40 Cr13	0,42	13,5			420
Ferritische Chromstähle (verhältnismäßig billige nicht härtbare Stähle noch höherer Rostbeständigkeit als martensitischer Chromstahl z. B. für Küchengeräte und Eßbestecke)						
1.4000	X 7 Cr13	0,08	13,3			410
1.4016	X 8 Cr17	0,10	17,5			430
Austenitische Chrom-Nickel-Stähle (nicht härtbare Stähle besonders hoher Korrosionsbeständigkeit, schweißbar – außer 1.4300 –, z. B. für Lebensmittelverarbeitung, Weinkellerei-, Brauerei-, Molkerei-Einrichtungen)						
1.4300	X 12 CrNi 18 8	0,10	18,0	9,5		302
1.4301	X 5 CrNi 18 9	0,06	18,5	11,0		304
1.4401	X 5 CrNiMo 18 10	0,06	17,5	11,5	2,3 Mo	316
1.4541	X 10 CrNiTi 18 9	0,08	18,0	11,0	0,4 Ti	321
1.4550	X 10 CrNiNb 18 9	0,08	18,0	11,0	0,64 Nb	347

* Weitere Angaben in Normblatt DIN 17440

** Die Stähle können ferner enthalten (zulässige Höchstwerte): 1,0 Si; 0,045 P; 0,03 S; 1,0 Mn (die austenitischen Stähle 2,0 Mn). Die Stähle Werkstoff-Nr. 1.4104 und 1.4305 enthalten zur Erzielung einer besseren spanabhebenden Bearbeitung ca. 0,15 S.

1965). Im übrigen sind beim Schweißen die Vorschriften der Stahlfirmen zu beachten (International Nickel).

Die nichtrostenden Stähle gehören zu den wichtigsten Werkstoffen im Lebensmittelwesen. Sie können grundsätzlich fast immer da für Lebensmittel eingesetzt werden, wo ein metallischer Werkstoff zweckmäßig ist. Einem noch größeren Einsatz, als schon vorhanden ist, steht der verhältnismäßig hohe Preis entgegen, weshalb man häufig auch die hoch entwickelten mit nichtrostenden Stählen plattierten Werkstoffe verwendet.

Für die mitunter etwas schwere Bearbeitung der nichtrostenden Stähle sind genaue Richtlinien ausgearbeitet worden.

Die nichtrostenden Stähle sind in vielen Büchern ausführlich beschrieben (z. B. E. Houdremont u. H.-J. Wiester, 1956).

Durch Hinzulegierung von Nickel, in geringerem Maße auch von Chrom, erzielt man Gußeisen erhöhter Korrosionsbeständigkeit. Technisch lieferbar sind derartige Gußeisenarten, die 13–36% Nickel und 0–6% Chrom enthalten. In der Lebensmitteltechnologie werden diese Werkstoffe, bekannt z. B. unter dem Namen „Niresist“ für Pumpen, Zentrifugen, Kessel, Filter, Ventile, Ofenplatten, Waschanlagen von Früchten, Brauereimaschinen, Konservenmaschinen und Flaschenfüllanlagen eingesetzt (Nickel-Informationsbüro; R. S. Archer u. Mitarb., 1951).

2. Allgemeine Korrosionseigenschaften

Die Korrosion der nichtrostenden Stähle ist wegen ihrer großen praktischen Wichtigkeit sehr oft untersucht worden, so daß einige hundert Veröffentlichungen über dieses Gebiet bestehen. Hier kann selbst das Grundsätzliche nur kurz behandelt werden. Eingehende Zusammenfassungen findet man z. B. bei E. Houdremont und H.-J. Wiester (1956), Mannesmann-AG, Nickel-Informationsbüro (Bibl.); H. Jesper und G. Grützner, 1964; I. Class und H. Gräfen, 1960; B. Röschenbeck, 1962; H. Braun, 1951; N. A. Nielsen, 1959.

Allgemein ist man sich darüber einig, daß die hohe Korrosionsbeständigkeit der nichtrostenden Stähle auf Passivität beruht. Meistens wird für bewiesen gehalten, daß die Ursache hierfür eine besonders beständige Chromoxid- und Eisenoxidhaltige Schutzschicht ist (J.G.D. BERWICK u. U.R. EVANS, 1952; H.J. YEARIAN; W.D. DERBYSHIRE u. J.F. RADAVICH, 1957; J. PFEIFFER, 1960). Doch wird auch die Elektronenkonfiguration und die Bedeckung mit Sauerstoff in Betracht gezogen (C. CARIUS, 1957; H. H. UHLIG, 1958a; 1958b; 1959; H. G. FELLER u. H.H. UHLIG, 1960).

Nichtoxydierende Säuren und besonders Chloride wirken allgemein der Passivität entgegen, und damit können diese Stoffe auch die Korrosion der nichtrostenden Stähle begünstigen, was jedoch nur unter bestimmten weiteren Bedingungen der Fall ist. Auch bei sehr starker Oxydationswirkung kann es zu Korrosionen kommen, wenn der Lösungsdruck auf dem Stahl so hoch wird, daß die Ionen die passivierende Schicht durchbrechen. Diese Verhältnisse lassen sich besonders gut elektrochemisch erforschen. Das Potential, oberhalb dessen die Passivität aufgehoben wird, nennt man Durchbruchspotential. Dieses hängt von der Stahlart und den Bedingungen ab; in chloridhaltigen Lösungen kann es bereits durch gelösten Luftsauerstoff erreicht werden (z.B. + 0,05 V gegen Normal-Wasserstoff-Elektrode). Die nichtrostenden Stähle sind daher nur in einem bestimmten Bereich von Oxydationswirkungen beständig, der allerdings praktisch sehr häufig vorliegt (z. B. H.J. ROCHA, 1940; 1910; W. SCHWENK u. A. RAHMEL, 1961; M. PRAŽAK, 1958; J.M. DEFRANOUR, 1959).

Auch Sulfide können ungünstig auf die Beständigkeit der nichtrostenden Stähle wirken; hierüber ist jedoch nur wenig Genaues bekannt.

Bei der Korrosion der nichtrostenden Stähle unterscheidet man 4 Arten: gleichmäßige Korrosion, örtliche Korrosion, interkristalline Korrosion und Spannungsrißkorrosion.

Die gleichmäßige Korrosion ist für die Werkstoffbeständigkeit die unschädlichste. Man darf sich jedoch durch die in der chemischen Industrie übliche Bewertung nichtrostender Stähle nicht beirren lassen; denn in dieser gilt ein Stahl bei einem Angriff von 0,1 g/m² je Stunde noch als völlig beständig. Vom Standpunkt der Verunreinigung des Lebensmittels kann solch ein Angriff, der etwa dem Rosten ungeschützten Eisens an Industrieluft entspricht, sehr erheblich sein.

Bei der örtlichen Korrosion unterscheidet man Spaltkorrosion und Lochfraßkorrosion.

Die Spaltkorrosion beruht auf Ungleichmäßigkeiten des Angriffsmittels, indem z.B. der Gehalt einer Lösung an dem für die Passivität so wichtigen gelösten Sauerstoff in Spalten leicht herabgesetzt und nur schwer wieder ergänzt werden kann. In solchen Fällen wird die Metalloberfläche in den Spalten mitunter unedel und verstärkt angegriffen; deshalb sollte man Spalten in Geräten aus nichtrostendem Stahl in kritischen Fällen möglichst vermeiden (z.B. bei Chloridgegenwart). Besonders gefährdet sind z.B. Flansche (E.V. KUNKEL, 1954; G.C. KIEFER, 1952).

Aber auch auf der glatten Fläche können örtliche Anfressungen entstehen, wiederum besonders in Gegenwart von Chloriden. Diese führen zu dem gefürchteten Lochfraß, der wahrscheinlich an schwachen Stellen der Oxidschicht einsetzt, an denen sich infolge der anodischen Auflösung des Stahls die Lösung verändert und dadurch Korrosionselemente mit kleiner Anoden- und großer Kathodenfläche entstehen, die starken örtlichen Angriff verursachen. Auch bei der Lochfraßkorrosion bietet die Elektrochemie gute Untersuchungsmöglichkeiten und Deutungen; dabei hat sich ein besonderes Potential, das Lochfraßpotential, als wichtig erwiesen. Die Anfälligkeit gegen Lochfraßkorrosion wird durch Zulegierung von

1–3% Molybdän zum Stahl herabgesetzt (E. Brauns u. Mitarb., 1955; J.W. Selby, 1955, 1957, 1961; R.S. Archer u. Mitarb., 1951).

Die interkristalline Korrosion ist gefügebedingt (z.B. E. Brauns u. G. Pier, 1955; V. Čibal u. M. Prážak, 1959; N.A. Nielsen, 1959) und, wie schon im vorigen Abschnitt gesagt, auf Chromverarmung an den Korngrenzen zurückzuführen, die besonders beim Schweißen entsteht und durch Zulegierung von Carbidbildnern (Titan, Niob, Tantal) herabgesetzt werden kann.

Eine weitere wichtige Korrosionsart ist die Spannungsrißkorrosion, die bei gleichzeitigen mechanischen und korrosiven Beanspruchungen kurzfristig zum Aufreißen des Stahles führen kann (American Society for Testing Materials; J. Hochmann und C. Bourrat, 1965). Sie hängt in starkem Maße von den besonderen Eigenschaften des Stahls und der angreifenden Mittel ab. Da diese, z.B. hochkonzentrierte siedende Magnesiumsalz- und Laugelösungen, in der Lebensmittelchemie eine geringe Rolle spielen, braucht die Spannungsrißkorrosion hier nicht näher behandelt zu werden. Erwähnt sei nur, daß unter besonders ungünstigen Umständen bereits bei niedrigen Natriumchloridgehalten Spannungsrißkorrosion entstehen kann (H.R. Copson und C.F. Cheng, 1957).

Allgemein sind die nichtrostenden Stähle um so beständiger, je glatter ihre Oberfläche ist (H. Stüdemann u. R. Booth, 1953). Das besonders einfache anodische Polieren nichtrostenden Stahls führt sich daher immer mehr ein (D. Lowden, 1962).

Eingeschlagene Firmenbezeichnungen sind möglichst zu vermeiden, da sie Ansatzpunkte für einsetzende und dann stark fortschreitende Korrosion sein können. Auch dem Glattschleifen ist große Sorgfalt zu widmen, da grobgeschliffene Oberflächen erheblich korrosionsanfälliger sind als glattgeschliffene. Korrosionsbegünstigend wirken ferner verzunderte oder auch nur angelaufene Stellen, die beim Schweißen entstehen und daher sorgfältig entfernt werden müssen.

Die Chromstähle sind entsprechend dem Gesagten merklich unbeständiger als die austenitischen Chrom-Nickel-Stähle, jedoch sind die Chromstähle so rostsicher, daß sie unter vielen Bedingungen völlig unangegriffen bleiben. Allgemein bekannt ist die gute Bewährung der aus Chromstählen bestehenden Tischmesser und -löffel; nur wenige Menschen haben jemals das Rosten solcher Bestecke beobachtet, obwohl Natriumchlorid und organische Säuren oft mit ihnen in Berührung kommen. Der Beständigkeit sind jedoch Grenzen gesetzt. So sind die 13%igen Chromstähle selbst bei gewöhnlicher Temperatur gegen konz. Natriumchloridlösung nicht beständig, und diese kann entstehen, wenn verdünnte Natriumchloridlösung oder Natriumchlorid-haltige Speisen bei ca. 80% relativer Luftfeuchtigkeit eintrocknen. Man sollte daher Chromstahl-Bestecke nicht über Nacht ungereinigt liegen lassen. Ferner erhöht ein Gehalt der einwirkenden Stoffe an Sulfiden und Kupfersalzen die Rostanfälligkeit der Chromstähle erheblich. Kupfersalze können z.B. von der Einwirkung saurer Natriumchlorid-haltiger Lösungen auf durchgescheuerte Stellen versilberter Alpakka-Löffel oder -Gabeln stammen (G. Schikorr u. W.D. Jeserich, 1961).

Die austenitischen Chrom-Nickel-Stähle sind, wie gesagt, besonders korrosionsbeständig, so auch gegen heiße verdünnte Fruchtsäuren und konzentrierte Natriumchloridlösungen bei gewöhnlicher Temperatur, gegen diese nicht immer bei erhöhter Temperatur und auch nicht bei gleichzeitiger Gegenwart von Sulfiden. Auch diese Stähle sollte man nicht längere Zeit mit Lebensmittelresten verunreinigt liegen lassen (H. Braun, 1951; 1952; D. Lowden, 1962).

Die meistens weitgehende Beständigkeit der austenitischen Chrom-Nickel-Stähle, besonders der Molybdän-haltigen, gegen heiße organische Säuren (U.R. Evans, 1962; L. Wetternik, u. H. Zitter, 1955; J. Bourrat, 1963; R.S. Archer u. Mitarb., 1951; E. Rabald und H. Bretschneider, 1953), macht diese Werkstoffe für die Lebensmitteltechnologie besonders wichtig. Sind gleichzeitig Chloride in den Säuren vorhanden, so besteht jedoch Lochfraßgefahr, und in kochenden konzentrierten Säuren ist der Angriff mitunter zwar für die Haltbarkeit der Geräte unerheblich, für die Verunreinigung der Lebensmittel mit Chrom und Nickel jedoch nicht außer Betracht zu lassen. Unter vielen Bedingungen der Lebensmitteltechnologie ist sie allerdings belanglos (A. C. Titus u. Mitarb., 1930).

3. Chemisches Verhalten gegen einzelne Lebensmittel

a) Allgemeines zum Verhalten gegen Getränke außer Wasser

Da in fast allen Getränken außer Wasser Säure vorhanden sein oder entstehen kann, sind für diese nickelfreie Chromstähle nur in Ausnahmefällen geeignet, z. B. für Ventile und Armaturen, wenn eine gleichbleibende gute Pflege gewährleistet ist, die Getränke nur kurze Zeit mit den Gegenständen in Berührung kommen und im besondern während der Betriebspausen keine Getränkereste an ihnen haften bleiben. Bei chloridhaltigen Getränken, z. B. Mineralwasser-Limonaden, sollte man die nickelfreien Chromstähle nur in besonderen Ausnahmefällen verwenden. Nach E. A. Oldfield u. D. Sheppard (1958) ist jedoch für Messer aus 13 %igem Chromstahl ein Gehalt von 1 g/l NaCl noch unbedenklich.

Die austenitischen Chrom-Nickel-Stähle gehören zu den geeignetsten metallischen Werkstoffen der Getränke-Industrie. So verwendet man seit vielen Jahren mit bestem Erfolg Behälter bis zu 50 m^3, ja sogar bis zu 200 m^3 Inhalt (H. Eschnauer, 1963) im besondern auch für Tankwagen (Ungenannt, 1965). Wie schon bei Aluminium ist auch hier zu beobachten, daß mit größerem Rauminhalt der Gefäße die Bedingungen vom Lebensmittelstandpunkt immer günstiger werden, da mit steigendem Rauminhalt das Verhältnis Metalloberfläche zu Getränkemenge sinkt und daher je Liter Getränk immer weniger Metall aufgenommen wird.

Völlig beständig sind die austenitischen Chrom-Nickel-Stähle jedoch nicht immer (Tabelle 5), und leider hat man sich häufig damit begnügt, festzustellen, daß die Korrosionsgeschwindigkeit von 1 g/m^2 je Stunde nicht überschritten wurde, was, wie gesagt, vom Lebensmittelstandpunkt bei weitem nicht ausreichend ist. So kann der einfache 18/8-Chrom-Nickel-Stahl (Werkstoff Nr. 1.4300) nicht bedingungslos empfohlen werden, und in der Verordnung für Getränkeschankanlagen ist daher mindestens 18/9-Chrom-Nickel-Stahl (Nr. 1.4301) vorgeschrieben (Bundesminister für Wirtschaft); nach Normblatt DIN 11850 ist dieser Stahl auch für Rohrleitungen geeignet.

Der einfache 18/8-Chrom-Nickel-Stahl ist dann ausreichend, wenn bei den betreffenden Fabrikationsprozessen das Getränk nur kurze Zeit mit dem Stahl in Berührung steht (Ungenannt, 1965).

Bei Lagerbehältern ist zusätzlich zu beachten, daß das Getränk von der Pasteurisierung heiß hineingelangt und nur langsam auskühlt.

Günstig ist die gute Beständigkeit des Chrom-Nickel-Molybdän-Stahls gegen Schwefeldioxid, wie es zur Sterilisation verwendet wird (Ungenannt, 1965); doch scheint diese Frage für lange Lagerdauern und überhöhte Schwefeldioxid-Gehalte (z. B. über 100 mg/l SO_4) noch nicht geklärt.

b) Verwendung von nichtrostenden Stählen für Früchte, Fruchtsäfte und alkoholische Getränke

Für die Herstellung und Lagerung von Fruchtsäften ist austenitischer Chrom-Nickel-Stahl mannigfach seit Jahren bewährt (Ungenannt, 1965). Eingehende Untersuchungen über den Chrom- und Nickelgehalt der Säfte sind jedoch nicht bekannt geworden. Immerhin muß man unter ungünstigen Verhältnissen mit Metallabtragungen von 50–150 g/m^2 je Jahr rechnen (J. MASON, 1948).

Bei der Marmelade-Herstellung hat sich austenitischer Chrom-Nickel-Stahl zwar als weitgehend korrosionsbeständig erwiesen, ungünstig ist jedoch der schlechte Wärmedurchgang (J.W. SELBY, 1957, 1961).

Besonders gute Zukunftsaussichten haben die austenitischen Chrom-Nickel-Stähle in der Weinkellerwirtschaft (H. ESCHNAUER, 1963). Gerade für Wein sind diese Stähle nicht nur für kurzfristige Berührung, z.B. für Filteranlagen, sondern auch für den Transport vorzüglich geeignet. Auch für große Lagerbehälter scheinen sie sich zu bewähren, z.B. für solche von 50 m^3 und mehr Inhalt (H. ESCHNAUER, 1965; 1966). Für kleine Behälter fehlen noch genügend chemisch-analytische Untersuchungen des in ihnen gelagerten Weines; denn die Metallaufnahme mit z.B. 0,1 g/m^2 je Tag (H. ESCHNAUER, 1959) ist nicht unbeachtlich. Beeinflussungen von Geschmack, Geruch und Aussehen solchen Weines wurden nicht beobachtet (H. ESCHNAUER, 1963; 1965; 1966).

Auch bei Wein ist damit zu rechnen, daß er in naher Zukunft nach Pasteurisierung heiß in die Behälter gefüllt wird.

In der Alkohol-Industrie haben sich nichtrostende Stähle ebenfalls weitgehend bewährt, z.B. für Geräte, Rohrleitungen und Behälter (H. PETZOLDT, 1954).

In immer stärkerem Maße führen sich nichtrostende Stähle auch in der Bierbrauerei ein, und zwar im besondern für Sudwerke, Kühler, Hefewannen, Filtriergeräte, Gärbottiche, Lager- und Transportbehälter. Zur Herabsetzung der Kosten verwendet man auch Gärgefäße, die mit austenitischen Chrom-Nickel-Stählen ausgekleidet sind.

Getränkeseitige Korrosionen an einwandfrei geschweißten nichtrostenden Stählen sind in der Bierbrauerei bisher nicht bekannt geworden, wohl aber solche durch chloridhaltige Kühlmittel, mitunter schon durch Leitungswasser mit mehr als 100 mg/l Cl^-. Diese Korrosionen erscheinen im besondern infolge der irrigen Annahme zu entstehen, daß die Stähle unter allen Umständen rostbeständig sind und nicht gepflegt zu werden brauchen; es muß daher betont werden, daß die Geräte auch an der Kühlmittelseite regelmäßig gereinigt werden müssen (H. BRAUN, 1952; G.C. KIEFER, 1952; R. RÜSSE, 1956; zum Verhalten gegen Sterilisationslösungen – siehe S. 40).

c) Verwendung von nichtrostenden Stählen in der Milchwirtschaft

In der Milchwirtschaft sind die nichtrostenden Stähle ebenfalls von großer Bedeutung (H. QUEST, 1957; Ungenannt, 1957; H. BEYER, 1964; G.H. BOTHAM, 1953; D. STÜSSI, 1952); dort werden sie z.B. weitgehend für Pasteurisierungsanlagen, Kühler, Kondensatoren, Milchtransportbehälter, im besonderen Milchkannen, und Bottiche für die Käsezubereitung verwendet (Nickel-Informationsbüro, 1961), ferner für Rohrleitungen (Normblatt DIN 11850).

14%iger Chromstahl hat sich für Küken nicht bewährt (H. QUEST, 1957), wohl aber für Verkleidungen, ja selbst für Milchbehälter und Tanks (H. BEYER, 1964), doch erscheint für die zuletzt genannten Zwecke zunächst noch Vorsicht geboten.

Die austenitischen Chrom-Nickel-Stähle sind in der Milchwirtschaft völlig korrosionssicher, wenn die in den früheren Abschnitten genannten Besonderheiten beachtet werden (A.H. WALTERS u. R.H. VICKERS, 1962). Im besondern ist eine ausreichende Pflege zu empfehlen; so ist in Bayern das tägliche Öffnen der Erhitzer sogar vorgeschrieben. Auch die Anfälligkeit dieser Stähle gegen Chloride, Hypochlorit (in Sterilisationslösungen) und Spaltkorrosion ist zu beachten (H. Beyer, 1964; A. Walters u. R. H. Vickers, 1962; G. Wildbrett u. F. Kiermeier, 1960; E. P. Merril u. Mitarb., 1962; C. Rossmann, 1964).

Für Buttermilch sind die austenitischen Chrom-Nickel-Stähle gut geeignet, ferner für Butter.

Gegen Milchsäure sind die Chrom-Nickel-Stähle häufig, die Chromstähle selten befriedigend beständig (E. Rabald u. H. Bretschneider, 1953). Von Kühlsolen werden sie mitunter angegriffen, besonders, wenn diese nicht in Bewegung sind. Diese Korrosion kann durch Zusätze von Chromaten, Nitriten und Natriumhydroxid verhindert werden, wobei jedoch die Giftigkeit der beiden ersten Zusätze zu beachten ist (E. Rabald u. H. Bretschneider, 1953).

d) Verhalten von nichtrostenden Stählen gegen sonstige Lebensmittel

Die nichtrostenden martensitischen Chromstähle werden im besonderen für Zerkleinerungsgeräte für Lebensmittel verwendet, so für Tischmesser, Taschenmesser und mechanisch beanspruchte Teile in Lebensmittelmaschinen, wie z.B. Haushaltschneidemaschinen (Normblattentwurf DIN 1558). Beachtet man die Pflege, die Grenzen der Anwendung und die oben mehrfach genannten ungünstigen äußeren Sonderbedingungen, so wird man nur selten mit Versagern zu rechnen haben. Diese Geräte kommen fast stets auch nur für kurze Zeit mit den Lebensmitteln in Berührung, so daß eine Aufnahme schädlicher Metallmengen durch die Lebensmittel nicht zu befürchten ist.

Ferritische Chromstähle werden für einfache Geräte wie Löffel und Gabeln verwendet, die für nur geringe Korrosionsbeanspruchungen bestimmt und diesen meistens völlig gewachsen sind, wenn das im vorigen Absatz Gesagte eingehalten wird, was bei normaler Benutzung fast immer der Fall ist. Pflege ist auch hier zu empfehlen (R. E. Paret, 1955; A. J. Lehmann, 1961).

Die austenitischen Chrom-Nickel-Stähle werden für Lebensmittel außer Getränken selten als Vorratsbehälter benutzt, so daß die besonders kritische langandauernde Berührung mit dem Lebensmittel von geringer Bedeutung ist. Meistens setzt man diese Stähle für die fabrikmäßige oder häusliche Lebensmittel-Zubereitung ein, bei der die Haltbarkeit des Gerätes von entscheidender Bedeutung ist. Metallabtragungen von 150 g/m^2 je Jahr, die bei Fruchtsaftbehältern bedenklich sein können, sind daher bei Lebensmittelmaschinen dann belanglos, wenn die Abtragung gleichmäßig erfolgt (J. A. Selby, 1955; 1957; 1961; Ungenannt, 1965). Andererseits kommen auch sehr starke Angriffsmittel vor, im besonderen Salzsäure, die z.B. zum Aufschluß mancher Lebensmittel verwendet wird. In solchen Fällen ist es zweckmäßig, Molybdän-haltige Stähle zu verwenden, deren Beständigkeit aber auch nicht immer ausreicht. Von Nachteil ist dabei die mitunter sich auswirkende Neigung dieser Stähle zum Lochfraß (J. Mason, 1948).

Die besonderen Verhältnisse in der Fettindustrie, in der die nichtrostenden Stähle sich bestens bewährt haben, beschreiben H. Braun (1951), H. Hougardy (1937), W. Z. Friend u. J. F. Mason (1949), E. Rabald u. H. Bretschneider (1953); dabei wurde ebenfalls gute Brauchbarkeit gefunden, ebenso wie bei Lecithin, Lebertran und Leim (E. Rabald u. H. Bretschneider, 1953).

Niresist ist in der Fettsäure-Industrie an Stellen, wo es unmittelbar mit heißen Fettsäuren in Berührung kommt, häufig nicht besonders beständig; die gefundenen Angriffe waren ca. 0,01–1 mm/Jahr (W. Z. Friend u. J. F. Mason, 1949).

VI. Bedarfsgegenstände aus Kupfer und Kupferlegierungen

1. Technologie und allgemeine Verwendung für Lebensmittel

Kupfer ist sehr rein erhältlich, doch braucht hierauf im vorliegenden Zusammenhang nicht eingegangen zu werden, da der Reinheitsgrad des Kupfers für seine Korrosion in Lebensmitteln belanglos ist; im besonderen ist die mitunter zu hörende Behauptung nicht erwiesen, daß Kupfer, das Sauerstoff in Form von Cu_2O enthält, korrosionsanfälliger sei als sauerstoffreies Kupfer.

In der Lebensmittelindustrie wird Kupfer in Form von Rohren und Behältern eingesetzt, wobei jedoch stets die Frage der Kontaktkorrosion zu beachten ist, sobald mehrere Metalle in der betreffenden Anlage vorhanden sind (L. A. JOHNSON). Wegen seiner Weichheit ist Kupfer bei mechanischer Beanspruchung ungeeignet.

Von den Kupferlegierungen gehören die Zinn-Bronzen, kurz als „Bronzen" bezeichnet, zu den bekanntesten und ältesten Legierungen überhaupt.

Da die Zinn-Bronzen in mehreren Beziehungen hervorragende Eigenschaften haben, werden aus Geschäftsgründen auch andere Kupfer-Legierungen häufig als Bronze bezeichnet. Zu verantworten ist es noch, wenn man von Aluminiumbronze, Manganbronze oder Berylliumbronze spricht. Die manchmal zu findende Bezeichnung von Messingen als Bronze ist jedoch irreführend. Am zweckmäßigsten ist es, unter Bronze nur binäre Kupfer-Zinn-Legierungen zu verstehen.

Die Zinnbronzen werden nach ihrem Zinngehalt bezeichnet; SnBz 6 bedeutet somit 94% Kupfer und 6% Zinn (Normblatt DIN 17662).

In Lebensmittelbetrieben wird Zinnbronze für Messer, Zentrifugen, Pumpen und Siebe verwendet.

Ebenso bekannt wie die Bronzen ist Messing, unter dem man üblicherweise Kupfer-Zink-Legierungen mit z.B. 25–45% Zink versteht. Messing ist goldgelb und hat viele gute technologische Eigenschaften. Es ist jedoch nicht so korrosionsbeständig wie die Bronzen. Kupfer-Zink-Legierungen mit weniger als 25% Zink sind rötlich und werden als Tombak bezeichnet.

Bis etwa 38% Zink bestehen die Kupfer-Zink-Legierungen aus α-Mischkristallen, bei höherem Zinkgehalt treten als 2. Phase β-Mischkristalle hinzu. Da die genaue Grenze von den Wärmeverhältnissen beim Abkühlen des Materials nach der Herstellung abhängt, ist es gegebenenfalls notwendig, bei Bestellungen die Abwesenheit von α-Mischkristallen ausdrücklich zu fordern.

Bisher bezeichnete man Messing nach dem Gehalt an Kupfer. „Ms 72" bedeutet dementsprechend ein Messing mit 72% Kupfer. Zur Zeit ist man dabei, der Einheitlichkeit wegen den Prozentsatzgehalt des beigefügten Metalls anzugeben; Ms 72 ist in Zukunft als CuZn 28 zu bezeichnen (Normblatt-Entwurf DIN 17660).

Messing wird in Lebensmittelmaschinen für Armaturen, Ventile und Preßmatrizen verwendet.

Ternäre Kupfer-Zink-Zinn-Legierungen werden Rotguß genannt; sie sind ebenfalls viel im Gebrauch und stehen in ihren Eigenschaften zwischen Bronze und Messing.

Binäre Kupfer-Aluminium-Legierungen werden bisher im Lebensmittelwesen unseres Wissens nicht benutzt, wohl aber ternäre Kupfer-Aluminium-Legierungen mit Zusätzen von Nickel oder von Eisen (Normblatt DIN 17665) als Armaturen, Rührer und Filterpressen. Als Leitungsrohre für raschfließendes Wasser eignet sich Sondermessing SoMs 76, jetzt als CuZn 22 Al bezeichnet, das zusätzlich als Schutz gegen Entzinkung noch ca. 0,04% Arsen oder Phosphor enthält.

Kupfer-Nickel-Legierungen, die sich im Schiffsbau vielfach bewährt haben, werden sich vermutlich auch im Lebensmittelwesen einführen (F. L. LAQUE, 1951).

Weitere vielverwendete ternäre Kupfer-Legierungen sind die Kupfer-Zink-Nickel-Legierungen (Normblatt DIN 17663), die als Alpaka oder als Neusilber bezeichnet werden, da sie etwa silberfarben sind. Das Neusilber für Tafelgeräte enthält 20% Zink und 15% Nickel, dasjenige für Bestecke 22% Zink und 15% Nickel, Rest Kupfer (Ungenannt, 1965). Neusilber wird besonders für versilberte Tafelgeschirre und Tafelbestecke eingesetzt, damit an durchgescheuerten Stellen der Silberschicht das Grundmetall nicht so auffällig in Erscheinung tritt wie bei versilbertem Messing.

2. Allgemeine Korrosionseigenschaften

Kupfer hat nach der elektrochemischen Spannungsreihe ein edleres Potential als Wasserstoff und unterliegt daher in der Regel nicht der Korrosion unter Wasserstoff-Entwicklung. Nur in Komplex-Bildnern, die das Kupferpotential sehr stark verunedeln, wie Cyaniden, kann dies der Fall sein. Sonst ist für Kupferkorrosion immer die Gegenwart eines Oxydationsmittels erforderlich, z.B. Luftsauerstoff oder in Essigsäure Peroxid (C.P. DILLON, 1965). Auch siedende, völlig wasserfreie Essigsäure kann Kupfer stark angreifen (E. RABALD u. H. BRETSCHNEIDER, 1953).

Bei der Kupferkorrosion entstehende Kupferionen können sekundär in die Korrosion eingreifen. Denn Kupfer(II)-ionen können entsprechend der Gleichung

$$Cu + Cu^{++} = 2\,Cu^{+}$$

Kupfer korrodieren, das entsprechende Kupfer(I)-ion kann dann wieder durch Luftsauerstoff zu Kupfer(II)-ion oxydiert werden, was unter bestimmten Bedingungen eine ständig zunehmende Korrosionsgeschwindigkeit zur Folge hat. Dies trifft zu für die Korrosion des Kupfers in Salzsäure, Valeriansäure, Buttersäure und in Chloressigsäuren, nicht aber in Schwefelsäure, Essigsäure und Propionsäure (R. GLAUNER, 1934; zu diesen Vorgängen in Salzlösungen siehe W. KATZ, 1950).

Auch in nichtwässerigen Lösungsmitteln können Säuren Kupfer erheblich angreifen (E. HEITZ und C.M. VON MEYSENBUG, 1965).

An Gegenständen aus Kupfer oder Kupfer-Legierungen, deren Oberflächen mit niederen Fettsäuren verunreinigt sind, die zum Beispiel aus sauren Speisen stammen, können an der Luft grüne Korrosionsprodukte entstehen; diese werden meistens als Grünspan bezeichnet und bestehen aus basischem fettsaurem Kupfer, zum Beispiel basischem Kupferacetat. Der an kupfernen Wassergeräten entstehende grüne Belag ist basisches Kupfercarbonat, -sulfat oder -chlorid. Die sich an der freien Außenluft im Laufe der Jahre bildende grüne Patina ist meistens nicht, wie häufig behauptet, basisches Kupfercarbonat, sondern basisches Kupfersulfat und zwar $CuSO_4 \cdot 3\,Cu(OH)_2$ bis $CuSO_4 \cdot 2\,Cu(OH)_2$ (W.H.J. VERNON, 1933).

Höhere Fettsäuren sind, wie man im Zusammenhang mit der Korrosion durch Leder fand, für Kupfer ebenfalls korrosiv; besonders gilt dies für ungesättigte Fettsäuren (E. BAERLECKEN, 1937).

In neutralen Mitteln beruht die Beständigkeit des Kupfers bei Gegenwart von Oxydationsmitteln wie auch bei anderen Metallen häufig auf der Bildung von Schutzschichten aus den Korrosionsprodukten. Man sollte daher immer beachten, ob durch häufiges Putzen von Kupfer die als Folge bewirkte verstärkte Korrosion des Metalls und Kupferaufnahme des Lebensmittels erträglich sind.

In Chloridlösungen entstehen häufig nur schlechte Schutzschichten, so daß solche Kupfer erheblich angreifen können (A. RAUCH u. H. KOLB, 1930).

Besonders schlechte Schutzschichten bilden die Kupfersulfide. Alle leicht Schwefel abspaltenden Stoffe, im besonderen Polysulfide, auch viele organische Sulfide, wirken zusätzlich ebenso wie Schwefel selbst oxydierend auf das Kupfer, so daß diese im Zusammenhang mit der fehlenden Schutzwirkung des Kupfersulfids Kupfer stark angreifen können. Näher untersucht wurde diese Korrosion bei

Treibstoffen, bei der sie für die Beständigkeit von Kupferrohren wichtig ist (R. HEINZE u. Mitarb., 1937). Hier bilden sich mitunter dicke Kupfersulfidschichten. Auch vulkanisierter Kautschuk kann wegen seines Gehalts an leicht abspaltbarem Schwefel Kupfer stark angreifen, und zwar sogar bei völliger Trockenheit.

Die Korrosion des Kupfers durch die Polysulfide ist so stark und spezifisch, daß man in der Galvanotechnik mit Hilfe von Natriumpolysulfidlösungen mißratene Kupferüberzüge von Eisen ablöst, ohne daß dieses dabei angegriffen wird.

Auch schwefelhaltiges Leder greift Kupfer stark an (R. LAUFFMANN, 1937).

Starke Korrosion kann Kupfer ferner in Stoffen erleiden, die mit ihm Komplexverbindungen bilden, was auf Verunedlung des Kupferpotentials einerseits und auf Beeinträchtigung der Schutzschichtbildung andererseits zurückzuführen ist. Vom Lebensmittelstandpunkt ist hier besonders Ammoniak wichtig; in seinen Lösungen kann eine ähnlich starke Korrosionsbeschleunigung durch in der Lösung entstehende Kupfer(II)-Verbindungen stattfinden wie in Salzsäure (F. ALTHOF 1944); es ist daher zu erwarten, daß Eiweißverbindungen, im besonderen auch ihre Abbaustoffe mitunter stark auf Kupfer einwirken. Systematische Untersuchungen hierzu sind jedoch nicht bekannt.

Auf Komplexbildungen ist wahrscheinlich zusätzlich auch die bereits erwähnte erhebliche Korrosion des Kupfers durch Natriumchloridlösungen mittlerer und hoher Konzentration zurückzuführen (W. MILLER, 1942; A. RAUCH und H. KOLB, 1930).

Von den Kupferlegierungen gehören die Zinn-Bronzen zu den korrosionsbeständigsten. Im Durchschnitt sind sie beständiger als Kupfer selbst, was wahrscheinlich auf besonders gute Schutzschichtbildung zurückzuführen ist. Merkwürdigerweise werden diese Legierungen, die vielleicht als die ältesten der Menschheit bezeichnet werden können, in bezug auf die Korrosionsbeständigkeit von keinem anderen im Preis vergleichbaren Werkstoff übertroffen.

Das seltene Versagen der Bronzen ist wahrscheinlich auch ein Grund dafür, daß ihre Korrosionsbeständigkeit nur wenig untersucht worden ist.

Der Einfluß der Höhe des Zinngehaltes auf Korrosion und Potential der Bronzen in Säuren und Alkalien wird von O. BAUER u. Mitarb. (1932) beschrieben.

Die Korrosion der Messinge ist sehr oft untersucht worden, offenbar deswegen, weil dieser Werkstoff zwar vom mechanischen und häufig genug auch vom Korrosionsstandpunkt vorzüglich ist, unter besonderen Umständen aber doch eine erhebliche Korrosionsanfälligkeit aufweist. Im Durchschnitt läßt sich sagen, daß die Messinge nur wenig korrosionsanfälliger sind als Kupfer, wie z. B. die allgemein bekannte gute Beständigkeit der Kühlerlamellen in Kraftwagenkühlern beweist, deren Dicke nur einige Zehntel Millimeter beträgt. In einer Beziehung ist Messing sogar beständiger als Kupfer, und zwar gegen freien Schwefel und schwefelabspaltende Stoffe (z. B. O. BAUER und H. ARNDT, 1926).

Andererseits aber ist Messing gegen zwei Korrosionsarten anfällig, die rasch zur völligen Zerstörung des betreffenden Gegenstandes führen können.

Die erste dieser Korrosionsarten ist die Entzinkung. Diese besteht darin, daß das Zink gewissermaßen aus dem Messing herausgelöst wird und nur das Kupfer übrig bleibt, das dann nur noch eine geringe Festigkeit hat. Man nimmt dabei allerdings meistens an, daß sich zuerst das gesamte Messing auflöst und daß das in Lösung gegangene Kupfer sich dann unter Angriff auf neues Messing wieder abscheidet.

Es gibt zwei Arten der Entzinkung, die verhältnismäßig harmlose gleichmäßige Entzinkung und die viel schädlichere örtliche, meist pfropfenförmige Entzinkung, die dazu führen kann, daß eine Messingwandung scharf örtlich begrenzt an verschiedenen Stellen von einigen Millimetern Durchmesser in schwammiges Kupfer verwandelt wird, das sich leicht herauslöst, was zur Durchlöcherung führt. Bei α-Messing läßt sich die Entzinkung weitgehend dadurch verhüten, daß man dem Messing ca. 0,03% Phosphor oder besser Arsen zulegiert. Bei ($\alpha + \beta$)-Messing ist dieser Zusatz jedoch wirkungslos. Die Entzinkung des Messings ist sehr oft untersucht worden (z.B. V.F. Lucey, 1965).

Die zweite besonders schädliche Korrosionsart, gegen die Messing unter gewissen Umständen anfällig ist, ist die Spannungsrißkorrosion, die schon in wenigen Stunden zum Aufreißen des Werkstücks führen kann. Die hierfür erforderlichen Bedingungen liegen einerseits im Werkstoff, andererseits im Angriffsmittel, und zwar muß der Werkstoff unter inneren oder äußeren Spannungen stehen und ein ganz spezifisches Angriffsmittel, nämlich Ammoniak oder einige seiner Derivate zugegen sein.

Auch Quecksilbersalze können zum Aufreißen von unter Spannungen stehendem Messing führen, doch beruht der Zerstörungsmechanismus nicht auf Korrosion, sondern auf Amalgamierung und Erweichung der Korngrenzen. Welche Ammoniakderivate Spannungsrißkorrosion bei Messing auslösen, ist nicht systematisch untersucht worden. Vermutlich ist die Wirksamkeit um so stärker, je näher die Derivate dem Ammoniak noch stehen. Leder, das man ebenfalls als Ammoniakderivate betrachten kann, erzeugt offenbar keine Spannungsrißkorrosion, da sonst an Reißverschlüssen mit Messingkrampen viel häufiger Spannungsrißkorrosion entstehen würde, als man in der Tat beobachtet.

Der Mechanismus der Spannungsrißkorrosion des Messings ist oft untersucht worden. Erst neuerdings scheinen Untersuchungen von L. Graf und H.R. Lacour (1960) zur Klärung der Zusammenhänge zu führen.

Bei Kupfer-Zink-Legierungen mit weniger als 20% Zink tritt Spannungsrißkorrosion nicht auf (K.V. Kamath und F. Erdmann-Jesnitzer, 1960).

Die Spannungsrißkorrosion des Messings läßt sich dadurch vermeiden, daß man darauf achtet, daß der betreffende Gegenstand keine inneren oder äußeren Spannungen enthält. Die inneren Spannungen lassen sich dadurch abbauen, daß man den Gegenstand einer Wärmebehandlung bei 200–300° C unterwirft.

Die genaue Temperatur und die Zeitdauer der Wärmebehandlung hängen von der Stärke der meistens durch Verformung entstandenen inneren Spannungen ab, ferner davon, wie groß der Festigkeitsverlust sein darf, den die Wärmebehandlung mit sich bringt. Äußere Spannungen lassen sich manchmal, z.B. bei Reißverschlüssen, nicht vermeiden. Eine gewisse geringe Spannung ist aber meistens noch unschädlich, besonders wenn nur schwache Angriffsbedingungen bestehen.

Die Kupfer-Nickel-Legierungen weisen z.T. hervorragende Korrosionsbeständigkeit auf (F.L. LaQue, 1951; W. Katz, 1964); da diese Legierungen für Lebensmittel, wie bereits gesagt, bisher nur wenig verwendet werden, erübrigt sich hier weiteres. Immerhin ist bei Verwendung dieser Legierungen für organische Säuren und für Ammoniak bei Luftzutritt Vorsicht geboten, desgleichen bei Schwefelabspaltenden Lebensmitteln. In Essigsäure bei Luftgegenwart beschleunigen die in Lösung gehenden Kupfer(II)-ionen die Korrosion der Kupfer-Nickel-Legierungen (C.P. Dillon, 1965).

Kupfer-Zink-Nickel-Legierungen (Neusilber) sind in bezug auf ihre Korrosionsbeständigkeit nur wenig untersucht worden. Offenbar sind sie gegen Spannungsrißkorrosion erheblich beständiger als Messing; denn bisher sind keine Spannungsrißkorrosionen bei Reißverschlußkrampen bekannt geworden, während solche bei Messing-Krampen zwar selten sind, aber vorkommen; dieses Verhalten des Neusilbers mag mit seinem geringeren Zinkgehalt zusammenhängen.

3. Chemisches Verhalten gegen einzelne Lebensmittel

Früchte und Fruchtsäfte greifen Kupfer und seine Legierungen zwar an, wenn Luft Zutritt hat, so z.B. Apfelsaft, in dem die Korrosionsgeschwindigkeit bis zu 50 g/m² je Tag betragen kann. Bei Einschränkung des Luftzutritts und nicht zu langer Berührungsdauer haben sich diese Werkstoffe aber durchaus bewährt, so in der Aprikosen-Industrie für Zerschneider, Entkerner, Rutschen und Kocher. In der Zitronen-Industrie wird Bronze für Pumpen, Filterpressen, Zentrifugentrommeln, Vakuumverdampfer und selbst Messing für Armaturen und Pressengewebe beim Zentrifugieren verwendet (E. Rabald und H. Bretschneider, 1953). Bei der Marmeladen-Herstellung hat sich Kupfer selbst bei Präservierung mit Schwefeldioxid als beständig erwiesen; im Endprodukt wurden dabei nur 20 mg/kg Kupfer gefunden (J.W. Selby, 1955, 1957, 1961).

Bei der Essigsäure-Herstellung wird Kupfer vielfach verwendet. Wie schon im vorigen Abschnitt ausgeführt, ist dabei die Gegenwart von Luftsauerstoff von Bedeutung; ohne diesen geht die Korrosion höchstens solange vonstatten, bis der Gehalt der Essigsäure an Peroxiden und Peressigsäure verbraucht ist (E. Rabald und H. Bretschneider, 1953; C.P. Dillon, 1965). Die so entstehende Korrosion ist häufig durchaus erträglich.

In der Branntweinindustrie werden Kupfer und seine Legierungen seit je stark verwendet, so für Wärmetauscher, Dephlegmatoren, Kondensatoren, Vorwärmer, Kühler, Gärbottiche, Pumpen und Rohrleitungen; nur Messing eignet sich nicht. Schwefelhaltige Rohstoffe und ein Säuregehalt des Branntweins von z.B. 0,1 g/l können jedoch zu vorzeitigen Korrosionen und zu Ausfällungen aus dem Branntwein führen (E. Rabald und H. Bretschneider, 1953; H. Petzoldt, 1954; L.A. Warwicker, 1962).

Die Elektrodenpotentiale von Kupfer-Werkstoffen in Champagner bestimmten F.N. Tawadse u. Mitarb. (1960).

Die Bierbrauerei verwendet ebenfalls Kupfer und seine Legierungen in starkem Maße. So besteht im besondern die nach außen auffälligste Anlage, das Sudwerk, meistens aus Kupfer. Man rechnet bei Sudpfannen mit einer Lebensdauer von ca. 50 Jahren, was allerdings bei einer Anfangsblechdicke von ca. 15 mm eine nicht unerhebliche Korrosionsgeschwindigkeit bedeutet, doch spielt hierbei auch der Verschleiß durch Rührketten eine Rolle. Bei Kohlefeuerung ist auch der Angriff von außen beachtlich, so daß Kupfer sich besser für Sudpfannen mit Dampf- oder Heißwasserheizung eignet.

In den Kupferleitungen der Brauereien, besonders wenn diese frisch gereinigt sind, kann die Würze ebenso wie in den Sudpfannen erhebliche Kupfermengen aufnehmen, z.B. 5 mg/l. Im späteren Verlauf des Brauprozesses wird das aufgenommene Kupfer jedoch zum größten Teil wieder abgegeben, so daß das fertige Bier fast immer weniger als 1 mg/l Kupfer enthält (P.H. Joppien u. Mitarb., 1960; J. de Clerck und A. Brudzynski, 1959; U.D. Runkel, 1964).

Auch sonst sind Kupferwerkstoffe in der Brauerei viel im Gebrauch, so als Filterpressen, Läuterbottiche, Kühlschlangen, Kühler, Kühlschiffe und Armaturen (H. Braun, 1951; R. Rüsse, 1956; E. Rabald und H. Bretschneider, 1953). Der Senkboden im Läuterbottich ist sogar häufig aus Messing Ms 58 hergestellt; hier muß man besonders zur Vermeidung der Spannungsrißkorrosion darauf bedacht sein, daß das Messing möglichst frei von inneren und äußeren Spannungen ist. Bei Kühlschlangen und Rohrleitungen aus Kupfer ist die Gefahr der Kontaktkorrosion an Gärbottichen und Lagertanks zu beachten. Kupferkühlschlagen müssen sorgfältig gegen die Gärbottiche isoliert sein.

Rohrleitungen aus Kupfer können innen mit Kupferkorrosionsprodukten bedeckt sein; Biersteinlösemittel auf Säurebasis dürfen daher nicht über kupferne Zuleitungen in Gärbottiche und Lagertanks aus Aluminium gepumpt werden, da sich die Kupferkorrosionsprodukte dann auflösen und das in Lösung gegangene Kupfer sich später auf dem Aluminium ausscheidet. Wegen der Kontaktkorrosion müssen auch die Zuleitungs- und Auslaßventile, die meistens aus Kupferlegierungen bestehen, gegen das Aluminium isoliert sein.

Nickelhaltige Kupferlegierungen sind zwar gegen die Bedingungen der Bierbrauerei weitgehend beständig; sie führen aber zu Verfärbungen.

In der Milchwirtschaft werden Kupferkessel von alters her für die Käsebereitung verwendet (D. Stüssi, 1952). Dabei ist die Korrosion deswegen nur gering, weil die Luft durch Schaumbildung ferngehalten wird. Belanglos ist die Kupferaufnahme der Milch jedoch nicht, besonders nicht beim Bruchmachen. Bei fertigem Käse hat man bis zu 12 mg/kg Kupfer in der Trockenmasse gefunden (E. Flückiger und E. Heuscher, 1963; E. Flückiger und H. Zürcher, 1958; F. Kiermeier u. Mitarb., 1961). Man geht daher immer mehr zu verzinnten Kupferkesseln über. Bei Ventilen und Armaturen verwendet man auch unverzinntes Kupfer, doch ist verzinntem Kupfer immer der Vorrang zu geben (H. Quest, 1957). Im besonderen sollte Butter nie mit Kupfer in Berührung kommen, da sie infolge Kupferaufnahme einen fischigen Geschmack erhalten kann (F. Munin, 1942). Auch Buttermilch und Labferment werden durch Kupfer ungünstig beeinflußt (E. Rabald und H. Bretschneider, 1953).

Bei der Verflüssigung von Stärke hat sich Kupfer-Aluminium-Guß als befriedigend erwiesen; die Stärke nahm dabei bis zu 2 mg/kg Kupfer auf, das sich durch Behandlung mit Aktivkohle völlig entfernen ließ (W. G. Kingsma, 1965).

Olivenöl, Palmöl, Leinöl und Mandelöl korrodieren Kupfer schon bei gewöhnlicher Temperatur, Rhizinusöl hingegen nicht; Oliven- und Palmöl bilden bald Schutzschichten aus grünen Korrosionsprodukten, so daß die Korrosion sehr langsam wird, während in Rüböl und Leinöl lösliche Korrosionsprodukte entstehen und die Korrosion ungehemmt fortschreitet (A. Bukowiecki, 1959).

Gegen heiße Fette sind Kupfer und seine Legierungen häufig befriedigend beständig (W. Z. Friend und J. F. Mason, 1949), bei Luftzutritt entsteht jedoch Korrosion, im besondern wenn ungesättigte Fettsäuren zugegen sind. Auch das Fett wird dabei ungünstig beeinflußt, sei es, daß es ranzig wird, sei es, daß Vitamine zerstört werden, z. B. in Lebertran (E. Rabald und H. Bretschneider, 1953; W. Heimann, 1947).

Von heißen sauren Leim- und Gelatinebrühen werden Kupfer, Bronze und Messing bis zu 0,1 mm/Jahr angegriffen, Bronze am wenigsten; dabei verfärben sich die Brühen (E. Rabald und H. Bretschneider, 1953).

VII. Bedarfsgegenstände aus Nickel und Nickellegierungen

1. Allgemeine Korrosionseigenschaften

Nickel steht in der elektrochemischen Spannungsreihe zwar noch auf der unedlen Seite, sein Normalpotential ist mit $-0{,}25$ V aber nur um wenig unedler als das des Wasserstoffs, so daß Nickel, soweit bisher bekannt, nur durch starke anorganische Säuren unter Wasserstoffentwicklung korrodiert wird.

In der Regel ist für die Korrosion von Nickel in Säuren die Gegenwart von Luftsauerstoff oder von anderen Oxydationsmitteln wesentlich. Nach R. Krulla (1930) erzeugen in Dauertauchversuchen bei Luftzutritt organische Säuren folgende Angriffsgeschwindigkeiten bei Nickel (in g/m² je Tag):

0,5 %ige Milchsäurelösung	0,5
0,5 %ige Weinsäurelösung	0,8
10 %ige Ameisensäurelösung	0,9
konzentrierte Essigsäure	2,9

Wenn der Luftzutritt *allein* hierfür maßgebend wäre, sollte man wenigstens bei den drei ersten Säuren etwa gleiche Korrosionsgeschwindigkeit erwarten, da die Geschwindigkeit des Luftzutritts etwa gleich ist; offenbar spielen daher hier noch andere Umstände eine Rolle. Bei Durchblasen von Luft wird die Korrosionsgeschwindigkeit stark erhöht, z.B. bei 6%iger Essigsäure auf 25–40 g/m² Tag (E. RABALD und H. BRETSCHNEIDER, 1953). Auch in organischen Lösungsmitteln können bei Luftzutritt Säuren Nickel erheblich angreifen (E. HEITZ und C.M. VON MEYSENBUG, 1965).

Von Wasser und nichtsauren Lösungen kann Nickel nicht unter Wasserstoffentwicklung angegriffen werden. Hier ist immer die Gegenwart von Luftsauerstoff oder andern Oxydationsmitteln Voraussetzung für die Korrosion. In den meisten derartigen Mitteln bildet Nickel gute Schutzschichten aus Korrosionsprodukten, so daß die Korrosionsgeschwindigkeit des Nickels in den meisten Fällen viel geringer ist, als dem Sauerstoff-Zutritt entspricht.

Besonders bekannt und technisch wichtig ist die gute Beständigkeit des Nickels gegen Alkalihydroxidlösungen. Vollständig ist diese jedoch nicht, im besonderen nicht gegen heiße hochkonzentrierte Lösungen beim Eindampfen.

Die Beständigkeit gegen Ammoniaklösungen ist unklar. Einerseits ist Nickelhydroxid in Ammoniaklösungen löslich; andererseits findet man ausgesprochene Passivitätserscheinungen, über die Näheres nicht bekannt ist.

Verhältnismäßig unbeständig ist Nickel gegen Schwefeldioxid, ferner vor allem gegen Schwefel und alle Stoffe, die Schwefel abspalten. So ist die atmosphärische Beständigkeit des Nickels wegen des Schwefeldioxid-Gehalts der Luft nicht so unerheblich, wie man vielfach erwartet (G. SCHIKORR, 1961). In größeren Konzentrationen kann Schwefeldioxid als Oxydationsmittel wirken, indem es Nickeloxid und Nickelsulfid bildet.

Eine ausführliche Darstellung des chemischen Verhaltens des Nickels bringt das Nickel-Informationsbüro (1964).

Im größten Umfange werden Nickelüberzüge angewendet, in der Hauptsache als galvanische Überzüge. In den letzten Jahren hat sich auch die stromlose Vernickelung eingeführt, die darin besteht, daß man die zu vernickelnden Gegenstände in Lösungen von Nickelsalzen mit reduzierenden Stoffen behandelt. Auf dem Lebensmittelgebiet haben Nickelüberzüge jedoch bisher nur geringe Bedeutung.

Die Nickellegierungen gehören zu den beständigsten Werkstoffen. Diejenigen von ihnen, in denen Nickel nur Zusatzmetall ist, sind schon in den Abschnitten C V und C VI behandelt. Noch beständiger sind unter vielen Verhältnissen Legierungen mit Nickel als Hauptbestandteil.

Wohl am meisten verwendet von den zuletzt genannten Legierungen werden diejenigen mit Kupferzusatz (F.W. NOTHING, 1963), von denen die Legierungen mit ca. 30% Kupfer als „Monel-Metall" besonders bekannt sind. Diese Legierungen vereinigen gewissermaßen die guten Korrosionseigenschaften des Nickels mit denen des Kupfers. Im Gegensatz zu den austenitischen Chrom-Nickel-Stählen, deren Beständigkeit auf Passivität des an sich ziemlich unedlen Grundwerkstoffs beruht, sind die Nickel-Kupfer-Legierungen schon an sich verhältnismäßig edle Werkstoffe und damit wenig anfällig gegen Lochfraß und gegen interkristalline Korrosion.

Gegen Säuren bei Luftzutritt, ferner gegen Schwefeldioxid und gegen Schwefel abgebende Stoffe sind die Nickel-Kupferlegierungen, entsprechend dem Nickel und dem Kupfer selbst, nicht besonders beständig.

Komplexe Nickel-Legierungen, im besonderen Eisen-, Chrom- und Molybdänhaltige, sind gegen Säuren beständiger als die meisten anderen metallischen Werkstoffe außer den hoch platin- und goldhaltigen. Sie sind unter Handelsnamen wie z.B. Inconel (79% Nickel, 14% Chrom, 7% Eisen) und Hastelloy (Hastelloy B: 60% Nickel, 32% Molybdän, 6% Eisen; Hastelloy C: 51% Nickel, 19% Molybdän,

17% Chrom, 6% Eisen) bekannt (E. Franke, 1950). Völlig beständig sind aber auch diese Legierungen selbst gegen organische Säuren nicht (vgl. Wein), und in der Hitze kommen naturgemäß auch stärkere Angriffe vor (vgl. E. Rabald und H. Bretschneider, 1953 unter Milchsäure).

2. Chemisches Verhalten gegen einzelne Lebensmittel

Früchte und Fruchtsäfte können dem in vorigen Abschnitt Gesagten entsprechend Nickel bei Sauerstoffzutritt oder bei Gegenwart von andern Oxydationsmitteln erheblich angreifen. So fand J. F. Mason (1948) bei Betriebsversuchen in Saft von Zitrusfrüchten bei Luftzutritt Angriffsgeschwindigkeiten bis zu 20 g/m² je Tag, in Tomatensaft sogar bis zu 25 g/m² je Tag; durch Luftausschluß wurde die Korrosion jedoch erheblich herabgesetzt. Der Angriff auf Monelmetall war bei diesen Versuchen meistens nur halb so groß oder geringer, während der Angriff auf Inconel so gering war, daß er bei diesen Versuchen nicht gemessen werden konnte und im Höchstfall 0,5 g/m² je Tag betrug. Schwefeldioxid-haltige Fruchtsäfte griffen Nickel und Monelmetall stark an, und in Sprüh-Druckkammern kann Nickel bis zu 0,5 mm je Jahr abgetragen werden. Für Apfelprodukte erwiesen sich jedoch einige Nickellegierungen als geeignet (E. Rabald und H. Bretschneider, 1953, unter Citrusfrüchte, Citronensäure, Apfelsaft, Apfelwein).

Das elektrochemische Potential von Nickel gegen Champagner bestimmten F. N. Tawadse u. Mitarb. (1964).

H. Eschnauer (1959) fand bei Laboratoriumsversuchen nicht unerhebliche Angriffe von Wein auf Nickel und Nickellegierungen, am meisten bei Reinnickel und einigen unbekannteren Legierungen (ca. 4 g/m² je Tag), am wenigsten bei Inconel und Hastelloy (1–2 g/m² je Tag; Tabelle 5).

Für die Lagerung von Branntwein scheint Inconel geeignet zu sein (E. Rabald und H. Bretschneider, 1953).

Für die Milchwirtschaft ist Nickel infolge der Geschmacksverschlechterung der Milch nicht günstig und kann noch dazu bei Luftzutritt erheblich angegriffen werden (H. A. Trebler u. Mitarb.; F. L. LaQue und O. B. Fraser, 1938).

Für die Verarbeitung von Lecithin, Lebertran, Leim und Gelatine werden Nickellegierungen mit Erfolg verwendet (E. Rabald und H. Bretschneider, 1953).

J. F. Mason (1948) untersuchte in der schon genannten Arbeit nicht nur Früchte, sondern auch andere Lebensmittel, ferner Hilfsstoffe auf ihre Aggressivität gegen Nickel und seine Legierungen, indem er die in Abschnitt D I 2 genannte Spindel mit Versuchsproben in Betriebsanlagen an verschiedenen Stellen einbaute.

Geprüft wurden Glutaminsäure, Glutamat, Gelatine, Mayonnaise, Kaffee-Extrakt, Vanille-Extrakt, Fleischextrakt, Weinessig, Aufgüsse, Soßen, Margarine, Weinsäure, Bäckerhefe, Sirup und Luft-Chlor-Mischungen zum Mehlbleichen. Dabei waren naturgemäß die Angriffe an verschiedenen Stellen der Anlagen sehr verschieden. Auch an den aggressivsten Stellen verhielten sich jedoch einige Werkstoffe noch gut bis ausreichend. Nickel wurde meistens am stärksten angegriffen, wenn man in einigen Fällen von den gleichfalls geprüften austenitischen Chrom-Nickel-Stählen absieht. In der Regel zeigten Monelmetall, Inconel und Hastelloy das beste Verhalten. Alle Werkstoffe wurden wenig oder garnicht angegriffen von kohlensäurehaltigen Getränken, Aufgüssen, Margarine und Sirup. So aggressiv, daß der Angriff auf Nickel selbst schon beträchtlich war, verhielten sich Glutaminsäure, Glutamat, Gelatine, Mayonnaise, Kaffee-Extrakt, Vanille-Extrakt, Fleischextrakt, Weinessig, einige Soßen und Bäckerhefe. Vor austenitischen Chrom-Nickel-Stählen hatten die höher nickelhaltigen Legierungen den Vorteil, daß sie in geringerem Maße zum Lochfraß neigten, was besonders bei Gelatine zutraf, bei deren Herstellung freie Salzsäure zugegen ist. Von Luft-Chlor-Gemisch wurden selbst Monelmetall und Inconel mit einer Geschwindigkeit von ca. 0,3 mm je Jahr angegriffen, während Hastelloy C sich um etwa eine Größenordnung besser verhielt.

Für Fette werden Nickel und seine Legierungen viel verwendet, selbst bei Temperaturen bis zu 200° C, für Speisefette in USA besonders Inconel (E. RABALD und H. BRETSCHNEIDER, 1953).

Gegen Fettsäuren ist besonders bei höherer Temperatur Nickel nicht immer befriedigend beständig; es wurden Angriffsgeschwindigkeiten bis zu 0,43 mm je Jahr gefunden. Am besten verhält sich Inconel (E. RABALD und H. BRETSCHNEIDER, 1953). Das Verhalten der Nickel-Werkstoffe unmittelbar in Anlagen der Fettsäure-Industrie untersuchten W. Z. FRIEND und J. F. MASON, 1949. Inconel erwies sich hierbei immer als ausreichend beständig (Angriff bis 0,09 mm je Jahr), während der Angriff auf Nickel selbst und auf Monelmetall zum Teil stark war (bis 0,65 mm je Jahr).

VIII. Silberne und versilberte Bedarfsgegenstände

1. Technologie und allgemeine Verwendung für Lebensmittel

Silber ist das edelste der normalerweise für Lebensmittel verwendeten Metalle. In reinem Zustand ist es sehr weich. Silberne Bedarfsgegenstände, die mechanisch beansprucht werden, bestehen daher in der Regel aus Silberlegierungen, die mechanisch beständiger sind als Reinsilber. Eine viel verwendete Legierung ist diejenige mit etwa 83,5% Silber und 16,5% Kupfer („835er Silber"; E. RAUB, 1940). Diese Legierung, aus der häufig silberne Tafelgeräte und silberne Bestecke bestehen, ist heterogen, wobei Kupfereinschlüsse in der Grundmasse des Silbers fein verteilt sind.

Am meisten wird Silber für Bedarfsgegenstände in Form galvanischer Silberüberzüge verwendet.

Wegen ihrer Weichheit werden die Silberüberzüge an Stellen, die auf Reibung beansprucht werden, leicht durchgescheuert. Dies hat zu zwei Maßnahmen veranlaßt: Erstens bringt man — wenigstens plangemäß — auf derartigen Stellen verdickte Silberüberzüge auf, was aber doch nicht verhindert, daß z.B. bei versilberten Löffeln und Gabeln an Stellen, die beim Liegen beansprucht werden, der Silberüberzug immer wieder durchgescheuert wird. Zweitens verwendet man als Grundmetall nicht Messing, das an durchgescheuerten Stellen sehr auffällig heraustreten würde, sondern Neusilber (Abschnitt C VI), das an solchen Stellen nur wenig dunkler ist als das Silber.

Die handelsüblichen Angaben über die Silberauflagen sind unbefriedigend. Während man normalerweise in der Galvanotechnik vorschreibt, welche Schichtdicke ein galvanischer Überzug an wesentlichen Stellen haben muß (Normblatt DIN 50960), begnügt man sich z.B. bei Bestecken damit, die Silberauflage in Gramm je Dutzend Paar (Löffel + Gabeln) anzugeben. Die stärkste Auflage beträgt 100 g, die extrastarke 90 g, die sogenannte I. Qualität 60 g, die II. Qualität 40 g, die leichte Versilberung ca. 20 g (z.B. H. KRAUSE, 1949; hier sind auch Silberauflagen bei vielen anderen Bedarfsgegenständen angegeben). Wenn man versilberte Löffel (Oberfläche ca. 1,2 dm^2) ohne genauere Güteangabe kauft, muß man z.B. damit rechnen, Löffel zu erhalten, die je Löffel weniger als 0,8 g Silberauflage haben, d.h. deren Silberschicht im Durchschnitt dünner als 8 μm ist. Bei manchen namhaften Firmen jedoch kann man immer mit der Silberauflage von 90 g rechnen.

Eine eingehende Darstellung des Silbers und seiner Legierungen gibt E. RAUB (1940).

2. Allgemeine Korrosionseigenschaften

Silber ist so edel, daß es praktisch nie unter Wasserstoff-Entwicklung korrodiert wird. Zur Korrosion des Silbers sind daher immer Oxydationsmittel erforderlich. Auch bei Luftgegenwart ist die Korrosion des Silbers im allgemeinen gering, wofür einerseits Schutzschichtbildung, andererseits der Umstand maßgebend ist, daß das Normalpotential des Sauerstoffs (+ 0,41 V) unedler ist als das des Silbers (+ 0,81 V). Bei Angriffsmitteln, die Komplexsalze mit Silber bilden, z.B. Salzsäure oder Cyaniden, wird das Silberpotential jedoch so verunedelt, daß erhebliche Korrosion entstehen kann (E. Raub, 1941; K.W. Fröhlich, 1943). Selbst in konz. Alkalichlorid-Lösungen besteht Korrosionsgefahr, besonders wenn durch verschiedene Chloridkonzentrationen an demselben Gegenstand Korrosionselemente entstehen. So erzeugen Natriumchlorid-Körnchen, die auf Silber fallen, das sich unter Wasser befindet, infolge Bildung solcher Elemente strohgelbe bis dunkelbraune Flecken (D. Birtles u. Mitarb., 1957). E. Raub (1941) fand in konzentrierter Natriumchloridlösung bei Luftzutritt eine Korrosionsgeschwindigkeit des Silbers von 0,34 g/m² je Tag.

Der Angriff von siedender konz. Essigsäure auf Silber ist gering (z.B. 0,3 g/m² je Tag; J.M. Pirie, 1957). Nach E. Rabald und H. Bretschneider (1953) gehört Silber zu den für Essigsäure geeignetsten Metallen. 15 %ige Citronensäure greift bei 100° C fast gar nicht (0,03 g/m² je Tag), siedende 50 %ige Milchsäure hingegen auffällig stark an (14,3 g/m² je Tag; J.M. Pirie, 1957). Bei gewöhnlicher Temperatur ist Silber gegen Milchsäure jedoch völlig beständig (E. Rabald und H. Bretschneider, 1953).

Salpetersäure als starke oxydierende Säure löst, wie allgemein bekannt, Silber leicht auf. Auch Kupfer(II)-ionen sind Silber gegenüber ein starkes Oxydationsmittel, das in Gegenwart von Chloriden Silber unter Bildung schwer entfernbarer schwarzgrauer Flecken rasch angreift (G. Schikorr und W.D. Jeserich, 1961), was praktisch durchaus von Belang sein kann.

Auffällig empfindlich ist Silber gegen Schwefel und Stoffe, die leicht Schwefel abgeben, was damit zusammenhängt, daß die Silbersulfidschicht kaum Schutzwirkung hat. Besonders bekannt ist diese Anfälligkeit als „Anlaufen“ des Silbers, das auf Einwirkung von Schwefelverbindungen der Luft beruht. Die Anlaufschicht besteht dementsprechend aus Silbersulfid. Silber läuft in Wohnräumen mitunter in einigen Tagen, in Küchen hingegen schon in wenigen Stunden an. Von den zahlreichen Veröffentlichungen über dieses Gebiet seien diejenigen von L.E. Price und G.J. Thomas, (1938); E. Raub (1940) und von E. Raub und A. v. Pollaczek-Wittek (1942) genannt.

Man hat viele Versuche unternommen, das Anlaufen des Silbers zu verhüten, einerseits durch Zulegierung von anlaufhemmenden Zusätzen zum Metall, wie Zink und Kadmium, andererseits durch Überziehen des Silbers mit unsichtbaren dünnen Schichten aus Chrom-, Aluminium- oder Berylliumverbindungen (vgl. z.B. L. E. Price und G. J. Thomas, 1938; E. Raub, 1939). Alle diese Verfahren haben sich aber bisher nicht eingeführt. Einen sicheren Schutz bilden dünne Rhodium-Überzüge, doch beeinträchtigen diese die Farbe und das Reflexionsvermögen des Silbers bereits deutlich (E. Raub, 1939). Einen kurzfristigen Schutz bieten Überzüge mit farblosem Nitrocelluloselacken. Für die Aufbewahrung sind Silberschutzpapiere im Handel, die sulfidbindende Stoffe enthalten (Ungenannt, 1961).

Besonders hervorzuheben ist die hohe Beständigkeit von Silber gegen Alkalihydroxid-Lösungen.

Mitunter entstehen hellgraue Flecken auf Silberüberzügen, die auf der Wirkung cyanidhaltiger Badreste beruhen und sich durch genügendes Spülen nach der Versilberung vermeiden lassen; bei Verwendung kaliumcyanidhaltiger Silberbäder entstehen diese Flecken bereits bei 65% relativer Luftfeuchtigkeit, bei Verwendung natriumcyanidhaltiger erst bei 90% relativer Luftfeuchtigkeit (E. Raub, 1955; P. Ducommun, 1957; Bildung dunkelgrauer Flecke siehe oben).

Vor dem Versilbern werden die betreffenden Gegenstände zur besseren Haftung des Überzugs mitunter „verquickt“, d.h. in eine Quecksilbersalz-Lösung getaucht, so daß sich Quecksilber-Metall auf dem Gegenstand abscheidet. Da Quecksilber Spannungsriß-Korrosion bei Messing auslöst, das unter inneren oder äußeren Spannungen steht (Abschnitt C VI), ist hierbei besonders auf Spannungsfreiheit des zu versilbernden Messings zu achten.

Die Silber-Kupfer-Legierungen stehen in der Korrosionsbeständigkeit zwischen Silber und Kupfer, doch herrscht der Kupfereinfluß unverhältnismäßig stark vor. So sind wegen des heterogenen Kupferbestandteils diese Legierungen gegen Chloridlösungen unter Bildung grüner Kupferkorrosionsprodukte erhöht korrosionsanfällig. Die an der Luft entstandenen Anlaufschichten bei silberärmeren Silberlegierungen bestehen zum größten Teil aus Kupfersulfid (E. RAUB und A. v. POLLACZEK, 1942; G. SCHIKORR und W.D. JESERICH, 1961).

Silber-Gold-Legierungen sind spannungsrißkorrosionsanfällig (L. GRAF, 1947, 1957; L. GRAF und H.R. LACOUR, 1960).

3. Chemisches Verhalten gegen einzelne Lebensmittel

Das bereits im Abschnitt 2 beschriebene Anlaufen ist die einzige Korrosionsart von silbernen und versilberten Tafelbestecken und -geräten, die allgemein bekannt ist. Im Haushalt entsteht sie oft bei Einwirkung von Ei oder Mayonnaise.

Die übrigen Korrosionsarten des Silbers sind so selten, daß nur wenige der vielen Millionen von Benützern sie jemals beobachtet haben.

Dunkelgraue Flecken, die durch chemische Reinigungsmittel nicht mehr entfernbar sind, können durch saure chloridhaltige Speisen, z.B. Salatsoße entstehen, wenn diese auf versilberte Neusilber-Gegenstände einwirken, deren Silberschicht durchgescheuert ist. Solche Speisen korrodieren das Neusilber, dabei entstehen saure Kupfer(II)-chlorid-Lösungen, und diese greifen Silber in wenigen Minuten an. Die entstehenden Flecken sind Ätzstellen im Silber (G. SCHIKORR und W.D. JESERICH, 1961).

Auf Bestecken aus Silber-Kupfer-Legierungen können in Geschirrspülmaschinen grüne Kupferkorrosionsflecke entstehen, die durch hohen Gehalt des Spülwassers an kondensierten Phosphaten zu erklären sind, welche bei gleichzeitiger Gegenwart von Eiweiß aus Speiseresten den Werkstoff angreifen. Durch vorsichtige Dosierung der Spülmittel kann diese Korrosion verhütet werden (R. BURKARD und U. FRÖHLICH, 1961).

Die Potentiale von Silberüberzügen in Champagner haben F.N. TAWADSE u. Mitarb. gemessen.

Gegen Fettsäuren ist Silber befriedigend beständig (L.B. HUNT). Selbst bei 300—400° C können silberplattierte Kessel verwendet werden.

Silberoberflächen, die längere Zeit mit einigen Speisen, im besonderen zwiebelhaltigen, in Berührung stehen, nehmen mitunter einen eigenartigen Geruch an, der auf Reaktion des Silbers mit gewissen Schwefelverbindungen beruht (E. RAUB, 1934).

IX. Bedarfsgegenstände aus Zink und Zinklegierungen

1. Technologie und allgemeine Verwendung für Lebensmittel

Zink wird in der Hauptsache in drei Formen verwendet: als Blech, als Zink-Druckguß und als metallischer Überzug (Zinkberatung).

Zinkblech, das sich im weitesten Umfang für Dacheindeckungen bewährt hat, wird im Lebensmittelwesen mitunter für Verkleidungen benutzt. Wo es sich als zu weich erweist, kann man Blech aus Zinklegierungen verwenden, die etwas Titan und Kupfer enthalten und etwa ebenso korrosionsbeständig sind wie unlegiertes Zink (E. PELZEL und E. SCHNEIDER, 1961).

Beim Zinkdruckguß werden flüssige Zinklegierungen sehr rasch unter hohem Druck in stählerne Dauerformen gegossen. Dabei können außerordentlich maßgerechte Gußstücke verschiedenster und schwierigster Form erhalten werden. Die Zusammensetzung der Zinkdruckguß-Legierungen ist sehr genau festgelegt und muß mit größter Genauigkeit eingehalten werden (Zinkberatung; Normblatt DIN 1743). Zinkdruckguß wird in Maschinen für Präzisionsteile von vielerlei Art und für Armaturen verwendet.

In sehr großem Umfang und für die verschiedensten Zwecke ist verzinkter Stahl im Gebrauch, im besonderen als Bleche, Rohre, Drähte und Stahlkonstruktionen. Weitaus am häufigsten werden die Überzüge durch Feuerverzinken (im Schmelztauchverfahren) aufgebracht, bei dem die Gegenstände in flüssiges Zink eingetaucht werden (H. Bablik, 1950; Zinkberatung; Normblatt-Entwurf DIN 50975).

Beim Feuerverzinken bildet sich kein einheitlicher Überzug; der größte Teil des Überzugs besteht vielmehr meistens aus Zink-Eisen-Legierungen, während nur die äußerste Schicht aus Reinzink ist. Wenn nach der Verzinkung zur Entfernung haften gebliebener Ungleichmäßigkeiten bei Drähten die äußerste Schicht abgestreift wird oder bei Rohren Luft oder Wasserdampf durch diese geblasen wird, fehlt die Reinzinkschicht mitunter auch vollständig. Das für Bleche in den letzten Jahren besonders viel verwendete Sendzimir-Verfahren (z. B. M. Kronauer, 1965), bei dem lange Blechbänder kontinuierlich durch die Zinkschmelze gezogen werden, ergibt umgekehrt eine verhältnismäßig dicke Reinzink-Schicht und eine nur dünne Legierungsschicht.

Die Zinkauflage wird bei feuerverzinkten Gegenständen am zweckmäßigsten in Gramm je Quadratmeter Oberfläche angegeben (*Normblatt DIN 50952*); früher kennzeichnete man bei Blechen die Auflage in Gramm je Quadratmeter Blech, was den doppelten Wert ergibt, und mitunter geschieht dies im Handel auch jetzt noch, worauf zu achten ist.

Die Güte der durch Feuerverzinkung hergestellten Zinküberzüge wird von folgenden Normen geregelt: DIN 1548; DIN 2444; DIN 20578; DIN 50975.

Da an Schweißnähten bei Stahlkonstruktionen wegen der Verzunderung die Gefahr eines schlechten Überzuges besteht, ist es stets zweckmäßig, daß mit dem Feuerverzinker vereinbart wird, wer den Zunder zu entfernen hat.

Einen Überblick über übliche Zinkauflagen gibt Tabelle 7.

Tabelle 7. *Übliche Zinkauflagen auf Eisengegenständen bei Feuerverzinkung* (nach Zinkberatung und nach Normblatt DIN 1548)

Material		g je m² Oberfläche
Feinblech		150–200
Geschirr		300–450
Boiler und Druckgefäße aus Mittelblech		400–600
Behälter und Konstruktionen aus Grobblech		500–800
Bandstahl		200–350
Rohre, handelsüblich verzinkt		ca. 400
Walzstahlprofile und Konstruktionen daraus		400–800
Gitterroste		400–500
Schrauben, Nägel und andere Kleinteile		300–450
Gußteile		500–1000
Drähte, mit Drahtdicke steigend, z. B. bei handelsüblicher Verzinkung weicher Drähte	bis 0,4 mm	10
	0,5–0,6 mm	20
	0,8–1,0 mm	30
	2,0–2,5 mm	100
	3,0–4,0 mm	120
bei Starkverzinkung je nach Drahtdicke		50–245

In immer stärkerem Maße führt sich auch die galvanische Verzinkung ein (Normblatt DIN 50960 und 50961). Zur Vermeidung von Mißverständnissen sei bemerkt, daß man im Ausland unter "galvanize" und „galvanizer", mitunter auch in deutschen Handwerks- und Handelskreisen unter „Galvanisieren", Feuerverzinken versteht, ein Ausdruck, der wegen der Bildung galvanischer Elemente zwischen Zink und Eisen und des dadurch erzielten Korrosionsschutzes des Eisens eingeführt wurde.

Man verzinkt galvanisch aus sauren oder aus cyanidhaltigen Bädern; diese ergeben dünnere und teurere, aber blankere und an zurückliegenden Stellen gleichmäßigere Überzüge als jene. Die genormten Schichtdicken, nach denen gegebenenfalls zu bestellen ist, betragen 3–48 μm.

Ein weiteres Verfahren zum Aufbringen von Zinküberzügen ist das Spritzverzinken. Auch dieses Verfahren wird viel verwendet, im besondern für Stahlkonstruktionen. Bei ihm wird flüssiges Zink auf den betreffenden Gegenstand gespritzt. Die Schichtdicken betragen hier 0,05–0,2 mm (Zinkberatung).

Beim „Sherardisieren" wird der zu verzinkende Gegenstand in Zinkpulver erhitzt, wobei sich Zink-Eisen-Legierungsschichten auf dessen Oberfläche bilden, die einen beachtlichen Rostschutz haben (Zinkberatung).

Schließlich sind noch die Zinkstaubfarben zu nennen, die erst etwa 25 Jahre alt sind und sich immer mehr einführen. Sie sind ein Gemisch von 90–92% Zinkstaub und einem organischen und/oder anorganischen Bindemittel. Zinkstaubfarben werden für Stahlkonstruktionen und Verkleidungen verwendet, ferner auch zum Ausbessern schadhaft gewordener Stellen in andern Zinküberzügen.

2. Chemisches Verhalten gegen Lebensmittel

Für die allgemeinsten Lebensmittel Luft und Wasser hat sich Zink bei richtiger Anwendung millionenfach als genügend korrosionsbeständig erwiesen, so in verzinkten Wasserleitungsrohren (Band VIII), an der freien Atmosphäre und in Windkanälen von Klimaanlagen (Beratungsstelle für Stahlverwendung; W. Wiederholt, 1963; G. Schikorr, 1960; Zinkberatung). Im vorliegenden Zusammenhang zu nennen ist nur die Anfälligkeit des Zinks gegen verhältnismäßig reines Wasser (Regenwasser, Schwitzwasser) bei gehemmtem Luftzutritt. Die große Beständigkeit des Zinks gegen Regenwasser an der freien Luft beruht auf der Entstehung einer schützenden Schicht von basischem Zinkcarbonat. Hat die Luft nur gehemmten Zutritt, so ist zwar genügend Sauerstoff zugegen, um Korrosion zu erzeugen, Kohlendioxid, das in der Luft bekanntlich nur in einer Menge von 0,03% vorhanden ist, gelangt jedoch in zu geringer Menge an das Zink, als daß die Schutzschicht aus basischem Zinkcarbonat entstehen könnte; starke und dauernde Korrosion ist die Folge. Am häufigsten sind derartige Korrosionen in Schiffsladeräumen durch Schwitzwasserbildung z.B. an gestapelten Rohren oder Blechen oder an der Unterseite von Dachblechen, wenn sich hier infolge nicht genügend ausgetrockneten Untergrundes Schwitzwasser bildet. Bei gutem Luftzutritt hat Schwitzwasserbildung zwar auch eine Korrosion zur Folge; diese ist jedoch neben einer gewissen Verschlechterung des Aussehens technisch meistens völlig unschädlich, im besonderen da sie bald zum Stillstand kommt. Auf dem Lebensmittelgebiet können beide Arten von Schwitzwasserkorrosionen vorkommen, z.B. an Verkleidungen oder auch an Lagerbehältern für normalerweise trockene Lebensmittel (siehe unten). Unmittelbar bekannt geworden sind derartige Schäden bisher jedoch nicht (Allgemeines zur atmosphärischen Korrosion z.B. bei G. Schikorr 1963 Bibl.)

Die meisten feuchten oder Feuchtigkeit abgebenden Lebensmittel greifen Zink an, besonders wenn sie sauer sind (z.B. O. BAUER und G. SCHIKORR, 1934). Bekannt geworden sind derartige Schäden z.B. von verzinkten Gefäßen, in denen Kartoffelsalat oder Marmelade aufbewahrt worden war, was zum Verderb sowohl der Nahrungsmittel als auch der Gefäße, ferner aber auch zu gesundheitlichen Schäden geführt hatte. Bei Pansen wurde festgestellt, daß er bei Lagerung in verzinkten Gefäßen selbst bei Kühlhaustemperatur so große Mengen Zink aufnimmt, daß diese Verwendung des Zinks nicht statthaft ist (R. GRAU und E. ZUBÁL, 1961). Unschädlich und damit zulässig scheint hingegen die Verwendung von verzinkten Brühkesseln in Schlachthäusern zu sein, weil in diesem Fall die Berührung des Zinks mit dem Lebensmittel nur verhältnismäßig kurz ist und sich normalerweise auf Zink in nichtaggressiven heißen Wässern eine ausreichende Schutzschicht aus Korrosionsprodukten bildet. Immerhin sollten auch hier die Verhältnisse näher untersucht werden.

Keine Bedenken sind bisher bekannt geworden, wenn Zink kurzfristig mit trockenen Lebensmitteln in Berührung kommt. Besonders gilt dies bei Rutschen für Kartoffeln oder Getreide, in denen die Berührung mit dem Lebensmittel viel zu kurz ist, als daß schädliche Zinkmengen aufgenommen werden könnten. Selbst für nasse Kartoffeln oder Rüben können solche Rutschen vermutlich verwendet werden; hier besteht höchstens mitunter die Gefahr zu rascher Abtragung des Zinks und anschließenden Rostens.

Vielfach bewährt haben sich seit Jahrzehnten Lagerbehälter aus verzinktem Stahlblech für trockene Lebensmittel wie Getreide, Mehl und Zucker, zum Teil mit Einsätzen aus verzinktem Stahldrahtgewebe. Irgendwelche Schäden hierdurch sind bisher nicht bekannt geworden.

Grundsätzlich besteht allerdings die Gefahr der Schwitzwasserkorrosion bei gehemmtem Luftzutritt (siehe oben), die bei längerer Lagerzeit das Verderben der wandnahen Lebensmittel zur Folge haben könnte. Auch diese Frage bedarf genauer Untersuchung.

Völlig unbedenklich ist es, wenn das Zink nur zum Schutz von Konstruktionsteilen oder Verkleidungen verwendet wird, ferner als Druckguß für Präzisionsteile in Lebensmittelmaschinen, wenn hier keine unmittelbare Berührung mit dem Lebensmittel vorhanden ist. In der Tat wird Zink hier stark verwendet (H. BARRON, 1955; H. QUEST, 1957; Zinkberatung, 1957, 1963).

Besonders gut haben sich Zinküberzüge bei nachfolgendem Anstrich bewährt. Dieser Schutz ist weit billiger als die Kosten für den Zinküberzug und den Anstrich zusammen, was darauf beruht, daß die für Anstriche besonders ungünstige Unterrostung fortfällt und bei Abnutzung des Schutzanstrichs ein neuer Anstrich nach verhältnismäßig einfacher Oberflächenbehandlung, jedenfalls ohne kostspielige Entrostung, aufgebracht werden kann (Beratungsstelle für Stahlverwendung).

X. Bedarfsgegenstände aus Zinn und Zinnlegierungen

1. Technologie und allgemeine Verwendung für Lebensmittel

Zinn ist eines der im Lebensmittelwesen am meisten verwendeten Metalle. Gegenstände aus Reinzinn und aus hochzinnhaltigen Legierungen (z.B. M. TARDY, 1959) sind heutzutage allerdings selten im Gebrauch. Zinnbecher, -kannen und -teller, früher allgemeine Bedarfsgegenstände, sind wohl nur noch ausnahmsweise im Verkehr und wegen des möglichen Blei- und auch Zinkgehaltes nicht immer unbedenklich. So enthält das für Eßgeschirr früher verwendete Britannia-Metall bei 70—90% Zinn zwar in der Regel nur Kupfer und Antimon, mitunter aber auch bis zu 10% Blei oder Zink. Häufiger als bei Eßgeschirr besteht heute die Gefahr eines zu hohen Blei- oder Zinkgehaltes bei Spielwaren.

Nach L. PIATTI (1955) bewährt sich als „Lebensmittel-Metall“ eine Legierung von 82,4% Zinn, 15,8% Antimon, 2% Nickel und 0,2% Silber, die als „Vestit“ bezeichnet wird.

Noch im Gebrauch sind Zinnrohre in Bierschanksäulen, während die Verwendung von Zinnfolien zum Einwickeln von Käse und Schokolade („Stanniol“) stark zurückgegangen ist.

Bei all diesen Gegenständen ist zu beachten, ob die Reinheit nach dem Blei-Zink-Gesetz von 1887 gewährleistet ist (siehe Abschnitt F). Nach diesem sind zwar noch 10% Blei für Trink- und Kochgefäße zugelassen, dieser Bleigehalt erscheint aber nach dem heutigen Stand der Kenntnisse reichlich hoch.

In Bedarfsgegenständen viel verwendete Zinnlegierungen sind die Weichlote (W.R. LEWIS, 1963). Die Lote mit Bleigehalten über 50% sind bereits bei Blei behandelt worden. Bei mehr als 50% Zinn (Normblatt DIN 1707) ist stets zu beachten, ob der Bleigehalt zulässig ist. Das in DIN 1707 für nahrungsmittelfeste Lötungen vorgesehene Lot L SnSb 5 enthält außer Zinn 4,5–5,5% Antimon und 0–1% Silber.

Die Hauptverwendung im Lebensmittelwesen findet Zinn als Zinnüberzüge (Normblätter DIN 1616, DIN 50965). Für die Verzinnung von Bedarfsgegenständen verwendetes Zinn darf nach dem Gesetz bis zu 1% Blei enthalten. Dieser Bleigehalt ist bereits verhältnismäßig hoch und auch vom Gesundheitsstandpunkt nicht mehr als unbedenklich zu bezeichnen. In der Tat ist der Bleigehalt von Zinnüberzügen meistens unter 0,1% (Ungenannt, 1955). Von K.G. BERGNER und H. MIETHKE (1967) wurde bei Untersuchungen des Zinnüberzugs von Weißblechkonservendosen des Handels und anderen verzinnten Bedarfsgegenständen gefunden, daß dieser höchstens 0,16% und wenigstens 0,02% Blei enthielt. Der Bleigehalt zweier Reinzinn-Proben verschiedener Herkunft betrug 0,05 und 0,002%.

Es ist strengstens darauf zu achten, daß man Flächen, deren Berührung mit Lebensmitteln vorgesehen ist, nicht mit einer Blei-Zinn-Legierung „verzinnt“, was mitunter vorkommt (W.R. LEWIS; H. CHEFTEL und M.-L. PANOUSE-PIGEAUD, 1938; K.G. BERGNER und H. MIETHKE, 1967).

Am umfangreichsten ist die Verzinnung von Stahl und hier wiederum die Herstellung von Weißblech (verzinntem Stahlblech) für Konservendosen (H. WYSS; Fachnormen-Ausschuß Verpackung; Normblätter DIN 2011ff.).

(Weißblech). Nach Normblatt-Entwurf DIN 1616 ist Weißblech „ein aus weichem unlegiertem Stahl gewalztes Flacherzeugnis in Dicken unter 0,5 mm mit einem elektrolytisch oder schmelzflüssig aufgebrachten Überzug aus Zinn, das mindestens 99,75% Zinn enthält“.

Konservendosen-Weißblech ist meistens 0,23–0,32 mm dick, doch wird die Verwendung dünneren Blechs (bis zu 0,05 mm) angestrebt (Ungenannt 1965). Die günstigste chemische Zusammensetzung des zugrunde liegenden Stahlblechs ist zwar mehrfach untersucht worden, aber noch nicht völlig geklärt (z.B. R.R. HARTWELL; S.C. BRITTON und K. BRIGHT, 1960; S.C. BRITTON, 1961; W.E. HOARE, 1961). Es besteht zwar Einigkeit darüber, daß der Stahl möglichst wenig Phosphor und Schwefel enthalten soll, man hält auch durch Schrott in den Stahl eingeschlepptes Chrom und Nickel für ungünstig, die Wirkung des meistens in dem Stahl enthaltenen Kupfers ist jedoch vermutlich je nach dem Füllgut verschieden. Die Gesamtentwicklung geht offenbar auf ein möglichst reines Ausgangsblech hinaus. In USA werden je nach dem Füllgut 3 Stahlsorten verwendet, die höchstens folgende Mengen an Begleitstoffen enthalten dürfen (R.R. HARTWELL, 1956):

Sorte	% C	% P	% S	% Si	% Mn	% Cu	% Ni	% Cr
L . .	0,12	0,015	0,05	0,01	0,6	0,06	0,04	0,06
MR .	0,12	0,020	0,05	0,01	0,6	0,2		
MC .	0,12	0,11	0,05	0,01	0,6	0,2		

Für diejenigen Füllgüter, die am leichtesten Korrosion unter Wasserstoffentwicklung erzeugen, ist Sorte L vorgesehen, für die am wenigsten hierzu neigenden kann Sorte MC verwendet werden (vgl. die spätere Tabelle 9). Außer der Zusammensetzung sind auch das Gefüge, ferner die Glätte der Oberfläche, sowie deren Textur von Bedeutung.

Die Verzinnung der Bleche erfolgt entweder durch Eintauchen in geschmolzenes Zinn („Feuerverzinnung") oder elektrolytisch mit nachfolgendem kurzen Anschmelzen der Zinnschicht (S.C. BRITTON und K. BRIGHT, 1960; W.R. LEWIS, 1953, 1957; S.C. BRITTON, 1961, 1966; W.E. HOARE, 1956, 1961; W.E. HOARE u. Mitarb., 1965; B. KAYSSELITZ, 1956; H. OP DE HIPT, 1957; E.G. DAVIS, 1963; H. BADER-BOCK, 1964; F. WOLFF und B. MEUTHEN, 1964; A. LÜTH, 1966; H.E. BIBER und W.T. HARTER, 1967).

Die Zinnschicht zeigt von innen nach außen den folgenden Aufbau: aus $FeSn_2$ bestehende Legierungsschicht, Zinnschicht, Schicht aus Zinnoxid oder -hydroxid (dünner als 1 μm), Ölschicht aus Palmöl bei feuerverzinntem Blech, aus Baumwollsaatöl oder Dioctylsebazat bei Elektrolyt-Blech (Ölauflage ca. 1–20 mg/m²).

Die Zinnauflage beträgt bei feuerverzinntem Blech in der Regel ca. 10–18 g je m² Oberfläche (d.h. 20–36 g je m² Blech); nach Normblatt-Entwurf DIN 1616 soll sie je nach Blechart mindestens 10,5–13 g/m² betragen. 21 verschiedene Dosen, die uns im Laufe eines Monats zur Untersuchung eingesandt wurden, hatten Auflagen von 12–27 g/m².

Bei Elektrolytblech kann die Auflage weite Grenzen durchlaufen. In Normblatt-Entwurf DIN 1616 sind Auflagen zwischen 2,45 und 10,1 g/m² (Mindestwerte) genannt. Elektrolytisch werden auch Bleche mit verschiedenen Auflagen auf beiden Seiten hergestellt (z.B. 8 g/m² auf der einen und 2,3 g/m² auf der andern Blechseite).

Die Zinn-Überzüge auf Weißblech sind immer porig; die Porenzahl kann über 20 Poren je cm² betragen.

Durch Behandlung mit einer 90–95° C heißen Lösung von 10 g/l Natriumhydroxid und 3 g/l Natriumchromat während einiger Sekunden wird ein oxidischer Schutzfilm auf dem Blech erzeugt, der dessen Korrosionsbeständigkeit gegen Lebensmittel stark erhöht (E.S. HEDGES, 1956). Der Film soll keine giftigen Stoffe an Lebensmittel abgeben; seine Brauchbarkeit in der Praxis wird jedoch bezweifelt (E. NEHRING, 1956a; H. CHEFTEL und M. MONVOISIN, 1954).

Die Innenseite der Konservendosen ist für bestimmte Füllgüter noch zusätzlich lackiert (veraltete Bezeichnung hierfür: „verniert"). Meistens wird ein Goldlack verwendet, für den Epoxyphenolharze, Aminharze in vielen Variationen eingesetzt werden, ferner auch Ölharz- und Vinyllacke (H. ARNOLD; W.R. LEWIS, 1957; F. JAKOBSEN, 1966; S.C. BRITTON, 1961; E. NEHRING, 1956b; P. NEHRING und H. KRAUSE, 1963; G. CAPUANO, 1958; H. BUCHHOLZ, 1959; O. MAERCKS, 1966; R.R. HARTWELL, 1958; S.L. FLUGGE, 1953; H.E. SCHEIBER, 1953; G.M. SHIFFLER, 1955).

Die Lackschicht wird meistens vor der Dosenherstellung aufgebracht, so daß sie bei dieser an Biege- und Tiefziehstellen (vgl. z.B. G. WÜNSCHE, 1963), ferner an Sicken verformt oder infolge ungenauer Werkzeuge sogar verletzt wird. Durch derartige Fehlstellen ist naturgemäß die Schutzwirkung der Lackschicht stark herabgesetzt, im besonderen an Stellen, an denen sich Kratzer kreuzen und vermutlich mitunter sogar die Zinnschicht abgetragen ist.

Die Porigkeit der Lackschicht nimmt mit der Dicke ab, und zwar derart, daß mit Verdickung um ca. 1,7 μm die Porenfläche je Flächeneinheit auf die Hälfte herabgesetzt wird. Ein Aufbringen der Lackschicht in 2 Schichten nacheinander hat in bezug auf die Porigkeit keinen Vorteil gegenüber dem Aufbringen der gleichen

Menge des Lackes in einem Auftrag (O. MAERCKS, 1966). G. WÜNSCHE (1963) fand sogar, daß die zweite Lackierung den Schutz durch die erste Lackierung gar nicht erhöhte. Günstig scheint eine zweite Lackierung jedoch dann zu sein, wenn diese mit einem andern Lack ausgeführt wird (H.E. SCHEIBER, 1953).

Zum Löten der Dosen müssen Randstreifen der lackierten Bleche unlackiert bleiben. Notwendigenfalls wird die Lötnaht nachlackiert. Für sehr stark Wasserstoff entwickelnde Füllgüter, ferner für das gegen Zinn sehr empfindliche Bier werden die Dosen noch nach der Herstellung mit einer Spritzlackierung versehen. Dies war auch das Lackierungsverfahren der im 2. Weltkrieg verwendeten Schwarzblechdosen (Abschnitt C IV).

(Dickere Zinn-Überzüge auf Stahl und Gußeisen). Von verzinnten stählernen Bedarfsgegenständen sind besonders Milchkannen von Bedeutung. Da Milchkannen häufig besonders starken mechanischen Beanspruchungen unterworfen sind und noch zusätzlich infolge der ständigen Wiederverwendung oft gereinigt werden müssen, reicht eine so dünne Zinnschicht wie bei Weißblech nicht aus. Die Zinnauflage der Milchkannen sollte daher mindestens 150 g je m^2 Oberfläche, besser 170 g/m^2 betragen (Ungenannt, 1959; O. KASTORFF, 1952). Die Zinnschichten sollten auch möglichst porenfrei sein und höchstens 1 Pore je dm^2 Oberfläche enthalten. In Normblatt DIN 11501 ist jedoch nur vorgeschrieben, daß die Kannen im Vollbad verzinnt sein müssen, was unseres Ermessens keineswegs ausreicht.

Küchenmaschinen, z.B. Fleischwölfe, bestehen häufig aus verzinntem Gußeisen.

(Zinnüberzüge auf andern Metallen). Die meistens unter 1 μm dicken Zinnüberzüge auf Bleiflaschenkapseln sind bei Blei behandelt (Abschnitt C II). Die Zinnauflage auf der Innenseite von Bleituben für Kosmetik-Artikel muß nach dem Blei-Zink-Gesetz von 1887/88 (vgl. S. 87) mindestens 120 g/cm^2 betragen.

Bedarfsgegenstände aus Kupfer und Kupferlegierungen werden in vielen Fällen verzinnt (H. PETZOLDT, 1954; H. QUEST, 1957; D. LOWDEN, 1962). Dies geschieht wie beim Verzinnen von Stahl durch Eintauchen in das geschmolzene Zinn oder galvanisch (Normblatt DIN 50965), außerdem aber auch durch Wischen, indem man z.B. in einem innen zu verzinnenden Gefäß das Zinn durch Erhitzen schmilzt und durch Wischen mit Werg oder Asbest verteilt.

Bei kupfernen Gefäßen, die oft zu reinigen sind, z.B. Käsekesseln, ist eine möglichst dicke Zinnschicht zweckmäßig.

Beim Feuerverzinnen von Kupfer entsteht eine Zwischenschicht von Kupfer-Zinn-Legierungen (S.C. BRITTON und D.G. MICHAEL, 1961).

Beim galvanischen Verzinnen von stark profilierten Gegenständen ist zu beachten, ob das Verzinnungsbad eine so gute Steufähigkeit besitzt, daß auch auf zurückliegenden Flächen eine genügend dicke Zinnschicht entsteht. Da die Streufähigkeit der Bäder sich im Laufe der Benutzung verschlechtern kann, ist eine Überwachung der genügenden Schicht an zurückliegenden Teilen unerläßlich.

Für Getränkeschankanlagen schreibt die Verordnung des Bundesministers für Wirtschaft vom 22. III. 1966 vor, daß die Zinnschichten mindestens 0,01 mm dick sein müssen.

Die Feuerverzinnung von Messing kann zu zinkhaltigen Zinnüberzügen führen, indem Zink aus dem Messing in den Überzug diffundiert, was die Eigenschaften des Zinnüberzuges verschlechtern kann (S.C. BRITTON und M. CLARKE, 1959).

Zum Schluß dieses Abschnittes seien noch einige Angaben über die Maße gemacht, die man für Zinn-Überzüge anwendet.

In den angelsächsischen Ländern gibt man die Zinn-Auflage auf Blechen meistens in pounds oder in ounces (oz) per basis box an; dabei bedeutet basis box 56 Bleche zu 20×20 Zoll oder eine äquivalente Fläche. Diese Angabe ist zwar umständlich, aber eindeutig. Nicht eindeutig aber sind die häufig in Kontinental-Europa zu findenden Angaben. Früher war es üblich, die Zinn-Auflagen in Gramm je Quadratmeter Blech anzugeben, obwohl es von vornherein weniger irreführend gewesen wäre, die Angaben in Gramm je Quadratmeter Oberfläche zu machen; denn in diesem Maß kann man auch die Zinnauflagen auf Drähten, Milchkannen und Fleischwölfen messen. Auch die oft zu findenden Angaben in „Gramm je Quadratmeter beidseitig" sind unklar; denn darunter kann man sowohl Gramm je Quadratmeter auf jeder Seite als auch Gramm je Quadratmeter auf beiden Seiten zusammen verstehen. Glücklicherweise sind die wohl vom kaufmännischen Standpunkt erklärlichen, aber sonst unerwünschten Maße heute unmöglich geworden, da sich auch Bleche einführen, die auf beiden Seiten verschiedene Auflagen tragen, weshalb auch in Normblatt-Entwurf DIN 1616 als Maß Gramm je Quadratmeter Oberfläche gewählt ist. 1 lb./basis box = 16 oz./basis box entspricht 11,2 g je Quadratmeter Oberfläche. Im Folgenden ist unter g/m² immer Gramm je Quadratmeter Oberfläche verstanden.

Ein weiteres in Kontinental-Europa übliches Maß für die Zinn-Auflage ist die Angabe der Schichtdicke in µm. Durch Division der Auflage in Gramm/Quadratmeter durch das spezifische Gewicht des Zinns (7,28 g/cm³) erhält man die Dicke der Zinnschicht in diesem Maß. Die zur Zeit verwendete geringste Zinnauflage von 1,4 g/m² entspricht sonach einer Schichtdicke von 0,19 µm. Die Kennzeichnung der Zinnschichtdicke in µm ist einwandfrei und auch in dem allgemeinen Normblatt für elektrolytische Verzinnung DIN 50965 vorgeschrieben.

2. Allgemeine Korrosionseigenschaften

Zinn ist ein verhältnismäßig edles Metall, so daß es nur bei Sonderbedingungen unter Wasserstoff-Entwicklung angegriffen wird. So beobachtet man bei Einwirkung organischer Säuren auf kompaktes Zinn nur selten Wasserstoffentwicklung (vgl. z.B. S.C. BRITTON, 1952).

Andererseits aber sind Zinnüberzüge aus Stahl in Antimon(III)-chlorid-haltiger Salzsäure leicht löslich, was man zur Bestimmung der Zinn-Auflage benutzt (Abschnitt D II 1).

Eine sehr langsame, aber praktisch wichtige Korrosion des Zinns unter Wasserstoff-Entwicklung scheint auch zu entstehen, wenn stärkere organische Säuren auf Zinn einwirken, das mit Eisen in Kontakt steht (siehe unten).

Erheblich wird Zinn in organischen Säuren dann korrodiert, wenn gleichzeitig ein Oxydationsmittel, im besonderen Luftsauerstoff, Zutritt hat. Geradeso wie bei Kupfer und Nickel ist daher auch bei Zinn in Lebensmitteln der Luftzutritt besonders zu beachten. So fand man in 6%iger Essigsäure bei Durchblasen von Wasserstoff bzw. von Sauerstoff Korrosionsgeschwindigkeiten von 1,5 g/m² je Tag bzw. 230 g/m² je Tag (E. RABALD und H. BRETSCHNEIDER, 1953).

Das Verhalten von Zinn gegen Alkalien, das wegen der Reinigung mit alkalischen Mitteln Bedeutung hat, ist je nach den Umständen sehr verschieden (vgl. z.B. S.C. BRITTON, 1952). Gegen starke Alkalien ist Zinn unbeständig; bei Kontakt mit Stahl kann es in solchen sogar unter Wasserstoff-Entwicklung korrodiert werden. Bei pH-Werten unter etwa 11 hängt die Beständigkeit des Zinns weitgehend von den Einzelheiten ab. In Silikat- und Phosphat-Lösungen beobachtet man Passivitätserscheinungen, so daß Zinn in diesen Lösungen bei Raumtemperatur völlig beständig sein kann. Chloride und Sulfide wirken wie auch bei anderen Metallen der Passivität entgegen.

Auch die Beständigkeit des Zinns gegen Ammoniak, die mitunter befriedigend ist, hängt weitgehend von den Bedingungen ab, z.B. von Oberflächenfehlern, Temperatur und Zustand der schützenden Oxidschicht (S.C. BRITTON und D.G. MICHAELIS, 1955).

Gegen viele neutrale Lösungen ist Zinn infolge der Widerstandsfähigkeit seiner Oxidschicht gut beständig (S.C. BRITTON, 1962). Im besonderen wird Zinn von reinem Wasser praktisch gar nicht angegriffen, sodaß verzinnte Kupferrohre sich bestens in Destillationsapparaten für destilliertes Wasser bewährt haben. Auch die Beständigkeit gegen Leitungswasser ist, wie das Verhalten der Zinnrohre in Bierschanksäulen zeigt, meistens voll befriedigend.

Die Gegenwart von Chloriden setzt auch in neutralen Lösungen die Beständigkeit des Zinn oft erheblich herab. Die Korrosion nimmt dann mitunter die Form örtlicher schwarzer Flecken an (S.C. BRITTON und D.G. MICHAEL, 1957); diese können sich auch in organischen Säuren bei Luftgegenwart bilden; sie bestehen aus Zinn(II)-oxid und Zinn(IV)-oxid und treten z.B. dann auf, wenn Zinn in der ersten Zeit seiner Benutzung einem ungleichmäßigen Angriff ausgesetzt ist, so daß nur zum Teil eine schützende Oxidschicht entsteht. Die schwarzen Flecken bilden jedoch mehr einen Schönheitsfehler als eine ernsthafte Korrosion. Maßnahmen gegen die Bildung schwarzer Flecken sind

a) sorgfältige Behandlung in der ersten Betriebszeit, so daß sich eine gute Schutzschicht bilden kann;
b) Vermeidung ungleichmäßiger Beanspruchung des Zinns;
c) kathodischer Schutz des Zinns in der ersten Betriebszeit durch Kontakt mit Aluminium;
d) allgemein pflegliche Behandlung des Zinns, im besondern Vermeidung des Stehenlassens über Nacht in ungereinigtem Zustand.

Die beim Feuerverzinnen von Kupfer entstehende Zwischenschicht aus Zinn-Kupfer-Legierung ist meistens edler als Zinn, mitunter auch edler als Kupfer, was jedoch in der Regel nicht zu Lochfraß bei Kupfer führt. Gelegentlich hat man derartig zu erklärende Anfressungen jedoch in heißem Wasser gefunden (S.C. BRITTON, 1963; S.C. BRITTON und D.G. MICHAEL, 1957).

Eine weitere besondere Schadensart bei Zinn ist die sogenannte Zinnpest; diese beruht nicht auf Korrosion, sondern auf der Umwandlung des normalerweise weißen Zinns unterhalb 18° C in graues Zinn. Besonders oft wurde Zinnpest an Orgelpfeifen in kalten Kirchen beobachtet. Auch bei Kühlschlangen aus Zinn in Bierschanksäulen kommt sie vor. Im großen und ganzen ist sie nicht so häufig, wie man befürchten könnte, da die Umwandlung bei nicht allzu tiefen Temperaturen nur schwer einsetzt und auch dann nur langsam ist. Schon bei schwach legiertem Zinn scheint sie nicht aufzutreten. In vielen Fällen, in denen über Zinnpest berichtet wird, liegt in Wirklichkeit Korrosion vor, was man bei Bildern daran erkennen kann, daß die wahre Zinnpest sich von einem Kern etwa kreisförmig ausbreitet (W.R. LEWIS, 1965).

Bei verzinktem Messing kann durch die im vorigen Abschnitt genannte Diffusion von Zink in das Zinn dessen Korrosionsbeständigkeit erheblich herabgesetzt werden (S.C. BRITTON und M. CLARKE, 1959).

Lotnähe aus Zinn-Blei-Legierungen und ihre Umgebung zeigen mitunter vorzeitige Korrosion an der Luft; diese ist in der Regel auf chloridhaltige Flußmittel zurückzuführen (W.R. LEWIS, 1963).

(Korrosionselemente an Weißblech). Obwohl schon zu Faradays Zeiten bekannt war, daß Zinn unedler als Eisen sein kann (R.R. HARTWELL, 1951), glaubte man später Jahrzehnte lang wegen der verhältnismäßig edlen Stellung des Zinns in der elektrochemischen Spannungsreihe, daß Zinn in Lebensmitteln edler sei als Eisen und daß dementsprechend die Zinnschicht des Weißblechs porenfrei sein müsse, da es sonst zur Bildung eines Korrosionselementes mit Zinn als großer Kathode und Eisen als kleiner Anode kommen müsse, bei dem das Eisenblech bald durchlöchert sein würde. Daß Konservendosen in der Regel verhältnismäßig selten Lochfraß aufweisen, galt als Beweis für die Porenfreiheit des Zinnüberzuges und auch der Nachweis von dessen Porigkeit änderte hieran wenig. Erst um 1925 wurden unmittelbare Versuche hierzu ausgeführt, und diese ergaben, daß zwar Eisen gegen viele Lösungen durchaus das unedlere Metall sein kann, daß aber in Lebensmitteln sich Zinn fast immer unedler verhält und in dem Korrosionselement die Anode bildet, so daß das an den Poren des Zinnüberzugs freiliegende Eisen von dem Zinn des Überzugs kathodisch geschützt wird (C.L. MANTELL u. W.G. KING, 1928; E.F. KOHMAN u. N.H. SANBORN, 1928a u. b; R.H. LUECK u. H.T. BLAIR, 1929).

Nach T.P. HOAR (1934) ist die Potentialumkehr zwischen Eisen und Zinn auf die Bildung von Zinn-Komplexsalzen zurückzuführen, die die Zinnionen-

Konzentration stark herabsetzen und damit das Zinnpotential verunedlen. Da in Lebensmitteln offenbar fast immer Zinn-Komplexverbindungen entstehen, ist im Innern gefüllter Weißblechkonserven Zinn in der Regel unedler Pol. Eine Ausnahme machen kohlensäurehaltige Getränke (E. L. Köhler u. Mitarb., 1959).

An der Außenseite der Dosen, die atmosphärischen Verhältnissen ausgesetzt ist, können hingegen keine Komplexverbindungen des Zinns entstehen; Eisen ist hier daher der unedle Pol, und bei Naßwerden bildet sich am Grunde der Poren Rost, der durch den Kontakt mit dem Zinnüberzug zweifellos noch verstärkt wird.

Die Korrosionselemente im Innern gefüllter Konservendosen sind in der Folgezeit eingehend untersucht worden (F. Jakobsen u. E. Mathiesen, 1946; S.C. Britton, 1952; S.C. Britton u. K. Bright, 1960; H. Liebmann, 1958; R.R. Hartwell, 1951, 1958; H. Cheftel u. J. Monvoisin, 1955; H. Cheftel, 1938; E.F. Kohman, 1956; E.L. Koehler, 1956, 1961; E.L. Koehler u. C.M. Canonico, 1957; G.G. Kamm u. A.R. Willey, 1961; G.G. Kamm u. Mitarb., 1961; D. Dickinson, 1961; J.M. Bryan u. T.N. Morris, 1956; J. Schormüller, 1966). Hier können nur die wichtigsten Ergebnisse mitgeteilt werden.

In den Dosen kann sowohl Korrosion unter Wasserstoff-Entwicklung als auch Korrosion unter Verbrauch von Oxydationsmitteln entstehen. Beide Fälle sind praktisch wichtig.

Korrosion von Weißblech unter Wasserstoff-Entwicklung: Die Korrosion unter Wasserstoff-Entwicklung findet naturgemäß in sauren Medien statt, z.B. bei pH-Werten unter 5. Die sich hierbei ausbildenden Korrosionselemente bestehen bei unlackierten Dosen aus großen anodischen Zinnflächen und kleinen kathodischen Eisenflächen am Grunde der Poren der Zinnschicht. Während man bei kompaktem Zinn in Fruchtsäuren keine Entwicklung von Wasserstoff beobachtet, entwickelt sich dieser in dem Korrosionselement Zinn-Eisen, was offenbar mit der geringen Wasserstoff-Überspannung am Eisen zusammenhängt. Im einzelnen sind die Verhältnisse aber viel verwickelter, als man zunächst erwarten sollte.

So entsteht in dem Korrosionselement Eisen/Zinn in Citronensäurelösung weniger Wasserstoff, als wenn die Lösung bei Abwesenheit von Zinn auf das Eisen wirkt. Es liegt nahe, diese Erscheinung auf eine inhibierende Wirkung der in Lösung gegangenen Zinnionen zurückzuführen, die in der Tat auch vorhanden ist; diese Inhibierung reicht aber zur vollen Erklärung des Vorgangs nicht aus (E.F. Kohman, 1956; E.L. Koehler, 1956, 1961). Auch bei sehr kleiner Eisenfläche wird etwas Eisen aufgelöst, jedoch wird die Eisenauflösung erst dann erheblich, wenn die Eisenfläche mehr als ca. 10% der Zinnfläche beträgt. Offenbar ist für den Schutz des Eisens am Grunde der Poren eine bestimmte Schutzstromdichte erforderlich (S.C. Britton u. K. Bright, 1960, 1961).

Einen durchaus unerwarteten Effekt bei diesen Vorgängen beobachtete H. Liebmann (1956): Sauerstoff-freie Apfelsäure, die wie Früchte unter Vakuum eingedost und sterilisiert wurde, löste zwar das Zinn des Überzuges deutlich an, Wasserstoff entstand dabei aber zunächst nicht. Erst nach einer bestimmten Zeit, offenbar wenn das Zinn zum erheblichen Teil abgelöst war, begann gerade sowie durch Früchte Wasserstoff-Entwicklung. Dementsprechend findet man auch in praktischen Fällen, daß weniger Wasserstoff entsteht, als dem in Lösung gegangenen Metall äquivalent ist; bei farbigen Früchten kommt hierbei allerdings die weitere Komplikation hinzu, daß spezifische Oxydationsmittel aus diesen oxydierend wirken können (vgl. unten).

Der Verbleib des Wasserstoffs bei dem Versuch von Liebmann (1956) ist noch ungeklärt. Es läßt sich zwar zeigen, daß die bekannte Durchlässigkeit des Eisens für atomaren Wasserstoff auch bei der Einwirkung von Fruchtsäuren auf Konservendosenblech von Bedeutung ist und erhebliche Mengen des entstehenden Wasserstoffs durch die Dosenwand nach außen diffundieren: ob dies zur Erklärung des Ergebnisses von LIEBMANN (1956) ausreicht, ist aber zweifelhaft. Wenn, wie gesagt, in Konservendosen weniger Wasserstoff entsteht, als dem in Lösung gegangenen Gesamt-Metall entspricht, so ist es um so bemerkenswerter, daß der entstandene Wasserstoff häufig dem korrodierten Eisen äquivalent ist.

Die Korrosion von unlackierten Konservendosen unter Wasserstoff-Entwicklung geht vermutlich folgendermaßen vonstatten (S.C. BRITTON u. K. BRIGHT, 1961; E.L. KOEHLER, 1961; E.L. KOEHLER u. C.M. CANONICO, 1957; G.G. KAMM u. A.R. WILLEY, 1961): Nach einem bisher nicht ausreichend erkannten Korrosionsmechanismus wird zunächst das Zinn des Überzugs korrodiert, ohne daß dabei in merklichen Mengen Wasserstoff entsteht. Die Korrosion des Zinns hat eine Vergrößerung der Poren der Zinnschicht und damit der am Grunde der Poren freiliegenden Eisenfläche zur Folge. Ist die freiliegende Eisenfläche so groß, daß die notwendige kathodische Mindest-Stromdichte, die das Zinn auf dem Eisen erzeugt, nicht mehr erreicht wird, so beginnt Wasserstoff-Entwicklung unter Auflösung des Eisens, und diese bläht die Dosen auf.

Nach G.G. KAMM u. A.R. WILLEY (1961), die diese Verhältnisse eingehend untersucht und beschrieben haben, ist für die Mindest-Schutzstromdichte nicht nur die Fläche des freiliegenden Eisens von Bedeutung, sondern auch dessen Art; im besondern erfordern Eisenarten mit hohem Beizverzögerungswert (vgl. Abschnitt D) erhöhte Schutzstromdichten.

Die Porigkeit der Zinnschicht hat dem Gesagten entsprechend keinen unmittelbaren Einfluß auf die Wasserstoff-Entwicklung bei Einwirkung mäßig saurer Stoffe auf Weißblech (R.R. HARTWELL, 1951, 1958), obwohl dieser früher oft behauptet wurde. Denn solange nur die anfänglichen kleinen Poren der Schicht vorhanden sind, reicht die Schutzstromdichte am Porengrunde aus, um die Korrosion des Eisens zu verhüten. Ein Zusammenhang zwischen Größe der Zinnauflage und Stärke der Wasserstoff-Entwicklung besteht nur insofern, als porigere Zinnschichten dünner sind und daher an porigeren Schichten die Zinnschicht unter Vergrößerung der Poren leichter fortgefressen wird und die Mindest-Schutzstromdichte am Grunde der Poren früher unterschritten wird. Die Dicke der Zinnschicht verzögert daher zweifellos den Beginn der Wasserstoff-Entwicklung. Offenbar ist dieser Einfluß jedoch nicht so groß wie derjenige der Stahlart (H. LIEBMANN, 1956; R.R. HARTWELL, 1951, 1958).

Von erheblicher Bedeutung bei der Korrosion des Weißblechs unter Wasserstoff-Entwicklung scheint auch die Zinn-Eisen-Legierungsschicht zwischen der Zinnschicht und dem Eisen zu sein. Sie ist vermutlich meistens edler als Eisen und Zinn. Während sie jedoch die Auflösung des Zinns beschleunigt (G.G. KAMM u. Mitarb., 1961), scheint sie für die Korrosion des Eisens belanglos zu sein. Möglicherweise handelt es sich um eine Schicht, die gegen die vorkommenden Säuren weitgehend beständig ist und damit der Vergrößerung der Poren entgegenwirkt.

Da elektrolytisch verzinntes Blech ein dünnere Legierungsschicht hat als feuerverzinntes, ist es möglich, daß dieses gegen Korrosion unter Wasserstoff-Entwicklung beständiger ist als jenes, wofür jedoch bisher keine Unterlagen bekannt sind. Nach S.C. BRITTON (1966); S.C. BRITTON und K. BRIGHT (1960) könnte die besonders gute Schutzwirkung der Legierungsschicht in feuerverzinntem Blech dadurch aufgehoben werden, daß deren Anteil an Reinzinn geringer ist und damit die kathodische Schutzwirkung des Reinzinns auf den Stahl am Grunde der Poren verkürzt wird.

In lackierten Weißblechdosen sind die Verhältnisse weitgehend dadurch geändert, daß der Hauptteil der Zinnflächen abgedeckt ist und das Zinn dementsprechend nur in erheblich geringerem Maße kathodisch schützend auf das Eisen wirken kann als bei unlackierten Dosen (vgl. z.B. W.R. LEWIS, 1957; R.R. HARTWELL, 1951, 1958). Bei lackierten Dosen wird zwar die Dosenwand nur an kleinen Stellen angegriffen; aber hier ist das Zinn bald fortgelöst, der Angriff von saurem Füllgut wirkt sich ungehemmt auf das Eisen am Porengrund aus und führt verhältnismäßig bald zur Durchlöcherung der Dosenwand.

An Poren, die sowohl durch die Lackschicht als auch durch den Zinnüberzug hindurchgehen, liegt das Eisen sogar von vornherein ungehemmt dem Angriff durch die Säure frei. Dies trifft besonders oft für Kreuzungsstellen von Kratzern zu.

Bei diesen Verhältnissen ist vermutlich auch von Bedeutung, daß für den Angriff an den Poren mehr Angriffsmittel zu Verfügung steht als bei unlackierten Dosen, bei denen sich der Angriff auf viel größere Flächen verteilt und sich daher eher erschöpft; im besondern ist die Nachdiffusion des Angriffsmittels je Flächeneinheit des angegriffenen Metalls an den Poren leichter möglich als auf der gesamten Fläche, da an den Poren der angreifende Stoff von allen Seiten nachdiffundiert.

Daß in der Tat Diffusionsvorgänge für die Korrosion in Konservendosen geschwindigkeitsbestimmend sind, fanden A. LOPEZ (1965), ferner K.G. BERGNER u. U. RÜDT (1968); dies gilt jedoch offenbar nicht immer (R.R. HARTWELL, 1951).

Über die Abhängigkeit der Korrosion von dem pH-Wert des Angriffsmittels ist zu sagen: Schon E.F. KOHMAN u. N.H. SANBORN (1928b) hatten gefunden, daß bei pH-Werten kurz unterhalb 7 die Anodicität des Zinns schwach ausgeprägt ist und unterhalb pH 4 stärker wird. Füllgüter mit einem pH-Wert unter 4 greifen daher Weißblech mitunter weniger an als weniger saure Füllgüter. Die daraus gezogene Folgerung, daß Zufügung von Säure die Korrosion herabsetzen kann, hat sich in der Tat mitunter bewahrheitet (vgl. S. 68). Es fragt sich aber, ob hierbei nicht noch andere Umstände eine Rolle spielen, im besondern die Komplexbildung des Zinns mit dem Anion der Säure. Es fällt auch auf, daß von den einzelnen Forschern ganz verschiedene Werte für den pH-Wert angegeben werden, bei dem die geringste Korrosion entsteht (vgl. z.B. R.R. HARTWELL, 1951; A. LOPEZ, 1965; P. NEHRING, 1956; H. CHEFTEL, 1958; G. WÜNSCHE, 1963). Vermutlich ist dabei auch die Art des Eisens von Bedeutung. Die pH-Abhängigkeit der Korrosion des Weißblechs unter Wasserstoff-Entwicklung erscheint daher zur Zeit noch ungeklärt.

Korrosionsinhibitoren, die der Korrosion des Weißblechs unter Wasserstoff-Entwicklung entgegenwirken, sind nicht nur die bereits erwähnten Zinnsalze, die sich im Laufe der Korrosion bilden, sondern auch gewisse Stoffe, die sich von vornherein in den Füllgütern befinden, z.B. in Pflaumen (F.W. SALT u. J.G.N. THOMAS, 1957). Eine derartige Inhibition durch künstlichen Zusatz von Inhibitoren zu bewirken, ist jedoch nach R.R. HARTWELL (1951) bisher nicht aussichtsreich.

Für die Temperaturabhängigkeit der Korrosion des Weißblechs unter Wasserstoff-Entwicklung kann man ganz überschlägig annehmen, daß sich die Korrosionsgeschwindigkeit bei einer Temperatur-Erhöhung um 10° etwa verdoppelt (H. CHEFTEL u. M. MONVOISIN, 1954). Diese Abhängigkeit gilt jedoch nicht immer; so fand A. LOPEZ (1965) zwar eine starke Korrosionsbeschleunigung zwischen 21 und 38° C; bei 5° C und 21° C war die Korrosionsgeschwindigkeit jedoch etwa gleich.

In jedem Fall sollte man Sorge tragen, daß gefüllte Dosen nach dem Sterilisieren nur möglichst kurze Zeit bei hoher Temperatur verweilen. Andererseits darf man die Dosen auch nicht zu rasch abkühlen, da sonst das am Dosen-Äußern haften bleibende Kühlwasser nicht rasch genug verdampft, was zum Verrosten des Dosen-Äußern führen kann (vgl. S. 64).

Beim Übersee-Transport kann die hohe Temperatur in Schiffsladeräumen (mitunter über 50° C) die Korrosion durch aggressive Füllgüter in so starkem Maße erhöhen, daß diese verderben. Füllgüter geringer Aggressivität überstehen den Übersee-Transport jedoch befriedigend (W. Börner u. H. Krone, 1956).

In den Tropen selbst sollte man Dosen-Konserven naturgemäß immer so kühl wie möglich lagern, aber andererseits verhindern, daß sich Kondenswasser auf ihnen bildet, was in den Tropen besonders leicht möglich ist.

Korrosion des Innern von Weißblech-Konservendosen unter Verbrauch von Oxydationsmitteln: Ebenso wichtig wie die Korrosion des Weißblechs unter Wasserstoff-Entwicklung ist diejenige unter Verbrauch von Oxydationsmitteln, sowohl was das Äußere als auch was das Innere der Konservendosen angeht. Hier sei zunächst dieses betrachtet.

Ein besonders wichtiges Oxydationsmittel ist auch für Weißblech der Luftsauerstoff (A. W. Owe, 1926; E. F. Kohman u. N. H. Sanborn, 1924). Dieser wird vor der Sterilisation im Kopfraum der Dosen eingeschlossen und kann später seine korrodierende Wirkung auf die Dosen-Innenwand ausüben. Es ist daher fast immer zweckmäßig, den Luftgehalt des Kopfraums der Dosen so gering wie möglich zu machen, was am zweckmäßigsten dadurch geschieht, daß man die Dosen bei möglichst heißem Inhalt verschließt. Nach dem Abkühlen der Dosen haben diese dann Unterdruck, der möglichst groß gehalten werden sollte. Auf solche Weise kann man häufig auch den Luftinhalt der Porenräume des Füllguts austreiben (H. Liebmann, 1956; R. R. Hartwell, 1951; A. Lopez, 1965; G. Kohn u. J. E. Fix, 1956; F. Jakobsen u. E. Mathiesen, 1946; R. W. Clough u. E. D. Clark, 1925).

Die zweite Möglichkeit, den Luftgehalt der Dosen klein zu halten, besteht darin, für einen möglichst kleinen Kopfraum zu sorgen, ohne den Unterdruck zu beachten. Die Wirksamkeit dieses Vorgehens ist jedoch zweifelhaft. Denn hierbei bleibt einerseits die Angriffsgefahr im Kopfraum selbst erhalten, andererseits führt bei kleinem Kopfraum spätere Wasserstoff-Entwicklung um so rascher zu starken Druckanstiegen; ferner bleibt auch die Luft in Poren des Füllguts erhalten.

Eine weitere Möglichkeit der Korrosion des Doseninnern durch Luftsauerstoff besteht, wenn nach dem Öffnen der Dosen die Luft praktisch ungehemmten Zutritt hat. Die hierdurch entstehende Korrosion und Zinnaufnahme des Füllguts kann sehr erheblich sein (vgl. S. 69). Es ist daher meistens empfehlenswert, den Inhalt geöffneter Dosen möglichst bald z. B. in Porzellan- oder Glasgefäße umzufüllen.

Die Lebensmittel können auch unmittelbar Oxydationsmittel enthalten (Tabelle 1), doch ist nur wenig Genaues darüber bekannt, wie diese Oxydationsmittel in der Tat im einzelnen die Korrosion erhöhen.

Die erste derartige Annahme betrifft den Nitratgehalt von Lebensmitteln, im besonderen von Fleischwaren (H. Serger, 1913). Die korrosionsbegünstigende Wirkung des Nitrats wird später wiederholt erwähnt, ohne daß jedoch Untersuchungen hierzu bekannt geworden wären. Ähnliches gilt für den Gehalt einiger Nahrungsmittel an Oxalsäure, wobei zwar auf die komplexbildende Wirkung der Oxalsäure hingewiesen wird, aber nie ausgeführt wird, welcher Stoff oxydierend wirken soll. Ferner hat man lange Zeit angenommen, daß die Anthocyane in farbigen Früchten infolge ihrer oxydierenden Eigenschaften korrodierend wirkten, wobei sie selbst ihre Farbe änderten; seit einigen Jahren wird die korrosionsbegünstigende Wirkung der Anthocyane jedoch bezweifelt (vgl. S. 68).

Der Schwefelgehalt von Eiweißstoffen und deren Abbauprodukten, im besondern bei Fleischwaren, bietet ebenfalls die Möglichkeit der Korrosion unter Verbrauch von Oxydationsmitteln, was z.B. zur Bildung von Eisensulfid führen kann (z.B. A.W. OWE, 1926; W.D. BOGATZKY u. Mitarb., 1929; F. JAKOBSEN u. E. MATHIESEN, 1946; H. CHEFTEL u. J. MONVOISIN, 1955; P. NEHRING, 1966 – mit genaueren Angaben über den Abbau des Eiweißes –; N.H. STRODTZ u. R.E. HENRY, 1954). Ähnlich können auch schwefelhaltige Bestäubungsmittel angreifen, wie sie zur Schädlingsbekämpfung verwendet werden. Das zur Sterilisation von Fruchtprodukten diesen zugefügte Schwefeldioxid kann ähnlich wirken (R.R. HARTWELL, 1951; H. SERGER, 1913; P. NEHRING, 1966); dabei wirkt mitunter sowohl der Sauerstoff- als auch der Schwefelanteil des Schwefeldioxids oxydierend.

Ferner ist hier das zum „Grünen" mancher Lebensmittel verwendete Kupfersulfat zu nennen, das zur Auflösung von Zinn unter Abscheidung von Kupfer führen kann und wahrscheinlich auch sonst korrosionsbegünstigend wirkt (G. HEUSER u. E. KRAPOHL, 1937).

Diejenigen Oxydationsmittel in Lebensmitteln, die vom Korrosionsstandpunkt am besten untersucht sind, sind Karamelprodukte in Fruchtkonserven (S. 69) und Trimethylaminoxid in Fischen (S. 73).

Wie weit die bei der Korrosion des Weißblechs unter Wasserstoff-Entwicklung beschriebenen Korrosionselemente zwischen dem Zinn des Überzugs und dem am Grunde der Poren freiliegenden Eisen für die Korrosion unter Verbrauch von Oxydationsmitteln von Bedeutung sind, ist nicht untersucht worden. Wohl aber hat diese Korrosionsart insofern einen Einfluß auf jene, als sie Zinn fortlöst und damit die Poren vergrößert; die Oxydationsmittel in dem Lebensmittel haben daher zur Folge, daß die Zeit bis zur Unterschreitung der Mindest-Schutzstromdichte verringert wird und die Wasserstoff-Entwicklung früher einsetzt (z.B. E.L. KOEHLER u. C.M. CANONICO, 1957).

Daß die Korrosion des Weißblechs durch oxydierende Lebensmittel so verhältnismäßig wenig systematisch untersucht worden ist, hängt offenbar damit zusammen, daß durch diese große Konservenmengen selten so weit verderben, daß sie äußerlich als verdorben erkennbar sind und damit im Kleinhandel nicht mehr verkauft werden können. Der Endverbraucher erhält verhältnismäßig oft auf diese Weise wertgeminderte Konserven, ohne es zu bemerken.

Die Korrosion des Weißblechs durch oxydierende Lebensmittel läßt sich weitgehend durch Lackieren der Dosen vermeiden. Man sollte deshalb für stark oxydierende Füllgüter entsprechend § 4b Nr. 5 Lebensmittelgesetz verlangen, daß diese in lackierten Dosen konserviert werden, im besondern da namhafte deutsche Firmen schon jetzt so handeln. Genügend beständige lackierte Konservendosen sind durchaus lieferbar (P. NEHRING, 1956; E. NEHRING, 1956; A. ARNOLD, 1956; E.L. KOEHLER u. Mitarb., 1959; R.R. HARTWELL, 1951).

Korrosion des Äußern von Konservendosen: Bereits bei der Sterilisation sind Konservendosen an der Außenseite der Korrosionsgefahr dadurch ausgesetzt, daß das Sterilisationswasser aggressiv sein kann. Das ist z.B. dann der Fall, wenn das Wasser schon an sich einen erhöhten Chloridgehalt aufweist (mehr als ca. 100 mg/l Cl^-). Aggressiv werden kann das Wasser dadurch, daß Reste der zu sterilisierenden Lebensmittel hinein gelangen; in diesem Fall rosten die Dosen bereits im Autoklaven. Ferner kann bei ungenügender Pflege das Speisewasser spucken oder schäumen, was zur Folge hat, daß der Dampf Alkalien mit sich führt, wodurch das Sterilisationswasser alkalisch wird und das Dosenäußere anätzt (A.C. FOSKETT, 1957).

Grundsätzlich sind Konservendosen wegen der Porigkeit des Zinnüberzugs an der Außenseite der Korrosionsgefahr ausgesetzt, da immer Luftsauerstoff vorhanden ist, der, da an der Luft Zinn stets edler als Eisen ist, bei entsprechenden Bedingungen Rost erzeugen kann (R.R. HARTWELL, 1958; S.C. BRITTON, 1952; S.C. BRITTON, 1961; W.R. LEWIS, 1957; A. FOULON, 1953; S.C. BRITTON u. K. BRIGHT, 1960; Verein Hamburger Assecurateure; A.C. FOSKETT, 1957). Glücklicherweise kommt diese Korrosion jedoch unter normalen Verhältnissen nicht zur Auswirkung, sondern erst dann, wenn ungünstige sonstige Bedingungen vorliegen. Die häufigsten derartigen Bedingungen bestehen darin, daß die Dosen nach dem Sterilisieren und Kühlen mitunter nicht trocknen (S. 62) oder trockene Dosen feucht werden, was beim Transport leicht dadurch eintreten kann, daß die Dosen zuerst abkühlen und dann in warme feuchte Luft gelangen, was die Kondensation von Wasser bewirkt. Auch ohne solche Kondensation kann Rost entstehen, und zwar dann, wenn das Kühlwasser zu chloridhaltig ist. Denn hierdurch wird das Äußere der Dosen mit Chlorid verunreinigt, was zur Folge hat, daß das Blech schon bei 76% relativer Luftfeuchtigkeit rostet. Ferner können Etikette mit chloridhaltigem Klebstoff Rost bereits bei dieser Luftfeuchtigkeit erzeugen. Weitere Schäden sind dadurch möglich, daß Dosen undicht werden und ihr aggressiver oder aggressiv werdender Inhalt auf darunter befindliche Dosen fließt und deren Äußeres angreift.

Zu beachten ist auch die Aggressivität der Luft, die infolge eines erhöhten Gehaltes an Schwefeldioxid in Industriegebieten oder an Chlorid in Meeresnähe besonders groß sein kann (A.C. FOSKETT, 1957; siehe auch S. 32).

Der Verrostung gelagerter oder beförderter Konservendosen kann dadurch entgegengewirkt werden, daß man die Dosen mit einem emulgierten Rostschutzöl besprüht (R.K. COHEN, 1961) oder in Papier einwickelt, das rosthemmende Stoffe (z.B. Dicyclohexylammoniumnitrit) an die umgebende Luft abgibt (B. HOTTENROTH, 1960; J. RŮŽIČKA und M. SVOBODA, 1959).

3. Allgemeines zum praktischen Verhalten des Innern von Konservendosen

Ein Teil der hierher gehörigen Zusammenhänge ist der Einfachheit halber bereits in den vorigen Abschnitten beschrieben worden. Zu dem Folgenden sei verwiesen auf die zusammenfassenden Darstellungen von R.R. HARTWELL (1951), S.C. BRITTON (1952), F. JAKOBSEN u. E. MATHIESEN (1946), H. CHEFTEL u. J. MONVOISIN (1954), K. HEINTZE u. F. BRAUN (1956).

Die meisten Untersuchungen über das Korrosionsverhalten von Konservendosen sind, im besondern in den letzten Jahrzehnten, von der Industrie ausgeführt worden. Hierbei standen naturgemäß alle diejenigen Fragen im Vordergrund, die die Verkäuflichkeit der Konserven am stärksten beeinträchtigen und zu wirtschaftlichen Schäden führen. In den folgenden Ausführungen ist die Veränderung der Lebensmittel der Hauptgesichtspunkt, was in einigen Beziehungen eine andere Beurteilung mit sich bringt.

Dies macht sich schon in der Beurteilung der Aggressivität eines Lebensmittels geltend. Lebensmittel, die zu den stark zinnangreifenden gehören wie Spinat, Tomaten und Bohnen werden vom technisch-kaufmännischen Standpunkt mitunter als mäßig oder sogar als nicht aggressiv bezeichnet, offenbar weil sie nur selten zu Reklamationen führen. Daß solche Lebensmittel aber häufig mehr als die unbedenklichen 250 mg/kg Zinn infolge der Korrosion aufnehmen, wird nur selten dabei beachtet. Vom Lebensmittel-Standpunkt kann hingegen als Grundlage für die Aggressivitätsbeurteilung nur die Geschwindigkeit dienen, mit der das Lebensmittel Zinn angreift. Für die Beurteilung der Aggressivität von Früchten stimmen beide Standpunkte etwa überein, für den Lebensmittel-Chemiker müssen jedoch auch folgende Gemüse-Arten als durchaus aggressiv gelten: Spinat, Tomaten, Spargel und Bohnen, außerdem einige Fleisch- und Fischprodukte (vgl. dazu Tabelle 1, ferner D. Dickenson u. T.W. Raven, 1962). Die Beurteilung, welches Füllgut allgemein als aggressiv zu gelten hat, ist mitunter insofern schwierig, da manche Lebensmittel je nach Herkunft und sogar nach der Jahreszeit verschieden aggressiv sein können (S.C. Britton, 1961; R.R. Hartwell, 1951; H. Liebmann, 1956; F. Jakobsen u. E. Mathiesen, 1946). Hinzu kommt der Einfluß der Zubereitung, indem z.B. mit Schwefeldioxid konservierte Füllgüter in Weißblechdosen nicht haltbar sind (P. Nehring, 1956).

Allgemein lassen sich bei gefüllten Konservendosen die im folgenden beschriebenen Schadenarten unterscheiden.

Eine besonders wichtige Schadenart an Konservendosen sind die Aufschwellungen, in Deutschland meistens als Bombagen bezeichnet (H. Serger, 1921, 1956; H. Cheftel, 1935). Dosen, an denen die Bombage gerade bemerkbar geworden ist, so daß man den herausgewölbten Deckel leicht wieder zurückdrücken kann, nennt man Flatterdosen.

Man unterscheidet biologische und chemische Bombagen. Die biologischen Bombagen entstehen durch bakterielle Gasentwicklung infolge ungenügender Sterilisation. Auch Dosenundichtigkeiten, durch die Bakterien in die Dosen eindringen, können zu biologischer Bombage führen. Der Inhalt biologisch bombierter Dosen, der meistens stinkt, ist immer ungenießbar.

Die chemischen Bombagen sind auf Wasserstoff zurückzuführen, der auf die in Abschnitt C X 2 beschriebene Art entstanden ist. Häufig ist der Inhalt solcher Dosen noch durchaus genießbar; die Dosen sind aber aus begreiflichen Gründen nicht verkäuflich.

Ferner gibt es noch physikalische Bombagen, die auf ausgetriebener Kohlensäure oder bei zu stramm gepackten Dosen auf Wärmeausdehnung beruhen (H. Serger, 1921). Unseres Wissens spielen derartige Bombagen jedoch nur eine geringe Rolle.

Grundsätzlich nicht weniger wichtig als die Bombagen, aber äußerlich häufig nicht zu erkennen, sind die Schäden, die durch Angriffe auf die Doseninnenwand ohne Wasserstoffentwicklung entstehen. Rein erscheinungsmäßig kann man folgende Schadenarten unterscheiden (vgl. auch J. Schormüller, 1966):

1. Marmorierungen der Dosenwand, d.h. Anlaufschichten über den ganzen Bereich des Spektrums, häufig leuchtend blau bis violett;
2. Diffuse Schwarzfärbungen des Füllguts, im besondern von Fleischprodukten, an der Grenzschicht gegen die Dosenwand;
3. Weißgraue bis weißgrünliche Verfärbungen von Fleisch an der Grenzschicht gegen die Dosenwand;
4. Eisblumenmuster an der Dosenwand, die durch Anätzungen der Zinnschicht entstehen und bei feuerverzinnten Dosen besonders ausgeprägt sind;
5. Gleichmäßige Mausgraufärbung der Dosenwand, die entsteht, wenn die Zinnschicht zum größten Teil abgefressen ist;
6. Durchlöcherungen der Dosenwand.

Im Einzelnen ist dazu zu sagen:

Die *Marmorierungen* entstehen durch schwefelabgebende Füllgüter, im besonderen durch Fleisch und Hülsenfrüchte, aber auch Spargel; sie sind fast immer unschädlich und werden vielfach nicht als Korrosion, sondern als Verfärbung angesehen, was aber nicht berechtigt ist. Denn die verschiedenen Färbungen sind zweifellos als Farben dünner Schichten von Korrosionsprodukten zu verstehen, was auch nirgends bezweifelt wird, und die verschiedenen Farben sind Zeichen verschiedener Dicken der entstandenen Schichten. In der Regel wird angenommen, daß die Schichten aus Zinnsulfid bestehen; genaue Untersuchungen hierüber sind uns jedoch nicht bekannt geworden. Die Marmorierungen entstehen sowohl in unlackierten Dosen als mitunter auch in lackierten Dosen unter der Lackschicht, ein Zeichen dafür, daß die Lackschicht von dem angreifenden Stoff gleichmäßig durchdrungen werden kann. Offenbar gibt es aber auch Lacke, die gegen Marmorierung beständige Schichten liefern.

Die *diffusen Schwarzfärbungen* beruhen zweifellos auf der Entstehung von Eisensulfid. Am häufigsten beobachtet man sie bei Fleisch an mechanisch beanspruchten oder beschädigten Stellen des Zinnüberzugs, so an Bördelungen und Sicken (siehe z.B. H. CHEFTEL u. J. MONVOISIN, 1954; W. GISSKE u. A. GLEES, 1964).

Die *weißgrauen bis weißgrünlichen Verfärbungen* entstehen, soweit bisher bekannt, nur bei Salpeter-haltigem Fleisch (H. SERGER, 1913; P. NEHRING, 1956).

Die *Eisblumenmuster* bilden sich, wenn das Zinn des Zinnüberzugs durch das Füllgut ohne Bildung fester Korrosionsprodukte angegriffen wird. Sie sind glänzend strahlige Bildungen, die offenbar mit der Textur des Zinnüberzugs zusammenhängen, so daß sie bei Elektrolyt-Blech nur in geringem Maße beobachtet werden. Meistens ist bei den Eisblumenmustern das in Lösung gegangene Zinn noch unbedenklich. Die Eisblumenmuster treten besonders in unlackierten Dosen mit nicht farbigen Fruchtprodukten, Milch und Karotten auf.

Die *Mausgraufärbung* ist ein Zeichen dafür, daß die Zinnschicht weitgehend abgefressen ist. In derartigen Dosen ist die Grenze des noch unschädlichen Zinngehalts von 250 mg/kg im Lebensmittel wahrscheinlich stets überschritten. Die Mausgraufärbung wird im besondern bei Spinat und Tomaten beobachtet. Sie ist ebenso wie die Eisblumenmuster bei lackierten Dosen selten.

Durchlöcherungen der Dosenwand entstehen fast nur durch Fruchtsäfte, und zwar bevorzugt in lackierten Dosen, in denen, wie S. 61f. ausgeführt, die Hauptfläche des Zinns durch den Lack abgedeckt ist, so daß am Grunde der Poren der Zinnschicht der kathodische Schutz des Eisens stark herabgesetzt ist und das Eisen entsprechend angegriffen wird. Besonders leicht entstehen Durchlöcherungen an Kreuzungen von Kratzern in der Lackschicht, wie sie bei der Dosenherstellung mitunter erzeugt werden. Durch einwandfreie Lackschichten, dickere Zinnüberzüge und möglichst geringen Luftgehalt des Dosen-Kopfraums können die Durchlöcherungen eingeschränkt werden.

Systematisch ist das Erscheinungsbild der Schäden am Doseninnern bisher nicht untersucht worden, so daß sich über die Übergänge zwischen den einzelnen Arten und auch darüber, ob eine Art aus der andern entsteht, zur Zeit nichts sagen läßt. Es erscheint aber lohnend, diese Verhältnisse näher zu untersuchen, da sich hieraus diagnostische Möglichkeiten für die Beurteilung der Vorgeschichte und des Zustandes des Füllgutes ergeben können.

Für die Beurteilung, ob in einem bestimmten Fall der Grenzwert des Zinngehalts von 250 g/kg überschritten ist, ergibt sich die folgende Schwierigkeit: Der Zinngehalt verteilt sich nicht gleichmäßig über das ganze Füllgut, sondern reichert sich häufig in dem festen Bestandteil an. So wurden von uns bei grünen Bohnen 90 mg/kg Zinn im Aufguß, aber 878 mg/kg Zinn in den Bohnen selbst gefunden; weitere Beispiele sind in Tabelle 10 gegeben. Die Zinnmenge an der Doseninnenwand beträgt bei feuerverzinnten 1-kg-Dosen ca. 1 g und damit das Mehrfache der zulässigen Menge.

Bei all den geschilderten möglichen Mängeln an Konservendosen sei aber nicht vergessen, daß diese sich milliardenfach bewährt haben und die Schäden, insgesamt gesehen, nur von geringer Bedeutung sind, wenn man sie mit dem Nutzen der Konservendosen vergleicht. Seit nunmehr 150 Jahren gibt es Konservendosen, und man hat Fleisch-Dosenkonserven gefunden, die nach 100 Jahren noch genießbar waren (Ungenannt, 1959). Bei Obst und Gemüse rechnet man im allgemeinen damit, daß etwa spätestens nach folgenden Lagerzeiten das Füllgut verbraucht sein soll;

1 Jahr: Heidelbeeren, Stachelbeeren, Pflaumen, Kirschen, Renekloden, Mirabellen
2 Jahre: Pfirsiche, Birnen, Apfelmus
3 Jahre: Gurken, Rote Beete, Spinat, Sauerkraut, Tomatenmark, Karotten, Sellerie (Ungenannt, 1967).

4. Verhalten gegen einzelne Lebensmittel

Früchte und Fruchtprodukte: Früchte und Fruchtprodukte sind wegen ihres Säuregehaltes fast immer aggressiv. Als besonders aggressiv haben sich Kirschen und Pflaumen erwiesen. Denn neben ihrem hohen Säuregehalt enthalten diese Früchte Farbstoffe, meistens Anthocyane, die Oxydationsmittel sind und daher auf den Zinnangriff verstärkend wirken sollten, andererseits dabei aber auch selbst unter Reduktion eine andere Farbe annehmen, was die Verkäuflichkeit dieser Fruchtkonserven herabsetzt.

Kirschen und Pflaumen werden ursprünglich aus diesem Grunde und nicht, wie man vielleicht annehmen sollte, wegen der Korrosionsverhütung in lackierten Dosen konserviert.

Die Rolle der Anthocyane bei der Korrosion durch Kirschen und Pflaumen ist nicht befriedigend geklärt. In früheren Jahrzehnten war man von der korrosionsbeschleunigenden Wirkung infolge ihrer oxydierenden Eigenschaften überzeugt. Neuere Versuche bestätigten diese Ansicht jedoch nicht; zur unmittelbaren Nachprüfung untersuchte man nämlich das Verhalten verzinnter Stahlproben gegen reine Apfelsäurelösung und gegen Apfelsäurelösung, der man ein Anthocyan zugefügt hatte; man fand keine Unterschiede (H. LIEBMANN, 1956; siehe auch J.M. BRYAN u. T.N. MORRIS, 1951). Nach F.W. SALT u. J.G.N. THOMAS (1958) übt Chrysanthemin, der Hauptfarbstoff der Victoria-Pflaumen, keinen Einfluß auf die Weißblechkorrosion aus. Andererseits ist es aber sicher, daß die Anthocyane durch Weißblech verfärbt werden, was einfach durch Reduktion zu erklären wäre. Wie weit hierfür eine ebenfalls naheliegende pH-Veränderung entscheidend ist, hat man unseres Wissens bisher nicht untersucht.

Um sowohl die Verfärbung von Kirschen und Pflaumen als auch Bombagen und Lochfraß zu vermeiden, konserviert man diese Früchte am besten in lackierten Dosen, die durch Spritzen noch nachlackiert sind.

Äpfel (G. G. KOHN und E. G. FIX, 1956; E. F. KOHMAN und N. H. SANBORN, 1924) zeigen im Gegensatz zu Kirschen und Pflaumen in lackierten Dosen eine Verfärbung, nämlich eine Bräunung, während sie in unlackierten Dosen ihre natürliche Färbung behalten. Im Zusammenhang mit der größeren Anodicität des Zinns mit sinkendem pH-Wert der Lösung fanden E.F. KOHMAN und N.H. SANBORN (1928b), daß ein Citronensäure-Zusatz zu Apfelkonserven deren Aggressivität herabsetzt.

Apfelsaft gilt als ganz besonders aggressiv. Bei Korrosionsversuchen, offenbar bei Luftzutritt, griff er Zinn bei 20° C mit einer Korrosionsgeschwindigkeit von 2,5 g/m² je Tag an, kochender Apfelsaft sogar mit einer solchen von 35 g/m² je Tag (E. RABALD und H. BRETSCHNEIDER, 1953).

Ebenso wie Äpfel werden auch andere nicht farbige Obstprodukte wie Orangensaft, Grapefruitsaft und Ananas in nicht lackierten Dosen konserviert. Der Grund hierfür ist, soweit wir sehen, ein rein wirtschaftlicher; bei diesen Produkten, die keine Verfärbung in lackierten Dosen erleiden, wäre es für die Hersteller durchaus zumutbar, solche Dosen zu verwenden, die allerdings etwas teurer sind und das Risiko rascheren Lochfraßes mit sich bringen. Andererseits greifen diese Produkte an sich Zinn nicht besonders stark an. Ihre Aggressivität wird jedoch sehr erheblich, wenn man die Dosen nach Öffnen teilweise gefüllt stehen läßt. So fand K. G. BERGNER (1956) bei mehrfacher Entnahme aus 3 Grapefruitsaft-Dosen folgende Zinnmengen im Grapefruitsaft:

Zeitpunkt	Sn in mg/kg Saft		
beim Öffnen	20	41	36
nach 2 Tagen	87	59	65
nach 4 Tagen	364	106	265
nach 6 Tagen	488	579	608

Bei Lagerzeiten von ca. 5 Jahren fanden F. JAKOBSEN u. E. MATHIESEN (1953) in unlackierten Dosen bei fast allen untersuchten Früchten Zinngehalte von mehr als 250 mg/kg, bei Heidelbeeren, z.T. auch bei schwarzen Johannisbeeren war dies sogar in lackierten Dosen der Fall, während die andern Früchte in lackierten Dosen erheblich weniger Zinn aufgenommen hatten.

Karamelprodukte verstärken die Korrosion durch Fruchtsäfte. H. CHEFTEL u. Mitarb. (1955) lagerten Konservendosen, die mit Kirschen, Mirabellen und Aprikosenmarmelade, nicht karamelisiert und karamelisiert, gefüllt waren, bei 37° C und fanden, daß die Dosen mit karamelisierten Füllgütern in 5—8 Monaten zu 100% bombiert waren, die nicht karamelisierten hingegen erst in 15 Monaten (Kirschen und Mirabellen), beziehungsweise gar nicht (Aprikosenmarmelade). Karamelisierte Citrat-Puffer-Lösungen mit Dextrose ergaben nach einiger Zeit deutliche Wasserstoff-Entwicklung mit Weißblechdosen, mit Sucrose karamelisierte hingegen nicht. H. LIEBMANN bestätigte die korrosionsbeschleunigende Wirkung des Karamels und fand, daß die korrodierende Verbindung Hydroxy-5-methyl-furfurol ist.

Tabelle 8. *In Deutschland für Gemüse- und Obstkonserven verwendetes Dosenmaterial* (nach P. NEHRING und H. KRAUSE, 1963, S. 562/564)

Füllgut	Rumpf[1]	Deckel und Boden
Spargel	F b	F b oder l E l
Erbsen, Karotten, grüne Bohnen	E l (F b)	E l (F b)
Spinat	E l; F l	E l; F l
Kohlrabi[2], Sellerie[2], Schwarzwurzeln[2]	F b	F b
Blumenkohl[2], Pilze[2], weiße Bohnen[2]	F b	F b
Grün-, Rosen-, Rotkohl	E 10 l	E 10 l
Tomatenmark	F l	F l
Tomatensaft	F b	E l
Erdbeeren, Himbeeren	F l	F l
Heidelbeeren, Johannisbeeren, Preißelbeeren, Stachelbeeren	F l od. E sl	F l od. E sl
Äpfel, Apfelmus[2]	F b	F b
Birnen	F b od. l	F b od. l
Aprikosen, Pfirsiche	F l od. b	F l od. b
Kirschen, Pflaumen, Mirabellen	F l od. E sl	F l od. E sl
Gurken, Sauerkraut	E l	E l

[1] F = feuerverzinnt; E = elektrolytisch verzinnt meistens mit 5 g/m² Sn; b = blank; l = lackiert; sl = einfach lackierte Dose zusätzlich spritzlackiert.

[2] Füllgüter werden in lackierten Dosen dunkel.

Tabelle 9. *In USA für Obst- und Gemüsekonserven verwendetes Dosenmaterial* (nach R. R. HARTWELL, 1951)

Füllgut	Stahlsorte[1]	Rumpf[2]	Deckel und Boden
Apfelsaft	L	6,2 sll	6,2 l
rote Kirschen	L	7,6 sl	7,6 l
weiße Kirschen	L	6,2 b	1,4 l
Pflaumen	L	7,6 b	1,4 l
Sauerkraut	L	7,6 b	7,6 b
Äpfel	MR	5,6–1,4 b	1,4 l
Grapefruit	MR	5,6–1,4 b	1,4 l
grüne Bohnen	MC	5,6 b	1,4 l
Erbsen	MC	1,4 l	1,4 l
Tomaten	MC	5,6–1,4 b	1,4 l

[1] siehe S. 55.
[2] Zinnauflage (elektrolytisch in Gramm/Quadratmeter)
b = blank; l = lackiert; sl = einfach lackierte Dose nachlackiert; sll = doppelt lackierte Dose nachlackiert.

Tabelle 10. *Zinngehalt verschiedener Lebensmittel aus blanken Weißblechdosen* (nach K. G. BERGNER und H. MIETHKE, 1964)

Füllgut	Zinngehalt mg/kg	Bemerkungen
Orangensaft	65–123	
Grapefruitsaft	36–106	
Tomatenmark	68–141	
Tomatenmark	950–1780	deutlich überlagert, starker Innenangriff
Spinat	300–810	höchster Wert: Dosen innen fast völlig entzinnt
Karotten	226	
Bohnen	96–360	
Spargel	265	Verhältnis Aufguß : Spargel = 1 : 2
Ananas	170	Fruchtanteil 288 mg/kg Saftanteil 40 mg/kg
Kondensmilch	20–146	
Kondensmilch	40	unmittelbar nach dem Öffnen
	45	geöffnet, nach 1 Tag
	92	nach 2 Tagen
	156	nach 3 Tagen
	259	nach 5 Tagen

Wegen ihrer Armut an Proteinen ergeben die genannten Früchte in der Regel keine Schwefelverfärbungen der Weißblechdosen; ist dies doch einmal der Fall, ist Schwefeldioxid-Zugabe zu den Früchten die Ursache (D. D. DICKENSON, 1964).

In Kohlensäure-haltigen Fruchtgetränken ist Zinn edler als Eisen; diese Getränke würden Weißblech daher rasch durchlöchern. Man kann in solchen Fällen daher nur Dosen mit porenfrei lackiertem Weißblech verwenden, was am besten durch Ausspritzen der bereits im Blech lackierten Dosen mit Lack zu erreichen ist (E. L. KÖHLER u. Mitarb., 1959).

Sehr aggressiv sind im Gegensatz zu mitunter zu hörenden Ansichten auch Tomaten (Tabelle 10); diese greifen unter Verbrauch von Luftsauerstoff und andern Oxydationsmitteln an (H. H. HERNANDEZ, 1961). Es kommt daher zu starken Zinnabtragungen, weshalb man Tomaten auch als „Zinnlöser“ bezeichnet (P. NEHRING, 1966). Wasserstoff-Bombagen oder Dosendurchlöcherungen entstehen hingegen nicht oder erst bei sehr stark fortgeschrittener Korrosion. Auch Tomatensaft greift stark an, weshalb es als bedenklich erscheint, solchen in unlackierten Dosen zu konservieren.

Auch hier besteht die Gefahr, daß man die Dosen nach Öffnen nur zum Teil entleert und den Rest später trinkt. C. FORMANTI und A. SCIPIOTTI (1906) fanden hierzu, daß Tomatensaft sofort nach dem Öffnen der Dosen 2400 mg/kg Zinn enthielt, nach 5 Tagen 4200 mg/kg. – Die Aggressivität von Tomaten hängt stark von ihrer Herkunft ab (P. NEHRING, 1966).

Gemüse: Wie schon gesagt, können Gemüse im Gegensatz zu mitunter zu hörenden Ansichten durchaus aggressiv gegen Weißblech sein (Tabelle 10).

Am bekanntesten ist die Unbeständigkeit des Weißblechs gegen Spinat. Der Zinnüberzug von Spinatdosen ist mitunter völlig abgelöst, so daß der Spinat in 1-kg-Dosen bis zu 1000 mg/kg Zinn enthält (z.B. K.K. JÄRVINEN, 1923; G. HEUSER u. E. KRAPOHL, 1937). Spinat wird daher ebenso wie Tomaten mitunter als „Zinnlöser" bezeichnet. Dosen mit Spinat zeigen oft ausgesprochene Mausgraufärbung an der Innenseite; nach P. NEHRING (1966) entstehen Bombagen jedoch nur sehr selten und sind Dosendurchlöcherungen nicht bekannt geworden. Aus diesem Grunde ist offenbar die Korrosion durch Spinat in ihren Grundlagen nur unzulänglich untersucht. Die oft zu findenden Angaben, daß diese Korrosion auf dem Nitrat- oder Oxalsäure-Gehalt des Spinats beruhten, sind unbewiesene Vermutungen; Oxalsäure könnte derartig auch nur dann wirken, wenn sie dabei reduziert würde, da die Korrosion ja praktisch ohne Wasserstoff-Entwicklung verläuft. Durch Verwendung lackierter Dosen kann die Korrosion durch Spinat weitgehend vermieden werden (Tabelle 8; E. NEHRING, 1956; P. NEHRING, 1966). Es gibt daher heutzutage keinen sachlich zu rechtfertigenden Grund, Spinat in unlackierten Dosen in den Handel zu bringen. Demzufolge werden auch in den letzten Jahren in zunehmendem Maße für Spinat lackierte Dosen verwendet.

Mitunter wird dem Spinat zur Erhaltung der grünen Farbe Kupfersulfat zugefügt (bis zu 100 mg/kg $CuSO_4 \cdot 5\,H_2O$). Aus diesem kann sich Kupfer auf dem Weißblech ausscheiden, besonders an Beschädigungen der Lackschicht. Der Kupferzusatz scheint auch die sonstige Korrosion durch Spinat zu begünstigen (G. HEUSER und E. KRAPOHL, 1937; F. JAKOBSEN und E. MATHIESEN, 1946).

Karotten greifen Weißblech im Durchschnitt weniger an als Spinat, auch hier ist die Korrosion jedoch nicht so unbeträchtlich, wie man mitunter meint (Tabelle 10); sie zeigt das Erscheinungsbild beginnender Eisblumenmuster. Auch bei Karotten sind daher lackierte Dosen zu empfehlen (Tabelle 8).

Erbsen als Gemüse mit erhöhtem Eiweißgehalt erzeugen im Innern der Weißblechdosen mitunter Marmorierungen, besonders an Berührungsstellen einzelner Erbsen mit der Dosenwand.

Nicht ganz so stark wie Spinat, aber möglicherweise in der gleichen Art wirken grüne Bohnen, die bei Konservierung in Weißblechdosen oft nach längerer Lagerung mehr als 250 mg/kg Zinn aufnehmen (Tabelle 10). Daß nicht noch größere Zinnmengen gefunden werden, beruht möglicherweise einfach darauf, daß die Berührungsflächen zwischen den einzelnen Bohnen und der Dosenwand verhältnismäßig gering ist; denn oft genug findet man, daß die Berührungsstellen einzelner Bohnen mit der Dosenwand besonders stark angeätzt sind. In einer Dose des Handels fanden wir 878 mg/kg Zinn im festen Körper und nur 90 mg/kg Zinn im Aufguß. Durch Verwendung lackierter Dosen ist die Korrosion durch grüne Bohnen leicht zu vermeiden (Tabelle 8).

Sehr stark angreifend wirken auch Rhabarber und Sauerkraut, beide bevorzugt wegen ihres Säuregehaltes, Rhabarber auch zusätzlich wegen des Luftgehaltes in seinen Gewebe, der einfach dadurch verringert werden kann, daß man den Rhabarber über Nacht in Wasser liegen läßt, wodurch der Sauerstoff veratmet wird (R.W. CLOUGH und E.D. CLARK, 1925). Bei beiden Produkten sollte man nur gut lackierte Dosen verwenden.

Die Kohlarten und weiße Rüben neigen zur Erzeugung von Marmorierungen (D. Dickenson, 1964); in besonders starkem Maße gilt dies für die Zwiebelgewächse (W. D. Bogatzky u. Mitarb., 1929).

Pilze werden in lackierten Dosen dunkel, weshalb man sie in unlackierten Dosen konserviert (Tabelle 8). Offenbar entsteht die Dunkelfärbung bereits beim Sterilisieren durch Oxydation, was durch die reduzierende Wirkung des Zinns verhütet wird (E. Nehring, 1956; P. Nehring, 1966).

Fleisch und Fett: Neben verhältnismäßig seltenen Korrosionen durch Nitrat und Nitrit in Pökelwaren, bei denen ein weiß-grünlicher Belag auf dem Füllgut entsteht (H. Serger, 1913; P. Nehring, 1966), beruhen die meisten Schäden an Fleischkonservendosen auf Reaktion mit dem Schwefel der Proteine. Dabei kommen sowohl Marmorierungen (an der Berührung des glatten Zinnüberzugs mit dem Füllgut) als auch die Bildung diffuser Schwarzfärbungen (besonders an Beschädigungen der Schutzüberzüge) vor (z. B. H. Cheftel und J. Monvoisin, 1954).

W. Glisske und A. Glees (1964) fanden bei einer Untersuchung hierzu bei Fleisch-, Wurst- und Mischkonserven folgende Einzelheiten: In unlackierten Dosen entstanden Marmorierungen, am stärksten durch Jagdwurst, dann in abnehmender Stärke durch Blutwurst, Schweinefleisch im eignen Saft, Schweinepökelfleisch, Schweinerauchfleisch, Erbsen mit Speck, Linsen mit Rindfleisch, saure Nieren, Gulasch, Sülze. Etwa dieselbe Reihenfolge ergab sich für die gleichfalls entstehenden diffusen Schwarzfärbungen. Einfache Lackierung der Dosen wirkte deutlich korrosionshemmend; als weitgehend befriedigend erwies sich doppelte Lackierung. Bei Lagerzeiten von mehr als 6 Monaten bei 12° C verstärkten sich die Korrosionen nicht mehr. Ähnliche Versuche von R. Mossdorf (1960) zeigten einen erheblichen Einfluß der Art des Lackes. Mitunter gibt der Lack sogar Farbstoffe ab (R. Grau und O. Fleischmann, 1955). Zweifellos sind aber befriedigende Lacke vorhanden (E. Nehring, 1956; O. Maercks, 1966; D. Dickenson, 1964).

Viel verwendet werden schwefelfeste Lacke, deren Wirksamkeit nicht nur auf einer möglichst geringen Durchlässigkeit des Lackes für den aggressiven Schwefel, sondern auch darauf beruht, daß der Lack Zinkoxid enthält, der weißes und damit kaum sichtbares Schwefelsulfid bildet. Ferner ist es zur Vermeidung der Marmorierungen und diffusen Schwärzungen zweckmäßig, ein übermäßig langes Sterilisieren und Abkühlen der Konserven zu vermeiden. Auch sollte man den Luftgehalt des Dosenkopfraumes möglichst gering halten.

In manchen Fällen ist Ansäuern der Füllgutes auf einen pH-Wert zwischen 5,0 und 6,0 zu empfehlen, weil in diesem Säurebereich Eisensulfid bereits unbeständig ist; hierbei darf allerdings kein Zinkoxid-haltiger Lack verwendet werden, weil sonst Zinkverbindungen in das Füllgut gelangen (H. Cheftel und J. Monvoisier, 1954; D. Dickenson, 1964; G. Capuano, 1958).

Normalerweise ist die Zinnaufnahme von Fleisch auch aus unlackierten Dosen gering. F. Jakobsen und E. Mathiesen (1946) fanden bei gebratenen Fleischfrikandellen mit Soße nach einjähriger Lagerung 29 mg/kg Zinn, nach 21jähriger 239 mg/kg.

Polyphosphate, wie sie Wurst zur besseren Konsistenz zugefügt werden, erhöhen deren Aggressivität auf Weißblech erheblich, wodurch sogar Wasserstoff-Bombagen entstehen können (R. Grau und H. Buss, 1943; J. E. Pedersen, 1964).

Nach P. Nehring (1966) erzeugt Blutwurst, die aus frischem Schlachtblut hergestellt wird, in geringerem Maße Marmorierungen als aus 24 Std altem Schlachtblut hergestellte, was auf beginnende Protein-Zersetzung in den Stunden nach der Schlachtung zurückgeführt wird.

Stark ist mitunter auch der Angriff durch Innereien und Schwarten. Zu seiner Einschränkung ist besonders auf den pH-Wert zu achten, der am besten möglichst genau auf 6,0 einzustellen ist (H. Cheftel und J. Monvoisier, 1954).

Sowohl gegen Fette als auch gegen höhere Fettsäuren ist Zinn unter vielen Verhältnissen weitgehend beständig (E. RABALD und H. BRETSCHNEIDER, 1953; K. G. BERGNER und U. RÜDT, 1968).

Fische und Crustaceen: Über das Verhalten von Fischen in Konservendosen aus Weißblech haben F. JAKOBSEN und E. MATHIESEN (1946) besonders eingehende Untersuchungen ausgeführt.

Nach diesen sind wenig aggressiv Produkte aus Süßwasserfischen, Sprotten in Öl (besonders vom Sommerfang) und Rogen, mäßig korrosiv ohne Bildung von Wasserstoff Fischklopse, gebratene Fischfrikadellen, Sprotten in Öl (Winter- und Frühjahrfang). Hering-Sardinen in Öl (Sommerfang). Stark korrosiv ohne Bildung von Wasserstoff sind Schellfisch- und Kabeljaufilets, leicht geräucherte Heringe (Winterfang), Makrelen in Bouillon und Hering-Sardinen in Öl (Sommerfang). Stark korrosiv mit Bildung von Wasserstoff sind mit Weinessig, Milchsäure und andern organischen Säuren marinierte Fischprodukte, sowie Sprotten und Heringssardinen in Tomatensoße.

Die eingeprägten Schwachstellen in Fischdosen-Deckeln, die zum Öffnen der Dosen erforderlich sind, erleiden durch Fische in Tomatensoße mitunter Spannungsrißkorrosion, und zwar besonders bei Schwächung um mehr als 32% der Blechdicke (Hermetikk-Industriens Laboratorium).

Mehrfach wurden in eingedosten Fischen Zinngehalte von mehr als 1000 mg/kg gefunden (z.B. T. GÜNTHER, 1899; K.K. JÄRVINEN, 1923). Der gleichfalls mitunter zu findende hohe Bleigehalt stammt weder aus dem Weißblech noch aus der Lotnaht, sondern aus dem Öl (H. CHEFTEL und M.-L. PANOUSE-PIGEAUD, 1938).

Durch geeignete Lacküberzüge können die Korrosionen durch Fischprodukte weitgehend eingeschränkt werden (O. WILLE, 1954; P. BIEGLER, 1961; 1965). An diese werden besonders hohe Anforderungen gestellt, da sie dem Ziehen und Drücken der Dosen aus dem Blech gewachsen sein müssen. Lochfraß an lackierten Dosen wurde besonders oft an Stanzen gefunden (G. WÜNSCHE, 1963).

Der Luftgehalt im Kopfraum der Dosen ist nur bei einigen Fischsorten für die Korrosion von Bedeutung, in andern jedoch nicht. Der Luftausschluß hat daher nur bei bestimmten Füllgütern Aussicht auf Erfolg, was in jedem einzelnen Fall gesondert nachzuprüfen ist (F. JAKOBSEN und E. MATHIESEN, 1946; P. BIEGLER, 1961; 1965).

Wie O.A. RONOLD und F. JAKOBSEN (1947) zeigten, ist der wichtigste korrosive Stoff in Fischen Trimethylaminoxid. In Süßwasserfischen ist dieses nicht enthalten. In Meerwasserfischen zeigt sein Gehalt im Sommer ein Minimum, was die Unterschiede in der Aggressivität verschiedener Fänge erklärt. Das Trimethylaminoxid wirkt jedoch meistens erst dann aggressiv, wenn gleichzeitig Sulfid vorhanden ist. 30 mg Trimethylaminoxid-Stickstoff reichen theoretisch aus, um ca. 100 mg Zinn aufzulösen, was mit den Tatsachen in guter Übereinstimmung steht.

Durch die Reduktion des Trimethylaminoxids zu Trimethylamin nehmen die Fische einen besonders unangenehmen Geruch an.

Bei der Aggressivität der Fischkonserven muß man auch die angreifenden Eigenschaften der Soßen beachten. So fand G. WÜNSCHE (1963) bei gleichen Fischen in verschiedenen Soßen große Unterschiede in der Beständigkeit der Dosen.

Crustaceen sind ebenfalls durch einen Gehalt an Trimethylaminoxid aggressiv, ferner durch Schwefel abspaltende Stoffe, die diffuse Schwärzungen erzeugen können, und durch Kupfer, das im Blutfarbstoff der Crustaceen enthalten ist und im Laufe der Korrosion blaue Komplexverbindungen bilden kann. Beide Verfärbungen können durch Herabsetzung des pH-Wertes auf einen Wert etwas unter 6,0 verhindert werden, wozu man Zitronensäure oder Essigsäure verwenden kann (F. JAKOBSEN und E. MATHIESEN, 1946; H. CHEFTEL und J. MONVOISIN, 1954).

Milch in Konservendosen: Der Angriff von Kondensmilch in geschlossenen Konservendosen ist in der Regel gering, aber doch nicht außer Acht zu lassen. Nach K. G. Bergner und H. Miethke (1964; Tabelle 10) beträgt der Zinngehalt von Kondensmilch des Handels 20–146 mg/kg. F. Jakobsen und E. Mathiesen (1946) fanden in 3 Jahre alten Dosen sogar 267 und 286 mg/kg Zinn. Die Ursache der Korrosion ist unklar. Korrosion unter Wasserstoff-Entwicklung liegt jedenfalls nicht vor. Auch ob vor dem Sterilisieren im Kopfraum der Dosen eingeschlossene Luft die Korrosion erzeugt, ist nicht bekannt. Möglicherweise handelt es sich um eine oxydierende Wirkung des Cystins. Einen Hinweis auf den Korrosionsmechanismus gibt ein Befund von P. Nehring (1966), nach dem die Korrosion des Zinnüberzugs mit der Sterilisationsdauer zunimmt.

Verhältnismäßig rasch steigt der Zinngehalt der Milch, wenn die Dosen geöffnet und nur zum Teil entleert werden, was zweifellos auf den Luftzutritt zurückzuführen ist (Tabelle 10; K. G. Bergner, 1957). Nach dem Öffnen der Dosen sollte daher nicht sogleich verbrauchte Milch stets in milchbeständige Behälter umgefüllt werden.

Die Nachprüfung der mitunter zu hörenden Behauptung, daß Hochlandmilch und Niederungsmilch Milchdosen verschieden stark angriffen, ergab bei eigenen Lagerungsversuchen von 1 Jahr Dauer keine Unterschiede.

Durch Lackieren des Doseninnern kann die Zinnaufnahme der Milch weitgehend verringert werden. Ist die Lackschicht jedoch zu porig, so kann an den Poren ein erheblicher Angriff stattfinden, der schließlich zur Eisenaufnahme der Milch führt. Wenn diese an sich auch unbedenklich ist, so kann sie doch eine unerwartete Folge haben, indem Kaffee, dem man die Milch zufügt, eine unansehnliche graue Farbe annimmt, was auf Reaktion des Eisens mit der Gerbsäure des Kaffees beruht (W. Mohr und D. Merten, 1954).

Milch in Milchkannen: Eine weitere wichtige Verwendung findet verzinnter Stahl als Milchkanne, deren früher fast alleiniger Gebrauch jetzt allerdings zurückgegangen ist.

Milchkannen sind wesentlich schärferen Einwirkungen ausgesetzt als Konservendosen. Sie werden nicht nur bei der Handhabung mechanisch stark beansprucht, was leicht Einbeulungen und Beschädigungen der Zinnschicht zur Folge haben kann, auch die Korrosionsbedingungen sind wesentlich aggressiver. Denn einerseits hat der Luftsauerstoff ständig Zutritt, andererseits werden zurückbleibende Milchreste oft sauer und damit angreifender; schließlich kann auch die Reinigung der ja möglichst oft benutzten Kannen eine Schwächung der Zinnschicht bewirken.

Sorgfältige Behandlung ist somit für die Erhaltung der Kannen von großer Bedeutung. Im besonderen sollte man Milchreste stets nur möglichst kurze Zeit und saure Milch niemals über Nacht in Milchkannen zurücklassen. Auch „schwarze Flecken“ können bei nicht sorgfältiger Behandlung der Kannen entstehen.

Verzinnte Milchkannen dürfen nicht mit grob mechanisch wirkenden Mitteln wie Sand oder gar Stahlwolle gereinigt werden. Auch bei der Reinigung mit chemischen Mitteln sind scharf angreifende Chemikalien, im besonderen Soda oder Natriumhydroxid nur dann zu verwenden, wenn man dem Reinigungsmittel gleichzeitig Natriumsulfit zum Abbinden des Sauerstoffs zufügt (S. C. Britton, 1952). Es stehen auch genügend mäßig alkalische und doch ausreichend säubernde Reinigungsmittel des Handels zur Verfügung, die Zinn praktisch nicht angreifen.

Bei guter Pflege der Milchkannen sollen diese eine Lebensdauer von ca. 20 Jahren haben, bei schlechter hingegen nur von ca. 3 Jahren (Ungenannt, 1959). Dabei ist vorausgesetzt, daß die neuen Kannen von bester Qualität sind, was bei zur Zeit üblichen geringen Güteanforderungen nicht immer gewährleistet ist.

Sonstige Verwendung von Zinn und Zinnüberzügen in der Milchwirtschaft: Auch sonst haben sich Zinnüberzüge vielfach als beständig in der Milchwirtschaft erwiesen (H. BEYER, 1964; H. QUEST, 1957), so auch für Labferment, Casein und Buttermilch (E. RABALD und H. BRETSCHNEIDER, 1953). Stets aber ist auf pflegliche Behandlung zu achten, die in der Regel in Milchwerken mit ihrem geschulten Personal leichter zu erreichen ist als auf Gutshöfen.

Zinnfolien, die zum Einwickeln von Käse verwendet werden, was heutzutage allerdings nur noch selten geschieht, können bei erhöhtem Säure- und Wassergehalt des Käses leicht unter Bildung schwarzer Flecke korrodiert werden, im besondern rauhe Folien (H. ERBACHER und H. HAUG, 1933).

Bier in Konservendosen: In immer stärkerem Maße führt sich die Verwendung von lackierten Weißblechkonserven für Bier ein, besonders in USA (F. ULLMANN, 1965). Der Vorteil liegt im besonderen im billigeren Transport (Zur Lackierung der Dosen siehe S. 56).

D. Prüfung von metallischen Bedarfsartikeln auf Korrosionsbeständigkeit

I. Korrosionsprüfung

1. Allgemeines

Die Korrosionsprüfung ist ein großes Gebiet, das in den Korrosionshandbüchern, ferner von F.A. CHAMPION (1952); W. WIEDERHOLT und J.E. ELZE (1960) und von K. BARTON und K. SMRČEK (1957) ausführlich beschrieben wird. W. WIEDERHOLT (1960) bringt über Korrosionsprüfung in dem von W. TÖDT (1960) herausgegebenen Handbuch allein ein 10 Seiten langes Schrifttumsverzeichnis. Hier kann dieses Gebiet nur kurz behandelt werden, soweit es für Bedarfsgegenstände interessiert. Eine gute Einführung sind die Normblätter DIN 50900, 50901 und 50905, die vieles Wesentliche bringen.

Eine Korrosionsbeständigkeit an sich gibt es nicht, sondern stets nur eine Korrosionsbeständigkeit gegen ein bestimmtes Mittel. Daher ist die bei Laien auf dem Korrosionsgebiet mitunter zu findende Meinung, daß die Beständigkeitsfolge verschiedener Metalle in allen Angriffsmitteln gleich sei, völlig falsch. So wird Silber von Salzsäure sehr wenig, von Salpetersäure hingegen stark angegriffen, während sich Aluminium und nichtrostender Stahl genau umgekehrt verhalten. Bei Korrosionsprüfungen ist es daher grundsätzlich stets erforderlich, möglichst genau dasjenige Mittel zu verwenden, dessen Angriff auf den betreffenden Werkstoff geprüft werden soll. Und noch eine weitere unerläßliche grundsätzliche Bedingung kommt hinzu: das Mittel muß sich im wesentlichen unter den Bedingungen befinden, die in der Praxis vorliegen. So kann es zu einer völligen Fehlbeurteilung führen, wenn man die Beständigkeit von Weißblechkonservendosen gegen Früchte bei freiem Luftzutritt prüft, während in Wirklichkeit in geschlossenen Konservendosen nur wenig oder gar keine Luft vorhanden ist (vgl. hierzu das vorige Kapitel). Man kann auch nicht ohne weiteres immer dasselbe Mittel verwenden, wenn in der Praxis ständig erneuertes Mittel auf den Werkstoff einwirkt, wofür allerdings mitunter in Laboratoriumsversuchen eine unzumutbar große Menge eines Mittels erforderlich wäre. Ferner sind die Mittel in der Praxis keineswegs immer konstant aggressiv (siehe z.B. die unterschiedliche Aggressivität von Fischen aus Sommer- und aus Winterfängen, S. 73). Schließlich ergeben sich bei zu großer Annäherung an die Praxis mitunter so große Prüfzeiten, daß Werkstoff-Verbesserungen dadurch sehr gehemmt würden.

Alle genannten Punkte sind für eine einwandfreie Korrosionsprüfung zu beachten. Wenn man die für die Korrosion maßgebenden Umstände kennt, was aber bei weitem nicht immer zutrifft, kann man einfachere und kürzere Prüfverfahren entwickeln, und in der Tat sind auch gute Fortschritte hierin erzielt worden. Für den Laien auf dem Korrosionsgebiet ist dies aber sehr schwierig. Und auch bei vielen mit großer Mühe ausgearbeiteten Verfahren bleibt die allgemeine Gefahr bestehen, daß ein Verfahren um so unsicherere Ergebnisse hat, je kürzer und einfacher es ist.

2. Arten der Korrosionsprüfung

Dem Gesagten entsprechend kann man nach ihrem Abstand von der Praxis vier Gruppen von Korrosionsprüfverfahren unterscheiden, und zwar

a) die praktische Erprobung,

b) Prüfung genau definierter Versuchsproben unter praktischen Verhältnissen,

c) Prüfung genau definierter Versuchsproben unter praxisnahen Bedingungen im Laboratorium,

d) Schnellprüfung unter besonders intensiven, mitunter sogar praxisfremden Bedingungen.

Bei der praktischen Erprobung werden die Werkstoffe genau in der Form der Praxis geprüft, z.B. als Konservendosen oder als Milchleitungen. Näheres hierzu folgt unten.

Bei der zweiten Art der Prüfungen werden besondere sorgfältig vorbereitete Proben (vgl. z.B. Normblatt DIN 50905) hergestellt, die an den betreffenden Stellen in die Werksanlagen eingebaut werden. Bewährt haben sich bei dieser Art von Prüfung kreisrunde Probeplättchen mit einer zentralen Bohrung; diese werden auf eine Teflon-beschichtete Metallspindel gezogen, wobei Kunststoff-Zwischenstücke den Abstand halten. Zwei größere Plättchen an beiden Enden dienen zur festeren Zusammenfügung und Verspannung des Ganzen, ferner um zu verhüten, daß die Proben Teile der Anlage berühren (F.L. LaQue und O.B.F. Frazer, 1963; J.F. Mason, 1948; H. Eschnauer, 1959; ASTM Designation A 224-46, ASTM Standards 1958 Teil 3, S. 257). Derartig bestückte Spindeln werden unmittelbar in den Anlagen (z.B. in Kochkesseln) angebracht, und nach den vorgesehenen Zeiten werden die einzelnen Proben auf ihre Korrosion untersucht. Diese Prüfungen haben den Mangel, daß Betriebsschwankungen die Allgemeingültigkeit der Ergebnisse herabsetzen und daß an den Proben andere Strömungsbedingungen bestehen als etwa in den Kesselwandungen; es lassen sich aber viele Werkstoffe auf diese Weise gleichzeitig prüfen und die Korrosion ist früher meßbar als bei der praktischen Erprobung. Zur Kontrolle der Betriebsschwankungen werden zweckmäßigerweise Werkstoffe bekannter Korrosionsanfälligkeit miteingebaut.

Bei Korrosionsversuchen im Laboratorium unter praxisnahen Bedingungen kann man das betreffende Angriffsmittel selbst verwenden; dabei ist darauf zu achten, daß es sich während des Versuchs nicht wesentlich anders verändert als in der Praxis und daß nicht grundsätzlich andere Bedingungen herrschen als dort, z.B. in bezug auf den Luftzutritt. In keinem Fall darf eine Korrosion unter Sauerstoff-Verbrauch entstehen, wenn sich in der Praxis bei der Korrosion Wasserstoff bildet.

Mitunter ist die Verwendung von Modell-Lösungen möglich, z.B. von künstlichem Meerwasser statt natürlichen Meerwassers (Normblätter DIN 50900 und 50907).

Auf dem Lebensmittelgebiet ist diese Vereinfachung jedoch schwierig, da man oft die wesentlichen angreifenden Stoffe nicht kennt. So ist es nur für orientierende Vorversuche zulässig, anstelle von Fruchtsaft Lösungen organischer Säuren zu verwenden.

Bei dieser und der vorigen Art von Prüfungen ist der Zeiteinfluß zu beachten; denn in der Regel verändert sich die Korrosionsgeschwindigkeit mit der Zeit in Folge der Bildung von Schutzschichten aus Korrosionsprodukten oder Erschöpfung des angreifenden Stoffs. Man muß daher für jeden Versuch mindestens 6 Proben ansetzen, von denen je 2 für 3 verschiedene Versuchszeiten vorzusehen sind (vgl. Normblatt DIN 50901).

Von genormten Prüfungen aus dieser Gruppe seien genannt der Kochversuch (Normblatt DIN 50906) und der Druckgefäßversuch (Normblatt DIN 50912), ferner die Prüfungen für die Korrosionsbeständigkeit von Aluminium-Legierungen gegen Meerwasser (DIN 50907) und von anodisiertem Aluminium (DIN 50947). Die Anfälligkeit von nichtrostenden Stählen gegen interkristalline Korrosion prüft man in Deutschland meistens nach Stahleisenprüfblatt 1875-61 und Normblatt DIN 50914 (siehe auch M. Prazak, 1958; J.M. Defranour, 1959).

Schnell-Korrosionsprüfungen sollten nur bei besonders eingehender Erfahrungen angewendet werden, da sie sonst zu schweren Fehlurteilen führen können, im besonderen dann, wenn die Angriffsmittel gänzlich andere sind als in der Praxis. Als Beispiel einer brauchbaren Schnellprüfung sei der Quecksilbernitratversuch nach Normblatt DIN 50911 genannt, mit dem die Anfälligkeit von Messinggegenständen auf Spannungsrißkorrosion geprüft wird; auf dem Lebensmittel-Gebiet sind aber nur wenige Schnell-Korrosionsprüfungen bekannt, die sich im Rahmen ihrer Brauchbarkeit bewährt haben.

3. Messung der Korrosion

Die Korrosion kann auf sehr verschiedene Arten gemessen werden. Hier interessieren besonders die chemischen Verfahren.

Wohl am häufigsten ist die Bestimmung des Gewichtsverlustes der Versuchsproben durch die Korrosion; hierfür müssen vor der Rückwägung der vorher gewogenen Proben die Korrosionsprodukte von der Probenoberfläche entfernt werden, was häufig besonderer Erfahrungen bedarf. Die Gewichtsverlust-Bestimmung ist z.B. bei den S. 76 beschriebenen Spindelversuchen üblich. Eine Umrechnung in die Gewichtsverluste je Flächeneinheit ist nur bei einigermaßen gleichmäßigem Angriff sinnvoll.

Andere chemische Verfahren zur Korrosionsmessung beruhen auf der Bestimmung der entstandenen Korrosionsprodukte. Von diesen sind für die Lebensmittelchemie besonders wichtig die Bestimmung des in Lösung gegangenen Metalls wegen der etwaigen Giftwirkungen und des entstandenen Wasserstoffs, der zur Bombage der Konservendosen führen kann, in diesem Fall aber meistens geringer als äquivalent zur Korrosion ist (S. 60).

Bei den zahlenmäßigen Ergebnissen all dieser Versuche entstehen häufig erheblich schwankende Einzelwerte. Für die Auswertung der Ergebnisse ist daher die Statistik zu beachten (C.F. Lewis, 1953).

Viel verwendet zur Feststellung der Korrosion werden elektrochemische Messungen, in der letzten Zeit im besonderen Strom-Spannungs-Messungen. Für das Lebensmittelgebiet haben sie Bedeutung, da sie ein wesentliches Hilfsmittel für die Feststellung besonders korrosionsbeständiger Stähle sind (vgl. z.B. Mannesmann, 1958; J.M. Defranour, 1959; M. Pražák, 1958; H. Kaesche, 1967; H.J. Rocha, 1940, 1960; M. Streicher, 1954; C. Edeleanu, 1958; W. Schwenk,

1963; G. KRAXNER und H. ZITTER, 1964). Unmittelbar für das Lebensmittelgebiet sind sie von A. KLIENEWSKI (1966) für Weißblech und von H. STÜDEMANN u. Mitarb. für Tischmesserklingen aus nichtrostendem Stahl verwendet worden. Bei dem später beschriebenen ATC-Versuch zur Prüfung der Korrosionsbeständigkeit von Weißblech gegen Fruchtsäfte ergeben Stromstärke-Messungen die Bewertung.

4. Korrosionsprüfungen an Konservendosen

Die häufig ausgeführten Lagerungsversuche mit gefüllten Konservendosen entsprechen meistens vollständig der Gruppe von Korrosionsprüfungen, die S. 76 als „praktische Erprobung" bezeichnet werden. Die einzige Korrosionsbeschleunigung, die man dabei mitunter vornimmt, ist die Anwendung einer erhöhten Lagertemperatur, z.B. von 37° C, die die Korrosionsgeschwindigkeit etwa verdoppelt. Soweit bisher bekannt, kann diese Beschleunigung, die die Versuchsdauer auf etwa die Hälfte abkürzt, unbedenklich angewendet werden. Auch eine Lagertemperatur von 50° C ist noch vertretbar (G. WÜNSCHE, 1963). Meistens allerdings werden so viele Konservendosen gelagert, daß der dafür benötigte Thermostatenraum nicht zur Verfügung steht und man die Dosen bei Raumtemperatur lagert.

Die einfachste Beurteilung der Korrosion gelagerter Konserven, wie man sie besonders bei Obst anwendet, erfolgt nach dem äußeren Verhalten der Dosen, das auch in der Tat für die Verkäuflichkeit der Dosen von entscheidender Bedeutung ist.

F. JAKOBSEN und E. MATHIESEN (1946) wenden hierbei nach den vorgesehenen Lagerzeiten eine Punktwertung an und bewerten jede Dose folgendermaßen

einwandfreie Dosen	100
Flatterdosen	60
eindeutig bombierte Dosen . . .	30
durchlöcherte Dosen.	0

Aus den Punktzahlen aller Dosen wird der Mittelwert gebildet. Man erhält somit den Wert 100, wenn alle Dosen einwandfrei sind und den Wert 0, wenn alle Dosen durchlöchert sind; für die Zwischenzustände, auch wenn diese nicht bei allen Parallel-Dosen gleich sind, ergeben sich sinnvolle Zwischenwerte. Häufig bestimmt man auch unmittelbar die in jeder Dose entstandene Wasserstoffmenge (z.B. G. SCHIKORR, 1944). Ein systematischer Fehler besteht hierbei – wie gesagt – darin, daß oft genug bei der anfänglichen Korrosion kein Wasserstoff entsteht, man also eine niedrigere Korrosion findet, als in der Tat vorhanden ist.

Sicherer und bei Korrosionen ohne Wasserstoffentwicklung unerläßlich ist es daher, bei Weißblechdosen den Gehalt des Füllguts an Zinn und Eisen vor und nach der Lagerung zu bestimmen, was auch wegen der gesundheitlichen Beurteilung des Füllguts notwendig ist. Eine halbquantitative Beurteilung erlaubt das Aussehen der Doseninnenwand. Mausgraufärbung bei feuerverzinnten Dosen bedeutet fast immer einen Zinngehalt des Füllguts von mehr als 250 mg/kg; Eisblumenbildung ist verdächtig. Auch die Differenz der Zinnauflagen auf der Innen- und Außenseite der Dosen gibt ein halbquantitatives Maß für den Zinngehalt des Füllgutes (P. BERTHIER und C. COURTY, 1955).

Dies trifft jedoch natürlich nur für Dosen zu, die nicht bewußt auf diesen beiden Blechseiten verschiedene Zinnauflagen haben, und auch bei beidseitig gleichartig verzinnten Dosen können die Zinnauflagen auf beiden Seiten erhebliche Unterschiede aufweisen.

Bei manchen Füllgütern, z.B. einigen Fleischkonserven (W. GIESSKE und A. GLEES, 1964) kommt die Korrosion bereits in einem halben Jahr zum Stillstand, mitunter wird dies auch schon früher zutreffen, so daß es in solchen Fällen ausreicht, verhältnismäßig kurzfristige Versuche anzusetzen.

Zur Vermeidung systematischer Fehler ist stets darauf zu achten, daß miteingeschlossene Luft in allen Dosen in etwa gleicher Menge vorhanden ist, was auch bei etwa gleichen Kopfräumen z.B. dann nicht mehr zutrifft, wenn das Füllgut bei der ersten gefüllten Dose merklich wärmer ist als bei der letzten.

Vergleicht man die Aggressivität des gleichen Füllguts verschiedener Herkunft (z.B. natürlich und künstlich gedüngter Spinats) oder die Schutzwirkung verschiedener Lacke, so ist es unerläßlich, Konservendosen aus genau gleichwertigem Weißblech einzusetzen.

Die Verwendung von Modellösungen statt der eigentlichen Füllgüter erlaubt mitunter erst die Bewertung der Beständigkeit der Lackierung von Konservendosen. In Deutschland werden nach E. Nehring die folgenden Angriffsmittel verwendet: Dest. Wasser, 1%ige Natriumchlorid-Lösung, eine Lösung mit 20% Zucker und 0,5% Weinsäure, wobei die gefüllten Dosen bei 120° C sterilisiert und 10 Tage bei 37° C gelagert werden. Diese Lösungen werden auch für organoleptische Prüfungen verwendet. H. Ketterl (1958) betont, daß man bei den Modell-Lösungen je nach dem späteren Füllgut zwischen Citronen- und Ersigsäure unterscheiden müsse, was G. Wünsche (1963) bestätigte, der fand, daß eine Lösung von 3% Natriumchlorid und 2% Essigsäure (pH 3) besonders aggressiv war. H. Ketterl (1958) schlägt auch vor, entsprechend den praktischen Verhältnissen gepufferte Lösungen zu verwenden (vgl. auch G. Schikorr, 1944; H. Arnold, 1956).

Zur raschen Feststellung der Beständigkeit von lackierten Konservendosen gegen Fleischwaren führt man Lagerversuche mit Dosen aus, die mit Schwarten gefüllt und sterilisiert sind (H. Arnold, 1956).

(Korrosionsprüfungen mit Konservendosenblechen). Zur rascheren Erkenntnis der Korrosionsbeständigkeit von Konservendosen, als dies durch Lagerversuche mit gefüllten Dosen möglich ist, wurden mehrere Schnellkorrosionsversuche ausgearbeitet.

Das erste derartige Verfahren war das Wasserstoff-Entwicklungsverfahren von V.W. Vaurio u. Mitarb. (1938); bei diesem bestimmt man die Zahl der Stunden, nach denen unter Standard-Bedingungen in Salzsäure mit dem zu prüfenden Weißblech die Wasserstoffentwicklung erheblich zu werden beginnt, was erst dann eintritt, wenn die Hauptmenge des Zinns abgelöst ist. Ein weiteres ähnliches Verfahren, bei dem gleichzeitig das Potential des Blechs gemessen wird, beschreibt W.E. Hoare (1956).

Dem Beizverzögerungsverfahren („*pickle lag test*") liegt die folgende Beobachtung zugrunde: Bringt man unverzinntes Stahlblech oder entzinntes Weißblech in 6 n-Salzsäure bei 90° C, so vergehen meistens mehrere Sekunden, bevor eine erhebliche Wasserstoff-Entwicklung beginnt. Je kürzer diese Zeit ist, desto korrosionsbeständiger sind in der Regel die Konservendosen gegen Obstkonserven. Bei der hieraus entwickelten Prüfung soll die Verzögerung bis zum Einsetzen der erheblichen Wasserstoff-Entwicklung für ein günstiges Blech nicht mehr als 10 sec betragen (E.L. Koehler, 1952; W.E. Hoare und S.C. Britton 1960).

Auf einer anderen Grundlage beruht das Alloy-Tin-Couple-Verfahren von G. G. Kamm (ATC-Verfahren); es gründet sich auf die Kenntnis, daß die Schicht aus Eisen-Zinn-Legierung maßgebend für die Korrosion des Weißblechs in Obstkonserven ist. Bei ihm löst man von dem zu prüfenden Blech nach geeignetem Verfahren die Zinnschicht ab und schaltet die übrig bleibende Zinn-Legierungsschicht in den betreffenden Obstsaft gegen eine Reinzinn-Elektrode. Der entstehende Strom wird gemessen und gibt ein Maß für die Beständigkeit des Blechs gegen den betreffenden Obstsaft (G.G. Kamm und A.R. Willey, 1961; G.G. Kamm u. Mitarb. 1961; P.R. Carter und T.J. Butler, 1961; W.E. Hoare und S.C. Britton, 1959; S.C. Britton, 1961, 1966).

Alle diese Verfahren haben bei der Nachprüfung ihrer Übereinstimmung mit der praktischen Beständigkeit von Konservendosen gegen Obstkonserven gewisse positive Ergebnisse gehabt, volle Klarheit über ihre Anwendbarkeit ist erst durch weitere Untersuchungen zu erwarten. Es ist jedoch wenig wahrscheinlich, daß sie auch Aussagen über die Beständigkeit gegen Korrosion unter Verbrauch von Oxydationsmitteln ermöglichen, z.B. gegen Spinat oder Tomaten.

Die Neigung eines Weißblechs zu Marmorierungen läßt sich durch Eintauchen in eine frisch hergestellte wäßrige Lösung von 10 g/l NaOH und 10 g/l Kaliumpolysulfid (Schwefelleber) prüfen. Die Marmorierungsbeständigkeit, die im besondern auf der natürlichen oder künstlichen Oxidschicht beruht, ist gut, wenn nach 1 Std noch keine schwarzen Sulfidflecken entstanden sind. Die Prüfung ist jedoch sehr scharf und auch Bleche, die diese Prüfung nicht erfüllen, können bei milderen Füllgütern marmorierungsbeständig sein.

Zur Prüfung der Aggressivität eignet sich nach G. Wünsche (1963) wahrscheinlich ein elektrochemisches Kurzprüfverfahren von O. Maercks (1966), das zur Prüfung der Beständigkeit von Konservenlack-Überzügen entwickelt wurde. Die Reihenfolge der Aggressivität von 4 Fischtunken auf lackiertes Weißblech, wie sie sich bei Lagerversuchen ergeben hatte, wurde nach diesem Verfahren im Kurzversuch gefunden (S. 83, dort auch weiteres über Korrosionsprüfungen an lackiertem Weißblech).

II. Prüfung von Schutzüberzügen

1. Metallische Überzüge

Das für den Chemiker nächstliegende Verfahren zur Bestimmung der Metallauflage besteht darin, eine Probe des betreffenden Gegenstandes (z. B. Drahtes, Bleches oder Rohres) zu wägen, mit einem Mittel, das das Überzugsmetall, nicht aber den Grundwerkstoff angreift, das Überzugsmetall abzulösen und aus dem Gewichtsverlust die Metallauflage je Flächeneinheit in g/m^2 („Flächengewicht") zu berechnen. Die Division des Flächengewichts durch das spezifische Gewicht des Überzugsmetalls ergibt die mittlere Schichtdicke des Überzugs in μm.

Mitunter, besonders wenn man kein Ablösungsmittel hat, das das Grundmetall nicht angreift, bestimmt man das in Lösung gegangene Metall auch analytisch, am einfachsten titrimetrisch.

Derartige Verfahren sind auch wohl die am häufigsten angewandten. Die folgenden Einzelangaben beschränken sich hier wie bei den übrigen Verfahren auf die für Gebrauchsgegenstände wichtigen Überzüge von Chrom, Zink und besonders Zinn (weitere Angaben bei A. Kutzelnigg, 1965; H. Plog, 1965).

Von den Ablöseverfahren haben sich die folgenden bewährt:

für *Chromüberzüge auf Stahl*
anodische Ablösung in 10%iger Natronlauge bei ca. 5 V Spannung (Kathode Stahl);

für *Chromüberzüge auf Kupfer und -legierungen*
Ablösung in 5%iger Salzsäure und Titration des aufgelösten Chroms;

für *Zinküberzüge auf Stahl*
Ablösung in folgender Lösung: 500 ml Salzsäure (1,19 g/ml) + 3,2 g Antimon(III)-chlorid, mit dest. Wasser auf 1 l aufgefüllt, und Bestimmung des Zinks aus dem Gewichtsverlust (Normblatt DIN 50952);

für *Zinnüberzüge auf Stahl*
Ablösung in folgender Lösung: 840 ml Salzsäure (ϱ 1,19 g/ml) + 20 g Antimon(III)-oxid, mit dest. Wasser auf 1 l aufgefüllt, und Bestimmung des Zinns aus dem Gewichtsverlust,
oder für große Reihenuntersuchungen: 30 ml Salzsäure (ϱ 1,19 g/ml) + 2 ml 0,25 gew.-%ige Salzsäure (ϱ 1,19 g/ml) Antimon(III)-chloridlösung bei jodometrischer Bestimmung des Zinns (Normblatt DIN 50954);

für *Zinnüberzüge auf Kupfer und -legierungen*
Ablösung in folgender Lösung: 7 Vol. Salzsäure (ϱ 1,19 g/ml) + 3 Vol dest. Wasser + Wasserstoffperoxid bei jodometrischer Bestimmung des Zinns (Normblatt DIN 51213);

für *Zinnüberzüge auf Blei*
Ablösung in folgender Lösung: 100 g Natriumsulfid ($Na_2S \cdot 9\,H_2O$) zu 200 ml in dest. Wasser gelöst, darin 10 g Schwefelpulver gelöst, Bestimmung des Zinns aus dem Gewichtsverlust (K. G. Bergner und G. Schikorr, 1957; G. Schikorr und K. G. Bergner, 1957).

In Spezialfällen viel angewendet werden coulometrische Ablösungsverfahren, bei denen man die zur Ablösung des Überzugs notwendigen Coulombs bestimmt, so bei Weißblech (W. Katz, 1956; W. E. Hoare und S. C. Britton, 1960) und bei verzinktem Stahl (W. Katz, 1954). Diese Verfahren erlauben zusätzlich eine Beurteilung der Legierungszwischenschichten.

Das grundsätzlich nächstliegende Verfahren zur Bestimmung der Dicke des Überzugs ist das mikroskopische Verfahren; dieses wird gleichfalls viel angewendet, bedarf aber großer Erfahrung und eines guten Metallmikroskops. Bei ihm wird durch den zu prüfenden Gegenstand senkrecht zu dem Überzug ein Schnitt gelegt, der poliert, gegebenenfalls geätzt und unter dem Mikroskop ausgemessen wird (Normblatt DIN 50950).

Schließlich bestehen auch zerstörungsfreie Verfahren zur Schichtdickenmessung (Ausführliche Darstellung: A. Kutzelnigg, 1965; H. Stromberger, 1955). Das einfachste derartige Verfahren ist für Stahl als Grundwerkstoff und nichtmagnetische Überzüge geeignet; gemessen werden z. B. die Haftkraft eines Magneten oder Induktivitätsänderungen mit Geräten, die auf bekannte Schichtdicken eingemessen werden. Wirbelstromverfahren kann man zur Messung von nichtmagnetischen Schichten auf nichtmagnetischen Metallen verwenden, z. B. für die Messung der Dicke von Silberüberzügen auf Kupferlegierungen.

Röntgenfluorescenz-Verfahren beruhen darauf, daß man den zu prüfenden Gegenstand mit Röntgenstrahlen bestrahlt, die den Überzug durchdringen; je dicker dieser ist, desto geringer ist die Röntgenfluorescenz des Grundmetalls, wobei man die absoluten Werte wiederum einmessen kann. Dieses Verfahren wird für die laufende Überwachung der Dicke der Zinnschicht auf Weißblech angewandt (W. E. Hoare und S. C. Britton, 1960).

Bei allen Schichtdicken-Meßverfahren ist es in jedem einzelnen Fall wichtig, den Grad der Genauigkeit der Messungen zu beachten.

Neben der Schichtdicke der Überzüge kommt ihrer Gleichmäßigkeit, im besonderen der Porigkeit große Bedeutung zu.

Für das bekannteste Poren-Prüfverfahren bei Überzügen auf Stahl dient der Ferroxyl-Indikator (Normblatt DIN 50900; A. Kutzelnigg, 1960). Dieser ist eine Lösung von 30 g Natriumchlorid und 10 g (oder 1 g) rotem Blutlaugensalz in 1 l dest. Wasser. Läßt man Indikator auf Eisen einwirken, das einen edleren Überzug trägt (z. B. aus Chrom oder Zinn), so bildet sich am Grunde der Poren Eisen(II)-chlorid, das aus den Poren austritt und mit dem roten Blutlaugensalz sehr deutlich sichtbar Turnbulls Blau bildet.

Am einfachsten ist es, Filtrierpapier mit Indikator zu tränken und auf den Gegenstand aufzulegen. Das Ergebnis zeigt sich meistens in wenigen Minuten. Der Ferroxyl-Indikator greift manche Überzüge, im besonderen solche aus Nickel merklich an, was auf der oxydierenden Wirkung des roten Blutlaugensalzes beruht (A. Kutzelnigg, 1965). Man sollte sich daher möglichst mit 1 g/l dieses Salzes begnügen. Bei Hartchromüberzügen auf Stahl und bei Zinnüberzügen auf Stahl-Milchkannen ist jedoch 10 g/l angebracht.

Für die Prüfung der Porigkeit der Zinnschicht auf Weißblech läßt sich mit dem Ferroxyl-Indikator auch in seiner milden Form nur ein erster Anhaltspunkt gewinnen, da der Angriff auf die sehr dünne Zinnschicht bereits nicht unerheblich ist. Bessere Ergebnisse erhält man bei dem Schwefeldioxid-Verfahren (W. E. Hoare und S. C. Britton, 1960; S. C. Britton und M. Clarke, 1963). Bei diesem läßt man die Proben nach kathodischem Reinigen 24 Std über einer Schwefeldioxidlösung hängen, wobei an Poren der Zinnschicht Rost entsteht. Dieses Verfahren, grundsätzlich auch für Zinnüberzüge auf Kupfer und -legierungen geeignet, ist sehr genau ausgearbeitet.

Als Verfahren für die Messung der Gesamtgröße der Poren dient das gleichfalls genau ausgearbeitete Rhodanid-Verfahren (W. E. Hoare, 1956). Bei diesem wird die gereinigte Probe in eine Lösung von Ammoniumrhodanid, Essigsäure und Wasserstoffperoxid gehängt; das in Lösung gehende Eisen wird colorimetrisch bestimmt. Da, wie auf Seite 61 gesagt, die ursprüngliche Porigkeit des Zinnüberzugs von Weißblech für das Verhalten gegen Lebensmittel von geringer Bedeutung ist, erübrigt sich eine genauere Beschreibung beider Verfahren.

Die Porigkeit des Zinnüberzugs auf Bleiflaschenkapseln läßt sich nach G. Schikorr und K. G. Bergner (1957) mit einer Lösung von folgender Zusammensetzung prüfen: 25 g Chromsäure (CrO_3), 12,5 g Natriumchlorat ($NaClO_3$), 15 g Trinatriumphosphat ($Na_3PO_4 \cdot 12\,H_2O$), 1000 ml dest. Wasser. In 5 min bildet sich an den Poren des Überzugs ein gelber, ziemlich fest haftender Niederschlag.

Für die Porenprüfung von Zinnüberzügen auf Kupfer und -legierungen wird nach Normblatt DIN 51213 das Prüfstück in eine ca. 20° C warme Lösung von 1 g Ammoniumpersulfat und 2 ml Ammoniak-Lösung (ϱ 0,88 g/ml) in 90 ml dest. Wasser gehängt; das nach 10 min gelöste Kupfer wird colorimetrisch bestimmt.

Bei der Prüfung der Reinheit von Zinnüberzügen ist wegen der toxischen Eigenschaften besonders der Bleigehalt von Interesse. Einen allgemeinen Überblick über den Bleigehalt gewinnt man schnell mit der Vorprobe nach JEGOROW:

Auf die Oberfläche des Zinnüberzugs bringt man einen Tropfen 40%iger Essigsäure, der sich auf ca. 2 cm^2 Oberfläche verteilt. Nach 1–2 min bringt man auf die gleiche Stelle einen Tropfen 4%iger Kaliumjodidlösung. Tritt hierbei eine Gelbfärbung ein, so ist mehr als 1% Blei in dem Zinnüberzug enthalten.

Für die quantitative Bestimmung von Blei in Zinnüberzügen haben K.G. BERGNER und H. MIETHKE (1967) das Dithizon-Verfahren nach IWANTSCHEFF angewendet.

Poren in Silberüberzügen auf Kupfer und -legierungen lassen sich durch Einhängen in feuchte Ammoniak-Atmosphäre nachweisen.

2. Oxidische Überzüge

Die Aluminiumoxid-Überzüge auf anodisiertem (= eloxiertem) Aluminium und seinen Legierungen werden auf Flächengewicht, Dicke, Nachverdichtung und Rissigkeit geprüft.

Die Dicke der Eloxal-Überzüge kann nach einem Ablösungsverfahren (vgl. Abschnitt D II 1) bestimmt werden.

Die Ablösung erfolgt nach Normblatt-Entwurf DIN 50944 bei 90° C unter schwachem Bewegen der Probe in einer Lösung von 35 ml Phosphorsäure (ϱ 1,75 g/ml) und 20 g Chromsäure (CrO_3) in 965 ml dest. Wasser, bis die Schicht vollständig entfernt ist, was höchstens 10 min dauert. Das für die Umrechnung in Schichtdicke erforderlich spezifische Gewicht der Eloxal-Schicht ist für die im Lebensmittelwesen verwendeten Legierungen bei dünnen Schichten (z.B. 5 μm) ca. 3,4 g/cm^3; es nimmt mit der Dicke der Schicht ab, bei z.B. 25 μm auf ca. 2,3 g/cm^3.

Mikroskopisch läßt sich die Schichtdicke ebenso an Eloxalschichten bestimmen wie an metallischen Überzügen (Normblatt DIN 50943). Ein ungenaueres, aber besonders einfaches und zerstörungsfreies mikroskopisches Verfahren besteht in folgendem: Man zieht einen Bleistiftstrich auf der Eloxalfläche und stellt auf diesen ein Mikroskop scharf ein, worauf man an der seitlich angebrachten Skala des Mikroskops die Einstellung abliest. Nun stellt man auf den Grund der Eloxalschicht ein, was bei deren Durchsichtigkeit meistens möglich ist. Der Unterschied der Skaleneinstellung gegenüber der ersten Einstellung ergibt dann unmittelbar die Dicke der Eloxalschicht.

Eine weitere zerstörungsfreie Messung der Dicke der Eloxalschicht ist mit dem Isometer der Firma Laboratorium Dr. Foerster, Reutlingen, möglich.

Die Nachverdichtung der Eloxalschicht läßt sich grundsätzlich einfach folgendermaßen prüfen: Man zieht einen Tintenstrich über diese, den man eintrocknen läßt. Die Güte der Nachverdichtung kann man dann daran erkennen, wie weit der eingetrocknete Strich mit feuchtem Filtrierpapier wieder abgewischt werden kann, was bei bester Nachverdichtung vollständig gelingt. Da die Reproduzierbarkeit des Verfahrens in dieser sehr einfachen Form zu wünschen übrig läßt, hat man es genauer ausgearbeitet, wobei man eine Lösung von Aluminiumgrün GLW verwendet (Normblatt-Entwurf DIN 50946; H. NEUNZIG und V. RÖHRIG, 1963; J. ELZE, 1962).

Eine etwaige Rissigkeit der Eloxalschicht, wie sie z.B. beim Biegen eloxierter Bleche entsteht, läßt sich nach dem elektrochemischen Verfahren (nach DUFFEK) bei Anwendung einer Spannung von 24 V sichtbar machen (W. WIEDERHOLT und J. ELZE, 1960).

Die für die Korrosionsbeständigkeit von Weißblech wichtige Zinnoxid-Schicht auf dem Zinnüberzug kann man coulometrisch bestimmen. Man verwendet dafür eine Lösung von

0,01 n-Kaliumchlorid, die durch eine Mischung von Natriumdihydrogenphosphat und Dinatriumhydrogenphosphat auf einen pH-Wert von 7,3 eingestellt ist. Die Oxidschicht kann isoliert werden, indem man das darunter liegende Zinn durch Amalgamieren fortlöst; sie läßt sich dann unmittelbar untersuchen (S.C. Britton, 1966).

Das Gewicht der auf der Oxidschicht befindlichen Ölschicht wird grundsätzlich am einfachsten durch Extraktion einer genügend großen Probe (mindestens 1000 cm^2) z.B. in Aceton, Benzin oder Benzol am Rückflußkühler während 1–4 Std, Eindampfen der Lösung und Wägen des Rückstandes bestimmt. Raschere Routine-Verfahren beruhen auf Bestimmung derjenigen Fläche, die das Öl bei Ausbreitung auf Wasser einnimmt; dabei wird von dem Befund von Langmuir Gebrauch gemacht, daß 1 Molekül Öl in monomolekularer Schicht eine bestimmte Fläche einnimmt (W.E. Hoare und S.C. Britton, 1960).

3. Lacküberzüge

Allgemeines: Der bereits erwähnte Umstand, daß die Lacküberzüge in Konservendosen ursprünglich und zum Teil auch jetzt noch nicht als Korrosionsschutz, sondern als Entfärbungsschutz für farbige Früchte verwendet wurden, bzw. werden, hatte offenbar zur Folge, daß systematisch über die Prüfung von Dicke und Porigkeit derartiger Lacke in bezug auf ihren Korrosionsschutz nur wenig gearbeitet wurde. Meistens führte man nur Lagerversuche aus, wobei als Füllgut entweder unmittelbar die betreffenden Konserven oder Modell-Lösungen verwendet wurden (vgl. Abschnitt D I 4). Bei den Versuchen mit Modell-Lösungen kam und kommt es weniger auf das Korrosionsverhalten als auf die Veränderung der organoleptischen Eigenschaften der Lebensmittel oder Lösungen durch den Lack an.

Als man im zweiten Weltkrieg in Deutschland gezwungen war, wegen des Zinnmangels lackiertes Schwarzblech zu verwenden, trat auch die Untersuchung des Korrosionsschutzes durch den Lack stark in den Vordergrund, und zwar sowohl bei Konservendosen als auch bei Milchkannen (H. Ketterl, 1944). In den letzten zwei Jahrzehnten ist in dieser Richtung nur wenig veröffentlicht worden. In USA sind jetzt ähnliche Bestrebungen im Gange: doch ist uns nichts Genaueres darüber bekannt geworden.

In den meisten Fällen ist man für die Untersuchung der Korrosionsschutzwirkung von Lacken auf die früher entwickelten Verfahren oder auf die in Abschnitt D II 1 und 2 geschilderten Verfahren angewiesen, die in der Tat in einigen Fällen auch anwendbar sind. Einen zusammenfassenden Überblick über die Prüfung von Lackschichten im allgemeinen gibt H. Grubitsch (1967).

Lackauflage und Schichtdicke: Die Bestimmung der Lackauflage ist grundsätzlich nach dem Ablösungsverfahren möglich (Abschnitt D II 1); es ist dabei wichtig, ein geeignetes Ablösungsmittel zu finden. Zunächst kommen organische Lösungsmittel in Frage. Ist der Lack in solchen nicht löslich, so liegt die Verwendung alkalischer Lösungen nahe. Damit diese das Zinn nicht angreifen, muß man die Probe dabei jedoch kathodisch schalten.

Die Schichtdicke läßt sich wie bei metallischen Überzügen mikroskopisch an Schliffen bestimmen, wie z. B. bei F. Eisenstecken und H. Kickermann (1944) für Lacküberzüge auf lackierten Schwarzblech-Milchkannen ausgeführt ist. Dieselben Forscher verwendeten ferner das folgende Verfahren: Eine gehärtete Stahlnadel wird auf die Lackschicht aufgesetzt, wobei ihre Stellung mit einem Mikrometer gemessen wird; sie wird dann senkrecht in die Lackschicht gebohrt; ist diese durchbrochen, so wird dies durch den elektrischen Kontakt angezeigt, der sich leicht feststellen läßt. Die Differenz der beiden Stellungen der Nadel ergibt die Schichtdicke.

Auch mit den früher beschriebenen zerstörungsfreien Verfahren läßt sich die Schichtdicke der Lacküberzüge messen.

Porigkeit: Die Porigkeitsprüfung von Lacken kann mit dem Ferroxyl-Indikator ausgeführt werden (Abschnitt D II 1). Wahrscheinlich werden hierbei jedoch nur ziemlich große Poren der Lackschicht angezeigt, da die Elementbildung zwischen Lackschicht und Porengrund fehlt. Ein genaueres Verfahren ist das Duffek-Verfahren, das elektrochemisch arbeitet (W. WIEDERHOLT und J. ELZE, 1960). Bei diesem wird das Prüfstück in einer wässerigen Lösung von 0,5 g/l Poriersblau C und 1,0 g/l Triäthanolamin anodisch geschaltet, wobei je nach den Bedingungen Zellenspannungen von ca. 8–24 V angewendet werden. An den Poren scheidet sich dabei ein blaues Gel ab. Die Einflüsse der Versuchseinzelheiten auf derartige Verfahren wurden z.B. von H. NIESEN (1944) untersucht, damit zu erhaltende Ergebnisse von A. GLAZUNOW u. Mitarb. (1944) beschrieben.

O. MAERCKS (1966) hat ein elektrochemisches Verfahren unmittelbar zur Prüfung des Lacküberzugs von Weißblechkonservendosen angewendet. Er legte an die Probe, die sich in einer wässerigen Lösung mit 1% Natriumchlorid und 1% Essigsäure befand, 10 min lang einen Strom von 7,5 V Spannung, bei dem die Probe Anode und Kohle Kathode war; die entstehende Stromstärke wurde registriert.

Dieses Verfahren hatte vertrauenerweckende Ergebnisse bei der Porigkeitsprüfung von Lacküberzügen, die unter verschiedenen Bedingungen aufgebracht worden waren. Zur Erkennung der Korrosionseinwirkung der praktischen Füllgüter wurden die zu prüfenden gefüllten Konservendosen 2 Wochen bei 37° C gelagert; die Porigkeit des Lacküberzugs wurde dabei nach dem genannten Verfahren vor und nach der Lagerung geprüft. Auch bei Versuchen von G. WÜNSCHE (1963) hat sich das Verfahren von O. MAERCKS (1966) bewährt.

Ein etwas anderes elektrochemisches Verfahren wendet G.M. SHIFFLER (1955) an; bei diesem wird zwischen Weißblechproben, die mit dem betreffenden Lack überzogen sind Filtrierpapier gelegt, das mit einer Lösung von Natriumchlorid und organischer Säure getränkt ist; an die Proben wird eine Spannung von 2 V gelegt; nach 16 Std wird das Aussehen der Proben beurteilt.

Auf ähnliche Weise prüft man nach F. ULLMANN (1965) Lacküberzüge auf Dosen für Bier.

E. Bestimmung von Metallen in Lebensmitteln

Für die Bestimmung der Schwermetalle, die aus Bedarfsgegenständen in die Lebensmittel übergegangen sind, werden sich im allgemeinen die in Bd. II/2, S. 82–124 im Abschnitt „Nachweis und Bestimmung von Spurenelementen“ angegebenen Verfahren eignen.

Die im folgenden beschriebenen Verfahren haben sich bei der Untersuchung von Lebensmitteln besonders bewährt:

I. Bestimmung von Blei in fettarmen Lebensmitteln

(K. G. BERGNER und H. MIETHKE 1966)

Prinzip: Die organischen Substanzen werden durch nasse Veraschung zerstört. Aus der Aschelösung, aus der Zinn durch Abrauchen mit Brom-Bromwasserstoff-Gemisch entfernt wurde, wird das Blei mit Dithizon extrahiert und nach Abtrennung des störenden Wismuts photometrisch bestimmt.

Reagentien:

1. 14 n-Ammoniak bzw. für 1a) 0,1 n-Ammoniak.
2. Salpetersäure (ϱ 1,40) pro anal., mit Dithizon geprüft; 2a) 0,15 normal; 2b) 0,025 normal.

3. Schwefelsäure (ϱ 1,84), pro anal.
4. 12 n-Salzsäure.
5. Brom-Bromwasserstoffsäure-Gemisch (500 ml 7 n-mHBr + 70 l Br_2).
6. Kaliumcyanid, 10%ige wäßrige Lösung.
7. Hydroxylaminhydrochlorid, 10%ige wäßrige Lösung.
8. Natrium-Kalium-Tartrat, 10%ige wäßrige Lösung.
9. Puffer pH 11,5 : 100 ml KCN (R 6) + 75 ml NH_4OH (R 1) zu 1 l auffüllen.
10. Puffer pH 3,4 : 9,1 ml HNO_3 (R 2) + 7 n-NH_4OH auf pH 3,4 einstellen, 25 ml 0,2 m-Kaliumhydrogenphthalat + 5,0 ml 0,2 n-HCl zugeben und auf 1 l auffüllen.
11. Indicatoren: Thymolblau, Methylorange.
12. Reagenslösung: Dithizon in Chloroform.
13. Bidestilliertes Wasser.
14. Bleinitrat.

Arbeitsvorschrift:

40 g des Materials (ca. 4 g Trockenmasse) werden in einen 500 ml-Duran-Glas-Kjeldahl-Kolben eingewogen, mit 5 ml konz. Schwefelsäure (R 3) und 5 ml Salpetersäure (R 2) versetzt und vorsichtig mit schwach leuchtender Bunsenflamme erhitzt. Wenn die Reaktion heftig wird, nimmt man die Flamme für einige Zeit weg. Dann raucht man ab, wobei jedoch immer, wenn sich der Rückstand bräunt, Salpetersäure in Anteilen von ca. 5 ml zugegeben wird. Man setzt die Veraschung fort, bis das organische Material zerstört ist und deutlich weiße Nebel entweichen. Die Lösung muß nun farblos bis strohgelb sein. Bei der Veraschung des Spinats bleibt außerdem ein weißer fester Rückstand in der sonst klaren Lösung zurück, der im wesentlichen aus $CaSO_4$ besteht.

Um die Nitrosyl-Schwefelsäure zu entfernen, fügt man nach dem Abkühlen 25 ml bidestilliertes Wasser zu und erhitzt bis zum beginnenden Rauchen. Dies wird noch einmal wiederholt.

Zur Entfernung von Zinn wird einmal mit 5 ml HBr/Br_2 (R 5) abgeraucht.

Der bei der Veraschung von Spinat verbleibende rein weiße Niederschlag läßt sich anschließend durch Erwärmen mit 10 ml HCl (R 4) in Lösung bringen.

Die Lösung wird mit 2 ml Hydroxylaminhydrochlorid versetzt, kurz aufgekocht und durch ein mit verdünnter Salpetersäure gewaschenes Filter in einen Scheidetrichter filtriert.

Man neutralisiert mit Ammoniak, versetzt mit 2 ml Hydroxylaminhydrochloridlösung (R 7), 2 ml Kaliumcyanidlösung (R 6) und stellt mit Ammoniak auf pH 9,5 (Thymolblau) ein. Das Blei wird zusammen mit dem Wismut solange mit je 5–10 ml der Reagenslösung (R 12) ausgeschüttelt, bis die letzte Zugabe nach ½ min langem Schütteln rein grün bleibt.

Die gesammelten organischen Extrakte werden im Scheidetrichter mit ca. 25 ml bidestilliertem Wasser gewaschen (1 min lang geschüttelt), wieder abgetrennt und mit 25 ml Pufferlösung pH 3,4 (R 10) geschüttelt. Dabei geht das Blei in die wäßrige Phase, Wismut bleibt im organischen Extrakt, der verworfen wird. (Überschuß von Dithizon notwendig!) Von der Pufferlösung, die das Blei enthält, werden nach Auffüllen auf ein definiertes Volumen entsprechende Anteile für die spektrophotometrische Bestimmung entnommen. Bei Verwendung von 4 cm-Küvetten liegt der günstigere Bereich zwischen 4–8 μg Blei.

Der entnommene Anteil wird gegen Thymolblau auf pH 9,5 eingestellt, mit ca. 5 ml 0,15 n-HNO_3 (R 2a) und 2 ml Pufferlösung (R 9) versetzt und mit Reagenslösung (R 12) in Anteilen von jeweils 5–10 ml ausgeschüttelt, bis die letzte Zugabe nach ½ min langem Schütteln rein grün bleibt. Die organischen Extrakte werden mit Chloroform zu 20 ml aufgefüllt. Dann wird die Lösung in zwei ungefähr gleiche Teile geteilt, der eine Teil mit 10 ml 0,025 n-HNO_3 (R 2b) zur Auftrennung des Bleidithizonates geschüttelt. Beide Lösungen werden für sich durch einen mit Dithizonlösung gereinigten Wattebausch filtriert und in 4 cm-Küvetten gegen Chloroform bei 605 nm (Absorptionsmaximum des Dithizons) gemessen. Die Extinktionsdifferenz ist ein Maß für den Bleigehalt.

3,197 g Bleinitrat (2,000 g Pb), durch zweimaliges Umkristallisieren gereinigt, werden mit 0,15 n-HNO_3 (R 2a) auf eine Konzentration von 2 μg Pb/ml verdünnt. Mittels einer Feinbürette werden 2, 3, 5 ml abgemessen, mit 10 ml 0,15 n-HNO_3 (R 2a) und 2 ml Pufferlösung (R 9) versetzt und unter den unter 5. mitgeteilten Vorsichtsmaßnahmen weiterbehandelt.

Die Extinktionsdifferenzen bei 605 nm, gegen die Konzentration aufgetragen, ergeben die Eichgerade.

Meßbereich: 1–10 μg Blei.

Eine Variante dieses Verfahrens für fettreiche Lebensmittel geben K. G. Bergner und U. Rüdt (1968) an.

II. Polarographische Bestimmung von Zinn in Lebensmitteln

(A. PORRETTA und BELLUCCI 1960)

Prinzip: Die organischen Substanzen werden durch nasse Veraschung zerstört. In der Lösung der Asche wird Zinn polarographisch bestimmt.

Reagentien:
(1) Schwefelsäure, konz., pro anal.
(2) Salpetersäure, konz., pro anal.
(3) Perchlorsäure, konz., pro anal.
(4) Ameisensäure 85%ig
(5) Leitsalzlösung, jeweils n-HCl und n-NH_4Cl
(6) Gelatinelösung 1%ig.

Geräte:
(1) 250 ml-Meßkolben
(2) 10 ml-Meßpipette
(3) 25 ml-Meßkolben
(5) Glasperlen, Trichter, Meßzylinder.

Arbeitsvorschrift: Je nach Zinngehalt werden 2–10 g des Untersuchungsgutes in einem Kjeldahlkolben mit 2 ml Schwefelsäure und ca. 5 ml Salpetersäure versetzt und ohne Drahtnetz über der schwach entleuchteten Bunsenflamme bis zur beginnenden Braunfärbung erhitzt (Glasperlen zugeben!). Man entfernt die Flamme, läßt abkühlen, versetzt mit einer kleinen Menge Salpetersäure, erhitzt wieder bis zur beginnenden Braunfärbung und wiederholt diese Prozedur so oft, bis man eine farblose oder schwach gelbe Lösung erhält. Nach erneutem Abkühlen wird 1 ml Perchlorsäure hinzugegeben und bis zum Entweichen weißer Dämpfe erhitzt. Der erkalteten Lösung werden 2 ml Ameisensäure zugesetzt, dann wird nochmals bis zum Entweichen weißer Dämpfe erhitzt.

Die Lösung wird mit der Leitsalzlösung in einen 25 ml-Meßkolben überführt, mit 0,5 ml Gelatinelösung versetzt und zur Marke aufgefüllt.

Nach dem Temperieren auf 20° C und Entlüften mit Stickstoff wird das Polarogramm von $-0{,}3$ bis $-0{,}8$ V aufgenommen, die Stufenhöhe bestimmt und in einer Eichkurve der Zinngehalt abgelesen. Die Eichproben sind ebenfalls zu veraschen!

Meßbereich: 0,05–0,5 mg/25 ml Meßlösung.

III. Polarographische Bestimmung von Kupfer in Getränken

(H. TANNER und H. R. RENTSCHLER 1955)

Prinzip: Die organischen Substanzen werden durch nasse Veraschung zerstört. In der Lösung der Asche wird Kupfer polarographisch bestimmt.

Reagentien:
(1) Schwefelsäure, konz., pro anal.
(2) Ammoniak, konz., pro anal.
(3) Leitsalzlösung: 240 g Äthylendiamin und 107 g Ammoniumchlorid mit Wasser auf 1 l auffüllen.
(4) Gelatinelösung 1%ig
(6) Phenolphthalein.

Geräte:
(1) 250 ml-Kjeldahlkolben
(2) 50 ml-Meßkolben
(3) 10 ml-Vollpipette
(4) 1 ml-Vollpipette
(5) 10 ml-Meßpipette
(6) Glasperlen, Trichter, Meßzylinder.

Arbeitsvorschrift: 20 ml Getränk werden in einem Kjeldahlkolben mit 2,5 ml Schwefelsäure und 2 ml Salpetersäure versetzt und ohne Drahtnetz über der schwach entleuchteten

Bunsenflamme bis zur beginnenden Braunfärbung erhitzt (Glasperlen zugeben!). Man entfernt die Flamme, versetzt mit einer kleinen Menge Salpetersäure, erhitzt wieder bis zur beginnenden Braunfärbung und wiederholt diese Prozedur, bis die zurückbleibende Lösung farblos und klar bleibt. Anschließend wird zur Entfernung der Nitrosylschwefelsäure mit 25 ml dest. Wasser versetzt und nochmals bis zum Rauchen der Schwefelsäure erhitzt. Der Rückstand wird mit konz. Ammoniak gegen Phenolphthalein neutralisiert, mit kleinen Anteilen Wasser (insgesamt ca. 35 ml) in einen 50 ml-Meßkolben überführt. Nach Zusatz von 10 ml Leitsalzlösung und 1 ml Gelatinelösung und Temperieren auf 20° C wird mit dest. Wasser aufgefüllt.

Nach dem Entlüften mit Stickstoff wird das Polarogramm von $-0{,}25$ bis $-1{,}25$ V aufgenommen, die Stufenhöhe bestimmt und in der Eichkurve der Kupfergehalt abgelesen. Die Eichproben sind ebenfalls zu veraschen!

Meßbereich: 0,05–1 mg/50 ml Meßlösung.

F. Rechtliche Beurteilung von Bedarfsgegenständen aus Metall

Gesetz, betr. den Verkehr mit blei- und zinkhaltigen Gegenständen (Blei-Zink-Gesetz). Vom 25. VI. 1887 (RGBl. S. 273) und 22. III. 1888 (RGBl. S. 114).

Gesetz, betr. die Verwendung gesundheitsschädlicher Farben bei der Herstellung von Nahrungsmitteln, Genußmitteln und Gebrauchsgegenständen (Farbengesetz). Vom 5. VII. 1887 (RGBl. S. 277).

Erste Verordnung zur Ausführung des Milchgesetzes. Vom 15. V. 1931 (RGBl. I S. 150) i.d.F. vom 23. I. 1941 (RGBl. I S. 101).

Verordnung über Obsterzeugnisse. Vom 15. VII. 1933 (RGBl. I S. 495) i.d.F. vom 17. VIII. 1938 (RGBl. I S. 1048).

Verordnung über Speiseeis. Vom 15. VII. 1933 (RGBl. I S. 510).

Verordnung über Tafelwässer. Vom 12. XI. 1934 (RGBl. I S. 1183) i.d.F. vom 11. II. 1938 (RGBl. I S. 199).

Preuß. Min. Erl. betr. Herstellung kohlensaurer Getränke. Vom 13. VIII. 1914 (Veröff. des Kaiserlichen Gesundheitsamtes **1914,** S. 949).

Blei, Kupfer, Zink bei der Überprüfung von Mineralwasserapparaten. Mitt. aus dem Bundesgesundheitsamt (BGesundhBl. 1, 388 [1958]).

Verordnung über Getränkeschankanlagen. Vom 14. VIII. 1962 (BGBl. I S. 561).

Verzinkte Gefäße zur Aufbewahrung von Wasser. Mitt. aus dem Bundesgesundheitsamt (BGesundhBl. 6, 174 [1963]).

Verwendung von Kadmium. Warnung des Präsidentes des Reichsgesundheitsamtes (RGesundhBl. **1940,** S. 792).

Beurteilung von Fettgießern aus Kupfer. Mitt. aus dem Bundesgesundheitsamt (BGesundhBl. **2**, 10 [1959]).

Bibliographie

Altenpohl, D.: Aluminium, von innen betrachtet. Eine Einführung. Düsseldorf: Aluminium-Verlag GmbH 1957.

Aluminium-Zentrale: Das chemische Verhalten von Aluminium. Düsseldorf: Aluminium-Verlag GmbH 1963.

— Aluminium-Taschenbuch. 12. Aufl. Düsseldorf: Aluminium-Verlag GmbH 1963.

— Zusammenbau von Aluminium mit andern Werkstoffen. Merkblatt. Düsseldorf: Aluminium-Verlag GmbH. Ohne Jahreszahl.

American Society for Testing Materials: Report on Stress-Corrosion Cracking of Austenitic Chromium-Nickel Steels. Philadelphia: ASTM-Verlag 1960.

ARCHER, R.S., J.Z. BRIGGS u. C.M. LOEB JR.: Molybdän. Stähle, Gußeisen, Legierungen. Zürich: Climax Molybdenum Co 1951.
AREND, H., u. H.W. DETTNER: Hartchrom, ein Werkstoff der Zukunft. Essen: W. Girardet 1952.
BABLIK, H.: Galvanizing (Hot Dip). London: E. & F.N. Spon 1950.
BACHVALON, G.T., u. A.V. TURKOVSKAJA: Korrosion und Schutz der Metalle. Russisch. Moskau 1959.
BARTOŇ, K., u. K. SMRČEK: Methoden der Korrosionsprüfung der Metalle. Tschechisch. Prag: Státní Nakladatelství Technické Literatury 1957.
BATRAKOV, W.P.: Korrosion metallischer Werkstoffe in aggressiven Mitteln. Aus dem Russischen übersetzt von H. FRAHN. Berlin: VEB-Verlag Technik 1959.
BENARD, J.: L'oxydation des métaux. Tome 1. Processus fondamentaux. Paris: Gauthier-Villars 1962.
Beratungsstelle für Stahlverwendung: Oberflächenschutz durch Feuerverzinkung + Anstrich. Merkblatt. Düsseldorf: Verlag Beratungsstelle für Stahlverwendung 1964.
— Die Korrosionsbeständigkeit feuerverzinkten Stahls. Merkblatt. Düsseldorf: Verlag Beratungsstelle für Stahlverwendung 1966.
BILFINGER, R.: Handbuch der elektrolytischen Verchromung. Hannover: Fachbuchverlag Siegfried Schütz 1952.
BŘEZINA, M., u. P. ZUMAN: Die Polarographie in der Medizin, Biochemie und Pharmazie. Aus dem Tschechischen übersetzt von H. BAŽANTOVÁ. Leipzig: Akademische Verlagsgesellschaft Geest & Potig KG 1956.
BRITTON, S.C.: The Corrosion Resistance of Tin and Tin Alloys. Greenford (Middlesex, England: Verlag Tin Research Institut 1952.
CAVALLARO, L. (Herausgeber): Inhibitoren. Tagungsbericht Ferrara (Italien): Università degli Studi 1961.
CHAMPION, F.A.: Corrosion Testing Procedures. London: Chapman and Hall 1952.
CHEFTEL, H., et J. MONVOISIN: La corrosion des boîtes de fer-blanc dans l'industrie des conserves. Etablts J. J. Carnaud et Forges de Basse-Indre. Laboratoire de recherches. Bulletin Nr. 12. Paris 1954.
Climax Molybdenum Company: A guide to corrosion resistance. New York: Verlag Climax Molybdenum Co 1961.
ENGELL, H.-J., u. W. KATZ (Herausgeber): Diskussionstagung Lochfraßkorrosion. Korrosion 13. Weinheim/Bergstraße: Verlag Chemie 1960.
EVANS, U.R.: The Corrosion and Oxidation of Metals. London: Edward Arnold Ltd. 1960.
— Einführung in die Korrosion der Metalle (aus dem Englischen übersetzt von E. HEITZ). Weinheim/Bergstraße: Verlag Chemie 1965.
Fachnormenausschuß Verpackung: Normen-Verzeichnis der Verpackungswirtschaft. Berlin, Köln, Frankfurt: Beuth-Vertrieb GmbH 1960.
GUZZONI, G., e G. STORACE: La corrosione dei metalli. Mailand: U. Hoepli 1964.
HARTMANN, G.: Cognac, Armagnac, Weinbrand. Berlin: Carl Knoppke Grüner Verlag und Vertrieb 1955.
HOARE, W.E., and S.C. BRITTON: Tinplate Testing. Chemical and Physical Methods. Greenford Middlesex England: Tin Research Institute 1960.
— E.S. HEDGES and B.T.K. BARRY: The Technology of Tinplate. London SW 1: Edward Arnold Ltd. 1965.
HOFMANN, W.: Blei und Bleilegierungen. Berlin: Springer 1941.
HOUDREMONT, E., u. H.-J. WIESTER: Handbuch der Sonderstahlkunde. Berlin-Göttingen-Heidelberg: Springer 1956.
HÜBNER, W., u. A. SCHILTKNECHT: Die Praxis der anodischen Oxydation des Aluminiums. Düsseldorf: Aluminium-Verlag GmbH. 1961.
International Nickel: Schweißen und Löten von austenitischen Chrom-Nickel-Stählen. Düsseldorf: Verlag International Nickel 1965.
— Die Verarbeitung der austenitischen Chrom-Nickel-Stähle Teil IV. Zuschnitte, Werkstoffe für Werkzeuge und Schmierung. Düsseldorf: Verlag International Nickel 1966.
IWANTSCHEFF, G.: Das Dithizon und seine Anwendung in der Mikro- und Spurenanalyse. Weinheim/Bergstraße: Verlag Chemie 1958.
JAKOBSEN, F., and E. MATHIESEN: Corrosion of containers for canned foods. Oslo: Norske Videnkaps-Akademi, Mat.-Naturw. Klasse 1946.
KAESCHE, H.: Die Korrosion der Metalle. Physikalisch-chemische Prinzipien und aktuelle Probleme. Berlin, Heidelberg, New York: Springer-Verlag 1967.
KENWORTHY, L., and J. CAMPBELL (Herausgeber): Metallic Corrosion. London 1961.
KETTERL, H. (Herausgeber): Porosität und Porenprüfung von Anstrichen. Berlin: Verlag Chemie 1944. (Gleichzeitig Heft 1 des Jahrgangs 1944 der Zeitschrift „Korrosion und Metallschutz").

KLAS, H., u. H. STEINRATH: Die Korrosion des Eisens und ihre Verhütung. Düsseldorf: Verlag Stahleisen mbH 1956.
KRAUSE, H.: Galvanotechnik. 12. Auflage. Stuttgart: K. F. Köhler Verlag 1949.
KRJUKOWA, T. A., S. I. SINJAKOWA u. T. W. AREFJEWA: Polarographische Analyse. Aus dem Russischen übersetzt von R. HERRGESELL. Leipzig: VEB Deutscher Verlag für Grundstoffindustrie 1964.
KUTZELNIGG, A.: Die Prüfung metallischer Überzüge. 2. Auflage. Saulgau: Eugen G. Leuze Verlag 1965.
— u. R. ERGANG (Herausgeber): Atmosphärische Korrosion der Metalle. Weinheim/Bergstraße: Verlag Chemie 1965.
LAQUE, F. L., and H. R. COPSON: Corrosion resistance of metals and alloys. 2. Auflage. New York 1963.
LERCHE, M., H. RIEVEL u. V. GOERTTLER: Lehrbuch der tierärztlichen Lebensmittelüberwachung. 3. Aufl. Hannover: 1957.
LEVIN, J. A. (Herausgeber): Intercrystalline Corrosion and Corrosion under Stress. 30 Forschungsberichte. Übersetzt aus dem Russischen. London: Leonard Hill Books Ltd. 1963.
LEWIS, W. R.: Weichlot-Handbuch. Übersetzt von B. KEYSSELITZ. Düsseldorf: Verlag Zinn-Informationsbüro 1963.
Mannesmann AG: ABC der Stahlkorrosion unter besonderer Berücksichtigung der nichtrostenden Stähle. Düsseldorf: Verlag Mannesmann AG 1958.
MARKOVIC, T.: Thermodynamische Korrosion, Passivität und Oberflächenschutz. Tuzla, Jugoslawien: Verlag: Forschungsinstitut für Bergbau und chemische Technologie 1967.
NEHRING, P., u. H. KRAUSE: Konserventechnisches Taschenbuch der Obst- und Gemüseverwertungsindustrie. 14. Auflage. Braunschweig: Verlag Günter Hempel 1963.
Nickel-Informationsbüro: Die Korrosionsbeständigkeit der austenitischen Chrom-Nickel-Stähle. 2. Auflage. Düsseldorf: Verlag Nickel-Informationsbüro 1961.
— Die Ni-Resist-Gußeisenwerkstoffe. Düsseldorf: Verlag Nickel Informationsbüro. Ohne Jahreszahl.
— Die Verarbeitung der austenitischen Chrom-Nickel-Stähle. Teil I und II. Düsseldorf: Verlag Nickel-Informationsbüro 1963.
— Nickel, Eigenschaften, Verarbeitung und Verwendung. Düsseldorf: Verlag Nickel-Informationsbüro 1964.
NOTHING, F. W.: Nickel-Kupfer-Legierungen. Düsseldorf: Verlag Nickel-Informationsbüro 1963.
PIATTI, L.: Werkstoffe der chemischen Technik. Aarau und Frankfurt/Main: Verlag H. R. Sauerländer & Co 1955.
PIONTELLI, R.: Elementi di teoria della corrosione a umido dei materiali metallici. Mailand: Verlag Longanesi 1959.
PLOG, H.: Schichtdickenmeßverfahren und -geräte. Saulgau/Württ.: Eugen G. Leuze Verlag 1965.
POURBAIX, M.: Atlas d'équilibres électrochimiques. Paris: Gauthier-Villars 1963.
PUTILOVA, J. N., S. A. BABEZIN u. V. P. BARANNIK: Metallic Corrosion Inhibitors. Translated from the Russian by G. RYBACK. London, Oxford, New York, Paris: Pergamon Press 1960.
RABALD, E.: Corrosion Guide. New York-Amsterdam-London-Brüssel 1951.
— u. H. BRETSCHNEIDER: Dechema-Werkstoff-Tabelle. Weinheim/Bergstraße: Verlag Chemie. Erscheint seit 1953 in einzelnen Lieferungen. (Die Angaben sind unter den im Text angegebenen Stichwörtern zu finden.)
RAUB, E.: Die Edelmetalle und ihre Legierungen. Berlin: Verlag Julius Springer 1940.
RŮŽIČKA, u. M. SVOBODA: Konservování kovovýchvýrobků (Konservierung von metallischen Erzeugnissen). Prag: Státní Nakladatelství Technické Literatury 1959.
SCHENK, M.: Werkstoff Aluminium und seine anodische Oxydation. Bern: A. Francke AG 1948.
SCHIKORR, G.: Häufige Korrosionsschäden an Metallen und ihre Vermeidung. Stuttgart: Verlag Konrad Wittwer 1960.
— Verhalten von Zink an der Atmosphäre. Berlin-Grunewald: Metall-Verlag 1963.
SCHORMÜLLER, J.: Die Erhaltung der Lebensmittel. Stuttgart: Ferdinand Ehnke Verlag 1966.
SHREIR, L. L. (Herausgeber): Corrosion. 2 Bände. London: George Newnes Ltd. 1963.
TARDY, M.: Les Etains Français. 3 Bände. Paris: Verlag M. Tardy 1959.
TÖDT, F. (Herausgeber): Korrosion und Korrosionsschutz. 2. Auflage. Berlin: Walter de Gruyter & Co 1960.
TOMAŠOV, N. D.: Teorija korrozii i zaščity metallov (Theorie der Korrosion und des Korrosionsschutzes der Metalle). Moskau 1959.

Uhlig, H.H. (Herausgeber): The Corrosion Handbook. New York: John Wiley & Sons, Inc. London: Chapman & Hall Ltd. 1948.
— Corrosion and corrosion control. New York, London: John Wiley & Sons, Inc. 1963.
Vereinigung Deutscher Schmelzhütten: Aluminium-Gußlegierungen. Tabelle 1965.
Wiederholt, W.: Die chemische Oberflächenbehandlung von Metallen zum Korrosionsschutz. Saulgau/Württ.: Verlag Eugen G. Leuze 1963.
— Verhalten von Zink in Wässern. Berlin-Grunewald: Metall-Verlag GmbH 1965.
— u. J. Elze: Taschenbuch des Metallschutzes. Stuttgart: Wissenschaftliche Verlagsgesellschaft 1960.
Wüstenfeld, H., u. G. Haeseler: Trinkbranntwein und Liköre. Berlin-Hamburg: Paul Parey 1964.
Zerleeder, A. von: Technology of Light Metals. New York, Amsterdam, London, Brüssel: Elsevier Publ. Comp. Inc. 1949.
Zimmer, W.: Korrosion der Metalle. Ursachen und Verhütung. Leipzig: VEB Fachbuchverlag 1964.
Zinkberatung e. V.: Zink-Taschenbuch. Berlin-Grunewald: Metall-Verlag GmbH 1959.
— Zink als Korrosionsschutz. Düsseldorf: Verlag Zinkberatung e.V. 1966.

Zeitschriftenliteratur

Albanese, F.: Zur Technologie der Herstellung von Bananenpulver. Dtsch. Lebensmittel-Rdsch. **61**, 311—317 (1965).
Altenpohl, G.D.: Use of Boehmite Films for Corrosion Protection of Aluminium. Corrosion **18**, 143t—153t (1962).
Altenpohl, D.: Aluminium-Konservendosen, Verwendung und Herstellung. Neue Verpackung **15**, 683—688 (1962).
Althof, F.C.: Die inter- und intrakristalline Korrosion und ihre Ursachen. Z. Metallkunde **36**, 177—186 (1944).
Aluminium-Zentrale Düsseldorf: Verwendung von Aluminium für Lebensmittel. Briefliche Mitteilung vom 8. VIII. 1965.
Andreotti, R.: Über die nichtenzymatische Bräunung konzentrierter Tomatensäfte. II. Reaktionen zwischen organischen Säuren, Zuckern und Aminosäuren sowie die katalytische Wirkung einzelner Schwermetalle (italienisch). Industr. ital. Conserve **32**, 83—89 (1957); ref. Z. Lebensmittel-Untersuch. u. -Forsch. **108**, 383 (1958).
Arnold, H.: Konservendosenlacke und ihre Prüfungen. Blech **3**, 23—29 (1956).
— Tidsskr. f. Hermetikkindustri (Norwegen). **41**, 445—459 (1955); ref. Farbe u. Lack **63**, 129 (1957).
Arnold, H.D.: Ein neuer Verwendungszweck für Aluminiumfolie. Aluminium **33**, 662—664 (1957).
Aziz, P.M.: An Explanation of „Pin-Holing" of Light Gauge Aluminium Cooking Utensils. Corrosion **13**, 536t—538t (1957).
Bader-Beck, H.: Literatur-Übersicht über den Einsatz elektrolytisch bzw. feuerverzinnter Weißblechdosen. Blech **11**, 54—64 (1964).
Bäumel, A., u. C. Carius: Zusammenhang zwischen Anlaßbehandlung und Korrosionsverhalten von härtbaren nichtrostenden Chromstählen. Arch. Eisenhüttenwesen **32**, 237—249 (1961).
— H.-E. Bühler, H.-J. Schüller, P. Schwab, W. Schwenk, H. Ternes u. H. Zitter: Interpretation on the Causes of Intercrystalline Corrosion of Stainless Steels in Connexion with the Chromium-Impoverishment Theory. Corrosion Sci. **4**, 89—103 (1964); ref. Nickel-Berichte **22**, 438 (1964).
— Zusammenhang zwischen dem Ausscheidungs- und Korrosionsverhalten von niobstabilisierten Stählen mit 17% Cr. Stahl u. Eisen **85**, 1462—1476 (1965).
— Selektive Korrosion an Verbindungsschweißen von Stählen. Werkstoffe u. Korrosion **17**, 299—307 (1966).
Baerlecken, E.: Korrosionsbeständigkeit metallischer Werkstoffe gegen heiße Fettsäuren. Fette u. Seifen **44**, 228—229 (1937).
Barbieri, G., G. Milanese u. S. Rosso: Das Verhalten von elektrolytisch verzinntem Weißblech als Behälter für Gemüsekonserven mit hohem Anteil an schwefelhaltigen Eiweißverbindungen mit besonderer Berücksichtigung von Erbsen (italienisch). Industria ital. Conserve **35**, 104—106 (1960); ref. Z. Lebensmittel-Untersuch. u. -Forsch. **114**, 226 (1961).
— — — Das Verhalten des elektrolytisch verzinnten Weißblechs als Behälter für säure- und zuckerhaltige Konserven (italienisch). Industr. ital. Conserve **35**, 196—199 (1960); ref. Z. Lebensmittel-Untersuch. u. -Forsch. **115**, 349 (1961).

BARRON, H.: Corrosion in the brewing industry. Corrosion Technol. **2,** 117—119 (1955).
BARRY, B.T.K.: Die Struktur der intermetallischen Legierungsschicht von Weißblech. Mitteil. Forschungsges. Blechverarbeitung **17,** Nr. 4—5 (1966).
BATE-SMITH, F.C., J.C. HUGHES u. T. SWAIN: After-cooking discoloration in potatoes. Chem. and Industr. **1958,** 627—628; ref. Z. Lebensmittel-Untersuch. u. -Forsch. **110,** 478 (1959).
BAUER, O., u. H. ARNDT: Das Verhalten einiger Metalle und Legierungen gegenüber Plastilin und freiem Schwefel. Ztsch. Metallkunde **18,** 85—88 (1926).
— u. G. SCHIKORR: Über die Korrosion von Elektrolytzink und Raffinadezink. Z. Metallkunde **26,** 73—80 (1934).
— O. VOLLENBRUCK u. G. SCHIKORR: Spannungsmessungen und Lösungsversuche mit Zinn-Kupfer- und Zink-Kupfer-Legierungen. Mitt. d. deutschen Materialprüfungsanstalten Sonderheft XIX, 3—15 (1932).
BAUERNFEIND, J.C., E.G. SMITH u. G.F. SIEMENS: Better color, better flavor in processed mushrooms. Food Engin. **24,** 89—92 (1952); ref. Z. Lebensmittel-Untersuch. u. -Forsch. **97,** 234 (1953).
BAUMGÄRTNER, H., u. R. SERZISKO: Veränderungen des Inhalts von Dosenkonserven während längerer Lagerung. Ernährungsforsch. **7,** 514—528 (1963); ref. Z. Lebensmittel-Untersuch. u. -Forsch. **124,** 317 (1964/65).
BERGNER, K.G.: Fragen der Metallkorrosion in der Lebensmittelchemie. Dtsch. Lebensmittel-Rdsch. **52,** 17 (1956).
— Zur Beeinflussung von Lebensmitteln durch Weißblechdosen. Angew. Chem. **69,** 735 (1957).
— u. H. MIETHKE: Zur Blei- und Zinnaufnahme wäßriger Füllgüter in Weißblechkonservendosen. Z. Lebensmittel-Untersuch. u. -Forsch. **125,** 406—413 (1964).
— — Zur Metallaufnahme von Lebensmitteln aus metallischen Bedarfsgegenständen II. Über den Bleigehalt der Verzinnungen von Bedarfsgegenständen. Dtsch. Lebensmittel-Rdsch. **63,** 49—51 (1967).
— u. U. RÜDT: Zur Blei- und Zinnaufnahme von Fetten und fettreichen Lebensmitteln in Weißblechkoservendosen. Z. Lebensmittel-Untersuch. u. -Forsch. **137,** 337—351 (1968).
— U. RÜDT: Dissertat. TH Stuttgart 1968, 75 Seiten.
— u. G. SCHIKORR: Über die hygienische Bedeutung von Weinflaschenkapseln aus verzinntem Blei. Z. f. Lebensmittel-Untersuch. u. -Forsch. **106,** 132—141 (1957).
BERTHIER, P., et C. COURTY: Sur la corrosion de quelques boîtes de conserves en fer blanc. Chimie et Industrie **74,** 248—250 (1955).
BERWICK, J.D.G., and U.R. EVANS: The cause of the chemical resistence of stainless steel. J. Appl. Chem. **2,** 576—590 (1952).
BEYER, H.: Die Korrosion an Betriebseinrichtungen. Lebensmittelindustr. **11,** Heft 1, 18—22 (1964).
BIBER, H.E., u. W.T. HARTER: The Growth of $FeSn_2$ Layers on Specifically Oriented Iron Single Crystals. J. Electrochem. Soc. 113, 828 (1966). Ref.: Zinn u. seine Verwendg. Nr. 73, S. 13 (1967).
BIEGLER, P.: Entstehung und Verhinderung der metallischen Geschmacksbeeinflussung und des Lochfraßes bei Fischvollkonserven. Fischwaren- und Feinkostindustr. **33,** 98—102 (1961).
— Fischwarentechnologie. Gegenseitige Beeinflussung von Dosenpackung und Dosenfüllung unter besonderer Berücksichtigung von Vollkonserven. Allgem. Fischwirtschsztg. Bremerhaven **17,** Nr. 12, S. 15, 16, 18, 19 (1965). Ref. Informationsdienst Verpackung 12, 6, 116.
BIRTLES, D., E. JACKSON and M. THOMSON: Origin and mode of formation of certain local stains on silver tableware. Nature **179,** 557—559 (1957).
BÖHRINGER, P.: Bewährung von Weinflaschenverschlüssen aus Aluminium. Aluminium **35,** 585—586 (1959).
BÖRNER, W., u. H. KRONE: Ergebnisse und Erkenntnisse der zweiten Tropen- und Exportprüfung der deutschen landwirtschaftlichen Gesellschaft. Ernährungswirt. **3,** 87—90 (1956).
BOGATZKY, W.D., W.A. BIBER u. L.G. KISCHNEWSKAJA: Über die Marmorierung und Zerfressung der Innenflächen von Konservendosen. Z. Lebensmittel-Untersuch. u. -Forsch. **88,** 506—517 (1929).
BOSDORF, L.: Aluminium in der chemischen Industrie. Chemiker-Ztg., Chem. Appar. **86,** 819—826 (1962).
— Aluminium in der Brauerei-Industrie. Aluminium **40,** 379—384 (1964).
BOURRAT, J.: Résistance à la corrosion des aciers et alliages inoxydables dans les acides organiques. Corrosion et Anticorrosion **11,** 140—146 (1963).
BOTHAM, G.H.: Metals and the dairy. J. Soc. Dairy Technol. **6,** 179—187 (1953); ref. Werkstoffe u. Korrosion **6,** 590 (1955).

BRAUN, H.: Verwendung nichtrostender und säurebeständiger Stähle in der Industrie der Speisefette, Seifen und synthetischen Waschmittel. Fette u. Seifen **53**, 641—644 (1951).
— Nichtrostende und säurebeständige Stähle in der chemischen Industrie. Werkstoffe u. Korrosion **3**, 93—98 (1952).
BRAUNS, E., u. G. PIER: Beiträge zur interkristallinen Korrosion des austenitischen Chrom-Nickel-Stahls. Stahl u. Eisen **75**, 579—586 (1955).
BRAVERMANN, J.B.S.: Some Observations on Non-enzymatic Browning of Gluco Syrups and Citrus Concentrations. In: Symposium Fruchtsaftkonzentrate Bristol 1958. Bericht der wissenschaftlich-technischen Kommission der Internationalen Fruchtsaft-Union, hrsg. von H. LÜTHI, Zürich: Juris-Verlag 1959.
BRITTON, S.C.: Neuester Stand der Ergebnisse über die Korrosion von Weißblech. Blech **8**, 303—307 (1961).
— Verfahren zur Untersuchung der Oberflächenschichten von Weißblech. Mitt. Forschungsgesellschaft f. Blechverarbeitung **17**, 54 (1966).
— and K. BRIGHT: Research on the resistance of tinplate to corrosion. Chem. and Industr. **1960**, 158—163.
— — Influence of the Area of the Steel Compound on the Behavior of a Tin-Steel Couple. Corrosion **17**, 98t—107t (1961).
— and M. CLARKE: Detection of Zinc Diffusion into Tin Coatings on Brass. Trans. Inst. of Metal Finishing **36**, Publication Nr. 306, 3 S. (1959).
— — Porosity testing of tin and tin alloy coating with sulphur dioxide. 3e Congrès de la Fédération Européenne de la Corrosion. Brüssel. Juni 1963. Sektion 2, 12 S.
— and D.G. MICHAEL: The Corrosion of Tin by Aqueous Solutions of Ammonia. J. Appl. Chem. **5**, 1—9 (1955).
— — Tin and tinned copper in dilute neutral solutions. J. Appl. Chem. **7**, 349—356 (1957).
BROOCKMANN, K.: Untersuchungen über das Verhalten von Aluminium gegenüber gebräuchlichen organischen Lösungsmitteln. Fette, Seifen, Anstrichmittel **59**, 1078—1084 (1957); Aluminium **34**, 30—35 (1958).
— u. A. SCHIMMER: Innenschutz von Aluminium-Bierfässern. Aluminium **38**, 609—613 (1962).
— — Innenschutz von Weintransportbehältern: Aluminium **39**, 760 (1963).
BRYAN, J.M.: Aluminium containers for foods. Food Manufact. **25**, 64—66 (1950); ref. Z. Lebensmittel-Untersuch. u. -Forsch. **92**, 309 (1951).
— and T.N. MORRIS: Corrosion of Metals Used for Can Construction. Sheet Metal Industr. **1956**, Heft 1, 29—31.
BUCHHOLZ, J.: Lacke für den Schutz von Weißblechen. Industr. ital. Conserve **34**, Heft 1, 17—19 (1959).
BUCK, W.R., and H. LEIDHEISER: The Corrosion of Single Crystals and Recrystallized Single Crystals of Iron and Steel in Citric Acid. J. Electrochem. Soc. **104**, 474—481 (1957); ref. Corrosion **1918**, 116a.
BÜHLER, H.-E., H.-J. SCHÜLLER u. W. SCHWENK: Metallographische Untersuchungen über die an den Korngrenzen austenitischer Chrom-Nickel-Stähle auftretende Martensit-Bildung und deren Zusammenhang mit der Wärmebehandlung und der interkristallinen Korrosion. Arch. Eisenhüttenwesen **35**, 459—463 (1964).
BÜNGER, R.: Korrosionsschutz in der Kellerwirtschaft. Dtsch. Wein-Ztg. **93**, 349—351 (1957).
— Schutzanstriche gegen Korrosion im Brauwesen. Brauwelt, Ausgabe B, **98**, 537—540 (1958).
BUKOWIECKI, A.: Studien über das Korrosionsverhalten nichttrocknender Öle und Fette mit besonderer Berücksichtigung moderner Schmiermittel und Konservierungsmittel. Eidgenössische Materialprüfungs- und Versuchsanstalt Zürich. Bericht 191. 80 S. (1959).
Bundesgesundheitsamt: Polytetrafluoräthylen-beschichtete Koch- und Bratgefäße. Bundesgesundheitsblatt **10**, 331—333 (1967).
Bundeswirtschaftsminister: Anhang zur Verordnung über technische Anforderungen an Getränkeschankanlagen. Ministerialblatt des Bundesministers für Wirtschaft **18** vom 31. III. 1966, 55.
BURKARD, R., u. U. FRÖHLICH: (Ohne Titel; über grüne Flecke auf Silberbestecken). Ber. d. Lebensmitteluntersuchungsanstalt des Kantons Solothurn **1961**, 9.
BURKHARDT, R.: Diskussionsbemerkung. Angew. Chem. **71**, 433 (1959).
CAPUANO, G.: Der Schutz der Konservendosen mit besonderer Berücksichtigung des Elektrolyt-Weißblechs (Italien.) Industr. ital. Conserve **33**, 33—36 (1958).
CARIUS, C.: Ein Beitrag zur Kenntnis der Passivität. Nickel-Ber. **15**, 131—134 (1957).
— Das elektrochemische Verhalten eines passiven austenitischen Chrom-Nickel-Stahls, eines Chrom-Molybdän-Stahls und passiven Elektrolytchroms in siedender 20%iger Schwefelsäure. Arch. Eisenhüttenwesen **29**, 449—461 (1958).

CARTER, P.R., and T.J. BUTLER: Accelerated Corrosion Test for Tinplate in Grapefruit and other Juices. Corrosion **17,** 72t—76t (1961).
CHEFTEL, H.: Les „Boîtes bombées“ dans l'industrie des conserves alimentaires. Etablts J.-J. Carnaud et Forges de Basse-Indre, laboratoire de recherches. Bulletin Nr. 1. Paris 1935. 20 S.
— Die Korrosion der Weißblechdosen in der Konservenindustrie. Werkstoffe und Korrosion **9,** 630—636 (1958).
— J. MONVOISIN et M. SWIRSKI: Observations on the internal corrosion of tinplate cans by acid foodstuffs. J. Sci. Food Agric. **1,** 652—655 (1955).
— et M.-L. PANOUSE-PIGEAUD: A propos de la présence de plomb dans les conserves de sardines. Etables J.-J. CARNAUD, Forges de Basse-Indre, laboratoire de recherches. Bulletin Nr. 6. Paris 1938. 24 S.
ČÍBAL, V., and M. PRÁČAK: A contribution to the explanation of intergranular corrosion of Chromium-Nickel-Steels. Corrosion **16,** 30t—32t (1960).
CLASS, I., u. H. GRÄFEN: Fortschritte und Erfahrungen in der Anwendung nichtrostender Stähle. Werkstoffe und Korrosion **11,** 529—947 (1960).
DE CLERCK, J., u. A. BRUDZYNSKI: Das Kupfer in der Würze und im Bier. Brauwelt **99,** 672—679 (1959).
CLOUGH, R.W., and E.D. CLARK: Springers and swells in canned rhubarb. Canning Age **6,** 490 (1925); ref. R.R. HARTWELL 1951 und F. JAKOBSEN und E. MATHIESSEN **1946.**
COHEN, R.K.: Tin plated cans sprayed with soluble oil formulation show increased rust resistance. Corrosion **17,** 103t (1961).
COPSON, H.R., and C.F. CHENG: Some Case Histories of Stress Corrosion Cracking of Austenitic Stainless Steels Associated with Chlorides. Corrosion **13, 397**t—404t (1957).
CULPEPPER, C.W., u. J.J. CALDWELL: The behavior of anthocyan pigments in canning. J. agric. Res. **35,** 107 (1927).
DAVIS, E.G.: Elektrolytisch hergestelltes Weißblech für Nahrungsmittelbehälter. Food Preservat. Quater. **22,** Heft 3, S. 5—10 (1962); ref. Chem. Zentralbl. **1963,** 6783.
DEFRANOUR, J.M.: Anwendung der Polarisationskurve zur Untersuchung der Lokalkorrosion nichtrostender Stähle. Werkstoffe und Korrosion **10,** 425—429 (1959).
DELINDATI, G.: Der Einfluß von Kupfer auf das Vitamin C in Tomatenkonserven (italienisch). Industr. ital. Conserve **25,** 187—189 (1950); ref. Z. Lebensmittel-Untersuch. u. -Forsch. **94,** 59 (1952).
DESCHREIDER, A.R.: Le rôle de certains acides aminés et de traces métalliques dans la coloration du sirup de glucose chauffé. Rev. Fermentat. Industr. aliment. **9,** 111—116 (1954); ref. Z. Lebensmittel-Untersuch. u. -Forsch. **102,** 291 (1955).
— L. VAN COILLIE u. R. MEAUX: Einfluß von Kupfer und Eisen auf das Ranzigwerden von Palmöl. Fette, Seifen, Anstrichmittel **59,** 1024—1026 (1957).
Deutsche Landwirtschaftsgesellschaft: (Ohne Titel; über geprüfte Reinigungsmittel). Dtsch. Molkerei-Ztg. (Kempten) **74,** 1271 (1953).
Vereinigung Deutscher Schmelzhütten: (Verwendung von Aluminium-Gußlegierungen 2. Schmelzung für Lebensmittel). Briefliche Mitteilung vom 23. VII. 1965.
DICKINSON, D.: Some new ideas of the mechanism of corrosion of tinplate cans by fruit. Corrosion Technol. **8,** 201—203 (1961).
— Sulphur Staining in Canned Foods. Its diagnosis and prevention. Food Manufact. Jan. 1964. Ref. Corrosion Technol. **12,** 17 (1965).
— and T.W. RAVEN: Tin content of canned fruits and vegetables. Food Manufact. London **37,** 480—484 (1962); ref. Informationsdienst Verpackung 1962, Heft 12, S. Dok. 11.
DILLON, C.P.: Role of contaminants in acetic acid corrosion. Mater. Protection **4,** 20—22 (1965).
DUCOMMUN, P.: L'hydroscopicité du cyanure de kalium et ses conséquences sur la corrosion des cadrans argentés. J. Suisse d'horlogerie, Edit. Suisse **1957,** 16—27.
DUGAN JR., L.R., u. L. MARX: Photoactivation and color formation in antioxidant treated lard. J. Amer. Oil Chem. Soc. **30,** 452—454 (1953); ref. Z. Lebensmittel-Untersuch. u. -Forsch. **100,** 230 (1953).
DUNKLEY, W.L., J.D. FRANKLIN u. R.M. PANGBORN: Influence of homogenization, copper, and ascorbic acid on light-activated flavour in milk. J. Dairy Sci. **45,** 1040—1044 (1962); ref. Z. Lebensmittel-Untersuch. u. -Forsch. **126,** 79 (1964/65).
ECKES, P.: Charakterisierung von Getränketrübungen. Industr. Obst- u. Gemüseverwert. **52,** 74—76 (1967).
EDELEANU, C.: A Potentiostat Technique for Studying the Acid Resistance of Alloy Steels. J. Iron and Steel Institute **188,** 122—132 (1958); ref. Nickel-Ber. **16,** 195 (1958).
EDMONDS, D.H.: Corrosion in the brewery. Corrosion, Prevention and Control **2,** Heft **7,** 21—26 (1959).
— Corrosion in the brewery IV. The maltings. Corrosion, Prevention and Control **3,** Heft 10, 27—30 (1956).

Eisenstecken, F., u. H. Kickermann: Neuere Prüfverfahren zur Bestimmung der physikalischen Eigenschaften von ofentrocknenden Lackschichten. In: Ketterl, H., **1944**, u. Korrosion u. Metallschutz **20**, Heft 1 (1944).
Elze, J.: Prüfung der Nachverdichtung anodisch erzeugter Oxydschichten. Aluminium **38**, 161 (1962).
Emanuele, F., u. E. Ceccharelli: Bleigehalt von Lebensmittelkonserven in Abhängigkeit von der Lötung der Weißblechdosen [Italien]. Industr. ital. Conserve **26**, 69—74 (1951).
Erbacher, H., u. H. Haug: Über die Schwarzfärbung von Zinnfolien. Südd. Molk.-Ztg. **1932**, Heft 45; ref. Z. Untersuch. Lebensmittel **66**, 624—625 (1933).
Eschnauer, H.: Neuere Werkstoffe in der Weinkellerwirtschaft. Aluminium **35**, 386—391 (1959).
— Herbstbütten aus Aluminium. Aluminium **39**, 766—768 (1963).
— Nichtrostende Chrom-Nickel-Stähle für die Weinkellerwirtschaft. Nickel- Ber. **21**, 231—235 (1963).
— Aluminium im Wein. Aluminium **40**, 700—703 (1964).
— Verhalten von Nickel und nickelhaltigen Werkstoffen gegenüber Wein. Weinberg und Keller **11**, 35—44 (1964).
— Nichtrostende Chrom-Nickel-Stähle für die Weinkellerwirtschaft. Teil II. Nickel-Ber. **24**, 155—157 (1966).
Evans, U.R.: Why does stainless steel resist acid? Chem. and Industr. **1962**, 1779—1781.
Faisst, W.: S. Aluminium-Transportkannen für die Milch- und Fleischwirtschaft. Metall **7**, 610—612 (1953).
Feller, H.G., and H.H. Uhlig: Relation of Electron Configuration to Passivity in Chromium-Nickel-Iron Alloys. J. Electrochem. Soc. **107**, 864—868 (1960); ref. Nickel-Ber. **19**, 104 (1961).
Flückiger, E.: Korrosion der Aluminiumfolie als Ursache für die Blähung von Schmelzkäse. Schweiz. Milchztg. Schaffhausen, **90**, 37 (2. Blatt) 231 (1964); ref. Aluminium **40**, Referateteil 11 (1964).
— u. E. Heuchser: Über zweijährige Versuche mit Milchkannen für Käserei-Betriebe. Schweiz. Milchztg. Schaffhausen **89**, 529—530 (1963); ref. Aluminium **40**, Referateteil 11 (1964).
— u. H. Zürcher: Nachfermentierung von Emmentaler Käse in Kupfer- und Stahlwannen. Schweiz. Milchztg. Wissenschaftl. Beilage **59**, 3—24 (1958); ref. Werkstoffe und Korrosion **16**, 226 (1965).
Flugge, S.L.: Schutzüberzüge für Konservendosen. Canad. Paint Varn. Magazin **26**, Nr. 10, 16—20; 66—69 (1952). Ref. Werkstoffe und Korrosion **4**, 340 (1953).
Formanti, C., u. A. Scipiotti: Italienische Tomatensäfte. Ztschr. Untersuch. Nahrungs- u. Genußmittel **12**, 283—295 (1906).
Foskett, A.C.: Die äußere Korrosion von Konservendosen aus Weißblech [Italien]. Industr. ital. Conserve **32**, 111—114 (1957).
Foulon, A.: Konservendosen und Korrosion. Metalloberfläche **7**, A 174 (1955).
de Fouw, C.L.: Pharm. Weekblad **55**, 1497 (1918).
Franke, E.: Neue korrosionsbeständige Werkstoffe im Ausland. Werkstoffe und Korrosion **1**, 136—143; 171—178; 305—308; 349—357 (1950); **2**, 68—71; 95—101 (1951).
— Das Korrosionsverhalten von Aluminium-Bronzen. Werkstoffe und Korrosion **2**, 298—307 (1951).
— Der Einfluß von Verunreinigungen auf das Korrosionsverhalten von Aluminium. Werkstoffe u. Korrosion **4**, 4—14 (1953).
Friend, W.Z., and J.F. Mason: Corrosion Tests in the Processing of Soap and Fatty Acids. Corrosion **5**, Heft 11, 14 S. (1949).
Fröhlich, K.W.: Der sinnvolle Einsatz von Edelmetallen in der Technik. Chem. Techn. **16** 19 (1943); ref. W. Katz in: F. Tödt, Bibl., 387.
Fuji Iron and Steel: Nip idea in the bud. Financial Mail Johannesburg **16**, 13 (8), 889 (1965); ref. Informationsdienst Verpackung 12/11/93.
Gilroy, P.E., u. F.A. Champion: J. Soc. chem. Industr. (Lond.) **67**, 407 (1948).
Gisske, W., u. A. Glees: Über Wechselwirkungen von Dosenmaterial und Füllgut bei Fleischkonserven. Fleischwirtsch. **44**, 1121—1124 (1964).
Glauner, R.: Über den Zusammenhang zwischen Lösungsgeschwindigkeit, Lösungsmittel und Gitterkräften bei Kupferkristallen. Korrosion **3**, 36—41 (1934).
Glazunow, A., u. L. Jenicek: Die elektrographische Untersuchung von unter verschiedenen Arbeitsbedingungen aufgespritzten Lacküberzügen. In: H. Ketterl, 1944, und Korrosion und Metallschutz **20**, Heft 1 (1944).
Goodman, H.: Amer. Perfumer essnt. Oil Rev. **97**, Nr. 3 (1935).
Goss, B.C.: Adsorption of tin by proteins and its relation to the solution of tin by canned foods. Industr. Engin. Chem. **9**, 144 (1917).

Graf, L.: Zur Spannungskorrosion homogener Legierungen. Metallforsch. 195—207 (1947).
— Die Spannungskorrosion bei homogenen Legierungen, ihre Ursachen und ihr Mechanismus. Werkstoffe u. Korrosion **8**, 329—344 (1957).
— u. H.R. Lacour: Zum Problem der Spannungskorrosion homogener Mischkristalle. V. Die Ursachen der Spannungskorrosion bei Messing. Z. Metallkunde **51**, 152—159 (1960).
Grau, H., u. H. Buss: Über das Verhalten von Konservendosen aus lackiertem Schwarzblech und Aluminium gegen korrodierende Lösungen. U. Lebensmittel-Untersuch. u. -Forsch. **86**, 420—432 (1943).
Grau, R., u. O. Fleischmann: Einwirkung von Dosenlack auf das Füllgut. Bundesanstalt f. Fleischwirtschaft, Kulmbach. Jahresbericht **1955**, 108—111.
— u. E. Zukál: Über das Verhalten von frischem Pansen gegenüber verzinkten Geräten. Fleischwirtsch. **13**, 826; 831—833 (1961).
Gray, P.P., u. I. Stone: Metal-induced wildness in beers. Wallerstein Lab. Commun. **19** 345—372 (1956) ref. Z. Lebensmittel-Untersuch. u. -Forsch. **106**, 473 (1957); **109**, 197 (1959).
Grubitsch, H.: Schutzwirkung von Überzügen und Methoden zu ihrer Überprüfung. Galvanotechnik und Oberflächenschutz **8**, 59—66 (1967).
Günther, T.: Über einen Fall von Zinnvergiftung. Z. Untersuch. Nahrungs- und Genußmittel **2**, 915—917 (1899).
Gutschmidt, J.: Über den Einfluß des Dosenmaterials auf den Vitamin C-Gehalt von Obst und Gemüse. Industr. Obst- u. Gemüseverwert. **37**, 325—332 (1952).
Hartwell, R.R.: Certain Aspects of Internal Corrosion in Tinplate Containers. Advanc. Food Res. **4**, 327—383 (1951).
— Choix des boîtes en fonction des produits. 3ème Congrès Internat. de la Conserve Rome-Parme 1956. Paris 1958, 133—153.
Hedges, E.S.: Chemische Nachbehandlung von Weißblech. Stahl u. Eisen **76**, 277—280 (1956).
Heimann, W.: Zum oxydativen Verderb des Lebertrans mit besonderer Berücksichtigung des Vitamins A. Dtsch. Lebensmitel-Rdsch. **43**, 35—39 (1947).
Heinze, H., u. F. Braun: Chemische Reaktionen des Zinns und ihre Auswirkungen auf verzinnte Konservendosen. Werkstoffe u. Korrosion **7**, 716—723 (1956).
Heinze, R., M. Marder u. H. von der Heyden: Eine Arbeitsweise zur Bestimmung der Korrosionsfähigkeit von Mineralölen. Chemische Fabrik **10**, 519—522 (1937).
Heintze, K.: Eisen-Einfluß auf Chlorophyll beim Sterilisieren in Weißblechdosen. Z. Lebensmittel-Untersuch. u. -Forsch. **105**, 379—387 (1957).
— Über den Einfluß von Eisen und Zinn auf den Geschmack von Dosenkonserven. Angew. Chem. **71**, 433 (1959).
— Über Gesamtmenge und Verteilung von gelöstem Eisen und Zinn und deren Geschmackseinwirkung auf den Inhalt von Konservendosen. Mitt.-Bl. GDCh. Lebensmittelchem. **13**, 229—230 (1959).
— Einfluß auf Obst in Weißblechdosen. Dtsch. Lebensmittel-Rdsch. **56**, 194—198 (1960).
— Über die Bildung von Metallchelaten bei Obstkonserven in Weißblechdosen. Dtsch. Lebensmittel-Rdsch. **56**, 194—198 (1960).
— u. F. Braun: Chemische Reaktionen des Zinns und ihre Auswirkungen auf verzinnte Konservendosen. Werkstoffe und Korrosion **7**, 716—723 (1956).
Heitz, E., u. C.M. v. Meysenbug: Die Korrosion von Eisen, Nickel, Kupfer und Aluminium in organischen Lösungsmitteln mit geringem Mineralsäuregehalt. Werkstoffe und Korrosion **16**, 578—595 (1965).
Hermetikkindustriens Laboratorium Stavanger, Norwegen, Korrosion an Schwachstellen von Konservendosen. [Norweg.] Intern rapport Nr. 4 (1964).
Hernandez, H.H.: Die Korrosion durch konzentrierte Tomatenprodukte beeinflussende Faktoren. Food Technol. **15**, 543—548 (1961); ref. Chem. Zbl. **1965**, 2667.
— u. D.C. Vosti: Dark discoloration of canned all-green asparagus. I. Chemistry and related factors. Food Technol. **17**, H. 1, 95—99 (1963).
Herrmann, J., u. B. Müller: Über die Beständigkeit eingebrannter Phenolharzlacke bei Schwarzblechkonservendosen. Fette, Seifen, Anstrichmittel **59**, 1084—1089 (1957).
— — Die Konservendose aus Aluminium und ihre Einsatzmöglichkeiten. Lebensmittelindustrie (Berlin 0) **5**, 126—132 (1958).
Herrmann, K.: Über Catechine und Catechin-Gerbstoffe und ihre Bedeutung in Lebensmitteln. Z. Lebensmittel-Untersuch. u. -Forsch. **109**, 487—507 (1959).
— Über Hydroxy-zimtsäuren und ihre Bedeutung in Lebensmitteln. Z. Lebensmittel-Untersuch. u. -Forsch. **133**, 158—178 (1967).
Heuser, G., u. E. Krapohl: Angriffsfähigkeit von mit Kupferverbindungen gegrüntem Spinat und anderen Konserven auf die Verzinnung der Büchsen. Z. Untersuch. Lebensmittel **73**, 338—346 (1937).

Heyer, G.O.: Korrosion von Blei durch Fettsäuren bei Gegenwart von Eisen. Seifensieder-Ztg. **60**, 131—133; 165—167; 184—185 (1933).
op de Hipt, H.: Möglichkeiten und Grenzen des Einsatzes von Elektrolyt-Weißblech. Blech **4**, 38—42 (1957).
Hoar, P.T.: The electrochemical behaviour of the tin-iron couple in dilute acid media. Transact. Faraday Society **30**, 472—482 (1934).
Hoare, W.E.: Wie sieht die Zukunft der Weißblech-Emballagen aus? Zinn und seine Verwendung Nr. **36**, 1—5 (1956).
— Appraising the quality of tinplate. Sheet Metal Industry **33**, 239—242 (1956). — Verfahren zur Bewertung der Güte von Weißblech. Stahl u. Eisen **76**, 273—277 (1956).
— Entwicklungstendenzen bei der Herstellung von Weißblech. Blech **8**, 299—303 (1961).
— Fortschritte in der Technologie des Weißblechs. Mitteil. Forschungsges. Blechverarbeitung **17**, 54—60 (1966).
— u. S.C. Britton: Verfahren zur Prüfung der Qualität von Weißblech. Mitt. Forschungsges. Blechverarbeitung **10**, 209—218 (1959).
Hochmann, J., et J. Bourrat: Corrosion sous tension des aciers inoxydables austenitiques. Corrosion et Anticorrosion **13**, 299—307 (1965).
Hoffer, H.: Einfluß von Schwermetallionen auf Qualität und Haltbarkeit von Butter. Milchwiss. Ber. **10**, 178—185 (1966).
Hottenroth, B.: Über die Verpackung von Weißblechdosen in VPI-Papier. Verpackungsrundschau **11**, 367—370 (1960).
Hottinger, W.: Aluminium-Dosen in der Schweiz. Schweiz. Aluminium-Rdsch. **15**, 304—307 (1965).
Hougardy, H.: Über die Bedeutung des rost- und säurebeständigen Stahles bei der Herstellung und Bearbeitung von Seife. Fette u. Seifen **44**, 229—234 (1937).
Huber, W.: Kontinuierliche anodische Oxydation von Aluminiumbändern für die Konservenindustrie. Blech **9**, 101—104 (1962).
Hudson, J.R.: Role of trace metals in brewing. J. Inst. Brewing **65**, 321—330 (1959); ref. Z. Lebensmittel-Untersuch. u. -Forsch. **112**, 335 (1960).
Hughes, J.C., u. T. Swain: After-cooking blackening in potatoes. III. Examination of the interaction of factors by in vitor experiments. J. Sci. Food Agric. **13**, 358—363 (1962).
Järvinen, K.K.: Vergiftungen durch Büchsenkonserven. Z. Untersuch. Nahrungs- u. Genußmittel **45**, 191—192 (1923).
Janiček, G., H. Zwain, J. Pokorný u. J. Davídek: Einfluß von Kupfer auf die Aktivität phenolischer Antioxydantien. Z. Lebensmittel-Untersuch. u. -Forsch. **124**, 17—20 (1963/64).
Jensen, A.: Erfahrungen mit Aluminium bei aggressiven Fischkonserven. Tidskrift for Hermetikkindustrien Juni 1964; ref. Corrosion Technol. **12**, Heft 6, 26—28 (1965).
Jesper, H., u. G. Grützner: Korrosionserscheinungen an rost- und säurebeständigen Stählen. Nickel-Ber. **22**, 399—405 (1964); **23**, 3—9; 36—46 (1965).
Johnson, L.A.: Corrosion prevention in the bottling industry. Corrosion Technol. **5**, 81—83; 94 (1958).
Joppien, P.H., W. Maine u. W. Maharens: Kupfer und Zink in der Brauerei. Monatsschr. für Brauerei **13**, 133—141 (1960).
Juniere, P.: Die jüngsten Aluminium-Anwendungen in der chemischen Industrie. Werkstoffe und Korrosion **3**, 51—55 (1952).
K., Dr.: Erfahrungen mit Reinaluminium-Tanks. Alkohol-Industrie. **22**, 598 (1962).
Kamath, K.V., u. F. Erdmann-Jesnitzer: Spannungskorrosion von alpha-Messing. Metall **14**, 1061—1072 (1960).
Kamm, G.G., and A.R. Willey: Corrosion Resistance of Electrolytic Tin Plate I. Electrochemical Studies of Tin, Iron-Tin Alloy, and Steel in Air-free Acid Media. Corrosion **17**, 77t—81t (1961).
— A.R. Willey, R.E. Buse and J.L. Krickl: Corrosion Resistance of Electrolytic Tin Plate. II. The Alloy-Tin Couple Test — a new Research Tool. Corrosion **17**, 84t—92t (1961).
Kastorff, O.: Normung der Milchtransportkannen im In- und Ausland. Neue Verpackung **1952**, 197—201.
Katz, W.: Die Auflösungsgeschwindigkeit von Kupfer in verschiedenen Salzlösungen und der Mechanismus der Kupfer-Korrosion. Werkstoffe und Korrosion **1**, 393—399 (1950).
— Struktur von Zinküberzügen auf Grund elektrochemischer Ablösung. Arch. Eisenhüttenwesen **25**, 307—314 (1954).
— Elektrochemische Prüfung der Zinn- und Passivierungsschichten auf Weißblech. Stahl und Eisen **76**, 1672—1678 (1956).
— Kupfer-Nickel-Legierungen im Apparatebau. Werkstoffe und Korrosion **15**, 277—278 (1964).

KEYSSELITZ, B.: Neue Entwicklung bei der Herstellung von Weißblech. Stahl u. Eisen **76**, 267—272 (1956).
KEESE, W.: Flaschen-Verschüsse aus Aluminium. Blech **7**, 221—225 (1960).
— Flaschenkapseln aus Aluminium. Aluminium **37**, 38—41 (1961).
KELLEY, G.G., u. B.M. WATTS: Effect of copper chelating agents on the prooxidant activity of ascorbic acid with unsaturated fats. Food Res. **22**, 308—315 (1957); ref. Z. Lebensmittel-Untersuch. u. -Forsch. **110**, 82 (1959).
KERN, A.: Neue Erkenntnisse in Fruchtsaftforschung und -technologie. In: Bericht der technisch-wissenschaftlichen Kommission der Internationalen Fruchtsaft-Union, hrsg. von H. LÜTHI. Zürich: Juris-Verlag 1961.
KESSLER, H.: Betrachtungen zur Fertigung von Kochgeschirren aus Aluminium. Aluminium **33**, 103—106 (1939).
KETTERL, H.: Die Chromatierung von Aluminium. Aluminium **34**, 398—405 (1958).
KIEFER, G.C.: The Maintenance of Stainless Steel Equipment. Brewers Digest **1952**, Heft **4**, 49—50.
KIELHÖFER, E., u. G. WÜRDIG: Die Oxydationsvorgänge im Wein. **4**. Mitt.: Untersuchungen über das Vorkommen sauerstoffübertragender Substanzen im Wein, Weinwiss. **17**, 137—146 (1962).
KIERMEIER, F., u. E. RICKERL: Über die Ursachen der Verfärbung gedämpfter Kartoffeln. Z. Lebensmittel-Untersuch. u. -Forsch. **102**, 330—337 (1955).
— H. JÄCKL u. J. HANUSCH: Über den Einfluß des Kesselmaterials auf die Eigenschaften von Emmentaler Käse. Z. Lebensmittel-Untersuch. u. -Forsch. **115**, 493—505 (1961).
KIESER, M.E., A. POLLARD u. C.F. TIMBERLAKE: J. Sci. Food Abric. **8**, 151 (1957).
KING, R.L., u. W.F. WILLIAMS: Copper distribution in milk during early lactation. J. Dairy Sci. **46**, 11—13 (1963); ref. Z. Lebensmittel-Untersuch. u. -Forsch. **123**, 169 (1963/64).
KINGSMA, W.G.: Erfahrungen bei der kontinuierlichen Verflüssigung von Stärke mit Säure und alpha-Amylose. Stärke **17**, 284—289 (1965).
KLAS, H., u. K.F. MEWES: Korrosionsverhalten von Kochkesseln. Anzeiger f. d. Maschinenwesen, Nr. 17 vom 27. II. 1940 4 S.
KLEBER, W., u. G. FRANKE: Aktuelles über Leichtmetall-Biertransportfässer. Brauwelt **102**, 1101—1105 (1962).
— u. G. FRANKE: Über die Ursache von Korrosionserscheinungen an Aluminiumbehältern Brauwelt **103**, 1461—1467 (1963).
KLEINJOHANN, K.: Aluminium-Fischdosen aus ANOLAC. Allgem. Fischwirtschaftsztg. Bremerhaven **17**, Heft 12, 13—15 (1965); ref. Informationsdienst Verpackung 1965/6/185.
— u. H.J. MANTLE: Schutzbeschichtung von Aluminiumdosen. Neue Verpackung **18**, 582—590 (1965); ref. Werkstoffe und Korrosion **17**, 73 (1966).
KLIENEWSKI, A.: Contribution à l'étude des charactéristiques des emballages métalliques en vue de l'augmentation de la durée de vie. Aerosol report **5**, 383—391 (1966).
KOCH, J., u. E. BREKER: Über den Einfluß nicht ausgekleideter Aluminiumtanks auf die Beschaffenheit darin gelagerten Süßmosts. Fruchtsaft-Industr. **3**, 3—10 (1958).
— G. BRETTLEIN u. H. SCHWAHN: Einfluß nicht ausgekleideter Aluminiumtanks auf die Beschaffenheit darin gelagerter Süßmoste. Jahresbericht 1957/58 der Hessischen Lehr- und Forschungsanstalt für Wein-, Obst- und Gartenbau. Geisenheim, Rheingau, 1—5.
KOEHLER, E.L.: The rate of pickling test for tinplate steels and its metallurgical significance. Transact. Amer. Soc. of Metals **44**, 1076—1096 (1952).
— The Tin-Steel Couple in Air-Free Citric Acid Solution. J. Electrochem. Soc. 486—491 (1956).
— Coupling Shift and Hydrogen Overvoltage in the Protection of Steel by Tin. Corrosion **17**, 93t—98t (**1961**).
— J.J. DALY, H.T. FRANCIS and H.T. JOHNSON: Corrosion Processes in Carbonated Beverage Cans. Corrosion **15**, 477t—482t (1959).
— and C.M. CANONICO: Corrosion Mechanism in the Plain Can. Corrosion **13**, 227t—237t (1957).
KOHMAN, E.F.: The tin-steel-couple in air-free citric acid solution. J. Electrochem. Soc. **103**, 486—491 (1956).
— and N.H. SANBORN: The nature of corrosion in canned fruits. Industr. Engin. Chem. **16**, 290—303 (1924).
— and N.H. SANBORN: Tinplate and the electrochemical series. Industr. Engin. Chem. **20**, 76—79 (1928a).
— and N.H. SANBORN: Factors affecting the relative potentials of tin and iron. Industr. Engin. Chem. **20**, 1373—1385 (1928b).
KOHN, G.G., and J.E. FIX: Effects of packing procedure on container performance in canned applesauce. Food Technol. **10**, 610—613 (1956).
KRAXNER, G., u. H. ZITTER: Vergleich chemischer und elektrochemischer Korrosionsprüfverfahren an einem Stahl mit rd. 13% Chrom. Arch. Eisenhüttenwesen **35**, 735—759 (1964).

KRONAUER, M.: Neue Sendzimir-Bandverzinkungsanlage der Siegener AG, Geisweid. Blech **12**, 667—669 (1965).

KRUISHEER, D.J., P.C. HERDER, W. WERKER u. J.G. VAN GINKEL: Über die Wirkung von Metallen auf Butter bei Kaltlagerung. Neth. Milk Dairy J. **3**, 25—26 (1949); ref. Z. Lebensmittel-Untersuch. u. -Forsch. **93**, 329 (1951).

— u. B.M. KROL: The effect of the copper content in the development of flavour defect in cold-stored butter. Neth. Milk Dairy J. **9**, 173—181 (1955); ref. Z. Lebensmittel-Untersuch. u. -Forsch. **104**, 85 (1956).

KRULLA, R.: Über die Korrosionsbeständigkeit des Nickels. Chemiker-Ztg. **54**, 429—431 (1930).

KUNKEL, E.V.: Selecting Caskets to Limit Corrosion of Stainless Steel Bolted Joints in a Chemical Plant. Corrosion **10**, 260—266 (1954).

KUTZELNIGG, A.: Die Ferroxylprobe. Werkstoffe u. Korrosion **11**, 162—171 (1960).

LAFON, J., P. COULLAUD, M. CAUMEIL u. M. MARCHE: Teneur en plomb des deux-de-vie de cognac. Ann. Technol. **1960**, H. 2, 109—116; ref. Z. Lebensmittel-Untersuch. u. -Forsch. **119**, 444 (1963).

LAFON, L., P. COUILLAUD, M. CAUMEIL et M. MARCHE: Bleigehalt von Cognac Brandy [Französ.]. Ann. inst. natl. recherche agron. Ser. E 9, 109—116 (1960); ref. Chem. Zbl. **1965**, 1055 (1965).

LAMPE: Neuere Untersuchungen über die Verwendung von Aluminium-Geräten als Spülbehälter und dgl. Z. Spiritus-Industrie **51**, 269 (1928). Ref. Z. Untersuch. Lebensmittel **66**, 625—626 (1933).

LAQUE, F.L.: Corrosion Resistance of Cupronickel Alloys Containing 10 to 30% Nickel. Corrosion **10**, 391—393 (1951).

— et O.B.J. FRASER: Etude du Comportement des Métaux et Alliages dans les Milieux Corrosives. Journées de la Lutte contre la Corrosion. Paris 1938. 1. Gruppe. 8 S.

LAUFFMANN, R.: Über das Verhalten metallischer Werkstoffe in der Gerbstoff- und Lederindustrie. Korrosion u. Metallschutz **13**, 81—86 (1937).

LEBRETON, PH. B.J. GAGNAIRE u. C.F. MICHEL: Metal hazes in beer. The constituents of tin-induced hazes. Wallerstein Lab. Commun. **20**, 233—253 (1957); ref. Z. Lebensmittel-Untersuch. u. -Forsch. **109**, 197 (1959).

LEHMAN, A.J.: Culinary Stainless Steels. Assoc. Food and Drug Officials of the United States. XXV, Nr. 3, 123—127 (1961).

LEWIS, C.F.: Statistics — A useful tool for the examination of corrosion data. Corrosion **9**, 38—43 (1953).

LEWIS, V.M.: Trace metals and their effect on food quality. Food Technol. Austral **6**, 163—235 (1954); ref. Z. Lebensmittel-Untersuch. u. -Forsch. **100**, 157 (1955).

LEWIS, W.R.: Champs d'application comparés du fer blanc électrolytique et du fer blanc au trempé. Métaux **28**, 176—183 (1953).

— Die Verwendung von Elektrolyt-Weißblech. Werkstoffe und Korrosion **8**, 456—462 (1957).

— (Unterschied des Aussehens von Zinnpest und Zinnkorrosion.) Briefl. Mitteil. des Zinn-Informationsbüros Düsseldorf vom 26. VIII. 1965.

LIDDIARD, E.A.G., and J.A. WHITTAKER: Atmospheric Corrosion Behaviour of two Standard Aluminium Alloys. Journ. Instit. Metals Juli **1961**, 432—428.

LIEBMANN, H.: La corrosion intérieure des boîtes de ferblanc. 3ième Congrès Internat. de la Conserve Rome-Parme 1956 (Paris) 1958. 111—113.

LINICUS, W., u. W. PAPSDORF: Aluminium als Verpackungswerkstoff für Nahrungs- und Genußmittel. Aluminium **33**, 644—648 (1957).

LOPEZ, A.: Processing factors affecting internal can corrosion in canned allpesauce. Food Technol. **19**, H. 4, 221—224 (1965).

LOWDEN, D.: The corrosion problems in the catering equipment industry. Corrosion, Prevention and Control **9** (Heft 6) 41—42 (1962).

LUCEY, V.F.: The mechanism of dezincifation and the effect of arsenic. Brit. Corrosion J. **1**, 9—14 (1965).

LUCKOW, C.: Eignet sich Aluminium mit 98—99% Reinheitsgrad zum Lagern von Kirsch- und Zwetschgenbranntweinen? Dtsch. Destillateur-Ztg. **50**, 125; ref. Z. Untersuch. Lebensmittel **64**, 582 (1932).

LUECK, R.H., and H.T. BLAIR: Corrosion in tin cans. Trans. Amer. Electrochem. Soc. **54**, 257—292 (1929).

LÜTH, A.: Der heutige Stand der Herstellung von konventionellen und doppelt reduzierten Weißblechen. Mitt. Forschungsges. Blechverarbeitung **17**, 82—89 (1966).

LUYKX, J.M.M.: Influence of metal ions on beer properties, with special reference to foam. J. Inst. Berwing **66**, 399—470 (1960); ref. Z. Lebensmittel-Untersuch. u. -Forsch. **115**, 381 (1961).

MAERCKS, O.: Wege zur Erhöhung der Korrosionssicherheit lackierter Weißblechpackungen. Mitt. Forschungsges. Blechverarbeitung **17,** 60—70 (1966).

MANTELL, C.L., and W.G. KING: Reversed potentials in the corrosion of tinplate. Trans. Amer. Electrochem. Soc. **52, 435—444** (1928).

MANTLE, J.H.: Konservendosen aus anodisiertem und vorlackiertem Aluminiumband in der Bewährung. Neue Verpackung **15,** 811—817 (1962).

MARTENS, J.: Der Außenanstrich an Biertanks. Brauwelt **96,** 1091 (1956).

MASON, J.F.: The resistance of alloys to corrosion during the processing of some foods. Corrosion **4,** 305—320 (1948).

McCONVILLE, H.A.: General Electric. Rev. **49,** Nr. 10, 30 (1946).

MENGER, J.W.: Der Einfluß von Kupfer, Eisen und Mangan beim Entstehen von Kühlhausschäden bei Butter (holländisch). Meded. Landbouwhogeschool Wageningen **61,** 1—79 (1961); ref. Z. Lebensmittel-Untersuch. u. -Forsch. **118,** 75, 1962.

MELCHIOR, P.: Korrosion von Aluminium-Geschirr. Z. Metallkunde **44,** 83—84 (1953).

MERRILL, E.P., J.M. JENSEN and S.T. BASS: Messung der durch alkalische Detergentien verursachten Metallabgabe aus rostfreiem Stahl [Englisch]. J. Dairy Sci. **45,** 796—798 (1962); ref. Chem. Zbl. **1964,** 264.

MEYNIS DE PAULIN, J.J.: Die chemische Oxydation der Leichtmetalle durch Alodine. Metalloberfläche **12,** 181—183 (1958).

MICHEL, G., u. PH. LEBRETON: Les troubles métalliques de la bière. C. R. Acad. Agric. France **243,** 1071—1073 (1956); ref. Z. Lebensmittel-Untersuch. u. -Forsch. **106, 471** (1957).

MOHR, W.: Industr. Obst- u. Gemüseverwert. **35,** 103 (1950).

— u. D. MERTEN: Das Grauwerden des Kaffees beim Weißen mit Kondensmilch und Sahne. Milchwiss. **7,** 106—112; 226—228 (1954).

MOSSDORF, R.: Betrachtungen und Untersuchungen über die Ursachen von Veränderungen, insbesondere Korrosionen, an Konservendosen. Fleischwirtsch. **12, 443**—446 (1960).

MROZEK, H., u. H.L. SCHLÜSSLER: Reinigung und Desinfektion von Leichtmetall-Bierfässern. Brauwelt Ausgabe B **105,** 1868—1871; 1874—1879 (1965).

MÜHLBAUER, J.: Die Sauerstoff-Abnahme durch den Einfluß von Metallen in Wasser und Bier. Über die Wirkungsweise einer Prallwirkung beim Befüllen von Flaschendrucktanks mit Bier. Brauwelt Ausgabe B **97,** 1558—1566 (1957).

MÜLLER, W.: Über die Angreifbarkeit von Kupfer in Salzlösungen. Z. Metallkunde **14,** 286—295 (1942).

MULDER, H.: The effect of copper, iron and manganese salts on the flavour and the keeping quality of butter. Neth. Milk Dairy J. **3,** 37—51 (1959); ref. Z. Lebensmittel-Untersuch. u. -Forsch. **93,** 329 (1951).

MUNIN, F.: Zum Fischigwerden der Butter. Fette u. Seifen **49,** 297—298 (1942).

NEHRING, E.: Gegenwartsfragen der Blechpackungs- und Konservenindustrie. Neue Verpakkung **9,** 422—429 (1956a).

— Zur Lackierung von Weißblechdosen. Blech **3,** 30 (1956b).

— (Modell-Lösungen für Konservendosen-Prüfung); ref. bei GISSKE, W., u. A. GLEES.

NEHRING, P.: Dosenprobleme vom Standpunkt des Endverbrauchers. Industr. Obst- und Gemüseverwert. **1956,** H. 5 vom 8. III. 1956. 3 S.

— 1. Mitteilung über Farbveränderungen von Pfifferlingen (Cantarellus cibarius) bei der Konservierung in verschiedenartigen Behältnissen. Dtsch. Lebensmittel-Rdsch. **52,** 75—76 (1956).

— Oberflächenreaktionen von Weißblech als Wechselwirkung mit dem Füllgut. Mitt. Forschungsges. Blechverarbeitung **17,** 70—77 (1966).

NETZ, H.: Korrosion bei Brauerei-Gär- und Lagergefäßen. Werkstoffe und Korrosion **1,** 249—250 (1950).

NEUNZIG, H., u. V. RÖHRIG: Über die Abhängigkeit der Güte der Eloxalschicht von ihrer Nachverdichtung. Aluminium **38,** 150—154 (1962).

NIELSEN, N.A.: Der Einfluß struktureller Faktoren auf die Korrosion von rostfreiem Stahl. Werkstoffe und Korrosion **10,** 429—442 (1959).

NIESEN, H.: Zur elektrischen Bestimmung von Fehlstellen in Lacküberzügen. In: H. KETTERL 1944 und Korrosion und Metallschutz **20,** Heft 1 (1944).

VAN OETEREN, K.A.: Korrosionsschutz durch Anstrichmittel in der Brauerei. Brauwelt **103,** Ausgabe B, 309—315 (1963).

— Korrosionsschutz von Stahlbauwerken durch Anstriche. Maschinenschaden **38,** 153—161; 193—202 (1965).

OLDFIELD, E.A., and D. SHEPPARD: Corrosion of Cutlery. Corrosion Technol. **5,** 187—189 (1958).

OWE, A.W.: Über die Haltbarkeit der Konservenbüchsen gegen Angriffe der eingemachten Waren. Norske Videnskabers Selskabs Skrifter **1926,** Nr. 4, 83 S; ref. Z. Untersuch. Lebensmittel **57,** 256—258 (1929).

PANAJOTOWA, M., D. BAILOSOFF u. W. WESSELINOFF: Veränderungen bei Fleisch- und Fischkonserven während der Lagerung. Fleischwirtsch. **15**, 887—893 (1963).
PARET, R.E.: How to clean Stainless Steel. Restaurant Equipment Dealer. Sept. **1955**, 4 S.
PEDERSEN, J.E.: The influence of polyphosphates on the corrosion of tinplate cans. In: Comité International Permanent de la Conserve, Madrid: May 1964.
PELZEL, E., u. H. SCHNEIDER: Über die Walzwerkstoffe auf Feinzinkbasis und die Legierung ZnCu1Ti. Metall **14**, 782—784 (1951).
PETZOLDT, H.: Werkstoffe für Maschinen, Apparate und Rohrleitungen in der Alkoholindustrie. Branntweinwirtsch. **76**, 53—58 (1954).
PFEIFFER, I.: Elektronenoptische Studien an Oxydschichten auf Chrom-Nickel- und Chrom-Nickel-Eisen-Legierungen. Z. Metallkunde **51**, 275—280 (1960).
PIRIE, J.M.: Silver in Chemical Plant Construction. Corrosion Technol. **4**, 45—48 (1957).
POKORNÝ, J., H. ZWAIN u. G. JANICEK: Einfluß von Kupfer auf die Autoxydation eßbarer Fette und Öle. Z. Lebensmittel-Untersuch. u. -Forsch. **123**, 363—368 (1963/64).
PORRETTA, A., u. G. BELLUCCI: Zinnbestimmung in Lebensmitteln (italienisch). Industr. ital. Conserve **34**, 107—108 (1959); ref. Z. Lebensmittel-Untersuch. u. -Forsch. **111**, 346 (1960).
PORTER, F.C., and S.E. HADDEN: Corrosion of Aluminium Alloys in Supply Waters. J. appl. Chem. **3**, 385—409 (1953).
PRAZÁK, M.: Untersuchung der Neigung der im passiven Zustand verwendeten Chrom-Nickel-Stähle zur interkristallinen Korrosion mittels Potentiostates. Werkstoffe und Korrosion **9**, 517—519 (1958).
PRICE, L.E., and G.J. THOMAS: The Tarnishing of Silver and Alloys and its Prevention. J. Inst. Metals **63**, 273 (1938).
QUERBERITZ, F.: Blei in Flaschenkapseln. Dtsch. Wein-Ztg. **90**, 284, 286 (1954).
QUEST, H.: Die Werkstoffe des Molkereimaschinenbaus. Dtsch. Molkerei-Ztg. **75**, 572—579 (1957).
RAIBLE, K.: Potentiometrische Messungen an Bier. Brauwiss. **00**, 122—128 (1955).
RA B E.: Die Entstehung des Metallgeruchs und -geschmacks. Angew. Chem. **47**, 673—675 (1934).
— Das chemische Verhalten von Silber. DEGUSSA-Metallber. Nr. **2**, 1—22 (1941).
— Reflexionsmessungen an Silberlegierungen. Angew. Chem. **52**, 595—596 (1959).
— Korrosionsvorgänge bei galvanischen Überzügen. Mitt. Forschungsgesellschaft f. Blechverarbeitung Nr. 1, 8—11 (1955).
— u. A. v. POLACZEK-WITTEK: Das Anlaufen von Silber-Kupfer-Legierungen. Z. Metallkunde **34**, 275—285 (1942).
RAUCH, A., u. H. KOLB: Über die Korrosion von Kupfer und kupferhaltigen Legierungen durch Salzlösungen unter besonderer Berücksichtigung der Verhältnisse in der Kaliindustrie. Korrosion und Metallschutz **6**, 127 (1930); ref. W. KATZ in: F. TÖDT (Bibl.) 249.
REIF, G.: Versuche über das Verhalten von Aluminium gegen Bier. Z. Untersuch. Lebensmittel **79**, 191—198 (1940).
— u. H.J. STEINBECK: Versuche über das Verhalten von Aluminium gegen Obsterzeugnisse. Z. Untersuch. Lebensmittel **73**, 431—440 (1937).
— — Versuche über das Verhalten von Aluminium gegen Milch. Z. Untersuch. Lebensmittel **76**, 538—543 (1938).
REINSCH, H.H.: Weiterentwicklung des Chromatierens für Aluminium. Dtsch. Farben-Z. **13**, 442—445 (1959).
ROCHA, H.J.: Säurebeständige Stähle. Gesichtspunkte zur Beurteilung ihrer Beständigkeit. Chem. Fabrik **13**, 379—384 (1940).
— Über den Durchschlag der Chlorionen durch die Passivitätsschichten austenitischer 18/8-Chrom-Nickel-Stähle. Werkstoffe u. Korrosion **11**, 352—356 (1960).
RÖSCHENBLECK, B.: Die interkristalline Korrosion bei Behältern aus rostfreiem Stahl. Galvanotechnik **53**, 27—35 (1962).
RONOLD, O.A., and F. JAKOBSEN: Trimethylamine oxide in marine products. J. Soc. chem. Ind. (London) **66**, 160—166 (1947); ref. in: F. JAKOBSEN u. E. MATHIESEN (Bibl.) 54—58.
ROSSMANN, C.: Beständigkeit von austenitischem Chrom-Nickel-Stahl gegen Lochfraß bei Natriumhypochlorit-haltigen Reinigungs- und Desinfektionsmitteln. Nickel-Ber. **22**, 87—90 (1964).
RÜSSE, R.: Nichteisenmmetalle in der Brauerei. Metall **10**, 818—821 (1956).
RUNKEL, U.D.: Über die Praxis der Bierstabilisierung. Brauwiss. **1964**, H. 2.
SAILER, J., u. H. GÜNTHER: Über die Möglichkeit des Auftretens von Eisenoxyden und Eisenascorbat bei der Verarbeitung von Ascorbinsäure bei Fleischwaren. Fleischwirtsch. **13**, 922—925, 927 (1961).
SALT, F.W., u. J.G.N. THOMAS: The Anaerobic Corrosion of Tin in Anthocyanin Solutions and Fruit Sirups. J. appl. Chem. **7**, 231—238 (1957).

SANDOR, Z.: Künstliches Altern der Spirituosen mit Katalysatoren. Z. Lebensmittel-Untersuch. u. -Forsch. **63**, 333—338 (1932).

SCALLET, B. L.: Korrosion des Eisens bei der Herstellung von Glukosesirup. Stärke **16**, 105—109 (1963); ref. Chem. Zbl. 1964, H. 3, Ref. 2358.

SCHÄFER, A.: Zur Auswahl und Behandlung der Werkstoffe Eisen und Aluminium im Brauwesen. Brauwiss. **17**, 180—186; ref. Informationsdienst Verpackung **1964**, Ref. 11772.

SCHEIBER, H. E.: Korrosionsschutz metallischer Konservendosen. Fette und Seifen **53**, 274—277 (1951). Ref. Werkstoffe und Korrosion **4**, 324 (1953).

SCHENKEL, B.: Aluminium in der Landwirtschaft. Schweiz. Aluminium-Rdsch. **14**, 210—234 (1964); ref. Werkstoffe und Korrosion **16**, 333 (1965).

SCHIKORR, G.: Die Bedeutung der Schutzschichtbildung für die Korrosion des Bleis. Korrosion u. Metallschutz **16**, 181—187 (1940).

— Über die Prüfung der Korrosionsbeständigkeit von Konservendosen aus lackiertem Schwarzblech. Korrosion u. Metallschutz **20**, 43—51 (1944).

— Über die Korrosionselemente zwischen Silumin und Gußeisen in Kühlwasser. Z. Metallkunde **51**, 590—595 (1960).

— Die Äquivalenz der atmosphärischen Korrosion von Zink und Nickel mit dem aus der Luft aufgenommenen Schwefeldioxid. Metall **15**, 981—987 (1961).

— Über die Korrosion von 13%igem Chrom-Stahl unter den Bedingungen des täglichen Lebens. Werkstoffe u. Korrosion **13**, 606—611 (1962).

— Über das Verhalten von Bierlagertanks und Gärbottichen aus Aluminium. Aluminium **40**, 694—700 (1964).

— (Erfahrungen im eignen Haushalt) 1967.

— u. K. G. BERGNER: Über die Prüfung und die Korrosion von Weinflaschenkapseln aus dünnverzinntem Blei („Stanniol-Kapseln") Werkstoffe und Korrosion **8**, 1—6 (1957).

— u. W. D. JESERICH: Die Einwirkung wäßriger Kupferchloridlösung auf Silber und ihr Einfluß auf die Korrosionsvorgänge bei silbernen sowie versilbertem Tafelgerät im praktischen Gebrauch. Metall-Oberfläche **15**, 253—255; 277—280 (1961).

— u. K. VOLZ: Über aluminiumschädliche Anteile in Papier. Aluminium **38**, 722—724 (1962).

SCHILD, E., u. H. WEYH: Der Einfluß des Hopfens auf den Kupfergehalt des Bieres. Brauwiss. **16**, 146—148 (1963).

SCHLOSSMACHER, H.: Aluminium in der Fischwirtschaft. Fette, Seifen, Anstrichmittel **64**, 150—152 (1962).

SCHMIDT, M.: Aluminium-Haushaltsfolie, eine vielseitige Hilfe. Aluminium **40**, 763—766 (1964).

SCHNEGG, H.: Bierstein und Aluminium. Z. gesamte Brauereiwesen **57**, 1—2 (1934).

SCHULZ, M. E., u. H. SIEGFRIED: Camembert-Verpackung. Milchwissenschaft **11** (H. 1), 2—13. Ref. Informationsdienst Verpackung **1956**, H. 4, S. 6.

SCHWARZ, G., u. O. FISCHER: Die Bestimmung von Metallen in Milch und Milcherzeugnissen. III. Beiträge zur Kenntnis der Verfärbungen von Harzerkäse. Milchwirtsch. Forsch. **18**, 205—214 (1936); ref. Z. Lebensmittel-Untersuch. u. -Forsch. **77**, 429 (1939).

SCHWENK, W.: Lochfraß an chemisch beständigen Stählen. In: Korrosion **13**. Diskussionstagung Lochfraßkorrosion. Verlag Chemie, Weinheim/Bergstraße. 1959, 20—27 (1959).

— Beobachtungen über die Korrosion nichtrostender Stähle in Schwefelsäure unter potentiostatischen Bedingungen. Werkstoffe und Korrosion **8**, 646—654 (1963).

— u. A. RAHMEL: Experimentelle Befunde und Diskussion über den Mechanismus der Passivschichtbildung auf Chrom-Nickel-Stählen. Electrochim. Acta **5**, 180—201 (1961).

SEDKY, A., J. A. STEIN u. K. G. WECKEL: Factors affecting color and flavor of sauerkraut packaged in pliofilm bags. Food Technol. **6**, 377—380 (1952); ref. Z. Lebensmittel-Untersuch. u. -Forsch. **97**, 245 (1953).

SELBY, J. W.: Corrosion in the food industry. Corrosion Technol. **2**, 71—74 (1955).

— Corrosion and food manufacture. Corrosion Prevention and Control **4**, H. 9, 37—40(1957).

— Food manufacture raises severe corrosion problems. Corrosion, Prevention and Control **8**, H. 1, 29—31 (1961).

SERGER, H.: Das Blechmaterial der Konservendosen. Z. Untersuch. Nahrungs- u. Gemußmittel **25**, 465—486 (1913).

— Die Bombagen bei Konservendosen. Untersuch. Nahrungs- u. Genußmittel **41**, 49—68 (1921). Blech **3**, 47—48 (1956).

SHERON, W. H., u. E. M. BURDICK: Industr. Engin. Chem. **40**, 370 (1948).

SHIFFLER, G. M.: Recent developments in coatings for cans and closures. Tidsskr. f. Hermetikkindustri, Norwegen **39**, 231—235; Ref. Farbe und Lack **63**, 301 (1957).

SMITH, A. J., u. R. W. PERCIVAL: The treatment of copper-contaminated bourbons with cation exchange resins. J. Ass. off. agric. Chem. **43**, 680—682 (1960); ref. Z. Lebensmittel-Untersuch. u. -Forsch. **116**, 258 (1962).

SNYDER, H. E., u. H. B. SKODLANT: The influence of mettallic ions on the autoxidation of oxymyoglobin. J. Food Sci. **31**, 468—473 (1966).

SPANYÁR, P., u. E. KEVEI: Über die Stabilisierung von Vitamin C in Lebensmitteln. Z. Lebensmittel-Untersuch. u. -Forsch. **120**, 1—17 (1963).
— — u. M. BLAZOVICH: Über die Stabilisierung von Vitamin C in Lebensmitteln. II. Faktoren der Dehydroascorbinsäurezersetzung. Z. Lebensmittel-Untersuch. u. -Forsch. **123**, 418—424 (1963).
Stahl-Eisen-Prüfblatt 1875 (*1951*): Prüfung nichtrostender Stähle auf Beständigkeit gegen interkristalline Korrosion. — DIN-Mitteilungen **43**, 273 (1964).
STARK, U.: Korrosion in der Zuckerindustrie. Werkst. u. Korrosion **3**, **441—444** (1952).
STEIN, J.A., u. K.G. WECKEL: Factors affecting the color stability of frozen montmorency cherries. Food Technol. **8**, **445**—447 (1954).
STICKLER, R., u. A. VINCKIER: Die Morphologie von Korngrenzenkarbiden und ihr Einfluß auf die interkristalline Korrosion von nichtrostendem 304-Stahl [Englisch]. Trans. Amer. Soc. Metals **54**, 562—580; 807—816 (1961); ref. Chem. Zbl. **1963**, 1055.
STREICHER, M.: Prüfung rostfreier Stähle auf interkristalline Korrosion mittels elektrolytischer Ätzung mit Oxalsäure. Werkstoffe und Korrosion **5**, 363—368 (1954).
STRODTZ, N.H., and R.E. HENRY: The relation of nitrates to tinplate containers corrosion. Food Technol. **8**, 93—95 (1954); ref. in: H. CHEFTEL u. J. MONVOISIN. Bibl., **73**.
STROHECKER, R., A. BUSSE u. A. WEINREICH: Über die Haltbarkeit von L-Ascorbinsäure. Z. Lebensmittel-Untersuch. u. -Forsch. **81**, 126—134 (1941).
STROMBERG, H.: Zerstörungsfreie Schichtdickenmessung der Zinnauflage auf Weißblech. Stahl und Eisen **75**, 177—178 (1955).
STÜDEMANN, H., u. R. BAU: Verfahren zur Prüfung der Korrosionsbeständigkeit von Messerklingen aus nichtrostendem Stahl. Forschungsberichte des Wirtschaftsministeriums Nordrhein-Westfalen Nr. 224. 68 S. (1953; Westdeutscher Verlag Köln und Opladen).
— u. R. BOOTH: Untersuchung über den Einfluß der Oberflächenbearbeitung auf das Korrosionsverhalten rostbeständiger Messerstähle. Forschungsberichte der Landes Nordrhein-Westfalen Nr. 876, 33 S. (1960; Westdeutscher Verlag Köln und Opladen).
STÜSSI, D.: Das Aluminium als Werkstoff der Molkerei. Werkstoffe und Korrosion **3**, 5—11 (1952).
SUMMER, W.: Corrosion in Food Packaging. Corrosion Technol. **12**, 9—11 (1965).
SWARTLING, P.: Eine akutuelle Ursache eines zu hohen Kupfergehaltes in Butter [schwedisch). Medd. 44 Aluarpinstitutets Mejeriavdelung **1954**, 1—12; ref. Z. Lebensmittel-Untersuch. u. -Forsch. **102**, 50 (1955).
TÄUFEL, K., u. R. SERZISKO: Zur Wirkung von Metallspuren in fetthaltigem Dauergebäck mit besonderer Berücksichtigung des Kupfers. Ernährungsforsch. **3**, 100—107 (1958).
TANNER, H., u. H. RENTSCHLER: Der Polarograph als Hilfsmittel für Getränkeanalysen. II. Die quantitative Bestimmung von Kupfer in süßen und vergorenen Getränken. Mitt. Lebensmitteluntersuch. Hyg. **46**, 209—219 (1955); ref. Z. Lebensmittel-Untersuch. u. -Forsch. **103**, 320 (1956).
TARANGER, A.: Aluminium for rigid wall cans. Light Metal **1956**, 387—394; ref. Blech **4**, H. 8, 34—36 (1957).
TAWADSE, T.N., T.A. LASCHCHI u. T.S. DASCHWIANI: Irreversible Elektrodenpotentiale verschiedener Materialien in Champagner [Russisch]. Mitteil. Akad. Wissensch. Grusin SSR **25**, 311—318 (1960); ref. Chem. Zbl. **1964**, Nr. 28, 262.
TEEPLE, H.O.: Corrosion by some organic acids and related compounds. Corrosion **8**, 14—28 (1952).
THOMÉ, K.E.: Blechgeschmack in Milch. Andet Nordiske Symposium on Harskning af Fedtstoffer, Akademie der Technischen Wissenschaften, Kopenhagen **1957**, 59—68; ref. Z. Lebensmittel-Untersuch. u. -Forsch. **109**, 511 (1959).
THOMPSON, M.H.: ¦The mechanism of iron sulfide discoloration in cans of shrimp. Food Technol. **17**, H. 5, 157—163 (1963); ref. Z. Lebensmittel-Untersuch. u. -Forsch. **126**, 139 (1964/65).
TITUS, A.C., H.B. ELKINS, H.G. FINN, L.T. FAIRKALL and C.K. DRINKER: Contamination by Food Cooked or Stored in Contact with Nickel. Chromium-Iron Alloys. J. Industr. Hyg. **12**, 306ff. (1930); ref. in: Nickel-Informationsbüro, Bibl. 1961.
UCHIDA, H., u. A. HORIGUCHI: Verchromter Stahl für Konservendosen — eine japanische Neuerung [Englisch]. Metal Progr. **83**, 113—116 (1963); ref. Chem. Zbl. **1963**, 15606.
UHLIG, H.H.: Elektronenkonfiguration in Legierungen und Passivität. Z. Elektrochem. **61**, 700—707 (1958a).
— Die Adsorptionstheorie der Passivität und das Flade-Potential. Z. Elektrochem. **62**, 626—632 (1958e).
— The Flade Potential of Iron Passivated by Various Inorganic Corrosion Inhibitors. J. Electrochem. Soc. **106**, 1—7 (1959).
ULLMANN, F.: Metallbestimmungen in Dosenbier. Schweiz. Brauerei-Rdsch. **76**, 104—110 (1965).

Ungenannt: Purity in Tin for Coatings. Tin and its Uses Nr. **33**, 7 (Okt. 1955).
— Stainless Steel in the Dairy Industry. Dairy Engin. **74**, 233, 235, 236—241 (1957); ref. Nickel-Ber. **15**, 271 (1957).
— Vorzüge von feuerverzinnten Milchtransportkannen. Zinn und seine Verwendung Nr. **49**, 7—11 (1959).
— 150 Jahre Weißblechdosen. Gedenkfeiern 1960. Zinn und seine Verwendung. Nr. 47, 1—2 (1959).
— Korrosionsfeste Schutzanstriche für Tuben, Folien und Behälter aus Aluminium. Werkstoffe und Korrosion **12**, 469 (1961).
— Wie schützt man Silber vor dem Anlaufen? gold + silber/uhren + schmuck **17** (H. 11), 62—63 (1961).
— Preventing Corrosion of Aluminium Beer Casks. Corrosion Technol. **10**, 116—118 (1963).
— Amerikanische Biere in Aluminiumdosen mit Aufreißverschluß. Neue Verpackung **17**, 158 (1964).
— Aluminium marks time in booming housewares industries. Modern Metals **20**, 60, 64, 66 (1964); ref. Blech **12**, 458 (1965).
— Schäden an Sudpfannen in Brauereien. Maschinenschaden **37**, 63—64 (1964).
— Ein Kursus für Gold- und Silberschmiede. Neusilber. gold + silber/uhren + schmuck **18**, Nr. 11, 68, 70 (1965).
— Die Feinstblechpackung und ihre Vorteile bei der Langlagerung von Nahrungsmitteln. Allgem. Fischwirtschaftsztg., Bremerhaven **17**, 12 (1965); ref. Informationsdienst Verpackung S. Dok. 12/6/97.
— Aluminium-Aufreißdeckel nach dem Alcoa-Verfahren. Aluminium **42**, 58—62 (1966).
— Wie lange sind Dosenkonserven haltbar? Industr. Obst- und Gemüseverwertung **52**, 405 (1967).
— Tankwagen aus nichtrostendem Stahl in der ganzen Welt. Nickel Rev. **1965**, Nr. 19, 8—11; ref. Werkstoffe und Korrosion **17**, 967 (1966).
VAURIO, V.W : Some aspects of the corrosion of tinplate by prunes. Corrosion **6**, 260—267 (1950).
— B.S. CLARKE and R.H. LUECK: Determining the corrosion resistance of tinplate. The hydrogen evolution test. Industr. Engin. Chem. analyt. edit.) **10**, 368—374 (1938).
Verband der Aluminium verarbeitenden Industrie: (Geräte und Gegenstände aus Aluminium bei Verarbeitung, Lagerung und Transport von Lebensmitteln) Briefl. Mitteil. vom 13. VIII. 1965.
Verein Hamburger Assecurateure: Ursachen und Verhütungsmöglichkeiten von Rostschäden, die durch Kondensation von Luftfeuchtigkeit an Konservenexporten von USA-Westküste auftraten. Informationsdienst Verpackung **8**, Nr. 5, S. 15 (1961).
Vereinigung Deutscher Schmelzhütten: Zum Korrosionsverhalten von Aluminium-Gußlegierungen. Metall **21**, 215—221 (1967).
VERNON, W.H.J.: (Zusammensetzung der Kupferpatina) J. Inst. Met. **52**, 93—109 (1933).
v. VOGEL, H.U.: (Aluminium verschiedenen Reinheitsgrades in Salzlösungen). Aluminium **20**, 85 (1938).
VRANG, C., u. G. ALS: Faktoren, die auf die Herstellung von Margarine mit langer Haltbarkeit einen Einfluß ausüben [dänisch]. Bericht über das Dritte Fettranzigkeitssymposium in Sandefjord, Norwegen, hrsg. vom Norge Naturvitenskapelige Forskningsrar, Oslo **1962**, 167—170; ref. Z. Lebensmittel-Untersuch. u. -Forsch. **124**, 455 (1963/64).
WALTERS, A.H., and R.H. VICKERS: Stainless Steel Maintenance. Milk Processing Plant and Equipment. Corrosion Technology **9**, 359—363 (1962).
WARWICKER, L.A.X.: Instability in potable spirits. I. Scotch Whisky. J. Sci. Food Agric. **11**, 709—716 (1960); ref. Z. Lebensmittel-Untersuch. u. -Forsch. **116**, 258 (1962).
— Instability in potable spirits. 2. Rum and brandy. 3. Gin and vodka. J. Sci. Food Agric. **14**, 365—376 (1963).
WEBER, H.F.P., L. TAYLOR u. A.S. MARSH: Observations on traces of copper in brewing, especially in relation to yeast. J. Inst. Brewing **61**, 231—237 (1955); ref. Z. Lebensmittel-Untersuch. u. -Forsch. **103**, 318 (1956).
WESTCOTT, D.E., G.E. LIVINGSTONE, W.B. ESSELEN u. C.R. FELLERS: Nonenzymatic discoloration of green bean puree. Food Res. **20**, 149—159 (1955); ref. Z. Lebensmittel-Untersuch. u. -Forsch. **103**, 249 (1955).
WETTERNIK, L., u. H. ZITTER: Säurebeständige Stähle bei der Holzessigfabrikation. Werkstoffe u. Korrosion **6**, 282—287 (1955).
WILDBRETT, G., K. VON GRUNDHERR u. F. KIERMEIER: Zum Verhalten von Natriumsilikat als Korrosionsinhibitor in alkalischen Lösungen. Werkstoffe u. Korrosion **18**, 217—221 (1967).
— u. F. KIERMEIER: Kontrolle der Korrosion durch Reinigungs- und Desinfektionslösungen. Milchwissenschaft **15**, 511—519 (1960).

WILDNER, H.: Eisen und Mangan im Brauwasser. Bedeutung, Nachweis, Bestimmung und Entfernung. Brauwiss. **14**, 101—106 (1961); ref. Z. Lebensmittel-Untersuch. u. -Forsch. **116**, 199 (1962).
WILLE, O.: Die Verpackung von Erzeugnissen der Fischwirtschaft. Fette, Seifen, Anstrichmittel **56**, 536—537 (1954).
WIRTH, F.: Aluminium-Kunststoff-Behältnisse für Fleisch- und Wurstkonserven. Verpakkungs-Rundschau **16**, 372—376 (1965); ref. Blech **12**, 456 (1965).
WOLFF, F., u. B. MEUTHEN: Herstellung von elektrolytisch verzinntem Weißblech. Chemie-Ing.-Techn. **36**, 673—679 (1964)
WUCHERPFENNIG, K., u. G. BRETTHAUER: Der Ascorbinsäureverlust bei der Abfüllung und Lagerung von schwarzen Johannisbeersüßmosten. Dtsch. Lebensmittel-Rdsch. **59**, 217—224 (1963).
WÜNSCHE, G.: Dosenkorrosion bei Fischvollkonserven. Tidskrift for Hermetikkindustri Stavanger (Norwegen) **49**, 29—32; 34—36; 38—39 (1963).
— Aluminium-Leichtbehälter für Fischerzeugnisse, Feinkostwirtschaft **1966**, 150—154, 418—420.
WYSS, H.: Zur internationalen Normung von Konservendosen. Blech **7**, 583—584 (1960).
YEARIAN, H.J., W.D. DERBYSHIRE and J.F. RADAVICH: The Formation of Oxide Films on Chromium and Chromium Nickel Steels. Corrosion **13**, 597t—607t (1957).
ZACHARIAS, R.: Vitamin C und seine Beeinflussung durch das Kochtopfmaterial. Ernährungs-Umsch. **6**, 171—172 (1959).
ZENTGRAF, G.: Vermeidung von Aluminium-Korrosionen. Brauwelt **104**, 1349—1350 (1964).
Zinkberatung e. V.- Zink-Druckguß für Haus- und Küchengeräte. Zink **5**, 8 S. (1957), **9**, 8 S. (1963).

Deutsche Normblätter

Herausgeber: Deutscher Normenausschuß (DNA), Berlin, Burggrafenstraße 4—7, Köln, Kamekestraße 2—8 (am Friesenplatz) (DIN = Deutsche Industrie-Norm).
DIN 1548 (1942): Zinküberzüge runder Stahldrähte.
DIN 1558 (Entwurf 1966): Haushalt-Schneidemaschinen für Brot und Aufschnitt.
DIN 1616 (Entwurf 1965): Feinstblech und Weißblech. Gütevorschriften.
DIN 1707 (1952): Blei- und Zinnlote.
DIN 1712 (1961): Reinstaluminium und Hüttenaluminium.
DIN 1719 (1963): Blei.
DIN 1725, Blatt 1 (1961): Aluminium-Knetlegierungen; Blatt 2 (Entwurf 1967): Aluminium-Gußlegierungen.
DIN 2011 (1962): Dosen für Obst- und Gemüsekonserven.
DIN 2013 (1961): Dosen für sterilisierte Gurkenkonserven.
DIN 2023 (1962): Falzdeckel und Böden, rund mit Profil.
DIN 2043/2044 (zusammen 13 Blätter, 1958—1961): Dosen für Erzeugnisse der Fischindustrie, rund und unrund.
DIN 2045 (1966): Dosen für Sauerkraut und Brühbohnen, nicht sterilisiert.
DIN 2050 (1962): Dosen vorzugsweise für Erzeugnisse der Fleischwarenindustrie.
DIN 2444 (1963): Zinküberzüge auf Stahlrohren.
DIN 11501 (1954): Milchtransportkannen aus Stahl.
DIN 11850 (1963): Getränkeindustrie- und milchwirtschaftliche Maschinen. Rohre aus nichtrostendem Stahl. Maße, Herstellungsart, Wärmebehandlung, Oberflächenbeschaffenheit.
DIN 17440 (Vornorm 1967): Nichtrostende Stähle. Gütevorschriften.
DIN 17611 (1964): Anodisch oxidierte Strangpreßprofile aus Aluminium für das Bauwesen. Technische Lieferbedingungen.
DIN 17641 (1962): Blei-Antimon-Legierungen (Hartblei).
DIN 17660 (Entwurf 1967): Kupfer-Knetlegierungen. Kupfer-Zink-Legierungen (Messing) (Sondermessing).
DIN 17662 (1959): Kupfer-Knetlegierungen. Zinnbronze und Mehrstoff-Zinnbronze. Zusammensetzung. Richtlinien für die Verwendung.
DIN 17663 (1954): Kupfer-Knetlegierungen. Neusilber. Zusammensetzung. Richtlinien für die Verwendung.
DIN 17664 (1956): Kupfer-Knetlegierungen. Kupfer-Nickel-Legierungen. Zusammensetzung. Richtlinien für die Verwendung.
DIN 17665 (1961): Aluminiumbronze und Mehrstoff-Aluminiumbronze.
DIN 20578 (1963): Zinküberzüge auf Förderwagen.
DIN 50900 (1951): Korrosion der Metalle. Begriffe.
DIN 50901 (1957): Korrosionsgrößen bei ebenmäßigem Angriff. Begriffe, Formelzeichen, Einheiten.

DIN 50905 (1952): Korrosionsversuche. Richtlinien für die Durchführung und Auswertung.
DIN 50906 (1958): Korrosionsprüfung in kochenden Flüssigkeiten.
DIN 50907 (1952): Prüfung von Leichtmetallen. Korrosionsprüfung auf Meerklima- und Meerwasserbeständigkeit.
DIN 50911 (1964): Prüfung von Kupferlegierungen. Quecksilbernitrat-Versuch.
DIN 50912 (1958): Korrosions-Druckgefäßversuch. Prüfung bei Druck- und Temperaturerhöhung.
DIN 50914 (1968); Prüfung nichtrostender Stähle auf Beständigkeit gegen interkristalline Korrosion. Kupfersulfat-Schwefelsäure-Verfahren.
DIN 50943 (Entwurf): Prüfung von anorganischen nichtmetallischen Schichten auf Aluminium und Aluminiumlegierungen. Mikroskopische Bestimmung der Schichtdicke.
DIN 50944 (Entwurf): Prüfung von anorganischen nichtmetallischen Schichten auf Aluminium und Aluminiumlegierungen. Bestimmung des Flächengewichtes und der Schichtdicke durch chemisches Ablösen.
DIN 50945 (Entwurf): Prüfung von anorganischen nichtmetallischen Schichten auf Aluminium und Aluminiumlegierungen. Zerstörungsfreie Messung der Dicke transparenter Oxidschichten nach dem Differenzverfahren mit dem Mikroskop.
DIN 50946 (Entwurf): Prüfung von anorganischen nichtmetallischen Schichten auf Aluminium und Aluminiumlegierungen. Prüfung der Güte der Verdichtung anodisch erzeugter Oxidschichten im Anfärbeversuch.
DIN 50947 (Entwurf): Prüfung von anorganischen nichtmetallischen Schichten auf Aluminium und Aluminiumlegierungen. Prüfung anodisch erzeugter Oxidschichten im Korrosionsversuch (Dauertauchversuch).
DIN 50950 (1952): Prüfung galvanischer Überzüge. Mikroskopische Bestimmung der Schichtdicke.
DIN 50952 (1963): Bestimmung des Flächengewichtes von Zinküberzügen auf Stahl durch chemisches Ablösen des Überzuges.
DIN 50954 (Entwurf 1961): Prüfung metallischer Überzüge. Bestimmung der mittleren Auflage von Zinnüberzügen auf Stahl durch chemisches Ablösen des Überzugs.
DIN 50960 (1963): Galvanische Überzüge. Kurzzeichen. Schichtdicken. Allgemeine Richtlinien.
DIN 50961 (1963): Galvanische Überzüge. Zinküberzüge auf Stahl.
DIN 50965 (1962): Galvanische Zinn- und Kupfer-Zinn-Überzüge auf Stahl, Kupfer und Kupferlegierungen.
DIN 50975 (Entwurf 1964): Zinküberzüge durch Feuerverzinkung.
DIN 51213 (Entwurf 1963): Prüfung metallischer Überzüge von Drähten.
DIN 53110 (1966): Papiere, frei von rostbegünstigenden Anteilen.
DIN 53124 (1960): Prüfung von Papier und Pappe. Bestimmung des pH-Wertes.
DIN 53125 (1964): Prüfung von Papier und Pappe. Bestimmung des Chloridgehaltes.

Metall-Beratungsstellen

Aluminium-Zentrale: Düsseldorf, Jägerhofstraße 26—29, Stuttgart Königstr. 22.
Beratungsstelle für Stahlverwendung: Düsseldorf, Kasernenstraße 36.
Bleiberatung: Düsseldorf, Postfach 8706.
Deutsches Kupfer-Institut: Berlin-Charlottenburg, Knesebeckstraße 96.
Deutsche Gesellschaft für Chemisches Apparatewesen: Frankfurt/Main, Theodor-Heuß-Allee 25.
Gemeinschaftsausschuß Verzinken: Düsseldorf, Beethovenstraße 12.
International Nickel: Düsseldorf, Kreuzstraße 34.
Vereinigung Deutscher Schmelzhütten: Düsseldorf, Graf-Adolf-Straße 18 (Hauptarbeitsgebiet: Aluminium-Guß zweiter Schmelzung).
Zinkberatung: Düsseldorf, Friedrich-Ebert-Straße 37—39.
Zinn-Informationsbüro: Düsseldorf, Kasernenstraße 13.

Bedarfsgegenstände aus keramischen Massen, Glas, Glasuren, Email

Von

Dr. H. Häffner, Kitzingen

Mit 1 Abbildung

I. Keramik

1. Geschichtliches

Die Kunst, keramische Massen aus Ton oder tonhaltigen Mischungen herzustellen, zu formen und zu brennen, ist uralt. Man kann sagen, daß die Entwicklung mit der Entdeckung des Feuers begann. Auch die Herstellung von Glasuren für keramische Erzeugnisse geht in vorgeschichtliche Zeiten zurück. Man nimmt an, daß sie in Ägypten und Mesopotanien schon vor 7000 Jahren bekannt war und daß die Herstellung von Fayencen ca. 4000 Jahre alt ist. Das Wort Keramik stammt aus dem Altgriechischen, wo mit *Keramos* das Trinkhorn bezeichnet wurde. Die Bezeichnung übertrug sich auf alle Trinkgefäße und schließlich auf Töpferwaren überhaupt; auch die Kunst, Glasuren mit Metall zu verbinden (Email) reicht ein bis eineinhalb Jahrtausende v. Chr. zurück. Erfinder oder besser gesagt Nacherfinder des Porzellans war Böttger, der im Jahre 1709 als erster in Europa weißes Prozellan schuf (F. Fichtner, 1959).

2. Wirtschaftliches

Einige Zahlen über Feinkeramik, die vom Verein der Keramischen Industrie in Selb freundlicherweise zur Verfügung gestellt wurden, mögen die wirtschaftliche Bedeutung kurz erläutern.

Zunächst sei ergänzt, daß sich die Feinkeramik nicht auf die angeführten Gruppen beschränkt, sondern es zählen noch dazu Schleifmittel, sanitäre Keramik, Wand- und Bodenfliesen, elektrotechnische Keramik und künstliche Zähne. Diese Sparten sind in den Zahlen der Tabelle 1, die aus dem Jahre 1962 stammen, mit erfaßt.

Tabelle 1. *Wirtschaftliche Übersicht über die Feinkeramische Industrie*

Beschäftigte	91000
Gesamtumsatz	1,7 Mrd. DM
davon Inland	1,3 Mrd. DM
Ausland	0,4 Mrd. DM
Exportanteil	23,9%
davon Haushaltporzellan	31 %
Fliesen	25 %
Schleifmittel	21 %
technische und elektrotechnische Keramik	17 %
Lohn- und Gehaltsquote ohne soziale Lasten	35,2%
Lohn- und Gehaltsquote speziell bei Haushaltsporzellan	40–45%
Export nach Ländern der EWG	51 %
der EFTA	26 %
USA	7 %
übrige Länder	16 %

Internationale Wettbewerber zu abnorm niedrigen Preisen sind einerseits die Länder des Ostblocks mit Preisen, die 25% und mehr niedriger liegen, andererseits Japan besonders für Geschirr und Ziergegenstände aus Porzellan und Steingut, keramische Fliesen, Isolatoren. Als Ergebnis des immer noch niedrigen Lohnniveaus, das ein Drittel bis zur Hälfte tiefer als in der Bundesrepublik liegt, kann Japan zu Preisen anbieten, die 50% und mehr niedriger liegen als die der westeuropäischen Wettbewerbsländer. Die Einfuhren sind ständig im Steigen begriffen und dürften im Jahre 1963 den Betrag von 90 Mill. erreichen. Damit würden sie 80% über dem Einfuhrvolumen von 1960 liegen.

3. Keramische Massen

a) Aufgliederung

Diese kann nach verschiedenen Gesichtspunkten erfolgen. Als zwei Hauptgruppen sind herauszustellen Grobkeramik und Feinkeramik, während WINNACKER-KÜCHLER in Chem. Technologie Bd. II im Abschnitt „Keramik" in Irdengut und Sintergut einteilen.

Zu *Grobkeramik* gehören Ziegel und sonstige Baumaterialien aus Ton, Tonröhren, Schamotteziegel und das gewöhnliche Steinzeug, z.B. Abflußrohre.

Zu *Feinkeramik* zählen Töpferwaren (Irdengut, Fayencen, Majolika, Steingut, Porzellan.

Im Rahmen dieser Abhandlung spielt Grobkeramik keine Rolle. Dagegen bietet die Feinkeramik in allen aufgezählten Gruppen Eß- und Trinkgeschirre an, auf die es bei der Zielsetzung dieser Abhandlung – nämlich Würdigung nach lebensmittelrechtlichen Vorschriften – allein ankommt.

b) Grundbegriffe

Die in der Aufgliederung angeführten Untergruppen können nicht definiert werden, ohne zunächst einige Grundbegriffe aus der Technologie der Keramik kurz zu erläutern.

Die tonigen *Massen* bilden das Ausgangsmaterial, das nach entsprechender Aufbereitung den *Schlicker* abgibt, der geformt und dann gebrannt wird. Das so entstandene Produkt nennt man den *Scherben*. Der Brennvorgang heißt *Rohbrand*, *Verglüh-* oder *Schrühbrand*. Die Scherben, die meist porös sind, aber auch dicht sein können, werden mit einer im allgemeinen durchsichtigen *Glasur* versehen, die aufgebrannt wird. Man nennt dies den *Glattbrand* oder *Glasurbrand*. Damit ist das Erzeugnis fertiggestellt, sofern es nicht noch, was überwiegend der Fall ist, dekoriert, d.h. mit farbigen Verzierungen versehen wird. Wenn das Dekor auf die Glasur aufgebracht und in einem weiteren Brennvorgang, der sog. *Schmelze* eingebrannt wird, spricht man von *Aufglasurdekor*. Wird der Scherben mit Spezial-Unterglasurfarben dekoriert und dann erst mit Glasur versehen und im Glattbrand fertiggestellt, so spricht man von *Unterglasurdekor*.

c) Bestandteile

Der eigentliche Bestandteil der keramischen Massen ist Ton, ein Begriff, der umfassend ist und vom Kaolin, dem wertvollsten Ton, bis zum gewöhnlichen Lehm reicht. Die Tone werden letztlich nach ihrer Reinheit eingeteilt, da ihre speziellen Eigenschaften weitgehend davon abhängig sind. Eine solche wichtige Eigenschaft ist die Brennfarbe. Sie kann von weiß bis ziegelrot, von gelblich über grau oder braun bis schwarz reichen. Der gebrannte Scherben kann porös (wasserdurchlässig) oder dicht sein. Dies ist weitgehend durch die Temperatur des Brandes bedingt.

Kaolin entstand durch hydrothermale Verwitterung feldspathaltiger Gesteine und liegt auf primärer Lagerstätte, durchsetzt mit anderen Gesteinsresten (Rohkaolin), von denen er durch Schlämmen befreit wird.

Ton dagegen ist ein Sediment gleicher Zusammensetzung wie der Kaolin auf sekundärer Lagerstätte aus Rohkaolin entstanden. Ton ist fast immer unrein in der Farbe, dafür aber viel „fetter" als Kaolin. Kaolin ist weiß, brennt weiß und ist zumeist „mager". Fette Tone nennt man solche von großer Bildsamkeit (Plastizität). Diese ist Ursache verschiedener Fehler, wie Krummziehen, Reißen usw., bedingt durch die hohe Schwindung beim Brennen.

Dem wird entgegengearbeitet durch sog. Magerungsmittel, deren klassischer Vertreter der Quarz (SiO_2) ist. Er wird als Sand verwendet, der möglichst eisenfrei sein soll.

Chemisch sind Tone Gemenge einer Reihe von Mineralien, deren wichtigste Bestandteile verschiedene Aluminiumsilikate sind. Kaolin ist der reinste der Tone ohne wesentlichen Eisengehalt. Als Rohkaolin enthält er neben dem Hauptbestandteil Kaolinit viel Quarzsand und andere Gesteinsreste. Nach der Aufbereitung stellt er sehr reines Kaolinit ($Al_2O_3 \cdot 2\,SiO_2 \cdot 2\,H_2O$) dar. Kaolin wird auch Porzellanerde genannt. Dagegen ist Tonerde kein Silikat, sondern reines Al_2O_3, das aus Bauxit, einem Gemenge von Hydroxiden, Oxidhydraten des Eisens, Aluminiums und des Siliciums durch chemische Aufbereitung hergestellt werden muß.

Transparenz, die geschätzte Eigenschaft des Porzellanscherbens, entsteht durch reines Kaolin in Verbindung mit der Glasphase des Scherbens (Feldspat und Quarz). Auch der reinste Kaolin kann allein niemals transparent brennen.

Es ist hier der Hinweis einzuschalten, daß in der Keramik die Angabe von Formeln meistens in geteilter Schreibweise erfolgt, z. B. Calcium-Magnesiumcarbonat $CaO \cdot MgO \cdot 2\,CO_2$. Im Brand entstehen Oxide und die geteilte Schreibweise gestattet im Gegensatz zur summarischen Formel den Überblick, wie sich ein Rohstoff aus basischen und sauren Oxiden zusammensetzt. Als Beispiel möge das Natrium-Aluminiumsilikat, der sog. Natronfeldspat (Albit), dienen: $Na_2O \cdot Al_2O_3 \cdot 6\,SiO_2$. Kommt ein SiO_2-Molekül auf *zwei* basische, so spricht man von Halbsilikaten (Orthosilikaten).

d) Glasuren

Es handelt sich dabei um echte Glasflüsse von amorpher Beschaffenheit. Gläser zeigen daher isotrope Eigenschaften. Der Übergang vom festen Glas zur Schmelze geht allmählich und stetig vor sich, oder anders ausgedrückt, das Schmelzintervall ist sehr breit im Gegensatz zur kristallisierten Stoffen mit definiertem Schmelzpunkt, bei dem die Umwandlung in die flüssige Masse unter Bindung von Wärme (Schmelzwärme) erfolgt. Im allgemeinen definiert man Gläser als unterkühlte Flüssigkeiten. Sie zeigen, wie dies bei Flüssigkeiten der Fall ist, im Röntgenspektrum kein Linienspektrum, fehlt doch der Gitteraufbau der Kristalle. Jedoch befriedigt diese Definition nicht völlig, denn sie trifft eigentlich nur innerhalb des Erweichungsintervalls zu. Die verschiedenen Auffassungen darzulegen würde hier zu weit führen (vgl. auch Abschnitt III Glas).

Da der Begriff „Glasuren" im Blei- und Zinkgesetz vorkommt, und zwar im Zusammenhang mit strengen Anforderungen, ist es notwendig, ausführlicher zu werden.

Alle unter Feinkeramik aufgeführten Warenarten werden mit Glasuren versehen. Beim Email wird Metall, insbesondere Eisen und Gußeisen mit einer Glasur versehen (Emaillieren).

Wie schon angedeutet, ist in der Keramik der Scherben nur eine Vorstufe. Erst die aufgebrannte Glasur stellt die Ware fertig. Die Glasur gibt die Eigenschaften, die dem Scherben fehlen, nämlich Lichtdurchlässigkeit (Transparenz bei Porzellan), Wasserundurchlässigkeit, Glanz, Härte, kurz, vor allem Beständigkeit gegen äußere Einflüsse aller Art. Die Härte ist speziell bei Prozellan so groß, daß die Glasur von Stahl nicht geritzt wird.

Die Vielfalt der Rohstoffe für Glasuren ist groß. Sie ist vor allem abhängig von der Gattung der Ware, aber ebenso von der speziellen Art der Herstellung, wie Rohglasuren, Fritteglasuren, Engoben (so bezeichnet nach der Anwendungstechnik durch Beguß) und die eine geringere Rolle spielenden Salzglasuren. Es gibt ferner auch Glasuren, die absichtlich trüb gehalten werden (vgl. Abschnitt I, 5c).

Die Grundrohstoffe für Glasuren sind die verschiedensten Silikate wie Kaolin, Kali- und Natronfeldspat, ferner Carbonate wie Kalkspat, Dolomit, Soda, Strontiumcarbonat, Bleiweiß, ferner Oxide, z.B. Bleiglätte, Mennige, Sand (SiO_2), Zinkoxid und schließlich bei Salzglasur Kochsalz. Die Rezepturen werden in der Praxis nach der geteilten Formel zusammengestellt, ausgewogen nach basischen und sauren Oxiden, benannt nach den Bestandteilen, welche die Eigenschaften maßgeblich bestimmen, z.B. Borsäureglasur, Bleiglasur, Zinnglasur usw. (vgl. Abschnitt 5e).

Die verschiedenen Bestandteile vereinigen sich bei der hohen Temperatur im Glasurbrand, die bei Porzellan 1400–1500° C beträgt, in der Schmelze, wobei sich die Eigenschaften völlig verändern. So verschwindet z.B. die Wasserlöslichkeit der Alkalisilikate. Die sog. Glasurbildner verschmelzen zu Silikaten, Boraten, lösen überschüssiges SiO_2 auf und erstarren amorph. Auch die Giftigkeit tritt infolge der Unlöslichkeit nicht mehr hervor.

Diese Darstellung der keramischen Massen und Glasuren ist reichlich schematisch. Das Eingehen auf die komplizierten chemischen Prozesse, die wissenschaftlichen Grundlagen des Glaszustandes muß Lehrbüchern vorbehalten bleiben; vgl. Bibliographie.

4. Definitionen

a) Töpferwaren

An die Tone werden hinsichtlich Reinheit keine besonderen Anforderungen gestellt. Sie sind eisenoxid- und kalkhaltig. Der Scherben brennt gelblich, hellrot bis schwarzbraun. Er ist porös, wenig hart, die Ware kann roh bleiben (in der Grobkeramik , meist wird sie glasiert mit durchsichtiger Bleiglasur (Vasen, Ziergegenstände); Geschirre erhalten bleifreie Glasuren. Brenntemperatur 900 bis 1100° C.

b) Fayence

Fayence hat einen Scherben wie die Töpferware. Die spezifische Eigenart ergibt erst die Glasur. Sie ist nicht durchsichtig, sondern deckend, weiß, von sanftem Glanz. Sie kann deckend durch Pigmentzusatz sein, z.B. führt das Zinnoxid eine zarte, weiche Trübung herbei. Der Rohbrand erfolgt bei 11–1300° C, der Glasurbrand bei 1000–1100° C. Der Name Fayence leitet sich von der Stadt Faenza bei Ravenna ab. Höchster Ruf und weiteste Verbreitung ging jedoch von Holland aus (Delfter Fayencen). Die Blütezeit war um 1700. Die Malerei war reine Blaumalerei (Kobaltblau) auf weißer Zinnglasur.

c) Majolika

Majolika ist eigentlich eine andere Bezeichnung für Fayence. Sie leitet sich von der Insel Majorca ab, die Umschlagplatz für den Handel aus Spanien war. Die Glasur ist keine Zinnglasur, sondern farbig oder weiß deckend. Es hat sich deshalb heute eingebürgert, Keramiken mit Zinnglasur Fayencen, mit farbig deckender Glasur Majolika zu nennen. Die Brenntemperaturen sind wie bei Fayencen.

d) Steingut

Steingut ist eine Tonware mit porösem, weißem Scherben, der mit gefritteter Blei-Bor-Glasur versehen wird. Der Brand erfolgt bei 1000–1200° C.

In der Auswahl der Rohstoffe nähert sich Steingut dem Porzellan, doch fehlt dessen Transparenz. Es gibt Feldspat-Steingut (Feldspat $K_2O \cdot Al_2O_3 \cdot 6\,SiO_2$), das von WEDGWOOD in England im vorigen Jahrhundert erfunden wurde. Der Scherben zeichnet sich durch größere Dichte und Härte aus, was die Gebrauchstüchtigkeit erhöht. Dagegen ist Kalkspat-Steingut weicher, weist aber größeren ästhetischen Reiz auf. Man stellt heute bevorzugt ein Mischsteingut her, das hart und stoßfest ist, aber nach dem Rohbrand doch noch porös genug bleibt, um es in allen Unterglasurtechniken schmücken zu können. Die Glasur von Mischsteingut neigt nicht zur Rissebildung durch Alterung. Die Gebrauchstüchtigkeit wird noch erhöht durch eine hochschmelzende harte Glasur. Verwendet wird meist Unterglasur-Dekoration, die Brenntemperaturen des Rohbrandes liegen zwischen 1100 und 1300° C die des Glasurbrandes zwischen 1000 und 1200° C. Steingut spielt auf dem Sektor der Eßgeschirre eine beachtliche Rolle.

e) Steinzeug

Steinzeug hat immer farbigen Scherben. Es ist eine Töpferware mit dichtem versintertem Scherben, gebrannt um 1200° C und mit Salzglasur versehen. Bekannte Beispiele sind das Westerwälder, das Rheinische und das Bunzlauer Steinzeug. Steinzeug spielt auch in der Grobkeramik eine große Rolle, besonders auf dem chemisch-technischen Sektor, für Kanalisationsröhren usw. Es wird hier mit einer Lehmglasur versehen.

f) Porzellan

Porzellan ist die feinste aller Tonwaren. Der Scherben brennt rein weiß und wird mit durchsichtiger Glasur versehen. Ein wesentliches Merkmal des Porzellans ist seine Transparenz, die bei Ziergut vielfach als Ausdruck der Qualität angesehen wird. Die Dekorierung erfolgt überwiegend im Aufglasurverfahren.

Das Porzellan kann man in mehrere Arten aufteilen, die aber nicht scharf voneinander getrennt sind. Die Hauptgruppen sind *Hart-* und *Weichporzellan*. Der Unterschied liegt in den Eigenschaften, wie sie in den Bezeichnungen zum Ausdruck kommen. Die Härte des Hartporzellans ist außerordentlich groß, auch weist es höhere Temperaturwechselfestigkeit auf. Weichporzellan hat größere Sprödigkeit. Der Glasurbrand oder Glattbrand erfolgt bei sehr hohen Temperaturen, nämlich zwischen 1350 und 1480° C bei Hartporzellan, zwischen 950 und 1200° C bei Weichporzellan. Maßgeblich für die Unterschiede sind weiter die Zusammensetzungen der keramischen Massen und der Glasuren. So sind die Massen bei Hartporzellan kaolinreicher, während bei Weichporzellan die Flußmittel (Feldspat und Quarz) gegenüber dem Kaolin überwiegen. Welche Ergebnisse durch Variation der drei Bestandteile Kaolin, Quarz, Feldspat resultieren, zeigt das Mischungs- oder Massedreieck (Dreistoffdiagramm), Abb. 1.

Ähnliche Darstellungen geben Auskunft über spezielle Eigenschaften mechanischer, thermischer usw. Art. (F. ZAPP, 1963; J. WOLF, 1932; M. MEHMEL, 1959).

Zum Weichporzellan ist das *Knochenporzellan* zu zählen, das 35–45% Knochenasche und außer der Tonsubstanz wenig Quarz und Feldspat enthält. Es ist von ganz besonderer Transparenz. Da es zuerst hartgebrannt wird, könnte man es

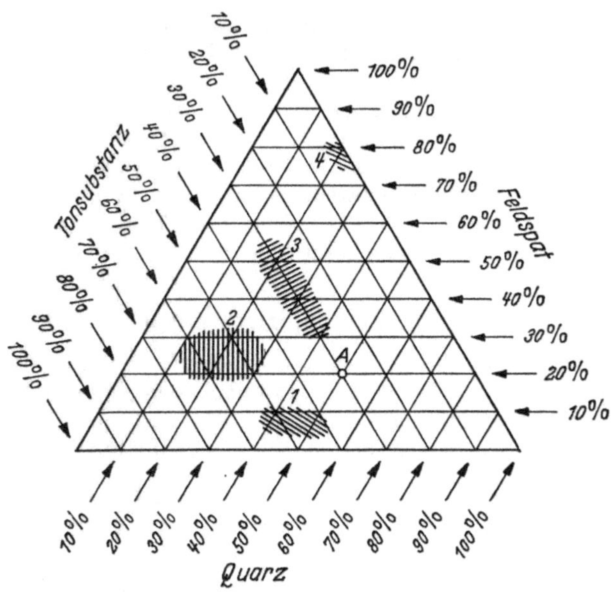

Abb. 1. Darstellung der Grenzversätze feinkeramischer Massen im Mischungsdreieck (Massedreieck). Die schraffierten Linien geben den Bereich der Versätze (Grenzversätze) an, wobei Ziffer 1 Feldspatsteingut, 2 Hartporzellan, 3 Weichporzellan und 4 Dentalkeramik (künstliche Zähne) bedeutet. Man sieht aus dem großen unschraffierten Raum, daß nicht jedes Mischungsverhältnis brauchbar ist. [Aus: J. LIEBSCHER und E. WILLERT]

auch zum Steingut zählen. Das Knochenporzellan wurde insbesondere in England entwickelt. An Stelle von Knochenasche wird heute vielfach auch Apatit genommen („Phosphatporzellan").

Biskuit nennt man Porzellan, das unglasiert bleibt. Die geformte Masse wird direkt ca. 24 Std lang bei 1400–1480° C gebrannt. Es wird vor allem für feinst ausgearbeitete künstlerische Vorwürfe hergestellt, da es alle Einzelheiten, z.B. Nägel der Finger, Augenlider, Faltenwürfe, mit größter Schärfe wiedergibt, was unter Glasuren nicht im gleichen Maße der Fall ist, da in der Schmelze ein ganz leichtes Verfließen nicht völlig zu vermeiden ist.

Vitreous China wird im Einbrandverfahren hergestellt und weicht schon insofern vom Porzellan ab, wenngleich es vom Scherben her dem Porzellan näher steht als dem Steingut.

Steatitwaren seien lediglich der Vollständigkeit halber erwähnt. Sie werden aus Steatit oder Speckstein (Magnesiumsilikat, $3\,MgO \cdot 4\,SiO_2 \cdot H_2O$) hergestellt und nehmen auf elektrotechnischem Gebiet eine Sonderstellung ein. Andere sog. Hochfrequenzmassen haben Titandioxid und Magnesit oder Titandioxid und Bariumkarbonat als Basis.

5. Technologie der Porzellanherstellung

Aus den Begriffserklärungen geht einerseits die weitgehende Ähnlichkeit im Grundsätzlichen hervor, andererseits aber auch die ungeheuere Vielfalt im Detail, beginnend mit der Zusammensetzung der jeweiligen keramischen Massen über die verschiedenartigen Glasuren bis zu den Temperaturen im Roh- und Glasurbrand. Hinzu kommt die Fülle der Möglichkeiten bei der anschließenden Dekorierung vermittels keramischer Farben. Die Abstimmung des Dekors auf die Glasur bedingt z.B. bei den Tonwaren andere Rezepturen und Herstellungsarten wie bei anderen keramischen Erzeugnissen. Die Darstellung muß sich daher auf das zum Verständnis und zur richtigen Anwendung der gesetzlichen Vorschriften für Eß-, Trink- und Kochgeschirre Notwendige beschränken.

Die Grundvorgänge in der Keramik sind: Herstellung der keramischen Massen, Formen, Rohbrennen, Glasieren, Glattbrennen, Dekorieren, Schmelzen. Das den höchsten Rang einnehmende Porzellan bedarf der kompliziertesten Arbeitsvorgänge. Ihre Darstellung ergibt daher den weitesten Überblick.

a) Herstellung der Massen

Die durchschnittliche Zusammensetzung der Porzellanmasse besteht aus 50% Kaolin, 25% Quarz, 25% Feldspat. Zunächst muß das Kaolin aufbereitet werden. Je nach Herkunft enthält es Begleitstoffe, die störend wirken und daher entfernt werden müssen. Das geschieht überwiegend durch Schlämmen. Dazu verwendet man heute Schlämm-Maschinen, deren wirksamer Teil eine Rührtrommel ist, der das Schlämmgut zugeführt wird. Die Trommel taucht zum Teil in Wasser ein, das aus der sich langsam drehenden Trommel das Kaolin herauswäscht. Ein anderes Verfahren ist die Elektroosmose. Dabei ist die Trommel die Anode. Die Tonteilchen bilden dort eine Schicht, die abgenommen wird. Das störende Eisen wandert zur Kathode, ein in der Aufschlämmung liegendes Drahtsieb, das zugleich gröbere mineralische Verunreinigungen von der Trommel zurückhält. Der vom physikalisch-chemischen Standpunkt aus falsche Ausdruck „Osmosekaolin", „Osmoseton" hat sich eingebürgert. Das Verfahren hat zwar mancherlei Vorteile, ist aber teuer.

Quarz und Feldspat werden in Kollergängen zerkleinert. Diese auch zum Mischen sehr geeignete Maschine besteht aus einer Mahlbahn, über die mühlsteinähnliche Läufer rollen, die das Mahlgut sehr fein und gleichmäßig zerreiben. Es können sowohl die Läufer rotieren als auch umgekehrt die Mahlbahn. Mahlbahn und Läufer können nur für Grobkeramik aus Eisen sein. Für Feinkeramik bestehen sie aus Granit, wobei eine Verunreinigung durch Eisen (Abrieb) ausgeschlossen ist. Aus diesem Grund werden auch keine Kugelmühlen mit Stahlkugeln verwendet. Die Grobzerkleinerung wird heute meist nicht mehr in den Porzellan-Fabriken selbst, sondern in Mahlwerken mit modernen Hochleistungsbrechern und -mühlen durchgeführt.

Beim Umgang mit fein vermahlenem Quarz kann *Silicose* als Berufskrankheit entstehen. Der eingeatmete Staub setzt sich in der Lunge fest. Staublungen können bis 40% des Trockengewichtes an SiO_2 aufweisen. Silicatstaub ist weniger gefährlich als der von Quarz (SiO_2) (A. Gleichmann, 1955).

Die *Feinvermahlung* in Trommelmühlen folgt auf die Grobzerkleinerung. Wie die Kollergänge müssen auch sie im Inneren frei von Eisen sein. Sie sind daher mit Futter aus Quarzit ausgekleidet. Das Mahlmittel sind Flintsteine (Feuerstein).

Nach der Feinvermahlung wird der sog. Versatz, der Kaolinschlamm, zugeführt. Begnügt man sich nicht mit der Kaolinschlämme, so wird der Masseschlicker im Massequirl einer weiteren Bearbeitung unterzogen. Noch vorhandene Brocken werden „aufgelöst" d.h. feinst verteilt. Solche Rührwerke sind auch zur Aufbewahrung des Schlickers geeignet, da sie das Absetzen verhindern. Aus dem Massequirl wird die Aufschlämmung herausgepumpt zur Filterpresse. Hierbei wird der Schlicker wiederum in Rüttel- oder Fibrationssieben gesiebt. Auf dem Wege zur Siebanlage passiert er starke Magneten, um ein unbedingtes Ausschalten von Eisen zu gewährleisten. Eisen beeinträchtigt die reine Weiße des Porzellans.

Die nun folgende *Filterpressung* dient dem Zweck einer weitgehenden Entwässerung. Hier wird der Schlicker mit erheblichen Drucken (10 atü) zu einem einheitlichen Block zusammengepreßt. Das Filtermittel bilden Filtertuche aus imprägnierter Baumwolle oder aus Kunstfasern, die erheblich haltbarer sind. Andere Trocknungsverfahren sind Vakuumfilter, Zentrifugen, Zerstäubung. Der Preßkuchen weist noch einen Wassergehalt von ca. 20–25% auf. Früher hat man die frischen Massen lagern lassen und zwar viele Wochen bis Monate lang, ein Vorgang den man *Mauken* nennt. Dabei steigt die Plastizität infolge von Quellungsvorgängen erheblich an. Wenn auch das Mauken durchaus positiv zu beurteilen ist, wird es heute im Rahmen der Automatisierung nicht mehr durchgeführt. Die Lagerzeiten kosten Geld und stören die Fließbandarbeit (K. PFEFFERKORN, 1932).

b) Formgebung

Die Formgebung geschieht durch Drehen oder Gießen. Pressen kommt für Feinkeramik nicht in Frage, jedoch für Grobkeramik, wie Ziegel, Platten, Kacheln. Das Trockenpreßverfahren bedarf für die krümelige Masse sehr hoher Drucke, es findet bevorzugt auf elektrotechnischem Sektor Anwendung.

Die Kenntnis der *Schwindung* ist bei der Formgebung von äußerster Wichtigkeit. Sie wird für eine bestimmte keramische Masse durch Brennversuche festgestellt, die durch rechnerische Auswertung die Festsetzung der Formgröße gestatten, um den Gegenstand in dem gewünschten Maß zu erhalten. Die Schwindungen sind erheblich. Ausgehend von der ursprünglichen Formgröße des Preßlings und verglichen mit dem Fertigerzeugnis beträgt sie im Mittel ca. 15%. Das heißt, eine gewünschte Kantenlänge von 20 cm wäre im Formling z.B. mit 23 cm zu dimensionieren. Außer der Längenschwindung (lineare Schwindung) ist auch die Volumenschwindung (kubische Schwindung) zu berücksichtigen. Sie kann aus der linearen Schwindung berechnet werden (TH. HAASE, 1958).

Die Versuchsstücke vermitteln aber außer der Brennschwindung noch weitere Kenntnisse wichtiger Eigenschaften, wie Brennfarbe, die von Verunreinigungen, insbesondere von Eisen, abhängig ist, dann Porosität des Scherbens, Formveränderungen, Sinterung, Rissebildung, Aufblähungen, Ausblühungen. Risse können bei zu hoher Schwindung entstehen, Aufblähungen aus organischer Substanz des Tons, wenn ihre Verbrennungsprodukte Kohlendioxid und Kohlenoxid nicht entweichen können (z.B. bei Versinterungen). Ausblühungen bestehen meist aus Sulfaten des Natriums, Kaliums, Calciums, Magnesiums, die beim Brande durch verdunstendes Wasser an die Oberfläche wandern.

Die Formgebung des Scherbens durch Drehen auf der Töpferscheibe ist uralt. Sie dürfte auf ca. 2000 v.Chr. zurückgehen. Schon damals beherrschte man die Kunst des sog. Freidrehens, d.h. das Herausziehen z.B. einer Vase oder eines sonstigen Hohlkörpers ohne besondere Hilfsmittel. Diese Art der Herstellung wird mehr auf künstlerischem Gebiet angewendet. Für die vielfältigen Hohlkörper bei Eß- und Trinkgeschirren ist solche reine Handarbeit nicht anwendbar, u.a. weil hier Tausende von Kannen, Terrinen, Tassen usw. absolut gleichartig sein müssen. Folgende Methoden werden angewandt: Das Maschinendrehverfahren vermittels Schablonen bei Eß- und Trinkgeschirren und zwar das Eindrehen, bei Hohlgeschirren wie Tassen, Töpfe usw. und das Überdrehen bei Tellern und Schüsseln.

Gegossen werden z.B. Kannen im Hohlguß in Gipsformen. Auch Kunstfiguren werden im Hohlguß hergestellt. Für flaches Geschirr wie Platten, Schüsseln bedient man sich des Vollgusses.

Stückzahlmäßig wird jedoch wesentlich mehr gedreht als gegossen.

Die Formgebung durch Gießen geschieht in vorfabrizierten Gußformen aus Gips. Der zur Herstellung der Formen dienende Gipsbrei muß homogen, frei von Luft sein und möglichst geringe Sedimentation aufweisen. Vom verfestigten Gips verlangt man hohe Porosität, Saugkraft und hinreichende mechanische Festigkeit. (H. SPÄTH, 1951).

Ausgang für die Formgebung durch Gießen ist ein Modell. Es wird vom Entwerfer ebenfalls aus Gips angefertigt. Hierbei muß die Schwindung der jeweilig verwendeten Porzellanmasse genau bekannt sein und zugeschlagen werden, um den fertig gebrannten Porzellangegenstand millimetergenau zu erhalten. So entsteht z. B. eine kleine Kaffeekanne aus einem Gipszylinder entsprechender Größe, der durch Bleibleche wie mit Bandagen zusammengehalten wird. Das Ganze steht auf der Modellscheibe (Töpferscheibe), deren dreieckiger Dorn in der Mitte die Gipsmasse beim Drehen mitnimmt. Der bereits verhältnismäßig hart gewordene Gips, wird nun in handwerklicher Kunst von Modellierern zur gewünschten Kannenform gestaltet unter Zuhilfenahme von Gerätschaften, wie Messer, Spachtel, Abdreheisen etc. Das fertige Modell ist nicht hohl, sondern massiv. Henkel und Schnaupe (Ausgießer) werden gesondert angefertigt und an die Modellform angebracht. Sie wird langsam in Trockenkammern bei 50–60° C getrocknet und dann mit Schellack überzogen, was die Festigkeit erhöht und Ankleben von Gips verhütet. Denn vom Modell (Positivform) wird die Gußform (das Negativ) abgenommen. Dazu wird das Modell wieder auf den Dreidorn der Modellierscheibe aufgesetzt und in einem kleinen Abstand mit Bleibandagen umhüllt, die nun mit Gipsbrei ausgegossen werden. Nach Erhärtung wird dieser Klotz äußerlich kurz bearbeitet, indem die Flächen z. B. parallel gemacht werden, dann werden die Kanten „verbrochen", d. h. abgerundet.

Die erhärtete Form wird aufgesägt und zwar in der Ebene, die Henkel und Schnaupe halbiert. Das Aufschneiden erfolgt nicht vollständig, weil sonst das Modellstück äußerst gefährdet wäre, sondern nur bis ca. 5 mm hin, dann wird die Form mit einem Keil auseinandergesprengt. Diese erste Hohlform nennt man Mutterform. Von ihr werden die Arbeitsformen in der nötigen Zahl abgenommen. Das Modell wird aufbewahrt.

Da die beiden Hälften der Form genau aufeinanderliegen müssen, bringt man an den Formstücken sog. „Schlösser" an, streng aufeinander passende Verzahnungen, die herausgearbeitet werden und das Aufeinanderpassen gewährleisten, zugleich auch Verrutschen bei den weiteren Hantierungen verhindern. In vielen Fällen ist es mit zwei Hälften nicht getan. Komplizierte Gegenstände wie Figuren werden in zahlreiche Einzelformen zerteilt, deren Schneiden viel Sachkenntnis erfordert.

Beim Gießverfahren ist es notwendig, die Masse zu verflüssigen. Durch Aufschlämmen und Verquirlen wird der Gußschlicker hergestellt. Dabei wären die für die richtige Gießfähigkeit erforderlichen Wassermengen ziemlich groß. Die Nachteile würden sich beim Abbindeprozeß zeigen, indem die Gipsformen unverhältnismäßig viel Wasser aufnehmen müßten, was die Scherbenbildung erheblich verzögern würde. Hier schafft der Zusatz von Elektrolyten Abhilfe. Schon ganz kleine Mengen von Alkalien, wie Soda, Wasserglas, die meist beide angewendet werden (0,2%), gestatten den Wassergehalt ganz erheblich zu vermindern und trotzdem einen leicht flüssigen, gut gießfähigen Schlicker zu erzielen, der die Formen bis in die letzten Feinheiten ausfüllt.

Bezüglich des Chemismus der sich abspielenden Vorgänge werden zwei Ansichten vertreten, nämlich eine elektrostatische Theorie, die für die Verflüssigung die stärkere negative Ladung verantwortlich macht, welche die Tonteilchen in Wasser annehmen. Sie stoßen sich also stärker ab und führen bei geringer Wassermenge eine größere Dünnflüssigkeit des Schlickers herbei. Eine andere Theorie geht von einer Neutralisation zwischen Anionen der Tonteilchen und den Kationen der Elektrolyte unter gleichzeitiger Wasserbindung aus (F. Kure, 1956).

Treten Gießfehler auf, so haben sie ihre Ursache in erster Linie im Schlicker. Ein Fehler ist z. B. durch Thixotropie (Ansteifung) bedingt, die durch Rühren wieder rückgängig gemacht werden kann. Tritt sie aber in der Gießform auf, so gibt es Fehlfabrikate. Es gibt Tone, die zu dieser Eigenschaft besonders neigen. Andere Fehler sind Porenbildung durch Luftbläschen im Schlicker, Hautbildung durch zu langes Stehenlassen des Schlickers in der Wärme, Bildung von Streifen durch Entmischungsvorgänge, Gießflecke, wenn ein Schlickerstrahl die Formenwand trifft und deshalb schneller erhärtet. Der Schlicker muß daher beim Einfüllen vom Boden der Form gleichmäßig in die Höhe steigen.

Mit diesen Ausführungen ist vorweg genommen, daß der Gußschlicker in die Gußformen eingegossen wird. Die Gipsform saugt durch Capillarwirkung das Wasser des Schlickers begierig an, oder wie man sagt, er steift sich an. Die Gußformen stehen auf einem Karussell; die Formen wandern an der Person, die eingießt, vorbei und wenn die zuerst eingegossene Form wiederkehrt, wird der flüssige Schlickeranteil ausgegossen. Das ist nach ca. 10 min der Fall. Der durch den Gips angesteifte Schlicker gibt die Wandstärke ab, die bei der Gleichartigkeit der Materialien und der Vorgänge im zeitlichen Ablauf gleichmäßig bei allen Stücken wird. Auf diese Weise ist der Scherben entstanden. Nach Entfernen der Gipsform muß der Formling bereits hinreichende Festigkeit haben, um vorsichtig angefaßt transportiert und abgestellt werden zu können. Im lederharten, meist aber erst im weißgetrockneten Zustand werden die Gußnähte mit Putzmessern verputzt.

c) Trocknen

Das Trocknen der Scherben erfolgt in warmen Räumen oder durch spezielle Heißluftverfahren, die schneller zum Ziel führen und genaues Steuern der maßgeblichen Faktoren, wie Gleichmäßigkeit der Temperatur, Luftbewegung, Luftfeuchtigkeit gestatten und damit Trocknungsfehler, wie Rissebildung, Verformungen, Ausblähungen vermeiden.

d) Brennen

Gebrannt wurde bis vor kurzem in mit Kohle beheizten Rundöfen. Heute bedient man sich der mit Gas oder Öl beheizten Tunnelöfen. Die alten Rundöfen – soweit sie noch betrieben werden – ermöglichen nur periodischen Betrieb, während in Tunnelöfen kontinuierlich gearbeitet wird. Beide Ofentypen sind direkt befeuert. Auch die Elektroöfen muß man zu den direkt beheizten zählen. Indirekt befeuert sind Muffelöfen, die aber heute keine besondere Rolle mehr spielen. Zugmuffeln dienen dem kontinuierlichen Betrieb.

Fast alle Formlinge bedürfen einer schützenden Kapsel, die aus Schamotte, einem gebrannten feuerfesten Ton hergestellt werden. Sie stellen lediglich eine schützende Umhüllung dar, die dem Rohling wie er aus dem Trockner kommt, angepaßt ist. Der Schutz liegt einmal in der Verhütung von Verunreinigungen, zum anderen in der Bildung einer absolut ebenen Unterlage für den zu brennenden Gegenstand. Nicht zuletzt trennen die Kapseln die Formlinge voneinander, die man ja nicht einfach übereinanderstellen kann, da sie (z. B. Teller) zusammenbacken würden.

Ihre Form richtet sich nach dem Verwendungszweck. Sie sollen möglichst raumsparend ineinandergreifen oder zu ganzen Kapselstößen aufeinandergesetzt werden können.

Für moderne Tunnelöfen werden die Schamottekapseln und Schamotteplatten meist durch Siliciumcarbid ersetzt, die von Spezialfabriken hergestellt werden. Die Lebensdauer ist um vieles größer als die von Schamottematerial.

Der Brennvorgang selbst besteht im wesentlichen aus dem Austreiben des mechanisch und chemisch gebundenen Wassers und, bei höheren Temperaturen, aus jenen komplizierten Vorgängen, die zur Erhärtung des Scherbens führen. Das erste Ansteigen der Temperatur (bis ca. 850° C nennt man „Vorfeuer“, die hohen Temperaturen „Scharffeuer“. Bei 900–1100° C bilden sich Mullit, Cristobalit und Glasphase. Die weitere Temperatursteigerung führt starke Verdichtung und Brennschwindung bis zu 30 Vol.-% herbei.

Der Brennvorgang bringt mancherlei Probleme mit sich, von denen zu den wichtigsten die Vermeidung von Rußeinschlüssen und von ungleichmäßiger Temperaturverteilung gehört. Während des Brennens werden die erforderlichen reduzierenden oder oxidierenden Bedingungen im Ofen durch Drosselung oder Vermehrung der Luftzufuhr gesteuert. Die Schaffung dieser Bedingungen dient letztlich der Entfernung von Verunreinigungen zwecks Erzielung eines weißen Porzellans. Oxidierend verbrennen Verunreinigungen, wie organische Substanzen (Humusstoffe) und Kohleteilchen, reduzierend (bei hohen Temperaturen) wird dreiwertiges Eisen in zweiwertiges umgewandelt, ein äußerst wichtiger Effekt, da Eisen(III)-oxid dem Porzellan einen gelblichen Ton verleihen würde. Eisen(II)-silikate geben dagegen einen bläulichen Ton, der im Porzellan nicht sichtbar ist.

Diese kurze Darlegung des Glühbrandes kann nicht abgeschlossen werden, ohne die *Segerkegel* (SK) zu erwähnen. Sie zeigen das Schmelzverhalten, Sinterbeginn und -ende im Ofen an. Seger, der Altmeister der wissenschaftlichen Keramik, erfand die nach ihm benannten Kegel, dreieckige, in eine stumpfe Spitze auslaufende Pyramiden von ca. 6 cm Höhe aus ungebrannten Mischungen, ähnlich denen der Porzellanmassen, auf einem Schamotteplättchen stehend. Eine bestimmte Zusammensetzung erweicht bei einer ganz bestimmten Temperatur, wobei sich die Pyramidenspitze nach unten krümmt. Die jeweilige Temperatur ist mit dem Fallpunkt erreicht, d.h. wenn die Kegelspitze die Unterlage berührt. Die Temperaturintervalle der Segerkegel steigen im allgemeinen um 20° C. Jeder Segerkegel hat eine bestimmte Nummer. Will man eine bestimmte Temperatur einhalten, z.B. Sk 013a (= 835° C), so setzt man mindestens dazu Sk 014a (= 805° C) und Sk 012a (= 860° C). Auch im Tunnelofen fährt man trotz Pyrometeranzeige noch mit Segerkegeln zur Kontrolle, da sie gleichzeitig ein Maß für die Dauer der Temperatureinwirkung bilden. Die gängigsten Sk-Werte mit den mittleren Fallpunkten bei einer Erhitzungsgeschwindigkeit von 150° C pro Stunde werden in Tabelle 2 angegeben (G. Bunzel, 1953).

Es mag genügen zu erwähnen, daß heute automatisch arbeitende Apparate den Brennvorgang überwachen, wie Pyrometer, Zugmesser mit Schreiber, Rauchgasprüfer mit Schreiber. An elektrischen Öfen können die Pyrometeranzeigen zur automatischen Steuerung der Brenntemperatur verwandt werden.

Tabelle 2. *Segerkegel und die entsprechenden Erweichungspunkte*

Seger-Kegel	Temp. °C	Seger-Kegel	Temp. °C	Seger-Kegel	Temp. °C
Sk 017a	730	Sk 13a	835	Sk 5a	1215
Sk 016	755	Sk 12a	860	Sk 6a	1240
Sk 015a	790	Sk 3a	1170	Sk 7a	1260
Sk 014a	805	Sk 4a	1195	Sk 8a	1280

e) Glasieren

Der verglühte Scherben wird glasiert, wobei er oft vorher auf dem Boden mit dem Firmenzeichen gestempelt wird.

Über Glasuren ist das Wesentliche schon in Abschnitt 3d gesagt. Einer Erläuterung bedürfen jedoch noch die Begriffe *Rohglasuren*, *Fritteglasuren* und *Engoben*.

Die zusammengestellte Glasur nennt man „Versatz". Die Rezepturen sind vielfältig und werden nach der Segerformel genau berechnet.

Sämtliche Rohstoffe für Glasuren aufzuführen würde zu weit führen. Es mögen daher Hinweise genügen. Neben Sand, Silikaten, auch Wasserglas, Tonen kommen in Frage Pottasche, Soda, Kreide, Bariumcarbonat, Bariumsulfat, Borsäure, auch als Caliumborat, Bleiverbindungen (Oxid und Sulfid), Zinndioxid. Sulfide, Nitrate, Carbonate liefern in der Schmelze Oxide. Erdalkalioxide können durch Zinkoxid ersetzt werden, anstelle von Bleioxid läßt sich Wismutoxid verwenden. Statt Calciumoxid oder Bleioxid kann Bariumoxid eingeführt werden. Lithiumoxid ist ein gutes Flußmittel, das im Vergleich zu anderen Alkalien die Säurebeständigkeit erhöht (F. Neubauer, 1954). Auch Fluorverbindungen werden als Flußmittelaustausch genannt (W. Steger, 1941).

Schwer schmelzende Glasuren sind reich an SiO_2 und Al_2O_3, aber arm an Alkali- und Erdalkalioxiden und finden speziell bei Porzellan Anwendung. Bei leicht schmelzenden Glasuren ist das Verhältnis von SiO_2 zu Oxiden niedrig. Solche Glasuren werden bei Steingut bevorzugt.

Da die Glasurmassen in gleicher Weise wie die keramischen Massen angewendet werden, nämlich als Aufschlämmung, ist es von Wichtigkeit, ob der Versatz wasserlösliche Bestandteile enthält. Enthält er keine, so spricht man von *Rohglasuren*, die direkt weiterverarbeitet werden können. Porzellanglasuren sind immer Rohglasuren. Sie enthalten weder wasserlösliche noch giftige Verbindungen. Sind aber wasserlösliche oder giftige Verbindungen vorhanden, so wird der Versatz zuerst gefrittet. Unter *Fritten* versteht man ein Vorschmelzen, das nur bis zum Sintern, nicht bis zum Fluß führen darf. Hierbei wird die Wasserunlöslichkeit ursprünglich löslicher Stoffe herbeigeführt. Das Fritten geschieht in Schamottetiegeln, im größeren Maßstab in Wannenöfen oder sonstigen Ofensystemen.

Vorgeschmolzen wird im allgemeinen jedoch nicht der ganze Versatz, sondern lediglich die wasserlöslichen und giftigen Stoffe mit entsprechendem Zuschlag zur Glasurbildung. Die fein vermahlene Fritte, der „Vorschmelz", erhält dann noch als Zuschlag die unlöslichen Verbindungen, den sog. „Nachsatz". Dennoch ist mit der Fritte bereits eine teilweise Glasurbildung erzielt, was sich auf die Handhabung günstig auswirkt, weil sie im Glasurbrand eher erweicht und besseren Glanz als Rohglasuren abgibt. Diese Vorteile haben dazu geführt, auch Rohglasuren zu fritten. Ein gewisser Nachteil der Fritteglasuren ist allerdings das schnellere Absetzen der Aufschwemmung.

Die Aufbereitung der Glasur erfolgt in ähnlicher Weise wie die der keramischen Masse. Die wesentlichen Vorgänge sind: Vermahlen, Absieben, Aufschlämmen.

Das Verfahren, mit dem der Porzellanscherben glasiert wird, besteht im allgemeinen im Eintauchen des Scherbens von Hand in die in Bottichen befindliche Aufschlämmung, da ja Porzellan innen und außen glasiert werden muß. Ein kurzes Bewegen des Scherbens durch die Glasurmilch und Ablaufenlassen genügt. Der poröse Scherben saugt die Glasur an, die so schnell antrocknet, daß der glasierte Scherben weitertransportiert und in die Brennwagen eingesetzt werden kann. Nach dem Glasieren muß die Glasur vom Fuß eines jeden Gegenstandes wieder entfernt werden, da er sonst auf seiner Brennunterlage anbacken würde. Das Glasurentfernen geschieht auf Glasurwaschmaschinen automatisch.

Unter *Engobieren* versteht man das Begießen des rohen Scherbens mit sog. Begußmasse, der Engobe, die meist gefärbt ist. Das Verfahren spielt bei Steingut eine größere Rolle als bei Porzellan.

Eine Glasur spezieller Art ist die *Salzglasur*. Sie setzt Massen voraus, die im Brande sintern, wie dies bei Steinzeug (Grobkeramik) der Fall ist. Diese Art der Glasierung erfolgt nicht durch Vorbehandlung des Scherbens, sondern geschieht erst im Glattbrand, indem während und nach dem Sintern „gesalzen" wird. Dies geschieht durch mehrmaliges Einwerfen von Steinsalz ins Ofeninnere und in die Feuerungen. Bei der hohen Brenntemperatur von 1200–1400° C verbindet sich Natriumchlorid mit der Tonerde und der Kieselsäure des Scherbens zu einer harten Glasur. Die Glasurschicht ist zwar verhältnismäßig dünn, doch sehr innig mit dem Scherben verschmolzen und zeichnet sich durch hohe Widerstandsfähigkeit gegen chemische Einwirkungen aus (B. Neumann und W. Fischer, 1927; H. Vogel, 1955).

Außer der Beherrschung der Schmelzvorgänge durch Beachtung des Säure-Basenverhältnisses sind insbesondere noch zwei Eigenschaften von größter Wichtigkeit, nämlich die Übereinstimmung zwischen Scherben und Glasur hinsichtlich Ausdehnung beim Schmelzvorgang und Zusammenziehen beim Abkühlen. Mangelnde Anpassung führt zu Verformungen (Verbiegungen) und zwar konkav, wenn die Glasur einen größeren Ausdehnungskoeffizienten hat, konvex, wenn dies beim Scherben der Fall ist. Es kann zu Haarrissen und sogar Absprengungen der Glasur kommen; dabei sind starke Rundungen an den Gegenständen besonders empfindliche Stellen. Der häufigste Glasurfehler sind Haarrisse, die nur durch vollkommenere Anpassung von Glasur und Scherben hinsichtlich ihrer Zusammensetzung verhütet werden können (E. Kunstmann und R. Rieke, 1929).

Im *Glasur- oder Glattbrand,* auch *Garbrand* genannt, für den Tunnelöfen mehr und mehr Eingang finden, findet eine Verschmelzung der Glasmasse mit der Oberfläche des Scherbens statt. Dabei wirkt die Glasurschmelze lösend auf die Scherbenbestandteile ein, was zur notwendigen Haftfestigkeit führt.

Mit vollendetem Glattbrand, bei dem eine Temperatur von 1400° C erreicht wird, ist das Fertigerzeugnis Porzellan entstanden. Vor der Übernahme auf das Lager werden die Stücke sortiert und kleine Unebenheiten erforderlichenfalls abgeschliffen.

Die vielfältigen Fehlermöglichkeiten bei der Porzellanherstellung und ihre Ursachen konnten nur gestreift werden. Es wird auf die angegebene Bibliographie und Zeitschriften-Literatur verwiesen.

f) Dekor

Abgesehen von Kunstgegenständen werden auch Eßgeschirre überwiegend dekoriert, sei es, daß sie mit bunten Mustern aller Art versehen werden, sei es, daß nur die Ränder eine Goldkante erhalten.

Bei der Dekorierung mit bunten Mustern ist grundsätzlich zwischen Unterglasur- und Aufglasurdekoren zu unterscheiden.

Beim *Unterglasurdekor* wird der Scherben nach dem Verglühen mit speziellen Farben bemalt und meist vor dem Glasieren nochmals verglüht. Ein Farbeffekt ist dabei zunächst kaum erkennbar. Erst nach dem Glasieren im Glasurbrand tritt er hervor. Als ein echtes Unterglasurdekor haben wir bereits den Firmenstempel kennengelernt. Erst im Glasurbrand treten die Farben hervor. Da Unterglasurdekore kein Blei abgeben können, weil die bleifreie Glasur darüber liegt, erscheint es vertretbar, auf Einzelheiten des Chemismus, sowie der Technik und der Farbkompositionen zu verzichten (F. VIEHWEGER, 1950). Festgestellt sei lediglich, daß die Farbpalette verhältnismäßig klein ist, da im Glasurbrand sehr hohe Temperaturen angewendet werden und das Verfahren ganz wesentlich teurer ist.

Die *Aufglasurfarben*, die sog. Porzellanfarben, sind Gläser, d.h. Glasflüsse mit Metalloxiden als eigentliche Farbkörper. Nach Eignung stehen als Flußmittel an der Spitze Bleigläser $PbO \cdot 0{,}5\,SiO_2$ bis $PbO \cdot SiO_2$ und Bleiborsäuregläser $PbO \cdot 1{,}5\,SiO_2 \cdot 1{,}0\,B_2O_3$. Die Flußmittel haben den Zweck, das Einschmelzen der Porzellanfarbe in die Glasur herbeizuführen. Damit wird aber das Dekor selbst zur Glasur. Die gelegentlich geäußerte Ansicht, das Dekor wäre etwas sekundäres, und nicht die primäre ,,Glasur" im Sinne des Blei- und Zinkgesetzes, ist vom Technischen her unhaltbar. Zwar entsteht das Dekor auf der Glasur durch einen erneuten, komplizierten Arbeits- und Brennvorgang, aber schließlich handelt es sich um nichts anderes, als daß eine gefärbte Glasurmasse (die Porzellanfarbe) mit der ursprünglichen Glasur des Porzellans verschmolzen wird.

Vom Flußmittel für Porzellanfarben ist in erster Linie leichte Schmelzbarkeit und gutes Auflösungsvermögen für die färbenden Metalloxide zu fordern, Eigenschaften, denen die Bleiflüsse in der hervorragendsten Weise gerecht werden. Ihre Bleilässigkeit ist hoch, doch gelingt es, sie ganz erheblich herabzusetzen. Aber es ist schwierig, der Bleiflüsse grundsätzlich zu entraten (W. STEGER, 1941). Die Vielfalt des Farbensortiments ist sehr groß. So umfaßt die Palette im Gesamtbereich der keramischen Farben ca. 10000 Produkte. Die Wahl der Flußmittel muß sich vielfach nach den Metalloxiden richten, nicht alle Gläser sind für alle Metalle geeignet. Welche Abhängigkeit bestehen kann, zeigt das Beispiel, daß Natriumuranat in borsäure- und tonerdehaltigen Fritten gelb, in reinen Bleisilikatflüssen jedoch rot herauskommt. Was die gewünschte Widerstandfähigkeit der Farben betrifft, so hat schon SEGER erkannt, daß es notwendig ist, das Mischungsverhältnis des Spinelltyps ($RO \cdot R_2O_3$) zu erzielen.

Da die Glasflüsse der Porzellanfarben weitestgehende Ähnlichkeit mit den Glasurfritten aufweisen, ist es in gleicher Weise wie dort notwendig, bei Vorhandensein von wasserlöslichen Anteilen zu fritten. Zweifellos wird hierdurch auch die Bleilässigkeit gegen Säuren herabgesetzt, doch wie es scheint, nicht völlig ausgeschaltet. Zum gefritteten Glasfluß mischt man die Metallverbindungen in Mengen von $^1/_5$ bis $^1/_3$ hinzu. Viele Metallverbindungen kann man aber auch gleich mitfritten. Die SEGERsche Formel für eine blaue Metallfritte ist z.B.:

$0{,}6\,PbO \cdot 0{,}6\,SiO_2$

$0{,}3\,CoO$ Hiernach wird der Versatz berechnet.

$0{,}1\,K_2O\ 0{,}1\,B_2O_3$

Von den zahlreichen Metallen, die als Farbkörper dienen, seien aufgezählt:

Schwarz: Spinelle mit FeO, CoO, NiO, MnO, Fe_2O_3,
Blau: CoO Thenard's Blau, Zirkon-Vanadin-Blau,
Grün: Chromsäure, Mischungen von Gelb und Blau,
Gelb: Nepalgelb (Zink-, Blei- antimoniat),
Rot: CdS mit Selen, basisches Bleichromat,
Braun: Fe_2O_3; Spinelle mit Fe_2O_3, Cr_2O_3, ZnO,
Orange: Nepalgelb mit Eisenoxid,
Purpur: Kolloides Gold auf SnO_2.

Soweit die Bleilässigkeit eine Rolle spielt, wie bei Eßgeschirren, kommt eine Farbe, die neben bleihaltigen Flußmitteln noch Bleiverbindungen als Farbkörper hat, z.B. Korallrot (basisches Bleichromat) nicht in Frage, denn hier steigt die Bleiabgabe auf sehr hohe Werte. Früher allerdings war das Korallrot wegen seiner schönen, leuchtenden Farbe für Speiseservice sehr beliebt. Heute ist es völlig ausgeschaltet, wie das Nepalgelb (Bleiantimoniat).

Es muß hervorgehoben werden, daß die Aufglasurfarben keineswegs auch als Unterglasurfarben geeignet sind. Aus der bereits geschilderten Technik der Unterglasurdekorierung geht hervor, daß diese Farben den hohen Temperaturen des Glasurbrandes ausgesetzt werden, was die wenigsten Aufglasurfarben aushalten würden. So wäre der Vorschlag, zur Vermeidung von Bleilässigkeit auf Unterglasur überzugehen, ohne erhebliche Einbuße der Farbauswahl nicht gangbar, ganz abgesehen von der Verteuerung, die – wie Experten versichern – für die deutsche Porzellanindustrie ebenso untragbar wäre, wie eine Beschränkung der Auswahl an Farbnuancen. Wegen der Temperaturempfindlichkeit können auch die Einbrenntemperaturen der Dekore nicht beliebig gesteigert werden. Zwar kann als Faustregel gelten: niedrige Temperaturen im Dekorbrand = höhere Bleilässigkeit, hohe Brenntemperatur = niedrige Bleilässigkeit, doch gibt es, wie gesagt, ein empirisch zu ermittelndes Optimum, das nicht überschritten werden darf, soll die Farbe nicht verbrennen, d.h. statt leuchtend glänzend, matt und verfärbt zu werden, oder gar Verflüchtigungserscheinungen zu zeigen, wie dies bei Kupferoxid der Fall ist. R. Zapp (1952) bestätigt die Faustregel, bezeichnet die Dicke der Farbauflage mit als maßgeblich und stellt fest, daß eine harte, kieselsäurereiche Glasur günstiger ist als eine kieselsäurearme, flußmittelreiche. Jedoch sind der Beeinflussung durch die genannten Faktoren Grenzen gesetzt. W. Pukall (1944) behauptet im Gegensatz zu anderen Autoren, daß das Fritten die Bleilässigkeit nicht vermindere, er erwähnt die Wichtigkeit hinreichend langer Brenndauer, doch resigniert er, daß die Abgabe kleiner Mengen Blei nicht vermeidbar ist.

Die Porzellanfarbenherstellung ist ein selbständiger Industriezweig. Die meisten Hersteller sind dazu übergegangen, bei ihren Farben die optimale Brenntemperatur anzugeben, um damit das Ausmaß der Bleiabgaben so klein wie möglich zu halten. Die Porzellanindustrie ist ihrerseits darauf bedacht, diese Temperaturen nicht zu unterschreiten. Bei der Farbpalette sehr bunter Dekore wird man sich aber nach der schwächsten Farbe richten müssen.

Zusammenfassend ist festzustellen, daß die Glasur von Porzellan niemals bleihaltig ist, die von Steingut war es früher auch bei Eßgeschirren, ist es aber heute nicht mehr. Bei irdenen Geschirren aus Kleinbetrieben mag es immer noch möglich sein. Anders liegen die Verhältnisse bei Aufglasurdekoren. Hier sind immer bleifrei nur Gold- und andere Edelmetalldekore, doch vertragen die Golddekore keine so hohen Temperaturen wie die Aufglasurfarben. Trotzdem hatten manche Hersteller Gold- und Buntdekor gleichzeitig und in einem Brennvorgang aufgeschmolzen. Hierbei mußte wegen der Empfindlichkeit des Goldes die Brenntemperatur niedrig gehalten werden, d.h. sie betrug z.B. statt 820° C nur 700° C. Die Buntdekore bekamen also nicht genug Feuer, was zu hohen Bleiabgaben führte. Heute ist es jedoch selbstverständlich geworden, getrennt zweimal zu brennen, nämlich erst das bunte Dekor, dann das Gold.

g) Technik der Dekorierung

Für die Aufbringung des Dekors gibt es verschiedene Techniken. Da hier reine Kunstgegenstände, die handgemalt werden, von geringem Interesse sind, soll die bei Eßgeschirren gebräuchlichste Methode, der Buntdruck, in den Vordergrund gestellt werden.

Als Beispiel diene das Dekor eines Speiseservices mit Blumengirlanden auf Tellern, Untertassen, Platten usw. Ein ausgeprägter Tellerrand heißt dabei „Fahne", weist der Teller keinen Rand auf, so spricht man von „Coup"-Form.

Die von Künstlern entworfene Blumengirlande wird auf Papierbogen im Steindruckverfahren gedruckt. Die „Bibliothek" einer großen Porzellanfabrik an Lithographietafeln ist erheblich und represention oft große Werte, da für jede einzelne Farbe ein Stein verwendet werden muß. Der fertige Druckbogen stellt das „Abziehbild" dar, das, entsprechend geschnitten und sortiert, auf die Tellerfahnen abgezogen wird. Alle Dekorteile sind rationell auf dem Bogen zusammengestellt, so daß flott dekoriert werden kann, ohne allzuoft zusammensetzen zu müssen. Die Tellerfahne wird zunächst mit einem Abziehlack behandelt, der meist aus Terpentin und Kolophonium besteht. Dann wird das Teilstück Abziehbild in Wasser aufgeweicht und auf die Tellerfahne gedrückt. Durch Überrollen mit einer Gummiwalze wird Falten- und Blasenbildung vermieden. Kurz darauf, nachdem der Teller gewässert worden ist, zieht man das Papier ab. Das Dekor haftet nun fest auf dem Teller und kann eingebrannt werden. Ein anderes Verfahren verwendet nicht Abzieh-, sondern *Schiebebilder*. Hier ist das Prinzip der Übertragung umgekehrt, indem nicht die Farbseite, sondern die Papierseite auf das Prozellan aufgebracht wird:

Das ungeleimte, also wasseraufnahmefähige Papier ist mit Dextrin bestrichen. Darauf wird das Dekor in Stein- oder Metalldruck aufgetragen und im Siebdruck mit einer Lackschicht versehen. Der Porzellangegenstand wird mit der zuvor gut angefeuchteten Papierseite belegt und das Papier unter der Farbschicht weggezogen, die, von der Lackschicht zusammengehalten, direkt aufliegt und nach dem Glattstreichen fest haftet. Im Gegensatz zum Abziehbild ist also zwischen Glasur und Farbkörper keine Lackschicht. Der Verteil soll in der Vermeidung von Fehlern liegen, die beim Wegbrennen des Lackes in der Muffel entstehen können, was bei der obenaufliegenden Lackschicht des Schiebebildes ausgeschlossen ist.

Nach einem amerikanischen Patent werden Schiebebilder hergestellt, bei denen das Dekor überglasiert ist, d.h. es erhält noch eine Schutzschicht aus niedrigschmelzendem Glasfluß. Im Dekorbrand entsteht so eine undurchdringliche, dauerhafte und schützende Schicht (Patentschrift 1955. H. Baumer, 1963).

Viele Porzellanfabriken stellen in einer eigenen Abteilung die Abziehbilder selbst her. Ein Dekor ist oft das künstlerische Eigentum der Firma, das nicht nachgemacht werden darf, doch gibt es auch Allerweltsdekore, die von vielen Fabriken verwendet werden und die von Spezialfabriken bezogen werden können. Solche Muster nennt man „Verlagsdekore".

Liegt nur eine Farbe vor, wird der Stahlstich (Einfarbendruck) vorgezogen, bei dem in eine mit Asphaltlack überzogene Stahlplatte das Muster eingeritzt und mit Salpetersäure eingeätzt wird. Der Lack wird mit Spiritus abgelöst, die Ätzvertiefungen werden eingefärbt und auf Seidenpapier abgezogen. Für Massenartikel, allerdings weniger bei Porzellan als bei Steingut wird auch der *Siebdruck* angewendet, ein Verfahren das von der Glasindustrie übernommen worden ist. Das Sieb, ursprünglich aus Seide, heute aus Kunststoffen oder Metall, wird mit einem besonderen Lack überzogen und das Muster durch Schaffung von Aussparungen hergestellt. Durch Überwalzen mit Farbe dringt diese durch die sehr feinen Sieblöcher in die Glasur. Wegen der gewaltigen Leistungen von Siebdruckautomaten ist das Verfahren für Massenartikel der Steingutindustrie vorteilhaft (G. Schnabel, 1957, 1958).

Ein interessantes, wenn auch wirtschaftlich unbedeutendes Verfahren, ist die *Photokeramik*. Sie gestattet Photographien auf die Glasur zu übertragen und einzubrennen. Man benötigt dazu das Negativ und eine Platte mit lichtempfindlicher Schicht, die jedoch nicht Silberhalogenid, sondern Kaliumdichromat und einen kolloiden organischen Träger (Gelatine u.a.) enthält. Diese Schicht wird bei Belichtung – unter den hellen Stellen des Negativs – wasserunlöslich und nimmt dann keine Farbe an. Stäubt man den Film mit puderfeiner Aufglasurfarbe ein, so entsteht ein positives Bild. Der ganze Film wird abgezogen und auf die Keramik, z.B. einen Teller aufgedruckt. Beim Dekorbrand verbrennt die organische Substanz und die Farbe verbindet sich mit der Glasur.

Die wichtigsten Techniken, deren sich eine große Dekorabteilung bedient, sind folgende:

Eine große Rolle spielt das *Spritzverfahren*, bei dem die mit Terpentin und Kolophonium angeriebenen Farben mit der Spritzpistole in Spritzkabinen aufgespritzt werden. Abdeckungen können durch Schablonen oder später aufzulösende oder wegbrennende Deckschichten erfolgen. Das „*Rändern*", d.h. Einrahmen von Tellerrändern, Henkeln usw., geschieht vielfach vermittels Handmalerei. Speziell bei Gold kennt man *Poliergold* und *Glanzgold*. Ersteres ist kolloid gefälltes Gold, das nach dem Ausglühen mit einem Flußmittel wie eine Aufglasurfarbe behandelt wird. Als Flußmittel kommt hier in erster Linie in Frage Wismutnitrat und Borax. Die keramische Goldfarbe wird mit einem Malmittel, wie Terpentin aufgemalt und eingebrannt. Zusätze von Silber geben ins gelbliche gehende, von Platin in rötliche gehende Tönungen. Glanzgold ist ein aus Goldchlorid mit schwefelhaltigen ätherischen Ölen entstandenes harzsaures Salz.

Qualitätsgeschirre werden nicht nur mit glatter Goldkante, sondern auch mit Ätzkante ausgestattet. Ein breites Goldband kann durch vorherige Ätzung mit Flußsäure eine reliefartige Ornamentik erhalten.

Laufglasuren haben so tiefe Schmelzpunkte, daß sie beim Brand verfließen und so künstlerische Effekte hervorrufen.

Mattglasuren sind solche, bei denen es bei der Erstarrung zu Entglasungen (Kristallbildungen) kommt. Sie spielen bei Steingut für den Bausektor eine Rolle, weil die Lichtreflexion herabgesetzt ist.

Craquelée oder Krakglasuren sind solche mit feinen Haarrissen, sonst gefürchtet, hier zum Zwecke künstlerischen Effekts herbeigeführt. Es handelt sich dabei um alkalische Glasuren mit K_2O oder Na_2O mit Li_2O.

Die *Kristallglasuren* stehen den Mattglasuren nahe, doch entstehen hier die Kristalle an der Oberfläche (E. STAUBER, 1952).

Lüsterglasuren haben schillernden, irisierenden Glanz; sie entstehen durch Reduktionsvorgänge an der Oberfläche, wobei sich dünnste Metallhäutchen bilden.

Das berühmte leuchtende Königsblau der Porzellanmanufaktur Sèvres ist ein Dekor zwischen zwei Glasuren.

Da die genannten Spezialglasuren rein künstlerischen Zwecken dienen, konnten sie hier bei der Dekorierung behandelt werden.

Gebrannt werden die Dekore nach dem Einsetzen in Schmelzkörben in Muffelöfen. Die Temperatur in der Muffel ist bei Aufglasurdekoren meist um 830° C. Golddekore werden bei 600–700° C gebrannt. Auf die Bedeutung der Einhaltung optimaler Brenntemperaturen zur Herabsetzung der Bleilässigkeit wurde bereits hingewiesen. Es versteht sich, daß die Brenntemperatur auch in Relation zu der Zeit stehen muß, während der die Dekore der Höchsttemperatur ausgesetzt werden. Eine gewaltsame Hinaufsetzung der Brenntemperatur würde zu Fehlfabrikaten führen. Dies ist bei Unterschreitung nicht der Fall. Vielmehr ergeben sogar wesentlich tiefere Temperaturen durchaus schöne, leuchtende Dekore von hohem Glanz. Der einzige Nachteil ist die unter Umständen beträchtliche Erhöhung der Bleiabgabe. Nach vollendetem Dekorbrand ist das Porzellan fertiggestellt.

Wie schon eingangs gesagt wurde, ist Porzellan stellvertretend für die übrigen Erzeugnisse der Feinkeramik etwas eingehender behandelt worden. Es genügt daher, bei der Besprechung der übrigen Warengruppen der Feinkeramik auf Besonderheiten und soweit erforderlich auf Gleichartigkeit oder Verschiedenheit gegenüber Porzellan hinzuweisen.

Steingut. Die Masse ist zusammengesetzt aus ca. 50% plastischer, eisenarmer Tonsubstanz, die je nach dem Ton gar kein Kaolin oder nur einen kleinen Anteil enthält. Der Zusatz von Quarz als Magerungsmittel ist größer als bei Porzellan, der Feldspatanteil als Flußmittel wesentlich geringer. Oft kommen Kreide, Kalkspat oder Dolomit in kleinen Mengen hinzu. Der Scherben muß ebenfalls weiß brennen und ist ebenfalls porös. Im Gegensatz zu Porzellan, das im Rohbrand (Glühbrand) 800–1000° C ausgesetzt wird, wird Steingut bei 1100–1300° C gebrannt. Man kann also hier den Rohbrand als den eigentlichen Hauptbrand bezeichnen. Der Unterschied in den Brenntemperaturen ist beim Glasurbrand (Glattbrand) ins Gegenteil verkehrt. Während er bei Porzellan mit Temperaturen von 1350–1450° C wesentlich höher als der Rohbrand liegt, erfolgt bei Steingut der Glasurbrand bei 1000–1100° C.

Wegen der Porosität muß Steingut für Gebrauchszwecke glasiert werden. Für Spezialszwecke sind allerdings wasserdurchlässige Eigenschaften erwünscht, z.B. für bakteriologische Filter, Diaphragmen usw.

Eine wesentliche Vereinfachung im Fabrikationsverlauf gegenüber Porzellan ergibt sich durch die größere Plastizität der Massen, die kleinere Brennschwindung sowie die größere Satzdichte im Ofen.

Wegen der verhältnismäßig niedrigen Brenntemperaturen für die Glasur enthält diese Bleiverbindungen, deren schmelzpunktsenkende Eigenschaften schon verschiedentlich erwähnt wurden. Außerdem sind die Glasuren im allgemeinen borsäurehaltig. Eßgeschirre werden jedoch mit bleifreien Glasuren versehen (J. KLUG, 1928; H. ROCH JR., 1940; H. KIENBERGER, 1942; W. KERSTAN, 1954). Im Gegensatz zu Prozellan, bei dem nur Rohglasuren verwendet werden, sind Steingutglasuren von niedriger Ausbrenntemperatur stets gefrittet. Man benötigt außer Feldspat, Quarz, Kalkspat, Dolomit, Bleioxiden usw. noch lösliche Alkaliverbindungen, wie Soda, Salpeter, Borax, ferner Borsäure. Zunächst wird mit etwas Quarz und Feldspat zur Silikatbildung eine Fritte eingeschmolzen, die unlöslich und ungiftig ist. Diese wird mit dem Rest der Glasurbestandteile fein vermahlen. In Versuchen des Laboratoriums der Tonerde-Industrie wurde geprüft, inwieweit die Erhöhung der SiO_2 die Bleilässigkeit vermindert. Dabei wurde zunächst mit steigendem SiO_2-Gehalt eine Minderung der Bleilässigkeit festgestellt. Dann aber trat ein Knick ein, indem weitere Vermehrung der SiO_2 auf einnal zu steigender Bleiabgabe führte, offenbar weil die Schmelztemperatur nicht mehr zur Silikatbildung ausreicht (C. STÜRMER, 1936, 1939; W. STEGER, 1941).

An Steingutarten sind hervorzuheben das Hartsteingut (Feldspatsteingut) daneben das Kalk- und Tonerdesteingut. Sie entstehen, wie schon der Name sagt, durch Variationen in der Zusammensetzung der Masse. Die Fabrikation ist in der Technik derjenigen des Porzellans weitgehend ähnlich.

Für die *Dekorierung* gibt es Aufglasurdekore, aber in wesentlich erhöhtem Maße Unterglasurdekore, die sich durch hohe Leuchtkraft auszeichnen. Die niedrige Temperatur des Glasurbrandes kommt diesem Verfahren entgegen. Der dritte Brand, beim Porzellan der Dekorbrand, wird eingespart.

Speziell beim Steingut findet für das Aufbringen der Glasur das Engobieren Anwendung. Bei vielen Gegenständen genügt die Glasierung einer Fläche, z.B. bei Kacheln. Es kommen auch farbige Engoben zur Anwendung.

Der Hauptfabrikationszweig der Steingutindustrie sind nicht Eßgeschirre, sondern hauptsächlich sanitäre Waren wie Wannen und Erzeugnisse für den Bausektor (Kacheln). Für große, dickwandige Formstücke wird Schamotte als Magerungsmittel zugesetzt. Schamottesteingut (Feuertonware) stellt einen Übergang zu den Schamotteerzeugnissen dar.

Töpferwaren sind die einfachsten Erzeugnisse der Feinkeramik. Sie gehören zu der großen Gruppe „Irdengut", dessen Bedeutung auf technischem Gebiet liegt.

Man kann unterscheiden in nicht feuerfeste Waren wie Ziegel, Terrakotten, poröse Steine, Blumentöpfe, Kacheln usw. und in feuerfeste, wie Kapseln, Muffeln, Glashäfen usw.

An das Ausgangsmaterial werden keine besonderen Reinheitsanforderungen gestellt. Infolgedessen brennt der Scherben nicht weiß, sondern je nach Art der Verunreinigung der Tone gelblich, rötlich, dunkelbraun bis schwarz. Zu plastischem Ton wird Sand und meist etwas Kreide gemengt. Neben Sand wird auch Schamotte als Magerungsmittel verwendet. Der Scherben ist nicht sehr hart aber porös. Für viele Bedürfnisse bleibt er unglasiert (z.B. Blumentöpfe), sonst wird er glasiert. Die Brenntemperatur liegt niedrig. Der Scherben wird bei 900 bis höchstens 1100° C gebrannt. Das Glasieren geschah im vorigen Jahrhundert in ganz primitiver Weise einfach durch Aufstäuben von Mennige auf den noch feuchten Scherben. Es entstand so eine reine Bleiglasur. Die Brenntemperatur lag niedrig bei ca. 600—700° C. Es sei daran erinnert, daß bei den damaligen Küchengewohnheiten in irdenen Geschirren gekocht wurde, z. B. Milch in Töpfen; es gab irdene Pfannen, Krüge für Getränke aller Art, wie Most, Wein usw.; es wurden z. B. Essigzwetschgen in irdenen Häfen eingekocht. Unter diesen Umständen ist es nicht verwunderlich, daß die Bleiabgabe Höhen erreichte, die zu akuten Vergiftungserscheinungen geführt haben können (C. STÜRMER, 1936). Diesem Mißstand zu begegnen wurde im Jahre 1878 das Blei- und Zinkgesetz erlassen. Es war bei der Forderung nach Bleifreiheit der Glasuren gegen Essigsäure ganz speziell auf irdene Eß-, Trink- und Kochgeschirre abgestimmt. Außerdem ist noch das Email im Gesetz aufgeführt, das ebenfalls zu Kochgeschirr verwendet wird. In dekoriertem Porzellan wurde niemals gekocht.

Die Glasur von Töpferwaren ist für Eßgeschirre schon längst bleifrei. Im übrigen kann die Verwendung von irdener Ware zum Kochen heute praktisch ausgeschlossen werden.

Es ergibt sich also, daß, im Gegensatz zu Porzellan, wo das Dekor bleihaltig ist, es hier die Glasur ist, ausgenommen für Geschirre.

Einen Ruf hatte das Bunzlauer Geschirr, auf dessen brauner, glänzender Glasur leuchtend blaue Ornamente dekoriert worden sind.

Das große Gebiet der *Feuerfest-Keramik*, das große Bedeutung erlangt hat, soll nur erwähnt werden. Die Ansprüche, welche an keramische Stoffe für Raketenantriebswerke gestellt werden, sind enorm. In den Brennkammern treten Temperaturen von 2200–3900° C und Drucke von 20–70 kg/cm^2 auf. Wenn man bedenkt, daß bei 2 kg/cm^2 Druck die üblichen feuerfesten Steine schon bei 1500° C erweichen, so werden die Materialschwierigkeiten deutlich, auch wenn die Brenndauer nur zwischen einigen Sekunden und Minuten liegt. Ausgangsstoffe sind Oxide von Zirkon und Beryllium, Zirkonborid, siliciumcarbidhaltige Massen, Graphit, Carbide des Hafniums und Tantals, die bei fast 4000° C erst schmelzen, schließlich Nitride des Bors, Tantals, Titans, die bei ca. 3000° C schmelzen (H. KALSING, 1956).

Im Reaktorbau gewinnen seltene Erden immer mehr an Bedeutung. Wegen ihres hohen Absorptionsquerschnittes für thermische Neutronen sind die Oxide von Europium, Samarium, Gadolinum sehr geeignet für Absorberstäbe und für spezielle Reaktorummantelungen.

Die Entwicklung, die nötig ist, auf dem Gebiete der Keramik und des Glases Ansprüche zu befriedigen, deren Erfüllung noch vor Jahren nicht für möglich gehalten wurde, hat die Chemie und Technologie der Seltenen Erden in ungeahnter Weise gefördert (*Tagungsreferat*, 1960).

II. Email

1. Geschichtliches

Die Kunst der Emaillierung ist alt. Sie wurde auf den griechischen Inseln, insbesondere auf Cypern, schon 1400 Jahre v. Chr. geübt, allerdings nur zu Schmuckzwecken. Vielfach war Gold die Metallunterlage. Funde in Ägypten sollen noch weiter zurückreichen. Eisen wurde erstmals im 18. Jahrhundert emailliert. Von da an geht die Entwicklung rasch aufwärts; doch erst Mitte des 19. Jahrhunderts wird die Differenzierung in Grund- und Deckemail bekannt.

2. Wirtschaftliches

Die Gesamtproduktion der etwa 180 Emaillierwerke der Bundesrepublik stellte 1963 einen Wert von mehr als 1 Mrd. DM dar. Die Fertigerzeugnisse differenzieren sich in der Hauptsache in Heiz- und Kochgeräte, Wasch- und Geschirrspülmaschinen, Waschkessel, Badewannen, Sanitärartikel, Schilder, Plakate, chemische Apparate etc.

Der Gesamtumsatz auf dem Sektor Haus- und Küchengeräte ist auf ca. 85 Mio. DM zu schätzen, der Exportanteil liegt bei ca. 5%.

Die Zahl der Betriebe: In der Bundesrepublik existieren 13 Firmen als Rohstoffhersteller (Emailfritten), deren Produkte von etwa 180 Emaillierwerken weiterverarbeitet werden. Die Zahl der Beschäftigten ist mit ca. 20000 zu schätzen.

3. Definition

Email ist ein Glasfluß, der auf Metalle aufgeschmolzen worden ist. Die Verbindung des Flusses mit dem Metall muß fest, d.h. unlösbar sein, der Glasfluß von möglichster Härte. Wie es bei Glas nun einmal ist, stellt die Schlag- und Stoßempfindlichkeit einen gewissen Mangel dar.

Mit Email wird in der Technik der Herstellung auch der Glasfluß allein bezeichnet. So spricht man von Grundemail und von Deckemail. Den Vorgang des Aufbrennens auf Metall nennt man emaillieren. Als Metalluntergrund kommen Edelmetalle nur für kunstgewerbliche Zwecke in Frage. Für Bedarfsgegenstände aller Art ist Eisen die Metallbasis und zwar Stahlblech für leichtere Gegenstände, insbesondere Geschirre, Gußeisen für schwere, wie Kessel, Apparate, Wannen usw. Die Emaillierung von Aluminium scheint Zukunft zu haben. Es besteht steigender Bedarf an Spezialemails hoher Temperaturbeständigkeit für Atomreaktoren, Triebwerke usw.

Für Email gibt es eine ganze Anzahl von Definitionen. Folgende von A. Dietzel (1940) stammende gilt als die erschöpfendste:

„Email ist eine durch Schmelzen oder Fritten entstandene, vorzugsweise glasig erstarrte Masse mit anorganischer, in der Hauptsache oxidischer Zusammensetzung, die in einer oder mehreren Schichten, teils mit Zuschlägen auf metallische Werkstücke aufgeschmolzen werden soll oder aufgeschmolzen worden ist“ (R. Märker, 1959).

Soweit sich die Bezeichnung Email für andersartige Erzeugnisse eingebürgert hat, ist sie wissenschaftlich nicht haltbar, so z.B. für Lacküberzüge, sog. Lackemails (Emaillack) auf Kautschuk- oder Kunstharzbasis, die verhältnismäßig hart sind, oder Silicon-Email, das bei Temperaturen bis 200 °C aufgebrannt wird.

Die Bedeutung des Emails liegt neben seiner Preiswürdigkeit darin, daß es möglich ist, Eisen für Zwecke zu verwenden, für die es ungeschützt nicht in Frage käme. Denn die harten widerstandsfähigen Emailflüsse stellen einen vollendeten Schutz vor Angriffe aller Art dar, z.B. durch starke Säuren, verdünnte Laugen usw.

Erwähnung möge noch das sogenannte Glasemail finden. Hier ist die Unterlage nicht Metall, sondern Glas, das mit einer Emailschmelze überzogen ist, gemäß der Definition handelt es sich wegen der nichtmetallischen Unterlage nicht um Email im eigentlichen Sinn.

Wenn auch im Blickpunkt des Blei- und Zinkgesetzes die aufgebrannte Schmelze im Vordergrund steht, so soll doch der Fabrikationsgang kurz dargestellt werden. Hierbei wird jedoch nur von Eisenblechen als Grundlage die Rede sein, spielen sie doch bei Geschirren, d.h. bei Bedarfsgegenständen im Sinne des Lebensmittelgesetzes, allein eine entscheidende Rolle.

4. Technologie der Emailherstellung

a) Vorbehandlung der Bleche

Die Geschirrherstellung, die als Beispiel dienen möge, beginnt mit dem Kaltverformen (Ziehen) der Stahlbleche zu Geschirren mit nachfolgendem Glühen, ist doch die Sauberkeit der Bleche eine der wichtigsten Voraussetzungen für das einwandfreie Gelingen der Emailierung. Fette und Öle, die sich vom Ziehen her stets auf den Blechen befinden, können infolge Verbrennung und Gasbildung, Abplatzen, Bläschen- oder Schuppenbildung des Emails bewirken. Das Glühen bewirkt auch einen Spannungsausgleich, der zur Vermeidung des gefürchteten „Werfens“ mit von Bedeutung ist. Die Geschirre kommen dann in ein alkalisches Bad, dem Netzmittel zugesetzt sind. Darauf wird gespült. Es folgt eine Säurebeize mit Inhibitoren. Sie dient der Ablösung des festhaftenden Zunders, der beim Glühen entsteht. Zur Vermeidung eines Säureangriffs auf das Eisen dienen Inhibitoren, äußerst verschiedenartige Substanzen, früher Kleie oder Leim, heute organische Verbindungen des Stickstoffs, des Schwefels usw. (*ohne Verfasser*, 1941).

Die Vorbehandlung kann erschwert werden durch das Metall selbst, das z.B. Schlackeneinschlüsse oder Lunkerstellen haben kann. Die Wasserstoffbildung bei der Säurebehandlung kann zu Wasserstoffeinschlüssen führen, die wiederum Blasen- oder Fischschuppenbildung herbeiführen können. Auch Eisenbegleitelemente, wie Kohlenstoff, Phosphor, Stickstoff, Kupfer, sind von Einfluß.

Von geringer Bedeutung sind elektrolytische Beizen, wobei das Stahlblech die Kathode oder auch die Anode bilden kann. In einem Fall hebt sich die Zunderschicht ab, im anderen geht sie in Lösung. Nach dem Beizen wird das Geschirr mit Soda- oder Boraxlösung neutral gespült und getrocknet. Nun folgt evtl. noch das Garnieren, d.h. bei Geschirren das Anbringen von Henkeln oder Griffen durch Elektroschweißen (SCHOENMANN, 1963).

Aus England kommt das Verfahren einer vollautomatischen Sprühbeizanlage für Geschirre, aus in sich abgeschlossenen Kammern bestehend, in denen die Vorbehandlungsvorgänge der Reihe nach ablaufen (*Tagungsbericht* 1959).

b) Grundemaillierung

Der eigentliche Emailliervorgang verläuft in zwei Stufen, dem Aufschmelzen des Grundemails und dem Aufbrennen des Deckemails. Beide werden vorher gefrittet. Die Herstellung der Fritten und daraus, nach weiteren Zuschlägen, des Schlickers erfolgt in den Grundzügen wie bei Porzellan geschildert, nämlich Mischung des Versatzes unter Zerkleinerung, Fritten (Vorschmelzen), Ablassen in Wasser (Granulierung). Die Fritten werden meist fertig als Granulat bezogen.

Der Fritteversatz des Grundemails enthält als eigentlichen Glasfluß bis zu 35% Borax, in etwa gleicher Menge Feldspat, ferner Quarz und in geringen Mengen Soda, Salpeter etc. Auch hier sind die Variationsmöglichkeiten hinsichtlich Auswahl und Menge der Stoffe vielfältig; z.B. kann Borax gegen Natriumtitansilikat ausgetauscht werden.

Das Grundemail wird auf das Stahlblech aufgeschmolzen. Die Verhältnisse vor allem zwischen der Ausdehnung des Blechs mit derjenigen des Schmelzflusses müssen möglichst ausgeglichen sein, um Spannungen zu vermeiden. Die Rezeptur des Versatzes muß daher den Eigenschaften des jeweiligen Stahlbleches angepaßt werden.

Gewöhnlicher Glasfluß würde auf dem Metall überhaupt nicht haften; deshalb müssen sog. Haftsubstanzen hinzugefügt werden. Wichtigster, geradezu klassischer Vertreter ist Kobaltoxid, aber auch Nickeloxid, ersteres in Mengen von 0,3%, letzteres bis 1,5% des Trockengemisches. Erhöhung des Kobaltgehaltes führt zu steigender Haftfestigkeit, die außerordentlich hohe Werte erreichen kann.

Die Haftmittel, deren es noch eine ganze Anzahl gibt und die auch in Mischungen angewendet werden können, werden entweder beim Fritten mitgeschmolzen, oder auch nachträglich noch zugegeben (A. DIETZEL, 1933, 1934, 1942, 1945; R. MÄRKER, 1961).

Die Fritte wird mit weiterem Mühlenversatz von Quarzmehl und Ton, welch letzterer das Absetzen des Schlickers verhindern soll, mit $^1/_4$ bis $^1/_3$ des Gewichts an Wasser in einer Trommelmühle zu einem feinen Brei vermahlen. Damit ist der Schlicker auftragebereit, doch läßt man ihn oft noch einige Tage reifen.

Im allgemeinen ist es notwendig, ihn vor Verwendung noch zu „stellen". Hierunter versteht man den Zusatz sog. Stellmittel, die eine geeignete Konsistenz des Schlickerbreies herbeiführen. Muß der Schlicker dünner werden, gibt man mehrbasische Säuren zu (z.B. Phosphorsäure); eine Verfestigung (Ansteifung) – in diesem Sinne wird der Schlicker meist gestellt – wird durch Elektrolyte, wie Chloride oder Sulfate des Magnesiums, durch Soda, Borax oder Ammoniumverbindungen bewirkt. Der Mechanismus des Stellvorgangs ist sehr komplexer Natur (*ohne Verfasser*, 1925).

Der Schlickerauftrag kann erfolgen durch Tauchen, Angießen, Spritzen. In das vorbehandelte Metallgeschirr wird der Schlicker eingegossen, umgeschwenkt und ausgegossen. Außen wird der Schlicker durch Eintauchen bis zum oberen Rand aufgetragen. Die Gegenstände werden auf Stachelbrettern abgesetzt und nach Antrocknen bei ca. 120° C vorgetrocknet. Es folgt dann die Ausbesserung des von den Stacheln beeinträchtigten Schlickerüberzugs, das Abputzen des Randes, sofern er später mit einem vorgefalzten Metallring versehen wird, wie dies insbesondere bei Elektrogeschirr üblich ist. Die Ware wird dann auf Filzstreifen gesetzt und ist brennfertig. Das Brennen erfolgt in ölbeheizten Tunnel- oder in Muffelöfen bei 840° C bis höchstens 900° C.

Der wichtigste Zweck der Grundemaillierung ist die Gewährleistung der Haftfestigkeit, auch bei erheblichen Temperaturunterschieden, denen ein Emailgegenstand unter Umständen ausgesetzt wird. Erst das Deckemail verschafft dem Gegenstand das charakteristische, weiß oder farbig getrübte, glänzende Aussehen.

Die chemischen Vorgänge während des Aufschmelzens sind verwickelt. Grundsätzlich muß oxidierend gebrannt werden. Es entsteht eine reichliche Gasentwicklung (Wasserstoff, Kohlenoxid, Kohlendioxid, evtl. Stickstoff und Stickoxide). Man sagt „das Email kocht". Der Grundemailüberzug bildet eine unregelmäßig gefärbte, blasige, keineswegs glatte Oberfläche, die eines weiteren Überzugs bedarf, nämlich des Deckemails.

c) Deckemaillierung

Das Charakteristikum des Deckemails ist die rein weiße oder farbige Trübung in Verbindung mit schönem Glanz und vollendeter Glätte. Deckemails kann man als Glasflüsse bezeichnen, die sich durch Zusatz geeigneter Stoffe trüben, ähnlich der bei Porzellanglasuren und Gläsern unerwünschten Erscheinung des Entglasens. Auch hier ist die Zusammenstellung der Versätze äußerst vielfältig; sie wird auf den Verwendungszweck des betreffenden Gegenstandes abgestimmt und natürlich auch dem jeweiligen Grundemail angepaßt.

Die hervorstechendste Schmelzeigenschaft ist ein niedrigerer Erweichungs- und Schmelztemperaturbereich als der des Grundemails, liegt doch die Einbrenntemperatur des Deckemails ca. 100° C niedriger. Dies wird erreicht durch Zusatz erheblicher Mengen an Fluoriden (ca. $^1/_5$ des Versatzes). Daneben wird auch von der verflüssigenden Wirkung der Borsäure Gebrauch gemacht. Der Hauptbestandteil ist Quarz (ca. 50%), dazu kommen Tonerde und andere Stoffe. Zur hieraus hergestellten Fritte kommen im Mühlenversatz (Schlicker) noch Trübungsmittel.

Heute ist man bestrebt, die Einbrenntemperatur des Grundemails niedriger, nämlich bei 800–840° C zu halten, d.h. in gleicher Höhe wie die des Deckemails, was das sog. „Durcheinanderbrennen" gestattet und einen wirtschaftlichen Vorteil bedeutet (s. Spezialemails).

Das uralte Standardtrübungsmittel für rein weiße Emails ist Zinndioxid, ein anderes ausgezeichnetes ist Natriummeta-antimoniat ($NaSbO_3$), aber auch Oxide von Cer und Zirkon bewähren sich. Heute dürfte Titandioxid, das bereits mitgefrittet werden kann, wegen seiner hohen Deckkraft an der Spitze der Trübungsmittel stehen, nachdem die Anfangsschwierigkeiten seiner Handhabung behoben sind. Bor-Titanemails und Zink-Titanemails gestatten es, die Auftragsstärke bis nahezu auf ¼ herabzusetzen (R. Bonke u. Mitarb., 1941).

Farbemails sind Deckemails mit Metalloxiden als Farbkörper, z.B. Oxide des Eisens, Chroms, Kobalts, Cadmiums, Urans usw. Sie bewirken eine farbige Trübung, wobei die Weißtrübungsmittel in den Hintergrund treten. Die bekannten, meist schwarz-weiß gesprenkelten Muster bei Bratröhren, Herdabdeckblechen usw. werden mittels Spritzpistole hergestellt, deren Sprühnebel durch Turbulenz in größeren Tropfen auftrifft. Dagegen werden ganz feine Punktmuster nicht dekoriert, Sie entstehen vielmehr durch Zumischung bestimmter Farbkörper, die nicht vom Deckemail homogen aufgenommen werden, sondern als dunkle Körper erhalten bleiben.

Sogenannte Transparentemails sind farblos. Solche Glasüberzüge fallen jedoch nicht mehr streng unter die Definition „Email".

Eine Innendekorierung von Emaillegeschirren wird praktisch nicht vorgenommen. Soweit vereinzelt Außendekore in Frage kommen, erfolgt ihre Herstellung mit Porzellanfarben.

Was die *Gußeisenemaillierung* betrifft, so kommt sie auf dem Sektor der Eß-, Trink- und Kochgeschirre nicht in Frage. Es erübrigt sich daher ein näheres Eingehen. Ein grundsätzlicher Unterschied gegenüber Blechemaillen besteht hinsichtlich der Haftfestigkeit, denn es bedarf hier praktisch keiner Haftsubstanzen. Das Gußeisen weist eine rauhe, porige Oberfläche auf, die die Emailschmelze gleichsam mechanisch festhält. Bei der Gußeisenemaillierung (Gußemaillierung) ist das Aufbringen des Deckemails neben dem Naßverfahren auch im Trockenverfahren, nämlich durch Pudern möglich. Hierbei muß allerdings das Grundemail nicht lediglich gefrittet worden sein, sondern vielmehr durchgeschmolzen. In diesem Fall spricht man von einem sog. Schmelzgrund, bei dem ein hinreichendes Schmelzintervall ebenso wie bei der Blechemaillierung zu beachten ist.

d) Spezialemaille

Es ist verständlich, daß die Industrie schon immer bestrebt war, die doppelten Arbeitsgänge für Grundemail und Deckemail zu einem Vorgang zu vereinen, also eine Einschichtemail herzustellen. Mit der Einführung des Titanemails scheint sich eine Lösung anzubahnen. Allerdings bietet die Einschicht-Weißemailierung noch nicht die gleiche Betriebssicherheit wie die Grund- und Deckemailierung. Andererseits ist heute schon die Grundschicht derart vollkommen, daß man mit einer sehr dünnen Deckschicht auskommt (A. Petzold u. Mitarb., 1958). Beim Einschichtemail, das vor allem für billige Kübel u. dgl. in Frage kommt, wird Deckemail ohne Grundemail direkt auf Stahl aufgebrannt (A. Dietzel u. Mitarb., 1949; A. Petzold u. Mitarb., 1956, 1957a, b; Stegmeier, 1957).

Die vielfältige Verwendung auf dem technischen Sektor hat die Emailindustrie zur Entwicklung von Emails mit speziellen Eigenschaften gezwungen. Hierbei stehen Säure- und Laugenbeständigkeit an der Spitze. In der Tat kann man – und das ist für den Lebensmittelchemiker im Zusammenhang mit dem Blei- und Zinkgesetz wichtig – durch geeignete Auswahl der Stoffe die Eigenschaften ganz erheblich beeinflussen. So kann schon bei der Granulation der Fritten das Ziel der Säurebeständigkeit verfolgt werden. Diese sinkt nämlich, wenn zu früh granuliert wird, d.h. wenn noch nicht hinreichend geschmolzen worden war. Auch die Art der Abschreckung mit Wasser oder Kaltluft ist von Einfluß (St. Wiester, 1923; A. Malinovsky, 1953). Es ist ferner bekannt, daß eine Verminderung des Borsäurezusatzes bis auf Null bei Erhöhung des Quarzanteiles die Säurebeständigkeit erhöht. Von hervorragender Wirkung ist Lithiumoxid, das teilweise die Alkalioxide ersetzt (A. Dietzel u. Mitarb., 1933, 1934, 1949). Von hohem Interesse ist auch die Beobachtung, daß die Porigkeit des Überzugs eine Hauptursache für den Säureangriff bildet (H. Pöschmann und H. Schneider, 1959). Offenbar begünstigt die Porigkeit die Korrosionswirkung der Säure. Dabei soll die chemische Zusammensetzung des Emails zweitrangig sein (B. Charlish und I. Heeley, 1945; E.F. Kohmann, 1950; Th. Schauer, 1925). Hier dürfte es Parallelen zur Bleilässigkeit von Aufglasurdekoren bei Porzellan geben.

Das Problem der Laugenbeständigkeit ist noch nicht gelöst. Silikatische Gläser werden nun einmal von Alkali angegriffen. Im übrigen sind höchstsäurefeste Emails gegen Laugen empfindlicher als normale.

Zu den Spezialemails gehören hochtemperaturbeständige, z.B. für Hochleistungsaggregate (A. Petzold, 1960). Gewöhnliche Emaille halten die üblichen beim Kochen auftretenden

Temperaturen, die bei ca. 500° C liegen, ohne weiteres aus. Dies genügt aber bei weitem nicht für Spezialzwecke, z.B. für Triebwerke. Die hier notwendige Emaillierung soll vor allem die Verzunderung verhindern. Hochtemperaturemails schützen Metalle bis ca. 950° C.

In Amerika, das in der Entwicklung der Emailindustrie als führend angesehen werden darf, finden emaillierte Bauelemente steigende Verbreitung, seien sie selbsttragend (z.B. Tanksäulen), oder Wandelemente (Ausfachung von Tragkonstruktionen) und Fließen. Man verwendet ferner zunehmend emailliertes Aluminium, das bei nur 500–550° C emailliert werden kann und sich wegen seines leichten Gewichtes empfiehlt. Sogar Aluminiumfolien lassen sich emaillieren (H. KALPERS, 1955; R. FREITAG, 1963).

Das Bemühen um Verbesserungen in der Emaillierung, sowie die Ausweitung des Anwendungsbereiches sind noch nicht zum Stillstand gekommen (H.J. KARMAUS, 1950).

Abschließend noch einige Hinweise auf Emailfehler, soweit sie nicht schon erwähnt wurden. Ausführliche Besprechungen sind den Fachbüchern zu entnehmen (ferner A. THÜRMER, 1951; W. HEIMSOETH u. Mitarb., 1952). Emailfehler sind Abplatzungen und Schuppenbildung (R. MÄRKER, 1962 und R. GRIMM, 1963), die erst beim Lagern oder im Gebrauch auftreten kann, Risse, Bläschenbildung, die bis zum Schäumen führen kann. Ein weiterer Fehler ist das Auftreten von Flecken.

Bei den vielfältigen Fehlermöglichkeiten, deren Ursachen oft ineinandergreifen, sind Fehlfabrikate unvermeidbar. Die Verfahren zur Entemaillierung dienen jedoch lediglich der Rückgewinnung des Gußeisens, handelt es sich dabei doch oft um große und größte Stücke. An der Spitze steht die Behandlung mit konzentrierten Säuren, die besonders wirksam mit Beimischung von Flußsäure ist. Ein anderes Verfahren von Bedeutung ist die Behandlung mit starker Alkalilauge oder mit Alkalischmelzen.

Würdigt man die Emails unter den Gesichtspunkten des Blei- und Zinkgesetzes, so ist zu sagen, daß für Geschirre längst völlig bleifreie Schmelzen verwendet werden.

III. Glas

1. Geschichtliches

Wenn man soweit gehen will, die ersten Mineralschmelzen, wie sie vom Emaillieren her bekannt waren, als „Glas" zu bezeichnen, dann ist die Erfindung 1000–2000 Jahre v. Chr. und weiter zurück zu datieren. Glas im heutigen Sinne war es noch nicht. Erst allmählich lernte man mit größeren Schmelzmengen umzugehen und gezielte Ergebnisse, frei von Zufälligkeiten, zu erlangen. Während sich die Technik, Schmelzflüsse herzustellen, immer mehr verbesserte, dauerte es doch noch Jahrhunderte nach Chr., ehe sich die Herstellung farblosen, also durchsichtigen Glases entwickelte. Eine einschneidende Wende brachte etwa im 14. Jahrhundert die Entdeckung der Linse mit ihren unerhörten zivilisatorisch-revolutionierenden Erfolgen, die sich daraus ergaben.

2. Wirtschaftliches

Der Gesamtumsatz in der Bundesrepublik betrug im Jahre 1963 2,5 Mrd. DM, bei einem Ausfuhranteil von 466 Mio. DM.

Die Produktion von Hohlglas hatte einen Wert von 1,15 Mrd. DM, entsprechend 1,5 Mio. t. Der Exportanteil auf dem Sektor Behälterglas (Getränkeflaschen, Medizinflaschen, Verpakkungsglas, Konservenglas) und Wirtschaftsglas (Glaswaren für Tisch und Küche) betrug 110 Mio. DM. Zahl der Beschäftigten auf dem Hohlglassektor 49000, Zahl der Hohlglasbetriebe 200.

3. Definition

Eine treffende Definition gibt die *American Society for Testing Materials:* „Glas ist ein anorganisches Schmelzprodukt, das abgekühlt ist, ohne zu kristallisieren."

Es gibt auch „Gläser" auf organischer Basis, wie Polystyrol, Polyäthylen, Plexiglas, gewisse Silicone. Der Vorteil solcher „Gläser" gegenüber dem echten, anorganischen Glas ist für viele Verwendungszwecke sehr groß. Er liegt einmal in dem geringen Gewicht, ferner können sie in vielen Rohformen zur Verfügung gestellt werden, z.B. in Platten, Blöcken, Pulver oder Granulat. Sie können umfassend bearbeitet werden durch Drehen, Bohren, Feilen, Sägen, Schleifen, Gießen etc. Im folgendem soll jedoch nur von den klassischen anorganischen Gläsern die Rede sein.

Eine ganze Reihe von Stoffen haben die Fähigkeit, glasig zu erstarren. An der Spitze stehen eine Anzahl von Oxiden, es seien hier nur die des Siliciums (SiO_2) und des Bors (B_2O_3) genannt.

Die glasigen Körper muß man in Gegensatz zu den kristallin erstarrenden setzen, sie sind amorph, doch ist auch bei glasigen Systemen noch die Fähigkeit vorhanden, unter bestimmten Bedingungen Kristalle zu bilden, ein Vorgang, den man Entglasung nennt.

Es ist am einfachsten, Gläser als unterkühlte Flüssigkeiten aufzufassen, eine Theorie, die manches, aber nicht alles erklärt, für die jedoch stichhaltige Beweise erbracht wurden. So sprechen röntgenographische Untersuchungen für unregelmäßige, flüssigkeitsähnliche Molekularanordnung. TAMMANN hat jedoch gezeigt, daß diese Auffassung nur innerhalb des Erweichungsintervalls als zutreffend bezeichnet werden kann.

4. Eigenschaften

Man vermag heute praktisch alle Eigenschaften eines Glases, auch die Lichtbrechung, die Polarisation usw. aus dem Bau der Atome zu erklären. Begründer dieser Theorie waren ZACHARIASEN und WARREN (ZACHARIASEN, 1933).

Silicium bildet mit seinen vier Valenzelektronen mit vier Sauerstoffanionen eine Raumgruppe in Form von Tetraedern, die ihrerseits mit Sauerstoffbrücken untereinander zu einem Netzwerk verbunden sind. Dies führt zu der dreidimensionalen Struktur. Kationen, die kein Netzwerk zu bilden vermögen wie Na, Ca (Natronglas), lagern sich in die Lücken des SiO_4-Tetraedernetzwerks ein. Man spricht hier von Netzwerkwandlern. Während sich bei Kristallen die Koordinationsgruppen zu einem regelmäßigen Netz ordnen, sind sie bei Gläsern ungeordnet (A. DIETZEL, 1948/49; H. SALMANG, 1962).

Was die Zusammensetzung der Gläser betrifft, so sind Glasflüsse bei Porzellan unter Glasuren, sowie bei Email beschrieben. Wie bei Porzellanglasuren ist bei Glas die amorphe Erstarrung das Charakteristikum, das einmal durch die Zusammenstellung der Rohstoffe, zum anderen durch geeignete Steuerung sowohl der Schmelze als auch ihrer Erstarrung herbeigeführt wird.

Die Vielfalt der an die Eigenschaften des Glases gestellten Anforderungen ist je nach Verwendungszweck, sehr groß. Man kann diese Eigenschaften gliedern in physikalische, mechanische, chemische, optische, elektrische. Die wichtigsten sollen kurz gesprochen werden.

a) Physikalische Eigenschaften

Die *Dichte* von Glas ist von der Zusammensetzung und der Struktur des Glases abhängig. Man kann das spezifische Gewicht zur Bestimmung der Glassorte, sowie zur Prüfung der Homogenität heranziehen. Das spezifische Gewicht der üblichen Gläser ist ca. 2,5, doch sind auch Gläser mit der Dichte 3 bekannt.

Die *Wärmeausdehnung* ist eine wichtige Eigenschaft, deren Höhe für vielerlei Zwecke beachtet werden muß. SCHOTT und WINKELMANN haben die Relation zwischen Ausdehnungskoeffizienten, Elastizitätsmodul, Zugfestigkeit, spez. Gewicht und spez. Wärme in einer komplizierten Formel ausgedrückt, welche die Wärmefestigkeit, d.h. die Beständigkeit gegen schroffen Temperaturwechsel als stoffliche Eigenschaft erklärt.

Die *Viscosität* wird durch die Zähigkeitskonstante ausgedrückt, die verschieden ist für die vier Stufen: oberer Flüssigkeitsbereich, unterer Flüssigkeitsbereich (Verarbeitungsbereich durch Gießen), Erweichungsbereich (Verarbeitung durch Blasen, Ziehen etc.), Kühl- oder Entspannungsbereich. Die Beherrschung des Viscositätsverlaufes während der Abkühlung ist insbesonders bei der maschinellen Formgebung von großer Bedeutung. Schon kleine Änderungen in der Gemengezusammensetzung führen zu Abweichungen im Viscositätsverlauf. Es besteht Abhängigkeit der Viscosität von der Feldstärke des Kations, aber auch vom Ionenradius. Die Viscosität ist maßgeblich für die Homogenität und die Geschwindigkeit der Homogenisierung. Mit Temperaturverminderung der Schmelze steigt die Viscosität zunächst an und erreicht schließlich für die Verarbeitung einen günstigen Grad. Gläser mit einer relativ flachen Viscositätskurve im Verarbeitungsbereich nennt man „lange Gläser". Es sind dies saure Gläser. „Kurze Gläser" müssen schnell verarbeitet werden.

b) Mechanische Eigenschaften

Die *mechanischen* Eigenschaften sind Sprödigkeit, Schlag- und Druckfestigkeit, sowie Elastizität und Härte. Es sei jedoch darauf hingewiesen, daß „Hartglas" nicht solches von großer Härte ist. Vielmehr stammt der Ausdruck aus der Schmelztechnik und besagt, daß das Glas schwer schmelzbar ist. An Schlag- und Druckfestigkeit werden hohe Anforderungen gestellt (Flaschen, Bauglas etc.). Den Zusammenhang mit der Struktur untersuchte W. A. Weyl (1950). Man nimmt an, daß die Festigkeit von der Anwesenheit strukturell besonders gearteter Stellen (Locker- oder Kerbstellen) abhängig ist (A. Smekall, 1937) (Gehärtetes Glas vgl. III. 5. e).

Die *optischen* Eigenschaften beschränken sich nicht nur auf die Lichtdurchlässigkeit vom IR bis zum UV und zu noch kurzwelligeren Strahlen, sondern es sind auch die Lichtbrechung und die Reflexion zu berücksichtigen.

Schott und Abbé haben durch systematische Versuche die ersten optischen Gläser entwickelt. Sie fanden, daß Phosphorsäure und Borsäure Glasbildner mit hoher Lösungsfähigkeit für basische Oxide sind. Die weitere Entwicklung ist gekennzeichnet durch Einbeziehung von Stoffen wie Titanoxid, Zirkonoxid, Fluoriden. Einen weiteren Fortschritt bedeutete die Entdeckung, daß seltene Erden dem Glas besondere optische Eigenschaften erteilen (G. Franke 1960, W. Jahn, 1962) (s. III. 5. g).

Eine große Schwierigkeit war dabei das Erfordernis höchster Reinheit aller Rohstoffe, die auch nicht durch Angriff der Schmelze auf das Hafenmaterial beeinträchtigt werden durfte. Schon 0,01% Eisen verursachen eine Färbung, die die optischen Eigenschaften mindern. Man ging deshalb auf Platin als Hafenauskleidung über.

Der bekannteste Fehler optischen Glases ist das Ansteigen der Lichtbrechung mit abnehmender Wellenlänge. Durch Kombination von Kron- und Flintglas beseitigt man die farbigen Ränder einer Linse (Kronglas ist ein Alkalikalkglas, der Name stammt vom Verfahren her), Flintglas ist ein Alkalibleiglas, das mit Flint- oder Feuerstein, einem reinen Quarz, erschmolzen wurde.

Äußerste Anforderungen müssen für optische Gläser auch an die Homogenität gestellt werden, d.h. die Abwesenheit von Schlieren oder Bläschen, welche die Brechung und Dispersion derart beeinflussen würden, daß das Glas unbrauchbar wäre.

Bezüglich der Theorien, welche die optischen Eigenschaften, die Ursachen der Farbigkeit von Gläsern erklären, muß auf die Buchliteratur verwiesen werden, ebenso bezüglich der speziellen Wirkung bestimmter seltener Erden.

Solarisation nennt man den Effekt, daß die Absorption von Licht zu einer bleibenden Verfärbung von Glas führt. Verwandt damit ist die Erscheinung des *Phototropismus*, d.h. die Regeneration der Verfärbung durch Bestrahlung. So sind Sonnenbrillengläser entwickelt worden, die bei Sonnenbestrahlung gefärbt, im Schatten ungefärbt sind. Solche Gläser sind mit Cer oder Europium versetzt. Durch violettes Sonnenlicht werden Photoelektronen ausgelöst, die – in „Fallen" eingefangen – Farbzentren bilden, die dem Glas eine Amethystfärbung verleihen. Der Vorgang ist reversibel, eine genaue wissenschaftliche Erklärung steht noch aus.

Aus der Fülle der färbenden Stoffe sei nur erwähnt, daß es sich bei der Färbung mit Oxiden um eine echte Lösung handelt mit Metallen jedoch um eine kolloide Lösung; „Anlauffarben" sind kolloid färbende Stoffe, die in der Hitze zunächst echt gelöst werden. Diese Lösung ist ungefärbt. Erst durch Wiederwärmung „läuft die Farbe an", d.h. der Färbeeffekt entsteht. 0,05% Au geben ein kräftiges Rot, aber schon 0,0001% vermögen deutlich zu färben (Goldrubinglas); Se (0,001–0,01%) gibt helles Rosa, CdS (0,5%) Gelb.

Was die *elektrischen* Eigenschaften von Glas betrifft, so ist es kein eigentlicher Isolator, wenn es auch im trockenen Zustand nur geringe Leitfähigkeit besitzt. Bei erhöhter Temperatur (200–300° C) ist es ein guter Leiter. Alkalifreie Gläser haben bessere Isoliereigenschaften. Bei Niederschlag von Feuchtigkeit oder Schmutz spielt die Oberflächenleitfähigkeit eine große Rolle, indem sich Strompfade von merklicher Leitfähigkeit bilden. Zur Verbesserung des Isolierwiderstandes sind silikonhaltige Überzüge besonders geeignet, die die Hygroskopizität der Oberfläche herabsetzen. Die Dielektrizitätskonstante gewöhnlicher Gläser liegt bei 5–7, die von Quarzglas bei 3,5–4.

Die Beständigkeit gegen Korrosion wird durch Vermehrung des SiO_2-Gehaltes erhöht. SCHOTT schuf durch Einführung weiterer Bestandteile, insbesondere Tonerde, das „Jenaer Glas", das für chemische Gerätegläser berühmt geworden ist. Eine Grundzusammensetzung ist in etwa 75% Kieselsäure, 6% Borsäure, 6% Tonerde, 7% Natron, 1% Kali, 1% Kalk, 4% Baryt.

Zur Herabsetzung der Angreifbarkeit kann auch eine Vergütung der Glasoberfläche durch nachträgliche Behandlung z. B. mit SO_2-Gas im Kühlofen in Frage kommen, neuerdings auch „Silikonisierung".

Die Ursache gewisser Angreifbarkeit liegt in der Verschiedenheit der Glasoberfläche gegenüber dem Inneren. Am ausgeprägtesten ist die Alkalianreicherung an der Oberfläche, ein Effekt, der durch die Wirkung der Oberflächenspannung herbeigeführt wird. Deshalb sind schlecht gekühlte Gläser weniger resistent als gut gekühlte. Zum Studium des chemischen Angriffs haben J. ENSS (1927/28) und andere (O. KNAPP, 1960) Auslaugversuche vorgenommen, um die Zusammenhänge mit der Variierung der Zusammensetzung zu studieren.

c) Chemische Eigenschaften

In chemischer Hinsicht gehört die Reaktionsträgheit gegen die meisten Stoffe zu den hervorstechendsten Eigenschaften von Glas. So ist es gegen organische Stoffe absolut beständig. Von Flußsäure und Alkalischmelzen wird es aufgelöst, von Laugen und Phosphorsäure stark angegriffen. Auch gegen Wasser ist es nicht absolut beständig, doch spielt diese Eigenschaft wegen der großen Reaktionsträgheit, von Ausnahmen, wie Arznei- und Ampullenglas abgesehen, keine entscheidende Rolle.

5. Technologie der Herstellung

a) Rohstoffe

Die Glasherstellung geht von den drei Grundrohstoffen Sand, Soda und Kalk aus.

Der *Sand* soll möglichst eisenfrei sein. Hochwertige Sande sind rein weiß, feinkörnig und enthalten oft nur 0,01% Eisen. Eisenverunreinigungen färben das Glas grün. Für gewöhnliche Gläser (Flaschen usw.) können gelbe bis rote Sande mit höherem Eisen- und Tongehalt verwendet werden. Kaolin- und Feldspatsande finden für spezielle Glassorten Anwendung. 100 kg reiner trockener Sand können als 100 kg SiO_2 in der Rezeptur in Rechnung gesetzt werden.

Soda wird als wasserfreie, gebrannte Soda verwendet, meist mit Zusatz von ca. 7% Na-sulfat zur besseren Läuterung des Glases. Die Soda wirkt als Flußmittel, die den Schmelzpunkt von Sand (1700–1800° C) und Kalkstein (2500° C) herabsetzt. 100 kg Soda geben 58,5 Na_2O im Glas.

Kalk wird als Kalkstein verwendet. Auch er muß für weißes Glas möglichst eisenarm sein. 100 kg reiner Kalkstein ergeben 56 kg CaO im Glas.

Daneben spielen eine wichtige Rolle:

Natriumsulfat (Glaubersalz), das bei geringeren Ansprüchen die Soda ersetzen kann, doch ist es dann notwendig Kohle hinzuzufügen, die das Sulfat reduziert.

Kaliumcarbonat (Pottasche) wird für Kristallglas anstelle von Soda verwendet.

Die Veränderungen der Glaseigenschaften durch teilweisen Ersatz bzw. Zusatz weiterer Stoffe ist von enormer Vielfalt. Als wichtigste sind zu nennen Feldspat, Dolomit, Borax, Salpeter, Mennige.

Die Glasschmelzen können durch Zusätze in weiten Grenzen beeinflußt werden; es gibt wohl kaum ein Element des periodischen Systems, das nicht erprobt worden wäre. Es können hier nur einige kurze Hinweise gebracht werden.

Man bezeichnet Gläser nach den Oxiden, welche Ursachen bestimmter Eigenschaften sind, z. B. Natron-Kalk-Silikatgläser, Natron-Dolomitgläser, Bleigläser,

Boratgläser. Damit ist die Fülle der Spezialgläser bei weitem nicht erschöpft. Grundsätzlich erhöht die Vermehrung von Quarz die Schmelztemperatur sowie die Widerstandsfähigkeit gegen Säuren. Dagegen ist die Laugenbeständigkeit ein im Grunde noch ungelöstes Problem. (Einige Spezialgläser vgl. unter III. 5g.)

Für den glatten Ablauf des Schmelzens ist Feinkörnigkeit der Rohstoffe sowie ihre innige Vermischung Voraussetzung. Im Gegensatz zu Porzellan und Email spricht man nicht von Versatz, sondern von einem „Gemenge", das in Gemengeanlagen zunächst aufbereitet wird.

Die Zusammenstellung erfolgt in der Praxis nicht nach der Segerformel, z.B. $Na_2O \cdot CaO \cdot 6\,SiO_2$, sondern in Gewichtsprozenten. Vielfach geht man auch von einer Grundzusammensetzung aus, die man durch Zuschläge oder Ersatz, bzw. teilweisen Ersatz einzelner Grundstoffe variiert.

Wegen seiner umfangreichen Verwendungsmöglichkeiten zu Fensterglas, Flaschen, Gläsern aller Art ist das Natronkalksilikatglas besonders verbreitet. Es ist ein Glas verhältnismäßig niedrigen Schmelzpunktes, leicht zu verarbeiten und von hinreichenden Eigenschaften für viele Bedürfnisse der Wirtschaft (G. KEPPLER und K. BÖHMERT, 1930).

Seine Grundzusammensetzung ist 74% SiO_2, 16% Na_2O, 10% CaO entsprechend 74 kg Sand, 27 kg Soda und 18 kg Kalk. Bei höheren Ansprüchen muß der Sand vorher getrocknet werden, um ihn vom wechselnden Wassergehalt zu befreien, der bei der Gemengezusammenstellung nach Gewicht zu Fehlern führen würde.

b) Schmelze

Die Schmelze, die 15 bis zu 30 Std dauert, erfolgt in großen Wannen, die bis über 1000 kg aufzunehmen vermögen; sie bestehen aus feuerfestem Ton. Die Öfen werden mit Generatorgas, Öl oder elektrisch beheizt. Die Schmelztemperatur liegt bei 1400–1500° C, die Erweichung beginnt jedoch schon bei ca. 600° C. Die Schmelzvorgänge wurden bereits bei Porzellan behandelt. Zuerst schmilzt die Soda, dann der Kalk, wobei sich die Schmelzpunkte in dem sich bildenden Gemenge erniedrigen. Diese erste Schmelzphase, deren Temperatur ca. 800° C beträgt, ist die Voraussetzung für die sich nunmehr mit steigender Temperatur abspielenden Lösungsvorgänge für den Sand. Bis zur Vollendung der Schmelze spricht man vom „*Rauhbrand*". Wenn sich ein mit einem Eisenstab gezogener Glasfaden nicht mehr rauh anfühlt, so sagt der Schmelzer, daß das Glas „sandfrei" ist. In diesem Stadium ist die Schmelze noch nicht beendet. Die Glasmasse ist noch zähflüssig, unhomogen und voller Gasblasen. Unter beträchtlicher Steigerung der Hitze folgt nun die *Feinschmelze*. Hierbei entweichen die Gase, bei denen es sich im wesentlichen um Kohlendioxid handelt.

Die Entwicklung und das Entweichen der Gase stellt einen wichtigen Teil des Schmelzverlaufes dar. Bei 100 kg Gemenge eines wie oben angegeben zusammengesetzten Natronkalksilikatglases werden rund 17 kg Kohlensäure frei, die bei 1000° C ein Volumen von rund 40 m^3 einnehmen. Die freiwerdenden Gasmengen sind also recht erheblich. Die wichtigste Wirkung, die mit dem Entweichen der Gase verbunden ist, ist die der Homogenisierung der Schmelze. Das Austreiben der Gase bezeichnet man als „Läuterung".

c) Läuterung

Die Läuterung richtig zu steuern ist schwierig und verantwortungsvoll, denn ihr Ablauf ist von der Viscosität abhängig, die je nach dem Gemenge sehr unterschiedlich sein kann.

Die feinen, in der Schmelze schwebenden Gasbläschen nennt man „Gisben". Es ist notwendig, die Entgasung durch Läutermittel zu unterstützen. Früher bediente man sich einfach eines Stückes Holz, mit dem man umrührte und das durch Verbrennung in der Schmelze einen Gasstrom liefert, der die Gasbläschen mitnimmt. Heute setzt man gasliefernde Chemikalien zu, vor allem Natriumsulfat und Arsenik (As_2O_3), letzteres mit einem Oxidationsmittel wie Nitrat. Das sich zunächst bildende As_2O_5 spaltet Sauerstoff ab. Dieser wirkt volumvergrößernd auf die vorhandenen winzigen Gasbläschen und ihren Auftrieb. Eine weitere wichtige Wirkung ist, daß etwaige Reste an Sauerstoff wieder aufgenommen werden, da die Sauerstoffabspaltung von As_2O_5 mit sinkender Temperatur der Schmelze reversibel ist (FR. SALAQUADA, 1932; L. SPRINGER, 1933). KASWANT (1959) berichtet von einem Verfahren und der dazugehörigen Vorrichtung zum Läutern von Glas, darauf beruhend, daß durch Düsen Wasser und Luft oder komprimierter Sauerstoff in die Schmelze geblasen wird, was gleichzeitig die Homogenisierung begünstigt. Farbgläser kann man mit dem Verfahren auch reduzierend behandeln.

d) Verarbeitung

Der in den Wannen bei hoher Temperatur erschmolzene dünnflüssige Glasfluß muß zur weiteren Verarbeitung erst auf 1100–1000° C abgekühlt werden, ein Vorgang, den man Abstehen nennt. Die nunmehr dickflüssigere Schmelze wird mit Hilfe vielerlei Techniken weiterverarbeitet. Solche sind: Gießen, Walzen, Blasen, Pressen.

Im folgenden soll nicht näher die Rede sein von kontinuierlichen Schmelzverfahren, kontinuierlichen Ziehverfahren bei Tafelglas, ebensowenig von der maschinellen Herstellung von Flaschen, Glühbirnen, Hohlgläsern (H. WILHELM, 1954) etc. Die Details sind Lehrbüchern zu entnehmen.

Da den Lebensmittelchemiker vor allem Eß- und Trinkgeschirre interessieren, wird lediglich die Herstellung von Trinkgläsern kurz beschrieben.

Die Gruppe der Hohlgläser kann man einteilen in gewöhnliches Hohlglas wie Flaschenglas usw., das meist gefärbt ist, und in Weißhohlglas, das im Kristallglas die beste Qualität verkörpert.

Weißhohlglas ist vom Gemenge her nicht farblos, so daß Entfärbung statthaben muß, sei es physikalisch, indem man die Komplementärfarbe zusetzt, sei es chemisch, indem Verbindungen (meist des Eisens) in schwächer gefärbte umgewandelt werden. So ist die Färbekraft von FeO (blau) größer als von Fe_2O_3 (gelblich). Liegen beide Oxide vor, entsteht eine grünliche Farbe. Gibt man als Entfärbemittel oxydierende Verbindungen wie Braunstein, Salpeter etc. hinzu, so verbleibt nur die verhältnismäßig schwache gelbliche Farbe, die man durch Komplementärfarben, wie Spuren von Selen, aufheben kann.

Das älteste und auch heute noch in nicht unerheblichem Maße angewandte *Herstellungsverfahren für Hohlgläser* bedient sich der Glasmacherpfeife, einem langen Eisenrohr, das in die Glasmasse eingetaucht wird. Die aufgenommene Schmelze wird aufgeblasen und der solcherart vorgeblasene Gegenstand erhält in Hohlformen aus Holz durch Anblasen an die Wandungen seine endgültige Form.

e) Kühlung

Die richtige Steuerung der Kühlung ist von größtem Einfluß auf die Beschaffenheit des Glases, hat doch der Glasgegenstand am Ende des Herstellungsprozesses, obwohl formbeständig, doch noch bis 700° C. Eine jähe Abkühlung der Oberfläche ohne Temperaturausgleich würde zu beträchtlichen Spannungen führen.

Die Glaskühlung erfolgt daher im allgemeinen in Durchlauföfen, dessen Kühlkanal ca. 20–25 m Länge mit stetig abfallender Temperatur hat. Die endlosen Förderbänder werden bei Hohlglas mit Hand beschickt und geleert. Auch im Kühlofen findet kein völliger Temperaturausgleich statt. Es bedarf seiner auch nicht für gewöhnliches Handelsglas. Für optisches Glas dagegen ist er eine fundamentale Voraussetzung. Einen Maßstab für die in einem Glasblock noch vorhandenen Spannungen bildet die Doppelbrechung an verschiedenen Stellen des Glases. Nur in ganz besonders sorgfältig gekühlten Gläsern sind Spannungen optisch nicht mehr erkennbar.

Entgegengesetzt liegen die Verhältnisse bei gehärtetem oder vorgespanntem Glas. Hier wird durch plötzliche Abkühlung mit Preßluft eine Spannungserhöhung absichtlich herbeigeführt. Es entsteht ein Zustand hoher Druckspannung, der zur Veränderung wichtiger Eigenschaften führt, wie Verminderung der Sprödigkeit, Erhöhung der Festigkeit gegen Stoß sowie der statischen Biegefestigkeit. Beim Bruch zerfällt so hergestelltes Sicherheitsglas in stumpfkantige Prismen.

Das Vorspannen kann auch auf chemischem Wege erfolgen durch Behandlung in einem Lithiumsulfatbad, in dem sich an der Oberfläche Na mit Li austauscht. Die entstandene dünne Schicht hat einen negativen thermischen Ausdehnungskoeffizienten, so daß eine Druckspannung entsteht. Hohlgläser werden im allgemeinen nicht gehärtet, da unregelmäßige Formen (z.B. eines Kelchglases) im Gegensatz zu Flachglas die gleichmäßige Entstehung des Spannungsfeldes erschwert. Gehärtete Hohlgläser (Schalen, Becher) sind als „fast unzerbrechliche Gläser" im Handel.

Die Besprechung der vielfältigen, oft von der Zweckbestimmung des Glases aus zu beurteilenden Glasfehler muß Lehrbüchern vorbehalten bleiben. Denn was z.B. bei optischem Glas ein Fehler wäre, der seine Unbrauchbarkeit zur Folge hätte, spielt bei Glas für andere Verwendungszwecke überhaupt keine Rolle. Es sind also die Erscheinungen, die man als Fehler bezeichnet, maßgeblich abhängig vom Verwendungszweck des Glases, der allein die zu stellenden Anforderungen festlegt (*ohne Verfasser*, 1934).

Die aus dem Kühlofen kommenden Gläser werden durch Absprengen der Kappe und Abschmelzen der Ränder fertiggestellt. Für Wirtschaftshohlgläser (Flaschen aller Art usw.) haben sich automatische Verfahren eingeführt.

Für mancherlei Zwecke, wie für Beleuchtungskörper, Fensterscheiben etc. ist eine künstliche Trübung notwendig. Das klassische Mittel für Porzellanglasuren, nämlich Zinndioxid, ist auch bei Glas in Verwendung, doch werden Fluoride und Phosphate bevorzugt; ferner werden verwendet Titandioxid (das bei Email eine so große Rolle spielt) und Bleiarsenat. Der Trübungseffekt durch Fluor ist durch einen Kristallisationsvorgang hervorgerufen, während die Phosphattrübung eine Entmischung als Ursache hat (H. SCHÖNBORN, 1959; L. SPRINGER, 1962).

f) Veredlung

Die Veredlung von Glasgegenständen ist von großer Vielfalt. Nicht näher behandelt werden die Methoden des Schleifens, Polierens (E. BRÜCHE, 1961), Ätzens, Gravierens, Mattierens, Ritzens, ebensowenig die erzielbaren Effekte durch Oxid- bzw. Metallfärbungen und durch Trübungen.

Dagegen soll *das Aufbringen bunter Dekore* kurz besprochen werden.

Die Techniken sind grundsätzlich die gleichen, wie sie bei Porzellan beschrieben wurden. Es werden Glasmalerfarben nach Art der keramischen Farben verwendet, doch muß auf niedrigen Schmelzpunkt geachtet werden. Wegen der notwendigen Leichtflüssigkeit enthalten Glasmalerfarben viel Bleioxid und Borsäure als Flußmittel. Sie werden mit Terpentin oder dergleichen angerührt und mit Pinsel oder durch Spritzen aufgetragen, getrocknet und im Muffelofen eingebrannt, wobei die Temperaturen niedrig zu halten sind, um Deformationen zu vermeiden. Der Einbrenntemperaturbereich liegt bei ca. 550–600° C. Sie muß mindestens 10 bis 15° C unter dem Erweichungspunkt des Glases liegen. Sofern Bleiverbindungen als Flußmittel vorliegen — was im allgemeinen der Fall ist — ist die Bleiabgabe gegen Essigsäure hoch. Allerdings spielen, im Gegensatz zu Porzellan, Innendekore eine nur untergeordnete Rolle.

Auch das Dekorierungs-Verfahren über Abziehbilder kann angewendet werden, ebenso wie die Verwendung von Auflage-(Schiebe-)bildern (H. BAUMER, 1963).

Am wichtigsten ist jedoch der *Siebdruck* mit dem vor allen Dingen in vollautomatischen Verfahren die Flaschenetikettierungen angebracht werden. Das Prinzip ist bei dem Dekorverfahren von Porzellan aufgeführt. Neuerdings verwendet man sogenannte thermoplastische Farben, das sind Farben, die mit Wachs oder Harz vermengt sind und erst bei 50–100° C flüssig werden. Im Siebdruck erstarren diese Farben sofort bei Berührung mit der kalten Fläche des zu bedruckenden Gegenstandes. Der Vorteil liegt darin, daß die Farben nicht mehr auslaufen können und daher die Zeichnung außerordentlich konturenscharf wird. Sie haben außerdem die Entwicklung vollautomatischer Druckmaschinen gefördert, die auch Mehrfarbendrucke gestatten. Die Druckleistung erreicht in der Stunde bis 3000 Flaschen bei dreifarbiger Ausführung (G. SCHNABEL, 1957 und 1958).

Die für Glas angewendeten Farben sind gefrittet, doch wird auch der Fluß für sich allein gefrittet und dann mit dem Farbkörper vermischt. Neben durchsichtigen Transparentfarben wird auch undurchsichtiger Emailfluß verwendet.

Wie bei Porzellan veredelt man auch Glas mit *Polier- und Glanzmetallen*. Erstere sind nach dem Einbrennen matt und werden erst durch Polieren glänzend, letztere, bei denen Gold die überragende Rolle spielt, sind z.B. aus Goldchlorid mit schwefelhaltigen ätherischen Ölen entstandenes harzsaures Salz, das sofort glänzend die Muffel verläßt.

Haben die auf Glas aufgebrannten Metalle durchsichtige Färbungen, so spricht man von *Beizen*. Sie bestehen aus Ocker oder Kaolin als Grundmasse z.B. mit Silbersalzen (gelbe Färbung) oder Kupferoxid (rote Färbung). Durch Einbrennen von Metallverbindungen können auch schimmernde, lüsterartige Effekte erzielt werden oder irisierende. *Irisierfarben* erzielt man durch Einwirkung z.B. von Zinndämpfen auf rotglühendes Glas.

Schließlich möge noch die *Verspiegelung* von Glas erwähnt werden, wobei der Silberspiegel die überwiegende Rolle spielt. Es bedarf hierzu einer ammoniakalischen Silbernitratlösung und einer Reduktionsflüssigkeit.

g) Spezialgläser

Zur kurzen Orientierung werden im folgenden in alphabetischer Folge einige der wichtigsten Spezialgläser aufgeführt:

Alabasterglas ist nicht durch Trübungsmittel, sondern durch bewußt herbeigeführte Entglasung getrübt. Es ist außerordentlich spröd.

Bleikristall vereinigt in hervorragender Weise die Eigenschaften der Durchsichtigkeit, Reflexion und Brillanz.

Didymglas ist eine zusammenfassende Bezeichnung für Gläser, denen die zugesetzten seltenen Erden besondere optische Eigenschaften geben, insbesondere das Absorptionsspektrum beeinflussen. Zu ihnen gehören Neophan- und Praseodymgläser.

Duranglas ist die Bezeichnung des deutschen Pyrexglases.

Flintglas, ein Bleiglas für optische Zwecke. Der Name stammt vom englischen „flint" = Feuerstein.

Glas, das in einer Richtung durchsichtig ist und in der entgegengesetzten spiegelt, wird durch einen Zusatz von ca. 0,4% Silber erreicht, das nach dem Ausformen oberflächenreduziert wird.

Jenaer Glas ist ein kieselsäurereiches Glas von hoher thermischer Widerstandsfähigkeit.

Kieselglas enthält ca. 75% SiO_2. Es zeichnet sich durch einen äußerst niedrigen Ausdehnungskoeffizienten aus. Ein im Gebläse erhitzter dünnwandiger Tiegel kann mit kaltem Wasser abgeschreckt werden, ohne zu zerspringen. Es weist außerdem hohe Festigkeit sowie hohe UV-Durchlässigkeit auf.

Kristallglas, auch böhmisches Kristallglas, ist entstanden durch Verarbeitung des in Böhmen und auch Bayern vorkommenden Bergkristalls. Es ist ein Pottasche-Kalk-Glas ohne Bleizusatz.

Kronglas ist ein Kalk-Alkaliglas für optische Instrumente. Die mit Flintglas zusammengesetzten Linsen korrigieren Abbildungsfehler, jedoch für heutige Ansprüche nicht mehr in hinreichendem Ausmaß.

Lindemannglas absorbiert Roentgenstrahlen nicht (Lindemannfenster). Es enthält Lithium und Beryllium.

Milchglas, weißes undurchsichtiges, durch Zinndioxid oder Phosphat getrübtes Glas.

Neophanglas gehört zu den Didymgläsern. Es enthält Neodym und gestattet scharfe Unterscheidung zwischen Rot und Grün. Neodymgläser weisen Dichroismus auf. Neodymgläser haben auch als Lasermaterial Bedeutung.

Obsidian ist ein in Vulkanen entstandenes Naturglas, das durch Eruptionen an die Oberfläche gelangte.

Opalgläser sind vor allem durch Fluor, aber auch durch Phosphat getrübt. Zu letzteren gehört das sogenannte Milchglas.

Opakglas ist stärker getrübtes Glas. Schwarz wird es oft zu Wandverkleidungen und für Möbel verwendet.

Praseodymgläser gehören zu den Didymgläsern. Sie enthalten Praseodym und weisen auch Dichroismus auf.

Pyrexglas ist ein amerikanisches Glas, ähnlich dem Jenaer Glas, von hoher thermischer Widerstandsfähigkeit.

Quarzglas besteht zu ca. 99,7% aus $Si\,O_2$. Es ist in chemischer Hinsicht sowie gegen Temperaturwechsel außergewöhnlich widerstandsfähig.

Roentgenstrahlen absorbierende Gläser enthalten Schwermetalloxide, wie Pb, Ta, Pt, Au, Bi.

Silexglas wie Pyrexglas.

Schaumglas entsteht aus feingemahlenem Glasgut (Scherben), dem Schaummittel zugesetzt sind. Als solche dienen Carbonate des Mg und Ca, ferner Koks, Holzkohle, Ruß, mit einem Wort gasbildende Stoffe. Alkalicarbonate kommen nicht in Frage, da sie als Flußmittel wirken. Schaumglas hat infolge der zahllosen kleinsten Gaseinschlüsse ein niederes spez. Gewicht. Es läßt sich sägen, schleifen und gewinnt als Bauelement steigende Bedeutung wegen der hohen Festigkeit in Verbindung mit hervorragenden thermischen Isoliereigenschaften.

Straßglas hat hohen Bleigehalt und ist mit Beryllium gehärtet. Durch sein hohes Lichtbrechungsvermögen gibt es eine gute Grundlage für den Ersatz von Edelsteinen ab.

Supremaxglas hat hohen Anteil an Al_2O_3; es ist sehr schwer schmelzbar (z.B. für Verbrennungsröhren).

Schwarzfiltergläser können für bestimmte UV-Bereiche durchlässig sein, während es die sichtbaren und die Infrarotstrahlen absorbiert. Es enthält mehrere glasfärbende Oxide (NiO, CoO, Fe_2O_3, Mn_2O_3).

Thermexglas ist ein Verbundglas mit einer Kunststoffzwischenschicht. Es ist durchsichtiges Glas, das sich bei Sonnenbestrahlung in Milchglas verwandelt. Es ist für Glasfronten von Bauten, Gewächshäusern und dgl. von größter Bedeutung, da es wegen der erheblichen Reflexionswirkung keine Raumaufheizung zuläßt. Die Umschlagstemperatur ist fabrikatorisch einstellbar. Der Vorgang beruht auf einer Abspaltung von Wasser in acetyliertem Polyvinylalkohol, das in feinsten Tröpfchen dispergiert auftritt und so zur milchigen Trübung führt. Die Reaktion ist reversibel.

Thüringer Glas ist ein gutes Geräteglas, so bezeichnet wegen Verwendung der thüringischen Quarz-Feldspat-Sande.

Trübgläser (Opal-Opakglas) sind überwiegend durch Fluor und Phosphat getrübt.

UV-Absorption (z.B. für Schweißerbrillen) wird vollständig erreicht durch Zusatz von Blei- und Ceroxid.

Uviolglas (Jenaer) ist ein Kalium-Silikat-Boratglas und bis 250 nm noch durchlässig.

Verbundglas besteht aus zwei und mehr Schichten mit einer Zwischenschicht aus Kunststoffen (= Mehrscheibensicherheitsglas).

Vicorglas ist ein amerikanisches, sehr temperaturbeständiges Glas mit einem SiO_2-gehalt bis 90%.

Abschließend sei noch auf ein Glas ganz besonderer Art hingewiesen, das man „entglastes Glas" nennen kann oder auch keramisiertes Glas, das unter dem Sammelbegriff *Vitrokeram* bekannt ist.

Es entsteht durch eine katalytisch ausgelöste Umwandlung des amorphen Glases in eine kryptokristalline Masse, die dem Porzellan ähnlich ist.

Vitrokeram weist infolge dieser Umwandlung ganz hervorragende Härte auf. Da seine Wärmeausdehnung praktisch bedeutungslos ist, ist seine Hitzebeständigkeit sehr groß. Dieses „Glas" wurde in Amerika ursprünglich für Raketenspitzen entwickelt. Die heute daraus auch hergestellten feuerfesten Geschirre, die unter Handelsnamen wie Pyroceram, Pyroflam, Hysilglas in den Handel kommen, erfreuen sich steigender Verbreitung. Sie werden vom Käufer allerdings meist für Porzellan gehalten, doch sind sie von der Zusammensetzung her Glas.

IV. Glasfaser

1. Geschichtliches

Glasfasern als Schmuckelemente auf Glasgefäßen waren schon den alten Ägyptern bekannt, doch scheint diese Kunst später verloren gegangen zu sein. Erst im Mittelalter begann wieder die Glasfaserherstellung. Auch die Anfänge des Glasspinnens gehen auf diese Zeit zurück.

Textilglas und andere Glasfaserprodukte gelangten jedoch erst im 20. Jahrhundert zu einem wichtigen, in seiner Bedeutung noch weiter steigenden Teil der Glasindustrie. Die rasche Entwicklung der Kunststoffe trug ebenfalls zur Förderung der Glasfaserindustrie bei, der maßgebliche Auftrieb ging jedoch in den 40er Jahren von Amerika aus, wo die Glasfaser als Verbundwerkstoff großindustriell Eingang fand.

2. Wirtschaftliches

Die Gesamtproduktion an Glasfasern im Jahre 1963 betrug 78000 t mit einem Wert von 124 Mio. DM. Der Exportanteil lag unter 10%. Die Zahl der Betriebe mit mehr als 10 Beschäftigten betrug 9.

3. Eigenschaften

Der Ausgangsstoff ist Glas, dessen Zusammensetzung von maßgeblichem Einfluß auf die Eigenschaften der Glasfaser ist.

Teilt man diese in die beiden Hauptgruppen, die spinnbaren (Garne, Zwirne) und nicht spinnbaren Glasfasern (Glaswatte, Glaswolle) ein, so hat sich danach die Art des Glasrohstoffes zu richten.

Für spinnbare Fasern ist eine der wichtigsten Anforderungen möglichst geringer Alkaligehalt. Alkali vermindert die Widerstandsfähigkeit gegen Wasser. Wenn auch Glasfasern nicht quellbar sind, so führt Dauereinwirkung von Wasser doch zu Festigkeitsverminderung, die bei alkalifreien Fasern nicht auftreten. Alkali läßt auch den Elastizitätswert sinken und setzt den Schlingendurchmesser hinauf. Alkaligehalt beeinflußt auch die Viscosität im ungünstigen Sinne. Man benötigt für spinnbare Fasern Gläser mit einer relativ flachen Viscositätskurve im Verarbeitungsbereich, sogenannte „lange Gläser". Hervorragend geeignet ist Boraluminosilikatglas (E-Glas), dessen Alkalioxidgehalt unter 1% liegt. Auch das Herstellungs-(Zieh-)verfahren ist von Einfluß.

Für nicht spinnbare Fasern dagegen ist gewöhnliches Glas (Kalk-Natron-Glas) durchaus brauchbar.

Überraschend sind die Änderungen der Eigenschaften der Glasfäden gegenüber gleich zusammengesetztem Glas kompakterer Form.

Als wichtigste Eigenschaft ist die *Festigkeit* zu nennen, die mit abnehmender Faserstärke ansteigt. Dünne Glasfäden können Zugbeanspruchungen aushalten, die mehr als 100 mal größer sind, als man aus Messungen an Glasstäben erwarten darf. Welche Werte die Reißfestigkeit erreicht, geht aus einem Vergleich mit Stahl hervor. Die spezifische Reißfestigkeit beträgt 100000–130000 kg, bei Stahl dagegen 32000 (Schieb, 1955).

Hohe Werte erreicht auch die *Elastizität*, gestattet sie doch ein regelrechtes Verspinnen. Doch sind Verdrehungsfestigkeit und Verknüpfbarkeit viel geringer als bei pflanzlichen und tierischen Fasern. Auch die erreichbaren Schlingendurchmesser sind bei beiden letzteren kleiner.

Als Ursache der völlig geänderten Glaseigenschaften kommt vor allem in Frage, daß Glasfasern spannungsfrei sind. Es bilden sich weder außen Druck-, noch innen Zugspannungen. Die Theorien über die Struktur sind in Lehrbüchern dargestellt.

4. Technologie der Herstellung

Die Herstellung der Glasfasern geschieht in Spinnverfahren. Man unterscheidet drei Typen.

Im *Düsenziehverfahren* wird die in Platinwannenöfen bei ca. 1400° C erschmolzene, aus Platin-Iridiumdüsen austretende Glasschmelze vermittels rasch rotierender Trommeln zu endlosen Fäden in einer Dicke von 4–10 µm abgegeben. 100–200 dieser Elementarfäden ergeben einen Spinnfaden, der mit einem Schlichtmittel „geschmälzt“ wird.

Die *Schlichtmittel* (Schlichte) dienen zur Verringerung der Scheuerempfindlichkeit und zur Erleichterung der textilen Verarbeitung.

Bei einer Verarbeitung von Glasfasern mit Kunststoffen sind jedoch Schlichtmittel für die Bindung der Glasfaser mit dem Kunststoff abträglich. Es bedarf dann noch einer die Adhäsion begünstigenden Imprägnierung, die im übrigen auch die Haltbarkeit bei der Verarbeitung verbessert. Man nennt diese Imprägnierung „finish“. Im allgemeinen wird das finish mit der Schlichte kombiniert.

Die Haftmittel (z.B. Chrom(III)-chlorid-methacrylat oder Silane) sollen auch den Übelstand steuern, der sich aus der Schrumpfung vieler Kunstharze bei der Härtung ergibt, was zu Festigkeitsverlusten, Rissebildung und verringerter Naßfestigkeit der glasfaserverstärkten Erzeugnisse führt.

Beim *Düsenblasverfahren* wird die aus den Düsen des Platinwannenofens austretende Glaschmelze von einem starken, nach unten gerichteten Strom von Preßluft oder überhitztem Wasserdampf erfaßt und zu Fasern verschiedener Länge zerrissen. Die Fasern werden gesammelt, geschmälzt und stellen sog. Vorgarn dar, das zu Garn und Geweben weiterverarbeitet wird.

Beim *Stabziehverfahren* werden 50–100 Glasstäbe von 3–4 mm Dicke gleichzeitig abgeschmolzen. Die herabfallenden Tropfen ziehen Fäden aus, die von einer rotierenden Trommel aufgenommen werden. Das entstandene Faservlies wird zu Vorgarn verarbeitet.

Weitere Verfahren: Ein britisches Patent (1958) beruht auf *Zentrifugieren* der Schmelze, ferner Beschreibung zahlreicher Patente (*ohne Verfasser*, 1941 und 1943 und Dr. F. R., 1943).

Der im Düsenziehverfahren entstehende endlose Spinnfaden stellt die *Glasseide* dar. Für Gewebezwecke kann man ihre Griffigkeit durch Behandlung mit fettsubstituierten quartären Ammoniumbasen erhöhen. Auch Verfahren zum nachträglichen Einfärben wurden entwickelt (G. Schieb, 1955).

Das Stabziehverfahren wird für *Glasstapelfaser*, die wollartig ist, verwendet (W. Boneth, 1950; Reinhardt, 1952).

Handelsprodukte zur Weiterverarbeitung sind:

Rovings, meist 60 parallel zusammengefaßte Spinnfäden, von denen jeder aus 200 Elementarfäden besteht, entsprechend 12000 je Strang.

Matten entstehen aus kurz geschnittenen Rovings, mit Bindemittel besprüht und einer thermischen Nachbehandlung unterzogen.

Laminate, schichtweise aus verschiedenen Lagen aufgebaute Werkstücke, zu denen auch Matten verwendbar sind, für Isolierzwecke, als Baumaterial usw.

Gewebe, aus Glasseide oder Glasstapelfaser auf Textilwebstühlen hergestellte Erzeugnisse.

Die *Verwendungsmöglichkeiten* von Glasfasern ist ungemein vielfältig (G. SALTOW, 1948).

Im folgenden werden die wichtigsten aufgezahlt:

So dienen sie außer zur Verstärkung von Kunststoffen (O. MEYER, 1955; vgl. auch Empfehlungen der Kunststoffkommission des Bundesgesundheitsamts X A. Polyamide (BGesundhBl. **7**, 379; 1964), XI A. Polycarbonat (BGesundhBl. **8**, 110; 1965) und XII A. Ungesättigte Polyesterharze (BGesundhBl. **7**, 379; 1964) zur Verstärkung von Gummi, Gips, Beton, Vergußmassen, Papier (für Dokumente) oder als aus feinsten Fasern von weniger als 1 µm Dicke hergestellte Glasfaserpapiere für analytische Zwecke, wie Filter oder zur Chromatographie (G. GIEBLER und TH. KEMPF, 1964). Hier liegt der hervorstechende Vorteil in der Säurebeständigkeit, bestehen doch viele Anfärbungsreagentien aus sauren Lösungen, die Papiere auf Cellulosebasis angreifen und die Auswertung der Chromatogramme erschweren.

Der Anwendungsbereich glasfaserverstärkter Kunststoffe ist im Behälter-, Fahrzeug-, Boots-, Flugzeugbau (*ohne Verfasser*, 1959, 1960 a, b).

Ferner werden Glasfasern bzw. Glaswolle angewendet als Korrosionsschutz, Dichtungsmittel und zur Isolation (Wärme, Kälte, Schall, elektrischer Strom). Als Filtermaterial haben sie sich für industrielle Abgase und Staub, aber auch für Flüssigkeiten bewährt.

Die Unbrennbarkeit macht sie als Feuerschutz geeignet. Hierfür, wie für Isolationszwecke dienen auch aus Schmelzen metallurgischer und nichtmetallurgischer Schlacken gewonnene Schlackenfasern und Schlackenwolle.

5. Glasfaser-Optik

Abschließend ist noch auf einen neuen Zweig der Glasfaserverwendung hinzuweisen, die sog. Glasfaser-Optik, deren Anwendung insbesondere auf medizinischem Gebiet ungeahnte Möglichkeiten eröffnet. Die Glasfaser-Optik beruht darauf, daß man Licht auch durch dünnste Fasern leiten kann.

Vorversuche gehen bereits auf die Jahre um 1930 zurück, doch hat die eigentliche Entwicklung erst in den 50er Jahren in Amerika eingesetzt.

Das Prinzip ist folgendes: Licht fällt in parallel verlaufende, zu einem Bündel zusammengefaßte Fasern ein und tritt am Ende rasterartig aus. Um einen Übertritt von Licht in Nachbarfasern zu verhindern, werden die Fasern mit Glas oder Kunststoffen von niederem Brechungsindex zwecks optischer Isolation bemantelt. Ein Faserbündel ergibt auf 1 mm^2 8000–9000 Rasterpunkte, besitzt also hohes Auflösungsvermögen. Man kann auch mehrere Bündel vereinigen, um eine stärkere Lichtquelle zu erhalten. Abgesehen von den winzigen Dimensionen ist der Vorteil die Flexibilität des Lichtleiters und der Austritt kalten Lichtes. Für die Untersuchung von Hohlräumen (Körperhöhlen, Gewebe) wird durch ein zweites Bündel, das am Gewebe reflektierte Licht zurückgeleitet. Zwei solche Faserbündel mit ca. 10000 Glasfäden haben z.B. in einer normalen Injektionsnadel Platz.

Die Anwendung faseroptischer Systeme in der Forschung steht noch im Anfang der Entwicklung.

Für den technischen Sektor ist die Ausleuchtungsmöglichkeit unzugänglicher Stellen interessant. Glasfaserbündel werden deshalb auch in der Anzeigetechnik, in elektronischen Röhren usw. eingesetzt.

V. Analytik

In dem hier abzuhandelnden Rahmen kommen Silikatanalysen, d.h. Bestimmung der Zusammensetzung der keramischen Massen, Glasuren, Fritten, Emails nicht in Betracht.

Dagegen sind keramische Bedarfsgegenstände daraufhin zu prüfen, ob sie den Anforderungen des Blei- und Zinkgesetzes vom 25. VI. 1887 (RGBl. S. 273) genügen. Dieses schreibt vor, daß bei halbstündigem Kochen mit 4 %iger Essigsäure von Glasuren und Email kein Blei abgegeben werden darf.

Obwohl der Gesetzgeber auf andere Metalle nicht eingegangen ist, erscheint es notwendig, auch die Analytik weiterer herauslösbarer Stoffe zu berücksichtigen, soweit sie gesundheitlich nicht unbedenklich sind. Im übrigen wird in Abschnitt VI das Blei- und Zinkgesetz noch ausführlich behandelt.

1. Herstellung des Essigsäureauszuges

Das Gesetz schreibt Kochen vor, doch führt sich mehr und mehr die 24-stündige Kaltbehandlung ein. Schon W. PUKALL (1906) schreibt: „Die Mängel des Auskochverfahrens sind bekannt". In der Arbeit von H. HÄFFNER und A. PAWLETTA (1953) sind die Gründe, die gegen das Kochen sprechen, ausführlich dargelegt. Dort ist auch auf Arbeiten anderer Autoren hingewiesen, die schon früher den gleichen Standpunkt vertreten haben (TH. SUDENDORF und O. PENDORF, 1923; EISENLOHR, 1926; A. GRONOVER und E. WOHNLICH, 1929; R. RIEKE und L. MAUVE 1930).

Die Gründe für die Empfehlung der Kalteinwirkung sind in Stichworten: praktische Handhabung, weil keine Beeinträchtigung durch Größe und Form des Geschirrs, kein Stoßen, keine Konzentrierung der Essigsäure, kein Widerspruch mit dem bestimmungsgemäßen Gebrauch von Keramik.

Geht man vom Kochen auf Kaltbehandlung über, so erhebt sich die Frage, ob beide Methoden praktisch zu den gleichen Ergebnissen führen. Dies ist nicht der Fall, doch überschneiden sich die Unterschiede in den gefundenen Bleiabgaben mit der Streuung, die bei gleichen Geschirren eines Brandes festzustellen ist, wobei Abweichungen von 100% und mehr möglich sind (H. HÄFFNER 1961). Eigene Versuche (unveröffentlicht) und solche des Laboratoriums einer großen Porzellanfabrik (unveröffentlicht) sowie der Staatlichen Höheren Porzellanfachschule Selb (Abschlußarbeit Nr. 110, PETER ROEHLER, Juli 1957) zeigten zu rund 50% hinreichende Gleichheit der Werte, im übrigen Schwankungen nach unten und oben. Über die Ursachen besteht keine Klarheit. Bekannt sind bei Rundöfen sog. schwache Stellen des Ofens, die zu beherrschen offenbar nicht möglich ist. Ob dies auch für die Tunnelöfen zutrifft, ist nicht bekannt. Es kann also grundsätzlich bei der Kaltbehandlung weder von einer Abmilderung noch von einer Verschärfung gesprochen werden. Das Bundesgesundheitsamt hat diese Auffassung nach einer Information allerdings nicht bestätigt gefunden. Danach überwiegen beim Kochen die höheren Bleiwerte, verglichen mit der Kaltbehandlung. Im übrigen muß festgestellt werden, daß überhaupt nicht mehr „gekocht" wird. Auch die Verfechter der Heißbehandlung begnügen sich mit einer Temperatur von 90–95° C.

Versuche mit anderen Säuren, wie Milchsäure oder 3 %ige Salzsäure sowie mit verschiedenen Konzentrationen können hier übergangen werden. Zu erwähnen ist jedoch der Versuch, durch gleich große Mengen Essigsäure, bezogen auf die zu prüfende Fläche bzw. das Volumen, auch gleiche Bedingungen bei verschiedenen Größen und Formen der Prüfstücke zu schaffen. So hat das Kaiserliche Gesundheitsamt vorgeschlagen, 50 ml 4 %ige Essigsäure pro Liter Gefäßinhalt zu verwenden (*Arbeiten aus dem Kaiserlichen Gesundheitsamt*, 1919). R. MÄRKER (1952) empfiehlt 1,16 ml 4 %ige Essigsäure pro cm^2 Prüffläche und gibt eine Formel zur Berechnung der erforderlichen Säuremenge für verschiedene Gefäßtypen an. In dieser Arbeit teilt er auch den Einfluß der Essigsäurekonzentration mit, indem er die lösende Wirkung auf Email durch den Gewichtsverlust des Prüfgefäßes feststellt. Er betrug bei 1% Essigsäure 4,8 mg, bei 4% 12,1 mg, bei 20 %iger Essigsäure 22,4 mg, bei 80% 1,6 mg, bei 100 %iger 0,0 mg. Die Feststellung, daß 4 %ige Essigsäure wesentlich heftiger wirkt als 1 %ige kann auch auf die Bleiabgabe übertragen werden.

2. Bestimmungsmethoden

Die Literatur der Bestimmungsmethoden der in Frage kommenden Metalle ist so groß, daß nur eine Auswahl gegeben werden kann, die sich auf bewährte Analysenmethoden für den Essigsäureauszug beschränkt:

a) Blei

Analysenvorschrift nach H. Häffner und A. Pawletta (1953), (in die Deutschen Normen DIN 51031 vom Juni 1954 aufgenommen):

Die essigsauere Lösung wird in einen Meßkolben geeigneter Größe übergeführt und zur Marke aufgefüllt. Die Hälfte dieser Lösung wird nötigenfalls auf 20 ml eingedampft. Zeigen sich dabei gelbliche oder bräunliche Trübungen, die von Eisen herrühren, ist zu filtrieren. Die klare Lösung wird in ein 50 ml-Meßkölbchen quantitativ übergeführt und mit 5,00 ml 0,1 n-Kaliumdichromatlösung versetzt. Ist die Flüssigkeit nicht oder nur schwach gelb gefärbt, so sind weitere 5,00 ml 0,1 n-Kaliumbichromatlösung hinzuzufügen. Nunmehr wird mit dest. Wasser aufgefüllt. Die Mischung bleibt über Nacht stehen.

Der Niederschlag wird durch ein trockenes, glattes Filter (Weißband 7 cm) abfiltriert und das Filtrat beiseitegestellt. Sodann wird das Kölbchen und das Filter dreimal mit kaltem dest. Wasser gewaschen, indem das Filter jeweils nach völligem Ablaufen randvoll aufgefüllt wird. Der Niederschlag wird auf dem Filter mit 25 ml eisenfreier ca. 12,5%iger Salzsäure gelöst, indem die Salzsäure portionsweise zuerst in das Meßkölbchen gegossen und aus dem Meßkölbchen aufs Filter gebracht wird. Hierauf werden Kolben und Filter mit ca. 25 ml heißem dest. Wasser nachgewaschen. Nach dem Abkühlen versetzt man die ca. 50 ml betragende Lösung mit 0,3 g Kaliumjodid. Nach spätestens 5 min wird das ausgeschiedene Jod mit 0,02 n-Natriumthiosulfatlösung titriert. Gegen Ende der Titration werden einige Tropfen 1%iger Stärkelösung zugegeben.

Der Titer der 0,02 n-Thiosulfatlösung ist täglich gegen 0,02 n-Kaliumbichromat zu prüfen.

1 ml 0,02 n-Thiosulfatlösung entspricht 1,38 mg Pb. Da nur die Hälfte des essigsauren Auszugs verarbeitet wurde, ist das Ergebnis mit 2 zu multiplizieren.

Bei Abwesenheit von Eisen können zu Kontrollzwecken je 20 ml des unverdünnten, beiseitegestellten Filtrats nach Zusatz von 25 ml eisenfreier, ca. 12,5%iger Salzsäure und 0,3 g Kaliumjodid in gleicher Weise wie oben mit 0,02 n-Thiosulfatlösung zurücktitriert werden. Der so ermittelte Verbrauch an 0,02 n-Thiosulfatlösung wird mit 2,5 multipliziert und von derjenigen Menge abgezogen, die 5 ml (bzw. 10 ml) 0,1 n-Kaliumdichromat entspricht. Um die Bleiabgabe des Untersuchungsgegenstandes zu erhalten, wird diese Differenz mit $1{,}38 \times 2$ vervielfacht.

Zu den Messungen sind amtlich geeichte Meßgeräte zu verwenden. Die Anwesenheit von in Essigsäure löslichen Bariumverbindungen ist erfahrungsgemäß in Aufglasurdekoren nicht anzunehmen. Sollte in einem besonderen Fall Barium in merklicher Menge vorhanden sein, müßte eine Abscheidung nach den üblichen analytischen Regeln vorgenommen werden.

Die *Eliminierung des Eisens* kann in folgender Weise geschehen: Die essigsaure Lösung wird auf ca. 1/4 ihres ursprünglichen Volumens eingedampft und noch in der Siedehitze ammoniakalisch gemacht. Dabei wird das Eisen als Hydroxid ausgefällt. Der abfiltrierte Niederschlag wird mit heißem dest. Wasser gewaschen bis die abtropfende Flüssigkeit neutral reagiert. Das Filtrat wird nunmehr weiter auf ca. 20 ml eingedampft, mit Essigsäure angesäuert und mit 5 ml Kaliumbichromatlösung versetzt.

Einen Vorschlag zur *Eliminierung von Erdalkalien* machen L. T. Fairhall und G. Keemann (1941). Sie fällen das Blei zusammen mit vorhandenen Erdalkalien in ammonialkalischer Lösung als Phosphat, lösen den Niederschlag in Salpetersäure und extrahieren das Blei als Dithizonat. Dieses wird wiederum in Salpetersäure zurückgeführt, die Lösung wird neutralisiert und das Blei als Chromat gefällt, in Salzsäure gelöst und jodometrisch bestimmt.

Der Nachweis und die Bestimmung von *Blei als Sulfid* ist die älteste, aber auch heute noch angewandte Methode (L. Winkler, 1913; L. Grünhut, 1915). So geben W. Funk und M. Mields (1931) eine colorimetrische Bleibestimmung mit Schwefelwasserstoff in essigsaurer Lösung durch Vergleich mit einer organischen Farbstofflösung (Kasseler Braun) an.

A. PETZOLD (1953) arbeitet nach dem gleichen Prinzip wie FUNK und MIELDS, indem er kolloides Bleisulfid, das mit einigen Tropfen Gelatinelösung als Schutzkolloid stabilisiert werden kann, gegen Standardlösungen bekannten Bleigehaltes colorimetriert. Er befaßt sich außerdem mit der Beeinflussung durch andere Metalle, mit denen speziell bei Email zu rechnen ist.

Es stören nicht: Sb^{III}, As^{III}, Cu, es stören kaum Ni, Co, Cr, Mn, letzteres erst in Mengen über 0,5 mg/l, doch kommt es praktisch kaum vor, abgesehen allenfalls bei einigen Schwarzkörpern. Fe^{III} stört bei Mengen von mehr als 5 mg, indem es die Bleiwerte erhöht. Erheblich stört Zink, das von Email in größeren Mengen in den Essigsäureauszug abgegeben werden kann. Es erniedrigt bei der Sulfidmethode die Bleiwerte. 0,4 mg Zink stören, 0,8 mg/l verhindern den Farbvergleich infolge Ausscheidung von weißem Zinksulfid.

Die *Analysenvorschrift* lautet:

a) Enthält die Lösung kein oder nur wenig Zink, so wird nach folgender Vorschrift gearbeitet: Die an Essigsäure ca. 4%ige Prüflösung wird mit 4%iger Essigsäure auf ein bestimmtes Volumen aufgefüllt. Davon wird ein aliquoter Teil zur Bleibestimmung entnommen, mit starker Natronlauge annähernd neutralisiert und mit Natriumacetatlösung, die in 100 ml 9,1 g $CH_3COONa + 3\,H_2O$ enthält, in einem 100 ml fassenden Colorimeterglas mit eingeschliffenem Stopfen auf 100 ml aufgefüllt. Dazu fügt man unter jedesmaligem Umschütteln 5 ml Seignettesalzlösung (50 g Seignettesalz in 100 ml Wasser), 3 ml Natronlauge (33%ig), 2 Tropfen Kaliumcyanidlösung (10%ig) und 2 Tropfen Natriumsulfidlösung (10%ig). Nach 1–2 min wird die bei Anwesenheit von Blei entstandene Braunfärbung der Flüssigkeit mit der Braunfärbung von Standardlösungen verglichen, die folgendermaßen hergestellt worden sind: Zu jeweils 100 ml einer Natriumacetatlösung (Konzentration wie oben) werden in Abstufungen von 0,05 mg Blei verschiedene Mengen einer Bleilösung gegeben (0,1599 g Bleinitrat und 1 ml 25%ige Salpetersäure mit dest. Wasser zu 1 l gelöst. 1 ml = 0,1 mg Pb). Die Flüssigkeiten werden wie oben mit denselben Mengen Seignettesalz, Natronlauge, Kaliumcyanid und Natriumsulfid versetzt und kräftig umgeschüttelt; sie sind dann zum Vergleich bereit und halten sich einige Zeit.

Sollte die Analysenlösung vor Zugabe des Natriumsulfids schon etwas bräunlich gefärbt sein, so ist durch Vergleich der dieser Farbe entsprechende angebliche Bleigehalt zu ermitteln und nach der Durchführung der Colorimetrierung vom Gesamtwert wieder abzuziehen.

b) Bei Anwesenheit größerer Mengen Zink wird nach folgender Vorschrift verfahren:

Die Prüflösung kann entweder auf ein bestimmtes Volumen eingedampft werden oder man füllt mit Wasser auf ein bestimmtes Volumen auf. Ein aliquoter Teil der Lösung wird mit 2 Tropfen Phenolphthaleinläsung und mit 5 Tropfen Kaliumcyanidlösung (10%ig) versetzt und mit ca. 5 n-Natronlauge bis zur schwachen Rosafärbung neutralisiert. Die Flüssigkeit wird mit 0,1 g bleifreiem Calciumcarbonat in einem mit einem Gummistopfen verschlossenen Erlenmeyerkölbchen 3–5 min kräftig geschüttelt und durch ein weiches Filter filtriert. Der Filterrückstand wird mit kaltem Wasser ausgewaschen (Phenolphthalein vom Filter vollständig entfernen!) und auf dem Filter in siedender, verdünnter Essigsäure (2 ml 15%ige Essigsäure und ca. 10 ml Wasser) gelöst. Filtrat und Waschwasser vom Filter werden in einem 100 ml fassenden Colorimeterglas aufgefangen und mit Wasser auf 100 ml aufgefüllt. Die Weiterverarbeitung erfolgt wie unter a) beschrieben.

Die Standards werden bereitet wie oben angegeben, jedoch treten an die Stelle des Natriumacetats 0,1 g Calciumcarbonat, das in 2 ml 15%iger Essigsäure gelöst wird. Im übrigen wie unter a) verfahren. Vor Durchführung der Analyse sind selbstverständlich sämtliche Reagentien auf einen eventuellen Gehalt an Blei zu prüfen.

Bei größeren Bleimengen, die einen Niederschlag von Bleisulfid entstehen lassen, kann man das Sulfid durch Kochen mit Perhydrol in Sulfat überführen.

b) Andere Metalle

Insbesondere bei Email, zum Teil auch in Glasuren und Dekoren können außer Blei noch vorkommen: Arsen, Antimon, Zink, Kupfer, Cadmium.

In einer übersichtlichen Zusammenfassung kommt A. PETZOLD (1956) jedoch zu dem Schluß, daß es bei den allenfalls zu erwartenden kleinsten Mengen eines prinzipiellen Verbotes ihres Vorhandenseins in Emailauskochungen nicht bedarf.

Die von A. PETZOLD (1953 a, b, c, 1954 a, b, c) in einer Reihe von Arbeiten angegebenen kritisch gewürdigten Analysenvorschriften sind:

α) Arsen

Die nach der Auskochung mit einer 3%igen wäßrigen Lösung von Weinsäure erhaltene Flüssigkeit wird etwa zur Hälfte eingedampft und in einem entsprechenden Meßkolben auf ein bestimmtes Volumen gebracht. Davon wird ein aliquoter Teil, z.B. 25 oder 50 ml abgenommen und in den Reaktionskolben eingefüllt. Man fügt 0,5 g Zinnschnitzel und soviel konz. Salzsäure zu, daß die Lösung 10%ig an HCl wird. Die Apparatur wird verschlossen, nachdem der untere Schenkel eines U-Rohres mit Schnitzeln von Bleiacetatpapier gefüllt und in das an den oberen Schenkel anschließende Glasrohr ein Streifen trockenes Quecksilber(II)-chlorid-Papier so eingelegt wurde, daß es ein Stück in den Schenkel des U-Rohres hineinragt. Der Kolben wird nun kurz angeheizt, bis Wasserstoffentwicklung eintritt und dann mit der Sparflamme des Brenners vorsichtig weiter erwärmt; ein Sieden der Lösung ist auf alle Fälle zu vermeiden. Bei Anwesenheit von Arsen beginnt sich das Sublimatpapier bald gelb bis braun zu färben und erreicht nach ca. 20 min die größte Farbintensität. Nach 30 min spätestens ist die Reaktion beendet. Gleichzeitig vorliegendes Antimon scheidet sich hierbei elementar als schwarzer oder dunkelbrauner Belag auf dem Zinn ab, ohne zu stören. Die Färbung des Indikatorpapieres wird entweder in ihrer Ausdehnung gemessen oder mit auf die gleiche Weise mit bekannten Arsenmengen hergestellten Standardfarbstreifen verglichen und so der Arsengehalt ermittelt. Mit der benutzten Apparatur und allen verwendeten Chemikalien ist vorher eine Blindprobe auf Arsen durchzuführen.

β) Antimon

Der Nachweis, ob in der Auskochung mit einer 3%igen wäßrigen Weinsäurelösung eines weißen Emails überhaupt Antimon – gleich welcher Oxydationsstufe – vorhanden ist, läßt sich im Verlauf der Prüfung auf Arsen sehr leicht führen. Bei der vorgeschlagenen Arbeitsweise scheidet sich Antimon als dunkler Belag auf den Zinnschnitzeln ab und kann so erkannt oder nach Lösen in konz. Schwefelsäure, Verdünnung mit wäßriger Weinsäure, Zugabe von Oxalsäure und Einleiten von Schwefelwasserstoff durch einen auftretenden orangefarbenen Niederschlag identifiziert werden. Auf diese Weise können in 20 ml Flüssigkeit bei Anwesenheit von 0,5 g Zinn noch 0,05 mg Antimon nachgewiesen werden. Auf Schwarzemails läßt sich diese Methode nicht übertragen, da diese meistens Kupfer enthalten, das sich gleichfalls als dunkler Überzug auf das Zinn abscheidet.

Quantitative Bestimmung: Die nach Auskochung erhaltene weinsaure Flüssigkeit wird in einem entsprechenden Meßkolben auf ein bestimmtes Volumen gebracht und für die Titration ein aliquoter Teil entnommen. Die Lösung wird mit soviel konz. Salzsäure versetzt, daß sie ca. 5%ig an HCl ist. Dann wird auf 50–60° C erhitzt und nach Zugabe eines Tropfens wäßriger Methylorangelösung (2 : 1000) mit 0,01 n-Kaliumbromatlösung bis zur Entfärbung des Indikators titriert.

Mit der gleichen Menge gleichkonzentrierter wäßriger Weinsäure, Salzsäure und Methylorange ist eine Blindtitration auszuführen. Der Verbrauch dieser Reagentien an Maßflüssigkeit wird von dem bei der Antimonbestimmung gefundenem Wert abgezogen. 1 ml 0,01 n-$KBrO_3$ Lösung entspricht 0,609 mg Antimon.

Weitere Literaturhinweise: St. Györy (1893), E. Zintl und H. Wattenberg (1923), sowie eine cerimetrische Methode nach R. Lang und J. Fürstenau (1951).

γ) Zink

Die anfallende essigsaure Analysenlösung wird auf etwa die Hälfte eingedampft und dann in einem Meßkolben auf ein entsprechendes Volumen aufgefüllt.

Mit einem kleinen Teil der Lösung führt man zunächst einen orientierenden Versuch durch, um grob zu ermitteln, mit welchen Zinkmengen man etwa zu rechnen hat.

Zur Zinkbestimmung wird ein Flüssigvolumen abgenommen, in dem nicht mehr als 0,3 bis 0,4 mg Zink enthalten sein dürfen, Damit wird folgendermaßen verfahren. Die Lösung wird zunächst mit 1 ml 5%iger Kaliumcyanidlösung, dann mit soviel n-Salzsäure versetzt, daß Kongopapier eben gerötet wird. Danach wird die Flüssigkeit mit ungefähr dem gleichen Volumen 5%iger Natriumacetatlösung gepuffert und mit 5 ml 50%iger Natriumthiosulfatlösung versetzt. Man schüttelt mit kleinen Anteilen (einigen Millilitern) einer Lösung von Dithizon in Tetrachlorkohlenstoff (Lösung A) so oft aus, bis die Dithizonschicht grün bleibt. Die vereinigten Dithizonauszüge werden zweimal mit einer Waschflüssigkeit (Lösung B) ausgewaschen und zur Entfernung etwa vorhandenen Cadmiums fünfmal mit einigen Millilitern einer verdünnten Natriumsulfidlösung (0,4 g Natriumsulfid in 1 l Wasser) behandelt.

Das nun allein vorliegende rote Zinkdithizonat wird mit verdünnter Salzsäure (2 ml konz. Salzsäure in einigen Millilitern Wasser) zersetzt und das Zink durch Schütteln in die wäßrige Phase übergeführt.

Die wäßrig-saure Lösung wird im Colorimeterrohr auf 100 ml aufgefüllt, mit 1 ml 5%iger Kaliumferrocyanidlösung versetzt und umgeschüttelt. Nach 5 min wird die entstandene Trübung mit derjenigen von gleichzeitig angesetzten und ebenso behandelten Standardlösungen bekannten Zinkgehaltes verglichen. Die Vergleichslösungen werden mit Abstufungen von 0,05 mg im Bereich der zu erwartenden Zinkmenge hergestellt.

Reagentien: Lösung A: Man löst ca. 20 mg Dithizon in 10 ml Tetrachlorkohlenstoff, filtriert durch ein trockenes Papierfilter und schüttelt in einem Scheidetrichter mit etwa dem gleichen Volumen sehr verdünnter Ammoniaklösung (1 Raumteil konz. Ammoniak auf 300 Raumteile dest. Wasser). Hierbei geht alles Dithizon in die wäßrige Phase über, während als Verunreinigung anwesende Oxydationsprodukte im Tetrachlorkohlenstoff gelöst bleiben. Die wäßrige Lösung wird nach dem Abtrennen der meist gelben organischen Schicht im Scheidetrichter mit reinem Tetrachlorkohlenstoff unterschichtet, angesäuert und sofort geschüttelt. Das Dithizon geht dabei wieder in den Tetrachlorkohlenstoff über. Die so erhaltene Dithizonlösung wird mehrfach mit dest. Wasser gewaschen, durch ein trockenes Papierfilter filtriert und in einer dunklen Flasche mit eingeschliffenem Stopfen unter einer Schicht ca. 1%iger Schwefelsäure aufbewahrt. Vor dem Gebrauch wird die Säureschicht im Scheidetrichter von der Reagenslösung getrennt, die nach Waschen mit dest. Wasser durch ein aschefreies Filter filtriert wird, das seinerseits mehrfach mit Reagenslösung gewaschen wurde.

Lösung B: 300 ml 5%ige Natriumacetatlösung, 10 ml 50%ige Natriumthiosulfatlösung und 40 ml 10%ige Salpetersäure auf 500 ml aufgefüllt. Die Natriumacetatlösung darf keine Reaktion mit Dithizon geben, andernfalls muß sie durch Extraktion mit Dithizonlösung gereinigt werden.

Die Vergleichslösungen für die Nephelometrie werden mit einer 0,1 mg Zink im Milliliter enthaltenden Lösung bereitet, zu deren Herstellung 0,4398 g reinstes Zinksulfat ($ZnSO_4 \cdot 7\,H_2O$) unter Zusatz von 10 ml n-Schwefelsäure in dest. Wasser zu 1 l gelöst werden.

δ) Kupfer

Der mit 4%iger Essigsäure erhaltene Auszug wird gegebenenfalls etwas abgedampft und in einem Meßkolben auf ein entsprechendes Volumen gebracht. Davon werden zur Kupferbestimmung 50 ml abgenommen, zur Entfernung des Eisens und zur Maskierung des Kobalts mit konz. Ammoniak stark ammoniakalisch gemacht, mit einigen Spatelspitzen festen Ammonchlorids und einigen Tropfen starken Wasserstoffperoxids versetzt und erhitzt. Das ausgefallene Eisenoxidhydrat wird abfiltriert und mit wenig Wasser gewaschen. Filtrat und Waschwasser werden zur Vertreibung des Ammoniaks gekocht, abgekühlt und mit einem Tropfen 25%iger Schwefelsäure angesäuert. In einem mit eingeschliffenen Stopfen versehenen Colorimeterglas wird die Flüssigkeit nacheinander mit 5 ml Chloroform, 1 ml Ammoniumrhodanidlösung (40%ig) und 1 ml Pyridin versetzt. Die Lösung wird kräftig geschüttelt und die Farbe der Chloroformschicht mit denen von Standardproben bekannten Kupfergehaltes verglichen.

Die Standardfarblösungen werden hergestellt, indem je 50 ml dest. Wassers mit steigenden Mengen von Kupfersulfatlösung (0,3928 g $CuSO_4 \cdot 5\,H_2O$ unter Zusatz von 10 ml n-Schwefelsäure in dest. Wasser zu 1 l gelöst; 1 ml = 0,1 mg Cu) versetzt und im übrigen wie oben behandelt werden. Mit allen Reagentien ist vorher eine Blindprobe durchzuführen. (Weitere Literaturhinweise: H. FISCHER und G. LEOPOLDI (1934); O. ANT-WUORINEN (1936).

ε) Cadmium

Von der essigsauren Prüflösung, die zweckmäßigerweise auf ein kleines Volumen eingedampft wird, wird ein aliquoter Teil entnommen, die Essigsäure abgedampft und der Rückstand mit wenig Wasser aufgenommen. Diese Lösung wird mit 5ml ca. 30%iger Seignettesalzlösung und einigen Millilitern konz. alkoholischer Dimethylglyoximlösung versetzt und eine dem Gesamtvolumen entsprechende Menge an 10%iger Natronlauge zugefügt, so daß die Prüflösung dann ca. 5%ig an NaOH ist. Die wäßrige Flüssigkeit wird nun mit kleinen Anteilen von Dithizon-Tetrachlorkohlenstoff ausgeschüttelt, wobei sich das organische Lösungsmittel bei Gegenwart von Cadmium rot färbt. Diese Rotfärbung ist jedoch noch kein sicheres Zeichen für die alleinige Anwesenheit von Cadmium, da auch Spuren des gleichfalls roten Zinkdithizonats (das sich im übrigen mit roter Farbe in Alkalien löst) von Tetrachlorkohlenstoff aufgenommen werden. Es ist deshalb erforderlich, etwa nach der 3. Extraktion jeden weiteren roten Auszug daraufhin zu prüfen, ob die Färbung von Cadmium oder nur noch von Zink herrührt. Dies geschieht so, daß die organische Phase mit einigen Millilitern 2%iger Natronlauge behandelt wird. Bleibt dabei der Tetrachlorkohlenstoff rot bis orange, dann ist noch Cadmium vorhanden; in diesem Falle wird die organische Lösung der ersten Extraktionen zugefügt und das Ausschütteln der ursprünglichen Lösung fortgesetzt. Wird dagegen der

Tetrachlorkohlenstoff entfärbt (bei gleichzeitiger Rotfärbung der wäßrig-alkalischen Phase) dann war nur noch Zinkdithizonat im Extrakt enthalten und das Ausschütteln der Prüflösung ist damit beendet.

Die vereinigten Extrakte werden solange mit einigen Millilitern 2%iger Natronlauge ausgewaschen, bis die wäßrige Schicht farblos bleibt. Damit sind die zusammen mit dem Cadmium extrahierten Zinkmengen entfernt worden. Letztere Reste von Alkali werden mit wenig Wasser ausgewaschen.

Das rote Cadmiumdithizonat im Tetrachlorkohlenstoff wird nunmehr durch Zugabe von wenig verdünnter Salzsäure zersetzt, wobei die Farbe nach grün umschlägt (= freies Dithizon) und das Cadmium als Cadmiumchlorid in die wäßrige Phase übergeht. Die wäßrige Schicht wird abgetrennt und zur Trockene gedampft, mit Wasser aufgenommen und filtriert.

Zur Bestimmung des Cadmiums wird die Lösung in ein am Colorimeterglas mit 10 ml 10%iger Ammoniumchloridlösung und 2 ml Ammoniak versetzt, auf 50 ml aufgefüllt und kräftig durchgeschüttelt. Man gibt nun 1 ml 5%ige Kaliumferrocyanidlösung zu, schüttelt wiederum und läßt 15 min stehen. Die entstehende Trübung wir mit denjenigen von Standardlösungen bekannten Cadmiumgehaltes verglichen, die unter den selben Bedingungen (natürlich unter Fortfall der Dithizonextraktion) angesetzt wurden. Die Lösung des Dithizons in Tetrachlorkohlenstoff wird auf die gleiche Weise bereitet, wie dies bei der Zinkbestimmung beschrieben wurde.

c) Borsäure

Da Borsäure ein wichtiges Flußmittel ist, aber andererseits einen nicht ganz unbedenklichen Stoff darstellt, folgen 2 bewährte Analysenverfahren.

Grundlage sind für die Destillationsmethode über den Methylester die Standardarbeiten von E. Schulek und G. Vastagh (1931, 1932, 1952), für die direkte Carminmethode die Arbeit von J.T. Hatcher und L.V. Wilcox (1950). Letztere hat den Vorteil, daß die Analysenflüssigkeit bei der Aufarbeitung mit keiner weiteren Glasapparatur mehr in Berührung kommt. Die Befürchtung, daß Borsäure aus der Glasapparatur herausgelöst wird, haben Schulek und Vastagh zerstreut. Lediglich von wasserfreiem Methanol wird nach F. Raymund und E. Porter (1959) Bor aus borhaltigen Gläsern (z.B. Pyrexglas) herausgelöst. Sobald aber das Methanol wenige Prozente Wasser enthält, wird das Glas nicht mehr angegriffen.

α) Borsäurebestimmung über den Methylester

Der essigsaure Auszug wird mit KOH deutlich alkalisch gemacht, in einer Nickelschale von 600 ml Inhalt bis auf ca. 20 ml eingedampft und anschließend quantitativ in den Destillationskolben überführt. Darin wird die Lösung auf ca. 12 ml weiter eingedampft, wobei der größte Teil der gelösten Salze ausfällt. Nach Zugabe einiger Siedesteinchen schließt man den Destillationskolben an den Destillierapparat an. Die Glasschliffe werden hierbei mit konz. Schwefelsäure angefeuchtet. Als Vorlage dient eine Nickelschale von 600 ml Inhalt, die 15 ml n-KOH und 50 ml Wasser enthält. Das Kühlrohr läßt man ein wenig in die Lauge eintauchen. Nun füllt man durch einen Hahntrichter ein Gemisch von 200 ml Methylalkohol und 15 ml konz. Schwefelsäure und destilliert im Wasserbad. Die in der Vorlage befindliche Flüssigkeit steigt dabei im Kühlrohr auf und ab. Das Ende der Destillation wird dadurch angezeigt, daß die sich entwickelnden Dämpfe (Methyläther) die Flüssigkeitssäule aus dem Kühlrohr herausdrücken und als Gasblasen entweichen. Dann senkt man die Vorlage und entfernt das Wasserbad. Nach Abkühlen des Inhalts des Destillationskolbens wird die Destillation nach Zugabe von je 100 ml Methylalkohol noch zweimal wiederholt. Dabei ist die Vorlage durch Zugabe von Kalilauge immer deutlich alkalisch zu halten. Man versetzt mit einigen Tropfen Perhydrol und dampft, ohne daß der Inhalt ins Kochen kommt, auf dem Wasserbad zur Trockene ein. Die Schale mit dem Rückstand wird über starker Flamme erhitzt. Die erkaltete Schmelze löst man in wenig Wasser, filtriert und spült die Lösung in einen 500 ml-Erlenmeyerkolben. Man neutralisiert mit 25%iger Salzsäure genau (pH-Meter) und setzt noch 2 Tropfen Salzsäure im Überschuß hinzu. Jetzt wird die Lösung 2 min gekocht und abgekühlt. Den Überschuß an Salzsäure nimmt man mit n-KOH zurück, stellt schwach alkalisch ein und neutralisiert genau mit 0,1 n-Salzsäure (pH-Meter). Das Volumen soll jetzt 100 ml betragen. Es folgt die Zugabe von 5 g Mannit und die Titration des Mannit-Borsäure-Komplexes mit 0,1 n-NaOH bis zum Umschlag nach rot (Phenolphthalein). Ein Verbrauch des Mannits an 0,1 n-NaOH ist gegebenenfalls in Abzug zu bringen.

1 ml 0,1 n-NaOH entspricht 0,00348 g B_2O_3.

Bei dieser Destillationsmethode werden alle störenden Elemente mit Sicherheit ausgeschaltet, sie ist jedoch umständlich und zeitraubend. Schneller durchführbar, dabei mit der Destillationsmethode gut übereinstimmend, ist die nachstehende Methode.

β) Borsäurebestimmung mit Carmin

Man stellt eine Lösung von 0,05% Carmin in 95–96%iger Schwefelsäure her. Bor bildet mit Carmin, noch besser mit reiner Carminsäure proportional der Konzentration einen roten Farblack. Die Intensität der Färbung wird bei 595 nm spektrophotometrisch gemessen und aus einer Eichkurve die Borkonzentration berechnet. Die Farbe des Komplexes ändert sich auch über viele Stunden nicht, ebenso hat die Temperatur keinen Einfluß. Der Borgehalt der zu untersuchenden Lösung muß zwischen 5 und 100 µg/ml liegen. Man überführt daher den essigsauren Auszug in einen 1 l-Meßkolben und füllt auf. Davon werden 2 ml Lösung mit 2 Tropfen konz. Salzsäure und 10 ml konz. Schwefelsäure versetzt, dann wird das Reagens (10 ml) zugegeben und gegen eine Blindprobe colorimetriert. Störendes Nitrat und Nitrit wurden durch die Salzsäure entfernt. Germanium, Molybdän, Cer, Silikate, Ammoniak, Fluorid und sämtliche in Wasser vorkommenden Metalle und Metallchloride stören nicht. Der relative Fehler beträgt ± 5%.

3. Beständigkeit von Glasuren und Dekor

Durch Säureeinwirkung können bei mangelnder Resistenz Dekore oder Glasuren (ausgenommen Porzellan) mehr oder weniger angegriffen werden.

Die *sichtbaren Veränderungen* können betreffen: völlige Zerstörung und Abwischbarkeit der Dekore, so daß die Glasur freiliegt, Verlust der Kratzfestigkeit, Farbumschlag, Glanzverlust. Selbst bei hohen Bleiabgaben können Glanz, Farbton, Kratzfestigkeit völlig unbeeinflußt bleiben.

Während die Säurefestigkeit auf hygienischem Sektor, also im Rahmen der Lebensmittelüberwachung eine maßgebliche Rolle spielt, ist für die Industrie und die Verwender die *Resistenz der Dekore auf Porzellan gegen alkalische Reinigungsmittel* von hervorragender Bedeutung. Mit der steigenden Einführung von Spülmaschinen, die mehr und mehr auch in die Haushalte vordringen, hat die Alkaliwiderstandsfähigkeit größere Wichtigkeit erhalten. Obwohl hier analytische Feststellungen lebensmittelrechtlich keine Rolle spielen, sei das Problem doch kurz behandelt.

Die früher praktizierte Reinigung war schonend, denn die Spültemperatur war niedrig (40–50° C), die Spülmitteleinwirkung der Dauer nach geringfügig. Selbst über Jahrzehnte des Gebrauchs blieben die Dekore unbeeinflußt. Anders liegen die Verhältnisse bei Spülmaschinen, in denen mit Temperaturen bis 90° C gearbeitet wird. Alkalität und Konzentration der Reinigungsmittel, aber auch der Typ der Spülmaschine (Zahl der Kammern) spielen eine entscheidende Rolle. In Großküchen, Hotelbetrieben, Schnellgaststätten wandert ein und dasselbe Geschirr täglich mehrmals in die Spülmaschine. Die Beanspruchung im Laufe längerer Zeiträume ist enorm. Eine befriedigende Lösung des Problems der Alkalibeständigkeit ist noch nicht gefunden. Es scheint um so schwieriger, als Säureresistenz die Alkalieinwirkung zu begünstigen scheint und umgekehrt, doch bestehen hierüber auch andere Auffassungen.

Nach DIN Vorschrift 51035 wird das Geschirr 30 min in 1%iger Trinatriumphosphatlösung gekocht und visuell auf Angriff geprüft und zwar nach den gleichen Gesichtspunkten wie beim Säureangriff geschildert. Bezüglich Einzelheiten, wie Spülmaschinen, Reinigungslösungen, Testmethoden wird auf folgende Literatur verwiesen: E. Killias (1930), K. Endell (1931), H. Kohl (1931a, b), H. Wedell (1963).

Schließlich sind noch folgende *DIN-Vorschriften* zu erwähnen (Beuth Vertrieb GmbH, 1 Berlin 30 und 5 Köln):

Porzellan DIN 51031 (Juni 1954)
Bestimmung der Bleiabgabe von eingebrannten Aufglasurfarben, Glasuren und Dekoren.

DIN 51035 (Mai 1965)
Bestimmung der Resistenz von eingebrannten Aufglasurfarben und Dekoren gegenüber alkalischen Reinigungsmitteln.

Email DIN 51150 (November 1966)
Bestimmung der Beständigkeit gegen kalte Citronensäure.
DIN 51151 (März 1957)
Bestimmung der Beständigkeit gegen kochende Citronensäure.
DIN 51157 (August 1959)
Bestimmung der Beständigkeit gegen kochende Salzsäure.
DIN 51158 (November 1966)
Bestimmung der Temperaturwechselbeständigkeit emaillierter Kochgeschirre.
DIN 51164 (Oktober 1966)
Herstellung von Proben.
DIN 51165 (Entwurf November 1966)
Bestimmung der Beständigkeit gegen kochendes Wasser und Wasserdampf.

VI. Beurteilung

Rechtsgrundlage für die Beurteilung der analytischen Ergebnisse der Bleibestimmung bildet auch heute noch das Blei- und Zinkgesetz vom 25. VI. 1887 (RGBl. S. 273) in der Fassung vom 24. V. 1968 (BGBl. I S. 503, 517). Beachtlich ist auch, daß der Verstoß gegen dieses Gesetz, im Gegensatz zum Lebensmittelgesetz (§ 3 in Verbindung mit § 11), kein Vergehen sondern eine Übertretung ist.

In § 1 heißt es:

„Eß-, Trink- und Kochgeschirre sowie Flüssigkeitsmaße dürfen nicht ...

3. mit Email oder Glasur versehen sein, welche bei halbstündigem Kochen mit einem in 100 Gewichtsteilen 4 Gewichtsteile Essigsäure enthaltendem Essig an den letzteren Blei abgeben".

Obwohl es das Gesetz nicht ausdrücklich ausspricht, versteht es sich eigentlich von selbst, daß nur die mit Lebensmitteln in Berührung kommende Innenseite der Eß-, Trink- und Kochgeschirre gemeint sein kann, vgl. hierzu den Erlaß des preußischen Ministers der Geistlichen, Unterrichts- und Medizinal-Angelegenheiten, des Ministers für Handel und Gewerbe, des Justizministers und des Ministers des Innern betr. *Untersuchung von emailliertem Eß-, Trink- und Kochgeschirr* vom 1. VIII. 1907 (Z. Untersuch. Lebensmitt., Ges. und VO. **1**, 513; 1909).

Die Anwendung des Gesetzes auf Email und Glasuren, zwei wohldefinierte Begriffe, ist absolut eindeutig. Nicht eindeutig erscheint die Anwendung auf Dekore. Aus der historischen Entwicklung heraus hat H. Häffner (1954) nachgewiesen, daß das Gesetz nicht auf Porzellan-Aufglasur-Dekore abgestimmt ist. Das Dekor unterliegt nach vielfacher juristischer Auffassung dem Farbengesetz (Gesetz, betreffend die Verwendung gesundheitsschädlicher Farben bei der Herstellung von Nahrungsmitteln, Genußmitteln und Gebrauchsgegenständen vom 5. VII. 1887; RGBl. S. 277).

Hierzu seien folgende Gerichtsentscheidungen mitgeteilt:

1. Das Amtsgericht Essen zitiert in einem Urteil vom 4. VII. 1960 (Nr. 450 Cs 164/59) eine offenbar unveröffentlichte Stellungnahme des Reichsgesundheitsamtes vom 28. VIII. 1939:

„Nach § 2 Abs. II des Gesetzes betreffend die Verwendung gesundheitsschädlicher Farben bei der Herstellung von Nahrungsmitteln, Genußmitteln und Gebrauchsgegenständen v. 5. Juli 1887 (RGB S. 277) muß die Verwendung bleihaltiger Farben bei der Herstellung von Gefäßen, die für Lebensmittel bestimmt sind, als nicht verboten angesehen werden, sofern sie in Glasmassen, Glasuren oder in Emails eingebrannt sind. Inwieweit die Vorschrift des § 1 Abs. I Nr. 3 des Gesetzes betr. den Verkehr mit blei- u. zinkhaltigen Gegenständen v. 25. Juni

1887 Anwendung finden können, erscheint zweifelhaft. Diese Bestimmungen sind erlassen worden, um zu verhindern, daß Glasuren Blei an Lebensmittel abgeben können. Ob der Gesetzgeber bei dieser Vorschrift auch an die Verwendung bleihaltiger Aufglasurfarben zur Ausschmückung der Glasuren gedacht hat, muß umso zweifelhafter sein, als das Gesetz v. 25. Juni 1887 in diesem Falle hinter das Farbengesetz als Spezialgesetz wohl zurückzutreten hat."

2. In dem Essener Urteil wird weiterhin ausgeführt, daß der Gesetzgeber sehr wohl einen Unterschied gemacht hat zwischen Glasur und eingebrannten Farben.

Im Urteil des Amtsgerichts Hamburg vom 13. X. 1959 (Nr. 132 Ds 139)59) heißt es, daß die Gefährdung nicht aus der Glasur, sondern allein durch die Verbindung mit der Farbe entsteht.

„Soweit aber lediglich diese eine Gefährdung ausübt, kann sie auch nicht über Nr. 3 als Bestandteil eines Geschirrs doch wieder in den strafbaren Bereich gezogen werden, wobei zu bedenken ist, daß dann die Herausnahme der Farben ... praktisch gegenstandslos wäre."

Zu dem juristischen Problem ist zu sagen: Das Blei- und Zinkgesetz hat den Zweck des Schutzes der Verbraucher vor der Aufnahme von Blei, wenn sie Eß-, Trink- und Kochgeschirre aus Email oder mit Glasur versehener Keramik benutzen. Das Gesetz verliert seinen Sinn, wenn die Bleiabgabe der Glasur verboten ist, die der Dekors aber nicht. Das Farbengesetz schließt die Anwendung des Blei- und Zinkgesetzes nicht eindeutig aus.

Auch von fachlicher Seite muß anerkannt werden, daß das Dekor durch die innige chemische Verschmelzung mit der Glasur selbst zur Glasur wird. Bereits im Jahre 1905 hat E. Berdel diese Auffassung vertreten. Sie wird völlig eindeutig bei der Fondmalerei, d.h. wenn die Glasur z.B. eines Tellers in seiner gesamten Fläche mit Farbe überzogen ist.

3. Zu dieser Auffassung gelangt auch das Amtsgericht Bremen am 5. I. 1962 und das Gutachten des Bundesgesundheitsamts vom 8. V. 1956 (Az. 2748–03/55) Holthöfer-Juckenach-Nüse Band III, S. 302. Berlin, Köln, Bonn, München: Carl Heymanns Verlag, 1966).

Im Farbengesetz sind Eß-, Trink- und Kochgeschirre überhaupt nicht erwähnt, jedoch in § 2 „Gefäße, Umhüllungen oder Schutzbedeckungen", die „zur Aufbewahrung oder Verpackung" verkäuflicher Lebensmittel bestimmt sind. Hierfür ist in § 2 Abs. 2 bestimmt, daß das Verbot des § 1 Abs. 2, das u.a. Blei nennt, „keine Anwendung auf alle in Glasmassen, Glasuren oder Emails eingebrannte Farben findet".

Hierzu führen die *Technischen Erläuterungen* zum Entwurf des Farbengesetzes (1887) aus:

„Viele Nahrungs- und Genußmittel werden auch in Gefäßen in den Handel gebracht, welche mit in Glasuren oder Emails eingebrannten Farben verziert sind. Bei entsprechend guter Beschaffenheit dieser Glasuren und Emails ist ein Übergang der Farbe in das Nahrungs- und Genußmittel selbst dann nicht zu befürchten, wenn zwischen beiden andauernd unmittelbare Berührung stattfindet. Hierdurch rechtfertigt sich die den in Glasuren und Emails eingebrannten Farben zugewiesene Ausnahmestellung."

„Für alle in Glasuren oder in Emails eingebrannten Farben", die bei der Herstellung von Spielwaren, z.B. Puppengeschirr, verwendet werden, gilt das Verbot des § 1 Abs. 2 ebenfalls nicht (§ 4 Farbengesetz).

Stellt man sich auf den Standpunkt, daß auch Geschirre in das Farbengesetz einzubeziehen sind, so ist die Ausnahmebestimmung für eingebrannte Farben ohne weiteres verständlich; denn sonst dürften bleihaltige Farben überhaupt nicht eingebrannt werden. Sie müssen nur dem Blei- und Zinkgesetz entsprechen.

Auch der vielfach von Juristen vertretenen Meinung, daß z.B. eine innen dekorierte Porzellantasse nicht dazu diene, darin Essigsäure zu kochen, die Bestimmungsmethode deswegen also zu verwerfen sei, kann entgegengetreten werden. Die Methode ist lediglich eine Testmethode, eine Vereinbarung, in dieser Weise eine Prüfung auf Blei vorzunehmen. Allerdings ist einzuräumen, daß sie für Porzellan und Steingut praxisfremd ist, wurde sie doch auf Irdengut abgestimmt, in dem damals (1887) tatsächlich gekocht wurde.

Die sich ständig durch die Literatur ziehenden Angriffe auf das Blei- und Zinkgesetz betreffen die Forderung des Gesetzes, daß „kein Blei“ abgegeben werden darf. Ihre Konsequenz wäre, ausschließlich bleifreie Glasuren und Dekore zu verwenden, doch ist ihre Verwirklichung in dieser umfassenden Allgemeinheit unmöglich. Bleiverbindungen sind nun einmal das hervorragendste Flußmittel, auf das zwar in vielen Fällen, aber nicht grundsätzlich verzichtet werden kann (G. ZIELKE, 1955).

Zahlreiche Arbeiten befassen sich mit der Herabsetzung der Bleilässigkeit, wobei große Erfolge erzielt werden (s. Technologie).

Damit stellt sich die Frage der Toleranz, d.h. der Auslegung des Blei- und Zinkgesetzes, was noch als „kein Blei“ angesehen werden darf.

An die Spitze der Überlegungen ist die Tatsache zu stellen, daß das lösliche Blei rasch ausgelaugt wird: bei der dritten Behandlung mit Essigsäure beginnt der Bleiwert auf Spuren abzusinken (Aufglasurdekoren: F. ZAPP, 1952; H. HÄFFNER und A. PAWLETTA, 1953; Kochgeschirremails: A. PETZOLD, 1954). Schon K.B. LEHMANN (1902) schlug vor: „Geschirre, die mehr als 5 oder 10 mg Blei bei der ersten Auskochung pro Liter abgeben, oder bei der dritten mehr als 2 mg, sind zu konfiszieren“.

Der Gesichtspunkt der Einräumung einer gewissen Toleranz findet sich verwirklicht in § 3 Nr. 3c der 1. Ausf.VO. zum Milchgesetz vom 15. V. 1931 (RGBl. I S. 150). Für Gegenstände, die mit Milch in Berührung kommen, verbietet er Email oder Glasur, die bei halbstündigem Kochen mit 4%iger Essigsäure mehr als 2 mg Blei pro Liter Rauminhalt (bei Gefäßen unter 0,5 l Rauminhalt mehr als 1 mg Blei für das ganze Gefäß) abgeben.

Wesentlich für die Beurteilung der Bleiabgabe wäre noch die Wahl der Bezugseinheit. Dafür kommen in Betracht der absolute Wert, der Bezug auf den Rauminhalt oder der Bezug auf die Fläche.

Hierfür können außerhalb der Bundesrepublik Deutschland bestehende Rechtsvorschriften Anhaltspunkte geben:

1. DDR. *VO über den Verkehr mit Blei, Zink, Cadmium, Antimon oder Kupfer enthaltenden Gegenständen.* Vom 27. Okt. 1950. (Ges. Bl. der DDR 1950 Nr. 134, S. 1167.) Nach § 1 sind bei Eß-, Trink- und Kochgeschirren Glasuren oder Emails verboten, die bei halbstündigem Erhitzen mit 4%iger Essigsäure auf mindestens 95° C aus den bei bestimmungsgemäßem oder vorauszusehendem Gebrauch mit Lebensmitteln in unmittelbare Berührung kommenden Teilen des Gefäßes oder Gerätes an die Essigsäure Cadmium oder mehr als 2 mg Blei je Liter Rauminhalt oder je 5 dm^2 Oberfläche der genannten Teile des Gerätes abgeben,

oder bei gleichem Erhitzen mit einer 3%igen wäßrigen Weinsäurelösung an diese mehr als 3 mg dreiwertiges Antimon je Liter Rauminhalt oder je 5 dm^2 Oberfläche der genannten Teile des Gerätes abgeben.

2. Österreich. *VO der Bundesministerien für soziale Verwaltung, für Justiz und für Handel und Wiederaufbau vom 15. November 1960 über Herstellung, Verkauf, Zurichtung und Verwendung von Geschirren und Geräten, die mit Lebensmitteln unmittelbar in Berührung kommen, über Kinderspielzeug bestimmter Art, sowie über bestimmte Arten der Aufbewahrung und Verpackung von Lebensmitteln* (Österr. Bundesgesetzblatt Nr. 258 vom 23. XII. 1960).

§ 3c verbietet Geschirre und Geräte, deren Glasur nach 24stündigem Einwirken bei Zimmertemperatur an 4%ige Weinsäure Antimon, an 4%ige Essigsäure Barium, Zink, oder bei Geschirren mit weniger als einem Liter Inhalt mehr als 2 mg Blei pro Gefäß, bei Geschirren von einem Liter Inhalt und darüber mehr als 2 mg Blei pro Liter Gefäßinhalt an die betreffende Säure abgibt.

Ein *Durchführungserlaß* des Bundesministeriums für soziale Verwaltung vom 23. XII. 1960, ZL.V-122.387-27/JA/60 erläutert die Handhabung der Geschirr-VO.

Email: Die Gefäße sind dreimal zu $^3/_4$ mit 4%iger Essigsäure zu füllen und je 30 min auszukochen. Wird bei der 1. Auskochung mehr als 50 mg Blei und bei der 3. mehr als 2 mg Blei gefunden, so ist das Geschirr als gesundheitsschädlich zu beanstanden. Die Bleiwerte (50 mg bzw. 2 mg) sind bei unter 1 Liter Gefäßinhalt auf den Gesamtinhalt, bei über 1 Liter auf 1 Liter zu beziehen.

Glasuren von Geschirren aus Keramik: Die Behandlung mit 4%iger Essigsäure randvoll erfolgt durch 24stündiges Stehenlassen bei Zimmertemperatur.

Liegt der Bleiwert über 50 mg oder ergibt die 3. Behandlung mehr als 2 mg Blei, so ist das Geschirr als gesundheitsschädlich zu beanstanden. Bezugseinheit wie bei Email.

3. Schweiz. *VO über den Verkehr mit Lebensmitteln und Gebrauchsgegenständen.* Vom 26. V. 1936 mit den bis 1. VI. 1964 erfolgten Abänderungen und Ergänzungen.

Art. 453 bestimmt: „Mit Email, Lack oder Glasur versehene Gefäße und Geschirre ... müssen arsenfrei sein. Sie dürfen an den Teilen, welche mit Lebensmitteln oder dem Munde des Benützenden in Berührung kommen können nach 24stündiger Behandlung mit 4%iger Essigsäure bei Zimmertemperatur nicht mehr als 3 mg Blei, Kadmium oder Zink, einzeln oder zusammen, pro 100 cm² Oberfläche an die Säure abgeben. Diese Bestimmung hat insbesondere Geltung für die Innenseite aller Gefäße der hier vorgesehenen Art, für einen mindestens 2 cm breiten äußeren Lippenrand bei Trinkgefäßen sowie für die Oberseite von Tellern und Untertassen. Die Gesamtoberfläche der Gefäßes (innen und außen) darf, in gleicher Art behandelt, insgesamt nicht mehr als 100 mg der genannten drei Metalle pro 100 cm² an die Säure abgeben.

4. Schweden. *Kgl. schwedisches Lebensmittelgesetz.* Vom 21. XII. 1951. § 15: „... Verboten sind Glasuren und Email, die auf 1 Liter Gefäßinhalt nach dreimaligem halbstündigem Auskochen mit 4%iger Essigsäure mehr als 3 mg Blei abgeben ..." (Ref. Z. Lebensmitteluntersuch. u. -Forsch. **96**, 8 (1953)).

Bibliographie

I. Keramik

BOLLENBACH, H.: Keramische Rechentafeln. 3.—4. Auflage. Halle: Knapp 1953.
DANCKERT, L.: Handbuch des europäischen Porzellans. München: Prestel 1954.
ECKSTEIN, P., H. KANTNER u. W. SCHUEN: Keramisches Brennen. 2. Aufl. Halle: Knapp 1953.
FUNK, W.: Die Rohstoffe der Feinkeramik. Berlin: Springer 1933.
GRAMSS, E.: Das Porzellan. 2. Aufl. Verlag Sprechsaal, Coburg: Müller & Schmidt 1960.
HALL, F. P., u. H. INSLY: Phase Diagrams for Ceramists. Ort: American Ceramic Society 1956.
HECHT, A.: Elektrokeramik. Berlin, Göttingen, Heidelberg: Springer 1959.
HENZE, W.: Glasuren. Halle: Knapp 1951.
JAKO, G.: Keramische Fabrikationsfehler. Coburg: Sprechsaal, Müller & Schmidt 1926.
JASMUND, K.: Die silikatischen Tonminerale. Weinheim: Verlag Chemie 1951.
LEHNHÄUSER, W.: Praktisches Rechnen für den Keramiker. Höhr-Grenzhausen: Dr. Kreiling.
LIEBSCHER, E., u. J. WILLERT: Technologie der Keramik. 3. Aufl., Dresden: VEB-Verlag 1955.
PUKALL, K.: Grundzüge der Keramik: Coburg: Sprechsaal, Müller & Schmidt 1922.
SALMANG, H.: Die physikalischen und chemischen Grundlagen der Keramik. 3. Aufl. Berlin, Göttingen, Heidelberg: Springer 1954.
SCHÄTZER, L.: Leitfaden der Keramik. Dresden: Glashütte, Kurt Fahdt 1951.
— Keramik Roh- und Werkstoffe, Prüfmethoden. 2. Aufl. Berlin: Verlag der Technik 1954.
SCHWANDT, E.: Keramische Baustoffe der Hochfrequenztechnik. Leipzig: Hachmeister und Thal 1933.
STARK, J.: Die Physikalisch — technische Untersuchung keramischer Kaoline. Leipzig: J. A. Barth 1922.
ZIMMERMANN, E.: Zur Streitfrage über die Porzellanerfinder. Berlin: Springer 1912.

II. Email

GRÜNWALD, J.: Chemische Technologie der Emailrohmaterialien. 2. Aufl. Berlin: Springer-Verlag 1922.
MACHU, W.: Nichtmetallische anorganische Überzüge. Berlin, Göttingen, Heidelberg: Springer-Verlag 1952.
PETZOLD, A.: Email 3. Aufl. Berlin: VEB Verlag Technik 1955.
STUCKERT, L. Die Emailfabrikation. 2. Aufl. Berlin: Springer-Verlag 1941.
VIELHABER, L.: Emailtechnik. 3. Aufl. Düsseldorf: VDI-Verlag 1958.

III. Glas

ALTMANN, J.P.: Fachkunde der Glasmalerei und Ätzerei. Wien: Ployer 1957.
BEYERSDORFER, P.: Glashüttenkunde. 2. Aufl. Leipzig VEB-Verlag 1964.
DRALLE, R., u. KEPPLER, G.: Glasfabrikation. 2. umgearb. Aufl. München: Oldenbourg 1931.
HÜBSCHER, M.: Glasfabrikationsfehler. Leipzig: Fachbuch-Verlag 1954.

JEBSEN, H., u. MARWEDEL, H.: Glastechnisches Fabrikationsfehler. 2. Aufl. Berlin: Springer-Verlag 1936.
KITAIGOROBSKI, J.: Technologie des Glases. München: Oldenbourg 1957.
SCHHMIDT, R.: Die Rohstoffe zur Glaserzeugung. 2. Aufl. Leipzig: Akademische Verlagsgesellschaft 1950.
SPÄTE, FR.: Weiß-, Hohl- und Geräteglas. Leipzig: Akademische Verlagsgesellschaft 1931.
TAMANN, G.: Der Glaszustand. Leipzig: Voß 1933.
WENDLER, A.: Maschinelle Glasverarbeitung. Leipzig: Akademische Verlagsgesellschaft 1929.
WINNACKER, K., u. KÜCHLER, L.: Chemische Technologie, Band 2. 2. Aufl. München: Carl Hanser 1959.

IV. Glasfaser

BEYER, W.: Glasfaserverstärkte Kunststoffe. 3. Aufl. München: Carl Hanser 1963.
HAGEN, H.: Glasfaserverstärkte Kunststoffe. 2. Aufl. Heidelberg, Berlin: Springer-Verlag 1961.
ÖLLERICH, W.: Die Glasfaser, Glaswatte, Glaswolle. Düsseldorf: Glasfaser GmbH, (firmeneigene Veröffentlichung).

V. Analytik

HATCHER, J.T., u. D.V. WILCOX: Colorimetrische Analyse. S. 92—93. Weinheim: Verlag Chemie 1952.

VI. Beurteilung

Technische Erläuterungen zum Entwurf des Farbengesetzes in „Die Reichsgesetze vom 25. Juni 5. u. 12. Juli 1887“ Nördlingen: C. H. Becksche Buchhandlung 1887.

Zeitschriftenliteratur

I. Keramik

BAUMER, H.: Abziehbilder oder Auflegebilder? Ein neues Material zur Dekoration von Glas oder keramischen Materialien. Sprechsaal **96**, 165—166 (1963).
BUNZEL, E. G.: Das physikalisch-chemische Verhalten der Segerkegel. Tonerde Ind. Z.-Zbl. **77**, 353—357 (1953).
FICHTNER, F.: Das Porzellangeheimnis. Sprechsaal **92**, 129—132 (1959).
GLEICHMANN, A.: Ein Vorschlag zur Silicosebekämpfung in der Porzellanindustrie. Silicattechnik **6**, 306—308 (1955).
HAASE, TH.: Schwindung und Zugabe. Sprechsaal **91**, 132—132 (1958).
KALSING, H.: Keramische Stoffe für Raketenantrieb. Sprechsaal **89**, 414—416 (1956).
KERSTAN, W.: Über die Beeinflussung der Säurebeständigkeit und Bleilässigkeit von Aufglasurfarben durch Steingutglasuren. Sprechsaal **87**, 201—202 (1954).
KIENBERGER, H.: Borfreie Steingutglasuren für Sk 7—8. Sprechsaal **75**, 299—303 (1942).
KLUG, J.: Bleihaltige und Bleifreie Glasuren. Sprechsaal **61**, 79—82 (1928).
KUNSTMANN, E., u. S. RIEKE: Über die Abhängigkeit der Wärmeausdehnung und Entspannungstemperatur von Porzellanglasuren, von ihrer Zusammensetzung und deren Zusammenhang mit der Entstehung von Glasurrissen. Ber. d. Dtsch. keram. Ges. **10**, 189—229 (1929).
KURE, F.: Keramische Gießmassen und ihre Verflüssigung. Sprechsaal **89**, 406—412 (1956).
MEHMEL, M.: Die Porzellanmasse Rückschau und Ausblick zum 250. Geburtstag europäischen Porzellans. Sprechsaal **92**, 136—140 (1959).
NEUBAUER, FR.: Über die Wirkung von Lithiumoxid in Hart- und Weichporzellanglasuren. Sprechsaal **87**, 221—226 (1954).
NEUMANN, B., u. W. FISCHER: Die Salzglasur. Sprechsaal **60**, 293—296, 314—317, 331—334, 349—352 (1927).
PFEFFERKORN, K.: Zur Kenntnis der Plastizität. Sprechsaal **65**, 855—858, 873—875 (1932).
PUKALL, W.: Beitrag zur Lösung der Bleifrage. Sprechsaal, **44**, 407—409, 426—428 (1911).
ROCH, JR. H.: Gesichtspunkte bei der Schaffung blei- und borfreier Steingutglasuren. Sprechsaal **73**, 54—55 (1940).
SCHNABEL, G.: Siebdruck. Sprechsaal **90**, 300—301, 480—481, 503—504 (1957); **91**, 21 (1958).
SPÄTH, H.: Die neuesten Erkenntnisse in der Gipsforschung und die Prüfung von Formengipsen. Sprechsaal **84**, 226—229 (1951).
STAUBER, E.: Die Eigenart der Kristallglasuren. Euro Ceramic **2**, 8—9 (1952).
STEGER, W.: Fluor in Steingutglasuren ohne Blei und Bor. Ber. Dtsch. Keram. Ges. **22**, 73—101 (1941).
STÜRMER, C.: Die Herstellung von Kachel- und Töpferglasuren unter Berücksichtigung von Bleierkrankungen. Keram. Rdsch. **44**, 465—466 (1936).

Tagungsreferat über seltene Erden im Reaktorbau. Sprechsaal **93**, 566 (1960).
VIEHWEGER, F.: Unterglasurfarben. Sprechsaal **83**, 366—367 (1950).
VOGEL, H.: Studien über die Bildung der Salzglasur. Keram. Z. **6**, 273—275 (1955).
WOLF, J.: Gebietskarten der Keramik. Sprechsaal **40**, 175—177 (1932).
ZAPP, FR.: Über die Beeinflussung der Haltbarkeit von Aufglasurdekoren auf Porzellan. Ber. Dtsch. Keram. Ges. **29**, 297—301 (1952).
Patent (amerikan.) Inventor Laurence Eugene Kane Patent specification 797 902. Date of application and filing complete spec. Nov. 11 1955. Complete spec. published Juli 9 1950. Index of acceptance: — class 100 (2), V International classification: — B 41 m.

II. Email

CHARLISH, B., u. J. HEELEY: Some observations on the structure od acid Resistant vitreous enamels for chemical plant. Foundry Trade J. **88**, 173—179; 303—305 (1945).
BONKE, R., A. DIETZEL u. W. PRALOW: Über Titanoxid und seine Wirkung in Emails, Gläsern und Glasuren. — Einleitung und allgemeiner Teil. Sprechsaal **74**, 295—298, 303—304, 311—312 (1941).
Bisherige Erfahrungen über die Wirkung des Titanoxids in Emails und Gläsern. 372—376.
Einfluß von Titanoxid auf die chemische Widerstandsfähigkeit von Emails. 463—465, 477—479 (1941).
DIETZEL, A.: Über die Haftung von Blechemails. Glashütte **63**, 866 (1933).
— Das Haften von Blechemails. Glashütte **64**, 546—548 (1934).
— Was ist Email? Sprechssaal **73**, 63—64 (1940).
— Praktische Bedeutung und Berechnung der Oberflächenspannung von Gläsern und Emails. Sprechsaal **75**, 82—85 (1942).
— Theorie des Haftens von Email an Eisen. Sprechsaal **78**, 19—24 (1945).
— u. E. WEGNER: Über die Bestimmung des Haftvermögens von Email auf Stahlblech. Ber. Dtsch. Keram. Ges. **26**, 132—137 (1949).
FREITAG, R.: Aluminiumoberflächen, durch Emaillierung veredelt. Sprechsaal **96**, 171 (1963).
GRIMM, R.: Fischschuppen als Auswirkungen des Gasumsatzes zwischen Stahl und Email. Sprechsaal **96**, 287 (1963).
HEIMSOETH, W., u. F. R. MEYER: Fehlerhafte Bleche als Ursache von Emailschäden. Ber. Dtsch. Keram. Ges. **29**, 234—241 (1952).
KALPERS, H.: Glasemailliertes Aluminium. Sprechsaal **88**, 72—73 (1955).
KARMAUS, H. J.: Vom Herkömmlichen stark abweichende Neuerungen in der Emailindsutrie. Sprechsaal **83**, 453—456, 473—476, 493—497 (1950).
KOHMANN, E. F.: Corrosion of enameled tin overs on glass containers Ind Eng. Chem. **42**, 1578—1581 (1950).
MÄRKER, R.: Was ist Email? Sprechsaal **92**, 349—355 (1959).
— Fischschuppen, ein Fehler beim Emaillieren von Stahlblech. Sprechsaal **95**, 316—326 (1962). (Mit 117 Literaturhinweisen).
— Möglichkeiten zur Verbesserung der Haftfestigkeit von Grundemails mit niedrigen Brenntemperaturen. Sprechsaal **94**, 43—44, 65—68, 107—108, 128—130, 208—211 (1961). (Mit 194 Literaturhinweisen).
MALINOWSKY, A.: Method of Cooling enamel by compressed Air J. Americ ceram. Soc. **6**, 972—973 (1923).
Ohne Verfasserangabe. Suspensionen von Emails im Ton vom Standpunkt der Kolloidchemie. Keram. Rdsch. **33**, 604—606 (1925).
Ohne Verfasserangabe. Über die Hilfsmittel in der Emaillierwerksbeize. Glashütte **71**, 41—42 (1941).
PETZOLD, A.: Weißemails direkt auf Stahl. Sprechsaal **89**, 541—545 (1956).
— J. LANGE, u. H. BETZER: Weißemails direkt auf Stahl. Sprechssaal **90**, 207—210 (1975).
— u. H. BETZER: Weißemails direkt auf Stahl. Sprechsaal **90**, 499—502 (1957).
— u. H. BETZER: Einschichtemails direkt auf Stahl. Sprechsaal **91**, 26—29, 71—73, 109—111, 205—207, 322—333 (1958).
— Spezialemails für hohe Temperaturen. Sprechsaal **93**, 2—6, 252—255 (1960).
PÖSCHMANN, H., u. H. SCHNEIDER: Poren und Blasen in hochsäurefesten Emailierungen. Sprechsaal **92**, 232—240 (1959).
REINSCH, H.: Nickelüberzüge zur Verbesserung der Emaillierbarkeit und Haftfestigkeit. Sprechsaal **94**, 551—553 (1961).
SCHAUER, TH.: Die chemische Widerstandsfähigkeit von Emailfritten. Sprechsaal **58**, 5—8 (1925).
SCHOENEMANN, R.: Oberflächenbehandlung von Stahlblech. Sprechssaal **96**, 285—296 (1963).
STEGMEIER, W.: 30 Jahre Fortschritt in der Emailindustrie. Sprechsaal **90**, 1—15 (1957).
Tagungsbericht über vollautomatische Beizanlage für Geschirre. Sprechsaal **92**, 358 (1959).

THÜRMER, A.: Ein Beitrag über Blechemailfehler. Sprechsaal **84**, 145—147 (1951).
WIESTER, ST.: Air cooled VS Water quenched Enamels. J. Americ. Ceram. Soc. **6**, 973—975 (1923).

III. Glas

BAUMER, H.: Abziehbilder oder Auflegebilder? Ein neues Material für Dekoration von Glas oder keramischen Materialien. Sprechsaal **96**, 165—166 (1963).
BRÜCHE, E.: Zur Kenntnis des Polierprozesses von Glas. Sprechsaal **94**, 196—200 (1961).
DIETZEL, A., u. O. FLÖRKE: Die Wirkung von Sulfat beim Einschmelzvorgang. Glastechn. Ber. **32**, 181—185 (1959).
ENSS, J.: Untersuchungen über die Abhängigkeit der relativen Wasserangreifbarkeit des Glases von seiner Zusammensetzung. Glastechn. Ber. **5**, 449—476; 509—520 (1927/28).
FRANKE, G.: Die Entwicklung der optischen Gläser. Glas-Email-Keramo Techn. **11**, 149—152 (1960).
JAHN, W.: Strahlenresistente optische Gläser. Glastechn. Ber. **35**, 479—483 (1962).
JOCHMANN, F. J.: Altes und Neues über die Trübung des Glases durch Fluoride. Glas-Email-Keramo Techn. **11**, 152—158 (1960).
KASWANT: Neuzeitliches Verfahren und Vorrichtung zum Läutern von Glas. Sprechsaal **92**, 102—103 (1959).
KEMPF, R.: Glas als Ersatz für Edelsteine. Sprechsaal **96**, 162—165 (1963).
KEPPLER, G., u. K. BÖHMERT: Zur Kenntnis der Alkali-Kalk-Kiesel-Gläser. Keram. Rdsch. **38**, 663—666 (1930).
KNAPP, O.: Verfahren zur Bestimmung der chemischen Widerstandsfähigkeit der Hohlgläser. Silikat Technik **11**, 149—151 (1960).
Ohne Verfasserangabe. Über die Entstehung und das Auftreten glastechnischer Fabrikationsfehler in verschiedenen Stufen der Glasherstellung.Sprechsaal **67**, 375—377 (1934).
SALAQUADA, FR.: Vorgänge bei der Läuterung des Glases mit Arsenik. Sprechsaal **65**, 492—494 514—515 (1932).
SALMANG, H.: Der glasige Zustand in atomistischer und molekularer Auffassung. Die Naturwissenschaften 45, 4—6 (1958).
— Gedanken zum Stand der Forschung über die Glasstruktur. Glastechn. Ber. **35**, 6—8 (1962).
SCHNABEL, G.: Siebdruck. Sprechsaal **90**, 300—301; 480—481; 503—504 (1957). **91**, 21, (1958).
SCHÖNBORN, H.: Aufbau und Eigenschaften der Phosphat-Trübgläser. Silikat Technik **10**, 390—400 (1959).
SMEKALL, A.: Über die Natur der mechanischen Festigkeitseigenschaften der Gläser. Glastechn. Ber. **15**, 259—269 (1937).
SPRINGER, L.: Antimonoxid als Läuterungsmittel für Glas. Sprechsaal **66**, 180—181 (1933).
— Die Trübgläser. Sprechsaal **95**, 11—13 (1962).
WEYL, W. A.: Eine atomistische Deutung der Verformbarkeit und Sprödigkeit. Glastechn. Ber. **23**, 174—180 (1950).
WILHELX, H.: Die maschinelle Herstellung dünnwandiger Hohlglaskörper. Sprechsaal **87**, 525—628 (1954).
ZACHARIASEN: Die Struktur der Gläser. Glastechn. Ber. **11**, 120—123 (1933); Americ. Ceramic Soc. **18**, 269—273 (1933).

IV. Glasfaser

BONETH, W.: Wissenswertes über Textilfäden und -fasern. Silikattechnik **1**, 65—75 (1950).
F. R. DR.: Verfahren zur Herstellung von Glasfäden und Glasfasern. Sprechsaal **76**, 270—275 (1943).
GIEBLER, G., u. TH. KEMPF: Über die Anwendung von Glasfaserpapieren in der Wasseranalytik. Z. analyt. Chemie **199**, 23—34 (1964).
HINZ, W., u. G. SOLOW: Über die Haftfestigkeit eingebetteter Glasseidengewebe an Polyesterharze. Silikattechnik **8**, 178—185 (1957).
MATTIG, A., u. H. HAFERKAMP: Die Spannungsausbildung in Kunstharzen mit eingelagerten Glasfasern. Glastechn. Ber. **35**, 194—202 (1962).
MAYER, O.: Glasfasern zur Verstärkung von Kunststoffen. Kunststoff Rdsch. **2**, 75—83, 109—116 (1955).
Ohne Verfasser. Über neuere Verfahren zur Herstellung, Bearbeitung, Verwendung und Prüfung von Glasfasern und Glasfasergespinsten. Sprechsaal **74**, 395—360 (1941); **7**, 104—106, 129—130, 151—155 (1943).
Ohne Verfasser. Glasfaserarmierte Kunststoffe im Spritzverfahren verarbeitet. Sprechsaal **92**, 600 (1959); **93**, 432—433, 478 (1960).
Patent (britisch) betr. Glasfaserherstellung durch Zentrifugieren. J. Soc. Glass Techn. **42**, 170 (1958); ref. in Sprechsaal **92**, 360 (1959).

Reinhardt: Glasfäden, Glasfasern. Glas-Email-Keramo Technik 3, 373—375; 411—414 (1952).
Saltow, G.: Textilglasfäden, Eigenschaften, Einsatzgebiete. Glashütte 75, 70—74, 91—97 (1948).
Schieb, G.: Textilien aus Glasfasern. Sprechsaal 88, 71—72 (1955).

V. Analytik

Ant-Wuorinen, O.: Über die colorimetrische Bestimmung von Eisen und Kupfer in Wein und anderen alkoholischen Getränken. Z. Untersuch. Lebensmitt. 72, 219—223 (1936).
Arbeiten aus dem Kaiserl. Gesundheitsamt. 33, 203—206 (1910).
Eisenlohr: Säurebeständige Schmelzfarben und deren Prüfung. Sprechsaal 59, 645—646 (1926).
Endell, K.: Über die Wirkung alkalischer Reinigungsmittel auf farbig dekoriertes Porzellan-Hotelgeschirr. Ber. Dtsch. Keram. Ges. 12, 548 555 (1931).
Fairhall, L. T., u. R. G. Keemann: A rapid method for the micro-analysis of lead. J. Amer. chem. Soc. 63, 3076—3079 (1941).
Fischer, H., u. G. Leopoldi: Colorimetrische Bestimmung von Blei und Kupfer mit Dithizon. Angew. Chem. 47, 90—92 (1934).
Funk, W., u. M. Mields: Über die Widerstandsfähigkeit der Schmelzfarben gegen verdünnte Säuren und ein Verfahren zur Bestimmung ihrer Bleilöslichkeit. Ber. Dtsch. Keram. Ges. 12, 535—548 (1931).
Gronover, A., u. E. Wohnlich: Über den Bleigehalt von roten Glasuren. Z. Untersuch. Lebensmitt. 57, 360—363 (1929).
Grünhut, L.: Nachweis und Bestimmung einiger Schwermetallionen in Trinkwasser. Z. analyt. Chem. 54, 273—283 (1915).
Cyörgy, St.: Neue volumetrische Methode zur Gehaltsbestimmung der Fowlerschen Lösung und des Brechweinsteins. Z. analyt. Chem. 32, 415—421 (1893).
Häffner, H.: Die Streuung der Bleilässigkeit von Aufglasurdekors. Ber. Dtsch. Keram. Ges. 38, 515—518 (1961).
— u. A. Pawletta: Bleilässigkeit von Aufglasurdekoren. Ber. Dtsch. Keram. Ges. 30, 159—168, 179—185 (1953).
Hatcher, J. T., u. D. V. Wilcox: Colorimetric determination of Boron using Carmine. Analytic. Chem. 22, 567—569 (1950).
Kilias, E.: Die Einwirkung alkalischer Waschmittel auf die Haltbarkeit von Aufglasurdekoren. Ber. Dtsch. Keram. Ges. 11, 602 (1930).
Kohl, H.: Die Ursache des Verblassens von Dekoren auf Porzellangeschirr bei der Reinigung in Großbetrieben. Sprechsaal 64, 295—296 (1931).
— Die Haltbarkeit der gebräuchlichsten Porzellanfarben in der Geschirrspülmaschine. Sprechsaal 64, 887, 907—908 (1931).
Lang, R., u. J. Fürstenau: Cerimetrische Bestimmung der Oxidationsstufen des Arsens, Antomins, Eisens nebeneinander. Z. analyt. Chem. 133, 72—75 (1951).
Märker, R.: Prüfung der Säurebeständigkeit von Emailgeschirr. Silikattechnik 3, 133—134 (1952).
Petzolq, A., u. J. Lange: Ein einfaches Verfahren zur schnellen Bestimmung geringer Cadmiummengen in Emailauskochungen. Silikattechnik 6, 61—63 (1953).
— Die Bestimmung von Blei in Emailauskochungen. 4, 153—156 (1953).
— u. J. Lange: Nachweis und Bestimmung von Arsen in Emailauskochungen. Silikattechnik 4, 250—251 (1953).
— — Untersuchungen über die Bestimmung von dreiwertigen Antionen in weinsauren. Emailauskochungen. Silikattechnik 5, 54—57 (1854).
— — Über die Bestimmung der Zinkabgabe aus Kochgeschirremails. Silikoattechnik 5, 102—105 (1954).
— Verfahren zur Kupferbestimmung in Emailauskochungen. Silikattechnik 5, 157—158 (1954).
— Untersuchungen über die Abgabe von gesundheitsschädlichen Bestandteilen aus Kochgeschirremails. Silikattechnik 5, 207—209 (1954).
— Zur Frage der Toxizität von Emailrohstoffen und Emails. Mitt. des Vereins Dtsch. Emailfachleute 4,, 71—76 (1956).
Pukall, W.: Beitrag zur Lösung der Bleifrage. Sprechsaal 39, 938—940 (1906).
Raymund, F., u. P. Porter: Die Reaktion zwischen Methanol und borhaltigen Gläsern. Glastechn. Ber. 32, 293 (1959).
Rieke, R., u. L. Mauve: Säurebeständigkeit von Aufglasurfarben. Ber. Dtsch. Keram. Ges. 11, 487—501 (1930).

SUDENDORF, TH., u. O. PENNDORF: Über die Zunahme gesetzwidrig hergestellter Gebrauchsgegenstände und über Schwierigkeiten bei der praktischen Anwendung des Blei- und Zinkgesetzes. Z. Untersuch. Lebensmitt. **45,** 361—375 (1923).

SCHULECK, E., u. G. VASTAGH: Beiträge zur quantitativen Bestimmung der Borsäure. Z. analyt. Chemie **84,** 167—184 (1931); **87,** 165—172 (1932).

— — Beiträge zur titrimetrischen Borsäurebestimmung. Z. analyt. Chemie **137,** 5—7 (1952).

WEDELL, H.: Moderne Geschirrspülmittel. Ber. Dtsch. Keram. Ges. **40,** 236—241 (1963).

WINKLER, L. W.: Über den Nachweis und die kolorimetrische Bestimmung des Bleis, Kupfers, Zinks im Leitungswasser. Angew. Chem. **26,** 38—44 (1913).

ZINTL, E., u. H. WATTENBERG: Potentiometrische Titration von Arsen und Antion. Ber. dtsch. chem. Ges. **56,** 472 —480 (1923).

VI. Beurteilung

BERDEL, E.: Bleihaltige, im Sinne des Gesetzes ungiftige Schmelzfarben. Sprechsaal **38,** 299—300, 345—346, 393—395, 438—440 (1905).

HÄFFNER, H.: Über die Anwendbarkeit des Blei- und Zinkgesetzes auf dekoriertes Porzellan, Steingut, Glas und dgl. Ber. Dtsch. Keram. Ges. **31,** 259—260 (1954).

— Die Streuung der Bleilässigkeit von Aufglasurdekors. Ber. Dtsch. Keram. Ges. **38,** 515—518 (1961).

— u. A. PAWLETTA: Bleilässigkeit von Aufglasurdekoren. Ber. Dtsch. Keram. Ges. **30,** 159—168, 179—185 (1953).

LEHMANN, K. B.: Die Bedeutung der hygienisch wichtigen Metalle (Al, Pb, Cu, Ni, Sn, und Zn) im Haushalt und in den Nahrungsgewerben. Dtsch. Vierteljahrschrift öffentl. Gesundheitspflege **34,** 119—131 (1902); referiert in Z. Untersuch. Lebensmitt. **5,** 277 (1902).

PETZOLD, A.: Untersuchungen über die Abgabe von gesundheitsschädlichen Bestandteilen aus Kochgeschirremails Silikattechnik. **5,** 207—209 (1954).

ZAPP, FR.: Über die Beeinflussung der Haltbarkeit von Aufglasurdekoren auf Porzellan. Ber. Dtsch. Keram. Ges. **29,** 207—301 (1952).

ZIELKE, G.: Entwicklung transparenter bleifreier Borglasuren für Sk, 05a bis 03a. Sprechsaal **88,** 447—447, 475—477, 493—495, 514—516, 536—538 (1955).

Kunststoffe und andere Polymere für Bedarfsgegenstände

Von

Dr. G. Triem, Ludwigshafen

Mit 16 Abbildungen

A. Zur Anwendung der Kunststoffe

1. Einleitung

Eine exakte Definition von Kunststoffen kann nicht gegeben werden. Eine Abgrenzung des Begriffes Kunststoffe, z.B. gegen Gummi, ist durch die synthetische Herstellung von Elastomeren nicht mehr scharf zu ziehen. Unter Kunststoffen versteht man synthetisch hergestellte, aus niedrigmolekularen Bauelementen aufgebaute hochpolymere Stoffe, die als lineare oder verzweigte Makromoleküle oder als vernetzte Produkte vorliegen. Jedoch werden auch hochmolekulare abgewandelte Naturprodukte, wie z.B. Celluloseacetat, unter den Kunststoffen eingeordnet.

Man kann die erste Verwendung eines Kunststoffes mit der Einführung des Celluloids als Ersatz für Elfenbein (Billiardkugeln) durch Wayatt datieren.

Die eigentliche technische Herstellung von synthetischen Hochpolymeren begann 1909 mit der Verwendung des bei der Kokerei und Leuchtgasherstellung anfallenden Phenols zur Herstellung von Phenolformaldehydharzen. 1927 führte die Verwendung des bei der Chloralkali-Elektrolyse anfallenden Chlors zur Einführung des Polyvinylchlorids. Polystyrol folgte 1938. Die Neben- und Überschußprodukte der Erdölindustrie waren die Rohstoffquellen für die Polyolefine, deren Entwicklung 1935 mit dem Hochdruckpolyäthylen begann. Als weitere Beispiele seien genannt: Epoxyharze erschienen 1947 auf dem Markt. Acrylnitril-Butadien-Styrolpolymerisate wurden 1948 eingeführt, Acetalharze 1956, Polypropylen und Polycarbonate 1957. Polyamide (Nylon) wurden, basierend auf den Arbeiten von Carother, in den dreißiger Jahren eingeführt.

Die Entwicklung neuer Kunststofftypen ist noch keineswegs abgeschlossen. Die Grundlagenforschung verfolgt ganz allgemein das Ziel, weit in die Zukunft vorausschauend neue Technologien zu entwickeln und so Materialien und Methoden kennenzulernen, welche den Notwendigkeiten und Anforderungen der Gesellschaft der Zukunft angemessen sind.

Die Welterzeugung der Kunststoffe betrug 1913 etwa 50000 jato. Vor zwanzig Jahren lag die Welterzeugung bei ca. 1 Million t. 1967 waren es 17 Millionen t, d.h. alle 5 Jahre war eine Verdoppelung der Produktion, im Laufe von 20 Jahren eine Versiebzehnfachung zu verzeichnen. Für das Jahr 1968 errechnete man eine

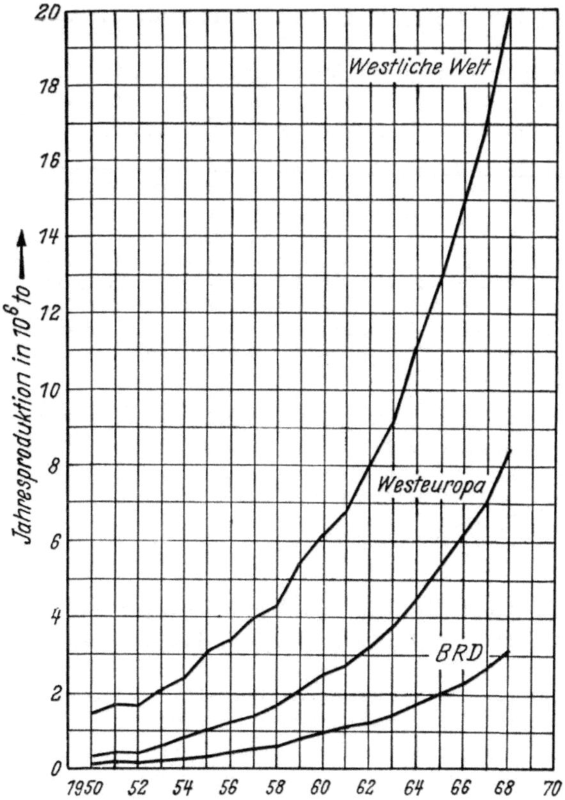

Abb. 1. Welterzeugung von Kunststoffen

Gesamtproduktion von 20,1 Millionen t. Die steile Aufwärtsentwicklung der Kunststoffproduktion wird durch Abb. 1 veranschaulicht.

Abb. 2 gibt einen Überblick über den Anteil der drei großen Kunststoffe Polyvinylchlorid, Polystyrol und Polyolefine an der Gesamtproduktion der Kunst-

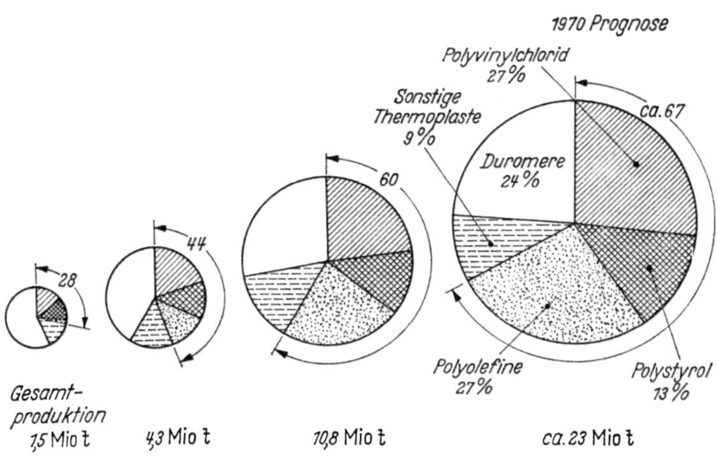

Abb. 2. Anteil der drei großen Thermoplaste an der Kunststofferzeugung

stoffe von 1950 bis 1964 und gibt eine Schätzung über ihren Anteil für das Jahr 1970.

Genaue Zahlen über den Anteil der produzierten Kunststoffmengen, der in den Lebensmittelsektor geht, liegen nicht vor und werden auch nur schwer und unvollkommen zu beschaffen sein. Man ist auf grobe Schätzungen angewiesen.

Nach einer Übersicht in British Plastics für das Jahr 1965 wurden in Westeuropa im Jahre 1965 2660000 t der drei großen Thermoplaste hergestellt. Das Verpackungsinstitut in Deventer veranschlagt, daß ca. 10% dieser Menge, also 266000 t, mit Lebensmitteln in unmittelbare Berührung kamen. Auf Grund einer ebenso rohen Schätzung, daß für ein kg Lebensmittel 25 g Kunststoff zu veranschlagen seien, errechnete das Institut, daß in Westeuropa im Jahre 1965 also mindestens 5000000 t Lebensmittel in irgend einer Weise mit Kunststoffen der drei genannten Arten in Berührung kamen [Dtsch. Lebensmittel-Rundsch., 364 (1966)].

Diese Zahl ist sicher mit viel Unsicherheiten versehen, und die der Berechnung zugrunde liegende Relation dürfte sich durch die Erschließung neuer Anwendungsmöglichkeiten beträchtlich verändert haben.

Zudem ist für die bei der Verwendung von Kunststoffen im Kontakt mit Lebensmitteln zu beantwortenden Fragen nicht so sehr das Gewicht der Kunststoffe, die hierfür verwendet werden, von Bedeutung als vielmehr die Berührungsfläche, welche die Bedarfsgegenstände den Lebensmitteln darbieten. Zu Schätzungen hierüber siehe analytischer Teil.

2. Technische Notwendigkeit der Verwendung von Kunststoffen bei der Herstellung von Bedarfsgegenständen

Mit der Verwendung von technisch hergestellten hochpolymeren Stoffen bei der Herstellung von Bedarfsgegenständen im Sinne des § 2.1 des Lebensmittelgesetzes sind große Möglichkeiten für die Technik der Herstellung, der Verpackung, der Konservierung, Bevorratung und Verteilung von Lebensmitteln erschlossen worden; die gesteigerten Anforderungen an Qualität und Hygiene, welche Hersteller, Verteiler und Verbraucher heute an Lebensmittel stellen, können durch die Verwendung von Kunststoffen in vielen Fällen bequem erfüllt werden. Ebenso ist eine Prüfung und Auswahl von Lebensmitteln z. B. bei der Verwendung von durchsichtigen Verpackungen möglich, ohne daß durch Betasten der Ware oder Öffnung der Verpackung eine heute nicht mehr duldbare Beeinträchtigung der Lebensmittel erforderlich ist. Weiterhin bieten das geringe Eigengewicht und die mechanische Festigkeit der Kunststoffe bei Lagerung und Transport von verpacktem Gut Vorteile. Bei Massenverpflegung z. B. in Kantinen und überall dort, wo geringe Zerbrechlichkeit von Eßgeschirr erwünscht ist (Camping, Luftverkehr, Kinderzimmer), ist die Verwendung von Bedarfsgegenständen aus Kunststoffen ein technischer Fortschritt. Hervorzuheben sind auch die Lärm ersparende Handhabung solcher Bedarfsgegenstände sowie die Vermeidung von Verletzungen durch zerbrochenes Geschirr.

Die leichte Verformbarkeit der Kunststoffe, die es ermöglicht, Gegenstände praktisch jeder beliebigen Form herzustellen, machen sie geeignet zur Herstellung von Massenartikeln. Die große Variationsbreite der Eigenschaften der Kunststoffe im Hinblick auf Transparenz, Elastizität, Resistenz gegen chemische und physikalische Angriffe, Beständigkeit gegen Temperaturschwankungen, Gasdurchlässigkeit, Aromadichtigkeit, Wasseraufnahme, Formbeständigkeit usw. ermöglichen heute die Herstellung von Kunststofftypen „nach Maß“ und haben zu einer weitgehenden Verwendung bei der Herstellung von Bedarfsgegenständen geführt. Ein Verzicht auf die genannten Vorteile würde einen technischen Rückschritt bedeuten und käme damit einer Senkung des Lebensstandards gleich.

3. Sorgfaltspflicht der Hersteller und Anwender von Bedarfsgegenständen aus Kunststoffen

Mit der Erschließung der vielfältigen technischen Möglichkeiten durch die Verwendung von Kunststoffen für Bedarfsgegenstände ergaben sich für Hersteller und Anwender der in verhältnismäßig kurzer Zeit zur Verfügung gestellten großen Zahl neuer Produkte lebensmittelrechtliche Probleme.

Bei der Wahrung der Sorgfaltspflicht, die Herstellern und Anwendern obliegt, ist eine Kenntnis der gesetzlichen Bestimmungen, der chemischen und physikalischen Eigenschaften der Kunststoffe und der Wechselwirkung zwischen Kunststoffen und Lebensmitteln Voraussetzung.

Die Empfehlungen des Bundesgesundheitsamtes, welche Herstellern und Anwendern hierbei als Wegweiser dienen sollen, geben jedoch nur in gedrängter Form einen Überblick über die technisch notwendigen Ausgangs- und Hilfsstoffe, gegen deren Verwendung bei der Herstellung von Bedarfsgegenständen aus Kunststoffen keine gesundheitlichen Bedenken bestehen. Die Empfehlungen werden in den nachfolgenden Ausführungen daher bei der Beschreibung der Herstellungsverfahren für Kunststoffe mitangezogen, da erst aus der Kenntnis der Kunststoffherstellung der Sinn der Angaben der Empfehlungen erhellt.

4. Lebensmittelgesetzliche Bestimmungen

Die Bestimmungen des Gesetzes über den Verkehr mit Lebensmitteln und Bedarfsgegenständen (Lebensmittelgesetz), welche bei der Verwendung von Bedarfsgegenständen zu beachten sind, sind niedergelegt in folgenden Paragraphen des Lebensmittelgesetzes:

§ 2 definiert in 5 Abschnitten die Bedarfsgegenstände im Sinne des Gesetzes. Nr. 1 des § 2 nennt als Bedarfsgegenstände Eß-, Trink-, Kochgeschirr und andere Gegenstände, die dazu bestimmt sind, bei der Gewinnung, Herstellung, Zubereitung, Abmessung, Abwägung, Verpackung, Aufbewahrung, Beförderung oder dem Genusse von Lebensmitteln verwendet zu werden und dabei mit diesen in unmittelbare Berührung kommen.

Die Nummern 2–5 nennen Kosmetika, Bekleidungsgegenstände, Spielwaren, Tapeten, Masken, künstliche Pflanzen, Petroleum und Farben, soweit diese nicht zu den Lebensmitteln gehören.

Unter die Definition des § 2, 1 fallen also alle Gegenstände, welche mit Lebensmitteln in Berührung kommen wie Transportbänder, Tanks, Silos, Maschinenteile, soweit sie in direkte Berührung mit Lebensmitteln kommen, Dosen, Verpackungsmittel wie Einschlagfolien, Tischbeläge, Kühlschrankinnenauskleidungen, Leitungen für flüssige Lebensmittel wie Milchleitungen, Leitungen in Schankanlagen, Saugleitungen für Getreide, Trinkwasserleitungen, Teile von Kaffeemaschinen, Filter und Siebe, Küchenmaschinenteile, Küchengeräte, Gummihandschuhe, Schürzen, Servietten usw.

Gemäß der Definition der Lebensmittel § 1 (2) seien hier auch genannt Tabakbehälter, Zigarrenspitzen sowie alle Gegenstände, die mit Tabak in direkte Berührung kommen.

§ 3, 1a verbietet allgemein Lebensmittel, deren Herstellung, Zubereitung oder Verpackung geeignet ist, die menschliche Gesundheit zu schädigen. Abschnitt 2a desselben Paragraphen geht im besonderen auf die Bedarfsgegenstände ein und verbietet die Herstellung und Verpackung von Bedarfsgegenständen, die bei bestimmungsgemäßem Gebrauch geeignet sind, die menschliche Gesundheit durch ihre Bestandteile oder Verunreinigungen zu schädigen. Abschnitt 2b verbietet ganz allgemein, derartige in Abschnitt 2a beschriebene Gegenstände in den Verkehr zu bringen.

Die Verbote des § 3 des Lebensmittelgesetzes dienen also dem Schutze der menschlichen Gesundheit.

Bei bestimmungsgemäßem oder vorherzusehendem Gebrauch dürfen von Bedarfsgegenständen keine Bestandteile auf Lebensmittel übergehen, welche die menschliche Gesundheit zu schädigen geeignet sind.

§ 4a (2) definiert in einer negativen Umschreibung die *Fremdstoffe*, welche gemäß § 4b 5 nicht von Bedarfsgegenständen auf Lebensmittel oder ihre Oberfläche übergehen dürfen.

Die Verunreinigung von Lebensmitteln mit Stoffen, welche zwar nicht gesundheitsschädigend, jedoch Fremdstoffe sind, verbieten die § 4a und § 4b. Für Bedarfsgegenstände verbietet § 4b, 5, diese so zu verwenden, daß von ihnen fremde Stoffe auf Lebensmittel oder ihre Oberfläche übergehen, ausgenommen gesundheitlich, geruchlich oder geschmacklich unbedenkliche Anteile, die technisch unvermeidbar sind.

Das Gesetz enthält keine Angaben darüber, welche Mengen von Fremdstoffen aus den Bedarfsgegenständen in Lebensmittel überwandern dürfen und dabei als technisch unvermeidbar anzusehen sind. Es enthält weiterhin keine Liste von Stoffen, die gesundheitlich bedenklich oder unbedenklich sind (Negativ- oder Positivlisten).

Das Gesetz, betreffend den Verkehr mit blei- und zinkhaltigen Gegenständen sowie das Gesetz, betreffend die Verwendung gesundheitsschädlicher Farben bei der Herstellung von Nahrungsmitteln, Genußmitteln und Gebrauchsgegenständen enthalten für einen im Hinblick auf die Bedarfsgegenstände aus Kunststoffen nur engen Bereich derartige Listen von erlaubten und verbotenen Stoffen bzw. Angaben über höchstzulässige Gehalte davon. Die Käseverordnung vom 24. Juni 1965 enthält für Käsebeschichtungen eine Positivliste der Stoffe, welche für die Herstellung derartiger Beschichtungen verwendet werden dürfen. Andere, in dieser Liste nicht enthaltenen Stoffe sind also ausgeschlossen und verboten.

Bei der Herstellung von Bedarfsgegenständen und ihrer Anwendung sind Hersteller und Verpacker – abgesehen von den zuletzt genannten Verordnungen bzw. Gesetzen – frei, aber auch verpflichtet, in voller Selbstverantwortung zu handeln. Die Erfüllung der gesetzlichen Bestimmungen, genauerhin die Vermeidung eines Verstoßes gegen die ausgesprochenen Verbote, setzt umfassende Kenntnisse über die gesundheitliche Wirkung der bei der Herstellung von Bedarfsgegenständen aus Kunststoffen verwendeten Stoffe voraus. Weiterhin muß die Wechselwirkung zwischen den Kunststoffen und den Lebensmitteln unter den Bedingungen des bestimmungsgemäßen oder vorherzusehenden Gebrauchs geprüft werden, um eine unzulässige Überwanderung von Fremdstoffen in die Lebensmittel auszuschließen. Jedoch bleibt die Beurteilung der technischen Unvermeidbarkeit der überwandernden Mengen von Fremdstoffen, mögen sie auch nur geringfügig sein, immer noch eine Ermessensfrage. (Zu den Empfehlungen des Bundesgesundheitsamtes siehe Seite 230.)

Weitere allgemeine lebensmittelrechtliche Bestimmungen vgl. Beitrag Bergner: „Hinweise zur lebensmittelrechtlichen Beurteilung von Anstrichmitteln usw.“

B. Kunststoffe und andere Polymere

1. Einteilung

Durch Synthese hochmolekularer Stoffe aus monomolekularen Bausteinen oder durch chemische Abwandlung von hochmolekularen Naturstoffen können Kunststoffe gewonnen werden.

Je nach Konfiguration der hochmolekularen Stoffe, z.B. als eindimensionale Ketten oder als vernetzte Moleküle, zeigen die Kunststoffe verschiedenes Verhalten in der Wärme. Man unterscheidet anhand dieses Kriteriums zwei Gruppen: die *Thermoplaste* und die *Duroplaste*.

Thermoplaste sind Kunststoffe, welche in der Wärme in einen plastischen bis zähflüssigen Zustand übergehen und dabei verformt werden können.

Duroplaste sind in der Wärme nicht mehr verformbar. Sie müssen also, wenn sie nicht durch Drehen, Fräsen oder spanabhebende Bearbeitung in die gewünschte Form gebracht werden sollen, gleichzeitig mit ihrer Herstellung als hochmolekulare Körper auch verformt werden.

2. Reaktionstypen für die Herstellung linearer Polymere

a) Polykondensation

Zwei monomolekulare Substanzen mit je zwei reaktionsfähigen Gruppen reagieren miteinander unter Abspaltung von z. B. Wasser. Als Beispiel seien die Polyester genannt:

$$HOOC{-}(CH_2)_x{-}COOH + HO(CH_2)_y{-}OH \rightarrow HOOC{-}(CH_2)_x{-}CO{-}O{-}(CH_2)_y{-}OH + H_2O$$

Durch weitere Veresterung der Carboxyl- bzw. Hydroxylgruppe entstehen lineare Hochpolymere

$$HOOC[{-}(CH_2)_x{-}CO{-}O{-}(CH_2)_y{-}O{-}CO{-}(CH_2)_x{-}CO{-}O{-}(CH_2)_y{-}]_nOH$$

b) Polyaddition

Ein bekanntes Beispiel ist die Reaktion von zweiwertigen Isocyanaten mit zweiwertigen Alkoholen oder anderen Molekülen, die zwei bewegliche Wasserstoffatome besitzen:

Durch die Wiederholung der Reaktion an der Isocyanat- bzw. Hydroxylgruppe entstehen hochmolekulare Substanzen, in diesem Falle Polyurethane.

$$O{=}C{=}N{-}(CH_2)_x{-}N{=}C{=}O + HO{-}(CH_2)_y{-}OH \rightarrow$$

$$O{=}C{=}N{-}(CH_2)_x{-}\overset{H}{\overset{|}{N}}{-}\overset{O}{\overset{\|}{C}}{-}O{-}(CH_2)_y{-}OH;$$

$$\cdots{-}\left[{-}\overset{O}{\overset{\|}{C}}{-}\overset{H}{\overset{|}{N}}{-}(CH_2)_x{-}\overset{H}{\overset{|}{N}}{-}\overset{O}{\overset{\|}{C}}{-}O{-}(CH_2)_y{-}O\right]_n{-}\cdots$$

c) Polymerisation

Ungesättigte Monomere der allgemeinen Formel $CH_2 = \overset{R}{\overset{|}{C}}H$ können durch Einwirkung von Wärme oder Licht zu Ketten verknüpft werden. Bei der technischen Gewinnung von hochpolymeren Substanzen werden häufig Beschleuniger verwendet, um zu der erforderlichen Raum-Zeit-Ausbeute zu gelangen.

Beschleuniger – ungenauer, jedoch allgemein als Katalysatoren bezeichnet – sind Radikalbildner sowie ionisierende oder polarisierende Substanzen.

α) Radikalische Polymerisation

Initiatoren sind Peroxide oder Azoverbindungen. Peroxide z. B. Benzoylperoxid zerfallen unter der Einwirkung von Wärme in Peroxydradikale

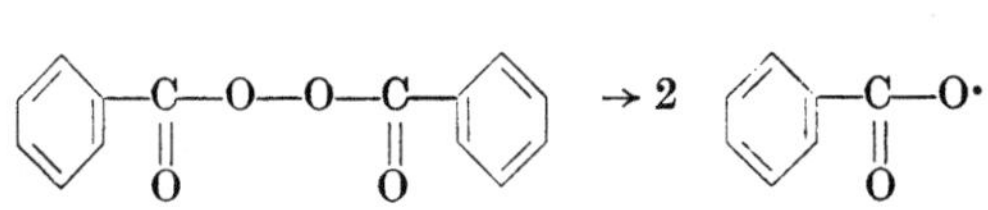

Azoisobuttersäuredinitril bildet beim Erhitzen unter Stickstoffabspaltung reaktionsauslösende Radikale

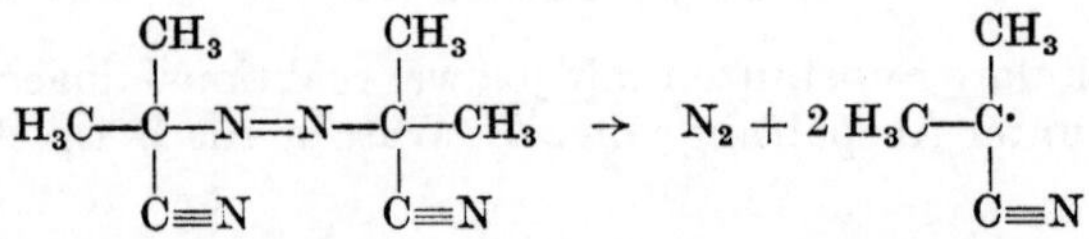

Ebenso können Spuren von elementarem Sauerstoff polymerisationsbeschleunigend wirken.

Bei der Startreaktion lagert sich ein Radikal an ein Molekül der ungesättigten Verbindung, also z.B. der Vinylverbindung an:

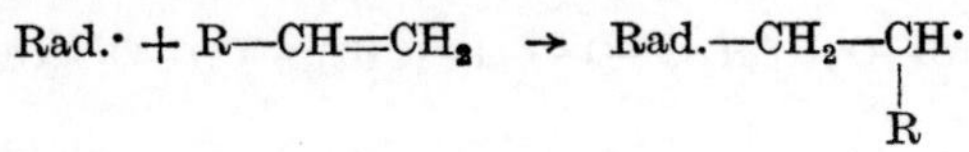

Das aus dem Initiatorradikal und dem Monomerenmolekül entstandene neue Radikal reagiert mit weiteren Monomermolekülen unter Kettenbildung. Man bezeichnet diese Reaktion als Wachstumsreaktion.

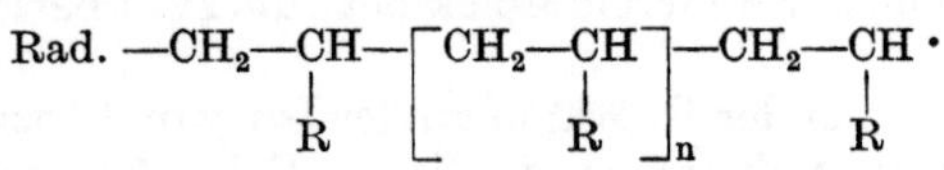

Der Kettenabbruch kann sich auf zweierlei Weise vollziehen:

durch Kombination zweier Makroradikale

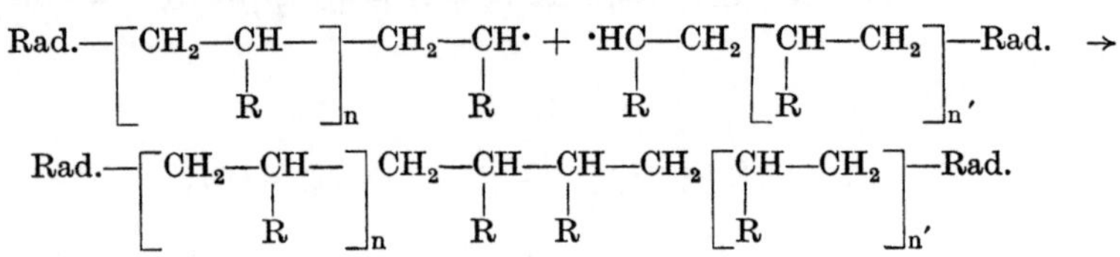

durch Disproportionierung

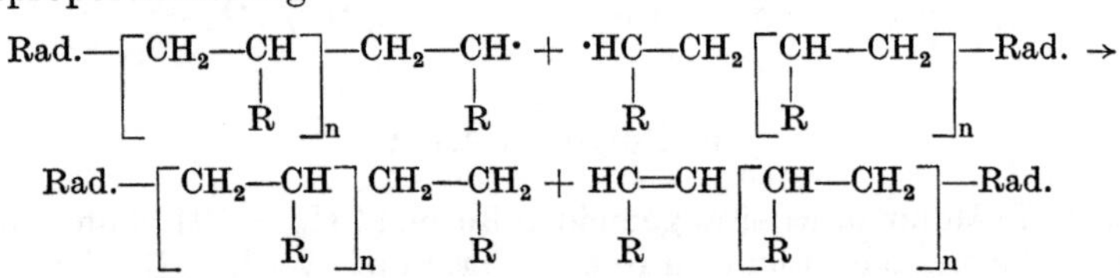

Bei der Disproportionierung entstehen Ketten mit gesättigten und ungesättigten Endgruppen. Eine Verdoppelung der Kettenlänge wie beim Kettenabbruch durch Kombination zweier Makroradikale tritt also nicht ein.

β) Initiatoren

Der Zerfall der Peroxyde in Radikale erfolgt unter Einwirkung von Wärme. Oft ist jedoch eine Polymerisation bei geringerer Temperaturerhöhung erforderlich, um eine geregelte Polymerisation durchführen zu können. Man führt die Radikalbildung in diesem Falle durch Zugabe von Cokatalysatoren herbei, Metallionen, die in eine höhere Wertigkeit übergehen können, Sulfite, Amine u.ä.

Verwendet werden wasserlösliche Peroxyde wie Wasserstoffperoxid, Kaliumpersulfat, Percarbonate oder in organischen Lösungsmedien lösliche Peroxyde. Beispiele für die letzteren sind

Di-Acetylperoxid 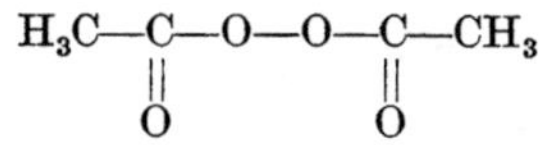

Di-Lauroylperoxid 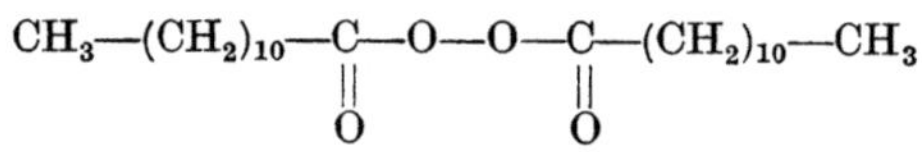

Di-Benzoylperoxid 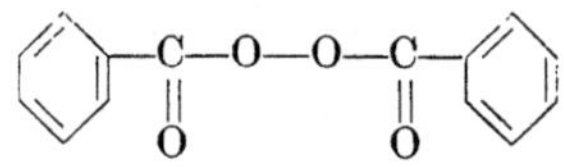

Di-tert.-Butylperoxid 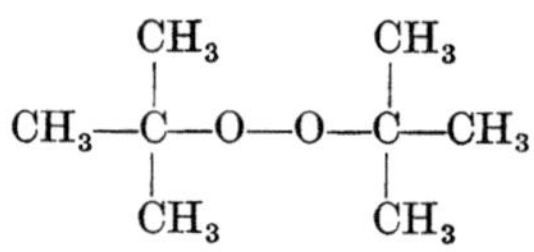

Dicumylperoxid 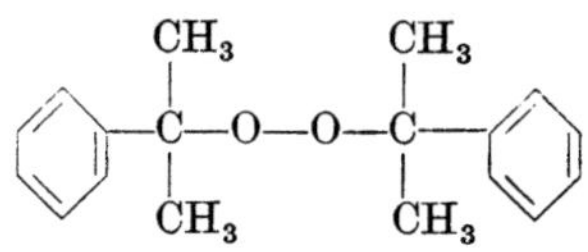

tert.-Butylhydroperoxid 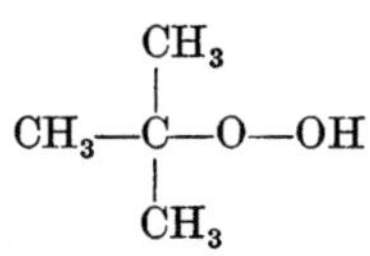

Cumylhydroperoxid 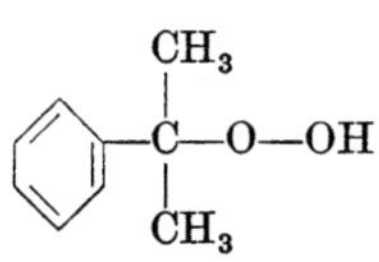

Pinanhydroperoxid 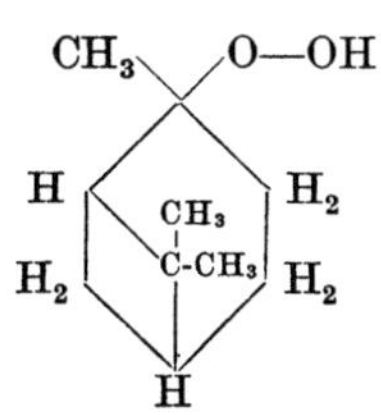

Methyläthylketonperoxid 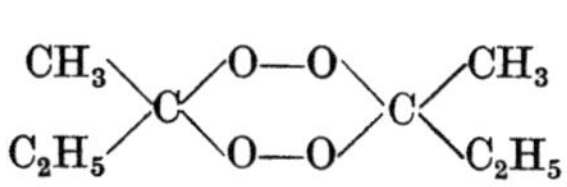

Durch Nebenreaktionen können die Peroxyde in unwirksame Reste zerfallen. Sie können durch oxydierbare Substanzen verbraucht werden.

Einige Beispiele möglicher Folgereaktionen:

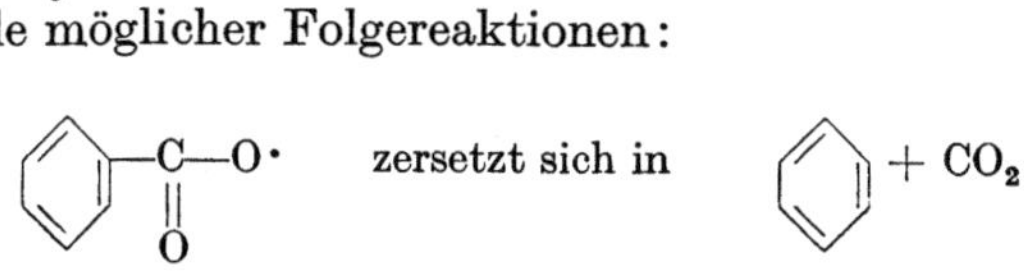

Cumylhydroperoxid kann in Phenylmethylketon übergehen.

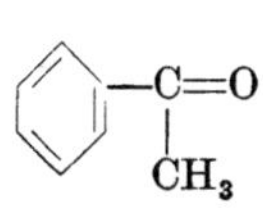

Di-tert.-Butylperoxid kann Aceton bilden.

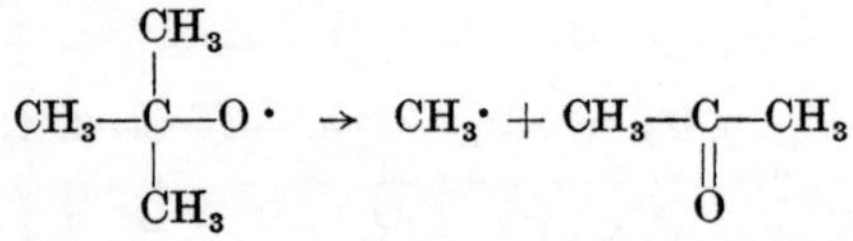

Azo-isobuttersäuredinitril kann unter Stickstoffabspaltung in Tetramethylbernsteinsäuredinitril zerfallen (eine Reaktion, die unter Nutzung des freiwerdenden Stickstoffs als Treibmittel zur Herstellung von geschäumtem Material verwendet wird).

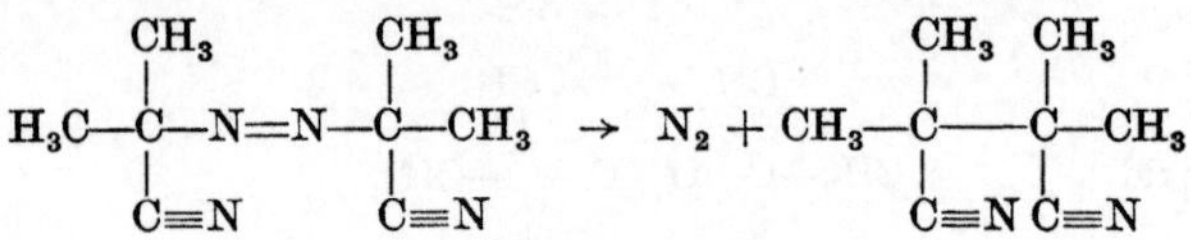

d) Ionenkettenpolymerisation

Die Ionenkettenpolymerisation kann sowohl durch saure Substanzen, wie z. B. Bortrifluorid oder Zinntetrachlorid, eingeleitet werden, wobei die Reaktion kationisch aktiviert wird, als auch unter dem katalytischen Einfluß von Substanzen wie z. B. Aluminiumtriäthyl und Titantetrachlorid anionisch verlaufen.

Die kationische Polymerisation soll am Beispiel der Polymerisation des Isobutylens erläutert werden:
BF_3 reagiert mit dem „Ko-Beschleuniger" Wasser

$$BF_3 + H_2O \rightarrow [BF_3OH]^{(-)} \rightleftarrows H^{(+)}$$

Bei der Startreaktion bildet sich aus Isobutylen das Kation

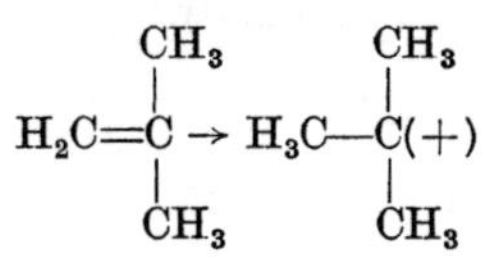

Das Kettenwachstum erfolgt durch weitere Anlagerung von Butylenmolekülen zu dem Makrokation

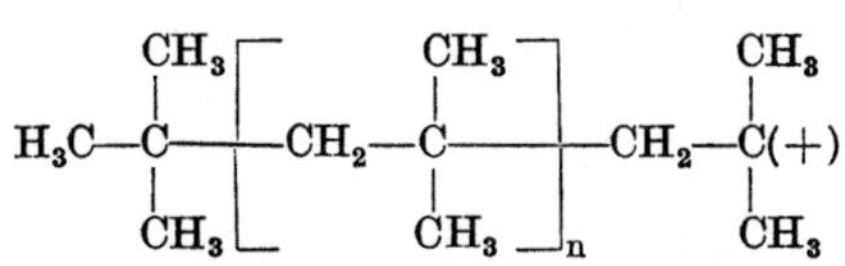

Der Kettenabbruch erfolgt durch Neutralisation.

Für die anionische Polymerisation wird ein ähnlicher Verlauf angenommen. Ein technisch wichtiges Beispiel für die anionische Polymerisation ist das Zieglerverfahren der Olefinpolymerisation sowie das Phillipsverfahren, bei dem ein Chrom-(VI) oxid-Siliciumkomplex verwendet wird.

e) Misch- und Blockpolymerisate, Copolymerisate, Pfropfpolymerisate

α) Misch- und Blockpolymerisate, Copolymerisate

Verwendet man zur Herstellung eines Polymerisates ein Gemisch von Monomeren anstelle eines einzigen Monomeren (z. B. Äthylen und Vinylacetat bzw. ganz allgemein Ester ungesättigter Säuren oder als weiteres Beispiel Styrol und Acrylnitril), so werden bei (allerdings seltener) gleicher Polymerisationsgeschwindigkeit und bei einem Molekularverhältnis 1:1 beider Reaktionsteilnehmer also

Ketten entstehen, in welchen die Kettenglieder x und y statistisch verteilt sind. Meistens ist die Polymerisationsgeschwindigkeit der Reaktionspartner jedoch verschieden, so daß zunächst Polymerisate (Copolymerisate) entstehen, die mehr von der einen, sodann solche, die mehr von der anderen Komponente enthalten. Auch können Ketten entstehen, in welchen auf eine längere Sequenz der einen Komponente eine solche der anderen folgt (*Blockpolymerisate*).

β) Pfropfpolymerisate

Finden sich in der Kette noch reaktionsfähige Stellen oder führt man solche z. B. durch Einwirkung energiereicher Strahlen ein, so kann man diese zu Haftpunkten für ein weiteres Polymeres z. B. von Kautschuk machen; man pfropft das Polymer auf.

In gleicher Weise wie bei der Polymerisation kann man auch bei der Polykondensation und Polyaddition verfahren und von Gemischen verschiedener Reaktionspartner ausgehen.

Mit diesem Verfahren der Mischung von verschiedenen Reaktionspartnern ist dem Kunststoffhersteller eine Möglichkeit geboten, die Eigenschaften der Kunststoffe weitgehend zu variieren und für die verschiedenen Anwendungen Kunststoffe mit gewünschten Eigenschaften zu entwickeln.

Die verknäuelt vorliegenden langen Makromoleküle von Linearpolymeren können sich räumlich nähern und kristalline Bereiche bilden, was sich auf die mechanischen Eigenschaften solcher Produkte auswirkt. Polyisobutylen, das ungefähr den gleichen Erweichungsbereich hat wie Polyäthylen, unterscheidet sich in seinen mechanischen Eigenschaften von diesem, da die seitenständigen Methylgruppen des Polyisobutylens eine räumlich dichtere Lagerung, d. h. die *Kristallitbildung*, sterisch hindern. Eine charakteristische Eigenschaft von Hochpolymeren mit kristallinen Bereichen ist, daß sie sich kalt *recken* lassen, wobei die Kristallite in Richtung der Reckung orientiert werden. Mit der Abnahme der Dehnbarkeit nimmt hierbei die Reißfestigkeit zu.

γ) Weichmachung

Bei der Mischpolymerisation kann die Fähigkeit zur Kristallitbildung, die den Reinpolymerisaten der einzelnen Komponenten eigen ist, rasch verloren gehen. Die Produkte sind weicher als die Reinpolymerisate. Man spricht von *innerer Weichmachung* im Gegensatz zu der äußeren Weichmachung, die man durch Zugabe von Substanzen bewirkt, welche die Polymere anquellen; gemeint sind die *Weichmacher*, zumeist monomolekulare, aber auch höhermolekulare Ester. Die polaren Gruppen der Weichmacher (siehe Beitrag Weinmann: „Lacke . . .“, Abschnitt über Weichmacher) treten in Wechselwirkung mit den polaren Gruppen der Polymeren. Hierbei wird sowohl durch Bindung der Dipolkräfte wie auch durch die räumliche Trennung der Makromoleküle voneinander eine leichtere Verschiebung der Makromoleküle gegeneinander erreicht; der Erweichungspunkt des Produktes wird gesenkt, das Produkt ist weicher.

Produkte mit vielen polaren Gruppen wie Polyvinylchlorid werden also für eine äußere Weichmachung besonders geeignet sein, während ein Produkt mit wenig polaren Gruppen z. B. Polystyrol, hierfür wenig oder nicht geeignet ist.

δ) Verzweigung und Vernetzung

Bei der Reaktion von bifunktionellen Ausgangsstoffen (Dicarbonsäuren und zweiwertige Alkohole oder Monomere mit einer Doppelbindung) wird man in der Hauptsache lineare Makromoleküle erhalten. Tris- und höherfunktionelle Ausgangsstoffe können zu Verzweigungen und Vernetzungen führen.

Aber auch bei Polymeren aus bifunktionellen Ausgangsstoffen kann eine Verzweigung – wie schon gesagt – erzielt werden durch Einfügung reaktiver Stellen in die Kette z. B. durch Erhitzen oder energiereiche Strahlen, wobei diese Stellen zu Ausgangspunkten von Seitenketten werden. Bei der Polymerisation von Äthylen bei niedrigem Druck, was seinerseits die Verwendung geeigneter Katalysatoren voraussetzt, entsteht bevorzugt lineares Polyäthylen mit hoher Dichte, während die Polymerisation unter hohem Druck in erster Linie verzweigte Polyäthylene mit niedriger bis mittlerer Dichte ergibt.

Reaktionsfähige Gruppen der Ketten oder Seitenketten können mit Gruppen benachbarter Fadenmoleküle reagieren und eine *Vernetzung* des Polymerisates bewirken. Es können z.B. Carboxylgruppen mit Hydroxylgruppen unter Esterbildung reagieren, Carboxylgruppen können mit mehrwertigen Metallen unter Salzbildung eine Scheinvernetzung eingehen.

In den Linearpolymeren noch vorhandene Doppelbindungen können mit hinzugefügten ungesättigten Monomeren Seitenketten bilden und eine Vernetzung herbeiführen. Schwefelbrücken bewirken eine Vernetzung, die man mit *Vulkanisation* bezeichnet.

Die Vernetzung verhindert ein Vorbeigleiten der Ketten aneinander; weitgehend vernetzte Produkte können durch Erwärmen nicht mehr verflüssigt werden. Je nach dem Vernetzungsgrad haben sie Weichgummicharakter oder sind harte, in der Wärme nicht mehr verformbare *gehärtete* Körper. Je dichter die Vernetzungsstellen nebeneinander liegen, um so weniger sind derartige Stoffe löslich, sie sind allenfalls noch quellbar.

In einer schematischen Darstellung lassen sich die Strukturprinzipien linearer, verzweigter und vernetzter Polymere wie folgt darstellen, wobei man sich die Vernetzung dreidimensional, also räumlich und nicht nur in einer Ebene vorzustellen hat (Abb. 3).

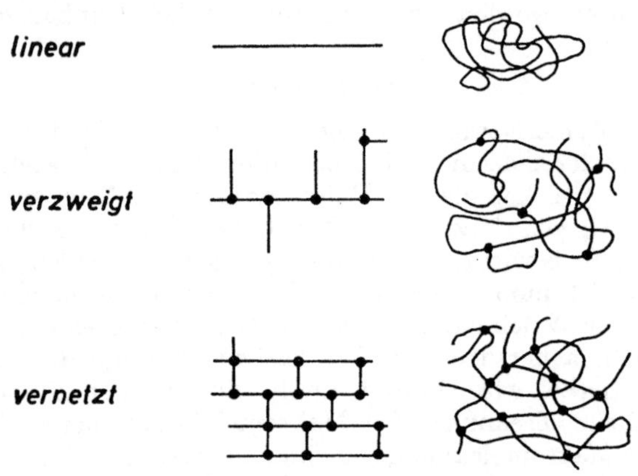

Abb. 3. Strukturprinzipien der Hochpolymeren

3. Polymerisationsmethoden

a) Substanzpolymerisation

Bei der *Blockpolymerisation,* besser als *Substanzpolymerisation* bezeichnet, werden die Monomeren ohne Lösungsmittel oder ein anderes z.B. emulgierendes oder suspendierendes Medium polymerisiert. Je nach der Art des Katalysators verläuft die Reaktion in der Wärme bei höherem oder geringerem Druck. Das Polymerisat fällt entweder aus oder bleibt gelöst im Überschuß des Monomeren. Durch Abdestillieren des überschüssigen Monomeren wird das Polymerisat gewonnen.

b) Lösungspolymerisation

Die *Lösungspolymerisation* verläuft in Gegenwart eines neutralen Lösungsmittels, das an der Reaktion nicht teilnimmt.

c) Suspensionspolymerisation

Verteilt man das Monomere mit Hilfe eines *Schutzkolloides* in einer wäßrigen Suspension, spricht man von der *Suspensionspolymerisation*. Das Polymerisat fällt pulverförmig an und ist weitgehend frei von Schutzkolloiden bzw. sind die Schutzkolloide in das Polymerisat durch Aufpfropfung eingebaut.

d) Emulsionspolymerisation

Bei der *Emulsionspolymerisation* emulgiert man das Monomere mit Hilfe von Emulgatoren in Wasser und polymerisiert. Als Endprodukt fällt das Polymerisat als eine Emulsion an. Man dampft zur Trockene ein und erhält ein Endprodukt, welches den Emulgator mit enthält.

4. Zusatzstoffe

Neben den bereits genannten Hilfsstoffen wie Katalysatoren, Emulgatoren, Schutzkolloide, Regler sollen hier noch weitere Stoffgruppen genannt werden, soweit sie für die Herstellung von Bedarfsgegenständen von Bedeutung sind.

a) Wärme- und Oxydations-Stabilisatoren

Zur Verhinderung der Zersetzung von Kunststoffen bei der Einwirkung von Wärme und Luftsauerstoff setzt man den Kunststoffen Stabilisatoren zu (vgl. Tab. 1). Es können dies Alkali- und Erdalkalisalze der Kohlensäure, Phosphorsäure und von Fettsäuren, z.B. Oktoate, Stearate, sein; weiter Zinkverbindungen wie Zinksulfid, Zinkoxid, Zinkstearat, für besondere Zwecke – Trinkwasserleitungsrohre aus Polyvinylchlorid – Blei(II)stearat sowie basische Bleistearate, -sulfate und -phosphite. Ebenso werden Aminocarbonsäureester oder Diphenyl-thioharnstoff verwendet.

Hier sind auch die Organozinnverbindungen wie Di-n-octyl-zinnverbindungen der Maleinsäure und Laurinsäure und Butylthiostannonsäure und die epoxydierten Soja- und Ricinusöle zu nennen.

Die Gruppe der phenolischen Stabilisatoren umfaßt Gallate wie Propyl-, Octyl- und Dodecylgallat, weiterhin abgewandelte Phenole, z.B. Dioxydiphenyl, 2/5-tert-. Butyl-4-hydroxyanisol und 2,6-Di-tert. butyl-4-methylphenol.

Es ist in diesem Rahmen nicht möglich, alle phenolischen Stabilisatoren, die auch als Alterungsschutzmittel bezeichnet werden, hier aufzuführen. In den Empfehlungen des Bundesgesundheitsamtes findet man weitere Vertreter dieser Gruppe aufgeführt. Genannt seien noch Thioverbindungen wie Thio-bis-(2-methyl-4-hydroxy-5-tert. butyl) benzol, eine Gruppe, die durch Abänderung der Substituenten des Thioäthers zu weiteren Alterungsschutzmitteln führt.

Aliphatische Sulfide dieser Gruppe sind Thiodipropionsäure, Thiodilauryl-, dicetyl- oder distearylpropionat.

Zur Stabilisierung benützt man weiter die reduzierende Eigenschaft der organischen Phosphite: Trilaurylphosphit, Tris(cyclohexylphenyl)phosphit, Tris(nonylphenyl)-phosphit, das ein Gemisch aus Tris (mono-nonyl)-phosphit und Tris di-nonylphenyl)-phosphit darstellt.

Tabelle 1. *Liste organischer Antioxydantien, Stabilisatoren und Alterungsschutzmittel*

Chemische Bezeichnung	Konstitution	Handelsname
Styrolisiertes Diphenylamin		Alterungsschutzmittel DDA (Bayer)
Phenole oder Kresole umgesetzt mit Styrol, bzw. Methylstyrol u./o. Olefinen mit C_3—C_{12}		Alterungsschutzmittel KSM Alterungsschutzmittel TSP (Bayer)
Aminocrotonsäureester ein- und mehrwertiger Alkohole	$CH_3—C(NH_2)=CH—COOR$	z.B. Advastab (Deutsche Advance)
Bis-(2-hydroxy-3 tert. butyl-5-methyl phenyl)-methan	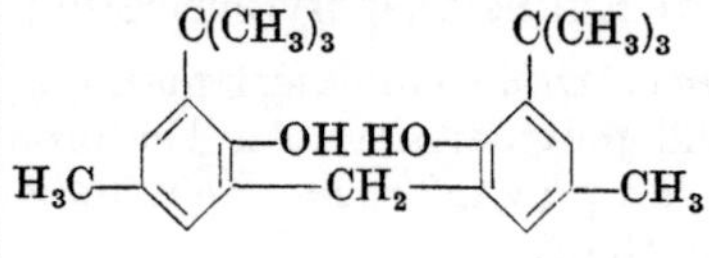	Alterungsschutzmittel BKF (Bayer)
Bis-(2-hydroxy-3-cyclohexyl-5-methyl phenyl)-methan	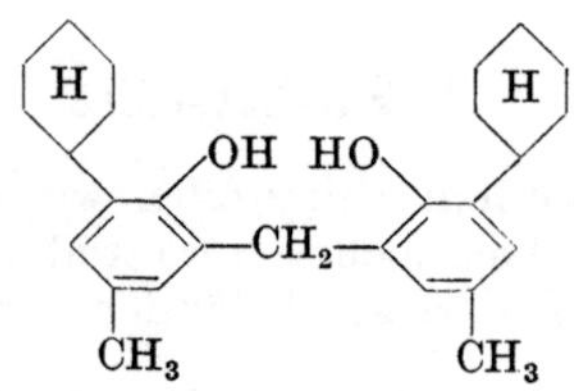	Alterungsschutzmittel ZKF (Bayer)
Bis-(2-hydroxy-3-tert. butyl-5-äthyl phenyl)-methan	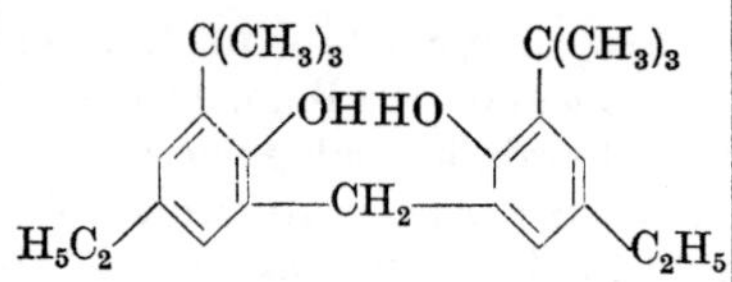	Antioxydant 425 (Cyanamid)
Bis-(3.5-di-tert. butyl-4-hydroxy phenyl)-methan	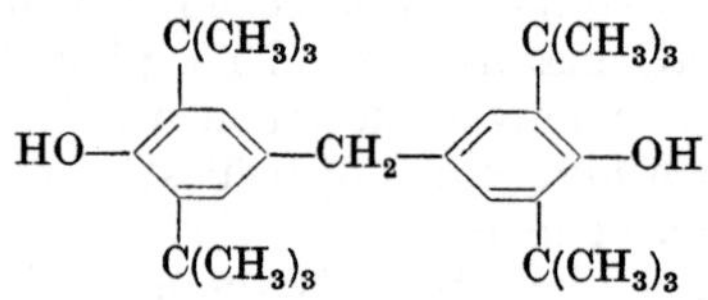	Inox 220 (Shell)
Bis-(2-hydroxy-3-α-methyl cyclohexyl-5-methyl phenyl)-methan	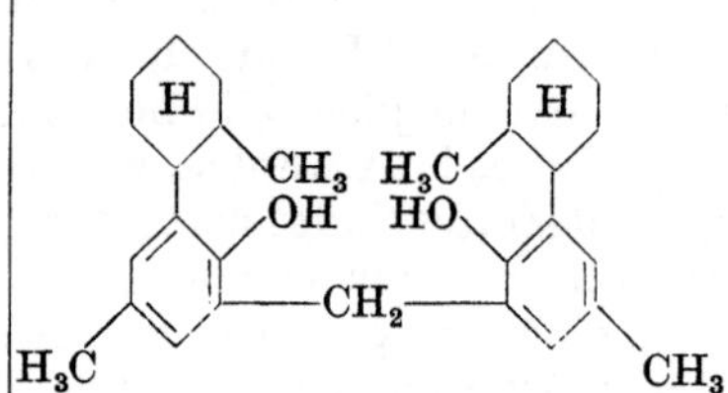	Nonox WSP (ICI)
1.1-Bis-[(2-methyl-4-hydroxy-5-tert. butyl)-phenyl]butan	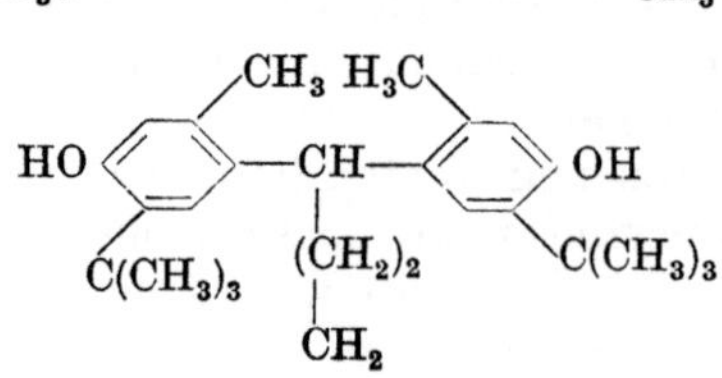	Santowhite powder (Monsanto)

Tabelle 1 (1. Fortsetzung)

Chemische Bezeichnung	Konstitution	Handelsname
3.3-Bis- (4-oxy-3-tert. butyl phenyl) buttersäure isopropylester	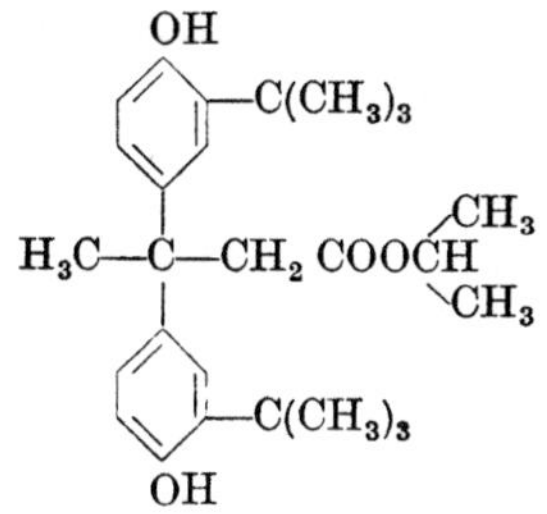	
3.3-Bis- (4-oxy-3-tert. butyl phenyl) buttersäure dodecylester	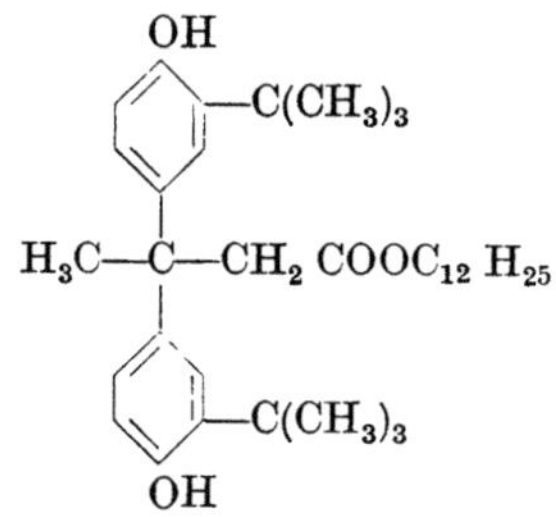	
2- u./o. 3-tert. Butyl-4-hydroxyanisol	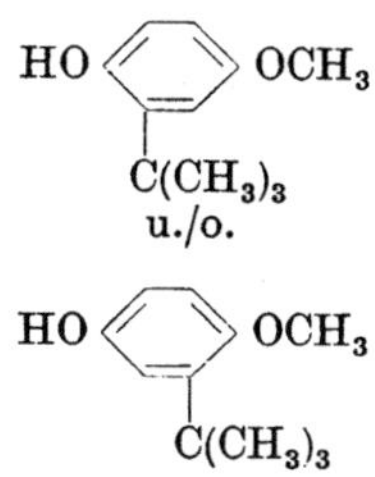	Tenox – BHA (Eastman)
Butylthiostannonsäure	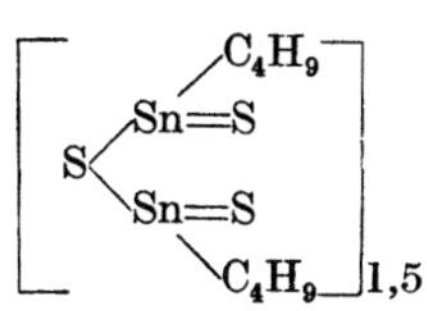	
Dicyandiamid	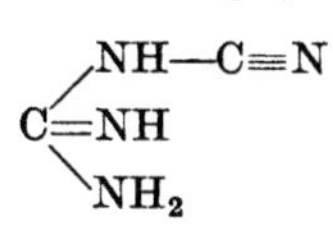	
4,4'-Dihydroxy-diphenyl-propan (2.2)	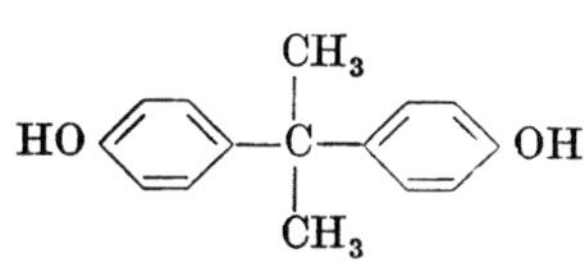	Bisphenol A (Bayer)
Di (2-hydroxy-5-tert. butyl phenyl)sulfid	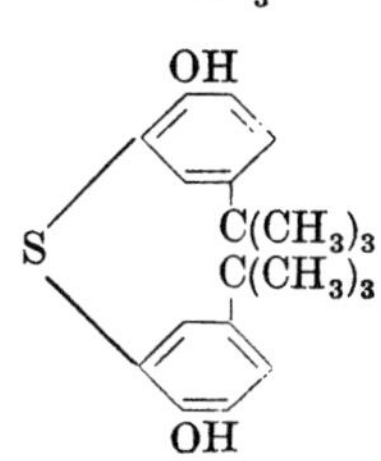	Stabilisator BS (Cassella)

Tabelle 1 (2. Fortsetzung)

Chemische Bezeichnung	Konstitution	Handelsname
Di-n-octyl-Zinnverbindungen von Thioglykolsäureestern	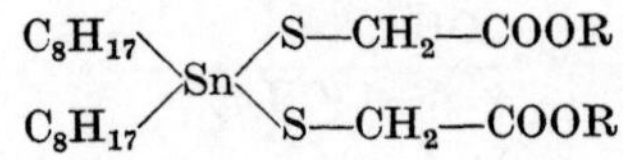	
Di-n-octyl-Zinnverbindungen von Laurinsäure	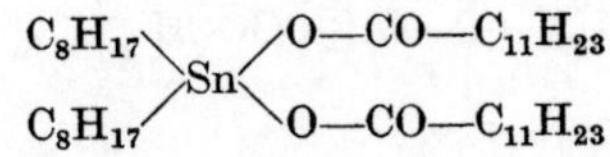	
4,4' Dihydroxydiphenyl	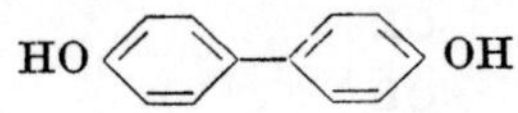	Alterungsschutzmittel DOD (Bayer)
Diphenylthioharnstoff	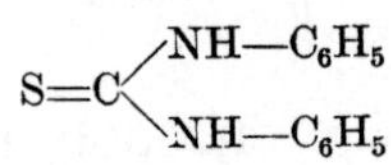	
Distearyldisulfid	$(C_{18}H_{37})—S—S—(C_{18}H_{37})$	
2,6-Di-tert.-butyl-4-methoxy-3-methylphenol	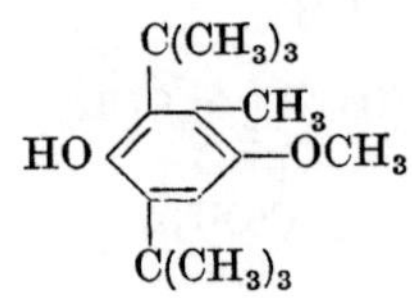	
3,5-Di-tert.-butyl-4-hydroxy-anisol	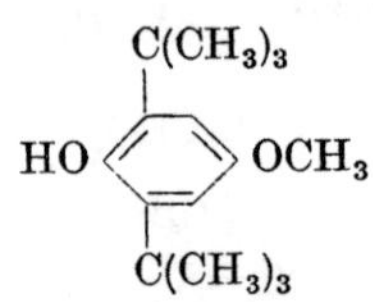	BHA
β-[(3,5-Di-tert.-butyl-4-hydroxy)phenyl] propionsäureoctadecylester	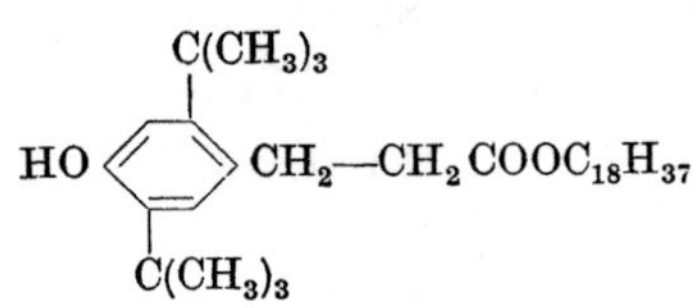	Irganox 1076 (Geigy)
2.6-Di-tert. butyl-4-methyl-phenol	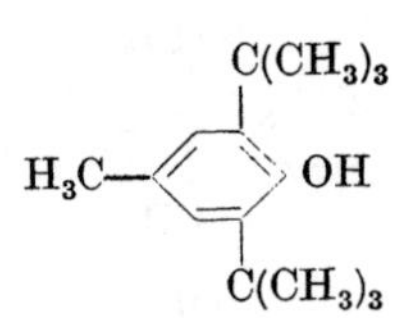	Ionol BHT
Dodecylgallat	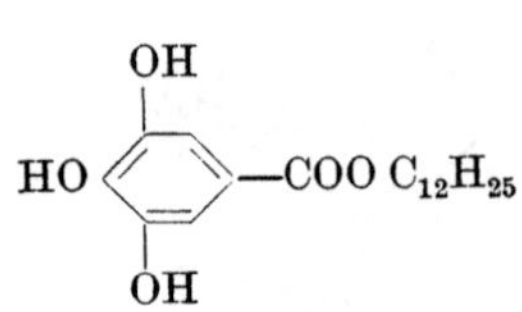	Progallin A (Nipa)

Tabelle 1 (3. Fortsetzung)

Chemische Bezeichnung	Konstitution	Handelsname
Nonyl-phenylphosphite (mono- bzw. di-nonyl-)	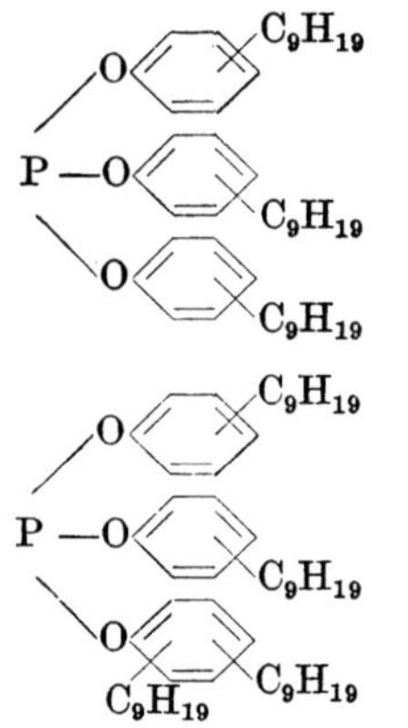	Advastab CH 55
Octylgallat	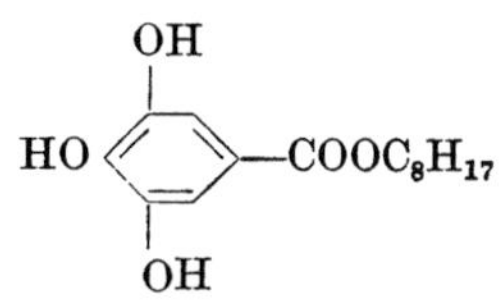	Progallin O (Nipa)
Pentaerythrit	$C\equiv(CH_2OH)_4$	
2-Phenylindol	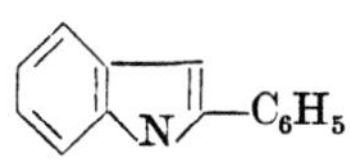	
Propylgallat	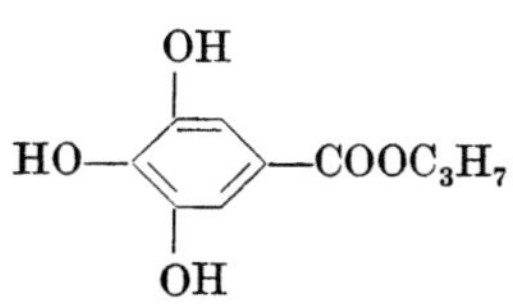	Tenox PG (Eastman)
Tetrakis-[methylen (3.5-di-tert. butyl-4-hydroxy-) hydrocinnamat] methan	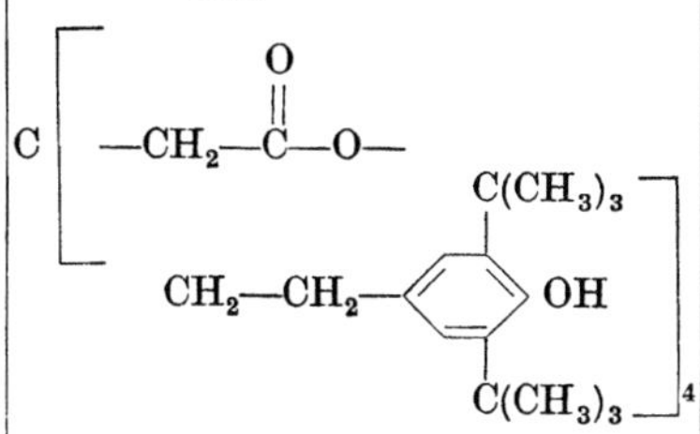	Irganox 1010 (Geigy)
Thio-bis (2.6-di-sek. amyl-4-hydroxy benzol)	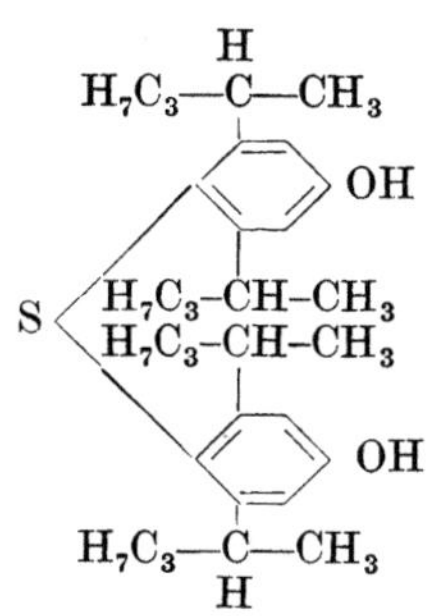	

Tabelle 1 (4. Fortsetzung)

Chemische Bezeichnung	Konstitution	Handelsname
Thio-bis (2-tert. butyl-4-hydroxy-5-methyl benzol)	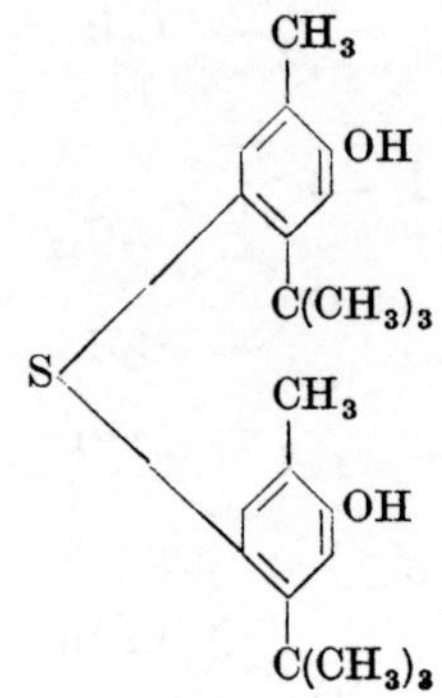	
Thio-bis (2-methyl-4-hydroxy-5-tert. butyl benzol)	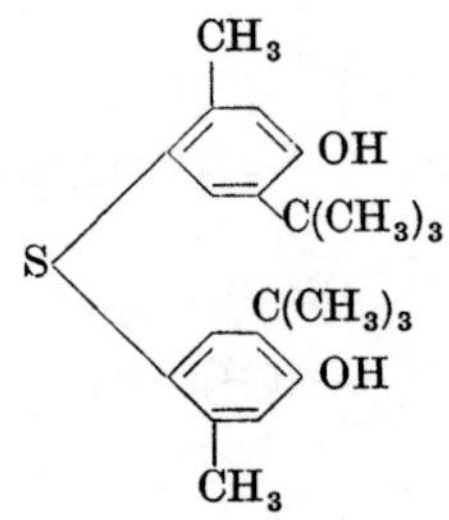	Santonox Santonox R Santowhite crystals (Monsanto)
2.2-Thio-bis-(4.6-di-sek. amylyl-phenol)	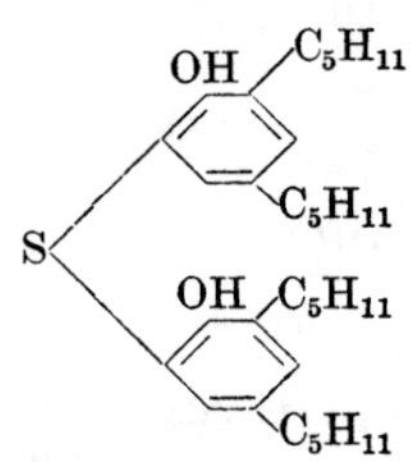	
Thiodipropionsäure	$S\ (CH_2—CH_2—COOH)_2$	
Thiodipropionsäurecetylester	$S\ (CH_2—CH_2—COOC_{16}H_{33})_2$	
Thiodipropionsäurelaurylester	$S\ (CH_2—CH_2—COOC_{12}H_{25})_2$	Advastab PS 800
Thiodipropionsäuremyristylester	$S\ (CH_2—CH_2—COOC_{14}H_{29})_2$	Advastab PS 801
Thiodipropionsäurestearylester	$S\ (CH_2—CH_2—COOC_{18}H_{37})_2$	Advastab PS 802

Tabelle 1 (5. Fortsetzung)

Chemische Bezeichnung	Konstitution	Handelsname
n-Octylthio-4.6-di-(4'-hydroxy-3'.5'-di-tert. butylphenoxy)-1.3.5 triazin	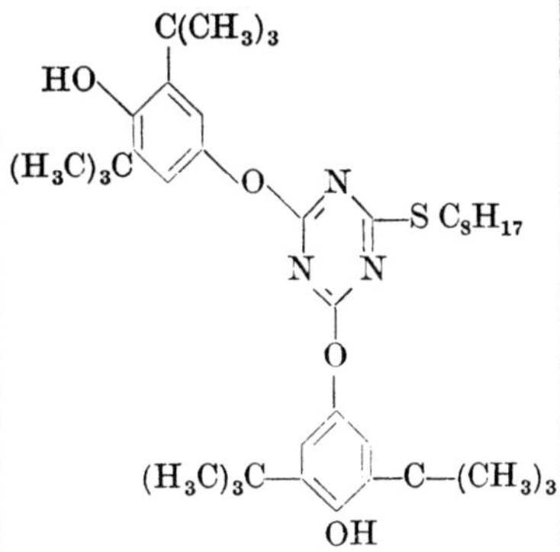	Irganox 858 (Geigy)
1.3.5-Trimethyl-2.4.6-tris-(3'.5'-di-tert-butyl-4'-hydroxybenzyl)benzol	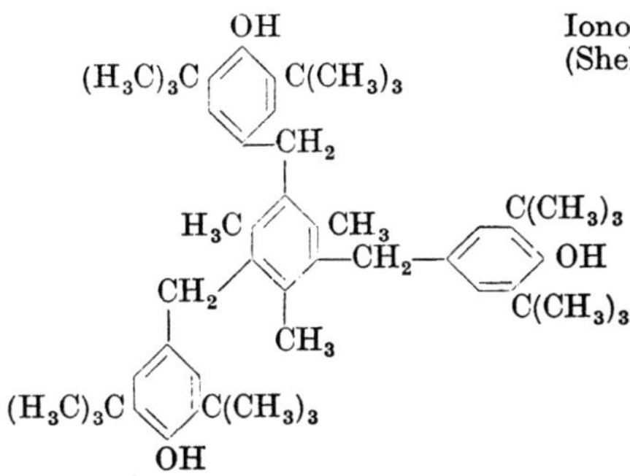	Ionox 330 (Shell)
2.4.5-Trihydroxybutyrophenon	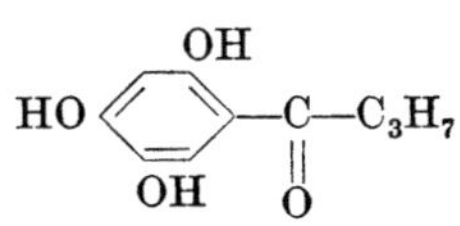	
1.1.3-Tris-(2 methyl-4-hydroxy-5-tert. butyl-phenyl) butan	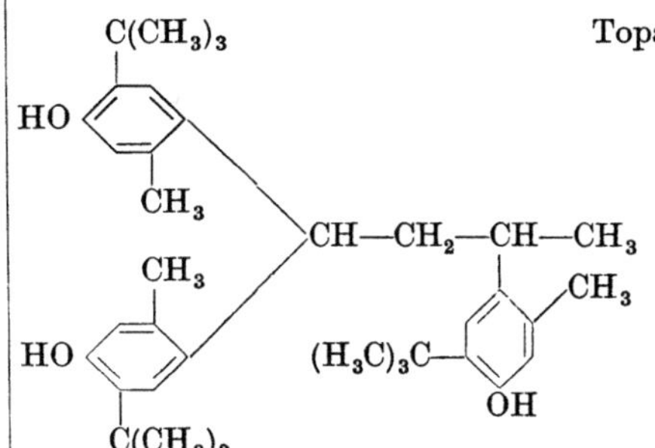	Topanol CA (ICI)
Polyvinylpyrrolidon	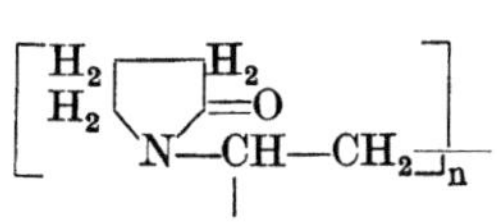	
Zink-di-butyl-dithio-carbamat	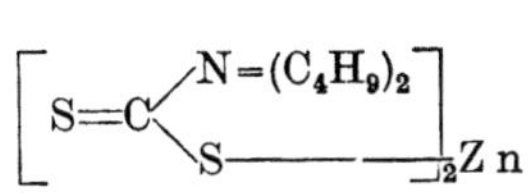	Vulkacit LDB (Bayer)

Tabelle 2. *UV-Absorber*

Chemische Bezeichnung	Konstitution	Handelsname
α-Cyan-β,β-diphenyl-acrylsäureäthylester	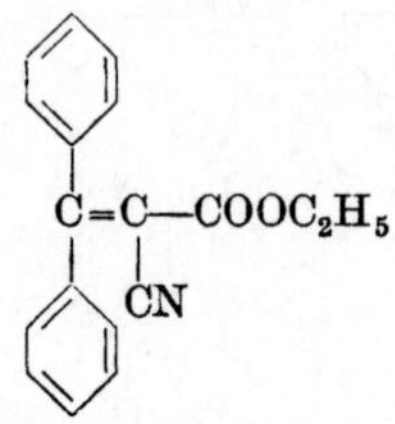	Uvinul N 35 (GAF)
Benzylsalicylat	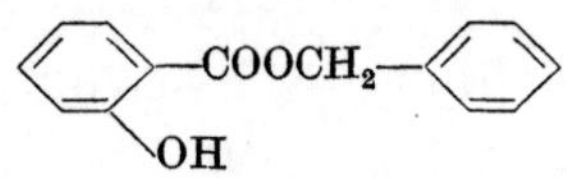	
2-Carboxybenzophenon	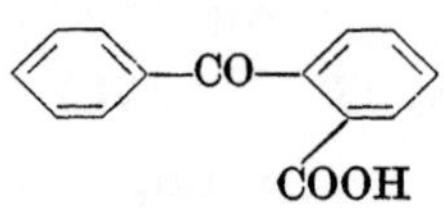	
α-Cyan-β-methyl-p-methoxy-zimtsäure-n-butylester	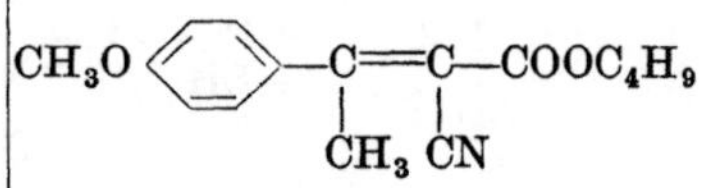	
2.2′-Dihydroxybenzophe-non	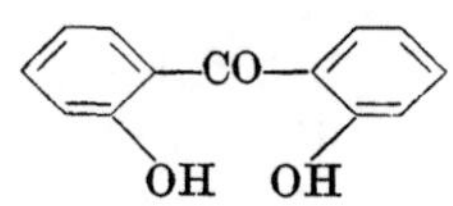	
2,2′Dihydroxy-4-methoxy-benzophenon	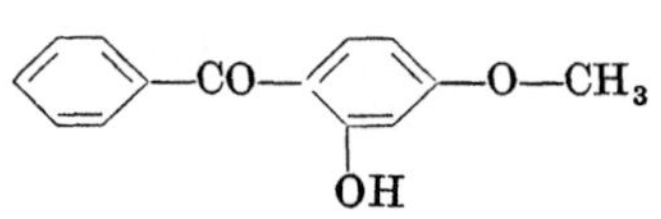	Advastab 47 (Advance)
2.(2′-Hydroxy-3′.5′ditert. butylphenyl) benzotriazol	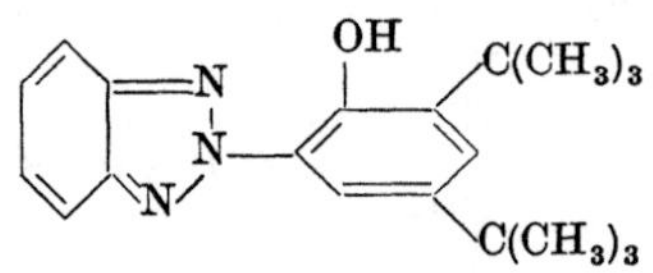	Tinuvin 320 (Geigy)
2-(2′-Hydroxy-5′-methyl-phenyl) benzotriazol	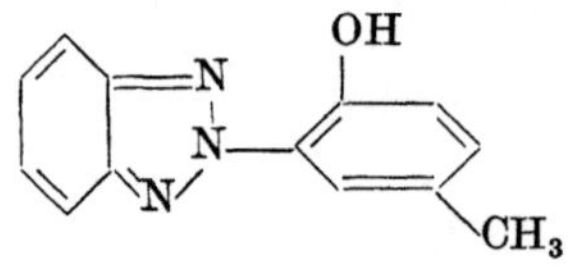	Tinuvin P (Geigy)
2-(2′-Hydroxy-3′-tert. butyl-5′-methylphenyl)-5-chlorbenzotriazol	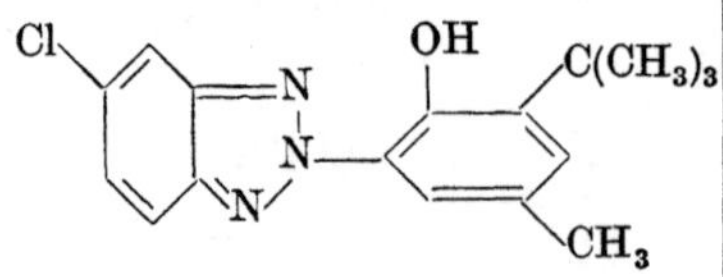	Tinuvin 326 (Geigy)

Tabelle 2 (Fortsetzung)

Chemische Bezeichnung	Konstitution	Handelsname
2-Hydroxy-4-methoxy-benzophenon	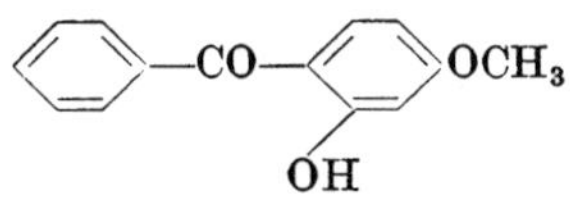	Advastab 45 (Advance)
2-Hydroxy-4-n-octoxy-benzophenon		Advastab 46 (Advance)
Phenylsalicylat	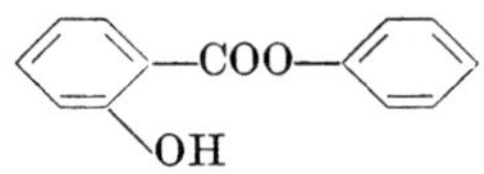	Salol
2.2′-Thiobis (4-tert. octyl-phenolato)-n-butylamin Nickel II	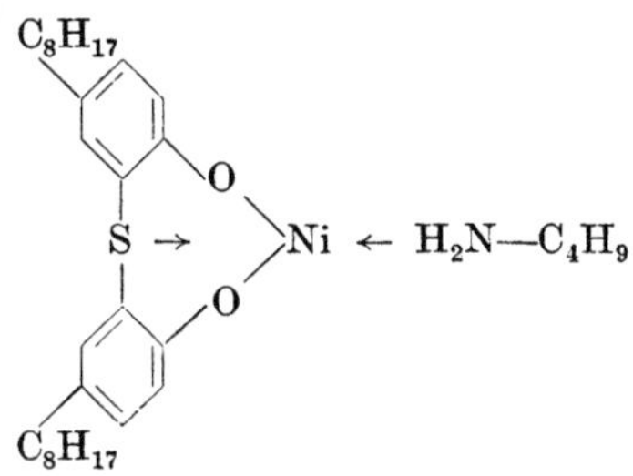	Cyasorb UV 1084

Von den Alkoholen, die für denselben Zweck verwendet werden, sind die höheren Fettalkohole sowie die mehrwertigen Alkohole Pentaerythrit und Dipentaerythritäther zu nennen.

Gegen die Einwirkung des ultravioletten Lichtes, wodurch Vergilbung, Abbau und Alterung von Kunststoffen bewirkt werden können, verwendet man UV-Absorber (vgl. Tab. 2), Substanzen also, welche Licht bestimmter Wellenlänge absorbieren. Es können dies sein Abkömmlinge der Salicylsäure wie Phenyl-, tert. Butylphenyl-, Octylphenylester, substituierte Benzophenone, Ester von cyansubstituierten Zimtsäureestern oder Benztriazole. Ein sehr wirksamer Lichtstabilisator ist Ruß.

Für Bedarfsgegenstände, die aus mit Ruß stabilisierten Kunststoffen hergestellt sind, wie Kautschukartikel, z.B. Fördergurte, Trinkwasserleitungsrohre, aber auch Folien, dürfen nur Ruße besonderer Reinheit verwendet werden. Die Ruße sollen nicht mehr als 0,15% durch Benzol extrahierbare Anteile enthalten. So stabilisierte Wasserleitungsrohre dürfen an Wasser keine fluorescierenden Bestandteile abgeben. Das letzte bezieht sich auf die Abwesenheit von fluorescierenden Kohlenwasserstoffen des Rußes, die auch in sehr geringen Spuren durch ihre Fluorescenz nachgewiesen werden können (siehe hierzu auch im Abschnitt Analytik die Prüfung von Paraffinen und mikrokristallinen Wachsen auf cancerogene polycyklische Kohlenwasserstoffe).

b) Optische Aufheller

Nicht zu verwechseln mit den UV-Absorbern sind die optischen Aufheller.

Die optischen Aufheller (vgl. Tabelle 3) wandeln kurzwelliges Licht in sichtbares Licht um und verleihen, in Kunststoff eingearbeitet, diesem einen höheren Weißheitsgrad. Man wird sie vor allem dort zu verwenden bestrebt sein, wo eine geringe Gelbscheinigkeit das Aussehen der Kunststoffe beeinträchtigt oder wo eine besondere Brillianz der Einfärbung erwünscht ist.

In Gebrauch sind Cumarin- und Stilbenabkömmlinge, Pyrazoline, Acetophenone und Naphthalinderivate.

Tabelle 3. *Beispiele für optische Aufheller*

4 (N-Phenylureido)-4′-(4′′-alkoxy-6′′-anilino-s-triazinyl 2′′ amino)stilben-2,2′ disulfosaures Na	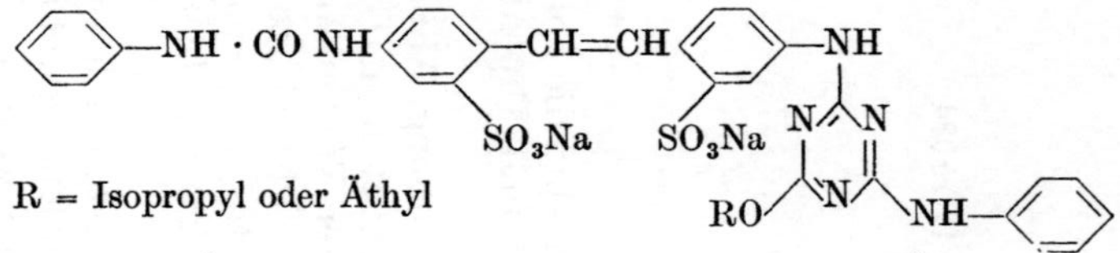 R = Isopropyl oder Äthyl	Leukophor BS (Sandoz)
4,4′-Bis-(4′′ anilino-6′′ diäthanolamino-s-triazinyl-2′′-amino) stilben-2,2′-disulfosäure	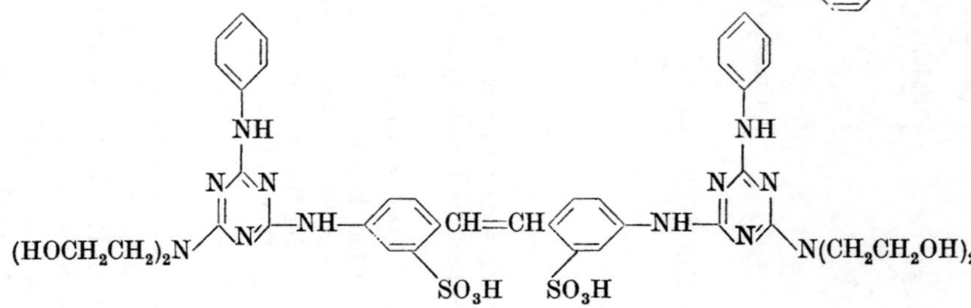	Tinopal UP (Geigy)
Dasselbe Produkt, jedoch mit zwei m-Sulfophenylaminogruppen anstelle der Anilino-Gruppen		Tinopal BOP (Geigy)
3-Phenyl-7-(4′Chlor-6′ diäthylamino-s- triazinyl-2′)-aminocumarin	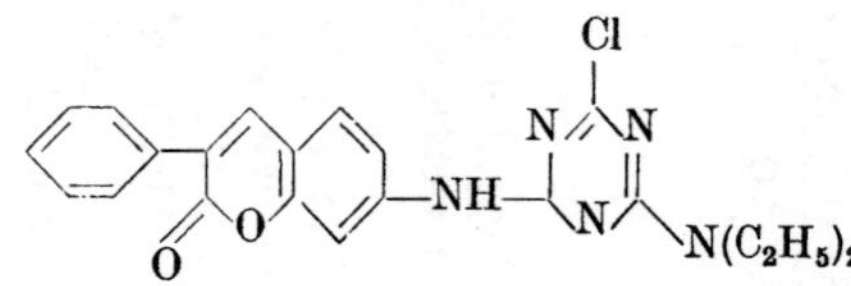	Tinopal SFG (Geigy)
3-p-Chlorphenyl-1-p-sulfonamidophenyl-pyrazolin	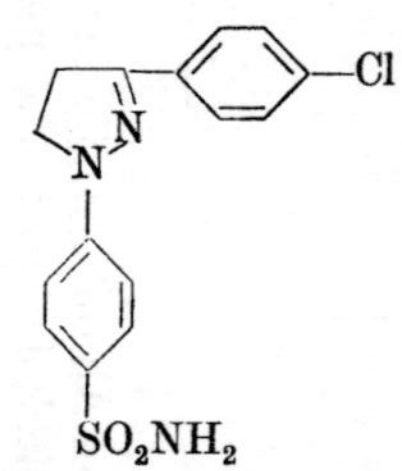	
1,4-Bis (benzoxazolyl-2′-)-naphthalin	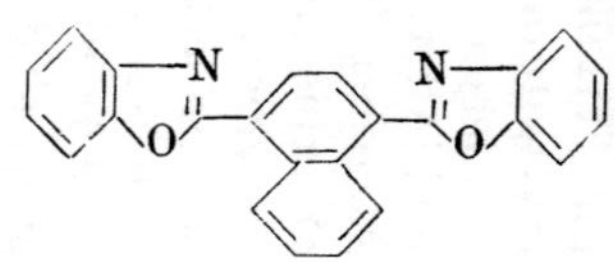	

c) Gleit- und Formtrennmittel

Um den Reibungswiderstand der Kunststoffpartikel bei der Verarbeitung zu erniedrigen, das Aneinandervorbeigleiten der Kunststoffteilchen also zu erleichtern, setzt man den Kunststoffen Gleitmittel zu. Ebenso sollen ausgeformte Teile leicht aus der Form zu heben sein und nicht daran kleben. Man erreicht dies durch Zugabe von Formtrennmitteln. Da ein Stoff beide Aufgaben erfüllen kann, ein Gleitmittel also gleichzeitig auch als Formtrennmittel wirkt, werden beide Hilfsmittel hier gemeinsam aufgeführt.

Als Gleit- und Formtrennmittel verwendet man Fettsäuren, ihre Natrium-, Kalium- und Zinkseifen. Von Fettsäureamiden sind Stearinsäureamid,

Ölsäureamid	$CH_3—(CH_2)_7—CH{=}CH—(CH_2)_7—CONH_2$	
Erucasäureamid	$CH_3—(CH_2)_7—CH{=}CH—(CH_2)_{11}CONH_2$	und
Distearoyläthylendiamin	$CH_3—(CH_2)_{16}—CONH—CH_2—CH_2—NHCO—(CH_2)_{16}—CH_3$ (Acrawax)	

in Gebrauch. Die Bezeichnung der hier und im folgenden genannten Fettsäuren besagt nicht, daß sie nur aus den ihrer Bezeichnung entsprechenden Fettsäuren bestehen. Sie sind als technische Produkte zumeist begleitet von geringen Mengen Fettsäuren ähnlicher Kettenlänge.

Als Gleitmittel verwendete Ester sind z.B. Ester der Montansäuren mit Äthandiol oder 1,3-Butandiol. Montansäuren sind langkettige Fettsäuren, die durch Oxydation von vorgereinigtem Erdwachs gewonnen werden. Durch partielle Veresterung mit Glykolen und gegebenenfalls durch Neutralisation der noch freien Carboxylgruppen mit Calciumoxyd erhält man wachsartige Produkte.

Weitere hier zu nennende Ester sind Butyl-, Hexyl-, Octyl- stearat. Der Octylalkohol liegt zumeist als Äthyl-hexylalkohol vor:

$$CH_3—CH_2—CH_2—CH_2—\underset{\displaystyle C_2H_5}{\underset{|}{CH}}—CH_2OH$$

Ganz allgemein werden Ester einwertiger aliphatischer Alkohole C_4—C_{20} mit aliphatischen gesättigten Carbonsäuren C_6—C_{24} von den Empfehlungen genannt.

Von Fetten und fettähnlichen Substanzen werden verwendet Knochenöl, Lecithin, Glycerinester, hydriertes Rizinusöl, epoxydiertes Soja- und Rizinusöl. Epoxydierte Öle werden gewonnen durch „Blasen" von erhitzten Ölen mit Luft, wobei sich Sauerstoff unter Aufrichtung einer Epoxydbrücke an die Doppelbindungen der Fettsäuren anlagert.

$$—CH{=}CH— + O \rightarrow —CH—CH— \text{ (über O verbrückt)}$$

Für Kunststoffe, die mit Lebensmitteln in Kontakt kommen, schreiben die Empfehlungen des Bundesgesundheitsamtes vor, daß der Epoxydsauerstoffgehalt der Öle weniger als 8%, ihre Jodzahl nicht mehr als 6 beträgt. Es soll damit verhindert werden, daß überepoxydierte Öle durch Verdünnen mit nicht epoxydierten Ölen auf den vorgeschriebenen Epoxydsauerstoff eingestellt werden. Eine derartige Einstellung würde sich durch die Erhöhung der Jodzahl zu erkennen geben.

Weiterhin zu nennen sind Paraffin, Organopolysiloxane mit Methyl- und Phenylgruppen, Polyäthylen, Faktis. Es werden einwertige gesättigte Alkohole wie Octadecylalkohol, Diglykol und Polyglykole verwendet. Diglykol ist der Diäthylenglykoläther $HOCH—CH_2—O \cdot CH_2—CH_2OH$. Polyglykole entstehen durch weitergehende Verätherung von Glykolen zu linearen Ketten

$$HO[—CH_2—CH_2—O—CH_2—CH_2—O—]_n \cdot H$$

Je nach Molekulargewicht sind sie viscose Flüssigkeiten, fett- oder wachsartige Produkte.

Für Kautschuk verwendet man Pentachlorthiophenol 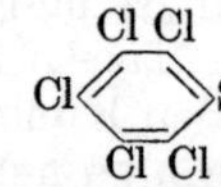 , Alkylsulfonate und Alkylsulfonsäurephenyl- oder -kresylester. Polyvinylalkohol, Polyvinylacetat, Methylcellulose, Cellulosetriacetat und Kieselsäure sollen die Liste beschließen, die damit nicht als vollständig anzusehen ist.

d) Antistatika

Kunststoffe mit wenig oder keinen polaren Gruppen haben eine hohe Dielektrizitätskonstante und laden sich elektrostatisch auf. Die elektrostatische Aufladung kann hinderlich sein, da Staub angezogen wird; beim Abfüllen von Flüssigkeiten kann der Flüssigkeitsstrahl durch die Feldeinwirkung des elektrostatisch aufgeladenen Bedarfsgegenstandes abgelenkt werden. Folien können aneinander haften. Der glatte Fluß von Pulverteilchen kann durch Zusammenhaften infolge der Aufladung behindert werden, was sich auf den Verarbeitungsmaschinen störend auswirkt. Pulverförmiges Fördergut kann auf Fördergurten haften.

Man versucht, die elektrostatische Aufladung dadurch zu verhindern, daß man die Oberfläche des Bedarfsgegenstandes oder auch der Pulverteilchen mit einem leitfähigen Feuchtigkeitsfilm versieht. Das kann bewirkt werden durch Aufsprühen von hydrophilen Stoffen in wäßriger Lösung. Natürlich werden derartige Filme beim Abwaschen der Bedarfsgegenstände entfernt, so daß ihre Wirksamkeit zeitlich begrenzt ist.

Um eine dauernde antistatische Ausrüstung zu erzielen, versucht man, Verbindungen in die Kunststoffe einzuarbeiten, die einerseits dank einer lipophilen Gruppe in dem Kunststoff verankert sind, andererseits aber eine hydrophile Gruppe besitzen, die auf der Oberfläche des Bedarfsgegenstandes einen dauernden Feuchtigkeitsfilm bewirken sollen. Verwendet werden Polyglykole wie Polyäthylen- und Polypropylenglykol, Fettalkoholpolyglykoläther und Fettsäurepolyglykolester, z.B. Laurinsäurepolyglykolester, Produkte also, die durch Verätherung oder Veresterung der freien Hydroxylgruppen in den oben beschriebenen Polyglykolen entstehen. Die hierdurch in die hydrophilen Polyglykole eingeführten Reste der Fettalkohole oder Fettsäuren sollen als lipophile Gruppen die Verankerung in dem Kunststoff bewirken:

Beispiele: $H_{23}C_{11}—COO[CH_2CH_2—O—CH_2CH_2O\ldots]_n\ CH_2—CH_2OH$,
Laurinsäurepolyäthylenglykolester

$H_{37}C_{18}O[CH_2—CH_2—O—CH_2—CH_2O]_nCH_2—CH_2OH$
Stearylpolyäthylenglykoläther.

Hydroxyalkylsubstituierte Amine, denen man eine antistatische Wirkung zuschreibt, sind Triisopropanolamin $N(C_3H_6OH)_3$ oder N-Bis-2-hydroxyäthylalkylamin $R\text{-}N(C_2H_4OH)_2$. Weiter wird die quaternäre Ammoniumbase Cetylpyridiniumchlorid verwendet:

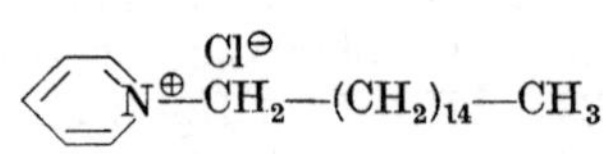

Von den Emulgatoren kommen Alkylsulfonate neben dem oben genannten Polyglykolester wegen ihrer Netzwirkung in Betracht. Allen Antistatika gemeinsam ist also ihre Eigenschaft, die Oberflächenspannung des Wassers herabzusetzen und dadurch eine Wasserfilmbildung zu ermöglichen.

e) Emulgatoren

Die zur Emulgierung von Monomeren bei der Herstellung von Emulsionspolymerisaten verwendeten Emulgatoren sind vornehmlich Tenside wie Seifen, Sulfonate und Glykole. Man verwendet die Natrium-, Kalium-, Ammonium-, Calcium- und Aluminiumseifen von höheren Fettsäuren, dimeren Fettsäuren und Oxy-Fettsäuren sowie deren Acetylierungs- und Sulfonierungs-Produkte. Weitere Netzmittel sind Alkyl- und Alkarylsulfonate, Alkylsulfate, die Sulfonierungsprodukte von Alkyl- bzw. Alkarylpolyglykoläthern sowie von Fettsäurepolyglykolestern, Kondensationsprodukte aromatischer Sulfosäuren mit Formaldehyd, Natrium-, Kalium- und Ammoniumsalze der Sulfobernsteinsäure und sulfoniertes Ricinusöl. Hier zu nennen sind auch die Natrium-, Kalium- und Ammoniumseifen von Harzsäuren, Natriumalginat und die Alkalisalze von Polyacrylsäuren.

Die hier genannten oberflächenaktiven Substanzen sind anionenaktive Elektrolyte. Von den Alkylsulfaten, d.h. den Salzen von sauren Schwefelsäureestern höherer Alkohole sei als Vertreter genannt Dodecyl-(Lauryl-)schwefelsaures Natrium $CH_3(CH_2)_{11} \cdot O \cdot SO_3\,Na$. Die Gruppe der Alkylsulfate hat also die allgemeine Formel $R \cdot O \cdot SO_3\,Me$. R ist C_{12}—C_{18}, d.h. daß Ester von Fettalkoholen vorliegen.

Als Alkoholkomponente der schwefelsauren Ester können auch Polyglykoläther von substituierten Phenolen oder aliphatischen Fettalkoholen dienen:

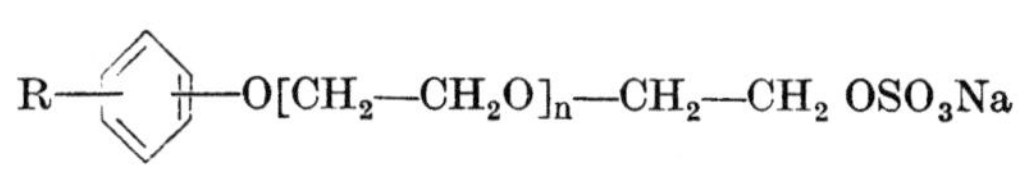

Alkylphenylpolyglykoläthersulfonat;

$$RO—[CH_2—CH_2O]_n—CH_2—CH_2O—SO_3Na$$

Oxalkylpolyglykoläthersulfonat.

Von den Sulfaten zu unterscheiden sind die echten Sulfosäuren, deren Salze als Sulfonate bezeichnet werden. Die kationenaktiven Emulgatoren sind z.B. ternäre oder quaternäre Ammonium-, Oxonium- oder Phosphonium-Verbindungen.

Nicht ionogene Tenside sind z.B. oxäthylierte Fettalkohole der allgemeinen Formel

$$RO—[CH_2—CH_2—O]_n—H$$

wobei die Fettalkohole zumeist eine Kettenlänge C_{12}—C_{18} aufweisen; ebenso sind hier zu nennen Alkyl-Aryl-Polyäthylenoxyde

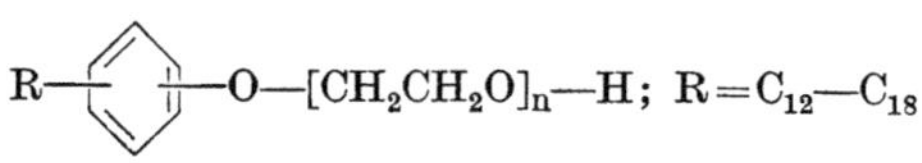

Durch Reaktion mit nichtgrenzflächenaktiven organischen oder anorganischen Ionen entgegengesetzter Ladung können kationen- bzw. anionenaktive Tenside erkannt bzw. auch quantitativ bestimmt werden. Eine einfache Methode besteht in ihrer Reaktion mit Methylenblau bzw. Bromphenolblau.

Schüttelt man 10 ml einer wäßrigen, mit 2 Tropfen n-Salzsäure angesäuerten und mit 1 ml einer 0,02%igen wäßrigen Methylenblaulösung versetzten Tensidlösung mit 5 ml Chloroform, so färbt sich das Chloroform bei Vorliegen anionenaktiver Tenside blau, während kationenaktive Tenside und ebenso die nichtionogenen keine Färbung hervorrufen.

Umgekehrt wird durch Bromphenolblau das Chloroform durch kationenaktive Produkte gefärbt. Die Methode kann zu einer quantitiven colorimetrischen Bestimmung verwendet werden.

Sulfonsäuren sind Reaktionsprodukte von aliphatischen, aromatischen oder aliphatisch substituierten aromatischen (alk-aryl) Kohlenwasserstoffen der allgemeinen Formel R—SO_3H. Man gewinnt sie durch Anlagerung von Schwefelsäure an Doppelbindungen in aliphatischen Kohlenwasserstoffen, durch Reaktion mit Chlorsulfonsäure oder durch Umsetzung von Aromaten mit konz. Schwefelsäure:

$$CH_3—(CH_2)_{11}\,SO_3Na$$

Dodecylsulfosaures Natrium,

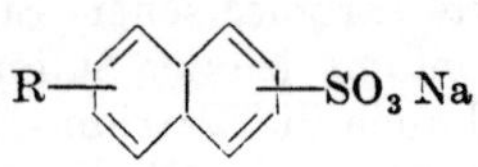

Alkylnaphthalinsulfosaures Natrium;

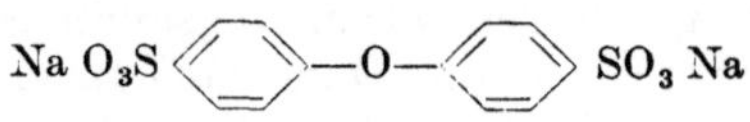

sulfoniertes Phenylenoxid.

Die Kondensation von aromatischen Sulfosäuren mit Formaldehyd geschieht nach folgender Formel

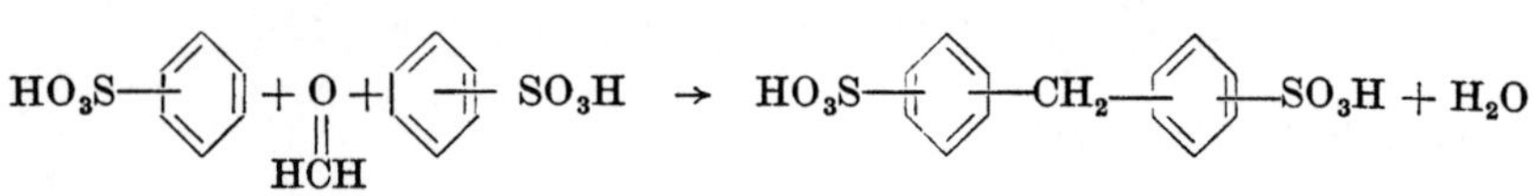

Sulfobernsteinsäure entsteht durch Anlagerung von schwefliger Säure an Maleinsäure:

```
H                                  H
C—COOH                       HO3SC—COOH
||          + H2SO3   →
C—COOH                           C—COOH
H                                H2
```

Maleinsäure — Sulfobernsteinsäure

f) Schutzkolloide

Für das Verfahren der Suspensionspolymerisation, aber auch zur Stabilisierung von Kunststoffdispersionen werden Schutzkolloide benötigt. Die Abgrenzung der Schutzkolloide gegen die Emulgatoren ist nicht streng zu ziehen. Oft werden den Schutzkolloiden zur Erhöhung ihrer Wirksamkeit auch Emulgatoren zugesetzt, wie man andererseits die Wirkung der Emulgatoren auch durch Zugabe von Schutzkolloiden verstärkt.

Von naturbelassenen Kolloiden werden verwendet Stärke, Tragant, Gelatine und Casein. Abgewandelte Naturprodukte sind Hydroxyäthylstärke, Methylcellulose, Äthylcellulose, Carboxymethylcellulose, Hydroxypropylcellulose. Synthetische Schutzkolloide sind Polymere wie Polyvinylpyrrolidon, Mischpolymerisate aus Vinylpyrrolidon und Acryl- bzw. Methacrylestern von einwertigen gesättigten Alkoholen und Polyacrylamide.

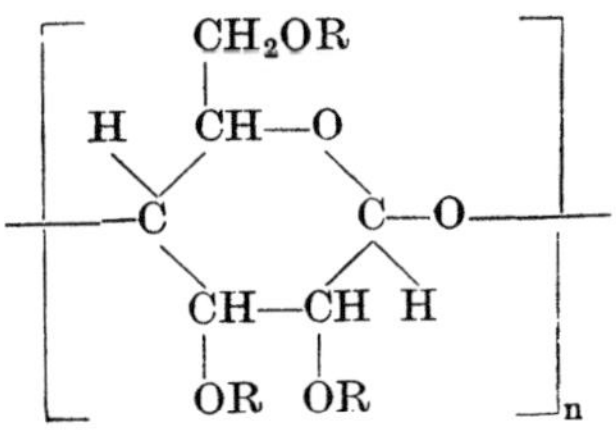

R = H oder
= CH_3 Methylcellulose
= CH_2CH_2OH Hydroxyäthylcellulose
= $CH_2CH(OH)CH_3$ Hydroxypropylcellulose
= CH_2COOH Carboxymethylcellulose

Abgewandelte Cellulose

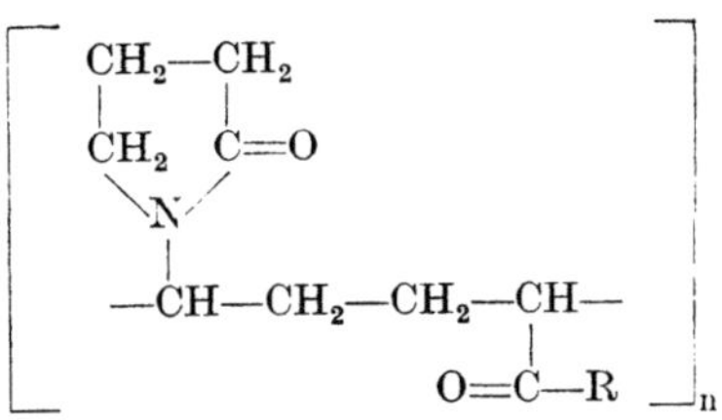

R = OH Acrylsäure
R = OCH_3 Acrylsäuremethylester
R = NH_2 Acrylamid

Vinylpyrrolidon-Acrylsäure-Mischpolymerisat

Polyacrylsäure,

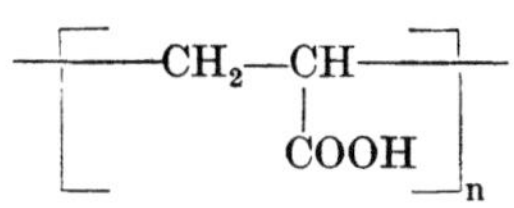

Polymethacrylsäure

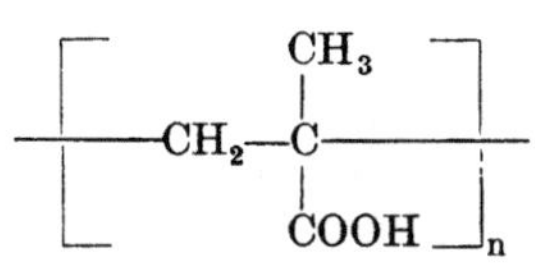

g) Fungicide

Bedarfsgegenstände dürfen Lebensmittel nicht dadurch konservieren, daß von ihnen eine bactericide oder fungicide Wirkung ausgeht. Jedoch muß man Kunststoffdispersionen und Kautschuk, welche beide Kolloide enthalten, die z.B. Schimmelpilzen als Nährboden dienen können, Fungicide zusetzen, um die Produkte selbst bei der Herstellung, Aufbewahrung und dem Transport vor einem Befall durch Fäulnisbakterien oder Schimmelpilze zu schützen. Man verwendet die bekannten Konservierungsmittel wie Benzoesäure, Sorbinsäure, den Palmitin- oder Stearinester der Ascorbinsäure, die als Chlorspender bekannte Dichlorcyanursäure sowie Natriumacetessigester.

$$CH_3—CH{=}CH—CH{=}CH—COOH$$

Sorbinsäure

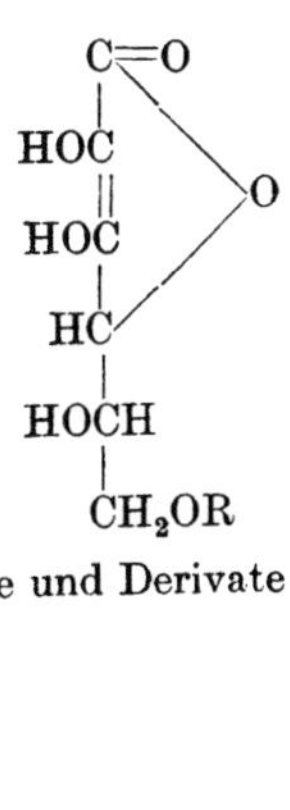

R = H Ascorbinsäure
R = $C_{15}H_{31}CO$ Palmitinester
R = $C_{17}H_{35}CO$ Stearinester

Ascorbinsäure und Derivate

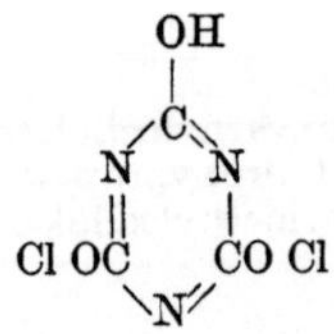

Dichlorcyanursäure Enolform

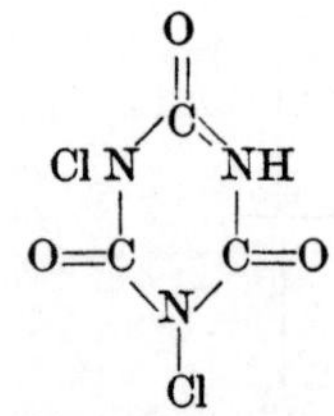

Dichlorcyanursäure Ketoform

Dichlorcyanursäure spaltet mit Wasser unterchlorige Säure ab

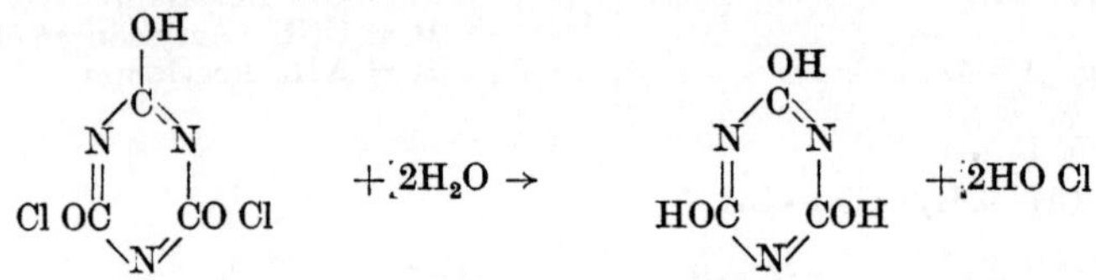

h) Füllstoffe

Zur Verbesserung der Materialeigenschaften der Kunststoffe wie Steifigkeit, Zugfestigkeit, Maßhaltigkeit, Härte und Schlagzähigkeit werden den Kunststoffen Füllstoffe zugesetzt.

Mit der Bereitstellung von vorbehandelten Glasfasern und Glasgeweben, die eine gute Haftung zwischen Kunststoffen und Glasfasern garantieren, hat die Verstärkung der Kunststoffe mit Glasfasern große Fortschritte gemacht. Man verwendet Stapelfasern, die in Kunststoffgranulat eingebettet sind, oder man trägt flüssige Kunststoffe auf Glasgewebe auf und härtet anschließend aus. Andere Fasern sind Polyamide, Polyacetate oder Polyvinylchloridfäden. Pulverförmige Füllstoffe sind Kreide, Kieselgur, Asbest, Cellulose, Holzmehl, Metallpulver, Graphit und Ruß.

i) Blähmittel

Zur Herstellung von Kunststoffschäumen, vor allem von geschäumtem Polystyrol, aber auch z.B. von geschäumtem Polyvinylchlorid oder Gummi verwendet man Blähmittel. Man inkorporiert dem Kunststoffgranulat leicht siedende Kohlenwasserstoffe wie Pentan, Hexan und Heptan. Die Kohlenwasserstoffe, auch fluorierte Kohlenwasserstoffe, können auch in die Schmelze des Kunststoffes eingepreßt werden. An Stelle der aliphatischen Kohlenwasserstoffe wurden auch aromatische wie z.B. Toluol vorgeschlagen. Man benutzt ebenfalls die in gasförmigen Produkte zerfallenden Azoverbindungen als Blähmittel wie Azodicarbonamid $H_2N{-}CO{-}N{=}N{-}CO{-}NH_2$ und Azodiisobuttersäurenitril, das in Stickstoff und Tetramethylbernsteinsäuredinitril zerfällt. Auch kohlensäureabspaltende Mischungen von Natriumbicarbonat und Säuren wie Citronensäure werden für denselben Zweck verwendet.

C. Wichtigste Hochpolymere

Die nachfolgenden Ausführungen sollen soweit über die Herstellung von Kunststoffen unterrichten und die Kenntnisse über ihre Zusammensetzung vermitteln, wie sie bei ihrer Verwendung zur Herstellung von Bedarfsgegenständen im Sinne des § 2, 1 des Lebensmittelgesetzes notwendig sind. Da die Empfehlungen des Bundesgesundheitsamtes bei der Auswahl der Kunststoffe, die für den Kontakt mit

Tabelle 4. *Übliche Abkürzungen der Polymeren-Bezeichnung*

Abkürzung	Polymer
ABS	Acrylnitril-Butadien-Styrol
CMC	Carboxymethylcellulose
CA	Cellulose-Acetat
CAE	Cellulose-acetobutyrat
CAP	Cellulose-acetopropionat
CF	Kresol-Formaldehyd
CN	Cellulosenitrat
CP	Cellulosepropionat
EC	Äthylcellulose
EP	Epoxid-Harz
MF	Melamin-Formaldehyd
PF	Phenol-Formaldehyd
PA	Polyamid
PC	Polycarbonat
PCTFE	Polychlortrifluoräthylen
PE	Polyäthylen
PETP	Polyäthylenterephthalat
PIB	Polyisobutylen
PMMA	Polymethylmethacrylat
POM	Polyoxymethylen
PP	Polypropylen
PS	Polystyrol
PTFE	Polytetrafluoräthylen
PUR	Polyurethan
PVAC	Polyvinylacetat
PVAL	Polyvinylalkohol
PVB	Polyvinylbutyral
PVC	Polyvinylchlorid
PVCA	Polyvinylchlorid-acetat
PVDC	Polyvinylidenchlorid
PVF	Polyvinylfluorid
PVFO	Polyvinylformal
SAN	Styrol-Acrylnitril
SB	Styrolbutadien
SI	Silicone
UF	Harnstoff-Formaldehyd
UP	Ungesättigte Polyester

Tabelle 5. *Kurzbezeichnungen für Elastomere*

Abkürzung	Polymer
ABR	Acrylat-Butadien-1-Kautschuk
EPM	Äthylen-Propylen-Kautschuk
BR	Polybutadien
CR	Polychloropren
CSM	Chlorsulfoniertes Polyäthylen
EVA	Äthylen-Vinylacetat-Mischpolymerisat
IIR	Isopren-Isobutylen-Kautschuk
IR	Isopren-Kautschuk (synth.)
NBR	Nitril-Kautschuk (Butadien-Acrylnitril)
NR	Natur-Kautschuk
SBR	Styrol-Butadien-Kautschuk
UA bzw. E	Urethan-Kautschuk (Polyester bzw. Polyäther)

R = rubber, M = mastics.

Lebensmitteln bestimmt sind, Auskunft geben sowohl über die gesundheitliche Unbedenklichkeit der Hochpolymeren als auch über die bei ihrer Verarbeitung verwendeten Hilfsmittel, die als technisch notwendig im Sinne des § 4b, 5 des Lebensmittelgesetzes angesehen werden können, wird am jeweils gegebenen Ort auf die Empfehlungen hingewiesen.

Die Funktion der Hilfsmittel, die zu ihrer Aufnahme in die Empfehlungen geführt hat, wird hierbei beschrieben. Die Hochpolymeren werden also im Hinblick auf die Empfehlungen besprochen und haben das Ziel, den Sinn der in technischer Hinsicht naturgemäß nur knappen Mitteilungen der Empfehlungen zu verdeutlichen. Die Verwendung von Kunststoffen, auf welche § 2,1 des Lebensmittelgesetzes sich nicht bezieht, ist nicht Gegenstand dieser Besprechung.

1. Polyäthylen (PE)

(Vgl. Empfehlung III C)

Für die Polymerisation von Äthylen zu Polyäthylen

$$n(CH_2 = CH_2) \rightarrow -\!\!(-CH_2-CH_2-)\!\!-_n$$

stehen drei Verfahren zur Verfügung, die technische Bedeutung haben: das Hochdruckverfahren, die drucklose Polymerisation nach ZIEGLER sowie das bei niederen Drücken arbeitende Verfahren nach PHILLIPS.

Die nach diesen drei Verfahren hergestellten Produkte unterscheiden sich voneinander durch den Grad der Verzweigung der Polyäthylenketten, was sich auf die Dichte, den Erweichungsbereich und die Steifigkeit der Produkte auswirkt. Hochdruckpolyäthylen mit größerem Verzweigungsgrad hat wegen der geringeren Packungsdichte der Ketten naturgemäß auch die geringste Dichte; infolge der geringeren Kristallinität ist das Produkt weicher und flexibler als das weniger verzweigte und daher dichtere und härtere Niederdruckpolyäthylen. Mit steigender Dichte liegt also der Erweichungsbereich höher (bis zu 132° C).

a) Hochdruckpolyäthylen

Bei dem Hochdruckverfahren dienen geringe Mengen von Sauerstoff als Katalysator. Das verzweigte Polyäthylen hat eine Dichte von 0,91–0,93. Es stellt einen hochmolekularen Kohlenwasserstoff dar. Katalysatorreste sind naturgemäß nicht in ihm enthalten, da ja als Katalysator Spuren von Sauerstoff dienen.

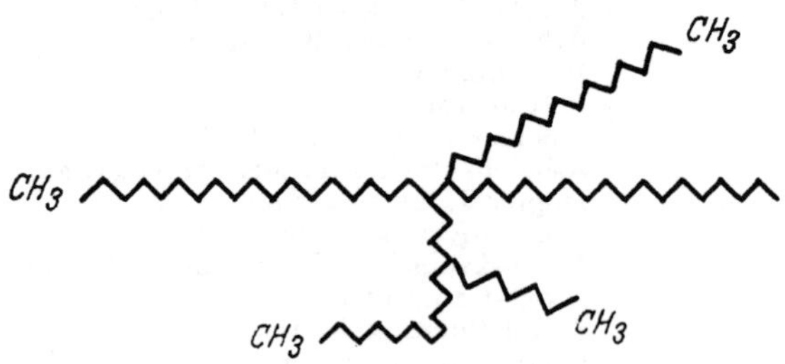

Hochdruckpolyäthylen

b) Niederdruckpolyäthylen

Das drucklose Zieglerverfahren bedient sich metallorganischer Mischkatalysatoren wie Aluminiumalkyle und Titantetrachlorid. Man polymerisiert in Lösungsmitteln, aliphatischen und cycloaliphatischen Kohlenwasserstoffen. Nach beendigter Reaktion wird der höchst wasserempfindliche Katalysator mit Wasser zersetzt und entfernt.

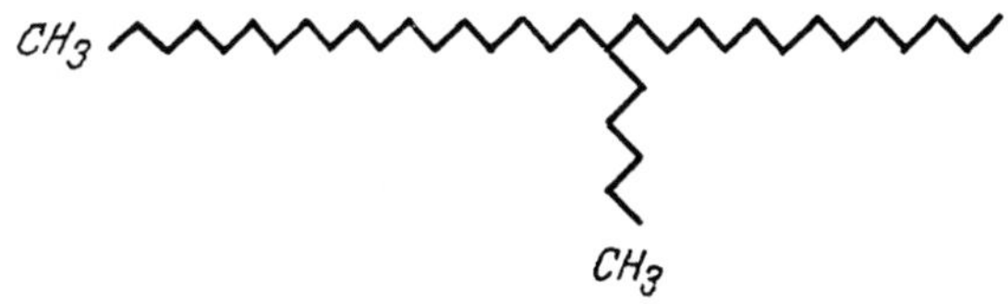

Niederdruckpolyäthylen

c) Phillips-Verfahren

Die Polymerisation nach dem Phillipsverfahren, die man bei ca. 35 atü vornimmt, wird durch Katalysatoren auf Trägermassen – Oxide des Siliciums, Aluminiums und des Titans – beschleunigt. Katalysator ist Cr(VI)-oxid, das partiell reduziert, den eigentlichen Katalysator bildet (III C, 3a bezieht sich also auf die Polyäthylene der drei Verfahren). Mit zunehmender Kristallinität als Folge der geringeren Verzweigung der Produkte nehmen ihre Transparenz, Schlagzähigkeit, Quellbarkeit und Gasdurchlässigkeit ab.

Äthylen kann auch in Mischung mit α-Olefinen copolymerisiert werden (III C, 1). Mit der statistischen Verteilung der „fremden" Olefinkettenglieder in den Polyäthylenketten nimmt die Kristallinität der Produkte ab. Äthylen-Propylen-Mischpolymerisate haben bei höherem Propylengehalt kautschukähnlichen Charakter. Mischpolymerisate aus Äthylen-Vinylestern und Acrylestern werden weiter unten beschrieben.

Polyäthylen ist in der Wärme und unter Einwirkung des Lichtes oxydationsempfindlich. Als Oxydations-Stabilisatoren verwendet man substituierte Phenole und Thiophenole sowie aliphatische Thioverbindungen (III C, 3c). Als wirksamer Lichtstabilisator kann feinstverteilter Ruß verwendet werden (III C, 5), der für die Verwendung in Trinkwasserrohren bis 2,5 %, für Fittings bis 3 % zugelassen ist, in besonderer Reinheit vorliegen muß und an Wasser keine fluorescierenden Bestandteile abgeben darf (siehe Abschn. UV-Stabilisatoren).

Wie die meisten Thermoplaste kommt Polyäthylen in Form von Granulat in den Handel. Für die weitere Verarbeitung werden Gleitmittel verwendet, Amide einiger Fettsäuren, Ca-Stearat und Kieselsäure (III C, 4).

Polyäthylen ist in dünner Schicht farblos klar bis durchscheinend weiß. Die Trübung nimmt mit der Dichte zu und ist eine Folge der Kristallinität. Die Streuung des ultravioletten Lichtes nimmt dabei ebenfalls zu, was sich bei Verwendung entsprechender Polyäthylenmarken für die Verwendung UV-empfindlicher Lebensmittel durch Verminderung der Peroxidbildung günstig auswirkt.

Die Wasserdampfdurchlässigkeit von Polyäthylen ist sehr gering. Für ein Produkt der Dichte 0,918 wurden $2{,}53 \cdot 10^{-9}\ cm^3/cm^2 \cdot h \cdot Torr$ gemessen. Bei der Dichte 0,960 wird nur noch ein Viertel dieses Wertes gefunden. Dagegen ist die Durchlässigkeit für Sauerstoff sowie überhaupt gegen Dämpfe von vor allem unpolaren Flüssigkeiten beachtlich. Sie nimmt mit steigender Dichte ab. Gegen Wasser, wäßrige Lösungen von Salzen, Säuren und Laugen ist Polyäthylen beständig, dagegen greifen oxydierende Säuren und freie Halogene auch bei Zimmertemperatur an.

Öle und Fette quellen vor allem Produkte niederer Dichte an und können „durchschlagen“. Die Einwirkung der Fette ist eine Funktion ihrer Einwirkungszeit, ihrer Temperatur und ihres Aggregatzustandes.

Lösungsmittel für Polyäthylen sind Benzol, Xylol und Tetrahydronaphthalin. Es ist unlöslich in Benzin, Alkohol, Estern und Halogenkohlenwasserstoffen.

Die mechanischen Eigenschaften, Flexibilität in Abhängigkeit von der Temperatur, Steifigkeit und Härte sind je nach Produkt verschieden und müssen den Prospekten der Hersteller entnommen werden.

Reines Polyäthylen ergibt bei der Pyrolyse eine wachsartige Schmiere unter Entwicklung eines paraffinartigen (an eine verlöschte Paraffinkerze erinnernden) Geruchs. Es löst sich in heißem Xylol, aus dem es beim Abkühlen als Gel ausfällt.

2. Polypropylen (PP)

(Vgl. Empfehlung VII B)

Propylen $CH_3 \cdot CH = CH_2$ kann nach den gleichen Verfahren, die bei Polyäthylen aufgeführt wurden, zu Polypropylen polymerisiert werden. Es entstehen Linearpolymere mit Methylgruppen als Seitenketten.

$$n \begin{pmatrix} CH = CH_2 \\ | \\ CH_3 \end{pmatrix} \rightarrow \left[\begin{matrix} -CH-CH_2- \\ | \\ CH_3 \end{matrix} \right]_n$$

Das Produkt unterscheidet sich von Polyäthylen durch seine größere Steifigkeit und höhere Wärmebeständigkeit. Der Kristallitschmelzpunkt (VII B, 2) liegt nicht unter 155° C, wogegen er bei Polyäthylen schon bei 105° C liegen kann. Die Kältebeständigkeit ist geringer als die des Polyäthylens. Bei Temperaturen unter 0° C tritt eine gewisse Versprödung ein.

Im übrigen gilt für Copolymerisate, die Katalysatoren, Stabilisierungsmittel, Gleitmittel und Chemikalienbeständigkeit das Gleiche wie für Polyäthylen.

Lösungsmittel für Polypropylen sind Xylol, Trichloräthylen, Chloroform. Es ist unlöslich in Benzin, Alkoholen und Estern.

Aus heißer Xylol-Lösung fällt Polypropylen als faseriges Gel aus, das bei leichtem Schütteln zusammenballt (Unterschied zu Polyäthylen).

3. Polyisobutylen (PIB)

(Vgl. Empfehlung XX A)

Isobutylen $\begin{matrix} CH_3 \\ | \\ C{=}CH_2, \\ | \\ CH_3 \end{matrix}$ durch Wasserabspaltung aus Isobutylalkohol oder aus Krackgasen gewonnen, kann zu öligen, klebrig-teigartigen oder dehnbaren und flexiblen kautschukartigen Produkten polymerisiert werden. Der Aggregatzustand der Polyisobutylene wird bestimmt von dem Molekulargewicht der Polymeren. Polymerisationskatalysatoren sind Friedel-Crafts Katalysatoren wie Aluminiumchlorid oder Bortrifluorid. Die Polymerisation verläuft bei tiefer Temperatur − 100° C bis + 10° C in Gegenwart von Lösungsmitteln oder auch ohne

Lösungsmittel. Als Kühlmittel verwendet man die Verdampfungskälte von flüssigem Äthylen (Kp $-104°$ C).

Es entstehen Linearpolymere mit seitenständigen Methylgruppen

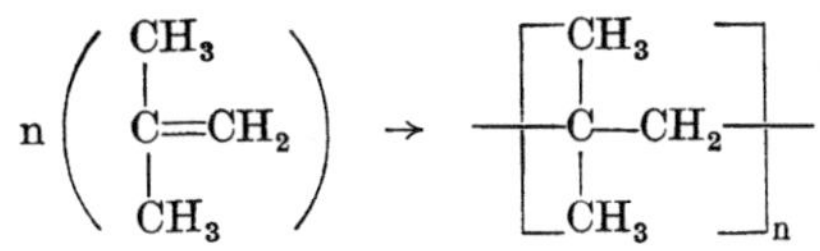

Als gesättigter Kohlenwasserstoff ist Polyisobutylen beständig gegen Wasser, Säuren, Laugen, Sauerstoff und Ozon. Das Produkt ist löslich in aliphatischen, aromatischen und chlorierten Kohlenwasserstoffen, dagegen unlöslich in niederen Alkoholen, Estern und Ketonen. In längerkettigen Lösungsmitteln dieser Art quillt Polyisobutylen um so stärker, je länger die Ketten der genannten Lösungsmittel sind.

Durch Mischpolymerisation mit ca. 3–5% Isopren (XXA, 1) führt man Doppelbindungen in die Polyisobutylen-Kette ein und erhält so vulkanisierbare Produkte (Butylkautschuk), Elastomere also, die nur wenig ungesättigte Bindungen haben und daher oxydationsbeständig, jedoch vernetzbar sind.

Empfehlung XX A, 4a führt unter den Antioxydantien und Stabilisatoren Zinkstearat auf. Die Stabilisierung beruht auf der Wirkung des Zinkstearates als Gleitmittel, das bei der Verarbeitung, z.B. beim Walzen, Pressen oder auf der Schneckenspritzmaschine, die Wirkung der Scherkräfte vermindert und damit Kettenabbau verhindert. Als Antioxydantien (XX A, 4b) kann man substituierte Phenole wie z.B. 2,6-Di-tert.butyl-4-methyl-phenol verwenden.

Polyisobutylen und seine Mischpolymerisate mit Isopren werden in der Regel nicht allein, sondern in Mischungen mit Paraffinen und mikrokristallinen Wachsen verwendet (XX A, Fußnote 1). Den Wachsen und Paraffinen wird dadurch größere Zügigkeit verliehen; der Tropfpunkt wird erhöht. Polyäthylen zugemischt, erhöht es die Schockfestigkeit. Derartige Mischungen sind widerstandsfähig gegen Rißbildung bei schockartiger Belastung z.B. durch Fall oder Stoß. Als Zusatz zu Kautschuk (Empfehlung XXI C) erhöht es die Alterungs- und Wetterbeständigkeit sowie die Ozon- und Chemikalienfestigkeit.

In Lösung wird Polyisobutylen mit Hilfe der üblichen Streichmaschinen zur Beschichtung verwendet.

Zum Nachweis von Polyisobutylen kann die Reaktion der bei der Pyrolyse entstehenden Dämpfe mit Quecksilber(II)-acetat dienen. Man leitet die Pyrolysedämpfe durch eine eisgekühlte Gasfalle, wobei die höhersiedenden Anteile ausfallen. Die flüchtigen Anteile werden in eine 5%ige methanolische Quecksilber(II)-acetat-Lösung geleitet. Man dampft vorsichtig zur Trockene ein, extrahiert den Rückstand mit Petroläther bei 40–60° C, filtriert und dampft auf ein kleines Volumen ein. Es bildet sich ein Niederschlag von Methoxyisobutylquecksilber-(II)-acetat (Fp 45° C).

In einem vereinfachten Verfahren läßt man die Pyrolysedämpfe auf Filtrierpapier treffen, das mit einer Lösung von 6 g gelbem Quecksilberoxid in 15 ml Schwefelsäure und 85 ml Wasser getränkt ist. Ein schwefelgelber Niederschlag zeigt Polyisobutylen an.

4. Polyvinylchlorid (PVC)

(Vgl. Empfehlung II E)

Durch Anlagerung von Salzsäure an Acetylen, das seinerseits durch Erdölspaltung gewonnen wird, stellt man Vinylchlorid $CH_2 = CHCl$ her. Seine Neigung zur Polymerisation unter der Einwirkung von Licht und Wärme ist schon lange bekannt. Organische Peroxide als Polymerisationskatalysatoren wurden 1914 eingeführt.

Bei der Polymerisation entstehen Linearpolymere

$$n\,(CH_2{=}CH\,Cl) \rightarrow \left[\begin{matrix} -CH_2-CH- \\ \quad\quad\;\; | \\ \quad\quad\;\; Cl \end{matrix}\right]_n$$

die in regelmäßigen Abständen seitenständige Chloratome besitzen. Führt die seitenständige Methylgruppe in Polypropylen schon zu einem härteren Produkt als Polyäthylen, so ist Polyvinylchlorid mit dem größeren Chloratom noch wesentlich härter.

Die Dichte der Reinpolymerisate beträgt ca. 1,38.

Das Produkt läßt sich wegen des polaren Chloratoms ausgezeichnet weichmachen (siehe Weichmacher). Hier soll nur weichmacherfreies PVC besprochen werden. (Über weichgemachtes PVC siehe Kapitel Weichmacher.)

Als technisches Verfahren für die Polymerisation von Vinylchlorid verwendet man die Emulsions-, die Suspensions- und Substanzpolymerisation. Bei der Herstellung von Lack- und Klebstoffen verwendet man mit Vorzug die Lösungspolymerisation.

Polymerisationskatalysatoren sind in allen Fällen radikalbildende Peroxidverbindungen wie Wasserstoffsuperoxid, Kalium- und Ammoniumperoxysulfate und organische Peroxide wie Lauroyl- oder Benzoylperoxid, Percarbonate usw. Andere Radikalbildner sind Azodiisobuttersäurenitril und Cumolhydroperoxid.

Die Wirksamkeit der peroxidischen Radikalbildner wird erhöht durch Reduktionsmittel wie z.B. Natriumsulfit oder Natriumdithionit. (Zu Katalysatoren und Aktivatoren siehe II E, 3a, α und β.)

a) Emulsionspolymerisation

Man emulgiert monomeres Vinylchlorid in wäßrigen Emulgatorlösungen. Als Emulgatoren verwendet man Natrium-, Kalium- und Ammoniumseifen von Fettsäuren und Oxyfettsäuren, deren Acetylierungs- und Sulfonierungsprodukte, Ölsäure- und Laurinsäureester von Polyglykol und Sorbit (siehe II E, 3a).

Zur Neutralisation der bei der Polymerisation in geringem Maße durch Abspaltung entstehenden Salzsäure setzt man Puffersubstanzen wie Alkaliphosphate und Carbonate oder Kalkseifen zu (II E, 3a).

Die bei der Polymerisation anfallende Polyvinylchlorid-Dispersion wird auf Walzen oder durch Sprühtrocknung getrocknet. Die bei der Polymerisation verwendeten Hilfsmittel, also die Katalysatorreste und Aktivatoren bzw. ihre Umsetzungsprodukte, die Emulgatoren und Puffer, verbleiben in dem Polymerisat.

Eine Ausfällung des Polyvinylchlorids aus der Emulsion durch Calciumchlorid, Aluminiumchlorid, Kochsalz wird ebenfalls angewandt (II E, 3a).

b) Suspensions-Polymerisation

Zur Polymerisation suspendiert man Vinylchlorid in einer wäßrigen Lösung von Schutzkolloiden. In Gebrauch sind wasserlösliche Cellulosederivate, Polyvinylalkohol, Salze von Polyacrylsäure, Polyvinylpyrrolidon, Polyphosphate, Gelatine. Durch Zusatz geringer Mengen von Emulgatoren kann die Wirkung der Schutzkolloide erhöht werden (II E, 3a, γ).

Das Polyvinylchlorid fällt als Pulver an und wird durch Abschleudern von der wäßrigen Kolloidlösung getrennt.

c) Substanzpolymerisation

Bei diesem Verfahren polymerisiert man reines Vinylchlorid, dem als Katalysator in organischen Lösungsmitteln lösliche Peroxide zugesetzt werden. Polyvinylchlorid ist in monomerem Vinylchlorid unlöslich und fällt als Pulver aus.

Man destilliert das überschüssige Vinylchlorid nach einem Umsatz von 80–90 % ab. Das verbleibende pulverförmige Polyvinylchlorid enthält außer den Katalysator-Resten keine weiteren Hilfsstoffe.

d) Hilfsstoffe

Unter der Einwirkung von Licht und Wärme zersetzt sich Polyvinylchlorid langsam unter Abspaltung von HCl, wobei man die Bildung von konjugierten Doppelbindungen annimmt. Man erklärt hiermit die braune Verfärbung des an sich farblosen und durchsichtigen Polyvinylchlorids. Der weitere Verlauf der Zersetzung ist kompliziert. Die Doppelbindungen können benachbarte Chloratome aktivieren, es können unter der Einwirkung von Sauerstoff Carbonylgruppen entstehen, die ebenfalls aktivierend wirken können. Die Zersetzung verläuft also autokatalytisch, wenn die HCl-Bildung einmal eingesetzt hat.

e) Stabilisatoren

Zur Verhinderung der Verfärbung des Polyvinylchlorids verwendete Stabilisatoren werden also Salzsäurebinder oder Reduktionsmittel bzw. beides sein.

Als älteste und wegen ihrer Wirksamkeit noch immer verwendete Stabilisatoren sind Soda, Natriumphosphat und Manganoxidhydrat zu nennen. Seifen der Äthylhexansäure (Octoate), der Stearin-, Palmitin-, Laurin- und Rizinolsäure, d.h. ihre Lithium-, Calcium-, Barium-, Zink- und Cadmiumverbindungen wirken als Salzsäurefänger; sie haben gleichzeitig aber auch Gleitmittel-Wirkung. Stabilisatoren mit aktivem Wasserstoff sind Diphenylthioharnstoff, Phenylindol, ein- und mehrwertige Alkohole. Stabilisatoren sind weiter Alkarylphosphite, wie Tris-(nonylphenyl)phosphit, Epoxydverbindungen, Aminocrotonsäureester, organische Zinnverbindungen wie Di-n-oktylzinnverbindungen der Laurin-, Maleinsäure, Thioglykolsäureester sowie Butyltiostannonsäure und substituierte Phenole.

Bei den Zinnstabilisatoren ist die Einschränkung zu beachten, daß sie nicht zusammen mit Gleitmitteln der Position 4, $q - w$ der Empfehlung II E verwendet werden dürfen, wenn der Gehalt an diesen Gleitmitteln 1,5 % übersteigt. Es sind dies flüssige, ölige und lipoidlösliche Stoffe, welche die Herauslösbarkeit der Zinnstabilisatoren begünstigen können (Gleitschienenwirkung). Es ist das auch der Grund für das Verbot der Zinnstabilisatoren in weichgemachtem Polyvinylchlorid (I F, 3c).

Zu beachten ist weiter, daß entweder nur Butylthiostannonsäure oder die anderen Organozinnverbindungen verwendet werden sollen. Eine Erhöhung des Zinnstabilisatorengehaltes von 1,5 % der genannten Dioctylzinnverbindung durch zusätzliche Verwendung von Butylthiostannonsäure sieht die Empfehlung II E also nicht vor.

Für besondere Zwecke (Wasserleitungsrohre) verwendet man basische Bleisalze der Schwefelsäure, Phosphorsäure und der phosphorigen Säure sowie Bleistearat. Eine allgemeine Verwendung der Bleisalze ist schon wegen der möglichen Verfärbung durch Bleisulfid nicht angezeigt (II E, 4).

f) Gleitmittel

Zur Erleichterung der Weiterverarbeitung des Polyvinylchlorids, Verringerung der inneren Reibung der Makromoleküle und den dadurch verursachten Kettenabbau sowie schließlich zur Verringerung der Haftung an den Verarbeitungsmaschinen, um also Produkte mit glatter, glänzender Oberfläche zu erhalten, setzt man besonders dem nicht weichgemachten Polyvinylchlorid Gleitmittel zu. Als Gleitmittel können teils die auch als Stabilisatoren verwendeten Seifen wirken. Weitere Gleitmittel sind Wachse wie Bisstearoyl-äthylendiamin, Ester der Montansäuren mit Glykol oder 1,3-Butandiol. Ähnlich wirken Fette, Ester höherer Fettsäuren, gehärtetes Spermöl, Polyäthylen, Paraffinöl und Siliconöl (II E, 4).

g) Mischpolymerisate

Durch Mischpolymerisation von Vinylchlorid mit anderen Monomeren werden Polymerisate mit großer Elastizität, erhöhter Kältefestigkeit und Schlagfestigkeit oder Löslichkeit erhalten. Man spricht daher auch von innerer Weichmachung. Die Struktur derartiger Mischpolymerisate soll durch das Beispiel Polyvinylchlorid – Vinylacetat verdeutlicht werden. Vinylacetat ist der Essigsäureester des frei nicht beständigen Vinylalkohols, der Enolform des Acetaldehyds $CH_2 = CHOH$. Man stellt den Ester her durch Vinylierung, d.h. Anlagerung von Acetylen an Essigsäure

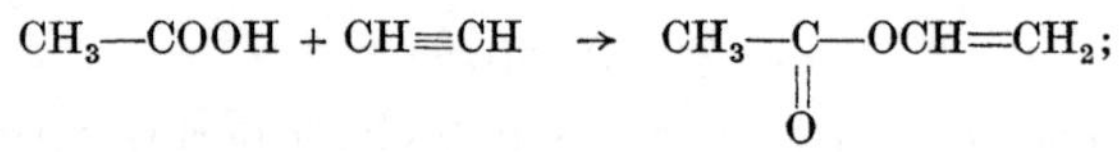

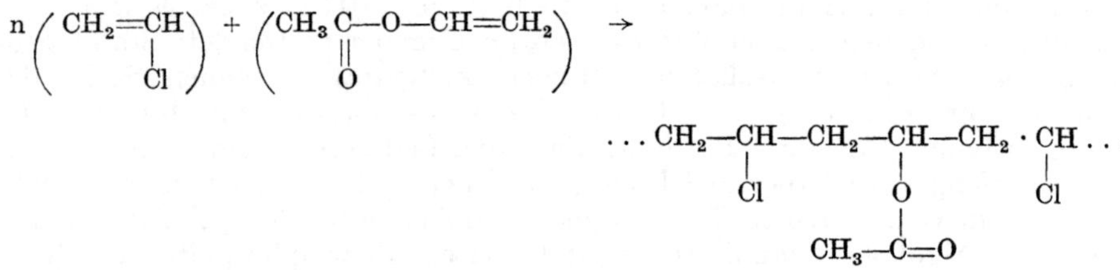

Monomere für die Mischpolymerisation sind Vinylidenchlorid, Vinylester, Acrylsäure-, Methacrylsäure-, Maleinsäure- und Fumarsäureester sowie Vinyläther; weiterhin ungesättigte Säuren wie Maleinsäure, Fumarsäure, Acrylsäure und Methacrylsäure, durch welche freie Carboxylgruppen in die Seitenketten eingeführt werden. Hierdurch kann die Wasserlöslichkeit der Produkte erhöht werden. Der Gehalt an solchen Monomeren kann hierdurch eine Mengenbeschränkung notwendig machen (II E, 1a–g).

h) Mischungen

Von den Mischpolymerisaten zu unterscheiden sind die Mischungen von Polyvinylchlorid-Homopolymerisat oder auch Mischpolymerisat mit anderen Polymeren. Von Mischungen mit anderen Polymerisaten, die zur Modifizierung der Eigenschaften des Polyvinylchlorids hergestellt werden, sollen hier aus der großen Reihe der Möglichkeiten nur die mit Elastomeren genannt werden. Empfehlung II E zieht unter Nr. 2 *a* – *g* weitere Mischungskomponenten an.

i) Beständigkeit

Die Beständigkeit gegen den Angriff von Chemikalien auf die im Handel befindlichen Polyvinylchlorid-Polymerisate ist naturgemäß abhängig davon, ob Homo- oder Copolymerisate oder Mischungen von Polymerisaten vorliegen. Es muß daher auf die Firmenschriften und Prospekte der Hersteller verwiesen werden. Allgemein kann jedoch gesagt werden, daß Polyvinylchlorid-Polymerisate, die keine Weichmacher enthalten, beständig sind gegen Wasser und wäßrige Säuren, Laugen und Salzlösungen, ebenso wie gegen Öle und Fette. Die Beständigkeit gegen Alkohole ist konzentrations- und temperaturabhängig. Citronensäure und Weinsäure, verd. Essigsäure greifen ebenfalls nicht an. Dagegen quellen verschiedene Lösungsmittel vor allem bei höherer Temperatur Polyvinylchlorid an. Es ist löslich in Tetrahydrofuran.

Polyvinylchlorid-Homopolymerisat färbt sich beim Erhitzen mit Monochloressigsäure blau, mit Dichloressigsäure rotviolett. Man erhitzt eine kleine Probe des Polymerisats mit einigen g der Chloressigsäuren.

Einige mg Substanz in einer Probe Pyridin 1 Min. zum Sieden erhitzt und dann mit 1 ml 2%iger alkoholischer Natronlauge versetzt, färbt sich braun bis schwarz (Wechslersche Farbreaktion). Die Reaktion beruht auf der Abspaltung von Salzsäure und der Bildung von Polyenen. Die Färbung tritt mit Polyvinylchlorid nur nach genügend lang dauerndem Erhitzen auf. Hierdurch kann PVC von Polyvinylidenchlorid, nachchloriertem PVC und Chlorkautschuk unterschieden werden.

Nachchloriertes PVC ergibt mit Mono- und Dichloressigsäure keine Färbung. Kocht man eine Probe nachchloriertes PVC mit Pyridin oder läßt einige Min. bei Zimmertemperatur mit Pyridin stehen, so entsteht nach Zugabe von alkoholischer Natronlauge ein gelber bis gelbroter Niederschlag, der sich rasch dunkelbraun verfärbt.

5. Polyvinylidenchlorid (PVDC)

(Vgl. Empfehlung XXXIV B)

Vinylidenchlorid $CH_2{=}CCl_2$ kann hergestellt werden durch Chlorierung von Äthylen zu Trichloräthan und nachfolgender Salzsäureabspaltung:

$$CH_2{=}CH_2 \rightarrow CH_2Cl{-}CHCl_2 \rightarrow CH_2{=}CCl_2 + HCl$$

oder durch Chlorierung von Vinylchlorid und nachfolgender Salzsäureabspaltung.

Polyvinylidenchlorid-Homopolymerisat hat als Thermoplast keine technische Bedeutung erlangt, da es sich bei 180° C unter starker Salzsäureabspaltung und Verfärbung zersetzt, eine Weiterverarbeitung in der Wärme also nicht möglich ist. Dagegen wird es als Mischpolymerisat zur Herstellung von Folien verwendet. Als Mischpolymerisate sind die Produkte innerlich weichgemacht und ergeben geschmeidige Folien, die sich durch hohe Wasserdampf- und Gasundurchlässigkeit und Abriebfestigkeit auszeichnen.

Mischungskomponenten für die Mischpolymerisation sind Vinylchlorid, Acrylnitril, Ester ungesättigter Carbonsäuren, deren Amide und Methylolamide, Styrol und Vinylsulfonsäure (XXXIV B, 1).

Die Mischpolymerisation wird durchgeführt in Suspensions- und Emulsionsverfahren, die bei Polyvinylchlorid beschrieben sind. Man verwendet die gleichen radikalbildenden Katalysatoren, Emulgiermittel und Schutzkolloide wie bei der Herstellung von Polyvinylchlorid. Weitere Erläuterungen der Empfehlung XXXIV B siehe unter Abschnitt Empfehlungen.

Da Polyvinylidenchlorid und seine Copolymerisate schon bei Zimmertemperatur die Wechslersche Reaktion mit Pyridin geben, kann die Reaktion direkt auf der Oberfläche der Gegenstände vorgenommen werden (siehe Polyvinylchlorid). Man erhält eine dunkelbraune bis schwarze Färbung.

Zur Unterscheidung des Polyvinylidenchlorids von Polyvinylchlorid kann man den Nachweis mit Morpholin heranziehen. Einige mg Substanz werden in ca. 5 ml Cyclohexanon heiß gelöst, man fügt 1 ml Morpholin hinzu und erhitzt 3 Min. weiter. Man erhält mit Polyvinylidenchlorid eine dunkelbraune, sich schnell vertiefende Färbung. PVC ergibt hierbei keine Färbung, nachchloriertes PVC und Chlorkautschuk nur eine schwach braune Färbung.

6. Polytetrafluoräthylen (PTFE)

(Eine Empfehlung liegt nicht vor)

Von der Gruppe der fluorhaltigen Polymeren sei hier das Polytetrafluoräthylen genannt, ein Polymeres des Tetrafluoräthylens $CF_2 = CF_2$.

Tetrafluoräthylen polymerisiert in Gegenwart von Sauerstoff außerordentlich leicht. Man polymerisiert nach dem Emulsions- und Suspensionsverfahren. Katalysatoren sind Persulfate wie Ammoniumperoxysulfat. Puffersubstanzen sind z.B. Natriumphosphat oder Ammoniak. Emulgatoren sind perfluorierte Produkte, z.B. Ammoniumperfluoroctoat. Im Suspensionsverfahren fällt das Polymerisat als weißes körniges Pulver an, das abgeschleudert wird. Die Emulsionen bricht man durch Zugabe von Elektrolyten. Die Polymerisate haben ein mittleres Mol.-Gew. von 500000 und höher.

Von der Verwendung des Polytetrafluoräthylens für Bedarfsgegenstände interessieren hier die damit hergestellten Metallüberzüge. Auf Metalloberflächen z.B. von Bratpfannen, die durch Anätzen mit Säuren oder chromhaltigen Ätzmitteln (wash primer) vorbereitet werden, bringt man Dispersionen des Polymerisates auf und erzeugt durch Sintern einen porenfreien Überzug. Die gut haftenden Überzüge verleihen Schutz gegen Korrosion, sind beständig gegen Angriffe von Chemikalien, gut gleitend und verhindern das Ankleben (Braten ohne Fett). Bei nicht sachgemäßer Handhabung – Überhitzung – können gesundheitsschädigende Zersetzungsprodukte entstehen. Durch zerkratzte Oberflächen können „wash primer" Chrom abgeben. Das Bundesgesundheitsamt hat sich in diesem Sinne geäußert, jedoch keine Empfehlung gegeben.

7. Polyvinyläther

(Vgl. Empfehlung XVI)

Vinyläther sind Äther der hypothetischen, frei nicht existierenden Enolform des Acetaldehyds der allgemeinen Formel $CH_2 = CH\,OR$. Die als Enoläther sehr reaktionsfreudigen Stoffe werden durch Reaktion von Acetylen mit den entsprechenden Alkoholen in Gegenwart von Alkalialkoholaten hergestellt (Vinylierung). Methyl-, Äthyl-, Isobutyläther und Äther höherer Alkohole werden als Monomere verwendet (XVI, 1).

Die Polymerisation, Substanz- oder Lösungspolymerisation, wird in Gegenwart von Friedel-Crafts-Katalysatoren, also z.B. Bortrifluorid, Zinntetrachlorid oder ähnlichen durchgeführt. (Gemäß Empfehlung XVI, 1 nur Bortrifluorid.) Bei der kontinuierlichen Polymerisation bei tiefer Temperatur (ca. – 55° C) läßt man auf einem Band mit Bortrifluorid versetztes Propan auf z. B. Vinyl-isobutyläther treffen. Die Polymerisation ist nach wenigen Sekunden beendet, wobei das verdampfende Propan als Kühlmittel wirkt.

Durch Ausgasen und Kneten mit Wasser kann der Katalysator entfernt werden (XVI, 3).

Als Polymerisationsregler und Stabilisator verwendet man Di(2-hydroxy-5-tert.butylphenyl)sulfid (XVI, 4).

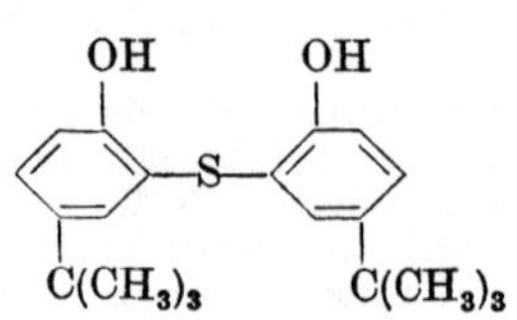

Eigenschaften

Die Polymerisate sind je nach Art der Monomeren Weichharze, hochviscose Öle oder kautschukähnliche, jedoch nicht vulkanisierbare, gegen Sauerstoff und Ozon beständige Produkte, die in organischen Lösungsmitteln löslich sind. Gegen Säuren, Laugen und Salze sind sie beständig. Wegen ihrer guten Klebeeigenschaften werden sie für Kleber, z. B. als wäßrige Dispersion, in der Klebetechnik verwendet.

Polyvinylmethyläther ergibt beim Erhitzen mit Monochloressigsäure eine grüne, der Äthyläther eine bläulichgrüne, ebenso der Isopropyläther eine bläulichgrüne Färbung.

Durch Salpetersäure oder Kaliumpermanganat werden die Polyvinyläther zu Oxalsäure oxydiert.

Durch Spaltung mit Jodwasserstoff nach ZEISEL können die Ätherseitenketten in die entsprechenden Alkyljodide übergeführt werden, die durch Reaktion mit dem Silbersalz der 3,5-Dinitrobenzoesäure in wäßriger Aufschlämmung in die entsprechenden Ester übergeführt und durch ihren Schmelzpunkt charakterisiert werden können.

8. Polyacrylsäure- und Polymethacrylsäureester

(Vgl. Empfehlungen XXII und XXIII)

Acrylsäureester $CH_2 = CH—COOR$ und Methacrylsäureester $CH_2 = C(CH_3)—COOR$ sind wegen der Polarisation, welche die Doppelbindung durch die benachbarte Carbonylgruppe erfährt, leicht polymerisierbar zu Linearpolymeren folgender Struktur

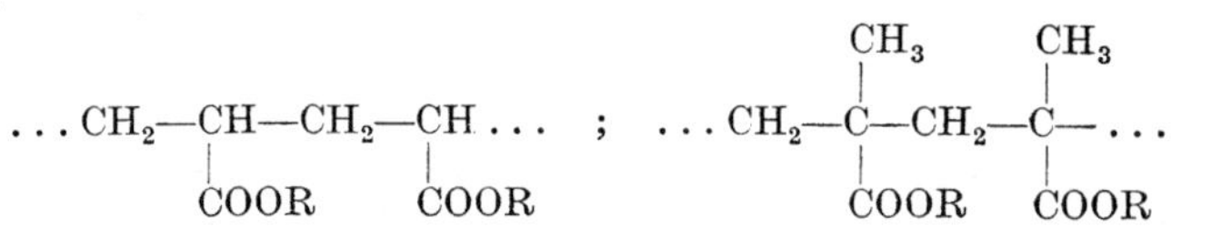

Polyacrylsäureester ; Polymethacrylsäureester

Polymerisiert wird nach dem Substanzpolymerisationsverfahren (auf welches sich Empfehlung XXII bezieht) sowie nach dem Emulsionsverfahren (XXIII).

Unter den Homopolymerisaten ist der Polymethacrylsäureester (Acrylglas) besonders bemerkenswert. Die Polymerisation muß zur Erlangung spannungsfreier Produkte unter sehr langsamer Abführung der Reaktionswärme durchgeführt werden. Das Polymerisat ist für Sonnenlicht weitgehend durchlässig. Durch Auswahl geeigneter Ausgangsmonomere und durch Mischung von Monomeren können wie immer bei der Mischpolymerisation härtere oder auch innerlich weichgemachte Polymerisate gewonnen werden (XXII, 1 und XXIII, 1). Die Verwendung von Weichmachern ist daher nur in beschränktem Maße notwendig.

Unter den üblichen Weichmachern wie Phthalsäuredibutylester, Trikresylphosphat oder Ricinusöl soll nur Phthalsäuredibutylester in Mengen bis zu 3 % für Bedarfsgegenstände im Sinne des Lebensmittelgesetzes verwendet werden (XXII,2).

Polymerisationskatalysatoren sind bei allen Polymerisationsverfahren Peroxide und Azodiisobuttersäurenitril (XXII, 3 und XXIII, 3a).

Die Limitierung des Gehaltes an flüchtigen organischen Bestandteilen (XXII, 5) bezieht sich auf eventuelle Reste von monomerem Styrol, Methylstyrol und Acrylnitril in Mischpolymerisaten. Über ihre Bestimmung sowie über den Nachweis von Peroxidresten siehe Analytik der Kunststoffe.

Die Emulsionspolymerisation, die technisch nicht so große Schwierigkeiten z. B. der Wärmeabführung bietet, wird in wäßrigen Lösungen mit Emulgatoren durchgeführt, denen man Schutzkolloide zusetzen kann, um ein Brechen der Emulsion zu verhindern (XXII, 3b).

Homopolymerisate mit normalen Alkoholen sind klebrige, elastische bis paraffinähnliche Produkte. Mit der Verzweigung der Alkohole nimmt die Härte des Polymerisates zu.

Alkohole mit reaktionsfähigen Gruppen können mit bifunktionellen Stoffen oder durch Reaktion mit Gruppen benachbarter Ketten eine Vernetzung herbeiführen.

Durch Mischpolymerisation mit Styrol, dem Amid oder Nitrile, der Acrylsäure oder durch Zumischen von Polymethacrylsäure-methyl- oder -äthylester kann man härtere Filme erzielen. Butadien als Polybutadienemulsion zugegeben, erhöht die Elastizität der Filme (XXIII, 1). Man kann durch Mischpolymerisation oder durch Mischung von Polymerisaten Filme der gewünschten Weichheit ohne Zugabe oder mit nur geringem Zusatz von Weichmachern erzielen.

Bei der Weiterverarbeitung werden Gleit- und Formtrennmittel zum Vermeiden des Klebens der Folien aneinander (Blocken) oder an den Formen verwendet. Es sind dies die üblichen Hilfsmittel Calcium- und Zinkstearat, Butyl- und Octadecylstearat, Paraffin, Knochenöl, Siliconöl (XXIII, 4).

Die Emulsionen können durch Elektrolyte gebrochen und das Polymerisat auf Träger ausgefällt werden (XXIII, 3c), wobei die wäßrige Phase, das Serum, abfließt.

Bei der Substanzpolymerisation des Methacrylsäuremethylesters werden Produkte mit sehr hohem Molekulargewicht gewonnen. Das Mol.-Gew. kann bis zu 3 Millionen betragen. Diese an sich erwünschte Kettenlänge kann andererseits bei der Herstellung von Produkten mit gewünschten Eigenschaften stören. Man verwendet zur Einstellung auf optimale Mol.-Gew. Polymerisationsregler, z.B. Dodecylmercaptan.

Dispersionen der Acryl- und Methacrylsäureester werden als Klebstoffe und Beschichtungen, als Zumischungen zu Latices, die Lösungen als Lacke verwendet. Die Harze lassen sich durch Wärmeverformung, spanabhebende Bearbeitung, Kleben und Verschweißen zu Bedarfsgegenständen verarbeiten. Die Harze sind im allgemeinen beständig gegen verdünnte Säuren und Laugen und niedere Alkohole. Aromatische und chlorierte Kohlenwasserstoffe quellen sie an und lösen. Bei der Variabilität der Herstellungsverfahren können allgemein gültige Aussagen über die Eigenschaften der Filme aus Dispersionen, z.B. über Ölverträglichkeit, nicht gemacht werden.

Polyacrylsäureester lassen sich von Polymethacrylsäureestern durch ihr Verhalten bei der Pyrolyse unterscheiden. Die meisten Polymethacrylate zerfallen bei der Pyrolyse in die Monomeren, während die Acrylate Gemische von Monomeren mit Zersetzungsprodukten bilden. Die Pyrolyseprodukte der Polyacrylate sind gelblich-bräunlich gefärbt und reagieren sauer.

Polyacrylsäureester lassen sich durch längeres Kochen mit wäßriger oder alkoholischer Kalilauge verseifen, während die Polymethacrylester dieser Verseifung widerstehen. Mit geschmolzenem Alkali werden sie teilweise, leichter mit konz. Schwefelsäure bei 30—40° C gespalten. Außerdem kann man eine Verseifung mit 0,5% alkoholischer Kalilauge erreichen.

9. Mischpolymerisate aus Äthylen, Vinylestern und ungesättigten aliphatischen Säuren, deren Salzen und deren Estern

(Vgl. Empfehlung XXXV A)

Durch Mischpolymerisation von Äthylen mit Estern ungesättigter Carbonsäuren, wie Fumarsäure, Acrylsäure u.a.m., oder mit Estern aus Vinylalkohol und gesättigten Carbonsäuren, schließlich mit freien ungesättigten Carbonsäuren

(XXXV A) lassen sich Linearpolymere herstellen, die längs der hochpolymeren Kette Carboxylgruppen oder veresterte Carboxylgruppen als Verzweigungen besitzen.

Durch Variation der Mengenverhältnisse von Äthylen und den für die Mischpolymerisation vorgesehenen Monomeren ist eine große Variationsbreite der Eigenschaften der Endprodukte gegeben.

Die Carboxylgruppen vermögen Salze zu bilden, weshalb man derartige Polymere als Jonomere bezeichnet. Die Salzbildung erhöht die Ölresistenz der Produkte. Zur Salzbildung verwendet man Natrium-, Kalium-, Ammoniumhydroxid sowie Magnesium-, Calcium- und Zinkoxid. Die Salze sind Thermoplaste und können als solche in der Wärme wiederholt verformt werden. Sie sind also keine echt vernetzten Polymere, wie man bei der Salzbildung mit Basen, die mit zwei Carboxylgruppen reagieren, annehmen könnte.

Dagegen kann eine echte Vernetzung der Polymerisate mit Hilfe von peroxidischen Vernetzungshilfsmitteln wie Di-tert.butylperoxid, 2,5-Bis-(tert.butylperoxy-)2,5-dimethylhexan und mit dem, vermöge seiner drei Doppelbindungen in den Seitenketten, trifunktionellen Triallylcyanurat erhalten werden.

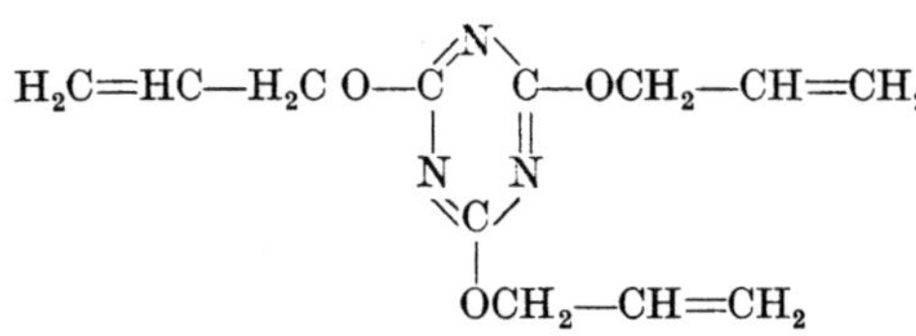

Triallylcyanurat

Durch die Einwirkung der Peroxide wird der Polymerkette Wasserstoff entzogen, wodurch Doppelbindungen entstehen, die miteinander oder mit den Doppelbindungen des Cyanurats reagieren und zu einer Vernetzung führen. Das Triallylcyanurat muß vollständig in das Polymerisat eingebaut werden und darf im Extrakt nicht mehr nachweisbar sein (XXXV A, Fußnote 7).

Die vernetzten Polymerisate zeichnen sich durch Ozon-, Sauerstoff-, Wetter- und Lichtbeständigkeit aus. Produkte mit geringem Gehalt an Vinylacetat sind bei Raumtemperatur relativ hart; mit steigendem Vinylacetatgehalt werden die Produkte weicher und ölbeständiger. Durch Verschnitt mit anderen Polymeren (XXXV, 5) verleihen sie diesen Ozonbeständigkeit.

Produkte bis zu 30% Vinylacetatgehalt können auf den in der Kunststoffverarbeitung üblichen Maschinen verarbeitet werden. Kautschukartige Typen, das heißt also Produkte mit höherem Vinylacetatgehalt werden wie andere Kautschuktypen verarbeitet.

Man polymerisiert in Lösung, in Dispersion und in Substanz. Die Emulgatoren (XXXV, 1d), und Schutzkolloide (XXXV, 1e) sind Alkyl- und Alkarylsulfonate und Alkaryloxäthylate sowie Methyl- und Hydroxyäthylcellulose und Polyvinylalkohol. Als Katalysatoren verwendet man wasserlösliche oder in organischen Lösungsmitteln lösliche Peroxide und die bei Polyäthylen schon genannten Verbindungen des Calciums, Aluminiums und Titans. Chromverbindungen werden nicht verwendet.

Die Alterungsschutzmittel sind die üblichen substituierten Phenole und Thioverbindungen; der Gehalt an diesen Verbindungen wird von der Empfehlung auf 1% begrenzt. Die Alterungsschutzmittel können auch in Mischung miteinander verwendet werden, wobei der Gehalt einiger Mischungskomponenten in der Mischung wieder limitiert ist (XXXV A, 2d).

Zu den Gleitmitteln siehe Abschnitt „Empfehlungen".

Aus den Vorschriften über die Extrahierbarkeit von Äthylenmischpolymerisaten (XXXV A, 3) geht hervor, daß vernetzte Polymerisate nur 2 % mit n-Pentan extrahierbare Bestandteile enthalten dürfen. Darüber hinaus dürfen alle Mischpolymerisate – also auch die unvernetzten – nicht mehr als 2 % in n-Pentan lösliche Bestandteile enthalten, wenn sie mit fettabgebenden Lebensmitteln wie Speck, fetter Wurst, fettem Käse und dergl. oder mit Fetten und Ölen in Kontakt kommen. Gefriergeflügel z.B., das durch eine Eisschicht von der Verpackungsfolie getrennt ist und folglich nicht in direkten Kontakt mit der Folie kommt, fällt also nicht unter diese fettabgebenden Lebensmittel.

Aus der Vorschrift, daß mit verd. 3 %iger Essigsäure nur 1 % organische Bestandteile extrahierbar sein dürfen und daß nicht der gesamte essigsaure Extrakt angegeben wird, wird deutlich, daß die Verwendung von Füllstoffen wie z.B. Calciumcarbonat nicht ausgeschlossen wird.

Ein schwacher Geruch nach Essigsäure ist technisch gelegentlich unvermeidbar (§ 4b, 5 des Lebensmittelgesetzes) und daher nicht unbedingt verboten.

Man verwendet Äthylen-Mischpolymerisate der Empfehlung XXXV A für Folien, wobei sie sich besonders für Schrumpffolien gut eignen, für Getränkeschläuche, Flaschenverschlüsse u.ä.

Die Mischpolymerisate können mit Paraffinen, mikrokristallinen Wachsen, mit weichmacherfreiem Polyvinylchlorid und seinen Mischpolymerisaten und Mischungen, mit Polyäthylen und mit Natur- und Synthesekautschuk verschnitten werden. Bei derartigen Mischungen hat jede Mischungskomponente ihrer jeweiligen Empfehlung zu entsprechen. Die vorgenannten zulässigen Extrakte gelten also nicht für Verschnitte, sondern nur für das reine Äthylenmischpolymerisat aus Äthylen, Vinylestern und ungesättigten aliphatischen Säuren, deren Salzen und Estern.

10. Polystyrol (PS)

Polystrol-Homopolymerisate

(Vgl. Empfehlung VC)

Polystyrol-Misch- und Pfropfpolymerisate und Mischungen von Polystyrol mit Polymerisaten

(Vgl. Empfehlung VI E)

Monostyrol (Vinylbenzol), CH=CH_2, eine Flüssigkeit von eigenartigem Geruch (der auch als an Hyazinthen erinnernd bezeichnet wird), polymerisiert in der Wärme zu langkettigen, linearen unvernetzten Polymeren.

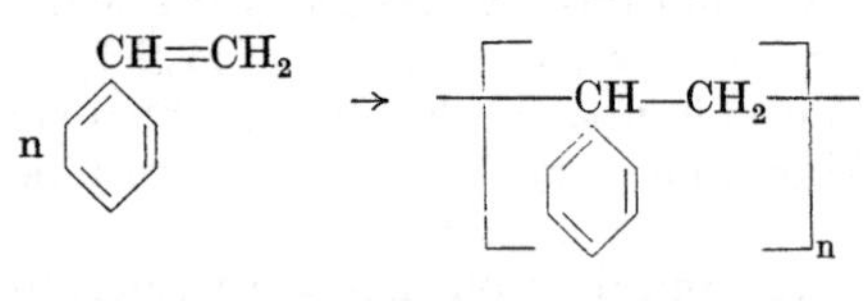

Man polymerisiert bei der Substanzpolymerisation z.B. bis zu einem Vorpolymerisat, trennt durch Destillation das verbliebene monomere Styrol ab und führt die Polymerisation zu Ende. Verbleibende Reste von monomeren und niedrigmolekularen Anteilen können im Vakuum bei der Weiterverarbeitung abdestilliert werden.

Bei der Polymerisation in wäßriger Suspension verwendet man wie üblich Suspensionsmittel und Emulgatoren (V C, 3 b und VI E, 3 b). Hierbei kann Bariumsulfat zur Kristallisationskeimbildung dienen (V C, 3 b). Verteilt man Styrol zu Tropfen und polymerisiert (Perlpolymerisation), so erhält man das Polymerisat in Form von Perlen.

Polymerisationskatalysatoren sind Radikalbildner wie z.B. Azodiisobuttersäurenitril, organische oder anorganische Peroxide. Das reduzierende Natriumpyrosulfit dient als Aktivator. Werden Regler wie Dodecylmercaptan oder Poly-p-diisopropylbenzol verwendet, müssen diese in das Polymerisat fest eingebaut werden und dürfen nicht mehr herauslösbar sein.

Hilfsmittel, die in Empfehlung V C aufgeführt sind, aber in Empfehlung VI E nicht erscheinen, sind der UV-Stabilisator 2-(2′-Hydroxy-5′-methylphenyl)-benztriazol und das Gleitmittel Di-(2-äthyl-hexyl-)phthalat (das als monomerer Weichmacher für PVC bekannt ist, in Polystyrol-Homopolymerisat aber keine weichmachende Wirkung entfalten kann.)

Neben dem bis 0,3 % zugelassenen Gehalt an flüchtigen Bestandteilen im Homopolymerisat dürfen in geschäumtem Polystyrol zusätzlich noch Reste des Treibmittels, leicht siedende Kohlenwasserstoffe, enthalten sein. Eine Begrenzung des Gehaltes an diesen gesundheitlich unbedenklichen Treibmitteln in geschäumtem Polystyrol ergibt sich aus der Forderung, daß Lebensmittel geruchlich und geschmacklich nicht beeinträchtigt werden dürfen.

Hexabromcyclododecan wird als Flammschutzmittel für geschäumtes Polystyrol verwendet. Der Gehalt an diesem bromierten Cyclododecan wird in g pro Raumeinheit angegeben (1 g/1000 ml). Da Bedarfsgegenstände aus geschäumtem Polystyrol ein geringes spez. Gewicht aufweisen, pro Raumeinheit also wesentlich weniger Kunststoff verwendet wird als bei festen Kunststoffen, bietet sich die Beziehung auf die Raumeinheit sinngemäß an. Bei Kontakt mit fetten Lebensmitteln ist der Übergang des Flammschutzmittels in das Lebensmittel zu prüfen. Es darf bei 14tägigem Kontakt des Bedarfsgegenstandes mit Kokosbutter (Oleum Cocos DAB Erg.-B 6) bei Raumtemperatur kein Brom in dem Fett nachweisbar sein (Nachweisgrenze 1 mg/kg).

Styrol-Homopolymerisat ist glasklar und glänzend, jedoch ist für viele Anwendungszwecke eine bessere mechanische Festigkeit, Zähigkeit, Schlag- und Biegefestigkeit sowie Wärmeformbeständigkeit erforderlich, als sie das Homopolymerisat aufweist.

Man kann die Eigenschaft des Polystyrols durch Misch- und Pfropfpolymerisation sowie durch Mischung von Polymerisaten mit Elastomeren modifizieren.

Mischpolymerisation

Die Mischpolymerisation von Styrol und Butadien ergibt kautschukartige, plastische und gut verformbare Produkte. Unter der Einwirkung radikalbildender Katalysatoren kann durch Aufpfropfung von natürlichem oder synthetischem Kautschuk unter Nutzung der Doppelbindungen des Kautschuks ein schlagfestes, zähes Produkt gewonnen werden; eine Vernetzung kann durch das bifunktionelle Divinylbenzol $CH_2 = CH$-  -$CH = CH_2$ herbeigeführt werden. Die Vorteile der Alterungsbeständigkeit von Styrol-Acrylnitril-Mischpolymerisation zusammen mit der hohen Schlagfestigkeit der mit Butadien hergestellten Mischpolymerisate vereinigt man in Acrylnitril-Butadien-Styrol-Mischpolymerisaten (ABS-Polymerisate). Die Butadienkomponente kann ersetzt werden durch Ester der Acrylsäure oder

Methacrylsäure (z.B. der Butyl-, Cyclohexyl-, Dodecylalkohole). Bifunktionelle Ester (von Butandiol) können vernetzen.

α Methylstyrol 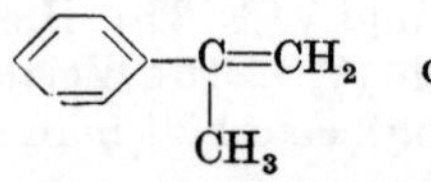 oder Vinyltoluol 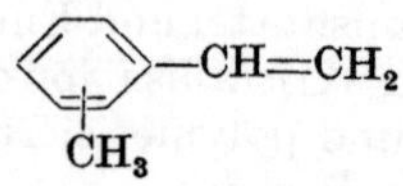

erhöhen die Wärmeformbeständigkeit der Produkte.

Der Gehalt an flüchtigen organischen Bestandteilen soll 0,5% der Fertigerzeugnisse nicht übersteigen. Acrylnitril darf in den flüchtigen Bestandteilen nicht nachweisbar sein.

Die Beständigkeit der Styrol-Polymerisate gegen den Angriff lösender Agentien hängt naturgemäß von ihrer Zusammensetzung ab. Allgemein kann gesagt werden, daß sie gegen Wasser, verdünnte Säuren und Alkalien, tierische und pflanzliche Fette und Öle beständig sind. Die Beständigkeit gegen Alkohole ist zu prüfen. Ketone, Ester und Äther können lösen.

Von den mannigfachen Bedarfsgegenständen aus Styrol-Polymerisaten seien genannt: Geschirr und Bestecke, Campingartikel, Teile von Küchenmaschinen, Innenauskleidung von Kühlschränken, Dosen, Flaschen, Tuben, Verschlüsse; aus geschäumten Polystyrol Obststeigen, Trinkbecher, Fischkästen.

Polystyrol-Homo- und Copolymerisate bilden bei der Pyrolyse Styrol neben Styrololigomeren. Styrol ist erkennbar an seinem charakteristischen Geruch. Man kann die Pyrolysedämpfe in einem das Reagensglas abschließenden Glaswollestopfen auffangen. Man extrahiert den Stopfen anschließend mit Äther, versetzt den ätherischen Auszug tropfenweise bis zur bleibenden Braunfärbung mit einer ätherischen Bromlösung, verdampft auf einem Uhrglas zur Trockene und erhält als Rückstand Kristalle von Dibromstyrol (Fp 74° C).

Beim Erwärmen von fein verteiltem Polystyrol mit Chromschwefelsäure wird das Polymerisat zu Benzoesäure oxydiert, die mit Wasserdampf abgetrieben und in üblicher Weise charakterisiert werden kann.

11. Polyamide (PA)

(Vgl. Empfehlung X B)

Polyamide werden durch Kondensation von Dicarbonsäuren mit Diaminen oder durch Kondensation von ω-Aminocarbonsäuren bzw. deren Lactamen hergestellt.

a) Dicarbonsäuren, z.B. Adipinsäure, reagieren in der Wärme mit Diaminen, z.B. Hexamethylendiamin, unter Säureamidbildung und Wasserabspaltung zu langkettigen unverzweigten Hochpolymeren.

$$n[\mathrm{HOOC{-}R{-}COOH}] + n\,[\mathrm{H_2N{-}R'{-}NH_2}] \rightarrow$$

$$-\!\!\left[\begin{array}{c}\mathrm{C{-}R{-}C{-}NH{-}R'{-}NH}\\ \|\qquad\ \ \|\qquad\qquad\qquad\\ \mathrm{O}\qquad\ \mathrm{O}\qquad\qquad\qquad\end{array}\right]_n\!\!-$$

Im Falle der Herstellung von Polyamiden aus Adipinsäure und Hexamethylendiamin führt man die Kondensation mit dem vorgebildeten Salz der Adipinsäure mit Hexamethylendiamin (AH-Salz) durch.

$$\mathrm{HOOC\cdot(CH_2)_4\cdot COOH + H_2N(CH_2)_6\,NH_2} \rightarrow$$

$$\mathrm{HOOC\cdot(CH_2)_4COOH\cdot NH_2(CH_2)_6\,NH_2}\ \text{(AH-Salz)}$$

b) Bei der Kondensation der Lactame muß zum Start der Reaktion eine geringe Menge Wasser anwesend sein. Zunächst öffnen sich einige Lactamringe zu ω-Aminocarbonsäuren.

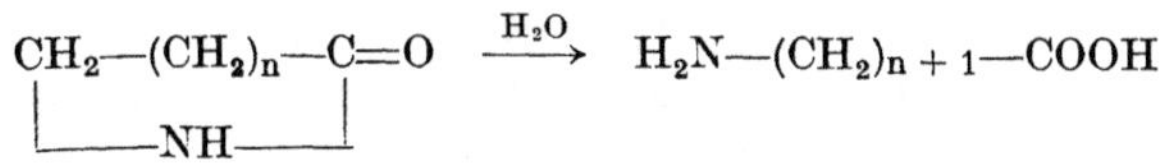

Unter dem katalytischen Einfluß der Carboxylgruppen kondensieren die Lactame zu kettenförmigen Polyamiden.

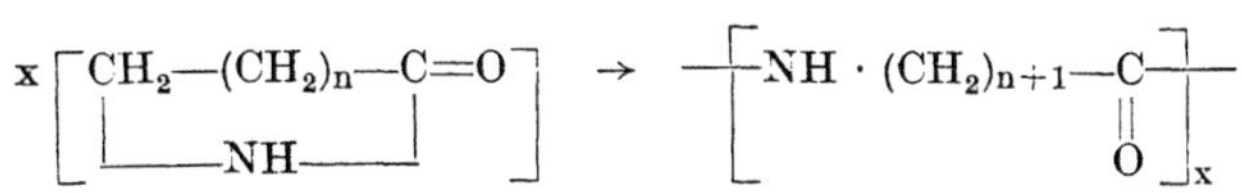

Die Kettenlänge der Polymerisate reguliert man durch Zugabe von Monocarbonsäuren oder von Monoaminen. Man beendigt also das Kettenwachstum, indem man die Carboxyl- bzw. Aminoendgruppen der Ketten in nicht weiter reaktionsfähige Amidgruppen überführt.

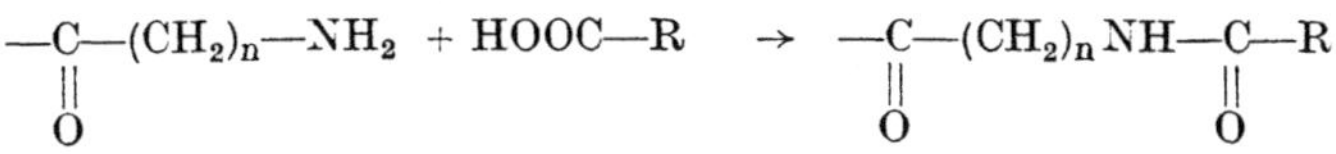

bzw.

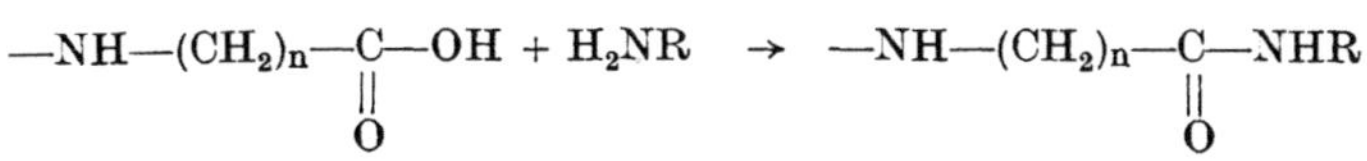

Die Kondensationsreaktionen verlaufen nicht völlig einseitig zu Polykondensaten. Vielmehr enden sie in einem Gleichgewicht zwischen Polymeren und Monomeren; d.h. daß sich immer ein Rest von monomeren Ausgangsstoffen in den Kondensationsprodukten vorfindet. Durch Auskochen mit Wasser können die monomeren Anteile extrahiert werden. Nach längerer Lagerung stellt sich jedoch wieder ein Gleichgewicht ein (X A, 2α und 6).

Man kennzeichnet die Polyamide, die aus Dicarbonsäuren und Diaminen aufgebaut werden, durch zwei Ziffern, welche die Zahl der Kohlenstoffe der Monomeren angeben, wobei die erste Ziffer sich auf das Diamin bezieht (6,6-Polyamid bezeichnet also ein Polyamid aus Hexamethylendiamin und Adipinsäure. 6,10-Polyamid = Polyamid aus Hexamethylendiamin und Sebazinsäure). Aus Lactamen oder Aminocarbonsäuren gewonnene Polyamide werden mit nur einer Ziffer bezeichnet (6-Polyamid ist also ein aus Caprolactam gewonnenes Polyamid).

Übliche Ausgangsstoffe für Polyamide sind von den Lactamen bzw. Aminocarbonsäuren:

Caprolactam 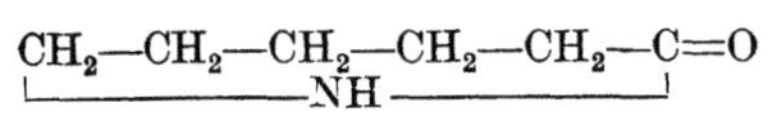

Capryllactam 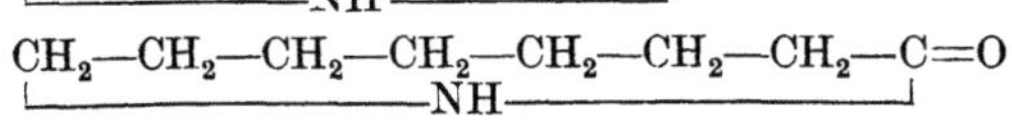

Laurinlactam 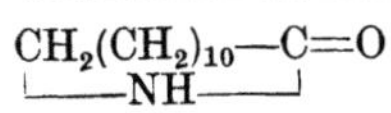

ω-Aminoundekansäure $H_2N \cdot (CH_2)_{10}$—COOH

Diese Aminosäure wird aus Ricinolsäure hergestellt, die man ihrerseits aus Ricinusöl gewinnt. Durch Crackung führt man die Ricinolsäure

$$CH_3 \cdot (CH_2)_5\text{—}CHOH\text{—}CH_2 \cdot CH = CH(CH_2)_7\ COOH$$

in Undecylensäure $CH_2 = CH(CH_2)_8\ COOH$ und Heptaldehyd über. Durch Anlagerung von Brom und anschließende Umsetzung mit Ammoniak führt man die Undecylensäure in die ω-Aminoundecansäure über.

Dicarbonsäuren sind

Adipinsäure	$HOOC\text{—}(CH_2)_4\text{—}COOH$
Sebacinsäure	$HOOC\text{—}(CH_2)_8\text{—}COOH$

und die aromatische Dicarbonsäure Terephthalsäure

Diamine sind

Hexamethylendiamin $H_2N \cdot (CH_2)_6 \cdot NH_2$

4,4′-Diaminodicyclohexylmethan

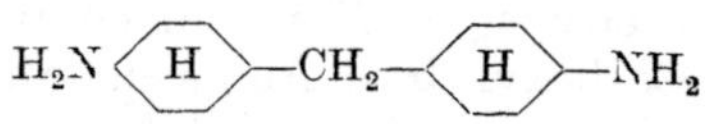

Diamine mit verzweigter Kette sind

1,6-Diamino-2,2,4-trimethylhexan

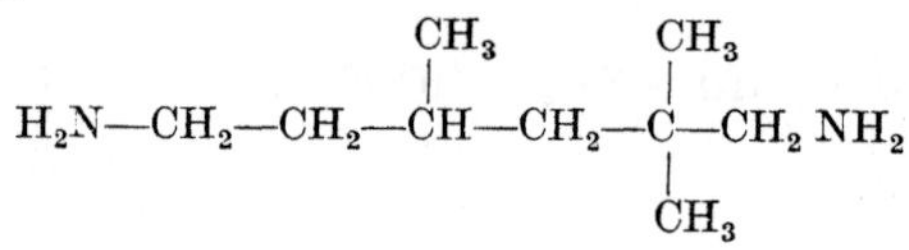

und 1,6-Diamino-2,4,4-trimethylhexan

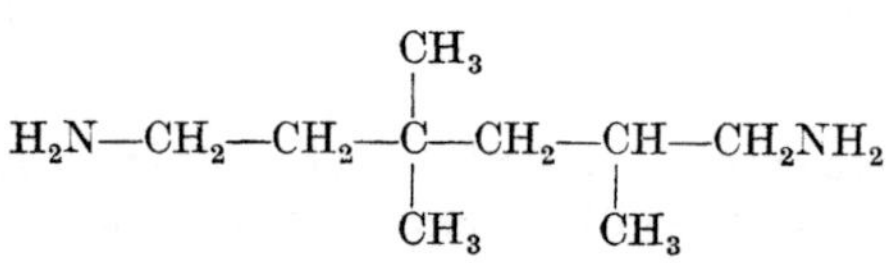

Es werden in der Hauptsache geradkettige unverzweigte Ausgangsstoffe verwendet. Die polymeren Reaktionsprodukte stellen daher auch geradkettige, unverzweigte Gebilde dar, die als partiell kristalline Produkte vorliegen.

Durch Mischen der Ausgangsstoffe kann die Eigenschaft der Polyamide im Hinblick auf Löslichkeit, Klarheit, Breite des thermoplastischen Bereiches und Wasseraufnahme verändert werden.

Polymerisationskatalysatoren sind Säuren (X B 2, b). Daneben ist aber auch eine alkalische Polymerisation bekannt.

Zum Schutz gegen oxydative Schädigung bei höherer Temperatur, die eine Verfärbung bewirken kann, verwendet man als Antioxydantien substituierte Phenole oder Trisnonylphenylphosphit. Vernetzer können bifunktionelle Substanzen oder Radikalbildner sein.

Polyamide sind hornartige, durchscheinende bis glasklare Massen, die sich wegen ihres guten Kristallisationsvermögens kalt recken lassen. Sie sind Produkte von hoher Festigkeit, Zähigkeit, Abriebfestigkeit und geringem spezifischem Gewicht.

Polyamide nehmen Wasser auf. Die Wasseraufnahme bei Lagerung an der Luft beträgt 2–3 %. Völlig wasserfreie Polyamide sind spröde, durch Wasseraufnahme werden sie elastisch, so daß man dem Wasser die Rolle eines Weichmachers zuordnen kann.

Polyamide sind gegen Wasser, wäßrige Lösungen, Öle und Fette beständig. Dagegen werden sie von verdünnten Säuren angegriffen. Alkalien greifen Polyamide auch in der Wärme kaum an. Die mechanische Festigkeit der Polyamide kann durch Glasfasern erhöht werden (X B, 3), die man dem Granulat incorporiert.

Verwendet werden Polyamide u. a. für Küchenmaschinen, Eßgeschirr, Kühlschränke, Flaschen; Lackrohstoffe sind hauptsächlich Mischpolyamide.

Die Mehrzahl der hier beschriebenen Polyamide lösen sich in Ameisensäure, m-Kresol, Methanol-Calciumchloridlösung und in α-Cyanhydrin. Konz. wäßrige Chloralhydratlösung löst Polyamid 6,6 leicht, Polyamid 6 langsam auf. Verd. Chloralhydratlösung löst nur noch Polyamid 6,6 langsam, Polyamid 6 dagegen nicht mehr. Copolyamide sind in Äthylenchlorhydrin, Trichloräthanol und in einer Mischung von 7 Tl. Methylenchlorid und 3 Tl. 80%igem Methanol löslich. Alle Polyamide, ausgenommen Polyamid 6 und Polyamid 6,6, lösen sich in einem Gemisch von 70 Tl. Methylenchlorid, 30 Tl. 80%igem Methanol, 5 Tl. 80%igem Propanol und 20 Tl. Äthylenchlorhydrin.

Eine Charakterisierung der Polyamide läßt sich durch Identifizierung ihrer Abbauprodukte vornehmen: Hexamethylendiamindihydrochlorid Fp. 248° C; ω-Aminocapronsäurehydrochlorid Fp. 112—125° C; Aminoundecansäurehydrochlorid Fp. 145—147° C; Adipinsäure Fp. 151° C; Pimelinsäure Fp. 105° C; Azelainsäure Fp. 106° C; Sebacinsäure Fp. 134° C.

Polyamide auf der Basis Adipinsäure bilden bei der Pyrolyse Cyclopentanon, das sich zu erkennen gibt durch eine Blaufärbung beim Auftreffen auf Filtrierpapier, das mit einer gesättigten Lösung von o-Nitrobenzaldehyd in 2 n-Natronlauge befeuchtet ist.

12. Polyacetale (POM)

(Empfehlung XXXIII)

Zu dieser Gruppe von Kunststoffen gehören die Homo- und Copolymerisate des Formaldehyds.

Durch Polymerisation von Formaldehydgas oder auch von Trioxan, dem Trimeren des Formaldehyds $H_2C\langle{}^{O-CH_2}_{O-CH_2}\rangle O$, werden Formaldehydmoleküle unter Acetalbildung zu linearen, unverzweigten, weitgehend kristallinen Hochpolymeren verknüpft.

$$n\left(HC\langle{}^{O}_{H}\right) \rightarrow -\!\left[CH_2-O-CH_2-O\right]\!-$$

Die Polyformaldehydacetale sind also Polyäther der Hydratform des Formaldehyds

$$HO-\underset{H_2}{C}-O\boxed{H + HO}\underset{H_2}{C}-OH \rightarrow HO-\underset{H_2}{C}-O-\underset{H_2}{C}-OH + H_2O$$

Die Endgruppen der Ketten sind also reaktionsfähige —OH- Gruppen. Das Kettenwachstum wird daher abgebrochen, wenn man die endständigen —OH-Gruppen — z. B. mit Methylal oder Butylal — so umsetzt, daß Kettenenden gebildet werden, die nicht mehr weiter mit Formaldehyd reagieren können.

$$-OH + \underset{\text{Methylal}}{\begin{matrix} CH_3O \\ CH_3O \end{matrix}\rangle CH_2} \rightarrow -OCH_2OCH_3 + CH_3OH$$

Methylal (das Methanol-) und Butylal (das Butanol-Formaldehydacetal) haben also die Funktion von Reaktionsreglern. Weitere Reaktionsregler sind als Puffer wirkende Salze der Flußsäure.

Um einen Abbau der Ketten, der durch Formaldehydabspaltung vom Kettenende her fortschreitet, zu verhindern, verwendet man Stoffe, die mit dem endständigen Formaldehyd reagieren wie Polyamide, Harnstoffharze und ähnliche, Polyvinylpyrrolidon und Dicyandiamid (XXXIII, 4a). Die Oxydation wird durch Antioxydantien (substituierte Phenole) verhindert (XXXIII, 4b).

Durch Copolymerisation werden die Eigenschaften der Polyformaldehydharze in Richtung größerer Zähigkeit und größerer thermischer Stabilität verändert. Äthylenoxid, desgleichen 1,3-Dioxan und 1,3-Dioxolan und Butandiolformal unterbrechen als Comonomere die Sequenz der CH_2O-Gruppen durch CH_2-Kettenglieder.

Die hohe mechanische Festigkeit und Zähigkeit bei gleichzeitiger Verformbarkeit in der Wärme machen die Acetalharze zur Herstellung von Zahnrädern, Teilen von Wasserzählern, Besteckgriffen, Maschinenteilen von Küchenmaschinen, Spülmaschinen u. ä. geeignet. Als Acetale sind sie beständig gegen verdünnte Laugen; Säuren dagegen greifen sie an. Gegen 1,5 %ige Essigsäure sind sie noch beständig.

Die Prüfung der Bedarfsgegenstände aus Acetalharzen bezieht sich neben der Bestimmung des Gesamtextraktes auf die Abspaltung von Spuren von Formaldehyd und den Gehalt an Bor und Fluor (siehe hierzu analytischer Teil).

Polyoxymethylen zerfällt bei der Pyrolyse praktisch quantitativ in Formaldehyd, der sich durch seinen Geruch zu erkennen gibt. Über den Nachweis von Formaldehyd mit Chromotropsäure siehe analytischer Teil.

13. Polycarbonate (PC)

(Vgl. Empfehlung XI A)

Polycarbonate werden durch Veresterung von Dioxyphenylalkanen, insbesondere von 4.4'-Dioxydiphenylpropan

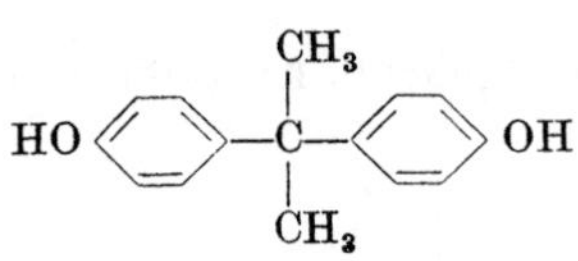

mit Kohlensäurediestern, z.B. Diphenylcarbonat

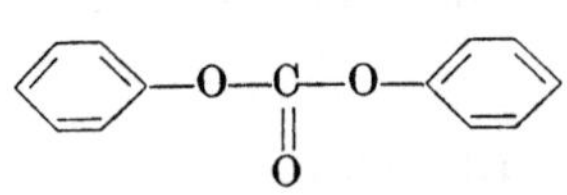 oder Phosgen 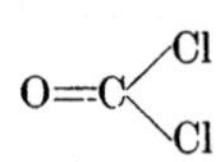 hergestellt.

z.B.

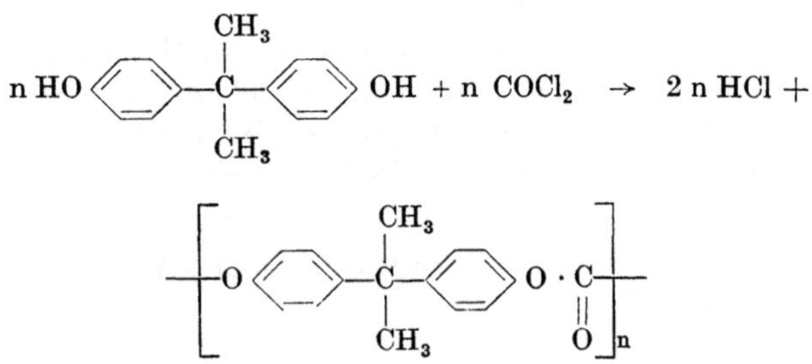

Diphenylcarbonat wirkt unter Umesterung und Freisetzung von Phenol als Kohlensäurespender.

Die bei der Veresterung mit Phosgen freiwerdende Salzsäure wird durch Natronlauge oder Amine, wie Triäthylamin oder Tributylamin, (XI A, 2a) gebunden, wodurch das Reaktionsgleichgewicht nach der Seite der Polyester verschoben wird.

Man verestert in wäßriger Lösung unter Zugabe von Lösungsmitteln für die sich bildenden Ester (Methylenchlorid). Die Verteilung des Lösungsmittels in der wäßrigen Phase wird durch Emulgatoren gefördert (XI A, 3b).

Polycarbonate sind harte, zähe, klare und durchsichtige Harze von sehr hohem Schmelzpunkt (ca. 225° C), die sich thermisch verformen lassen. Sie sind beständig gegen Wasser, Alkohol und Öle. Man verwendet Polycarbonate z.B. für die Herstellung von Tafelgeschirr, Säuglingsmilchflaschen, Bestecken u.ä.

Die Polyester der Kohlensäure werden durch siedende alkoholische n-Kalilauge hydrolysiert, wobei Kaliumcarbonat entsteht. Bei der sauren Verseifung mit konz. Schwefelsäure oder mit 20%iger Salzsäure entweicht Kohlensäure.

14. Polyterephthalsäureäthandiolester

(Vgl. Empfehlung XVII)

Durch Umesterung von Terephthalsäuredimethylester H_3COOC 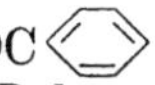 $COOCH_3$ mit Glykol werden Polyterephthalsäureäthandiolester als lineare Polymere hergestellt.

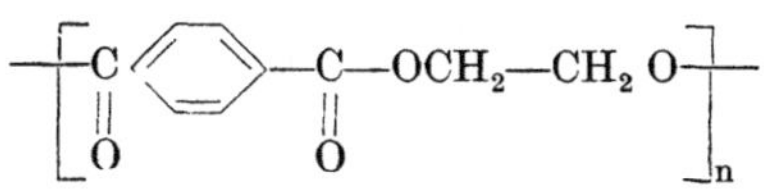

Als Umesterungskatalysatoren verwendet man Oxide des Antimons, Calciums, Zinks und Phosphors. Das ebenfalls als Katalysator bekannte Bleioxid wird bei der Herstellung von Harzen für Bedarfsgegenstände nicht verwendet (XVII, 2).

Das sehr steife, hochglänzende und kratzfeste, in den bekannten Lösungsmitteln unlösliche Material zeigt den sehr hohen Schmelzpunkt von ca. 260° C. Durch thermische Verformung können Folien hergestellt werden, die durch Reckung orientiert und durch Tempern in dem orientierten Zustand fixiert werden können.

15. Ungesättigte Polyesterharze (UP)

(Vgl. Empfehlung XII)

Die Bezeichnung „ungesättigte Polyesterharze" ist ungenau, da es sich bei diesen Produkten nicht um Polymere handelt, die – wie man aus der Bezeichnung schließen könnte – nur aus ungesättigten Polyesterkettenmolekülen bestehen. Vielmehr sind die Harze Polymere, in welchen ungesättigte Polyester mit größeren Anteilen reaktionsfähiger Monomere dreidimensional vernetzt vorliegen. Die zutreffendere Bezeichnung ist daher „ungesättigte Polyesterreaktionsharze".

Die Herstellung dieser Reaktionsharze verläuft in zwei Stufen.

Man stellt zunächst Polyester her, die in ihrer Molekülkette Doppelbindungen aufweisen. In der zweiten Stufe vernetzt man die ungesättigten Polyester mit zumeist Styrol bzw. auch in Mischung mit z.B. Vinyltoluol oder Methacrylsäureestern.

Säurekomponenten der Ester sind Gemische von gesättigten Dicarbonsäuren wie Adipinsäure, Phthalsäure, hydrierte und halogenierte Phthalsäuren mit unge-

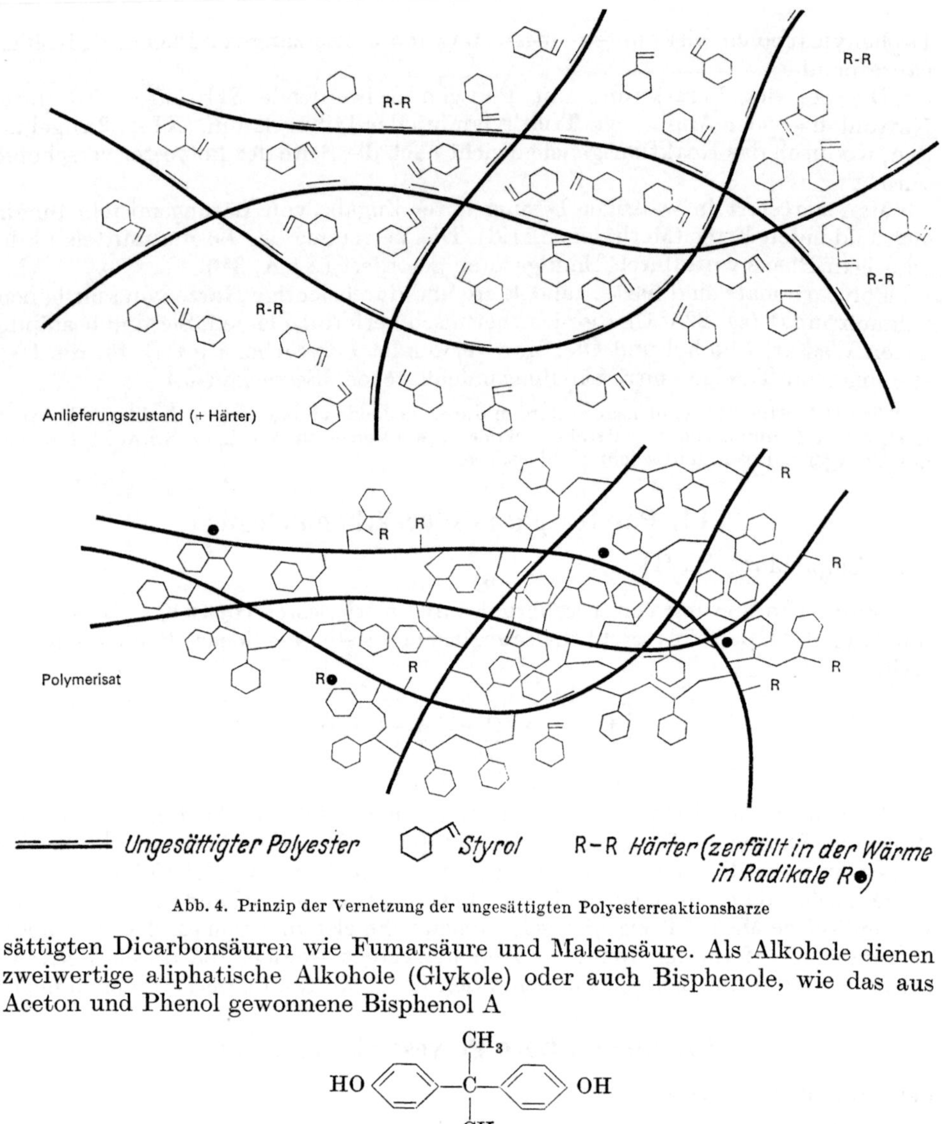

Abb. 4. Prinzip der Vernetzung der ungesättigten Polyesterreaktionsharze

sättigten Dicarbonsäuren wie Fumarsäure und Maleinsäure. Als Alkohole dienen zweiwertige aliphatische Alkohole (Glykole) oder auch Bisphenole, wie das aus Aceton und Phenol gewonnene Bisphenol A

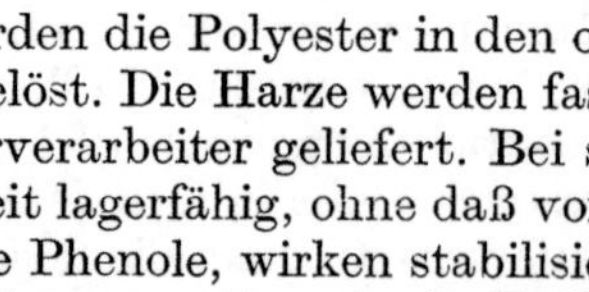

Man stellt also langkettige Polyester her, in welchen je nach der Menge der verwendeten ungesättigten Dicarbonsäuren mehr oder weniger –C = C-Bindungen vorhanden sind.

In der zweiten Stufe werden die Polyester in den oben genannten Monomeren, im wesentlichen in Styrol gelöst. Die Harze werden fast ausnahmslos in Form dieser Lösungen an die Weiterverarbeiter geliefert. Bei sachgemäßer Lagerung sind die Harzlösungen längere Zeit lagerfähig, ohne daß vorzeitige Vernetzung eintritt. Inhibitoren, wie zweiwertige Phenole, wirken stabilisierend.

Zur Vernetzung und Aushärtung, die – da die Endprodukte Duroplaste sind – zumeist gleichzeitig mit der Verformung vorgenommen wird, versetzt man die Lösungen mit Katalysatoren und Aktivatoren. Die Vernetzung verläuft je nach Katalysator bei Raumtemperatur oder in der Wärme. Vernetzungskatalysatoren sind organische Peroxide, die in Radikale zerfallen und als solche die eigentliche katalytische Wirkung entfalten. Die hochreaktionsfähigen Peroxide werden durch Anreiben in Phthalsäuredimethylester oder Alkylsulfonsäureester des Phenols oder der Kresole phlegmatisiert und sind dadurch besser zu dosieren und gefahrlos zu handhaben. Für die Kältehärtung ist der Zusatz von Beschleunigern (Aktivatoren) erforderlich. Es sind dies Kobaltnaphthenat, Kobaltoctoat und tertiäre Amine auf Anilin- und Toluidinbasis (Abb. 4) (XII A, 2a und b).

Zur völligen Aushärtung der Reaktionsharze ist eine Temperung erforderlich. Reste von Monomeren, Katalysatoren oder ihrer Zersetzungsprodukte usw. werden durch Auskochen, Spülen oder Ausdampfen entfernt (XII A, 6 und 7).

Man trägt die Harzlösungen vor der Vernetzung zumeist auf verstärkende Trägermaterialien, z.B. Glastextilien, auf, preßt die so präparierten Lagen in Formen und härtet aus.

Die Eigenschaften der Polyesterreaktionsharze sind abhängig von der Mischung sowohl der Esterkomponenten wie von Art, Menge und Mischungsverhältnis der vernetzenden Monomeren und der Kettenlänge, also Polymerisationsgrad der Polyester. Es sind zähe, farblose, klare Harze mit hoher mechanischer Festigkeit. Sie sind beständig gegen Trink- und Seewasser. Gegen Methanol und Äthanol beständige Marken sind im Handel. Sie sind weiterhin beständig gegen Bier, Fruchtsäfte, Milch und Wein, Limonaden, Fettsäuren, Zucker, Heringslake, 10 %ige Essigsäure, ätherische Öle und wäßrige Lösungen jeder Konzentration von Weinsäure. Geschmack und Geruch der Lebensmittel werden *bei sachgerechter Verarbeitung der Harze* nicht beeinträchtigt.

Verwendet werden die Polyesterreaktionsharze für die Herstellung von Bier-, Wein-, Fruchtsaft- und Milchtanks, Gewächshäusern, Spültischen, Badewannen usw. Über die Verwendung der Harze als Lacke siehe auch Band IX Beitrag Weinmann „Lacke, Lackfarben ...".

Aus der Styrollösung unvernetzter ungesättigter Polyesterharze lassen sich die ungesättigten Polyester mit einem Überschuß an Petroläther ausfällen. Durch Addition von Brom lassen sich die Doppelbindungen erkennen.

Gehärtete Reaktionsharze ergeben bei der Pyrolose Geruch nach Styrol. Phthalsäure ergibt ein Sublimat von Phthalsäureanhydrid. Adipinsäure geht in Cyclopentanon über, das beim Auftreffen auf Filtrierpapier, welches mit einer gesättigten Lösung von o-Nitrobenzaldehyd in 2 n-Natronlauge getränkt ist, eine Blaufärbung hervorruft.

16. Vernetzte Polyurethane

(Vgl. Empfehlung IXL (Vernetzte Polyurethane für spezielle Bedarfsgegenstände)
Empfehlung XXVIII (Vernetzte Polyurethane als Klebschicht für Lebensmittelverpackungsmaterialien)

Bei der Herstellung von vernetzten Polyurethanen nutzt man die Reaktion zwischen Isocyanaten und Alkoholen unter Bildung von Urethanen, den Estern der Carbamidsäure.

$$\mathrm{R{-}N{=}C{=}O + HOR \rightarrow R{-}NH{-}\underset{\underset{\displaystyle O}{\|}}{C}{-}OR}$$

Die wegen der großen Reaktionsfähigkeit der —N=C=O-Gruppe schnell verlaufende Reaktion kann durch organische Zinnverbindungen, tert. Amine und alkalisch reagierende Substanzen noch beschleunigt werden (IXL, 4).

Von den aliphatischen Diisocyanaten verwendet man nur Hexamethylendiisocyanat $O = C = N-(CH_2)_6-N = C = O$, da die aliphatischen Diisocyanate verhältnismäßig träge reagieren. Dagegen werden die sehr reaktionsfähigen aromatischen Diisocyanate herangezogen (Desmodure (BAYER)) (IXL, 1).

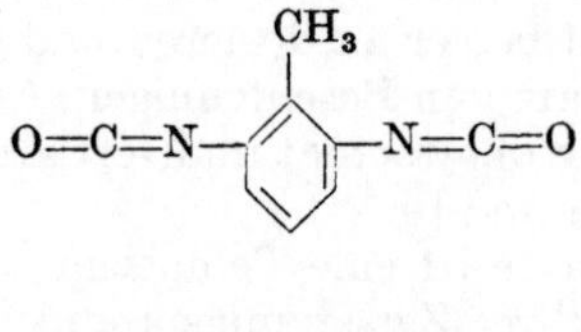

2,6 Toluylendiisocyanat

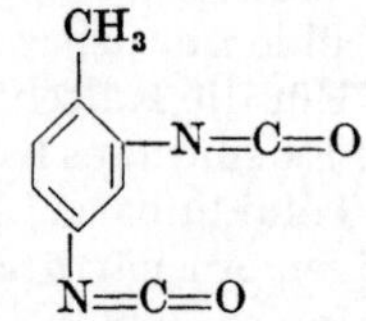

2,4 Toluylendiisocyanat

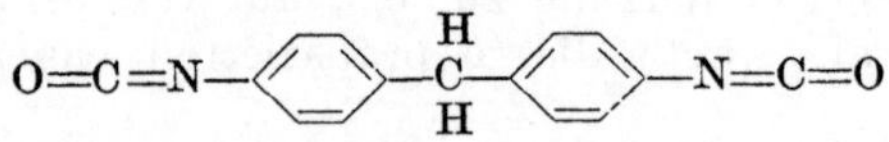

Diphenylmethan 4,4′-diisocyanat

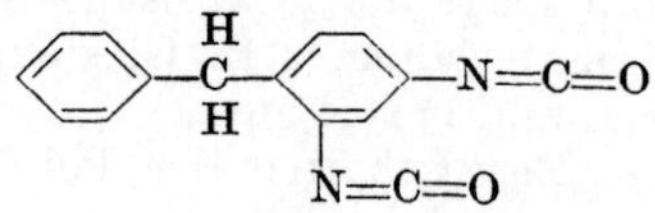

Diphenylmethan 2,4-diisocyanat

Man setzt die Isocyanate mit Glykolen, hydroxylgruppenhaltigen Polyestern oder Polyäthern (Desmophene, Bayer) zu Urethanen um. Durch die Verwendung der bifunktionellen Diisocyanate bilden sich zwischen den Polyesterketten Urethanbrücken aus, d.h. es liegen als Endprodukte vernetzte Polymere vor (Abb. 5).

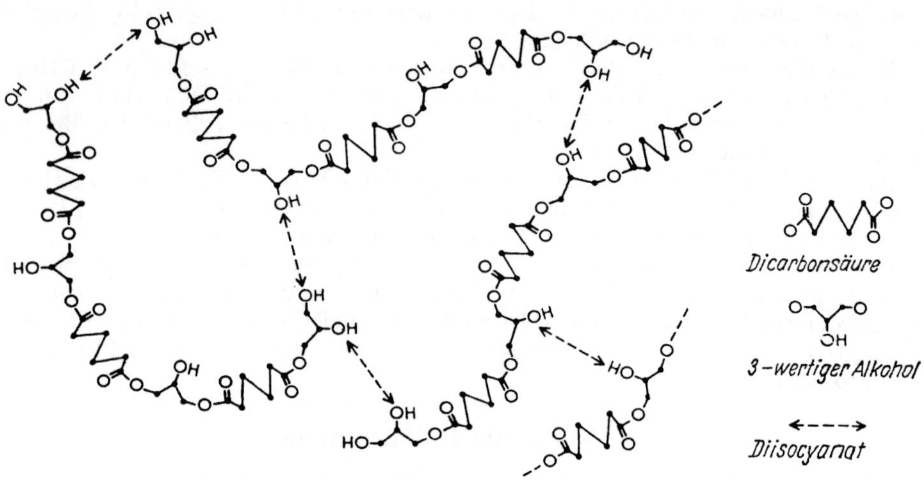

Abb. 5. Schema der Polyurethanbildung durch Vernetzung mit Diisocyanat

Je höher die Zahl der funktionellen OH-Gruppen in den Estern und der Isocyanatgruppen in den angebotenen Isocyanaten ist, um so engmaschiger ist die Vernetzung, so daß man weiche, elastische bis harte Produkte herstellen kann.

Bei überschüssigem Angebot von Isocyanaten verbleiben zunächst nicht umgesetzte und noch reaktionsfähige Isocyanatgruppen frei. Durch Einkneten von Glykolen wie 1,4- bzw. 2,3-Butandiol oder von Trimethylolpropan

$$HC_3—CH_2—C\begin{cases} CH_2OH \\ CH_2OH \\ CH_2OH \end{cases}$$

oder Diäthoxyhydrochinon (Verlängerer IXL, 2) gelangt man zu besonders hochwertigen Elastomeren.

Die sehr zähen, harten, reißfesten Polymerisate sind beständig gegen Sauerstoff, werden dagegen von heißem Wasser, Säure und Lauge hydrolysiert (IXL, 8b). Ebenso sind sie nicht für den direkten Kontakt mit Fetten geeignet (IXL, 8a).

Die Fußnoten 1 und 2 der Empfehlung nennen als Bedarfsgegenstände Schaber und Beschichtungen, welche mit trockenen, nicht fetten Lebensmitteln in Berührung kommen (Mehlschaber, Reisschälwalzen, Beschichtungen von Planen für Getreidesilos usw.).

Bei der Pyrolyse von Polyurethanen schmelzen diese zunächst (im Gegensatz zu vulkanisierten Polymeren) und zersetzen sich im weiteren Verlauf unter teilweiser Rückbildung von Isocyanaten und Alkoholen. Leitet man die Pyrolysedämpfe gegen trockenes Filtrierpapier und feuchtet anschließend mit 5%iger methanolischer 4-Nitrobenzoldiazonium-fluorborat an, so entstehen charakteristische Färbungen:

1,5-Naphthylendiisocyanat	violett
2,4 bzw. 2,6 Toluylendiisocyanat	rotbraun
4,4′ Diphenylmethandiisocyanat	gelb

(4. Mitt., Bundesgesundh.-Bl. **6** (1963), S. 350).

Leitet man die Pyrolysedämpfe in eine Probe von Aceton bis zur beginnenden Trübung und versetzt mit einem Tropfen einer 10%igen Na-nitrit-Lösung, so entsteht eine orange bis braunrote Färbung, deren Intensität von der Konzentration abhängig ist.

Beim Kochen mit 20%iger Schwefelsäure verseifen die Polyurethane unter CO_2-Entwicklung vollständig.

Vernetzte Polyurethane als Klebschichten

Durch geeignete Rezepturen lassen sich Polyurethane als Thermoplaste, Elastomere, Lacke und Klebstoffe gewinnen.

Als Ausgangsprodukte werden in Empfehlung XXVIII neben den Hydroxylgruppen enthaltenden Polyestern auf Basis Adipinsäure, Diäthylenglykol und Trimethylolpropan und Umsetzungsprodukten dieser Ester mit Toluylen-2,4-diisocyanat bzw. Toluylen- 2,6-diisocyanat mit endständigen Hydroxylgruppen, weiterhin Umsetzungsprodukte der genannten Diisocyanate mit Trimethylolpropan und Butandiol-1,3 genannt. Bei letzteren sollen die endständigen Gruppen für die Anwendung noch freie, reaktionsfähige Isocyanatgruppen enthalten.

Ein Reaktionsprodukt dieser Art mit Trimethylolpropan ist also ein trifunktionelles Isocyanat, das für eine Vernetzung geeignet ist.

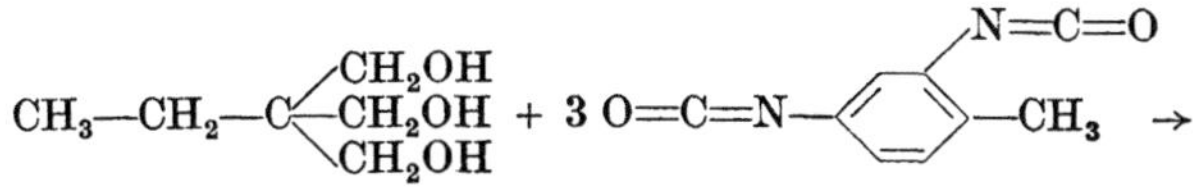

Trimethylolpropan 2,4 Toluylendiisocyanat

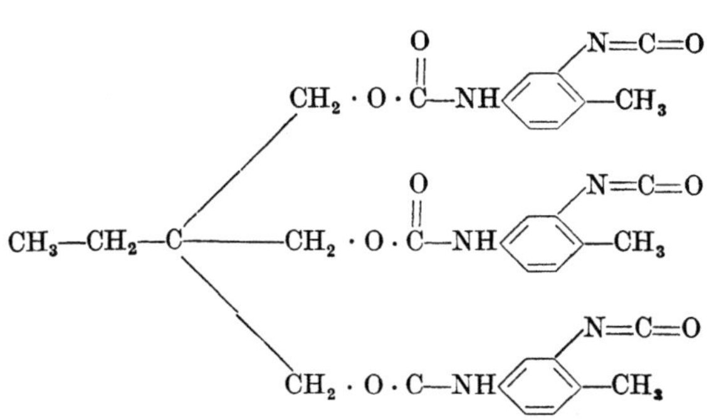

Die Mischung der Ester mit den Isocyanaten muß stöchiometrisch so berechnet werden, daß im Fertigprodukt, das heißt in dem nach der Verklebung vorliegenden Produkt keine freien Isocyanatgruppen mehr nachweisbar sind. Die Kleber sind Produkte, die — wie gesagt — noch nicht völlig vernetzt sind, also noch freie Isocyanatgruppen enthalten. Sie reagieren bei ihrer Anwendung weiter, wobei die Isocyanatgruppen sowohl mit den Hydroxylgruppen der Ester als auch mit dem zu verklebenden Material reagieren können. Es werden sich also echte Hauptvalenzbindungen zwischen den zu verklebenden Folien und dem Klebstoff ausbilden, was die besondere Festigkeit derartiger Verklebungen erklären kann.

Man verwendet sie zur Herstellung von Verbundfolien, z.B. von Polyäthylen- und Celluloseacetatfolien, wobei die vorbehandelte Polyäthylenfolie durch reaktionsfähige Gruppen mit aktivem Wasserstoff mit dem Kleber reagieren kann.

17. Cellulose-Derivate

(Vgl. Empfehlung XIII: Zellglas
Empfehlung XXVI: Celluloseacetat und -propionat)

a) Zellglas

Cellulose, die in ihrer reinsten Form als Naturprodukt in der Baumwolle vorliegt, löst sich in Kupferoxidammoniak (SCHWEIZERS Reagens) oder kann mit Schwefelkohlenstoff in alkalischer Lösung als Xanthogenat in Lösung gehen (Viscose).

$$(C_6H_{10}O_5)_x + x\,CS_2 + x\,NaOH \rightarrow \left[C_6H_9O_4\text{—}OC\begin{matrix} \nearrow S \\ \searrow SNa \end{matrix} \right]_x + H_2O$$

Es liegen also Natriumsalze von Celluloseestern der Dithiokohlensäure vor. Die wäßrige Lösung des Cellulosexanthogenats erfährt bei der Lagerung durch partielle Abspaltung von Xanthogenatresten, wobei Cellulose frei wird, eine Reifung. Die Lösungen werden viscos. Die Bezeichnung „Viscose“ beruht auf dieser Erscheinung.

Man fällt die Cellulose aus ihren Lösungen mit Schwefelsäure aus. Die native Cellulose, welche ein Mol.-Gew. von 300000–500000 besitzt, wird bei dieser Überführung zu Regeneratcellulose abgebaut, wobei ihr Mol.-Gew. auf ca. 10000 sinkt.

Viscose sowohl als auch Kupferoxidammoniak-Lösung kann durch Düsen als Fäden in das Fällbad versponnen werden oder aber durch eine Breitschlitzdüse dem Fällbad zugeführt werden, wobei als Regeneratcellulose eine Folie, das Zellglas, gewonnen wird.

Bei der Fällung der Cellulose aus der Viscose bilden sich neben Schwefelwasserstoff und Schwefelkohlenstoff kolloidaler Schwefel, der die an sich klare und farblose Folie trüben kann. Der Schwefel wird durch ein schwach alkalisches Bad von Natronlauge und Natriumsulfid aus der Folie gelöst (XIII, 3). Durch ein Waschbad werden alle in die Folie eindiffundierten Stoffe, z.B. Kupfersulfat, ausgewaschen (XIII, 4), die Folie nach einem Bad in Feuchthaltemitteln oder Weichmachern auf geheizten Walzen getrocknet.

Feuchthaltemittel sind Glycerin oder Polyäthylenglykole, die in Zellglas für Bedarfsgegenstände frei von Monoäthylenglykol oder Propylenglykol sein müssen, sowie Sorbit und Harnstoffe (XIII, 1a, b und c). Feuchthaltemittel sind notwendig, um das an sich spröde und wenig reißfeste Cellulosehydrat elastisch zu machen.

Derartig vorbehandelte Cellulosehydratfolien sind fest und dehnbar. Sie sind hydrophil, d.h. sie quellen in Wasser, wobei die Zugfestigkeit abnimmt. Sie sind fett- und öldicht. Wasserdampf und in Wasser gelöste Salze diffundieren durch die Folie; jedoch ist die Folie praktisch luftdicht.

Für Feuchtigkeit undurchlässiges, wetterfestes Zellglas (XIII, II) stellt man durch zumeist einseitige Lackierung der Folie mit Nitrocellulose besonderer Zusammensetzung oder anderen Polymeren her. (Siehe hierzu Kapitel Lacke.) Hier ist auch die Verwendung von Weichmachern, Dibutylphthalat, Dicyclohexylphthalat und Acetyltributylcitrat, vorgesehen (XIII, 6b). Für die Weichmacher gilt die in der Weichmacherempfehlung (IG) gemachte Einschränkung, daß sie in die Lebensmittel nicht einwandern sollen. Dasselbe gilt auch für Polyäthylenglykol und Harnstoff.

Kondensationsprodukte aus Formaldehyd und Toluolsulfonamiden bzw. Butylurethan, die als Beschichtungsmittel mit den Nitrolacken zusammen verwendet werden, dürfen keinen nachweisbaren freien Formaldehyd abgeben.

Lackierte Folien lassen sich durch Heißsiegeln verschweißen. Um die Versiegelung wasserfest zu machen, muß man noch eine Vorlackierung (Untergrundierung) vornehmen. Die Folien können mit Kunststoffen oder Aluminiumfolien kaschiert und undurchlässig gemacht werden.

Zellglas-Tiefgefrierware (XIII, Abschn. III) kann wegen der höheren technischen Anforderungen, die an die Folie im Hinblick auf die Elastizität bei tiefer Temperatur gestellt werden, einen höheren Gehalt an Weichmachern besitzen als die wetterfeste Ware (XIII, III 6b). Ebenso darf der Gehalt an Hartparaffin und Wachsen erhöht werden. Der Gehalt an Glycerin in den Feuchthaltemitteln, der bei dem „Zellglas wetterfest" höchstens 12% betragen darf, soll bei der Tiefgefrierware aus technischen Gründen mindestens 12% betragen. Dagegen sind die Feuchthaltemittel Polyäthylenglykol und Harnstoff ungeeignet. An ihrer Stelle verwendet man 1,2-Propylenglykol, Di- und Triäthylenglykol. 1,3-Propylenglykol ist auszuschließen.

Cellulosehydratschläuche, wie sie für Kunstdärme verwendet werden, erhält man, indem die Viscose durch eine Ringdüse über einen kalibrierenden Dorn dem Fällbad zugeführt wird. Durch eine Bohrung im Dorn wird Fällflüssigkeit auch in das Innere des Schlauches gebracht. Der Schlauch passiert dieselben Bäder wie Normal-Zellglas und wird schließlich mit heißer Luft innen und außen getrocknet. Die Innenseite kann mit gehärteter Gelatine oder Eiweiß beschichtet werden, um das Abstehen des Darmes von schrumpfender Wurst zu verhindern.

b) Celluloseacetat und -propionat

(Vgl. Empfehlung XXVI)

Durch Veresterung der Hydroxylgruppen der Cellulose mit Essigsäure, Propionsäure, Buttersäure oder Gemischen dieser Säuren werden thermoplastische, hornartige Massen gewonnen. Zur Veresterung verwendet man die Anhydride der Säuren. Wegen der mikrokristallinen Struktur der Cellulose benötigt man Quellungsmittel wie Zinkchlorid, um eine vollständige Veresterung zu erzielen. Die Säureanhydride werden nach der Veresterung der Cellulose durch Wasser zersetzt und zusammen mit Zinkchlorid und den durch Celluloseabbau entstandenen wasserlöslichen Anteilen entfernt (XXVI, 1).

Durch nachfolgende partielle Verseifung lassen sich Celluloseester mit gewünschtem Veresterungsgrad gewinnen. Die Löslichkeit der Celluloseester in chlorierten Kohlenwasserstoffen oder Aceton ist abhängig von ihrem Veresterungsgrad; so ist Cellulosetriacetat in Chloroform oder Methylenchlorid, jedoch nicht in Aceton löslich. Acetonlöslich sind Celluloseacetate mit niedrigerem Acetatgehalt.

Aus dem in der Empfehlung (XXVI, 1) angegebenen Acetylgehalt von 38 bis 41 % bzw. 41,1–43,7 % sowie aus den bei der Viscositätsbestimmung genannten Lösungsmitteln Aceton und Methylenchlorid ist erkennbar, daß sowohl partiell verseiftes Celluloseacetat als auch das Triacetat gemeint sind. Das Cellulosepropionat ist ein Mischester der Propionsäure und Essigsäure mit geringem Anteil an Essigsäure.

Die Celluloseester werden mit Weichmachern versetzt, um ein zäh-elastisches, thermisch verformbares Produkt zu erhalten. Für Celluloseacetat sieht die Empfehlung einen maximalen Gehalt von 22 % an Diäthylphthalat oder Di-2-äthylhexyl-phthalat vor; für das Propionat sind höchstens 12 % Di-2-äthylhexylphthalat empfohlen. Weichgemachte Produkte sind für den Kontakt mit Lebensmitteln mit großer Oberfläche wie Grieß oder Mehl und allen Lebensmitteln, die in Empfehlung I G, 3 aufgeführt werden, ungeeignet (XXVI, 2c).

Celluloseacetat und -propionat können im Spritzgußverfahren verformt werden und zu Folien geblasen werden. Die Bedarfsgegenstände sind für den Kontakt mit Lebensmitteln geeignet, soweit die Weichmacher ihre Verwendung nicht einschränken.

Zum orientierenden Nachweis von Kunststoffen auf Cellulosebasis kann ihre Reaktion mit K J_3 dienen. Man entfernt den Weichmacher durch Extraktion mit Äther und taucht das extrahierte Material in eine wäßrige Lösung von 15 % Jodkali und 10 % Jod. Nach dem Abspülen beobachtet man eine charakteristische Färbung: Celluloseacetat, Cellulosebutyrat und Benzylcellulose färben sich braun oder rotbraun.

Reine, nicht veresterte Cellulose färbt sich tiefblau bis schwarzblau, wenn man sie in einer wäßrigen 60 %igen Zinkchloridlösung auflöst und anschließend mit der K J_3-Lösung versetzt.

18. Aminoplaste

(Vgl. Empfehlung XVIII, Melaminpreßharzmassen)

Die Aminoplaste sind Duroplaste, also Harze, die einmal ausgehärtet, nicht mehr thermisch weiter verformbar sind. Ihrer Herstellung liegt die Reaktion von Harnstoff, Melamin oder auch Anilin mit Formaldehyd zu Methylolverbindungen zugrunde, wobei zunächst je nach der Menge des angebotenen Formaldehyds Mono- oder Polymethylolverbindungen entstehen können.

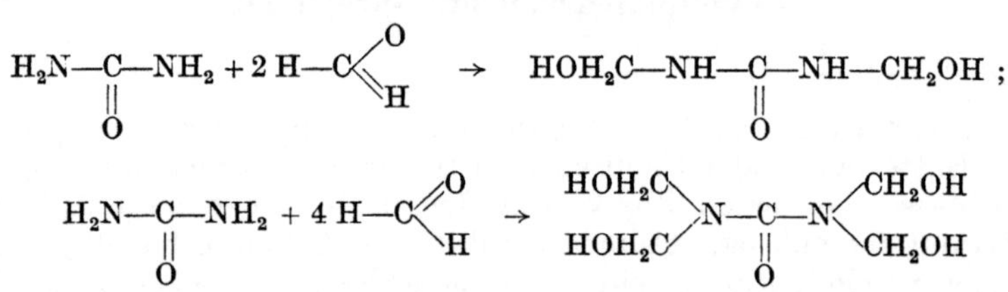

Die Methylolgruppen können mit Harnstoff unter Wasserabspaltung und Methylenbrückenbildung weiter reagieren.

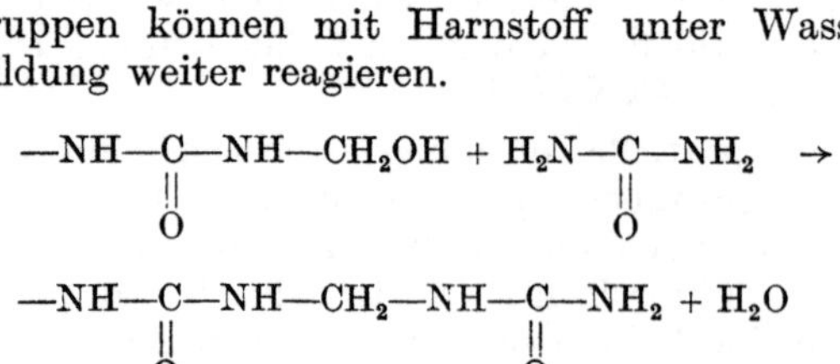

Die Iminogruppen des Harnstoffs können ihrerseits weiter mit Methylolgruppen — unter der Einwirkung saurer Katalysatoren — unter Vernetzung der Moleküle reagieren.

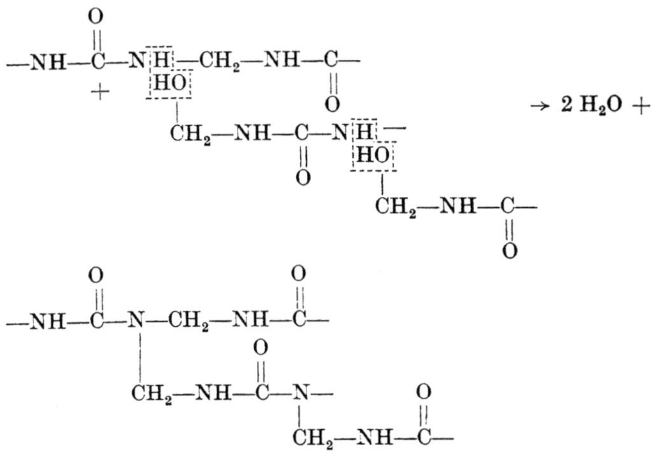

Im alkalischen oder neutralen Medium bleibt die Methylolbildung ohne Folgereaktionen stehen.

Die Vernetzung – die Härtung des Harzes – wird durch sauere Katalysatoren bewirkt. Maßgebend für die Geschwindigkeit des Verlaufes der Härtung ist das pH der Lösung. Durch Abpuffern kann die Härtung zum Stillstand gebracht oder doch sehr verlangsamt werden (Latente Härte). Zum Ansäuern sind praktisch alle Säuren und in der Hitze säureabspaltende Substanzen verwendbar (XVIII, 1b). Die durch Abpuffern zum Stillstand gebrachte Reaktion kann durch in der Hitze säureabspaltende Salze wie Ammoniumchlorid wieder in Gang gebracht werden. Verbleibende Methylolgruppen können zur Abspaltung von Formaldehyd führen (XVIII, 2). Man wird also zur Vermeidung von Formaldehydabspaltung eine entsprechende Rezeptur wählen.

Melamin, das Trimere des Cyanamids, ist wegen seiner drei reaktionsfähigen Aminogruppen für die Herstellung vernetzter Preßmassen besonders geeignet.

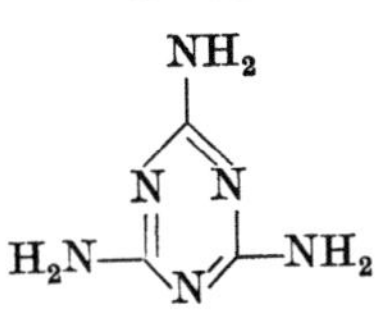

Melamin

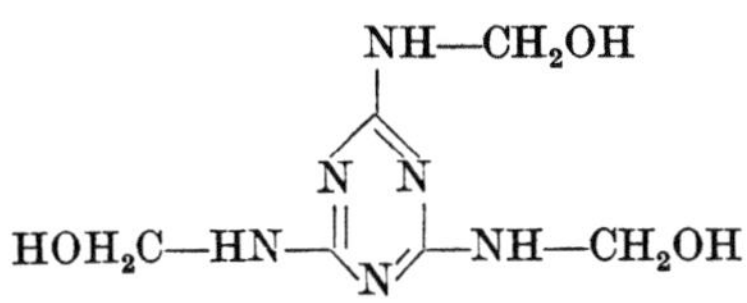

Trimethylolmelamin

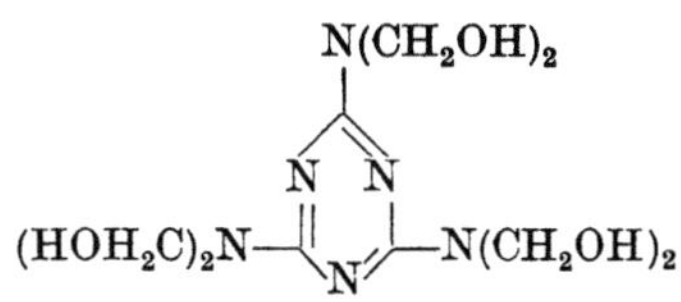

Hexamethylolmelamin

Die Anlagerung von Formaldehyd an Melamin verläuft in alkalischem Medium sehr schnell; die Härtung kann in der Wärme auch ohne sauere Katalysatoren durchgeführt werden, wird aber durch Säuren beschleunigt.

Melaminpreßharzmassen übertreffen die Harnstoffharze an Wärme- und Wasserbeständigkeit, weshalb sie für Bedarfsgegenstände, die einer Wärme- und Wasserbehandlung unterworfen werden sollen, z.B. Haushaltsgeschirr, bevorzugt werden.

Die Empfehlung XVIII bezieht sich daher auch auf Melaminpreßharzmassen, denen zwar Harnstoffharze zugemischt sein können, die aber im Sinne der Empfehlung für den vorgesehenen Gebrauch geeignet sein müssen.

Die Preßmassen stellt man her, indem man die wäßrigen Lösungen der noch niedrigmolekularen Harze oder Mischungen von Harzen aus Melamin und Harnstoff denen Gleitmittel zugesetzt werden, evtl. auf Trägermassen aufträgt und zur Vermeidung einer Härtung durch Vernetzung vorsichtig trocknet und vermahlt. Dem Pulver werden Vernetzungskatalysatoren beigefügt. Man füllt in Formen und verpreßt in der Hitze.

Die glasklaren Massen sind wärme- und lichtbeständig. Sie verfärben sich nicht unter der Einwirkung des Lichtes; sind hart, kratzfest, lassen sich ausgezeichnet färben und sind für den Kontakt mit Lebensmitteln geeignet, z.B. Geschirr und Tischplatten, Papierbeschichtung.

Als Füllmittel sind Cellulose, Holzmehl, Baumwolle, Kreide und Kolin in der Empfehlung aufgeführt. Die Harze lassen sich mit Glasfasern oder Asbest verstärken. Über ihre Verwendung bei der Papierausrüstung siehe das Kapitel Papier.

Bei der Kondensation von Harnstoff oder Melamin mit Formaldehyd in Gegenwart von Alkoholen entstehen Methyloläther

$$\text{—NH—CH}_2\text{OH} + \text{HOR} \rightarrow \text{—NH—CH}_2\text{OR} + \text{H}_2\text{O}$$

die als Lackrohstoffe (siehe diese) verwendet werden.

Zum Nachweis von Melaminharzen schließt man einige mg des Harzes durch Erhitzen mit einigen Tropfen 20%iger Salzsäure bis ca. 200° C auf. Wenn die Dämpfe Kongopapier nicht mehr blau färben, kühlt man ab, versetzt mit ca. 30 mg Natriumthiosulfat, bedeckt die Reagensglasöffnung mit Kongopapier, das mit 3%igem Wasserstoffsuperoxid befeuchtet ist, und erhitzt wieder auf 160° C. Das Kongopapier färbt sich blau.

Harnstoffharze ergeben beim Erhitzen mit Anilin bis zum Nachlassen der Ammoniakentwicklung Diphenylharnstoff (in Wasser nur wenig lösliche Nadeln. Fp. 235–239° C). Melaminharze ergeben unter denselben Bedingungen in geringer Menge einen wasserlöslichen Niederschlag.

19. Silicone

(Vgl. Empfehlung XV C)

Die Silicone, die exakter als Organopolysiloxane bezeichnet werden, sind Polymere, denen organische Siliciumverbindungen in folgender Verknüpfung zugrunde liegen:

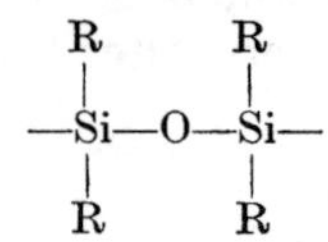

Das vierwertige Siliciumatom übernimmt in ihnen also die Rolle, die das Kohlenstoffatom in den bisher besprochenen Polymeren inne hat. Ausgangsprodukte sind Chlorsilane mit 1 bis 3 Chloratomen und entsprechender Zahl organischer Substituenten. Organische Gruppen können Methyl- oder Phenylgruppen, Vinylgruppen, Alkoxygruppen oder Cycloalkoxygruppen sein. Schließlich können noch Hydroxylgruppen oder Wasserstoff an das Silicium gebunden sein. Als Beispiele mögen durch folgende Formeln beschriebene Verbindungen dienen:

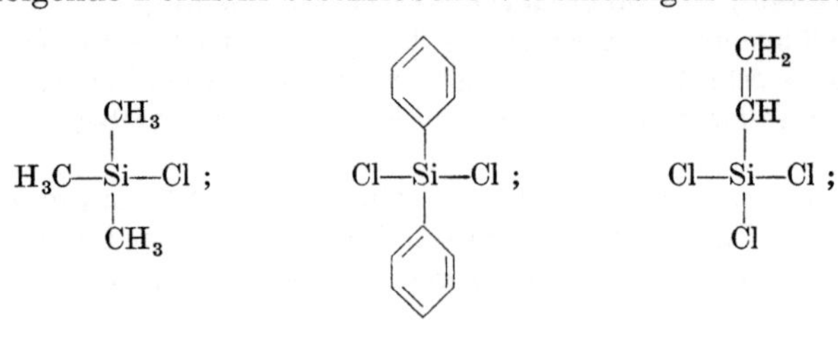

Man stellt die Chlorsilane durch Direktsynthese aus Silicium und Organohalogeniden her.

Bei der Hydrolyse der Chlorsilane mit Wasser bilden sich intermediär Hydroxylgruppen, die sogleich mit Hydroxylgruppen benachbarter Atome unter Wasserabspaltung und Bildung einer Sauerstoffbrücke reagieren.

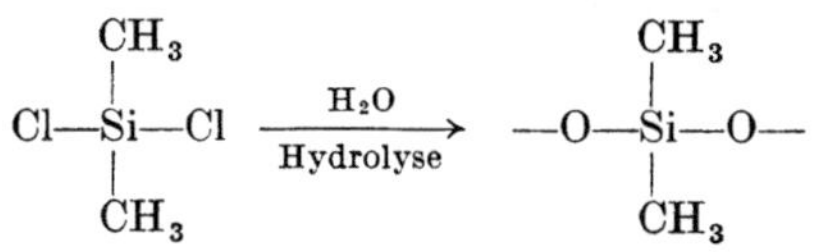

Monofunktionelles Monochlorsilan wird dabei nur zu einer Verdoppelung des Moleküls führen können, während bifunktionelles Dichlorsilan zu cyclischen Polysiloxanen führt.

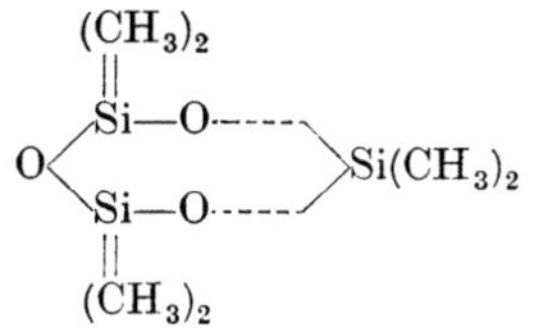

Lineare Kondensationsprodukte können gewonnen werden durch Hydrolyse eines entsprechend eingestellten Gemisches von Mono- und Dichlorsilanen. Die monofunktionellen Hydrolyseprodukte der Monochlorsilane schließen die Ketten durch nicht mehr weiter reaktionsfähige Gruppen ab.

Trichlorsilane ergeben auch in Verbindung mit bifunktionellen Silanen räumlich vernetzte Produkte. Die Vernetzung kann durch peroxidische Vernetzer (XV C,III, 2b) beschleunigt werden. Sie haben Bedeutung für Einbrennlacke.

Reaktionsfähige Substituenten können weiter reagieren mit Polyestern aus Phthalsäure, Iso- und Terephthalsäure mit zwei- und mehrwertigen Alkoholen (XV C, II, 1). Es können also copolymere Harze hergestellt werden, wobei Produkte mit lacktechnischen Eigenschaften gewonnen werden, die Lacke mit guter Oberflächenhärte und Lösungsmittelbeständigkeit ergeben.

Durch Variation der Anzahl der Chloratome, der Zahl und Art der Substituenten sowie des Mischungsverhältnisses der Reaktionspartner, schließlich durch die Wahl saurer oder alkalischer Hydrolysierungsmittel ist also eine große Möglichkeit zur Herstellung von Endprodukten mit gewünschten Eigenschaften gegeben. Durch Kondensation von Dimethylchlorsilanen werden Siliconöle (XV C, I) erhalten, denen durch Einführung von Phenylgruppen mit Hilfe von Phenylchlorsilanen eine höhere Wärmebeständigkeit verliehen wird. Sie eignen sich wegen ihrer Unverträglichkeit mit anderen Hochpolymeren als Formtrennmittel bei der Weiterverarbeitung von Kunststoffen, worauf sich zahlreiche Empfehlungen beziehen.

Durch Füllmittel (XV C, 2b) wie Kieselsäure (Kieselgur) oder Calciumseifen können die Öle zu Pasten verdickt werden.

Siliconharze kommen zumeist als Lösungen oder Emulsionen in die Hand des Verbrauchers. Nachdem die Lacklösungen, versehen mit einem Härter wie Eisen- oder Zinksalze der Äthylhexansäure oder dem Zinnmaleinat auf Träger aufgebracht worden sind, werden die Harze bei höherer Temperatur gehärtet (XV C, II 2b). Die Siliconharzlacke haben zwar keine große mechanische Festigkeit, jedoch eine hohe Wärmebeständigkeit, die sie mit anorganischen Emaillen vergleichen lassen.

Zur Papierbeschichtung verwendet man mit Hilfe von Emulgatoren (XV C, II c) hergestellte Harzemulsionen. Bei einseitiger Beschichtung des Papiers soll die nicht beschichtete Seite des Papiers, welche die Emulgatoren aufgesaugt hat, dem Lebensmittel abgewandt sein.

Die vernetzten hochmolekularen Silicone, die Siliconelastomere, haben gegenüber dem Natur- und Kunstkautschuk den Vorzug der höheren Wärme- und Kältebeständigkeit. Man verwendet sie z.B. als Dichtungsmittel sowie in Mischungen mit anderen Elastomeren.

Bei der Pyrolyse bilden Silicone flüchtige oligomere Siloxane. Silicone verbrennen unter Entwicklung eines weißen Rauches von SiO_2 und unter Hinterlassung eines weißen Rückstandes von Kieselsäure. Eine quantitative Bestimmung des Siliciums kann durch Aufschluß in der Wurzschmitt-Bombe erfolgen.

20. Natur- und Synthesekautschuk

(Vgl. Empfehlungen XXI C, XXXI A, XXXII A sowie XXX und XXXVIII)

Naturkautschuk ist der hochmolekulare Kohlenwasserstoff, der aus dem Milchsaft – dem Latex – des Gummibaumes *Hevea brasiliensis* und anderer Arten gewonnen wird.

Im primitivsten Verfahren fällte man den Kautschuk auf Stäben, die man in die aus den wild wachsenden Bäumen gewonnene Latex-Milch getaucht hat, mit Rauch aus und erhielt durch Wiederholung des Eintauchens und Fällens einen Ballen von Roh-Kautschuk (Wildkautschuk). Auf den Plantagen wird in einem rationelleren Verfahren der Kautschuk durch Ansäuern der Milch mit Ameisensäure koaguliert. Crèpes sind Koagulate, die unter besonderen Bedingungen der Verdünnung und Fällgeschwindigkeit gewonnen werden und zum Schutz gegen Verfärbung durch Licht oder Luftoxydation mit geringen Mengen reduzierender Substanzen versetzt werden können. Die Latex-Milch verdirbt rasch unter der Einwirkung von Enzymen, wenn sie nicht z.B. durch Ammoniak, Natronlauge, Nitrophenol oder Borsäure konserviert wird (XXI C, 1).

Guttapercha und Balata (XXX) sind dem Naturkautschuk ähnliche Substanzen, die aus dem Milchsaft anderer Pflanzen gewonnen werden. Sie haben einen hohen Gehalt an fremden Harzen, sind bei normaler Temperatur hart und weniger elastisch als Kautschuk.

Faktis (XXI C, 2d) sind durch Schwefelanlagerung an die Doppelbindungen von Fetten und Ölen im Sinne einer Vulkanisation gewonnene Produkte. Standöle oder mit Luft geblasene Öle, die technisch ebenfalls zur Faktisherstellung verwendet werden (brauner Faktis), sind im Sinne der Empfehlung ungeeignet. Dagegen sind hydrierte Öle, die noch ungesättigte Bindungen aufweisen, zugelassen. Die Vulkanisierung bei der Herstellung von weißem Faktis mit S_2Cl_2 muß unter schonenden Bedingungen – Verdünnung des S_2Cl_2 mit Benzin, Faktisierungsregler und Wärmeabfuhr – durchgeführt werden.

Als Faktisierungsregler sind nur aliphatische bzw. cycloaliphatische sekundäre oder tertiäre Amine zugelassen (XXI C, 2d). Aromatische Amine sind also ausgeschlossen.

Die hochelastischen, jedoch zerreibbaren Produkte verleihen als Zusatz zu Kautschuk diesem Maßhaltigkeit und glatte Oberfläche.

Im Naturkautschuk liegt das Monomere Isopren (2-Methylbutadien)

$$CH_2{=}\underset{\displaystyle CH_3}{\underset{|}{C}}{-}CH{=}CH_2$$

als unverzweigtes lineares Polymeres vor:

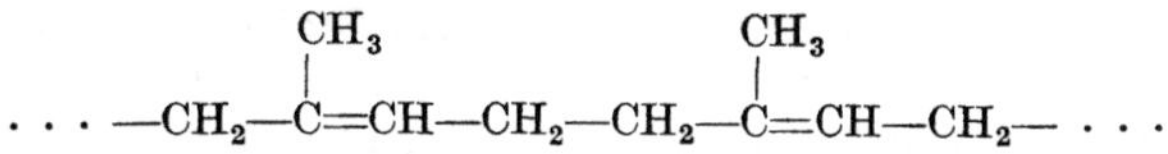

Kautschuk ist also eine weitgehend ungesättigte Verbindung, die dank ihrer Doppelbindungen für eine Vernetzung durch Vulkanisation und für eine Chlorierung geeignet ist.

Durch Polymerisation von Dienen mit konjugierter Doppelbindung sowie durch Mischpolymerisation von Dienen mit Styrol, Acrylnitril oder Isobutylen werden kautschukähnliche Polymerisate synthetisch gewonnen. Butadien

$$CH_2 = CH{-}CH = CH_2$$

ergibt hierbei Polybutadien (Buna).

Als Polymerisationskatalysator diente zu Anfang der Entwicklung synthetischer Kautschuke metallisches, fein verteiltes Natrium (Buna = Butadien, Natrium). Die Reaktion (Blockpolymerisation) kann sowohl in 1,2 Stellung zu verzweigten Produkten als auch in 1,4 Stellung zu unverzweigten Produkten führen.

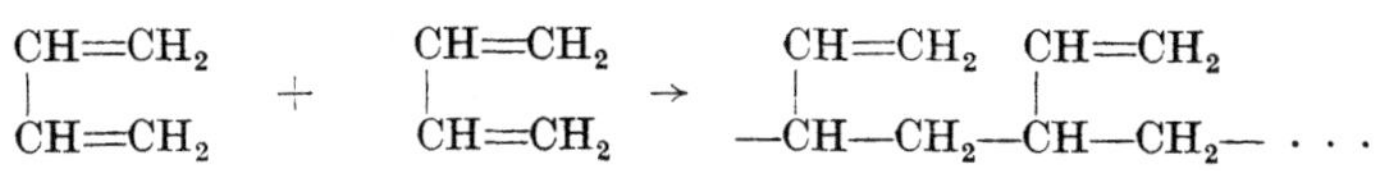

Polymerisation in 1,2 Stellung

$$CH_2{=}CH{-}CH{=}CH_2 + CH_2{=}CH{-}CH{=}CH_2 \rightarrow$$
$$\cdots{-}CH_2{-}CH{=}CH{-}CH_2{-}CH_2{-}CH{=}CH{-}CH_2{-}\cdots$$

Polymerisation in 1,4 Stellung

Die Mischpolymerisation aus Butadien und Styrol wird als Emulsionspolymerisation durchgeführt. Katalysator ist ein Redoxsystem. Als Emulgator können Seifen verwendet werden. Durch Koagulation mit Elektrolyten, wie Kochsalz oder Calciumchlorid, wird das Polymerisat in Flocken ausgefällt.

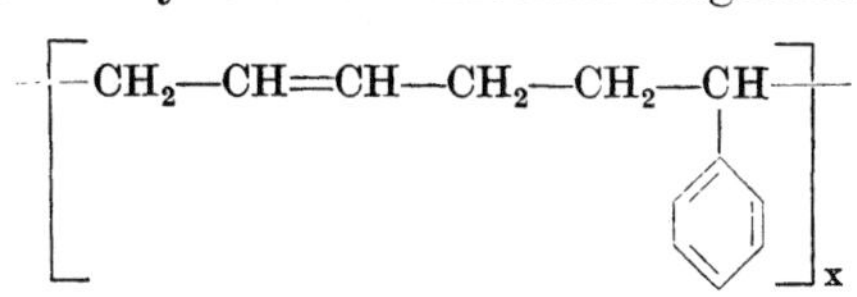

Butadien-Styrolmischpolymerisat

2-Chlor-butadien-1,3 führt zu einem Polymerisat, das anstelle der Methylgruppe des Polyisoprens (des Naturkautschuks) ein Chloratom besitzt (Polychloropren)

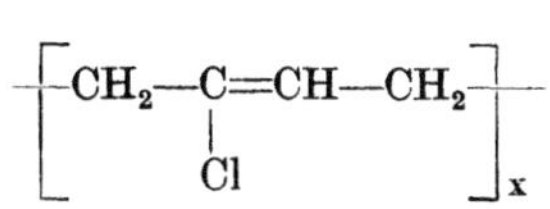

Bei der Einwirkung von Chlor auf Naturkautschuk wird Chlor sowohl an die Doppelbindungen angelagert als auch durch Substitution von Wasserstoffatomen in den Kautschuk eingebaut. Man erhält Chlorkautschuk, der je nach Chlorgehalt weich und plastisch bis hart und spröde ist. Chlorkautschuk wird als Lackbindemittel verwendet.

Butylkautschuk ist das Mischpolymerisat aus Butadien und Isobutylen. Der Herstellung dieser Produkte lag die Absicht zugrunde, durch Einführung von

Doppelbindungen Polyisobutylen vulkanisierbar zu machen. Die Polymerisation wird durch Friedel-Crafts-Katalysatoren wie Bortrifluorid oder Aluminiumchlorid beschleunigt und verläuft bei tiefen Temperaturen (ca. –50° C). (Siehe auch Empfehlung XX A.) Es liegen also Polymerisate vor, in welchen die Sequenzen von Polyisobutylen durch ungesättigte Kettenglieder unterbrochen wird. (XX A, 1.) Die Mischpolymerisate aus Butadien und Styrol oder Divinylbenzol haben seitenständige Benzolringe, Acrylnitril führt $-C \equiv N$ als Verzweigung ein (VI E, 1).

Vulkanisation und Vernetzung

Die stark ungesättigten linearen Makromoleküle des Kautschuks können durch Anlagerung von Schwefel unter Aufrichtung von Schwefelbrücken zwischen den Ketten miteinander verknüpft werden. Dieses von GOODYEAR entdeckte Verfahren der Vernetzung mit Hilfe von Schwefel bezeichnet man als Vulkanisation. Der thermoplastische Kautschuk geht dabei in die hochelastische Form über. Er verliert dabei seine Löslichkeit in aliphatischen, aromatischen und chlorierten Kohlenwasserstoffen. Man nimmt die Vulkanisation zugleich mit der Formgebung vor, d.h. man vulkanisiert in einer geheizten Form, der man nach beendigter Vulkanisation das geformte Fertigteil entnimmt. Zur Heißvulkanisation verwendet man elementaren, feinst verteilten kolloidalen Schwefel.

Die Vulkanisationsbeschleuniger (Tabelle 6), je nach dem Grad ihrer Wirksamkeit als schwache, mittelstarke, Halbultra- und Ultrabeschleuniger bezeichnet, werden durch Aktivatoren – in der Hauptsache Zinkoxid oder Zinkseifen – aktiviert. Dämpfe von Aminen wie Dibutylamin, Cyclohexylamin (XXI C, 2b, β) aktivieren bei ihrem Auftreffen auf die Oberfläche der zu vulkanisierenden Gegenstände die Reaktion und wirken daher als Oberflächenhärter. Da sie nur als Dampf angewandt werden und abdestillieren, sind sie im Endprodukt nicht nachweisbar. Der Zinkgehalt der Bedarfsgegenstände darf 3 % nicht übersteigen. Besondere Vorschriften bestehen für Sauger (XXXI A, 6), für welche nur 1 % zulässig ist.

Vulkanisationsbeschleuniger sind u.a. Thiuram-mono- bzw. -disulfide, Thiazolabkömmlinge, Amine, Thiocarbonate.

Mit Chloracceptoren wie Magnesiumoxid oder Bleioxid, das allerdings für Produkte zur Herstellung von Bedarfsgegenständen verboten ist, kann eine Vernetzung von Polymeren mit beweglichen Chloratomen herbeigeführt werden. Nach diesem Verfahren wird Polychloropren vernetzt.

Chlorsulfoniertes Polyäthylen, das in den Empfehlungen nicht aufgeführt wird, wird ebenfalls mit Hilfe von Metalloxiden vernetzt.

Eine Peroxyd-Vernetzung nimmt man bei der Herstellung von Siliconkautschuk und Äthylenpropylenkautschuk vor.

Alterungsschutzmittel

Um den Vulkanisaten eine lang dauernde Haltbarkeit zu verleihen, muß man sie gegen die Einwirkung von Sauerstoff, Ozon und Licht schützen. Auch soll eine unerwünschte Nachvulkanisation durch noch frei vorliegenden Schwefel vermieden werden, da durch sie eine Verhärtung der Produkte eintreten kann. Ebenso tritt durch dauernde mechanische Beanspruchung eine „Ermüdung" der Produkte ein. Alterungsschutzmittel sind u.a. Phenol oder substituierte Phenole, styrolisiertes Diphenylamin (XXI C, 2c). Bei Zitzenbechern, die wegen ihrer hohen mechanischen Beanspruchung beim Melkvorgang eines besonderen Ermüdungsschutzes bedürfen, ist als Verstärkerfüllstoff Ruß bis höchstens 30 % neben einem weiteren Alterungsschutzmittel N-Phenyl-N'-isopropyl-*p*-phenylendiamin bis höchstens

Tabelle 6. *Vulkanisationsbeschleuniger*

Alkylxanthogensäure (Natrium- oder Zinksalz)	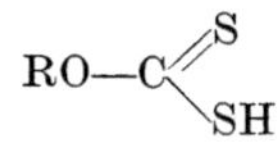
2,2′ Dibenzothiazoyldisulfid	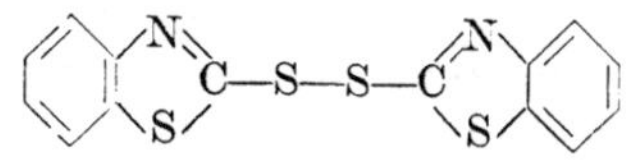
Dimethyl-diphenylthiuram-disulfid	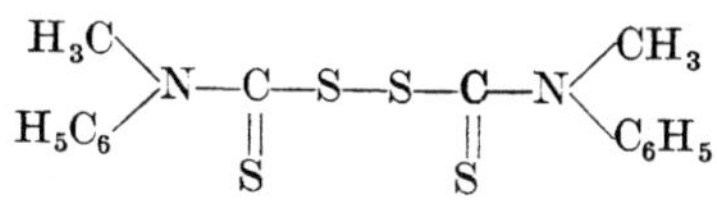
Diphenylguanidin	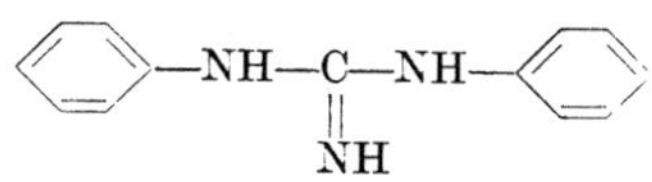
Dipentamethylenthiuramtetrasulfid	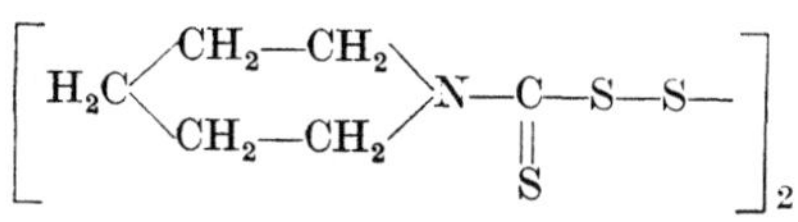
2-Mercaptobenzthiazol	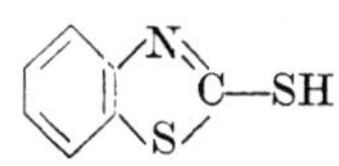
N-Pentamethylenammonium-N-pentamethylendithiocarbamat (oder Piperidinpentamethylendithio-carbamat)	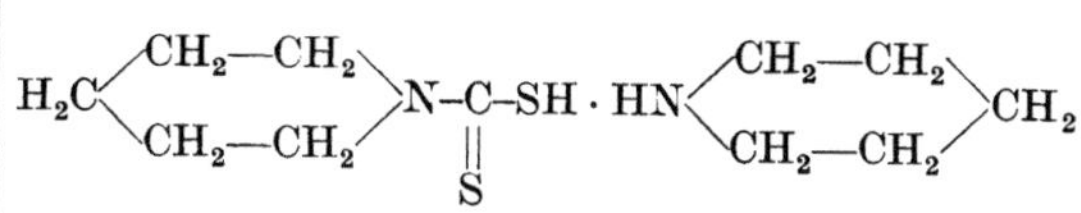
o-Tolylbiguanid	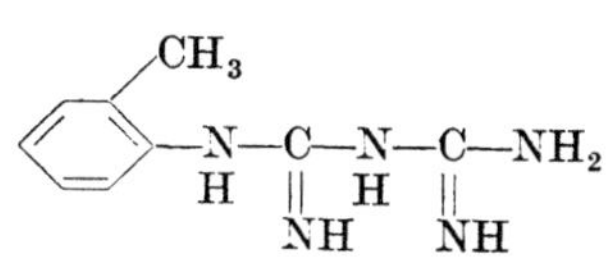
Tetramethylthiuramdisulfid	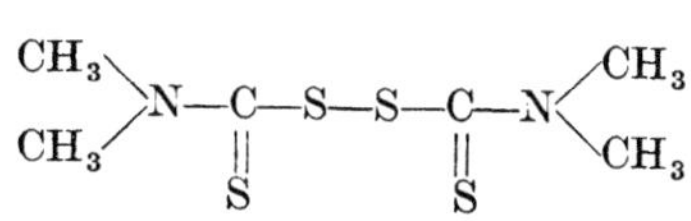
Tetramethylthiurammonosulfid	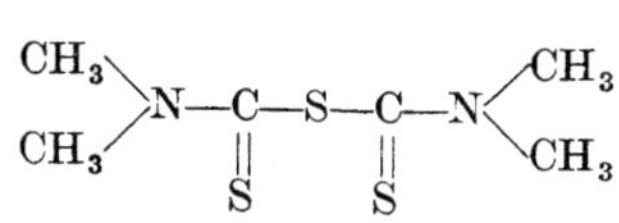
Thiocarbanilid (oder N,N′-Diphenyl-thioharnstoff)	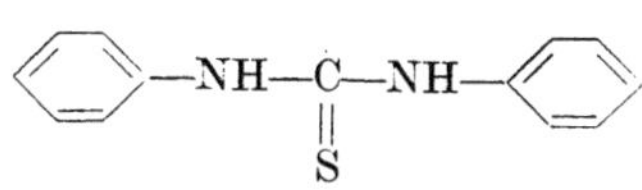
Zinksalz der Dimethyldithiocarbaminsäure	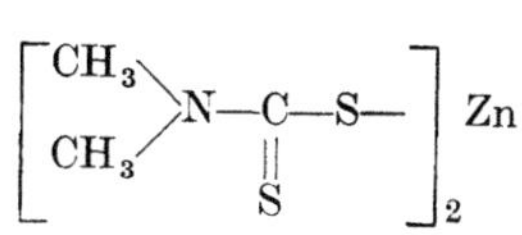

1,5 % zulässig (XXXVIII B 2, c und e). Ebenso werden für Dispersionen aus Festkautschuk (XXXII A, 2c) weitere Alterungsschutzmittel aufgeführt.

Weitere Hilfsmittel

Weitere Hilfsmittel sind Füllstoffe: Kieselsäure und ihre Magnesium-, Calcium- und Aluminiumsalze, Aluminium-, Magnesium- und Calciumoxid, die Carbonate der beiden zuletzt genannten und Bariumsulfat (XXI B, 2a). Die Füllstoffe können auch als Gleitmittel wirken (XXI B, 2e). An dieser Stelle sind auch Organopolysiloxane, Natrium-, Kalium- und Zinkseifen, Alkylsulfonate und Methylcellulose zu nennen.

Weichmacher

Die für technische Produkte verwendeten Weichmacher wie naphthenische Öle und Gasmaschinenöl sind für die Herstellung von Bedarfsgegenständen nicht zulässig. Jedoch sind flüssige Paraffine, die den Reinheitsanforderungen der Anlage zur Kaugummi VO. entsprechen und einer Prüfung auf cancerogene, polycyclische Kohlenwasserstoffe unterzogen werden, zugelassen (XXI C, 2d). Zu Weichmachern für Milch- und Zitzenschläuche siehe Besprechung der Empfehlung XXXVIII.

Treibmittel

Für die Herstellung poröser Vulkanisate ist Benzolsulfohydrazid (XXI C, 2d) zugelassen. Das Produkt zerfällt unter Stickstoffabspaltung in gesundheitlich unbedenkliche Folgeprodukte.

Farbstoffe

Für die Einfärbung von Gummiartikeln gilt Empfehlung IXA. Das heißt, es dürfen Farbstoffe auch nicht in Spuren auf Lebensmittel übergehen (XXI C, 2f). Man verwendet organische und anorganische Farbpigmente.

Verwendung

Bedarfsgegenstände aus Gummi sind z. B. zusammenlegbare Wasserbehälter, Schläuche, Melkmaschinenteile, Sauger, Dichtungen.

a) Verarbeitung von Gummi

Naturkautschuk muß zur Weiterverarbeitung plastifiziert werden. Naturkautschuk hat ein Mol.-Gew. von ca. 300000. d.h. daß 4000 Isoprenmoleküle aneinandergereiht sind. Unter der Einwirkung von Scherkräften beim Walzen oder Kneten werden die Ketten bis zu einem Mol.-Gew. von ca. 30000 abgebaut. Abbaubeschleuniger wie Thiophenolabkömmlinge erleichtern diesen als „Mastikation“ bezeichneten Vorgang.

Neben diesem mechanischen Abbau der hochmolekularen Substanzen hatte für Synthesekautschukarten der oxydative Abbau unter der Einwirkung von Oxydationsbeschleunigern (Eisensalze von Fettsäuren) Bedeutung. Das Verfahren hat aber an Bedeutung verloren, da man gelernt hat, die Polymerisation so zu regeln, daß weiterverarbeitbare Produkte gewonnen werden.

Der mastizierte Kautschuk wird mit Hilfsmitteln – Weichmachern, Paraffin usw. – sowie mit den Vulkanisationsmitteln verknetet, wobei eine vorzeitige Vulkanisation durch Regelung der Temperatur vermieden wird.

Die Mischungen werden in heißen Preßformen vulkanisiert.

Kautschuk in wäßriger Emulsion (Naturlatex oder Dispersionen synthetischer Produkte) können in verschiedenen Verfahren in die endgültige Form gebracht werden.

α) Tauchverfahren

In die Emulsion werden die Füllstoffe, Schwefel, Zinkoxid, Vulkanisationsbeschleuniger, Formtrennmittel usw., als Paste eingerührt. In die so vorbereitete Emulsion werden die vorgeheizten Formen eingetaucht. Dabei koaguliert der Latex. Es bildet sich eine mehr oder weniger dünne Schicht von Koagulat auf der Form aus. Nach dem Herausnehmen der Form wird getrocknet und vulkanisiert.

Hohlformen können mit Latex ausgegossen werden. Nach der Koagulation wird wie beim Tauchverfahren weiterverfahren. Als Hohlformen werden Formen aus saugendem Material verwendet, welche das bei der Koagulation frei werdende Serum aufsaugen. Der Überschuß an nicht koaguliertem Latex wird entfernt und der Belag der Hohlform vulkanisiert.

β) Streichverfahren

Zum Imprägnieren von Geweben verfährt man ähnlich wie bei der Beschichtung von Papieren mit Dispersionen. Die Latexdispersion wird auf die Gewebebahn aufgetragen und mit einer Rakel die aufgetragene Schicht egalisiert. Man trägt auch hier die Beschichtung in verschiedenen Lagen auf und trocknet nach jeder Beschichtung.

γ) Herstellung von Schäumen

Zur Herstellung von Schäumen aus Kautschuk nutzt man die Eigenschaft des Kautschuks, bei hohem Druck Gase zu lösen. Gummimischungen werden im Autoklaven einem Stickstoff-Druck bis zu 300 at ausgesetzt. Durch gleichzeitiges Erwärmen beginnt die Vulkanisation. Bei der Entspannung bläht der gelöste Stickstoff die noch nicht ausvulkanisierte Masse schaumig auf, die durch Vulkanisation in der gewünschten Form fixiert wird.

Latex wird nach dem Dunlop-Verfahren unter Zusatz von oberflächenaktiven Schaummitteln mit Luft zu einer schaumigen Masse geschlagen, wobei das Volumen der Dispersion auf das 15fache erhöht werden kann. Durch ein Koaguliermittel, das kurz vor Beendigung des Verschäumens zugesetzt wird, verfestigt sich der Schaum, der anschließend vulkanisiert wird.

Nach anderen Verfahren werden Treibmittel, wie stickstoffabspaltende Diazoverbindungen oder Wasserstoffperoxid, zur Porenbildung herangezogen.

D. Verformung der Kunststoffe zu Bedarfsgegenständen

Bei der Verformung der Kunststoffe nützt man ihr Verhalten bei erhöhter Temperatur: Thermoplaste erweichen oder verflüssigen sich. Duroplaste vernetzen und erhärten dabei.

Von der großen Zahl der Verarbeitungsmethoden sollen hier nur die am häufigsten verwendeten genannt werden.

1. Verarbeitung der Thermoplaste

Je nachdem, ob man Kunststoffe bei höherer Temperatur als weiche plastische Masse oder im flüssigen Zustand verarbeitet, verwendet man das Verfahren der Extrusion, der Kalandrierung oder des Spritzgusses.

a) Extrusion

Die hierzu verwendete Maschine, der Extruder (auch Schneckenpresse genannt), besteht im wesentlichen aus einem langgestreckten heizbaren Zylinder, in welchem sich eine, das ganze Volumen des Zylinders ausfüllende Schnecke befindet. Der Zylinder endet an seinem vorderen Teil in einem Spritzkopf mit Düse. Am anderen Ende befindet sich die Einfüllvorrichtung und das Getriebe zum Antreiben der Schnecke (Abb. 6).

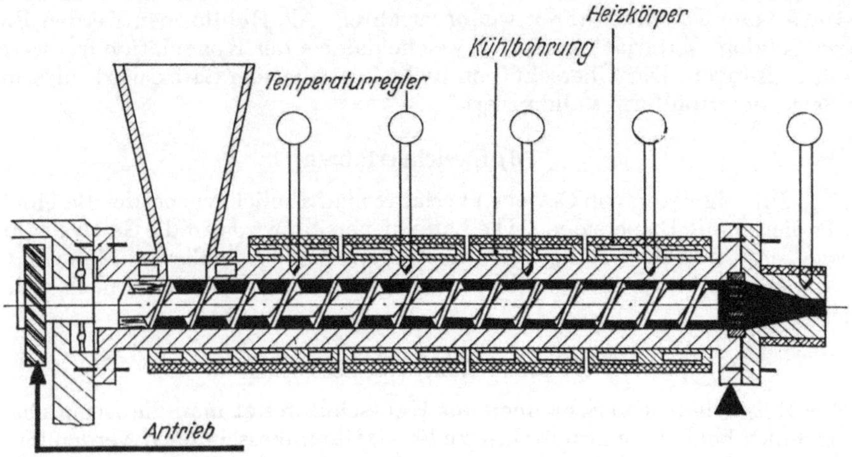

Abb. 6. Schema eines Extruders

Der Kunststoff wird zumeist in Form von Granulat durch die Einfüllvorrichtung der Schnecke zugeführt. Durch die zugeführte Wärme und die bei der Reibung (Friktion) der Kunststoffpartikel aneinander entstehende Wärme erweicht die Masse. Sie wird dem Mundstück zugeführt und durch die Düse ausgepreßt. Durch entsprechende Formen der Schnecke, zunehmenden Kerndurchmesser oder Vorschaltung eines torpedoförmigen Kolbens kann die plastische Masse durch einen engen Spalt zwischen Schnecke, Torpedo und Zylinderwand gepreßt und homogenisiert werden (Abb. 7).

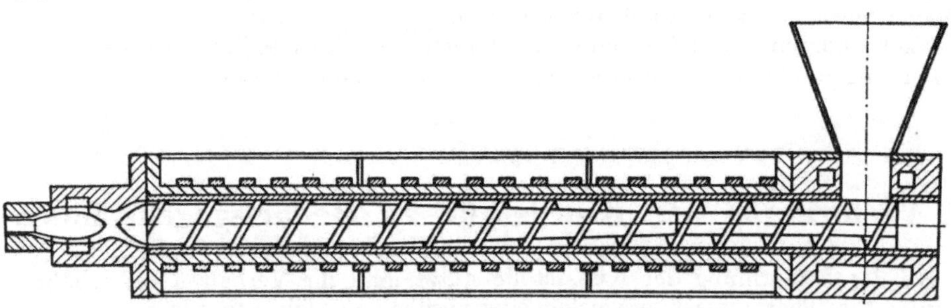

Abb. 7. Extruder mit zunehmendem Schneckenkerndurchmesser

Da der Kunststoff dem Extruder in Form von Pulver oder Granulat zugeführt wird, verringert sich das Volumen des Materials durch Erweichen und Kompression. Die Verringerung des freien Raumes zwischen Schneckenkern und Zylinderwand verhindert einen pulsierenden Ausstoß, der durch die Volumenverringerung entstehen könnte.

Als Material für Schnecke und Zylinder verwendet man korrosionsbeständige Stähle, die einem Angriff von korrodierenden Spaltprodukten (z.B. HCl) widerstehen.

Die Form der Düse bestimmt die Form der extrudierten Masse. Eine einfache Bohrung ergibt einen endlosen Strang, eine Ringdüse einen Schlauch, eine Schlitzdüse eine Folie usw.

Mit einer Abzugsvorrichtung transportiert man die extrudierte und geformte Masse ab. Eine Glättung der noch warmen Folien durch Passieren von polierten Walzen, eine Kalibrierung von Rohren und Schläuchen durch Passieren eines Kalibrierrohres oder durch Ziehen über einen Dorn wird nötigenfalls angeschlossen. Durch Luft- oder Wasserkühlung erhält der Kunststoff wieder seine Festigkeit.

α) Granulierung

Pulverförmiges Material, das als Granulat weitergegeben werden soll, extrudiert man zu einem Strang, wobei das Mundstück des Extruders zweckmäßig mehrere Bohrungen hat und also mehrere Stränge gleichzeitig extrudiert werden können. Die kontinuierlich ausgestoßenen Stränge werden nach dem Abkühlen durch rotierende Messer auf die gewünschte Granulatgröße zerschlagen. Das so gewonnene Granulat hat also die Form kleiner Zylinder.

β) Hohlkörperblasen

Aus einem horizontal angeordneten Extruder, dessen Spritzkopf im rechten Winkel nach unten gerichtet ist, extrudiert man einen Schlauch zwischen zwei Halbformen z.B. einer Flasche. Die beiden Halbformen werden zusammengeführt. Sie pressen an einem Ende den Schlauch zusammen und verschweißen ihn. Die Schweißnaht befindet sich am Flaschenboden. Das umfaßte Schlauchstück wird durch Messer abgetrennt. Durch einen Stutzen am entgegengesetzten Ende der Flaschenform — also am Flaschenhals — wird Luft in den noch heißen Schlauch geblasen; dieser wird dadurch aufgebläht, in die Flaschenform gepreßt und soweit abgekühlt, daß die Flasche aus der Form ausgestoßen werden kann, wenn die beiden Halbformen wieder auseinanderweichen (Abb. 8).

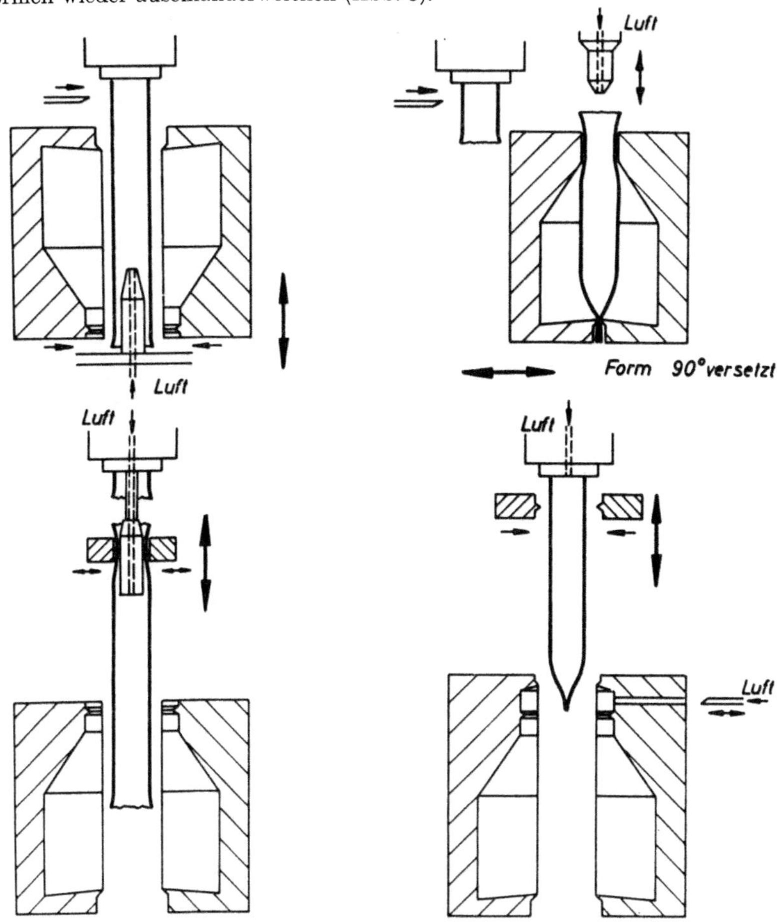

Abb. 8. Hohlkörperherstellung durch Blasen

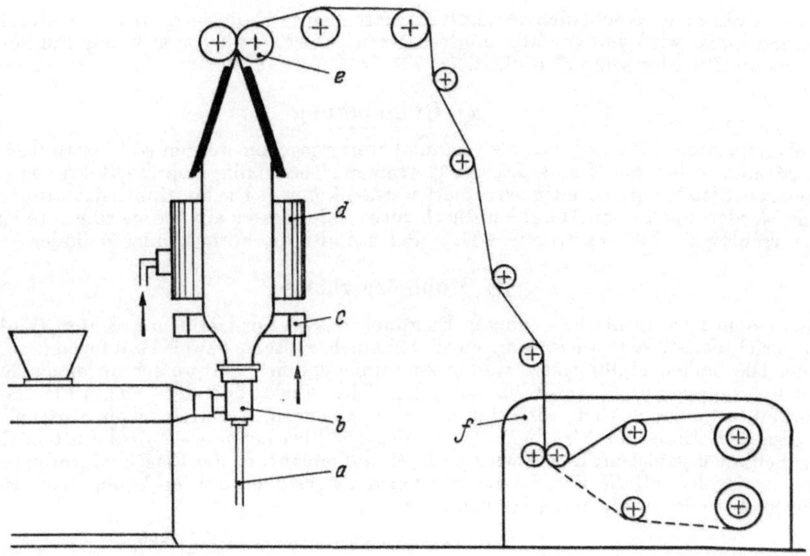

Abb. 9. Herstellen von Blasfolien
a) Stützluft, b) Blaskopf, c) Kühlring, d) Luftschacht, e) Quetschwalzen, f) Aufwickelvorrichtung

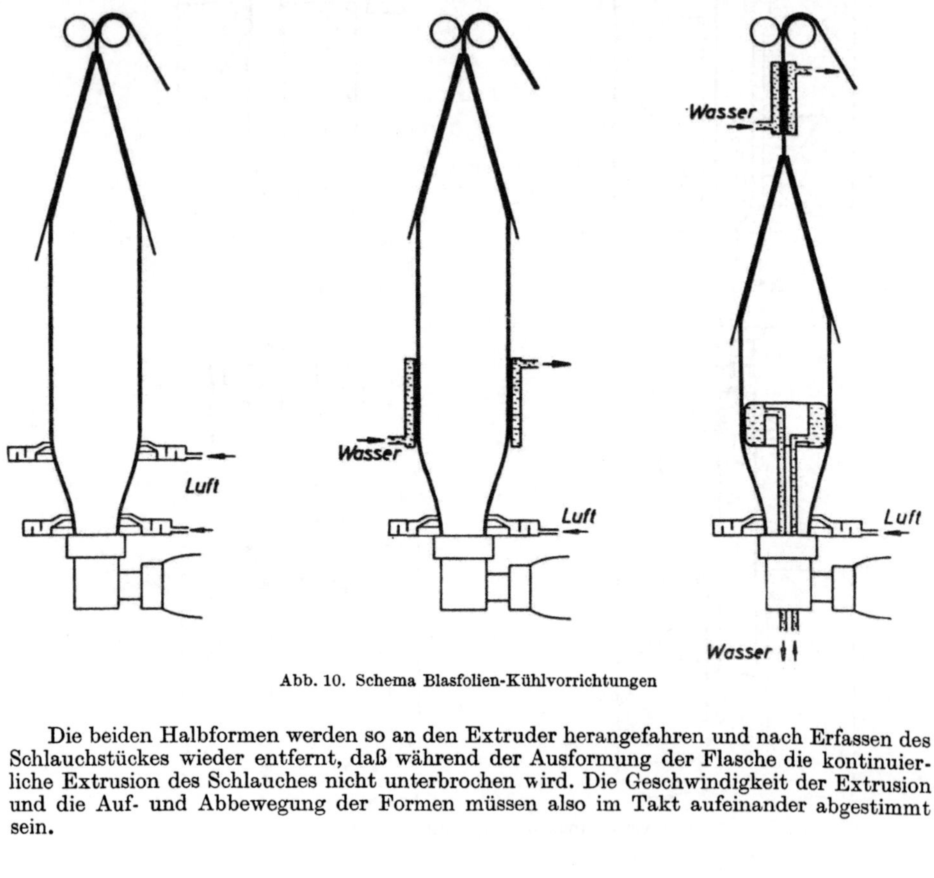

Abb. 10. Schema Blasfolien-Kühlvorrichtungen

Die beiden Halbformen werden so an den Extruder herangefahren und nach Erfassen des Schlauchstückes wieder entfernt, daß während der Ausformung der Flasche die kontinuierliche Extrusion des Schlauches nicht unterbrochen wird. Die Geschwindigkeit der Extrusion und die Auf- und Abbewegung der Formen müssen also im Takt aufeinander abgestimmt sein.

γ) Folienblasen

Für die Herstellung dünner Folien, hauptsächlich von Polyäthylenfolien, verwendet man das Folienblasverfahren. Aus einer Ringdüse extrudiert man einen Schlauch, der bei entsprechender Länge von Quetschwalzen erfaßt, dadurch verschlossen und abgeführt wird. Durch eine zentrale Bohrung der Düse bläst man ein bestimmtes Volumen Luft in den nachgelieferten Schlauch ein. Der Schlauch wird dadurch zu einem dünnwandigen Ballon stark aufgebläht. Da die Luft nicht zwischen den Quetschwalzen entweichen kann, verbleibt die einmal eingeblasene Luft in dem durch kontinuierliche Extrusion nachgelieferten Schlauch und bläht ihn wegen ihres konstanten Volumens auf gleichbleibende Wandstärke auf (Abb. 9).

Durch Kühl- und Stützvorrichtungen wird der zum Ballon aufgeblähte Schlauch in der gewünschten Form geführt (Abb. 10).

Der aufgewickelte Schlauch kann aufgeschlitzt und als Folie verwendet oder durch Verschweißen in bestimmten Abständen zu Beuteln verarbeitet werden.

δ) Schrumpffolien

Durch Recken einer Folie werden die in Verknäuelung vorliegenden Fadenmoleküle in Richtung der auf die Folie wirkenden Kraft geordnet und werden durch Abkühlung in dieser Ordnung fixiert. Beim Erwärmen gehen sie wieder in den ungeordneten Zustand der Verknäuelung zurück, vergleichbar einer gespannten Stahlfeder, die beim Nachlassen des Zuges sich wieder zusammenzieht.

Man kann die Reckung nur in einer Richtung vornehmen (monoaxiale Reckung) oder in Längs- und Querrichtung (biaxiale Reckung). Durch die Reckung wird die mechanische Festigkeit der Folien beträchtlich erhöht.

Reckung in Längsrichtung wird erzielt, indem man die Folien durch Walzen zieht, wobei die Abzugsgeschwindigkeit größer ist als die Zufuhrgeschwindigkeit. Zur Reckung in Querrichtung wird die Folie in einem Spannrahmen an ihren Rändern von Kluppenketten erfaßt und auf die Dimension des Spannrahmens gereckt.

Schrumpffolien sind derartig monoaxial oder biaxial gereckte Folien. Hüllt man zu verpackendes Gut mit einer derartigen Folie ein und läßt anschließend im Schrumpftunnel durch aufgestrahlte Wärme oder durch Eintauchen in heißes Wasser kurzzeitig Wärme einwirken (Cry-o-Vac-Verfahren), so schrumpft die Folie auf das verpackte Gut auf und ergibt eine festsitzende Verpackung. Schrumpffolien sind vornehmlich Polyvinylchlorid-, Polyvinylidenchlorid- und Polyäthylenfolien bzw. deren Mischpolymerisate, jedoch kann praktisch jede Folie gereckt werden.

ε) Mehrschichtfolien

Mehrschichtfolien (Verbundfolien) stellt man her, um die Eigenschaften verschiedener Materialien miteinander zu kombinieren. Eine mechanisch feste, jedoch wärme- und wasserdampfdurchlässige Folie kann durch Beschichtung mit einer gasdichten Folie eine Gassperre erhalten. Die Beschichtung mit einer chemisch resistenten Folie kann die Benutzung einer nicht resistenten, jedoch dichten Folie ermöglichen. Eine nicht schweißbare Folie kann durch Beschichtung mit einer hierfür geeigneten Folie eine nun schweißbare Verbundfolie ergeben.

Verbundfolien aus gleichem Material, jedoch verschieden gefärbt, wobei die innere Schicht als Lichtsperre z. B. geschwärzt ist, die äußere Beschriftung und Dekor zeigt, können zur Verpackung für lichtempfindliches Gut verarbeitet werden.

Zur Herstellung von Mehrschichtfolien stehen verschiedene Verfahren zur Verfügung. Zwei fertig vorliegende Folien werden erhitzt und aufeinandergepreßt. Die Folien „verschweißen" mit ihrer ganzen Fläche miteinander.

Nach einem anderen Verfahren läßt man die Folien bei ihrer Extrusion aufeinandertreffen und zieht die sich hierbei verbindenden Folien ab bzw. man bläst sie – wie beim Folienblasen beschrieben – auf die gewünschte Wandstärke auf (Abb. 11).

Folien, die sich auf diese Weise nicht durch Verschweißen miteinander verbinden, werden mit Hilfe eines Klebers miteinander verklebt (Kaschieren).

Die Haftfestigkeit der miteinander verbundenen Folien ist für ihre weitere Verwendung wichtig. Die Folien sollen sich bei ihrer Verwendung nicht voneinander lösen und nicht durch einfaches Abziehen voneinander trennbar sein. Bei Folien, die aufgrund ihrer chemischen Natur Affinität zueinander oder zu dem

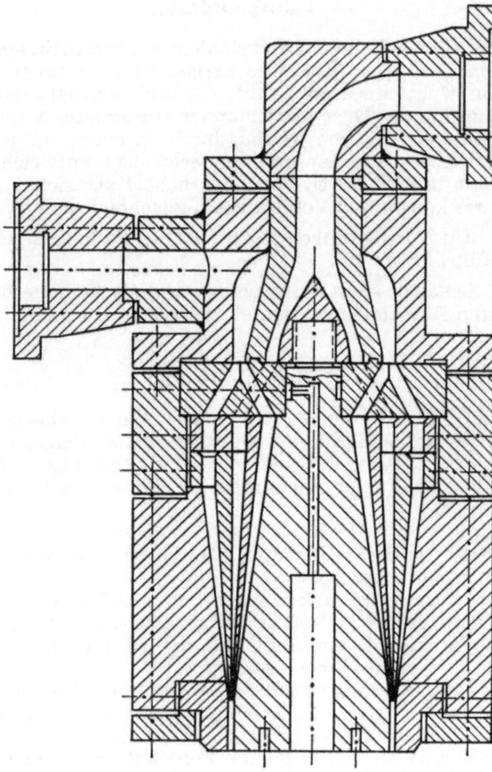

Abb. 11. Blaskopf zur Extrusion von dreischichtigen Kunststoff-Folien

Kleber zeigen, wird das leicht zu erreichen sein. Bei anderen Folien ist eine Oberflächenbehandlung vonnöten, um durch Aktivierung eine Affinität zu erzeugen. Die Aktivierung kann z.B. durch Einwirkung von Sauerstoff in der Wärme erzielt werden.

Nach einem Verfahren extrudiert man beispielsweise aus mehreren konzentrisch angeordneten Ringdüsen die miteinander zu verbindenden Kunststoffe Polyamid und Polyäthylen, läßt zwischen die heißen, noch nicht miteinander verbundenen plastischen Massen Sauerstoff streichen und bläht zur Verbundfolie auf.

Nach diesem Verfahren der konzentrischen Ringdüsen lassen sich selbstverständlich auch Hohlkörper aus Verbundfolie blasen.

Beispiele für Verbundfolien sind Kombinationen von Polypropylen-Polyäthylen, Polyester-Polyäthylen, Polyäthylen-Polyamid-Polyäthylen, Zellglas-Kunststoff.

Eine sehr zuverlässige Sperre für Wasserdampf und Sauerstoff bietet die Aluminiumfolie. Um sie verschweißbar zu machen, beschichtet man sie mit einer Polyäthylenfolie. Auf die besonders gereinigte Aluminiumfolie, die man noch mit einem Haftvermittler wie Schellack oder Alkyltitanat versehen kann, oder die durch eine Glimmentladung vorbehandelt ist, läßt man aus einer Breitschlitzdüse den Film aus geschmolzenem Polyäthylen treffen und verpreßt zwischen Walzen unter Kühlung. Äthylenmischpolymerisate mit Carboxylgruppen sichern eine besonders gute Haftung.

b) Kalandrieren

Zwischen zwei mit verschiedener Geschwindigkeit rotierenden achsenparallelen Walzen wird der Kunststoff als Pulver oder Granulat gegeben. Durch Heizung und Friktion der Partikel wird der Kunststoff plastifiziert. Füllmittel werden eingearbeitet. Das sich bildende Fell wird manuell oder mechanisch zerschnitten und umgelegt, bis eine homogene Masse entstanden ist. Durch Passieren von Walzen mit entsprechendem Abstand wird die Masse schließlich zur Folie verformt und abgezogen. Der zeitliche Ablauf wird durch Einstellung der Rotationsgeschwindigkeit so eingestellt, daß die heiße Masse nicht zu lange der Einwirkung der Luft ausgesetzt ist.

In der Kautschukindustrie dient die Verknetung auf der Mischwalze zur Mastizierung des Kautschuks, also zum mechanischen Abbau der langen Fadenmoleküle.

c) Spritzguß

Bei der Verarbeitung von Kunststoffen, die durch Erwärmen verflüssigt werden können, bedient man sich des Spritzgußverfahrens. Die Apparatur besteht aus einem heizbaren Zylinder, der an seinem vorderen Ende mit einer Düse, am hinteren Ende mit einem Kolben versehen ist. Das Granulat wird portionsweise in den freien Raum zwischen Düse und Kolben verbracht und verflüssigt sich unter Einwirkung der zugefügten Wärme. Der Kolben preßt die verflüssigte Masse durch die Düse in die an diese herangefahrene Form. Die Form fährt zurück und wird nach dem Erkalten des spritzgegossenen Stückes geöffnet. Der Takt der Aufgabe des Granulates, des Kolbens und der Form müssen aufeinander abgestimmt sein, er wird bestimmt von der Zeit, welche der Kunststoff zu seiner Verflüssigung und Abkühlung benötigt.

Wegen der schlechten Wärmeleitfähigkeit der meisten Kunststoffe, die eine gleichmäßige Erwärmung zumal größerer Mengen von Granulat erschwert und um eine Schädigung des Kunststoffes durch Überhitzung an der Zylinderwand zu vermeiden, sind eine Reihe von Änderungen des hier skizzierten Verfahrens vorgenommen worden. Genannt sei die Verwendung einer hin- und hergehenden rotierenden Schnecke anstelle des Kolbens. Das Granulat wird, ähnlich wie bei der Extrusion, auf die Schnecke aufgegeben, von ihr plastifiziert, durchgemischt, verflüssigt und in die Form gespritzt (Abb. 12).

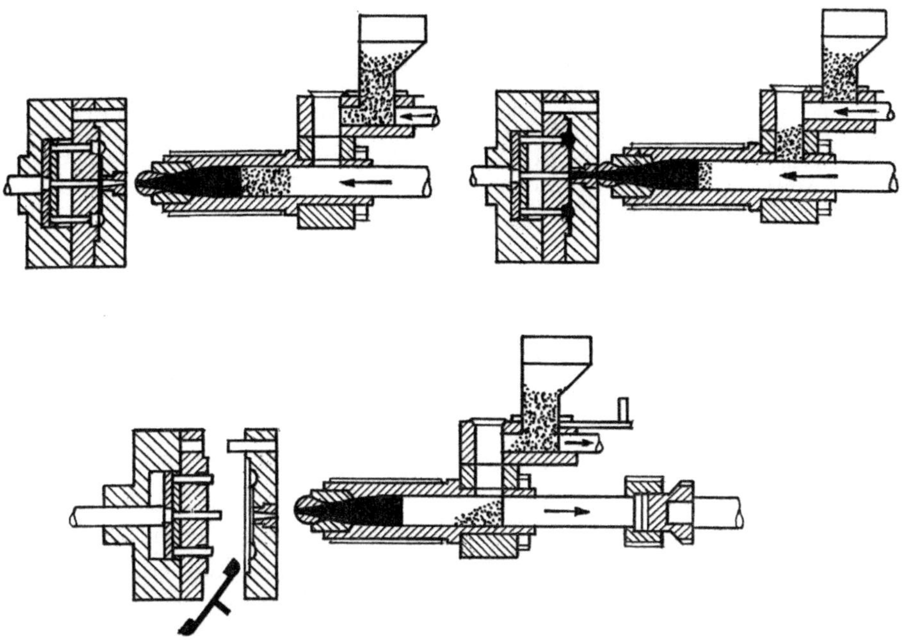

Abb. 12. Schema des Spritzgußverfahrens

d) Beschichtung von Papier mit Folien aus thermoplastischen Kunststoffen

Die aus der Breitschlitzdüse eines Extruders austretende oder von einer Walze abgezogene heiße Folie wird auf eine Papierbahn aufgelegt. Anschließend wird über Walzen geführt, wobei durch den Druck der Walzen die Haftung zwischen Papier und Folie bewirkt wird.

e) Papierbeschichtung mit Hilfe von Dispersionen

Einen auf Papier festhaftenden Film kann man erzielen durch Auftragen einer Kunststoffdispersionsschicht; beim Verdampfen der wäßrigen Phase der Dispersion bildet sich ein zusammenhängender, auf dem Papier fest haftender Kunststoff-Film.

Eine Papierbahn passiert eine Walze, die in einer mit Dispersion gefüllten Wanne rotiert. Durch eine Abstreifvorrichtung – ein scharfer Luftstrom (Luftbürste, Airknife) oder eine Drahtrakel – streift man den Überschuß an aufgetragener Dispersion ab und trocknet mit Infrarotstrahlen bzw. im Heißluftstrom. Es gibt heute Beschichtungsmaschinen, die eine Produktionsgeschwindigkeit bis zu 400 m/min erlauben.

Um eine porenfreie Beschichtung zu erzielen, strebt man eine möglichst gleichmäßige Beschichtung an, da eine Folie nur so dicht ist wie ihre dünnste Stelle. Man verwendet daher möglichst geglättete (satinierte) Papiere. Selbst scharf kalandrierte Papiere zeigen unter der Lupe immer noch eine rauhe Oberfläche. Umso erstaunlicher ist es, daß Polyvinylidenchlorid-Dispersionsfolien von 12–15μ eine Beschichtung von hoher Dichte gegen Wasser, Wasserdampf, Gase, Aromen und Fette ergeben. Immerhin ist die Oberfläche des Papiers ausschlaggebend an der Undurchlässigkeit der Filme beteiligt. So ergeben 10 g/m^2 Polyvinylidenchlorid auf geeignetem Pergamin eine ebenso dichte Beschichtung wie 20 g/m^2 auf Papier bester Qualität. Im übrigen trägt man die zur Beschichtung vorgesehene Dispersionsmenge nicht auf einmal auf, sondern wiederholt die Beschichtung mehrmals, wobei man einen Beschichtungsfilm aus dünnen Lagen aufbaut. Hierbei ist auch die Möglichkeit gegeben, beim Grundstrich z.B. elastischere, bei dem Deckstrich härtere Filme zu bilden.

Bei der Beschichtung von Kunststoff-Filmen kann ein Grundstrich notwendig sein, der die Haftung zwischen Dispersionsfilm und Kunststoff vermittelt.

f) Vakuum-Tiefziehen

Bei diesem Verfahren wird eine Folie in eine Hohlform (Negativ-Form) eingesaugt oder auf eine erhabene Positiv-Form aufgesaugt.

Man spannt eine Folie in einen Rahmen über der Form ein und erweicht sie durch aufgestrahlte Wärme. Die Hohlform ist von feinen Kanälchen durchbohrt, die einerseits an der Oberfläche der Form in kleinen Bohrungen münden, andererseits in einem Kanal enden, der mit

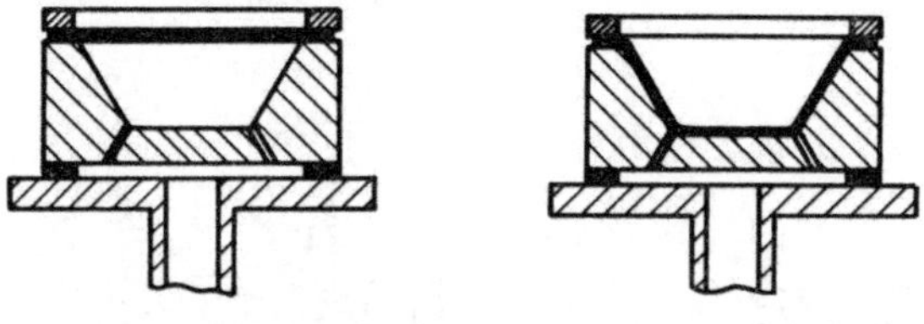

Abb. 13. Schema des Vakuum-Tiefziehverfahrens

einer Saugleitung verbunden ist. Wenn die Folie genügend plastisch geworden ist, wird sie durch einen Vakuumzug in die Hohlform gesaugt, der sie sich eng anlegt. Nach dem Erkalten wird sie durch einen Luftstoß aus der Form ausgeworfen. Bei Verformung über einer Positivform wird die erwärmte Folie der Form aufgelegt und dann angesaugt (Abb. 13).

Nach diesem Verfahren können kompliziert geformte Gegenstände, wie z. B. Innenfutter von Kühlschranktüren, hergestellt werden.

2. Duroplastverarbeitung

a) Ungesättigte Polyesterharze

Die Verarbeitung dieser Harze ist mit einfachen Mitteln auch handwerklich möglich. Die flüssigen und also noch nicht ausgehärteten Harze werden mit Vernetzungskatalysatoren versetzt und auf Trägermaterialien wie z. B. Glastextilien oder Papierlagen aufgetragen. Je nach Katalysator verläuft die Härtung bei höherer Temperatur oder nach dem Anwärmen auf 60–70° C exotherm von selbst weiter. Die beschichteten harzgetränkten Trägermaterialien können durch Pressen in einer Form während der Härtung verformt werden.

b) Andere Duroplaste

Phenoplaste, bei deren Kondensation Wasser entsteht, das entfernt werden muß, werden zumeist vor ihrer Verformung soweit vorkondensiert, bis sie als noch nicht völlig ausgehärtete Pulver vorliegen.

Im einfachsten Verfahren füllt man dann den noch nicht völlig ausgehärteten Duroplasten als Pulver in eine heizbare Form und verformt ihn unter gleichzeitiger Aushärtung unter Druck (Abb. 14).

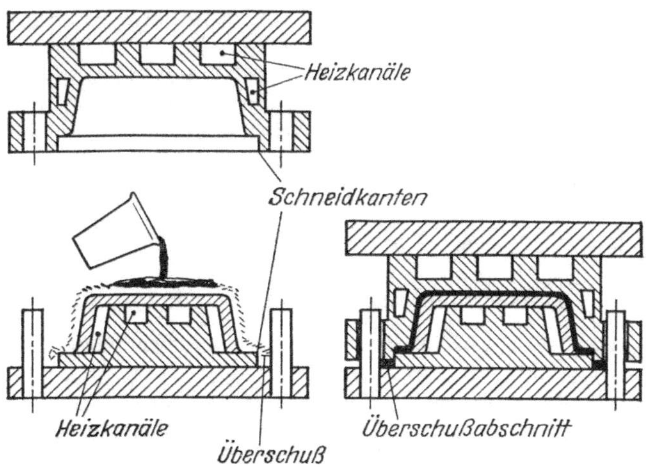

Abb. 14. Schema der Duroplastverarbeitung durch Verpressen unter gleichzeitiger Aushärtung

Um eine gleichmäßige Erwärmung der die Wärme nur schlecht leitenden Substanzen zu erzielen, wärmt man die Einfüllmasse unter Vermeidung einer Aushärtung im Wärmeofen, mit Wasserdampf oder in einem Hochfrequenzfeld vor und verpreßt anschließend. Für komplizierte Formen, bei denen es auf eine exakte Ausfüllung der Form ankommt, verwendet man das Spritzpreßverfahren. Die vorgewärmte Preßmasse wird durch enge Kanäle in die Form übergeführt („Transferpressen"). Die Reibungsenergie beim Passieren der Kanäle wirkt plastifizierend und erhöht das Fließvermögen der Masse.

3. Weitere Verarbeitungsmethoden

a) Kunststoffschäume

Unter den Kunststoffen, welche zu porösen Massen verschäumt werden können, hat für den Kontakt mit Lebensmitteln Polystyrol die weitaus größte Bedeutung.

Man inkorporiert dem Polystyrol bei seiner Herstellung durch Perlpolymerisation das Treibmittel – niedrig siedende Kohlenwasserstoffe. Das Treibmittel enthaltende Granulat wird dem Verarbeiter als solches angeliefert und ist lagerfähig.

Zur Verformung in Blöcke oder fertige Bedarfsgegenstände wie Trinkbecher, Obststeigen, Fischkisten usw. wird das Granulat vorgeschäumt, indem man es der Einwirkung von Wasserdampf aussetzt. Hierbei erweicht das Polystyrol, das Treibmittel verdampft und bläht die Polystyrolperlen zu porösen Kügelchen auf. Die Poren bilden geschlossene Zellen. Zur endgültigen Formgebung füllt man Formen mit dem vorgeschäumten Material und erhitzt durch einen Dampfstoß, der durch Schlitze in der Wand der Form in die zu verformende Masse eindringt. Hierbei blähen sich die vorgeschäumten Kügelchen nach Maßgabe des ihnen zur Verfügung stehenden Raumes weiter auf, verschweißen miteinander und werden durch den Druck des Treibmittels fest in die Form eingepreßt. Nach dem Abkühlen, das je nach Dicke des ausgeformten Gegenstandes mehr oder weniger Zeit beansprucht, kann der Fertigartikel oder Block der Form entnommen werden. Blöcke werden durch Sägen oder mit einem geheizten Draht in Platten geschnitten.

Der in den Zellen noch verbleibende Dampf des gesundheitlich harmlosen Treibmittels verflüchtigt sich durch Diffusion; eine Ablagerung der Bedarfsgegenstände ist daher ratsam, um eine geruchliche Beeinträchtigung der Lebensmittel zu vermeiden.

Vorteile des geschäumten Polystyrols sind sein geringes spezifisches Gewicht (0,02–0,03) bei guter mechanischer Festigkeit. Es ist weiterhin ein schlechter Wärmeleiter, bewirkt also eine gute Kälte- und Wärmedämmung. Zusammen mit dieser Eigenschaft ist der geringen Wasserdampfdurchlässigkeit der dickwandigen Teile die Aufrechterhaltung eines konstanten Klimas in geschlossenen Verpackungen zu verdanken.

Das poröse Material wirkt als Polster und schützt das verpackte Gut durch Stoßdämmung. Seine Resistenz gegen chemische und physikalische Angriffe ist die des Polystyrols.

b) Blasfolien aus geschäumtem Polystyrol

Das Verfahren ist dem üblichen, weiter oben beschriebenen Verfahren zur Blasfolienherstellung analog.

Man beschickt einen Extruder mit dem Polystyrolgranulat, welches das leicht flüchtige Treibmittel enthält. Durch eine Ringdüse wird ein Schlauch extrudiert. Das Treibmittel expandiert sich, sobald der Schlauch von dem Extruder ausgestoßen wird, das heiße Material des Schlauches wird dadurch in geschäumtes Polystyrol umgewandelt. Durch eingeblasene Luft wird der Schlauch auf die gewünschte Wandstärke aufgebläht. Die Folie kann nach dem Tiefziehverfahren verformt werden.

In einem anderen Verfahren wird der Extruder mit treibmittelfreiem Polystyrol beschickt; das Treibmittel wird gesondert in den Extruder eingedrückt, wobei es sich in der plastifizierten Masse löst. Auch Kohlensäure abspaltende Mischungen von z.B. Citronensäure und Natriumhydrogencarbonat werden bei der Blasfolienherstellung als Treibmittel verwendet.

c) Schweißen

Thermoplastische Kunststoffe können durch Erhitzen an den zu verbindenden Stellen erweicht und durch Aneinanderpressen der erweichten Stellen fest miteinander verbunden – verschweißt – werden.

Die zur Erweichung erforderliche Wärme kann durch Heißgas, Heizelemente, Reibung, Hochfrequenzfelder und Ultraschall appliziert werden.

Bei der Heißgasschweißung wird Luft oder bei oxydationsempfindlichen Kunststoffen Stickstoff unter geringem Überdruck durch ein geheiztes Rohr geleitet und auf die zu verschweißenden Stellen gerichtet. Man preßt die erhitzten Kanten aneinander und kühlt; im einfachsten Falle kühlt man durch Bestreichen mit einem nassen Lappen. Die Temperatur der heißen Luft ist der Erweichungstemperatur des Kunststoffes angepaßt. Durch Mitführen eines Kunststoffdrahtes vor der Düse des Heißluftgebläses kann dieser auf die Schweißstelle aufgeschweißt werden.

Für die Verschweißung dünner Folien, z.B. beim Verschließen von Beuteln, preßt man die Folie zwischen zwei geheizten Backen aneinander oder läßt zwischen zwei geheizten Rollen passieren.

Zum Verbinden von zwei Rohrstücken kann man ein Rohrstück in einer Halterung fixieren; man stülpt das zu verbindende Rohrstück über und läßt rotieren. Durch die Reibungswärme erweicht der Kunststoff und verschweißt. Als Werkzeug können Drehbank und Bohrmaschine dienen.

Durch Anlegen von Elektroden kann hochfrequenter Wechselstrom als Heizquelle für Kunststoffe mit starkem dielektrischen Verlust dienen.

Beim Ultraschallschweißen verwendet man die Vibration der Kunststoffpartikel durch Einwirkung von Ultraschall zur Erwärmung der Schweißstelle. Ähnlich wie beim Reibungsschweißen wird also Bewegungsenergie in Wärme umgewandelt. Besonders geeignet für die Ultraschallschweißung sind Polystyrol, Polyamid, Polyacetal, Polycarbonat und Niederdruck-Polyäthylen. Das Verfahren ist nur bei Mindestwandstärke von 0,5 mm verwendbar. Die Kontaktzeit (2–4 sec) und der Energieverbrauch sind gering.

d) Verarbeitung von Abfällen

Betriebseigene Abfälle von Thermoplasten, die bei der Weiterverarbeitung anfallen, z.B. Angußstücke, beim Hohlkörperblasen von diesen abgetrennte überlappende Teile usw., werden im allgemeinen nicht verworfen, sondern zerkleinert und wieder dem Extruder oder der Spritzgußmaschine zugeführt. Soweit es sich um die Herstellung von Bedarfsgegenständen im Sinne von § 2, 1 des Lebensmittelgesetzes handelt, muß der wiederverarbeitete Abfall, respektive müssen die damit hergestellten Bedarfsgegenstände den Empfehlungen entsprechen. Die Zusammensetzung der Abfälle muß daher bekannt sein. Betriebsfremde Abfälle werden also nicht verwendet werden können, wenn über ihre Herkunft und ihre Zusammensetzung nichts bekannt ist. Hierbei ist auch zu beachten, daß die unsachgemäße Verarbeitung von Kunststoffen, also z.B. zu hohe Verarbeitungstemperatur oder eine wiederholte Verarbeitung, einen Kettenabbau bewirken kann, was sich in einer Anreicherung an Oligomeren zu erkennen gibt. Die Angaben über den Schmelzindex für Polyäthylen (Empfehlung III B, 2) sollen seine sachgemäße Verarbeitung und Wiederverarbeitung bei der Herstellung von Bedarfsgegenständen sicherstellen und eine unkontrollierte Verwendung von Kunststoffabfällen verhindern.

e) Bedrucken

Für die Technik der Bedruckung von Kunststoffen ist die Haftfestigkeit der Druckfarbe auf der Kunststoffoberfläche ausschlaggebend. Viele Kunststoffe lassen sich ohne besondere Vorbehandlung, abgesehen von einer Entfettung, bedrucken, andere – wie Polyäthylen, Polypropylen und Polyacetale – müssen vorbehandelt werden. Man beflammt (Kreidelverfahren) oder unterwirft einer Sprühentladung bzw. Glimmentladung. Die Annahme, daß es sich hierbei um einen oxydativen Angriff handelt, liegt nahe, ist jedoch nicht erwiesen, da auch Glimmentladung in einer Stickstoffatmosphäre zu demselben Ergebnis führt. Jedenfalls wird eine Anrauhung, wenn auch im mikroskopischen Bereich, oder die Oxydierung eines Filmes die Haftfestigkeit der Farbe begünstigen.

Da die Farben der Beschriftung oder des Dekors nicht mit Lebensmitteln in unmittelbaren Kontakt kommen, ist die Empfehlung IX nur insoweit zu beachten, als in jedem Falle sichergestellt sein muß, daß von dem aufgebrachten Bedrukkungsmittel nichts durch den Bedarfsgegenstand auf seine dem Lebensmittel zugewandte Seite durchwandert.

Als Druckverfahren wird der Siebdruck bevorzugt, der klare und leuchtende Effekte gibt. Folien werden meist im Tiefdruckverfahren bedruckt.

E. Empfehlungen des Bundesgesundheitsamtes im Lichte des Gesetzes über den Verkehr mit Lebensmitteln und Bedarfsgegenständen

1. Allgemeines

(Lebensmittelgesetz in der Fassung vom 8. IX. 1969; BGBl. I, S. 1990)

Die zunehmende Verwendung von Kunststoffen bei der Herstellung von Bedarfsgegenständen brachte zahlreiche Probleme sowohl im Hinblick auf die gesundheitliche Unbedenklichkeit als auch im Hinblick auf die Reinerhaltung der Lebensmittel von Fremdstoffen mit sich. Diese Fragen konnten von der Lebensmittelindustrie schwerlich allein gelöst werden. Es bedeutete daher eine Hilfe und Förderung, als das Bundesgesundheitsamt eine Kommission ins Leben rief, welche diese Fragen bearbeitet und die Ergebnisse ihrer Prüfung als Empfehlungen veröffentlicht.

Der Kommission gehören an: Wissenschaftler des Bundesgesundheitsamtes, Sachverständige der Chemie und Kunststoffindustrie, der analytischen Chemie, der amtlichen Lebensmittelüberwachung und Pharmakologen. Von Fall zu Fall werden weitere Sachverständige hinzugezogen. Die Kommission wurde im August 1957 unter der Bezeichnung „Kommission für die gesundheitliche Beurteilung von Kunststoffen im Rahmen des Lebensmittelgesetzes" einberufen (vgl. Bundesanz. 1957, Nr. 163 vom 27. August 1957). Die Arbeiten dieser Kommission haben gezeigt, daß die von ihr zu behandelnden Fragen nicht immer streng in den Rahmen der damals gewählten Bezeichnung fallen. Sie wurde daher umbenannt in „Kommission des Bundesgesundheitsamtes für die gesundheitliche Beurteilung von Kunststoffen und anderen Polymeren im Rahmen des Lebensmittelgesetzes (Kunststoff-Kommission des BGA)" (Bundesgesundh.-Bl. 4, 211 [1961]).

Die Empfehlungen des Bundesgesundheitsamtes werden für die einzelnen Kunststoffe und andere Polymere erstellt und enthalten, unterteilt nach Ausgangsstoffen und Fabrikationshilfsmitteln, Listen derjenigen Substanzen, die technisch notwendig sind und gegen deren Verwendung bei der Herstellung von Bedarfsgegenständen keine Bedenken bestehen. Wer also bei der Herstellung von Bedarfsgegenständen aus Kunststoffen und anderen Hochpolymeren die Empfehlungen beachtet und nur Stoffe nach Art und Menge, wie sie in den Empfehlungen aufgeführt werden, verwendet, hat die Gewißheit, die Bestimmungen des Lebensmittelgesetzes nicht zu verletzen, wenn der Bedarfsgegenstand für die vorgesehene Verwendung geeignet ist.

Die Empfehlungen geben in einigen, jedoch nicht in allen Fällen warnende Hinweise; so z. B., daß die Überwanderung von Weichmachern bei der Verwendung von weichgemachten Kunststoffen ausgeschlossen sein muß oder daß der Kontakt mit Fetten, mit Molkerei-Produkten, mit Trinkwasser, mit Lebensmitteln von grieß- oder mehlartiger Beschaffenheit in bestimmten Fällen zu vermeiden ist. (Siehe hierzu die einzelnen Empfehlungen in der Folge.)

Die Bedarfsgegenstände sind also in allen Fällen auf ihre Eignung für die vorgesehene Verwendung zu prüfen. Hierzu ist die Kenntnis der Wechselwirkung zwischen dem Kunststoff und den Lebensmitteln notwendig.

Wäßrige Lebensmittel können sich gegen Kunststoffe anders verhalten als Fette oder Öle oder ätherische Öle. Lebensmittel mit großer Oberfläche wie Mehl oder Grieß können Weichmacher absorbieren. Fette Lebensmittel, bei denen Wasser die äußere Phase bildet – z. B. Geflügel als Tiefgefrierware – kommen nur mit dem sie einhüllenden Eis in direkte Berührung mit der Verpackung und sind daher, obwohl sie Fett enthalten, nicht als Fette anzusehen. Eine nur kurzfristige Berührung zwischen Lebensmitteln und Kunststoffen z.B. auf Fördergurten wird eine geringfügigere Wirkung als eine langdauernde ausüben. Die Verwendung von Kunststoffen in Kontakt mit Lebensmitteln bei höherer Temperatur bedingt die Auswahl hierfür geeigneter Bedarfsgegenstände. Bei alkoholischen Lebensmitteln ist die Konzentration des Alkohols zu beachten. Lebensmittel, die zu ihrer Frischhaltung Luftsauerstoff brauchen, benötigen Kunststoffe, die einen Gasaustausch zulassen. Lichtempfindliches Gut muß durch eine geeignete Trübung oder Färbung der lichtdurchlässigen Verpackung geschützt werden.

Die Empfehlungen des Bundesgesundheitsamtes sagen über die Eignung der Kunststoffe im speziellen Einzelfalle nichts aus. Bei der Vielgestaltigkeit der Lebensmittel im Hinblick auf ihre Zusammensetzung, ihren Aggregatzustand, Dauer des Kontaktes und der Temperatur sind derartige Aussagen ohne unzulässige Vereinfachungen auch nicht möglich.

Die Präambel jeder Empfehlung stellt aber fest, daß gegen die Verwendung des gemäß der Empfehlung zusammengesetzten Kunststoffes bei der Herstellung von Bedarfsgegenständen keine Bedenken bestehen, „sofern die Bedarfsgegenstände sich für den vorgesehenen Zweck eignen". Eine Empfehlung entläßt also Hersteller und Anwender von Bedarfsgegenständen aus der Eigenverantwortung, soweit sie den Schutz der menschlichen Gesundheit gemäß § 3 des Lebensmittelgesetzes betrifft, wenn sich die Bedarfsgegenstände „eignen".

Eine Prüfung auf Eignung setzt die Kenntnis der Kunststoffe, ihrer Herstellung und Verarbeitung, und — wie schon gesagt — der Wechselwirkung zwischen ihnen und Lebensmitteln voraus.

Kunststoffe sind nämlich in den seltensten Fällen reine Hochpolymere. Von ihrer Herstellung her enthalten sie zumeist Reste von Monomeren und Oligomeren. Sie können Katalysatorreste, Stabilisatoren, Regler, Emulgatoren und Schutzkolloide enthalten. Um den Produkten bestimmte Eigenschaften wie Flexibilität, Alterungsbeständigkeit, Gleitfähigkeit zu verleihen, können Weichmacher, Stabilisatoren gegen die Einwirkung des ultravioletten Lichtes oder Gleitmittel zugesetzt werden. Füllstoffe erhöhen ihre Schlagfestigkeit. Schließlich sind hier noch Farbstoffe und Pigmente zu nennen.

Alle diese Stoffe, die zumeist niedrigmolekulare Substanzen sind, können bei unzweckmäßiger Dosierung oder bei Kontakt mit bestimmten Lebensmitteln in diese einwandern. Die Aufmerksamkeit der Hersteller von Bedarfsgegenständen, der Verpacker und der Lebensmittelchemiker wird daher vornehmlich auf diese Hilfsstoffe gelenkt sein.

Die Analytik der Kunststoffe wird in einem besonderen Abschnitt behandelt. Sie bezieht sich auf ihre Identifizierung und die Wechselwirkung zwischen Kunststoffen und Lebensmitteln.

Neben der aus dieser Wechselwirkung sich ergebenden Prüfung auf die *Extrahierbarkeit* der Bedarfsgegenstände unter den Bedingungen ihrer Anwendung kann in bestimmten Fällen eine Prüfung auf *Abriebfestigkeit* von Bedeutung sein. Die *Sauerstoffdurchlässigkeit* von Folien kann (z.B. für Frischfleischverpackung) erwünscht oder für leicht oxydierbare Lebensmittel (hochungesättigte Fette) schädlich sein. *Aromadurchlässigkeit* kann eine Verwendung einschränken. Zur Wiederverwendung bestimmter Bedarfsgegenstände müssen diese einer zuverlässigen *Reinigung* unterzogen werden können. Die *Durchlässigkeit für ultraviolettes Licht* kann den Geschmack von Lebensmitteln (Lichtgeschmack) beeinträchtigen. Die *Wasserdampfundurchlässigkeit* kann erwünscht sein für den Schutz von getrockneten Lebensmitteln; sie kann bei anderen Lebensmitteln zu einem unerwünschten Feuchtigkeitsfilm führen.

Schließlich ist auf eine eventuelle geruchliche und geschmackliche Beeinträchtigung der Lebensmittel zu achten, worauf ja § 4 b, 5 des Lebensmittelgesetzes eigens hinweist.

Die Empfehlungen sind keine Rezepte für die Herstellung technisch geeigneter Bedarfsgegenstände. Keineswegs kann geschlossen werden, daß bei Ausschöpfung aller in den Empfehlungen vorgesehenen Möglichkeiten mit Sicherheit ein in jedem Fall geeigneter Bedarfsgegenstand erhalten wird. Technisch geeignete Bedarfsgegenstände müssen entwickelt werden; die Zusicherung der Unbedenklichkeit, wie sie die Empfehlungen geben, gilt nur bei ihrer sachgerechten Herstellung und Nutzung.

Das BGA weist darauf hin (Bundesgesundh.-Bl. **2**, 263 [1959]):

„Um Mißverständnissen vorzubeugen, wird darauf hingewiesen, daß in der Praxis bei der Herstellung und Verarbeitung der einzelnen Kunststoffe meist nur 1–2 Substanzen aus jeder Gruppe von Fabrikationshilfsmitteln verwendet werden, d.h. also meist nur 1–2 der aufgeführten Katalysatoren, Emulgatoren, Stabilisatoren, Gleitmittel usw. Dies gilt auch für Kunststoffe, die in künftigen Mitteilungen aufgeführt werden."

Unter *technischer* Eignung sind neben Verarbeitbarkeit, Transparenz, Reißfestigkeit, Kälte- und Wärmebeständigkeit usw. die Beständigkeit der Kunststoffe gegenüber den Lebensmitteln, also ihre Extrahierbarkeit unter den Bedingungen des Gebrauchs zu verstehen.

Das BGA hat Extraktionsmethoden für die Untersuchung von Kunststoff-Folien und von geformten Kunststoffgegenständen herausgegeben (Bundesgesundh.-Bl. **4**, 189 [1961]; **10**, 204 [1967]. Siehe auch Mühlschlegel Band II, 2, S. 1113 Extraktionsteste und Abschnitt „Untersuchung von Kunststoffen" Für Polyvinylchlorid, Polyäthylen, Polypropylen, Polystyrol und Polymethacrylat werden dort die zulässigen Mengen an extrahierbaren Bestandteilen angegeben. Für andere Kunststoffe enthalten die Empfehlungen Angaben über die zulässige Extrahierbarkeit oder es bestehen gesonderte Untersuchungsvorschriften bzw. sind solche noch zu erwarten.

Die gemäß den Untersuchungsvorschriften gefundenen Extrakte können bei Innehaltung der Extraktmengenbegrenzung als „technisch unvermeidbare" Anteile im Sinne des § 4 b, 5 des Lebensmittelgesetzes betrachtet werden. Die Empfehlungen sind also im Zusammenhang mit den Untersuchungsmethoden „Listen, die bei der gesundheitlichen Beurteilung der Polymeren und ihrer Hilfsstoffe sowie hinsichtlich des technisch unvermeidbaren Übergangs fremder Stoffe aus Kunststoffen auf Lebensmittel zugrunde gelegt werden". (Franck, 1968).

2. Zur rechtlichen Bedeutung der Empfehlungen

(Bundesgesundh.-Bl. **5**, 352 [1962]).

„Die Empfehlungen sind keine Rechtsnormen, sie stellen aber nach dem derzeitigen Stand der Wissenschaft und Technik fest, unter welchen Bedingungen ein Bedarfsgegenstand aus hochpolymeren Stoffen den Anforderungen des § 4 b Nr. 5 des Lebensmittelgesetzes i. d. F. des Gesetzes zur Änderung und Ergänzung des Lebensmittelgesetzes vom 21. XII. 1958 (Bundesgesetzblatt I, S. 950; vgl. Bundesgesundh.-Bl. **2**, 24 [1959]) entspricht. Werden Bedarfsgegenstände aus Kunststoffen abweichend von den Empfehlungen des Bundesgesundheitsamtes hergestellt, so tragen Hersteller und Anwender bei etwaigen Beanstandungen auf Grund lebensmittelrechtlicher Vorschriften (§§ 3, 4a und 4b Nr. 5 des Lebensmittelgesetzes) allein die volle Verantwortung."

Die Handlungsfreiheit der Hersteller von Kunststoffen und Bedarfsgegenständen ist durch die Empfehlungen nicht beschnitten, der technische Fortschritt wird nicht behindert.

Es dürfen also Kunststoffe entwickelt und Bedarfsgegenstände daraus hergestellt werden, deren Zusammensetzung in den Empfehlungen nicht beschrieben ist. Ein derartiges Vorgehen aufgrund genauer Kenntnis der biologischen Wirkung der Hochpolymeren und der Hilfsstoffe sowie der erforderlichen Kenntnis der Wechselwirkung zwischen den Bedarfsgegenständen und den Lebensmitteln ist kein Verstoß gegen bestehende Vorschriften. Eine Beanstandung solcher den Empfehlungen nicht entsprechender Bedarfsgegenstände müßte auf dem Nachweis eines Verstoßes gegen § 4b Nr. 5 LMG fußen. Es müßte also die Einwanderung gesundheitsschädigender Stoffe oder technisch vermeidbarer Mengen von Fremdstoffen in die Lebensmittel unter den Bedingungen des Gebrauchs erwiesen sein.

Welche Prüfungen sowohl auf gesundheitliche Unbedenklichkeit der Hochpolymeren und der Hilfsstoffe als auch auf Reinerhaltung der Lebensmittel von Fremdstoffen anzustellen sind, geht aus dem Antragsverfahren zur Aufnahme neuer Stoffe in die Empfehlung hervor, das vom Bundesgesundheitsamt bekanntgegeben wurde.

3. Antragsverfahren

Antragsverfahren zur Aufnahme neuer für die Herstellung von Bedarfsgegenständen im Sinne von § 2 Nr. 1 des Lebensmittelgesetzes bestimmter Kunststoffe sowie von deren Fabrikationshilfs- und Zusatzstoffen in die Empfehlungen des Bundesgesundheitsamtes: Bundesgesundh.-Bl. **11**, Nr. 12, S. 184 (1964); neuer Wortlaut Bundesgesundh.-Bl. **11**, S. 256 (1968) Nr. 17.

Das Bundesgesundheitsamt weist eingangs auf die Vorschriften des Lebensmittelgesetzes hin, die zu beachten sind, wenn Bedarfsgegenstände hergestellt, in den Verkehr gebracht oder gewerblich verwendet werden, und fährt fort:

„Das Bundesgesundheitsamt überprüft, soweit dies im allgemeinen öffentlichen Interesse liegt und auf besonderen Antrag, vom gesundheitlichen und lebensmittelrechtlichen Standpunkt aus Kunststoffe und deren Fabrikationshilfs- und Zusatzstoffe, die zur Herstellung von Bedarfsgegenständen im Sinnne von § 2 Nr. 1 des Lebensmittelgesetzes bestimmt sind. Ergibt sich hierbei, daß gegen die überprüften Stoffe keine gesundheitlichen oder sonstigen lebensmittelrechtlichen Bedenken bestehen, so veröffentlicht das Bundesgesundheitsamt Empfehlungen für diese Stoffe ...“

Ein Antrag auf Prüfung und Aufnahme in die Empfehlungen kann sich beziehen auf neue Kunststoffe, für welche noch keine Empfehlung vorliegt, oder auf ein neues Monomeres für einen bereits empfohlenen Kunststoff. Gesondert davon sind Anträge zu stellen für neue Hilfs- oder Zusatzstoffe. Die Anträge sind in der Form von Fragebögen vorzulegen:

Fragebogen A zur Beantragung der Aufnahme eines neuen Kunststoffes oder eines neuen monomeren Ausgangsstoffes in die Empfehlungen des Bundesgesundheitsamtes für Kunststoffe, die mit Lebensmitteln in Berührung kommen.

und

Fragebogen B zur Beantragung der Aufnahme eines neuen Fabrikationshilfs- oder Zusatzstoffes in die Empfehlungen des Bundesgesundheitsamtes für Kunststoffe, die mit Lebensmitteln in Berührung kommen.

In beiden Fragebogen sind neben den chemischen und physikalischen Eigenschaften der zu prüfenden Stoffe die Notwendigkeit der beschriebenen Stoffe „aus technischer und wirtschaftlicher Sicht“ zu schildern. Hiermit wird § 4b Nr. 5 genügt, der die technische Unvermeidbarkeit eventuell in die Lebensmittel überwandernder Fremdstoffe für ihre Zulässigkeit voraussetzt. Eventuelle Einschränkungen in der Anwendung der Bedarfsgegenstände (fette, feuchte, flüssige, saure, ätherische Öle enthaltende Lebensmittel), Verwendungstemperaturen und Dauer des Kontaktes mit Lebensmitteln sind zu nennen. Extraktionen nach der allgemeinen Extraktionsmethode oder spezieller vom Bundesgesundheitsamt veröffentlichter Vorschriften sind durchzuführen. Eine Langzeitextraktion ist für Kunststoffe mit neuen Hilfsmitteln anzustellen. Der Übergang des beantragten Stoffes ist bei 10tägigem Kontakt mit destilliertem Wasser, 3 Gew.-%iger Essigsäure, 10 Vol.-%igem Äthanol und Kokosfett (*Oleum Cocos DAB*) bei 35° C festzustellen.

Für toxikologische Prüfungen von neuen Kunststoffen oder solchen mit neuen Comonomeren gilt folgende Vorschrift:

„Neue Kunststoffe sind in einem Fütterungsversuch über mindestens 3 Monate an Ratten mit zwei verschieden hohen Dosierungen des Kunststoffes im Futter – im allgemeinen 1% und 5% – toxikologisch zu überprüfen. Für Einzelheiten der Versuchsdurchführung sind folgende Veröffentlichungen richtungweisend:
World Health Organization – Technical Report Series No. 144: „Procedures for the testing of intentional food additives to establish their safety for use" – World Health Organization Genf: 1958.
Deutsche Forschungsgemeinschaft: Mitteilung V vom 16. Mai 1966, Kommission für Pflanzenschutz-, Pflanzenbehandlungs- und Vorratsschutzmittel – Sekretariat der Deutschen Forschungsgemeinschaft, 532 Bad Godesberg, Kennedyallee 40."

Die in der letztgenannten Veröffentlichung beschriebenen Methoden sind hier entsprechend anzuwenden.

„Zusätzliche Untersuchungen, die dem vorgesehenen Verwendungszweck Rechnung tragen, können sich als notwendig erweisen. Ein in seiner Zusammensetzung geänderter Kunststoff muß gegebenenfalls von neuem untersucht werden.

In besonderen Fällen empfiehlt es sich, Einzelheiten der Versuchsdurchführung mit dem Bundesgesundheitsamt abzustimmen."

Besonders für die Hilfsstoffe, aber auch gegebenenfalls für die Fertigprodukte, in welchen der neue Hilfsstoff im Kontakt mit anderen Hilfsstoffen oder bei der Verarbeitung des Kunststoffes sich verändern kann, gelten folgende Prüfverfahren, mit welchen neben der akuten Toxizität auch eine subchronische Toxizität ausgeschlossen werden soll:

„Alle Fabrikationshilfs- und Zusatzstoffe für die Herstellung eines Bedarfsgegenstandes, die bei der Herstellung oder Verarbeitung nicht vollständig entfernt werden, d.h. alle Substanzen, die aus dem Bedarfsgegenstand auf Lebensmittel übergehen können, sind ausreichend toxikologisch zu charakterisieren."

„Toxizitätsprüfungen:

a) Akute Toxizität: Bestimmung der akuten oralen LD_{50} bei Ratten, wenn technisch möglich und sachlich sinnvoll. Die Untersuchungen sind gemäß den schon zitierten Vorschriften der World Health Organization und der Deutschen Forschungsgemeinschaft durchzuführen und entsprechend anzuwenden.

b) Subchronische Toxizität: Die aus Bedarfsgegenständen auf Lebensmittel übergehenden fremden Stoffe werden im allgemeinen über längere Zeit und in unterschiedlichen Mengen und Konzentrationen vom menschlichen Organismus aufgenommen. Die Bestimmung der akuten Toxizität hat für die Beurteilung dieser Stoffe in gesundheitlicher Hinsicht nur eine begrenzte Aussagekraft (Wirkungsmechanismus). Für die beantragten Stoffe sind daher vor allem toxikologische Fütterungsversuche an Ratten über mindestens 3 Monate vorzulegen. Für Einzelheiten der Versuchsdurchführung sind die beiden unter a) genannten Veröffentlichungen richtungsweisend. Zusätzliche Untersuchungen, die dem vorgesehenen Verwendungszweck Rechnung tragen, können sich als notwendig erweisen. Bei Verdacht auf besondere toxische Wirkungen (z.B. Verdacht auf cancerogene Wirkung) können auch umfangreichere Untersuchungen gefordert werden. Ein neuer Hilfs- und Zusatzstoff darf aber nicht nur isoliert betrachtet bzw. geprüft werden, sondern muß auch im Zusammenhang mit den anderen Stoffen im Kunststoff geprüft werden, da sich Veränderungen chemischer und toxikologischer Art aus dem Zusammenwirken ergeben können. Daraus ergibt sich gegebenenfalls die Notwendigkeit, das Fertigprodukt (Kunststoff) als solches in geeigneter Form zu untersuchen, wenn es neue Hilfs- und Zusatzstoffe enthält.

In besonderen Fällen empfiehlt es sich, Einzelheiten der Versuchsdurchführung mit dem Bundesgesundheitsamt abzustimmen."

Die Produkte sind selbstverständlich nur in der Reinheit zu prüfen, in welcher sie auch in den Kunststoff einverleibt werden.

Zur Unterstützung eines Antrages können Hinweise auf eine schon vorhandene Zulassung in anderen Ländern und Gutachten, welche zu dieser Zulassung geführt haben, dienen.

Die Empfehlungen des Bundesgesundheitsamtes werden im Bundesgesundheitsblatt veröffentlicht*. Sie erscheinen unter der Überschrift „Gesundheitliche Beurteilung von Kunststoffen im Rahmen des Lebensmittelgesetzes" als Mitteilungen, die mit einer arabischen Ziffer fortlaufend numeriert sind. Die einzelnen Empfehlungen sind neben ihrem speziellen Titel, der den Kunststoff benennt, auf den sich die Empfehlung bezieht, mit römischen Ziffern numeriert, denen bei Neubearbeitung der Empfehlungen und Neuveröffentlichung ein großer Buchstabe hinzugefügt wird.

Wird in einer Empfehlung eine andere Empfehlung angezogen, so ist diese immer in ihrer jeweils geltenden Fassung gemeint.

Eine zweite Reihe von Mitteilungen, die ebenfalls mit 1 beginnend numeriert ist, erscheint unter der allgemeinen Überschrift „Untersuchung von Kunststoffen, soweit sie als Bedarfsgegenstände im Sinne des Lebensmittelgesetzes verwendet werden". Sie enthält die Untersuchungsvorschriften, ist also der analytische Teil der Mitteilungen.

4. Ergänzende Notizen zu den Empfehlungen

Die zur Zeit (Stand Herbst 1969) vorliegenden Empfehlungen sind:

I G *Weichmacherhaltige Hochpolymere* (49. Mitteilung: Bundesgesundh.-Bl. 11 331 [1968).

Die Empfehlung stellt in ihrer Präambel fest, daß der Zusatz von Weichmachern zu Hochpolymeren grundsätzlich unerwünscht ist, sofern die Gefahr besteht, daß die Weichmacher auf die Lebensmittel übergehen. Der Gebrauch von Weichmachern wird daher in der Empfehlung nach Art und Menge der Weichmacher begrenzt unter den Gesichtspunkten der gesundheitlichen Unbedenklichkeit, der technischen Unvermeidbarkeit sowie unter der Voraussetzung der geruchlichen und geschmacklichen Unbedenklichkeit (Siehe hierzu auch Band II, 2 S. 1110 MÜHLSCHLEGEL, Weichmacher.)

Die Empfehlung bezieht sich auf die Verwendung von Weichmachern in Fördergurten auf Basis von Polyvinylchlorid und Butadien-Acrylnitril-Mischpolymerisaten; auf Schläuche für flüssige Lebensmittel; auf Folien, Beschichtungen, Tuben aus Cellulosederivaten, Polymerisaten auf Basis von Acryl- und/oder Methacrylsäureestern, auf Polyvinylchlorid gemäß Empfehlung II E. Weiterhin wird die Verwendung von Weichmachern für Folien, Beschichtungen, Tuben aus Vinylidenchlorid-Mischpolymerisaten und Chlorkautschuk bzw. Cyclokautschuk geregelt.

Die Empfehlung ist einerseits eine Sammlung aller in den einzelnen Empfehlungen aufgeführten zulässigen Weichmacher, andererseits läßt sie darüber hinaus für einige Polymere, soweit in ihren Empfehlungen keine Weichmacher genannt sind, solche zu. Sie nennt für Polyvinylchlorid gemäß Empfehlung II E die mit Weichmachern unverträglichen Hilfsstoffe, die daher nicht zusammen mit diesen verwendet werden dürfen, und schließt eine Reihe von Lebensmitteln vom Kontakt mit dem weichgemachten Kunststoff aus.

Für weichgemachten Chlorkautschuk und Cyclokautschuk, deren Verwendung auf Anstrichfilme für Trinkwasserbehälter beschränkt ist, wird als besondere Vorsichtsmaßnahme zur Reinerhaltung des Trinkwassers eine besondere Rein-

* Die Empfehlungen und analytischen Mitteilungen werden außerdem unter dem Titel Franck, R.: „Kunststoffe im Lebensmittelverkehr – Empfehlungen der Kunststoffkommission des Bundesgesundheitsamtes" als Loseblatt-Sammlung vom Carl Heymanns Verlag KG Berlin, Köln, München, Bonn herausgegeben.

heitsprüfung vorgeschrieben. Sie besteht in der Bestimmung der Dichte, der Brechungszahl und der Siedegrenzen. Darüber hinaus wird die Mindestviskosität des für den genannten Zweck zu verwendenden Chlorkautschuks und Cyclokautschuks vorgeschrieben.

II E *Weichmacherfreies Polyvinylchlorid*, weichmacherfreie Mischpolymerisate des Vinylchlorids und Mischungen dieser Polymerisate mit anderen Mischpolymerisaten und chlorierten Polyolefinen mit überwiegendem Gehalt an Vinylchlorid in der Gesamtmischung. 48. Mitt.: Bundesgesundh.-Bl. **11**, 271 (1968).

Gegenstand der Empfehlung sind gemäß Überschrift Mischungen „mit überwiegendem Gehalt an Vinylchlorid" in den Polymerisaten und Mischpolymerisaten. Hierdurch soll der Geltungsbereich der Empfehlungen abgegrenzt werden. Für Mischungen mit geringem Gehalt an Vinylchlorid in den Polymerisaten gelten eventuell andere Empfehlungen, z.B. Empfehlung XXXIV B.

Die Empfehlung läßt in ihrem Abschnitt 2a–g eine Reihe von Polymerisaten und Mischpolymerisaten zur Mischung mit Polyvinylchlorid und Polyvinylchloridmischpolymerisaten zu. Aus der ausdrücklichen Benennung dieser Mischungskomponenten, für welche – abgesehen von den chlorierten Polyolefinen und den Mischpolymerisaten von Acrylsäurebutylester mit Vinylpyrrolidon (95 : 5) – eine eigene Empfehlung besteht, geht hervor, daß auch Mischungen von an sich empfohlenen Kunststoffen nicht schon deshalb ohne weitere Prüfung hergestellt werden dürfen, weil gegen die einzelnen Mischungskomponenten keine Bedenken bestehen. Durch derartige Mischungen können z.B. durch gegenseitige Beeinflussung der Hilfsmittel, welche durch die Mischungskomponenten eingebracht werden, Veränderungen in ihrer Löslichkeit bewirkt werden und dadurch die Unbedenklichkeitserklärung der Empfehlung gegenstandslos werden.

Unter 3b stellt die Empfehlung fest:

„Der Gehalt der nach Nr. 2 beigemischten Polymerisate an Fabrikationshilfsstoffen bzw. an deren Resten und Umwandlungsprodukten darf, soweit Empfehlungen für diese Polymerisate veröffentlicht wurden, die in diesen Empfehlungen festgesetzten Höchstmengen nicht überschreiten."

Ist also für eine eingebrachte Mischungskomponente der erlaubte Gehalt an Hilfsmitteln niedriger als der erlaubte Gehalt desselben Hilfsmittels in den Polymerisaten, welche Gegenstand der Empfehlung II E sind, so darf daraus nicht geschlossen werden, daß der eingebrachten Mischungskomponente nun mehr von diesem Hilfsmittel zugesetzt werden darf. So läßt z.B. Empfehlung III C für Polyäthylen höchstens 0,4% Calciumstearat als Gleitmittel zu, während Empfehlung II E keine Begrenzung hierfür ausspricht. Trotzdem darf Polyäthylen, welches einem Polyvinylchlorid-Polymerisat zugesetzt wird, nicht mehr als 0,4% Calciumstearat enthalten.

Die Empfehlung enthält einen Anhang über die Reinheitsanforderungen an Di-n-octylzinnverbindungen (4c der Empfehlung). Diese Beschreibung der Reinheit eines Verarbeitungshilfsmittels ist bislang die einzige, die in eine Empfehlung aufgenommen wurde (wenn man von der „halbquantitativen papierchromatographischen Untersuchung von Paraffinen und mikrokristallinen Wachsen auf cancerogene polycyclische Kohlenwasserstoffe", Bundesgesundh.-Bl. **7**, 137 (1964), und **9**, 408 (1966), oder gelegentlichen Hinweisen auf das DAB bzw. die Kaugummiverordnung absieht).

Es wird vorgeschrieben, daß das in den Di-n-octylzinnverbindungen enthaltene Zinn mindestens zu 95% an n-Octylgruppen gebunden sein muß. Maximal 3% des Zinns dürfen als Di- und Trialkylzinnverbindungen vorliegen, deren Alkylgruppen weniger als 8 Kohlenstoffatome enthalten dürfen; jedoch sind Methyl-, Äthyl- und Arylzinnverbindungen verboten.

Von Cadmium, Blei und Arsen dürfen nicht mehr als 30 mg/kg, von anderen Schwermetallen – Zinn und Eisen ausgenommen – nicht mehr als 100 mg/kg vorhanden sein. Quecksilber darf in den Stabilisatoren nicht nachweisbar sein.

Eine Prüfmethode ist in Aussicht gestellt.

Für Trinkwasserleitungsrohre aus den Polymerisaten, Mischpolymerisaten und Polymerisatgemischen liegt eine eigene Empfehlung vor; Empfehlung XIX, 11. Mitt.: Bundesgesundh.-Bl. **5**, 242, (1962).

III C *Polyäthylen* (52. Mitt.: Bundesgesundh.-Bl. **12**, 177 [1969].

Die Empfehlung sieht in Abschnitt 5 die Verwendung von Polyäthylen für Rohre und Fittings für Trinkwasserleitungen vor.

Mischungen von Polyäthylen mit Mischpolymerisaten aus Äthylen, Vinylestern und Acrylsäureestern werden von Empfehlung III C zugelassen, sofern der Gehalt an Polyäthylen überwiegt. Jedoch sind unvernetzte Mischpolymerisate aus Äthylen, Vinylestern oder Acrylsäureestern, die ihrerseits mit Paraffinen, mikrokristallinen Wachsen, niedermolekularen Polyolefinen und Polyterpenen und mit Natur- bzw. Synthesekautschuk vermischt sind, nicht als Mischungskomponenten für Polyäthylen im Sinne des Geltungsbereiches der Empfehlung III C zugelassen. Dagegen darf umgekehrt gemäß Empfehlung XXV B natürlichen und synthetischen Hartparaffinen und mikrokristallinen Wachsen Polyäthylen zugesetzt werden.

Eine ältere Empfehlung IV Polyvinylidenchlorid-Dispersionen (1. Mitt.: Bundesgesundh.-Bl. **1**, 236 [1958]), wurde durch Empfehlung XIV ersetzt.

V C *Polystyrol, das ausschließlich durch Polymerisation von Styrol gewonnen wird* (49. Mitt. Bundesgesundh.-Bl. **11**, 331 [1968])

und

VI E *Styrol-Misch- und Pfropfpolymerisate und Mischungen von Polystyrol mit Polymerisaten* (49. Mitt.: Bundesgesundh.-Bl. **11**, 331 [1968]).

Gegenstand der Empfehlungen sind Styrolhomopolymerisate sowie neben Styrol-Misch- und Pfropfpolymerisaten auch Mischungen von Styrol-Homopolymerisat gemäß Empfehlung V C mit diesen. In die Mischungen können jedoch durch das Styrol-Homopolymerisat Hilfsstoffe nicht miteingebracht werden, die in Empfehlung VI E nicht aufgeführt sind, wie z.B. die Stearat- und Phthalatester (V C, Absatz 3f). Die Mischungen dürften ohne gesundheitliche Bedenken auch mit den Treibmitteln gemäß Empfehlung V C, Absatz 4, geschäumt werden, da die Mischungen zwischen Styrol-Homopolymerisat und den Misch- und Pfropfpolymerisaten bei geschäumten Material weitgehend aus Homopolymerisat bestehen.

Die flüchtigen Anteile des Styrol-Homopolymerisates dürfen nicht mehr als 0,3%, die der Misch- und Pfropfpolymerisate sowie der Mischungen von Polystyrol mit Polymerisaten höchstens 0,5% betragen. Im letzten Fall müssen diese flüchtigen Anteile frei von monomerem Acrylnitril sein. Für geschäumte Produkte, seien sie nun aus reinem Polystyrol oder auch unter Mitverwendung von Misch- und Pfropfpolymerisaten hergestellt, wird daneben noch in 1000 ml Kunststoffschaum 2 g der flüchtigen Treibmittel geduldet unter der Voraussetzung, daß die Lebensmittel hierdurch nicht geruchlich oder geschmacklich beeinträchtigt werden.

VII B *Polypropylen* (52. Mitt.: Bundesgesundh.-Bl. **12**, 177 [1969]).

Die Empfehlung sieht auch die Verwendung des Polypropylens für Rohre und Fittings für Trinkwasserleitungen vor. Gegen derartige Rohre und Fittings bestehen also keine Bedenken, obwohl in Empfehlung XIX Trinkwasserleitungsrohre aus Kunststoffen Polypropylen als Ausgangsstoff nicht genannt wird.

VIII *Kunststoff-Rohre für Getränkeleitungen von Schankanlagen* (3. Mitt.: Bundesgesundh.-Bl. **3**, 235 [1960]).

Die Empfehlung bezieht sich nur auf Rohre, nicht auf Schlauchleitungen für Getränkeschankanlagen. Für die Schläuche gilt Empfehlung XXIX (siehe weiter unten).

Bei der Herstellung und Verwendung von Rohren für Schankanlagen sind außer der Empfehlung VIII die Verordnung über Getränkeschankanlagen vom 14. August 1962 (Bundesgesetzbl. I, S. 561) sowie die vom Bundesminister für Wirtschaft bekanntgegebenen ,,Richtlinien für das Verfahren zur Zulassung von Kunststoffen (Schläuchen und Rohren), die in Getränkeleitungen von Schankanlagen Verwendung finden" vom 3. 3. 1959 zu beachten. (Bundesanz. Nr. 47 vom 10. 3. 1959).

Die Empfehlung VIII bezieht sich nur auf die gesundheitliche Beurteilung von Kunststoffen, wohingegen die genannten Richtlinien, erlassen durch den Bundesminister für Wirtschaft, darüber hinaus eine ,,Gebrauchs- und Sinnesprüfung" sowie eine ,,Prüfung auf Druckfestigkeit" vorsehen. Beim Nachweis der Übereinstimmung der Rohre mit der Empfehlung wird die ebenfalls in den Richtlinien vorgesehene pharmakologische Prüfung und lebensmittelchemische und technische Prüfung erleichtert bzw. wird sie entfallen können. Das Gewerbe- und Ordnungsamt, Frankfurt am Main, ist als Prüfstelle benannt.

Die Rohre haben gemäß Empfehlung ,,klar durchsichtig oder mindestens so durchscheinend zu sein, daß das Getränk und die Reinheit der Leitungen von außen beobachtet werden können."

Weichgemachte Kunststoffe sind nicht vorgesehen. Für Polyacrylsäureester, Polymethacrylsäureester und deren Mischpolymerisate sowie für Polycarbonate sind inzwischen eigene Empfehlungen erstellt; der bei ihnen in der Empfehlung VIII noch gemachte Hinweis, daß ihre gesundheitliche Unbedenklichkeit dem Bundesgesundheitsamt nachzuweisen ist, trifft also nicht mehr zu.

Können zur Verbindung der Rohrteile Kleber technisch verwendet werden, so müssen diese ,,auf der Basis der in der Empfehlung genannten Kunststoffe aufgebaut" sein. Auch Dispersionen der Empfehlung XIV können als Kleber verwendet werden. Diese sind auf ihre gesundheitliche Unbedenklichkeit geprüft und es bestehen daher, obwohl sie nicht auf Basis der in Empfehlung VIII genannten Kunststoffe aufgebaut sind, gegen sie keine Bedenken, wenn sie technisch geeignet sind und die Getränke geschmacklich und geruchlich nicht beeinträchtigt werden.

Der Kontakt der Rohrleitungen mit Reinigungsmitteln soll zeitlich auf 10 min begrenzt sein, um jede Beeinträchtigung der Rohrinnenseite zu verhüten.

IX A *Farbstoffe zum Einfärben von Kunststoffen für Bedarfsgegenstände* (41. Mitt.: Bundesgesundh.-Bl. **10**, 379 [1967]).

Die Empfehlung umfaßt die Einfärbung von Bedarfsgegenständen aus Kunststoffen, Lackierungen und Bedarfsgegenständen aus Gummi.

,,Farbgebende Substanzen" in Kunststoffen sind sowohl Farbstoffe und Pigmente, welche aus Gründen des Aussehens und der ästhetischen Wirkung der Bedarfsgegenstände den Kunststoffen zugesetzt werden, als auch Träger- und Hilfsstoffe, welche die technischen Eigenschaften der Farbstoffe verbessern.

Die Empfehlung IX bezieht sich auf beide Gruppen. Sie schließt alle farbgebenden Substanzen aus, die bei bestimmungsgemäßem Gebrauch aus den Bedarfsgegenständen auch nur in Spuren auf Lebensmittel übergehen können. Im Gegensatz zu den anderen Empfehlungen führt Empfehlung IX keine Liste von geeigneten Substanzen auf, sondern läßt für die Farbgebung alle Stoffe zu, die mit Sicherheit nicht auf oder in die Lebensmittel wandern.

Die Empfehlung bedient sich dieses Verfahrens der Ausschließung unter Verzicht auf namentliche Nennung der verwendbaren Substanzen, da gegen Pigmente

— seien sie auch an sich toxisch — unter der Voraussetzung der Sicherheit, daß diese nicht auf Lebensmittel übergehen, keine gesundheitlichen Bedenken bestehen.

Die Pigmente müssen, um diese Sicherheit zu bieten, völlig von den Kunststoffen eingehüllt sein. Das setzt voraus, daß sie nur in Form kleinster Partikel verwendet werden. Die zur Färbung von Lebensmitteln verwendeten Farbstoffe sind aus technischen Gründen (Löslichkeit, geringe Beständigkeit gegen Temperaturen, wie sie bei der Verarbeitung von Kunststoffen notwendig sind) zum Einfärben von Kunststoffen ungeeignet.

„Die Vorschriften betreffend die Verwendung gesundheitsschädlicher Farben bei der Herstellung von Nahrungsmitteln, Genußmitteln und Bedarfsgegenständen vom 5. Juli 1887" bleiben unberührt durch Empfehlung IX A. Zur Prüfung auf Farblässigkeit siehe analytischer Teil.

Übliche anorganische Pigmente, die zumeist in Mischungen verwendet werden, sind Titandioxid, Cadmiumsulfid, Cadmiumselenid, Chromoxid, Eisenoxid, Manganblau (Bariummanganat), Ultramarinblau, Ruß. Daneben werden organische Pigmente und in Kunststoffen lösliche Farbstoffe verwendet.

X B *Polyamide* (35. Mitt. Bundesgesundh.-Bl. **10**, 57 [1967]).

XI *Polycarbonat* (49. Mitt.: Bundesgesundh.-Bl. **11**, 332 [1968]).

Die Empfehlung schließt Polycarbonate für die Herstellung von Trinkwasserleitungsrohren aus.

XII A *Ungesättigte Polyesterharze* (20. Mitt.: Bundesgesundh.-Bl. **7**, 379 [1964]).

XIII *Zellglas* (9. Mitt.: Bundesgesundh.-Bl. **4**, 294 [1961]).

XIV *Kunststoffdispersionen* (7. Mitt.: Bundesgesundh.-Bl. **4**, 120 [1961]).

Gegenstand der Empfehlung sind Polymere, welche in der Form von Dispersionen angewandt werden. Die zu ihrer Herstellung verwendeten Monomere sind in den entsprechenden Empfehlungen zwar alle schon genannt, jedoch sind eine Reihe von Beschränkungen, wie Mischungsverhältnis sowohl der Comonomeren als auch der Polymeren und der Gehalt an Fabrikationshilfsmitteln, in der Empfehlung nicht für einzelne Polymere ausgesprochen. Es sind jedoch allgemein Gehaltsbeschränkungen für die Hilfsmittel in den aus den Dispersionen hergestellten Filmen festgelegt und darüber hinaus nur eine bestimmte Auswahl von Hilfsmitteln zugelassen.

Kunststoff-Dispersionen werden seit ca. 30 Jahren in immer steigendem Maße zur Beschichtung von Verpackungsmaterialien verwendet.

Man stellt die Dispersionen in der Hauptsache nach dem Verfahren der Emulsionspolymerisation her. In einem anderen Verfahren werden Polymerisate, deren technische Herstellung nach dem Emulsionspolymerisationsverfahren nicht möglich ist, mit Hilfe von Knetern, Homogenisiermaschinen u. ä. in Wasser, das Emulgiermittel und Schutzkolloide enthält, dispergiert.

Man polymerisiert nach dem Emulsionsverfahren in Gegenwart von Katalysatoren bei verhältnismäßig niedriger Temperatur. Durch Variation der Polymerisationsbedingungen, Art, Menge und Mischung der Monomeren, sind die chemischen und physikalischen Eigenschaften der Polymerisate weitgehend variabel. Die mechanischen Eigenschaften der Mischpolymerisate sind im allgemeinen günstiger als die der Mischung von Reinpolymerisaten.

Durch die schonenden Bedingungen der Polymerisation kann der Verlauf der Polymerisation so geregelt werden, daß die entstehenden Polymerisate eine weitgehend gleichmäßige Kettenlänge und Zusammensetzung aufweisen (Polymerisationsregler siehe Ziffer 2b der Empfehlung).

Die wäßrigen Dispersionen sind in kolloidchemischer Hinsicht den natürlichen Kautschuklatices vergleichbar. Es liegen also Kunststoffteilchen mit Wasser als äußerer Phase dispergiert vor. Für die Weiterverarbeitung sind Teilchengröße, elektrische Ladung der Teilchen sowie Viskosität und Stabilität der Dispersionen von Bedeutung. Die Teilchengröße beträgt im allgemeinen zwischen 0,03 und 2μ (bei natürlichen Kautschuklatices ca. $0{,}5\mu$). Die Aufladung der dispergierten Kunststoffteilchen wird durch die verwendeten Emulgiermittel und Schutzkolloide bestimmt. Bei der Abmischung von Dispersionen ist auf die Gleichsinnigkeit der Ladung zu achten. Die Viskosität der Dispersionen kann sowohl durch Art und Menge der Schutzkolloide und Emulgiermittel als auch durch Einbau von hydrophilen Gruppen in die Polymerisate (z.B. Carboxylgruppen) variiert werden. Die Viskosität wird in Centipoise (cP) angegeben. 1 cP ist gleich der Viskosität von Wasser bei 20° C. Wird bei einer Dispersion z.B. eine Viskosität von 10 cP angegeben, so besagt das, daß diese Dispersion bei gleichem Druck 10mal langsamer aus einem Rohr von gegebenem Querschnitt ausfließt als Wasser.

Verdickungsmittel sind (XIV 1h und 2e) z.B. polyacrylsaure Salze oder Amide, Polyvinylpyrrolidon u.ä. Die Beschränkung der Verdickungsmittel auf insgesamt höchstens 8% bezieht sich nur auf die Verwendung monomerer Substanzen der unter Ziffer 1h genannten Stoffe. Es soll durch diese Beschränkung verhindert werden, daß die Filme unzulässige Mengen an löslichen Bestandteilen enthalten. Als Polymerisate können sie gemäß Empfehlung Ziffer 2e soweit verwendet werden, als geeignete Filme gewonnen werden, d.h. soweit diese Ziffer 5 der Empfehlung genügen, von den Beschichtungen also nicht mehr als 30 mg Substanz auf 1 kg Lebensmittel übergehen.

Bei der Verwendung der Dispersionen zur Beschichtung bilden die Kunststoffteilchen, da das Wasser verdunstet oder vom Träger aufgesaugt wird, durch Ineinanderfließen einen geschlossenen Film, der nicht mehr redispergiert werden kann. Die Kunststoffpartikel verschweißen miteinander. Die Filmeigenschaften werden durch Erwärmen der Filme auf Temperaturen, die oberhalb des Erweichungspunktes der Hochmolekularen liegen, daher verbessert.

Die zur Herstellung von Lebensmittelverpackungen weitaus am meisten verwendeten Dispersionen sind auf der Basis von Polyvinylidenchlorid aufgebaut.

Silicon- und Kautschuk-Dispersionen sind in Empfehlung XIV in ihrer derzeitigen Fassung nicht enthalten.

XV C *Silicone* (49. Mitt.: Bundesgesundh.-Bl. **11**, 332 [1968]).

XVI *Polyvinyläther* (8. Mitt.: Bundesgesundh. **4**, 211 [1961]).

XVII *Polyterephthalsäureäthandiolester* (8. Mitt.: Bundesgesundh.-Bl. **4**, 212 [1961]).

XVIII *Melaminharzpreßmassen* (9. Mitt.: Bundesgesundh.-Bl. **4**, 294 [1961]).

XIX *Trinkwasserleitungsrohre aus Kunststoffen* (11. Mitt.: Bundesgesundh.-Bl. **5**, 242 [1962]).

Die Empfehlung gilt für alle zu Wasserleitungen gehörenden Teile, ausgenommen Trinkwasserbehälter aus Kunststoffen oder mit Kunststoff beschichtet. Für Trinkwasserbehälter, die z.B. mit Chlorkautschuk-Anstrichen versehen sind, siehe Empfehlung I G.

Die Empfehlung läßt 4 Bleistabilisatoren für Polyvinylchloridpolymerisate bis zu 2%, berechnet als Blei zu. Der Gehalt des Trinkwassers an der Zapfstelle darf insgesamt 0,05 mg Blei, im l nicht übersteigen, d.h. also, daß der „natürliche" Bleigehalt des Trinkwassers von den 0,05 mg miteinbegriffen ist.

XX A *Polyisobutylen und Mischpolymerisate* (31. Mitt.: Bundesgesundh.-Bl. **9**, 273 [1966]).

Die Empfehlung bezieht sich auf Polyisobutylenreinpolymerisat sowie auf das Mischpolymerisat mit höchstens 3% Isopren; diese Polymere werden zumeist als Mischkomponenten für Wachse und Paraffine verwendet. Über die

Mischpolymerisate mit Isopren als Kautschukkomponente siehe Empfehlung XXI C.

XXI C *Bedarfsgegenstände auf Basis von Natur- und Synthesekautschuk* (Festkautschuk) (51. Mitt.: Bundesgesundh.-Bl. **12**, 160 [1969]).

Diese – häufig auch als Grundempfehlung bezeichnete – Empfehlung bedurfte für eine Reihe von Bedarfsgegenständen einer Einschränkung, teilweise auch einer Erweiterung, die in folgenden Empfehlungen vorgenommen werden: Empfehlungen XXVII, XXIX, XXX, XXXI A, XXXII A, XXXVIII.

XXII *Acryl- und Methacrylsäureester-Blockpolymerisate* (14. Mitt.: Bundesgesundh.-Bl. **6**, 239 [1963]).

Empfehlungsgegenstand sind die „Blockpolymerisate"; gemeint sind die durch Polymerisation in Substanz gewonnenen Polymerisate.

XXIII *Polymethacrylate, Methacrylat-Mischpolymerisate und Mischungen von Polymethacrylaten mit Polymerisaten* (14. Mitt.: Bundesgesundh.-Bl. **6**, 239 [1963]).

Als Monomeres ist neben den schon in der vorhergehenden Empfehlung genannten noch Butadien genannt. Die Empfehlung beschreibt die Suspensions- und Dispersions-Polymerisate und Polymerisat-Mischungen, wodurch sie sich von der vorhergehenden unterscheidet.

XXIV A *Ionenaustauscher für die Nachaufbereitung von Trinkwasser zur gewerbsmäßigen Zubereitung von Lebensmitteln* (36. Mitt.: Bundesgesundh.-Bl. **10**, 120 [1967]).

Die in der Empfehlung genannten Ionenaustauscher sind gemäß Definition nicht für die zentrale Trinkwasserversorgung bestimmt.

XXV B *Hartparaffine, mikrokristalline Wachse und deren Mischungen mit Wachsen, Harzen und Kunststoffen* (38. Mitt.: Bundesgesundh.-Bl. **10**, 167 [1967]).

XXVI *Celluloseacetat und -propionat* (19. Mitt.: Bundesgesundh.-Bl. **7**, 362 [1964]).

XXVII *Fördergurte auf Basis von weichmacherhaltigem Polyvinylchlorid* (19. Mitt.: Bundesgesundh.-Bl. **7**, 362 [1964]).

Da es sich um Bedarfsgegenstände aus weichgemachtem Polyvinylchlorid handelt, sind sie auch in Empfehlung I G aufgeführt. Die Empfehlung begrenzt Gehalt an Weichmachern, Kontaktzeit mit Lebensmitteln, Natur der Weichmacher im Hinblick auf die Art der zu befördernden Lebensmittel. Bei keinem Lebensmittel darf der Kontakt länger als 1 Std. dauern.

XXVIII *Vernetzte Polyurethane als Klebeschichten für Lebensmittelverpackungsmaterialien* (19. Mitt.: Bundesgesundh.-Bl. **7**, 363 [1964]).

Der Hinweis (Nummer 2 der Empfehlung), daß Isocyanatgruppen und Amine nicht nachweisbar sein dürfen, bezieht sich auf die nach der Verklebung als Fertigartikel vorliegenden Bedarfsgegenstände. Wie weiter oben ausgeführt, haben ja Isocyanatgruppen teil an der Wirkung der Substanzen als Kleber. Sie können also in dem noch nicht verwendeten Klebstoff vorhanden sein.

Nummer 3 der Empfehlung schließt eine längere Hitzebehandlung der verklebten Fertigartikel mit wäßrigen Lebensmitteln aus. Es soll durch diese Vorsichtsmaßnahme verhindert werden, daß unter der Einwirkung von Wasser Spuren von löslichen Aminen entstehen.

XXIX *Getränkeschläuche aus Kunststoffen, auch für Getränkeschankanlagen* (21. Mitt.: BGesundhBl. **7**, 406 [1964]).

Die „Richtlinien für das Verfahren zur Zulassung von Kunststoffen (Schläuchen und Rohren), die in Getränkeleitungen von Schankanlagen Verwendung finden", sind unter Empfehlung VIII zitiert.

Als Weichmacher sind außer Di-isononylphthalat nur Polyester zugelassen.

XXX *Fördergurte aus Guttapercha und Balata* (22. Mitt.: Bundesgesundh.-Bl. **8**, 93 [1965]).

XXXI A *Spezielle Bedarfsgegenstände aus Kautschuk* (44. Mitt.: Bundesgesundh.-Bl. **11**, 40 [1968]).

Sie gilt für gummierte Stoffe und Auskleidungen, Bezüge von Walzen in Lebensmittelbetrieben, Fördergurte und Saugleitungen (z.B. zum Füllen und Entleeren von Schifftanks, Waggons und dergl.), Dichtungen für Rohrleitungen, Pumpen und dergl., Dichtungen für Dampftöpfe, Kaffeemaschinen u.ä. sowie für Sauger.

XXXII A *Bedarfsgegenstände auf Basis von Elastomeren aus Natur- und Syntheselatex und Dispersionen aus Festkautschuk* (32. Mitt.: Bundesgesundh.-Bl. **9**, 288 [1966]).

Für synthetische Latices und Dispersionen dürfen außer den in der Empfehlung XXXII A genannten Hilfsstoffen auch noch die Hilfsstoffe der Empfehlung XIV verwendet werden.

Diese Empfehlung ist die einzige, die sich nicht nur auf Bedarfsgegenstände gemäß § 2 Nr. 1 des Lebensmittelgesetzes, sondern auch auf solche gemäß § 2 Nr. 3 bezieht. Sie gilt also auch für Bekleidungsgegenstände, wie Gummischürzen, Gummihandschuhe, Masken und für Spielwaren; diese Gegenstände kommen mit der menschlichen Haut in Berührung oder werden gelegentlich (Spielwaren) in den Mund genommen. Tapeten, Kerzen, künstliche Pflanzen und Pflanzenteile, die § 2 Nr. 3 ebenfalls nennt, kommen in diesem Zusammenhang praktisch wohl nicht in Betracht.

XXXIII *Acetalharze* (22. Mitt.: Bundesgesundh.-Bl. **8**, 357 [1965]).

XXXIV B *Vinylidenchlorid-Mischpolymerisate mit überwiegendem Gehalt an Polyvinylchlorid* (35. Mitt.: Bundesgesundh.-Bl. **10**, 57 [1967]).

XXXV *Mischpolymerisate aus Äthylen, Vinylestern oder Acrylsäureestern* (32. Mitt.: Bundesgesundh.-Bl. **9**, 209 [1966]).

XXXVI A *Papiere, Kartons und Pappen für die Lebensmittelverpackung* (39. Mitt.: Bundesgesundh.-Bl. **10**, 267 [1967]).

XXXVI/1 *Kalt- und Heißfilterpapiere* (39. Mitt.: Bundesgesundh.-Bl. **10**, 267 [1967]).

XXXVIIA *Polybuten-(1)* (52. Mitt.: Bundesgesundh.-Bl. **12**, 177 [1969]).

XXXVIII *Milch- und Zitzenschläuche aus Kunststoffen und Gummi* (40. Mitt.: Bundesgesundh.-Bl. **10**, 316 [1967]).

Abschnitt A betrifft Molkerei- und Melkmaschinenschläuche aus Polyvinylchlorid-Homo- und- Mischpolymerisaten und Polymerisatgemischen gemäß Empfehlung II E. Es wird jedoch die Einschränkung gemacht, daß Nr. 3 und 4 der Empfehlung II E hier keine Gültigkeit hat. Damit sind die in Empfehlung II E zugelassenen Emulgatoren, Schutzkolloide, Gleitmittel und Stabilisatoren bis auf eine später aufgeführte Auswahl an Stabilisatoren und Gleitmittel von der Verwendung bei der Herstellung von Milch- und Zitzenschläuchen ausgeschlossen.

Die Katalysatorreste, die ebenfalls unter Nr. 3 der Empfehlung II E genannt sind, können sinngemäß nicht als ausgeschlossen betrachtet werden, da sie für die Herstellung der Polymerisate unerläßlich sind.

Jedenfalls aber sind Polyvinylchlorid-Emulsionspolymerisate hier nicht zugelassen, um eine Einwanderung von Emulgatoren in das Grundnahrungsmittel Milch zu vermeiden.

Die zugelassenen Stabilisatoren sind Calcium-, Magnesium- und Zinkstearat, epoxydiertes Soja- und Ricinusöl und Zinkoctoat. Als Gleitmittel werden zugelassen Organopolysiloxane, Montansäure-Glykolester, Glycerinester natürlicher, gesättigter und ungesättigter Fettsäuren und Polyäthylen.

Schläuche aus Gummi, die in Abschnitt II genannt werden, müssen der Empfehlung XXI C, Bedarfsgegenstände auf Basis von Natur- und Synthesekautschuk (Festkautschuk), entsprechen. Weichmacher sind also nicht für Gummischläuche zugelassen.

Für Zitzenschläuche aus Gummi führt Abschnitt B zusätzlich zu den in Empfehlung XXI C zugelassenen Hilfsstoffen noch den Beschleuniger Dibenzothiacyldisulfid, den Zusatzbeschleuniger Diphenylguanidin und das Alterungsschutzmittel N-phenyl-N'-isopropyl-p-phenylendiamin auf. Ruß darf als Verstärkerfüllstoff bis zu 30 % verwendet werden.

Weichmacher sind für Schläuche aus Polyvinylchlorid-Polymerisaten und Zitzenbecher zugelassen. Empfehlung I G, Nr. 2 „Schläuche für flüssige Lebensmittel", welche die Weichmacher gemäß Empfehlung XXIX zuläßt, hat also für Milch- und Zitzenschläuche keine Gültigkeit. Zulässig sind nur die in Empfehlung XXXVIII aufgeführten Weichmacher. Sie sind also eine Auswahl aus den für Schläuche für flüssige Lebensmittel zugelassenen. Insgesamt dürfen 50 % des Fertigproduktes aus Weichmachern bestehen. Es sind dies Polyester aus Adipinsäure und einem Gemisch aus 1,3-Butandiol und 1,6-Hexandiol; Polyester aus Adipinsäure und einem Gemisch aus 1,3- und 1,4-Butandiol, deren freie Hydroxylgruppen acetyliert sind; Alkyl (C_{10}—C_{20}) sulfonsäureester des Phenols und der Methylphenole; schließlich der monomere Ester Di-2-äthylhexylphthalat. Die beiden letztgenannten Ester dürfen an dem Gesamtgehalt an Weichmachern jedoch nur 20 % betragen.

Getränkeschläuche gemäß Empfehlung XXIX dürfen soviel Weichmacher enthalten, daß eine Shore A-Härte (DIN 53505) von mindestens 77 erreicht wird. Für Milch- und Zitzenschläuche wird also eine noch exaktere Beschränkung des zulässigen Weichmachergehaltes gegeben, dies im Hinblick auf die Reinerhaltung des Grundnahrungsmittels Milch.

IX L *Vernetzte Polyurethane für spezielle Bedarfsgegenstände* (45. Mitt.: Bundesgesundh.-Bl. **11**, 41 [1968]).

Vernetzte Polyurethane werden als Klebeschichten in Empfehlung XXVIII beschrieben. Hier handelt es sich um feste Massen, wie sie als Maschinenteile, Förderelemente, Membranen, Beschichtungen usw. verwendet werden.

X L *Lacke und Anstrichstoffe für Lebensmittelbehälter und -verpackungen* (47. Mitt.: Bundesgesundh.-Bl. **11**, 192 [1968]).

X L I *Lineare Polyurethane für Papierbeschichtungen* (50. Mitt.: Bundesgesundh.-Bl. **11**, 387 [1968]).

F. Prüfung von Kunststoffen

Alle Bedarfsgegenstände, also auch solche aus Kunststoffen, müssen dem § 4, b Nr. 5 des Lebensmittelgesetzes genügen; sie dürfen an Lebensmittel keine die menschliche Gesundheit schädigende Stoffe abgeben. Fremdstoffe dürfen sie nur in solchen Mengen abgeben, die technisch unvermeidbar sind. Die Empfehlungen des Bundesgesundheitsamtes geben definitionsgemäß Auskunft über die gesundheitliche Unbedenklichkeit von Kunststoffen, die ihnen hinsichtlich ihrer Zusammensetzung entsprechen. Sie setzen weiter voraus, daß „sich die Bedarfsgegenstände für den vorgesehenen Zweck eignen".

Die Empfehlungen des Bundesgesundheitsamtes entlassen also Hersteller und Anwender von Bedarfsgegenständen nicht aus der Verantwortlichkeit, die § 4, b Nr. 5 des Lebensmittelgesetzes ihnen auferlegt. Der Nachweis einer technisch vermeidbaren Verunreinigung eines Lebensmittels durch Fremdstoffe und erst recht eine nachgewiesene Gesundheitsschädigung durch die Verwendung von Kunststoffen im Kontakt mit Lebensmitteln würde strafrechtliche Folgen nach sich ziehen, auch wenn der Bedarfsgegenstand gemäß seiner Zusammensetzung den Empfehlungen genügt. Der Vorwurf der Verwendung eines ungeeigneten Bedarfsgegenstandes könnte also auch mit dem Hinweis auf die Empfehlungen nicht entkräftet werden.

Die Wahrscheinlichkeit einer Gesundheitsschädigung durch Bedarfsgegenstände, die den Empfehlungen entsprechen, ist nach dem derzeitigen Stand der Wissenschaft allerdings praktisch nicht gegeben. Es kann festgestellt werden, daß bis heute trotz der vielfältigen Verwendung von Kunststoffen im Kontakt mit Lebensmitteln kein Fall einer Gesundheitsschädigung zu verzeichnen ist, der durch die Verwendung von Kunststoffen hervorgerufen worden wäre. Dies ist ein sicherer Hinweis sowohl auf die Zuverlässigkeit der Empfehlungen des Bundesgesundheitsamtes als auch darauf, daß die Empfehlungen von den Herstellern und Anwendern der Bedarfsgegenstände verantwortungsbewußt beachtet werden.

Eine Prüfung der Bedarfsgegenstände auf ihre Eignung ist also vor ihrer Anwendung notwendig.

Die Prüfung auf Eignung wird erleichtert, wenn dem Prüfer bekannt ist, welcher Kunststoff vorliegt. Eine Bestimmung des Kunststoffes wird also seiner Analyse vorangehen.

1. Bestimmung der Kunststoffe

a) Vorproben

Als Vorproben können dienen: die empirische Charakterisierung des Materials nach Aussehen, Zustand, Schmelzbereich, überhaupt thermischem Verhalten, also Verhalten in der Flamme und bei der Pyrolyse, sodann Löslichkeit und Dichte. Orientierende Vorproben sind Prüfung auf Heteroelemente Stickstoff, Chlor, Fluor, Phosphor, Silicium, Schwefel.

Die 1. Mitteilung, Bundesgesundh.-Bl. **4**, 189 (1961), und ihre Anlagen geben für diese Vorproben Hinweise.

Es soll hier nicht der Versuch gemacht werden, die Methoden der Identifizierung im einzelnen zu beschreiben; vielmehr soll nur durch kurze Hinweise die bei der Bestimmung von Kunststoffen angewendeten Methoden angedeutet werden, soweit das nicht bei der Besprechung der einzelnen Kunststoffe schon geschehen ist.

b) Bestimmung der Heteroelemente

Die Bestimmung der Heteroelemente der Kunststoffe durch thermische Zersetzung in Gegenwart von metallischem Kalium oder Natrium (Lassaigne) und Nachweis der Elemente in der wäßrigen Lösung der Schmelze nach den üblichen Methoden setzt natürlich voraus, daß ein von Hilfsstoffen, wie z.B. Emulgatoren, Weichmachern usw., oder von Füllstoffen befreiter Kunststoff vorliegt.

Man reinigt also das zu untersuchende Material entweder durch Extraktion, durch Lösung und Filtration oder durch Umfällen in geeigneten Lösungsmitteln. Nach dem Vertreiben des Lösungsmittels kann der Kunststoff untersucht werden.

Bei einigen absolut unlöslichen Kunststoffen, wie z.B. ausgehärteten Melamin-Formaldehyd-Harzen, kann die Pyrolyse schon genügend Hinweise auf die Natur des vorliegenden Kunststoffes bieten. In der Literatur und auch in der zitierten Mitteilung des BGA sind zumeist nur reine unvermischte Kunststoffe zusammen mit ihren Lösungsmitteln genannt. Kunststoffmischungen werden gelegentlich empirisch aufzusuchende Lösungsmittelmischungen zu ihrer Lösung benötigen.

Tabelle 7. *Löser bzw. Nichtlöser für Kunststoffe*

Kunststoff	typischer Löser	typischer Nichtlöser
Polyäthylen	Benzol, Xylol, Tetrahydronaphthalin	Benzin, Alkohole, Ester, Halogenkohlenwasserstoffe
Polypropylen	Xylol, Trichloräthylen, Chloroform	Alkohole, Benzin, Ester
Polyisobutylen	Benzin, Äther	Alkohole, Ester
Polybutadien	Benzol	Benzin, Alkohole, Ester, Ketone
Polyisopren	Benzol	Benzin, Alkohole, Ester Ketone
Naturkautschuk	Kohlenwasserstoffe und Halogen-KW	Benzin, Alkohole, Ester, Ketone
Polystyrol	Dioxan, Benzol, Chlor-KW*.	Benzin, Alkohole
Regeneratcellulose	kein Löser	
Polyvinylalkohol	Wasser, Formamid	Benzin, aromat. KW.*, Alkohole
Phenoplaste		
nicht ausgehärtet	Alkohol, Ketone	Benzin, Halogen-KW.
ausgehärtet	unlöslich und häufig unschmelzbar	
Cellulosemethyläther	Äthylenchlorhydrin, Wasser, verd. Natronlauge	aliphat. und aromat. KW.
Celluloseäthyläther	Methylenchlorid/Methanol	Wasser, aliphat. und aromat. KW.
Cellulosebenzyläther	Aceton, Butanol	Wasser, aliphat. und aromat. KW.
Polyvinyl-methyl-äther	Wasser, Methanol	Benzin
Polyvinyl-äthyl-äther	Benzin, aromat. KW., Halogen-KW., Alkohole, Ester, Ketone	Wasser
Polyvinyl-butyl-äther	aromat. und Halogen-KW., Ketone	Methanol, Äthanol
Polyglykole	Wasser, Halogen-KW., Alkohole	Benzin
Polyvinylformal	Tetrahydrofuran, Ketone. Ester	Methanol, aliphat. KW.
Polyvinylacetal	Tetrahydrofuran, Ketone, Ester	Methanol, aliphat, KW.
Polyvinylbutyral	Tetrahydrofuran, Ketone, Ester, Chloroform-Methanol (9 + 1)	Methanol, aliphat. KW.
polymere Aldehyde	Ketone, Ester	Benzin, Alkohole
polymere Ketone	Ketone, Ester	Benzin, Alkohole
Epoxidharze, nicht gehärtet	Alkohol, Ester, Ketone, Dioxan	Wasser, KW.
Naturharz	Alkohol, Benzol, Halogen-KW., Ester, Äther	Benzin
modifizierte Phenoplaste, je nach Aushärtung	Äthanol	aliphat. und Halogen-KW.
Polymethacrylsäureester	Ester, aromat. und chlorierte KW., Ketone, Dioxan	aliphat. KW., Alkohole, Äther
Polyacrylsäureester	aromat. KW., Halogen-K.W., Ester, Ketone, Tetrahydrofuran	Benzin
Polyvinylacetat	aromat. und chlorierte KW., Methanol, Ketone	Benzin
Polyester	Phenole, Halogenphenole, Nitro-KW., Benzylalkohol	KW., Alkohole, Ester

Tabelle 7 (Fortsetzung)

Kunststoff	typischer Löser	typischer Nichtlöser
Alkydharze	aromat. und Halogen-KW KW., niedere Alkohole, Ketone und Ester	KW.
Celluloseester	Ketone, Ester	aliphat. KW.
Polyvinylchlorid	Tetrahydrofuran	KW., Butylacetat, Alkohole
Polyvinylidenchlorid	Tetrahydrofuran, Dioxan, Ketone, Butylacetat	Alkohole, KW.
PVC-Mipos mit Vinylacetat	Tetrahydrofuran, Methylenchlorid	KW., Alkohole
Poly-Acrylester	Tetrahydrofuran, Methylenchlorid	KW., Alkohole
Chlorkautschuk	Tetrachlorkohlenstoff, Ketone, Ester, Tetrahydrofuran	aliphat. KW.
Kautschukhydrochlorid	Ketone	aliphat. KW., Tetrachlorkohlenstoff
Neopren	Toluol, Halogen-KW.	Alkohole, Ester
Poly-Trifluorchloräthylen	keiner	
Poly-Tetrafluoräthylen	keiner	
Polyamide	Ameisensäure, Phenole, Trifluoräthanol	Alkohole, Ester, aliphat. und aromat. KW.
Cellulosenitrat	niedere Alkohole, Essigester, Ketone, Äther/Alkohol (3:1)	Äther, Benzol, Halogen-KW.
Polyacrylnitril	Dimethylformamid, Nitrophenol, Äthylencarbonat	Alkohole, Ester, Ketone, KW.
Polyacrylamid	Wasser	Alkohole, Ester, KW.

* KW. = Kohlenwasserstoffe.

Tabelle 7 der typischen Löser bzw. Nichtlöser für Kunststoffe ist einem Kunststoffanalysen-Vorschlag von KUPFER, W. (1962) entnommen.

Anorganische Füllmittel werden durch Veraschung der Kunststoffe erhalten und untersucht.

Für die Bestimmung von Silicium, Stickstoff, Phosphor und Titan ist von M.H. SWANN und Mitarbeiter (1958) eine Methode beschrieben, bei welcher die Mineralisierung der Kunststoffe mit Perchlorsäure im Kjeldahl-Kölbchen vorgenommen wird. Die Kieselsäure fällt hierbei aus, Stickstoff wird mit NESSLERS Reagens, Phosphor mit Ammoniummolybdat nachgewiesen. Titan gibt sich durch Gelbfärbung nach Oxydation mit Wasserstoffsuperoxid zu erkennen.

c) Pyrolyse

Die Pyrolyse läßt durch Sinnenprüfung – Geruch, eventuelle Fluorescenz – oder auch durch chemische Reaktionen — z. B. Nachweis von Salzsäure in den Verbrennungsgasen — schon Rückschlüsse auf die Natur des vorliegenden Kunststoffes zu. Soweit die Pyrolyse nach dem „Reißverschlußmechanismus" verläuft, wie z. B. bei Polystyrol, Polymethacrylsäuremethylester, Acetalharzen, sind die anfallenden Bruchstücke die Monomeren, aus welchen der Kunststoff aufgebaut war. Meistens werden aber die Bruchstücke des thermisch zersetzten Produktes nicht die unveränderten Monomere sein. Die Bruchstellen der Fadenmoleküle stimmen also dann nicht mit den Verknüpfungsstellen der Monomeren überein. Es entsteht eine größere Zahl verschiedener Bruchstücke, deren Identifizierung längere Zeit nicht möglich war.

Durch Standardisierung des Pyrolysevorganges zu einem genau reproduzierbaren Vorgang einerseits und andererseits durch die gaschromatographische Trennung des gewonnenen Pyrolysates ist aber nunmehr eine Methode zur Hand, mit welcher man beliebige Polymere identifizieren kann. Auch eine Unterscheidung von Mischpolymeren und Mischungen von Hochpolymeren ist möglich. D. Noffz und Mitarb. (1968) haben für die Reproduzierbarkeit der Methode folgende Bedingungen gefunden:

Die Einwaage soll maximal 200 μ g betragen und in dünner Schicht vorliegen. Die Aufheizung auf die Pyrolysetemperatur muß in Bruchteilen 1 sec erfolgen und die Pyrolyse selbst in wenigen sec beendet sein. Der Gaschromatograph muß temperaturprogrammiert betrieben werden, um neben den niedrig siedenden Anteilen des Pyrolysates auch die für die Konstitutionsaufklärung wichtigen Di- und Trimeren zu erfassen. Eine optimale Trennung wird mit einer Capillarsäule erreicht. Die Identifizierung der auf der Trennsäule getrennten Fragmente kann durch Massenspektrographie oder durch Vergleichung der Retentionszeiten mit bekannten Substanzen durchgeführt werden.

Um das Prinzip der Herleitung der Fragmente aus einer Polymerenkette zu verdeutlichen, diene das nachfolgende Formelbild, das die im Pyrolysegas-Chromatogramm von Polyacrylsäureäthylester identifizierten Fragmente in ihrem Zusammenhang mit dem Makromolekül erkennen läßt.

Polymerketten-fragmentierung	$-CH_2-CH(CO\vert OR)-CH_2-$	$-CH(COOR)-$	$-CH_2-CH(COOR)-$	$-CH_2-CH(COOR)-CH_2-$	$-CH(COOR)-CH_2-CH(COOR)-$
Weitere Reaktionen	+H	+2H	—	H-Wanderung	+2H
Resultierende Verbindung	Äthanol	Essigsäureester	Acrylsäureester	Methacrylsäureester	Glutarsäureester

Polymerketten-fragmentierung	$-CH_2-CH(COOR)-CH_2-CH(COOR)-CH_2-$	$-CH(COOR)-CH_2-CH(COOR)-CH_2-$
Weitere Reaktionen	$+2H, -C_2H_4, -HOR$	H-Wanderung
Resultierende Verbindung	Dimethylglutarsäure anhydrid	Methylenglutarsäureester

Polymerketten-fragmentierung	$-CH(COOR)-CH_2-CH(COOR)-CH_2-CH(COOR)-CH_2-$	$-CH(COOR)-$
Weitere Reaktionen	—	
Resultierende Verbindung	Trimerer Acrylsäureäthylester	

Pyrolyse und gaschromatographische Identifizierung von Polyacrylsäureaethylester

Die Fragmente können Folgereaktionen eingehen, z.B. durch Cyclisierung von ungesättigten Ketten. Hierbei entstehen Fragmentierungsprodukte, die zur Unterscheidung der Hochpolymeren dienen können. Z.B. ist für Polyvinylchlorid Naphthalin, Trichlorbenzol für Polyvinylidenchlorid und Chlornaphthalin für Vinylchlorid-Vinylidenchlorid-Mischpolymerisate charakteristisch in Chromatogrammen, die bis zu 20 und mehr Fragmente erkennen lassen.

d) Infrarotspektroskopie

Die Infrarotspektroskopie ist ein Verfahren zur Identifizierung von Kunststoffen, das wegen der relativen Einfachheit seiner Methode, vor allem aber wegen der Eindeutigkeit seiner Ergebnisse, am häufigsten zur Identifizierung von Kunststoffen benutzt wird. Die IR-Spektren von reinen Substanzen sind so spezifisch und unverwechselbar, daß man sie die „Fingerabdrücke" der Substanzen nennen kann.

Durch Vergleichung der aus dem unbekannten Objekt gefundenen Kurve mit bekannten, in Atlanten vorliegenden Kurven, kann man die Identität des Untersuchungsobjektes feststellen.

Zur Untersuchung von Testsubstanzen verreibt man ca. 2 mg Substanz mit 1 g KBr und preßt in einer hydraulischen Presse zu einer durchsichtigen Platte. Flüssigkeiten werden als dünner Film zwischen zwei Kochsalzplatten geprüft. Im „Steinsalzbereich" – Wellenlängen zwischen 2,5μ und 15μ – werden bis zu 4/5 der Grundschwingungen eines organischen Moleküls gefunden. Es ist dies der Bereich des mittleren Infrarots (MIR), das auch meistens für die Infrarotspektroskopie bevorzugt wird. Im übrigen muß auf die Literatur verwiesen werden D. HUMMEL (1956); D. O. HUMMEL (1968); G. SCHNELL (1959).

e) Brechungsindex

Die Bestimmung des Brechungsindexes, der ja in charakteristischer Weise von der Struktur abhängig ist, wäre eine wertvolle Methode zur Identifizierung von Kunststoffen; jedoch bietet die Methode beträchtliche experimentelle Schwierigkeiten, da die Untersuchungsobjekte meist als feste Körper vorliegen. Sie wird daher kaum benutzt.

Um den unerläßlichen lückenlosen und festen Kontakt des zu untersuchenden festen Materials mit dem einen der beiden Prismen des Abbé-Refraktometers zu erreichen, kann man gegebenenfalls den Kunststoff auf dem Prisma aufschmelzen oder als Schmelze aufbringen und das zweite Prisma anklappen. Auch kann man sich mit einer Kontaktflüssigkeit behelfen, wobei die Kontaktflüssigkeit den Kunststoff nicht anquellen soll. Ihr Brechungsindex soll möglichst gleich dem des Kunststoffes oder etwas höher sein. Bringt man den Kunststoff in Lösung auf das Prisma, muß für völlige Verdampfung des Lösungsmittels gesorgt werden.

Das Abbe-Refraktometer benutzt als Vergleichsmedium ein Glasprisma mit bekanntem Brechungsindex. Nach DIN 53491 wird im Vacuum oder in Luft gemessen, wobei ein Licht der Wellenlänge 589,3 nm (D-Linie des Natriums) vorgeschrieben ist.

2. Definierter chemischer Abbau von Kunststoffen

Neben den physikalischen Bestimmungsmethoden und im Zusammenhang mit ihnen als Ergänzung und Deutung dient der definierte Abbau der Kunststoffe. Hierfür werden nachstehend einige Beispiele gegeben.

a) Polyester

Die Verseifung von Estern kann bei einigen Harzen mit alkoholischer Kalilauge vorgenommen werden. Aus dem Verseifungsprodukt können die Säuren gewonnen und z.B. papierchromatographisch identifiziert werden. Zur Bestimmung der Alkohole ist eine Verseifung mit festem Alkali vorzuziehen.

b) Ungesättigte Polyester

Die durch Ausfällen mit Petroläther aus den unvernetzten Styrollösungen gewonnenen ungesättigten Polyesterharze können mit Wasser unter Kohlensäuredruck (30—40 at) bei 200—300° C verseift werden, wobei die Carbonsäuren sich abscheiden. Die Alkoholkomponenten (Glykole) verbleiben in der Mutterlauge.

Erwähnt sei noch die Aminolyse von Polyestern. Durch Erhitzen von Polyestern mit Benzylamin in Gegenwart eines Katalysators (NH_4Cl) entstehen die Dibenzylamide der Dicarbonsäuren, die durch IR-Spektroskopie und den Schmelzpunkt charakterisiert werden können.

c) Polyäther

Die Methode der Überführung von hydroxylgruppentragenden, als Äther vorliegenden Komponenten von Kunststoffen in die Jodide mit Hilfe von Jodwasserstoff nach Zeisel wird zur Aufspaltung von Polyvinyläthern, Polyoxäthylen und Äthylenoxidaddukten verwendet.

Der Ätherspaltung liegt folgende Reaktion zugrunde:

Mit Polyvinyläthern verläuft die Reaktion quantitativ, d.h. die Alkylseitenketten werden quantitativ als Alkyljodide abgespalten.

Polyäthylenoxid und Addukte des Äthylenoxids reagieren etwas komplizierter. Zunächst bildet sich 1,2-Dijodäthan.

Das Dijodäthan zerfällt einerseits teilweise in Jod und Äthylen, andererseits kann es mit Jodwasserstoff in Äthyljodid und Jod übergehen.

Die so gewonnenen Jodide können mit dem Silbersalz der 3,5-Nitrobenzoesäure in die Dinitrobenzoesäureester übergeführt werden. Zumeist werden sie gaschromatographisch bestimmt.

Polyvinylester ergeben bei der alkalischen Verseifung Polyvinylalkohol, der abgetrennt und bestimmt werden kann. Polyacrylsäureester sind mit äthanolischer Kalilauge nur schwer zu verseifen. Polymethacrylate sind noch schwerer verseifbar, sie gehen aber bei der Pyrolyse in die Monomeren über, die anschließend verseift werden können.

d) Melamin- und Harnstoff-Formaldehydharze

Melamin- und Harnstoff-Formaldehydharze spaltet man meistens sauer, z.B. mit Phosphorsäure. Im Destillat kann Formaldehyd nachgewiesen werden.

Die Bestandteile Harnstoff und Melamin können durch Aufschluß der Harze mit Benzylamin und Überführung des Harnstoffs in Dibenzylharnstoff oder mit Ammoniak im verschlossenen Rohr bei 160° C und Fällung des Melamins als Pikrat gefunden werden.

e) Polyamide

Beim definierten Abbau der Polyamide mit 20 %iger Salzsäure liegen im Hydrolysat die Dicarbonsäuren, die Hydrochloride der Diamine oder Aminocarbonsäurehydrochloride als Spaltprodukte vor. Für die Trennung des Gemisches liegen verschiedene Methoden vor. Adipinsäure kann mit Äther extrahiert werden. Durch Überführung in das Dinatriumsalz kann sie von Sebacinsäure getrennt werden. Nach Haslam und Clasper z.B. trennt man die Hydrolyseprodukte Hexamethylendiamin und ω-Aminocapronsäure nach Ausäthern der Adipinsäure durch eine Amberlite IRA 400-Säule, die man mit n-NaOH aktiviert hat.

Die Identifizierung der Dicarbonsäuren und der Diamine kann papierchromatographisch oder bei Vorliegen von genügend Material nach den üblichen Labormethoden durchgeführt werden.

3. Schmelzindex

Das Fließvermögen von Thermoplasten ist neben der Identifizierung auch für die Beurteilung der Verarbeitbarkeit der Produkte wichtig. Es gibt weiterhin Auskunft darüber, ob ein thermisch abgebautes Material vorliegt. Thermisch oder durch Scherkräfte abgebaute Produkte zeigen ein höheres Fließvermögen als Produkte mit längeren Molekülketten.

Für Polyäthylen verwendet man das „Grader-Gerät" zur Bestimmung des Grader-Wertes nach DIN-Entwurf 53735. Auf 190° C erwärmtes Polyäthylen wird unter einem Druck von 2,16 kg durch eine Düse von 2 mm lichter Weite und 8 mm Länge fließen gelassen. Die im Verlauf von 10 min ausgeflossene Menge an Polyäthylen wird gewogen. Schmelzindex 100 besagt, daß unter diesen Bedingungen nicht mehr als 100 g Polyäthylen ausgeflossen sind.

a) Erweichungsbereich

Bei Substanzen, die beim Erhitzen erweichen und schließlich zusammenfließen, läßt sich auf der Kofler-Bank ein Temperaturbereich vom beginnenden Erweichen bis zum endgültigen Schmelzen bestimmen. Da es sich bei den Hochpolymeren nicht um kristallisierte Substanzen, sondern um Mischungen handelt — das Mol.-Gew. der einzelnen Produkte ist ja ein statistischer Mittelwert —, zeigen sie auch keinen Schmelzpunkt in einem engen Temperaturbereich. Die auf der Kofler-Bank ermittelten Werte sind daher meist nur angenäherte Werte. Produkte mit hohem Anteil an kristallinen Bestandteilen, wie die Polyamide, lassen eine genauere Bestimmung zu.

b) Kristallitschmelzpunkt

Exaktere Werte ergibt die Bestimmung des Kristallitschmelzpunktes. Man beobachtet bei dieser Bestimmung unter dem Mikroskop mit Durchlicht-Polarisationseinrichtung das Aufschmelzen der im polarisierten Licht sichtbaren kristallinen Anteile der Hochpolymeren.

Mitt. 11 (Bundesgesundh.-Bl. **10**, 281 (1967) beschreibt eine Methode mit einer Meßgenauigkeit von $\pm$ 1° C.

Ein Mikrotomschnitt von 20μ Dicke wird zwischen 2 Glasplättchen gelegt und auf dem Heiztisch des Mikroskopes aufgeschmolzen. Man läßt wieder vollkommen erstarren, wobei sich die Kristallite zurückbilden. Nun heizt man mit einem Temperaturanstieg von 4° C pro min wieder auf und beobachtet das Verschwinden des letzten kristallinen Anteils. Man läßt wieder erstarren und wiederholt die Messung ein zweites und drittes Mal. Das Ergebnis ist der Mittelwert der 3 Messungen.

Liegt pulverförmiges Material vor, verwendet man einige Körnchen des Materials für dieselbe Prüfung.

Um die Kristallite besser sichtbar zu machen, legt man ein Gipsplättchen (Rot 1. Ordnung) in den Schlitz des Polarisationsmikroskopes. Das Okular soll die gleichzeitige Beobachtung von Objekt und Thermometer gestatten.

4. Dichte

Eine charakteristische Kennzahl für Hochpolymere ist ihre Dichte, wie folgende Mittelwerte als Beispiele zeigen:

Polyäthylen niederer Dichte	= 0,925
Polyäthylen mittlerer Dichte	= 0,940
Polyäthylen hoher Dichte	= 0,970
Butadienacrylnitril-Mischpolymerisat	= 0,98
Ungesättigte Polyester	= 1,12–1,16 (ungefüllt)
Polyvinylchlorid	= 1,38

Polyvinylidenchlorid	= 1,65
Melaminpreßharzmassen	= 1,5 – 2
Phenolharzpreßmassen	= 1,4 – 2
Geschäumtes Polystyrol	= 0,015 – 0,2
Polyamid	= 1,06 – 1,15

Man bestimmt die Dichte nach den bekannten Verfahren; bei festen Körpern mit der Mohrschen Waage in Wasser oder Flüssigkeiten höherer Dichte, wie wäßrige Zinkchloridlösung. bzw. niederer Dichte, z.B. Methanol.

Für Pulver kann man das Schwebeverfahren anwenden; man verbringt das Pulver in ein Medium niederer Dichte und mischt eine Flüssigkeit höherer Dichte zu, bis das Pulver in dem Medium schwebt. Die Dichte des so gewonnenen Mediums bestimmt man anschließend.

Ein anderes Verfahren besteht darin, daß man ein mit einem Manometer versehenes Gefäß mit dem Pulver füllt und durch Einpressen von Luft einen bestimmten Druck in dem Prüfgerät erzeugt. Aus der Differenz zwischen dem hierzu benötigten Luftvolumen und dem Luftvolumen, das für die Erzielung desselben Druckes in dem leeren Gefäß benötigt wird, läßt sich das Volumen und hieraus die Dichte des Prüfkörpers errechnen.

Die gefundenen Dichten vergleicht man mit bekannten, aus Tabellen ersichtlichen Werten.

5. Zusammenfassung

Zur Identifizierung unbekannter Kunststoffe stehen folgende Verfahren zur Verfügung.

a) Vorbereitung der zu untersuchenden Probe:
Zur Entfernung von Fabrikationshilfsmitteln Extraktion mit verschiedenen Lösungsmitteln: Wasser, Methanol, Äther, Aceton.

Zur Trennung von Mischungskomponenten bzw. Füllstoffen: lösen in einem aufzusuchenden Lösungsmittel, Umfällung bzw. fraktionierte Fällung. Mehrschichtige Materialien werden in die einzelnen Schichten getrennt und diese gesondert untersucht.

b) An den so gewonnenen Reinprodukten nimmt man vor:
Glührohrprobe;
Bestimmung des Erweichungsbereiches und der Dichte;
Nachweis der Heteroelemente, qualitativ und quantitativ;
Infrarotspektroskopie;
Farbreaktionen;
chemischer bzw. thermischer Abbau.

Die bei der Vorbereitung der Proben mit den genannten Extraktions- bzw. Fällungsmitteln gewonnenen Extrakte werden geprüft auf Weichmacher, Emulgatoren, Gleitmittel, Stabilisatoren, Farbstoffe. Füllstoffe und Farbstoffe werden beim Lösen abgetrennt und untersucht.

6. Bestimmung der Extrahierbarkeit von Kunststoffen

1. Mitteilung, A „Untersuchung von Kunststoff-Folien“ und B „Untersuchung von geformten Kunststoffgegenständen“ (a.a.O.) gibt in Abschnitt II eine Vorschrift zur Bestimmung der Extrahierbarkeit von Folien aus Polyvinylchlorid, Polyäthylen, Polypropylen, Polystyrol und Polymethacrylat. Extrahiert wird die in kleine Stücke geschnittene Folie durch 5stündiges Auskochen von je 10 g Folie mit je 250 ml dest. Wasser, 3 Gew.-%iger Essigsäure, 10 Vol.-%igem Äthylalkohol und Äther. Die nach dem Abdampfen des Lösungsmittels gefundene Extraktmenge soll für die genannten Kunststoffe mit Wasser und 10%igem Alkohol

höchstens 0,2 %, mit 3 %iger Essigsäure höchstens 0,3 % betragen. Von dem Ätherextrakt wird gesagt, daß er Weichmacher, Stabilisatoren, Emulgatoren, Gleitmittel, Polymerisationsregler und andere ätherlösliche Bestandteile enthalten kann. Er kann daher mehr als 0,3 % betragen, ohne daß damit ein Grund zur Beanstandung gegeben ist. Hieraus ergibt sich, daß die Ätherextraktion keineswegs repräsentativ für eine Fettextraktion sein kann. Ebenso sind Extraktionen durch Lebensmittel, die ätherische Öle enthalten, die – wie noch besprochen werden soll – ein beachtliches Lösevermögen haben können, von der Untersuchungsvorschrift der 1. Mitteilung nicht erfaßt. (1. Mitteilung, A und B werden zur Zeit neu bearbeitet.)

Die Extraktmenge wird auf das Gewicht des Kunststoffes und nicht auf die Flächeneinheit bezogen.

Bei der Bestimmung von extrahierbarem Formaldehyd in Platten mit einer Oberfläche aus Melaminharz (3. Mitt.: Bundesgesundh.-Bl. **5**, 223 [1962]), wird das Extraktionsergebnis jedoch auf Quadratzentimeter der Oberfläche und ml des Extraktes bezogen.

Die Untersuchung von Bedarfsgegenständen aus Gummi (4. Mitt.: Bundesgesundh.-Bl. **6**, 350 [1963]) bezieht zwar die gefundene Extraktmenge auf die eingewogene Menge des extrahierten Gummis. Jedoch soll das zu untersuchende Material in Stücken von ca. 5 cm^2 Oberfläche vorliegen, so daß die auf das Gewicht bezogene Extraktmenge auf die Oberfläche des Bedarfsgegenstandes umgerechnet werden könnte.

Die Untersuchung von Trinkwasserleitungsrohren (8. Mitt.: Bundesgesundh.-Bl. **10**, 72 [1967]) bezieht die Menge der herauslösbaren Bestandteile in einer praxisnahen Methode auf die in der Zeiteinheit mit der Innenoberfläche der Rohre in Berührung kommende Trinkwassermenge (1 l Wasser bei 2-, 5- und 10tägiger Berührung bei Zimmertemperatur).

Aus den Empfehlungen ergibt sich – teils aus ihrem Wortlaut, teils sinngemäß –, daß die Extraktionen mit Wasser, verdünnter Essigsäure und verdünntem Alkohol außer mit den in der 1. Mitt. genannten Kunststoffen auch noch mit folgenden Kunststoffen anzustellen sind: Styrol-Misch- und Pfropfpolymerisate und Mischungen von Polystyrol mit Polymerisaten; (die für Kunststoff-Rohre für Getränkeleitungen von Schankanlagen [Empf. VIII] zugelassenen Kunststoffe sind in der 1. Mitt. genannt und unterliegen somit auch der Extraktionsbestimmung dieser Mitteilung); weiterhin Polycarbonate; für ungesättigte Polyesterharze (Empf. XII A) verweist Fußnote 1 auf die 1. Mitt. und schreibt dabei eine gesonderte Prüfung des Extraktes auf Stickstoffgehalt vor; Polyvinyläther (Empf. XVI); Polyterephthalsäureäthandiolester (Empf. XVII); Methacrylat-Mischpolymerisate (Empf. XXIII); Celluloseacetat und -propionat (Empf. XXVI). Für Acetalharze (Empf. XXXIII) zieht eine Fußnote die Bestimmungsmethode der Mitt. 1 für die Menge der extrahierbaren Stoffe an. Schließlich sind hier noch zu nennen: Vinylidenchlorid-Mischpolymerisate und Mischpolymerisate aus Äthylen, Vinylestern oder Acrylsäureestern; für die letzteren enthält der Empfehlungstext selbst Angaben über die zulässigen extrahierbaren Anteile und nennt Petroläther als Extraktionsmittel. Für den Essigsäureextrakt wird zwischen organischen und anorganischen extrahierbaren Stoffen unterschieden. Für Zellglas (Empf. XIII), Siliconharze (Empf. XV B, II) und Melaminpreßharzgefäße ist die Methode der 1. Mitt. nicht ohne weiteres verwendbar. Das BGA hat die Mitteilung gesonderter Vorschriften in Aussicht gestellt. Trinkwasserleitungsrohre aus Polyvinylchlorid gemäß Empf. XIX sind außerdem nach der für sie eigens erstellten Prüfvorschrift zu untersuchen (8. Mitt.). Dasselbe gilt für Bedarfsgegenstände aus Gummi (4. Mitt.: Bundesgesundh.-Bl. **6**, 350 [1963]).

a) Extraktion von beschichtetem Material

Die Extraktion gemäß 1. Mitteilung gilt sinngemäß nur für unbeschichtetes Material, da Trägersubstanzen wie Papier, die nicht mit Lebensmitteln in direkten Kontakt kommen, ja nicht mitextrahiert werden sollen. Ebenso würde der Gesamtextrakt von Verbundfolien nichts über die Extrahierbarkeit der dem Lebensmittel zugewandten Schicht aussagen.

Eine Ablösung des Films von beschichtetem Papier oder die Abtrennung der zu untersuchenden Schicht von zusammengesetzten Folien ist in den meisten Fällen nicht durchführbar und sollte bei der Extraktbestimmung auch unterbleiben.

Ein Verfahren zur Testung von beschichtetem flachem Material auf extrahierbare Bestandteile in der dem Lebensmittel zugewandten Schicht besteht in der Verwendung der Maturi-Zelle.

Die Zelle wird von ASTM unter Nr. F 34–63 T beschrieben. Sie besteht im wesentlichen aus einem U-förmigen 1 ½ cm dicken Teflon®-Rahmen, der zwischen zwei plan geschliffenen Stahlplatten geklemmt und an seiner offenen Seite mit einem eingelegten Teflon-Stab zu einer allseitig geschlossenen Zelle ergänzt wird.

Die Zelle wurde von W. Pfab, (1967) verbessert. (Abb. 15).

Der Teflon-Rahmen ist in der verbesserten Form rechteckig, also ringsum geschlossen, und besitzt zum Einfüllen des Extraktionsmittels eine Bohrung, die mit einem Teflonstopfen verschlossen werden kann. Die anderen Abänderungen betreffen die Halterung der Stahlplatten und des Teflon-Rahmens zwischen den Platten.

Das zu untersuchende Material wird beiderseits des Teflon-Rahmens mit der zu extrahierenden Schicht nach innen aufgelegt und die Zelle mit den Stahlplatten verschlossen. Man füllt das Extraktionsmittel ein, verschließt mit dem Teflonstopfen und kann nun beliebig lange und bei verschiedenen Temperaturen extrahieren. Nach beendigter Extraktion wird das Lösungsmittel ausgefüllt und kann untersucht werden.

Das Verfahren führt zu reproduzierbaren Ergebnissen, wie aus Tabelle 8 ersichtlich ist.

Tabelle 8. *Reproduzierbarkeit der Extraktionswerte und Pentanverlust*

	Extrakt		Menge an n-Pentan		
	%	mg/dm²	eingefüllt in ml	abgefüllt in ml	Verlust in ml
1	0,21	0,53	300	270	30
2	0,27	0,57	300	275	25
3	0,31	0,77	300	280	20
4	0,21	0,53	280	265	15
5	0,25	0,57	270	250	20
6	0,22	0,58	280	265	15
7	0,20	0,57	280	260	20
8	0,29	0,78	300	275	25
9	0,31	0,65	285	270	15
10	0,29	0,68	280	260	20
M	0,26±0,01	0,62±0,03			20

Versuchsbedingungen:
Dispersion: Polyvinylpropionat – Polyvinylacetat 70:30, 45%ig.
Applikation: Aufstrich mittels 0,2-mm-Drahtrakels auf Aluminiumfolie. Trocknen 30 min bei Zimmertemperatur, dann 30 min bei 105° C.
Extraktion: 24 Std bei Zimmertemperatur mit n-Pentan.

Das Extraktionsverfahren ist nur für flache Folien verwendbar, die in genügender Größe zur Verfügung stehen. Stehen nur geformte Bedarfsgegenstände zur

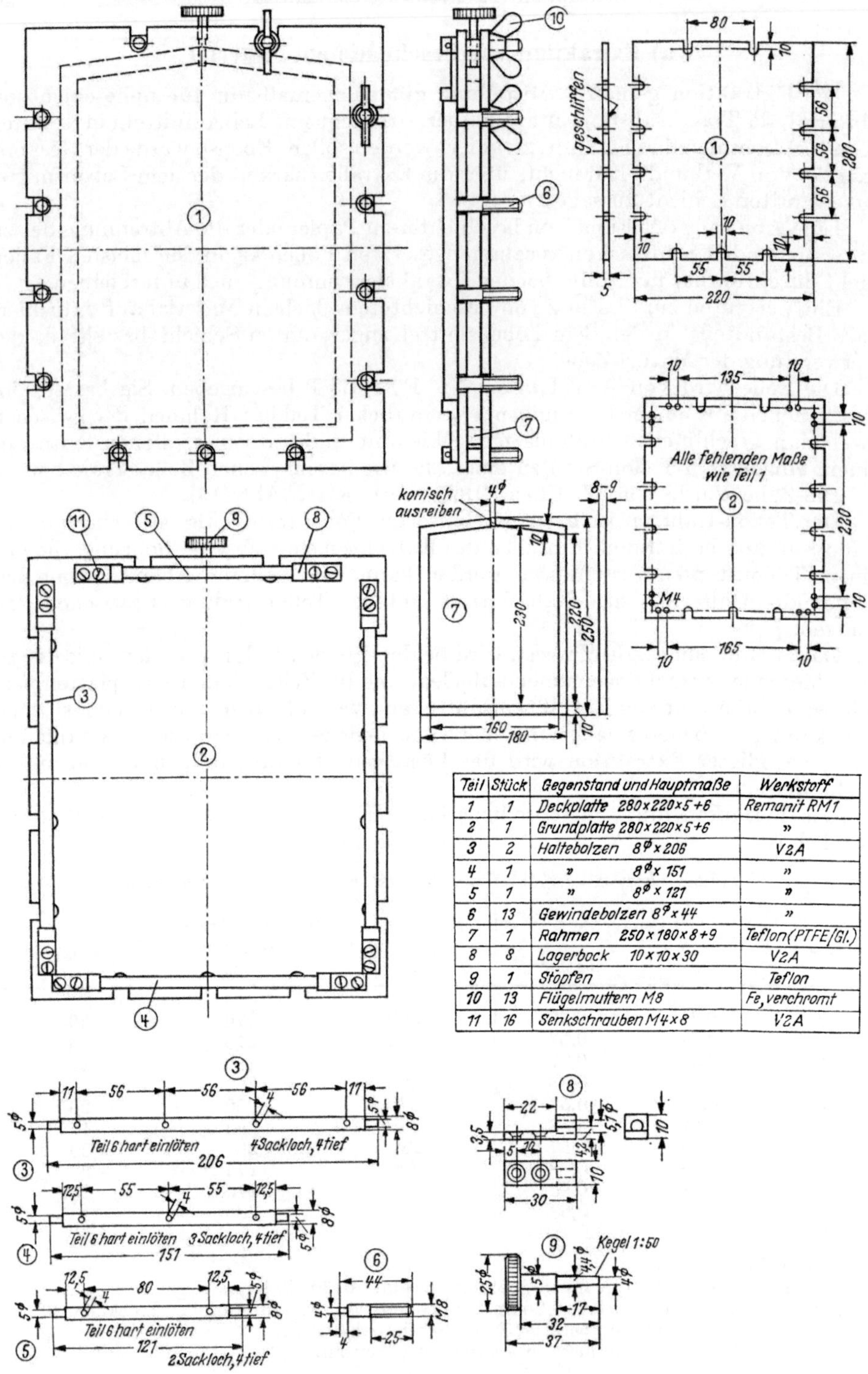

Teil	Stück	Gegenstand und Hauptmaße	Werkstoff
1	1	Deckplatte 280×220×5+6	Remanit RM1
2	1	Grundplatte 280×220×5+6	„
3	2	Haltebolzen 8φ×206	V2A
4	1	„ 8φ×151	„
5	1	„ 8φ×121	„
6	13	Gewindebolzen 8φ×44	„
7	1	Rahmen 250×180×8+9	Teflon (PTFE/Gl.)
8	8	Lagerbock 10×10×30	V2A
9	1	Stöpfen	Teflon
10	13	Flügelmuttern M8	Fe, verchromt
11	16	Senkschrauben M4×8	V2A

Abb. 15. Maturi-Zelle nach Vorschlag von W. Pfab*

* Firma C. Desaga GmbH Nachf. Erich Fecht, 69 Heidelberg 1, Postfach 407, ist bereit, die Zelle auf Bestellung anzufertigen.

Verfügung, kann man versuchen, das Material von dem Hersteller als flache Folie anzufordern.

Dispersionen und Lacke wird man auf einem Träger als Film auftragen, wobei allerdings Gleichmäßigkeit und Dicke des Auftrags sowie Temperatur des Auftrocknens (Einbrennlacke!) den Bedingungen der Fabrikation anzugleichen sind.

Zur Bestimmung der Fabrikationshilfsstoffe, Weichmacher, Tenside, Stabilisatoren usw. in den Extrakten siehe auch Band II/2 Seite 1115ff. MÜHLSCHLEGEL „Fremde Stoffe aus Kunststoffen". Betr. Weichmacher siehe auch Band IX Beitrag Weinmann „Lacke, Lackfarben. . .".

b) Prüfung auf Überwanderung von Fremdstoffen auf Lebensmittel (Migration)

Die Verbote gemäß § 3a und b Nr. 5 des Lebensmittelgesetzes dienen dem Schutz der menschlichen Gesundheit und der Reinerhaltung der Lebensmittel.

Eine Prüfung auf Einhaltung der lebensmittelrechtlichen Vorschrift beim Kontakt von Lebensmitteln mit Bedarfsgegenständen wird daher sinngemäß eine Untersuchung auf eine eventuelle Veränderung der Lebensmittel selbst durch ihren Kontakt mit den Bedarfsgegenständen sein müssen. Die Lebensmittel sind auf übergewanderte Fremdstoffe, gesundheitsschädigende Substanzen und geschmackliche sowie geruchliche Beeinträchtigung zu prüfen.

Die analytischen Schwierigkeiten, die sich bei der Untersuchung von Lebensmitteln bei der Vielgestaltigkeit ihrer physikalischen und chemischen Eigenschaften bieten, liegen auf der Hand. Ein einfacher Ausweg aus diesen analytischen Schwierigkeiten wird beschritten, indem man anstelle von Lebensmitteln Simulantien — in ihrer lösenden Wirkung den Lebensmitteln vergleichbare Stoffe — in Kontakt mit den Bedarfsgegenständen bringt. Hierbei muß man die Bedingungen der vorgesehenen Anwendung der Bedarfsgegenstände — Dauer der Einwirkung und Temperatur — bei der Prüfung berücksichtigen.

Für alle wäßrigen, nicht saueren und nicht alkoholischen Lebensmittel ist sinngemäß dest. Wasser stellvertretend. Für saure Lebensmittel dient verdünnte Essigsäure, für wäßrig alkoholische verdünnter Alkohol entsprechender Konzentration als Simulans. Die drei Extraktionsmittel haben den Vorteil, daß sie nach der Extraktion abdestilliert werden können und der Extrakt bequem isoliert werden kann. Als schwierig erwies es sich, für Fett ein entsprechendes stellvertretendes Lösungsmittel von gleichem Lösevermögen wie Fett aufzufinden. An Versuchen hat es nicht gefehlt, Äther, Pentan, Fettsäureester anstelle von Fett zu verwenden. Es hat sich aber gezeigt, daß das Lösevermögen dieser Lösungsmittel für tierische und pflanzliche Fette nicht allgemein repräsentativ ist.

Eine vergleichende Prüfung, z.B. der Extrahierbarkeit von Gleitmitteln aus Polystyrol mit Äther, Pentan und Kokosfett, haben W. PFAB u. Mitarb. (1967 u. 1968) durchgeführt und gefunden, daß Äther und in geringerem Maße auch Pentan aus geschmiertem Polystyrol erhebliche Mengen der Gleitmittel und teilweise der Oligomeren extrahieren. Da beide Lösungsmittel bei der Überwachung von Bedarfsgegenständen als Fettsimulantien verwendet werden, gab dieser Befund Anlaß zu Befürchtungen, daß auch größere Mengen der extrahierten Stoffe in das Fett gelangen könnten. Diese Befürchtungen konnten dadurch zerstreut werden, daß bei 14tägiger Lagerung von geschmiertem Polystyrol in Kokosfett nur sehr geringe Mengen von den genannten Stoffen in dem Fett zu finden waren (siehe hierzu Tab. 10).

Es läßt sich auch kein Faktor angeben, mit dem das Lösevermögen der Fette aus dem der Lösungsmittel errechnet werden könnte. Man muß sich also daher darauf beschränken, für die verschiedenen tierischen und pflanzlichen Fette und Öle als Repräsentant eine Fettart zu wählen, die in möglichst gleichbleibender Qualität vorliegt und das analytische Verfahren durch Begleitstoffe möglichst wenig stört. Untersuchungen liegen vor mit Sojaöl, Sonnenblumenöl, Erdnußöl und Kokosfett.

Das Bundesgesundheitsamt nennt für die Prüfung auf Farblässigkeit von in der Masse gefärbten Kunststoffen (10. Mitt.: Bundesgesundh.-Bl. **10**, 204 [1967]), Kokosfett (*Oleum Cocos*, DAB.-Erg. – B. 6) als Vergleichssubstanz.

Da die eventuelle Wanderung von Fremdstoffen in Lebensmittel an der Berührungsfläche von Bedarfsgegenstand und Lebensmittel erfolgt, ist eine sinngemäße, die Bedingungen der Anwendung berücksichtigende Extraktbestimmung auch auf die Oberflächeneinheit des Bedarfsgegenstandes zu beziehen, und zwar nur auf die Oberfläche, die den Lebensmitteln zugewandt ist. Eine Extraktion des gesamten Bedarfsgegenstandes und Errechnung der Extraktmenge aus seiner, dem Lebensmittel zugewandten Seite kann nur bei Bedarfsgegenständen durchgeführt werden, die homogen aus einem einzigen Kunststoff bestehen, um zu vernünftigen Ergebnissen zu gelangen. Bei Verbundfolien kann im allgemeinen angenommen werden, daß die äußere, dem Lebensmittel abgewandte Seite als Ursache für die Überwanderung von Fremdstoffen nicht in Betracht zu ziehen ist. Trotzdem sollte jedoch bei der Bestimmung der Extrahierbarkeit der dem Lebensmittel zugewandten Folie die äußere Folie keineswegs entfernt werden, da die Bestimmung unter den Bedingungen des Gebrauchs auszuführen ist.

Eine Untersuchung von Kunststoffgranulat ist nicht sinnvoll, da das zu einem Bedarfsgegenstand verformte Granulat als Folie eine wesentliche größere, in anderen Fällen eine kleinere Oberfläche dem Lebensmittel darbietet.

c) Extraktion mit Fett

Methodische Schwierigkeiten zur Extraktion von Bedarfsgegenständen mit Fett bestehen nicht. Folien können in der Maturizelle extrahiert werden. Auch wird es immer möglich sein, die Oberfläche geformter Gegenstände dem Fett oder dem fetten Lösungsmittel darzubieten. Dagegen ist die Bestimmung des Extraktes nach Art und Menge im Fett schwieriger, da das Extraktionsmittel nicht abdestilliert werden kann.

d) Nachweis von Weichmachern in Fetten

Die Fremdstoffe, deren Überwanderung in Fett besonders interessieren, sind die Weichmacher.

Wie schon gesagt, sind leichtflüchtige Lösungsmittel wie Äther, Pentan, Aceton usw. nicht repräsentativ für Fette. Die zu untersuchenden Fremdstoffe zeigen in diesen Solventien eine andere Löslichkeit als in Fetten. So kann Äther beispielsweise in bestimmten Fällen nur Weichmacher extrahieren, diese aber praktisch quantitativ, womit über die tatsächliche Überwanderung des Weichmachers in das Fett nichts ausgesagt ist. Aceton extrahiert keinen Weichmacher, dagegen eventuell andere Bestandteile des Kunststoffes. Hinzu kommt, daß die Kunststoffe offenbar von den Lösungsmitteln stärker angequollen werden als von den vergleichsweise höhermolekularen Fetten. Die Diffusion der Inhaltsstoffe aus den Kunststoffen erfolgt aber aus den angequollenen Kunststoffen leichter als aus dem starren Gerüst der ungequollenen Kunststoffe. Um die tatsächliche Überwanderung von Weichmachern in Fette zu prüfen, bleibt also nur Fett oder das fette Lebensmittel als Extraktionsmittel.

Man verfährt so, daß man die Folie oder den Bedarfsgegenstand mit Fett in Kontakt bringt und eine entsprechende Zeit bei der Temperatur, die bei der Anwendung der Bedarfsgegenstände zu erwarten ist, in Kontakt beläßt.

Die der Abgabe löslicher Bestandteile von Polyäthylen an Öl in Abhängigkeit von der Temperatur haben L. Robinson u. K. Becker (1965) untersucht und gefunden, daß sie bei 20° C und darunter sehr niedrig ist, bei höheren Temperaturen dagegen rasch ansteigt. Bei diesen Untersuchungen handelte es sich um Öl, ein Fett also, das bei Zimmertemperatur flüssig vorliegt. Bei Fetten, die bei Zimmertemperatur erstarren, wird die bei dieser Temperatur beobachtete ohnehin schon geringe Diffusion noch beachtlich geringer sein.

Sofern die Extraktion nicht mit reinem Fett, sondern durch den Kontakt mit fetten Lebensmitteln, wie fettem Käse, Speck usw., vorgenommen wird, kann man das Fett anschließend an die Extraktion aus dem Lebensmittel z.B. mit Methylenchlorid ausziehen. Im allgemeinen wird man einen aliquoten Teil des Fettes in geeigneter Weise, z.B. mit äthylenglykolischer Kalilauge verseifen. Die flüchtigen Alkoholkomponenten der Weichmacher, welche in das Fett übergegangen waren, trennt man ab, z.B. destilliert man mit Wasserdampf, extrahiert das Destillat mit Äther und bestimmt die Alkohole gaschromatographisch.

Die Umrechnung der gefundenen Mengen an Alkohol (unter Einbeziehung des Recovery-Faktors) auf die Menge des übergegangenen Weichmachers setzt voraus, daß der Weichmacher bekannt ist, daß er also in einer vorangegangenen Bestimmung identifiziert wurde.

Beispiele für das hier im allgemeinen skizzierte Verfahren sind im Abschnitt „Übergang von Gleitmitteln aus Polystyrol auf Kokosfett", genauer beschrieben. G. Wildbrett u. Mitarb. (1968) haben ein Verfahren zur Erfassung aus Kunststoff stammender Monomer-Weichmacher in Milch erarbeitet, bei dem die Phthalsäure des Weichmachers isoliert und spektrophotometrisch bestimmt wird. M. Wandel u. H. Tengler (1964 u. 1966) beschrieben den Nachweis von Weichmachern — Alkylsulfonsäureester und Phthalsäureester — in fetten Lebensmitteln wie Margarine und Käse. H. Ostromow u. Mitarb. (1967) weisen Di-2-äthylhexylphthalat in Milch nach durch gaschromatographische Bestimmung des Di-2-äthylhexylphthalats.

e) Übergang von Gleitmitteln aus Polystyrol auf Kokosfett

Die weiter oben schon zitierten vergleichenden Untersuchungen von Pfab, W. u. Mitarb. dienten der Bestimmung des tatsächlichen Übergangs von Gleitmitteln aus Polystyrol in Speisefett, der durch eine Extraktion mit Äther oder Pentan nicht erkannt werden konnte.

Untersucht wurden Styrolhomopolymerisate und ein mit Kautschuk schlagzäh gemachtes Polystyrol. Die verwendeten Gleitmittel und die angewandten Konzentrationen sind aus Tabelle 9 ersichtlich. Äther löste, wie zu erwarten, neben den Gleitmitteln noch beträchtliche Mengen Oligomere aus den Kunststoffen, während der Pentanextrakt als Hauptbestandteile die Gleitmittel enthielt.

Für den Nachweis von Spuren der einzelnen Gleitmittel in Fett wurden Methoden ausgearbeitet:

Paraffinöl (Ondinaöl) wurde nach der Verseifung des Fettes als unverseifbarer Anteil isoliert und an Kieselgel chromatographisch abgetrennt.

Octadecylalkohol wurde als unverseifbarer Anteil gaschromatographisch bestimmt.

Butylstearat und Dibutylphthalat bestimmte man durch die gaschromatographische Erfassung ihrer Alkoholkomponente nach der Verseifung des Fettes.

Tabelle 9. *Extrahierte Anteile bei verschiedenen Polystyrolen durch Äther bzw. Pentan*)*

Untersuchtes Material	Extraktionswerte mit Äther	Extraktionswerte mit n-Pentan
Standardpolystyrol mit 2% Paraffinöl + 0,1% Stearinsäure	4,6/5,3% HB: Oligomeres** NB: wenig Paraffin	0,39/0,46% HB: Paraffin und Oligomeres
Standardpolystyrol mit 1,5% Octadecylalkohol	4,5/4,6% HB: Oligomeres und Octadecylalkohol	0,64/0,70% HB: Octadecylalkohol NB: wenig Oligomeres
Standardpolystyrol mit 1,75% Butylstearat +0,1% Stearinsäure	4,7/4,4% HB: Oligomeres NB: Butylstearat	0,70/0,77% HB: Butylstearat NB: Oligomeres
Standardpolystyrol mit +4,5 % Dibutylphthalat +0,25% Stearinsäure	5,1/5,1% HB: Dibutylphthalat NB: Oligomeres	0,84/0,84% HB: Dibutylphthalat NB: Oligomeres, Stearinsäure
Standardpolystyrol mit 3,5% Diisononyladipat	4,9/4,6% HB: Diisononyladipat und Oligomeres	0,93/1,01% HB: Diisononyladipat NB: Oligomeres
Schlagzähes Polystyrol mit 3,5% Paraffinöl	7,5/6,8% HB: Oligomeres NB: wenig Paraffin	0,75/0,77% HB: Oligomeres und Paraffin
Schlagzähes Polystyrol mit 3,5% Octadecylalkohol	8,3/7,3% HB: Oligomeres und Octadecylalkohol	2,66/2,44% HB: Octadecylalkohol NB Oligomeres
Schlagzähes Polystyrol mit 3,5% Butylstearat	7,2/7,5% HB Oligomeres und Butylstearat	2,05/2,13% HB: Butylstearat NB: wenig Oligomeres
Schlagzähes Polystyrol mit 3,5% Dibutylphthalat	7,0/6,3% HB: Oligomeres und Dibutylphthalat	1,40/1,45% HB: Dibutylphthalat NB: Oligomeres
Schlagzähes Polystyrol mit 3,5% Diisononyladipat	6,7/6,9% HB: Oligomeres und Diisononyladipat	1,33/1,27% HB: Diisononyladipat NB: Oligomeres

* Bedingungen: 5 Std. unter Rückfluß extrahiert. Plättchengröße 1,5×1,5×0,1 cm
** IR-Analyse

HB = Hauptbestandteile
NB = Nebenbestandteile

Bei Diisononyladipat, dessen Alkoholkomponente nicht einheitlich ist, sondern ein Gemisch (C_9-Alkoholgemisch) darstellt, mußte die Säurekomponente, also die Adipinsäure, nach der Verseifung abgetrennt werden. Sie wurde in den Dimethylester übergeführt, der dann ebenfalls gaschromatographisch bestimmt wurde.

Die gefundenen Werte für den tatsächlichen Übergang der Gleitmittel in Fett gibt Tabelle 10 wieder.

Fett löste also, obwohl seine Kontaktzeit 70mal größer war als die der organischen Lösungsmittel, nur einen Bruchteil der von diesen extrahierten Mengen. Der Übergang auf Fett betrug wesentlich weniger als 100 mg/kg, berechnet auf Bedarfsgegenstand.

Die hier verwendete Methode zur Bestimmung von Gleitmitteln, die zum Teil ja auch als Weichmacher benutzt werden, wird nachfolgend in ihrer experimentellen Durchführung genauer beschrieben, da sie, entsprechend abgewandelt, allgemeinere Anwendung finden kann. Hiermit soll jedoch nicht gesagt werden, daß die Methode der Extraktion nach vorgeschalteter chemischer Reaktion in jedem Falle die Methode der Wahl zum Nachweis von Fremdstoffen aus Bedarfsgegenständen in Fetten ist. Eine selektive Extraktion z.B. mit Acetonitril aus Fett mit nach-

Tabelle 10. *Übergang von Gleitmitteln auf Kokosfett*
(Lagerung 14 Tage bei 40° C, Plattenstärke 1 mm)

Kunststoff Art	g	Gleitmittel im Kunststoff	In 150 ml Kokosfett gef. mg vor Abzug des Blindwertes	nach Abzug des Blindwertes	Gleitmittel gef. mg/kg bezogen auf Kunststoff einschl. Recovery-Faktor
			Ondinaöl		
Standard-	46,9	2% Ondinaöl 33	13,1	–0,4	<50
polystyrol	47,2	+0,1% Stearinsäure	13,7	0,2	<50
schlagzähes	47,9	3,5% Ondinaöl 33	28,5	15,0	313
Polystyrol	41,7		15,8	2,3	55
			Octadecylalkohol		
Standard-	44,8	1,5% Octadecylalkohol	0,15/0,15	0,15/0,15	5/6
polystyrol	45,4		0,18/0,18	0,18/0,18	6/6
schlagzähes	39,2	3,5% Octadecylalkohol	1,8/1,9	1,8/1,9	67/72
Polystyrol	39,8		1,8/1,8	1,8/1,8	67/67
			n-Butanol		
Standard-	46,6	1,75% Butylstearat	0,52	–0,02	<5
polystyrol	44,4	0,1% Stearinsäure	0,53/0,48	–0,01/–0,05	<5
schlagzähes	36,4	3,5% Butylstearat	0,74/0,79	0,20/0,25	26/33
Polystyrol	37,5		0,93	0,39	49
			n-Butanol		
Standard-	45,1	4,5% Dibutylphthalat	0,59	0,05	<5
polystyrol	45,1	0,25% Stearinsäure	0,66	0,12	5
schlagzähes	38,5	3,5% Dibutylphthalat	0,56/0,53	0,02/–0,01	<5
Polystyrol	37,8		0,90	0,36	19
			Adipinsäure		
Standard-	44,5	3,5% Diisononyladipat	0,64	0,48	43
polystyrol	45,4		0,62/0,71	0,46/0,55	40/48
schlagzähes	41,6	3,5% Diisononyladipat	0,83	0,67	65
Polystyrol	42,8		0,85	0,69	65

folgender chromatographischer Bestimmung, in anderen Fällen der direkte Nachweis von Heteroelementen (z.B. Brom, Zinn, Stickstoff, Schwefel), können je nach Gegebenheit ausgewählt werden.

α) Bestimmung von Paraffinöl

Das für die Lagerung eines Versuchsansatzes von 7–8 dm² Polystyrol verwendete Kokosfett wurde, um abgesplitterte Teile des Polymeren zurückzuhalten, durch Watte filtriert und gewogen. Das Filtrat wurde in einer Mischung aus 200 ml Äthanol, 100 ml Wasser und 70 g 85%igem Kaliumhydroxid aufgenommen und 4 Std unter Rückfluß verseift. Die Mischung wurde nach dem Abkühlen mit 400 ml Wasser quantitativ in einen 2,5 l Scheidetrichter überführt und einmal mit 250 ml, anschließend dreimal mit je 150 ml Petroläther ausgeschüttelt. Die Schaumbildung wurde durch Zugabe von jeweils 10 ml Äthanol zum Schaum gebrochen. Die vereinigten Petrolätherextrakte wurden einmal mit 250 ml, anschließend zweimal mit 150 ml Wasser gewaschen und dann dreimal mit 80 ml Äthanol-Wasser 1:1 ausgeschüttelt. Der verbleibende Petrolätherextrakt wurde auf dem Wasserbad zur Trockne eingedampft. Der Rückstand wurde in 20 ml Petroläther gelöst. Die Lösung wurde auf eine Chromatographiersäule von 300 mm Länge und 20 mm Durchmesser gegeben, welche mit „Kieselgel aktiv, standardisiert nach Spengler", gefüllt war.

Nach dem Einsickern wurde mit Petroläther mit einer Geschwindigkeit von 6 ml/min nachgewaschen. In Vorversuchen war gefunden worden, daß die ersten 50 ml Eluat das gesamte Paraffinöl enthalten. Diese Fraktion wurde auf dem Wasserbad eingedampft, der Rückstand wurde in wenigen ml Petroläther aufgenommen, in ein kleines Wägeschälchen überführt, wieder auf dem Wasserbad eingedampft und im Trockenschrank bei 105° C zur Gewichtskonstanz getrocknet. Der gefundene Wert wurde hier und bei den anderen Versuchen auf das Verhältnis des eingesetzten Kokosfettes zum filtrierten Kokosfett – meist 136 g/133 g – umgerechnet. In einem separaten Versuch mit reinem Kokosfett wurde der Blindwert in analoger Weise bestimmt.

Tabelle 11. *Ermittlung des Recovery-Faktors*

gegeben mg Paraffinöl 150 ml Kokosfett	Blindwert mg/150 ml Kokosfett	gefunden nach Abzug des Blindwertes mg/150 ml Kokosfett	Recovery-Faktor
11,4	13,5	11,8	1,0
17,2	13,5	17,5	1,0
487,2	13,5	484,9	1,0

β) Bestimmung von Octadecylalkohol

Das Kokosfett wurde analog α. in einen Scheidetrichter filtriert und sechsmal mit je 100 ml Methanol ausgeschüttelt. Die vereinigten Methanolextrakte wurden auf dem Wasserbad zur Trockne eingedampft. Der Rückstand von etwa 15 g enthielt etwa 70% des eingesetzten Octadecylalkohols, der so im Verhältnis von etwa 1 : 10 angereichert wurde. Der Rückstand wurde in 100 ml 2n-alkoholischer Kalilauge 2 Std unter Rückfluß verseift. Nach Spülen des Kühlers mit 10 ml Äthanol wurde die Verseifungslösung mit 150 ml Wasser verdünnt und quantitativ in einen Scheidetrichter überführt. Sie wurde dreimal mit je 100 ml Petroläther ausgeschüttelt. Die vereinigten Petrolätherextrakte wurden einmal mit 150 ml und zweimal mit 100 ml Wasser gewaschen und über Nacht mit etwa 30 g wasserfreiem Natriumsulfat getrocknet. Anschließend wurde filtriert. Der Filterkuchen wurde mit einigen ml Petroläther nachgewaschen, die vereinigten Lösungen wurden an einer 15 cm hohen Füllkörperkolonne vorsichtig auf 7 ml eingeengt. Der Destillationsrückstand wurde quantitativ in einen 10 ml-Meßkolben überführt und zur Marke mit Petroläther aufgefüllt.

Die Lösung diente zur Bestimmung des Octadecylalkohols, die gaschromatographisch unter folgenden Bedingungen durchgeführt wurde:

Gerät	Perkin-Elmer F 6	
Detektor	FID	
Säule	0,5 m Q Versamin	
	(5% KOH	
	1% Versamid 900)	auf Chromosorb W
	15% Höchstvakuumfett weich BASF	HMDS
Temperaturen	Einspritzblock 300° C	
	Säule 250° C	
Trägergas	Helium	
Strömungsgeschwindigkeit	80 ml/min	
Eingespritzte Menge	5,0 μl.	

Geeicht wurde durch Einspritzen von 5,0 μl einer Lösung, die 10,0 mg Octadecylalkohol in 10,0 ml Petroläther enthielt.

Tabelle 12. *Ermittlung des Recovery-Faktors*

gegeben mg Octadecylalkohol/ 150 ml Kokosfett	gefunden mg Octadecylalkohol/ 150 ml Kokosfett	Recovery-Faktor
1,00	0,70	0,7
2,50	1,69	0,7
10,00	7,07	0,7

γ) Bestimmung von Butylstearat und Dibutylphthalat

Das Kokosfett wurde nach der Lagerung analog α. in einen 2 l-Dreihalskolben filtriert und mit einer Mischung von 500 ml Äthylenglykol und 150 ml 60%iger wäßriger Kalilauge unter Rühren bei 140° C (Innentemperatur) am Rückfluß verseift. Das dabei entstandene n-Butanol wurde mit etwa 250 g Wasserdampf abgetrieben. Eine Schaumbildung trat hierbei kaum auf. Die Vorlage wurde in Eis gekühlt. Das Destillat wurde in kleinen Portionen mit insgesamt 300 g Kaliumcarbonat versetzt. Dabei wurde ständig gut gekühlt, um Verdampfungsverluste des sich abscheidenden n-Butanols zu vermeiden. Die Mischung wurde vorsichtig in einen Scheidetrichter umgespült und dreimal mit je 100 ml Äther ausgeschüttelt. Die vereinigten Ätherextrakte wurden über Nacht mit ca. 30 g wasserfreiem Natriumsulfat getrocknet, anschließend wurde filtriert, der Rückstand wurde nachgewaschen und die gesamte Lösung an einer 30 cm hohen Füllkörperkolonne vorsichtig auf etwa 15 ml eingeengt. Das Konzentrat wurde quantitativ in einen 25 ml-Meßkolben überführt und mit Äther zur Marke aufgefüllt. Die so erhaltene Lösung diente zur Bestimmung des n-Butanols unter folgenden gaschromatographischen Bedingungen:

Gerät	Perkin-Elmer F 6
Detektor	FID
Säule	2 m alkalisierte aromatische Polyäther (Chromosorb PAW imprägniert mit 10% NaOH, und 15% arom. Polyäther 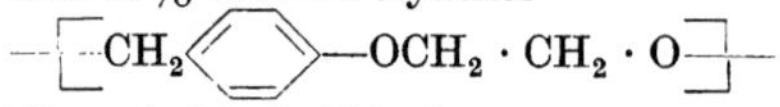
Temperaturen	Einspritzblock 300° C Säule 100° C
Trägergas	Helium
Strömungs-geschwindigkeit	70 ml/min
Eingespritzte Menge	5,0 μl.

Die Eichung erfolgte durch Einspritzung von 5,0 μl einer Lösung, die 0,5 mg n-Butanol in 25 ml Äther enthielt.

Tabelle 13. *Ermittlung des Recovery-Faktors*

a) *Butylstearat*

gegeben mg Butylstearat/ 150 ml Kokosfett	Blindwert mg n-Butanol/ 150 ml Kokosfett	gefunden		
		mg n-Butanol/ 150 ml Kokosfett	mg Butylstearat (aus n-Butanol berechnet) nach Abzug des Blindwertes/150 ml Kokosfett	Recovery-Faktor
1,93	0,38	0,86	2,20	1,1
2,69	0,38	1,09	3,27	1,2
5,95	0,38	1,90	6,98	1,2

b) *Dibutylphthalat*

gegeben mg Dibutylphthalat/ 150 ml Kokosfett	Blindwert mg n-Butanol/ 150 ml Kokosfett	gefunden		
		mg n-Butanol/ 150 ml Kokosfett	mg Dibutylphthalat (aus n-Butanol berechnet) nach Abzug des Blindwertes/150 ml Kokosfett	Recovery-Faktor
2,71	0,38	1,81	2,69	1,0

δ) Bestimmung von Diisononyladipat

Das Kokosfett wurde analog α). in einen 1 l-Rundkolben filtriert und mit einer Mischung von 200 ml Äthanol, 100 ml Wasser und 50 g 85%igem Kaliumhydroxid 4 Std am Rückfluß verseift. Die Verseifungslösung wurde mit 50 ml Wasser quantitativ in eine Abdampfschale überführt und auf dem Wasserbad soweit zur Trockne eingedampft, daß der Rückstand etwa 250 g betrug. Dieser wurde in 100 ml Wasser aufgenommen und erneut zur Entfernung des Äthanols auf ein Gewicht von 250 g eingedampft. Der nun verbleibende Rückstand wurde in 300 ml Wasser aufgenommen, quantitativ in einen 1 l-Scheidetrichter überführt und mit Wasser auf etwa 500 ml verdünnt. Nach Zugabe von 3 Tropfen 1%iger Phenolphthaleinlösung wurde mit 30%iger Salzsäure nach farblos titriert. Anschließend wurden 3 Tropfen einer wäßrigen 1%igen Methylorangelösung zugegeben und mit 30%iger Salzsäure bis zum Farbumschlag titriert. Dabei wurde wiederholt gut umgeschüttelt. Nach Zugabe eines Überschusses von 2 ml 30%iger Salzsäure wurde die Mischung mit Wasser auf 750 ml verdünnt, auf Zimmertemperatur abgekühlt und nochmals 5 min geschüttelt. Zur Phasentrennung blieb der Scheidetrichter 24 Std in Ruhe. Erst dann wurde die untere wäßrige Phase abgezogen und zur Abtrennung geringer lipophiler Reste durch Watte filtriert. Das Filtrat wurde mit n-Kalilauge bis zum Auftreten eines roten Farbtons (Phenolphthalein) versetzt und auf dem Wasserbad bis zur beginnenden Salzausscheidung eingedampft. Die Lösung wurde nun in einen 500 ml-Scheidetrichter überführt, mit Wasser auf etwa 220 ml verdünnt und mit 30%iger Salzsäure gegen Methylorange sauergestellt. Nach Zugabe von 1 ml überschüssiger 30%iger Salzsäure wurde die Lösung sechsmal mit je 50 ml n-Butanol ausgeschüttelt. n-Butanol wurde, anstelle von Äther, wegen des günstigeren Verteilungskoeffizienten der Adipinsäure gewählt. Die vereinigten n-Butanol-Extrakte wurden mit 50 ml wäßriger n-Kalilauge versetzt und in einer Porzellanschale auf dem Wasserbad zur Trockne eingedampft. Zur Entfernung des restlichen n-Butanols wurde der Rückstand dreimal mit je 10 ml Wasser aufgenommen und erneut zur Trockne eingedampft. Der verbleibende Rückstand wurde mit insgesamt 20 ml Wasser quantitativ in einen 100 ml Scheidetrichter überführt, mit 30%iger Salzsäure gegen Methylorange sauergemacht und nach Zugabe von 0,5 ml überschüssiger 30%iger Salzsäure mit Wasser auf insgesamt 25 ml verdünnt. Diese Lösung wurde sechsmal mit je 40 ml Äther ausgeschüttelt. Die vereinigten Ätherextrakte wurden auf dem Wasserbad zur Trockne eingedampft. Der Rückstand wurde mit insgesamt 20 ml Äther quantitativ in ein 25 ml-Penicillingläschen überführt, auf dem Wasserbad auf etwa 1 ml eingeengt und mit soviel ätherischer Diazomethanlösung versetzt, daß die gelbe Farbe des Diazomethans 1 Std erhalten blieb. Die Veresterungslösung wurde auf 3,5 ml eingeengt, quantitativ in einen 5 ml-Meßkolben überführt und mit Äther zur Marke aufgefüllt. In dieser Lösung wurde der Adipinsäuredimethylester unter folgenden Bedingungen gaschromatographisch bestimmt:

Gerät	Perkin-Elmer F 6
Detektor	FID
Säule	2 m Q(15% Apiezonfett M auf Celite 545)
Temperaturen	Einspritzblock 300° C Säule 250° C
Trägergas	Helium
Strömungsgeschwindigkeit	80 ml/min
Eingespritzte Menge	5,0 μl.

Zur Eichung wurden 2,0 ml einer Lösung, die 100,0 mg Adipinsäure in 100 ml Wasser enthielt, auf dem Wasserbad zur Trockne eingedampft und mit der notwendigen Menge ätherischer Diazomethanlösung verestert. Nach dem Einengen auf 3,5 ml wurde die Versuchslösung in einen 5 ml-Meßkolben überführt und auf 5 ml aufgefüllt. Von dieser Lösung wurden 5,0 μl zum Vergleich eingespritzt.

Tabelle 14. *Ermittlung des Recovery-Faktors*

gegeben mg Adipinsäure/ 150 ml Kokosfett	gefunden: Blindwert mg Adipinssäure/ 150 ml Kokosfett	gefunden: mg Adipinsäure (aus Dimethyladipat berechnet) nach Abzug des Blindwertes/ 150 ml Kokosfett	Recovery-Faktor
2,00	0,16	1,41	0,7
2,00	0,16	1,47	0,7
0,50	0,16	0,43	0,9

f) Weitere Prüfungen

Der Untersuchung von Verpackungen auf ihre Durchlässigkeit für Gase und Wasserdampf kommt in steigendem Maße Bedeutung zu, wobei sowohl ein erwünschter Schutz der Lebensmittel vor der Einwirkung der Atmosphäre als auch umgekehrt eine Frischerhaltung von Lebensmitteln unter der Einwirkung von Luftsauerstoff, die Sicherstellung der Abdiffusion von Kohlensäure (Röstkaffee) oder die Vermeidung von Gefrierbrand bei tiefgefrorener Ware Veranlassung zur Prüfung sein können.

α) Permeation von Gasen und Wasserdampf durch Kunststoffe

Die Permeation eines Gases oder Dampfes durch Diffusion ist zu unterscheiden von dem Gasaustausch durch poröses Material. Die Menge des hindurchtretenden Stoffes – Gas oder Dampf – hängt von der Art dieser Stoffe ab, weiter aber auch vom chemischen Aufbau und von der Molekularstruktur des Kunststoffes. Sie ist proportional zur Folienfläche, zum Gasdruckunterschied auf beiden Seiten der Folie und zur Einwirkungszeit. Sie ist umgekehrt proportional zur Foliendicke.

$$Q = P \frac{A \cdot t \cdot \Delta p}{d}$$

Q = hindurchtretende Gasmenge in cm^3 oder Wasserdampfmenge in g
A = Folienfläche in cm^2
Δp = Druckdifferenz in cm Quecksilbersäule
t = Einwirkungszeit in s
d = Foliendicke in cm
P = Permeabilitätskonstante in cm^3/ (Gas) oder g/cm^2s (Wasserdampf)

Die Permeabilitätskonstante P ist eine Proportionalitätskonstante. Sie ist, wie schon gesagt, abhängig von der Art des Gases und der chemischen Natur der Folie. Sie ist weiterhin temperaturabhängig. Nach A. Lebovits, (1966) verläuft die Permeation in 3 Stufen:

1. Aufnahme des diffundierenden Stoffes auf der Seite der höheren Stoffkonzentration;
2. Wanderung des Stoffes durch die Folie in Richtung nach der Seite niederer Konzentration;
3. Abgabe des Stoffes.

Für die Bestimmung der Wasserdampfdurchlässigkeit kann man eine gravimetrische Methode verwenden. Die Folie wird einseitig feuchter Luft ausgesetzt und im Absorptionsraum die eindiffundierte Wassermenge gewogen. Die übliche Einheit für die Wasserdampfdurchlässigkeit ist g/m^2 Tag.

Eine manometrische Methode friert das in den evakuierten Absorptionsraum eindiffundierte Wasser aus und bestimmt nach beendigter Diffusion den Druckanstieg bei definierter Temperatur.

Bei der Messung der Gasdurchlässigkeit bestimmt man das in den Absorptionsraum eindiffundierte Gas entweder bei konstantem Druck und konstantem Volumen oder man hält Temperatur und Druck konstant und mißt die Volumenänderung.

Genormte Prüfmethoden sind DIN 53379 Prüfung von Kunststoff-Folien.

Gravimetrische Bestimmung der Wasserdampfdurchlässigkeit:

ASTM E 96–53 T	Measuring water transmission of materials in sheet form.
DIN 53380	Bestimmung der Gasdurchlässigkeit von Kunststoffen.
ASTM D 1434–63	Gas Transmission Rate of Plastic Film and Sheeting

Über die Wasserdampf- und Gasdurchlässigkeit von verschiedenen Folien bei 25 μ Dicke und 20° C gibt Tabelle 15 Auskunft.

Tabelle 15. *Wasserdampf- u. Gasdurchlässigkeit verschiedener Folien*

Folien-Material	H_2O g/Tag m²	O_2	N_2 cm³/Tag m² at	CO_2
Polyäthylen niederer Dichte	19	7800	3000	21000
Polyäthylen hoher Dichte	5–9	1500–2300	800–950	4000–6000
Polystyrol orientiert	7	3100–4600	600–1500	8000–15000
Polypropylen	8–11	3000–4500	450–1500	11000–13000
Hart-PVC	6–20	1500	400–800	8000
Polyvinylidenchlorid	1,5–5	1,5–3	0,4	4,5
Zellglas wetterfest	3–15	trocken gering; feucht variabel	trocken gering; feucht variabel	trocken gering; feucht variabel
Polyester	15	80–150	8	115
Celluloseacetat	1550	1500–2200	400–600	8000–12000

Die Ausnahmestellung des Polyvinylidenchlorids mit seiner extrem hohen Wasser- und Gasundurchlässigkeit sowie des Celluloseacetats mit den bezüglich der Wasserdampfdurchlässigkeit umgekehrten Eigenschaften wird aus der Tabelle ersichtlich.

Die Permeabilität für Wasserdampf bei einer Foliendicke von 40 μ bei einer Temperatur von 20° C zeigt Tabelle 16.

Tabelle 16. *Einfluß der Foliendicke auf die Permeabilität von H_2O Foliendicke 40μ, Temperatur 20° C*

Folien-Material	H_2O g/24 Std m²
Polyäthylen niederer Dichte	2,5
Polyäthylen hoher Dichte	0,8
Polystyrol	33
Polystyrol schlagfest	28
ABS*	60
SAN**	58
Nylon 6,6	17
Polyvinylidenchlorid	0,4

* Acrylnitril-Butadien-Styrol
** Styrol-Acrylnitril

β) Aromadurchlässigkeit von Folien

Aromatische Lebensmittel sollen zur Qualitätserhaltung vor Aromaverlust, andere Lebensmittel vor der Aufnahme von Fremdgerüchen geschützt werden. Wientjes u. Mitarb. haben eine Methode zur Messung der Aromadurchlässigkeit von Folien ausgearbeitet. Die zu prüfende Folie schließt einen mit dem Aromaträger beschickten Behälter gegen ein Vakuum ab. Die durch die Folie hindurchwandernden Duftstoffe werden mit Stickstoff laufend entfernt, um den Partialdruck des Duftstoffes bei Null zu halten. Man bestimmt die abgegebene Menge des Aromas gaschromatographisch.

E. Smit (1968) hat nach dieser Methode die Durchwanderung von Duftstoffen aus Fruchtsäften durch Folien von Niederdruck- und Hochdruck-Polyäthylen, Polypropylen und orientiertem (gerecktem) Polypropylen geprüft und die aus der Parfümerie schon länger bekannte Beobachtung bestätigt gefunden, daß die Folien eine selektive Wirkung haben, daß also die einzelnen Bestandteile der Duftkomposition verschieden schnell durch die Folien durchwandern.

Eine sensorische Prüfung so behandelter Fruchtsäfte wurde nicht vorgenommen. In der Praxis wird man im gegebenen Falle eine solche Prüfung vorziehen, das heißt, man wird das Lebensmittel nach entsprechend langer Lagerung prüfen.

Hervorgehoben sei aber, daß keine lineare Abhängigkeit zwischen Foliendicke und Aromapermeation besteht, daß also das Ficksche Gesetz nicht streng gilt.

γ) Nachweis poröser Beschichtungen

Von Filmen aus Dispersionen auf beschichtetem Papier oder Aluminium usw. wird unbedingte Porendichtigkeit gefordert.

Man prüft, indem man die Beschichtung auf Papier mit einem färbenden oder gefärbten Medium benetzt. Poren geben sich durch Färbung des Trägermaterials zu erkennen. Angewandt wird z.B. eine Jod-Chlorzink-Lösung, die beim Durchschlagen durch die Poren das Papier blau verfärbt. Ebenso kann man auch gefärbtes Paraffin oder Terpentin verwenden. Poren in der Beschichtung von Aluminiumfolie werden durch eine Salzsäure-Kupfersulfatlösung sichtbar, da das Kupfersulfat auf dem Aluminium zu braunem Kupfer reduziert wird.

7. Untersuchung von Bedarfsgegenständen gemäß den Mitteilungen des Bundesgesundheitsamtes

(Siehe auch Abschnitt Extraktionsmethoden)

Die 1. Mitt. (Bundesgesundh.-Bl. **4**, 189 [1961]) nennt unter I qualitative Vorproben zur Bestimmung der Kunststoffart. Durch die inzwischen weiter fortgeschrittene Entwicklung der Kunststoffe genügen die hier gemachten Angaben nicht mehr zur Identifizierung, z.B. der Mischpolymerisate oder der Mischung von Polymerisaten, und können – wie schon weiter oben ausgeführt – nicht mehr allein als Methode verwendet werden. Immerhin können sie aber noch als Hinweise und zur Vororientierung dienen. Zur Identifizierung von Polymeren siehe auch 4. Mitt. (Bundesgesundh.-Bl. **6**, 350 [1963]). Neufassung in Vorbereitung.

Die Prüfung auf Anwesenheit extrahierbarer Bestandteile nach Teil II der Mitteilung ist, soweit die Extraktionsmittel Wasser, 3%ige Essigsäure und 10%-iger Äthylalkohol sind und damit also Lebensmittel oder Lebensmittelsimulantien sind, auch zur Zeit noch im Gebrauch und wird zur Beurteilung von Bedarfsgegenständen als maßgebend angesehen. Es soll jedoch bei der Beurteilung von Bedarfsgegenständen nicht übersehen werden, daß eine Untersuchung nicht auf den unverarbeiteten Kunststoff, sondern auf den fertigen Bedarfsgegenstand, und zwar unter den Bedingungen seiner Anwendung zu beziehen ist. Die in der Mitteilung vorliegenden Extraktionsvorschriften geben dem Weiterverarbeiter von Kunststoffen nach den heutigen Anschauungen nur einen Hinweis auf die Brauchbarkeit des von ihm in Arbeit genommenen Materials.

Abschnitt B der 1. Mitt. schlägt vor, die Bestimmung des Gesamtextraktes auch an geformten Kunststoffgegenständen, d.h. also Bedarfsgegenständen, in derselben Weise vorzunehmen und gibt für die hierbei zulässigen Mengen an Gesamtextrakt keine anderen Begrenzungen an als die, welche bei den Folien gefunden werden.

Die Extrahierbarkeit der als Bedarfsgegenstände vorliegenden Kunststoffe ist abhängig von der Wanddicke und der Oberfläche der Bedarfsgegenstände. Weiterhin sind die Temperatur, bei welcher der Bedarfsgegenstand verwendet werden soll, und die Berührungsdauer zwischen Lebensmittel und Bedarfsgegenstand hier zu berücksichtigen. Einen Einfluß auf den Übergang von extrahierbaren Stoffen hat neben dem Aggregatzustand des Lebensmittels weiterhin bei festen Lebensmitteln deren Oberfläche. Ein pulvriges oder poröses Lebensmittel wie Mehl oder Grieß wird mit einer größeren Oberfläche als stückiges oder grobkörniges Gut die Oberfläche des Bedarfsgegenstandes berühren. Poröse Lebensmittel können adsorptiv wirken.

Die Bestimmung eines Gesamtextraktes, wie ihn die 1. Mitt. vorschlägt und die nur für eine Reihe von Kunststoffen gilt, kann bei Sicherstellung der Zusammensetzung der Kunststoffe gemäß den Empfehlungen — d.h. also bei Sicherstellung der Abwesenheit von extrahierbaren toxischen Substanzen — die Erfüllung von § 3 a des Lebensmittelgesetzes garantieren. Für die Erfüllung des § 4b Nr. 5, soweit er die technisch unvermeidbaren Mengen von Fremdstoffen betrifft, werden in Zukunft andere Gesichtspunkte gelten.

Extraktionen werden so anzustellen sein, daß sie die Bedingungen der tatsächlichen Verwendung nachahmen. Mit den 3 Extraktionsmitteln müßten also gegebenenfalls langfristige Lagerversuche bei entsprechender Temperatur angestellt werden.

Zur Weiteruntersuchung des Gesamtextraktes verweist die 1. Mitt. (neben dem Ätherextrakt) nur auf den mit Wasser erhaltenen Extrakt und läßt darin die Sulfatasche und Schwermetallspuren nachweisen. Der Sulfatasche-Gehalt wird bei Extraktion mit Essigsäure gelegentlich wesentlich höher sein als der des Wasserextraktes. Dasselbe ist von einem eventuellen Gehalt an Schwermetallspuren zu sagen. Eine entsprechende Prüfung wird daher ratsam sein.

Der Sulfatasche-Gehalt kann eine gesundheitliche Unbedenklichkeit der extrahierten Stoffe erweisen, wenn sich ergibt, daß er in der Hauptsache z. B. aus Natriumsulfat oder ähnlichen unbedenklichen Substanzen besteht. Im übrigen kommt der Bestimmung der Sulfatasche kaum eine lebensmittelrechtliche Bedeutung zu.

Analytische Vorschriften für die genauere Spezifizierung der Extrakte im Zusammenhang mit einer pharmakologischen Begutachtung könnten im Hinblick auf § 4b Nr. 5 des Lebensmittelgesetzes befriedigender erscheinen; jedoch sei daran erinnert, daß bei der Erstellung der Empfehlungen extrahierbare toxische Substanzen nicht zugelassen werden.

Bei trockenen Lebensmitteln ist — wenn überhaupt — außer dem Übergang von Weichmachern und evtl. Gleitmitteln, wie z.B. Paraffin, kaum ein Übergang zu befürchten. Eine Untersuchung wird sich daher in der Hauptsache auf diese Stoffe zu beziehen haben.

Der Ätherextrakt hat, wie die 1. Mitt. selbst aussagt und worauf in diesen Ausführungen wiederholt hingewiesen wurde, für die Beurteilung von Bedarfsgegenständen nur einen bedingten Wert (wohingegen er für die Analyse der Kunststoffe von Bedeutung ist). Substanzen, welche nicht durch Äther extrahiert werden, werden mit Sicherheit auch von Fetten und Ölen nicht extrahiert, da letztere beträchtlich weniger extrahieren als Äther. Hierauf nimmt die Prüfung auf Farblässigkeit gefärbter Kunststoffe Bezug. Eine Prüfung auf durch Fett extrahierbare Bestandteile muß also beim Nachweis einer Extrahierbarkeit durch Äther noch mit einem Fett selbst vorgenommen werden. *Ol. Cocos* wird für derartige Prüfungen vorgeschlagen. Obwohl *Ol. Cocos* bei Zimmertemperatur nicht flüssig ist, haben vergleichende Untersuchungen ergeben, daß es allgemein als Fettsimulans verwendbar ist. Bei 40° C liegt es flüssig, also als Öl, vor.

a) Prüfung auf Farblässigkeit bei in der Masse gefärbten Kunststoffen

(Vgl. A I, 4 der 1. Mitt.)

Die Prüfvorschrift verwirft Bedarfsgegenstände als ungeeignet, die eine dem menschlichen Auge sichtbare Spur von Farbstoffen an die Extraktionsmittel abgeben. Beim Auskochen mit Wasser, verdünnter Essigsäure und verdünntem Äthylalkohol darf also kein Extrakt gewonnen werden, der sichtbar gefärbt ist. Da die Bedarfsgegenstände mit unlöslichen Pigmenten gefärbt werden, welche ihre färberischen Eigenschaften bei der Verarbeitung der Kunststoffe nicht verändern sollen, ist mit einer Überwanderung von Pigmentspuren nur zu rechnen, wenn die Pigmentartikel nicht vollkommen von Kunststoff umschlossen sind.

Nun kann Äther z.B. Polystyrol anquellen. Die Prüfungsvorschrift sieht daher den (mehr theoretischen) Fall vor, daß gefärbte Partikel, selbst bei ordnungsgemäßer Incorporierung der Pigmentteilchen, in den Äther gelangen können und eine Löslichkeit der Pigmente vortäuschen.

Wenn die Teilchen durch Zentrifugieren sedimentiert werden können, in Äther also nicht echt gelöst vorliegen, kann wegen des gegenüber Fett größeren Lösevermögens des Äthers geschlossen werden, daß der Bedarfsgegenstand an Fette keinen Farbstoff abgibt.

Bleibt der Äther nach dem Zentrifugieren gefärbt, so ist mit Fett (*Ol. Cocos*) selbst auf Farblässigkeit zu prüfen.

Aus geformten Gegenständen kann man flache Streifen herausschneiden und auf ölgetränktes Filtrierpapier legen, oder man umhüllt den Bedarfsgegenstand mit dem Papier, bedeckt mit einer Aluminiumfolie und befestigt mit Klebstreifen. Der Migrationstest wird 2 Stunden bei 50° C ± 2° C vorgenommen und es wird anschließend verglichen mit ebenso vorbereitetem Filtrierpapier, das nicht in Kontakt mit gefärbtem Kunststoff gestanden hat.

Diese Prüfmethode gilt auch für lackierte Gegenstände (Dosen, lackierte Aluminiumfolien).

Für gefärbtes Papier ist die Methode in ihrer jetzigen Form nicht anwendbar. Bei dem Kontakt von gefärbtem Papier mit Filtrierpapier können andere Wanderungsbedingungen auftreten als beim Kontakt mit Lebensmitteln, da hier andere Farbstoffe als bei den Kunststoffen verwendet werden.

Bei bedruckten oder dekorierten Bedarfsgegenständen, bei welchen Druck oder Dekor nicht mit dem Lebensmittel in Berührung kommt, wird man ihre dem Lebensmittel zugewandte Seite mit dem ölgetränkten Papier in Kontakt bringen. Farbstoff, der aus dem Dekor auswandern kann, müßte durch die Folie hindurchwandern, um in das Lebensmittel zu gelangen, was bei Vorliegen einer Sperrschicht wenig wahrscheinlich ist.

Aus dem gleichen Grund wird man bei der Bestimmung der Extrahierbarkeit mit den wäßrigen Medien die Versuchungsanordnung so treffen, daß nur die Innenfläche des Bedarfsgegenstandes extrahiert wird.

b) Prüfung von bunten Kinderspielwaren auf Speichel- und Schweißechtheit

Kinderspielwaren sind Bedarfsgegenstände gemäß § 2 Nr. 3 des Lebensmittelgesetzes. Bei dem vorherzusehenden Gebrauch ist erfahrungsgemäß damit zu rechnen, daß die Gegenstände in den Mund genommen werden oder sonstwie mit der Haut oder Schleimhaut in Berührung kommen. Sie sind daher auf Farblässigkeit zu prüfen. Die Prüfung erfolgt gemäß DIN 53160. Die Prüfung dient dazu, um festzustellen, ob die Spielwaren der Mitt. 11 der Deutschen Forschungsgemeinschaft entsprechen, d.h. ob die Spielwaren keine Farbstoffe an Lösungsmittel, die Speichel bzw. Schweiß simulieren, abgeben.

Die Vorschriften des Farbengesetzes vom 5. 7. 1887 bleiben durch die Prüfvorschrift der DIN 53160 unberührt. Ebenso ist § 3 Nr. 2 des Lebensmittelgesetzes vollgültig, gemäß welchem die Bedarfsgegenstände so beschaffen sein müssen, daß sie die menschliche Gesundheit durch ihre Bestandteile nicht schädigen können.

Die Prüflösung, welche Speichel repräsentiert, enthält

Natriumhydrogencarbonat	4,2 g
Natriumchlorid	0,5 g
Kaliumcarbonat	0,2 g
Wasser	1000 ml

Die Lösung hat ein pH von 8,8.

Schweiß wird simuliert durch folgende Lösung:

Natriumchlorid	4,5 g
Kaliumchlorid	0,3 g
Natriumsulfat	0,3 g
Ammoniumchlorid	0,4 g
Milchsäure	3,0 g
Harnstoff	0,2 g
Wasser	1000 ml

Das pH der Lösung beträgt 5.

Die Prüfung wird ähnlich der vorbeschriebenen Prüfung gemäß Empfehlung IX vorgenommen. Man bedeckt die zu untersuchende Probe mit Filtrierpapierstreifen, die mit den Prüflösungen getränkt sind, befestigt mit Klebstreifen und beläßt bei 40° C ± 2 in einem mit Wasser beschickten Exsikkator. Die Filtrierpapierstreifen müssen dem Prüfkörper fest anliegen. Man inspiziert anschließend die Filtrierpapierstreifen. Sie dürfen keine Färbung erkennen lassen. Das Prüfergebnis heißt „speichel- und schweißecht" bzw. „nicht speichel- und schweißecht". Der Prüfbefund ist unter Hinweis auf die DIN zu geben.

c) Bestimmung von Formaldehyd

α) In Kunststoffgefäßen aus Melaminharz

(Vgl. 2. Mitt.: Bundesgesundh.-Bl. **4**, 294 [1961]).

Die Bestimmungsmethode bezieht sich auf geformte Hohlkörper und soll sicherstellen, daß nur Preßmassen bester Qualität und Aushärtung verwendet werden. Zur Bestimmung des extrahierbaren Formaldehyds werden die wäßrigen Medien der 1. Mitt. verwendet. Eine Extraktion mit Äther oder *Ol. Cocos* ist nicht vorgesehen und wäre auch wenig sinnvoll, da Formaldehyd in wäßrigen Lösungsmitteln leichter löslich ist als in Fett. Für die Herstellung des 10%igen Alkohols kann auch vergällter Alkohol verwendet werden. Man füllt zur Untersuchung je einen Bedarfsgegenstand mit dem auf 80° C erwärmten Extraktionsmittel, bedeckt zum Schutze gegen Verdunstung mit einem Uhrglas oder Ähnlichem und läßt 30 min stehen. Hierbei kühlt sich das Extraktionsmittel ab. Um Formaldehydverluste zu vermeiden, muß der Extrakt sofort untersucht werden. Man verwendet die Intensität der Violettfärbung, die in saurer Lösung (81%ige Schwefelsäure) aus Formaldehyd und *Chromotrop*-Säure (1,8-Dihydroxy-3,6-Naphthalindisulfosäure) entsteht, als Maß für die vorliegende Menge Formaldehyd (BREMANIS, E. [1949]). Um vergleichbare und reproduzierbare Werte zu erhalten, ist auf Gleichmäßigkeit der Ausführung der Reaktion (Temperatur, Geschwindigkeit der Zugabe der Reagentien) zu achten. Die Reaktion wird durch organische Stoffe wie aromatische

Aldehyde und Glyoxal nicht gestört. Furfurol gibt in höheren Konzentrationen eine Rosafärbung.

Die Aufstellung einer Eichkurve zum Vergleich der beobachteten Extinktion mit der Extinktion bei bekanntem Formaldehydgehalt ist in der 9. Mitt. ,,Methoden zur Prüfung von Papieren, Kartons und Pappen" beschrieben (9. Mitt.: Bundesgesundh.-Bl. **10**, [1967] 101, Abschn. B IIc). Eine genau 1,00 g Formaldehyd enthaltende Menge Formalin (jodometrische Bestimmung) wird mit dest. Wasser auf 1000 ml aufgefüllt. 100 ml (0,1 g Formaldehyd) hiervon werden wiederum auf 1000 ml verdünnt und von dieser Stammlösung 10, 40, 70, 100, 120 und 150 ml auf je 1000 ml verdünnt. Die so hergestellten Lösungen enthalten 1, 4, 7, 10, 12 und 15 μg Formaldehyd in einem ml.

Mit je 1 ml dieser Lösungen nimmt man die Reaktion mit *Chromotrop*säure und 81 %iger Schwefelsäure vor und bestimmt die Extinktionen im Photometer gegen dest. Wasser unter Vorschaltung des Filters S 57.

Gemäß Empfehlung XVIII, Melaminpreßharzmassen, dürfen höchstens 3 μg Formaldehyd in 1 ml des Extraktes aus dem Bedarfsgegenstand nachweisbar sein. Die Bestimmung erfaßt also nicht Formaldehyd pro Gewichtseinheit Preßharzmasse, sondern bezieht sich auf abgegebene Menge Formaldehyd pro Inhalt des Hohlkörpers. Hierbei wird die dem Lebensmittel abgewandte Oberfläche des Bedarfsgegenstandes außer Betracht gelassen.

β) In flachen Gegenständen (Platten) mit einer Oberfläche aus Melaminharz

(Vgl. 3. Mitt.: Bundesgesundh.-Bl. **5**, 223 [1962]).

Untersucht werden Platten, wie sie durch Pressen von mit Melaminharz getränkten Trägermassen (Papier, Karton u.ä.) hergestellt werden und als Tischplatten, Schneidebretter usw. verwendet werden. Die dem Lebensmittel zugewandte, sichtbare Seite ist meistens ein mit Tränkharz getränktes Dekorpapier, so daß das Lebensmittel unmittelbar mit der ausgehärteten Harzschicht in Berührung kommt.

Bestimmt wird der an die Extraktionsmittel von der Oberfläche unter den Extraktionsbedingungen abgegebene Formaldehyd (und nicht der gesamte Formaldehyd ,,in" dem Bedarfsgegenstand). Die dem Lebensmittel nicht zugewandte Seite und die Kanten der Platten werden daher mit einem Lack porendicht abgedeckt, um sie von der Extraktion auszuschließen. Selbstverständlich darf der Lack seinerseits kein Formaldehyd abgeben.

Bestimmt wird wieder der Formaldehyd pro ml Extraktionsmittel. Die Versuchsanordnung soll so getroffen werden, daß pro cm^2 Oberfläche 1 ml Extraktionsmittel verwendet wird und das Untersuchungsobjekt ½ cm hoch mit Flüssigkeit bedeckt ist. Muß man wegen der Form des Untersuchungsobjektes mehr Flüssigkeit verwenden, so ist diese genau abzumessen und die Menge des gefundenen Formaldehyds zu berechnen, die bei Verwendung von 1 ml pro cm^2 sich ergeben hätte. Der Untersuchungsbefund ist also anzugeben in μg Formaldehyd pro cm^2 Oberfläche und (damit) pro ml des Extraktes. Er darf nicht mehr als 3 μg betragen.

γ) Bestimmung des extrahierbaren Formaldehyds in anderen Polymeren

Acetalharze: Bedarfsgegenstände aus Acetalharzen werden je nach ihrer Form gemäß 2. oder 3. Mitt. geprüft. Homopolymerisate dürfen maximal 3 μg, Mischpolymerisate höchstens 8 μg Formaldehyd pro ml Extraktionsflüssigkeit aufweisen. Die Zulässigkeit dieses höheren Gehaltes an extrahierbarem Formaldehyd in den Copolymerisaten ist in ihrer Anwendung begründet. Sie kommen nur als kleinere

Teile in Gebrauch und sind nicht bestimmt für den Kontakt mit sauren Lebensmitteln mit einem pH von weniger als 2,5.

Lacke: Empfehlung XL, Lacke und Anstrichstoffe für Lebensmittelbehälter und -verpackungen (47. Mitt.: Bundesgesundh.-Bl. **11**, 192 [1968]), läßt als maximal zulässige Menge des nach der vorbeschriebenen Methode bestimmten Formaldehyds 0,3 mg/dm² zu. Dies gilt sowohl für Lebensmittelbehälter bis zu 25 l Inhalt (Abschnitt A der Empfehlung) als auch für größere Behälter (Abschnitt B).

Bedarfsgegenstände aus Gummi: Nach 4. Mitt. (Bundesgesundh.-Bl. **6**, 350 [1963]), Abschn. 7 werden 10 g in Stücke von ca. 5 cm² Oberfläche zerschnittenen Gummis mit 100 ml kochendem, doppelt dest. Wasser in einem Erlenmeyerkolben übergossen, 30 min verschlossen stehengelassen und der Formaldehyd wieder mit Chromotropsäure bestimmt. 1 ml des Extraktes darf nicht mehr als 3 μg Formaldehyd enthalten. Die Bestimmung des extrahierbaren Formaldehyds bezieht sich im Gegensatz zu den bisher genannten Bedarfsgegenständen nicht auf die Oberfläche, sondern auf die zerkleinerte Masse des Polymeren. Zudem wird mit kochendem Wasser und nicht mit Wasser von 80° C extrahiert.

Formaldehyd kann in Gummi aus Xylolformaldehydharzen herrühren, die als Verarbeitungshilfsstoffe verwendet werden, oder aus Hexamethylentetramin, das in Bedarfsgegenständen nicht vorhanden sein darf.

Papier, Kartons, Pappen: Zusatzstoffe zu Papier usw., aus denen extrahierbarer Formaldehyd stammen kann, sind die als Fällungs- und Fixiermittel verwendeten Kondensationsprodukte von Formaldehyd mit Harnstoff, Dicyandiamid und Melamin; weiter die als Entwässerungsbeschleuniger angewandten Kondensationsprodukte aus Formaldehyd und aromatischen Sulfosäuren und schließlich Harnstoff-Formaldehydharze, spezielle Papierveredelungsstoffe.

Man extrahiert 20 cm² Papier, das in kleine Stücke zerschnitten ist, mit 1000 ml Wasser, indem man 24 Std. bedeckt bei 20° C stehenläßt. Von Papier, das für Kochbeutel, Heißfilterpapier u. ä. verwendet wird, werden 10 cm² zerschnitten, mit 500 ml siedendem Wasser übergossen und 2 Std. bei 80° C in einem bedeckten Erlenmeyerkolben extrahiert. Durch eine Vorprobe prüft man, ob die so gewonnenen Extrakte mit 81 %iger Schwefelsäure (0,5 ml Wasserextrakt, 1,5 ml Wasser und 8 ml 81 %ige Schwefelsäure) farblos bleiben. Färbt sich die Mischung, werden 5 ml Wasserextrakt mit 5 ml Wasser versetzt und hiervon genau 5 ml aus einem 25 ml-Destillierkolben durch einen 40 cm langen Liebigkühler abdestilliert und das Destillat auf Formaldehyd untersucht.

Man prüft 0,5 ml Extrakt oder 0,5 ml Destillat, indem man auf 1 ml auffüllt und die Reaktion mit Chromotropsäure vornimmt.

Gemäß Empfehlung XXXVI A (39. Mitt.: Bundesgesundh.-Bl. **10**, 267 [1967]), dürfen pro dm² Papier usw. höchstens 1 mg Formaldehyd nachweisbar sein.

8. Untersuchung von Bedarfsgegenständen aus Gummi

(Vgl. 4. Mitt.: Bundesgesundh.-Bl. **6**, 350 [1963]).

Die Untersuchungen der 4. Mitt. erstrecken sich auf folgende Prüfungen:

a) Qualitative Bestimmung der Kautschuksorten,
b) Prüfung der extrahierbaren Anteile,
c) Prüfung auf aliphatische sekundäre Amine,
d) Prüfung auf aromatische sekundäre Amine,
e) Nachweis und Bestimmung aromatischer primärer Amine,
f) Bestimmung von abspaltbarem Formaldehyd (vgl. oben),
g) Bestimmung von Zink und Blei.

a) Qualitative Bestimmung der Kautschuksorten

Die Identifizierung der in den Bedarfsgegenständen vorliegenden Polymere ist vorzunehmen, um die Innehaltung der Empfehlungen XXI B, XXVII, XXXI A, XXXII A und XXXV A im Hinblick sowohl auf die verwendeten Polymere als auch auf die in den Empfehlungen zugelassenen Hilfsstoffe zu prüfen, da für spezielle Bedarfsgegenstände Beschränkungen oder auch erweiterte Zulassungen sowohl der Polymere als auch der Hilfsstoffe gegeben sind. Die Identifizierung des Polymers setzt also den Prüfer in die Lage, eine gezielte Weiteruntersuchung des Bedarfsgegenstandes an Hand der als einschlägig erkannten Empfehlung vorzunehmen.

Empfehlung XXI B und XXXII nennen als Ausgangsstoffe:

Naturkautschuk (NK),
Polyisopren (IK),
Polybutadien (BK),
Butadien-Styrolkautschuk (SBK),
Butadien-Acrylnitril-Kautschuk (NBK),
Chlorbutadien-Kautschuk (CK),
Butylkautschuk (IIK),
Äthylen-Propylen-Kautschuk (EPK).

Empfehlung XXXI nennt darüber hinaus noch chlorsulfoniertes Polyäthylen und Polyvinylchlorid. Empfehlung XXXV A führt Mischpolymerisate aus Äthylen, Vinylestern und ungesättigten Säuren, deren Salze und Ester als Ausgangsstoffe auf. Silicongummi wird in Empfehlung XV B, Abschn. III, zugelassen.

Elastomere und einige thermoplastische Kunststoffe können durch Farbreaktionen ihrer Pyrolyseprodukte sowie durch Infrarotspektroskopie oder Gaschromatographie der Pyrolysate identifiziert werden. Die 4. Mitt. gibt darüber hinaus eine Reihe spezifischer Reaktionen zum Nachweis verschiedener Kautschukarten. Zur infrarotspektroskopischen Prüfung vergleicht man mit von Standardmustern gewonnenen Infrarotspektren.

Faktis wird nach DIN 53559 bestimmt. Nach dieser Normvorschrift werden die in Aceton und Chloroform nichtlöslichen, verseifbaren Stoffe des in Chloroform vorgequollenen Produktes mit methylalkoholischer 0,5 n-Kalilauge verseift und extrahiert. Polyurethan-Elastomere werden durch alkoholische 0,5-n-Kalilauge vollkommen verseift. Sie können jedoch durch den Pyrolysetest von Faktis unterschieden werden.

b) Prüfung der Bedarfsgegenstände auf extrahierbare Bestandteile

Die Extraktionen werden gemäß der 1. Mitt. vorgenommen, wobei an Stelle von Äther Cyclohexan verwendet wird. Mit dest. Wasser und 10 %igem Äthanol sollen maximal 2 % Extrakt gefunden werden. 3 %ige Essigsäure soll jedoch nur 2 % organische Bestandteile extrahieren. In dem Gesamtextrakt ist die Sulfatasche zu bestimmen und in Abzug zu bringen. Die Extraktion mit Cyclohexan ist nur bei Bedarfsgegenständen aus Butadien-Acrylnitrilkautschuk und Chlorbutadienkautschuk durchzuführen und soll maximal 3,5 % Extrakt ergeben.

Die Prüfungsvorschrift sieht vor, daß das zu extrahierende Material in Stücke von ca. 5 cm^2 Oberfläche zerschnitten wird. Bei mehrschichtigem Material kommt nur die dem Lebensmittel zugewandte Schicht für eine Untersuchung in Betracht. Sind die Bedarfsgegenstände dünnwandig, wird man zweckmäßig eine Extraktion in der Maturizelle vornehmen. Ist dieses Verfahren wegen der Dicke der Folie nicht durchführbar, muß man versuchen, die innere Schicht abzutrennen. Bei außen lackierten Bedarfsgegenständen entfernt man den Lack mechanisch z.B. durch Abschmirgeln.

Die Vorschrift der Empfehlung XXI B, daß Naturkautschuk höchstens 3,5 % Acetonextrakt und Synthesekautschuktypen nicht mehr als 4 % Methanolextrakt ergeben dürfen, bezieht sich nicht auf die Fertigprodukte, sondern soll sicherstellen, daß nur Ausgangsprodukte ausreichender Qualität verwendet werden.

c) Bestimmung von Aminen

Aliphatische sekundäre Amine können, wie die 4. Mitt. ausführt, als Spaltprodukte von Vulkanisationsbeschleunigern auftreten. Aromatische sekundäre Amine können aus styrolisiertem Diphenylamin oder aus Vulkanisationsbeschleunigern herrühren. Ihre Ermittlung ist in der Mitt. beschrieben. Die aliphatischen sekundären Amine werden durch eine Methanolextraktion bei Zimmertemperatur extrahiert und in einer Tüpfelprobe mit Nitroprussidnatrium u. Acetaldehyd (Blaufärbung) nachgewiesen. Der Befund muß negativ sein. Zu der Bemerkung der 4. Mitt., daß „nur bei Gummibedarfsgegenständen, die nicht der Empfehlung XXI entsprechend hergestellt wurden, eine positive Reaktion auftreten kann", ist zu beachten, daß Empfehlung XXXI A eine Zusatzempfehlung zu Empfehlung XXI und XXXII ist, und daß auch Empfehlung XXXII die Reinheitsforderungen der Empfehlung XXI stellt. Ein Bedarfsgegenstand darf also nur dann von der Reinheitsvorschrift der Empfehlung XXI abweichen, wenn hierfür in der Empfehlung eine hinweisende Bemerkung gemacht wird (Saugleitungen und Fördergurte, z.B. zum Füllen und Entleeren von Schiffstanks, Waggons und dgl., sowie Dichtungen für Rohre, Pumpen usw.). Hier konnte wegen der kurzen Berührungszeit und weil das geförderte Gut nach der Förderung geschält oder sonstwie gereinigt wird, von den Bestimmungen der Empfehlung XXI abgesehen werden.

Auf aromatische sekundäre Amine wird der methanollösliche Anteil der Extrakte (mit Wasser, verd. Essigsäure usw.) geprüft. Man kuppelt mit 4-Nitrobenzoldiazonium-fluorborat. Die Bildung eines roten bis violetten Farbstoffes zeigt die Gegenwart der aromatischen sekundären Amine an. Sie dürfen nicht nachweisbar sein. Nur Produkte, welche mit styrolisiertem Diphenylamin als Alterungsschutzmittel versetzt sind, die jedoch für den Kontakt mit fetten Lebensmitteln verboten sind, dürfen eine positive Reaktion geben. In diesem Falle ist das styrolisierte Diphenylamin (dünnschichtchromatographisch) nachzuweisen.

Primäre aromatische Amine, die unter der Einwirkung verdünnter Säuren aus Vulkanisationsbeschleunigern entstehen können, werden durch Diazotierung und anschließende Kupplung mit N-(1-Naphthyl-)Äthylendiamin bestimmt. Man verwendet die wäßrigen, essigsauren und alkoholischen Extraktlösungen. Bei positivem Ausfall der Reaktion bestimmt man die Extinktion bei 546 nm und vergleicht mit einer Eichkurve, die mit bekannten Anilinmengen angefertigt wird. Man berechnet also die primären aromatischen Amine als Anilin. 1 ml der Extraktlösungen darf nicht mehr als 1 μg „Anilin" enthalten.

d) Bestimmung von Zink und Blei

Empfehlung XXI läßt 3 % Zink als Maximalgehalt in den Bedarfsgegenständen zu*. In Saugern darf höchstens 1 % Zink enthalten sein (EmpfehlungXXXI, A 6).

* § 2 des Gesetzes betreffend den Verkehr mit blei- und zinkhaltigen Gegenständen vom 25. VI. 1887 (Reichsgesetzblatt S. 273; Erlaß II A 3400/31. 8. vom 12. X. 1931 des ehem. Preußischen Ministers des Innern) sowie § 3, Nr. 3 Buchstabe f der ersten Verordnung zur Ausführung des Milchgesetzes vom 15. V. 1931 (Reichsgesetzblatt I. S. 150) bleiben unberührt.

Mit Zinkoxid, das als Verunreinigung Blei enthält, kann Blei eingebracht werden. Man bestimmt die beiden Metalle in der Sulfatasche. Man verascht in Gegenwart von Mischsäure (1 Tl. konz. Schwefelsäure, 2 Tl. konz. Salpetersäure) in einem Quarzerlenmeyerkolben. Die Asche soll bis zur Beendigung der Mineralisierung mit Schwefelsäure befeuchtet bleiben, um ein Verdampfen von Zinkoxid zu vermeiden.

Das Zink wird mit Kaliumferrocyanidlösung am Potentiometer, das Blei z. B. polarographisch bestimmt. Der Bleigehalt, bezogen auf Zink, darf 0,1 % nicht übersteigen*.

Weitere Vorschriften der Empfehlungen, für welche noch Analysenverfahren zu erwarten sind:

Oberflächenhärter dürfen in den Fertigerzeugnissen nicht nachweisbar sein (XXI B, 2, β). Im Trockenrückstand des n-Pentanextraktes von Butadien-acrylnitril-Mischpolymerisaten, welchem Alkylsulfonsäureester (C_{10}–C_{20}) des Phenols und der Methylphenole zugesetzt wurden, ist der Gehalt an diesen Estern zu berücksichtigen. Bei der Herstellung von Saugern dürfen keine Alterungsschutzmittel verwendet werden. Die Rohstoffe dürfen kein p-Nitrophenol und keine Borsäure an Lebensmittel abgeben. Diese beiden Stoffe werden als Konservierungsmittel für Naturlatex weiter oben schon genannt.

Eine Analyse der Hilfsstoffe nach Art und Menge ist durchzuführen; vergleiche hierzu die Artikelserie von W. Hofmann, u. H. Ostromow (1968).

Der vorgeschriebene Benzolextrakt des Rußes kann nach DIN-Entwurf 53553 bestimmt werden.

9. Bestimmung der leichtflüchtigen organischen Bestandteile in Bedarfsgegenständen

Eine Reihe von Empfehlungen (V, VI, XII, XXII, XXIII, XXXIV) schreiben vor, daß die Fertigprodukte nur einen bestimmten Anteil an leichtflüchtigen Bestandteilen aufweisen dürfen. In den meisten Fällen bezieht sich diese Vorschrift auf den Gehalt an Resten von monomerem Styrol. Da die Empfehlungen die gesundheitliche Unbedenklichkeit von Bedarfsgegenständen garantieren sollen, ist nur eine Prüfung der Fertigartikel, wie sie mit Lebensmitteln in Berührung kommen sollen, sinnvoll, und zwar eine Prüfung auf flüchtige Bestandteile unter den Bedingungen des vorherzusehenden Gebrauches. Die Bestimmung des Gesamtgehaltes an monomerem Styrol, wie sie im DIN-Entwurf 53719 beschrieben wird, kann der Prüfung von Rohstoffen bei der Herstellung von Bedarfsartikeln dienen, sagt jedoch nichts aus über die Verwendbarkeit von Bedarfsartikeln, welche nach dieser Bestimmungsmethode einen höheren Gehalt an monomerem Styrol aufweisen. Zudem ist sie nicht allgemein anwendbar, da sie sich nur auf Styrolhomopolymerisat bezieht. Zur Titration mit Wijs-Lösung (Jod-Jodtrichlorid-Lösung) muß das Polystyrol in Tetrachlorkohlenstoff gelöst werden.

Auch eine Bestimmung des Gewichtsverlustes durch 24stündiges Lagern bei 90° C von durch Abkühlung mit Kohlensäureschnee spröde gemachtem und in der Schlagkreuzmühle fein zerkleinertem Material ist nicht zweckmäßig, da hierbei der Kunststoff mit wesentlich größerer Oberfläche als in dem Bedarfsgegenstand vorliegt und also Werte gefunden werden, die zwar annähernd den Gesamtgehalt

* § 2 des Gesetzes betreffend den Verkehr mit blei- und zinkhaltigen Gegenständen vom 25. VI. 1887 (Reichsgesetzblatt S. 273; Erlaß II A 3400/31. 8. vom 12. X. 1931 des ehem. Preußischen Ministers des Innern) sowie § 3, Nr. 3 Buchstabe f der ersten Verordnung zur Ausführung des Milchgesetzes vom 15. V. 1931 (Reichsgesetzblatt I, S. 150) bleiben unberührt.

an flüchtigen Bestandteilen bei 90° C wiedergeben, jedoch nicht die Abgabe von flüchtigen Bestandteilen aus dem Fertigartikel unter den Bedingungen des Gebrauchs.

Ein Verfahren, das diesen Bedingungen näher kommt, besteht darin, daß man von den Bedarfsgegenständen bei 90° C die leichtflüchtigen Bestandteile mit strömendem inertem Gas (Stickstoff) abtreibt und die unter diesen Bedingungen flüchtigen Bestandteile mit Dichromatlösung nach WIDMARK titriert (Privatmitteilung von Herrn Prof. BERGNER).

Nach einem mit genügender Genauigkeit arbeitendem Verfahren verfährt man wie folgt:

Vorbereitung der Proben

Die zu untersuchende Probe soll eine mit einer Genauigkeit von ±10% ausgemessenen Gesamtoberfläche von etwa 3 dm² aufweisen und mindestens 10 g wiegen. Zur Prüfung von Folien, Platten und dgl. werden etwa 2 cm² große Stücke verwendet. Größere Gegenstände sind in entsprechende Stücke zu zerkleinern.

Ausführung

Wenigstens 10 g der nach 1. vorbereitetenProbe werden in einer flachen Schale 24 Std. lang im Exsikkator über Calciumchlorid konditioniert. Anschließend werden mindestens 10 g der konditionierten Probe mit einer Genauigkeit von ±1 mg gewogen und 24 Std lang im Trockenschrank in einem offenen Gefäß bei 90° C gelagert. Danach wird die Probe im Exsikkator über Calciumchlorid abgekühlt und gewogen.

Berechnung

$$\text{Flüchtige organische Bestandteile in mg/dm}^2 = \frac{G_1 - G_2}{Q}$$

G_1 = Gewicht der Probe nach der Konditionierung in mg
G_2 = Gewicht der Probe nach der Lagerung im Trockenschrank in mg
Q = Gesamtoberfläche (d.h. beide Seiten) der Probe in dm²

Für Bedarfsgegenstände aus Siliconelastomeren gibt die 12. Mitt. (Bundesgesundh.-Bl. **11**, 56 [1968]) eine Vorschrift. Die in ca. 2 cm² große Stücke zerschnittene Probe wird durch 48stündiges Lagern über Calciumchlorid im Exsikkator konditioniert und ca. 10 g ± 0,1 mg hiervon im Wägeglas 4 Std. im Trockenschrank bei 200° C gehalten, um die Gewichtsdifferenz zu ermitteln.

Eine allgemeine Vorschrift des Bundesgesundheitsamtes für die Bestimmung der leichtflüchtigen Anteile liegt noch nicht vor. Gesundheitliche Bedenken gegen die leichtflüchtigen organischen Bestandteile bestehen, abgesehen von monomerem Acrylnitril, nicht, so daß eine sensorische Prüfung zumeist genügt.

Bestimmung von monomerem Acrylnitril in Polymerisaten

(6. Mitt.: Bundesgesundh.-Bl. **8**, 333 [1956]).

Die Bestimmung wird gaschromatographisch in einem Gaschromatographen mit Wärmeleitfähigkeitsdetektor ausgeführt. Als Säule wird eine 1 m lange Chromosorb R-Säule, auf welche 20 g Tetrachlorphthalsäure-di-n-butylester aufgebracht sind, verwendet. Trägergas ist Helium. Man verdampft das Acrylnitril aus dem Polymeren im Vacuum bei 90° C und führt ein bestimmtes Volumen des so gewonnenen Acrylnitrildampfes dem Gaschromatographen zu. Durch Vergleichen mit einer bekannten Menge unter den gleichen Bedingungen verdampften Acrylnitrils läßt sich der Prozentgehalt an flüchtigem Acrylnitril in dem Polymer berechnen. Zur Ausführung dieser konventionellen Methode wird auf die 6. Mitt. verwiesen.

10. Prüfung von Trinkwasserleitungsrohren aus weichmacherfreiem Polyvinylchlorid, weichmacherfreien Vinylchlorid-Mischpolymerisaten und -Polymerisatgemischen

(Vgl. 8. Mitt.: Bundesgesundh.-Bl. **10**, 72 [1967]).

In Empfehlung XIX, Trinkwasserleitungsrohre aus Kunststoffen, sind außer den in der Überschrift genannten Polymeren noch Polyäthylen für die Herstellung von Trinkwasserleitungsrohren genannt. Auf Rohre aus Polyäthylen bezieht sich die 8. Mitt. gemäß ihrer Überschrift also nicht. Für Polyäthylenrohre ist außer der Extraktionsbestimmung (der immer anzustellenden analytischen Prüfung) nur noch eine Prüfung auf Abgabe von fluorescierenden Bestandteilen an Wasser vorzunehmen. Geprüft wird der wäßrige Extrakt, der gemäß 1. Mitt. gewonnen wird.

Die Rohre aus Polyvinylchloridpolymerisaten enthalten Bleistabilisatoren (basische Bleisalze), deren Gehalt limitiert ist. Eine Prüfung der Rohre auf Bleigehalt soll die Einhaltung dieses Limits feststellen. Man mineralisiert 100–200 mg geraspeltes Rohrmaterial durch Erhitzen mit Natriumperoxid in der Wurzschmitt-Bombe. Durch Zugabe von 6–8 Tropfen reinen Äthylenglykols wird die Reaktion etwas gemildert. Nach beendigter Reaktion löst man den Bombeninhalt in bidestilliertem Wasser, zersetzt vorsichtig durch Erwärmen Reste des Natriumperoxids und säuert mit Salpetersäure an. Geringe Mengen von Nickeloxid gehen dabei in Lösung. Evtl. vorhandene Kohleteilchen werden abfiltriert. Das Blei wird bestimmt nach der in den deutschen Einheitsverfahren für Wasser-, Abwasser- und Schlamm-Untersuchung beschriebenen Dithizon-Methode, nach welcher der Bleigehalt photometrisch bestimmt wird. Geprüft wird die in organischen Lösungsmitteln karminrote Farbe von Bleidithizonat bei 520 nm gegen reines Chloroform.

Die Prüfung der Rohre auf herauslösbare Bestandteile bezieht sich auf die äußere Beschaffenheit des Wassers (Klarheit, Färbung, Geruch und Geschmack), auf den Gehalt an durch Wasser herauslösbares Blei, auf den Permanganatverbrauch und die Chlorzehrung. Der Permanganatverbrauch ist ein Maß für extrahierbare organische Bestandteile. Für die Bestimmung des Permanganatverbrauches ist die Untersuchungsvorschrift dadurch verschärft, daß das Permanganat vor dem Erhitzen der Lösung zuzusetzen ist. Es soll damit verhindert werden, daß beim Erhitzen flüchtige Bestandteile nicht erfaßt werden. Für die Ermittlung der Chlorzehrung wird ein volumetrisches Verfahren vorgeschrieben. Mit der Bestimmung der Chlorzehrung, die sowohl durch herauslösbare Substanzen als auch durch eine Chlorierung der Rohrinnenwand bewirkt werden kann, soll festgestellt werden, ob die desinfizierende Wirkung des dem Trinkwasser zugesetzten Chlors nicht in unzulässiger Weise gemindert wird.

Die zu prüfenden Rohrstücke sollen 1 l Extraktionsflüssigkeit fassen. Sie werden mit 0,01 n-Natriumhydrogencarbonatlösung bzw. der Natriumhydrogencarbonatlösung, die 2–4 mg Chlor im Liter enthält, beschickt und 2 sowie 5 und 10 Tage, insgesamt also 17 Tage, extrahiert. Die vorgenannten Prüfungen auf Geschmack, Bleigehalt usw. sind jeweils sofort nach Beendigung der einzelnen Extraktionen vorzunehmen. Der Gehalt an Blei soll nach jeder der 3 Extraktionen abnehmen. Empfehlung XIX schreibt vor, daß der Bleigehalt des Wassers an der Zapfstelle einschließlich des Bleigehaltes, den das Wasser vor dem Durchfließen des Kunststoffrohres aufweist, 0,05 mg Blei im l nicht übersteigt. Diese Forderung wird durch die 8. Mitt. dahingehend interpretiert, daß bei einer erstmaligen 2tägigen und bei einer nachfolgenden 5tägigen Extraktion die Rohre an 1 l Wasser innerhalb von

24 Std. nur 450 μg Blei abgeben dürfen. Es wird aber gefordert, daß die Bleiabgabe an Trinkwasser sich bei einer anschließenden 10tägigen dritten Extraktion soweit verringert hat, daß umgerechnet auf 24 Std. nur noch 50 μg Blei auswandern, die Menge des auswandernden Bleies also nur noch 1/10 der anfänglich gefundenen betragen soll.

Ebenso soll auch die Chlorzehrung im Verlaufe der 3 Extraktionen abnehmen. Sie soll bei der dritten Extraktion, umgerechnet auf 24 Std., pro cm^2 Innenoberfläche der Rohre nicht mehr als 2 mg betragen. Bei den ersten beiden Kontakten der Rohrinnenoberfläche mit der wäßrigen Chlorlösung ist also die „Chlorierung" soweit beendet, daß bei dem dritten Kontakt hierfür fast kein Chlor mehr verbraucht wird.

Dagegen kann der Kaliumpermanganatverbrauch konstant bleiben. Die Zunahme (gegenüber dem Blindversuch) darf bei allen 3 Extraktionen höchstens 3 mg pro l betragen.

11. Prüfung der geschmacklichen und geruchlichen Beeinflussung von Lebensmitteln durch Bedarfsgegenstände

Nach § 4b Nr. 5 des Lebensmittelgesetzes dürfen von den Bedarfsgegenständen nur technisch unvermeidbare Mengen von Fremdstoffen übergehen, die geschmacklich und geruchlich unbedenklich sind. Die Empfehlungen des Bundesgesundheitsamtes enthalten daher den Passus: „Die Fertigerzeugnisse dürfen die Lebensmittel weder geruchlich noch geschmacklich beeinflussen."

Um der gesetzlichen Vorschrift zu genügen, andererseits aber auch um wirtschaftliche Schäden zu vermeiden, die durch das Angebot von geschmacklich und geruchlich beeinträchtigter Ware oder von in diesem Sinne beeinträchtigenden Bedarfsgegenständen verursacht werden, ist eine Prüfung notwendig.

Das „Meßgerät" bei einer derartigen Prüfung ist, da objektiv arbeitende Detektoren nicht zur Verfügung stehen, der Geschmacks- und Geruchssinn des Menschen. Ein immer mögliches subjektives Urteil ist daher bei der sehr verschiedenen Urteilsfähigkeit der Prüfer nach Möglichkeit auszuschließen.

Ein Verfahren größtmöglicher Objektivität ist die sogenannte Dreiecksmethode (Triangeltest), wie sie u.a. von G. Jellineck und H.D. Cremer (1959) beschrieben wird. Man wählt urteilsfähige Prüfer durch Testen mit bekannten Geschmacks- und Geruchsproben aus. Die Zahl der Prüfer soll nicht zu klein sein, um ein statistisches Mittel der Urteile zu erhalten. Die Prüfung soll in einem geruchsfreien, vor Lärm und Zugluft geschützten Raum vorgenommen werden. Die Prüfer sollen wenigstens einige Std. vor der Prüfung nicht rauchen.

Zur Prüfung werden jeweils 3 Proben angeboten, von denen zwei untereinander gleich sind. Es können also z.B. zwei Nullproben, d.h. Lebensmittel, die in Kontakt mit einem mit Sicherheit nicht den Geschmack oder Geruch beeinflussenden Behältnis gestanden haben, und eine Probe, die in dem zu prüfenden Bedarfsgegenstand gelagert war, zur Prüfung vorgelegt werden. Dieses Verhältnis zwei zu eins kann auch umgekehrt werden. Die Proben werden zur Prüfung den Behältern entnommen und gleichförmig zur Prüfung dargereicht. Die Prüfer sollen nicht wissen, welche Probe die Nullprobe ist. Beurteilt wird nur der eventuelle Geschmacksunterschied. Die Urteile werden schriftlich abgegeben. Eine gegenseitige Beeinflussung der Prüfer wird dadurch vermieden.

Die Proben werden möglichst unter praxisnahen Bedingungen der Lagerdauer, der Temperatur, der Lichteinwirkung usw. gelagert. Geprüft wird die durchgemischte Probe oder die abgetragene Schicht, die in direktem Kontakt mit dem Bedarfsgegenstand gestanden hat.

Neben diesem Gebrauchstest ist von L. ROBINSON, (1968) ein Modellversuch vorgeschlagen worden zur Prüfung von Lebensmittelverpackungen mit Modell-Lebensmitteln. Die Lebensmittel werden in Gruppen eingeteilt und die einzelnen Gruppen durch Modell-Lebensmittel repräsentiert nach folgendem Vorschlag:

Lebensmittelgruppe	Modell-Lebensmittel
1. a) Vorwiegend wasserhaltige Lebensmittel (z.B. Getränke, Milchprodukte, Frischfleisch, Marmelade u.ä.)	Trinkwasser (mit Vorbehalt, da äußerst empfindlich); Trinkmilch Schwarzer Tee (dünn, ungesüßt) Kochsalzlösung (0,1%)
b) wasserhaltige saure Lebensmittel (z.B. Obstsäfte, Sauerkonserven, Ketchup, Marmeladen usw.)	Apfelsaft Essigsäure 0,2%
c) alkoholhaltige Flüssigkeiten	Alkohol entsprechender Konzentration
2. Fette sowie vorwiegend fetthaltige Lebensmittel (z.B. Speck, Mayonnaise, fetthaltige Trockensuppen, Schokolade)	neutrales emulgiertes Kochfett, Butter Milchschokolade (gerieben)
Ergänzend zu 1. und 2.:	
Wasser- und fetthaltige Lebensmittel (z.B. Fertiggerichte, heiß eingefüllt, sterilisiert oder gefroren, Cremes usw.)	Kartoffelbrei } aus Trockenpulver Cremesuppe } nach Rezept zubereitet
3. Feste, porige und pulverförmige wasserarme Lebensmittel (Trockenpulver, Gebäck, Süßwaren aller Art)	Puderzucker (mit Vorbehalt, da äußerst empfindlich) Zwieback Milchschokolade (gerieben) Butterkeks (zerkleinert)

Anstelle von Trinkwasser kann bei Nicht-Eignung des zur Verfügung stehenden Wassers, z.B. durch Chlorung, ein geschmacklich neutrales Mineralwasser (FACHINGER, VICHY) genommen werden.

Für Temperatur und Lagerungsdauer werden folgende Bedingungen vorgeschlagen:

Behandlung des Füllgutes in der Packung	Prüfbedingungen Temperatur	Zeit
a) Sterilisieren	+120° C	30 min
b) Heißeinfüllen (pasteurisieren)	+ 70° C	2 Std
c) Einfüllen bei Raumtemperatur	+ 20 bis 25° C	24 Std (72 Std, 7 bis 21 Tage)
d) ausschließlich gekühlte Lebensmittel, Milch u. Milchprodukte	+ 10° C	24 Std (72 Std, 7 bis 21 Tage)
e) Gefrierlebensmittel, Eiscreme	+ 4° C	24 Std (72 Std)

Schließlich werden noch Vorschläge gemacht über das Mengenverhältnis Packmittel:Prüfmedium.

Die Modellversuche sind zu unterscheiden von den Gebrauchstesten. Die Modellversuche sollen dem Packmittelhersteller die Möglichkeit geben, über die Eignung der von ihm hergestellten Packmittel für Lebensmittelgruppen Aussagen zu machen, ohne die Anwendung der Packmittel im einzelnen zu kennen, während die Gebrauchsteste sich jeweils nur auf ein bestimmtes Lebensmittel beziehen.

Ein weiterer Vorschlag von L. ROBINSON (1968) betrifft die sensorische Prüfung von Packmitteln selbst. Packmittel werden in entsprechende Streifen geschnitten, 24 Std. in geschlossenen Weckgläsern evtl. bei erhöhter Temperatur belassen und der Geruch sofort nach Öffnen des Glases geprüft. Ein Triangeltest ist hierbei nur zur Feststellung geringfügiger Geruchsunterschiede sinnvoll.

12. Prüfung auf Peroxidsauerstoff

Die Empfehlungen schreiben bei allen Polymeren, zu deren Herstellung organische Peroxide als Polymerisationskatalysatoren verwendet wurden, vor, daß in den Fertigprodukten kein Peroxid nachweisbar sein darf. Es soll damit sichergestellt werden, daß die Peroxide sich im Verlauf der Polymerisation und Weiterverarbeitung vollständig zersetzt haben. Sie zerfallen in Reste (Alkohole, Ketone oder Säuren), welche keine oxydierende Wirkung auf hierfür empfindliche Lebensmittel ausüben können.

Eine Nachweismethode für Peroxidsauerstoff ist in der 12. Mitt. „Untersuchung von Silicon-Elastomeren" (Bundesgesundh.-Bl. **11** [1968]), beschrieben. Man extrahiert 5,0 g durch Raspeln zerkleinertes Material 16 Std. bei Zimmertemperatur unter Schütteln oder Rollen mit Methylenchlorid und versetzt das Filtrat mit einer 20%igen Natriumjodid-Lösung in Eisessig. Das durch den Peroxidsauerstoff freigemachte Jod wird mit 0,1 n-Natriumthiosulfatlösung volumetrisch bestimmt. Die für diese Bestimmungen üblichen Vorsichtsmaßnahmen (Ausschließung von Licht und Luft) sind zu beachten.

Über den Nachweis von Peroxiden in Bedarfsgegenständen aus anderen Kunststoffen ist noch keine Mitteilung erschienen. Im allgemeinen wird man sich damit begnügen können, einen qualitativen Nachweis auf der Oberfläche der Bedarfsgegenstände vorzunehmen.

13. Zusammenfassung und Ausblick

Die Prüfung von Kunststoffen auf ihre Eignung für die Herstellung von Bedarfsgegenständen ist unter den Bedingungen der Verwendung der Bedarfsgegenstände mit diesen selbst vorzunehmen. Neben der organoleptischen Prüfung ist eine Untersuchung der Lebensmittel auf übergehende Bestandteile der Bedarfsgegenstände durchzuführen. Dieser Untersuchung geht also eine Identifizierung der Bestandteile der Kunststoffe, welche in Lebensmittel einwandern können, voraus.

Testlebensmittel, die im allgemeinen als Repräsentanten von Lebensmitteln genügen, sind

Wasser,
10%iger Alkohol,
1½%ige Essigsäure,
Oleum Cocos DAB.

Im allgemeinen wird ein Lebensmittel durch ein Testmedium genügend repräsentiert sein. In anderen Fällen (Mayonnaisen, Milch) wird man mehrere benötigen. Lebensmittel, welche durch diese Testmedien unzureichend repräsentiert werden (z.B. Spirituosen), müssen direkt untersucht werden. Bei festen Lebensmitteln ist von Fall zu Fall zu prüfen, ob eine Untersuchung mit den Testmedien sinnvoll ist oder ob mit diesen Lebensmitteln selbst zu prüfen ist.

Die Gebrauchsbedingungen, Temperatur und Lagerungsdauer, können durch nachfolgende Teste simuliert werden:

Gebrauchsbedingungen	Testtemperatur °C	Testdauer
Lagerung bei Zimmertemperatur bis zu mehreren Monaten	35	10 Tage
Lagerung bei erhöhter Temperatur –kurzfristig bis 70° C –	70	2 Std
Kurzfristige Benützung zwischen 70 und 100° C	100	30 min
Sterilisation bei 121° C mit nachfolgender Lagerung bei Zimmertemperatur	121	30 min

Weichen die Gebrauchsbedingungen sehr stark von den vorgenannten Testbedingungen ab, so muß unter den Bedingungen des tatsächlichen Gebrauchs geprüft werden.

Zur Erhöhung der Prüfgenauigkeit sollten wenigstens 3 dm^2 Oberfläche von Bedarfsgegenständen mit den Lebensmitteln in Berührung stehen bzw. sollten die Prüfkörper wenigstens 10,0 g schwer sein; auch soll das Verhältnis Volumen des Testmediums/Oberfläche möglichst klein gewählt werden.

Die Ergebnisse der Prüfung auf in Lebensmittel einwandernde Stoffe sind in mg/dm^2 anzugeben, also auf die tatsächliche Berührungsfläche zwischen Bedarfsgegenstand und Lebensmittel zu beziehen.

Die Bestimmung des Gesamtextraktes als einzigem Test für die Eignung eines Bedarfsgegenstandes ist wenig sinnvoll. Diese Bestimmung hat ihre vornehmliche Bedeutung darin, daß sie erkennen läßt, ob bei der Weiterverarbeitung der Kunststoffe zu Bedarfsgegenständen keine Schädigung des Materials eingetreten ist, d.h. ob Material guter Qualität vorliegt, das in einem sachgerechten Verfahren weiterverarbeitet wurde.

Man nimmt also mit dieser Bestimmung einen Warentest vor, der nicht unbedingt etwas über die gesundheitliche Unbedenklichkeit des Bedarfsgegenstandes aussagt. Diese kann nur durch eine Prüfung auf die einzelnen migrierenden Bestandteile erwiesen werden. Zeigt es sich, daß der Gesamtextrakt gleich Null ist, erübrigt sich natürlich eine weitere Prüfung.

G. Beispiele für die Anwendung von Bedarfsgegenständen aus Kunststoffen

1. Molkereiprodukte

Die „Arbeitsgemeinschaft Verpackung in der Milchwirtschaft“, in der die Süddeutsche Versuchs- und Forschungsanstalt für Milchwirtschaft, Weihenstephan, die Bundesforschungsanstalt für Milchwirtschaft, Kiel, und das Institut für Lebensmitteltechnologie und Verpackung, München, zusammenarbeiten, hat Mindestanforderungen an die Verpackung von Molkereiprodukten bekanntgegeben. Als „allgemeine Anforderungen an die Packstoffe“ werden genannt die Bestimmungen des § 4b Nr. 5 des Lebensmittelgesetzes; ebenso wird vorausgesetzt, daß die Packmittel den Empfehlungen des Bundesgesundheitsamtes entsprechen. Außerdem wird auf die amtlichen Vorschriften und Richtlinien für die Butterversorgung, DIN-Blatt 10082 (Butterverpackung), und evtl. zu erwartende EWG-Richtlinien hingewiesen.

a) Butter

„Für die Verpackung der inländischen Butter gelten die Vorschriften des Deutschen Normenausschusses, sofern nicht der Bundesminister für Ernährung, Landwirtschaft und Forsten besondere Vorschriften erläßt“ (Butterverordnung vom 2. Juni 51, § 14 [6]).

Eigenschaften der Butter, welche bei der Auswahl von geeigneten Verpackungsmitteln berücksichtigt werden müssen, sind ihre Neigung zum Austrocknen (gelbe Ölkanten), Lichtempfindlichkeit, Oxydierbarkeit durch Luftsauerstoff, Aufnahme von Fremdaromen und Verderblichkeit durch mikrobiologische Veränderungen.

Für eine Aufbewahrungsdauer bis zu 12 Tagen bei 10° C empfiehlt die Arbeitsgemeinschaft kunststoffbeschichtetes Papier oder tischfertige Packungen, z.B.

aus Polyvinylchlorid. Zur Beschichtung geeignet sind Polyvinylidenchlorid-Dispersionen oder eine Kaschierung mit z. B. Polyäthylenfolie. Die Arbeitsgemeinschaft nennt die beiden zuletzt genannten Beschichtungen nicht ausdrücklich. Jedoch liegen für derartige Verpackungen ministerielle Genehmigungen vor, wobei die Beschichtung sowohl auf der der Butter abgewandten als auch auf der ihr zugewandten Seite sich befinden kann. In DIN 10082 Blatt 1 wird für derartige, der Butter anliegenden Beschichtungen unter 4.1.2.2.2e) allgemein gesagt, daß sie nur zulässig sind, soweit ihre Eignung für Butter anerkannt ist. Eine ministerielle Genehmigung ist also in jedem Falle einzuholen.

Auf Butterdosen im Haushalt bezieht sich die DIN 10082 nicht. Es können also Kunststoffe, die durch die Empfehlungen nicht ausdrücklich als ungeeignet für den Kontakt mit Fett bezeichnet werden, verwendet werden (Polyvinylchlorid, Polyacrylester, Polystyrol, Melaminpreßharzmassen u. ä.).

b) Milch

(Allgemeine Gesichtspunkte)

Einrichtungen und Gegenstände, die wiederholt mit Milch in Berührung kommen (1. AVO zum Milchgesetz, § 19), sind Zitzenbecher, Schläuche, Leitungen, auch unterirdisch verlegte, Behälter, Flaschen, Beutel, Maschinenteile.

Soweit die Bedarfsgegenstände aus Gummi bestehen, gelten die Empfehlungen XXI A und zusätzlich Empfehlung XXXVIII, Abschn. B. W. HOFMANN und H. OSTROMOW (1968) berechnen die Milchmengen, welche in der Zeiteinheit mit der Milch in Berührung kommen können. Durch Schläuche mit der lichten Weite von 3 cm können mehr als 2000 l Milch/Std fließen. Eine 5stündige Extraktion der Schlauchinnenseite (Schlauchseele) entspricht also einem Kontakt von 10000 l Milch unter der sicher nicht zutreffenden Annahme, daß die Extraktionswirkung einer 5stündigen Auskochung nicht größer sondern gleichzusetzen sei der Extraktion bei einfachem Durchfließen bei Körpertemperatur. Sie haben 10 g Prüfkörper (Schlauchseele), entsprechend 100 cm^2 Oberfläche, einer Extraktion mit Wasser, Cyclohexan und Petroläther unterworfen und die gefundenen Werte auf 1000 cm^2 Oberfläche (= 1 m Schlauch, 3 cm lichte Weite) umgerechnet, was einer maximalen Menge von 10000 l Milch entspricht. Die bei diesen verschärften Bedingungen gefundenen Werte für die auswandernden Fremdstoffe sind sehr gering. Bezogen auf Alterungsschutzmittel und Beschleuniger betragen die Werte ca. 0,0002–0,006 mg/kg. Formaldehyd, primäre und sekundäre aromatische Amine sowie sekundäre aliphatische Amine waren in den Extrakten nicht nachweisbar.

G. WILDBRETT, (1966 u. 1962) untersucht die Rückwirkung von Kunststoffen auf Milchbeschaffenheit und -verarbeitung, wobei besonders die Wärmeleitfähigkeit des Polyäthylens und ihre Folgen auf die Milchbeschaffenheit geprüft wird. Bei der geringen Wärmeleitfähigkeit des Polyäthylens, wie überhaupt der Hochpolymeren, kühlt Milch, eingestellt in einer Polyäthylenkanne in Kühlwasser von weniger als 4° C, langsamer ab als in einer Metallkanne. Es ist zur Unterdrückung des bakteriellen Wachstums erwünscht, daß Milch innerhalb 1 Std. die kritische Temperaturgrenze von 10° C unterschreitet. In einer Polyäthylenkanne wurden hierfür 180 min benötigt.

Andererseits schirmt Polyäthylen wegen seiner schlechten Wärmeleitfähigkeit Milch gegen höhere Außentemperaturen besser ab. Einmal abgekühlte Milch bleibt also in derartigen Behältern und Leitungen länger kühl. Um diesen Vorteil des Polyäthylens ausnutzen zu können, müßte entweder vorgekühlte Milch eingefüllt werden oder wirksame Tauchkühler in die Polyäthylenkannen eingehängt werden.

Die Lebensdauer von Kunststoffteilen im Kontakt mit Milch ist unter anderem begrenzt durch die Beanspruchung bei ihrer Reinigung, worüber G. Wildbrett (1962) sowie F. Kiermeier und Mitarb. (1967) Untersuchungen angestellt haben.

Fett und Eiweißreste können sich auf der Oberfläche der Gegenstände auflagern oder, bei Olefinen, auch in diese einwandern. Die ursprünglich glatte Oberfläche kann bei der täglichen Beanspruchung und bei unzweckmäßiger Reinigung verlorengehen, wobei sich in den Kratzspuren Mikroorganismen ansiedeln können. Geeignete Reinigungsmittel, welche die hydrophobe Oberfläche der Kunststoffe benetzen und den Belag ohne eine grobe mechanische Einwirkung ablösen, müssen eingesetzt werden, da eine Hitzeentkeimung zumeist nicht in Betracht kommen kann.

Trinkmilch: Geeignet für Verpackung von Milch (Familienpackungen) sind Flaschen aus Polyäthylen hoher und niederer Dichte. Flaschen, die durch Verschweißung oder mit einer polyäthylenbeschichteten Aluminiumfolie verschlossen werden, sind in Gebrauch. Daneben werden Beutel aus einschichtiger weißer Folie oder auch doppelschichtiger Folie weiß-transparent bzw. weiß-schwarz sowie Stehbeutel aus polyäthylenbeschichtetem Karton hergestellt. Die Pigmentierung schützt vor Lichteinwirkung. Für schwarze Folien ist Ruß besonderer Reinheit erforderlich.

Sterilmilch: Sterilmilch wird heiß vorsterilisiert abgefüllt und anschließend bei 110—118° C im Gegendruckautoklaven oder in kontinuierlich arbeitenden Türmen unter Druck nachsterilisiert. Es sind daher in der Hauptsache Glasflaschen in Gebrauch, jedoch können auch Niederdruck-Polyäthylenflaschen den thermischen Ansprüchen ohne Verformung widerstehen.

H-Milch: Für H-Milch, eine kurzfristig ultrahoch erhitzte und unter aseptischen Kautelen abgefüllte Milch, hat sich der Beutel aus polyäthylenbeschichtetem Karton eingeführt, wobei die Vorteile: raumsparende Lagerung, Verschluß durch Verschweißen, Licht- und Luftabschluß sowie Weiterreichung an den Verbraucher unter hygienischen Bedingungen genutzt werden.

c) Speisequark

Als Verpackungen werden Beutel aus Hochdruckpolyäthylen oder Dosen aus Polyvinylchloridmischpolymerisaten verwendet. Weichgemachtes Polyvinylchlorid ist zumindest für fetten Quark ungeeignet. Becher aus schlagfestem Polystyrol, nach dem Spritzguß- oder Tiefziehverfahren hergestellt, wurden von G. Koch u. H. Jenne, (1966) eingehend auf eine geschmackliche Beeinflussung des Quarks geprüft. Es wurde gefunden, daß bei nicht extremer thermischer Beanspruchung des Polystyrols bei seiner Verarbeitung keine geschmackliche Beeinträchtigung festzustellen war. Es ergab sich daher aus diesen Untersuchungen für die Verwender von Kunststoffverpackungen die Empfehlung, eigene Versuche bezüglich der Geruchs- und Geschmacksprüfungen anzustellen bzw. von milchwirtschaftlichen Untersuchungsanstalten durchführen zu lassen. Eine zu starke Lichteinwirkung durch ungeeignete Beleuchtungskörper auf das verpackte Gut soll vermieden werden. Lufteinschlüsse zur Vermeidung weiterer Oxydation, besonders des fetten Quarkes, sollten in den Verpackungen vermieden werden.

d) Käse

Zur Käseverpackung sind fettresistente Materialien wie Polyvinylchlorid, Polyvinylidenchlorid, Polyamid als Einschlagfolien, Schrumpffolien, Becher (Schmelzkäse) oder dispersionsbeschichtete Papiere in Gebrauch.

Für Käsesorten, die eine Nachreifung durchmachen, ist eine Verpackung zu wählen, die möglichst keinen Gasaustausch zuläßt.

Die Beschichtung von Hartkäse und Schnittkäse mit Dispersionen aus Polyvinylchlorid, Polyvinylidenchlorid, Polyäthylen, Polyvinylestern (C_2–C_{18}), Maleinsäure- und Fumarsäureestern mit einwertigen, gesättigten Alkoholen (C_4–C_8) ist durch die Verordnung zur Änderung der Käseverordnung vom 7. Sept. 1966 (Bundesanz. **18**, 9 [1966]) geregelt. Die Beschichtungen dürfen nach dem Verdunsten der Dispersionsflüssigkeit nicht mehr als 0,3% flüchtige organische Bestandteile und nicht mehr als 0,3% ätherlösliche Bestandteile enthalten. Bei 24stündiger Lagerung in Wasser von 20° C dürfen sie nicht mehr als 4,5% extrahierbare Bestandteile aufweisen, wobei nur 0,1% aus den eingesetzten Emulgatoren herrühren darf. Die Reaktion auf Peroxide muß negativ sein. Konservierungsmittel sind nicht zugelassen. Die Verwendung anderer Polymerer, Katalysatoren, Polymerisationsregler, Schutzkolloide, Emulgatoren und Stabilisatoren, die in der Verordnung nicht genannt sind, ist verboten, auch wenn ihre gesundheitliche Unbedenklichkeit erwiesen wäre.

Bei dem Verfahren, Käse in Kunststoff-Folien verpackt reifen zu lassen, wird die intensive Pflegearbeit im Käsekeller vereinfacht, da man sich auf eine Stichprobe bei der Überwachung beschränken kann. Man umschließt den noch nicht angereiften Käselaib mit einer dicht anliegenden Schrumpffolie. Auf die hierbei auftretenden Probleme des Gasaustauschs und der verminderten Wasserabgabe, Einfluß auf die Geschmacksrichtung und Rindenbildung weist eine zusammenfassende Darstellung von G. WILDBRETT (1967) hin.

Hinweise zur technischen Eignung von Kunststoff-Folien für die Verpackung von Käse hat E. STEGER-MEINL (1964) zusammengestellt: Sowohl bei der Reifung in der Folie als auch bei der Verpackung ausgereifter Käse in Portionen oder Scheiben soll eine Austrocknung vermieden werden. Sauerstoff begünstigt ein Schimmelwachstum sowie das Ranzigwerden des Käsefettes. Eine ideale Verpackung müßte undurchlässig sein für Kohlendioxid, um die auch bei ausgereiften Käsen durch Mikroorganismen sich immer noch bildende Kohlensäure in der Packung zu belassen und den Sauerstoffzutritt aus der Atmosphäre zu verhindern. Bei Vakuumverpackungen wird Luftsauerstoff beim Verpackungsvorgang entfernt. Eine Kohlensäurefüllung von Verpackungen wird häufig von dem Käse resorbiert, so daß die Verpackung nach wenigen Tagen einer Vacuumverpackung gleichen kann; eine Kohlensäurefüllung also kaum als Sauerstoffsperre wirken kann. Dagegen kann eine Stickstoff-Füllung diesem Zweck genügen. Die Oxydation unter Einwirkung des Lichtes ist bei Klarsichtfolien-Vacuumverpackungen weitaus geringer als bei luftgefüllten Verpackungen.

Zur Bestimmung der Sauerstoffdurchlässigkeit der Folienverpackungen kann man nach einer Methode verfahren, die auch für Milchverpackungen anwendbar ist. Man taucht Käse in eine Methylenblaulösung, läßt 30 min abtropfen und verpackt den blauen Käse. Unter der reduzierenden Wirkung der Mikroorganismen wird das Methylenblau in die farblose Leukobase übergeführt. Die Entfärbung beginnt bei genügender Sauerstoffdichtigkeit der Folie nach 2–3 Tagen und soll nach 2 Wochen vollständig sein.

e) Joghurt

Als Einwegverpackung für Joghurt haben sich Becher aus weichmacherfreiem Polyvinylchlorid und schlagfestem Polystyrol weitgehend eingeführt. Als Verschluß dient Aluminiumfolie. Polyäthylendeckel oder Eindrückdeckel aus Karton sind weniger üblich.

Lebensmittelrechtliche Gründe für die Auswahl des einen oder des anderen Becher-Materials können nicht genannt werden, da beide sich gegen Joghurt inert verhalten. Die Becher sind meist weiß pigmentiert, da die Farbe von Fruchtjoghurten in transparenten Bechern wenig attraktiv ist. Ein besonderer Lichtschutz scheint nicht erforderlich zu sein, da Joghurt wenig lichtempfindlich ist.

Zur Ausformung der konischen oder gegenkonischen glatten, gelegentlich auch gerillten Becher bedient man sich der Verfahren des Spritzgusses, des Tiefziehens oder des Hohlkörperblasens.

Die Sorgfaltspflicht des Joghurt-Herstellers wird sich wie bei den Quarkverpackungen vornehmlich auf die Prüfung der geschmacklichen Eignung der Becher beziehen.

Das Verhalten von Polystyrolbechern gegen Fruchtjoghurt hat E. Flückiger, (1961) untersucht. Die üblichen Extraktionsmittel der 1. Mitteilung sind für die Aromen der Früchte oder Fruchtessenzen keine geeigneten Simulantien, so daß die Beständigkeit des Polystyrols gegenüber den in Frage kommenden ätherischen Ölen mit diesen selbst untersucht werden mußte. Es ergab sich, daß die ätherischen Öle, vor allem terpenreiche Arten, auch in wäßriger Lösung Polystyrol anzugreifen vermögen. Der Angriff konnte als Flächenkorrosion erkannt werden. Der Angriff erfolgt rasch. Zwischen einer Lagerung von 3 Std oder 6 Tagen ergaben sich keine Unterschiede. Aus einer Gewichtszunahme der Becher und der bei einigen Essenzen auftretenden Fluorescenz der Becher unter der Analysenquarzlampe ergab sich eine Einwanderung der Öle in den Kunststoff.

Diese Erscheinungen verschwanden indessen bei dem Kontakt von aromatisierter Milch mit dem Kunststoff. Die Hemmung des Angriffs blieb erhalten, obwohl die Milch durch den Zusatz der Aromen geronnen war. Bei Versuchen mit Joghurt selbst zeigte sich unter der Verwendung der doppelten der üblicherweise gebrauchten Menge an Aromen nur noch bei wenigen Citrusaromen bestimmter Provenienz infolge ihres verschiedenen Gehaltes an Terpenen, wie Limonen, Citral, Terpineol, ein geringfügiger Angriff, der durch die Auswahl geeigneter Essenzen vermieden werden kann.

2. Margarine

Das Margarinegesetz (15. Juni 1897, RGB S. 475) gibt außer der Kennzeichnung der Margarineverpackungen keine Vorschriften über Verpackungsmittel, die verwendet werden dürfen. Die Auswahl der Verpackungsmittel ist also nur im Hinblick auf § 4b Nr. 5 des Lebensmittelgesetzes zu treffen.

Geeignet sind fettbeständige Verpackungsmittel, welche eine möglichst geringe Wasserdampfdurchlässigkeit aufweisen, um eine Ölkantenbildung durch Wasserverlust und eine dadurch bewirkte Verfärbung der Margarine zu vermeiden. In Gebrauch sind weiß pigmentierte tiefgezogene Polyvinylchloridbecher oder Becher aus beschichtetem Karton. Als Beschichtung wird mit Vorteil Polyvinylidenchlorid verwendet. Die Oberfläche wird häufig mit einem Blatt Pergament abgedeckt. Als Deckel dienen Verschlüsse aus tiefgezogenem Polyvinylchlorid.

3. Speiseöl

Speiseöl kann Luftsauerstoff aufnehmen und unter der Einwirkung von Licht eine Geschmacksverschlechterung durch Oxydation erleiden. Flaschen, besonders solche, in welchen eine längere Aufbewahrung des Öles vorgesehen ist, müssen daher Schutz gegen die Einwirkung des Lichtes gewährleisten. Bei der gegenüber Glas geringeren Durchlässigkeit des Polyvinylchlorids für ultraviolettes Licht werden daher Flaschen aus modifiziertem, schlagzähem Polyvinylchlorid verwendet. Weichgemachtes Polyvinylchlorid ist für den Kontakt mit Speiseöl ungeeignet und durch Empfehlung I von dieser Verwendung ausgeschlossen.

Als Flaschen mit nur kurzer Umlaufzeit werden auch Hochdruckpolyäthylenflaschen verwandt. Bei längerer Aufbewahrung von Öl in derartigen Flaschen ist mit Durchölen zu rechnen. Dasselbe gilt für Tetraederpackungen aus polyäthylenbeschichtetem Karton, die ebenfalls vorgeschlagen werden.

H. Allgemeine Hinweise für die Anwendungsmöglichkeiten von Packstoffen

Um dem Verpacker bei der Auswahl des geeigneten Packstoffes aus der Vielzahl der auf dem Markt befindlichen Kunststoffe behilflich zu sein, hat die Arbeitsgruppe „Verpackungen aus Kunststoffen und Zellglas" am Institut für Lebensmitteltechnologie und Verpackung, München, eine Folge von Listen begonnen, welche von Herstellern, Verarbeitern und Abpackern empfohlene Beispiele geeigneter Packstoffe für verschiedene Lebensmittelgruppen bringt. Erschienen sind bisher „Kunststoffbeschichtete Papiere", „Zellglas und Zellglasverbundfolien" sowie „Kunststoffe und Kunststoff-Verbundfolien". Listen von Markennamen und Lieferwerken von Folien, Papieren, Kartonen und Verbundkunststoffen sowie ihrer Anwendungsgebiete und der wichtigsten verarbeitungstechnischen Eigenschaften erscheinen in den Verpackungsmagazinen der Verpackungsrundschau (1966–1968).

I. Kennzeichnung von Bedarfsgegenständen im Sinne des Lebensmittelgesetzes aus Gummi, Kunststoffen und anderen Polymeren sowie aus Papier, Karton und Pappe

Um den Verbrauchern und den amtlichen chemischen Untersuchungsstellen zu versichern, daß gegen die Verwendung eines Bedarfsgegenstandes im Sinne von § 2,1 des Lebensmittelgesetzes, der aus den in der Überschrift genannten Materialien hergestellt ist, keine gesundheitlichen Bedenken bestehen, d.h. daß der Bedarfsgegenstand den Empfehlungen des Bundesgesundheitsamtes und damit den Vorschriften des Lebensmittelgesetzes entspricht, hat der Deutsche Normenausschuß in Verbindung mit allen interessierten Wirtschaftskreisen eine Kennzeichnung für derartige Bedarfsgegenstände geschaffen.

Das Zeichen besteht aus gekreuzten Messer und Gabel mit der Umschrift „Für Lebensmittel".

Abb. 16. Kennzeichnung für Bedarfsgegenstände nach DIN 7725

Die Kennzeichnung eines Bedarfsgegenstandes mit diesem Zeichen wird in eigener Verantwortung durchgeführt. Die Kennzeichnung wird beim DNA registriert. Das zugeteilte Kennzeichen ist Bestandteil des Kennzeichens.

Nur solche Bedarfsgegenstände sollen das Kennzeichen tragen, die entweder für jede Art von Lebensmitteln geeignet sind oder die bei bestimmungsgemäßem Gebrauch nur mit Lebensmitteln in Berührung kommen, für welche sie geeignet sind. (Tassen, Eierlöffel, Butterdosen etc.) Es ist daher nicht möglich, Packstoffe und Packmittel, deren Anwendung nicht vorauszusehen und nicht vorzuschreiben ist, mit dem Zeichen zu versehen, auch dann nicht, wenn sie den Empfehlungen bezüglich ihrer Zusammensetzung entsprechen.

Kunststoffgranulat also kann nicht gekennzeichnet werden, da weder vorauszusehen ist, welche Bedarfsgegenstände daraus hergestellt werden und welche Anforderungen bezüglich Eignung an den Fertigartikel gestellt werden, noch welchen Veränderungen es bei seiner Weiterverarbeitung unterworfen wird.

Die hergebrachten Bedarfsgegenstände aus Glas, Holz und Metall, die von jeher in Gebrauch sind und als unbedenklich gelten, werden von der DIN-Vorschrift nicht genannt. Hieraus wird deutlich, daß es die Absicht der Norm ist, ein unbegründetes Mißtrauen gegen die neuen Produkte, die der Verbraucher dem technischen Fortschritt verdanken kann, zu zerstreuen und ihn gleichzeitig vor Schaden zu bewahren.

Folien können für den Kontakt mit wäßrigen Lebensmitteln geeignet jedoch von dem Kontakt mit fetten Lebensmitteln auszuschließen sein. Für derartige Bedarfsgegenstände wäre eine gesonderte Kennzeichnung erforderlich, welche die Eignung oder Nichteignung kenntlich macht. Eine derartige Kennzeichnung ist in Vorbereitung.

Bibliographie

Badische Anilin- und Soda-Fabrik AG, Ludwigshafen am Rhein
Werksbroschüren: BASF-Kunststoffe
Lupolen
Technische Information „Chemische Beständigkeit von Palatal-Marken"
Kunststoff-Verarbeitung im Gespräch, 1 Spritzguß
Kunststoff-Dispersionen, Kunststoff-Lösungen
Werkstoffblatt 2451, 1 (1967), Kunststoffe in der Prüfung.
Permeation von Gasen und Wasserdampf.

BARTUNECK, R.: Celluloseabkömmlinge; R. HOUVINK u. A. J. STAVERMANN: Chemie und Technologie der Kunststoffe. 4. Auflage Band II, 2, S. 860–942. Leipzig: Akademische Verlagsges. Geest und Portig KG 1963.

BATEMANN, L.: The Chemistry and Physics of Rubber-Like Substances; London: MacLaren and Sons Ltd., 1963.

BETZ, W.: Polyamidfolien für die Lebensmittelverpackung. Hauptmesseausgabe Interpack 1969.

v. BOEING, H.: Polyolefins: Structure and Properties. Amsterdam – London – New York; Elesevier Publishing Comp., 1966.

Farbenfabriken Bayer, Leverkusen
Werksbroschüren: Bayer-Kunststoffe
Taschenbuch der Gummi-Industrie
Chemikalien für die Gummiindustrie
Mitteilungen für die Gummiindustrie (fortlaufende Serie)

HEINISCH, K. F.: Kautschuk Lexikon. Stuttgart: A. W. Genther Verlag, 1966.

HAGEN, H.: Glasfaserverstärkte Kunststoffe. Berlin: Springer 1961.

HOFMANN, W.: Nitril Rubber, A Rubber Review for 1963. Rubber Chemistry and Technology, Bd. 37 Supplement, Lanchester, Pensylvania, Division of Rubber Chemistry of the American Chemical Soc. Inc. 1964.

— Farbenfabriken Bayer, Leverkusen, Vulkanisation und Vulkanisationshilfsmittel.

HOPFF, H., W. A. MÜLLER, F. WENGER: Polyamide. Berlin Springer, 1954.

HULTZSCH, K.: Chemie der Phenoplaste. Berlin: Springer, 1950.

Hummel, D. O. u. F. Scholl: Atlas der Kunststoff-Analyse. Band I, München: Carl Hanser Verlag;: Verlag Chemie GmbH, Weinheim/Bergstr. 1968.
— Kunststoff-, Lack- und Gummi-Analyse. München: Carl Hanser Verlag, 1958.
Kainer, F.: Polyvinylchlorid und Vinylchlorid-Mischpolymerisate. Berlin: Springer, 1951.
Kollek, L. u. A. Müller: Synthetische Polyamide und Polyurethane, in Houvink, R; Chemie und Technologie der Kunststoffe. Bd. III. Leipzig: Akadem. Verl. Ges., 1956.
Kühne, G.: Bedrucken von Kunststoffen: Kunststoffverarbeitung. 14. Folge. München: Carl Hanser Verlag, 1967.
Noll, W.: Chemie und Technologie der Silicone. Weinheim: Verlag Chemie, 1960.
Ohlinger, H.: Polystyrol. Berlin: Springer, 1955.
Rochow, E. G.: Einführung in die Chemie der Silicone, Weinheim: Verlag Chemie, 1952.
Schulz, G.: Die Kunststoffe. München: Carl Hanser Verlag, 1964.
In Ullmanns Encyklopädie der technischen Chemie. 3. Auflage. München–Berlin: Urban und Schwarzenberg, 1963:
Beck, H.: Verarbeitung, Bd. **11**, S. 42–81.
Bottenbruch, L.: Polycarbonate. Bd. **14**, S. 76–80.
Cantow, H.-J.: Makromolekeln. Bd. **12**, S. 167–185.
Dinges, K.: Polyacrylester und Polyacrylsäure. Bd. **14**, S. 266–280.
Fickentscher, H.: Polymerisate, Einführung. Bd. **14**, S. 107–137.
Fischer, E.: Polyäther und Polyacetale. Bd. **14**, S. 43–48.
Fricker, R.: Polymerisate des Styrols. Bd. **14**, S. 187–200.
Griebsch, E.: Polyamide, Bd. **14**, S. 59–75.
Güterbock, H.: Polyisobutylen. Bd. **14**, S. 181–187.
Hamann, K.: Polyester. Bd. **14**, S. 80–107.
Herrle, K.: Polymerisate chlorierter Äthylene. Vinylchlorid, Vinylidenchlorid. Bd. **14**, S. 200–218.
Hermann, H. D.: Fluorhaltige Polymere. Bd. **14**, S. 218–231.
Hölscher, F.: Vinyläther-Polymerisate. Bd. **14**, S. 251–261.
Kautter, C. T.: Polymerisate von Methacrylsäure und ihren Derivaten. Bd. **14**, S. 281–287.
Lohmann, W.: Preßmassen, Phenoplaste und Aminoplastpreßmassen, Bd. **14**, S. 365–375.
Natta, G.: Polypropylen. Bd. **14**, S. 164–171.
Natta, G.: Amorphe Äthylen-α-Olefin-Copolymerisate. Bd. **14**, S. 171–179.
Oertel, H.: Polyurethane. Bd. **14**, S. 338–363.
Schneider, P., J. Dane, R. Ecker, W. Huhnen, K. Oettner, S. Reisinger, G. Sinn u. F. v. Spulack: Kautschuk und Kautschuk-Ersatzstoffe. Bd. **9**, S. 305–424.
Scheuermann, H.: Aminoplaste, Harnstoffharze, Melaminharze. Bd. **3**, S. 475–492.
Stark, W. u. F. Winkler: Polyvinylester. Bd. **14**, S. 231–236.
Tschacher, H.: Kunststoffe. Bd. **11**, S. 4–119.
Weber, H.: Polyäthylen. Bd. **14**, S. 137–164.
Vollmert, B.: Grundriß der makromolekularen Chemie, Berlin: Springer, 1962.
Wandel, M., H. Tengler, u. H. Ostromow: Die Analyse von Weichmachern. 1. Aufl. Berlin: Springer 1967.
Wildbrett, G.: Kunststoffe in der Milchwirtschaft – eine kritische Studie, Habilitationsschrift, T.H. München – Weihenstephan 1966.

Zeitschriftenliteratur

Barrer, R. M., J. A. Barric, u. J. Slater: Sorption and Diffusion in Ethyl Cellulose. Part I, J. Polym. Sci. **23**, 315–329 (1957).
Becker, K.: Verbessertes Gerät zur Bestimmung der Gasdurchlässigkeit von Kunststoff-Folien für trockene und feuchte Gase. Kunststoffe **54**, 155–159 (1964).
— Die Gasdurchlässigkeit von Kunststoffen, VDI-Zschr. **110**, 271–274 (1968).
Bier, G.: Polypropylen. Kunststoffe **48**, 354–362 (1958).
— R. Schäff, u. K. H. Kahrs: Herstellung und Eigenschaften fluorhaltiger Polymerisate. Angew. Chemie **66**, 285–292 (1954).
Bremanis, E.: Die photometrische Bestimmung des Formaldehyds mit Chromotropsäure. Z. analyt. Chem. **130**, 44–47 (1949).
Buchner, N.: Die Gasdurchlässigkeit von Zellglas und Zellglaskombinationsfolien bei verschiedenen relativen Feuchtigkeiten. Papier **14**, 123–130 (1960).
Burschfield, H. P.: Qualitative Spot Test for Rubber Polymers. Industr. Chem. Analyt. Ed. **17**, 806–810 (1945).
Dominighaus, H.: Verarbeitungstechnologie ausgewählter Kunststoffe für Transport und Lagerung fester und flüssiger Lebensmittel. Dtsch. Lebensmittel-Rdsch. **62**, 363–374 (1966).

FEUERBERG, H. u. H. WEIGEL: Beitrag zur Analyse von Elastomeren in Vulkanisaten; II Gaschromatographische Untersuchungen an Elastomer-Pyrolisaten, Kautschuk und Gummi **15**, 276–282 (1962).
FICKENTSCHER, H.: Über die Entwicklung der wäßrigen Kunststoffdispersionen. Kunststoffe **53**, 734–740 (1963).
FISCHER, W. u. H. MEUSER: Analytische Bestimmung von Elastomeren in Vulkanisaten durch Pyrolyse-Gaschromatographie. Gummi – Asbest – Kunststoffe **15**, 1229–1246 (1966).
FLÜCKIGER, E.: Über das Verhalten von Polystyrolbechern gegen Fruchtjoghurt. Schweiz. Milchtg. **62**, 1–19 (1961).
— Der derzeitige Stand der Joghurtverpackung. Schweiz. Milchztg. **63**, 1–12 (1962).
GRETH, A.: Härtbare Phenol- und Amidharze. Kunststoffe **42**, 291–295 (1952).
HAGEN, H.: Herstellung, Konstitution und Eigenschaften von Polyäthylen und anderen hochmolekularen Polyolefinen, I. Teil. Kunststoff-Rdsch. **4**, 81–87; 136–143 (1957).
HECHELHAMMER, W. u. G. PFEILSTÜCKER: Makrolon, ein thermoplastischer Kunststoff aus der Gruppe der Polycarbonate. Kunststoffe **49**, 3–8 (1959).
HOECHTLEN, A.: Kunststoffe aus Polyurethanen. Kunststoffe **40**, 221–232 (1950).
HOECHTLEN, A.: Fortschritte in der Chemie und Verarbeitung der Polyurethane. Kunststoffe **42**, 303–310 (1952).
HOFMANN, W. u. H. OSTROMOW: Analytische Untersuchungsbefunde des Ausschusses Gummi des Bundesgesundheitsamtes über Kautschuk, Kautschuk-Chemikalien und Vulkanisate im Rahmen des Lebensmittelgesetzes. Nr. I–IX. Kunststoffe **21**, 244–248, 318–324, 368–373, 432–435; 481–485; 560–563; 620–623; 695–700 (1968); **22**, 14–17 (1969).
HOPFF, H.: Polyolefine, Kunststoffe **50**, 14–22 (1960).
HUMMEL, D.: Über die Identifizierung von Kunststoffen und Harzen sowie ihren Erzeugnissen durch Infrarot-Spektren. Kunststoffe **46**, 442–450 (1956).
Institut für Lebensmitteltechnologie und Verpackung, München, Anwendungsmöglichkeiten von Packstoffen.
Liste 1: Kunststoffbeschichtete Papiere. Verpackungs-Rdsch. **18**, 622–624 (1967).
Liste 2: Zellglas und Zellglasverbundfolien. Verpackungs-Rdsch. **18**, 1085–1087 (1967).
Liste 3: Kunststoffe und Kunststoff-Folien. Verpackungs-Rdsch. **19**, 63–65 (1968).
JELLINECK, G. u. H. D. CREMER: Methoden der Geruchs- und Geschmacksprüfung. Dtsch. Lebensmittel-Rdsch. **55**, 251–256; 275–277 (1959).
KIERMEIER, F., E. RENNER, u. J. HOFFMANN: Untersuchungen und Betrachtungen zur Anwendung von Kunststoffen für Lebensmittel. X. Mitteilung: Über die Reinigung von Kunststoffen als Voraussetzung für deren Gebrauch. Dtsch. Lebensmittel-Unters. u. Forsch. **134**, 221–230 (1967).
KOCH, G. u. H. JENNE: Freispruch für Polystyrol. Probleme und Erkenntnisse bei Kunststoffverpackungen für milchwirtschaftliche Erzeugnisse auf Grund von Verpackungsversuchen mit Speisequark in Polystyrolbechern, Verpackungs-Rdsch. **17**, 60–64; 146–150 (1966).
KUPFER, W.: Kunststoff-Analyse. Z. analyt. Chem. **192**, 219–248 (1962).
LEBOVITS, A.: Permeability of polymers to gases, vapors, and liquids. Modern Plastics **43**, 139–150; 194–213 (1966) März-Heft.
LENDLE, E.: Elektrostatische Druckverfahren. Verpackungs-Rdsch. **19**, 46–49 (1968).
NOFFZ, D. u. W. PFAB: Pyrolytisch-gaschromatographische Untersuchungen an Polymeren, Z. analyt. Chem. **228**, 188–200 (1967).
— BENZ, W. u. W. PFAB: Untersuchung von Hochpolymeren mittels Pyrolyse-Gaschromatographie. Z. analyt. Chem. **235**, 121–137 (1968).
NOWAKOWSKY, A.C.: Quantitativ Determination of Tris (nonyl Phenyl) Phosphite (Polygard) in synthetic Rubber and Latex. Analytic. Chem. **30**, 1868–1872 (1958).
OSTROMOW, H. u. W. HOFMANN: Untersuchung an Zitzen- und Milchschläuchen, Dtsch. Lebensmittel-Rdsch. **63**, 359–365 (1967).
PFAB, W.: Wanderung von Phthalatweichmachern aus lackierten Aluminiumfolien auf fette Lebensmittel. Dtsch. Lebensmittel-Rdsch. **63**, 72 (1967).
— K. BERNHART: Zum Übergang von Gleitmitteln aus Polystyrol auf Kokosfett; Dtsch. Lebensmittel-Rdsch. **64**, 33–37 (1968).
— Extraktionszelle zur Testung von Kunststoffbeschichtungen. Dtsch. Lebensmittel-Rdsch. **64**, 281–282 (1968).
ROBINSON, L. u. K. BECKER: Untersuchungen über das Verhalten von Polyolefinen in Berührung mit Speiseöl. Kunststoffe **55**, 233–239 (1965).
— Prüfung von Packstoffen, Packmitteln und Beschichtungsmaterialien, Geruchsprüfung, Merkblatt 2 Verpackungs-Rdsch. **19**, Technisch wissenschaftliche Beilage, S. 37–40 (1968).
ROBINSON, L. u. K. BECKER: Prüfung der geschmacklichen Beeinflussung von Lebensmitteln durch Packstoffe. Verpackungs-Rdsch. **19**, Technisch wissenschaftliche Beilage, S. 49–55 (1968).

Steger-Meinl, E.: Untersuchungen und Beobachtungen zur Anwendung von Kunststoffen für Lebensmittel, VI. Mitteilung. Zur Verpackung von Käse. Dtsch. Molkerei-Ztg. **85**, 3–7 (1964).

Schnell, H.: Polycarbonate, eine Gruppe neuartiger thermoplastischer Kunststoffe. Angew. Chemie **68**, 633–643 (1958).

Schnell, Gg.: Neuere physikalische Untersuchungen an Hochpolymeren; ultrarotspektroskopische Untersuchungsergebnisse, Ergebn. exakt. Naturwiss. **31**, 270–330 (1959).

Smit, E.: Changes in the composition of vapors over odorous products by permeation through plastic films, J. Soc. Cosmetic Chemists **19**, 713–724 (1968); 1968 Society of Cosmetic Chemists of Great Britain.

Swann, M. H. u. D. J. Weil: Colorimetric determination of phenolic resins, Analytic Chem. **28**, 1463–1465 (1956).

— u. G.G. Eposito: Rapid Group Test for Nitrogen, Silicon, Phosphorus, and Titanium in Coating Materials. Analytic Chem. **30**, 107–110 (1958).

— u. M. H. Eposito: Colorimetric determination of bisphenol-type epoxy resins and their fatty acid resins. Analytic Chem. **28**, 1006–1007 (1956).

— u. G. G. Eposito: Detection of Urea, Melamine, Isocyanate and Urethane Resins. Analytic Chem. **30**, 107–109 (1958).

Verpackungs-Rdsch., Verpackung, Folien, Papiere, Markennamen und Lieferwerke von Folien, Papieren, Kartonen, Verbundfolienpackstoffen, 10. Ausgabe, S. 20–43 (1966); 10. Sonderausgabe, S. 48–81 (1967); 11. Folge S. 81–103 (1968).

Wandel, M. u. H. Tengler: Methoden zur Bestimmung des Weichmacherübergangs aus Kunststoff-Folien in darin verpackte Lebensmittel (II. Teil, Quantitative Bestimmung von Di-(2-äthylhexyl-)phthalat und O-(Acetyl-)citronensäurebutylester. Dtsch. Lebensmittel-Rdsch. **60**, 335–339 (1964).

Wandel, M. u. H. Tengler: Methoden zur Bestimmung des Weichmacherübergangs aus Kunststoffen in Lebensmittel; III. Teil, Quantitative Bestimmung von Mesamoll®. Dtsch. Lebensmittel-Rdsch. **62**, 40–42 (1966).

Wildbrett, G.: Rückwirkungen von Kunststoffen auf Milchbeschaffenheit und -verarbeitung, Dtsch. Lebensmittelrundschau **63**, 1–5 (1967).

— Rückwirkung von Kunststoffen auf Milchbeschaffenheit und -Verarbeitung. Dtsch. Lebensmittel-Rdsch. **63**, 1–5 (1967).

— K. W. Evers u. F. Kiermeier: Untersuchungen und Betrachtungen zur Anwendung von Kunststoffen in Lebensmitteln. XI. Mitteilung. Zur Erfassung aus Kunststoff stammender Monomer-Weichmacher in Milch. Z. Lebensmittel-Unters. u. Forsch. **137**, 356–362 (1968).

Winterscheid, H.: Farbreaktionen und einfache chemische Reaktionen zur Erkennung von Vinylpolymerisaten, Seifen, Öle, Fette, Wachse **80**, 239–240 (1954).

Bei den verwendeten Handelsnamen handelt es sich in der Regel um eingetragene Warenzeichen.

Bedarfsgegenstände aus Papier und Pappe

Von

Prof. TH. PLOETZ, Viersen*

A. Wirtschaftliche Bedeutung

Die Weltproduktion von Papier und Pappe stieg von 1938—1964 von 28 Mio. t auf 94 Mio. t. Von diesen 94 Mio. t wurden in USA und Kanada 47% verbraucht, in Europa 34%, in Japan knapp 8%, so daß für die gesamte restliche Welt nur 11% zur Verfügung standen.

Man kann hieraus ein starkes Wachstum der Weltproduktion für die Zukunft ableiten, selbst wenn in einigen Kulturstaaten eine Saturierung erreicht werden sollte, was bisher aber nicht festzustellen ist.

Auch in der Bundesrepublik liegt der pro Kopf-Verbrauch an Papier und Pappe mit knapp 100 kg in 1964 noch weit unter der entsprechenden Zahl von 217 kg in USA. Die Papier- und Pappenproduktion ist in der Bundesrepublik von 1,6 Mio. t in 1950 auf 4,0 Mio. t in 1964 gestiegen. Mit einem Umsatzvolumen von 3907 Mio. DM nimmt die Papierindustrie unter den Industriezweigen der Bundesrepublik 1966 die 26. Stelle ein.

Die Papier- und Pappenerzeugung der BRD läßt sich nach dem Verwendungszweck der Produkte in 1966 wie folgt aufteilen:

Graphische Papiere	41,7%
Papier für Verpackungszwecke	26,7%
Karton und Pappe für Verpackungszwecke	20,1%
Hygienische Papiere	5,1%
Technische und Spezialpapiere	2,6%
Technische und Spezialpappen	3,8%

Das Verpackungsgebiet (Papier, Karton und Pappe zusammen) beansprucht somit fast die Hälfte der Gesamterzeugung.

B. Übersicht über Sorten und Anwendungen

I. Amtliche Papierstatistik

Hierfür wird eine Sortengliederung benutzt, die sieben Hauptgruppen vorsieht:

Gruppe 1: Sonderpapiere (Fein- und Spezialpapiere)

Hierzu gehören die zahlreichen Feinpapiere wie Landkartenpapier, Banknotenpapier, Zeichenpapier, Photo-Rohpapier, Zigarettenpapier, aber auch zahlreiche Spezialerzeugnisse aus z.T. weniger hochwertigem Rohmaterial wie Tapetenrohpapier, Löschpapier, Zellstoffwatte. Innerhalb der Sonderpapiere sind die Streichrohpapiere mengenmäßig von Bedeutung.

Gruppe 2: Zeitungsdruckpapier

Gruppe 3: Schreib- und Druckpapier

Hierunter werden mit Ausnahme von Zeitungsdruckpapier die graphischen Papiere im engeren Sinn verstanden, und zwar unterscheidet man holzfreie und holzhaltige Sorten.

---

* Unter Mitarbeit von Dipl.-Chem. G. BISKUPEK, Dr. W. DÜRR, Dr. R. LANGER, Dr. U. STRÖHLE und Dipl.-Ing. E. WAIDT.

Gruppe 4: Packpapiere

In dieser Gruppe sind mit Ausnahme der Kraftpapiere sämtliche für Verpackungszwecke geeigneten Papiere enthalten, z.B. gewöhnliche Packpapiere wie Stroh- und Schrenzpapiere, mittlere und bessere Packpapiere, Pergamentersatz und Pergaminpapiere, Briefumschlag- und Seidenpapiere, außerdem auch Toilettenpapiere.

Gruppe 5: Kraftpapier

Darunter fallen alle überwiegend aus Natron- bzw. Sulfatzellstoff hergestellten Papiere wie Kraftsack- und Kraftpackpapiere, Kabel- und Isolierpapiere sowie Schmirgel- und Schleifbandrohpapiere.

Gruppe 6: Maschinenpappen

Die zum Unterschied von Handpappen in einer endlosen Bahn gefertigten Maschinenpappen bestehen vorwiegend entweder aus Holzschliff wie Maschinenholzpappen (Holzkarton), Maschinen-Lederpappen (Braunschliffkarton) oder aus Altpapier wie Maschinengraupappen (Graukarton). Daneben gibt es Strohpappen und aus Textilabfällen und Altpapier bestehende Filzpappen, die meist zu Dachpappen weiterverarbeitet werden. Von wesentlicher Bedeutung in dieser Gruppe sind die aus mehreren, qualitativ unterschiedlichen Schichten bestehenden Kartons, die z.B. als Chromo-, Chromoersatz-, Duplex- und Triplexkarton in den Handel kommen.

Gruppe 7: Handpappen

Die auf der Rundsiebmaschine gearbeiteten und von Hand abgenommenen Formatpappen bestehen aus Holzschliff und Altpapier. Hierbei handelt es sich u.a. um Buchbinder-, Kisten- und Pack- (Nagel-) Pappen. Daneben werden „Feinpappen" aus Altpapier mit Zusatz von Zellstoff oder Hadern (Lumpen) hergestellt, z.B. Koffer- und Schuhpappen, sowie Preßspan.

Man sieht, daß die hier interessierenden „Bedarfsgegenstände" im Sinne des Lebensmittelgesetzes über die Gruppen der amtlichen Papierstatistik weit verstreut sind.

II. Gliederung nach dem Verwendungszweck

Graphische Papiere

Die Gruppe umfaßt neben Zeitungsdruckpapier und holzhaltigem (h'h) und holzfreiem (h'fr) Schreib- und Druckpapier u.a. Landkarten-, Lichtpaus- und Zeichenpapier, Banknoten-, Briefumschlag- und Bibeldruckpapier, Streichroh-, Tapetenroh- und Löschpapier und verschiedene Kartonsorten für graphische Zwecke.

Papiere für Verpackungszwecke

Hierher gehören u.a. die Kraftsackpapiere (aus mindestens 90% Sulfatzellstoff, die ZP (hergestellt überwiegend aus Zellstoff) und die AP (hergestellt überwiegend aus Altpapier) — Packpapiere, Echtpergament-Rohpapier, Pergamentersatz und Pergamin, Kabel-, Isolier- und Schleifbandrohpapiere.

Karton und Pappe für Verpackungszwecke

Neben Chromo- und Chromoersatzkarton umfaßt diese Gruppe Duplex- und Triplexkarton, die Maschinen- und Handpappen, Strohpappe, Schrenzpappe und Karton für Wellpappe.

Hygienische Papiere

Zellstoffwatte, Toilettenpapier sowie Textilersatzkrepp und -papier bilden diese Gruppe.

Technische und Spezialpapiere

In dieser Gruppe finden sich neben den lebensmittelrechtlich wichtigen Sorten Filterpapier und Zigarettenpapier, u.a. noch Photo-Rohpapier, Karbonrohpapier und Kondensatorpapier.

Technische und Spezialpappen

wie z.B. Hartpappe, Kofferpappe, Lederfaserpappe, Preßspan, Vulkanfiberrohstoff, Kunstlederrohstoff.

III. Die als Bedarfsgegenstände im Sinne des Lebensmittelgesetzes in Frage kommenden Sortengruppen

1. ZP-AP Papiere
2. Gestrichene Papiere
3. Karton und Pappe
4. Fettdichte Papiere
5. Hygienische Papiere
6. Filterpapiere und -massen
7. Zigarettenpapier
8. Kunststoffbeschichtete Papiere

1. ZP-AP-Papiere

Diese Papiergruppen unterscheiden sich, wie schon auf S. 290 erwähnt, durch das Überwiegen von Zellstoff oder Altpapier (analytisch kaum zu differenzieren). Der Handel unterscheidet eine Reihe von Güteklassen (Tabelle 1).

Tabelle 1. *Güteklassen von ZP- und AP-Papieren*

Bezeichnung	Name	Mindestgewicht (g/m²)	Stoffzusammensetzung
AP-Papiere			
AP 1	Schrenzpapier (Wellpapier, Packpapier)	80	100% geringwertiges Altpapier
AP 2	Lederpapier (Einschlag, Halbbast) braun, einseitig glatt	60	70% besseres und 30% geringwertigeres Altpapier
AP 3	Konsumpack (Zellpack, Hellbast) naturfarbig	50	25% unterwertiger Zellstoff und 75% bessere Altpapiere
AP 4	Bast (Cellulosepack, Cellulosebast) weißlich	18/19	30% Ia/Ib Zellstoff und 70% bessere Altpapiere
ZP-Papiere			
ZP 1	Zellstoffpack (Packstoff, Äste-stoff)	100	70–100% IVa/IVb Äste und bis 30% bessere Altpapiere
ZP 2	Zellstoffpackpapier (Zellbast II) trübweiß	50	70–100% unterwertiger Zellstoff und bis 30% bessere Altpapiere
ZP 3	Zellstoffbastpapier (Zellbast I) hellfarbig	25	70–100% unterwertiger Zellstoff und bis 30% Holzschliff
ZP 4	holzhaltiges Zellstoffpapier	18/19	65% Ia/Ib Zellstoff und 35% Holzschliff
ZP 5	holzfreies Zellstoffpapier (Cellulosepapier)	18/19	100% Ia Zellstoff

Die genannten Qualitäten können jeweils aus ungebleichten, halb- oder vollgebleichten Faserstoffen gewonnen werden. Hinzu kommt die Möglichkeit der Einfärbung.

Zur Verbesserung der Oberflächenbeschaffenheit hinsichtlich der Bedruckbarkeit dient der Einsatz von Kurzfaserzellstoffen (Laubholz, Stroh) sowie von Füllstoffen (Clay).

Die Oberflächenbeschaffenheit wird weiterhin abgewandelt in den Varietäten maschinenglatt, einseitig glatt und satiniert sowie gekreppt und clupakiert (= Mikrokreppung). Die beiden letzteren Varianten zeichnen sich aus durch einen hohen Dehnungswert (Arbeitsaufnahmevermögen).

Anwendung. Die üblichen ZP- und AP-Packpapiere besitzen normalerweise keine Naßfestigkeit. Sie werden deshalb meist nur zur Verpackung trockener Lebensmittel verwendet.

2. Gestrichene Papiere

Die Oberflächenveredlung der Papiere mit Streichmassen dient der Verbesserung des Aussehens und der Bedruckbarkeit. Die Streichmassen bestehen aus mineralischen Pigmenten (vgl. S. 301), die mit Bindemitteln eingebunden werden. Die gebräuchlichsten Bindemittel sind chemisch oder enzymatisch abgebaute Stärke, wasserlösliche Cellulosederivate, Casein und pflanzliche Eiweißstoffe, Polyvinylalkohol und Kunststoffdispersionen. Daneben enthalten die Streichfarben meist Dispergierhilfsmittel und gegebenenfalls Stoffe zur Beeinflussung des rheologischen Verhaltens, Nuancierfarbstoffe, optische Aufheller und Naßfestharze.

Zur ein- oder zweiseitigen Aufbringung der Streichfarben auf das Papier stehen sehr differenzierte Techniken zur Verfügung, von der Leimpresse in der Trockenpartie der Papiermaschine über Streichanlagen, die der Papiermaschine unmittelbar nachgeschaltet sind (= Maschinenstrich) bis zu separaten Streichmaschinen. Die moderne Entwicklung tendiert zu Streichanlagen, in denen zwei oder mehr Striche übereinander aufgebracht werden. Wenn die Strichtrocknung unter formbildendem Kontakt mit einer auf Hochglanz polierten Zylinderoberfläche erfolgt, so entstehen gestrichene Papiere mit besonders hohem Glanz. Normalerweise wird die endgültige Beschaffenheit der Papieroberfläche am Kalander eingestellt, in Sonderfällen mit Bürstenwerken oder am Prägekalander.

Als Rohpapiere für die Streichveredlung finden holzhaltige und holzfreie Papiere Verwendung. Die Anforderungen an den Leimungsgrad dieser Papiere hängen vom Streichverfahren ab.

Anwendung. Gestrichene Papiere kommen in der Verpackung dort zum Einsatz, wo eine besonders hochwertige Druckausstattung gewünscht wird (z. B. Zigaretten, Schokolade). Da diese Druckausstattung meist nur auf der Außenseite der Verpackung anzubringen ist, werden einseitig gestrichene Papiere bevorzugt eingesetzt. Die Strichseite kommt dann nicht in Kontakt mit dem Füllgut. Meist auch nicht die Papierrückseite, da im Regelfall bei derartigen Packungen noch eine getrennte Innenverpackung vorhanden ist.

3. Karton und Pappe

Steife Papiere im Gewicht von 150—500 g/m² werden üblicherweise Karton genannt, bei noch höheren Gewichten Pappe. Die Übergänge sind aber fließend. Da dicke Faserstoffbahnen schlecht entwässern und deshalb auf der Papiermaschine nur sehr langsame Arbeitsgeschwindigkeiten zulassen würden, fertigt man besser mehrere dünne Stoffbahnen, die im noch feuchten Zustand durch Zusammenpressen (= Gautschen) miteinander verbunden werden. Die Einzelbahnen können gleiche oder verschiedene stoffliche Zusammensetzung aufweisen. Schließlich können auch fertige Papierbahnen zu Pappen verklebt werden (z. B. Wellpappe).

Für hohe Druckansprüche wird Karton, ebenso wie Papier, durch einen Deckstrich veredelt (= Chromokarton). Auch kontaktverformte Hochglanzqualitäten sind im Markt.

Verwendung. Für die Verpackung trockener, nicht fettender Lebensmittel können, soweit kein Stoffübergang durch Abrieb zu befürchten ist, Kartons und Pappen verschiedenster Zusammensetzung Verwendung finden. Für feuchte oder fettende Lebensmittel bedarf es in jedem Fall einer Barriereschicht, da Karton und Pappe nicht die hier erforderlichen Dichtigkeitseigenschaften besitzen. Reiner Zellstoffkarton (sog. *foodboard*) hat sich für diese Zwecke gut eingeführt.

4. Fettdichte Papiere

(Spez. Prüfmethoden vgl. S. 321)

Bei der Lebensmittelverpackung muß neben der physiologischen Unbedenklichkeit die technische Eignung des Verpackungsmaterials gefordert werden. Bei fettenden Lebensmitteln also eine ausreichende Fettundurchlässigkeit. Diese Qualifikation findet man bei

a) Echtpergament
b) Pergamentersatz
c) Pergamin

Echtpergament: Der Pergamentierungsvorgang beruht auf einer Quellung der Zellstoffasern in starker Schwefelsäure (ca. 60 %ig), bei der eine kolloidale Verschmelzung der Fasern untereinander eintritt. Dies führt zu der erforderlichen Porenfreiheit der von Natur her fettundurchlässigen Cellulose. Die Fettdichte ist also eine Frage der Porenfreiheit.

Der erste Schritt der Pargamenterzeugung besteht in der Herstellung eines saugfähigen Zellstoffpapiers aus Fasern, die sich für die Amyloidbildung besonders eignen. Obwohl hierfür grundsätzlich auch ungebleichte Zellstoffe eingesetzt werden können, bedient man sich doch überwiegend gebleichter Sorten. In der Pergamentiermaschine erfolgt dann die Behandlung mit Schwefelsäure, das Auswaschen der Säure nach erfolgter Quellung und die Neutralisierung letzter Säurespuren mit Ammoniak. Da das folienartige Echtpergament nach dem Trocknen etwas spröde wäre, durchläuft die Bahn üblicherweise vor der Trockenpartie ein Weichmacherbad, in welchem ihr hygroskopische Substanzen (vgl. S. 306, C II d. E.) einverleibt werden. Diese sichern die für die Verarbeitung und die Gebrauchseigenschaften erforderliche Geschmeidigkeit.

Pergamentersatz: Die chemische Quellung des Echtpergaments wird bei Pergamentersatz durch eine weitgehende mechanische Fibrillierung ersetzt. Dies wird erreicht durch intensive, quetschende Mahlung geeigneter Zellstoffe. Die so mit mechanischen Mitteln erzielte Porenfreiheit führt zu einer entsprechenden Fettdichte. Im Gegensatz zu Echtpergament besitzt dieses Papier aber keine erhöhte Naßfestigkeit. Diese muß durch Zusatz geeigneter Naßfestharze erzeugt werden.

Pergamin: Pergamin unterscheidet sich von Pergamentersatz durch erhöhte Transparenz. Intensive Kalanderverdichtung von angefeuchtetem Pergamentersatzpapier bringt diesen Effekt. Man erreicht hierbei Raumgewichte bis 1,4 g/cm^3.

Pergamentersatz und Pergamin enthalten häufig, ebenso wie Echtpergament, weichmachende Zusätze hygroskopischer Substanzen.

5. Hygienische Papiere

Die Palette der hygienischen Papiere reicht vom gewöhnlichen Toilettenpapier bis zu den Zellstoffwatte-Qualitäten. Den Anwendungsgebieten gemeinsam ist die Forderung nach hoher Saugfähigkeit und Dehnung, zu der sich bei den besseren Sorten noch Ansprüche an Weichheit und Geschmeidigkeit gesellen. Von einigen Sorten, wie z.B. Handtuchkrepp oder Papiertaschentüchern, ist auch eine ausreichende Naßfestigkeit zu fordern. Das Gebiet der textilähnlichen Qualitäten befindet sich z.Z. in einer lebhaften Entwicklung, wobei unter Einbeziehung von halb- und vollsynthetischen Stapelfasern die Gebrauchseigenschaften so weit gesteigert werden, daß die Produkte für Anwendungsgebiete in Frage kommen, die dem Papier bisher versperrt waren (z. B. Bettwäsche, Unter- und Oberbekleidung).

Voraussetzung für eine hohe Saugfähigkeit ist ein hohes Volumen, d. h. geringes Raumgewicht des Papieres. Deshalb werden die Faserstoffe so wenig wie möglich (aus Sicht der Festigkeitswerte) gemahlen. Bei den minderen Sorten, die überwiegend aus Altpapier hergestellt werden, ist ein gewisser Mahlgrad vom Rohstoff her schon vorgegeben. Als Frischzellstoffe eignen sich am besten kurzfaserige, hemicellulosearme (= hoher α-Cellulosegehalt) Sorten.

Die erforderlichen Dehnungswerte werden durch Kreppung erzielt, die gleichzeitig auch das Volumen verbessert. Man unterscheidet Naß- und Trockenkreppung. Bei ersterer befindet sich der Kreppschaber an einem Trockenzylinder innerhalb der Papiermaschine, bei letzterer erfolgt die Kreppung der wiederbefeuchteten Papierbahn in einem getrennten Arbeitsgang.

Gekreppte Papierbahnen aus speziell geeigneten Zellstoffen weisen bereits eine erstaunliche Weichheit und Geschmeidigkeit auf. Mit steigendem Flächengewicht gehen diese Qualitäten aber zurück. Durch Kombination mehrerer Lagen dünner Kreppapiere (10–20 g/m²) kann man aber Weichheit und Geschmeidigkeit in gewissen Grenzen unabhängig vom Gesamtflächengewicht halten (Tissue).

6. Filterpapiere und Filtermassen

Flüssige Lebens- oder Genußmittel werden filtriert, um ihren Genußwert zu erhöhen und um sie haltbarer zu machen (EK-Filter). Dies erreicht man mit festen Schichten, deren Eigenschaften durch ihre Herstellung vorgegeben sind (Papier, Karton, Vlies, Watte, Membran) oder durch zunächst lose Hilfsmittel, die auf einem Filtermittelträger zu einer Schicht angeschwemmt werden (Zellstoffflocken, auch mit Asbest oder Kieselgur oder anderen Hilfsmitteln).

Die dem Verbrauchsumfang nach wichtigsten Filtermittel sind die festen Schichten.

Neben die Erzeugnisse der üblichen Papiertechnologie (Papier, Karton, Vlies) treten hier auch Produkte der Krempelmaschine (Vlies).

Faserstoffe. Neben hochweißen Zellstoffen (auch aus Einjahrespflanzen [Hanf] und halbsynthetischen Cellulosefasern [Zellwolle]) finden für Filterstoffe noch Baumwolle, Hadern und Asbestfasern Verwendung. Baumwolle und Baumwoll-Linters werden gebleicht und ebenso wie die Zellwolle mit einer Avivage zur Verbesserung des Griffs und der Verarbeitungseigenschaften versehen. Aus der großen Zahl der hierfür angebotenen Produkte (H. REIN u. Mitarb., 1956 und K. GÖTZE, 1952) dürfen für Lebensmittelfilter nur solche verwendet werden, die den Empfehlungen des BGA entsprechen.

Der Einsatz regenerierter Textilfasern (aus Alttextilien, nach alkalischer Druckkochung und Bleiche) ist in starkem Rückgang begriffen.

Von den verschiedenen natürlichen Asbestsorten wird für Filtrationszwecke am häufigsten der sehr feinfaserige Chrysotil-Asbest verwendet.

Filterhilfsstoffe Kieselgur
Aktivkohle
Gerbstoffbindende Kunststoffe

Tabelle 2. *Übersicht über Sorten und Anwendung*

Art	Sorten	Anwendung
Papier aus Zellstoff (Sulfat u. Sulfit) auch mit Linters	gekreppt, 60–90 g/m²	Rund- u. Schnellfilter (Filtertüten®) in Kaffee- u. Teefiltern (bis 7,5 l Inhalt)
Papier aus Zellstoff (Sulfat u. Sulfit) auch mit Linters	gekreppt, 50–60 g/m²	Gemüse- u. Fruchtsaftgewinnung in Haushaltsgeräten
Papier aus Zellstoff (Sulfat u. Sulfit) auch mit Linters	glatt oder gekreppt verschiedener Dicke	Faltenfilter bis 70 cm ⌀, auch mit gehärteter Spitze; kleine Mengen Saft, Wein, Sirup, Likör, schleimige Flüssigkeiten, Öle
Papier aus Zellstoff (Sulfat u. Sulfit) auch mit Linters	geschöpftes Büttenpapier, glatt 120–180 g/m²	dto.
Papier aus Zellstoff (Sulfat u. Sulfit) auch mit Linters	Bogen, glatt, genarbt, gekreppt, Formate bis 70 × 70 cm, dünn bis sehr dick, verschiedene Naßfestigkeiten	dto.
Papier aus Zellstoff (Sulfat u. Sulfit) auch mit Linters, mit Gewebeeinlage	stark; hochnaßfest	Einlegebogen für Filterpressen zur einmaligen u. mehrfachen Verwendung auch bei höherem Druck
Papier aus Zellstoff (Sulfat u. Sulfit) auch mit Linters, mit eingebauten Adsorbentien	mit Kieselgur	für Schleime u. Sirupe
Papier aus Zellstoff (Sulfat u. Sulfit) auch mit Linters, mit eingebauten Adsorbentien	mit Aktivkohle	zum Klären zuckerhaltiger Flüssigkeiten
PVC-*Papier*	60–85 g/m², Faltenfilter u. Rollen bis 1 m Breite	wo Resistenz gegen Schimmelbefall u. bakteriellen Abbau erforderlich ist
Karton aus Zellstoff	Filtrierkarton, dünn bis dick (ab 200 g/m²); verschiedene Durchlässigkeitsgrade; auch in Kombination mit Papierschichten, naßfest	in der Filterpresse; Öle u. schwer klärbare Flüssigkeiten, auch Stützschichten für Anschwemmfilter z. B. für Bier, Wein, Sekt, Most, Öl, Fett, Molke, auch zur mehrfachen Verwendung, Betriebsdruck bis 6 atü
Karton aus Zellstoff, Linters u. Asbest	„Filterschicht", 2–6 mm dickes Fasergerüst verschiedener Dichte, runde Form bis 100 mm ⌀, quadr. Form bis 60 × 60 cm	in Schichtenfiltern (bei Bier bis zu 200 Schichten/Filter) zunehmender Dichte u. abnehmender Mengenleistung; Feinfiltration, der meist Vorfiltration über Masse- oder Anschwemmfilter vorausgingen, bis zur Keimdichte
Karton mit eingebauten Adsorbentien	„Klärschichten", auch mit Kieselgur oder Aktivkohle, runde Form bis 100 mm ⌀, quadr. Form bis 60 × 60 cm	zur Farb- u. Geschmackskorrektur z. B. von Sirup
Karton mit eingebautem Adsorbens	„Stabilschichten" mit Polyamid oder Polyvinylpyrrolidon	Stabilisierung des Bieres (zunächst nur Exportbiere): Entfernung von Gerbstoffen zur Verhinderung der Eiweißtrübung u. Verbesserung der Farbe; durch Regeneration mit verdünnten Laugen wiederholt verwendbar

Tabelle 2 (Fortsetzung)

Art	Sorten	Anwendung
Karton als Träger einer Membran	Membran (0,15 mm) aus Cellulosenitrat, mittlerer Porendurchmesser 0,25–0,35 μ	Kaltsterilisation in Filterpressen; Betriebsdruck bis 4 atü, bei Stützunterlagen (Einschichtenfilter) erheblich höher
loses Material (Filtermassen aus Zellstoff mit Linters und Asbest)	zur Filterschichtherstellung beim Verarbeiter (Massenfilter)	kann nach dem Auswaschen mehrmals verwendet werden (Gelatine, Bier, Wein, Säfte); bei sorgfältiger Arbeit hohe Scheidefähigkeit bis zur Abtrennung von Bakterien
loses Material (Flocken aus Zellstoff, Linters u. Hadern)	Flocken für Anschwemmfilter auch mit Kieselgur, Kohle, Bleicherde	ohne u. mit Karton als Stützschicht, besonders für Bier u. falls leicht variable Eigenschaften erwünscht (Speiseöl u. -fette)
Vliese aus natürlichen Cellulosefasern, Zellwolle, Baumwolle, Synthesefasern	längsorientierter u. nicht orientierter Faserverband, 12–80 g/m², 0,06–0,20 mm stark	Teebeutel, Milchfilter; dickere Sorten für Filterpressen
Watte aus Zell- u. Baumwolle, Synthesefasern	geprägt, meist 50–60 g/m², ca. 0,2 mm stark, runde Scheiben bis 340 mm ⌀	Milchfilter, einfache für Siebtrichter u. in Milchschmutzproben, mit Stützgewebe oder Vlies für Vakuumanlagen

7. Zigarettenpapier

Die Aufgabe des Zigarettenpapiers ist es, den feingeschnittenen Tabak zu umhüllen und den Abbrand der Zigarette zu steuern. Auch das Aussehen des Papiers und seiner Asche spielen dabei eine Rolle.

Für den Faseranteil des Papiers fordert die Tabakverordnung (Bundesgesetzblatt Teil I, Nr. 52 vom 22. XII. 1959) „gereinigten Zellstoff". Dementsprechend werden nur gebleichte Frischzellstoffe aus Holz und Einjahrespflanzen (Flachs, Hanf) eingesetzt.

Als Füllstoffe dienen die Carbonate von Ca und Mg. Praktisch wird nur $CaCO_3$ eingesetzt. Gelegentlich finden sich einige Zusätze von TiO_2 zur Erhöhung von Weiße und Opazität. Die Carbonat-Füllstoffe verbessern nicht nur Weiße und Opazität des Papiers, sondern dienen in erster Linie dem Zweck, die Brennbarkeit des Papiers zu steuern. Je höher der Anteil Carbonat im Papier ist, desto größer ist die Glimmfähigkeit und Abbrandgeschwindigkeit der Zigarette.

Die für maschinell hergestellte Zigaretten fast ausschließlich verwendeten Papiere sind vom hochbrennbaren Typ mit einem Füllstoffanteil bis zu 35%. Sie haben ein Flächengewicht von 20–22 g/m². Die Papiere für selbstgedrehte Zigaretten sind leichter (früher 12–16 g/m², heute meist 19–20 g/m²) und von geringerer Brennbarkeit. Neben der Abbrandgeschwindigkeit ist die Luftdurchlässigkeit eines Zigarettenpapiers von Bedeutung. Sie beeinflußt die Nikotin- und Gesamtteermenge im Rauch und wirkt mit auf den Filtereffekt. Von den Zigarettenfabriken werden deshalb genau festgelegte Porositätswerte gefordert.

Die Tabakverordnung führt verschiedene Salze an, die für Zigarettenpapier verwendet werden dürfen. Diese Salze haben den Zweck, die Trennung der Papierasche von der Tabakasche zu verhindern. Alle K- und Na-Salze erfüllen diesen Zweck bei einer Zugabe von ca. 1% zum Papier, indem sie beim Verglühen eine Sinterung mit dem $CaCO_3$ bzw. CaO herbeiführen. Aus geschmacklichen Gründen werden die Salze organischer Säuren, die auch im Tabak vorhanden sind, bevorzugt. Natriumacetat dürfte am häufigsten verwendet werden.

Auf die Abbrandgeschwindigkeit haben die Alkalisalze nur dann Einfluß, wenn sie beim Verglühen O_2 abgeben wie z.B. KNO_3, dessen Einsatz zwar in der Tabakverordnung erlaubt ist, das aber nicht mehr verwendet wird, weil es den Geschmack ungünstig beeinflußt.

Da die für die Einfärbung von Lebensmitteln erlaubten Farbstoffe im allgemeinen für die Papierfärbung ungeeignet sind, finden Farbstoffe in Deutschland keine Anwendung für Zigarettenpapier. Die früher in kleinen Mengen eingesetzten optischen Aufheller oder Indanthrenblau sind nach der Tabakverordnung nicht mehr erlaubt.

Zur Braunfärbung des Umblattpapiers für Zigarren wird als Farbstoff entweder feingemahlener Tabak oder das Ca-Salz der Huminsäure verwendet. Zur Vertiefung der Farbe dient der Lebensmittelfarbstoff Brillantschwarz. Seit die Tabakfolie auf den Markt kam, haben die Umblattpapiere an Bedeutung verloren.

Als Druckfarbe für die Korkmundstückimitation dürfen nur Eisenoxidpigmente verwendet werden.

8. Kunststoffbeschichtete Papiere

Vom Papier bzw. Karton her gesehen ergibt sich die Notwendigkeit einer Kombination mit Kunststoffen aus drei Gründen:

1. Wenn bestimmte Barriereeigenschaften gefordert werden, die das Papier seiner Natur nach nicht bieten kann
2. Wenn Heißsiegelfähigkeit über die ganze Fläche des Packstoffs verlangt wird
3. Wenn bestimmte Wechselwirkungen zwischen Füllgut und Verpackung vermieden werden sollen (Abhäsivwirkung)

Soweit diese Forderungen durch eine einseitige Beschichtung erfüllt werden können, wird man zweckmäßig die beschichtete Seite des Papiers dem Füllgut zuwenden. Ausreichende Dichteeigenschaften der Kunststoffschicht vorausgesetzt, unterliegt dann der Aufbau der Papier- bzw. Kartonseite nicht den Einschränkungen der 34. Empfehlung (vgl. S. 306 C IV 1). Maßgebend ist dann vielmehr die den Kunststoff betreffende Empfehlung. Dies wird in den Untersuchungsmethoden solcher Packstoffe berücksichtigt (vgl. S. 308).

Sorten und Anwendung

Verschiedene Kunststoffbeschichtungen. Die kunststoffbeschichteten Papiere in ihren verschiedenen Qualitäten lassen sich gliedern nach der Art der *Kunststoffe* und nach den verschiedenen Beschichtungsverfahren. Beides zusammen bestimmt die Qualität. Je nach der Anforderung, die das Füllgut stellt, wird man den günstigsten Kunststoff auswählen. Gute Wasserdampfdichtigkeit geben z.B. PE, PPr und PVdC. Fettdichtigkeit ist zu erwarten von PVdC, Hart-PVC, PVAc, Polyamid und Polyester; gute Gasdichtigkeit besitzt vor allem PVdC. Als aromadicht gelten PVdC, PVC, Polyamid und Polyester; doch ist hier eine allgemeine Aussage nur mit Vorbehalt möglich, da sich Aromasubstanzen in der Durchlässigkeit bei verschiedenen Kunststoffen sehr verschieden abstufen.

Die Qualität der Schicht wird auch von der Art des *Beschichtungsverfahrens* beeinflußt. Mengenmäßig im Vordergrund stehen Kartons und Papiere, die nach dem *Extruder-Verfahren* beschichtet sind. Man verwendet dafür vorwiegend PE, daneben kommen auch PPr oder Polyamid in Frage. Die Extruder-Beschichtung geht vom Kunststoffgranulat aus. Man schmilzt dieses in einer beheizten Schnecke und preßt die Schmelze aus einer Breitschlitzdüse als dünnen Film aus; der Film wird noch in heißem Zustand in einer Art Kaschierpresse mit dem Papier vereinigt. Man hat die Temperatur der Schmelze und die Laufgeschwindigkeit der Papierbahn so aufeinander abzustimmen, daß ein porenfreier, gleichmäßiger Film in gewünschter Stärke entsteht und auf dem Papier genügend haftet.

Für die zweite sehr häufig benutzte Beschichtungsmethode, das *Dispersionsstreichverfahren*, eignen sich alle Kunststoffe, die als wäßrige Dispersion anfallen und bei normalen Temperaturen Filme bilden. Als Beispiel seien genannt: Polymerisate und Mischpolymerisate auf Basis von VdC, VC und Acrylester. In der Regel benutzt man innerlich weichgemachte Typen.

Bei der Beschichtung wird die Dispersion auf die Papierbahn mit einer Walze aufgetragen und anschließend mit einer Luftbürste ein bestimmtes Beschichtungsgewicht eingestellt. Danach trocknet man die nasse Schicht mit Heißluft, meistens auch mit Infrarotstrahlern, und bildet so einen geschlossenen Kunststoffilm.

Zur Dispersionsbeschichtung fertiger Zuschnitte dient der sogenannte „*curtain coater*“ (vgl. z.B. H. KLINGELHÖFFER, 1965).

Das Dispersionsstreichverfahren arbeitet zwar des Trockenvorgangs wegen in der Regel mit geringerer Laufgeschwindigkeit als ein Extruder. Verschiedene praktisch sehr wichtige Kunststoffe wie z.B. PVdC eignen sich aber für eine Extruderbeschichtung nicht und werden deshalb vorwiegend aus wäßriger Dispersion aufgetragen. Die Qualität eines Dispersionsstriches hängt stark ab von den besonderen Bedingungen beim Beschichtungsvorgang. Um porenfreie Filme zu erzielen, ist es allgemein üblich, auch niedere Beschichtungsgewichte in mehreren Einzelschichten aufzubringen.

Das Beschichten mit Kunststoffen aus organischen Lösungsmitteln, das sogenannte *Lackieren*, ist des apparativen Aufwands und der nötigen Vorsichtsmaßnahmen wegen weniger beliebt. Es wird in bestimmten Fällen doch angewandt, z.B. wenn auf hochgemahlenes Papier nur eine sehr dünne Kunststoffschicht als Heißsiegelschicht aufzubringen ist. Man erzielt beim Lackieren meist einen schönen Glanz, muß aber darauf achten, daß die Lösungsmittelreste durch gründliches Trocknen entfernt werden.

Ihrer speziellen Eigenschaften wegen besonders erwähnt seien die Trennpapiere, die meist mit einer Siliconbeschichtung gearbeitet sind. Papiere dieser Art haben eine gegenüber Wasser und vor allem gegen klebrige Substanzen abweisende Oberfläche und werden z.B. als Unterlagepapier beim Backen verwendet. Die Siliconbeschichtung kann aus wäßriger Dispersion oder aus organischen Lösungsmitteln durchgeführt werden. Wichtig ist, daß durch scharfes Trocknen am Ende die Siliconschicht gut ausgehärtet wird.

Im Zusammenhang mit Frischhaltepapieren und deren Herstellung müssen auch die *paraffinierten Papiere* erwähnt werden, obwohl Paraffin im chemischen Sinn kein Kunststoff, d.h. keine hochmolekulare Substanz ist. Diese sogenannten Wachspapiere werden hergestellt, indem man Paraffin in einer Wanne schmilzt und die Schmelze mit einer Walze auf das Papier aufbringt. Beim anschließenden Kühlen durch Kühlzylinder oder im Wasserbad können besondere Glanzeffekte erzielt werden. Häufig werden auch zwei Papierlagen zu Wachsduplopapier kaschiert. Paraffin besitzt gute Wasserdampfdichtigkeit. Zur Verbesserung der Knickbeständigkeit setzt man Kunststoffe in kleineren oder größeren Anteilen zu; entsprechend kann auch durch hochmolekulare Zusätze die Heißsiegelfähigkeit verbessert werden.

Im Auftragsverfahren analog werden auch die sogenannten *Heißschmelzmassen* (*hot melt*) verarbeitet. Das sind Substanzen, die in der Struktur und in den Eigenschaften etwa zwischen Paraffin und hochmolekularen Kohlenwasserstoffen stehen. Chemisch gesehen handelt es sich um Polymere von Äthylen, Isobutylen, Terpenen u.a. Der Schmelzpunkt dieser Stoffe liegt erheblich höher als bei Paraffin. Daher sind auch die Temperaturen der Schmelze und die der Auftragsorgane höher.

Schließlich sei noch auf ein Verfahren hingewiesen, das zwar für Lebensmittelverpackungsmaterial nicht sehr häufig angewandt wird, im weiteren Sinn aber doch zu den kunststoffbeschichteten Papieren zu rechnen ist, nämlich das *Kaschieren* von Kunststoffolie mit Papier. Bei diesem Verfahren führt man eine Kunststofffolie und eine Papierbahn in einer Pressenpartie zusammen. Die Vereinigung der beiden Lagen erfolgt durch eine Klebstoffschicht, die vorher auf einer der Bahnen, meist mit einer Auftragwalze, aufgebracht wird. Je nach Art des Klebers unterscheidet man zwischen Leim-, Lack-, Schmelzklebe- oder thermoplastischer Kaschierung. Man greift zu derartig kaschiertem Material, wenn man eine Kombination mit solchen Kunststoffen wünscht, die sich bei keinem der vorher geschilderten Beschichtungsverfahren einsetzen lassen, oder wenn man von der Kunststoffschicht besondere Eigenschaften verlangt, die speziell für eine bestimmte Folie typisch sind.

Eine ausführliche Erläuterung der einzelnen Beschichtungsverfahren findet sich bei W. Schoch (1957).

Verschiedene Verarbeitungsmethoden. In den meisten Fällen besitzt die Kunststoffschicht *thermoplastische* Eigenschaften. Das bedeutet, daß man zwei Papierlagen durch bloßes Anwenden von Wärme und Druck vereinigen und so Nähte bilden kann. Dieses sogenannte *Heißsiegeln* schafft Verbindungen, die praktisch die gleiche Dichtigkeit aufweisen wie das flächenförmige Verpackungsmaterial; das bedeutet, daß in der fertigen Packung das Füllgut lückenlos, auch im Bereich der Nähte, mit einer Kunststoffschicht umgeben ist.

Man unterscheidet verschiedene Heißsiegelverfahren (Heizbacken-, Wärmeimpuls-, Heizkeil- u.a.) je nach dem, in welcher Form die Wärme auf die Kunststoffschicht übertragen wird. Günstig wirkt es sich aus, daß bei kunststoffbeschichtetem Papier die Rückseite nicht thermoplastisch ist; man braucht also kein Ankleben der Heizbacken oder -bänder zu befürchten.

Um vollständige Dichtigkeit zu erreichen, müssen bei der Naht die beiden Lagen Schicht- gegen Schichtseite gesiegelt werden. Es gibt auch Kunststoffe, wie z.B. PE, die eine Heißsiegelung Schicht- gegen Papierseite erlauben; bei solchen Nähten ist aber an der Schnittkante die Faserschicht frei; bei hohen Ansprüchen, z.B. bei Flüssigkeitspackungen, muß diese Kante durch besondere Maßnahmen abgedichtet werden.

Wenn die Verarbeitungsmaschinen nicht auf Heißsiegelung eingerichtet sind, können kunststoffbeschichtete Papiere auch geklebt werden. Bei der *Klebung* hat man zu berücksichtigen, daß die Klebstoffe wegen der Kunststoffschicht langsamer abbinden als bei normalem Papier, wo das Wasser nach beiden Seiten wegschlagen kann. Es empfiehlt sich deshalb, rasch abbindende Klebstoffe, wie Dispersionskleber zu verwenden. In der Regel wird man das Papier Schicht- gegen Papierseite kleben.

Der Klebstofftyp ist je nach der Art der Kunststoffschicht auszuwählen. PE galt bisher als besonders schwer zu kleben; in neuerer Zeit stehen aber Verfahren der Oberflächenbehandlung zur Verfügung, die PE so präparieren, daß man mit Dispersionsklebern üblicher Art, sogar mit geeigneten wasserlöslichen Klebstoffen, stabile Nähte erhält. Schließlich sei auch auf Kleblacke und Schmelzkleber hingewiesen; diese Art der Klebung wird aber in der Praxis weniger häufig angewandt.

C. Lebensmittelrechtliche Situation von Papier, Karton und Pappe

Das Lebensmittelgesetz fordert von den Bedarfsgegenständen, daß bei ihrem bestimmungsgemäßen Gebrauch keine gesundheitliche Gefährdung entstehen darf, d.h. im Falle von Packstoffen, kein Übergang physiologisch bedenklicher Stoffe aus der Verpackung auf das Packgut. Daneben muß auch eine geruchliche oder geschmackliche Beeinträchtigung des Lebensmittels vermieden werden. Aber auch der Übergang unbedenklicher Inhaltsstoffe der Verpackung auf das Packgut muß in den Grenzen des technisch Unvermeidbaren bleiben.

Die technische Eignung des Packstoffes wird dabei als selbstverständlich vorausgesetzt, d.h. z.B. ausreichende Naßfestigkeit bei nassem Füllgut oder Fettdichte bei der Verpackung von Fetten.

Die 34. Mitteilung des BGA zur gesundheitlichen Beurteilung von Kunststoffen im Rahmen des Lebensmittelgesetzes befaßt sich mit Papier, Karton und Pappe für Lebensmittelverpackung (Bundesgesundh.-Bl. **10**, 24–26 [1967]).

In der Vorbemerkung zu dieser Mitteilung, im folgenden als Empfehlung bezeichnet, wird festgestellt:

„Bei trockenen, nicht fettenden Lebensmitteln ist ein Übergang von fremden Stoffen aus dem Verpackungsmaterial auf das Lebensmittel im allgemeinen nicht zu erwarten. Verpakkungsmaterial für trockene, nicht fettende Lebensmittel unterliegt deshalb, abgesehen von besonders gelagerten Fällen, wo mit einem Abrieb zu rechnen ist, nicht den Einschränkungen dieser Empfehlung.

In jedem Falle sind aber auch bei Papieren, Kartons und Pappen, die zum Verpacken trockner, nicht fettender Lebensmittel bestimmt sind, flüchtige, geruchsintensive Fabrikationshilfsstoffe auf die in der vorliegenden Empfehlung festgelegten Mengen zu begrenzen."

Die Empfehlung befaßt sich deshalb mit Papieren, Kartons und Pappen, „die bestimmungsgemäß zum Verpacken von feuchten oder fettenden Lebensmitteln verwendet werden und mit diesen in unmittelbare Berührung kommen."

Den besonderen Gegebenheiten der Kurzzeit-Verpackung wird in der Empfehlung durch eine Ausnahme Rechnung getragen: „Ausgenommen sind Papiere, Kartons und Pappen, die nur zum kurzfristigen Verpacken solcher Lebensmittel dienen, die erfahrungsgemäß vor dem Verzehr gewaschen oder geschält werden (z.B. Frischobst, Frischgemüse, Nüsse in Schalen)". Weitere lebensmittelrechtliche Bestimmungen siehe Beitrag Bergner: „Hinweise zur lebensmittelrechtlichen Beurteilung von Anstrichmitteln usw., Kunststoffen und anderen Polymeren.

I. Beurteilung vom stofflichen Aufbau her

Die 34. Mitteilung des BGA beinhaltet eine Positivliste der für die Papiererzeugung zulässigen Roh- und Hilfsstoffe mit Mengenbegrenzungen bei solchen Stoffen, bei denen dies aus gesundheitlichen Gründen geboten ist. Nicht genannte Roh- und Hilfsstoffe dürfen zur Erzeugung der angesprochenen Lebensmittelpackpapiere nicht eingesetzt werden.

Die Positivliste ist gegliedert in

1. Papierrohstoffe *(Gruppe A der Empfehlung)*
2. Fabrikationshilfsstoffe *(Gruppe B der Empfehlung)*
3. Spezielle Papierveredlungsstoffe *(Gruppe C der Empfehlung)*.

1. Papierrohstoffe

Als Papierrohstoffe dürfen verwendet werden:

I. Faserstoffe:

1. Natürliche und synthetische Fasern auf Cellulosebasis, ungebleicht oder gebleicht*

* Als Papierrohstoffe für Koch- und Heißfilterpapiere sind ausschließlich zugelassen: Natürliche und synthetische Fasern auf Cellulosebasis (gebleicht). (Bundesgesundh-Bl. **10**, 267 [1967]).

2. Fasern aus synthetischen Hochpolymeren soweit sie einer Empfehlung des Bundesgesundheitsamtes entsprechen
3. Holzschliff, gebleicht oder ungebleicht
4. Fasern aus Papieren, Kartons und Pappen soweit die daraus gefertigten Erzeugnisse den Bedingungen der vorliegenden Empfehlung entsprechen

II. Füllstoffe:

Natürliche und künstlich hergestellte wasserunlösliche, gesundheitlich unbedenkliche Mineralstoffe, wie z. B. Carbonate des Calciums und Magnesiums, Siliciumdioxid, Silicate bzw. gemischte Silicate des Natriums, Kaliums, Magnesiums, Calciums, Aluminiums und Eisens, Calciumsulfat, Calciumsulfoaluminat (Satinweiß), Bariumsulfat (frei von löslichen Bariumverbindungen), Titandioxid.

Die aus Gründen der Papierqualität (Festigkeitseigenschaften, Lichtechtheit) richtige Gliederung der Papiere in holzfreie (I.1 der Empfehlung) und holzhaltige (I.3 der Empfehlung) Sorten ist für deren physiologische Beurteilung weitgehend belanglos. Dies um so mehr, als nach dem heutigen Stand der Technik vom mechanisch erzeugten Holzschliff, der praktisch aus nativer Holzsubstanz besteht (Stoffausbeute 96–98%) bis zum hochgebleichten Zellstoff, der verarmt an Hemicellulosen und praktisch ligninfrei ist, ein gleitender Übergang besteht. Nach steigender Substanzauslösung ergibt sich etwa folgende Produktreihe, wobei ausbeutemäßig Überschneidungen auftreten können: Weißschliff, Braunschliff, chem. Schliff (= Schleifen nach chem. Vorbehandlung), Halbzellstoff, Hochausbeute-Zellstoff, ungebleichter, halbgebleichter, vollgebleichter Papierzellstoff, Kunstseidenzellstoff. Die bei den diversen Aufschlußverfahren (einschl. Bleiche) in Lösung gehenden Holzbestandteile werden bei der Faserherstellung – und letztlich noch bei der Papiererzeugung – so weitgehend ausgewaschen, daß aus dieser Sicht keine Migrationsprobleme für die Verpackung entstehen.

Zur Klarstellung sei hier noch auf einen grundsätzlichen Unterschied zwischen Zellstoff- und Holzschliffbleiche hingewiesen: Erstere, mit Chlor, Alkali, Chlordioxid und ähnlichen Chemikalien durchgeführte Bleiche, beruht auf einer mit deutlichen Stoffverlusten verbundenen Auslösung gefärbter Faserbestandteile. Die durch Peroxid, Na-dithionit u. ä. arbeitende Holzschliffbleiche bewirkt dagegen eine chemische Aufhellung chromophorer Gruppen in der Faseroberfläche und ist kaum von Substanzverlusten begleitet.

Der unter A I.4 der Empfehlung angesprochene Sektor der Altpapiere umfaßt neben dem üblichen Produktionsausschuß der Papierfabriken ein breites Sortiment verarbeiteter Papiere, von den Randabschnitten des Druckers bis zu den „gemischten Abfällen" des Altpapierhandels. Als Wirtschaftsfaktor ist das Altpapier aus der Papiererzeugung nicht wegzudenken. Es macht ca. 42% (1965) der gesamten Papierfaserversorgung aus. Die Verantwortung für den Einsatz solcher Faserrohstoffe zur Erzeugung von Bedarfsgegenständen im Sinne des Lebensmittelgesetzes wird durch die 34. Empfehlung dem Papiererzeuger angelastet mit der Formulierung, daß die fertigen Papiere der Empfehlung entsprechen müssen. Dies bedingt eine sorgfältige analytische Überwachung in der Papierfabrik.

Faserstoffe der Gruppe A I.2 der Empfehlung spielen in der Gegenwart und in der überschaubaren Zukunft für die Lebensmittelverpackung keine Rolle. In anderen Papiersorten (z. B. Landkartenpapier, Ausweispapier) sind sie aber bereits anzutreffen.

Zu den Papierrohstoffen rechnet man neben den Faserstoffen die Füllstoffe (A II der Empfehlung), wenngleich nicht jede Papiersorte Füllstoffe enthält („aschefreie" bzw. „aschehaltige" Papiere). Andererseits sind Papiersorten mit Füllstoffgehalten bis ca. 30% gebräuchlich. Die technische Funktion der Füllstoffe liegt vorwiegend in der Verbesserung der Bedruckbarkeitseigenschaften und in der Erhöhung der Papieropazität.

Mengenmäßig beherrschend sind die natürlichen Tonmineralien, vor allem die Kaolinite. Kreide ($CaCO_3$) wird sowohl als gemahlenes Naturprodukt als auch als künstlich gefällter Kalzit verwendet. Der hohe Brechungsindex von TiO_2 begründet die Verwendung großer Mengen dieses künstlich erzeugten Pigmentes sowohl in der Anabas- als auch in der Rutilform

Die meisten dieser Mineralstoffe bilden auch die Grundlage der Streichmassen, welche die Oberflächenveredelung der gestrichenen Papiere bewirken (C IV.8 der Empfehlung).

2. Fabrikationshilfsstoffe

Als Fabrikationshilfsstoffe dürfen verwendet werden:

I. *Leimstoffe:*

1. Kolophonium, Anlagerungsprodukte von Malein- und Fumarsäure an Kolophonium und raffiniertes Talöl
2. Casein und Tierleim, frei von Bor-haltigen Konservierungsstoffen
3. Natürliche und abgebaute Stärke, Stärkeäther, Stärkeester der Phosphorsäure (vgl. C IV 7), jedoch nicht Stärke und Stärkeprodukte, die mit Borsäure bzw. deren Verbindungen modifiziert sind (Bundesgesundh.-Bl. **10**, 267 [1967])
4. Celluloseäther
5. Mannogalaktane und Alginate
6. Wasserglas und Tonerdegel
7. Wachs- und Paraffin-Dispersionen, soweit die Wachse und Paraffine den Empfehlungen XXV und XXV A des Bundesgesundheitsamtes „Paraffine, mikrokristalline Wachse, niedermolekulare Polyolefine und Polyterpene“ in der 17. und 18. Mitteilung: Bundesgesundh.-Bl. **7**, 136 und 314 (1964) entsprechen, insgesamt höchstens 2,0%
8. Stearylisocyanat* höchstens 0,2%
9. Kunststoff-Dispersionen, soweit sie der Empfehlung XIV „Kunststoff-Dispersionen“ in der 7. Mitteilung: Bundesgesundh.-Bl. **4**, 120 (1961) entsprechen, sowie reemulgierbares Polyvinylchlorid, soweit es der Empfehlung II C für weichmacherfreies Polyvinylchlorid und seine Mischpolymerisate in der 33. Mitteilung: Bundesgesundh.-Bl. **9**, 322 (1966) entspricht
10. Di-alkyl (C_{10}–C_{18})-diketene* höchstens 0,5%.

Die ursprünglich mit Tierleim herbeigeführte „Leimung“ eines Papieres hat primär nicht eine Gefügeverfestigung zum Ziel, sondern die Verminderung der Penetration und des Auslaufens der Schreibtinte, also einen Hydrophobierungseffekt. Kolophonium und seine chemischen Abwandlungsprodukte (sog. „verstärkte Harzleime“) stehen heute im Vordergrund. Je nach dem Verseifungsgrad der Harzsäureester unterscheidet man vollverseifte Leime und teilverseifte Leime, wobei letztere unverseifte Anteile (= Freiharz) enthalten. Daß auch Wachs- und Paraffindispersionen hydrophobierend wirken, ist verständlich.

Spezielle Hydrophobierungsmittel, die eine chemische Verankerung auf der Zellstoffaser bewirken, sind Alkylisocyanate (B I.8 der Empfehlung) und Dialkyldiketene (B I.10 der Empfehlung).

Bei den übrigen hier aufgeführten Substanzgruppen (B I.3, 4, 5, 6, 9 der Empfehlung) tritt neben einer mehr oder weniger ausgeprägten Hydrophobierungswirkung auch eine deutliche Gefügeverfestigung, also eine Verbesserung der mechanischen Eigenschaften des Papiers, auf.

* Der Fabrikationshilfsstoff zieht auf die Cellulosefaser fest auf. Sofern jedoch unter bestimmten Anwendungsbedingungen nennenswerte Anteile des Fabrikationshilfsstoffes oder seiner Umwandlungsprodukte aus dem Papier auswandern können, werden Untersuchungsvorschriften später veröffentlicht.

II. *Fällungs- und Fixiermittel:*

1. Aluminiumsulfat
2. Schwefelsäure
3. Aluminiumformiat
4. Natriumaluminat
5. Tannin
6. Kondensationsprodukte von Harnstoff, Dicyandimid, Melamin mit Formaldehyd. Im Extrakt der Fertigerzeugnisse darf höchstens 1,0 mg Formaldehyd pro Quadratdezimeter nachweisbar sein (vgl. C I 2 und 3)
7. Kondensationsprodukte aromatischer Sulfosäuren mit Formaldehyd, höchstens 1,0%. Im Extrakt der Fertigerzeugnisse darf höchstens 1,0 mg Formaldehyd pro Quadratdezimeter nachweisbar sein (vgl. V 7)
8. Natriumsalze der Äthylendiamin-tetraessigsäure und der Diäthylentriamin-pentaessigsäure sowie der n-Oxäthyl-äthylen-diamin-triessigsäure.

Die unter B II.1—7 der Empfehlung aufgeführten Hilfsstoffe dienen der Fällung und Fixierung gewisser Zusätze, wie Farbstoffe oder Harzleim-, Wachs- und Paraffin-, oder Kunststoffdispersionen auf der Zellstoffaser.

Die Komplexbildner der Gruppe B II.8 der Empfehlung fixieren dagegen Schwermetallionen, die vor allem bei Bleichoperationen störend wirken.

III. *Retentionsmittel:*

1. Polyacrylamid, sofern es nicht mehr als 0,2% monomeres Acrylamid enthält, höchstens 0,3%
2. Polyäthylenimin, höchstens 0,5%* (vgl. IV 1 und V 8)
3. Vernetzte kationische Polyalkylenamine (Polyamin- bzw. Polyamid-Epichlorhydrinharze) soweit ihre gesundheitliche Unbedenklichkeit erwiesen ist, höchstens 2,0% (vgl. C I 4)

IV. *Entwässerungsbeschleuniger:*

1. Polyäthylenimin, höchstens 0,5%* (vgl. III 2 und V 8)
2. Alkyl-aryl-sulfonate, höchstens 1,0%**
3. Siliconhaltige Paraffin-Dispersionen, soweit die Silicone und Paraffine den Empfehlungen XV und XV A „Silicone“ in der 7. Mitteilung und 31. Mitteilung: Bundesgesundh.-Bl. **4**, 120 (1961) und **9**, 272 (1966) bzw. XXV und XXV A „Paraffine, mikrokristalline Wachse, niedermolekulare Polyolefine und Polyterpene“ in der 17. und 18. Mitteilung: Bundesgesundh.-Bl. **7**, 136 (1964) und **7**, 314 (1964) entsprechen, höchstens 0,5% (bezogen auf Dispersions-Trockensubstanz).

Retentionsmittel und Entwässerungsbeschleuniger dienen der Verbesserung der Zurückhaltung von Feinstoffen (Fasern oder Füllstoffen), bzw. einer verbesserten Entwässerung auf dem Sieb der Papiermaschine. Ihre Wirkung beruht auf einer Agglomeration dieser Feinstoffe. Da hiermit auch eine Sedimentationsbeschleunigung verbunden ist, finden diese Hilfsstoffe auch in Sedimentations-Stoffängern Einsatz.

Bei den im Handel befindlichen Polyacrylamiden handelt es sich um teilverseifte Produkte, die in Abhängigkeit vom Molekulargewicht und vom Gehalt an Carboxylgruppen unterschiedliche Wirkungen hervorrufen (W.F. Reynold, 1961).

V. *Dispergier- und Flotationsmittel:*

1. Polyvinylpyrrolidon (Mol.-Gew. mindestens 11000)
2. Alkyl (C_{10}—C_{20})sulfonate
3. Alkyl-aryl-sulfonate (vgl. IV 2)
4. Alkalisalze vorwiegend linear-kondensierter Phosphorsäuren (Polyphosphate). Der Gehalt an ringförmig kondensierten Phosphaten (Metaphosphaten) darf nicht mehr als 8% betragen
5. Alkylpolyglykoläther und/oder Alkylphenolpolyglykoläther mit 6—12 Äthylenoxidgruppen

* Vgl. Fußnote S. 302.
** Der Fabrikationshilfsstoff wird bei der Papierherstellung ausgewaschen.

6. Sulfoniertes Rizinusöl
7. Kondensationsprodukte aromatischer Sulfosäuren mit Formaldehyd. Im Extrakt der Fertigerzeugnisse darf höchstens 1,0 mg Formaldehyd pro Quadratdezimeter nachweisbar sein (vgl. II 7).

Von den unter 1.–7. aufgeführten Hilfsstoffen dürfen einzeln bis zu 1,0%, insgesamt jedoch nicht mehr als 3% verwendet werden.

8. Polytähylenimin, höchstens 0,5%* (vgl. III 2 und IV 1).

Der Dispergierungszustand von Fasern und Füllstoffen ist von Einfluß auf die Qualität der Blattbildung.

Harz aus Zellstoffen, das zur Ausbildung störender, klebriger Ablagerungen neigt („schädliches Harz"), kann durch Zusatz von Dispergiermitteln an dieser Ablagerung behindert werden.

Eine Voraussetzung für die erfolgreiche Rückgewinnung der im Abwasser dispergierten Papierrohstoffe durch Flotation ist die Flokulation dieser Stoffe unter gleichzeitiger Hydrophobierung (F. WULTSCH und H. HOGENKAMP, 1957). Hier sind heteropolare Hilfsstoffe wirksam.

VI. *Schaumverhütungsmittel:*

1. Organopolysiloxane mit Methyl- und/oder Phenylgruppen (Siliconöl) (Viskosität bei 20° C mindestens 100 Centistoke = 97,3 cP)
2. Tributylphosphat
3. Höhere aliphatische Alkohole (C_8–C_{14})
4. Fettsäureester ein- und mehrwertiger Alkohole
5. Alkylsulfonamide (C_{10}–C_{20})

Von den unter 1.–5. aufgeführten Hilfsstoffen dürfen nicht mehr als je 0,1% zugesetzt werden.

Feinste Luftbläschen in der Faserstoffsuspension beeinträchtigen nicht nur die Entwässerung des Stoffes auf dem Sieb der Papiermaschine, sondern verursachen auch Mängel der Blattbildung (Poren). Auch bei der Beschichtung fertiger Papiere mit Streichfarben oder Dispersionen können Luftbläschen Fehlerstellen erzeugen. Bei den Hilfsstoffen dieser Gruppe handelt es sich deshalb um oberflächenaktive Substanzen, die die Entlüftung der wäßrigen Suspensionen beschleunigen (F. POSCHMANN, 1961).

VII. *Schleimbekämpfungsmittel:*

1. Pentachlorphenol und dessen Alkalisalze. Im Extrakt der Fertigerzeugnisse darf höchstens 0,02 mg Pentachlorphenol pro Quadratdezimeter nachweisbar sein.
2. o-Phenylphenol. Im Extrakt der Fertigerzeugnisse darf höchstens 0,02 mg pro Quadratdezimeter nachweisbar sein.
3. p-Chlor-m-kresol. Im Extrakt der Fertigerzeugnisse darf höchstens 0,02 mg pro Quadratdezimeter nachweisbar sein.
4. Natriumchlorit, Natriumperoxid, Natriumhydrogensulfit. Der Extrakt der Fertigerzeugnisse darf keine positive Chlorit-, Peroxid- oder Sulfitreaktion geben.
5. 1.4-Di-bromacetoxybuten. Im Extrakt der Fertigerzeugnisse darf höchstens 0,01 mg Brom pro Quadratdezimeter nachweisbar sein.
6. Tetramethyl-thiuram-disulfid. Im Extrakt der Fertigerzeugnisse darf dieser Hilfsstoff nicht nachweisbar sein; die Untersuchungsmethode wird noch bekanntgegeben.

Im Kreislaufwasser der Papiermaschinen bestehen fast immer Bedingungen, die das Wachstum von Mikroorganismen begünstigen. Gefördert wird dies noch durch die zunehmende Schließung der Kreisläufe, die durch Gesichtspunkte des Wasserhaushaltes und des Abwasseranfalls erzwungen wird. In vielen Papierfabriken müssen deshalb biocide oder biostatische Präparate eingesetzt werden, um eine massenhafte Vermehrung schleimbildender Bakterien zu verhindern, die die Produktion schnell zum Erliegen bringen würde. In der Vergangenheit wurden

---

* Vgl. Fußnote S. 302.

zu diesem Zweck bevorzugt organische Quecksilberverbindungen eingesetzt. Dies ist nach der vorliegenden Empfehlung nicht mehr möglich. Da häufig bei Verwendung nur eines Biocids mit der Zeit eine Wirksamkeitsminderung zu beobachten ist (sei es durch Adaption oder durch eine Populationsveränderung), finden meist zwei oder mehr Präparate wechselweise Verwendung.

Die hier genannten Biocide dienen auch der Konservierung feuchter Faserstoffe (Zellstoff, Holzschliff), wenn diese längere Zeit gelagert werden müssen.

VIII. *Konservierungsstoffe:*

1. Sorbinsäure
2. p-Hydroxybenzoesäureäthyl- und/oder -propylester
3. Ameisensäure
4. Benzoesäure

Die unter 1.–4. aufgeführten Konservierungsstoffe dürfen nur in Mengen verwendet werden, die erforderlich sind, um die Rohstoffe (vgl. Abschnitt A), die Fabrikationshilfsstoffe (vgl. Abschnitt B) und die Papierveredelungsstoffe (vgl. Abschnitt C) vor dem Verderb zu schützen. Das Verpackungsmaterial darf durch den Zusatz dieser Stoffe keinesfalls eine konservierende Wirkung auf die verpackten Lebensmittel ausüben.

Die Konservierungsstoffe dieser Gruppe dienen in 1. Linie zum Schutz leichtverderblicher Hilfsstoffe, wie Casein oder Stärkelösungen in der Papierstreicherei oder von Zuckerlösung, die als Feuchthaltungsmittel (C II d. E.) Verwendung finden.

3. Spezielle Papierveredelungsstoffe

Als Papierveredelungsstoffe dürfen verwendet werden:

I. *Naßverfestigungsmittel:*

1. Glyoxal. Im Extrakt der Fertigerzeugnisse dürfen höchstens 1,5 mg Glyoxal pro Quadratdezimeter nachweisbar sein.
2. Harnstoff-Formaldehydharze. Im Extrakt der Fertigerzeugnisse darf höchstens 1,0 mg Formaldehyd pro Quadratdezimeter nachweisbar sein.
3. Melamin-Formaldehydharze. Im Extrakt der Fertigerzeugnisse darf höchstens 1,0 mg Formaldehyd pro Quadratdezimeter nachweisbar sein.
4. Vernetzte kationische Polyalkylenamine (Polyamin- bzw. Polyamid-Epichlorhydrinharze), soweit ihre gesundheitliche Unbedenklichkeit erwiesen ist, höchstens 4,0%* (vgl. B III 3). Für Koch- und Heißfilterpapiere ist ausschließlich diese Gruppe von Naßverfestigungsmitteln zugelassen, und zwar in einer Menge von höchstens 0,5%, bezogen auf trockenen Faserstoff**.

Unveredelte Naturpapiere besitzen im durchnäßten Zustand völlig unzureichende Festigkeitswerte. Papiere, die bei bestimmungsgemäßem Gebrauch durchnäßt werden (z.B. Papierhandtücher, Verpackungspapiere für feuchte Lebensmittel), müssen deshalb eine Naßfest-Präparation erhalten. Je nach Menge und Wirksamkeit dieser Präparation – die häufig auch die Trockenfestigkeit erhöht – kann die Festigkeit des Papiers im nassen Zustand bis zu 60% der Trockenfestigkeit erreichen (= rel. Naßfestigkeit). Die gebräuchlichsten und billigsten Naßfestharze sind bei uns die Harnstoff-Formaldehydharze. Ihnen und den Melaminharzen gemeinsam ist eine gewisse Reversibilität des Kondensationsvorganges bei Anwesenheit von Wasser. Dadurch geht Formaldehyd in Lösung und kann migrieren. Menge und Geschwindigkeit der Formaldehyd-Freisetzung hängen nicht nur von der Harzmenge, sondern auch vom Vernetzungsgrad des

* Vgl. Fußnote S. 302.
** Bundesgesundh.-Bl. **10**, 267 (1967).

Harzes ab. Melaminharze verhalten sich diesbezüglich günstiger als Formaldehydharze. Durch die Stoffgruppe C I 4 d. E. stehen neuerdings formaldehyd-freie Naßfestharze zur Verfügung, die keine Migration erkennen lassen.

II. *Feuchthaltungsmittel:*

1. Glycerin
2. Polyäthylenglykole (frei von Monoäthylenglykol und Polypropylenglykolen)
3. Harnstoff
4. Sorbit
5. Saccharose, Glucose, Glucosesirup
6. Natriumchlorid, Calciumchlorid
7. Natriumnitrat, jedoch nur zusammen mit Harnstoff

Von den unter 1.–7. genannten Stoffen dürfen insgesamt höchstens 7,0% verwendet werden

Feuchthaltemittel wirken durch ihre Hygroskopizität: Sie erhöhen die Gleichgewichtsfeuchtigkeit eines Papiers bei gegebener rel. Luftfeuchte. Dadurch erhöht sich die Geschmeidigkeit des Papiers, da Wasser der einzige bekannte Weichmacher für Cellulose ist. Diese Weichmachung ist für die Gebrauchstüchtigkeit besonders dichter Zellstoffpapiere (Echtpergament, Pergamentersatz, Pergamin) von Bedeutung.

III. *Farbstoffe und optische Aufheller:*

1. Die Farbstoffe dürfen nicht auf Lebensmittel überwandern. Die Empfehlung IX „Farbstoffe zum Einfärben von Kunststoffen für Bedarfsgegenstände" gilt sinngemäß. (Vgl. die 3. Mitteilung: Bundesgesundh.-Bl. **3**, 235 [1960]).
2. Sulfierte Stilbenderivate, soweit deren gesundheitliche Unbedenklichkeit nachgewiesen ist, höchstens 0,1%, jedoch nur bei geleimten Papieren. Die optischen Aufheller dürfen nicht auf Lebensmittel überwandern; die Untersuchungsmethode wird noch bekanntgegeben.

Die zum Einfärben von Lebensmitteln zugelassenen Farbstoffe eignen sich nicht für Papiere. Die üblichen Papierfarbstoffe besitzen eine zu geringe Migrationsechtheit. Bei Verpackungspapieren für feuchte und fettende Lebensmittel wird man so lange auf Einfärbungen verzichten müssen, bis besser geeignete Farbstoffe verfügbar sind. Die Migrationsechtheit der optischen Aufheller scheint jedoch den zu erwartenden Anforderungen (vgl. S. 327) zu genügen.

IV. *Mittel zur Oberflächenveredelung und -beschichtung:*

1. Kunststoffe (Folien, Schmelzen, Lösungen, Lacke, Dispersionen), sofern sie einer Empfehlung des Bundesgesundheitsamtes entsprechen. Mit Kunststoffen beschichtete Papiere, Kartons und Pappen, bei denen die Lebensmittel bei bestimmungsgemäßem Gebrauch nur mit der Kunststoffbeschichtung in Berührung kommen und bei denen ein Überwandern von fremden Stoffen aus den Papieren, Kartons und Pappen auf die Lebensmittel nicht stattfinden kann, sind nicht nach der vorliegenden Empfehlung, sondern ausschließlich nach der für den betreffenden Kunststoff geltenden Empfehlung des Bundesgesundheitsamtes zu beurteilen.
2. Paraffine, mikrokristalline Wachse, niedermolekulare Polyolefine und Polyterpene, soweit sie den Empfehlungen XXV und XXV A (Bundesgesundh.-Bl. **7**, 136 [1964] und **7**, 314 [1964]) entsprechen. Nr. 1, Satz 2 gilt sinngemäß.
3. Polyvinylalkohol (Viscosität der 4%igen wäßrigen Lösung bei 20° C mindestens 5 cP).
4. Organopolysiloxane gemäß B VI, Nr. 1.
5. Fettsaure Salze des Aluminiums, Calciums und Ammoniums.
6. Casein (vgl. B I 2) und pflanzliche Eiweißstoffe.
7. Natürliche und abgebaute Stärke, Stärkeäther, Stärkeester der Phosphorsäure (vgl. B I 3) und der Essigsäure (jedoch nicht Stärke und Stärkeprodukte, die mit Borsäure bzw. deren Verbindungen modifiziert sind). Bundesgesundh.-Bl. **10**, 267 (1967).
8. Natürliche und künstlich hergestellte wasserunlösliche, gesundheitlich unbedenkliche Mineralstoffe (vgl. A II).

Papier-Kunststoff-Kombinationen werden, soweit es sich um einseitige Beschichtung handelt, wohl überwiegend mit der Kunststoffschicht zum Packgut hin eingesetzt. Für diese Fälle wird auf die einschlägigen Kunststoffempfehlungen verwiesen. Liegt jedoch die Papierschicht zum Packgut, so muß die Migrationsfrage mit einer speziellen Analysenmethode untersucht werden (vgl. S. 308).

Die Stoffgruppen C IV 3, 5, 6, 7, 8 d. E. fungieren vor allem als Bestandteile der Streichmassen für gestrichene Papiere.

4. Ergänzung der Empfehlung

Es liegt im Wesen einer Positivliste, daß technische Entwicklungen, die den Einsatz neuer Roh- und Hilfsstoffe erforderlich machen, durch Ergänzungen dieser Liste sanktioniert werden müssen. Dies wird im Bedarfsfalle durch entsprechende Mitteilungen des BGA geschehen. (Vgl. Bundesgesundh.-Bl. **7**, 184–185 [1964]).

Durch Verwendung chemischer Gruppenbezeichnungen überall dort, wo dies vertretbar ist, wurde erfreulicherweise von vornherein ein gewisser Entwicklungsspielraum eingebaut.

D. Untersuchungsmethoden

I. Allgemeine Papierprüfung

Bezüglich der Durchführung der mechanisch-technologischen und physikalischen Papierprüfmethoden sei auf das Handbuch der Werkstoffprüfung Bd. 4: Papier- und Zellstoffprüfung von R. Korn und F. Burgstaller (1953) verwiesen. Zur Identifizierung von Faserstoffen aus Hölzern des amerikanischen Kontinents vgl. auch Papermaking Fibers von Ch. H. Carpenter u. Mitarb. (1963) (State University College of Forestry at Syracusa University, NY).

Eine Anzahl der Untersuchungsmethoden ist als DIN-Norm fixiert oder als „Merkblatt" des Vereins der Zellstoff- und Papier-Chemiker und -Ingenieure festgelegt. (Analog dazu in Großbritannien „British Standards" oder „Patra Standards", in USA „ASTM Standards" oder „TAPPI-Standards".)

DK 676:620.1 Prüfung von Papier und Pappe

DIN	Ausg.	
53101	(10. 60)	Entwurf Probenahme von Papier und Karton
53102	(4. 60)	Entwurf Angleichen der Proben an das Normalklima
53103	(4. 60)	Entwurf Bestimmung des Feuchtegehaltes
53105	(1. 63)	Entwurf – der Dicke, der Rohdichte und des spezifischen Volumens
53110	(11. 66)	Papier und Pappe ohne rostbegünstigende Anteile; Begriffe, Anforderungen, Prüfverfahren
53111	(4. 54)	Probenvorbereitung, Dickenmessung, Bestimmung des Flächengewichtes und der Rohgewichte (Raumgewicht)
53112	(4. 54)	Zugversuch
53113	(11. 65)	Prüfung von Papier; Berstversuch
53115	(7. 65)	Entwurf – von Papier und Pappe; Weiterreißversuch nach Brecht-Imset
53120	(4. 54)	Bestimmung der Luftdurchlässigkeit
53122	(4. 61)	Vornorm Prüfung von Kunststoff-Folien, Papier und Pappe; gravimetrische Bestimmung der Wasserdampfdurchlässigkeit
53124	(12. 60)	Bestimmung des pH-Wertes
53125	(2. 64)	Prüfung von Papier und Pappe; Bestimmung des Chloridgehaltes
53126	(4. 60)	Bestimmung der Beschreibbarkeit von Schreibpapier mit Tinte (Federstrichverfahren) (siehe hierzu Brecht, W., Das Papier 19 [1965] 788)
53127	(10. 64)	Entwurf Prüfung von Papier und Pappe; Bestimmung wasserlöslicher Sulfate in Papier und Karton
53130	(11. 66)	–; Bestimmung der Feuchtdehnung
53132	(11. 65)	–; Bestimmung der Wasseraufnahme nach Cobb
53135	(1. 66)	Entwurf Filtrierpapiere für chemische Analysen; Bezeichnungen, Güteanforderungen, Haupteigenschaften, Prüfverfahren
53136	(1. 62)	Prüfung von Filtrierpapier; Bestimmung des Glührückstandes (Asche)
53137	(11. 62)	Entwurf –; – der Filtriergeschwindigkeit am frei hängenden Filter
53138	(1. 62)	–; – der Scheidefähigkeit

53139	(9. 62)	Entwurf –; – des Naß-Berstwiderstandes
53141	(3. 64)	– von Papier; Berstversuch nach MULLEN
53142	(11. 65)	– von Pappe; Durchstoßversuch
53143	(6. 66)	Entwurf – von Papier; Bestimmung des Flachstauchwiderstandes an labormäßig gewelltem Papier
53144	(8. 63)	Entwurf Prüfung von Pappe; Flach-Stauchversuch an einwelliger Wellpappe
53145	(3. 64)	Entwurf – von Papier und Pappe; Remissionsgrad-Messung, Begriffe und Meßgrundlagen
53146	(4. 64)	Prüfung von Papier und Pappe; Bestimmung der Opazität
53147	(4. 64)	Entwurf –; – der Transparenz
54351	(7. 64)	Entwurf – von Zellstoff; Bestimmung des Trockengewichtes von Zellstoff in Ballen auf Grund der Untersuchungen von Einzelballen
54352	(6. 64)	Entwurf –; – des Trockengehaltes von Zellstoffproben
54354	(6. 66)	Entwurf –; – des Dichlormethanextraktes
54355	(6. 66)	Entwurf –; – der Beständigkeit von Zellstoff gegen Natronlauge (Alkaliresistenz)
54360	(12. 65)	Entwurf –; Mahlen von Zellstoffen mit der Jokromühle im Laboratorium
Merkblatt V/14:		Überwachung der Geräte zur Papierprüfung
Merkblatt V/15/60:		Prüfung von Papieren auf Saugfähigkeit und Durchdringungswiderstand gegen Tinte
Merkblatt V/16/64:		Prüfung von Papier auf Fettdichtigkeit
Merkblatt V/17/62:		Einheitsmethode zur Messung der pH-Reaktion auf der Oberfläche von Papieren.

II. Chemische Analytik

Bei der Vielzahl der für die Papiererzeugung in Frage kommenden Roh- und Hilfsstoffe resultiert ein weites Feld chemisch-analytischer Untersuchungsmöglichkeiten. Hierauf kann an diesem Ort nicht eingegangen werden. Es sei auf die chemische Fachliteratur verwiesen.

Zur Beurteilung der Eignung von Papieren als Bedarfsgegenstände im Sinne des Lebensmittelgesetzes hat sich das BGA in seiner 9. Mitteilung (Bundesgesundh.-Bl. **10,** 101 [1967]) auf die Bestimmung folgender Daten beschränkt:

Trockenrückstand des Wasserextraktes
Formaldehyd
Glyoxal
Pentachlorphenol
o-Phenylphenol u.a. phenolische Stoffe

In späteren Mitteilungen sollen noch Methoden zum Nachweis und zur Bestimmung solcher Stoffe veröffentlicht werden, die in Papieren, die mit Lebensmitteln in Berührung kommen, nicht enthalten sein dürfen. Auch sollen später noch Methoden zur Prüfung der Unlöslichkeit von Farbstoffen und optischen Aufhellern mitgeteilt werden.

In der Vorbemerkung zu der oben genannten 9. Mitteilung wird grundsätzlich zwischen unbeschichteten (Natur-) Papieren und beschichteten oder gestrichenen Papieren unterschieden. Wenn bei letzteren bei bestimmungsgemäßem Gebrauch die Schichtseite außen, also mit dem Lebensmittel nicht in Berührung kommend, Verwendung findet, dann ist die Untersuchung nur an der Papierseite (Kontaktseite) durchzuführen. Als geeignetes Gerät für diese Untersuchung wird die Maturi-Zelle vorgeschlagen (V. F. MATURI u. Mitarb., 1962; ASTM-Method F 34–63 T; vgl. auch C.M. ROSSER). Ist dagegen die beschichtete Seite des Papieres dem Lebensmittel zugewandt, so sind sinngemäß (wiederum nach einseitiger Extraktion) die in den Mitteilungen des BGA veröffentlichten Methoden zur Untersuchung von Kunststoffen und Kunststoffbeschichtungen maßgebend.

Besonderer Nachdruck wird in den Vorbemerkungen zur 9. Mitteilung auf die unterschiedliche Beanspruchung der Verpackungsmaterialien gelegt mit dem Hinweis, daß die analytischen Prüfmethoden – mit einer gewissen Verschärfung – dieser Beanspruchung anzupassen sind. Für Papiere zum Verpacken fettreicher Lebensmittel soll deshalb in einer späteren Mitteilung neben dem Wasserextrakt noch die Extraktion mit einem geeigneten organischen Lösungsmittel vorgeschlagen werden.

1. Untersuchung von unbeschichteten Papieren

(Bundesgesundh-Bl. **10,** 102–105 [1967]).

a) Herstellung von Wasserextrakten

α) Kaltwasserextrakt (20° C)

20 dm² Papier, Karton oder Pappe[1] werden in ca. 2 cm² große Stücke zerschnitten und in einen 1000 ml-Erlenmeyerkolben gegeben. Nach Zusatz von 1000 ml Wasser von 20° C läßt man den Ansatz unter gelegentlichem Umrühren 24 Std stehen, filtriert anschließend durch Glaswolle und bestimmt im klaren Filtrat

Formaldehyd,
Glyoxal,
Pentachlorphenol,
o-Phenylphenol und andere phenolische Stoffe,
Konservierungsstoffe im Sinne der Konservierungsstoffverordnung.

Handelt es sich lediglich darum, Formaldehyd und Glyoxal zu bestimmen, so geht man von 5,0 dm² Papier, Karton oder Pappe aus und extrahiert das zerschnittene Material in einem 300 ml-Erlenmeyerkolben mit 250 ml Wasser.

Die Prüfung des Wasserextraktes auf Konservierungsstoffe kann nach bekannten Methoden ausgeführt werden.

β) Heißwasserextrakt (80° C)

(nur für Kochbeutel, Heißfilterpapiere und ähnliche Spezialpapiere)*.

10 dm² Papier** werden in ca. 2 cm² große Stücke zerschnitten und in einen 500 ml-Erlenmeyerkolben gegeben. Nach Zusatz von 500 ml siedendem Wasser wird der Kolben sofort mit einem Uhrglas zugedeckt und 2 Std unter gelegentlichem Umrühren im Wasserbad auf 80° C erwärmt. Anschließend kühlt man unter fließendem Wasser auf ca. 20° C ab, filtriert durch Glaswolle und bestimmt im klaren Filtrat Formaldehyd und Glyoxal.

Außerdem wird ein Teil des Heißwasserextraktes zur Bestimmung des Trockenrückstandes nach Abschnitt b, α verwendet.

b) Untersuchung der Wasserextrakte

α) Bestimmung des Trockenrückstandes des Wasserextraktes

(nur für Kochbeutel, Heißfilterpapiere und ähnliche Spezialpapiere)*.

100 ml des nach Abschnitt a, β erhaltenen Heißwasserextraktes werden in einem Becherglas im siedenden Wasserbad auf ca. 50 ml eingeengt und unter Nachspülen mit ca. 10 ml Wasser in eine gewogene Schale (Glas- oder Platinschale) gebracht. Anschließend dampft man das Wasser auf einem Sandbad von 110° C ab und trocknet den Rückstand im Trockenschrank bei 105° C bis zur Gewichtskonstanz.

Der in Milligramm ermittelte Trockenrückstand, durch 2 geteilt, ergibt die extrahierten nicht flüchtigen Anteile in Milligramm pro Quadratdezimeter.

---

* Gilt für die später zu veröffentlichende Empfehlung für Kochbeutel, Heißfilterpapiere und ähnliche Spezialpapiere.

** Sollte weniger Untersuchungsmaterial zur Verfügung stehen als hier angegeben, so ist die Menge des Extraktionsmittels entsprechend der für die Untersuchung verwendeten Menge an Untersuchungsmaterial zu verringern.

β) Bestimmung von Formaldehyd

Prinzip: Formaldehyd bildet mit Chromotropsäure (1.8-Dihydroxynaphthalin-3.6-disulfonsäure) eine violett gefärbte Verbindung, die anhand einer Eichkurve photometrisch bestimmt werden kann.

Reagentien

1. 0,5%ige wäßrige Lösung des Natriumsalzes der Chromotropsäure: 0,5 g des Natriumsalzes der Chromotropsäure pro anal. werden zu 100 ml Wasser gelöst. Die Lösung ist jeweils vor dem Gebrauch frisch herzustellen.
2. 81%ige Schwefelsäure: 3 Raumteile konzentrierte Schwefelsäure werden mit 1 Raumteil Wasser vermischt.
3. Formaldehydlösung 35% pro anal.

Geräte

Lichtelektrisches Photometer, z.B. Elko II mit Filter S 57. Destillationsapparatur, bestehend aus einem 25 ml-Destillierkolben und Destillieraufsatz mit absteigendem Liebigkühler (Mantellänge 40 cm) und Vorstoß.

Aufstellung der Eichkurve

Die 1,00 g Formaldehyd enthaltende Menge einer wäßrigen Formaldehydlösung, deren Formaldehydgehalt unmittelbar vorher jodometrisch zu bestimmen ist, wird in einem 1000 ml-Meßkolben mit Wasser bis zur Marke aufgefüllt. Nach dem Durchmischen werden 100 ml dieser Lösung (entsprechend 0,1 g Formaldehyd) in einen zweiten 1000 ml-Meßkolben pipettiert und mit Wasser bis zur Marke gefüllt. Nach gründlichem Durchmischen pipettiert man jeweils 10, 40, 70, 100, 120 und 150 ml dieser Lösung in je einen weiteren 1000 ml-Meßkolben und füllt mit Wasser bis zur Marke auf. Die so hergestellten Stammlösungen enthalten 1, 4, 7, 10, 12 und 15 μg Formaldehyd in 1,0 ml. Von jeder dieser Stammlösungen gibt man in je ein Reagensglas 1,0 ml, versetzt mit 1,0 ml der 0,5%igen Lösung des Natriumsalzes der Chromotropsäure und fügt aus einer Bürette langsam 8,0 ml 81%ige Schwefelsäure hinzu. Nach dem Umschütteln werden die Reagensgläser 20 min lang in ein Wasserbad von 60° C gestellt und dann noch 1 Std lang bei Raumtemperatur stehengelassen. Dann wird in einer 1 cm-Küvette die Extinktion der Lösungen bei 565 mμ (Filter S 57) gegen Wasser gemessen. Die ermittelten Extinktionen geben den Formaldehydgehalt in Mikrogramm pro Milliliter an.

Bestimmung von Formaldehyd im Wasserextrakt

Für die Formaldehydbestimmung wird bei Verpackungspapieren, Kartons oder Pappen der nach Abschnitt a, α hergestellte Kaltwasserextrakt und bei Papieren, die bestimmungsgemäß einer Heißwasserextraktion unterworfen werden (z.B. Kochbeutel, Heißfilterpapiere und ähnliche Spezialpapiere), der nach Abschnitt a, β hergestellte Heißwasserextrakt verwendet.

In einer Vorprobe ist zunächst festzustellen, ob der Wasserextrakt sich unter den Bedingungen der Untersuchungsvorschrift mit 81%iger Schwefelsäure verfärbt. Zu diesem Zweck versetzt man in einem Reagensglas 0,5 ml Wasserextrakt mit 1,5 ml Wasser und 8,0 ml 81%iger Schwefelsäure und erhitzt das Gemisch nach kurzem Umschütteln 20 min lang in einem Wasserbad von 60° C. Tritt hierbei keine Verfärbung auf, so erfolgt die Formaldehydbestimmung wie im folgenden unter 1. beschrieben, andernfalls ist nach 2. zu verfahren.

1. 0,5 ml des Wasserextraktes werden mit 0,5 ml Wasser und 1,0 ml frisch bereiteter Lösung des Natriumsalzes der Chromotropsäure versetzt und wie oben beschrieben mit 81%iger Schwefelsäure vermischt und weiterbehandelt. Der nach Messung der Extinktion in einer 1 cm-Küvette anhand der Eichkurve ermittelte Formaldehydgehalt (Mikrogramm pro Milliliter) durch 10 geteilt, ergibt die aus dem Papier extrahierte Formaldehydmenge, ausgedrückt in Milligramm pro Quadratdezimeter.

2. Hat die Vorprobe ergeben, daß der Wasserextrakt sich mit 81%iger Schwefelsäure verfärbt, so wird der Formaldehyd wie folgt abgetrennt: 5,0 ml des Wasserextraktes werden quantitativ mit 5,0 ml Wasser in den 25 ml-Schliffkolben der oben beschriebenen Destillationsapparatur übergespült. Als Destillationsvorlage dient ein 5–10 ml fassender Meßzylinder. Man erhitzt vorsichtig und leitet die Destillation so, daß innerhalb von 7 min ca. 5 ml Destillat übergehen. Die Destillation ist beendet, wenn genau 5,0 ml überdestilliert sind. 0,5 ml des Destillates werden, wie unter 1. beschrieben, für die Bestimmung des Formaldehyds verwendet.

γ) Bestimmung von Glyoxal

Prinzip: Glyoxal bildet mit 2.4-Dinitrophenylhydrazin ein 2.4-Dinitrophenylhydrazon, das in Gegenwart von Alkali und Pyridin eine violette Färbung gibt, die photometriert wird. Da Formaldehyd ähnlich reagiert, ist die vorherige Ermittlung des Formaldehydgehaltes im

Wasserextrakt wie unter ß beschrieben erforderlich. Die Formaldehydbestimmung mittels Chromotropsäure wird nicht durch Glyoxal beeinträchtigt.

Reagentien

1. Methanol pro anal. (aldehydfrei): Aldehydhaltiges Methanol wird 2 Std lang mit 2.4-Dinitrophenylhydrazin unter Rückflußkühlung zum Sieden erhitzt. Anschließend wird destilliert. Der Vorlauf (ca. 10% der gesamten Flüssigkeitsmenge) wird verworfen. Die Destillation wird abgebrochen, wenn ca. 90% der gesamten Flüssigkeitsmenge abdestilliert sind.

2. Methanolische Kalilauge: 10,0 g Kaliumhydroxid pro anal. werden in einem 100 ml-Meßkolben in 20 ml Wasser gelöst. Diese Lösung wird mit aldehydfreiem Methanol bis zur Marke aufgefüllt.

3. 2.4-Dinitrophenylhydrazinlösung: 50 mg 2.4-Dinitrophenylhydrazin werden in einem 50 ml-Meßkolben in 30 ml aldehydfreiem Methanol gelöst. Nach Zusatz von 0,4 ml konzentrierter Salzsäure füllt man mit aldehydfreiem Methanol bis zur Marke auf.

4. Pyridin: Pyridin ist durch Destillation über Calciumoxid zu reinigen.

5. Glyoxal-Lösung: 50%ige wäßrige Glyoxallösung.

Geräte

50 ml-Meßkolben; lichtelektrisches Photometer, z.B. Elko II mit Filter S 59.

Aufstellung der Eichkurve

1. Eichkurve für die Bestimmung von Glyoxal im Wasserextrakt bei Abwesenheit von Formaldehyd (Eichkurve 1).

Hierfür werden wäßrige Glyoxalösungen verwendet, die in 1,0 ml 1, 4, 7, 10, 12 und 15 µg Glyoxal enthalten. 1,0 ml jeder Glyoxallösung versetzt man in einem Reagensglas mit 1,0 ml 2.4-Dinitrophenylhydrazinlösung (Reagens 3) und 1,0 ml aldehydfreiem Methanol (Reagens 1) und läßt 1 Std lang bei Raumtemperatur stehen. Dann werden 5,0 ml eines Gemisches aus

7 Teilen Pyridin (Reagens 4),
2 Teilen methanolischer Kalilauge (Reagens 2) und
5 Teilen Wasser

zugesetzt. Nach 10 min mißt man in einer 1 cm-Küvette die Extinktion bei 580 mµ (Filter S 59) gegen die Lösung eines mit 1,0 ml Wasser und allen Reagentien in gleicher Weise durchgeführten Blindversuches.

2. Eichkurve für die Bestimmung von Glyoxal im Wasserextrakt in Gegenwart von Formaldehyd (Eichkurve 2).

Da Formaldehyd ebenfalls mit 2.4-Dinitrophenylhydrazin reagiert, ist es erforderlich, zur Bestimmung von Glyoxal in Gegenwart von Formaldehyd eine zusätzliche Eichkurve aufzustellen. Hierfür werden wäßrige Formaldehydlösungen, die in 1,0 ml 1, 4, 10, 12 und 15 µg Formaldehyd enthalten (vgl. b, β), mit sämtlichen Reagentien, die zur Aufstellung der Eichkurve für die Bestimmung des Glyoxals bei Abwesenheit von Formaldehyd (Eichkurve 1) erforderlich sind, behandelt und die Extinktionen bestimmt.

Bestimmung von Glyoxal im Wasserextrakt

Für die Glyoxalbestimmung wird bei Verpackungspapieren, Kartons und Pappen der nach Abschnitt a, α hergestellte Kaltwasserextrakt und bei Papieren, die bestimmungsgemäß einer Heißwasserextraktion unterworfen werden (z.B. Kochbeutel, Heißfilterpapiere und ähnliche Spezialpapiere), der nach Abschnitt a, β hergestellte Heißwasserextrakt verwendet.

1. Bestimmung von Glyoxal im Wasserextrakt bei Abwesenheit von Formaldehyd.

1,0 ml des Wasserextraktes wird in einem Reagensglas mit 1,0 ml 2.4-Dinitrophenylhydrazinlösung (Reagens 3) und 1,0 ml aldehydfreiem Methanol (Reagens 1) versetzt. Dann verfährt man weiter wie oben beschrieben. Der nach Messung der Extinktion in einer 1 cm-Küvette anhand der Eichkurve 1 ermittelte Glyoxalgehalt (Mikrogramm pro Milliliter) durch 20 geteilt, ergibt die aus dem Papier extrahierte Glyoxalmenge, ausgedrückt in Milligramm pro Quadratdezimeter.

2. Bestimmung von Glyoxal im Wasserextrakt in Gegenwart von Formaldehyd.

Auch wenn im Wasserextrakt Formaldehyd mittels Chromotropsäure nach b, β nachgewiesen wurde, verfährt man wie vorstehend beschrieben. Die gemessene Extinktion setzt sich additiv aus 2 Extinktionswerten zusammen:

1. dem Extinktionswert, der dem Glyoxalgehalt der Untersuchungslösung entspricht,
2. dem Extinktionswert, der dem Formaldehydgehalt der Untersuchungslösung entspricht.

Man erhält den Extinktionswert, der dem Formaldehydgehalt der Untersuchungslösung entspricht, wenn man den nach b, β ermittelten Formaldehydgehalt in Mikrogramm pro

Milliliter in die Eichkurve 2 überträgt und die zugehörige Extinktion abliest. Zieht man diesen Extinktionswert von der gemessenen Extinktion der glyoxal- und formaldehydhaltigen Untersuchungslösung ab, so erhält man den Extinktionswert, der dem Glyoxalgehalt (Mikrogramm pro Milliliter) der Untersuchungslösung entspricht. Durch Übertragen dieses Extinktionswertes in die Eichkurve 1 ergibt sich dann der Glyoxalgehalt (Mikrogramm pro Milliliter) der Untersuchungslösung. Dieser, durch 20 geteilt, ergibt die aus dem Papier extrahierte Glyoxalmenge, ausgedrückt in Milligramm pro Quadratdezimeter.

δ) Bestimmung von Pentachlorphenol

Prinzip: Pentachlorphenol bildet mit 4-Amino-antipyrin in Gegenwart schwacher Oxydationsmittel [z.B. Kaliumhexacyanoferrat(III)] eine charakteristische grüne Färbung (S. GOTTLIEB u. P.B. MARSH, 1946), die in wäßriger Lösung unbeständig ist. Sie wird deshalb unmittelbar nach dem Entstehen in Benzol ausgeschüttelt. Man erhält dann je nach Farbstoffkonzentration eine über ca. 30 min haltbare grünblaue bis blaue Färbung, die photometriert wird. Wird jedoch eine orangerote oder violettrote Färbung bei der Prüfung auf Pentachlorphenol erhalten, so liegen o-Phenylphenol oder andere Verbindungen mit phenolischer Hydroxylgruppe vor (vgl. b, ε).

Reagentien

1. 1,5%ige wäßrige Lösung von 4-Amino-antipyrin: 1,5 g 4-Amino-antipyrin [= 1-Phenyl-2.3-dimethyl-4-amino-pyrazolon-(5)] werden zu 100 ml Wasser gelöst. Die Lösung ist jeweils frisch herzustellen.
2. 6%ige wäßrige Lösung von Kaliumhexacyanoferrat(III): 6,0 g Kaliumhexacyanoferrat(III) (= $K_3\,[Fe(CN)_6]$) werden zu 100 ml Wasser gelöst. Die Lösung ist unter Lichtabschluß aufbewahrt ca. 14 Tage haltbar.
3. Pufferlösung (pH-Wert ca. 8): 14,15 g Borax ($Na_2B_4O_7 \cdot 10\,H_2O$) und 8,17 g Monokaliumphosphat (KH_2PO_4) werden in einem 100 ml-Kolben in kohlensäurefreiem (ausgekochtem) Wasser gelöst. Mit ebensolchem Wasser wird bis zur Marke aufgefüllt.
4. Diäthyläther pro anal.
5. Benzol pro anal.
6. Natriumsulfat, wasserfrei
7. 0,1 n-äthanolische Kalilauge
8. n-Natronlauge
9. Pentachlorphenol puriss.

Geräte

50 ml-Schüttelzylinder; 250 ml-Rundkolben; 500 ml-Schütteltrichter; Meßkolben, 100 ml und 500 ml; lichtelektrisches Photometer, z.B. Elko II mit Filter S 59.

Aufstellung der Eichkurve

100 mg Pentachlorphenol puriss. werden in einen 100 ml-Meßkolben gegeben und in ca. 80 ml Wasser suspendiert. Anschließend gibt man unter Umschütteln tropfenweise wäßrige 1 n-Natronlauge hinzu, bis eine klare Lösung entsteht. Dann füllt man mit Wasser bis zur Marke auf. 10,0 ml dieser Lösung, die 10,0 mg Pentachlorphenol enthalten, werden in einen 500 ml-Meßkolben pipettiert und mit Wasser bis zur Marke aufgefüllt. Von dieser Lösung gibt man 1,0, 2,0, 3,0 ml und jeweils um 1,0 ml steigende Flüssigkeitsmengen bis 8,0 ml (enthaltend 20, 40, 60 usw. bis 160 μg Pentachlorphenol) in je einen 500 ml-Schütteltrichter und versetzt jeweils mit 250 ml Wasser. Nach dem Ansäuern mit 0,02 n-Salzsäure (Indikator: Kongorot) schüttelt man die salzsaure Lösung fünfmal mit je 30 ml Äther aus. Die vereinigten und mit wasserfreiem Natriumsulfat getrockneten Ätherauszüge werden jeweils durch Glaswolle in einen 250 ml-Rundkolben filtriert und mit 5 ml äthanolischer 0,1 n-Kalilauge versetzt. Nach kräftigem Umschütteln destilliert man den Äther unter vermindertem Luftdruck ab (Wasserstrahlpumpe). Der noch schwach feuchte Rückstand wird mit ca. 5 ml Pufferlösung (Reagens 1) aufgenommen und unter Nachspülen mit insgesamt 20 ml Pufferlösung in einen 50 ml-Schüttelzylinder gegeben. Nach Zusatz von 1,0 ml der 6%igen Kaliumhexacyanoferrat(III)-Lösung (Reagens 2) füllt man den Inhalt des Schüttelzylinders mit der Pufferlösung auf 25,0 ml auf. Dann gibt man zuerst 10,0 ml Benzol und anschließend 1,0 ml der 1,5%igen wäßrigen 4-Amino-antipyrinlösung (Reagens 1) hinzu und schüttelt unmittelbar nach Zugabe der 4-Amino-antipyrinlösung 30 sec lang kräftig durch. Sobald beide Schichten getrennt sind, hebert man die benzolische Lösung, die das grünblau bis blau gefärbte Reaktionsprodukt enthält, ab und gibt sie in ein kleines Reagensglas. Nach dem Trocknen mit einer kleinen Menge wasserfreiem Natriumsulfat mißt man die Extinktion der klaren Lösung in der 1 cm-Küvette bei 585 mμ (Filter S 59) gegen Benzol. Die ermittelten Extinktionen geben den Pentachlorphenolgehalt (Mikrogramm in 250 ml Wasser) an.

Bestimmung von Pentachlorphenol im Wasserextrakt

Die Bestimmung des Pentachlorphenolgehaltes des Kaltwasserextraktes wird, wie oben beschrieben, mit 250 ml des nach Abschnitt a, α hergestellten Kaltwasserextraktes ausgeführt. Der anhand der Eichkurve ermittelte Pentachlorphenolgehalt (Mikrogramm in 250 ml Wasserextrakt) mit 0,0002 multipliziert, ergibt die aus dem Papier extrahierte Menge Pentachlorphenol, ausgedrückt in Milligramm pro Quadratdezimeter.

ε) Bestimmung von o-Phenylphenol und anderen phenolischen Stoffen

Prinzip: o-Phenylphenol gibt bei Gegenwart schwacher Oxydationsmittel [z.B. Kaliumhexacyanoferrat(III)] mit 4-Amino-antipyrin eine rote Färbung, die photometriert wird. In gleicher Weise reagieren andere phenolische Stoffe, die infolgedessen hier mit erfaßt werden.

Reagentien

1. 0,2%ige wäßrige Lösung von 4-Amino-antipyrin: 0,20 g 4-Amino-antipyrin [= 1-Phenyl-2.3-dimethyl-4-aminopyrazolon-(5)] werden zu 100 ml Wasser gelöst. Die Lösung ist jeweils frisch herzustellen.
2. 0,8%ige wäßrige Kaliumhexacyanoferrat(III)-Lösung: 0,8 g Kaliumhexacyanoferrat(III) (= $K_3[Fe(CN)_6]$ werden zu 100 ml Wasser gelöst. Die Lösung ist, unter Lichtabschluß aufbewahrt, ca. 14 Tage haltbar.
3. Pufferlösung (pH-Wert ca. 8): 14,15 g Borax ($Na_2B_4O_7 \cdot 10\,H_2O$) und 8,17 g Monokaliumphosphat (KH_2PO_4) werden in einem 1000 ml-Kolben in kohlensäurefreiem (ausgekochtem) Wasser gelöst. Mit ebensolchem Wasser wird bis zur Marke aufgefüllt.
4. Diäthyläther pro anal.
5. äthanolische 0,1 n-Kalilauge
6. n-Natronlauge
7. Benzol pro anal
8. Natriumsulfat, wasserfrei.
9. o-Phenylphenol (= 2-Hydroxy-diphenyl) purum

Geräte

Meßkolben 25 ml und 100 ml; 250 ml-Rundkolben; 50 ml-Schüttelzylinder; 500 ml. Schütteltrichter; lichtelektrisches Photometer, z.B. Elko II mit Filter S 51 und S 47.

Aufstellung der Eichkurve

100 mg o-Phenylphenol werden in einen 100 ml-Meßkolben gegeben und in ca. 80 ml Wasser suspendiert. Anschließend gibt man unter Umschütteln tropfenweise wäßrige n-Natronlauge hinzu, bis eine klare Lösung entsteht. Dann füllt man mit Wasser bis zur Marke auf. 1,0 ml dieser Lösung, die 1,0 mg o-Phenylphenol enthält, wird in einen zweiten 100 ml-Meßkolben gegeben und mit Wasser bis zur Marke aufgefüllt. Von dieser Lösung gibt man 1,0, 2,0, 3,0 und jeweils um 1,0 ml steigende Flüssigkeitsmengen bis 8,0 ml (entsprechend 10, 20, 30 usw. bis 80 µg o-Phenylphenol) in je einen 500 ml-Schütteltrichter und versetzt jeweils mit 250 ml Wasser. Nach dem Ansäuern mit 0,02 n-Salzsäure (Indikator: Kongorot) schüttelt man die salzsaure Lösung fünfmal mit 30 ml Äther aus. Die vereinigten und mit wasserfreiem Natriumsulfat getrockneten Ätherauszüge werden jeweils durch Glaswolle in einen 250 ml-Rundkolben filtriert und mit 5 ml äthanolischer n-Kalilauge versetzt. Nach kräftigem Umschütteln destilliert man den Äther unter vermindertem Luftdruck ab (Wasserstrahlpumpe). Der noch schwach feuchte Rückstand wird mit ca. 5 ml Pufferlösung (Reagens 3) aufgenommen und unter Nachspülen mit insgesamt 20 ml Pufferlösung in einen 25 ml-Meßkolben gegeben. Nach Zusatz von 2,0 ml 0,2%iger 4-Amino-antipyrinlösung (Reagens 1) füllt man den Inhalt des Meßkolbens mit der Pufferlösung auf 25,0 ml auf. Dann gibt man 1,0 ml der 0,8%igen Kaliumhexacyanoferrat(III)-Lösung (Reagens 2) hinzu und erwärmt das Reaktionsgemisch nach gründlichem Durchmischen 5 min im Thermostaten auf 45° C. Anschließend wird das Reaktionsgemisch unter fließendem Wasser gekühlt und die Extinktion der rotgefärbten Lösung in der 5 cm-Küvette bei 510 mµ (Filter S 51) gegen Wasser gemessen.

Bei der Wasserextraktion von Papier werden häufig andere Papierbestandteile, die sich insbesondere gegen Ende der Bestimmung durch Trübung der Untersuchungslösung zu erkennen geben, herausgelöst. Deshalb empfiehlt es sich, auch bei der Aufstellung der Eichkurve das gefärbte Reaktionsprodukt aus der wäßrigen Lösung in Benzol auszuschütteln und die Extinktion der benzolischen Lösung des Reaktionsproduktes zu bestimmen.

Man verfährt wie folgt: Sobald die wäßrige Reaktionslösung nach dem Erwärmen auf 45° C unter fließendem Wasser abgekühlt wurde, gibt man sie in einen 50 ml-Schütteltrichter und überschichtet mit 10,0 ml Benzol. Man schüttelt ca. 30 sec lang kräftig durch, läßt nach der Trennung beider Schichten die wäßrige Schicht ab und bringt die benzolische Lösung in ein kleines Reagensglas. Nach dem Trocknen mit einer kleinen Menge wasserfreiem Natriumsulfat mißt man die Extinktion der klaren orangegefärbten Lösung bei 470 mμ (Filter S 47) in der 1 cm-Küvette gegen Benzol.

Die ermittelten Extinktionen geben den o-Phenylphenolgehalt (Mikrogramm in 250 ml Wasser) an.

Bestimmung von o-Phenylphenol im Kaltwasserextrakt

Die Bestimmung des o-Phenylphenolgehaltes des Kaltwasserextraktes wird, wie oben beschrieben, mit 250 ml des nach Abschnitt a. α hergestellten Kaltwasserextraktes ausgeführt. Der anhand der Eichkurve ermittelte o-Phenylphenolgehalt (Mikrogramm in 250 ml Kaltwasserextrakt) mit 0,0002 multipliziert, ergibt die aus dem Papier extrahierte Menge o-Phenylphenol, ausgedrückt in Milligramm pro Quadratdezimeter.

Andere phenolische Stoffe werden hierbei miterfaßt und ebenfalls als o-Phenylphenol angegeben.

ζ) Spezielle Bestimmungen an Einwicklern für milchwirtschaftliche Produkte

Nach den von der „Arbeitsgemeinschaft Verpackung in der Milchwirtschaft" erarbeiteten Richtlinien (Milchwiss. **11**, 178 [1956]; **13**, 422–424 [1958]; **16**, 31, 477–478 [1961]; **17**, 243 bis 427 [1962]; **19**, 653–655 [1964]) ist für Einwickler von milchwirtschaftlichen Produkten am wäßrigen Extrakt auch die Bestimmung

des pH-Wertes
des Trockenrückstandes
des Kaliumpermanganatverbrauchs
des Chloridgehaltes
des Zuckergehaltes
des Sorbit- oder Glyceringehaltes

vorgesehen. Zu diesem Zweck sind folgende Prüfmethoden angegeben (Milchwiss. **17**, 423–427 [1962]).

Messung des pH-Wertes. Der pH-Wert wird elektrometrisch bei 20° C gemessen.

Bestimmung des Trockenrückstandes. 100 ml des Extraktes dampft man in einer Glasschale im Trockenschrank bei 50° C ein und trocknet bis zur Gewichtskonstanz.

Angabe der Ergebnisse:

a) Milligramm Trockenrückstand/100 cm^2 Oberfläche
b) Prozent Trockenrückstand (bezogen auf das Gewicht des extrahierten Papiers)

Bestimmung des Kaliumpermanganatverbrauchs

a) in saurer Lösung: 100 ml des unfiltrierten Extraktes werden in einem 300 ml fassenden Kolben mit 5 ml Schwefelsäure (25%) und mit Kaliumpermanganat bis zur schwachen Rosafärbung versetzt und mit einigen Siedesteinchen zum Sieden erhitzt. Zu der siedenden Lösung gibt man rasch 20 ml 0,01 n-Kaliumpermanganatlösung und läßt genau 10 min sieden. Dann setzt man rasch 20 ml 0,01 n-Oxalsäure zu. Die farblos gewordene Flüssigkeit wird sofort mit 0,01 n-Kaliumpermanganatlösung bis zur schwachen Rosafärbung titriert.

Falls sich die Flüssigkeit bereits während des Siedens teilweise oder ganz entfärbt, muß eine geringere Menge des Extraktes verwendet werden. Das fehlende Flüssigkeitsvolumen ergänzt man mit ausgekochtem Wasser auf 100 ml.

(1 ml 0,01 n-Kaliumpermanganat = 0,316 mg Kaliumpermanganat.)

b) in alkalischer Lösung (nur wenn mehr als 300 mg Chlorid pro Liter oder andere bei obiger Bestimmung störende Substanzen vorliegen): 100 ml Extrakt werden in einem 300 ml fassenden Erlenmeyerkolben mit 0,5 ml Natronlauge (33%) und einer kleinen Messerspitze ausgeglühten Bimssteins versetzt und zum Sieden erhitzt. Zu der siedenden Lösung gibt man rasch 10 ml 0,01 n-Kaliumpermanganatlösung und erhitzt genau 10 min zum Sieden. Dann setzt man rasch 20 ml 0,01 n-Oxalsäure und zugleich 5 ml Schwefelsäure (25%) zu und titriert wie unter a) angegeben.

c) Bestimmung des Blindwertes: Parallel zu jeder Bestimmungsreihe muß ein Blindwert mit reinem Wasser angesetzt werden, welches nicht in Berührung mit dem Einwickler war und aus ein und derselben Vorratsflasche wie das zum Extrahieren verwendete Wasser stammt. Die Blindprobe wird genau ausgeführt wie die Versuchsprobe und die erhaltenen Titrationswerte von denen der Versuchsprobe abgezogen.

Angabe der Ergebnisse

a) Milligramm Kaliumpermanganat/100 cm^2 Oberfläche
b) Prozent organische Substanz, bezogen auf das Gewicht des extrahierten Papiers

Bestimmung des Chloridgehaltes. 50 ml des Extraktes werden, wenn notwendig, mit verdünnter Sodalösung bzw. Salpetersäure auf pH 6,8–7,2 eingestellt.

Man titriert nach Zugabe von 1 ml Kaliumchromatlösung (5%) mit 0,1 n-Silbernitratlösung bis zum eben erkennbaren Auftreten einer rotbraunen Färbung.

1 ml 0,1 n-Silbernitratlösung entspricht 3,56 mg Cl^-.

Die Ergebnisse werden in Prozent Kochsalz angegeben.

Bestimmung des Zuckergehaltes. 100 ml des Extraktes werden mit 3 ml 0,5 n-Salzsäure 30 min im siedenden Wasserbad erhitzt und nach dem Abkühlen in kaltem Wasser mit Natronlauge neutralisiert. Zur invertierten Lösung gibt man 50 ml eines siedenden Gemisches aus gleichen Teilen Fehling-Lösung I und Fehling-Lösung II und läßt 2 min sieden. Nach raschem Abkühlen auf Zimmertemperatur fügt man nacheinander 0,2 g Kaliumjodid, 10 ml Salzsäure (25%) und 20 ml Kaliumrhodanid-Lösung (10%) hinzu und titriert das ausgeschiedene Jod mit 0,1 n-Natriumthiosulfat, mit Stärke als Indikator, bis zur Entfärbung, die 3 min anhalten muß.

Die Differenz des Natriumthiosulfatverbrauchs für die frische Fehling-Lösung I und des Verbrauchs für die invertierte Lösung ergibt mit 2,4 multipliziert den Invertzucker.

Angabe der Ergebnisse: Prozent Invertzucker.

Bestimmung des Sorbitgehaltes

Herstellung der Lösungen:

a) 0,1%ige Kaliumperjodatlösung neutral:

1 g Kaliumperjodat, kristalliert, wird in einem 1 l-Meßkolben mit ca. 800 ml Wasser in der Hitze auf dem Wasserbad gelöst, abgekühlt und dann bis zur Marke aufgefüllt.

b) Saure Perjodatlösung (jedesmal kurz vor Beginn der Bestimmung frisch herzustellen): 40 ml 0,1%ige Kaliumperjodatlösung werden mit 25 ml 5%iger Schwefelsäure versetzt und das Ganze gut durchmischt.

Arbeitsweise:

10 ml des Extraktes werden in einen Erlenmeyerkolben pipettiert, mit 10 ml saurer Perjodatlösung versetzt und 20 min lang in einem siedenden Wasserbad erhitzt. Nach dem Abkühlen fügt man 4 ml einer 12%igen sekundären Kaliumphosphatlösung zu, mischt gut durch, versetzt das Ganze mit einer Spatelspitze Kaliumjodid, schüttelt abermals und titriert mit 0,005 n-Natriumthiosulfatlösung bis zum Auftreten strohgelber Färbung und dann nach Zufügen einiger Tropfen Stärkelösung auf farblos.

Parallel zu jeder Probe wird ein Blindversuch angesetzt, der den Thiosulfatverbrauch der reinen sauren Kaliumperjodatlösung ermittelt und anstelle von 10 ml Extraktlösung mit 10 ml Wasser ausgeführt wird.

Die beschriebene Methode erfaßt sowohl Glycerin wie Sorbit. Der Umrechnungsfaktor für Sorbit ist 1,822, der für Glycerin 2,302.

Die Berechnung des Sorbitgehaltes erfolgt nach der Gleichung:

$$\%\ \text{Sorbit} = \frac{(\text{Bl} - \text{S}) \cdot \text{T} \cdot 1{,}822}{\text{E}}$$

Bl = Natriumthiosulfatverbrauch des Blindversuchs
S = Natriumthiosulfatverbrauch der Extraktlösung
T = Titer der Natriumthiosulfatlösung
E = Einwaage

In Zweifelsfällen sollte eine papierchromatographische Methode angewandt werden.

c) Untersuchung des Papiers

α) Quecksilber

Dank ihrer ausgezeichneten fungiciden und bactericiden Wirkung spielten – insbesondere in der Vergangenheit – Quecksilberverbindungen eine wichtige Rolle als Schleimbekämpfungsmittel in Papierfabriken. In Papieren, die der Lebensmittelverpackung dienen, kann die Anwesenheit von Hg-Verbindungen nicht toleriert werden. Es empfiehlt sich deshalb, Nachweis und quantitative Bestimmung am Papier unmittelbar durchzuführen.

Das Bundesgesundheitsamt empfiehlt zur Bestimmung von Quecksilber in Papier folgende Arbeitsweise:

Prinzip: Aus der nach nasser Veraschung der Probe erhaltenen Lösung wird das Quecksilber als Quecksilber-Dithizonkomplex mit Tetrachlorkohlenstoff quantitativ ausgeschüttelt. Im Tetrachlorkohlenstoffextrakt wird der Quecksilber-Dithizonkomplex durch Ausschütteln mit schwefelsaurer Kaliumpermanganatlösung zerstört und das in der wäßrigen Phase befindliche Quecksilber erneut mit einer Lösung von Dithizon in Tetrachlorkohlenstoff extrahiert. Nach Entfernung des überschüssigen Dithizons mit Ammoniak und Stabilisierung des reinen Quecksilber-Einfarbenextraktes mit Essigsäure wird nach Messung der Extinktion ($\lambda = 485$ nm) unter Berücksichtigung des Blindwertes die gesuchte Quecksilbermenge anhand einer Eichkurve ermittelt.

Reagentien

1. Dithizon-Stammlösung: 21 mg Dithizon (Diphenylthiocarbazon) werden in 100 ml Tetrachlorkohlenstoff gelöst und in einem 500 ml-Schütteltrichter mit 250 ml 0,075 n-Ammoniaklösung ausgeschüttelt. Dabei geht das Dithizon als Ammoniumsalz mit orangeroter Farbe in die wäßrige Phase über. Nach Abtrennung der organischen Phase, die die Verunreinigungen enthält, von der wäßrigen Ammoniumdithizonatlösung wird diese mit 1 n-Schwefelsäure angesäuert und mit 100 ml Tetrachlorkohlenstoff ausgeschüttelt, wobei das freie Dithizon in den Tetrachlorkohlenstoff übergeht. Nach Trennung der Phasen wird die Tetrachlorkohlenstoff-Dithizonlösung filtriert, in eine braune Vorratsflasche gebracht und mit 0,5 ml Essigsäure versetzt. Die Lösung ist, kühl aufbewahrt, etwa 2 Monate haltbar.
2. Verdünnte Dithizonlösung: 13 ml Dithizon-Stammlösung werden mit Tetrachlorkohlenstoff auf 100 ml aufgefüllt. 1 ml dieser Lösung bindet etwa 10 μg. Hg. Die Lösung ist etwa 3 Wochen haltbar.
3. Quecksilber-Standardlösung: Man gibt 135,35 mg Quecksilber (II)-chlorid pro anal. in einen 100 ml-Meßkolben und füllt mit 1 n-Schwefelsäure bis zur Marke auf. Von dieser Lösung pipettiert man 1 ml in einen Meßkolben ein und füllt mit Wasser auf 100 ml auf. Diese Lösung, die in 1 ml 10 μg Hg enthält, wird zur Aufstellung der Eichkurve verwendet. Sie ist etwa 1 Tag haltbar.
4. Konzentrierte Schwefelsäure pro anal.
5. 1 n-Schwefelsäure pro anal.
6. 65%ige Salpetersäure pro anal.
7. 0,075 n-Ammoniak pro anal.
8. 0,015 n-Ammoniak pro anal.
9. Konzentrierte Essigsäure pro anal.
10. 2 n-Essigsäure pro anal.
11. Hydroxylaminhydrochlorid pro anal.
12. 20%ige Hydroxylaminhydrochloridlösung pro anal.
13. 4%ige Kaliumpermanganatlösung pro anal.
14. 10%ige Natriumazidlösung pro anal.
15. 1%ige Ammoniumrhodanidlösung pro anal.
16. Ammoniumpersulfat pro anal.
17. Stickstoff, komprimiert

Geräte

2 Meßkolben zu 100 ml
1 Scheidetrichter zu 500 ml
1 Scheidetrichter zu 250 ml
2 Scheidetrichter zu 100 ml
1 Zweihals-Rundkolben zu 250 ml mit 2 Normalschliffen 14,5
1 Gaseinleitungsrohr mit NS 14,5
1 Kugelkühler mit NS 29
1 Reduzierstück: Hülse NS 29/Kern NS 14,5
1 Lichtelektrisches Photometer
Meßpipetten: 5, 10 ml

Aufstellung der Eichkurve

Man pipettiert 1,0 ml Quecksilberstandardlösung (Reagens 3) in einen 100 ml-Scheidetrichter ein und fügt 20 ml Wasser, 0,5 ml 20%ige Hydroxylaminhydrochloridlösung (Reagens 12), 0,5 ml konzentrierte Schwefelsäure (Reagens 4) und 0,5 ml konzentrierte Essigsäure (Reagens 9) hinzu. Dann wird zweimal mit je 5 ml der verdünnten Dithizonlösung (Reagens 2) je 30 Sekunden lang ausgeschüttelt. Die in einem 100 ml-Scheidetrichter von der wäßrigen Phase abgetrennten, gesammelten organischen Extrakte werden zweimal mit je 15 ml 0,015 n-Ammoniak (Reagens 8) 30 Sekunden lang geschüttelt, um das überschüssige Dithizon zu entfernen. Die das Quecksilberdithizonat enthaltende organische Phase wird in einen 100 ml-Scheidetrichter abgelassen und zur Stabilisierung mit 10 ml 2 n-Essigsäure durchgeschüttelt. Nach Phasentrennung und Filtration der Tetrachlorkohlenstoff-Dithizonlösung durch ein Papierrundfilter (⌀ = 9 cm) mißt man die Extinktion bei 485 nm gegen Tetrachlorkohlenstoff in einer 0,5 cm-Küvette. Die ermittelte Extinktion entspricht einem Quecksilbergehalt von 1 μg Hg in 1 ml Tetrachlorkohlenstoff.

In einer 2. und 3. Versuchsreihe werden die Extinktionen für 2 und 3 µg Hg pro ml Tetrachlorkohlenstoff ermittelt, indem man 2,0 und 3,0 ml Standardlösung in je einen Scheidetrichter einpipettiert und wie oben beschrieben weiter verfährt.

Bestimmung des Quecksilbergehaltes in Papier, Karton oder Pappe

2,7 g klein zerschnittenes Papier werden in einen 250 ml-Zweihals-Rundkolben (NS 14,5) eingebracht, 4 g Ammoniumpersulfat (Reagens 16) zugefügt und mit einer auf 0° C gekühlten Mischung von 10 ml konzentrierter Schwefelsäure (Reagens 4) und 16 ml 65%iger Salpetersäure (Reagens 6) übergossen. Nach Aufsetzen des Rückflußkühlers und Schließen des zweiten Kolbenschliffes mit einem Glasstopfen wird durch gelindes Erwärmen die Zersetzungsreaktion eingeleitet. Dann unterbricht man die Wärmezufuhr solange, bis die Reaktion abgeklungen ist und hält anschließend das Reaktionsgemisch bei gelindem Sieden, bis eine helle und klare Lösung entsteht. Sich etwa noch bildender Kohlenstoff wird durch Zusatz einiger Tropfen konzentrierter Salpetersäure (Reagens 6) beseitigt. Nach Austausch des Schliffstopfens durch ein Gaseinleitungsrohr entfernt man die restlichen Stickoxide durch Einleiten von Stickstoff. Nach dem Abkühlen wird der Kühler mit wenig Wasser und 10 ml einer 20%igen Hydroxylaminhydrochloridlösung (Reagens 12) gespült und der Aufschlußkolben vom Kühler abgenommen. Der Aufschlußlösung gibt man 2 g festes Hydroxylaminhydrochlorid (Reagens 11) zu, filtriert sie in einen 250 ml-Scheidetrichter ein und füllt mit Wasser auf 100 ml auf. Dann pipettiert man noch 2 ml Essigsäure (Reagens 9), 1 ml Ammoniumrhodanidlösung (Reagens 15), 0,5 ml Natriumazidlösung (Reagens 14) in den Scheidetrichter ein und schüttelt mit 5 ml verdünnter Dithizon-Tetrachlorkohlenstofflösung (Reagens 2), mit der zuvor Kühler und Aufschlußkolben gespült wurden, 30 Sekunden lang aus. Nach Phasentrennung wird die organische Phase in einen 100 ml-Scheidetrichter abgelassen und die zurückbleibende wäßrige Lösung noch einmal mit 5 ml verdünnter Dithizonlösung (Reagens 2), mit der ebenfalls zuvor Kühler und Aufschlußkolben gespült wurden, 30 Sekunden lang ausgeschüttelt.

Den in einem 100 ml-Scheidetrichter vereinigten organischen Extrakten setzt man 20 ml Wasser, 0,5 ml konzentrierte Schwefelsäure (Reagens 4) und 2 ml Kaliumpermanganatlösung (Reagens 13) zu und zersetzt durch Schütteln das gesamte Dithizon und den Quecksilberdithizonkomplex. Dabei geht das Quecksilber in die wäßrige Phase über. Nach Zusatz von 1 ml einer 20%igen Hydroxylaminhydrochloridlösung (Reagens 12) wird abermals geschüttelt und nach vollständiger Phasentrennung die untere Phase verworfen. Der wäßrige Auszug wird mit 0,5 ml Essigsäure (Reagens 9), 1 ml Ammoniumrhodanidlösung (Reagens 15), 0,5 ml Natriumazidlösung (Reagens 14) und mit einem genau abgemessenen Volumen verdünnter Tetrachlorkohlenstoff-Dithizonlösung (Reagens 2) versetzt und das Quecksilber als Dithizonat durch Ausschütteln extrahiert. Nach dem Abtrennen der organischen Phase und Einbringen derselben in einen 100 ml-Scheidetrichter wird zweimal mit je 15 ml 0,015 n-Ammoniak (Reagens 8) je 30 Sekunden lang geschüttelt, um das überschüssige Dithizon zu entfernen. Dann wird die organische Phase in einen 100 ml-Scheidetrichter eingebracht und mit 10 ml 2 n-Essigsäure (Reagens 10) durchgeschüttelt. Nach dem Ablassen und Filtrieren der unteren Phase durch ein Papierrundfilter ($\varnothing = 9$ cm) wird die Extinktion des reinen Quecksilberdithizonats bei $\lambda = 485$ nm gegen Tetrachlorkohlenstoff gemessen. Die aus der Eichkurve ermittelte Quecksilbermenge pro ml Tetrachlorkohlenstoff ergibt nach Multiplikation mit den zur Extraktion aufgewendeten ml Tetrachlorkohlenstoff und nach Abzug des Blindwertes (*siehe unten*) den Quecksilbergehalt der Probe. Dieser wird auf die eingesetzte Papierfläche umgerechnet und in µg/dm² angegeben.

Ermittlung des Blindwertes

Man verwendet an Stelle der aufzuschließenden Probe 2,5 g Rohrzucker und verfährt im übrigen wie beschrieben.

Beurteilung

Liegt der gefundene Quecksilbergehalt nicht über 2 µg Hg/dm², so ist anzunehmen, daß in dieser Hinsicht den Empfehlungen XXXVI bzw. XXXVI A, entsprochen worden ist (Bundesgesundh.-Bl. **10**, 24 und 267 [1967]). Als Verunreinigung von Chemikalien eingeschlepptes Quecksilber ist dabei berücksichtigt.

Ein weiteres Verfahren zur Bestimmung des Hg-Gehalts von Papier haben O. T. Carlson u. P. O. Bethge (1954) beschrieben.

Die 0,5 g-Probe wird einer Naßverbrennung mit Perchlorsäure-H_2SO_4 unterworfen. Die dabei entweichenden Dämpfe werden in der beschriebenen Apparatur quantitativ kondensiert. Kondensat plus Oxydationsmischung werden vereinigt, mit H_2O verdünnt und auf pH 1 mit NH_4OH gebracht. Zusatz von Hydroxylaminsulfat zerstört restliche Oxydantien. Der Hg-Gehalt dieser Lösung wird nach Ausschütteln mit Chloroform mit Diphenylthiocarbazon (Dithizon) kolorimetrisch bestimmt (nach H. Irving u. Mitarb., 1949).

Die Nachweisbarkeit von Hg nach dieser Methode liegt unter 1 mg/kg.

β) Kupfer und Eisen

Einschlägige Untersuchungen (I. B. THOMPSON und R. B. KOCHER, 1950; P. W. PARODI, 1963) haben gezeigt, daß der Verderb von Lebensmitteln, insbesondere Butter, durch höhere Anteile von Schwermetallionen im Einwickler beschleunigt wird. In den British Standards 1820: 1952 wird deshalb als Maximalgehalt für Cu und Fe in Echtpergament 30 mg/kg bzw. 70 mg/kg gefordert. Der Gehalt an löslichem Cu darf höchstens 10 mg/kg der an löslichem Fe 15 mg/kg betragen.

Zur quantitativen Bestimmung der beiden Schwermetalle wird dabei folgende Arbeitsweise angegeben:

Bestimmung von Gesamtkupfer

Agentien: Citronensäure
Ammoniumhydroxid (ϱ 0,880)
Na-diäthyl-dithiocarbamat 0,2%ig Lsg.
Standard Cu-Lsg. 1 ml = 0,01 mg Cu

Ausführung: 5 g Papier werden im Kjeldahlkolben mit 20 ml konz. H_2SO_4 unter späterem Zusatz kleinerer Mengen Salpetersäure naß verascht. Nach völliger Entfernung von HNO_3-Resten wird auf 100 ml verdünnt.

20 ml dieser Lösung werden mit 1 g Citronensäure und 4 ml Ammoniumhydroxid versetzt. Man füllt auf 50 ml auf und fügt 5 ml der Na-diäthyl-dithiocarbamatlösung zu.

Vergleich der Gelbfärbung mit analog behandelter Standard-Cu-Lösung.

Blindwertkorrektur für die eingesetzte H_2SO_4 und HNO_3.

Bestimmung von Gesamteisen

Agentien: 20%ig HCl
Thioglykolsäure 5%ige Lsg.
Ammoniumhydroxid (ϱ 0,880)
Standard Fe-Lsg., 1 ml = 0,005 mg Fe (aus Ferroammonsulfat, oxydiert mit $KMnO_4$ und HCl)

Ausführung: 5g Papier werden im Platintiegel verascht. Mit 2 ml 20%iger HCl wird die Asche aufgenommen und auf dem Wasserbad zur Trockene eingedampft. Im Meßkolben auf 100 ml lösen. Zu 25 ml (oder anderem aliquoten Anteil) werden 5 ml der Thioglykolsäurelösung zugefügt. Alkalisierung mit Ammoniumhydroxid.

Vergleich der entstehenden Färbung mit analog behandelter Standardlösung.

Blindwertkorrektur für die eingesetzten Agentien.

Bestimmung von löslichem Kupfer und Eisen

5 g Papier werden mit 4 mal 100 ml Wasser bei 85–95° C in 2 Std erschöpfend extrahiert. Der Extrakt wird auf dem Wasserbad zur Trockene eingedampft.

Der Rückstand wird dann der Naßveraschung unterworfen. Der Rückstand dieses Arbeitsganges wird mit 10 ml 20%iger H_2SO_4 aufgenommen und mit Wasser auf 50 ml verdünnt.

20 ml bzw. 5 ml dieser Lösung dienen für die Kupfer- bzw. Eisen-Bestimmung wie oben.

Eine weitere Methode zur Kupfer-Bestimmung in Echtpergament, die sich gut bewährt hat, beschreiben G. SCHULZ u. C. VIEHWEG (1961). Grundlage dieses Verfahrens ist die Farbreaktion von Kupfer-Ionen mit Dichinolyl. Die Meßergebnisse werden bei Anwesenheit größerer Füllstoffmengen verfälscht (Chinaclay). Kleine Mengen TiO_2 sind ohne Einfluß.

2,9-Dimethyl-4,7-diphenyl-1,10-phenanthrolin erlaubt die Kupfer-Bestimmung in 1 g Papier bei Kupfer-Gehalten von 0,1–40 mg/kg (L. G. BORCHARDT und I. P. BUTLER, 1957).

Die Bestimmung von Eisen und Kupfer in Papier ist ferner beschrieben in den Skandinavischen Normen Scan-C 13:62 und 14:62.

γ) Zinn

Prinzip der Methode. Nach Aufschluß des Papiers mit H_2SO_4 und HNO_3 wird das Zinn durch Destillation als $SnCl_4$ abgetrennt und der Gehalt polarographisch bestimmt.

Reagentien:

Schwefelsäure, konz. pro anal.
Schwefelsäure, 1:1, pro anal.
Salpetersäure, 98–99%ig (destilliert)
Salzsäure, konz. pro anal.
6 n-Salzsäure
Bromwasserstoffsäure, 48%ig pro anal.
Harnstoff, pro anal.

Arbeitsvorschrift. In einem Quarz-Kjeldahlkolben werden 3 dm^2 Papier mit 10 ml konz. H_2SO_4 versetzt und unter Zugabe von 10 ml HNO_3 bis zum Rauchen der Schwefelsäure erhitzt. Man gibt solange in kleinen Anteilen HNO_3 zu, bis die Lösung sich nicht mehr dunkel färbt. Nach Abkühlung wird der Kolbeninhalt mit 20–30 ml Wasser versetzt, zur Vertreibung der Stickoxide aufgekocht und bis zum Rauchen der Schwefelsäure eingedampft. Anschließend wird noch einmal Wasser zugegeben und aufgekocht, die schwefelsaure Lösung muß jetzt farblos sein.

Destillation. Die Aufschlußlösung wird in einen 250 ml-Destillierkolben (mit zwei Schliffansätzen zur Einleitung von Stickstoff und zum Eintropfen von HCl/HBr übergespült (Nachwaschen des Kjeldahlkolbens mit $\approx$ 10 ml H_2SO_4 1:1). Nach Zugabe von 1–2 g Hydrazinsulfat wird die Apparatur verschlossen, das Spülgas (N_2) auf $\approx$ 2–3 Blasen/sec eingestellt und solange Wasser abdestilliert, bis das in die Lösung tauchende Thermometer $\approx$ 160° C zeigt. Jetzt wird die Vorlage (100 ml-Erlenmeyerkolben) gewechselt. Man stellt das Erlenmeyerkölbchen so hoch, daß das Ableitungsrohr des Kühlers in das vorgelegte Wasser ($\approx$ 15 ml) gerade eintaucht und gibt tropfenweise ein Gemisch von 15 ml 6 n-HCl + 7 ml 48%iger HBr aus dem Tropftrichter zu. Die Zutropfgeschwindigkeit und Heizung wird so einreguliert, daß die Destillations-Temperatur 145–160° C beträgt. In $\approx$ 15 min ist alles Zinn überdestilliert. Das Destillat wird mit 0,5–1 ml H_2SO_4 (konz.) und 5 ml HNO_3 versetzt und in einem 100 ml Quarz-Kjeldahlkolben bis zur einsetzenden Br-Entwicklung vorsichtig erwärmt. Nach Vertreiben des Broms wird die Lösung bis zum Rauchen der Schwefelsäure eingeengt. Danach gibt man noch zweimal je 8 ml Wasser und 3 Tropfen Perhydrol (30%ig) zu und erhitzt bis zum Auftreten von H_2SO_4-Nebeln.

Polarographische Zinn-Bestimmung. Die konzentriert schwefelsaure Lösung wird im Kjeldahlkolben mit 2 ml 6 n-HCl versetzt, unter Schwenken vorsichtig auf 60–80° C erwärmt und in ein Polarographiergefäß übergespült, es wird zweimal mit je 1 ml Wasser sorgfältig nachgespült. Man erhält so $\approx$ 5 ml einer Lösung, die $\approx$ 2,5–3 n-HCl und 3–4 n-H_2SO_4 ist. Nach Zugabe von $\approx$ 10 mg Harnstoff läßt man die Lösung noch 10 min stehen und polarographiert zwischen $-0{,}3$ bis $-0{,}7$ V (gegen Hg-Bodenelektrode). Die Sn-Konzentration wird nach Zugabe einer bekannten Sn-Menge aus den beiden erhaltenen Polarogrammen errechnet (Aufstockmethode).

Bei Verwendung eines Kathodenstrahlpolarographen können in der Polarographierlösung ($\approx$ 5 ml) noch 0,2–0,3 µg Sn bestimmt werden; mit anderen Polarographen herkömmlicher Bauart liegt die Bestimmungsgrenze bei 1–2 µg Sn.

Störungen bei der polaropraphischen Bestimmung. Die polarographische Zinnbestimmung wird durch Blei gestört, dessen Reduktionsstufe Pb^{II}–Pb^{0} in salzsaurer Lösung mit der Sn^{IV}–Sn^{II}-Stufe koinzidiert. In der Probe etwa vorhandenes Blei wird bei der $SnCl_4$-Destillation abgetrennt; man muß jedoch darauf achten, daß in das Destillat durch Reagentien oder Gefäßverunreinigungen kein Blei nachträglich eingeschleppt wird.

Verschiedene Salzsäureproben (insbesondere pro anal. Salzsäure des Handels) ergeben beim Polarographieren Störstufen, deren Ursache nicht ermittelt werden konnte; sie treten nur bei relativ hoher HCl-Konzentration (z. B. 6—normal) auf und waren beim Verdünnen auf 3 n-Lösung praktisch verschwunden. Sie wurden bei handelsüblichen Säuren der Güte „chemisch rein" nicht beobachtet. Diese Störung wird nicht durch Arsen verursacht, dessen Reduktion erst bei negativeren Spannungen einsetzt.

Eine weitere Störung tritt durch Stickoxide auf, die immer dann beobachtet werden, wenn der polarographischen Sn-Bestimmung ein H_2SO_4/HNO_3-Aufschluß vorangegangen ist. Sie werden durch mehrmaliges Aufkochen des Destillates unter Wasserzugabe beseitigt. Um die letzten Spuren mit Sicherheit zu entfernen, gibt man vor dem Polarographieren etwas Harnstoff zu.

Schließlich wird die polarographische Zinnstufe noch durch organische Substanzen gestört, die nach Naßaufschlüssen in der Lösung verbleiben können; sie werden bei der $SnCl_4$-Destillation mit abgetrennt.

δ) Chrom

Prinzip der Methode. Nach Aufschluß mit H_2SO_4/HNO_3 wird das Chrom als Hydroxid zusammen mit Aluminium ausgefällt, verascht, mit einer Soda-/Borax-Schmelze aufgeschlossen und der Chromgehalt mit Diphenylcarbazid photometrisch bei 530 mµ bestimmt. (Photometer, z. B. Elko II, Filter S 53).

Reagentien

Schwefelsäure, konz. pro anal.
Salpetersäure, 98–99%ig (destilliert)
Ammoniak, pro anal.

Kalium-Natriumcarbonat/Borax-Gemisch (4:1)
4 n-Natriumdihydrogenphosphatlösung
Diphenylcarbazidlösung (150 mg Diphenylcarbazid + 25 ml Aceton + 25 ml Wasser; täglich frisch ansetzen).

Ausführung der Bestimmung. 2 dm^2 Papier werden zerschnitten in einem Quarz-Kjeldahlkolben* mit 20 ml konz. H_2SO_4 und 10 ml konz. HNO_3 wie unter γ beschrieben, aufgeschlossen. Die Aufschlußlösung wird auf $\approx$ 50–70 ml Wasser verdünnt und nach Zugabe von einer kleinen Spatelspitze Hydroxylammoniumhydrochlorid 10 min gekocht. Nach dem Abkühlen und der Zugabe von einer ca. 20 mg Aluminium enthaltenden Aluminiumchloridlösung stellt man die Lösung mit Ammoniak auf pH $\approx$ 7–8 ein, erhitzt zum Kochen und läßt die Lösung ca. eine halbe Stunde warm stehen, um die Fällung des Aluminiumhydroxids zu vervollständigen. Auf diese Weise lassen sich noch Milligramm-Mengen von Chrom durch Mitfällung quantitativ erfassen. Der Niederschlag wird abfiltriert, verascht und mit 1 g eines Kalium-Natriumcarbonat/Boraxgemisches im Tiegel aufgeschlossen. Die Schmelze wird in 20 ml Wasser gelöst und filtriert. Das Filtrat wird mit 10%iger Schwefelsäure neutralisiert. Nach Zugabe von weiteren 10 ml 10%iger Schwefelsäure, 2,5 ml 4 n-Natriumdihydrogenphosphatlösung und 1 ml Diphenylcarbazidlösung wird in einen 50 ml-Meßkolben aufgefüllt und nach einer Wartezeit von ½ Std die Extinktion im Elko II Photometer, Filter S 53, gemessen. Der Chromgehalt wird einer analog aufgestellten Eichkurve entnommen.

ε) Bor

Prinzip der Methode. Die mit einer Calciumnitrat- und alkalischen Mannitlösung durchtränkte Probe wird nach Abdunsten des Wassers trocken verascht. Die Asche wird in konzentrierter Schwefelsäure aufgenommen. Nach Zusatz von Wasser, Salzsäure und Carminsäurelösung entsteht der violett gefärbte Bor-Carminsäurekomplex, der die Bestimmung des Bors ermöglicht.

Reagentien

1. Schwefelsäure, konz., d = 1,84, pro anal.
2. Salzsäure, konz., 36%ig, pro anal.
3. Carminsäurelösung: 100 mg Carminsäure werden in 100 ml konzentrierter Schwefelsäure gelöst
4. Wasserstoffperoxid, 30%ig, pro anal.
5. Alkalische Mannitlösung: 5 g Mannit und 1 g Natriumhydroxid werden in 100 ml Wasser gelöst
6. 5%ige wäßrige Calciumnitratlösung
7. Borstandardlösung: Man gibt 57,15 mg Borsäure pro anal. in einen 100 ml Meßkolben und füllt mit konzentrierter Schwefelsäure bis zur Marke auf. Von dieser Lösung pipettiert man 5 ml in einen Meßkolben ein und füllt mit konzentrierter Schwefelsäure auf 100 ml auf. 1 ml dieser Lösung enthält 5 μg Bor

Geräte

Platinschale
Quarzwolle
Reagensgläser: ∅ 20 mm, Länge 180 mm (Quarzglas ist zu bevorzugen)
Trichter: ∅ 4 cm
Pipetten: 0,1; 1,0; 5,0 ml
Muffelofen
Lichtelektrisches Photometer

Aufstellung der Eichkurve

Je 1,0, 2,0 und 3,0 ml der Borstandardlösung (Reagens 7) werden in 3 Reagensgläser einpipettiert und mit je 4,0, 3,0 und 2,0 ml konzentrierter Schwefelsäure (Reagens 1) zu 5,0 ml ergänzt. Für den Blindwert werden in ein viertes Reagensglas 5,0 ml konzentrierte Schwefelsäure (Reagens 1) einpipettiert. Die so erhaltenen Ansätze, die 1,0, 2,0, 3,0 und 0,0 μg Bor im Milliliter enthalten, werden auf 0° C abgekühlt und mit je 1,0 ml Wasser und 0,1 ml konzentrierter Salzsäure (Reagens 2) überschichtet. Nach dem Durchschütteln und Kühlen auf 0° C pipettiert man 5,0 ml Carminsäurelösung (Reagens 3) hinzu. Man schüttelt kräftig durch, beläßt 1 Stunde lang bei Raumtemperatur und mißt danach die Extinktion bei λ = 620 mμ gegen den Blindwert in 1 cm-Küvetten.

---

* *Zur Beachtung:* Die zur Chrombestimmung benutzten Geräte dürfen *nicht* mit Chromschwefelsäure gespült sein.

Bestimmung von Bor in Papier, Karton oder Pappe

2 g klein geschnittenes Papier, dessen Fläche vorher genau gemessen wurde, werden in eine Platinschale eingebracht und nach Zusatz von 5 ml alkalischer Mannitlösung (Reagens 5) und 5 ml Calciumnitratlösung (Reagens 6) bei kleiner Flamme zur Trockne gebracht. Anschließend wird mit der vollen Flamme des Bunsenbrenners bis zur beginnenden Rotglut erhitzt und so lange bei dieser Temperatur gehalten, bis die Probe verkohlt ist. Nach dem Abkühlen wird der Tiegelinhalt mit wenig Wasserstoffperoxidlösung (Reagens 4) durchfeuchtet und abermals bis zur beginnenden Rotglut erhitzt. Der Veraschungsprozeß wird noch dreimal, nach jeweiligen Zusatz von Wasserstoffperoxidlösung (Reagens 4) wiederholt. Nach nochmaliger Durchfeuchtung mit Wasserstoffperoxidlösung wird die Platinschale in einen Muffelofen gebracht und 3 Stunden lang bei 700° C gehalten. Der Veraschungsrückstand wird nach dem Erkalten fünfmal mit je 2,0 ml konzentrierter Schwefelsäure (Reagens 1) behandelt und nach jedem Schwefelsäurezusatz durch Quarzwolle in ein Reagensglas filtriert. Sollte nach 15 Minuten noch eine Trübung bestehen bleiben, dann ist noch einmal durch das gleiche Filter zu filtrieren oder zu zentrifugieren. 5,0 ml des klaren Filtrates werden in ein Reagensglas pipettiert, auf 0° C abgekühlt und nach Zusatz von 1,0 ml Wasser und 0,1 ml konzentrierter Salzsäure (Reagens 2) wie oben beschrieben weiter verarbeitet.

Die nach Messung der Extinktion anhand der Eichkurve ermittelte Bormenge in μg pro ml ergibt nach Multiplikation mit den Millilitern konzentrierter Schwefelsäure, in denen der Veraschungsrückstand aufgenommen wurde – (im vorliegenden Falle 10 ml) – den Borgehalt der Probe. Dieser wird auf die eingesetzte Papierfläche umgerechnet und in $\mu g/dm^2$ angegeben.

Lichtabsorption und Entwicklungsdauer des Bor-Carminsäurekomplexes sind von der zugesetzten Wassermenge abhängig! Extinktionswerte des Bor-Carminsäurekomplexes, die höher liegen als die bei Aufstellung der Eichkurve erfaßten, können deshalb nicht durch Zusatz von konzentrierter Schwefelsäure korrigiert werden.

In einem solchen Falle ist die Bestimmung unter Verwendung eines geringen, genau abgemessenen Volumens des restlichen filtrierten schwefelsauren Ascheextraktes zu wiederholen, das vor der Zugabe von 1,0 ml Wasser und 0,1 ml konzentrierter Salzsäure mit konzentrierter Schwefelsäure zu 5,0 ml zu ergänzen ist.

ζ) Korrodierende Anteile

Die Frage, ob Papier, Karton oder Pappe unter bestimmten Bedingungen auf verpackte Metalle korrosiv wirken können, läßt sich durch Bestimmung des pH-Wertes und des Gehaltes an gewissen Anionen beantworten.

In der DIN 53110 werden für ein korrosionsinaktives Papier folgende Forderungen genannt:

pH-Wert > 6
Chlorid (als NaCl) $\leqq$ 0,05 Gew.-%
Sulfat (als Na_2SO_4) $\leqq$ 0,3 Gew.-%

Bestimmung des pH-Wertes nach DIN 53124,
der Cl-Ionen nach DIN 53125,
der SO_4-Ionen nach DIN 53127,
reduzierender S-Verbindungen nach ASTM: D 984—61,
von freiem S durch Chloroform-Extraktion (P. Klemm, 1909).

Zur Durchführung von Korrosionsversuchen siehe Korn-Burgstaller (S. 108–109), ferner TAPPI-Standard T 444m–47, ferner B. Hottenroth (1959). Im Handel befinden sich auch Papiere mit speziellen, korrosionsverhindernden Zusätzen. Vgl. hierzu: British Standard Packaging Code BS 1133.

III. Spezielle Prüfmethoden

1. Fettdichte

Nach DIN 6730 bezeichnet man alle Papiere als fettdicht, die gegen das Durchschlagen von Fetten und Ölen den Anforderungen entsprechend widerstandsfähig sind.

Der Bedeutung der Fettdichte für die Lebensmittelverpackung gemäß, wurden sowohl verschiedene Schnellprüfmethoden als auch eine Anzahl exakter Untersuchungsverfahren vorgeschlagen. Eine kritische Übersicht über diese Methoden gibt F. Werr (1961).

Die im Merkblatt V/16/64 des Vereins der Zellstoff- und Papier-Chemiker und Ingenieure beschriebene Prüfung von Papier auf Fettdichtigkeit unterscheidet vier Gruppen von Fettdichtigkeit, wobei unter den Prüfbedingungen die Fettdichte von Gruppe A bis Gruppe D abnimmt.

Die Prüfung erfolgt mit rot gefärbtem homogenisiertem Palmkernfett (Merck AG, Darmstadt), das mit Hilfe einer Metallschablone auf 50 cm² des zu prüfenden Papiers in 1 mm Schichtdicke aufgespachtelt wird. Anzahl und Größe der Fettdurchschläge auf einem unterlegten Anzeigepapier bilden das Maß der Fettdichte, wobei für die niedrigste Gruppe D Fettundurchlässigkeit nach einer Prüfzeit von mindestens 10 min in unbelastetem Zustand gefordert wird. Gruppe C erfordert Undurchlässigkeit bei gleicher Prüfzeit und Belastung der Prüffläche mit 20 g/cm². Wenn bei gleicher Druckbelastung die Prüfzeit auf mindestens 1 Std erhöht werden kann, so erfolgt Einstufung in Gruppe B, bei mindestens 24 Std Prüfzeit in Gruppe A. Fettdurchschläge in einer Anzahl bis zu 5,0 im Mittel aller Einzelwerte mit einer Größe bis zu 1,0 mm Durchmesser dürfen dabei unberücksichtigt bleiben.

Die Prüfung muß bei 20 ± 1° C und 65 ± 2% rel. Luftfeuchtigkeit durchgeführt werden.

2. Wasserdampfdurchlässigkeit (WDDu)

Bei Packmitteln für feuchte Füllgüter kommt der WDDu des Packstoffes erhebliche Bedeutung zu. Die diesbezügliche Barrierewirkung unbeschichteter Papiere und Pappen ist vernachlässigbar. Die Messung wird deshalb fast ausschließlich an beschichteten Papieren und Pappen durchgeführt. Dabei zeigt sich erfahrungsgemäß eine bessere Dichtigkeit, wenn die Beschichtung der höheren Feuchtigkeit zugewandt ist, als im umgekehrten Fall (G. Hagen, 1957).

Die Wasserdampfdurchlässigkeit wird als die Gewichtsmenge Wasserdampf in Gramm angegeben, die bei festgelegter Temperatur und Feuchtigkeitsgefälle in 24 Std durch 1 m² des Packstoffes diffundiert.

Die Bestimmung erfolgt nach DIN 53122 bei 20 ± 1° C und bei einem Feuchtigkeitsgefälle von 85 ± 2% r.F. auf der einen Seite der Probe zu 0–3% r.F. auf der anderen Seite. Während der Prüfdauer wird dieses Gefälle durch Bewegung der feuchten Außenluft aufrecht erhalten. Die Messung wird so lange durchgeführt, bis mindestens drei, in geeigneten Zeitabständen hintereinander durchgeführte Wägungen des Prüfkörpers eine lineare Gewicht-Zeit-Kurve ergeben.

Bezüglich der Einzelheiten der Durchführung wird auf die DIN 53122 verwiesen.

Art und Dicke des Beschichtungsmaterials beeinflussen naturgemäß sowohl die Höhe der WDDu als auch die Zeit, die zur Einstellung des Diffusionsgleichgewichtes erforderlich ist.

Bei WDDu-Werten < 1 g/m² d wird der Wägefehler dieser Methode sehr groß.

Schnellmethoden. Der hohe Zeitaufwand dieser Bestimmungsmethode hat zahlreiche Bemühungen veranlaßt, diese Zeit abzukürzen. Man kann dabei unterscheiden zwischen Vorschlägen, bei welchen die Gleichgewichtseinstellung nicht abgewartet wird und solchen, die die Gleichgewichtseinstellung möglichst frühzeitig erkennen lassen.

Vorschläge der ersten Art dürften als Mittel der Betriebskontrolle dort brauchbar sein, wo Vergleichsdaten an ein und demselben Material fortlaufend gewonnen werden sollen.

Vorschläge der zweiten Art, bei welchen durch vollautomatische Registrierung des Permeationsgeschehens die Notwendigkeit der intermittierenden Wägung vermieden wird, lassen dagegen eine gewisse Abkürzung des Zeitaufwandes bei gleichzeitiger Erweiterung des zulässigen Meßbereiches in kleinste WDDu-Werte möglich erscheinen (z.B. Gerät der Firma BECKER, Delft, Typ 809).

3. Gasdurchlässigkeit

Die Luftdurchlässigkeit von Packstoffen ist bei einigen Arbeitsgängen in Druck- und Verpackungsmaschinen von Bedeutung, einmal da, wo Bogen oder Zuschnitte durch Vakuum angesaugt werden (zu hohe Durchlässigkeit kann hier Störungen verursachen) und ferner beim Füllen von Ventilsäcken.

Für die Qualitätserhaltung von Lebens- und Genußmitteln wird die Bedeutung der Luft- bzw. Gasdurchlässigkeit meist überschätzt (R. HEISS und G. SCHRICKER, 1955).

Messung der Luftdurchlässigkeit siehe KORN-BURGSTALLER (S. 303–307), sowie DIN 53120. Eine interferometrische Methode beschreibt J. HANOUSEK (1963).

Die Gasdichte beschichteter Papiere und Pappen ist eine ausschließliche Funktion der Beschichtung. Es sei daher auf das Kapitel Kunststoffe verwiesen.

4. Lichtdurchlässigkeit

In zunehmendem Maße wird der Einfluß des Lichtes auf den Verderb fetthaltiger Lebensmittel erkannt (R. HEISS und R. RADKE, 1962; M.E. SCHULZ u. Mitarb., 1963). Die Arbeitsgemeinschaft Verpackung in der Milchwirtschaft empfiehlt eine vom Institut für Lebensmitteltechnologie und Verpackung ausgearbeitete Methode (Milchwiss. **20,** Heft 7 [1965]).

Die Methode dient zur Bestimmung der Lichtdurchlässigkeit von Buttereinwicklern in Abhängigkeit von der Wellenlänge im Bereich von 300–700 mμ. Dabei wird entsprechend den Erfordernissen der Praxis nicht nur das direkt, sondern auch das zerstreut durch die Probe hindurchtretende Licht in die Messung einbezogen. Zu diesem Zweck muß zwischen Probe und lichtempfindlicher Zelle stets eine Ulbrichtsche Kugel eingeschaltet werden.

Definition der Lichtdurchlässigkeit. Die Lichtdurchlässigkeit (oder Transmission) ist durch die Beziehung $A + T + R = 1$ oder $T = 1 - A - R$ definiert (A = Absorptionsvermögen, T = Transmissionsvermögen, R = Remissionsvermögen).

Die Lichtdurchlässigkeit ist also stets kleiner als 1 und wird meist in Prozenten angegeben. Die Messung erfolgt durch Vergleich des auf die Probe einfallenden (L_O) mit dem durchgelassenen Lichtstrom (L).

$$\frac{L}{L_O} = T.$$

Normiert man den einfallenden Lichtstrom von vornherein auf den Wert 100, so ergibt die Messung des durchgehenden Lichtstromes sofort die Lichtdurchlässigkeit in Prozent.

Meßgerät. Die Messung kann mit jedem Gerät erfolgen, welches

1. innerhalb des Wellenlängenbereiches von 300–700 mμ die Messung bei wenigstens 5 Wellenlängen in etwa gleichen Abständen (z.B. 300, 400, 500, 600, 700 mμ) bei einer Halbwertsbreite von 50 mμ gestattet und
2. einen Raumwinkel des durchgelassenen Lichtes von wenigstens 3,6° (entsprechend einem Flächenwinkel von 162°) erfaßt.

Als Meßgerät ist z.B. das Spektralphotometer PMQ II der Firma C. Zeiss in Verbindung mit dem Kugelansatz für Absorptionsmessungen an streuenden Proben geeignet. An den Kugelansatz muß noch eine Probenhalterung angebracht werden.

Vorbereitung der Proben. Die Proben dürfen, falls nicht anders vereinbart, keine Beschädigungen, Falzstellen, Knitter oder Bedruckung aufweisen.

Arbeitsvorschrift. Die Messung erfolgt in der üblichen Weise (Einstellung des 100%-Wertes ohne Probe im Strahlengang, Einschieben der Probe in den Strahlengang und Ablesung des Meßwertes) an wenigstens 2 Proben bei jeder Messung.

Angabe der Ergebnisse. Das Ergebnis ist in Form einer Tabelle oder eines Diagramms in Prozent-Lichtdurchlässigkeit bei der betreffenden Wellenlänge anzugeben, wobei jeder Wert der Mittelwert aus der Messung an wenigstens 2 Einzelproben sein muß.

Bei einem als „lichtschützend" bezeichneten Buttereinwickler darf die Lichtdurchlässigkeit bei Wellenlängen von 300–750 mμ höchstens 5% betragen.

5. Druckfarbenbeständigkeit

Prüfung von Buttereinwicklern nach DIN 16524.

6. Geruchliche und geschmackliche Beeinflussung

Die Prüfung der geruchlichen oder geschmacklichen Beeinflussung durch stofflichen Übergang entzieht sich meist der chemisch-analytischen Erfassung. An deren Stelle treten die äußerst empfindlichen menschlichen Geruchs- und Geschmacksorgane (organoleptischer Test).

Das Füllgut kann Einflüsse sowohl aus der Gasphase als auch durch direkten Lösungskontakt aufnehmen. In beiden Fällen ist eine Unterscheidung zwischen wasser- und fettlöslichen Wirkstoffen erkennbar.

Neben der Beurteilung des Packstoffes für sich tritt deshalb die Untersuchung seiner Wechselwirkung mit geeigneten Modellen wäßriger bzw. fetter Lebensmittel.

a) Prüfung des Packstoffes

bzw. der Verpackung für sich.

Auf dem Weg vom Packstoff zur Verpackung entstehen zusätzliche Einflußfaktoren durch Druckfarben, Lackierung, Leime oder sekundäre Zusatzprodukte durch Heißverformung oder Siegelung.

Nach TAPPI-Standard T 483 sm-53 (vgl. auch TAPPI-Routine Control Methods RC-208) werden je 3–4 g des Verpackungsmaterials in ca. 1 cm breite Streifen geschnitten und zickzackförmig gefaltet in trockene geruchfreie 250 ml Weithals-Schliff-Flaschen gegeben. Die mit dem Schliffstopfen gut verschlossenen Flaschen werden bei Raumtemperatur und bei 38° C je 24 Std gelagert. Die anschließende Geruchsprüfung läßt Eigengerüche des Packstoffs deutlich erkennen. Im Falle von Reklamationen sollten insbesondere ungeübte Tester Parallelversuche mit einwandfreien Packstoffen durchführen. Auch der unbedenkliche Packstoff hat einen Eigengeruch.

Im Falle feuchter Füllgüter oder feuchter Lagerung werden den Flaschen erst je 2 ml Wasser zugefügt. Nach dem Verschließen werden die Flaschen etwas geschwenkt und der Geruch nach 3–5stündiger Lagerung bei 40° C geprüft.

Die direkte Geschmacksabgabe des Packstoffs beurteilt man durch Zerkauen.

b) Prüfung der Geruchs- und Geschmacksbeeinflussung von Modellsubstanzen

Gewissen Modellsubstanzen, an denen geschmackliche Veränderungen besonders leicht erkannt werden können, wurden für die Übergangsprüfung in Vorschlag gebracht (L. ROBINSON-GÖRNHARDT, 1959).

Modelle für wäßrige Füllgüter

für Konserven, Sauergemüse:

1%ige Kochsalzlösung
1–3%ige Essigsäure
sowie beide kombiniert

für Sauerkraut, Obstsäfte, Konfitüren:
Milchsäurelösung
Zitronensäurelösung
evtl. mit Zuckerzusatz

für alkoholische Getränke:
10%iger + 30%iger Alkohol
(zur Kostprobe auf 5–10% verdünnen)

Modelle für fette Füllgüter

reines Speiseöl
reines gehärtetes Pflanzenfett
Süßmilch-Sahne (Emulsion Fett in Wasser)
Butter (Emulsion Wasser in Fett)
Paraffinöl (TAPPI T 483 sm-53)

Als empfindliche Modelle zur Erfassung geschmacklicher Beeinflussungen werden weiter genannt: Milchpulver, geraspelte Vollmilchschokolade und Apfelgelee.

Zur Prüfung einer evtl. Geschmacksbeeinflussung via Gasphase bringt man die Proben des Packmaterials zusammen mit den in Petrischalen befindlichen Testsubstanzen unter eine Glasglocke. Nach Lagerung (mindestens 24 Std) wird der Geschmack der Modellsubstanz mit dem der entsprechenden Blindprobe verglichen (ausführliche Anweisung für diese Prüfung mit Schokolade bei L. ROBINSON 1960).

Für die Prüfung des Geschmacksübergangs durch direkten Kontakt werden die Proben des Packmaterials entweder in die Modellsubstanz eingetaucht oder – im Falle einseitig beschichteter Papiere – mit der bestimmungsgemäßen Seite mit der Modellsubstanz in Kontakt gebracht.

Für den Sonderfall der Butterverpackung werden von der „Arbeitsgemeinschaft Verpackung in der Milchwirtschaft" als Modelle 0,4%ige Kochsalzlösung (aus NaCl pro anal. und Wasser) und pasteurisierte Magermilch empfohlen. Aus 19×23 cm großen Zuschnitten des zu prüfenden Einwicklers sollen über einen Holzklotz von $8{,}8 \times 12{,}8$ cm, Höhe 8 cm, Behälter so gefaltet werden, daß deren Innenfläche aus der bestimmungsgemäß der Butter zugewandten Seite des Einwicklers besteht. Der Papierbehälter wird in einen passenden Aluminiumbehälter eingestellt und mit 200 ml Prüfflüssigkeit gefüllt. 1 cm² Einwickler kommt so mit 1 ml Prüfflüssigkeit in Berührung. Nach Aufstellen unter einer Glasglocke während 48 Std bei 15° C erfolgt die vergleichende Prüfung der Flüssigkeit (Geruch, Geschmack) gegenüber einer Blindprobe, die unter gleichen Bedingungen in einem Jenaer Becherglas aufbewahrt wurde.

Prüfung nach dem Triangelsystem (L. ROBINSON, 1960). Auswertung statistisch nach E. ROESSLER u. Mitarb. (1948).

Bei Papieren, die bestimmungsgemäß einer Heißextraktion unterworfen werden, wie Kochbeutel, Heißfilter und ähnliches ist die Frage der Geschmacksbeeinflussung unter adäquaten Bedingungen zu prüfen:

Man übergießt einige Gramm des Papiers in einem Becherglas mit der 10fachen Menge kochend heißen Wassers, deckt das Becherglas mit einem Uhrglas ab und läßt abkühlen. Geruchs- und Geschmacksvergleich wiederum mit einer Blindprobe.

c) Prüfung der Geruchs- oder Geschmacksbeeinflussung am bestimmungsgemäßen (oder nahe verwandten) Lebensmittel

Untersuchungen, die letzten Aufschluß über die Eignung eines Verpackungsmaterials für einen gegebenen Einsatzzweck liefern sollen, müssen möglichst praxisnah durchgeführt werden. In den meisten Fällen sind Packversuche angezeigt, die allen Gegebenheiten des technischen Vorgangs, wie Heißeinfüllen, Sterilisierung der Packung und Heißsiegelung entsprechen.

Auch der Gefrier- und Auftauvorgang einer Gefrierpackung ist nachzuahmen. Blindproben: gleiche Arbeitsgänge am Lebensmittel, aber ohne Kontakt mit dem Packstoff. Die wünschenswerte Verschärfung der Versuchsbedingungen gegenüber der Praxis mit dem Ziel, eine größere Aussagesicherheit in kürzerer

Zeit zu erreichen, ist am besten durch eine Erhöhung des Verhältnisses Packstoff zu Füllgut zu erreichen. Übertreibung der sonstigen physikalischen Bedingungen birgt die Gefahr einer Aussage-Verfälschung in sich.

Im Falle der Butter ist nach den Prüfmethoden der „Arbeitsgemeinschaft Verpackung in der Milchwirtschaft" wie folgt zu verfahren:

Einwickler-Probemenge: 108 cm^2 (3 Zuschnitte), Zuschnittgröße: 6×6 cm.

Petrischalen mit einem Durchmesser von 90 mm werden mit Butter bis über den Rand gefüllt. Die überstehende Butter mit wird einem Ziehblech entfernt, so daß eine glatte Oberfläche entsteht. Der Zuschnitt wird mit der dem Füllgut bestimmungsgemäß zugewandten Seite der Butter unter Zuhilfenahme einer gleich großen Glasplatte fest angedrückt, so daß auf der ganzen Fläche eine innige Berührung von Einwickler und Butter gewährleistet ist. Die Glasplatte wird anschließend abgenommen. Die Petrischalen werden unter einer Glasglocke bei 15° C 90 Std im Dunkeln aufgestellt. Zur Beurteilung wird der Zuschnitt abgezogen und die freigelegte Butter in einer Schicht von 1–2 mm Tiefe auf 1. Aussehen, 2. Geruch, 3. Geschmack geprüft, unter Vergleich mit Butter, die ohne den Einwickler unter den gleichen Bedingungen aufbewahrt wurde.

Die als Prüfsubstanz vorzusehende Butter ist Deutsche Markenbutter.

Für jeden Einwickler sind 3 Parallelproben vorzusehen. Beurteilt wird durch 3 unabhängig voneinander richtende Prüfer, so daß sich für jeden Ansatz 9 Einzelurteile ergeben.

Für den Pack- und Lagerversuch von Butter bestehen folgende Vorschriften:

Probemenge: 50 m Rollenmaterial geeignet für die Verpackung auf Packautomaten.

Der Einwickler wird auf Packautomaten zur Verpackung von 250 g-Stücken herangezogen. Als Packgut dient in getrennten Ansätzen Sauerrahmbutter und Süßrahmbutter. Mindestens 8 in den zu prüfenden Einwickler verpackte Stücke werden bei 15° C und 65% relativer Feuchtigkeit insgesamt 21 Tage gelagert. Nach 7, 14 und 21 Tagen werden beurteilt:

1. Geruch der Butteroberfläche unmittelbar nach dem Auswickeln
2. Geschmack der Butteroberfläche (Schichtdicke 1–2 mm)
3. Geschmack der Butter innen
4. Geruch der mit der Butter in Berührung gekommenen Innenfläche des Einwicklers

Beurteilt wird unter Vergleich mit Butterstücken, die unter den gleichen Bedingungen in pergamentkaschierte Aluminiumfolie (Vergleichseinwickler) verpackt und gelagert wurden. Ein einheitlicher Vergleichseinwickler wird bei den Instituten der Arbeitsgemeinschaft „Verpackung in der Milchwirtschaft" unter definierten Lagerbedingungen in Vorrat gehalten. Die Beurteilung erfolgt durch 3 unabhängig voneinander richtende Prüfer, und zwar 1. bis 3. ohne Kenntnis des Einwicklers.

7. Spezielle Prüfung von Filterpapieren

Filtergeschwindigkeit. Die klassische, meist noch angewandte Methode ist die nach HERZBERG (vgl. KORN-BURGSTALLER, 1953 S. 266–267). Vorgegeben werden dabei die Fläche, der Druck des durch das Papier dringenden Wassers (in mm-Wassersäule), das Volumen und die Temperatur. Gemessen wird die benötigte Zeit. Die üblichen Bedingungen sind 10 cm^2, 50 mm WS, 100 ml und 20° C. Die gemessenen Zeiten liegen z.B. für Kaffeefilterpapier je nach Größe des zugehörigen Filters bei 15–30 sec; bei ca. 50–200 sec für mittlere technische Papiere (60–70 g/m^2).

Scheidefähigkeit von Papieren nach DIN 53138.

Dabei wird das Rückhaltevermögen einzelner Sorten bestimmt. Für analytische Papiere dienen als Prüfmittel nach DIN 53138 Niederschläge, die aus wäßrigen Lösungen gefällt werden und infolge ihrer Eigenschaften Differenzierungen der Scheidefähigkeit erlauben (Eisen(III)-oxid-hydrat bis Calciumoxalat). Bei Lebensmittelfiltern sind die Anforderungen weiter gefächert und reichen von der einfachen Abtrennung millimetergroßer Teeblatteile bis zur Abscheidung von Keimen. In diesen beiden Extremfällen handelt es sich vornehmlich um Siebwirkungen, die durch Porengröße gegeben sind.

In anderen Fällen baut sich vor und in der Schicht ein Kuchen auf, der die Scheidung bestimmt ggf. Teilchen zurückhält, die eine Zehnerpotenz kleiner sind als die kleinste Porenweite des Papiers oder Kartons. Für diese Fälle erscheint die Angabe einer Scheidefähigkeit des Papiers problematisch.

Saugfähigkeit. An 15 mm breiten und 250 mm langen Streifen (Apparatur von Klemm), die in Wasser eintauchen, wird die Saughöhe 10 min nach dem Eintauchen abgelesen.

8. Ausblutechtheit von Farbstoffen und optischen Aufhellern

Für die Beurteilung der Bedenklichkeit bzw. Unbedenklichkeit eines Farbstoffs bzw. optischen Aufhellers ist die Kenntnis seiner Migrationsneigung wichtig. Die Prüfung erfolgt durch Ermittlung der Ausblutechtheit. Die Prüfbedingungen sollen in dem Normblatt DIN 53991 festgelegt werden. Nach Veröffentlichung des Entwurfes für dieses Normblatt im Jahre 1967 ergab sich die Notwendigkeit einer Neufassung der Vorschrift. Es muß daher auf das später erscheinende endgültige Normblatt verwiesen werden.

Zur Prüfung der Ausblutechtheit wird unter noch festzulegenden Bedingungen ein geeignetes weißes Filterpapier mit einer je nach Verwendungszweck der Lebensmittelverpackung auszuwählenden Prüfflüssigkeit getränkt, mit der zu prüfenden Probe in engen Kontakt gebracht und gelagert. Dann wird der „Anblutgrad" der der Probe zugewandten Seite des Filterpapiers durch Vergleich mit ungefärbtem bzw. in ansteigendem Maße definiert angefärbtem Filterpapier ermittelt. Es sollen 5 Echtheitsstufen unterschieden werden. Echtheitsnote 1 würde dann stärkstes Ausbluten und Echtheitsnote 5 kein Ausbluten bedeuten.

Bibliographie

CARPENTER, CH. H., L. LENEY, H. A. CORE, W. A. COTÉ JR., and A. C. DAY: Papermaking fibers, State University of Forestry of Syracuse University Syracuse-New York 1963.

HEISS, R., u. G. SCHRICKER: Packstoff-Tabellen. München: Carl Hanser Verlag 1955.

HOTTENROTH, B.: Prüfungen auf Korrosionsgefahr und Korrosionsschutz im Versand. Packstoffe und Verpackungen, S. 250—256. Baden-Baden, Frankfurt/M.: P. Keppler Verlag KG 1959.

KORN, R., u. F. BURGSTALLER: Papier und Zellstoff-Prüfung in SIEBEL, E.: Handbuch der Werkstoffprüfung, 4. Bd., 2. Aufl. Berlin-Göttingen-Heidelberg: Springer-Verlag 1953.

REIN, H., H. GEHRKE, H. J. KÖNIG u. E. WALSER: Ullmanns Enzykl. d. techn. Chemie VII, 279—280. München-Berlin: Verlag Urban u. Schwarzenberg 1956.

ROBINSON-GÖRNHARDT, L.: Prüfung der gesundheitlichen und geschmacklichen Beeinflussung von Lebensmitteln durch Packmaterialien. Packstoffe und Verpackungen, S. 246—249. Baden-Baden, Frankfurt/M.: P. Keppler Verlag KG 1959.

SCHOCH, W.: Beschichtete Papiere und Pappen, Papiertechnische Bibliothek, Band 8. Wiesbaden: Dr. Sändig Verlag KG 1957.

Zeitschriftenliteratur

BORCHARDT, L. G., and I. P. BUTLER: Determination of trace amounts of copper. Application of the bathocuproine reagent to pulp, paper, and pulping liquors. Analyt. Chem. **29**, 414—419 (1957); zit. nach Chem. Abstr. **51**, 8579 (1957).

Bundesgesundheitsamt: Gesundheitliche Beurteilung von Kunststoffen im Rahmen des Lebensmittelgesetzes; Empfehlung IX, 3. Mitt. Bundesgesundh.-Bl. **3**, 235 (1960).

— Kunststoffdispersionen, Empfehlung XIV und XV, 7. Mitt. Bundesgesundh.-Bl. **4**, 120 (1961).

— Gesundheitliche Beurteilung von Kunststoffen im Rahmen des Lebensmittelgesetzes. Bundesgesundh.-Bl. **7**, 184—185 (1964).

— Paraffine, mikrokristalline Wachse, niedermolekulare Polyolefine und Polyterpene, Empfehlungen XXV und XXVA, 17. und 18. Mitt. Bundesgesundh.-Bl. **7**, 136, 137, 314 (1964).

— Empfehlung II C für weichmacherfreies Polyvinylchlorid und seine Mischpolymerisate in der 33. Mitt. Bundesgesundh.-Bl. **9**, 322 (1966).

— Gesundheitliche Beurteilung von Kunststoffen im Rahmen des Lebensmittelgesetzes, 34. Mitt. Bundesgesundh.-Bl. **10**, 24—26 (1967).

— Untersuchung von Kunststoffen, soweit sie als Bedarfsgegenstände im Sinne des Lebensmittelgesetzes verwendet werden. 9. Mitt. Methoden zur Prüfung von Papieren, Kartons und Pappen. Bundesgesundh.-Bl. **10**, 101—105 (1967).

Carlson, O.T., and P.O. Bethge: Determination of Mercury in Pulp and Paper. Svensk Papperstid. **57**, 405—408 (1954).

Götze, K.: 50 Jahre Textilhilfsmittelchemie. Melliand Textilber. **33**, 51—57 und 147—152 (1952).

Gorsuch, T.T.: Radiochemical investigations on the recovery for analysis of trace elements in organic and biological materials. Analyst **84**, 135—173 (1959); zit. nach Chem. Abstr. **53**, 16806 (1959).

Gottlieb, S., and P.B. Marsh: Quantitative Bestimmung von phenolischen Fungiciden. Ind. Engng. Chem. Analytical Edit. **18**, 16 (1946); zit. nach Chem. Zbl. **118**, 101 (1947).

Hagen, G.: Herstellung Kunststoff-beschichteter Verpackungspapiere. Kunststoffe **47**, 3 (1957).

Hanousek, J.: Verp.-Rdsch. **7**, Techn.-wiss. Beilage 51—58 (1963).

Heiss, R., u. R. Radtke: Über den Einfluß von Licht, Sauerstoff und Temperatur auf die Haltbarkeitszeit verpackter Lebensmittel. Verp. Rdsch. **13**, Techn.-wiss. Beilage 45—50 (1962).

Irving, H., G. Andrew and E.J. Risdon: Untersuchungen an Dithizon. J. Chem. Soc. 1949, 541—547; zit. nach Chem Zbl. **121**, 1641 (1950).

Klemm, P.: Wbl. Papierfabr. **40**, 1675 (1909); zit. nach Korn, R., u. F. Burgstaller: Papier und Zellstoff-Prüfung in Siebel, E.: Handbuch d. Werkstoffprüfung, 2. Aufl., 4. Bd., Berlin-Göttingen-Heidelberg: Springer-Verlag 1953, S. 108.

Klingelhöffer, H.: Über die Beschichtung von Papieren. Wbl. f. Papierfabr. **93**, 741—753 (1965).

Maturi, V.F., W.O. Winkler and W.E. Yates: Determination of and Data on Total Extractables from Paper and Films by Food Simulating Solvents. J. Ass. off. Agric. Chem. **45**, 70—76 (1962) (ASTM-Method F 34—63 T); zit. nach Bundesgesundh.-Bl. **10**, 101 (1967).

Parodi, P.W.: The Surface Deterioration of Cold-Stored Butter. Austr. J. of Dairy Techn. 1963, 25—28.

Poschmann, F.: Schaumverhütung in der Papierindustrie. Papier **15**, 295—301 (1961).

Reynolds, W.F.: Some Recent Research on Accostrength Resins 2386. Tappi **44**, No. 2, 177 A—179 A (1961).

Robinson, L.: Untersuchung der Übertragbarkeit von Verpackungsgerüchen auf Schokolade und Maßnahmen zu ihrer Vermeidung. Süßwaren **4**, 1453—1459 (1960).

Roessler, E., J. Warren and G. Guymon: Food Res. **12**, 503 (1948); zit. nach Verp. Rdsch., Techn.-wiss. Beilage Nr. 4, 29—33 (1962).

Rosser, C.M.: ASTM extraction test method. Mod. Packaging 1963, 131—136; zit. nach Bundesgesundh.-Bl. **10**, 101 (1967).

Schulz, G., u. G. Viehweg: Entwicklung einer Prüfmethode von Kupfer im Zellstoff und im Pergamentpapier. Zellstoff u. Papier **10**, 416—419 (1961).

Schulz, M.E., H. Kay u. E. Voss: Gemeinsame Bemühungen von Wissenschaft, Deutscher Landwirtschaftsgesellschaft und Industrie zur Verbesserung der Butterverpackung. Milchwirtschaft **18**, 387—395 (1963).

Smith, G.F.: Wet oxidation of organic matter employing perchloric acid at graded oxidation potentials and controlled temperatures. Anal. Chim. Acta **17**, 175—185 (1957); zit. nach Chem. Abstr. **52**, 7032 (1958).

Thompson, J.B., and R.B. Kocher: Trace metals in food packaging. Mod. Packaging 1950, 119—122.

Werr, F.: Die Bestimmung der Fettdichtigkeit von Papier. Papier **15**, 222—229, 318—322, 415—427 (1961).

Wultsch, F., u. H. Hogenkamp: Grundlegende Untersuchungen an Flotationsfängern in der Papierindustrie. Wbl. Papierfabr. **85**, 283—294 (1957).

Lacke, Lackfarben, Anstrichstoffe, andere Beschichtungsmittel, sonstige Farben, soweit nicht zu Lebensmitteln gehörig

Von

Dr. K. Weinmann, Gerlingen-Bopser (Stuttgart)

A. Lacke, Lackfarben, Anstrichstoffe, andere Beschichtungsmittel und ihre Rohstoffe

I. Einleitung: Wirtschaftliche Bedeutung, Zusammensetzung, Begriffe, Zweck und Aufgabe; Verwendung auf dem Lebensmittelgebiet

1. Wirtschaftliche Bedeutung und Entwicklungstendenzen

Das Wort „Lack" stammt aus dem Sanskrit, bedeutet 100000 und weist auf die große Zahl von Lackschildläusen hin, die an den Zweigen eines in Indien wachsenden Baumes ein Stoffwechselprodukt, den Stocklack, ablegen. Dieser wurde schon in frühen Zeiten zur Herstellung von Schellack, einem natürlichen Harz, verwendet. Daraus wiederum wurden „Spirituslacke" bzw. „Schellack-Lacke" hergestellt.

Die Lack- und Lackfarbenindustrie besitzt innerhalb der chemischen Industrie eine beachtliche Bedeutung. Im Jahre 1967 wurden in der Bundesrepublik Deutschland 789574 to Lacke und Anstrichmittel im Werte von rund 2 Milliarden DM hergestellt. Im Jahre 1968 erhöhte sich bisher die Produktion gegenüber 1967 um 7%. Die Bundesrepublik Deutschland steht damit in Europa mit Abstand an erster Stelle der Lack- und Anstrichmittelhersteller. Authentische Zahlen über die Produktion der Sowjetunion sind dem Autor nicht bekannt.

Die wesentlichen Verbraucher von Lacken und Lackfarben und anderen Anstrichmitteln, ebenso von verwandten Produkten, sind:

Die Automobil-, Fahrzeug- und Flugzeugindustrie; das Bauwesen; die Kühlschrank-, Waschmaschinen-, Geschirrspülmaschinen-, Küchenmaschinen- und Haushaltsgeräteindustrie; die Möbelindustrie; Maschinenindustrie; Hersteller von Spielzeugen, Gartengeräten, Apparaten, Haushaltsartikeln, Ladeneinrichtungen, Verkehrseinrichtungen; medizinischen, optischen, elektrischen und feinmechanischen Geräten; Hersteller von Anlagen und Stahlbauwerken aller Art; Papieren, Tapeten; Emballagen, Lagertanks, Behältern, Tuben und Dosen (z.B. für die Nahrungs- und Genußmittelindustrie), Folien- und anderen Verpackungsmaterialien.) Es gibt wenige Industriezweige, die nicht Verbraucher von Lacken, Lackfarben und anderen Anstrichmitteln sind.

Die stürmische Entwicklung auf dem Kunststoff- und Kunstharzsektor, ebenso auf dem Pigment- und Farbstoffgebiet, hat der Lack- und Lackfarbenindustrie eine sehr starke Befruchtung gebracht, laufend neue Rohstoffe der Lackindustrie zugeführt und damit die Voraussetzung für die ebenfalls steile Entwicklung bei der Herstellung, Verarbeitung und Prüfung von Anstrichstoffen geschaffen. Die Lackindustrie befindet sich also seit Jahrzehnten in einer raschen wirtschaftlichen,

Tabelle 1

Erzeugnis	Produktions-Menge in Tonnen für das Bundesgebiet einschl. Berlin (West) laut Statistik des Verbandes der Lackindustrie, E. V.				Wert in 1000 DM für das Bundesgebiet einschl. Berlin (West) laut Statistik des Verbandes der Lackindustrie, E. V.			
	1964	1965	1966	1967	1964	1965	1966	1967
Lebensmittelfarben	619	711	695	763	5307	5743	6181	6954
natürliche	.	.	566	557	.	.	4364	4485
synthetische	.	.	129	206	.	.	1817	2469
Lacke, Anstrichmittel, Spachtel	654936	739978	754679	789574	1832176	1995040	1994415	1977073
Wasserverdünnbare Anstrichmittel								
nicht pigmentiert	20071	15582	20478*	26620	38803	31062	41400*	49911
pigmentiert oder mit Füllstoffen	106814	160628	215296*	266723	203566	283566	321610*	377480
Wasserverdünnbare Kunstharzlacke	.	.	8568*	9249*	.	.	26662*	32008
Leimanstrich- und Wasserfarben	17349	23235	17727	18781	20510	24664	20560	20764
Silikatanstrichfarben	907	1075	2599	3648	1578	1941	4380	6154
Öllacke, -lackfarben, -anstrichfarben	.	.	49655*	41317	.	.	142287*	119575
Lacke und Anstrichfarben auf der Basis ölmodifizierter Kunstharze	.	.	218106*	210751	.	.	757095*	729181
Sonstige Kunstharzlacke und -lackfarben, Basis nicht ölmodifizierte Kunstharze	71337	73295	70211	67275	273244	289229	269375	257755
Celluloselacke								
nicht pigmentiert	55086	55591	51648	50074	174583	175044	147207	139878
pigmentiert	37019	38368	32017	28065	147825	150529	113423	104357
Bitumen- und teerhaltige Lacke	22194	21219	22774	20316	20502	20464	22574	19705
Metallfarben, streichfertig	.	.	7362	7776	.	.	28219	30080
Leuchtfarben, streichfertig	.	.	110	79	.	.	266	409
Lack- u. a. Spachtel	17111	20857	20738	23027	25078	29400	43096	48207
Sonstige Anstrichmittel	.	.	17390	15657	.	.	46261	41609
Verdünnungen	70424	73846	77260	82919	128199	133888	135865	137436
Chemische Erzeugnisse für die Glas-, Emaillier- und keramische Industrie	60125	62779	60672	59746	110829	117527	119191	114501
Druckfarben	53720	59159	64979	66859	283860	316647	343951	360816
Druckereihilfsmittel für graphische Zwecke	3145	3346	3825	3628	10783	11533	13579	12481
Farben für den Unterricht	.	.	662*	730	.	.	12945	13906
Künstlerfarben	.	.	1142	1245	.	.	12607	13415
Zubereitete Sikkative	.	.	3742	4618	.	.	8999	10566
Kitte }	.	.	61603	32614	.	.	39172	27311
Spachtelmassen }				34083				18094
Firnisse aller Art	27910	31753	29823	29680	.	.	.	.
Rostschutzmittel	.	.	2269	2471	.	.	6062	6471
Bautenschutzmittel	.	.	228353	227191	.	.	218007	230081
bituminöse	.	.	123	558	.	.	83637	84205
sonstige	76576	73034	80736	74104	78877	89609	90781	90528
Holzschutzmittel	.	.	23472	27034	.	.	41567	52371

wissenschaftlichen und technologischen Aufwärtsbewegung, bei der immer mehr die Empirie durch wissenschaftliche Methoden verdrängt wird.

So gewinnen z. B. seit mehr als einem Jahrzehnt in zunehmendem Maße wasserverdünnbare und wasserdispergierte Anstrichmittel, lösungsmittelfreie flüssige Lacke auf Epoxid-, Polyurethan-, PVC- und anderer Basis, pulverartige Lack-Systeme, elektrostatische, luftlose und elektrophoretische Lackierverfahren an Bedeutung. Beschichtungen aus solchen Produkten können viele mm Dicke besitzen, sind sehr gut füllend und glättend, im allgemeinen abriebfest, porenfrei, chemikalien- und witterungsbeständig (Klimabeständigkeit unter Umständen bis zehn Jahre und mehr). Neben der Elektrophorese, den Flut- und Wirbelverfahren ist neuerdings die Bildung von Überzügen durch Polymerisation von Monomeren auf der Unterlage durch Energiezufuhr (meist Strahlung) stärker hervorgetreten. Eine besonders lebhafte Entwicklung hat auch das Gebiet der Analyse von Lacken und ihren Rohstoffen durch die modernen physikalischen und physikalisch-chemischen Untersuchungsmethoden erfahren.

Zusammenfassend läßt sich also feststellen, daß die auf dem reinen Chemiebereich fruchtbaren und richtungsweisenden Methoden auch das Gebiet der Lacke und Lackfarben erfaßt haben; und es ist zu wünschen, daß diese Entwicklung sich verstärken und insbesondere verbreitern möge.

2. Zusammensetzung und Nomenklatur für Lacke, Lackfarben, ihre Rohstoffe und verwandte Produkte

Lacke bzw. Anstrichstoffe oder Anstrichmittel bestehen bei einfachster Zusammensetzung aus Stoffen (Filmbildnern), die flüssig sind und durch chemische Reaktionen untereinander oder mit dem Sauerstoff der Luft; ferner durch physikalische Vorgänge (s. IV. 2) in einen haftenden, festen Film übergehen (z.B. bei gewissen Ölanstrichmitteln, lösungsmittelfreien Lacken, Schmelzmassen usw.).

Da die meisten Filmbildner fest (Viskosität größer als 10^{11}–10^{13} P) oder zähflüssig sind, sind im allgemeinen zur Herabsetzung der Viscosität noch Flüssigkeiten erforderlich (wie flüchtige organische Lösungsmittel oder Wasser: z.B. bei üblichen, physikalisch trocknenden Lacken; Weichmacher: z.B. zur Herstellung von Plastisolen und Organosolen; polymerisierbare und damit wenig flüchtige Verbindungen wie Styrol, Vinyltoluol, Methacrylsäureester: z.B. zur Herstellung von ungesättigten Polyesterlacken, selbsthaftenden Plastisolen und Organosolen).

Zu den selbständigen oder nicht selbständigen Filmbildnern, die definitionsgemäß einen Film bilden können (vgl. DIN 55945), zählen: Naturstoffe wie Naturharze, Lacköle, Teere, Peche, Asphalte, Bitumen und viele andere; abgewandelte Naturstoffe wie Kautschuk- und Cellulosederivate (z.B. Chlorkautschuk, Cyclokautschuk bzw. Cellulosenitrate, andere Celluloseester, Celluloseäther usw.); zahlreiche Kunstharze und die große Zahl von Kunststoffen (meist durch Polymerisation oder Copolymerisation gewonnen).

Viele Lacke enthalten neben Filmbildern und Lösungsmitteln noch Zusätze wie Weichmachungsmittel die ebenso wie Filmbildner Pigmente und Füllstoffe binden können, also auch Bindemittel darstellen), außerdem spezifische Zusatz- bzw. „Hilfsmittel“ (wie Verlaufmittel, Trockenstoffe, Beschleuniger, Katalysatoren, Netzmittel, Emulgatoren, Verdickungsmittel, Viskositätsregulatoren, Antiabsetzmittel, hautverhindernde Mittel, Antiausschwimmittel; Hitze-, Licht- und Sauerstoffstabilisatoren; UV-Absorber und viele andere mehr).

Nach DIN 55945 nennt man die nichtflüchtigen Anteile eines Anstrichstoffs bzw. Lacks Bindemittel. Alle Filmbildner, Weichmacher, Trockenstoffe, Antihautmittel, Stabilisatoren und andere nichtflüchtige Zusatzmittel werden also unter dem Begriff Bindemittel zusammengefaßt, obwohl einige von ihnen weder Pigmente und Füllstoffe binden können, noch den Film auf dem Untergrund „binden“ können.

Ein durchsichtiger Lack, der nach der Filmbildung einen klar durchsichtigen und nicht künstlich gefärbten Film ergibt, nennt man Klarlack.

Transparent gefärbte Lacke enthalten lösliche Farbstoffe oder lasierende Pigmente und bilden transparent gefärbte Filme.

Pigmentierte Lacke – Lackfarben – enthalten als charakteristische Komponenten Pigmente und vielfach auch noch Füllstoffe (Verschnittmittel oder Extender), weiterhin häufig Pigmentdispergierungsmittel, Absetz- und Ausschwimmverhinderungsstoffe usw.

Der Sammelbegriff für Pigmente (anorganische und organische) und Farbstoffe – also für alle farbgebenden Stoffe – ist Farbmittel (vgl. DIN 55944, 55945 und II. 5).

Das Bindemittel-Pigment-Füllstoff-Verhältnis und die Pigmentvolumenkonzentration (PVK) sind bei den einzelnen Lackarten (z. B. bei Grund- und Decklack) sehr verschieden. Viele Eigenschaften von Anstrichen besitzen bei der kritischen Pigmentvolumenkonzentration ein Maximum bzw. Minimum. Oberhalb der kritischen Pigmentvolumenkonzentration verändern sich z. B. zahlreiche Eigenschaften wie Glanz, Porigkeit, Wasserdampfdurchlässigkeit, Festigkeit, Dehnung, Chemikalienbeständigkeit, Schutzwirkung und andere schlagartig; d. h. Glanz, Schutzwirkung und andere nehmen stark ab; Porigkeit, Quellung und Wasserdampfdurchlässigkeit stark zu. Für die meisten Anstrichstoffe beträgt die kritische Pigmentvolumenkonzentration (KPVK) 40—45%. Die Definition der PVK (Pigmentvolumenkonzentration) ist folgende:

$$\text{(1)} \qquad \text{PVK} = \frac{V_{\text{P+F}} \cdot 100}{V_{\text{B}} + V_{\text{P+F}}} \qquad \begin{array}{l} V_{\text{P+F}} = \text{Volumen von Pigmenten und Füllstoffen} \\ V_{\text{B}} \;\;\;= \text{Volumen der Bindemittel} \end{array}$$

Für übliche lösungsmittelhaltige Grundlacke beträgt das Bindemittel-Pigment-Verhältnis 100 : 150–250 und die PVK 20–50%; für hochglänzende lösungsmittelhaltige Decklacke 100 : 50–100 und die PVK 15–25%.

Die verschiedenen Lackklassen und Einteilungsprinzipien werden in A. III mitgeteilt.

In DIN 55945 heißt es u. a.:

„Lacke sind Anstrichstoffe, die Anstriche mit spezifischen Eigenschaften ergeben, z. B. einen gut verlaufenden, einwandfrei durchhärtenden Anstrich und einen je nach dem Verwendungszweck zu fordernden Widerstand gegen Witterungs- oder mechanische oder chemische Einflüsse ..."

Anstrichstoffe bzw. Anstrichmittel bzw. Lacke sind nach der gleichen DIN-Norm flüssige bis pastenförmige, physikalisch und/oder chemisch trocknende Stoffe oder Stoffgemische, die durch Streichen, Spritzen, Tauchen, Fluten, Flow Coaten, elektrostatisches Spritzen, Trommeln, Zentrifugieren, Gießen, elektrophoretisches Lackieren, Walzen und andere Methoden auf die zu schützenden Werkstücke (Anstrich- oder Lackträger) aufgetragen werden, einen Anstrich und schließlich durch die Filmbildungsvorgänge einen Anstrichfilm oder Lackfilm ergeben.

Gemäß DIN 55945 ist ein Anstrich ein gleichmäßig verteilter Auftrag von Anstrichstoffen auf einem Untergrund, auf dem er nach dem Trocknen haftet. Dazu muß bemerkt werden, daß es zahlreiche Fälle gibt, bei denen das Haften unerwünscht ist (z.B. bei Abziehlacken, abziehfähigen Schmelztauchmassen für den vorübergehenden Korrosionsschutz).

Bildet der Lack oder Anstrich nach dem Trocknen eine feste, zusammenhängende Haut mit guten mechanischen und anderen Eigenschaften, so spricht man von einem Anstrichfilm oder Lackfilm.

Häufig benötigt man für einen bestimmten Zweck mehrere übereinander befindliche Filme, im allgemeinen mit verschiedener, aufeinander abgestimmter Zusammensetzung. Diese ergeben ein Anstrichsystem, einen Anstrich- oder Lackaufbau, z.B. aus Grundanstrich oder Grundlackierung, Voranstrich oder Vorlackierung, Füller, Deckanstrich oder Decklackierung. In dieser Reihenfolge nehmen das Pigment-Bindemittel-Verhältnis, die Porigkeit, das Deckvermögen u.a. ab, Elastizität, Glanz, Glätte, Plastizität u.a. steigen an.

Von Lackfarben oder pigmentierten Lacken wird – neben einem bestimmten Farbton und vielen anderen Eigenschaften – vor allem auch ein bestimmtes Deckvermögen verlangt.

Ein Lack oder eine Lackfarbe ist also ein technologischer Sammelbegriff für ein flüssiges Stoffgemisch mit Filmbildungseigenschaften. Da entsprechende pastenförmige Stoffgemische wie Spachtelmassen, Füllmassen, Gießmassen, Plastisole, Organosole, Kunstharz- bzw. Kunststoffpasten ebenfalls flüssig sind, d.h. eine Viskosität unter 10^{11}–10^{13} P (Poise) besitzen, sind auch sie – nach dieser Definition – den Anstrichstoffen zuzuordnen. Nach anderen Definitionen, die hier nicht erörtert werden müssen, gehören Kunststoffpasten und Plastisole zu den Kunststoffen. Jedenfalls ist der Übergang zwischen dem Lack- und Kunststoffgebiet fließend, nicht nur hinsichtlich der physikalisch-technologischen Begriffsbestimmung, sondern auch bezüglich chemischer Zusammensetzung, gemeinsamer Verarbeitungsverfahren und Eigenschaften. Die enge Verflechtung zwischen den beiden Gebieten wurde von K. Weinmann (1967) in dem Werk „Beschichten mit Lacken und Kunststoffen“ eingehend dargelegt.

3. Zweck und Aufgabe von Lackierungen und Beschichtungen

Eine Beschichtung oder Lackierung kann zahlreiche Aufgaben erfüllen, z.B. Schutz des Untergrundes gegen Agenzien aller Art, Verschönerung des Aussehens, psychologische und physiologische Wirkung durch den Farbton (Farbdynamik), Farb- und Glanzgebung, Kennzeichnung durch bestimmten Farbton, Glättung (z.B. vor der Metallisierung im Hochvakuum), Effektbildung (z.B. Runzel- und Tupfeffekt), feuerhemmende Wirkung; Verbesserung der hygienischen, physiologischen und lebensmittelchemischen Eigenschaften; Senkung der Oberflächenreibung (Erhöhung des Gleitvermögens), elektrische Isolierung, Verhütung elektrostatischer Aufladungen (Erhöhung der Oberflächenleitfähigkeit), Verbesserung der Wärme- und Schallisolierung (z.B. durch Schallschlucklackierungen, Schaumplastisol- und Schaumstoffschichten), Bewitterungs- und Lichtschutz; Schutz gegen Bakterien, Pilze, Insekten, radioaktive Strahlen usw.; Schutz vor mechanischen Beanspruchungen (wie Abrieb, Schlag, Eindringen von Fremdkörpern), Verbesserung der Wärmebeständigkeit und viele andere mehr.

Wie wichtig der Korrosionsschutz ist, ergibt sich schon allein aus der Tatsache, daß infolge ungenügenden Schutzes jährlich auf der Welt etwa 10 Millionen Tonnen Eisen durch Korrosion zerstört werden. Hinzu kommen noch die durch Korrosion entstandenen Milliardenschäden an Geräten, Maschinen, Bauwerken, Verkehrseinrichtungen, Gegenständen aller Art; von der Funktionsbeeinflussung und indirekten Schäden ganz abgesehen.

Dagegen ist der Aufwand zur Korrosionsverhütung – von ästhetischen und farbpsychologischen Wirkungen abgesehen – verhältnismäßig gering. Im allgemeinen schwankt die erforderliche Schichtdicke einer Lackierung oder Beschichtung je nach Werkstück und Anforderungen zwischen 10 und 300 μm (bei außen liegenden Teilen meist zwischen 60 und 150 μm). Teilweise liegen die Schichtstärken zwischen 300 μm und mehreren mm; z. B. beim Wirbelsintern, Spritzen von Kunststoffen, beim Beschichten mit Schmelzmassen, Organosolen und Plastisolen.

4. Verwendung auf dem Lebensmittelgebiet

„Farben, soweit sie nicht zu den Lebensmitteln gehören“ sind Bedarfsgegenstände im Sinne des Lebensmittelgesetzes. Lacke und andere Anstrichstoffe und Beschichtungsmittel werden außerdem auf zahlreiche Bedarfsgegenstände aufgebracht, so daß sie auch unter diesem Gesichtspunkt den lebensmittelrechtlichen Bestimmungen unterliegen können (siehe „Hinweise für die lebensmittelrechtliche Beurteilung").

Da sehr viele Kunststoffe als Lackfilmbildner und zahlreiche Kunststoff-Hilfsstoffe (Katalysatoren, Regler, Stabilisatoren, Gleitmittel usw.) als Lackzusatzstoffe Verwendung finden, sind auch die Empfehlungen der Kommission des Bundesgesundheitsamtes für die gesundheitliche Beurteilung von Kunststoffen und anderen Polymeren im Rahmen des Lebensmittelgesetzes von großer Bedeutung.

Sie werden laufend im Bundesgesundheitsblatt mitgeteilt und sind im Beitrag „Kunststoffe und andere Polymere für Bedarfsgegenstände" näher besprochen. Dort ist auch das Antragsverfahren zur Aufnahme neuer Kunststoffe oder Fabrikationshilfs- und Zusatzstoffe in diese Empfehlungen zu ersehen.

Besonders wichtig ist hier die Empfehlung *XL Lacke und Anstrichstoffe für Lebensmittelbehälter und -verpackungen* (47. Mitteilung, Bundesgesundheitsblatt *11* (1968) S. 192).

Sie hat folgenden Inhalt:

A. Innenschutzlacke zur Herstellung von Lackfilmen für Lebensmittelbehälter bis zu 25 Litern Inhalt sowie für Folien (z. B. Konservendosenlacke, Tubenlacke)

I. Rohstoffe

1. Bindemittel

a) *Naturprodukte und abgewandelte Naturprodukte:*

Schellack, soweit er den Reinheitsanforderungen des § 2, Abs. 2 der Kaffeeverordnung entspricht.

Kopal geschmolzen (z. B. Kongokopal, Hart-Manilakopal), auch verestert mit mehrwertigen Alkoholen C_3—C_6.

Der Arsen- und Bleigehalt des Kopals darf höchstens je 1 mg/kg und der Gehalt an anderen Schwermetallen insgesamt höchstens 40 mg/kg betragen.

Dammarharz, soweit es den Reinheitsanforderungen der Anlage zur Kaugummiverordnung entspricht.

Celluloseacetat und -propionat, soweit es der Empfehlung XXVI und Folgen entspricht.

Cellulosenitrat (Viskosität der 2%igen Lösung in Aceton bei 25° C mindestens 0,6 cP).

Äthylcellulose mit einem Äthoxylgehalt von 46,5–50,0%. Ihre 6%ige Lösung in einem Gemisch aus 80 Gewichtsteilen Toluol und 20 Gewichtsteilen Äthanol muß bei 20° C eine Viskosität von mindestens 6 cP aufweisen.

Cyclokautschuk. Die 20%ige Lösung des Cyclokautschuks in Testbenzin (Siedebereich 140–200° C) muß bei 20° C mindestens 20 cP betragen.

Hydrierte Ester des Kolophoniums mit 3- und mehrwertigen Alkoholen C_3—C_6, soweit sie den Reinheitsanforderungen der Anlage zur Kaugummiverordnung entsprechen.

Trocknende ungesättigte Öle, und zwar Leinöl und Holzöl, sowie die daraus lediglich durch Erhitzen hergestellten Standöle.

Phenol-Formaldehyd-modifiziertes Kolophonium.

Xylol-Formaldehyd-modifiziertes Kolophonium.

Acrylsäure – und/oder Maleinsäure – modifiziertes Kolophonium und dessen Ester mit 3- und mehrwertigen Alkoholen C_3—C_6.

b) *Polykondensations-, Polymerisations- und Polyadditionsprodukte*

Alkydharze (Polyester aus mehrwertigen Alkoholen und Phthalsäure), auch fettsäuremodifiziert; Kettenlänge der Fettsäure C_6 und darüber.

Kondensationsprodukte sowie verätherte Kondensationsprodukte aus gereinigten ein- und mehrwertigen, gegebenenfalls alkylierten Phenolen mit Formaldehyd; Xylol-Formaldehydharze und deren Kondensationsprodukte mit Phenol oder alkylierten Phenolen.

Ketonharze, Ketonformaldehydharze und Furfurolharze. Fettsäure-modifizierte Phenol-Formaldehydharze; Kettenlänge der Fettsäure größer als C_6.

Mit ein- oder mehrwertigen Alkoholen C_2—C_8 verätherte Kondensationsprodukte aus Harnstoff und Melamin (bzw. deren Mischungen) mit Formaldehyd sowie Carbamidsäureesterharze.

Epoxidverbindungen, vernetzt mit verätherten Harnstoff-, Melamin- oder Phenol-Formaldehydharzen, oder verestert mit Fettsäuren einer Kettenlänge über C_6, oder vernetzt mit Polyaminoamiden und/oder Polyaminoimidazolinen aus Di- und Trimerisationsprodukten ungesättigter Fettsäuren und/oder aliphatischen Polyaminen und/oder Isocyanaten.

Polyamide, soweit sie der Empfehlung X A und Folgen entsprechen.

Polyurethane aus Polyisocyanaten in Verbindung mit Alkydharzen, hydroxylgruppenhaltigen Polyestern und Polyäthern, Phenol-Formaldehydharzen und Xylol-Formaldehydharzen, auch in Kombination mit Celluloseacetobutyrat (Essigsäuregehalt etwa 20%, Buttersäuregehalt 30–45%, Polymerisationsgrad 100–180).

Polycarbonate, soweit sie der Empfehlung XI A und Folgen entsprechen.

Polyacrylsäure- und Polymethacrylsäureester aus einwertigen aliphatischen gesättigten Alkoholen C_1—C_{18}, soweit sie der Empfehlung XXII A und Folgen entsprechen, sowie aus zwei- oder dreiwertigen aliphatischen gesättigten Alkoholen.

Polyvinylchlorid und seine Mischpolymerisate mit Polyvinylidenchlorid und anderen Copolymeren, soweit sie der Empfehlung II C und Folgen entsprechen.

Polymere und Copolymere aus Styrol, Butadien, Isopren und Acrylnitril, soweit sie der Empfehlung VI C und Folgen entsprechen.

Polychlorbutadien (Polychloropren), soweit es der Empfehlung XXI B und Folgen entspricht.

Polyvinyläther gesättigter aliphatischer Alkohole C_1—C_{12}, soweit sie der Empfehlung XVI und Folgen entsprechen.

Polyvinylacetale aus aliphatischen gesättigten Aldehyden C_1—C_6 mit einem Molekulargewicht von über 10000.

Polyvinylester aus aliphatischen gesättigten Fettsäuren C_2—C_{18}.

Cyclisierte Polymerisate des Butadiens und Isoprens.

c) *Weichmacher*

Dibutylphthalat
Di-2-äthylhexylphthalat
Di-n-hexylacelat
Dibutylsebacat
Acetyltributylcitrat
Acetyl-tri-2-äthylhexylcitrat
Diphenyl-2-äthylhexyl-phosphat
Alkylsulfonsäureester C_{10}—C_{20} des Phenols und der Methylphenole
Adipinsäurepolyester mit 1.3-Butandiol und 1.6-Hexandiol
Adipinsäurepolyester mit 1.3- und 1.4-Butandiol, deren freie Hydroxylgruppen acetyliert sind
Dicyclohexylphthalat
Benzylbutylphthalat
Acetylricinolsäurebutylester

Sojaöl und epoxidiertes Sojaöl, sofern ihre Jodzahl kleiner als 6 ist und ihr Epoxidsauerstoffgehalt weniger als 8% beträgt.

Für Folienlacke, und zwar nur für diese, dürfen zusätzlich folgende Weichmacher verwendet werden:

Saccharoseacetat-isobutyrat
Di-2-äthylhexyladipat
Poly-1.2-propylenglykoladipat
Di-2-äthylhexylsebacat
Di-n-butyladipat.

1 dm^2 lackierte Fläche darf höchstens 25 mg Weichmacher enthalten.

d) *Hilfsstoffe*

Trockenstoffe gemäß DIN 55901: Salze und Oxide des Kobalts, Mangans, Eisens, Calciums, Zirkons und Cers mit Naphthensäuren, gesättigten vorwiegend tertiären Monocarbonsäuren, C_9—C_{11} und 2-Äthyl-hexansäure. Im getrockneten Lackfilm dürfen höchstens 0,2% Kobalt (Co) oder höchstens 0,5% von den restlichen Trockenstoffen (jeweils bezogen auf das Metall) enthalten sein.

Katalysatoren: Ameisensäure, Essigsäure, Milchsäure, Apfelsäure, Weinsäure, Citronensäure, Salicylsäure, Salzsäure, Schwefelsäure, Phosphorsäure, Natriumhydroxid, Kaliumhydroxid, Ammoniak, Calciumhydroxid, Magnesiumhydroxid sowie die Salze dieser Stoffe, insgesamt höchstens 1,0%. Saure Ester der Phosphorsäure mit einwertigen gesättigten aliphatischen Alkoholen der Kettenlänge C_2—C_4.

Ungesättigte aliphatische Dicarbonsäuren C_4—C_8.

Toluolsulfosäure, Toluolsulfosäurechlorid.

Polymere Titansäureester aliphatischer Alkohole C_3—C_8.

Aluminiumalkoholate C_2—C_8 in Mengen von höchstens 1,0%, berechnet als Metall im Trockenfilm.

Stabilisatoren gemäß den bei den einzelnen Bindemitteln und Zusatzstoffen genannten Empfehlungen des Bundesgesundheitsamtes. Außerdem höchstens 8,0% Zinkoxid als Stabilisierungsmittel gegen die Verfärbung durch anorganische und organische Schwefelverbindungen, jedoch nicht bei Lacken für saure Füllgüter.

Emulgatoren und Schutzkolloide nur soweit sie als Reste der bei der Herstellung der einzelnen Bindemittel und Zusatzstoffe verwendeten Emulgatoren und Schutzkolloide vorliegen und in den entsprechenden Empfehlungen des Bundesgesundheitsamtes genannt sind.

2. Pigmente und Füllstoffe

Titandioxid
Magnesium- und Aluminiumsilikat
Aluminiumpulver
synthetische Eisenoxidpigmente
Kieselsäure.
Zusätzlich nur für Folienlacke:
Goldbronze (Kupfer-Zinklegierung mit einem Höchstgehalt von 15% Zink)
Organische Farbstoffe und Pigmente.

Die genannten Pigmente und Farbstoffe müssen der Empfehlung IX A und Folgen entsprechen.

3. Zusatzstoffe

Carnaubawachs.

Polyäthylen, soweit es der Empfehlung III B und Folgen entspricht.

Paraffine, soweit sie der Empfehlung XXV B und Folgen entsprechen.

Ester von aliphatisch geradekettigen gesättigten Säuren C_6—C_{24} mit einwertigen gesättigten aliphatischen Alkoholen C_4—C_{20}.

Glycerinester natürlich vorkommender gesättigter und ungesättigter Fettsäuren.

Von den obengenannten Zusatzstoffen dürfen insgesamt höchstens 5 mg/dm² Oberfläche vorhanden sein.

Siliconöle (Organopolysiloxane), soweit sie dem Abschnitt I der Empfehlung XV B und Folgen entsprechen, jedoch höchstens 2 mg/dm² lackierte Fläche.

II. Anforderungen an die gebrauchsfertigen Lackierungen

Die Lackierungen müssen unter Berücksichtigung ihrer Zusammensetzung so getrocknet werden, daß von ihnen keine flüchtigen Anteile, insbesondere keine Lösungsmittel auf die Lebensmittel und ihre Oberfläche übergehen. Die fertigen Lackierungen dürfen die Lebensmittel geruchlich und geschmacklich nicht beeinflussen.

Bei der Prüfung der Innenanstriche (Lackierungen auf geeignetem Trägermaterial oder im Bedarfsgegenstand) dürfen folgende Extraktionswerte nicht überschritten werden:

1 dm² lackierte Fläche darf bei den festgelegten Prüfverfahren nicht mehr als 5 mg herauslösbare Stoffe abgeben. Beträgt der Extraktionswert, auf 1000 ml Füllvolumen des Bedarfsgegenstandes berechnet, mehr als 50 mg, so ist der chloroformlösliche Anteil des Trockenextraktes zu bestimmen. Er darf nicht mehr als 2 mg/dm² lackierte Fläche betragen.

Phenolische Substanzen dürfen in diesen Extrakten nicht mehr als 1 mg/dm² enthalten sein.

Formaldehyd darf im wäßrigen Extrakt nicht mehr als 0,3 mg/dm² enthalten sein.

Zinkionen dürfen im wäßrigen Extrakt nicht mehr als 1 mg/dm² enthalten sein. Lackierungen von Bedarfsgegenständen für saure Füllgüter dürfen auch an den essigsauren Extrakt nicht mehr als 1 mg/dm² Zinkionen abgeben.

Organisch gebundener Stickstoff darf in diesen Extrakten nicht mehr als 1 mg/dm² enthalten sein.

Aromatische Amine dürfen in den Lackfilmen nicht nachweisbar sein.

B. Anstrichstoffe zur Herstellung von Lackfilmen für Bedarfsgegenstände mit mehr als 25 Litern Inhalt sowie für Geräte und Maschinen, die bestimmungsgemäß mit Lebensmitteln in Berührung kommen

I. Rohstoffe

1. Bindemittel

a) *Natur- und abgewandelte Naturprodukte*

Schellack, soweit er den Reinheitsanforderungen des § 2 Abs. 2 der Kaffeeverordnung entspricht.

b) *Polykondensations-, Polymerisations- und Polyadditionsprodukte*

Kondensationsprodukte sowie veräthererte Kondensationsprodukte aus gereinigten ein- und mehrwertigen, gegebenenfalls alkylierten Phenolen mit Formaldehyd; Xylol-Formaldehydharze und deren Kondensationsprodukte mit Phenol oder alkylierten Phenolen.

Ketonharze, Keton-Formaldehydharze und Furfurolharze.

Fettsäure-modifizierte Phenol-Formaldehydharze; Kettenlänge der Fettsäure größer als C_6.

Mit einwertigen Alkoholen C_2—C_8 verätherte Kondensationsprodukte aus Harnstoff und Melamin (bzw. deren Mischungen) mit Formaldehyd sowie Carbamidsäureesterharze.

Epoxidverbindungen, vernetzt mit verätherten Harnstoff-, Melamin- oder Phenol-Formaldehydharzen, oder verestert mit Fettsäuren einer Kettenlänge über C_6, oder vernetzt mit Polyaminoamiden und/oder Polyaminoimidazolinen aus Di- und Trimerisationsprodukten ungesättigter Fettsäuren oder aliphatischen Polyaminen oder Addukten aus Epoxidverbindungen und aliphatischen Polyaminen oder 4.4'-Dicyclohexyl-diamin oder Isocyanaten.

Polyamide, soweit sie der Empfehlung X A und Folgen entsprechen.

Polyurethane aus Polyisocyanaten in Verbindung mit Alkydharzen, hydroxylgruppenhaltigen Polyestern und Polyäthern, Phenol-Formaldehydharzen und Xylol-Formaldehydharzen, auch in Kombination mit Celluloseacetobutyrat (Essigsäuregehalt etwa 20%, Buttersäuregehalt 30–45%, Polymerisationsgrad 100–180).

Polycarbonate, soweit sie der Empfehlung XI A und Folgen entsprechen.

Polyacrylsäure- und Polymethacrylsäureester aus einwertigen aliphatischen gesättigten Alkoholen C_1—C_{18}, soweit sie der Empfehlung XXII A und Folgen entsprechen, sowie aus zwei- oder dreiwertigen aliphatischen gesättigten Alkoholen.

Alkydharze (Polyester aus mehrwertigen Alkoholen und mehrbasischen Säuren), auch fettsäure-modifiziert; Kettenlänge der Fettsäure größer als C_6.

Polyvinylchlorid und seine Mischpolymerisate mit Polyvinylidenchlorid und anderen Copolymeren, soweit sie der Empfehlung II C und Folgen entsprechen, auch in Kombination mit ungesättigten Polyesterharzen, soweit diese der Empfehlung XII A und Folgen entsprechen, jedoch ohne Fabrikationshilfs- und Zusatzstoffe.

Polymere und Copolymere aus Styrol, Butadien, Isopren und Acrylnitril, soweit sie der Empfehlung VI C und Folgen entsprechen.

Polychlorbutadien (Polychloropren), soweit es der Empfehlung XXI B und Folgen entspricht.

Polyvinylacetale aus aliphatischen gesättigten Aldehyden C_1—C_6 mit einem Molekulargewicht von über 10000.

Chlorierte und cyclisierte Polymerisate des Isoprens.

Siliconharze (Organopolysiloxane), soweit sie dem Abschnitt II der Empfehlung XV B und Folgen entsprechen.

c) *Weichmacher*

Dibutylphthalat
Di-2-äthylhexylphthalat
Di-n-hexylacelat
Acetyltributylcitrat
Acetyl-tri-2-äthylhexylcitrat
Diphenyl-2-äthylhexyl-phosphat
Alkylsulfonsäureester C_{10}—C_{20} des Phenols und der Methylphenole
Adipinsäurepolyester mit 1.3-Butandiol und 1.6-Hexandiol
Adipinsäurepolyester mit 1.3- und 1.4-Butandiol, deren freie Hydroxylgruppen acetyliert sind.
Benzylbutylphthalat
Acetylricinolsäurebutylester

1 dm^2 der lackierten Fläche darf höchstens 25 mg Weichmacher enthalten (bezogen auf eine Trockenschichtdicke von 40 mμ).

d) *Hilfstoffe*

Trockenstoffe gemäß DIN 55901: Salze und Oxide des Kobalts, Mangans, Eisens, Calciums, Zirkons und Cers mit Naphthensäuren, gesättigten vorwiegend tertiären Monocarbonsäuren C_9—C_{11} und 2-Äthylhexansäure. Im getrockneten Lackfilm dürfen höchstens 0,2% Kobalt (Co) oder höchstens 0,5% von den restlichen Trockenstoffen (jeweils bezogen auf das Metall) enthalten sein.

Katalysatoren: Ameisensäure, Essigsäure, Milchsäure, Apfelsäure, Weinsäure, Citronensäure, Salzsäure, Schwefelsäure, Phosphorsäure, Natriumhydroxid, Kaliumhydroxid, Ammoniak, Calciumhydroxid, Magnesiumhydroxid sowie die Salze dieser Stoffe, insgesamt höchstens 1,0%.

Saure Ester der Phosphorsäure mit einwertigen gesättigten aliphatischen Alkoholen der Kettenlänge C_2 —C_4.

Ungesättigte aliphatische Dicarbonsäuren C_4—C_8.

Stabilisatoren gemäß bei den einzelnen Bindemitteln und Zusatzstoffen genannten Empfehlungen des Bundesgesundheitsamtes.

Emulgatoren und Schutzkolloide nur soweit sie als Reste der bei der Herstellung der einzelnen Bindemittel und Zusatzstoffe verwendeten Emulgatoren und Schutzkolloide vorliegen und in den entsprechenden Empfehlungen des Bundesgesundheitsamtes genannt sind.

2. Pigmente und Füllstoffe

Titandioxid
Magnesium- und Aluminiumsilikat
Siliciumcarbid
Aluminiumpulver
synthetische Eisenoxidpigmente
Bariumsulfat, frei von löslichen Bariumverbindungen
Kieselsäure
Organische Farbstoffe und Pigmente

Die genannten Pigmente und Farbstoffe müssen der Empfehlung IX A und Folgen entsprechen.

3. Zusatzstoffe

Carnaubawachs
Polyäthylen, soweit es der Empfehlung III B und Folgen entspricht.
Paraffine, soweit sie der Empfehlung XXV B und Folgen entsprechen.

Von den obengenannten Zusatzstoffen dürfen insgesamt höchstens 5 mg/dm² Oberfläche vorhanden sein.

Siliconöle (Organopolysiloxane), soweit sie dem Abschnitt I der Empfehlung XV B und Folgen entsprechen, jedoch höchstens 2 mg/dm² lackierte Fläche.

II. Anforderungen an die gebrauchsfertigen Lackierungen

Die Lackierungen müssen unter Berücksichtigung ihrer Zusammensetzung so getrocknet werden, daß von ihnen keine flüchtigen Anteile, insbesondere keine Lösungsmittel auf die Lebensmittel und ihre Oberfläche übergehen. Die fertigen Lackierungen dürfen die als Füllgut vorgesehenen Lebensmittel geruchlich und geschmacklich nicht beeinflussen.

Bei Innenanstrichen muß jeder Einzelanstrich des Anstrichaufbaus den Bedingungen des Abschnitts B I entsprechen. Bei Außenanstrichen muß der letzte Deckanstrich den Bedingungen des Abschnittes B I entsprechen.

Bei der Prüfung der Innenanstriche (Lackierungen auf geeignetem Trägermaterial) dürfen folgende Extraktionswerte nicht überschritten werden:

1 dm² lackierte Fläche darf bei den festgelegten Prüfverfahren nicht mehr als 5 mg herauslösbare Stoffe abgeben. Phenolische Substanzen dürfen in diesen Extrakten nicht mehr als 1 mg/dm² enthalten sein.

Formaldehyd darf im wäßrigen Extrakt nicht mehr als 0,3 mg/dm² enthalten sein.

Organisch gebundener Stickstoff darf in diesen Extrakten nicht mehr als 1 mg/dm² enthalten sein.

Aromatische Amine dürfen in den Lackfilmen nicht nachweisbar sein.

Zu den Prüfmethoden siehe Beitrag „Kunststoffe und andere Polymere für Bedarfsgegenstände“. Sie müssen nicht nur an sich den lebensmittelrechtlichen Vorschriften entsprechen, sondern auch für den vorgesehenen Zweck geeignet sein, wofür der Verwender die Verantwortung trägt (H. Berger, 1964b).

Mit der Frage, ob sich einzelne Kunststoffe geruchlich und geschmacklich einem bestimmten Lebensmittel gegenüber indifferent verhalten, hat sich das Bundesgesundheitsamt noch nicht befaßt. Entsprechende Erfahrungen liegen teilweise beim Institut für Lebensmitteltechnologie und -verpackung, München 54, Schragenhoferstr. 35, und anderen Stellen vor.

II. Lackrohstoffe: Chemische Zusammensetzung, Eigenschaften, Anwendung und Bedeutung, gesundheitliche Beurteilung, analytische Methoden

1. Allgemeines und grundsätzliche analytische Methoden

Unter den Lackrohstoffen — z. B. Filmbildner, Weichmachungsmittel, Lösungsmittel, Farbmittel und Zusatzstoffe — kommt zweifellos den Filmbildnern, also den Bestandteilen, die allein einen Lack- bzw. Anstrichfilm bilden können, die größte Bedeutung zu. Sie prägen deshalb weitgehend die wichtigsten Eigenschaften der Lacke; der Filme bzw. Beschichtungen, wie Verlauf, Verarbeitbarkeit, Füllvermögen, Haftfestigkeit, Härte, Abriebfestigkeit, Schlagfestigkeit, Plastizität, Elastizität und andere mechanische Eigenschaften, weiterhin Schutzwirkung gegen Wasser, wäßrige Chemikalien, organische Lösungsmittel, Licht- und Witterungseinflüsse. Daher wird ihnen nachstehend der größte Raum gewidmet.

Auf eine eingehende Behandlung der Analytik kann verzichtet werden, da hierüber eine umfangreiche, teilweise hervorragende Literatur vorliegt. Die wichtigsten Nachweismöglichkeiten werden kurz skizziert.

In den Büchern von D. HUMMEL, K. THINIUS, K. HOUWINKEL, H. WAGNER-H. SARX, H. GNAMM-W. SOMMER, ULLMANN (Encyklopädie der technischen Chemie), BERL-LUNGE, HOUBEN-WEYL, H. WINNACKER-L. KÜCHLER, A. V. BLOM, G. SCHULZ, J. SCHEIBER und K. WEINMANN wird über Nachweismethoden für Bindemittel und Zusatzstoffe berichtet.

Die Werke von H. KITTEL, E. HERRMANN, E. HEZEL und anderen enthalten Nachweismöglichkeiten für Farbmittel.

Mit der Analyse von Lösungsmitteln beschäftigen sich H. GNAMM-W. SOMMER, K. THINIUS, F. W. KERCKOW und andere.

Auch das Bundesgesundheitsamt veröffentlicht zu seinen schon erwähnten „Empfehlungen zur gesundheitlichen Beurteilung von Kunststoffen und anderen Polymeren im Rahmen des Lebensmittelgesetzes" im Bundesgesundheitsblatt Analysenmethoden, die von einem Analysenausschuß der Kunststoff-Kommission ausgearbeitet werden (vgl. H. MÜHLSCHLEGEL: „Weitere fremde Stoffe" in Band I und Beitrag „Kunststoffe und andere Polymere für Bedarfsgegenstände" sowie „Allgemeine Untersuchungsmethoden, Teil 1: Identifizierung von Kunststoffen und anderen Polymeren" (Bundesgesundh.-Bl. **12**, 342; 1969).

2. Filmbildner und daraus hergestellte Lacke, Anstrichmittel und verwandte Produkte

Für die Herstellung von Lacken, Lackfarben, Anstrichmitteln aller Art, Druckfarben und ähnlichen Produkten kommt eine sehr große Zahl von Filmbildnern in Frage.

D. HUMMEL teilt in seinem Buch „Kunststoff-, Lack- und Gummi-Analyse" die Kunststoff- und Lackrohstoffe aus analytischen Gründen in „Naturharze, Lacköle, modifizierte Öle, Wachse, abgewandelte Harze, Cellulosederivate; Asphalte, Bitumina, Peche; Phenolharze, Polykohlenwasserstoffe, Polyhalogenkohlenwasserstoffe und Polyhalogenkohlenstoffe, Ester und polymere Säuren, Ätherharze, stickstoffhaltige Harze; Selbstkondensations-, Mischkondensations- und Polymerisations-Produkte aus Aldehyden und Ketonen; polymere Alkohole, Harze mit Schwefel als bestimmender Komponente, halogenhaltige polymere Ester, chlorsulfoniertes Polyäthylen, halborganische Produkte, Weichmacher, Stabilisatoren, Hilfsmittel ein.

H. WAGNER und H. SARX unterscheiden zwischen Polykondensationsharzen, Polyadditionsharzen, Polymerisationsharzen, -Vinylharzen, Polymerisations-Inden- und Cumaronharzen, Siliconprodukten, Derivaten des natürlichen und künstlichen Kautschuks, veredelten Naturharzen, Cellulosederivaten, verschiedenen Kunstharzen. Die Epoxid- und Isocyanatharze werden deshalb zu den Polyadditionsharzen gezählt, weil diese Filmbildner vorzugsweise durch Additionsreaktionen mit Polyaminen oder Polyamiden bzw. mit hydroxylhaltigen Polyestern oder anderen Verbindungen vernetzte, also dreidimensionale Filme ergeben. Obiger Einteilung liegt eine Bewertung von Herkunft, Herstellungsmethode und Eigenschaften der Filmbildner vor.

B. VOLLMERT und G. SCHULZ benützen wiederum andere Einteilungsprinzipien.

Der Verfasser hat sich auf Grund theoretischer Überlegungen und langjähriger Erfahrungen entschlossen, nachstehende Einteilung zu verwenden. Sie hat sich gut bewährt und berücksichtigt die Herkunft bei Naturharzen, die Herstellungsmethoden bei synthetischen Verbindungen, aber auch die chemische Konstitution und wichtigsten physikalischen, technologischen und chemischen Eigenschaften, ebenso in großem Maße Anwendung und Bedeutung der Filmbildner:

a) Naturstoffe
b) ab- bzw. umgewandelte Naturstoffe
c) synthetische Filmbildner: Kunstharze und Kunststoffe

In diesem Rahmen ist es natürlich unmöglich, auf Herstellungsverfahren oder Herkunft, chemische Konstitution und Reaktionsfähigkeit näher einzugehen. Darüber informieren Bücher von A. V. Blom, D. Hummel, H. Kittel, W. König, E. Karsten, J. Scheiber, G. Schulz, K. Krekeler und G. Wick, B. Vollmert, H. Wagner-Sarx, K. Weigel, W. Riese und K. Weinmann. Vielmehr werden stichwortartig für die wichtigsten Filmbildner die chemische Zusammensetzung, lacktechnische Eigenschaften, Verwendung und Bedeutung, analytische Nachweismethoden und Toxikologie erörtert.

Die Identifizierung kann auf verschiedene Weise vorgenommen werden. Häufig führen schon sofort erkennbare technologische Eigenschaften, physikalische, technologische und chemische Prüfungen, Anwendung und Bedeutung (Trocknung, Aussehen, Verwendung, Härte, Elastizität, Abriebfestigkeit und chemische Beständigkeit) zum Ergebnis oder zumindest zu einem ungefähren Resultat. So lassen sich z.B. allgemeine analytische Daten liefern u.a.: Viscosität von Lösungen des Filmbildners bestimmter Konzentration, Vorproben (wie Elementaranalyse, Beilstein-Probe, Löslichkeit und Ausfällbarkeit, Pyrolyse, Brennprobe, Säurezahl, Verseifungszahl, Hydroxylzahl (Acetylzahl), Jodzahl, Dienzahl, Extraktionsfähigkeit, zahlreiche Farbreaktionen), chemische Einzel- und Gruppenreaktionen, physikalische Methoden wie chromatographische und spektroskopische Untersuchungen usw.

U.a. können bereits aus der Verseifungszahl wichtige Hinweise gewonnen werden.

Bei üblicher Verseifung ergeben z.B. folgende Filmbildner Verseifungszahlen unter 20: Celluloseäther, Epoxidharze, Polyamidharze; Polyäthylen, Polypropylen und anderen Polykohlenwasserstoffe, Polystyrol, Butadien- und Styrol-Copolymerisate, Polyurethane, Polytetrafluoräthylen, Polytrifluorchloräthylen, Polyvinylacetale u.a.

Teilweise verseift werden (Verseifungszahl zwischen 20 und 200): Chlorkautschuk, PVC und Vinylchlorid-Copolymerisate, Polyacrylnitril, Acrylnitril-Copolymerisate, Polychlorbutadien, Polyvinylidenchlorid, Vinylidenchlorid-Copolymerisate, Thioplaste u.a.

Eine Verseifungsazahl über 200 besitzen:

Celluloseester, Polyacrylsäure- und u.U. Polymethacrylsäureester, Polyvinylacetat, Polyvinylpropionat, Terephthalsäureester und andere Polyester.

Die Verseifungsgeschwindigkeit in Anlehnung an DIN 53404 (Prüfung von Weichmachern. Bestimmung der Verseifungsgeschwindigkeit) ist ein brauchbares Verfahren zur Feststellung der Identität bestimmter verseifbarer Kunststoffe, Weichmacher und anderer Rohstoffe.

Kunststoffe mit Amidbindungen wie Polyamide werden durch starke Säuren – z.B. 20%ige Salzsäure – bei 100–110°C hydrolysiert, wobei freie Dicarbonsäuren und Aminhydrochloride bzw. Aminocarbonsäurehydrochloride (z.B. aus ω-Aminocarbonsäurelactamen) entstehen.

PVC, Polyvinylchlorid und deren Copolymerisate spalten durch sehr langes Kochen mit äthylglykolischer Kalilauge quantitativ Chlor als Chlorid ab, bei PVC z.B. bleibt dann Polyvinylalkohol zurück. Durch Kochen von PVC und anderen chlorierten Polykohlenwasserstoffen mit aktiviertem Zinkstaub in Dioxan entstehen Paraffine. Die Reduktion von PVC kann auch mit Lithiumaluminiumhydrid vorgenommen werden.

Die Hydroxylgruppen werden durch die Hydroxylzahl (Acetylzahl), die Carbonylgruppen durch die Carbonylzahl (mit Hydroxylaminhydrochlorid) bestimmt.

Weitere Kennzahlen, wie Jod-, Rhodan- und Dienzahl (Pandienzahl) nach den verschiedensten Verfahren, geben wichtige Hinweise bei Kunststoffen und anderen Filmbildnern mit ungesättigten Kohlenstoff-Kohlenstoff-Bindungen.

Die wichtigsten, in Bindemitteln vorkommenden Atomgruppierungen werden in nachstehender Tabelle samt ihrer chemischen Beständigkeit aufgeführt.

Tabelle 2

Atomgruppierung		Beständigkeit gegen		
		H_2O	Alkali	Säuren
in kettenförmigen Kohlenwasserstoffen: (ähnlich verhalten sich aromatische CH-Gruppen)	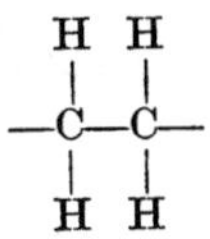	+	+	+
in Estern:	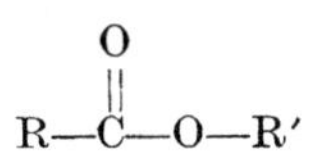	+ (+)	—	(+)
in Äthern:	R—O—R′	+ (+)	+	(+) —
in Ketonen:	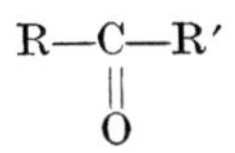	+ (+)	+	+
in Polyamiden:	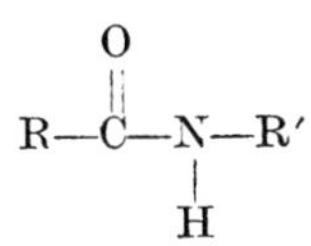	(+)	+	— (+)
in Polyurethanen:	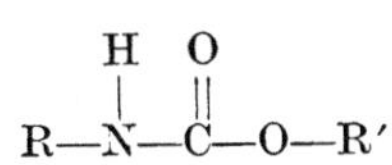	(+)	(+) —	+ (+)
in Halogen (z. B. Chlor)-Kohlenwasserstoffen:	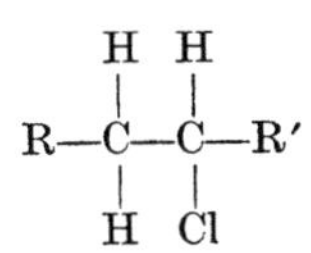	+	(+)	+

Zeichenerklärung: + beständig; — unbeständig; (+) bedingt beständig; + (+) beständige und bedingt beständige Gruppierungen liegen vor

a) Naturstoffe

Zu den Naturstoffen, die als Film- bzw. Schichtbildner für Lacke und andere organische Beschichtungsmittel dienen, gehören:

Naturharze, Lacköle oder fette Öle (trocknende, halbtrocknende, nichttrocknende), Wachse, Asphalte und ähnliche Stoffe.

Asphalte werden wegen ihrer chemischen und technologischen Verwandtschaft zusammen mit den Bitumen, Pechen, Teeren im Abschnitt b) Abgewandelte bzw. umgewandelte Naturstoffe behandelt.

Nach Empfehlungen des Bundesgesundheitsamts sind Naturharze, wie Kolophonium, Schellack und Kopale für den Aufbau von Lacken zugelassen.

α) Naturharze

Eine sehr gute und ausführliche Zusammenstellung über dieses Thema stammt von Sandermann (Ullmanns Encyclopädie der technischen Chemie Bd. 8, S. 393–417). Andere Bücher wurden von A. Tschirch und E. Stock, H. Wolff und C. L. Mantell verfaßt.

Die Naturharze lassen sich nach ihrer Zusammensetzung in Säureharze (Kolophonium, Sandarac: Coniferenharze; Kopale: rezente oder rezentfossile Baumharze, Gummigutt: Guttiferenharz); Esterharze (Accaroid, Schellack, Benzoeharz); Resenharze (indifferente Verbindungen verschiedener chemischer Zusammensetzung, bis 70% unverseifbar, mit Säurezahlen unter 50 wie Mastix, Dammar, Bernstein, Elemi usw.) und ähnliche unterteilen.

Naturharze können auch nach ihrer Herkunft und ihrem Alter in recente, fossile und recentfossile, weiterhin in pflanzliche und tierische gegliedert werden.

Eine andere Gliederung unterscheidet aliphatische Kohlenwasserstoffe, Terpene und aromatische Verbindungen.

Die lacktechnische Bedeutung von Naturharzen—Kolophonium ist bei weitem das wichtigste – ist relativ gering. In Mischungen oder Verkochungen (chemischen Umwandlungen) mit anderen Lackfilmbildnern (z.B. Lackölen, Alkydharzen, Phenolharzen, Cellulosenitraten) spielen Naturharze eine beachtliche Rolle (s. weiter unten).

Die natürlichen Harze sind im allgemeinen in niederen Alkoholen, z.B. in Äthylalkohol, löslich und können deshalb u.a. zur Herstellung benzinbeständiger Lackierungen herangezogen werden.

Das bekannteste und wichtigste Naturharz ist das *Kolophonium*, das aus dem pathologischen Harzfluß von Coniferen durch Wasserdampfdestillation gewonnen wird. Der Destillationsrückstand des aus den Verletzungen des Stammes fließenden Terpentins nennt man Balsamharz, der Rückstand aus extrahierten Kiefernstubben heißt Wurzelharz. Das Kolophonium besteht in der Hauptsache aus verschiedenen Harzsäuren:

Säure	Gewichtsprozent
Abietinsäure ($C_{19}H_{29}COOH$; Molekulargewicht $\approx$ 302) und andere Säuren vom gleichen Typus (z. B. L-Pimarsäure)	ca. 50
Dehydroabietinsäure	ca. 4
Dihydroabietinsäure	ca. 15–16
Tetrahydroabietinsäure	ca. 16–17
D-Pimarsäure	ca. 16
Resene (Terpene, Terpenalkohole, aromatische Verbindungen)	ca. 9–7

Der Schmelzbereich der Kolophoniumarten und der von Wurzelharzen liegt zwischen 50 und 115° C, die Säurezahl zwischen 140 und 185 und die Verseifungszahl zwischen 145 und 195. Auch die beiden letzten Zahlen schließen die Anwesenheit verseifbarer Ester- und Lactongruppen nahezu vollständig aus.

Kolophonium ist u. a. in Alkoholen, Estern, Ketonen, Benzinkohlenwasserstoffen und Lackölen löslich. Durch seine kugelige Form, sein kleines Molekül, die zwei konjugierten Doppelbindungen und die freie Carboxylgruppe sind Filme aus dem physikalisch trocknenden Kolophonium hart, spröde, nicht dehnbar, sauer (korrodieren unedle Metalle), wasser- und alkaliempfindlich, wenig lichtecht und daher als Selbstbindemittel nur in Verbindung mit Weichharzen (z. B. Elemi, Mastix usw.), Weichmachern und Lackölen brauchbar. Kolophoniumlacke werden zur Lackierung von Holz und Papier in beschränktem Umfang verwendet. Außerdem werden aus Kolophonium Druckfarben und Klebstoffe hergestellt. Eine wesentlich größere Bedeutung besitzen Kolophonium und Wurzelharze als Ausgangsprodukte für Maleinatharze, Kalkharze, Zinkharze, Harzester und andere umgewandelte Naturharze, harzmodifizierte Phenolharze, harzmodifizierte Alkydharze, Trockenstoffe (Metallsalze der Abietinsäure), außerdem in Mischungen und Verkochungen mit Lackölen und Alkydharzen, ferner in Kombination mit Cellulosenitraten zur Herstellung von Holz-, Metall-, Papier-, Kunststofflacken und für Druckfarben und verwandte Produkte.

Kopale sind recente oder recent-fossile Baumharze und bestehen im wesentlichen (bis zu 90%) aus ungesättigten, polycyclischen, ein- oder mehrbasischen Harzsäuren. Die Menge an unverseifbaren Resenanteilen beträgt zwischen 6 und 12%.

Kauri-Kopale z. B. sind in Alkoholen, Ketonen und Estern löslich; Kongo-Kopale sind in üblichen kalten Lösungsmitteln nicht löslich, nach Aufschmelzen jedoch in Benzinkohlenwasserstoffen, Alkoholen und Estern. Nach Verkochen mit Lackölen (z. B. Leinöl) und Alkydharzen werden die Kopale in Benzinkohlenwasserstoffen und Terpenkohlenwasserstoffen löslich und ergeben lufttrocknende Filmbildner zur Herstellung von Maschinenspachteln, Metall- und Holzlacken. Kopale finden z. B. zur Herstellung von billigen Sarg-, Holz-, Modell- und Papierlacken Verwendung.

Benzoeharz wird u.a. für Konditorlacke verwendet.

Sandarak, Gummigutt und andere besitzen keine nennenswerte lacktechnische Bedeutung.

Von den Esterharzen hat der *Schellack* zur Herstellung von Druckfarben (Anilindruck auf Papier), Folien-, Kapsel-, Haar-, Verpackungs-, Isolier- und Geigenlacken, ebenso zur Herstellung von Polituren eine gewisse Bedeutung erlangt. U.a. verhindert ein Schellackfilm weitgehend den Harzaustritt aus dem Holz beim Lackieren mit Öl- und Alkydharzlacken, da Schellack in Benzinkohlenwasserstoffen nicht löslich ist. Häufig wird Schellack mit Cellulosenitraten kombiniert. Dieses Naturharz wird durch Umschmelzen und Veredeln des Stocklacks (Ausscheidungsprodukt der Lacklaus) gewonnen und besteht aus Lactonen, Lactiden, Estern und Äthern, vorwiegend aliphatischen (Aleuritinsäure: 9, 10, 16-Trioxypalmitinsäure), aber auch hydroaromatischen Polyoxysäuren (z.B. Schellolsäure). Bei einem gebleichten Schellack beträgt die Säurezahl 8,1, die Verseifungszahl 236. Die Löslichkeit in niederen Alkoholen, Amylacetat usw. geht durch Lagern allmählich verloren.

Die Resenharze *Mastix*, *Dammar*, *Bernstein* und *Elemi* werden nur selten als Alleinfilmbildner verwendet. Insbesondere Elemi und Mastix können zur Weichmachung harter Naturharze eingesetzt werden.

Natürliche Harze sind durch Aussehen, Brechungszahl, Dichte, Erweichungspunkt bzw. Erweichungsintervall, Farbton, Säurezahl, Verseifungszahl, Jodzahl, Pandienzahl, Pyrolyse, verschiedene Farbreaktionen wie die Liebermann-STORCH-Morawski (spezifisch für Säuren mit Abietinsäuregerüst), Löslichkeit, Fällungsverfahren, IR-Spektroskopie, Einzelreaktionen auf p-Hydroxyzimtsäure, Aleuritinsäure, Zimtsäure, Abietinsäure nachweisbar; vgl. dazu auch die Bücher von E. STOCK, G. ZEIDLER, G. BLEISCH, D. HUMMEL, ULLMANN (Bd. 8, S. 416).

β) Lacköle (fette Öle)

Zahlreiche natürliche Öle besitzen eine große Bedeutung als Filmbildner (z.B. für Öllacke) oder als Ausgangsprodukt für die Herstellung von modifizierten Ölen, Öl-Kunstharz-Verkochungen, wichtigen Kunstharzen (z.B. Alkydharzen, ölmodifizierten Phenolharzen, Epoxidharzestern), Weichmachern (z.B. Fettsäureestern, epoxydierten Ölen und anderen Fettsäureestern). Den natürlichen Ölen kommt deshalb auch im Zeitalter der Kunstharze und Kunststoffe eine sehr große Bedeutung zu.

Die Öle — wegen ihrer Verwendung auch als Lacköle bezeichnet — unterscheiden sich in den Fettsäureresten. Diese bestimmen Eigenschaften, Verwendung und Bedeutung der aus den Ölen hergestellten Filmbildner und Lacke.

In der Empfehlung des Bundesgesundheitsamtes für Lacke werden als verwendbar alle trocknenden und halbtrocknenden Öle wie Leinöl, Holzöl, Ricinenöl, gereinigtes Tallöl, Sojaöl genannt.

Zur Zusammensetzung der fetten Öle und Fettsäuren sei auf W. WACHS: „Fette und Lipoide (Lipide), Wachse, Harze“ und auf J. SCHORMÜLLER und W. GROSCH: „Carbonsäuren, Ester, usw.“ in Band I sowie auf Band IV „Fette und Lipoide (Lipide)“ verwiesen.

Eingehende Darstellungen über Zusammensetzung und analytische Nachweise von Ölen und Fettsäuren stammen z.B. von H. P. KAUFMANN und Mitarbeitern und von D. HUMMEL.

Die Lacköle lassen sich nach verschiedenen Gesichtspunkten unterteilen, z.B. nach der Zusammensetzung oder noch zweckmäßiger nach ihrem Trocknungsverhalten (trocknend, halbtrocknend, nichttrocknend: s. unten).

Bei der chemischen Einteilung kann man unterscheiden in:

Isolenöle (Fettsäureester aus Fettsäuren mit isolierten Doppelbindungen): Leinöl, Conophoröl, Perillaöl, Lallemantiaöl, Stillingiaöl, Leindotteröl, Lumbangöl, Sojaöl, Safloröl, Tabaksamenöl, Mohnöl, Sonnenblumenöl, Walnußöl, Hanföl, Traubenkernöl, Seetieröle.

Tierische Öle wie Walöl (ht), Heringsöl (ht), Sardinenöl (t) trocknen wie halbtrocknende oder halbtrocknende-trocknende Öle und enthalten: Tetradecensäure, Hexadecensäure, Ölsäure, Arachidousäure, Clupanodonsäure. Auch diese Öle spielen neuerdings eine immer bedeutendere Rolle zur Herstellung von Alkydlacken und lufttrocknenden Lacken. Diese billigen Lacke besitzen ein sehr gutes Penetrations- und Benetzungsvermögen und damit verbunden einen guten Korrosionsschutz.

Konjuenöle (Fettsäureester aus Fettsäuren mit konjugierten Doppelbindungen): Holzöl, Oiticicaöl, Kamalaöl, Parinariumöle, Ricinenöl.

Öle mit anderer Zusammensetzung: Ricinusöl, Isanoöl, Tallöl, Acajounußschalenöl

modifizierte Öle: Kalköle, geblasene Öle, isomerisierte Öle, Standöle, Maleinatöle, vinylierte Öle, Urethanöle, Cyclopentadienöle, epoxydierte Öle, Pentaerythritöle, styrolisierte Öle, Butadienöle, Indenöle u. a.

Ein Öl, das bei entsprechender Sikkativierung (Zusatz von 1 bis 3 % Trockenstoff bzw. Sikkativ: Kobalt, Blei, Mangan, Naphthenat) in einem Tag und kürzer an der Luft durch Oxypolymerisation einen klebfreien, oberflächentrockenen, festen, zusammenhängenden und homogenen Film ergibt, nennt man ein trocknendes Öl.

Ein halbtrocknendes Lacköl benötigt zwischen 1 und 7 Tagen Trocknungszeit, während nichttrocknende Öle wegen Fehlens von mehr als 1 Doppelbindung je Fettsäurerest überhaupt nicht an der Luft bei 20° C einen festen Film ergeben.

Es versteht sich, daß es zahlreiche Übergänge gibt; z.B. stehen verschiedene Lacköle an der Schwelle zwischen halbtrocknenden und trocknenden Ölen (z.B. Ricinenöl, Fischöle, usw.).

In Tabelle 4 werden von wichtigen Lackölen chemische Zusammensetzung, verschiedene Kennzahlen, Trocknungsverhalten, charakteristische Eigenschaften und Verwendung angegeben. Die Zusammensetzung der Öle schwankt nach Herkunft, Ort, Klima und Jahr erheblich. Ferner ergeben verschiedene Analysenverfahren nicht immer genau übereinstimmende Werte. In einzelnen Fällen werden deshalb mehrere mögliche Zusammensetzungen angegeben. Die Werte entstammen Arbeiten von MATIELLO, GARMSEN, SEDGWICK, v. MIKUSCH, WEINMANN und anderen und sind in den Büchern von HUMMEL und KARSTEN größtenteils erwähnt.

Die Säurezahlen liegen im allgemeinen zwischen 2 und 4 (kleiner als 10), Verseifungszahlen zwischen 180 und 200, das Unverseifbare zwischen 0,4 und 2. Andere Kennzahlen, wie Viscosität, Erweichungsbereich, Brechungszahl, Dichte, können der Literatur (siehe oben) entnommen werden.

Die in Tabelle 4 genannten Kennzahlen können nach folgenden Bestimmungsmethoden ermittelt werden (Tab. 3).

Tabelle 3

Kennzahl	Methode
Dichte bei 20° C (ϱ)	DIN 51757
Säurezahl (SZ)	DIN 55934
Verseifungszahl (VZ)	DIN 55934
Unverseifbares max. (UV)	DIN 55934
Flüchtige Anteile	N 1046 bei 125° C
	DIN 55934 bei 105–110° C
Farbe	DIN 6162
Brechungszahl	DIN 55934
Hydroxylzahl (OHZ)	N 1046 (Essigsäureanhydridmethode)
Gelierzeit bei 288° C	DIN 55936

Tabelle 4

Zeichenerklärung:
t = trocknend, ht = halbtrocknend, nt = nicht trocknend.
ot = sehr schnell oberflächentrocknend,
tt = gut in der Tiefe trocknend
JZ = Jodzahl (gJod/100 g Substanz); RhZ = Rhodanzahl (umgerechnet auf g Jod pro 100 g Substanz)
DZ = Dienzahl (umgerechnet auf g Jod pro 100 g Substanz)
SZ = Säurezahl, (mg Kaliumhydroxid/g Substanz); VZ = Verseifungszahl (mg Kaliumhydroxid/g Substanz)
OHZ = Hydroxylzahl (mg Kaliumhydroxid/g Substanz)

Lacköl	Chem. Zusammensetzung der Fettsäuren in %	Trocknungsverhalten	Experimentelle Kennzahlen					Charakteristische Eigenschaften	Verwendung
			JZ (nach Wijs)	RhZ	DZ	SZ	VZ		
trocknende (*schnell trocknende*) Leinöl (vgl. DIN 55930 DIN 55933 DIN 55934)	9,12-Linolsäure: 15–24, 15–20 bzw. 16–25 Linolensäure: 47–53, 42–43, 37–42 bzw. 38 Ölsäure: 6–12, 9–10, 16–19 bzw. 20–25 Palmitinsäure: 2–4 bzw. 5–6 5–8 Stearinsäure: 3–7 bzw. 4–8 Arachinsäure: 0,5 bzw. 0,6	t, tt (im Mittel etwa 2,1 Doppelbindungen je Fettsäurerest)	170–200	110–125	–	0,8–8,4	187–197	Temperatur-, Licht-, Wasser- und Witterungsbeständigkeit der Filme nur mittelmäßig; hohe Geschmeidigkeit der Filme; gute Haftung auf Holz, Papier, Eisen und Stahl; nicht aber auf Kunststoffen und Nichteisenmetallen	Für die Herstellung von Öllacken bzw. Leinöl-Standöllacken bzw. ölmodifizierten Lacken, vorwiegend für den Bautensektor; insbesondere als Bleimennige-Grundierungen (Spachtel, Zwischenanstriche). Leinöl und seine Abwandlungsprodukte werden häufig mit andern Filmbildnern verkocht oder gemischt. Solche Filmbildner sind: andere Lacköle, Chlorkautschuk, Alkydharze, Cyclokautschuk, Phenolharze, Naturharze, abgewandelte Naturharze u.a.
			Die Kennzahlen, vor allem die Jodzahl, stimmen in diesem Fall (isolierte Doppelbindungen) gut mit den theoretisch errechenbaren Werten überein.						

Tabelle 4 (1. Fortsetzung)

Lacköl	Chem. Zusammensetzung der Fettsäuren in %	Trocknungsverhalten	Experimentelle Kennzahlen					Charakteristische Eigenschaften	Verwendung
			JZ	RhZ	DZ	SZ	VZ		
Holzöl (Tungöl)	Elaeostearinsäure: 76,5–76,8 bzw. 71–82 Linolsäure: 9,3–97 bzw. 8–15 Ölsäure: 6,8—8,1 bzw. 4–10 Gesättigte Fettsäuren: 2,6–3,4 bzw. 4,0—4,1	t ot (im Mittel 2,6 Doppelbindungen je Fettsäurerest)	145–176	78–87	67–70	7–12	188–197	nur relativ langsame Tiefentrocknung infolge der sehr schnellen Oberflächentrocknungsneigung; geringere Dehnbarkeit und Lichtechtheit als Leinölfilme, gegenüber Temperaturschwankungen sehr empfindlich, daher für Bewitterung ohne entsprechenden Zusatz nicht geeignet. Wasser-, Chemikalienbeständigkeit und Härte größer als bei Leinölfilmen	Als Selbstbindemittel im wesentlichen nur zur Herstellung von Schrumpf-, Runzel- und Eisblumenlacken; in Kombinationen mit andern Ölen, Alkydharzen, Phenolharzen usw. zur Herstellung von Bautenlacken (vor allem für schnelltrocknende Grundierungen, Bootslacke usw.) geeignet.
			Jodzahl und Rhodanzahl sind wegen der zahlreichen konjugierten Doppelbindungen relativ niedrig.						
Oiticicaöl (Cicöl)	Licansäure: 73–82 bzw. 74 bzw. 70–73 Linolsäure: 4,4 bzw. 8 Ölsäure: 11,6 bzw. 8 Palmitin- und Stearinsäure: 8–12 bzw. 12 bzw. 9–11	t, ot	140–157	76–79	–	0–4	188–203	weitgehend mit Holzöl übereinstimmend, Filme sind weniger wasserfest und geschmeidiger als Holzölfilme	
Perillaöl	Linolensäure: 63–70 Linolsäure: 0–15 Ölsäure: 14–23	t, tt	182–206	120–126	– –	1,4–28,1	187–194	Weitgehende Übereinstimmung mit Leinöl	

Tabelle 4 (2. Fortsetzung)

Lacköl	Chem. Zusammensetzung der Fettsäuren in %	Trocknungsverhalten	Experimentelle Kennzahlen					Charakteristische Eigenschaften	Verwendung
Saffloröl	Linolensäure: 3–5 Linolsäure: 70–72 Ölsäure: 20–23	t	135–158	79–85	–	8–9,8	186–193		
			Weitgehende Übereinstimmung mit Leinöl						
Ähnlich sind Walnußöl, Tabaksamenöl und andere									
			JZ	RhZ	DZ	SZ	VZ		
halbtrocknende Sojaöl	Linolensäure: 0 bzw. 2 9,12 Linolsäure: 50–55 bzw. 50–54 Ölsäure: 22–29 bzw. 30–31 Palmitinsäure: 6,5–10 bzw. 9 Stearinsäure: 4,1–6,3 Arachinsäure u. Myristinsäure: 0,4–0,6	ht	124–133	75–88	–	kleiner als 3	189–195	Langsamer trocknend als trocknende Öle, Lacke sind gut füllend, Filme sind temperaturbeständiger, lichtechter und geschmeidiger als Leinölfilme; geringere Härte und Quellfestigkeit als bei Leinölfilmen	In Verbindung mit trocknenden Ölen zur Herstellung von Bautenlacken, epoxydierte Sojaöle sind gute Stabilisatoren für chlorierte Filmbildner gegen Wärme und Licht; Sojaalkydharze sind je nach Fettsäuregehalt lufttrocknend oder einbrennfähig (z.B. Einbrennbedingungen: 30 min. bei 110–130 °C) und werden zur Lackierung von Holz, Metallen (z.B. für Automobilkarosserien, medizinische Geräte, Behälter, elektrotechnische Artikel usw.), Weich- und Hartgummi (zur Lackierung von Lenkrädern) verwendet.

Tabelle 4 (3. Fortsetzung)

Lacköl	Chem. Zusammensetzung der Fettsäuren in %	Trocknungsverhalten	Experimentelle Kennzahlen					Charakteristische Eigenschaften	Verwendung
			JZ	RhZ	DZ	SZ	VZ		
Ricinenöl (durch Dehydratisieren von Ricinusöl) (Synourinöl)	9,12 Linolsäure: 55–68 Ricinensäure: 17–30 Ölsäure: 6–9 Gesättigte Fettsäuren (einschließlich Oxysäuren): 3–4	ht	125–145	–	–	kleiner	188–195	ähnlich Sojaöl	wird nur in kleinem Umfang direkt als Filmbildner verwendet; in großem Maße aber zur Herstellung von Ricinenalkydharzen, die in der Metallackierung eine sehr große Bedeutung besitzen (Einbrennbedingungen: 30 min bei 80–120° C.).
			OHZ=25						
Andere *halbtrocknende Öle* sind: Sonnenblumenöl (40–50% Ölsäure, 46–55% Linolsäure), Traubenkernöl, Baumwollsaatöl (42% Linolsäure, 35% Ölsäure, 23% gesättigte Fettsäuren), destilliertes Tallöl (Nebenprodukt der Celluloseherstellung): Linolsäure 24–35%, Harzsäuren 20–30%, Ölsäure 20–30% Mohnöl (u.a. 62% Linolsäure und 30% Ölsäure)									
Nichttrocknende									
Cocosöl (-Fett)	Laurinsäure: 45–50 bzw. 48 Capron-, Capryl- und Caprinsäure: 16–21 bzw. 20 Myristinsäure: 16–20 bzw. 17 Palmitinsäure: 5–9 bzw. 9 Stearinsäure: 1–5 bzw. 2 Ölsäure: 5–8 bzw. 6 Linolsäure: 3–4 bzw. 2	nt	9–12	6–10	–	etwa 5	246–268	sehr temperatur- u. lichtbeständig; da nicht trocknend, als Bindemittel nicht geeignet. Cocosalkydharze spielen eine überragende Rolle (30′ 130–150° C)	Lacke aus Cocosalkydharzen (Einbrennbedingungen 30 Min. bei 130–150° C) werden zur Lackierung von Fahrzeugen, Geräten, Maschinen, Apparaten, Küchenmaschinen, Kühlschränken, Waschmaschinen, Geschirrspülmaschinen usw. herangezogen.

Tabelle 4 (4. Fortsetzung)

Lacköl	Chem. Zusammensetzung der Fettsäuren in %	Trocknungsverhalten	Experimentelle Kennzahlen					Charakteristische Eigenschaften	Verwendung
			JZ	RhZ	DZ	SZ	VZ		
Ricinusöl	Ricinolsäure: 85,5–86,5 bzw. 80–87 bzw. 92 Ölsäure: 5,1–5,8 bzw. 7–10 Linolsäure: 3,5–4,0 Gesättigte Fettsäuren: 4,5–6,0 bzw. 2–5 Dihydroxystearinsäure: 1,6–2,4	nt	80–88	82	–	kleiner als 3	176–184	Im Gegensatz zu anderen Ölen ist Ricinusöl wegen seiner Hydroxylgruppen in Alkoholen löslich.	Geblasenes Ricinusöl als Weichmacher. Ricinusöl selbst spielt als Filmbildner bei der Herstellung von Polyurethanlacken eine Rolle; Ricinusalkydharze werden in ähnlicher Weise verwendet wie Cocosalkydharze. Türkischrotöl ist ein sulfoniertes Ricinusöl und wird als Netzmittel eingesetzt.
			OHZ: 160–180						

Rapsöl (45–50% Erucasäure, 30–40% bzw. 20% Ölsäure, 10–20% bzw. 22% Linolsäure, 3% Linolensäure) liegt in dem Gebiet zwischen halbtrocknend und trocknend (Jodzahl 100),

Weitere nichttrocknende Öle sind:

Palmöl (etwa 40% Palmitinsäure, 45% Ölsäure, 9% Linolsäure; Jodzahl 12–17),

Olivenöl (77% Ölsäure, 13% Palmitinsäure, 9% Linolsäure; Jodzahl 80–88),

Erdnußöl (etwa 64% Ölsäure, 20% Linolsäure, etwa 10% Palmitin- und Stearinsäure. 6% Arachinsäure; Jodzahl 86–98).

Zeichenerklärung:
t = trocknend
ht = halb trocknend
nt = nicht trocknend

Tabelle 4a *teilt Werte aus amerikanischer Quelle mit. Aus „Federation Series on Coatings Technology Unit Three“* (*„Oils for organic coatings“*), *Federation of Societies for Paint Technology*, 121 *South Broad Street* (*Philadelphia, Pennsylvania* 19107)

mit Glycerin veresterte Fettsäuren	Ricinusöl	Cocosöl	Maisöl	Baumwollsaatöl	Leinöl	Oiticicaöl (Cicöl)	Olivenöl	Erdnußöl	Saffloröl	Sojaöl	Holzöl	Walnußöl	Sonnenblumenöl	Tallölfettsäureester
Caprylsäure		6												
Caprinsäure		6												
Laurinsäure		44												
Myristinsäure		18		1										
Palmetinsäure	2	11	13	29	6	7	14	6	8	11	4	11	11	5
Stearinsäure	1	6	4	4	4	5	2	5	3	4	1	5	6	3
Ölsäure	7	7	29	24	22	6	64	61	13	25	8	28	29	46
Ricinolsäure	87													
Linolsäure	3	2	54	40	16		16	22	75	51	4	51	52	41
Linolensäure					52		2		1	9	3	5	2	3
Elaeostearinsäure						78					80			
Licansäure														
JZ	81–91	7,5–10,5	103–128	99–113	155–205	140–160	80–88	84–100	140–150	120–141	160–175	135–162	125–136	165–170
VZ	176–187	250–264	187–193	189–198	188–196	186–193	188–196	188–195	188–194	189–195	189–195	189–198	188–194	175–185
F_p (Schmelz- bzw. Erstarrungspunkt)	–12––10	23–26	–12––10	–2––2	–20		–3–0	–2	–18––13	–23––20	4	–16––12	–18–16	

Tabelle 5. (*Pfeilrichtung gibt die Verbesserung der betreffenden Eigenschaften an*)

	Trocknung	Haftung	Verlauf	heller Farbton	Licht- u. Temperaturbeständigkeit	Geschmeidigkeit	Härte und Abriebfestigkeit	Wasserbeständigkeit	Witterungsbeständigkeit	Chemikalienbeständigkeit
Oiticicaöl Holzöl Leinöl	t ↑	↑	↓	↓	↓	↓	↑	↑	schlecht (zu geringe Geschmeidigkeit) gut	↑
Fischöle Sojaöl Tallöl Ricinenöl	ht								gut gut gut	
Rapsöl Ricinusöl Cocosöl	nt								gut als Alkydharz gut gut	

Aus Tabelle 5 können zahlreiche wichtige Eigenschaften von Öl- und Alkydharzlacken und ihren Filmen in Abhängigkeit von der Art des Öls entnommen werden.

Zum Nachweis der Lacköle (und ihrer Abwandlungsprodukte) dienen Aussehen, Geruch, Farbton, Erstarrungsbereich bzw. Erstarrungspunkt, Säurezahl, Verseifungszahl, Esterzahl, Jodzahl, Pandienzahl, Rhodanzahl, Hydroxylzahl, Viskosität, Brechungszahl, Bromzahl, Hexabromidzahl, Dichte, Löslichkeit, Fällbarkeit, trockene Destillation, Verseifung und Untersuchung der Verseifungsprodukte mit Hilfe chemischer, infrarotspektroskopischer, ultraviolettspektroskopischer, papierchromatographischer, gaschromatographischer und dünnschichtchromatographischer Methoden. Über die Trennung und Identifizierung von Fettsäuren und fetten Ölen haben vor allem H. P. KAUFMANN und Mitarbeiter Wesentliches geleistet.

Wegen der intensiven und charakteristischen Absorption des UV-Lichts durch die Doppelbindungen der Fettsäuren kann die UV-Spektroskopie wesentliche Aussagen geben.

Die Absorptionsmaxima der einzelnen ungesättigten Bindungen gehen aus nachstehende Tabelle hervor.

Tabelle 6

Fettsäure	Wellenlänge in Nm (m/µm)
9,11 Linolsäure (Ricinensäure)	232
10,12 Linolsäure	233
α-Elaeostearinsäure	271
β-Elaeostearinsäure	268
α-Licansäure	272
β-Licansäure	268

Weitere Angaben finden sich in Band II/1. Teil und 2. Teil, in Band IV sowie bei ULLMANN, Encyklopädie der technischen Chemie. 3. Aufl., 7. Bd. S. 540. München, Berlin: Urban und Schwarzenberg, 1956.

γ) Wachse (natürliche, synthetische), Paraffine

Diese Stoffklasse wird in Bd. I ausführlich besprochen, weshalb an dieser Stelle nur einige Hinweise bezüglich der Verwendung für Lacke mitgeteilt werden.

Wachse sind durch ihren Aggregatzustand (z. B. halbfest, schmierig, schmelzbar), nicht aber durch eine bestimmte chemische Zusammensetzung charakterisiert. Die natürlichen Wachse, wie Bienenwachs, Carnaubawachs und andere sind im wesentlichen Ester aus höheren Fettsäuren und höheren Alkoholen (z. B. Myricylpalmitat). Schellackwachs besteht aus höheren Alkoholen und höheren Estern.

Synthetische Wachse können höhere Kohlenwasserstoffe, Polyaether, höhere Ester, relativ hochmolekulare Alkohole und auch höhere Säuren sein. In der vorgesehenen Empfehlung des Bundesgesundheitsamtes für Lacke wird Carnaubawachs (Zugabe bis 1%) erwähnt.

Paraffine sind im allgemeinen höhere Alkane (Zahl der Kohlenstoffatome größer als 15).

Wachse und Paraffine finden Verwendung in Siegellacken, in ungesättigten Polyesterlacken für Holz, Abbeizmitteln, Polituren, mattierten Lacken aller Art. Weiterhin werden sie als Trennmittel (z. B. bei Abziehlacken), zur Herstellung von Schutzwachsen und Sprühwachsen (z. B. für Automobile), Druckfarben, Pflegemitteln aller Art, Schmelzmassen (vor allem zur Papierbeschichtung); zur Hydrophobierung und Verbesserung des Gleitvermögens (Vortäuschung größerer Härte); weiterhin als Paraffingatsch für den Unterbodenschutz von Automobilen verwendet.

Die üblichen chemischen und physikalischen Methoden sind zur Identifizierung von Wachsen und Paraffinen geeignet.

Häufig werden zu geschmolzenen Wachsen und Paraffinen noch Kunststoffe und abgewandelte Naturstoffe zur Verbesserung der Heißsiegelbarkeit, Biegsamkeit, Zähigkeit, Wasser- und Chemikalienbeständigkeit zugegeben. Mit solchen Schmelzmassen beschichtete Papiere werden für Verpackungszwecke (z.B. für Gebäck, Süßigkeiten, Milch, Milcherzeugnisse, Nahrungsmittel aller Art, Seifen, Zigaretten, Kosmetika usw.) verwendet, (siehe auch K. WEINMANN, 1967) sowie den Beitrag in diesem Band von G. TRIEM, „Kunststoffe und andere Polymere für Bedarfsgegenstände".

δ) Bitumen, Teere, Peche, Asphalte

Bitumen nennt man im allgemeinen pechartige Destillationsrückstände von Erdöl (manchmal auch geschmolzene und gereinigte Asphalte). Bei den Erdölbitumen unterscheidet man zwischen üblichen weichen Destillationsbitumen, harten Hochvakuumbitumen und geblasenem Bitumen (durch Blasen von Bitumen mit Luft bei erhöhter Temperatur). Die Bitumen bestehen hauptsächlich aus gesättigten Kohlenwasserstoffen, geringen Anteilen an ungesättigten Kohlenwasserstoffen, schwefel- und sauerstoffhaltigen Verbindungen, festen, kristallinen Paraffinen, etc.

Teere, Peche, Teerpeche können Destillationsrückstände der Steinkohle (Steinkohlenteerpeche: etwa 90% aus 3 bis 7 kernigen aromatischen Kohlenwasserstoffen mit Molekulargewichten zwischen 170 und 380; Rest aus höhermolekularen Verbindungen); der Braunkohle (Braunkohlenteerpech: vorwiegend aliphatischer Charakter); von Tallöl, Harzen, Fettsäuren und Ölen sein.

Allein und in Kombination mit trocknenden Ölen, Polyurethanharzen, Epoxidharzen, Chlorkautschuk, Vinylchlorid-Copolymerisaten und anderen Filmbildnern wird insbesondere Bitumen für die Lackierung von Unterböden der Kraftfahrzeuge, von Schiffen, Industriefußböden, Behältern, Tanks aller Art, Armaturen, Rohren und Traggestellen verwendet.

Unter Asphalten versteht man üblicherweise die natürlichen Asphalte, die bergmännisch abgebaut werden und in der Nähe von Erdölgebieten vorkommen. Asphalte sind aliphatische Kohlenwasserstoffe mit geringen Anteilen an Benzolkohlenwasserstoffen und sauerstoffhaltigen Verbindungen. Sie zeichnen sich durch relativ hohe Erweichungspunkte, tiefschwarze Färbung und — im Gegensatz zu Bitumen, Teeren und Pechen — durch große Härte aus; ferner enthalten sie als Verunreinigungen anorganische chemische Bestandteile. Für die Lackgebiete spielen die Asphalte eine relativ geringe Rolle, auch Asphalt-Lacköl-Kombinationen werden immer bedeutungsloser. Teilweise wird die Lackierung von Behältern, Regalen, Rahmen, Gestellen und anderen Metallgegenständen mit Asphaltlacken oder Öl-Asphalt-Lacken vorgenommen. Asphalte werden zur Herstellung von Dachpappen und Isolierung von Wänden gegen das Erdreich verwendet.

b) Ab- bzw. umgewandelte (umgesetzte) Naturstoffe

Umwandlungsprodukte von Naturstoffen sind: abgewandelte Naturharze, abgewandelte Öle, Bitumen, Teere, Peche und ihre Modifikationen (siehe oben), Celluloseabkömmlinge und Kautschukderivate.

α) Umgewandelte Naturharze

Naturharzmoleküle sind – wie bereits erwähnt – relativ klein und besitzen konjugierte Doppelbindungen und freie Carboxylgruppen. Ihre Filme korrodieren unedle Metalle und sind hart, vielfach sogar spröde, licht-, wasser-, hitze- und alkaliempfindlich. Es gibt zahlreiche Möglichkeiten, diese Nachteile durch chemische Umwandlungen zu mindern oder zu beseitigen. Abgewandelte Naturharze besitzen wegen ihrer teilweise recht günstigen Eigenschaften und ihres niedrigen Preises eine große Bedeutung. Sie lassen sich mit trocknenden Ölen, Chlorkautschuk, Cyclokautschuk, Cellulosenitraten, Alkydharzen und anderen wichtigen Filmbildnern kombinieren und zu hochwertigen und preisgünstigen Lacken verarbeiten.

Bei den Kalk- und Zinkharzen des Kolophoniums und anderer saurer Naturharze handelt es sich um Salze, die vor allem in Kombination mit Lackölen, Alkydharzen, Cellulosenitraten zur Lackierung von Innenteilen, z. B. Möbeln oder Geräten aller Art, eingesetzt werden.

Harzester aus Kolophonium oder Wurzelharz und Glycerin, Pentaerythrit und anderen mehrwertigen Alkoholen sind gegenüber den natürlichen Harzen und ihren Salzen besser wasser-, witterungs-, licht- und wetterbeständig.

Hydrierte Kolophoniumester sind verständlicherweise in der Lichtbeständigkeit noch besser als übliche Harzester.

Daneben gibt es oxydiertes, geschwefeltes und polymerisiertes Kolophonium.

Eine beachtliche Bedeutung haben Maleinatharze erlangt, die durch Diels-Alder-Reaktionen zwischen Kolophonium und Maleinsäureanhydrid und anschließende Veresterung mit mehrwertigen Alkoholen entstehen. Maleinatharze sind auf Grund ihrer chemischen Struktur in der Licht-, Temperatur-, Sauerstoff-, Wasser-, Chemikalien-, Witterungsbeständigkeit, sowie in der Geschmeidigkeit und Lösungsmittelabgabe günstiger als Harzester.

Weitere abgewandelte Naturharze sind: phenolmodifizierte Naturharze, Ester von polymerisiertem Kolophonium, oxydierte Kolophoniumester, geschwefelte Kolophoniumester, Kopalester u. a. Insbesondere Lacköle, Alkydharze, Cellulosenitrate, Kautschuk, Cyclokautschuk und andere Filmbildner werden zur Herstellung von witterungsbeständigen Lacken und von Anstrichmitteln für Innenräume mit obigen Naturharzabkömmlingen kombiniert.

In der Empfehlung des Bundesgesundheitsamtes für Lacke werden als zugelassen erwähnt: hydrierte Ester des Kolophoniums mit dreiwertigen Alkoholen, phenolformaldehydmodifizierte Naturharze, xylolformaldehydmodifizierte Naturharze, Maleinatharze u. a.

Zur Identifizierung der abgewandelten Naturharze dienen: Aussehen, Farbe, Härte, Erweichungs- und Fließbereich, Löslichkeit, Säurezahl, Jodzahl, Verseifungszahl, Esterzahl, Pandienzahl, Rhodanzahl, Analyse der Verseifungsprodukte, Einzelreaktionen, Farbreaktionen (z. B. LIEBERMANN-STORCH-MORAWSKI-Reaktion); IR-Analyse, UV-Analyse, Gaschromatographie, Papierchromatographie der Hydrolyseprodukte usw.

β) Abgewandelte Öle

Die geringe Haftung von Lackölen auf Nichteisenmetallen, die relativ große Wasserquellbarkeit, die mäßige Härte, die schlechte Abriebfestigkeit, mangelhafte Chemikalien – (insbesondere gegen Alkalien und Lösungsmittel), Licht- und Temperaturbeständigkeit, sowie häufig nicht voll ausreichende Verlaufs- und Trocknungseigenschaften haben schon früh zu Versuchen veranlaßt, durch chemische Umwandlungen bzw. Um- und Anlagerungen modifizierte Öle mit verbesserten Eigenschaften zu gewinnen. Solche können hier nur summarisch erwähnt werden.

Standöle von Leinöl, Holzöl und anderen Lackölen werden durch Erhitzen auf 260–300° C unter Luftabschluß (Di- und Polymerisationen, Isomerisieren der Doppelbindungen) hergestellt. Standöllackfilme besitzen kürzere Trockenzeiten, zeigen höheren Glanz und besseres Füllvermögen) größere Wasser-, Licht- und Wärmebeständigkeit.

Polymerisierte Öle (z.B. Fischöle), oxydierte, geschwefelte (faktisierte) und hydrierte Öle sind ihrer Bezeichnung entsprechend behandelt und weisen Vorteile auf, die aus ihrer chemischen Konstruktion ablesbar sind. Das gleiche gilt für styrolisierte Öle (Umsetzung mit Styrol und anderen Monomeren: insbesondere Verbesserung der Trocknung, Wasser-, Licht- und Chemikalienbeständigkeit), urethanisierte Öle (durch Teilalkoholyse der Öle und anschließende Anlagerung von Isocyanaten an die Hydroxylgruppen: vor allem Verbesserung der Trocknung, Härte, Abriebfestigkeit, Wasser- und Chemikalienbeständigkeit), vinylierte Öle (durch Copolymerisation mit Vinylverbindungen; vgl. styrolisierte Öle), thixotrope Öle (durch Behandlung mit Polyamidharzen: Erzielung einer hohen Thixotropie und damit Herstellung tropffreier Anstrichfarben), epoxydierte Öle (durch Umsetzung von Estern ungesättigter Säuren mit Peroxiden), Cyclopentadienöle (durch Depolymerisation des Dicyclopentadiens und anschließende Diels-Alder-Reaktion mit ungesättigten Ölen; vor allem bei Fischölen), Kondensate von Fischölen (z.B. alkylierte Pyronderivate).

Umgewandelte Öle werden in ähnlicher Weise wie übliche Lacköle identifiziert. Neben den bereits genannten Nachweismethoden seien noch erwähnt: Oxiran-Sauerstoff-Bestimmung; Styrol-, Vinyl-, Urethan-Nachweise usw.

In der Empfehlung des Bundesgesundheitsamtes werden als für Lacke in Verbindung mit Lebensmitteln geeignete modifizierte Öle angesehen: Standöle, Umsetzungsprodukte von trocknenden Ölen mit Styrol oder Methylstyrol oder Cyclopentadien oder Maleinsäure oder Isocyanaten.

γ) Cellulosederivate

Zahlreiche Celluloseester, Celluloseäther und deren Abkömmlinge besitzen eine hervorragende Bedeutung als Lackfilmbildner und Zusatzstoffe für Lacke.

Die Cellulose selbst ist infolge ihrer Unlöslichkeit in organischen Lösungsmitteln und Wasser, des hohen Molekulargewichts (zwischen 500000 und 1000000), der starken zwischenmolekularen Kräfte zwischen den Celluloseketten als Lackfilmbildner ungeeignet. Durch chemische Umwandlungen, z.B. Bildung von Celluloseestern und Celluloseäthern, denen eine Hydrolyse unter Depolymerisation parallel läuft, gelangt man zu Verbindungen, die im Molekulargewicht etwa zwischen 10000 und 200000 (K-Wert etwa 300 bis 1500; der 10. Teil ist näherungsweise vergleichbar mit dem K-Wert für Kunststoffe) liegen, durch relativ große Kettenabstände und kleine zwischenmolekulare Kräfte in organischen Lösungsmitteln löslich sind, ausreichende Festkörpergehalte in Lösungen bestimmter Viskosität ergeben und durch rasche Lösungsmittelverdunstung schnell filmbildend sind.

Cellulosederivate werden in der genannten Empfehlung des Bundesgesundheitsamts über Lacke als geeignet erwähnt.

Ihrer technischen Bedeutung entsprechend wird in zahlreichen Büchern ausführlich über Cellulosederivate, insbesondere Cellulosenitrat (fälschlicherweise auch als Nitrocellulose bezeichnet) berichtet. Es sei auf THINIUS, KITTEL, KRAUSS und zahlreiche Firmenbroschüren verwiesen.

Die wichtigsten Celluloseester sind Cellulosenitrate (Nitrocellulose), Celluloseacetate (Acetylcellulose), Cellulosepropionate, Celluloseacetobutyrate.

γ_1) Cellulosenitrate („Nitrocellulose"). Weitaus die größte Bedeutung und Verbreitung unter den „Celluloselacken" besitzen Cellulosenitratlacke („Nitrocelluloselacke"). In diesen ist das Cellulosenitrat der oder ein Hauptfilmbildner, daneben werden üblicherweise noch Naturharze, abgewandelte Naturharze, Kunstharze und Weichmacher mit verwendet.

Cellulosenitratlacke trocknen physikalisch, also durch Abgabe der Lösungsmittel, die in diesem Fall sehr schnell erfolgt. Deshalb benötigen Cellulosenitratlacke bei üblichen Schichtdicken und Normaltemperatur nur Trocknungszeiten von 20 bis 30 Minuten bis zur Griffestigkeit und bedingten Belastbarkeit. In Verbindung mit Alkydharzen, Melaminharzen,

Tabelle 7. *Cellulosenitrattypen mit Löslichkeit und Stickstoffgehalt*

Type	Stickstoffgehalt in %	löslich in	unlöslich in
Mononitrat (je Glukose-Baustein)	6,75	(ohne technische Bedeutung)	
Dinitrat	11,11	– (siehe unten)	–
Trinitrat	14,14	– (siehe unten)	–
E-Kollodiumwolle (etwa 2,3-Nitrat)	11,8–12,6	Ketonen Estern Äthern Acetalen nur zu 7% in Alkoholen	Benzinkohlenwasserstoffen Benzolkohlenwasserstoffen Terpenkohlenwasserstoffen Chlorkohlenwasserstoffen Alkoholen (siehe nebenan)
AM-Kollodiumwolle (etwa 2,1-Nitrat)	11,2–11,7	wie oben, jedoch bis 20% in Alkoholen	
A-Kollodiumwolle (etwa 1,9-Nitrat)	10,8–11,1	wie oben, jedoch bis 100% in Alkoholen	

Ketonharzen, Maleinatharzen, Acrylharzen, Kohlenwasserstoffharzen, Weichmachern und anderen Zusätzen ergeben Cellulosenitrate witterungsbeständige, öl-, fett- und benzinfeste Lackfilme mit ausreichendem Füllvermögen und günstigen mechanischen Eigenschaften. Für preisgünstige Lacke auf Metallen, Holz, Papier, Folien usw. wird Cellulosenitrat häufig mit Naturharzen; Harzestern, Kalk- und Zinkharzen und anderen abgewandelten Naturharzen; Polyindenharzen, Polycumaronharzen, Cumaroninden-Copolymerisaten, Polyvinylacetat, Styrol-Butadien-Copolymerisaten, Harzstoffharzen usw. kombiniert.

Man unterscheidet Cellulosenitrate („Nitrocellulose"; auch Kollodiumwolle oder einfach „Wolle" genannt) nach ihrer Kettenlänge (K-Wert), nach Normtypen (DIN 53179 und nach ihrem Veresterungsgrad (Nitrat- bzw. Stickstoffgehalt, Tabelle 7).

Nach DIN 53179 gibt die Normtype an, wieviel Prozent Cellulosenitrat in Aceton gelöst, eine dynamische Viskosität von 400 cP ± 25 cP ergeben. Sehr langkettige, hochmolekulare bzw. „hochviskose" Cellulosenitrate mit großem K-Wert haben z.B. die Bezeichnung 4 E, d.h. schon eine 4%ige Lösung ergibt diese Viskosität. „Niedrigviskose", niedermolekulare Kollodiumwollen (mit kleinem K-Wert) entsprechen z.B. dem Normtyp 34 E.

Für Cellulosenitrate, die im angefeuchteten Zustand (z.B. 65 Gewichtsteile Cellulosenitrat, 35 Gewichtsteile Isopropylalkohol) keine Sprengstoffe sind, gelten bei Lagerung, Transport, Verarbeitung besondere Vorschriften, die in den Büchern von Kraus, Kittel und Cellulosenitratherstellern usw. nachzulesen sind.

Mit zunehmender Kettenlänge des Cellulosenitrats werden Geschmeidigkeit, Witterungs-, Wasser-, Hitze- und Lichtbeständigkeit und Zugfestigkeit der Filme verbessert; hingegen Löslichkeit, Verträglichkeit mit anderen Bindemitteln, Härte, Füllvermögen, Lösungsmittelabgabe (Trocknung) verschlechtert. Im allgemeinen sind Cellulosenitratlacke wie folgt zusammengesetzt:

Cellulosenitrat: anderer Filmbildner (z.B. Alkydharz oder Maleinatharz): Weichmachungsmittel = 1 : (0,5 bis 2) : (0,1 bis 0,8).

Von den zahlreichen Einsatzgebieten für Cellulosenitratlacke seien hier nur solche lackierten Gegenstände benannt, die mit Lebensmitteln in Berührung kommen oder als Bedarfsgegenstände dem Lebensmittelgesetz unterliegen: Spielzeuge aus Holz, Metallen und Kunststoffen; Küchengeräte und Küchenmaschinen aller Art, versilberte Gegenstände und Tablets, Verpackungspapiere, Spielkarten, Bucheinbände, Druckereierzeugnisse, Lederwaren, Bleistifte, Tuben (außen), Schreibgeräte aller Art, Behälter (außen), Folien, Postkarten u. a.

Cellulosenitrat läßt sich durch seine Löslichkeit, die Ausfällung mit Chlorkohlenwasserstoffen oder Benzinkohlenwasserstoffen, die Verpuffung, Brennprobe, durch seine Pyrolyseprodukte, die Stickstoffbestimmung (z.B. nach KJELDAHL), den Nitratgehalt, die Verseifungszahl, Verseifungsprodukte, Diphenylamin-Schwefelsäure-Probe (Weichmacher vorher extrahieren!), Reaktion nach MOLISH, Bestimmung der freien Hydroxylgruppen, IR-Spektroskopie usw. nachweisen. Die Trennung der „Nitrocellulose" von anderen Bindemitteln kann direkt durch Ausfällung oder Extraktion, indirekt über Hydrolyseprodukte geschehen.

γ_2) Andere Celluloseester. Während Cellulosetriacetat (61 % Essigsäuregehalt) als thermoplastischer Kunststoff verwendet wird, kommen als Lackfilmbildner die besser löslichen Celluloseacetate mit einem Essigsäuregehalt zwischen 43 und 58 % (meist 53 bis 56 %) in Frage. Diese Celluloseacetate haben also einen Acetylierungsgrad zwischen 2 und 3 je Glucosebaustein (vgl. Empfehlung XXVI und Folgen der Kunststoffkommission des Bundesgesundheitsamtes).

Celluloseacetate werden zur Herstellung von Holz- und Metallacken für Spielzeuge, Papierlacken (z.B. für Spielkarten, Verpackungspapiere, Kartonagen, Bucheinbände usw.), Folienlacken, Tubenlacken, Bleistiftlacken, für Textilien, für abziehbare Schmelzmassen (als vorübergehender Korrosions- und Verpackungsschutz), zur Lackierung von Kunststoffen usw. verwendet.

Celluloseacetobutyrate sind besser löslich als Celluloseacetate und weisen u.a. eine günstigere Wasser- und Witterungsbeständigkeit auf. Die Einsatzgebiete sind ähnlich.

In Verbindung mit Lebensmitteln sind die Celluloseester einwandfrei.

Ihr Nachweis erfolgt durch Verseifung und Bestimmung der Essig- und Buttersäure, ferner durch die Hydroxylzahl, durch Umsetzung freier OH-Gruppen mit Isocyanaten zu Urethanen, die Löslichkeit und Ausfällbarkeit. Als Vorproben sind insbesondere Brennprobe und Pyrolyse geeignet; IR-Spektren können wertvolle Hinweise liefern.

γ_3) Celluloseäther Von den Celluloseäthern sind vor allem die in Wasser und in organischen Lösungsmitteln löslichen Methylcellulosen, die in Alkoholen lösliche Äthylcellulose sowie die wasserlöslichen Hydroxyäthylcellulosen, die celluloseglykolsauren Salze und die Benzylcellulose zu nennen.

Methylcellulose mit ungefähr 1,3 (bis 1,5) verätherten Hydroxylgruppen je Glukosebaustein sind wasserlöslich. Typen mit mehr als 1,5 Äthergruppen sind in organischen Lösungsmitteln, z.B. in Gemischen aus Chlorkohlenwasserstoffen und Alkoholen (Methylenchlorid: Methanol wie 8 : 2 bis 9 : 1), löslich. Charakteristisch für die wasserlöslichen Typen ist ihre gute Löslichkeit in kaltem und ihre Unlöslichkeit in heißem Wasser. Aus wäßrigen Lösungen kann also durch Erwärmen auf über 60° C die Methylcellulose ausgefällt werden.

Wasserlösliche Methylcellulose hat eine große Bedeutung zur Herstellung von „Leimfarben" (für Wände und Decken in Wohnungen), zur Herstellung von Klebern (z.B. zum Aufkleben von Tapeten), zum Streichen von Papieren (öl- und benzinbeständig) usw. In Kunststoff- bzw. Kunstharzdispersionsfarben (für Fassaden-, Tapeten- und Wandanstriche usw.) wird häufig Methylcellulose als Verdickungsmittel, Thixotropiemittel, Benetzungsmittel, Lagerstabilisierungsmittel verwendet.

In organischen Lösungsmitteln lösliche Methylcellulosetypen werden vor allem zur Herstellung von Abbeizmitteln (Entlackungsmitteln: neutral und alkalisch) verwendet.

Celluloseglykolate und Hydroxyäthylcellulose haben infolge ihrer Wasserlöslichkeit eine ähnliche Anwendung wie Methylcellulose.

Äthylcellulose ist im allgemeinen 2,4–2,5 veräthert (Äthoxygehalt bei den üblichen Handelstypen 48,5–50%). Sie ist löslich in Äthanol, Estern, Ketonen, Äthern, Ätherestern, aber auch in Gemischen aus Benzolkohlenwasserstoffen und Alkoholen, unlöslich in Benzin- und Terpenkohlenwasserstoffen.

Äthylcellulose ist physiologisch absolut unbedenklich, geruchlos, geschmacklos, wasserklar, durchsichtig (als Film), lichtecht, aber wasserquellbar.

Demgemäß wird sie zur Herstellung von Lacken auf Papieren (z. B. Verpackungspapieren, Spielkarten, Bucheinbänden, Postkarten, Tapeten), auf Holz (für Spielzeuge und Möbel), und Folien (aus Metallen und Kunststoffen für Verpackungszwecke) verwendet. Eine beachtliche Rolle spielt die Äthylcellulose auch zur Herstellung von Streichmassen für Papiere und Schmelzmassen für den vorübergehenden Schutz.

Benzylcellulose mit einem Verätherungsgrad von 2,2–2,5 ist in Benzin-, Benzol-, Terpen- und Halogen-Kohlenwasserstoffen, außerdem in Estern, Ketonen und Äthern löslich; sie ist wasser- und alkoholbeständig, elektrisch gut isolierend. Deshalb liegt die Verwendung auf dem Elektroisoliersektor und zur Herstellung von wasserfesten Papieren und anderen Erzeugnissen.

Als Nachweise für Celluloseäther sind brauchbar: Löslichkeit, Ausfällbarkeit, Reaktion nach Molish, Brennprobe, Pyrolyse, Viscosität der Lösungen, Tanninreaktion, Farbreaktion mit einer Jod-Kaliumjodidlösung, Hydrolyse und Untersuchung der Hydrolyseprodukte, Hydroxylzahl, IR-Spektroskopie u. a. Zahlreiche Nachweise findet man in den Büchern von Hummel, Ullmann, Wagner-Sarx und Zeidler-Bleisch.

δ) Kautschukabkömmlinge

Die wichtigsten Derivate des natürlichen Kautschuks sind Chlorkautschuk und Cyclokautschuk (vgl. auch Kapitel „Kunststoffe und andere Polymere“). Natürlicher Kautschuk ist als Lackfilmbildner ungeeignet, da er unlöslich bzw. schlecht löslich ist, ein zu hohes Molekulargewicht besitzt (hohe Viskosität der Lösungen und sehr geringes Füllvermögen), mit anderen Bindemitteln sehr schlecht verträglich, relativ wenig licht-, wärme- und oxydationsbeständig ist und zu Versprödungen neigt. Diese Nachteile entstammen der großen Kettenlänge, dem unpolaren Charakter und den Doppelbindungen (eine auf 5 Kohlenstoffatome). Sie können durch Hydrierung, Halogenierung (im allgemeinen Chlorierung), Cyclisierung (bei gleichzeitiger Crackung) beseitigt werden. Insbesondere Chlorierung und Cyclisierung sind von Bedeutung .

δ_1) Chlorkautschuk. Durch die Chlorierung des Kautschuks erhält man Produkte mit einem Molekulargewicht zwischen 10000 und 100000 und einem Chlorgehalt zwischen 62 und 66%. Sie sind in Benzolkohlenwasserstoffen, Chlorkohlenwasserstoffen, Estern, Äthern und Ketonen löslich. Chlorkautschukfilme sind deshalb wasser-, benzin- und alkoholbeständig.

Zu der großen Bedeutung des Chlorkautschuks für die Herstellung von Lacken hat die gute Verträglichkeit mit trocknenden Ölen, Alkydharzen, Naturharzen, umgewandelten Naturharzen, Kohlenwasserstoffharzen, Acrylharzen, Ketonharzen, Aldehydharzen, modifizierten Phenolharzen, Bitumen, Teeren, Pechen, Wachsen, nahezu allen Weichmachern und anderen Bindemitteln beigetragen. Der Chlorkautschuk ist chemikalienbeständig, vor allem gegenüber Säuren.

Chlorkautschuklacke werden im Bautensektor (zur Lackierung von korrosionsgefährdeten Metallbauteilen, Schwimmbädern, Wänden, Fußböden), für Metallgegenstände aller Art, Behälter aus Metallen und Beton, Straßenmarkierungen, Regale, Rahmen und Werkstücke aller Art (z.B. für den Haushaltssektor) eingesetzt.

In der Empfehlung IF des Bundesgesundheitsamtes wird Chlorkautschuk für Anstrichfilme von Trinkwasserbehältern erwähnt, nicht aber in der Empfehlung XL für Lacke.

Andere chlorhaltige Kautschukderivate, wie Kautschukhydrochlorid, chloriertes Kautschukhydrochlorid und chlorierter Cyclokautschuk, besitzen eine untergeordnete Bedeutung.

δ_2) Cyclisierter Kautschuk. Beim Cyclisieren von Kautschuk – z.B. in Gegenwart von Zinntetrachlorid – wird der Kautschuk depolymerisiert (Senkung des Molekulargewichts auf 4000 bis 6000) und cyclisiert. Dabei werden die Doppelbindungen auf etwa $^1/_5$ reduziert. Das relativ kugelige, unpolare und verhältnismäßig kleine Molekül ist dementsprechend spröde und kann ohne Zusatz von Weichmachern oder elastifizierenden Harzen kaum verwendet werden. Das Produkt schmilzt bei etwa 130–140° C und ist in Kohlenwasserstoffen, auch in Benzinkohlenwasserstoffen, löslich. Cyclokautschuk besitzt eine gute Verträglichkeit mit Lackölen, Alkydharzen, Phenolharzen, Maleinatharzen und anderen abgewandelten Naturharzen, Naturharzen, Ketonharzen und anderen mehr; weiterhin eine hervorragende Wasser- und Chemikalienbeständigkeit, eine mittelmäßige Lichtechtheit und gute Wetterbeständigkeit. Cyclokautschuklösungen trocknen physikalisch (also durch Verdunsten der Lösungsmittel), jedoch lassen sich die restlichen Doppelbindungen bei Zusatz üblicher Trockenstoffe weitgehend oxypolymerisieren.

Cyclokautschuklacke sind im allgemeinen auf Cyclokautschuk-Alkydharz-Kombinationen (übliche witterungsbeständige Lacke mit beschränkter Chemikalienbeständigkeit), Cyclokautschuk-Weichmacher-Kombinationen (chemikalienbeständig bei entsprechenden Weichmachern) oder Cyclokautschuk-Weichmacher-Hartharz-Kombinationen aufgebaut.

Sie werden für die Lackierung von Fußböden, Straßenmarkierungen, Maschinen, Behältern, Apparaten, Metallerzeugnissen aller Art, Bauteilen, Schwimmbädern, Booten und benzinunempfindlichen Kunststoffen usw. eingesetzt. Im Zusammenhang mit der Lebensmittelgesetzgebung sind bemerkenswert: Die Lackierung von Behältern, Tanks, Böden, Wänden usw. in Brauereien, Molkereien und anderen Lebensmittelbetrieben; die Lackierung von Schwimmbädern, Maschinen, Spielzeugen aus Metallen und Kunststoffen. Eine beachtliche Bedeutung besitzt Cyclokautschuk zur Herstellung von Druckfarben.

In Empfehlung IF des Bundesgesundheitsamtes ist Cyclokautschuk für Anstrichfilme von Trinkwasserbehältern, in Empfehlung XL als Lackrohstoff aufgeführt.

Chlorkautschuk ist durch trockene Destillation (Zersetzung, Chlorwasserstoffabspaltung, Dunkelfärbung, Geruch), Beilsteinprobe, Brennprobe, quantitative Chlorbestimmung, seine Löslichkeit in Benzolkohlenwasserstoffen, Estern, Ketonen, Chlorkohlenwasserstoffen, Äthern, Chloroform und Schwefelkohlenstoff (im Gegensatz zu PVC), seine Unlöslichkeit in Benzinkohlenwasserstoffen und Alkoholen, sein charakteristisches IR-Spektrum, die positive Wechslersche Reaktion (vgl. Hummel S. 187) gut nachweisbar.

Cyclisierter Kautschuk ist durch Pyrolyse, Brennprobe, Löslichkeit bzw. Unlöslichkeit, IR-Spektrum und verschiedene mechanische Eigenschaften identifizierbar.

Auch in den zu den Kautschuk-Empfehlungen des Bundesgesundheitsamts (Nr. XXI A, XXXI, XXXII A, XXXVIII und Folgen) zu erwartenden Analysenmethoden sind Vorschriften für Chlor- und Cyclokautschuk enthalten. Sie werden die Mitteilung B 4 Untersuchung von Bedarfsgegenständen aus Gummi (B Gesundh Bl. **6**, 350; 1963) erneuern.

c) Synthetische Filmbildner: Kunstharze und Kunststoffe

α) Allgemeines

Die synthetischen Polymeren, die als Filmbildner für Lacke eine bedeutende Rolle spielen, können grundsätzlich nach drei Methoden hergestellt werden: durch Polymerisation, durch Polyaddition, durch Polykondensation (vgl. Beitrag „Kunststoffe und andere Polymere für Bedarfsgegenstände").

Bei der Filmbildung von Epoxidharzen und bei anderen Prozessen finden Kondensations- und Additionsreaktionen gleichzeitig statt.

Die Molekulargewichte der synthetischen Lackfilmbildner schwanken im allgemeinen zwischen 1000 und 100000, wobei abgewandelte Naturharze und Kunstharze zwischen 500 und 10000, Polymerisationskunststoffe bzw. -harze und abgewandelte Naturstoffe (wie Celluloseester, Celluloseäther, Kautschukabkömmlinge) zwischen 10000 und 100000 liegen.

Die Bauweise — kettenförmig, schwach verzweigt, stark verzweigt, kugelig —, die Kettenlänge (K-Wert, Polymerisationsgrad, Molekulargewicht), Art und Zahl der reaktionsfähigen Gruppen und insbesondere auch die zwischenmolekularen Kräfte (Nebenvalenzkräfte) sind maßgebend für die meisten Eigenschaften von Filmbildnern (z.B. Löslichkeit, Verträglichkeit mit anderen Bindemitteln, Viskosität der Lösung, Füllvermögen der Lösung, Verarbeitbarkeit der Lösung usw.) und von Filmen (z.B. Licht- und Wärmebeständigkeit, Haftung, Härte, Abriebfestigkeit, Dehnungsverhalten, Wasser- und Chemikalienbeständigkeit usw.). Auf die Zusammenhänge kann an dieser Stelle nicht eingegangen werden; vgl. dazu A.V. Blom, H. Wagner und H. F. Sarx, K. Weinmann u.a.

Völlig „auskondensierte" bzw. „auspolymerisierte" bzw. „ausaddierte" Makromoleküle — wie sie also in den Filmen vorliegen — sind physiologisch unbedenklich, wenn sie einen entsprechenden Reinheitsgrad besitzen. Letzterer ist durch die chemische Konstitution bedingt und wird für die einzelnen Polymeren in den Empfehlungen des Bundesgesundheitsamts angegeben. Sie können daher ohne Einschränkung in Berührung mit Lebensmitteln gebracht werden. Dies gilt auch dann, wenn die Monomeren toxisch sind. (Vgl. H. Oettel). Kunststoffe, Kunstharze und andere Lackfilmbildner — ebenso Lackfilme — werden von der Haut und Schleimhaut nicht resorbiert und von den Körperfermenten im allgemeinen nicht zersetzt. Daraus ergibt sich ebenfalls ihre physiologische Unbedenklichkeit. Gleiches gilt für die zahlreichen Fabrikationshilfsstoffe, soweit sie nicht auswandern (Extraktionsversuche siehe Beitrag „Kunststoffe und andere Polymere für Bedarfsgegenstände").

β) Polykondensationsharze (Filmbildner durch Polykondensation)

β_1) Alkydharze. Alkydharze stellen wohl die wirtschaftlich und technisch bedeutendste Filmbildnerklasse dar. Ein großer Teil der Bautenschutz-, Geräte-, Kühlschrank-, Waschmaschinen-, Geschirrspülmaschinen-, Tiefkühltruhen-, Saftzentrifugen-, Mixer-, Pressen-, Maschinen-, Apparate-, Emballagen-, Bauten- und anderer Lacke enthalten als wesentlichen Filmbildnerbestandteil ein oder mehrere Alkydharze. Bei obigen Erzeugnissen kommen im wesentlichen Alkydharz-Aminoharz-(Epoxidharz)-Kombinationen für die Außenlackierung in Frage. Das Gehäuseinnere besteht vielfach aus Edelstahl, verzinktem Stahl mit Lackierung, Emaille kunststoffbeschichteten Metallen (vorzugsweise Stahl) und lackierten Metallen (vorzugsweise Epoxidharzlacke, Polyurethanlacke, Plastisole, Organosole usw. auf Stahl). Die genannten Verwendungszwecke machen klar, daß in zahlreichen Fällen die Lackierung mit Lebensmitteln in Berührung kommt. Derartige Lackfilme sind unbedenklich, wenn die richtige Auswahl und Verarbeitungsbedingungen gewählt werden.

Alkydharze sind üblicherweise Polykondensationsprodukte aus mehrwertigen Alkoholen (meist Glycerin), zweibasischen Säuren (meist Phthalsäure, im allgemeinen die o-Form) und gesättigten oder ungesättigten Fettsäuren (z.B. Laurinsäure, Myristinsäure, Palmitinsäure, Stearinsäure, Ölsäure, Ricinolsäure, Linolsäure, Ricinensäure, Linolensäure, Elaeostearinsäure, Licansäure). Die Fettsäurekomponente ist für die Eigenschaften und das Verhalten der Alkydharze entscheidend (s. auch unter Lacköle).

Nach dem Anteil an Fettsäuren teilt man u.a. im allgemeinen die Alkydharze ein:

Sehr magere („kurzölige") Alkydharze: unter 40% Fettsäuren, magere Alkydharze: 40–50% Fettsäuren,

mittelfette oder halbfette Alkydharze: 50–60% Fettsäuren,

fette (langölige) Alkydharze: über 60% Fettsäuren.

Andere Einteilungen können nach der Dicarbonsäure, etwaigen Modifizierungskomponenten (acrylierte Alkydharze, epoxidierte Alkydharze, styrolisierte Alkydharze u. a.), nach dem Molekulargewicht (Kettenlänge) und nach der Art des zur Alkydharzherstellung verwendeten Öls (z.B. Leinölalkydharz, Sojaölalkydharz, Ricinenölalkydharz, Tallölalkydharz, Cocosölalkydharz, Fischölalkydharz, Ricinusölalkydharz, Erdnußölalkydharz) vorgenommen werden.

Im einzelnen braucht auf die Herstellung, Zusammensetzung und Eigenschaften der Alkydharze und daraus hergestellter Lacke nicht eingegangen zu werden. Alkydharze aus trocknenden Ölen werden vorwiegend für den lufttrocknenden Sektor eingesetzt, wenn sie mehr als 50% Fettsäuren enthalten, also halbfette oder fette Alkydharze sind. Die mageren Alkydharze mit trocknenden Fettsäuren werden im allgemeinen eingebrannt. Alkydharze mit nichttrocknenden, also weitgehend gesättigten Fettsäuren (natürliche oder synthetische) können nur durch Einbrennen (z.B. 30 min. bei 130° C und höher) verfilmt werden.

Im allgemeinen lassen sich die Alkydharze mit folgenden Filmbildnern kombinieren: Öle, Naturharze, abgewandelte Naturharze, modifizierte Phenolharze, Ketonharze, Aldehydharze, Keton-Aldehydharze, Cumaronharze, Indenharze, Cumaron-Indenharze, zahlreiche Kohlenwasserstoffharze, Cellulosenitrate, Epoxidharze, gesättigte Polyester, Chlorkautschuk, Cyclokautschuk, bestimmte Vinylchlorid-Copolymerisate, Polyacrylester (nur wenige). Aus dieser Aufstellung allein geht schon hervor, daß der Anwendungsbereich von Alkydharzlacken außerordentlich breit ist.

Die mageren und sehr mageren Typen sind mittelpolar bis schwach polar und deshalb in Benzolkohlenwasserstoffen, Ketonen, Estern, Äthern, Ätheralkoholen, Ätherestern, Chlorkohlenwasserstoffen löslich. Die relativ unpolaren fetten und halbfetten Alkydharze besitzen eine zusätzliche Löslichkeit in Benzin- und Terpenkohlenwasserstoffen.

Gegenüber entsprechenden Ölen besitzen die fettsäuremodifizierten Alkydharze die erwarteten Vorteile: schnellere Trocknung, bessere Haftung auf Metallen, größere Härte und Abriebfestigkeit, höhere Wasser-, Chemikalien- und Lichtbeständigkeit, bessere Temperaturbeständigkeit, breitere Verwendungsfähigkeit, Hitzehärtbarkeit, bessere Verträglichkeit mit anderen Bindemitteln und günstigere Löslichkeit in organischen Lösungsmitteln. Nachteile sind: Vielfach geringeres Füllvermögen und kleinere Dehnbarkeit. In vielen Fällen werden Alkydharze entsprechenden Ölen vorgezogen, weil sie besser überlackierbar, wetterbeständiger, heller und mit industriellen Verarbeitungsmethoden auf die Werkstücke aufgebracht werden können.

Immer wieder wurde und wird behauptet, Phthalsäureanhydrid (als Rohstoff manchmal auch Verunreinigung des Alkydharzes) bewirke Haut- und Schleimhautreizung, was aber nicht zutrifft, da technisches Phthalsäureanhydrid praktisch frei von sensibilisierendem Naphthochinon und Maleinsäureanhydrid ist. Die nadelförmigen Kristalle des Phthalsäureanhydrids können lediglich die Schleimhäute der Atemwege mechanisch reizen. Der niedrige MAK-Wert von 12 mg/m^3 für Phthalsäureanhydrid wurde vom amerikanischer Seite noch nicht begründet. In technischen Alkydharzen und damit auch in Alkydharzlacken ist der Anteil an Phthalsäureanhydrid verschwindend gering, das zudem nur bei hohen Einbrenntemperaturen sublimieren kann. Bekanntlich werden aber die beim Einbrennen von Lacken entstehenden Lösungsmitteldämpfe und Reaktionsprodukte abgesaugt. Die im Film vorhandenen Phthalsäureanhydridmengen sind absolut unbedeutend und können keinerlei Schädigung bei Berührung mit Lebensmitteln hervorrufen. Auch geschmackliche und geruchliche Beeinflussungen der letzteren durch Alkydharzfilme sind dem Autor nicht bekannt.

In den letzten Jahrzehnten wurden zahlreiche modifizierte Alkydharze mit außerordentlich interessanten, gezielten Eigenschaften entwickelt. Nachstehend werden einige davon summarisch aufgezählt, z.B.: Polyamidmodifizierte Alkydharze (thixotrope Alkydharze), Terephthalsäurealkydharze, Isophthalsäurealkydharze, Pentaerythrit- oder Trimethylolpropanalkydharze, metallverstärkte (z.B. aluminiumverstärkte) Alkydharze, styrolisierte, vinylierte, acrylierte, epoxidierte, urethanisierte Alkydharze, wasserlösliche Alkydharze, usw.

Öl- bzw. fettsäurefreie Polyesterharze bzw. Alkydharze aus gesättigten Dicarbonsäuren und mehrwertigen Alkoholen spielen als Lackfilmbildner eine nur beschränkte Rolle.

Als Nachweise für Alkydharze sind geeignet: Farbe, Geruch, Löslichkeit, Viskosität, Dichte, Brechungszahl, Säurezahl, Verseifungszahl, Esterzahl, Jodzahl, Bromzahl, Hexabromidzahl, Pandienzahl, Rhodanzahl; die klassische Verseifung und Untersuchung der Verseifungsprodukte; weiterhin Pyrolyse, Brennprobe; UV- und IR-Spektroskopie; Gas-, Papier- und Dünnschichtchromatographie; zahlreiche chemische Einzelbestimmungen u.v.a.m. Die Fettsäuren lassen sich leicht abtrennen und mit Hilfe der chemischen Analyse, vor allem aber durch Papier- und Gaschromatographie, aber auch mit Hilfe der IR-Spektroskopie erkennen. Eine quantitative Bestimmungsmethode für die Fettsäuren findet man u.a. in ASTM D 563-52, D 1306-50 T und D 1307-54 T. Es sei außerdem auf die Ausführungen bei den Lackölen hingewiesen.

β_2) Ungesättigte Polyesterharze. Lineare ungesättigte Polyesterharze aus ungesättigten Dicarbonsäuren (z.B. Malein- oder Fumarsäure) und zweiwertigen Alkoholen (z.B. Diäthylenglykol, Äthylenglykol, Propandiol, Butandiol usw.) lösen sich in polymerisierbaren Monomeren wie Styrol, Vinylacetat usw. und können mit Peroxiden in Verbindung mit Cobaltsalzen und anderen Beschleunigern polymerisiert und dreidimensional vernetzt werden. Durch zusätzlichen Einbau gesättigter Dicarbonsäuren läßt sich der Abstand der Doppelbindung in der Polymerkette und damit die Netzdichte verringern. Dadurch erreicht man eine Verbesserung der Geschmeidigkeit und eine Erniedrigung der Härte. Die Harze sind jedoch infolge der Estergruppen alkaliempfindlich.

Luft- und ofentrocknende Lacke mit ungesättigten Polyestern als Hauptbestandteil werden seit vielen Jahren wegen ihres hohen Füllvermögens (nur relativ geringe Verluste durch Verdunstung während der Filmbildung) zur Lackierung von Möbeln, Gehäusen, Geräten aller Art, Spielzeug, Automobilen (Spachtel und Grundierung) und anderen Gegenständen verwendet. In vielen Fällen – z.B. bei Tischplatten, Küchengeräten – kommen ungesättigte Polyesterharzfilme mit Lebensmitteln in Berührung, weshalb das physiologische Verhalten der Filme und ihrer Komponenten viel diskutiert wurde.

Das styrolfreie ungesättigte Polyesterharz ist physiologisch harmlos und wirkt nicht auf die Haut ein. Styrol hat eine MAK von 100 ppm bzw. 420 mg/m^3, die also in der Größenordnung von zahlreichen Lösungsmitteln liegt. Styrol hat einen merklichen Dampfdruck und verdunstet teilweise bei der Härtung von ungesättigten Polyesterlacken, ohne zu polymerisieren (vgl. dazu W. Gebhardt, W. Herrmann und K. Hamann 1958 und Bayer-Information vom 1. 10. 1966). BROCKER gibt an, daß aus paraffinhaltigen, ungesättigten Polyesterharzen 5% als Styrol, aus „Glanzpolyestern“ (ungesättigten Polyesterharzen ohne Paraffin- oder Wachszusatz) 20% verdunsten, was auch nach Erfahrungen des Autors zu hoch ist (3 bis 8%) Die Geruchsschwelle liegt mitetwa 60 mg/kg deutlich unter dem MAK-Wert; über 200 ppm ist der Geruch unerträglich und bei 600 mg/kg und mehr treten Augen- und Nasenschleimhautreizungen, Benommenheit, Schläfrigkeit und Schwächegefühle auf. Bei der Verarbeitung von Polyesterlacken ist das Merkblatt der Berufsgenossenschaft der chemischen Industrie („Merkblatt für die Verarbeitung von Polyester- und Epoxidharzen“, Ausgabe 1963, Bestell-Nr. A 6) zu beachten.

Styrol ist nicht als Benzolhomologes anzusehen (vgl. Erlaß des Bundesministers für Arbeit und Sozialordnung vom 9. Juli 1959, Aktenzeichen III c 5–3454/59; Farbe und Lack 65 (9/1959), 546); (vgl. K. WEINMANN 1966 (h)). Lösungen ungesättigter Polyesterharze in Styrol oder anderen Vinylderivaten – also ungesättigte Polyesterlacke – fallen deshalb nicht unter die Verordnung über die Kennzeichnung gesundheitsschädlicher Lösungsmittel und lösungsmittelhaltiger anderer Arbeitsstoffe (Lösungsmittelverordnung vom 26. Januar 1954). Das physiologische Verhalten von Styrol wurde von H. OETTEL (p) eingehend behandelt; dort wird der Unterschied zwischen Styrol und Benzolhomologen überzeugend klargemacht.

Auch die Filme aus ungesättigten Polyesterharzen sind im allgemeinen optimal „auspolymerisiert“ und enthalten nur noch verschwindend geringe Mengen an Styrol, Katalysatoren und Beschleunigern, weshalb physiologisch bedenkliche Konzentrationen auch nicht angenähert erreicht werden können.

Maleinsäureanhydrid ist zwar schleimhautreizend, aber nicht in merklichen Mengen in ungesättigten Polyesterharzen enthalten. Die von W. BROCKER im Zusammenhang mit ungesättigten Polyesterlacken entwickelte Faustformel über den notwendigen Mindestluftwechsel ist, wie H. OETTEL (p), beweist, fehlerhaft. Auch der Verfasser ist auf Grund praktischer Erfahrungen der Meinung, daß der von Brocker errechnete Luftwechsel nicht notwendig und auch technisch undurchführbar ist.

Die zur Aushärtung benützten organischen Peroxide (z. B. 2%, bezogen auf ungesättigtes Polyesterharz) werden nicht ganz korrekt als Katalysatoren bezeichnet. Ihre Wirkungsweise besteht darin, daß sie zerfallen und Radikale bilden, die sich an die ungesättigten Polyestermoleküle anlagern. Die auf diese Weise gebildeten Polyesterradikale reagieren nun miteinander und mit Styrolmolekülen (Copolymerisation) unter Polymerisation.

Die organischen Peroxide unterscheiden sich hinsichtlich ihrer chemischen Wirkungsweise und ihrem physiologischen Verhalten sehr stark. Lauroylperoxid, Benzoylperoxid, Di-tertiärbutylperoxid und Tertiärbutylperbenzoat reizen die Augen nicht oder nur in geringem Maße und für kurze Zeit. Tertiärbutylperacetat und Cumolhydroperoxid bewirken starke Schleimhaut- und Augenreizungen. Methyläthylketonperoxid, Cyclohexanonperoxid, Tertiärbutylhydroperoxid, Diacetylperoxid können Erblindung verursachen. Über die physiologische Wirkung von Peroxiden haben H. OETTEL und H. WINTER (p) und die Hersteller von Peroxiden sehr eingehend berichtet. Peroxide können auf der Haut zu Ekzemen führen. Beim Verarbeiten derartiger Lacke sind gasdichte Schutzbrillen zu tragen, die Benetzung der Haut ist durch Verwendung von Handschuhen und anderen Schutzmitteln zu vermeiden, vgl. auch K. WEINMANN 1966 (h).

Spritzer auf der Haut müssen mit warmem Seifenwasser – nicht mit organischen Lösungsmitteln – entfernt werden. Härterlösungen bestehen vielfach aus 10 bis 20%igen Lösungen organischer Peroxide in organischen Lösungsmitteln und zersetzen sich bei Licht-, Wasser- und Wärmeeinwirkung. Sie sind daher wasser-, lichtgeschützt und kühl aufzubewahren. Unbedingtes Rauchverbot und Vermeidung von offenem Feuer müssen beim Lagern und Verarbeiten eingehalten werden.

Arbeitsgeräte, die mit obigen Verbindungen in Berührung gekommen sind, müssen mit Aceton, Äthylacetat, Nitroverdünnern und anderen geeigneten Lösungsmitteln gereinigt werden. Schutzbrillen, Hautsalben und Handschuhe aus Polyäthylen sind dabei zu tragen. Sind Peroxidspritzer in das Auge oder in Mund oder Magen gelangt, muß unbedingt ein Arzt aufgesucht werden.

Die Lackhersteller liefern im allgemeinen Lack mit Beschleuniger, z. B. Kobaltsalze, und Härter (Peroxide) getrennt. Beim Zusammenmischen der beiden Komponenten vor der Verarbeitung besteht infolge der starken Verdünnung von Beschleuniger und Peroxid keine Explosionsgefahr.

β_3) Phenolharze. Phenolharze werden aus Phenolen und Aldehyden meist Formaldehyd) hergestellt. Dabei laufen Additionen und Polykondensationen gleichzeitig ab.

Die unmodifizierten Phenolharze (Resole) werden häufig mit Epoxidharzen (für chemikalienbeständige Lackierungen), Polyvinylbutyral (für Haftgrundierungen, Wash-Primer, Dosenlacke) kombiniert. Lacke auf Resolbasis werden ferner zur Herstellung von Elektroisolierlacken, säurehärtenden und chemikalienbeständigen Phenolharzen eingesetzt.

Im Zusammenhang mit dem Lebensmittelgesetz spielen derartige Lacke bei der Beschichtung von Behältern, Dosen, Emballagen eine Rolle.

In der Empfehlung XL des Bundesgesundheitsamtes werden Phenol-Formaldehydharze (auch alkylierte und verätherte Phenolharze und andere) als Lackrohstoffe zugelassen.

Verätherte Resole, durch Fettsäuren und Polyester plastifizierte Resole sind gegenüber den unmodifizierten Phenolharzen geschmeidiger, teilweise lufttrocknend, mit Alkydharzen und anderen Bindemitteln verträglich, in schwach polaren und unpolaren Lösungsmitteln löslich und spielen eine bedeutende Rolle bei der Innenlackierung von Konservendosen, Tuben und anderen Behältern, Treibstoffkanistern, Emballagen aller Art, Maschinen usw.

Alkylphenolharze werden für ähnliche Zwecke eingesetzt; auch sie sind für Lebensmittelzwecke brauchbar.

Phenolformaldehyd-modifizierte Naturharze (bzw. naturharzmodifizierte Phenolharze) sind mit Lackölen, Alkydharzen, Chlorkautschuk, Cyclokautschuk, Vinylchlorid-Copolymerisaten und anderen Filmbildnern gut verträglich, in Benzinkohlenwasserstoffen löslich und für den Korrosionsschutzsektor ausgezeichnet geeignet.

Auf einige andere Phenolharzklassen braucht hier nicht eingegangen zu werden.

Wasserlösliche Phenolharze besitzen hervorragende technische Eigenschaften, sind physiologisch unbedenklich, gut korrosionsschützend und erobern sich seit Jahren ein immer breiteres Anwendungsfeld.

Phenolharze sind durch folgende Methoden nachzuweisen: Trockene Destillation (Pyrolyse), Brennprobe, Liebermann-Storch-Morawski-Reaktion, Zersetzung mit Alkalien und Identifizierung der Hydrolyse-Produkte, Nachweis der phenolischen Hydroxylgruppe, aktiven Wasserstoffatome, Bestimmung der Methylen-, Methylenäther-, Methylolgruppen; durch IR-Spektroskopie, Papierchromatographie (Nachweis niedermolekularer Spaltprodukte), verschiedene Kennzahlen wie Säurezahl, Jodzahl usw. Ausführliche Darstellungen stammen von D. HUMMEL, G. ZEIDLER – G. BLEISCH, H. SAECHTLING (b), K. THINIUS und vor allem von K. HULTZSCH.

Bei hohen Einbrenntemperaturen wird aus Phenolharzen Formaldehyd frei, das zu Haut- und Schleimhautreizungen, ebenso zur Sensibilisierung führen kann. Der MAK-Wert für Formaldehyd beträgt 5 mg/kg.

Auf die in der Lackempfehlung XL des Bundesgesundheitsamts ausgesprochene Begrenzung der Abgabe von Phenolen, Formaldehyd und organisch gebundenem Stickstoff durch die fertige Lackierung ist zu achten (siehe Beitrag „Kunststoffe und andere Polymere für Bedarfsgegenstände“).

β_4) Aminoharze. Unter Aminoharzen versteht man stickstoffhaltige Harze, die aus Aminen und Formaldehyd vorzugsweise durch Additions- und Kondensationsreaktionen entstehen. Unter diesen Harzen (Harnstoff-, Thioharnstoff-, Dicyandiamid-, Melamin-, Sulfonamid-, Benzoguanamin-, Anilin-Formaldehydharzen) spielen Harnstoff- und Melaminharze die weitaus bedeutendste Rolle.

Melaminharze sind wasserbeständiger, witterungsfester, härter und temperaturbeständiger als Harnstoffharze; jedoch teurer und unbeständiger gegen Temperaturwechsel. Die Ursachen dafür sind: geringere Polarität, stärkere Vernetzung beim Verfilmen (Aushärten ab 80° C), kugelige Bauweise. Aminoharze sind in

Alkoholen, Ketonen, Estern, Äthern, Ätherestern, Ätheralkoholen und Mischungen aus Butanol und Benzolkohlenwasserstoffen löslich. Durch Verätherung – z.B. mit Butanol – erhält man plastifizierte Aminoharze, die weit weniger spröde sind als die Normaltypen.

Aminoharze sind mit Alkydharzen (insbesondere Einbrennalkydharzen) kombinierbar und werden in ganz großem Maße zur Herstellung von Automobilkarosserielacken (Kombinationen aus Ricinenalkydharzen bzw. Cocosalkydharzen bzw. Sojaalkydharzen usw. und Melaminharzen für Decklacke – bzw. Harnstoffharzen für Grundlacke), Geräte-, Maschinen-, Apparate-, Emballagen-, Holz-, Holzspanplatten, Faserplatten-Lacken usw. verwendet. Kombinationen von Aminoharzen mit Cellulosenitraten besitzen bei der Lackierung von Holz, Holzwerkstoffen, Papieren, Kartonagen, Metallen eine bedeutende Rolle (lufttrocknende Lacke). Andere Filmbildnerpartner für Aminoharze sind Epoxidharze, wärmehärtende Acrylharze, Phenolharze, abgewandelte Lacköle und Naturharze.

Besondere Kennzeichen der Aminoharze sind helle, klar durchsichtige, relativ licht-, temperatur-, wasser- und witterungsbeständige Filme. Aminoharze lassen sich auch durch Säuren, saure Ester, saure Salze usw. härten (säurehärtende Lacke). Solche Lacke trocknen bei Normaltemperatur, haben gutes Füllvermögen, große Härte und gute Beständigkeit gegen Licht, Wärme und wäßrige Lösungen. Daher besitzen diese Lacke für die Lackierung von Holz und Metallen eine beachtliche Bedeutung.

Nachweise für Aminoharze sind: Lacktechnische Eigenschaften und Anwendung; Farbe, Geruch, Löslichkeit in Alkoholen, Ausfällbarkeit durch Benzin- und Benzolkohlenwasserstoffe, Elementaranalyse (N-Gehalt!, manchmal auch noch S-Anteil: Thioharnstoff- bzw. Sulfonamidharz), Pyrolyse (Geruch, Ammoniakabspaltung, Formaldehydgeruch, weiße Kanten usw.), Brennprobe, Formaldehydbestimmung, Anilinspaltung nach Kappelmeier bei Harnstoffharzen, Kohlendioxid- und Ammoniakabspaltung mit Kalilauge bei Harnstoffharzen, Furfurol-Reaktion nach Winterscheidt, Diphenylcarbazidsalz-Bildung nach Feigl, Reaktion mit Benzylamin nach Widmer, Hydrolyse mit Phosphorsäure und Bestimmung von Formaldehyd nach Grad und Dunn, Butanolbestimmung bei butanolverätherten Aminoharzen, zahlreiche andere Gruppen- und Einzelreaktionen, IR-Analyse usw. Eingehende Hinweise findet man in den Büchern von D. HUMMEL, G. ZEIDLER — G. BLEISCH, H. WAGNER — H. F. SARX u.a.

In der vorgesehenen Empfehlung des Bundesgesundheitsamtes für Lacke sind Harnstoff-, Melamin- Formaldehydharze, ebenso Carbamidsäureharze erwähnt.

β_5) Polyamidharze. Polyamidharze werden aus Dicarbonsäuren (z.B. Adipin- oder Sebacinsäure) und Diaminen (z.B. Hexamethylendiamin), aus Aminoundecansäure oder aus adipinsaurem Hexamethylendiamin und ε-Caprolactam hergestellt.

Lackharze und Härter für Epoxidharze können z.B. aus Dilinolsäure (aus Di- oder oligomeren Fettsäuren pflanzlicher Öle) und Diaminen (z.B. Äthylendiamin) gewonnen werden.

Epoxid-Polyamid-Systeme werden zur Lackierung von Behältern, insbesondere auch für Tanks, Behälter, Silos aus Metallen und Beton, für Lebensmittelzwecke, Fußböden, Maschinen, Metallteile aller Art usw. eingesetzt. Im Zusammenhang mit Lebensmitteln interessieren insbesondere Epoxid-Polyamid-Beschichtungen für Getreidesilos, Wein-, Bier-, Süßmost-Tanks.

Polyamide können u.a. durch ihre technologischen Eigenschaften, die Pyrolyse, Brennprobe, Hydrolyse, Farbreaktion mit Sanger-Reagenz, zahlreiche Einzelreaktionen, IR-Spektren nachgewiesen werden. Im Gegensatz zu Polyurethanen lösen sich Polyamide beim Kochen mit Salzsäure ohne Gasentwicklung. Polyurethane dagegen lösen sich sehr wenig, bei Einwirkung 60%iger Schwefelsäure ergeben letztere unter Kohlendioxidabspaltung eine Lösung.

Gegen die Verwendung von Polyamiden bei der Herstellung von Bedarfsgegenständen bestehen unter gewissen Voraussetzungen keine Bedenken (vgl. Kunststoff-Empfehlung Nr. X A und Folgen). Die Empfehlung LX des Bundesgesundheitsamtes für Lacke läßt Polyamidharze entsprechend Empfehlung X A und Folgen, weiterhin Epoxidharze in Kombination mit Polyamiden aus Di- und Trimerisationsprodukten ungesättigter Fettsäuren, ferner Addukte aus Epoxidharzen und Polyamiden, Kombinationen von Isocyanaten mit Polyamiden zu.

β_6) Siliconharze. Polydimethylsiloxane, Polymethylphenylsiloxane sind die häufigsten Siliconharze. Sie werden zur Herstellung hitzebeständiger, wasser- und chemikalienfester, lichtbeständiger und sehr hydrophober Lackierungen verwendet (Dauerwärmebeständigkeit unpigmentierter Filme größer als 250° C, pigmentierter Filme bis 600° C). Folgende Teile bzw. Gegenstände werden mit Siliconharzen beschichtet: Haushalt- und Heizgeräte, Brot- und Kuchenformen (Antihaftwirkung der Siliconharzlackierung ermöglicht leichtes Entformen bzw. Abheben der Backwaren) u.a.

Daneben werden epoxydierte Siliconharze, silikonmodifizierte Alkydharze und Phenolharze; Isocyanat-Siliconharze usw. eingesetzt.

Nachweismethoden sind Pyrolyse, Brennprobe, IR-Absorptionsbanden, Hydrolyse, physikalische und technologische Eigenschaften u.a.m.

Die Siliconharze und ihre Filme sind als physiologisch unbedenklich beschrieben worden (vgl. Empfehlung des Bundesgesundheitsamtes für Lacke und H. Oettel in Ullmanns Encyklopädie der technischen Chemie. 3. Aufl., 15. Bd. S. 769 u.a. München, Berlin: Urban und Schwarzenberg, 1964.)

β_7) Weitere Kondensationsharze. Es gibt noch zahlreiche andere Filmbildner, die Polykondensate oder verwandte Produkte darstellen. Sie werden meist nicht als Hauptfilmbildner eingesetzt, in breitem Umfange aber zur Verbesserung von Härte, Dehnung, Helligkeit, Füllvermögen, Licht- Wasser- und Chemikalienbeständigkeit usw.

Solche Harze sind u.a. Ketonharze, Aldehydharze, Keton-Aldehydharze, Xylol-Formaldehydharze und ähnliche, Thioplaste, Terpenkohlenwasserstoff-Harze. Sie werden bevorzugt mit Cellulosenitraten, anderen Celluloseestern, trocknenden Ölen, Alkydharzen, Chlorkautschuk, Cyclokautschuk, Vinylchlorid-Copolymerisaten eingesetzt.

Nachweismöglichkeiten sind Pyrolyse, Brennprobe, Liebermann-Storch-Morawski-Reaktion, zahlreiche Einzelreaktionen und die IR-Analyse. Xylolformaldehydharze, Ketonformaldehydharze, Furfurolharze u.a. werden in der vorgesehenen Empfehlung für Lacke erwähnt. Weitere Informationen bei J. Scheiber, H. Wagner – H. F. Sarx, E. Karsten, K. Hamann (Ullmanns Encyklopädie der technischen Chemie. 3. Aufl., 8. Bd., S. 419–449. München, Berlin: Urban und Schwarzenberg, 1957) enthalten.

β_8) Wasserverdünnbare Kunstharze. In den letzten Jahren haben wasserlösliche bzw. wasserverdünnbare Filmbildner – auch im Zusammenhang mit dem elektrophoretischen Lackierverfahren – eine große industrielle Bedeutung bekommen. Solche Harze sind relativ niedermolekular, ionisiert bzw. stark polar und werden je nach Zusammensetzung bei Temperaturen über 120° C (meist 150–180° C) zu vernetzten Filmen ausgehärtet. Sie sind auf Alkyd-, Melamin-, Harnstoff-, Phenol-, Epoxid-, Acryl-Harz-Basis aufgebaut.

γ) Filmbildner, die durch Polyaddition hergestellt oder verfilmt werden

Hier sollen solche Filmbildner behandelt werden, bei denen maßgeblich Polyadditionen zur Herstellung oder Filmbildung beitragen.

γ_1) Polyurethanharze. O. Bayer und Mitarbeiter erkannten die Bedeutung der mehrfunktionellen Isocyanate und erarbeiteten systematisch ihre Chemie und Technologie.

Isocyanate reagieren mit Verbindungen, die aktive Wasserstoffatome enthalten.

Mit Amino- und Iminoverbindungen entstehen Harnstoffderivate, mit freien Carboxylgruppen zuerst instabile gemischte Anhydride, die meist unter CO_2-Abspaltung in Säureamide zerfallen; mit Wasser entstehen ebenfalls unter CO_2-Entwicklung Harnstoffderivate. Die gebildeten Urethane oder Harnstoffderivate können u.U. mit überschüssigen Isocyanaten weiter reagieren, siehe Beitrag „Kunststoffe und andere Polymere für Bedarfsgegenstände", 16. Vernetzte Polyurethane.

Lacke aus hydroxylgruppenhaltigen Polyestern (z.B. Desmophenen der Farbenfabriken Bayer oder entsprechenden Alkydharzen usw.) und Triisocyanaten sind im allgemeinen Zweikomponentenlacke, die vor der Verarbeitung gemischt werden und eine bestimmte Mischungs- bzw. Tropfzeit besitzen. Die üblichen Polyurethanlacke („DD-Lacke") sind so aufgebaut.

Daneben gibt es lösungsmittelfreie Polyurethanlacke, wärmetrocknende Einkomponentenlacke, lufttrocknende Einkomponentenlacke (Vernetzung durch Reaktion mit Luftfeuchtigkeit).

DD-Lacke bzw. DD-Lackfilme besitzen gute Haftung auf Metallen, Kunststoffen (z.B. PVC), Holz, Glas. Hervorragende Härte, Abrieb- und Schlagfestigkeit, großes Füll- und Deckvermögen, hohe Ergiebigkeit, gute Beständigkeit gegen Wasser, Mineralöle, Treibstoffe, viele Lösungsmittel, Säuren und bedingt auch gegen Alkalien. Weiterhin sind sie witterungsbeständig, porendicht, nur wenig brennbar und gut elektrisch isolierend. Die meisten DD-Lacke besitzen Tropfzeiten von 12 Stunden bis mehreren Tagen je nach Zusammensetzung und Lagerungstemperatur. Die üblichen Zweikomponentenlacke sind bei Raumtemperatur in etwa 3 bis 6 Std griffest, nach 24 Std weitgehend durchgehärtet und nach 2 bis 4 Wochen voll belastbar. Die Lichtbeständigkeit von DD-Lackfilmen war bis vor kurzem wegen der nur mittelmäßigen Lichtechtheit der Härterkomponente nur durchschnittlich. Seit wenigen Jahren gibt es aliphatische Desmodure, die eine gute Lichtechtheit verleihen und trotz des hohen Preises weitere Einsatzmöglichkeiten für DD-Lacke gestatten.

Neben reinen Polyurethanlacken werden auch Lacke aus urethanisierten Ölen und Alkydharzen eingesetzt, wenn eine schnellere Trocknung, bessere Härte und Abriebfestigkeit oder eine größere Wasser- und Chemikalienbeständigkeit angestrebt werden.

Polyurethanlacke („DD-Lacke") werden zur Lackierung folgender Teile verwendet: Möbel aus Holz, Sperrholz, Span- und Hartfaserplatten; Fußböden aus Holz und anderen Werkstoffen, Bautenteile aller Art; Behälter, Rohre; Lagertanks und andere Metallgegenstände in der chemischen, Textil-, Hütten-, Mineralöl-, Zucker-, Kernreaktor-, Fett-, Lebensmittel- und Fahrzeugindustrie; Stahlkonstruktionen, Regale, Schränke und Erzeugnisse für Krankenhauseinrichtungen; Schienenfahrzeuge, Papiere, Pappen, Gewebe, Kunststoff- und Gummiteile. Im Zusammenhang mit Lebensmitteln sei u.a. besonders auf die Innenbeschichtung von Tanks, Behältern, Rohren, Silos, Emballagen aller Art hingewiesen. Als Füllgüter kommen Getreide, Bier, Wein, Molkereiprodukte, Gemüse- und Obstkonserven usw. in Frage.

Polyesterharze, die mit Isocyanaten verfilmt werden, sind physiologisch harmlos. Das gleiche gilt für andere hydroxylgruppenhaltige Harze und selbstverständlich für die ausgehärteten, d.h. vernetzten Polyurethanharzfilme.

Das zuerst eingesetzte Toluylendiisocyanat (Desmodur T der Farbenfabriken Bayer) war ziemlich toxisch (MAK-Wert, 1963: 0,02 ppm = 0,14 mg/m^3) und hat einen beachtlichen Dampfdruck. Dabei ist noch zu berücksichtigen, daß die Polyadditionsreaktionen exotherm sind und deshalb relativ hohe Temperaturen im Innern der Beschichtung auftreten. Aus obigen Gründen mußte früher ein besonderes Merkblatt über Schutzmaßnahmen bei der Verarbeitung von DD-Lacken herausgegeben werden (vgl. H. Oettel in Ullmanns Encyklopädie der technischen Chemie. 3. Aufl., 9. Bd. S. 12. München, Berlin: Urban und Schwarzenberg, 1957). Die seit längerem verwendeten Isocyanate – meist Triisocyanate mit höherem Molekulargewicht (z.B. Desmodur L und N der Farbenfabriken Bayer) – besitzen praktisch keinen

Dampfdruck bei den vorkommenden Reaktionsbedingungen und können deshalb ohne Gefahr verarbeitet werden (vgl. Broschüren der Farbenfabriken Bayer).

Die flüssigen Isocyanate besitzen ebenfalls einen niedrigen Dampfdruck, reizen aber die Schleimhäute, weshalb beim Spritzen solcher Lacke bestimmte Vorsichtsmaßnahmen (Absaugung, Atemschutzmaske, Schutzbrille) zu beachten sind.

Der Nachweis für „DD-Lacke und Harze" ist möglich durch Pyrolyse, Brennprobe, Löslichkeit, Stickstoff- und Isocyanatgehalt, Nitrilreaktion (Nachweis vernetzter Polyurethane), Säurespaltung (mit 60%iger Schwefelsäure-Methanol-Mischung; 60%iger Schwefelsäure am Rückfluß), Umsetzung der freien Isocyanatgruppen mit hydroxylhaltigen Verbindungen zu kristallinen Additionsprodukten, andere chemische Reaktionen, IR-Spektroskopie u.a.

γ_2) **Epoxidharze (Epoxyharze. Äthoxylinharze).** Übliche lufttrocknende Epoxidlacke stellen Zweikomponentenmaterialien dar, wobei der Lack aus Epoxidharzen und der Härter aus aliphatischen, cycloaliphatischen oder heterocyclischen Polyamiden, Imidazolen oder Polyamiden bestehen. Polyamine und Polyamide sind die weitaus wichtigsten Härter. Erstere härten schneller und ergeben Filme mit optimaler Chemikalienbeständigkeit. Polyamide sind physiologisch einwandfrei, härten langsamer und führen zu gut verlaufenden Lacken und geschmeidigen, insbesondere wetterbeständigen Anstrichfilmen.

Lösungsmittelfreie bzw. -arme Epoxidlacke bieten gegenüber lösungsmittelhaltigen u.a. folgende Vorteile: Erheblich dickere Schicht je Auftrag (dadurch geringere Zahl der Schichten, Senkung der Lohnkosten), keine oder weitaus geringere Geruchsbelästigung und Feuergefährlichkeit bei der Verarbeitung und nur geringer Volumenschwund beim Trocknen. Nachteilig sind kürzere Tropfzeit und höhere Verarbeitungsviskosität. Epoxidlackfilme sind sehr gut füllend, ausgezeichnet haftend auf Stahl und anderen Metallen; Beton, Holz und anderen porigen Anstrichträgern; hart, sehr abrieb- und schlagfest und beständig gegen Witterung, Alkalien, Säuren (nur bedingt), Mineralöle, Treibstoffe, Benzinkohlenwasserstoffe und Alkohole.

Daher sind spritz- und streichbare Lacke auf dieser Basis für die Außen- und Innenlackierung von Tanks und Behältern für Heizöle, Treibstoffe, Getränke (hier kommen im allgemeinen nur Polyamide als Härter in Frage) und andere Füllmittel geeignet. Ferner können Rohrleitungen, Armaturen, Geräte usw., an die höchste Ansprüche bezüglich Schutz gegen Witterung und Chemikalien gestellt werden, erfolgreich mit Epoxidlacken geschützt werden.

In letzter Zeit werden lösungsmittelhaltige, -arme und -freie Epoxidlacke in zunehmendem Umfang zur Lackierung bzw. Beschichtung von Böden (aus Steinen, Beton, Steinholz, Holzzement, Asphalt usw.) und Wänden in Kellerräumen, Garagen, Fabriken der Metall- und chemischen Branche; Brauereien, Molkereien, Konservendosenfabriken, Schlachthäusern, Großküchen und Kernreaktoranlagen verwendet. Die Zahl der Schichten beträgt je nach Untergrund und Anforderungen 2 bis 8 (meist 3—4). Eine völlige Aushärtung der Schichten und damit optimale Eigenschaften werden erst durch eine Trocknungszeit von 3 bis 4 Wochen nach dem Auftragen der letzten Schicht erreicht. Die Schichtdicken auf Metallen betragen im allgemeinen 125 µm bis 250 µm, auf Betonböden und anderen rauhen Anstrichträgern bis 3 mm. Produkte aus Epoxidharzen eignen sich auch zum Verkleben von Frischbeton und losen Bodenschichten (vgl. auch nachfolgende Aufstellung).

Seit Jahren werden vor allem in den USA Fahrbahnen mit Epoxidmaterialien beschichtet; entsprechende Versuche laufen auch seit etwa 8 Jahren in der Bundesrepublik.

Die gebräuchlichsten Epoxidharze sind fast ausschließlich Umsetzungsprodukte aus 4,4-Dioxydiphenyl-2,2-propan (andere Bezeichnungen sind: 2,2-Bis-(4-hydroxyphenyl)-propan; Diphenylolpropan oder DIAN oder Bisphenol A) und Epichlorhydrin (1-Chlor-2,3-Epoxiglycidyläther), wobei die Molekülvergrößerung durch Additions- und Kondensationsreaktionen entsteht.

Das gebildete Epoxidharz ist ein linearer Polyäther mit endständigen Epoxid- und mittelständigen Hydroxylgruppen, wie folgende Formel zeigt:

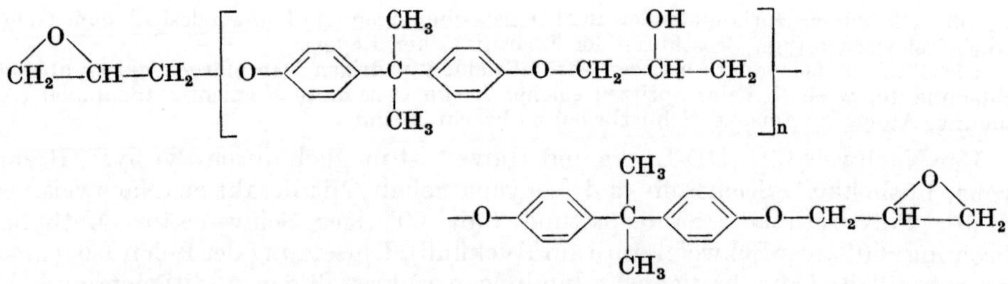

Die Umsetzung mit Aminen läuft schematisch wie folgt ab:

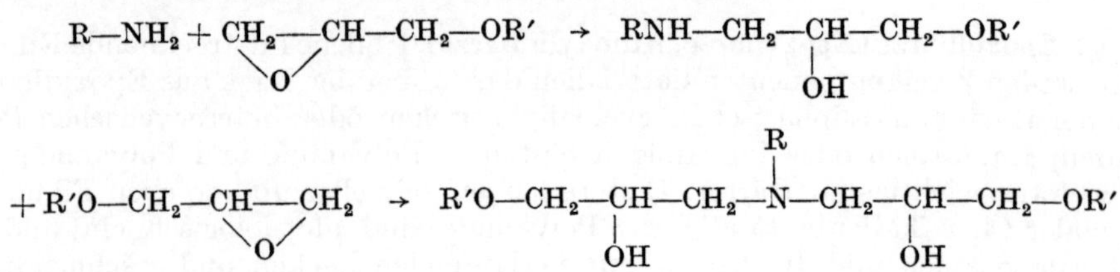

Ein vernetzter Epoxidharzfilm aus Epoxidharzen und einem Polyamin kann also folgende chemische Struktur besitzen:

Epoxidharze können infolge ihrer Epoxid- und Hydroxylgruppen mit reaktionsfähigen Wasserstoffatomen, z. B. von Carbonsäuren (z. B. Fettsäuren), Amino-, Imino-, Amido-, Sulfhydryl-, Phenol-Verbindungen, mit reaktionsfähigen Hydroxylgruppen, z. B. Methylolgruppen in Amino-, Phenol- und Alkydharzen, Phenolgruppen usw., mit Isocyanaten reagieren. Aber auch Säureanhydride, starke Basen (katalytische Wirkung), Metallsalze oder Lewis-Säuren (z. B. Borfluorid: katalytische Wirkung) wirken auf Epoxidharze vernetzend, wobei übliche chemische Reaktionen (durch Polyfunktionalität der Reaktionspartner oder katalytische Effekte) vorliegen.

Nachstehend werden die wichtigsten Epoxidharzlacke mit ihren wesentlichen Anwendungen schematisch dargestellt:

Epoxidharz-Anstrichsystem bzw. -Beschichtung	Anwendungsgebiete
kalthärtend, lösungsmittelhaltig (Zweikomponentenlack oder Reaktionslack) aus Epoxidlack und Härter (Polyamine, Aminaddukte, Polyamide, Isocyanate, Imidazole)	allgemeiner Korrosionsschutz, Betonanstriche und -Beschichtungen (z. B. Wände, Straßen, Böden usw.), Lackierung von Tanks, Behältern, Rohren, Fässern (innen), Möbeln, Schiffen, Maschinen, Haushaltgeräten, Sportgeräten usw.
kalthärtend, lösungsmittelfrei (Zweikomponentenlack) aus flüssigem Epoxidharz und flüssigem Härter (z. B. Polyamin oder Polyamid)	annähernd wie oben; die Schichtdicke und damit das Füllvermögen sind wesentlich höher, weshalb lösungsmittelfreie Systeme bei sehr rauhen Werkstücken und relativ dicker Beschichtung in Frage kommen
Epoxidester, lufttrocknend (Einkomponentenlack) oder ofentrocknend, je nach verwendeten Fettsäuren	Korrosionsschutz allgemein, Schiffe, Emballagen, Tanks, Fässer, Dosen, Tuben (vor allem außen), Geräte, Fahrzeuge, Maschinen usw.
Epoxidharz-Aminoplast-Alkydharz- bzw. *Epoxidharz-Phenolharz-* bzw. *Epoxidharz-Aminoharz-Einbrennsysteme* (30 min bei 150° C bis 210° C).	Dosen, Tuben, Rohre, Behälter, Fässer, Emballagen (innen), Folien, Geräte, Maschinen, Apparate aller Art.

Ausgehärtete, d.h. vernetzte Epoxidlackfilme sind nicht toxisch und können deshalb ohne weiteres in Berührung mit Lebensmitteln gebracht werden. K. H. MEBES und H. ZWICKY haben u.a. die Extrahierbarkeit solcher Filme und Beschichtungen untersucht. Der Verfasser hat zahlreiche Lackierungen hinsichtlich ihrer Lebensmittelbeständigkeit geprüft.

Folgende Epoxidharzlacksysteme wurden getestet: Epoxidharz-Polyamidharz lufttrocknend, Epoxidharz-gesättigtes Polyesterharz-Isocyanatharz lufttrocknend, gesättigtes Polyesterharz – Isocyanatharz lufttrocknend, Epoxidharz-Polyamin lufttrocknend, Epoxidharz-Harnstoffharz 30 min bei 180° C (pigmentiert und unpigmentiert), Epoxidharz-Phenolharz 30 min bei 180° C (pigmentiert und unpigmentiert), Epoxidharz-Alkydharz-Melaminharz 30 min bei 150° C, Epoxidharz-Melaminharz 30 min bei 180° C, Epoxidharz-Acrylharzsystem 30 min bei 180° C.

Als Untergründe dienten Weißblech, dekapiertes Eisenblech; die Zahl der Schichten betrug 1, 2 und 3, die Schichtdicken waren 10 bis 12 μm, 40 bis 55 μm bzw. 70 bis 130 μm. Als Einwirkungsmittel wurden herangezogen: Essig, Senf, Bier, Weißwein, Rotwein, schwarzer Johannisbeersaft, Tomatensaft. Selbst nach einer Einwirkungszeit von 6 Monaten konnten keine merklichen Veränderungen an den Anstrichen und keine geschmacklichen Veränderungen bei den Lebensmitteln festgestellt werden. Erwartungsgemäß war das Epoxidharz-Alkydharz-Melaminharzsystem das anfälligste. Auch die analytischen Nachweise für die einzelnen Partner in den Lebensmitteln waren negativ, weshalb mit Sicherheit geschlossen werden kann, daß keine Filmbestandteile in die Lebensmittel übergegangen sind. Voraussetzung dafür ist allerdings, daß insbesondere bei den lufttrocknenden Anstrichsystemen eine optimale Vernetzung und damit Beständigkeit vorliegen. Je nach Schichtdicke und Lackzusammensetzung werden bei lufttrocknenden Lacken 2 bis 4 Wochen Trocknungszeit benötigt.

Bisphenol A selbst ist biologisch wenig wirksam. Die festen Epoxidharze werden seit etwa 18 Jahren ohne irgendwelche Gesundheitsschäden verarbeitet. Demgegenüber sind manche niedrigmolekulare, flüssige Epoxidharze – vor allem auf Phenylglycidyläther (Phenoxypropylenoxid)-Basis – hautschädigend (MAK-Wert: 50 mg/kg). Solche Harze erzeugen als Allergene eine Sensibilisierung, Exantheme und Ekzeme. Vollständig ausgehärtete Filme aus Epoxidharzen und gebräuchlichen Härtern sind physiologisch harmlos.

Diamine, Polyamine und Polyimine wirken im allgemeinen stärker hautreizend als Ammoniak, wie auch ein Vergleich der MAK-Werte zeigt (MAK von Ammoniak: 50 mg/kg, von Diäthylamin: 25 und von Äthylendiamin: 10). Einige aliphatische Amine – z.B. Triäthylentetramin – wirken hautsensibilisierend, cyclische Amine sind resorptiv toxisch (z.B. 4,4 Diaminodiphenylmethan); vgl. dazu auch die Broschüren der Aminhersteller, ferner H. OETTEL (a). Resorptive Vergiftungen bei Menschen durch Umgang mit Epoxidharzlacken und Aminhärtern sind noch nicht beobachtet worden. Bei der Verarbeitung von Polyaminen müssen Haut und Augen geschützt werden (Handschuhe, Hautschutzcremen, Brille; Arbeitsunterbrechung, sorgfältige Hygiene, Absaugung und Belüftung!). Bei Aminaddukten ist die Gefahr wesentlich geringer als bei Aminen.

Polyamide aus dimerisierten Fettsäuren und Polyamiden können nach den bisherigen Erfahrungen als physiologisch unbedenklich angesehen werden.

Nachweise für Epoxidharze sind: Löslichkeit, Verseifungszahl, Farbreaktionen des Bisphenols, Tüpfelprobe nach Swann (Farbreaktion des Bisphenols), Nachweis nach Foucry (auf Bisphenol), Farbreaktion nach Foucry mit Denigès-Reagenz (Quecksilber(II)oxid-Schwefelsäure), Nachweis der Epoxidgruppe mit Lithiumchlorid; quantitative Bestimmung des Epoxiwerts mit Jodwasserstoff bzw. Chlorwasserstoff bzw. Bromwasserstoff, quantitative Bestimmung der Hydroxylgruppen durch Veresterung mit Essigsäureanhydrid und mit Lithiumaluminiumhydrid (volumetrische Bestimmung des Wasserstoffs), IR-Spektroskopie usw. (Pyrolyse und Brennprobe ergeben keine sicheren Hinweise.) Eingehende analytische Vorschriften für Epoxidharze (gehärtete und nicht gehärtete), Amine, Imine, Amide und andere Härter findet man in den Büchern von D. HUMMEL und den Broschüren der Hersteller.

δ) Polymerisationsharze

δ₁) Allgemeines und physiologisches Verhalten. Durch Polymerisation hergestellte makromolekulare Verbindungen sind bei entsprechender technischer Reinheit physiologisch unbedenklich. In der vorgesehenen Empfehlung des Bundesgesundheitsamtes für Lacke wird eine große Zahl von geeigneten Polymerisationsharzen genannt, vor allem Acrylester-, Methacrylester-, Vinylchlorid-, Vinyläther-, Styrol-, Butadien-, Vinylester-Polymerisate. In zahlreichen Empfehlungen für Kunststoffe – z.B. in Nr. I, bis VII und vielen anderen – werden unter gewissen Umständen Kunststoffe für die Verwendung in Verbindung mit Lebensmitteln zugelassen.

Die Verschwelungsprodukte von Kunststoffen sind weniger toxisch als die von Naturstoffen wie Holz, Kork, Wolle und Seide, insbesondere weil letztere mehr Kohlenmonoxid abgeben. Nur PVC und Polytetrafluoräthylen verhalten sich anders (HCl, giftige Fluorverbindungen).

Die Filmbildner dürfen – wie bereits gesagt – keine oder nur kleine Mengen an flüchtigen Monomeren enthalten.

Acrylester ergeben Gewebsreizungen, Äthylen wirkt in hohen Konzentrationen narkotisierend, stärker als substituierte Äthylenderivate. Äthylen und Propylen sind ansonsten untoxisch und stehen nicht in der MAK-Liste. Vinylchlorid (MAK-Wert: 500 ppm) und Vinylidenchlorid wirken narkotisierend. Acrylnitril ist relativ leicht flüchtig, ein starkes Nervengift und wird durch die Haut resorbiert; Acrylamid und Methacrylamid verhalten sich ähnlich (Styrol siehe bei c β 2). In Tabelle 8 werden einige MAK-Werte wiedergegeben.

Tabelle 8

Monomeres	MAK in mg/kg (cm^3/m^3)	MAK in mg/m^3
Acrylnitril	20	45
Methylmethacrylat	10	35
Äthylmethacrylat	25	100
1,3-Butadien	1000	—
2-Chlorbutadien	25	90
Vinylchlorid	500	1300
Styrol	100	420

δ₂) Die einzelnen Polymeren und ihre lacktechnische Bedeutung. Die hierzu zählenden Kunststoffe werden zur Herstellung von Lacken in geeigneten organischen Lösungsmitteln gelöst, meist mit Weichmachern (zur Erhöhung der Elastizität und Plastizität), anderen Bindemitteln (z.B. zur Erhöhung von Haftung, Härte, Abriebfestigkeit, Füllvermögen, Wasserbeständigkeit, Witterungs- und Chemikalienbeständigkeit) vermischt und, wenn erwünscht, pigmentiert.

Die Filmbildung erfolgt im allgemeinen physikalisch durch Verdunsten der Lösungsmittel (z.B. bei Lacken auf Basis PVC, Vinylchlorid-Copolymerisate, Polyvinylacetat, Polyacrylsäureester, Polymethacrylsäureester, Polyvinylbutyral, Polystyrol, Styrol-Copolymerisate, Vinylchlorid-Copolymerisate, Acrylnitril-Copolymerisate, Äthylen-Copolymerisate); Ausnahmen sind u.a. Polychlorbutadien und chlorsulfoniertes Polyäthylen.

Eine außerordentlich große Bedeutung haben in den letzten Jahrzehnten *wäßrige Kunstharzdispersionen* für Anstriche auf Mauerwerk, Beton, Putzen, Holz, Holzwerkstoffen, Papieren (z.B. Rauhfasertapeten), ebenso auf Metallen und Kunststoffen. Die wichtigsten Eigenschaften von polymeren Filmbildnern – wie Löslichkeit, Beständigkeit gegen Lösungsmittel, Wasser, Wärme, Licht und Alterung, mechanischen Eigenschaften wie Zugfestigkeit usw. – werden in den Büchern von K. HAMANN, RUNGE, G. SCHULZ, K. KREKELER, MARK u.a., NITSCHE, K. WEINMANN u.v.a. behandelt.

Nachfolgend werden in sehr gedrängter Form die wichtigsten Eigenschaften von solchen Polymerisaten behandelt, die für die Herstellung von Lacken und ähnlichen Produkten eine wesentliche Rolle spielen.

Polyvinylchlorid ist geruch- und geschmacklos und wird in verschiedenen Molekulargewichten (mit verschiedenen K-Werten) hergestellt. Es ist zur Herstellung üblicher Lacke aus folgenden Gründen ungeeignet: schlechte Löslichkeit (nur in Dioxan und Ketonen löslich), schlechte Verträglichkeit mit anderen Bindemitteln, ungenügende Haftung auf Metallen, relativ große Sprödigkeit, schlechte bis mäßige Licht- und Wärmebeständigkeit. Ferner reicht für viele Zwecke das Füllvermögen nicht aus. PVC wird daher nur in kleinem Maße zur Herstellung von Abziehlacken und insbesondere zur Herstellung von Plastisolen und Organosolen benützt. Plastisole sind in Weichmachern kolloid verteilte Kunststoffe (in diesem Fall PVC). Die üblichen Mischungsverhältnisse schwanken zwischen 60 : 40 bis 80 : 20. Organosole enthalten außer PVC, Weichmachern und Zusatzstoffen noch etwa 5 bis 15% Lösungsmittel und können auch im Spritzverfahren verarbeitet werden. Die Filmbildung erfolgt rein physikalisch: bei einer bestimmten Geliertemperatur (160 bis 180° C) wird der Kunststoff im Weichmacher gelöst; die Lösung ergibt beim Abkühlen eine erstarrte Schmelze, eben den Plastisol- oder Organosolfilm. Bei Verwendung von Plastisolen und Organosolen ist es möglich, hohe Schichtdicken (bis zu mehreren mm je Auftrag) zu erzeugen.

Unter anderem werden Plastisole und Organosole zur Innenausgleichung von Tiefkühltruhen, Geschirrspülern, Rohren, Armaturen, Behältern, Einsätzen, zur Beschichtung von Tragkörben, Transportbändern, Metallmöbeln (z.B. Tischplatten), Handläufen, Griffen, Regalen, Geweben, Tapeten, usw. verwendet (siehe dazu K. WEINMANN 1967a). PVC-Plastisole und Organosole kommen also bei verschiedenen Anwendungen mit Lebensmitteln in Berührung.

Der Verfasser hat in zahlreichen Versuchsreihen die Lebensmittelbeständigkeit solcher Beschichtungen (z.B. aus PVC, Citronensäureestern als Weichmacher, physiologisch einwandfreien Wärme- und Lichtstabilisatoren und anderen Zusatzstoffen) bestimmt und dabei die theoretisch zu erwartenden Resultate gefunden. Mit zunehmendem Weichmachergehalt (vor allem ab einer kritischen Weichmacherkonzentration), d.h. Abnahme der zwischenmolekularen Kräfte zwischen PVC und Weichmachern, ansteigender Löslichkeit in Wasser und lyophilen Flüssigkeiten nimmt die Beständigkeit der Beschichtung ab, da Extraktionen des Weichmachers durch Nahrungsmittel stattfinden können.

So ist z.B. ein Plastisolfilm (PVC: Weichmacher = 70 : 30) wesentlich besser lebensmittelbeständig als ein anderer mit einem Verhältnis von 60 : 40. Folgende Einwirkungsmittel wurden dabei geprüft: Wasser, Wein, Bier, Coca-Cola, zahlreiche Fruchtsäfte, Milch, Speiseöle, Pflanzenfette, tierische Fette, Butter, Zitronensaft, Essig, Senf, Joghurt u.a.

Eine größere Bedeutung als PVC besitzen die *Copolymerisate des Vinylchlorids*. Die wichtigsten sind Vinylchlorid-Vinylacetat—, Vinylchlorid-Vinylacetat-Maleinsäure –, und Vinylchlorid-Vinyläther (meist Vinylisobutyläther) – Copolymerisate. Vinylchlorid-Vinylacetat-Copolymerisate werden meist im Verhältnis 85 :15 verwendet, sind in den üblichen Lösungsmitteln löslich (nicht in Alkoholen und Benzinkohlenwasserstoffen) und mit Ketonharzen, Maleinharzen und anderen Filmbildnern, außerdem mit zahlreichen Weichmachern, kombinierfähig. Solche Lacke werden zur Lackierung von Folien aus Metallen und Kunststoffen und von Papieren verwendet; außerdem können damit hochwertige Abziehlacke und Metallschutzlacke hergestellt werden. Wäßrige Dispersionen spielen auf dem Bautensektor eine große Rolle.

Die Vinylchlorid-Vinylacetat-Maleinsäure-Copolymeren (z.B. 84 :15 : 1) besitzen infolge des Maleinsäureanteils eine wesentlich bessere Haftung auf Metallen (auch auf Nichteisenmetallen) als obige Kunstharze und werden deshalb in sehr großem Maße zur Lackierung von Metallgegenständen eingesetzt. Folgende Eigenschaften der Lackfilme sind bemerkenswert: gute Haftung: gute Witterungs-, Wasser- und Chemikalienbeständigkeit; Beständigkeit gegen Alkohole und Benzinkohlenwasserstoffe, schwere Entflammbarkeit, geringes Füll- und Glättungsvermögen.

Auch für die Lackierung von Kunststoffen werden Vinylchlorid-Copolymerisate obiger Zusammensetzung verwendet.

Eine besonders gute Chemikalienbeständigkeit haben Lacke auf Vinylchlorid-Acrylnitril-Copolymerisat-Basis.

Nachchloriertes PVC mit einem Chlorgehalt von etwa 67 % (PVC: 57–58 %) ist relativ gut löslich in mittelpolaren Lösungsmitteln und Benzolkohlenwasserstoffen und wird (häufig in Kombination mit Teeren, Bitumen und Pechen) zum Korrosionsschutz eingesetzt, ferner in Kombination mit anderen Harzen, Weichmachern und Trennmitteln zur Herstellung von Abziehlacken.

Polystyrol wird für Lacke nur wenig verwandt, weil es schlecht verträglich ist mit anderen Lackrohstoffen, geringe Elastizität und Plastizität und relativ geringe Haftfestigkeit auf Metallen zeigt und auch hinsichtlich Löslichkeit und Verarbeitung ungünstig ist.

Dagegen spielen *Styrol-Copolymerisate* als Filmbildner zur Herstellung lösungsmittelhaltiger Lacke (z.B. für die Lackierung von Kunststoffen, als Zinkstaubfarben) und als wäßrige Dispersionen für den Bautenschutz und zur Lackierung von Papieren und Kunststoffen eine beachtliche Rolle.

Polyäthylen wird als Rohstoff für Schmelzmassen zur Wirbelsinter- und Flammspritzbeschichtung benötigt. Als Lackrohstoff besitzt es wegen seiner schlechten Löslichkeit, geringen Haftung auf Metallen und anderen Werkstoffen, schlechten Verträglichkeit, großen Thermoplastizität und wegen anderer ungünstiger Eigenschaften keine nennenswerte Bedeutung.

Äthylen- Copolymerisate gewinnen zunehmend an praktischem Wert, insbesondere als Filmbildner für Plastisole, Organosole und Schmelzmassen; aber auch als wäßrige Dispersionen.

Chlorsulfoniertes Polyäthylen ist hervorragend chemikalien-, sauerstoff- und ozonbeständig und deshalb für besonders hohe Beanspruchungen unübertroffen.

Fluorierte Polyäthylene, ebenso chlorfluorierte Polykohlenwasserstoffe sind sehr gut hitze- und chemikalienbeständig und werden als wäßrige Dispersionen verwendet, u.a. zur Herstellung beschichteter Pfannen. Die Filmbildung erfolgt durch Sintern bei Temperaturen um 300° C.

Polyvinylbutyral wird vor allem zur Herstellung von Haftgründen (sogenannten Wash-Primern) verwendet. Letztere vermitteln eine hervorragende Haftung auch auf Leichtmetallen, Kupfer, Zink oder Zinn. Polyvinylbutyrale sind gut kombinierfähig mit Phenol- und Harnstoffharzen und werden u.a. für die Lackierung von Folien, Tuben, Dosen, Metalldrähten eingesetzt.

Polyvinylacetat ist gut lichtbeständig, wenig brennbar, gut wärmebeständig und haftet auf Metallen, Holz, anorganischen Werkstoffen wie Putz, Beton usw. recht gut. Daher wird es zur Lackierung obiger Anstrichträger – für saugende Untergründe meist als wäßrige Dispersionen – verwendet.

Ähnliche Eigenschaften wie Polyvinylacetat besitzen Polyvinylpropionat, höhere Polyvinylester und ihre Copolymerisate. Vor allem die Beschichtung von Fassaden, Wänden, Decken geschieht vorwiegend mit wäßrigen Kunststoffdispersionsfarben auf Vinylacetat-, Vinylpropionat- u. ähnlicher Copolymerisat-Basis.

Polyvinyläther (-methyl-, äthyl-, -isobutyläther) sind je nach Zusammensetzung wasser- bis esterlöslich, weich, haftfest und werden mit Cellulosenitrat, Vinylchlorid-Copolymeren — meist als haftverbessernde Weichharze — kombiniert.

Polyarcylester und Polymethacrylester sind vor allem durch folgende Eigenschaften charakterisiert: sehr gut lichtbeständig, gut wärmebeständig, sehr gute Haftung (auch auf Nichteisenmetallen), relativ geringes Füllvermögen, mäßige Kombinierfähigkeit mit anderen Bindemitteln. Acrylharzlacke werden zur Beschichtung von Metallen (häufig in Kombination mit Cellulosenitraten), Folien, Tuben, Dosen, Papieren, Tapeten, Kunststoffen eingesetzt. Wäßrige Acrylharzdispersionen und -farben kommen für Putze, Beton, Papiere, Holz und Kunststoffe in Frage.

Polycumaron-, *Polyinden-* und *Inden-Cumaron-Copolymerisate* und ähnliche Produkte sind in Benzolkohlenwasserstoffen, Chlorkohlenwasserstoffen, Estern und Äthern löslich. Sie werden mit Cellulosenitrat, Ölen, Alkydharzen, Asphalten, Bitumen kombiniert und für Korrosionschutzlacke eingesetzt. Andere Verwendungsmöglichkeiten sind: Druckfarben, Tinten, Kitte, Klebmassen, Beschichtungs- und Belagmassen.

Auf die zahlreichen weiteren Polymeren mit Filmbildnereigenschaften kann in diesem Rahmen nicht eingegangen werden. Es sei deshalb auf die aufgeführten Publikationen verwiesen.

Die Polymerisate lassen sich durch ihre technologischen Eigenschaften, chemische und technologische Vorproben, chemische Nachweise, physikalische Untersuchungsmethoden (infrarot-, ultraviolettspektroskopische u.ä.; chromatographische) bestimmen.

Von den Vorproben sind Pyrolyse, Brennprobe, Löslichkeit, Ausfällbarkeit, verschiedene Farbreaktionen, Viskosität einer Lösung, Verseifungszahl, Hydroxylzahl, Jodzahl (z.B. bei der Bestimmung von Doppelbindungen in polymerisierten Butadien), Elementaranalyse, Erweichungs- bzw. Schmelzbereich, Depolymerisation und Bestimmung der Monomeren und anderer Zersetzungsprodukte, Zersetzung mit Schwefelsäure und anderen Säuren; chemische Nachweise und spektroskopische, ebenso chromatographische Untersuchungen an Pyrolysaten.

Einzelreaktionen und physikalische Nachweise wurden ausführlich in den Büchern nachstehender Verfasser behandelt: D. HUMMEL, R. HOUWINK, K. THINIUS, G. SCHULZ, H. WAGNER und H. SARX, ULLMANN, I. P. LOSSEW u. O. JA. FEODOTOWA, G. ZEIDLER und G. BLEISCH, H. SAECHTLING (b) und K. WEINMANN.

3. Weichmacher

Über diese wichtige Stoffklasse liegen zahlreiche Publikationen von H. GNAMM u. W. SOMMER, K. THINIUS, F. WÜRSTLIN, E. JENCKEL, K. KREKELER und G. WICK, ebenso von K. WEINMANN vor.

a) Allgemeines und Definition (vgl. DIN 559 45, Bl. 1)

Weichmacher sind flüssige oder feste, indifferente organische Substanzen mit geringem Dampfdruck, überwiegend solche esterartiger Natur. Sie können ohne chemische Reaktion, vorzugsweise durch ihr Löse- und Quellungsvermögen (u.U. aber auch ohne ein solches) mit hochpolymeren Stoffen in physikalische Wechselwirkung treten und ein homogenes System mit diesen bilden. Weichmacher verleihen den mit ihnen hergestellten Gebilden bzw. Überzügen bestimmte, angestrebte physikalische Eigenschaften, wie z.B. erniedrigte Einfriertemperatur, erhöhtes Formänderungsvermögen, verbesserte elastische Eigenschaften, verringerte Härte und gegebenenfalls gesteigertes Haftvermögen. Zu große Weichmachermengen erzeugen sehr weiche oder klebrige Filme.

Weichgemachte Anstrichfilme, die mit Lebensmitteln in Berührung kommen, finden sich auf Tuben, Dosen, Behältern, Tanks, Schalen, Tabletts, Haushaltsgegenständen aller Art, Papieren, Metall- und Kunststoff-Folien, Maschinen und Geräten, Möbeln, Krankenhauseinrichtungen, Spielzeugen usw.

Gemäß Kunststoff-Empfehlung I F und Folgen ist die Verwendung von Weichmachern unerwünscht, wenn die Gefahr des Übergangs auf Lebensmittel besteht. Die weiter unten genannten Weichmacher werden empfohlen und sind bei richtiger Anwendung gesundheitlich unbedenklich.

Die Schichtdicke von Folien und Lackierungen liegt etwa bei 2 bis 20 µm, die Filmmasse beträgt also etwa 2 bis 20 g/m². Da der Weichmachergehalt in Lacken max. 30% (auf Filmbildner bezogen) beträgt, liegt die Weichmachermenge bei 6 bis 60 mg/100 cm², ist also recht gering.

Die Auswanderung der Weichmacher aus Lackfilmen und Einwanderung in Lebensmittel siehe Seite 378 Mitte unter Abschnitt d) Verhalten gegenüber Lebensmitteln.

Nach einer Mitteilung von H. Berger ist vorgesehen, daß von nachstehenden Weichmachern keine größeren Mengen als 35 mg/100 cm² Filmoberfläche vorhanden sein dürften:

Ester der Phthalsäure, Adipinsäure, Sebacinsäure und Citronensäure mit gesättigten aliphatischen oder cycloaliphatischen Alkoholen (C 4—C 12), sowie Propylenglykol, 1,2-Butylenglykol und Glycerin; Glycerintriacetat, 2-Aethylhexyl-di-phenylphosphat, Alkylsulfonsäureester des Phenols oder Kresols, Sojaöl, epoxydiertes Sojaöl, sofern seine Jodzahl kleiner als 8 und sein Epoxidsauerstoffgehalt weniger als 6% beträgt.

b) Wirkungsweise und Eigenschaften

Bei der sog. „inneren" Weichmachung entsteht die Wirkung durch Mitverwendung von Monomeren mit größeren unpolaren Seitenketten (z. B. durch das letztgenannte Monomere bei Vinylchlorid-Vinylacetat-, Vinylchlorid-Vinylisobutyläther; Vinylacetat-Acrylester-Copolymerisaten) oder von unpolaren, kettenförmigen und unverzweigten Monomeren (z. B. von Butadien in Styrol-Butadien-Copolymerisaten). Durch die innere Weichmachung lassen sich auch Löslichkeit, Verträglichkeit mit anderen Bindemitteln, Haftfestigkeit, Abrieb- und Schlagfestigkeit verbessern.

Bei der „äußeren" Weichmachung werden dem Filmbildner Weichmacher zugegeben, welche die gegenseitige Verschiebbarkeit der Polymerketten und damit deren Fließvermögen und Dehnbarkeit verbessern.

Primärweichmacher sind solche Verbindungen, die mit dem Filmbildner eine starke Solvatbindung durch zwischenmolekulare Anziehungskräfte ergeben. Solche Weichmacher sind in der Lage, den Filmbildner allein zu gelieren bzw. zu gelatinieren (gelatinierende Weichmacher).

Sekundär-Weichmacher (nicht gelatinierende Weichmacher) besitzen infolge ihrer chemischen Struktur wesentlich kleinere zwischenmolekulare Kräfte (Molkohäsionskräfte) zum Filmbildner und sind deshalb nicht in der Lage, den Filmbildner bei üblichen Temperaturen zu stabilen, nicht ausschwitzenden, mechanisch festen und homogenen Überzügen zu gelieren. Durch Sekundär-Weichmacher können aber z. B. Kälte- und Lösungsmittelbeständigkeit, niedrige Viskosität, schwere Entflammbarkeit, geringere Wanderungstendenz des Weichmachers aus dem Film, keine Flüchtigkeit erreicht werden. Sekundär-Weichmacher werden zusammen mit Primär-Weichmachern eingesetzt (z. B. im Verhältnis 1 : 4 bis 1 : 1).

Extender oder Verschnittweichmacher sind überhaupt nicht gelierend und werden zur Verbilligung oder Erzeugung ganz bestimmter Eigenschaften (z. B. geringe Entflammbarkeit) verwendet (max. 15 bis 20%, bezogen auf Primärweichmacher).

Weichgemacht werden müssen für Lacke und Überzüge: Cellulosenitrat, Celluloseacetate, Celluloseäther, Celluloseacetobutyrate, PVC, Vinylchlorid-Vinylacetat-Copolymere und andere Vinylchlorid-Copolymerisate, gewisse harte Polymetharcrylate (mit kleinem Alkoholrest), Chlorkautschuk, Cyclokautschuk, Styrol-Copolymerisate, Polyvinylacetate und andere Polyvinylester, Polyvinylidenchlorid und Vinylidenchlorid-Copolymerisate und andere. Grundsätzlich läßt sich sagen, daß die meisten Thermoplaste (Elastomere, Plastomere) für Lacke und andere Beschichtungsmittel weichgemacht werden müssen.

An Weichmacher werden im allgemeinen folgende Anforderungen gestellt: Gute Verträglichkeit mit Bindemitteln (kein Ausschwitzen der Weichmacher, geringe Wanderungstendenz) und gute Löslichkeit in Lösungsmitteln, gutes Weichmachungsvermögen (günstige Beeinflussung der Filmeigenschaften), keine bzw. geringe Flüchtigkeit, kleine Viskosität, gute Stabilität des Filmbildner-Weichmacher-Systems (z.B. bei Lagerung, Filmbildung und späterer Beanspruchung), günstiges rheologisches Verhalten der weichgemachten Lacke und Pasten, möglichste Geruchs- und Geschmacklosigkeit, u.U. physiologische Unbedenklichkeit, Farblosigkeit, Licht-, Wärme- und Kältebeständigkeit gilt auch für die Filme, gute Wasser- und Wetterbeständigkeit der Weichmacher und Lackfilme; u.U. Chemikalienbeständigkeit, vor allem gegen wäßrige Lösungen, Säuren, Alkalien und organische Lösungsmittel (gilt auch für entsprechende Filme); u.U. gute elektrische Eigenschaften von Weichmachern und ihren Filmen, evtl. flammwidriges, fungizides oder insektizides Verhalten, geringe Gas- und Dampfdurchlässigkeit der Filme, gute mechanische, chemische, physikalische und elektrische Eigenschaften der Überzüge.

c) Chemische Zusammensetzung und Anwendungsmöglichkeiten

Phthalsäureester (z.B. Dibutyl-, Di-2-äthylhexyl-, Benzylbutyl-, Dimethyläthylenglykol, Didecyl-, Dinonyl-Ester).

Adipinsäureester, Sebacinsäureester und andere Ester zweibasischer kettenförmiger, gesättigter und ungesättigter Säuren.

Phosphorsäureester (Trikresyl-, Triphenyl-, Diphenyloctyl-, Diphenylkresyl-, Trichloräthyl-Ester).

Fettsäureester ungesättigter und gesättigter Fettsäuren, z.B. Ölsäure, Ricinolsäure, Linolsäure, Linolensäure; Laurinsäure, Caprylsäure, Myristinsäure, Stearinsäure mit einwertigen Alkoholen.

Citronensäureester (z.B. Acetyltributylcitrat) sind in den USA und Frankreich als Weichmacher in Verbindung mit Lebensmitteln ausdrücklich zugelassen.

Chlorierte Paraffine, Diphenyle und Polyphenyle sind chemisch beständig.

Epoxydierte Ester (z.B. des Sojaöls, des Octylstearats) sind relativ gut chemikalienbeständig und wirken im Zusammenhang mit chlorierten Filmbildnern (z.B. PVC, Chlorkautschuk usw.) wärme- und lichtstabilisierend.

Polymere Weichmacher (z.B. Polyadipate, Polysebacate, Polyphthalate) haben eine sehr geringe Flüchtigkeit und gute Wanderungsbeständigkeit, besitzen aber für die meisten Filmbildner nur die Eigenschaften eines Sekundärweichmachers.

Daneben gibt es noch zahlreiche Weichmacher mit sehr verschiedenartiger Zusammensetzung, unter anderem auch stickstoff- und schwefelhaltige.

In Tabelle 9 werden die wichtigsten Eigenschaften der gebräuchlichsten Weichmacher mitgeteilt.

Die Kurzzeichen von Weichmachern sind im DIN-Entwurf 7723 vom September 1966 in weitgehender Anlehnung an die Empfehlungen der IUPAC enthalten. Nachfolgend werden einige Kurzzeichen wiedergegeben.

Tabelle 9. *Weichmacher und ihre Eigenschaften*

Zeichenerklärung: Angaben beziehen sich auf PVC u. Vinylchlorid-Copolymerisate

wg	= wenig gelierend	sk	= sehr gute Kältebeständigkeit
g	= gut gelierend	lf	= relativ leicht flüchtig
sg	= sehr gut gelierend	f	= mittelmäßig flüchtig
m	= gute mechanische Eigenschaften	kf	= kaum flüchtig
sm	= sehr gute mechanische Eigenschaften	w	= gut wetterbeständig
wl	= wenig lichtbeständig	sw	= sehr gut wetterbeständig
l	= lichtecht	n_B	= nicht löslich in Benzinkohlenwasserstoffen und Ölen
sl	= sehr gut lichtecht	se	= schwer entflammbar
wk	= wenig kältebeständig	i	= gute elektrische Isoliereigenschaften
k	= gute Kältebeständigkeit		

Weichmacher: besondere Eigenschaften (Zeichenerklärung siehe oben)	Dichte [g/cm³] bei 20° C nach DIN 51757	Brechungszahl n_D^{20} bei 20° C nach DIN 53491	Viskosität η bei 20° C [cP] nach DIN 51550 bzw. DIN 53655	Siedeverlauf [° C] nach DIN 53406 bei mm Hg (als Index)	Jodzahl [mg Jod/100 cm³ KJ-Lösung] nach DIN 53403	Verseifungszahl [mg KOH/l g Weichmacher] nach DIN 53401	Stockpunkt [° C] nach DIN 51583
Phthalsäureester							
Phthalsäurediäthylester sg, l, lf, k	1,118–1,12	1,501–1,502	11–12,5	159_{10}	0–1	500–510	– 60
Phthalsäuredibutylester sg, f, lf, k .	1,042–1,048	1,491–1,499	19,5–20	$190–195_{10}$	0–1,5	402–407	– 65 b.
Phthalsäuredimethoxyäthylester . .							– 63
(Phthalsäuredimethylglykolester) g, l, f, k, w, n_B	1,169–1,171	1,502–1,503	54	$228–245_{20}$	0–2	395–405	– 38
Phthalsäuredi-2-äthylhexylester g, l, kf-f, m, k, w.	0,983–0,986	1,486–1,487	73	$260–265_{20}$	0–1	290	– 45
Phthalsäurebutylbenzylester g, wl, kf, k, w	1,11	1,533	40–50	$230–236_{5}$ $200–290_{20}$	1–2	350–365	– 55 b.
Phthalsäuredinonylester g, l, kf, m, k, w	0,98 –0,982	1,487–1	ca. 140	$195–270_{10}$ $278–285_{20}$	0–2	270–272	– 41 ca. – 40
Phthalsäuredidecylester g, l, kf, m, k, w, i	0,966	1,485	ca. 120	$285–300_{20}$	0–1	254	– 42
Adipinsäureester							
Adipinsäuredibutylester sg, sl, lf, sk	0,956	1,435	5–6	168_{10}	0–1	437–443	– 20
Adipinsäuredi-2-äthylhexylester wg, sl, f, sk, w	0,924	1,448	15	$247–253_{20}$	0–1	304	– 75
Adipinsäurebenzyloctylester wg-g, l, f, sk, w	1,003–1,008	1,482	16	$235–255_{10}$	1–2	310–330	ca. 60
Adipinsäuredinonylester wg-g, sl, kf-f, m, k, w	0,926	1,452	25	$262–270_{20}$	0–1	284	– 66

Tabelle 9 (1. Fortsetzung)

Weichmacher: besondere Eigenschaften (Zeichenerklärung am Anfang der Tabelle)	Dichte [g/cm³] bei 20° C nach DIN 51757	Brechungszahl n_{20}^{D} bei 20 °C nach DIN 53491	Viskosität η bei 20° C nach nach DIN 51550 bzw. DIN 53655	Siedeverlauf [° C] nach DIN 53406 bei mm Hg (als Index)	Jodzahl [mg Jod/100 cm³ KJ-Lösung] nach DIN 53403	Verseifungszahl [mg KOH/1 g Weichmacher] nach DIN 53401	Stockpunkt [° C] nach DIN 51583
Adipinsäure-Polyester.	1,13	1,47	ca. 20000	–	2–7	565	– 10
(die einzelnen Typen unterscheiden sich im Molekulargewicht)	1,11	1,473	2000–4000 bei 50° C	–	–	520	–
wg, sl, kf, m, wk, w, n_B, i	1,10	1,47	1000–15000 bei 50°C	–	–	520	–
Sebacinsäureester Diese Ester, z. B. Dibutylester und Di-2-äthyl-hexylester, verhalten sich ähnlich wie Adipinsäureester, weshalb die Werte im einzelnen nicht aufgeführt werden.							
Phosphorsäureester							
Trikresylphosphat (orthoarm) g-sg, wl, kf, wk, w, se.	1,172–1,178	1,557–1,558	78–85	288–293$_{20}$	0	–	– 34
Triphenylphosphat wg, wl, f, wk, se	1,85	in fest (Schmelzpunkt ca. 49° C)		260$_{20}$	–	–	–
Diphenylmonokresylphosphat wg-g, wl, f, wk, w, (n_B), se	1,207–1,211	1,56 –1,563	47–52	275–285$_{20}$	0	–	– 38
Diphenylmonoxylenylphosphat annähernd wie oben	1,19 –1,195	1,56	ca. 70	238–251$_5$	1	–	< – 32
Trichloräthylphosphat wg, sl, f, se .	1,426	1,476	43	–	0	–	– 62
Diphenylmonophosphat g, wl, kf, wk-k, se	1,085–1,09	1,51	21–23	–	1–2	–	< – 60
Tri-2-äthylhexylphosphat g, sl, f, sk, se	0,925	1,443	13–15	–	0–1	–	< – 70
Thiobuttersäure-di-2-äthyl-hexylester g, kf-f, m, k, i	0,96	1,468	26	285–296$_{20}$	–	4–7	– 70
Pentadecansulfonsäureester des Phenols bzw. Kresols g, wl, sm, k, w, i.	1,03 –1,07	1,498–1,50	100–130	–	–	< 7	ca. 0

d) Verhalten gegenüber Lebensmitteln

Im Kontakt besonders mit fettreicheren Lebensmitteln besteht die Gefahr des Übergangs von Weichmachern auf diese. Da die üblichen Weichmacher „fremde Stoffe" sind, bestehen folgende lebensmittelrechtlichen Forderungen: Weichmacherhaltige Bedarfsgegenstände dürfen nur so verwendet werden, daß von ihnen nur gesundheitlich, geruchlich und geschmacklich unbedenkliche, technisch unvermeidbare Anteile auf Lebensmittel oder ihre Oberfläche übergehen.

Nachstehendes Rechenbeispiel soll zeigen, wie gering die u. U. übergehenden Weichmachermengen sind:

Bei Folien und Lackfilmen aus weichgemachten Kunststoffen und Lackierungen liegt die Schichtdicke z. B. zwischen 2 bis 20 μm, die Filmmasse beträgt also etwa 2 bis 20 g/m².

Die Dicke von Lackfilmen auf Tuben oder anderen Verpackungsmaterialien, die mit Lebensmitteln in Berührung kommen, beträgt im Durchschnitt etwa 8 μm.

Da der Weichmachergehalt selten 30% (auf Filmmasse bezogen) überschreitet, ist die maximale Weichmachermenge 0,6 bis 6 g/m² oder 6 bis 60 mg/100 cm², also relativ gering. Nach der XL. Empfehlung des Bundesgesundheitsamtes dürfen höchstens 25 mg Weichmacher je dm² Lackoberfläche enthalten sein.

Unter der Annahme, daß auf Lebensmittel 50% übergehen, was bei üblicher Zusammensetzung unmöglich ist, liegt die aus der Lackfilmoberfläche von 100 cm² durch das Lebensmittel-Füllgut aufgenommene Weichmachermenge nur bei etwa 12 mg; ist also bei üblichen Weichmachern physiologisch unbedenklich. Viel wichtiger ist häufig, daß die u. U. übergehenden Fremdstoffe Geschmack, Geruch und andere Eigenschaften der Lebensmittel nicht verändern.

Auswanderung der Weichmacher aus Lackfilmen und Einwanderung in Lebensmittel sind proportional dem Konzentrationsgefälle (also der Konzentration an Weichmachern im Film), der Temperatur, der Löslichkeit im Lebensmittel und umgekehrt proportional zu den zwischenmolekularen Kräften zwischen Filmbildner und Weichmachern. Unterhalb der kritischen Weichmacherkonzentration (z. B. etwa 15 % bei PVC) wandern Primärweichmacher aus dem Kunststoff überhaupt nicht aus. So diffundieren nicht einmal bestimmte Monomere aus weichgemachten Vinylchlorid-Copolymerisaten (mit weniger als 10 % Weichmacher) in Fette ein. Wenn letztere die innere Phase wäßriger Emulsion bilden (z. B. bei Milch, Schmelzkäse usw.), können sie fett- und alkanlösliche (benzinkohlenwasserstofflösliche) Weichmacher nicht aufnehmen.

Folgende Weichmacher sind in der Empfehlung XL des Bundesgesundheitsamts aufgeführt:

Unter A:
Dibutylphthalat
Di-2-äthylhexylphthalat
Di-n-hexylazelat
Dibutylsebacat
Acetyltributylcitrat
Acetyl-tri-2-äthylhexylcitrat
Diphenyl-2-äthylhexyl-phosphat
Alkylsulfonsäureester C_{10}—C_{20} des Phenols und der Methylphenole
Adipinsäurepolyester mit 1.3-Butandiol und 1.6-Hexandiol
Adipinsäurepolyester mit 1.3- und 1.4-Butandiol, deren freie Hydroxylgruppen acetyliert sind
Dicyclohexylphthalat
Benzylbutylphthalat
Acetylricinolsäurebutylester
Sojaöl und epoxydiertes Sojaöl, sofern ihre Jodzahl kleiner als 6 ist und ihr Epoxydsauerstoffgehalt weniger als 8% beträgt.

Für Folienlacke, und zwar nur für diese, dürfen zusätzlich folgende Weichmacher verwendet werden:
Saccharoseacetat — isobutyrat
Di-2-äthylhexyladipat
Poly-1.2-propylenglykoladipat
Di-2-äthylhexylsebacat
Di-n-butyladipat

Unter B:
Dibutylphthalat
Di-2-äthylhexylphthalat
Di-n-hexylazelat
Acetyltributylcitrat
Acetyl-tri-2-äthylhexylcitrat
Diphenyl-2-äthylhexyl-phosphat
Alkylsulfonsäureester C_{10}—C_{20} des Phenols und der Methylphenole
Adipinsäurepolyester mit 1.3-Butandiol und 1.6-Hexandiol
Adipinsäurepolyester mit 1.3- und 1.4-Butandiol, deren freie Hydroxylgruppen acetyliert sind.
Benzylbutylphthalat
Acetylricinolsäurebutylester

1 dm^2 der lackierten Fläche darf höchstens 25 mg Weichmacher enthalten (bezogen auf eine Trockenschichtdicke von 40 μm).

Die Lackierungen müssen unter Berücksichtigung ihrer Zusammensetzung so getrocknet werden, daß von ihnen keine flüchtigen Anteile, auf die Lebensmittel und ihre Oberfläche übergehen. Die fertigen Lackierungen dürfen die Lebensmittel geruchlich und geschmacklich nicht beeinflussen.

Bei Innenanstrichen, die mit Lebensmitteln in unmittelbare Berührung kommen, muß jeder Einzelanstrich des Anstrichaufbaus den Bedingungen des Abschnittes B I entsprechen. Bei Außenanstrichen von Bedarfsgegenständen für den Lebensmittelsektor muß der letzte Deckanstrich den Bedingungen des Abschnittes B I entsprechen.

O-kresolhaltiges Trikresylphosphat, dessen Toxizität bekannt ist, wird als Weichmacher für den Lebensmittelsektor nicht verwendet. Die heute technisch hergestellten Produkte enthalten zudem nur noch weniger als 3% o-Kresol-Anteil, so daß ihre Giftigkeit stark verringert ist.

Das wenig verwendete Tributylphosphat wirkt hautreizend.

Das feste Triphenylphosphat (MAK-Wert der USA: 3 mg/m^3) hat noch keine merklichen Vergiftungssymptome bei Menschen ergeben.

2-Äthylhexyldiphenylphosphat ist wenig giftig und in den USA für die Verwendung im Zusammenhang mit Lebensmitteln zugelassen.

Ester der Phthalsäure, Adipinsäure, Azelainsäure, Sebacinsäure (meist Dioctyl- oder Di-2-äthylhexyl-Ester) sind praktisch physiologisch unbedenklich (s. ULLMANN, Bd. 13, S. 736). H. OETTEL hat durch Tierversuche ihre Unschädlichkeit festgestellt.

Die chemikalienbeständigen Chlorparaffine sind nach den bisherigen Erfahrungen ungiftig. Chlorierte Di- und Polyphenyle sollen haut- und leberschädigend sein (MAK-Wert für 1963: Chlordiphenyl mit 42% Chlor: 1 mg/m^3; Chlordiphenyl mit 54% Chlor: 0,5 mg/m^3).

Polymerweichmacher sind infolge ihres hohen Molekulargewichts praktisch nicht flüchtig, wasser- und relativ öl- und fettbeständig. Sie zeigen sehr geringe Wanderungs- und Ausschwitzneigung, außerdem sind sie wärmestabil. Einige Weichmacher dieser Gruppe weisen zudem noch eine sehr geringe Toxizität auf, weshalb sie besonders günstige Eigenschaften für den Lebensmittelsektor mitbringen.

Epoxydierte Öle sind Sekundärweichmacher und sehr gute Licht-, Hitze-, und Sauerstoffstabilisatoren für chlorierte Filmbildner wie PVC und Chlorkautschuk. Ähnlich Epoxidharzen mit hohem Molekulargewicht (relativ niedrigem Epoxywert) eignen sich für Lacke, die mit Lebensmitteln in Berührung kommen können. Der zulässige Oxiran-Sauerstoff-Gehalt wird häufig mit 6% angegeben, die Mengen an epoxydiertem Öl sollten 3% — bezogen z.B. auf PVC — nicht überschreiten.

In den USA wurden Untersuchungen von Weichmachern für Lebensmittel auf Anregung der Food and Drug Administration durchgeführt. Danach wurden als Weichmacher für Kunststoffe zur Lebensmittelverpackung erlaubt:
2-Äthylhexyldiphenylphosphat, Diäthylphthalat, Di-2-äthylhexylphthalat[1] Diisooctylphthalat[1]
Butylstearat, Glycerylmonoleat, Dibutylsebacat, Diisobutyladipat, Glyceryltriacetat.
p-tertiär-Butylphenylsalicylat, Äthylphthalyläthylglykolat, Butylphthalylbutylglykolat.
Monoisopropylcitrat, Triäthylcitrat, Acetyltriäthylcitrat, Stearylcitrat, Acetyltributylcitrat, Paraplex G-602[2], Paraplex G-623[3].

---

[1] Nur für Wasser enthaltende Nahrungsmittel, nicht für Fett, zulässig aber für Milch und für intravenöse Katheter.

[2] Mischkondensat einer zweiwertigen Säure und eines zweiwertigen Alkohols, der Epoxid-Gruppen enthält.

[3] Epoxidiertes Sojaöl (mit Glycerin verestert).

Später wurden freigegeben:
Butylbenzylphthalat, Di-2-äthylhexyladipat, Dicyclohexylphthalat, Di-n-hexyl-azelat, Dihexylphthalat und Diphenylphthalat.

In England ist die Verwendung von Weichmachern für Kunststoffe nicht gesetzlich geregelt. Von der British Plastics Federation wurde 1958 ein Bericht herausgegeben, in dem 78 Weichmacher aufgeführt werden (mit der Klassifikation ihrer Toxicität). Sie werden unterteilt in:

A) praktisch untoxische Stoffe
B) Stoffe mit zweifelhafter Toxicität
C) Stoffe mit bekannter toxischer Wirkung.

Die Mehrzahl der Weichmacher, also besonders die Phthalate, Sebacate und Adipate, werden zur Klasse A gerechnet.

Zur Klasse C werden gerechnet: die Phosphorsäureester Tritoluyl-, Trixylenyl-, Trichlorphenyl-, Tri-n-butyl-, Triäthyl-, Triäthylhexyl-, Trinonylphosphat.

Triphenylphosphat, Tri-2-chloräthylphosphat und Äthylhexyldiphenylphosphat werden als Stoffe mit zweifelhafter Toxizität bezeichnet. Zur Klasse B werden auch Dimethylphthalat, Diamylphthalat, Methylbenzylphthalat, Glycerylmonolactat und Glycerylmonolactatdiacetat, Tricyclohexylcitrat, Bis(-dimethylcylcohexyl)oxalat, Tributylcitrat, Äthyl-p-toluylsulfonamid, Äthyl-o/p-toluolsulfonamid, o/p-Toluolsulfonamid, und n-Cyclohexyl-p-toluolsulfonamid gerechnet. Bei den meisten Stoffen wird ferner noch ein „Toxicitätsfaktor" angegeben, der aus der akuten Toxicität, den Threshold Limit Values (MAK-Werten) und der Extrahierbarkeit usw. errechnet wird. H. OETTEL hält diesen Faktor für äußerst problematisch (vgl. H. OETTEL im ULLMANN).

In Frankreich ist die Verwendung von Weichmachern für den Lebensmittelsektor gesetzlich geregelt. Nach Angabe von R. LEFAUX sind dort als Weichmacher in Lacküberzügen für Lebensmittelbehälter nur erlaubt: Benzomonobutylamid, Di-2-äthylhexylphthalat, Glyceryltriheptoat, Di-2-äthylhexylsebacat, Di-2-äthylhexyladipat, Tributylacetylcitrat, Dioctylphthalat, Heptylnonylphthalat und Diheptylphthalat.

e) Prüf- und Analysenmethoden

Folgende Prüfungen erlauben weitgehende Aussagen über Identität und Wirkung eines bestimmten Weichmachers:

Dichte nach DIN 53400 bzw. DIN 51757
Brechungszahl nach DIN 53400 bzw. DIN 53491
Stockpunkt nach DIN 53400 bzw. DIN 51583
Flammpunkt nach DIN 53400 bzw. 51758

Viskosität nach DIN 53400 bzw. DIN 51550 und DIN 51561 (mit dem Vogel-Ossag-Viskosimeter); DIN 51562 (mit dem Ubbelohde-Viskosimeter) u. a.

Siedeverlauf nach DIN 53406
Lichtdurchlässigkeitszahl nach DIN 53403 (Vergleich mit Jod/Kaliumjodid)
Kritische Lösetemperatur gegenüber Kunststoffen und anderen Filmbildnern, vgl. K. THINIUS (a) u. K. WEINMANN.

Andere Verträglichkeitsbestimmungen wie Ermittlung der Trübungstemperatur, Ausschwitzneigung usw.

Flüchtigkeit z.B. mit dem Schnellwasserbestimmer der Fa. Brabender, bzw. Bestimmung der Flüchtigkeit bei Temperaturen zwischen 80 und 120° (meist 90° C) nach 24, 72 und 240 h

Viskositäts-Temperatur-Kurve (sollte möglichst flach sein) nach DIN 53400, DIN 51550, DIN 51561, DIN 51562 usw.

Kältefestigkeit
Thermische Beständigkeit, z.B. bei 160—200° C
Wasserfestigkeit
Chemikalienbeständigkeit
Extrahierbarkeit durch Chemikalien und Lebensmittel

Wanderungsfestigkeit nach DIN 53405: Prüfung von Weichmachern. Bestimmung der Wanderungstendenz von Weichmachern aus weichmacherhaltigen Kunststoffen bzw. DIN 53407; Bestimmung des Weichmacherverlustes aus weichmacherhaltigen Kunststoffen nach dem Aktiv-Kohle-Verfahren

Brennbarkeit (z.B. nach VDE 0472)
Aschegehalt nach DIN 51575

Elektrisches Verhalten (z.B. Oberflächenwiderstand, spezifischer Widerstand nach DIN 53482, innerer Widerstand, Durchschlagsfestigkeit, Dielektrizitätskonstante, Verlustfaktor u.a.).

Geliertemperatur auf Grund von Viskositäts-, Zugfestigkeits-, Zerreißfestigkeits- und Dehnungsmessungen an Kunststoff-Weichmacher-Systemen; vgl. insbesondere die Arbeiten von WÜRSTLIN, ÜBERREITER, KLEIN, JENCKEL, LEILICH u.a.

Weichmachungsvermögen und Beeinflussung der Eigenschaften des weichgemachten Kunststoffes bzw. Überzugs durch Weichmacher (z.B. durch Messung der Zerreißfestigkeit und Dehnung nach DIN 53504, der Shore-Härte A nach DIN 53505, des spezifischen Widerstands nach DIN 53482, des Kälteschlagwertes nach VDCh 22-02; der Abriebfestigkeit mit dem Bosch-Gerät nach Weinmann-Ortlieb, der Eindruckhärte nach Buchholz (DIN 53153) und der Pendelhärte nach König (DIN 53157), der Erichsen-Tiefung (DIN 53156)).

Die chemische Zusammensetzung läßt sich durch chemische und physikalisch-chemische Methoden — wie Spektralanalyse (z.B. Emissionsspektroskopie bei metallhaltigen Weichmachern), Gas- und Papierchromatographie, UV- und vor allem IR-Spektroskopie u.a. – ermitteln. Das Grundsätzliche dieser Verfahren wurde von zahlreichen Autoren wie K. THINIUS, GNAMM und SOMMER erläutert.

Als Kennzahlen haben Säurezahl (nach DIN 53402), Verseifungszahl (nach DIN 53401), Verseifungsgeschwindigkeit (nach DIN 53404) u.a. einen bedeutenden Aussagewert.

Während die meisten der oben genannten Untersuchungsmethoden für eine Erstuntersuchung von Weichmachern notwendig sind, reichen für Routineuntersuchungen im allgemeinen Dichte, Brechungszahl, dynamische Viscosität, Flüchtigkeit, Verseifungszahl und spezielle Bestimmungen, z.B. des Cl-, S- oder N-Gehalts, aus.

4. Lösungsmittel

a) Allgemeines

Übliche Lösungsmittel und ihre Verschnittmittel sind bei der Filmbildung eines Anstrichstoffes flüchtig. Ihre Siedepunkte liegen im allgemeinen unter 250° C bei 760 Torr.

Man unterscheidet aktive Löser, latente Löser oder Regler und Nichtlöser oder Verschnittmittel.

Die aktiven Löser ergeben im allgemeinen mit dem Filmbildner durch Elektronenbeugung nachweisbare Solvate und schließlich Lyosole von relativ niedriger Viskosität.

Latente Löser besitzen nur bei Anwesenheit von echten Lösern Lösungseigenschaften.

Nichtlöser dürfen nur beschränkt – entsprechend ihren Eigenschaften (Dampfdruck, Verdunstungszahl, Verschnittfähigkeit usw.) – zugegeben werden.

Über die Löslichkeit von Bindemitteln in organischen Lösungsmitteln und Wasser – insbesondere über die physikalisch-chemischen Zusammenhänge (zwischenmolekulare Kräfte, Löslichkeits- und Wasserstoffbrückenbindungsparameter) — haben H. BURELL, O. FUCHS, K. WEINMANN (1967) und andere eingehend berichtet (Vergleiche IV. 1).

5%ige Lösungen einer esterlöslichen, niedrigviskosen „Nitrocellulose" (Cellulosenitrat) in verschiedenen echten Lösern ergeben z.B. die in Tabelle 10 mitgeteilte Verschnittfähigkeit.

Tabelle 10

Echter Löser in der Lösung	Verschnittfähigkeit (Vol. Verschnittmittel : Vol. Lösungsmittel)		
	Benzin	Toluol	Äthanol
Äthylacetat	1,0	3,0	4,0
Butylacetat	1,2	2,0	4,1
Aceton	0,6	3,6	3,2
Methylglykolacetat	0,5	2,5	2,3
Äthylglykol	0,5	2,8	2,0

Für die Herstellung und Verarbeitung lösungsmittelhaltiger Lacke und Lackfarben und für die Filmeigenschaften sind folgende Lösungsmittelkennzahlen besonders bedeutungsvoll:

Lösevermögen, Dichte, Erstarrungs- und Schmelzpunkt, Siedebereich (Siedepunkt), Brechungszahl, Dampfdruck, Verdunstungszahl, Verdampfungswärme, spezifische Wärme, Wärmeleitvermögen, Viscosität, Oberflächenspannung, max. Arbeitsplatzkonzentration, Mischbarkeit mit Wasser und anderen Lösungsmitteln, Dielektrizitätskonstante, Reinheitsgrad in %, Explosionsgrenzen, Zündgruppe, Flammpunkt, Gefahrenklasse und andere.

b) Chemische Zusammensetzung, Eigenschaften und ihre Bestimmung

Die wichtigsten für Lacke benötigten Lösungsmittel sind:

Benzinkohlenwasserstoffe, Benzolkohlenwasserstoffe, cycloaliphatische Kohenwasserstoffe (kleinere Verwendungsbreite), Terpenkohlenwasserstoffe, Chlorkohlenwasserstoffe (geringere Bedeutung), Ester (vor allem der Essigsäure), Ketone, Äther, Ätheralkohole (z.B. Methylglykol, Äthylglykol),Ätherester (z.B. Methylglykolacetat, Äthylglykolacetat), Alkohole (insbesondere Methanol bis Butanol), fluorierte und chlorfluorierte Kohlenwasserstoffe (Bedeutung als Treibmittel für Sprühdosenlacke).

Die Prüfung der Lösungsmittel kann u.a. nach DIN 53169 vorgenommen werden. Darin werden beschrieben:

Dichte, Brechungszahl, Flammpunkt, Säurezahl, Verseifungszahl, Siedeverlauf und Gehalt an Olefinen und Aromaten.

Die Bestimmung der Dichte und des spez. Gewichtes kann ferner nach DIN 51757, ASTM D 1298-55 (Spindel), ASTM D 287–39, ASTM D 891–59 (Westphalsche Waage, Spindel, Pyknometer), IP 59/49 (englische Vorschrift) erfolgen.

Die Brechungszahl läßt sich nach DIN 53491 mit einem Refraktometer (z.B. nach ABBÉ) ermitteln.

Der Siedebereich (Siedeverlauf) kann nach DIN 53169, 53171, 51761, ASTM D 1078–58, ASTM D 1078–49 T, ASTM D 285–41, ASTM D 86–46, ASTM E 133–58, Brit. Stand. Spec. 658 mit PD 2612 oder IP 24/44 (England) und ISO/DR 364 bestimmt werden.

Die sehr wichtige Verdunstungszahl ist auf einfache Weise mit Filtrierpapier im Vergleich zu Diäthyläther = 1 nach DIN 53170 zu ermitteln. In manchen Fällen wird auch die verdunstende Menge in Abhängigkeit von der Zeit ausgewogen. Dabei wird gelegentlich Butylacetat als Vergleichssubstanz herangezogen (z.B. in den USA).

Der der Verdunstungszahl etwa umgekehrt proportionale Dampfdruck wird bei 20° C in mm Hg gemessen (DIN 51754).

Die Messung der Viskosität kann mit dem Höppler-Kugelfall-Viskosimeter (DIN 53015), dem Vogel-Ossag-Viscosimeter (DIN 51561), der Ubbelohde-Viscosimeter (DIN 51562), dem Redwood-Viskosimeter (IP 70/49), dem Engler-Viscosimeter (DIN 51560), dem Fenske-Viscosimeter (IP 71/47 T), dem Auslaufbecher (DIN 53211), dem Saybolt-Universal-Viscosimeter (ASTM D 88–44, D 244–55), dem modifizierten Ubbelohde-Viscosimeter (ASTM D 445–53 T) und mit anderen Geräten erfolgen. Die Viscosität schwankt bei Lösungsmitteln etwa zwischen 0,321 cP (Aceton) und 2,96 cP (Butanol) bei 20° C.

Der Flammpunkt läßt sich nach DIN 51755, DIN 51758, DIN 53213, ASTM D 93–58 T mit E 134–58 T, IP 34/47 (England); der Zündpunkt (Selbstzündpunkt oder Tropfzündpunkt) nach ASTM D 286–58 T, VDE 0165/IX 57, DIN 51794 und die Zündgruppe nach VDE 0165 ermitteln.

Untere und obere Explosionsgrenzen in Volumen-% (im Gemisch mit Luft) vermitteln einen Eindruck von der Explosionsfähigkeit eines Lösungsmittel-Luft-Gemisches.

Die nachfolgende Tabelle gibt einen Überblick über wichtige Eigenschaften gebräuchlicher Lösungsmittel.

Tabelle 11

Lösungsmittel	Dichte [g/cm³] n. DIN 51 757 53 169	Siedebereich [°] (Siedeverlauf n. DIN 51 761), 53 171	Verdunst.-zahl (Äther = 1) n. DIN 53 170	Brechungzahl n_{20}^{D} n. DIN 53 491	Dampfdruck bei 20° C [mm Hg]	Flammpunkt [° C] nach DIN 53 213, 53 169 51 755, 51 758	Selbstzündp. (Tropfzündp.) [° C] n. ASTM D 286-30 bzw. DIN 51 794	Viscosität bei 20° C [cP]	MAK [cm³/m³]
Aceton	0,789–0,792	56–57	2,1	1,358–1,360	180	–19	540	0,321	1000
Methylacetat	0,932–0,935	56–60	2,2	1,360–1,362	163	–13	505	0,381	200
Äthylacetat	0,898–0,902	75–77	2,8	1,371–1,372	77	–2	486	0,442	400
Butylacetat (98/100)	0,878–0,882	123–127	12,1	1,393–1,394	10,5	24	422	0,73	200
Methylglykolacetat	1,001–1,004	138–152	30	≈ 1,402	3,5	44	394	1,14	25
Äthylglykol	0,932	132–136	43	1,405	4,5	40	240	2,08	200
Methanol	0,791	60–66	6,3	1,329	96	11	–	0,63	200
Äthanol	0,789	74–81	8,3	1,3614	43,2	12	425	1,20	1000
Butanol	0,809–0,812	114–118	33	1,398–1,399	7	34	340	2,96	100
Toluol	0,864	111	6,1	1,4967	21	5	569	0,586	200
Xylol	0,863	138–142	13,5	1,495	7	23	562	0,680	200
Benzin (100/140)	≈ 0,71	100–140	3,5	1,40–1,42	–	< –10	–	0,931	500
Terpenkohlenwasserstoffe (monocyclisch)	0,87–0,88	170–190	≈ 76	≈ 1,479	1,7	49	253	1,21	100
Methylenchlorid (98/100)	1,322–1,324	39–40,5	1,8	1,423–1,424	356	–	> 640	0,519	500

Weitere Kennzahlen sind: Säurezahl (DIN 53402), Verseifungszahl (DIN 53401), Siedeverlauf (DIN 51751 und DIN 53169), Molekulargewicht, spezifische Wärme (bei Lösungsmitteln annähernd 0,3 bis 0,6 cal/g), Verdampfungswärme (im allgemeinen 50 bis 270 cal/g). Die Dielektrizitätskonstante (etwa 1 bis 35), Wasseraufnahme in Gewichts-%, Löslichkeit in Wasser in Gewichts-%, Abdampfrückstand (nach DIN 51753), Gehalt an Olefinen und Aromaten (DIN 51791 und DIN 53169), Farbe (Methode 3 in ISO/DR 364 oder ASTM D 1209) Lichtdurchlässigkeitszahl (nach DIN 53409) u.a.

c) Nachweis- uud Bestimmungsmethoden

Folgende Untersuchungsverfahren können zur Bestimmung von Lösungsmitteln herangezogen werden:

Der Wassergehalt von Lösungsmitteln kann u.a. nach K. Fischer ermittelt werden (DIN 51777), jedoch sind die Ergebnisse noch unbefriedigend. Gegenwärtig wird das Verfahren ISO/TC 47 vom Arbeitsausschuß 2.12 des Fachnormenausschusses Anstrichstoffe überprüft.

Säurezahl nach DIN 53402 (DIN 53169).

Verseifungszahl (sinngemäß nach DIN 53401; DIN 53169)

Hydroxylzahl (Acetylzahl)

Verseifungsgeschwindigkeit (sinngemäß nach DIN 53403)

Sulfonierungszahl nach DIN 51774

Essigsäureanhydridzahl (z.B. zur Bestimmung des Gehalts an aromatischen Verschnittmitteln des Terpentinöls)

Bromzahl nach DIN 51774 (Maß für den Anteil ungesättigter Verbindungen)

Wasserlösliche Anteile (Maß für Art und Menge der polaren Verbindungen)

Schwefelsäure (85%ig)-Unlösliches (Maß für aliphatische, hydroaromatische und aromatische Kohlenwasserstoffverbindungen und Chlorkohlenwasserstoffe)

Dimethylsulfat-Unlösliches (Maß für aliphatische und cycloaliphatische Lösungsmittel)

Phosphorpentoxid-Schwefelsäure-Unlösliches (Maß für aliphatische Lösungsmittel)

Carbonylzahl (Maß für den Ketongehalt: durch Oximierung mit Hydroxylaminhydrochlorid)

Kaliumpermanganat-Verbrauch usw.

Weitere chemische, infrarotspektroskopische, UV-spektroskopische, fluoreszenzspektroskopische, papierchromatographische, dünnschichtchromatographische und insbesondere gaschromatographische Untersuchungen ergeben ein eindeutiges Bild der chemischen Konstitution und Identität von Lösungsmitteln. Bei Erstuntersuchungen empfiehlt sich die Bestimmung der in Tabelle 11 angeführten Werte, außerdem die Ermittlung der Hydroxyl-, Verseifungs- und Säurezahl, des Wassergehalts, des Infrarotspektrogramms und des Gaschromatogramms (vgl. K. Thinius, Gnamm u. Sommer, Kerckow).

Bei Routineuntersuchungen reichen meist Dichte, Brechungszahl, Verdunstungszahl, Siedeverlauf, Flammpunkt, Selbstzündpunkt, Säurezahl, Verseifungszahl; vereinzelte gaschromatographische und IR-spektroskopische Untersuchungen aus.

d) Brennbarkeit, physiologische Wirkung und Schutzmaßnahmen

Brennbarkeit und Explosivität von organischen Lösungsmitteln sind durch Flammpunkt, Gefahrenklasse; Selbstzündpunkt, Zündgruppe und Explosionsgrenzen einigermaßen sicher charakterisiert.

Unter Schutzmaßnahmen werden alle Maßnahmen verstanden, die Brände, Explosionen und Gesundheitsschädigungen während der Lagerung, des Transports und der Verarbeitung von Anstrichstoffen verhindern können.

α) Brennbarkeit

Flammpunkt, Gefahrenklasse, Selbstzündpunkt, Zündgruppe, Explosionsgrenzen.

Für den Verkehr mit brennbaren Flüssigkeiten sind maßgebend:

VbF: Verordnung über die Errichtung und den Betrieb von Anlagen zur Lagerung, Abfüllung und Beförderung brennbarer Flüssigkeiten zu Lande vom 18. Febr. 1960 (BGBl. I, Nr. 8 vom 24. Febr. 1960).

TVbF: Verordnung über Anforderungen, insbesondere technischer Art, an Anlagen zur Lagerung, Abfüllung und Beförderung brennbarer Flüssigkeiten zu Lande vom 10. September 1964 (BGBl. I, Nr. 48 vom 16. September 1964).

ATVbF: Allgemeine Verwaltungsvorschrift zur Technischen Verordnung über brennbare Flüssigkeiten (ATVbF) vom 10. September 1964 (Beilage zum Bundesanzeiger Nr. 172 vom 16. September 1964).

Die VbF ist am 1. April 1960 in Kraft getreten, die TVbF ist seit 1. Dezember 1964 anzuwenden.

Die VbF gilt für sämtliche Anlagen zur Lagerung, Abfüllung und Beförderung brennbarer Flüssigkeiten, wenn diese Anlagen zu gewerblichen Zwecken oder im Rahmen eines wirtschaftlichen Unternehmens verwendet werden (§ 1, Abs. 1). Es unterliegen also nicht nur Auslieferungslager der Lackfabriken, sondern auch Lagerräume der Lackverarbeiter, des Handwerks, des Fachgroßhandels und teilweise auch des Einzelhandels den Vorschriften der VbF, wenn die gelagerten Mengen an brennbaren Flüssigkeiten die Freigrenze überschreiten. Bei Lagerräumen gewerblicher Betriebe und des Handels sind bedingt frei: 40 l brennbare Flüssigkeiten der Gefahrenklasse AI in nicht bruchsicheren Gefäßen, 200 l AII oder B in nicht bruchsicheren Gefäßen; 40 l AI, 400 l AII oder B in versandfähigen Verbraucherpackungen; 200 l AI, 1000 l AII oder B in bruchsicheren Gefäßen und 400 l AI, 3000 l AII oder B in bruchsicheren Gefäßen mit festangebrachter Abfüllvorrichtung. (1 l „AI" entspricht 5 l „AII" oder „B" bzw. 200 l „AIII" bei der Zusammenlagerung). Einzelheiten über die genauen Lagerungsvorschriften sind der VbF zu entnehmen.

Als brennbare Flüssigkeiten gelten nach der VbF, § 3, solche Stoffe, die bei 35° C weder fest noch salbenförmig sind, bei 50° C einen Dampfdruck von 3 kp/cm^2 oder weniger haben und einen Flammpunkt unter 100° C besitzen. Ein großer Teil der Lacke, Lösungsmittel und Verdünnungen erfüllen diese Voraussetzungen und gilt deshalb als brennbar.

Die Flüssigkeiten werden insbesondere nach ihrem Flammpunkt, aber auch nach Wassermischbarkeit, Viskosität und Festkörpergehalt in verschiedene Gefahrenklassen eingeteilt.

Die Ermittlung des Flammpunkts erfolgt nach DIN 53213.

Die Gefahrenklassen sind wie folgt gekennzeichnet:

Gruppe A:

Flüssigkeiten, die einen Flammpunkt unter 100° C haben und hinsichtlich der Wasserlöslichkeit (nicht wassermischbar) nicht die Eigenschaften der Gruppe B aufweisen.

Gefahrenklasse I: Flüssigkeiten mit einem Flammpunkt unter 21° C
Gefahrenklasse II: Flüssigkeiten mit einem Flammpunkt von 21° C bis 55° C
Gefahrenklasse III: Flüssigkeiten mit einem Flammpunkt zwischen 55 und 100° C.

Gruppe B:

Flüssigkeiten mit einem Flammpunkt unter 21° C, die sich bei 15° C in jedem beliebigen Verhältnis mit Wasser mischen oder deren brennbare flüssige Anteile sich mit Wasser mischen.

Die VbF (§ 2) findet keine Anwendung auf:

Flüssigkeiten mit einem Flammpunkt von 21° und darüber und einer Auslaufzeit nach DIN 53211 von mindestens 90 sec.

Flüssigkeiten mit einem Flammpunkt von 21° C und darüber und einer Auslaufzeit von mindestens 60 sec, aber weniger als 60 sec, mit nicht mehr als 60% an brennbaren Flüssigkeiten.

Flüssigkeiten mit einem Flammpunkt von 21° C und darüber und einer Auslaufzeit von mindestens 25 sec, aber weniger als 90 sec, mit nicht mehr als 20% an brennbaren Flüssigkeiten.

Die VbF gilt auch nicht für gegen Bruch gesicherte Behälter mit weniger als 1 l Rauminhalt.

Die meisten Bautenlacke zum Streichen auf üblicher Lösungsmittelbasis haben einen Flammpunkt über 21° C, eine Viskosität größer als 90 sec und zudem nur einen Anteil von weniger als 40% Lösungsmittel. Sie zählen deshalb aus zwei Gründen nicht zu den brennbaren Flüssigkeiten. Andere Bautenlacke, wie wäßrige Kunstharzdispersionsfarben, sind meist mit Wasser unbeschränkt mischbar und besitzen fast durchweg einen Flammpunkt von über 100° C. Auch sie gehören also nicht unter die VbF bzw. im ungünstigsten Fall der Gefahrenklasse B an.

Seit dem 1. Dezember 1964 ist die Kennzeichnung brennbarer Flüssigkeiten wie folgt durchzuführen:

Tabelle 12

Flammpunkt in °C	Gefahrenklasse	Kennzeichnung
< 21	A I	Flammensymbol
21—55	A II	„feuergefährlich"
55—100	A III	—
< 21 aber wasserlöslich	B	„feuergefährlich"
Aceton und Acetonmischungen	B	Flammensymbol

Der vom Hauptverband der gewerblichen Berufsgenossenschaften herausgegebene Teil 23, „Farbspritzen, -tauchen und Anstricharbeiten" gibt über die Bauvorschriften, Vorschriften für den Betrieb, Feuerlöscheinrichtungen, ausführliche Unterweisungen. Besonders wichtig ist, daß bei Lacken und Lösungsmitteln bzw. Verdünnungen mit einem Flammpunkt unter 21° C alle elektrischen Anlagen explosionsgeschützt ausgeführt sein müssen; kein offenes Feuer, keine Funkenbildung (Vermeidung elektrostatischer Aufladungen) auftreten dürfen und eine genügende Absaugung vorhanden sein muß. Einzelheiten sind den Unfallverhütungsvorschriften Nr. 23 und 24 zu entnehmen.

Der Selbstzündpunkt gibt die niedrigste Temperatur an, bei der sich ein Gemisch aus Lösungsmitteldampf und Luft entzünden kann. Die Bestimmung erfolgt nach DIN 51794. Nach den Selbstzündpunkten bzw. Tropfzündpunkten werden die brennbaren Flüssigkeiten in entsprechende Zündgruppen eingeteilt.

Tabelle 13

Selbstzündpunkt in °C	Zündgruppe
> 450	G 1
300—450	G 2
200—300	G 3
135—200	G 4
100—135	G 5

Die Kenntnis des Selbstzündpunktes ist vor allem dann sehr wichtig, wenn Lacke in Einbrennöfen ausgehärtet werden. Es wurde schon verschiedentlich festgestellt, daß in Lackierereien deshalb Brände entstanden, weil die Selbstzündpunkte der enthaltenen Lösungsmittel niedriger waren als die Ofenwandtemperaturen. Im allgemeinen sollten letztere mindestens 50° C unter den betreffenden Selbstzündpunkten liegen.

Eine weitere wichtige Kennzahl zur Kenntlichmachung der Feuer- und Explosionsgefährlichkeit von Lacken und Verdünnungen sind die Explosionsgrenzen. Explosionsartige Verbrennungen von Lösungsmitteldampf-Luftgemischen sind nur innerhalb der sogenannten Explosionsgrenzen möglich. Die untere Explosionsgrenze gibt den Mindestgehalt der Lösungsmitteldämpfe in einem Lösungsmitteldampf-Luftgemisch (in Vol.-%) an, bei dem eine Explosion möglich ist (Verbrennung ohne weiteren Luftzutritt nach erfolgter Zündung). Oberhalb eines bestimmten Lösungsmitteldampfgehaltes in der Luft ist eine explosive Verbrennung nicht mehr gegeben. Diese Konzentration nennt man obere Explosionsgrenze. Die Explosionsgrenzen werden in Volumenprozent (Lösungsmittel im Lösungsmitteldampf-Luftgemisch) oder g/m^3 angegeben. Für die Praxis spielt die untere Explosionsgrenze eine weitaus wichtigere Rolle. Explosionen können durch gute Absaugeinrichtungen beim Lackverarbeiten und -trocknen vermieden werden.

β) Physiologisches Verhalten

In den USA sind in den vergangenen Jahrzehnten Ermittlungen, experimentelle Beobachtungen und Erfahrungen über die physiologischen Wirkungen zahlreicher Lösungsmittel zusammengestellt worden. In Deutschland hat die „Kommission zur Prüfung gesundheitsschädlicher Arbeitsstoffe" der Deutschen For-

schungsgemeinschaft die Grenzwerte als maximale Arbeitsplatzkonzentration (MAK) in Veröffentlichungen bekanntgegeben. Unter MAK versteht man die maximale Konzentration an schädlichen Gasen, Dämpfen und festen Stoffen, die bei einer 8stündigen täglichen Arbeitszeit auch bei einer Einwirkungsdauer von mehreren Jahren noch vertragen werden kann, ohne daß irgendwelche gesundheitliche Schädigungen auftreten. Für Lösungsmitteldämpfe werden die Werte in cm^3 Dampf/m^3 Luft (in den USA ppm: parts per million) bei einer Temperatur von 20° C und 760 Torr Druck angegeben. Die MAK-Werte stellen keine endgültigen Zahlenwerte dar, da sie laufend überprüft und ergänzt werden („Treshold Limit Values" (USA). Die korrigierten Werte liegen fast immer tiefer. Die meisten Lösungsmittel haben MAK-Werte zwischen 100 cm^3/m^3 und 1000 cm^3/m^3. Relativ schädlich sind u. a. Butanol (MAK-Wert: 100), Methylglykol (25), Terpentinöl (100), Benzol (25), Diacetonalkohol (50), Methylglykolacetat (25), Trichloräthylen (100).
In Tabelle 14 werden die MAK-Werte gebräuchlicher Lösungsmittel mitgeteilt:

Tabelle 14

Lösungsmittel	mg/m^3 (UDSSR)	MAK-Werte (USA/BRD)	
		cm^3/m^3	mg/m^3
Aceton	200	1000	2400
Äthylacetat	200	400	1400
Äthylalkohol	1000	1000	1900
Äthylglykol	–	200	740
Äthylglykolacetat	–	100	540
Benzinkohlenwasserstoffe	300	500	2000
Benzol	50	25	80
n-Butanol	200	100	300
i-Butanol	–	100	300
n-Butylacetat	200	200	950
Cyclohexanol	–	50	205
Cyclohexanon	10	50	205
Cyclohexan	80	400	1400
Diacetonalkohol	–	50	240
Diisobutylketon	–	50	200
Dioxan	10	100	360
Isophoron	–	25	140
i-Propylalkohol	200	400	980
Methanol	50	200	260
Methylacetat	100	200	610
Methyläthylketon	–	250	740
Methylglykol	–	25	80
Methylglykolacetat	–	25	120
Methylcyclohexanon	–	100	460
Methylisobutylketon	–	100	410
Styrol	–	100	420
Terpentinöl	–	100	560
Tetrachloräthylen („Per")	–	100	670
Tetrachlorkohlenstoff	50	10	65
Tetrahydrofuran	–	200	590
Toluol	50	200	750
Trichloräthylen	50	100	525
Xylol	50	200	870

Für die Bundesrepublik Deutschland ist am 1. 4. 1954 eine Verordnung über die Kennzeichnung gesundheitsschädlicher Lösungsmittel und anderer lösungsmittelhaltiger Arbeitsstoffe in Kraft getreten (Kennzeichnungszwang). Danach müssen alle Behälter mit einem Fassungsvermögen über einem halben Liter vom Hersteller, Lieferer und Importeur durch eine dauerhafte Warntafel gekennzeichnet sein, wenn deren Inhalt an nachstehenden Flüssigkeiten mehr als 10 Gewichtsprozent enthält. Die Warntafel enthält in schwarzer Schrift auf orangefarbigem Untergrund den Text: „Vorsicht! Einatmen der Dämpfe gefährlich! Schutzvorschriften beachten!"

Gesundheitsschädlich im Sinne dieser Lösemittelverordnung sind:

Benzol (2), Toluol (1/3), Xylol (1/3), Methanol (2/3), Dioxan (1), Schwefelkohlenstoff (1), organische Halogenverbindungen mit einem Siedepunkt unter 200° C (1). Die Zahlen in den Klammern geben an, mit welchem Vielfachen die genannten Lösungsmittel bei der Berechnung ihres prozentualen Anteils im Gemisch eingesetzt werden müssen. Lacke und Verdünnungen müssen also gekennzeichnet werden, wenn sie z.B. gleich oder mehr als 30 Gewichtsprozente Xylol bzw. 30 Gewichtsprozente Toluol bzw. 15 Gewichtsprozente Methanol bzw. 5% Benzol bzw. 10% Tri bzw. 10% Methylenchlorid bzw. 10% Dioxan usw. enthalten.

Ausreichende Absaugung von Lack- und Lösungsmitteldämpfen, genügende Belüftung mit Frischluft. Hautschutz und andere Maßnahmen sind beim Arbeiten mit organischenLösungsmitteln angezeigt bzw. erforderlich.

Die Haut muß regelmäßig geschützt werden. Sind krankhafte Hautveränderungen eingetreten, ist unbedingt ein Arzt aufzusuchen.

Den einfachsten Schutz für Hände erreicht man durch Leder-, Kunststoff- oder Stoffhandschuhe. Beim Arbeiten mit Lacken und Lösungsmitteln werden häufig aus verschiedenen Gründen Kunststoff- oder Gummihandschuhe benützt. Diese behindern die Schweißverdunstung, erzeugen eine weiche, für Bakterien und Pilze leicht anfällige Haut und setzen das Tastgefühl wesentlich herab. Ferner werden sie von aggressiven Lösungsmitteln wie Ketonen, Chlorkohlenwasserstoffen und anderen mehr oder weniger stark gequollen und besitzen vielfach auch eine nicht ausreichende Zerreißfestigkeit. Es ist verständlich, wenn Handschuhe und insbesondere solche aus nahezu luft- und wasserdampfundurchlässigen Werkstoffen nur kurz, ungern oder überhaupt nicht getragen werden.

Um so größere Bedeutung kommt deshalb Hautschutzpräparaten zu, mit denen man die gereinigte Haut einreibt.

Die wissenschaftliche Begründung für die anerkannten MAK-Werte und ihre Änderungen finden sich mit Literaturhinweisen in der „Documentation of Threshold Limit Values", herausgegeben von der American Conference of Governmental Industrial Hygienists.

Die vom Bundesarbeitsministerium veröffentlichten deutschen MAK-Werte weichen nur selten von den amerikanischen Werten ab, da beide Kommissionen ihre Erfahrungen austauschen. Die jeweils neuesten deutschen MAK-Werte werden in dem Jahres-Vormerkkalender der gewerblichen Berufsgenossenschaften „Betriebswacht" veröffentlicht und zwar zusammen mit einer offiziellen Präambel. Diese Vorbemerkungen sollten besonders beachtet werden, damit die MAK-Werte nicht fehlgedeutet, mißverstanden oder gar mißbraucht werden. Die russischen MAK-Werte liegen im allgemeinen unter den amerikanischen bzw. deutschen Werten (siehe Tabelle 14).

Grundsätzlich sei abschließend noch darauf hingewiesen, daß die üblichen Lösungsmittel bei der Filmbildung nahezu vollständig verdunsten, weshalb ein Lackfilm, der unter Umständen mit Lebensmitteln in Kontakt kommt, entweder keine oder nur geringe Lösungsmittelmengen enthält. Erfolgt die Filmbildung nicht vollständig, können jedoch bis zu etwa 20% der ursprünglichen Lösungsmittelmenge im Überzug verbleiben und u.U. Schädigungen (direkt oder indirekt) hervorgerufen. Es sei in diesem Zusammenhang auch auf die Filmbildung unter IV. 2 hingewiesen.

5. Farbmittel und Füllstoffe (Verschnittmittel)

a) Definition

Nach DIN 55945 Blatt 1 ist ein Pigment ein in Lösungsmitteln oder Bindemitteln praktisch unlösliches, organisches oder anorganisches, buntes oder unbuntes Farbmittel (vgl. auch DIN 55944).

Ein Farbstoff ist im Gegensatz dazu ein in Lösungsmitteln oder Bindemitteln lösliches Farbmittel.

Verschnittmittel (Füllstoffe) sind unlösliche, pulverförmige, meist unbunte Stoffe, die zum Strecken von Pigmenten dienen. Pigmente und Farbstoffe gehören zur Gruppe der Farbmittel. Bei den Verschnittmitteln ist noch zu erwähnen, daß sie sich vor allem durch ihr verhältnismäßig schlechtes Deckvermögen von den Pigmenten unterscheiden. Auch das Färbevermögen der letzteren ist wesentlich besser.

b) Anwendungsgebiete

α) Farbstoffe

Wasserlösliche (einschließlich alkali-, säure-, küpenlösliche)

Direkte Färbung: Färben von wäßrigen Flüssigkeiten und Massen, Tinten, Tuschen, Limonade, Nährmitteln, Wasserlacken, Holzbeizen, Signier- und Stempelfarben.

Indirekte Färbung: Färben von adsorbierenden Massen (eventuell bei Gegenwart von Beizen usw.), Gewebe- und Papierfärberei, Kunstmassenfärbung, Zeugdruck.

In Äthanol (Sprit) und anderen flüchtigen, nichtwäßrigen Lösungsmitteln lösliche: Färben von Spritzbeizen, Likören, Parfümerien, Sprit-, Cellulose- und anderen Transparentlacken, Stoffmalfarben.

In fetten Ölen und Fetten lösliche: Sogenannte Fettfarben, zum Färben von Fetten, Ölen, Wachsen, Bohnermassen, Wichsen und Schuhcremen, Wachsbeizen; Stempel-, Doppeltonfarben; Signierstiften.

In schmelzenden Massen lösliche: Glas- und keramische „Farben“.

β) Pigmente

Für Misch- und Färbetechniken: Färbung von Papier, Kautschuk, Zement und anderen Kunstmassen; Kalk-, Linoleumfarben; Pigmente für Blei-, Kreide- und Pastellstifte, Spachtelmassen.

Für wäßrige „Dispersionen“: Leim-, Aquarell-, Tempera-, Gouache-, Casein-, Wasserglas-, Fresko-, Stereochromie-, Tiefdruck- und andere Spezialdruckfarben, Buntpapier- und Tapetenfarben, Zeugdruckfarben für Reservedruck, Appreturen, Kunstharzdispersionsfarben und andere wäßrige Anstrichmittel, z. B. wasserverdünnbare Lackfarben.

Für Lackfarben mit organischen, flüchtigen Lösungsmitteln auf Basis von Naturstoffen, umgewandelten Naturstoffen, Kunstharzen und Kunststoffen.

Für lösungsmittelfreie oder -arme Anstrichstoffe auf Polyurethan-, Epoxid-, Thioplastbasis; für Plastisole, Organosole, Schmelzmassen, Kunststoffpasten, „Pulverlacke“, Pulverbeschichtungsmittel.

Für Druck-, Wachstuchfarben; Lackspachtel, Grundierungen, Künstler- und Stempelfarben.

Die Einsatzmöglichkeiten und praktischen Anwendungen von Farbstoffen für Lacke und andere Anstrichstoffe im Zusammenhang mit Lebensmitteln sind so gering, daß eine nähere Erörterung nicht notwendig erscheint. Doch gilt auch hier, daß keine Farbstoffe auf Lebensmittel übergehen dürfen. Die zum Färben von Lebensmitteln zugelassenen Farbstoffe sind im allgemeinen aus technischen färben von Lacken, ähnlichen Produkten und Kunststoffen, Gründen zum Einebenso von Kunststoffpasten, ungeeignet.

c) Gebräuchliche Farbmittel

In nachfolgender Tabelle 15 werden einige wichtige anorganische und organische Pigmente mit guter Lichtechtheit (mindestens 6 mit Hilfe der Wollskala nach DIN 53952), guter Witterungsbeständigkeit; großem Widerstand gegen Wanderung, Sublimation, Durchbluten, Ausbluten; weitgehender Unlöslichkeit in Wasser, Lösungsmitteln, Fetten, wäßrigen Flüssigkeiten, Lebensmitteln aller Art; außerdem mit ausreichender Dispergierbarkeit in den üblichen Bindemitteln beschrieben. Insbesondere geringes Wanderungsvermögen, Unlöslichkeit in verschiedenen Agentien und gute Verteilung der Pigmente in Bindemitteln sind eine Voraussetzung für die Eignung in Lackfarben (in Verbindung mit Lebensmitteln).

Tabelle 15

Pigment (CJ: Colour-Index; chemische Zusammensetzung)	Ausgeprägte Eigenschaften
Weißpigmente und Füllstoffe	
Titandioxid-Rutil (z.B. Kronos RN 44, 56, 57, 58, 59, Titangesellschaft; R-KB, R-KB-D, R-K-B-1, $R\text{-}KB_2$, R-FD Bayer, u.a.)	Sehr gute Licht- und Wärmestabilität, Säurebeständigkeit, Temperaturbeständigkeit etwa 1000° C, Lichtechtheit 8; Dispergierbarkeit ist gut; physiologisch unbedenklich.
Bleiweiß (basisches Bleicarbonat: $2PbCO_3 \cdot Pb(OH)_2$)	Geringeres Deckvermögen als Titandioxid-Rutil; wirkt auf Chlorpolymere wie PVC, Chlorkautschuk usw. stabilisierend, darf nicht in Verbindung mit schwefelhaltigen Stabilisatoren verwendet werden (PbS-Bildung!); gute Dispergierbarkeit (vgl. Farbengesetz!).
Antimon weiß (Antimonoxid: Sb_2O_3)	Gute Farbfestigkeit und Dispergierbarkeit; im Deckvermögen und anderen Eigenschaften deutlich schlechter als Titandioxid-Rutil (vgl. Farbengesetz!).
Zinksulfid und Zinkoxid (ZnS, ZnO)	Zinksulfid nicht in Verbindung mit Blei- und Zink-Stabilisatoren verwenden; Hitzebeständigkeit beträgt etwa 450 bis 600° C.
Kreide (Calciumcarbonat: $CaCO_3$) Dolomit (Calcium-Magnesiumcarbonat: $CaCO_3 \cdot MgCO_3$)	Als Füllstoffe gut geeignet; wirken stabilisierend auf chlorierte Filmbildner.
Talkum, Kaolin und Kieselsäuregele	Chemikalienbeständige Füllstoffe, Antiabsatz- u. Verdickungsmittel; physiologisch unbedenklich.
Schwerspat ($BaSO_6$)	Chemikalienbeständig, gut dispergierbar, geringes Deckvermögen.
Schwarzpigmente	
Ruße und Schwärzen mit 85–99,5% Kohlenstoff (Beinschwarz, Lampenschwarz u.a.)	Temperatur-, wetter- und lichtbeständig (Temperaturbeständigkeit etwa bis 1000° C), sehr gute Säurebeständigkeit.
Eisenoxidschwarz (hydroxidhaltige Mischoxide des 2- und 3wertigen Eisens)	Wirkt u.U. auf chlorierte Bindemittel depolymerisierend (Verfärbungen usw.) weniger gut geeignet als Ruße; physiologisch unbedenklich.
Organische Pigmente wie wie Anilinschwarz	Lichtechtheit nur im Vollton ausreichend; wirken teilweise wegen des Eisengehaltes depolymerisierend auf Chlorpolymere.
Gelbpigmente	
Nickeltitangelb (Titandioxid als Wirtskomponente, mit Antimon und Nickel als Gastionen)	Sehr gute Licht- und Wetterbeständigkeit, sehr gute Säurebeständigkeit, Temperaturbeständigkeit 1000° C; sehr gutes, aber teures Gelbpigment; physiologisch unbedenklich.
Chromgelbe (Bleichromate)	Nur die monokline, lichtstabilisierte Modifikation besitzt bedingte bis gute Eignung bei Außenbewitterung und sonstigen Beanspruchungen. Temperaturbeständigkeit ist in Lacken und Kunststoffen höher als die des Pulvers. Diese Pigmente müssen auf jeden Fall vor dem Einsatz geprüft werden; Dispergierbarkeit ist gut (vgl. Farbengesetz!).
Cadmiumgelb (Cadmiumsulfid)	Hohe Lichtbeständigkeit, nur bedingt gute Wetterbeständigkeit, weshalb im allgemeinen nur für innen beanspruchte Lack- und Kunststoffbeschichtungen einsetzbar. Cadmiumgelb darf nicht in Verbindung mit Bleistabilisatoren verwendet werden (PbS-Bildung!) Hitzebeständigkeit beträgt 500° C; Dispergierbarkeit ist gut.

Tabelle 15 (1. Fortsetzung)

Pigment (CJ: Colour-Index; chemische Zusammensetzung)	Ausgeprägte Eigenschaften
Eisenoxidgelb (Eisen-(III)-oxid-hydroxid: FeO(OH))	Temperaturbeständigkeit ist häufig bei der Wärmetrocknung der Lacke nicht ausreichend; erfüllt nicht immer alle Anforderungen hinsichtlich Wetter- und Lichtbeständigkeit. Dispergierbarkeit ist befriedigend; nur im Überschuß an basischen Stabilisatoren einsetzen; physiologisch unbedenklich.
Azopigmente wie Permanentgelb FGL extra bzw. Benzidinderivate wie Permanentgelb NCC bzw. HR (Cl-Pigmentgelb 16 bzw. CI 83) (20040)	Im Vollton 7–8 bzw. 7 bzw. 7–8; in Aufhellungen mit Titandioxid-Rutil und anderen Pigmenten 7–8 bzw. 5–6 bzw. 6–7. Temperaturbeständigkeit beträgt 180–220° C; Dispergierbarkeit ist befriedigend (Gefahr der Wanderung!).
Azopigment (z.B. Chromphtalgelb 2 G); Anthrachinonderivat (Paliogengelb RT) CI-Val-Yellow 1 (Indanthrengelb G), Flavanthrongelb, Chromphtalgelb A 2 R	Lichtechtheit im Vollton und Verschnitt 8, Temperaturbeständigkeit 200° C; sehr gute Säurebeständigkeit (Gefahr der Wanderung!). Küpengelb 70 600
Rotpigmente	
Eisenoxidrot (Fe_2O_3)	Sehr licht- und wetterbeständig; Temperaturbeständigkeit etwa 500° C; beschleunigt u.U. die Zersetzung von chlorierten Filmbildnern, wirkt aber im allgemeinen auf stabilisiertes PVC nicht abbauend. Sehr wirtschaftliches Pigment mit guter Dispergierbarkeit; physiologisch unbedenklich.
Cadmiumrot (Mischkristall aus Cadmiumsulfid und Cadmiumselenid)	Sehr gute Licht- u. gute Wetterechtheit; Temperaturbeständigkeit etwa 500° C; nur befriedigende Säurebeständigkeit. Auch im Verschnitt ist es gut außenbeständig. Bei Verwendung von Organozinn-Stabilisatoren wird häufig Ausbleichen beobachtet, weshalb andere Stabilisatoren zu verwenden sind. Dieses Pigment sollte möglichst nicht in Verbindung mit Bleistabilisatoren eingesetzt werden, ist aber günstiger als Cadmiumgelb. Die Dispergierbarkeit ist gut.
Bleimolybdate (tetragonales Bleichromat-Bleimolybdat)	Geringere Licht- und Wetterbeständigkeit als Bleichromat, deshalb nicht für höchste Ansprüche geeignet. Hitzebeständigkeit beträgt etwa 300° C; die Dispergierbarkeit ist gut.
Verlackte Azopigmente (z.B. Mangansalz des CI-Pigmentrots 48: Litholscharlach BBM, CI-Pigment Rot 48 (15865), Sicoechtscharlach 22 M)	Gute bzw. mittlere Licht- und Wetterbeständigkeit; relativ hohe Wanderungsbeständigkeit; nur für mittlere Ansprüche einsatzfähig.
Perylenderivate (PV-Echtrot B, CI-Pigment Rot 149) Chinacridone und einige Chromophtalrote	Sehr gute Lichtbeständigkeit (z.B. 7–8) im Vollton, gut im Verschnitt (z.B. 6–7); sehr gute Wanderungsbeständigkeit; Temperaturbeständigkeit 180–200° C; sehr gut säurebeständig.
Blaupigmente	
Phthalocyanblau (β-Modifikation), CI-Pigment Blau 15 (74160)	Höchste Lichtechtheit (8) und Witterungsbeständigkeit, großes Deckvermögen. Kupferhaltige sind in Weichmacher-, Lösungsmittel-, Licht- und Wetterbeständigkeit besser als kupferfreie. Temperaturbeständigkeit 200–250° C; sehr gute Säurebeständigkeit und gute Alkalifestigkeit. Nur in Aufhellungen mit Titandioxid (1 : 100) Veränderungen bei Bewitterung.

Tabelle 15 (2. Fortsetzung)

Pigment: (CJ) Colour-Index; chemische Zusammensetzung	Ausgeprägte Eigenschaften
Kobaltblau (Kobaltaluminat: $CoO \cdot Al_2O_3$)	Höchste Licht- und Wetterbeständigkeit, geringes Färbevermögen, nur bedingte Säurebeständigkeit; Temperaturbeständigkeit über 500° C.
Ultramarin (schwefelhaltiges Natriumaluminiumsilikat): $Na_8 Al_6 Si_6 O_{24} S_4$ Na: 14–21%; Al: 12–16%; Si: 17–20%; S: 6–14%; O: 37–41%	Geringe Säurebeständigkeit, gute Alkalifestigkeit, gute Lichtechtheit; instabil gegen Oxydationsmittel; nicht in Verbindung mit Bleistabilisatoren verwendbar; nur bedingte Brauchbarkeit. Hitzebeständigkeit 300 bis 350° C; geringes Deckvermögen.
Grünpigmente	
Phthalocyaningrün, CI-Pigment grün 7 (74260)	Sehr gute Licht- und Witterungsbeständigkeit (Lichtechtheit 8), sehr gute Säurebeständigkeit; Temperaturbeständigkeit 250–300° C; nur bei Aufhellungen mit Titandioxid (1 : 100) Veränderungen bei Bewitterung.
Chromoxidgrün (Cr_2O_3)	Sehr gute Licht-, Wetter-, Chemikalien- und Temperaturbeständigkeit (etwa 110° C). Farbton ist oft ungünstig.
Nickelkomplex eines Azofarbstoffes: CI-Pigmentgrün 10 (Grüngold Z)	Schlechte Säurebeständigkeit; Temperaturbeständigkeit 250° C; Lichtechtheit 8 (im Verschnitt 7).

d) Gebräuchliche Füllstoffe (Verschnittmittel)

Meist werden Lacke und andere Anstrichstoffe – vor allem Spachtel, Grundierungen, Füller, Vorlacke usw. – zur Senkung der Rohstoffkosten, Erzielung bestimmter Eigenschaften (trockener Griff, bessere Licht- und Wärmebeständigkeit; bessere Schleifbarkeit, Härte, Schall- und Wärmedämpfung; höheres Füllvermögen, günstigere Verlaufseigenschaften, bessere elektrische Eigenschaften usw.), Erleichterung der Verarbeitung (z. B. Erzeugung thixotroper Eigenschaften) und wegen anderer Vorteile mit Füllstoffen verschnitten. Zu hohe Füllstoffanteile bewirken jedoch immer eine deutliche Verschlechterung der Eigenschaften, weshalb die kritische Füllstoffvolumenkonzentration (vgl. dazu auch die kritische Pigmentvolumenkonzentration) nicht überschritten werden darf. In erster Linie werden auch zu große Füllstoffmengen zahlreiche mechanische Eigenschaften wie Schlagzähfestigkeit, Dehnung, Zugfestigkeit; aber auch optische Eigenschaften wie Glanz, Glättungsvermögen; Porigkeit ungünstig beeinflußt. Bei Verwendung von Füllstoffen mit hoher Dichte und kleiner Teilchengröße erhöhen sich Bindemittelverbrauch und Dichte der Lacke und anderer Anstrichstoffe, weshalb vielfach eine auf das Volumen bezogene Verteuerung die Folge ist.

In Tabelle 16 werden chemische Zusammensetzung, mittlere Teilchengröße und andere Eigenschaften einiger wichtiger Verschnittmittel aufgeführt.

In kleinerem Maße kommen Asbest (faserig, enthält Fe^{2+}, hoher Weichmacherbedarf, schlechte Benetzung), Calciumsulfat, Glimmer (thixotrop, mäßige mechanische Eigenschaften, gute Wasserbeständigkeit wegen Blättchenstruktur), Talkum (Mattierungsmittel, hohe Weichmacheradsorption, schlechte Benetzung, physiologisch unbedenklich, Thixotropiemittel) in Frage.

Tabelle 16

Füllstoff	Chem. Zusammensetzung	Mittlere Teilchengröße in μm	Schüttgewicht in g/ml	Ölzahl (Weichmacheraufnahme in g/100 g Füllstoff)	Dichte in g/ml	Besondere Eigenschaften (Verwendung)
Dolomit	$CaCO_3$+ $MgCO_3$	1–5 (10-20)	1,05–1,06	18–19	2,7–2,9	meist unbehandelt, universell einsetzbar
Kaolin	Aluminiumsilikat	1–5	0,4–0,5	38–42	2,2–2,6	relativ hohe Weichmacheradsorption, gute elektrische Eigenschaften
Kieselsäure, hochdispers	SiO_2	0,01–0,03	0,04–0,06	200	2,2–2,3	Mattierungsmittel, Thixotropiemittel; besonders hohe Weichmacheradsorption, physiologisch unbedenklich
Kreide	$CaCO_3$	1–5	1,02–1,04	18–19	2,6–2,8	gemahlen, geschlämmt, gefällt und auch oberflächenbehandelt; universell einsetzbar
Quarzmehl	SiO_2	5–15	1,5–1,6	15	2,6	geringe Weichmacheradsorption, hart, abriebfest
Schwerspat	$BaSO_4$	1–5	–	10	4,5–4,6	geringe Weichmacheradsorption, chemisch beständig, spezifisch schwer

e) Physiologisches Verhalten

Die Erfahrung hat u.a. gezeigt, daß für die Färbung von Kunststoffen und Lackfilmen geeignete, in diesen unlösliche Pigmente im allgemeinen so vollständig eingebettet sind, daß beim Kontakt mit Lebensmitteln kein Herauslösen der Pigmente eintritt. Dies gilt vor allem dann, wenn der Film dreidimensional vernetzt ist und die Pigmentvolumenkonzentration weit unter der kritischen liegt. Je besser die Umhüllung der feindispergierten Pigmentteilchen durch die Bindemittel, je größer die Benetzungsenergie und je höher die zwischen Bindemittel und Pigment wirksamen zwischenmolekularen Kräfte sind, desto geringer ist die Gefahr eines Herauslösens. Bei Farbstoffen hingegen ist infolge ihrer Löslichkeit die Gefahr des Übergangs auf Lebensmittel wesentlich größer. Die Forderung, daß von den Farbstoffen nichts auf die Lebensmittel übergehen darf, schließt deren Verunreinigung durch gesundheitlich bedenkliche Farbstoffe aus, (vgl. Empfehlung des Bundesgesundheitsamts „Farbstoffe zum Einfärben von Kunststoffen für Bedarfsgegenstände").

Pigmentierte Lackfilme, wie sie u.U. für die Innenlackierung von Konservendosen, Tuben, Folien und anderen Verpackungsmaterialien verwendet werden, sind im allgemeinen so dünn, daß eine allseitige ausreichende Umhüllung der Pigmentteilchen durch die Filmbildner nicht gewährleistet ist. In solchen Fällen muß also bei Einwirkung aggressiver Lebensmittel mit Extraktionen der Farbmittel durch letztere gerechnet werden. Fast immer sind jedoch derartige Innenlacke unpigmentiert, weshalb diese Gefahr recht selten eintritt. Behälter, die üblicherweise mit pigmentierten Lacken geschützt werden, besitzen einen mehrschichtigen, meist vernetzten Anstrichaufbau mit Gesamtschichtstärken von 80 bis 300 μm und mehr. Dadurch ist die Wahrscheinlichkeit, daß Farbmittel von den Füllgütern herausgelöst werden, außerordentlich gering.

Da Pigmente in Wasser und Lipoidlösungsmitteln unlöslich bzw. nahezu unlöslich sind, werden sie von der Haut und Schleimhaut kaum resorbiert. Deshalb ist eine akute Vergiftung durch Kontakt nicht zu erwarten; jedoch müssen bei der Verarbeitung einiger Pigmente chronische Vergiftungen durch Inhalation befürchtet werden. Besonders bei blei-, chrom-, antimon-, arsen- und quecksilberhaltigen Pigmenten sind Inhalationsschäden nicht selten.

Die Bestimmungen des Gesetzes, betr. die Verwendung gesundheitsschädlicher Farben bei der Herstellung von Nahrungsmitteln, Genußmitteln und Gebrauchsgegenständen vom 5. Juli 1887 sind zu beachten (siehe Hinweise zur lebensmittelrechtlichen Beurteilung).

In diesem Zusammenhang sei auch auf das *Bleimerkblatt* des Reichsgesundheitsamts verwiesen, das über Entstehung, Anzeichen und Verhütung der Bleivergiftung berichtet.

Bleivergiftungen können u.a. von Bleiweiß, besonders Chromgelbtypen, Bleimennige, Bleicyanamid, Neapelgelb hervorgerufen werden. Der MAK-Wert von Blei beträgt 0,2 mg/m^3. Symptome für akute Vergiftungen sind: Erbrechen, Darmkolik und Kollaps; für chronische Vergiftungen: Kopfschmerzen, Kolik, Anämie, Gehirn- und Nierenschäden.

Chromhaltige (chromathaltige) Pigmente wie Zinkgelb, Zinktetraoxychromat, Chromgrün, Zinkgrün – ebenso wie die weiter oben erwähnten Chromgelbtypen – führen unter ungünstigen Umständen zu Ekzemen und gefährlichen Geschwüren. Dreiwertige Chromverbindungen sind ungiftig.

Unlösliche cadmiumhaltige Pigmente führen bei Inhalation zu teilweise schweren Lungenschäden. Vergiftungen durch Lacke mit cadmiumhaltigen Pigmenten sind aber noch nicht beobachtet worden.

Bei bleifreien Lithopone- und Zinkoxid-Lacken sind auch durch umfangreiche Tierversuche und Menschenbeobachtungen keine Schädigungen festgestellt worden.

Auch Zinnober ist, da im Organismus keine löslichen Verbindungen entstehen, wenig giftig.

Pigmente aus Eisen, Mangan, Kobalt sind untoxisch. Beim Kontakt mit antimonhaltigen Pigmenten ist bisher keine Gesundheitsschädigung registriert worden, die Inhalation führt allerdings unter Umständen zu ungünstigen Reaktionen. Der MAK-Wert von Antimon beträgt 0,5 mg/m^3.

Als physiologisch unbedenklich gilt nach einer Mitteilung des Bundesgesundheitsamtes die Verwendung der Pigmente Titandioxid, Nickeltitangelb, Aluminiumpulver, synthetische Eisenoxide und der Verschnittmittel Talkum und Kieselsäuregelpulver.

Asbest- und Quarzmehl, die als Füllstoffe für Grundierungen und Spachtel verwendet werden, können u.U. Asbestose und Silikose erzeugen, sodaß dann die vorgeschriebene Schutzmaßnahmen zu beachten sind.

Unlösliche organische Pigmentfarbstoffe sind biologisch gänzlich unwirksam.

f) Nachweismethoden

Pigmente können durch zahlreiche Vorproben (z.B. Marsh-Probe auf Antimon und Arsen; Lötrohrprobe auf Antimon und Cadmium; Abscheidung von Kupfer bzw. Quecksilber aus Kupfer- bzw. Quecksilbersalzen beim Kontakt mit Zink, bzw. Kupfer oder anderen Metallen mit kleinerem Normalpotential), weiterhin durch den Gehalt an flüchtigen Anteilen, die Löslichkeit in Laugen, Ammoniumsulfat, Schwefelsäure, Salzsäure, Essigsäure und anderen Säuren, durch oxydierende Schmelzen; durch Schwefelwasserstoffentwicklung beim Behandeln mit Säuren, durch die Borax- und Phosphorsalzperle (z.B. Kobalt und Uran) und andere Nachweismethoden identifiziert werden.

Ferner unterstützen Helligkeit, Farbton, Sättigung, Aussehen, Verwendungszweck, Dichte, Schüttdichte, Schüttvolumen, Stampfvolumen (nach DIN 53194), Ölzahl (nach DIN 53199), Brechungszahl (z.B. bei 5890 Å: D-Linie des Natriums), Dispergierbarkeit, Aufhellungsvermögen (z.B. nach DIN 53192), Deckvermögen (z.B. nach DIN 53162), Lichtbeständigkeit, Wasser- und Witterungsbeständigkeit, Kreidungsbeständigkeit, Chemikalienfestigkeit, Siebrückstand, Teilchengröße, Korngrößenverteilung und andere physikalische oder technologische Daten das Erkennen von Pigmenten und Füllstoffen.

Daneben gibt es chemische Trennungsgänge verschiedener Autoren, z. B. nach HEZEL.

Chemische Einzelreaktionen (Antimonoxid mit Kaliumpermanganat, Chromatpigmente durch Fällungsreaktionen, Quecksilber nach Eschka, Kupfer kolorimetrisch oder jodometrisch, Arsen durch Destillation als $AsCl_3$ und Titration mit $K_2Cr_2O_7$ oder J_2), röntgenographische, spektroskopische und chromatographische Untersuchungen zur analytischen Bestimmung von Pigmenten, Farbstoffen und Füllstoffen sind außerdem recht erfolgreich. Insbesondere die Bücher von H. KITTEL, E. HERRMANN, E. STOCK, G. ZEIDLER-G. BLEISCH, E. HEZEL, WINNACKER KÜCHLER, ULLMANN (B. ZSCHIMMER) und H. WULF sind als Literaturhinweise zu nennen.

Nachstehend werden einige wichtige DIN-Normen genannt die Nachweismethoden enthalten (kein Anspruch auf Vollständigkeit).

DIN 55907: Ultramarin. Anforderungen und Prüfungen
DIN 55908: Zinkweiß. Analysen-Verfahren
DIN 55909: Farbenzinkoxid. Analysen-Verfahren
DIN 55910: Lithopone. Analysen-Verfahren.
DIN 55911: Schwerspat. Technische Lieferbedingungen.
DIN 55912: Titandioxid und Titanweiß
DIN 55913: Eisenoxide. Analysen-Verfahren.
DIN 55914: Bleiweiß. Analysen-Verfahren.
DIN 55915: Bleiweiß-Pigmentpasten und -Anstrichfarben. Analysen-Verfahren.
DIN 55916: Bleimennige. Analysen-Verfahren.
DIN 55917: Blanc fixe.

In Vorbereitung sind noch andere Normen u.a. über Chromoxidfarben, Aluminiumflockenpigmente.

Bei den organischen Pigmenten, die der Azo-, Indigo-, Naphthalin-, Perylentetracarbonsäure-, Chinacridon-, Anthrachinon-, Nitro-, Oxazin- und Dioxazin-Gruppe, den Komplexpigmentfarbstoffen und Farblacken angehören können, spielen neben chemischen und physikalischen Vorproben chemische Einzelreaktionen und insbesondere die IR-Analyse, die Emissionsspektroskopie (bei metallhaltigen Pigmenten), Papier- und Gaschromatographie die wichtigste Rolle.

6. Zusatzstoffe (Zusatzmittel, „Hilfsstoffe"; vgl. auch I. 4b)

Wie bereits erwähnt wurde, enthalten viele Lacke und verwandte Produkte, neben den bisher behandelten Rohstoffen noch Hitze- und Lichtstabilisatoren, Gleitmittel, Inhibitoren, Antihautmittel, Emulgatoren, Trockenstoffe, Katalysatoren, Beschleuniger, ausschwimmverhindernde Mittel, Fungicide, insektizide und bakterizide Mittel, Verlaufmittel, Schwebemittel, Konservierungsmittel, Viskositätsregulatoren, Verdickungsmittel, Thixotropiemittel, Netzmittel, Antiabsetzmittel und andere Verbindungen. Über die Zusammensetzung und Wirkungsweise dieser Stoffe informieren zahlreiche Bücher und Merkblätter von Herstellern. Es sei auf die Werke von E. KARSTEN, ULLMANN, D. HUMMEL, G. ZEIDLER-G. BLEISCH, J. SCHEIBER und K. WEINMANN verwiesen (vgl. auch DIN 55901 u. a).

Es ist infolge der außerordentlichen Vielfalt dieser Stoffe unmöglich, in diesem Rahmen auf die physikalischen, technologischen und chemischen Prüfungen, ferner auf die Eigenschaften der Zusatzstoffe einzugehen. Auf den Teil „Kunststoffe" sei verwiesen.

Kobalt-, Blei-, Mangan-, Calcium- und Zinknaphthenate, -resinate, -octoate, -decanate usw. werden als Trockenstoffe oder Sikkative für lufttrocknende Lacke auf Öl-, Alkydharz- und ungesättigter Polyester-Basis, teilweise auch als Antiabsetzmittel und Dispergierhilfsmittel für die verschiedensten Lacke verwendet. Sie unterscheiden sich zwar in ihrer Giftigkeit, sind aber sehr wenig toxisch, zudem werden sie in sehr geringen Mengen verwendet (z. B. 0,1–0,5 % Metall, bezogen auf den Lack).

7. Zusammenfassung

Gesundheitsschädigungen durch Lacke lassen sich nach dem oben Ausgeführten durch entsprechende Auswahl ungefährlicher Rohstoffe verhindern. Weiterhin sind die einzelnen Bestandteile im richtigen Mengenverhältnis derart im Lack und daher im Lackfilm zu dispergieren, daß zwischen allen Rohstoffen optimale zwischenmolekulare Kräfte wirksam sind, wodurch eine Diffusion von Lackkomponenten (z.B. Weichmachern) in die berührenden Lebensmittel vermindert oder ganz unterbunden wird. Dadurch unterbleiben also Ausschwitzerscheinungen, Extraktionsvorgänge, Wanderungen und andere unerwünschte Veränderungen. Die Lackkomponenten sollten in den mit ihnen in Kontakt stehenden Lebensmitteln unlöslich sein. Auch dadurch werden Diffusionen und Extraktionen von Lackbestandteilen verhindert. Eine derartige Unlöslichkeit liegt u.a. bei vernetzten Filmen vor (z.B. bei Polyurethan-, Epoxid-Amid-, Epoxid-Amin-, Epoxid-Aminoharz-, Epoxid-Phenolharz-, lufttrocknenden Alkydharz-, wärmetrocknenden Alkydharz-, Acrylharz-Filmen); bei weitgehend unpolaren bis mittelpolaren Filmbildnern gegenüber wäßrigen, also sehr polaren und hydrophilen Lebensmitteln (z.B. bei Cyclokautschuk-, Benzylcellulose-, Chlorkautschuk-, Vinylchlorid-Copolymerisat-, Acrylharz-, Acetylcellulose-, Celluloseacetobutyrat-, Cellulosenitrat-Kombinations-, Alkydharz-Filmen gegenüber Säften; Bier, Wein und zahlreichen alkoholischen Getränken) oder bei mittelpolar bis stark polaren Filmbildnern gegenüber unpolaren und hydrophoben Lebensmitteln vor (z.B. bei bestimmten Vinylchlorid-Copolymerisat-, Polymethacrylsäuremethylester-, Cellulosenitrat-Kombinations-, Äthylcellulose-, Polyvinylbutyral-Kombinations-, Chlorkautschuk-Weichmacher-Filmen gegenüber Ölen und Fetten).

Entsprechende Mindestfilmbildungszeiten und -temperaturen, ebenso die Vermeidung zu dicker Schichten je Auftrag, sorgen für die Bildung eines in Lebensmitteln relativ unlöslichen Films, sofern obige Voraussetzungen gegeben sind.

Bei der Verarbeitung von Lacken und anderen Anstrichmitteln sind die bereits geschilderten Schutz- und Vorsichtsmaßnahmen zu beachten (vgl. z.B. II 2 $c\beta_2$ und II 4d).

III. Die einzelnen Lackklassen

1. Einteilung

Es gibt viele Einteilungsprinzipien für Lacke und verwandte Produkte. Es seien hier genannt:

a) Nach Funktion und Haupteigenschaften des Anstrichmittels: z.B. Haftgrund, Grundiermittel, Mattierung, Glanzlack, Mattlack, Poliermittel, Überzugslack, Korrosionsschutzlack, Schalldämpflack, Elektroisolierlack, Brandschutzanstrichmittel, chemikalienbeständige Anstriche; wärme- oder lichtbeständige Lacke usw.

b) Nach Lage (und auch Funktion) des Anstrichmittels innerhalb des Anstrichaufbaus (Anstrichsystem, Lacksystems usw.): z.B. Haftgrund, Spachtel; Grund-, Zwischen-, Vor- und Decklack; Rostschutzgrundierung, Grundiermittel, Isoliermittel usw.

c) Nach Trocknungstemperatur bzw. Trocknungsbedingungen: z.B. lufttrocknender Lack, Einbrennlack (ofen- oder wärmetrocknende Lacke), Infrarot-trocknende Lacke usw.

d) Nach den wesentlichen Filmbildungsvorgängen: z.B. physikalisch trocknender Lack (z.B. durch Verdunsten der Lösungsmittel), Reaktionslack (mehrere Filmbildner-Komponenten ergeben beim Zusammenschütten durch chemische Reaktionen den Film), chemisch trocknender Lack (Filmbildung erfolgt durch Polykondensation, Polyaddition, Polymerisation, Oxypolymerisation der Bindemittel) usw.

e) Nach Zahl und Zusammensetzung der Stoffgemische (Lackkomponenten), die vor der Verarbeitung zusammengemischt werden müssen: z.B. Einkomponentenlack, Zweikomponentenlack, säurehärtender Lack, Epoxid-Einkomponentenlack, Epoxid-Zweikomponentenlack, Polyurethan-Zweikomponentenlack („DD"-Lack u.ä.), Zweikomponenten-Haftgrund, Einkomponenten-Haftgrund usw.

f) Nach den Verarbeitungsverfahren: z.B. Tauch-, Streich-, Spritz-, Walz-, Gieß-, Trommel-, elektrostatisch verarbeitbarer, elektrophoretischer Lack usw.

g) Nach dem Aggregatzustand und Zusammensetzung bzw. Vorhandensein von Lösungsmitteln: Lösungsmittellack (enthält übliche Lösungsmittel), Wasserlack (wasserverdünnbarer Lack: enthält in erster Linie Wasser als Lösungsmittel), wäßrige Kunstharzdispersionsfarbe (besteht aus einer wäßrigen Kunstharz-Suspension und Pigmenten), wäßrige Kunstharzdispersion (wie oben, jedoch ohne Pigment), lösungsmittelfreier Lack (enthält keine flüchtigen Lösungsmittel, daher hohes Füllvermögen), „Pulverlack" (enthält nur feste Bestandteile bzw. feste Filmbildner, in die kleine Mengen flüssige Härter eingearbeitet sind: z.B. Epoxidharz-„Pulverlacke") usw.

h) Nach Art des zu lackierenden Erzeugnisses bzw. der Hauptanwendung: z.B. Türen-, Fenster-, Fassaden-, Wand-, Bauten-, Automobil-, Fahrzeug-, Kühlschrank-, Waschmaschinen-, Maschinen-, Möbel-, Flugzeug-, Büromaschinen-, Boots-, Schiffs-, Spielzeug-, Geräte-, Apparate-, Emballagen-, Tuben-, Dosen-Lacke und viele andere mehr.

i) Nach dem Anstrichträger bzw. Untergrund: z.B. Holz-, Papier-, Leder-, Kunststoff-, Metall-, Eisen-, Leichtmetall- wie Aluminium-, Messing-Lacke usw.

k) Nach dem Aussehen bzw. besonderen Eigenschaften: z.B. Runzel-, Hammerschlageffekt-, Reiß-, Tupf-, Schrumpf-, Metalleffekt-, Glanz-, Halbglanz-, Matt-Lacke usw.

l) Nach den für die Eigenschaften besonders wichtigen Pigmenten: z.B. Zinkstaubfarben, Bleimennigegrundierung, Aluminiumfarben usw.

m) Nach den wichtigsten bzw. bestimmenden Filmbildnern: z.B. „Nitrokombinations"-(Cellulosenitrat-Kombinations-), Naturharz-, Bitumen-, Asphalt-, Öl-, Alkyd-, (u.a. Leinölalkyd-, Ricinenalkyd-), Epoxid-, Polyurethan-, Silicon-, Chlorkautschuk-, Cyclokautschuk-, Polyvinylchlorid-, Vinylchlorid-Copolymerisat-, Acrylharz-, Phenolharz-, ungesättigter Polyester-, Polyvinylacetat-, Harnstoffharz-, Melaminharz-, Polyvinylbutyral-Lack u.v.a.m.

Dem Verfasser erscheint aus verschiedenen Gründen die Einteilung der Anstrichmittel nach der chemischen Zusammensetzung des Hauptfilmbildners am zweckmäßigsten. Demgemäß werden nachfolgend insbesondere Lacke aus wissenschaftlich und technisch wichtigen Filmbildnern behandelt.

2. Eigenschaften und Verwendung

In Tabelle 17 werden die wichtigsten Eigenschaften verschiedener Lacke bzw. Lackfilme und ihre Verwendung zusammengestellt. Dabei ist zu berücksichtigen, daß die Eigenschaften in erster Linie von der genauen Zusammensetzung, aber auch von der Verarbeitung der Lacke von Art und Vorbehandlung des Anstrichträgers, der Filmbildung und anderen Faktoren abhängig sind.

Die Angaben sind also nur summarisch zu sehen und stellen relativ grobe Mittelwerte dar. Mehrere Kennwerte weisen auf die besonders starke Abhängigkeit der Eigenschaften von Zusammensetzung und anderen Größen hin.

So kann z.B. die Licht- und Wärmebeständigkeit eines Vinylchlorid-Copolymerisat- oder eines Chlorkautschuk-Films schlecht, mittelmäßig oder gut sein, je nach Art und Menge der verwendeten Licht- und Wärmestabilisatoren. Ähnliches gilt für die Lösungsmittelbeständigkeit, denn Chlorkautschuk- und Vinylchlorid-Copolymerisat-Überzüge sind zwar gegen Alkohole und Benzinkohlenwasserstoffe beständig, nicht aber gegen Ketone und Ester. Deshalb muß hinsichtlich dieser Eigenschaft streng nach den Einwirkungsmitteln unterschieden werden, was ganz allgemein für die Chemikalienbeständigkeit zutrifft. Unter Füllvermögen wird z.B. bei Polyvinylacetat s, m, g angegeben, weil hochmolekulares Polyvinylacetat (mit großem K-Wert) ein schlechtes, mit Kunst- oder Naturharzen kombiniertes Polyvinylacetat ein mittleres Polyvinylacetat mit kleinem K-Wert hingegen ein mittleres und eine wäßrige, stark pigmentierte Kunstharzdispersionsfarbe auf Polyvinylacetatbasis ein gutes Füllvermögen besitzen.

Eigenschaften und Verwendung der wichtigsten Lackklassen bzw. ihrer Lackfilme

Tabelle 17

Zeichenerklärung:
sl = schnell lufttrocknend (innerhalb einer Stunde bei 20° C)
ll = langsam lufttrocknend (Trocknungsdauer mehr als 8 Std. bis zu mehreren Tagen bei 20° C)
ml = mäßig schnell lufttrocknend (Trocknungsdauer zwischen 1 Std. und 8 Std.)
w = wärmetrocknend (bei Temperaturen über 60° C im allgemeinen)
sg = sehr gut
g = gut
m = mittelmäßig
s = schlecht
ss = sehr schlecht

Eigenschaften und Verwendung der Lacke bzw. Lackfilme	Leinölstandöl und ähnliche trocknende Öle	trocknende Öle — Hartharz-Kombinationen	trocknende Öle — modifizierte Phenolharz-Kombinationen (z. B. Holzöl-Alkylphenolharz-Verkochungen), u. ä.	lufttrocknende Alkydharze (z. B. auf Soja-, Leinöl-Basis)	modifizierte Alkydharze (z. B. styrolisierte oder acrylierte)
Trocknung	ml, ll	ml, ll, (sl)	ml, ll	ml, (sl)	ml, sl
Füllvermögen(Schichtdicke)	g — sg	g — sg	g — sg	g	g
Haftung (auf Holz, Putz, Metallen und anderen Anstrichträgern)	m	m, (g)	m — g, g	m, g	m — g, sg
Härte	s, ss	m, m — g	m, m — g	m, m — g	m, g
Elastizität und Plastizität (Dehnung)	g, sg	s, m, (g)	m	m, g	m, g
Abriebfestigkeit	s	s, m	m, (m — g)	s — m, m, (m — g)	s — m, (g)
Schlagfestigkeit	s, m	s, m	m	m	m, g
Witterungsbeständigkeit (Korrosionsschutzvermögen)	m	m, (g)	m, g	g	m, g
Lichtbeständigkeit	s — m	s, m, g	s, m	m — g, (g)	m, g
Hitzebeständigkeit	s	s, m	s, m — g	m, m — g	m, g
Chemikalienbeständigkeit (gegen Alkalien)	s — ss	s, s — m	m	s — m, (m)	m, m — g
Chemikalienbeständigkeit (gegen Säuren)	m — g	m — g	m — g, g	m — g, (g)	g
Chemikalienbeständigkeit (gegen Lösungsmittel: z. B. Alkohole, Benzinkohlenwasserstoffe u. a.)	s — m	s — m, m	m, g	m, m — g	m , m — g
Chemikalienbeständigkeit (gegen Wasser und wäßrige Netzmittellösungen)	s, m	s, m	g	m — g, g	m — g, g
Verarbeitbarkeit nach den verschiedensten Verfahren	g	g	g, sg	g, sg	g, sg
Verwendung, insbesondere in Verbindung mit Lebensmitteln	Bautenschutz, Korrosionsschutz, Ausbesserung von Haushaltgeräten usw., Schiffsböden, Maschinen	wie links	wie bei Leinöl, Standöl; Emballagengrundierung, Maschinengrundierung allgemeine Metall-Lackierung lufttrocknend	Bautenschutz, Korrosionsschutz, Ausbesserung von Geräten, Fahrzeugen; Maschinen, Geräten; Haushaltgeräte, Spielzeuge aus Metall u. Holz; Regale, Gestelle, Wände, Gartengeräte, Flugzeuge, Behälter, Parkettversieglung	Bautenschutz, Ausbesserung von Fahrzeugen; Maschinen, Geräte, Haushaltgeräte, Emballagen; Spielzeuge aus Holz, Metallen u. Kunststoffen; Flugzeuge, Fußböden, Regale, Gestelle, Wände, Gartengeräte, Tapeten, Behälter, Tanks, Parkettversieglung
kann in Berührung mit Lebens-					

Tabelle 17 (1. Fortsetzung)

Eigenschaften und Verwendung der Lacke bzw. Lackfilme	Cellulosenitrat-Cocosalkydharz-Aminoharz-Kombinationen u. ä.	Chlorkautschuk-Weichmacher-Kombinationen (u. U. mit Alkydharzen)	Vinylchlorid-Vinylacetat-Maleinsäure-Copolymerisate (z. B. 84 : 15 : 1) und ähnliche (z. B. chlorsulfiertes Polyäthylen, Polychlorbutadien) (auch wäßrige Dispersionen)	Polyacrylsäureester- bzw. -methacrylsäureester (auch wäßrige Dispersionen), meist in Kombination mit Kunstharzen
Trocknung	sl	sl, ml	sl, (ml)	sl, (w)
Füllvermögen (Schichtdicke)	m, (m — g)	m — g, (g)	s, m	s, m
Haftung (auf Holz, Putz, Metallen und anderen Anstrichträgern)	m, g	m, g, g—sg	g — sg	g — sg
Härte	m, g	s, m, m—g	m	s — g
Elastizität und Plastizität (Dehnung)	m, g	g	m — g, g	s — g
Abriebfestigkeit	m, (m—g)	s, m, m—g	m, (g)	m
Schlagfestigkeit	m, m — g	m, m—g	m, g	(s), m
Witterungsbeständigkeit (Korrosionsschutzvermögen)	m, g	m — g, g	m, g	m — g, g, sg
Lichtbeständigkeit	m — g, (g)	m, (g)	(s), m	g — sg, sg
Hitzebeständigkeit	s (m), (g)	s, (m)	s, m	g, sg
Chemikalienbeständigkeit (gegen Alkalien)	s, m	m, g	m, g	m, m — g, (g)
Chemikalienbeständigkeit (gegen Säuren)	m — g	g, sg	g, sg	g
Chemikalienbeständigkeit (gegen Lösungsmittel: z. B. Alkohole, Benzinkohlenwasserstoffe u. a.)	m, (m—g)	g, sg	m, g, sg	s, m, m — g
Chemikalienbeständigkeit (gegen Wasser und wäßrige Netzmittellösungen)	m — g	g, g—sg	g, g — sg	m — g, g
Verarbeitbarkeit nach den verschiedensten Verfahren	g, (sg)	(m), g, (sg)	m, g, (sg)	m, g
Verwendung, insbesondere in Verbindung mit Lebensmitteln	Fingernägel, Gläser, Textilien, Leder, Kapseln, Spielzeuge aus Holz und Metallen; Papiere, Spielkarten, Ausbesserung von Geräten und Fahrzeugen; Bleistifte, Folien; Küchengeräte, Möbel, Holzgegenstände, Bautenschutz, Kunststoffe, Maschinen, Tapeten, Gartengeräte	Bautenschutz, Korrosionsschutz, Wände, Schwimmbäder, Fußböden, Metallteile aller Art, Behälter, Regale, Gestelle, Fahrzeuge, Maschinen, Apparate, Tanks, Lebensmittelverpackungen, Straßenmarkierungen	ähnlich Chlorkautschuk; Folien, Dosen, Tuben, Behälter, Rohre, Pumpen, Tankwagen, Holzteile, Tanks, Wände, Kunststoffe, Emballagen, Flugzeuge, Flugkörper; Papiere, Kartonagen, Maschinen, Tapeten, Gummigegenstände, Schiffsböden, Bleistifte, Kugelschreiber, Spielzeuge, Verpackungspapiere, Metallteile aller Art	Metallteile aller Art, Wände, Papiere aller Art, Folien, Kunststoffe, Tapeten, Flugkörper, Fahrzeuge, Gummibehälter, Flugzeuge, Tanks, Bleistifte, Kugelschreiber, Verpackungsmaterialien
kann in Berührung mit Lebensmitteln verwendet werden (V_L)	(V_L)	V_L	V_L	V_L

Tabelle 17 (2. Fortsetzung)

Eigenschaften und Verwendung der Lacke bzw. Lackfilme	Cyclokautschuk- Weichmacher-Kombinationen (häufig in Verbindung mit Kunstharzen)	Polyvinylacetate, Polyvinylpropionate u.ä. (auch wäßrige Dispersionen), auch Copolymerisate	Celluloseacetate oder -acetobutyrate (auch Schmelzmassen)	wäßrige Kunstharzdispersionen auf Styrol-Butadien-Basis u.ä. (auch Lacke auf dieser Basis)
Trocknung	sl, ml	sl	sl	sl
Füllvermögen (Schichtdicke)	m — g, g	s, m, (g), g bei Dispersionen	s, m, (sg bei Schmelzmassen)	s, m, g
Haftung (auf Holz, Putz, Metallen und anderen Anstrichträgern)	m ,g	m, g, (sg)	m, g	s—g
Härte	m	m — g	m	m — g
Elastizität u. Plastizität (Dehnung)	m, g	m — g	m — g	m
Abriebfestigkeit	s, m, m—g	s, m	s, m	m, (g)
Schlagfestigkeit	m	s, m, (g)	s, m	m
Witterungsbeständigkeit (Korrosionsschutzvermögen)	m — g, g	s, m, (g), g	s — m, m	s—m (bei wäßrigen Dispersionen)
Lichtbeständigkeit	m	g	g	s — m
Hitzebeständigkeit	m	m — g, g	g	m
Chemikalienbeständigkeit (gegen Alkalien)	g — sg	s, s — m	s, s — m	g — sg
Chemikalienbeständigkeit (gegen Säuren)	g, sg	g	g	g
Chemikalienbeständigkeit (gegen Lösungsmittel: z.B. Alkohole, Benzinkohlenwasserstoffe u.a.)	s (gegen Benzin-KW), g (gegen Alkohole)	g (gegen Benzin-KW), s — m (gegen Alkohole)	g	m, g
Chemikalienbeständigkeit (gegen Wasser und wäßrige Netzmittellösungen)	g, sg	s — m, (m — g), g	s—m	g, g — s
Verarbeitbarkeit nach den verschiedensten Verfahren	g, g — sg, sg	g, sg (bei Dispersionen)	g	m, g, sg
Verwendung insbesondere in Verbindung mit Lebensmitteln	ähnlich Chlorkautschuk, Weltraumfahrzeuge, Kunststoffe, Druckfarben, Behälter	Bautenschutz, Dosen, Papiere, Tuben, Folien, Tapeten, Holz, Metalle allg., Kunststoffe, Leder	Papiere, Folien, Spielzeuge aller Art, Spielkarten, Karton, Verpackungspapiere, Textilien, Bleistifte, Kugelschreiber, Metallteile aller Art, Holzgegenstände aller Art	Wände (innen und außen), Fußböden, Tapeten, Kunststoffe, Rostschutzgrundierungen, Behälter, Tanks, Apparate
kann in Berührung mit Lebensmitteln verwendet werden (V_L)	(V_L)	(V_L)	(V_L)	(V_L)

Tabelle 17 (3. Fortsetzung)

Eigenschaften und Verwendung der Lacke bzw. Lackfilme	Ungesättigte Polyesterharze (Styrol u. andere polymerisierbare Monomere sind die Lösungsmittel)	Äthylcellulose, Polyvinylbutyrale (auch Schmelzmassen)	lufttrocknende Epoxid-Amin-Amid-Kombinationen (auch lösungsmittelfrei: Angaben in Klammer)		lufttrocknende Polyurethan-Kombinationen (auch lösungsmittelfrei)
Trocknung	sl, ml	sl	ml — ll	ml — ll	ml, ll
Füllvermögen (Schichtdicke)	sg	s — m	g — sg (sg)	g — sg (sg)	g — sg
Haftung (auf Holz, Putz, Metallen u. anderen Anstrichträgern)	s, m — g, g	m, (g)	g — sg (g — sg)	g — sg (g — sg)	g — sg
Härte	g, sg	s–m	g (g)	m, g (g)	m — g, sg
Elastizität und Plastizität (Dehnung)	s — m, m	m — g	m, (m), g, (g)	m — g (m—g)	m — sg
Abriebfestigkeit	m, (g)	s, m	g — sg (g—sg)	g — sg (g—sg	g — sg, sg
Schlagfestigkeit	s, m, m—g	s, m	m, (m), g, (g), sg	m — g (m—g)	m, g, sg
Witterungsbeständigkeit (Korrosionsschutzvermögen)	s, m, g	s, (m)	m, (m), g, (g)	m — g (m—g)	m, g, g—sg
Lichtbeständigkeit	m, m—g	g	m, (m), m—g	m, g (m, g)	s — m, g
Hitzebeständigkeit	m, g	m, g	m (m) g, (g)	m, g (m, g)	m, m g
Chemikalienbeständigkeit (gegen Alkalien)	s, (m)	m — g, g	g — sg (g—sg)	g	m, (g)
Chemikalienbeständigkeit (gegen Säuren)	m — g, g	m, (g)	m — g, (m—g)	m — g	g, sg
Chemikalienbeständigkeit (gegen Lösungsmittel: z. B. Alkohole, Benzinkohlenwasserstoffe u. a.)	g, g — sg	g — sg (gegen Benzin-KW) ss—s (gegen Alkohole)	g — sg (g—sg)	g	m — g, g — sg
Chemikalienbeständigkeit (gegen Wasser und wäßrige Netzmittellösungen)	g	s, (s—m), m	g — sg (g — sg)	g — sg	g — sg
Verarbeitbarkeit nach den verschiedensten Verfahren	m, g	g	g	g	g
Verwendung insbesondere in Verbindung mit Lebensmitteln	(Zweikomponentenlack) Maschinen, Geräte, Möbel, Fernseh- und Rundfunkgehäuse aus Holz und Holzwerkstoffen, Kunststoffe, Fußböden, Holzgegenstände; Spachtel, Füller u. Grundierungen für Metalle	Papiere, Tapeten, Folien für Verpackung, Spielzeuge, Kunststoffe; Emballagen, Linoleum, Tuben, Dosen, Haftgründe (Wash-Primer)	(Zweikomponentenlacke) vor allem für innen: Behälter, Tanks, Geräte, Maschinen, Bautenschutz, Kanister, Emballagen, Dosen, usw.	für außen: wie links daneben ähnl. Kunststoffe, Tankwagen, Tanks, Pumpen, Flugzeuge, Rohre, Genußmittelbehälter, Silo, Unterbodenschutz	(Zweikomponentenlacke) ähnlich Epoxidharzlacken, Geräte, Tanks, Spielzeuge, Maschinen, Genußmittelbehälter, Emballagen, Möbel, Gummi, Kunststoffe, Papiere, Parkettversiegelungen
kann in Berührung mit Lebensmitteln verwendet werden (V_L)	(V_L)	V_L	(V_L)		(V_L)

Tabelle 17 (4. Fortsetzung)

Eigenschaften und Verwendung der Lacke bzw. Lackfilme	Acrylharz-Kombinationen, wärmehärtend (auch wasserverdünnbar)	Epoxidharz- Phenolharz oder -Aminoharz-Kombinationen (auch wasserverdünnbar)	Alkyd-Aminoharz-Kombinationen (auch wasserverdünnbar)	Alkyd-Epoxid-Aminoharz-Kombinationen
Trocknung	W: z. B. 30' 160–180° C	W: z. B. 30' 160–190° C	W: 30' 80–150° C	W: 30' 140–180° C
Füllvermögen (Schichtdicke)	g	m, g	g	m — g. g
Haftung (auf Holz, Putz, Metallen u. anderen Anstrichträgern)	g, sg	g, (sg)	m — g	g, g — sg
Härte	g	g	m, g	m — g, g
Elastizität und Plastizität (Dehnung)	m, g	s — g	m — g, g	m — g, g
Abriebfestigkeit	g — sg	g, sg	m, m — g	m — g, g
Schlagfestigkeit	g—sg	m — g, g	m — g, g	m — g, g
Witterungsbeständigkeit (Korrosionsschutzvermögen)	g, (sg)	m — g	g	m — g, g
Lichtbeständigkeit	m, g	m, (g)	m — g, g	m, m — g
Hitzebeständigkeit	g	m — g, g — sg	m, (g)	m, m — g, (g)
Chemikalienbeständigkeit (gegen Alkalien)	g — sg	g — sg, sg	s, (m)	m, m — g, (g)
Chemikalienbeständigkeit (gegen Säuren)	m — g	m — g, (g)	m, g	m — g, (g)
Chemikalienbeständigkeit (gegen Lösungsmittel: z. B. Alkohole, Benzinkohlenwasserstoffe u. a.)	g, g — sg	g, sg	m, (g)	m, g
Chemikalienbeständigkeit (gegen Wasser und wäßrige Netzmittellösungen)	g — sg	g — sg	m — g, g	g
Verarbeitbarkeit nach den verschiedensten Verfahren)	g	g, sg	g, sg	g, sg
Verwendung insbesondere in Verbindung mit Lebensmitteln	Haushaltsgeräte, Fahrzeuge, Behälter, Geräte, Folien, Dosen, Emballagen, Tuben, Konservendosen, Maschinen, Weltraumfahrzeuge, Elektroisolierzwecke	Grundierungen für Metalle, Behälter, Geräte, Fahrzeuge aller Art, Haushaltgeräte, Konservendosen, Emballagen, Weltraumfahrzeuge, Folien, Maschinen, Metallgegenstände aller Art	Automobilkarosserien, Geräte, Maschinen, Emballagen, Haushaltgeräte, Apparate, Stahlmöbel	Haushaltgeräte aller Art, Apparate, Maschinen, Fahrzeuge, Emballagen, (Dosen, Tuben, Eimer) Spielzeuge, Gartengeräte, Bautenschutz, optische, elektrische Geräte
kann in Berührung mit Lebensmitteln verwendet werden (V_L)	(V_L)	(V_L)	(V_L)	(V_L)

Tabelle 17 (5. Fortsetzung)

Eigenschaften und Verwendung der Lacke bzw. Lackfilme	modifizierte Phenolharz-Kombinationen (auch wasserverdünnbar)	säurehärtende Aminoharze; z.B. in Kombination mit Alkydharzen u.ä. (auch wasserverdünnbare)	Siliconharze, siliconharzmodifizierte Harze	PVC-Plastisole bzw. -Organosole u.ä. (selbsthaftende u. solche mit spezieller Haftgrundierung)
Trocknung	W: 30' 160–190° C	ll	W: 30' 210° C oder ll	W: 30' 120–180° C
Füllvermögen (Schichtdicke)	m – g	m – g, (g)	m, m – g	sg
Haftung (auf Holz, Putz, Metallen u. anderen Anstrichträgern)	m–g	m–g, (g)	m, m–g	g–sg
Härte	g	m, g, g–sg	m–g, g	s–g
Elastizität und Plastizität (Dehnung)	s–m, (m)	s–m, (m)	m, m–g	m–sg
Abriebfestigkeit	m–g, (g)	m, (m–g)	m, m–g	g–sg
Schlagfestigkeit	s–m, (m)	s- m, (m)	s–m, m–g	g–sg
Witterungsbeständigkeit (Korrosionsschutzvermögen)	s–m, m–g	s, m, (m–g)	m, m–g	g, sg
Lichtbeständigkeit	s, s–m	m, g, g–sg	g	m–g } bei entsprechender Stabilisierung
Hitzebeständigkeit	m, s–m	m–g, g	g, sg	m–g } bei entsprechender Stabilisierung
Chemikalienbeständigkeit (gegen Alkalien)	m–g, g	m–g, (g)	g, g–sg	m–g, g–sg } bei entsprechenden Weichmachern
Chemikalienbeständigkeit (gegen Säuren)	g	s, m, (g)	m, (m–g)	g, g–sg } bei entsprechenden Weichmachern
Chemikalienbeständigkeit (gegen Lösungsmittel: z.B. Alkohole, Benzinkohlenwasserstoffe u.a.)	m, g–sg	m (gegen Alkohole) g (gegen Benzin-KW)	m, m–g	g, g–sg
Chemikalienbeständigkeit (gegen Wasser und wäßrige Netzmittelösungen)	g–sg	m, m–g	m, g	g–sg
Verarbeitbarkeit nach den verschiedensten Verfahren	g, g–sg	g, (sg)	g, (sg)	g, sg
Verwendung insbesondere in Verbindung mit Lebensmitteln	Behälter, Apparate, Emballagen, Tuben, Grundierungen, Konservendosen, Kanister, Dosen aller Art	Metallteile aller Art, Tuben, Dosen, Holzteile (Möbel), Behälter für Nahrungs- und Genußmittel, Fußböden	Weltraumkörper, Öfen, Heizgeräte, Backbleche, Folien, Drähte, Pfannen, Elektrolacke, Geräte	Metallteile aller Art, Textilien, Papiere, Körbe für Lebensmittel, Traggitter und Einsätze für Kühltruhen, Behälter, Tanks, Geräte, Regale, Büromaschinen, Innenräume von Tiefkühltruhen, Metallmöbel, Tischplatten, Bautenschutz, Apparate, Unterböden von Kraftfahrzeugen, Griffe, Rohre, Armaturen, Gestelle, U-Boot-Wände; Flugzeug- u. Weltraumteile
kann in Berührung mit Lebensmitteln verwendet werden (V_L)	(V_L)	(V_L)	(V_L)	(V_L)

Für nachstehende Gegenstände, die in Berührung mit Lebensmitteln kommen können, sind ergänzend zu Tabelle 17 noch folgende Lacke bzw. Beschichtungsmittel brauchbar.

Tabelle 18

Gegenstand	Filmbildnerbasis des Lackes (a = für außen geeignet, i = für innen geeignet)
Behälter, Tanks, Tankwagen, Emballagen, Konservendosen, Tuben usw.	Polychlorbutadien (a + i), chlorsulfoniertes Polyäthylen (a + i), Beschichtungen mit Kunststoffen, z.B. auf Epoxid-, Polyäthylen-, Polypropylen-, PVC- und Polyamid-Basis (a + i), Vinylidenchlorid-Acrylnitril-Copolymerisat (a + i), Polyurethan-Einbrennsysteme (a + i), Epoxidester-Systeme (a + bedingt i), Phenol-Aminoharz-Einbrennsysteme (im allgemeinen i)

3. Anstrichaufbau

Die von einer Lackierung bzw. Beschichtung geforderten Eigenschaften – insbesondere Deckvermögen, Witterungsbeständigkeit, Wasser-, Alkali-, Säure-, Lebensmittel-, Lösungsmittel- und Chemikalienbeständigkeit, Glättungsvermögen, Glanz, Aussehen usw. – können von einer oder mehreren Schichten erreicht werden. Nachstehend wird der Anstrichaufbau für wichtige Anstrichträger, Werkstücke und Verwendungszwecke mitgeteilt (Tabelle 19).

Die üblichen Aufbausysteme sind durch einen Stern gekennzeichnet.

Tabelle 19

Anstrichträger bzw. Erzeugnis	Zahl der			Bemerkungen
	Grundschichten bzw. Grundlackierungen bzw. Grundiermittel	Zwischenschichten (Vorlacke, Füller u.ä.)	Deckschichten oder Decklackierungen	
I. *Anorganische (mineralische) Untergründe*				
1. *Putze*	1 (Tiefgrund, Grundiermittel, Putzfestiger u.ä.)	1—2	1	
	* 1 (Tiefgrund, Grundiermittel, Putzfestiger u.ä.)	—	2	
	* —	—	2	
2. *Beton* u.ä.	* 1 (2)	1—2	1	
	* (1)	—	1—2	Hydrophobierung bzw. Imprägnierung (farblos) bei Sichtbeton, Waschbeton usw.
3. Bauplatten aller Art	* 1	1—2	1	
4. Gipsdielen	* 1	1—2	1	

Tabelle 19 (1. Fortsetzung)

Anstrichträger bzw. Erzeugnis	Zahl der Grundschichten bzw. Grundlackierungen bzw. Grundiermittel	Zahl der Zwischenschichten (Vorlacke, Füller u. ä.)	Zahl der Deckschichten oder Decklackierungen	Bemerkungen
5. Natur- und Kunststeine	1	1—2	1	
Natur- und Kunststeine	* — (1)	—	1 oder 2	farblose Imprägnierung
6. Glas	1	—	1	
Glas	* —	—	1	
II. *Metallische Untergründe*				
1. *Eisen- und Stahlkonstruktionen (z. B. im Bautenschutz) allgemein:*	* 2 (1)	1 (2)	1 (2)	
„ „ (meist für innen)	* 1 (2)	1	1	
2. *Behälter und Tanks* usw.:				
a) für innen	* 1—2	1—2	1—2	
b) für außen	* 1 (2)	1	1 (2)	
3. *Tuben, Konservendosen* usw.				
für innen	* 1—2	—	1	
für innen	* —	—	2 (1)	
4. *Kühlschränke, Waschmaschinen, Geschirrspülmaschinen, Geräte, Apparate aller Art:*				
a) Gehäuse (außen)	* 1	—	1	
Gehäuse (außen)	—	—	1	(Einschichtlack)
b) Gehäuse (innen)	1—2	1	1	
Gehäuse (innen)	* 1	—	1	
Gehäuse (innen)	—	—	1—2	(Einheitslack)
5. *Automobile und andere Fahrzeuge (Karosserien)*	* 2	1	1	und zahlreiche weitere Möglichkeiten
„ „	* 1	—	1	
„ „	* 2	—	1	
„ „	* 1	1	1	
„ „	* 1	—	2	
6. *Gartengeräte, Metallmöbel, Haushaltgeräte, Metallteile aller Art* (geringere Beanspruchung bzw. Anforderungen)	* 1	—	1	
„	* —	—	1	(Einschichtlack)
7. *Flugzeuge, Flugkörper aller Art*	* 1—2	1	1	
„	1	—	1	
„	* —	—	1 (2)	(Einheitslack)
8. *elektrotechnische Teile: z. B. Automobilzubehörteile wie Zündspulen, Lichtmaschinen, Anlasser usw.*	* 1	—	1	
„	* —	—	1	(Einschichtlack)

Tabelle 19 (2. Fortsetzung)

Anstrichträger bzw. Erzeugnis	Zahl der Grundschichten bzw. Grundlackierungen bzw. Grundiermittel	Zahl der Zwischenschichten (Vorlacke, Füller u. ä.)	Zahl der Deckschichten oder Decklackierungen	Bemerkungen
9. *Teile u. Werkstücke aus Zink, Buntmetallen, Leichtmetallen, galvanisierten Oberflächen*	* 1 (2)	—	1	
„	* —	—	1	(Einschichtlack)
„	1	1	1	
10. *Maschinen* allg.	* 1	1	1	(häufig mit Spachtel)
„	1	—	1	
„	1	—	1	
„ (einfache Ausführung)	* —	—	1 (2)	
11. *Metallfolien*	* 1	—	1	
„	* —	—	1	
12. *Schiffe*	* 1 (2)	1 (2)	1—2	
III. *Organische Untergründe:*				
1. *Voll-, Sperr- und Furnierholz (Möbel, Haushalt-, Bau- u. Sportgeräte)*	* 1	1—2	1	
„ (vielfach Schnellschliffgrund und Decklackierung bzw. Spritzmattine)	* 1	—	1	
2. *Holzspan- und Holzfaserplatten (Möbel, Haushalt-, Bau- u. Sportgeräte)*	* 1	1	1	
	* 1	—	1	
	* —	—	1	
3. *Weichfaserplatten (Möbel, Haushalt-, Bau- und Sportgeräte)*	* 1	1—2	1	
„	* 1	—	1	
4. *Kunststoffe*	* 1	1	1	
„	* 1	—	1	
„ (relativ häufig)	* —	—	1	(Einschichtlack)
„	* —	—	2	(Einheitslack)
5. *Gummi*	* 1	—	1	
„	* —	—	1	
6. *Papiere, Tapeten, Pappen* usw.	* 1	—	1 (—2)	
„	* —	—	1	
„	* —	—	2	(Einheitslack)
„ (nur b. hoher Beanspruchung)	1	1—2	1 (2)	
7. *Linoleum und ähnliche*	* 1	—	1	
„ (selten)	* 1	1	1	
8. *Textilien*	* 1 (2)	1—2 (3)	1—2 (3)	
	* 1	1 (2)	1	

4. Zusammensetzung

Die Zusammensetzung von Lacken und anderen Anstrichstoffen ist relativ kompliziert; sie hängt vom Verwendungszweck, den geforderten Eigenschaften, der Verarbeitungsart und auch von Art und Menge der wesentlichen Bindemittel und Pigmente ab. In I. 2 wurde die allgemeine Zusammensetzung derartiger Stoffe in groben Umrissen bekanntgegeben.

Vor allem in den Büchern von H. Hadert, A. Krauss, H. Kittel (a)–c)), K. Krekeler u. G. Wick, W. Riese (a) + b)), E. Stock, Ullmann (Encyklopädie der technischen Chemie, Band 11, Seite 279), K. Winnacker u. G. Küchler, K. Weinmann (Buch 1967) und anderen findet man ausführliche Rezepturangaben.

5. Herstellung von Lacken und anderen Anstrichstoffen

Die Herstellung von Klarlacken, transparentgefärbten Lacken – also unpigmentierten Lacken – erfolgt durch Lösen der Bindemittel und anderer Bestandteile in den Lösungsmitteln mit Hilfe von Rührern, Mischern der verschiedensten Konstruktion, meist bei Raumtemperatur. Vielfach erfolgt danach noch eine Klärung der Lacke, d.h. eine Befreiung von Schmutzteilchen und unlöslichen, häufig gelartigen Filmbildnerteilchen. Insbesondere gilt dies für Lacke aus Polykondensationsharzen, z.B. Alkydharzen.

Diese Klärung erfolgt durch Zentrifugieren, Sieben und Filtrieren mit Geräten der verschiedensten Bauweise.

Schmelzmassen werden durch Zusammenschmelzen der Bindemittel; „Pulverlacke“ (pulverartige Anstrichstoffe ohne Lösungsmittel) durch gegenseitiges Lösen der Komponenten bei höherer Temperatur gewonnen. Nicht selten werden Lacke aus verschiedenen Filmbildnern nicht durch Lösen in einem Lösungsmittel bei Raumtemperatur (physikalischer Vorgang), sondern durch „Verkochen“ der Bindemittel bzw. Filmbildner und anschließendes Lösen hergestellt. Bei der sogenannten Verkochung treten zwischen den Filmbildnern chemische Reaktionen ein, so daß ein neuer Filmbildner mit anderen, im allgemeinen verbesserten Eigenschaften entsteht (z.B. durch Verkochen von Lackölen mit Alkydharzen, modifizierten Alkydharzen, modifizierten Phenolharzen, Naturharzen, umgewandelten Naturharzen usw.).

Bei pigmentierten Anstrichmitteln müssen Pigmente und Füllstoffe in den Bindemitteln angerieben (angeteigt), d.h. fein verteilt (dispergiert) werden. Die Teilchengröße (Durchmesser) der Pigmente in Grundlacken beträgt im allgemeinen etwa 8 bis 25 μm, in Decklacken annähernd 0,5—5 μm. Das Anreiben oder Dispergieren geschieht durch Walzwerke, Kneter, Mischer, Dissolver, Kugelmühlen, Trichtermühlen, Sandmühlen, Perlmühlen, Attritoren u.a. Maschinen. Anschließend muß häufig noch geklärt und der Farbton korrigiert (abgetönt oder nuanciert) werden. Nähere Angaben über die Herstellung von Anstrichstoffen findet man in Ullmann (Encyklopädie der technischen Chemie, Band 11, S. 286), Winnacker-Küchler (S. 627) und im Kölln-Engels.

6. Verarbeitung (Aufbringen bzw. Auftragen)

Seit der Industrialisierung sind insbesondere in den letzten Jahrzehnten zahlreiche wirtschaftliche und technisch moderne Methoden – z.B. elektrostatische und elektrophoretische Lackieren, Flow Coaten – entwickelt worden. Die Verfahrenstechnik befindet sich in einer stürmischen Entwicklung.

Über die Lackierverfahren unterrichten vor allem das Glasurit-Handbuch, das Lackiertechnische Taschenbuch, weiterhin die Bücher von Ullmann, K. Winnacker-L. Küchler, A. W. Riese, G. Zeidler-G. Bleisch, K. Weinmann, viele Firmenschriften und eine große Zahl von Zeitschriftenveröffentlichungen.

Das *Verstreichen eines Anstrichstoffes* mit Hilfe eines Pinsels, einer Rolle, einer Bürste, eines Messers und Spachtels (z.B. bei hochviskosen Stoffen) ist wohl eines der ältesten Verfahren und wird vorzugsweise auf dem Bautensektor und für Ausbesserungen verwendet. Es ist relativ lohnintensiv, bringt aber infolge der dabei aufgewandten „Auftragskraft“ dort eine gute Haftung, wo eine Benetzung stattfindet und andere Voraussetzungen für eine gute Adhäsion gegeben sind.

Automatische Streichverfahren werden zur Beschichtung von Blechen, Textilien, Papieren, Faservliesen und anderen großflächigen, ebenen Teilen verwendet. Eine Streichanlage besteht im allgemeinen aus einer Abwickelvorrichtung (bei aufrollbaren Teilen), einem Streichkopf, einer Geliereinrichtung (Einbrennofen), Kühlvorrichtung und Aufwickelvorrichtung (bei aufrollbaren Teilen). Anstrichstoffe und Kunststoff-Pasten mit einer Viskosität bis 150 P können nach diesem Verfahren verarbeitet werden.

Es gibt zahlreiche wirtschaftliche *Spritzverfahren*, bei denen mit Hilfe eines äußeren Drucks das flüssige Anstrichmittel durch eine Düse gepreßt wird (Durchmesser der Düse: 0,5—2 mm). Die entstehenden feinen Lacktröpfchen werden dadurch zum Werkstück befördert. Der geschlossene und homogene Lackfilm entsteht einmal durch die relativ niedrige Grenzflächenspannung zwischen Anstrichträger und Anstrich, außerdem durch die zwischen den Tröpfchen wirksamen Kohäsionskräfte (Summe der zwischenmolekularen Kräfte), welche den Verformungswiderstand der Tröpfchen, der der Viskosität proportional ist, überwinden müssen.

Beim üblichen *Luftspritzen* (Kaltspritzen, Hochdruckspritzen) wird mit Preßluft von 1 bis 6, meist 2 bis 4 atü und einer Düsenweite von 1,5 bis 2 mm gearbeitet (Hochdruckverfahren). Mit dieser Methode lassen sich relativ dickflüssige Stoffe (Viscosität η im allgemeinen bis 5 P) verspritzen. Die Nebelbildung und damit die Lackverluste und Belästigungen sind relativ groß. Es gibt auch Zweikomponenten-Spritzanlagen, mit denen gleichzeitig Lack und Härter in dem jeweils erwünschten Verhältnis verspritzt werden können.

Das *luftlose Spritzen* (Airless-Verfahren) benötigt einen Druck von 125 bis 200 atü und mehr, der durch Hochdruckpumpen erzeugt wird (Höchstdruckspritzen). Beim Verlassen der Düse (Dmr. 0,1 bis 0,3 mm) expandiert der Lack zu feinsten Tröpfchen mit hoher Geschwindigkeit. Dieses Verfahren ergibt u.a. eine hervorragende Benetzung des Werkstücks, auch an schwer zugänglichen Stellen, läßt sich an stationären Objekten ohne Luftbedarf anwenden und hat relativ kleine Lackverluste und Belästigungen zur Folge.

Das *Niederdruckspritzverfahren* für niedrigviskose Lacke besitzt einen Spritzdruck von 0,2 bis 0,9, meist 0,2 bis 0,5 atü. Der Druck wird von einem Gebläse erzeugt, die Düse ist aus Widia-Metall. Insbesondere sehr dünne Lacke (Viscosität weit unter 100 cP) können so ohne große Verluste (geringe Spritznebelbildung) und sehr fein verarbeitet werden. Der Luftverbrauch ist relativ hoch.

Beim *Heißspritzen* nützt man die Tatsache aus, daß ein Lack von ein und derselben Viskosität bei 70 bis 80° C einen wesentlichen höheren Festkörpergehalt besitzt, als bei 20 bis 25° C. Vor allem in Schweden und in den USA wurden brauchbare Heißspritzgeräte entwickelt. Sie unterscheiden sich vor allem in der Wahl des Wärmeüberträgers, der Wasser oder Luft sein kann. Bei den mit Heißluft arbeitenden, nach unseren Erfahrungen günstigeren Geräten fließt der aus einem Druck- oder Vorratsgefäß kommende Lack in einen Wärmeaustauscher (Lackerwärmer), der mit Heißluft aus einem Lufterhitzer versorgt wird. Die Heißlufterzeugung erfolgt elektrisch. Die Heißluft erwärmt den Lack im Gegenstromprinzip, die Temperatur kann konstant gehalten werden. Der warme Lack wird in einem Spezialschlauch der Spritzpistole zugeführt. Die Zerstäubungs- bzw. Druckluft hat an der Düse der Spritzpistole eine Temperatur von etwa 30° C.

Die Vorteile des Heißspritzens gegenüber dem Kaltspritzen sind:

- Geringerer Lacknebel: Lackersparnis
- kleinerer Lösungsmittelverbrauch und -verlust
- Verringerung des Luftbedarfs um etwa 30 bis 40% gegenüber Luftspritzen
- Kürzere Lackierzeiten und Abdunstzeiten: Arbeitsbeschleunigung
- Größere Schichtdicke je Spritzgang
- Höherer Glanz, größeres Deck- und Füllvermögen, kleinere Porigkeit des Lackfilms
- Geringere Oberflächenstörungen
- Keine Anlaufgefahr der Lackierung (infolge größerer maximaler Luftfeuchtigkeit bei höherer Temperatur)
- Unter Umständen Einsparung des Spachtelns oder Schleifens des Untergrunds.
- Einsparung einer oder mehrerer Lackschichten (vielfach ist es möglich, mit 3, 2 oder 1 Spritzgang dasselbe zu erreichen wie mit 5, 3 oder zweimaligem Kaltspritzen).

Beim *Warmspritzen* wird im allgemeinen der Lack mit Hilfe eines Wasserbades auf 35 bis 50° C erwärmt. Er hat einen guten Verlauf, keine Neigung zum Anlaufen, die Spritzverluste sind gering.

Aerosol-Druckdosen sind bei kleineren Reparaturarbeiten, Schriftmalereien und einzelnen Werkstücken zu empfehlen. Die Versprühung erfolgt durch den hohen Dampfdruck des Treibmittels bzw. Treibgases (z.B. Dichlordifluormethan, Trichlormonofluormethan u.a.).

Für Gegenstände mit komplizierter Form, die nicht durch Tauchen, Trommel- oder Zentrifugenlackierung geschützt werden können, bietet sich häufig das *automatische Spritzlackieren* an. Das gemeinsame an den bekannten Apparaten ist, daß sie selbsttätig die auf Spindeln sitzenden und wandernden Werkstücke lackieren und vielfach anschließend trocknen. Die Spritzlackierautomaten haben große Leistung, geringen Platzbedarf und bringen deshalb große Lohnersparnisse. Außerdem ist die Güte der Lackierung nicht von dem jeweiligen Lackierer abhängig.

Beim *elektrostatischen Lackieren* werden die Lacktröpfchen durch Gleichspannung von 80 bis 150 KV an den elektrisch negativen Sprühkanten der Lackgeber negativ aufgeladen und von den geerdeten Teilen durch Coulombsche Anziehungskräfte niedergeschlagen. Die verschiedenen, heute angewandten Verfahren unterscheiden sich vor allem durch die Lackzerstäuber. Bei den Ransburg-Verfahren wird der Lack u.a. über eine rotierende Glocke (z.B. 900 Umdrehungen/min) oder einen rotierenden Teller versprüht. Die Ablösung der Lackteilchen von den Sprühkanten erfolgt durch Zentrifugalkräfte, die Beförderung zum Teil durch elektrostatische Anziehungskräfte. Die Firma AEG hat eine Anlage entwickelt bei der die Zerstäubung von einem Spalt (ruhende Kante) ohne mechanische Hilfe, also rein elektrostatisch vorgenommen wird. Die Firma Fischer z.B. zerstäubt den Lack mit Druckluft in ein Gittertunnel, an das eine Hochspannung gelegt wird. Es gibt auch transportable elektrostatische Handspritzgeräte (z.B. der Firma Sames). Nicht nur metallische Gegenstände, sondern auch Halbleiter, wie Holz mit etwa 12 bis 15% Feuchtigkeit, weiterhin Keramik und Kunststoffe lassen sich unter bestimmten Voraussetzungen elektrostatisch lackieren. Die Hauptvorteile des elektrostatischen Lackierens sind Lack- und Lohneinsparungen; z.B. betragen die Lackverluste beim elektrostatischen Lackieren je nach Werkstück und Verfahren nur zwischen 2—5%, beim Luftspritzen liegen sie zwischen 40 und 90%.

Weitere Vorteile des elektrostatischen Lackierens sind:

Geringere Bildung von brennbaren und gesundheitsschädlichen Spritznebeln, sehr gute Kantenbedeckung und damit Korrosionsschutz gerade an den gefährdeten Stellen, weitgehende Umlenkung (Lackierung der Rückseite und im Innern, sofern kein Faraday-Käfig vorhanden ist), gleichmäßiger Auftrag, automatische Lackierung ist leicht möglich.

Das elektrostatische Aufbringen fester Stoffe wurde erst vor wenigen Jahren zur technischen Reife entwickelt und ist eng verwandt mit dem sehr weit verbreiteten, oben behandelten elektrostatischen Lackspritzen (elektrostatischen Farbsprühen), das seit vielen Jahren zur Lackierung von Automobilkarosserien (Grund- und Vorlack), Kühlschrank-, Geschirrspül- und Waschmaschinengehäusen (Grund- und Decklack), Büromaschinen (Grund- und Decklack), elektrischen Geräten, Meßinstrumenten, Bedarfsartikeln aller Art aus Metall, von Radio- und Fernsehgehäusen aus Holz und vielen anderen Werkstücken verwendet wird.

Folgende Kunststoffe können mit Hilfe eines elektrostatischen Feldes auf kalte oder erwärmte, geerdete Werkstücke aus Metallen, Geweben (z.B. bei der Thermoverklebung durch Kalandrieren), Glas, Gummi und anderen Stoffen aufgebracht werden: Celluloseacetobutyrate (auch Celluloseacetate), chlorierte Polyäther, Polyfluorkohlenwasserstoffe, Polyfluorkohlenstoffe, Polyamide, Polyvinylacetate, Polyäthylene, Polypropylene, Polyvinylchloride, Vinylchlorid-Copolymerisate, Polymethacrylsäureester, Epoxidharz- und andere duromere Pulversysteme.

Daneben können auch andere pulverförmige Stoffe, wie Talkum (auf Kabel, Reifen, Gummifolien), Glimmer (auf Gummi), Emailpulver (auf Gußeisen und andere Untergründe) elektrostatisch aufgetragen werden.

Bei der *elektrostatischen Beflockung* werden die zu beflockenden Werkstücke, wie Textilgewebe, Papiere, Tapeten, Wellpappen und andere Teile, zuerst mit einem Klebstoff bzw. Klebelack überzogen. In diese Oberfläche wird dann relativ grobes Flockungsmittel (z.B. Naturstoffe wie Cellulosefaser, abgewandelte Naturstoffe wie Celluloseacetatfasern, Kunststoffe usw.) elektrostatisch – mit und ohne Luft – eingesprüht. Das Beflockungsmittel ist meist schwach angefeuchtet. Vorbeigehende Flocken werden abgesaugt und wieder der Beflockungspistole zugeführt.

Es gibt verschiedene Verfahren zur *Herstellung von Überzügen aus pulverförmigen Stoffen*, bei denen diese durch eine Energiequelle geschmolzen und gleichzeitig auf das zu schützende Werkstück aufgebracht werden. Die Schmelztröpfchen fließen dabei zu einer homogenen Schmelze zusammen und ergeben nach dem Erkalten einen dichten und zusammenhängenden Film.

Ultra-Temperatur-(Hochtemperatur-), ebenso *Plasmaspritzverfahren* sind geeignet, Metalle und Metallverbindungen wie Niob, Tantal, Nickel, Wolfram, Chrom; Boride, Carbide und Oxide zu schmelzen und auf die zu schützenden Gegenstände aufzubringen. Erstere können 3300 bis 11000° C, letztere 15000 bis 20000° C erzeugen.

Kunststoffe, umgewandelte Naturstoffe, Naturstoffe, „Pulverlacke", ebenso hochviskose Beschichtungsmittel – wie Plastisole, Organosole, Schmelzmassen, Kunststoffpasten, Spachtel usw. – lassen sich durch *Flammspritzen* auftragen (vergleiche dazu E. GEMMER u. K. WEINMANN).

Das *Tauchverfahren* stellt wohl die einfachste und wirtschaftlichste Methode dar, einen Anstrichstoff oder ein anderes flüssiges Beschichtungsmittel auf einen Gegenstand aufzubringen. Es gestattet die gleichzeitige Lackierung einer großen Zahl von Gegenständen ohne nennenswerte Lackverluste und ist u.a. darin dem Spritzverfahren überlegen. Beim Tauchverfahren spielen folgende Faktoren eine wichtige Rolle: Verlauf, Viskosität und Antrocknungsgeschwindigkeit des Lackes; Form der Teile und Geschwindigkeit, mit welcher diese aus dem Lack herausgehoben werden (z.B. 4 cm bis 6 m, meist 2 bis 3 m pro min); Geschwindigkeit, mit welcher der Lack am Gegenstand herunterläuft (sehr komplexe Größe, die von Art der Bindemittel und vor allem der Lösungsmittel abhängt). Die Tauchgeschwindigkeit ist u.a. weitgehend von der Viskosität des Anstrichstoffs und Form der Teile bedingt.

Man unterscheidet Kalttauch- und Warmtauchverfahren. Letztere werden insbesondere bei dickwandigen Teilen, die ihre Vorwärmtemperatur relativ lange halten, verwendet.

Die Erscheinung der Elektrophorese wurde schon 1809 von Reuss entdeckt und besteht in der Wanderung kolloider Teilchen (Dmr. 10^7 bis 10^4 cm) unter dem Einfluß eines elektrischen Gleichspannungsfeldes.

Im Jahre 1919 lagen bereits die ersten Patente für die *elektrophoretische Abscheidung von Lacken* vor. Die eigentliche technische Entwicklung der Elektrophorese (Elektrotauchen, Elektrocoating) erfolgte Ende der 50er Jahre. Die Vorgänge bei der Abscheidung sind sehr kompliziert. Zahlreiche Hersteller von Anlagen – wie die Firmen *Dürr*, Stuttgart-Zuffenhausen; *Werner & Pfleiderer*, Stuttgart-Feuerbach; *Schilde*, Bad Hersfeld; *Eisenmann*, Böblingen; *Hahn*, Wendlingen u.a. – ebenso Lackhersteller, Rohstoffhersteller, und Forschungsinstitute arbeiten auf diesem Feld. Elektrophoreselacke sind wasserverdünnbar, d.h. die Filmbildner sind so stark polar, teilweise ionisiert und niedrigmolekular, daß sie in Wasser (meist in Verbindung mit wasserverträglichen Lösungsmitteln, wie Äthylglykol) stabil suspendierbar sind. Die nichtflüchtigen Anteile betragen im allgemeinen 8—18%, der pH-Wert liegt etwa bei 7,3 bis 7,8. Die Abscheidung erfolgt anodisch; die nichtflüchtigen Lackbestandteile – Bindemittel und Pigmente im wesentlichen – sind negativ aufgeladen, das zu lackierende Werkstück ist also positiv geladen, die Beckenwandung stellt die Kathode dar. Die zwischen Werkstück und Wandung angelegte Gleichspannung liegt zwischen 20 und 150 V, meist um 50 V; die Abscheidungszeit für einen 30 bis 40 μm dicken Lackfilm beträgt je nach Zusammensetzung und Abscheidungsäqualent 20 bis 120 sec. die Stromdichte ist etwa 0,3 bis 2, meist 0,4 bis 1,0 A/dm². Die Einbrennbedingungen betragen je nach Zusammensetzung und Dicke 10 bis 30 min, bei 150 bis 180° C.

Als Filmbildner kommen folgende wasserdispergierbaren Kunstharze in Frage: Alkyd-, Phenol-, Melamin-, Harnstoff-, Epoxid-, Acrylharze u.a.

Das elektrophoretische Lackieren hat eine große Zukunft und bietet folgende Vorteile: gleiche Schichtdicke auf der Gesamtoberfläche, gute Kantenbedeckung und daher ausgezeichneter Korrosionsschutz, nur sehr geringer Lösungsmittel- und Wassergehalt des Films, daher kurze Ablüftzeit und geringe Porigkeit; keine „Läufer"-, „Gardinen"- und „Vorhang-" bildung oder sonstige Oberflächenstörungen, sehr geringe Lackverluste, hohe Wirtschaftlichkeit und Automatisierbarkeit, sehr kleine Abscheidungszeiten bei relativ hoher Schichtdicke, keine Feuergefährlichkeit (Wasser als Lösungsmittel), keine Gesundheitsgefährdung u.a.

Das *Auftragen* von Lacken *mit Hilfe von Walzen* wird bei Kartonagen, Papieren, Folien, Blech- und Holztafeln schnell, sehr wirtschaftlich (bis 6000 Blechtafeln/Std. u.ä.) und qualitativ hochwertig durchgeführt. Meist handelt es sich bei den Walzenlackiermaschinen um Dreiwalzensysteme.

Das *Gießen* mit Maschinen über einen verstellbaren Spalt ist in der Lage, nicht nur ebene, sondern auch gewölbte und geschweifte Gegenstände mit Lacken und anderen Stoffen zu beschichten. Das Verfahren ist sparsam, gut regulierbar, erlaubt das Verarbeiten von Zweikomponentenlacken (z.B. ungesättigten Polyesterlacken) und eignet sich insbesondere zur Lackierung von Möbeln, Skis und großflächigen Teilen.

Mit dem *Fluten* können bei geringer Lackmenge kompliziert geformte Werkstücke, vor allem relativ große, lackiert werden. Neben dem Handfluten sind moderne, automatisch arbeitende Anlagen im Betrieb. Sie bestehen aus Flut-, Abtropf- und Trocknungszone.

Das von der General Electric Company in Louisville (USA) und der Firma George Koch, Evansville (USA), entwickelte Flow Coating-Verfahren ist ein verfeinertes und automatisiertes Fluten. In der Flow-Coating-Kammer wird das zu lackierende Werkstück mit Lack aus zahlreichen Düsen (Dmr. 8 bis 10 mm) überflutet. Der überschüssige Lack fließt über eine Filteranlage wieder in den Lacktank zurück. Die Teile durchlaufen dann das sogenannte Drain-Tunnel (Abdunstkanal). Die sich bildenden Lösungsmitteldämpfe ziehen nicht ab, sondern verbleiben im Tunnel, wodurch die Lackoberfläche relativ lange offen bleibt und gut verläuft. Wenn die sich bildenden Lösungsmitteldampfkonzentrationen zu gering sind, können

Lösungsmittel zugeführt werden, im entgegengesetzten Fall wird Luft zugegeben. Die Lackviskositäts- und Temperaturregulierungen sind automatisiert. An das Drain-Tunnel schließen sich übliche Trocknungseinrichtungen an.

Gegenüber dem Spritzlackieren hat das Flow-Coating-Verfahren folgende Vorteile: Lackersparnis, großer Teiledurchsatz, Einsparung von Arbeitskräften, gleichmäßigere Filmdicke bei kompliziert geformten Teilen, kein Anlaufen der Filme, kaum „Apfelsinenschalen"-effekt. Gegenüber dem Tauchlackieren werden als Vorzüge genannt: kleinerer Lackvorrat in der Anlage, die Teile können enger aufgehängt werden, es lassen sich verschiedenartig geformte Teile gleichzeitig lackieren (z.B. 1500 verschiedene Teile von 2,5 bis 90 cm Länge bei nur 12 Aufhängevorrichtungen in einer Anlage), keine Lacktropfenbildung an den unteren Kanten der Gegenstände.

Kleine Massenteile – wie Federn, Haken, Knöpfe, Schrauben, Ösen, Schnallen, Maschinenkleinteile usw. – werden in eine *Trommel* gefüllt, dann wird eine gerade ausreichende Lackmenge zugegeben, und die Trommel in rotierende oder schüttelnde Bewegung gesetzt. Der Lack muß dünnflüssig sein, der Lackverbrauch ist sehr gering. Häufig wird vor dem Trocknen der überschüssige Anstrichstoff abgeschleudert.

Beim *Spritztrommelverfahren* wird der Lack mittels Spritzpistole eingespritzt.

Das *Zentrifugenverfahren* unterscheidet sich vom Trommelverfahren durch die hohe Umdrehungszahl von 500 UpM, mit welcher der überschüssige Lack abgeschleudert wird.

Neben dem *Hoch-, Flach- und Tiefdruck* wird in zunehmendem Maße von Industrie und graphischem Gewerbe das *Siebdruckverfahren* durchgeführt. In einem Holz- oder Metallrahmen befindet sich ein netzartiges fein- oder grobmaschiges Gewebe. Mit Hilfe einer Gummirakel wird nun die Siebdruckpaste auf die Schablone gestrichen, an den ausgesparten Stellen durch das Gewebe auf das Werkstück gedrückt.

Es gibt zahlreiche Möglichkeiten, *pulverförmige Schichtbildner*, wie Kunststoffe, Kunstharze, Naturstoffe, abgewandelte Naturstoffe, pulverförmige Anstrichstoffe (oft auch „Pulverlacke" genannt), in eine Beschichtung überzuführen.

Brauchbare und häufig angewandte Verfahren sind *Wirbelsintern, Spritzen* mit und ohne Druckluft, *Blasen, elektrostatisches Aufsprühen* und *Beflocken, Flammspritzen*, kombinierte Verfahren wie das *elektrostatische Wirbelsintern, elektrostatisches Luftspritzen* (vgl. weiter oben). Die größte technische Bedeutung haben das Wirbelsintern, das elektrostatische Spritzen und das Flammspritzen erlangt.

Zahlreiche thermoplastische Filmbildner, wie Celluloseacetate, Celluloseacetobutyrate, Polyäthylene, Polypropylene, chlorierte Polyäther, Acrylharze und Methacrylharze, Polyester, Polyvinylchlorid und andere Vinylharze, fluorierte Polyolefine, Polyamide; aber auch thermohärtende Kunstharzsysteme, wie feste Epoxidharz-Härter-Gemische u.a., lassen sich in der beschriebenen Weise auf zahllose Werkstücke aufbringen.

Vorteile der Pulverauftragsverfahren und der dadurch hergestellten Beschichtung sind: Die Abwesenheit von Lösungsmitteln verhindert Brände, Explosionen, Geruchsbelästigungen und gesundheitliche Schäden. Weiterhin werden dadurch Blasen, Poren, Krater, starke Schwund- und Ablaufvorgänge und andere das Aussehen und die Eigenschaften verschlechternde Erscheinungen vermieden. Eine staubfreie Beschichtung ist verhältnismäßig leicht möglich. Beschichtungsräume lassen sich ohne große Mühe sauber halten. Vergleichend haben insbesondere E. Gemmer und K. Weinmann (umfangreiche Literatur im Buch von K. Weinmann) über diese Verfahren berichtet.

7. Analyse von Lacken und anderen Beschichtungs- bzw. Anstrichstoffen

Eine Analyse von Anstrichmitteln erfordert im allgemeinen eine Trennung der einzelnen Hauptbestandteile.

Anorganische Pigmente und Füllstoffe lassen sich durch Veraschen der Lackfarbe gewinnen. Das Farbmittel ist danach zwar frei von organischen Bestandteilen, jedoch werden viele Pigmente und Füllstoffe bei der Veraschungstemperatur chemisch verändert. Außerdem befinden sich im Veraschungsrückstand anorganische Bestandteile aus Sikkativen, Schwebemitteln, Gleitmitteln usw.

Ein anderer, meist erfolgreicherer Weg besteht in der Extraktion der Bindemittel mit geeigneten Lösungsmitteln. Meist halten die Pigmente und Füllstoffe, die auf solche Weise isoliert werden, noch bis 5% Bindemittel zurück. Die Abtrennung von Pigmenten und Füllstoffen kann nach starkem Verdünnen auch durch Absetzenlassen, Filtrieren oder Zentrifugieren erfolgen. Eine Koagulation der Farbmittel durch Zugabe von Elektrolyten (Säuren, Alkalien, Salzen) verbessert obige Abtrennungsarten.

Aus der verbleibenden oder (bei unpigmentierten Lacken) vorhandenen Klarlacklösung werden die Lösungsmittel durch Destillation (vorteilhaft sind Vakuum- und Wasserdampfdestillation) oder durch Wegdampfen bei möglichst niedriger Temperatur (z.B. auf dem Wasserbad) abgetrennt. Der Rückstand besteht dann aus Bindemitteln und nichtflüchtigen bzw. nicht destillierbaren Zusatzstoffen.

Aus wäßrigen Dispersionen kann das Wasser auch durch Zentrifugieren (15000 UpM) weggenommen werden.

Eine andere Methode besteht darin, das Bindemittel durch Zugabe geeigneter Verschnittmittel (Verschnittlösungsmittel) auszufällen und damit abzutrennen (z.B. bei Cellulose-, Chlorkautschuk-, Epoxidharz-, PVC-, Vinylchlorid-Copolymerisat-Lacken durch Zugabe von niedrigen Alkoholen und Benzinkohlenwasserstoffen; bei Aminoharz-, Phenolharz-, mageren Alkydharzlacken u.ä. durch Zusetzen von Benzinkohlenwasserstoffen). Auf diese Weise lassen sich auch viele Filmbildner voneinander trennen. Andere Möglichkeiten der Isolierung sind Verseifung (unverseifbar sind: Polykohlenwasserstoffe, Polyhalogenkohlenwasserstoffe, Polyvinylalkohol, Polyvinylacetale, Polyvinyläther, Ketonharze, Aminharze, Siliconharze, Chlorkautschuk, Polystyrole, Cumaronharze u.ä., Epoxidharze, Celluloseäther u.v.a.; schwer verseifbar sind: Naturharze, Polymethacrylsäureester, PVC, Chlorkautschuk, Vinylchlorid-Copolymerisate, viele modifizierte Phenolharze; leicht verseifbar sind: Cellulosenitrat und andere Celluloseester, Polyvinylacetat und andere Polyvinylester, gesättigte und ungesättigte Polyesterharze, Alkydharze, Epoxidfettsäureester, Lacköle u.a.).

Die Bindemittel lassen sich auch durch ihre charakteristische Löslichkeit, Extrahierbarkeit usw. trennen. Dazu werden sie nach dem Verdampfen der Lösungsmittel mit bestimmten Flüssigkeiten behandelt.

Weichmacher und andere Zusatzstoffe werden vom Filmbildner durch geeignete Extraktions- und Fällungsmittel abgetrennt.

Auf die zur Empfehlung LX, Lacke und Anstrichstoffe für Lebensmittelbehälter und Verpackungen des Bundesgesundheitsamts zu erwartenden Analysen sei schon jetzt aufmerksam gemacht.

8. Analyse von Lackfilmen und Beschichtungs- bzw. Anstrichsystemen

Die Analyse von aufgebrachten Anstrichfilmen und anderen organischen Beschichtungen ist schwierig und erfordert erhebliche chemische, physikalische und technologische Kenntnisse. Hinzu kommt, daß vielfach nur geringe Mengen (z.B. mehrere mg) und außerdem vernetzte, d.h. unlösliche Filme vorliegen. Ist der Anstrich in Chlorkohlenwasserstoffen, Ketonen, Dioxan oder weniger aggressiven Lösungsmitteln löslich, kann wie unter 7 ausgeführt, verfahren werden. Sind die Filme unlöslich, muß versucht werden, durch Hydrolyseverfahren (z.B. durch Säuren oder Laugen) lösliche Verbindungen zu erhalten, die dann nach den üblichen Methoden weiter identifiziert werden.

Die verschiedenen Anstrichschichten lassen sich meist optisch, mechanisch und chemisch erkennen und auch trennen.

Als Analysenmethoden sind im allgemeinen bei Lackfilmen alle oben genannten Verfahren (chemische, physikalisch-chemische und physikalische) mit Erfolg anwendbar. Technologische Eigenschaften der Lackfilme (wie Geschmeidigkeit, Härte, Abriebfestigkeit, Schlagfestigkeit, Wasser- und Chemikalienbeständigkeit u.v.a.), ferner die Verwendung der Anstriche geben häufig einen sicheren, zumindest aber einen annähernden Hinweis auf die Stoffklasse des Hauptfilmbildners. Analytische Methoden zur Erkennung von Anstrichfilmen werden in den Büchern von D. Hummel, K. Winnacker-L. Küchler, Ullmann, H. Wagner-H. F. Sarx, I. P. Sossew u. O. Ja. Fedotowa, H. Saechtling, K. Thinius, G. Schulz, G. Zeidler-G. Bleisch und K. Weinmann mitgeteilt.

Auch hierfür sind Analysenmethoden in den Veröffentlichungen des Bundesgesundheitsamts im Bundesgesundheitsblatt zur Sach-Empfehlung LX zu erwarten.

9. Technologische, physikalische und chemische Prüfungen von Lacken und anderen Beschichtungsmitteln

Bei Anstrichstoffen, Plastisolen, Organosolen, Schmelzmassen und Kunststoffpasten werden häufig folgende Prüfungen zur Identifizierung, Kontrolle und Bestimmung der Gebrauchseigenschaften durchgeführt:

Dichte nach DIN 53400 und DIN 51757, nicht flüchtige Anteile (z.B. durch einstündiges Erwärmen bei 105° C), Viskosität nach DIN 53400, DIN 51550, DIN 51561, DIN 51562, DIN 53211, DIN 53015, (ASTM 562-47, u.a.), Viscositäts-Temperaturkurve (z.B. nach DIN 53015 u.a. Normen), Fließverhalten (insbesondere Strukturviscosität, Plastizität, Dilatanz, Thixotropie, Rheopexie) und Verlaufeigenschaften, Lagerungsstabilität bei praxisnahen Bedingungen, Verarbeitungseigenschaften durch anwendungstechnische Versuche, Oberflächenspannung, Trocknung (DIN 53150 u.a.), Filmbildung und Filmbildungstemperatur bei entsprechenden Zeiten, Lichtdurchlässigkeit (bei durchsichtigen oder leicht mattierten Beschichtungsmitteln nach DIN 53403), Remission bei lichtundurchlässigen Stoffen, Schichtdicke bei den vorgesehenen Verarbeitungsbedingungen für den flüssigen und festen Anstrich, Pigment- und Füllstoffgehalt, Weichmacheranteil, Aschegehalt (analog zu DIN 51575), Lösungsmittelanteil (z.B. nach ASTM-D 215-41), Stabilisatoren und andere Zusatzstoffe.

Die Eigenschaften der Lackfilme und anderer Beschichtungen sind außerordentlich vielfältig, die Prüfungen sind besonders von ihrem Verwendungszweck und den sich daraus ergebenden Anforderungen abhängig. Häufig werden folgende Prüfungen durchgeführt: Deckvermögen (z.B. nach DB TL 918 300, Kryptometer nach *Pfund*, DIN 53162 u.v.a.), Farbton (Farbmessung nach DIN 5033), mechanische, elektrische und andere optische Eigenschaften, chemische Beständigkeit, physiologische Prüfungen usw. Vor allem in den Büchern von Zeidler-Bleisch, Wilborn, Gardner, Winnacker-Küchler, Ullmann und K. Weinmann werden ausführliche Hinweise gemacht.

Folgende elektrische Eigenschaften spielen bei der Verwendung von Lacken für Elektroisolierzwecke (z.B. für die Lackierung von Drähten oder das Tränken von Ankern usw.) eine große Rolle: Isolationswiderstand (Durchgangswiderstand, Oberflächenwiderstand), Durchschlagsfestigkeit, Dielektrizitätskonstante, Verlustfaktor, Ableitwiderstand (z.B. nach DIN 51953), Kriechspur (z.B. DIN 53480), Kriechstrom (z.B. DIN 53480), Kriechstromfestigkeit (z.B. DIN 53480, Kriechweg (z.B. DIN 53480), Spannungsfestigkeit (z.B. DIN 53481) u.a.

Bei den zu beschichtenden Werkstoffen handelt es sich meist um Metalle, weshalb dem Korrosionsschutzvermögen der Überzüge eine überragende Bedeutung zukommt. Diese Eigenschaft ist ein Komplex zahlreicher Einzeleigenschaften und wurde in außerordentlich eingehenden und umfangreichen Publikationen behandelt. Zusammenfassungen über dieses Thema wurden von G. Kaesche, W. Wiederholt, W. König, K. Weinmann u.v.a. mitgeteilt. Vergleiche hierzu auch Bedarfsgegenstände aus Metall.

10. Physiologisches Verhalten

Die Toxicologie der Anstrichstoffe und anderer Beschichtungsmittel ergibt sich aus der Zusammensetzung und dem Zusammenwirken der einzelnen Bestandteile, weshalb die wesentlichen Tatsachen bereits aus dem über Filmbildner, Weichmachungsmittel, Farbmittel und Zusatzstoffe Mitgeteilten entnommen werden können.

Gewerbehygienisch sind die angegebenen Vorsichts- und Schutzmaßnahmen in Bezug auf bestimmte Lösungsmittel, Peroxide, Amine und Polyamide, Weichmacher, Pigmente, Stabilisatoren, Monomere usw. zu beachten.

Völlig „ausreagierte" Filme – also makromolekulare Gebilde, deren reaktionsfähige Stellen weitgehend durch Polykondensation, Polyaddition und Polymerisation aufgebraucht wurden – sind physiologisch indifferent. Resorption durch die Haut und Schleimhäute oder Abbau durch Enzyme finden nicht statt.

Nachstehend soll noch auf einige Begriffe wie MOK, MEK, MIK (MAK siehe II. 4), außerdem auf wichtige Listen, Merkblätter, gesundheitsgefährdende Stoffe u.ä. eingegangen werden.

Auf amerikanischen und englischen Erfahrungen fußend, wurde vom Unterausschuß Betriebssicherheit und Gewerbehygiene, chemische Gruppe des Sozialausschusses der Westeuropaunion, die „WEU-Liste kennzeichnungsbedürftiger Stoffe 1958" aufgestellt, die vom Bundesarbeitsministerium als „Deutsche Kurzausgabe 1959" veröffentlicht und zur Diskussion gestellt worden ist. Sie hat keine gesetzliche Bedeutung. Ähnliche Listen sind bei der EWG in Arbeit.

Tabelle 20

Gefahrenklasse und Symbole der WEU-Liste 1958

Klasse	*Symbol*	*Kurzzeichen*
IV. A) Giftige Stoffe	Totenkopf	T
B) Gesundheitsschädliche Stoffe	Andreaskreuz	X
V. A) Ätzende Stoffe	Verätzte Hand	C
B) Reizend wirkende Stoffe	Andreaskreuz	X
VI. Radioaktive Stoffe	Kästchen mit Strahlenkranz und Totenkopf	R

Die WEU-Liste umfaßt 258 gesundheitsgefährliche und 87 hautschädigende Stoffe. Auf dem Etikett bzw. der Verpackung eines gesundheitsgefährlichen Stoffes muß das Notwendigste zur Verhütung von Schäden beim Transport und während der Verarbeitung angegeben werden. Erläuterungen durch Merkblätter sind in jedem Fall erwünscht.

Die „Safety Data Sheets" der Manufacturing Chemists Association bringen sehr ausführliche Angaben über Eigenschaften, Anwendung, Aufbewahrung, Vorsichtsmaßnahmen, Vorschläge über die Vernichtung von Rückständen, Hinweise zur ärztlichen Behandlung. Sehr brauchbar sind die im „Ind. Hyg. Journal" der American Industrial Hygiene Association regelmäßig veröffentlichten Blätter der „Hygienic Guide Series". Die Berufsgenossenschaft der chemischen Industrie gibt seit Oktober 1962 neue Merkblätter in Sammelmappen heraus, die allgemeine Angaben, Feuer- und Gesundheitsgefahren enthalten.

Die MEK ist die maximale Emissions-Konzentration und gibt die Höchstkonzentration an bestimmten Gasen oder Schwebestoffen an, die den Schornstein oder Auspuffrohre verlassen dürfen. Besser wäre die Angabe der Menge in der Zeiteinheit.

Die MIK ist die maximale Immissions-Konzentration und gibt die Höchstkonzentration an bestimmten Gasen oder Schwebestoffen in der Atmosphäre (z.B. über Großstädten, Industriegebieten) an, die weder zu Gesundheitsschäden (bei Menschen, Tieren, Pflanzen) noch zu Belästigungen führt. Diese beiden Kennwerte sind für die Verarbeitung von Lacken außerordentlich wichtig.

Die MOK gibt die maximale Organ-Konzentration (an Fremdstoffen oder Metaboliten) besonders im Blut, Harn, in der Atemluft, den Haaren, im Fett an, deren Überschreitung bzw. Änderung Gesundheitsgefahren anzeigt und gewisse Rückschlüsse auf die vorherige Einwirkung gesundheitsgefährlicher Arbeitsstoffe erlaubt (durch Inhalation, Haut- und Schleimhautresorption); vgl. insbesondere H. OETTEL, „Neuere Erkenntnisse über gesundheitsgefährliche Arbeitsstoffe", Moderne Unfallverhütung, Heft 8 (1964).

IV. Löslichkeit von Bindemitteln und Filmbildung von Lacken und anderen Beschichtungs- bzw. Anstrichmitteln

1. Löslichkeit von Bindemitteln in Lösungsmitteln

Da fast alle Lacke und andere Anstrichmittel Lösungen von Bindemitteln in Lösungsmitteln oder Weichmachern darstellen, ist das Problem des Lösungsvermögens von Lösern gegenüber Bindemitteln in den letzten Jahrzehnten und insbesondere in den vergangenen Jahren intensiv bearbeitet worden.

Die Lösung eines Filmbildners in einem Lösungsmittel tritt dann ein, wenn die zwischen beiden Stoffen wirksamen Kräfte größer sind als die zwischen den Filmbildnermolekülen selbst. Dabei gelten folgende Gleichungen und Ungleichungen:

(3) Für die Lösung: $F_{L/F} \gg F_{F/F}$

(4) Für die Quellung: $F_{L/F} \geqq F_{F/F}$

(5) Für die Nichtlösung: $F_{L/F} < F_{F/F}$

$F_{L/F}$ sind die zwischen Lösungsmittel und Filmbildner wirksamen zwischenmolekularen Kräfte, $F_{F/F}$ die Nebenvalenzkräfte zwischen den Filmbildnermolekülen.

Eine gewisse Verwandtschaft in der chemischen Struktur von Filmbildner und Lösungsmittel ist erforderlich, damit maximale zwischenmolekulare Kräfte wirksam werden. Zwischenmolekulare Kräfte können Dipolorientierungskräfte, Dipolinduktionskräfte, Wasserstoffbrückenbindungskräfte, Dispersions- oder Austauschkräfte sein. Die Summe aller Kräfte wird u.a. durch das Molkohäsionsinkrement dargestellt. Quantitative Hinweise für die Löslichkeit oder Unlöslichkeit eines Bindemittels in einer Flüssigkeit erhält man u.a. durch die vor allem in den USA häufig benützten Löslichkeits- und Wasserstoffbrückenparameter. Insbesondere H. Burell, E. P. Lieberman und K. Weinmann haben über die Zusammenhänge gearbeitet bzw. berichtet.

2. Filmbildung

Anstrichstoffe, Kunststoffpasten u.ä. Produkte können auf verschiedene Weise in feste, nichtklebende, homogene Lackfilme bzw. Beschichtungen übergeführt werden. Die Art der Filmbildung hängt von der chemischen Konstitution und den Eigenschaften der Filmbildner, der Art der Lösungs- und Dispersionsmittel, der Wirkungsweise anderer Bestandteile und den angewandten Trocknungsbedingungen ab. Die Zusammensetzung der Lacke und Beschichtungsmittel, aber auch die Bedingungen bei der Filmbildung, prägen also im wesentlichen ihre Art. Grundsätzlich lassen sich zwei Arten der Filmbildung voneinander unterscheiden:

a) Die physikalische Filmbildung

b) Die chemische Filmbildung (bei dieser laufen im allgemeinen physikalische Vorgänge voraus oder parallel).

a) Physikalische Filmbildung

Unter der physikalischen Filmbildung versteht man alle Filmbildungsprozesse, bei denen der Film bzw. Überzug ausschließlich durch physikalische Vorgänge aus einer Lösung, Emulsion, Suspension oder Schmelze entsteht.

Filme können entstehen durch vgl. (K. Weinmann: „Beschichten mit Lacken und Kunststoffen"):

Verdunstung flüchtiger Lösungsmittel aus echten oder kolloiden Lösungen (Lyosolen) nieder-, mittel- oder hochmolekularer Filmbildner in organischen Lösern oder Wasser. In diese Gruppe gehören die meisten physikalisch trocknenden Lacke und Lackfarben.

Verdunsten von Wasser als äußerer Phase aus einem in Wasser kolloid dispergierten System und anschließendes Zusammenfließen des die innere Phase bildenden Filmbildners. Dies trifft für die wäßrigen Kunststoffdispersionen zu.

Erstarrung geschmolzener thermoplastischer Stoffe (Schmelzmassen aus weichgemachten hochmolekularen Verbindungen: z.B. auf Basis von Paraffinen, Wachsen, Polyamiden, Äthylcellulose, Celluloseacetobutyraten, Celluloseacetaten, Polyolefinen usw.). Auch das Wirbelsintern, bei dem aufgewirbelte, feinstverteilte Pulver aus Thermoplasten auf dem zu schützenden Teil geschmolzen werden, kann zu dieser Gruppe gerechnet werden.

„Wärmegelierung" von in Weichmachern feinst suspendierten, bei Raumtemperatur schwer löslichen Kunststoffen oder Kunstharzen (Plastisolen). Enthalten solche Suspensionen noch flüchtige organische Lösungsmittel, die den Kunststoff bei Raumtemperatur nicht lösen, so spricht man von „Organosolen".

Adsorption einer flüssigen Phase am Untergrund. Diese bei Druckfarben vorkommende Art der physikalischen Filmbildung ist meist noch von Oxypolymerisationen und anderen chemischen Reaktionen begleitet, wodurch die Eigenschaft der Filme wesentlich verbessert werden.

Die wichtigsten Filmbildner, die rein physikalisch in den festen Filmzustand übergehen, sind:

Naturharze, wie Kolophonium, Bernstein, Dammar, Kopale, Schellack, Sandarak u.a.

Veredelte Naturstoffe, wie Glycerin- und Pentaerythrit-Kolophoniumester und andere Harzester, Celluloseester („Nitrocellulose", Acetylcellulose (Celluloseacetat), Celluloseacetobutyrat), Celluloseäther (Methyl-, Äthyl-, Butyl-, Amyl-, Benzylcellulose), Kautschukderivate (Chlorkautschuk, Cyclokautschuk), Maleinatharze u.a.

Kondensationsharze, wie ölfreie Polyester der isomeren Phthalsäuren u.a. zweibasischer Säuren, bestimmte Alkydharze (aus Phthalsäure, gesättigten Fettsäuren und Glycerin oder anderen mehrwertigen Alkoholen), Aldehydharze, Keton-Aldehydharze, Ketonharze, Phenolharze (Novolake) u.a.

Polymerisationsharze, wie Polystyrol, Styrol-Copolymerisate, Polyvinylchlorid, Vinylchlorid- und Vinylidenchlorid-Copolymerisate, Polyvinylester und -acetale, Polyvinyläther, Polyacryl- und Polymethacrylester, Cumaron- und Indenharze u.a.

b) Chemische Filmbildung

Zahlreiche Filmbildner ergeben durch chemische Reaktionen einen Überzug, der aus den Filmbildnermolekülen entweder durch zweidimensionale Molekülvergrößerung (im wesentlichen Kettenverlängerung) oder durch dreidimensionale Molekülvergrößerung (Vernetzung) entsteht. Die chemischen Reaktionen können sein:

Polykondensationen (Veresterungen, Verätherungen, Methylenbrückenbildung unter Formaldehydabspaltung, Amidbildungen; wie bei Alkyd-, Amino-, Phenol-, Epoxid-, Silicon-, Acrylharz-Lacken).

Polyadditionen (Polyurethanbildung aus Isocyanaten und polymeren Hydroxylverbindungen wie bei Polyurethanlacken, vernetzte Epoxidverbindungen aus Epoxidharzen und Polyaminen oder Polyamiden wie bei Epoxid-Reaktionslacken).

Polymerisationen (z.B. bei ungesättigten Polyesterharzen durch Homopolymerisation oder Copolymerisation mit Monomeren, die als Lösungsmittel dienen).

Oxypolymerisationen (Polymerisationen mit Hilfe von Sauerstoffanlagerung; z.B. bei der Filmbildung von trocknenden Lacklölen, naturharz- und kunstharzmodifizierten Lackölen, Alkydharzen mit trocknenden Fettsäuren.

Bei Epoxid- und Polyurethan-Reaktionslacken werden die vielfältigsten chemischen Reaktionen bei der Filmbildung benützt. Ähnliches gilt bei modifizierten Phenolharzlacken und anderen Anstrichmitteln.

Einzelheiten über die bei der Filmbildung vorherrschenden Reaktionen werden in den Büchern von A. V. Blom, H. Wagner, H. F. Sarx, H. Kittel (Jahrbuch der Lackchemie: „Reaktionslacke"), zahlreichen Firmenschriften und sehr vielen Zeitschriftenveröffentlichungen angegeben.

B. Graphische Farben (Druckfarben)

Graphische Farben werden üblicherweise nicht von Lack- und Lackfarbenfabriken, sondern von Druckfarbenfabriken hergestellt. Dies mag vor allem mit der andersartigen Anwendung der Erzeugnisse zusammenhängen; von der chemischen Zusammensetzung her wäre diese Differenzierung nicht erklärlich.

1. Zweck und Druckverfahren

Zum Übertragen von Schriften, Zeichnungen, Bildern usw. von einer Druckform (z. B. aus Letternmetall, Kupfer, Zink, Aluminium, Stein, Holz, Gelatine, Kunststoffen, Gummi usw.) auf einen Untergrund (Druckgrund oder Druckträger: Papiere aller Art, Tapeten, Karton, Bleche aller Art, Metalle, Kunststoff-Folien, abgewandelte Naturstoffe und Kunststoffe, Leder, Holz, Textilien, Glas u. a. anorganische Werkstoffe usw.) werden graphische Farben oder Druckfarben verwendet, vgl. B. ZSCHIMMER in Ullmann, C. ELLIS, H. J. WOLFE, E. RUPP u. a.

Man unterscheidet dabei Hoch-, Flach-, Tief-, Siebdruck, Xerographie und zahlreiche andere Spezialdruckverfahren. Die Einfärbevorrichtung der Druckmaschinen besteht im allgemeinen aus Farbwerk, Verreibe- uud Auftragswalzen.

2. Zusammensetzung

Ähnlich den Lackfarben bestehen Druckfarben aus Filmbildnern, Pigmenten und anderen Farbmitteln, Zusatzmitteln (Druckhilfsmitteln wie Trockenstoffen, Mittel zur Verbesserung des Fließvermögens, der „Zugigkeit", Geschmeidigkeit, Trocknung, Adsorptionsfähigkeit, Adhäsion usw.); je nach Art und Viskosität der Filmbildner und nach der Druckmethode werden keine oder nur realtiv geringe Mengen an Lösungsmitteln zugegeben.

Als Bindemittel kommen in Frage (siehe auch A. Lacke): Leinölfirnis und andere trocknende Öle wie Standöle, modifizierte Öle; lufttrocknende Alkydharze, Cumaronharze, Indenharze, Cyclokautschuk, Chlorkautschuk, Naturharze aller Art, umgewandelte Naturharze, Polyester ohne Fettsäuren, Epoxidharzester, ölmodifizierte Phenolharze und andere modifizierte Phenolharze Bitumen (meist in Verbindung mit Mineralölen und trocknenden Ölen, PVC, Vinylchlorid-Copolymerisaten, Polyvinylacetaten, Paraffinen, Wachsen, Weichmachern usw.), Celluloseester, Celluloseäther, Polyacrylester, Polymethacrylester und viele andere Polymerisate.

Als Pigmente werden u. a. verwendet (siehe auch A. Lacke): Titandioxide, Zinksulfid, Lithopone; Bariumsulfat, Kaolin u. a. Verschnittmittel; Eisenoxidgelb, Cadmiumsulfid (Cadmiumgelb), Cadmiumselenid (Cadmiumrot), Bleichromate (Chromgelb), Bleimolybdate (Molybdatrot), Zinkchromate (Zinkgelb), Eisencyanblau (Berlinerblau usw.), Benzidingelb u. a. ähnliche organische Pigmente; Phthalocyaninblau, Ultramarinblau; Chromgrün, Chromoxidgrün, Phthalocyaningrün; Ruß und verschiedene Schwärzen. Viele andere Pigmente und Verschnittmittel wie Eisenoxidrot und insbesondere organische Pigmente (Azopigmente, Farblacke, Küpenpigmente, Metallkomplexfarbstoffe usw.) sind noch im Gebrauch.

3. Wichtige Eigenschaften

Folgende Eigenschaften spielen für die Anwendung von Druckfarben eine bedeutende Rolle und müssen deshalb laufend überprüft werden: rheologisches Verhalten (Konsistenz), Farbtonübereinstimmung, Farbintensität (Färbevermögen, „Farbstärke"), Deckvermögen (Deckfähigkeit), Fließvermögen, Pigmentdispergierung (Teilchengröße und Korngrößenverteilung), Lichtechtheit, Fett-, Öl-, Paraffin-, Wasser- und unter Umständen Lösungsmittelbeständigkeit, geringes Durchschlagsvermögen (bei Papier), Alkaliechtheit unter Umständen Wärmebeständigkeit, Trocknungsvermögen, Adhäsion, Scheuer- und Abriebfestigkeit, Oberflächenhärte u. a. (vgl. auch DIN 16508, 16509, 16513, 16515, 16520, 16524, 16525, 16526).

4. Physiologisches Verhalten

Die toxikologischen und lebensmittelchemischen Eigenschaften von Druckfarben können den betreffenden Ausführungen über Lacke und ihre Rohstoffe entnommen werden, da grundsätzlich keine bedeutenden Unterschiede in der Zusammensetzung vorliegen. Ausdrücklich sei noch darauf hingewiesen, daß Druckfarben für Lebensmittelverpackungen, Kinderspielzeuge, Bücher (z.B. Kinderbücher), schriftliche Bedienungsanleitungen für Spielzeuge und Beschreibungen aller Art in großem Maße verwendet werden. Deshalb sind die physiologischen Eigenschaften graphischer Farben besonders zu beachten. (Betr. Ruß siehe im Teil Kunststoffe.)

5. Analytische Hinweise

Da die Rohstoffe für Druckfarben weiter oben im Kapitel Lacke und Lackfarben eingehend erörtert und dort auch analytische Hinweise gegeben wurden, sei auf diese Stellen verwiesen.

C. Künstler- und Malfarben

1. Allgemeines

Zu den Künstler- und Malfarben zählen unter anderem Ölfarben, Temperafarben, Aquarellfarben, Wasserdeckfarben, Plakatfarben, Pastellfarben, Wandmalfarben. Hierher gehören auch Malmittel aller Art zum Erzielen besonderer Effekte, zum Schutze von Bildern und zur Einstellung bestimmter Verarbeitungseigenschaften; vgl. auch E. STOCK, M. DOERNER und K. WEHLTE.

Es handelt sich also um Malmaterialien besonderer Zusammensetzung und Güte, welche für die Kunstmalerei und ähnliche Zwecke verwendet werden.

Als Bildträger (Anstrichfarbenträger) kommen in Frage: Leinwand aus Hanf, Flachs und Baumwollgewebe; Pappen, Papiere, Sperrholz, Faserplatten, Metallplatten (z.B. Messing, eloxiertes Aluminium).

Als Grundierungen (Malgründe) werden verwendet: Ölgründe aus Nußöl, Leinöl, Leinölfirnis, Holzöl oder anderen trocknenden Lackölen; Kreide, vor allem Champagnerkreide, Bleiweiß, insbesondere Zinkweiß, Lithopone, Gips; als Trockner im wesentlichen kobalthaltige Sikkative und als Lösungsmittel vorwiegend Testbenzin und Terpentinöl. Wichtig ist unter anderem, daß die Malgründe nicht zu stark in den Bildträger einwandern.

Ölfreie Kreidemalgründe bestehen aus Gelatine oder Hautleim mit bester Gelierfähigkeit, Pigmente wie oben und Wasser als Lösungsmittel. Im Gegensatz zu den Ölgründen sind die ölfreien Malgründe stark saugend.

Öl-Leim-Emulsionen (z.B. 1 : 1) sind schwach saugend und heißen Halbkreidegrund oder Temperagrund. Als Pigmente eignen sich Lithopone, Zinkweiß; als Verschnittmittel Kreide, gebrannter Gips u.a.

Wäßrige Malgründe können auch als Bindemittel in Wasser dispergierte Kunststoffe enthalten (wäßrige Dispersionsverfahren). Hierfür kommen in Frage: Polyvinylacetat und Vinylacetat-Copolymerisate, Polyvinylpropionat und Vinylpropionat-Copolymerisate, Polyacrylsäureester, Polymethacrylsäureester, Methacrylsäure-Copolymerisate u.a.

2. Ölfarben

Künstlerölfarben sind hochviscos (pastös) und meist strukturviscos (thixotrop).

Als Hauptbindemittel werden meist trocknende Lacköle wie Leinöl, Mohnöl, Nußöl, verschiedene Standöle (im allgemeinen nur als Zusatz), Leinölfirnis, geblasenes Leinöl verwendet.

Harze und weitere Zusätze sind (z. B. zur Erhöhung der Härte oder Geschmeidigkeit oder zur Verbesserung der Verarbeitung und Trocknung): Dammar, Mastix u. a. Naturharze, umgewandelte Naturharze wie Harzester, Maleinatharze; Alkydharze und andere Kunstharze, Wachse (z. B. Bienenwachs) usw.

Die Pigmente müssen licht-, sauerstoff-, bindemittelecht, gut dispergierbar, maltechnisch brauchbar (z. B. bei der Wandmalerei kalkecht), deckfähig, wasserecht, ausgiebig (mit relativ kleiner Ölzahl, d. h. kleinem Bindemittelverbrauch) sein. Als Pigmente kommen in Frage: Bleiweiß (nicht für Wasser- und Pastellfarben), Cadmiumgelb, Cadmiumrot (nicht für Wasserfarben), Neapelgelb (nicht für Aquarellfarben), Nickeltitangelb, Chromoxidgrün, Ultramarinblau, Kobaltblau, Berlinerblau, Manganblau, Elfenbeinschwarz, Ocker, Terra di Siena, Titan weiß, Titandioxid, Zinkweiß, Lithopone; Phthalocyaningrün und -blau und zahlreiche organische Pigmente u. v. a. m.

Zinnoberrot, Chromgelb, Zinkgelb und Schweinfurtergrün werden nicht mehr verwendet.

Die wichtigsten Verschnittmittel sind: Schwerspat, Gips (Leichtspat), Kaolin, Kreide u. a.

3. Malmittel

Sie dienen zur Streicheinstellung pastöser Tubenfarben, zum Erzielen besonderer Eigenschaften oder Effekte, zum Schutz der Bilder (Schlußfirnis).

Schlußfirnis enthält als Bindemittel trocknende Öle, wie Leinöl, Mohnöl usw. in Terpentinöl oder Testbenzin gelöst; außerdem kommen Weichharze (Natur- und Kunstharze), übliche Naturharze (z. B. Kopale, Kopal-Öl-Verkochungen), Kunstharze (z. B. Ketonharze, Keton-Formaldehydharze, Acrylharze, Polyesterharze u. a.) hinzu. Die Trocknung erreicht man durch entsprechende Sikkativierung. Nicht geeignet sind spröde, sehr lichtempfindliche, sauerstoff- und wasserunbeständige Bindemittel; weiterhin solche, die relativ aggressive Lösungsmittel, wie Ester, Ketone, Äther, Chlorkohlenwasserstoffe usw. benötigen.

4. Temperafarben

Ursprünglich verstand man darunter pigmentierte Emulsionen von trocknenden Ölen in wäßrigen Bindemitteln (Gummiarabicum, Eigelb, Casein, Leim, Stärkederivate). Aber auch deckende Wassermalfarben auf Casein-, Leim-, Dextrin-, Gummiarabicum-, Eigelb-Basis bezeichnet man als Plakat- oder Schultemperafarben.

5. Aquarellfarben, Wasserfarben

Dazu gehören Künstleraquarellfarben, Studien- und Schulwasserfarben.

Die wichtigsten Filmbildner sind wasserlösliche pflanzliche Gummiarten (z. B. Gummiarabicum), Dextrin; teilweise werden auch wäßrige Kunstharzdispersionen, Methylcellulose und Polyvinylalkohol zugegeben.

Als Verdickungsmittel dienen wasserlösliche höhermolekulare Verbindungen wie Methylcellulose, Hydroxyäthylcellulose, celluloseglykolsaures Natrium, Tragant, Polyvinylalkohol. kolloide Kieselsäuregele, Amylopektin, Bentonite, organisch modifizierte Bentonite (Bentone®), Alginate, Polyglykole u. a.

Die häufigsten Weichmacher sind Glycerin, Polyglykole, Honig, Sirup, Zucker usw.

6. Wasserdeckfarben

Wasserdeck- und Aquarellfarbenkästen und deren Farbsätze sind nach DIN 5021 und 5022 genormt, ähneln den Aquarellfarben, jedoch sind meist Lichtbrechung und Deckfähigkeit größer.

7. Plakatfarben, Plakattemperafarben

Sie werden pastös in Tuben oder malfertig verdünnt in Gläsern verwendet. Von solchen Farben werden u.a. bestes Leucht- und Deckvermögen, wolken- und streifenfreies Auftrocknen, Radier- und Wischfestigkeit, kein Ausbluten, Übermalbarkeit, mattes Aussehen verlangt.

Als Bindemittel kommen in Frage: wasserlösliche wie bei Aquarellfarben (daneben noch tierische Leime und ein Zusatz wasserdispergierbarer Kunststoffe). Die Pigmente müssen nicht besonders lichtecht sein, weil Plakatfarben vorzugsweise für Entwurfsarbeiten verwendet werden. Rezepturen findet man z.B. in Ullmanns Enzyklopädie der technischen Chemie, 11. Band, Seite 405.

8. Pastellfarben

Diese sind nahezu bindemittelfrei.

Als Bindemittel sind Kaolin, Ton, Tragantschleim, wasserlösliche Cellulosederivate u.a. geeignet. Die häufigsten Pigmente sind u.a.: Titanweiß, Titandioxid, Zinkweiß, Cadmiumgelb, Eisenoxidgelb, Cadmiumrot, Chromoxidgrün, Kobaltgrün, Kobaltblau, Berlinerblau, zahlreiche Erdfarben und einige organische Pigmente.

9. Künstlerfixative

Solche sind Lösungen von Naturharzen (z.B. Kolophonium), abgewandelten Naturharzen (z.B. Harzestern, Maleinatharzen), Kunstharzen (z.B. Alkydharzen, Acrylharzen, Ketonharzen, Kohlenwasserstoffharzen), Polyvinylacetat und anderen Polymerisationskunststoffen in Essigester (Äthylacetat), anderen Estern, Ketonen, Äthern, Spiritus und anderen Lösungsmitteln.

10. Wandmalfarben (auf Putzen, Beton und anderen anorganischen Untergründen)

Diese Farben bestehen z.B. aus wassergelöschtem Kalk, Leim, Casein, Kaliumsilikaten (z.B. Kaliwasserglas unter Zusatz von Fluorsilikaten, oder Phosphaten), wäßrigen Kunststoffdispersionen als Bindemittel. Die Pigmente müssen u.a. kalk- und zementecht sein. Es eignen sich: Zinkoxid, Titandioxid, Eisenoxidgelb, Neapelgelb, Nickeltitangelb, Chromoxidgrün, Chromoxidhydratgrün, zahlreiche Erdfarben, Kobaltblau, Zementblau K, Manganblau, Ultramarinblau, Eisenoxidrot, Cadmiumrot; als organische Pigmente vorwiegend solche auf Perylen-, Pyranthron-, Antrachinon-, Phthalocyanin-, Chinacridon- und anderer Basis.

Verschnittmittel sind vorwiegend Schwerspat, Kreide, Dolomit, zahlreiche Silikate, wie Talkum oder Kaolin.

11. Analytische Hinweise

Die erwähnten Rohstoffe wie Öle, Naturharze, abgewandelte Naturstoffe, Kunstharze, Kunststoffe; ebenso Pigmente und Verschnittmittel, entsprechen weitgehend den im Abschnitt A, Lacke, genannten, weshalb auf eine gesonderte analytische Erörterung verzichtet werden kann.

Gelatine, Hautleime und ähnliche Bindemittel können durch Vorproben (Brennprobe, Pyrolyse, Löslichkeit, Ausfällbarkeit, Geruch, Farbe, Hydrolyse, Elementaranalyse), ferner durch chemische Einzelreaktionen, chromatographische und IR-spektroskopische Untersuchungen nachgewiesen werden.

Des weiteren lassen häufig technologische Eigenschaften wie Trocknung, Härte, Deckvermögen, Wasser- und Lösungsmittelbeständigkeit, Übermalbarkeit, Eindringen in Unterlagen, Verwendungsart die Zusammensetzung – wenigstens die grundsätzliche – erkennen.

12. Physiologische Hinweise

Die toxikologischen Eigenschaften richten sich nach den verwendeten Rohstoffen. Grundsätzlich sind letztere den in Abschnitt A Besprochenen ähnlich oder damit identisch, so daß auf die dort gemachten Ausführungen verwiesen werden kann.

D. Schreib- und Zeichenmaterialien

1. Bleistifte, Farb-, Kopier-, Farbkopierstifte (Tintenstifte)

Blei-, Farb- und Kopierstifte sind Trockenschreibgeräte, die eine meist in einem Holzschaft eingeleimte Mine enthalten.

Eine Bleistiftmine besteht aus einem bei etwa 1000 bis 1200° C gebranntem Gemisch aus Graphit mit mehr als 90% Kohlenstoffgehalt und Ton. Die Härte der Minen ist proportional dem Tongehalt, der zwischen 25% (sehr weich) und 70% (sehr hart) schwanken kann. Die Minen enthalten außerdem noch Fette, Paraffine und Wachse, welche die Hohlräume (Poren oder Capillaren) füllen und Gleitfähigkeit und Haftung auf der Unterlage verbessern.

Hellfarbene Minen enthalten anstelle von Graphit Talkum, Specksteinpulver und andere helle und weiche Stoffe.

Farb- und Kopierstiftminen besitzen anstatt Ton wasserlösliche Bindemittel, wie Methylcellulose, celluloseglykolsaures Natrium, Tragant oder Celluloseester und -äther, Vinylchlorid-Copolymerisate, Polymethacrylsäureester, Polystyrol, Polyvinylacetat und andere Polymerisate. Letztere sind wasserunlöslich und werden deshalb in Lösungsmitteln gelöst und dann eingefärbt. Als Farbstoffe für Kopierstifte (Tintenstifte) werden einmal wasserlösliche, organische Farbstoffe (z.B. Triphenylmethanfarbstoffe wie Methylviolett, Fuchsin, Wasserblau, Malachitgrün), oder unlösliche Farbmittel (Pigmente) wie Ultramarin, Berlinerblau, Eisenoxidpigmente, Phthalocyaninpigmente und andere organische Farbmittel, ferner Füllstoffe wie Kaolin, Talkum u.a. eingesetzt.

Als Gleit- und Haftmittel werden Paraffine, Fette, Wachse aller Art, Stearate u.a. verwendet.

Die fertigen Blei-, Farb- und Kopierstifte werden mit pigmentierten Cellulosenitrat-, Äthylcellulose-, Celluloseacetat-, Celluloseacetobutyrat-Lacken lackiert; vgl. auch E. Schwanhäuser im Ullmann, H. Dettel im Ullmann, E. Sattmann, R. Zückert, R. Endler und E. Glass.

2. Fett- und Wachsstifte, Kreiden

Fettstiftminen bestehen hauptsächlich aus Paraffinen, Fetten, Stearinen oder Wachsen und ungiftigen Pigmenten anorganischer und organischer Basis. Solche Stifte werden zum Beschriften von Kunststoffen, Glas, Emaille, Metallen, Leder, Holz und anderen Werkstoffen, außerdem für kosmetische Zwecke (Augenbrauen- und Lippenstifte, siehe Beitrag „Kosmetische Erzeugnisse“ verwendet.

Kreiden haben im Gegensatz zu den Stiften keinen Mantel.

Fettfreie Schultafelkreiden enthalten entweder feinen Alabastergips oder eine Mischung aus geschlämmtem Kaolin, Kreide und Ton. Farbige Wandtafelkreiden besitzen außerdem Pigmente, teilweise dazu noch Quarzmehl.

Pastellkreiden werden ferner noch kleine Mengen an Bindemitteln (Tragant, Methylcellulose, Hydroxyäthylcellulose, celluloseglykolsaures Natrium, andere wasserlösliche makromolekulare Verbindungen) zugegeben.

Fetthaltige Kreiden enthalten, ähnlich wie die Fettstifte, Wachse, Fette, Paraffine usw.

3. Kugelschreiber-Tintenpasten

Kugelschreiber enthalten eine Farbstoffpaste, die über eine rollende Kugel auf die Schreibfläche übertragen wird.

Die Kugelschreibermine (Mine oder Patrone) besteht aus einem Pastenrohr (aus Metallen, wie Aluminium, Messing oder aus Kunststoffen) und einer Spitze. Das Rohr enthält die Pastentinte, welche sich wesentlich in den chemischen und physikalischen Eigenschaften von üblichen Tinten unterscheidet. Kugelschreibertintenpasten haben eine Viscosität zwischen 100 und 250 P bei 20° C, außerdem eine relativ große Grenzflächenspannung, die ein Auslaufen der Tintenpaste infolge Capillarwirkung der Papiere verhindert.

Die Kugelschreibertintenpasten bestehen aus Kunstharzen, modifizierten Naturharzen, Farbstoffen bzw. Farbbasen, die mit organischen Säuren oder sauren Kunstharzen aufgeschlossen werden. Als Lösungsmittel kommen mittel- bis schwerflüchtige, wie Glykoläther, Glykolätherester, Benzylalkohol und Polyglykole in Frage. (vgl. auch DIN 16554, Blatt 2, hier auch Ausführungen zur Dokumentenfestigkeit).

4. Tinten, Stempelfarben, Schreibbandfarben

Tinten sind mehr oder weniger dunkle, farbige Lösungen oder Suspensionen, die als Schreibflüssigkeiten dienen. Man unterscheidet zwischen üblichen Schreibtinten (Eisengallustinten), Farbstoff- und Spezialtinten. Es gibt auch Schreibtinten in Pulver- und Tablettenform zum Auflösen.

Eisengallustinten sind wäßrige Lösungen aus Gerbstoffen (Tannin) und Gallussäure, Eisen(II)sulfat, geringen Farbstoffmengen, Konservierungsmitteln (z.B. Phenol, Chlormetakresol u.a.), sauren Zusätzen (z.B. Salzsäure), Glycerin oder Glykolen (z.B. 5%), evtl. Gummiarabicum und anderen Komponenten. Als Farbstoffe sind saure Triphenylmethanfarbstoffe üblich. Die zweiwertigen Eisenverbindungen ergeben, nach Oxydation, auf dem Papier oder einer anderen Unterlage mit Gerb- bzw. Gallussäure tiefdunkle, unlösliche Verbindungen.

Urkundentinten besitzen eine vorgeschriebene Zusammensetzung; z.B. aus 23,4 g Tannin, 7,7 g kristallisierter Gallussäure, 30 g Eisen(II)sulfat, 10 g Gummiarabicum, 10 g 25%iger Salzsäure, 1 g Phenol auf 1 Ltr. Wasser.

Füllhaltertinten und Schreibtinten sind besonders leichtflüssig, gut filtriert und etwa folgendermaßen zusammengesetzt: 18 g Tannin, 6 g kristallisierte Gallussäure, 18 g Eisen(II)-sulfat, 6 g 25%ige Salzsäure, 4 g Gummiarabicum, 1 g Phenol, 5 g Tintenblau, 1 Ltr. Wasser.

Farbstofftinten sind Tinten, die wasserlösliche organische Farbstoffe enthalten (z.B. 10 g pro Ltr.). Als Farbstoffe werden Diamantfuchsin, Rhodamin, Bextra, Eosin, Patentblau, Tintenblau, Methylenblau, Methylviolett, Kristallviolett, Tintenschwarz, Diamantgrün und andere verwendet. Kopiertinten (mit Glycerin, Dextrin, Gummiarabicum als Bindemittel) und die meisten Füllhaltertinten (farbige) sind so aufgebaut. Spezialtinten sind Wäschezeichentinten, Liniertinten, Notentinten, Registriertinten, Geheimtinten (z.B. 2 bis 6%ige Kobaltchlorid-Lösungen: Sichtbarmachen durch Erwärmen; Gerbstofflösungen: Sichtbarmachen durch Eisen(II)sulfat-Lösungen; Phenolphthaleinlösungen: Sichtbarmachen durch Alkalien; thiocyanathaltige Lösungen: Sichtbarmachen durch Eisen(III)chlorid-Lösungen; salicylsäurehaltige Lösungen: Sichtbarmachen durch Eisen(III)chlorid-Lösungen; Tinten mit optischen Aufhellern: Sichtbarmachen durch UV-Bestrahlung).

Stempelfarben können auf Öl- (z.B. Ricinusöl, Mineralöle, andere Öle, Ölsäure usw.) oder Glycerin-Basis hergestellt werden. Für Ölstempelfarben werden anorganische und organische Pigmente wie Berlinerblau, Ruß, Phthalocyaninpigmente usw., aber auch übliche organische Farbstoffe eingesetzt.

Ölfreie Stempelfarben enthalten außer Glycerin, Wasser, Äthanol oder anderen niederen Alkoholen noch Farbstoffe der Tri- und Diphenylmethanreihe und Thiazinfarbstoffe wie Methylenblau.

Zu den Spezialstempelfarben gehören die Frankierstempelfarben (auf Ölbasis), Signierstempelfarben (Ölbasis mit Pigmenten oder Dextrin- bzw. Methylcellulose- oder Kolophonium-, Schellack-, andere Naturharz- und Kunstharz-Basis) u.a. Lebensmittelstempelfarben sind Lösungen von Farbstoffen, die durch die Verordnung über färbende Stoffe (Farbstoffverordnung): d. F. vom 12. November 1968 (BGBl. I S. 1179), Liste C, zugelassen sind. (Vgl. Ullmann's Encyklopädie der technischen Chemie, Band 11, Seite 525–527) in Glycerin, Äthanol und Wasser.

Stempelfarben für Metalle, Textilstoffe, Leder, Kunststoffe, Gummi, Holz usw. enthalten übliche Lackbindemittel (z.B. Cellulosenitrat, Naturharze, abgewandelte Naturharze; Kunstharze wie Phenolharze, Polyesterharze, Ketonharze, Acrylharze u.v.a.m.).

Schreibbandfarben sind Dispersionen bzw. Lösungen von Ruß, Pigmenten bzw. Farbstoffen in Ölsäure und anderen Fettsäuren, Ölen, Fetten, Wachsen, Paraffinen und ähnlichen Bindemitteln.

5. Tuschen

Im Gegensatz zu Tinten enthalten Tuschen relativ große Bindemittelmengen (z.B. Schellack, Polyesterharze und andere Kunstharze, in Alkoholen gelöst) außerdem wäßrige, alkalische Borax-, Ammoniak-, Morpholin-Lösungen, Schutzkolloide (Leime, Polyvinylalkohol, Methylcellulose, Hydroxyäthylcellulose, Natriumcelluloseglykolat, Polyacrylamide und andere polymere wasserlösliche Verbindungen), Konservierungsmittel (z.B. Phenol, Kampfer, Formaldehyd, chlorierte Phenole usw.), Ruß (schwarze Tusche z.B. 5 bis 6%), wasserlösliche Farbstoffe (farbige Tuschen 0,5 bis 2%) oder organische Pigmente („Pigmenttuschen"). Als organische Farbstoffe kommen vor allem in Frage: basische: Auramin, Astrazongelb, Chrysoidin, Bismarckbraun, Safranin, Rhodamin, Viktoriablau, Astrazonblau, Methylviolett, Malachitgrün; saure: Tartrazin, Sulforhodamin, Papierbraun, Naphthalingrün usw.

6. Analytische Hinweise

Die Trennung der Komponenten kann ohne Schwierigkeiten in üblicher Weise vorgenommen werden (s. A).

Auch der Nachweis der einzelnen Verbindungen ist nur selten problematisch, weshalb auf die Ausführungen unter A und die Literatur verwiesen werden kann. Z.B. B. B. Coldwell (1955), S. N. Tewari (1960). Zur Schriftaltersbestimmung: M. Schnetka (1943). Zur Untersuchung von Kugelschreiberschrift: R. Kliffmüller (1963); W. Reiners (1966); DIN 16554, Blatt 2.

7. Physiologische Hinweise

Kopier-, Farbkopier- bzw. Tintenstifte mit Methylviolett als Farbstoff haben zu starken lokalen Schädigungen geführt, wenn die Minenspitze versehentlich in die Haut oder gar in das Auge geriet, abbrach und nicht sofort entfernt wurde. Eine oberflächliche Ritzung der Haut ist dagegen nicht gefährlich und benötigt keine sofortige ärztliche Behandlung, vgl. auch H. Oettel (in Ullmann Bd. 15), J. Erbslöh und A. Passow, W. Ölssner (1950). Es sei in diesem Zusammenhang auf das „Tintenstiftmerkblatt" der chemischen Industrie (1940) verwiesen.

Tinten, Stempelfarben und Tuschen sind im allgemeinen nicht toxisch. Unter Umständen können Wäschezeichentinten, die Anilinderivate oder Methylviolett enthalten, beim Kontakt mit Kleinstkindern „Blausucht" (Methämoglobinvergiftung) hervorrufen.

Im übrigen sei auf die toxikologischen Ausführungen bei den einzelnen Rohstoffen verwiesen.

Bibliographie

Advances in Polymer Science (Fortschritte in der Polymeren-Forschung), Band 1–4. Berlin-Heidelberg-New York: Springer Verlag 1966/1967.

Alfrey jr., T.: Mechanical Behavior of High Polymers. New York: Interscience Publishers Inc. 1948.

Alfrey, T., Bohrer, I. I. und Mark, H.: Copolymerisation. New York: Interscience Publishers Inc. 1952.

American Conference of Governmental Industrial Hygienists: Documentation on Threshold Limit Values, Committe on Threshold Limit Values, 1014 Broadway, Cincinnati 2, Ohio.

BASF-Kunststoffe, Taschenbuch (Badische Anilin- u. Sodafabrik, AG Ludwigshafen a. Rh.).

Batzer, H.: Einführung in die makromolekulare Chemie, Heidelberg: Hüthig-Verlag 1953.

BASF: *Kunststoffe und Lebensmittelgesetz*. Badische Anilin- u. Soda-Fabrik AG, Ludwigshafen am Rhein.
Bayer: Gaschromatographie. Berlin-Göttingen-Heidelberg: Springer-Verlag 1959.
Bayer-Kunststoffe, Taschenbuch (Farbenfabriken Bayer, Leverkusen).
Beck, H.: Streichen und Beschichten. München: Carl Hanser-Verlag 1955.
Bellamy, L. J.: Ultrarot-Spektrum und Konstitution (übersetzt von W. Brügel). Darmstadt: Steinkopff-Verlag 1955 (a).
— The infrared spectra of complex molecules. New York: Verlag Wiley 1958 (b).
Berl-Lunge: Chemisch-technische Untersuchungsmethoden. Berlin-Heidelberg-Göttingen: Springer-Verlag.
Blom, A. V.: Grundlagen der Anstrichwissenschaft, (insbesondere S. 265 bis 374). Basel-Stuttgart: Verlag Birkhäuser 1954.
Book of ASTM-Standards. American Society of Testing Materials. Philadelphia 1965.
Brandenberger, E.: Grundlagen der Werkstoffchemie. Basel 1947.
Browning, E.: Toxicity and Metabolism of Industrial Solvents. Elsevier Publishing Co., Amsterdam-London-New York 1965.
Brügel, C.: Einführung in die Ultrarotspektroskopie, 2. Aufl.; Darmstadt: Verlag Dietrich Steinkopff 1957.
Browning, E.: Toxicity of industrial organic solvents. London 1953.
Brunner, A.: Analyse von Azofarbstoffen. Berlin 1929.
Cassidy, H. G.: Fundamentals of Chromatography, Technique of Organic Chemistry, Vol. X Interscience Publ. Inc. New York/London 1957.
Chatfield, H. W.: The Science of Surface Coatings Ernest Benn Ltd., London 1962.
Coulsen, J. M. und Richardson, J. F.: Chemical Engineering, 2. Auflage: Band 1, S. 114, Fig. 5. 12, Band 2, S. 828, Fig. 22. 13, S. 825, London: Pergamon Press 1955.
Cramer, F.: Papierchromatographie, 4. Auflage. Weinheim/Bergstraße: Verlag Chemie 1958.
Curris, C. A.: Künstliche organische Pigmentfarben und ihre Anwendungsgebiete. Berlin 1929.
Davies, M.: Infra-Red Spectroscopy and Molecular Structure. Amsterdam: Elsevier Publishing Company 1963.
DECHEMA-Werkstofftabellen. Weinheim/Bergstraße: Verlag Chemie.
Depke, F. M.: Bitumen- und Teerlacke. Stuttgart: Verlag W. A. Colomb 1968.
Desty: Vapor Phase Chromatography. London, 1956 (a).
— Gas Chromatography. Amsterdam: Elsevier Publ. 1958 (b).
Deutsches Kunststoff-Institut Darmstadt: Literatur-Schnelldienst.
Deutscher Normenausschuß: DIN-Taschenbuch 21, Kunststoffnormen, 3. geänderte und erweiterte Auflage. Berlin W 15 — Köln — Frankfurt a. M.: Beuth-Vertrieb GmbH, 1962 und spätere Auflagen.
Doerner, M.: Malmaterial und seine Verwendung im Bilde. Stuttgart: F. Enke 1954.,
Doolittle, A. K.: The Technology of solvents and plasticizers. New York: Verlag Wiley & Sons, 1954; London: Verlag Chapman a. Hall Ltd. 1954.
Durrans-Merz: Lösungsmittel und Weichmachungsmittel. Düsseldorf: Verlag Wilhelm Knapp 1953.
Elsevier's Polymer Series, 7: Coating Film Properties and Their Testing. Amsterdam: Elsevier Publishing Company 1949.
Elkins, H. B.: The Chemistry of Industrial Toxicology. New York: John Wiley and Sons, Inc. 1959.
Ellis, C.: Printing Inks. New York: Reinhold 1940.
Encyclopédie Francaise des Matières Plastiques, Paris 1959.
Engel, K.: Gestrichene Papiere. Wiesbaden: Dr. Sändig Verlag 1958.
Ewing, G. W., u. Maschka, A.: Physikalische Analysen- und Untersuchungsmethoden. 3. Auflage. Wien-Heidelberg: Verlag R. Bohmann. Industrie- und Fachverlag.
Feigl, F.: Tüpfelanalyse, Organischer Teil, S. 391, 492. Frankfurt a.M.: Akad. Verlagsgesellschaft 1960.
Flory, P. J.: Principles of Polymer Chemistry. New York: Cornell Univ. Press 1953.
Fierz-David: Künstliche organische Farbstoffe. Berlin 1926.
Firmenschriften: siehe Werksbroschüren.
Fonrobert, E.: Das Holzöl. Stuttgart: Berliner Union Verlag 1951.
Formanek u. Knopp: Untersuchung und Nachweis organischer Farbstoffe auf spektrochemischem Wege, 2. Auflage. Berlin 1927.
Fortschritte der chemischen Forschung, Neuere Methoden. V. Band, 3. Heft 1966 (Mößbauer-Spektroskopie als Hilfsmittel des Chemikers usw.). Berlin-Heidelberg-New York: Springer-Verlag 1966.

FRANCK, R., u. MÜHLSCHLEGEL, H.: Empfehlungen des Bundesgesundheitsamtes, Loseblätterband. Köln, Berlin, Bonn, München: C. Heymanns-Verlag 1962.

GARDNER, H. A., u. SWARD, G. G.: Physical and chemical Examination of paints, varnishes, lacquers and colors. Bethesda, 12th Ed.: Gardner Lab. Inc.. 1962.

GEISELER, G.: Ausgewählte physikalische Methoden der organischen Chemie, Band 1, S. 1ff, 53ff, und 151ff., S. 287–502. Berlin: Akademie-Verlag 1963.

GERARDE, H. W.: Toxicology and Biochemistry of Aromatic Hydrocarbons. Amsterdam-London-New York-Princeton: Elsevier Publishing Co. 1960.

Gesundheits- und Sachschutz bei der Verarbeitung von Lacken. Hannover: Curt R. Vincentz Verlag 1958.

GNAMM, H., u. SOMMER, W.: Die Lösungsmittel und Weichmachungsmittel, 7. Auflage. Stuttgart: Wissenschaftliche Verlagsgesellschaft, 1958 (Neuauflage in Vorbereitung).

GOLDMAN, F. H., u. JACOBS, M. B.: Chemical Methods in Industrial Hygiene. Interscience Publishers Inc. New York 1953.

HAGEN, G.: Beschichtung von Papier und Kunststoffen. S. 14, 23 usw. Ludwigshafen: BASF-Broschüre.

HAIS, I. M., u. MACEK, K.: Handbuch der Papier-Chromatographie, Band I und Band II, Jena: VEB-Verlag G. Fischer, 1958, 1960.

HAMANN, K.: Die Chemie der Kunststoffe. Sammlung Göschen Nr. 1173, Band 11. Berlin: Walter de Gruyter 1960.

HARRIS, G. C.: Wood Resins, in L. Wise und E. C. Jahn: Wood Chemistry, 2. Auflage, Band 2, S. 590–617. New York: Reinhold Publishers Co.

Hercules-Documentation: A path to F u. D approval 1960.

HERRMANN, E.: Farbmittel für PVC im Kunststoffhandbuch, Band 2, Teil 1. München: Carl Hanser-Verlag 1963 (a).

— Handbuch für den Pigmentverbraucher. Hannover: Verlag Curt R. Vincentz 1962 (b).

HEZEL, E.: Systematische qualitative Analyse anorganischer Pigmentgemische. Hannover: Curt R. Vincentz Verlag 1963.

HILDEBRAND, J. H. u. SCOTT, R. L.: The Solubility of Nonelectrolytes, 3. Ausgabe. New York: Reinhold Publishing Corp. 1955.

HILDITCH, T. P.: The Chemical Constitution of Natural Fats. London: Chapman and Hall 1956.

HOLTHÖFER-JUCKENACK-NÜSE: Deutsches Lebensmittelrecht, Band I und II, 4. Auflage. Berlin-Köln-München-Bonn: Carl Heymanns-Verlag.

HOUWINK, R.: Elastizität, Plastizität und Struktur der Materie. Dresden und Leipzig 1938 (a).

Institute National de Securité: Fiche Toxicologique Nr. 2, Nr. 12, Nr. 15 (Paris, 1961, 1962, 1962).

HOUWINK, R., u. SALOMON, G.: Adhesion and Adhesives. Amsterdam-London-New York: Elsevier Publishing Company 1956 (b).

HOUWINK, R., u. STAVERMAN, A.: Chemie und Technologie der Kunststoffe. Leipzig: Akademische Verlagsgesellschaft 1962 (c).

Houben-Weyl, Herausgeber E. Müller: Methoden der organischen Chemie, Band 14/1, Makromolekulare Stoffe, Teil 1. Stuttgart: Georg Thieme Verlag 1961 (a).

— Herausgeber E. Müller: Methoden der organischen Chemie, Band III: Physikalische Forschungsmethoden, Teil 2. Stuttgart: Georg Thieme Verlag 1955 (b).

HULTZSCH, K.: Chemie der Phenolharze; organische Chemie in Einzeldarstellungen. Berlin-Göttingen-Heidelberg: Springer-Verlag 1950.

HUMMEL, D. O.: Kunststoff-, Lack- u. Gummi-Analyse. München: Carl Hanser-Verlag, 1958; Neuauflage unter Scholl, H. u. Hummel, D. 1968.

HUMMEL, D. O., u. F. SCHOLL: Atlas der Kunststoff-Analyse. Band I: Hochpolymere und Harze. Spektren und Methoden zur Identifizierung. Teil 1: Text; Teil 2: Spektren. München: Carl Hanser Verlag; Weinheim/Bergstraße: Verlag Chemie 1968. Band II: Zusatzstoffe und Verarbeitungshilfsmittel. Spektren und Methoden zur Identifizierung. München: Carl Hanser Verlag; Weinheim/Bergstraße: Verlag Chemie 1969.

Hygienic Guide Series — Styrene Monomer. A. J. M. A. Detroit 1959.

KAINER, F.: Polyvinylchlorid und Vinylchlorid-Mischpolymerisate. Berlin: Springer-Verlag, 1951.

KAISER: Gas-Chromatographie. Leipzig: Akad. Verlagsgesellschaft 1959.

KAPPELMEIER, C. P. A.: Chemical Analysis of Resin-Based Coating Materials. New York: Interscience Publishers Inc. 1959.

Hygienic Guide Series — Ethylendiamine. A. J. M. A. Detroit 1959.

KARSTEN, E.: Lackrohstofftabellen. Hannover: Curt R. Vincentz Verlag 1967.

KERCKOW, F. W.: Analyse technischer Lösungsmittel und ihrer Gemische. Ludwigshafen: Broschüre der BASF (im Augenblick vergriffen).

KEULEMANS u. CREMER: Gas-Chromatographie. Weinheim/Bergstraße: Verlag Chemie, 1959.
KITTEL, H.: Deutsches Jahrbuch der plastischen Massen, 9. Folge. Berlin: Wilhelm Pansegrau Verlag 1965 (a).
— Celluloselacke. Stuttgart: Verlag W. A. Colomb 1955 (b).
— Lackrohstofftabellen. Stuttgart: Wissenschaftliche Verlagsgesellschaft 1956 (c).
— Farben-, Lack- und Kunststoff-Lexikon, Stuttgart: Wissenschaftliche Verlagsgesellschaft mbH 1952 (d).
KLEINE, G. M.: Analytical Chemistry of Polymers-Part. I: Analysis of Monomers and Polymers Materials, Plastics-Resins-Rubbers-Fibers. New York: Interscience Publishers Inc. 1959.
KÖLLN, H. O. u. ENGELS, K.: Betriebshandbuch der Lackherstellung; Apparate, Maschinen und Geräte. Stuttgart: Verlag Berliner Union 1959.
KÖNIG, W.: Cyclokautschuklacke (insbesondere S. 141—192). Stuttgart: Verlag W. A. Colomb 1966.
KÖSSLER, I.: Methoden der Infrarotspektroskopie in der chemischen Analyse. Berlin 1961.
KORTÜM, G.: Lehrbuch der Elektrochemie. S. 84ff., 121. Weinheim: Verlag Chemie GmbH 1957 (a).
— Kalorimetrie, Photometrie und Spektrometrie, 3. Auflage. Berlin: Springer-Verlag 1955 (b).
KOETZING, K. u. LINTHE, H.: Die Berufskrankheiten, Textausgabe mit Erläuterungen. Berlin: Erich-Schmidt-Verlag 1962.
KRAUS, A.: Handbuch der Nitrocelluloselacke, Teil 2, und Ergänzungsband 1957, Berlin: Verlag W. Pansegrau 1952.
KRANNICH, W.: Kunststoffe im technischen Korrosionsschutz. München: Carl Hanser Verlag 1949.
KREKELER, K., u. WICK, G.: Kunststoff-Handbuch, Band II, Polyvinylchlorid, Teil 1: Vom Rohstoff zum Halbfertig- und Fertigartikel. München: Carl Hanser Verlag 1963 (a).
— Kunststoff-Handbuch, Band II: Polyvinylchlorid, Teil 1 (vor allem S. 88ff., 485ff., 487, 578ff.); Teil 2 (insbesondere S. 307ff., 365ff. u.a.). München: Carl Hanser Verlag 1963 (b).
Kunststoffe und Lebensmittelgesetz. BASF, Ludwigshafen am Rhein.
Kunststoff-Lexikon (Herausgeber: K. Stoeckhert). München: Carl Hanser Verlag, laufend.
LEDERER, E. A. M.: Chromatography, 2. Auflage. Amsterdam: Elsevier Publ. 1957.
LEFAUX, R.: Chemie und Toxikologie der Kunststoffe. Mainz: Krauskopf-Verlag 1966.
LEHMANN, K. B. u. FLURY, F.: Toxikologie und Hygiene der technischen Lösungsmittel. Berlin 1953.
LEHNER, S.: Die Tintenfabrikation. Wien-Leipzig: Verlag Hartleben 1922.
LEITHE, W.: Analytische Chemie in der industriellen Praxis, Band 2, Frankfurt a. M.: Akademische Verlagsgesellschaft 1964.
LOSSEW, I. P., u. FEDOTOWA, O. Ia.: Praktikum der Chemie hochmolekularer Verbindungen. Leipzig: Akademische Verlagsgesellschaft Geest und Portig K.G. 1962.
LUISKEN, H. F.: Praktikum der Papierchromatographie. Berlin-Göttingen-Heidelberg: Springer Verlag 1961.
LUONGO, P.: Anal. Chem. 33 (1961), 1816. I. Haslam in Kappelmeier: Chemical Analysis of Resin-Based Coating Materials, S. 362. New York: Interscience Publishers Inc. 1959.
MALTEN, K. E., u. ZIELHUIS, R. L.: Industrial Toxicology and Dermatologiy in Production and processing of Plastics. Amsterdam: Elsevier Publishing Co. 1964.
MANTELL, C. L.: Technology of Natural Resins. New York: Verlag Wiley 1942.
MATIELLO, J. J.: Protective and Decorative Coatings, Band V. New York: John Wiley and Sons; London: Chapman und Hall Ltd. 1950.
MARK, H., MARVEL, C. S., MELVILLE, H. W. u., WHITLEY, G. S.: High Polymers, Band I bis XII. New York: Interscience Publishers Inc.
MERCK, AG, E.: Chromatography, 2. Auflage 1960.
MEYER, K. H., u. MARK, H.: Makromolekulare Chemie, 2. Auflage. Leipzig 1950.
MORELL, R. S.: Synthetic Resin and Allied Plastics. London: Oxford University Press 1951.
NABERT, K., u. SCHÖN, G.: Sicherheitstechnische Kennzahlen brauchbarer Gase und Dämpfe. Berlin 1953.
NEUMANN, G. S.: Eisengallustinten. Dresden: Verlag v. Zahn u. Jaensch 1890.
NITSCHE, Q., u. WOLFF, K.: Kunststoffe, Struktur und physikalisches Verhalten der Kunststoffe. Berlin-Göttingen-Heidelberg: Springer-Verlag 1962.
OELKERS, W.: Welcher Kunststoff ist das? Stuttgart: Frank'sche Verlagsgesellschaft 1958.
OETEREN, K. A. van: Korrosionsschutz durch Anstrichstoffe, S. 327 und 328, Stuttgart: Wissenschaftliche Verlagsgesellschaft mbH 1961.
Phillipspetroleum-Documentation: Investigation of acute oral administration and uinety-day feeding of „Marlex 50 E" (1955—1956).

Oettel, H. in Ullmann (Herausgeber: W. Foerst): Encyklopädie der technischen Chemie, 3. Auflage. Band 13, S. 249, 257; Band 11, S. 396, S. 369—376, Band 15, S. 769. München-Berlin: Urban und Schwarzenberg.

Paint Technology Manuals, Part 5: The Testing of Paints. Oil and Colour Chemists' Association, London: Chapman and Hall 1965.

Patty, F. A.: Industrial Hygiene and Toxicology, 2nd revised Ed., Vol. II: Toxicology; Editors: Don D. Irish and David W. Fassett. New York: Interscience Publishers 1963.

Randerath, K.: Dünnschicht-Chromatography. Weinheim/Bergstraße: Verlag Chemie 1962.

Rangascoami, M. u. Sen, H. K.: Handbook of Shellac Analysis, 2. Auflage. Indian Lac Res. Institute 1953.

Rhône-Poulenc-Documentation: Enduit de silicone pour moules alimentaires. Tolérance chronique chez le rat 1956.

Riese, W. A.: Metall-Lacke. Stuttgart: Verlag W. A. Colomb 1965 (a).

— Löserfreie Anstrichsysteme Hannover: Curt R. Vincentz-Verlag 1967 (b).

Runge, F.: Einführung in die Chemie und Technologie der Kunststoffe. Berlin: Akademie-Verlag 1959.

Rupp, E.: Chemie und Physik des Flachdrucks, 3. Auflage. Leipzig: Fachbuch-Verlag 1953.

Rutkowski, R.: Glasurit-Handbuch über Lacke und Farben, 9. Auflage, S. 376ff. Hamburg: Glasurit-Werke M. Winkelmann AG 1963.

Saechtling-Zebrowski: Kunststoff-Taschenbuch. München: Carl Hanser Verlag 1964 (a).

Saechtling, H.: Kunststoff-Bestimmungstafel. München: Carl Hanser Verlag 1963 (b).

Sandermann, W. in: Ullmann (Herausgeber: W. Foerst): Encyklopädie der technischen Chemie, 3. Auflage, Band 8, S. 393–417. München–Berlin: Urban und Schwarzenberg.

Sattmann, E.: Vom Faustkeil zum Bleistift. Aachen: Verlag Peter Basten 1952.

Scheiber, J.: Chemie und Technologie der künstlichen Harze. Stuttgart: Wissenschaftliche Verlagsgesellschaft mbH 1961.

Scholl, F. in H. Kittel: Deutsches Jahrbuch der plastischen Massen, 9. Folge; (Teil E. Untersuchung und Prüfung von F. Scholl).
Berlin: Wilhelm Pansegrau Verlag 1965.

Schulz, G.: Die Kunststoffe. Eine Einführung in ihre Chemie und Technologie. München: Carl Hanser Verlag 1964.

Schwanhäuser, E., Steuer, S., Hofmann, H. J., Gaugler, F., Oettel, H., u. Lobschat, H. in Ullmanns Encyklopädie der technischen Chemie (Herausgeber W. Foerst), 15. Band, S. 343–357 (3. Auflage). München–Berlin: Verlag Urban und Schwarzenberg 1964.

Scott: Gas Chromatography. Edingburgh 1960.

Seymour, R. B. u. Steiner, R. H.: Plastics for Corrosion-resistant Applications. New York Reinhold Publishing Corp. 1955.

Shreve, G. in Kappelmeier: Analysis of Resin-Based Coating Materials, S. 131. New York 1959.

Smeljansky, S. B.: Die arbeitshygienischen Normen, Hygienische Begründung der Normativvorschriften bzgl. maximalzulässiger Konzentrationen toxischer Stoffe in der Luft von Betriebsräumen; Internationaler Kongreß für Arbeitsmedizin, Helsinki vom 1.— 6. 7. 1957, Vol. III, Organizing Committee, Työterveyslaitos, Haartman in Katu 1, Helsinki-Töölö.

Stahl, E.: Dünnschicht-Chromatographie. Berlin-Göttingen-Heidelberg: Springer-Verlag 1962.

Staudinger, H.: Die hochmolekularen organischen Verbindungen, Kautschuk und Cellulose. Berlin-Göttingen-Heidelberg: Springer Verlag, 1960.

Stock, E.: Analyse der Körperfarben. Stuttgart: Wissenschaftliche Verlagsgesellschaft 1953 (a).

— Taschenbuch für die Farben- und Lackindustrie sowie für den einschlägigen Handel. Stuttgart: Wissenschaftliche Verlagsgesellschaft mbH 1950 (b).

— Das Buch der Farben. Göttingen: Musterschmidt-Verlag 1956 (c).

Stoeckert, K.: Kunststoff-Lexikon. München: Carl Hanser Verlag.

Stuart, H. A.: Die Physik der Hochpolymeren III. Berlin: Springer-Verlag 1955 (a).

— Die Physik der Hochpolymeren. Band 3 (1955) und Band 4 (1956), 567. Berlin–New York–Heidelberg: Springer-Verlag (b).

Suhr, H.: Anwendungen der Kernmagnetaschen Resonanz in der organischen Chemie. Berlin–Heidelberg–New York: Springer-Verlag 1965.

Testing of Laquers and Paints. London: Verlag OCCA, laufend.

Thinius, K.: Chemie, Physik und Technologie der Weichmacher, 2. Auflage, Berlin: VEB Verlag Technik 1963 (a).

— Hochpolymere. Leipzig: Fachbuchverlag GmbH 1952 (b).

— Analytische Chemie der Plaste. Berlin–Göttingen–Heidelberg: Springer-Verlag 1952 (c).

— Anleitung zur Analyse der Lösungsmittel. Leipzig: I. A. Barth Verlag 1957 (d).

Tschirch, A., u. Stock, E.: Die Harze, 2 Bde., 2. Aufl. Berlin: Gebr. Bornträger, 1933/36.
Ullmann's Encyklopädie der technischen Chemie, dritte, völlig neu gestaltete Auflage. In

Gemeinschaft mit ... H. OETTEL, Ludwigshafen/Rhein ... Herausgegeben von W. Foerst. München–Berlin: Verlag Urban & Schwarzenberg 1951–1964 (a).

Ullmann's Encyklopädie der technischen Chemie, 3. Auflage, Band 11, S. 104, München–Berlin: Verlag Urban & Schwarzenberg 1960 und 1961 (b).

Union Carbide Chemicals Department – Documentation: Ucar Polyox watersoluble resins (Doc. F. 40.–246 B, Oct. 1962).

VOIGT, J.: Die Stabilisierung der Kunststoffe gegen Licht und Wärme. Berlin–Heidelberg–New York: Springer-Verlag 1966.

VOLLMERT, B.: Grundriß der makromolekularen Chemie. Berlin–Göttingen–Heidelberg: Springer-Verlag 1962.

Verordnung zum Schutze gegen Bleivergiftung bei Anstricharbeiten vom 27. Mai 1930 in der Fassung der Verordnung zum Schutze gegen Bleivergiftung bei Anstricharbeiten vom 26. März 1956 (RG Bl. I, Seite 183, 36 Bl. 56 I, Seite 130).

WAGNER, H.: Die Körperfarben. Stuttgart: Wissenschaftliche Verlagsgesellschaft mbH. 1939.

WANDEL, M.: Chemie, Physik und Technologie der Kunststoffe. Berlin–Heidelberg–New York: Springer-Verlag 1966.

WEHLTE, K.: Ölmalerei (1955), Wasserfarben (1955), Temperamalerei (1954), Wandmalerei (1946). Ravensburg: Otto Maier-Verlag.

WEINMANN, K.: Beschichten mit Lacken und Kunststoffen. Stuttgart: Verlag W. A. Colomb 1967.

WEISE, H.: Taschenbuch für Lackierbetriebe. Hannover: Curt R. Vincentz Verlag, 1968.

WENZEL, J.: Gefahren beim Umgang mit organischen Lösungsmitteln und ihre Bekämpfung. Berlin 1939.

Werksbroschüren und Merkblätter (über Filmbildner, Weichmacher und Zusatzmittel) der Firmen Albert Argus, BASF, Bayer, Ciba, Celanese, Degussa, Dehydag, Dow, Du Pont, Durez, Dynamit, Hardesty, Hoechst, Hüls, ICI, Jäger, Monsanto, Neynaber, Oxydo, Pfizer, Röhm & Haas, Union, Witten, Wolff u. v. a. (a), siehe auch Karsten, E. u. WEINMANN, K.

Werksbroschüren (über Farbmittel) der Firmen BASF, Bayer, Ciba, Degussa, Eckart, Geigy, Harzer Zinkoxyde, Hoechst, ICI, Lithopone, Norwegian Talc (z. B. Techn. Mitt. 102, 103, 110, 114, 129, 130, 137); Omya (z. B. Techn. Mitt. Nr. 140, 143, 150, 152); Riedel de Haen AG („Leuchtstoffe und ihre Anwendung" und „Leuchtpigmente in Kunststoffen"); Siegle („Farben für PVC", „Reine PVC-Pigmente", „Einfärbung von PVC-Pasten"); Titan (Kronos-Blätter L 1.1, L 2.2.3.2, L 2.2.3.5, L 2.2.4.1; Information Nr. 13 u. v. a. m. Verein Deutscher Bleifarbenfabrikanten e.V., Düsseldorf (Bleiweiß, Bleimennige, Bleifarben-Anstriche) (b).

WIEDERHOLT, W.: Jahrbuch der Oberflächentechnik. S. 581. Berlin–Grunewald: Metall-Verlag GmbH 1960.

WILBORN, F.: Physikalische und technologische Prüfverfahren für Lacke und ihre Rohstoffe. Stuttgart: Berliner Union Verlag 1953.

WINNACKER, K. u. KÜCHLER, L.: Chemische Technologie, Band IV, S. 578. München: Carl Hanser Verlag 1960.

WOLFE, H. J.: Printing and Litho Inks. 4. Auflage, New York: Mac Nair-Dorland 1949.

WOLFE, H.: Die natürlichen Harze. Stuttgart: Wissenschaftl. Verlagsgesellschaft mbH 1928.

WULF, H.: Farbwarenkunde. Köln-Braunsfeld: Verlagsgesellschaft Rudolf Müller, 1961.

ZANKER, V. in: Ullmanns Enzyklopädie der technischen Chemie, 3. Auflage, Band 2/1. München: Verlag Urban & Schwarzenberg 1961.

ZEIDLER, G. – BLEISCH, G.: Laboratoriumsbuch für die Lack- und Farbenindustie, S. 220ff. Düsseldorf: Wilhelm Knapp-Verlag 1967.

ZSCHIMMER, B.: in Ullmann: Encyklopädie der technischen Chemie Band 8, S. 307–327, München–Berlin: Verlag Urban & Schwarzenberg 1967.

Zeitschriftenliteratur

American Conference of Governmental Industrial Hygienists, Report of Committe of Threshold Limits, Ind. Hyg. Newsletter 7, 15. (8/1947). (MAK-Werte)

AUTIAN, J. and GUESS, W. L.: Toxicity of plastics used in medical pratice. II. Toxicity of citric — esters used as plasticizers. J. pharm. Sci. **53**, 774 (1964); Ref.: Perg. ges. Phys. u. exp. Pharm. **268**, 295 (1965).

BAADER, E. W.: Erkrankungen durch Phthalsäure und ihre Verbindungen. Arch. Gewerbepath, **13**, 419 (1955).

Bayer-Information: Physiologische Gesichtspunkte zum Umgang mit Lacken auf Basis ungesättigter Polyesterharze Roskydal, 1. 10. 1966.

Benzolmerkblatt, in Verordnung Nr. 1037 des Landes Baden-Württemberg vom 14. 3. 1949; andere Merkblätter und Hinweise über physiologische Wirkungen von Lösungsmitteln.
BERGER, H.: Kunststoffbeschichtete Papiere als Verpackungsmaterial. Verpackungsrundschau **16** (Beilage) (1956) (a).
— Lebensmittelgesetzliche Fragen in der Lackindustrie. Deutsche Farben-Zeitschrift **18**, 60–62 (1964) (b).
Berufsgenossenschaft der chemischen Industrie: Tintenstift-Merkblatt – Gesundheitsschutz Merkblatt G **14**, 1940.
— Merkblätter der Berufsgenossenschaft der chemischen Industrie. Verlag Chemie GmbH, Weinheim/Bergstraße.
BORNMANN, G., LOESER, A., MIKULICZ, K. u. RITTER, K.: Über das Verhalten des Organismus bei Einwirkung verschiedener Weichmacher. 2. Lebensmittel-Unters. u. – Forsch. **103**, 413 (1956).
BOURNE, L. B., MILNER, F. J. M. u. ALBERMANN, K. B.: Health problems of epoxy resins and amine-curing agents. Brit. J. Ind. Med. **16**, 81 (1959).
BOCK, E.: Influence of tritolylphosphate on the nervons system of workers. Lekarke Listy **7**, 490–493 (1952).
BRIGHTMAN, I. J. RIHM, A., u. SHELDON, W. S.: Air Pollution and Health: New Facts from New York State; J. Air Pollution Control Ass. **12**, 275 (1962).
BROCKER, W.: Schwierigkeiten bei der Polyesterlack-Verarbeitung. Arbeitskreis „Holz", H. 6 (1960).
Bundesgesundheitsamt: Unfälle durch ultradünne Kunststoffverpackugen. Bundesgesundheitsblatt **2**, 346 (1959).
BURELL, H.: Solubility Parameters for Film Formers, Off. Digest **27**, (Nr. 369/1955), 726.
CHAUDHURI, R. N.: Paralytic disease caused by consumption of flour contaimnated with tricresylphosphate. Transact. Royal Soc., Trop. Med. Hyg. **59**, 98 (1965).
CLAYTON, J. W., BARNES, J. R., HOOD, D. B. u. SCHEPERS, G. W. H.: The inhalation Toxicity of Dimethylformamid (DMF). Amer. Ind. Hyg. Ass. J. **24**, 144 (1963).
COC, B.: Migration of Plasticizer for vinyl film. Rubber Age **27**, 220–222 (1952).
COLDWELL, B. B.: The comparison of inks and writings by paper duromatography. Analyst **80.**, 63–72 (1955).
CONTZEN, H.: Materialtechnische Voraussetzungen und biologische Gewebsreaktionen bei der Implantation von Kunststoffen. Bruns Beitr. klin. Chir. **204**, 179 (1962).
COSTE, H., u. SCHOCH, W.: Papier als Packstoff für hygroskopische Güter – physikalische und anwendungstechnische Grundlagen. Die neue Verpackung **8**, 489 (1955).
CURRIE, A. N.: The role of arsenic in carcinogenesis. Brit. Med. Bull. **4**, 402 (1946/47).
DEICHMANN, W.: Toxicity of methyl, ethyl and n-butyl-methacrylates. J. Ind. Hyg. a. Tox, **43**, 343–351 (1941).
Deutsche Forschungsgemeinschaft, Kommission zur Prüfung gesundheitsschädlicher Arbeitsstoffe: Mitteilung II, November 1961, Sekretariat der Deutschen Forschungsgemeinschaft, Bad Godesberg, Kennedy-Allee 40.
— Kommission zur Prüfung gesundheitsschädlicher Arbeitsstoffe: Maximale Arbeitsplatz konzentrationen gesundheitsschädlicher Stoffe 1963. Arbeitsschutz Nr. **9**, S. 216 (1963).
DONLEY, D. E.: Toxic Encephalopathy and Volatile Solvents in Industry. J. Ind. Hyg. **18**, 571 (1936).
DRINKER, P. H., u. FITZWILLIAM, N. H.: Health Aspects of Air Pollution; Arch. Env. Hlth. **4**, 221 (1962).
DUFFIELD, J. A.: Depigmentation of skin by quinon and its monophenyl esters. Lancet **262**, 1164 (1952).
EHRLICHER, H., u. PILZ, W.: Industriehygienische und arbeitsmedizinische Maßnahmen bei der Verwendung von Isocyanaten (Desmodur) und der analytischen Bestimmungen einiger aromatischer Isocyanate. Arbeitsschutz, Berlin **276**, (1956), **7** (1957).
EICH, J.: Arbeitssicherheit beim Umgang mit Zweikomponenten – Kunststoffen. Zbl. Arbeitsmed. **10**, 205 (1960).
ENDLER, R.: Die Bearbeitung des Holzes und Fertigstellung des Bleistiftes. Chemiker-Ztg. **65**, 284 (1941).
ERBSLÖH, J.: Anilin-Vergiftung durch Stempelfarben bei Neugeborenen. Samml. Vergiftungsfällen, Arch. Toxikol. **14**, 321 (1953).
FINKLESTEIN, M., and GOLD, H.: Toxicology of the Citric Acid Esters: Tributyl Citrate, Acetyl Tributyl Citrate, Triethyl Citrate, and Acetyl Triethyl Citrate. Toxicol. a. Appl. Pharmacol. **1**, 283 (1959).
FLEMING, A. J.: The provocative test for assaying the dermatitis hazards of dyes and finishes used in nylon. J. invest. Dermat. **10**, 281 (1948).
„*Der Forst- und Holzwirt*" vom 8. 10. 1965: Plastikbeutel sind giftig für das Wild.

FRANCK, R., u. MÜHLSCHLEGEL, H.: Kunststoffe im Lebensmittelverkehr. Empfehlungen der Kunststoffkommission d. Bundesgesundheitsamtes, hrsg. auf Grund der Veröffentlichungen im Bundesgesundheitsblatt, Köln: K. Heymanns Verlag, 1962.
FRIEBEL, H., u. LÜCHTRATH, H.: Zur Wirkung von Toluylendiisocyanat auf die Atemwege. Arch. exp. Path. Pharmakol. **227**, 93 (1953).
FUCHS, O.: Kritische Bemerkungen zu den Löslichkeitsparametern von nieder- und hochmolekularen Verbindungen. Deutsche Farben-Zeitschrift **20**, 5–7 (1/1966).
— Lösungen von makromolekularen Stoffen- spezielle Erscheinungen und ihre Deutung. Farbe und Lack **71**, 104–112 (2/1965).
GEBHARDT, W., HERMANN, W., HAMANN, K.: Die Verdunstung des Monostyrols aus Lacken auf Basis ungesättigter Polyester. Farbe u. Lack **64**, 303ff. (1958).
GLASS, E.: Fünfzehnjährige Erfahrungen über „Tintenstift Nekrose". Schweiz. med. Wochenschr. **2**, 1247, (1939).
GRANDJEAN, E.: Berufsdermatosen und kalthärtende Äthoxylinharze (Epoxyharze). Berufsdermatosen **5**, 97 (1957).
GROETSCHEL, H., u. SCHÜRMANN, D.: Gruppenerkrankung bei der Anwendung von Äthylen glykol-Monomethyläther als Lösemittel in einer Druckerei. Arch. Toxikol. **17**, 243 (1958/59).
HATTENMER, A. J.: Über die Wirkung einiger Kunststoffe im Gewebe. Dtsch. zahnärztl. Z. **11**, 924 (1956).
HEISS, R.: Wechselwirkung zwischen Verpackung u. Lebensmittel. Ernährungsumschau **13**, 252–253 (1966).
HENSCHLER, D.: Die Trikresylphosphat-Vergiftung. Experimentelle Klärung von Problemen der Äthiologie und Pathogenese. Klin. Wschr. **36**, 663 (1958).
— Zur Toxikologie der Toluylendiisocyanate. Arch. Toxikol. **19**, 364 (1962).
— Zur Frage der Gefährdung durch moderne Trikresylphosphate. Zbl. Arbeitsmed. **8**, 265 (1958).
— u. NEUMANN, W.: Toxikologische Beiträge zu der Triarylphosphat-Massenvergiftung in Marokko. Münch. Med. Wschr. 102, 2473 (1960).
— Die Trikresylphosphat-Vergiftung. Experimentelle Klärung von Problemen der Ätiologie und Pathogenese. Klin. Wschr. **36**, 663 (1958).
HINE, CH. H., u. Mitarb.: The Toxycology of Epoxy Resins. Am. A Archives of Industrial Health **17**, 129–144 (1958).
HODGE, H. C., and STERNER, J. H.: The skin absorption of triorthocresylphosphate as shown by radioactive phosphorus. J. Pharmacol. a. Exper. Ther. **79**, 225 (1953).
HOFMANN, H. TH., FROHBERG, H., MEINECKE, K. H., OETTEL, B., SCHILLING, B. v. u. ZELLER, H.: Zur Toxizität von 4.4'-Diaminodiphenylmethan (4.4'-Methylendianilin). Verhandl. d. Dtsch. Pharmakol. Ges. Arch. expl. Path. Pharmakol. **253**, 47 (1966).
HOFMANN, H. TH.: Neuere Erfahrungen mit hochtoxischen Chlorkohlenwasserstoffen. Arch. f. exper. Pathologie u. Pharmakologie, **232**, 228 (1957).
— Zur Frage der Gesundheitsgefährdung durch moderne Kunststoffe und ihre Lösungsmittel. Zentralblatt für Arbeitsmedizin und Arbeitsschutz. **11**, 240–247 (1961).
— u. OETTLER, H.: Zur Frage der Toxizität von Tetrahydrofuran. Arch. exp. Path. Pharmakol. **222**, 233 (1954).
HOHENSEE, F.: Über die pharmakologische und physiologische Wirkung des e-Caprolaktam. Faserforsch. u. Textiltechnik, 229 (1951).
HOPFF, H.: Über den thermischen Abbau makromolekularer Verbindungen. Kunststoffe **42**, 423–426 (12/1952).
HOSCHEK, R.: Parallelbestimmungen des Bleispiegels in verschiedenen Instituten. Int. Arch. Gewebepath. **20**, 195 (1963).
HUECK, H. J.: Biologischer Bedarf von Kunststoffen. Plastica 12. Jan. (1959).
HUMPE, E.: Einige Fälle von Trikresylphosphat-Vergiftungen. Münch. Med. Wschr., 568 (1943).
HUNTER, D., PERRY, K. M. A., and EVANS, R. B.: Toxic polyneuritis arising during the manufacture of tricresyl phosphate. Brit. J. Industr. Med. **1**, 277 (1944).
JENCKEL, E.: Deutsche Farben-Zeitschrift **1**, 461 (12/1954).
— Deutsche Farben-Zeitschrift **4** (11/1957), 135.
— u. HEUSCH, R.: Kolloid Z. 100 (1942), **56** 163, 118 (1950), 120, 160 (1950), **47**, 134 (1953), **64**, 130 (1953).
KETTNER, H.: Sowjetische Regelung der Luftreinhaltung. Bundesgesundheitsbl. **1**, 161 (1958).
— Sowjetische MAK-Werte (Maximale Arbeitsplatzkonzentration) für das Jahr 1960; Zbl. f. Arbeitsmed. **11**, 63 (1961).
KLEIN, M.: Schwerste Intoxikationserscheinungen durch perorale Aufnahme von Tintenstiftsubstanz bei einem 2¾ jährigem Kinde. Kinderärztepraxis **19**, 79 (1951).
KLIFFMÜLLER, R.: Zur Untersuchung von Schriftproben (Kugelschreiberschrift). Mitt.-Bl. GDch., Fachgr. Lebensmittelchem. **17**, 211–212 (1963).

KLIMMER, O. R.: Triphenylzinnacetat. – Ein Beitrag zur Toxikologie organischer Zinnverbindungen. Arzneim.-Forsch. **13**, 432 (1963).
KUCHENBECKER, A.: Über die Umwandlung aromatischer Aminoverbindungen im Tierkörper. Zbl. f. Gewerbehyg. **8**, 69 (1920).
KUPERMANN, A. G.: Effects of Acrylamide on the central nervous system of the cat. J. Pharm. exp. Therap. **123**, 180 (1958).
LEFAUX, R.: Les matières plastiques et lesélastomères. Problèmes d'hygiène industrielle. Chimie Europécune, n 3, p 43 et suiv., férr. 1960.
LEHMANN, (3), A. J.: Chemicals in food: A report to the Association of Food & Drug Officials on current Developments. Quart. Bull. Ass. Food & Drug Off. **15**, 83 (1951).
LIEBERMANN, E. P.: Quantification of the Hydrogen Bonding Parameter. Off. Digest, 34, Nr. 444, 30, (1962).
MASSMANN, W.: Toxicological investigations on dimethylformamide. Brit. J. Ind. Med. **13**, 51 (1956).
MAYER, R. L.: Compounds of quinone structure as allergens and cancerogenic agents. Experienta (Basel) **6**, 241 (1950).
McCOLLISTER, D. D., OYEN, F., u. ROWE, V. K.: Toxicology of Acrylamide. Toxicol. appl. Pharmacol. **6**, 353 (1964).
McOMIE, W. A.: Comparative Toxicity of methacrylonitrile and acrylonitrile. J. Ind. Hyg. **31**, 113 (1949).
MEBES, K. H., u. ZWICKY, H.: Zur Beurteilung von Lacken für die Lebensmittelverpackung hinsichtlich extrahierbarer Stoffe. Farbe und Lack **69**, 588–591 (1963).
MENSCHICK, H.: Gesundheitliche Gefahren bei der Herstellung von Phthalsäureanhydrid. Arch. Gewerbepath. **13**, 454 (1955).
MOHR, H. J.: Gewebsschädigungen durch Polymethacrylsäuremethylester eines für Plastiken, Prothesen und Zahnfüllungen gebräuchlichen Kunststoffes. 39. Tagg. Verh. Dtsch. Ges. Path. Zürich 1955.
Nordrhein-Westfalen, Landtag: Zum Schutz vor Luftverunreinigungen, Geräuschen und Erschütterungen – Immissionsschutzgesetz – vom 30. April 1962, Sammelblatt f. Rechtsvorschriften des Bundes und der Länder 1962, 21. Mai 1962, **22**, 692ff.
ÖLSSNER, W.: Tierexperimenteller Beitrag zur Frage der resorptiven Allgemeinvergiftung durch Kopier- und Tintenstifte und Methyl- bzw. Kristallviolett. Pharmazie **5**, 586–589 (1950).
OETTEL, H.: Gesundheitsgefahren bei der Herstellung, Verarbeitung und Zersetzung von Kunststoffen? Moderne Unfallverhütung Heft 10, S. 95, 1966; Essen: Vulkan-Verlag Dr. W. Classen (a).
— Zur Toxizität des Phthalsäureanhydrids und seiner Nebenprodukte (tierexperiementelle Erfahrungen). Werksärzte-Konferenz d. Berufsgenossenschaften d. chem. Ind. am 4./5. Juni 1955 in Bad Dürkheim (b).
— Problematik der Ermittlung gesundheitsschädlicher Eigenschaften von Arbeitsstoffen und deren verantwortungsbewußte Handhabung. Arbeitsmedizinische Tagung, 23. bis 25. Juni 1966, Ludwigshafen am Rhein. (c).
— Gesundheitsgefährdung durch Kunststoffe? Arch. exp. Path. Pharmak. **232**, 77 (1958) (d).
— Die Bedeutung chemischer Umweltfaktoren für die Krebshäufigkeit. Hippokrates **30**, 1959 (e).
— Die Hydrochinonvergiftung. Arch. exp. Path. Pharmakol. **183**, 319 (1936) (f).
— u. FROHBERG, H.: Teratogene Wirkung einfacher Säureamide im Tierversuch. Arch. exp. Path. Pharmakol. **247**, 363 (1964) (g).
— Biologische Probleme bei der Implantation von Kunststoffen. Langenbecks Arch. u. Dtsch. Ztschr. f. Chir. **304**, 900 (1963) (h).
— Gesundheitsgefährdung durch Verwendung von Kunststoffen in der Chirurgie. Unfallmed. Tag. d. Landesverband. Rheinland-Westf. d. gewerbl. Berufsgenossenschaften 10.–11. Januar in Dortmund 1959 (i).
— Gesundheitsgefährliche Arbeitsstoffe, Vermeintliche und wirkliche Gefahren durch Chemikalien. Moderne Unfallverhütung 1958, Essen: Vulkan-Verlag Dr. W. Classen, Haus der Technik (k).
— Zur Frage des Berufskrebses durch Chemikalien; Verhandlungen der Deutschen Gesellschaft für Pathologie, 43. Tagung in Mannheim vom 8.–12. April 1959 (l).
— Die Vergiftungen als soziales und toxikologisches Problem; Regensburger Jahrbuch für ärztliche Fortbildung, Bd. VIII – Stuttgart: Friedrich Karl Schlattauer Verlag, 1959/60 (m).
— Zur Frage der Gesundheitsgefährdung durch Kunststoffe im täglichen Leben. Arch. Toxikol. **16**, 381 (1957) (n).
— Zur Frage der Verunreinigung von Lebensmitteln durch kanzerogene Substanzen. Dtsch. Gesellschaft f. Ernährung, Bd. 5, Darmstadt: Dr. Steinkopff Verlag, 1960 (o).

OETTEL, H. u. HOFMANN, H. TH.: Wirkung von Kunststoffen, ihren Bausteinen u. Zersetzungsprodukten. Arbeitsmedizin, Sozialmedizin, Arbeitshygiene **1**, 1–12 (1966) (p).
— Toxische Stoffe in der Luft, im Wasser und in Nahrungsmitteln. Monatskurse für die ärztliche Fortbildung **17**, 191–194 (1967) (q).
ORTMANN, J.: Probleme und Aufgaben der Kunststoffprüfung. Kunststoffe **55**, 167–170 (1965).
PASSOW, A.: Über die Gefährdung des Auges durch Tintenstift. Klin. Monatsbl. Augenärzte. Fortbild. **115**, 680 (1949).
PATTISON, F. L. M.: Toxic Aliphatic Fluorine Compounds; Elsevier Monographs. Elsevier Publishing Company, Amsterdam-London-New York-Princeton, 1959.
PAULET, G., BERNARD, J. P.., u. OLIVIER, M.: Dangers dans l'Industrie de polytetrafluoréthylene. II. Arch. Malad. Prof. **25**, 583 (1964).
— DESNOS, J., u. BATTIG, J.: Acrlynitril, Toxizität-Wirkungsweise – Therapie. Arch. int. pharmacodyn. **54**, 131 (1961).
POTTER, H.: Alkohol und Arbeitssicherheit; Schweizerische Blätter für Arbeitssicherheit Nr. 50, Schweizerische Unfallversicherungsanstalt, Luzern.
PREYSS, v. J. A.: Allergie gegen Lösungsmittel, insbesondere Terpentinöl. Berufsdermatosen **10**, 241 (1962).
REINERS, W.: Dünnschichtchromatographische Unterscheidung von Kugelschreiberminen. Z. analyt. Chem. **219**, 272–274 (1966).
REINL, W., u. URBAN, H. J.: Erkrankungen durch Dimethylformamid. Int. Arch. Gewerbepath. **21**, 333 (1965).
— Über Erkrankungen bei der Verarbeitung von Kunststoffen auf der Basis von Polyurethanen. Zbl. f. Arbeitsmethd. **3**, 103 (1953).
ROCHE, J.: Les accidents causés par l'anhydride phtalique dans l'industrie. Thesis Paris 1947.
SAX, I. N.: Dangerous Properties of Industrial Materials, New York: Reinhold Publishing Corporation, 1963.
SCHILLING, B. v., HOFMANN, H. TH.. u. ZELLER, H.: Netzhautbefunde bei Katzen nach Vergiftung mit Äthylenimin und 4.4'-Diaminodiphenylmethan (4.4'-Methylendianilin). Verhandl. d. Dtsch. Pharmakol. Ges. Arch. exp. Path. Pharmakol. **82**, 253 (1966).
SCHIPPKE, U.: Das Gifthaus im Schwarzwald. Aus Kunststoffwänden strömt Nervengas „Stern" v. 22. März 1964.
SCHNETKA, M.: Analyse und Alter der Schrift. 2. Lebensmittel-Untersuch. und -Forsch. **86**, 253—260 (1943).
SMITH, C. C.: Toxicity of Butyl Stearate, Dibutyl Sebacate, Dibutyl Phthalate, and Methoxyethyl Oleate. Arch. Industr. Hyg. Occup. Med. **7**, 310 (1953).
SMYTH, H. F., CARPENTER, CH. C., WEIL, S., POZZANI, U., u. STRIEGEL, J. A.: Range Findings Tests in the Industrial Laboratory I. Ind. Hyg. Toxicol. **26**, 269 (1944).
Further Experience with the Range Finding Test in the Industrial Toxicology Laboratory; J. Ind. Hyg. Toxicol. **30**, 63 (1948).
Range Finding Toxicity Data, List III; J. Ind. Toxicol. **31**, 60 (1949).
Range Finding Toxicity Data, List IV, Arch. Ind. Hyg. Occup. Med. **4**, 119 (1951).
Range Finding Toxicity Data, List V; Arch. Ind. Hyg. Occup. Med. **10**, 62 (1954).
— List VI; Am. Ind. Hyg. Ass. J. **23**, 95 (1962).
SPENCER, G. A.: Leukoderma produced by antioxidants. Arch. of Dermat. **58**, 215 (1948).
STAEHELIN, R.: Über Tri-o-kresyl-phosphat-Vergiftungen. Klin. Wschr. 229 (1941).
STEWART, C. P., u. STOLMAN, A.: Toxicology. Mechanism and Analytical methods; Vol. I und II., Academic Press, New York and London, 1960.
SUSSER, RM., u. STEIN, Z.: An outbreak of trio-ortho-cresyl-phosphate (TOCP) poisoning in Durban. Brit. J. Ind. Med. **14**, 111 (1957).
TABERSHAW, I. R., u. SKINNER, J. B.: Dermatitis due to vinyl carbazole. J. Ind. Hyg. **26**, 315 (1944).
TEWARI, S. N.: Paperchromatographic analysis of ints, dyestuffs and lipsticks and their importance in crime-detection. Z. analyt. Chem. **176**, 408—412 (1960).
TODD, G. F.: Air Pollution in Venice; Lancet I, S. 1305 (1962).
ULLMANN, K.: Zur Klinik und Genese des Arsencarcinoms; Arch. Dermat. Syph. **138**, 337 (1922).
VDI Verein Deutscher Ingenieure: VDI-Handbuch — Reinhaltung der Luft — Ringbuch ab 1961, Maximale Immissionskonzentration (MIK) für Chlor (VDI 2106), Nitrose Gase (VDI 2105) Salpetersäure (VDI 2105, Blatt 2) Schwefeldioxid (VDI 2108), Schwefelwasserstoff (VDI 2107).
WADE, L.: Observations on Skin Cancer among Refinery Workers limited to Men exposed to high boiling Fractions. Arch. Env. Hlth. **6**, 730 (1963).
WAHL, G. P.: Hauterkrankungen und Hautschutz im Malerhandwerk. Deutsche Malerzeitschrift „Die Mappe" (5/1959).

WEINMANN, K.: Grundlagen der Lackchemie, Teil II. Die Filmbildung durch Verdunsten flüchtiger Lösungsmittel, Farbe und Lack **66**, 571—578 (10/1960) (a).

— Die Bestimmung der Porigkeit und Porenfläche von Lackfilmen mit Hilfe der Elektrolyt-Durchlässigkeit. Fette, Seifen, Anstrichmittel **58**, 507—515 (7/1956) (b).

— Die Bestimmung der Porigkeit von Lackfilmen. Deutsche Farben-Zeitschrift **12**, 97—103, (3/1958); ebenda **12**, 136—139 (4/1958) (c).

— Die Bestimmung der Abriebfestigkeit von Anstrichen und anderen Schutzüberzügen mit Hilfe eines neuen Geräts. Farbe und Lack **65**, 647—651 (11/1959) (d).

— Plastisole und Organosole; Zusammensetzung, Herstellung, Anwendung und Filmbildung. Deutsche Farben-Zeitschrift **19**, 93—106, (3/1965) (e).

— Probleme beim Lackieren thermoplastischer Kunststoffe unter besonderer Berücksichtigung des Bauwesens, Industrie-Lackierbetrieb 32, 381—391 (11, 1964) (f).

— Grundlagen der Lackchemie, Teil 2. Die Filmbildung von Anstrichen: Physikalische Filmbildung durch Verdunstung flüchtiger Lösungsmittel. Farbe und Lack **66**, 571—578 (1960) (g).

— Lacke und Lackierprobleme im Bausektor. Deutsche Farben-Zeitschrift **20**, 85—97 (3/1966) (h).

Werksbroschüren und Merkblätter über Weichmacher der Firmen BASF, Bayer, DAP, Dehydag, Dow, Du Pont, Durez, Hardesty, Hoechst, Hüls, ICI, Neynaber, Pfizer, Röhm & Haas Union, Witten u.a.

WILLENEGGER, H., SCHENK, R., u. BANDI, W.: Die Anwendung von Leimsubstanzen in der Knochenchirurgie. Symposium Kunststoffe in der Medizin, Kassel 1961: Braun-Melsunger Med.-pharm. Mitt. aus Wissenschaft u. Praxis, **100**, 2487 ff. (1963).

WILSON, Q. H., et MCCORMICK, W. S.: Toxicology of plastics and rubber, plastomers and monomers. Ind. Med. u. Surg., v. 23, pp. 479—486, 1954.

World Health Organization: Die Verunreinigung der Luft, Ursachen, Wirkungen, Gegenmaßnahmen. Weinheim: Verlag Chemie GmbH, 1964.

WÜRSTLIN, F., u. KLEIN, H.: Zur Abhängigkeit der Weichmacherwirksamkeit vom strukturellen Bau der äußeren Weichmacher, Kunststoffe **47**, 527 (1957).

ZAKON. S. J., u. GOLDBERG, A. L.: A Occuapational leukoderma from rubber dust and debris. Arch. Dermat. **64**, 441 (1951).

ZAPP, J. A.: Toxic and Health effects of plastics and resins. Arch. Envir. Health, **4**, 335—346. (1962). (a)

ZAPP, J. A.: Hazards of Isocyanates in Polyurethane Foam Plastic Production. Arch. Ind. Health. **15**, 324 (1957) (b).

ZELLER, H., HOFMANN, H. TH., MEINECKE, K. H., u. OETTEL, H.: Zur Toxizität von Tetrahydrofuran. Arch. exp. Path. Pharmakol. **247**, 359 (1964) (a).

— Die Bedeutung des Tierexperimentes für die Erkennung epidermal sensibilisierender Stoffe, unter besonderer Berücksichtigung der angeblich sensibilisierenden Wirkung von Phthalsäureanhydrid. Werksärzte-Konferenz d. Berufsgenossenschaft d. chem. Ind. am 4./5. Juni 1955 in Bad Dürkheim (b).

ZORRL, U.: Neue elektronenmikroskopische Untersuchungsmöglichkeiten auf dem Anstrichgebiet (FATIPEC-Kongreß 1962). Kongreß-Buch, Weinheim/Bergstraße: Verlag Chemie, 1962.

ZÜCKERT, R.: Die Bleistiftfabrikation, Chemiker-Ztg. **65**, 281 (1941).

Bedarfsgegenstände aus Holz

Von

Prof. Dr. H. H. DIETRICHS, Reinbek bei Hamburg

I. Einleitung

Im Sinne des Lebensmittelgesetzes definierte Bedarfsgegenstände aus Holz oder Holzwerkstoffen werden in allen bewohnten Gebieten der Erde in bedeutendem Umfang und außerordentlicher Mannigfaltigkeit verwendet. Viele dieser Produkte sind aus dem täglichen Gebrauch im Hause bekannt; so beispielsweise Fässer, Bottiche, Kübel, Körbe, Kisten, Schalen, Dosen, Brettchen und Bestecke. Erhebliche Mengen an Holz dienen auch heute noch zur Herstellung von Spielwaren für Kinder. Auf die Verwendung hölzerner Furniere oder massiver Holzvertäfelungen im Sinne von „Tapeten" sei in diesem Zusammenhang hingewiesen.

Neben den Haushaltungen dürfte als Großverbraucher hölzerner Bedarfsgegenstände die Lebensmittel- und Genußmittelindustrie anzusehen sein. Hier kommt Holz in Form von Fässern, Kübeln, Bottichen, Kisten, Körben und Schachteln, daneben auch Maschinenteilen, Beförderungsanlagen usw. zum Einsatz.

Schließlich gibt es vielerlei Klein- und Massenartikel aus Holz, die sich in engem Kontakt mit Lebens- und Genußmitteln befinden. Hier wäre an Stiele für Speiseeis und Zuckerwaren, Bratspießchen und dergleichen zu denken.

Die Beurteilung des Rohstoffes Holz auf seine Eignung als Ausgangsmaterial für Bedarfsgegenstände im Sinne des Lebensmittelgesetzes stößt aus verschiedenen Gründen auf Schwierigkeiten. Erschwerend erweist sich besonders der Umstand, daß in der Praxis unter den Begriff „Holz" eine Fülle verschiedener Holzarten mit durchweg differierenden Eigenschaften und unterschiedlicher chemischer Zusammensetzung fällt. Nach vorsichtiger Schätzung rechnet man auf der Erde mit dem Vorkommen einiger Zehntausend Holzarten*), von denen wahrscheinlich wenige Tausend in irgendeiner Weise – vorwiegend lokal genutzt werden. Nur einige hundert Arten finden dagegen als Handelshölzer weitere Verbreitung und Verwendung. Schon bei einer Beschränkung auf diese Handelshölzer stellt „Holz" somit einen sehr komplexen Rohstoff dar.

Da weiterhin die Holzartenverteilung in den verschiedenen Gebieten der Erde ungleichmäßig ist, und die vorhandenen Holzarten eines Wirtschaftsraumes aus naheliegenden Gründen jeweils bevorzugt verarbeitet werden, ergibt sich als Folge, daß zur Herstellung eines Bedarfsgegenstandtyps in verschiedenen Regionen andersartige Holzarten zum Einsatz gelangen.

---

* Diese Angabe bezieht sich auf die Bestände großer Holzsammlungen. Yale: ca. 50000, Bogor: ca. 32000 Exemplare.

Schließlich werden, der Vielzahl zur Verfügung stehender Holzarten und ihren unterschiedlichen Eigenschaften entsprechend, für die verschiedenen Verwendungszwecke jeweils spezielle Hölzer eingesetzt. Auch hierin ist ein Grund zu sehen, daß Bedarfsgegenstände aus Holz, selbst unter Beschränkung auf die unter das Lebensmittelgesetz fallenden, aus vielen verschiedenen Holzarten bestehen.

Damit stellt sich die Aufgabe, aus der Fülle vorhandener Holzarten – notwendigerweise beschränkt auf die Handelshölzer – diejenigen zu ermitteln, die bevorzugt in Kontakt mit Lebensmitteln gelangen können. Daneben wird aufgezeigt, in welcher Form derartige Holzarten gebraucht werden, und wie umfangreich ihre wirtschaftliche Verwendung einzuschätzen ist. Der aufgeführten Vielseitigkeit sowohl der Holzarten als auch der Verwendungszwecke wegen kann eine derartige Zusammenstellung nur als ein Beginn gewertet werden.

Über das Verhalten dieser Hölzer gegenüber Lebensmitteln liegen kaum Angaben vor, so daß auf Grund ihrer bisher bekannten und auf diesem speziellen Sektor wichtigen Eigenschaften im wesentlichen das mögliche Verhalten zu diskutieren ist. Im gleichen Sinne ist auch die Beurteilung ihrer Eignung zu verstehen.

Dem Einsatz von Holzwerkstoffen als Bedarfsgegenstände im Sinne des Lebensmittelgesetzes konnte nur insoweit Rechnung getragen werden, als die zu ihrer Herstellung benötigten Holzarten in die Gruppe der besprochenen eingereiht, und die verwendeten Hilfsstoffe – wie Leime, Beschichtungs- oder Imprägniermittel – zusätzlich behandelt wurden.

II. Erzeugnisse aus Holz und Holzwerkstoffen, ihre Verwendung und wirtschaftliche Bedeutung

Bedarfsgegenstände im Sinne des Lebensmittelgesetzes aus Holz oder Holzwerkstoffen finden vornehmlich Verwendung in der Lebens- und Genußmittelindustrie, einschließlich deren Gewinnungsbetrieben sowie Transport- und Vertriebswesen, zum zweiten in Haushaltungen und schließlich als Massen- und Kleinartikel.

1. Lebensmittelherstellung, -lagerung und -verpackung

Bedarfsgegenstände aus Holz, die in Industrie- und Gewerbebetrieben benötigt werden, lassen sich trotz gewisser Überschneidungen in drei Gruppen einteilen:

Bedarfsgegenstände, die bei der Gewinnung und Herstellung von Lebensmitteln verwendet werden.
Bedarfsgegenstände, die der Aufbewahrung und Lagerung von Lebensmitteln dienen.
Bedarfsgegenstände, die für die Verpackung und den Transport von Lebensmitteln benötigt werden.

Bei der Gewinnung und Herstellung von Lebensmitteln wird Holz für bestimmte Maschinen- und Geräteteile verwendet, wie beispielsweise Siebrahmen, Knet-, Preß- und Rühreinrichtungen, Abstreichvorrichtungen und Behälter. Unter den hierfür verwendeten Maschinenbauhölzern gelangen in Europa an einheimischen Arten besonders Hainbuche, Rotbuche, Birnbaum und Esche, an Importhölzern Teak, Mahagoni, Doussie, Pockholz, Vera, Massaranduba und Pitch Pine zum Einsatz. Auch innerbetriebliche Beförderungseinrichtungen wie Rinnen, Rohre, Begrenzungen von Schüttel- und Transportbändern und dergleichen sind häufig unter Verwendung von Holz – vorzugsweise Nadelhölzern – hergestellt.

Der Holzverbrauch auf dem gesamten Sektor ist rückläufig; als Ursachen für die zunehmende Verdrängung durch Kunststoffe, Edelstahl, Aluminium- und Bronzelegierungen werden die stärkere Abnützung von Holz und seine Porosität genannt, die einer genügenden Hygiene bei verschiedenen Verarbeitungsprozessen entgegen stehen. Andererseits sollen zur Herstellung sehr geschmacksempfindlicher Produkte, wie beispielsweise Marzipan, nur Hölzer – und zwar bestimmte Arten wie Weißbuche oder Esche – ohne nachteilige Wirkungen zu verwenden sein.

Aus ähnlichen Gründen werden Kelter zur Mostbereitung sowie Gärbottiche und -fässer durchweg aus Holz hergestellt. Die auf diesem Sektor dominierende Holzart ist die Eiche. Da wegen der im Most vorhandenen Gerbstoffe und Säuren farbliche Veränderungen, Geschmacksbeeinträchtigungen und die Bildung teilweise giftiger Metallverbindungen eintreten können, werden auch zum Verbund dieser hölzernen Einrichtungen Holzdübel und dergleichen verwendet, nicht dagegen Metallteile.

Die Herstellung von Bier erfolgte früher ebenfalls in Gärbehältern aus Holz, deren Innenwände paraffiniert oder nach speziellen Verfahren „glasiert" waren. Auf diesem Sektor ist inzwischen ein weitgehender Ersatz des Holzes durch emaillierte Eisenbehälter oder solche aus Stahl bzw. Aluminium eingetreten.

An Holzwerkstoffen wird bei der Lebensmittelherstellung teilweise Sperrholz eingesetzt, vornehmlich für Beförderungseinrichtungen und auch in Form von Rohren. Für stark beanspruchte Maschinenteile wie beispielsweise Walzen wird weiterhin Lignostone, ein durch Druckbehandlung verdichtetes „Preßholz", verwendet.

Von der Lebensmittelherstellung zu ihrer Lagerung und Aufbewahrung leiten Vorgänge wie die „Alterung" bzw. „Reifung" von Weinen und Spirituosen über. Zur Erzeugung hochwertiger Produkte haben sich hier Hölzer bestimmter Art und Provenienz fast konkurrenzlos behaupten können. So erfolgt die Reifung von Whisky in Fässern aus amerikanischer Weißeiche (*Quercus alba*). Nur diese Holzart läßt einerseits genügend Luftsauerstoff in das Faß gelangen und verhindert zum anderen hinreichend den Austritt von Alkoholdämpfen und Aromastoffen. Die bekannte Verwendung gebrauchter Sherry-Fässer zur Whisky-Reifung stellt insofern keine Ausnahme dar, als wertvoller Sherry ebenfalls in Fässern aus amerikanischer Weißeiche gelagert wird (F. G. O. PEARSON und C. WEBSTER, 1958).

Ähnlich erfolgt die Lagerung hochwertiger Weinbrände – besonders in Frankreich – in Fässern, die aus „Limousin-Eichen" gefertigt werden. Diese Eichen stammen aus dem Limousin-Gebiet im französischen Department Haute-Vienne.

Eichen unterschiedlicher Art und Provenienz sind auch die bevorzugten Faßhölzer zur Lagerung und Reifung von Weinen. Wegen seiner Permeabilitätseigenschaften wird Holz auch heute noch gern zur Einlagerung verschiedener anderer Lebensmittel, beispielsweise Sauerkraut, verwendet. Die Anzahl geeigneter Böttcher- oder Daubenhölzer, die der Herstellung von Kübeln, Zubern, Fässern, Eimern und dergleichen dienen, wird im wesentlichen durch die Eigenschaften und -arten der aufzubewahrenden Lebensmittel bestimmt. So sind viele Kiefernarten wegen der Durchlässigkeit ihres Holzes zur Lagerung von Flüssigkeiten ungeeignet, wie auch zur Aufbewahrung von Speisefetten, deren Geschmack durch die holzeigenen Terpentinöle beeinträchtigt wird. Andererseits wird gerade Kiefernholz zur Herstellung von Heringsfässern bevorzugt.

Anhand eines kurzen, für mittel- bis osteuropäische Verhältnisse geltenden Beispiels soll im folgenden aufgezeigt werden, welche Lebensmittel häufig in

Behältern aus Holz gelagert, und welche Holzarten für die speziellen Produkte verwendet werden (S. J. LAPIROW-SKOBLO, 1955):

Weine und Spirituosen: vorwiegend Eiche.
Bier: Hartlaubhölzer, Eiche.
Fische: Kiefer, Lärche, Fichte, Tanne, Pappel, Linde.
Kaviar: Linde, Lärche, sibirische Kiefer.
Konservierte Frucht- und Gemüseprodukte: Rotbuche, Linde, Pappel, Lärche, Fichte, Tanne.
Erstarrende Fette: Rotbuche, Linde, Pappel, Fichte, Tanne.
Butter: Vorwiegend Rotbuche, daneben Linde, Fichte, Tanne.
Honig: Linde.

Wie unterschiedlich die Holzauswahl für Faß- und Daubenhölzer in Ländern völlig anderer Holzartenvorkommen ist, kann am Beispiel des südamerikanischen Staates Surinam gezeigt werden, für den entsprechende Unterlagen vorliegen (*Surinam Forest Service*, 1951). Hier sind für die genannten Verwendungszwecke vorwiegend die Holzarten Angelique, Walaba, Wana und Matakkie eingesetzt, von denen nur die erstgenannte als Handelsholz weitere Verbreitung findet.

Kisten und kistenähnliche Konstruktionen werden einerseits zur Aufbewahrung solcher Konsumgüter wie Obst und Gemüse, Gefrier-, Salz- und Räucherfisch, Räucherfleisch, Eiern und Käse gebraucht, zum anderen – in meist feinerer Ausführung als Geschenk- und Kleinverpackungen – für Zigarren, Marzipan, Pralinen usw. Als Geschenk- und Werbepackungen sind in der letzten Zeit auch aus Holz gefertigte Spanschachteln in Mode gekommen.

Zur Kistenherstellung werden vorwiegend Nadelhölzer auf Grund ihrer vergleichsweise hohen mechanischen Festigkeit bei niedrigem Gewicht verwendet. Zur Aufbewahrung von Lebensmitteln wird auf den Einsatz von Kiefernholz verzichtet, soweit es sich um geruchsempfindliche Waren wie Butter oder Eier handelt. Für spezielle Zwecke kommen häufig ganz bestimmte Holzarten zur Anwendung, so beispielsweise für Zigarrenkisten Okoume, Cedrela, Buche und Erle, wobei in der deutschen Bundesrepublik Okoume mit ca. 90% an der Spitze steht (R. A. LOQUAI, 1963; *Verband der Zigarrenkisten-Fabrikanten*, 1965).

Holzwerkstoffe werden zur Aufbewahrung und Lagerung von Lebensmitteln bisher nur in geringem Umfang verwendet. Ihr Einsatz beschränkt sich dabei vorwiegend auf Sperrholzkisten, -kästen und faßähnliche Trommeln, in seltenen Fällen auf meist furnierte Schachteln und Kästen, die auch schon aus Spanplatten hergestellt werden (S. M. ZENTZYTZKI, 1963).

2. Lebensmitteltransport

Sofern eine Trennung zwischen der Lagerung und Aufbewahrung von Lebensmitteln einerseits und zum anderen ihrer Verpackung für den Transport überhaupt möglich ist, scheinen für die zuerst genannten Zwecke vorwiegend Böttchereierzeugnisse aus Holz, für die an zweiter Stelle genannten vornehmlich Kisten und kistenähnliche Konstruktionen sowie Verschläge, Paletten und dergleichen verwendet zu werden. Kisten als Transportmittel werden heute überwiegend für Lebensmittel in verpackter Form eingesetzt, beispielsweise für Butter- oder Würfelzuckerpakete. Zum Transport von Tee und ähnlichen Erzeugnissen dienen innenseitig mit Metallfolien ausgeschlagene Kisten (R. A. LOQUAI, 1963).

Ein speziell zum Transport von Frischobst und -gemüse verwendetes Transportmittel aus Holz ist der Spankorb, für dessen Herstellung meist Fichte, seltener Rotbuche verwendet wird. In früheren Jahren wurde auch mit Pappelholz gearbeitet, das aber wegen des teilweise auftretenden scharfen Geruchs heute kaum mehr zum Einsatz gelangt (*Fachverband Spankörbe*, 1965). Mit sogenannten Steigen oder Paletten aus Holz ist dem Spankorb inzwischen ein ernster Konkurrent erwachsen.

Zu den aus Holz hergestellten Verpackungsmitteln rechnet weiterhin Holzwolle, die auf dem Lebensmittelsektor vorwiegend dem Transportschutz von Eiern und Früchten dient. Die Holzwolle wird aus Fichten- oder Tannenholz hergestellt; selten soll auch Linde verwendet werden. Kiefernholz gelangt hier nicht zum Einsatz wegen der möglichen Geschmacks- und Geruchsbeeinträchtigungen der verpackten Lebensmittel; desgleichen nicht Rotbuche, da hieraus hergestellte Holzwolle leicht brüchig wird.

Mit Ausnahme der zur Herstellung von Spanerzeugnissen – Körben, Schachteln, Wolle – benötigten Hölzer gehören somit die zur Aufbewahrung, Lagerung, Verpackung und dem Transport von Lebensmitteln benötigten Holzarten den Gruppen der sogenannten Böttcherei- bzw. Daubenhölzer sowie den Kistenhölzern an. Die bisher aufgeführten Holzartenbeispiele betrafen vorwiegend den europäischen Raum. Es darf nicht übersehen werden, daß für die genannten Verwendungszwecke in außereuropäischen Gebieten eine Vielzahl weiterer Holzarten zur Anwendung gelangt.

Der Einsatz von Holzwerkstoffen hält sich – wie bereits ausgeführt – in vergleichsweise engen Grenzen und beschränkt sich vornehmlich auf die Verwendung von Sperrholz. In Tabelle 1 ist den Schälhölzern, die der Herstellung von Sperrholz dienen, Rechnung getragen. Es wurden nur diejenigen Schälhölzer aufgeführt, die für Sperrholzaußenlagen verwendet werden; die als Blindfurniere für Mittellagen gebräuchlichen Holzarten blieben dagegen unberücksichtigt, da sie nicht in Kontakt mit Lebensmitteln gelangen.

Die Verwendungszwecke hölzerner Böttchereierzeugnisse, seltener von Kisten und Kästen, können durch Innenbeschichtungen, -auskleidungen oder -imprägnierungen erweitert werden. Hierzu dienen vorwiegend Wachse, Paraffin, Wasserglas, Leime und Lacke oder auch Folien aus Papier, Kunststoffen oder Metallen. Derartige Techniken sind z.B. in Form von „gepichten" Fässern, die zur Aufnahme von Flüssigkeiten dienen, seit langem bekannt (S.M. Zentzytzki, 1963).

Vorschriften über Art und Eigenschaften solcher Hölzer, die in Kontakt mit Lebensmitteln geraten können, finden sich nur vereinzelt. So fordert DIN 10070 als Werkstoff für hölzerne Butterfässer Rotbuche mit einer Holzfeuchtigkeit im Mittel von 15%, gesund, möglichst geruchlos und weiß, frei von Insektenfraßgängen, Fäulnis und durch Fäulnis verursachter Verfärbung sowie frei von Stockflecken. DIN 10047 und 10074 schreiben für die Herstellung von Butterkisten Fichtenholz vor, das lufttrocken, gesund, möglichst geruchlos und ohne durchgehende Risse sein soll. Wurmstichiges und harziges Holz sowie größere, quer im Holz sitzende sogenannte Säbeläste sind nicht zulässig. Über die Innenverpackung für Butterfässer, -kübel und -kisten gibt DIN 10082 Auskunft.

Nach DIN 10011 und 10001 sind Eierkisten nur aus Fichte und Tanne anzufertigen. Ihre Feuchtigkeit soll nicht über 18% betragen, weiterhin sollen sie sauber, faul- und bruchfrei sowie ohne durchgehende Risse sein.

Für Kartoffelvorkeimkisten wird nach DIN 10090 als Baumaterial blanke, leichtfarbige Fichte oder Tanne oder auch Kiefer, durch Bläue entsprechend der Jahreszeit verfärbt, zugelassen. Nur die Kopfbretter dürfen auch aus gesunder, faul- und bruchfreier Rotbuche hergestellt sein. Der Feuchtigkeitsgehalt der verwendeten Holzarten soll der lufttrockener Handelsware entsprechen.

DIN 4077 schließlich faßt verschiedene Vorschriften über die Verwendung von Holzwolle, u.a. die Maße und den Feuchtigkeitsgehalt, zusammen. Angaben über die Wahl der Holzarten sind in dieser Vorschrift nicht enthalten.

Tabelle 1. Namen, Verbreitung und Verwendungszwecke lebensmittelrechtlich interessierender Handelshölzer

Familie	Botanischer Name	Handelsname	Verbreitung	Verwendung						
				Drechslerholz	Schnitzholz	Schälholz	Kistenholz	Böttcherholz	Maschinenbauholz	Weitere oder spezielle Zwecke
Nadelhölzer										
Araucariaceae	*Agathis alba Foxw.* (*A. dammara*)	Agathis	Indien, Malaya, malaiischer Archipel			+				
Cupressaceae	*Cupressus sempervirens Linn.*	Zypresse	Mittelmeerländer, Kleinasien	+						
	Juniperus communis Linn.	Wacholder	Europa, Nordasien bis Nordchina, Nordamerika, Nordafrika	+	+					Eßbestecke und -geräte
Pinaceae	*Abies alba Mill.* (*A. pectinata*)	Tanne	Mittel- und Südosteuropa			+	+	+		Spanwaren, Spielzeug
	Larix decidua Mill. (*L. europaea*)	Lärche	Mitteleuropa	+				+		Kaviarfässer
	Picea abies karst. (*P. exelsa*)	Fichte	Mittel- und Nordosteuropa			+	+	+		Spanwaren, Spielzeug
	Pinus palustris Mill.	Longleaf Pine	Südöstliche Küstenstaaten der USA					+	+	
	Pinus radiata D. Don (*P. insignis*)	Monterey Pine	Südkalifornien, Chile, Südafrika, Australien				+			
	Pinus strobus Linn.	Strobe	Östliches Nordamerika, Europa		+		+			Bienenkästen
	Pinus sylvestris Linn.	Kiefer	Europa, Sibirien	+		+	+	+	+	Spielzeug
	Pseudotsuga menziesii Franco (*P. taxifolia, P. douglasii*)	Douglasie	Westküste Nordamerika, Europa			+		+		
	Tsuga heterophylla Sarg.	Hemlock	Westküste Nordamerika			+	+			

Tabelle 1 (1. Fortsetzung)

Familie	Botanischer Name	Handelsname	Verbreitung	Verwendung						
				Drechslerholz	Schnitzholz	Schälholz	Kistenholz	Böttcherholz	Maschinenbauholz	Weitere oder spezielle Zwecke
Podocarpaceae	*Podocarpus gracilior Pilg.*	Podo	Ostafrika			+				
Taxaceae	*Taxus baccata Linn.*	Eibe	Kleinasien, Nordafrika	+						
Taxodiaceae	*Cryptomeria japonica D. Don*	Sugi	Japan, südchinesische Küste	+				+		Reisweinfässer
	Sequoia sempervirens Endl.	Sequoie	Westküste USA			+				
Laubhölzer										
Aceraceae	*Acer pseudoplatanus Linn.*	Bergahorn	Mittel- und Südosteuropa, Kleinasien	+	+					Küchengeräte, Spielwaren
Anacardiaceae	*Antrocaryon kleineanum Pierre*	Onzybili	Afrikanische Niederguinea-küste		+	+				
Apocynaceae	*Alstonia congensis Engl.*	Alstonia	West- über Central- bis Ostafrika				+			
	Dyera costulata Hook. f.	Jelutong	Südostasien				+			
	Aspidosperma polyneuron Muell. Arg. (*A. peroba Sald.*)	Peroba rosa	Südamerika	+						
	Aspidosperma quebracho-blanco Schlecht.	Quebracho blanco	Südbrasilien, Paraguay, Nordargentinien	+						
Araliaceae	*Acanthopanax ricinifolius Seem.* (*Kalopanax pictus Nakai*)	Sen	Mittel- und Nordchina und -japan			+				

Tabelle 1 (2. Fortsetzung)

Familie	Botanischer Name	Handelsname	Verbreitung	Verwendung						
				Drechslerholz	Schnitzholz	Schälholz	Kistenholz	Böttcherholz	Maschinenbauholz	Weitere oder spezielle Zwecke
Betulaceae	*Alnus glutinosa Gaertn.*	Erle	Europa, Vorderasien	+	+		+			Küchengeräte, Zigarrenkisten
	Betula alba Linn.	Birke	Europa und östliche Randgebiete	+		+				Bierfaßspunde
	Carpinus betulus Linn.	Hainbuche	Mittel-, West-, Ost- und Südeuropa	+					+	
Bignoniaceae	*Paratecoma peroba Kuhlm.*	Peroba da campos	Ostbrasilien					+		
Bombacaceae	*Ochroma lagopus Sw.*	Balsa	Centralamerika, nördliches Südamerika, auch Afrika, Asien				+			Spezialverpackungen
Burseraceae	*Aucoumea klaineana Pierre*	Okoume	Afrikanische Niederguineaküste			+	+			Zigarrenkisten
	Canarium schweinfurthii Engl.	Canarium	Centralafrika von Guineaküste bis Uganda			+	+			
Buxaceae	*Buxus sempervirens Linn.*	Buchsbaum	Südeuropa, Vorderasien, Nordafrika	+	+					
Combretaceae	*Terminalia ivorensis A. Chev.*	Framire	Afrikanische Oberguineaküste			+				
	Terminalia superba Engl. & Diels	Limba	Afrikanische Guineaküste			+				
Compositae	*Brachylaena hutchinsii Hutch.*	Muhuhu	Ostafrika	+						
Cornaceae	*Cornus florida Linn.*	Dogwood	Nordamerika	+	+					

Tabelle 1 (3. Fortsetzung)

Familie	Botanischer Name	Handelsname	Verbreitung	Verwendung						
				Drechslerholz	Schnitzholz	Schälholz	Kistenholz	Böttcherholz	Maschinenbauholz	Weitere oder spezielle Zwecke
Dipterocarpaceae	*Anisoptera marginata Korth.*	Mersawa	Südostasien			+				
	Dipterocarpus alatus Roxb.	Yang	Südostasien					+		
	Hopea odorata Roxb.	Thingan	Südostasien					+		
Ebenaceae	*Diospyros celebica Bakh.*	Makassar	Celebes und Molukken	+						
	Diospyros crassiflora Hiern	Ebenholz	Afrikanische Guineaküste	+	+					
Eucryphiaceae	*Eucryphia cordifolia Cav.*	Ulmo	Chile	+						
Euphorbiaceae	*Hura crepitans Linn.*	Assacu	Tropisches Südamerika			+	+			
Fagaceae	*Castanea sativa Mill.* (*C. vesca*)	Edelkastanie	Südeuropa, Kleinasien, Nordafrika	+	+			+		
	Fagus sylvatica Linn.	Rotbuche	Europa und südöstliche Randgebiete	+		+	+	+	+	Span- und Spielwaren, Küchengeräte
	Nothofagus procera Oerst. (*Fagus procera Poepp. & Endl.*)	Rauli	Chile	+	+					
	Quercus robur Linn. (*Q. pedunculata*)	Eiche	Europa		+			+	+	
Flacourtiaceae	*Gossypiospermum praecox P. Wilson* (*Caesaria praecoè*)	Zapatero	Antillen, nördliches Südamerika	+	+					
Gonystylaceae	*Gonystylus bancanus Baill.*	Ramin	Malaya, malaiischer Archipel			+				

Tabelle 1 (4 Fortsetzung)

Familie	Botanischer Name	Handelsname	Verbreitung	Verwendung						
				Drechslerholz	Schnitzholz	Schälholz	Kistenholz	Böttcherholz	Maschinenbauholz	Weitere oder spezielle Zwecke
Hippocastaneaceae	*Aesculus hippocastanum Linn.*	Roßkastanie	Asien, Europa		+		+			Küchengeräte
Humiriaceae	*Saccoglottis gabonensis Urb.*	Ozouga	Afrikanische Guineaküste	+					+	
Juglandaceae	*Carya tomentosa Nutt.* (*Hicoria alba*)	Hickory	Südöstliches Nordamerika						+	
	Juglans regia Linn.	Nußbaum	Südeuropa, Kleinasien, Nordindien, China	+	+					
Lauraceae	*Ocotea rubra Mez*	Louro	Tropisches Südamerika			+		+		
Leguminosae, Mimosoideae	*Acacia harpohylla F. Muell.*	Brigalow	Australien	+						
	Albizzia falcata Backer (*A. moluccana*)	Batai	Malaiischer Archipel			+	+			
	Piptadenia rigida Benth.	Curupay	Südamerika	+						
Leguminosae, Caesalpinioideae	*Afzelia bipindensis Harms*	Doussie	Afrikanische Guineaküste bis Uganda					+	+	
	Caesalpinia echinata Lamb. (*Guilandina echinata*)	Pernambuc	Südöstliches Südamerika	+						
	Caesalpinia granadillo Pitt.	Partridge	Nördliches Südamerika	+						
	Daniellia ogea Rolie ex. Holl.	Ogea	Afrikanische Guineaküste		+	+				
	Dicorynia guinaensis Amsh.	Angelique	Guayana bis Nordbrasilien					+		
	Gossweilerodendron balsamiferum Harms	Agba	Westafrika	+		+				

Tabelle 1 (5. Fortsetzung)

Familie	Botanischer Name	Handelsname	Verbreitung	Verwendung						
				Drechslerholz	Schnitzholz	Schälholz	Kistenholz	Böttcherholz	Maschinenbauholz	Weitere oder spezielle Zwecke
Leguminosae, Caesalpinioideae	*Guibourtia tessmannii J. Léonard (Copaifera tessmannii)*	Bubinga	Westafrika	+						
	Hymenaea courbaril Linn.	Courbaril	Tropisches Amerika	+						
	Oxystigma oxyphyllum J. Léonard (Pterigopodium oxyphyllum)	Tschitola	Afrikanische Guineaküste			+				
	Peltogyne venosa Benth.	Amarant	Nordöstliches Südamerika	+						
Leguminosae, Papilionatae	*Brya ebenus DC.*	Cocus	Westindien	+	+					
	Dalbergia latifolia Roxb.	Ostindischer Palisander	Indien und Jawa	+						
	Dalbergia melanoxylon Guill. Perr.	Grenadill	Afrika	+	+					
	Dalbergia nigra Alem.	Rio Jacaranda	Östliches Brasilien	+	+					
	Dalbergia retusa Hemsl.	Cocobolo	Centralamerika	+						
	Dalbergia variabilis Vog.	Bahia Rosenholz	Tropisches Südamerika	+						
Magnoliaceae	*Liriodendron tulipifera Linn.*	Whitewood	Südöstliches Nordamerika			+	+	+		Zigarrenkisten, Bierfaßspunde
Meliaceae	*Cedrela mexicana M.J. Roem.*	Cedrela	Tropisches Amerika			+	+			Zigarrenkisten
	Entandrophragma angolense C. DC. (E. ophmacryllum)	Tiama	Westafrika, ostwärts bis Uganda	+					+	
	Guarea cedrata Pellegr. (Trichilia cedrata)	Bosse	Westafrika, ostwärts bis Uganda				+			
	Khaya ivorensis A. Chev.	Khaya	Afrikanische Guineaküste			+				

Tabelle 1 (6. Fortsetzung)

Familie	Botanischer Name	Handelsname	Verbreitung	Verwendung						
				Drechslerholz	Schnitzholz	Schälholz	Kistenholz	Böttcherholz	Maschinenbauholz	Weitere oder spezielle Zwecke
Moraceae	*Antiaris afrikana Engl.*	Antiaris	Afrikanische Guineaküste			+	+			
	Chlorophora excelsa Benth. & Hook	Iroko	West-, Mittel- u. Ostafrika					+		
	Piratinera guianensis Aubl. (*Brosimum guianense*)	Schlagenholz	Nordöstliches Südamerika	+						
Myristicaceae	*Pycnanthus angolensis Exell* (*P. Rombo*)	Ilomba	West-, Mittel- u. Ostafrika			+	+			
	Virola surinamensis Warb.	Virola	Nordöstliches Südamerika			+				
Ochnaceae	*Lophira alata Banks ex Gaertn. f.* (*L. procera*)	Azobe	Afrikanische Guineaküste					+	+	
Oleaceae	*Fraxinus excelsior Linn.*	Esche	Europa, Vorderasien						+	
	Olea europaea Linn.	Olivenholz	Mittelmeerländer	+	+					
Platanaceae	*Platanus acerifolia Willd.*	Platane	Europa	+			+			
Rhizophoraceae	*Rhizophora racemosa G. F. W. Mey*	Tanda	Atlantikküsten des tropischen Amerikas u. Afrikas	+				+		
Rosaceae	*Pirus communis Linn.*	Birnbaum	Europa, Vorderasien	+	+				+	
	Prunus avium Linn. (*P. cerarus var. avium*)	Kirschbaum	In allen Erdteilen kultiviert	+	+				+	
	Sorbus aucuparia Linn.	Vogelbeerbaum	Europa	+	+				+	

Tabelle 1 (7. Fortsetzung)

Familie	Botanischer Name	Handelsname	Verbreitung	Verwendung						
				Drechslerholz	Schnitzholz	Schälholz	Kistenholz	Böttcherholz	Maschinenbauholz	Weitere oder spezielle Zwecke
Rubiaceae	*Mitragyne stipulosa O. Kuntze* (*M. macrophylla*)	Abura	West-, Central- u. Ostafrika	+		+				
	Nauclea trillesii Merill (*Sarcocephalus diderrichii*)	Bilinga	Westafrika, ostwärts bis Uganda	+						
Rutaceae	*Chloroxylon swietenia D.C.*	Ostindisches Satinholz	Indien	+						
	Fagara heitzii Aubrev & Pellegr.	Olon	Afrikanische Niederguinea-küste			+				
Salicaceae	*Populus tremula Linn.*	Pappel	Europa, Vorderasien, Sibirien, China, Japan			+	+	+		Spielwaren, Küchengeräte, Spanwaren
	Salix alba Linn.	Weide	Europa				+			Spielwaren, Küchengeräte
Sapotaceae	*Dumoria heckelii Hutch. & Dalz.* (*Mimusops heckelii*)	Makore	Afrikanische Oberguineaküste			+				
	Manilkara huberi Standl. (*Mimusops huberi.*)	Massaranduba	Nördliches Südamerika und Amazonasstromgebiet	+					+	
Simaroubaceae	*Simarouba amara Aubl.*	Marupa	Tropisches Südamerika			+	+			
Sterculiaceae	*Triplochiton scleroxylon K. Schum.*	Abachi	Westafrika			+				

Tabelle 1 (8. Fortsetzung)

Familie	Botanischer Name	Handelsname	Verbreitung	Verwendung						
				Drechslerholz	Schnitzholz	Schälholz	Kistenholz	Böttcherholz	Maschinenbauholz	Weitere oder spezielle Zwecke
Tiliaceae	*Tilia parvifolia Ehrh.*	Linde	Europa	+	+		+	+		Küchengeräte, Spielwaren, Honig- und Kaviarfässer
Ulmaceae	*Phyllostylon brasiliensis Capan.*	Baitoa	Central- und Südamerika	+						
	Ulmus campestris Spach. (*U. carpinifolia*)	Ulme	Europa	+						Spielwaren
Verbenaceae	*Gmelina arborea Roxb.*	Yemane	Südasiatisches Festland	+	+	+				
	Tectona grandis Linn.	Teak	Von Indien bis Indochina, Java	+	+				+	
Vochysiaceae	*Vochysia tomentosa D C.*	Quaruba	Tropisches Südamerika			+	+			
Zygophyllaceae	*Bulnesia arborea Engl.*	Vera	Venezuela, Columbien						+	
	Guaiacum officinale Linn.	Pockholz	Südliches Centralamerika und Nordküsten Südamerika	+					+	

Bereits die wenigen aufgeführten Beispiele lassen erkennen, daß an Hölzer, die als Bedarfsgegenstände im Sinne des Lebensmittelgesetzes verwendet werden sollen, eine Reihe übereinstimmender Voraussetzungen gestellt werden. Dazu zählen:

Die Helligkeit der Hölzer, womit vermutlich im wesentlichen die Abwesenheit färbender Extraktstoffe gemeint ist,
Geschmack- und Geruchlosigkeit der Hölzer,
Gesundheit der Hölzer, d.h. kein Befall durch Pilze oder Insekten,
ein bestimmter Feuchtigkeitsgehalt der Hölzer,
weitgehende Fehlerfreiheit der Hölzer, z.B. in bezug auf Risse, Äste, Astlöcher.

Auf den zweifelsohne wichtigen Einfluß farblich nicht auffallender, geschmack- und geruchloser Holzextraktstoffe, deren Diffusion oder sonstige Einwanderung in Lebensmittel denkbar und möglich ist, und die eventuell toxische oder andere physiologische Wirksamkeit aufweisen, wird in den bisher vorliegenden Vorschriften nicht eingegangen — vermutlich mangels ausreichender Kenntnisse der einzelnen Extraktstoffe selbst und ihrer physiologischen Wirkungen.

3. Haushaltungen, Massenartikel

Der Einsatz hölzerner Bedarfsgegenstände im Haushalt erstreckt sich — soweit lebensmittelrechtlich von Bedeutung — einmal auf Böttcherei-, Kisten- und Schäl- bzw. Sperrhölzer, ähnlich wie sie für die Lebensmittelindustrie verwendet werden. Zusätzlich finden sich jedoch in Haushaltungen vielerlei hölzerne Geräte und Gegenstände wie Schalen, Dosen, Büchsen, Brettchen und Bestecke, die in Kontakt mit Lebensmitteln gelangen können.

Aus alter Erfahrung her werden Küchengeräte in Mitteleuropa durchweg aus den Holzarten Ahorn, Linde und Rotbuche, seltener einigen Nadelhölzern gefertigt; speziell in Skandinavien ist beispielsweise die Verwendung des stark duftenden Wacholderholzes zur Herstellung von Eßgeräten verbreitet. Infolge modischer Einflüsse sind aber gerade in den vergangenen Jahren verschiedene Importhölzer in diesen Sektor eingedrungen, unter denen Teak vermutlich an der Spitze steht.

Dennoch ist die Zahl der in den Küchen anzutreffenden Hölzer gering im Vergleich zur Menge der Arten, die im Bereich der Wohnräume — als vielerlei Gebrauchs- und kunstgewerblicher Gegenstände — mit Lebensmitteln in Berührung kommen können. Hier trifft man auch in Europa auf eine Vielzahl exotischer Hölzer, da neben der speziellen Eignung der Holzart zur Herstellung des betreffenden Gegenstandes bei ihrer Auswahl eine schöne Färbung, Maserung oder Zeichnung ausschlaggebend sein kann. Trotz der Fülle verschiedener Arten gehören diese in Küchen und Wohnräumen verwendeten Holzarten durchweg den Gruppen der Schnitz- und Drechslerhölzer an, die unter diesen Begriffen in Tabelle 1 aufgeführt sind. Auf die im Haushalt gebräuchlichen Böttchereierzeugnisse und Kisten braucht hier insofern nicht eingegangen zu werden, als praktisch die gleichen Holzarten zum Einsatz gelangen, wie sie für die Lebensmittelindustrie bereits beschrieben wurden.

Die Verwendung von Holzwerkstoffen in Haushaltungen ist — soweit lebensmittelrechtlich von Bedeutung — als gering zu bewerten. Sofern Holzwerkstoffe wie Sperrholz, Span- und Faserplatten zum Einsatz gelangen, geschieht dies fast ausschließlich nach Beschichtung ihrer Oberfläche mit Kunststoffen oder Lacken.

Eine Sonderstellung nehmen auf Grund der im Lebensmittelgesetz als Bedarfsgegenstände angesprochenen Tapeten Wandverkleidungen durch Furniere oder massive Wandvertäfelungen aus Holz ein. Für diese Zwecke wird eine Vielzahl verschiedener Furnier- und Dekorationshölzer verwendet, die aber – der großen Anzahl wegen und da sie einen Grenzfall darstellen – in der vorliegenden Zusammenstellung nicht behandelt werden sollen.

Kinderspielzeug wird in Mitteleuropa vorwiegend aus Fichten-, Tannen- und Kiefernholz hergestellt, daneben auch aus den hellfarbigen Laubhölzern Rotbuche, Linde, Pappel, Erle und Ahorn. Daneben finden aus vielerlei Gründen auch andere Holzarten Verwendung, wie zum Beispiel farbige Hölzer zur Erzielung dekorativer Wirkungen oder für Massenspielzeugteile Abfallholz der Industrie, das ursprünglich meist für ganz andere Verwendungszwecke ausgesucht war. Eine einigermaßen befriedigende Zuordnung bestimmter Holzarten zur Herstellung von Kinderspielzeug ist somit kaum durchführbar. Holzwerkstoffe wie Sperr- und Preßholz sowie Span- und Faserplatten werden auf diesem Sektor zwar in geringem Umfang, jedoch zunehmendem Maße eingesetzt. Der Gebrauch von Kinderspielzeug aus rohem Holz ist schon seit längerer Zeit zurückgegangen zugunsten lackierter oder mit Wachs, Paraffin, Farbstoffen und dergleichen imprägnierter Produkte. Mit dem starken Aufschwung der Kunststoffindustrie ist dem Holzspielzeug inzwischen ganz allgemein ein starker Konkurrent erwachsen.

Hölzerne Massenartikel, die mit Lebensmitteln direkt in Kontakt gelangen können, wie beispielsweise Fleisch- und Bratspießchen oder Stiele für Süßwaren und Speiseeis, werden meist aus hellfarbigen, geruch- und geschmacklosen Hölzern hergestellt. In Mitteleuropa beschränkt sich die Auswahl der benötigten Holzarten fast ausschließlich auf Rotbuche, Fichte und Tanne.

Es ergibt sich zusammenfassend, daß trotz gewisser Einschränkungen und Überschneidungen die im Sinne des Lebensmittelgesetzes bedeutsamen Bedarfsgegenstände aus Holz im wesentlichen aus solchen Holzarten hergestellt werden, die den bereits erwähnten Gruppen der Drechsler-, Schnitz-, Schäl-, Kisten-, Böttcher- oder Maschinenbauhölzer angehören. Derartige Hölzer sind in Tabelle 1, alphabetisch nach Pflanzenfamilien geordnet und unter Hinzufügung ihrer Verbreitungsgebiete, zusammengestellt. Um den Umfang der Tabelle in Grenzen zu halten, erfolgte eine Beschränkung auf die Handelshölzer. Häufig ist nur eine Holzart, beispielsweise *Pinus sylvestris* oder *Acer pseudoplatanus*, stellvertretend für ähnliche, nahe verwandte Arten, wie in diesem Falle andere Kiefern- und Ahornsorten, aufgeführt. Dieses Prinzip wurde dann durchbrochen, wenn nahe verwandte Hölzer, wie z.B. die *Dalbergia*-Arten, unterschiedliche Eigenschaften aufweisen. Nicht in allen Fällen konnte mit Sicherheit ermittelt werden, ob jede der in der Tabelle aufgeführten Holzarten bereits auf dem Lebensmittelsektor zum Einsatz gelangt ist. In Zweifelsfällen wurden auch Holzarten, deren Einsatz möglich erscheint, berücksichtigt. Die Angaben in Tabelle 1 stützen sich, besonders hinsichtlich der Nomenklatur und Verbreitungsgebiete der Holzarten, weitgehend auf H. GOTTWALD (1958).

4. Wirtschaftliche Bedeutung

Die wirtschaftliche Bedeutung lebensmittelrechtlich interessierender Bedarfsgegenstände aus Holz oder Holzwerkstoffen ist mangels umfassender und vergleichbarer Erhebungen kaum feststellbar. Soweit diese Gegenstände überhaupt erfaßt werden, geschieht dies weiterhin nur in relativ wenigen Ländern und überwiegend nur für wenige, spezielle Artikel.

So beschränken sich beispielsweise die Angaben des *Statistischen Bundesamtes* (1958 –1964) in der deutschen Bundesrepublik auf die Produktionsziffern von Zigarrenkisten und – erst seit 1963 – Obst- und Gemüsesteigen sowie sonstige Spezialkisten für Lebens- und Genußmittel. Die genannten Artikel wiesen 1964 mit zusammen ca. 13,5 Mill. DM einen vergleichsweise geringen Produktionswert auf (vgl. Tabelle 1). Die in Tabelle 2 unter dem Oberbegriff „Verpackungsmittel aus Holz“ weiterhin ausgewiesenen Artikel wie Fässer, Kübel, Bottiche und Kisten lassen insofern zum vorliegenden Zusammenhang keine eindeutigen Schlüsse zu, als die lebensmittelrechtlich interessierenden Bedarfsgegenstände in den einzelnen Positionen nur enthalten sind.

Weitere Angaben sind über die betreffenden Fachverbände zu erhalten. So betrug die Produktion von Spankörben – die fast ausschließlich der Verpackung von Obst und Gemüse dienen – 1964 schätzungsweise 20 Mill., der Verbrauch ca. 15 Mill. Stück (*Fachverband Spankörbe* 1965).

Nach Mitteilung des *Verbands des Deutschen Fass- und Weinküferhandwerks* (1965) wurden 1958 in den Betrieben des Weinbaus der deutschen Bundesrepublik Holzfässer mit einem Fassungsvermögen von ca. 4,3. Mill hl verwendet. Diese Zahl liegt etwa doppelt so hoch wie die Produktion von Holzfässern für alle Verpackungszwecke im entsprechenden Bezugsjahr.

Herstellungs- oder Verbrauchsmengen für solche Bedarfsgegenstände aus Holz, die lebensmittelrechtlich von Bedeutung sind, und die in Haushaltungen sowie in Form von Massenartikeln verwendet werden, liegen nicht vor. Bei den wenigen bestehenden Angaben für Kinderspielzeug fehlt eine Aussonderung hölzerner Artikel. Eine Beurteilung dieser Sektoren ist somit nicht möglich.

Tabelle 2. *Produktionswert von Verpackungsmitteln aus Holz* (*Statistisches Bundesamt* 1958–1964)

Erzeugnis	Produktionswert in 1000 DM 1958	1959	1960	1961	1962	1963	1964
Schwer-, Leicht- und Sperrholzfässer	34742	35975	35144	30559	29428	28423	28208
Kübel und* Bottiche sowie Böttcherwaren	1596	1189	1244	878	1030	1979	2482
Kisten	126741	137122	170024	172688	178299	171074	186784
speziell: Obst- und Gemüsesteigen sowie sonstige Spezialkisten für Nahrungs- und Genußmittel**	–	–	–	–	–	6196	9829
Zigarrenkisten	5198	4606	4537	4956	4703	4391	3615

* erst ab 1962 geführt
** erst ab 1963 geführt.

III. Eigenschaften der verwendeten Hölzer, Holzwerkstoffe und Hilfsstoffe und ihr Verhalten gegenüber Lebensmitteln

Das Holz der Nadel- und Laubbäume dient den lebenden Pflanzen zur Festigung ihrer Stämme, Äste und Wurzeln gegenüber Zug- und Druckbelastungen, zur Wasserleitung sowie zur Speicherung organischer Substanzen. Diesen verschiedenen Aufgaben ist der Bau des Holzgewebes angepaßt. Es stellt im wesentlichen einen aus parallel zur Stammachse verlaufenden Strängen von Holzfasern – bei Laubbäumen zusätzlich von Gefäßen – und Holzparenchymzellen gebildeten Körper dar, der durch senkrecht zur Stammachse, radial verlaufende Markstrahlen weiter aufgegliedert wird.

Stofflich setzt sich das Zellwandsystem des Holzes aus den sogenannten Zellwand- oder Membransubstanzen Cellulose, den Hemicellulosen und Lignin zusammen. In das Zellwandsystem eingelagert sind einmal die Stoffe, die die lebenden Zellinhalte bilden bzw. dem Zellstoffwechsel angehören, sowie in beträchtlicher Vielfalt und Menge weitere Substanzen, die im Sinne F. CZAPEKS (1920/21) als sekundäre Pflanzenstoffe anzusprechen sind. Die Nicht-Membranstoffe des Holzes werden als akzessorische Bestandteile oder kurz Holzinhaltstoffe, nicht ganz sinngemäß auch als Holzextraktstoffe, bezeichnet. Schließlich enthält das Hohlraumsystem des Holzes Wasser, dessen Anteil bis zu einer gewissen Grenze durch die

Sorptionseigenschaften der Hemicellulosen und Cellulose bestimmt wird und von der umgebenden Luftfeuchtigkeit abhängt, sowie ein Gasgemisch, das sich im lebenden Baum durch das Überwiegen von Kohlendioxyd gegenüber der Außenluft auszeichnet.

1. Membransubstanzen

Unter Membransubstanzen bilden die Cellulosemoleküle, die sich übermolekular zu Fibrillen und Fasern zusammenlagern, das eigentlich tragende Gerüst des Holzes. Die Cellulose aller Holzarten ist praktisch von gleichem, chemischen Aufbau und besteht aus langen Ketten β-glucosidisch in 1,4-Stellung miteinander verbundenen Glucosebausteinen. Der Durchschnittspolymerisationsgrad nativer Cellulose liegt zwischen 3000–15000 (K. KÜRSCHNER, 1962).

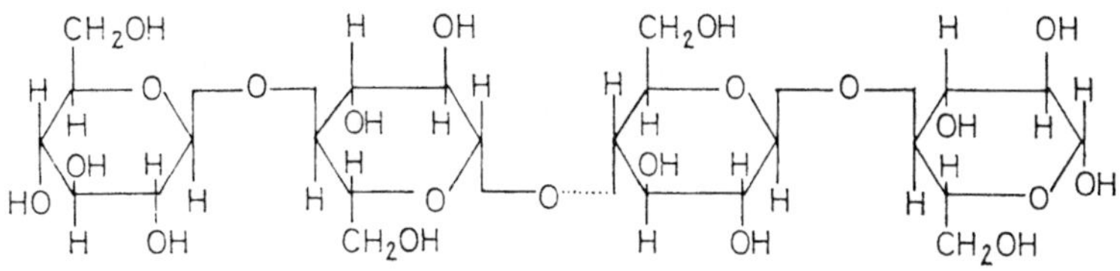

Cellulose

Eng mit der Cellulose verknüpft nehmen die Hemicellulosen des Holzes – nach H. STAUDINGER und F. REINECKE (1939) auch als Holzpolyosen bezeichnet – am Aufbau des Zellwandgerüstes teil. Diese Gruppe verschiedener polymerer Kohlenhydrate des Holzes enthält als Grundbausteine vorwiegend Glucose, Xylose und Mannose, in geringerer Menge auch Galaktose, Arabinose und Rhamnose sowie teilweise die Uronsäuren der genannten Zucker. Die überwiegend β-glycosidisch in 1,4-Stellung verknüpften, teilweise auch verzweigten, amorphen Moleküle weisen Durchschnittspolymerisationsgrade zwischen ca. 50–300 auf. Eine Sonderstellung nehmen die stärker orientierten Cellulosane ein, die etwa gleiche Kettenlängen wie die Cellulose haben (K. KÜRSCHNER, 1962). Zwischen Laub- und Nadelhölzern besteht insofern ein Unterschied, als erstere meist höhere Hemicelluloseanteile aufweisen, die hier vorwiegend aus Pentosen aufgebaut sind, während letztere einen vergleichsweise höheren Mannangehalt besitzen.

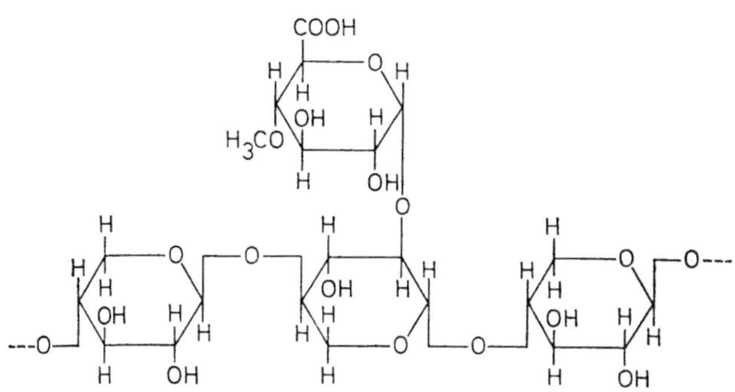

Saures Laubholzxylan

Die dritte Hauptkomponente des Holzes, das Lignin, ist aromatischer Natur. Das Makromolekül, dessen Molekulargewicht um ca. 10000 oder höher liegt, ist aus Phenylpropaneinheiten aufgebaut, die vorwiegend über Ätherbrücken, seltener direkt über Kohlenstoffatome miteinander verbunden sind. Nach K. FREUDENBERG (1964) kommt dem Lignin der Fichte das dargestellte Formelschema zu.

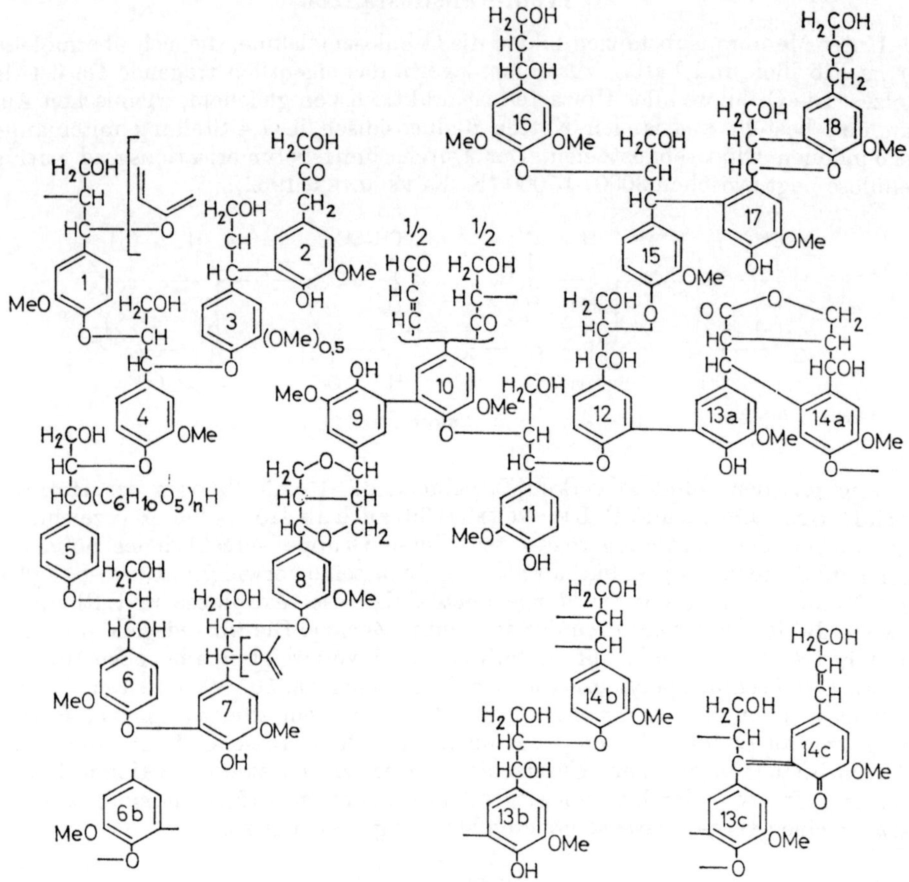

Formelschema des Fichtenlignins (K. FREUDENBERG, 1964)

Der chemische Aufbau des Lignins der verschiedenen Holzarten ist nach heutiger Kenntnis recht ähnlich; als Grundeinheiten überwiegen jedoch bei den Nadelhölzern Guajacyl-, bei den Laubhölzern Syringylbausteine.

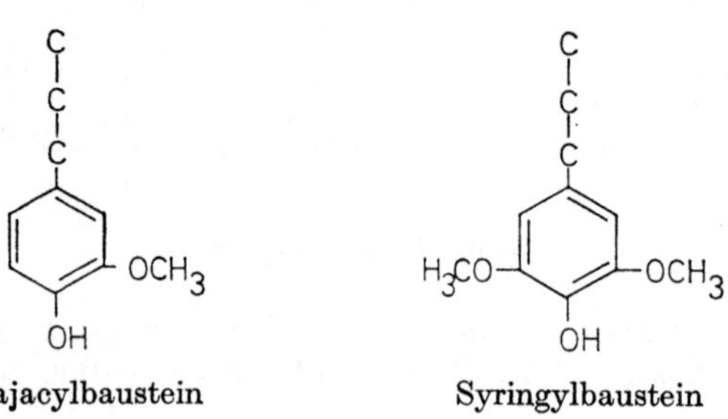

Guajacylbaustein Syringylbaustein

Das amorphe Lignin wird im Zuge der Verholzung pflanzlicher Gewebe in das zunächst aus Cellulose und Hemicellulosen gebildete Zellwandgerüst eingelagert und erhöht vornehmlich die Druckfestigkeit des Holzes. Eine weitere Imbibierung noch vorhandener Hohlräume des Zellwandgerüstes kann durch kondensierte oder polymerisierte Holzinhaltstoffe, vorwiegend während der sogenannten Holzverkernung, erfolgen.

Die Membransubstanzen des Holzes sind mit Ausnahme gewisser Hemicellulosen sowie geringer Ligninanteile nicht löslich. Die Färbung der Polysaccharide ist weiß, die des Lignins sehr schwach bräunlich gelb. Alle Membransubstanzen sind geruchlos. Die mit Alkohol in Lösung gebrachten Anteile färben den Auszug praktisch nicht; eine sehr geringe Braunfärbung zeigen nur Auszüge mit verdünnter Lauge. Dem Menschen gegenüber scheinen alle Membransubstanzen keinerlei nachteilige physiologische Wirkungen auszuüben.

2. Akzessorische Bestandteile

Im Gegensatz zum weitgehend gleichförmigen chemischen Aufbau der Membransubstanzen des Holzes sind die Holzinhaltsstoffe von sehr unterschiedlicher chemischer Natur. So finden sich in den lebenden Gewebeanteilen des Holzes einmal die „primären Pflanzenstoffe" (F. Czapek, 1920/21), die am Stoffwechsel der lebenden Zellen beteiligt sind, wie z.B. Aminosäuren, Amide, Proteine, Nucleinsäuren, Kohlenhydrate, organische Säuren, Fette usw. Weiterhin enthalten die verschiedenen Holzarten eine Vielfalt „sekundärer Stoffe", die nach F. Czapek (1920/21) dadurch charakterisiert werden, „daß es sich bei ihrer Bildung um Prozesse handelt, die nicht jedem Zellplasma eigen sind ...". Zu dieser Gruppe von Holzinhaltstoffen rechnen u.a. – wobei eine Abgrenzung gegenüber den primären Stoffen nicht immer möglich ist – gewisse aliphalische Säuren, Fette und fette Öle, Terpene und Terpenoide – darunter ätherische Öle, Harze, Phytosterine, Kautschuk – Kohlenwasserstoffe, Wachse, aromatische Verbindungen und ihre Derivate – darunter flavonoide Stoffe, Gerbstoffe, Lignane, Stilbene, Phenylpropane, Cumarine, Chinone – sowie stickstoffhaltige Verbindungen, darunter im wesentlichen Alkaloide (K. Paech, 1950; W. Ruhland, 1958).

Während – wie die Membransubstanzen – die primären Inhaltstoffe der verschiedenen Holzarten in ihrer chemischen Zusammensetzung keine wesentlichen Unterschiede aufweisen, sind die sekundären Holzinhaltstoffe in den einzelnen Holzarten nach Art und Menge sehr verschieden vertreten. Ihre An- oder Abwesenheit verursacht erst die bemerkenswerten Eigenarten vieler Hölzer, wie Färbung, Geruch, Geschmack, Giftigkeit, Resistenz gegen Pilz- und Insektenbefall usw. (W. Sandermann, 1956). Das Auftreten spezieller sekundärer Holzinhaltstoffe in einzelnen oder Gruppen verwandter Holzarten ist oft so ausgeprägt, daß es ihre chemotaxonomische Bestimmung erlaubt (H. Erdtman, 1963; R. Hegnauer, 1962). Da die primären Inhaltstoffe der Hölzer nach ihrem chemischen Aufbau und Verhalten mit den Bestandteilen pflanzlicher Lebensmittel praktisch übereinstimmen, sei im Hinblick auf ihre möglichen Einflüsse Lebensmitteln gegenüber auf Bd. I dieses Handbuches verwiesen.

In der folgenden Zusammenstellung der lebensmittelrechtlich interessierenden Holzarten wurden daher nur die *sekundären* Holzinhaltstoffe aufgeführt.

In dieser Zusammenstellung sind weiterhin Angaben über die Rohdichte* sowie die Holzfärbung enthalten, um einen Eindruck über das Gewicht und das Aussehen der verschiedenen

---

* Die Rohdichte bezeichnet das Verhältnis des Gewichts zum Rauminhalt eines Holzkörpers im darrtrocknen, d.h. wasserfreien Zustand.

Holzarten zu vermitteln. Die Aussagen über den Geruch von Hölzern sind mit gewisser Vorsicht zu behandeln, da hier eine Beeinflussung durch verschiedene Faktoren, wie z. B. den Feuchtigkeitsgehalt oder die Lagerungszeit des Holzes, auftritt. Die aufgeführten Werte und Beschreibungen beziehen sich weitgehend auf H. GOTTWALD (1958). Über den Geschmack von Hölzern liegen keine sicheren Angaben vor; hinsichtlich dieser Eigenschaft kann auf die anwesenden Inhaltsstoffe verwiesen werden, deren Geschmack teilweise bekannt ist. Durch Behandlung der verschiedenen Holzarten mit Lösungsmitteln, schwacher Säure oder Lauge wurde die An- bzw. Abwesenheit färbender Substanzen ermittelt, die bei sinngemäßer Übertragung auf Lebensmittel auch auf diese einen entsprechenden Einfluß ausüben dürften.

Die verwendeten *Abkürzungen* bedeuten, daß die Auszüge erhalten wurden mit W = Wasser, S = Säure (Essigsäure, pH 2,5), L = Lauge (Natronlauge, pH 10), A = Äthylalkohol, Ö = Pflanzenöl. Schließlich wurde unter der Rubrik „Physiologische Wirkung“* aufgeführt, ob das betreffende Holz oder einzelne enthaltene Inhaltsstoffe toxische oder sonstige nachteilige physiologische Wirkungen dem Menschen gegenüber verursachen. Alle Angaben der Zusammenstellung beziehen sich nur auf Holz, insbesondere das in der Praxis meist verwendete Kernholz der verschiedenen Holzarten, wogegen die stofflichen Komponenten und Eigenschaften anderer Baumanteile wie Rinden, Wurzeln oder Blätter nicht berücksichtigt wurden. Die Reihenfolge der einzelnen Holzarten wurde des besseren Vergleiches wegen wie in Tabelle 1 aufgestellt.

a) Nadelhölzer

Araucariaceae

Agathis alba Foxw.

Rohdichte: 0,46
Holzfärbung: Kernfärbung nicht ausgeprägt, bräunlich gelb
Geruch: –
Färbung der Auszüge: –
Holzinhaltstoffe: Im Harz Agathendicarbonsäure und α-Pinen. Schizogene Harzgänge auf Blätter und Rinde beschränkt (R. HEGNAUER, 1962), im Holz tritt Harz in Markstrahlen und teilweise Tracheiden auf (G. GREGUSS, 1955).

Cupressaceae

Cupressus sempervirens Linn.

Rohdichte: 0,46
Holzfärbung: Kernfärbung nicht ausgeprägt, gelblich braun
Geruch: Stark aromatisch
Färbung der Auszüge: L = gelb
Holzinhaltstoffe: Phenylurethan, Cedrol, Carvacrolmethyläther, Nootkatin (G. DI MODICA und P.F. ROSSI, 1955, 1956), Manool, D-Borneol, D-Bornylacetat, Carvacrol, β-Thujaplicin (C. ENZELL und H. ERDTMAN, 1957), Communsäure, Cupressinsäure, Isocupressinsäure (L. MANGONI und M. BELARDINI, 1964).

Juniperus communis Linn.

Rohdichte: 0,46
Holzfärbung: Splint weiß, Kernholz hell violett, später rotbraun
Geruch: Scharf aromatisch
Färbung der Auszüge: –
Holzinhaltstoffe: β-Sitosterin, Sugiol, Ferruginol (J. B-SON BREDENBERG und J. GRIPENBERG, 1956), Δ^9-Dehydroferruginol (J. B-SON BREDENBERG, 1957), Thujobsen, Cuparen, Humulen, Cedrol, Widdrol, Cadinol, daneben wahrscheinlich Calamenen, δ-Cadinen, α- und β-Thujaplicin, Nootkatin, ein Isocadinen (J. B-SON BREDENBERG, 1961, Carvacrol (H. ERDTMAN, 1963).

Pinaceae

Abies alba Mill.

Rohdichte: 0,43
Holzfärbung: Fast weiß, ohne Kernfärbung
Geruch: –
Färbung der Auszüge: –
Holzinhaltstoffe: Nicht bekannt. Balsam mit verschiedenen bekannten Stoffen tritt im gesunden, unverletzten Holz nicht auf (H. WIENKAUS und K. MUCKE, 1942, R. HEGENAUER, 1962).

* Wenn nicht besonders vermerkt, ist die physiologische Wirkung bisher nicht bekannt.

Larix decidua Mill.
Rohdichte: 0,54
Holzfärbung: Splint gelblich, Kernholz rötlich braun
Geruch: In frischem Zustand stark aromatisch
Färbung der Auszüge: –
Holzinhaltstoffe: α-Pinen (E. GILDEMEISTER und F. HOFFMANN, 1956), Taxifolin, Aromadendrin (J. GRIPENBERG, 1952), Liovil, Seco-iso-lariciresinol (K. FREUDENBERG und K. WEINGES, 1959), Larixylacetat (H. WIENHAUS u. Mitarb., 1960), Lävopimarsäure, Isodextropimarsäure, Abietinsäure und Neoabietinsäure (G. WEISSMANN, 1965).

Picea abies Karst.
Rohdichte: 0,43
Holzfärbung: Fast weiß, ohne Kernfärbung
Geruch: –
Färbung der Auszüge: –
Holzinhaltstoffe: (–)-Hydroxy-matairesinol, (–)-Allohydroxymatairesinol, (–)-α-Conidendrin, (+)-Pinoresinol, (–)-Liovil, (–)-Matairesinol, (–)-Lariciresinol, (+)-Oxo-matairesinol, 3,4-Divanillyl-tetrahydrofuran, Coniferylaldehyd, Vanillin (K. FREUDENBERG und L. KNOF, 1957), Abietinsäure, Neoabietinsäure, Laevopimarsäure, Dehydro- und Dihydroabietinsäure (S.K. KAHILA, 1957).

Pinus palustris Mill.
Rohdichte: 0,63
Holzfärbung: Splint gelblich, Kernholz rötlich braun
Geruch: In frischem Zustand aromatisch
Färbung der Auszüge: –
Holzinhaltstoffe: Pinosylvindimethyläther (H. ERDTMAN, 1943), Pinosylvinmonomethyläther, Pinocembrin, Pinobanksin (H. ERDTMAN, 1963), Abietinsäure, Neobietinsäure, Dehydro- und Dihydroabietinsäure, Palustrinsäure, Laevopimarsäure, Dextropimarsäure, Isodextropimarsäure (G.C. HARRIS, 1948; V.M. LOEBLICH u. Mitarb., 1955; W.H. SCHULLER u. Mitarb., 1959), Isodextropimarinal (G.C. HARRIS und T.F. SANDERSON, 1948), Dextropimarinal (E.C. MCROBERTS und R.V. LAWRENCE, 1956). Hauptbestandteile des Terpentinöls sind α- und β-Pinen (E. GILDEMEISTER und F. HOFFMANN, 1956).

Pinus radiata D. Don.
Rohdichte: 0,41
Holzfärbung: Splint weiß, Kernholz blaßbraun
Geruch: In frischem Zustand aromatisch
Färbung der Auszüge: –
Holzinhaltstoffe: Abietinsäure, Neobietinsäure, Laevopimarsäure, Dextropimarsäure (B.A. ARBUZOV und A.G. KHISMATULLINA, 1958), Pinosylvinmonomethyläther, Pinocembrin, Pinobanksin (H. ERDTMAN, 1963). Hauptbestandteile des Terpentinöls sind α- und β-Pinen (E. GILDEMEISTER und F. HOFFMANN, 1956).

Pinus strobus Linn.
Rohdichte: 0,38
Holzfärbung: Splint gelblich, Kernholz hellbraun
Geruch: In frischem Zustand aromatisch
Färbung der Auszüge: –
Holzinhaltstoffe: Pinosylvin, Pinosylvinmonomethyläther, Dihydro-pinosylvinmonomethyläther, Pinocembrin, Pinobanksin, Pinostrobin, Chrysin, Tectochrysin, Strobopinin, Cryptostrobin, Strobochrysin, Strobobanksin (G. LINDSTEDT und A. MISIORNY, 1951; H. ERDTMAN, 1963). Hauptbestandteile des Terpentinöls sind α- und β-Pinen (E. GILDEMEISTER und F. HOFFMANN, 1956).

Pinus sylvestris Linn.
Rohdichte: 0,47
Holzfärbung: Splint weiß, Kernholz rötlich, nachbräunend
Geruch: In frischem Zustand aromatisch
Färbung der Auszüge: –
Holzinhaltstoffe: Pinosylvin, Pinosylvinmonomethyläther, Pinocembrin, Pinobanksin (H. ERDTMAN, 1963), Palustrinsäure, Pimarsäure, Isopimarsäure, Laevopimarsäure,

Abietinsäure, Neoabietinsäure, Dehydroabietinsäure (H. H. BRUUN und S. GÅSLAND, 1960) Dextropimarsäure, Isodextropimarsäure, (J. J. BARDISHEV u. Mitarb. 1960), Dehydroabietinal, Abietinal, Pimarinal, Isopimarinal, Abietinol, Pimarinol, Isopimarinol, Pimaridien, Isopimaradien (H. ERDTMAN und L. WESTFELD, 1963). Hauptbestandteile des Terpentinöls sind α- und β-Pinen sowie Δ^3-Caren (E. GILDEMEISTER und F. HOFFMANN, 1956).
Physiologische Wirkung: Δ^3-Caren-haltiges Terpentinöl skandinavischer Provenienz soll vereinzelt zu Hautreizungen und Blasenausschlägen führen (M. BAUMER, 1955).

Pseudotsuga menziesii Franco
Rohdichte: 0,50
Holzfärbung: Splint fast weiß, Kernholz gelblich braun
Geruch: In frischem Zustand eigentümlich aromatisch
Färbung der Auszüge: –
Holzinhaltstoffe: Taxifolin (J. C. PEW, 1948), Taxifolin-3-glucosid, Quercetin-3-glucosid (H. L. HERGERT und O. GOLDSCHMID, 1958), Coniferylaldehyd (R. A. BLACK u. Mitarb., 1953). Hauptbestandteile des Terpentinöls sind α- und β-Pinen neben α-Terpineol und Limonen (E. GILDEMEISTER und F. HOFFMANN, 1956).

Tsuga heterophylla Sarg.
Rohdichte: 0,46
Holzfärbung: Ohne Kernfärbung, bräunlich grau
Geruch: –
Färbung der Auszüge: –
Holzinhaltstoffe: Conidendrin (F. E. BRAUNS, 1945), Matairesinol (G. M. BARTON und J. A. F GARDNER, 1962).

Podocarpaceae
Podocarpus gracilior Pilg.
Rohdichte: 0,45
Holzfärbung: Ohne Kernfärbung, gelblich braun
Geruch: –
Färbung der Auszüge: –
Holzinhaltstoffe: Nicht bekannt.

Taxaceae
Taxus baccata Linn.
Rohdichte: 0,59
Holzfärbung: Splint gelblich, Kernholz gelb bis rotbraun
Geruch: –
Färbung der Auszüge: L = braun, A = gelb
Holzinhaltstoffe: Isotaxiresinol, Sequoyit (F. E. KING u. Mitarb., 1952), vermutlich „Taxin" als Alkaloidgemisch (R. BAUEREIS und W. STEIERT, 1959).
Physiologische Wirkung: Der Schleifstaub des Holzes verursacht Reizungen und Entzündungen auf der Haut und in den Atemwegen sowie Kopfschmerzen und allgemeines Unwohlsein (F. MOLL, 1950). Taxin B, eine Komponente des Rohtaxins, schädigt primär die Herztätigkeit und besitzt eine toxische Wirkung bei einer Dosis von wenigen Milligramm pro Kilogramm (R. BAUEREIS und W. STEINERT, 1959).

Taxodiaceae
Cryptomeria japonica D. Don
Rohdichte: 0,29
Holzfärbung: Splint gelblich weiß, Kernholz rotbraun
Geruch: aromatisch
Färbung der Auszüge: L = rötlich
Holzinhaltstoffe: Cadinen, Suginen (H. KIMURA, 1909), Sugiol, Xanthoperol, Isodextropimarsäure (T. KONDO u. Mitarb., 1959), Phyllocladanol, Isophyllocladen (T. KONDO u. Mitarb., 1960), Cryptomeridiol, Sciadin, Methyl-sciadopat (M. SUMIMOTO, 1964), Ferruginol, Sanderaco-pimarinol (S. NAGAHAMA, 1964a), β-Eudesmol, Pilgerol, δ-Cadinen, Calamenen, Calacoren, Copaen (S. NAGAHAMA, 1964b), Sugiresinol, Hydroxy-sugiresinol (Y. KAI, 1965).

Sequoia sempervirens Endl.
Rohdichte: 0,37
Holzfärbung: Splint gelblich, Kernholz hellrot, nachbräunend
Geruch: –
Färbung der Auszüge: L = hellbraun
Holzinhaltstoffe: Pinit (E.C. SHERRARD und E.F. KURTH, 1928), Sequoyit (E.C. SHERRARD und E.F. KURTH, 1929), Sequoyin, Isosequein (E.C. SHERRARD und E.F. KURTH, 1933).

b) Laubhölzer

Aceraceae
Acer pseudoplatanus Linn.
Rohdichte: 0,56
Holzfärbung: Kernfärbung nicht ausgeprägt, fast weiß, später vergilbend
Geruch: –
Färbung der Auszüge: –
Holzinhaltstoffe: Ellagsäure, Kaffeesäure, p-Cumarsäure, Sinapinsäure(?), Gallussäure (E.C. BATE-SMITH, 1962).

Anacardiaceae
Antrocaryon klaineanum Pierre
Rohdichte: 0,48
Holzfärbung: Splint grau, Kernholz graurosa bis hellrot
Geruch: –
Färbung der Auszüge: L = hellbraun
Holzinhaltstoffe: Nicht bekannt.

Apocynaceae
Alstonia congensis Engl.
Rohdichte: 0,32
Holzfärbung: Kernfärbung nicht ausgeprägt, fast weiß
Geruch: –
Färbung der Auszüge: –
Holzinhaltstoffe: Nicht bekannt.

Dyera costulata Hook. f.
Rohdichte: 0,39
Holzfärbung: Kernfärbung nicht ausgeprägt, fast weiß
Geruch: –
Färbung der Auszüge: –
Holzinhaltstoffe: Im Milchsaft Lupeolacetat, α- und β-Amyrinacetat (N.H. COHEN, 1907, G.H. HILLEN, 1913), Dambonit (A.J. COMOLLO und A.K. KIANG, 1953), D-Bornesit, Myoinosit (S.J. ANGYAL u. Mitarb., 1957), Kautschuk (W. SANDERMANN u. Mitarb., 1963).

Aspidosperma polyneuron Muell. Arg.
Rohdichte: 0,7
Holzfärbung: Splint blaßgelb, Kernholz gelblich braun bis rosarot, teilweise rotbraun gestreift
Geruch: –
Färbung der Auszüge: –
Holzinhaltstoffe: Aspidospermin (T. PECKOLT, 1909)
Physiologische Wirkung: Verschiedene, nicht eindeutig gekennzeichnete Aspidosperma-Arten verursachen Brechreiz, Bewußtseinsstörungen, Schlafsucht, Augenzittern und asthmatische Atemstörungen, in schweren Fällen Bewußtlosigkeit, starke Schweißausbrüche und Krampfstadien. Vornehmlich frisches Holz kann Dermatosen auslösen (F.W. FREISE, 1937). Aspidospermin und andere Aspidosperma-Alkaloide verursachen Lähmungserscheinungen bis zum Herzstillstand (O. HESSE, 1882; L. FLORIANI, 1931).

Aspidosperma quebracho-blanco Schlecht.
Rohdichte: 0,8
Holzfärbung: Kernfärbung nicht ausgeprägt, gelb bis braun- oder orangerot, teilweise streifig
Geruch: –

Färbung der Auszüge: W = gelbbraun, S = gelbbraun, L = braun, A = gelbbraun
Holzinhaltstoffe: Nicht bekannt.
Physiologische Wirkung: Vgl. *Aspidosperma polyneuron.*

Araliaceae
Acanthopanax ricinifolius Seem.
Rohdichte: 0,49
Holzfärbung: Splint fast weiß, Kernholz hell- bis graugelb
Geruch: –
Färbung der Auszüge: –
Holzinhaltstoffe: Oleanolsäure-Saponin (T. TAKAHASHI und M. MIYAZAKI, 1962).

Betulaceae
Alnus glutinosa Gaertn.
Rohdichte: 0,48
Holzfärbung: Kernfärbung nicht ausgeprägt, blaß rötlich gelb
Geruch: –
Färbung der Auszüge: L = rotbraun
Holzinhaltstoffe: Alnulin (H. WIENHAUS und H. G. DÄSSLER, 1956), Dimethoxy-iso-lariciresinol-xylosid (K. WEINGES, 1961)
Physiologische Wirkung: Auslösung von Dermatosen vermutlich durch Gerbstoffe (S. BRÜGEL und A. PERUTZ, 1927); nach H. G. DÄSSLER und H. URZYNICOK (1958) kommt dem Erlenholz-Gerbstoff eindeutig keine hautreizende Wirkung zu.

Betula alba Linn.
Rohdichte: 0,58
Holzfärbung: Kernfärbung nicht ausgeprägt, gelblich weiß bis rötlich gelb
Geruch: –
Färbung der Auszüge: –
Holzinhaltstoffe: Nicht bekannt.

Carpinus betulus Linn.
Rohdichte: 0,71
Holzfärbung: Kernfärbung nicht ausgeprägt, hellgrau bis gelblich weiß
Geruch: –
Färbung der Auszüge: –
Holzinhaltstoffe: Nicht bekannt.

Bignoniaceae
Paratecoma peroba Kuhlm.
Rohdichte: 0,69
Holzfärbung: Splint gelblich weiß, Kernholz bräunlich gelb bis hellbraun
Geruch: –
Färbung der Auszüge: –
Holzinhaltstoffe: Lapachonon (W. SANDERMANN und A. W. BARGHOORN, 1955; R. LIVINGSTONE und M. C. WHITING, 1955), Lapachol (W. SANDERMANN und H. H. DIETRICHS, 1957)
Physiologische Wirkung: Lapachonon löst starke Hautreizungen aus (W. SANDERMANN und A. W. BARGHOORN, 1955), Lapachol wurde als Allergen des Teakholzes (*Tectona grandis*) ermittelt (K. H. SCHULZ, 1962).

Bombacaceae
Ochroma lagopus Sw.
Rohdichte: ab ca. 0,12
Holzfärbung: Splint fast weiß, Kernholz blaß rötlich braun
Geruch: –
Färbung der Auszüge: –
Holzinhaltstoffe: Nicht bekannt.

Burseraceae
Aucoumea klaineana Pierre
Rohdichte: 0,41
Holzfärbung: Splint grau, Kernholz grau bis blaß rosa
Geruch: –

Färbung der Auszüge: –
Holzinhaltstoffe: Im Harz gebunden α- und β-Amyrin, α-Elemolinsäure (G. Dupont u. Mitarb., 1948).

Canarium schweinfurthii Engl.

Rohdichte: 0,46
Holzfärbung: Splint weiß bis blaß rosa, Kernholz gelblich grau
Geruch: –
Färbung der Auszüge: –
Holzinhaltstoffe: D-Limonen, β-Amyrin, α-Elemolsäure, β-Elemonsäure (R. Bhuvanendram u. Mitarb., 1950).

Buxaceae
Buxus sempervirens Linn.

Rohdichte: 0,95
Holzfärbung: Splint blaß gelb, Kernholz wachsgelb
Geruch: –
Färbung der Auszüge: –
Holzinhaltstoffe: Nicht bekannt
Physiologische Wirkung: Bei längerer Beschäftigung mit dem Holz sollen leichtere Erkrankungen möglich sein (W. Sandermann und A. W. Barghoorn, 1956a).

Combretaceae
Terminalia ivorensis A. Chev

Rohdichte: 0,49
Holzfärbung: Splint gelblich, Kernholz blaß grünlich gelb, später gelbbraun nachdunkelnd
Geruch: –
Färbung der Auszüge: L = grün gelb, A = gelb
Holzinhaltstoffe: β-Sitosterin, Terminolsäure, Ellagsäure (F. E. King u. Mitarb., 1955; F. E. King und T. J. King, 1956).

Terminalia superba Engl. & Diels

Rohdichte: 0,52
Holzfärbung: Kernfärbung nicht ausgeprägt, grau bis grünlich gelb
Geruch: In frischem Zustand teilweise unangenehm
Färbung der Auszüge: –
Holzinhaltstoffe: Kautschuk (W. Sandermann u. Mitarb., 1963)
Physiologische Wirkung: Bei Splitterverletzungen weit über das übliche Maß hinausgehende und sich ausbreitende, eiternde Entzündungen (W. Sandermann und A. W. Barghoorn, 1956a).

Compositae
Brachylaena hutchinsii Hutch.

Rohdichte: 0,81
Holzfärbung: Splint gelblich weiß, Kernholz mattgelb bis braun, streifig
Geruch: In frischem Zustand stark aromatisch
Färbung der Auszüge: L = braun, A = hellgelb
Holzinhaltstoffe: Nicht bekannt.

Cornaceae
Cornus florida Linn.

Rohdichte: 0,82
Holzfärbung: Splint graurosa, Kernholz rotbraun
Geruch: –
Färbung der Auszüge: –
Holzinhaltstoffe: Nicht bekannt.

Dipterocarpaceae
Anisoptera marginata Korth.

Rohdichte: 0,6
Holzfärbung: Splint blaßgelb, Kernholz gelb, später bräunlich
Geruch: –
Färbung der Auszüge: A = hellgelb
Holzinhaltstoffe: Nicht bekannt.

Dipterocarpus alatus Roxb.
Rohdichte: 0,72
Holzfärbung: Splint grau bis hellbraun, Kernholz rotbraun, häufig mit violetter Tönung
Geruch: In frischem Zustand angenehm aromatisch
Färbung der Auszüge: –
Holzinhaltstoffe: Dipterocarpol (P. CRABBÉ u. Mitarb., 1958)
Physiologische Wirkung: Auslösung von Dermatosen und Schleimhautreizungen, Entzündungen nach Splitterverletzungen (R. WAGENFÜHR, 1961).

Hopea odorata Roxb.
Rohdichte: 0,7
Holzfärbung: Splint blaßgelb, Kernholz gelb, schnell goldbraun bis rotbraun nachdunkelnd
Geruch: –
Färbung der Auszüge: S = gelbbraun, L = rotbraun, A = rotbraun
Holzinhaltstoffe: Nicht bekannt.

Ebenaceae
Diospyros celebica Bakh.
Rohdichte: 1,1
Holzfärbung: Splint rosagrau oder blaß rotbraun, Kernholz schwarz und rötlich braun gestreift
Geruch: –
Färbung der Auszüge: W = gelb, S = grünlich braun, L = braun, A = schwarzbraun, Ö = gelblich grün
Holzinhaltstoffe: 2-Hydroxy-6-methyl-1,8-dimethoxy-naphthalin sowie der 2-Methyläther, Betulinsäure (A. G. BROWN u. Mitarb., 1965).
Physiologische Wirkung: Das Holz soll Hauterkrankungen verursachen (W. SANDERMANN und A. W. BARGHOORN, 1956b).

Diospyros crassiflora Hiern
Rohdichte: 1,06
Holzfärbung: Splint rötlich grau bis graubraun, Kernholz schwarz
Geruch: –
Färbung der Auszüge: W = braun, S = grünlich braun, L = braun, A = gelb
Holzinhaltstoffe: Nicht bekannt.

Eucryphiaceae
Eucryphia cordifolia Cav.
Rohdichte: 0,58
Holzfärbung: Splint hellbraun, Kernholz blaß rot bis rotbraun
Geruch: –
Färbung der Auszüge: L = rotbraun
Holzinhaltstoffe: Nicht bekannt.

Euphorbiaceae
Hura crepitans Linn.
Rohdichte: 0,37
Holzfärbung: Splint gelblich weiß, Kernholz ähnlich bis olivgrau
Geruch: –
Färbung der Auszüge: –
Holzinhaltstoffe: Nicht bekannt.

Fagaceae
Castanea sativa Mill.
Rohdichte: 0,56
Holzfärbung: Splint grau, Kernholz gelbbraun, nachdunkelnd
Geruch: –
Färbung der Auszüge: S = gelbbraun, L = braun
Holzinhaltstoffe: Castalagin, Vescalagin (W. MAYER u. Mitarb., 1959).

Fagus sylvatica Linn.
Rohdichte: 0,64
Holzfärbung: Splint hellgrau mit blaß gelblicher oder rötlicher Tönung, Kernholz rotbraun

Geruch: Frisches Kernholz selten säuerlich
Färbung der Auszüge: –
Holzinhaltstoffe: 4-Methyl-coniferylaldehyd (E. Plath und L. Plath, 1955), Ferulasäure, Syringasäure, Sinapinsäure, Coniferylaldehyd, Sinapinaldehyd, Catechin, 2,6-Dimethoxy-p-chinon (K. Freudenberg und G. Singh Sidhu, 1961), Epicatechin (H. H. Dietrichs, 1964).

Nothofagus procera Oerst.
Rohdichte: 0,50
Holzfärbung: Splint graurosa, Kernholz hellrot bis rotbraun
Geruch: –
Färbung der Auszüge: L = rotbraun, A = braun
Holzinhaltstoffe: Gallussäure, Engelitin, Isoengelitin (N. F. Janes und J. W. W. Morgan, 1960).

Quercus robur Linn.
Rohdichte: 0,63
Holzfärbung: Splint grau, Kernholz graugelb, später hell- bis dunkelbraun
Geruch: In frischem Zustand säuerlich
Färbung der Auszüge: W = graubraun, L = grünlich braun, A = schwach braun
Holzinhaltstoffe: Nicht bekannt.

Flacourtiaceae
Gossypiospermum praecox P. Wilson
Rohdichte: 0,75
Holzfärbung: Kernfärbung nicht ausgeprägt, gelblich weiß bis reingelb
Geruch: –
Färbung der Auszüge: –
Holzinhaltstoffe: Nicht bekannt.

Gonystylaceae
Gonystylus bancanus Baill.
Rohdichte: 0,55
Holzfärbung: Kernfärbung nicht ausgeprägt, gelblich weiß
Geruch: In frischem Zustand unangenehm
Färbung der Auszüge: –
Holzinhaltstoffe: Nicht bekannt.

Hippocastaneaceae
Aesculus hippocastanum Linn.
Rohdichte: 0,50
Holzfärbung: Splint gelblich weiß, Kernholz wenig unterschieden bis bräunlich
Geruch: Teilweise muffig
Färbung der Auszüge: L = hellgelb
Holzinhaltstoffe: Nicht bekannt.

Humiriaceae
Saccoglottis gabonensis Urb.
Rohdichte: 0,84
Holzfärbung: Splint rötlich, Kernholz blaß violett bis matt rot, nachbräunend
Geruch: –
Färbung der Auszüge: –
Holzinhaltstoffe: Nicht bekannt.

Juglandaceae
Carya tomentosa Nutt.
Rohdichte: 0,8
Holzfärbung: Splint fast weiß, Kernholz rötlich braun
Geruch: –
Färbung der Auszüge: –
Holzinhaltstoffe: Nicht bekannt.

Juglans regia Linn.
Rohdichte: 0,65
Holzfärbung: Splint grau bis rötlich, Kernholz grau- bis dunkelbraun, häufig gestreift
Geruch: In frischem Zustand angenehm säuerlich
Färbung der Auszüge: –
Holzinhaltstoffe: Nicht bekannt.

Lauraceae
Ocotea rubra Mez.
Rohdichte: 0,54
Holzfärbung: Splint blaß braun, Kernholz rot, rotbraun nachdunkelnd
Geruch: In frischem Zustand unangenehm
Färbung der Auszüge: –
Holzinhaltstoffe: Nicht bekannt.

Leguminosae – Mimosoideae
Acacia harpophylla F. Muell.
Rohdichte: 0,93
Holzfärbung: Splint blaß gelb, Kernholz uneinheitlich von rotbraun bis gelboliv
Geruch: In frischem Zustand starker Veilchenduft
Färbung der Auszüge: L = gelbbraun, A = hellgelb
Holzinhaltstoffe: Nicht bekannt.

Albizzia falcata Backer
Rohdichte: 0,4
Holzfärbung: Splint grau bis blaßbraun, Kernholz blaß rosa bis hellbraun
Geruch: –
Färbung der Auszüge: –
Holzinhaltstoffe: Nicht bekannt
Physiologische Wirkung: Das Holz zeigt starke schleimhautreizende Wirkung (K. Griffioen, 1949).

Piptadenia rigida Benth.
Rohdichte: 0,96
Holzfärbung: Splint rötlich gelb, Kernholz blaß rot, rotbraun nachdunkelnd
Geruch: –
Färbung der Auszüge: W = rotbraun, S = rotbraun, L = rotbraun, A = rot
Holzinhaltstoffe: Nicht bekannt.

Leguminosae – Caesalpinioideae
Afzelia bipindensis Harms
Rohdichte: 0,7
Holzfärbung: Splint grau, Kernholz gelblich bis hellbraun, rötlich braun nachdunkelnd
Geruch: –
Färbung der Auszüge: W = gelb, S = gelb, L = hellbraun, A = braun
Holzinhaltstoffe: Afzelin (F.E. King und R.M. Acheson, 1950), Kämpferol, Dihydrokämpferol, Epiafzelechin (F.E. King u. Mitarb., 1955).

Caesalpinia echinata Lamb.
Rohdichte: 0,82
Holzfärbung: Splint fast weiß, Kernholz gelb bis orangerot, teilweise dunkelrot nachdunkelnd
Geruch: –
Färbung der Auszüge: W = gelb, S = gelb, L = dunkelrot, A = gelb
Holzinhaltstoffe: Brasilin (W. Sandermann u. Mitarb., 1958).

Caesalpinia granadillo Pitt.
Rohdichte: 1,03
Holzfärbung: Splint blaßgelb, Kernholz kaffeebraun
Geruch: –
Färbung der Auszüge: W = rotbraun, S = braun, L = braun, A = braun
Holzinhaltstoffe: Nicht bekannt.

Daniellia ogea Rolfe ex Holl.
Rohdichte: 0,48
Holzfärbung: Splint grau, Kernholz blaß rötlich braun, teilweise braun gestreift
Geruch: –
Färbung der Auszüge: L = rotbraun
Holzinhaltstoffe: Nicht bekannt.

Dicorynia guianensis Amsh.
Rohdichte: 0,72
Holzfärbung: Splint hellgrau, später blaß braun, Kernholz rosarot, sehr schnell violettbraun nachdunkelnd
Geruch: –
Färbung der Auszüge: L = braun, A = braun
Holzinhaltstoffe: Nicht bekannt.

Gossweilerodendron balsamiferum Harms
Rohdichte: 0,46
Holzfärbung: Splint rötlich grau, Kernholz gelbbraun
Geruch: In frischem Zustand schwach aromatisch
Färbung der Auszüge: L = hellbraun
Holzinhaltstoffe: Nicht bekannt.

Guibourtia tesmannii J. Léonard
Rohdichte: 0,76
Holzfärbung: Splint rötlich grau, Kernholz rot bis rotviolett
Geruch: –
Färbung der Auszüge: –
Holzinhaltstoffe: Guibourtacacidin, Guibourtinidin (D. G. Roux, 1959).

Hymenaea courbaril Linn.
Rohdichte: 0,82
Holzfärbung: Splint graubraun, Kernholz orange, rotbraun bis violett
Geruch: –
Färbung der Auszüge: W = rotbraun, S = rotbraun, L = rotbraun, A = rotbraun
Holzinhaltstoffe: Nicht bekannt.

Oxystigma oxyphyllum J. Léonard
Rohdichte: 0,55
Holzfärbung: Splint rötlich grau, Kernholz braun bis rotbraun
Geruch: –
Färbung der Auszüge: A = braun
Holzinhaltstoffe: Nicht bekannt.

Peltogyne venosa Benth.
Rohdichte: 0,82
Holzfärbung: Splint grau, Kernholz hell oliv, sehr schnell violett nachdunkelnd
Geruch: –
Färbung der Auszüge: S = dunkelrot, L = braun, A = rotviolett
Holzinhaltstoffe: Nicht bekannt.

Brya ebenus DC.
Rohdichte: 0,99
Holzfärbung: Splint blaß gelb, Kernholz hell oliv bis graubraun
Geruch: –
Färbung der Auszüge: S = bräunlich gelb, L = graubraun, A = braun
Holzinhaltstoffe: Nicht bekannt
Physiologische Wirkung: Das Holz soll Hautreizungen verursachen (W. Sandermann und A. W. Barghoorn, 1956b).

Dalbergia latifolia Roxb.
Rohdichte: 0,82
Holzfärbung: Splint geblich, Kernholz dunkelbraun bis violett
Geruch: In frischem Zustand scharf aromatisch

Färbung der Auszüge: S = braun, L = braun, A = violett, Ö = hellgelb
Holzinhaltstoffe: Latifolin, Dalbergin (M. M. RAO und T. R. SESHADRI, 1963), Dalbergion (C. B. DEMPSEY u. Mitarb., 1963).
Physiologische Wirkung: Nach den Ergebnissen von Epikutantests gegenüber sensibilisierten Personen lösen das Holz sowie Dalbergion („Chinon A“) Dermatosen aus (K. H. SCHULZ und H. H. DIETRICHS, 1962).

Dalbergia melanoxylon Guill. & Perr.

Rohdichte: 1,2
Holzfärbung: Splint gelb, Kernholz schwarz
Geruch: –
Färbung der Auszüge: W = braun, S = braun, L = braun, A = schwarz, Ö = gelb
Holzinhaltstoffe: Nicht bekannt
Physiologische Wirkung: Nach den Ergebnissen von Epikutantests gegenüber sensibilisierten Personen löst das Holz Dermatosen aus (K. H. SCHULZ und H. H. DIETRICHS, 1962).

Dalbergia nigra Allem.

Rohdichte: 0,82
Holzfärbung: Splint weiß, Kernholz gelb, schokoladen- bis violettbraun, von fast schwarzen Zonen unregelmäßig gestreift
Geruch: In frischem Zustand süßlich
Färbung der Auszüge: W = gelb, S = braun, L = rotbraun, A = braunschwarz, Ö = gelb
Holzinhaltstoffe: Dalbergion, 4'-Hydroxy-dalbergion, 4'-Methoxydalbergion (W. B. EYTON u. Mitarb., 1962)
Physiologische Wirkung: Nach den Ergebnissen von Epikutantests gegenüber sensibilisierten Personen lösen das Holz, Dalbergion („Chinon A“) und 4'-Methoxy-dalbergion („ChinonC“) Dermatosen aus (K. H. SCHULZ und H. H. DIETRICHS, 1962).

Dalbergia retusa Hemsl.

Rohdichte: 1,0
Holzfärbung: Splint fast weiß, Kernholz gelb- bis dunkelorange
Geruch: In frischem Zustand eigentümlich aromatisch, teilweise Zimt-ähnlich
Färbung der Auszüge: W = gelb, S = braun, L = rotbraun, A = dunkelrot, Ö = gelb
Holzinhaltstoffe: Dalbergion (H. H. DIETRICHS, 1965)
Physiologische Wirkung: Nach den Ergebnissen von Epikutantests gegenüber sensibilisierten Personen lösen das Holz sowie Dalbergion („Chinon A“) Dermatosen aus (K. H. SCHULZ und H. H. DIETRICHS, 1962).

Dalbergia variabilis Vog.

Rohdichte: 0,95
Holzfärbung: Splint fast weiß, Kernholz gelblich, durch rote Zonen lebhaft gestreift
Geruch: In frischem Zustand Rosen-ähnlich
Färbung der Auszüge: A = dunkelrot
Holzinhaltstoffe: Nicht bekannt.

Magnoliaceae
Liriodendron tulipifera Linn.

Rohdichte: 0,42
Holzfärbung: Splint weiß, Kernholz gelbgrün, olivbraun nachdunkelnd
Geruch: –
Färbung der Auszüge: –
Holzinhaltstoffe: Liriodenin (M. A. BUCHMAN und E. E. DICKEY, 1960).

Meliaceae
Cedrela mexicana M. J. Roem.

Rohdichte: 0,44
Holzfärbung: Splint graurosa, Kernholz gelb- bis rotbraun, nachdunkelnd
Geruch: Aromatisch
Färbung der Auszüge: L = rotbraun
Holzinhaltstoffe: Nicht bekannt.

Entandrophragma angolense C. DC.

Rohdichte: 0,52
Holzfärbung: Splint rötlich grau, Kernholz hellrot bis hellrotbraun, nachdunkelnd

Geruch: In frischem Zustand teilweise aromatisch
Färbung der Auszüge: W = hellbraun, S = hellbraun, L = rotbraun, A = braun
Holzinhaltstoffe: β-Sitosterin, Geduin, Methyl-angolensat (A. AKISANYA u. Mitarb., 1960).

Entandrophragma cylindricum Sprague

Rohdichte: 0,59
Holzfärbung: Splint grau, Kernholz hell bis bräunlich rot, rotbraun nachdunkelnd
Geruch: In frischem Zustand cedernartig
Färbung der Auszüge: L = rotbraun
Holzinhaltstoffe: β-Sitosterin, Entandrophragmin (A. AKISANYA u. Mitarb., 1960).

Guarea cedrata Pellegr.

Rohdichte: 0,54
Holzfärbung: Splint blaß rosa, Kernholz rosarot, rotbraun nachdunkelnd
Geruch: Länger anhaltend aromatisch, cedernartig
Färbung der Auszüge: W = gelb, S = gelbbraun, L = rotbraun, A = braun
Holzinhaltstoffe: Nicht bekannt.

Khaya ivorensis A. Chev.

Rohdichte: 0,45
Holzfärbung: Splint graurosa, Kernholz hellrot, rasch rotbraun nachdunkelnd
Geruch: –
Färbung der Auszüge: W = braun, S = braun, L = rotbraun, A = dunkelrot
Holzinhaltstoffe: Nicht bekannt
Physiologische Wirkung: Das Holz soll Hautreizungen verursachen (W. SANDERMANN und A. W. BARGHOORN, 1956a).

Moraceae
Antiaris afrikana Engl.

Rohdichte: 0,43
Holzfärbung: Splint fast weiß, Kernholz blaß gelb
Geruch: –
Färbung der Auszüge: –
Holzinhaltstoffe: Nicht bekannt.

Chlorophora excelsa Benth. & Hook

Rohdichte: 0,63
Holzfärbung: Splint grau, Kernholz gelblich, olivbraun nachdunkelnd
Geruch: –
Färbung der Auszüge: L = braun, A = gelb
Holzinhaltstoffe: Chlorophorin (F. E. KING und M. F. GRUNDON, 1950)
Physiologische Wirkung: Hautreizungen durch das Holz sind bereits seit längerer Zeit bekannt; als Allergen wurde Chlorophorin ermittelt (K. H. SCHULZ, 1962).

Piratinera guianensis Aubl.

Rohdichte: 1,28
Holzfärbung: Splint gelbbraun, Kernholz rotbraun, teilweise durch schwarze Zonen gestreift oder schlangenhautartig gefleckt
Geruch: –
Färbung der Auszüge: W = hellbraun, S = braun, L = rotbraun, A = braun
Holzinhaltstoffe: Nicht bekannt.

Myristicaceae
Pycnanthus angolensis Exell

Rohdichte: 0,44
Holzfärbung: Kernfärbung nicht ausgeprägt, grau bis bräunlich
Geruch: –
Färbung der Auszüge: L = braun
Holzinhaltstoffe: Nicht bekannt.

Virola surinamensis Warb.

Rohdichte: 0,41
Holzfärbung: Splint blaß rosa, Kernholz gleich, aber grau bis hellbraun nachdunklend

Geruch: –
Färbung der Auszüge: L = gelbbraun, A = gelb
Holzinhaltstoffe: Nicht bekannt.

Ochnaceae
Lophira alata Banks ex Gaertn. f.
Rohdichte: 1,03
Holzfärbung: Splint hell rotbraun, Kernholz rotbraun mit violetter Tönung
Geruch: –
Färbung der Auszüge: W = braun, S = braun, L = rotbraun, A = braun
Holzinhaltstoffe: Nicht bekannt.

Oleaceae
Fraxinus excelsior Linn.
Rohdichte: 0,62
Holzfärbung: Splint fast weiß, Kernholz grau bis oliv
Geruch: –
Färbung der Auszüge: –
Holzinhaltstoffe: Nicht bekannt.

Olea europaea Linn.
Rohdichte: 0,85
Holzfärbung: Splint grau bis blaßgelb, Kernholz gelbbraun, durch dunkel- bis olivbraune Zonen unregelmäßig gestreift
Geruch: Leicht säuerlich
Färbung der Auszüge: W = gelb, S = gelb, L = gelbbraun, A = gelb
Holzinhaltstoffe: Olivil, Mannit (B. L. VANZETTI, 1939/40), Oleuropein (B. SASHA und J. LEIBOWITZ, 1959).

Platanaceae
Platanus acerifolia Willd.
Rohdichte: 0,57
Holzfärbung: Splint gelblich, Kernholz rötlich grau
Geruch: –
Färbung der Auszüge: L = rotbraun
Holzinhaltstoffe: Nicht bekannt.

Rhizophoraceae
Rhizophora racemosa G. F. W. Mey
Rohdichte: 1,01
Holzfärbung: Splint rötlich grau, Kernholz rotbraun
Geruch: –
Färbung der Auszüge: –
Holzinhaltstoffe: Nicht bekannt.

Rosaceae
Pirus communis Linn.
Rohdichte: 0,64
Holzfärbung: Kernfärbung nicht ausgeprägt, blaß grau bis rötlich braun
Geruch: –
Färbung der Auszüge: L = rotbraun
Holzinhaltstoffe: Nicht bekannt.

Prunus avium Linn.
Rohdichte: 0,52
Holzfärbung: Splint gelblich weiß, Kernholz blaß gelb, rötlich braun nachdunkelnd
Geruch: –
Färbung der Auszüge: –
Holzinhaltstoffe: Chrysin (C. MENTZER und H. PACHECO, 1952), Dihydrochrysin, Tectochrysin, Dihydrotectochrysin (C. MENTZER u. Mitarb., 1954), Dihydrowogonin, Dihydrooroxylin (D. MOLHO u. Mitarb., 1957), D-Catechin, Aromadendrin (H. PACHECO u. Mitarb. 1957), 7-Methylaromadendrin (J. CHOPIN und H. PACHECO, 1958), Taxifolin (H. PACHECO, 1959).

Sorbus aucuparia Linn.
Rohdichte: 0,55
Holzfärbung: Splint weiß, Kernholz blaß- bis gelblichbraun
Geruch: –
Färbung der Auszüge: –
Holzinhaltstoffe: 2,3-Bis-methylol-5,7,3′,5′-tetramethoxy-6,4′-dihydroxy-4-phenyltetralin-xylosid (V.P. ARYA u. Mitarb., 1952), Aucuparin, Methoxyaucuparin (H. ERDTMAN u. Mitarb., 1963).

Rubiaceae
Mitragyne stipulosa O. Kuntze
Rohdichte: 0,52
Holzfärbung: Kernfärbung nicht ausgeprägt, graubraun bis rötlich grau
Geruch: In frischem Zustand unangenehm
Färbung der Auszüge: L = rotbraun
Holzinhaltstoffe: Kautschuk (W. SANDERMANN u. Mitarb. 1963).
Physiologische Wirkung: Auslösung von Brech- und Augenreizungen, Allgemeinstörungen (R. WAGENFÜHR, 1961).

Nauclea trillesii Merill.
Rohdichte: 0,7
Holzfärbung: Splint rosa bis hellgelb, Kernholz gelb, teilweise orange gestreift
Geruch: –
Färbung der Auszüge: S = gelb, L = gelb, A = gelb
Holzinhaltstoffe: Mesoinosit, O-Methyl-mesoinosit, β-Sitosterin, β-Sitosteryl-palmiat (F.E. KING und L. JURD, 1953), Kautschuk (W. SANDERMANN u. Mitarb. 1963).
Physiologische Wirkung: Vermutlich ist das Holz giftig, wobei die botanische Klassifizierung nicht ganz eindeutig ist (W. SANDERMANN und A.W. BARGHOORN, 1956a).

Rutaceae
Chloroxylon swietenia D C.
Rohdichte: 0,78
Holzfärbung: Kernfärbung kaum ausgeprägt, blaß gelb bis gelb
Geruch: –
Färbung der Auszüge: L = grüngelb
Holzinhaltstoffe: 7-Demethyl-suberosin, Xanthyletin, Xanthoxyletin (F.E. KING u. Mitarb. 1954)
Physiologische Wirkung: Auslösung von Dermatosen (H.E. JONES, 1904, J.TH. CASH, 1911); als Allergen ist vermutlich das in seiner chemischen Struktur bisher nicht aufgeklärte Alkaloid „Chloroxylonin" anzusehen (S.M.J. AULD, 1909).

Fagara heitzii Aubrev & Pellegr.
Rohdichte: 0,48
Holzfärbung: Kernfärbung kaum ausgeprägt, gelblich weiß bis strohgelb
Geruch: –
Färbung der Auszüge: L = hellgelb
Holzinhaltstoffe: Nicht bekannt.

Salicaceae
Populus tremula Linn.
Rohdichte: 0,45
Holzfärbung: Kernfärbung nicht ausgeprägt, hellgrau bis gelblich weiß
Geruch: Teilweise eigentümlich scharf
Färbung der Auszüge: –
Holzinhaltstoffe: Tremulon, β-Sitosterin, β-Sitosteringlucosid, α- und β-Amyrin, Amyrenonol, Lupeol, 24-Methylencycloartanol (R.A. ABRAMOVITCH u. Mitarb., 1962, 1963a, 1963b).

Salix alba Linn.
Rohdichte: 0,40
Holzfärbung: Splint weiß, Kernfärbung meist kaum ausgeprägt
Geruch: –
Färbung der Auszüge: –
Holzinhaltstoffe: Nicht bekannt.

Sapotaceae
Dumoria heckelii Hutch. & Dalz
Rohdichte: 0,62
Holzfärbung: Splint graurosa, Kernholz hellrot, nachbräunend
Geruch: –
Färbung der Auszüge: W = braun, S = braun, L = rotbraun, A = braun
Holzinhaltstoffe: Bassiasäure-Saponin (W. SANDERMANN und A. W. BARGHOORN, 1955)
Physiologische Wirkung: Verursachung von Hauterkrankungen und Schleimhautreizungen (W. SANDERMANN und A. W. BARGHOORN, 1955).

Manilkara huberi Standl.
Rohdichte: 0,95
Holzfärbung: Splint rötlich grau, Kernholz rot, braun nachdunkelnd
Geruch: –
Färbung der Auszüge: –
Holzinhaltstoffe: Nicht bekannt
Physiologische Wirkung: Auslösung von Dermatosen (R. WAGENFÜHR, 1961).

Simaroubaceae
Simarouba amara Aubl.
Rohdichte: 0,34
Holzfärbung: Kernfärbung nicht ausgeprägt, gelblich weiß
Geruch: –
Färbung der Auszüge: –
Holzinhaltstoffe: Nicht bekannt.

Sterculiaceae
Triplochiton scleroxylon K. Schum.
Rohdichte: 0,35
Holzfärbung: Kernfärbung nicht ausgeprägt, blaßgelb
Geruch: In frischem Zustand teilweise unangenehm
Färbung der Auszüge: –
Holzinhaltstoffe: Nicht bekannt
Physiologische Wirkung: Das Holz verursachte Asthmaanfälle bei einer Person; Hauttests ergaben positive Reaktionen (D. R. WILSON, 1937).

Tiliaceae
Tilia parvifolia Ehrh.
Rohdichte: 0,42
Holzfärbung: Splint gräulich weiß, Kernholz zuweilen dunkler ausgeprägt
Geruch: Teilweise leicht muffig
Färbung der Auszüge: –
Holzinhaltstoffe: Nicht bekannt.

Ulmaceae
Phyllostylon brasiliensis Capan.
Rohdichte: 0,85
Holzfärbung: Splint blaß gelb, Kernholz gelb, selten bräunlich
Geruch: –
Färbung der Auszüge: –
Holzinhaltstoffe: Nicht bekannt.

Ulmus campestris Spach.
Rohdichte: 0,64
Holzfärbung: Splint grau, Kernholz grau- bis rotbraun
Geruch: –
Färbung der Auszüge: –
Holzinhaltstoffe: Nicht bekannt.

Verbenaceae
Gmelina arborea Roxb.
Rohdichte: 0,45
Holzfärbung: Kernfärbung nicht ausgeprägt, blaßgelb bis rötlich grau, bräunlich nachdunkelnd

Geruch: –
Färbung der Auszüge: L = hell grüngelb
Holzinhaltstoffe: Nicht bekannt.

Tectona grandis Linn.
Rohdichte: 0,64
Holzfärbung: Splint grau, Kernholz gelb, später hell- bis dunkelbraun, häufig dunkel gestreift
Geruch: Eigentümlich, besonders in frischem Zustand
Färbung der Auszüge: L = braun, A = gelbbraun
Holzinhaltstoffe: Tectochinon (K. Kafuku und K. Sebe, 1932), Lapachol (W. Sandermann und H.H. Dietrichs, 1957), Kautschuk, Squalen, Tectol, Dehydrotectol (W. Sandermann und H.H. Dietrichs, 1959, W. Sandermann und M.H. Simatupang, 1964), 3-Hydroxy-2-methylanthrachinon (S.K. Pavanaram und L.R. Row, 1957), 2-Hydroxymethyl-anthrachinon, Anthrachinon-carbonsäure-(2), Anthrachinon-aldehyd-(2) (P. Rudman, 1960), 1-Hydroxy-2-methylanthrachinon (zit. nach W. Sandermann und M.H. Simatupang, 1963), Desoxylapachol (W. Sandermann und M.H. Simatupang, 1963), 1,4-Dihydroxy-2-methyl-anthrachinon (W. Sandermann und M.H. Simatupang, 1965)
Physiologische Wirkung: Auslösung von Dermatosen (H. Matthes und E. Schreiber, 1941, W. Sandermann und A.W. Barghoorn, 1956a). Als Allergene wurden Lapachol) (K.H. Schulz, 1962) und Desoxylapachol (W. Sandermann und M.H. Simatupang, 1963) ermittelt.

Vochysiaceae
Vochysia tomentosa D C.
Rohdichte: 0,41
Holzfärbung: Splint grau, Kernholz blaß braun
Geruch: –
Färbung der Auszüge: –
Holzinhaltstoffe: Nicht bekannt.

Zygophyllaceae
Bulnesia arborea Engl.
Rohdichte: 1,1
Holzfärbung: Splint blaß gelb, Kernholz olivgrau
Geruch: –
Färbung der Auszüge: –
Holzinhaltstoffe: Nicht bekannt.

Guaiacum officinale Linn.
Rohdichte: 1,2
Holzfärbung: Splint gelb, Kernholz grün bis oliv, nachdunkelnd
Geruch: Leicht aromatisch
Färbung der Auszüge: L = grüngelb
Holzinhaltstoffe: Guajol (P.A. Plattner und L. Lemay, 1940), Guaiaksäure, Dihydro- und Dehydroguaiaksäure, Guaiacin, Isoguaiacin, Furoguaiacin, Methylfuroguaiacin, Tetrahydrofuroguauacin A und B (F.E. King und J.G. Wilson, 1964), Kautschuk (W. Sandermann u. Mitarb., 1963).

3. Holzwerkstoffe und Hilfsstoffe

Aus Holzwerkstoffen hergestellte, lebensmittelrechtlich interessierende Bedarfsgegenstände erfordern insofern eine gesonderte Beurteilung, als neben den jeweils verwendeten Holzarten die zu ihrer Herstellung benötigten Hilfsstoffe zu berücksichtigen sind. Es wurde im Vorhergehenden bereits darauf hingewiesen, daß auf diesem Sektor vornehmlich Sperrholz, seltener Spanplatten und Preßhölzer zum Einsatz gelangen. Die zur Produktion der genannten Holzwerkstoffe benötigten Hilfsmittel sind vorwiegend Leime und Kunstharze.

In der holzverarbeitenden Industrie werden im wesentlichen folgende Bindemittel verwendet (K. HOLZER, 1962):

1. Natürliche Leime

Proteinleime: Glutinleime, Caseinleime, Sojabohnenleime, Blutalbuminleime.

2. Synthetische Leime

Kondensationsprodukte: Harnstoff-Formaldehyd-Harze, Melamin-Formaldehyd-Harze, Phenol-Formaldehyd-Harze, Resorcin-Formaldehyd-Harze.

Polymerisationsprodukte: Polychlorbutadien, Polyvinylacetat.

Die Sperrholzindustrie setzt – als Folge der zunehmend gestiegenen Güteanforderungen an den Werkstoff – kaum noch Proteinleime ein mit Ausnahme von Sojabohnenleimen, die vorwiegend in den USA gebräuchlich sind. Die überwiegende Mehrzahl des produzierten Sperrholzes wird mit Harnstoff-Formaldehyd-Harzen verleimt, die wegen ihrer Anpassungsfähigkeit an moderne Fertigungsverfahren den Rationalisierungsbestrebungen der Industrie besonders entgegenkommen. Die übrigen Kondensationsprodukte liefern qualitativ bessere, witterungsbeständige Verleimungen, sind jedoch schwieriger zu handhaben oder teurer. Die Polymerisationsprodukte dienen weniger der Furnierlagenverleimung als vorwiegend der Fugen- und Kantenleimung sowie zum Aufkleben von Oberflächenfolien.

Konstruktionen aus Sperrholz erlauben normalerweise keinen direkten Kontakt zwischen dem zur Herstellung verwendeten Leim und dem in dieser Konstruktion gegebenenfalls befindlichen Lebensmittel. Es muß jedoch damit gerechnet werden, daß ein solcher Kontakt bei Fehlverleimungen („Leimdurchschlägen") auftreten kann bzw. daß Leimbestandteile, wie z.B. Formaldehyd, durch die oft dünnen Deckfurniere der Sperrhölzer zu diffundieren vermögen.

Demgegenüber besteht bei den zur Spanplattenherstellung verwendeten Bnidemitteln von vornherein die Möglichkeit direkten Kontakts zu den Lebensmitteln. Von den hier vorwiegend gebrauchten Produkten (F. KOLLMANN, 1955; H.J. DEPPE und K. ERNST, 1964), wie u.a. Faserschleimen, Casein, Blutalbumin, Naturharzen, Sulfitablauge und Kunstharzen – hauptsächlich Harnstoff- und Phenol-Formaldehyd-Harzen –, haben sich praktisch nur die letztgenannten, in neuerer Zeit verstärkt auch Melamin-Harze, durchgesetzt.

Im übrigen sei darauf hingewiesen, daß zur Montage von Geräten, Konstruktionen usw. aus Vollholz und Holzwerkstoffen Leime in erheblichem Umfang zum Einsatz gelangen. Es handelt sich hier um die bereits genannten Leimarten; ein Kontakt Lebensmitteln gegenüber besteht nur an den schmalen Leimfugen.

Die Oberflächen plattenförmiger Holzwerkstoffe, wie z.B. Holzspanplatten, enthalten häufig „Antikleber" – vorzugsweise Paraffin oder auch Zusätze von Kolophonium –, die das Festkleben der Preßlinge an den Glanzblechen der Heißpressen verhindern sollen (F. KOLLMANN, 1955).

Sowohl aus Vollholz als auch aus Holzwerkstoffee hnrgestellte Geräte und Konstruktionen werden häufig einer chemischen Oberflächenbehandlung unterzogen, um einen wirksameren Schutz wie auch eine Verschönerung der Oberflächen zu erzielen. Diese Verfahren schließen im allgemeinen mehrere Arbeitsgänge ein, von denen je nach Holzart oder der gewünschten Oberfläche des betreffenden Stücks viele oder nur einzelne zur Anwendung gelangen. Der Ablauf der chemischen Holzoberflächenbehandlung soll im folgenden unter besonderer Berücksichtigung der chemischen Behandlungsmittel kurz dargestellt werden (K. SEIFERT, 1960):

1. *Entharzen und Entfetten:* Entsprechende Holzarten werden mit geeigneten Lösungsmitteln oder Lösungen verseifender Stoffe (Soda, Pottasche, Ammoniumhydroxyd) behandelt.

2. *Kitten:* Schadhafte Stellen im Holz werden mit Holzkitten gefüllt. Diese Kitte enthalten als Bindemittel meist Glutin- oder Caseinleime, Celluloseester und seltener Polyvinylchlorid oder Chlorkautschuk und als Füllstoffe durchweg Holzmehl, dem als Konsistenzregler Stoffe wie Gips, Kreide, Magnesiumoxyd oder Ton zugesetzt sind. Gewünschte Farbnuancierungen erzielt man durch Beigabe von Pigmenten, z.B. Ocker für Eiche, Terra di Siena für Mahagoni oder Kasseler Braun für Nußbaum.

Schmelzkitte, die vorwiegend der Reparatur bereits oberflächenbehandelter Gegenstände dienen, bestehen aus Wachsen, Schellack oder Kolophonium und Pigmenten.

3. *Bleichen und Entflecken:* Für diese Operationen finden bevorzugt Verwendung: Wasserstoffperoxyd, meist in Kombination mit Natriumhydroxyd, Oxalsäure oder ihrem sauren Kaliumsalz, schweflige Säure bzw. Kombinationen aus Natriumsulfit- oder -bisulfitlösungen und Essig- oder Ameisensäure sowie schließlich „Chlorlaugen", die aus Mischungen von Soda, Pottasche und Chlorkalk oder Natriumchlorit, Formaldehyd und Schwefelsäure bestehen.

4. *Beizen und Färben:* Die Vielfalt der verwendeten Produkte läßt sich gliedern in

Chemische Holzbeizen
Farbstoff-Holzbeizen
Pigment-Holzbeizen.

Chemische Holzbeizen ergeben Farbnuancierungen infolge chemischer Reaktionen zwischen Holzinhaltstoffen — im wesentlichen Gerbstoffen — und Beizenbestandteilen. Diese Beizen enthalten vornehmlich Ammoniumhydroxyd, Kaliumcarbonat, -chromat, -bichromat und -permanganat sowie verschiedene Salze von Eisen, Kupfer, Zink und Nickel. Hölzer zu geringen Gerbstoffgehalts werden vor Anwendung der eigentlichen Beizen mit den Lösungen von Gerbstoffen oder ähnlichen Substanzen behandelt („Doppelbeizen"), wie u.a. Tannin, Gallussäure, Pyrogallol, Brenzcatechin, p-Phenylendiamin.

Farbstoff-Holzbeizen sind Lösungen von Farbstoffen in Wasser („Wasserbeizen"), Alkoholen („Spiritusbeizen") oder Terpentinöl bzw. Terpentinöl-Firnisgemischen („Terpentinöl"- und „Ölbeizen").

Zur Erzielung der gewünschten Farbtöne werden vorzugsweise verwendet:

Gelb:	Tartrazin, Metanilgelb, Euchrysin
Orange:	Orange GG, Chrysoidin
Rot:	Baumwollscharlach, Azogrenadin, Safranin
Braun:	Alphenolbraun, Vesuvin
Grün:	Neptungrün, Diamantgrün
Blau:	Indulin, Cyananthrol, Methylenblau
Schwarz:	Nigrosin, Kohlschwarz.

Die unter die Farbstoffbeizen fallenden „Wachs"- und „Schellackbeizen" vermitteln auf Grund der genannten Zusätze den behandelten Oberflächen bereits einen gewissen Glanz und Schutz. Alle Farbstoff-Holzbeizen werden bevorzugt zur Behandlung von Kinderspielzeug verwendet.

Pigment-Holzbeizen schließlich bestehen aus 3–8 %igen Anreibungen feiner, unlöslicher Pigmente in Terpentinöl, Wasser oder Leimlösungen.

5. *Härten, Grundieren und Porenfüllen:* Um Holzoberflächen von Unebenheiten zu befreien und zu härten, werden sie häufig mit „Einlaß"- oder „Hartgrund", meist wäßrigen Lösungen von Glutin-, Casein- oder Stärkeleimen, Firnis, Schelllack, verdünnten Nitrocelluloselacken oder Harnstoff-Formaldehyd-Vorkondensaten behandelt. Für mittel- und grobporige Hölzer erfolgt eine zusätzliche Bei-

mischung von Porenfüllern, die vorwiegend aus mineralischen Bestandteilen wie Bimssteinpulver, Gips, Kaolin, Kreide, Schwerspat u.a. bestehen.

6. *Mattieren und Polieren:* Als letzter Arbeitsgang der Holzoberflächenbehandlung erfolgt meist ein Abschluß der vorbereiteten Flächen mit Überzügen, die ihnen ein mattes bis spiegelndes, ansprechendes Aussehen sowie einen erhöhten Schutz gegenüber äußeren Einflüssen verleihen.

Zur Erzielung von Mattglanz bedient man sich auch heute noch der alten Mattierungsverfahren, wobei die Holzoberfläche mit Gemischen aus Erd-, Montan- oder Bienenwachs, Ceresin, Stearin oder Kolophonium und dessen Estern, gelöst in Terpentinöl, Dekalin, Spiritus u.a., behandelt wird.

Eine höheren Ansprüchen genügende Ausstattung der Holzoberflächen erzielt man mit Lacken, die geschlossene und härtere Filme bilden. Aus der Vielzahl der verwendeten Produkte sind die wichtigen im folgenden aufgeführt (H. Wagner und H.F. Sarx, 1959; K. Weigel, 1965):

Spirituslacke sind 35—50 %ige Lösungen von Harzen – alkohollösliche Kunstharze oder Naturharze wie Schellack, Kolophonium, Kopal, Sandarak, Mastix und Akaroidharz – in organischen Lösungsmitteln, meist in Alkohol. Häufig sind Weichmacher, u.a. Lärchenterpentin, Elemi, Leinölfettsäure oder synthetische Produkte, zugesetzt.

Celluloselacke enthalten als Hauptkomponenten Celluloseester, z.B. Nitrocellulose, Acetylcellulose, Celluloseacetobutyrat oder Celluloseäther, gelöst in organischen Lösungsmitteln. Als Weichmacher dienen u.a. Campher, Ricinusöl oder synthetische Produkte wie Palatinole oder Trikresylphosphat. Zur Erhöhung des Körpergehalts sind teilweise Harnstoffharze, Phthalatharze oder Polyvinyl-Verbindungen zugesetzt.

Öllacke sind auf der Basis trocknender Öle, insbesondere der Glyceride von Öl-, Linol- und Linolensäure, aufgebaut. Es finden u.a. Verwendung Leinöl, Holzöl (Tungöl), Synourinöl, Perillaöl, Oiticicaöl und Sojabohnenöl. Zur Beschleunigung des Trocknungsprozesses erfolgt häufig ein Zuschlag von Sikkativen, die im wesentlichen Oleate, Linoelate, Resinate oder Naphthenate des Bleis, Mangans oder Kobalts darstellen.

Phenolharze gelangen in Form von Resolen oder Novolacken, gelöst in Alkoholen, auf dem Lackgebiet zur Anwendung. Zur Erzielung günstigerer lacktechnischer Eigenschaften erfolgt meist eine Modifizierung mit plastifizierenden Komponenten wie z.B. trocknenden Ölen oder Naturharzen.

Harnstoffharze werden meist in verätherter Form und kombiniert mit Nitrocellulose für Lackierungen verwendet.

Alkydharze sind Reaktionsprodukte aus mehrwertigen Alkoholen, z.B. Glycerin, Pentaerythrit, Hexantriol oder Butandiol, mehrbasischen Säuren wie Phthal-, Malein- oder Adipinsäure und einwertigen langkettigen Säuren, vorwiegend Fettsäuren aus Leinöl, Rizinenöl, Holzöl, Oiciticaöl, Perillaöl, Sojaöl u.a. Auch sie werden meist in Kombination mit Nitrocellulose oder Harnstoff-, Melamin- und anderen Kunstharzen verwendet.

Maleinatharze als Lackrohstoffe stellen Addukte aus Maleinsäure und Stoffen mit konjugierter Doppelbindung, u.a. Butadien oder natürlichen Harzsäuren dar, die mit mehrwertigen Alkoholen verestert sind. Sie dienen bevorzugt als Kombinationsmittel für Alkydharz-, Nitrocellulose- und Öllacke.

Vinylharze, wie z.B. Vinylchlorid, -acetat oder verschiedene -äther, finden gelöst oder dispergiert für die Herstellung korrosionsbeständiger Oberflächen Verwendung.

Chlorkautschuk, in organischen Lösungsmitteln gelöst und häufig mit Ölen oder Alkydharzen kombiniert, ergibt chemikalienbeständige Filme.

Polyurethan-, bzw. *Isocyanatharzlacke* setzen sich aus zwei Komponenten zusammen, deren eine aus Di- oder Triisocyanaten sowie mehrwertigen Alkoholen, und deren zweite aus Polyestern besteht. Diesen „Zweikomponentenlacken" werden häufig tertiäre Amine als Beschleuniger zugesetzt.

Epoxyharze, vernetzt mit Polyamiden oder -aminen, sowie Epoxyharzester leiten sich ab vom Epichlorhydrin. Die Ester werden häufig mit Alkydharzen kombiniert.

Ungesättigte Polyester werden aus Dialkoholen wie z.B. Äthylenglycolen, Propylenglycolen, Butan- oder Hexandiolen und ungesättigten Dicarbonsäuren, vorzugsweise Malein- oder Fumarsäure, hergestellt. Sie sind gelöst in polymerisationsfähigen Monomeren wie hauptsächlich Styrol, daneben auch anderen Vinyl- oder Allylderivaten. Ihre Aushärtung in Form einer Mischpolymerisation erfolgt mit organischen Per- oder Hydroperoxyden, z.B. Benzoylperoxyd, Cyclohexanonhydroperoxyd oder Methyläthylketonperoxyd; als Beschleuniger werden sekundäre oder tertiäre Amine oder Naphthenate und Octoate des Kobalts verwendet. Bei besonderen Anwendungstechniken erfolgt ein Abschluß der Lackoberfläche gegenüber dem Luftsauerstoff durch Beigaben von Paraffin, Stearin und dergleichen zum Lack.

Lacke gelangen sowohl als Klarlacke als auch in pigmentierter oder gefärbter Form zur Anwendung. Zur Herstellung farbiger Anstriche werden ihnen meist zugesetzt:

für weiße Farben:	Bleiweiß, Lithopone, Titandioxyd, Antimonoxyd, Zinkoxyd
für schwarze Farben:	Eisenoxydschwarz, Mangandioxydschwarz, Kohlenstoff-Farben (Graphit, Ruß)
für Buntfarben,	
gelb-rot:	Bleichromat, Bleiantimonat, Kaliumsulfid, Bleimennige
gelb-braun-rot:	Eisenoxydfarben (Ocker, Maisgelb, Terra di Siena, Bolus)
blau:	Kobaltoxydfarben, Ultramarin
grün:	Scheeles Grün, Schweinfurther Grün.

Eine besondere Art der Holzoberflächenbehandlung besteht in dem Beschichten mit Folien; derartige Überzüge werden z.B. zur Auskleidung von Fässern, Tanks und dergleichen verwendet. Als Folienmaterial gelangt überwiegend Polyvinylchlorid, Polyisobutylen und Polyäthylen zum Einsatz.

Neben den Oberflächenbehandlungs- und Beschichtungsverfahren von Holz und Holzwerkstoffen wird auch deren Tränkung mit chemischen Stoffen durchgeführt, entweder, um eine Veränderung gewisser Holzeigenschaften zu erzielen oder auch, um speziell die Widerstandsfähigkeit des Holzes gegenüber tierischen und pflanzlichen Schädlingen sowie Feuer zu erhöhen („Holzschutz").

Im ersten Fall ist man hauptsächlich bestrebt, die Quellungs- und Schwindungseigenschaften des Holzes zu verbessern („Dimensionsstabilisierung") und gegebenenfalls seine Härte, Festigkeit und Elastizität zu erhöhen. Die verschiedenen Behandlungsverfahren basieren auf Imprägnierungsmitteln wie Kunstharzen — besonders Phenolharzen —, Kohlenwasserstoffen, Wachsen, Ölen, Pechen, Bitumina und auch Metall-Legierungen niedrigen Schmelzpunkts. Unter den auf diese Weise imprägnierten Produkten sind als lebensmittelrechtlich interessierende Bedarfsgegenstände im wesentlichen nur kunstharzgetränkte, teilweise verdichtete Hölzer zu nennen, die vornehmlich im Maschinenbau Verwendung finden.

Mit Feuerschutzmitteln behandelte Hölzer scheinen zur Herstellung lebensmittelrechtlich interessierender Bedarfsgegenstände keine Rolle zu spielen. In ähnlicher Weise ist der Einsatz von Hölzern und Holzwerkstoffen, die mit fungiciden oder insecticiden Stoffen imprägniert wurden, hier vergleichsweise gering. Eine Ausnahme besteht unter den Kistenhölzern, die teilweise gegenüber Bläue- und Schimmelpilzen geschützt werden. Die bevorzugten Holzschutzmittel sind Pentachlorphenolnatrium und — weniger häufig — Sublimat. Pentachlorphenolnatrium wird — vergleichsweise selten — auch Spanplatten zugesetzt. Schließlich findet der genannte Stoff neben anderen chlorierten Substanzen und metallorganischen Verbindungen als Zusatz von Grundiermitteln in der Holzoberflächenbehandlung Verwendung.

Über die möglichen Einflüsse der im Vorhergehenden genannten Hilfsstoffe muß auf die entsprechenden Beiträge dieses Handbuchs verwiesen werden.

IV. Chemische Untersuchung von Holz, Holzwerkstoffen und Hilfsstoffen

Die chemische Analyse der verschiedenen Holzarten umfaßt — dem stofflichen Aufbau dieses heterogenen Materials entsprechend — die Bestimmung des Wassers, sodann der akzessorischen Bestandteile und schließlich der als Rückstand verbleibenden Membransubstanzen. Soweit Holzwerkstoffe oder beschichtete bzw. imprägnierte Hölzer vorliegen, sind zusätzlich die verwendeten Hilfsstoffe im Analysengang zu berücksichtigen.

1. Wasser

Im allgemeinen wird die Holzanalyse mit der Bestimmung des Wassergehaltes eingeleitet, um eine korrekte Bezugsgröße in Form wasserfreien Holzes als Grundlage weiterer, insbesondere quantitativer Analysen zu erhalten. Der Wassergehalt beeinflußt zahlreiche physikalische Eigenschaften des Holzes als Folge verschiedener Quellungszustände der Zellwände; daneben hängen andere Merkmale, wie z.B. der Geruch von Hölzern, von ihrem Feuchtigkeitsgehalt ab.

Eine eindeutige und reproduzierbare Wasserbestimmung im Holz wird durch den Umstand erschwert, daß unterhalb des Fasersättigungsbereichs — entsprechend einer Holzfeuchtigkeit von 20—30% — das im Holz enthaltene Wasser in unterschiedlicher Weise in den Zellhohlräumen vorliegt bzw. an den Zellwandbestandteilen gebunden ist.

Der Feuchtigkeitsgehalt (u) von Holz ist nach DIN 52183 festgelegt als Unterschied des Gewichts der feuchten (G_u) und der getrockneten Probe (G_d) bezogen auf das Gewicht der getrockneten Probe. Er wird in Prozent angegeben:

$$u\,(\%) = \frac{G_u - G_d}{G_d} \cdot 100$$

Die auf dem holzchemischen Gebiet vorwiegend verwendeten Bestimmungsverfahren sind (W. SANDERMANN, 1956; F. KOLLMANN und G. HÖCKELE, 1962):

Darrverfahren nach DIN 52183
Feuchtigkeitsbestimmungen durch azeotrope Destillation
Titrimetrische Wasserbestimmung nach K. FISCHER.

Über verfahrenstechnische Einzelheiten sei auf Bd. II/2 dieses Handbuchs sowie auf die vorhergehend aufgeführten Literaturstellen verwiesen. Es ist zu beachten, daß das Darrverfahren bei Holzarten, die flüchtige Inhaltstoffe wie z.B. ätherische Öle enthalten, falsche Ergebnisse liefert; in ähnlicher Weise wird das Verfahren nach K. FISCHER bei Anwesenheit gewisser Inhaltstoffe in den Hölzern gestört.

2. Akzessorische Bestandteile

Die Abtrennung der akzessorischen Bestandteile von den Membransubstanzen des Holzes erfolgt im wesentlichen durch Extraktion mit verschiedenen Lösungsmitteln, entweder in Kombination derselben oder nacheinander. Bewährte Lösungsmittelgemische zur Gewinnung Extraktstoff-freien Holzes sind z.B. Äthanol-Benzol in verschiedenen Mischungsverhältnissen; für den gleichen Zweck durchgeführte, aufeinander folgende Extraktionen erfolgen häufig mit Äthanol oder Methanol, dann Äther oder Chloroform und abschließend Wasser. Die meist als Heißextraktionen ausgeführten Operationen erfassen naturgemäß nur die löslichen Anteile der Hölzer. Diese Extraktstoffe enthalten zwar den überwiegenden Anteil der akzessorischen Holzbestandteile, doch es verbleiben z.B. höher kondensierte Stoffe oder auch Mineralstoffe beim Rückstand. Andererseits werden durch bestimmte Lösungsmittel gewisse Anteile der Membransubstanzen – insbesondere Hemicellulosen, in geringeren Anteilen Lignin – extrahiert. Somit sollten die Begriffe „Akzessorische Bestandteile" und „Extraktstoffe" nicht gleichgesetzt werden, wie es teilweise in der Literatur geschieht.

Die Isolierung unlöslicher kondensierter Holzinhaltstoffe erfolgt nach chemischer Umwandlung – z.B. durch Einwirkung von Alkalien oder nach Sulphitierung – mittels spezieller, der chemischen Natur der betreffenden Verbindungen angepaßter Verfahren. Die anorganischen Bestandteile der Hölzer werden häufig gesondert nach Veraschung des Holzes bestimmt. Die Abtrennung flüchtiger Holzinhaltstoffe geschieht ebenfalls gesondert durch Wasserdampfdestillation, da nach den eigentlichen Extraktionsverfahren ihre quantitative Erfassung nicht gewährleistet ist. Die einzelnen Verfahrenstechniken sind bei W. SANDERMANN (1956) eingehend beschrieben.

Die Trennung der akzessorischen Holzbestandteile voneinander sowie der Nachweis und die quantitative Bestimmung der einzelnen Verbindungen kann wegen der Fülle des Materials hier nicht dargestellt werden – umfaßt dieses Gebiet doch praktisch die Methoden der gesamten Pflanzenchemie. Es sind daher im folgenden lediglich einige Literaturhinweise gegeben.

Die analytischen Trennungs- und Nachweisverfahren sind in Bd. II/1 dieses Handbuchs zusammengestellt. Die Analyse primärer Holzinhaltstoffe, wie u.a. der Proteine, Aminosäuren, Amine, Enzyme, Mono-, Oligo- und Polysacharide sowie der organischen Säuren entspricht weitgehend den in Band II/2 dieses Handbuchs aufgeführten Methoden.

An gleicher Stelle ist die Analyse von Mineralstoffen abgehandelt. Zur Bestimmung von Fetten und Lipoiden sei auf Band IV und von Kohlenhydraten zusätzlich auf Band V dieses Handbuchs verwiesen.

Zur analytischen Chemie der terpenoiden Stoffe, u.a. der ätherischen Öle, Harze, Sterine, Saponine, Herzglycoside sowie des Kautschuks und Guttas, liegen zusammenfassende Darstellungen von E. LANGENAU (1948), O. MORITZ (1955), L. FIESER und M. FIESER (1961), M. STEINER und H. HOLTZEM (1955), A. STOLL und E. JUCKER (1955) sowie von H.M. BENEDICT (1955) vor. Zur Analyse aromatischer Verbindungen, wie von flavonoiden Stoffen, Gerbstoffen, Lignanen, Stilbenen, Phenylpropanen, Cumarinen, Chinonen und Tropolonen sind die Arbeiten von W.D. OLLIS (1961), T.W. GOODWIN (1965), J.B. HARBORNE (1964), D.D. CLARKE und F.F. NORD (1955), T.A. GEISSMAN (1962), O.TH. SCHMIDT (1955), H. ERDTMAN (1955a, 1955b), G. DE STEVENS und F.F. NORD (1955), R.A. MORTON (1965), O. HOFFMANN-OSTENHOF (1955) und W. SCHMIDT (1955) zugrunde zu legen. Die Chemie und Analyse von Alkaloiden ist bei H. BOIT (1961) und B.T. CROMWELL (1955) dargestellt.

3. Membransubstanzen

Zur chemischen Analyse der Membransubstanzen – Cellulose, der Hemicellulosen und Lignin – dient Wasser- und Extraktstoff-freies Holz bzw. Holz bekannten Feuchtigkeitsgehalts. Die Bestimmungen sind insofern mit Schwierigkeiten verbunden, als die Trennung der einzelnen Komponenten auf Grund der komplexen Natur dieser Stoffe und verwickelten gegenseitigen Bindungsverhältnisse nicht vollkommen gelingt. So wird bei den verschiedenen Cellulosebestimmungsverfahren jeweils ein gewisser, nach Art der angewandten Methode wechselnder Anteil des gesamten Kohlenhydratanteils des Holzes erfaßt. Holocellulosepräparate enthalten durchweg 2–4% fest gebundenes Lignin, das nicht ohne gleichzeitige Zerstörung des Kohlenhydratanteils entfernt werden kann. Es wird bereits hiermit verständlich, daß die meisten der entwickelten Bestimmungsmethoden rein konventionelle Verfahren darstellen, die als solche zwar keine absolut richtigen Werte ergeben, doch für Forschung und Praxis von erheblicher Bedeutung sind (W. SANDERMANN, 1956).

Unter den standartisierten Bestimmungsverfahren dürften heute die der *Technical Association of the Pulp and Paper Industry* (*TAPPI* 1964) international am weitesten Verbreitung gefunden haben. Hier sei einzig auf die im vorliegenden Zusammenhang wichtigen Vorschriften verwiesen:

Holocellulosebestimmung (TAPPI-Standart T 9 m – 54)
Cellulosebestimmung (TAPPI-Standart T 17 m – 55)
Pentosanbestimmung (TAPPI-Standart T 19 m – 50)
Ligninbestimmung (TAPPI-Standart T 13 m – 54).

Ein ausführliches Untersuchungsschema für die Membransubstanzen des Holzes ist bei R. SIEBER (1951) dargestellt:

- Hemicellulosen
  - Pentosane (Furfurolausbeute)
  - Hexosane
    - Mannan
    - Galaktan
    - Glucosan
  - Uronsäuren
- Cellulose
- Holocellulose (Skelettsubstanz)
- Lignin

Die Verfahrenstechnik ist der angegebenen Literaturstelle zu entnehmen Zusätzlich sei auf die im Band II/2 dieses Handbuchs aufgeführten Bestimmungsmethoden hingewiesen.

4. Hilfsstoffe

Der im Vorhergehenden aufgeführten Verwendung von Hilfsstoffen zur Herstellung lebensmittelrechtlich interessierender Bedarfsgegenstände aus Holz und Holzwerkstoffen entsprechend sind für ihre chemische Analyse folgende Hauptgruppen zu berücksichtigen:

Eiweißstoffe
Stärke und stärkeähnliche Produkte
Fette und Öle
Paraffine, Wachse, Peche, Bitumina
Kautschuk und seine Derivate
Gerbstoffe und ähnliche Produkte
Naturharze

Synthetische Harze, Kunststoffe
Phthal- und Phosphorsäureester
Organische Per- und Hydroperoxyde
Organische Metallverbindungen, besonders von Kobalt, Mangan und Blei
Anorganische Metallverbindungen, besonders von Eisen, Kupfer, Zink, Nickel und Quecksilber
Füllstoffe, organischer und anorganischer Natur
Körperfarben und Pigmente
Farbstoffe.

Neben diesen Stoffgruppen gelangen einige Einzelchemikalien, wie z.B. Campher, Pentachlorphenol, Chlorkalk oder Oxalsäure in teilweise bedeutenden Mengen zum Einsatz, und schließlich eine Reihe von Grundchemikalien, wie die Hydroxyde, Carbonate, Sulphite, Bisulphite, Chlorite, Chromate, Bichromate und Permanganate hauptsächlich des Natriums und Kaliums, daneben Schwefel-, Essig- und Ameisensäure, bestimmte Amine u.a.

Die Abtrennung löslicher Hilfsstoffe von den Hölzern oder Holzwerkstoffen erfolgt möglichst durch selektive Extraktion mit geeigneten Lösungsmitteln. Durchweg lassen sich weitere Operationen zur Trennung extraktierter Holzinhaltstoffe und Hilfsstoffe nicht vermeiden.

Die Abtrennung unlöslicher Hilfsstoffe kann mittels geeigneter Aufschlußverfahren, teilweise auch manuell durchgeführt werden. In neuerer Zeit sind verschiedene indirekte Bestimmungsverfahren ausgearbeitet worden, so z.B. spektrophotometrische Verfahren für Harze und Kunststoffe (D. Hummel, 1958), die sich sehr bewährt haben.

Zur chemischen Analyse von Eiweißstoffen, Stärke und stärkeähnlichen Produkten, Farbstoffen und Weichmachern sei wiederum auf Bd. II/2 dieses Handbuchs verwiesen. Die Bestimmung von Kunststoffen und Kautschuk, Farben und Klebstoffen, Wachsen und Paraffinen sowie Schädlingsbekämpfungsmitteln ist in Bd. IX dieses Handbuchs aufgeführt; zur analytischen Chemie der Fette gibt Bd. IV Auskunft. Über Naturharze und Gerbstoffe sei auf die unter den Holzinhaltstoffen aufgeführten Angaben verwiesen.

Ausführliche Darstellungen der Analyse von Naturharzen, Ölen, Wachsen, Cellulosederivaten, Bitumina, Pechen, Kunstharzen, Weichmachern und Beschleunigern finden sich bei D. Hummel (1958), besonders für Lackkunstharze und Kautschuk bei H. Wagner und H.F. Sarx (1959) sowie — inklusive der Analyse von Füllstoffen, Farbstoffen und Pigmenten — bei K. Thinius (1952). Die Trennung und quantitative Analyse organischer Per- und Hydroperoxyde ist von R. Criegee (1953) beschrieben worden. Hinsichtlich der Analyse von Kunstharzen in Holzleimen, Lacken und Schichtstoffen sowie von Holzschutzmitteln sei auf W. Sandermann (1956) verwiesen.

V. Beurteilung

Wie im Vorhergehenden dargestellt wurde, bestehen hölzerne Einrichtungen und Konstruktionen, die als Bedarfsgegenstände im Sinne des Lebensmittelgesetzes Verwendung finden, aus einer erheblichen Anzahl verschiedener Holzarten. Diese Vielfalt vermehrt sich noch durch den Einsatz von Holzwerkstoffen und den Umstand, daß Hölzer wie Holzwerkstoffe häufig in behandelter Form, z.B. imprägniert oder beschichtet, gebraucht werden. Die Beurteilung der verschiedenen Hölzer auf ihre Eignung entsprechend den Vorschriften des Lebensmittelgesetzes hat somit nicht nur die von Art zu Art wechselnden, natürlichen Holzbestandteile zu berücksichtigen, sondern weiterhin die zur Herstellung von Holzwerkstoffen verwendeten sowie die zu Behandlungen benutzten Hilfsstoffe. Während über letztere bereits teilweise Verwendungsvorschriften bestehen, liegen für den Einsatz von Holz in diesem Sinne praktisch keine Unterlagen vor. Eine gewisse Ausnahme bilden einzig die bereits erwähnten DIN-Normen, die für Verpackungszwecke einiger Lebensmittel Kisten bzw. Fässer aus hellfarbigem, geschmack- und geruchlosen, gesunden und weitgehend fehlerfreien Holz bestimmten Feuchtigkeitsgehalts vorschreiben.

In Anlehnung an diese Vorschriften kann die Beurteilung der verschiedenen Hölzer auf ihre Eignung zur Herstellung von Bedarfsgegenständen im Sinne des Lebensmittelgesetzes nach folgenden Merkmalen erfolgen:

Gesundheit
Feuchtigkeitsgehalt
Geruch
Geschmack
Färbende Bestandteile
Physiologisch wirksame Bestandteile

Die Fehlerfreiheit der verwendeten Hölzer sowie auch die für die verschiedenen Einsatzmöglichkeiten erforderlichen mechanisch-technologischen Eigenschaften dürfen hier ausgeklammert werden, da sie zumindest nicht direkt unter die Vorschriften des Lebensmittelgesetzes fallen.

Die Merkmale „*Gesundheit*" und „*Holzfeuchtigkeit*" können generell von allen Hölzern gefordert werden, da sie von den speziellen Eigenschaften der einzelnen Arten unabhängig sind. Unter dem Begriff Gesundheit ist dabei in erster Linie die Abwesenheit pflanzlicher und tierischer Holzschädlinge zu verstehen. Es wäre zu überlegen, ob weiterhin auch solche Hölzer, die durch abiotische Einflüsse nach der Fällung Verstockungs-, Einlauf- oder Verfärbungserscheinungen aufweisen, als nicht gesund bezeichnet werden sollten. Der Wassergehalt des Holzes spielt im vorliegenden Zusammenhang insofern eine Rolle, als im frischen, feuchten Zustand etwa die Hälfte aller aufgeführten Holzarten einen mehr oder weniger intensiven Geruch aufweist, während nach der Trocknung – teilweise auch erst nach längerer Lagerungszeit – der Anteil geruchaufweisender Hölzer unter den Wert von 10% sinkt. Es ist hier zu erwähnen, daß bei einigen Holzarten nach erneuter Befeuchtung die Geruchsintensität wieder zunimmt. Sicherlich wird weiterhin der Austritt von Holzinhaltstoffen, besonders von wasserlöslichen und wasserdampfflüchtigen Substanzen, vom Wassergehalt des Holzes beeinflußt. Aus den genannten Gründen erscheint es angebracht, zur Herstellung hölzerner, unter das Lebensmittelgesetz fallender Bedarfsgegenstände nur lufttrockenes Material zu verwenden. Eine solche Forderung fällt ohnehin aus dem Rahmen der üblichen Holzverarbeitung kaum heraus, da zur Vermeidung des Schwindens und Quellens Holz normalerweise bei diesem Feuchtigkeitsgehalt verarbeitet wird.

Zur Frage des *Geruchs* von Hölzern war bereits ausgeführt, daß selbst nach Trocknung und eventuell längerer Lagerungszeit ca. 10% der aufgeführten Arten die Gerüche beibehalten. Unter den einheimischen Laubhölzern sind hier die Roßkastanie und die Olive zu nennen, deren Holz einen muffigen bzw. säuerlichen Geruch aufweist. Nur teilweise muffig riecht das Lindenholz, und ebenfalls nur in einzelnen Fällen gibt Pappelholz einen scharfen Geruch ab. Aus letzterer Erfahrung heraus wird Pappelholz nicht mehr zur Herstellung von Holzwolle verwendet, die zum Verpacken von Lebensmitteln dienen soll.

Im Gegensatz zu den Laubhölzern weisen die entsprechenden Nadelhölzer, Wacholder und Zypresse, einen angenehmen aromatischen Duft auf. Gerade dieser Eigenschaft wegen werden in Skandinavien Butterdosen und -streichgeräte aus Wacholderholz hergestellt; es wird behauptet, daß Butter sich im Kontakt mit dieser Holzart länger frisch erhält. Auch das japanische Sugiholz (*Cryptomeria japonica*) duftet aromatisch; es wird zur Herstellung von Reisweinfässern verwendet.

Unter den überseeischen Laubhölzern findet auch heute noch das *Cedrela*-Holz mit seinem typischen „cedernartigen" Duft zur Herstellung von Zigarrenkisten Verwendung. Ähnlich duftet das aus der gleichen Familie stammende Holz von *Guarea cedrata*. Pockholz duftet sehr fein aromatisch und soll in geringem Umfang für Essenzen verarbeitet werden. Teakholz schließlich weist einen sehr eigentümlichen, unangenehmen Geruch auf, wird aber dennoch in bedeutendem Umfang zur Herstellung vieler lebensmittelrechtlich interessierender Bedarfsgegenstände verwendet.

Die aufgeführten Beispiele zeigen, daß geruchaufweisende Hölzer eben dieser Eigenschaft wegen bisher nur selten von der Herstellung lebensmittelrechtlich interessierender Bedarfsgegenstände ausgeschlossen worden sind; es ergibt sich im Gegenteil der Eindruck, daß häufig des speziellen Geruchs wegen ein bevorzugter Einsatz erfolgte. Inwieweit die Verwendung solcher Holzarten lebensmittelrechtlich zulässig ist, dürfte erst nach Klärung verschiedener Fragen – insbesondere ob es sich um „unbedenkliche Anteile" im Sinne des Lebensmittelgesetzes handelt – zu entscheiden sein.

Über den *Geschmack* der verschiedenen aufgeführten Holzarten liegen bisher keine vergleichbaren, objektiven Befunde vor. Wie schon beim Merkmal Geruch ausgeführt, bedarf es hier verschiedener Untersuchungen und Klärungen, bevor eine Entscheidung über den lebensmittelrechtlich vertretbaren Einsatz Geschmackstoff-abgebender Holzarten getroffen werden kann.

Das Auftreten *färbender Bestandteile* in den Hölzern bzw. die Färbung ihrer Extrakte nach Behandlung mit Wasser, schwacher Säure und Lauge, Alkohol oder Pflanzenöl, ist der Aufstellung in Kapitel III/2 zu entnehmen. Wie weit die Ergebnisse dieser Extraktionen mit einer möglichen Diffusion färbender Holzbestandteile in entsprechende Lebensmittel verglichen werden kann, ist fraglich und hängt von verschiedenen weiteren Faktoren ab. Die in der Aufstellung angeführten Werte lassen jedoch erkennen, daß etwa die Hälfte aller Hölzer keinerlei färbende Bestandteile enthält, und daß vom verbleibenden Rest ein großer Teil nur schwach färbt bzw. mit nur einzelnen Lösungsmitteln Färbungen ergibt.

Schwierigkeiten bereitet die Beurteilung einer möglichen Diffusion *physiologisch wirksamer Holzinhaltstoffe* in Lebensmittel, da einmal die bisherigen Kenntnisse über das Vorkommen akzessorischer Bestandteile in den einzelnen Holzarten sehr lückenhaft sind, und weiterhin die physiologische Wirkung bereits isolierter Holzinhaltstoffe nur in seltenen Fällen bekannt ist. Daß Holzinhaltstoffe in Lebensmittel hinein zu diffundieren vermögen, ist ohnehin bisher nur von der Lagerung von Weinen und Spirituosen bekannt oder sonst wenigen vagen Angaben zu entnehmen. Auskünfte wie beispielsweise die von H. Kimura (1909), daß im Holz von *Cryptomeria japonica* ein wohlriechendes Harz enthalten sei, das sich ebenso wie der in *Cryptomeria*-Holz-Fässern gelagerte Reiswein mit Alkali violett färbt, sind selten.

Hinweise über die gesundheitsschädigende Wirkung einzelner Holzarten bzw. bestimmter Holzinhaltstoffe sind bisher fast ausschließlich aus der mechanischen Holzverarbeitung bekannt. Besonders der beim Schleifen des Holzes entstehende feine Schleifstaub kann im Kontakt mit den bearbeitenden Personen Krankheitssymptome verursachen. Die auftretenden Erscheinungen sind in der Zusammenstellung im Kapitel III/2 unter der Rubrik „physiologische Wirkung" beschrieben. Die verantwortlichen Holzinhaltstoffe scheinen nur in der Minderzahl toxische Stoffe mit verschiedener Wirkungsrichtung darzustellen, wie z.B. Alkaloide in

Taxus baccata, den *Aspidosperma*-Arten, *Chloroxylon swietenia* und vermutlich auch *Nauclea trillesii*. Starke Schleimhautreizungen, wie sie u.a. durch *Albizzia falcata* und die *Sapotaceen*-Hölzer *Dumoria heckelii* und *Manilkara huberi* verursacht werden, sind wohl auf die Anwesenheit bestimmter Saponine im Holz zurückzuführen. Neben verschiedenen ungeklärten Fällen löst jedoch die Mehrzahl der gesundheitsschädigenden Hölzer nur bei allergisch disponierten Personen Krankheitssymptome aus, und zwar überwiegend Dermatosen.

Es ist in den letzten Jahren gelungen, einige dieser Allergene in verschiedenen Holzarten zu identifizieren und ihre chemische Konstitution zu bestimmen. In *Tectona grandis* (*Verbenaceae*) fand sich Lapachol als schwaches und Desoxylapachol als starkes Allergen. *Paratecoma peroba*, das der Familie der *Bignoniaceae* angehört, die wiederum mit den *Verbenaceae* nahe verwandt ist, enthält als Wirkstoffe Lapachonon und ebenfalls Lapachol.

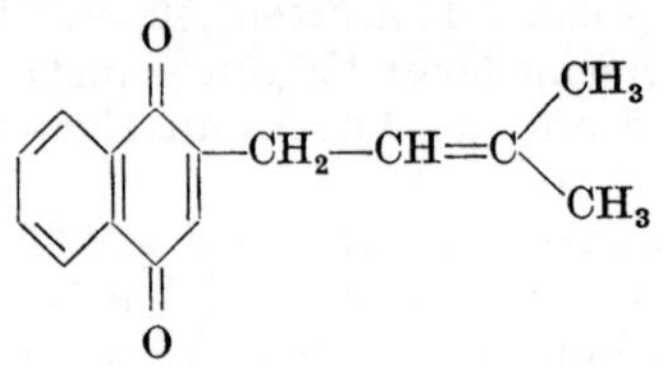

Desoxylapachol

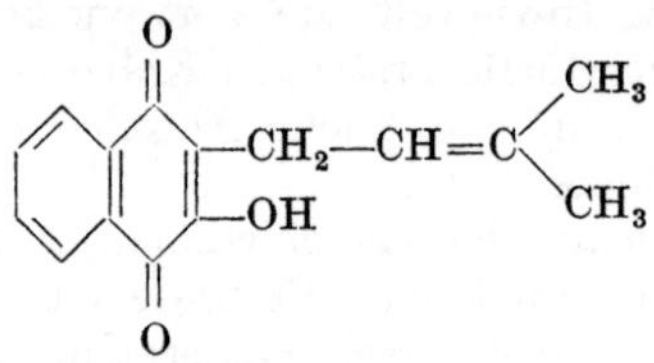

Lapachol

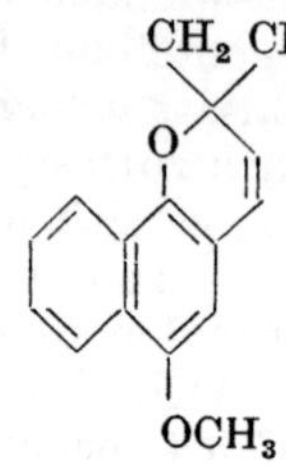

Lapachonon

Die *Leguminosen*-Hölzer *Dalbergia latifolia*, *D. melanoxylon*, *D. nigra* und *D. retusa*, nicht dagegen *D. variabilis*, enthalten bis zu drei wirksame Chinone, für die gemeinsam der Name „Dalbergione“ vorgeschlagen wurde.

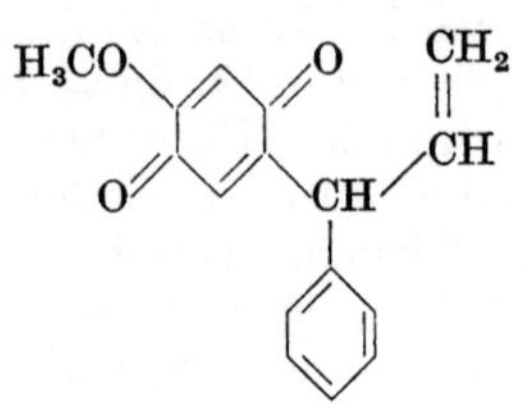

Dalbergion

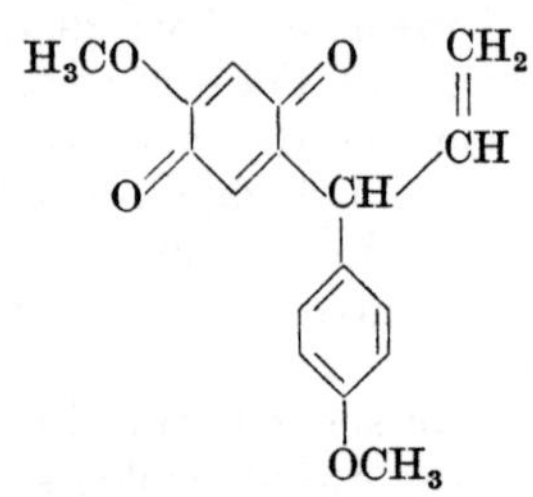

4′-Methoxydalbergion

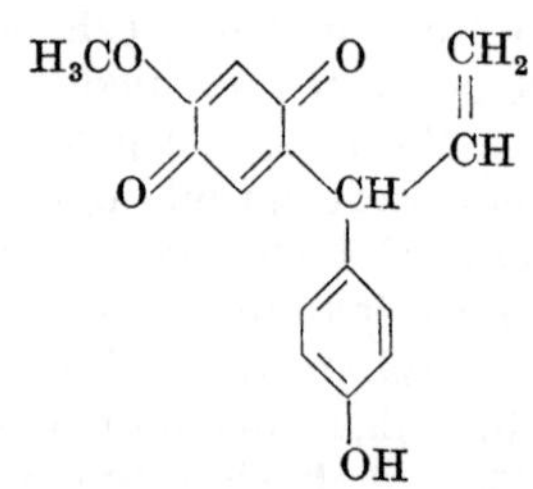

4′-Hydroxydalbergion

Eine den Dalbergionen ähnliche, wirksame Verbindung findet sich zusätzlich in *D. retusa*, während das Holz von *D. variabilis*, das keine gesundheitsschädigende Wirkung aufweist, nach bisheriger Kenntnis auch keine entsprechenden chinoiden Stoffe enthält.

Der Wirkstoff des Dermatitis-auslösenden Kambala-Holzes (*Chlorophora excelsa*) schließlich ist ein Stilben-Derivat, Chlorophorin.

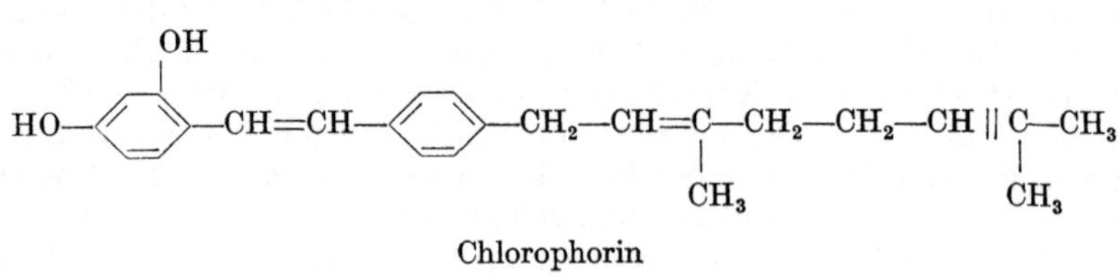

Chlorophorin

Nach bisheriger Kenntnis stellen die Allergene der gesundheitsschädigenden Hölzer somit vorwiegend chinoide Verbindungen dar. Es darf ausdrücklich darauf hingewiesen werden, daß die im Kontakt mit derartigen Holzarten ausgelösten Krankheiten in der Praxis zahlenmäßig geringfügig sind, fast ausschließlich im Kontakt mit Schleifstaub — oder seltener auch dem saftfrischen Holz — entstehen und im allgemeinen erst nach allmählicher Sensibilisierung durch die betreffende Holzart erfolgen. Die mögliche Wirkung solcher Stoffe, die nach eventueller Diffusion in Lebensmittel und über diese in Kontakt mit dem menschlichen Organismus gelangen, ist bisher nicht bekannt.

Bei der Herstellung von Holzwerkstoffen sowie bei der Imprägnierung oder Beschichtung von Bedarfsgegenständen aus Holz und Holzwerkstoffen gelangen ohne Zweifel verschiedene lebensmittelrechtlich bedenkliche Produkte zum Einsatz. Unter den häufiger verwendeten Hilfsstoffen sei hier erinnert an synthetische Leime, bei denen die Gefahr einer Abspaltung von Formaldehyd besteht (B. SPILLA, 1960), weiterhin an Schwermetallverbindungen, wie sie in Beizen, Sikkativen und Beschleunigern vorkommen, an gewisse Weichmacher, Farbstoffe, Holzschutzmittel und dergleichen mehr. Die lebensmittelrechtliche Beurteilung der Hilfsstoffe ist besonders wegen der Fülle der verwendeten Materialien hier nur schwierig darzustellen; es sei daher auf die in den verschiedenen Kapiteln dieses Handbuchs gesondert bearbeiteten Stoffgruppen verwiesen.

Bibliographie

BENEDICT, H. M.: The Determination of Rubber and Gutta in Plants. In: Moderne Methoden der Pflanzenanalyse. Hrsg. von K. PAECH und M. V. TRACEY. Bd. III, S. 312—331. Berlin-Göttingen-Heidelberg: Springer-Verlag 1955.

BOITH, H.: Ergebnisse der Alkaloid-Chemie bis 1960. Berlin: Akademie Verlag 1961.

CLARKE, D. D., and F. F. NORD: Simple Benzene Derivates. In: Moderne Methoden der Pflanzenanalyse. Hrsg. von K. PAECH und M. V. TRACEY. Bd. III, S. 332—350. Berlin-Göttingen-Heidelberg: Springer-Verlag 1955.

CRIEGEE, R.: Analytik von Peroxyden und Persäuren. In: HOUBEN-WEYLS Methoden der organischen Chemie. Bd. II, S. 568—574. Stuttgart: Georg Thieme Verlag 1953.

CROMWELL, B. T.: The Alkaloids. In: Moderne Methoden der Pflanzenanalyse. Hrsg. von K. PAECH und M. V. TRACEY. Bd. IV, S. 367—516. Berlin-Göttingen-Heidelberg: Springer-Verlag 1955.

CZAPEK, F.: Biochemie der Pflanzen. 2. Aufl., Jena: Gustav Fischer 1920/21.

DEPPE, H. J., u. K. ERNST: Technologie der Spanplatten. Stuttgart: Holz-Zentralblatt Verlags-GmbH 1964.

ERDTMAN, H.: Lignans. In: Moderne Methoden der Pflanzenanalyse. Hrsg. von K. PAECH u. M. V. TRACEY. Bd. III, S. 428—449. Berlin-Göttingen-Heidelberg: Springer-Verlag 1955a.

— Natural Tropolones. In: Moderne Methoden der Pflanzenanalyse. Hrsg. von K. PAECH u. M. V. TRACEY. Bd. III, S. 351—358. Berlin-Göttingen-Heidelberg: Springer-Verlag 1955b.

FIESER, L. F., u. M. FIESER: Steroide. Weinheim/Bergstr.: Verlag Chemie 1961.

GEISSMAN, T. A.: The Chemistry of Flavonoid Compounds. Oxford-London-New York-Paris: Pergamon Press 1962.

GILDEMEISTER, E., u. F. HOFFMANN: Die ätherischen Öle. Bd. IV. Berlin: Akademie Verlag 1956.

GOODWIN, T. W.: Chemistry and Biochemistry of Plant Pigments. London and New York: Academic Press 1965.

GOTTWALD, H.: Handelshölzer, ihre Benennung, Bestimmung und Beschreibung. Hamburg: F. Holzmann-Verlag 1958.

GREGUSS, P.: Xylotomische Bestimmung der heute lebenden Gymnospermen. Budapest: Akademiai Kiadó 1955.

HARBORNE, J. B.: Biochemistry of Phenolic Compounds. London and New York: Academic Press 1964.

HEGNAUER, R.: Chemotaxonomie der Pflanzen. Bd. I. Basel und Stuttgart: Birkhäuser 1962.

— Chemotaxonomie der Pflanzen. Bd. III. Basel und Stuttgart: Birkhäuser 1964.

Hoffmann-Ostenhof, O.: Ein- und zweikernige Chinone. In: Moderne Methoden der Pflanzenanalyse. Hrsg. von K. Paech und M. V. Tracey. Bd. III., S. 359—391. Berlin-Göttingen-Heidelberg: Springer-Verlag 1955.
Holzer, K.: Leime für die Herstellung von Lagenholz. In: Furniere, Lagenhölzer und Tischlerplatten. Hrsg. von F. Kollmann. S. 285—354. Berlin-Göttingen-Heidelberg: Springer-Verlag 1962.
Hummel, D.: Kunststoff-, Lack- und Gummianalyse. München: Carl Hanser-Verlag 1958.
Kollmann, F.: Technologie des Holzes und der Holzwerkstoffe. Bd. I. Berlin-Göttingen-Heidelberg: Springer-Verlag 1951.
— Technologie des Holzes und der Holzwerkstoffe. Bd. II. Berlin-Göttingen-Heidelberg: Springer-Verlag 1955.
Kürschner, K.: Chemie des Holzes. Berlin: VEB Deutscher Verlag der Wissenschaften 1962.
Langenau, E.: The Examination and Analysis of Essential Oils, Synthesis and Isolates. In: The Essential Oils. Hrsg. von E. Guenther. New York-Toronto-London: D. v. Nostrand Comp., Inc., 1948.
Lapirow-Skoblo, S.J.: Warenkunde der industriellen Holzerzeugnisse. Leipzig: Fachbuchverlag 1955.
Moritz, O.: Die niederen Terpene. In: Moderne Methoden der Pflanzenanalyse. Hrsg. von K. Paech u. M.V. Tracey. Bd. III., S. 1—42. Berlin-Göttingen-Heidelberg: Springer-Verlag 1955.
Morton, R.A.: Biochemistry of Quinones. London and New York: Academic Press 1965.
Ollis, W.D.: Chemistry of Natural Phenolic Compounds. New York-Oxford-London-Paris: Pergamon Press 1961.
Paech, K.: Biochemie und Physiologie der sekundären Pflanzenstoffe. Berlin-Göttingen-Heidelberg: Springer-Verlag 1950.
Ruhland, W.: Handbuch der Pflanzenphysiologie. Bd. X. Berlin-Göttingen-Heidelberg: Springer-Verlag 1958.
Sandermann, W.: Grundlagen der Chemie und chemischen Technologie des Holzes. Leipzig: Akademische Verlagsgesellschaft Geest & Portig KG 1956.
Schmidt, O. Th.: Natürliche Gerbstoffe. In: Moderne Methoden der Pflanzenanalyse. Hrsg. von K. Paech u. M.V. Tracey. Bd. III, S. 517—548. Berlin-Göttingen-Heidelberg: Springer-Verlag 1955.
Schmidt, W.: Anthraglycoside und Dianthrone. In: Moderne Methoden der Pflanzenanalyse. Hrsg. von K. Paech u. M. V. Tracey. Bd. III, S. 549—564. Berlin-Göttingen-Heidelberg: Springer-Verlag 1955.
Schulz, K.H.: Chemische Struktur und allergene Wirkung. Aulendorf i. Württ.: Editio Cantor AG 1962.
Seifert, K.: Angewandte Chemie und Physikochemie der Holztechnik. Leipzig: VEB Fachbuchverlag 1960.
Sieber, R.: Die chemisch-technischen Untersuchungsmethoden der Zellstoff- und Papierindustrie. Berlin-Göttingen-Heidelberg: Springer-Verlag 1951.
Statistisches Bundesamt: Industrie und Handwerk. Reihe 3. Industrielle Produktion, Holzverarbeitende Industrie. Wiesbaden: 1958—1964.
Steiner, M., u. H. Holtzem: Triterpene und Triterpen-Saponine. In: Moderne Methoden der Pflanzenanalyse. Hrsg. von K. Paech u. M.V. Tracey. Bd. III, S. 58—140. Berlin-Göttingen-Heidelberg: Springer-Verlag 1955.
Stevens, G. de, and F.F. Nord: Natural Phenylpropane Derivatives. In: Moderne Methoden der Pflanzenanalyse. Hrsg. von K. Paech u. M.V. Tracey. Bd. III, S. 392—449. Berlin-Göttingen-Heidelberg: Springer-Verlag 1955.
Stoll, A., u. E. Jucker: Phytosterine, Steroidsaponine und Herzglycoside. In: Moderne Methoden der Pflanzenanalyse. Hrsg. von K. Paech und M.V. Tracey. Bd. III, S. 141 bis 271. Berlin-Göttingen-Heidelberg: Springer-Verlag 1955.
Surinam Forest Service: Surinam Timber. Paramaribo: Eldorado 1951.
TAPPI, Technical Association of the Pulp and Paper Industry. New York 1964.
Thinius, K.: Analytische Chemie der Plaste. Berlin-Göttingen-Heidelberg: Springer-Verlag 1952.
Wagner, H., u. H.F. Sarx: Lackkunstharze. München: Carl Hanser Verlag 1959.

Zeitschriftenliteratur

Abramovitch, R.A., and R.G. Micetich: Extractives from *Populus tremuloides* Heartwood. The Structure and Synthesis of Tremulone. Canad. J. Chem. **40**, 2017—2022 (1962).
— — and S.J. Smith: Extractives from *Populus tremuloides* (Aspen Poplar) Heartwood. TAPPI (New York) **46**, 37—40 (1963a).

Abramovich, R. A., and R. G, Micetich Extractives from *Populus tremuloides* Heartwood. The Triterpene Alcohols. Canad. J. Chem. **41**, 2362—2367 (1963b).

Akisanya, A., C.W.L. Bevan, J. Hirst, T.G. Halsall and D.A.H. Taylor: West African Timbers. III. Petroleum Extracts from the Genus *Entandrophragma*. J. chem. Soc. 3827—3829 (1960).

Angyal, S.J., P.T. Gilham and C.G. MacDonald: Cyclitols. IV. Methyl Ethers of Myoinositol. J. chem. Soc. 1417—1422 (1957).

Arbuzow, B.A., and A.G. Khismatullina: Composition of Rosin Acids from Resins of *Pinus pithyusa* and *Pinus insignis*. Izvest. Akad. Nauk S.S.S.R., Ofdel Khim. Nauk, 166—173 (1958). Zit. nach Chem. Abstr. **52**, 12823 (1958).

Arya, V.P., H. Erdtman, M. Krolikowska and T. Norin: A Lignan Xyloside from the Sapwood of *Sorbus aucuparia* L. Acta chem. scand. **16**, 518—520 (1962).

Auld, S.M.J.: An Examination of Irritant Woods. I. Chloroxylonine from East Indian Satinwood. J. chem. Soc. **95**, 964—968 (1909).

Bardishev, J.J., K.A. Cherches, Z.Y. Kovtanenko and Z.F. Kokhanskaya: The Chromatographic Analysis of Resinous Acids in the Resin of the common Pine (*Pinus silvestris*). Doklady Akad. Nauk Beloruss. S.S.R. **4**, 421—423 (1960). Zit. nach Chem. Abstr. **55**, 9866—9867 (1961).

Barton, G.M., and J.A.F. Gardner: The Occurence of Matairesinol in Mountain Hemlock (*Tsuga mertensiana*), Western Hemlock (*Tsuga heterophylla*) and Balsam (*Abies amabilis*). J. organ. Chem. **27**, 322—323 (1962).

Bate-Smith, E.C.: The Phenolic Constituents of Plants and their Taxonomic Significance. I. Dicotyledones. J. Linn. Soc. London (Botany) **58**, 95—173 (1962).

Bauereis, R., u. W. Steiert: Pharmakologische Eigenschaften von Taxin A und B. Arzneimittel-Forsch. **9**, 77—79 (1959).

Baumer, M.: Que faut il croire de la toxicite de certains Bois tropicaux? Rev. Bois et Forêts d. Trop. **43**, 27—36 (1955).

Bhuvanendram, R., W. Manson and F.S. Spring: Triterpene Resinols and related Acids. XIX. Isolation of a Triterpen Diol from *Canarium schweinfurthii* Resin. J. chem. Soc. 3472—3474 (1950).

Billek, G.: Stilbene im Pflanzenreich. Fortschr. Chem. org. Naturstoffe **22**, 115—152 (1964).

Black, R.A., A.A. Rosen and S.L. Adams: The Chromatographic Separation of Heartwood Extractive Components giving Color Reactions with Phloroglucinol. J. amer. chem. Soc. **75**, 5344—5346 (1953).

Brauns, F.E.: The Occurence of Conidendrin in Western Hemlock (*Tsuga heterophylla*). J. organ. Chem. **10**, 216—218 (1945).

Brown, A.G., J.C. Lovie and R.H. Thomson: Ebenaceae Extractives. Part. I: Naphthalene Derivates from Macassar Ebony (*Diospyros celebica Bakh.*). J. chem. Soc. 2355—2361 (1965).

Brügel, S., u. A. Perutz: Über Klinik und Pathogenese der Erlenholzdermatitis. Arch. Derm. u. Syph. **153**, 661—691 (1927).

Bruun, H.H., u. S. Gasland: Verteilungschromatographische Studien der Harzsäuren-Zusammensetzung von Balsamen der nordeuropäischen Kiefer und Fichte, des finnischen Tallöls sowie katalytisch modifizierter Tallöle (Fördelningskromatografiska studier af hartssyrasammansättingen hos kadharts av nordisk tall och gran, Finnländsk tallhartssyra och katalytiskt modifierad Tallhartssyra). Acta Acad. Aboensis, Math. et. Phys. XXII/1, 5—122 (1960).

B-Son-Bredenberg, J.: Die Struktur von Xanthoperol. Acta chem. scand. Kobenh. **11**, 927—931 (1957).

— Das ätherische Öl des Holzes von *Juniperus communis L.* Acta chem. scand. **15**, 961—966 (1961).

— and J. Gripenberg: Constituents of the Wood of *Juniperus communis*. Acta chem. scand. **10**, 1511—1514 (1956).

Buchanan, M.A., and E.E. Dickey: Liriodenine, a Nitrogen-containing Pigment of the Yellow Poplar Heartwood (*Liriodendron tulipifera L.*). J. org. Chem. **25**, 1389—1391 (1960).

Cash, J.Th.: The Dermatitis produces by East Indian Satinwood (*Chloroxylon swietenia*). Brit. med. Journ. 784—790 (1911).

Chopin, J., et H. Pachéco: Isolement et détermination de Structure d'un noveau flavanonol extrait du merisier (*Prunus avium*). Bull. Soc. Chim. biol. (Paris) **40**, 1593—1601 (1958).

Cohen, N.H.: Lupeol, α- und β-Amyrin aus Bresk. Arch. Pharmaz. **245**, 236—245 (1907).

Comollo, A.J., and A.K. Kiang: Dambonitol: Its Isolation from *Dyera lowii* and *Dyera costulata* and its Constitution. J. chem. Soc. 3319—3321 (1953).

Crabbé, P., G. Ourisson et T. Takahashi: Le Dipterocarpol. I. Préparation de la 8,14-Diméthyl-18-Nor-Testostéron. Tetrahedron **3**, 279—302 (1958).

Dässler, H.G., u. H. Urzynicok: Über den Gerbstoff der Schwarzerle (*Alnus glutinosa Gärtner*). Holz als Roh- und Werkstoff, **16**, 327—330 (1958).
— u. W. Ding-Shjuä: Zur Kenntnis der Inhaltsstoffe der Douglasie. Flora **153**, 326—332 (1963).
Dempsey, C.B., D.M.X. Donelly and R.A. Laidlaw: Extractives of *Dalbergia latifolia* Chem. and Industr. 491—492 (1963).
Dietrichs, H.H.: Chemisch-physiologische Untersuchungen über die Splint-Kern-Umwandlung der Rotbuche (*Fagus sylvatica Linn.*). Ein Beitrag zur Frage der Holzverkernung. Mitt. Bundesforschungsanstalt Forst- und Holzwirtsch., Reinbek, Nr. 58 (1964).
— Unveröffentlicht 1965.
Dupont, G., R. Dolou et M. Vilkus: Über die Zusammensetzung des Aucumeaharzes. Peintures-Pigments-Vernis **24**, 46—48 (1948). Zit. nach Chem. Zbl. I, 1110 (1948).
Enzell, C., and H. Erdtman: The Chemistry of the Natural Order *Cupressales*. The Occurence of Manool in *Cupressus sempervirens L.* Acta chem. scand. **11**, 902—903 (1957).
Erdtman, H.: Die phenolischen Inhaltsstoffe des Kiefernkernholzes. IV. Membranbildende Substanzen im Kiefernkernholz. Svensk Papperstidn. **46**, 226—228 (1943).
— Some Aspects of Chemotaxonomy. Pure and appl. Chem. **6**, 679—708 (1963).
—, G. Eriksson and T. Norin: Aucuparin and Methoxyaucuparin, two Phenolic Biphenyl Derivates from the Heartwood of *Sorbus aucuparia* (L.). Acta chem. scand. **17**, 1151—1156 (1963).
—, and L. Westfelt: The Neutral Diterpenes from Pine Wood Resin. Acta chem. scand. **17**, 1826—1827 (1963).
Eyton, W.B., W.D. Ollis, J.O. Sutherland, L.M. Jackman, O.R. Gottlieb and M.T. Magalhaes: Dalbergiones: A new Group of Natural Products. Proc. chem. Soc. 301—302 (1962).
Fachverband Spankörbe im Hauptverband der deutschen Holzindustrie und verwandter Industriezweige e.V. Persönl. Mitt. 1965.
Floriani, L.: Pharmacodynamische Untersuchung des Aspidospermicinchlorhydrats. Anal. Farmacia Bioquim. **2**, 215—219 (1931). Zit. nach Chem. Zbl. I, 2201 (1932).
Freise, F.W.: Vergiftungen durch brasilianische Werkhölzer. III. Sammlung von Vergiftungsfällen **8**, Abt. C, 13—20 (1937). Zit. nach W. Sandermann u. W.W. Barghoorn (1956a).
Freudenberg, K.: Entwurf eines Konstitutionsschemas des Lignins der Fichte. Holzforschg. **18**, 3—9 (1964).
— u. L. Knof: Die Lignane des Fichtenholzes. Chem. Ber. **90**, 2857—2869 (1957).
— u. G. Singh Sidhu: Zur Kenntnis des Lignins der Buche und der Fichte. Holzforschg. **15**, 33—39 (1961).
— u. K. Weinges: Lignane des Lärchen- und Erlenholzes (*Larix decidua* und *Alnus glutinosa*) Tetrahedron Letters No. 17, 19—22 (1959).
Griffioen, K.: Enthält Albizzia-Holz einen giftigen oder reizenden Stoff? (Bevat Djeungdjinghout een giftige en irreterende stof). Tectona **39**, 175—177 (1949).
Gripenberg, J.: Flavonones from the Heart Wood of *Larix decidua Mill.* (*L. europea* DC.). Acta chem. scand. **6**, 1152—1156 (1952).
Harris, G.C.: Resin Acids. V. The Composition of Gum Oleoresin Acids of *Pinus palustris* J. amer. chem. Soc. **70**, 3671—3674 (1948).
— and T.F. Sanderson: Resin Acids VII. Isolation and Structure of Isodextropimarinal, a possible Resin Acid Precursor. J. amer. chem. Soc. **70**, 3870—3872 (1948).
Hergert, H.L., and O. Goldschmidt: Biogenesis of Heartwood and Bark Constituents. I. A new Taxifolin Glucoside. J. organ. Chem. **23**, 700—704 (1958).
Hesse, O.: Studien über argentinische Quebrachodrogen. Ann. Chem. **211**, 249—282 (1882).
Hillen, G.H.: Über Kautschuk- und Guttaperchaharze. Arch. Pharmaz. (Weinheim) **251**, 94—121 (1913).
Janes, N.F., and J.W.W. Morgan: The Occurence of Dihydrokämpferol in *Nothofagus Species*. J. chem. Soc. 2560—2565 (1960).
Jones, H.E.: Acute Dermatitis produced by Satinwood Irritation. Brit. Med. J. I., 1484 (1904). Zit. nach W. Sandermann u. A.W. Barghoorn (1956a).
Kafuku, K., and K. Sebe: On Tectoquinone, the volatile Principle of the Teak Wood. Bull. chem. Soc. (Japan) **7**, 114—118 (1932).
Kahila, S.K.: The Composition of the Gum Oleoresin Acids of *Picea excelsa*. Pap. ja Puu. (Helsinki) **39**, 7—8 (1957).
Kai, Y.: On the Phenolic Constituents from *Cryptomeria japonica D. Don.* 3. The Structure of Sugiresinol. J. Japan. Wood Res. Soc., Meguro, Tokyo **11**, 23—26 (1965).
Kimura, H.: Über Cryptomeriaöl. Ber. dtsch. pharmaz. Ges. **19**, 369—387 (1909).
King, F.E., and R.M. Acheson: Afzelin (Kämpferol-3-rhamnoside), a New Glycoside isolated from Doussié. J. chem. Soc. 168—170 (1950).

KING F. E., J. W. CLARK-LEWIS and W. F. FORBES: The Chemistry of Extractives from Hardwoods. XXV. (-)-epi-Afzelechin, a New Member of the Catechin Series. J. chem. Soc. 2948—2956 (1955).
— and M. F. GRUNDON: The Constitution of Chlorophorin. II. Further Oxidation Experiments, and the Completion of the structural Problem. J. chem. Soc. 3547—3552 (1950).
— J. R. HOUSLEY and T. J. KING: The Chemistry of Extractives from Hardwoods. XVI. Coumarin Constituents of *Fagara macrophylla*, *Zanthoxylum flavum*, and *Chloroxylon swietenia*. J. chem. Soc. 2392—1399 (1954).
— and L. JURD: The Chemistry of Extractives from Hardwoods. XII. The Cyclitols and Steroids of Opepe (*Sarcocephalus diderrichii*). J. chem. Soc. 1192—1195 (1953).
— L. JURD and T. J. KING: Iso-Taxiresinol (3-Dimethylisolariciresinol), a New Lignan extracted from the Heartwood of the English Yew, *Taxus baccata*. J. chem. Soc. 17—24 (1952).
— and T. J. KING: The Chemistry of Extractives from Hardwoods. XXVII. The Structure of Terminolic acid. J. chem. Soc. 4469—4477 (1956).
— T. J. KING and J. M. RUSS: The Chemistry of Extractives from Hardwoods. XXIII. The Isolation of a New Triterpene (*Terminolic acid*) from *Terminalia ivorensis*. J. chem. Soc. 1333—1337 (1955).
— and J. G. WILSON: The Chemistry of Extractives from Hardwoods. XXXVI. The Lignans of *Guaiacum officinale* L. J. chem. Soc. 4011—4024 (1964).
KOLLMANN, F., u. G. HÖCKELE: Kritischer Vergleich einiger Bestimmungsverfahren der Holzfeuchtigkeit. Holz als Roh- und Werkstoff **20**, 461—473 (1962).
KONDO, T., H. IMAMURA and M. SUDA: Wood Extractives. VIII. On the Heartwood Constituents of *Cryptomeria japonica* D. Don. Bull. agr. chem. Soc. Japan **23**, 233-239 (1959); zit. nach Chem. Abstr. **54**, 887 (1960).
— — — Holzextrakte. IX. Ein neuer Diterpenalkohol aus *Cryptomeria japonica* D. Don. Bull. agr. chem. Soc. Japan **24**, 65—68 (1960); zit. nach Ber. wiss. Biol. **149**, 260—261 (1960).
LINDSTEDT, G., and A. MISIORNY: Constituents of Pine Heartwood. XXIV. Investigations on Strobopinin, Cryptostrobin, and two New Substances, Strobobanksin and Strobochrysin, from the Heartwood of *Pinus strobus* L. Acta chem. scand. **5**, 1—12 (1951).
LIVINGSTONE. R. and M. C. WHITING: The Structure of Lapachenole, a Hardwood Extractive. J. chem. Soc. 3631—3636 (1955).
LOEBLICH, V. M., D. E. BALDWIN and R. V. LAWRENCE: The Isolation of a New Resin Acid from Gum Rosin — Palustric Acid. J. amer. chem. Soc. **77**, 2823—2825 (1955).
LOQUAI, R. A.: Die Herstellung von Geschenk- und Kleinverpackungen aus Holz. Holz-Zentralbl. **89**, 54. Beil. **16**, 109 (1963).
MANGONI, L., u. M. BELARDINI: Über die Zusammensetzung des Harzes von *Cupressus sempervirens*. I. Communsäure, Cupressinsäure und Isocupressinsäure. (Sui componenti della resina die *Cupressus sempervirens*. I. Acido communico, acido cupressico e acide isocupressico). Gazz. chim. ital. **94**, 1108—1121 (1964).
MATTHES, H., u. E. SCHREIBER: Über hautreizende Hölzer. Ber. dtsch. pharmaz. Ges. **24**, 385—444 (1914).
MAYER, W., K. LAUER, W. GABLER, U. PANTHER und A. RIESTER: Castalagin und Vestalagin, zwei neue, kristallisierte Ellagengerbstoffe aus dem Holz der Edelkastanie und Eiche. Naturwiss. **46**, 669—670 (1959).
MENTZER, C., et H. PACHÉCO: Sur quelques nouveaux Constituants des Extraits de Bois. Bull. Soc. Chim. biol. (Paris) **34**, 956—962 (1952).
— — et A. VILLE: Indéterminé Chimique des Extraits de Bois. IV. Nouveaux Dérivés Flavoniques du coeur de Merisier (*Prunus avium*). Bull. Soc. Chim. biol. (Paris) **36**, 1137—1150 (1954).
MODICA, G. DI., u. P. F. ROSSI: Aus dem Kernholz von *Cupressus sempervirens* L. extrahierte Substanzen. (Su sostanze estratte dal durame di *Cupressus sempervirens* L.). Ann. Chim. (Roma) **45**, 354—357 (1955).
— — Aus dem Kernholz von *Cupressus sempervirens* extrahierte Substanzen. (Su sostanze estratte dal durame di *Cupressus sempervirens* L.). Ann. Chim. (Roma) **46**, 842—846 (1956).
MOLHO, D., M. C. GERPHAGNON, J. CHOPIN et C. MENTZNER: Confirmation de structure par synthese totale de la dihydrowogenine et de la dihydrooroxyline issues du bois de merisier. C. R. Acad. Sci. (Paris) **244**, 470—472 (1957).
MOLL, F.: Giftiges Holz und Gewerbekrankheiten. Holz (München) 76—77 (1950).
NAGAHAMA, S.: Terpenoids. VII. The Isolation of Sanderacopimarinol from Wood Oil of Sugi (*Cryptomeria japonica*). Bull. chem. Soc. Japan **37**, 886—887 (1964a).
— Terpenoids. VIII. Sesquiterpenoids from the Wood Oil of *Cryptomeria japonica*. Bull. chem. Soc. Japan **37**, 1029—1032 (1964b).

PACHÉCO, H.: Sur la présence d'heterosides de flavanonols dans l'aubier de différents Prunus C. R. Acad. Sci. (Paris) **248**, 2636-2637 (1959).

— L. CRONENBERGER u. C. MENTZER: Composés Flavoniques des Extraits de Bois. V. Dérivés Hydrosolubles du coeur de Merisier (*Prunus avium*). Bull. Soc. Chim. biol. (Paris) **39**, 439—444 (1957).

PAVANARAM, S.K., and L.R. ROW: Chemical Examination of *Tectona grandis Linn.*: I — Isolation of 3-Hydroxy-2-methyl-anthraquinone. J. sci. industr. Res. (Delhi) **16**, 409—411 (1957).

PEARSON, F.G.O., and C. WEBSTER: Timbers uses in Cooperage and the Manufacture of Vats and Filter Presses. Dep. sci. industr. Res., For. Prod. Res. Lab., Princes Risborough, England 1958.

PECKOLD, T.: Heil- und Nutzpflanzen Brasiliens. Ber. dtsch. pharmaz. Ges. **19**, 529—556 (1909).

PEW, J.C.: A Flavonone from Douglas-Fir-Heartwood. J. amer. chem. Soc. **70**, 3031—3034 (1948).

PLATH, E., u. L. PLATH: Papierchromatographische Untersuchungen an Dämpfkondensaten der Rotbuche. Holz als Roh- und Werkstoff **13**, 226—237 (1955).

PLATTNER, P.A., u. L. LEMAY: Zur Kenntnis der Sesquiterpene. 44. Über das Kohlenstoffgerüst des Guajols und des Guaj-azulens. Helv. chim. Acta **23**, 897—907 (1940).

RAO, M.M., and T.R. SESHADRI: Components of the Heartwood of *Dalbergia latifolia Roxb.* Tetrahedron letters **4**, 211—215 (1963).

ROBERTS, E.McC., and R.V. LAWRENCE: The Occurrence of Dextropimarinal and Isodextropimarinal in Commercial Gum Rosin. J. Amer. Chem. Soc. **78**, 4087—4089 (1956).

ROUX, D.G.: Flavon-4,4-diols and Leucoanthocyanidins of *Guibourtia* spp. Nature (London) **183**, 890—891 (1959).

RUDMAN, P.: Anthraquinones of Teak (*Tectona grandis* L. F.). Chem. and Ind. **44**, 1356—1357 (1960).

SANDERMANN, W., u. A.W. BARGHOORN: Über die Inhaltsstoffe des Perobaholzes sowie ihre gesundheitsschädigende Wirkung. Holzforschg. **9**, 112—117 (1955).

— — Gesundheitsschädigende Hölzer. Holz als Roh- u. Werkstoff **14**, 87—94 (1956a).

— — Gesundheitsschädigende Nutzhölzer. Holz als Roh- u. Werkstoff **14**, Betriebsbl. 7, 37—40 (1956b).

— u. H.H. DIETRICHS: Untersuchungen über termitenresistente Hölzer. Holz als Roh- u. Werkstoff **15**, 281—297 (1957).

— — Chemische Studien an Teakholz. Holzforschg. **13**, 137—148 (1959).

— — u. H. GOTTWALD: Untersuchung frühgeschichtlicher Hölzer und deren Bedeutung für den Holzschutz. Holz als Roh- u. Werkstoff **16**, 197—204 (1958).

— — M.H. SIMATUPANG u. M. PUTH: Untersuchungen über kautschukhaltige Hölzer. Holzforschg. **17**, 161—168 (1963).

— u. M.H. SIMATUPANG: Über Inhaltsstoffe aus Teak (*Tectona grandis* L.), I. Isolierung und Konstitution eines toxischen Teakchinons. Chem. Ber. **96**, 2182—2185 (1963).

— — Über Inhaltsstoffe aus Teak (*Tectona grandis* L.), II. Konstitution und Synthese des Tectols und Dehydrotectols. Chem. Ber. **97**, 588—597 (1964).

— — Neue Chinone aus Teak (*Tectona grandis* L.). Naturwiss. **52**, 262—263 (1965).

SASHA, B., and J. LEIBOWITZ: Oleuropeic acid: A new Compound from *Olea europaea*. Bull. Res. Coun. Israel **8**, A (1959); zit. nach Nature **184**, 2019—2020 (1959).

SCHULLER, W.H., R.N. MOORE and R.V. LAWRENCE: Structure of Palustric Acid. Chem. and Ind. 954 (1959).

SCHULZ, K.H., u. H.H. DIETRICHS: Chinone als sensibilisierende Bestandteile von Rio-Palisander- (*Dalbergia nigra*) und Cocobolo- (*Dalbergia retusa*) Holz. Allergie u. Asthma **8**, 125—131 (1962).

SHERRARD, E.C., and E.F. KURTH: Occurence of Pinite in Redwood. Industr. Engin. Chem. **20**, 722—723 (1928).

— — Sequoyite, a Cyclose from Redwood (*Sequoia sempervirens*). J. amer. chem. Soc. **51**, 3139—3141 (1929).

— — The crystalline coloring Compounds in Redwood Extract. J. amer. chem. Soc. **55**, 1728—1732 (1933).

SPILDA, B.: Fragen des Gesundheitsschutzes bei der Arbeit mit Phenol-Formaldehyd-Harzen. Holzind. **13**, 369—371 (1960).

STAUDINGER, H., u. F. REINECKE: Über makromolekulare Verbindungen. 221. Mitt.: Über den Polymerisationsgrad verschiedener Zellstoffe. Holz als Roh- und Werkstoff **2**, 321—323 (1939).

SUMIMOTO, M.: Studies on Heartwood Terpenoids. Bull. Kyushu Univ. For., Fukuoka, Japan **38**, 1—38 (1964).

TAKAHASHI, T., and M. MIYAZAKI: The Chemistry of Wood Extractives. 2. Isolation of Saponin from the Wood of *Kalopanax ricinifolius Miq.* Bull. Grov. For. Exper. Sta., Meguro, Tokyo **143,** 177—180 (1962).

VANZETTI, B. L.: Das Problem des Lignins und einiger natürlicher Harze. R. Ist. lombardo Sci. Lettere, Rend., Cl. Sci. mat. natur. **73,** 435—442 (1939/40); zit. nach Chem. Zbl. II., 1974 (1941).

Verband der Zigarrenkisten-Fabrikanten: Persönl. Mitt. 1965.

Verband des Deutschen Faß- und Weinküferhandwerks: Persönl. Mitt. 1965.

WAGENFÜHR, R.: Gibt es giftige Hölzer? Möbel u. Wohnraum **15,** 120—121 (1961).

WEIGEL, K.: Zur Oberflächenvergütung von Holz. 1. Lackarten für Holz und Holzwerkstoffe. Holz als Roh- u. Werkstoff **23,** 247—252 (1965).

WEINGES, K.: Über einige neue Lignane und stereochemische Zusammenhänge in der Lignangruppe. Chem. Ber. **94,** 2522—2533 (1961).

WEISSMANN, G.: Unveröffentlicht 1965.

WIENHAUS, H., u. H. G. DÄSSLER: Chemische Untersuchungen der Extraktstoffe des Schwarzerlenholzes (*Alnus glutinosa Gaertner*). Holz als Roh- u. Werkstoff **14,** 447—449 (1956).

— u. K. MUCKE: Zur Chemie der Harze. IV. Mitt.: Untersuchung des Edeltannen-Terpentins von *Abies pectinata* DC. Chem. Ber. **75,** 1830—1840 (1942).

— W. PILZ, H. SEIBT u. H. G. DÄSSLER: Zur Kenntnis des Lärchenharzes. Die Diterpene Larixylacetat und Larixol. Chem. Ber. **93,** 2625—2630 (1960).

WILSON, D. R.: Annual Report of the Chief Inspector of Factories and Workshops for the Year 1937. Zit. nach W. SANDERMANN u. A. W. BARGHOORN (1956a).

ZENTZYTZKY, S. M.: Das Holz im Verpackungswesen. Holz-Zbl. **89,** Beil. Modern. Holzverarbeitg. 105—108 (1963).

Textile Bedarfsgegenstände, Pelze, Leder

Von

Dr. J. NÜSSLEIN, Selingstadt ü. Roth (Nürnberg) und

Dr. B. RÖSSLER, Krefeld

Mit 3 Abbildungen

A. Fasern

I. Wesensmerkmale der Fasern

Unter Fasern verstehen wir Gebilde aus anorganischer oder organischer Substanz, die einen sehr kleinen Querschnitt bei sehr großer Länge aufweisen, dabei aber fest, biegsam und meist elastisch sind, so daß sie sich zur Herstellung von Garnen für die vielerlei Bedürfnisse an Kleidung, Heimtextilien und technischen Artikeln eignen.

Im allgemeinen ist die Garnbildung nur durch Drehung mehrerer Einzelfasern um eine gemeinsame Achse möglich, wobei entweder endlose Einzelfäden miteinander verzwirnt, oder Stapelfasern zu einem Garn versponnen werden. Bei der Herstellung besonderer Arten von Vlies-Stoffen, Filzen u.a. („*non-wovens*") wird das Fasermaterial ohne Garnbildung verarbeitet.

Schon für die Herstellung von Kleidung sind mit Rücksicht auf die verschiedenartige Funktion der einzelnen Bekleidungsstücke und Bekleidungssysteme Fasern mit verschiedenen Eigenschaften und verschiedenen Verarbeitungstechniken verwendbar, oft nötig. Die mechanisch-technischen Eigenschaften, die bei jeder Faserart durch das Kraft-Dehnungsdiagramm charakterisiert sind, ebenso die Trage-, Pflege- und physiologischen Eigenschaften des fertigen Erzeugnisses werden durch individuelle ethische, ästhetische und modische Tendenzen stärkstens überlagert.

Obwohl also alle Fasern der Kleidung gewisse grundsätzliche Werte liefern müssen, wie Schutz vor unerwünschten mechanischen und klimatischen Einwirkungen, Biegsamkeit und Schmiegsamkeit der Stoffe, angenehmen Griff, Haltbarkeit, Elastizität u.a.m., sind breite Variationen im Angebot der Faserrohstoffe unentbehrlich.

Manche der Fasereigenschaften sind wesentlich für den einwandfreien Ablauf der Fabrikationsvorgänge, andere für die endgültigen Eigenschaften und den Gebrauch der fertigen Textilwaren, bzw. der Kleidung.

Ökonomische Überlegungen spielen oft eine entscheidende Rolle, da Erzeugnisse mit ähnlichen Eigenschaften aus mehreren Fasern hergestellt werden können.

Zu den beherrschenden Verarbeitungsverfahren sind neben Spinnen und Zwirnen für die Garnbildung bei den synthetischen, thermoplastischen Fasern Verformungsvorgänge – Texturieren – zu rechnen, durch die die textile Funktion im fertigen Erzeugnis wesentlich beeinflußt wird.

Die Fortschritte in Weberei und Wirkerei haben sich in den letzten Jahrzehnten in erster Linie in einer höheren Leistung ausgewirkt; es wurden auch Fortschritte in den Mustermöglichkeiten gebracht. Neue Arbeitsverfahren, z. B. die Tufting-Technik in der Teppichherstellung, die Näh-Wirkverfahren u. a. sind erfolgreich.

Während für die bürgerliche Kleidung nicht immer ein Maximum an Festigkeit gesucht ist, werden von Fasern für Berufskleidung, insbesondere für Militär, Höchstleistungen verlangt.

Ganz besonders gilt dies für die Fälle von technischen Artikeln, für deren Entwicklung die Chemiefasern mit ihren Variationsmöglichkeiten eine ganz neue Basis schufen.

Viskosereyon konnte so die Baumwolle aus der Reifenindustrie verdrängen, erfährt aber selbst Konkurrenz durch Polyamid- und Polyesterfäden. Es gibt zahlreiche Artikel, in denen Gebrauch von spezifischen Eigenschaften der einzelnen Faserarten gemacht wird. Auch in der Herstellung von Sieb- und Filterstoffen, Papieren von hoher Naßfestigkeit, Austauschstoffen für Leder u. a. m. haben diese Fasern Fuß fassen können.

Viele der synthetischen Faserrohstoffe werden auch zur Herstellung von Geräten aller Art und von Folien verwendet. Sie bilden hier eine wichtige Ergänzung für die aus Regeneratcellulose bestehenden Folien.

Den Übergang von der feinen Einzelfaser, die allein nicht zu verwenden ist, zu dickerem Draht, Borsten, Bändchen, bilden die sogenannten Monofil-Fäden. Die gröberen Fasertypen werden weniger für Kleidung, in großem Umfang aber für technische Fabrikate verwendet.

Da an Erzeugnissen aus Fasern die verschiedenartigsten Anforderungen gestellt werden, die oft gegensätzlicher Natur sind, werden vielerlei Faserarten benötigt, wobei oft die Verarbeitungstechnik eine entscheidende Rolle spielt.

II. Welterzeugung an Textilien

Tabelle 1. *Welterzeugung an Textilfasern*

Jahr	Erzeugung an					in 1000 t		
	Baumwolle	Wolle	Seide	Cell. Regen. Fasern		Synthesefasern		Insgesamt
				Fäden	Stapel	Fäden	Stapel	
1900	4309	802	23	5,4	–	–	–	5140
1930	5927	1002	59	204,6	3,2	–	–	7196
1950	6647	1056	19	874	737,5	54	15	9404
1965	10800	1500	30	1369	1976	1110	920	17706
1970[1]	12000	1500	30	2000	2800	2100	1900	22330

[1]) geschätzt.

Für die obengenannte Wollproduktion werden ca. 1 Milliarde Schafe und für die Baumwollproduktion ca. 15 Millionen Menschen bei ca. 340000 qkm guten Bodens benötigt.

Sechs Länder der südlichen Hemisphäre erzeugen 65% der Weltproduktion an Wolle. Die sechs wichtigsten Verarbeiter der nördlichen Halbkugel beschäftigen von einem Weltbestand von ca. 240000 Webstühlen ca. 170000 Menschen.

Die in den gemäßigten Zonen liegenden Verarbeitungsländer von Baumwolle sind gänzlich auf überseeische Zufuhren angewiesen. Mit der Erfindung der Cellulose-Regenerat-Fasern treten neben die ehemaligen kolonialen Rohstoffgebiete die großen Wälder Canadas, Rußlands und Nordeuropas. Statt rund 290 Arbeitsstunden, die für 1 t Baumwolle bis zur Verspinnung aufzuwenden sind, benötigt 1 t Zellwolle nur 45 Std.

Technische Fasern. Von den oben angeführten Zahlen müssen ca. 30% des Baumwollanfalles und 20% der Viscosereyonerzeugung auf technische Artikel umgelegt werden. Hauptverbraucher ist die Reifenherstellung (Autos, Flugzeuge), wo hochfeste Endlosfäden eine große Bedeutung haben. Mit dem hochfesten Kordreyon stehen heute ebensolche Polyamid- und Polyesterfäden im Wettbewerb.

Auch in andere technische Artikel dringen synthetische Fasern in immer stärkerem Maße ein, wobei die Festigkeit, Unempfindlichkeit gegen Wasser und die Indifferenz gegen vielerlei Chemikalien eine große Rolle spielen.

Der heutige Weltbedarf an Bastfasern (Jute, Hanf, Leinen etc.) beträgt ca. 4 Mill. t, an Hartfasern (Blattfasern wie Sisal u.a.) ca. 900000 t.

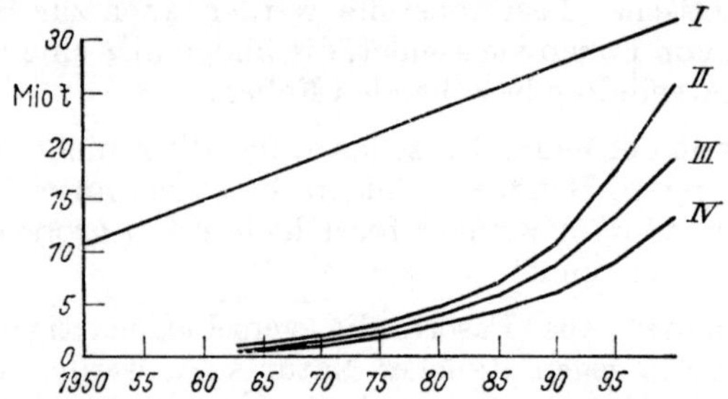

Abb. 1. *Entwicklungsmöglichkeiten der Chemiefaserindustrie bis zum Jahre 2000 unter Annahme von 6 Mrd. Menschen und einem gleichmäßigen Textilverbrauch*

Kurve I: Gesamtbedarf, Kurve II: Anteil der synthetischen Fasern bei gleichmäßigem Produktionsausbau bis 80%, Kurve III: bei Anteil bis 60%, Kurve IV: bei Anteil bis 40%.

Eie Weiterentwicklung der Natur- und Regeneratcellulosefasern bewegt sich im Raume zwischen den Kurven I und IV. Die Bedeutung der Naturfasern für die kommenden Jahrzehnte ist klar ersichtlich. Nur eine wesentlich beschleunigte Produktion der Chemiefasern könnte dieses Bild ändern. Für die Verarbeitung dieser Fasermengen auf Kleidung ergeben sich ebenfalls neue Situationen

Faserbedarf der Zukunft. Der Bedarf an Textilfasern ist für den Einzelnen wesentlich von den Bekleidungsgewohnheiten und dem Klima abhängig. In vielen Ländern, insbesondere in den dicht bevölkerten Gebieten Indiens und Chinas besteht eindeutig eine Unterversorgung. Die Ausweitung des Faseranbaues würde hier in Wettbewerb mit den für die Ernährung ohnehin kaum ausreichenden Böden treten.

Ein höherer Bedarf an Fasern ist mit der Zunahme der Weltbevölkerung und der Steigerung der Ansprüche zu erwarten. Während in USA der Verbrauch pro Kopf (1961) bei ca. 16 kg, in der BRD bei 12,5 kg lag, betrug die Ziffer für den Weltdurchschnitt nur ca. 5 kg, wobei die volkreichen Länder Indien und China auch diese Zahl noch nicht erreichten. In der Annahme, daß im Jahre 2000 die Erde von ca. 6 Milliarden Menschen bewohnt sein wird, ergibt sich bis dahin der in Abb. 1 dargestellte Verbrauch.

Der Erzeugung von Chemiefasern der synthetischen Gruppen sind weder vom Standort noch von der Produktionsmenge her Grenzen gezogen. Die Versorgung der Menschheit mit Kleidung und mit technischen Bedarfsartikeln, zu denen Faserstoffe benötigt werden, kann durch Kombination der gewachsenen mit den vom Menschen geschaffenen gesichert werden. Die Entwicklung neuer Chemiefasertypen liegt im Bereich des Möglichen. Ihr Einfluß auf die Entwicklung der Bekleidung ist noch nicht abzusehen.

III. Nomenklatur

Eine eindeutige Bezeichnung für die natürlichen und künstlichen Faserstoffe besteht in vielen Fällen nicht.

Neben der Unklarheit bzw. der Systemlosigkeit in der Wortbildung für neue Faserarten sind auch technische Vorgänge und Zusammenhänge Träger für Bezeichnungen von ganz verschiedenem Bewußtseinsinhalt geworden. Für viele neuzeitliche Entwicklungen hat sich der Gebrauch von Fremdworten endgültig durchgesetzt.

Die Bezeichnung „Fasern" im allgemeinsten Sinne wird noch akzeptiert, auch in Wortverbindungen wie „Faserkunde", „Fasertechnik". Der Herkunft nach wird unterschieden in Naturfasern (gewachsene Fasern) und künstliche Fasern, allgemein als „Chemiefasern" (*man-made fibres*) bezeichnet.

Diese Teilung nach Herkunft ist zwar historisch begründet und noch sehr gebräuchlich, aber im letzten wird damit über Wesen und Eigenschaft der Fasern oder gar der aus ihnen hergestellten Textilien sehr wenig ausgesagt. Die Charakterisierung textiler Erzeugnisse nach der Herkunft des Rohstoffs, die früher eine gewisse Aussagefähigkeit besaß, ist mit der Entwicklung moderner Ausrüstungs- und chemischer Veredlungsverfahren, die den Textilien andere Gebrauchseigenschaften verleihen und durch das Hinzukommen ungezählter textiler Varianten auf der Grundlage von Chemiefasern unzureichend geworden, da die alten Erfahrungs-Maßstäbe nicht mehr gültig sind.

Die Glieder der Gruppe „Naturfasern" unterscheiden sich durch die Genesis, die chemische Zusammensetzung und das Erscheinungsbild, ebenso die Auswirkungen, die auf diesen Grundlagen beruhen. Die Bezeichnung „Tierhaare" ist wohl die umfassendste. Eine speziellere Kennzeichnung vermittelt das Wort „Wolle", das in erster Linie die Haare der Schafrassen, aber auch der kamelartigen und gewisser Ziegenarten bezeichnet.

Analog zur „Wolle", die aus relativ kurzen, mehr oder weniger gekräuselten und durch Spinnen in ein Garn verwandelbaren Fasern besteht, bildeten sich die Begriffe „Baumwolle", „Holzwolle", „Glaswolle" und in neuerer Zeit im Bereich der Chemiefaser „Zellwolle".

Endlose Fasern liefert die Natur nur in wenigen Fällen; sie tragen im allgemeinen die Bezeichnung „Seide": Maulbeerseide – auch Japanseide, echte Seide genannt – Wildseiden, Spinnenseide, Muschelseide (*Byssus*).

Charakteristisch sind Glanz und Struktur des Materials; als sogenanntes „Endlos-Material" werden sie mit dem Wort „Fäden" gekennzeichnet.

Mit der Erfindung der Fäden aus Regeneratcellulose bildete sich wegen der Ähnlichkeit dieser Faser in Glanz und Endlosigkeit mit echter Seide trotz größter Abweichungen in der chemischen Natur und den inneren Eigenschaften der Ausdruck „Kunstseide", der in jüngerer Zeit aufgegeben und in Deutschland in Anlehnung an die internationale Bezeichnung „Rayon" in „Reyon" umgewandelt wurde: Viscose-, Kupfer-, Acetatreyon.

Für die aus der Synthese stammenden Endlos-Fäden ist die Bezeichnung „Chemieseide" zulässig.

Durch Zerlegen endloser Fäden in Fasern, die durch einen Spinnprozeß in ein Garn verwandelt werden können, ist der Ausdruck „Stapelfaser" oder „Spinnfaser" gebräuchlich geworden. Ein zu „Zellwolle" analoges Wortbild ist für synthetische Spinnfasern nicht gebräuchlich geworden.

Das Wort „Spinnen" wird ebenfalls in verschiedenem Sinne gebraucht:

a) für die Erzeugung endloser Fäden aus einem in Drüsen gespeicherten Eiweißvorrat bei der Spinne, der Seidenraupe und den Wildsorten des Seidenspinners;

b) für den analogen technischen Prozeß unter Verwendung von Düsen, wobei Lösungen oder Schmelzen zu Fäden geformt werden;

c) für den davon ganz verschiedenen rein mechanischen Vorgang der Garnbildung aus kurzen, spinnbaren Faserelementen.

Daraus ergibt sich, daß auch das Wort „Faden" in mehrfachem Sinn gebraucht wird:

a) für das sogenannte „endlose" Erzeugnis aus den Drüsen von Spinne und Seidenraupe bzw. aus den technischen Düsen der Chemiefaserindustrie;

b) für verarbeitungsfertige Zubereitungen: Webfäden, Nähfäden, Schuß- und Kettfaden.

Im Wettbewerb damit steht häufig die Bezeichnung „Garn": Kammgarn, Streichgarn, Seidengarn.

Unklar und zu Mißverständnissen Anlaß geben die Bezeichnungen „hydrophil" und „hydrophob". Fasern, die wegen ihrer Hygroskopizität Wasser aus der Luft aufnehmen bzw. abgeben oder beim Kontakt mit flüssigem Wasser quellen, gelten als „hydrophil", während solche, die kein Wasser binden – fast ausnahmslos die synthetischen Fasern – als „hydrophob" gelten. Benetzbar, was z. B. für Leibwäsche bei Schweißabsonderung oder beim Waschen wichtig ist, sind aber beide Gruppen.

Zur Erzielung eines wasserabweisenden Effektes, wie er bei Regenkleidung, Zelten, Wagenplanen nötig ist, werden beide Typen mit wasserabweisenden Mitteln z.B. fettsaure Tonerde, Paraffin u.a.m. behandelt, was mit „Hydrophobierung" bezeichnet wird.

Für die große Gruppe der Chemiefasern existieren einheitliche Bezeichnungen nicht. Für die Fachwelt gilt nach der Erzeugungsart die Einteilung in

a) regenerierte Fasern (Cellulose, Eiweiß)

b) synthetische Fasern,

wobei die Ester der Cellulose mit Acetatresten (2½-, 3-Acetat) häufig als halbsynthetisch bezeichnet werden.

In den für synthetische Fasern üblichen Bezeichnungen finden wir auch die Gruppierung nach Polymerisations- und Polykondensationsreaktionen. Im einzelnen wird bald eine chemische Bindungsart z.B. Polyamid, Polyester, bald der chemische Baustein, z.B. Polyaethylen, Polyvinylchlorid als Bezeichnungsgrundlage gebraucht.

Die Vorsilbe „Poly" ist allgemein gebräuchlich, obwohl sie keinen zusätzlichen Aussagewert besitzt, da alle Fasern „Poly"-Verbindungen sind. Die Handelsnamen sind in allen Ländern Phantasiebezeichnungen, in den meisten Fällen handelt es sich um international eingetragene Warenzeichen.

Die in manchen Ländern bestehende bzw. von Verbraucher-Organisationen angestrebte gesetzliche Vorschrift zur Auszeichnung einer Ware mit einem die fasermäßige Zusammensetzung eines Kleidungsstückes beschreibenden Etikett bringt dem Träger keine ausreichende Auskunft. Für die Güte und Preiswürdigkeit einer Ware ist der materielle Aufbau wohl ein wichtiger Faktor, aber häufig spielen Methodik der Fertigung (Art des Gewebes oder Gewirkes), Färbung und Ausrüstung eine wesentliche Rolle. Modische Einflüsse sind ohnedies auf diesem Weg nicht faßbar.

Die *Pflege-Kennzeichnung*, für die international anerkannte, leicht verständliche Symbole existieren, ist von viel größerer Wichtigkeit.

IV. Chemischer, physikalischer und morphologischer Bau der Faser

In der Natur werden faserige Stoffe zur Lösung ganz verschiedener Aufgaben gebildet. Der Mensch hat für seine vielgestaltigen Bedürfnisse jeweils die geeignetsten ausgesucht und diese für ihn brauchbaren Fundstoffe durch systematische Zucht von Tier und Pflanze nach Möglichkeit seinen qualitativen und quantitativen Bedürfnissen angepaßt.

Es sind dabei vielerlei Begrenzungen wirksam: Klima, Weideland, nutzbare Bodenflächen u.a.m. Vor allem kann die Tatsache nicht aus der Welt geschafft werden, daß in der Natur Fasern zur Erfüllung biologischer Aufgaben gebildet werden, die keinerlei tieferen Eingriff von außen ertragen würden.

Die chemische Natur der gewachsenen Fasern ist daher für alle Zeiten festgelegt.

Den großen Linien des Aufbaus und Stoffwechsels folgend bilden sich im *pflanzlichen Organismus Fasern über Glucose* als Baustein aus *Cellulose,* während der *tierische Organismus* sie über eine *Vielzahl von Aminosäuren* aus *Polypeptiden* (Eiweiß) formt.

Dabei besteht zwischen den Produkten der Warmblüter und der Insekten (Spinnen, Raupen) chemisch eine weitgehende Ähnlichkeit; im Gegensatz zu Wolle enthält Seidenfibroin aber kein Cystin, auch geringere Anteile an Diaminocarbonsäuren (Arginin, Lysin, Histidin).

Allen Naturfasern und synthetischen Fasern ist gemeinsam, daß sie aus kettenartig gebildeten makromolekularen Strukturen bestehen, obwohl ihre Zusammensetzung im einzelnen, ihre Herkunft und Bildungsweise, Art und Menge des kristallinen Anteils usw. sehr verschieden sein können.

1. Native Cellulose-Fasern

Unter Mitwirkung von Lichtquanten und Biokatalysatoren (Chlorophyll usw.) bildet der pflanzliche Organismus aus CO_2 und H_2O verschiedene Zuckerarten, vor allem Glucose. Neben der Bildung glucosidischer Verbindungen verschiedenen Aufbaus ist die Bildung von Stärke und Cellulose von größtem wissenschaftlichem, aber auch wirtschaftlichem Interesse. Die Lebensmöglichkeiten der Menschheit beruhen in erheblichem Ausmaße auf diesen Prozessen, die uns Nahrung und Kleidung liefern.

Während aber Stärke ein α-Glucosid ist, liegt in Cellulose ein β-Glucosid hohen Polymerisationsgrades vor. Wir verdanken H. Staudinger, der 1953 für seine Arbeiten den Nobelpreis erhielt, wesentliche Einsichten in diese Zusammenhänge.

Durch Betätigung von Nebenvalenzkräften (Kohäsionskräften) werden die zahlreichen nebeneinanderliegenden kettenförmigen Makromoleküle, die in den nativen Fasern bis zu 3000 Glucoseeinheiten enthalten und in Form von Mikrokristallen orientiert sind, am Abgleiten bei Spannungs- und Dehnungsvorgängen weitgehend verhindert; Orientierungsgrad, Packungsdichte, Kristallitstruktur und zwischenmicellare Räume sind dabei ebenfalls von großer Bedeutung.

Neben dem allen Celluloseprodukten gemeinsamen chemischen Aufbau sind aber die Einflüsse, die sich aus dem Wachstumsvorgang entwickeln, von größter Bedeutung. Sie sind entscheidend für das optische Bild, die Länge und Stärke der Einzelfasern, die technischen Verarbeitungsmöglichkeiten, Kosten usw. Holz, Samen-, Bast- und Blattfasern unterscheiden sich daher voneinander sehr stark. Durch Auflösen dieser Fasern in geeigneten Lösungsmitteln gehen diese Unterschiede verloren, zumal die langen Ketten bei diesem Vorgang einen Abbau erfahren.

Wenn auch die Cellulose trotz ihrer vielen Hydroxylgruppen wasserunlöslich ist, so bestehen doch noch eine deutliche Hygroskopie und Quellvermögen in

Wasser. In neuerer Zeit wurde viel Forschungsarbeit darauf verwendet, die damit zusammenhängenden unangenehmen Phänomene (Verlust der Festigkeit, Knitterung) durch Harzeinlagerung und Quervernetzung zu verringern.

In wäßrigen Alkalilösungen quillt Cellulose stärker als in Wasser. Die Löslichkeit ist konzentrationsabhängig. Auch die Faserstruktur ist von Einfluß. Native Fasern lösen sich langsamer als Regeneratcellulose.

Kupferoxydammoniak wirkt als Lösungsmittel auch auf native Cellulose. (Wichtig für Kupferreyon und -stapelfasern.) Auch organische Basen wie Äthylendiamin, Tetraäthylammoniumhydroxyd u.a. wirken quellend bzw. lösend. Während Cellulose gegen OH-Ionen weitgehend beständig ist, werden durch H-Ionen der Säuren die glucosidischen Bindungen leicht gesprengt. Indes gibt es auch zahlreiche Umsetzungsmöglichkeiten mit Säuren und ihren Derivaten (Nitrieren, Acetylieren). Eine ca. 50 %ige H_2SO_4 wirkt bei niedriger Temperatur und kurzer Einwirkungszeit pergamentierend auf Baumwolle (Glasbatist), Zinkchlorid wird für die Herstellung von Vulkanfiber verwendet.

Auch durch Enzyme (Cellulase) kann Cellulose abgebaut werden.

Die in den Mittelgliedern der Cellulose vorhandenen Glucosebausteine sind weiterhin reaktionsfähig — drei alkoholische Gruppen — was für die Herstellung von Cellulose-Estern und -Äthern von großer Bedeutung ist.

Celluloseglykolat (Cell · CHO · CH_2 · COONa) nimmt als wasserlösliches Appretur- und Schlichtemittel, vor allem aber als Antivergrauungsmittel in synthetischen Waschmitteln eine bedeutende ökonomische Position ein. Methyl-, Aethyl- und Oxaethylaether der Cellulose werden als Appretur- und Verdickungsmittel verwendet. Salpetersäure-Ester dienen als Rohstoff für Lacke, Kollodium usw. Auch die erste künstliche Faser, deren Herstellung heute nicht mehr betrieben wird, bestand aus Nitrocellulose.

Sehr wichtig sind aber auch heute noch Fasern, die durch Einführung von 2½—3 Essigsäure-Resten in das Glucose-Molekül gewonnen werden (Acetat-Verfahren).

2. Eiweiß-Fasern (Protein-Fasern)

a) Tierhaare

Dem Wesen und der Funktion des tierischen Organismus entspricht die Bildung von Eiweißstoffen in zahlreichen Formen. Zu ihnen gehören auch die Faserproteine, die durch langgestreckte Kettenmoleküle gekennzeichnet sind. Im Körper selbst, wie bei der Technik der Gewinnung von Regenerat-Eiweißfaser, können auch Sphäroproteine, die als Albumin, Globulin usw. im tierischen und pflanzlichen Körper enthalten sind, in Faserproteine umgewandelt werden. Die Tiere bauen Eiweißstoffe nicht primär auf, sondern entnehmen ihre Nahrung der Pflanzenwelt, die ihnen pflanzliches Eiweiß, Kohlenhydrate, Fette, Mineralsalze usw. bietet.

Als wichtigste Eiweißstoffe dieser Art erscheinen die Kollagen-Fasern der Haut, die ihr Zähigkeit und Festigkeit verleihen, im gegerbten Zustand die Basis des Leders darstellen, das Keratin der vielen Arten von Haaren und Wolle, auch der Hufe, Hörner und Nägel, ferner das Fibroin der Seiden und die Federn der Vögel.

Schon EMIL FISCHER vermittelte uns durch seine Forschungen über Eiweißstoffe die wichtige Erkenntnis von der Funktion der Säureamidgruppe (CONH, Peptidbindung). H. STAUDINGER wies nach, daß auch die Eiweißfasern den allgemeinen Gesetzen der Makromolekularchemie folgen. SPEAKMAN und ASTBURY fanden die Sonderfunktion des Cystins als Bindeglied zwischen den Hauptvalenzketten. Auch Wasserstoffbrücken spielen hierbei eine wichtige Rolle. Zu den C-, H-, O-Atomen treten im Eiweiß N- und S-Atome mit wesentlichen Funktionen. Bis jetzt sind ca. 20 verschiedene Aminosäuren in Wolle gefunden worden.

Als amphotere Substanz bilden sie sowohl mit Säuren als auch mit Basen Salze, bzw. neutralisieren sich Amino- und Carboxylgruppen innerhalb eines bestimmten pH-Bereichs (isoelektrischer Punkt bzw. Zone). Protein-Fasern sind wesentlich empfindlicher gegen Alkali, aber widerstandsfähiger gegen Säuren als Cellulosefasern. Diese Verhältnisse beeinflussen auch die Färbe- und Ausrüstungsverfahren von Grund aus. Auch die Pflege- bzw. Waschtechniken und Waschmittel sind dadurch vorbestimmt: niedrige Waschtemperatur, alkalifreie Waschmittel.

Die Eignung der verschiedenen Tierhaare hängt kaum von Besonderheiten in der chemischen Struktur ab, dagegen in entscheidendem Maße von der Form, in der sie aus dem Bulbus durch den Haarkanal an die Außenwelt gelangen. Jede Tierart bildet auf diese Weise ein charakteristisches Erzeugnis, mit – in textiltechnischer Sicht – oft sehr großen Unterschieden in der Verwendbarkeit.

Alle Tierhaare sind gekennzeichnet durch einen komplizierten fibrillären Bau, neben dem auch plastische Bereiche eine wichtige Rolle spielen. Protein-Fasern sind hygroskopisch und können – unter entsprechender Volumenzunahme – erhebliche Mengen Feuchtigkeit aus der Luft bzw. Flüssigkeit aufnehmen. Die Quellung in Wasser ist stark pH-abhängig. Mit kochendem Wasser oder Wasserdampf unter Druck lassen sich besonders außerhalb des isoelektrischen Bereiches Proteinfasern leicht abbauen, am schnellsten in alkalischen heißen Lösungen. Ein kurzes Kochen eines Fasergemisches z.B. aus Wolle und Baumwolle in 2–3 %iger NaOH-Lösung erlaubt die völlige Zerstörung der ersteren.

Protein-Fasern werden besonders unter feucht-warmen Bedingungen leicht von Pilzen und Bakterien befallen und abgebaut. Gerbend wirkende Substanzen können diesen Vorgang stark eindämmen, wie ungezählte Lederfunde und Textilien aus der Bronzezeit zeigen, die durch die Huminsäuren der Moore und die Gerbstoffe der Eichensärge konserviert wurden. Auch durch Anwendung von Chromentwicklungsfarbstoffen, ebenso von Mottenschutzmitteln (Eulan®, Mitin®) wird die Widerstandsfähigkeit der tierischen Fasern gegen den Abbau durch Bakterien- und Verdauungsfermenten erhöht.

b) Seiden

Die Raupen gewisser Schmetterlinge (*Bombyx mori*, *Ailanthus*) sammeln über die Verarbeitung besonderer Futterarten – Maulbeerblätter für den Bombyx mori – in Drüsen im Körperinnern Eiweißstoffe, die beim Ausdrücken oder Ausziehen zu einem Faden unlöslich werden. Die Vorgänge, die zu dieser Änderung des Aggregatzustandes führen, sind noch nicht aufgeklärt. Der Rohseidenfaden, den die Raupe in einer Länge von 1500–2000 m zur Bildung des Cocons um sich legt, ist ein Doppelfaden, in dem ein Kern des unlöslichen Fibroins von dem in Seifenlösung leicht lösbaren Sericin umhüllt ist. Der Anteil des letzteren bewegt sich je nach Provenienz der Seide um 20–25%. Erst durch das „Entbasten", d.h. die Entfernung des Sericins erhält die Seide den hochgeschätzten milden Glanz und knirschenden Griff.

Unentbastete Seide wird für steife Netzgewebe u.a. verarbeitet. Das Seidenfibroin unterscheidet sich von Woll- und Haarkeratin durch das Fehlen des Cystins. Es besteht zum größten Teil aus Alanin, Glycin und Tyrosin.

Sericin enthält dagegen nur geringe Mengen Glycin und ist im Gegensatz zu dem stark gittermäßig geordneten Fibroin amorph. Durch Salzbindungen und Wasserstoffbrücken werden die parallel gelagerten langen Fibroinmoleküle zusammengehalten. Diese und van-der-Waalsche-Kräfte sind für die hohe Festigkeit verantwortlich.

® = eingetragenes Warenzeichen.

Wie Haarkeratin ist auch Seidenfibroin eine amphotere Substanz. Die isoelektrische Zone liegt um den pH-Wert 4–5 (Wolle: 4–7).

Ein wesentliches Merkmal der Seide ist die Endlosigkeit des Fadens. Sie erklärt sich aus den ganz anderen biologischen Vorgängen, die Leben und Entwicklung eines Insektes im Vergleich mit dem Haare tragenden Warmblüter bestimmen. *Bombyx mori* und seine Artgenossen, die die sogenannten Wildseiden liefern, ebenso die Spinne, die mit der Bildung von Fangnetz und Flugseil einen ähnlichen Prozeß der Faserbildung ausführt, sind die einzigen Lieferanten endloser Fänden in der Natur, sie sind aber auch die Vorbilder für die technische Gewinnung von Fasern in großem Maßstab geworden:

Schaffung des hochmolekularen Rohstoffes
|
Verflüssigung
|
Spinnen des Fadens durch feine Düsen
|
strecken
|
verfestigen

Mit der Gewinnung der ersten künstlichen Faser nach diesem Schema wurde ein Jahrtausende altes Monopol der Natur gebrochen.

V. Systematik der gewachsenen Fasern

1. Cellulosefasern

a) Samenfasern

α) Baumwolle

Die Familie *Gossypium* (*Malvacee*) ist mit ihren verschiedenen Spielarten der bedeutendste Faserlieferant der Menschheit. Warmes Klima, guter Boden und sorgfältige Pflege sind Voraussetzung für guten Ertrag. Die wichtigsten Produktionsländer sind: USA, Rußland, Indien, China, Mexiko, Brasilien, Ägypten, Pakistan u.a., wobei bemerkenswert ist, daß gerade die Länder mit der höchsten Bevölkerungsziffer den Boden für Nahrungsmittelerzeugung am dringendsten benötigen. Das gesamte auf der Welt mit Baumwolle bepflanzte Areal und einer Ernte von ca. 9 Mill. t beläuft sich auf ca. 300000 km^2, also etwa die Fläche von Italien. Bedenkt man, daß bis zum Jahre 2000 sich die Menschheit etwa verdoppelt haben wird und infolgedessen auch ein entsprechend zunehmender Bedarf für Nahrung und Fasern eintreten wird, so wird die Schwere des Problems sichtbar. Eine intensive Kultivierungs- und Züchtungsarbeit ist neben wissenschaftlicher Forschung mit dem Ziel der Ertragssteigerung, Kostenminderung, Qualitätsverbesserung und Entwicklung neuer Einsatzgebiete in allen wichtigen Baumwollanbau- und Verbraucherländern ununterbrochen im Gange. Die Resultate sind beachtlich. Daneben haben Regenerat-Fasern aus Cellulose infolge einer Reihe von Vorzügen und angesichts wesentlicher Qualitätssteigerung in den letzten Jahren – sog. Polynosics, HWM-Fasern, Modal-Fasern – und synthetische Fasern starke Einbrüche in den ehemaligen Marktraum der Baumwolle tätigen können. Dieser Wettbewerb ist noch in vollem Gange.

Die Baumwollfaser, die nur aus einer einzigen Zelle besteht, ist anfänglich dicht in die Samenkapsel gepackt; beim Reifen platzt diese und gibt die flauschige Masse an Fasern – bis zu 20000 an einem Samenkorn – frei. Das Pflücken erfolgt mehr und mehr durch Maschinen. Durch maschinelle Behandlung werden Baumwollsaat und Fasern getrennt (Ginning). Unverspinnbare Rückstände werden als „Linters" für Polsterwaren und als Rohstoffe für reine Cellulose, z. B. für Regeneratfasern verwandt.

Es gibt eine große Anzahl von Baumwollsorten, die sich in Stapellänge, Glanz und Feinheit, damit auch in Verspinnbarkeit unterscheiden. Sea Island, ägyptische und Sudanbaumwolle sind bekannte Vertreter der besten Sorten und sehr begehrt als Rohstoff für hochwertige Qualitäten.

Es ist verständlich, daß in einem Wachstumsprodukt nicht alle Fasern zu gleicher Zeit den gleichen Reifegrad erreichen. Unreife und sogenannte tote Baumwolle sind für die Industrie eine unvermeidliche Beigabe, ebenso überlange oder zu kurze Fasern. Im Arbeitsgang müssen Fremdstoffe wie Blätter, Sand usw. durch Reinigen beseitigt werden, damit ein einwandfreies Garn gesponnen werden kann. Diese Prozesse und die Verluste an Gewicht verteuern das Erzeugnis, so daß heute erhebliche Mühe für die Vollautomatisation des Spinnprozesses aufgewendet wird. Im Laufe der letzten 100 Jahre wurde die Technik der Baumwollspinnerei in beispielloser Weise verbessert, so daß heute ein Spinner mit der geeigneten Baumwollsorte, unter Anpassung der Maschinen das gesuchte Garn ohne Schwierigkeiten erzielen kann.

Manchmal im Garn, meistens aber im Stück, nach dem Verweben, werden die natürlichen Begleitstoffe der Cellulose-Fasern, Farbstoffe, Wachse, Lignin und Pektin, durch eine intensive Behandlung mit kochender Lauge beseitigt. An den „Beuchprozeß" schließt sich das Bleichen an. Diese Maßnahmen sind nötig, um die Ware saugfähig zu machen, was für die Hygiene von Wäsche und für die gleichmäßige Aufnahme von Farbstofflösungen wichtig ist. Viele dieser Veredelungsprozesse werden durch die Mitverwendung von Netzmitteln wesentlich erleichtert.

Je nach Musterung, Arbeitstechnik, Echtheit u.a.m. erfolgt das Färben in der Folcke, im Kardenband, Garn in verschiedenen Formen (Spulen, Kettbäumen) oder im Stück.

Es steht eine große Anzahl von Farbstoffklassen für Druck und Färbung zur Verfügung. Die einst weltbeherrschenden Naturfarbstoffe: Indigo und Krapp, bzw. ihre synthetischen Nachbildungen sind durch eine große Zahl einfacher und billiger zu verwendender synthetischer Farbstoffe abgelöst worden. Noch in den letzten Jahrzehnten sind neue Produkte erfunden worden, die bei hoher Gebrauchsechtheit eine bis dahin unbekannte Schönheit des Farbtones zeigen.

Die Farbstoffchemie ist das klassische Beispiel dafür, daß Naturprodukte, die sich zufällig für technische Bedürfnisse des Menschen eignen, in Wirklichkeit aber für andere Aufgaben im Leben von Tier und Pflanze gebildet werden, durch zielbewußte Forschung zu völliger Bedeutungslosigkeit herabsinken können.

Unter den Veredelungsprozessen verdient die *Mercerisation* – nach John Mercer aus Accrington, 1844 –, bei der Baumwolle unter Einwirkung von starker Lauge (20–25% NaOH) und hoher Spannung bei niedriger Temperatur einen hohen Glanz erhält, besondere Beachtung. Auch durch eine rasche Passage durch konzentrierte kalte Schwefelsäure werden interessante Wirkungen erzielt. Da Weißwaren im Baumwollmarkt eine überragende und auffällige Rolle spielen (Leib-, Tisch- und Bettwäsche, Kleiderstoffe, Arbeitskleidung verschiedener Art u.a.m.), hat die Erzielung eines hohen Weißgrades unter günstiger wirtschaftlichen Bedingungen und unter Vermeidung von Faserschädigung eine große Bedeutung. Der früher viel benutzte Chlorkalk wurde abgelöst durch das Natriumhypochlorit, Natriumchlorit und Peroxyde (H_2O_2, Na_2O_2). Vielfach wird nach Kombinationsverfahren gearbeitet.

Während früher ein noch vorhandener Gelbstich der Ware durch Nachbehandlung mit einem rotstichig-blauen Farbstoff kompensiert wurde, bedienen sich heute Textil- und Waschmittelindustrie in größtem Ausmaß der optischen Aufheller.

Die Wirkung dieser Stilbenderivate, Benzimidazole u.a. beruht darauf, daß sie auf der Faser eine bläuliche Luminescenz erzeugen, also einen Gelbstich nach den Gesetzen der additiven Farbenmischung überlagern. Voraussetzung ist natürlich ein starker Anteil an UV-Strahlen in der Lichtquelle, der beim Sonnenlicht und den heute üblichen Leuchten vollauf geboten wird.

Während in früherer Zeit für die Ausrüstung billiger Baumwollstoffe das Füllen mit Appreturmitteln – Stärke, Dextrin, hygroskopischen Salzen, Ölen und Wachsen – sehr gebräuchlich war, erstrebt die neuere Zeit Effekte, die auch eine ausreichende Gebrauchstüchtigkeit aufweisen. Die althergebrachten Füllappreturen sind z.B. nicht waschecht, während mit Kunststoff-Dispersionen aus der Reihe der Polyacrylsäureester, des Polyvinylacetates, des Polyvinylalkohols besonders in Kombination mit Formaldehyd recht gute waschbeständige Steif- oder Glanz- und Glätteeffekte erreicht werden können. Auch rein mechanische Verfahren wie Scheren, Kalandern, Rauhen, Prägen, Seidenfinish u.a.m. sind für die Ausgestaltung des Baumwollsortimentes von großer Bedeutung.

Sonderverfahren werden zur Erzielung wasserabweisender Effekte für Regen-, Sport- und Militärkleidung ausgeübt (Hydrophobierung). Als Grundlage dienen hier die Verwendung von Palmitinseife, die mit Al-Salzen auf dem Gewebe ausgefällt wird, Paraffine oder Wachse in organischem Lösungsmittel oder in wäßriger Emulsion. Durch Kombination solcher mit dem Hydrolysat von Zirkoniumsalzen ($ZrOCl_2$) wird eine starke Sorption an die Faser bewirkt, die auch gegen mäßige Waschbeanspruchungen widerstandsfähig ist.

Durch chemische Umsetzung der Cellulose mit Octadecyl-oxymethylpyridiniumchlorid (Velan PF®), Stearoylmethylolamid (Persistol WS), Octadecylaethylenharnstoff (Primenit VS) werden ähnliche Wirkungen von großer chemischer und technischer Widerstandsfähigkeit erreicht. Primenit VS verzögert weitgehend die Verschmutzung, besonders bei Regeneratcellulose-Fasern. Eine wesentliche Förderung erfuhr wasserabweisende, dabei aber noch luftdurchlässige Regenschutzkleidung durch den Ausbau der organischen Siliciumverbindungen (Silicone). Eine völlig wasserdichte, als Wind- und Wetterschutz brauchbare Kleidung kann nur durch Imprägnierung oder einseitiges Beschichten mit geeigneten Kunststoffzubereitungen erhalten werden. Dieser Tätigkeitsbereich ist heute für die Schaffung von Kunstleder, Bucheinbandstoffen, Tischdecken u.a.m. von großer Bedeutung. Es eignen sich zahlreiche Arten von Kunststoffen für solche Verwendung, wobei neben den Kunststoffen Weichmacher, Füllmittel, Farbpigmente, Alterungsschutzmittel u.a.m. eine wichtige Rolle spielen.

Der Verbrauch von Baumwolle ist auch außerhalb des eigentlichen Bekleidungssektors sehr groß. Für die arme Bevölkerung übervölkerter Länder in Afrika, Indien, China spielt die Schlafdecke aus Baumwolle eine große Rolle. Für viele technische Artikel bildet Baumwolle das Grundgewebe. Auch in Mischung mit Regeneratcellulose und synthetischen Fasern treffen wir Baumwolle häufig an. Die Kombination spezifischer Eigenschaften der Komponenten ist hier das Ziel.

Im Wettbewerb der synthetischen Fasern um wichtige Absatzgebiete ist eine der stärksten Triebfedern zur Verbesserung der Eigenschaften von Baumwolltextilien zu sehen: Schaffung nichtschrumpfender Qualitäten, Knitterfreiheit in trockenem und nassem Zustand, Ausschaltung der teuren und lästigen Bügelarbeit (pflegeleicht) bei Hemden, Blusen und Oberbekleidung, Kombination mit synthetischen Fasern zur Erzielung neuer optischer und gebrauchstechnischer Werte, Permanentplissées u.a.m. Die Verwendung formaldehydabgebender und in der Faser zu Harzen kondensierbarer und benachbarte Celluloseketten vernetzender Chemikalien hat erstaunliche Resultate gezeigt. Diese Entwicklung ist noch nicht abgeschlossen. So versucht man durch Substitution an der fertigen Faser einerseits ihre grundsätzlichen Vorteile, die aus dem morphologischen Bereich stammen — ungleicher Querschnitt, große Oberfläche — zu erhalten, andere Eigenschaften dagegen, wie hohe Wasserbindung, langsames Trocknen, Verformung in der Nässe, zu unterbinden.

Baumwolltextilien spielen wegen ihrer Vielfalt, Haltbarkeit und Preiswürdigkeit besonders für die Versorgung mit Massengütern eine gewaltige Rolle. Die feinsten Erzeugnisse haben einen Platz im Bereich der Luxustextilien; die Massenartikel für Wäsche, Kleidung, Bett und Heim wären ohne Baumwolle nicht denkbar. Durch Rauhen lassen sich auch relativ warme Artikel herstellen. Die starke Absorption von Wasser, Schweiß und Regen ist charakteristisch für Baumwolltextilien und sichert ihnen z.B. im Badetuch-, Handtuch- und Taschentuchsektor fast ein Monopol.

β) Kapok

Der vor allem in Indonesien heimische Kapokbaum (*Ceiba pentandra*) liefert eine seidige, weiche und wenig saugfähige Faser, die sich zum Füllen von Kissen, Matratzen und vor allem für Rettungsringe auf Schiffen vorzüglich eignet. Die Versuche, diese schöne Faser für Webwaren zu verwenden, scheiterten an ihrer großen Sprödigkeit.

Eine Reihe anderer Samenfasern ist begrenzt im Gebrauch (*Ochroma*, *Galgal*, *Chorisia speziosa*, *Asklepias*, *Thyphaceen* u.a.) als Ersatz für Kapok, für Füll- und Isolierzwecke (Schall- und Hitzeschutz).

b) Bastfasern

Während Tierhaare und Baumwolle in verarbeitungsbereitem Zustand anfallen, müssen die Bastfasern erst auf umständliche Weise aus der Mutterpflanze herauspräpariert werden. In dieser sind sie als Hilfsvorrichtung zur Aufrechterhaltung und Biegsamkeit des Stengels wirksam. Zur Herauslösung aus diesem ist also jeweils ein umständlicher, sorgfältig zu steuernder Prozeß notwendig.

Während Leinen und Ramie für Bekleidungszwecke, Wäsche und Heimtextilien ihren hauptsächlichen Absatz finden, dienen Hanfsorten und Jute, vor allem aber die aus Blättern gewonnenen Yucca-Fasern, Sisal- und Manilahanf und andere mehr technischen Zwecken, besonders der Herstellung von Seilerwaren.

Bastfasern bestehen nach der Beseitigung von Begleitstoffen ebenso wie Baumwolle aus Cellulose. Zusammen mit dieser — und neben den regenerierten Cellulosefasern — bieten sie ein anschauliches Material für die These, daß die Art der Ausformung ein- und desselben Rohstoffes entscheidenden Einfluß auf die Erscheinung und die Eigenschaften von Fasern ausübt.

α) Leinen

Altes Sagengut läßt vermuten, daß Nesselfasern, wenigstens im Norden Europas, vielleicht schon vor der Flachspflanze verwertet wurden. In historischer Zeit spielt aber nur diese neben Wolle eine bedeutsame Rolle als Faserlieferant. Da ihre Kultur im warmen, wie im gemäßigten Klima möglich ist, eine haltbare, glänzende, wegen der Faserlänge zu feinen Garnen ausspinnbare Faser liefert, ist der Anbau schon in ältesten Zeiten vom Mittelmeer bis in die Nord- und Ostseegebiete betrieben worden. Aus vielen Funden, besonders solchen in ägyptischen Gräbern, geht hervor, daß schon vor 4000–5000 Jahren eine staunenswerte Technik in der Gewinnung und Verarbeitung von Leinen bestand. Ägyptische Mumienbinden aus den Pharaonengräbern enthalten feinere Garn-Nummern als heute mit der besten Maschine erreichbar sind. Die Geschichte des Flachsbaues und der Leinenfaser zeigt aber auch, wie stark zu allen Zeiten wirtschaftliche Verhältnisse, die aus der Entfaltung des internationalen Verkehrs und Gütertausches, vor allem aus neuen technischen Entwicklungen mit höheren Leistungen und niedrigeren Kosten erwachsen, jahrtausendalte Strukturen zerstören können.

Noch fallen die in den UdSSR, den ehemaligen baltischen Gebieten, Irland, Nordfrankreich, Belgien und Holland rund 900000 t p.a. an, wovon auf Rußland ca. 600000 t entfallen, jedoch der Arbeits- und Zeitaufwand für Anbau und Gewinnung der Fertigfaser ist bei den heutigen Produktionsforderungen und Lohnkosten eine äußerst schwere Belastung. Das Aufkommen der Baumwollindustrie im 18. Jahrhundert und ihrer wohlfeilen, aber guten Erzeugnisse war der erste schwere Einbruch in einen alten Markt. Wohl gibt es eine Reihe von Gesichtspunkten zugunsten von Leinen – so seine hohe Ausspinnbarkeit, der typische Charakter der Leinenwaren, der zeitweise hochmodisch ist, der glatte und kühle Griff der Bettwäsche aus Leinen, der schöne seidige Aspekt, der besonders in Damastgeweben hervortritt, Sorptionsvermögen für Feuchtigkeit (Taschentücher, Handtücher, Wischtücher) – trotzdem ist für moderne Bedürfnisse Leinen nicht mehr so unentbehrlich, wie es im Altertum und Mittelalter war. Ein großer Teil der Flachsproduktion wird für Schnüre, Nähfäden Zeltstoffe, Segeltuche, Planen usw. verarbeitet, wobei die der Baumwolle überlegene Festigkeit wichtig ist.

In Zeiten unzureichender Versorgung mit Spinnstoffen hat die Herstellung von „Flockenbast", das ist die Aufteilung der Bastfaser-Zellbündel in die Einzelzellen, eine gewisse Bedeutung erreicht. Der Aufschluß erfolgt mit chemischen Mitteln, vor allem Natronlauge, oder mit mechanischen Methoden. Als Ausgangsmaterial dient bevorzugt Hanf- oder Flachs-Grünwerg.

Infolge seiner Inhomogenität wird Flockenbast kaum als selbständiger Spinnstoff eingesetzt, sondern zum Strecken von Baumwolle und Zellwolle benutzt.

In der Färberei und Ausrüstung werden Leinenartikel im großen und ganzen wie Baumwollwaren behandelt. Da Leinen einen hohen Glanz hat, wird der Mercerisierprozeß nur selten ausgeführt. Viel Sorgfalt wird aber auf das Glätten mit Spezialkalandern verwendet (Beetel-Maschine). In jüngerer Zeit werden aus modischen Gründen Textilien mit Leinen-Look sehr geschätzt. Dabei hat Viskose-Zellwolle, die leicht knitterfrei ausgerüstet werden kann, guten Absatz gefunden. In Qualität sind aber Mischungen aus Leinen mit synthetischen Fasern, z.B. Polyesterfasern, diesen Erzeugnissen überlegen.

Die alte Vorstellung, daß Leinenwäsche, z.B. Bettücher, haltbarer sei als gleiche Konstruktionen aus Baumwolle, hat sich in sorgfältig geführten praktischen Verschleißversuchen nicht bestätigt (Wäschereiforschungsinstitut Krefeld).

β) Ramie (China Grass)

Auch sie ist das Produkt eines Nesselgewächses (*Boehmeria nivea* und *B. tenacissima*). Erstere, die schon seit Urzeiten auch im Mittelmeergebiet heimisch ist und im Mittelalter in Europa viel verwendet wurde, wird heute vor allem in China und Formosa, Japan, Indonesien, Nord- und Südamerika angebaut.

Auch Ramie erfordert zur Isolierung aus dem Stengel der Pflanze einen erheblichen Arbeitsaufwand, der erst durch die Entwicklung leistungsfähiger Entbastungsmaschinen in jüngster Zeit reduziert werden konnte. Nach dem Degummieren und Bleichen bietet sich eine schöne, sehr feste und glänzende Faser, die für leichte Oberkleidung wegen ihrer Steifheit und Offenheit in warm-feuchten Zeiten und Ländern geschätzt ist. Ramie wird auch für Möbelstoffe, Packtücher, Fischnetze und Nähgarne verwendet.

γ) Hanf

Cannabis sativa wurde schon in prähistorischer Zeit als Faserpflanze in China verwendet, fand um die Zeitwende Eingang in den Mittelmeerraum und ist heute praktisch über die ganze Welt verbreitet. Die Pflanze wird ähnlich wie der Flachs einem Röst-, Brech- und Hechelprozeß unterworfen.

Hanf ist gröber als Flachs, schwerer bleichbar, aber fest und haltbar. Für Bekleidungstextilien hat er nur eine gewisse Bedeutung in Italien erreicht; die Hauptmengen gehen in die Weberei von Sackstoffen und für Schnüre und Seile.

δ) Jute

Ähnlich wie andere Bastfasern ist Jute (*Corchorus*) schon in prähistorischen Zeiten benutzt worden. Die Pflanze gedeiht am besten in feucht-heißem Klima. Indien und Pakistan sind die größten Erzeuger. Der Weltverbrauch lag 1932 bei ca. 2,360 Mill. t, so daß Jute nach Baumwolle die wichtigste Naturfaser ist. Das Zentrum der Verarbeitung lag mehr als 100 Jahre in Dundee (Schottland); in den letzten Jahrzehnten haben aber Indien und Pakistan eine umfangreiche und leistungsfähige Juteindustrie aufgebaut. Bestimmend für Farbe, Struktur, Festigkeit und Griff sind die hohen Mengen von ligninähnlichen Begleitsubstanzen.

Wenn auch Vorhänge und Möbelstoffe aus den feineren Jutequalitäten hergestellt werden, so liegt doch der Hauptverbrauch im Gebiet der Sackstoffe, Packtücher, Wagenplanen, Teppichunterlagen, Rohgewebe für Linoleumherstellung usw. Auch für Seilerwaren wird Jute viel gebraucht.

Während die geringe Elastizität der Faser beim Stapeln von Gütern in Jutesäcken von Vorteil ist, da kein elastisches Nachgeben und damit keine u.U. gefährliche Deformierung stattfindet, führen abgebrochene Fasern – Jute ist nicht so fest wie Flachs und Hanf – leicht zu Verschmutzungen bei Lebensmitteln. Außer diesen wichtigsten Typen von Bastfasern werden dem Markt noch andere, aber weniger bedeutungsvolle Typen zugeführt: Kenaf, Sunna, Urena u.a.m.

Von großem wirtschaftlichen und technischen Wert sind die aus *Blättern gewonnenen Fasern*. Im Gegensatz zu den Bastfasern werden sie nach deutschem Sprachgebrauch als „Hartfasern" bezeichnet. Die wichtigsten sind: Sisal, Manila-Hanf (Abaca), Henequen, Neu-Seeland-Flachs, Piassava, Rattia u.a.m. Je nach Art der Faser und Marktlage finden diese Materialien, die in einer Menge von ca. 800000 t je Jahr anfallen, Verwendung für Seilerwaren, Schiffstaue, Verpackungsmittel, Bindegarne u.a.m.

Wie weit in diesen Bereichen Folien und Fäden aus den modernen Kunststoffen in Wettbewerb mit den uralten gewachsenen Fasern treten werden, ist noch nicht abzusehen. In Spezialgebieten, z.B. Netzen für den Fischfang, Segelstoffen, Schiffstauen u.a.m. haben synthetische Fasern (Polyamide, Polyester, Polyvinylalkohol, Polyäthylen, Polypropylen) erhebliches Interesse gewonnen.

2. Eiweißfasern

a) Schafwolle

Das Schaf ist eine der ältesten von Menschen kultivierten Tierarten. Das lebende Schaf liefert uns Milch und Wolle, nach seinem Tode verwerten wir das Fleisch und die Haut, mit und ohne Haarpelz. Es ist verständlich, daß daher seit undenklichen Zeiten unzählige Versuche gemacht wurden, durch züchterische Maßnahmen, Futter- und Klimaeinwirkung zu möglichst hohen Erträgen, vor allem an Wolle, zu kommen.

Das Schaf läßt sich in großer Zahl aus dem an sich kargen Pflanzenwuchs trockener und halbtrockener Steppen ernähren, die sich für intensiven Ackerbau wenig eignen und in so riesigem Umfang durch die Kolonisationstätigkeit in Amerika, Afrika, Australien und dem südlichen Rußland zur Verfügung stehen, daß ca. 1 Milliarde Tiere darauf leben können. Weitere Verstärkungen dieser Herden, bzw. Ertragssteigerungen erfordern systematische Bodenverbesserung, Wasserbeschaffung, wertvollere Futtergräser, Intensivierung der Schädlingsabwehr u.a.m. In Ländern des nördlichen Ackerbaugürtels ist die Zahl der Schafe und der Wollertrag rückläufig.

In sorgfältigen und ausgedehnten Studien wurde die Einwirkung der verschiedensten Umweltfaktoren auf Menge und Beschaffenheit der Wolle ermittelt. Dabei spielt die Ernährung eine entscheidende Rolle. Zwischen Wollerzeugung und der mit der Nahrung aufgenommenen Eiweißmenge bestehen ziemlich klare Beziehungen. So werden von Merinoschafen, die unter normalen Fütterungsverhältnissen leben, höchstens 8% des verwertbaren Weideproteins zu Wolle umgeformt.

Es gibt eine große Zahl von Schafrassen, Kreuzungen und da für den Ausfall der Wollernte auch noch vielerlei andere Faktoren wirksam sind, ist den Bemühungen zu international anerkannten Bewertungssystemen zu kommen, im Interesse der Wollzüchter, des Handels und der Industrie größte Aufmerksamkeit gewidmet worden. Die Bestrebungen, aus der subjektiven Beurteilung zu objektiven Bewertungsmethoden zu kommen, sind daher sehr nachdrücklich.

Kaum eine andere Faserart verfügt über einen solchen Reichtum an kommerziell wertvollen, technisch wichtigen Varianten wie die Wolle. Hinzu kommt, daß die Preisbildung durch Angebot (Ernteertrag) und Nachfrage und viele Einflüsse — von der Mode bis zur Spekulation — geprägt wird.

Da der Feinheit aus der Reihe der vielen wichtigen Eigenschaften — Kräuselung, Länge, physik. Werte, Spinnbarkeit — eine überragende Bedeutung zukommt, sind die Bestrebungen, dieser eine entscheidende Aussage in einem Bewertungssystem zuzuweisen, verständlich. In Deutschland erfolgt die Bezeichnung eines „Sortiments“ in dem alle technisch wichtigen Eigenschaften zusammengefaßt sind, mit großen, die des Feinheitsgrades mit kleinen lateinischen Buchstaben. Es sei darauf hingewiesen, daß zwischen der Wollqualität auf den einzelnen Körperregionen eines Tieres beachtliche Unterschiede bestehen. In der „Sortierung“ wird die Trennung von erfahrenen Fachleuten vorgenommen.

Einen Eindruck von der Vielfalt des „Sortiments“ erhalten wir, wenn wir die möglichen Kombinationen der Reihe AAA über AB, B, BC, C, CD, D, DE, E auszählen. Es ergibt sich, daß im Handel über 20 Sorten geführt werden. Die Feinheit der Fasern rangiert dabei zwischen ca. 10,5 –75 μ. (Zum Vergleich: der feinste Spinnenfaden 2,5 μ, Seidenfaden 10,1 μ, Flaum einer Kaschmirziege 10–15 μ, feinstes Merinohaar 9 μ, Merinohaar feinen Typs 12–15 μ, Merinohaar groben Typs 35–40 μ, grobe Landwolle 63–75 μ.)

Es ergibt sich, daß auf dieser Grundlage der Stufungen in der Feinheit, in der Querschnittsform der Faser, in Stärke und Häufigkeit der Kräuselbögen, der echten Oberfläche der Fasern (Schuppenstruktur) pro Raumeinheit fast unzählige Variationen von Fasern möglich sind. Diese Streuung ist für den Charakter der Wolltextilien von entscheidender Bedeutung.

Durch die verschiedenen Verarbeitungstechniken (Kammgarn, Streichgarn), durch gezielte Mischungen verschiedener Wollsorten, durch chemische und technische Eingriffe in der Ausrüstung werden schließlich Aussehen, Griff und Funktion als bestimmende Eigenschaften eines Gewebes oder einer Wirkware entwickelt.

Neben den formbestimmenden Eigenschaften sind auch chemische, physikalische und technische Werte, die z.T. an den Einzelfasern bestimmt werden, z.T. aber charakteristische Funktionen eines Faserkollektives (Flocke, Kammzug, Garn, Gewebe, Gewirke) sind, zu erwähnen.

Der Aufbau der Wollfaser beruht zwar im Prinzip auf der Ausbildung hochmolekularer Ketten von Polypeptiden, die durch chemische und elektrische Bindungskräfte zusammengehalten werden. Wolle ist aber im Gegensatz zu homogenen Substanzen, die aus Lösungen oder Schmelzen zu Fasern ausgebildet werden, durch den Rhythmus der Haarbildung (Wachstum) und der vielerlei endogenen und exogenen Einwirkungen ein viel differenzierteres, auf einer Zellstruktur beruhendes Gebilde als Cellulosefasern oder gar Chemiefasern.

Ob dies für die endgültige textile Bewertung als Vorteil oder Belastung zu bewerten ist, hängt von vielerlei Umständen ab. Für das Verständnis der Eigenschaften der Wolle und das daraus resultierende Verhalten sind diese Phänomene aber sehr wichtig.

Die wissenschaftliche Wollforschung ist daher immer ein wichtiges Anliegen der interessierten Kreise gewesen. Als kompliziertes Eiweißprodukt bietet Wolle auch zahlreiche andere Probleme, die weit über das Ziel der Fertigung von Kleidung hinausgehen.

Wolle ist eine verhältnismäßig leichte Faser mit dem spez. Gewicht 1,32. Faserfestigkeit, Dehnbarkeit und elastische Eigenschaften führen in Verbindung mit der Kräuselung und Bauschigkeit zu den guten Gewebeeigenschaften, die für Wollwaren charakteristisch sind. Molekulargefüge der Eiweißverbindungen und Wachstumsstruktur sind die Grundlage dieser Effekte.

Der Feuchtigkeitshaushalt spielt im Wesen, der Verarbeitungstechnik, im Verhalten der Wolle, sogar aus wirtschaftlichen Gründen eine wichtige Rolle.

Wolle bindet in Anpassung an den Wassergehalt der Umluft gewisse Mengen Wasser, kann also solches aufnehmen wie abgeben. Für Verarbeitung und Handel ist die Festlegung dieser Werte von großer Wichtigkeit, da das gebundene Wasser in die Fasermasse eingeht (Regain, Konditioniergewicht). Bei 20° C und einer rel. Luftfeuchtigkeit von 65% nimmt Wolle 14,5%, Baumwolle merc. 11%, Perlon 4,2% H_2O auf. Bei Behandlung in flüssigem Wasser quillt die Wollfaser bis zu ca. 38% des Umfanges des Querschnittes (Baumwolle ca. 42%). Die Wasserbindung erfolgt unter Freisetzung von Sorptionswärme, die Trocknung unter Wärmezufuhr. Wolle ist eine langsam trocknende Faser. Während an der Einzelfaser die Wasserbindung und damit die Bildung von Sorptionswärme rasch vor sich gehen, verläuft dieser Prozeß an dicken und dichten Faserverbänden sehr langsam.

Es ist zweifelhaft, ob angesichts der zwischen Körper, Bekleidung und Umluft bestehenden Beziehungen der Sorptionswärme ein bekleidungsphysiologischer Wert zugewiesen werden kann.

Heißes Wasser und Dampf können Wolle zwar schädigen, in der richtigen Verwendung liegt aber eines der wichtigsten Hilfsmittel zur Erzielung von Glanz, Glätte, Griff und Knitterfreiheit durch die Ausrüstungsprozesse.

Als Keratin mit zahlreichen reaktionsfähigen Gruppen ist Wolle vielen chemischen Prozessen zugänglich. Gegen Säure ist sie verhältnismäßig beständig, gegen Alkalien empfindlich.

Da Wolle von Natur aus mit einer großen Menge Schmutz, Wollschweiß und Wollfett (Lanolin) belastet ist, spielt die Durchführung einer schonenden Wäsche für das spätere Verhalten eine wichtige Rolle. Zur Verarbeitung in Kämmereien und Spinnereien müssen zur Vermeidung elektrischer Aufladung und zum glatten Lauf über die Maschinen Öle verwendet werden, die später wieder beseitigt werden müssen. Das Färben erfolgt in der Flocke, im Kammzug, im Garn oder im Stück. Es steht eine große Zahl von Farbstoffen zur Verfügung, mit denen fast alle sinnvollen Forderungen nach Nuance und Echtheit erfüllt werden können. Auch das Bedrucken von Kammzug, Garn und Stückware wird ausgeführt.

Es ist zwar richtig, daß Wolle — wie übrigens praktisch alle Fasern — ein schlechter Wärmeleiter ist, wichtiger für den Wärmehaushalt eines Stoffes ist aber die Entwicklung des Porengefüges, das von der Faserart und -oberfläche, Feinheit, Dichte, Dicke und Oberfläche (glatt, haarig, flauschig u. a. m.) abhängt.

Im *Filzvermögen der Wolle* liegt eine dieser Faser in überragendem Maße zukommende Fähigkeit zur Steuerung dieser Effekte. An Wolle auf dem lebenden Tier kann und darf dieser Effekt nicht auftreten, auch beim Waschen der Rohwolle muß er aufs sorgfältigste ausgeschlossen werden, da beim Kämmen und Spinnen erhebliche Störungen eintreten würden, für die endgültige Ausstattung der Stückware ist er aber von fundamentaler Bedeutung. Solange nicht Chemiefasern mit Walkvermögen entwickelt sind, sichert diese Eigenschaft der Wolle ihre dominierende Stellung in der Tuchindustrie.

Die Zusammenhänge, die aus der Eiweißnatur der Faser, Quell- und Dehnungsvorgängen in der Nässe, Wachstumsstruktur, mechanischen Kräften auf der Walkmaschine, Wirkung der Chemikalien (Säuren, alkalischen und neutralen schmierenden Walkmittellösungen etc.) resultieren und am Filzvorgang beteiligt sind, konnten noch nicht völlig geklärt werden. In anderen Fällen, z. B. beim Gebrauch und Waschen gestrickter und gewirkter Kleidungsstücke oder loser Webwaren, Decken, Füllungen von Schlafsäcken, Steppdecken ist das Filzvermögen ein ausgesprochener Mangel der Wolle und Ursache eines starken Einbruchs synthetischer Fasern in diese Gebiete.

Es sind eine Reihe von Ausrüstungsverfahren bekannt geworden, durch die das Filzvermögen der Wolle stark verringert wird (Chlorung, Permanganat und Hypochlorit, Persäuren, Harzbehandlung). Die Verwendung reduzierender Mittel, die für die Behandlung des menschlichen Haares so wichtig geworden sind (Dauerwelle), findet auch für die Ausrüstung von Wollwaren zur Erzielung nässefester Falten und eines haltbaren glatten Warenbildes Interesse. Die früher so sehr belastende Bedrohung der Wolltextilien durch Schädlinge (Motten, *Anthrenus*, *Attagenus*) wird durch die Denaturierung mit Eulan®, Mitin® weitgehend ausgeschaltet.

Wolle ist zwar eine in der Natur gebildete Faser, aber erst durch die sinnvollen und technisch hochentwickelten Behandlungs- und Verarbeitungsmethoden ist es möglich, dem Verbraucher das reichhaltige Sortiment an Textilien aus Wolle von heute anzubieten.

b) Andere Tierhaare

α) Mohair

Die Angoraziege, ursprünglich in Kleinasien beheimatet, ist in den letzten 100 Jahren auch in Südafrika und USA eingebürgert worden. Amerika ist heute nicht nur der größte Erzeuger, sondern auch der größte Verbraucher von Mohair.

In seinem Aufbau und seinen chemischen Eigenschaften ist es der Wolle sehr ähnlich. Mit seinem fast runden Querschnitt (10—90 μ), seinem ausgesprochen seidigen Glanz und dem langen Stapel — 20—30 cm in ausgereiftem Zustand — bietet es für die Herstellung einer ganzen Anzahl von Spezialartikeln großes

Interesse (Sommeranzüge/Tropicals, Futterstoffe, Velvets für Möbelbezüge, Teppiche und Kunstpelze, Perücken u.a.m.). Auch Fasermischungen werden vielfach durchgeführt, wobei z.B. bei Tropicals Mohair gewöhnlich nur als Schußgarn verwendet wird.

Im Filzvermögen wird Wolle nicht erreicht. In der Verarbeitungstechnik schließt es sich weitgehend an Wolle an. Die Strapazierfähigkeit ist hoch. Die Jahres-Produktion der drei genannten Länder liegt bei ca. 25000 t je Jahr.

β) Kaschmir

Das Unterhaar der Kaschmir-Ziege gehört zu den feinsten (ca. 15 μ) und weichsten tierischen Fasern, die in der Textil-Industrie verarbeitet werden. Die Zucht des Tieres erstreckt sich über weite Gebiete von China, Tibet, Indien und Persien.

Das Vlies der Ziege wird im Frühjahr ausgekämmt und die groben Haare werden eliminiert. Ein Tier liefert nur ca. 200 g feine Faser. Vor ca. 100 Jahren waren die in Indien hergestellten Kaschmir-Shawls weltberühmt. Die Weltproduktion beträgt ca. 4 Mill. kg. In den chemischen Eigenschaften liegt die Faser nahe bei Wolle, ist aber gegen kochendes Wasser, Alkali-, Säure- und Bleichlösungen empfindlicher. Als Luxusfaser erzielt sie höhere Preise als Wolle. Ihre Bewertung ist weitgehend modisch bedingt. Hauptabsatzgebiet: Maschenware, Damenkleiderstoffe, Mäntel, Veloure u.a.m. Mischungen mit Wolle sind sehr gebräuchlich.

γ) Kamelhaar

Sowohl *Camelus Dromedarius* (einhöckrig) wie *C. Baktrianus* (zweihöckrig) liefern brauchbare Haare. Das baktrische Kamel liefert die feinere Qualität. Kamelhaare werden von Hand eingesammelt, wenn die Tiere sie abstoßen. Die Gesamtproduktion liegt bei ca. 1,5 Mill. kg, wobei China der Haupterzeuger ist. Kamelhaar ist nicht so fein wie Kaschmir, verhält sich aber in seinen chemischen Eigenschaften wie dieses. Wegen der guten Wärmehaltung und des angenehmen Tragens wird es viel für Sportjacken, Mäntel und Strickwaren verwendet. Die groben Stichelhaare, die in erheblichem Maße mitanfallen, werden für techn. Artikel verwendet.

Die Haare des Guanaco, Alpaca, Lama und Vicuna, die ebenfalls zur Familie des Kamels gehören, werden für hochwertige Kleidung verwendet. Der Anfall ist naturgemäß gering.

δ) Kanin- und Hasenhaar

Wenn auch nur in begrenzter Menge zugänglich, spielen diese Haare für die Tuchindustrie als Träger von Mode-Effekten eine interessante Rolle; am wichtigsten aber ist ihre Verwendung in der Herstellung von Filzhüten.

Chemisch stehen sie der Wolle zwar sehr nahe, aber während letztere ohne besondere Vorbereitung filzfähig ist, fehlt diesen Haaren diese wichtige Eigenschaft. Durch eine Beizbehandlung mit HNO_3/H_2O_2 oder mit einer Quecksilber-Salz-Lösung (Nitrat) werden die Haare in sauren Lösungen walkfähig, was wohl auf eine Lösung der Cystinbindungen im Keratin-Molekül zurückzuführen ist.

Seit 1926 wurden die Quecksilbersalze, die unter der Belegschaft der Haarschneidereien Vergiftungen herbeiführten, durch Kombinationen von Wasserstoffsuperoxyd, Salpetersäure und Phosphorsäure, mit Cer- und Eisensalzen als Katalysatoren, abgelöst (Aurofelt EL und Argyrofelt der Degussa, Frankfurt a.M.). Durch die „Verordnung über Haarhutfabriken“ vom 26. März 1938 (Hutmacherzeitung Nr. 8 vom 20. IV. 1938) wurden die Verhältnisse für Deutschland geregelt. Es wird nur noch auf Wunsch mit Quecksilbersalzen gebeizt. Ihre

Anwendung ist selten geworden. Ähnlich liegen die Verhältnisse in Belgien, das als Rohstofflieferant eine wichtige Rolle spielt. In England dagegen werden noch ca. $^2/_3$ der Produktion mit Quecksilbersalzen gebeizt. In USA ist der Gebrauch der Quecksilberbeizen verboten.

Vom gewalkten Hutfilz ist keine gesundheitliche Schädigung zu befürchten.

ε) Kuhhaare

Kuhhaare werden in großem Umfang für die Herstellung von Filzen, groben Teppichen, Decken, für Matratzen-Füllungen usw. verwendet.

ζ) Roßhaar

Roßhaar dient für Einlagegewebe im Schneidergewerbe, für Bürsten, als Füllstoff für Matratzen. Weißes Roßhaar dient für Violinbögen. Mit dem Rückgang der Pferdezucht verschwindet auch das Roßhaar aus der Textiltechnik.

c) Menschenhaar

Wie bei allen Säugetieren ist auch beim Menschen das Haar ein spezifisches Produkt seiner Haut. Während aber in den niedrigeren Tierarten der Haarwuchs eine wichtige Rolle im Kampf um das Dasein führt und bei den Schafrassen der Wuchs der Wolle durch züchterische Eingriffe beeinflußt und auf ein Maximum gesteigert werden soll, ist beim Menschen nur ein Rest solcher Funktionen erhalten geblieben. An die Stelle des Haarkleides ist bei ihm die viel beweglichere und leistungsfähigere Kleidung getreten, wozu Tier- und Pflanzenwelt, aber auch die chemische Synthese und Spinntechniken nach dem Vorbild von Spinne und Seidenraupe wichtige Beiträge liefern.

Während artfremde Faserstoffe in der Versorgung der Textilindustrie mit Spinnfasern absolut führen, ist die Verwendung des in nicht unbeachtlichen Mengen anfallenden Kopfhaares für den textilen Bedarf ohne jedes Interesse. In seiner chemischen Zusammensetzung gleicht Menschenhaar weitgehend Wolle, zeigt aber erhebliche Strukturdifferenzen. Es besitzt keine Kräuselung, keine stark ausgeprägte Schuppenbildung und kein Filzvermögen. Im Erscheinungsbild ergeben sich beachtliche Unterschiede bei den einzelnen Menschenrassen. Eine nennenswerte technische Verwertung hat Menschenhaar nur für die Anfertigung von Zöpfen und Perücken, Haarnetzen für Frauen und einigen anderen wirtschaftlich unbedeutenden Artikeln gefunden. Hauptlieferant ist China.

d) Seiden

α) Echte Seide

Schönheit, Seltenheit und Kostbarkeit haben Seide schon vor Jahrtausenden zur begehrtesten Faser der Welt werden lassen. Die chinesische Kaiserin SI-LING-CHI soll um 2450 v. Chr. die Aufzucht der Seidenraupe und die Gewinnung der Seide selbst zu volksweiter Bedeutung geführt haben. China gelang es über mehr als 3000 Jahre, das Monopol der Seidengewinnung zu halten. Von China gelangte der Seidenbau nach Korea und Japan, in den ersten Jahrhunderten n. Chr. auch nach Indien und im 8. Jahrhundert bis in den Mittelmeerraum.

Seidenstoffe waren bis in die neuere Zeit hinein eines der wertvollsten Güter im Handel mit dem Fernen Osten. Daneben hatten im Mittelalter Italien und Frankreich einige Zentren für Seidenbau und Weberei entwickelt. Voraussetzung für eine erfolgreiche Betätigung auf diesem Gebiet sind geeignete klimatische Verhältnisse, ausreichende Kulturen des Maulbeerbaumes und billige Arbeitskräfte. Daß auch hier mit modernen Produktionsmethoden große Erfolge erzielt werden können, bewies Japan, das mit wissenschaftlichen und technischen Mitteln die Seidenproduktion in Menge und Qualität auf einen Standard brachte, der auch den harten Anforderungen der modernen Verarbeitungstechnik entsprach.

Die beiden Weltkriege, die Erfindung der „Kunstseide“ und vor allem die Entwicklung der synthetischen Chemieseiden haben den Seidenbau schwerstens beeinträchtigt.

Für die Gewinnung der Seide ist eine äußerst sorgfältige Betreuung der Raupen, die unter viermaliger Häutung in ca. 40 Tagen zur Spinnreife heranwachsen, unbedingt erforderlich. Durch das Studium einer Pébrine genannten, äußerst ansteckenden Krankheit, die durch Mikrosporidien verursacht wird, hat PASTEUR 1865 grundlegende Erkenntnisse über Wesen und Verbreitung solcher Erkrankungen gewinnen können.

Als Nahrung nimmt die Raupe des *Bombyx mori* nur frische Maulbeerblätter an. Zur Erzeugung von 1 kg Rohseide (= ca. 0,8 kg entbastete Seide) durch 70—80 000 Raupen müssen ca. 200 kg Blätter verfüttert werden.

Nach dem Einspinnen in den Kokon werden die Puppen durch kochendes Wasser abgetötet. Es folgt das Abhaspeln des Fadens. Während Vor- und Nachlauf als „Schappe“ in Stapelform gebracht und versponnen werden, liefert der sogenannte endlose Faden die typischen Seidengarne, die in verschiedener Aufmachung im Handel sind (Tram, Organzine, Grenadine u.a.).

Die vom Kokon abgehaspelte Seide wird als „Rohseide“ bezeichnet. Sie ist steif und wird in diesem Zustand selten verwendet. Da der einzelne Faden nicht verarbeitet werden könnte, werden immer mehrere Fäden (*filaments*) zu einem Garn zusammengefaßt. Durch Abkochen mit Seifenlösung, Wasserglas, Behandlung mit Papain u.a. läßt sich das den Fibroinfaden umschließende Sericin (ca. 25–30%) entfernen. Erst dadurch werden die wertvollen Eigenschaften der Seide entwickelt.

Im Querschnitt zeigt Seide ein unregelmäßiges Bild, wobei ovale Formen vorherrschen. Die Oberfläche ist unregelmäßig verformt, was für den Glanz, den Griff und die Fülle von Seidengeweben wichtig ist.

Die Feinheit entbasteter Seide liegt bei 1 den., die Festigkeit bei 3–5 g/den. Seide nimmt Wasser in Abhängigkeit von Temperatur und relativer Feuchtigkeit ähnlich wie Wolle auf: 9,5%.

Zum Färben und Bedrucken von Seide, einer amorphen Substanz, eignen sich verschiedene Klassen von Farbstoffen. Da Naturseide erheblich alkalibeständiger ist als Wolle, kommen auch Naphthol AS- und Küpenfarbstoffe zur Verwendung. Von großer Bedeutung war früher Blauholz für die Herstellung eines tiefen, blumigen Schwarz.

Eine wichtige Rolle spielt in der Ausrüstung von Seide das „Erschweren“. Es besteht in der Behandlung mit Lösungen von Stoffen, die auf die Faser aufziehen und damit Gewicht und Fülle erhöhen. Am meisten wird angewendet die Zinn-Phosphat-Silikaterschwerung. Durch die Erschwerung kann die Haltbarkeit der Faser herabgesetzt werden. Aus diesem und aus kommerziellen Gründen ist die Höhe der Erschwerung in allen Industrieländern amtlich geregelt. 60% über pari, d.h. über das Ursprungsgewicht der unentbasteten Rohseide hinaus, sind etwa die Grenze.

β) Wildseiden

Verschiedene Spinnerarten (Saturniden) erzeugen ebenfalls Kokons, die abgekapselt werden können, aber ein im Äußeren, Glanz und Farbe abweichendes Produkt liefern. Vertreter dieser Gruppe sind: Yamamai aus Japan, Tussah-Seide aus China und Indien.

Diese Seidensorten sind billiger als die normale Seide; sie werden in großem Umfang für Pongée verarbeitet.

γ) Spinnenseide

Vor ca. 50 Jahren setzte man in USA, Deutschland und Frankreich erhebliche Hoffnungen auf die Möglichkeit, Seide von Spinnen zu gewinnen. Auch RÉAUMUR beschäftigte sich mit diesem Problem. Obwohl Spinnenseide sehr fein und fest ist, waren die Ergebnisse aber so enttäuschend, daß die Bemühungen, hier eine neue Rohstoffquelle zu erschließen, aufgegeben wurden. Verwendung: Für Fadenkreuze in optischen Geräten.

VI. Rohstoffe für Regenerat-Fasern

1. Cellulose

Obwohl textile Techniken zu allen Zeiten einen Schwerpunkt der menschlichen Betätigung bildeten, da uns über sie und die Beschaffung der Faserrohstoffe die zum Dasein unentbehrliche Bekleidung beschafft werden konnte, erscheinen Ideen, welche ein tieferes Interesse an den stofflichen Zusammenhängen verraten oder gar einen Einbruch in diese geschlossene Welt der „Natur" erahnen lassen, sehr spät. Der Grund liegt in dem unzureichenden allgemeinen Wissensstand über den Aufbau der stofflichen Welt. Es bedurfte elementarer Einsichten, bis auch die kompliziert aufgebauten, hochmolekularen Naturstoffe der Analyse – oder gar der Synthese – zugänglich wurden. Vieles ist Forschungsergebnis der letzten 30–50 Jahre; vieles ist auch heute noch Hypothese oder unzugänglich.

Es ist bemerkenswert, daß ROBERT HOOKE schon 1667 in seiner „*Micrographia*" die Idee der Erzeugung künstlicher Seide aus einem leimartigen Stoff aussprach und 1734 RÉAUMUR eine ähnliche Anregung gab. Es war wissenschaftliches Interesse, wie praktisches, ökonomisches Denken, das in einem Ersatz der seltenen, kostbaren Seide eine große Gewinnschance sah. Dazwischen gab die Schaffung von Fäden für die Glühlampe einen klaren Auftrag: ein Kohlefaden konnte nur durch vorsichtiges Verglühen aus einem schon vorgebildeten faserigen Erzeugnis entstehen. Das alles spielte sich auf dem Boden eines umfangreichen Probierens ab. Es wurde die Löslichkeit von Nitrocellulose in Alkohol/Äthergemischen entdeckt (G. AUDEMARS, B.P. 1855) und damit der Grundstein für die Industrie der vom Menschen geschaffenen Fasern gelegt. SCHWEITZER zeigte, daß Cellulose löslich ist in Kupferoxydammoniak (1857), worauf die Herstellung der Kupferseide beruht. Ihre Entwicklung verdankt sie dem Interesse an der Herstellung von Glühfäden.

1885 trat Graf CHARDONNET mit seinem Verfahren des Spinnens von Nitrocelluloselösungen in Wasser und folgender Denitrierung auf den Plan. Zum erstenmal in der Geschichte wurden Fasern großtechnisch erzeugt: ein natürlicher Rohstoff – Cellulose, zunächst in Form von Baumwollabfällen – wurde gelöst, durch Düsen versponnen und die Cellulose in neuer Form – als Faden – regeneriert. Die „Kunstseide" war Wirklichkeit geworden, obwohl diese Fäden weder in ihrem Aufbau, noch in ihren chemischen und technischen Eigenschaften mit der echten Seide etwas gemeinsam hatten. Das seidigglänzende Aussehen, die Endlosigkeit dieses Fadens mit all seinen unabsehbaren technischen Vorzügen waren für diese Definition bestimmend. Es folgte 1901 der Ausbau der „Kupferseide" – besonders gefördert durch die Erfindung des Verstreckens der Fäden im plastischen Zustand (J.P. BEMBERG) – und nach Entdeckung der Löslichkeit von Cellulose in Schwefelkohlenstoff/NaOH (CROSS und BEVAN, 1891) die Umwandlung solcher Lösungen in Fäden durch Fällung in Schwefelsäure-Chlorzinkbädern. Es folgte weiter die Umformung von Cellulose-acetat ($2^1/_2$-Acetat) über Lösungsmittel. Erst vor wenigen Jahren gelang es auch für Triacetat, das schon seit 1890 bekannt war, geeignete Lösungsmittel und Veredlungsverfahren zu finden.

Acetatfasern werden vielfach als halbsynthetische Fasern bezeichnet, da der Rohstoff Cellulose aus der Natur gewonnen wird.

Die Verbindung mit den Essigsäureresten ist aber eine echte Synthese, die den Charakter des neuen Produktes prägt. Auch die Verarbeitungs- und Gebrauchseigenschaften verweisen diese Fasern in die Gruppe der synthetischen. Die typischen Cellulose-Merkmale (Hydrophilie, Spaltbarkeit durch Fermente, Säureempfindlichkeit u.a.m.) sind verloren gegangen.

Celluloseacetat-Fasern sind Basis für die Entwicklung einer neuen Farbstofftechnik geworden. Übliche wasserlösliche Farbstoffe ziehen nicht auf, wohl aber wasserunlösliche Produkte, die aber in den Acetaten löslich sind (Dispersionsfarbstoffe).

Cellulose-Regeneratfäden und -Spinnfasern haben einen ununterbrochenen Gang der Entwicklung hinter sich; diese kann noch nicht einmal als abgeschlossen angesehen werden.

Beschaffung und Verarbeitung der Rohstoffe — Cellulose aus den verschiedenen Holzarten — Lösungs-, Spinn- und Nachbehandlungstechniken sind unerschöpfliche Betätigungsgebiete für den erfinderischen Menschengeist geworden.

Moderne wissenschaftliche Forschungsmethoden und Erkenntnisse werden heute systematisch ausgewertet. Das Resultat ist die gewaltige Entwicklung einer Industrie, die der Textilwelt Fäden und Fasern in ungeheurer Mannigfaltigkeit anbietet: für Kleidung, Heimtextilien, technische Bedürfnisse, z.B. für Cordgewebe für Autoreifen. Schon machen sich sachlich begründete Bestrebungen geltend, in Naßfestigkeit verbesserte Fasern in einen echten Wettbewerb mit Baumwolle treten zu lassen: die Gleichmäßigkeit des Erzeugnisses, die Freiheit von lästigen Verunreinigungen, die Steuerbarkeit von Feinheit, Faserlänge, Querschnitt, Festigkeit und Elastizität, die Möglichkeit, Glanz und Färbung mit der Herstellung zu koppeln u.a.m., vor allen wirtschaftliche Verhältnisse in Produktion und Planung der Textilproduktion machen solche Bemühungen aussichtsreich.

Die Regeneratfasern haben die früher gültigen Verhältnisse für Schaffung textiler Rohstoffe, die Entwicklung der verarbeitenden Industrie und die Ausbildung neuer Bekleidungsformen — auch in modischer Hinsicht — von Grund auf verschoben.

Holz ist zu einem wichtigen Ausgangsmaterial geworden. Für die Versorgung der Weltbevölkerung mit ausreichender Kleidung spielen die Regeneratfasern aus Cellulose eine wichtige Rolle.

2. Alginsäure

Aus bestimmten Tangarten wird eine der Cellulose ähnliche Substanz gewonnen: Alginsäure.

Lösungen des Na-salzes lassen sich verspinnen und in sauren Calciumchloridbädern fällen.

Während Aluminiumalginatfasern ziemlich gut waschbeständig sind, lösen sich Calciumalginatfasern schon in verdünnten Alkalilaugen. Ihre Wasserempfindlichkeit ist ein entscheidendes Hindernis für einen umfangreichen Gebrauch, andererseits beruht ihre Verwendung als Hilfsfasern z.B. für äußerst lockere und feine Strickwaren, darauf, daß sie im Waschbad entfernt werden können.

Alginatfasern sind nicht entflammbar.

3. Eiweiß

Die Erkenntnis, daß pflanzliches Eiweiß die unerläßliche Vorstufe für die Entwicklung der Tier-Haare und des Seidenfadens ist, außerdem die Vorstellung, daß Eiweißfasern in Griff und Wärmehaltung eine besondere Stellung unter allen Faserstoffen einnehmen, hat die Forschung immer wieder veranlaßt, Eiweißstoffe jeder Art als Rohmaterial für Fasern heranzuziehen. Auf diese Weise zugängliche Eiweißfasern müßten wegen der weitaus besseren Ausnutzung des Rohstoffes (100% zu ca. 8% in Form der Schafwolle) große wirtschaftliche Vorteile bieten.

Nach vielen mißglückten, aber doch auch aussichtsreichen Versuchen gelang es Anfang der dreißiger Jahre in Italien (Feretti) eine brauchbare Faser zu erzeugen

(„Lanital"). Milchcasein wird nach Lösen mit Alkali und Reifung bis zu einer brauchbaren Viscosität durch Düsen in ein saures Fällbad gesponnen und unter Anwendung von Formaldehyd oder gerbenden Mineralsalzen gehärtet.

Außer Casein und anderen tierischen Proteinen, z.B. Federn, minderwertigen Haaren, erweckten pflanzliche Proteine, wie sie z.B. Hülsenfrüchte wie Erdnüsse, Soyabohnen, auch Mais, in großen Mengen liefern können, Interesse.

Im ganzen sind die Erfolge bescheiden geblieben, da diese Fasern eine große Empfindlichkeit gegen jede nasse Einwirkung zeigen. Als Ersatz für natürliches Roßhaar hat die von der Fa. Freudenberg KG, Weinheim, aus Hautabfällen hergestellte „Marena"-Faser für Bürsten und Polsterfüllungen Bedeutung bekommen.

VII. Synthetische Fasern

Es sind verschiedene Kräfteströme, die auf die Erschließung von der Natur unabhängiger Faserlieferanten hinarbeiten: die große Arbeitsbelastung, die mit der Beschaffung jeder Art von Bekleidungsrohstoff verknüpft ist, von der Jagd des Tieres mit der Konservierung seiner Haut als Pelz, über den Anbau von Leinen mit seiner mühseligen Gewinnung oder dem gewaltigen Aufwand, der für Schaffung bzw. Ausnutzung riesiger Schafherden in den kolonialen Gebieten nötig ist oder gar bis zur subtilen Arbeit, die erforderlich ist, um die Millionen und Abermillionen von Seidenraupen vom Schlüpfen bis zum Einspinnprozeß zu betreuen. Abhängigkeit von Wachstums- und Erntebedingungen, von Klima, Regen oder Trockenheit, Krankheiten und Schädlingen an Tier und Pflanze oder vom politischen und finanziellen Geschehen in der Welt war immer eine der großen Belastungen der Textilwirtschaft, die darauf angewiesen war, ihre Rohstoffe fremden Produktionsgebieten und fremden Märkten zu entnehmen. Kämpfen um Kolonialgebiete, um die Sicherung der Verarbeitung und den Gewinn aus dem Welthandel stehen daher immer wieder drastische Maßnahmen zur Autarkie der Habenichtse gegenüber. In jedem Krieg ist die Versorgung von Armee und Bevölkerung mit Bekleidung ein zentrales, meist nur schlecht lösbares Problem gewesen. Es sei hier nur an den umfangreichen Gebrauch der Papiertextilien im und nach dem 1. Weltkrieg verwiesen: Ein riesiger Aufwand, dem minderwertige Erzeugnisse gegenüberstanden. Mit der zunehmenden Bedeutung von Fasern für technische Artikel, z.B. Geweben für Fahrrad- und Autoreifen, Seilen, Fallschirmen und vieles mehr wurde die Abhängigkeit vom fremden Rohstoff nur noch fühlbarer.

Dazu gesellten sich Gedanken von Wissenschaftlern und Technikern, die wie R. HOOKE und RÉAUMUR vorausahnten, daß mit technischen Mitteln eine Jahrtausende alte Sehnsucht der Menschheit nach den schönen, seltenen und kostbaren Erzeugnissen, wie Seide sie ermöglichte, befriedigt werden könnte.

Mit der Verarbeitung von Holz und Baumwollabfällen über Lösungen, die durch feine Düsen in Fäden und durch deren Zerlegung in spinnbare Fasern mit ganz neuen optischen, technischen und funktionellen Effekten umgeformt werden, war die von Seidenraupe und Spinne in der Natur vorgebildete Technik Trägerin einer neuen, unabsehbaren Entfaltungsmöglichkeit geworden.

Die Rohstoffe freilich mußten zunächst der Natur entnommen werden: Eiweißstoffe und vor allem Cellulose. Ihre Bildung in der Pflanze erfolgt ausschließlich für die Erfüllung der biologischen Aufgaben. Es gibt im Leben der Pflanze – und des Tieres – keine Themenstellung für die menschliche Kleidung. Anpassung des Naturerzeugnisses an unsere Bekleidungs-Bedürfnisse durch Schaffung von Geweben und Kleidungsstücken, auch Harmonisierung unserer Lebensgewohnheiten mit den bekleidungs-technischen Möglichkeiten, ist die wirkliche Grundlage in diesem Geschehen. Der chemische Rohstoff ist in diesem Spiel nur *eine* Größe.

Erst mit dem Wachsen des chemischen Wissens in den letzten 100–150 Jahren gelang die Auflösung des Monopols der gewachsenen, üblicherweise als „Naturfasern" bezeichneten tierischen und pflanzlichen Produkte. Empirisch zunächst, systematisch aber mit der Erkenntnis der hochmolekularen Natur, der Bedeutung von Fadenmolekülen und der Bildung von Mikrofibrillen für die Faserbildung schlechthin, wurden faserbildende Rohstoffe entwickelt, die ausschließlich auf die Erzeugung von Fasern für Bekleidungs- und technische Bedürfnisse ausgerichtet sind, also auch neue Textilien erzeugen. Die Arbeitstechnik war bereits vorgegeben, es folgten nun die chemischen Substanzen. Das Ganze ist die Grundlage für eine tiefgreifende Umgestaltung der textilen Welt, deren Abschluß noch nicht abzusehen ist.

Da Kleidung eine Unzahl physiologischer, praktischer (Haltbarkeit, Pflege), ästhetischer und modischer Aufgaben zu entsprechen hat, die nur unscharf umrissen werden können, ergibt sich, daß neben Faserchemie, -physik und Herstellungstechnik eine Reihe von Problemen anfällt, die von erfahrenen Praktikern der Textilwirtschaft bearbeitet werden müssen.

In der Zeit der Kostenrationalisierung spielt neben dem Gestehpreis einer Faser die Verarbeitungstechnik eine wesentliche Rolle: Spinnen, Weben, Färben, Ausrüsten usw. Nur im technischen Sektor lassen sich zwischen Kosten, Eigenschaften und Verwendungsmöglichkeit einer Faser einigermaßen klare Beziehungen erkennen, im Bekleidungssektor – von Uniformen und genormter Berufskleidung abgesehen – entscheiden modische Tendenzen häufig mehr über den wirtschaftlichen Erfolg einer Faser als innere technische Werte. Wichtigste Erkenntnisse über die Zusammenhänge von Molekulargefüge und Faserstruktur verdanken wir E. Fischer im Eiweißgebiet und H. Staudinger durch seine Untersuchungen an hochmolekularen Natur- und Kunststoffen, bes. über die Bildung und Eigenschaften von Fadenmolekülen, ihre Anordnung, ihre Molekulargewichte, gegenseitige Haftkräfte, Kristallit- und amorphe Bereiche usw.

Am Anfang der großen technischen Entwicklung synthetischer Faserstoffe steht der Vorschlag von F. Klatte (1913) Polyvinylchlorid aus Lösung zu Fasern zu verspinnen. Bedingt durch die Kriegsverhältnisse und technischen Schwierigkeiten wurde diese Idee erst 1931 Wirklichkeit (Pece-Faser der IG Farbenindustrie AG).

Seitdem ist eine große Anzahl hochmolekularer, in Fasern verwandelbarer chemischen Verbindungen auf ihre Eigenschaften untersucht worden. Als technisch und wirtschaftlich wichtige Gruppen haben sich durchgesetzt:

a) Polyamide
b) Polyester
c) Polyvinyl-abkömmlinge
d) Polyolefine
e) andere Typen.

Häufig wird auch nach polymerisierten und polykondensierten Verbindungen unterschieden.

1. Polymerisationsprodukte

Polyaethylen und Kopolymerisate-Monomeres:	$CH_2 = CH_2$
Polypropylen und Kopolymerisate-Monomeres:	$CH_2 = CH \cdot CH_2$
Polyacrylnitril und Kopolymerisate-Monomeres:	$CH_2 = CH \cdot CN$
Polyvinylchlorid und Kopolymerisate-Monomeres:	$CH_2 = CH \cdot Cl$
Polyvinylidenchlorid und Kopolymerisate-Monomeres:	$CH_2 = C \cdot Cl_2$
Polyvinylalkohol und Kopolymerisate-Monomeres:	$CH_2 = CH \cdot OH$
Polytetrafluoraethylen und Kopolymerisate-Monomeres:	$CF_2 = CF_2$ [1]

2. Kondensationsprodukte

Polyamide:

Nylon 66 (W. H. Carothers bei DuPont): $COOH(CH_2)_4COOH$ (Adipinsäure)
polykondensiert mit $NH_2(CH_2)_6NH_2$ (Hexamethylendiamin)

[1] Sehr gut hitzebeständig (über 200° C) und außerordentlich widerstandsfähig gegen Chemikalien.

Perlon (Nylon 6) (P. SCHLACK bei IG Farbenindustrie AG):
durch innere Kondensation $(CH_2)_5CONH$ (Caprolactam)
Nylon 11 („Rilsan“) und Nylon 12 („Vestamid“) sind neuere Typen

Polyester:
Terylene, Trevira, Diolen
Dacron usw. (I. R. WHINFIELD, I. T. DICKSON) mit $COOH(C_6H_4)COOH$ (Terephthalsäure) mit $OH{-}CH_2{-}CH_2{-}OH$ (Glykol)

Polyurethane:
Perlon U (für Monofile, Borsten) aus $HO(CH_2)_4OH$ (1.4-Butandiol) mit $OCN(CH_2)_6NCO$ (Hexamethylendiisocyanat)

Eine neue Variante im Fasergebiet stellen die *Spandex-Fasern* dar, die einen hohen Anteil Polyurethan enthalten und die gummielastische Eigenschaften mit textilen Werten verknüpfen.

VIII. Umwandlung der polymeren Rohstoffe in Fasern

Die Umformung eines festen hochmolekularen ungeformten Stoffes in die ganz spezifisch zu planende Faserform erfordert eine gründliche Kenntnis der physikalischen Zusammenhänge, der möglichen und erfolgreichen Arbeitstechnik und der vielen Maßnahmen, die nach dem Passieren des Rohstoffs durch die Spinndüse auszuführen sind, um dem ersponnenen Faden die für die Verarbeitung nötigen Eigenschaften mitzugeben. Dabei ist äußerste Gleichmäßigkeit eine unabdingbare Forderung.

Das *Schmelzspinnverfahren* beruht darauf, daß gewisse lineare organische Polymere unterhalb ihres Zersetzungspunktes erweichen.

Das Schmelzen erfolgt in heizbaren Vorrichtungen vor der Spinndüse, durch deren enge Bohrungen der Faserstoff unter hohem Druck gleichmäßig gepreßt wird, worauf der Faden in der kälteren Umluft erstarrt. Da in diesem Zustand auch die Makromoleküle noch wirr durcheinander liegen, wird der Faden auf ein Vielfaches seiner ursprünglichen Länge verstreckt, wodurch sich der Hauptteil in die Längsachse des Fadens ausrichtet. Nach diesem Verfahren werden vor allem Polyamid- (Sp. bei ca. 270° C bis 300° C) und Polyesterfasern (Sp. bei ca. 270° C) hergestellt.

Das *Trockenspinnverfahren*, nach dem schon Chardonnet Kunstseide aus Nitrocellulose herstellte, beruht auf der Lösung des hochpolymeren Rohstoffs in einem Lösungsmittel, Fadenbildung durch die Spinndüse und Abdunstung des Lösungsmittels. Die Ermittlung des besten Lösungsmittels ist in diesem System eine wesentliche Aufgabe. Nach diesem Verfahren werden hergestellt Cellulose-Acetat-, Polyvinylchlorid- und Polyacrylnitrilfasern.

Das *Naßspinnverfahren* beruht dagegen darauf, daß den in wäßrige Lösung gebrachten Faserrohstoffen nach dem Durchgang durch die Spinndüse in Form faserförmiger Gebilde durch ein Fällbad – mit oder ohne chemische Reaktion – die permanente Formgebung erteilt wird.

Nach diesem Verfahren wird heute noch der größte Teil der Chemiefasern erzeugt: Kupfer- und Viscosefasern (Reyon und Zellwolle), Polyvinylalkohol- und Alginat-Fasern. Auf die Entwicklung dieses Verfahrens und das Studium der Fällvorgänge ist eine ungeheure Forschungs- und Entwicklungsarbeit verwendet worden. Auch in jüngerer Zeit sind dadurch wichtige Verbesserungen der Cellulosefasern erreicht worden (Reyon-Cord, hochnaßfeste Fasern).

Den Spinnmassen können nach Bedarf Mattierungsmittel, optische Bläuer, Farbstoffe und andere Produkte zur Erzielung spezieller Eigenschaften zugesetzt werden. Sehr verbreitet ist die Verwendung von Ruß für Schwarz, während bunte Farbtöne nur für große, gleichförmig bleibende Artikel zweckmäßig sind, z.B. Khakitöne für Uniformen.

IX. Oberflächenstruktur der Chemiefasern

Neben Feinheit und Querschnittsform einer Faser sind Krümmungen, Kräuselung und Faseroberfläche wesentliche Faktoren für die Gestaltung der äußeren und inneren Oberflächen bzw. des Porengefüges eines Textilgutes. Haftung von Schmutzstoffen, Benetzbarkeit und Wasserhaltung, Stabilisierung bzw. Bewegung des Luftvolumens, damit Wärmehaltung, Wasserdampfdurchgang und Behaglichkeit hängen in entscheidendem Ausmaße von diesen Zusammenhängen ab. Die gewachsenen Fasern sind jeweils innerhalb einer Kategorie typisch, aber bei den einzelnen Sorten in verschiedenem Grade ausgebildet: z.B. Schuppung, Kräuselung und ungleichmäßiger Querschnitt bei Wolle, bandförmig gedrehte und zerklüftete Oberfläche bei Baumwolle, ungleichmäßiger Querschnitt und starke Streifung bei Seide.

Auch bei der Verarbeitung der Fasern zu Garn spielt der Oberflächenzustand und die Kräuselung der Fasern eine wichtige Rolle (Reibung, Haftung, Festigkeit).

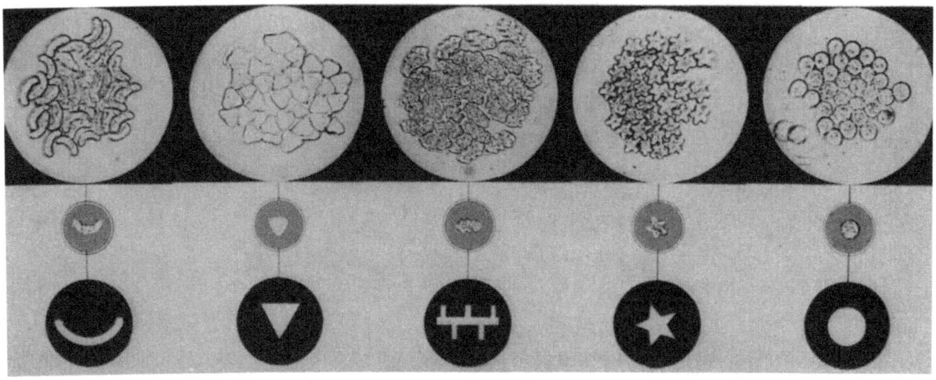

Abb. 2. Düsenformen, Faserquerschnitte, Garnquerschnitte bei synthetischen Fasern

Für regenerierte und synthetische Fasern ist jeweils eine ganz andere Ausgangslage gegeben. Während alle Faserarten, die als Lösungen (Wasser, organische Lösungsmittel) versponnen und entweder durch Fällung in Säure- oder Salzbädern gewonnen werden, durch das Wegtrocknen von Wasser oder organischem Lösungsmittel mehr oder weniger Schrumpfungserscheinungen zeigen, können aus Schmelzen ersponnene Typen bei Verwendung gleichmäßig runder Löcher in den Spinndüsen als glatte, runde Fäden erhalten werden. Durch Variation dieser Düsen lassen sich theoretisch unzählige Querschnittsformen, auch Hohlfasern, erzeugen. Aus praktischen Gründen werden aber vor allem ovale, dreiseitige, mehrfach gelappte oder sternförmige Profile erzeugt (Abb. 2). Griff und Glanz solcher Waren sind stark beeinflußt. Auch durch Prägung von Fäden oder Stückware auf gravierten Kalandern können solche Effekte erzielt werden.

Kräuselung und Bauschigkeit, die für Griff, Luft- und Wärmehaushalt, aber auch für den Materialbedarf eine wichtige Rolle spielen, lassen sich bei synthetischen Fasern auf verschiedene Weise erzeugen.

Das gebräuchlichste Verfahren, das praktisch aber nur auf endlose Fäden angewendet wird, besteht in einer Verformung der thermoplastischen Fäden bei hoher Temperatur durch Drehung, Stauchung oder Abziehen über geheizte Kanten und Fixierung dieses Zustandes durch Abkühlen (Texturieren). Bei Acrylfasern werden häufig 2 in ihrem Schrumpfverhalten bei hohen Temperaturen sich abweichend verhaltende Typen verarbeitet, wodurch eine sehr voluminöse Ware entsteht (Hochbauschverfahren).

Eine besonders elegante Methode permanente Kräuselungseffekte zu erhalten, besteht in der Zusammenführung von 2 Fraktionen einer Rohstoffart mit verschiedenem Polymerisationsgrad, wobei durch nachträgliche Hitzebehandlung ein ungleicher Schrumpfungsgrad ausgelöst wird (Bikomponenten-Faser).

Die Zerlegung der primär anfallenden Fäden in spinnbare Stapelfasern beliebiger Länge erfolgt durch Reißen und Schneiden nach Verfahren verschiedener Art.

Die ungeheuere Vielfalt der Formen, in denen die Chemiefasern im allgemeinen, die synthetischen Fasern im besonderen, angeboten werden, ist auch Trägerin neuer textiler Warenbilder. Dabei sind Mischungen von Chemiefasern verschiedener Kategorien und Mischung mit Naturfasern schon lange technisches und modisches Gemeingut geworden.

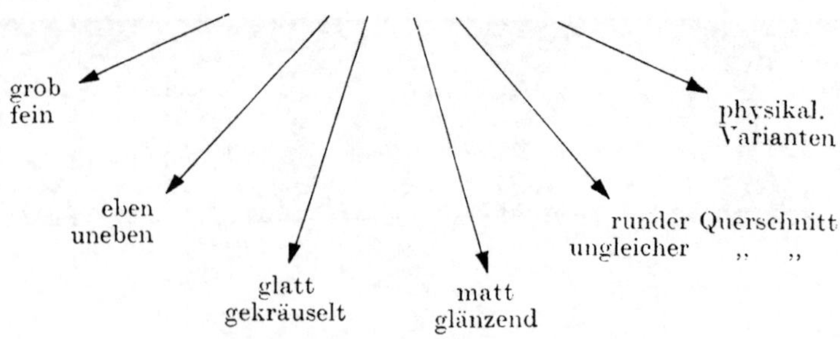

Abb. 3. Varianten-Schema von Chemieseiden

Es ist bei Wolle üblich neben der Klassenbezeichnung den Durchmesser der Fasern in Micron anzugeben; in Anlehnung an die für Seide früher übliche Methode zur Kennzeichnung der Feinheit (Titer) gebraucht man auch für Chemiefasern die Bezeichnung „*Denier*" (den). Es errechnet sich auf dieser Basis für 1 den eine Länge von 9000 m pro 1 g. Diese Rechnungsmethode wird auch auf mehrfädige Erzeugnisse angewendet, wobei nach dem Gesamttiter der Einzeltiter steht, z.B. 50/25, d.h. 9000 m dieses Fadens, der aus 25 Einzelfädchen (Capillaren) besteht, wiegen 50 g und die Einzelfädchen haben einen Titer von 2 den. In jüngerer Zeit ist anstelle des Denier-Systems das Tex-System angenommen worden, wobei die Einheit „dtex" das in Gramm ausgedrückte Gewicht eines von 10000 m Länge ist. 1 den ist demnach = 1,1 dtex.

X. Bekleidungsphysiologie

Obwohl Kleidung eine elementare Funktion für die Erhaltung unseres Daseins, unserer Gesundheit und des körperlichen, ja auch des seelischen Wohlbehagens zufällt, sind die damit zusammenhängenden Fragen weder voll geklärt, noch werden – wo sie geklärt sind – die gewonnenen Erkenntnisse systematisch genutzt. Ethische, ästhetische, vor allem modische Tendenzen in der Gestaltung der Kleidung entfalten hier einen starken Einfluß. Oft genug wird in gefährlichem Ausmaß gegen die Grunderfordernisse des gesundheitlichen Schutzes verstoßen.

Unsere heutigen Bekleidungssysteme sind nicht aus systematischer wissenschaftlicher Erkenntnis der Zusammenhänge entstanden, sondern aus den verarbeitungstechnischen Eigenschaften der Naturfasern und den mehr oder weniger zufälligen Werten der aus ihnen gefertigten Stoffe und Kleidungsstücke gewachsen. Daß dabei Klima, Jahreszeit und Lebensumstände eine wichtige Rolle spielen, versteht sich von selbst.

Die Leichtigkeit bzw. Schwere der Zugänglichkeit der Faserrohstoffe für die Kleidung ist ebenfalls ein bestimmender Faktor.

Schon im 17. und 18. Jahrhundert gab es Kontroversen um die physiologische Wertigkeit der verschiedenen Faserarten. Vor allem waren Militärärzte an der Aufklärung der Zusammenhänge interessiert. Während noch Dr. GUSTAV JÄGER die tierischen Haare, voran das Kamelhaar, dann die Schafwolle, bei Einhaltung der von ihm gegebenen Vorschriften über Webart und Schnitt als den physiologisch allein annehmbaren Rohstoff bezeichnete und alle Pflanzenfasern als Giftträger für den menschlichen Körper ansprach und Pfarrer KNEIPP ein nasses Leinenhemd als Gesundheit spendendes Kleidungsstück pries, Dr. LAHMANN als Verfechter der Baumwolle auftrat, schufen die Hygieniker MAX RUBNER und VON PETTENKOFER mit der Erkenntnis, daß nicht Herkunft und chemische Natur des Fasermaterials ihre physiologische Brauchbarkeit bestimmen, sondern Dicke, Dichte und Struktur, d.h. Luftgehalt und Luftdurchlässigkeit der Stoffe entscheidend sind, neue Grundlagen für das Verständnis der Zusammenhänge.

Der Mensch, der nicht wie die meisten anderen Warmblüter von der Natur mit einem Schutzkleid ausgestattet ist, hat sich in genialer Ausnutzung der Faserstoffe, die in der Natur für ganz andere Zwecke gebildet werden, ein Hilfsmittel geschaffen, das viel wendiger und leistungsfähiger ist, als je ein Pelz oder Federkleid an einem Tier sein kann. Die Eroberung aller Breitengrade und Klimazonen der Erde wäre ohne seine Bekleidungstechnik nicht möglich gewesen.

Diese grundlegende Einsicht reichte aber nicht aus, um der wissenschaftlichen Entwicklung der Bekleidungs-Physiologie und der Erforschung weitergreifender Probleme der menschlichen Gesundheit und Leistungsfähigkeit Auftrieb zu geben. Wahl der Fasern, Textilart, Schnitt und Konstruktion eines Kleidungsstückes und Kombination mehrerer solcher zu einem Bekleidungssystem, sind auch heute noch in entscheidendem Maß Gefühlssache. Das beste Beispiel hierfür ist die verschiedene Entwicklung, die Männer- und Frauenkleidung genommen haben.

Erst mit der Entwicklung *synthetischer Fasern*, die nicht mehr auf der Leistung des tierischen und pflanzlichen Organismus beruhen, also den Gebrauch der „Natur" klar ausschließen, kam die Diskussion um diese wichtigen Fragen aufs neue in Fluß. Aus vielerlei Gründen war die Beantwortung der Frage, ob sich mit den neuen, vom Menschen geschaffenen Fasern hygienisch und physiologisch vollwertige Kleidung schaffen lasse, wichtig.

Daß Cellulosefasern, die als Flugfasern bei der Baumwolle, als Bastfasern im Stengel von Nesseln, Leinen, Hanf, Jute und Ramie erzeugt werden, mit dem menschlichen Organismus, der Cellulose weder erzeugen, noch verdauen kann, nichts gemeinschaftlich haben, ist klar. Auch das Erzeugnis der seidenspinnenden Raupen ist ihm so wesensfremd, daß keine naturgegebenen Beziehungen zwischen dem Seidenfaden und dem Schutzbedürfnis des menschlichen Körpers zu erwarten sind.

Da nun Tierhaare und Wolle dem Warmblüter als Kleidung dienen, war die Frage, ob nicht wenigstens hier naturgegebene Zusammenhänge bestehen, nicht ganz von der Hand zu weisen; daß auch im Tierhaar, das einem lebenden Organismus entstammt, schon außerhalb der Haut, erst recht nach seiner Trennung vom Körper, leblose Materie ist, bedarf keines Beweises.

Aber schon der Einsatz der chemisch anders aufgebauten pflanzlichen Fasern, gerade für körpernahe Kleidung, beweist, daß hier kein natürlich vorgebildetes System wirksam ist. Wolle ist eine der mannigfaltigen in der Natur für die Erfüllung des Lebenscyclus seines Trägers gebildeten Fasern, die auch für die Herstellung von Kleidung brauchbar ist, die Vorzüge und Mängel in gleichem Maße wie die anderen Fasern aufweist. Es gibt z.Z. keine Faserart, mit der die vielerlei Arten von Textilien, die von der Verbraucherwelt gefordert werden, in vollkommener Weise hergestellt werden können.

Mit dem Wettbewerb der synthetischen Fasern um Märkte, in denen früher Naturfasern dominierten, wurden als neue Argumente die Hydrophilie (Hygroskopie) der Naturfasern und die bei der Wasserbindung auftretenden Sorptionswärme herausgehoben, die den nicht hydrophilen synthetischen Fasern nicht auftreten.

Während im Laboratorium an Stoffproben oder fertigen Kleidungsstücken solche Effekte gemessen werden können, konnte in umfangreichen praktischen Trageversuchen ein positiver Einfluß der hydrophilen Fasern auf die physiologische Leistung nicht gefunden werden. In extremen Fällen ist vielleicht ein solcher möglich.

Die sogenannten hydrophoben synthetischen Fasern zeigen andererseits den Vorteil, daß sie kaum Wasser aufnehmen, also im Gegensatz zu den quellenden hydrophilen Fasern, die Gewebestruktur nicht verändern, was bei dichtgeschlagenen Waren sehr wichtig sein kann. Sie trocknen auch wesentlich rascher.

Nachdem nunmehr erkannt ist, daß vielerlei Faktoren für die physiologische Funktion einer Kleidung zusammenwirken müssen, wobei es grundsätzlich gleichgültig ist, welcher Herstellungsart sie entstammen und wie ihre chemische Zusammensetzung ist, kann die

Erforschung der physiologischen Zusammenhänge in unserer Kleidung erneut angegriffen werden.

Physiologische Wirkungen liegen nie in einer Faser an sich vor, sondern entstehen erst, wenn ein Kleidungsstück unter bestimmten Umweltverhältnissen getragen wird.

Auf der einen Seite steht der Mensch mit den vielerlei ihm zukommenden Qualifikationen: Alter, Geschlecht, Gesundheitszustand, Abhärtungs- bzw. Verweichlichungsgrad, Hautgefühl und -Funktion, Kreislauf- und Organfunktionen, Betätigung u.a.m. Ihm gegenüber steht die Umwelt in ihrer vielfältigen, oft rasch wechselnden Form: Tages- und Jahreszeit, Lufttemperatur und -Bewegung, Feuchtigkeit, Kalt-Warm-Einflüsse, Aufenthaltsräume u.a.m. *Mittler* für die Erhaltung des Wärmegleichgewichtes des Körpers, der Behaglichkeit und Leistungsfähigkeit ist die *Kleidung*.

Es sind zahlreiche ärztliche Disziplinen, die in diesem Feld kooperieren müssen: Allgemeine Physiologie, Arbeitsphysiologie, Dermatologie und innere Medizin, Tropen- und Sportärzte, Kinderärzte und Hygieniker usw. Diese Aufgaben können aber ohne intensive Mitarbeit der Textilchemiker und Physiker kaum gelöst werden. Es fehlen uns noch wesentliche Kenntnisse über die Funktion der Faseroberfläche und ihre Einflüsse auf Haftungsvorgänge von Luft und Feuchtigkeit, über den Lufttransport an, in und durch Textilien verschiedener Konstruktion, besonders bei wechselnden Umwelteinflüssen und bei wechselnder Windgeschwindigkeit, die Wirkung von Schnitt, Fall und Kombination eines Kleidungsstückes mit anderen.

Das „Wärmeproblem" der verschiedenen Textilien ist damit aufs engste verknüpft. Das große Ziel dieser Forschung ist nicht bloße Erkenntnis, sondern auch Kenntlichmachung der Kleidungsstücke, damit dem Verbraucher eine optimale Anpassung seiner physischen Gegebenheiten an die Umwelt möglich wird.

Im Kontakt mit der Haut haben sich synthetische Fasern als völlig indifferent erwiesen. Allergieerscheinungen, wie sie mit Eiweißfasern gelegentlich vorkommen, sind hier nicht beobachtet worden, auch nicht zu erwarten.

1. Hygiene-Probleme

Eng mit der physiologischen Funktion sind jene Eigenschaften verknüpft, die aus der Beständigkeit der Substanz, den Einflüssen der Umwelt und der Wartung entstehen.

Die tierischen Fasern sind von der Entstehung her mit Schmutzstoffen verschiedenster Art, meist in erheblichen Mengen, beladen, müssen also vor ihrer Verarbeitung gründlich gereinigt werden. Anthrax-gefährdete Woll-Sorten erfordern spezielle Maßnahmen zur Desinfektion.

Pflanzliche Fasern enthalten in verschiedenem Grad färbende Substanzen, Wachse und Harze, Lignine, Pektine, Hemicellulosen u.a.m. Auch sie werden, soweit es sich um Kleidung, Wäsche, Bettzeug, Heimtextilien usw. handelt, durch Auskoch- und Bleichprozesse von diesen Begleitstoffen befreit.

Als Erzeugnisse der lebenden Natur sind alle diese Fasern grundsätzlich leicht abzubauen. Unter geeigneten Bedingungen werden Eiweißstoffe und Cellulosefasern durch Feuchtigkeit und Luft, besonders in der Wärme, angegriffen und bieten so zahlreichen Mikroorganismen einen guten Nährboden. Verfärbungen, Flecken- und Geruchsbildung, schließlich Verfall der Festigkeit sind die oft schon makroskopisch erkennbaren Folgen. Außer für Kleidung, Betten und Kissen, Polstermöbel u.ä. kann diese Erscheinung bei Packmaterialien für Lebensmittel lästig werden. Ähnlich verhalten sich auch Fasern aus Regeneratcellulose und -Eiweiß. Fungostatisch und bakteriostatisch wirksame Produkte werden in zunehmendem Maße empfohlen.

Diese Behandlung soll auch die Besiedlung mit und Weiterübertragung von pathogenen Keimen verhindern.

Die heute gebräuchlichen synthetischen Fasern sind gegen Mikroorganismen resistent. Sie werden auch von der Kleidermotte und dem Anthrenus-Käfer nicht angegriffen wie Tierhaare und Wolle.

Von größter Bedeutung ist das Haftvermögen von Fremdstoffen, wie sie sich in den vielen Arten von Verschmutzungen finden, an Faseroberflächen, ebenso die Möglichkeit ihrer Beseitigung.

Chemische Natur der Faser, elektrische Aufladung, Oberflächenbeschaffenheit, Dichte und Dicke der Gewebe spielen ebenso ihre Rolle wie die chemische Zusammensetzung des Schmutzes, sein Verteilungszustand, sein Adsorptionsverhalten und seine Abtragungsfähigkeit durch Waschmittellösungen, bzw. seine Löslichkeit in organischen Lösungsmitteln (chem. Reinigung), denen heute meist Dispersionsmittel als sogenannte Reinigungsverstärker zugesetzt werden.

Während bei Belastung verschiedener Textilarten mit einem gleichartigen Gemisch von verschmutzenden Stoffen Wolle und Chemiefasern sich verhältnismäßig gleichartig verhalten, ist die Haftung an Baumwolle wesentlich stärker, so daß ein kräftigerer Waschprozeß nötig ist. Im allgemeinen wird damit noch ein Bleichprozeß verknüpft, so daß auch eine gründliche Entkeimung dieser Wäsche erfolgt.

Während im normalen bürgerlichen Leben die Behandlung von Wolltextilien bei milden Waschbedingungen kaum je zu Klagen Anlaß gegeben hat, wird für Leibwäsche eine höhere Temperatur durchweg gewünscht. In Großwäschereien gehendes Gut, der Wäscheanfall von Hotels, Heimen, Krankenhäusern usw. erfordert besondere Sorgfalt. Hier scheint auch die Behandlung von Holzstücken, Matratzen, Teppichen, Socken, Schuhen u.a. mit Präparaten mit bacterio- und fungostatischer Wirksamkeit am Platz zu sein. Mit der Verwendung bactericider und fungicider Stoffe sind gelegentlich toxische Nebenwirkungen verknüpft, außerdem sind sie von ungenügender Dauer.

Ob es möglich ist, durch Behandlung von Textilien mit Wachstumsinhibitoren auch unangenehme Körpergerüche zu unterdrücken, ist zweifelhaft. Das ganze Arbeitsgebiet verdient aber weiterhin Aufmerksamkeit und Studium.

Ob ein weit verbreiteter Gebrauch solcher Produkte angestrebt werden soll und darf, ist eine wichtige Frage, die u.a. von Dermatologen, Hygienikern, Abwassersachverständigen beantwortet werden muß.

Die bei den neuzeitlichen Veredlungsverfahren in großem Umfang eingesetzten Harzbildner und Vernetzungsprodukte, die einen großen Einfluß auf Trageverhalten und Pflegeleichtigkeit ausüben, sind vielfach Träger von Formaldehydgruppen. Bei voller Auskondensation dieser Substanzen in der Hitze und Entfernung von Überschüssen durch Nachwäsche im Ausrüstungsgang sind keine gesundheitlichen Belästigungen zu erwarten.

Mit dem Rückgang des Gebrauches von steifenden, füllenden, bzw. glättenden Appreturmitteln ist auch die Gefahr des Einsatzes von hygienisch unzweckmäßigen Produkten wesentlich zurückgegangen.

Eine neuere Erscheinung ist der verstärkte Gebrauch von kationischen Fettderivaten in Wäschepflegemitteln, über die physiologische Nachteile bisher nicht bekannt wurden.

Es sei darauf hingewiesen, daß die für die moderne Wäschepflege entwickelten, den seifenhaltigen Waschmitteln überlegenen synthetischen Produkte bei ihrem Masseneinsatz so erhebliche Schwierigkeiten für die Wasserreinigung — auch den biologischen Abbau — boten, daß erst mit der Entwicklung „weicher" Typen der Gesetzgeber den weiteren Gebrauch gestatten konnte.

Die elektrostatische Aufladung synthetischer hydrophober Textilien ist wegen der damit ausgelösten Nebenwirkungen — Anziehung von Staub, Kleben mehrerer Textillagen, Funkenbildung — lästig. Durch hydrophile Präparationen können diese Erscheinungen ausgeschaltet werden. Beweise, daß solche elektrischen Ladungen schädlich oder förderlich für die Gesundheit seien, existieren nicht.

2. Toxikologie der Faserstoffe

Da die hochmolekularen Kunststoffe, zu denen wir auch die Faserbildner zu rechnen haben, chemisch sehr indifferent sind, können nur sehr schwache physiologische und toxikologische Wirkungen erwartet werden. Zumeist treten überhaupt keine solchen auf. Bei einer eventuellen *oralen Einführung* verbindet sich deren Unlöslichkeit mit einer völligen Unverwertbarkeit durch das menschliche Verdauungssystem. Es gibt kein Enzymsystem, das die Hydrolyse von synthetischen Hochpolymeren bewirken könnte. Auch Cellulose ist widerstandsfähig gegen die Verdauungsenzyme des Menschen.

Eiweiß- und Eiweißregeneratfasern dagegen können durch Verdauungsprozesse aufgeschlossen werden.

Farbstoffe und Appreturmittel – z.B. Beizen und Beizenfarbstoffe – mit denen der Gebrauch anorganischer Verbindungen wie Al-, Cu-, Co-Salze, Blei- und Zinnsalze verbunden ist, die u.U. gesundheitliche Schädigungen im Sinne des § 3 des LMG verursachen könnten, worauf früher geachtet werden mußte, sind durch die neuen Entwicklungen der Färberei, Druckerei und Ausrüstung im Textilbereich praktisch ausgeschaltet worden.

Heute werden Farbstoffe, mit höherer Echtheit und einfacherer Arbeitstechnik verwendet, die, soweit solche Textilien zum Verpacken von Lebensmitteln (Säcke) verwendet werden, auf die Oberfläche von Lebensmitteln im Sinne des § 4b, Nr. 5, nicht übergehen. Dasselbe gilt für Appretur-, Füll- und Steifmittel.

Für die neuzeitlichen Streichappreturen, die für die Erzeugung luft-, feuchtigkeits- und aromadichter Verpackungsmaterialien dienen, wobei Monomere, Vorkondensate und hochpolymere Kunststoffe neben zahlreichen Zuschlagsstoffen verwendet werden, sind die Forderungen des § 4b, Nr. 5 des LMG zu beachten.

In diesem Zusammenhang würde es zu weit führen, auf Einzelheiten einzugehen. Es muß verwiesen werden auf die Ausführungen von Lefaux (S. 320–436).

Der *Haut* gegenüber besitzen zwar Monomere und Oligomere eine mehr oder minder ausgeprägte Wirkung, die reinen Hochpolymeren wirken aber auf die Haut überhaupt nicht. Darüber liegen auch zahlreiche ärztliche Gutachten vor.

Auch wasserlösliche Makromoleküle z.B. Polyaethylenglykole, Carboxymethylcellulose, Polyvinylalkohol, Stärke u.a., die als Zusatzstoffe in der Ausrüstung verwendet werden, sind ebenfalls ohne Einfluß auf Haut und Schleimhäute.

Dermatosen durch Verwendung einwandfrei hergestellter Textilstoffe sind außerordentlich selten, etwas häufiger scheinen die Fälle von Sensitivierung durch Fremdstoffe zu sein.

Von diesen Vorgängen sind einfache Hautreizungen zu unterscheiden, die durch Berührung der Haut mit Faserspitzen, z.B. bei Wolltextilien gelegentlich auftreten.

Mängel, die durch ungeeignete Gewebekonstruktionen, ungünstigen Schnitt oder ungeeignete Kombination mehrerer Kleidungsstücke auftreten, sind nicht faserspezifisch.

Die schweren Hautschäden, über die früher beim Tragen von Textilien vor allem von Pelzwerk häufig berichtet wurde, das unter Verwendung von freien Aminen, besonders Paraphenylendiamin und Paraaminophenol gefärbt war, sind praktisch verschwunden.

Weitere allgemeine lebensmittelrechtliche Bestimmungen vgl. Beitrag „Hinweise zur lebensmittelrechtlichen Beurteilung von Anstrichmitteln usw.

Medizinisch-chirurgische Verwendung finden verschiedene Faserarten neben Seide und Catgut. Das Gebiet ist in schneller Entwicklung, läßt daher eine abschließende Beurteilung nicht zu.

Nylonfäden werden vom lebenden Gewebe nicht resorbiert, aber im allgemeinen gut vertragen.

Nahtmaterial aus Äthylenglykol-polyterephthalat wird ebenfalls häufig verwendet. Die Verträglichkeit ist sehr gut. Ein Vorteil ist, daß sich die Zugfestigkeit dieses Materials auch in feuchter Umgebung nicht ändert.

XI. Brennbarkeit der Textilien

Für die Ausstattung von Theatern, Kinos, Versammlungsräumen usw. sind in vielen Ländern Bestimmungen maßgebend.

Auch für militärische Ausrüstungen und besonders gefährdete Berufe (Feuerwehr, Hüttenarbeiter u.ä.) gelten solche Überlegungen.

Grundsätzlich gilt, daß alle aus organischen Bausteinen aufgebauten für Kleidung und Technik wichtigen Fasern, gleichgültig, ob sie natürlicher oder synthetischer Herkunft sind, brennen.

Während es möglich ist, die Entflammbarkeit durch Imprägnierung von Geweben mit Phosphor-, Antimon-, Chlorkautschuk und ähnlich wirkenden Verbindungen für militärische Artikel, Vorhänge, Bestuhlungen, Feuerschutzkleidung u.ä. in tragbaren Grenzen zu halten, kommen solche Verfahren für Kleidung, Bettzeug und andere Artikel, die einer häufigen Reinigung unterzogen werden oder stark modisch beeinflußt sind, nicht in Betracht. Einen Fortschritt bringt für Baumwolltextilien die Verwendung von THPC (Tetrakishydroxymethyl-phosphoniumchlorid), das eine gut waschbeständige Ausrüstung liefert, daher für besonders gefährdete Bereiche (Bergbau, Autotextilien, Kindernachtkleidung in angelsächsischen Ländern, in denen das offene Kaminfeuer eine große Gefahrenquelle bildet) eingesetzt wird.

Auf Wolle und synthetische Fasern anderer Zusammensetzung spricht dieses Verfahren nicht an.

Eine Klassifizierung der Textilien, hinsichtlich Brennbarkeit, aus der Faserart ist nicht möglich, weil Faserfeinheit, Packungsdichte der Fasern, Oberfläche des Stoffes (Glätte oder Flauschigkeit), Färbungs- und Ausrüstungsmittel, Schnitt der Kleidung, Kombination mehrerer Kleidungsstücke u.a.m. von wesentlichem Einfluß sind. Mischgewebe aus verschiedenen Fasern können sich ganz anders verhalten als solche aus der Einzelfaser.

Über die Unfallzahlen und deren nähere Ursachen bestehen in Deutschland leider keine statistischen Unterlagen. In den USA verlieren im Jahr ca. 2000, in England ca. 300 Menschen ihr Leben durch Textilbrände. In beiden Ländern entfällt ein erheblicher Prozentsatz, besonders bei Kindern und alten Leuten, auf Unfälle durch das offene Kaminfeuer.

In den USA bestehen gesetzliche Vorschriften über die Entflammbarkeit von Bekleidungstextilien seit ca. 20 Jahren. Trotzdem ist die Unfallzahl ziemlich konstant geblieben. Der Gesetzgeber geht im „*Fibres Flammability Act*“ vom Ergebnis eines Laborbrenntestes aus, nach dem alle Artikel – ohne Rücksicht auf ihre fasermäßige Zusammensetzung – für Herstellung und Handel untersagt werden, die bei Benutzung des durch das Gesetz vorgeschriebenen Brenngerätes und der Arbeitsbedingungen die vorgeschriebenen Werte nicht erreichen. Während die Schweiz sich den amerikanischen Bestimmungen anzuschließen bereit ist, vertritt die englische Textilwirtschaft den Standpunkt, daß diese Laboratoriumsmethoden keinen zuverlässigen Aussagewert haben, daher ihren Zweck nicht erfüllen und unnötigerweise die Programme von Textilindustrie und Handel belasten.

England hat bis jetzt die gesetzlichen Maßnahmen auf fertige Nachtkleidung für Kinder bis zum 13. Lebensjahr eingeschränkt.

Das eigenartige Verhalten der meisten synthetischen Fasern bei Berührung mit einer Zündquelle zu schmelzen, war häufig Gegenstand von Diskussionen. In vielen Fällen ist darin ein Vorteil zu sehen, da die Gefahr des Aufflammens verringert wird; in anderen Fällen werden stärkere Verbrennungsschäden befürchtet.

Die Faserindustrie versucht, die Brennbarkeit ihrer Erzeugnisse z.T. durch Änderungen in der chemischen Struktur, z.B. durch Copolymerisation von Vinylidenchlorid mit Acrylnitril (Teklan der Fa. Courtaulds Ltd.), z.T. durch Einspinnen flammenhemmender Mittel zu erreichen.

In Deutschland bestehen feuerpolizeiliche Vorschriften für die Verwendung von Textilien zur Ausstattung von Schiffen, Theatern, Kinos usw., für den Bekleidungssektor bestehen solche nicht, werden aber zur Zeit in Fachgremien diskutiert.

Asbest und Glasfaser sind als solche unbrennbar. Durch brennbare Appreturaufträge kann natürlich auch ein Gewebe aus Glasfaser entflammbar werden

XII. Mineralische Faserstoffe

1. Asbest (gr. ἄσβεστος = unverbrennlich)

Schon der Name weist darauf hin, daß die bemerkenswerteste Eigenschaft des Asbestes bereits im Altertum bekannt und ausgenutzt wurde: die Unbrennbarkeit. Im Mittelalter galt er praktisch nur als Kuriosum. Erst um die Mitte des 19. Jahrhunderts begann die systematische Gewinnung und der industrielle Einsatz.

Die Asbeste sind silicatische Mineralien, die sich zu lockeren, faserigen Massen aufschließen, verspinnen und verweben lassen. Der Herkunft nach unterscheidet man Hornblendeasbest (ϱ 2,9–3, Smp ca. 1150° C) und Serpentinasbest (ϱ 2,3–2,8, Smp ca. 1550° C). Die erstere Sorte (Zusammensetzung nach der Formel $MgSiO_3$, wobei Mg durch Ca oder 2wertiges Eisen ersetzt sein kann) findet sich in guter Qualität in Südafrika (Griqualand). Serpentinasbest wird in reichen Lagern in Kanada (Prov. Quebec) und in Rußland (Ural) gefunden. Es entspricht der Formel $H_4Mg_3Si_2O_9$. Wenn auch der Einsatz von Asbest für die Fabrikation von Pappen, Bauplatten, Isoliermaterialien u.ä. mengenmäßig am wichtigsten ist, hat doch auch die Verwendung von Garnen für feuersichere Kleidungsstücke, Theatervorhänge und Dekorationsartikel eine bedeutende Rolle gespielt.

Für textilen Bedarf ist Asbest in jüngerer Zeit in den künstlich hergestellten Glasfasern ein starker Wettbewerber erwachsen.

2. Glasfasern

Die Fähigkeit des Glases, durch Abziehen aus der Schmelze Fäden zu bilden, ist schon im Altertum bekannt gewesen. Solche Fäden dienten aber nur dekorativen Zwecken.

Auch die Bildung feinster Fasern aus vulkanischen Gläsern unter Einwirkung starker Gasausbrüche ist schon lange bekannt.

Obwohl Glas in Form von Blöcken, Platten und Stäben sehr hart und spröde ist, gelang es um 1935 in USA Glasfasern so fein (5–10 μ), fest und schmiegsam zu erzeugen, daß sie auch für textile Zwecke eingesetzt werden können. Die chemische Zusammensetzung des Glases spielt für die Eigenschaften eine wichtige Rolle. Während für Isolationszwecke – Schall, Wärme – stark alkalische Schmelzen verwendet werden, dient für spinnbare Stapelfasern und Glasseide mehr das alkaliärmere Borosilikatglas.

Neben einem großen Verbrauch zur Verstärkung von Kunststoffen haben Glasfasern in den letzten Jahrzehnten starken Eingang als Isoliermaterial für elektrische Leitungen und Vorrichtungen, Theatervorhänge, Möbelbezugstoffe u.a.m. gefunden. Für Kleidung eignen sie sich wegen ihrer geringen Knickbruchfestigkeit und niedrigen Dehnbarkeit nur sehr bedingt (Schutzanzüge). Die Festigkeit liegt bei ca. 6–7 g/den, ϱ bei 2,54. Glasfasern nehmen keine Feuchtigkeit auf und werden von Sonnenlicht, organischen Lösungsmitteln und Säuren mäßiger Konzentration, Insekten und Mikroorganismen nicht angegriffen.

Heiße, verdünnte Alkalilösungen bauen Glas ab.

Entscheidend für den Einsatz der Glasfasern ist neben der chemischen Beständigkeit die Unbrennbarkeit. Bei Temperaturen über 315° C beginnt aber bereits ein Abbau; bei ca. 815° C tritt Schmelzen ein.

Tabelle 2. *Spezifisches Gewicht verschiedener Faserarten*

Faserart	ϱ
Polypropylenfaser	0.91
Polyäthylenfaser	0.92
Spandexfasern	1.1
Acrylfasern	1,15
Polyamidfasern (Nylon, Perlon)	1.15
Cellulose-Acetatfasern	1.29
Wolle	1.32
Rohseide	1.37
Polyesterfaser	1.38
Polyvinylchloridfaser	1.38
Flachs	1.46
Viscosereyon und -Zellwolle	1.52
Kupferreyon	1.52
Baumwolle (roh)	1.54
Baumwolle (merc.)	1.88
Polytetrafluoräthylenfaser	2.3
Glasfasern	2.54

Tabelle 3. *Wasserbindung aus Luft bei relativer Feuchtigkeit von 65% und 21° C*

Faserart	Wasserbindung in %
Baumwolle	7–8
Baumwolle merc.	bis 12
Leinen	7
Viscose-Reyon	12–13
Acetat-Reyon	6
Seide	10
Wolle	14
Nylon 66	4,1
Polyester	0,4
Acrylfasern	0,9–2
Polyäthylen	0,01
Glasfaser	0

Tabelle 4. *Quellwerte verschiedener Fasern in Wasser*

Faserart	Dmr. in %	Vol. in %
Baumwolle	ca. 20–23	–
Baumwolle merc.	17	–
Viscose-Reyon	25–50	75–125
Wolle	15	36–41
Seide	17	30
Nylon 66	2	8–11

Fachliteratur

Bei dem großen Umfang, den die textile Fertigung und die Textilwirtschaft einnehmen, ist die Entwicklung einer jede Sparte betreffende Spezialliteratur verständlich. Da sowohl die Rohstoffe, wie auch ihre Verarbeitungstechnik, vor allem auch die Anforderungen an das Endprodukt einer ständigen Entwicklung und – als Folge der Mode – einem starken Wechsel unterworfen sind, sind auch sorgfältig zusammengestellte Fachbücher oft schon innerhalb weniger Jahre nicht mehr vollständig.

In schwierigen Fällen wird also die Befragung wissenschaftlicher Institute oder der Verlage von Fachzeitschriften notwendig werden. Es existiert aber eine Anzahl wertvoller Handbücher, in denen Auskünfte über alle Sparten der Textiltechnik zu finden sind. Reichhaltige Literaturverzeichnisse sind diesen beigefügt.

Für die *Untersuchung* von *Faserstoffen* und *fertigen Erzeugnissen* bietet das Buch von H. Sommer und Fr. Winkler (1960) wertvolle Unterlagen und Hinweise. Es werden dort auch die für die chemischen und physikalischen Methoden zur Identifizierung der Fasern und ihrer natürlichen, wie industriellen Begleitstoffe gültigen Methoden (Mikroskopie, Fluorescenzmikroskopie, chemisch-analytische Nachweisverfahren, Löslichkeits- und Viscositätsmessungen u.a.) ausführlich behandelt.

Mit Rücksicht auf den großen Umfang, den die Untersuchungsmethoden für Fasern, Färbungen, Appreturen u.a.m. beanspruchen, mußte auf die Darstellung in diesem Buch verzichtet werden.

Neben der deutschen Fachliteratur besteht ein umfangreiches ausländisches Schrifttum, das mit Rücksicht auf die wachsende Bedeutung des internationalen Austausches von Produkten und Erfahrungen des textilen Bereiches von zunehmender Wichtigkeit ist.

Die Bibliographie ist am Schluß dieses Beitrages zusammengefaßt.

B. Pelze und Leder

I. Rohstoffe

Die tierische Haut hat wohl schon in der frühesten Menschheitsgeschichte als Bekleidungsmaterial gedient. Da sie im rohen Zustand sehr anfällig für zerstörende Mikroorganismen und andere Schädlinge ist, dürfte auch die Konservierung durch gerbende Mittel schon sehr früh erfunden worden sein. Solche Prozesse sind mit Sicherheit an vielen Stellen des bewohnten Raumes völlig unabhängig entwickelt worden.

Histologisch betrachtet ist die Haut ein äußerst verwickeltes Organ mit vielerlei Funktionen. Im gerbereitechnischen Sinne genügt aber die Aufgliederung in Oberhaut (*Epidermis*), Lederhaut (*Corium, Cutis*) und Unterhaut (*Subcutis*).

Während die Oberhaut bei Warmblütern nur einen kleinen Teil der Dicke ausmacht, erreicht sie bei den ebenfalls für die Gerberei verwendeten Fischen und Reptilien ein beachtliches Ausmaß. Die Oberhaut besteht hauptsächlich aus Keratin. In der normalen Herstellung von Leder wird sie entfernt, ebenso die Unterhaut. Das Leder wird aus der Lederhaut erzeugt, deren Papillarschicht aus einem dichten Gewebe feiner Hautfasern besteht (Narben), während das eigentliche Leder durch die eng miteinander verflochtene und verästelte Retikularschicht gebildet wird.

Haare, Wolle und Borsten müssen bei der Lederherstellung beseitigt werden, während in der Fell- und Pelzzurichtung der Gerbvorgang ohne Schädigung des Haarbesatzes zu erfolgen hat.

Für die Gerberei von Leder werden verwendet die Haut vom Rind, Pferd, Kalb, Schaf, Ziege, Gemse, Hirsch, Reh, Schwein, Seehund u.a., ferner vom Krokodil, Alligator, Schlange und großen Froscharten.

Für die Erzeugung von Pelzwerk dienen neben den verschiedenen Lamm- und Schaffellen Wildtiere aller Art, besonders deren Winterfelle: Fuchs, Kanin, Biber,

Otter, Marder und Nerz, Iltis, Hermelin, Feh, Bisam, Ozelot und andere Raubkatzen; Maulwurf war zeitweise ein sehr begehrtes Material; durch Züchtung von Biber, Nerz, vor allem von Karakul-Lämmern ist der Markt für diese Art von Pelzwerk stark ausgeweitet worden.

Für andere Fellträger, wie Chinchilla, Zobel, Seehund, Wildkatzen, die ihres begehrten Felles wegen stark bejagt wurden, müssen heute strenge Vorschriften beachtet werden, da sonst ihre Ausrottung unvermeidlich ist.

II. Aufgaben der Pelz- und Lederbekleidung

Sicher spielte das Fell erlegter Wildtiere in den frühen Zeiten menschlicher Zivilisation gelegentlich eine Rolle aus Ausdruck der Stärke, für okkulte und rituelle Gebräuche. Vor der Entwicklung von Kleidung aus Faserstoffen tierischer und pflanzlicher Natur war das Fell besonders in rauhen Klimabereichen zunächst ein vorzügliches Schutzmittel. Dabei bildet sowohl die Haut selbst eine isolierende Schicht, deren Wärmewirksamkeit durch den Haarpelz wesentlich erhöht wird. Die Leistung ist abhängig von der Art und Dicke des Leders, ferner von der Dicke Feinheit und Höhe des Haarbesatzes und seines Aufbaues (Sommer-, Winterfell, Unterhaar), ebenso von der Art der Benutzung: Pelz nach innen oder außen. Mit der Entwicklung der gewebten Kleidungsstoffe, besonders solcher aus Wolle, von Decken, Federbetten u.ä. nahm der Bedarf an Pelzwaren entscheidend ab. Zwar ist der Schafpelz in einigen Gegenden der Welt Alltagskleidung geblieben; im allgemeinen aber wird Pelzwerk als modische Bekleidung benutzt. Der Schwerpunkt des Verbrauches liegt in der Frauengarderobe, wo von Pelzwaren, auch für Ausputz, reichlich Gebrauch gemacht wird.

Für die Innenausstattung von wärmender Kleidung werden vielfach Kunstpelze verwendet, die nach Art von Plüschwaren hergestellt werden.

Die moderne Lebensweise, vor allem die Entwicklung beheizter Aufenthaltsräume und Verkehrsmittel, wie auch die Entwicklung zweckmäßigerer Kleidung hat im Bereich der Männerkleidung die frühere Bedeutung von Pelzwerk wesentlich zurückgehen lassen. Hauptmärkte für Rauchwaren sind London, New York, Frankfurt a.M., Leipzig.

Auch *Leder* gehört zu den Urformen der menschlichen Kleidung. In zahlreichen Geräten der Zivilisation spielt es eine wichtige Rolle wegen seiner Festigkeit, Zähigkeit und Haltbarkeit. In Abhängigkeit von der Art und Stärke der Tierhaut, den Gerbmitteln und Gerbverfahren sind zahlreiche Ledersorten entwickelt worden, die sich für recht verschiedene Aufgaben eignen. Im Bereich der Kleidung behauptet auch heute noch Leder einige wichtige Positionen: Fußbekleidung in mannigfachster Form, wobei für die Sohle ein dickes, festes Material, für die Innenausstattung und das Oberleder weicheres, dünneres Material bevorzugt wird.

Über die bekleidungsphysiologischen Eigenschaften des Leders für Schuhwerk bestehen heute keine einheitlichen Auffassungen. Wesentlich ist der Austausch der angewärmten und feuchten Luft im Schuh mit der Umwelt; die Luftdurchlässigkeit des Leders ist unbedeutend, die Feuchtigkeitsbildung vielleicht bei hohen Stiefelformen von Bedeutung. Auch die Socke spielt eine wichtige Rolle im Komfort und in der Hygiene der Fußbekleidung. Die Dehnbarkeit des Leders und das Vermögen, sich dem Fuß anzupassen, sind wichtige Vorteile für Leder.

In leichteren und modischen Schuhen haben Lederersatzstoffe bereits starken Eingang gefunden. Dabei handelt es sich zumeist um gewebte textile Grundstoffe, denen Füll- und Deckschichten aus plastischen Massen (z.B. Polyvinylchlorid, Polyurethan) einverleibt werden. Ein ansprechendes, durch Prägung aufgebrachtes „Narben"-Bild und Farbe vermitteln auch modische Schönheit.

Als Parallele zur Fußbekleidung kann der Lederhandschuh angesehen werden. Hierfür werden leichtere und geschmeidigere Leder-Sorten eingesetzt. Von Bedeutung ist der derbere Arbeitshandschuh, ebenso Sport- und Winterhandschuhe, die zur besseren Wärmehaltung mit echtem Pelzwerk oder textiler Maschenware gefüttert werden. Im Gegensatz zu früheren Zeiten, wo weich gegerbtes Leder auch für hautnahe Kleidung verwendet wurde, sind hierfür heute nur noch gewebte bzw. gewirkte Textilien in Gebrauch. Für modische Herren- und Damenoberbekleidung und für winddichte Berufs- und Sportkleidung spielt Leder in verschiedenen Sorten eine wichtige Rolle.

Im Markte um andere Arten von Gebrauchsgegenständen, z.B. Möbelbezüge, Sattler- und Buchbinderartikel, Taschen- und Kofferwaren, Schuhriemen, Flechtwaren u.a.m. ist in jüngerer Zeit ein intensiver Wettbewerb zwischen echtem Leder und sogenanntem Kunstleder entstanden.

Die Aspekte, unter denen er ausgetragen wird, sind z.T. im ästhetischen Bereich, vor allem aber auf dem technischen und wirtschaftlichen Sektor zu suchen. Zwar fällt mit jedem getöteten Tier eine Haut an, so daß zwangsläufig ein erhebliches Angebot zur Verfügung steht; unter den einzelnen Häuten bestehen jedoch selbst bei der gleichen Tierart große Unterschiede (Alter, Geschlecht, Ernährungszustand, Pflege) und selbst innerhalb derselben Haut sind die einzelnen Teile in ihrer Beschaffenheit sehr verschieden. Der Abfall ist beträchtlich.

Demgegenüber ist das industriell erzeugte Produkt immer von gleicher Beschaffenheit und spezifisch auf den Verwendungszweck hin entwickelt.

III. Wesen der Gerbung

Die Lederhaut (*Corium, Cutis*) besteht neben Wasser, Mineralstoffen und Fett aus Hautsubstanz, die ihrerseits aus verschiedenen Eiweißstoffen aufgebaut ist. Die Hautsubstanz selbst besteht im wesentlichen aus Kollagen und Mucinen (Glykoproteiden) mit einer typischen Strukturierung faserigen Charakters.

Die Verschiedenheiten, bez. Größe, Stärke und Gefüge der einzelnen Häute beeinflussen Arbeitstechnik und mögliche Zweckbestimmung ganz nachhaltig.

Die von der Hornschicht, den Haaren und der Unterhaut befreite Lederhaut wird als Blöße bezeichnet. Ihr Stickstoffgehalt stellt eine für jede Tierart feststehende Größe dar: bei Blößen von Rind, Kalb, Kips, Roß und Schwein beträgt er 17,8%, bei Ziege, Hirsch und Reh 17,4%, bei Schaf, Hund und Katze 17,1%. Für die Erkennung einer Ledersorte ist die Beschaffenheit des Narbens, besonders der Porenstruktur eine eindeutige Leitlinie.

Über die chemischen Prozesse, die bei den verschiedenen Gerbeverfahren ablaufen, haben lange Diskussionen stattgefunden, deren Extreme einerseits von einer rein adsorptiven Wirkung der gerbenden Substanzen, also um Oberflächenwirkungen, andererseits von reiner Salzbildung ausgehen. In neuerer Zeit hat sich eine vermittelnde Auffassung durchgesetzt, zumal die Beziehungen zwischen Haut und gerbenden Agentien, die sich in Wasserabspaltung, Oxydationsprozessen, Polymerisations- und Komplexbildungen äußern, besser erkennbar geworden sind.

Das Ziel des Gerbprozesses ist es, die in Gegenwart von Feuchtigkeit leicht in Fäulnis übergehende rohe Haut in ein Produkt faseriger Struktur zu verwandeln, das der Fäulnis widersteht und nicht mehr in Leim übergeführt werden kann.

Die Gerbung ist also ein Konservierungsverfahren.

IV. Arbeitsmethoden

1. Veredelung von Pelzwerk

Nach einer guten Weiche und einer sorgfältigen Wäsche mit Spezialwaschmitteln werden *Schaf- und Lammfelle und Edelfelle* der ,,Zurichtung" unterworfen, womit die Überführung der rohen Haut in den gegerbten Zustand verstanden wird. Sie erfolgt mit Kochsalz und Schwefelsäure, woran sich eine Nachgerbung mit oxydablen Fetten z.B. Tran, Butter, Eigelb (Sämischgerbung) oder mit Chromsalzen anschließt. Auch Alaun, pflanzliche und künstliche Gerbstoffe werden verwendet. Auch die Formaldehydgerbung ist in der Rauchwarenzurichtung als Vor- und Nachgerbung gebräuchlich.

Vor dem Färben müssen die Haare von anhaftendem Fett und sonstigen Verunreinigungen befreit werden, um sie für die Farbstoffe aufnahmefähig zu machen: ,,Tötung" mit Natronlauge, Soda, Ammoniak und Kalk. Zur Verbesserung der Farbstoffaufnahme werden häufig Beizprozesse mit Chromkali, Kupferkali, Kupfervitriol, Eisensulfat, Alaun und Säuren ausgeführt. Wegen der Empfindlichkeit von zugerichteten Pelzfellen gegen kochendes Wasser sind die üblichen Wollfarbstoffe mit Ausnahme der bei ca. 40° C zu färbenden indigoiden Helindonfarbstoffe nicht verwendbar. Für die Rauchwarenfärberei werden also in 1. Linie Oxydationsfarbstoffe vom Typ des Paraphenyldiamins verwendet. Für Schwarz dient auch Anilinsalz. Die Fähigkeit dieser Basen bei manchen Menschen Hautreizungen auszulösen, verlangt Vorsicht bei ihrem Gebrauch. Phantasietöne können mit Wollfarbstoffen bei Temperaturen um 70° C erzielt werden, wenn die in gewöhnlicher Weise gegerbten Felle einer Chromgerbung unterworfen werden. Nach dem Färben folgt das „Läutern", das ist eine Behandlung mit Sand oder Sägespänen zur Erhöhung der Farbechtheit und des Glanzes. Durch Nachbehandlung mit geeigneten Schutzmitteln (Eulan NKF®) können die wertvollen Felle und Pelze von Mottenfraß geschützt werden.

2. Gerberei

Nach den verwendeten Gerbstoffen läßt sich das Gebiet unterteilen in

1. Lohgerberei, wofür zahlreiche pflanzliche Gerbstoffe zur Verfügung stehen, die Tannin bzw. Pyrogallol und Pyrokatechingerbstoffe enthalten,

2. Mineralgerberei, die sich der Affinität anorganischer Verbindungen zur Haut bedient, z. B. Alaun, Kochsalz, Chromsalzen, Eisensalzen,

3. Sämischgerberei, die ihre Gerbstoffe dem Tierreich entnimmt z. B. Tran, Lecithine, Hirn.

4. Verschiedene Gerbverfahren wie Formaldehydgerbung usw.

In der „Vorarbeit" werden die für Leder bestimmten Felle von den Haaren, der Oberhaut und Unterhaut und allen Unreinigkeiten befreit und durch Wässern und Weichen aufnahmefähig für die Gerbstoffe gemacht. Die Enthaarung kann durch „Schwitzen", also einen bakteriellen Vorgang, Äschern mit Kalkmilch, oder Schwöden (Auftragen von Kalkzubereitungen in Breiform) erfolgen. Nach mancherlei Vorarbeiten, zu denen u. U. auch das Spalten starker Häute gehört, erfolgt der Gerbprozeß nach einem der obigen Verfahren. Die Mannigfaltigkeit der Rohstoffe, der Gerbmittel und Verfahren und die ganz verschiedenen Arten von Leder, die zu erzielen sind, haben im Laufe der Zeit eine sehr differenzierte und leistungsfähige Lederindustrie entstehen lassen, der eine große Zahl natürlicher und synthetischer Hilfsmittel für die Vorbehandlung, Gerberei, Färberei und Ausrüstung der verschiedenen Ledersorten zur Verfügung steht.

Auch synthetische Gerbstoffe und Hilfsgerbstoffe, veredelte Mineralöle und Wachse, Appreturen auf Kunststoffbasis und andere stehen heute in großem Umfang zur Verfügung.

Das Bedürfnis nach einer Beschleunigung der früher gebräuchlichen Arbeitsverfahren, die bei manchen Ledersorten oft viele Monate beanspruchten, nach Rationalisierung des Chemikalien- und Arbeitsbedarfs, nach Sicherung der Ergebnisse durch Anwendung neuzeitlicher wissenschaftlicher Erkenntnisse hat in der Lederherstellung in den letzten 50 Jahren zur Entfaltung einer intensiven Forschungsarbeit geführt.

Die moderne Schnellgerbung, die sich von den Verfahren um 1900 wesentlich unterscheidet, verlangt auch andere Nachbehandlungsmethoden und -mittel. Dazu gehört vor allem die Einlagerung von Gerbextrakten zwischen die Fasern des Hautgewebes. So entsteht eine dichte Struktur, die wesentlich zur Tragfähigkeit des Leders beiträgt.

Mit den Maßnahmen der „Füllgerbung" wird auch das „*Rendement*" erhöht. Mit Gerbextrakten läßt sich eine Gewichtszunahme des Leders um 10–25% erreichen.

Von dieser Behandlung weicht die Technik der „Lederbeschwerung" in einem gewissen Umfang ab, da hierbei nur eine Gewichtserhöhung angestrebt wird. Die Übergänge zwischen den beiden Verfahrensgruppen sind aber fließend. Da übermäßige Beschwerung allerlei Gefahren für die Güte des Leders mit sich bringt, sind in einigen Ländern Gütenormen aufgestellt worden. Für die Herstellung und die Eigenschaften von Ledersorten, die der militärischen Versorgung dienen, sind von den zuständigen Behörden vielfach verbindliche Richtlinien ausgearbeitet worden.

Als Beschwerungsmittel können dienen: Natriumsulfat (Glaubersalz $Na_2SO_4 \cdot 10\,H_2O$), Magnesiumsulfat ($MgSO_4 \cdot 7\,H_2O$), Bariumchlorid ($BaCl_2 \cdot 2\,H_2O$), Bleiacetat (Bleizucker, $Pb[CH_3 \cdot COO]_2 \cdot 3\,H_2O$), Traubenzucker, Melasse, Dextrin. Blei- und Bariumsalze sind für pflanzlich gefärbte Leder verboten.

Ein wichtiger Vorgang ist nach der Füllgerbung die Fixierung des eingelagerten Gerbstoffes, wodurch solche Leder erst eine ausreichende Wasserfestigkeit erhalten. Hierfür dienen Aluminium-, Zinn-, Antimon, und Titansalze. Diese Salze haben eine stark gerbstoffällende Wirkung.

Aus der Reihe organischer Stoffe besitzen die Eiweißarten des Leimes, Caseins und Gelatine eine Gerbstoffe flockende Wirkung.

Von großer Bedeutung ist Hexamethylentetramin geworden, dem später zahlreiche Derivate des Harnstoffs, Thioharnstoffs, Melamins, aromatischer Amine und Formaldehydes folgten. Auch Derivate von Polyacrylsäurenitril sind mit Erfolg eingesetzt worden.

3. Imprägnierung

Um Leder für bestimmte Aufgabengebiete Eigenschaften zu verleihen, die weder der gegerbten Haut, noch einfixierten Gerbstoffen zukommen, muß man zur Einlagerung artfremder Stoffe in das Hautgefüge greifen. Meistens sollen der Stand des Leders, Wasserdichtigkeit, Zerreißfestigkeit, Abnutzungswiderstand, Durchlässigkeit für Gase (Gasmesser, Gasmasken, Luftdruckbremsen) Dichtigkeit u.a. beeinflußt werden.

Es ist selbstverständlich, daß Ledersorten, die mit Stoffen imprägniert werden müssen, die solche Wirkungen herbeiführen, von Anfang an auf solche Aufgaben vorbereitet werden. Vor allem müssen die Faserzwischenräume frei sein.

Zur Anwendung kommen verschiedene Arbeitstechniken: Einbrennen mit festen Imprägniermitteln, die für diesen Zweck erwärmt werden (bis 90° C), Tauchen des Leders in Lösungen des Wirkstoffes im organischen Lösungsmittel, wäßrigen Lösungen oder Dispersionen, Tränken des Leders mit kondensierbaren, bzw. polymerisierbaren monomeren Verbindungen und nachfolgender Polymerisation bzw. Kondensation.

Mit heißen Einbrennfetten werden behandelt Treibriemenleder, Geschirr- und Sattlerleder, Dichtungsleder für Pumpen und Ventile, Chromsohlleder u.a.m. Benutzt werden Ceresin, Stearin, Paraffin, Ozokerit. Der Abriebwiderstand kann dadurch um mehr als 100% erhöht werden.

Durch Tauchen der Leder in Lösungen von Imprägnierstoffen in flüchtigen organischen Stoffen können eine große Anzahl von Stoffen dem Leder bis zur Sättigung einverleibt werden: natürliche und synthetische Harze, Wachse,

Vinylpolymerisate, polymere Acryl- und Methacrylsäureester, Metallseifen, Chlorkautschuk, Cellulosederivate, Schwefel u.a.m.

Durch Imprägnieren solcher Leder, auch unter Anwendung von wäßrigen Dispersionen, lassen sich die Wasserdichtheit und der Abriebwiderstand bedeutend verbessern, die Luftdurchlässigkeit geht aber weitgehend verloren. Mit der Einführung der Klebeverfahren für die Sohle statt des Nagelns und Nähens hat dieser Gesichtspunkt ohnehin an Bedeutung verloren.

Ein starker Wettbewerber erwuchs dem lohgaren Unterleder durch die Gummi- bzw. Kunststoffsohle.

4. Lederfettung

Diese zählt zu den wichtigsten Maßnahmen der Zurichtung. Erst mit der Einverleibung geeigneter Fettstoffe erhält das Leder seine richtige Geschmeidigkeit, Zähigkeit, Wasserbeständigkeit und Haltbarkeit. Die Griffigkeit wird entscheidend beeinflußt.

Es sind zahlreiche Produkte natürlicher Herkunft, die z.T. spezifisch für die Lederindustrie entwickelt wurden: Talg, Tran, Klauenöl, Degras nebst den zu ihrer Emulgierung nötigen Hilfsstoffen (Seifen, sulfonierte Öle) sind auch heute noch von Bedeutung.

In der neueren Zeit erforderten die Verfeinerung der Lederqualitäten und die Vermehrung der Ledersorten, ferner die Entwicklung neuer Färbe- und Finishtechniken eine fortschrittliche Handhabung dieses Prozesses. Auch die Verknappung wichtiger Fettrohstoffe in den Kriegszeiten blieb nicht ohne nachhaltige Wirkung.

Durch Eingriffe in den Aufbau der Fettsäureglyceride, besonders die Entwicklung der Sulfate und Sulfonate, der Fettsäurekondensationsprodukte, Äthylenoxidaddukte, Fetthydrierung und -oxydation (Moellon, Degras), synthetischer Fettaustauschstoffe wurde eine reichhaltige Palette von Fettungsmitteln und Fetthilfsstoffen geschaffen. Auch mineralische Fettstoffe, die früher unwichtig waren, zeigen heute in sulfonierter Form oder als Chlorderivate einen starken Verbrauch.

Die Wirkung der Fettung ist abhängig von der Wahl des Fettes, der aufgebrachten Menge und der Arbeitsmethode.

So enthält z.B. pflanzlich gefärbtes Unterleder nicht über 2%, Fahlleder ca. 20%, Portefeuilleleder bis 6% Fett. In der Gruppe der Chromleder finden sich z.B. Boxcalfleder mit 2–6%, Chromsohlleder mit 20–35%, Waterproofleder mit 17–23%, Chrombekleidungsleder mit 4–10%.

Die Fettung erfolgt durch direktes Abölen des Leders, wofür hauptsächlich Trane verwendet werden. Auch das Auftragen einer Fettschmiere besonderer Konsistenz auf einer Tafel – von der Fleischseite her – ist ein altbekanntes Verfahren. Von besonderer Intensität ist der Eintrag von Fetten bei höherer Temperatur in drehbaren, heizbaren Fässern (Faßschmierung).

Über das Einbrenn-Verfahren bei Treibriemenleder, Geschirrleder und Chromsohlleder gilt das über „Imprägnieren“ Gesagte.

Für Chromoberleder, Schafleder, Feinleder, Bekleidungsleder und leichte lohgare Leder werden Öl-in-Wasser-Emulsionen verwendet: Lickerprozeß. Das entsprechend vorbereitete Leder nimmt beim Bewegen aus der mäßig warmen Emulsion im Faß den Fettanteil sehr gleichmäßig auf.

Physik und Chemie der Hilfsstoffe sind sehr eingehend untersucht worden.

5. Färberei des Leders

a) Aufhellen und Bleichen

Leder, das für technische Zwecke verarbeitet wird, erfordert keine ausdrücklichen Maßnahmen zur Erzielung einer besonderen Farbe. Als Kennzeichen für die Güte der Gerbung gilt die Gleichmäßigkeit und die Fleckenfreiheit. Helles lohgares Leder galt lange als das bessere Leder, so daß Bleichverfahren, die in Wirklichkeit nur eine Aufhellung dunklen Leders erbringen, allgemein in Gebrauch kamen. Sehr wirksam sind Säuren bei lohgarem Leder, z.B. Schwefelsäure, Oxalsäure. Eine sorgfältige Neutralisation mit Soda oder Ätznatron ist nötig, da Säurerückstände das Leder schädigen würden. Auch schweflige Säure, Natriumhypochlorit, Bittersalz, synthetische Gerbstoffe u.a.m. üben eine aufhellende Wirkung aus.

Um auf Chromleder einen Bleicheffekt zu erzielen, werden aufhellende Niederschläge auf der Oberfläche gebildet, wofür Bleizucker und Chlorbarium mit Bittersalz oder Glaubersalz umgesetzt werden. Auch ein Nachgerben mit synthetischen Gerbstoffen führt zur Aufhellung.

Ein echter Bleichprozeß ist dagegen die Aufhellung des Sämischleders, das von der Trangerbung her zunächst eine dunkle und unansehnliche Farbe aufweist. Das alte Verfahren der „Rasenbleiche" ist wie bei Textilien aus Baumwolle oder Leinen aufgegeben worden zugunsten Sauerstoff abgebender Chemikalien z.B. Kaliumpermanganat, Natriumperborat oder Wasserstoffsuperoxid. Auch mit schwefliger Säure und Hypochlorit (Chlorkalk) kann gebleicht werden.

Erst durch solche Eingriffe erhält Sämischleder die bekannte hellgelbe Farbe.

b) Färben

Für eine große Zahl von Verbrauchsgebieten wird Leder in farbigem Zustand verlangt. Es können gefordert werden: eine satte Oberflächenfärbung, eine Oberflächenfärbung mit Einfärbung, eine gleichmäßig tiefe Durchfärbung, bzw. Zwischenfärbung dieser extrem formulierten Effekte.

Neben der gesuchten Farbnuance müssen aber in Abhängigkeit vom Verwendungszweck auch eine Anzahl von Echtheitsforderungen erfüllt werden: Licht-, Wasser-, Schweiß-, Reibechtheit u.a.m.

Wenn auch schon die ungegerbte Haut die Fähigkeit zur Aufnahme von Farbstoffen mit anionischen oder kationischen Gruppen hat, so verhält sich doch die gegerbte Haut wesentlich anders.

Mit pflanzlichen Gerbstoffen hergestelltes Leder hat eine sehr hohe Affinität zu basischen Farbstoffen, die sich vor allem in der Oberfläche fixieren, während anionische Farbstoffe langsamer aufziehen und daher besser durchfärben.

Mit Mineralsalzen, besonders Chromsalzen erzeugtes Leder hat dagegen eine gesteigerte Affinität zu anionischen (sogenannten sauren und substantiven) Farbstoffen, von denen manche schon in den Außenschichten fixiert werden. Die Affinität zu basischen Farbstoffen ist aber wesentlich abgeschwächt. Sämischleder, Formaldehydleder und mit Paraffinsulfochloriden gegerbte Leder können auch im Schwefelnatriumbad mit „Schwefelfarbstoffen" gefärbt werden. Im reduzierenden alkalischen Bad ziehen die nunmehr löslich gewordenen Umwandlungsprodukte auf das Leder. Durch Nachoxydation an der Luft oder in Sauerstoff enthaltenden Nachbehandlungsbädern wird das ursprüngliche Pigment wieder hergestellt und unlöslich einfixiert.

Bei allen Färbeverfahren mit Farbstoffen, die zum großen Teil für textile Bedürfnisse entwickelt wurden, ist zu berücksichtigen, daß Leder hohe Temperaturen nicht verträgt. In den letzten Jahrzehnten sind aber auch Farbstoffe und Färbetechniken für Leder allein entwickelt worden.

Das Färben der einzelnen Lederarten erfordert mit Rücksicht auf die Unterschiede im Material erhebliche Kenntnisse und Spezialarbeit.

Zur Führung der Färbevorgänge sind zahlreiche Hilfsmittel entwickelt worden, die teils den pH-Wert steuern, teils Löslichkeit und Affinität beeinflussen.

Trotz mancher Analogien zwischen den textilen Eiweiß- und den Kollagenfasern bestehen große Unterschiede zwischen beiden im Verhalten gegen wäßrige Lösungen, Ausbildung des isoelektrischen Bereiches bei verschiedenen Gerbverfahren und Affinitätsverhältnissen zu Farbstoffen. Es sind noch zahlreiche Probleme ungelöst.

In der Technik der Färberei wird nach dem Streich-, Spritz- und Tauchverfahren gearbeitet. Für pflanzlich gegerbtes Leder wird häufig von der Bürstung Gebrauch gemacht, wobei vor allem großflächige Stücke auf der Platte einseitig mit Farbaufstrich versehen werden. Die wirtschaftlichste Methode der Färberei st für Chromoberleder wie für lohgares Leder das Färben im Faß.

c) Deckfarbenzurichtung

Der Handelswert eines Leders wird entscheidend durch das Äußere beeinflußt. Durch den Auftrag dickerer, pigmentierter und deshalb deckender gefärbter Schichten lassen sich nicht nur Fehler verdecken, sondern spezifische Effekte erzeugen, z.B. Glanzerhöhung, Echtheitsverbesserungen, brillante Farbtöne.

Als Binde- und Glanzmittel dienen für wäßrige Zubereitungen Milch, Casein, Albumin, Leim und Gelatine, ferner Schellack, Harze und Schleimstoffe. Als Farbpigmente werden Erdfarben oder synthetische Pigmentfarbstoffe, als Füllmittel Weißpigmente, Ruß, Talkum u.a.m. verwendet.

Auch Celluloseäther, die wasserlöslich sind, dienen gelegentlich als Bindemittel und Pigmentträger.

Synthetische Hochpolymere haben in den letzten Jahrzehnten erheblich an Bedeutung gewonnen. Vielfach werden sie der Lederindustrie als „Binder" in Emulsionsform unter Zusatz anderer Wirkstoffe angeboten.

Wäßrige Caseinfarben fallen rasch dem Abbau durch Bakterien und Schimmelpilze anheim. Zu ihrer Konservierung dienen Phenol, Thymol, Chlorierungsprodukte des Phenols z.B. Trichlorphenol, Parachlormetakresol, Orthophenylphenolat und Butylphenol.

Der Gebrauch von Sublimat kann trotz der hohen Wirksamkeit wegen seiner Giftigkeit nicht empfohlen werden.

Für organisch lösliche Deckfarben stehen ebenfalls eine Anzahl Bindemittel, Weichmacher und Verschnittmittel nebst einer Anzahl organischer Lösungsmittel zur Verfügung.

Kollodiumwollen bestimmter Typen, Filmabfälle, Celluloseester und -äther kommen in einer Vielzahl organischer Lösungsmittel zur Anwendung. Als Weichmacher dienen Trikresyl-, Tributyl- und Trichloräthylphosphat neben Phthalsäure- und Fettsäureestern.

Der Mechanik der Zurichtung kommt neben dem systematischen Aufbau der Deckschicht eine große Bedeutung zu: Glanzstoßen, Bügeln, Matt- und Spezialzurichtungen. Auch das Kaschieren der Leder mit Folien und das Velourieren liefern neue Effekte.

Zu den wertvollsten Produkten der Lederindustrie ist das Lackleder zu zählen, das für elegantes Schuhwerk und Galanteriewaren verwendet wird. Ist bezüglich der Qualität der Leinöllack als Spitze zu betrachten, so sind doch auch Celluloseesterlacke aus technischen und wirtschaftlichen Gründen von Bedeutung. Auch Alkydharze, Melaminharze und Urethane werden von den Lackledersherstellern bereits mit Erfolg eingesetzt.

Bibliographie

Zu Teil A

BERGEN VON, W.: Wool Handbook. New York: Interscience Publishing (John Wiley and Sons) 1963.
Encyklopädie der technischen Chemie. 3. Aufl. 7. Bd., München-Berlin: Urban & Schwarzenberg, 1956.
EYER, H.: Hygiene der Bekleidung, in GÄRTNER-REPLOH: Lehrbuch der Hygiene. Stuttgart: Gustav Fischer.
FLÜGEL, J.C.: The psychology of clothes. London: The Hogarth Press Ltd. 1950.
HILL, R.: Fasern aus synthetischen Polymeren. Stuttgart: Berliner Union 1956.
KOCH-SATLOW: Großes Textillexikon. Stuttgart: Deutsche Verlagsanstalt 1966.
LEFAUX, R.: Chemie und Toxikologie der Kunststoffe. Mainz: Krausskopf 1966.
MORTON, W.E., u. J.W.S. HEARLE: Physical properties of textile fibres. Manchester: Butterworths 1962.
RATH, H.: Lehrbuch der Textilchemie. Berlin: Springer 1932.
SCHÄFFER, A.: Technologie der Färberei und Textilveredlung. Heidelberg: Melliand 1954.
SOMMER-WINKLER: Die Prüfung der Textilien. Berlin-Göttingen-Heidelberg: Springer 1960.
STAUDINGER, H.: Die hochmolekularen organischen Verbindungen. Berlin: Springer 1932.

Zu Teil B

GRASSMANN, W., u. J. TRUPKE: Handbuch der Gerbereichemie und Lederfabrikation. Wien: Springer 1961.
SAGOSCHEN, J.A.: Bibliographie der gerbereitechnischen und ledertechnischen Literatur. Wien: Springer 1960.

Zeitschriftenliteratur

Zu Teil A

CARRIÉ, C., u. S. KRAMER: Zur Wirkung von Textilien aus Chemiefasern auf die Hautoberfläche. Aesthet. Medizin **11**, 257—268 (1962).
EYER, H.: Bekleidungsphysiologische Untersuchungen an Perlongeweben. Zbl. Bakteriologie 551 (1956).
GAGLIARDI, D.D.: Antibacterial Finishes. Amer. Dyestuff Reporter **1962**, 31—40.
MCNEIL, E.: The role of bacteria in the development of perspiration odor on fabrics. Amer. Dyestuff Reporter **1963**, 87—90.
NÜSSLEIN, J.: Kleiderbrände: Ihre Entstehung — die Möglichkeiten ihrer Eindämmung. Chemiefasern **16**, 894 (1966).

Kosmetische Erzeugnisse

Von

Dr. H. NEUGEBAUER, Baden-Baden

I. Allgemeines

1. Definition der Kosmetik

In § 2, Absatz 2 definiert das deutsche Lebensmittelgesetz kosmetische Erzeugnisse als „Mittel zur Reinigung, Pflege, Färbung oder Verschönerung der Haut, des Haares, der Nägel oder der Mundhöhle". Das deutsche Arzneimittelgesetz spricht in § 1, Absatz 4 von „Stoffen und Zubereitungen aus Stoffen, die zur Reinigung, Pflege, Färbung oder Verschönerung der Haut, des Haares, der Nägel oder der Mundhöhle des Menschen oder der entsprechenden Teile des Tierkörpers dienen".

Die Definition des nordamerikanischen Federal Food, Drug, and Cosmetic Act von 1938 ist folgendermaßen formuliert:

„The term ‚cosmetic' means (1) articles intended to be rubbed, poured, sprinkled, or sprayed on, introduced into, or otherwise applied to the human body or any part thereof for cleansing, beautifying, promoting attractiveness, or altering the appearance, and (2) articles intended for use as a component of any such articles; except that such term shall not include soap."

Erwähnenswert ist schließlich ein Vorschlag zur Begriffsbestimmung kosmetischer Erzeugnisse, der sich auf Arbeiten des Comité de Liaison des Syndicats Européens de la Parfumerie stützt (vgl. G. CARRIÈRE, 1965):

„On désigne sous le nom de produits de toilette (produits cosmétiques ou produits de beauté) toute substance ou tout mélange de substances destiné à nettoyer, embellir ou protéger le corps humain, à le rendre plus attrayant, en modifier l'apparence, en corriger les imperfections esthétiques."

2. Wirtschaftliche Bedeutung der Kosmetik

Die Bedeutung der Kosmetik auf wirtschaftlichem Gebiet erhellt z.B. aus den Produktionszahlen für die deutsche Bundesrepublik. Die Gesamtproduktion an Körperpflegemitteln im Bundesgebiet ausschließlich (1964 einschließlich) West-Berlin betrug in 1000 DM nach den Angaben des Statistischen Bundesamtes (Verkaufspreise ab Werk incl. Verpackung, vermindert um gewährte Rabatte):

1952	224825	1959	555636
1953	260406	1960	635246
1954	285776	1961	741806
1955	327087	1962	863665
1956	382875	1963	916240
1957	434150	1964	1032102
1958	470452	1965	1257800

Der geschätzte Pro-Kopf-Verbrauch an Körperpflegemitteln zu Verbraucherpreisen war (C.-P. Basson, 1964):

1914	0,61 M	1955.	10,00 DM
1939	2,16 RM	1963.	28,00 DM
1949	3,00 DM	1966.	40,00 DM[1]

Basson schätzt die Welterzeugung von Körperpflegemitteln für 1962 auf 11—12 Milliarden DM, wobei gut die Hälfte davon auf die USA, zwei Drittel auf die vier Haupterzeugerländer USA, Frankreich, Deutsche Bundesrepublik und England entfielen. Inzwischen stieg die Produktion (und der Verkauf) weiterhin erheblich an. So schätzt die Toilets Goods Association der USA den Umsatz in diesem Lande für 1964 an Cosmetics, Parfums und anderen Körperpflegemitteln ausschließlich Seifen auf ca. 10 Milliarden DM (Verkaufspreise! vgl. Amer. Perf. 80, H. 5, S. 47, 1965).

3. Gesetzgebung

a) Körperpflegemittel allgemein

In der deutschen Gesetzgebung sind Körperpflegemittel als „Gebrauchsgegenstände“ dem Lebensmittelgesetz (Gesetz über den Verkehr mit Lebensmitteln und Bedarfsgegenständen) vom 5. VII. 1927 (RGBl. I, S. 134) in der Fassung der Bekanntmachung vom 17. I. 1936 (RGBl. I, S. 18), zuletzt geändert durch Gesetz vom 21. XII. 1958 (BGBl. I, S. 950), unterstellt. Es besagen:

§ 2: „Bedarfsgegenstände im Sinne dieses Gesetzes sind:

2. Mittel zur Reinigung, Pflege, Färbung oder Verschönerung der Haut, des Haares, der Nägel oder der Mundhöhle“.

§ 3: „Es ist verboten,

2a) Bedarfsgegenstände der in § 2 Nr. 1–4 bezeichneten Art so herzustellen oder zu verpacken, daß sie bei bestimmungsgemäßem oder vorauszusehendem Gebrauche die menschliche Gesundheit durch ihre Bestandteile oder Verunreinigungen zu schädigen geeignet sind;
b) so hergestellte oder verpackte Bedarfsgegenstände dieser Art anzubieten, zum Verkauf vorrätig zu halten, feilzuhalten, zu verkaufen oder sonst in den Verkehr zu bringen“.

Eine Abgrenzung der Körperpflegemittel von den Arzneimitteln erfolgt durch das Gesetz über den Verkehr mit Arzneimitteln (Arzneimittelgesetz vom 16. V. 1961 (BGBl. I, S. 533) in der Fassung vom 27. VII. 1961 (BGBl. I S. 1076):

§ 1.4: „Arzneimittel im Sinne dieses Gesetzes sind ferner nicht:

1. Stoffe und Zubereitungen von Stoffen, die zur Reinigung, Pflege, Färbung oder Verschönerung der Haut, des Haares, der Nägel oder der Mundhöhle des Menschen oder der entsprechenden Teile des Tierkörpers dienen,

2. Gegenstände zur Körperpflege, es sei denn, daß sie vom Hersteller oder demjenigen, der sie sonst in den Verkehr bringt, überwiegend dazu bestimmt sind, Krankheiten, Leiden, Körperschäden oder krankhafte Beschwerden zu lindern oder zu beseitigen“.

b) Farbstoffe

Ein Verbot der Verwendung bestimmter Farbstoffe ist niedergelegt im Gesetz, betreffend die Verwendung gesundheitsschädlicher Farben bei der Herstellung von Nahrungsmitteln, Genußmitteln und Gebrauchsgegenständen (Farbengesetz) vom 5. VII. 1887 (RGBl. S. 277) § 1, Absatz 2 und § 3 (Textzitat im Abschnitt „Färbemittel“, S. 49). Im übrigen sind alle für Lebensmittel zugelassenen Farbstoffe auch für kosmetische Erzeugnisse gestattet.

[1] Fette u. Seifen 69, S. 554 (1967).

Eine Aufzählung (Positivliste) weiterer für den Einsatz in kosmetischen Erzeugnissen „als vorläufig annehmbar" bezeichneter Pigmente und Farbstoffe („Färbemittel") ist enthalten in der (noch nicht gesetzlich verbindlichen) Mitteilung 3 der Deutschen Forschungsgemeinschaft (Vorläufige Liste der Färbemittel für Kosmetika) vom 21. XI. 1959 mit Änderungen und Ergänzungen nach dem Stand vom 1. IX. 1962. Auch hierzu sei wegen aller Einzelheiten auf den Abschnitt „Färbemittel" verwiesen.

c) Quecksilberpräzipitat

Gemäß Ministerialerlaß vom 15. XI. 1935 (Ministerialblatt für die Innere Verwaltung, Sp. 1409; RGBl. 1936, S. 2) sind Sommersprossensalben mit einem Gehalt bis zu 5% an weißem Quecksilberpräzipitat zum Verkauf außerhalb der Apotheken freigegeben.

d) Zinkstearat

Ministerialerlaß vom 13. II. 1933 (Ministerialblatt für die Innere Verwaltung Teil II, S. 6) betr. die Verwendung von Zinkstearat und Kupfer in gewissen Körperpflegemitteln.

e) Thioglykolsäure

Es bestehen Richtlinien bzw. „Beurteilungsgrundsätze" der zuständigen Behörden der einzelnen Bundesländer zur Verhütung von Gesundheitsschädigungen bei der Verwendung thioglykolhaltiger Kaltdauerwell-Präparate (Zusammensetzung, Verpackung, Kennzeichnung)[1].

f) Hormone

Zur Frage der Verwendung weiblicher Geschlechtshormone in Körperpflegemitteln haben die Bundesländer 1961 bzw. 1962 im Anschluß an die in ihrer Fortgeltung umstrittene Reichs-Polizeiverordnung über die Abgabebeschränkung für weibliche Geschlechtshormone und andere Arzneimittel vom 13. III. 1941 (RGBl. I, S. 136), zuletzt geändert durch Bundesgesetz vom 30. VI. 1952 (BGBl. I, S. 349) entsprechende Vorschriften erlassen. Danach sind die weibliche Geschlechtshormone enthaltenden kosmetischen Mittel zumeist ausdrücklich, z.T. mittelbar von der Verschreibungspflicht ausgenommen[2].

g) Methylalkohol

Seine Verwendung ist untersagt durch § 115 des Branntweinmonopolgesetzes vom 8. IV. 1922 in der Fassung des Änderungsgesetzes vom 20. VIII. 1953 (BGBl. I, S. 979).

h) Isopropylalkohol

Die Unbedenklichkeit der Verwendung von Isopropylalkohol in Körperpflegemitteln wird bestätigt durch a) die Stellungnahme des Reichsgesundheitsamtes vom 22. III. 1929 (RGBl. 1929, S. 549), b) den Beschluß des Ausschusses für pharmazeutische Fragen der Arbeitsgemeinschaft der für das Gesundheitswesen zuständigen Minister der Länder der Bundesrepublik vom Mai 1950.

---

[1] Vgl. hierzu die Anmerkung auf S. 566.
[2] Vgl. hierzu die Anmerkung auf S. 540 und S. 562.

i) Giftverordnungen

Schließlich sei auf die landesrechtlichen Vorschriften über den Verkehr mit Giften (Giftverordnungen) verwiesen.

k) Verbotsliste

In Vorbereitung befindet sich eine Verordnung bezüglich des völligen oder beschränkten Verbotes solcher Stoffe, die bei bestimmungsgemäßem oder vorauszusehendem Verbrauch die menschliche Gesundheit zu schädigen geeignet sind. Es wird damit voraussichtlich im großen und ganzen die von den Herstellern kosmetischer Erzeugnisse aus ihrer eigenen Sachkenntnis heraus bereits geübte Praxis fixiert. Anschließend an die Verordnung soll ein Gesetz über den Verkehr mit Körperpflegemitteln vorbereitet werden[1].

Literatur: G. KÄRBER (1962), R. PIETZKER (1964), J. B. WILKINSON und G. CARRIÈRE (1965).

4. Analyse und Beurteilung kosmetischer Erzeugnisse

Die schnellen Fortschritte der modernen Kosmetik werden mit bewirkt durch ein immer umfangreicher werdendes Angebot chemischer Verbindungen und Stoffgruppen, die den steigenden und auch neuen Ansprüchen genügen oder sie erst ermöglichen. Mit diesem steigenden Angebot wird aber auch die Zahl der für kosmetische Zwecke technisch an sich geeigneten, gesundheitlich jedoch bedenklichen Stoffe immer größer, die von verantwortungsbewußten Herstellern bereits weitgehend von der Verwendung ausgeschlossen und in Gesetzen und Verordnungen als unerwünscht bezeichnet und verboten werden bzw. werden sollen. Im Augenblick (1965) ist auf diesem Gebiet alles in Fluß. In der Bundesrepublik wie in anderen Staaten sind neue Verordnungen und Gesetze in Vorbereitung, bereits in Geltung befindliche Bestimmungen werden überprüft.

Angesichts dieser Situation sowie bei der außerordentlichen Mannigfaltigkeit und der steten Weiterentwicklung hinsichtlich der Art und Zusammensetzung kosmetischer Erzeugnisse muß von der Beschreibung einzelner Bestimmungsmethoden abgesehen werden. Dafür soll eine Zusammenstellung aller erreichbaren einschlägigen Arbeiten (vgl. S. 51—57ff. „Analyse kosmetischer Zubereitungen") einen schnellen Überblick und Hinweise für das im einzelnen zweckmäßigste Verfahren geben. Bei der raschen Weiterentwicklung der Kosmetik und der damit anfallenden Probleme sowie bei der schwierigen Grenzziehung zu verwandten Gebieten, wobei Überschneidungen unvermeidbar sind, wurde der Kreis der berücksichtigten Arbeiten (wie gleichfalls im allgemeinen Literaturverzeichnis) nicht zu eng gefaßt.

Neben der Kontrolle auf gesundheitlich bedenkliche bzw. verbotene Inhaltsstoffe wird in gegebenen Fällen eine Gesamtbeurteilung des zur Untersuchung vorliegenden Erzeugnisses erwünscht sein. Auch hierfür finden sich im Text der Beschreibung der einzelnen Erzeugnisgruppen entsprechende Hinweise. Die Aufzählung der in dem jeweiligen Präparat hauptsächlich zu erwartenden (in einzelnen Fällen auch einiger an sich unerwünschter, bzw. gesundheitlich bedenklicher oder heute obsoleter) Bestandteile soll die Untersuchung erleichtern. Die Nennung im

[1] Entsprechende einheitliche Bestimmungen sind für die dem Gemeinsamen Markt (EWG) angehörenden Staaten in Vorbereitung. Dies gilt auch für die Färbemittel. — Auf die Gesetzgebung in anderen Staaten konnte hier im einzelnen nicht eingegangen werden. Wegen Haarspray vgl. S. 565.

Text bedeutet also nicht durchweg Unbedenklichkeit (vgl. z.B. die Erwähnung des umstrittenen, in der Bundesrepubilk z. Z. verbotenen, aber z.B.im Entwurf selbst des neuen holländischen Kosmetikgesetzes vom 5. VII. 1963 unter bestimmten Reinheitsbedingungen zugelassenen p-Phenylendiamin bei den Haarfarben).

Veröffentlichungen über die Testung auf Hautverträglichkeit und Sensibilisierung wurden in das allgemeine Literaturverzeichnis (Erzeugnisse, Grundstoffe, spezielle Bestandteile, allgemeine Fragen: S. 50ff., S. 52–57) aufgenommen. Da jedes neue kosmetische Erzeugnis, bevor es auf den Markt kommt, üblicherweise u.a. in dieser Hinsicht geprüft wird und entsprechende Methoden auch zur Ermittlung der gesundheitlichen Unbedenklichkeit von Ausgangsstoffen (z.B. Färbemitteln) verwandt werden, erscheint die Zitierung solcher Arbeiten hier ebenfalls angezeigt (Ass. F. D. Offic., 1959, R. Dohr.-Lux u. G. Lietz, 1965, H. Druckrey, 1962, H. C. Friederich und P. H. Witjens, 1958, L. J. Gerende, 1965, L. Golberg, 1964, R. L. Goldemberg, 1963, T. Haller, 1963, G. Hopf, 1965, O. Jacobi, 1962, O. L. Kline, 1963, J. Levenstein, 1964, R. Lux und G. Lietz, 1965, E. J. Moynahan, 1959, H. L. Rubenkoenig, 1963, A. Rostenberg, 1961, B. B. Schmidt, 1961, G. F. Somers, 1964, H. Tronnier, 1965a, H. Tronnier, 1965b, H. Tronnier, 1966).

II. Erzeugnisse zum Schutz und zur Pflege von Gesicht, Hand und Körper

1. Reinigungscremes

a) Funktionen und Eigenschaften

Die Funktion dieser Erzeugnisse besteht in der bequemen, gründlichen und schonenden Reinigung der Haut von Gesicht und Hals, der porentiefen Entfernung von Schmutz und Staub, von Gesichtspuder, Rouge, Pudergrundlagen, pigmenthaltigem Make up und Lippenstift, sowie von allen Hautstoffwechsel-Produkten, wie Schweiß, Hauttalg, Abfallprodukten der Zellproteine und der abgestorbenen Hornzellen. Gemäß ihrer Zusammensetzung aus indifferenten, reizlosen Grundstoffen mit fettlösenden und schmutzteilchensuspendierenden Eigenschaften reinigen diese Erzeugnisse bei zweckmäßiger Formulierung oft schonender und gründlicher als Seife. Sie werden auch dann gut vertragen, wenn Überempfindlichkeit gegen diese besteht.

Beim Auftragen, evtl. unter leichtem Reiben, muß sich das Präparat leicht und gleichmäßig auf der Gesichtshaut verteilen lassen. Die Creme muß also auf der Haut so leicht schmelzen bzw. sich verflüssigen, daß dieser Effekt vollständig und zuverlässig erreicht wird.

Reinigungscremes werden in verschiedenen Zubereitungsformen hergestellt. Man unterscheidet im allgemeinen: Schmelzcremes (*liquefying creams*), Borax-Bienenwachs-Cremes (*Coldcremes*) und andere Emulsionen einschließlich der Milche.

b) Schmelzcremes

Bei diesen Präparaten handelt es sich um reine thixotrope Fettgemische, die sich beim Reiben auf der Haut leicht verflüssigen lassen. Sie werden durch die im folgenden beschriebenen Emulsionstypen allmählich verdrängt, finden aber immer noch Verwendung, auch als Abschminkcremes.

Wesentliche Bestandteile der Schmelzcremes sind vor allem Paraffinöl und Paraffin, denen zur Verhinderung der teilweisen Entmischung beim Lagern

(Ausschwitzen von Öl) Vaseline, Ozokerit, Ceresin und Walrat zugegeben werden. Weitere Zusätze (Cetylalkohol, Stearylalkohol, Glycerinmonostearat, Stearinsäuremonoäthanolamid) dienen z.T. zur Stabilisierung gegen Wärmeschwankungen, indem sie der mit steigender Temperatur zunehmenden Löslichkeit der oben genannten Wachse und der damit verbundenen Viscositätsabnahme entgegenwirken, teils zur Verbesserung der kosmetischen Eigenschaften. Der Hautpflege dient auch der Zusatz von Lanolin und Lanolinderivaten, von pflanzlichen Ölen, von zugleich Fett und Schmutz lösenden Fettsäureestern wie Isopropylmyristat, Butyloleat, Butylstearat und Oleyloleat. Um das Aussehen zu verbessern, werden z.T. Titandioxid, Zinkoxid, Zinkstearat oder Magnesiumstearat zugefügt, gelegentlich auch ein Emulgator zur Erleichterung des Abwaschens vom Gesicht nach der Anwendung.

Die Parfümierung dieser wasserfreien Fettgemische muß besonders überlegt geschehen, da Riechstoffe in ihnen leichter hautreizend wirken können als in wasserhaltigen Emulsionen.

c) Bienenwachs-Borax-Emulsionen (Coldcremes)

Bei richtiger Formulierung, bei der das Verhältnis zwischen Öl- und Wasserphase ziemlich weitgehend variieren kann, zeichnet sich der Coldcremetyp durch gutes Reinigungsvermögen, leichtes Auftragen und Verteilen auf der Gesichtshaut und gutes Aussehen aus. Die Bestandteile der Grundformel: Mineralöl, Bienenwachs, Borax, Wasser (z.B. im Verhältnis 50 : 16 : 1 : 33, DE NAVARRE, 1941) werden durch die gleichen Stoffe ergänzt, wie die Schmelzcremes (vgl. unter b) mit zum Teil den gleichen Funktionen. Ihre guten schmutzlösenden Eigenschaften werden durch Einführung nichtionogener, oberflächenaktiver Stoffe (Sorbitanester und ihre Oxyäthylenaddukte) in die Formel noch verbessert. Die Kombination des altbewährten Cremetyps mit modernen Emulgatoren, die das Schmutzlösevermögen erhöhen, durch ihre Netzwirkung das Eindringen in die Hautporen verbessern und das Wiederabwaschen der Creme erleichtern, stellt bereits den Übergang zu den in Abschnitt d beschriebenen modernen Emulsionen dar.

d) O/W- bzw. W/O-Emulsionen

Angesichts der Vielzahl der dem Kosmetik-Chemiker heute zur Verfügung stehenden, jeden gewünschten Effekt und jeden Verbraucherwunsch ermöglichenden Emulgatoren umfassen diese Präparate O/W- und W/O-Systeme jeder Konsistenz von festen Cremes bis zu sehr weichen, schwer oder leicht fließenden Emulsionen, wie sie unter verschiedenen Namen wie Reinigungsmilch oder Cleansing Lotion heute weit verbreitet sind. Auch hier wird die Reinigungswirkung vor allem durch den hohen Gehalt an Mineralölen (30–70%) und anderen fett- und schmutzlösenden Verbindungen (z.B. Isopropylester) bedingt.

An Emulgatoren werden, je nach der Art des Erzeugnisses, verwendet: Natrium- und Kaliumstearat, Triäthanolaminstearat, Triäthanolaminoleat, Isopropanolaminstearat, Natriumlaurylsulfat, Triäthanolaminlaurylsulfat, Natriumstearylsulfat, Natriumcetylsulfat, Diglykollaurat, Diglykolstearat, Polyäthylenglykolstearat, Glycerinmonostearat, Diäthylenglykolmonostearat sowie Sorbitanester und ihre Äthylenoxidaddukte usw.

Die kosmetischen, hautpflegend wirkenden Zusätze entsprechen den unter b und c genannten, zu denen jedoch bei diesen in ihrer Zusammensetzung sehr variierenden Erzeugnissen noch weitere hinzukommen, z.B. Stearinsäure, Kakaobutter, Carnaubawachs, Glycerin, Äthylenglykol, Propylenglykol, Sorbit, Diäthylenglykolmonoäthyläther, Lösungsvermittler, wie oxäthylierte Sorbitanester,

Schleimstoffe und andere verdickende und körpergebende Verbindungen (Alginate, Tylose, Carboxyvinylpolymerisate usw.) sowie bakteriostatisch und konservierend wirkende Substanzen (Dichlorophen, Hexachlorophen, Thiobisdichlorphenol, p-Hydroxybenzoesäureester usw.).

2. Stearatcremes (Tagescremes und Grundlagencremes)

a) Funktionen und Eigenschaften

Diese auch unter dem Namen *Vanishing Creams* bekannten Erzeugnisse dienen zur Erzielung eines verschönernden Matteffektes auf der Gesichtshaut, daneben zu ihrem Schutz gegen Witterungseinflüsse und Staub sowie als Puderunterlage. In der Funktion wie in der Zusammensetzung bestehen fließende Übergänge zwischen den (unmodern werdenden) mehr der kosmetischen Gesichtsverschönerung dienenden Erzeugnissen und den vorzüglich auf ein gutes Haftvermögen für Puder oder Make up eingestellten Präparaten. Diese sogenannten Grundlagencremes wiederum gehen in ihren Formulierungen ohne scharfe Grenze in das Gebiet der Pudercremes und Make up über (vgl. dort), die in verschiedenen ihrer Vertreter die Funktionen von Grundlagencremes (Puderbase, *Foundation Cream*) und *Make up* in einem Erzeugnis vereinen.

Von einer Creme dieser Typs wird verlangt:

Gutes Aussehen und geeignete Konsistenz, die stark variieren kann, aber in jedem Fall eine leichte und gleichmäßige Verteilung eines richtig dosierten Films auf der Gesichtshaut gewährleisten muß.

Mattierender, nicht klebender, die Hautatmung nicht behindernder und die Haut nicht irritierender Film von guter kosmetischer und hautpflegender Wirkung.

Reizlose Parfümierung.

Gutes Puderhaftvermögen. Vor allem die Grundlagencremes sollen das Haften des Puders auf der Gesichtshaut verbessern und egalisieren sowie das Eindringen der Puderpartikel in die Haut verhindern.

b) Zusammensetzung

Diese Stearatcremes enthalten einen Überschuß an freien Fettsäuren (zumeist Stearin, also ein Gemisch von Stearinsäure, Palmitinsäure und Spuren von Ölsäure – Jodzahl des Stearins maximal = 4) in einem Medium geeigneter Konsistenz. Gelegentlich, vor allem in Grundlagencremes, wird Stearinsäure durch ihre Monoglyceride oder durch Glykolester ersetzt. Der Gehalt der Erzeugnisse an Gesamtfettsäuren schwankt normalerweise zwischen 10 und 40%.

Die Konsistenz der Erzeugnisse wird nicht nur durch Art und Menge der in der jeweiligen Formel verwendeten Emulgatoren und Hilfsstoffe bedingt, sondern auch – wie ebenfalls bei anderen Emulsionen – durch die Art des Vorgehens und die Wahl der Bedingungen in den einzelnen Phasen der Herstellung.

Die ursprünglich für diese Erzeugnisse verwandten, auch heute noch viel gebrauchten Emulgatoren sind die Salze der Stearinsäure (Natrium-, Kalium-, Triäthanolamin-, Triisopropanolaminverbindungen usw.). Mit oder neben ihnen finden heute vielfach Verwendung Alkylsulfate (Natriumlaurylsulfat, Natriumstearylsulfat, Natriumcetylsulfat), Aminoglykole (z.B. Aminomethylpropandiol) und Nichtionogene. Die letztgenannten zeichnen sich durch besonders gute Hautverträglichkeit, gutes Stabilisierungsvermögen und andere günstige Effekte aus (z.B. Sorbitanmonopalmitat, Sorbitanmonostearat, Sorbitansesquioleat und ihre Oxyäthylenaddukte). Sie werden im Gemisch mit anderen Emulgatoren oder allein für sich verwandt, was erlaubt, durch Zusatz schwacher Säuren den pH-Wert der Creme noch mehr nach dem sauren Gebiet zu verschieben.

Die als Hilfsemulgatoren dienenden Glycerin- und Glykolester (die Stearinsäureester ersetzen gelegentlich, vor allem in Grundlagencremes, teilweise oder völlig Stearin) wirken emulsionsstabilisierend, feuchthaltend und hautpflegend. Hierher gehören Glycerinmonostearat, Glycerinmonolaurat, Diäthylenglykolmonolaurat, Diäthylenglykolmonomyristat, Diäthylenglykolmonostearat, Diäthylenglykoldilaurat, Diäthylenglykoldistearat, Propylenglykolmonostearat.

Regelmäßig finden sich in diesen Cremes ferner die unentbehrlichen, einem Eintrocknen der wasserreichen Erzeugnisse entgegenwirkenden hygroskopischen Feuchthalter: Glycerin, Äthylenglykol, Diäthylenglykol, Propylenglykol und Sorbit. Sie geben zugleich, wie die eben genannten Glycerin- und Glykolester, der Creme eine erhöhte Geschmeidigkeit und bewirken ein gutes Hautgefühl. Sie werden zu diesem Zweck, z.T. das Wasser ersetzend, in höheren Konzentrationen (10–20%, z.B. Sorbit) verwendet.

Zur weiteren Abrundung und Verbesserung der Wirkung der Erzeugnisse werden u.a. Verbindungen eingesetzt wie Lanolin und Lanolinderivate, die dem Hautfilm, in kleinen Mengen zugefügt, eine glatte, seidenweiche Konsistenz geben und zugleich die hautpflegenden Eigenschaften verbessern. Den gleichen Effekt bewirken Fettalkohole wie Cetylalkohol, Myristylalkohol und Stearylalkohol sowie Fettsäureester. Ferner sind hier die mittelständig methylverzweigten höheren Fettsäuren zu nennen, z.B. 8-Methylstearinsäure und 10-Methylstearinsäure, die ebenso wie die entsprechenden Fettalkohole und Ester (Monocarbonsäureester wie z.B. das Triglycerid der 4-Methyllaurinsäure und Dicarbonsäureester) mit einer oder zwei mittelständigen methylierten Komponenten bei gleichem Schutzeffekt wie andere Verbindungen die Hautatmung (Wasserabgabe durch die Haut) nicht behindern (G. Weitzel und A.-M. Fretzdorff, 1961).

Ebenfalls zur Verbesserung der kosmetischen Eigenschaften werden eingesetzt Polyäthylenglykole, ihre Ester und weiterhin Verbindungen wie Bienenwachs, Lecithin oder zur ausgesprochenen Hautpflege bestimmte Pflanzenauszüge, ferner Aluminiumverbindungen (als Silikat oder Hydroxid), Aerosil, Zinkoxid und Titandioxid. Zur Erhöhung des Haftvermögens und des Hautschutzes dienen Zusätze von Mineralöl, Vaseline, Ceresin, Walrat in kleinen Mengen (in größeren sind unerwünschte Effekte zwangsläufig), ebenso vegetabile Öle wie Mandelöl und Olivenöl.

Erhöht man in einem solchen Erzeugnis den Pigmentgehalt bzw. setzt zusätzlich Farbpigmente ein, dann gelangt man in das Gebiet der Pudercremes und Make-up-Präparate, steigert man den Gehalt an hautpflegenden Zusätzen, dann entstehen Allzweckcremes und Gesichtspflegecremes, die von Personen mit trockener Haut auch als Grundlagencremes verwendet werden.

3. Gesichtspflegecremes

a) Funktionen und Eigenschaften

Diese Erzeugnisse umschließen einen weiten Bereich kosmetischer Präparate die in der angelsächsischen Literatur unter dem Begriff *emollient creams* zusammengefaßt werden. Zu den Gesichtspflegecremes zählen auch Produkte, die unter den Namen Nachtcreme, Nährcreme, Fettcreme usw. laufen. Auch die Allzweckcremes, die bei entsprechender Formulierung die Funktionen einer Reinigungscreme, einer Gesichtspflegecreme und einer Grundlagencreme in einem einzigen Erzeugnis zu erfüllen bestimmt sind, können hier eingeordnet werden.

Im Gegensatz zu den im letzten Abschnitt besprochenen Stearatcremes (Tages- und Grundlagencremes), mit denen in erster Linie ein bestimmter kosmetischer Effekt erstrebt wird (Matteffekt, Puderunterlage), dienen die Gesichtspflegecremes der erhaltenden Pflege der intakten Haut sowie der bestmöglichen Wiederherstellung des normalen, gesunden Zustandes angegriffener, alternder und besonders trockener, daher rauher, spröder, wenig geschmeidiger und welker Haut besonders von Gesicht und Hals.

Trockene Haut kann entstehen durch Wasserverlust infolge zu starker Verdunstung aus dem stratum corneum und (oder) ungenügendem Wassernachschub aus den tieferen Hautschichten. Der normalerweise verhältnismäßig hohe Fettgehalt der Gesichtspflegecremes dient daher in der Regel nur bedingt der direkten Geschmeidigmachung trockener und spröder Haut bzw. dem Ersatz des – etwa beim Waschen – entfernten hauteigenen schützenden Fettfilms. Daneben aber soll der Auftrag einer nur beschränkt wasserdurchlässigen Fettschicht die Verdunstung aus der Hornschicht hemmen und so eine Wiederanreicherung der Hautfeuchtigkeit, die Normalisierung des Hautturgors und damit die Wiederherstellung der natürlichen Glätte, Geschmeidigkeit und Elastizität ermöglichen. Zugleich versucht man, durch den Einsatz hygroskopischer Substanzen (Polyole) oder spezieller Verbindungen (*Natural Moisturizing Factor*, vgl. z.B. O. Jacobi, 1965) den beschriebenen Vorgang sowie die Regulierung des Wassergleichgewichtes in der Haut zu unterstützen.

Im einzelnen soll eine Gesichtspflegecreme

leicht auf der Gesichtshaut zu einem zusammenhängenden, gleichmäßig abdeckenden und gut in die Hautoberfläche einziehenden, nicht zu zähen und nicht zu fetten, gut hautverträglichem Film verteilbar sein;

gesunde Haut schützen, verschönen und vorbeugend pflegen, die Beschaffenheit geschädigter bzw. alternder Haut verbessern, ein evtl. Gefühl der Trockenheit möglichst schnell beseitigen, die Wasserverdunstung aus der Haut regulieren und diese wieder weicher und elastischer, glatter und schmiegsamer machen.

b) Zusammensetzung

Gesichtspflegecremes sind sehr verschieden in ihrer Zusammensetzung (auch im Gehalt an Gesamtfett und Wasser) wie auch in ihrem Emulsionstyp (O/W-, W/O- und Mischemulsionen), je nachdem, auf welche Eigenschaften und Funktionen der Schwerpunkt bei der Formulierung gelegt wird (Feuchthaltung, Hautpflege, „Ernährung" der Haut, ästhetischer Effekt, Allzweck usw.) bzw., für welchen Hauttyp das Erzeugnis im besonderen bestimmt ist. Dementsprechend ist die Zahl der möglichen Inhaltsstoffe groß. Dies gilt vor allem auch für die Emulgatoren. Es werden verwendet die Stearate von Natrium, Kalium, Triäthanolamin, Isopropanolamin, Aminoglykolen, ferner Bienenwachs-Borax, Cholesterin, Wollwachsalkohole, Glycerinmonostearat, Glycerinmonomyristat, Glycerinmonoricinoleat, Triäthanolaminricinoleat, Alkylsulfate, Alkylarylsulfonate, einfache und oxäthylierte Sorbitanester und ihre Lanolin- und Bienenwachsderivate usw., teilweise auch kationaktive Verbindungen, wie Alkylbenzalkoniumchlorid, Cetyltrimethylammoniumsalze oder Pyridiniumverbindungen (z.B. Cetylpyridiniumchlorid). Viele der Emulgatoren haben gleichzeitig pflegende Eigenschaften und beeinflussen oft entscheidend die Qualität des gebildeten Hautfilms.

An sonstigen Inhaltsstoffen spielen vor allem in angelsächsischen Formulierungen die Mineralöle usw. eine wichtige Rolle wie Paraffinöl, Paraffin, Vaseline, Ceresin, Ozokerit, ferner die wasserabweisenden, doch die Verdunstung von der Haut nicht völlig verhindernden Siliconöle. Besonders gute „emollients" sind die Fettalkohole (Lauryl-, Myristyl-, Stearyl-, Cetyl-, Oleylalkohol), ihre Polyäthylenglykoläther sowie die Fettsäuren und ihre Ester: Stearinsäure, Ölsäure, vor allem aber die Alkylester von Myristinsäure, Palmitinsäure, Stearinsäure, Ölsäure, Linolsäure und Adipinsäure. Ferner gehören hierher Glycerinmonostearat, Glycerinmonoricinoleat, Diäthylenglykolmonostearat sowie andere Mono- und Difettsäureester von Äthylenglykol, Diäthylenglykol und Propylenglykol, Polyäthylenglykolester von Fettsäuren, Mono- und Diester mehrwertiger Säuren, (Cetylsebacinat usw.), Saccharoseester, Polyglycerinester, Acetoglyceride usw.

Besonders häufig in Gesichtspflegecremes verwendete, ausgesprochen hautpflegend wirkende Verbindungen sind Lanolin, Lanolinderivate, Cholesterin, Bienenwachs, Walrat, Carnaubawachs sowie Phospholipide (Lecithin, Cephalin).

An Fetten und fetten Ölen finden sich in Gesichtspflegecremes Mandelöl, Olivenöl, Sonnenblumenöl, Sesamöl, Ricinusöl, Baumwollsamenöl, Schildkrötenöl, Avocadoöl, Keimöl, hydrierte Öle, Kakaobutter u.a.

Einen wesentlichen Einfluß auf Viscosität und Stabilität der Emulsionen üben die Polyole (Glycerin, Propylenglykol, Polyäthylenglykole, Sorbit, oxäthyliertes Sorbit usw.) neben ihrer z.T. auch das Wassergleichgewicht regulierenden Funktion aus. Neben ihnen wirken, vor allem in flüssigen Emulsionen (s.u.), in ähnlicher Richtung viscositätserhöhende Verbindungen wie Traganth, Karaya, Alginate, Carragheenate, Methylcellulose, Natriumcarboxymethylcellulose, Polyacrylate, Polyvinylalkohol, Polyvinylpyrrolidon, Polyvinylpolymerisate. Als anorganische „Verdicker" werden Magnesiumsilikate, Magnesiumaluminiumsilikate und hochdisperse Kieselsäure verwandt. Genannt seien in diesem Zusammenhang noch Zinkstearat, Zinkoxid und Titandioxid.

Naheliegend ist bei diesen vor allem auch der bestmöglichen Pflege alternder und alter Haut dienenden Erzeugnissen der Zusatz von ihre Wirkung unterstützenden Substanzen. Hier seien beispielsweise genannt: Harnstoff, Allantoin, essentielle Fettsäuren, öllösliche Vitamine, oestrogene und gestagene Hormone (M. Jänner, 1965, M. Martin-Smith, 1963, A. Scherm, 1965, R. Sterba u. Mitarb., 1962, G.T. Walker, 1961) in unterschwelliger, nebenwirkungsfreier Dosierung[1] (E.G. Klarmann, 1949, A.J. Lehmann, 1959) bzw. verwandte, angeblich nebenwirkungsfreie Verbindungen (J. Silson, 1962) sowie pflanzliche Zubereitungen aus Hamamelis, Arnica, Kamille (Azulen)usw.

Neben dem Konservierungsmittel wird häufig auch ein Antioxydans zugefügt.

Nach Lage der Dinge variiert die Formulierung von Gesichtspflegecremes in weiten Grenzen.

Zur Analyse kosmetischer Cremes sei auf das Literaturverzeichnis verwiesen, insbesondere auf S.H. Newburger (1962, S. 11–27).

4. Gesichtspflegemilche

a) Funktionen und Eigenschaften

Bei entsprechender Formulierung der Gesichtspflegecremes entstehen fließende Emulsionen (*emollient lotions*), die auch für den Gebrauch tagsüber zur Reinigung und Pflege, zum Hautschutz und als Grundlagencreme häufig bevorzugt werden. Hierbei wird oft, nicht immer, ein leichterer, weniger fetthaltiger Hautfilm gewünscht. Die leicht- bis schwerflüssige Konsistenz ist nicht immer durch einen höheren Wassergehalt bedingt. Zumindest in den W/O-Emulsionen wird das Ziel gewöhnlich durch eine entsprechende Formulierung des Fettanteils bei gleichbleibendem Wassergehalt erreicht.

[1] Bei Oestrogenen wird ein maximaler Gehalt von ca. 360 J. E./g empfohlen (E. G. Klarmann 1949, Eurotox-Konferenz 1961, vgl. H. Druckrey 1962, A. Scherm 1966), bei Gestagenen ein solcher von 0,02%, berechnet als Progesteron. Über androgene Hormone vgl. S. 32.

Man verlangt von diesen Emulsionen, daß sie nicht fett wirken, trotzdem aber gut pflegen, dazu „Körper" haben, sich nicht „leer" anfühlen, ein angenehmes weiches, cremiges Gefüge besitzen und gut in die Hautoberfläche einziehen. Beim Lagern und bei Temperaturwechsel soll die Viscosität möglichst unverändert bleiben.

b) Zusammensetzung

Die Zusammensetzung ist grundsätzlich die gleiche wie bei den Gesichtspflegecremes festerer Konsistenz. Abgesehen von den Emulgatoren liegt bei ihrer Formulierung der Schwerpunkt auf Mineralölen und pflanzlichen Ölen, den Alkylfettsäureestern, Phospholipiden, Lanolin und Lanolinderivaten. Als Verdicker und Emulsionsstabilisatoren finden Verwendung Bienenwachs, Walrat, Mineralwachse, Fettalkohole, die Monostearate von Glycerin, Äthylenglykol usw. und Polyäthylenglykoldiester, Polyole sowie natürliche und synthetische Schleimstoffe.

5. Gesichtswässer

Von einem guten Gesichtswasser wird verlangt:

Erfrischende, stimulierende, kühlende, straffende und pflegende Wirkung.

Leichte Entfernung von Verunreinigungen (eingetrockneter Schweiß, Make up- und Cremereste, Schmutz) von der Gesichtshaut.

Leicht antiseptischer Effekt, damit Vorbeugung gegen Hautunreinheiten.

Reizlosigkeit und angenehme Parfümierung.

Die Zusammensetzung der Präparate ähnelt der der Rasierwässer unter Berücksichtigung ihrer besonderen Aufgaben für die Frau. Es wird vor allem auf Reizlosigkeit, pflegende und reinigende Wirkung Wert gelegt.

Der Alkoholgehalt (Äthanol, zuweilen auch Isopropanol) schwankt normalerweise zwischen 20% und 40%. Zum Teil ist er noch niedriger, um jede Reizung der Gesichtshaut zu vermeiden; andere Frauen bevorzugen Konzentrationen bis 50%. Der niedrige Alkoholgehalt bedingt z.T. den Einsatz von Lösungsvermittlern, wie z.B. Polyoxyäthylensorbitanmonolaurat, um alle Komponenten vor allem auch solche der Parfümierung in Lösung zu halten.

An üblicherweise in Gesichtswässern zu findenden Bestandteilen seien genannt:

Erfrischende, die Parfümierung unterstützende, tonisierende und pflegende Komponenten: Menthol, Kampfer, Citral, pflanzliche Auszüge und Destillate von Kamille, Salbei, Melisse, Hamamelis, Orangenblüten, Rose, Lavendelblüten, Ylang-Ylang, Fruchtsäfte, Gurkensaft usw.

Adstringierende Stoffe: Aluminium- und Zinkverbindungen.

Säuren: Citronensäure, Milchsäure, Benzoesäure.

Bacteriostatica: Hexachlorophen, Oxychinolinsulfat, p-Hydroxybenzoesäureester, Borsäure, Zinksulfocarbolat, Zinkphenolsulfat, quaternäre Ammoniumverbindungen.

Oberflächenaktive netzende und reinigende Verbindungen: Polyoxyäthylensorbitanester, Polyoxyäthylenpropylenglykolester, Alkylsulfate usw.

Feuchthalter (zum Geschmeidigmachen der Haut): Glycerin, Propylenglykol, Äthylenglykol, Sorbit.

6. Gesichtsmasken

Die Gesichtsmaske soll die Gesichtshaut porentief reinigen, straffen, stimulieren, ihre Durchblutung fördern sowie ein Gefühl von Frische und Wohlbefinden verleihen. Die Masse soll hautverträglich, weich, geruchlos und unfühlbar fein sein, schnell trocknen und sich nach der Anwendung leicht wieder entfernen lassen.

In der Zusammensetzung weichen die einzelnen Präparate sehr stark voneinander ab. Teils ruht das Schwergewicht der Formulierung auf einem hohen Gehalt an Kaolin, Bentonit, Heilerde, Bolus alba o.a. als Filmformern, teils auf der Anwesenheit von Gelbildnern und

Schleimstoffen, wie Traganth, Gelatine, Casein, Stärke, Karaya, Alginaten, Carboxymethylcellulose, Polyvinylalkohol, Polyvinylpyrrolidon usw. Neben feuchthaltenden und hautpflegenden Zusätzen wie Glycerin, Sorbit, Propylenglykol, Isopropylmyristat und Cetylalkohol finden sich auch solche wie Menthol, Kampfer, Melisse, Salbei, Hamameliswasser, Orangenblütenwasser usw.

7. Lichtschutzmittel

a) Funktion der Lichtschutzmittel

Die UV-Strahlung auf der Erdoberfläche umfaßt die Wellenlängen von 285 mμ (= nm) bis 400 mμ. Man unterscheidet den UVA-Bereich (315 mμ bis 400 mμ) mit stark bräunender, jedoch nicht merkbar irritierender Wirkung auf die Haut und den UVB-Bereich (285–315 mμ, mit einem Maximum bei 297 mμ), dessen Strahlung bei genügend langer Einwirkung unter normalen Bedingungen ein Erythem (Sonnenbrand) hervorrufen kann (und zugleich die Haut auch pigmentiert). Das Intensitätsverhältnis von UVA und UVB in der Sonnenstrahlung ist stark zugunsten von UVA verschoben (je nach Sonnenstand 1500 A : 1 B bis 100 A : 1 B).

Für kosmetische Zwecke bestimmte Lichtschutzmittel sollen auch bei intensiver Sonnenbestrahlung selbst bei empfindlichen Personen durch selektive Absorption (evtl. auch Reflektion) jede stärkere Erythembildung verhüten, ohne jedoch dabei die vom Verbraucher gewünschte Hautbräunung auszuschalten oder diesen Effekt auch nur merklich zu mindern. Sie müssen also in der Lage sein, die Erythemstrahlung (UVB) soweit herauszufiltern, daß nur noch eine mehr oder weniger unterschwellige Restmenge auf die Haut gelangt, andererseits aber die hautbräunenden Strahlen des UVA-Bereiches ungehindert passieren können bzw. so wenig wie möglich geschwächt werden („auf der einen Seite möglichst sicherer Schutz vor einem stärkeren Sonnenbrand, auf der anderen Seite möglichst keine vollständige Aufhebung der in geringer Menge durchaus erwünschten UVB-Wirkung" H. IPPEN, 1957). Zu diesem Zweck enthalten die kosmetischen Lichtschutzmittel entsprechend wirkende, chromophore Gruppen tragende Verbindungen.

b) Bewertung der Lichtschutzsubstanzen

Sowohl für die Auswahl geeigneter Lichtschutzsubstanzen wie für ihre Beurteilung und gegebenenfalls identifizierende Bestimmung im fertigen Präparat ist die physikalische Prüfung (mit UV-Spektrophotometer) die zweckmäßige Methode. Jede Bewertung aber von Fertigpräparaten erfordert neben der grundsätzlichen physikalischen (optische Eignung) eine biologische (spezielle Eignung) und schließlich eine Gebrauchswertprüfung in der Praxis (H. IPPEN, 1957, H. TRONNIER, 1956).

Photometrisch wird gewöhnlich der Durchlässigkeitsgrad D, seltener die Extinktion $E = -\log D = c \cdot d \cdot \varepsilon$ gemessen (c = Konzentration des absorbierenden Stoffes, d = Schichtdicke, ε = Stoffkonstante der Lichtschutzsubstanz). Die Extinktionskurven gestatten, worauf L. W. MASCH (1956) besonders hinweist, gerade in dem hier wesentlichen Wellenlängenbereich geringer D-Werte eine genauere Bestimmung; die logarithmierten E-Werte schließlich ergeben nur noch von c und d abhängige Kurven, die man durch Parallelverschiebung unabhängig von c und d zur Deckung bringen kann. So kann man aus ihnen bei der Untersuchung von Fertigpräparaten vielfach direkt ablesen, welche Lichtschutzsubstanz in welcher Konzentration jeweils verwendet wurde. L. W. MASCH (l. c.) schlägt darüber hinaus die Einführung des Begriffs der kritischen Schichtdicke S vor, die die ursprüngliche Strahlungsintensität auf 10% ihres Ausgangswertes herabsetzt. S, gemessen in μ, ist gleich dem reziproken Wert der unter den angegebenen Bedingungen ermittelten Extinktion, multipliziert mit 10: $S = \frac{10}{E}$ μ. Trägt man die S-Werte auf der Ordinate auf und die Wellenlängen auf der

Abszisse, dann kann die (theoretische) Mindestschutzfilmdicke direkt abgelesen werden, mit der ein Präparat zur Reduzierung der Erythemstrahlung auf 10% (Mindestforderung) auf die Haut aufgetragen werden muß.

c) Lichtschutzsubstanzen

Aus der großen Anzahl der in kosmetischen Sonnenschutzmitteln verwendbaren bzw. hierfür in der Literatur empfohlenen Lichtschutzsubstanzen seien, unter teilweiser Benutzung eines Schemas von E. G. KLARMANN (1957), die folgenden genannt:

p-Aminobenzoesäure und -Derivate (Äthyl-, Butyl-, Isobutyl-, Glykol-, Propylenglykol-Glycerylester; Ester der Dimethyl-p-aminobenzoesäure).

o-Aminobenzoesäure (Anthranilsäure) und -Ester (Methyl-, Menthyl-, Phenyl-, Benzyl-, Phenyläthyl-, Linalyl-, Terpenyl-, Cyclohexenylester).

Salicylsäure, -Salze und -Ester (Amyl-, Isoamyl-, Phenyl-, Benzyl-, Homomenthyl-, Glyceryl-, Äthylenglykol-, Dipropylenglykolester); ferner u. a. Salicylaldehyd, Salicylamid, p-Aminosalicylsäure.

Zimtsäure und -Derivate (Homomenthyl-, Benzylester; α-Phenyl-zimtsäurenitril).

Dioxyzimtsäurederivate (Umbelliferon, Methylumbelliferon, Äthylumbelliferon, Methylacetoumbelliferon).

Trioxyzimtsäurederivate (Äsculetin, Daphnetin und deren Glycoside, Methyläsculetin).

Cumarin und -Derivate (8-Methoxycumarin, 7-Oxycumarin, 6-Aminocumarin, 7-Methylcumarin, 3-Phenylcumarin).

Azole (2-Acetyl-3-bromindazol, Phenylbenzoxazol, Methylnaphthoxazol, verschiedene Arylbenzothiazole).

Ester und Salze von Phenyloxylsäure mit kerngebundenen, gegebenenfalls veresterten oder verätherten Oxygruppen, z. B. Dimethyloxyphenylglyoxylsäure und deren Ester.

Ferner u. a. Diphenylbutadien, Stilben, Dibenzylaceton, Benzylacetophenon, 2-Phenylbenzimidazol-5-sulfosäure, α-Naphthyläthyläther, Dioxynaphtholsäure und ihre Salze, 2-Naphthol-6-sulfonsäure, 2-Naphthol-3.6-disulfonat, Butylcinnamylpyruvat, o- und p-Hydroxydiphenyldisulfonat, Äthyl-p-glukosylimidobenzoat, N-pyridyl-N-benzyldimethylamin, Isosafrol, Chininsalze (Sulfat, Bisulfat, Oleat, Tannat), Chinolinderivate (Oxychinolinsalze, 2-Phenylchinolin), Gerbsäure und Gerbsäureverbindungen (Digalloyltrioleat, Äthylgallat usw.), 2-Sulfanilaminopyridin, 2-Sulfanilaminothiazol. Auch konjugiert ungesättigten Fettsäuren wird eine Erythemschutzwirkung zugeschrieben.

d) Zu fordernde Eigenschaften

An ein für kosmetische Zwecke bestimmtes Lichtschutzmittel werden folgende Forderungen gestellt:

Zuverlässiger, eine Erythemauslösung verhindernder, die Hautbräunung aber begünstigender Lichtschutz, der einige Stunden überdauern muß.

Das Präparat muß während dieser Zeit auf der Hautoberfläche bzw. in der Hornschicht haften, darf nicht verdunsten, nicht resorbiert und nicht abgerieben werden. Es darf unter der Einwirkung von Sonnenstrahlung, Wasser, Salzwasser und Schweiß keine chemischen Änderungen erfahren, durch welche innerhalb weniger Stunden die Schutzwirkung herabgesetzt würde oder sich eine Hautreizung entwickeln könnte.

Es darf in der angewandten Konzentration keinen störenden Geruch besitzen, sich im Sonnenlicht nicht verfärben, auch die Haut bzw. Textilien nicht anfärben, nicht reizen und nicht kleben.

Das Erzeugnis darf nicht toxisch, nicht hautreizend und nicht sensibilisierend wirken. Dies gilt besonders für die Filtersubstanzen und ebenso für die Parfümierung, deren Bestandteile auch unter der Einwirkung des Sonnenlichtes zu keinen unerwünschten Erscheinungen Anlaß geben dürfen. Auch auf von Sonne, Salzwasser und Wind gereizter Haut soll das Erzeugnis hautverträglich sein und angenehm empfunden werden.

e) Erzeugnisformen

Die Wirkung einer lichtabsorbierenden Substanz kann von der gewählten Erzeugnisform bzw. dem Vehikel beeinflußt, verstärkt (z. B. durch eine photosensibilisierende Wirkung der Filtersubstanz) oder abgeschwächt (Zersetzung der Lichtschutzsubstanz) werden. Vegetabile Öle (nicht Mineralöle) haben z.T. eine begrenzte absorbierende Wirkung im Bereich der Erythemstrahlung wie z.B. Kokosnußöl, Baumwollsamenöl, Olivenöl und besonders Sesamöl. Emulsionen können u.U. die Wirksamkeit des Mittels herabsetzen.

Kosmetische Lichtschutzmittel kommen in sehr verschiedener Erzeugnisform in den Handel, als Öle und Fettgemische, Pasten, Gelee, Cremes und fließende Emulsionen, Aerosolpräparate und als wäßrig-alkoholische Lösungen. Man kann sie unterteilen in wasserfreie, emulgierte und fettfreie Präparate.

Unter den wasserfreien Mitteln sind besonders die Sonnenschutzöle zu nennen. Sie sind wasserbeständig, machen die Haut geschmeidig, ihre Inhaltsstoffe unterstützen z.T. die absorbierende Wirkung der Lichtschutzsubstanzen. Nachteilig sind die fettenden, glänzenden und klebenden Eigenschaften. Wasserfreie Fettgemische enthalten (ebenso wie manche Emulsionen) z.T. einen Zusatz von Pigmenten, die durch ihr Reflexionsvermögen die UV-absorbierende Wirkung unterstützen, vor allem ZnO, auch TiO_2 usw., wie sie auch in lichtschützenden Pudern eingesetzt werden.

Emulgierte Präparate sind O/W-, W/O- und Mischemulsionen mit wechselndem Fettgehalt und wechselnder Konsistenz von der relativ festen, aber leicht in die Haut einziehenden Creme in der Tube vom Typ der fettfreien Stearatcreme bis zu der fließenden Emulsion in der Flasche oder einem entsprechenden (schäumenden) Produkt in der Aerosoldose.

Die fettfreien bzw. fettarmen Erzeugnisse sind wäßrige oder alkoholische Lösungen wechselnder Konzentration, die weder fetten noch kleben, soweit nicht zur besseren Verteilbarkeit, zur Erhöhung der Schichtdicke auf der Haut (oder zur Überführung in die Gelform) zu viel Verdickungsmittel der Formel zugefügt wurde. Bei höherem Alkoholgehalt werden alkoholischen Lösungen auch fettende, hautpflegende Stoffe zugesetzt, wie z.B. Isopropylester.

Als Inhaltsstoffe finden sich die gleichen wie in den der jeweiligen Grundlage entsprechenden typischen kosmetischen Zubereitungen. Folgende sind hier in erster Linie zu erwähnen:

Paraffin, Paraffinöl, Vaseline, Ceresin, Walrat, Silikonöl; vegetabile Öle wie Sesamöl, Mandelöl, Olivenöl, Erdnußöl; Stearinsäure, Ölsäure, Natriumstearat, Kaliumstearat, Triäthanolaminstearat, Glycerinmonostearat, Glycerinricinoleat, Propylenglykolricinoleat, Diäthylenglykolmonostearat, Natriumlaurylsulfat, Sorbitanester, oxäthylierte Sorbitanester, Bienenwachs, Lanolin, Wollfettalkohole, Cholesterin, Cetylalkohol, Stearylalkohol, Oleylalkohol, Oleyloleat, Äthyloleat, Äthylricinoleat, Isopropylmyristat, Isopropylpalmitat, Butylstearat; Glycerin, Propylenglykol, Dipropylenglykol, Sorbit; Methylcellulose, Carboxymethylcellulose, Alginat, Carragheen; p-Hydroxybenzoesäureester, Sorbinsäure.

Einige Sonnenschutzmittel enthalten auch eine Insekten abwehrende Verbindung. Als solche seien genannt Dimethylphthalat, 2-Äthylhexan-1.3-diol, Diisopropyltartrat, Cyclohexylacetoacetat und das gleichzeitig die Erythemstrahlung absorbierende Indalon ($\alpha.\alpha$-Dimethyl-α'-carbobutoxydihydro-γ-pyron).

Im Text nicht zitierte Literatur:

a) (Allgemeines und Bewertungsmethoden): F. Daniels (1964), G. Hopf (1942), H. Ippen (1960, 1963), H.E. Jass (1963), S.J. Kreps (1959, 1963), B.T. Laser (1963), L.W. Masch (1963), R. Schulze (1956, 1957, 1963), H. Tronnier (1957a, 1957b);

b) Analyse des jeweils verwendeten Lichtschutzmittels vgl. S.H. Newburger 1962, S. 72–73, UV- bzw. JR-Spektrum).

8. Rasierhilfsmittel

a) Rasierseifen und Rasiercremes

α) Rasierseifen

In Form vor allem der Stangenrasierseife hat sich dieses Erzeugnis neben den moderneren Rasiercremes behauptet. Rasierseifen unterscheiden sich von den Toiletteseifen (reinen Natronseifen) durch ihren überwiegenden Gehalt an fettsauren Kaliumsalzen.

Eine gute Rasierseife soll leicht auf die Gesichtshaut übertragbar und auf ihr rasch zu einem vollen sahnigen und bis zur Beendigung des Rasierens beständigen Schaum entwickelbar sein. Hierbei werden Schmutzpartikel, Schweißrückstände usw. auf der Gesichtshaut emulgiert, das Barthaar leichter anquellbar, damit rasierbereiter gemacht und zugleich eine Gleitschicht für die Rasierklinge geschaffen.

Rasierseife darf die Haut nicht reizen. Dies hängt weitgehend vom jeweiligen Seifenansatz (Fettansatz) und auch von den weiteren Zusätzen ab. Die Verwendung niedrigerer Fettsäuren soll tunlichst vermieden werden, ein geringer Überschuß an freier Fettsäuren ist erwünscht.

Im Fettansatz der Seife werden verwendet Stearin (Stearinsäure + Palmitinsäure), Myristinsäure, Cocosnußöl (zu hohe Anteile wirken hautreizend), Palmöl, Olivenöl, Erdnußöl, Sonnenblumenöl, hydrierte Pflanzenöle, Talg, Schweinefett usw. Als Überfettungsmittel zur Erhöhung der Hautverträglichkeit dienen die freien Fettsäuren, Lanolin, Cetylalkohol, Walrat, Vaseline, Polyäthylenglykole usw.; weitere Inhaltsstoffe sind Glycerin, Propylenglykol, Polyphosphate (gegen Kalkseifenbildung), Aufheller (z.B. Titandioxid), Antioxydantien, Chelatbildner und Riechstoffe.

β) Schäumende Rasiercremes

Rasiercremes sind in der Anwendung bequem und sauber, von weicher, glatter Konsistenz, leicht und gleichmäßig auf der Haut verteilbar. Sie sollen luftfrei sein, leicht am Pinsel haften, über einen möglichst weiten Temperaturbereich gleichmäßig ihre Konsistenz bewahren (ein wichtiges Problem in warmen Ländern) und vom Gesicht leicht wieder abwaschbar sein. Im übrigen gelten grundsätzlich die gleichen Forderungen wie bei Rasierseife bezüglich Anschäumgeschwindigkeit, Schaumqualität, Netzung und Quellung der Barthaare, Erfrischung der Gesichtshaut, ohne sie zu reizen.

Rasiercremes stellen ein ziemlich komplexes und labiles, z.B. gegen schon geringfügige Änderungen im Elektrolytgehalt empfindliches System aus in Glycerin und Wasser gelösten Fettsäuresalzen, dispergierten überschüssigen ungelösten Fettsäuresalzen, wenig freier Fettsäure und verschiedenen weiteren Komponenten dar. Bereits sehr geringfügige Herstellungsfehler bedingen gegebenenfalls Qualitätsminderungen (besonders Konsistenzänderungen), u.U. erst nach mehrmonatiger Lagerzeit bemerkbar.

In der Zusammensetzung ähneln schäumende Rasiercremes den Rasierseifen. Dies gilt vor allem für den Fettansatz. Verseift wird mit Kalilauge und etwas Natronlauge, auch mit Triäthanolamin (Verfärbungsgefahr), Triisopropanolamin oder zusätzlich noch mit Borsäure (Borax).

Als Überfettungsmittel finden sich freie Fettsäuren, Lanolin, und Lanolinderivate, Walrat, Cetylalkohol, Oleyloleat, Lecithin, Vaseline, Mineralöl usw., als Netzmittel Sorbitanester, Fettalkoholsulfate usw., zur Schaumverbesserung Alkylolamide, Polyphosphate u.a., zur Konsistenzverbesserung Glycerin, Propylenglykol, Polyäthylenglykole, Glycerinmonostearat, Alginate, Methylcellulose usw.; erfrischend wirkende Zusätze wie Menthol, bactericid wirksame wie Hexachlorophen, Antioxydantien und Riechstoffe.

γ) Pinsellose Rasiercremes

Diese nichtschäumende Creme wird einfach mit den Fingerspitzen auf die nasse, mit Wasser und Seife gewaschene Haut aufgetragen und gut verteilt. Es kann sofort mit dem Rasieren begonnen werden, da die Barterweichung bereits durch das vorangehende Waschen des Gesichtes erfolgt. Die Creme selbst hat die Aufgabe, die gequollenen, rasierbereiten Barthaare weiter zu erweichen, sie vor allem vor Wasserverlust zu schützen und die Gesichtshaut weich und schlüpfrig zu machen, so daß die Klinge sanft und gefahrlos darüber gleiten kann. Nach dem Rasieren wird die auf der Haut verbliebene Creme einfach in diese eingerieben, die damit weich, matt und gepflegt bleibt.

Bei der pinsellosen Rasiercreme handelt es sich um eine überfettete Stearatcreme vom O/W-Typ, von weicher Konsistenz, mit einem größeren Gehalt an hauterweichenden, hautpflegenden, die Hautoberfläche gleitend machenden und netzenden Bestandteilen. Der pH-Wert ist im allgemeinen 8 gegen meistens pH 10 bei der schäumenden Rasiercreme. Das Erzeugnis enthält zumeist einen erheblichen Überschuß an freien Fettsäuren.

An überfettenden, hautglättenden Stoffen finden sich noch Lanolin und Lanolinderviate, Cholesterin, Lecithin, Walrat, Cetylalkohol, Stearylalkohol, Isopropylmyristinat, Isopropylpalmitat, Wachse, Mineralöle, Vaseline usw., an Netzmitteln und Emulgatoren sulfatierte Alkohole, Alkylarylsulfonate, einfache und oxäthylierte Sorbitanester, Glycerinmonostearat, Propylenglykolmonostearat, Diglykolstearat, Alkylolamide, quaternäre Ammoniumbasen (zugleich bactericid wirkend) usw. Konsistenz und Wasserbindevermögen werden beeinflußt durch Glycerin, Sorbit, Glykolderivate, Polyäthylenglykole, Polyäthylenglykolester, Polyvinylpyrrolidon, Natriumcarboxymethylcellulose (= Natriumcelluloseglykolat), Methylcellulose, Alginate, Traganth, Karaya usw. Weiter enthalten die Erzeugnisse gegebenenfalls Antioxydantien, Konservierungsmittel und Parfümierung.

δ) Aerosolrasiercremes

In ihren Eigenschaften wie in ihrer Zusammensetzung nehmen diese Präparate eine Mittelstellung zwischen schäumenden und pinsellosen Rasiercremes ein. Im übrigen sei auf das Kapitel „Aerosole" verwiesen.

Zur Analyse von Rasierseifen und Rasiercremes vgl. u.a. die DGF-Einheitsmethoden.

b) Rasierwässer

α) Elektrorasierwässer

Für den Gebrauch vor dem Trockenrasieren mit einem elektrischen Rasierapparat bestimmte Präparate kommen in Puderform (adsorbieren Hautfeuchtigkeit und wirken als Gleitmittel), als Puderstift, in erster Linie aber als Lösung auf den Markt.

Ein solches Rasierwasser (*Pre-Shave*) soll das Trockenrasieren erleichtern durch Entfernung des Feuchtigkeitsfilms von der Haut, durch ihre Straffung, durch Trocknung, Aufrichten und Steifung der Barthaare und durch Auftragen eines Gleitmittels auf die Gesichtshaut, um ein „Bremsen" beim Darüberführen des Rasierapparates zu vermeiden. Schließlich soll das Präparat eventuellen Hautreizungen oder Infektionen vorbeugen.

Für eine gute Wirkung wesentlich ist (bei den nicht adstringierend wirkenden Erzeugnissen) ein verhältnismäßig hoher, wasserentziehend wirkender Alkoholanteil. Als Gleitmittel dienen Isopropylmyristinat, Isopropylpalmitat und andere Fettsäureester, ferner Glycerin, Propylenglykol und ähnliche Verbindungen; als milde, die Gesichtshaut festigende und zugleich das Hochstellen der Barthaare unterstützende Adstringentien organische Säuren wie Milchsäure, Weinsäure und Citronensäure (pH dieser Rasierwässer zumeist 3–5), ferner Zink- und Aluminiumverbindungen o.a. Zum Aufrichten der Haare werden in einigen Erzeugnissen Pilomotorica eingesetzt, und zwar Adrenalinderivate (G.W. KORTING und K.F. RASP, 1954), Noradrenalin, sowie Imidazolderivate (SCHIMMEL Briefs, 1964), zu ihrer Fixation Verbindungen wie Polyvinylpyrrolidon.

Die sonstigen Bestandteile (hautpflegende, bactericide, erfrischende usw.) sind die gleichen wie in den im folgenden beschriebenen Rasierwässern zum Gebrauch nach der Rasur.

β) Rasierwässer zum Gebrauch nach der Rasur

Diese Erzeugnisse dienen der Behebung etwaiger unerwünschter Folgen nach der Naß- bzw. der Trockenrasur. Insbesondere sollen sie die Gesichtshaut entspannen und wieder geschmeidig machen, sie entquellen, beleben und straffen, etwa noch verbliebene Seifenspuren neutralisieren, kühlen, erfrischen, desinfizieren, etwaige Hautreizungen beheben und die Abheilung kleiner Verletzungen beschleunigen. Der Alkoholgehalt dieser Rasierwässer liegt im allgemeinen, nicht immer, zwischen 40% und 65%.

Einen straffenden, mild adstringierenden Effekt bezweckt der Zusatz von Aluminium- und Zinkverbindungen wie Aluminiumlaktat, Aluminiumchlorhydrat, Alaun, Aluminiumphenolsulfonat, Zinkphenolsulfonat. Zugleich neutralisierend wirken organische Säuren wie Milchsäure, Borsäure, Citronensäure, Weinsäure, Benzoesäure bzw. ihre Puffergemische (Wiederherstellung des „Säuremantels"). An bactericid wirkenden Verbindungen kommen hier in Frage Chlorphenol, Chlorthymol, Hexachlorophen, p-Chlor-m-kresol, p-Chlor-m-xylenol, Dichlor-m-xylenol, 2.2′-Thiobis-4.6-dichlorphenol (Actamer), 5-Chlorsalicylsäure-3.4-dichloranilid (Anobial), Benzalkoniumchlorid, Cetylpyridiniumchlorid, Cetyltrimethylammoniumbromid und andere quaternäre Ammoniumverbindungen, Oxychinolinsulfat, Zinksulfocarbolat, ätherische Öle usw.

Zur Pflege der Gesichtshaut werden Rasierwässern u. a. folgende Stoffe zugesetzt: Glycerin, Sorbit, Propylenglykol, Polyäthylenglykole, Harnstoff, Allantoin, Azulen sowie pflanzliche Zubereitungen, z. B. aus Arnica, Kamille, Salbei und Hamamelis.

Hingewiesen sei in diesem Zusammenhang darauf, daß das in der Regel verwendete Hamamelis*destillat* (Hamameliswasser, Hamamelisextrakt) seiner Herstellung nach keinen Gerbstoff enthält, daher nicht adstringierend wirken kann und seine unbestreitbare Wirkung wohl seinem ätherischen Öl bzw. dessen noch nicht identifizierten wirksamen Komponenten zuzuschreiben ist (H. Neugebauer, 1948, H. Janistyn, 1964).

Rasierwässer enthalten weiterhin zum Teil an erfrischenden Mitteln Kampfer, Menthol und vor allem die ätherischen Öle und Riechstoffe der Parfümierung, zuweilen ein Anästheticum (Benzocain) oder Lösungsvermittler (Sorbitanester), um alle gewünschten Parfümanteile in Lösung zu bringen.

c) Weitere Rasierhilfsmittel

Rasierwasserstifte in Form von Natriumstearat-haltigen Alkogelen dienen dem gleichen Zweck wie die nach dem Rasieren gebrauchten Rasierwässer.

Cremes wechselnder Konsistenz zur Pflege der frisch rasierten Gesichtshaut entsprechen in ihrer Zusammensetzung meist Tagescremes oder Gesichtspflegecremes.

Die Funktion der Rasierpuder ist identisch mit der der Rasierwässer. Zusätzlich gestatten sie das Überdecken kleiner Hautdefekte und das Ausgleichen ungleichmäßig rasierter Hautpartien.

9. Handpflegemittel

a) Funktionen und Eigenschaften

Aufgabe dieser Erzeugnisse ist es, die Haut der Hände, der Arme und Ellbogen weich, geschmeidig und gesund zu erhalten sowie der Entstehung trockener, rauher, gesprungener und geröteter Haut vorzubeugen. Als häufigste Ursachen rauher Haut gelten wiederholter, längere Zeit fortgesetzter Kontakt mit Wasser, Seife und waschaktiven Substanzen, der Einfluß von Wind, vorzüglich in der kalten Jahreszeit, und von trockener Luft (auch in geheizten Räumen). Handpflegemittel sollen vor diesen Einwirkungen schützen, ihre Folgeerscheinungen verhüten und durch ihren Gehalt an geschmeidigmachenden und das Wassergleichgewicht in den oberen Hautschichten regulierenden Substanzen gegebenenfalls auch beheben (vgl. das unter Gesichtspflegecremes Gesagte).

Diese Erzeugnisse variieren stark im Erzeugnistyp und in der Zusammensetzung. Sie lassen sich in drei Gruppen unterteilen: α) Handcremes, β) Handmilche, γ) Gelees und Schleimlösungen.

Von allen wird verlangt, daß sie sich leicht auf die Hände auftragen und schnell einreiben lassen, ohne zu kleben oder ein merklich störendes nasses oder fettes Gefühl zu hinterlassen. Sie sollen die normale Hauttranspiration nicht stören und der Haut der Hände wieder Glätte und Geschmeidigkeit verleihen.

α) Handcremes

Es sind in der Hauptsache O/W-Emulsionen, in vielen Fällen abgewandelte Stearatcremes, mit oder ohne Zusatz auch von Schleimstoffen. In der Zusammensetzung, vor allem in dem Gehalt an hautpflegenden und das Wassergleichgewicht regelnden Inhaltsstoffen (einige der Erzeugnisse zeichnen sich durch einen besonders hohen Glyceringehalt aus) ähneln sie den Stearatcremes wie den Gesichtspflegecremes, so daß die dort angeführten Inhaltsstoffe und Emulgatoren auch in Handcremes enthalten sein können. Ihr pH-Wert liegt meist zwischen 5–8.

Handcremes werden oft auch Stoffe zugesetzt, die die Wiederherstellung des normalen Hautzustandes unterstützen und beschleunigen sollen. Hierzu gehören Harnstoff, Allantoin, Azulen, Kamille, Hamamelis usw. Dem verstärkten Schutz gegen äußere Einflüsse dient der Zusatz von Silikonöl, Mineralöl, mineralischen, pflanzlichen und tierischen Wachsen, Cellulosederivaten usw.

β) Handmilch

Sie sind analog zusammengesetzt wie die Handcremes. Zumeist unterscheiden sie sich von ihnen im Gehalt an festen Inhaltsstoffen bzw. im Wassergehalt (oft 70–90%). Diese Präparate dienen z.T. auch der Körperpflege (*hand and body lotion*). Ein Problem ist mitunter die gleichbleibende Viscosität bei längerem Lagern.

γ) Gelees und Schleimlösungen

Diese (klaren oder trüben) Zubereitungen trocknen auf der Haut zu einem hygroskopischen Film. Sie verhindern ein weiteres Austrocknen der Hornschicht und machen die Haut glatt und geschmeidig, ohne – bei richtiger Formulierung – ein klebriges oder anhaltend feuchtes Gefühl zu hinterlassen.

Zu ihrer Herstellung verwendet man Traganth, Alginate, Carragheenate, Polyvinylpyrrolidon, Polyacrylate, Carboxymethylcellulose, Cellulosederivate usw., ferner Glycerin, Propylenglykol, Sorbit sowie flüssige und feste Polyäthylenglykole.

Vor allem in Schleimlösungen finden sich gelegentlich in kleinen Mengen teilverseiftes Stearin, Glycerinmonostearat und -ricinoleat und ähnliche Verbindungen zur Unterstützung der feuchthaltenden und die Haut geschmeidig machenden Wirkung.

10. Desodorierende und schweißhemmende Erzeugnisse

a) Funktionen und Eigenschaften

Diese Erzeugnisse dienen der Verhütung oder Verminderung der Schweißsekretion (Antihydrotika, Antiperspirants) oder (und) der Verhinderung des Auftretens von Schweißgeruch, d.h. insbesondere der Hemmung bzw. Ausschaltung der mit Geruchsbildung einhergehenden bakteriell bedingten Schweißzersetzung (Desodorierungsmittel, Deodorants). Streng genommen handelt es sich um zwei verschiedene, jedoch eng miteinander verwandte Erzeugnistypen, die auch von den meisten Autoren gemeinsam besprochen werden. Die größere Bedeutung besitzen heute reine Desodorantien, die sich aus verschiedenen Gründen gegenüber den schweißhemmenden Mitteln stärker durchgesetzt haben.

Wünschenswerte Eigenschaften, die von einem guten Erzeugnis dieser Art verlangt werden, sind die folgenden:

Ein Antiperspirant soll über einen genügend langen Zeitraum schweißhemmend, jedoch nicht völlig schweißblockierend wirken, Textilien nicht angreifen, auch nicht bei längerem Kontakt oder bei erhöhter Temperatur (Plätten). Beide Erzeugnisse sollen sein: zuverlässig bacteriostatisch, haftend, von langer Wirkungsdauer, gut netzend, damit die Wirkstoffe genügend auf die Haut aufziehen können, mild, hautfreundlich, nicht hautreizend, nicht toxisch, nicht allergisierend, nicht sensibilisierend, ein pH knapp unter 7, also eine nur schwach saure Reaktion besitzen.

b) Schweißhemmende Erzeugnisse (Antiperspirants)

Die in der Kosmetik am häufigsten gebrauchten schweißhemmenden Substanzen sind Aluminiumverbindungen. Wie zahlreiche andere Metalle (Fe, Pb, Cr, Hg, Zn, Zr), die sich jedoch zum Teil wegen ihrer toxischen Wirkung oder der Gefahr der Verfärbung der Erzeugnisse für kosmetische Zwecke nicht eignen, hemmen bzw. unterbinden Aluminiumverbindungen die Sekretion der apokrinen Drüsen. Zugleich verhindern sie durch ihre bactericide bzw. bacteriostatische Wirkung die bakterielle Zersetzung bereits gebildeten Schweißes und neutralisieren bereits entstandene unangenehm riechende Verbindungen. Über den Wirkungsmechanismus der Aluminiumverbindungen vergleiche die einschlägige Literatur (H.P. Fiedler, 1955; E.G. Klarmann, 1956).

Aluminiumverbindungen werden in kosmetischen Erzeugnissen gewöhnlich in Konzentrationen zwischen 12% und 20% angewandt. Einfache Aluminiumsalze sind nur bedingt brauchbar. Ihre durch Hydrolyse sauer reagierenden Lösungen verursachen leicht Hautentzündungen, in verstärktem Maße bei der Anwesenheit von Netzmitteln, und greifen auch Textilien an. Selbst schwach saure Salze können bei längerem Kontakt und besonders beim Plätten auch vorher gewaschener oder chemisch gereinigter Gewebe Stoffzerstörungen verursachen. Auch der Emulsionstyp wie andere Inhaltsstoffe des jeweiligen Erzeugnisses können den Effekt beeinflussen (R.R. Bien, 1945; S.L. Plechner, 1957; H.P. Fiedler 1955).

Als *puffernde Substanzen* benutzt man u.a. Harnstoff, Urethan, Triäthanolamin, Zinkoxid, Magnesiumoxid, Acetamid, Aminocarbonsäuren und Borax. Mehr oder weniger entbehrlich sind solche Inhibitoren bei Verwendung organischer Aluminiumverbindungen, wie Aluminiumalkoholate, Aluminiumsulfamat, Aluminiummethionat, Aluminiumphenolsulfonat, Aluminiumdihydroxyallantoinat und Aluminiumchlorhydroxyallantoinat. Alle diese Aluminiumverbindungen (Salze schwacher Säuren und Komplexsalze) reagieren in wäßriger Lösung bei geringerer hydrolytischer Spaltung nicht stark sauer und wirken entsprechend dem höheren pH weniger hautreizend und textilschädigend.

Besonders durchgesetzt haben sich in den letzten Jahren in der Kosmetik Aluminiumchlorhydroxykomplexe, wie z.B. $(Al_6\,(OH)_{15}\,Cl_3)_x$ = Chlorhydrol, $Al_2\,(OH)_5\,Cl \cdot x\,H_2O$ = Aluminiumhydroxychlorid oder $Na_3\,(Al_2\,(OH)_5\,Cl\,(CH_3CHOHCOO)_3)$ = Natriumaluminiumchlorhydroxylactat-Komplex = Chloracel (J. Kalish, 1956). Durch die geringe Hydrolyseneigung wäßriger Lösungen dieser Komplexsalze erreicht ihr Säuregrad nur etwa den Minimalwert des Hautmilieus. Daher besteht trotz guter adstringierender, bactericider und schweißhemmender Wirkung praktisch keine Gefahr von Haut- und Stoffschäden.

Als schweißhemmende Stoffe spielen in der Kosmetik neben den Aluminiumverbindungen u.a. noch Zinkverbindungen eine gewisse Rolle, wie Zinksulfocarbolat (Zinkphenolsulfat), evtl. in Kombination mit Aluminiumammoniumsulfat (H.P. FIEDLER, 1955), Zinksalicylat oder Zinkbenzoat, fernerhin verschiedene der zugleich gut desodorierend wirkenden Zirkonverbindungen (J. KALISH, 1955). Die Möglichkeit von Granulombildungen bei der Verwendung Zr-haltiger Erzeugnisse wird verschiedentlich in der Literatur diskutiert (vgl. DENAVARRE, 1962, SCHIMMEL, 1958). Auch Cer und Lanthan als Sulfamat oder Methionat wurden als schweißhemmend geprüft (G.F. COLLINS und J.E. CHRISTIAN, 1958). Einige der im folgenden beschriebenen hauptsächlich als Desodorantien verwendeten Verbindungen besitzen ebenfalls eine gewisse schweißhemmende Wirkung, z.B. verschiedene quaternäre Ammoniumverbindungen.

c) Desodorierend wirkende Substanzen

Ein besonders weite Verbreitung fand bei der Formulierung desodorierend wirkender Erzeugnisse Hexachlorophen, bekannt auch unter dem Markennamen G 11. Hexachlorophen besitzt eine zuverlässig antiseptische und keimtötende Wirkung, vor allem auf grampositive, in wesentlich geringerem Maße auf gramnegative Bakterien und ist zugleich sehr hautverträglich. Seine Konzentration in kosmetischen Erzeugnissen variiert im allgemeinen zwischen 0,25% und 0,5%, bedingt zum Teil durch die sonstige Zusammensetzung des jeweiligen Produktes (andere Bacteriostatica evtl. bis 2%).

Weitere, häufig als Desodorantien (auch in Seifen) allein oder in Kombination verwendete Wirkstoffe sind: 2.2'-thiobis (4.6-dichlorphenol) = Actamer, Bithionol (in Wirkung und Struktur ähnlich Hexachlorophen, besonders gute Haftfähigkeit auf der Haut), 5-Chlorsalicylsäure-3.4-dichloranilid = Anobial (schädigt wie G 11 und Actamer vor allem grampositive Keime), bromierte Salicylamide, Bis-2 hydroxy-5-chlorphenyl-sulfid (gegen grampositive und gramnegative Bakterien), 3.4.4'-Trichlorcarbanilid (TCC), $C_{13}H_9Cl_3N_2O$ (1–2%, gut hautverträglich, D.P. ROMAN u. Mitarb. 1957), 2.4-dichlor-3.5-dimethyl-xylenol (DCMX), Tetramethylthiuramdisulfid (TMTD = $(CH_3)_2 \cdot N \cdot CS{-}S{-}CS \cdot N \cdot (CH_3)_2$, auch fungicid) sowie N-trichlormethylmercapto-4-cyclohexen-1.2-dicarboximid = Captan, Vancide 89. Zum gleichen Zweck wurden u.a. auch eingesetzt Natriumlaurylsulfat, Chlorthymol, Chloramin, Oxychinolinsalze, bestimmte Salicylanilide u.a.

Quaternäre Ammoniumverbindungen zeichnen sich durch guten bactericiden Effekt sowie dadurch aus, daß sie als stark oberflächenaktive Substanz gut netzen, reinigen und auch bei starkem Schwitzen auf der Haut haften. Im Gegensatz zu den anionaktiven Verbindungen steigt ihr baktericider Effekt mit steigendem pH-Wert (R. FISCHER u. Mitarb. 1953). Nachteile der quaternären Ammoniumverbindungen sind ihre Unverträglichkeit mit anionogenen Verbindungen sowie eine gewisse hautreizende Wirkung.

Letztere ist aber bei einer Anzahl dieser Stoffe in entsprechenden Verdünnungen gering. Hierzu gehören u.a.: Cetyltrimethylammoniumbromid (Cetrimid, Cetavlon, CTAB), Cetylpyridiniumchlorid, Alkyldimethylbenzylammoniumchlorid (Benzalkoniumchlorid), Diisobutylphenoxyäthoxyäthyldimethylbenzylammoniumchlorid (Hyamine 1622) und Diisobutylcresoxyäthoxyäthyldimethylbenzylammoniumchlorid (Hyamine 10 X).

Von desodorierend wirkenden Stoffen sei u.a. noch Neomycin genannt, ein Antibioticum, das in den USA verschiedentlich in desodorierenden und auch schweißhemmenden Präparaten eingesetzt wurde. Im Gegensatz zu anderen, ebenfalls in der kosmetischen Literatur diskutierten Antibioticis wie Aureomycin (E.H. FERGUSON, 1955) und weiteren (W.B. BAKER, 1957, J. KLOSA, 1953) soll sich Neomycin nach eingehenden Prüfungen (vgl. SCHIMMEL Briefs, 1963) in kosmetischen Zubereitungen angeblich als hautverträglich erwiesen haben. Auch Tyrothricin und Bacitracin werden gelegentlich in kosmetischen Erzeugnissen verwendet[1].

---

[1] Für Neomycin, Tyrothricin und Bacitracin wurden von verschiedener Seite ca. 0,5% als Maximalkonzentration vorgeschlagen.

Gute desodorierende Wirkung wurde auch beim Zusatz von etwa 20% eines Gemisches von Anionen- und Kationenaustauschern zu kosmetischen Präparaten beobachtet (F.M. THURMON und B. OTTENSTEIN, 1952; F.M. THURMON, 1961; K. IKAI, 1955; R.W. PERCIVAL, 1962).

d) Erzeugnisformen

Die verschiedenen Erzeugnisformen, unter denen diese Präparate auf den Markt kommen, sind Lösungen (meist in Plastik-Sprühflaschen oder als Aerosole), Cremes, Stifte und Puder.

α) Lösungen

Es handelt sich zumeist um alkoholische Lösungen wechselnder Stärke, die bereits durch ihren Alkoholgehalt eine gewisse desinfizierende Wirkung besitzen, zugleich die Haut besser benetzen, schneller verdunsten und das Lösen der Parfümierungen erleichtern, wobei bei niedrigeren Alkoholkonzentrationen Lösungsvermittler zusätzlich Verwendung finden.

Isopropanol wird infolge seines wesentlich günstigeren Preises anstelle Äthanol, jedoch nur beschränkt eingesetzt, da sein Geruch jede Parfümierung stört. Dies gilt besonders für die sogenannten Deocolognes, Erzeugnisse, die zu gleicher Zeit die Funktionen eines zuverlässigen Deodorants und einer hochwertigen Parfümierung in der Art der Toilettewässer erfüllen.

Die Präparate enthalten neben den oben erwähnten schweißhemmenden oder geruchsverhütenden Wirkstoffen in erster Linie:

Feuchthaltende, dem trocknenden Effekt alkoholischer Lösungen auf die Haut entgegenwirkende Verbindungen, wie Glycerin, Propylenglykol oder Sorbit.

Puffersubstanzen, die bei schweißhemmenden Erzeugnissen Haut und Textilien gegen Hydrolysesäure schützen (s.o.).

Netzmittel, vor allem in nur schwach alkoholischen oder wäßrigen Lösungen zur besseren Benetzung der Haut und als Lösungsvermittler für Parfüme.

Filmbildende Stoffe, z.B. Polyakrylsäure oder Äthylzellulose usw.

Weitere, die kosmetischen Eigenschaften des Erzeugnisses verbessernde Zusätze üblicher Art (Isopropylmyristat usw.).

Chelatbildner zur Bindung von besonders in Aluminiumverbindungen oft vorhandenen Fe-Spuren (Äthylendiamintriessigsäure, -tetraessigsäure usw.).

β) Cremes

Schweißhemmende oder desodorierende Cremes werden im allgemeinen in Form abwaschbarer Öl-in-Wasser-Emulsionen hergestellt. Nur bei öllöslichen Wirkstoffen bevorzugt man mehrphasige oder Wasser-in-Öl-Emulsionen. Emulsionen geeigneter Konsistenz werden auch bei den sogenannten Roll-on-Verpackungen gewählt, bei denen das Erzeugnis aus dem Behälter mit einer in Form einer Kugelfüllerspitze wirkenden Vorrichtung auf die Haut aufgetragen wird.

Die Zusammensetzung der Erzeugnisse ist hier besonders wichtig, da verschiedene der verwendeten Komponenten die Wirkung der Inhaltsstoffe beeinflussen oder verhindern können (z.B. bestimmte nichtionogene Emulgatoren in Gegenwart phenolartiger Wirkstoffe). Die Cremegrundlage ist oft Glycerinmonostearat in Verbindung mit einem säurebeständigen Emulgator, wie etwa dem zugleich desodorierend wirkenden Natriumlaurylsulfat. Alkalistearat kann als Emulgator nur dann verwendet werden, wenn keine säureempfindlichen Aluminiumsalze anwesend sind.

γ) Stifte

Diese Form ist sehr beliebt. Sie ist kompakt, handlich, nicht feuchtend, nicht fettend, leicht in der Handtasche mitzuführen. Nachteilig ist vor allem die Gefahr der Eintrocknung sowie die leicht alkalische Reaktion, gegen die die Haut im Bereich der Achseldrüsen oft empfindlich ist.

Die Stifte enthalten als Grundgerüst in der Regel ein Natriumstearat-Alkogel, das jedoch nur bei neutraler oder alkalischer Reaktion beständig ist. Daher können Aluminiumverbindungen lediglich in Form eines Alkoholates oder von Komplexsalzen eingearbeitet werden. Zur Verhütung des schnellen Austrocknens wird ein Teil des Alkohols durch andere Verbindungen, wie z.B. Propylenglykol, ersetzt.

Als desodorierende, geruchsverhütende Mittel finden sich in den Stiften Hexachlorophen, Bithionol, quaternäre Verbindungen usw.

δ) Puder

Als Wirkstoffe finden sich in erster Linie Hexachlorophen, Zinkphenolsulfonat, Zinksulfocarbolat, quaternäre Verbindungen, Chloramin T, Oxychinolinsulfat, Thymol, Magnesiumperoxid, Zinkperoxid usw.

Literatur, soweit im Text nicht zitiert: R. BRUN (1958), D.N. BURTON (1951), E.W. DALEY (1959), W.S. GUMP (1953), M.L. HUNTER u. Mitarb. (1952), J. KALISH (1955, 1956), L. MEYER-ROHN (1965), M.G. DE NAVARRE (1962), T. LAMMERS (1965), SCHIMMEL Briefs (1958, 1963), J. SHAFIROFF (1961), W.B. SHELLEY u. Mitarb. (1955), H. TRONNIER u. Mitarb. (1961);

Analyse: J.G. CARRARO u. Mitarb. (1964), J.E. CLEMENTS (1954), P.D. DEWEY u. Mitarb. (1961), S.A. KATZ u. Mitarb. (1964), S. LEE u. Mitarb. (1966), S.H. NEWBURGER (1962), S.H. NEWBURGER u. Mitarb. (1962).

11. Badepräparate

Badepräparate sollen erfrischen und das Wohlbefinden beim Baden auch durch Farbe, Geruch (und Schaum) erhöhen. Sie sollen hartes Wasser erweichen, die Bildung eines Schmutzringes an der Badewanne verhüten, die Körperhaut reinigen und parfümieren, ein Gefühl von Sauberkeit und Frische erzeugen. Man unterscheidet Badesalze, Badeöle und Schaumbäder.

α) Badesalze

Badesalze sind parfümierte und gefärbte Mischungen anorganischer, z.T. Wasser enthärtender Verbindungen und Komplexbildner (z. B. Äthylendiamintetraessigsäure). Sie können enthalten

Phosphate (Dinatriumhydrogenphosphat, Trinatriumphosphat, Natriumhexametaphosphat, Tetranatriumpyrophosphat, Natriumtripolyphosphat), Natriumsesquicarbonat, Natriumthiosulfat, Borax, Natriumsulfat, Natriumchlorid usw.

β) Badeöle

Badeöle (lose oder in Gelatinekapseln) enthalten Riechstoffgemische in stärkerer Konzentration als in den Badesalzen möglich, gelöst in geeigneten Ölen wie Ricinusöl und anderen vegetabilen (evtl. z.T. auch sulfatierten) Ölen, Mineralöl, Isopropylfettsäureestern, Butylstearat, Decyloleat, flüssigen Lanolinderivaten usw., die zugleich die Haut fetten sollen. Als Lösungsvermittler, zur besseren Verteilbarkeit im Badewasser und zur besseren Haftung der Riechstoffe auf der Haut dienen äthoxylierte Fettalkohole, äthoxylierte Sorbitanester und äthoxylierte Polyolfettsäureester usw., auch Lecithin.

γ) Schaumbäder

Schaumbäder kommen in Form von Tabletten und Kapseln, heute aber vor allem in flüssiger Form in der Tube oder Flasche auf den Markt.

Sie enthalten, z.T. neben wasserenthärtenden Komponenten (s.o.), vor allem Tenside: Alkylsulfate, Alkylarylsulfonate, Fettalkoholsulfate, Fettalkoholäthersulfate, Alkylsulfoacetate, Alkylarylpolyalkyläther, ferner einfache und oxäthylierte Sorbitanester und Lanolinderivate, Alkylolamide, Bernsteinsäureester, besonders hautfreundliche Sulfobernsteinsäurehalbester von oxäthylierten Amiden oder oxäthylierten Fettalkoholen, Polyglycerinester, Zuckerester, Triäthanolaminseifen und, anscheinend mit steigendem Trend, auch kationogene Verbindungen.

Daneben werden zuweilen natürliche oder synthetische Schleimstoffe bzw. Verdicker zugesetzt, wie z.B. die zugleich das Schmutztragevermögen erhöhende Carboxymethylcellulose oder desodorierende Verbindungen wie Hexachlorophen. Wie die Badeöle, so sind auch die Schaumbäder gewöhnlich gefärbt und mehr oder weniger stark parfümiert.

Zur Frage der entsprechend der wechselnden Zusammensetzung naturgemäß etwas differierenden Verträglichkeit von Schaumbädern auf Haut und Schleimhaut und der offensichtlich vermeidbaren Gefahr einer Entfernung der für die Wasserbindung in der Hornschicht wichtigen wasserlöslichen Substanzen und der sie schützenden Lipoide sei auf die Arbeit von J. J. Herzberg (1964) verwiesen. In diesem Zusammenhang interessieren auch Veröffentlichungen von C. Carrié (1965,) R. Haensch und W. Blaich (1962), R. Haensch (1964), G. Hopf u. Mitarb. (1953), K. Schutter (1965), H. Tronnier (1965). Weitere Literatur über Badeöle und Schaumbäder: P. Alexander (1965), Schimmel (1965), T. Kaufmann (1965).

12. Körperpuder

Auch zu kosmetischen Zwecken werden Körperpuder verwendet: zur Körperpflege, nach dem Rasieren, nach dem Bade oder als desodorierende Puder.

Die Zusammensetzung entspricht der sonstiger Puder, wobei besondere Sorgfalt auf die Auswahl einwandfreier Ausgangsstoffe gelegt wird.

Als solche werden verwendet in erster Linie Talkum, daneben Kaolin, Magnesiumcarbonat Calciumcarbonat, Aluminiumhydroxysilikat, kolloide Kieselsäure, Zinkoxid, Titandioxid, Magnesiumstearat, Zinkstearat, evtl. Stärke. Als Zusätze finden sich überfettende wie Lanolin oder Cetylalkohol und bacteriostatische bzw. desodorierende wie Hexachlorophen, Oxychinolinsulfat oder Zinkphenolsulfonat. Auch Borsäure wird noch öfters verwendet, ferner zur Vermeidung alkalischer Reaktion Alkali- oder Erdalkalisalze mehrwertiger Phosphorsäuren.

Zur Analyse von Pudern vgl. vor allem G. Hopf, (1966), daneben O. Jacobi u. Mitarb. (1951), H. Neugebauer u. Mitarb. (1959), F. Patat u. Mitarb. (1960).

III. Dekorative Kosmetik

1. Lippenstifte

a) Funktionen und Eigenschaften

Der Lippenstift gehört heute zu den häufigst gebrauchten, für einen sehr großen Teil aller Frauen unentbehrlichen kosmetischen Erzeugnissen. Folgende (nicht einfach zu vereinende) Anforderungen werden an ihn gestellt:

Er soll bereits bei leichtem Druck glatt und widerstandslos einen gut haftenden, sauber begrenzten Farbfilm an die Lippen abgeben, unabhängig von der jeweiligen Raumtemperatur. Dieser Film soll beständig (Haftdauer mindestens 5–6 Std), glatt und attraktiv sein, gut decken sowie Glanz besitzen, ohne fettig zu erscheinen,

Er soll, mit angenehmem Geschmack und gutem Gefühl, die Lippen pflegen, sie weich und geschmeidig machen und nicht austrocknen.

Der Farbfilm soll die Lippen kräftig und „kußfest" färben, nicht schmieren oder kleben, nicht „bluten", möglichst wenig Farbspuren an Gläsern, Tassen oder Zigaretten hinterlassen. Andererseits soll der Farbfilm auf Wunsch von den Lippen (und durch ihn verursachte Farbflecken aus Stoff usw.) wieder entfernbar sein.

Die zur Herstellung eines Lippenstiftes verwendeten Ausgangsstoffe sollen neutral in Geruch und Geschmack, nicht schleimhautreizend und gesundheitlich völlig unbedenklich sein.

Der Lippenstift soll eine glatte, glänzende Oberfläche besitzen mit unverändert gleichmäßiger Verteilung der Farbstoffe. Er darf sich über einen genügend großen Temperaturbereich hinweg nicht verändern, auch nicht bei längerer Lagerung, muß genügende Härte und Festigkeit besitzen und darf weder reißen, bröckeln oder zusammenbacken, noch Ausblühungen bzw. Ausschwitzungen zeigen.

b) Zusammensetzung

Die Zusammensetzung variiert beträchtlich je nach den vom Hersteller erstrebten besonderen Eigenschaften des Stiftes und des mit ihm auf den Lippen zu erzeugenden Farbfilms. Ein moderner Lippenstift enthält folgende Komponenten:

Grundmasse (Base), bestehend vorwiegend aus Wachsen, Fetten, Ölen, Lösungsmitteln für die Eosinfarbstoffe usw., öllösliche Farbstoffe, unlösliche Farblacke und Pigmente, Riech- und Aromastoffe, evtl. Antioxydantien und Konservierungsmittel.

α) Grundmasse

Die Formulierung der Grundmasse bedingt in weitem Maße die Qualität des fertigen Lippenstiftes. Neben den oben geforderten Eigenschaften soll sie zugleich Farblacke und Pigmente leicht dispergieren und Farbstoffe gut lösen.

Eine brauchbare Lippenstiftmasse ist entweder fest, aber bei Hauttemperatur schnell schmelzend, wobei ein weicher, verhältnismäßig unbeständiger Film entsteht oder – in modernen Stiften zumeist – hochschmelzend (50–75° C), jedoch thixotrop und durch den beim Auftragen der Stiftmasse auf die Lippen angewandten Druck sich verflüssigend.

Folgende Bestandteile finden u.a. bei der Herstellung von Lippenstiftgrundmasse Verwendung:

Wachse geben dem Stift Härte, mechanisches Widerstandsfähigkeitsvermögen und Plastizität (machen ihn bei zu hoher Konzentration aber spröde und bröcklig), verleihen ihm gute thixotrope Eigenschaften, erhöhen den Schmelzpunkt sowie das Ölbindungsvermögen. Sie machen die Anwendung des Stiftes angenehmer und geben ihm guten Glanz. Hierher gehören Carnaubawachs, Candelillawachs, Bienenwachs, Walrat, Ceresin, Ozokerit und synthetische Wachse.

Vegetabilische Öle finden mit Ausnahme von Rizinusöl kaum noch Verwendung (Gefahr der Ranzidität). Letztgenanntes, ein verhältnismäßig gutes Lösungsmittel für Eosinfarbstoffe, ist noch unentbehrlich. Seine hohe Viscosität erleichtert die Aufbereitung der Pigmente, verhindert Schmieren und Auslaufen des Filmsauf den Lippen und verleiht ihm guten Glanz. Auch hydrierte pflanzliche Öle (Rizinusöl, Baumwollsamenöl usw.) finden gelegentliche Verwendung. Wenig benutzt werden im allgemeinen Paraffinöl, Paraffin und Vaseline, die als Gleitmittel und Glänzer dienen, ähnlich wie Magnesiumoleat und Siliconöle.

Lösungsmittel für Eosinfarbstoffe sind außer Ricinusöl in erster Linie Verbindungen wie Butylenglykol, Hexylenglykol, Oleylalkohol, Propylenglykol und -monoester, Furfurylalkohol und seine Ester, Diäthylsebacinat, Diisopropyladipinat, Polyaethylenglykole und -äther, Polyglykolester, ferner vorzugsweise als Lösungsvermittler zwischen pflanzlichen und Mineralölen bzw./oder zur Unterstützung der gleichmäßigen Verteilung und Dispergierung von Farbstoffen und Farblacken Butylstearat, Propylenglykolricinoleat, Isopropylester, Sebacinsäureester usw.

Der Vermeidung von Konsistenzänderungen bei Temperaturwechsel dienen u.a. Zusätze von Acetoglyceriden oder Silikonölen, der Verbesserung der hautpflegenden Eigenschaften Substanzen wie Stearylalkohol, Cetylalkohol, Oleylalkohol, Glycerinmonostearat, Lanolin, Lecithin, Kakaobutter usw.

β) Öllösliche Farbstoffe

Nur diese geben eine fest haftende, schwer zu entfernende Färbung auf der Lippenhaut. Die Eosinfarbstoffe sind die einzige Gruppe, die Hautaffinität und Öllöslichkeit in sich vereint. Zu den gebräuchlichsten gehören Tetrabromfluorescein und Dibromfluorescein (vgl. auch Mitteilung 3 der Deutschen Forschungsgemeinschaft und ähnliche Listen anderer Länder). Eosinfarbstoffe werden in Lippenstiften in Konzentrationen etwa von 1–5%, gewöhnlich 2–3% eingesetzt. Höhere Konzentrationen (z.B. Dreiphasenlippenstift nach WICK: SCHIMMEL Briefs, 1959) sind selten. Die Intensität der Färbung wird durch die angewandte Konzentration und durch die Art des gewählten Lösungsmittels bedingt.

γ) Farblacke und Pigmente

Sie färben, wie bereits gesagt, die Lippenhaut nicht an. Ihre Aufgabe ist die Erzielung einer genügenden Farbintensität, Leuchtkraft und Deckkraft von mit Eosinfarben allein nicht zu schaffenden Effekten und Schattierungen.

Die Farblacke werden in Konzentrationen von ca. 5–15%, normalerweise 6–8% verwendet. Es handelt sich bei ihnen um in Wasser und in Öl unlösliche Calcium- und Bariumlacke, auch Aluminium- und Strontiumlacke von Azofarben. Verlangt werden von ihnen gute Deckfähigkeit und Farbintensität sowie, in der Lippenstiftmasse, höchste, praktisch unfühlbare Feinheit (maximale Teilchengröße ca. 20 μ).

Die Zusammensetzung des auch im Verhältnis der Anteile stark wechselnden Gemisches der unlöslichen Lacke und der löslichen Eosinfarbstoffe richtet sich nach dem jeweils gewünschten Farbeffekt.

Titandioxid dient zur Erhöhung der Brillanz, zur Farbaufhellung und zur Herstellung von Schattierungen.

δ) Riech- und Aromastoffe

Diese sollen unter Überdeckung der Grundmasse dem Stift wie dem Film auf den Lippen einen angenehmen Geruch und vor allem Geschmack verleihen. Besonderer Wert ist auf die Auswahl zuverlässig hautverträglicher, entsprechend getesteter Riech- und Aromastoffe zu legen angesichts der besonderen Empfindlichkeit der Lippen.

ε) Antioxydantien und Konservierungsmittel

Als Antioxydantien werden vorwiegend verwendet Propylgallat, Octylgallat, Dodecylgallat, Butylhydroxyanisol, Butylhydroxytoluol, Nordihydroguajaretsäure, Tocopherol. Als Konservierungsmittel dienen gegebenenfalls p-Hydroxybenzoesäureester.

In diesem Zusammenhang sei verwiesen auf die Arbeiten von K. BERGWEIN (1957), H. BOELCKE (1961), A.L. FISHBACH (1954), H. HILFER (1954), O. JACOBI (1959), H. LEITNER (1962), J. MAYMO (1962), G.A. NOWAK u. Mitarb. (1964), SCHIMMEL BRIEFS (1959), W. SCHWEISHEIMER (1963), H. WILMSMANN (1965); zur Analyse: H. BISHOP (1954), J.E. CLEMENTS (1955), TH.P. COTSIS u. Mitarb.

(1964), A.L. FISHBACH (1954), P.W. JEWEL (1956), S.H. NEWBURGER (1962, besonders ausführliches Analysenschema, S. 28–35), W. SCHWEISHEIMER (1962), R.S. SILK (1965), L. SMITH (1955), S.N. TEWARI (1960).

2. Make-up-Präparate (Pudercremes, Tönungscremes)

a) Funktionen und Eigenschaften

Neben Lippenstift und den Präparaten zur Verschönerung der Umgebung der Augen sind diese Erzeugnisse die wichtigsten Hilfsmittel für das Gesichts-Make-up. Zu diesem gehören, wenn es vollständig durchgeführt wird, zunächst eine Creme als „Puderunterlage", als Deck- und Klebschicht zwischen Haut und Puderauflage sowie darauf ein Make-up-Präparat, das heute oft die Funktion der vorgenannten „Grundlagencreme" mit in sich vereint. Es soll die gewünschte Farbschattierung, natürliche Wärme und Leben geben. Zur Vollendung des ganzen Make-up wird zusätzlich zumeist noch ein Rouge (s.d.) aufgetragen, darüber gegebenenfalls zur Vollendung des ganzen Make-up noch ein Gesichtspuder (s.d.).

Make-up-Präparate stellen feine Verteilungen von Pigmenten und Farblacken bzw. hochpigmentierten Pudergemischen in einer geeigneten flüssigen, cremigen oder festen Grundlage dar. Es wird von ihnen verlangt: völlige Hautverträglichkeit, feinste Dispersität der suspendierten Puder- und Pigmentteilchen, leichtes Auftragen, glattes, völlig gleichmäßiges Verteilen, gute Deckkraft, lange Haltbarkeit auf der Haut, leichte Wiederentfernbarkeit von der Hautoberfläche, gute Lagerfähigkeit.

b) Zusammensetzung

α) Wasserfreie, nicht emulgierte Erzeugnisse

In diesen Zubereitungen sind Pudermasse und Färbemittel in feinster Verteilung in einer wasserfreien Mischung von Ölen, Fetten, Wachsen und geeigneten weiteren Inhaltsstoffen dispergiert. Je nach der gewählten Formulierung stellt das Präparat ein Öl, eine thixotrope „Schmelzcreme", einen festen Stift oder eine feste Tablette (*cake make up*) dar. Zur Bildung des Hautfilms dienen niedrigviscoses Mineralöl, Isopropylmyristinat, Isopropylpalmitat, Butylstearat, Butyloleat, Propylenglykolmonooleat, Propylenglykolmonolaurat, Vaseline usw., zur Erhöhung der „Hautfreundlichkeit" Lanolin, Cetylalkohol u.a., zur Verfestigung Paraffin, Ozokerit, Ceresin, Walrat, Bienenwachs, Carnaubawachs u.a. In der Masse der komprimierten Tabletten sind z.T. Emulgatoren eingearbeitet, um sie leichter mit Wasser mischbar zu machen. Soweit Binder benötigt werden, entsprechen sie den unter Gesichtspuder (Kompakt-Puder) genannten. Weiterhin ist mit der Anwesenheit von Antioxydantien, Konservierungsmitteln und Parfüm zu rechnen.

Die dispergierte Pudermasse entspricht in ihrer Zusammensetzung in etwa der eines Gesichtspuders, ihr Anteil in den Erzeugnissen schwankt (einschließlich der Färbemittel) etwa zwischen 10% und 50% (in den festen Tabletten u.U. noch höher). Als Färbemittel kommen anorganische Pigmente (vor allem Eisenoxide) und organische Farblacke zum Einsatz. Lösliche Farbstoffe werden wegen der möglichen Anfärbung der Gesichtshaut vermieden.

β) Emulgierte, wasserhaltige Erzeugnisse

Pudermasse und Färbemittel (die gleichen wie unter 1. beschrieben) sind in einer O/W-Emulsion von flüssiger oder cremiger Konsistenz (Stearatcreme) dispergiert. In diesen Präparaten ist u.a. mit folgenden Komponenten zu rechnen:

Triäthanolaminstearat, Propylenglykolstearat, Diäthylenglykolstearat, Alkylsulfate (Natriumlaurylsulfat, Triäthanolaminlaurylsulfat), Sorbitanester, oxäthylierte Sorbitanester, Propylenglykolmonostearat, Glycerinmonostearat, Polyäthylenglykole, Glycerin, Sorbit, Glykol, Propylenglykol (Feuchthalter zur Verbesserung der Verstreichbarkeit und gleichmäßigen Verteilbarkeit auf der Haut durch Verzögerung des Trocknungsvorganges), Isopropylmyristinat, Isopropylpalmitat, Mineralöl, Vaseline, Carboxymethylcellulose und andere „Hautfreundlichkeit" und Konsistenz verbessernde Substanzen, ferner Wasser, Konservierungsmittel und Parfüm.

3. Rouge (Wangenrot)

Rouges werden, wie bereits gesagt, auf die Gesichtshaut direkt oder auf eine Make-up-Unterlage aufgetragen, um der Wangenhaut einen frischeren rosigen Farbton zu verleihen.

Rouges enthalten feinstdispergierte Färbemittel (Farblacke, lösliche, hautaffine Farbstoffe der Eosinreihe, anorganische Pigmente und Weißtöner wie TiO_2) in einer geeigneten Grundlage, die flüssig (Suspension), fließend, cremig (Emulsion) oder fest (Stift, Komprimat) sein kann. Auch Rouges sollen sich leicht und gleichmäßig auftragen und verteilen lassen, gut haften, leicht wieder entfernbar und von möglichst guter Hautverträglichkeit sein.

Die Zusammensetzung der Grundlagen ist praktisch die gleiche wie bei den Make-up-Puderpräparaten. Es sei auf das in jenem Kapitel Gesagte verwiesen. Dies gilt sowohl für die wasserfreien thixotropen Fett-Wachs-Gemische („Schmelzcremes") wie für die fließenden und cremeförmigen Emulsionen, für den Stift wie für die komprimierten Tabletten (vgl zu diesen auch unter Kompaktpuder.)

4. Gesichtspuder

a) Funktionen und Eigenschaften

Gesichtspuder werden zur abschließenden Vollendung des Make-up-Auftrags verwendet, um – mit einer Puderquaste oder einem Wattebausch leicht aufgestäubt – der Gesichtshaut endgültig ein natürlich wirkendes, samtweiches Aussehen zu geben, ferner allgemein zum Überdecken von kleinen Hautanomalien oder von Fettglanz.

b) Anforderungen

Angenehme, leichte, gleichmäßige und „unsichtbare" Verteilbarkeit auf Gesichtshaut oder Make-up-Unterlage. Unfühlbare Weichheit (hohe Dispersität) und gutes Gleitvermögen. Gutes Haften auf Haut oder Unterlage (sowie an der Puderquaste). Unauffälliges Überdecken und Ausgleichen kleiner Unebenheiten, Hautunregelmäßigkeiten und Schönheitsfehlern oder von Fettglanz; nicht zu transparent, aber auch nicht unnatürlich stark deckend (maskierend). Guter mattierender Effekt. Natürlich und dezent wirkende Färbung. Zuverlässiges Absorptionsvermögen für Sekrete der Talg- und Schweißdrüsen. Völlige Hautverträglichkeit.

c) Zusammensetzung

Die Zusammensetzung der Gesichtspuder richtet sich nach der Erzeugnisform: Loser Puder oder Kompaktpuder.

α) Loser Puder

Wie auch in anderen Pudern werden hier vor allem verwendet Talkum (in reinster, sehr weicher Qualität von gutem Gleitvermögen), Kaolin, Magnesiumcarbonat, Calciumcarbonat, Calciumsilikat, Aluminiumhydroxysilikat, Titandioxid, Zinkoxid, Magnesiumoxid, Strontiumsulfat, Bariumsulfat, Aerosil (kolloid disperse Kieselsäure), Stearate, Undekanate und Laurate von Zink und Magnesium. Reisstärke findet sich noch in manchen Pudern, um einen besonders samtigen Effekt auf der Haut zu erzielen. Das Haftvermögen wird erhöht durch Zusatz kleinerer Mengen geeigneter Stoffe wie Vaseline, Lanolin, Cetylalkohol oder auch von emulgierten Cremes (Übergang zu Pudercremes, s.d.).

Als Färbemittel kommen vorzugsweise anorganische Pigmente (Eisenoxide) zur Verwendung, daneben Ca-, Sr-, Ba- und Al-Farblacke, soweit sie als gesundheitlich unbedenklich zugelassen sind. Lösliche Farben könnten evtl. die Haut direkt anfärben.

β) Kompakt-Puder

Dieser in Tablettenform gepreßte Puder soll bei leichtem Reiben in genügender Menge Masse an die Puderquaste abgeben. Seine Zusammensetzung (und der auf dem Gesicht erzielte Effekt) sind etwa die gleichen wie bei den losen Pudern. Jedoch richtet sich die Formulierung auch danach, daß die gewählten Puderbestandteile (Ausgangsstoffe) sich beim Pressen gut binden. Zur Erhöhung dieses Bindevermögens werden der Masse besondere Zusätze zugegeben, die verschieden sind, je nachdem ob die Pudertablette trocken oder feucht gepreßt wird.

Bei der Trockenpressung werden als Binder u.a. verwandt: Stearinsäure, Reisstärke, Natriumstearat, Triäthanolaminstearat, Triäthanolaminlaurylsulfat, Cetylalkohol, Mineralöl, Lanolin und Lanolinderivate, Fettsäureester, Magnesiumstearat, bei der Feuchtpressung zusätzlich Traganth, Natriumalginat, Methylcellulose, Carboxymethylcellulose, Polyvinylpyrrolidon und andere bindende Stoffe, ferner in geringen Mengen zur Verhütung eines zu schnellen Austrocknens Glycerin, Glykole, Sorbit, schließlich evtl. emulgierte Fettstoffe.

Zur Analyse von Gesichtspuder vgl. R. ALQUIER (1953).

5. Augen-Make up

a) Augenschatten

Augenschatten (Lidschatten) dienen der Hervorhebung der Brillanz der Augen, damit der Intensivierung der Augenfarbe und der Betonung des Weißen im Augapfel. Sie sollen leicht und angenehm unter den Augen und auf den Augenlidern auftragbar sein. Wie bei allen Erzeugnissen, die zur Verwendung in der unmittelbaren Umgebung der Augen bestimmt sind, müssen auch an sie besonders strenge Anforderungen hinsichtlich der gesundheitlichen Unbedenklichkeit ihrer Anwendung gestellt werden.

Ihrer Zusammensetzung nach handelt es sich bei diesen Präparaten um eine geeignete Grundlage, in der sich Färbemittel in feinster Verteilung befinden. Als Färbemittel dienen mit Rücksicht auf die Nähe der Augenschleimhäute praktisch nur wasserunlösliche anorganische Pigmente von besonderer Reinheit, wie Eisenoxide, Chromoxide, Ultramarinblau, Kohle oder auch unbedenkliche Färbemittel natürlicher Herkunft wie Carmin, als Aufheller Titandioxid und Zinkoxid. Für bestimmte Effekte werden Metallpulver (Al, Bronze, Au) zugesetzt.

Die Grundlage ist entweder eine Schmelzcreme, eine Emulsion, eine flüssige Mischung geeigneter vegetabilischer Öle, Mineralöle, Isopropylester usw., eine verdünntalkoholische Lösung (mit Emulgatoren und viskositätserhöhenden, die Dispersion der Pigmente begünstigenden Zusätzen) oder ein Stift. Die Schmelzcreme stellt ein thixotropes Gemisch von Wachsen, Mineralölen usw. dar, enthaltend z.B. Ceresin, Ozokerit, Walrat, Vaselin, Paraffin, Paraffinöl, Lanolin, Cetylalkohol, Bienenwachs, Carnaubawachs, Kakaobutter usw. Emulsionen in verschiedener Konsistenz entsprechen in ihrer Zusammensetzung unter Berücksichtigung der Forderung nach besonderer Hautverträglichkeit den sonst in der Kosmetik üblichen Cremes und Milchen; die Stifte ähneln in ihrem Aufbau den Lippenstiften.

b) Wimperntusche (Mascara)

Wimperntusche soll die Augenwimpern länger und dunkler erscheinen lassen und damit den Ausdruck und die Strahlkraft der Augen verstärken helfen. Das Erzeugnis muß sich leicht auftragen lassen, darf nicht verfließen und die Wimpern nicht verkleben und soll auf ihnen schnell zu einem harten, plastischen, nicht schmierenden und nicht absplitternden Lack eintrocknen.

Zwei Erzeugnisformen sind im Handel: Block-Mascara und Creme-Mascara.

Block-Mascara wird mit einer feuchten, Creme-Mascara mit einer trockenen Bürste auf die Wimpern aufgetragen. Häufig wird auch ein gerillter Metallstift zum Auftragen von Creme-Mascara verwendet (Stift und Creme in kombinierter Hülsenpackung).

Block-Mascara ist seiner Zusammensetzung nach eine Mischung von Fetten, harten Wachsen, Emulgatoren und Färbemitteln. Als Emulgatoren dienen vorzugsweise das Stearat und Oleat von Triäthanolamin und Triisopropanolamin, daneben Glycerinmonostearat, Propylenglykolmonostearat und als weitere Komponenten Carnaubawachs, Candelillawachs, Ozokerit, Bienenwachs, Paraffin, Cetylalkohol, Ricinusöl, Lanolin, Propylenglykol, Glycerin usw.

Creme-Mascara sind entweder in Form von Schmelzcremes oder von Emulsionen wechselnder Konsistenz vom Stearattyp oder auch mit nichtionogenen Emulgatoren sowie als verdünntalkoholische Erzeugnisse, ähnlich den im Abschnitt über Augenschatten beschriebenen, im Handel.

Für die in Wimperntuschen verwendeten Färbemittel gilt das im Abschnitt „Augenschatten“ Gesagte. Auch Metallpulver werden hier gegebenenfalls benutzt.

c) Augenbrauenstifte

Sie dienen dem Nachziehen der Augenbrauen in der gewünschter Form. Es handelt sich um Stifte mit einer in der Zusammensetzung zumeist etwa den Lippenstiften ähnlichen Masse als Farbträger oder um mit dem Pinsel aufzutragende flüssige Emulsionen.

An Literatur sei u.a. verwiesen auf U. Boelcke (1962) und A.L. Fishbach (1964); zur Analyse auf P.W. Jewel (1953).

6. Nagellack

a) Funktionen und Eigenschaften

An einen guten Nagellack – wie Lippenstift eines der häufigst verwendeten kosmetischen Erzeugnisse – werden folgende Anforderungen gestellt:

Das Präparat soll eine attraktive, wasserunlösliche Lackschicht auf dem Nagel erzeugen, die auch bei hoher Luftfeuchtigkeit ihren Glanz behält und beständig ist gegenüber den Einwirkungen von Licht, Wasser sowie kalten und warmen Wasch- und Spülmitteln (Seifen und Detergentien). Der auf der Nagelplatte erzeugte Lackfilm soll auf dieser gut haften, befriedigende Härte und Elastizität besitzen und unter normalen Bedingungen weder absplittern noch sich abreiben. Er soll weder abfärben noch den Nagel anfärben.

Der Nagellack soll gut streichfähig sein, von geeigneter Viscosität und Trocknungszeit, um den Auftrag einer gleichmäßig glatten, schnell härtenden Schicht in möglichst kurzer Zeit zu gewährleisten. Nagellack soll auch nach längerer Lagerzeit homogen und unverändert bleiben. Er soll völlig unschädlich für Haut und Nägel sein.

b) Zusammensetzung

Um den genannten Anforderungen zu entsprechen, wird Nagellack aus folgenden Komponenten aufgebaut: Filmbildner, Harze, Weichmacher, Lösungsmittel und Farbpigmente.

Wesentlich ist eine gute Abstimmung der einzelnen Komponenten untereinander, ihre Verträglichkeit in der Lösung und im festen Film und ihre Löslichkeit im verwendeten Lösungsmittelgemisch, auch während des Trocknens auf der Nagelplatte.

α) Filmbildner

Als Filmbildner dient zumeist Nitrocellulose (Collodiumwolle) in bester, niedrigviskoser Qualität, selten Äthylcellulose, Acetylcellulose o.a.

β) Harze

Sie geben dem Lackfilm auf dem Nagel mehr Substanz, Tiefe, Glanz und Haftfähigkeit und machen ihn widerstandsfähiger gegen mechanische Beanspruchung wie gegen die Einwirkung wäßriger Lösungen.

Gegenüber den früher benutzten Harzen natürlicher Herkunft (Benzoe, Dammar, Kopal, Elemi, Schellack) bevorzugt man heute synthetische Erzeugnisse wie Arylsulfonamid, Formaldehydharze, Alkylkunststoffe, Polystyrol, Polyvinylacetat und Kopolymere, Polymerisate der Acrylsäure- und Methacrylsäureester, Epoxyester, Abietinsäureglykolester usw.

γ) Weichmacher

Sie verleihen der Lackschicht Elastizität und Geschmeidigkeit sowie gute Haftfähigkeit.

Als Weichmacher werden u.a. verwendet: Ester mehrbasischer Säuren wie solche der Phosphorsäure, Phthalsäure, Adipinsäure, Sebacinsäure, Citronensäure oder Weinsäure, ferner Butylglykolat, Amylstearat, Butylstearat, Ricinusöl, Kampfer und Harnstoffderivate.

δ) Lösungsmittel

Zusammensetzung, Lösungseigenschaften und Verdunstungskurve des verwendeten Lösungsmittelgemisches sind wesentlich mitbestimmend für die Lagerfähigkeit und vor allem für das Verhalten beim Auftragen wie für die Qualität des sich unter allmählichem Verflüchtigen der verschieden hoch siedenden Lösemitte bildenden Lackfilms.

Als Lösungsmittel kommen in Frage: Ester (wie Butylacetat, Amylacetat, Äthylacetat Äthyllactat), Ketone (z.B. Aceton, Diisobutylketon, Methyläthylketon, Methylisobutylketon) Glykoläther (Äthylenglykolmonoäthyläther, Diäthylenglykoläthyläther), Alkohole (Äthanol Butanol, Isopropanol), aliphatische und aromatische Kohlenwasserstoffe wie Cyclohexan Toluol oder Xylol.

ε) Farbpigmente

Zur Erzielung der gewünschten Farbnuance sowie einer ausreichenden Deckkraft werden Farblacke verwendet sowie Pigmente (TiO_2, anorganische Fe- und Cr-Verbindungen). Sie sollen auch noch nach längerer Lagerzeit feinstdispers im Erzeugnis verteilt sein. Zur Erzielung von Perlmuttglanz dient vor allem Guanin (aus Fischschuppen).

An Literatur sei auf U. BOELCKE (1957, 1962) verwiesen. Ein detailliertes Schema zur Analyse gibt S.H. NEWBURGER (1962, S. 44–55).

7. Nagellackentferner

Nagellackentferner stellen einfache Lösungsmittel oder Lösungsmittelgemische dar, die bei ihrer Verwendung Haut und Nägel nicht reizen dürfen. Die Nägel sollen nach der Reinigung weder zu stark entfettet noch fett und klebrig sein. Die Lösungsmittel dürfen nicht allzu flüchtig sein, um nicht bereits vor der Beendigung des Reinigungsvorganges völlig zu verdunsten.

Als Lösungsmittel dienen Aceton, Methyläthylketon, Äthylacetat, Äthylbutyrat, Butylacetat, Amylacetat, Äthylenglykolmonoäthyläther, Diäthylenglykolmonomethyl(äthyl)-äther, Propylalkohol, Butylalkohol, Amylalkohol u.a.

Zur Rückfettung werden in kleinen Anteilen zugesetzt: Ricinusöl und andere vegetabilische Öle, Mineralöl, Walrat, Cetylalkohol, Butylstearat, Isobutylstearat, Glykolstearat, Triäthanolaminstearat, Magnesiumoleat, Lanolinderivate, Dibutylphthalat, Dioctyladipat, Isopropylmyristinat, Propylenglykolmonolaurat, Propylenglykolmonoricinoleat usw. Die Parfümierung ist, zur Überdeckung des Lösungsmittelgeruches, meist stark, bis zu 10% des Erzeugnisses. Die ätherischen Öle unterstützen zugleich die Wirkung des Lösemittels.

Seltener benutzt werden Nagellackentferner in Cremeform, zu deren Herstellung geeignete, verfestigende Stoffe, wie Paraffin, Carnaubawachs, Bienenwachs o.a. dem Lösungsmittelgemisch zugesetzt oder dieses mit einer Cremegrundlage vereinigt wird.

8. Nagelhautentferner

Diese Erzeugnisse dienen zur Entfernung der sich am Nagelrand stetig bildenden Hautmembran.

Als wirksame Inhaltsstoffe kommen in Frage Alkalien (NaOH, KOH, auch Na_2CO_3 – 1–5%), Monoäthanolamin, Triäthanolamin, Isopropanolamin, mehrbasische Phosphate (Trinatriumphosphat, Tetranatriumphosphat), ferner Natriumsalicylat, Formamid, Acetamid oder quaternäre Verbindungen (z.B. Cetyltrimethylammoniumbromid oder Cetylpyridiniumchlorid). Weitere öfters verwendete Inhaltsstoffe sind Glycerin, Propylenglykol, Sorbit, Harnstoff, Mineralöl, Fettsäuren sowie gegebenenfalls Emulgatoren und andere Bestandteile der gewählten Grundlage.

IV. Haarkosmetik

1. Haarwässer

Haarwässer haben die Aufgabe, Haare und Kopfhaut zu pflegen, anzuregen und gesund zu erhalten, Seborrhoe und Schuppenbildung zu verhüten oder zu bekämpfen sowie den Fettgehalt von Kopfhaut und Haaren zu regeln. Zugleich sollen diese Erzeugnisse die Kopfhaut erfrischen und tonisieren, leicht parfümieren und das Haar gegebenenfalls leichter frisierbar machen.

Neben dem Lösungsmittel (Äthanol, Propanol, Isopropanol) und einer zumeist frischen Parfümierung werden in Haarwässern u.a. folgende Stoffe verwendet:

α) Fettende Mittel

Vegetabilische Öle wie Ricinusöl, Olivenöl, Klettenwurzelöl usw.; Isopropylmyristinat, Isopropylpalmitat, Oleylalkohol, Oleyloleat.

β) Bactericid wirkende Verbindungen

Sowohl die Alkohole wie eine Reihe der auch zur Parfümierung benutzten ätherischen Öle (Portugalöl, Citronenöl, Rosmarinöl usw.) wirken bactericid. Ferner werden Phenolderivate verwendet wie o-Phenylphenol, o-Chlor-o-phenylphenol, p-Aminophenol, p-Chlor-m-kresol, p-Chlor-m-xylenol, Hexylresorcin, Resorcinacetat, Thymol, Chlorthymol. Auch muß u.U. mit der Anwesenheit von Resorcin oder β-Naphthol gerechnet werden. An weiteren in Haarwässern gebräuchlichen bactericiden Verbindungen seien genannt die polysubstituierten Diphenylmethane, 2.2′-Methylen-3,4,6-Trichlorphenol (G 11, Hexachlorophen) und 2.2′-Methylen-bis-4-chlorphenol (G 4, Dichlorophen) sowie das ähnlich gebaute 2.2′-Thiobis-4.6-dichlorophenol (Actamer).

Auch verschiedene quaternäre Ammoniumbasen finden hier Verwendung wegen ihrer bereits in sehr niedrigen Konzentrationen guten bactericiden Wirkung und ihrem Vermögen, leicht und fest am Haar zu haften, seine statische Aufladung zu verhindern und seine Geschmeidigkeit zu verbessern.

Hierher gehören z. B. Cetyltrimethylammoniumbromid, Cetylpyridiniumchlorid, Benzalkoniumchlorid und Diisobutylcresoxyäthoxyäthyldimethylbenzylammoniumchlorid (Hyamine 10 X). Weiter werden gelegentlich verwendet Oxychinolinsulfat, Salicylsäure, Borsäure, Formaldehyd, Chininsalze und p-Hydroxybenzoesäureester.

γ) Hyperämisierend wirkende Mittel

Zur Steigerung der Kopfhautdurchblutung verwendet man u. a. Nicotinsäure und Nicotinsäureester, Nonylsäurevanillylamid, daneben pflanzliche Auszüge oder die in diesen enthaltenen Wirkstoffe wie Capsicumtinctur bzw. Capsicin, Arnicatinktur, Chinatinktur bzw. Chinin und seine Salze usw. Gerechnet werden muß u. U. auch mit der Anwesenheit von bedenklicheren Stoffen wie Jaboranditinktur bzw. Pilocarpin, Cantharidin oder Chloralhydrat. Die in verschiedenen modernen Haarwässern eingesetzten Netzmittel können die Wirkung der durchblutungsfördernden Stoffe verstärken.

δ) Weitere Inhaltsstoffe

Aus der Vielzahl der sonst noch in Haarwässern zu findenden Bestandteile verdienen noch Erwähnung Schwefel und Schwefelverbindungen (z. B. Polythionate), Cholesterin, Lecithin, Glycerin, Propylenglykol, Polyäthylenglykole und ihre Monofettsäureester (geben dem Haar Glanz und Halt, ohne zu fetten), Diacetin, Sorbitanester, Carboxymethylcellulose, Saponin, Inosit, Tannin, synthetische Gerbstoffe, Menthol, Thymol, organische Säuren wie Ameisensäure, Milchsäure, Citronensäure, Weinsäure, S-haltige Aminosäuren (Cystein, Methionin, N-acetyl-methionin und Ester) sowie kurzkettige Peptide aus tierischem Hauteiweiß (Keratinhydrolysate). Zum Einsatz kommen weiterhin essentielle Fettsäuren und ihre Ester, Vitamine, Pantothensäure, Calciumpantothenat, Tetraalkylammoniumpantothenat, Panthenol, androgene Hormone[1], Hydrocortisonderivate und spezielle Wirkstoffe wie Thiazolidin-4-carbonsäure und ihr Methylester. Des öfteren verwendet werden auch pflanzliche Zubereitungen wie z. B. aus Betula oder Ratanhia.

Abschließend sei noch auf die in den letzten Jahren vor allem in den USA diskutierte, danach nicht unbedenkliche Verwendung von Selenverbindungen, vor allem von Selendisulfid gegen Seborrhoe verwiesen (vgl. z. B. E. J. MATSON 1956).

2. Haarpflegemittel (Frisierhilfsmittel)

a) Haaröle, Pomaden, Brillantinen

Diese Erzeugnisse sollen das Haar mit einem möglichst gleichmäßigen Fettfilm versehen, es damit auf längere Zeit in der gewünschten Lage fixieren und ihm zugleich Glanz und Geschmeidigkeit verleihen.

α) Haaröle (flüssige Brillantinen)

Haaröle stellen eine je nach den besonders gewünschten Eigenschaften wie Viscosität, Verteilbarkeit, Fixiervermögen usw. variierende Mischung vegetabiler und mineralischer Öle mit weiteren Inhaltsstoffen dar.

Sie können enthalten Mineralöle wechselnder Viscosität, Silikonöle, vegetabilische Öle wie Klettenwurzelöl, Ricinusöl, Olivenöl, Arachisöl, Mandelöl, Erdnußöl usw., ferner Oleyloleat, Isopropylmyristinat, Isoproylpalmitat, Glycerinmonoester und Glycerindiester (z. B. Glycerinmonooleat), Glykolmonoester, geeignete nichtionogene Verbindungen wie Sorbitanester, Polyoxyäthylenkondensationsprodukte von Glykolen, Polyolen und Sorbitanestern, Acetoglyceride, Lanolin und verschiedene Lanolinderivate, Glycerin und Propylenglykol.

Ferner enthalten Haaröle konservierende Zusätze, zumeist auch ein Antioxydans, Parfüm und evtl. Farbstoff.

---

[1] Von verschiedener Seite wird eine Maximalkonzentration von 0,2 % empfohlen, berechnet als Testosteron.

β) Brillantinen (Pomaden)

Brillantinen mit ähnlichen Funktionen wie die Haaröle verleihen dem Haar weniger Glanz als ein Öl, fixieren aber dafür besser. In der Konsistenz wechselnd von der einer weichen Vaseline (in der Tube) bis zu der eines Wachses (als Stangenpomade) variieren sie entsprechend in der Zusammensetzung.

Zur Herstellung dienen ebenfalls vegetabilische und mineralische Öle, Fette und Wachse wie Ricinusöl, gehärtete Öle und Fette, Vaseline, Mineralöl, Ceresin, Ozokerit, Paraffin, Walrat, synthetische Wachse, Carnaubawachs, Bienenwachs, Kakaobutter, Lanolin, ferner Stearin, Butylstearat, Isopropylmyristinat, Aluminiumstearat, Magnesiumstearat, Cetylalkohol, einfache und oxäthylierte Sorbitanester als Emulgatoren, höhermolekulare Polyäthylenglykole (für nichtfettende Brillantinen), Polyglykolester und -äther höhermolekularer Fettsäuren und Alkohole, Harze u.a.

b) Schleimdrogenpräparate (Frisiergelees, Wasserwellenfixative)

Sie fetten nicht und geben nicht viel Glanz. Doch der haarquellende Effekt des wäßrigen Lösungsmittels und die fixierende Wirkung des auf der Haaroberfläche aufgetrockneten, praktisch unsichtbaren Films machen diese Präparate unübertroffen in ihrem Vermögen, das Haar, vor allem die Locke bzw. Welle (Wasserwelle) des weiblichen Haares in der jeweils gewünschten Lage sicher fest zu halten. Geeignete Zusätze dienen dazu, dem Haar seine weiche Beschaffenheit und Geschmeidigkeit zu bewahren und ein Verkleben zu verhüten.

An Schleimstoffen pflanzlicher Herkunft werden verwendet Traganth und Karaya, Agar-Agar, Carragheenate, Alginate (durch Calciumsalze o. a. und einen entsprechenden pH-Wert auf die gewünschte Viscosität eingestellt), Pektine und Extrakte aus Quittenkernen, Irisch Moos, Flohsamen (Plantago Psyllium L.) usw. Synthetische, der gleichen Aufgabe dienende Stoffe sind u.a. Cellulosederivate (wie Carboxymethylcellulose), Polyvinylpyrrolidon, Polyvinylalkohol, Mischpolymerisate von Polyvinylpyrrolidon und Vinylacetat, Polyacrylate usw.

Um den Film dieser synthetischen Erzeugnisse auf dem Haar plastischer zu machen, sein Absplittern zu verhüten, wird die Formel ergänzt durch Weichmacher wie Ricinusöl, Mineralöl, wasserlösliche Lanolinderivate, Nichtionogene, Glycerin, Glykol, Sorbit, Propylenglykol. Weiter kommen zur Verwendung Polyäthylenglykole, ihre Ester und Propylenglykolester. Ein Zusatz von Äthanol oder Isopropanol bezweckt die Erhöhung des Lösungsvermögens sowie die Beschleunigung der Trocknung des Films auf dem Haar. Bei der Art des Erzeugnisses ist weiterhin die Anwesenheit geeigneter Konservierungsmittel selbstverständlich.

c) Haarcremes

Haarcremes sind gegenüber den wasserfreien Festlegemitteln, Brillantinen und Pomaden bequemer in der Anwendung und entsprechen modernen Verbraucherwünschen. Sie stellen weiche, weiße Cremes oder flüssige Emulsionen dar, die sich leicht auf dem Haar verteilen lassen und auf ihm einen dünnen, gleichmäßigen, nicht klebenden Fettfilm erzeugen. Man unterscheidet W/O- und O/W-Emulsionen, mit abweichenden Eigenschaften. Neben ihnen sind noch die für die Frau bestimmten leichten Frisiercremes (*hair conditioner*) zu erwähnen.

α) W/O-Emulsionen

In der Wirkung sind diese weichen, gut aussehenden Haarcremes (W/O- und Mischemulsionen) den wasserfreien Erzeugnissen ähnlich. Jedoch lassen sie sich, auch infolge ihres Gehaltes an netzend wirkenden Verbindungen, leichter auf dem Haar verteilen. Der so gebildete wasserbeständige Fettfilm legt auch schwierigeres Haar zuverlässig fest. Bei entsprechender Formulierung sind diese Emulsionen beständig gegen mechanische Einwirkungen (z.B. auf dem Transport) und gegen

Temperaturwechsel, nicht jedoch gegen scherend wirkende Kräfte. So brechen sie erst, wie gewünscht, beim Auftragen auf das Haar.

Die Zusammensetzung ähnelt der entsprechender Gesichtscremes.

An Emulgatoren finden Verwendung einmal fettsaure Salze (Oleate, Stearate) zweiwertiger Metalle (vorzugsweise Ca und Mg, auch Al und Zn), dann Bienenwachs-Borax und schließlich die modernen Nichtionogene wie einfache und oxäthylierte Sorbitanester. An weiteren hier gebräuchlichen Inhaltsstoffen seien genannt Lanolin, Lanolinderivate (Alkohole, Oxäthylate), Cholesterin und Cholesterinester, Cetylalkohol, Isopropylester, Mineralöl, Vaseline, Siliconöl.

β) O/W-Emulsionen

Bei O/W-Emulsionen ist das fettende Gefühl wesentlich geringer. Die Cremes sind geschmeidiger und lassen sich besonders leicht und gleichmäßig auf dem Haar auftragen und verteilen. Jedoch sind ihre fixierenden und glanzgebenden Eigenschaften schwächer. Ihre Konsistenz variiert bis zu aus der Flasche fließenden Emulsionen.

Als Emulgatoren werden je nach dem gewünschten Zweck verwendet Kaliumstearat, Natriumstearat, Triäthanolaminstearat, Isopropylaminstearat, Diglykollaurat, Diglykolstearat, Glycerinmonostearat, Propylenglykolmonostearat, Sorbitanester, oxäthylierte Sorbitanester, Natriumlaurylsulfat und verwandte Verbindungen, auch Bienenwachs-Borax usw. An anderen Inhaltsstoffen können u. a. vorhanden sein Mineralöle leichter bis mittlerer Viscosität, Vaseline, Paraffinwachs, Siliconöle, Carnaubawachs, Walrat, Cetylalkohol, Oleylalkohol, Stearylalkohol, Isopropylmyristinat, Isopropylpalmitat, Isopropylstearat, Alkylolamide, Fettsäureamide, Stearinsäure, Ölsäure, Lanolin, Lanolinderivate, Lecithin, Polyäthylenglykole und ihre Fettsäureester, Glycerin, Sorbit, Propylenglykol, vegetabilische Öle (Ricinusöl, Mandelöl usw.), Kakaobutter, Schleimstoffe (Traganth, Alginate usw.), Polyvinylpyrrolidon, Magnesiumaluminiumsilikat usw., ferner Konservierungsmittel, Antioxydantien und die Bestandteile der Parfümierung.

γ) Frisiercremes (hair conditioner)

Sie sollen der Frau helfen, ihr Haar in Ordnung zu halten. Die sehr verschiedenartige Formulierung dieser zumeist weichen oder fließbaren Emulsionen geschieht oft als Vielzweckpräparat, damit das gleiche Erzeugnis je nach Wunsch dem Haar nach dem Waschen sein natürliches, gesundes Aussehen wiedergeben, seinen Glanz erhalten oder verbessern, in Wasser gelöst nach dem Shampoonieren zum Spülen des Haares dienen oder, in stärkerer Konzentration, als Haarwellfixiermittel verwendet werden kann. Weiterhin sollen Frisiercremes leicht in Wasser löslich oder dispergierbar sein, in der Regel schwach sauer reagieren, schnell auf dem Haar einziehen und keinen merkbaren Ölfilm auf ihm hinterlassen.

Die Zusammensetzung ist ähnlich der der O/W-Emulsionen ad 2 cβ, soweit die genannten Inhaltsstoffe bei den besonderen Aufgaben der Frisiercremes in Frage kommen. Erwähnt sei noch die Verwendung quaternärer Basen in diesen Erzeugnissen. Sie ziehen leicht und haftend auf das Haar auf, machen es geschmeidiger und glänzender und verhüten seine statische Aufladung.

d) Haarlacke („Haarverfestigungsmittel")

Haarlacke werden (aus Plastikflasche, Zerstäuber oder Aerosoldose) auf das Haar aufgesprüht, um es gegen verformende Einflüsse zu festigen (flüssiges Haarnetz). Der Lack muß physiologisch unbedenklich sein, er soll dem Haar Glanz geben und es im übrigen nicht verändern.

Es handelt sich um alkoholische bzw. verdünntalkoholische (Äthanol, Propanol, Isopropanol auch Methylenchlorid) Lösungen natürlicher Harze, wie Schellack, Kolophonium, Sandarak, Styrax, unter Zusatz von Ammoniak, Borax oder Triäthanolamin, um den Film leichter wieder aus dem Haar auswaschen zu können. Moderner sind synthetische Verbindungen wie das einen geschmeidigen Film gebende, leicht auswaschbare, in Wasser und Alkohol lösliche Polyvinylpyrrolidon, das zur Verminderung seiner Hygroskopizität oft mit etwas Schellack kombiniert wird. Weniger hygroskopisch sind Mischpolymerisate von Vinylpyrrolidon und Vinylacetat. Weitere allein oder kombiniert verwendete Verbindungen sind Polyvinylacetat, Polyvinylimidazol, Polymere von substituierten N-vinyl-oxazolidonen (SCHIMMEL Briefs, 1961), Dimethylhydantoinformaldehydkondensate, polymerisierte teilverseifte Alkylester der Acrylsäure, Umsetzungsprodukte von Kolophonium mit Acrylsäure, Phthalatharze, Äthylcellulose usw. Als Weichmacher für den Lackfilm (z.T. als Glanzmittel) dienen Verbindungen wie Ricinusöl, Lanolin, Wollwachsalkohole, oxäthyliertes Lanolin, Silikonöle, Diäthylenglykolfettsäureester, Polyäthylenglykole und ihre Fettsäureester, Citronensäureester, Ölsäureallylester, Isopropylester der Myristin-, Palmitin-, Stearin- und Adipinsäure, Glycerin, Glycerintriacetat, 1,2-Propandiol, Dimethylphthalat, Diäthylphthalat, Myristylalkohol, Cetylalkohol, Oleylalkohol, Butylstearat, Monoäthanolamin, Mineralöle, Ricinusöl, oxäthyliertes Ricinusöl, Silikonöle, andere pflanzliche und tierische Fette, Harnstoff usw.

Zur gesundheitlichen Beurteilung von Haarsprühmitteln vgl. auch Bundesgesundheitsblatt Nr. 26 vom 24. XII. 1965. Zur Analyse vgl. S.H. NEWBURGER (1962, S. 57–61).

3. Dauerwellmittel

a) Funktionen und Eigenschaften

Dauerwellpräparate bezwecken die bleibende Verformung des Haares unter Eingriff in sein inneres Gefüge. Die erhaltene Dauerwelle soll (im Gegensatz zur einfachen Wasserwelle) längere Zeit beständig bleiben und zumindest mehrere Behandlungen mit Shampoo überstehen können. Chemisch gesehen wird das Haar zunächst vor allem durch reduktive Spaltung der Cystinschwefelbrücken (daneben auch durch Dehnung der Wasserstoffbindungen und Beeinflussung der Salzbindungen) des Keratins unter Ersatz der Disulfid- durch Mercaptogruppen in einen verformbaren Zustand übergeführt. Nach Abschluß der in der Wärme oder heute in der Regel bei Zimmer- bis Körpertemperatur durchgeführten Verformung werden die Bindungen zwischen den bei der mechanischen Behandlung (Wickeln) gegeneinander verschobenen Polypeptidketten des Haarkeratins durch Oxydation teilweise wiederhergestellt bzw. auch neue Bindungsarten geschaffen. Im einzelnen wird so vorgegangen, daß die in Strähnen abgeteilten, vorher sorgfältig gereinigten Haare mit der Lösung des Mittels befeuchtet, aufgewickelt und nach bestimmter Zeit mittels eines Oxydationsmittels in ihrer neuen Lage fixiert, dann mit saurer Lösung zur Unschädlichmachung des Alkali gespült und anschließend nachgewaschen werden.

Von einem guten Dauerwellmittel werden verlangt: Schnelle und zuverlässige Wirkung. Gute Haltbarkeit der Dauerwelle. Keine wesentliche Änderung der chemischen und physikalischen Eigenschaften des Haares. Bei richtiger Anwendung sollen weder Haar noch Kopfhaut geschädigt werden. Möglichst gut überdeckter Massegeruch.

b) Heißwelle

Bei der heute wenig gebräuchlichen Heißwelle wird das Haar unter der kombinierten Wirkung von Sulfiten und Alkali bei Temperaturen von 100–150° C (starke Dauerwelle) bzw. 50–90° C (Mildwelle für leichtere Wellung) verformt, anschließend mit einem Oxydationsmittel fixiert und gespült.

Als Disulfidbindungen lösende Stoffe werden die Sulfite und Bisulfite von Natrium, Kalium und Ammonium verwendet, daneben Monoäthanolamin-, Diäthanolamin- und Triäthanolaminsulfit, Natriumformaldehydsulfoxylat u.a. Als alkalisierend wirkende Mittel finden vor allem beim Erhitzen flüchtige, die Gefahr einer Haarschädigung beim Dauerwellen möglichst ausschließende Verbindungen Verwendung wie Ammoniak, Ammoniumcarbonat,

Monoäthanolamin, Diäthanolamin, Triäthanolamin, Triisopropanolamin, Trimethylaminomethan, Äthylendiamin, Diäthylentriamin, Diäthylaminoäthanol u. a. Zur Beschleunigung des Dauerwellvorganges dienen Netzmittel, zur Wirkungsverbesserung Harnstoff oder Formamid, zur Erhöhung der haarpflegenden Wirkung Zusätze wie Mineralöl, Ricinusöl, Lanolin, Glycerin, Cetylalkohol, Cholesterin, Lecithin, Silikonöle, Polysiloxane, zur Viscositätserhöhung Polyacrylate usw.

c) Kaltwelle

In den jetzt hauptsächlich verwendeten Kaltwellpräparaten werden vorzugsweise Thioglykolsäure (besonders Ammoniumthioglykolat) und verwandte Mercaptoverbindungen eingesetzt. Bei richtiger Arbeitsweise kann mit ihrer Hilfe das Haar bereits bei Raum- bis Körpertemperatur in verhältnismäßig schonender Weise dauerverformt werden. Die Disulfidbindungen der Cystinbrücken werden leicht unter Reduktion des Cystins zu Cystein in Sulfhydrylgruppen überführt (vgl. z.B. H. FREYTAG (1956); N.A. ROSENTHAL u. Mitarb. (1954); A. SCHÖBERL (1953); K.E. SCHULTE (1950); C.S. WHEWELL 1961, 1964). Das Haar wird unelastisch und nimmt auf dem Wickler die gewünschte Wellung an. Kaltwellen unterliegen hinsichtlich ihres Gehaltes an Thioglykolsäure (auch Thiomilchsäure) in den einzelnen Ländern bestimmten, konzentrationsbegrenzenden Vorschriften[1].

Neben Thioglykolsäure werden von anderen Mercaptoverbindungen (bzw. ihren Salzen, evtl. auch Estern oder Amiden) u.a. verwandt: Thiomilchsäure, Thioglykolsäure, Dithioglykolsäure, Thiodiglykolsäure, β-Mercaptopropionsäure, 2.5-Dimercaptoadipinsäure. Auch die kombinierte Verwendung von Mercaptoverbindungen und Buntesalzen ($R—S—SO_3^- X^+$) wurde erörtert (A. SCHÖBERL und G. BAUER 1958), gleichfalls die von Cystein und N-Acetylcystein. Im sauren Bereich wirksam sind Thioglykolsäureamid, Glykolmonothioglykolat, Thioglykolsäureglycerinester, Guanidinbisulfit und andere organische Bisulfite wie Monoäthanolbisulfit.

Die verformende Wirkung steigt mit dem pH-Wert (oberhalb pH 11 beginnt die haarauflösende Wirkung!). Zur Einstellung des pH-Wertes dienen Ammoniumhydroxid, Ammoniumcarbonat, Natrium- und Kaliumhydroxid, Monoäthanolamin, Diäthanolamin, Isopropanolamin, Äthylendiamin, zur Verbesserung des verformenden Effektes Harnstoff, Alkylharnstoff, Formamid, Thioglycerin. Die haarpflegenden Stoffe und die Netzmittel sind die gleichen wie bei der Heißwelle (s.d.), ebenso die viscositätserhöhenden Verdicker zur Verhütung des Abtropfens der Lösungen vom Haar und zur Vermeidung ihrer unerwünschten Anreicherung an den Haarspitzen. Ihr Zusatz (als Emulsion) verleiht dem Erzeugnis zugleich das beim Verbraucher beliebte trübe oder milchige Aussehen der Lösung. Schließlich werden auch Chelatbildner zugesetzt, um eine Wirkung etwa vorhandener Metallspuren auszuschließen.

d) Oxydation

Zur abschließenden Fixierung der Dauerwelle, der Reoxydierung der Sulfhydrylgruppen, der Wiederherstellung der Salz- und Wasserstoffbindungen und damit einhergehend der Entquellung dienen Wasserstoffperoxid (in max. 3 %iger saurer Lösung), Harnstoffperoxid, Perborat und, viel verwendet, aber nicht unbedenklich, Natriumbromat und Kaliumbromat. Als neutralisierende Säuren dienen u.a. Essigsäure, Weinsäure und Citronensäure.

---

[1] Für den EWG-Bereich wurden von damit befaßten Stellen folgende Maximalwerte für Thioglykolsäure und ihre Salze vorgeschlagen, alles berechnet auf freie Thioglykolsäure:
a) für Dauerwellbehandlungsmittel
1. für gewerbliche Verwendung bei pH bis 9,5: max. 11%
2. für den Heimgebrauch bei pH bis 9,5: max 8%
b) für Depilationsmittel bei pH bis 12,5: max. 5%
c) für sonstige Haarbehandlungsmittel: max. 2%

An Literatur vgl. außer den im Text genannten Autoren bzw. Arbeiten noch: P. Berth u. Mitarb. (1964), H. Freytag (1958, 1960a, 1960b, 1964a, 1964b), H. J. Henk (1962), F. Keil (1960), R. Randebrock (1962, 1964), N. A. Rosenthal u. Mitarb. (1954), A. Schöberl u. Mitarb. (1939), K. E. Schulte u. Mitarb. (1950b), E. Sidi (1957), H. Zahn u. Mitarb. (1963); zur Analyse P. Duboulz u. Mitarb. (1962), S. H. Newburger (1962 S. 62–65), M. Wronski (1962, 1963), H. Zahn u. Mitarb. (1963).

4. Depiliermittel

a) Funktionen und Eigenschaften

Depiliermittel wirken durch Abbau des Haarkeratins, das gegen die unten genannten Verbindungen in stark alkalischer Lösung empfindlicher ist als das Keratin der Haut.

Ein gutes Depiliermittel soll bei richtiger Arbeitsweise Haarkeratin schnell abbauen (anorganische Sulfide max. 5–10 min, Mercaptoverbindungen 5–15 min), ohne in der gleichen Zeit die Haut anzugreifen. Es soll leicht auf der Haut aufzutragen sein, gut auf ihr haften, keinen unangenehmen Geruch entwickeln und leicht wieder abwaschbar sein. Bei bestimmungsgemäßem Gebrauch darf es keine Hautreizung, normalerweise auch keine allergischen Reaktionen auslösen.

b) Depilierend wirkende Substanzen

Als Depilationsmittel werden neben anderen Verbindungen vorzugsweise anorganische Sulfide und organische Mercaptoverbindungen verwendet, in Lösung, als ein mit Wasser zu einem Brei anrührbares Pulver, als Stift und in erster Linie als Paste. Man trägt das Mittel in dicker Schicht auf, entfernt nach der vorgeschriebenen Zeit die Hauptmenge mit einem Spatel, wäscht nach und pudert ein.

Von anorganischen Sulfiden ist vorzugsweise Strontiumsulfid im Gebrauch, daneben Calciumsulfid und, schnell wirksam, jedoch unangenehm riechend und auch das Hautkeratin rasch angreifend, Natriumsulfid. Das in der Literatur immer noch erwähnte Bariumsulfid ist als Depiliermittel zu toxisch. Zur Einstellung auf den für die gewünschte Wirkung erforderlichen pH-Wert über 11, zumeist 12–12,5, dienen $Sr(OH)_2$ bzw. $Ca(OH)_2$. Diese Verbindungen besitzen den Vorzug nur begrenzter Löslichkeit, womit sonst mögliche Hautreizungen vermieden werden.

Mercaptoverbindungen sind die heute gebräuchlichsten Depiliermittel. Sie benötigen etwas längere Zeit zur Wirkung, doch ist ihre Anwendung bei richtiger Arbeitsweise gefahrlos, ihr Geruch weniger aufdringlich. Vorzugsweise werden benutzt Calciumthioglykolat, Calciumthiolactat und Strontiumthiolactat, daneben auch Alkali -und Ammoniumthioglykolat, bei einem pH-Wert von 10–13. Als Alkalisierungsmittel werden auch hier vorzugsweise $Ca(OH)_2$ und $Sr(OH)_2$ benutzt, daneben Guanidin. An weiteren hier verwendeten Mercaptoverbindungen seien noch genannt Guanidinthioglykolsäure, Thioglycerin (!) und maskierte, besonders lagerbeständige Thioglykolate, wie z. B. Carbaminthioglykolsäure oder -rhodanessigsäure, die erst kurz vor Gebrauch durch Laugenzusatz freigesetzt und aktiviert werden.

c) Weitere Inhaltsstoffe

Zusätzlich finden sich, je nach der Erzeugnisform (s. o.) in diesen Mitteln u. a. noch verschiedene der im folgenden genannten Stoffe: inerte Pudergrundstoffe zur Einstellung der Konsistenz und zum Sichtbarmachen auf der Haut wie $CaCO_3$, $CaSO_4$, MgO, $MgCO_3$, ZnO, ZnS, TiO_2, Talkum, Kaolin und Lithopone; Verdicker und Binder wie Stärke, Kasein, Albumin, Karaya, Agar-Agar, Traganth, Pektin, Alginate, Methylcellulose, Carboxymethylcellulose, Polyvinylalkohol, Polyvinylpyrrolidon; Emulgatoren und Netzmittel wie Wollfettalkohole, Fettalkoholsulfate, Alkylarylsulfonate, Alkylolamide, Salze und Ester höherer Fettsäuren und Nichtionogene wie Sorbitanester und ihre Oxäthylate; das Abwaschen ebenfalls erleichternde Polyäthylenglykole, hautschützende und rückfettende Verbindungen wie Cetylalkohol, Stearylalkohol, Walrat, Lanolin, auch Vaseline, Feuchthalter wie Glycerin, Sorbit und Propylenglykol zur Verhinderung schnellen Austrocknens während der Anwendung, oxydationsverhütende Verbindungen wie Zucker, Glykole, Calciumglukonat, Hydrochinon, Brenzkatechin, ferner schließlich auch adstringierende Substanzen, Lokalanästhetica und zur Geruchsüberdeckung ätherische Öle, Menthol, Kampfer o.a.

Zur Analyse von Depilatorien vgl. z.B. E.M. HOSHALL (1940) und besonders S.H. NEWBURGER (1962, S. 69).

5. Haarfarben

a) Funktionen und Eigenschaften

An eine ideale Haarfarbe werden folgende, heute allerdings noch nicht vollkommen erfüllbare Forderungen gestellt:

Der Färbevorgang soll schnell und auf möglichst einfache Weise durchführbar sein. Die Färbemittel sollen leicht auf das Haar aufziehen, doch möglichst nicht auf der Kopfhaut haften, zumindest durch Auswaschen mit einem Shampoo wieder leicht entfernbar sein. Die erhaltene Färbung soll gleichmäßig und natürlich wirken. Sie soll beständig sein gegen die Einwirkungen von Licht, Luft, Wasser (auch Salzwasser), Schweiß, Haarpflegemittel (Brillantinen, Haarcremes, Haarlacke, Haarwässer, Seifen, Shampoos) sowie gegen Kalt- und Heißwellenbehandlung.

Das natürliche Aussehen des Haares, sein Glanz, seine Geschmeidigkeit, sein Gefüge sollen erhalten bleiben, damit auch sein Verhalten bei einer späteren anderweitigen Behandlung (Dauerwelle o.a.).

Bei der Anwendung auf dem Haar oder bei Kontakt mit der Kopfhaut darf keine Irritation oder Sensibilisierung auftreten (gegebenenfalls Vortest angezeigt!). Verwendet werden dürfen nur Verbindungen, deren gesundheitliche Unbedenklichkeit bei externer Anwendung anerkannt ist.

Haarfarben werden in drei Klassen eingeteilt: 1. Farben pflanzlicher Herkunft, 2. Metallsalzfarben, 3. Synthetische Farben.

Die zuletztgenannten besitzen heute überwiegende Bedeutung, zumal sie jeden beliebigen Farbton, je nach Wunsch fest haftend oder durch Waschen wieder entfernbar, zu erzeugen gestatten.

b) Pflanzenfarben

Henna ist heute der wichtigste Vertreter dieser Gruppe. Die Blätter von Lawsonia alba Lam. (auch L. spinosa L. und L. inermis L.) enthalten den in Haarfärbemitteln auch als synthetische Verbindung verwandten Farbstoff „Lawson“ (2-hydroxy-1,4-naphthochinon). Henna färbt das Haar substantiv. Seine Anwendung gilt als unbedenklich. Zur Erzielung variierender Tönungen wird es in Mischung mit anderen Pflanzenextrakten, z.B. aus *Indigofera argentea* („Reng“), mit Metallsalzen (z.B. Kupfersulfat), Pyrogallol usw. oder auch mit synthetischen Farben verwendet.

Die Kamille (*Anthemis nobilis L.* oder *Matricaria chamomilla L.*) wird wie Henna als Infusion oder Pulver in Haarspülmitteln und Shampoos verwendet, gewöhnlich unter Zusatz von etwas Kamillenöl. Das färbende, nur auf die Haaroberfläche sich auflagernde färbende Prinzip ist Apigenin (4′,5,7-trihydroxyflavon).

c) Metallsalze als Färbemittel

Die mit Metallsalzen zu erhaltenden Haarfärbungen sind stumpf, wirken z.T. nicht natürlich und können sich nach einiger Zeit nachteilig verändern. Da mit ihnen behandelte Haare bei der Dauerwellung und ebenso bei der späteren Anwendung von Oxydationsfarben (s.u.) Schwierigkeiten bereiten können, sind Färbungen mittels Metallsalzen zumindest für Frauenhaar nicht mehr sehr beliebt, ausgenommen bei gegen Aminofarben allergischen Personen.

Verwendet werden vor allem Pb-Verbindungen, daneben solche von Ag und Cu (selten Fe, Ni, Co, Mn, Bi, Mo). Beim Auftragen auf das Haar tritt Oxid- bzw. Sulfidbildung ein. Diese wird beschleunigt durch Zusatz entsprechender Verbindungen kurz vor der Anwendung, wie Pyrogallol, Natriumthiosulfat, Natriumsulfit, Kaliumsulfid, präcipitierter Schwefel, Ammoniumthioglykolat u.a.

d) Synthetische Farben

Synthetische Farben verdrängen die unter b und c genannten Färbemittel immer mehr, zumal sie bei der praktisch unbegrenzten Möglichkeit der Kombination von verfügbaren Verbindungen jeden beliebigen Farbton und jede beliebige Schattierung von blond über gelb, gelborange, gelbbraun, braun, rotbraun bis fast schwarz und von blaugrau bis schwarzblau in natürlicher Wirkung ermöglichen. Man unterscheidet zwischen nicht oder nur verhältnismäßig schwach haftenden Erzeugnissen zur vorübergehenden Haarfärbung und den eigentlichen, fest haftenden Verbindungen (zumeist Oxydationsfarben) zur echten Dauerfärbung des Haares.

α) Nicht haftende Haarfarben

Diese —, im Gegensatz zu den unter β behandelten Oxydationsfarben —, direkt anfärbenden Verbindungen dienen wie gesagt zur Erzeugung einer vorübergehenden, nur bedingt haftenden Färbung bzw. Tönung der Haaroberfläche, die je nach Wunsch durch Auswaschen mehr oder weniger leicht wieder entfernbar sein oder auch mehrere Behandlungen mit Shampoo überdauern soll. Je nach Zusammensetzung dienen diese Erzeugnisse der kräftigen Haarfärbung oder nur dem Zweck, dem Haar nach dem Waschen wieder eine frischere und intensivere Tönung sowie lebhaftere Lichtreflexe zu verleihen bzw. durch Dauerwellung oder Sonnenbestrahlung fahl gewordenes oder auch ergrautes Haar wieder zu verschönen.Dementsprechend werden diese Farbstoffe, z.B. Methylenblau, Säureviolett, Nigrosin u.a. (vgl. R.R. GOLDEMBERG, 1959) in entsprechender Kombination auch in Haarspülmitteln (*Color rinses*), Shampoos, Haarlacken und anderen Haarfixiermitteln eingesetzt.

Über die Verwendung schwerlöslicher synthetischer Farbstoffe (Azofarben, Anthrachinonfarben) für die kurzzeitige bzw. leicht wieder zu entfernende Haarfärbung vgl. auch SCHIMMEL (1963).

β) Haftende Farben (Oxydationshaarfarben)

Mit wenigen Ausnahmen handelt es sich bei den zur Dauerfärbung des Haares verwendeten Verbindungen um keine bereits vorgebildeten Farbstoffe, sondern um farblose Vorstufen. Dank ihrer geringen Molekülgröße vermögen diese durch die Haarcuticula mehr oder weniger tief in das Haarinnere einzudringen (S. PREISINGER u. Mitarb. 1957, S. PREISINGER 1958, H. WILMSMANN, 1960, R. RANDEBROCK, 1962). Sie werden dort erst durch oxydative Kupplung (einige bereits durch den Luftsauerstoff) in die eigentlichen Farbstoffe umgewandelt. Die schließlich gebildeten großen Moleküle sind damit fest und dauerhaft im Haar gebunden.

Der Färbevorgang ist verhältnismäßig einfach: das mit dem Oxydationsmittel kurz vor der Anwendung gemischte Präparat läßt man ca. 15—30 min auf das gereinigte Haar einwirken und spült und wäscht anschließend die restlichen

Chemikalien (Oxydationsmittel, Alkali usw.) sorgfältig aus. Die Diffusionsgeschwindigkeit in das Haar hängt von verschiedenen Faktoren ab: Konzentration der Farblösung, Molekülgröße, Temperatur, Viscosität der Grundlage (des Vehikels), Zustand des Haares (individuelle Verschiedenheit des gesunden Haares, Veränderung oder Schädigung durch vorhergehende Behandlungen, Quellungszustand usw.).

Ein in ihrem Wesen begründeter Nachteil ist die starke Oxydationsempfindlichkeit dieser Verbindungen. Sie müssen deshalb unter entsprechenden Vorsichtsmaßregeln (in einer Stickstoffatmosphäre) hergestellt und abgefüllt werden, unter Zusatz von Antioxydantien zur Haltbarmachung auch während des Lagerns. Weiterhin wirken die stark alkalische Reaktion dieser Haarfärbemittel wie auch das die Haarfaser brüchig machende, zur Oxydation zumeist verwendete Wasserstoffperoxid ungünstig auf das Haargefüge. Vor allem aber ist die Gefahr einer Hautirritation oder Sensibilisierung bei dafür disponierten Personen nie völlig auszuschließen, so daß die Verträglichkeit gegebenenfalls in einem Vortest festzustellen ist.

Ein Erzeugnis zur oxydativen Haarfärbung besteht aus dem eigentlichen Präparat (in Lösung, in Creme- oder Gelform, auch als Pulver, Tablette oder Stift) und dem mit diesem erst unmittelbar vor der Anwendung zu mischenden Oxydationsmittel (s.u.). Im einzelnen enthält das Haarfärbemittel neben einem Gemisch verschiedener Farbbasen (4—8, auch mehr) eine alkalisierend wirkende Verbindung, ein Antioxydans und, je nach den im einzelnen gewünschten Eigenschaften und je nach der Erzeugnisform, weitere geeignete Inhaltsstoffe.

Farbbasen. Nur verhältnismäßig wenige der an sich zur oxydativen Haarfärbung geeigneten Verbindungen genügen allen Anforderungen, z.T. auch hinsichtlich der gesundheitlichen Unbedenklichkeit ihrer Anwendung. Unter diesen wiederum unterscheidet man zwei (nicht scharf zu trennende) Gruppen: die eigentlichen, zu Farbstoffen oxydierbaren Basen und die Nüanceure („Modifier"), die selbst lediglich die entstehenden Farbtönungen in gewünschter Weise modifizieren und verbessern sollen.

Aus der Vielzahl der in Oxydationsfarben als Farbbasen und als Nüanceure verwendeten Verbindungen seien hier folgende unter Einschluß auch einiger gesundheitlich nicht unbedenklicher bzw. umstrittener, in der Literatur aber oft erwähnter Stoffe (p-Phenylendiamin) genannt:

Aromatische Amine, Diamine usw.: p-Phenylendiamin, o-Phenylendiamin, m-Phenylendiamin, p-Toluylendiamin, m-Toluylendiamin, p-Toluylendiphenylamin, Dimethyl-p-phenylendiamin, p-Aminodiphenylamin, p-Aminodiphenylaminsulfosäure, 2.4-Diaminodiphenylamin, o-Anisidin, 2.4-Diaminoanisol, 2.4-Diaminophenetol, 2.6-Diaminopyridin, 2.6-Dihydroxypyridin, 4-Aminophenylglycin, 4-Oxyphenylglycin, 1,5-Naphthylendiamin, 1.4.5.8-Tetraaminoanthrachinon.

Aminophenole: o-Aminophenol, m-Aminophenol, p-Aminphenol, 2.4-Diaminophenol, Triaminophenol, o-Methylaminophenol, p-Methylaminophenol, 4-Chloraminophenol, 4,6-Dichloraminophenol, 1,8-Diaminonaphthol.

Nitroderivate der Diamine und Diaminophenole: 5-Nitro-o-aminophenol, 2-Nitro-p-aminophenol, 4.6-Dinitro-2-aminophenol, 4-Chlor-6-nitro-o-aminophenol, 4-Nitrophenylglycin, o-Nitro-p-phenylendiamin, p-Nitro-o-phenylendiamin, 2.4.6-Trinitroanilin.

Phenole: Brenzcatechin, Resorcin, Hydrochinon, Pyrogallol, Phloroglucin, α-Naphthol, β-Napthol, Dihydroxynaphthol.

Weitere Inhaltsstoffe. Zur Einstellung auf den für einen optimalen Oxydationsablauf zweckmäßigsten pH-Wert der wäßrigen oder alkoholischen (Äthanol, Isopropanol) Lösungen, in der Mehrzahl der Fälle pH 9—10, werden vorzugsweise Ammoniak bzw. Puffergemische verwendet, seltener organische Basen. Ammoniak (ca. 1%) hinterläßt bei befriedigender Wirkung auch auf die Haarquellung keinen

Rückstand im Haar. Zur Verhütung vorzeitiger Oxydation beim Lagern und vor der Anwendung wird vor allem Natriumsulfit eingesetzt. Neben ihm finden Haematoxylin, Natriumdithionat, Thioglykolate und andere Merkaptoverbindungen Verwendung.

Zur Viscositätserhöhung der Lösungen, um ein Abrinnen oder Abtropfen auf Stirn und Schulter zu verhüten, werden Verdicker wie Methylcellulose, Carboxymethylcellulose oder Polyacrylate, zuweilen auch Alginate, Traganth o.a. zugefügt. Sie machen das Haar formbarer, wirken andererseits verzögernd auf die Diffusionsgeschwindigkeit.

Zusätze von Harnstoff, Thioharnstoff, Urethan oder Formamid, von geringen Mengen von Seifen oder von Netzmitteln sollen das Eindringen der Farbbasen in das Haar erleichtern und beschleunigen. Oberflächenaktive Stoffe dienen weiterhin zur Solubilisierung schwerlöslicher Farbbasen, als Schaumbildner und als Reinigungsmittel beim Auswaschen unverbrauchter Chemikalien nach Beendigung der Behandlung, während Glycerin, Sorbitol oder Propylenglykol dem Haar wieder Geschmeidigkeit verleihen sollen. Mögliche ungünstige Einflüsse von Metallspuren oder hartem Wasser auf das Färbeergebnis können schließlich durch Zufügung eines Chelatbildners (z.B. Äthylendiamintetraessigsäure) ausgeschaltet werden.

Soweit die Erzeugnisse in Cremeform vorliegen, sind Farbbasen und Begleitstoffe in eine weiche, an oberflächenaktiven Verbindungen reiche Grundlage eingearbeitet, die in ihrer Zusammensetzung im allgemeinen einem Creme-Shampoo ähnelt. Vor Anwendung wird das aus der Tube gedrückte Erzeugnis mit der Oxydationsmittellösung gemischt.

Oxydationsmittel. Gewöhnlich werden Wasserstoffperoxidlösungen in der gleichen Konzentration von 5–6% angewandt wie beim Haarbleichen (Blondieren). Man mischt knapp vor Färbebeginn mit der Farblösung. Sehr hohe Konzentrationen von H_2O_2 können das Haar schädigen. Zur Stabilisierung während des Lagerns dienen Acetanilid, ein Gemisch von saurem Kaliumphosphat und Phosphorsäure oder Tetranatriumäthylendiamintetraacetat.

Andere Oxydationsmittel sind Harnstoffperoxid, Perborate, Melaminperoxid (Amino-1.3.5-triazinperhydrat).

Zu dem Gesagten seien hier noch die Arbeiten folgender im Text nicht zitierter Autoren genannt: A.D. BROADBENT (1963), H. FRIEDERICH (1958), H. FREYTAG (1958), R.C. HEALD (1964), R. HEILINGÖTTER (1964), G. KALIOPISSIS u. Mitarb. (1964), G.S. KASS u. Mitarb. (1961), F.W. LANGE (1965), P. MANNHEIM (1962), S.M. PECK (1954), E. SIDI (1957), C.V. STEAD (1964), L. TOBLER (1964), D.L. UNDERWOOD (1961), G.T. WALKER (1964); zur Analyse J. CALLISON u. Mitarb. (1962), M. CODELL u. Mitarb. (1955), J. MORELLE (1953), S.H. NEWBURGER (1962), J. PINTÉR u. Mitarb. (1965), C.J. TURI (1959). Vgl. auch unter Abschnitt „Färbemittel", S. 49.

6. Haarbleichmittel

Haarbleichmittel (Blondiermittel) wirken durch oxydative Zerstörung der natürlichen Haarpigmente. Zu starkes und wiederholtes Bleichen kann das Haar schädigen.

Als Oxydationsmittel wird heute in erster Linie Wasserstoffperoxid verwendet, und zwar je nach dem beabsichtigten Effekt und den Eigenschaften des Haares in einer Verdünnung von 3–6 Gew.-% (= 10–20 Vol.), aber auch in stärkerer Konzentration (bis 9 Gew.% = 30 Vol. und mehr). Neben, vor allem aber kombiniert mit Wasserstoffperoxid, werden verwendet Alkaliperborat, -percarbonat, perphosphat sowie Carbaminperhydrat (auch in Tablettenform).

Zur Stabilisierung von Wasserstoffperoxidlösungen dienen Acetanilid, Acetophenetidin, Ammoniumchlorid, Äthylendiamintetraessigsäure, Harnstoff, 8-Hydroxychinolin, Natriumdiphthalat, Natriumstannat, p-Hydroxybenzoesäureester, Phenacetin, verdünnte Säuren, Tetranatriumpyrophosphat u.a.

Die Anwendung der Bleichmittel erfolgt bei geeignetem pH (schwach sauer für leichtes Aufhellen, leicht alkalisch für stärkere Bleichwirkung). Alkalisiert wird durch Zusatz (zumeist kurz vor der Bleichung) von Ammoniak, Ammonsalzen oder Salzen organischer Amine, daneben auch von leicht alkalisch wirkenden, während der Bleichung sich nicht verflüchtigenden Natriumsalzen. Das Auftragen des Bleichmittels geschieht als Lösung, als Brei (mit $MgCO_3$, $CaCO_3$, MgO o.a.) oder als Creme. Als Verdicker werden gebraucht Stärke, Tragant, Alginate, Polyvinylpyrollidon, Carboxyvinylpolymere, Acryl- bzw. Methacrylpolymerisate, als Emulgatoren, Netzmittel und haarpflegende Verbindungen Fettalkoholsulfate, oxäthylierte Sorbitanderivate, oxäthylierte und andere Lanolinderivate, Glycerinmonostearat, Glykolfettsäureester, Glykole usw. Nach Beendigung des Bleichvorganges muß das Haar gut (sauer) gespült werden.

7. Haarwaschmittel (Shampoos)

a) Funktionen und Eigenschaften

Shampoos – Haarwaschmittel in verschiedener Erzeugnisform – sollen Fett, Schmutz und Hautrückstände auf schonende Weise von Haar und Kopfhaut entfernen. Im einzelnen sollen sie:

leicht und angenehm anwendbar sein, auch in hartem Wasser gut waschen und (gemäß den Verbraucherwünschen) gut schäumen, gut reinigen, ohne das Haar und die Kopfhaut zu stark zu entfetten, und leicht und vollständig aus dem Haar wieder ausspülbar sein. Ihr pH-Wert soll im leicht sauren, neutralen oder nur schwach alkalischen Gebiet liegen.

dem Haar gutes Aussehen, Glanz, weichen Griff, Geschmeidigkeit, Kämmbarkeit und Duft erhalten oder verleihen und auch seine kosmetische Weiterbehandlung nicht beeinträchtigen.

die Kopfhaut auch in höheren Konzentrationen nicht reizen und auch bei Kontakt mit dem Auge höchstens eine vorübergehende leichte Irritation verursachen (Vorprüfung neuer Erzeugnisse im Tierversuch am Kaninchenauge).

b) Erzeugnisformen

Man unterscheidet im wesentlichen drei Typen:

Klare, flüssige Haarwaschmittel: wäßrige, besonders leicht und angenehm anwendbare Lösungen von Seifen und (oder) synthetischen waschaktiven Stoffen. Ihre Viscosität muß einerseits das Herabrinnen des Erzeugnisses von Hand und Kopf beim Auftragen verhindern, andererseits darf das Vermischen mit Wasser beim Anschäumen nicht durch eine zu dickflüssige Konsistenz erschwert werden.

Cremeförmige Shampoos: Sie variieren sehr stark in der Konsistenz wie im Aussehen, von flüssigen, durch entsprechende Zusätze (höhere Fettsäuren und ihre Salze, Fettalkohole, Glykol- und Glycerinester, Fettsäurealkylolamide, Alkylsulfate) getrübten Lösungen über fließende Emulsionen bis zu festen Pasten und klaren Gelen. Sie geben im allgemeinen dem Haar besonderen Glanz, Weichheit und Geschmeidigkeit.

Trockenshampoos: Zum Auflösen in Wasser kurz vor dem Gebrauch als Haarwaschmittel oder, in anderer Zusammensetzung (als Mischung adsorbierender Puderbestandteile mit milden Alkalien wie $NaHCO_3$ oder Borax) zum direkten, vorübergehenden Auftragen und anschließenden Wiederauskämmen zur Beseitigung übermäßiger Fettung von Haar und Kopfhaut.

Erwähnt seien in diesem Zusammenhang noch die sogenannten Ölshampoos, die Haar und Kopfhaut möglichst reizlos reinigen und das Haar zugleich glänzend und geschmeidig machen sollen. Sie basieren auf Gemischen pflanzlicher (z.T. sulfonierter) Öle und evtl. Mineralölen mit weiteren, auch in anderen Haarwaschmitteln üblichen Zusätzen.

c) Waschaktive Verbindungen

Wie aus der folgenden Zusammenstellung der wichtigsten in kosmetischen Kopfwaschmitteln gebräuchlichen waschenden und netzenden Tenside ersichtlich, eignen sich mehr oder weniger Vertreter aller vier Gruppen waschaktiver Stoffe zum Einsatz in Shampoos. Der Schwerpunkt liegt jedoch eindeutig bei den anionaktiven und daneben auch bei den amphoteren Verbindungen, welch letztere bei ihrer teilweise sehr guten Waschwirkung und ihren bacteriostatischen Eigenschaften in Zukunft voraussichtlich noch steigende Beachtung finden werden. Nichtionogene Substanzen mit ihren guten emulgierenden und reinigenden Eigenschaften werden vor allem in Cremeshampoos eingesetzt. Kationaktive werden seltener verwendet. Die bei Kontakt mit dem Auge zumeist nicht ungefährlichen quaternären Ammoniumverbindungen setzt man in schwachen Konzentrationen als bactericid wirkende Agentien oder wegen ihrer die Geschmeidigkeit und Kämmbarkeit des gewaschenen Haares günstig beeinflussenden und damit eine Nachbehandlung nach dem Shampoonieren erübrigenden Eigenschaften ein.

Seifen: Natrium-, Kalium- und Triäthanolaminseifen von Stearinsäure, Myristinsäure, Ölsäure, den Fettsäuren aus Cocosöl, Olivenöl, Palmöl, Ricinusöl, Rindertalg usw.

Alkylsulfate: Natrium-, Kalium-, Ammonium-, Magnesium-, Monoäthanolamin- und Triäthanolaminverbindungen, z.B. Natriumlaurylsulfat, Triäthanolaminlaurylsulfat, Natriumcetylsulfat, Natriumoleylsulfat, Natrium-2-äthylhexanolsulfat, Natrium-7-äthyl-2-methyl-4-undecanolsulfat, Natrium-3,9-diäthyl-6-tridecanolsulfat usw.

Oxäthylierte Alkylsulfate: z.B. Natriumpolyoxyäthylenlaurylsulfat, Natriumpolyoxyäthylendodecylsulfat.

Alkylarylsulfonate (auch oxäthylierte): z.B. Natriumdecylbenzolsulfonat, Natriumdodecylbenzolsulfonat, Triäthanolamindodecylbenzolsulfonat, Natriumisopropylnaphthylsulfonat.

Weitere Verbindungen: Sulfobernsteinsäurediester (Diäthylester, Dioctylester), Sulfobernsteinsäuremonoester, Natriumlaurylsulfoacetat, Natriumhexylsulfoacetat, Natrium-2-äthylhexylsulfoacetat, Natriumfettsäuremonoglyceridsulfat, alkylierte Isäthionate, z.B. Natriumlaurylisoäthionat.

Fettsäurealkylolamide, oxäthylierte Diamine, Natriumoleylmethylaminoäthylsulfat, Diäthylaminoäthyloleyl(stearyl)amid, Laurylmethylaminoäthylsulfonat, Oleylmethylaminoäthylsulfonat (= Ölsäuremethyltaurid), Cocosfettsäuremethyltaurid, Natriumlaurylsarkosid, Natriumoleylsarkosid, Natriumstearylsarkosid, Cocosfettsäuresarkosid, Eiweißfettsäurekondensationsprodukte (Lysalbinat, Protalbinat) usw.

Salze der N-Alkylaminosäuren, z.B. Natrium- und Triäthanolaminlauryl-β-aminopropionat und -dodecyl-β-aminopropionat, Alkylimidazolinderivate, Betaine (Introniumverbindungen) wie Dodecylbetain und Hexadecylbetain.

Sorbitanfettsäureester, Äthylenoxidaddukte und Propylenoxidaddukte der Sorbitanester, Alkylphenylpolyglykoläther (z.B. Octylphenyl- und Dodecylphenylpolyglykoläther), Fettsäurepolyglykolester, Fettalkoholpolyglykoläther.

d) Zusatzstoffe

Neben den waschaktiven Substanzen sollen weitere Komponenten dem Erzeugnis sonstige erwünschte Eigenschaften verleihen: geeignete Konsistenz bzw. Viscosität, gutes Schaumvermögen, Verträglichkeit für Haut und Haar, Verminderung der entfettenden Wirkung, Erhaltung oder Verbesserung des Aussehens und des Zustandes des Haares usw. Dazu gehören

Schaumverbessernde und stabilisierende Zusätze wie z.B. Fettsäuremono- und dialkylolamide, Alkylaminopropionate, Laurylalkohol, Cetylalkohol in kleinen Mengen.

Löslichkeit verbessernde Mittel: Äthanol, Propanol, Isopropanol, Glykole, Polyglykole, ätherische Öle.

Ausfällungen verhütende Komplexbildner: vor allem Polyphosphate (Natriumhexametaphosphat, Natriumtripolyphosphat, Tetranatriumpyrophosphat) und Äthylendiamintetraessigsäure, daneben auch oxäthylierte Sorbitanester.

Viscositätsregelnde Zusätze: Methylcellulose, Äthylcellulose, Hydroxyäthylcellulose, Carboxymethylcellulose, Alginate, Carragheenate, Karaya, Polyvinylalkohol, Polyvinylpyrrolidon, Polyglykolester, Fettsäurealkylolamide, z.B. Laurinsäurediäthanolamid, Nichtionogene, anorganische Salze usw.

Weitere Inhaltsstoffe, vor allem in Cremeshampoos: Stearinsäure und andere Fettsäuren, z.T. verseift mit Triäthanolamin o.a., Glycerinmonostearat, Glycerindistearat, Glycerinmonoricinoleat, Äthylenglykolmonostearat, Propylenglykolpalmitat, Propylenglykolstearat, Diglykolstearat, Behensäure, Cetylalkohol, Stearylalkohol, Walrat, Bienenwachs, Carnaubawachs, Magnesiumstearat, Zinkstearat, Magnesiumsilikat, Bentonit.

Haar und Kopfhaut pflegende Mittel wie Lanolin, Lanolinderivate, Cholesterin, Lecithin, Cetylalkohol, Oleylalkohol, Isopropylmyristat, Isopropylpalmitat, Diisopropyladipat, Butylstearat, Butylpalmitat, Polyglykolester (z.B. Polyglykol-400-monostearat), Glycerinmonostearat, Fettsäuremono- und -diäthanolamide, Harnstoff, Glycerin, Propylenglykol, Sorbit, Carboxymethylcellulose, Pflanzenauszüge (Kamille, Arnica, Birke usw.), Eipulver, Eigelb usw.

Aufheller, z.B. für weißes Haar β-Methylumbelliferon; zur Glanzerhöhung 4-Methylcumarine (4-Methyl-7-diäthyl-aminocumarin, 4-Methyl-5.7-dihydrocumarin), selten auch Farbstoffe (Haarfärbeshampoos).

Bacteriostatische und konservierend wirkende Mittel: p-Hydroxybenzoesäureester, Oxychinolin, Hexachlorophen, Thiobisdichlorphenol, Tetramethylthiuramdisulfid, Chlorsalicylsäuredichloranilid, Undecylensäuremono(di)äthanolamid und ihre Sulfobernsteinsäureester u.a., von quaternären Ammoniumbasen in schwachen Konzentrationen z.B. Cetyltrimethylammoniumbromid oder Laurylcolaminformylmethylpyridiniumchlorid.

Zur Analyse dieser Erzeugnisse vgl. vor allem S.H. NEWBURGER (1962, S. 36–43), ferner u.a. J.M. BROMLEY (1964), S. HITTNER (1950), G.E. MAPSTONE (1961) und G. SCHWARZ (1966).

V. Mund- und Zahnpflege

1. Mundwässer

a) Funktionen und Eigenschaften

Mundwässer haben folgende Aufgaben:

Erzeugung eines erfrischenden Gefühls in der Mundhöhle, Überdeckung und Verbesserung des Mundgeruchs.

Antiseptische Wirkung, Verhütung unerwünschter bakterieller oder enzymatischer Aktivität in der Mundhöhle.

Festigung und Pflege der Schleimhäute.

Verhütung von Caries und anderer pathologischer Erscheinungen in der Mundhöhle und an den Zähnen.

Mundwässer stellen alkoholische Lösungen geeigneter ätherischer Öle und anderer Wirkstoffe dar. Ihr Alkoholgehalt schwankt im allgemeinen zwischen 10% und 50%, auch mehr, genügend, um im gewünschten Temperaturbereich alle Inhaltsstoffe in Lösung zu halten. Beim Eintropfen in Wasser trübt sich die Lösung, falls keine Lösungsvermittler verwandt werden. Die dabei aus der Lösung austretenden Komponenten (Aromastoffe usw.) haften damit besser in der Mundhöhle.

b) Inhaltsstoffe

Zahnpflegemittel und Mundwässer überschneiden sich weitgehend in ihren Funktionen. Zwangsläufig haben sie damit auch eine Reihe von Inhaltsstoffen gemeinsam. In Mundwässern kommen in erster Linie die folgenden in Frage:

α) Aromatisierende Substanzen

Die Zahl dieser in Mundwässern in Konzentrationen von ca. 2% bis 12% gebrauchten Stoffe, zumeist ätherische Öle und ihre Inhaltsstoffe, ist sehr groß, die Auswahl je nach Geschmack und auch in den einzelnen Ländern sehr verschieden.

Genannt seien hier Anethol, Angelikawurzelöl, Anisöl, Carvacrol, Cassiaöl, Corianderöl, Citral, Citronellöl, Eucalyptol, Eugenol, Fenchelöl, Geraniol, Gewürznelkenöl, Kamillenöl, Kümmelöl, Krauseminzöl, Lavendelöl, Linalool, Linalylacetat, Menthol, Pfefferminzöl, Salbeiöl, Thymol, Wintergrünöl, Zimtöl.

β) Geschmacksstoffe

Zum Süßen wird meist Saccharin verwendet. Saccharose könnte cariesfördernd wirken. Weiter finden sich in Mundwässern in verhältnismäßig kleinen Mengen des öfteren Glycerin, Sorbit oder Propylenglykol.

γ) Bactericid wirkende Substanzen

Die Wirksamkeit bactericider bzw. bacteriostatisch wirkender Verbindungen in Mundwässern ist ebenso umstritten wie die Zweckmäßigkeit ihres Einsatzes angesichts der möglichen Beeinflussung auch der natürlichen Bakterienflora der Mundhöhle.

Im einzelnen seien die folgenden in Mundwässern verwendeten Verbindungen genannt:

Benzoesäure, Borsäure, Cetylpyridiniumchlorid und andere quaternäre Verbindungen in kleinen Mengen, Chlorthymol, Chlorxylenol, Hexylresorcin, p-Hydroxybenzoesäureester, Kaliumchlorat, Natriumperborat, Oxychinolinsulfat, Parachlormetakresol, Salicylsäure, Salol, Thymol, Zinkphenolsulfonat. Auch eine Reihe der unter α genannten ätherischen Öle besitzen eine mehr oder weniger starke bactericide Wirkung.

δ) Adstringierend wirkende Substanzen

Sie dienen der Festigung der Schleimhäute, der Verhütung oder Beseitigung von entzündlichen Erscheinungen, der Ausflockung von Speiseresten und anderem so leichter entfernbaren organischen Material.

Unter anderem finden sich in Mundwässern: Aluminiumverbindungen, Gerbstoffe, Milchsäure, Myrrhe, Zinkverbindungen, Zitronensäure.

ε) Oberflächenaktive Stoffe

Sie werden verwendet zur Unterstützung des reinigenden Effektes in der Mundhöhle und an den Zähnen, zur Intensivierung der Wirkung der Inhaltsstoffe. Einzelne wie Polyoxyäthylensorbitanmonolaurat oder Polyoxyäthylensorbitanmonostearat dienen als Lösungsvermittler.

ζ) Weitere Inhaltsstoffe

Zur Verhütung der Caries und zur Bildung eines Schutzfilms auf der Zahnoberfläche dienen die gleichen Verbindungen wie in Zahnpasten (vgl. dort), als entzündungswidrige Mittel z.B. Azulen, Kamille und Malve. Als Farbstoffe finden sich neben synthetischen auch solche tierischer oder pflanzlicher Herkunft wie Carmin oder Crocus.

2. Zahnpflegemittel

a) Funktionen und Eigenschaften

Folgende Funktionen werden von einer guten Zahnpasta verlangt:

schnelle, gründliche und schonende Reinigung der Zähne und der Zahnzwischenräume, zuverlässige Entfernung der auf der Zahnoberfläche sich bildenden Beläge unter möglichster Vermeidung einer den Zahnschmelz aufrauhenden Scheuerwirkung.

Anpolieren der Zahnoberfläche, um sie ästhetisch schöner und zugleich widerstandsfähiger gegen Verschmutzung und das Eindringen von Keimen zu machen.

Verhütung von Caries und Zahnsteinbildung.

Kräftigung und Festigung der Mundschleimhaut.

Verhütung oder Verhinderung bzw. Überdeckung unangenehmen Mundgeruchs. Angenehmer Geschmack und Verleihung eines Frischegefühles in der Mundhöhle.

b) Zusammensetzung

Dementsprechend setzt sich eine Zahnpasta im allgemeinen aus folgenden Bestandteilen zusammen:

α) Putzkörper

Die Zweckmäßigkeit der Verwendung eines schonend wirkenden Putzkörpers in einer Zahnpasta zur Unterstützung der Funktion der Zahnbürste wird allgemein anerkannt. Der verwendete Putzkörper soll einen maximalen Reinigungseffekt mit einem minimalen Scheuereffekt vereinen, um den Zahnschmelz zu schonen und zu polieren, jedoch nicht aufzurauhen (O. PFRENGLE, 1961). Er soll kornfrei sein. Seine Härte soll nach der Skala von MOHS im allgemeinen zwischen 2 und 3 liegen.

In Zahnpasten werden u.a. folgende Putzkörper verwendet:

Calciumcarbonat, di-basisches Calciumphosphat, Tricalciumphosphat und seine Hydrate (z.T. in Kombination mit Natriummetaphosphat), Calciumpyrophosphat (besonders in fluoridhaltigen Zahnpasten (D.S. BARRIE 1962), Calciumlactat, Calciumsulfat, Aluminiumhydroxid, Magnesiumoxid, Magnesiumhydroxid, Magnesiumtrisilikat, Magnesiumcarbonat, Magnesiumpyrophosphat, hydratisiertes Siliciumdioxid, unlösliche Silikate, Kunstharze.

β) Oberflächenaktive Substanzen (Reinigungsmittel)

In modernen Zahnpasten ist die früher meist verwendete Seife weitgehend durch andere oberflächenaktive Substanzen ersetzt. Diese sind neutral, reinigen in saurem wie in alkalischem Milieu und bilden keine Niederschläge mit Speichel oder hartem Wasser. Sie gewährleisten eine gute Ausschäumung der der Zahnbürste schwer zugänglichen Zwischenräume und Zahnfleischtaschen und damit dank ihrer netzenden und emulgierenden Wirkung die Reinigung auch dieser Stellen.

Neben dem besonders häufig in modernen Zahnpasten eingesetzten Natriumlaurylsulfat und anderen einfachen und äthoxylierten Alkylsulfaten sowie Alkylarylsulfonaten werden u.a. folgende Tenside verwendet: Natriumalkylsulfoacetat, Dinatriumoctylsulfosuccinat, Natrium-N-laurylsarkosinat sowie auch Nichtionogene, wie z.B. Sorbitanester.

γ) Feuchthalter

Zahnpasten stellen eine Aufschlämmung der festen Putzkörper mit einer flüssigen Phase dar. Um dem fertigen Erzeugnis eine stets gleichmäßige Konsistenz zu erhalten, werden ihm zumeist Glycerin, Sorbit oder auch Propylenglykol zugesetzt, evtl. im Gemisch. Diese Verbindungen können sich auch auf andere Eigenschaften der Zahnpasta günstig auswirken, wie auf Fließeigenschaften, Aussehen, Charakter und auf die Stabilität der verwendeten Aromen.

δ) Bindemittel

Zur Stabilisierung der Feststoffsuspension in der Zahnpasta dienen neben den dispergierenden oberflächenaktiven Stoffen vor allem eine Reihe von Schleimstoffen mittels ihres verdickenden, konsistenzerhöhenden Effektes und evtl. ihrer Schutzkolloidwirkung. Als solche werden je nach dem gewünschten Zweck verwendet:

Traganth, Karaya, Irisch Moos, Kaliumcarragheenat, Natriumalginat, Methylcellulose, Natriumcelluloseglykolat, Natriumcarboxymethylcellulose, Polyvinylpyrrolidon, Polyäthylenglykole verschiedener Kettenlänge usw. Zur Konservierung dienen p-Hydroxybenzoesäureester, Salicylsäure u.a. Zur Verwendung kommen teilweise auch kolloides, hydratisiertes Aluminiumsilikat (Bentonit) und komplexes, kolloides Magnesiumaluminiumsilikat (Veegum). Ein Zusatz von etwas Mineralöl oder Vaseline erhöht die Gleitfähigkeit des Erzeugnisses.

ε) Aroma- und Geschmacksstoffe

Geschmack und Geruch der Masse sollen überdeckt werden und beim Gebrauch der Zahnpasta den Wünschen des Verbrauchers entsprechen. Zu den wichtigsten Aromastoffen gehören Anisöl, Eucalyptusöl, Gewürznelkenöl, Krauseminzöl, Pfefferminzöl, Wintergrünöl. Zum Süßen dient Saccharin (neben Glycerin). Saccharose neigt zum Auskristallisieren.

ζ) Wirkstoffe

Solche finden sich in großer Mannigfaltigkeit in den verschiedenen Zahnpasten, um die reinigende und geruchsverhindernde Wirkung zu verbessern, die Cariesbildung zu verhüten oder zu reduzieren und Dysfunktionen der Mundhöhle auszuschließen.

Im einzelnen seien beispielsweise folgende Stoffe genannt:

reinigend und bacteriostatisch wirkend: Kaliumchlorat, Natriumperborat, Magnesiumperoxid, Alkohol, Chloroform, Bromchlorophen, quaternäre Ammoniumbasen (auch Saccharinate) usw.

adstringierend wirkend: Myrrhe, Gerbstoffe, Aluminiumverbindungen usw.

zur Bekämpfung der Caries: Natriumlaurylsulfat, Natriumlaurylsulfoacetat, Natriumdehydroacetat, Natrium-N-laurylsarkosinat, Diammoniumphosphat, Borax, Glykokoll, Harnstoff, Fluoride, z.B. SnF_2, Dinatriumfluorophosphat, Aminfluoride[1]

zur Bekämpfung des Zahnsteins und zur Bildung eines das Haften von Speiseresten usw. erschwerenden Schutzfilmes auf der Zahnoberfläche: Polyvinylpyrrolidon, Polysiloxane, Natriumsulforicinoleat, nichtionogene Verbindungen usw.

Enzyme: Pepsin, Pankreatin, Papain, Lipase

osmotisch wirkend: Mineralsalze (Meerwassersalze).

Außer den im Text genannten Autoren vgl. noch: S. Epstein u. Mitarb. (1943), K.F. Hoffmann (1960), T. Lammers (1961), I.M. Longfellow (1959), S. Nyström u. Mitarb. (1961), O. Pfrengle u. Mitarb. (1962), T. Rosenkranz u. Mitarb. (1959, 1961), H.J. Schmidt (1961), E. Wannenmacher (1961); Analyse: H.J. Achmeteli (1960), H. Breuer u. Mitarb. (1952), J. Mimra (1958), P. Vélon (1953), A. Sakuma u. Mitarb. (1963).[2]

---

[1] Als Höchstkonzentration für Fluoride schlug man von verschiedener Seite etwa folgende Werte, sämtlich berechnet auf F.

Alkali- oder Ammonium fluorphosphate:	0,4%
lösliche anorganische Fluoride:	0,2%
unlösliche anorganische Fluoride:	1,0%

[2] Zur Bestimmung von Sn und F in Zahnpasten vgl. auch: J. J. Hefferren, J. Soc. Cosmet. Chemish 18, 135—140 (1967).

VI. Verschiedenes

1. Parfümierung

Riechstoffe spielen in der Kosmetik eine wichtige Rolle. In Parfümen (Extraits) und Duftwässern (Kölnisch Wasser, anderen Lotionen und Toilettewässern wie Lavendelwasser, Eau de Toilette, Eau de Parfum usw.) sowie in verwandten Erzeugnissen wie Kölnisch Wasser-Stiften sind sie die die Qualität des Erzeugnisses bestimmenden Hauptbestandteile. In fast allen anderen kosmetischen Zubereitungen aber ist eine für den Verbrauchergeschmack gut gewählte, einen etwaigen Massegeruch gut überdeckende und auf den jeweiligen Artikel und seinen gedachten Verwendungszweck abgestimmte Parfümierung ebenfalls ein wesentlicher, oft entscheidend wichtiger Bestandteil.

Parfümierungen stellen Mischungen von Riechstoffen verschiedener Art dar, und zwar

a) natürlich vorkommende, zumeist aus ihren Ausgangsstoffen durch Destillation, Extraktion oder Auspressen (verschiedene Citrusöle) mehr oder weniger rein gewonnene Substanzen oder Substanzgemische pflanzlicher oder tierischer Herkunft bzw. daraus isolierte, evtl. chemisch veränderte (z.B. veresterte) Einzelstoffe. Unter den geruchstragenden Inhaltsstoffen finden sich Kohlenwasserstoffe, Alkohole, Äther, Säuren, Ester, Aldehyde, Ketone, Phenole, Phenoläther, Lactone usw.

b) synthetisch gewonnene, chemisch einheitliche, definierte Verbindungen.

c) Von Spezialfirmen der Riechstoffindustrie angebotene Kompositionen (Basen) z.T. mit sonst noch unbekannten Riechstoffen, zum Einsatz in neu zu entwickelnden Parfümformeln.

Die meisten Parfümrezepte enthalten eine verhältnismäßig große Anzahl von Riechstoffen. Abgesehen von rein der Aromatisierung etwa von Zahnpasten, Mundwässern o.a. dienenden Gemischen schwankt die Zahl der Einzelbestandteile in der Regel zwischen 20–100 und mehr. Angesichts der unabsehbaren Vielfalt der möglichen Variationen in der Art der eingesetzten Komponenten und der für jeden Bestandteil wählbaren Dosierung bis herab zu unterschwelligen Spuren und der so erzielbaren Effekte ist die schwierige Schaffung guter, neuer Geruchskompositionen auch heute noch trotz aller inzwischen erarbeiteten Erkenntnisse vorwiegend mühsame Empirik und schöpferische Kunst, eine gute Formel daher gut gehütetes Geheimnis.

Bei dem Aufbau eines neuen Parfüms wird eine die eigentliche Geruchsidee in etwa darstellende Grundformel mit mittelflüchtigen Bukettierungsstoffen (modificateurs) sowie mit schwerflüchtigen, dank ihrer Lösungseigenschaften auch die Verdunstung leichter siedender Riechstoffe erschwerenden, zugleich meist Fülle und Wärme gebenden „Fixateuren“ versetzt. Leichtflüchtige, niedrig siedende „Kopfnoten“ („Spitzen“), z.B. Aldehyde oder Acetale sollen schließlich der Mischung einen frischen, einprägsamen Angeruch verleihen, während weitere Zusätze notfalls der endgültigen Abrundung dienen. Denn oft beeinflussen kleine und kleinste Mengen geeigneter Riechstoffe das Gesamtbouquet und ergeben dann erst die noch fehlenden Schattierungen, damit die volle lebendige Wirkung.

Die gewählte Parfümierung darf die Eigenschaften der Masse, z.B. den Emulsionsverband oder die Farbe des Erzeugnisses nicht beeinträchtigen. In flüssigen Zubereitungen muß das Riechstoffgemisch klar löslich sein, auch bei tiefen Temperaturen, gegebenenfalls unter Einsatz eines Lösungsvermittlers. Die Parfümkonzentration liegt bei kosmetischen Erzeugnissen wie Cremes, Lotionen usw. im allgemeinen zwischen 0,1% und 1,0%, bei bestimmten Erzeugnissen auch höher, bei Eau de Toilette, Eau de Parfum, Cologne, Deo-Cologne usw. zwischen 1% und 5%, bei ausgesprochenen Parfüms (Extraits) bei 10–25% und höher.

Eine Anzahl Riechstoffe können Hautirritationen und allergische Erscheinungen hervorrufen. Jede neue Parfümierung ist deshalb vor der Einführung in den Handel, auch im Fertigerzeugnis, also in Kombination mit der Masse, besonders sorgfältig auf Hautverträglichkeit zu testen. Man vergleiche hierzu J. S. FEINBERG (1959), H. C. FRIEDERICH u. Mitarb. (1958), E. GILDEMEISTER u. Mitarb. (1956), GREENBERG u. Mitarb. (1954), E. G. KLARMANN (1954, 1958), A. MÜLLER (1951), H. SCHMIDT (1958), W. SCHWEISHEIMER (1964).

Betreffs der Analyse ätherischer Öle sei auf das entsprechende Kapitel dieses Handbuches verwiesen sowie auf E. GUENTHER (1948) und E. GILDEMEISTER u. Mitarb. (1956); zur Bestimmung von Riechstoffen in kosmetischen Zubereitungen auf R. N. BEWITT u. Mitarb. (1963), S. DIETZE (1961), H. VAN DEN DOOL (1959), F. EXNER (1963), A. FIORE (1962), B. A. HOLNESS (1961), G. JELLINEK (1962), M. H. KLOUWEN u. Mitarb. (1962), J. R. NAVES (1963), H. STONE (1963).

An weiterer Literatur vgl. u.a.: E. SILKIN (1965) und P. H. WITJENS (1963).

2. Färbemittel

Welche Farbstoffe und Farbpigmente in kosmetischen Zubereitungen in der Bundesrepublik verboten sind bzw. als unbedenklich zugelassen werden können, ist an folgenden Stellen festgelegt:

a) Gesetz, betreffend die Verwendung gesundheitsschädlicher Farben bei der Herstellung von Nahrungsmitteln, Genußmitteln und Gebrauchsgegenständen (Farbengesetz) vom 5. 7. 1887, § 1, Abs. 2 und § 3.

§ 1, 2: „Gesundheitsschädliche Farben im Sinne dieser Bestimmung sind diejenigen Farbstoffe und Farbzubereitungen, welche: Antimon, Arsen, Baryum, Blei, Cadmium, Chrom, Kupfer, Quecksilber, Uran, Zink, Zinn, Gummigutti, Korallin, Pikrinsäure enthalten."

§ 3: „Zur Herstellung von kosmetischen Mitteln (Mitteln zur Reinigung, Pflege und Färbung der Haut, des Haares oder der Mundhöhle), welche zum Verkauf bestimmt sind, dürfen die in § 1, Abs. 2 bezeichneten Stoffe nicht verwendet werden.

Auf schwefelsaures Baryum (Schwerspath, blanc fixe), Schwefelcadmium, Chromoxyd, Zinnober, Zinkoxyd, Zinnoxyd, Schwefelzink sowie auf Kupfer, Zinn, Zink und deren Legierungen in Form von Puder findet diese Bestimmung nicht Anwendung."

b) Mitteilung 11 der Farbstoff-Kommission der Deutschen Forschungsgemeinschaft vom 5. III. 1962 (Ausgabedatum Januar 1963).

Die in Mitteilung 11 aufgezählten Lebensmittelfarbstoffe können ohne Einschränkung für kosmetische Erzeugnisse Verwendung finden (vgl. hierzu auch die Verordnung über die Zulassung färbender fremder Stoffe (Farbstoff-Verordnung) vom 19. XII. 1959).

c) Mitteilung 3 der Farbstoff-Kommission der Deutschen Forschungsgemeinschaft vom 1. IX. 1962 (Vorläufige Liste der Färbemittel für Kosmetika. Ausgabedatum Januar 1963).

In dieser Mitteilung 3 werden die Pigmente und Farbstoffe, zusammenfassend als Färbemittel bezeichnet, aufgeführt, die für die Verwendung in kosmetischen Erzeugnissen als vorläufig annehmbar erscheinen. Die Liste ist also nicht als endgültig anzusehen, bedingt durch das Fehlen der zu einer endgültigen toxikologischen Beurteilung ausreichenden experimentellen Unterlagen bei vielen Farbstoffen. Sie ist daher jederzeit offen für Veränderungen, Streichungen und Neuaufnahmen, wozu z.B. die Fachgruppe Färbemittel der Gesellschaft Deutscher Kosmetik-Chemiker in laufender Vorarbeit Vorschläge brachte. In der Mitteilung 3 wurden auch die in anderen Ländern bereits bestehenden bzw. in Vorbereitung befindlichen Listen von Kosmetikfarbstoffen berücksichtigt, welche jedoch in ihrem Inhalt z.T. stark abweichen (vgl. z.B. für die USA H.D. Goulden, 1965).

Färbemittel für Kosmetika, die auch mit Schleimhäuten und Halbschleimhäuten in Berührung kommen, müssen schärfer beurteilt werden als die nur für eine begrenzte äußerliche Anwendung bestimmten. Demzufolge werden die Färbemittel der Mitteilung 3 je nach ihrem Anwendungsbereich in drei Gruppen unterteilt:

C: für alle kosmetischen Zwecke, auch zur Verwendung auf oder in der Nähe von Schleimhäuten und Halbschleimhäuten (Lippenstifte und Augen-make up), nicht zulässig für Zahnpflegemittel und Mundwässer, für die außer C-WR-Rot 12 und C-Rot 41 nur Lebensmittelfarbstoffe verwendet werden dürfen.

C ext.: nur für äußerlich angewandte Kosmetika, auch bei längerer Verweildauer auf der Haut; nicht zulässig für kosmetische Erzeugnisse, die zur Anwendung auf oder in der Nähe von Schleimhäuten und Halbschleimhäuten bestimmt sind.

C-WR: nur für kosmetische Erzeugnisse, die schon nach kurzer Verweildauer auf der Haut wieder abgespült werden, wie Wasch- und Reinigungsmittel. Nicht zulässig für kosmetische Erzeugnisse zur Verwendung mit längerer Verweildauer auf der Haut oder in der Nähe von Schleimhäuten und Halbschleimhäuten.

In der Liste der Mitteilung 3 nicht aufgeführt sind die Mittel zum Färben der lebenden Haut und der lebenden Haare. Für diese wird lediglich eine Vorprobe zwecks Ausschluß ihrer Anwendung bei dadurch erkannten überempfindlichen Personen vorgeschrieben. Betreffs der Beurteilung von Haarfarben sei neben den Giftverordnungen (z.B. p-Phenylendiamin) vor allem auf die in Vorbereitung befindliche Verordnung betr. einer Liste von Stoffen verwiesen, deren Verwendung in Körperpflegemitteln verboten oder nur beschränkt zulässig sein soll.

Gemäß der Mitteilung 3 werden an für den Anwendungsbereich der Gruppe C bestimmte Färbemittel die gleichen Reinheitsanforderungen gestellt wie an Lebensmittelfarbstoffe (Nachweismethoden sind in der Mitteilung 12 der Deutschen Forschungsgemeinschaft enthalten). Im einzelnen gelten folgende Höchstgrenzen:

5 mg/kg	As
20 mg/kg	Pb
je 100 mg/kg	Sb, Ba (als Sulfat), Cr, Cu, Zn einzeln, insgesamt jedoch nicht mehr als 200 mg/kg.

Soweit Verlackungen, Komplexverbindungen oder mineralische Pigmente (diese im Auszug mit n/10 HCl prüfen) vorliegen, beziehen sich diese Höchstmengen nicht auf die diesen Färbemitteln zugrunde liegenden Schwermetalle.

Für die Gruppen C-ext. und C-WR gelten folgende Höchstgrenzen:

10 mg/kg	As
100 mg/kg	Pb
500 mg/kg	übrige Schwermetalle, einzeln oder zusammen.

An organischen Verunreinigungen dürfen alle drei Gruppen kosmetischer Zubereitungen nicht mehr als 0,02% aromatische Amine enthalten. Nicht nachweisbar sein dürfen 2-Aminonaphthalin, 4-Aminodiphenyl (Xenylamin), Benzidin und aromatische Kohlenwasserstoffe mit mehr als drei kondensierten Ringen.

Gesetzeskraft hat die Liste der Mitteilung 3 im Augenblick (1965) nicht. Ihre Vorschriften werden aber von den Herstellern kosmetischer Mittel u.w. allgemein befolgt.[1]

Zu dem oben Gesagten sei noch auf die Arbeiten folgender Autoren verwiesen: U. Boelcke (1961, 1962a, 1962b), E.S. Bruzer (1963), G. Carrière u. Mitarb.

[1] In Vorbereitung ist eine entsprechende Liste, die für die EWG-Staaten verbindlich werden soll.

(1965), G. EVERTS (1962), H.D. GOULDEN (1962, 1965), J. MAYMO (1962a, 1962b), J. PINTÉR u. Mitarb. (1963), R. SEIDEN (1964), *Gesellschaft Deutscher Kosmetik-Chemiker* (1962); zum Thema Analyse bzw. Bestimmung von Färbemitteln in kosmetischen Erzeugnissen auf J. CALLISON u. Mitarb. (1962), TH.P. COTSIS u. Mitarb. (1964), K.A. FREEMAN (1949), J.M. PLA-DELFINA (1962), A. SHANSKY u. Mitarb. (1963) und S.N. TEWARI (1960).

Bibliographie

a) Erzeugnisse, Grundstoffe, spezielle Bestandteile, allgemeine Fragen

Association of Food and Drug Officials of the United States: Appraisal of the safety of chemicals in foods, drugs and cosmetics. Austin: Texas State Department of Health 1959.
CERBELAUD, R.: Formulaire de Parfumerie. Paris: Edition Opéra 1951.
v. CZETSCH-LINDENWALD, K.: Makromolekulare Stoffe in Pharmazie und Kosmetik. Heidelberg: A. Hüthig 1963.
— u. H.P. FIEDLER: Hilfsstoffe für Pharmazie und angrenzende Gebiete. Aulendorf: Editio Cantor 1960.
Deutsche Forschungsgemeinschaft, Farbstoffkommission: Mitteilung 3: Vorläufige Liste der Färbemittel für Kosmetika. Wiesbaden: F. Steiner 1963.
— — — Mitteilung 11: Empfehlungen zur Färbung von Lebensmitteln, Arzneimitteln und Gebrauchsgegenständen. Wiesbaden: F. Steiner 1963.
FEINBERG, J.G.: Cosmetics, Allergy and Skin; In: Cosmetic Science. Hrsg. von A.W. Middleton: S. 293—310. London: Butterworth 1959.
FIEDLER, H.P.: Der Schweiß. Aulendorf: Editio Cantor 1955.
FREYTAG, H.: Haarbehandlungsmittel; in Ullmanns Encyklopädie der technischen Chemie, Bd. 10, S. 727—760. München-Berlin: Urban und Schwarzenberg 1958.
FRIEDERICH, H.C.: Unverträglichkeitserscheinungen an der Haut und an den Hautanhangsgebilden durch Hilfsmitteln der dekorativen Kosmetik. In: Dermatologie und Venerologie. Hrsg. von H.A. GOTTRON u. W. SCHÖNFELD Bd. II, Teil 1, S. 406—444. Stuttgart: Thieme 1958.
Gesellschaft Deutscher Kosmetik Chemiker: Handelsnamen von Färbemitteln für Kosmetika. Wiesbaden. F. Steiner 1962.
GREENBERG, L.A., and D. LESTER: Handbook of cosmetic materials. New York: Interscience Publishers 1954.
HARRY, R.G.: The principles and practice of modern cosmetics. Bd. 1: Modern cosmeticology. Bd. 2: Cosmetic materials. London: Leonard Hill 1962 (Bd. 1), 1963 (Bd. 2).
HIBBOTT, H.: Handbook of cosmetic science. London: Pergamon Press 1963.
JANISTYN, H.: Riechstoffe, Seifen, Kosmetika. Heidelberg: A. Hüthig 1950.
JELLINEK, J.ST.: Kosmetologie. Heidelberg: A. Hüthig 1959.
IPPEN, H.: Lichtschäden und Lichtschutz durch Kosmetika. Heidelberg: A. Hüthig 1957.
KEITHLER, W.R.: The formulation of cosmetics and cosmetic specialties. New York: Drug and Cosmetic Industry 1956.
MASCH, L.-W.: Kosmetische Chemie. Bericht über den Kongreß der Gesellschaft Deutscher Kosmetik-Chemiker in Bonn 1958. Vorträge und Diskussionen. Heidelberg: A. Hüthig 1958.
— Bericht über den ersten Kongreß der Internationalen Föderation der Gesellschaften der Kosmetik-Chemiker in München 1960. Vorträge und Diskussionen. Heidelberg: A. Hüthig 1961.
MIDDLETON, A.W.: Cosmetic science. London: Butterworth 1959.
MOYNAHAN, E.J.: The patch test in the diagnosis and prevention of cosmetic dermatitis. In: Cosmetic science. Hrsg. von A.W. MIDDLETON, S. 161—179. London: Butterworth 1959.
MÜLLER, A.: Die physiologischen und pharmakologischen Wirkungen der ätherischen Öle, Riechstoffe und verwandten Produkte. Heidelberg: A. Hüthig 1951.
DE NAVARRE, M.G.: Chemistry and manufacture of cosmetics. New York: van Nostrand 1941; 1962.
— International encyclopedia of cosmetic material trade names. New York: Moore Publishing Company 1957.
PLECHNER, S.L.: Antiperspirants and deodorants. In: Cosmetics. Hrsg. von E. SAGARIN, S. 719. New York: Interscience Publishers 1957.
POUCHER, W.A.: Perfums, Cosmetics and Soaps. London: Chapman and Hall 1956.

Rothemann, K.: Das große Rezeptbuch der Haut- und Körperpflegemittel. Heidelberg: A. Hüthig 1963.
Sagarin, E.: Cosmetics; science and technology. New York: Interscience Publishers 1957.
Sidi, E.: Verträglichkeit von kosmetischen Präparaten. Heidelberg: A. Hüthig 1957.
Toilet Preparations Federation Ltd.: Specification Standards. London: 1957.
Tronnier, H.: Über die Wirkungsweise indifferenter Salben und Emulsionstypen an der Haut in Abhängigkeit von ihrer Zusammensetzung. Aulendorf: Editio Cantor 1964.
Ullmanns Encyklopädie der technischen Chemie: Kosmetica, Bd. X, S. 682—762. München-Berlin: Urban & Schwarzenberg 1958.
United States Department of Agriculture; Food and Drug Administration: Federal Food, Drug, and Cosmetic Act and General Regulations for its Enforcement. Washington: U. S. Superintendent of Documents 1939.
Winter, F.: Handbuch der gesamten Parfümerie und Kosmetik. Wien: Springer 1949.

b) Analyse kosmetischer Zubereitungen

Association offic. agricultural Chemists Inc.: Official methods of analysis. Washington: Association offic. agricultural Chemists Inc. 1960.
Codex alimentarius austriacus: XIII: Kosmetische Mittel. Wien: Springer 1929.
Deutsche Forschungsgemeinschaft, Farbstoffkommission: Mitteilung 12: Untersuchungsmethoden zur Prüfung der Reinheit von Lebensmittelfarbstoffen. Wiesbaden: F. Steiner 1964.
Deutsche Gesellschaft für Fettwissenschaft: DGF-Einheitsmethoden. Stuttgart: Wissenschaftliche Verlagsanstalt 1950ff..
Dool, H. van den: Analytical Methods in assessing the value of perfumery raw materials. In: Cosmetic Science. Hrsg. von A. W. Middleton; London: Butterworth 1959.
Forster, D., u. N. Schwartz: Performance and evaluation of cosmetics. In: Cosmetics, Hrsg. von E. Sagarin p. 977—997, New York: Interscience Publisher 1957.
Guenther, E.: The essential oils. Vol. 1. New York: van Nostrand 1948.
Newburger, S. H.: A manual of cosmetic analysis. Washington: Association offic. agricultural Chemists Inc. 1962.
Société Française de Cosmétologie: Analyse Cosmétique. Lyon: Société Française de Cosmétologie 1953.
Toilet Goods Association: Assay methods of the Board of Standards of the TGA. — Material standards and specifications. New York: Toilet Goods Association Inc. 1947ff.

Zeitschriftenliteratur

a) Erzeugnisse, Grundstoffe, spezielle Bestandteile, allgemeine Fragen

Alexander, P.: Bubble baths. Manuf. Chemist **36,** 4 (1965); zit. nach Drug and Cosmet. Ind. **96,** 556 (1965).
Baker, W.: Antibiotic considerations in the cosmetic and allied fields. Drug and Cosmet. Ind. **80,** 458—460, 552—553 (1957).
Barrie, D. S.: The use of fluorides in anticariogenic dentifrices. Amer. Perf. Cosmet. **77,** 39—43 (1962).
Basson, C.-P.: Körperpflegemittelproduktion in steilem Anstieg. Volkswirt Nr. 18, Beiheft (1964).
Bergwein, H.: Der moderne Lippenstiftaufbau. Parf. u. Kosmet. **38,** 95—100 (1957).
Berth, P., u. G. Reese: Veränderung des Haarkeratins durch kosmetische Behandlung und natürliche Umwelteinflüsse. Beschreibung und Anwendungsmöglichkeiten einer modifizierten Cu-Wertbestimmungsmethode. J. Soc. Cosmet. Chemists **15,** 659—666 (1964).
Bien, R. R.: The action of antiperspirant creams on fabrics. Proc. Sci. Sect. TGA **4,** 8 (1945).
Boelcke, U.: Gibt es den idealen Nagellack? Parf. u. Kosmet. **38,** 100—101 (1957).
— Anwendungstechnische Forderungen an Färbemittel für Lippenstifte. J. Soc. Cosmet. Chemists **12,** 468—473 (1961).
— Färbemittel für Lippenstifte. Parf. u. Kosmet. **43,** 381—384 (1962).
— Färbemittel für Make up-Präparate, Augenkosmetik und Nagellack. Parf. u. Kosmet. **43,** 384—387 (1962).
Broadbent, A. D.: Reactive dyes as colorants for human hair. Amer. Perf. Cosmet. **78,** H. 3, 21—26 (1963).
Brun, R.: Untersuchungen über die Schweißsekretion. Parf. u. Kosmet. **39,** 891—893 (1958).
Bruzer, E. S.: Über die bei kosmetischen Präparaten verwendeten Farbstoffe (ungarisch). Olaj, Szappan, Kozmetika 12, S. 114—118 (1963); zit. nach Parf. u. Kosmet. **45,** 138 (1964).

BUETTNER, K. J. K.: The moisture of human skin as affected by water transfer. J. Soc. Cosmet. Chemists **16**, 133—143 (1965).
BURNETTE, L. W.: A review of the physiological properties of polyvinylpyrrolidone. Proc. Sci. Sect. TGA **38**, 1—4 (1962).
BURTON, D. N.: Cationic cosmetics and pharmaceuticals. Manuf. Chemist **22**, 267—269 (1951).
CARRIÉ, C.: Zur Wirkung neuerer Bade- und Waschmittel auf die Hautoberfläche des Menschen. Riechstoffe, Kosmetika, Seifen **67**, H. 3, 25—28 (1965).
CARRIÈRE, G.: Classification of emulsifiers. Amer. Perf. Cosmet. **77**, H. 10, 119—133 (1962).
— Directory of emulsifiers. Amer. Perf. Cosmet. **79**, H. 3, 27—69 (1964).
— Harmonisation des législations sur les produits cosmétiques. Parf., Cosmét., Savons **8**, 318—323 (1965).
— u. G. LuftCosmetic colors in the common market. Amer. Perf. Cosmet. **80**, H. 10, 37—42 (1965).
CARSON, St., M. S. WEINBERG and R. GOLDHAMER: An improved method for testing the safety of hair dye preparations. J. Soc. Cosmet. Chemists **16**, 747—761 (1965).
COLLINS, G. F., and J. E. CHRISTIAN: Antiperspirant properties of Cerium and Lanthanium sulfamates. J. Amer. Pharm. Ass. Sci. Ed. **47**, 25 (1958); zit. nach M. G. DE NAVARRE (1962).
COLSON, R.: Sucro-esters and sucro-glycerides. Soap, Perf., Cosmet. **35**, 145—147 (1962).
DALEY, E. W.: Antiperspirant testing — comparison of two methods. Amer. Perf. **74**, H. 6, 37—42 (1959).
DANIELS, F.: Some comments and suggestions for the measurement of the protection effect of sunscreens. J. Soc. Cosmet. Chemists **15**, 709—716 (1964).
DOHR-LUX, R., u. G. LIETZ: Pharmakologisch-toxikologische und dermatologische Untersuchungsmethoden. Parf. u. Kosmet. **46**, 256—259, 289—293, 323—326 (1965).
DRUCKREY, H.: Die Verhütung chronisch-toxischer Gefahren von Kosmetika. Parf. u. Kosmet. **44**, 245—247 (1962). Arzneimittel-Forsch. **12**, 729—732 (1962).
EPSTEIN, S., and M. L. TAINTER: The relationship of particle size and other properties of dentifrice ingredients to tooth and brush abrasion of enamel. J. Dental Research **22**, 335—339 (1943).
EVERTS, G.: Färbemittel zum Anfärben kosmetischer Präparate. Parf. u. Kosmet. **43**, 387—388 (1962).
FERGUSON, E. H.: A note on axillary odor. J. Invest. Dermat. **24**, 567 (1955).
FISCHER, R., and P. LAROSE: Quaternaries, bacteria and pH. Nature (Lond.) **170**, 715 (1952); zit. nach Manuf. Chemist **24**, 1 (1953).
FISHBACH, A. L.: Lipsticks — their formulation, manufacture and analysis. J. Soc. Cosmet. Chemists **5**, 242 (1954).
— Eye make up. Amer. Perf. Cosmet. **79**, H. 10. 47—50 (1964).
FREYTAG, H.: Über die Wirkungen des Ammoniumthioglycolat/Ammoniaksystems auf menschliches Haar. Fette u. Seifen **58**, 245—253 (1956).
— Über den heutigen Entwicklungsstand von Haarkosmeticis. Ästhet. Med. **9**, 272—277 (1960).
— Beitrag zur Kenntnis des physikalischen und chemischen Verhaltens von Humanhaaren. J. Soc. Cosmet. Chemists **11**, 555—560 (1960).
— Untersuchungen über das Phänomen der Dauerverformung menschlichen Haares. J. Soc. Cosmet. Chemists **15**, 667—690 (1964).
— Über die Methoden zur Untersuchung kosmetisch behandelter Haare. Fette u. Seifen **67**, 73—78 (1964).
FRIEDERICH, H. C., u. P. H. WITJENS: Zur Frage der Verträglichkeit synthetischer Duftstoffe an der Haut des Menschen. Med. Kosmet. **7**, 253—258 (1958).
— — Neue Ergebnisse der Epikutanteste von Riechstoffen beim Menschen. Parf. u. Kosmet. **39**, 893—897 (1958).
GERENDE, L. J.: Some statistical aspects of the safety of cosmetics. J. Soc. Cosmet. Chemists **16**, 145—153 (1965).
GOLBERG, L.: The assessment of safety in use: just how much is contributed by feeding studies in animals? J. Soc. Cosmet. Chemists **15**, 177—194 (1964).
GOLDEMBERG, R. L.: Hair coloring — modern formulation considerations. J. Soc. Cosmet. Chemists **10**, 291—306 (1959).
— Cosmetics are safe. Drug and Cosmet. Ind. **92**, 34—36, 90, 106 (1963).
— Use of anti-irritants in cosmetic formulations. J. Soc. Cosmet. Chemists **16**, 317—340 (1965).
GOULDEN, H. D.: TGA and Color Tests. Drug and Cosmet. Ind. **91**, 286—288 (1962).
— Guide to cosmetic color additives. Drug and Cosmet. Ind. **96**, 166—167 (1965).
GUMP, W. S.: Hexachlorophene in cosmetics. Drug and Cosmet. Ind. **82**, 622—623, 713—716 (1953).

Haensch, R., u. W. Blaich: Therapeutisch-kosmetische Fettapplikation durch Zusatz in Bädern. Fette u. Seifen **64**, 854—856 (1962).
— Cosmetic and therapeutic application of oil during bathing. Amer. Perf. Cosmet. **79**, H. 7, 29—30 (1964).
Haller, T.: Dermatologische Untersuchung der Unschädlichkeit kosmetischer Präparate (ungarisch). Olaj, Szappan, Kozmetika **12**, 116—118 (1963); zit. nach Parf. u. Kosmet. **45**, 18 (1964).
Harris, R. C.: Hair lacquer systems and their evaluation. J. Soc. Cosmet. Chemists **14**, 469—490 (1963).
Heald, R. C.: Active ingredients for hair tonics. Amer. Perf. Cosmet. **79**, H. 8, 23—27 (1964).
— Methods of dying hair without the use of an oxidizing agent. Amer. Perf. Cosmet. **79**, H. 4, 40—51 (1964).
Heilingötter, R.: Die Färbung des Haares mit Oxydationsfarbstoffen. Fette u. Seifen **66**, 215—217 (1964).
Henk, H. J.: Reaktionen der Thioglykolsäure mit Haarkeratin. Fette u. Seifen **64**, 94—95 (1962).
Hilfer, H.: Liquefying Creams. Drug and Cosmet. Ind. **72**, 620—621 (1953).
— Cleansing Creams. Drug and Cosmet. Ind. **74**, 350—351, 451—452 (1954).
— Lipstick developments. Drug and Cosmet. Ind. **74**, 644—645, 734 (1954).
Herzberg, J. J.: Einwirkung von Tensiden in Badezusätzen auf die Haut. J. Soc. Cosmet. Chemists **15**, 233—244 (1964).
— Zur Frage der Hautverträglichkeit von optischen Aufhellern. Fette u. Seifen **66**, 374—377 (1964).
Hoffmann, K. F.: Zahn- und Mundpflege mit Äthylalkohol, eine prophylaktische Maßnahme. Med. Mschr. **45**, 317—319 (1960).
Hopf, G.: Sensibilisierende Mittel und Schutzmittel gegen die Einwirkung von Lichtstrahlen auf die Haut. Med. Klinik **38**, 529—532 (1942).
— Empfehlungen für die Prüfung kosmetischer Präparate auf Hautverträglichkeit und Sensibilisierung (Gemeinschaftsarbeiten der DGF). Fette u. Seifen **67**, 974—977 (1965).
— Die lebensmittelrechtliche Behandlung der Kosmetika in der Deutschen Bundesrepublik. Fette u. Seifen **68**, 377—379 (1966).
— u. J. Burmeister: Das Haftvermögen von Waschrohstoffen in Textilien und auf der menschlichen Haut. Fette u. Seifen **55**, 178—180 (1953).
Hunter, M. C., D. P. Roman and R. S. Shumard: Cutaneous antiseptic activity of 2.2'-thiobis-4.6-dichlorophenol. Proc. Sci. Sect. TGA **18**, 18 (1952).
Ikai, K.: Deodorizing experiments with ion-exchange resins. J. Invest. Dermat. **24**, 567 (1955).
Ippen, H.: „Strahlenumwandlung" durch Lichtschutzpräparate. Arzneimittel-Forsch. **10**, 601—604 (1960).
— Untersuchungen zur Einschränkung von Hautschäden durch Kosmetika. Fette u. Seifen **63**, 177—180 (1961).
— Lichtschäden der Haut. J. Soc. Cosmet. Chemists **14**, 566—576 (1963).
Ippen, M., and H. Ippen: Approaches to a prophylaxis of skin aging. J. Soc. Cosmet. Chemists **16**, 305—308 (1965).
Jacobi, O.: Skin irritation by lipstick. Amer. Perf. **73**, H. 4, 49—53, 69 (1959).
— Tierexperimentelle Prüfungen kosmetischer Präparate. Parf. u. Kosmet. **44**, 161—164 (1962).
— Die Biochemie und Physiologie als Grundlage der Kosmetik. J. Soc. Cosmet. Chemists **16**, 729—738 (1965).
Janistyn, H.: Beitrag zur Kenntnis der Inhaltsstoffe der Hamamelis virginiana. Parf. u. Kosmet. **45**, 335—337 (1964).
Jänner, M.: Äthisteron in der dermatologischen Kosmetik. (Noch unveröffentlicht).
Jass, H. E.: The structure, function and formulation of typical sun screens. Practical problems. J. Soc. Cosmet. Chemists **14**, 631—640 (1963).
Kärber, G.: Zu einer Neuregelung des Verkehrs mit kosmetischen Mitteln. Bundesgesundheitsblatt **5**, 137—139 (1962).
Kaliopissis, G., A. Bugaut and J. Bertrand: Synthesis and use in hair preparations of some new quaternary dyes derived from anthraquinone. J. Soc. Cosmet. Chemists **15**, 411—422 (1964).
Kalish, J.: Zirconium deodorants. Drug and Cosmet. Ind. **76**, 762—763 (1955).
— Aluminium chlorhydroxy lactate complex. Drug and Cosmet. Ind. **79**, 318—319, 417 (1956).
Kass, G. S., and L. Hoehn: Color reactions of oxydation dye intermediates. J. Soc. Cosmet. Chemists **12**, 146—154 (1961).

Kaufmann, T.: The newer bath oils. Amer. Perf. Cosmet. **80**, H. 2, 29—31 (1965).

Kaufmann, T. G., H. Lehmann and R. J. Tkaczuk: Some uses and applications of polyglycerol esters in cosmetic and pharmaceutical preparations. J. Soc. Cosmet. Chemists **15**, 473—483 (1964).

Keil, F.: Die Quellung des Haares in Kaltwellmitteln; Untersuchungen im polarisierten Licht. J. Soc. Cosmet. Chemists **11**, 543—554 (1960).

Kinmont, P. D. C.: Skin reactions to cosmetic preparations. J. Soc. Cosmet. Chemists **15**, 3—32 (1964).

Klarmann, E. G.: The cosmetic aspects of estrogenic hormones. J. Soc. Cosmet. Chemists **1**, 406 (1949).

— Perfume and skin. Amer. Perf. **64**, H. 2, 425—430 (1954). Perf. Ess. Oil Record **46**, 48—54 (1954).

— Chemical and bacteriological aspects of antiperspirants and deodorants. J. Soc. Cosmet. Chemists **7**, 85—108 (1956).

— Perfume dermatitis. Ann. Allergy **16**, 425—434 (1958); zit. nach Zbl. f. Haut- u. Geschl. Krankh. **102**, 284 (1959).

— Sunburn and its control. Drug and Cosmet. Ind. **81**, 299—301, 370, 454—456, 522—527 (1957).

Kleinfeld, V. A.: The role of government in the field of cosmetics. J. Soc. Cosmet. Chemists **16**, 85—90 (1965).

Kline, O. L.: Pretesting of cosmetics for consumer protection; zit. nach Soap, Perf., Cosmetics **37**, 67 (1964), sowie SÖFW **89**, 856 (1963).

Klosa, J.: Antibiotica in der Kosmetik. Seifen, Öle, Fette, Wachse **79**, 83—85 (1953).

Korting, G. W., u. K. F. Rasp: Zur Pharmakologie der experimentellen Pilomotorenreaktion und deren lokaler Beschaffenheit. Arzneimittel-Forsch. **4**, 63—67 (1954).

Kreps, S. I.: Design of cosmetic sun screens. J. Soc. Cosmet. Chemists **10**, 98—108 (1959).

— The structure, function and formulation of topical sun screens. Theoretical considerations. J. Soc. Cosmet. Chemists **14**, 625—630 (1963).

Kritchevsky, J., and H. L. Sanders: Sugar surfactants. Drug and Cosmet. Ind. **78**, 239 (1956).

Lammers, Th.: Biologische Wirkung oberflächenaktiver Stoffe in Zahnpasten. Fette u. Seifen **63**, 628—630 (1961).

— Über den Einfluß antimikrobieller Stoffe auf die Hautflora. J. Soc. Cosmet. Chemists **16**, 687—696 (1965).

Lange, F. W.: Pyridinderivate — eine neue Klasse von Oxydationshaarfarben. Fette u. Seifen **67**, 222—227 (1965).

Lasser, B. T.: Chemie und Wirkungsweise von UV-Absorbern für kosmetische und technische Zwecke. J. Soc. Cosmet. Chemists **14**, 577—584 (1963).

Lehmann, A. J.: Drugs in cosmetics — should they mix? J. Soc. Cosmet. Chemists **10** 314—319 (1959).

Leitner, H.: Der Aufbau von Lippenstiften. Kosmet. Parf. Drog. Rundsch. **9**, 10—17 (1962).

Levenstein, I.: The need for rabbit skin studies in evaluating cosmetic safety. J. Soc. Cosmet. Chemists **15**, 377—384 (1964).

Lietz, G.: Emulgatoren und emulgierende Grundlagen für die Kosmetik. J. Soc. Cosmet. Chemists **15**, 255—264 (1964).

— Tenside in der Kosmetik (IV. Mitt. der Ges. Dtsch. Kosmet. Chem.). Parf. u. Kosmet. **45**, 249—251 (1964).

Longfellow, J. M.: Dentifrice surfactants. Drug and Cosmet. Ind. **84**, 594, 682—683 (1959).

Lück, E.: Sorbinsäure zur Konservierung kosmetischer Erzeugnisse. (V Mitt. der Ges. Dtsch. Kosmet. Chem.). Parf. u. Kosmet. **45**, 123—126 (1964).

Mannheim, P.: Hair dying with para-amino dyestuff intermediates. Soap, Perf., Cosmet. **35**, 611—615 (1962).

Martin-Smith, M.: Steroids in dermatology and cosmetics. Soap, Perf., Cosmet. **36**, 977—980, 1097—1103 (1963).

Masch, L.-W.: Kritisches zur Prüfung von Lichtschutzmitteln. Parf. u. Kosmet. **37**, 609—614 (1956).

— Zur physikalischen Methode der Auswahl von Lichtschutzmitteln. J. Soc. Cosmet. Chemists **14**, 585—590 (1963).

Matson, E. J.: Selenium sulfide as an antidandruff agent. J. Soc. Cosmet. Chemists **7**, 459—465 (1956).

Maymo, J.: La réglementation des colorants synthétiques en cosmétique. Parf., Cosmét., Savons **5**, 359—367 (1962).

— Les colorants pour rouges à lèvres. Parf., Cosmét., Savons **5**, 399—408 (1962).

Mecca, S. B.: The function and applicability of the allantoins. Proc. Sci. Sect. TGA Nr. 39, 7—15 (1963).

Meyer-Rohn, J.: Über die Ursachen lästigen Körpergeruches. Fette u. Seifen **67**, 353—354 1965).

Mjchaelson, J.B., and D.H. Huntsman: New aspects of the effects of gelatin on fingernails. J. Soc. Cosmet. Chemists **14**, 443—453 (1963).

Navarre, M.G. de, and H.E. Baily: The interference of nonionic emulsifiers with preservatives. J. Soc. Cosmet. Chemists **7**, 427—433 (1956).

Neugebauer, H.: Über die Wirkung der Destillate von Hamamelis virginiana und von Corylus Avellana. Pharmazie **3**, 313—314 (1948); Arzneipfl.-Umschau **2**, 383—384 (1948).

Nowak, G.A., and G. Holzner: New ideas in lipsticks. Amer. Perf. Cosmet. **79**, H. 10, 41—45 (1964).

Nyström, S., S. Bramstrang u. P. Torell: Die Wirkung von Mundspülungen mit Lösungen, die Fe(III)-fluorid oder Zirkoniumfluoridverbindungen enthalten (schwedisch). Svensk. Tandl. Tidskr. **54**, 217—220 (1961).

Oser, B.L.: International aspects of the evaluation of cosmetic ingredients. Proc. Sci. Sect. TGA Nr. 38, 40—42 (1962); zit. nach Parf. u. Kosmet. **45**, 73 (1964).

Peck, S.M.: Toxic and allergic complications of hair dyes. J. Soc. Cosmet. Chemists **5**, 113—128 (1954).

Percival, R.W.: Ion exchange resins and their applications to drug and cosmetic products. J. Soc. Cosmet. Chemists **13**, 291—299 (1962).

Pfrengle, O.: Abrasion und Reinigungskraft von Putzkörpern in Zahnpasten. Fette u. Seifen **63**, 445—451 (1961).

— u. Ch. Pietruck: Beeinflussung der Abrasivität von Zahnpastenputzkörpern durch Quell- und Verdickungsstoffe. Riechst., Parf., Seifen **3**, 7—11 (1962); Fette u. Seifen **64**, 847—851 (1962).

Pietzker, R.: Rechtsprobleme auf dem Gebiet der Kosmetik. Fette u. Seifen **66**, 207—213 (1964).

Pintér, J., u. E. Nagy: Die neue ungarische Verordnung über kosmetische Farbstoffe und ihre Vorarbeiten. Parf. u. Kosmet. **44**, 206—209 (1963).

Poprzan, J., and M.G. de Navarre: The interference of nonionic emulsifiers with preservatives. J. Soc. Cosmet. Chemists **10**, 81—87 (1959); **12**, 280—284 (1961).

Preisinger, S., u. H. Dräger: Mikroskopische Beobachtungen von Färbevorgängen am menschlichen Haar. Seifen, Öle, Fette, Wachse **83**, 301—304 (1957).

— Haarfärben unter dem Mikroskop. Parf. u. Kosmet. **39**, 219—227 (1958).

Randebrock, R.: Elektronenmikroskopische Aufnahmen des menschlichen Haares. J. Soc. Cosmet. Chemists **13**, 404—415 (1962).

— Neue Erkenntnisse über den morphologischen Aufbau des menschlichen Haares. J. Soc. Cosmet. Chemists **15**, 691—706 (1964).

Roman, D.P., E.H. Barnett and R.J. Balske: Cutaneous antiseptic activity of 3·4·4'-Trichlorcarbanilid. Proc. Sci. Sect. TGA Nr. 28 (1957).

Rosenkranz, T., u. P. Torell: Zirkoniumfluoridlösungen als Cariesprophylacticum beim Zähneputzen. (schwedisch) Odont. Rev. (Lund) **10**, 379—385 (1959).

— — Löslicher Zirkoniumcitratfluoridkomplex als Cariesprophylaxe bei kontrolliertem Zähneputzen (schwedisch). Odont. Rev. (Lund) **12**, 267—271 (1961).

Rosenthal, N.A., and G. Oster: Recent progress in the chemistry of disulfides. J. Soc. Cosmet. Chemists **5**, 286—307 (1954).

Rostenberg, A.: Cutaneous reactions from cosmetics. J. Soc. Cosmet. Chemists **11**, 170—178 (1960).

— Methods for the appraisal of the safety of cosmetics. Drug and Cosmet. Ind. **88**, 592—594, 681—686 (1961).

Rovesti, P.: Sucro esters and sucro glycerides. Soap, Perf., Cosmet. **35**, 139—144 (1962).

Ruemele, T.A.: Medicated Cosmetics. Amer. Perf. Cosmet. **75**, H. 8, 32—34 (1960).

Rubenkoenig, H.L.: Evaluation of the safety of cosmetic materials. Zit. nach Soap, Perf., Cosmetics **37**, 67—68 (1964), sowie SÖFW **89**, 856—857 (1963).

Sardo, F., and J.J. Goodman: Medicated Make up. Amer. Perf. Cosmet. **79**, H. 10, 37—40 (1964).

Scherm, A.: Weibliche Geschlechtshormone in Körperpflegemitteln. J. Soc. Cosmet. Chemists **17**, 727—736 (1966).[1]

Schimmel: Zircon compounds. Schimmel Briefs Nr. 279 (1958).

— Improved indelible lipstick. Schimmel Briefs Nr. 289 (1959).

— New resins related to PVP for use in hair grooming preparations. Schimmel Briefs Nr. 310 (1961).

— Neomycin in deodorant preparations. Schimmel Briefs Nr. 335 (1963).

— Dispersions of insoluble dyes for coloring hair. Schimmel Briefs Nr. 345 (1963).

[1] Weitere Literatur bei A. Scherm, Aesthet. Med. **16**, 281—288 (1967).

SCHIMMEL: Preshaving preparations containing pilomotor agents. Schimmel Briefs Nr. 347 (1964).
— Dispersible Bath Oils. Schimmel Briefs Nr. 359 (1965).
SCHMIDT, B.B.: Die Prüfung kosmetischer Präparate auf Hautverträglichkeit. Fette u. Seifen **63**, 174—177 (1961).
SCHMIDT, H.: Dermaphile Riechstoffe. Parf. u. Kosmet. **39**, 578—580 (1958).
SCHMIDT, H.J.: Die Prophylaxe der Zahnkaries durch Fluoride. Zahnärztl. Welt **62**, 384—387 (1961).
SCHÖBERL, A., u. E. WEISSNER: Modellversuche zum oxydativen Abbau biologisch wichtiger Schwefelverbindungen. Liebigs Ann. Chem. **507**, 111 (1933).
— u. P. RAMBACHER: Die hydrolytische Aufspaltung der Disulfidbindung in Cystinderivate, Glutathion und Insulin. Liebigs Ann. Chem. **538**, 84—98 (1939).
— Über die Thioglykolsäurebehandlung des Haares und die Wiedererzeugung von Disulfidgruppen. Naturwiss. **40**, 390—391 (1953).
— u. G. BAUER: Neuartige Vernetzungsreaktion an Haarkeratinen durch Umsetzung mit Buntesalzen. Fette u. Seifen **60**, 1061—1067 (1958).
SCHOOG, M.: Die Beeinflussung der antibakteriellen G 11-Wirkung durch Dodekanolpolyäthylenoxyd. Arzneimittel-Forsch. **7**, 400—402 (1957).
SCHULTE, K.E., u. W. WEISSKOPF: Die Veränderung des Haarkeratins durch Thioglykolsäurelösungen und ihre chemische Bestimmung. Fette u. Seifen **52**, 230—235 (1950).
— — Pharmakologie der Thioglykolsäure und der Thioglykolsäurepräparate. Fette u. Seifen **52**, 306—308 (1950).
SCHULZE, R.: Einige Versuche und Bemerkungen zum Problem der handelsüblichen Lichtschutzmittel. Parf. u. Kosmet. **37**, 310—315, 365—372 (1956).
— Kritisches zur Prüfung von Lichtschutzmitteln. Parf. u. Kosmet. **38**, 273—276 (1957).
— Wirksamkeit von UV-Absorbern und handelsüblichen Lichtschutzmitteln. J. Soc. Cosmet. Chemists **14**, 544—565 (1963).
SCHUTTER, K.: pH-Wert und Redoxpotential der menschlichen Haut nach Einwirkung von Waschmitteln. Fette u. Seifen **67**, 503—506 (1965).
SCHWEISHEIMER, W.: Eigenschaften eines guten Lippenstiftes. Seifen, Öle, Fette, Wachse **89**, 378—379 (1963).
— Parfüms mit geringer Hautirritierbarkeit. Fette u. Seifen **66**, 684 (1964).
SEIDEN, R.: Staatlich geprüfte US-Farbstoffe. Riechst., Aromen, Körperpflegem. **14**, 113—116 (1964).
— Certified US-Colors. Perf. Ess. Oil Record **55**, 335—337 (1964).
SHAFIROFF, J.: Germicide — surfactant synergism. Soap and Chem. Specialties. **37**, 75—78 (1961).
SHELLEY, W.B., and M.N. CAHN: Effect of topical applied antibiotic agents on axillary odor. J. amer. med. Ass. **159**, 1736 (1955).
SILKIN, E.: Modern trends in perfumory. Amer. Perf. Cosmet. **80**, H. 4, 45—48 (1965).
SILSON, J.: Pregnenolonacetate — a dermatologically active steroid. J. Soc. Cosmet. Chemists **13**, 129—139 (1962).
SOMERS, G.F.: Testing drugs for dermal toxicity. J. Soc. Cosmet. Chemists **15**, 385—394 (1964).
STEAD, C.V.: Recent developments in the chemistry of hair dyes. Amer. Perf. Cosmet. **79**, H. 2, 31—35 (1964).
STEPHAN, R.M., and B.F. MILLER: Effectiveness of urea and of synthetic detergents in reducing activity of human dental caries. Proc. Soc. Exp. Biol. Med. **55**, 101 (1944); zit. nach M.W. ROSENTHAL in Sagarin, Cosmetics S. 376 (1957).
STERBA, R., and B. DOCEKAL: Pregnenolone in dermatology and cosmetics. Amer. Perf. Cosmet. **77**, (H. 1) 33—34 (1962).
THURMON, F.M., and B. OTTENSTEIN: Studies on the chemistry of human perspiration with special reference to its lactic acid content. J. Invest. Dermat. **23**, 411 (1954).
— Use of ion exchange resins in antiperspirant-deodorant preparations. Amer. Perf. Cosmet. **76**, H. 9, 30—32 (1961).
TOBLER, L.: Die direkten Haarfärbeverfahren. Kosmet. Parf. Drog. Rundsch. **11**, 167—170 (1964).
TREON, F.: Toxicological aspects of cosmetic formulation — a synopsis. Amer. Perf. Cosmet. **77**, H. 7, 35—41 (1962).
TRONNIER, H.: Kritisches zur Prüfung von Lichtschutzmitteln. Parf. u. Kosmet. **37**, 668—669 (1956).
— Grundlagen und praktische Anwendung eines kosmetischen Lichtschutzes. Parf. u. Kosmet. **38**, 391—394 (1957).
— Neuere Untersuchungen an Lichtschutzmitteln in kosmetischer Sicht. Parf. u. Kosmet. **38**, 509—512 (1957).

Tronnier, H., H. Bussius u. J. Vollbrecht: Über die Messung der Feuchtigkeitsabgabe der menschlichen Haut. Parf. u. Kosmet. **42**, 13—22 (1961).
— Meßtechnische Probleme bei der dermatologischen Prüfung von Waschmitteln. Riechst., Kosmetika, Seifen **4**, 4—11 (1965).
— Probleme der dermatologischen Prüfung von kosmetischen Präparaten. J. Soc. Cosmet. Chemists **17**, 275—286 (1966).
Underwood, D. L.: Basic elements of dying human hair. J. Soc. Cosmet. Chemists **12**, 155—162 (1961).
Walker, G. T.: Hormone Creams. Drug and Cosmetic Ind. **89**, 439, 475, 490 (1961).
— The chemistry and formulation of depilatories. Amer. Perf. Cosmet. **77**, H. 8, 36—38 (1962).
— Beitrag zur Toxizität von Haarfarben. Seifen, Öle, Fette, Wachse **90**, 9—10 (1964).
Wannenmacher, E.: Auswirkung von Zahnpflegemitteln auf Zahnhartgewebe und Schleimhaut. Fette u. Seifen **63**, 934—938 (1961).
Wedderburn, D. L.: Preservation of toilet preparations containing nonionics. J. Soc. Cosmet. Chemists **9**, 210—228 (1958).
Weitzel, G., u. A. M. Fretzdorff: Verzweigtkettige Fettstoffe in der Kosmetik. Fette u. Seifen **63**, 171—174 (1961).
— — Dicarbonsäureester in der Kosmetik. Fette u. Seifen **67**, 228—230 (1965).
Whewell, C. S.: The chemistry of the hair. J. Soc. Cosmet. Chemists **12**, 207—223 (1961); **15**, 423—434 (1964).
Wilkinson, J. B., and G. Carrière: Public safety and the cosmetic chemist. J. Soc. Cosmet. Chemists **16**, 91—104 (1965).
Wilmsmann, H.: Messungen zur spektralen Remission oxydativer Färbungen. J. Soc. Cosmet. Chemists **11**, 560—571 (1960).
— Die Hemmung der Saccharoseaktivität als Maß für die physiologische Verträglichkeit anionaktiver Tenside. Fette u. Seifen **65**, 958—964 (1963). Amer. Perf. Cosmet. **78**, H. 9, 21—26 (1963).
— Replacement of bromo acids in lipsticks by water-soluble FDC and DC color dyes. J. Soc. Cosmet. Chemists **16**, 105—111 (1965).
Witjens, P. H.: Some aspects of contact sensitization due to perfumery raw materials. J. Soc. Cosmet. Chemists **14**, 315—321 (1963).
Zahn, H., T. Gehrtsen u. M. L. Kehrer: Anwendung schwefelchemischer Methoden auf dauergewelltes Haar. J. Soc. Cosmet. Chemists **14**, 529—543 (1963).

b) *Analyse kosmetischer Zubereitungen*

α) *Allgemeines*

Barail, L. C.: New trends in cosmetic testing. J. Soc. Cosmet. Chemists **11**, 241—249 (1960).
Bush, S. J.: Chemical analysis in the cosmetic industry. J. Soc. Cosmet. Chemists **10**, 258—271 (1959).
Gohlke, F. J.: Die Bestimmung des Schäumvermögens von Detergentien und Badepräparaten nach Ross-Miles. Parf. u. Kosmet. **45**, 59—63 (1964).
Kaufmann, H. P., J. Baltes u. X. Duddek: Über die Schaumfähigkeit von Waschmitteln und ihre Bestimmung mit einem neuartigen Gerät. Fette u. Seifen **56**, 596—603 (1954).
Marriot, R. H.: Rheological Measurements in the cosmetic industry. J. Soc. Cosmet. Chemists **12**, 89—98 (1961).
Neu, G. E.: Techniques of foam measurement. J. Soc. Cosmet. Chemists **11**, 390—414 (1960).
Nowikowa, N. J., u. L. N. Petrowa: Bestimmung des Alkohol- und Wassergehaltes in Parfümflüssigkeiten, kosmetischen Flüssigkeiten und Speiseessenzen (russisch). Öl- und Fettindustrie (russisch) zit. nach Fette u. Seifen **62**, 134 (1960).
Oser, B. L.: International aspects of the evaluation of cosmetics. Proc. Sci. Sect. TGA **38**, 40—42 (1962).
Pásztor-Rozzo: Modifizierter Ross-Miles-Test zur Messung des Schaumes von Detergentien bei erhöhter Temperatur. Riechst., Kosmet., Seifen **67**, 12—13 (1965).
Scherr Bruzer, E.: pH-Messung und ihre praktische Anwendung in der Kosmetischen Industrie (ungarisch). Olaj, Szappan, Kozmetika **13**, 51—54 (1964); zit. nach Parf. u. Kosmet. **46**, 74 (1964).
Seher, A.: Chromatographische Analysenverfahren in Wissenschaft und Betriebskontrolle. J. Soc. Cosmet. Chemists **13**, 385—403 (1962).
Turi, C. J.: Untersuchung und Analyse verschiedener Kosmetika (italienisch). Ann. Chim. (Roma) **49**, 459—498 (1959); zit. nach Parf. u. Kosmet. **40**, 569 (1959); und Chem. Zbl. **132**, 4543—4544 (1961).
Vélon, P.: L'analyse cosmétique. Parf. Moderne **45**, 45—53 (1953); auch in Soap, Perf., Cosmet. **24**, 883—888 (1951).

WHEATLY, V.R.: Some applications of gas chromatography to cosmetology. Amer. Perf. Cosmet. **78**, H. 1, 27—30, 32—33 (1963).
WILMSMANN, H.: Schaumbestimmung von Tensiden mit einer Reibschaummethode. Fette u. Seifen **66**, 955—961 (1964).

β) Emulsionen und Cremes

BRUENING, C.F.: The analysis of cosmetic creams. J. Ass. off. agric. Chem. **33**, 367—369 (1950).
CARTER, PH.: Evaluation of pharmaceutical emulsions. Amer. Perf. **76**, H. 12, 27—30 (1961).
CZETSCH-LINDENWALD, H. v.: Emulsionstestmethoden bei semisoliden Emulsionen. Seifen, Öle, Fette, Wachse **89**, 9—10 (1963).
HAJDU, J.: Prüfung von kosmetischen Cremes (ungarisch). Olaj, Szappan, Kozmetika **7**, 35—37 (1958).
HARKER, R.P., J.M. HEAPS and J.L. HORNER: Analysis of oil-in-water emulsions. Nature (Lond.) **173**, 634—635 (1954); zit. nach Analyt. Chem. **146**, 213 (1955).
KUCZERA, K.: Kosmetische Präparate im mikroskopischen Bild. J. Soc. Cosmet. Chemists **17**, 257—274 (1966).
LACHMANN, L.: Shelf life predictions of cosmetic formulations. Amer. Perf. Cosmet. **77**, H. 9, 25—38 (1962).
LÓRÁNT, B.: Ein neues Verfahren zur Bestimmung des Wassergehaltes in Aerosolen, kosmetischen Cremes, ihren Grundstoffen und in ätherischen Ölen. Seifen, Öle, Fette, Wachse **87**, 609—611 (1961).
MAHLER, E.: Mesure pratique de la consistance des corps pâteux. Parf. Moderne **43**, 40—62 (1951).
— Mesure de la dureté des corps pâteux. Parf. Moderne **45**, 81—83 (1953).
POKORNY, J.: Bewertung des Ranziditätsgrades kosmetischer Cremes mittels des Benzidintestes. Parf. u. Kosmet. **46**, 33—35 (1965).
— Über die chromatische Trennung der Bestandteile kosmetischer Cremes. J. Soc. Cosmet. Chemists **17**, 703—712 (1966).
RIEGELMANN, S.: New data on determining emulsion stability. Amer. Perf. Cosmet. **77**, 10, 59—62 (1962).
SPRINGER, R., u. R. HERZINGER: Die Analyse von Salben auf Silikonbasis. Arch. Pharmaz. (Weinheim) **287**/59, 204—209 (1954).
— — Aufteilung der Bestandteile des Unverseifbaren in Salbengrundlagen mittels eines Adsorptionsverfahrens. Arch. Pharmaz. **289**/61, 418—421 (1956).
— Trennung der Bestandteile von Salbengrundlagen. Mitt. Dtsch. Pharm. Ges. **27**, 41—46 (1957).
— u. H. WEIGAND: Über die Analytik dermatologischer und kosmetischer Salben. Dtsch. Apoth. Ztg. **97**, 896—898 (1957).
— J. ISAK: Analyse dermatologischer und kosmetischer Salben. Dtsch. Apoth. Ztg. **103**, 525 (1963).
SUCKER, H.: Adsorptionschromatographische Trennung von Emulgatoren. Arch. Pharmaz. (Weinheim) **297**, 543—546 (1964).
Qualitativer Analysengang von Salben. Dtsch. Apoth. Ztg. **104**, 727—733, 947—950, 1057—1058, 1160—1162, 1254—1255, 1334—1338 (1964).
— Qualitativer Analysengang von Salben; Beispiele von Salbenanalysen. Dtsch. Apoth. Ztg. **104**, 1408—1412 (1964).
TRONNIER, H., u. H. BUSSIUS: Über eine einfache Methode zur Identifizierung von Emulsionstypen und zur Prüfung ihrer Stabilisierung. Seifen, Öle, Fette, Wachse **86**, 744—748 (1960).
VÉLON, P.: Cremeanalysen (italienisch). Riv. Ital. Ess. Prof. **34**, 259—260 (1952).
— u. J. PICOT: Beitrag zur Analyse von Cremes mit verschiedenen Stearaten. J. Soc. Cosmet. Chemists **11**, 538—542 (1960).
— — Contribution à l'analyse des crèmes. Parf., Cosmét., Savons **4**, 442—444 (1961).
VOLD, R.D., and R.C. GROOT: Parameters of emulsion stability. J. Soc. Cosmet. Chemists **14**, 233—244 (1963).
WERNER, F.: Analytische Vorproben für kosmetische Emulsionen. Kosmet., Parf., Drog.-Rdsch. **9**, 44—45 (1962).
WILKINSON, J.: Stability predictions of emulsions. Amer. Perf. Cosmet. **77**, (H. 10) 105—107 (1962).

γ) Kosmetische Erzeugnisse und ihre Inhaltsstoffe

ABBOTT, D.C.: The colorimetric determination of anionic surface-active materials in water. Analyst **87**, 286—293 (1962).

ACHMETELI, H. J.: Bestimmung von Hexachlorophen in Zahnpflegemitteln bei Gegenwart von Methylsalicylat. J. Assoc. off. agr. Chem. **43**, 278—280 (1960); zit. nach Chem. Zbl. **132**, 17661 (1961).
— and R. J. SAVINO: Analysis of mixtures of carboxylated and sulfated detergents. Proc. Sci. Sect. TGA **37**, 4—5 (1962).
ALQUIER, R.: Analyse des poudres pour le visage. Parf. Moderne **45**, 54—57 (1953).
AUTERHOFF, H., u. G. NEUMANN: Versuche zur Identifizierung pharmazeutisch gebräuchlicher quaternärer N-Verbindungen. Pharmaz. Zentralh. **99**, 271—274 (1960).
BEWITT, R. N., and J. D. CHESHIRE: The use of gas-liquid chromatography in the analysis of perfumes and flavors. J. Soc. Cosmet. Chemists **14**, 173—202 (1963).
BEY, K.: Ein Beitrag zur quantitativen Ionenaustauscher-Analyse von Tensiden. Fette u. Seifen **67**, 25—30 (1965).
— Die dünnschichtchromatographische Analyse auf dem Gebiet der Tenside. Riechst., Kosmetika, Seifen **67**, 15—19 (1965).
BISHOP, H.: A method for the semiquantitative analysis of lipstick. J. Soc. Cosmet. Chemists **5**, 2—8 (1954).
BRADY, J. W. F., and J. R. GWILT: Colorimetric determination of E. D. T. A. (Äthylendiamintetraessigsäure). J. appl. Chem. **12**, 79—82 (1962).
BREUER, H., and F. W. SCHREIBER: The analysis of ammoniated dentifrices. Proc. Sci. Sect. TGA **17**, 28 (1952).
BROMLEY, J. M.: Modern trends in the assessment of shampoos. J. Soc. Cosmet. Chemists **15**, 631—639 (1964).
BRUNELLE, TH. E., and S. B. CRECELIUS: Surfactant analysis. Soap, Chem., Spec. **49**, 63—65, 121 (1963).
CALLISON, J., C. SCHMIDT, R. PIELAND and W. HOLLAND: Evaluation of hairdyes using photoelectric colorimetry. J. Soc. Cosmet. Chemists **13**, 449—453 (1962).
CARRERÓ, J. G., et M. L. M. OSSORIO: Méthodes de dosage des constituants actifs des déodorisants corporels. Parf., Cosmét., Savons **7**, 478—484 (1964).
CARTER, V. D., u. G. SYKES: Bestimmung organischer Quecksilberverbindungen in pharmazeutischen Produkten und kosmetischen Zubereitungen. Analyst **83**, 536—539 (1958).
CHURÁCEK, J.: Bewertung der bisher bekannten Methoden der chromatographischen Trennung von niederen Fettsäuren. Fette und Seifen **64**, 679—683 (1942).
CLEMENTS, J. E.: Boric acid in antiperspirants and deodorants. Amer. Perf. **63**, 181—182 (1954).
CLEMENTS, J. E. (F.): Scheme of analysis of lipsticks. Amer. Perf. **66**, H. 10, 17—19 (1955).
CODELL, M., L. TEITEL and E. HOWARD JR.: Determination of resorcinol in solutions containing phenol, hydroquinone and catechol. Analyt. Chem. **34**, 157—159 (1962).
COTSIS, TH. P., and J. C. GAREY: Determination of lipstick dyes by thin layer chromatography. Drug, Cosmet. Ind. **95**, 172—175, 291, 294, 299 (1964).
CULLUM, D. C.: Wanted: a better method of analyzing detergents. Manuf. Chemist **33**, 352 — 356, 370 (1962).
DEAN, D. E., R. SUFFIS and A. LEVY: The change in ultraviolet absorption spectra with pH. Its use in the analysis of toiletries. Proc. Sci. Sect. TGA **34**, 41—44 (1960).
DESHUSSES, J., u. P. DESBAUMES: Papierchromatischer Nachweis einiger kosmetischer Wirkstoffe. Parf. u. Kosmet. **42**, 43—47 (1961).
— — Verwendung der Chromatographie in der Analytik kosmetischer Präparate. Parf. u. Kosmet. **42**, 79—82 (1961).
DEWY, P. D., M. HOLDEN and S. H. NEWBURGER: Die Bestimmung von Bacteriostaticis in kosmetischen Präparaten. Proc. Sci. Sect. TGA **36**, 25 (1961); zit. nach Aesthet. Med. **11**, 216 (1962).
DIETZE, S.: Das moderne Verfahren der qualitativen und quantitativen Analyse ätherischer Öle. Parf. u. Kosmet. **42**, 43—47 (1961).
DREWRY, J.: Analysis of detergents. Analyst **88**, 325 (1963); zit. nach Parf. u. Kosmet. **45**, 92 (1964).
DUBOULZ, P., J. FONDARAI u. PAVONE-MARVILLE: Mikrometrische Mikrobestimmung des Cysteins und Cystins. Analyt. Chim. Acta **26**, 449—452 (1962).
DUNCOMBE, W. G.: The colorimetric determination of long-chain fatty acids in the 0,05 bis 0,5 μ mol range. Biochem. J. **83**, 6 (1962).
EXNER, F.: Über die Riechtechnik bei der Geruchsanalyse. Parf. u. Kosmet. **44**, 149—153 (1963).
FISHBACH, A.-L.: Lipsticks, their formulation, manufacture and analysis. J. Soc. Cosmet. Chemists **5**, 242—248 (1954).
FREEMAN, K. A.: The identification of organic lakes in nail lacquers. Proc. Sci. Sect. TGA Nr. 11 (1949).

FREYTAG, H., u. E. THAMM: Nachweis und Bestimmung von Formamid mit 2-Thiobarbitursäure in manchen kosmetischen Präparaten. Parf. u. Kosmet. **44**, 65—68 (1963).

GINN, M.E., C.L. CHURCH JR. and J.C. HARRIS: Detection and estimation of polyoxyethylene glycol in nonionic surfactants by ascending paper chromatography. Analyt. Chem. **33**, 143—145 (1961).

HENNEY, G.C., R.V. EVANSON and G.J. SPERANDIO: An evaluation of humectants in cosmetic emulsions. J. Soc. Cosmet. Chemists **9**, 329—336 (1958).

HERRING, D.E.: A simple UV-absorptimeter for the estimation of certain nonionic emulsifiers and other aromatic compounds. J. Soc. Cosmet. Chemists **16**, 79—83 (1965).

HITTNER, S.: Die Schnellbestimmung von Lecithin in Ei-Shampoos. Ind. Parf. **5**, 215 (1950); zit. nach Fette u. Seifen **55**, 204 (1953).

HOLNESS, B.A.: Gas-liquid chromatography and the perfumer. J. Soc. Cosmet. Chemists **12**, 370—397 (1961).

HOPF, G.: Vorschläge des Puderausschusses der Fachgruppe XI der DGF. Fette u. Seifen **68**, 212—221 (1966).

HOSHALL, E.M.: Determination of sulfides in depilatories. J. Ass. off. agric. Chem. **23**, 437—439 (1940)

HUMMEL, D.: Zur Analyse der Tenside. Tenside **1**, 50—59, 73—80, 116—125 (1964).

JACOBI, O., u. G. LANTZSCH: Über das Haftvermögen von Puder. Pharmazie **6**, 161—163 (1951).

JELLINEK, G.: Moderne Methoden der sensorischen Analyse und ihre Verwendung in der Parfümerie. Fette u. Seifen **64**, 912—917 (1962).

JEWEL, P.W.: A method for the analysis of lipstick. J. Soc. Cosmet. Chemists **7**, 392—399 (1956).

— Report on mascaras, eyebrow pencils and eyeshadows. J. Ass. off. agric. Chem. **36**, 789—795 (1953).

JOHNS, C.H., and W.P. PEPPER: Methods for determination of monoester content of propylene glycol monostearate non self-emulsifying. J. Soc. Cosmet. Chemists **12**, 10—22 (1961).

JUNGERMANN, E., and E.C. BECK: Determination of germicide mixtures in soaps and detergents. J. Amer. Oil. Chem. Soc. **38**, 513—515 (1961).

KALBLE, E.F.: Detergent component analysis Soap, Chem. Spec. **49**, 56—59, 121, 123 (1963).

KAPITEL, W.: Die säulenchromatische Trennung von Fettsäuren für analytische Zwecke. Fette u. Seifen **58**, 91—94 (1956).

KATZ, S.A., R. TURSE and S.B. MECCA: Determination of allantoin and the aluminium allantoinates in various cosmetic and pharmaceutical preparations. J. Soc. Cosmet. Chemists **15**, 303—310 (1964).

KAUFMANN, H.P., u. Z. MAKUS: Zur Systematik der papierchromatischen Trennung von Fettsäuregemischen. Fette u. Seifen **62**, 153—160 (1960).

— u. B. DAS: Dünnschichtchromatographie auf dem Fettgebiet; Trennung der Triglycdride. Fette u. Seifen **63**, 807—811 (1963).

— u. Y. S. KO: Dünnschichtchromatographie auf dem Fettgebiet; Trennung von Ketonen Laktonen und Hydroxysäuren. Fette u. Seifen **63**, 828—830 (1963).

KERN, W., O. SALZMANN u. H. SCHELLER: Über die Prüfung von Glycerinmonostearat und Polyoxyäthylenglykol-Sorbitan-Monooleat. Pharm. Ind. **17**, 177—178 (1955).

KLOUWEN, M.H., u. R. TER HEIDE: Dünnschichtchromatographie auf dem Gebiet ätherischer Öle. Parf. u. Kosmet. **43**, 195—200 (1962).

LAUER, F.J.: Thermische Kapillaranalyse organischer Stoffe. Fette u. Seifen **56**, 149—153 (1954).

LEE, S., and N.A. PUTTNAM: Determination of chlorinated phenols in powdered deodorants. J. Soc. Cosmet. Chemists **17**, 3—8 (1966).

LEW, H.Y.: Analysis of detergent mixtures containing amine oxides. J. Amer. Oil Chem. Soc. **40**, 23—25 (1963).

LÓRÁNT, B.: Bestimmung halogenhaltiger Rohstoffe in kosmetischen Präparaten und industriellen Seifenerzeugnissen (ungarisch). Élelmiczervizsgálati Közlemények (Lebensmittelanalytische Mitteilungen) **10**, 25—30 (1964); zit. nach Parf. u. Kosmet. **46**, 305 (1965).

— Untersuchungen zur Bestimmung von Natriumdihydrogenphosphat und Dinatriumhydrogenphosphat nebeneinander. Fette u. Seifen **66**, 536—539 (1964: mit M. BOROS); **67**, 364—371 (1965).

MANO, E.B., u. L.O.C. LIMA: Rasche Identifizierung von Celluloseestern und -äthern. Analyt. Chem. **32**, 1772—1773 (1960); zit. nach Z. analyt. Chem. **184**, 315 (1961).

MAPSTONE, G.E.: The determination of water in shampoos by distillation. J. Soc. Cosmet. Chemists **12**, 397—400 (1961).

— A simple test to differentiate between cetyl, ceto-stearyl and stearyl alcohols. J. Soc. Cosmet. Chemists. **13**, 54—55 (1962).

Metcalfe, L. D.: The direct gas chromatographic analysis of long chain quaternary ammonium compounds. J. Amer. Oil Chem. Soc. **40**, 25—27 (1963).

Mimra, J.: Vorbereitung der tschechischen einheitlichen analytischen Methoden für die Kosmetik: Zahnpasten. Parf. u. Kosmet. **39**, 435—438 (1958).

Morelle, J.: Le contrôle et la recherche de quelques matières colorantes dans les produits de beauté. Parf. Moderne **45**, 76—79 (1953).

Naves, J.-R.: Errors in application of instrumentation to the analysis of perfumery raw materials. J. Soc. Cosmet. Chemists **14**, 29—44 (1963).

Neu, R.: Über den Nachweis organischer Kolloide mit Zephirol. Seifen, Öle, Fette, Wachse **78**, 120 (1952).

— Die Unterscheidung der Stickstoffbindung kapillaraktiver Substanzen. Seifen, Öle, Fette, Wachse **88**, 553—555 (1962).

Neugebauer, H., u. S. Grüner: Zur Bestimmung des Haftvermögens von Puderbestandteilen. Fette u. Seifen **61**, 994—995 (1959).

Neuwald, F., u. K. Maennchen: JR-spektrophotometrische Analyse an fettartigen Grundstoffen und Grundlagen für kosmetische Präparate. Parf. u. Kosmet. **43**, 155—160 (1962).

Newburger, S. H.: Qualitative test of tweens in cosmetics. J. Ass. off. agric. Chem. **34**, 109 (1951); zit. nach Fette u. Seifen **54**, 49 (1952).

—, H-M. Davis u. S. H. Jones: Determination of zirconium in antiperspirants by x-ray fluorescence spectrography. J. Ass. off. agric. Chem. **45**, 756—758 (1962).

Parke, D. V.: The determination of 2.4-Diaminophenol and its salts. Analyst **86**, 12—15 (1961).

Patat, F., u. W. Schmid: Haftvermögen von Pulvern. Chemie-Ing.-Technik **32**, 8—16 (1960).

Pintér, J., M. Krámer u. J. Kleeberg: Nachweis und Bestimmung von p-Phenylendiamin neben p-Toluylendiamin in Haarfärbemitteln. Parf. u. Kosmet. **46**, 61—64 (1965).

Pfrengle, O., u. J. Hintz: Der papierchromatische Nachweis von Quellstoffen in Waschmitteln. Fette u. Seifen **63**, 630—632 (1961).

— u. Chr. Pietruck: Die Messung der Abrasivität von Zahnputzmitteln an Dentin. Riechst., Kosmetika, Seifen **4**, 6—12 (1965).

Plá-Delfina, J. M.: A systematic method for identification of food, drug and cosmetic azo dyes. J. Soc. Cosmet. Chemists **13**, 214—244 (1962).

Pitter, P.: A new colorimetric method for the determination of non-ionic polyoxyethylene-type surfactants in low concentrations. Chem. and Ind. **50**, 1832—1833 (1962).

Puschmann, H.: Die Anwendung der Gaschromatographie auf die Untersuchung von Polyäthylenglykolen. Fette u. Seifen **65**, 1—5 (1963).

Puttnam, N. A., B. H. Baxter, S. Lee and P. L. Stott: Application of attenuated total reflectance JR spectroscopy to toilet articles and household products. J. Soc. Cosmet. Chemists **16**, 607-615 (1965), **17**, 9—16 (1966).

Rosen, M. J.: Detection, isolation and identification of surface active agents in cosmetics. J. Soc. Cosmet. Chemists **12**, 98—106 (1961).

— Recent advances in the analysis of surface active agents by noninstrumental methods. J. Amer. Oil. Chem. Soc. **40**, 687—691 (1963).

Roussos, M.: Méthode d'analyse de saccharose et des sucroglycérides. Parf., Cosmét., Savons **4**, 355—366 (1961).

Sakuma, A., N. Murohashi, K. Iwasaki, S. Hirano, K. Obo, A. Takahashi, T. Fujii u. S. Tomiyama: Die Bestimmung von Alkylbenzolsulfat in Zahnpaste. J. Amer. Oil. Chem. Soc. **40**, 54 (1963); zit. nach Fette u. Seifen **66**, 841 (1964).

Salzmann, O., u. G. A. Ulex: Bestimmung des Fett- und Wasserlöslichen sowie des pH-Wertes in Pudern. Fette u. Seifen **61**, 773—774 (1959).

Schwarz, G.: Möglichkeiten und Grenzen der Analytik von Shampoos. J. Soc. Cosmet. Chemists **17**, 737—744 (1966).

Schweinsheimer, W.: Analyse des rouges à lèvres modernes; cires et matières grasses. Parf., Cosmét., Savons **5**, 111—114 (1962).

Seher, A.: Analyse von organischen, grenzflächenaktiven Stoffen. Fette u. Seifen **65**, 566—578 (1963).

— Nachweis von Polyglycerinen mit Hilfe der Dünnschichtchromatographie. Fette u. Seifen **66**, 371—374 (1964).

Shansky, A., and P. P. Carrubba: A method for the qualitative determination of coal-tar dyes in commericial cosmetic products. Amer. Perf. Cosmet. **78**, H. 7, 13—14 (1963).

Silk, R. S.: Separation of synthetic organic colors in lipsticks by thinlayer chromatography for quantitative determination. J. Ass. off. agric. Chem. **48**, 838—843 (1965).

Smith, L.: A scheme for the systematic analysis of lipsticks. Perf. Ess. Oil Records **46**, 269—270 (1955).

Smith, W. B.: The analysis of synthetic detergents. J. Soc. Cosmet. Chemists **14**, 513—527 (1963).

Springer, R., u. H. Weigand: Nachweis von Polyäthylenglykolen unter Berücksichtigung des Polymerisationsgrades. Pharm. Ztg.-Ap. Ztg. **104**, 1018 (1959).
Stone, H.: Technique for odor measurement: olfactometric vs. sniffing. J. Food Sci. **28**. 719—725 (1963).
Stüpel, H., u. A. V. Segesser: Die Titration anionaktiver Kolloidelektrolyte mit p-Toluidin. Helv. Chim. Acta **34**, 1362—1368 (1951).
— — Die quantitative Bestimmung anionogenaktiver Kolloidelektrolyte mit p-Toluidin. Fette u. Seifen **53**, 260—264, 327—332 (1951).
Terayama, H.: Das Verfahren der Kolloidtitration. J. Polymer. Sci. **8**, 243—253 (1952); zit. nach Chem. Zbl. **124**, 2970 (1953).
Tewari, S. N.: Papierchromatographische Analyse von Tinten, Farbstoffen und Lippenstiften. Z. analyt. Chem. **176**, 408—412 (1960).
Thamm, E.: Über die quantitative Bestimmung von Äthylenoxydaddukten. Parf. u. Kosmet. **43**, 285—288 (1962).
Vélon, P., et G. Medynski: Dosage des hydrocarbures par chromatographie et dissolution sélective. Parf. Moderne **45**, 65—68 (1953); Riv. Ital. Ess. Prof. **34**, 345—346 (1952).
— Contrôle des cremes dentifrices. Parf. Moderne **45**, 84—88 (1953).
— J. Picot et Do Xuan Huy: Nouveaux résultats dans la rhéologie des rouges à lèvres. Arch. Bioch. Cosmét. **4**, 10—16 (1961).
Voogt, P.: Bestimmung des Äthylenoxidgehaltes in nicht-ionogenen Detergentien. Fette u. Seifen **65**, 964—970 (1963).
Waldi, D., u. H. R. Lange: Papierchromatischer Nachweis von Dihydroxyaceton neben Glycerin. Naturwiss. **50**, 126 (1963).
— Dünnschichtchromatographie quaternärer Ammoniumverbindungen. Naturwiss. **50**, 614 (1963).
Walker, G. T.: Zur Bestimmung von Polyoxyäthylenverbindungen. Seifen, Öle, Fette, Wachse **90**, 629—630 (1964).
Weeks, L. E., u. J. T. Lewis: Analysenschema zur Isolierung und Bestimmung oberflächenaktiver Substanzen in Gemischen mit anderen Stoffen. Z. analyt. Chem. **179**, 392 (1961).
Wronski, M.: Bestimmung der Thioglykolsäure neben Sulfid, Sulfit und Thiosulfat (polnisch). Chem. analit. **7**, 851—854 (1962); zit. nach Parf. u. Kosmet. **45**, 69 (1964).
— The determination of cysteine, thioglycollic acid, cyanide and dithioglycollic acid. Analyst **88**, 562—563 (1963); zit. nach Parf. u. Kosmet. **46**, 73 (1965).
Wurzschmitt, B.: Systematik und qualitative Untersuchung capillaraktiver Substanzen. Z. analyt. Chem. **130**, 105—185 (1950).
Zahn, H., T. Gerthsen u. M. L. Kehrlen: Anwendung schwefelchemischer Analysenmethoden auf dauergewelltes Haar. J. Soc. Cosmet. Chemists **14**, 529—543 (1963).
Zinner, G., u. W. Deucker: Spezifischer Nachweis der Nikotinsäure. Naturwiss. **49**, 300 (1962).

Aerosole

Von

Dr. H. KÜBLER, Lörrach

Mit 10 Abbildungen

I. Begriffsbestimmung

Aerosole sind feine bis feinste Dispersionen fester oder flüssiger Stoffe in der Luft, ähnlich den in der Natur vorkommenden Verteilungsformen dieser Art wie Nebel, Rauch und Staub. Mit Hilfe von verflüssigten Gasen können solche Aerosole künstlich erzeugt werden. Man verwendet dazu die Aerosolverpackung, ein druckbeständiger Behälter mit einem Entnahmeventil. Bei der Betätigung desselben verdampft das Gas in Bruchteilen von Sekunden und zerreißt das Füllgut in kleinste Teile oder Tröpfchen. Es entsteht auf künstlichem Wege die Luftdispersion, das sogenannte „Treibgas-Aerosol". Der Vorgang selbst wird „Aerosolisierungsprozeß" genannt. Der Aerosolisierungseffekt gibt den Grad der erreichten Feinheit des Aerosols an. Gemessen wird der Durchmesser des einzelnen Partikelchens in Mikron. Ein Aerosol besteht jeweils aus Teilchen verschiedener Größe, wobei die Mehrzahl zu einem engeren Bereich gehören (Tabelle 1).

Tabelle 1. *Teilchengröße eines Aerosolinsecticids*

Teilchengröße in μ	Anteil in %
7,5	8
11,0	10
15,0	40
19,0	20
22,5	12
26,0	5
30,0	5

Tabelle 2. *Sedimentationszeit der Aerosolpartikel (nach* A. H. YEOMANS *1960, Herabsinken aus 3,05 m Höhe)*

Durchmesser des Aerosolpartikels μ	Sedimentationszeit
1	26½ Std
5	72 min
10	19 min
15	15 min
20	5 min
30	2 min
50	45 sec
100	11 sec

Der Aerosolisierungseffekt ist hauptsächlich von der Art und von der Menge des verwendeten Treibgases abhängig. Er bestimmt die Partikelgröße und damit die Sedimentationsgeschwindigkeit des Aerosols (vgl. Tabelle 2).

II. Aerosolprinzip

In druckbeständige Behälter werden feste, pastöse oder flüssige Wirkstoffe oder Wirkstofflösungen, Suspensionen oder Emulsionen zusammen mit Treibgasen eingefüllt. Diese Behälter werden mit einem Ventil verschlossen, das sich durch

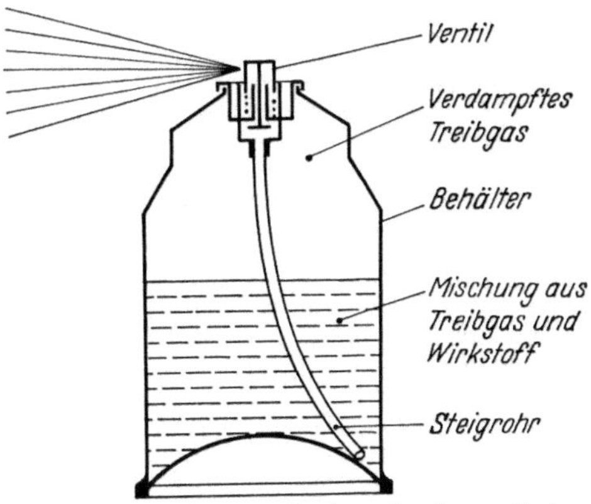

Abb. 1. Funktion der normalen Aerosolpackung mit einem Steigrohr als Ventil

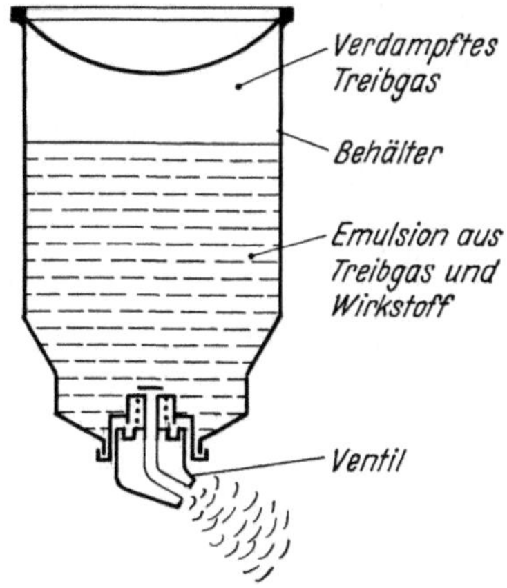

Abb. 2. Kopfstehend zu betätigende Verpackung bei Verwendung von Ventilen ohne Steigrohr

Druck auf seinen Sprühkopf öffnen läßt. Bei dieser Ventilbetätigung drückt das Treibgas den Inhalt des Behälters durch das Ventil heraus. Das durch die Verdampfung des Treibgases entstandene Aerosol wird auch kurz „Spray" genannt (Abb. 1 und 2).

III. Geschichte

Das Verfahren zum Verspritzen *antiseptischer* Flüssigkeiten wurde 1921 L. K. Mobley in Deutschland erstmalig patentrechtlich geschützt. Als Treibgas wurde Kohlensäuregas genannt. Während es sich hier um eine Druckgaspackung handelt, kann von einer Aerosolpackung nur dann gesprochen werden, wenn als Treibmittel ein verflüssigtes Gas verwendet wird; denn nur dieses ist in der Lage, durch Verdampfung die Feinstverteilung, das Treibgas-Aerosol zu erzeugen. Die Patente über „Verfahren und Vorrichtung zum Ausspritzen oder zum Zerstäuben von Materialien" des Norwegers Erik Rotheim aus den Jahren 1927 und 1928 beinhalten dieses Treibgas-Aerosol. Es werden verflüssigte Gase genannt, welche auch heute noch Verwendung finden wie Vinylchlorid und Kohlenwasserstoffe niedrigsiedender Erdöldestillate. Rotheim gibt reichhaltige Hinweise auf die Verwendungsmöglichkeiten der Aerosolverpackung. Die Erfindung umfaßt die Anwendung des beschriebenen Verfahrens zur Zerstäubung von Flüssigkeiten, halbflüssigen oder festen Stoffen (und deren Lösungen) jeder Art z. B. von Ölen, Fetten, flüssigen Seifen, Harzen, Paraffinen, Wachsarten, Lacken, Anstrichfarben, Kautschuk-, Gummi-, Leimarten, Desinfektionsmitteln, Imprägniermitteln, Schutzmitteln, Putzmitteln, Düngemitteln, Feuerlöschmitteln, kosmetischen Produkten, organischen und anorganischen Flüssigkeiten. Nach Rotheim läßt sich die Methode überhaupt bei allen Stoffen (von beliebigem Aggregatzustand) anwenden, die sich mittels Methyläthers oder einem anderen passenden Gas in spritzfertigen Zustand bringen lassen. Endlich beschreibt das Patent die wesentlichen Merkmale der Aerosolverpackung, den druckfesten Behälter mit einer sperrbaren Ablauföffnung und einem Ejektor mit dem in den Behälter ragenden Röhrchen. Nahe an der Ausspritzöffnung soll eine als Expansionskammer eingerichtete Erweiterung sein, in welche die zu zerstäubende Flüssigkeit durch eine verhältnismäßig enge Zuflußöffnung eintritt. Rotheim hat die ersten Aerosolbehälter hergestellt und mit Farblacken und Kohlenwasserstoff-Treibgasen gefüllt. Die Erfindung geriet jedoch in Vergessenheit, nachdem die technischen Schwierigkeiten der Herstellung druckbeständiger Dosen und gut funktionierender Entnahmeventile noch nicht gelöst waren. Erst im zweiten Weltkrieg erinnerten sich amerikanische Techniker dieser auch in USA seinerzeit patentierten Erfindung, nachdem die Aufgabe gestellt wurde, ein für die in den Tropen kämpfenden Truppe verwendbares Insektenbekämpfungsmittel herzustellen. In dem im Jahre 1939 entdeckten DDT (Dichlordiphenyltrichloräthan) war ein wirksames Insecticid gefunden worden und das neue Kältemittel Difluordichlormethan erwies sich als ungiftiges Treibmittel von hohem Druck. Die ersten „military aerosol bombs" bestanden aus dickwandigem Stahl. Die nur mit Wirkstoff und Treibmittel gefüllten Stahlflaschen wurden mit einem Absperrventil versehen. Der Erfolg der 50 Millionen „insecticids bombs" war ausgezeichnet. Die Aerosolverpackung hatte ihre Bewährung bestanden. Nach ihrem Sieg über Insekten und Japaner konstruierten die Amerikaner dünnwandige und handliche, sog. Niederdruckbehälter aus Blech und einfacheren, aber zufriedenstellend arbeitenden Verschlußventilen. Endlich erhielt man durch Verwendung eines Gemisches aus Monofluortrichlormethan und Difluordichlormethan ein Treibmittel mit einem Druck von 3 atü bei 20° C, welches zur Erzielung auch feiner Aerosole ausreicht. Bald fanden die von Rotheim genannten Gase Vinylchlorid und Kohlenwasserstoffe niedrigsiedender Petroleumdestillate ebenfalls ihre Verwendung, wobei vornehmlich ihre technischen Eigenschaften eine Rolle spielten. Nach der technischen Vervollkommnung der Verpackung fand sie rasch in steigendem Maße ihre Anwendung für chemisch-technische, dann kosmetische Konsumartikel und jetzt auch für pharmazeutische Präparate.

Während in USA im Jahre 1947 bereits 5 Millionen Aerosolpackungen produziert wurden gehen in Deutschland die ersten Anfänge dieser Industriesparte erst auf das Jahre 1949 zurück. In Zusammenarbeit mit der Continental Can Company New York legte die Firma J. A. Schmalbach AG Braunschweig als erstes Unternehmen durch eine Patentanmeldung den Grundstein für die deutsche Entwicklung der Aerosol-Verpackung. Die Serienproduktion einer sog. 12 oz-Schwarzblechdose mit 65 mm Durchmesser und 122 mm Höhe, versehen mit einem Spezialinnenlack, konnte 1952 aufgenommen werden. Die Erhöhung der Zylinder-Mantelhöhe auf 180 mm führte zu ersten 18 oz und die Erniedrigung auf 60 mm zur 6 oz Dose. Es handelte sich um Dosen mit geschweißter Mantelnaht und aufgebördelten Weißblechböden und Deckeln von konkaver Ausgestaltung. Die ersten Ventile in einer Ausführung der Continental Can Company waren in den Oberboden (Deckel) eingelötet. Heute verwendet man fast nur noch die zweiteilige Verpackung, bestehend aus dem Behälter mit einer genormten kreisrunden Deckelöffnung mit einem Durchmesser von 25,4 mm (= 1 Zoll) und in diese genau passende 1 Zoll-Entnahmeventile. Neben den geschweißten wurden bald auch gezogene Dosen mit gefälligeren Formen und kleinerem Durchmesser hergestellt und die Deckel in Form eines Domes, d.h. einem nach oben gezogenen Oberboden ausgebildet.

Die ersten Abfüllanlagen eigener Konstruktion wurden 1952 von der Firma Sprühtechnik GmbH Rheinfelden, einer Tochterfirma der Dynamit Nobel AG Troisdorf und der Firma Schmalbach in Braunschweig in Betrieb genommen. Sehr rasch wurden von deutschen und anderen europäischen Firmen fertige und seit einigen Jahren automatisch arbeitende Hochleistungsfüllapparate hergestellt, so daß der Stand der Technik jenem der USA sehr nahe kommt.

Die deutsche, allgemein die europäische Aerosolindustrie erhielt zu Anfang ihre stärksten Impulse aus USA. Während heute die Behälter und viele *Ingredienten* für die Aerosolpackung jedoch in eigener Regie hergestellt werden, stammen fast alle bedeutenden Entnahmeventile immer noch aus US-Lizenzfertigungen.

Die Bedeutung der Aerosolverpackung für Deutschland, allgemein für Europa kommt in vielen Publikationen in Fachzeitschriften zum Ausdruck. So hat Herzka, A., der Verfasser des ersten Aerosol-Lehrbuches der Welt (1958), im Oktober 1964 ein Aerosolwörterbuch in 21 Sprachen herausgebracht. Das Kapitel „Geschichte der Aerosole" sei durch einen kurzen Hinweis auf die Arbeit der Aerosollandesverbände und ihrer Dachorganisation der Föderation Europäischer Aerosolverbände abgeschlossen. Neben der Klärung vieler technischer Probleme ist die Zusammenarbeit dieser Institutionen mit den Behörden bei der noch nicht abgeschlossenen Aerosolgesetzgebung von besonderer Bedeutung. Die „Interessen-Gemeinschaft Aerosole" als Vertretung der deutschen Aerosolindustrie hat ihren Sitz in Frankfurt (Main), Karlstraße 21 (Haus der Chemie).

IV. Aerosolverpackungsmaterial

1. Behälter

a) *Metallbehälter* bestehen aus drei, zwei oder einem Teil. Aus Weiß- oder Schwarzblech fertigt man zylindrische Rümpfe, deren Enden zusammengeschweißt oder gelötet werden, neuerdings auf automatischen sog. Body-Hochleistungsmaschinen. Nach Aufbördelung von Boden und Oberboden (Deckel, Dom) werden alle Schwarzblechdosen und jene aus Weißblech zum Teil mit einem Innenschutz aus einem Einbrennlack (z.B. Epoxyharz) versehen.

Bei den zweiteiligen Metallbehältern ist der Rumpf aus geeignetem Material gezogen und nur der Unterboden aufgebördelt.

Abb. 3. Aerosolbehälter aus Weiß- und Schwarzblech

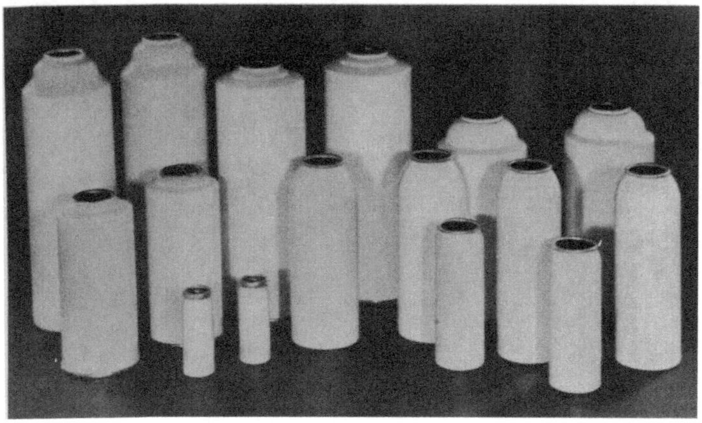

Abb. 4. Aerosolbehälter aus Aluminium

Die einteiligen Monoblockdosen sind aus Aluminium gefertigt, welche ebenfalls meistens einen Innenschutzlack besitzen, um Füllgutreaktionen mit dem Behältermaterial zu verhindern. Blechbehälter werden in Größen von 180–600 ml gefertigt, Aluminiummonoblockbehälter mit einem Volumen vornehmlich zwischen 10 und 180 ml, aber auch darüber (Abb. 3 und 4).

b) Glasbehälter werden mit einem Fassungsvermögen von 10–210 ml, vereinzelt auch darüber in den verschiedensten Formen hergestellt. Sie besitzen PVC-Kunststoffumhüllungen, welche sich durch Verwendung eines Tauchverfahrens der Form anpassen und bei einer etwaigen Zertrümmerung der Flasche ein Wegschleudern der Splitter verhindern sollen.

Die Aerosol-Glas-Behälter haben die genormte Halsöffnung von 20 oder 18 mm, vereinzelt auch kleinere Durchmesser und werden mit Spezialventilen verschlossen. Die kleinen Aluminium-Monoblock-Behälter von 10–20 ml haben auch diese Öffnungen, welche den Dimensionen der Glasflaschenventile entsprechen.

c) *Kunststoff:* Die aus diesem Werkstoff hergestellten Aerosolbehälter haben ein maximales Volumen von 150 ml und Halsöffnungen von 20 mm Durchmesser. Die hier verwendeten Kunststoffe *Delrin®* (Acetal-Harz), *Zytel®* (Polyamid) und *Hostaform C®* (Acetal-Misch-Polymerisat) gestatten ebenfalls die Produktion formschöner und variabler Behälter, welche im Vergleich zu den Metallbehältern bedeutend höhere Kosten verursachen.

2. Absperr- und Entnahmeventile

Die Aufgabe des Aerosolventils ist vielseitig und außerordentlich wichtig. Es muß zunächst mit dem Behälter unlösbar verbunden werden und diesen dicht abschließen. Die Tasse des 1 Zoll-Ventils (Ventilträgers) wird unter den Dosenwulstrand mittels einer Spreizzange geschoben (Clinchprozeß). Die im Ventilrand sich befindliche Dichtung bewirkt den dichten Verschluß. Man verwendet eingelegte Dichtungsringe aus Buna, Perbunan oder Neopren und sog. eingespritzte

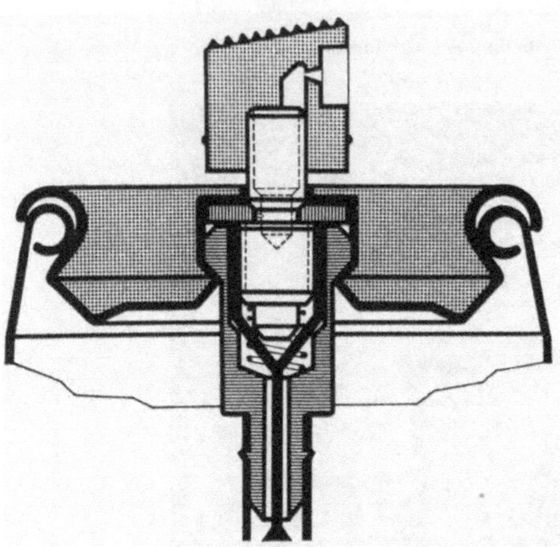

Abb. 5. Ventil in Ruhestellung

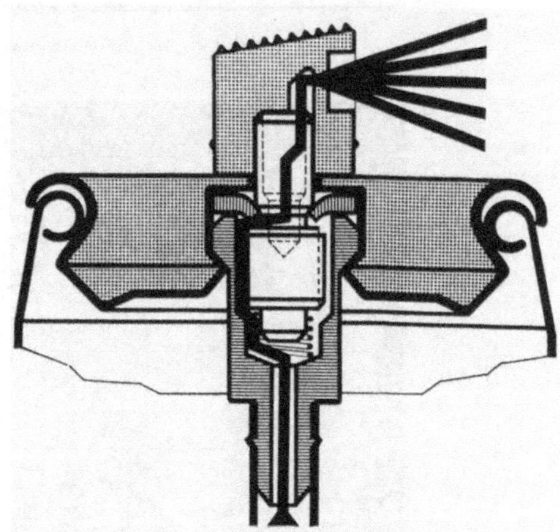

Abb. 6. Ventil während des Sprühens

Dichtungen. Diese wäßrige viscose Gummimasse wird solange in den Ventilrand gespritzt, bis das um seine Achse rotierende Ventil zwei Umdrehungen ausgeführt hat. Es schließt sich ein Trocknungsprozeß an.

Die zweite Aufgabe des Ventils besteht darin, daß es den Weg für das Aerosol frei machen muß, wenn der Ventilkopf betätigt wird.

Das Ventil muß so beschaffen sein, daß es beim Loslassen des Sprühkopfes in seine Ausgangsstellung zurückgeht und wieder dicht schließt (Abb. 5, 6 und 7).

Endlich ist vom Ventil eine dritte Funktion auszuführen. Die Treibgase werden meistens im sog. Druckfüllverfahren durch das auf den Behälter aufgeclinchte Ventil gefüllt. Dabei ist der Treibgasfluß jenem des Aerosols beim Versprühen entgegengesetzt. Hier muß das Ventil eine rasche Treibgasfüllung zulassen und nach dem Füllprozeß wieder dicht schließen.

Es gibt eine große Anzahl von Aerosolventilen, welche im wesentlichen auf zwei Prinzipien aufgebaut sind. In einem Falle enthält der Ventilkörper einen Stift, auf welchen der Sprühkopf aufgesetzt wird. Dieser Stift hat eine Öffnung von 0,3–0,5 mm Durchmesser, in Ausnahmefällen auch mehr. In Ruhestellung befindet sich diese Öffnung oberhalb einer inneren Ventildichtung. Beim Sprühen wird der Stift so weit heruntergedrückt, daß die Öffnung unter die genannte Dichtung gelangt und sich in das Ventilgehäuse senkt, das mittels Steigrohr mit dem Behälterinhalt in Verbindung steht. Dadurch wird, bedingt durch den Innendruck, der Inhalt durch das Ventil in den Sprühkopf gedrückt. Der feine Spray wird erst erreicht, wenn das Treibgas in der sog. Expansionskammer des Sprühkopfes sich zu einem kleinen Teil entspannen d.h. verdunsten kann. Dadurch entsteht jener Überdruck, welcher notwendig ist, den Inhalt mit solcher Kraft und Schnelligkeit

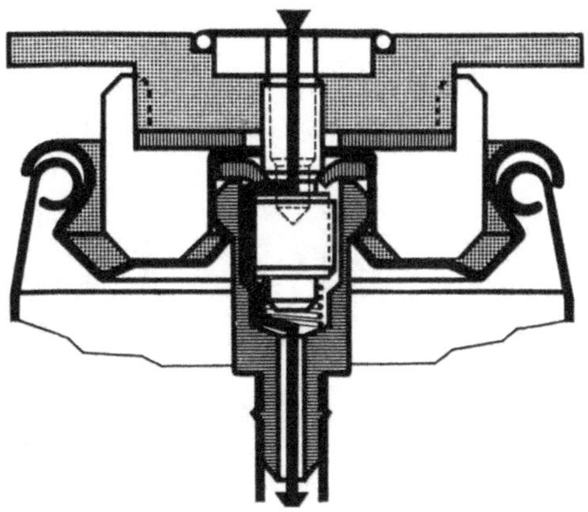

Abb. 7. Druckfüllen des Treibgases durch das Ventil in Richtung des Pfeils

durch die Sprühkopfaustrittsöffnung (0,3–0,5 mm) zu pressen, daß beim Austritt desselben das gesamte Treibgas in Bruchteilen einer Sekunde verdampft und den mitgeführten Wirkstoff mechanisch in zahllose kleinste Tröpfchen zerreißt.

Nach dem zweiten Prinzip befindet sich der Ventilstift am Sprühkopf. Statt der runden Öffnung enthält dieser am unteren Ende einen Schlitz. Dieser befindet sich in Ruhestellung in der passenden Stiftführungsöffnung des Ventils und steht auf einer Dichtung auf, welche durch Federdruck abdichtet. Wird der Sprühkopf betätigt, drückt der Ventilstift auf den Dichtungsgummi und gibt den Weg für den Austritt des Aerosols frei. Dieses gelangt in den Sprühkopf, welcher auch hier mit der Expansionskammer versehen sein muß. Es gibt für beide Ventiltypen neben den Standardsprühköpfen Spezialausführungen entsprechend dem Verwendungszweck. Es sind die Schaumsprühköpfe mit großen Öffnungen und die sog. Wirbelsprühköpfe zu nennen. Die letzteren sind so konstruiert, daß das Aerosol nach dem Verlassen der Expansionskammer nicht wie bei der Standardausführung direkt in die Sprühkopfaustrittsöffnung gelangt, sondern sich um die eigene Achse drehen muß, also einen Drall bekommt und unter Ausführung einer Wirbelbewegung austritt. Dadurch wird die Schnelligkeit des Flusses gebremst, der Druck jedoch erhöht und damit auch bei geringeren Treibgasanteilen ein sehr feiner und breiter Spray erzielt.

Bei wasserhaltigen Sprays verwendet man jetzt Spezialventile, welche die Wirkung der Wirbelsprühköpfe unterstützen. Im Ventilgehäuse enthalten diese, wie H. KÜBLER ausführt, ein sogenanntes Dampfphasen-Ablaß-Loch. Es tritt nun bei der Betätigung des Ventils außer der flüssigen Phase durch das Steigrohr des Ventils auch Gas durch diese Öffnung aus. Es ist verständlich, daß der Spray dadurch wesentlich verbessert wird. Außerdem verwendet man ein Kapillarsteigrohr, so daß die in der Zeiteinheit ausgesprühte flüssige Wirkstoffmenge stark herabgesetzt wird.

Die Glasflaschenaerosolventile haben ebenfalls diese beiden grundsätzlichen Aufbaumöglichkeiten, jedoch ist die Ventiltasse durch eine 18 oder 20 mm Ventilhaube ersetzt, welche ein Umbördeln derselben auf dem Hals des Aerosolbehälter

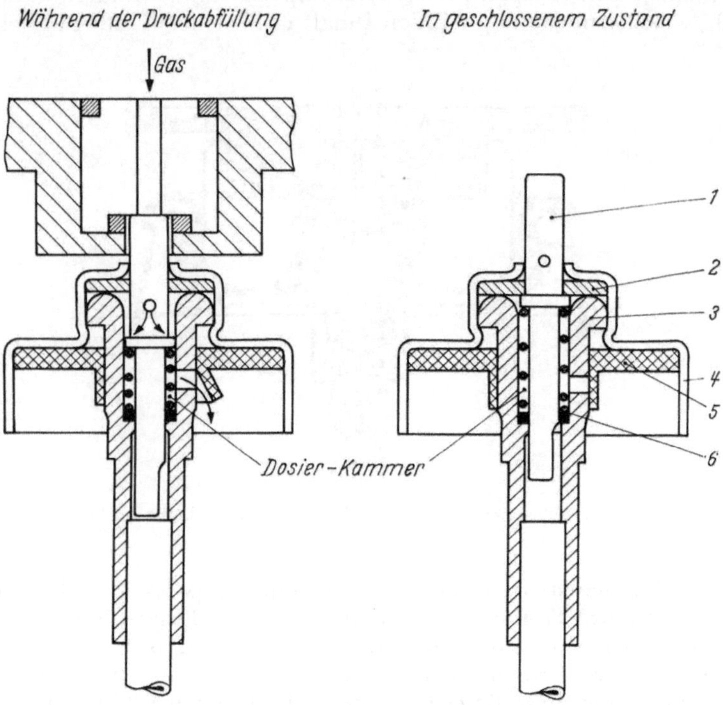

Abb. 8. Dosierventil (*1.* Schaft: Ventilstift; *2.* Innendichtung; *3.* Ventilkörper; *4.* Bördelkapsel: Ventilhaube; *5.* Außendichtung; *6.* Feder)

zum Zwecke des haltbaren und dichten Verschlusses ermöglicht. Auch hier dichtet ein eingelegter Gummiring.

Als besondere Spezialität sind Glasflaschen-Dosierventile zu nennen. Der Zylinder des Ventilgehäuses ist so konstruiert, daß bei einer Betätigung des Sprühkopfes nur ein Volumen entsprechend dem Inhalt des Zylinders versprüht wird. Erst beim Loslassen des Ventilkopfes füllt sich der Zylinder wieder. Das Ventil sprüht erst wieder, wenn es erneut betätigt wird. Es gibt folgende Dosiermengen: 0,05, 0,1, 0,15, 0,3, 0,6, 1,0 und 2,0 ml. Diese Dosierventile werden überall dort eingesetzt, wo geringe Wirkstoffmengen appliziert werden sollen, vornehmlich bei pharmazeutischen Präparaten, aber auch bei einigen kosmetischen wie Parfüm-Extraits und dem später zu beschreibenden Mundspray (Abb. 8). Entsprechend der vielseitigen Anwendung der Dosierventile, allgemein der Glasflaschenventile gibt es zahlreiche Ausführungen von Sprühköpfen.

3. Schutzkappen

Um eine unbeabsichtigte Betätigung der Ventile, besonders während des Transportes, zu vermeiden, verwendet man gut sitzende Aufsteckkappen meistens aus Kunststoff, seltener aus Metall. Es werden zwei Typen vornehmlich verwendet, die 1 Zoll-Kappen, welche auf der Ventiltasse sitzen und eine breite Form, welche auf den Dosenmantel aufgesteckt wird und der Verpackung ein höheres Aussehen verleiht. Daneben gibt es einige Spezialausführungen von Schutzkappen, die gleichzeitig als Sprühkopf dienen, jedoch so konstruiert sind, daß eine unbeabsichtigte Betätigung während des Transportes im Umkarton nicht möglich ist (Abb. 9).

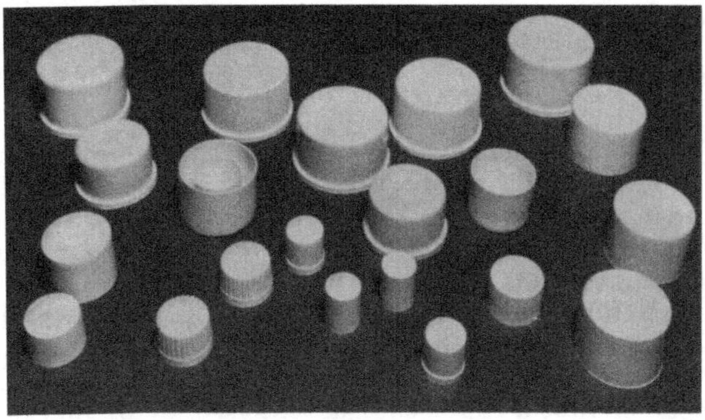

Abb. 9. Aerosolschutzkappen

V. Aerosol-Füll-Methoden

Es gibt vier verschiedene Füllsysteme, welche Varianten zulassen:

1. Kalt-Füll-System

Füllgut und Treibgas werden unter den Siedepunkt des letzten abgekühlt und in folgender Reihenfolge gefüllt:

a) Füllgut, flüssig, halbfest oder fest,
b) Treibgas flüssig,
c) Aufsetzen und Clinchen des Ventils.

2. Druck-Füll-System

Diese Füllung erfolgt bei Raumtemperatur, wobei das Treibgas unter Druck verflüssigt wird, nach folgendem Schema:

a) Füllgut
b) Aufsetzen und Clinchen des Ventils
c) Einpressen des unter Druck verflüssigten Treibgases durch das Ventil mit Hilfe eines nach außen dicht schließenden Füllkopfes.

3. Drittes System

Füllschema bei Raumtemperatur:

a) Füllgut,
b) Aufsetzen des Ventils,
c) Anheben des Ventils und Einfüllen des unter Druck verflüssigten Treibgases zwischen Ventil und Dose mittels eines nach außen dicht schließenden Füllzylinders,
d) Clinchen des Ventils.

4. Viertes System

Dieses arbeitet ebenfalls bei Raumtemperatur wie folgt:

a) Aufsetzen des Ventils,
b) Anheben des Ventils und Hintereinanderfüllen des Füllgutes und des verflüssigten Treibgases zwischen Ventil und Dose mittels eines nach außen dicht schließenden Füllzylinders,
c) Clinchen des Ventils.

Das 4. abgewandelte System arbeitet in einer anderen Reihenfolge:

a) Aufsetzen und Clinchen des Ventils,
b) Füllgut-Einpressen durch das Ventil.
c) Treibgas-Einpressen durch das Ventil.

Werden Füllgut und Treibgas in Druckbehältern gemischt, kann die gesamte Füllung in einem Arbeitsvorgang vorgenommen werden und zwar nach 1b, 2c, 3c oder 4b. Es entfallen dann die Arbeitsvorgänge 1a, 2a, 3a.

Füllgut und verflüssigtes Treibgas werden in Dosierzylindern volumetrisch gefüllt. Die Zylinder selbst sind druckluftgesteuert. Auch die Ventileinpreßzange arbeitet mittels Druckluft. Es gibt solche Clinch-Maschinen, welche die Dosenluft mittels Vakuum weitestgehend entfernen. Das ist in vielen Fällen erforderlich, um besonders bei hohem Treibgasanteil den zulässigen Betriebsdruck nicht zu überschreiten. Dieser soll bei 50° C maximal $^2/_3$ des Prüfdruckes sein. Normalerweise liegt der letzte bei 10 atü.

Die ersten Aerosolverpackungen wurden im unter 1. genannten Kaltverfahren gefüllt, obwohl durch die notwendige Abkühlung große Energiemengen verbraucht wurden und eine teure Kälteanlage erforderlich war. Für die unter 2. genannte Füllmethode mußten jedoch zuerst die Voraussetzungen, d.h. die geeignete Füllapparatur und das druckfüllbare Ventil geschaffen werden. Als Nachteile des Kältefüllverfahrens sind außerdem zu nennen: größere Treibgasverluste als bei den anderen Methoden, nämlich 5% und mehr und die Unmöglichkeit, wasserhaltige, allgemein temperaturempfindliche Wirkstoffe zu füllen. Die Kältemethode erlaubt andererseits eine rasche Füllung und daher eine hohe Leistung von 120–150 Behältern je min, sie schont die Ventile und infolge Verdampfung von etwas Treibgas sind die Behälter frei von Luft. Die Dosen haben nur den durch das Treibgas bedingten Innendruck.

Alle Nachteile des Druckfüllverfahrens (geringere Leistung, Lufteinschluß) konnten inzwischen weitgehend beseitigt werden. Insbesondere konnte die Füll-Leistung der Kalt-Methode durch Verdoppelung, Vervierfachung oder Verachtfachung der einzelnen Vorgänge auf sog. Karussells und gegebenenfalls Aufteilung

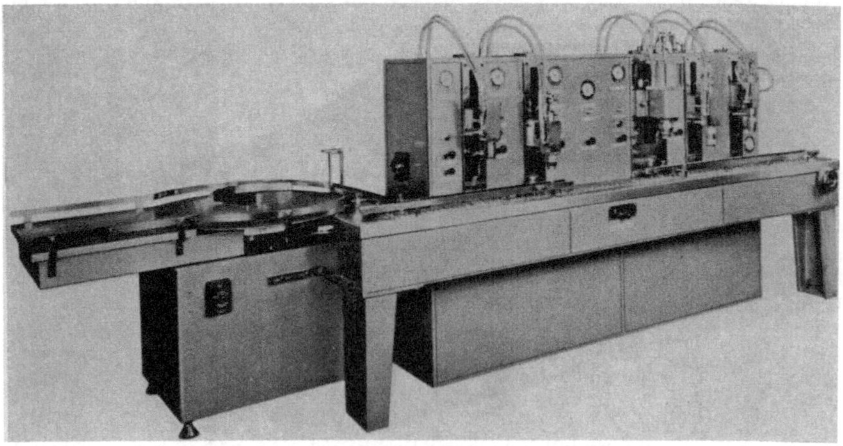

Abb. 10. Druckfüllautomat (Fülleinrichtungen von links nach rechts: Dosen-Ausblas-Vorrichtung; Wirkstoff-Füller; Vakuum-Clincher; Treibgas-Füller; Treibgas-Füller)

der Füllvolumen auf zwei Füllungen erreicht werden. Es ist daher verständlich, daß in Deutschland etwa 90% der Produktion nach diesem Verfahren gefüllt wird.

Das dritte und vierte System haben bisher keine Bedeutung erlangt. Der zusammengefaßte Füllvorgang ist zu umständlich, dauert zu lange, daher kann die Leistung der nach System 1 und 2 arbeitenden Maschinen nicht erreicht werden, zudem verlangen diese Füllmaschinen eine hohe Präzision.

Die nach dem beschriebenen Verfahren gefüllten Packungen werden in einem Warmwasserbad von 50° C auf Dichtheit und Druckbeständigkeit geprüft. Nach dem Verlassen des Wasserbades schließt sich die Trocknung und Konfektionierung der Aerosolbehälter an (Abb 10).

VI. Aerosol-Treibgase und Treibgasverschnittmittel

Chemische Verbindungen, welche als Treibmittel für Aerosolpackungen geeignet sind, müssen folgende Eigenschaften haben:

1. Der Siedepunkt soll unter 18° C liegen, eine Verflüssigung bei noch leicht zu erreichenden Temperaturen muß möglich sein. Bei den Treibgasverschnittmitteln, besonders im Gemisch mit Gasen mit niedrigem Siedepunkt, ist auch ein Siedepunkt oberhalb 18° C geeignet.
2. Eine gute chemische Beständigkeit.
3. Physiologische Verträglichkeit in den beim Sprühen zu erreichenden Konzentrationen.
4. Das Herstellungsverfahren soll wirtschaftlich sein.

Die Treibgase werden entsprechend ihrer chemischen Zusammensetzung mit zwei, drei- oder vierstelligen Ziffern versehen, wobei folgender Schlüssel zugrunde liegt:

Zahl der Hunderter + 1 = Anzahl der Kohlenstoffatome
Zahl der Zehner − 1 = Anzahl der Wasserstoffatome
Zahl der Einer = Anzahl der Fluoratome.

Die Anzahl der Chloratome wird nicht angegeben, sie ergibt sich aus den vorhandenen Kohlenstoff-Valenzen abzüglich der Anzahl Fluor- und Wasserstoffatome. Eine Null als Hundertstelle wird nicht geschrieben, daher haben die Methanabkömmlinge eine zweistellige Zahl, die Äthan- und Propanderivate jedoch eine dreistellige.

Beispiele:

Treibgastype

1 2

→ = 2 Fluoratome
→ − 1 = 0 Wasserstoffatome
→ + 1 = 1 Kohlenstoffatom

C-Valenzen: 4 — 2 = 2 Chloratome

12 ist also Difluordichlormethan

1 1 4

→ = 4 Fluoratome
→ − 1 = 0 Wasserstoffatome
→ + 1 = 2 Kohlenstoffatome

C-Valenzen: 6 — 4 = 2 Chloratome

114 = Tetrafluordichloräthan

2 9 0

→ = 0 Fluoratome
→ − 1 = 8 Wasserstoffatome
→ + 1 = 3 Kohlenstoffatome
C-Valenzen: 8 — 8 = 0 Chloratome
290 = Propan

Bei längerkettigen Verbindungen kann diese Schreibweise nicht immer angewandt werden, z.B. würde bei Butan die zweite Ziffer zweistellig sein.
Dagegen ist bei Butanderivaten mit mehr als 2 Halogenatomen dieses Zifferschema wieder möglich:

C 3 1 8

→ = 8 Fluoratome
→ − 1 = 0 Wasserstoffatome
→ + 1 = 4 Kohlenstoffatome
→ = Cyclo (ringförmige Verbindung)
Kohlenstoff-Valenzen: 8 — 8 = 0 Chloratome
C 318 = Octafluorcyclobutan

Wenn das Treibgas eine Doppelbindung besitzt, so ergibt sich eine vierstellige Zahl: Beispiel:

1 1 4 0

→ = 0 Fluoratome
→ − 1 = 3 Wasserstoffatome
→ + 1 = 2 Kohlenstoffatome
→ = 1 Doppelbindung
Kohlenstoff-Valenzen: 4 — 3 = 1 Chloratom
1140 = Vinylchlorid

REED, F. (1960) sieht für die Toxicität von inhalierten Gasen 6 Gruppen vor:

Gruppe 1: Gase in einer Volumenkonzentration von 0,5—1,0% wirken bei 5 min Inhalation tödlich oder führen zu schweren, irreversiblen Schäden wie Phosgen oder Schwefeldioxid

Gruppe 2: Gase in einer Volumenkonzentration von 0,5—1,0% wirken bei 30 min Inhalation tödlich oder führen zu ernsthaften, irreversiblen Schäden wie Ammoniak, Methylbromid

Gruppe 3: Gase in einer Volumenkonzentration von 2—2,5% wirken bei einstündiger Inhalation tödlich oder führen zu ernsthaften, irreversiblen Schäden wie Tetrachlorkohlenstoff, Chloroform, Methylformiat

Gruppe 4: Gase in einer Volumenkonzentration von 2—2,5% wirken bei zweistündiger Inhalation tödlich oder führen zu erntshaften, irreversiblen Schäden wie Dichloräthylen, Methylchlorid, Äthylbromid

Gruppe 4—5: weniger toxisch als 4, jedoch mehr als 5: Methylenchlorid, Äthylchlorid, Treibgas 113

Gruppe 5a: viel weniger toxisch als 4, jedoch mehr als 6: Treibgas 11, 22, Kohlensäure

Gruppe 5b: weniger toxisch als 5a, jedoch mehr als 6: Äther, Propan, Butan, Vinylchlorid

Gruppe 6: Gase in einer Volumenkonzentration von 20% haben den Anschein, bei zweistündiger Inhalationszeit keine Schäden hervorzurufen: Treibgas 12, 114.

KÜBLER, H. (1963a) gibt für die Gruppen 4, 5, 5a und 5b genauere Intervale an:

Gruppe 4—5: Die Inhalation einer 6,5-Volumen %-Konzentration während 2 Std wirkt toxisch oder schädlich.

Tabelle 3. *Aerosol-Treibgase*

Treibgase	Treibgassystem[1]	Toxische Gruppen	MAK	LD-50	Kp in °C
Monofluortrichlormethan*	11	5a	1000	—	+ 23,7
Difluordichlormethan*	12	6	1000	—	— 29,8
Monofluordichlormethan	21	5a	1000	—	+ 8,9
Difluormonochlormethan	22	5a	1000	—	— 41,0
Methylenchlorid*	30	4—5	500	0.27	+ 40,8
1.1.2 Trifluor-1.2.2 trichloräthan	113	4—5	(1000)	—	+ 47,6
sym. Tetrafluoridchloräthan*	114	6	1000	—	+ 3,5
Äthylchlorid	160	4—5	1000	—	+ 12,2
Vinylchlorid*	1140	5b	500—1000	—	— 13,9
1.1.1-Trichloräthan	140a	5a	200	12.9	+ 74.4
Octafluorcyclobutan*	C 318	6	(1000)	—	— 6,0
Propan*	290	5b	(1000)	—	— 42,2
n-Butan*	—	5b	(1000)	—	— 0,5
Isobutan*	—	5b	(1000)	—	— 11,7
Distickstoffoxid*	—	—	—	—	— 89,5
Stickstoff*	—	6	—	—	— 195,8

Die mit * versehenen Treibgase werden am häufigsten verwendet.

[1] Vgl. Text S. 603 und 604.

Gruppe 5a: Die Inhalation einer 11-Volumen %-Konzentration während 2 Std wirkt toxisch oder schädlich.

Gruppe 5b: Die Inhalation einer 16.5-Volumen %-Konzentration während 2 Std wirkt toxisch oder schädlich.

Die in der Aerosolindustrie verwendeten Treibgase und Treibgasverschnittmittel werden in Tabelle 3 erfaßt, welche auch die MAK-Werte enthalten und soweit es sich um Flüssigkeiten handelt, die LD-50 Werte bei Applikation per os pro kg Lebendgewicht bei Ratten als Testtiere.

Die fluorierten Kohlenwasserstoffe werden in Deutschland unter den Warenzeichen Frigen® von den Farbwerken Hoechst und Kaltron® von der Kali-Chemie hergestellt. Octafluorcyclobutan ist nur in kleinen Labormengen beziehbar. Reines Isobutan gibt es nicht, daher wird ein fertiges Gemisch Propan-Butan mit einem Anteil Isobutan von der Firma Deurag-Nerag in Hannover geliefert. Vinylchlorid wird von verschiedenen Firmen hergestellt z.B. von der Dynamit Nobel in Troisdorf und von der BASF in Lufwigshafen, welche auch Äthylchlorid liefert.

Die narkotischen und toxischen Konzentrationen einiger Fluorchlorkohlenwasserstoffe sind in Tabelle 4 (nach Scholz, J., 1961) wieder gegeben.

H. Kübler (1963a) berichtet von Expositionsversuchen bei Mäusen, Ratten, Meerschweinchen während 100 Tagen, wobei die Tiere im offenen Beatmungssystem Konzentrationen von 5 Vol.-% Vinylchlorid und in einer zweiten Testserie dem Treibgasgemisch 11/12 täglich 2 Std lang ausgesetzt wurden. Es zeigten sich keine erkennbaren Reaktionen. Die Treibgas-Konzentrationen, welche beim Leersprühen ganzer Packungen erreicht werden, unterschreiten die Testmenge um das Hundertfache. Die geprüften Gase sind demnach physiologisch unbedenklich, da selbst die in den Tierversuchen verwendeten hohen Konzentrationen zu keinen Gleichgewichtsstörungen und keinen pathologischen Veränderungen

Tabelle 4. *Toxicität von Fluorchlorkohlenwasserstoffen*

Treibgastype	Zustand	Konzentration in %	Zeit in min
114	G	30	120
	LN	50	120
	TN	60	120
	T	—	—
12	G	30	120
	LN	50	60
	TN	60	60
	T	—	—
113	G	10	30
	LN	15	15
	TN	20	20
	T	20	20
11	G	5	40
	LN	10	20
	TN	10	90
	T	20	5

G = Gleichgewichtsstörung, LN = Leichte Narkose, TN = Tiefe Narkose, T = Tod.

führten. Die narkotische Konzentration von Vinylchlorid wird von ULLMANN (1954) mit 12% angegeben. Noch nicht publizierte an anderer Stelle durchgeführte Teste zeigten die in Tabelle 5 wiedergegebenen Resultate bei Mäusen.

Um die Toxicität von Methylenchlorid kennen zu lernen, wurden Mäuse steigender Konzentrationen eines Gemisches von Vinylchlorid (VC) und Methylenchlorid im Gewichtsverhältnis 3 : 2 ausgesetzt. Die gesamte Versuchsdauer betrug 20 min.

Tabelle 5. *Toxicität von Vinylchlorid bei Mäusen. Versuchsdauer: 50 min*

Vinylchlorid Vol.-%	Wirkung
6,3	keine Veränderung
14,4	Gleichgewichtsstörung
22,0	leichte Narkose
28,5	tiefe Narkose
58,0	Tod

Tabelle 6
Toxicität von Methylenchlorid (vgl. Text)

VC + CH_2Cl_2 Vol.-%	Wirkung
4,8	Gleichgewichtsstörung
9,7	leichte Narkose
18,7	tiefe Narkose
22,6	Tod

Die Versuchsserie ist noch nicht beendet, jedoch zeigt sie deutlich, daß Methylenchlorid weitaus toxischer ist als Vinylchlorid oder alle anderen Treibgastypen, obwohl die MAK-Werte von CH_2Cl_2 und VC gleich sind und zwar 500.

In einem weiteren Mäusetest wurde die Inhalation eines Gemisches von 25 Gew.-% Propan und 75 Gew.-% Butan geprüft. Bei einer Konzentration von 25 Vol.-% trat eine einschläfernde Wirkung ein. Höhere Konzentrationen führten weder zur Narkose noch zum Tod der Versuchstiere.

Über die physiologische Verträglichkeit von den Kohlenwasserstoff-Treibgasen gibt es wenig Literatur. Nach F. A. Patty (1948) nimmt die Toxicität mit steigendem Molekulargewicht zu. Erst von 10 Vol.-% ab tritt eine erkennbare Reaktion in Form eines leichten Schwindels bei Propan und Schläfrigkeit bei Butan ein. In höheren Konzentrationen wirken sie wie alle Gase infolge Verdrängung des erforderlichen Luftsauerstoffs, erstickend.

Das Verhalten der Treibgas- und Treibgasverschnittmittel bei der thermischen Zersetzung beschreibt H. KÜBLER (1963a). Während die reinen Kohlenwasserstoffe hierbei nur CO_2, CO und H_2O als Endprodukte bilden können, entstehen bei den halogenierten Verbindungen sehr unterschiedliche Mengen Kohlenmonoxid, Phosgen und Halogenwasserstoff (Tabelle 7).

Tabelle 7.
Thermische Zersetzung von Aerosol-Treibgasen bei 1000° C

Treibgas	Zersetzungsprodukte je g Treibgas		
	CO in mg	$COCl_2$ in mg	HCl in mg
Vinylchlorid . .	39.5	0.11	10,2
Typ 11	1.5	7,00	94
Typ 12	1,5	2,40	79
Typ 114	0.8	12,00	59
CH_2Cl_2	15,2	18,00	81

Da die MAK-Werte für CO bei 100, für $COCl_2$ jedoch bei 1 liegen, kann der von CO schwer, jener von $COCl_2$ bei der thermischen Zersetzung leicht erreicht werden. In jedem Falle wird aber auch die untere Reizschwelle von 36 ppm HCl erreicht. Um eine derartige Zersetzung zu vermeiden, soll der Sprühstrahl der Aerosolpackungen nicht in offene Flammen gerichtet werden.

Über die Hautverträglichkeit von fluorierten Chlorkohlenwasserstoffen liegen Arbeiten von QUEVAUVILLER u. Mitarb. (1959) und J. SCHOLZ (1961) vor. Sie brachten das gleiche gute Ergebnis wie an anderer Stelle durchgeführte nicht veröffentlichte Teste. Verschiedene kosmetische Aerosolprodukte, abwechselnd gefüllt mit den Treibgastypen 11/12 und Vinylchlorid, wurden an hautgesunden und hautkranken Personen mit dem Ergebnis „ohne Befund" geprüft. Ein ähnlicher Test wurde mit einem Aerosol-Haarspray von D. GRIEBEL (1959) durchgeführt. Kopfhaar und Kopfhaut tolerieren das Produkt auch bei Überdosierung anstandslos, wobei Unterschiede zwischen den Treibgasen nicht festgestellt werden konnten. Lediglich ein Zusatz von mehr als 20% Methylenchlorid kann zu Strukturschäden an den Haaren führen, insbesondere, wenn es sich um ein zuvor schon subvisibel verändertes Haar handelt.

Die Treibgase zeigen während des Verdampfungsprozesses, d.h. beim Übergang vom flüssigen in den gasförmigen Zustand erhebliche Volumenzunahme (Tabelle 8).

Tabelle 8. *Volumenzunahme von Treibgasen bei der Verdampfung*

Treibgas	Gas je ml Flüssigkeit in ml
Vinylchlorid . .	330
Äthylchlorid . .	309
Propan	280
Typ 12	246
Typ 11	242
Butan	228
Methylenchlorid .	350

Die Volumenvermehrung gibt den Grad des Aerosolisierungseffektes.

Die Hydrolyse ist bei Treibgasen zu beachten. Sie bewirkt durch Abspaltung von Halogenwasserstoffen sekundäre Reaktionen beim Füllgut, insbesondere aber Korrosion am Metall der Verpackung und der Ventile. Die erste Veränderung bedingt durch Hydrolyse wird geruchlich wahrgenommen. Die Duftkomponente des Füllgutes erhält einen typischen metallisch-sauren Beigeruch. Von P. A. WITJENS (1960) durchgeführte Versuche zeigten, daß in Anwesenheit von halogenierten Treibgasen, Sauerstoff, Wasser, Äthylalkohol und dem Behältermaterial der pH-Wert infolge HCl-Abspaltung auf 3–4 sinkt, Acetaldehyd und Acetaldehyddiäthylacetal entstehen. Weiterhin fand WITJENS Kondensations-, Veresterungs-, Umesterung- und Acetalisierungs-Reaktionen bei Parfümkompositionen, welche deren Duft völlig verändern.

Amerikanische Unterlagen orientieren über die pro l verflüssigtem Treibgas durch Hydrolyse entstehenden und pro Jahr bei 50° C in Anwesenheit von Wasser sich bildenden HCl-Mengen (Tabelle 9).

Tabelle 9. *Hydrolyse von Treibgasen bei 20 und 50° C*

Treibgas	HCl-Menge bei	
	50° C in g	20° C in g
Methylenchlorid . .	55,0	—
Type 113	40,0	—
Type 11	28,0	19,0
Äthylchlorid	26,0	—
Type 12	9,5	0,8
Type 21	9,0	—
Type 114	3,0	1,4

H. R. SHEPHERD (1961) gibt unter den gleichen Bedingungen, jedoch bei einer Lagertemperatur von 20° C vergleichbare Werte an (Tabelle 9).

Auf eigene Veranlassung wurden im Battelle-Institut in Frankfurt/Main Versuche durchgeführt, die in dem 1966 erschienenen Buch von A. HERZKA über die internationale Enzyklopädie der Aerosole veröffentlicht wurden. Mit folgender Versuchsanordnung erhielt man folgende Ergebnisse:

Es wurden homogene Mischungen aus Treibgas, Isopropylalkohol und Wasser mit Weißblechstücken in Glas-Ampullen eingeschmolzen und bei 20° und 50° C eine bestimmte Zeit gelagert. Die bei 50° C durchgeführten Versuche erstreckten sich auf eine Versuchszeit von 3 Monaten. Unter der Voraussetzung, daß eine Extrapolation zulässig ist, ergaben sich die in Tabelle 10 wiedergegebenen Hydrolysen-Jahreswerte.

Tabelle 10.
Hydrolyse von Treibgasen bei 20 und 50° C

Treibgas	HCl-Menge im Jahr bei	
	20° C in l	50° C in l
11	108,300	376,00
12	1,170	24,70
114	0,049	0,00
Vinylchlorid	0,155	0,54

Es zeigte sich, daß die Hydrolyse nur in Anwesenheit von Eisen erfolgt.

Die Treibgase zeigen unterschiedliche Löseeigenschaften, insbesondere bei vielen Lacken und anderen Stoffen wie Parfüms. G. NOWACK und G. HOLZNER (1964) teilen mit, daß Propan, Butan und Vinylchlorid die Treibgase mit den besten Lösungseigenschaften für Riechstoffe, Resinoide und Stearoptene sind. Es folgen dann in absteigender Reihenfolge die Treibgase 11, 12 und 114. Um bessere Lösungseigenschaften zu erhalten, werden oft unbrennbare Treibgasgemische verwendet (Tabelle 11).

Tabelle 11. *Unbrennbare Treibgas-Gemische*

Treibgas	Gehalt der Mischung in Gew.-%	Treibgas	Gehalt der Mischung in Gew.-%
Isobuten	10	Dimethyläther	15
11	45	11	10
12	45	12	75
Propan	9	Vinylchlorid	35
11	45,5	12	65
12	45,5	Vinylchlorid	22
		11	39
		12	39

Die Lagerung der Treibmittel muß nach den Richtlinien des Deutschen Druckausschusses erfolgen. (Einführungserlaß vom 2. XII. 1935, eine neue Druckgasverordnung ist in Vorbereitung).

Die verflüssigten Treibgase verleihen dem Inhalt der Aerosolpackungen einen gleichbleibenden Innendruck. Sie sind zu 99,8% im Füllgut gelöst. Im Laufe der Entleerung der Aerosolpackung verdampfen nur einige Zehntel Prozent, welche dem Behälterinhalt die Druckkonstanz verleihen. Der Druck steigt allerdings erheblich mit zunehmender Temperatur (Tabelle 12).

Tabelle 12. *Treibgas-Druck bei steigenden Temperaturen*

Treibgas	Siedepunkt in °C	Druck bei					
		0° C atü	10° C atü	20° C atü	30° C atü	40° C atü	50° C atü
11	+ 23,7	0,41	0,62	0,90	1,28	1,78	2,41
12	− 29,8	3,1	4,31	5,78	7,58	9,77	12,38
114	+ 3,5	0,9	1,32	1,87	2,58	3,48	4,59
Propan . . .	− 42,2	3,8	5,7	7,7	10,1	12,8	16,0
Butan. . . .	− 0,5	0	0,5	1,0	2,0	3,0	4,0
Isobutan . .	− 11,7	0,5	1,2	2,1	3,2	4,5	6,0
Vinylchlorid .	− 13,9	0,5	1,2	2,1	3,3	5,0	7,0
11/12 50 : 50 Gew.-% . .	–	0,8	1,6	2,6	3,7	5,0	6,8
12/114 50 : 50 Gew.-% . .	–	1,2	2,0	3,2	4,5	6,2	8,1

Das Treibgasverschnittmittel Methylenchlorid wird ebenfalls als Druckverminderer verwendet, gleichzeitig zeigt es gute Lösungseigenschaften und wird oft als Lösungsvermittler eingesetzt. A. Herzka (1958) und H. R. Shepherd (1961) beschreiben ein weiteres Treibgasverschnittmittel. Es handelt sich um das 1.1.1-Trichloräthan oder Methylchloroform mit einem Siedepunkt von + 74,1° C, einer hohen Verdunstungsgeschwindigkeit und sehr guten Lösungseigenschaften. Die sonst als Kalt- und Trocken-Metall-Reiniger verwendete Flüssigkeit hat einen MAK-Wert von 200. Die in die USA unter dem Namen Chlorothene® im Handel befindliche Verbindung wird demnächst auch in Deutschland von der Dynamit Nobel AG in Troisdorf hergestellt.

Für bestimmte Abfüllungen, bei denen kein Aerosol oder kein feiner Spray erwünscht ist, werden anstelle der verflüssigten die komprimierten Treibgase verwendet. Es handelt sich vornehmlich um die bereits angeführten Verbindungen Stickstoff, Kohlendioxid und Distickstoffoxid. 50% und mehr davon befinden sich im Gasraum der Dose. Bei der Entnahme sinkt daher der Innendruck nach

$$\frac{V_1 \cdot p_1}{T_1} = \frac{V_2 \cdot p_2}{T_2}$$

V = Volumen, p = Druck, T = absolute Temperatur, 1 = gefüllte Dose, 2 = teilweise entleerte Dose.

Um die Gewähr dafür zu haben, daß das gesamte Füllgut ausgetrieben werden kann, muß für V ein möglichst großer Raum zur Verfügung stehen, nämlich mindestens $^1/_3$ des Dosenvolumens oder $\frac{360}{3} = 120$ ml bei einer 12 oz-Dose (1 fl. oz = 29,56 cm³). Bei gleicher Temperatur ist $T_1 = T_2$. Die Dose wird z.B. mit Stickstoff auf 6 atü aufgedrückt. Wenn der Inhalt zur Hälfte entleert wird, ist der Druck p_2:

$$p_2 = \frac{V_1 \cdot p_1}{V_2} = \frac{120 \cdot 6}{240} = 3 \text{ atü}$$

S. Prussin (1958) erwähnte, daß Stickstoff kein Ersatz für die verflüssigten Treibmittel ist und sein deutliches Merkmal besteht darin, daß das Füllgut in dem gleichen physikalischen Zustand austritt, wie bei herkömmlichen Behältern (z.B. Sifon oder Tube). Außerdem ist der mit den komprimierten Treibgasen gefüllte Behälter nicht mehr als Aerosol, sondern nur als eine Druckverpackung anzusprechen, bei welcher man mittels Wirbelsprühköpfen eine gewisse Flüssigkeitsverteilung, einen sog. nassen Spray, erhalten kann. Allerdings sind die benötigten Gasmengen sehr klein, bei Stickstoff etwa 0,5 und bei Kohlensäure 2,3 Gew.-% bezogen auf das Füllgut. Es gibt keine Hydrolyse und nur geringe Dichtungsprobleme. Endlich ist die Druckzunahme mit steigender Temperatur sehr gering und beträgt 0,11 kg/cm² pro 5° C. Daher werden Produkte, welche auch bei tieferen Temperaturen noch sprühen müssen, mit verflüssigten und komprimierten Treibmitteln gleichzeitig gefüllt.

Die komprimierten Treibgase sind für die Abfüllung von Lebensmitteln von Bedeutung wie im Kapitel XII ausgeführt wird.

VII. Lösungsmittel für kosmetische Aerosole

Es eignen sich nur wenige Stoffe, da diese folgende Bedingungen erfüllen müssen:

1. Weitestgehende physiologische Verträglichkeit.
2. Ausgezeichnetes Lösungsvermögen.
3. Weitgehende Löslichkeit in den Treibgasen.
4. Angenehmer oder gut zu überdeckender Eigengeruch.

In Tabelle 13 werden die gebräuchlichsten Lösungsmittel und ihre chemische Gruppenbezeichnung neben physiologischen Daten aufgeführt.

Lösungsmittel sind geeignet, wenn ihr MAK-Wert mindestens 200 beträgt oder der LD-50 Wert die Zahl 15 übersteigt. Bei chlorierten Kohlenwasserstoffen werden maximale Höchstgrenzen für die Aerosolformulierungen empfohlen. Bei Methylenchlorid sollen nicht mehr als 25 Gew.-%, bezogen auf den Gesamtinhalt einschließlich des Treibgases, verwendet werden. Bei 1.1.1-Trichloräthan, dessen MAK-Wert kürzlich von 500 auf 200 herabgesetzt wurde, wäre eine maximale Konzentration von 10–15% zu empfehlen.

Alle in Tabelle 13 erwähnten Stoffe sind mit Ausnahme der Glykole in jedem Verhältnis mit den Treibgasen löslich. Glykole zeigen nach H. Kübler (1962) unterschiedliche Lösungsvermögen, wobei auch Unterschiede in den einzelnen Treibmitteln vorhanden sind. Oft wird die erforderliche homogene Lösung durch

Tabelle 13. *Aerosol-Lösungsmittel*

Gruppe	Name	MAK-Wert	LD-50 Wert
Alkohole	Äthylalkohol	400	–
Alkohole	n-Propylalkohol	400	–
Alkohole	i-Propylalkohol	400	–
Ketone	Aceton	1000	–
Acetate	Essigsäure-äthylester	400	–
Acetate	Essigsäure-butylester	200	–
Glykole	Glycerin	–	26 g
Glykole	Diäthylenglykol	–	20 g
Glykole	Triäthylenglykol	–	22 g
Glykole	Polyäthylenglykol 200	–	34 g
Glykole	Polyäthylenglykol 400	–	39 g
Glykole	Polyäthylenglykol 600	–	43 g
Glykole	1.2-Propylenglykol	–	30 g
Glykole	1.3-Butylenglykol	–	18 g
Chlorierte Kohlenwasserstoffe	Methylenchlorid	500	–
dto.	1.1.1-Trichloräthan	200	–
Öle	mineralische und pflanzliche Öle und Ester höherer Fettsäuren	—	—

Verwendung mehrerer Lösungsmittel odeı sog. Lösungsvermittler wie Isopropylalkohol oder Methylenchlorid erreicht. Methylenchlorid und in kleinem Umfang auch 1.1.1-Trichloräthan dienen wie erwähnt gleichzeitig als Lösungsmittel und Treibgasverschnittmittel.

VIII. Aerosol-Gruppeneinteilung

Entsprechend dem Verwendungszweck der Aerosolpackung werden sog. trockene oder nasse Sprays oder Schäume gewünscht, d.h. es müssen Aerosole mit kleinen oder größeren Partikeln entstehen; beim Schaum dient das Treibgas zum Herausdrücken und zur Volumvermehrung des Füllgutes. Insgesamt unterscheidet man für Produkt-Gruppen, welche abnehmende Mengen Treibgase besitzen:

Gruppe A: Raumbehandlungsmittel mit einem Treibgasanteil von 80–90 Gew.-%

Gruppe B: Oberflächenbehandlungsmittel mit einem Treibgasanteil von 40–60 Gew.-%.

Gruppe C: Aerosole mit einem Treibgasanteil von 10–40 Gew.-%, meistens W/O-Emulsionstyp.

Gruppe D: Schaumaerosole, also Pseudoaerosole mit einem Treibgasanteil bis zu 10 Gew.-%, meistens O/W-Emulsionstyp.

Gruppe E: Pseudoaerosole mit komprimierten Gasen gefüllt.

Die Gruppe A umfaßt vornehmlich die klassischen Aerosolpräparate, den Aerosol-Luftverbesserer und das Aerosol-Insecticid. Von den kosmetischen Produkten werden Puder- und bestimmte Parfümpräparate mit einem hohen Treibgasanteil abgefüllt.

Zu Gruppe B gehören die meisten Aerosolpackungen. Die kosmetischen Erzeugnisse stellen hier die wichtigsten Vertreter wie Haarbehandlungsmittel, Körperdesodorantien, Sonnenschutzpräparate, fliegenabweisende Produkte und Fußsprays.

Die Gruppe C steht noch am Anfang ihrer Auswertung. Es handelt sich meistens um W/O-Emulsionen, welche keinen Schaum ergeben dürfen, sondern einen nassen Spray, daher ist ein bestimmter Anteil Treibgas notwendig, oft wird der Spray durch Verwendung eines Wirbelsprühkopfes verbessert. Körperdesodorantien können nach diesem System aufgebaut werden.

Bei der Gruppe D verflüchtigt sich das Treibgas nicht. Es befindet sich in der inneren Phase der O/W-Emulsionen und bildet nach der Verdampfung von der Emulsion eingeschlossene Blasen, wodurch der hochvoluminöse und beständige Schaum entsteht. Die wichtigsten kosmetischen Vertreter sind der Rasierschaum und der Sonnenschutzschaum. Die Aerosolgruppe D darf nicht mehr als echtes Aerosol bezeichnet werden. Das Verpackungselement ist jedoch das gleiche und es wird ebenfalls ein verflüssigtes Treibgas verwendet. Daher soll diese Gruppe im Rahmen der Aerosolverpackung ebenfalls besprochen werden, jedoch mit dem Zusatz, daß es sich um ein sog. Pseudo-Aerosol handelt. Das Phänomen desselben besteht darin, daß man aus einer flüssigen oder halbfesten Emulsion einen stabilen Schaum erhält, dessen Volumen 50 mal größer ist als das eingefüllte. Es ist also auch bei dieser Gruppe ein echter Vorteil der Aerosolpackung vorhanden.

Ist ein schnell zusammenfallender Schaum erwünscht, kann man durch Zusatz von Alkohol die Stabilität des Schaumes stark herabsetzen oder einen Emulgator des Typs W/O verwenden. Das Treibgas befindet sich in der Ölphase d.h. in der äußeren, es wandert daher bei der Versprühung nur zu einem kleinen Teil in den Schaum, das meiste verdampft ungehindert.

Von den Emulsions-Schaum-Aerosolen der Gruppe D wird eine ausgezeichnete Beständigkeit verlangt, ein Schütteln der Packung vor dem Gebrauch darf nicht erforderlich sein. Dagegen ist für eine homogene Verteilung des Treibgases sofort nach dessen Einfüllung zu sorgen. Das geschieht durch Schütteln des Behälters manuell oder maschinell.

Die Gruppe E wird im Kapitel XII: Lebensmittel-Aerosole erwähnt.

Entsprechend der Anzahl der in der Aerosolpackung vorhandenen festen, flüssigen oder gasförmigen, nicht ineinander gelösten Schichten spricht man von Drei- oder Zweiphasen-Aerosolen. Die unproblematischen Packungen sind die letzten. Sie haben eine flüssige Phase, d.h. die in den Lösungsmitteln gelösten eigentlichen Wirkstoffe und über 99% des verflüssigten Treibmittels. Die zweite Phase, welcher laut Vorschrift des Deutschen Druckgasausschusses bei 50° C 10% des Behältervolumens zur Verfügung stehen muß, enthält den Rest des Treibmittels im gasförmigen Zustand. Diese Packung ist immer sprühbereit, ihr auszusprühender Inhalt — die flüssige Phase — stets homogen.

Es gibt 2 Gruppen von Dreiphasen-Aerosolen, die erste enthält zusätzlich eine feste Phase, die nächste jedoch eine zweite flüssige Phase. Die feste Phase kann aus einem dispergierten Wachs, aus einem Pigment oder aus einem Pulver bestehen. Da sich ein allmähliches Absinken des festen Körpers nicht vermeiden läßt, ist die Aerosolpackung vor dem Gebrauch durch Schütteln zu homogenisieren. In allen Fällen, wo schwere Pigmente vorliegen oder wo die festen Stoffe zur Zusammenballung neigen, fügt man den Packungen Metallkugeln bei, welche die Homogenisierung erleichtern. Besonders bei vielen technischen Produkten lassen sich solche Dreiphasen-Aerosole nicht vermeiden. Die zweite Gruppe der Dreiphasen-Aerosole hat zwei flüssige und die gasförmige Phase. Sie hat keine Bedeutung gewonnen, wirft sie doch erhebliche Probleme auf. Wie erwähnt, wird eine flüssige Phase ausgesprüht, in diesem Falle jene, welche die Wirkstoffe enthält. Allgemein entstehen zwei Phasen, wenn Flüssigkeiten nicht oder nur teilweise ineinander löslich sind. Die spezifisch schwerere wird die untere sein. Ist dies das Treibgas, muß das normalerweise bis zum Boden des Behälters ragende Steigröhrchen so weit abgeschnitten sein, bis es an den unteren Rand der zweiten, der Wirkstoffphase reicht. Ist diese leer gesprüht, bleibt die untere flüssige Phase d.h. das Treibgas im Behälter zurück. Es sollen aber nur leer gesprühte Behälter weggeworfen werden. Es ist daher zweckmäßiger ein Treibgas zu verwenden mit einem niedrigen spezifischen Gewicht. Hier besteht die unterste Schicht aus der auszusprühenden Wirkstoff-Lösung, das Steigröhrchen des Ventils braucht nicht abgeschnitten zu werden. Außerdem ist es möglich, den Behälter gänzlich leer zu sprühen. Es darf nun in beiden Fällen nicht übersehen werden, daß viele Wirkstoffe teilweise auch in die flüssige Treibgasphase gelangen, bedingt durch eine teilweise Löslichkeit oder durch Aufnahme eines Teiles der flüssigen Wirkstoff-Phase, wenn ein organischer Lösungsvermittler verwendet werden mußte. Nur mit Hilfe eines Wirbelsprühkopfes konnte hier ein nasser Spray erzielt werden. In vielen Fällen ist die Zuhilfenahme von Wasser als Lösungsmittel unvermeidbar, da viele Stoffe wie z.B. die schweißhemmenden Salze sich praktisch nur in diesem Lösungsmittel lösen. Um nun den genannten Schwierigkeiten aus dem Wege zu gehen, bedient man sich heute der eingangs erwähnten Aerosol-Gruppe C. Zuerst prüft man, ob man ohne einen Emulgator auskommt, weil dieser zur Schaumbildung führen kann und den an und für sich schon nassen Spray weiterhin ungünstig beeinflußt. Abgesehen von den eigentlichen Wirkstoffen führt das Gemisch 25 Gew.-% Treibgas, 20% Wasser und 45% Isopropylalkohol zu einem homogenen Gemisch. Um allen Korrosionsgefahren aus dem Wege zu gehen, verwendet man bei diesen Formulierungen das hydrolysefreie Gasgemisch Propan: Butan = 20: 80 Gew.-%. Bei Verwendung eines geeigneten Emulgators können die Anteile Gas und Wasser erhöht werden bis etwa je 33 Gew.-%, gegebenenfalls kann der Wasseranteil auf Kosten des Isopropylalkohols weiter gesteigert werden.

IX. Prüfteste für Aerosole

Eine Aerosol-Rezeptur muß folgenden Prüfungen unterzogen werden:

1. Applikationstest

Es ist hierbei festzustellen, ob das Präparat dem vorgesehenen Verwendungszweck entspricht. Dazu ist auch der nächste Test von Wichtigkeit.

2. Sprüh-Charakteristik-Test

Die im Kapitel VIII genannte Gruppeneinteilung gibt entsprechend der verwendeten Treibgasmenge- und art einen gewissen Anhaltspunkt. Jedoch ist oft die Messung der Partikeldurchmesser erwünscht. H. Kübler (1963b) stellt fest, daß die Ermittlung eines absoluten Wertes sehr schwierig ist. Man muß mit relativ komplizierten Meßmethoden arbeiten. Er erwähnt folgende Möglichkeiten:

a) Messung durch elektrostatische Aufladung der Teilchen.

b) Bestimmung der Sedimentationsgeschwindigkeit der Partikelchen.

c) Allgemeine optische Methoden.

d) Messung mittels eines Spezial-Spektrometers. (Diese Arbeiten wurden im Battelle-Institut in Frankfurt/Main ausgeführt.)

In fast allen Fällen ist eine relative Bestimmung der Teilchengrößen ausreichend. Es gibt zwei in der Industrie leicht anzuwendende Methoden:

a) Man sprüht den kräftig eingefärbten Inhalt einer Aerosolpackung durch eine vertikale Blende (um die Teilchenkonzentration herabzusetzen) und bringt in verschiedenen Abständen senkrecht zur Sprührichtung nicht aufsaugbares Papier oder

b) man sprüht in der gleichen Versuchsanordnung und nimmt den gesamten Sprühstrahl in sedimentiertem Zustand auf einem meterlangen Papier parallel zum Spray auf.

Die nach b) beschriebene Meßmethode ist noch Gegenstand von zur Zeit laufenden Versuchen, welche innerhalb des Chemisch-Technischen Ausschusses der Föderation Europäischer Aerosol-Verbände ausgeführt werden.

Zur Sprüh-Charakteristik gehört auch die optische Beurteilung des Sprays. W. LESSENICH, hat 1961 das Zerstäubungsbild von Aerosolprodukten durch Elektronenblitz-Aufnahmen festgehalten. Dabei kam er zu der Erkenntnis, daß Wirbelsprühköpfe keine Verbesserung des Sprays bringen, wenn ein hoher Treibgasanteil vorliegt. Ist dieser jedoch niedrig oder allgemein der Innendruck der Behälter klein, so läßt sich bei der Verwendung dieser Wirbelsprühköpfe eine deutliche Verbreiterung und Verlängerung des Spraybildes erzielen.

3. Füll-Test

Es sind bei 50° C der Behälterinnendruck und das Volumen der Flüssigkeit zu prüfen. Die erlaubten maximalen Höchstwerte liegen bei 6,7 atü bzw. bei 90 Vol.-%.

4. Beständigkeits-Test

Jede Aerosolformulierung muß über einen Zeitraum von 6–12 Monaten geprüft werden. In dieser Zeit darf keine Veränderung aufgetreten sein, weder geruchlich, farblich, noch durch Ausfällung von Wirkstoffen. Bei höherer Temperatur ausgeführte sog. Schnellteste können nur Hinweise, aber keine absolute Sicherheit für die Beständigkeit des Verpackungsinhaltes geben.

5. Korrosions- und Hydrolyse-Test

Dieser hängt eng mit dem Beständigkeitstest zusammen, da sich die Hydrolyse und die damit verbundene Korrosion zuerst geruchlich wahrnehmen läßt. Neben den wasserhaltigen Produkten gibt es ausgesprochen aggressive Stoffe, welche zu einer Korrosion führen können. Hier sind besonders die oberflächenaktiven Stoffe zu nennen. Ferner sind alle nicht genau neutralen Präparate, auch wenn sie kein Wasser haben, auf Korrosion zu prüfen. Der Korrosionsprozeß kann bis zum Durchfressen einer Metallpackung führen. Es kann ein Loch in der Behälterwand entstehen, meistens am Bodenbördelrand, der Inhalt der Dose entleert sich dann langsam.

Wenn eine Änderung der Aerosolrezeptur nicht möglich ist, greift man zu Korrosionsinhibitoren. C. H. WEST erklärt 1961 die Wirkung derselben. Demnach wird auf dem Metall ein Oberflächenschutz gebildet oder ganz allgemein wird die korrosive Umgebung vom Metall physikalisch abgeschirmt. Als Korrosionsverzögerer eignen sich: Natriumchromat, Natriumnitrit, Natriumbenzoat, Phosphate, Silikate, langkettige Carbonsäuren und ihre Salze (Metallseifen), Epoxyde und Antioxydantien.

Als Korrosionsgegenmittel dient der Innenschutzlack beim Metallbehälter, welcher meist aus einem Einbrennlack besteht.

Endlich gibt es Stabilisatoren, welche unerwünschte Reaktionen vermeiden. Das mit Nitromethan inhibierte Monofluortrichlormethan (Type F 11 S) verhindert folgende Reaktion mit Äthylalkohol:

CCl_3F	+	CH_3CH_2OH	=	$CHCl_2F$	+	CH_3CHO	+	HCl
11		Äthylalkohol		21		Acetaldehyd		Salzsäure

Die Hydrolyse mit Wasser verhindert Nitromethan allerdings nicht.

6. Reiztest

Bedingt durch die feine Verteilung im Aerosol werden viele Stoffe geruchlich viel intensiver wahrgenommen als bei der herkömmlichen Applikation. Dabei treten oft sehr unliebsame Reizungen der Nasenschleimhäute ein, mitunter sogar ein Nies- oder Hustenreiz oder auch eine Reizung der Augen. Hierbei ist zu beachten, daß auch eine Überdosierung zu keinen Reizerscheinungen führen darf.

7. Physiologische Teste

Jedes kosmetische Aerosolerzeugnis soll einer dermatologischen Prüfung unterzogen werden. Oft ist es notwendig, gleichzeitig Inhalationsprüfungen durchführen zu lassen. Auch wenn bei allen Ausgangskomponenten einer Aerosolformulierung die Verträglichkeit feststeht, muß der Hautverträglichkeitstest sicherheitshalber durchgeführt werden.

8. Brennbarkeitstest

Hier verwendet man den amerikanischen „flame projection test". Aus einer Entfernung von 15 cm wird in das obere Drittel einer Flamme gesprüht und die Flammenlänge des Aerosols festgestellt. Bei einer Flammenlänge von weniger als 45 cm wird der zu prüfende Packungsinhalt als brennbar bezeichnet; feuergefährlich ist er, wenn die Flammenlänge mehr als 45 cm beträgt.

X. Aerosol-Analysen-Methoden

Um die Zusammensetzung von Aerosolformulierungen zu prüfen, bedient man sich zweier Methoden:

1. Fraktionierte Destillation

Da die Trennung der Treibgase von den Lösungsmitteln schwierig ist, muß diese sehr langsam und mittels einer hohen Kolonne erfolgen.

Der Inhalt der Aerosolpackung ist auf $-40°$ C abzukühlen und der Destillationskolben in einer sog. Kältefalle auf dieselbe Temperatur zu bringen. Die Vorlagen für die Treibgase sind wieder unter deren Siedepunkt abzukühlen. Für eine sorgfältig durchgeführte Analyse benötigt man 8 Std. Die aufgefangenen Treibgasfraktionen werden gaschromatographisch identifiziert, die Lösungsmittel nach den allgemein üblichen analytischen Methoden z.B. durch den Brechungsindex. Im Destillationskolben bleiben die festen oder höher siedenden flüssigen Bestandteile, welche meistens weniger als 10% der Gesamtformulierung ausmachen, zurück. Soll hier eine Analyse erfolgen, greift man auch auf die bekannten Methoden zurück. Meistens interessieren die öligen Bestandteile nicht (z.B. Parfümöle), sondern bestimmte Wirkstoffe wie bei Haarspray der verwendete Lackkörper.

2. Gaschromatographie

Es wird geprüft, inwieweit man beim Einsprühen einer kleinen Menge der gesamten Aerosolformulierung in den Gaschromatographen eine brauchbare Analyse erhält. Bisher war es möglich, die Lösungsmittel und die Treibgase jeweils für sich allein genau zu erfassen. Die Gesamtanalyse ergab dagegen stets zu niedrige Mengen Treibgase. Es ist jedoch damit zu rechnen, daß man weitere Erfahrungen sammelt, da in vielen Laboratorien an dieser Methode gearbeitet wird, so daß man das richtige Verhältnis der Lösungsmittel zu den Treibgasen errechnen kann.

Die gaschromatographische Analysenmethode ist heute schon eine große Hilfe für den Aerosolanalytiker. Er kann in 1 Std die Ergebnisse auswerten mit einer Genauigkeit von ± 5%. Die fraktionierte Destillationsmethode ergibt eine Genauigkeit von höchstens ± 1,0%.

XI. Parfümierung von Aerosolen

Die Parfümierung kosmetischer Aerosolpackungen ist für die Qualität von ausschlaggebender Wichtigkeit. Die dermatologische Verträglichkeit ist in den auftretenden Konzentrationen meistens gegeben, allgemein gibt es jedoch über die physiologischen Eigenschaften der Parfümöle wenig Literatur. Es seien hier eine Arbeit aus dem Jahre 1958 von K. H. THOMAS über „Pharmakologie der

Tabelle 14. *Löslichkeit ätherischer und Parfümöle in Aerosol-Treibgasen (1%ige Lösungen der ätherischen Öle bzw. Riechstoffe; S = Soluble = löslich, C = Cloudy = trübe, I = In soluble = unlöslich)*

Duftstoffe	Treibgas 11/12 (50 : 50)	Treibgas 114
Ätherische Öle		
Abies siberica	S	S
Mandelöl, süß	S	S
Bayöl	S	I
Bergamotte	S	I
Cananga, echtes	S	I
Cassia rektifiziert	I	S
Cederholzöl	S	S
Nelkenöl	C	I
Copaiba	C	I
Eucalyptus redestilliert	C	S
Fennel, U.S.P. (Fenchel)	S	I
Lavendelblüten, U.S.P. 40/42%	C	C
Lavandin	I	I
Lemongras rect.	S	S
Peppermint Natural, D & O (Pfefferminz)	S	S
Einheitliche Riechstoffe		
Alkohol C–8	S	C
Alkohol C–9	S	C
Alkohol C–10	S	C
Aldehyd C–11	S	C
Aldehyd C–14	S	C
Amylbutyrat	S	S
Benzylisoeugenol	C	I
Cumarin	I	I
Geraniol	S	S
Linalylacetat	I	S
Methylbenzoat	S	S
Methylcumarin	I	S
Ambrette-Moschus	S	S
Keton-Moschus	S	I
Styrolylacetat	S	S

ätherischen Öle und das 1950 erschienene Buch von A. MÜLLER. „Die physiologischen und pharmakologischen Wirkungen der ätherischen Öle, Riechstoffe und verwandten Produkte" erwähnt.

Die speziell in Aerosolformulierungen auftretenden Probleme wurden von verschiedenen Autoren wie G. A. NOWAK (1961), H. SCHMIDT (1961) und J. PETAINEK (1962) beschrieben. Es sind sowohl die physikalischen als auch die chemischen Aerosolbedingungen zu berücksichtigen. H. KÜBLER beschreibt 1964 allgemein Parfüms in Aerosoldarbietungen.

Im Gegensatz zur herkömmlichen Applikation kommen fast alle Komponenten der Parfümkomposition gleichzeitig und viel intensiver durch die Aerosolisierung zur Duftentfaltung. Oft wird diese durch ein mitverdunstendes Lösungsmittel oder durch den Eigengeruch eines Wirkstoffes beeinflußt. Der im Kapitel IX genannte Applikationstest muß sich daher auch auf die geeignete Parfümierung beziehen.

Die bei Parfümölen möglichen chemischen Reaktionen können in Anwesenheit halogenierter Kohlenwasserstoffe katalytisch beschleunigt werden. Es muß daher in jedem Falle geprüft werden, ob die Parfümöle „aerosolfest" sind. Daneben zeigen eine Reihe von Duftstoffen eine ausgesprochene Unlöslichkeit in den Treibgasen, sie fallen aus, entziehen sich der geruchlichen Wahrnehmung und können zur Verstopfung der Ventilöffnungen führen.

VINCENT DE FEO (1962) gibt in Tabelle 14 Auskunft über die Löslichkeit verschiedener ätherischer Öle in den Treibgastypen 11/12 und 114.

K. BERGWEIN hat 1960 ebenfalls eine Löslichkeitsliste aufgestellt.

XII. Lebensmittel-Aerosole

Bei der Abfüllung von Lebensmitteln in eine Aerosolverpackung entstehen die im Kapitel VIII unter Gruppe D und E genannten Pseudoaerosole. Es sind neben den aerosoltechnischen Bedingungen alle jene einzuhalten, die an Lebensmittel gestellt werden, wie sorgfältige Zubereitung, peinlichste Sauberkeit, Sterilisation und Luftentfernung. Man kennt folgende Produkte: Schlagsahne mit und ohne Zusätze, Buttercreme für Tortengarnierungen, Eiscreme, Milchgetränke, Streichkäse, Schokoladensyrup, Kaffee-Extrakt, aromatisierte Erdnußbutter und aromatisierten Honig, Orangen-, Zitronen-, Grapefruit- und Tomatensaft, Majonaise, Salatöl, Pfannkuchenteig, Bratensoße und Marmeladen-Gelee. Die Haltbarkeit ist sehr unterschiedlich und erstreckt sich auf 1–3 Monate bei Molkereierzeugnissen, 3 Monaten bei Kaffee-Extrakt, 6 Monaten bei Syrup und bis zu 12 Monaten bei Speiseöl. C. C. CLAPP (1961) beschreibt die besonders wichtige Qualitätskontrolle bei der Drucknahrungsabfüllung. D. A. DAVIS (1964) berichtet von einer US-Produktion im Jahre 1962 von 63 Millionen und sagt, daß Schlagsahne, Eiscreme und Buttercreme im Gegensatz zu Schokoladesyrup und Fruchtsäften besonders erfolgreich waren.

Es gibt die Kolbendose als Spezialausführung, bei welcher ein Kolben Lebensmittel und Treibgas mechanisch voneinander trennt. Das Gas wird von unten gefüllt und drückt den Kolben nach oben. Jedoch hat diese Packung nach der Produktentleerung noch das gesamte Treibgas. Es sollen jedoch nur vollkommen entleerte Packungen weggeworfen werden.

H. KÜBLER (1961) stellt fest, daß die Lebensmittel in Aerosolverpackung in Deutschland erst am Anfang stehen. Dabei ist das Treibgasproblem erwähnenswert. Nach Paragraph 4a (4) des Lebensmittelgesetzes vom 21. XII. 1958 sind als Treibgase nur Stickstoff und Kohlensäure zugelassen. Man kann daher keine

Schlagsahne füllen, weil N_2O oder C 318 im Gegensatz zu USA nicht zugelassen sind, für Schaumaerosole jedoch eine gute Löslichkeit des Treibmittels erforderlich ist. Der Antrag, Distickstoffoxid als Treibgas für Lebensmittel-Druckpackungen zuzulassen, wurde inzwischen beim Bundesgesundheitsamt gestellt. Nach R. NANZ (1958) haben die Lebensmittel-Pseudoaerosole für die kommende Reise in das Weltall Bedeutung.

XIII. Pharmazeutische Aerosole

Es gibt in Deutschland bereits eine größere Anzahl von Arznei-Aerosolen, viele andere sind in Vorbereitung. W. KEMPE (1961, 1964) hat diese wiederholt beschrieben: *Asthma bronchiale, Angina pectoris*, Nasen-Inhalationsspray, Sprays gegen Vitaminmangelkrankheiten, rheumatische Schmerzen, weiterhin Mittel für Lokalanästhesie, gegen Ekzeme und Dermatitiden, Mykosen, Allergien, Scabies, Hautverbrennungen und den flüssigen Wundverband. Diese setzen sich aus allen im Kapitel XIII genannten Gruppen zusammen, es sind Lösungen, Suspensionen, Puder, Schäume und Emulsionen. J. SCIARRA (1960), welcher viele Arbeiten über das Gebiet der Arzneimittel-Aerosole geschrieben hat, betont insbesondere folgende Vorzüge: schnelle, bequeme und wirksame Anwendungsmethode, sparsame und dosierte Applikation, Stabilität und Sterilität des Verpackungsinhaltes, kühlende Wirkung des Treibgas-Aerosols, allgemein besonders hygienische Verpackung. J. SCIARRA hat in dem Buch von HERZKA über die Internationale Enzyklopädie von Aerosolen sehr ausführlich über pharmazeutische und medizinische Aerosole berichtet. W. KEMPE (1964) stellte die Frage, was mit dem eingeatmeten Treibmittel wird und kommt zu der Feststellung, daß es bei einer Einwirkungsdauer von weniger als 1 min als inert angesehen werden kann.

XIV. Aerosol-Produktion und wirtschaftliche Bedeutung

Tabelle 15. *Aerosol-Produktion*

Land	Produktion in Millionen Einheiten						
	1959	1960	1961	1962	1963	1964	1965
Deutschland	25	40	68	95	120	145	180
Europa	95	154	230	285	345	400	500
USA + Canada	575	680	780	920	1135	1310	1600

Die deutsche und amerikanische Aerosolerzeugung gliederte sich 1963 entsprechend der Tabelle 16.

Tabelle 16. *Aufgliederung der Aerosol-Produkte*

Produkt	Deutschland in %	USA + Canada in %
Insecticide	7,5	4,8
Raumluftverbesserer	5,8	8,5
Haarpflegemittel	60,0	27,6
div. Kosmetika	11,6	16,4
Lacke und Farben	6,6	13,6
Pharmazeutika	1,7	4,2
Sonstige Erzeugnisse	6,8	24,9

In Deutschland ist der Anteil der 600 ml = 18 oz Dose dominierend. Bei einem Durchschnitts-Verkaufspreis aller Dosen von DM 4,— je Einheit ist der wertmäßige Umsatz der Aerosolpackungen 1964 in Deutschland 580 Millionen DM. Die Wachstumsrate der Aerosolindustrie ist etwa doppelt so hoch wie jene der gesamten chemischen Industrie Deutschlands.

XV. Aerosol-Vorschriften

Obwohl in den letzten Jahren in Deutschland über 500 Millionen Aerosolpackungen hergestellt, transportiert und verbraucht worden sind, gibt es noch keine endgültigen Aerosolvorschriften für die Herstellung, Füllung, Beschriftung, Lagerung und für den Gebrauch von Spray-Packungen. Der Deutsche Druckgasausschuß stellte jedoch bereits 1954 Empfehlungen für die Herstellung, Füllung und Beschriftung auf, nach denen sich die Aerosolindustrie gerichtet hat und welche in den einzelnen Kapiteln genannt wurden.

Es gibt jedoch Versandvorschriften, welche F. Nowack (1964) zusammenstellte und die teilweise noch überarbeitet werden. Die allgemeinen Aerosol-Vorschriften wurden vom Deutschen Druckgas-Ausschuß zusammen mit Vertretern der Aerosol-Industrie beraten. Richtungsweisend ist der 1964 herausgegebene Bericht des Bundesamtes für Materialprüfung über Versuche mit Aerosolpackungen, welche folgendes Ergebnis hatten:

1. Die Druckzerstäuberdosen sind eine mechanisch sehr stabile Verpackung.
2. Aerosolpackungen werden nur dann gefährlich, wenn sie sich schon in einem Brandherd befinden.
3. Es ist nur zu unterscheiden in unbrennbare und brennbare Aerosole, wobei zwischen brennbaren Lösungsmitteln und Treibgasen kein Unterschied gemacht wird. Brennbar ist jedes Aerosol, welches mehr als 10 Gew.-% brennbare Stoffe enthält. Auf der Verpackung ist das Wort „brennbar“ anzugeben und der Verpackungskarton, welcher allgemein das Wort „Aerosol“ zu tragen hat, ist zusätzlich mit dem Flammenzeichen zu versehen. Bei der Lagerung werden alle Aerosolpackungen einheitlich behandelt. Von einer bestimmten Menge ab ist eine Zusammenlagerung mit anderen Gütern nicht mehr gestattet und es sind bestimmte Feuerschutzvorrichtungen erforderlich.

Im übrigen müssen nach den Vorschlägen des Deutschen Druckgasausschusses alle Aerosolpackungen folgenden Hinweis enthalten: „Dose steht unter Druck! Nicht über 50° C erwärmen!“

XVI. Kosmetische Aerosol-Präparate

Tabelle 17. *Übersicht über die bedeutendsten Aerosol-Cosmetica, ihre Zusammensetzung und ihre Gruppenzugehörigkeit (entsprechend Kapitel VIII)*

Produkt	Wirkstoff	Lösungsmittel-Basis	Gruppe
	1. Zur Pflege, Reinigung und zum Schutz der Haut		
Körperdesodorans	Hexachlorophen	Äthyl- und Propylalkohol + Glykole	B
Körperpuder	Hexachlorophen	Talkum + Zinkstearat	A[1]
Antiperspirant	Aluminiumchlorhydroxyd	Alkohol + Wasser oder W/O-Emulsion	C
Fuß-Spray	Undecylensäuremonoäthanolamid	Isopropylalkohol + Glykole	B
Hautcreme	Lanolin + Glycerin	O/W-Emulsion	D
Haut-Erfrischungs-Spray	Eau de Cologne	Äthylalkohol	B
Rasierschaum	Glycerin	Triäthanolaminfettsäure-Emulsion	D
Nachrasierwasser	Hammamelisextrakt	Alkohol und Wasser	C
Sonnenschutzöl	Lichtschutzsubstanz	pflanzliche und mineralische Öle	B

[1] Körperpuder wird mit ca. 80 Gew.-% Treibgas gefüllt, obwohl es sich um ein Oberflächenbehandlungsmittel handelt. Für das funktionssichere Versprühen des Puderkörpers, dessen Partikelchen einen Durchmesser von weniger als 50 Mikron haben müssen, ist dieser hohe Treibmittelanteil erforderlich.

Tabelle 17 (Fortsetzung)

Produkt	Wirkstoff	Lösungsmittel-Basis	Gruppe
Sonnenschutz fettfrei	Lichtschutzsubstanz	Alkohol + Isopropylmyristat	B
Sonnenschutzschaum	Lichtschutzsubstanz	O/W-Emulsion	D
fliegenabweisender Haut-Spray	Diäthylamid der m-Toluylsäure, Chlorbenzosäurediäthylamid, Butoxypropylenglykol oder Tetrahydrofurfurylderivate	Alkohol	B
Wund-Spray	VP/VA-Mischpolymerisat	Äthylalkohol	B
Akne-Spray	Resorcin + Salicylsäure	Alkohol + Wasser oder W/O-Emulsion	C
	2. Zur Reinigung und Verschönerung der Haare		
Haarshampoo	Natrium- oder Ammoniumsalze der Schwefelsäureester gesättigter Fettalkohole + Fettsäuremonoäthanolamid	Wasser	D
Haarlack (Haar-Spray)	VP/VA-Mischpolymerisat, Schellack, Dimethylhydantoinformaldehydharz, modifiziertes Acrylsäureharz oder Äthylcellulose + Weichmacher	Äthyl- und Propylalkohol Methylenchlorid, Methylchloroform	B
Haarfestiger	VP/VA-Mischpolymerisat	O/W-Emulsion	D
Haaröl	flüssige, gesättigte Fettalkohole, Ölsäuredecylester oder Isopropylmyristat	mineralische Öle	B
Haargenerator	Cetyltrimethylammoniumbromid	O/W-Emulsion	D
	3. Zur Pflege des Mundes und der Zähne		
Mundspray	Pfefferminzöl	Äthylalkohol + Glycerin	B
Zahncreme	Tricalciumphosphat oder Calciumcarbonat	Wasser	E[2]
	4. Zur Verschönerung der Finger- und Fußnägel		
Nagellackentferner	keine	Acetate + Aceton	B
Nagellacktrockner	Treibgase mit hohem Anteil des Typs 11	Monofluortrichlormethan	B[3]

[2] Von allen aufgeführten Präparaten wird normalerweise nur Zahncreme mit einem komprimierten Treibgas, meistens Stickstoff, gefüllt. Sofern jedoch die aufgeführten Hautcremes nicht als Schaum, sondern wie im eingefüllten physikalischen Zustand, nämlich als Creme, aus der Verpackung austreten sollen, kann auch hier ein komprimiertes Gas verwendet werden.

[3] Hier wird die Treibgastype 11 als Lösungsmittel angesehen, daher fällt auch dieses Präparat in die Gruppe B.

Bibliographie

HERZKA, A.: Elsevier's Lexicon od Pressurized Packaging (Aerosols). Amsterdam, London, New York: Elsevier Publishing Company 1964.

— International Encyclopaedia of Pressurized Packaging (Aerosols). Oxford: Pergamon Press 1966.

— and J. PICKTHALL: Pressurized Packaging (Aerosols), 2. Aufl., P. 20, 21, 54, 55. London: Butterworths 1958 u. 1961.

KÜBLER, H.: Jahrbuch für den Praktiker, S. 99—110. Augsburg: Chemische Industrie H. Ziolkowsky 1962.

Müller, A.: Die physiologischen und pharmakologischen Wirkungen der ätherischen Öle, Riechstoffe und verwandten Produkte, 2. Aufl. Heidelberg: Dr. Alfred Hüthig 1950.
Patty, A.: Industrial Hygiene and Toxicology, Vol. II, P. 744. New York: Interscience Publishers 1961.
Shepherd, H. R.: Aerosols: Science and Technology. P. 230, 280. New York: Interscience Publishers 1961.
Ullmann's: Encyklopädie der technischen Chemie, Bd. 5, S. 489. München-Wien: Urban & Schwarzenberg 1954.

Zeitschriftenliteratur

Bergwein, K.: Aerosol-Praktikum. Dragoco-Berichte, Holzminden Oktober 1960, 219—248.
Clapp, C.C.: Quality Control in pressurized food filling. Aerosol-Age, 6, Nr. 2, 37, 91—92 (1961).
Davis, D.A.: A Status Report an Aerosol Food Products. Aerosol-Age 9, Nr. 5, 29—33, 115 (1964).
Feo, V. de: Solubility of Aromatic Substances. Amer. Perfumer, 2. Documentary (October 1962) Edition S. 84.
Griebel, Dr.: Universitäts-Hautklinik Göttingen, Gutachten vom 18. VI. 1959 und 1. IX. 1955 (unveröffentlicht).
Kempe, W.: Verwendungsmöglichkeiten der Aerosolpackung in Kosmetik und Pharmazie. Pharmaz. Industrie 23, 584—588 (1961).
— Treibgasaerosole für die Lokaltherapie und Oberflächenanästhesie. Fortschritte der biologischen Aerosolforschung in den Jahren 1957—1961 von H. Nückel, Bad Lippspringe, 443—457 (1961).
—, H.G. Blume, u. W. Pola: Die pharmazeutischen Aerosole. Aerosol report 3, Nr. 10, 260—272 (1964).
Kübler, H.: Lebensmittel-Aerosole. Ernährungswirtsch. 8, 831—833 (1961).
— Physiological Properties of Propellants. J. Soc. Cosmetic Chem. 14, 341—351 (1963a).
— Die Bestimmung der Aerosol-Partikelgröße und ihr Einfluß auf den Spray. Seifen, Öle, Fette, Wachse 89, 630—632 (1963b).
— Parfüms in Aerosoldarbietungen. Verpackungs-Berater 8, 10 (1964).
— Wasserhaltige Aerosoll. Dragoco Report 13, 47—58 (1966).
Lessenich, W.: Das Zerstäubungsbild von Aerosolprodukten. Seifen, Öle, Fette, Wachse 87, 182—184 (1961).
Nanz, R.A.: Aerosol .... practical food package for coming space travel. Aerosol-Age 4, (Nr. 2) 26—29, 70—71 (1959).
Nowack, F.: Versandvorschriften für Aerosoldosen. Aerosol report 3, (Nr. 9), 231—242 (1964).
Nowack, G.A.: Kosmetische Mittel und Parfüms in Aerosol-Form. Parfümerie und Kosmetik 42, 381—388 (1961).
—, u. G. Holzner: Theorie und Praxis der Aerosole. Dragoco-Schrift-Holzminden 1964.
Petainek, J.: Aerosols and the future of the Fragrance Industry. Aerosol-Age 7, (Nr. 4), 27—31, 117 (1962).
Prussin, S.: Nitrogen Propellants Are Featured Subjects at TGA, SCC-Meetings. Aerosol-Age 3, (Nr. 7), 18, 59 (1958).
Quevauviller, M.A., S. Garcet, u. J. Garett-Pottier: Un problème d'hygiène cutanée: l'utilisation des chloro-fluoro-méthanes comme pulseurs en cosmétologie. Ann. pharmac. franc. 17, 430—435 (1959).
Reed, F.T.: Toxicity of Propellents. American Perfumer 75, (Nr. 10), 40—42 (1960).
Schmidt, H.: Über das Parfümierungsproblem von Aerosolen. Kosmetik-Parfüm-Drogen-Rdsch. 8, (Nr. 7/8) 97—99 (1961).
Scholz, J.: Neue toxikologische Untersuchungen einiger als Treibgas verwendeten Frigen.-Typen. Fortschritte der biologischen Aerosol-Forschung in den Jahren 1957—1961, hrsg. von H. Nückel, S. 1. 420—429. Stuttgart: Fr. K. Schattauer (1961).
Sciarra, J.J., F.J. Tinney, and W.J. Feely: Topical Pharmaceuticals in Aerosol Packages. Aerosol-Age 5, (Nr. 12), 63—68, 129 (1960).
Thomas, K.H.: Pharmakologie der ätherischen Öle. Parfümerie und Kosmetik 39, 766—769 (1958).
West, C.W.: Corrosion Inhibitor, Aerosol-Age 6, (Nr. 3), 20—22, 63—67 (1961).
Witjens, P.A.: Chemical problems concerning the perfuming of aerosols. American Perfumer 75, (Nr. 10), 49—50 (1960).
Yeomans, A.H.: Aerosol Particle Size. Aerosol-Age 5, (Nr. 10), 80—85, 135 (1960).

Patente

MOBLEY, DR. L. K., New York: Verfahren zum Verspritzen antiseptischer Flüssigkeiten. DP 396243 (pat. 27. VIII. 1921).

ROTHEIM, ERIK, Oslo: Verfahren und Vorrichtung zum Ausspritzen oder Verteilen von Flüssigkeiten oder halbflüssigen Massen. DP 471705 (pat. 8. XII. 1927).

ROTHEIM, ERIK, Oslo: Verfahren und Vorrichtung zum Zerstäuben von Materialien. DP 527137 (pat. 23. XI. 1928).

Wachse, Paraffine und deren Anwendung

Von

Dr. H. J. Hofmann, Hamburg
und Dr. G. Frhr. von Rosenberg, Gersthofen (Augsburg)

Als *Grundwachse* für die Herstellung der hier zu erörternden Bedarfsgegenstände kommen die Naturwachse und ihre Veredelungsprodukte, synthetische Wachse, wie Polyäthylenwachse, die Fischer-Tropsch-Paraffine, und das umfangreiche Gebiet der hauptsächlich aus dem Erdöl gewonnenen Paraffine und mikrokristallinen Wachse in Betracht.

Als *wachshaltige Halb- oder Fertigfabrikate* stehen die Wachskompositionen, wie sie für Verpackungs- oder Beschichtungsmaterial benutzt werden, Kerzen, Käsewachs, Kaugummi und eine Reihe weiterer Wachswaren sowie die wachshaltigen Pflegemittel der Putzmittelindustrie zur Diskussion.

Auf die Bibliographie am Ende dieses Beitrages sei hingewiesen.

A. Wirtschaftliche Bedeutung

I. Welterzeugung

Die geschätzte Jahreserzeugung der verschiedenen Wachssorten in der Welt ist in Tabelle 1 wiedergegeben. Diese Zusammenstellung ermöglicht gleichzeitig einen Überblick über die Hauptverwendungsgebiete, von denen nur einige im Rahmen der folgenden Abschnitte besprochen werden. Aus der Fülle der vielseitigen Eigenschaften konnten nur die für den jeweiligen Verwendungszweck wichtigsten genannt werden.

II. Verbrauch in der Bundesrepublik

Der gesamte Jahresverbrauch an natürlichen und künstlichen Wachsen in der Bundesrepublik beträgt etwa 80000 t. Hiervon machen die Paraffine 65000 t aus. Der Rest von etwa 15000 t umfaßt, der Menge nach geordnet, die natürlichen und veredelten Esterwachse, die Fischer-Tropsch-Paraffine, Polyäthylenwachse, mikrokristalline Wachse und die sauerstoffhaltigen Abwandlungsprodukte der Kohlenwasserstoffwachse sowie einige weitere der Menge nach untergeordnete Spezialwachse (Berichtsjahr 1964).

Tabelle 1. *Wirtschaftlich wichtigste Wachse und Wachsgruppen, ihre Haupteigenschaften und Hauptverwendungsgebiete*

Gruppe	Geschätzte Weltjahresproduktion 1960/t	Hauptverwendungsgebiete	verlangte Haupteigenschaften
A. *Esterwachse*		1. Anstrichmittel a, m	nahezu *allgemein* verlangte Eigenschaften:
Pflanzenwachse 8, 11, 12, 15	15000	2. Blei- und Farbstifte e	Schmelzbarkeit, in bestimmter Weise von der Temperatur abhängige Löslichkeiten und Verträglichkeiten
Carnauba		3. Druckfarben + f, m	
Ouricury		4. Elektroindustrie m	
Candelilla		5. Kautschuk + f, m	
Zuckerrohr		6. Keramik e	a) helle Farbe
Esparto		7. Kerzen k	b) bestimmte Härte
Japanwachs		8. Kohlepapier b, h, m	c) Glanz, leichte Auspolierbarkeit
Hydrierte Rizinusöle 9, 16	3000	9. Kosmetik + a, i, m	d) Filmbildefähigkeit
Rohmontanwachs u. seine chemischen Abwandlungsprodukte 2, 6, 8, 9, 10, 11, 12, 14, 15, 16, 17, 18	20000	10. Kunststoffverarbeitung + f	e) Bindefähigkeit
		11. Lebensmittelindustrie a, d, g	f) Gleitwirkung
		12. Leder b, c, d	g) H_2O-Dampfundurchlässigkeit
Bienenwachs 7, 9, 15, 19	10000	13. Metallverarbeitung f	h) Pastenbildung
Walrat- u. Wollwachs 9	1000	14. Papier- u. Papierveredlung a, d, c, g, m	i) Emulgierbarkeit
			k) Dochtbrennbarkeit
B. *Kohlenwasserstoffwachse*		15. Putzmittel b, c, d, h einschl. Schuhausputzmittel i	l) bestimmte Dielektrizitätskonstante, geringer Verlustwinkel
Paraffin 5, 6, 7, 11, 12, 14, 15, 17, 18, 19	1000000		
F.-T. Synthese-Paraffin u. Oxydate 4, 7, 15, 17	10000	16. Schmierfette f, e	m) spezielle Eigenschaften
Hartes Mikrowachs u. Oxydate 14, 15	10000	17. Span- u. Bauplatten e, d, m	
Ceresine, Mikrowachse, Ozokerite 5, 6, 14, 15, 17	80000	18. Temporärer Korrosionsschutz h, d, i	
Polyäthylenwachse u. Oxydate 1, 3, 4, 5, 7, 9, 14, 15, 18, 19	30000	19. Textilindustrie a, i	

Die Ziffern 1. bis 19. weisen auf die Anwendungsgebiete hin.
Die Buchstaben weisen auf die verlangten wichtigsten Eigenschaften hin.
+ = siehe auch Band IX, Kapitel C, D, E, G, H.

Aus dem Jahresverbrauch von 65000 to Paraffin ergibt sich für die Bundesrepublik eine Menge von 1,2 kg pro Kopf der Bevölkerung; in den Vereinigten Staaten war der Verbrauch im gleichen Zeitraum 620000 to Paraffin, d.h. etwa 3,5 kg pro Kopf in der Verpackungsindustrie. Die Kerzenindustrie in USA ist dagegen mit nur ca. 8% des gesamten Paraffinverbrauches beteiligt. In Deutschland wie in den anderen europäischen Ländern ist dieses Verhältnis fast umgekehrt. Die Verpackungsindustrie verarbeitet 30% und von den übrigen 70% entfallen auf die Kerzenindustrie ca. 20—30%.

Die Produktion von Fußboden-, Schuh- und Lederpflegemitteln in der Bundesrepublik betrug im Jahr 1964 etwa 60000 to mit einem geschätzten Gehalt an Esterwachsen und Paraffinen von etwa 10000 bis 12000 to.

B. Grundstoffe

I. Wachse

1. Allgemeines

Seit den Kulturen des Altertums wird Bienenwachs als Klebe-, Kitt- und Abdichtungsmittel, zum Schutz und für die Verschönerung von Oberflächen, zum Formen von Figuren, zum Guß von Modellen und für die Herstellung von Kerzen gebraucht. Seine Eigenschaften sind für den Begriff „Wachs" typisch geworden.

Im Jahre 1848 wurde im Gießener Laboratorium von Liebig die chemische Zusammensetzung des Bienenwachses im Prinzip aufgeklärt und als Ester von Säuren und Alkoholen mit langer Kohlenstoffkette erkannt, B.C. Brodie (1848/49).

Nun definierte man in der Annahme, daß diese Zusammensetzung von entscheidender Bedeutung sei, die Wachse allgemein als Ester langkettiger Säuren mit langkettigen Alkoholen. Im Laufe der weiteren Entwicklung, besonders nach der Beschäftigung mit den hochschmelzenden Synthese-Paraffinen, den mikrokristallinen Wachsen und den Polyäthylenwachsen, erkannte man die Unzulänglichkeit dieser chemischen Definition, wenn man an der alten Vorstellung der „wachsartigen" Beschaffenheit im mechanisch-physikalischen Sinn festhalten wollte. Die *Fachgruppe IX (Wachse) der Deutschen Gesellschaft für Fettwissenschaft e.V.* beschäftigte sich mit der Frage und schlug folgende Definition (1954) vor:

„Wachs ist eine technologische Sammelbezeichnung für eine Reihe natürlicher oder künstlich gewonnener Stoffe, welche in der Regel die folgenden Eigenschaften haben:

Bei 20° C knetbar fest bis brüchig hart, grob- bis feinkristallin, durchscheinend bis opak, jedoch nicht glasartig, über 40° C ohne Zersetzung schmelzend, schon wenig oberhalb des Schmelzpunktes verhältnismäßig niedrig viscos und nicht fadenziehend, stark temperaturabhängige Konsistenz und Löslichkeit, unter leichtem Druck polierbar. Fette u. Seifen **56**, 153 (1954).

Diese Definition ist nicht sehr scharf und hat wohl als Provisorium zu gelten. Sie umfaßt natürlich auch synthetische Wachse, genau so wie die aus Erdöl, Braunkohlenteer, Schieferöl oder synthetisch hergestellten Paraffine und Mikrowachse, vgl. S. 638, oder das bergmännisch gewonnene Ozokerit.

Gewisse Vorarbeiten für eine nach physikalischen Begriffen exaktere Definition liegen beispielsweise in den Untersuchungen von G. Frhr. v. Rosenberg (1952), G. Spengler und M. Wilderotter (1964) über das plastische Verhalten der Wachse in Abhängigkeit von der Temperatur inzwischen vor.

Es hat sich gezeigt, daß in der Regel Stoffe dann der Definition entsprechen, wenn sie eine oder mehrere aliphatische, mindestens ca. 22 C-Atome lange Kohlenwasserstoffketten enthalten, während das übrige Molekül recht verschieden gebaut sein kann, wenn die durch die Kohlenwasserstoffkette bedingte starke Kristallisationsneigung erhalten geblieben ist und das Schmelzintervall über der angegebenen Grenze von ca. 40° C liegt. Eine weitere Voraussetzung für die wachsartige d.h. über ein Temperaturgebiet von mindestens ca. 10° C sich erstreckende plastische Verformbarkeit ist eine komplexe Zusammensetzung, d.h. also eine uneinheitliche aus verschiedenen, meist sogar vielen, im Aufbau ähnlichen, häufig homologen Verbindungen bestehende Mischung. E. Finck (1957), H.H. Hatt und I.A. Lamberton (1956), H. Marsen (1961/62), Th. Marx und W. Presting (1955 und 1956).

Die Gruppe der natürlichen Wachse ist außerordentlich zahlreich. Viele Pflanzen scheiden Wachs auf der Oberfläche ihrer Stämme, Äste, Blätter oder Früchte zur Verminderung der Wasserverdunstung und als Schutzschicht ab. Aber auch im Tierreich sind sie häufige Begleiter der Fette oder werden, wie von den Bienen, als schützender Baustoff verwendet; W. Wachs „Fette und Lipoide (Lipide), Wachse, Harze“ Band 1, 351–353 (1965). Selbst unter Ausschluß vieler nur aus wissenschaftlichem Interesse untersuchten Wachse steht heute dem Verarbeiter eine kaum noch überschaubare Vielzahl von mehreren hundert verschiedenen Produkten zur Verfügung (Klassifikation der Wachse: E. Finck, 1960).

Nach dem Bienenwachs vermehrten weitere Naturwachse, z.B. Carnauba- und Candelillawachs, und aus Naturprodukten gewonnene Stoffe, wie das Ceresin aus Erdwachs, das Paraffin aus Erdöl und das Montanwachs aus der Braunkohle die Zahl der technisch verwendeten Wachse. Schließlich lieferten verschiedene synthetische Verfahren der chemischen Industrie, z. B. die Kohlenwasserstoff-Synthese nach Fischer-Tropsch und die Polyäthylen-Synthese, weitere Produkte. Heute führt eine ganze Anzahl in- und ausländischer Industrieunternehmen die letztgenannte Synthese, die Luftoxydation von Kohlenwasserstoffwachsen und die Weiterverarbeitung der Fischer-Tropsch- und Erdölwachse durch. Hier können nur die wichtigsten Produkte etwas ausführlicher behandelt werden. Im übrigen muß auf die umfangreiche, wenn auch durchaus nicht vollständige, am Schluß des Beitrages zusammengestellte Literatur verwiesen werden.

Die Wachsanwendung schreitet immer rascher von den Naturwachsen zu den von der chemischen Industrie veränderten und zu den synthetisch hergestellten Wachsen voran; denn die chemische Industrie hat gelernt, die Eigenschaften ihrer Erzeugnisse immer genauer auf die jeweiligen Anforderungen der Verbraucher abzustimmen und dabei die guten Eigenschaften der Naturwachse zu übernehmen und ihre Mängel zu vermeiden.

Ein rascher Wandel vollzieht sich auf den Gebieten der Wachsprüfung und Wachsanalyse. Die Angaben der verschiedenen Autoren über die Kennzahlen der pflanzlichen und tierischen Wachse wichen häufig erheblich voneinander ab. Dies liegt nicht nur daran, daß die Bestimmungsmethoden nicht immer übereinstimmend gehandhabt wurden, sondern erklärt sich daraus, daß Unterschiede des Standortes, wechselndes Klima und unzureichend kontrollierte Gewinnungsweisen merkliche tatsächliche Abweichungen der Eigenschaften dieser Naturprodukte verursachen (Tabelle 2).

Tabelle 2. *Kennzahlen wirtschaftlich wichtiger Wachse*

Wachs	Dichte ϱ	Brechungsindex n_D	Schmelz- bzw. Tropfpunkt °C	Erstarrungspunkt °C	SZ	VZ	JZ	Unverseifbares	Bemerkungen
Carnaubawachs . . .	15° C	100° C	82,8–85,2[6]	80–81[2]	4–8[4]	78–83[4]	7–14[2]	50–55[1]	< 2% Paraffin[7]
	0,990–0,996[2]	1,4457–1,4478[6]	82,5[7]		2–10[7]	78–88[7]			< 5% Harz[7]
Ouricurywachs . . .	15° C		82,5[7]	72–73[2]	8–18[7]	80–105[7]			< 3% Paraffin[7]
	1,056–1,068[2]								
roh	1,070[4]		80–83[4]		16–22[4]	78–85[4]	6,8–7,5[4]	28–31[4]	17% Kohlenwasserstoff[4]
raff	1,052[4]		79–80[4]		15–20[4]	66–72[4]	6,2–7,0[4]	28–34[4]	11,6% Harz[4]
Candelillawachs . . .	15° C	70° C							55% Paraffin[2]
	0,982–1,00[2]	1,4558[2]	64–71[2]	63–68[6]	10–21[2]	47–65[2]	12–21[2]	65–77[2]	40–60% Kohlenwasserstoff[8]
	0,9820–0,9856[8]	1,4555[8,1]	66–71[8]		2,3–20,6[8]	47–64[8]	19–44[8]	47–62[8]	10–20% Harz[8]
Zuckerrohrwachs . .		90° C							
roh	0,970–0,996[4]	1,4502–1,4506[2]	55–65[4]		36–58[4]	130–155[4]	44–82[4]	28–32[4]	3–5% Kohlenwasserstoff
raff	0,977–0,988[4]	1,4432–1,4435[2]	74–80[4]		10–22[4]	32–57[4]	12–18[4]	57–62[4]	
Espartowachs. . . .	0,973–0,988[4]		70–73[4]	68–69[2]	28–34[4]	68–71[4]	12–16[4]	52–58[4]	1% Kohlenwasserstoff[10]
Japanwachs	25° C	60° C							
	0,975–0,984[1]	1,450–1,456[1]	50–56[1]	40–42[2]	6–20[1]	210–225[1]	4–15[1]	2–8[1]	
Hydriertes Ricinusöl.	24° C								
	0,990[6]		70–86[4]		2–5[4]	175–185[6]	4–50[4]		OHZ: 155–165[6]
Bienenwachs		80° C							
ungebl.	0,958–0,966[4]		63–64[4]		17–24[4]	87–98[4]	8–12[4]	52–56[4]	12% Kohlenwasserstoff
chem. gebl.	0,952–0,961[4]	1,4388–1,4527[6]	63–64[4]		20–23[4]	96–107[4]	7–10[4]		
Schellackwachs . .	15° C	90° C							
	0,970–0,980[4]	1,440–1,445[2]	73–78[4]		12–16[4]	78–110[4]	8–14[4]	70–74[4]	
Walrat.	25° C	75° C							
	0,938–0,944[2]	1,4397[6]	42–48[4]		0,8–3,5[4]	118–135[4]	3–8,5[4]	48–59[4]	

Tabelle 2 (1. Fortsetzung)

Wachs	Dichte ϱ	Brechungsindex n_D	Schmelz- bzw. Tropfpunkt °C	Erstarrungspunkt °C	SZ	VZ	JZ	Unverseifbares	Bemerkungen
Wollwachs	0,932–0,960[4]	50° C 1,4753[2]	54–56[4]		0,4–1,0[2]	10–14[2]	28–35[4]	96–98[6]	OHZ: 130–140[2]
Rohmontanwachs . .	20° C 1,02–1,03[2]	90° C 1,4617[2]	82–90[2]	70–84[2]	29–36[2]	68–81[2]	16–23[4]	30–36[4]	15–20% Harz[4]
doppelt gebl. Montanwachs ST	15° C 0,922[5]	90° C 1,4370[2]	72–63[9]	73–74[9]	55–70[9]	55–77[9]	22[2]		
Montanwachs doppelt raff. 750	20° C 0,939[2]		73–76[11]	69–71[11]	22–35[11]	30–50[11]		60–64[2]	
HOECHST-Wachs S®	15° C 1,02[11]	90° C 1,439[2]	78–83[11]	73–77[11]	135–155[11]	155–175[11]			
HOECHST-Wachs E®	15° C 1,03[11]	90° C 1,442[2]	76–81[11]	70–74[11]	15–20[11]	140–160[11]			
HOECHST-Wachs OP®	15° C 1,03[11]	90° C 1,449[2]	100–105[11]	74–79[11]	10–15[11]	90–110[11]			
Polyäthylenwachs Hochdruck, direkt.	20° C 0,91–0,92[11]		103–107[11]	90–94[11]	–	–			
Polyäthylenwachs Hochdruck, oxydiert	0,93–0,95[11]		95–100[11]	83–88[11]	23–28[11]	40–55[11]			
Polyäthylenwachs Niederdruck, Abbau	0,94–0,96[11]		114–119[11]	101–106[11]	–	--			
Polyäthylenwachs Niederdruck, oxyd.	0,97–0,99[11]		104–107[11]	90–94[11]	40–45[11]	80–100[11]			

[1] H. Bennett (1963)
[2] E.J. Fischer, W. Presting (1957)
[3] H.P. Kaufmann (1958a)
[4] C. Lüdecke, L. Ivanovszky (1958)
[5] V. Vcellak (1959)
[6] A.H. Warth (1956)
[7] Am. Wax Importers and Refiners Association (1960)
[8] Banco National de Comercio Mexico (1961)
[9] Mieg, Mineralöle-Import u. Export GmbH (1962)
[10] Handbuch der Lebensmittelchemie, Bd. I, S. 353
[11] Firmenschriften

2. Esterwachse

a) Pflanzenwachse

α) Carnaubawachs und Ouricurywachs

Herkunft und Gewinnung: Das Carnaubawachs wird von den Blättern der im Norden Brasiliens beheimateten Carnaubapalme (*Copernicia cerifera, Martius*) ausgeschieden. Seine Gewinnung geht so vonstatten, daß jährlich von jeder Palme durchschnittlich 25 Blätter abgeschnitten, getrocknet und durch Klopfen vom Wachs befreit werden. Man rechnet mit einem Jahresertrag von durchschnittlich 140 g Wachs je Palme. Der gewonnene Wachsstaub wird verhältnismäßig primitiv meist nur durch Umschmelzen über Wasser gereinigt. Es sind Bemühungen im Gange, die Reinigung bzw. Raffination an wenigen Plätzen zusammenzufassen und in moderner Arbeitsweise durchzuführen.

Die gesamte Jahresproduktion liegt bei ca. 10000 t.

Eigenschaften: Carnaubawachs ist nicht nur das der Menge nach bedeutendste Pflanzenwachs, sondern auch das härteste und den höchsten Glanz gebende Naturwachs.

Die *American Wax Importers and Refiners Ass'n Inc.* New York hat genaue Vorschriften über Typenbezeichnungen und Kennzahlen und die dazugehörigen Prüfvorschriften herausgegeben (revidiert 1960): Probenahme, Schmelzpunkt, Flamm- und Brennpunkt, flüchtige Stoffe, unlösliche Verunreinigungen, Säure-, Ester- und Verseifungszahl, Paraffine, Harzgehalt, Löslichkeit in Benzol.

Praktisch am wichtigsten sind die Typen Nr. 2 *yellow*, Nr. 2 und Nr. 3 *North Country* (letzteres auch *fatty gray* genannt). Sie unterscheiden sich durch Farbe und Reinheitsgrad. Während Nr. 2 *yellow* noch recht hell ist, sind die *North Country*- bzw. *fatty-gray*-Typen bereits dunkel, grünlich grau und für Wachspräparate von heller Farbe nicht mehr ohne weiteres zu verwenden.

Bestandteile: Von A. H. WARTH (S. 171) werden folgende Untersuchungsergebnisse mitgeteilt:

Tabelle 3. *Chemische Zusammensetzung des Carnaubawachses*

Bestandteile	Anteile in %	
Alkylester von Wachssäuren		84–85
Einfache Ester normaler Säuren	5–6	
Ceryl-arachidat und -behenat	1	
Montanyl-Myricyl-, Lacceryllignocerat	2,5	
Lacceryl-cerotat	0,5	
Geddyl-lignocerat, -montanat, -melissat	1	
Ester C_{18}–C_{30}	5–6	
Diester	19–21	
Ester von Oxysäuren	53–55	
Gesättigte Oxyester	38–40	
Ceryl-hydroxycerotat		
Ceryl-hydroxymelissat		
Myricyl-hydroxymelissat		
Ester C_{18}, C_{20}, C_{22}, C_{28}		
Ungesättigte Oxyester	14–16	
Freie Wachssäuren		3–3,5
Carnauba-, Cerotinsäure		
Laktide		2–3
(Dimere)ω-l-Laktone der Hydroxymedullasäure		
Freie und kombinierte Polyhydroxy- und Oxyalkohole		2–3
Mischungen von Diolen		
Kohlenwasserstoffe		1,5–3
Heptacosan, Nonacosan, Hentriacontan		
Harze		4–6
Wasser und mineralische Bestandteile		0,5–1

Sehr eingehende Untersuchungen wurden von K. E. MURRAY und R. SCHOENFELD (1955), D. T. DOWNING u. Mitarb. (1961 b) durchgeführt.

Verwendung: Etwa die Hälfte der Carnaubawachsproduktion geht in die verschiedenen Artikel der Putzmittelindustrie, vor allem in den USA. Ungefähr ein Viertel wird für die Herstellung von Kohlepapierfarbmassen gebraucht. Die letzten 20% verteilen sich auf eine sehr große Anzahl kleiner Verwendungszwecke, bei denen meist die schmelzpunkterhöhende und härtende Wirkung von Carnaubawachs in Kompositionen mit weniger wertvollen Wachsen ausgenutzt wird. In den USA ist noch der Verbrauch für die Fruchtbeschichtung erwähnenswert.

Dem Carnaubawachs sind im Laufe der letzten Jahrzehnte durch die Entwicklung der hochveredelten Montanwachsderivate, der hochschmelzenden mikrokristallinen Wachse, der Synthese-Paraffine und besonders auch der Polyäthylenwachse soviel Konkurrenten entstanden, daß sein Verbrauch trotz gestiegenen Hartwachsbedarfes nicht größer geworden, also prozentual gesunken ist.

Ähnliche Eigenschaften wie das Carnaubawachs besitzt das **Ouricury-Wachs,** das ebenfalls in Brasilien von den Blättern einer Palmenart (*cocos coronata*, MARTIUS) gewonnen wird. Die Produktion ist in den letzten Jahren von ca. 1000 t auf weniger als die Hälfte zurückgegangen.

Auch E. DOEPPENSCHMITT (1958), L. I. N. COLE und I. B. BRAUN (1960).

β) Candelillawachs

Herkunft und Gewinnung: Das Candelillawachs wird im wesentlichen in Mexiko, besonders in den nördlichen Staaten, ferner in geringer Menge auch in den Staaten Texas und Arizona der USA von drei Euphorbiacaeen, und zwar der *Euphorbia cerifera, Alcocer* oder der *Euphorbia antisyphilitica, Zuccarini* und *Pedilanthus pavonis, Boissier* gewonnen. Das Wachs wird durch Ausschmelzen oder Lösungsmittelextraktion der Pflanzenteile in einer Menge von ca. 3,5–5% Rohwachs, bezogen auf trockenes Pflanzenmaterial, gewonnen, was ca. 2% raffiniertem Wachs entspricht. Die jährliche Produktion beläuft sich auf ca. 3000 t.

Eigenschaften: Das raffinierte Candelillawachs ist graugelb bis gelbbraun. In der Härte und Pastenbildefähigkeit steht es dem Carnaubawachs ein wenig nach. Von der *Banca National de Comericio Exterior S. A. Mexico* sind für die Standard-Ware Kennzahlengrenzen und Löslichkeiten festgelegt worden; ebenso von der *Am. Wax Importers and Refiners Ass'n* (1960). Die Kennzahlen des reinen Wachses aus den verschiedenen Pflanzenspezies unterscheiden sich deutlich voneinander.

Bestandteile: A. H. WARTH (S. 194) gibt folgende ungefähre Zusammensetzung von Candelillawachs an:

Tabelle 4. *Zusammensetzung des Candelillawachses*

Bestandteile	Anteil in %
Kohlenwasserstoffe	50–51
Ester	28–29
Freie Alkohole, Sterine und Neutralharze	12–14
Freie Säuren	7–9
Mineralische Bestandteile	0,7
Flüchtige Bestandteile	0,5–1

Vgl. auch: W. H. HODGE, H. H. SINEATH (1956), C. PEGORARI (1950), H. A. SCHÜTTE, J. G. BALDNIUS (1949).

Verwendung: Candelillawachs wird wegen seiner guten Polierbarkeit und Pastenhomogenität für die Artikel der Putzmittelindustrie verwendet.

Zu kleinen Anteilen wird es ähnlich, wenn auch nicht im gleichen Ausmaß wie Carnaubawachs für viele mengenmäßig untergeordnete Zwecke, z. B. in der Elektro-, Gummi- und Kerzenindustrie gebraucht. In den USA verwendet man es in sehr beträchtlichen Mengen für die Herstellung von Kaugummi.

γ) Zuckerrohrwachs

Herkunft und Gewinnung: Das Zuckerrohr (*sacharum officinarum L*) scheidet auf der Oberfläche der Stengel ein Wachs aus, das im Verlauf der Zuckergewinnung in die Filterrückstände gelangt. Aus diesen kann durch Lösungsmittelextraktion in einer Ausbeute von ca. 20% ein dunkles Rohwachs gewonnen werden. Sehr schwierig und erst in den beiden letzten Jahrzehnten ist die weitere Raffination zu einem hochwertigen Hartwachs gelungen.

Die Jahresproduktion konnte schätzungsweise auf 1000 t gesteigert werden. Seitdem die cubanischen Zuckerrohrrückstände von den USA nicht mehr eingeführt werden, hat das raffinierte Zuckerrohrwachs seine praktische Bedeutung dort wieder verloren.

Eigenschaften: Während das rohe Zuckerrohrwachs wegen des hohen Gehaltes an Fettstoffen und dunklen Verunreinigungen technisch minderwertig ist, stellen die besten Raffinate ein hochwertiges Hartwachs von gelbbrauner Farbe dar.

Bestandteile: A. H. Warth (S. 229) gibt folgende Zusammensetzung von Zuckerrohrwachs an.

Tabelle 5. *Zusammensetzung des Zuckerrohrwachses, halbraffiniert*

Bestandteile	Anteil in %
Wachsester	78–82
freie Fett- und Wachssäuren	14
Alkohole	6–7
Kohlenwasserstoffe	3–5
Mineralstoffe	0,5–1,0

Im übrigen wurden besonders in Australien sehr eingehende Untersuchungen über die Zusammensetzung von Zuckerrohrwachs durchgeführt. H. H. Hatt und J. A. Lamberton (1956), H. H. Hatt und A. H. Redcliffe (1958), Z. H. Kranz u. Mitarb. (1960), J. A. Lamberton und A. H. Redcliffe (1960). Sie hatten unter anderem das überraschende Ergebnis, daß das frische unverarbeitete Wachs etwa 50% aliphatische Aldehyde mit einer Kettenlänge von überwiegend 28 C-Atomen enthält.

Verwendung: Für die Putzmittelindustrie hat das Produkt wegen seines relativ hohen Preises keine große Bedeutung gewinnen können, dagegen hatte es in die Farbmassen für Kohlepapier in den USA Eingang gefunden.

δ) Espartowachs und Retamowachs

Herkunft und Gewinnung: Bei der Zellstoffgewinnung aus verschiedenen, hauptsächlich in Nordafrika kultivierten Gräsern, dem Alfagras (*Stipa tenacissima L.*) und Espartogras (*Lygeum spartium L.*), fällt ein wachshaltiger Staub an, der seit Mitte der zwanziger Jahre von einer schottischen Firma nach einem Extraktionsverfahren auf Wachs in einer Menge von zeitweise bis zu einigen 100 t im Jahr aufgearbeitet wird.

Eigenschaften: Espartowachs ist ein gelbes bis braunes Hartwachs mit guten Glanzeigenschaften. Es ist eine Reihe von Typen verschiedenen Raffinationsgrades im Handel.

Bestandteile: Die Angaben über die Zusammensetzung schwanken stark. Auffällig ist ein verhältnismäßig hoher Gehalt an Kohlenwasserstoffen (zwischen 20 und 65%), auch A. Soler und G. Guzman (1954), G. Torricelli (1956).

Verwendung: Das Wachs wird ähnlich dem Candelillawachs hauptsächlich in der Putzmittelindustrie verwendet, wo es in England und Frankreich eine gewisse Rolle spielt.

Erwähnt sei noch das **Retamowachs,** ein Hartwachs, das von den Zweigen eines als *Bulnesia retama* bezeichneten Strauches ausgeschieden wird. In Argentinien bemüht man sich um die Einführung des Produktes. (A. H. Warth, S. 196; R. R. Brenner u. Mitarb. (1958 u. 1959; L. S. C. Laffin de Badin und R. R. Brenner, 1958).

ε) Hydriertes Ricinusöl

Herkunft und Gewinnung: Ricinusöl wird durch Extraktion und Pressung aus dem Samen des Ricinusstrauches (*Ricinus communis L.*), eines tropischen Wolfsmilchgewächses gewonnen. Das Hauptanbaugebiet befindet sich in Brasilien.

Bei der Hydrierung mittels Wasserstoff in Gegenwart eines Nickelkatalysators werden in erster Stufe die Doppelbindungen ganz oder teilweise beseitigt. Bei stärkerer Hydrierung werden auch die Carboxylgruppen angegriffen. Die Jahresproduktion der Glyceride der erstgenannten Hydrierungsstufe und der entsprechenden freien Fettsäure zusammen beträgt mehrere 1000 t.

Die wichtigsten Produktionsstätten für hydriertes Ricinusöl sind die Baker Castor Oil Comp., New York (Castor-Wax) und die Industria e Comercio Ceralit Ltda., São Paulo (Cerit M).

Eigenschaften: Die genannten Wachse aus hydriertem Ricinusöl sind cremefarbene bis weiße, ziemlich harte Produkte. Ihre Löslichkeit in aliphatischen Kohlenwasserstoffen ist sehr gering, etwas besser ist sie in aromatischen Kohlenwasserstoffen und Tetrachlorkohlenstoff (ca. 1–2% bei Raumtemperatur), noch besser in Chloroform. Die Verträglichkeit mit Paraffin ist schlecht, mit Esterwachsen und manchen Harzen dagegen gut.

Bestandteile: Ricinusöl ist im wesentlichen das Triglycerid der Ricinolsäure (12-Oxy-9-octadecensäure). Es enthält neben 80–85% Ricinolsäure, 3–9% Ölsäure, 2–3% Linolsäure, wenig Dihydroxystearinsäure. Als ziemlich einheitliches Triglycerid der 12-Oxystearinsäure gilt das Cerit MD. Über die Hydrierung von Ricinusöl vgl. A.H. Warth (S. 471–473), H.S. Rao u. Mitarb. (1962), M. Zajcew (1958).

Verwendung: Das größte Verwendungsgebiet des hydrierten Ricinusöles und besonders auch der freien 12-Oxystearinsäure ist deren Lithiumseifen für die Herstellung von Mehrzweckschmierfetten. Außerdem finden die Wachse wegen ihrer guten Verträglichkeit und Emulgierbarkeit auch in der kosmetisch-pharmazeutischen Industrie Verwendung. Weiterhin werden sie zur Erhöhung der Wärmebeständigkeit von Kerzen, wegen guter isolierender Eigenschaften für die Elektroindustrie empfohlen. Für wachshaltige Putzmittel sind sie wegen nicht besonders guter Polierbarkeit und begrenzter Verträglichkeit mit Paraffinen von geringer Bedeutung.

ζ) Japanwachs

Dieses Wachs wird aus den Beeren verschiedener hauptsächlich in Japan und China kultivierter Sumacharten (z.B. *Rhus succetania L.*) durch heißes Auspressen gewonnen. Technologisch ist Japanwachs ein zügiges Weichwachs. Japanwachs wurde in Europa vornehmlich in der Textilindustrie, und zwar in Emulsionen für Appreturen und Schlichten verwendet. Für die Putzmittelindustrie ist das Produkt ohne Bedeutung.

Nach Untersuchungen von N. Kananiwa und T. Isono (1953) besteht es zu ca. 95% aus Glycerinestern der Palmitin-, Stearin- und Ölsäure und verschiedener als Japansäuren bezeichneter Dicarbonsäuren (auch J.A. Lamberton, 1961).

b) Tierische Wachse

α) Bienenwachs

Herkunft und Gewinnung: Bienenwachs wird überall dort, wo Bienen (*Apis mellifica L.*) gezüchtet werden, gewonnen, d.h. praktisch in allen Ländern der Erde. Die Haupterzeugungsländer sind die tropischen und subtropischen Gebiete. Doch auch die Industriestaaten Europas produzieren beträchtliche, wenn auch für den eigenen Bedarf nicht ausreichende Mengen. Die Schätzungen über die jährliche Gesamtweltproduktion von Bienenwachs gehen weit auseinander. Während die Export- und Importstatistiken und die wenigen zugänglichen Verbrauchsstatistiken zu Schätzungen von ca. 10000 t berechtigen, wird die Gesamtgewinnung einschließlich des Eigenverbrauchs der Erzeugungsländer mit 17000 t angegeben (H. H. ROOT, Bees-wax 1951). Das Bienenwachs ist ein Umwandlungsprodukt von Nektar und Blütenstaub durch die Biene, das durch die Wachsdrüsen ausgeschieden und dann von den Bienen zum Wabenbau verwendet wird (W. LENZ, 1958, R. K. CALLOW, 1963). Zur Gewinnung des Bienenwachses wird dieses Wabenwachs über Wasser ausgeschmolzen. So wird das gelbe Bienenwachs erhalten (*cera flava*). Zur Erzeugung des weißen Wachses (*cera alba*) erfolgt eine Bleichung durch Sonnenlicht oder mit Oxydationsmitteln.

Eigenschaften: Bienenwachs ist ein Weichwachs, das im ungebleichten Zustand eine grün- oder rotstichige, gelbe bis braune Farbe besitzt. Als gebleichtes Wachs ist es hellgelb bis weißlich. Es besitzt einen typischen honigartigen Geruch, ist sehr gut knetbar, aber nur schwach klebrig. Es läßt sich leicht verseifen und emulgieren. Die Kennzahlen schwanken wie bei allen Naturwachsen nach Herkunft und Gewinnungsart. Als normal werden die Werte der Tabelle 2 angesehen.

Eine Zusammenstellung der von den Arzneibüchern der verschiedenen Länder geforderten Kennzahlen wurde von E. PETER (1959) veröffentlicht. Der *Fachnormenausschuß Landwirtschaft* im Deutschen Normenausschuß Berlin beschäftigt sich zur Zeit (1965) mit dem Normenentwurf DIN 11668 „Bienenwachs".

Im Handel ist eine große Anzahl verschiedener Bienenwachsqualitäten.

Bestandteile: Die Untersuchung lieferte nach A. H. WARTH, S. 92, die in Tabelle 6 wiedergegebene Zusammensetzung des gelben Bienenwachses.

Tabelle 6. *Zusammensetzung des gelben Bienenwachses*

Bestandteile	Anteil in %
Wachsester (Säuren C_{16}–C_{27} und Alkohole C_{30}–C_{32})	71
Cholesteryl-Fettsäureester	1
1.3-Dihydroxyflavon	0,3
ω-Myristolacton	0,6
freie Wachsalkohole	1–1,25
freie Wachssäuren	13,5–14,5
Kohlenwasserstoffe (C_{25}–C_{31})	10,5–13,5
Feuchtigkeit und Mineralstoffe	1–2

Über die chromatographische Zerlegung von Bienenwachs haben D. T. DOWNING u. Mitarb. (1961 a), W. FUCHS und A. DE JONG (1954), T. N. MEHTA und B. N. MURTHY (1961), G. SPENGLER und E. WÖLLNER (1954) gearbeitet.

Verwendung: Die Hauptverwendungsgebiete sind, nach den verbrauchten Mengen geordnet, die kosmetische und die pharmazeutische Industrie, hauptsächlich für Cremes und Salben, doch auch für feste Kompositionen, wie Lippenstifte, die Kerzenindustrie, insbesondere für Kirchenkerzen, wo bestimmte Gehalte an echtem Bienenwachs verlangt werden, für Wachsstöcke für den Haushalt und für die Herstellung künstlicher Waben. – Bezeichnungsvorschrift für Kerzen vom 12. V. 1964 des *Verbandes Deutscher Kerzenhersteller e. V.*, Ludwigshafen/Rh.

Die Bedeutung für viele technische Zwecke ist wegen der billigeren mikrokristallinen Wachse oder deren Oxydate und mancher technologisch ähnlicher Produkte der chemischen Industrie zurückgegangen.

In Deutschland hat Bienenwachs für Artikel der Putzmittelindustrie, für Wachsfiguren, Modellierwachse, kunstgewerbliche Artikel und künstliche Blumen keine nennenswerte Bedeutung mehr.

β) Schellackwachs

Herkunft und Gewinnung: Lackläuse der Familie der Coccidaeen, die auf bestimmten Bäumen (*Croton lacciferus L.*) aus der Familie der Euphorbiacaeen leben, stechen zur Eiablage die jungen Zweige an, die sich darauf mit einer die Ausscheidungen der Läuse enthaltenden Harzschicht überziehen. Bei der Aufarbeitung dieses Harzes, das zwischen 4 und 6% Wachs enthält, wird als Nebenprodukt das Schellackwachs gewonnen. Die Weltjahresproduktion beträgt nur wenige hundert Tonnen.

Eigenschaften: Schellackwachs ist von rotbrauner Farbe, und gehört noch zu den Hartwachsen, allerdings ohne an die Härte von Carnauba- oder Candelillawachs heranzureichen. Es besitzt gute Polierbarkeit.

Bestandteile: Von A. H. WARTH, S. 113, wird in Tabelle 7 die Zusammensetzung angegeben.

Tabelle 7. *Zusammensetzung des Schellackwachses*

Bestandteile	Anteil in %
Wachsester	80–82
freie Wachssäuren	10–14
freie Wachsalkohole	< 1
Kohlenwasserstoffe	2–6
Harz	2–4

Nach anderen Untersuchungen soll der Gehalt an freien Wachsalkoholen 33–35% betragen (E. J. FISCHER und W. PRESTING, S. 52). Auffallend ist der verhältnismäßig hohe Gehalt an Lacceryl-Laccerat (C_{32}) mit dem für eine Esterwachskomponente hohen Erweichungspunkt von 94° C.

Verwendung: Wegen seiner guten elektrischen Isoliereigenschaften und Durchschlagfestigkeit wird Schellackwachs gern in der Elektroindustrie verwendet. Die Putzmittelindustrie setzt Schellackwachs für Lösungsmittelpasten, insbesondere Schuhcremes und auch für verseifte und gemischt-verseifte Wachspasten ein.

γ) Walrat

Herkunft und Gewinnung: Walrat ist in den Kopfhöhlen und im Speck verschiedener Zahnwal-Arten enthalten. Die Hauptmenge wird aus dem Spermacetiöl, einer halbflüssigen Masse, aus dem Kopf des Pottwals (*Physeter macrocephalus L.*) durch Abkühlen und Abpressen der öligen Bestandteile als Rohprodukt, das durch Aufkochen mit schwacher Soda- oder Kalilauge gereinigt wird, erhalten.

Eigenschaften: Der reine Walrat (*Cetaceum*) ist ein farbloser, kristalliner Körper mit blättrigem Bruch. Er ist in den meisten organischen Lösungsmitteln bei leichtem Erwärmen gut, in aliphatischen Kohlenwasserstoffen weniger gut löslich und mit allen Wachsen voll verträglich.

Das DAB 7 (Entwurf) stellt folgende Anforderungen: Tropfpunkt 43–48° C, JZ höchstens 5, SZ höchstens 1,0 und gibt eine Prüfungsvorschrift auf Reinheit. DAB 6, S. 142, verlangt:

Smp 45–54° C, JZ bis 8, SZ bis 2,3, EZ 116–132,8, und gibt eine Prüfungsvorschrift auf Reinheit. Auch die U.S.- und die britische Pharmacopoea schreiben bestimmte Kennzahlen vor.

Bestandteile: Die Hauptmenge des Walrats besteht aus Cetylpalmitat (vgl. Tabelle 8)

Tabelle 8. *Zusammensetzung eines Walrats* (*nach* H. A. WARTH, S. 143)

Bestandteile	Anteil in %
Fettsäureester	97,5–98
Myristylmyristat, weniger als 1%	
Cetylpalmitat, 90–93%	
Cetylstearat, 1,1–1,5%	
Cholesterylpalmitat, 2–3%	
Freie Fettsäuren (C_{12}–C_{16})	0,1– 0,4
Freie Alkohole (Cholesterin und aliphatische Monoalkohole)	1,0– 1,5

Verwendung: Walrat findet hauptsächlich in der pharmazeutischen und kosmetischen Industrie als Salbengrundlage Verwendung. Für Textilschlichten und Appreturmittel ist der Bedarf nur noch gering. Im übrigen wird aus Walrat Cetylalkohol gewonnen, der ebenfalls ein breites Anwendungsgebiet in der Kosmetik hat. Für die Putzmittelindustrie ist Walrat ohne Bedeutung.

δ) Wollwachs

Als „Wollwachs" werden höher schmelzende, im wesentlichen unverseifbare Anteile des Wollfettes, das aus den Hautdrüsen der Schafe stammt und bei der Wollwäsche anfällt, bezeichnet. Je nach Gewinnungsweise des Wollwachses entstehen Produkte verschiedener Zusammensetzung und verschiedener Eigenschaften. Nur von dem wichtigsten dieser Varianten, nämlich dem durch Verseifen und Extraktion gewonnenen, unverseifbaren Anteil des Wollfettes (Ausbeute ca. 50%), das hauptsächlich die verschiedenen Alkohole des Wollfettes enthält, soll hier die Rede sein.

Eigenschaften: Wollwachs ist ein hellbraunes, fast geruchloses, bei Raumtemperatur ziemlich hartes, bei gelindem Erwärmen plastisch werdendes Produkt. Wollwachs wird nicht ranzig. Das Produkt ist in Äther und Chloroform bei Raumtemperatur und in abs. Alkohol bei Siedetemperatur löslich (vgl. auch E.J. Fischer, W. Presting, S. 59).

DAB 6, 3. Nachtrag, S. 32–33 (1959) nennt folgende Anforderungen für Wollwachs: schmilzt bei ungefähr 40°, es muß neutral sein. DAB 6, 3. Nachtrag, S. 233–236 bringt Vorschriften über Wollwachsalkoholsalbe und wasserhaltige Wollwachsalkoholsalbe.

Das DAB VII (Entwurf) stellt folgende Anforderungen: Tropfpunkt 36–42° C, SZ höchstens 0,5, VZ 88–102, Hydroxylzahl 20–40, und gibt eine Prüfungsvorschrift auf Reinheit.

Nach seiner chemischen Zusammensetzung aus langkettigen, aliphatischen Säuren und Alkoholen kann man auch das Wollfett, das u.a. den Rohstoff für Lanolin liefert, als Wachs bezeichnen. Seine Eigenschaften sind jedoch weit mehr die eines Fettes (FP 38–42° C). In Deutschland ist die Bezeichnung „Wollfett" gebräuchlicher. In USA findet man sowohl „*woolgrease*" als auch „*Woolwax*". Unser „Wollwachs" wird mit „*woolwax-alcohols*" bezeichnet, vgl. auch F. Gieser (1952).

Bestandteile: Das durch Verseifen und Extraktion gewonnene Wollwachs besteht im wesentlichen aus höheren, aliphatischen Alkoholen und Sterinen (siehe A.H. Warth, S. 140, und E.J. Fischer, W. Presting, S. 59; vgl. Tabelle 9).

Tabelle 9. *Zusammensetzung eines Wollwachses*

Bestandteile	Anteil in %
Cholesterin	28,2–34,1
Isocholesterin	10,8–12,9
geringer Anteil anderer Sterinalkohole	
der Rest im wesentlichen aliphatische Monoalkohole und wenige Diole der Kettenlänge C_{16}–C_{26}	
geringe Mengen aromatischer Alkohole	

(Ein ähnliches, aber an aliphatischen Alkoholen reicheres und weniger hartes Produkt kann auch durch Hydrieren des Wollfettes gewonnen werden.)

Weitere Einzelheiten über die Zusammensetzung des Wollwachses bringen D.H.S. Horn, F.W. Hougen (1953), H.W. Knol (1954), I.D. Mold u. Mitarb. (1964), K.E. Murray R. Schoenfeld (1955), F. Gieser (1952).

Verwendung: Wollwachs wird einerseits als Salbengrundlage in der kosmetischen und pharmazeutischen Industrie verwendet, andererseits für eine Reihe technischer Zwecke wie Schmier-, Rostschutz- und Lederfette. Im übrigen hat es für die Putzmittelindustrie wegen seiner schlechten Pastenbildefähigkeit und geringen Polierbarkeit keine Bedeutung.

c) Rohmontanwachs und seine Veredelungsprodukte

Herkunft und Gewinnung: Das Rohmontanwachs ist ein Bestandteil bestimmter bitumenreicher Braunkohlen, wie sie in Deutschland, den USA, der Tschechoslowakei, der Ukraine und anderen Ländern vorkommen. Es wird durch Extraktion mittels organischer Lösungsmittel gewonnen. Ausführliche Auskunft geben V. VCELLAK „Chemie und Technologie des Montanwachses" (1959), A. LISSNER und A. THAU (1956) und Arbeiten von D. R. HEWETT u. Mitarb. (1961), V. JAROLIM u. Mitarb. (1961/63), V. WOLLRAB, M. STREIBL u. Mitarb. (1962/63). Eine Zusammenstellung der Patente bringt „Vom Wachs", *Hoechster Beiträge zur Kenntnis der Wachse*, Band II, Beitrag 8—10 (ab 1965).

Die bedeutendsten Extraktionsanlagen in Deutschland befinden sich im Bezirk von Halle und in Treysa südwestlich von Kassel. Das Rohmontanwachs, das noch Harze und Dunkelstoffe enthält, wird zum Teil in dieser Form in den Handel gebracht. Die Rohmontanwachsproduktion in Mitteldeutschland wird für 1938 mit 18800 t angegeben (V. VCELLAK, S. 23). Ein sehr beträchtlicher Anteil des in Deutschland gewonnenen Rohmontanwachses wird durch Entharzung mittels organischer Lösungsmittel und anschließender oxydativer Bleichung zu reineren und helleren Wachsen weiterverarbeitet. Es werden im wesentlichen drei Verfahren praktisch ausgeführt:

Die Oxydation mit Chrom-Schwefelsäure, die zu einem Gemisch von im wesentlichen Wachssäuren von bräunlich-gelber bis gelblich-weißer Farbe führt. Diese Säurewachse werden zum Teil als solche von der wachsverarbeitenden Industrie verwendet. Der überwiegende Anteil wird mit Fettalkoholen oder Glykolen verestert oder nur teilweise verestert und teilweise in Seifen überführt.

Dieses Verfahren ist mengenmäßig und wirtschaftlich das weitaus bedeutendste und hat zu einer größeren Anzahl verschiedener, hochwertiger Hartwachse geführt. Es wird von der *Farbwerke Hoechst AG* im Werk Gersthofen und von der *BASF* benützt (*British Intelligence Objectives Sub-Committee* 1945/47, *DRP 510485*, angem. 1927, *DRP 523999*, angem. 1927).

Die *Oxydation mit Salpetersäure* bzw. Salpeter-Schwefelsäure.

Destillation des Rohmontanwachses mit Hilfe überhitzten Wasserdampfes.

Eigenschaften: Das Rohmontanwachs stellt ein sehr hartes, ausgezeichneten Glanz gebendes Wachs dar, das aber wegen seiner dunklen Farbe und seiner geringen Lösungsmittel-Bindefähigkeit nur begrenzt verwendbar ist. Kennzahlen für Rohmontanwachs und einige seiner Veredelungsprodukte siehe Tabelle 2. Für Rohmontanwachs sind die Kennzahlen des normalen mitteldeutschen unter der Bezeichnung „Romonta" auf dem Markt befindlichen Produktes angegeben (*Mieg, Mineralöle Import und Export GmbH*, auch W. SCHAAK und D. FÖDISCH, 1957). Je nach Herkunft und Extraktionsverfahren ändern sich diese Zahlen erheblich.

Das *doppelt gebleichte Montanwachs ST* wird in Mitteldeutschland mit Hilfe der erwähnten Wasserdampfdestillation produziert. Das *Wachs 750* ist ein Beispiel für die Salpetersäureoxydation bei Gegenwart von Paraffinen und wird von den Schlickum-Werke, J. Schlickum und Co., hergestellt. In Mitteldeutschland wird unter der Bezeichnung Hartwachs R ein paraffinfreies Salpetersäureoxydationsprodukt erzeugt.

Die *Wachse S, E* und *OP* sind Beispiele aus dem Sortiment der Hoechst-Wachse®, wobei Wachs S ein Säurewachs darstellt, wie es durch die Chromschwefelsäureoxydation von entharztem Rohmontanwachs direkt anfällt, Wachs E ist ein Veresterungsprodukt hiervon mit Äthylenglykol und Wachs OP ein zum Teil mit Kalk verseiftes Veresterungsprodukt mit 1.3-Buthylenglykol. Unter der Bezeichnung S-, E- und OP-Wachs BASF® werden praktisch qualitätsgleiche Wachse von der Badischen Anilin- und Sodafabrik hergestellt. Alle drei Produkte besitzen bei sehr heller, gelblich-weißer Farbe ausgezeichnete Härte und Hochglanzpolierbarkeit.

Bestandteile: Tabelle 10 zeigt die Zusammensetzung eines mitteldeutschen Rohmontanwachses (nach E. J. FISCHER und W. PRESTING, S. 96).

Die Hauptmenge der Wachsalkohole und der Wachssäuren ist natürlich miteinander verestert. Über die Dunkelstoffe des Rohmontanwachses haben W. PRESTING und K. STEINBACH (1953) berichtet. Über die Zusammensetzung der durch Chromsäureoxydation entstehenden technischen Montansäure (Wachs S) ist eine eingehende chromatographische Studie von W. FUCHS und R. DIEBERG (1956) ausgeführt worden. Mit dem Gehalt an polyfunktionellen Säuren und deren Isolierung unter besonderer Betonung der Dicarbonsäuren beschäftigen sich W. PRESTING und TH. KREUTER (1962 und 1963).

Tabelle 10.

Bestandteile	Anteil in %
Flüchtige Terpene	0,12
Polyterpene	3,41
Harzalkohole	1,43
Harzsäuren	4,08
Oxyharzsäuren	14,64
Sterine	0,10
Paraffine	1,00
Wachsalkohole	23,52
Wachsketone	2,32
Wachssäuren	47,76
Oxywachssäuren	1,00
niedere Fettsäuren	0,11
Asche	0,51

Verwendung: Rohmontanwachs läßt sich für die meisten Zwecke, für die ein hartes Wachs benötigt wird, verwenden, so weit die dunkle Farbe nicht stört. In der Putzmittelindustrie hat es nur für schwarze und dunkelfarbige Schuhcremes Bedeutung. Auch als Komponente für Schuhhausputzmittel und in Kompositionen für die Elektroindustrie, für Dichtungskitte, Vergußmassen, Modellierwachse, Kohlepapierfarbmassen, die Kautschukverarbeitung, die Papierleimung, als Genauguß-Wachs und für viele andere Zwecke wird es verwendet.

Die Raffinate durch Wasserdampfdestillation gehen hauptsächlich in die Putzmittelindustrie. Auch die Kohlepapierindustrie nimmt einen Teil auf.

Die Salpetersäureraffinate finden hauptsächlich in der Putzmittelindustrie Verwendung.

Die größte Vielfalt der Verwendung besitzen die Chromsäureoxidate. Wenn auch die Putzmittelindustrie für Schuhcremes, Bodenpflegemittel, Möbel- und Autopolituren den größten Anteil verarbeitet, so folgen doch andere Industrien, wie die Kunststoffverarbeiter (siehe auch Seite 672) und die Kohlepapierhersteller, mit sehr bedeutenden Anteilen. Weitere Mengen gehen in die Bleistift-, Linoleum-, Papierveredelnde- und Anstrichmittel-Industrie und in viele Kompositionen der Ceresin-Industrie, die dann für Wachswaren der verschiedensten Arten gebraucht werden.

3. Kohlenwasserstoffwachse

a) Polyäthylenwachse und ihre Luftoxidate

Herkunft und Gewinnung: Die Polyäthylenwachse stellen eine recht umfangreiche Gruppe von Kohlenwasserstoffwachsen mit einem durchschnittlichen Molekulargewicht von 2000–12000 dar. In Europa kam schon vor dem zweiten Weltkrieg das A-Wachs der I.G. Farbenindustrie auf den Markt. In den 40er Jahren und später wurden dann in England, in USA und in Deutschland von einer Reihe von Firmen Sortimente mit jeweils einer ganzen Anzahl verschiedener Polyäthylenwachse angeboten.

Europa:	Badische Anilin- und Sodafabrik	(A und OA-Wachse®)
	Farbwerke Hoechst AG	(Hoechst Wachse®) der Reihe PA und PAD
	JCJ London	(Winnothene®)
		(Jahrbuch für den Praktiker 1963)
USA:	Eastman Chemical Products Inc.	(Epolene®)
	Allied Chemical and Dye Corp.	(AC-Polyäthylene®)
	Bakelite-Comp.	(Polyäthylene der DY-Reihe)

Diese Entwicklung ist zur Zeit noch keineswegs abgeschlossen. Die Produkte werden im wesentlichen nach zwei verschiedenen Methoden gewonnen, und zwar nach dem von der ICI zuerst angewandten Hochdruck- (*DBP 836711*, angemeldet 1937) oder nach einem der verschiedenen Niederdruckverfahren (*DBP 878560*, ausg. 1953; *DBP 889229*, ausg. 1950; *DAS 1051004*, angem. 1954). Die Produkte entstehen entweder durch direkte Polymerisation auf das gewünschte Molekulargewicht oder durch nachträglichen thermischen Abbau hochmolekularer Kunststoff-Polyäthylene. R. A. V. Raff, I. B. Allison Polyäthylene (1956), Kunststoff-Handbuch Band IV (in Vorbereitung), *A. P. 2372901* (angem. 1942), *DAS 1058260* (angem. 1956), *DAS 1091332* (angem. 1957), *EP 861277* (angem. 1959), *DBP 1122257* (angem. 1960). Neben diesen Kohlenwasserstoffwachsen werden auch – meist durch Oxydation mittels Luft – sauerstoffhaltige und deshalb besser emulgierbare Wachse erzeugt.

W. Kindscher (1962), A. Rieche (1964), *DBP 818427* (angem. 1948), *A.P. 2928816* (angem. 1955), *DAS 1113821* (angem. 1958), *A.P. 3060163* (angem. 1955), *DAS 1180131* (angem. 1958), *F.P. 1323476* (angem. 1962). Die Jahresproduktion von Polyäthylenwachsen wird auf ca. 20000 t geschätzt, von denen etwa die Hälfte sauerstoffhaltig und daher gut emulgierbar ist.

Eigenschaften: Die Polyäthylenwachse sind in der Regel harte, nahezu farblose Produkte mit Molekulargewichten zwischen ca. 2000 und 12000, die den besten Esterwachsen der Härte oder leichten Polierbarkeit nach mehr oder weniger unterlegen sind. Die Wachse mit Molekulargewichten unter 2000 sind zu wenig hart oder den hochschmelzenden Erdöl- und Fischer-Tropsch-Paraffinen zu ähnlich. Die Produkte mit Molekulargewichten über ca. 12000 nähern sich mit ihrer Zähigkeit und damit verbundenen schweren Polierbarkeit und der hohen Schmelzviskosität bereits den Polyäthylen-Kunststoffen. Scharfe Grenzen bestehen weder nach oben noch nach unten.

Wegen ihres höheren durchschnittlichen Molekulargewichtes ist ihre Schmelzviskosität höher als die der normalen Esterwachse. Die Kennzahlen jeweils eines nach den gebräuchlichen Verfahren hergestellten Wachses sind in Tabelle 2 zusammengestellt.

Bestandteile: Als Äthylen-Polymerisate stellen die Polyäthylenwachse praktisch rein aliphatische nur schwach ungesättigte und mehr oder weniger verzweigte Kohlenwasserstoffe dar (A. Schwarz, 1958). Die Luftoxidate enthalten außer einem Rest unveränderter Kohlenwasserstoffe Carboxyl-, Carbonyl- und Hydroxylgruppen, die unregelmäßig auf die Kohlenwasserstoffmoleküle so verteilt sind, daß ein Substituent und in abnehmender Menge auch mehrere vorhanden sind, wobei Carboxyl- und Hydroxylgruppen zum beträchtlichen Teil miteinander Ester gebildet haben.

Verwendung: Die Polyäthylenwachse haben eine gewisse Bedeutung für die Präparate der Putzmittelindustrie (G. Kselik, 1959), Jahrbuch für den Praktiker 1963; die nichtoxydierten für Lösungsmittelpasten, für die sie in der Regel in kleinem Anteil zur Verbesserung der Pastenstruktur und der Wärmebeständigkeit verwendet werden, während besonders in den USA beträchtliche Mengen der oxydierten Produkte anteilig in Selbstglanz-Emulsionen für die Fußbodenpflege gebraucht werden.

Die größte Menge der nichtoxydierten Polyäthylenwachse wird als Zusatz für die Paraffinbeschichtung und Imprägnierung von veredelten Papieren, beispielsweise Einwickelpapieren und Papier- und Pappgefäßen für die Lebensmittelindustrie, verbraucht. Die Polyäthylenwachse dienen dabei zur Verbesserung der Flexibilität, der Abriebfestigkeit, des Blockpunktes, der Siegelfähigkeit und des Glanzes, und als Komponente in „hot-melt"-Kompositionen. Wichtig ist ferner ihre Verwendung als Gleitmittel bei der Kunststoffverarbeitung.

Weitere bedeutende Mengen erhöhen in Druckfarben die Widerstandsfähigkeit der Drucke gegen mechanische Beschädigung. Auch die Gummi-Industrie verwendet für die Kautschukverarbeitung größere Mengen. Der nicht sehr beträchtliche Rest verteilt sich auf Wachskompositionen der verschiedensten Art. Die oxidierten Wachse werden in Europa weniger von der Putzmittelindustrie als von der Textilindustrie zum Verbessern des Griffes und zum Weichmachen von Appreturen gebraucht. Kleinere Mengen gehen in die Lederzurichtung (vgl. auch *Chemical and Eng. News*, 1964).

II. Paraffine und Mikrowachse

1. Definition

Im deutschen Sprachgebrauch ist es nicht üblich, die paraffinischen Kohlenwasserstoffe — mit Ausnahme der mikrokristallinen Paraffine und niedrigmolekularen Polyäthylene — als Wachse zu bezeichnen.

Im englischen Sprachgebiet dagegen gibt es für die Produkte dieser Stoffklasse, die der Definition der Deutschen Gesellschaft für Fettforschung entspricht, die Sammelbezeichnung „Wax", wobei durch den Zusatz zwischen mineral waxes, vegetable waxes und animal waxes unterschieden wird. Der Ausdruck mineral waxes will auf den gemeinsamen Ursprung der verschiedenen handelsüblichen festen Kohlenwasserstoffe hinweisen, wobei man Paraffine, gewonnen aus Erdöl,

Braunkohlenteer und Ölschiefer gewissermaßen als Erdprodukte, genau wie das bergmännisch gewonnene Ozokerit, ansieht. Man will dadurch den Unterschied zu den pflanzlichen und tierischen Wachsen besonders deutlich machen.

Die aus der Braunkohle gewonnenen verseifbaren Montanwachse, die einzigen verseifbaren Wachse dieser Gruppe, fallen auf Grund der Herkunft auch unter den Begriff „mineral-waxes" und wurden auf Seite 635 besprochen.

Will man die Paraffine genauer definieren, so kann man durch einen Zusatz auf die Herkunft verweisen, z.B. Erdölparaffin, Braunkohlenparaffin, Schieferölparaffin, Syntheseparaffin. Handelsüblich ist eine Unterscheidung nach dem Schmelzpunkt und dem Raffinationsgrad ohne zwingende Kennzeichnung der Herkunft. Als Weichparaffine bezeichnet man die zwischen 40° und 50° C, als Hartparaffine die über 50° C schmelzenden Paraffine. Je nach Raffinationsgrad spricht man von vollraffiniertem Paraffin, wenn ein weißes, geruch- und geschmackloses Paraffin mit einem Ölgehalt von unter 0,5% vorliegt.

Halbraffiniertes Paraffin kann Ölgehalte bis 3,5% und darüber aufweisen. Die Farbe kann zwischen fast weiß und gelblich liegen. Diese Qualitäten können auch einen schwachen Geruch aufweisen. In Amerika jedoch versteht man unter Semi Refined Qualität ein Paraffin mit einem Ölgehalt zwischen 0,5–1% bei weißer Farbe. Es ist weitgehend geruch- und geschmacklos. Mit Ausnahme des vollraffinierten Paraffins bedeuten deshalb diese Bezeichnungen keine klare Qualitätsabgrenzung.

In Deutschland werden die Schmelzpunktsintervalle pro Sorte üblicherweise mit 2° C Temperaturdifferenz angegeben, z.B. 52/54 bzw. 54/56° C.

International wird – wie in den USA üblich – mit Schmelzpunktsbereichen von 3 bzw. 5° F gearbeitet.

Bei den mikrokristallinen Paraffinen, den Mikrowachsen, gibt man den Schmelzpunktsbereich und die Farbe an.

Auf Bezeichnungen von Paraffinqualitäten, wie sie bei der Produktion für die Roh- und Zwischenprodukte gebraucht werden, wird im Abschnitt „Paraffinherstellung" eingegangen. Die Unterschiede, die im strukturellen Aufbau liegen, werden im Abschnitt „Struktur der Paraffine" (s. unten) behandelt.

Der deutsche Zolltarif nennt auf Grund völlig anderer Erwägungen folgende Definitionen für Paraffin:

Erstarrungspunkt (ASTM[1] D 938)	nicht unter 30° C
Dichte	unter 0,942/70° C
Viscosität	unter 9 cSt./100° C
Konuspenetration (ASTM D 937)	weniger als 80
Walk-Konuspenetration (ASTM D 217)	weniger als 350

Mit diesen festgelegten Daten ist gleichzeitig auch die zollmäßige Abgrenzung gegen Vaseline, Heizöl und Bitumen erreicht. Die Viscositätsgrenze von 9 cSt. dient als Hilfsmittel zur zollmäßigen Bestimmung des Verarbeitungsgrades und bedeutet keine Unterscheidung zwischen Paraffin und Mikrowachs. Paraffin mit einer Viscosität von unter 9 cSt. bei 100° C wird im Verarbeitungsgrad nach dem Ölgehalt unterschieden, wobei 3,5% und mehr als unbearbeitet, ein geringerer Ölgehalt als bearbeitet gilt.

Ist die Viscosität über 9 cSt., so wird der Grad der Verarbeitung nach der Farbe ermittelt. Farbe nach ASTM D 156 von 3 und höher gilt als unbearbeitet, eine hellere Farbe als bearbeitet. Die Höhe des Ölgehaltes spielt keine Rolle.

Der Deutsche Zolltarif ist entsprechend der neuen Brüsseler Nomenklatur aufgestellt worden. Diese Nomenklatur ist im gleichen Wortlaut von allen EWG-Mitgliedstaaten übernommen worden.

2. Struktur, Chemismus und Kristallisation

a) Struktur der Paraffinkohlenwasserstoffe

Die technisch gewonnenen Paraffine sind ein Gemisch von drei Grundtypen der gesättigten Kohlenwasserstoffe. Die prozentuale Verteilung der strukturell zu unterscheidenden Bestandteile richtet sich nach der Art des verwendeten Ausgangsmaterials und des angewandten Herstellungsverfahrens. Strukturell unterscheidet man:

[1] Ameri can Society for Testing and Materials.

α) *n-Paraffine* = Gesättigte Kohlenwasserstoffe ohne Verzweigung und ohne Ringe im Molekül.

β) *iso-Paraffine* = Verzweigte, gesättigte Paraffine, wobei die Verzweigung an verschiedenen C-Atomen erfolgen kann und die an diesen C-Atomen sitzenden Verzweigungen verschiedene Länge haben können.

γ) *Naphthene* = Gesättigte Ringverbindungen aus einem oder mehreren Ringen mit gesättigten Seitenketten in gleicher oder verschiedener Länge und mit mehr oder weniger starken Verzweigungen.

Ferner, obwohl streng genommen nicht strukturell als Paraffinkohlenwasserstoff zu bezeichnen, finden wir in den Paraffinen aromatische Kohlenwasserstoffe, die mit einer Seitenkette substituiert sind und die infolge der Länge der gesättigten Seitenkette bei der Herstellung der handelsüblichen Paraffine im selben Schmelzpunktsbereich wie die gesättigten Kohlenwasserstoffe anfallen.

Zu α) n-Paraffine

Man stellt sich die Entstehung der n-Paraffine und verzweigten Paraffine durch Spaltung von entsprechenden Naphthenen oder aromatischen Ringen vor. Die Hauptmenge der in handelsüblichen Paraffinen vorliegenden n-Paraffine hat C-Zahlen zwischen C 18 und C 40. Die Beziehungen zwischen Erstarrungspunkt und Molekulargewicht bzw. Refraktion und Molekulargewicht zeigt Tabelle 11.

Zwischen Molekulargewicht und Erstarrungspunkt besteht die Beziehung:

$$\text{EP} = 415 \cdot \frac{\text{M}}{\text{M} + 95} - 273$$

(A. H. Etessam und M. F. Sawyer, 1939),

und zwischen Refraktion und Erstarrungspunkt

$$= n_D^{70} = 4{,}2 \cdot 10^{-4} \cdot \text{EP} + 1{,}4076$$

(G. Spengler und E. K. Jantzen, 1961).

Tabelle 11. *Physikalische Daten der n-Paraffine*

Anzahl der C-Atome	Bezeichnung	Mol.-Gew.	Smp/Ep[1] °C	Refraktion grd	Dichte grd	Sdp °C/mm
C 20	Eicosan	282	36,8	1,4346/40	0,7621/60	343/760
C 21	Heneicosan	296	40,5	1,4240/70	0,7587/70	215/15
C 22	Docosan	310	44,4	1,4358/45	0,7782/44,4	224/15
C 23	Tricosan	324	47,6	1,4270/70	0,7654/70	235/15
C 24	Tetracosan	338	50,9	1,4283/70	0,7665/70	244/15
C 25	Pentacosan	352	53,7	1,4302/70	0,7693/70	252/15
C 26	Hexacosan	366	56,4	1,4312/70	0,7780/70	262/15
C 27	Heptacosan	380	59,0	—	0,7732/70	270/15
C 28	Octacosan	394	61,4	1,4324/70	0,7750/70	278/15
C 29	Nonacosan	408	63,7	1,4340/70	0,7755/70	285/15
C 30	Triacontan	422	65,8	1,4348/70	0,7795/70	304/15
C 31	Hentriacontan	436	67,5	1,4354/70	0,7827/70	266/3
C 32	Dotriacontan	450	69,7	1,4364/70	0,7840/70	310/15
C 33	Tritriacontan	464	71,4	—	—	—
C 34	Tetratriacontan	478	73,1	1,4296/90	0,7728/90	—
C 35	Pentatriacontan	492	74,7	1,4301/90	0,7734/90	292/3
C 36	Hexatriacontan	506	76,2	1,4308/90	0,7803/90	—
C 37	Heptatriacontan	520	—	—	—	—
C 38	Octatriacontan	534	79	—	—	—
C 39	Nonatriacontan	548	80,3	—	—	—
C 40	Tetracontan	562	81,5	—	—	—

[1] Erstarrungspunkt.

Zu β) iso-Paraffine

Die Zahl der möglichen Isomeren zum n-Paraffin mit gleicher C-Zahl ist in Tabelle 12 wiedergegeben.

Nur ein Bruchteil dieser Verbindungen wird jeweils im Paraffin vorliegen. Durch die Verzweigung erniedrigt sich der Schmelzpunkt, und zwar um so stärker, je länger die Seitenkette ist, vorausgesetzt, daß die Substitution beider Ketten unterschiedlicher Länge an derselben Stelle erfolgt. Je mehr die Verzweigung zur Mitte der Kette rückt, um so stärker wird der Schmelzpunkt erniedrigt.

Tabelle 12. *Anzahl der theoretisch möglichen isomeren Paraffinkohlenwasserstoffe mit steigender C-Zahl* (F. Asinger, 1959)

C-Zahl	Anzahl der Isomeren
16	10359
18	60523
20	366319
25	36797585
30	4111846763
40	68491178805831

Tabelle 13. *Veränderung des Schmelzpunktes durch verschiedene Stellung der Butylseitenketten* (*Bruttoformel* $C_{26}H_{54}$)

Kohlenwasserstoff	Smp °C
n-Hexacosan $C_{26}H_{54}$	56,4
5 Butyl-docosan $C_{26}H_{54}$	20,8
7 Butyl-docosan $C_{26}H_{54}$	3,2
9 Butyl-docosan $C_{26}H_{54}$	1,3
11 Butyl-docosan $C_{26}H_{54}$	–

Steigende Anzahl der Verzweigung bedingt eine wachsende Abnahme des Schmelzpunktes. So hat ein iso-Paraffin mit 6 Methylgruppen bei einer C-Zahl von 30 (2.6.10.15.19.23-Hexamethyltetracosan) einen Schmelzpunkt von – 80° C, das entsprechende n-Paraffin $C_{30}H_{62}$ aber einen Schmelzpunkt von + 65,8° C.

W. R. Turner u. Mitarb. (1955) fanden bei aus Paraffin isolierten iso-Paraffinen im Durchschnitt einen Schmelzpunkt, der dem des um 6 C-Atome geringeren n-Paraffin entsprach. Der Refraktionsindex wird durch die Verzweigung bzw. Verzweigungen nur geringfügig verändert, wobei die Stellung der Verzweigung von Einfluß ist (W. Hayer, 1960).

Zu γ) Naphthene

Das Vorhandensein von gesättigten ringförmigen Verbindungen, den Naphthenen in den Paraffinen – vorzugsweise mit höherem Molekulargewicht – wurde zum erstenmal von Müller und Pilat (1935) klar nachgewiesen. Die Naphthene sind in allen festen Paraffinen vertreten. Der Prozentsatz steigt aber mit höherem Molekulargewicht des Paraffinschnittes. Durch den Naphthenring im Molekül wird der Schmelzpunkt im Vergleich zum n-Paraffin gleicher C-Zahl deutlich erniedrigt, z. B. Eicosan schmilzt bei 36,7° C, Tetradecylcyklohexan bei 24,0° C. Durch den Naphthenring steigt der Refraktionsindex erheblich.

Aromaten mit gesättigter Seitenkette.

Diese Verbindungen mit ungesättigter 6- und 5-Ringstruktur stellen den niedrigsten Prozentsatz in handelsüblichen Paraffinen dar. Sind z. B. die Schmierölfraktionen, aus denen das Paraffin gewonnen wurde, zur Entfernung der Aromaten selektiv extrahiert, so findet man auch im Paraffin geringere Aromatenmengen. Der Benzolring drückt den Schmelzpunkt stärker als der Naphthenring. Tetradecylbenzol schmilzt noch 8° C tiefer als das entsprechende Hexan, d. h. bei 16° C. Die Refraktion steigt stärker als bei den gesättigten Ringverbindungen an.

Wie unterschiedlich die Komponenten mit fast gleichem Molekulargewicht sind, die im Paraffin enthalten sein können, zeigt Tabelle 14 (S. W. Ferris, 1953).

Unterscheidet man die handelsüblichen Qualitäten nach den eben aufgezeigten strukturellen Merkmalen, so besteht das Hartparaffin aus überwiegend geradkettigen Kohlenwasserstoffen. Der Gehalt an n-Paraffin hängt weitgehend von der Art des Rohöles ab. So haben Paraffine aus den Rohölen von Burma, Assam oder Indonesien über 90, manchmal sogar über 95% n-Paraffine, während die aus deutschem Rohöl oder auch aus einem Mid-Kontinent-Rohöl bis auf 80% n-Paraffingehalt heruntergehen. Paraffine aus Braunkohlenteer haben einen hohen Gehalt (84/93%) an n-Paraffinen (G. Titschack, 1959). Bei den mikrokristallinen Wachsen überwiegen die gesättigten ringförmigen und verzweigten Kohlenwasserstoffe. Sie weisen damit dieselbe Struktur auf wie das Ozokerit bzw. Ceresin. Analysenmethoden zur Bestimmung der Zusammensetzung von Paraffinen siehe S. 670.

Tabelle 14. *Unterschiedliche Kennzahlen bei Paraffin trotz ähnlichem Molekulargewicht*

Mol.-Gew.	Smp °C	Refrakt./80 °C
409	63,3	1,4305
407	62,8	1,4301
400	60,4	1,4300
402,5	55,5	1,4313
409,5	51,1	1,4332
407	46,1	1,4349
401	42,2	1,4359
410	38,9	1,4365
402	33,9	1,4375

b) Wichtige chemische Reaktionen der Paraffine

Die Namensgebung dieser Stoffgruppe entstand aus „*parum affinis*", d.h. nicht reaktionsfähig, weil man lange Zeit glaubte, in den gesättigten, geradkettigen Kohlenwasserstoffen außerordentlich reaktionsträge chemische Verbindungen vor sich zu haben. Von dieser Anschauung ist nur noch der Name übrig geblieben, und es hat sich inzwischen eine ganze Chemie, aufgebaut auf den Reaktionsmöglichkeiten mit gesättigten Kohlenwasserstoffen, entwickelt.

Bereits technische Bedeutung haben folgende interessante Reaktionen gesättigter Kohlenwasserstoffe: *Chlorierung, Oxydation, Nitrierung, Sulfochlorierung, Sulfoxydation, Thermisches Spalten, Adduktbildung mit Harnstoffen, Abbau durch Bakterien.*

α) Chlorierung

Die älteste Reaktion des Paraffins, nämlich die Substitution mit Chlor wurde bereits 1840 von DUMAS genau beschrieben. Im Rahmen dieses Kapitels wollen wir uns nicht mit den niedrig molekularen gechlorten Paraffinkohlenwasserstoffen, wie Tetrachlorkohlenstoff, Chlormethyl, Chloräthyl, Chloroform usw. beschäftigen, sondern nur mit den chlorierten Paraffinen, d.h. mit Paraffinkohlenwasserstoffen, die eine Kettenlänge von mindestens 20 C-Atomen besitzen.

Je höher das Molekulargewicht des Paraffinkohlenwasserstoffes ist, desto leichter ist er zu chlorieren. Man kann deshalb die Chlorierung im Schmelzpunktsintervall der Paraffine von 35–65 durch einfaches Einleiten von Chlor in das geschmolzene Paraffin bei Temperaturen zwischen 70 und 100° C durchführen. Der Schmelzpunkt fällt zunächst mit steigendem Chlorgehalt (40%) bis ungefähr – 17° C und steigt bei weiterer Erhöhung des Chlorgehaltes sehr rasch, um bei 70% Chlor ein Schmelzintervall von 67/80° C und darüber zu erreichen. Die wichtigsten chlorierten Paraffine sind diejenigen mit einem höheren Chlorgehalt, z.B. von 40–75%. Sie dienen als Zusätze zu Hochdruckschmiermitteln, oder man benutzt sie zur Ausnutzung ihres durch den hohen Chlorgehalt bedingten flammenlöschenden Verhaltens als Imprägniermittel zur Verhinderung oder Verzögerung der Entflammbarkeit von brennbaren Produkten, z.B. Textilien und als Weichmacher für PVC und Anstrichmittel. Wegen ihrer Reaktionsfähigkeit sind sie Ausgangsprodukte für zahlreiche chemische Umwandlungen, z.B. die Alkylierungsreaktion durch Umsetzung mit Aromaten, Herstellung von Aminen durch Umsetzung mit Ammoniak, Verseifung mit Laugen zur Herstellung von Alkolen und die Einführung der Merkaptan-, Nitril oder Sulfonatgruppe durch Umsetzung mit den entsprechenden Salzen.

β) Oxydation

Die erste Angabe über diese Umsetzung finden wir bereits im Jahre 1868 von BOLLEY. Die Arbeiten von ADOLF GRÜN u. Mitarb. schufen 1923 die Grundlage zu einer raschen industriellen Entwicklung der Herstellung von Fettsäuren durch Oxydation von Paraffin. Als Ausgangsmaterial für diese Umsetzungen wurde in Deutschland das Paraffin aus der Braunkohle, in USA das Erdölparaffin verwendet. Als bei der Fischer-Tropsch-Synthese in Deutschland größere Mengen Paraffingatsch anfielen, stand ein weiteres interessantes Ausgangsmaterial für die Oxydation zur Verfügung und im zweiten Weltkrieg erreichte die Produktion dieser oxydierten Fettsäuren in Deutschland einen Höhepunkt. Die nach dem zweiten Weltkrieg wieder voll zur Verfügung stehenden Möglichkeiten, die verschiedensten Rohstoffe für die Seifen- und Waschmittelherstellung zu verwenden, ließen die Bedeutung der Paraffin-Oxydation in den westlichen Ländern wieder zurückgehen und diese wurde nur noch auf bestimmte spezielle Gebiete beschränkt. In Rußland und anderen Ostblockländern wird weiter in erheblichem Umfang industriell Paraffin der Oxydation unterworfen und auch durch laufende Forschungs- und Entwicklungsarbeiten auf diesem Gebiet weitere Fortschritte erzielt. Die durchschnittlichen Ausbeuten an den Fettsäurefraktionen bei der Oxydation eines Paraffingatsches zeigt Tabelle 15 (F.H. ASINGER, 1956).

Tabelle 15. *Ausbeute an Fettsäurefraktionen bei der Oxydation eines Paraffingehaltes*

Kennzahlen	Vorlauffettsäure	Seifenfettsäure	Nachlauffettsäure	Rückstand
C-Zahl	bis C_{10}	C_{10}–C_{20}	C_{20}–C_{25}	hochmolekular
Ausbeute %	16	63	12	9
Säurezahl	410/425	250/258	155/165	nicht mehr
Verseifungszahl	425/430	256/262	170/185	destillierbare
OH-Zahl	0–3	0–7	5–10	Dicarbonsäuren
CO-Zahl	7–12	7–12	35–43	Oxy- und Ketosäuren
Jodzahl	9–13	11–15	33–45	u. Unverseifbares
Unverseifbares %	0,5–0,8	1,2–1,6	8–12	

Die Rohfettsäuregemische werden durch Destillation in drei große Fraktionen und einen Rückstand zerlegt, und zwar in

1. Vorlauffettsäuren mit 5–11, bzw. 5–10 Kohlenstoffatomen, 2. Hauptlauffettsäuren, auch Seifenfettsäuren genannt, mit 10–20, bzw. 12–18 Kohlenstoffatomen, 3. Nachlauffettsäuren, mit mehr als 18, bzw. mit mehr als 20 Kohlenstoffatomen.

Die Vorlauffettsäuren, die vor allen Dingen durch einen penetranten Geruch auffallen, werden wegen der geringen Waschwirkung ihrer Seifen nicht in der Waschmittelfabrikation eingesetzt, sondern dienen als chemischer Rohstoff bei der Herstellung von bestimmten Weichmachern und Plastizierungsmitteln, wobei als Weichmacher verschiedene Ester dieser Säuren mit mehrwertigen Alkoholen oder Amide und Anilide dieser Fettsäuren hergestellt werden.

Die Fettsäuren des Hauptlaufes werden für die Seifenherstellung verwendet. Durch Hydrierung der Fettsäuren zu den entsprechenden Alkoholen und Umwandlung in die Alkylsulfate werden stark capillaraktive Waschmittel erhalten.

Aus den Nachlauffettsäuren lassen sich im Gemisch mit den Vorlauffettsäuren kalkverseifte Schmierfette mit guten Eigenschaften herstellen (H. KÖLBEL und D. ULLMANN, 1950).

In zahlreichen neueren Forschungsarbeiten wurde in der Sowjetunion und anderen Ostblockstaaten versucht, die Oxydation mit molekularem Sauerstoff, bzw. den Peroxyden ohne Katalysatoren durchzuführen, um damit die zwangsläufige Verunreinigung des Endproduktes durch die zugesetzten Katalysatormassen auszuschließen. So hat man z.B. versucht, durch Umsetzung einer kleinen Menge Paraffin mit Benzoylperoxyd ein peroxydiertes Paraffin zu erzeugen, das als Katalysator dienen kann. Dieses Verfahren hat sich aber nicht durchgesetzt.

Die Beobachtung, daß Bestrahlen von Paraffin mit Gammastrahlen unter gleichzeitigem Einblasen von Luft bei Temperaturen von über 100° C die Bildung höherer Fettsäuren begünstigt, hat zur Entwicklung von industriell verwertbaren Verfahren geführt.

Als Bestrahlungsquelle kann z.B. Kobalt 60 verwendet werden. Die Dauer der Paraffinoxydation wird bei diesem Verfahren um mindestens $^1/_3$ abgekürzt. Verfärbungen durch mitgeschleppte Katalysatorenspuren sind nicht zu befürchten und die Reinheit der gewonnenen Fettsäuren ist verbessert (M. GRIMBERG, 1964). Oxydierte Mikrowachse, hergestellt durch Oxydation mit Luft in Gegenwart geeigneter Katalysatoren wie Kobalt- oder Magnesiumseifen, haben vor allem in der Polier- und Pflegemittelherstellung Eingang gefunden und dort die pflanzlichen Wachse ganz oder teilweise verdrängt.

Synthetische Fette. Die zahlreichen Versuche zur Herstellung synthetischer Fette aus den Fettsäuren der Paraffin-Oxydation setzten zunächst eine besondere Reinigung der entsprechenden Fettsäurefraktionen voraus. Die lange bestehende Ansicht, daß Fette mit ungeradzahligen C-Zahlen sich nicht im Körper abbauen, konnte als unrichtig erkannt werden. In dem Verhalten von ungeradzahligen und geradzahligen Fettsäuren im Organismus besteht kein Unterschied. Entscheidend ist aber, daß keine verzweigten Fettsäuren enthalten sind. Diese synthetischen Fette sind nicht nur den natürlichen gleichwertig, sondern haben auch gewisse Vorzüge, z.B. Beständigkeit gegen Schimmelpilze. Sie sind geschmack- und geruchlos. Das nachstehende Schema gibt das Modell einer Fettsynthese, ausgehend von Kohle, Wasser, Luft und Kochsalz, wieder (F. ASINGER, 1956):

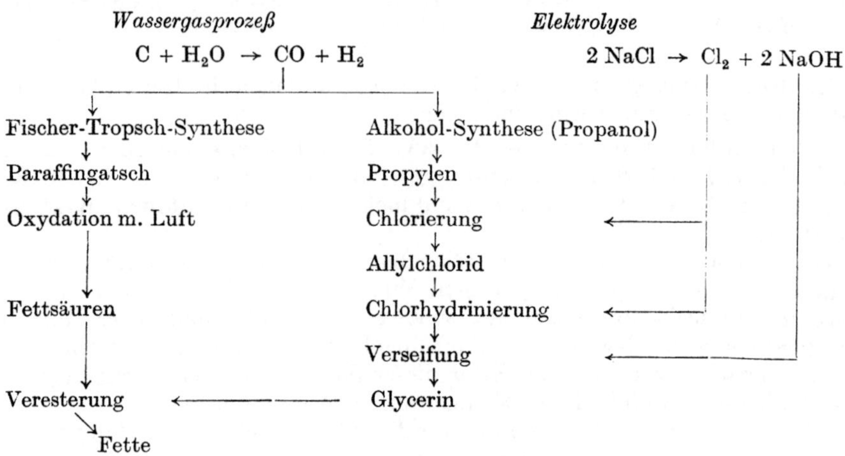

γ) Nitrierung

Die Umsetzung mit rauchender Salpetersäure, die bei den aromatischen Produkten zu einer so raschen und bedeutsamen Entwicklung der erhaltenen Reaktionsprodukte führte, ließ bei den Paraffinkohlenwasserstoffen lange auf sich warten. KONOWALOFF (1880) zeigte zum erstenmal, daß man auch Paraffin gut nitrieren kann, wenn man die Bedingungen entsprechend wählt und mit verdünnter Salpetersäure bei höheren Temperaturen arbeitet. Die Entwicklung dieser Umsetzungen beschäftigte sich zunächst mit den gasförmigen Paraffinkohlenwasserstoffen und in Amerika ist seitdem eine ganz erhebliche Produktion aufgebaut worden. Die Übertragung dieser Reaktion auf Paraffinkohlenwasserstoffe in dem Molekulargewichtsbereich der Hartparaffine ist bisher noch nicht durchgeführt.

δ) Sulfochlorierung

Die 1936 von REED USP 2046090 beschriebene Sulfochlorierungsreaktion ist am einfachsten mit geradkettigen, gesättigten Kohlenwasserstoffen durchzuführen. Die auf diese Weise gewonnenen außerordentlich reaktionsfähigen aliphatischen Sulfochloride sind Ausgangsprodukte für eine Reihe wichtiger Umsetzungen. Besondere technische Bedeutung erlangte die Sulfochlorierung eines Produktes der Fischer-Tropsch-Synthese, dem Kogasin 2 (C_{15}—C_{18}). Aus diesen flüssigen paraffinischen Kohlenwasserstoffen erhielt man Sulfochloride, die nach Verseifung mit Natronlauge, die im Handel als Mersolate bekanntgewordenen waschaktiven Produkte ergeben. Die höher molekularen Paraffine haben bisher keine industriell verwertbare Umsetzung mit der Sulfochloridreaktion gefunden.

ε) Sulfoxydation

Die Umsetzung von SO_2 mit gesättigten geradkettigen oder ringförmigen Kohlenwasserstoffen erfolgt in Gegenwart von Sauerstoff unter Einwirkung von UV-Licht, Peroxyden oder Gammastrahlung (Co 60)

$$2\,RH + 2\,SO_2 \xrightarrow{\text{CO 60}} 2\,RSO_3H$$

(L.F. HATCH, 1964).

Mit Olefinen und Aromaten läßt sich diese Reaktion nicht durchführen. Es bildet sich aus dem gesättigten Kohlenwasserstoff die aliphatische Sulfonsäure, ohne daß der Umweg über die Chlorverbindung notwendig ist.

ζ) Thermisches Spalten

Durch thermisches Cracken lassen sich mit guten Ausbeuten geradkettige Alpha-Olefine herstellen, die für die Polymerisation von synthetischen Schmierölen oder zur Herstellung von sekundären Alkylsulfaten sowie für viele andere Zwecke verwendet werden können.

η) Adduktbildung mit Harnstoffen

F. BENGEN beobachtete 1949 die Fähigkeit von Harnstoff, aus einem Gemisch von Kohlenwasserstoffen nur mit n-Paraffinen Addukte zu bilden, während die anderen Kohlenwasserstoffe nicht eingeschlossen wurden. Durch Erhitzen dieses Adduktes mit Wasser zerfällt die Einschlußverbindung und der Paraffinkohlenwasserstoff scheidet sich ab. Diese Adduktbildung tritt auch ein, wenn die n-Paraffine funktionelle Gruppen enthalten. Die Reaktion mit Harnstoff kann zur Entparaffinierung von Mineralölprodukten verwendet werden. Enthält der mit Harnstoff zu behandelnde Kohlenwasserstoff, z.B. die Gasöl- oder Spindelölfraktion, vorwiegend geradkettig Paraffine, so läßt sich durch Harnstoff eine weitgehende Entparaffinierung und damit eine Erniedrigung des Stockpunktes erreichen.

Steigt der Gehalt an iso-Paraffinen im Kohlenwasserstoffgemisch, so bleiben diese auch nach der Harnstoffbehandlung in der entparaffinierten Fraktion und geben damit nur eine ungenügende Verbesserung des Stock- oder Trübungspunktes.

Über die erste industrielle Harnstoffentparaffinierungsanlage berichtet A. HOPPE, 1958.

Das bei der Entparaffinierung mit Harnstoff gewonnene Gemisch geradkettiger fester Kohlenwasserstoffe ist ein wichtiges Ausgangsmaterial für weitere chemische Umwandlungen.

ϑ) Abbau durch Bakterien

Wie andere Schmierölprodukte kann auch Paraffin durch Bakterien abgebaut werden. F. A. JOHNSON entdeckte 1942, daß *Pseudomonas fluorescences* nur auf Kohlenwasserstoffen mit mehr als 12 C-Atomen gedeiht. 1944 fanden NOVELLI und ZOBEL, daß sulfatreduzierende Bakterien besonders gut auf Paraffin wachsen. *Aspergillus versicolor* entwickelt sich auf Paraffinkohlenwasserstoffen mit C-Zahlen zwischen C 23 und C 35 (S. I. HOPKINS und A. C. CHIBNALL, 1932).

Durch die Arbeiten von CHAMPAGNAT u. Mitarb. wurde gezeigt, daß bestimmte Hefebakterien Petroleumfraktionen als Nährboden ausnutzen können, und zwar derart, daß sie aus dieser Fraktion nur die n-Paraffine abbauen und damit gewissermaßen eine Entparaffinierung des Öles vornehmen. Die Umwandlung der Paraffinkohlenwasserstoffe bei Gegenwart von Stickstoff, Phosphor, Kalium und anderen Spurenelementen – in Form einer wäßrigen Nährlösung zugeführt – durch die Hefebakterien, ist praktisch 100 %ig. Die Reaktion verläuft in Gegenwart von Sauerstoff aus der Luft. Das auf diese Weise gewonnene Proteinkonzentrat ist besonders reich an Lysin. Es ist dem tierischen Protein ähnlicher als einem pflanzlichen und die Bedeutung für die Ernährung ist absolut sicher. Die Zusammensetzung dieses Vitamins zeigt, daß man alle wünschenswerten Proteine und die für das Wachstum wichtigen Vitamine – Nicotinsäure, Pantothensäure, B 1, B 2, B 6 und B 11 – in dieser Vitaminkonzentration vorliegen hat. Tierfütterungsversuche sind positiv verlaufen. Damit ist eine Möglichkeit zur Deckung des Weltdefizits an tierischem Eiweiß gegeben.

c) Kristallisation der Paraffine

Bei Paraffinen kann man 3 Kristallisationsarten – Platten, Nadeln und nicht gut definierte kleine Nadeln „*malcrystals*" – unterscheiden. Die von vielen Forschern diskutierte Möglichkeit, daß ein- und dasselbe Paraffin je nach Bedingung in Platten oder Nadeln kristallisiert und daß diese beiden Formen ineinander umwandelbar sind, d.h. Platten in Nadeln, ist Gegenstand vieler Arbeiten gewesen (R. T. EDWARDS, 1957 und andere).

Allgemein gültig muß man feststellen:

Die niedrig schmelzenden Paraffine kristallisieren in Platten und mit steigendem Erstarrungspunkt bilden sich mehr Nadeln. Diese Nadeln unterdrücken dann die weitere Ausbildung von Platten. Man kann sich die Entstehung der Nadeln durch Aufrollen der Platten vorstellen. Die Kristallform ist unabhängig, aus welchem Lösungsmittel kristallisiert wird. Die Abkühlungsgeschwindigkeit beeinflußt nur die Größe, nicht die Form der Kristalle.

Die Änderung der Kristallform erfolgt dagegen durch Änderung der Zusammensetzung des Paraffingemisches und es genügt oft schon der Zusatz einer geringen Menge, z. B. Mikrowachs, um die Ausbildung der Platten völlig zu unterdrücken und nur kleine Nadelkristalle zu bilden. Im Temperaturbereich zwischen Raumtemperatur und dem Erstarrungspunkt findet eine je nach Zusammensetzung des Paraffingemisches mehr oder weniger ausgeprägte Umwandlung der Kristallform statt. Das Paraffin verändert sein Aussehen und eine Paraffinplatte kann Flecken und oft auch Blasen aufweisen. EDWARDS gibt eine Erklärung für dieses Verhalten durch an n-Paraffinen ausgeführte Studien an.

Kühlt man das geschmolzene n-Paraffin ab, so folgt zunächst Kristallisation im hexagonalen System, wobei die langen und schmalen Moleküle um ihre Längsachse rotieren und somit jeweils einen cylindrischen Raum ausfüllen. Wird die Kühlung fortgesetzt, so hört bei einer bestimmten Temperatur – dem Umwandlungspunkt (*transition point*) – die Rotation auf und das hexagonale System verwandelt sich in ein orthorhombisches Kristall. Die Plattenkristallform bleibt erhalten, aber die cylindrische Anordnung verschwindet und die Packung der Kristalle wird dichter. Diese Kontraktion bewirkt ein unregelmäßiges Aussehen und es können oft deutliche Blasen beobachtet werden, die dadurch entstehen, daß durch die Kontraktion eingeschlossene Luft entweicht.

Bei n-Paraffinen wurden 1, 2 oder auch 3 Umwandlungspunkte beobachtet, so z. B. beim Tetracosan $C_{24}H_{50}$, Schmelzpunkt 50,7° C, Umwandlungspunkt bei 46,5° C, 42° C und Raumtemperatur.

Die Umkristallisation ist bei handelsüblichen Paraffinen von der Geschwindigkeit der Abkühlung abhängig. Durch rasches Abkühlen kann sie vermieden werden, dagegen wird sie durch langsames Abkühlen gefördert. Paraffine mit einer gleichmäßigen Verteilung ihrer Komponenten über den ganzen Schmelzpunktsbereich zeigen keine oder nur undeutliche Umkristallisationen, bei unregelmäßiger Verteilung dagegen erfolgt eine kräftige Umkristallisation.

3. Paraffinherstellung

a) Erdölparaffine

Unter den verschiedenen Möglichkeiten zur Herstellung von Paraffin steht die Produktion aus Erdöl mit Abstand an erster Stelle. Durch das Abscheiden fester Kohlenwasserstoffe aus dem abgekühlten Rohöl wurde man schon frühzeitig auf diese Stoffklasse aufmerksam.

Bereits 10 Jahre nach der ersten erfolgreichen Erdölbohrung durch Colonel Drake 1867 in Pennsylvanien versuchte man, die abgeschiedenen Paraffine kommerziell auszuwerten. 1964 betrug die Weltproduktion von Paraffin über 1000000 t. Das größte Erzeugerland ist nach wie vor USA mit 620000 t.

Schon bevor zum erstenmal das Erdöl als wichtige Quelle für Paraffine erkannt wurde, gab es eine industriell ausgebaute Paraffinproduktion in Schottland. Dort wurde Ölschiefer der zersetzenden Destillation unterworfen, und aus den Destillaten bereits in den ersten Jahren des 19. Jahrhunderts Paraffin gewonnen. Mit Sicherheit noch viel früher hat man durch bergmännischen Abbau Ozokerit gewonnen. Genaue Angaben, wann das zum erstenmal der Fall war, sind allerdings nicht bekannt.

Die Zusammensetzung des Rohöles gibt einen Hinweis auf die Möglichkeit der Paraffingewinnung. Man unterscheidet paraffinbasische, naphthenbasische und gemischtbasische Rohöle. Durch den Gehalt an Paraffin können Rohöle bei Zimmertemperatur fest sein. Paraffine mit hohem Gehalt an n-Paraffin werden aus den paraffinbasischen Rohölen gewonnen.

α) Entölung durch das Schwitzverfahren

Um die Schmierung auch bei niedrigen Temperaturen sicherzustellen, muß der Anteil hochschmelzender Kohlenwasserstoffe aus dem Schmieröl entfernt werden. Mit dem steigenden Bedarf an Schmierölen stieg der Anfall des bei der Entparaffinierung der abgekühlten Schmieröle durch Abfiltrieren des Paraffins mit anschließendem Abpressen gewonnenen festen Paraffinkuchens (Paraffingatsch, *Slack Wax*). Das Abpressen bewirkt nur eine schlechte Abtrennung des Öles, so daß der Ölgehalt des Kuchens meistens über 25% lag.

Man hatte beobachtet, daß – wenn man dieses Slack Wax langsam in einem Behälter mit einem Siebboden erhitzt – aus der Masse Öl austritt. Die ersten ablaufenden Mengen bestehen weitgehend aus Öl. Bei langsamem weiteren Erhitzen laufen auch die niedrig molekularen Paraffine mit ab und zurück bleibt eine, je nachdem wie weit man das Schwitzen führt, relativ hochschmelzende ölarme Paraffinfraktion. Obwohl dieses Verfahren nicht kontinuierlich durchgeführt werden konnte – Versuche und Vorschläge haben in keiner Weise zu einer befriedigenden Lösung geführt – und obwohl der Aufwand an Zeit und Platz für die allerdings einfache Apparatur recht groß ist –, hatte dieses Verfahren doch rasch Verbreitung gefunden und sich lange Jahre behauptet.

Der Vorteil des Schwitzverfahrens liegt im geringen Reparaturaufwand. Es ist in bezug auf die Zerlegung von Öl und Paraffin nicht besonders selektiv und es ist deshalb oft notwendig, nach der ersten Schwitzung eine zweite anzuschließen. Die verschieden getrennt abgenommenen Abläufe werden zum Teil wieder in das Ausgangsprodukt zurückgegeben.

Die Qualität des Rohöles bestimmt weitgehend den Schmelzpunkt des durch Schwitzen entölten Paraffins.

Die Rohöle aus Burma, Assam und Indonesien waren für die Herstellung hochschmelzender Paraffine mit Schmelzpunkten über 60° C besonders geeignet.

Das Schwitzverfahren ist nur bei Paraffinen aus niedrig viscosen Schmieröldestillaten anwendbar.

Die Qualitätsbreite der durch Schwitzen entölten Paraffine ist deshalb relativ eng.

β) Paraffinherstellung durch Entölung mit Hilfe von Lösungsmitteln

Die Notwendigkeit, höher viscose Schmieröle auf den Markt zu bringen, zeigte rasch die Grenzen der Entparaffinierung durch einfaches Abpressen. Es wurde eine Reihe Verfahren entwickelt, bei denen die Schmieröle nach Verdünnen mit Lösungsmitteln auf tiefe Temperaturen abgekühlt und das ausgeschiedene Paraffin über Trommelfilter entfernt wurde. Der hierbei anfallende paraffinöse Rückstand – wie beim „Pressen" ebenfalls *Slack Wax* bzw. Gatsch genannt – konnte durch entsprechendes Waschen auf Rotationsfiltern auf einen wesentlich niedrigeren Ölgehalt gebracht werden als beim „Pressen" möglich war.

Dieses so erhaltene Produkt aus der ersten Stufe ist ölarm und kann je nach Qualitätswünschen der Herstellung in einer zweiten Stufe in eine ölarme Fraktion Hartparaffin und eine ölarme Fraktion Weichparaffin weiter zerlegt werden.

Als die Lösungsmittelentparaffinierung – und damit analog auch die Lösungsmittelentölung von Gatschen – industriell durchgeführt wurde, ergab sich die Möglichkeit, Paraffine von sehr unterschiedlicher Qualität herzustellen.

γ) Herstellung von Mikrowachsen mit dem Lösungsmittelverfahren

Hochviscose Öle aus den Destillationsrückständen ergeben bei der Entparaffinierung einen relativ weichen Rückstand einer völlig andersartigen Struktur als es bei der Entölung von den niedrig viskosen Schmieröldestillaten der Fall war. Dieser Rückstand – *Petrolatum* genannt – hatte zunächst vor allen Dingen für die Herstellung von Vaseline (*Petrolatum jelly*) Bedeutung. Die besten Qualitäten, d.h. besonders zügige Sorten, wurden aus pennsylvanischen Rohölen erhalten.

Durch Entölung der Petrolaten, die 1925 zum ersten Mal in den USA durchgeführt wurde, wurde das ölärmere Mikrowachs erhalten. Die Bindung des Öles in dem Petrolatum oder Mikrowachs ist deutlich von der nur schlechten Ölbindung im Paraffin unterschieden. Ein Paraffin mit einem Ölgehalt von 1% kann bei bestimmten Bedingungen – hohe Raumtemperatur – schon ein starkes Schwitzen zeigen, das sich auf einem Filterpapier als deutlicher Fettfleck verrät. Unter den gleichen Bedingungen schwitzt ein Mikrowachs mit einem Ölgehalt von z.B. 10% nicht und es entsteht kein Fettfleck. Deshalb sind die Mikrowachse auch nicht schwitzbar, denn bei einem Schwitzprozeß würde das ablaufende Produkt dieselbe Zusammensetzung haben wie das Ausgangspetrolatum. Man erklärt sich das durch ein kolloidales System des Petrolatums, in dem das Öl die innere Phase ist.

Produktion von Mikrowachs aus paraffinösen Ablagerungen, Röhrenwachs, Tankbodenwachs. Die oft im starken Maße zu beobachtenden Ablagerungen in Rohöltanks und Leitungen, die einen hohen Anteil mikrokristalliner Wachse enthalten, werden nach Trennung vom Wasser und mechanischen Verunreinigungen entasphaltiert und unter Umständen anschließend mit Lösungsmitteln entölt.

Die hierbei gewonnenen mikrokristallinen Wachse haben besonders hohe Schmelzpunkte. Sie weisen im Gegensatz zu den mikrokristallinen Wachsen aus dem Petrolatum einen höheren Gehalt an hochschmelzenden n-Paraffinen auf.

In der älteren Literatur findet man für Mikrowachs fälschlich den Ausdruck „amorphes Wachs", der in der Zwischenzeit aber endgültig fallen gelassen wurde. Die harten Mikrowachse werden ebenfalls fälschlicherweise manchmal als „Petroleum-Ceresine" bezeichnet.

Das nachstehende Schema zeigt die Entölung und Raffination der verschiedenen Paraffinprodukte, wie sie bei der Rohölverarbeitung durchgeführt werden (s. S. 649).

b) Paraffin aus Braunkohlenteer

Die Braunkohle wird bei Temperaturen zwischen 550–600° C verschwelt. Als Rückstand fällt Koks an. Die im Schwelteer enthaltenen Harzbestandteile verhindern aber die Kristallisation des Paraffins und damit auch ihre Gewinnung direkt aus dem unbehandelten Schwelteer. Es ist deshalb erforderlich, den Teer einer spaltenden Destillation zu unterwerfen. Als Destillationsprodukte erhält man zuerst eine paraffinarme Fraktion und dann die Fraktion mit dem größten Paraffinanteil, bezeichnet als Paraffinmasse. Der Destillationsrückstand ist Braunkohlenpech. Die Paraffinmasse wird einer zweiten zersetzenden Destillation unter-

Paraffinherstellung aus Erdöl *Schema*

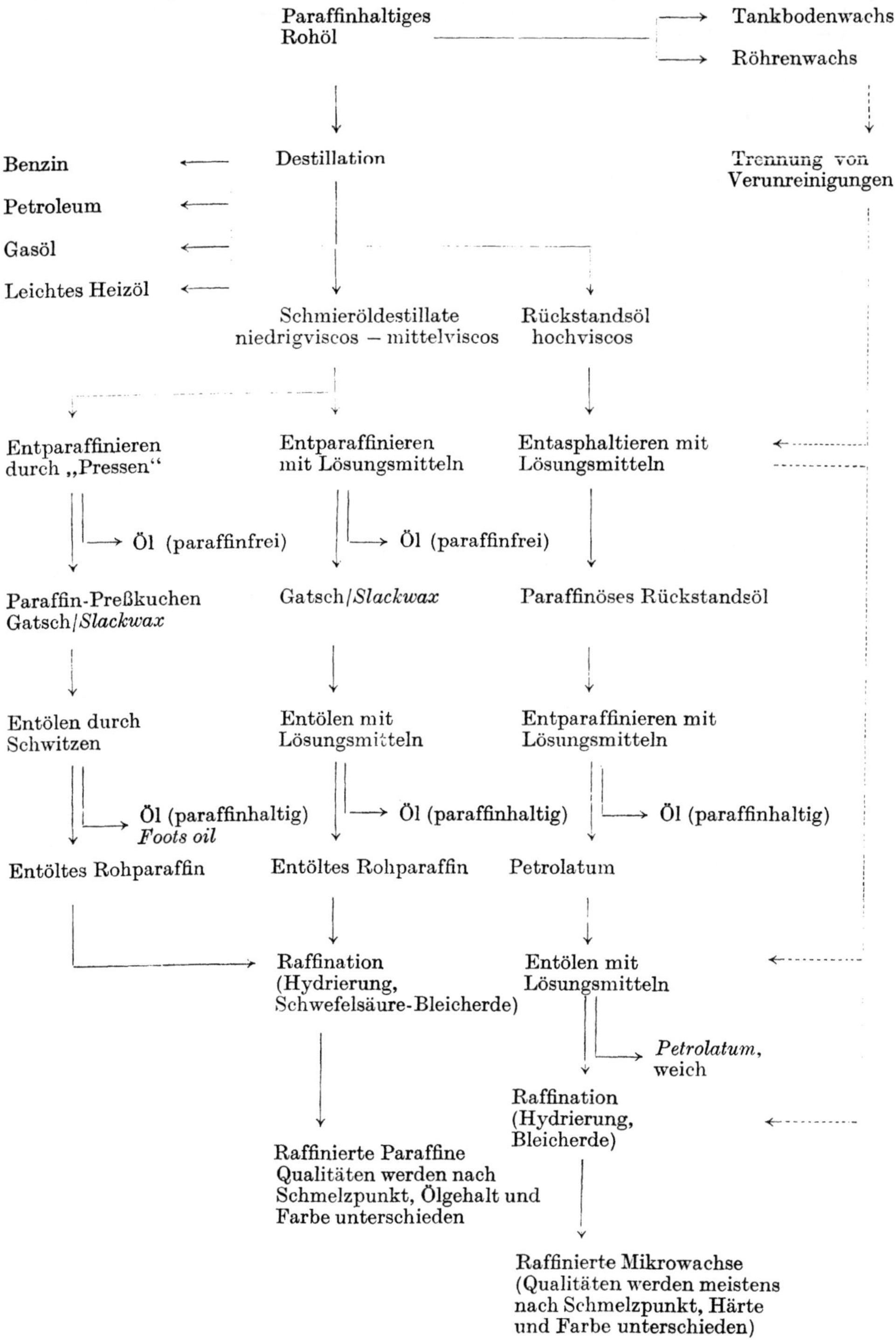

worfen und dann erst ist es möglich, durch Abkühlung des Hartparaffin abzuscheiden. Diese dem Paraffingatsch der Mineralölverarbeitung entsprechenden, noch sehr ölhaltigen Paraffine, werden durch Schwitzen oder durch Lösungsmittelentölung – genau wie bei der Aufarbeitung der Mineralölparaffine – entölt. Der sehr kristalline Charakter dieser vorwiegend n-Paraffine enthaltenden Paraffingemische sichert eine gute Schwitzbarkeit.

Im mitteldeutschen Braunkohlenrevier wurden 1962 90% der deutschen Gesamterzeugung von 1600000 t Braunkohlenteer mit einem Gehalt von 8–9% Hartparaffin, Smp 52/56° C und rund 2% Weichparaffin, Smp 45° C, erzeugt.

c) Tieftemperatur-Hydrierungs-Paraffin (TTH-Paraffin)

Der Braunkohlenschwelteer kann über geeignete feste Kontakte bei 300 at Wasserstoff hydriert werden. Die Hydrierung wird bei möglichst niedrigen Temperaturen vorgenommen, und zwar im ersten Hydrierofen bei ungefähr 280/340° C, im zweiten 340/360° C und im dritten 360/375° C. Durch diese milde Hydrierung erfolgt eine Umwandlung der Harze und Asphalte, so daß die Paraffinkristallisation nicht mehr gestört wird. Die auf diese Weise mit guten Ausbeuten erhaltenen Paraffine haben nur einen geringen Schwefelgehalt und sind weitgehend geradkettiger Natur.

d) Synthese-Paraffin (Fischer-Tropsch-Prozeß)

Die Rohmaterialien für dieses Verfahren sind Wasserstoff und Kohlenmonoxyd, die man leicht aus Naturgas oder Kohle gewinnen kann. Dieser Prozeß wurde in Deutschland vor allen Dingen in den Jahren 1935–1945 stark entwickelt, mußte aber nach dem zweiten Weltkrieg aus Rentabilitätsgründen aufgegeben werden. Da die Herstellung nur wirtschaftlich in unmittelbarer Nähe von leicht abbaufähigen und ausreichend großen Kohlevorkommen möglich ist (Südafrika), gibt es zur Zeit nur ein Fischer-Tropsch-Synthese-Werk, das sich auf die Produktion einiger Sorten Hartparaffin mit Schmelzpunkten von 90–110° C beschränkt. Die Syntheseparaffine finden vielfältige Verwendung in Mischung mit Paraffinen zur Verbesserung von Glanz und Härte. Durch Oxydation der Syntheseparaffine werden Spezialprodukte hergestellt, die hauptsächlich in der Pflegemittelindustrie Verwendung finden.

e) Gewinnung von Ozokerit und Herstellung von Ceresin

Ozokerit – auch Erdwachs genannt – wurde 1833 von E. F. GLOCKER entdeckt. Die wichtigsten Fundstellen, die industrielle Bedeutung erlangt haben, sind die Vorkommen in Galizien und den Vereinigten Staaten. Das Ozokerit ist gelb/braun bis schwarz und hat einen Schmelzpunkt zwischen 60/90° C. Die Zusammensetzung ist weitgehend isoparaffinisch. Der Ozokerit wird bergmännisch gewonnen und zunächst von den Verunreinigungen befreit.

Durch Raffination, die unter stark oxydierenden Bedingungen, z. B. mit Schwefelsäure bei 150° C durchgeführt wird, erhält man hellgelbe bis weiße Raffinate, die als Ceresin bezeichnet werden. In den zurückliegenden Jahren war es kaum möglich, im Handel reine Ceresine zu erhalten. Der Begriff Handelsceresine, unter dem diese Produkte verkauft wurden, sollte darauf hinweisen, daß es sich um Mischungen von Ceresin mit Paraffin handelt, wobei oft Paraffin der prozentual bei weitem überwiegende Bestandteil war. Heute versteht man darunter Mischungen von Mikrowachs und Paraffin.

4. Raffination

Die bei den vorstehend beschriebenen Verfahren gewonnenen ölarmen Paraffine und Mikrowachse werden durch Perkolation über Adsorptionsmittel (Bauxit, Bleicherde) oder durch Raffination mit konzentrierter Schwefelsäure und anschließender Behandlung mit Bleicherde oder durch Hydrierung von färbenden Bestandteilen befreit. Gleichzeitig entfernt man bei der Raffination auch die noch am meisten reaktionsfähigen Bestandteile, wie Verbindungen mit aromatischen Ringen oder Ketten mit reaktionsfähigen C-Atomen. Dadurch erhält man Raffinate, die die gewünschte Stabilität gegen Licht- und Wärmeeinfluß gewährleisten und die die geforderten Reinheitsbedingungen s. S. 676 erfüllen. Die Oxydationsbeständigkeit kann durch Zusätze erhöht werden. Viel verwendet werden Butylhydroxytoluol und Butylhydroxyanisol.

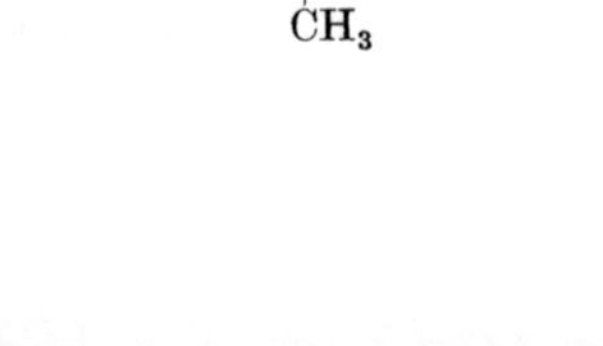

Erfolgt die Raffination durch Hydrierung, für die allerdings ein größerer apparativer Aufwand erforderlich ist, so vermeidet man die höheren Verluste und die Bildung des Reaktionsproduktes der Schwefelsäure (Säureharz), dessen Beseitigung schwierig ist.

Falls erforderlich, ist nach der Raffination noch eine besondere Behandlung zur Erzielung eines geruchfreien Endproduktes anzuschließen.

Diese Desodorisierung erfolgt meistens im Vakuum bei gleichzeitigem Einleiten von Dampf.

Das Paraffin kommt entweder flüssig in beheizten Tankschiffen, Kesselwagen oder Straßentankwagen zum Versand oder es wird über verschieden konstruierte Anlagen in Platten gegossen und entweder in Kartons oder in Jutesäcken, die einen inneren Einstecksack aus Polyäthylen haben, verpackt.

Die höher schmelzenden harten Paraffine können auch in Form von Schuppen oder Granulaten hergestellt werden.

5. Unterschied zwischen Paraffin und Mikrowachs

Durch verschiedene Herstellung aus der Destillats- und der Rückstandsfraktion ist der Unterschied im Molekulargewicht gegeben. Die Paraffine im Schmelzpunktsbereich 40/65° C haben Molekulargewichte von 250–500 und Mikrowachse zwischen 580 und 900. Obwohl die Paraffine einen weit höheren Anteil an n-Paraffinen besitzen, d.h. der Struktur, die bei gleicher C-Zahl der gesättigten Kohlenwasserstoffe, den höchsten Schmelzpunkt aufweist, haben auf Grund des niedrigeren Molekulargewichtes die Paraffine meistens einen geringeren Schmelzpunkt als die Mikrowachse. Refraktion und Viskosität der Paraffine sind erheblich niedriger. Die Paraffine kristallisieren in gut ausgebildeten Kristallen, in Form von Platten oder Nadeln, während die mikrokristallinen Wachse in kleinen – nicht sehr gut definierten – Nadeln kristallisieren. Diese sind für das Mikrowachs charakteristisch. Die mikrokristallinen Wachse weisen eine weit höhere Retentionswirkung als die Paraffine auf. Sie können deshalb z.B. in der Putzmittelindustrie weitgehend das früher benutzte Ozokerit oder Ceresin in der Rezeptur ersetzen. Handelsübliche Mikrowachse haben durchschnittlich einen Ölgehalt zwischen 1 und 8%. Tabelle 16 zeigt einen Vergleich einiger handelsüblicher Fully Refined Paraffine und Mikrowachse.

Tabelle 16. *Einige Daten für Paraffine und Mikrowachse*

Allgemeine Daten	Fully Refined Paraffine	Mikrowachse
Struktur	kristallin (Platten, Nadeln)	feinkristalline nicht gut ausgebildete Nadeln
Farbe	weiß	hellgelb-braun, seltener weiß
Mol.-Gew.	350–500	500–900
Erstarrungspunkt	40–65	60–82
Ölgehalt %	0,5	1–8
Penetration/25° C	10–20	3–60
Viscosität bei 100° C	6 cSt.	13–35 cSt.
n_D/100° C	1,4150–1,4330	1,4350–1,4450

Die in dieser Zahlentafel angegebenen Daten zeigen nur deshalb einen klaren Unterschied zwischen Paraffin und Mikrowachs, weil typische Qualitäten beschrieben werden. Das weite Band der Intermediates verhindert aber häufig eine klare Abgrenzung.

C. Verwendung der Paraffine und Wachse

Die hauptsächlichsten Verbraucher der Paraffine sind die Verpackungs- und Kerzen-Industrie sowie die Pflegemittelhersteller.

I. Paraffine in der Verpackungsindustrie

In den USA werden über 50% der erzeugten Paraffine in der Verpackungsindustrie verwendet. Schon frühzeitig hatte man die Möglichkeit, durch Paraffin Papier wasserfest zu machen, erkannt und 1883 in einem Patent beschrieben. Fortschritte in der Paraffinherstellung, Entwicklung leistungsfähiger Maschinen zur Produktion paraffinierten Verpackungsmaterials sowie genaues Studium der notwendigen Eigenschaften der Verpackung zeigten, in wie umfangreichem Maße es mit einer paraffinierten Verpackung möglich ist, auch sehr vielseitigen Wünschen gerecht zu werden.

Die Verbesserung der Wasserfestigkeit, ursprünglich das Hauptziel der Paraffinierung, wurde zu einem von vielen Faktoren wie:
Erhöhung von Glanz,
Erhöhung der Wasserdampf- und Gasundurchlässigkeit,
Erzielung einer Heißsiegelfähigkeit,
Kaschierung von verschiedenen Verpackungsmaterialien,
Erhöhung der Fettbeständigkeit,
um nur einige zu nennen.

Der erste entscheidende Schritt auf dem Wege zu den jetzigen Möglichkeiten lag in der 1925 in den USA erfolgten Herstellung von Mikrowachs. Bei den Mikrowachsen ist im Gegensatz zu den Paraffinen die Flexibilität nicht eine Funktion des Schmelzpunktes. Steigt im Mikrowachs der Gehalt an verzweigten Paraffinen, so wird die Blocktemperatur und die Härte erniedrigt, die Flexibilität und die Siegelfähigkeit aber – vor allem wenn auch der Gehalt an ringförmigen Verbindungen steigt – erhöht. Die wichtigste Eigenschaft der Mikrowachse im Hinblick auf die Verwendung in der Verpackungsindustrie lag aber darin, daß schon geringe Mengen einem Paraffin zugesetzt, die für die Verpackung gewünschten Eigenschaften stark verbesserten. Es kam daher eine Reihe von Paraffin/Mikrowachskombinationen auf den Markt, die die Herstellung von paraffinierten Verpackungen mit bis dahin unbekannten Eigenschaften ermöglichten. Die relative Bedeutung der physikalischen Daten der Paraffine für die Qualität der Beschichtung wird durch die Gegenüberstellung in Tabelle 17 deutlich.

Tabelle 17. *Bedeutung einiger Eigenschaften der Paraffine für die Qualität der Beschichtung (Bewertungsschlüssel: 1 = äußerst wichtig, 2 = wichtig, 3 = von gewisser Bedeutung, — = ohne Bedeutung)*

Daten	Beschichtetes Papier	Imprägniertes Papier	Laminierung Papier/Folie	Beschichteter Karton	Imprägnierter Karton	Laminierter Karton
Ölgehalt	3	3	3	3	3	3
Viscosität	2	2	2	2	2	2
Schmelzpunkt	2	2	2	2	2	2
Farbe	2	2	—	2	2	—
Geruch und Geschmack	1	1	1	1	1	1
Blockpunkt	1	2	—	1	2	—
Siegelstärke	1	—	1	2	—	1
Penetration	2	3	—	2	3	3
Glanz	1	—	—	1	—	—
Fettbeständigkeit	2	2	2	1	2	2
Wasserdampfdurchlässigkeit	1	1	1	1	1	1

Weitere Qualitätsverbesserung, die in dem Zusatz von Polyäthylenen, Polyisobutylenen, natürlichen und künstlichen Harzen, Butylkautschuk usw. bestehen, sind seit langem bekannt.

Neueren Datums ist dagegen die Entwicklung auf dem Gebiet der sogenannten Copolymere. Derartige Copolymere auf Basis Äthylen-Vinyl-Acetat erschienen zunächst 1961 in den USA. Inzwischen ist dort eine Reihe weiterer Hersteller hinzugekommen. Die Zahl der Copolymere hat sich nicht nur in der Copolymerisation Äthylen-Vinyl-Acetat auf verschiedene Prozentsätze der beiden Bestandteile ausgedehnt, sondern man hat auch bei jeweils gleichem Verhältnis von den beiden Komponenten die Polymerisation verschieden weit, d.h. zu verschiedenen Schmelzindices geführt. Diese Copolymerisate sind amorphe Produkte mit einem Erweichungspunkt, der über einen ziemlich weiten Temperaturbereich je nach Sorte von ungefähr 90–190° C geht. Andere Copolymere sind auf Basis Äthylen-Acrylester bereits im Handel. Die Tabelle 18 gibt einen allerdings sehr verallgemeinernden, vergleichenden Überblick über die Veränderung der Eigenschaften eines vollraffinierten Tafelparaffins, Schmelzpunkt 60–62° C, nach Zusatz von jeweils 20% Polyäthylen, Mol.-Gew. 19000, Schmelzindex 200, Isobutylen, Mol.-Gew. 95 000, Butylkautschuk, Mol.-Gew. ca. 40000, Copolymerisat: 72% Äthylen/28% Vinylacetat, Schmelzindex 3.

Die Beschichtung mit einem Auftrag von 20 g/m² beidseitig erfolgte auf dem für die Blockpunktsmessung standardisierten ASTM-Papier (ASTM D 1465-57 T).

Tabelle 18. *Eigenschaften der Mischungen von vollraffiniertem Tafelparaffin mit je 20% A) Polyäthylen, B) Isobutylen, C) Butylkautschuk, D) Copolymer-Äthylen-Vinylacetat*

Daten	A)	B)	C)	D)
Blockpunkt	+ + + +	– – – –	– – – –	+/–
Wasserdampfdurchlässigkeit				
glatt	+/–	+	+	+ +
gefalzt	+	+ +	+	+ + + +
Flexibilität bei –30° C	+	+ +	+ +	+ + + +
Aromadichte gefalzt	– –	–	– –	+ + + +
Fettbeständigkeit gefalzt	–	–/–	+ +	+ + + +
Heißsiegelfähigkeit besonders gegen nichtporöses Material	+/–	+	+ +	+ + + +
Adhäsion	+/–	+ +	+ + +	+ + + +
Glanz	+ + + +	–.–	–.–	+ + + +

Die eingetretenen Veränderungen im erwünschten Sinne sind je nach Umfang steigend mit 1 bis zu 4 Plus-Zeichen(+) bezeichnet, unerwünschte Veränderungen je nach Umfang steigend mit 1 bis zu 4 Negativ-Zeichen (–).

Polyäthylen verbessert vor allen Dingen Glanz und die Fettbeständigkeit im ungeknickten Zustand. Nach Knickung geht die Fettbeständigkeit wieder verloren. Durch den schlechten Blockpunkt der Aufmischungen mit Isobutylen und Butylkautschuk haben die Veränderungen der anderen Beschichtungseigenschaften nur ein theoretisches Interesse und sollen nicht einzeln besprochen werden. Die Mischung mit Copolymerisat verrät durch die Fülle der Plus-Punkte eine fast in allen Eigenschaften aufgetretene Verbesserung. Besonders hervorzuheben ist die geringe Wasserdampfdurchlässigkeit und die Fettbeständigkeit im gefalzten Zustand und die hohe Aromadichte. Mit der starken Heißsiegelfähigkeit erfüllt diese Mischung weit besser als die Vergleichsmischungen Wünsche, die oft an das Verpackungsmaterial gestellt werden. Die gute Adhäsion wird besonders gegenüber nicht porösen Materialien wie Aluminiumfolie und Kunststoffolie deutlich (H.-J. Hofmann, 1965).

Das Ergebnis dieses Vergleiches mit jeweils 20% Zusatz ändert sich mit anderen Zusatzmengen nicht linear. Die in der Tabelle 18 gezeigten Unterschiede vor allem zwischen der copolymer- und polyäthylenhaltigen Mischung verstärken sich bei 30%, werden aber bei einem Zusatz von 10% und weniger deutlich geringer.

Neue Konstruktionen der Beschichtungsmaschinen ermöglichen den Auftrag von geringen Mengen – trotz hoher Viscosität –, so daß das Prinzip der Beschichtung durch geschmolzenes Material zum Unterschied der Anwendung eines Extruders auch bei hochviscosen Schmelzmassen aufrechterhalten werden kann (L. W. Egan und G. Ross jr., 1965).

Die nachstehende Aufstellung zeigt einen Ausschnitt bestehender Verpackungsmöglichkeiten durch Imprägnierung, Beschichtung oder Laminierung von Papier, Kartonabschnitten, Vollpappe, Wellpappe und Zellglas.

Verpackt werden:

Lebensmittel	*Nicht-Lebensmittel*
Brot, Dauerbackwaren, Kekse	Pharmazeutische Erzeugnisse
Cornflakes etc.	Zigaretten
Milch, Butter	Seife
Käse	Chemikalien
Tiefgefrierprodukte	
(Fisch, Fleisch, Geflügel, Gemüse)	Sprengstoffe
Süßwaren	
Trinkbecher für Heiß- und Kaltgetränke	
Hefe	
Speiseeis	
Salzgebäck, Erdnüsse, Chips etc.	

Einige Beispiele für paraffiniertes Verpackungsmaterial:

Broteinwickler: Bei der Wahl einer geeigneten Papierqualität liegt der Vorteil des paraffinierten Broteinwicklers neben der Erhöhung der Reinheit beim Brotverkauf in der Undurchlässigkeit des Papiers. Der dadurch erzielte Lichtschutz vermeidet einen Rückgang des Vitamingehaltes, wie er sonst bei vollem Lichteinfall eintreten würde. Man verwendet meist nicht zu stark siegelnde Papiere, damit der Einwickler unbeschädigt geöffnet werden kann.

Verpackung von Kartoffelchips, Erdnüssen etc.: Durch Beschichten von Pergamin geht die Wasserdampf- und Aroma-Durchlässigkeit stark zurück. Hohe Heißsiegelfähigkeit gestattet die Füllung im Beutelfüllverfahren (Form and Fill).

Tiefgefrierprodukte. Kartons für tiefgefrorene Lebensmittel beschichtet mit Paraffingemischen, die eine Viscosität von 500—5000 cp bei 120° C aufweisen, haben bei geeigneter Zusammensetzung praktisch keine Unterschiede in der Wasserdampfdurchlässigkeit zwischen der flachen und geknickten Probe. Dadurch ist es möglich, ohne Innen- oder Außeneinwickler in einen Karton zu verpacken, der ohne Leim oder zusätzliche Heißschmelzkleber durch Heißsiegelung der Beschichtung verschlossen wird.

Buttereinwickler. Man benutzt Pergament laminiert unter Verwendung von Kaschierwachs mit Aluminiumfolie. Dieser Einwickler erfüllt alle an die Butter- und Margarineverpackung zu stellenden Anforderungen. Bei Verwendung eines geeigneten Kaschierwachses erhält man einen geschmeidigen Einwickler mit guter Verarbeitbarkeit auf der Verpackungsmaschine. Auch bei längerer Lagerung der verpackten Butter bleibt der Verbund Pergament/Wachs/Aluminiumfolie erhalten. Eine Kantenbildung der Butter tritt nicht ein. Die außen liegende Aluminiumfolie gibt den erforderlichen Lichtschutz [Richtlinien für Buttereinwickler, Verpackungsrundschau **16,** 82/84 (1965)].

II. Paraffine in der Kerzenindustrie

Der mengenmäßig größte Verbraucher von Paraffin ist auch heute noch in einer ganzen Reihe von Ländern die Kerzenindustrie. Nur in wenigen Ländern, an der Spitze USA, ist die Verpackungsmaterial herstellende Industrie zum größeren Abnehmer geworden. Man unterscheidet in der Kerzenindustrie Paraffinkerzen, Kompositionskerzen, die aus einer Mischung von Paraffin und Stearin bestehen, reine Stearinkerzen und die seit altersher bekannten Bienenwachskerzen.

Die Herstellungsart und die Anforderungen, die an die fertige Kerze gestellt werden, bedingen unterschiedliche Paraffinqualität. Die wichtigsten Herstellungsverfahren sind:

1. Gießverfahren

Die Gießmaschinen sind mit einer großen Anzahl jeweils gleicher Kerzenformen ausgerüstet. Sie erfordern die Verwendung eines Paraffins, das sich aus den gekühlten Formen leicht und ohne beschädigte Oberfläche herauslösen läßt. Die Formen, die in der Mitte den Docht tragen, sind mit dem Kerzenkopf nach unten in der Gießvorrichtung angeordnet. Wasserkühlung beschleunigt die Abkühlung. Die fertigen Kerzen werden von unten aus der Form gedrückt. Da durchscheinende Kerzen nicht erwünscht sind, werden zu transparenten Paraffinen Trübungsmittel wie Stearin oder Hertolan (Benzonaphthol $C_6H_5COO\ C_{10}H_7$) zugesetzt.

2. Zugverfahren

Das Prinzip, den Docht durch das geschmolzene Paraffin zu ziehen, die Wachsschicht erkalten zu lassen und dann diesen Vorgang so oft zu wiederholen, bis der Kerzenstrang die gewünschte Dicke erreicht hat, ist in verschiedenartig konstruierten Zugmaschinen verwirklicht. Zwischen zwei Umlaufrädern befindet sich die Zugwanne mit dem geschmolzenen Paraffin. Durch den umlaufenden Docht wird „endlos“ gezogen. Das Zugkaliber, d.h. eine im Lochquerschnitt veränderliche beheizte Lochplatte, durch die der Kerzenzug läuft, sorgt für den gleichförmigen und gleichmäßig wachsenden Kerzenstrang. Ein Paraffinüberschuß tropft in die Schmelzwanne zurück. Im Zugverfahren werden, bedingt durch den Schichtaufbau, immer opake Kerzen erhalten.

3. Tauchverfahren

Für Spezialkerzenanfertigung wie Kirchenkerzen mit besonders hohem Durchmesser wird das Tauchverfahren angewandt. Hierbei werden die Dochtabschnitte in das geschmolzene Paraffinbad getaucht und wieder herausgezogen. Die anhaftende Paraffinschicht erstarrt und dieser Vorgang wird so lange wiederholt, bis der gewünschte Kerzendurchmesser erreicht ist.

4. Strangpreßverfahren

Je nach Bauart der Strangpresse werden Paraffine in flüssiger oder fester Form (Pulver oder Granulat) verwendet. Die Leistungsfähigkeit dieser Herstellung wird oft nur durch den Umfang der notwendigen Weiterverarbeitung des Kerzenstranges begrenzt (G. Benthin, 1965, E. Steinfels, 1965).

Die Dochtqualität und Stärke muß jeweils auf die gewünschte Kerze abgestimmt sein. Falsch ausgewählte Dochte führen zum Tropfen oder gar Laufen der Kerze oder zu starkem Rußen. Eine Imprägnierung der Dochte ist erforderlich, um die notwendige Festigkeit zu gewährleisten und das völlige Veraschen sicherzustellen. Durch die Art der Flechtung des Dochtes wird erreicht, daß er sich beim Abbrennen in genügendem Abstand vom Kerzenteller aus der Flamme biegt und an der Flammenluftgrenze völlig verascht.

III. Wachshaltige Pflegemittel

1. Allgemeines

Die Pflege von Oberflächen der verschiedensten Art mit Wachs hat fast immer zwei wichtige Aufgaben zu erfüllen:

a) Schutz der Oberfläche vor mechanischen und sonstigen Beeinträchtigungen und damit Erhöhung der Lebensdauer des zu schützenden Materials.

b) Erzeugung oder Erhaltung eines ansprechenden Aussehens der Oberfläche.

Das Pflegemittel muß überdies einfach und leicht auftragbar, möglichst dauerhaft und einfach zu säubern sein.

Die Präparate der ersten Spalte der Tabelle 19 bestehen abgesehen von Zusätzen für die speziellen Verwendungsgebiete neben rund 70–90% Lösungsmittel aus einem

Tabelle 19. *Derzeitige Bedeutung verschiedener Typen wachshaltiger Pflegemittel in Deutschland* – keine, (+) wenig, + erhebliche, ++ große Bedeutung

Pflegemittel für	1. Reine Lösungsmittelware			2. Reine wäßrige Ware			3. Gemischtverseifte Ware	
	pastös Dose	Tube	flüssig	pastös	flüssig mit Selbstglanz	flüssig ohne Selbstglanz	pastös	flüssig
Fußboden	(+)	+	++	(+)	++	(+)	–	–
Möbel	–	+	+	–	–	(+)	+	+
Auto	+	–	+	–	–	–	–	+
Stein	–	–	+	–	–	–	–	–
Metall	+	–	–	–	–	–	–	–
Schuhe und Leder	–	(+)	–	–	–	–	–	–

Festkörperanteil von 10–30%, der als wichtigste Komponente ein oder mehrere glanzgebende Hartwachse, einen mengenmäßig überwiegenden Anteil an Paraffin und geringe Zusätze weicher mikrokristalliner Wachse enthält. Die Präparate der zweiten Spalte setzen sich aus ca. 85–65% Wasser und 15–35% Festkörper zusammen, der aus glanzgebenden Hartwachsen, Wachsemulgatoren und gegebenenfalls bei den Selbstglanzemulsionen aus einem Anteil an Kunststoffpolymerisaten besteht. Die Waren der dritten Spalte können als Gemische der ersten und zweiten betrachtet werden, wobei das Verhältnis zwischen organischem Lösungsmittel und Wasser in weiten Grenzen verschieden sein kann.

Die *Herstellung* der Präparate ist im Prinzip sehr einfach: Für solche auf Lösungsmittelbasis werden zuerst Hartwachs und Paraffin geschmolzen und dann das Lösungsmittel zugesetzt. Darauf wird die Lösung, wenn es sich um flüssige Waren handelt, auf Raumtemperatur gerührt; für pastöse Waren wird nur bis ca. 40° C gerührt und die Masse dann in die Behälter der Verkaufspackung abgefüllt.

Für Wachsemulsionen werden die Wachse ebenfalls geschmolzen, der Emulgator zugefügt und entweder zu der Schmelze das notwendige, nahezu siedend heiße Wasser hinzugerührt, oder die emulgatorhaltige Schmelze in das heiße Wasser gegeben. Nach der Emulsionsbildung wird rasch unter 50° C abgekühlt.

Obwohl das Wachs bei Raumtemperatur im festen Aggregatzustand vorliegt, spricht man doch von Emulsionen, wohl weil bei der Herstellung, die bei Temperaturen über dem Schmelzpunkt der Wachse erfolgt, echte Emulsionen entstehen.

Die Wasser und Lösungsmittel enthaltenden Präparate stellt man in der Regel so her, daß zuerst aus den Wachsen, Emulgatoren und Wasser die Emulsionen erzeugt und dann in die noch warme Emulsion das Lösungsmittel eingerührt wird.

Im Sprachgebrauch wird das Wort „Wachs" nicht immer nur für die einzelnen Pordukte der Stoffgruppe „Wachse", also z.B. für Bienenwachs oder Polyäthylenwachs, sondern manchmal auch für wachshaltige Fertigfabrikate, z.B. vereinfachend für Bohnerwachs, verwendet. Um Mißverständnisse auszuschließen, ist in dem vorliegenden Beitrag mit Wachs stets nur der unverarbeitete Grundstoff gemeint.

2. Lösungsmittel

Die größte und allgemeinste Bedeutung für die Herstellung wachshaltiger Pflegemittel hat das *Testbenzin* mit den Siedegrenzen von ca. 130–200° C. *Spezialbenzine* mit niedrigen Siedegrenzen kommen in Möbel- und Autopolituren vor, höher siedende Fraktionen in speziellen Schleifpasten. *Balsamterpentinöl* und andere Terpenkohlenwasserstoffe werden fast nur noch für Schuhcremes anteilig mitverwendet. *Trichloräthylen* kommt für sogenannte Wachsfluate für die Steinpflege in Betracht.

Wasserlösliche Alkohole und Polyglykolfraktionen werden manchmal in kleinen Anteilen Wachsemulsionen zugesetzt. Einzelheiten über die genannten Lösungsmittel siehe: E. Gildemeister, Fr. Hoffmann (1961); H. Gnamm, W. Sommer (1958); W. Sandermann (1960); *Ullmann's Encycl.* Bd. 6 (1955), Bd. 16 (1965).

3. Sonstige Zusatzstoffe für wachshaltige Pflegemittel

Kunststoffdispersionen, z.B. Polymerisate von Äthylen Vinylacetat, Acrylester und Styrol und deren Copolymerisate sowohl für ionogene als auch für nichtionogene Selbstglanzemulsionen für die Bodenpflege.

Siehe auch W. Mühlsteph und W. Pöge (1964).

Alkalilösliche Harze und Kunstharze, z.B. Kolophonium, Schellack und Schellackersatz für ionogene Selbstglanzemulsionen zur Bodenpflege.

Siehe auch *Ullmann's Encycl.* Bd. 8 (1957).

Nichtionogene Emulgatoren, wie Fettalkohol-Äthylenoxydaddukte,

Ionogene Emulgatoren, wie Seifen der Fettsäuren (besonders Ölsäure) mit Alkalimetallen, Ammoniak und Aminen, z.B. verschiedene Äthanol- und Propanolamine, oder Morpholin für Wachsemulsionen aller Art.

Siehe auch C. G. Sumner (1954), A.M. Schwartz, S.W. Perry (1949, 1958).

Netzmittel, Konservierungsmittel, Korrosionsschutzmittel, Antistatika und *Kältestabilisatoren* für Wachsemulsionen.

Farbstoffe und zwar Pigmente, Fettfarben für Wachspräparate aller Art, Nigrosinaufschlüsse für Schuhcremes, wasserlösliche Farbstoffe oder Pigmente für Emulsionen.

Schleif- und *Poliermittel,* wie feinstes Quarzmehl, Tripel, Kieselkreide, Schlemmkreide, Kaolin für Autopolituren.

Siehe auch *Ullmann's Encycl.*, Bd. 15, 197–204 (1964).

Siliconöl für Auto- und Möbelpolituren.

Siehe auch Ullmann's Encycl. Bd. 15 (1964).

Flüchtige Fluorkohlenwasserstoffe und andere Treibgase für Wachsaerosole.

4. Fußbodenpflegemittel

a) Allgemeines

Die Fragen der Fußbodenpflege sind in der „*Fußbodenfibel*", (1962) einer Veröffentlichung der *Forschungsgemeinschaft „Bauen und Wohnen*" Stuttgart, behandelt. Auch die „*Kommunale Gemeinschaftsstelle für Verwaltungsvereinfachung*" Köln befaßt sich hiermit eingehend unter Einbezug von Kostenberechnungen und der Beurteilung von Fußbodenpflegemitteln in der Veröffentlichung „*Gebäudereinigung*" (1956, S. 85–95). W. Sapper (1961a) berichtet über „Produkte und Rohstoffe der europäischen Putzmittelindustrie", siehe auch L. Chalmers (1963), A.A. Kroner (1961) und J.V. Steinle (1964) und die sehr ausführlichen Firmenschriften der Wachshersteller.

Als Fußbodenmaterialien kommen für die Wachspflege hauptsächlich in Betracht: Linoleum, Kork, Polymerisate (in erster Linie PVC), Gummi, Asphalt, Parkett, wobei Linoleum und PVC der Menge nach am wichtigsten sind. Wenn auch zur Zeit in Deutschland Linoleum noch das am meisten verbreitete Fußbodenmaterial ist, so wird es doch bei Neubelägen bereits erheblich von PVC-Böden übertroffen, so daß sich das Verhältnis allmählich zum PVC hin verschiebt.

Wenn auch von Herstellern von PVC-Fußbodenmaterial darauf hingewiesen wird, daß dieses so widerstandsfähig ist, daß es keiner schützenden Pflege bedarf, so haben doch viele Versuche gezeigt, daß geeignete Wachspflege den mechanischen Angriff auf das Fußbodenmaterial noch weiter herabsetzt und für ein stets ansprechendes Aussehen von Nutzen ist. (E. Fortun, 1958, J. Hackett und C.S. Kimball, 1960, W. Hessler und H. Ellwanger, 1961, R. Jodl, 1962.)

Der Grund, weshalb sowohl Präparate mit organischen Lösungsmitteln als auch Wachsemulsionen in Wasser verwendet werden, ist in den verschiedenen Eigenschaften der Fußbodenbeläge zu finden. Manche Beläge (Asphalt, Gummi, PVC) vertragen intensive Einwirkung organischer Lösungsmittel nicht; Holzböden vergrauen bei häufiger Wassereinwirkung. Im übrigen werden Lösungsmittelpräparate gern verwendet, weil sie beim Auftragen gleichzeitig die alte, mit Schmutz beladene Wachsschicht weitgehend entfernen und damit reinigend wirken, während der Vorteil der Selbstglanzemulsionen darin besteht, daß sie härtere und deshalb haltbarere Wachsfilme erzeugen, die überdies nach dem Auftrocknen, ohne poliert zu werden, eine hochglänzende Oberfläche besitzen; dagegen wirken sie nicht ausgesprochen reinigend und die Entfernung alter Wachsfilme macht zuweilen Schwierigkeiten.

Alle wachshaltigen Bodenpflegemittel haben gemeinsam, daß ihr Festbestandteil in der Regel nicht mit *einem* Wachs allein aufgebaut wird, sondern aus technischen und wirtschaftlichen Gründen aus nicht ganz einfachen Kombinationen verschiedener, sehr genau nach Art und Menge aufeinander abgestimmter Wachse und häufig noch weiteren Zusatzstoffen besteht.

b) Bodenpflegemittel mit organischen Lösungsmitteln

Für Bodenpflegemittel mit organischen Lösungsmitteln werden fast ausschließlich geruchsarme Benzine mit Siedegrenzen von 130–200° C und einem Flammpunkt über 21° C verwendet. Als hauptsächlich glanzgebender und die Festigkeit des Wachsfilms bedingender Bestandteil werden harte, zu hohem Glanz polierbare Wachse genommen. Sehr gut erfüllen die harten Esterwachse diese Anforderungen. Da das harte Wachs allein zu schwer polierbar sein würde, wird ein beträchtlicher Anteil Paraffin hinzugefügt. Als dritte Wachskomponente wird gern ein kleiner Anteil eines plastischen mikrokristallinen Wachses eingesetzt, das die Aufgabe hat, die Art und Feinheit der Kristallisation des Paraffins zu beeinflussen, so daß die beste Pastenstruktur und damit auch die beste Lösungsmittelbindung zustande kommen. Zur weiteren Verbesserung der Pastenstruktur und der Widerstandsfähigkeit gegen erhöhte Temperatur wird häufig ein kleiner Anteil Polyäthylenwachs mitverwendet.

Nachfolgend sind die verschiedenen Bohnerwachsgruppen durch je ein verhältnismäßig einfach gehaltenes Schemabeispiel mittlerer bis guter Qualität veranschaulicht.

Bohnerwachs in Dosen:

4 – 8 Gew.-%	sehr hartes Hochglanz gebendes Wachs
19 –22 Gew.-%	Paraffin Smp 52–60° C
0,5– 1,5 Gew.-%	Polyäthylenwachs
0,5– 2 Gew.-%	plastisches mikrokristallines Wachs
70 –76 Gew.-%	Testbenzin

Als Dosenmaterial kommt fast ausschließlich lackiertes Schwarzblech in Frage.

Bohnerwachs in Klarsichtpackung:

5– 7 Gew.-%	harte und mittelharte Hochglanz gebende Wachse
17–20 Gew.-%	Tafelparaffin Smp 58–62° C
1– 3 Gew.-%	plastisches mikrokristallines Wachs
70–77 Gew.-%	Testbenzin

Als Tubenmaterial wird vornehmlich PVC mit bestimmten, nicht in den Tubeninhalt abwandernden Weichmachern verwendet.

Flüssiges Bohnerwachs:

3– 5 Gew.-%	hartes und mittelhartes Hochglanz gebendes Esterwachs
5– 8 Gew.-%	Tafelparaffin Smp 52–58° C
1– 2 Gew.-%	plastisches mikrokristallines Wachs
85–90 Gew.-%	Lösungsmittel, wobei neben Testbenzin bis zu 10% Terpentinöl verwendet werden.

Außer den genannten Hauptbestandteilen werden manchmal noch kleine Anteile von Harzen, Metallstearaten und feindispersem Silicagel zugefügt.

Nur geringe Bedeutung haben die *Saalstreuwachse* und die wachshaltigen *Kehrspäne*.

c) Wachsemulsionen

Unter den Wachsemulsionen nehmen die Selbstglanz-Emulsionen, die bei der Trocknung ohne Polieren einen glänzenden Film liefern, den ersten Platz ein. Während Anfang der 50er Jahre für die hauptsächlich in den USA entwickelten Selbstglanzemulsionen Carnaubawachs die größte Bedeutung hatte, werden heute für diese inzwischen in der ganzen Welt verbreiteten Fußbodenpflegemittel in sehr bedeutender Menge Spezialwachse auf Montanwachsbasis und luftoxydierte Kohlenwasserstoffwachse, wie Polyäthylenwachse, harte mikrokristalline Wachse oder Fischer-Tropsch-Syntheseparaffine verwendet.

Da die Filmbestandteile, ohne Polierschwierigkeiten befürchten zu müssen, ziemlich hart eingestellt werden dürfen, ist es nicht erforderlich, weichere Bestandteile wie Paraffin zuzugeben. Im Gegenteil, es ist nicht nur möglich, sondern sogar gebräuchlich, Dispersionen harter Kunststoffe oder Harzlösungen hinzuzufügen. Allerdings ist der Anteil an diesen infolge der dadurch bedingten Erschwerung der von einem Wachsfilm erwarteten Wiederaufpolierbarkeit begrenzt. Wird der hierfür zulässige Anteil überschritten, so erhält man nicht mehr polierbare, sondern mehr kunststoffähnliche Filme.

Auf alle Fälle werden zur Herstellung stabiler Wachsemulsionen Emulgiermittel benötigt. Von den nichtionischen Emulgatoren eignen sich am besten Äthylenoxydaddukte an Fettalkohole oder an alkyl-substituierte Phenole. Unter den anionischen stehen die Salze der Fettsäuren mit Aminen an erster Stelle. Als Fettsäure wird die Ölsäure bevorzugt. Als Amine werden außer Ammoniak, das eine untergeordnete Rolle spielt, verschiedene Äthanol- und

Propanolamine und cyclische Amine wie Morpholin benützt. Auch Seifen von Alkalimetallen werden gelegentlich mitverwendet. Als Kunststoffdispersionen zur Erhöhung der mechanischen Festigkeit des Wachsfilmes kommen nur sehr feinverteilte Dispersionen in Frage, und zwar Polymere aus *einem* Monomeren, beispielsweise Äthylen, PVC oder Polystol, oder Coplymere aus Gemischen von Vynilacetat, Styrol, Acryl- und Methacrylestern u. a. Um die Netzfähigkeit zu erhöhen, bedürfen die anionischen Emulsionen noch gewisser Mengen mittels Alkali, und zwar meist Ammoniak in Wasser dispergierter Harze, oder ganz besonders wirksamer spezieller Netzmittel wie Phosphorsäureester (KP 140) oder fluorhaltiger Verbindungen (FC-Chemicals). Je ein Schemarezept für eine nichtionische und eine anionische Selbstglanzemulsion soll den Aufbau verdeutlichen.

Selbstglanzemulsion nichtionisch:

	10 – 12 Gew.-%	hartes emulgierbares Wachs
	1,5 – 1,8 Gew.-%	nichtionischer Emulgator
Rest Wasser		
	100 Gew.-%	Wachsemulsion
auf	100 Gew.-%	dieser Emulsion
	25 Gew.-%	einer feindispersen, auf den gleichen Festgehalt verdünnten Polyvinylacetatdispersion

Selbstglanzemulsionen anionisch:

	10 – 12 Gew.-%	hartes, emulgierbares Wachs (oder ein Gemisch verschiedener solcher Wachse)
	1,0 – 1,5 Gew.-%	Olein
	1,0 – 1,5 Gew.-%	Aminomethylpropanol
Rest Wasser		
	100 Gew.-%	Wachsemulsion
auf	70 Gew.-%	der Wachsemulsion.
	25 – 35 Gew.-%	einer gleichprozentigen Kunststoff-Copolymerisat-Dispersion
	10 – 15 Gew.-%	einer gleichprozentigen alkalischen Harzlösung
	105 – 120 Gew.-%	fertige Selbstglanzemulsion.

Außerdem enthalten die Selbstglanzemulsionen häufig noch kleine Mengen Konservierungs- und Korrosionsschutzmittel und Mittel zur Erhöhung der Kältefestigkeit oder Zusätze gegen die elektrische Aufladung des Fußbodens. Es gibt auch Spezialpräparate, die bakterientötende Mittel zur Fußbodendesinfektion enthalten (*Gebäudereinigung*, S. 91–93, L. Grün, H. Damm, 1955) und solche mit Insecticiden (E. Döhring, 1956).

Als Behälter für Selbstglanzemulsionen ist der mit Kunststoffverschlüssen versehene Weißblech-Kanister am beliebtesten.

Um den Nachteil der geringen Reinigungswirkung von Selbstglanzemulsionen auszuschalten, werden auch Wachsemulsionen mit beträchtlichen Mengen oberflächenaktiver Stoffe mit guter Reinigungswirkung versetzt und diese Mischungen, die man als „*Wischwachse*“ bezeichnet, zur zwischenzeitlichen Pflege zwischen den nach längeren Zeitspannen zum Auftrag gelangenden eigentlichen Selbstglanzemulsionen benutzt.

Außer den Selbstglanzemulsionen können auch ohne Glanz auftrocknende Wachsemulsionen Verwendung finden. Ihre praktische Bedeutung für die Fußbodenpflege ist aber sehr gering.

5. Möbelpflegemittel

Die Gründe für die Möbelpflege und ihr Ziel ähneln denjenigen für die Fußbodenpflege. Unterschiede bestehen insofern, als die Ansprüche an die mechanische Widerstandsfähigkeit des Wachsfilms viel geringer sind und das Polieren nicht mit schweren Bohnergeräten ausgeführt werden kann. Die im Prinzip ähnlichen Wachskompositionen sollen deshalb einen etwas weicheren, dafür aber besonders leicht polierbaren Film liefern.

Diesem Wunsch entsprechen reine Lösungsmittelwaren oder noch besser gemischtverseifte Wachspräparate, die als flüssige Phase neben Wasser auch Testbenzin enthalten, da sie die hohe Glanzgabe von Wachsemulsionen mit der besser reinigenden Wirkung der lösungsmittelhaltigen Waren vereinigen. Beide Typen enthalten in der Regel Siliconöl. Dieses erleichtert wegen seiner guten Gleitwirkung und geringer Löslichkeit in Wachsen die Polierbarkeit erheblich; eine Eigenschaft, die man für Bodenpflegemittel wegen der damit verbundenen Erhöhung der Gleitgefahr nicht ausnutzen kann.

Die genannten Putzmitteltypen lassen sich in entsprechender Einstellung auch für die Füllung von *Aerosol-Sprüh-* oder *Schaumdosen* verwenden (W. Sapper, 1961b). Die Aerosoldose gewinnt wegen ihrer bequemen Handhabung und sparsamem Verbrauch für kleine Flächen an Bedeutung für die Möbelpflege.

6. Autopflegemittel

Auch für Autopolituren auf Wachsbasis kommen flüssige und pastöse Präparate allein auf Lösungsmittelbasis und gemischtverseifte flüssige Wachsemulsionen zur Anwendung. Die flüssigen Produkte können auch für den Aufbau von Sprüh- bzw. Schaumaerosolen dienen. Man ist bestrebt, den Festkörper der Polituren so einzustellen, daß der nach dem Polieren zurückbleibende, nur sehr dünne Wachsfilm infolge seiner Härte und Geschmeidigkeit oder seines Vermögens, die oberflächlichen Poren eines bereits angegriffenen Autolackes zu verschließen, die Lackoberfläche wirksam schützt.

Es werden die pastösen Lösungsmittelwaren im Festbestandteil meist hart, die gemischtverseiften Emulsionen dagegen sehr geschmeidig eingestellt.

Auch die Autopflegemittel enthalten beträchtliche, meist zwischen 2 und 4% liegende Zusätze von Siliconöl zur Erleichterung des Polierens und weil man sich davon noch einen zusätzlichen Schutz gegen Witterungseinflüsse verspricht. Außerdem setzt man häufig mehr oder weniger Schleifmittel hinzu, je nach dem, ob sie für noch intakte oder für bereits oberflächlich angegriffene Lackierungen bestimmt sind.

7. Wachsfluate

Nur der Vollständigkeit halber sei noch auf eine Gruppe wachshaltiger Pflegemittel, die in Deutschland von untergeordneter Bedeutung ist, hingewiesen, nämlich auf die zur Pflege von Natur- und Kunststeinen bestimmten Wachsfluate. Sie werden weniger für Fußböden als vielmehr für Steinsimse, -geländer, Gedenksteine usw. gebraucht. Es sind klare Lösungen eines mittelharten, teilsynthetischen Wachses (z. B. des als Hoechst-Wachs V® bzw. V-Wachs BASF® bekannten polymeren Vinyloktadecyläthers) in Chlorkohlenwasserstoffen, wie Trichloräthylen allein oder im Gemisch mit Testbenzin, die meist noch einen geringen Anteil eines Harzes enthalten.

Nur erwähnt seien *Metallputz-* und *-pflegemittel*, die neben Schleifmitteln und schwerflüchtigen Erdölfraktionen auch Wachse enthalten können.

8. Schuhpflegemittel

Nächst den Pflegemitteln für Fußböden sind diejenigen für Schuhe und Leder oder Kunstlederwaren der Menge nach von größter Bedeutung. Sie müssen auf dem Leder einen Schutzfilm bilden, der einerseits mechanisch so beständig und so festhaftend ist, daß er nicht leicht abgerieben wird, andererseits aber so elastisch und plastisch ist, daß er beim Biegen des Leders und besonders auch beim Knicken in den Gehfalten des Schuhes ohne Sprung- und Rißbildung seinen Zusammenhalt bewahrt.

Gute krümelfreie Auftragbarkeit und leichte Polierbarkeit mit Bürste und Tuch sind weitere wichtige Anforderungen. In Deutschland werden Schuhcremes in der Regel in Pastenform, und zwar entweder auf reiner Lösungsmittelbasis oder als gemischtverseifte Cremes hergestellt. Flüssige und lösungsmittelfreie Schuhpflegemittel sind wenig gebräuchlich. Die Schuhcremes unterscheiden sich von den bisher besprochenen Wachspasten dadurch, daß im Festkörper der Esterwachsanteil meist höher und der Paraffinanteil niedriger liegt und im Lösungsmittel häufig noch eine beträchtliche Menge Terpentinöl enthalten ist. Außerdem ist der Farbstoffanteil bei den gebräuchlichen dunkelgefärbten Cremes wesentlich höher als bei den Bohner- oder Möbelpasten. Für bunte Farben werden in der Regel fettlösliche Farbstoffe, die als Ceres-®, Fett- oder Sudan-®Farbstoffe im Handel sind, verwendet. Für schwarze Schuhcremes eignen sich die Aufschlüsse von Nigrosinbasen mit Fett- oder Wachssäuren. Pigmentfarbstoffe werden nur selten benützt. Als Schuhcremes besonders guter Qualität gelten die gemischtverseiften Cremes. In den Sortimenten befindet sich häufig eine große Anzahl verschiedener Farbnuancen. Je nach der Konsistenz enthalten sie etwa 40–60% Wasser. Die Emulsionen sind vom Typ „Öl in Wasser" oder stehen an der Grenze zwischen „Öl in Wasser" und „Wasser in Öl". Als Amin, das zusammen mit Wachssäuren den Emulgator bildet, wird häufig Triäthanolamin verwendet. Die organischen Lösungsmittel machen ca. 20–30% aus, und bestehen aus Testbenzin und Terpentinöl in verschiedenem Verhältnis.

IV. Weitere Anwendungsgebiete

1. Käsewachs

Diese an sich falsche Bezeichnung hat sich seit langem für Paraffin/Mikrowachsmischungen eingebürgert, die ohne oder mit weiterem Zusatz zum direkten Beschichten von Käse verwendet werden.

Hat sich im Laufe des Herstellungsprozesses im Trockenraum auf der Käseform eine Rinde gebildet, so wird der Käse vor weiterer Reifung durch Tauchen in das „Käsewachs" mit einer Wachsschicht überzogen. Hierdurch wird ein weiterer Feuchtigkeitsverlust und ein Bakterienverfall verhindert.

Die deutsche Käseverordnung vom 24. VI. 1965 erlaubt ein Käsewachs, hergestellt aus Paraffin und Mikrowachs mit den in der Käseverordnung verlangten Reinheiten. Im Ausland sind auch Zusätze von z.B. Butylkautschuk, Polyisobutylen, Polyäthylen u.a. erlaubt. Diese Komponenten sind besonders wichtig, wenn man ein abpellbares Käsewachs herstellen will. Durch Verwendung von zugelassenem Farbstoff kann das Käsewachs gefärbt werden, z.B. rot = Edamer Käse (Farbstoffverordnung).

2. Kaugummi

Kaugummi besteht zu etwa 30% aus einem Gemisch von hochmolekularen Natur- oder Kunststoffen, Harzen und Wachsen, und zu etwa 70% aus Zucker, Stärke und Aromastoffen (A.H. Warth, S. 665; *DBP 1154237* angem. 1962).

In Deutschland ist die Verwendung von Fremdstoffen im Sinne des Lebensmittelgesetzes für die Herstellung von Kaugummi durch die „Verordnung über die Zulassung fremder Stoffe bei der Herstellung von Kaugummi" (Kaugummi-Verordnung vom 19. XII. 1959 und Ergänzungsverordnung vom 21. VIII. 1964) geregelt. Da Kaugummi als Lebensmittel gilt, kann man sagen, daß es das einzige Nahrungsmittel in Deutschland ist, für das ein direkter Zusatz von Paraffin erlaubt ist. Es werden folgende Wachse zugelassen:

Hartparaffin mit einer Erstarrungstemperatur zwischen 43 und 98° C, mikrokristallines Wachs mit einer Erstarrungstemperatur zwischen 43 und 98° C, Bienenwachs, Wollfett, Carnaubawachs und Walrat.

In den USA verwendet man große Mengen Candelillawachs.

3. Auskleidung von Behältern

Bier- und Weinfässer sowie die Gärbottiche der Brauereien werden mit einem den jeweiligen Erfordernissen entsprechend plastischen Überzug aus Paraffin- und Mikrowachsgemischen überzogen. In Deutschland werden Komponenten entsprechend den Reinheitsanforderungen gemäß XXVB. Empfehlung verwendet.

4. Dentalwachse

Die in den Dentalwachsen verwendeten Paraffine und Mikrowachse entsprechen den Anforderungen des Deutschen Arzneibuches.

5. Einmachwachs

Ein Einmachwachs, das häufig in Form eines Granulates oder in Täfelchen ähnlich der Schokoladentafeln angeboten wird, besteht aus einer Qualität vollraffinierten Tafelparaffins, die den vorgeschriebenen Reinheitsanforderungen entspricht (XXVB. Empfehlung). Die Hausfrau soll das Wachs im Wasserbad schmelzen und auf das noch heiße Einmachgut unmittelbar nach Beendigung des Einkochens gießen. Die Komponenten für das Einmachwachs werden so ausgewählt, daß die Kontraktion möglichst gering ist.

6. Geflügelrupfwachs

Um das Rupfen von Geflügel maschinell durchführen zu können, werden die ausgebluteten, gesäuberten Tiere mit einem Transportband in einen Behälter mit geschmolzenem Rupfwachs getaucht und anschließend in einem kalten Wasserbad der Wachsfilm zum Erstarren gebracht. Der Rupfvorgang erfolgt dann in einer Maschine. Mit der Wachsschicht entfernt dieses Gerät zugleich auch die kleinen und größeren Federn. Als Rupfwachs wird ein Paraffingemisch genügender Reinheit verwendet, das eine so große Kohäsion aufweist, daß eine saubere Entfernung der Wachsschicht inklusive der Federn gewährleistet ist.

7. Modellier- und Attrappenwachs

Wachshaltige Massen dienen zur Darstellung menschlicher Figuren und von Tieren und für die Erzeugung von Attrappen der verschiedensten Waren, von Kleinplastiken, Reliefbildern und Kerzenverzierungen (siehe auch H. HADERT, 1956, 138, 173, 207, 227; L. IVANOVSZKY, 1963).

Man unterscheidet:

ziemlich weiche Modellierwachse und Knetwachse,
härtere Bossierwachse und Ornamentenwachse,
harte Wachsfigurenmassen und Attrappenwachse.

Alle diese Massen sind Gemische von Wachsen, Harzen, Füllstoffen und meist noch weiteren Zusätzen wie Pigmentfarben oder Talg und Ölen. Als plastische Wachskomponenten werden Bienenwachs, plastische mikrokristalline Wachse, Japanwachse, künstliche Weichwachse und Paraffine verwendet. Als harte Komponenten: harte Esterwachse, Polyäthylenwachse, synthetische Fischer-Tropsch-Paraffine, als Harze: Kolophonium, venezianisches Terpentin und Lackharze der chemischen Industrie. Als Füllstoffe: Kaolin, Magnesia, Zinkoxyd, auch Stärkemehl u.a.m. Durch den Paraffinzusatz erreicht man ein relativ gutes Lösen der Masse von den Händen.

Ähnliche Kompositionen wie die vorstehenden werden als Ausfüllkitte für Holz und Stein und als Siegelwachse verwendet, sie sind aber von untergeordneter Bedeutung.

8. Dauerwurst-Tauchwachs

Helle, plastisch gut haftende Mikrowachse, Reinheitsgrad entsprechend XXVB. Empfehlung oder Deutschem Arzneibuch.

9. Imprägnierwachs für Holzkisten zur Lebensmittelverpackung (Gemüse, Fisch)

Niedrig viscose, weiße Paraffine. Die Imprägnierung hat bei genügend hoher Temperatur zu erfolgen. Reinheitsgrad entsprechend XXVB. Empfehlung.

10. Wachs für Flaschenkorkbehandlung

Zur Korkbehandlung wird ein hartes, weißes, hochschmelzendes Paraffin, das den Anforderungen der XXVB. Empfehlung oder dem Deutschen Arzneibuch entspricht, verwendet.

11. Melkfett

Salbenartige Produkte, die als Gleitmittel dienen; hergestellt aus z.B. hellen, plastischen Mikrowachsen oder auch Vaselinen mit Paraffinöl und Paraffin. Reinheitsgrad entsprechend Deutschem Arzneibuch mit desinfizierenden Zusätzen, die ebenfalls zugelassen sein müssen.

12. Paraffindispersionen in der Papierindustrie

Der Zusatz von Paraffin- oder Mikrowachs-Dispersionen soll nicht nur die Wasserfestigkeit und Bedruckbarkeit des Papiers in einem gewissen Umfang verbessern, sondern auch eine Einsparung an Harzleim erreichen.

13. Fruchtbeschichtung

Die Beschichtung von Früchten und Gemüsen mit Wachs hat den Zweck, die Produkte mit einer Schutzschicht zu überziehen, die einerseits die Verdunstung des Wassers aus den Früchten oder Gemüsen vermindert und andererseits das Eindringen von Bakterien oder Schimmel verhütet, um auf diese Weise das Produkt im bestmöglichen Zustand zum Endverbraucher gelangen zu lassen. Die größte wirtschaftliche Rolle spielt die Beschichtung von Citrusfrüchten.

Zur Beschichtung werden Wachse, Harz und Zusätze von Desinfektionsmitteln verwendet. Die Wachsbehandlung erfolgt nach gründlicher Säuberung der Oberfläche in der Regel mit Hilfe von Emulsionen, und zwar entweder durch Tauchen der Früchte in die verdünnte Emulsion oder durch Aufbringen von Emulsionsschaum (siehe auch A.H. Warth, S. 736; K. Almgren, 1956; M. Ihloff und M. Kalitzky, 1960; I.K. Long und D. Leggo, 1959; H. Weiss, 1959).

Die Verwendung von Fremdstoffen im Sinne des Lebensmittelgesetzes ist durch die „Verordnung über den Zusatz fremder Stoffe bei der Behandlung von Früchten und Fruchterzeugnissen" (Fruchtbehandlungsverordnung vom 19. XII. 1959 und den Änderungen vom 22. XII. 1960; 28. VII. 1961; 23. VII. 1963 – siehe auch 3. I. 1963; 16. VII. 1965 –) geregelt worden. Der sich auf Wachse beziehende Abschnitt in der Verordnung vom 19. XII. 1959 hat folgenden Wortlaut:

§ 1. Nach Maßgabe dieser Verordnung werden die folgenden fremden Stoffe zugelassen:

1c, Bienenwachs, Walrat, Carnaubawachs, Schellack, (Reinheitsanforderungen für Schellack: arsenfrei), Cumaron-Inden-Harze, Alkalisalze der Ölsäure, auch in Vermischung untereinander.

Eine Ergänzung für die Zulassung bestimmter Montansäureester ist gemäß einer privaten Mitteilung der Farbwerke Hoechst AG in Vorbereitung.

In den USA werden Paraffindispersionen vor allem bei der Behandlung von Citrusfrüchten benutzt. Um den Früchten einen besonderen Hochglanz zu verleihen, können sie anschließend mit schnellaufenden rotierenden Bürsten poliert werden. In einem solchen Falle sind dem Paraffin glanzerhöhende Zusätze wie Carnaubawachs hinzuzufügen (USP 1943468). Auch oxydierte Polyäthylenwachse sind von der FDA lt. § 121.1142 zugelassen.

14. Blei-, Fett- und Buntstifte

Wachse werden zur Einstellung der Härte und zur Verbesserung der Schreibfähigkeit von Blei-, Fett- und Buntstiften verwendet. Für Bleistifte werden die fertig gebrannten Minen mit der Wachsschmelze, die außerdem auch noch Fette enthalten kann, imprägniert. Für die verschiedenen Fettstifte, Ölkreiden und nicht abfärbenden Pastellstifte wird die Schmelze von Wachsen, Fetten und sonstigen Zusatzstoffen mit den Farbpigmenten und Füllstoffen gemischt und in Formen gepreßt oder mit der Strangpresse verarbeitet (A.H. WARTH, S. 688).

D. Untersuchungsmethoden[1]

I. Die Wachse

1. Allgemeines

Die Untersuchung von natürlichen und synthetischen Wachsen und wachshaltigen Erzeugnissen hat im wesentlichen 2 Ziele:

1. Die Aufklärung der chemischen und physikalischen Zusammensetzung;
2. Die Bestimmung der Eigenschaften.

Zur Zeit ist die Methodik, die diesen Zwecken dienen soll, in einer großen, noch nicht zum Abschluß gekommenen Wandlung begriffen.

Die Gründe hierfür sind folgende:

Während bis vor einigen Jahrzehnten nur eine kleine, gut übersehbare und durch Einzelreaktionen wenigstens qualitativ einigermaßen unterscheidbare Anzahl von Wachsen für die praktische Verwendung zur Verfügung stand, ist diese inzwischen auf mehrere hundert angestiegen. Ähnlich vermehrt haben sich die Verwendungszwecke und deren Spezialisierung und damit die Anzahl der wachshaltigen Halb- und Fertigfabrikate. Gleichzeitig haben die Verfahren der Stofftrennung und -charakterisierung zu neuen allgemein zugänglichen Methoden und Apparaten geführt (siehe auch Band II).

Im letzten Jahrzehnt hat nun die Verwendung dieser Methoden für die Wachsuntersuchung große Fortschritte gemacht, allerdings ohne schon bei allen Analysen zu festgelegten Arbeits- und Anwendungsweisen gekommen zu sein und ohne die älteren, vielfach empirischen und konventionellen Methoden ersetzt zu haben.

Es darf also nicht überraschen, wenn heute in Aufzählungen von Wachsuntersuchungsmethoden solche ganz speziellen und empirischen Charakters neben solchen stehen, die auf modernsten wissenschaftlichen Erkenntnissen beruhen.

Die Aufgabenstellungen der Wachsuntersuchung können etwa wie folgt unterteilt werden:

Ermittlung der *chemischen Zusammensetzung* eines Wachses oder *Feststellung* von *Begleitstoffen*

Hierfür erster Schritt: Trennung von unlöslichen Verunreinigungen bzw. Isolierung des Wachses aus dem Präparat.

Zweiter Schritt: Aufteilung des Wachses in die verschiedenen Stoffgruppen wie Ester, Säuren, Alkohole, Kohlenwasserstoffe.

---

[1] Untersuchungsmethoden für Paraffine und Mikrowachse siehe S. 668.

Dritter Schritt: weitere Trennung der Stoffgruppen in einfachere Gemische oder Einzelstoffe.

Vierter Schritt: Identifizierung der Einzelstoffe oder einfachen Gemische.

Eine quantitativ genaue Analyse der chemischen Zusammensetzung ist wegen des Aufbaus der Wachse aus einer großen Zahl verschiedener chemischer Individuen auch heute noch nur in einfachen Fällen und selbst dann nur mit einem großen apparativen und zeitlichen Aufwand möglich. In schwierigeren Fällen, beispielsweise bei den Wachsen mit verzweigten Kohlenwasserstoff-Ketten oder den Luftoxydaten von Kohlenwasserstoffen, ist sie überhaupt praktisch nicht durchführbar.

Messung der für die *Verwendung* der Wachse *wichtigen Eigenschaften:*
Beschaffenheitseigenschaften der Wachse selber einschl. der Kennzahlen,
Verarbeitungseigenschaften zum Wachspräparat,
Eigenschaften des Wachspräparates,
Eigenschaften (Wirkformen) des Wachses bei Verwendung des Wachspräparates.

Für den Praktiker wurden im letzten Jahrzehnt ca. 50 meist einfach auszuführende Untersuchungsmethoden von der Fachgruppe IX der *Deutschen Gesellschaft für Fettwissenschaft* durchgearbeitet und als Abteilung M der *Einheitsmethoden der DGF* zusammengestellt und 1957 (Nachtrag 1963) herausgegeben.

Im übrigen sei auf die sehr umfangreiche und eingehende Zusammenstellung in L. Ivanovszky „Wachsenzyklopädie" Bd. II, Teil 1 (1960) hingewiesen, wo außer den genannten DGF-Einheitsmethoden auch alle anderen bekannten deutschen und ausländischen Untersuchungsverfahren, Normen und Gütevorschriften zusammengestellt sind.

Weitere Zusammenstellungen befinden sich in:

E. J. Fischer-W. Presting (1958)	S. 261–490	(Physikalische und Physikochemische Methoden)
	S. 491–683	(Chemische Methoden)
	S. 683–690	(Ausführliche Beschreibung der einzelnen Verfahren und eine Liste von wachshaltigen Gebrauchsmassen mit qualitativer Zusammensetzung)
		(Trennungsgänge von Schuhcreme und Bohnerwachs)
H. P. Kaufmann (1958)	S. 1004–1049	(Analyse der Wachse; auch Prüfung auf einzelne Wachse)
C. Lüdecke-L. Ivanovszky (1958)	S. 340–370	(Physikalische Untersuchungsmethoden)
	S. 371–383	(Verwendungsprüfungen)
	S. 553–620	(Untersuchung von Wachs-Erzeugnissen)
V. Vcelak (1959)	S. 720–746	(speziell auf Montanwachs abgestimmt)
A. H. Warth (1956)	S. 582–635	
C. Zerbe (1952)	S. 1390–1396	

o. V. „vom Wachs", Hoechster Beiträge zur Kenntnis der Wachse Bd. II, Beitrag 4 (1962).

2. Chemische Charakterisierung

Säurezahl (SZ)	DGF M IV 2; ASTM D 1386 – 59
Verseifungszahl (VZ)	DGF M IV 2; ASTM D 1387 – 59
Fluoreszenzmethode	W. Hessler und H. Marsen (1961)
Esterzahl (EZ)	DGF M IV 3
Verhältniszahl (Verh. Z)	DGF M IV 3
Alkalizahl (AZ)	DGF M IV 4
Hydroxylzahl (OHZ)	DGF M IV 6
Carbonylzahl (COZ)	DGF M IV 7
Jodzahl (JZ)	DGF M IV 5

Verseifbares und Unverseifbares (nach Spitz und Hönig)	DGF M V 5
Kohlenwasserstoffe und Alkohole (nach Leys)	DGF M V 5a
Gesamt-Kohlenwasserstoffe (Adsorption)	DGF M V 6
Kohlenwasserstoffe (Antimonpentachlorid-beständige)	DGF M V 8
Harnstofftrennung	DGF M V 7
Trennung mit Molekularsieb	(G. J. Griesmer u. Mitarb., 1960)
Fraktionierte Lösungsmittelextraktion	(E. Fink, 1962, G. Koenig, 1958).
Papierchromatographie	(H. P. Kaufmann u. Mitarb. 1962, W. Fuchs u. Mitarb. 1956).
Dünnschichtchromatographie	(Th. Kartnig und G.H. Scholz, 1965) (H.P. Kaufmann und D. Das, 1963) (H.K. Mangold und D.C. Malins, 1960) (E. Stahl, 1962)
Säulenchromatographie	(L.J.N. Cole und J.B. Braun, 1960) (G. Spengler und A. Weber, 1960) (G. Spengler und E. Wöllner, 1954) (N. Wiedenhof, 1959)
Gaschromatographie	(V. Wasilescu, 1961) (R.K. Beerthuis und J.G. Keppler, 1957) (D.R. Hewett u. Mitarb., 1961) (D.T. Downing u. Mitarb., 1961a)
Molekulardestillation	(T. W. Findley und J.B. Brown, 1953)
Ionenaustauschverfahren	(Th. Kartnig und G.H. Scholz, 1965) (W. Presting und S. Jänicke, 1960/61)
Zonenschmelzverfahren	(H. Schildknecht u. H. Vetter 1963)

3. Bestimmung physikalischer Eigenschaften

(siehe auch G. Geiseler, 1963)

Dichte	DGF M III 2a–c
Brechungsindex	DGF M III 7
Schmelzpunkt (Capillare)	
Fließ-/Tropfpunkt	DGF M III 3
Erstarrungspunkt	DGF M III 4a und b
Härte	DGF M III 9a und b (E. Finck, 1958)
Verformbarkeit in Abhängigkeit von der Temperatur	(G. Frhr. v. Rosenberg, 1952, G. Spengler und M. Wilderotter, 1964)
Wärmeausdehnung beim Schmelzvorgang	(G. Frhr. v. Rosenberg und W. Brotz, 1957)
Differenzialthermoanalyse	(J. Lange und H. Jochinke, 1965)
I.R.-Spektrographie	(W. Fuchs, 1956, W. Fuchs und R. Dieberg, 1956, H. Marsen, 1961/62)
U.V.-Spektrographie	(W. Fuchs und G. Addicks, 1958)
Prüfung durch Sinneswahrnehmung	
Geruch	
Farbe	
Knetbarkeit	

4. Untersuchung wachshaltiger Pflegemittel

Pastenhärte	(SÖFW 83, 595 [1957])
Ölaufnahmevermögen	(E. Finck, 1957)
Pastenbildefähigkeit und Lösungsmittelbindung	(C. Lüdecke, L. Ivanovszky, S. 357, 1958)

Lösungsmittelretention	(L. Ivanovszky, Bd. I, 144, 1954)
Emulgierbarkeit	(W. Sapper, 1958/59, C. S. Treacy, 1956)
Netz- und Auftragfähigkeit	(W. Sapper, 1957)
Wasserbeständigkeit des Wachsfilms	(W. Sapper, 1958)
Temperatur- und Lagerbeständigkeit	Deutsche Bundesbahn TL 958 105, 1955) (C. Lüdecke u. L. Ivanovszky S. 371)
Glanz und Polierbarkeit	(E. Finck, 1958, W. Presting und E. Thiel, 1958, G. Schimmel, 1957, *Technischer Ausschuß des Fachverbandes*, 1955)
Widerstandsfähigkeit des Wachsfilms	(prakt. Begehprobe)
Gleitsicherheit	(G. Frhr. v. Rosenberg, 1959)
Filmdicke und Abnutzung	(G. Frhr. v. Rosenberg und H. Goette, 1961) (J. D. Saunier und L. Kresser, 1957)
Elektronenmikroskopische Untersuchungen	(G. Schimmel, 1957)

Auswertung von Untersuchungsergebnissen mit Hilfe einer Großrechenanlage (J. Lange und O. Malitschek, 1964).

Die meisten der in der wachsverarbeitenden Praxis vorkommenden Prüfungen der Wachse und wachshaltigen Pflegemittel werden auf Wunsch im *Prüfamt für Brenn-, Kraft- und Schmierstoffe beim Bayer. Landesgewerbeamt* München ausgeführt. (Verwendungsprüfungen von Wachspräparaten siehe auch C. Lüdecke, L. Ivanovszky, S. 371.)

5. Beurteilung

Anforderungen und Gütevorschriften für Wachse und Wachswaren.

Allgemein: Normen, Gütevorschriften oder festgelegte Anforderungen von allgemeiner Gültigkeit für alle gebräuchlichen Wachse und Wachswaren gibt es nicht, abgesehen von den allgemeinen Verordnungen über die Kennzeichnungspflicht von brennbaren Flüssigkeiten, die Verwendung gesundheitsschädlicher Lösungsmittel, die in Aussicht stehende Druckgas-Verordnung (f. Aerosole) und die normalerweise nicht in Frage kommenden Polizeiverordnungen über den Handel mit Giften. Es sind vielmehr nur von Fall zu Fall aus diesem weiten Gebiet von den verschiedenen Interessenten und daher auch unter verschiedenen Gesichtspunkten für einzelne Produkte Spezifikationen aufgestellt worden. Eine umfangreiche Zusammenstellung befindet sich in der Wachsenzyklopädie von L. Ivanovszky, 2. Bd., 1. Teil, S. 42–69 (1960). Es werden hier außer den deutschen auch sämtliche bekanntgewordenen ausländischen Anforderungen und die in Frage kommenden Organisationen auf diesem Gebiet erfaßt. Einige ASTM-Normen wurden von L. Ivanovszky (1965) kritisch beleuchtet.

Die Gefahr von Verfälschungen, d. h. eines Verschnittes hochwertiger Wachse mit minderwertigen Wachsen oder anderen Stoffen wie Paraffin, Ceresin, Stearinsäure, Talg, Harze, Rindenmehl, Ziegelmehl ist im Laufe der letzten Jahrzehnte wesentlich kleiner geworden. Sie bestand in erster Linie bei den Naturwachsen. Infolge der Fortschritte in der Untersuchungsmethodik ist die Prüfung auf Reinheit einfacher geworden, so daß der Handel mit verfälschten Naturwachsen auf die Dauer keinen Erfolg mehr verspricht. Bei den immer wichtiger werdenden von der chemischen Industrie in den Handel gebrachten Wachsen kann man sich durch den Bezug in Originalverpackung vor Verfälschungen schützen.

Hinweise auf Verfälschungsmöglichkeiten und ihre Feststellung finden sich im übrigen bei H. Bennett, S. 159 (1963); L. Ivanovszky, Wachs-Enzykl. Bd. II, S. 23, Teil 1 (1960); P. H. Kaufmann, S. 1034, 1041 (1958); C. Lüdecke und L. Ivanovszky, S. 44–45 (1958); C. Zerbe, S. 1390–1396 (1952); C. J. Marsel u. Mitarb. (1952).

Für einzelne Wachse: Für Bienenwachs werden im *DAB 6* (1926 S. 138/140) für *Cera flava* (das ungebleichte) und für *Cera alba* (das gebleichte) Bienenwachs Anforderungen in bezug auf folgende Eigenschaften angegeben:

Dichte, Schmelzpunkt, SZ, EZ, das Verhältnis von SZ zu EZ. Für das in Vorbereitung befindliche *DAB 7* ist mit erheblichen Änderungen zu rechnen. Im übrigen wird vom Fachnormenausschuß Landwirtschaft der Entwurf zu *DIN 11668* (Bienenwachs) bearbeitet. Ein Vergleich der von den Arzneibüchern verschiedener Länder geforderten Eigenschaften wurde von E. Peter (1959) veröffentlicht.

Für *Carnaubawachs, Candelillawachs und Ouricurywachs* verlangt die *Am. Wax-Importers and Refiners Ass'n* bestimmte Kennzahlen und Eigenschaften und beschreibt die zur Untersuchung notwendigen Methoden (vgl. S. 629).

Für Fertigerzeugnisse: Um nach Möglichkeit ein gewisses Qualitätsniveau zu sichern, werden von verschiedenen Interessenten bestimmte Kennzahlen und Gütemerkmale gefordert:

Das vom Fachverband der Schuh-, Leder- und Fußbodenpflegemittel-Industrie e. V. für seine Mitglieder für Wachsemulsionen zur Bodenpflege herausgegebene Prüfzeichen hat zur Voraussetzung, daß das Pflegemittel keine lösungsmittelempfindliches Fußbodenmaterial schädigende Wirkung besitzt. Für bestimmte Bohnerpasten und flüssige Bohnerwachse auf Lösungsmittelbasis wurden vom Technischen Ausschuß des Fachverbandes Werte für den Glanz des Wachsfilms, die Penetrometerhärte des Wachskörpers und dessen Erstarrungspunk- angegeben (SÖFW **81,** 124 [1955]). Für Schuhcremes, die die Bezeichnung „Terpentinölware" erhalten dürfen, sind Mindestgehalt und Art des Terpentinöls festgelegt.

Die Bundesbahn, Bundespost und verschiedene Großverbraucher haben in Zusammenarbeit mit dem Fachverband für Pflegemittel auf Lösungsmittelbasis und für Selbstglanzemulsionen eine Reihe von Ausschreibungsvorschriften erstellt (siehe „Gebäudereinigung"). Die Bundeswehr regelt Qualitätsmerkmale für Schuhcremes und Fußbodenpflegemittel. In Mitteldeutschland sind verschiedene „Standards" für Bohnermittel und für Ledercremes herausgebracht worden.

Die *Beurteilung* der wachshaltigen Pflegemittel erfolgt auch heute noch durch den praktischen Versuch, am besten im Vergleich zu einem ähnlichen Präparat bekannter Qualität. Im übrigen sei auf die Ausführungen bei E. J. Fischer, W. Presting S. 676, 1958, C. Lüdecke u. L. Ivanovsuky S. 531 (1958) und „*Gebäudereinigung*" S. 85 hingewiesen.

II. Analysenmethoden für Paraffine und Mikrowachs

Bei der analytischen Kennzeichnung müssen wir zwischen der Vermittlung der physikalisch-chemischen Daten und den funktionellen Daten, d.h. den Eigenschaften, die erst nach der Beschichtung auf dem Verpackungsmaterial gemessen werden können, unterscheiden. Von beiden Gruppen sollen nur die wichtigsten Prüfungen besprochen werden:

Probenahme: Geschmolzenes Paraffin und Mikrowachs erstarrt beim Abkühlen nicht einheitlich. Bei einer Paraffintafel oder bei einem Faß Mikrowachs beobachtet man unterschiedliche Schmelzpunkte und bei Paraffin vor allem auch unterschiedliche Ölgehalte zwischen den Randzonen und der Mitte. Zur Analyse muß deshalb eine Probenahme an verschiedenen Stellen erfolgen (DIN 51594). Untersuchung von paraffinierten Verpackungen vgl. S. 682.

1. Physikalische Eigenschaften

a) Erstarrungs- oder Schmelzpunkt

α) Erstarrungspunkt DIN 51 570

Die für Paraffine am häufigsten benutzte Methode DIN 51570 bestimmt nicht den Schmelz-, sondern den Erstarrungspunkt einer geschmolzenen Paraffinprobe durch Bestimmung der Temperatur, bei der die beim Erstarren freiwerdende Kristallisationswärme auftritt. Diese Wärmeentwicklung bewirkt, daß der Temperaturabfall beim Abkühlen unterbrochen wird und konstant bleibt bzw. sogar ansteigt. Der Knickpunkt bzw. das Temperaturniveau, bei dem diese Haltepunkte beobachtet werden, wird als Erstarrungspunkt angegeben. In der Eigenart dieser Messung liegen auch die Grenzen der Anwendung der Methode. Nur ein

Paraffin, das einen genau definierten Kristallisationsvorgang aufweist, wird klar erkennbare Haltepunkte ergeben. Dieses Verhalten zeigen vor allen Dingen die grob kristallisierenden Paraffine, die aus niedrig viscosen Schmieröldestillaten gewonnen werden. Bei den Paraffinen aus viscoseren Destillaten ist der Haltepunkt schon deutlich schlechter ausgeprüft. Bei Paraffinen aus Rückständen ist kein Haltepunkt zu erkennen, wenn man von einer ganzen Reihe kleiner Höcker in der Abkühlungskurve absieht. Die Bestimmung des Erstarrungspunktes gibt also gleichzeitig einen Hinweis über die strukturelle Zusammensetzung der untersuchten Probe.

Die DIN-Methode 51 570 ist in Anlehnung an die ASTM-Methode D 87-57ausgearbeitet.

β) Erstarrungspunkt, bestimmt am rotierenden Thermometer, DIN 51 556

Bei mikrokristallinen Wachsen oder Paraffinen, die nach der Bestimmungsmethode DIN 51 570 keinen Haltepunkt zeigen, wird die DIN-Methode 51 556 angewandt. Hierbei wird die Temperatur am rotierenden Thermometer abgelesen, bei der sich ein geschmolzener Tropfen des Paraffins zum erstenmal mit dem drehenden Thermometer herumdreht. Diese Methode ist an die ASTM-Methode D 938-60 angelehnt.

γ) Schmelzpunktbestimmung für Mikrowachse/ASTM D 127-63

Diese ASTM-Methode, für die keine entsprechende DIN-Methode vorliegt, ist eine Tropfpunktbestimmung. Es wird die Temperatur ermittelt, bei der eine am Thermometer erstarrte Probe bei langsamer Steigerung der Temperatur vom Thermometer abtropft.

Andere Schmelzpunktsmethoden, z. B. in offener oder geschlossener Capillare bzw. Bestimmung des Erweichungspunktes werden seltener benutzt.

Zu einer Angabe des Schmelzpunktes gehört unbedingt die Nennung der benutzten Methode. Ohne weitere analytische Daten und Hinweise auf die Struktur eines Paraffins sagt der Schmelzpunkt allein nur sehr wenig über seine Eigenschaften und sein Verhalten bei den verschiedenen Verwendungszwecken aus.

Handelsüblich und auch oft in der Literatur angegeben, findet sich die Bezeichnung American Melting Point (AMP). Dieser Schmelzpunkt wurde ursprünglich so bestimmt, daß man einfach ein Thermometer in das geschmolzene Wachs hielt und die Temperatur ablas, wenn die Oberfläche erstarrte. Diese Methode schied für eine Standardisierung aus. Man kam überein, das Ergebnis der Abkühlungskurve als English Melting Point (EMP) zu bezeichnen und durch Addition von 3° F den sogenannten American Melting Point zu errechnen.

b) Ölgehalt DIN 51 571/ASTM D 721-56

Der Ölgehalt wird durch Umkristallisieren in Butanon (Methyl-Äthylketon) bei −30° C bestimmt. Die Art dieser Bestimmung bringt es vor allem bei der Untersuchung von Mikrowachsen mit sich, daß man mit dem Öl, d. h. den Kohlenwasserstoffen, die bei Zimmertemperatur flüssig sind, auch niedrig molekulare Kohlenwasserstoffe mitextrahiert, die bei Zimmertemperatur bereits erstarren. Es kann also durchaus sein, daß das extrahierte Öl salbenartig erstarrt. Es wäre richtiger, statt der Bestimmung des Ölgehaltes von einer Bestimmung des Butanon-löslichen zu sprechen.

c) Weichparaffingehalt DIN 51 572

Die bei +12° C in Butanon mit einem Wassergehalt von 1,2 ± 0,05% löslichen, niedrig schmelzenden Paraffinbestandteile werden als Weichparaffin bezeichnet. Bei dieser Bestimmungsmethode wird auch das Öl mitextrahiert. Der Weichparaffingehalt ist deshalb erst nach Abzug des Öles, bestimmt nach der DIN-Methode 51571, zu errechnen. Eine ASTM-Methode zur Bestimmung des Weichparaffingehaltes gibt es nicht.

d) Penetration

Bei Paraffinen und harten Mikrowachsen wird die Eindringtiefe einer Nadel, bei Petrolaten und weichen Paraffinen die Eindringtiefe eines Konus gemessen.

Nadelpenetration DIN 51 579/ASTM D 1321-65.

Bei Penetration über 150 – nach der ASTM-Methode über 250 – wird die Konuspenetration bestimmt.

Konuspenetration DIN 51 580/ASTM D 937-58.

e) Neutrale Reaktion

Prüfung auf Ionen des Chlors und der Schwefelsäure, DIN 51573.

f) Farbe DIN 51 578/ASTM D 1500-64

Die Bestimmung erfolgt im geschmolzenen Zustand. Die Farbe kann auch durch Vergleich mit einer Jodlösung bestimmt werden.

g) Geruch ASTM D 1823-64

Eine Gruppe von ausgesuchten Prüfern bestimmt den Geruch frisch hergestellter Späne des zu untersuchenden Musters. Eine entsprechende DIN-Methode liegt nicht vor.

h) Viscosität

Die Viscosität wird bei Temperaturen von mindestens 10–15° C über dem Schmelzpunkt bestimmt. Verwendung finden die für den Viscositätsbereich üblicherweise in Frage kommenden Verfahren.

2. Funktionelle Eigenschaften

a) Blockpunkt ASTM D 1465-65

Als Blockpunkt wird die Temperatur angegeben, bei der sich 2 Streifen paraffinierter Papiere nach ausgeführtem Test nur trennen lassen, wenn dabei die Paraffinschicht über mehr als 50% der Streifenbreite beschädigt wird.

b) Siegelstärke ASTM D 2005-65

Gemessen wird die Kraft, die zur Trennung zweier Streifen paraffinierter Papiere unter einem Trennwinkel von 180° C und festgelegter Trenngeschwindigkeit notwendig ist.

c) Glanz ASTM D 1834-65

Die gefundenen Meßwerte geben gute Übereinstimmung mit dem visuell beobachteten Glanz.

d) Wasserdampfdurchlässigkeit

Zur Bestimmung können folgende Meßmethoden benutzt werden:

DIN-Norm 53122
ASTM D 988-51 T
ASTM D 56-55 T.

Methode des PATRA-Institutes London

TAPPI T 464 m-45
TAPPI T 465 sm-52.

e) Bestimmung der Fettdurchlässigkeit TAPPI 454 m-60

Als „Testfett“ wird Terpentin verwendet.

3. Arbeitsweise zur Konstitutionsermittlung

a) Reaktion mit Antimonpentachlorid

Die von A. SCHAARSCHMIDT und M. MARDER (1933) beschriebene Umsetzung von iso-Paraffinen mit $SbCl_5$ war die Grundlage der von W. LEITHE (1951) vorgeschlagenen Methode zur Bestimmung des Gehaltes an n-Paraffin. G. Titschack (1959) zeigte, daß die Anwendung dieser Methode zur Untersuchung von vollraffinierten Tafelparaffinen Zahlen ergibt, die mit dem technologischen Verhalten der Paraffine im guten Einklang stehen.

b) Harnstoffadduktbildung

Diese Reaktion ist von einer Reihe Bearbeiter (G. Spengler u. Mitarb. 1960/61; H. Lux, 1958; W. Lommerzheim, 1954; W. Hessler u. Mitarb., 1953) zur Abtrennung der n-Paraffine benutzt worden. Für die präparativen Arbeiten hat sich die Zerlegung mit Harnstoff bewährt.

Trennung mit Molekularsieben

Eine Bestimmung des n-Paraffingehaltes bei Paraffinen mit C-Zahlen zwischen 20 und 32 konnte mit einer Genauigkeit von 1,1% durchgeführt werden (I.G. O'Connor u. Mitarb., 1962).

c) Bestimmung von n-, iso- und Ring-Paraffinen

Nebeneinander sind einige Arbeiten zu erwähnen, die durch Bestimmung mehrerer physikalischer Daten zum Ziel kommen. Hierzu gehören:

Die *n-d-M-Methode* nach Watermann und deren Modifizierung von R.E. Hersch und M.R. Fenske (1950), die Strukturuntersuchung von H. Gross und K.H. Grodde (1942).

E.J. Levy u. Mitarb. (1961) konnten durch Kombination von *Gaschromatographie* bei höherer Temperatur (300° C) mit den Resultaten, gemessen am *Massenspektrographen*, in einem Paraffin 67 Komponenten identifizieren. Relativ einfach aufgebaute Moleküle waren vorherrschend, wie z.B. n-Paraffine, 1-Cyclopentan- und 1-Cyclohexanderivate, 2.3.4.5-Monomethylparaffin und 1-Phenyl- und Monomethyl-phenyl-Paraffine.

F.W. Melpolder u. Mitarb. (1964) haben ein *Nomogramm* entwickelt, aus dem man, wenn die Refraktion (ASTM D 1747), der Schmelzpunkt (ASTM D 87) und die Viscosität (ASTM 445) bekannt sind, den Gehalt an n-Paraffinen, iso-Paraffinen und Cycloparaffinen ablesen kann.

Eine Zerlegung der Paraffine durch *fraktionierte Blattextraktion* nach H. Lindemann (1957), gibt durch die Isolierung einzelner Fraktionen einen Aufschluß über die Breite und Verteilung im Schmelzpunktsbereich.

I. Lange und H. Jochinke (1965) benutzen die *Differential-Thermoanalyse* zur Kennzeichnung.

E. Behandlungsvorschrift für Fest- und Flüssigparaffin und für paraffiniertes Verpackungsmaterial

Festparaffin: Die Paraffinplatten sind in Kartons (25 kg) oder Jutesäcken mit einem Polyäthyleneinstecksack (50 kg) verpackt. Um ein Zusammenkleben der Platten zu einem Block zu vermeiden, sollten hohe Temperaturen, d.h. über 28 bis 30° C und vor allem die Möglichkeit direkter Sonnenbestrahlung im Lagerraum vermieden werden.

Paraffin darf keinesfalls beim Transport oder bei der Lagerung in der Nähe von riechenden Gütern gelagert werden, da es leicht Fremdgeruch aufnimmt und ihn hartnäckig festhält.

Flüssigparaffin: Die Anlieferung erfolgt in isolierten, beheizbaren Straßentankzügen oder Eisenbahnkesselwagen. Normalerweise wird das Paraffin beim Hersteller so heiß eingefüllt, daß keine zusätzliche Heizung beim Empfänger erforderlich ist. Der Flüssigbezug beschränkt sich bisher auf Paraffine, denen keine die Viscosität stark erhöhenden Zusätzen beigemischt sind. Zum Einlagern kann jede Pumpenart verwendet werden. Pumpen und Leitungen sind durch Begleitdampfleitungen zu beheizen. Unnötig langes Beheizen der leeren Leitungen vor und nach dem Pumpen ist zu vermeiden. Das geschmolzene Paraffin kann im Mischkessel auf 130° C und kurzzeitig auch höher erhitzt werden, sofern nicht große Mengen Luft, z.B. durch ein zu schnellaufendes oder falsch eingestelltes Rührwerk in die Schmelze geschlagen werden. Nach dem Entleeren der Leitungen hat Luft in ausreichendem Maße zu dem in den Rohren verbliebenen dünnen Paraffinfilm Zutritt. Wird eine solche entleerte Leitung zu lange beheizt, so verrät sich die eintretende Oxydation durch penetranten Geruch und Gelbfärbung der Paraffinreste. Dieselbe Gefahr ist bei unsachgemäßer Arbeit während der Verarbeitung des Paraffins beim Beschichten gegeben. Auf keinen Fall dürfen Paraffindämpfe, die sich an heißen Leitungen oder Metallteilen niederschlagen, Gelegenheit haben, in das Paraffinbad zurückzutropfen. Die oxydierten Produkte würden als Oxydationsbeschleuniger wirken und nach kurzer Zeit die ganze Badfüllung unbrauchbar machen. Buntmetalle sind wegen ihrer katalytischen Wirkung zu vermeiden.

F. Lagerung paraffinierter Papiere und Kartonabschnitte

Was über die Lagerung für Paraffin gesagt wurde, gilt auch für das paraffinierte Verpackungsmaterial. Sonneneinstrahlung, hohe Temperaturen, Fremdgeruch und Staub sind zu vermeiden. Die Lagerung der Rollen bzw. der paraffinierten Kartonabschnitte muß so erfolgen, daß sie nicht unnötigem Druck ausgesetzt sind.

G. Wachse im Hinblick auf das Lebensmittelgesetz[1]

Die Verwendung von Wachsen bei der Herstellung von Lebensmitteln wird durch folgende Verordnungen geregelt:

„Verordnung über Kaffee" vom 10. V. 1930, § 2
betr. Bienenwachs und Carnaubawachs

„Käseverordnung" vom 24. VI. 1965
betr. Paraffin und Wachs

„Fruchtbehandlungsverordnung" vom 19. XII. 1959
betr. Bienenwachs, Walrat, Carnaubawachs

„Kaugummiverordnung" vom 19. XII. 1959 und Erg. vom 21. VIII. 1964
betr. Bienenwachs, Carnaubawachs, Walrat

„Allgemeine Fremdstoffverordnung vom 19. XII. 1959, § 2, (2). 2.
betr. Bienenwachs als Trennmittel für Back- und Süßwaren.

Die Kunststoffkommission des Bundesgesundheitsamtes hat sich bisher im Rahmen der nachstehend aufgeführten Empfehlungen mit der Verwendung von Wachsen bei der Herstellung von Bedarfsgegenständen im Sinne des § 2 Nr. 1 des Lebensmittelgesetzes befaßt (Stand vom Februar 1968). Diese werden als „Mitteilungen über die gesundheitliche Beurteilung von Kunststoffen im Rahmen des Lebensmittelgesetzes" im Bundesgesundheitsblatt veröffentlicht:

Empfehlung II D, 35. Mitteilung, **10**, 57 (1967), weichmacherfreies Polyvinylchlorid und Mischpolymerisate:

1. Ester der Montansäure mit Äthandiol und/oder 1,3-Butandiol
2. Bis-stearyol-und/oder-palmitoyl-äthylendiamin
3. Ester gesättigter, aliphatischer C_{12}—C_{24}-Säuren mit einwertigen, aliphatischen, gesättigten Alkoholen C_{12}—C_{20}.

Empfehlung V B, 43. Mitt., **11**, 24 (1968), Polystyrol: Bis-stearoyl-und/oder-palmitoyl-äthylendiamin

Empfehlung VI D, 35. Mitt., **10**, 57 (1967), Styrol-Mischpolymerisate:

1. Paraffine
2. Bis-stearoyl-und/oder-palmitoyl-äthylendiamin

Empfehlung X B, 35. Mitt., **10**, 57 (1967), Polyamide:
Ester gesättigter, aliphatischer C_6—C_{24}-Säuren mit einwertigen, gesättigten, aliphatischen Alkoholen C_4—C_{20}

Empfehlung XI A, 23. Mitt., **8**, 110 (1965), Polycarbonat:
Ester der Montansäure mit Äthandiol bzw. mit 1,3-Butandiol

Empfehlung XII A, 20. Mitt., **7**, 380 (1964) ungesättigte Polyesterharze:
Ester der Montansäure mit Äthandiol bzw. 1,3-Butandiol

Empfehlung XIII, 9. Mitt., **4**, 294 (1961), Zellglas:

1. Hartparaffin (DAB)
2. Wachse (DAB)

Empfehlung XIV, 7. Mitt., **4**, 121 (1961) Kunststoff-Dispersionen:
Ester von Montansäuren mit Äthandiol und/oder 1,3-Butandiol.

---

[1] Paraffine und Mikrowachse siehe Seite 676.

Empfehlung XV B, 46. Mitt., **11**, 54 (1968), Silicone:
Hartparaffin- und Wachs-Dispersionen gemäß Empfehlung XXV B

Empfehlung XVIII, 9. Mitt., **4**, 294 (1961), Melaminharz-Preßmassen:
1. Ester der Montansäure mit Äthandiol bzw. 1,3-Butandiol
2. Paraffine (DAB)

Empfehlung XIX, 11. Mitt., **5**, 242 (1962), Trinkwasserrohre aus Kunststoffen:
weichmacherfreies PVC wie Empfehlung II D

Empfehlung XXI B, 42. Mitt., **11**, 9 (1968), Natur- und Synthesekautschuk:
Hartparaffin oder mikrokristalline Wachse

Empfehlung XXIII, 14. Mitt., **6**, 239 (1963), Polymethacrylate und Mischpolymerisate:
Paraffine (DAB)

Empfehlung XXV B, 38. Mitt., **11**, 168 (1967), Hartparaffine, mikrokristalline Wachse und deren Mischungen mit Wachsen, Harzen und Kunststoffen:
1. Hartparaffine, natürliche und synthetische
2. mikrokristalline Wachse
3. niedermolekulare Polyolefine
4. Ester der Montansäure mit Äthandiol bzw. 1,3-Butandiol
5. hydriertes Rizinusöl

Empfehlung XXVII, 19. Mitt., **7**, 360 (1964) Fördergurte auf Basis von weichmacherhaltigem Polyvinylchlorid:
Wie Empfehlung II D

Empfehlung XXIX, 21. Mitt., **7**, 407 (1964), Getränkeschläuche aus Kunststoffen:
Ester der Montansäure mit Äthandiol bzw. 1,3-Butandiol

Empfehlung XXXIII, 28. Mitt., **8**, 358 (1965), Acetalharze:
1. Bis-stearoyl-und/oder-palmitoyl-äthylendiamin
2. Ester der Montansäure mit Äthandiol bzw. 1,3-Butandiol

Empfehlung XXXV, 30. Mitt., **9**, 209 (1966), Mischpolymerisate aus Äthylen, Vinylestern oder Acrylsäureestern:
als Zusatz zu Paraffinen, mikrokristallinen Wachsen und niedermolekularen Polyolefinen

Empfehlung XXXVI A, 39. Mitt., **10**, 267 (1967) Papiere, Kartons und Pappen:
1. Wachs- und Paraffin-Dispersionen
2. Paraffine, mikrokristalline Wachse, niedermolekulare Polyolefine

Empfehlung XXXVIII, 40. Mitt., **10**, 316 (1967), Milch- und Zitzenschläuche:
Ester der Montansäure mit Äthandiol bzw. 1,3-Butandiol*

Hinweise auf Regelungen im Zusammenhang mit deutschen und ausländischen Lebensmittelgesetzen werden laufend in der Zeitschrift für Lebensmittel-Untersuchung und -Forschung veröffentlicht.

Die wachshaltigen Pflegemittel, die Wachsmodelle, Attrappen und die Blei-, Fett- und Buntstifte gehören nicht zu den Bedarfsgegenständen im Sinne von § 2 des Lebensmittelgesetzes in der Fassung des Gesetzes zur Änderung und Ergänzung des Lebensmittelgesetzes vom 21. XII. 1958 (*Bundesgesetzblatt Nr. I S. 950*) und werden somit von den genannten Verordnungen und Empfehlungen nicht direkt berührt. Wohl aber können sie durch Unachtsamkeit oder falschen Gebrauch ähnlich allen im Haushalt vorkommenden Materialien vorübergehend mit dem Menschen in Berührung kommen, so daß die gleiche Vorsicht wie mit allen Materialien des Haushaltes geboten ist. Dies bezieht sich natürlich nicht nur auf die Wachse, sondern in gleichem Maße auf die übrigen Komponenten der wachshaltigen Präparate.

Über die gesundheitliche Schädlichkeit oder Unschädlichkeit der Wachse allgemein und über ihre Verwendbarkeit im Sinne des Lebensmittelgesetzes ist folgendes festzustellen: Von den natürlichen Esterwachsen wird das am längsten bekannte, das *Bienenwachs*, seit Jahrhunderten nicht nur für Waren, die gelegentlich mit dem Menschen in Berührung kommen können, verwendet, sondern auch für

* Inzwischen sind weitere Veröffentlichungen erfolgt.

solche, die bestimmungsgemäß sowohl mit der menschlichen Haut in Berührung kommen – kosmetische und pharmazeutische Präparate aller Art – als auch mit Lebensmitteln; man denke z.B. an den Honig, der ja von den Bienen in Wachswaben gesammelt und aufbewahrt wird. Bienenwachs ist deshalb nicht nur in den Arzneibüchern der verschiedenen Länder für pharmazeutische Präparate zugelassen, sondern z.B. auch als Trennmittel für Back- und Süßwaren (allgemeine Fremdstoffverordnung vom 19. XII. 1959), in der Fruchtbehandlungsverordnung und der Kaugummiverordnung vom 19. XII. 1959. Das Bienenwachs ist außerdem in der Empfehlungen (Zellglas wetterfest) XIII des Bundesgesundheitsamtes aufgeführt.

Das Carnaubawachs darf ebenfalls gemäß der Fruchtbehandlungsverordnung und der Kaugummiverordnung Verwendung finden.

Die Ester der Montansäuren mit Äthylenglykol und/oder 1,3-Butylenglykol werden in einer Reihe von Empfehlungen des Bundesgesundheitsamtes für die Verwendung als Hilfsstoffe genannt:

Empfehlung II D: für für weichmacherfreies Po.yvinylchlorid und Mischpolymerisate

Empfehlung VIII: für Getränkerohre aus weichmacherfreiem Polyvinylchlorid

Empfehlung XI A: für Polycarbonat

Empfehlung XII A: für ungesättigte Polyesterharze

Empfehlung XIV: für Kunststoff-Dispersionen

Empfehlung XVIII: für Melaminharz-Preßmassen

Empfehlung XIX: für Trinkwasserleitungsrohre aus weichmacherfreiem Polyvinylchlorid

Empfehlung XXV B: als Zusatz zu Hartparaffinen und mikrokristallinen Wachsen und deren Mischungen mit niedermolekularen Polyolefinen, Harzen und Kunststoffen

Empfehlung XXVII: für Fördergurte auf Basis von weichmacherhaltigem Polyvinylchlorid

Empfehlung XXIX: für Getränkeschläuche aus Kunststoffen

Empfehlung XXXIII: für Acetalharze

Empfehlung XXXVI A: für Papiere, Kartons und Pappen

Empfehlung XXXVIII: für Milch- und Zitzenschläuche aus Polyvinylchlorid.

Im übrigen hat die nunmehr Jahrzehnte währende vielseitige Verwendung des Rohmontanwachses und der davon ausgehenden hellen Esterwachse für Wachspflegemittel keinen Anlaß zu Bedenken gegeben.

Nach einer privaten Mitteilung der Farbwerke Hoechst AG sind bei eingehenden gewerbetoxikologischen Untersuchungen weder bei Langzeit-Fütterungen über 2 Jahre (bis zu 50000 mg/kg Wachs im Futter) noch bei einmaligen Gaben bis zu 20 g/kg des Körpergewichtes bei Ratten und Mäusen Schädigungen der Versuchstiere aufgetreten. Ebenso haben Haut- und Schleimhautverträglichkeitsversuche zu keinen Bedenken Anlaß gegeben.

Außer Esterwachsen, Paraffinen und mikrokristallinen Wachsen sind noch einige Wachse aus anderen chemischen Gruppen in den obengenannten Empfehlungen des Bundesgesundheitsamtes bezüglich ihrer Verwendung genannt worden, und zwar:

Bis-stearoyl- und/oder -palmitoyl-äthylendiamin:

Empfehlung II D: für weichmacherfreies Polyvinychlorid und Mischpolymerisate

Empfehlung V B: für Polystyrol

Empfehlung VI D: für Styrol-Mischpolymerisate

Empfehlung VIII: für Kunststoffrohre für Getränkeleitungen

Empfehlung XIX: für Trinkwasserleitungsrohre aus weichmacherfreiem Polyvinylchlorid

Empfehlung XXVII: für Fördergurte auf Basis von weichmacherhaltigem Polyvinylchlorid

Empfehlung XXXIII: für Acetalharze

Ester gesättigter, aliphatischer C_{12}—C_{24}-Säuren mit einwertigen, aliphatischen, gesättigten Alkoholen C_{12}—C_{30}:

Empfehlung II D: für weichmacherfreies Polyvinylchlorid und Mischpolymerisate

Empfehlung VIII: für Kunststoffrohre für Getränkeleitungen

Empfehlung XIX: für Trinkwasserleitungsrohre aus weichmacherfreiem Polyvinylchlorid

Empfehlung XXVII: für Fördergurte auf Basis von weichmacherhaltigem Polyvinylchlorid

Ester gesättigter, aliphatischer C_6—C_{24}-Säuren mit einwertigen, gesättigten, aliphatischen Alkoholen C_4—C_{20}:

Empfehlung X B: für Polyamide

Nicht-oxydierte Polyolefinwachse:

Empfehlung XXV B: für Mischungen mit Hartparaffinen und mikrokristallinen Wachsen, auch zusammen mit anderen Wachsen, Harzen und Kunststoffen

Hydriertes Rizinusöl:

Empfehlung XXV B: für Mischungen mit Hartparaffinen und mikrokristallinen Wachsen, auch zusammen mit anderen Wachsen, Harzen und Kunststoffen.

In den Vereinigten Staaten bestehen eine große Anzahl von Anordnungen der Federal Drug Administration (FDA) über die Verwendung von Esterwachsen (bis einschl. 1965), die laufend ergänzt werden.

Bienenwachs gelb	Subpart B, Par. 121.101 — 55,509 allgemeine Verwendung
Bienenwachs, gebleicht	Subpart B, Par. 121.101 — 55,509 allgemeine Verwendung
Bienenwachs, weiß	Subpart D, Par. 121.1163 — 56,063 Zusatz zu Lebensmitteln
Candelillawachs	Subpart F, Par. 121.2520 — 56,870 für Klebemittel
	Par. 121.2569 — 56,919 für Polyolefine
	Par. 121.2571 — 56,921 für Verpackungsmittel
Carnaubawachs	Subpart B, Par. 121.101 — 55,509 allgemeine Verwendung
	Subpart F, Par. 121.2569 — 56,919 für Polyolefine
Japanwachs	Subpart B, Par. 121.101 — 55,534 allgemeine Verwendung
	Subpart F, Par. 121.2520 — 56,870 für Klebemittel
	Par. 121.2540 — 56,890 für Vinylacetat-Copolymere
	Par. 121.2526 — 56,876 für Verpackungsmittel
Montanwachs	Subpart F, Par. 121.2519 — 56,869 für Verpackungsmittel

	Par. 121.2520— 56,870 für Klebemittel
	Par. 121.2526— 56,876 für Verpackungsmittel (Ester der Montansäure mit Äthylenglykol)
	Par. 121.2563— 56,912 für Gummiartikel
Reiswachs	Subpart D, Par. 121.1059— 55,959 für Kaugummi
	Par. 121.1098— 55,998 für Kaugummi, Frucht- und Süßwarenbeschichtung
Walrat	Subpart F, Par. 121.2507— 56,807 für Cellophan
	Par. 121.2514— 56,814 für Beschichtungen
	Par. 121.2520— 56,870 für Klebemittel
	Par. 121.2569— 56,919 für Polyolefinbeschichtungen

H. Reinheitsanforderungen an Paraffin und Mikrowachs in der Lebensmittelgesetzgebung

1. Allgemeines

Die Verwendung der Paraffine in der Verpackungsindustrie – speziell für die Lebensmittelverpackung – gab den Behörden Veranlassung, besondere Reinheitsanforderungen aufzustellen.

Nachdem W. POTT (1775) zum erstenmal den Schornsteinfegerkrebs beschrieben hat, wurde man auf die Möglichkeit, daß Berufs- und Umweltbedingungen Krebs hervorrufen können, aufmerksam. R. VOLKMANN (1875) untersuchte Krebsfälle näher, die sich bei der Produktion von Paraffin aus Braunkohlenteer ereigneten. Er beschreibt in seiner Originalarbeit sehr genau, wie die Arbeiter bei dieser Herstellung beschäftigt waren. Zum Gewinnen des Paraffins wurde der Braunkohlenteer abgekühlt und an Filterpressen, die unter Druck gesetzt wurden, vom Teer bzw. vom abgekühlten Öl abgeschieden. Der Paraffinbrei mußte dann von den Arbeitern aus der Presse entfernt werden und dazu war körperliche Arbeit nötig, denn der ölige Paraffinbrei haftete fest auf den Filtertüchern. Eine erhebliche Verschmutzung der Arbeitskleidung ließ sich nicht vermeiden und die völlig ungenügende Hygiene führte dann zu den von VOLKMANN beobachteten und genau beschriebenen Krebsfällen. VOLKMANN konnte aber auch weiter feststellen, daß Arbeiter, die ausschließlich mit festen, fertigen Paraffinen hantierten, keine Hauterkrankungen zeigten. Das Wort „Paraffinkrebs", das seit der Arbeit von VOLKMANN immer wieder fälschlich gebraucht wird, war also überhaupt nicht auf Krebsfälle durch Paraffin, sondern auf Erkrankungen durch den öligen, paraffinösen Brei zurückzuführen. Wie bei der Paraffinherstellung aus Erdöldestillaten bereits unter 3. Paraffinherstellung s. S. 647 aufgeführt, war ein ähnliches Verfahren auch in der Mineralölindustrie üblich. Auch hier wurden eine Reihe Krebsfälle beobachtet. Diese Erkrankungen zeigten sich ebenfalls nur bei Arbeitern an den Paraffinpressen, und zwar nur dann, wenn eine sehr lange Tätigkeit an diesen Pressen ausgeübt wurde (10 Jahre und mehr). Die Art der Entparaffinierung der Öle durch Abpressen bzw. das Entölen der Paraffingatsche durch Pressen ist inzwischen längst auch in der Mineralölindustrie aufgegeben worden und man arbeitet nach dem Lösungsmittelverfahren, bei dem eine direkte Berührung mit dem Paraffin nicht mehr gegeben ist.

Weitere Berichte über Krebserkrankungen in der paraffinverarbeitenden Industrie gingen deshalb bei der Berufsgenossenschaft nicht mehr ein, so daß in dem Verzeichnis der Berufskrankheiten – wie es die Berufsgenossenschaft für Hautkrebs durch Holzteer, Anthracen, Pech und ähnliche Stoffe – Paraffin eingeschlossen – aufgezeichnet hat, keine Meldung mehr erfolgte. Inzwischen ist in dieser Klassifizierung der Begriff Paraffin sinngemäß richtig durch Rohparaffin ersetzt worden (H.-J. Hofmann, 1964).

Verwirrung entstand durch eine unrichtige Wiedergabe eines Vortrages, den W. C. Hueper auf dem Kongreß der International Union against Cancer in Rom 1956 gehalten hatte. Er hatte in seiner Ausführung eine ganze Reihe von Chemikalien als möglicherweise für die Krebserregung verdächtig genannt. Darunter befand sich auch das Wort Paraffin. Die Presse hatte daraufhin sofort erklärt, das bedeutet, daß paraffinierte Verpackungen für die Verpackung von Lebensmitteln gesundheitsschädlich seien.

Von Hueper erfolgte deshalb die Korrektur, daß er allgemein nur ungereinigtes Paraffin gemeint hatte, wie es vielleicht außerhalb der USA irgendwo hergestellt würde. Er hatte aber grundsätzlich darauf hingewiesen, daß es nötig sei, Reinheitsanforderungen für Paraffin zur Kennzeichnung der Qualität aufzustellen, was inzwischen geschehen ist.

H. L. Falk u. Mitarb. hatten 1958 die Extraktion von 3.4-Benzpyren aus Ruß mit Plasmaprotein erkannt. In weiteren Arbeiten konnte die Forschergruppe zeigen, daß auch die Proteine der Milch selektive Extraktionseigenschaft auf polycyclische Aromaten aufweisen. Geprüft wurde die Extrahierbarkeit dieser Aromaten aus einem vollraffinierten Tafelparaffin dem die Aromaten, es handelte sich um 3.4-Benzpyren und 1.2.5.6-Dibenzanthracen, vorher in genau bestimmten Mengen zugesetzt worden waren. Das Paraffin war vorher auf den Gehalt an diesen beiden Aromaten geprüft worden und es konnte kein 3.4-Benzpyren bis zur Nachweisgrenze der Methode 1 in 10^9 nachgewiesen werden. In einem der untersuchten Paraffine wurde aber Dibenzanthracen, und zwar 1.2.5.6-Dibenzanthracen in einer Größenordnung von 1 ppm gefunden.

Hierzu erklärte Kotin, daß das untersuchte Paraffin nur gering raffiniert war und den normalen Bedingungen in bezug auf Farbe, Reinheit und Geruchslosigkeit nicht entsprochen hatte. In allen anderen untersuchten Paraffinen konnte nicht eine Spur Dibenzanthracen nachgewiesen werden. Leider hatte das von Falk, Miller und Kotin erwähnte Vorkommen von Dibenzanthracen in einem Paraffin bereits Eingang in die Literatur gefunden. Feststellungen dieser Art sind durch die inzwischen von Kotin erfolgte Korrektur richtiggestellt.

In Deutschland hatte das *Bundesgesundheitsamt* am 21. Mai 1957 die Verwendung eines gereinigten Hartparaffins zur Herstellung von paraffinierten Milchverpackungen für gesundheitlich unbedenklich erklärt und ausdrücklich zugelassen. H. Druckrey u. Mitarb. (1959) erkannte, daß der Schwefelsäuretest bei 70° C nach dem DAB 6 für den Nachweis von polycyclischen Aromaten – als Modell diente 3.4-Benzpyren, 1.2.5.6-Dibenzanthracen und 20-Methylcholanthren – keine genügende Empfindlichkeit besitzt. Er schlug deshalb den Fluoreszenzvergleich gegen eine Chininsulfatlösung vor und dieser Test wurde 1961 in die Kaugummiverordnung aufgenommen.

P. Shubik u. Mitarb. haben im Auftrag des American Petroleum Institute 1962 eine breit angelegte Arbeit über die Unschädlichkeit von Paraffin und Mikrowachsen veröffentlicht. Diese über 4 Jahre durchgeführte Arbeit, basierend auf Paraffin- und Mikrowachsqualitäten, wie sie in den USA 1958 zur Herstellung von Lebensmittelverpackungen benutzt wurden, zeigte folgende Ergebnisse:

36 Paraffinqualitäten, die als repräsentativ für die auf dem Markt befindlichen Sorten gelten konnten, wurden analysiert und mit 5 von ihnen (zwei Paraffin- und drei Mikrowachssorten) umfangreiche Tierversuche durchgeführt. Hautpinselungen erfolgten an Mäusen und Kaninchen, Implantationen an Mäusen und Fütterungen an Ratten. Einschließlich der notwendigen Kontrollversuche wurden rund 3000 Tiere verwendet und anschließend zur Kontrolle aller Organe seziert. Es wurden in keinem Falle Erscheinungen beobachtet, die auf einen schädlichen oder gar krebserregenden Charakter der Paraffine oder Mikrowachse schließen ließen.

Die im Rahmen dieser Arbeit von W. Lijinsky durchgeführten analytischen Studien zeigen, daß in keinem dieser Paraffine oder Mikrowachse 3.4-Benzpyren oder 1.2.5.6-Dibenzanthracen nachgewiesen werden konnte. Besonders sei auf die Versuchsreihe hingewiesen, in der mit den angereicherten Aromaten, gewonnen aus einem Mikrowachs, gearbeitet wurde. Hier lag die Überlegung zugrunde, daß es besser ist, mit dem Aromatenextrakt Versuche durchzuführen als mit den bekannten Modellaromaten wie 3.4-Benzpyren, 1.2.5.6-Dibenzanthracen, von denen ja analytisch bewiesen worden war, daß sie in den Paraffinen und Mikrowachsen nicht vorhanden sind. Auch mit den aus einem Mikrowachs extrahierten aromatischen Komponenten trat keine Gesundheitsschädigung auf, d. h. also, die in dem Mikrowachs, das den Reinheitsanforderungen entspricht, noch enthaltenen aromatischen Bestandteile wären selbst dann gesundheitlich unbedenklich, wenn sie in weit höherer Menge in dem Mikrowachs enthalten gewesen wären. Eine Arbeit derartigen Umfanges ist bisher unseres Wissens noch nie für ein Produkt, das als Zusatz zum Lebensmittel oder in der Lebensmittelverpackung verwendet wird, gemacht worden.

In Deutschland hat das *Bundesgesundheitsamt* am 1. Mai 1964 in seiner XXV. Empfehlung — und 1967 in der erweiterten Empfehlung XXV B — Reinheitsanforderungen für Paraffine und mikrokristalline Wachse aufgestellt, bei deren Erfüllung ein Zusatz zum Lebensmittel (siehe Änderung der Kaugummiverordnung vom 21. August 1964) und die Herstellung von paraffinierten Lebensmittelverpackungen zugelassen ist (D. Helberg, 1962/1964).

Als Paraffin gelten feste, gereinigte, überwiegend geradkettige, gesättigte Kohlenwasserstoffe, deren Erstarrungstemperatur nicht unter 43° C und nicht über 98° C, gemessen am rotierenden Thermometer DIN 51556, liegt (im neuen Entwurf geändert auf nicht unter 43° C und nicht über 75° C). Zum mikrokristallinen Wachs gehören im Sinne dieser Mitteilung feste, gereinigte, überwiegend verzweigte, gesättigte mikrokristalline Kohlenwasserstoffe mit einem Erstarrungspunkt von nicht unter 50° C und nicht über 98° C, gemessen am rotierenden Thermometer DIN 51556 (im neuen Entwurf geändert auf nicht unter 50° C und nicht über 90° C), mit einer Viscosität bei 100° C von nicht unter 5,8 cSt. und nicht über 35 cSt. Für die beiden Produkte gelten unterschiedliche Reinheitsanforderungen.

In USA ist die Bezeichnung Paraffin eine offizielle Definition. Diese wurde durch die Pure Food, Drug, and Cosmetic Act von 1939, die diesen Begriff aufgenommen hatte, eingeführt. Für die Reinheitsanforderungen gilt die National Formulary XII.

Für Paraffine und Mikrowachse, die den Lebensmitteln zugesetzt oder die bei der Herstellung von paraffinierten Verpackungen für Lebensmittel verwendet werden, hat die Food und Drug Administration FDA in der Verordnung Title 21, Part 121 Food Additive vom 8. Juli 1964 – ausgehend von den Ergebnissen Shubiks – folgende neue Reinheitsanforderungen aufgestellt:

Die Verwendung von „Petroleum Wax" (ein Unterschied zwischen Hartparaffin und mikrokristallinen Wachsen wird nicht gemacht) als Zusatz zu Lebensmitteln, Section 121.1156, oder zur Herstellung von paraffinierten Lebensmittelverpackungen, die in direktem Kontakt zu Lebensmitteln, Section 121.1586, stehen, wird erlaubt, wenn die in dieser Verordnung aufgestellten Reinheitsanforderungen erfüllt werden. Man prüft die Reinheit durch Messung der UV-Absorption in 4 verschiedenen Wellenbereichen. Die Zulassung erfolgt, wenn der im Verlauf der nachstehend beschriebenen Analysenmethode gewonnene Extrakt folgenden Wert der UV-Absorption nicht überschreitet:

280–289 nm	0,15 max.
290–299 nm	0,12 max.
300–359 nm	0,08 max.
360–400 nm	0,02 max.

Die Angaben dieser Tabelle erfolgen für eine Schichtdicke von 1 cm. Als Extraktionsmittel zur quantitativen Erfassung der Aromaten dient Dimethylsulfoxyd. Man hatte ursprünglich vor, analog der von P. Shubik und W. Lijinsky (1962) vorgeschlagenen Methode mit Nitromethan zu arbeiten. Auf die Vorzüge des Dimethylsulfoxyds wurde von E. O. Haenni u. Mitarb. (1962) hingewiesen.

Die FDA verzichtet in der Regulation vom 8. VII. 1965 auf andere Reinheitsprüfungen außer der UV-Absorption, weil sie überzeugt ist, daß die sonstigen Qualitätsmerkmale sowieso auf Grund des Wettbewerbs erfüllt werden.

In vielen Ländern, in denen keine speziellen Reinheitsanforderungen für bestimmte Verwendungen der Paraffine und Mikrowachse bestehen, werden die im jeweiligen Arzneibuch vorgeschriebenen Reinheitsgrade auch bei Verwendung im Kontakt mit Lebensmitteln empfohlen. Alle Arzneibücher enthalten die Forderung

Tabelle 20. *Gegenüberstellung verschiedener Anforderungen an Hartparaffine und mikrokristalliner Wachse in Deutschland und den USA*

Behörde	BGA		FDA
Stand nach	1967	XXV. Empfehlung	8. VII. 1964 Federal Register
Produkt	Hartparaffin Visc. b. 100° C $\leqq$ 5,8 cSt.	Mikrokristalline Wachse Visc. b. 100° C = 5,8 bis 35 cSt.	Hartparaffin und mikrokrist. Wachse (Petroleum Waxes)
Farbe/Jodskala DIN 53403 (geschmolzen)	$\leqq$ 1	$\leqq$ 60	nicht vorgesehen
Schwefelsäuretest (gleich oder heller als Vergleichslösung	bestimmt bei 70° C/ 95,0%ige H_2SO_4	bestimmt bei 80° C/ 90,0%ige H_2SO_4	nicht vorgesehen
Fluorescenztest (Chininsulfat)	gleich oder schwächer	nicht vorgesehen	nicht vorgesehen
Papierchromatographie (Gehalt je Modellaromat)	< 0,01 mg/kg	< 0,1 mg/kg	nicht vorgesehen
UV-Absorption (nach durchgeführter vorgeschriebener analytischer Methode)	nicht vorgesehen		280–289 nm · 0,15 max. 290–299 nm · 0,12 max. 300–359 nm · 0,08 max. 360–400 nm · 0,02 max.

nach Freiheit von fremden Verunreinigungen, keinen Gehalt an alkalischen oder sauren Bestandteilen, Festlegung eines bestimmten Schmelzpunktbereiches sowie häufig die Prüfung des Verhaltens gegen Schwefelsäure.

I. Spezielle Methoden zur Kontrolle vorgeschriebener Reinheitsanforderungen

I. Prüfungen im Rahmen der XXV. Empfehlung des Bundesgesundheitsamtes BGA

1. Schwefelsäuretest

Durch den Schwefelsäuretest wird der Raffinationsgrad des Paraffins oder Mikrowachses kontrolliert. Nur bei entsprechend weitgehender Raffination wird der Test erfüllt. Die Prüfung wird mit unterschiedlichen Bedingungen für Paraffin und Mikrowachs durchgeführt.

Untersuchung von Paraffin (Schmelzpunktsbereich 43–75° C): Haben die Paraffine eine Viscosität unter 5.8 cSt. bei 100° C, wird der Schwefelsäuretest mit 95%iger Schwefelsäure bei 70° C durchgeführt. Diese Prüfung entspricht der Vorschrift für *paraffinum durum* im DAB 7 (Entwurf), wobei der Schmelzpunktsbereich gemessen am rotierenden Thermometer von 50/62° C vorgeschrieben ist.

Prüfung von Mikrowachsen (Schmelzpunktsbereich 50–90° C): Beträgt die Viscosität 5,8 cSt. bis 35 cSt. bei 100° C wird mit 90%iger Schwefelsäure bei 80° C geprüft. Art, Schütteln und Dauer der Schwefelsäureeinwirkung sowie die Vergleichsfarblösung sind für beide Prüfungen gleich.

2. Prüfung der Farbe

(Jodfarbzahl)

Die Farbe des geschmolzenen Paraffins oder Mikrowachses wird mit Vergleichsfarblösungen (Milligramm Jod in 1 l H_2O) gemäß DIN 53403 verglichen.

Paraffine dürfen die Jodfarbzahl 1, Mikrowachse die Jodfarbzahl 60 nicht überschreiten.

3. Prüfung der Fluorescenz

Die geschmolzenen Paraffine dürfen nur eine kaum sichtbare Fluorescenz im UV-Licht einer Niederdrucklampe 254 nm aufweisen. Sie darf die Fluorescenz einer Chininsulfatlösung — 10^{-7} g/ml Chininsulfat bezogen auf das 8-Hydrat in 0,1 n-Schwefelsäure — nicht überschreiten. Geprüft wird in Quarzröhrchen. Der Zusatz von Fluoreszenzlöschern ist verboten.

Da Mikrowachse strukturell bedingt auch ohne Anwesenheit von unerwünschten polycyclischen Aromaten unter gleichen Prüfbedingungen im UV-Licht fluorescieren, kann diese Untersuchung bei Mikrowachsen nicht als Reinheitskriterium dienen.

4. Prüfung auf polycyclische Aromaten

In der vom Bundesgesundheitsamt ausgearbeiteten Methode werden die Aromaten durch Extraktion des Paraffins oder Mikrowachses mit Nitromethan angereichert und der Extrakt wird durch Rundfilter-Papierchromatographie unter Verwendung von Kieselgel-Papier (Schleicher & Schüll Nr. 289) zerlegt. Als Fließmittel verwendet man reines Methylcyclohexan, das mit Dimethylformamid gesättigt ist. Imprägniert wird mit einer 30%igen Lösung von Dimethylformamid in Äthyläther.

Etwa vorhandene polycyclische Aromaten erscheinen als scharf abgegrenzte im UV-Licht 366 nm fluorescierende Zonen. Die Methode ist als Grenzwertmethode ausgearbeitet, derart, daß fluorescierende Zonen im R_f-Bereich der polycyclischen Kohlenwasserstoffe 3.4-Benzpyren, 1.2.5.6-Dibenzanthracen und 20 Methylcholanthren nur dann beobachtet werden, wenn einer dieser drei Stoffe

im Hartparaffin zu mehr als 0,01 mg/kg (mit einer Fehlergrenze von + 0,008 mg/kg)

und in mikrokristallinen Wachsen zu mehr als 0,1 mg/kg (mit einer Fehlergrenze von + 0,08 mg/kg)

enthalten ist.

Die XXVB. Empfehlung enthält weiter Reinheitsanforderungen für die nachstehenden Produkte, wenn sie in Mengen von unter 50% dem Paraffin, Mikrowachs oder einer Mischung von beiden zugesetzt werden:

Synthetische Hartparaffine,
Polyäthylene,
Polypropylene,
Niedrig molekulare Polyolefine,
Polyterpene,
Polyisobutylene einschließlich Butylkautschuk,
Glycerin- und Pentaerythritester der Harzsäuren sowie deren Hydrierungsprodukte,
Dammarharz,
Äthylen-Vinyl-Acetat-Copolymerisate,

Äthylen-Äthyl-Acrylat-Copolymerisate,
Polystyrolmischpolymerisate,
Acryl- und Methacrylsäureester-Polymerisate,
Polyolefinharze.
Als Zusätze in Mengen unter 10% sind zugelassen:
Silikone,
Hydriertes Rizinusöl,
Stearinsäure,
Ölsäureamid/Stearinsäureamid,
Ester der Montansäuren.

Butylhydroxyltoluol (BHT), Butylhydroxyanisol (BHA) dürfen als Antioxydantien in einer Menge von höchstens 0,01% zugesetzt werden.

II. Reinheitsprüfung nach Vorschrift der Federal Drug Administration (FDA)

(29 Nr. 132 vom 8. Juli 1964)

Die Verwendung von „Petroleum-Wax" (ein Unterschied zwischen Hartparaffin und mikrokristallinen Wachsen wird nicht gemacht) als Zusatz zu Lebensmitteln, § 121.1156, oder zur Herstellung von paraffinierten Lebensmittelverpackungen, die in direktem Kontakt zu Lebensmitteln, § 121.2586, stehen, wird erlaubt, wenn die in dieser Verordnung aufgestellten Reinheitsanforderungen erfüllt werden. Man prüft die Reinheit durch Messung der UV-Absorption in 4 verschiedenen Wellenbereichen. Die Zulassung erfolgt, wenn der im Verlauf der nachstehend beschriebenen Analysenmethode gewonnene Extrakt folgende Werte der UV-Absorption nicht überschreitet:

280—289 nm	0,15 max.
290—299 nm	0,12 max.
300—359 nm	0,08 max.
360—400 nm	0,02 max.

Die Angaben dieser Tabelle erfolgen für eine Schichtdicke von 1 cm. Als Extraktionsmittel zur quantitativen Erfassung der Aromaten dient Dimethylsulfoxyd. Man hatte ursprünglich vor, analog der von SHUBIK und LIJINSKY (1962) vorgeschlagenen Methode mit Nitromethan zu arbeiten. Auf die Vorzüge des Dimethylsulfoxyds wurde von HAENNI u. Mitarb. (1962) hingewiesen.

Es werden von einem repräsentativen Hartparaffin- oder mikrokristallinen Wachs-Muster 25 g zur Analyse benutzt. Aus einem Gemisch von 300 ml DMSO, 75 ml Phosphorsäure und 150 ml Isooctan trennt man die beiden im Gleichgewicht befindlichen Schichten des DMSO und des Isooctans ab und benutzt diese so eingestellten Lösungsmittel. Die Einwaage wird in 100 ml dieses DMSO in der Wärme gelöst, und insgesamt 50 ml des eingestellten Isooctans werden hinzugefügt. Der DMSO-Extrakt wird anschließend nacheinander dreimal mit je 30 ml eingestelltem Isooctan gewaschen. Dieser Arbeitsgang wird mit zwei anderen DMSO-Extraktionen und den aufeinanderfolgenden Waschungen wiederholt.

Man vereinigt die 3 erhaltenen Extrakte, nimmt mit 480 ml dest. Wasser auf und schüttelt die wäßrige Lösung zweimal mit je 80 ml Isooctan aus. Jeder Isooctan-Teil wird mit dest. Wasser gewaschen und mit Natriumsulfat getrocknet, und die Isooctan-Auszüge werden nach Zugabe von 1 ml n-Hexadecan bis auf 1 ml Rückstand eingedampft. Dann gibt man erneut 10 ml Isooctan hinzu und dampft wiederum auf 1 ml Rückstand ein. Dieser wird im Meßkolben mit Isooctan auf 25 ml verdünnt, und die UV-Absorption wird unter Benutzung einer 5 cm-Küvette gemessen und auf 1 cm umgerechnet. Findet man Werte, die unter den angegebenen Zahlen liegen, so ist die Analyse beendet und das untersuchte Produkt entspricht den Anforderungen. Findet man höhere Werte, so muß man die Analyse fortsetzen, um zu prüfen, ob diese zu hohen Werte wirklich auf den Gehalt an unerwünschten polycyclischen Aromaten oder auf andere Verunreinigungen zurückzuführen sind; hierzu wird eine Säulenchromatographie unter Verwendung einer Mischung von genormtem Magnesiumoxyd und Celite im Verhältnis 2 : 1 als Absorptionsmittel durchgeführt.

Man eluiert mit einer 10%igen Benzollösung in Isooctan und beendet die Eluierung durch Zugabe einer 20%igen Benzollösung in Isooctan. Das letzte Eluat wird verworfen. Durch die anschließende Eluierung mit einem Gemisch aus 380 ml Aceton und 200 ml Benzol, dem 20 ml H_2O zugesetzt sind, erhält man etwa vorhandene polycyclische Aromaten. Das Eluat wird mit Wasser gewaschen und mit Natriumsulfat getrocknet. Die Benzollösung wird nach Zugabe von 1 ml Hexadecan im Stickstoffstrom bis auf 1 ml eingedampft. Man füllt mit Isooctan auf 25 ml auf und mißt, wie bereits beim Extraktionsteil ausgeführt.

Diese Prüfung ist außerordentlich empfindlich, und es darf daher nur mit Reagentien gearbeitet werden, die den ausführlich beschriebenen Reinheitsprüfungen genügen. Für die Glasgeräte sind teilweise Hähne und Stopfen aus Teflon vorgeschrieben. Zur Errechnung des Blindwertes ist eine vollständige Analyse ohne Zugabe des Untersuchungsmaterials durchzuführen; dieser Blindwert darf die hierfür angegebenen Grenzen nicht überschreiten. Alle Glasgeräte sind vor Benutzung sorgfältig mit Isooctan zu waschen, und ebenso sorgfältig ist die zu untersuchende Probe vor jeder Verunreinigung zu schützen.

Im Hinblick auf die notwendigen Geräte, den Verbrauch an Lösungsmitteln und vor allem wegen des erforderlichen Arbeitsaufwandes ist diese Methode als zeitraubend und kostspielig zu bezeichnen.

Vollraffinierte Paraffine entsprechen meistens schon nach der Extraktion. Für Mikrowachs erweist sich häufig die Fortsetzung der Analyse als notwendig.

Eine direkte Korrelation zwischen der FDA-Methode und den Bedingungen der XXVB. Empfehlung kann wegen der verschiedenen analytischen Arbeitsweisen nicht gegeben sein.

III. Reinheitsprüfung für Paraffin nach DAB VII

Unter Hartparaffin *(Paraffinum durum)* versteht das DAB VII farblose, weiße, fast geruchlose Paraffine mit Erstarrungstemperaturen gemessen am rotierenden Thermometer von 50–62° C. (In der XXV. Empfehlung ist ein Bereich von 43—75° C vorgesehen.)

Die Reinheitsprüfung sieht wie im DAB VI folgende Untersuchungen vor:

Verhalten gegen Schwefelsäure:

Die Konzentration der Schwefelsäure beträgt 95,5 ± 0,5%.

Prüfung auf alkalisch oder sauer reagierende Bestandteile.

Neu im DAB VII ist die Prüfung auf Lichtabsorption. Sie wird in Isooctanlösung vorgenommen. Die Extinktion dieser Lösung gemessen in einer Schichtdicke von 2 cm gegen Isooctan darf bei

	275 nm höchstens 0,60	
bei	295 nm höchstens 0,30	und oberhalb
von	310 nm höchstens 0,10	

betragen.

IV. Untersuchung beschichteter Verpackungsmaterialien

Die Untersuchung der Beschichtung paraffinierter Verpackungsmaterialien wie Einwickelpapiere, Kartons oder Becher ist aus den nachstehend aufgeführten Gründen nur in Ausnahmefällen möglich:

Handelt es sich um imprägnierte (dry waxing) Verpackungen, so ist alles Paraffin von dem Packmaterial aufgenommen, ohne daß eine Schicht an der Oberfläche zurückbleibt. Eine Isolierung des Paraffins ist also nur durch Extraktion mit Lösungsmitteln möglich.

Zur Imprägnierung werden meistens Paraffine oder Mikrowachse bzw. deren Gemische ohne besondere Zusätze verwendet, so daß eine vollständige Extraktion mit dem Lösungsmittel erreicht werden kann, ohne daß man Gefahr läuft, Komponenten der Beschichtung im Papier zu lassen. Es werden aber immer Bestandteile aus dem Papier und evtl. Druckfarbe mitextrahiert, wodurch eine Prüfung auf die Reinheit des verwendeten Paraffins, z.B. mit dem Schwefelsäuretest unmöglich wird. Die aus dem Papier mitgeschleppten Stoffe ergeben immer eine Dunkelfärbung und täuschen damit die Verwendung eines ungenügend gereinigten Paraffins vor. Bei der Untersuchung auf polycyclische Aromaten, siehe S. 680, treten durch die bei der Extraktion in das Paraffin gelangten Bestandteile Zonen auf, die nicht auf das verwendete Paraffin zurückgeführt werden dürfen.

Ist das Verpackungsmaterial nicht imprägniert, sondern beschichtet, so kann man mit einer Rasierklinge vorsichtig die an der Oberfläche sitzende Beschichtung abkratzen. Durch Filtration des geschmolzenen Materials müssen evtl. doch mitgerissene Faserteilchen entfernt werden.

Die Prüfung auf Reinheit mit dem Schwefelsäuretest kann aber in den meisten Fällen trotzdem nicht erfolgen, da es sich bei dem Beschichtungsmaterial wohl immer nicht allein um Paraffin, sondern um Gemische von Paraffin und Mikrowachs mit weiteren Zusätzen handeln wird. Diese Zusätze müssen selbstverständlich für die Herstellung von Bedarfsgegenständen im Sinne des Lebensmittelgesetzes und entsprechend den Anforderungen der XXVB. Empfehlung genehmigt sein. Das fertige Beschichtungsgemisch kann aber andere Eigenschaften als jeweils für die Einzelkomponenten an Reinheitsanforderungen verlangt werden, aufweisen. Das Gemisch wird z.B. den Schwefelsäuretest nicht erfüllen, obwohl das verwendete Paraffin und Mikrowachs den jeweils vorgeschriebenen Schwefelsäuretest erfüllte. Umgekehrt kann das Paraffin stören, wenn man einen Zusatz auf den für ihn gültigen Reinheitsgrad untersuchen würde, z.B.

Grader Wert für Polyäthylen,

Viscositätsbegrenzung beim Polyterpen usw.

Der Hersteller der Verpackungen muß sich deshalb vom Lieferanten bestätigen lassen, daß alle im Beschichtungsmaterial enthaltenen Bestandteile sowie etwaige Alterungsschutzmittel den jeweils vorgeschriebenen Reinheitsanforderungen genügen.

Bibliographie

Asinger, F.: Chemie und Technologie der Paraffinkohlenwasserstoffe. S. 515. Berlin: Akademie-Verlag 1956.

— Einführung in die Petrolchemie. S. 15. Berlin: Akademie-Verlag 1959.

Baird, W.: I.G. Waxes: Manufacture at Gersthofen and Oppau. London: B.I.O.S. Final Report 419/422, 1945.

Bennet, H.: Industrial Waxes. Band I u. II. New York: Chemical Publishing Co 1963.

DGF.-Einheitsmethoden, Gruppe M. Wachse. Stuttgart: Wissenschaftliche Verlagsges. (Nachtrag) 1963.

Fachserie D: „Industrie und Handwerk", Reihe 3: „Industrielle Produktion". Wiesbaden: Statistisches Bundesamt, 4. Vierteljahr 1964.

Ferris, S.W.: Paraffin Wax. Science of Petroleum. Vol. V., Part. III, S. 172. Londen: Oxford University Press 1955.

Fischer, E.J., u. W. Presting: Laboratoriumsbuch für die Untersuchung technischer Wachs-, Harz- und Ölgemenge. Halle (Saale): VEB W. Knapp 1958.

Fußboden-Fibel – Forschungsgemeinschaft Bauen und Wohnen. Stuttgart. Bad Wörishofen: Lobrecht-Verlag 1962.

Franck, R.: Kunststoffe im Lebensmittelverkehr – Empfehlungen der Kunststoff-Kommission des Bundesgesundheitsamtes. München, Köln, Berlin: Carl Heymanns Verlag 1962 (und spätere Ergänzungsblätter).

Gebäudereinigung. Köln: Kommunale Gemeinschaftsstelle für Verwaltungsvereinfachung 1956.

Geiseler, G.: Ausgewählte physikalische Methoden der organischen Chemie. Band I u. II. Berlin: Akademie-Verlag 1963.

Gildemeister, E., u. Fr. Hoffmann: Die ätherischen Öle. 4. Aufl., Bd. 7, Berlin: Akademie-Verlag 1961.

Gnamm, H., u. W. Sommer: Die Lösungs- und Weichmachungsmittel. 7. Aufl. Stuttgart: Wissenschaftliche Verlagsges. 1958.

HADERT, H.: Technische Fette und Wachsgemische – Die Wachsgemische. S. 119–224. Berlin: Hadert-Lexikon-Verlag 1956.
HATT, H.H.: Montan and I.G. Waxes. London: B.I.O.S. Final Report 1759/22 (1947).
IVANOVSZKY, L.: Wachs-Enzyklopädie. Bd. I: Die Wachse und ihre wichtigsten Eigenschaften. Bd. II: I. Teil: Untersuchung der Wachse und verwandter Warengruppen. Augsburg: Verlag für chemische Industrie, H. Ziolkowsky KG ab 1960.
Jahrbuch für den Praktiker. Augsburg: Verlag für chemische Industrie, H. Ziolkowsky KG seit 1952.
KAUFMANN, H.P.: Analyse der Fette und Fettprodukte. I. Allgem. Teil: Die Chemie der natürlichen Wachse. S. 305—327. Analyse der Wachse. S. 1004—1049. II. Spez. Teil: Lederpflegemittel. S. 1670—1675. Berlin, Göttingen, Heidelberg: Springer-Verlag 1958.
LISSNER, A., u. A. THAU: Die Chemie der Braunkohle. Bd. I u. II. Halle (Saale): VEB W. Knapp 1956.
LÜDECKE, C., u. L. IVANOVSZKY: Taschenbuch für die Wachsindustrie. 4. Aufl. Stuttgart: Wissenschaftliche Verlagsges. 1958.
MÜHLSTEPH, W., u. W. PÖGE: Anwendungstechnik der Plast- und Elastdispersionen. Leipzig: VEB Verlag für Grundstoffindustrie 1964.
Neuzeitliche Wachsforschung. I—V. Gesammelte Sonderdrucke aus Fette, Seifen, Anstrichmittel. Hamburg: Industrieverlag von Hernhaussen 1958ff.
Normentwurf DIN 11668 „Bienenwachs". Berlin: Fachnormenausschuß Landwirtschaft im Deutschen Normenausschuß.
RAFF, R.A.V., and J.B. ALLISON: Polyethylene. New York: Interscience Publishers, Inc. 1956.
REARS, G.P., and S.T. LAMAR: New Jobs for EVA Resins. Modern Packaging Encyclopedia for 1965. S. 122. New York: McGraw-Hill 1964.
ROOT, H.H.: Beeswax, its Properties, Testing, Production and Applications. New York: Chemical Publishing Co., Brooklyn 1951.
SANDERMANN, W.: Naturharze — Terpentinöl — Tallöl. Chemie und Technologie. Berlin-Göttingen-Heidelberg: Springer-Verlag 1960.
SCHWARTZ, A.M., and J.W. PERRY: Surface Active Agents. Bd. I. New York: Interscience Publishers 1949.
— —, and J. BERCH: Surface Active Agents and Detergents. Bd. II. New York: Interscience Publishers 1958.
Specification for genuine pure Carnaube Wax, Specification for genuine pure Candelilla Wax. New York: American Wax Importers and Refiners Association 1960.
Specification for Standard grade Mexican Candelilla Wax. Mexico: Banco National de Comercio Exterior S.A. 1963.
STAHL, E.: Dünnschicht-Chromatographie. Berlin-Göttingen-Heidelberg: Springer-Verlag 1962.
SUMNER, C.G.: Clayton's Theory of Emulsions and their Technical Treatment. 5. Aufl. London: J. & A. Churchill Ltd. 1954.
TEUBEL, J., W. SCHNEIDER u. R. SCHMIEDEL: Erdölparaffine. Leipzig: VEB Deutscher Verlag für Grundstoffindustrie 1965.
Ullmann's Encyklopädie der technischen Chemie, 3. Aufl. Harze, Bd. 8, 393—449 (1957). Schleifmittel, Bd. 15, 197—204 (1964). Spezialbenzine, Bd. 6, 716 (1955). Silicone, Bd. 15, 769—794 (1964). Terpentinöl, Bd. 16, 768—779 (1965), München-Berlin: Urban & Schwarzenberg.
VCELAK, V.: Chemie und Technologie des Montanwachses. Prag: Verlag der Tschechoslowakischen Akademie der Wissenschaften 1959.
Vom Wachs – Hoechster Beiträge zur Kenntnis der Wachse. Frankfurt/M.-Hoechst: Band II, Beitrag 4, 8-10, Farbwerke Hoechst AG, vormals Meister Lucius & Brüning 1962, 1965.
WARTH, A.H.: The Chemistry and Technology of Waxes. 2. Aufl. New York: Reinhold Publishing Corp. 1956.
WOLPER, P.K.: Coating Types and Uses. Modern Packaging Encyclopedia für 1965. S. 105. New York: McGraw-Hill, Inc. 1964.
ZERBE, C.: Mineralöle und verwandte Produkte. Abschnitt: Harze, Terpentinölprodukte und Wachse S. 1382—1396. Abschnitt: Montanwachs, S. 1244—1252. Berlin-Göttingen-Heidelberg: Springer-Verlag 1952.

Zeitschriftenliteratur

ALMGREN, K.: Wachsen von Obst und Gemüsen (schwed.). Kungl. Skogs-och Lantbruksakad. Tidskr. **95**, 275—318 (1956).
BEERTHUIS, R.K., and J.G. KEPPLER: Gas-chromatographic Analysis of Higher Fatty Acids; up to and Including Cerotic Acid. Nature (London) **179**, 731—732 (1957).

BENGEN, F.: Mein Weg zu den neuen Harnstoff-Einschluß-Verbindungen (vgl. auch W. SCHLENK, JR.). Angew. Chem. **63**, 207 (1951).
BENTHIN, G.: Über Kerzengrundstoffe. Seifen-Öle-Fette-Wachse, Teil I, **91**, 177—184 (1965). Teil II, **91**, 203—205 (1965).
BRENNER, R. R., M. SLOVINSKY, J.M. PAZ u. O. MERCURI: Zusammensetzung des Wachses von Bulnesia retama. 2. Mitt.: Fettsäuren (spanisch). An. Asoc. quim. argent. **46**, 336—367 (1958).
—, u. J.H. FIORA: Zusammensetzung des Wachses von Bulnesia retama. 3. Mitt.: Unverseifbares (spanisch). An. Asoc. quim. argent. **47**, 19—40 (1959).
BRODIE, B.C.: Untersuchungen über die chemische Natur des Wachses. Liebigs Ann. Chem. **67**, 180—214 (1848); **71**, 144—170 (1849).
CALLOW, R.K.: Chemical and Biological Problems of Beeswax. Bee World **44**, (3), 95—101 (1963).
CHALMERS, L.: Polishes. Paint Manufact. **33**, 184—189, 396—400 (1963).
CHAMPAGNAT, A., and F.A.B. LLEWELYN: Protein from Petroleum. New Scientist **16**, 612 (1962).
— Zusammenfassung des Vortrages vom 6. Welt-Erdöl-Kongreß. Erdöl u. Kohle **16**, 925 (1963).
COLE, L.J.N. and J.B. BROWN: Chromatographic Isolation of the Original Constituents of Natural Waxes. The Composition of Ouricury Wax. J. amer. Oil Chem. Soc. **37**, 359—364 (1960).
Deutsche Bundesbahn — Technische Lieferbedingungen. TL 958105 Blatt (Aug. 1955).
DÖHRING, E.: Zur Prüfung insekticider Bohnerwachse. Fette u. Seifen **58**, 7—13 (1956).
DOEPPENSCHMITT, E.: Brasilianische Pflanzenöle und Wachse. Seifen, Öle, Fette, Wachse **84**, 283-284 (1958).
DOWNING, D.T., Z.H. KRANZ, J.A. LAMBERTON, K.E. MURRAY, and A.H. REDCLIFFE: Studies in Waxes. XVIII. Beeswax: A Spectroscopic and Gas-chromatographic Examination. Austral. J. Chem. **14**, 253—263 (1961a).
— —, and K.E. MURRAY: Studies in Waxes. XX. The Quantitative Analysis of Hydrolyzed Carnaubawax by Gas-chromatography. Austral. J. Chem. **14**, 619—627 (1961b).
DRUCKREY, H., D. SCHMÄHL u. R. PREUSSMANN: Fluoreszierende Verunreinigungen bei Paraffinum liquidum und organischen Lösungsmitteln. Arzneimittel-Forsch. **9**, 600—603 (1959).
EDWARDS, R.T.: Crystal Habit of Paraffin Wax. Ind. Eng. Chem. **48**, 750—757 (1957).
EGAN, L.W., and G. ROSS, JR.: 3-Party Teamwork Important to Wax Future. Paper, Film and Foil Converter **39**, 46 (1965).
ETESSAM, A.H., and M.F. SAWIGER: Relation between Melting Point and Molecular Weight in the n-Paraffin Series. J. Inst. Petroleum **25**, 253 (1939).
FALK, H.L., A. MILLER and P. KOTIN: Eluation of 3.4-Benzpyrene and Related Hydrocarbons from Soots by Plasma Proteins. Science (Washington) **127**, 474—475 (1958).
—, P. KOTIN and A. MILLER: Milk as an Eluant of Polycyclic Aromatic Hydrocarbons added to Wax. Nature (London) **183**, 1184—1185 (1959).
FINCK, E.: Über einige physikalische und anwendungstechnische Eigenschaften von Esterwachsen in bezug auf ihren molekularen Bau. Fette u. Seifen **59**, 1026—1036 (1957).
— Messung von Glanz und Härte bei Wachsen. Fette u. Seifen **60**, 1035 (1958).
— Zur Klassifikation der Wachse. Fette u. Seifen **62**, 502—506 (1960).
— Über die fraktionierte Extraktion von Wachsen. Fette u. Seifen **64**, 45—51 (1962).
FINDLEY, T.W., and J.B. BROWN: The Composition of some Unhydrolyzed Naturally Occuring Waxes calculated using Functional Group Analysis and Fractionation by Molecular Distillation with a Note on the Saponification of Carnauba Wax and the Composition of the Resulting Fractions. J. amer. Oil Chem. Soc. **30**, 291—298 (1953).
FORTUN, E.: Pflege und Reinigung von Fußböden. Boden, Wand und Decke, Heft 6—8, 154—156, 212—216, 252—253 (1958).
FUCHS, W.: Untersuchungen über Esterwachse. J. prakt. Chemie **276** (4), Rh. 4, Heft 1—2, S. 1—18 (1956).
—, u. G. ADDICKS: Entwicklung von Arbeitsmethoden zur Messung der Absorptionsspektren von technischen Wachsen und deren Komponenten im Ultrarot- und Ultraviolett-Gebiet. Fette u. Seifen **60**, 907—909 (1958).
—, u. R. DIEBERG: Die Infrarot-Spektren der höheren Fettsäuren und ihre Bedeutung für das Problem der Montansäure. Zur Lösung des Montansäureproblems durch Chromatographie und Infrarotspektroskopie. Fette u. Seifen **58**, 3—7, 826—831 (1956).
—, u. A. DE JONG: Chromatographische Zerlegung von Bienenwachs. Fette u. Seifen **56**, 218—220 (1954).
GIESER, F.: Wollwachs. Fette u. Seifen **54**, 92—95 (1952).

GRIESMER, G. J., H. B. RHODES u. K. KIYONAGA: Union Carbide-Molekularsieb-Verfahren für die Trennung von Kohlenwasserstoffen. Erdöl und Kohle **13**, 650—656 (1960).

GRIMBERG, M.: Neuerungen auf dem Gebiet der Paraffinoxydation. Seifen, Öle, Fette, Wachse **90**, 478 (1964).

GROSS, H., u. K. H. GRODDE: Strukturuntersuchungen zur Einteilung der festen Kohlenwasserstoffe. Erdöl und Kohle **38**, 419 (1942).

GRÜN, A., u. E. ULBRICH: Zur Oxydation des Paraffins mittels Luftsauerstoff. Angew. Chem. **36**, 125 (1923).

GRÜN, L., u. H. DAMM.: Vorschlag zur Prüfung desinfizierender Bohnerwachse. Fette u. Seifen **57**, 3—5 (1955).

HACKETT, J., and C. S. KIMBALL: Waxing Enhances Floors. Soap and Chem. Spec. **36** (Nr. 8), 77—79 (Nr. 9), 88—92, 125—127 (1960).

HAENNI, E. O., J. W. HOWARD and L. JOE: Dimethyl Sulfoxide: A Superior Analytical Extraction Solvent Polynuclear Hydrocarbons and for some Highly Chlorinated Hydrocarbons. J. Ass. off. agric. Chem. **45**, 67—70 (1962).

HAJER, W.: Über den Einfluß der Art und der Stellung von Verzweigungen bei Alkanen und gesättigten Fettsäuren auf deren physikalische Eigenschaften. Fette u. Seifen **62**, 7 (1960).

HATCH, L. F.: How to Make Biodegradable Detergents. Hydrocarbon Processing and Petroleum Refiner. **43**, 91 (1964).

HATT, H. H., and J. A. LAMBERTON: Waxes. XII. The Chemical Modification of Sugar-cane Wax. Austral. J. Appl. Sci. **7**, 224—232 (1956 a).

— — Molecular Structure of Waxes. Research (London) **9**, 138—146 (1956 b).

HATT, H. H., and A. H. REDCLIFFE: Waxes. XIII. Refining Sugar-cane Wax by Fractionation from Solvents. Austral. J. Appl. Sci. **9**, 380—403 (1958).

HELBERG, D.: Papierchromatographischer Nachweis von polycyclischen Kohlenwasserstoffen in Paraffinen und mikrokristallinen Wachsen (1. Mitteilung). Dtsch. Lebensmittel-Rdsch. **58**, 321—324 (1962).

— Prüfung von Paraffinen und mikrokristallinen Wachsen auf cancerogene polycyclische aromatische Kohlenwasserstoffe (2. Mitteilung). Dtsch. Lebensmittel-Rdsch. **60**, 345—347 (1964).

HERSCH, R. E., and M. R. FENSKE: Ring Analysis of Hydrocarbon Mixtures. J. Inst. Petroleum **36**, 624 (1950).

HESSLER, W., u. H. ELLWANGER: Über die Pflege von PVC-Böden. Seifen, Öle, Fette, Wachse **87**, 475—486 (1961).

—, u. H. MARSEN: Die Bestimmung der Säure- und Verseifungszahl von Wachsen mit Hilfe von Fluoreszenzindikatoren. II. Fette u. Seifen **63**, 924—927 (1961).

—, u. G. MEINHARDT: Über eine Methode zur Bestimmung der unverzweigten Kohlenwasserstoffe in Handelsparaffinen und Ceresinen mit Hilfe von Harnstoff-Einschlußverbindungen. Fette u. Seifen **55**, Teil I, 441—444; Teil II, 855—859 (1953).

HEWETT, D. R., P. J. KIPPING and P. G. JEFFERY: Separation, Identification and Determination of the Fatty Acids of Montan Wax. Nature (London) **192**, 65 (1961).

HODGE, W. H., and H. H. SINEATH: The Mexican Candelilla Plant and its Wax. Econ. Botany **10**, 134—154 (1956).

HOFMANN, H.-J.: Reinheitsanforderungen an Paraffinum liquidum, Hartparaffin und mikrokristalline Wachse in Deutschland und den USA. Erdöl und Kohle **17**, 717—721, 913—916 (1964).

— Paraffin in der Verpackungsindustrie heute und morgen. Verpackung **5**, 10—12 (1965); **6**, 19—22 (1965).

HOPKINS, S. J., and A. C. CHIBNALL: Growth of Aspergillus Versicolor on Higher Paraffin. Biochem. J. **26**, 133 (1932).

HOPPE, A.: Die Harnstoff-Entparaffinierungsanlage in Heide. Erdöl und Kohle **11**, 618 (1958).

HORN, D. H. S., and F. W. HOUGEN: Wool Wax. IV. The Constitution of the aliphatic Diols. J. Chem. Soc., 3533—3538 (1953).

HOUGEN, F. W., D. ILSE, D. A. SUTTON and J. P. DE VILLIERS: Wool Wax. III. Synthesis of some Iso-acids. J. Chem. Soc., 98—102 (1953).

IHLOFF, M., u. M. KALITZKI: Natürliche und synthetische Citrus-Frucht-Wachse. Z. Lebensmittel-Unters. u. -Forsch. (Ges. u. VO) **112**, 391—394 (1960).

IVANOVSZKY, L.: Fette - Wachse - Plaste (Wachse als Thermoplaste). Jahrbuch für den Praktiker, S. 89—91 (1963).

— Wachse und Wachsglanzmittel (kritische Bearbeitung einiger ASTM-Normen) SÖFW **91**, 693—700 (1965).

JAROLIM, V., M. STREIBL, K. HEJNO u. F. SORM: Über die Zusammensetzung der Braunkohle. I. Über einige Bestandteile des Montanwachses (Deutsch). Collect. czechoslov. chem. Commun. **26**, 451—458 (1961).

JAROLIM, V., M. STREIBL, K. HEINO, M. HORAK u. F. SORM: Über die Zusammensetzung der Braunkohle. II. Über weitere Bestandteile des Montanwachses (deutsch). Collect. czechoslov. chem. Commun. **26**, 459—465 (1961).

JAROLIM, V., K. HEJNO u. F. SORM: Über die Zusammensetzung der Braunkohle. VII. Über einige weitere Bestandteile des Harzanteils im Montanwachs (deutsch). Collect. czechoslov. chem. Commun. **28**, 2318—2327 (1963).

JODL, R.: Wie pflegt man PVC-Böden am besten: Mit Schmierseife, mit Selbstglanzwachs oder mit Bohnerwachs? Seifen, Öle, Fette, Wachse **88**, 67—70 (1962).

JOHNSON, F. A.: J. Cellular Comparative Physiol. **19**, 163 (1942).

KANANIWA, N., and T. ISONO: Chemical Constituents of Japan Wax—p-Bromophenacrylates of Japanic and Trichocarpinic Acids. Ann. Rept. Fac. Pharm. Kanazawa Univ. **3**, 17—21 (1953).

KARTNIG, TH., u. G. H. SCHOLZ: Die Trennung von Fett- und Wachssäuren von Wachsalkoholen mit Ionenaustauscher sowie deren Identifizierung mit Hilfe der Dünnschicht-Chromatographie. Fette u. Seifen **67**, 19—23 (1965).

KAUFMANN, H. P.: Liste der Veröffentlichungen. Fette u. Seifen **66**, 867—871 (1964).

—, u. B. DAS: Die Papierchromatographie auf dem Fettgebiet. XLVII. Die qualitative und quantitative pc-Analyse der Wachssäuren. Fette u. Seifen **63**, 614—616 (1961).

—, Die Dünnschichtchromatographie auf dem Fettgebiet. IX. Die Analyse der Esterwachse. Fette u. Seifen **65**, 398—402 (1963).

—, u. YOUNG SU KO: Die Papierchromatographie auf dem Fettgebiet: L. Mitt. Die qualitative und quantitative Bestimmung von Hydroxy- und Ketofettsäuren. Fette u. Seifen **64**, 434—438 (1962).

—, u. Z. MAKUS: Die Dünnschichtchromatographie auf dem Fettgebiet. I. Trennung von Modellmischungen. Fette u. Seifen **62**, 1014—1020 (1960).

— —, u. T. H. KHOE: Die Dünnschichtchromatographie auf dem Fettgebiet, III. Über die Sichtbarmachung der zu analysierenden Stoffe auf der Platte. Fette u. Seifen **63**, 689—691 (1961).

—, u. J. POLLERBERG: Qualitative und quantitative Papierchromatographie der Wachssäuren nach einem neuen Verfahren (Allylester-Verfahren). Fette u. Seifen **59**, 815—819 (1957).

KINDSCHER, W.: Über emulgierbare Polyäthylenwachse. Fette u. Seifen **64**, 1099—1104 (1962).

KNOL, H. W.: The Aliphatic Wool-wax Alcohols. J. amer. Oil Chem. Soc. **31**, 59—62 (1954).

KÖLBEL, H., u. D. ULLMANN: Schmierfette aus Vor- und Nachlauffettsäuren der Paraffinoxydation. Erdöl und Kohle **3**, 16 (1950).

KOENIG, G.: Zur Identifizierung von Paraffinen durch selektive Extraktion. Fette u. Seifen **60**, 269—272 (1958).

KRANZ, Z. H., J. A. LAMBERTON, K. E. MURRAY and A. H. REDCLIFFE: Sugar Cane Wax. II. Examination of the Constituents of Sugar Cane Cuticle Wax by Gas Chromatography. Austral. J. Chem. **13**, 498—505 (1960).

KRONER, A. A.: Modern Floor Wax Ingredients. Soap and Chem. Spec. **37**, Nr. 5, 111, 113, 115 (1961).

KSELIK, G.: Instruktive Beschreibung und Anwendung der A-C Polyäthylene. Seifen, Öle, Fette, Wachse **85**, 501—503, 529—532, 553—557, 605—609 (1959).

LAFFIN DE BADIN, L. S. C., u. R. R. BRENNER: Die Zusammensetzung des Wachses von Bulnesia retama. 1. Mitt. Chromatographische Untersuchung (spanisch). An. Asoc. quim. argent. **46**, 318—335 (1958).

LAMBERTON, J. A.: The Dibasic Acids of Japan Wax. Austral. J. Chem. **14**, 323 (1961).

—, and A. H. REDCLIFFE: The Chemistry of Sugar Cane Wax. I. The Nature of Sugar Cane Wax. Austral. J. Chem. **13**, 261—268 (1960).

LANGE, J., u. H. JOCHINKE: Kennzeichnung von Wachsen durch Differential-Thermo-Analyse. Fette u. Seifen **67**, 89—94 (1965).

—, u. O. MALITSCHEK: Einfluß der Emulgierbedingungen auf die Qualität nichtionogener Wachsemulsionen. Fette u. Seifen **66**, 87—92 (1964).

LENZ, W.: Bienenwachs. Pharmaz. Ztg. verein. Apotheker-Ztg. **103**, 349—352, 371—372 (1958).

LEITHE, W.: Determination of n-Paraffins in Gasolines, Oils. Paraffin Waxes. Analytic. Chem. **23**, 493 (1951).

LEVY, E. J., R. R. DOYLE, R. A. BROWN and F. W. MELPOLDER: Identification of Components in Paraffin Wax by High Temperature Gas Chromatography and Mass Spectrometry. Analytic. Chem. **33**, 698—704 (1961).

LIJINSKY, W.: siehe P. SHUBIK u. Mitarb.

LINDEMANN, H.: Fraktionierte Blattextraktion von Mineralwachsen. Fette u. Seifen **59**, 953 (1957).

LOMMERZHEIM, W.: Die fraktionierende Harnstoff-Adduktfällung von technischen Paraffinprodukten. Erdöl und Kohle **7**, 212 (1954).
LONG, J.K., and D. LEGGO: Wachsbehandlung von Citrusfrüchten. Food. Preservat. Quart. **19**, 32—37 (Juni 1959).
LÜDECKE, C., u. F. GIESER: Wachsdefinition, Fachgruppe IX (Wachse) der DGF. Fette u. Seifen **56**, 153 (1954).
LUX, H.: Die Ergebnisse der Harnstoff-Methode bei der Kennzeichnung von technischen Kohlenwasserstoff. Fette u. Seifen, Anstrichmittel **60**, 22 (1958).
MANGOLD, H.K., and D.C. MALINS: Fractionation of Fats, Oils and Waxes on Thin Layers of Silicic Acid. J. amer. Oil. Chem. Soc. **37**, 383—385 (1960).
MARSEL, C.J., C.S. TREACY, H. BRENNER and F. DE LONG: The Detection of Additives in Vegetable Waxes. Soap and Sanit. Chem. **28**, Nr. 11, 127, 129, 131, Nr. 12, 181, 183, 185 (1952).
MARSEN, H.: Infrarotspektroskopische Untersuchungen zur Temperaturabhängigkeit der Kristallinität von Kohlenwasserstoff-Wachsen und Esterwachsen. Fette u. Seifen **63**, 42—48 (1961), **64**, 41—44 (1962).
MARX, TH., u. W. PRESTING: Beitrag zur Deutung des Wachszustandes. Seifen, Öle, Fette, Wachse, **82**, 609—610 (1956) (nach Chem. Technik - Ost - **7**, 662—673, 1955).
MEHTA, T.N., and B.N. MURTHY: Composition of Beeswax. I. Fractionation of Wax and its Alcohols with Urea. II. Fractionation of Fatty Acids. Indian J. appl. Chem. **24**, 153—157, 158—165 (1961).
MELPOLDER, F.W., W.R. TURNER and B.C. WILBUR: A Nomograph for the Estimation of Paraffin Wax Composition. Tappi **47**, 283 (1964).
MOLD, J.D., R.E. MEANS, R.K. STEVENS and J.M. RUTH: The Paraffin Hydrocarbons of Wool Wax. Normal, iso, anteiso and other Branched Isomers. Biochemistry **3**, (9) 1293—1298 (1964).
MÜLLER, J., u. S. PILAT: Cyclische Bestandteile von Erdölceresin. J. Inst. Petrol. Techn. **21**, 887—994 (1935).
MURRAY, K.E., and R. SCHOENFELD: Studies in Waxes. V. The Aliphatic Alcohols of Wool Wax J. amer. Oil Chem. Soc. **29**, 416—420 (1952).
— — Studies in Waxes. IX. The Normal Alcohols of Wool Wax. Austral. J. Chem. **8**, 424—431 (1955a).
— — Studies in Waxes: X. The Diols of Carnauba Wax. XI. The Hydroxy Acids of Carnauba Wax. Austral. J. Chem. **8**, 432—436, 437—443 (1955b).
NOVELLI, G.D., and ZOBELL: J. Bacteriology. **47**, 447 (1944).
O'CONNOR, J.G., F.H. BUROW and M.S. NORRIS: Determination of n-Paraffins in C_{20} to C_{32} Paraffin Waxes by Molecular Sieve Adsorption. Analytic. Chem. **34**, 82—85 (1962).
PEGORARI, C.: Das Candelillawachs (italienisch). Ind. Vernice **4**, 90—93 (1950).
PETER, E.: Zur Beurteilung der Analysendaten von Bienenwachs. Seifen, Öle, Fette, Wachse **85**, 683—686 (1959).
— Neue *Polyäthylenwachse* aus Hoechst. Jahrbuch für den Praktiker. S. 125—133 (1963).
Polyethylene Wax Market Grows Steadily. Chem. Engin. News **42**, (4), 34—35 (1964).
POTT, W.: Chirurgical Observations Relative to the Cancer of the Scrotum. London (1775).
PRESTING, W., u. S. JÄNICKE: Zur Anwendung von Methoden des Ionenaustausches in der Wachsanalyse. Fette u. Seifen **62**, 81—86 (1960), **63**, 49—55 (1961).
—, u. TH. KREUTER: Zur Kenntnis der Säuren des rohen Montanwachses und seiner Raffinate. Fette u. Seifen **64**, 695—701, 816—820 (1962).
— —, Zur Kenntnis der Wachsbausteine des Montanwachses. Fette u. Seifen **67**, 334—340 (1965).
— — Polyfunktionelle Säuren des Montanwachses als Seifenbildner in Schmierfetten. Freiberger Forschungshefte A **296**, 51—67 (1963).
—, u. K. STEINBACH: Über die Dunkelstoffe des Rohmontanwachses. Chem. Technik (Ost) **5**, 571—577 (1953).
—, u. E. THIEL: Glanzmessungen an Wachsüberzügen. Fette u. Seifen **60**, 16—22 (1958).
RAO, H.S., K.S. CHARI and J.S. AGGARWAL: Hydrogenation of Castor Oil. I. Influence of Variables on Hydrogenation Efficiency. J. sci. industr. Res. (Delhi) **21** D, 89—92 (1962).
RIECHE, A.: Peroxydchemie und der Vorgang der Peroxygenierung bei Hochpolymeren. Kunststoffe **54**, 428—435 (1964).
ROSENBERG, G. FRHR. V.: Das plastische Verhalten der Wachse in Abhängigkeit von der Temperatur. Fette u. Seifen **54**, 17—21 (1952).
— Beitrag zur Bestimmung der Gleitsicherheit von wachsgepflegten Fußböden. Fette u. Seifen **61**, 181—186 (1959).
—, u. W, BROTZ: Beitrag zur Messung der Wärmeausdehnung von Wachsen. Fette u. Seifen **59**, 589—594 (1957).

—, u. H. Götte: Untersuchungen über die Dicke von Wachsfilmen und ihre Widerstandsfähigkeit mit Hilfe radioaktiver Indikatoren. Fette u. Seifen **63**, 56—61 (1961 b).

Sapper, W.: Prüfung des Netzvermögens von Selbstglanzemulsionen. Seifen, Öle, Fette, Wachse **83**, 446 (1957).

—, Moderne nichtionogene Selbstglanzemulsionen. Seifen, Öle, Fette, Wachse **84**, 99—101 (1958).

—, Neuentwicklungen auf dem Gebiet der nichtionogenen und ionogenen Selbstglanzemulsionen. Seifen, Öle, Fette, Wachse **85**, 261—263 (1959).

—, Putzmittel in Aerosolform. Seifen, Öle, Fette, Wachse **87**, 559—562 (1961b).

—, Produkte und Rohstoffe der europäischen Putzmittelindustrie. Seifen, Öle, Fette, Wachse **87**, 689—693 (1961 a).

Saunier, J. D., and L. Kresser: Radioactive-tracer Testing of Auto-wax Thickness and Durability. Chem. Spec. Mfrs. Assoc. Proc. **1957** (5), 95—99.

Schaak, W., u. D. Födisch: Über die Kennzahlen des Rohmontanwachses und ihre Auswertung für die Qualitätsbeurteilung. I. Bestimmung der Kennzahlen. II. Auswertung der Kennzahlen. Fette u. Seifen **59**, 30—35, 209—213 (1957).

Schaarschmidt, A., u. M. Marder: Über die Reaktionsfähigkeit von aliphatischen und acyclischen Kohlenwasserstoffen. Angew. Chem. **46**, 151 (1933).

Schildknecht, H., u. H. Vetter: Isolierung und Konstitutionsaufklärung der Hauptkomponente des Wachses der Grasschildlaus (Eriopeltis festucae). XVI. Mitteilung über Insektenabwehrstoffe. Fette u. Seifen **65**, 551—556 (1963).

Schimmel, G.: Über die Glanzeigenschaften getrockneter Filme von Wachsemulsionen. Elektronenmikroskopische Untersuchung. Fette u. Seifen **59**, 856—859 (1957).

Schlenk, jr. W., u. F. Bengen: Die neuen Harnstoff-Additionsverbindungen. Experientia **5**, 200 (1949).

Schuette, H. A., and I. G. Baldinus: Studies on Candelillawax. I. Its Normal Acids and Normal Alcohols. J. amer. Oil Chem. Soc. **26**, 530—532 (1949).

— —, Studies on Candelilla wax. II. Its Normal Paraffins. J. amer. Oil Chem. Soc. **26**, 651—652 (1949).

Schwarz, A.: Polyäthylen. Kunststoffe **48**, 292—298 (1958).

Seifen, Öle, Fette, Wachse **83**, 595 (1957). Messung der Festigkeit von Wachs-Lösungsmittel-Pasten.

Shubik, P.: Studies on the Toxicity of Petroleum Waxes. Toxicol. appl. Pharmacol. **4**, Suppl. Nov. (1962).

Soler, A., u. G. Guzman: Charakteristiken des spanischen Espartowachses (stipa tenacissima) (spanisch). Anales Real Soc. espan. Fisica Quim. Ser. **B 50**, 769—778 (1954).

Spengler, G., u. G. Hauf: Über die Adsorptionstrennung von Wachsen und Paraffin-Oxydationsprodukten. Fette u. Seifen **57**, 474—478 (1955).

— — Über die Zerlegung von Kohlenwasserstoff-Gemischen mit Hilfe adsorptiver und präparativer Methoden und deren Anwendung auf Wachse. Fette u. Seifen **59**, 509, 607 (1957).

—, u. E. Jantzen: Über die Zerlegung von Kohlenwasserstoff-Gemischen mit Hilfe adsorptiver und präparativer Methoden. Fette u. Seifen **62**, 19—25 (1960).

— — Über die Zerlegung von Paraffinen insbesondere iso-Paraffinen. Fette u. Seifen **63**, 530—539 (1961).

—, u. A. Weber Bestimmung des Bienenwachsgehaltes in Wachs-Kompositionen aus Gesamtparaffin, Verseifungs-, Ester- und Säurezahl. Fette u. Seifen **62**, 918—923 (1960).

—, u. M. Wilderotter: Zur Rheometrie von Wachsen und Paraffinen. I. Penetrationsmessungen und die Einordnung verschiedener Erweichungspunkte in das Penetrationstemperaturverhalten. Fette u. Seifen **66**, 267—278 (1964).

—, u. E. Wöllner: Adsorptive Trennung von Wachsen und Wachskomponenten. Fette u. Seifen **56**, 775—784 (1954).

Steinfels, E.: Das Kerzenstrangpreßverfahren. Seifen, Öle, Fette, Wachse **91**, 422—424 (1965).

Steinle, J. V.: European Polish Markets. Soap and Chem. Spec. **40** (Nr. 12), 155—160, 170—171 (1964).

Titschack, G.: Bessere Kennzeichnung von Kohlenwasserstoff-Wachsen unter Anwendung der Antimonpentachlorid-Methode zur Bestimmung des n-Paraffingehaltes. Fette u. Seifen **61**, 23—30 (1959).

Torricelli, G.: Espartograswachs I. u. II. Ind. Vernice-Lack- u. Farben-Chem. **10**, 281—283, 309—312 (1956).

Treacy, C. S.: Emulsifiability Test for Carnauba Wax. Soap and Chem. Specialties **32** (Nr. 8), 155 (1956).

TURNER, W. R., D. S. BROWN and D. V. HARRISON: Properties of Paraffin Waxes. Ind. Eng. Chem. **47**, 1219 (1955).

Untersuchungsmethoden für feste Bohnerwachse und Bohnerbeizen auf Ölbasis. Technischer Ausschuß des Fachverbandes der Schuh-, Leder- und Fußbodenpflegemittel-Industrie. Seifen, Öle, Fette, Wachse **81**, 124—126 (1955). (Jetzt: Industrieverband Putz- u. Pflegemittel e.V.)

VASILESCU, V.: Gas-chromatographische Analyse hochmolekularer Fettderivate ohne Anwendung von Vakuum. Fette u. Seifen **63**, 132—138 (1961).

VOLKMANN, R.: Beiträge zur Chirurgie. S. 370. Leipzig 1875.

WEISS, H.: Zur Wachsbehandlung der Oberfläche von Citrusfrüchten. Alkohol-Industr. **72**, 401—402 (1959).

WIEDENHOF, N.: Analysis of Plant Waxes by Means of Chromatography and X-ray Diffraction. J. amer. Oil. Chem. Soc. **36**, 297—300 (1959).

WOLLRAB, V., u. M. STREIBL: Über die Zusammensetzung der Braunkohle. VI. Die Analyse der Wachskomponenten vom Montanwachs durch Hochtemperaturgaschromatographie (deutsch). Collect. czechoslov. chem. Commun. **28**, 1904—1913 (1963).

— —, u. F. SORM: Über die Zusammensetzung der Braunkohle. III. Über die Zusammensetzung der Wachsanteile des Montanwachses (deutsch). Collect. czechoslov. chem. Commun. **27**, 757—758 (1962).

— — —, Über die Zusammensetzung der Braunkohle, IV. Über die Gruppentrennung des Wachsanteiles vom Montanwachs durch Chromatographie (deutsch). Collect. czechoslov. chem. Commun. **28**, 1316—1325 (1963).

ZAJCEW, M.: Hydrogenation of Castor Oil. J. amer. Oil Chem. Soc. **35**, 475—477 (1958).

Petroleum und Verkehr mit feuergefährlichen Stoffen

Von

Dr. U. Rüdt, Stuttgart

Petroleum gehört zu den in § 2 Lebensmittelgesetz in der Fassung vom 23. XII. 1958 aufgeführten Bedarfsgegenständen und darf nach § 3 Nr. 2a und b Lebensmittelgesetz nicht so hergestellt sein, daß es beim bestimmungsgemäßen und vorauszusehenden Gebrauch die menschliche Gesundheit schädigen kann. Daneben unterliegt der Verkehr mit Petroleum wie mit anderen brennbaren Flüssigkeiten, Sprengstoffen, Feuerwerkskörpern und Zündwaren besonderen rechtlichen Regelungen. Auf feuergefährliche gasförmige und feste Stoffe soll im Rahmen dieses Handbuches nicht näher eingegangen werden.

A. Petroleum

I. Allgemeines und Zusammensetzung

Petroleum besteht aus Kohlenwasserstoff-Fraktionen des Erdöls, die durch Destillation abgetrennt werden und etwa zwischen 120 und 300° C sieden. Auf die ausführliche Darstellung der Technologie von Erdöl und Erdgas von W. Rühl (1955) sei verwiesen. Neben den heute wirtschaftlich wichtigen Produkten des Erdöls wie Treibstoffen, Heizöl, Flüssiggas und Asphalt hat das Petroleum nur noch geringe Bedeutung. So wurden im Jahre 1955 in der Bundesrepublik Deutschland aus 10 Mill. Tonnen Rohöl nur 0,04 t Petroleum hergestellt.

Petroleum wird heute zu Leuchtzwecken kaum mehr verwendet. Lediglich Signallampen dürften noch gelegentlich mit Leuchtpetroleum versorgt werden. Außer für diese Zwecke kommt noch eine Verwendung als Reinigungs- und Lösungsmittel in Betracht. In geringem Umfang werden Raffinate des Petroleums

Tabelle 1. *Technische Daten von Brennstoffen* (nach W. Radmacher 1953)

Brennstoffart	Dichte bei 20° C (g/ml)	Verbrennungswärme Kcal/kg	Heizwert	C	H	O
				Gew.-%		
Benzin	0,72–0,75	11150 ± 350	10150 ± 350	85	15	5
Benzol	0,879	10020	9610	92,2	7,8	–
Heizöl aus Erdöl	0,95–1,01	10750 ± 150	10250 ± 150	86	14	–
Heizöl aus Braunkohlenschwelter	0,95–0,99	9800 ± 200	8800 ± 200	86	9	5
Heizöl aus Steinkohlenteer	1,02–1,10	9400 ± 100	9150 ± 150	90	6,5	3,5
Leuchtöl „Petroleum“	0,80–0,82	10250 ± 250	9750 ± 250	85,5	14,5	–
Äthanol	0,794	7100	6400	52	13	25

auch im Pflanzenschutz als Trägersubstanz für Giftstoffe benutzt. Asphalt- und Bitumenanstriche werden gelegentlich mit Petroleum verdünnt. Früher wurden auch Farben mit Petroleum verdünnt. Anhaltspunkte über technische wichtige Daten wie Dichte, Heizwert, Verbrennungswärme und Elementarzusammensetzung von Petroleum und zum Vergleich von einigen anderen flüssigen Brennstoffen zeigt Tabelle 1.

II. Untersuchung und Beurteilung

Zur Beurteilung der Explosions- und Feuergefährlichkeit des Petroleums ist die Bestimmung des Flammpunktes wichtig. Nach dem Flammpunkt wird die Einteilung brennbarer Flüssigkeiten in verschiedene Gefahrenklassen getroffen.

Der Flammpunkt ist definiert als diejenige niedrigste Temperatur (bezogen auf einen Druck von 760 Torr), bei der sich in einem geschlossenen Tiegel aus der zu prüfenden Flüssigkeit unter bestimmten, festgelegten Bedingungen Dämpfe in solcher Menge entwickeln, daß sich im Tiegel ein durch Fremdzündung entflammbares Dampf-Luftgemisch bildet (DIN 51755).

Die Bestimmung *des Flammpunktes* wird nach der amtlichen Anweisung vom 20. IV. 1882 im Abelschen Petroleumprober durchgeführt. Sie kann heute abgewandelt auch nach ABEL-PENSKY erfolgen (DIN 51755).

Petroleum, das einen Flammpunkt von weniger als 21° C aufweist, muß entsprechend der Verordnung über das gewerbsmäßige Verkaufen und Feilhalten von Petroleum vom 24. II. 1882 als „feuergefährlich" gekennzeichnet sein. Nach DIN 51755 soll jedoch der Flammpunkt mindestens 40° C betragen, wobei diese Forderung dem Schutze der menschlichen Gesundheit vor Explosionen durch Petroleum mit einem zu niedrigen Flammpunkt eher dient als die oben genannte Kennzeichnung.

Mit der Brauchbarkeit des Abel-Penskyschen Apparates hat sich H. F. WIEBE (1913) befaßt und bei vergleichenden Flammpunktsbestimmungen mit dem Penskyschen Flammpunktsprüfer nur geringfügige Differenzen festgestellt.

Für die Beurteilung der praktischen Verwendbarkeit ist weiterhin die Bestimmung des *Siedeverlaufes* von Bedeutung. Ein hoher Anteil an niedrig siedenden Anteilen erhöht die Feuergefährlichkeit.

Ein großer Anteil an hochsiedenden Fraktionen erschwert die Verbrennung und läßt den Docht verkohlen. Deshalb soll der Siedebeginn bei mindestens 120° C liegen, bis 150° C sollen höchstens 10 Vol.-% übergehen und bis 300° C sollen mindestens 95 Vol.-% des Petroleums überdestilliert sein (DIN 51751).

Weitere Anhaltspunkte über Helligkeit, Verbrauch und Abnützung des Dochtes erhält man durch Verbrennen einer bekannten Petroleum-Menge in einer Bundesbahn-Original-Lampe (DIN 51783).

Freie Säuren – im Petroleum handelt es sich insbesondere um Mineralsäuren und Naphthensäuren – sollen nur in technisch nicht vermeidbarer Menge vorhanden sein. Deshalb soll die Neutralisationszahl, welche die Anzahl mg KOH angibt, die erforderlich ist, um die in 1 g des Petroleums enthaltenen freien Säuren zu neutralisieren, höchstens 0,1 mg KOH/g betragen (DIN 51636).

Auch *Schwefel* soll im Petroleum höchstens in Spuren vorhanden sein. Besonders bei der früheren Verwendung zum Verdünnen von Farben war ein Nachdunkeln der Farben infolge Sulfidbildung mit Schwermetallen bei hohem Schwefelgehalt des Petroleums zu befürchten. Für solche Fälle kann die Bestimmung des Schwefels von Interesse sein.

Nach den verschiedenen Bestimmungsmethoden werden die beim Verbrennen entstandenen Schwefeloxide mit Wasserstoffperoxid, Brom oder Natriumperoxid zu Sulfat oxydiert und dieses bestimmt (F. SCHULZ 1913; P.H. CONRADSON 1912; J. McCONNEL-SANDERS 1912; DIN 51768).

Die Bestimmung der *Dichte* kann nach DIN 51636 mit der Senkspindel, der Mohr-Westphalschen Waage, oder dem Pyknometer erfolgen und soll bei 15° C höchstens 0,830 betragen.

Petroleum soll weiterhin kein *Wasser* und keine sonstigen *Fremdstoffe* enthalten, es soll in 10 cm hoher Schicht wasserhell bis gelblich sein und bei Temperaturen von −15° C noch blank oder nur schwach trübe sein (DIN 51636). Zur Bestimmung von *n-Paraffinen* kann nach F. T. EGGERTSEN und S. GROEMINGS (1961) die Gaschromatographie und die Säulenchromatographie an Kieselgel oder an einem Molekularsieb eingesetzt werden. Auch dürfte mit Hilfe der Kristalleinschlußverbindung mit Harnstoff eine Abtrennung der geradkettigen Kohlenwasserstoffe möglich sein (F. BENGEN 1951; S. SPENGLER u. K. KRENKLER 1950).

Für die gesundheitliche Beurteilung von Petroleum ist die Bestimmung von ein- und mehrkernigen aromatischen Kohlenwasserstoffen von Interesse.

In manchen Erdölsorten kommen Benzol und Toluol in mehr oder weniger erheblichen Mengen vor und können auch im Petroleum vorhanden sein.

Wie allgemein bekannt ist, kann sich das Einatmen von Benzol- und Toluoldämpfen blut- und nervenschädigend auswirken (H. FÜHNER 1951; F. HAUSCHILD 1956; M. LOB 1952; E. MESSMER 1954/55).

Zur Bestimmung von Benzol und Toluol kann die von E. ZÖLLNER und G. VASTAGH (1965) für Petroleum-Benzin empfohlene UV-spektralphotometrische Bestimmungsmethode angewandt werden.

Mehrkernige aromatische Kohlenwasserstoffe, die von L.B. NELSON und D.J. STORMONT (1960) sowie von L.T. EBY u. Mitarb. (1953) in Erdölprodukten gefunden wurden, können durch Abtrennung an einer Aluminiumoxid- oder Kieselgelsäule isoliert werden (L.B. NELSON und D.J. STORMONT 1960) und durch Papierchromatographie (Kunststoffkommission 1966), Dünnschichtchromatographie (T.H. WIELAND u. Mitarb. 1962), UV- und Fluorescenzspektrometrie (G. GRIMMER 1967; H. HELBERG 1964; H.J. EICHHOFF und M. KÖHLER 1963) identifiziert und bestimmt werden.

III. Andere Produkte mit Brennstoffeigenschaften

Unter der Bezeichnung „Hartpetroleum" versteht man eine Mischung von Natronseife (10 Teile) mit Petroleum (90 Teile) und Kochsalz (7,5 Teile). Die Bestandteile werden miteinander vermengt und bilden in der Kälte eine feste Masse, die das Petroleum bindet (DRP. 174712). Ähnlichen Aufbau hat auch der sogenannte „Hartspiritus", hergestellt aus 63% Brennspiritus, 20% Seife und 17% Wasser (DRP. 149793). Zu demselben Zweck kann man den Brennspiritus auch von Kieselgur, von Acetyl- oder Nitrozellulose aufsaugen lassen.

Auf Forschungsreisen und Camping sind diese Stoffe als Brennstoffersatz teilweise noch gebräuchlich. Beliebter sind allerdings zu demselben Zweck feste Stoffe wie Meta®, ein Trockenbrennstoff aus Metaldehyd oder Esbit®, ein hexamethylentetraminhaltiger Brennstoff.

Die Gewinnung und Verarbeitung der wirtschaftlich besonders wichtigen Produkte des Erdöls wie Treibstoffe und Heizöle sind von W. RADMACHER 1953) eingehend beschrieben.

Von besonderem lebensmittelchemischen Interesse ist in diesem Zusammenhang die Verhinderung einer Verunreinigung von Grund- und Trinkwasser durch Mineralöle.

Als Maßnahme zum Schutze von Grund- und Trinkwasser dient das Gesetz zur Ordnung des Wasserhaushaltes (Wasserhaushaltsgesetz) vom 27. VII. 1957 und die auf Länderebene erlassenen Wassergesetze und Verordnungen über das Lagern wassergefährdender Flüssigkeiten. Demselben Zweck dienen auch die in DIN 51603 festgelegten Mindestanforderungen an Heizöl.

B. Zündwaren

I. Geschichtliche Entwicklung

Abgesehen von den Anfängen des Feuermachens durch Reibung mit Hilfe von Feuersteinen, Feuerquirlen und Spiegeln und von Doebereiners katalytischem Feuerzeug, begann die Herstellung von Zündhölzern im heutigen Sinne damit, daß der Pariser Chemiker Chancel im Jahre 1805 das Ende von kleinen Hölzchen mit einer Mischung von Schwefel, Gummi und Kaliumchlorat versah. Diese Zündmasse gab dann durch Eintauchen in konzentrierte Schwefelsäure unter Feuererscheinung Sauerstoff ab und das Holz entzündete sich.

Phosphor als Bestandteil der Zündmasse verwendete Derosne im Jahre 1816 erstmals. Er verarbeitete weißen Phosphor, der rote Phosphor wurde erst 1847 von Schrötter gefunden. Um die Gefährlichkeit im Umgang mit den Streichhölzern zu vermeiden, ersetzte dann Böttger aus Frankfurt (1848) den weißen Phosphor durch die rote Modifikation und schuf so die sogenannten Sicherheitszündhölzer.

Erst sehr viel später wurde durch das Gesetz betreffend Phosphor-Zündwaren vom 10. V. 1903 die Herstellung von Zündwaren unter Mitverwendung von weißem Phosphor verboten.

Einen ausführlichen geschichtlichen Rückblick auf die Entwicklung der Streichhölzer geben H. Schultze-Manitius (1951) und W. Oberhummer (1963).

II. Allgemeines und Zusammensetzung

In der Zündmasse der heute gebräuchlichen Zündhölzer und der Reibfläche der Zündholzschachteln sind u.a. folgende Stoffe üblich:

Kaliumchlorat, Kaliumdichromat, Braunstein, Bleidioxid als sauerstoffabgebende Stoffe; roter oder hellroter Phosphor, Thiophosphite, Hypothiophosphite und Antimonsulfide bewirken die Zündung; den Reibungswiderstand erhöhen Bimsstein, Sand und Glaspulver. Farbstoffe wie Auramin, Bismarckbraun oder Umbra (ein eisen- und manganhaltiger Ton) geben ein gefälligeres Aussehen.

Als Bindemittel kommen Leim, Tragant und neuerdings auch in Wasser dispergierbare Kunststoffe auf Basis Melamin-Formaldehyd-Kondensationsprodukte (T. Bjorn Ledaal 1959) in Frage.

Die Zündhölzchen werden aus Tannen- oder Pappelholz geschnitten, mit Wasserstoffsuperoxid gebleicht, getrocknet und mit Paraffin getränkt. Die Paraffinbehandlung erleichtert die Entzündung des Holzes. Das Nachglimmen verhindern Natriumsulfat, Alaun oder Magnesiumsulfat.

Streichhölzer, die an jeder rauhen Fläche entzündet werden können, enthalten in ihrer Zündmasse außer den oben genannten Stoffen Phosphorsesquisulfid (P_4S_3). Dadurch kann gleichzeitig der Gehalt an rotem Phosphor verringert werden (*Badische Anilin- und Sodafabrik Franz. P.* 1952). Wasserfeste Zündhölzer erhält man durch Tauchen der fertigen Hölzer in eine Schmelze aus Paraffin oder durch Verwendung von wasserabweisenden Bindemitteln auf Melamin- oder Carbamidbasis (S.O.K. Keskuskunla 1951).

Wiederholt brauchbare Zündwaren beschreibt ein englisches Patent, wonach in der Zündmasse ein polymerer Aldehyd, eine feste organische Säure und Toluidin mitverarbeitet ist (*Matchell Co. Aktiebolaget E.P.* 1956).

Über eine feuchtigkeitsunempfindliche Streichholzschachtel aus Kunststoff, die auch nach dem Naßwerden zündfest bleibt, wird berichtet (*Informationsdienst* 1967).

Zur weiteren Unterrichtung über Herstellung und Zusammensetzung von Zündwaren sei auf Band 19 Ullmann's Enzyklopädie der technischen Chemie verwiesen (in Vorbereitung).

III. Untersuchung und Beurteilung

Für den Nachweis von weißem Phosphor in Zündwaren wird das amtliche Verfahren vom 25. II. 1906 angewendet, das auf dem Leuchten von weißem Phosphor bei der Oxydation an der Luft zu Phosphorpentoxid beruht.

Die genaue Ausführung des Verfahrens und die benötigte Apparatur sind in der amtlichen Anweisung ausführlich beschrieben. Um eine Störung des Nachweises durch Phosphorsesquisulfid zu umgehen, wird der Zusatz von Bleiacetat vor der Destillation empfohlen (E. EYK 1906). L. ARONSTEIN (1906) dagegen extrahiert die Substanz mit Schwefelkohlenstoff und erwärmt den gereinigten Extraktionsrückstand auf höchstens 30–40° C, wobei bei Gegenwart von Luft Phosphor zu leuchten beginnt, während Phosphorsesquisulfid erst bei 80° C diese Erscheinung gibt.

Ein weniger empfindlicher Nachweis von weißem Phosphor in Zündmassen kann nach TH. E. THORPE (1909) durch Erhitzen im zugeschmolzenen Röhrchen auf 40–60° C erfolgen, wobei weißer Phosphor in oktaedrischen Kristallen sublimiert.

Vereinzelt wird über eine durch Phosphorsesquisulfid verursachte Kontaktdermatitis berichtet, was jedoch offensichtlich auf dafür besonders disponierte Personen beschränkt zu sein scheint (J. BURGESS und R. R. FORSEY 1951; W. NIKOLOWSKI 1949; H. MARTIN 1950).

Zum Nachweis von Phosphorsesquisulfid extrahiert L. WOLTER (1908) die Zündmasse mit Schwefelkohlenstoff und stellt durch Zugabe von Jod das Dijodphosphorsesquisulfid ($P_4S_3J_2$) her, das durch den Schmelzpunkt von 119,5° C identifiziert wird.

Die Möglichkeit einer Vergiftung durch Chlorate und Chromate besteht bei peroraler Aufnahme (N. MOSORA 1965; L. TELEKY 1955; H. FÜHNER 1951). Hauterkrankungen sind in erster Linie bei nicht intakter Hautoberfläche zu befürchten (L. TELEKY, 1955) .Auch werden sechswertige Chromverbindungen als cancerogenverdächtig diskutiert (M. SPANNHAGEL 1953).

Zur Bestimmung von Chloraten und Dichromaten in den Zündmassen von Streichhölzern kann das Verfahren von Z. MARCZENKO und Z. SKORKO-TRYBULA (1960) angewandt werden.

In einem wäßrigen, filtrierten Auszug wird zunächst die Summe an Chlorat und Dichromat bestimmt, indem man mit Mohrscher Salzlösung versetzt und den Überschuß mit Kaliumpermanganat zurücktitriert. Nach Zerstören des meist vorhandenen Azofarbstoffes mit Ammonpersulfat in einem aliquoten Teil des wäßrigen Auszugs wird die Intensität der von Dichromat herrührenden gelben Farbe kolorimetrisch bestimmt.

Zur systematischen Untersuchung schneidet man von einer bekannten Anzahl Streichhölzer die Köpfe ab, wägt diese nach dem Trocknen im Vakuum über Schwefelsäure und weicht sie dann in Wasser von 20° C ein. Nach vorsichtigem Abreiben der aufgequollenen Zündmasse trocknet man die Hölzchen wieder im Vakuum über Schwefelsäure und erhält aus der Differenz die Menge der an den abgezählten Hölzern bestimmten Zündmasse. In gleicher Weise wird auch die Zündmasse von den Reibflächen abgetrennt. Sie wird dann zunächst unter der Lupe betrachtet, wobei sie sich möglichst homogen erweisen soll und insbesondere den Phosphor nicht in einzelnen Stücken erkennen lassen darf.

Nach dem Vorschlag von K. FISCHER (1902) erwärmt man nunmehr eine ausreichende Menge der abgetrennten Zündmasse mit Wasser, filtriert, wäscht aus und untersucht Lösung und Rückstand getrennt.

Die Lösung wird zunächst durch Erhitzen mit Natronlauge auf Leim und Eiweiß (Ammoniakbildung) durch Behandlung mit Jodlösung auf Gummi (rötlichblaue Färbung) und durch Ausschütteln mit Äther oder Amylalkohol auf Teerfarbstoffe geprüft. Dextrin kann an der Rechtsdrehung erkannt werden. Ebenfalls prüft man in der Lösung auf Blei, Chlorate, Nitrate usw. Bei Anwesenheit von Kaliumnitrat reagiert der nach dem Eindampfen der Lösung erhaltene und geglühte Rückstand alkalisch.

Der unlösliche Rückstand wird mit Äthanol (96 Vol.-%ig) ausgewaschen. Dabei gehen Harze, Stearinsäure, Wachse und dgl. weitgehend in Lösung. Der Rückstand wird anschließend mit verdünnter Salzsäure gekocht. Entwickelt sich hierbei Chlor, so ist die Anwesenheit von Peroxiden, Braunstein u.a. anzunehmen, während ein Geruch nach schwefliger Säure auf die Anwesenheit von Sulfiten, ein Geruch nach Schwefelwasserstoff auf Sulfide (z.B. Ultramarin) hindeutet.

Phosphor läßt sich in der bekannten Weise nachweisen, wenn man den in Wasser unlöslichen Rückstand mit Salpetersäure erhitzt und das Filtrat auf Phosphorsäure prüft.

C. Feuerwerkskörper und Sprengstoffe

I. Allgemeines und Zusammensetzung

Unter Feuerwerkskörpern sind Gegenstände zum Gebrauch als Belustigungsfeuerwerk und technische Feuerwerkskörper wie die pyrotechnische Munition zu verstehen.

Sprengstoffe sind nach einem Urteil des Reichsgerichts vom 22. XII. 1913 alle explosiven Stoffe, die bei der Entzündung eine gewaltsame und plötzliche Ausdehnung elastischer Flüssigkeiten und Gase hervorrufen und sich somit als Sprengmittel zur Zerstörung eignen.

Der wesentliche Bestandteil von Feuerwerkskörpern ist der Feuerwerkssatz. Man unterscheidet je nach der Zusammensetzung zwischen Knallsätzen, Pfeifsätzen, Leuchtsätzen, Rauchsätzen und Zündsätzen.

Im Feuerwerkssatz ist der am häufigsten verwendete Bestandteil Schwarzpulver, ein Gemisch aus ca. 75% Kaliumnitrat, 15% Kohlepulver und 10% Schwefel.

Neben Kaliumnitrat als sauerstoffabgebendem Bestandteil sind noch Kalium- und Bariumchlorat, Kaliumperchlorat, Barium-, Natrium- und Strontiumnitrat je nach der gewünschten Flammenfärbung üblich.

Als Zündstoffe sind roter Phosphor, Schwefelphosphorverbindungen, Metallsulfide, Bleistyphnat u.a. gebräuchlich. Nach der Zündung geben die genannten Stoffe Energie ab und bringen verschiedene organische und anorganische Stoffe zum Brennen (z.B. Kohle, Dextrin, Gummi arabicum, Tylose – letztere sind gleichzeitig Bindemittel –, Aluminiumpulver, Eisenpulver, Zink- und Schwefelpulver).

Oft ist eine verlängerte oder verzögerte Abbranddauer erwünscht, was durch Zusatz „phlegmatisierender“ Bestandteile erreicht werden kann (Stearin, Paraffin, Kieselgur, Kalk, Kreide, Talkum). Diese Stoffe sind gleichzeitig Füllstoffe. Zur Flammenfärbung verwendet man je nach der gewünschten Flammenfärbung Kryolith (Natrium-Aluminiumfluorid) u.a. Natriumsalze (gelb), Kupfersalze (blau), Strontiumsalze (rot), Bariumsalze (grün).

Sprengstoffe enthalten neben dem Initialzünder (Knallquecksilber, Bleiazid, Tetracen u.a.) die Explosion verursachende Stoffe wie Dynamit (Nitroglycerin), Sprenggelatine (Nitroglycerin mit Kollodiumwolle), Nitrocellulose, Pikrinsäure, Trinitrotoluol, Chloratsprengstoffe u.a.

II. Untersuchung und Beurteilung

Für den Lebensmittelchemiker ist die Untersuchung und Beurteilung von Feuerwerksspielwaren (Radauplätzchen, Knallkorken, Liliputmunition u. dgl.) von Interesse, da diese pyrotechnischen Gegenstände entsprechend den Polizei-Verordnungen der Länder auch an Jugendliche unter 18 Jahren abgegeben werden dürfen und als Spielwaren den Anforderungen des § 3, 2 a und b Lebensmittelgesetz in der Fassung vom 23. XII. 1958 unterliegen. Es handelt sich dabei um Gegenstände, die bei bestimmungsgemäßem und vorherzusehendem Gebrauch keine gefährliche Wirkung haben sollen.

Die qualitative und quantitative Untersuchung erfolgt im allgemeinen wie bei Zündhölzern.

In den technischen Grundsätzen zu den Polizei-Verordnungen der Länder über den Verkehr mit pyrotechnischen Gegenständen finden sich teilweise Anhaltspunkte zur Beurteilung. Neben Forderungen an die Verkehrssicherheit der Packungen — die Feuerwerkskörper dürfen bei 4wöchiger Lagerung bei 50° C keine gefahrbringende Veränderung erfahren — sind auch Hinweise auf die Ausgangsstoffe zu finden.

So sind beispielsweise verboten: Mechanische Verunreinigungen der Ausgangsstoffe, chemische Verunreinigungen der Ausgangsstoffe, Schwefel mit freier Säure oder mit mehr als 0,1% Asche, Schwefelblüte, weißer (gelber) Phosphor, Kaliumchlorat mit mehr als 0,15% Bromatgehalt.

Mit wenigen Ausnahmen sind verboten:

Ammonsalze und Amine neben Chloraten, Chlorate neben Metallen, Antimonsulfid und Kaliumferrocyanid; der Chloratgehalt soll nicht mehr als 50% betragen.

Zur Bestimmung des Gesamt-Nitrat-Gehaltes kann nach J. Grodzynski (1957) ein wäßriger Auszug der Probe mit Eisen(II)-salzlösung in saurer Lösung versetzt werden und der Überschuß des zur Reduktion des Nitrates nicht verbrauchten Eisen(II) mit Ti(III)-salzlösung zurücktitriert werden. Die Endpunktsbestimmung dieser Reduktion kann jedoch auch nach der DEAD-Stop-Methode erfolgen (S. Sandi 1957). Knallquecksilber wird durch Fällung des Quecksilbers aus wäßriger filtrierter Lösung als Quecksilbersulfid bestimmt (1 mg Hg_2S entspricht 1,224 mg Knallquecksilber, O. Hagen 1911).

Zur Bestimmung von Bleistyphnat wird die Probe nach H. C. J. Saint und J. Hewson mit Ammonacetatlösung extrahiert und die Farbintensität der erhaltenen gelben Lösung gemessen. Nach D. W. Traas und H. L. Ligtenberg (1962) ist auch eine polarographische Bestimmung möglich.

Die Bestimmung von Nitroglycerin, die allerdings in erster Linie in Sprengstoffen von Bedeutung ist, kann ebenfalls polarographisch erfolgen (A. F. Williams und D. Kenyon 1959). Ebenso dürfte die Identifizierung und die Bestimmung von Phthalatestern über deren Verseifungszahl (J. Grodzynski und C. L. Whitman 1957) nur in Sprengstoffen von Interesse sein.

D. Hinweise für die rechtliche Beurteilung

I. Petroleum und andere brennbare Flüssigkeiten

1. Verordnung über die Errichtung und den Betrieb von Anlagen zur Lagerung, Abfüllung und Beförderung brennbarer Flüssigkeiten zu Lande (Verordnung über brennbare Flüssigkeiten-VbF) vom 18. II. 1960 (BGBl. I, S. 83).

In § 1 ist festgelegt:

„Die Verordnung gilt für die Errichtung und den Verkehr von Anlagen zur Lagerung, Abfüllung oder Beförderung brennbarer Flüssigkeiten zu Lande, sofern diese Anlagen gewerblichen Zwecken dienen oder im Rahmen wirtschaftlicher Unternehmen Verwendung finden oder soweit es der Arbeitsschutz erfordert."

Durch § 3 sind die brennbaren Flüssigkeiten begrifflich geregelt und eingeteilt:

Brennbare Flüssigkeiten im Sinne der Verordnung sind Stoffe mit Flammpunkt, die bei 35° C weder fest noch salbenförmig sind, bei 50° C einen Dampfdruck von 3 kg/cm² oder weniger haben und zu einer der nachstehenden Gruppen gehören:

1. Gruppe A: Flüssigkeiten, die einen Flammpunkt nicht über 100° C haben und hinsichtlich der Wasserlöslichkeit nicht die Eigenschaften der Gruppe B aufweisen, und zwar

Gefahrenklasse I

Flüssigkeiten mit einem Flammpunkt unter 21° C

Gefahrenklasse II

Flüssigkeiten mit einem Flammpunkt von 21–55° C

Gefahrenklasse III

Flüssigkeiten mit einem Flammpunkt von über 55–100° C.

2. Gruppe B: Flüssigkeiten mit einem Flammpunkt unter 21° C, die sich bei 15° C in jedem beliebigen Verhältnis in Wasser lösen oder deren brennbare Bestandteile sich bei 15° C in jedem beliebigen Verhältnis in Wasser lösen.

Durch diese Definition sind Flüssigkeiten gegen feste Stoffe einerseits und gegen Gase andererseits abgegrenzt worden. Die Grenzziehung zu den Gasen liegt bei einem Dampfdruck von 3 kg/cm^2 bei 50° C.

In zwei Tafeln der Anlage zu dieser Verordnung wird eine Zusammenstellung gegeben über höchstzulässige Lagermengen in Litern bei nicht anzeigepflichtiger Lagerung und höchstzulässige Lagermengen in Litern bei anzeigebedürftiger Lagerung in bestimmten Räumlichkeiten. Nach Lagerraum, Art der brennbaren Flüssigkeit und Menge richtet sich, ob zur Errichtung einer Anlage die einfache Anzeige genügt oder ob eine Erlaubnis nötig ist.

Zu dieser Verordnung sind länderrechtliche Regelungen ergangen, in denen bestimmt ist, wer Erlaubnisbehörde im Sinne der VbF ist.

2. Technische Verordnung über brennbare Flüssigkeiten (TVbF) vom 10. IX. 1964 (BGBl. I, S. 717).

Diese Verordnung enthält Anforderungen technischer Art an Anlagen zur Lagerung, Abfüllung, Beförderung brennbarer Flüssigkeiten zu Lande. Ihr sind zwei umfangreiche Anhänge beigegeben. Dort sind Anforderungen an ortsbewegliche Gefäße zu finden, wie höchstzulässiger Rauminhalt, Bauvorschriften und Kennzeichnung der Gefäße.

3. Verordnung über das gewerbsmäßige Verkaufen und Feilhalten von Petroleum vom 23. II. 1882 (RGBl. S. 40).

Unter Petroleum ist nach § 4 das Rohpetroleum und dessen Destillationsprodukte zu verstehen wie Benzin, Leuchtpetroleum (Leuchtöl) und Schmieröle. In gleicher Weise wie durch die TVbF wird die Kennzeichnung „Feuergefährlich“ für Petroleum mit einem Flammpunkt unter 21° C verlangt. Bei Abgabe von weniger als 50 kg ist außerdem die Inschrift „Nur mit besonderen Vorsichtsmaßregeln zu Brennzwecken verwendbar“ vorgeschrieben.

4. Polizei-Verordnung über die Verwendung von brennbaren Flüssigkeiten zu Koch-, Heiz- und Beleuchtungszwecken vom 6. XI. 1939 (RGBl. I, S. 2173).

Die Verordnung enthält Anforderungen an Geräte, in denen Benzin, Benzol, Spiritus oder Petroleum verbrannt wird.

5. Gesetz über gesundheitsschädliche und feuergefährliche Arbeitsstoffe vom 25. III. 1939 (RGBl. I, S. 581) i. d. Fassung vom 24. V. 1968 (BGBl. I S. 503).

Aufgrund des Gesetzes kann vorgeschrieben werden, daß Chemikalien und Zubereitungen, die gesundheitsschädliche und feuergefährliche Bestandteile enthalten, nicht oder nur unter bestimmten Bedingungen in den Verkehr gebracht, zum Verbrauch abgegeben oder verwendet werden dürfen.

6. Verordnung über die Kennzeichnung gesundheitsschädlicher Lösungsmittel und lösungsmittelhaltiger anderer Arbeitsstoffe (Lösungsmittel-Verordnung) vom 20. II. 1954 (BAnz. Nr 43, vom 3. III. 1954 Jhrg. 6).

Die Verordnung findet u.a. Anwendung auf Lacke, Farben und Fußbodenpflegemittel sowie auf Lösungsmittel, die Benzol und seine Homologen mit einem Siedepunkt unter 180° C, Methanol, Dioxan, organische Halogenverbindungen mit einem Siedepunkt unter 200° C und Schwefelkohlenstoff enthalten. Gefäße mit mehr als 0,5 l Inhalt, in denen Zubereitungen mit mehr als 10% dieser Stoffe enthalten sind, dürfen nur mit der Aufschrift „Vorsicht, Einatmen der Dämpfe gefährlich, Schutzvorschriften beachten“, abgegeben werden.

7. Richtlinien des Rates der Europäischen Wirtschaftsgemeinschaft vom 27. VI. 1967 zur Angleichung der Rechts- und Verwaltungsvorschriften für die Einstufung, Verpackung und Kennzeichnung gefährlicher Stoffe (Amtsbl. Europ. Gemeinschaft. Nr. 196/1 vom 16. VIII. 1967).

Gefährliche anorganische und organische Stoffe, die in dieser Liste namentlich aufgeführt sind, werden mit verschiedenen Symbolen in explosionsgefährlich, brandfördernd, leicht entzündlich, Gift, ätzend, gesundheitsschädlich und Reizstoff eingestuft. Ferner werden die besonderen Gefahren der gefährlichen Stoffe näher bezeichnet und Ratschläge für die Aufbewahrung und Handhabung gegeben.

II. Zündwaren

1. Zündwaren-Steuergesetz in der Fassung vom 9. VI. 1961 (BGBl. I, S. 730).

Zündwaren im Sinne des Gesetzes sind:

a) Zündhölzer und alle sonstigen, demselben Verwendungszweck wie Zündhölzer dienenden Erzeugnisse, die mit einer durch Reibung entflammbaren Zündmasse versehen sind oder aus einer solchen Zündmasse bestehen.

b) Zündkerzen aus Stearin, Wachs oder ähnlichen Stoffen.

Des weiteren ist der Steuersatz geregelt.

2. *Durchführungsbestimmung zum Zündwaren-Steuergesetz* vom 3. VIII. 1961 (BGBl. I, S. 1249).

Neben der genauen Definition des Steuergegenstandes sind besondere Anforderungen an die Betriebsführung von Zündwaren herstellenden Betrieben zu finden.

3. *Zündwaren-Monopolgesetz* vom 29. I. 1930 (RGBl. I, S. 11) i. d. Fassung vom 12. VIII. 1968 (BGBl. I, S. 953).

Die amtliche Aufsicht bezieht sich lediglich auf die Überwachung der allgemeinen Geschäftsführung der Monopolgesellschaft und auf die zollamtliche Kontrolle.

4. Durchführungsbestimmungen zum Zündwaren-Monopolgesetz vom 27. V. 1930 (RGBl. I, S. 176).

Neben rein technischen Angelegenheiten, wie Anmeldung, Absatz und amtliche Aufsicht über die Zündwarenhersteller, wird in Qualitätsbestimmungen zwischen Haushaltsware und anderen Zündwaren unterschieden, wobei Haushaltsware die normale, überwiegend auf dem Markt geführte Schachtelware von guter Qualität ist. Die Zahl der Zündhölzer in der einzelnen Schachtel soll bei der Haushaltsware 60 Stück betragen mit 10 Prozent Toleranz.

5. Gesetz betreffend Phosphor-Zündwaren vom 10. V. 1903 (RGBl., S. 217).

Durch § 1 ist die Verwendung von weißem oder gelbem Phosphor zur Herstellung von Zündhölzern und anderen Zündwaren verboten.

Sonstige Beurteilungsgrundlagen:

6. Merkblatt der Berufsgenossenschaft der chemischen Industrie für die Arbeit in Zündholzfabriken.

III. Pyrotechnische Gegenstände und Sprengstoffe

1. Gesetz gegen den verbrecherischen und gemeingefährlichen Gebrauch von Sprengstoffen (*Sprengstoff-Gesetz*) vom 9. VI. 1884 (RGBl., S. 61) geändert durch die Verordnung vom 8. VIII. 1941 (RGBl., S. 531).

Pyrotechnische Gegenstände unterliegen dem Sprengstoff-Gesetz, nach dem Herstellung, Vertrieb und Einfuhr von Sprengstoffen an eine polizeiliche Genehmigung gebunden ist.

Die strengen Grundsätze des Sprengstoffgesetzes machten es notwendig, auf Länderbasis Ermächtigungsgesetze zu erlassen, um für Sprengstoffe als Schießstoffe oder als Hilfsmittel für technische, wissenschaftliche oder medizinische Zwecke Erleichterungen gewähren zu können.

Der Inhalt der Sprengstoff-Verordnungen der einzelnen Bundesländer ist angeglichen. In manchen Ländern gibt es daneben noch eine Sprengstoff-Lager-Verordnung.

Für pyrotechnische Gegenstände im engeren Sinne existieren ebenfalls auf Länderebene Polizei-Verordnungen.

In diesen Verordnungen werden die pyrotechnischen Gegenstände eingeteilt in:

Feuerwerksspielwaren	= Gruppe I
Kleinfeuerwerk	= Gruppe II
Gartenfeuerwerk	= Gruppe III
pyrotechnische Gegenstände für technische Zwecke	= Gruppe IV
Großfeuerwerk	= Gruppe V

In den Verordnungen sind Technische Grundsätze erlassen worden, die eine genaue Klassenbeschreibung der vorgenannten Arten an pyrotechnischen Gegenständen und deren chemischer Zusammensetzung ausführen. Weiterhin finden sich Anforderungen an Verpackung und Kennzeichnung.

2. *Eisenbahnverkehrsordnung* vom 8. IX. 1938 (RGBl. II, S. 663).

In der neugefaßten Anlage C von 1962 sind besondere Vorsichtsmaßnahmen bei der Beförderung von pyrotechnischen Gegenständen durch die Eisenbahn vorgeschrieben.

3. Die *Verordnung über gefährliche Seefrachtgüter* vom 4. I. 1960 (BGBl. II, S. 1) gilt für die Beförderung von pyrotechnischen Gegenständen auf Seeschiffen.

Sonstige Beurteilungsgrundlagen:

4. Von Seiten der Berufsgenossenschaften sind *Richtlinien für die Herstellung von Leucht- und Signalmunition* und *Unfallverhütungsvorschriften der Berufsgenossenschaften für die Herstellung pyrotechnischer Gegenstände* herausgegeben worden.

Bibliographie

FÜHNER, H.: Medizinische Toxikologie. Stuttgart: Thieme 1951.

HAUSCHILD, F.: Pharmakologie und Grundlagen der Toxikologie. Leipzig: VEB Thieme 1956.

RADMACHER, W.: Brennstoffe, feste und flüssige. In Bd. 4 Ullmanns Enzyklopädie der technischen Chemie. München-Berlin: Urban u. Schwarzenberg 1953.

RÜHL, W.: Erdgas und Erdöl in Bd. 6 Ulmmanns Enzyklopädie der technischen Chemie. München-Berlin: Urban u. Schwarzenberg 1955.

TELEKY, L.: Gewerbliche Vergiftungen. Berlin-Göttingen-Heidelberg: Springer 1955.

Zeitschriftenliteratur

ARONSTEIN, L.: Über eine Methode, kleine Mengen weißen Phosphors neben großen Mengen Phosphorsesquisulfid nachzuweisen. Chem. Weekbl. **3**, 283—287 (1906). Zit. nach Z. Lebensmittel-Unters. u. Forsch. **15**, 118 (1908).

Badische Anilin- und Sodafabrik, Deutschland. Franz.P. 1952; zit. nach Chem. Zbl. **125**, 4306 (1954).

BENGEN, F.: Mein Weg zu den neuen Harnstoff-Einschlußverbindungen. Angew. Chem. **63**, 207—208 (1951).

BJORN-LEDAAL, T.: Zündmischung für Streichholzköpfe u. Reibflächen. Engl. Pat. Oslo; zit. nach Chem. Zbl. **130**, 1993 (1959).

BURGESS, J. u. R. R.: Durch Streichhölzer verursachte Kontaktdermatitis des Gesichtes. Arch. Dermatol. Syphilol. **64**, 636—637 (1951), zit. nach Chem. Zbl. **127**, 2247 (1956).

McCollum, F., and C. L. Whitman: Zur Bestimmung von Phthalatestern in Sprengstoffen. Analytic. Chem. **29**, 1479—1483 (1957); zit. nach Z. analyt. Chem. **163**, 51 (1958).
McConnel-Sanders, J.: Die Bestimmung von Schwefel in Petroleum. Chem. Soc. **101**, 358—365 (1912); zit. nach Z. Lebensmittel-Unters. u. Forsch. **27**, 613 (1914).
Conradsoh, P. H.: Apparat und Methode zur Bestimmung des Schwefels in Leucht- und Schmierölen aus Petroleum. J. of Ind. and Engin. Chem. **4**, 842—844 (1912); zit. nach Z. Lebensmittel-Unters. u. Forsch. **27**, 614 (1914).
Eby, L. T., W. Priestley jr., J. Rehner jr., and M. E. Hall: Zur Charakterisierung der Carcinogenität hochsiedender Petroleumprodukte. Analytic. Chem. **25**, 1500—1507 (1953); zit. nach Z. analyt. Chem. **146**, 460 (1955).
Eggertsen, F. T., and S. Groemings: Zur gaschromatographischen Bestimmung von geringen Mengen n-Paraffinen in Petroleumdestillaten. Analytic. Chem. **33**, 1147—1150 (1961); zit. nach Z. analyt. Chem. **188**, 439 (1962).
Eichhoff, H. J., u. M. Köhler: Identifizierung und Bestimmung polycyclischer, aromatischer Kohlenwasserstoffe durch Fluorescenzspektren fester Lösungen bei tiefen Temperaturen. Z. analyt. Chem. **197**, 271—283 (1963).
van Eyck, E.: Die Untersuchung auf Anwesenheit von weißem Phosphor in Zündhölzern. Chem. Weekbl. **3**, 367—371 (1906); zit. nach Z. Lebensmittel-Unters. u. Forsch. **15**, 119 (1908).
Fischer, K.: Beiträge zur Kenntnis über die im Handel befindlichen Zündwaren und über ihre Untersuchung. Arb. Kaiserl. Gesundh.-Amt **19**, 300—327 (1902); zit. nach Z. Lebensmittel-Unters. u. Forsch. **7**, 381 (1904).
Grimmer, G.: Kohlenwasserstoffe in der Umgebung des Menschen. Erdöl u. Kohle **19**, 578—583 (1966); Z. analyt. Chem. **232**, 301 (1967).
Grodzynski, J.: Zur Bestimmung von Phthalatestern in Sprengstoffen. Analytic. Chem. **27**, 1765—1767 (1955).
— Zur Bestimmung des Stickstoffgehaltes von Sprengstoffen durch Titration mit Eisen(II) und Titan(III) zur Untersuchung von Nitrozellulose und rauchlosen Pulvern. Analytic. Chem. **29**, 150—152 (1957).
Hagen, O.: Z. Ges. Schieß- und Sprengstoffwesen **6**, 87—92 (1911).
Helberg, D.: Prüfung von Paraffinen und mikrokristallinen Wachsen auf cancerogene polycyclische aromatische Kohlenwasserstoffe. Dtsch. Lebensmittel-Rdsch. **60**, 345—347 (1964).
Informationsdienst Verpackung 14/7/79 (1967).
Keskuskunla Suomen Osunskamppojen: Herstellung einer feuchtigkeitsempfindlichen Reibfläche. Franz. P. 1951; zit. nach Chem. Zbl. **126**, 11317 (1955).
Kunststoffkommission des Bundesgesundheitsamtes: Prüfung von Hartparaffinen und mikrokristallinen Wachsen auf alkalisch oder sauer reagierende Verunreinigungen, auf das Verhalten gegen Schwefelsäure und auf cancerogene polycyclische Kohlenwasserstoffe. Bundesgesundh.-Bl. **7**, 137 (1964) und **9**, 408 (1966).
Lob, M.: Chronische Vergiftung durch Toluol durch Wirkung auf blutbildende Organe. Schweiz. med. Wschr. **1952**, 1125.
Marczenko, Z., u. Z. Skorko-Trybula: Zur Bestimmung von Kaliumchlorat und Kaliumdichromat in den Massen der Zündholzköpfchen. Chem. Analit. **5**, 71—77 (1960) [polnisch]; zit. nach Z. analyt. Chem. **183**, 231 (1961).
Martin, H.: Beitrag zur Klinik und Pathogenese der Streichholzschachteldermatitis und deren Beziehungen zur Allergie. Dermatol. Wschr. **121**, 553—562 (1950); zit. nach Chem. Zbl. **1951**, 1. Teil, S. 755.
Matchell Co Aktiebolaget, E. P. Schweden 1956: Zit. nach Chem. Zbl. **132**, 15261 (1961).
Messmer, E.: Zur Frage der chronischen Benzol-Vergiftung. Arch. Toxicol. **15**, 101—111 (1954/55).
Mosora, N.: Akute tödliche Vergiftung mit Kaliumbichromat. Arch. Toxicol. **20**, 334—336 (1965).
Nelson, L. B., and D. J. Stormont: Zur Bestimmung von mehrkernigen aromatischen Kohlenwasserstoffen in Petroleumwachsen. Chem. and Ind. 1960, 561; zit. nach Z. analyt. Chem. **179**, 390 (1961).
Nikolowski, W.: Über Streichholzschachteldermatitis, ein Beitrag des Bedingungskomplexes in der Pathogenese des Ekzyms. Dtsch. med. Wschr. **74**, 637—641 (1949).
Oberhummer, W.: Forschungen und Fortschritte **37**, 14—16 (1963).
Saint, H. C. J., and J. Hewson: Die Bestimmung von Bleistyphnat in Zündgemischen von Sprengstoffen. Alanyst. **84**, 183—187 (1959).
Sandi, S., et G. Flanquart: Eine einfache und genaue Schnellmethode zur Bestimmung des Nitratstickstoffgehaltes in Nitraten, Nitrocellulose und in Sprengstoffen (Nitroglycerin, Pentaerythrit). Chim. Analytique **39**, 20—24 (1957); zit. nach Z. analyt. Chem. **158**, 454 (1957).

Schultze-Manitius, M.: Wie entstanden unsere heutigen Streichhölzer. Chemiker-Ztg. **75**, 331—334 (1951).

Schulz, F.: Eine Titriermethode zur Bestimmung von Schwefel in Leuchtpetroleum. Petroleum **8**, 585—586 (1913); zit. nach Z. Lebensmittel-Unters. u. Forsch. **36**, 303 (1918).

Spannhagel, M.: Lungenkrebs und andere Organschäden durch Chromverbindungen. Zbl. Arbeitsmedizin **3**, 1—92 (1953).

Spengler, S., u. K. Krenkler: Über die selektive Adsorption von Kohlenwasserstoffen. Erdöl und Kohle **3**, 120 (1950).

Thorpe, Th. E.: Mitteilung über den Nachweis des weißen oder gewöhnlichen Phosphors in der Zündmasse von Streichhölzern. J. Chem. Soc. (London) **95**, 440—441 (1909); zit. nach Z. Lebensmittel-Unters. u. Forsch. **21**, 767 (1911).

Traas, D.W., and H.L. Ligtenberg: Zur Untersuchung von Zündhütchen. Chem. and Ind. 1962, 2040; zit. nach Z. analyt. Chem. **200**, 400 (1964).

Wiebe, H.F.: Die obere Brauchbarkeitsgrenze des Abel-Pensky'schen Apparates und seine Vergleichung mit dem Pensky'schen Flammpunktsprüfer. Petroleum **8**, 1061—1063 (1913); zit. nach Z. Lebensmittel-Unters. u. Forsch. **33**, 544 (1917).

Wieland, T.H., G. Lüben u. H. Determann: Chromatographie polycyclischer Aromaten an acetylierter Cellulose. Experientia XVIII, 432 (1962).

Williams, A.F., and D. Kenyon: Zur polarographischen Bestimmung von Nitroglycerin in Treibstoffen und in Sprengstoffen. Talanta **3**, 160—171 (1959); zit. nach Z. Analyt. Chem. **180**, 59 (1961).

Wolter, L.: Die Einwirkung von Jod auf Phosphorsesquisulfid und der Nachweis derselben in der Zündmasse. Chemiker-Ztg. **31**, 640 (1907).

Zöllner, E., u. G. Vastagh: U.V.-Spektrophotometrische Bestimmung von Benzol und Toluol in Petroleumbenzin. Arch. Pharmaz. (Weinheim) **298**, 281—385 (1965).

Reinigungs- und Desinfektionsmittel im Lebensmittelbetrieb

Von

Prof. Dr. F. Reiff, Mannheim,

Dr. H. Wissemeier, Ludwigshafen, Dr. H. Camphausen, Essen

und F. Ruf, Heilbronn

Mit 19 Abbildungen

1. Geschichtliche Entwicklung und wirtschaftliche Bedeutung der Reinigungs- und Desinfektionsmittel

Herstellung und Vertrieb von Lebensmitteln erfordern im Interesse des Schutzes der Volksgesundheit ein hohes Maß an Sauberkeit. Es ist daher unerläßlich, daß die Lebensmittelindustrie durch geeignete Maßnahmen und durch Verwendung von Reinigungs- und Desinfektionsmitteln den hygienisch einwandfreien Zustand ihrer Betriebseinrichtungen, Lager- und Versandbehälter sicherstellt.

Zur Reinigung hat man schon in frühesten Zeiten Wasser genommen. Auch heute gibt es nur wenige Reinigungsverfahren, die ohne Wasser arbeiten. Bei der heute üblichen Arbeitsweise ist es allerdings häufig nicht mehr möglich, mit Wasser allein zu reinigen, da dessen Reinigungsvermögen in vielen Fällen nicht ausreicht.

Zur Verbesserung der Reinigungskraft des Wassers hat man zuerst die seit über 2000 Jahren bekannte Seife eingesetzt. Im Laufe der Zeit fand man, daß eine Reihe verschiedener Chemikalien den Reinigungseffekt günstig beeinflussen. Das gilt z.B. für Natrium- und Kaliumhydroxid, für Pottasche, Soda, Natriumhydrogencarbonat, Natriumsilikat und Trinatriummonophosphat. Natrium- und Kaliumhydroxid haben neben der reinigenden auch eine auf der starken Alkalität ihrer wäßrigen Lösungen beruhende desinfizierende Wirkung.

Eine neue Entwicklung setzte vor etwa 40 Jahren ein durch die Verwendung von Polyphosphaten. Diese Substanzen verhindern durch Kationenmaskierung die Ausfällung der Härtebildner des Wassers und besitzen außerdem sehr gutes Dispergiervermögen. Etwa um die gleiche Zeit erkannte man auch die Bedeutung der Tenside, die auf Grund ihrer guten grenzflächenaktiven Eigenschaften eine ständige wachsende Bedeutung als Bestandteil von Reinigungsmitteln erlangt haben. Standen zuerst die Anion-Tenside im Vordergrund, so sind es in den letzten Jahren die Nicht-Ion-Tenside, die neben ihrer netzenden, inbesondere eine schaumbremsende Wirkung besitzen, was im Hinblick auf die immer schneller laufenden Maschinen und die vollautomatischen Reinigungsverfahren von großer Bedeutung ist.

Schon frühzeitig erkannte man, daß Mischungen von Grundchemikalien eine bessere Wirkung ergeben als die einzelnen Grundstoffe. So wird durch eines der ältesten Wasch- und Reinigungsmittelpatente, das US.P. 493693 (Erfinder C.S. Ely, ausg. 1893), eine Mischung von

76,00%	Soda
6,25%	Ammonsulfat
2,00%	Borax
6,25%	Hafermehl
6,50%	Weizenmehl

geschützt. Die Verwendung von „polymeren Phosphaten" wird in dem E.P. 435317 (angem. 1934) der Firma Henkel & Cie., GmbH, Düsseldorf (Erfinder W.J. Tennant) beschrieben, wobei ein sodahaltiges Wasch- und Reinigungsmittel mit einem Zusatz von mindestens 50% neutralem Pyrophosphat, auf wasserfreies Soda berechnet, vorgeschlagen wird. Während zunächst vorwiegend Di- und Triphosphate eingesetzt werden, kann man seit 1935 deutlich einen Zug zur Verwendung höherpolymerer Phophate erkennen, wie z.B. zu dem sog. „Hexametaphophat", das heute auf Grund seiner Konstitution richtig als „Grahamsches Natriumpolyphosphat", bezeichnet wird.

Bei den Desinfektionsmitteln lief die Entwicklung, wenn man von der Verwendung von Silbergefäßen und der Ausnutzung der oligodynamischen Wirkung des Silbers absehen will, über Chlorkalk, Chlorbleichlauge, Chlorgas, Phenole, Phenolate und Kresole zu den quaternären Ammoniumverbindungen und Ampholytseifen bis neuerdings zu den Jodophoren. Hierbei hat nicht eine Klasse die andere abgelöst, vielmehr werden nach wie vor Chlor und seine Verbindungen am häufigsten verwendet; dann folgen die quaternären Ammoniumverbindungen und die Ampholytseifen.

Verbrauch und Zusammensetzung der Reinigungsmittel werden entscheidend beeinflußt durch den auf Landwirtschaft und Industrie immer stärker drückenden Zwang zur Rationalisierung, die auf dem Bauernhof beginnt und im Großbetrieb endet. Die Geschwindigkeit dieser Entwicklung wird im wesentlichen vom Markt – dem heute weltweiten Konkurrenzkampf – und nicht zuletzt vom Arbeitskräftemangel bestimmt. Ständig vergrößert sich der Maschinenpark, und die einzelnen Maschinen und Anlagen werden immer größer und leistungsfähiger. Dies gilt sowohl für die automatische Melkanlage auf dem Bauernhof als auch für die automatische Flaschenwaschanlage in einer Molkerei oder Brauerei. Was für die Reinigungsmittel zutrifft, gilt analog auch für die Desinfektionsmittel. Bemerkenswert ist, daß der Reinigungsmittelverbrauch, berechnet auf die zu reinigende Einheit, durch die Umstellung der Reinigung von der Handarbeit auf Halbautomaten und von diesen auf Vollautomaten nicht zurückgegangen ist. Er ist vielmehr, von wenigen Ausnahmen abgesehen, sogar gestiegen. Dies ist dadurch zu erklären, daß die Betriebssicherheit erhöht und damit auch die Qualität der Produkte ständig verbessert wurde. Letzteres konnte aber nur dadurch erreicht werden, daß die Ansprüche an Hygiene und Sauberkeit erhöht wurden.

Während man die technische Entwicklung auf dem Gebiet der Reinigungs- und Desinfektionsmittel über die Begriffe „Reinigungs- und Desinfektionsmittel" geschichtlich noch einigermaßen sicher erfassen kann, ist dies für die Entwicklung der Produktion von Reinigungs- und Desinfektionsmitteln nicht möglich. Das liegt daran, daß in der Bundesrepublik das Statistische Bundesamt keine Klassifikationen kennt, die die Reinigungsmittel so ausweisen, daß man daraus bindende Rückschlüsse im allgemeinen und für den Verbrauch auf dem Lebensmittelsektor im besonderen ziehen könnte.

Es ist jedoch möglich, aus der vorherrschenden Tendenz gewisse Schlüsse zu ziehen. Unter diesen Bedingungen kann man auch die vom Statistischen Bundesamt erfaßte Wasch- und Reinigungsmittelerzeugung für die Beurteilung heranziehen.

1952 wurden in der Bundesrepublik Deutschland – unter Ausschluß von Westberlin – 381000 t und 1966 einschließlich Westberlin 780247 t Wasch- und Reinigungsmittel erzeugt. Von dieser Produktion wurde der weitaus größte Anteil im Inland verbraucht. Den Hauptanteil an der oben genannten Produktionsmenge machen die Waschhilfs- und Waschmittel aus. In diese Gruppe gehören auch die Handreinigungsmittel, Scheuerpulver und „sonstige nicht genannte Reinigungs- und Putzmittel", also Produkte, die hier interessieren, deren Menge man aber leider nur schätzen kann.

Die Mengen an Reinigungsmitteln, die von Lebensmittel erzeugenden sowie Lebensmittel be- und verarbeitenden Betrieben verbraucht werden, dürften 1964 rund 40000 t mit einem Wert von 50–60 Millionen DM betragen haben. Aus Marktbeobachtungen ergibt sich ein steigender Verbrauch von Jahr zu Jahr mit Steigerungsraten von 5–10%.

Der Produktionswert an Desinfektionsmitteln betrug nach Angaben des Statistischen Bundesamtes:

1960 = 18,3 Mill. DM
1964 = 30 Mill. DM
1966 = 40,5 Mill. DM

In dieser Gruppe ist ein Vergleich der Mengen wegen der Unterschiedlichkeit der Mittel und vor allem wegen der großen Schwankungen in der angewandten Konzentration nicht so aufschlußreich wie ein Vergleich des Geldwertes. Wieviel von den angegebenen Beträgen für Desinfektionsmittel auf den Lebensmittelbereich fällt, läßt sich auch nicht annähernd schätzen.

Mit Sicherheit ist aber die allgemeine Tendenz auch auf den Lebensmittelsektor übertragbar, d.h. der Verbrauch steigt ständig und wird durch die in jüngster Zeit erfolgten gesetzgeberischen Maßnahmen und die damit verbundenen intensiveren Kontrollen noch weiter erheblich zunehmen. Die Anforderungen an die Reinigung und den Reinheitsgrad der Betriebseinrichtungen und Verpackungen, die mittelbar und unmittelbar mit Lebensmitteln in Berührung kommen, sowie die schnelle technische Entwicklung und der Mangel an Arbeitskräften werden sowohl Forschung und Anwendungstechnik als auch Erzeugung und Verwendung wirksamer Reinigungsmittel noch wesentlich steigern. Das gleiche gilt für die Desinfektionsmittel.

2. Definition der wichtigsten Begriffe

a) Reinigen

Unter „Reinigung" versteht man ganz allgemein die möglichst vollständige Trennung von mindestens 2 Substanzen, die physikalisch locker gebunden aneinanderhaften. Die Trennung soll dauerhaft sein. Nach Entfernung der einen Substanz wird die andere als „rein" bezeichnet.

Diese allgemeine Definition bedeutet z.B. für den speziellen Fall der Reinigung von milchwirtschaftlichen Apparaten und Geräten die vollständige Entfernung von allen Rückständen der Milch und der Milchbestandteile und von anderen Verunreinigungen, wobei die gereinigte Fläche beim Nachspülen mit kaltem Wasser vollständig benetzbar sein muß.

Die zuletzt gegebene Definition kann in abgewandelter Form für die verschiedensten Gebiete der lebensmittelerzeugenden und -verarbeitenden Industrie benutzt werden.

„Reinigen" ist streng genommen ein Oberbegriff für „Waschen" und „Spülen" und z.T. auch für „Sanitation". Eine klare Unterscheidung der einzelnen Begriffe wird durch den allgemeinen Sprachgebrauch verwischt. Erschwert wird eine klare Definition auch durch den in jüngster Zeit sehr häufig gebrauchten Ausdruck „*Detergens*", unter dem man bei uns seifenfreie, synthetische, organische, grenzflächenaktive Reinigungsmittel, Waschmittel und auch Spülmittel verstehen kann. Im angelsächsischen Schrifttum umgeht man diese Schwierigkeit durch Unterscheidung zwischen „Detergens für die Flaschenreinigung", „Detergens für die Kannen- und Behälterreinigung", „Detergens für die Geschirrspülung" usw.

b) Waschen

Unter „Waschen" versteht man in Analogie zu a) die Schmutzentfernung von im wesentlichen rauhen Oberflächen durch Behandlung mit kalten bis kochend heißen wäßrigen Lösungen ohne Festlegung der Dauer. Der einzige wesentliche Unterschied zwischen „Reinigen" und „Waschen" liegt darin, daß als Grundvoraussetzung für das „Waschen" ein wäßriges Medium verlangt wird, was zwar für das „Reinigen" in den meisten Fällen auch zutrifft, aber keine Bedingung ist.

c) Spülen

Unter „Spülen" versteht man die Schmutzentfernung von glatten Oberflächen in wäßrigen Systemen, wobei fast immer in fließenden Systemen gearbeitet wird. Die Arbeitsbedingungen sind für die Schmutzentfernung im allgemeinen einfacher als bei den Reinigungs- und Waschprozessen. Charakteristisch für den Spülprozeß ist, daß man bei ihm infolge des geringeren Haftvermögens des Schmutzes mit wesentlich geringeren Spülmittelmengen arbeitet.

d) Desinfektion

Unter „Desinfektion" versteht man allgemein das Abtöten von Krankheitserregern und anderen schädlichen Mikroorganismen an bzw. in Gegenständen, so daß diese nicht mehr infizieren können. Zur Desinfektion benötigt man Desinfektionsmittel. Da diese in verschieden hohem Maße eiweißempfindlich sind, ist eine Desinfektion an nicht gereinigten Geräten und Apparaturen zwar möglich, aber nicht empfehlenswert. Stoffe, die nur wachstumhemmend bzw. bakteriostatisch wirken, sind nicht als Desinfektionsmittel zu bezeichnen.

e) Sterilisation

Unter „Sterilisation" versteht man jeden physikalischen oder chemischen Prozeß, der die Abtötung aller Mikroorganismen einschließlich ihrer Sporen und die Inaktivierung aller Virusarten bewirkt.

f) Sanitation

Der Begriff „Sanitation" kommt aus dem anglo-amerikanischen Sprachgebrauch und definiert eine nach vorausgegangener guter Reinigung erfolgte Reduzierung der Bakterienzahl auf einen den Anforderungen der Hygiene entsprechenden Standard. Dieser Begriff geht über die Begriffe „Reinigung" und „Desinfektion" hinaus, weil der Begriff „Hygiene" höhere Anforderungen stellt als üblicherweise von der Desinfektion verlangt wird. So wird z.B. bei der „Sanitation" verlangt, daß *Mycobacterium tuberculosis* abgetötet wird, was in der Lebensmittelindustrie mit den üblichen Desinfektionslösungen, den angewandten Konzentrationen, Temperaturen und Einwirkungszeiten nicht der Fall ist.

3. Grundlagen der Reinigung und Desinfektion

a) Grundlagen der Reinigung

Als *Schmutz* (= Verunreinigung) kann man jede anorganische und organische bzw. biologische Substanz bezeichnen, die Haltbarkeit, Aussehen, Geschmack und Geruch eines Fertigproduktes negativ beeinflußt, den Produktionsablauf stört oder – im extremen Fall – verhindert. Grundsätzlich kann man nach Niven jr. (1950) folgende Arten von Schmutz unterscheiden:

1) wasserlösliche organische und anorganische Verbindungen:
   1. Zucker, Sirup, Stärke, Mehl, Harnstoff,
   2. organische Säuren, Fruchtsäuren,
   3. Eiweißstoffe, wie Bluteiweiß,
   4. anorganische Salze.
2) wasserunlösliche anorganische Verbindungen:
   1. Zement, Pflasterstaub, Ruß,
   2. erdige Pigmente, wie Ton und Silikate.
3) wasserunlösliche unpolare organische Verbindungen:
   1. Kohlenwasserstoffe, Benzin, Petroleum, Heizöl, Schmierfett, Asphalt, Teer,
   2. Farben und Lacke,
   3. pflanzliche und tierische Fette,
4) wasserunlösliche polare organische Verbindungen:
   hauptsächlich Fettsäuren (Schweiß)

Es genügt aber nicht, nur die Art des Schmutzes zu kennen. Für seine erfolgreiche rückstandsfreie Beseitigung ist auch seine Menge, seine Verteilung und sein Alter von Bedeutung. Die Haftfähigkeit des Schmutzes ist außerordentlich unterschiedlich und wird im wesentlichen durch die physikalisch-chemischen Eigenschaften der Schmutzstoffe und die Oberflächenbeschaffenheit der Haftunterlage bestimmt. Letztere ist primär durch die Auswahl der Werkstoffe gegeben, sekundär durch das Alter des Werkstoffes, wobei berücksichtigt werden muß, daß durch eine nicht werkstoffgerechte Behandlung oder durch den Einsatz ungeeigneter Mittel eine starke Aufrauhung der Oberfläche erfolgen kann. An rauhen Oberflächen haftet aber unter Normalbedingungen auch leicht entfernbarer Schmutz sehr fest. Daraus ergibt sich, daß am Reinigungsprozeß vornehmlich die Partner teilnehmen, nämlich

das zu reinigende Objekt (= Bedarfsgegenstand)

der Schmutz / die Verschmutzung und

die Spülmittel- oder Reinigungsmittellösung.

Grundvoraussetzung für eine sinnvolle Reinigung ist die Kenntnis des Werkstoffes, aus dem die zu reinigenden Gegenstände, wie z.B. Behältnisse aller Art, Be- oder Verarbeitungsgeräte und Maschinen gefertigt sind. Hier kommen, um nur die wichtigsten Werkstoffe zu nennen, in Betracht: Holz, Eisen und Stahl, verzinntes Eisen, Kupfer, verzinntes Kupfer, Bronzen, Aluminium und seine Legierungen, Chrom und Chromnickelstähle, Kunststoffe, Glas und Porzellan. Diese Materialien verhalten sich in korrosionstechnischer Hinsicht sehr unterschiedlich, weshalb an die Reinigungsmittel auch sehr unterschiedliche Anforderungen zu stellen sind. So wird man zum Beispiel bei gleicher Schmutzmenge und gleicher Zusammensetzung des Schmutzes für die Reinigung von Glas ein stark alkalisches chlorfreies, für die Reinigung von Aluminium dagegen ein schwach alkalisches, meist chlorhaltiges Produkt einsetzen. Die Konzentration der Reinigungslösungen richtet sich nach Grad und Alter der Verschmutzung. Erlaubt das Material mit Reinigungslösungen hoher Temperatur zu arbeiten, kann man in der Regel mit einer geringeren Konzentration arbeiten, als wenn man genötigt ist, niedrigere Temperaturen einzuhalten.

Die Temperatur der Reinigungslösung ist eng gekoppelt mit der Dauer der Einwirkung. Entweder arbeitet man mit langer Einwirkungszeit und niedrigen Temperaturen oder umgekehrt mit kurzer Einwirkungszeit und höheren Temperaturen. Es hängt vom Einzelfall ab, welchen Weg man zweckmäßig beschreitet.

Da in den weitaus meisten Fällen wäßrige Lösungen zur Reinigung benutzt werden, ist es wichtig, Herkunft, biologische und chemische Beschaffenheit des Wassers zu kennen. Für eine einwandfreie, „kalkschleierfreie" Reinigung sind die Härtebildner des Wassers (Calcium- und Magnesiumsalze) und die im Wasser enthaltenen Schwermetallionen, wie Eisen und Mangan besonders zu beachten. Ist man auf die Verwendung von hartem oder sehr hartem Wasser angewiesen, empfiehlt es sich, nur solche Reinigungsmittel zu verwenden, die mit den Härtebildnern des Wassers keine Fällungen ergeben. Der Schmutz kann sowohl mechanisch als auch chemisch ab- bzw. aufgelöst werden. Wo immer es möglich ist, erscheint es wünschenswert, grobe Verschmutzungen zunächst mechanisch z. B. durch Scheuermassen oder Bürsten von Hand abzulösen bzw. abzutragen, und erst dann eine chemische Behandlung vorzunehmen. Aber auch bei der chemischen Behandlung wird man nach Möglichkeit nicht auf mechanische Hilfsmittel, wie Spritzdruck, verzichten.

Von besonderer Bedeutung für die Reinigung ist eine gute Benetzung der zu reinigenden Werkstoffoberflächen. Man bezeichnet als *Netzkraft* die Kraft, die ausreicht, um eine Oberflächenbelegung durch eine andere neu zu schaffende Oberflächenbelegung zu ersetzen (= Umnetzung). Ziel der Reinigung ist, durch den Reinigungsvorgang eine saubere Oberfläche zu erhalten, bei der alle Oberflächenteile gleich gut mit Wasser benetzt werden. Entscheidend für die Benetzung ist also die Oberflächenspannung, die Grenzflächenspannung, die Benetzungs- oder Haftspannung. Der Umfang dieser Benetzung oder „Umnetzung" als ein sich einstellendes Gleichgewicht zwischen den Oberflächenspannungen an den drei Grenzflächen fest/flüssig, fest/gasförmig und flüssig/gasförmig wird nach Baumgartner (1953) durch den „Randwinkel" gemessen. Dieser Randwinkel, der sich also nach der Berührung der Reinigungsmittellösung mit der Oberfläche des zu reinigenden Gegenstandes bildet, beträgt bei einer vollständigen Benetzung 0°, bei der totalen Nichtbenetzung 180° und stellt mit 90° für die Praxis die Grenze zwischen Netzen und Nichtbenetzen dar. Paraffin bildet z.B. mit Wasser einen Randwinkel von 105°, was bedeutet, daß auch die Beschaffenheit des zu benetzenden Stoffes ebenfalls von Bedeutung ist (vgl. auch 7.).

Die Oberflächenspannung von reinem Wasser von 20° C ist 73 dyn/cm und soll durch das Reinigungsmittel herabgesetzt werden, z.B. beträgt die Oberflächenspannung einer 1 %igen CALGONIT K®-Lösung, wie sie für die Kannenwäsche in automatischen Waschanlagen benutzt wird, 52,2 dyn bei 20° C. Für eine 0,5 %ige P3®-flüssig-Lösung, wie sie für die Reinigung von Butterfertigern verwendet wird, liegt der Wert bei 64,0 dyn bei 20° C und für eine 0,75 %ige Trosilin®FH-Lösung, wie man sie für die Flaschenwäsche in automatischen Waschmaschinen verwendet, bei rund 54,0 dyn/cm bei 20° C.

Durch die Erniedrigung der Oberflächenspannung kann die Reinigungslösung schneller in die Capillarräume des Schmutzes eindringen und dadurch den Schmutz besser unterwandern.

Eine weitere wichtige Voraussetzung für die Reinigung ist das *Schmutztragevermögen* der Reinigungslösung. Das Schmutztragevermögen ist bestimmt durch die Fähigkeit der Reinigungslösung, den von der zu reinigenden Oberfläche abgetragenen Schmutz an der erneuten Ablagerung auf dem gereinigten Gegenstand (Redeposition) zu hindern. Entscheidend für dieses Schmutztragevermögen der Reinigungslösung sind Grenzflächenbeschaffenheit, Turbulenz und Fließgeschwindigkeit der Reinigungslösung und nicht zuletzt Verteilungsgrad des Schmutzes. Bleiben Reinigungslösungen längere Zeit in Gebrauch, wie dies bei den automatischen Reinigungsvorgängen häufig der Fall ist, — bei Flaschenreinigungsmaschinen wird die Lauge oft erst nach 3 Tagen gewechselt und durch Neuansatz ersetzt — dann ist ein gutes Schmutztragevermögen der Lauge sehr wichtig. Je höher dispers der Schmutz ist, um so stärker muß die Schutzkolloidwirkung sein. Diese verhindert, daß sich die kolloidalen Schmutzteilchen wieder zu größeren Teilchen zusammenballen. Nichtionogene Tenside haben eine sehr hohe Schutzkolloidwirkung.

Reinigungslösungen müssen auch emulgierende und/oder verseifende Eigenschaften besitzen. Als Emulgiervermögen bezeichnet man die Fähigkeit einer Flüssigkeit, fetthaltige Verunreinigungen bzw. Schmutz schlechthin so fein zu zerteilen, daß diese in der Schwebe bleiben. Eine wirksame Emulgierung von Öl oder Fett in Wasser erreicht man durch Zusatz von capillaraktiven Stoffen zu der Reinigungslösung. Diese bedingen eine Abnahme der Grenzflächenspannung der wäßrigen Lösung gegenüber allen Phasen, z.B. flüssig/flüssig oder fest/flüssig, was durch Tenside erreicht werden kann.

b) Grundlagen der Desinfektion

Was Art und Menge des Schmutzes für die Reinigung ist, das ist Art und Zahl der abzutötenden Mikroben für die Desinfektion. Im letzteren Fall darf die erhebliche Menge der Stoffwechselprodukte der Mikroben nicht außer Acht gelassen werden. Die Menge der Desinfektionsmittel, die man zur Vernichtung der Mikroben einsetzen muß, richtet sich — unter Berücksichtigung ihrer unterschiedlichen Größe — nach ihrer Zahl. In der ersten Phase erfolgt häufig eine Besetzung der Mikroben-Oberfläche durch das Desinfiziens. Daraus ergibt sich, daß Wirkstoffkomponenten von Desinfektionsmitteln nur solche Substanzen sein können, welche die Lebensfunktionen dieser Mikroorganismen bzw. Keime chemisch oder physikalisch-chemisch beeinflussen. In Anlehnung an dieses biologische Wirkungsprinzip kann man die Desinfektionsmittel in folgende Gruppen bzw. Arten der anzuwendenden Chemikalien unterteilen:

1. Eiweißfällende Substanzen (z.B. Schwermetalle),
2. oxydierende Mittel (z.B. Permanganat),
3. oxydierende und mit Eiweiß reagierende Mittel (z.B. Chloramin, Hypochlorit),
4. Säuren und Laugen,
5. Tenside,
6. spezifische Stoffwechselblocker (z.B. Borsäure, Salicylsäure).

Diesem Wirkungsprinzip entsprechend vielfältig ist auch die Art der in Desinfektionsmitteln verwendeten Chemikalien.

Neben dieser Wirkung chemischer Stoffe auf alle Arten von Mikroorganismen stellt aber der physikalische Faktor „Temperatur“ als eine gleichzeitig angewendete Desinfektionskomponente einen der wichtigsten Einflüsse auf die Lebensbedingungen der den mikrobiellen Verderb unserer Lebensmittel verursachenden Hefen, Schimmelpilze und Bakterien, selbstverständlich einschließlich aller pathogenen Keime und Viren dar. Ohne spezielles Eingehen auf die Hefen, Schimmelpilze und die Gruppen der thermophilen und thermoduren Bakterien, kann grundsätzlich gesagt werden, daß die Abtötung der Mikroorganismen unter Hitzeeinwirkung nach logarithmischen Gesetzmäßigkeiten erfolgt, d.h., in gleichen Zeitspannen wird bei gleicher Temperatur stets der gleiche Teil der Zahl der noch vorhandenen Bakterien abgetötet. Trotzdem lassen sich alle Mikroorganismen einschl. Sporen bei Anwendung genügend hoher Temperaturen — bis 195° C — abtöten.

Im Gegensatz hierzu führt der Einfluß der Kälte auf Mikroorganismen meist nur zu einer Keimzahlminderung, aber nicht zu einer völligen Abtötung aller Keime. Der Kälteeinfluß führt nur zu Stimulierungen des Stoffwechsels und der Vermehrung bzw. zu damit verbundenen mehr oder weniger starken Zellschädigungen und Inaktivierungserscheinungen an den Zellen selbst. Der „physikalische Kältetod“ kann also mit dem „Hitzetod“ in seinem Ausmaß nicht gleichgesetzt werden.

Bakterien können sich ohne Wasser nicht entwickeln, woraus sich die Forderung an die Praxis ableitet, daß alle Geräte und Behältnisse nach der Reinigung und gegebenenfalls nach der Desinfektion so trocken wie möglich gehalten werden müssen. Allerdings werden die Bakterien durch diese Trocknung nicht abgetötet.

4. Aufbau, chemische Zusammensetzung und Eigenschaften der Reinigungs- und Desinfektionsmittel

a) Reinigungsmittel

Wie bereits (1) ausgeführt, nimmt man für die Reinigung nur noch selten reine Grundstoffe, weil die heutigen Reinigungsmethoden von einem Reinigungsmittel eine Vielzahl von Eigenschaften verlangen, die nur durch eine Kombination mehrerer Grundstoffe erzielt werden kann.

Eine Unterteilung der Reinigungsmittel in alkalische, neutrale und saure Produkte läßt zwar keinen sicheren Rückschluß auf den Anwendungszweck zu, gibt aber eine klarere Systematik als die Berücksichtigung des Anwendungszweckes als Merkmal.

α) Alkalische Reinigungsmittel

Alkalisch reagierende Reinigungsmittel enthalten Alkalien, Alkaliträger, Neutralsalze und Sequestrierungsmittel und manchmal noch kleinere Mengen an Netzmitteln.

Alkalien und Alkaliträger

Natriumhydroxid

Natriumcarbonat-Dekahydrat = Kristallsoda: Nur noch selten als Bestandteil von alkalischen Reinigern verwendet.

Natriumcarbonat = calcinierte Soda, kristallwasserfrei: wesentlicher Bestandteil vieler schwach alkalisch eingestellter Reinigungsmittel.

Natriumsesquicarbonat = $Na_2CO_3 \cdot NaHCO_3 \cdot 2\,H_2O$: häufig Bestandteil mildalkalisch eingestellter Reinigungsmittel.

Natriumhydrogencarbonat = Natriumbicarbonat: als Beimischung für neutrale bis schwach alkalisch eingestellte Reinigungsmittel und für solche Produkte, die in wäßriger Lösung in Verbindung mit Säuren CO_2 freimachen sollen.

Dinatriumhydrogenmonophosphat = Dinatriumphosphat: mildes, gut wirksames Alkaliphosphat für Reinigungsmittelkombinationen.

Trinatriummonophosphat = Trinatriumphosphat kristallwasserhaltig: Wirkt für sich und in Kombination in wäßrigen Lösungen enthärtend.

Trinatriummonophosphat = Trinatriumphosphat wasserfrei: Bestandteil stark alkalisch eingestellter Reinigungsmittel.

Natriummetasilikat
Natriummetasilikat 5-Hydrat
Natriummetasilikat 9-Hydrat
} Alle drei Produkte dienen zur Unterstützung des Dispersions- und Emulgiervermögens und vermindern die Korrosionswirkung der Reinigungslösungen.

Natriumdisilikat: in hochalkalisch eingestellten Reinigungsmitteln zum Korrosionsschutz verwendet.

Natriumtetrasilikat = Wasserglas: dient in Verbindung mit Lauge als alkalischer Reiniger.

Tabelle 1. *Vergleich der Eigenschaften verschiedener alkalisch reagierender Verbindungen* (Resuggan 1957)

Substanz	Netzkraft	Emulgierkraft	Dispersionskraft	Steinverhütung	Sanitationsvermögen	Korrosionsrate	Allgemeine Beurteilung
Ätznatron	schwach	schwach	schwach	nicht	gut	hoch	mäßig gut
Natrium-Silikat	mäßig gut	mäßig gut	gut	schwach	gut	hoch	gut
Natrium-Metasilikat	mäßig gut	gut	gut	mäßig gut	mäßig gut	gering	sehr gut
Soda	schwach	mäßig gut	schwach	schwach	schwach bis mäßig gut	gering	mäßig gut
Trinatrium-mono-phosphat	mäßig gut	mäßig gut	gut	gut	schwach bis mäßig gut	gering	gut
Tetranatrium-diphosphat	gut	mäßig gut	sehr gut	gut	keine	keine	sehr gut
Pentanatrium-triphosphat	mäßig gut	gut	gut	sehr gut	keine	keine	gut
Grahamsches Natrium-polyphosphat	mäßig gut	gut	gut	sehr gut	keine	keine	gut
Natriumhydrogencarbonat	schwach	schwach	schwach	schwach	schwach	keine	schwach
Natriumsesquikarbonat	schwach	schwach	schwach	schwach	schwach	keine	schwach

Neutralsalze

Neutralsalze dienen in der Hauptsache dazu, die Produkte freifließend zu machen oder unter Ausnutzung ihres guten Wasserbindevermögens flüssige Produkte in feste Produkte umzuwandeln. Verwendet werden u.a.

Natriumsulfat, wasserfrei und
Natriumchlorid.

Sequestrierungsmittel

Sequestrierungsmittel bzw. Komplexbildner dienen der Bindung von Erdalkali- und Schwermetallionen und verhindern, daß diese den Reinigungsvorgang beeinträchtigen, z.B. durch Bildung von Kalkschleiern. Von Bedeutung sind:

Phosphate:

$Na_4P_2O_7$ = Tetranatriumdiphosphat
$Na_5P_3O_{10}$ = Pentanatriumtriphosphat
$Na_6P_4O_{13}$ = Hexanatriumtetraphosphat
$(NaPO_3)_n \cdot H_2O$ = Grahamsches Natriumpolyphosphat (fälschlich oft als Natriumhexametaphosphat bezeichnet).

Organische Säuren und ihre Salze

$CH_2OH—(CHOH)_4—COONa$ = Natriumgluconat
$NaOOC—CHOH—CHOH—COONa$ = Natriumtartrat

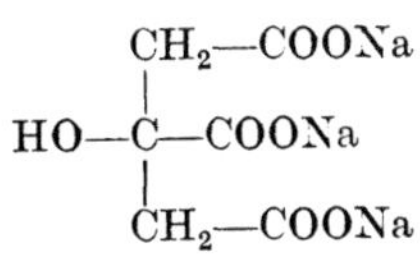
= Natriumcitrat

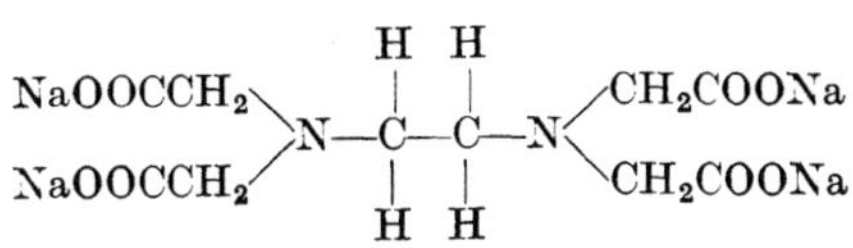
= Äthylendiamintetraacetat = Trilon® B.

$N(CH_2—COOH)_3$ = Nitrilo-triessigsäure = Trilon® A.

β) Neutrale Reinigungsmittel

Neutrale Reinigungsmittel sind Produkte, die in wäßriger Lösung nicht oder nur wenig sauer bzw. alkalisch reagieren. Der pH-Wert ihrer Lösung soll etwa zwischen 5,5 bis 8,5 liegen. Sie bestehen zum überwiegenden Teil aus einer Kombination von Tensiden in wäßriger oder alkoholischer Lösung und enthalten meist keine oder nur geringe Zusätze von Phosphaten, Gluconaten oder anderen Salzen.

Tenside = Netzmittel

Man unterscheidet auf Grund ihrer Dissoziation in wäßrigen Lösungen Anion-Tenside, Kation-Tenside und Nichtion-Tenside. In Reinigungsmitteln haben Anion-Tenside und Nichtion-Tenside die weiteste Verbreitung gefunden. Nach ihrer Anwendung kann man die Tenside in folgende 3 Gruppen einteilen:

waschaktive Substanzen, Waschrohstoffe
oberflächenaktive Substanzen, Netzer
emulgierende Substanzen, Emulgatoren usw.

Bisweilen findet man aber auch eine Aufteilung nach folgenden Gesichtspunkten:

entfettende Substanzen
avivierende Substanzen
hochwaschaktive, schmutztragende Substanzen.

Tabelle 2. *Einige wichtige Markennamen von Tensiden und ihre Konstitution*

Markennamen	Hersteller	Konstitution	% WAS	Gruppe
a) Anion-Tenside				
Aerosol OS	American Cyanamid & Chemical Corporation, New York (USA)	Diisopropylnaphthalin-sulfonat	95	Alkyl-aryl-sulfonat
Alvapon	Chemische Fabrik Düren GmbH, Düren	Primäres Alkylsulfat	—	Fettalkohol-sulfonat
Arylsulfonat BASF	Badische Anilin- und Soda-Fabrik, Ludwigshafen/Rhein	Alkylbenzolsulfonat	55	Alkyl-aryl-sulfonat
Bayrolat	Farbenfabriken Bayer, Leverkusen	Alkylsulfonat	—	Alkyl-sulfonat
Brecolane	Etablissements Kuhlmann, Paris	Diisobutylnaphthalin-sulfonat	67	Alkyl-aryl-sulfonat
Cyclanon L	Badische Anilin- und Soda-Fabrik, Ludwigshafen/Rhein	Laurylsulfat	39	Fettalkohol-sulfonat
Duponol WA	E. I. Du Pont de Nemours & Co., Wilmingston (USA)	Laurylsulfat	45	Fettalkohol-sulfonat
Gardinol CA	Böhme Fettchemie GmbH, Düsseldorf	Oleylsulfat	—	Fettalkohol-sulfonat
Genapol SN	Anorgana Gendorf/Bay.	Fettalkoholpolyglykolsulfat	42	Schwefelsäureester von Polyoxyäthylenverbindungen
Hostapal B	Farbwerke Hoechst, Frankfurt-Hoechst	Alkylphenolpolyglykolsulfat	—	,,
Igepal NA	Farbwerke Hoechst, Frankfurt-Hoechst	Tetradecylbenzolsulfonat	40	Alkyl-aryl-sulfonat
Korenyl 30	Gewerkschaft Rheinpreussen	Alkylbenzolsulfonat	30	Alkyl-aryl-sulfonat
Marlopon	Chemische Werke Hüls, Marl	Dodecylbenzolsulfonat (Triäthanolaminsalz)	—	Alkyl-aryl-sulfat
Nansa	Marchon Products Co. LTD. Whitehaven (England)	Alkylbenzolsulfonat	38	,,
Nekal BX	Badische Anilin- und Soda-Fabrik, Ludwigshafen/Rhein	Diisobutylnaphthalin-sulfonat	75	,,
Sapogenat B	Anorgana, Gendorf/Bay.	Alkylphenolpolyglykolsulfat	90	Schwefelsäureester von Polyoxyäthylenverbindungen
Stokopol N konz.	Chemische Fabrik Stockhausen, Krefeld	Alkylbenzolsulfonat	56	Alkyl-aryl-sulfat
Texapon Z	Deutsche Hydrierwerke AG, Düsseldorf	Primäres Alkylsulfat	56	Fettalkohol-sulfonat
Ultrawet K	Atlantic Refining Co., Philadelphia	Alkylbenzolsulfonat	85	Alkyl-aryl-sulfonat
Witolat 40	Imhausen & Co., Witten	Alkylsulfonat	40	Alkyl-sulfonat
b) Nichtion-Tenside				
Antarox A–200	General Aniline Film Corp.	Alkylarylpolyglykoläther	100	Äthylenoxid-Kondensationsprodukt
Dionil W	Chemische Fabrik Hüls, Marl	Äthylenoxidkondensationsprodukt	35	,,
Hostapal W	Farbw. Hoechst, Frankfurt-Hoechst	Alkylphenolpolyglykoläther(6)	—	,,
Lavagenat	Farbw. Hoechst, Frankfurt-Hoechst	Äthylenoxidkondensationsprodukt	—	,,
Triton Ne	Röhm & Haas, Washington	Alkylaryl-polyglykoläther	33	,,

Eigenschaften der Tenside

Die Eigenschaften der Tenside werden weitgehend durch ihre chemische Zusammensetzung und durch die Art und Zahl ihrer funktionellen Gruppen bedingt. Im folgenden wird ein Überblick über die Vor- und Nachteile gegeben, die durch die Anwesenheit bestimmter funktioneller Gruppen verursacht werden.

a) *Tenside mit Carboxylgruppen*

Vorteile: gute Waschkraft für Cellulosefasern, gutes Schmutztragevermögen, gute Schaumstabilität, geringe Entfettung, deshalb gut verträglich für die Haut.

Nachteile: Unbeständigkeit gegen die Härtebildner des Wassers, leichte Spaltbarkeit durch Säuren, keine Wirksamkeit in neutralen Flotten, geringe Fet lösekraft und schlechte Ausspülbarkeit.

Tenside mit Sulfatgruppen

Vorteile: Beständigkeit in harten Wässern, gutes Schaumvermögen, gute Schaumstabilität, gute Netzkraft, neutrale Reaktion, Wirksamkeit in einem großen pH-Bereich.

Nachteile: geringes Schmutztragevermögen, Spaltbarkeit durch starke Säuren, Waschkraft geringer als die der Tenside mit Carboxylgruppen.

Tenside mit Sulfogruppen

Vorteile: hohe Beständigkeit gegen die Härtebildner des Wassers, gutes Fettlöse- und Emulgiervermögen, gute Netzkraft, hohe chemische Resistenz, gute Löslichkeit.

Nachteile: geringe Waschkraft, geringes Schmutztragevermögen, Affinität zur Haut.

Tenside mit Oxyäthylengruppen

Vorteile: gutes Dispergiervermögen für Kalkseifen, hohes Schmutztragevermögen, hohe Netzkraft, geringe Schaumkraft, gutes Emulgiervermögen für Fette und Öle.

Nachteile: geringe Waschkraft für Cellulosefasern.

Häufig nimmt man nicht ein einzelnes Netzmittel, sondern eine Kombination mehrerer Netzmittel. Dadurch sichert man sich die Vorteile der Einzelsubstanz, während ihre Nachteile durch andere Zusätze ausgeglichen werden.

Der hier vorgenommenen Einteilung liegt die Systematik von J.P. SISLEY (1949) Vol. II (1954) und die Klassifikation von SCHWARZ und PERRY (1949), zugrunde.

Nach ihrer chemischen Zusammensetzung kann man die *Anion-Tenside* in folgende Gruppen einteilen:

Carboxylsäuren

1. Die Carboxylgruppe ist direkt an die hydrophobe Gruppe gebunden.
2. Die Carboxylgruppe ist über eine andere funktionelle Gruppe gebunden, wie z.B. über Amid-, Ester-, Sulfonamid- oder andere Gruppen.

Schwefelsäureester (Sulfate)

1. Die Sulfogruppe ist direkt an die hydrophobe Gruppe gebunden.
   a) Die hydrophobe Gruppe enthält keinen anderen polaren Rest, hierzu gehören die Fettalkoholsulfate mit gesättigter und ungesättigter Hauptvalenzkette.
   b) Die Schwefelsäureester enthalten noch einen zweiten polaren Rest im Molekül. Man bezeichnet sie als sulfonierte Öle.
2. Die Sulfogruppe ist intermediär gebunden über Ester-, Amid-, Äther- oder sonstige Gruppen.

Alkansulfonsäuren

1. Die Sulfogruppe ist direkt gebunden:
   a) Unsubstituierte Alkansulfonsäuren.
   b) An die hydrophobe Gruppe sind noch andere polare Substituenten wie Chlor-, Hydroxy-, Acetoxy- und Olefinsäuren-Gruppen gebunden.
   c) Sulfonsäuregemische von unbestimmter Struktur. Hierher gehören die Oxidationsprodukte sulfurierter Olefine.
2. Die Sulfogruppe ist intermediär gebunden über
   eine Estergruppe $RCOOX \cdot SO_3H$ oder über
   eine Amidgruppe $RCONH \cdot SO_3H$ oder über
   eine Äthergruppe.

Alkylarylsulfosäuren

1. Die hydrophobe Gruppe ist direkt an den aromatischen Kern gebunden.
2. Die hydrophobe Gruppe ist intermediär gebunden, und zwar
   a) über Estergruppen
   b) über Amid- und Imidbindungen
      1) R—CONH—$ArSO_3H$
      2) Sulfobenzamid
   c) über eine Ätherbindung
   d) über eine heterocyklische Bindung
   e) über Misch-, Zwei- oder Mehrfachbindung.

Bei den *Nichtion-Tensiden* unterscheidet man solche mit
Ätherbindung der löslichmachenden Gruppe
Esterbindung
Amidbindung
Mischbindungen
vielfachen Bindungen

γ) Saure Reinigungsmittel

Säuren und Säureträger für saure Reinigungsmittel sind vorzugsweise:

Salzsäure:	Stark korrosionsaktiv, auch in Verdünnung nicht ungefährlich. Mit Zusatz von Inhibitoren geeignet zur Auflösung von Calciumcarbonat (Wasserstein).
Salpetersäure	
Schwefelsäure	
Phosphorsäure	
Ameisensäure:	Sie wirkt stark desinfizierend
Essigsäure	
Oxalsäure	$= HOOC—COOH$
Lävulinsäure	$= CH_3—CO—CH_2—CH_2—COOH$
Gluconsäure	$= CH_2OH—(CHOH)_4—COOH$
Weinsäure	$= HOOC—(CHOH)_2—COOH$
Citronensäure	$= CH_2—COOH$ $\mid$ $C(OH)—COOH$ $\mid$ $CH_2—COOH$
Harnstoffnitrat	$= CO\begin{cases} NH_2HNO_3 \\ NH_2 \end{cases}$ schwächer und weniger aggressiv als Salpetersäure
Sulfaminsäure (Amidosulfosäure)	$= SO_2\begin{cases} OH \\ ONH_2 \end{cases}$

Den Mineralsäuren werden wegen ihrer Aggressivität gegenüber Metallen fast immer Inhibitoren zugesetzt, die den Angriff auf Metalle weitgehend herabsetzen. Bei Verwendung organischer Säuren sind Inhibitorzusätze nicht so notwendig. Säuren und ihre Kombinationen werden in erster Linie zur Ablösung von Steinablagerungen, wie Wasserstein, Milchstein und Bierstein verwendet.

δ) Beispiele für alkalische Reinigungsmittel

Den hohen Anforderungen der heutigen Praxis an Reinigungsmittel können Grundchemikalien nur noch in Einzelfällen entsprechen, weshalb fast ausschließlich nur noch Kombinationen verschiedener Grundstoffe benutzt werden. Der Anteil der einzelnen Wirkstoffe kann sehr verschieden sein und richtet sich nach dem Anwendungsgebiet und der von dem Reinigungsmittel zu bewältigenden Aufgabe, woraus sich ergibt, daß die Zahl der möglichen Kombinationen sehr groß ist.

Für die Reinigung durch Bürsten von Hand schlägt LINDQUIST (1953) ein Produkt mit nachfolgender Zusammensetzung vor:

80% Natriumsesquicarbonat
5% Grahamsches Natriumpolyphosphat
15% Alkylarylsulfonat

McDOWELL (1953) hingegen ein Gemisch aus

60% Natriumcarbonat
40% Natriumhydrogencarbonat

Für allgemeine Reinigungsarbeiten empfiehlt McDOWELL ein Produkt nachfolgender Zusammensetzung:

60% Natriumcarbonat
5% Trinatriummonophosphat
15% Natriummetasilikat

ferner einen der Härte des vorliegenden Betriebswassers entsprechenden Zusatz von Polyphosphaten und Netzmitteln.

Für die Kannenwäsche eignet sich nach SOMMER (1946) eine Mischung, bestehend aus:

Natriumsesquicarbonat
Natriumcarbonat
Natriummetasilikat

mit Zusätzen von Netzmitteln. Eine prozentuale Angabe der einzelnen Komponenten wird nicht gemacht.

Nach seinen Angaben sollte bei weichem Wasser ein schwachalkalisches Reinigungsmittel mit 2–10% Netzmittel benutzt werden.

Für harte Wässer empfiehlt er ein schwachalkalisches Reinigungsmittel mit 5–50% Natriumhexametaphosphat (gemeint ist hier Grahamsches Natriumpolyphosphat) oder Natriumtetraphosphat mit oder ohne Zusatz eines Netzmittels. Für sehr harte Wässer hält er die Anwendung einer schwachsauren Reinigungslösung unter Zusatz eines Netzmittels für vorteilhaft.

Für die automatische Kannenwäsche ist nach LINDQUIST ein Produkt folgender Zusammensetzung empfehlenswert:

65% Natriummetasilikat
25% Trinatriummonophosphat
7% Natriumcarbonat
3% Netzmittel (Alkylarylsulfonat)

Für die automatische Flaschenwäsche wird – ebenfalls nach LINDQUIST – ein Produkt mit nachfolgender Zusammensetzung benutzt:

72% Natriumhydroxid
18% Tetranatriumdiphosphat
8% Natriumcarbonat
2% Netzmittel (Alkylarylsulfonat)

Die Verwendung von Gluconat in alkalischen Reinigungsmitteln wurde bereits im Jahre 1947 von der Diversey Corp., Ill. (USA) (Erfinder V. DVORKOVITZ u. TA. G. HAWLEY) US.P. 2584017 (angem. 1947) vorgeschlagen. Das Produkt soll 1–20% Natriumgluconat und 99–80% Alkali enthalten, wovon Natriumcarbonat bis zu 10% und der Rest Natriumhydroxid ist. Für die automatische Flaschenwäsche werden stark alkalische Reinigungsmittel und zwar Kombinationen mit einem erheblichen Anteil an Natriumhydroxid verwendet. Bei weichem Betriebswasser nimmt man Produkte mit einem Natriumhydroxidanteil bis zu 80%, bei hartem Betriebswasser reduziert man den Gehalt an Natriumhydroxid bis zu 60%, und vergrößert den Anteil an Polyphosphaten. Anstelle der reinen Polyphosphate werden teilweise auch Gluconate und Polyphosphat-Gluconatgemische eingesetzt. Darüber hinaus werden den Reinigungsmittelkombinationen Netzmittel zugemischt. Diese dienen sowohl der besseren Benetzung des zu reinigenden Gutes als auch der Schaumdämpfung.

Auf Grund des Detergentiengesetzes von 1961, das 1964 in Kraft getreten ist, sind die Hersteller von Reinigungsmitteln gezwungen, nur noch solche Netzmittel einzusetzen, deren biologische Abbaurate mindestens 80% beträgt. Diese Maßnahme hat in vielen Fällen zu Änderungen der Reinigungsmittelrezepturen geführt. Dieses Gesetz gilt jedoch nur für die Bundesrepublik Deutschland. Für das Ausland sind diese Gesetze nur insoweit bindend, als die Einfuhr und die Verwendung nicht abbaubarer Detergentien in der Bundesrepublik Deutschland verboten ist.

In jüngster Zeit werden für die automatische Flaschenwäsche vorzugsweise sogenannte „*Komponenten-Mittel*" verwendet. Es sind dies Kombinationen von Polyphosphaten mit Silikaten und Netzmitteln, teilweise auch Kombinationen von Phosphaten mit Silikaten und Netzmitteln, teilweise auch Kombinationen von Phosphaten und Gluconaten mit Silikaten und Netzmitteln. Der Anteil der Phosphate in diesen Komponenten schwankt zwischen 30–90%. Für die Bereitung von Reinigungslaugen werden diese Komponentenmittel im Betrieb mit Natriumhydroxid fest oder flüssig verschnitten. Die Verschnittverhältnisse richten sich weitgehend nach dem Verschmutzungsgrad und der Bauart der Maschine, die zur Reinigung zur Verfügung steht, natürlich unter Berücksichtigung der Betriebswasserverhältnisse. Das Verhältnis NaOH zur Komponente ist im allgemeinen 2:1 bis 4:1.

Ein Reinigungsmittel, das sich vorwiegend für die nichtautomatische Maschinenreinigung eignen soll, wird von der Atlas Powder Company, Delaware (USA) E.P. 762154 (angem. 1954) beschrieben. Die bevorzugte Mischung besteht aus:

50–70% Alkalicarbonat,
10–30% Phosphat (polymere Phosphate),
10–20% lösliches Alkalisilikat,
2–10% Natriumaluminat,
1– 5% nichtionogene oberflächenaktive Substanz.

Zur Reinigung von Behältern, die vorwiegend aus Aluminium und Zinn bestehen, wird von der Detrex Comp., Mich./USA (Erfinder J.J. Duncan) US.P. 2748035 (angem. 1953) die nachfolgende Reinigungsmittelkombination vorgeschlagen:

15% Trinatriummonophosphat,
15% Pentanatriumtriphosphat,
5% Natriumtrisilikat,
45% Natriumcarbonat,
10% Natriumchromat,
10% Kaliumeisen(III)-cyanid.

Im Hinblick auf die Abwasserbestimmungen in der Bundesrepublik Deutschland sind Produkte, die Chromate und Cyanide enthalten, nicht erwünscht. Man geht daher in den letzten Jahren vielfach auf Produkte über, in denen diese giftigen Substanzen nicht enthalten sind. Für den aufgezeigten Anwendungszweck haben sich Produkte nachfolgender Zusammensetzung besonders gut bewährt:

40–80% gechlortes Trinatriummonophosphat,
5–15% Natriumdisilikat,
10–30% Pentanatriumtriphosphat,
1– 5% Netzmittel.

Ein solches Produkt ist beispielsweise unter dem Handelsnamen CALGONIT combi® auf dem Markt.

Daß der Anteil der Polyphosphate an der Zusammensetzung eines Reinigungsmittels in letzter Zeit immer größer geworden ist, zeigt das der Firma J. Crosfield & Sons Ltd., Großbritannien (Erfinder M.W.R. HOLLOWAY and TH. KENNEDY) erteilte E.P. 722020 (angem. 1952). Hier wird für die Reinigung von Pasteurisier-Apparaten und anderen Milchgeräten ein Produkt, bestehend aus

50,0% Grahamsches Natriumpolyphosphat
49,5% Natriummetasilikat
0,5% waschaktive Substanz

vorgeschlagen. Die waschaktive Substanz besteht aus einem Kondensationsprodukt von Äthylenoxid und Alkylphenol.

ε) Beispiele für neutrale Reinigungsmittel

Neutral eingestellte Reinigungsmittel sind, von wenigen Ausnahmen abgesehen, Flüssigkeiten, deren wirksames Prinzip auf ein oder mehreren Tensiden beruht, die in Wasser oder Alkohol gelöst sind. Der pH-Bereich dieser Flüssigkeiten liegt zwischen 6 und 8. Neben den Tensiden enthalten sie noch kleinere Mengen von Neutralsalzen wie Natriumsulfat, gelegentlich auch Phosphate und Silikate. Da diese neutralen Reinigungsmittel im allgemeinen stark schäumen, sind sie für die vollautomatische Reinigung in den meisten Fällen ungeeignet. Auf Grund ihrer Zusammensetzung sind sie wenig oder überhaupt nicht aggressiv, auch gegenüber der menschlichen Haut, so daß sie für die manuelle Reinigung zur Entfernung von leichthaftendem, frischem Schmutz gut geeignet sind.

Die Firma Röhm & Haas, Darmstadt (Erfinder TH. SCH. ROWLAND) beschreibt in der DAS 1098660 (angem. 1959) ein Reinigungsmittel in Form eines wäßrigen Konzentrates mit 10–70 Gew.-% an aktiven Stoffen. Letztere setzen sich zusammen aus einem Alkylphenoxypolyäthoxyäthanol mit einem Alkylrest von 8–9 C-Atomen und 12–13 Äthylenoxideinheiten und einem Alkali- oder Ammoniumsalz eines Alkylbenzol-sulfonates mit einem Alkylrest von 12-C-Atomen.

Ein anderes flüssiges Reinigungsmittel der Unilever N.V. Rotterdam/Holland (Erfinder L.F. HENDERSON u. W. FRENCH) DAS 1045584 (angem. 1953) enthält 10–40 Gew.-% von einem oder mehreren organischen anionischen seifenfreien Reinigungsmitteln. Es ist frei von anorganischen Salzen, enthält aber vorzugsweise 0,5–4 Gew.-% eines Celluloseschwefelsäureesters.

Ein Spülmittel für Glas und Keramik (Dr. Becker GmbH, Seelze (Hann.) DAS 1095435 (angem. 1959) hat folgende Zusammensetzung:

20 Teile Alkyl-aryl-sulfonat
8 Teile Polyglykol-äther
1 Teil Fettsäure-alkylamid
71 Teile Wasser

Die Farbwerke Hoechst AG, Frankfurt a. M. (Erfinder W. FRANCK, O. KOLLER u. W. PAPE) geben in der DAS 1122199 (angem. 1960) unter anderem als Beispiel ein Produkt folgender Zusammensetzungen bekannt:

25 Gew.-% Pentaglykoläther aus Cocosalkohol,
10 Gew.-% Kondensationsprodukt aus Naphthalinsulfonsäure und Formaldehyd im Verhältnis 1 : 1,
65 Gew.-% Wasser.

Teilweise werden die neutralen Reinigungsmittel auch in Pastenform angeboten, wozu Produkte wie z.B. Sorbit hinzugefügt werden. Die Badische Anilin- und Sodafabrik AG, Ludwigshafen a. Rhein, (Erfinder K. ADAM, H. MERTENS u.

O. Schmidt) gibt in der DAS 1088174 (angem. 1959) für ein solches Produkt die nachfolgende Zusammensetzung:

25 Teile Sorbit,
6,5 Teile Natriumsalz des Lauryl-polyglykol-äther-sulfates mit durchschnittlich 4,5 Äthylenoxidgruppen im Molekül,
15 Teile Natriumsalz des Schwefelsäureesters von Cocosfettalkohol (C_{10}–C_{16}),
10,5 Teile Natriumsalz des Schwefelsäureesters von Cocosfettalkohol (C_{10}–C_{18}),
2,3 Teile Natriumsalz des Schwefelsäureesters von Spermalkohol (Oleyl-Cetyl-Alkohol),
2,3 Teile Natriumsalz des Schwefelsäureesters von Cocosfettalkohol (C_{16}–C_{18}),
3 Teile Monoäthylolamid von technischer Laurinsäure,
5 Teile Natriumchlorid,
1 Teil Natriumsulfat,
29,4 Teile Wasser.

Zur Außenreinigung in der Hauptsache von lackierten gestrichenen Teilen wird nach dem F.P. 1117250 (Erfinder L. Workum, angem. 1954) die nachfolgende Rezeptur vorgeschlagen:

100 kg Marlopon 70–60,
200 kg Marlon FR,
6 kg Geruchsstoff,
15 kg einer 33%igen Lösung von „Hexametaphosphat" (Graham'sches Natriumpolyphosphat),
320 l Wasser,
20 g Anilin.

ζ) Beispiel für saure Reinigungsmittel

Technisch reine Säuren, wie Salpetersäure und Phosphorsäure, oder sogenannte feste Säuren, wie Harnstoffnitrat, kann man in 1–2 %iger Lösung nur dann einsetzen, wenn die zu reinigenden Geräte oder Apparaturen aus Chromnickelstahl bestehen, wie dies z.B. bei Plattenapparaten oder UHTST-Anlagen üblich ist.

Für Gegenstände aus korrosionsanfälligen Metallen, hauptsächlich für solche aus Aluminium, eignet sich eine Kombination, wie sie im US-Patent 2836526 (Erfinder M.N. Marosi, angem. 1956) angegeben ist:

44% Citronensäure,
44% Sulfaminsäure,
14% Natriumfluorid,
2% Alkylarylsulfonat.

Für einen sauren Emulsionsreiniger wird vorgeschlagen:

10% Citronensäure,
10% Glycerin,
40% Phosphorsäure (100%ig),
37% Kerosen,
1,8% Glycerid der Ricinussäure,
1,0% Tensid,
0,2% Wasser.

Dieser Reiniger ist der Oakite Products, Inc. NY/USA (Erfinder S.R. Dodd, E.J. Ainsley) US.P. 2629696 (angem. 1949) patentiert.

Eine saure Reinigungspaste beschreibt die Firma E.J. du Pont de Nemours & Co., Delaware (USA) (Erfinder J.K. Hunt), US.P. 2220451 (angem. 1938):

ca. 32% Bentonit,
ca. 50% Wasser,
ca. 3% Octylalkohol-sulfat,
ca. 15% Sulfaminsäure.

Dieser Reiniger eignet sich gleichzeitig für die Rostentfernung. In ähnlicher Weise sind viele saure Pasten aufgebaut. Ein großes Anwendungsgebiet für Pasten ist die Biersteinentfernung, wobei die Konsistenz der Pasten durch Variierung des

Wasseranteils verändert werden kann. Je nach Steinbelag werden dickere oder dünnere Pasten bevorzugt. Wenn keine besonderen Angaben gemacht werden, gilt als Anwendungskonzentration fast immer 0,5–1%.

b) Desinfektionsmittel

Eine Desinfektion kann mit physikalischen und mit chemischen Mitteln durchgeführt werden. Eine physikalische Möglichkeit ist z.B. die Anwendung höherer Temperaturen mit Hilfe von Heißwasser oder Dampf. Sehr wirksam sind auch UV-Strahlen und die Infrarotbestrahlung. Die weiteste Verbreitung besitzen jedoch Hitzebehandlung und Verwendung von Chemikalien.

Unter den Chemikalien waren zunächst Chlor und chlorabspaltende Produkte vorherrschend. Hinzu kamen später Phenolderivate, quaternäre Ammoniumverbindungen, Ampholytseifen und in neuester Zeit die Jodophore.

Chlor und chlorabspaltende Produkte

Chlorgas, unter Einleitung in Wasser, Chlorwasser mit entsprechendem Aktivchlorgehalt.

Calciumhypochlorit mit einem Aktivchlorgehalt zwischen 36 und 39%. Es wird im allgemeinen nur für grobe Desinfektion verwendet.

Natriumhypochlorit. Der Aktivchlorgehalt beträgt rund 15%. Verkaufsprodukte, auf der Basis von Natriumhypochlorit aufgebaut, sind z.B. SPOREX flüssig® (Joh. A. Benckiser GmbH) und Hypochloran® (Henkel & Cie.).

Dichlorisocyanursäure

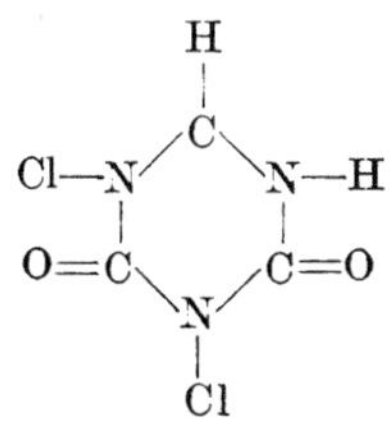

mit einem Aktivchlorgehalt von rund 70%. Das Natriumsalz enthält rund 60% Aktivchlor. Besondere Vorzüge: Die Dichlorisocyanursäure ist auch bei niedrigen Temperaturen sehr stark wirksam und leicht in andere Produkte einzuarbeiten:

Trichlorisocyanursäure

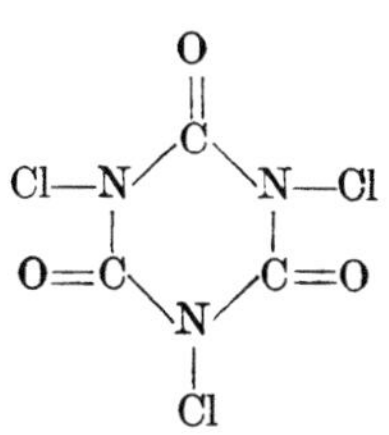

mit einem Aktivchlorgehalt von 85–90%. Geht bei Zersetzung über in Dichlorisocyanursäure.

Chlorisocyanursäuren eignen sich besonders gut als Beimischung zu Wasch-, Reinigungs- und Spülmitteln, die zusätzlich desinfizierend wirken sollen. Literatur: vgl. K. HEYLMANN (1964).

Chloramin T (p-Toluol-sulfo-chloramid-natrium). Das Produkt ist auch bekannt unter dem Namen Chlorina, Chlorazene, Miani und Aktivin.

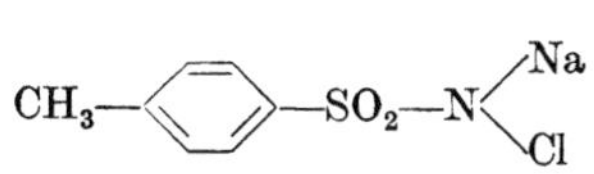

Chloramin ist milder und weniger aggressiv als Chlorkalk.

Chloramin. Bei hohen Temperaturen tritt Zersetzung ein. Verwendung zur Wasserentkeimung.

Dichloramin® (p Toluol-sulfo-dichloramid)

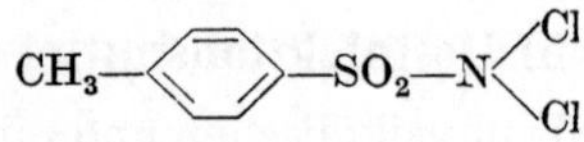

Dichlor-dihydroxy-diphenyl-methan

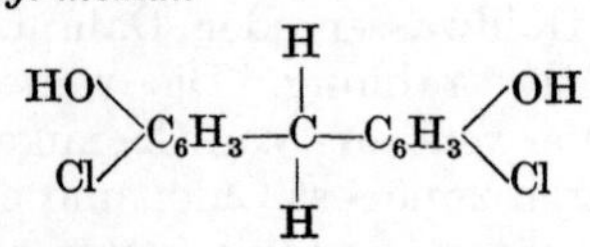

wirkt bactericid und desodorierend.

Verwendung: z.B. in Melkfetten. Burton Th. Bush, Inc./USA (Erfinder W. M. S. Gump und M. Luthy) US P 2334408 (ausg. 1943).

Chlorphenole und Phenolate

Die bekannten einfachsten Chlorierungsprodukte, wie Lysol und Kresol, haben gute desinfizierende Eigenschaften, sie eignen sich aber für bestimmte Bereiche, z.B. der Milchwirtschaft, nicht, da der Eigengeruch zu stark ist und der Geschmack ungünstig beeinflußt wird.

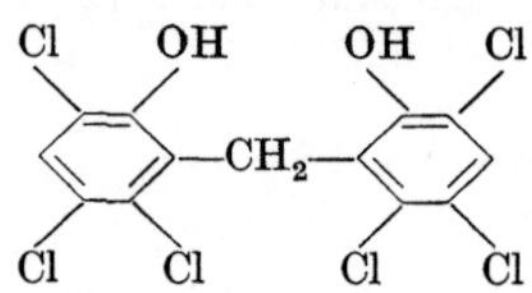

Biphenole, z.B. Hexachlordiphenol sind langsam wirkende Desinfektionsmittel. In allen chlorhaltigen Produkten ist das sehr breite Wirkungsspektrum charakteristisch, das gegen viele gramnegative und grampositive Mikroorganismen wirksam ist. Die Produkte dieser Gruppe besitzen auch gute viruzide Eigenschaften. Bemerkenswert ist ferner die schnelle Abtötung auch von Bakteriophagen und Bakteriensporen.

Die Anwendungskonzentrationen liegen bei 30–300 ml Cl_2/l. Der günstigste pH-Wert ist 6, oftmals muß aber bei höheren pH-Werten (9,5–11) gearbeitet werden.

Quaternäre Ammoniumverbindungen (Kation-Tenside)

Die quaternären Ammoniumsalze („Quats“) sind Desinfektionsmittel mit Netz- und Emulgatoreigenschaften, die die Oberflächenspannung erniedrigen.

Einige Beispiele:

„*Bretol*“ = Cetyl-dimethyl-äthyl-ammoniumbromid

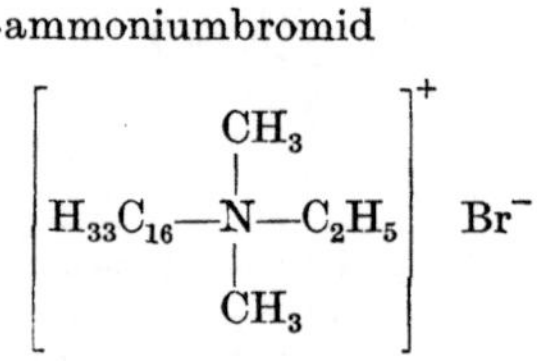

„*Cetol*“ = Cetyl-dimethyl-benzyl-ammoniumchlorid

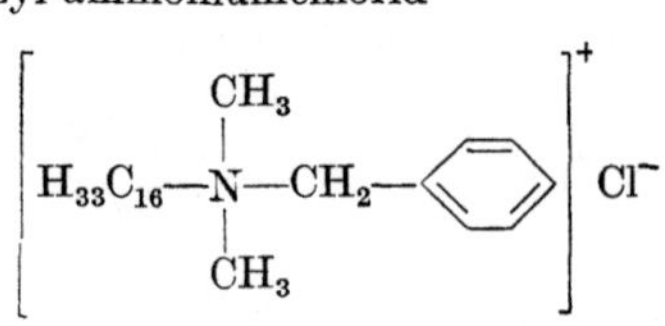

„Ceepryn“ = Cetyl-pyridiniumchlorid

$$[C_5H_5N{-}C_{16}H_{33}]^+\ Cl^-$$

„Cetab“ = Cetyl-trimethyl-ammoniumbromid

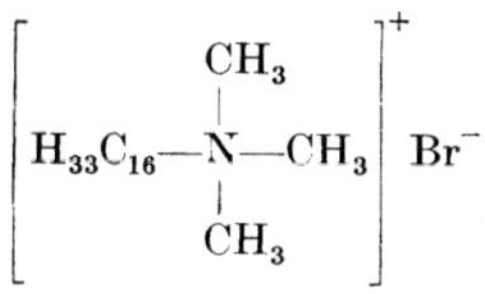

„Dimanin“® *flüssig* = Alkyl-dimethyl-benzyl-ammoniumchlorid

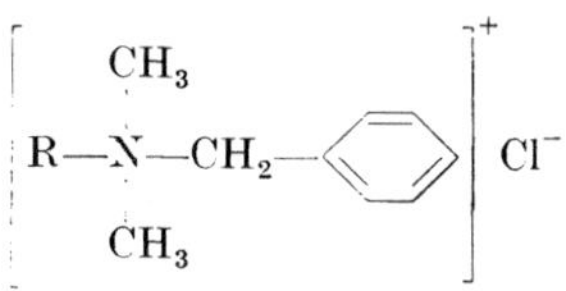

$R = C_{12}{-}C_{14}$

„Dimanin“® *Pulver* = Alkyl-dimethyl-benzyl-ammoniumchlorid auf Trägermaterial
„Phermerol“ = Diisobutyl-phenoxy-äthoxyäthyl-dimethyl-benzylammoniumchlorid

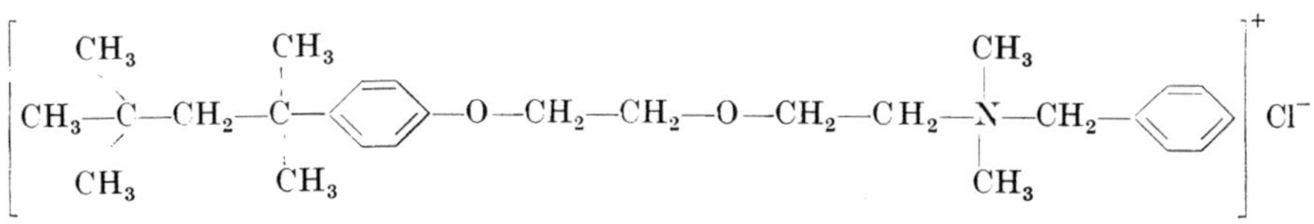

Die Desinfektionswirkung der Quats kann die der Phenole um das 30–500fache übertreffen. Ihre Wirksamkeit ist pH-abhängig. Unter pH 6 ist bei vielen Verbindungen eine deutliche Wirkungsabnahme zu beobachten. Je nach Konstitution liegt der Wirkungsbereich bei pH-Werten zwischen 4–10. Am wirksamsten sind sie gegen grampositive Bakterien. Bei gramnegativen Bakterien beobachtet man unterschiedliche Wirksamkeit. Sehr wirksam sind sie bei höheren Temperaturen gegen Schimmelsporen, schlecht jedoch gegen Viren. Ein besonderer Vorteil ist, daß sie in Wasser gut löslich, nicht flüchtig, ungiftig, fast geruchlos und nicht aggressiv sind. Daher besteht keine Korrosionsgefahr. Nachteilig ist gegenüber den Chlorverbindungen, daß sie im allgemeinen langsamer wirken. Die Anwendungskonzentration beträgt 0,05–0,5%.

Ampholyt-Seifen

Ampholyt-Seifen sind in ihrer Wirksamkeit den quaternären Ammoniumverbindungen in vielen Beziehungen ähnlich. Ein Vorteil gegenüber Chlor und chlorabspaltenden Produkten ist die unbegrenzte Haltbarkeit und ihr nicht korrodierendes Verhalten gegenüber Metallen. Ampholyt-Seifen vermindern die Oberflächenspannung des Wassers und können dadurch in Spalten und Risse gut eindringen. Günstig sind ferner die kurzen Abtötungszeiten für grampositive und gramnegative Bakterien. Ein Vorteil dieser Substanzgruppe ist ferner ihr hohes Schmutztragevermögen. Ein gewisser Nachteil ist bei bestimmten Anwendungszwecken ihr starkes Schaumvermögen.

In wäßrigen Lösungen bilden die Ampholyt-Seifen Zwitterionen und vereinigen daher in einem Molekül Anion- und Kationwirksamkeit. Während in der wäßrigen Lösung der quaternären Ammoniumverbindungen die aktive Gruppe positiv geladen ist, kann die aktive Gruppe der Ampholyt-Seifen sowohl positiv als auch negativ geladen sein.

Eine typische Ampholyt-Seife ist das Dodecyl-diamino-äthylglycin.

$$CH_3—(CH_2)_{10}—CH_2—NH—CH_2—CH_2—NH—CH_2—CH_2—NH—CH_2—COOH$$

[A. Schmitz (1953)].

Die handelsüblichen Produkte sind im allgemeinen klare, schwach gelbe bis braune Flüssigkeiten. Der pH-Wert schwankt zwischen schwach sauer und mäßig alkalisch. Die Anwendungskonzentration liegt bei rund 1%. Bekannte Handelsprodukte sind z.B. Tego 51® und Tegolan®.

Jod und Jodophore

Jod ist als Antiseptikum schon sehr lange bekannt. In Lebensmittelbetrieben verzichtet man auf Jod wegen des hohen Preises, zumal die Wirksamkeit geringer ist als die von Chlor.

Jod lagert sich jedoch adsorptiv an Tenside an und diese Produkte, die als „Jodophore" bezeichnet werden, sind rund achtmal so wirksam als eine vergleichbare Chlorlösung (A. Cantor u. H. Shelanski, 1951). Die günstigsten Verbindungen erhält man mit Nichtion-Tensiden (N.E. Lazarus 1952).

Außer den Tensiden sind auch andere Trägersubstanzen bekannt, wie z.B. Gelatine usw.

Die Jodophore haben neben ihrer ausgezeichneten Desinfektionskraft auch eine gute reinigende Wirkung. Als weiterer Vorzug kommt hinzu, daß sie in neutralen und sauren Lösungen gut wirksam sind. Im Gegensatz zu alkalisch reagierenden Chlorverbindungen werden Jodophore durch Härtebildner nicht gefällt. Ihre beste Wirksamkeit entfalten sie bei niedrigen pH-Werten. Jodophore sind nicht nur gegen Bakteriensporen, sondern auch gegen den Tuberkulose-Erreger *Mycobacterium tuberculosis* gut wirksam (50 mg/l in 2–10 min).

Vorteile der Jodophore sind ferner ihre Geruchlosigkeit und ihre geringe Toxicität (A. Cantor u. Mitarb., 1956). Im Vergleich mit Chlor und quaternären Ammoniumverbindungen zeigt sich, daß Jodophore in ihrer Desinfektionskraft nicht so pH-abhängig sind wie die erstgenannten.

Die Anwendungskonzentration der Jodophore liegt durchschnittlich bei 25–100 mg Jod pro l. Da Jodophore farbig sind, erkennt man ihren Verbrauch daraus, daß sie farblos werden. Die Jodophore sind keine chemisch einheitlichen Produkte, so daß man ihre genaue Zusammensetzung nicht in einer chemischen Formel wiedergeben kann.

c) Kombinierte Reinigungs- und Desinfektionsmittel

Kombinierte Reinigungs- und Desinfektionsmittel sind Produkte, die einerseits gut reinigen und andererseits gut desinfizieren. Im allgemeinen ist allerdings zu empfehlen, auch bei Verwendung eines kombinierten Mittels den Reinigungsgang vom Desinfektionsgang zu trennen und mit zwei Lösungen zu arbeiten. Der Vorteil kombinierter Produkte ist die einfachere Anwendung und die geringere Gefahr der Verwechslung.

Im folgenden werden einige Beispiele solcher kombinierter Produkte gegeben.

Alkalisch reagierendes Reinigungs- und Desinfektionsmittel auf Phenolbasis:

45% Natriumcarbonat,
20% Dinatriummonophosphat,
20% Pentanatriumtriphosphat,
13% Benzylphenolat,
2% Fettalkoholsulfonat.

Alkalisch reagierendes Reinigungs- und Desinfektionsmittel auf Chlorbasis:

70% gechlortes Trinatriummonophophat,
20% Grahamsches Natriumpolyphosphat,
10% Natriumdisilikat.

Alkalisch reagierendes Reinigungs- und Desinfektionsmittel auf der Basis quaternärer Ammoniumverbindungen (Joh. A. Benckiser GmbH, Ludwigshafen a.Rhein) Erfinder H. WISSEMEIER u. H. KEHRER) D.B.P. 1107364 (angem. 1959).

7% Dimanin,
5% Oleylamin,
30% Natriumcarbonat,
10% Tetranatriumdiphosphat,
30% kondensiertes Phosphat ($Na_2O : P_2O_5 = 1-1,2 : 1$),
18% Natriumsulfat.

Sauer reagierendes Reinigungs- und Desinfektionsmittel auf Jodophorbasis:

30% Phosphorsäure,
6% Citronensäure,
4,20% Natriumpolymethacrylat,
3,00% Natriumxylolsulfonat,
1,60% Jod,
1,32% Jodwasserstoffsäure,
53,88% Wasser.

West Laboratories Inc. Long Island N.Y./USA (Erfinder W. SCHMIDT, G. SUTTON, C.M. CITRON) U.S.P. 3150096 (angem. 1961).

Diese Produkte werden in Konzentrationen von 0,5–2,0% – je nach Einwirkungszeit – bei Temperaturen von 20–60° C angewandt. Die alkalischen Reinigungs- und Desinfektionsmittel geben farblose, klare Lösungen. Die sauren Jodophore sind gelb gefärbte Lösungen, deren Farbe man als Indikator für den Verbrauch an bactericid wirksamen Jod direkt benutzen kann.

5. Praktische Durchführung von Reinigung und Desinfektion

a) Manuelle und maschinelle Verfahren der Reinigung

α) Allgemeines

Im Lebensmittelbetrieb reinigt man im allgemeinen mit Wasser, mit in Wasser gelösten oder mit durch Wasser verdünnten Reinigungsmitteln. Für den Reinigungserfolg sind nicht nur die angewandten Mengen Wasser und Reinigungsmittel von Bedeutung, sondern auch ihre spezifische Wirkung, Zeit und Temperatur der Einwirkung sowie Art der mechanischen Behandlung. Wesentlich sind ferner Beschaffenheit des Werkstoffes, Material und Zustand der Oberfläche der zu reinigenden Bedarfsgegenstände sowie Art der Rückstände bzw. der Verschmutzungen.

Die Hauptfaktoren der Reinigung, nämlich Reinigungslösung, Temperatur, Einwirkungszeit und mechanische Wirkung, sind in gewissem Rahmen kompensierbar, d.h. eine kürzere Einwirkungszeit kann durch eine höhere Temperatur oder eine verstärkte mechanische Behandlung kompensiert werden und umgekehrt. Diese Austauschbarkeit hat aber Grenzen. So kann beispielsweise die Temperatur nicht beliebig hoch gewählt werden, weil man dann andere Nachteile in Kauf nehmen muß, die das gesamte Reinigungsergebnis in Frage stellen. In manchen Fällen bringt Auskochen mit der Reinigungslösung einen guten Erfolg. Es kann aber auch vorkommen, daß sich bei der Siedetemperatur Rückstände bilden und Salze aus dem Reinigungsmittel oder Härtebildner ausfallen. Deshalb gelten 65–85° C als optimale Reinigungstemperatur. Bei Handreinigung kann natürlich eine so hohe Temperatur nicht eingehalten werden. In diesem Fall muß das Defizit im Temperaturbereich durch stärkere mechanische Behandlung oder durch längere Einwirkungszeit ausgeglichen werden (H. Camphausen [1961 u. 1964], H. Damm [1964]).

Im Lebensmittelbetrieb lassen sich Reinigungs- und Desinfektionsmaßnahmen nicht immer ohne Schwierigkeiten klar trennen. Schon bei der Reinigung muß man auf eine wirksame Keimtötung hinarbeiten.

Die bekannten konfektionierten Reinigungsmittel bzw. kombinierten Reinigungs- und Desinfektionsmittel (Beispiele: CALGONIT®, P 3®, Trosilin® u.a.m. werden meist in Konzentrationen von 0,5–2% eingesetzt. Die Konzentrationsangaben müssen hier genau eingehalten werden, da – wie im vorausgehenden Kapitel erläutert – die konfektionierten Reiniger spezifische Kombinationen verschiedener Grundchemikalien sind. Diese Produkte erfüllen ihren Zweck nur dann einwandfrei, wenn die Komponenten im richtigen Verhältnis vorliegen. So kann z.B. der Fall eintreten, daß ein Produkt, das unter den angegebenen Benutzungsbedingungen absolut korrosionssicher ist, Korrosionsschäden verursacht, wenn die Konzentration zu hoch ist. Ferner kann z.B. die härtestabilisierende Wirkung eines Produktes nicht ausreichen, wenn die Konzentration zu niedrig ist. Selbstverständlich reicht auch die desinfizierende Wirkung eines Desinfektionsmittels bei zu niedriger Konzentration nicht aus. Bei vielen pulverförmigen Mischprodukten ist außerdem eine wichtige Voraussetzung für die volle Wirksamkeit aller Einzelkomponenten, daß man sie richtig und gleichmäßig auflöst, wozu man das Pulver in Wasser einrühren muß.

Das beste Reinigungsmittel und die größten Anstrengungen nützen jedoch nichts, wenn nach einem falschen Verfahren gearbeitet wird. Für Reinigungsarbeiten in Lebensmittelbetrieben kommen folgende Arbeitsgänge in Betracht:

1. Vorspülen mit handwarmem Wasser. Hierbei wird der größte Teil der Lebensmittelreste entfernt.
2. Reinigung mit Reinigungslösung.
3. Desinfektion mit Desinfektionslösung. Unter bestimmten Voraussetzungen können Reinigung und Desinfektion zu einem Arbeitsgang zusammengezogen werden.
4. Nachspülen mit warmem Wasser.
5. Nachspülen mit frischem, klarem, fließendem Wasser. (H. Camphausen [1963], K.J. Kretschmer [1963]).

Auf den letzten Spülgang kann man gegebenenfalls verzichten, wenn ausreichend mit Warmwasser gespült wird und wenn man durch höhere Temperaturen erreichen will, daß die Gegenstände schneller trocknen, was vielfach, z.B. in automatisch arbeitenden Geschirrspülmaschinen, durch Gebläse noch beschleunigt wird.

Diese Grundregeln haben ihre Gültigkeit, gleichgültig, ob man von Hand, im Zirkulationsverfahren (cleaning in place) oder mit einer Reinigungsmaschine reinigt. Natürlich ist es notwendig, den Ablauf der einzelnen Reinigungsvorgänge den Verhältnissen anzupassen und entsprechend zu variieren. Bei der Handreinigung – z.B. von Behältern – ist eine Nachdesinfektion erforderlich. Bei automatischer Zirkulationsreinigung – also beim Umpumpen von Lösungen durch Rohrleitungen – kann man in einem Arbeitsgang reinigen und desinfizieren. Dasselbe gilt auch für Spülautomaten. Der getrennte Arbeitsgang bei Handreinigungsarbeiten wird dadurch erforderlich, weil in den meisten Fällen die Einwirkungszeit zu kurz ist, es sei denn, man legt die Gegenstände zum Einweichen für eine Zeit von etwa 15–20 min in eine Lösung ein, so daß die Lösung genügend Zeit hat, einzuwirken.

β) Handreinigung

Bei der Handreinigung sollen nach Möglichkeit Bürsten und keine Lappen verwendet werden. Die Bürsten müssen saubergehalten und von Zeit zu Zeit ausgewechselt werden; sie dürfen nicht an Stellen aufbewahrt werden oder herumliegen, wo sie verschmutzen können. Einen besonderen Aufbewahrungsbehälter für Reinigungsbürsten, der mit einer Desinfektionslösung gefüllt werden kann, findet man bedauerlicherweise in den wenigsten Betrieben.

Leider kann man in Lebensmittelbetrieben nicht ganz auf Lappen und Scheuertücher verzichten, da festmontierte Kessel oder Behälter, die häufig keinen Ablauf haben, und auch Tische trocken gewischt werden müssen. Dazu sollte man täglich einen frischen Lappen verwenden oder aber den Lappen täglich auskochen, damit er nicht zu einer empfindlichen Infektionsquelle für den Betrieb wird. Muffiger und schlechter Geruch im Lebensmittelbetrieb hat oft seine Ursache in herumliegenden Lappen und Scheuertüchern.

In vielen Betrieben fehlen auch Behälter, die ein ausreichendes Laugenvolumen aufnehmen können, damit man die zu reinigenden Gegenstände in sie einlegen kann. Für diese Behälter müssen auch entsprechende Wasseranschlüsse vorhanden sein, so daß ohne Schwierigkeiten nachgespült werden kann.

Auf die große Bedeutung des Nachspülens mit frischem, klarem Wasser wurde bereits oben hingewiesen. Spült man nämlich Geräteteile in einem Behälter mit stehendem Wasser nach, so ist immer eine Re-Infektionsgefahr gegeben, da sich in stehendem Wasser sehr schnell Keime ansammeln, die sich dann unter Bedingungen, die für ihr Wachstum günstig sind (Temperatur, evtl. Laugen- und Lebensmittelreste), sehr rasch vermehren. Man kann dieser Gefahr dadurch begegnen, daß man in die Behälter Desinfektionsmittel gibt. Dazu ist es aber notwendig, darauf zu achten, daß das Desinfiziens, wenn es verbraucht ist, erneuert wird. Vom hygienischen Standpunkt ist daher immer zu empfehlen, die letzte Nachbehandlung mit klarem, fließendem Wasser vorzunehmen.

Eine andere Möglichkeit ist, mit so heißem Wasser nachzuspülen, daß eine Anreicherung der Keime nicht möglich ist. Das heiße Nachspülen hat den Vorteil, daß die Geräteteile schnell trocknen und dadurch den gegebenenfalls zurückbleibenden Keimen die Feuchtigkeit und dadurch eine wichtige Lebensbedingung entzogen wird.

Es hat sich in jedem Falle als zweckmäßig erwiesen, vorher in Versuchen das beste Reinigungsverfahren zu erarbeiten und durch bakteriologische Untersuchungen den Effekt des Reinigungs- bzw. Desinfektionsverfahrens zu prüfen. Das Ergebnis dieser Versuche und Prüfungen sollte in einer genauen Arbeitsvorschrift festgehalten werden.

γ) Zirkulationsverfahren (cleaning in place: „CIP“)

Rohrleitungen und gegebenenfalls Schläuche mit dazwischengeschalteten Apparaten, wie Plattenapparate zum Erhitzen oder Kühlen von Flüssigkeiten, Meßarmaturen und dergleichen mehr, können durch Umlaufreinigung gereinigt werden. Für in den Kreislauf eingeschaltete Tanks oder größere Behälter empfiehlt sich die Reinigung mit Tankreinigungsspritzköpfen, die entweder starr angeordnet oder selbsttätig rotierend sind.

Das Zirkulationsverfahren ist heute häufig bereits vollautomatisiert und programmgesteuert. Da es hierfür kein allgemein gültiges Schema gibt, – wie z.B. für eine Flaschenspülmaschine – muß die Anlage jedem Betrieb angepaßt und jede Einzelheit berücksichtigt werden. So ist es beispielsweise erforderlich, die Vorlaufbehälter genügend groß zu dimensionieren, wobei es nicht genügt, daß man den Inhalt aller Rohrleitungen summiert und daraus die Größe des Vorratsbehälters errechnet. Der Vorratsbehälter muß so groß sein, daß er auch Verdünnungen durch Vor- oder Nachspülwasser aufnehmen kann, ohne daß dadurch die Konzentration der Reinigungslösung nennenswert beeinflußt wird. Sind Lagertanks in das CIP-Verfahren eingeschlossen, dann müssen für einen Tank mittlerer Größe von etwa 10000 l Inhalt mindestens 300 l Lauge bzw. Säure zur Verfügung stehen. Die meist üblichen Umschalthähne in Kükenform, besonders die Dreiwegehähne, müssen von Hand gut vorgereinigt werden und können erst dann in das CIP-System einbezogen werden (Abb. 1). Die Umschaltzeit von Wasser auf Reinigungslösung und umgekehrt hat eine gewisse Vermischung an den Grenzzonen zu berücksichtigen. Weiterhin ist für die Einhaltung einer gleichmäßigen Temperatursteuerung von Wichtigkeit, ob diese im Vorlauf oder im Rücklauf gemessen wird. Dies spielt besonders bei solchen Anlagen eine Rolle, bei denen von einer Zentrale aus verschieden große Systeme gereinigt werden. Bei sehr langen

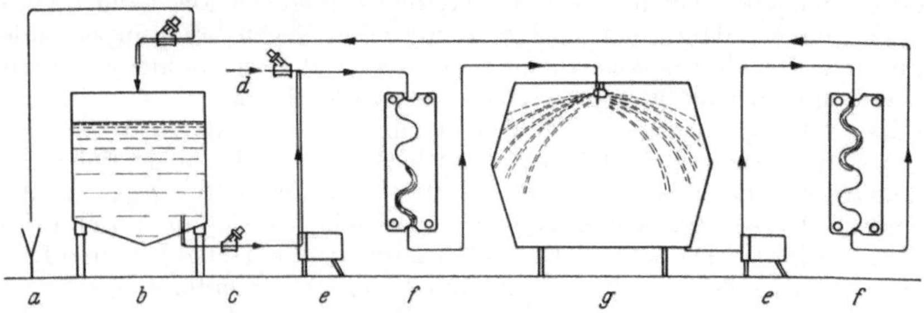

Abb. 1. Tank-Reinigung im Zirkulationsverfahren System Alfa-Laval
a Wasserzulauf, b Vorratsbehälter für die Reinigungslösung, c Magnetventil für Reinigungslösung, d Magnetventil für Wasserspülung, e Pumpe, f Wärmeaustauscher, g Tank

Rohrleitungen, die zusätzlich noch bestimmte Höhenunterschiede zu überbrücken haben, muß man zur Erhaltung des Druckes an verschiedenen Stellen Druckerhöhungspumpen einschalten. Für die Reinigung langer Rohrstücke mit gleichmäßigem Querschnitt, die nicht durch Apparate und dergleichen unterbrochen sind, haben sich Schaumgummischwämmchen bewährt, die man mit der Flüssigkeit durch die Rohrleitungen drückt. Dieses Verfahren findet bei der Schlauch- und Rohrleitungsreinigung in Brauereien, Getränkeschankanlagen und bei der Reinigung von Rohrmelkanlagen vielfach Anwendung.

Die Wahl des richtigen Reinigungsmittels ist bei solchen Anlagen besonders wichtig. Es dürfen nur solche Mittel genommen werden, die keine Materialschäden verursachen, keine Ablagerungen hinterlassen und keinen Schaum bilden. Letzterer macht eine einwandfreie Steuerung durch Kontaktgebung unmöglich. Rohrleitungen in Molkereien werden zweckmäßigerweise mit kombinierten Reinigungs- und Desinfektionsmitteln auf alkalischer Basis gereinigt und evtl. anschließend mit Dampf behandelt. Das gleiche gilt für Rohrmelkanlagen, wobei allerdings die Dampfbehandlung wegfällt (Abb. 2). In Brauereien werden Rohrleitungen und Schläuche alkalisch gereinigt. Vielfach wird auch mit einem sauren Reinigungsmittel nachbehandelt. Besonders bewährt hat sich hierbei ein kombiniertes Reinigungs- und Desinfektionsmittel auf saurer Basis. Eine gründliche Desinfektion erreicht man dadurch, daß man nach diesen Vorbereitungen das ganze System mit einer Desinfektionslösung füllt und über Nacht stehen läßt.

So beschreiben Baden (1962), H. Camphausen (1961), G. Damerow u. Mitarb. (1962), J. Futschik (1957), W.C. Jennings u. Mitarb. (1957, 1959 u. 1960), R. Pöhlmann (1961) und P. Ritter (1957 u. 1959) verschiedene Verfahren bei der Zirkulationsreinigung.

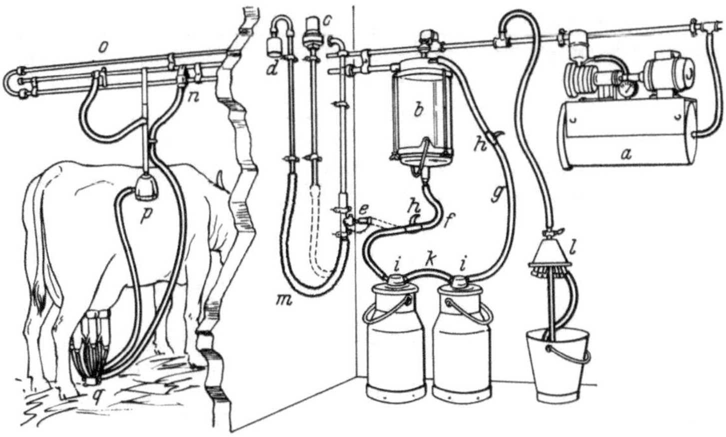

Abb. 2. Schema einer Rohrmelkanlage System Alfamatic
a Maschinensatz, b Milchabscheider, c Spülpulsator, d Schutzventil, e Spülmundstück, h Milch- und Spülschlauch, g Vacuumschlauch, h Schlauchklemme, i Kannenfülldeckel, k Verbindungsschlauch, l Spülautomat WA 4, m Spiralschlauch, n Milchhahn, o Vakuumklemmhahn, p Pulswerk mit Halterung, q Melkzeug

δ) Reinigung von Plattenerhitzern

Die zur Pasteurisation von Milch, Fruchtsäften und Bier benutzten Plattenerhitzer (Abb. 3) werden gewöhnlich in zwei getrennten Arbeitsgängen – alkalisch und sauer – gereinigt, wobei zwischendurch mit Wasser gespült werden muß. Im Gegensatz zu anderen Reinigungsverfahren – Rohrleitungsreinigung, Flaschenreinigung usw. – müssen bei der Plattenerhitzerreinigung stark saure bzw. stark alkalische Mittel eingesetzt werden, da es sich bei den hier vorliegenden Verunreinigungen um Anbrennrückstände oder um aus den Getränken ausgefällte Salze

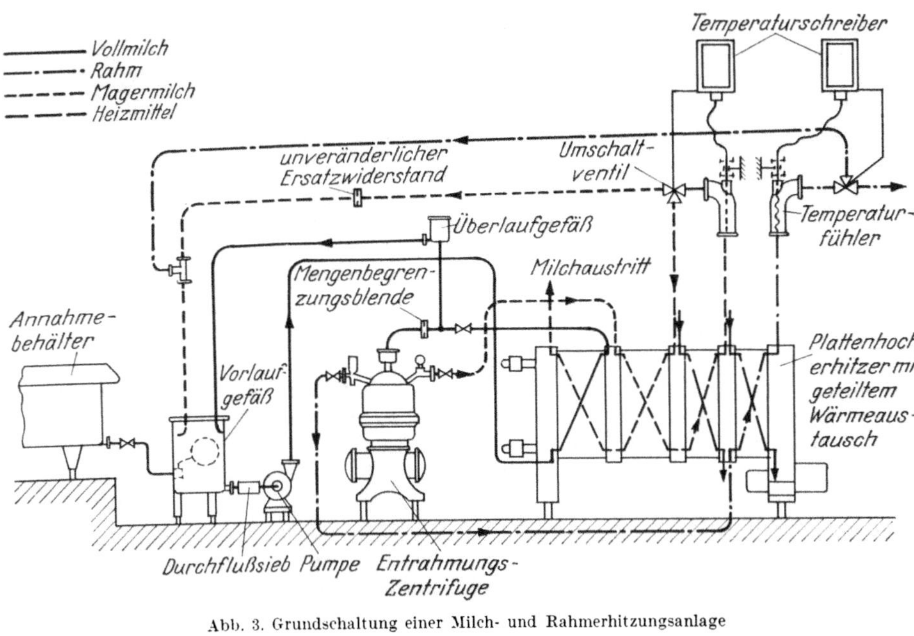

Abb. 3. Grundschaltung einer Milch- und Rahmerhitzungsanlage

handelt. Man nimmt daher entweder Ätznatron oder Salpetersäure in Konzentrationen von 1–3% oder Mischprodukte. Für die alkalische Reinigung werden neben Natronlauge Mischungen von Ätznatron mit Phosphat und Silikat und für die saure Reinigung neben Salpetersäure häufig Lösungen von Harnstoffnitrat und zum Teil auch Phosphorsäure eingesetzt. Bei der Reinigung der Plattenerhitzer ist zu beachten, daß die Kapazität der Umwälzpumpe genügend groß ist, um eine möglichst hohe Fließgeschwindigkeit der Lösungen zwischen den Platten zu erzeugen. Es sollten keine Systeme parallel geschaltet werden. (H. GEFFERS, 1959, K. GYNNING, 1958, G. WÄLZHOLZ, 1961).

Nach dem gleichen Verfahren können natürlich auch Röhrenerhitzer und Verdampfungsanlagen gereinigt werden.

Das bisweilen aus Gründen der Ersparung von Arbeitszeit empfohlene Verfahren, zunächst mit Phosphorsäure im Kreislauf zu fahren und dann dieser nach bestimmter Zeit Ätznatron bis zur Neutralisation zuzusetzen, hat sich nicht allgemein bewährt, da die Alkalität des dabei gebildeten Trinatriumphosphates nicht ausreicht, um hartnäckige angebrannte Rückstände aufzuweichen. Hinzu kommt noch, daß man bei diesem Verfahren die Reinigungslösungen nicht wieder gebrauchen kann, während man die Reinigungslösungen der vorher beschriebenen Verfahren auffangen, auffrischen und wiederverwenden kann.

ε) Automatische Tankreinigung

Für größere Lagertanks benutzt man automatisch arbeitende Spritzgeräte, die im wesentlichen aus einem Spritzkopf und einem Pumpenaggregat bestehen, wenn man von den beschriebenen Reinigungsschleudern, die in das CIP-System eingeschaltet werden können, absieht. Diese Apparaturen arbeiten entweder mit hohem Druck von 50–80 atü und geringer Flüssigkeitsmenge (50–100 l/min) oder mit einem niedrigen Druck von 3–10 atü und einer großen Flüssigkeitsmenge (300–500 l/min). Bei den Antriebsformen der Düsen unterscheidet man zwischen zwangsumlaufgetriebenen Düsen und selbstlaufenden Rückstoßdüsen. Nicht bewegliche Spritzköpfe nach dem Prinzip des Igelspritzkopfes haben sich nur für kleine Tanks von 500–2000 l Inhalt bewährt. Großtanks bedürfen einer zu großen Spritzmenge, die dann aus dem Tank nicht mehr schnell genug ablaufen kann. Das richtige Gerät kann nur im praktischen Versuch ermittelt werden, da jeder Betrieb andere Voraussetzungen hat. Zum Teil arbeitet man mit der verlorenen Lösung. Dies ist zwar für die Umschaltung von Reinigungslösung auf Wasser vorteilhaft, bringt aber immer die Gefahr mit sich, daß man aus Preisgründen mit zu niedrigen Reinigungs- und Desinfektionsmittellösungen und mit einer zu kurzen Einwirkzeit arbeitet. Um die Reinigungsfaktoren Zeit und Konzentration genügend berücksichtigen zu können, ist eine Zirkulationsspülung mit wiedergewonnener Lösung immer vorteilhaft. Für das Reinigungsmittel gilt hier dasselbe, was für das CIP-Verfahren gesagt wurde. Betriebe, die wie Molkereien vorwiegend Eiweiß- und Fettrückstände entfernen müssen, arbeiten besser mit einer alkalischen Lösung. Für Brauereien dagegen, die aus Tanks Bierstein entfernen müssen, ist es zweckmäßiger, saure Lösungen zu nehmen. Kombinationsmöglichkeiten mit entsprechenden Desinfektionsmitteln sind bekannt (G. GRAFINGER, 1965, R. HAMANN, 1964, G. PETTELKAU, 1960, G. WILDBRETT u. Mitarb., 1961) (Abb. 4, 5, 6a—c).

Dampfstrahlgeräte haben sich für die Tankreinigung nicht bewährt, da sie keinen rotierenden Spritzkopf haben. Zwar werden die Teile der Tankinnenwand, die direkt von dem Dampfstrahlreinigungslösungsgemisch getroffen werden, sauber. An den anderen Teilen der Tankinnenwand kommt es aber zu Anbrenn-

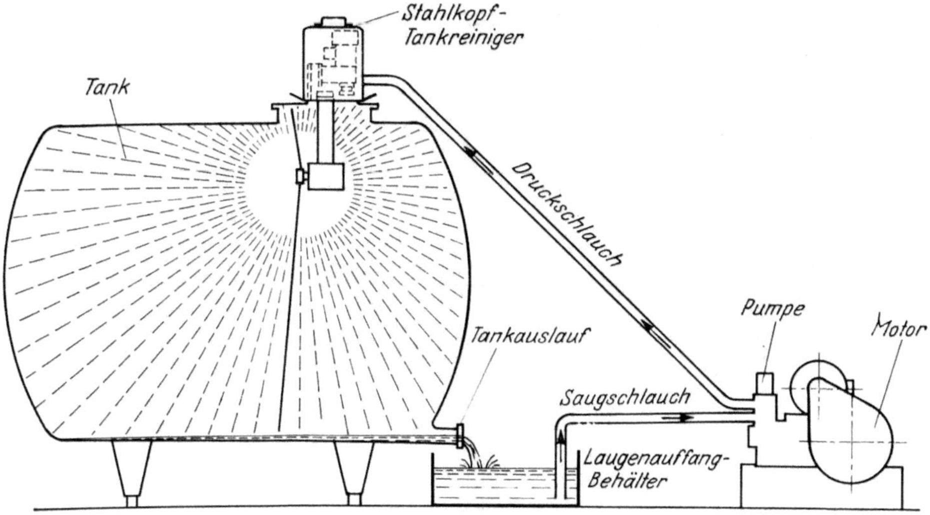

Abb. 4. Tankreinigung (System Tuchenhagen)
Direkte Verspritzung der Flüssigkeit, Hochdruckpumpe, Spritzkopf im Zwangsumlauf

rückständen und Rückständen von Aussalzungen, die vom Reinigungsmittel und vom Wasser herrühren. Eine Steuerung der Dampfstrahlspritze von Hand ist in den relativ kleinen Tankräumen wegen der gefährlichen Rück- und Querspritzer nicht möglich.

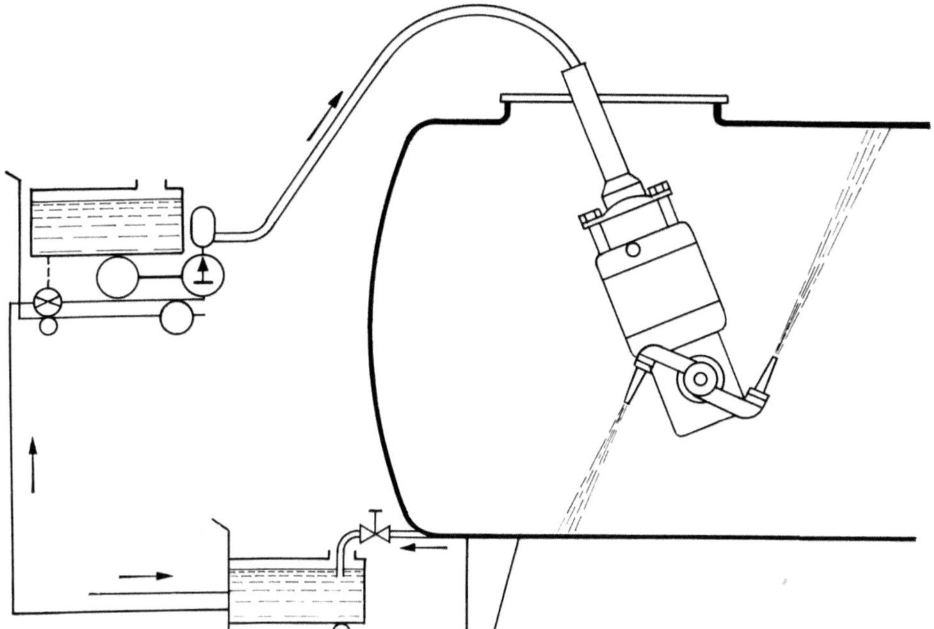

Abb. 5. Tankreinigung (System Kärcher)
Direkte Verspritzung der Flüssigkeit, Hochdruckpumpe, selbstlaufende Spritzdüsen (Spritzkopf stark vergrößert dargestellt)

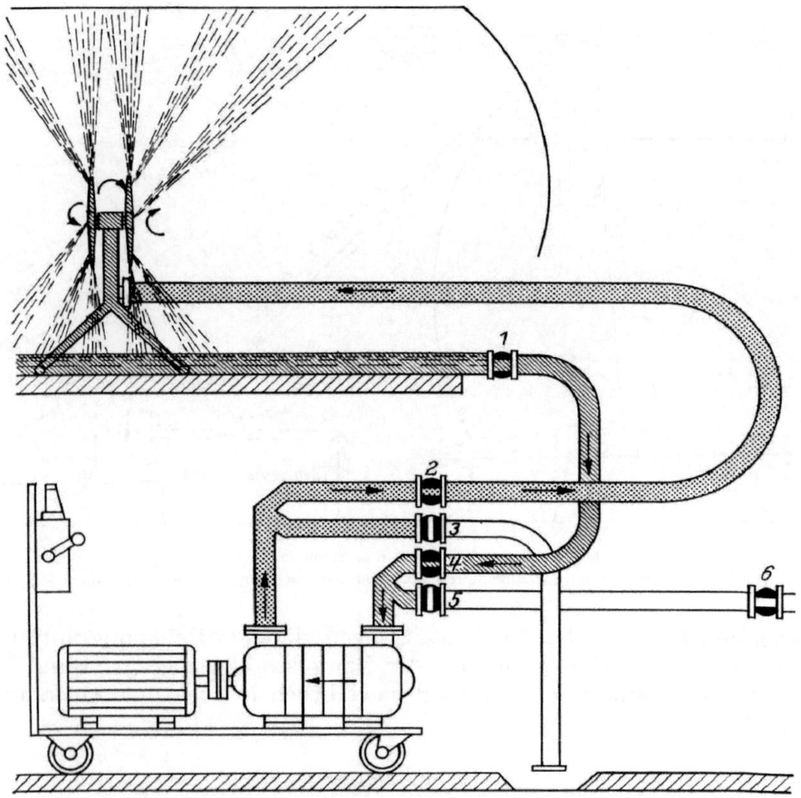

Abb. 6. Tankreinigung (System Handy-Miller)
Direkte Verspritzung von Flüssigkeit, Niederdruckgerät, breiter Spritzstrahl, selbstlaufende Düsen.

6a 1 Tankauslaufventil, 2 Tankzulaufventil, 3 Ventil für Umschaltung auf den nächsten Tank oder zur Rückförderung der Flüssigkeit in den Vorratsbehälter, 4 Rücklaufventil Pumpe, 5 Ventil Wasserzulauf Pumpe, 6 Wasserventil

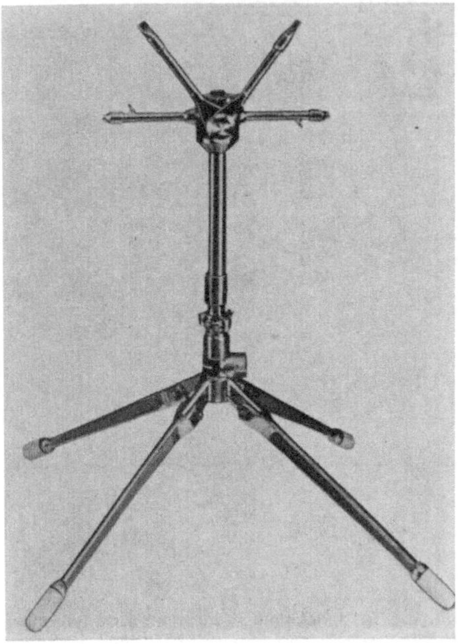

6b Spritzkopf mit Stativ. Die V-förmig eingestellten Spritzarme können so eingestellt werden, daß sie beispielsweise in einem Bierlagertank genau auf den Brandheferand zielen

6c Spritzkopf mit 4 gegenläufig laufenden Spritzdüsen

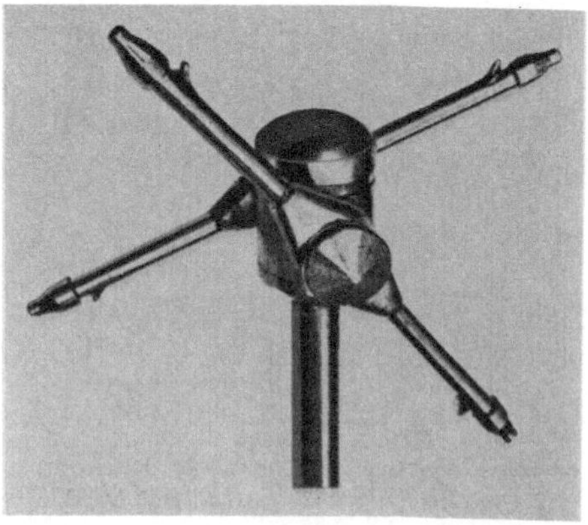

ζ) Reinigen von größeren Gefäßen, Kannen, Fässern, Premix-Behältern, Korbflaschen

Für die genannten Bedarfsgegenstände gibt es in der Praxis besonders konstruierte Waschmaschinen, die halb- oder vollautomatisch arbeiten.

Kannen. In den Richtlinien für Aufbau, Montage und Betrieb von Kannenwäschern (1955), herausgegeben von der Bundesforschungsanstalt für Milchwirtschaft in Kiel, wird der Bau und die Funktion von Kannenwäschern genau beschrieben. Die Maschinen arbeiten im wesentlichen in folgender Weise:

Vorspritzen mit kaltem Wasser,
Ausspritzen mit heißer Lauge,
Nachspritzen mit heißem Wasser,
Kondensatdusche und Heißlufttrocknung.

E. Booth (1960), H. Camphausen (1961), K. J. Demeter u. Mitarb. (1957), W. Hilburg (1960) und G. Wälzholz u. Mitarb. (1955) berichten über praktische Erfahrungen mit Kannenwäschern. Die Milchkannen werden gewöhnlich mit

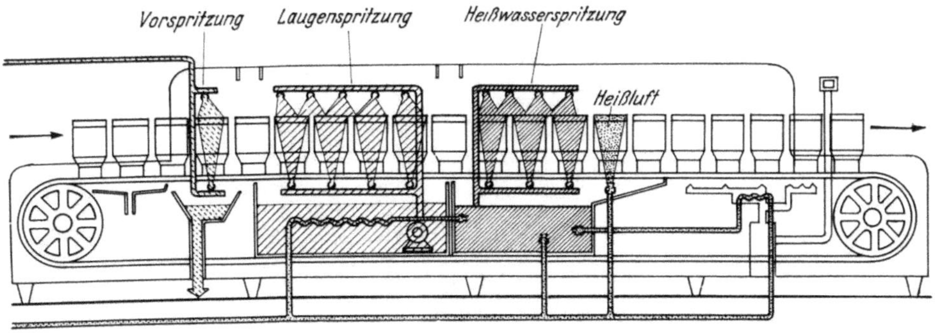

Abb. 7. Schema einer Kannenspülmaschine

alkalisch eingestellten Reinigungsmitteln gereinigt. Diese Produkte enthalten meistens zum Korrosionsschutz Inhibitoren, da die Mehrzahl der Milchkannen aus Aluminium oder verzinntem Eisen besteht. Die Laugenverschleppung macht durch die damit verbundene Versteinung der Kannenwaschmaschinen immer wieder Schwierigkeiten. Es empfiehlt sich daher, die Wäscher einmal in der Woche mit einer Säure, z. B. mit Phosphorsäure, anzusetzen und Kannen und Maschine abzusäuern (Abb. 7).

Faßreinigungsmaschinen unterscheiden sich in ihrer Konstruktion durch folgende Merkmale:

Faßreinigungsmaschinen für Bierfässer aus Holz reinigen die Außenfläche mit Bürsten; innen wird das Faß nur mit heißem Wasser kurz ausgespritzt, anschließend wird es entweder neu gepicht oder ausgedämpft oder geschwefelt.

Faßreinigungsmaschinen für Aluminiumfässer oder Durolit-Holzfässer, das sind Holzfässer mit einer Kunststoff-Innenbeschichtung, haben mehrere Spritzstationen für die Innenreinigung. Die Fässer werden mit wasserglashaltigen, alkalischen Lösungen, am besten in Kombination mit dem desinfizierend wirkenden Hypochlorit, gereinigt. Zweckmäßigerweise behandelt man die Fässer zur Entfernung des Biersteins im Wechsel zur alkalischen auch mit einer sauren Lösung. Hierbei ist zu beachten, daß eloxierte Fässer säureempfindlich, nicht eloxierte und kunststoffbeschichtete Fässer dagegen säurebeständig sind (H. Camphausen u. Mitarb., 1965) (Abb. 8).

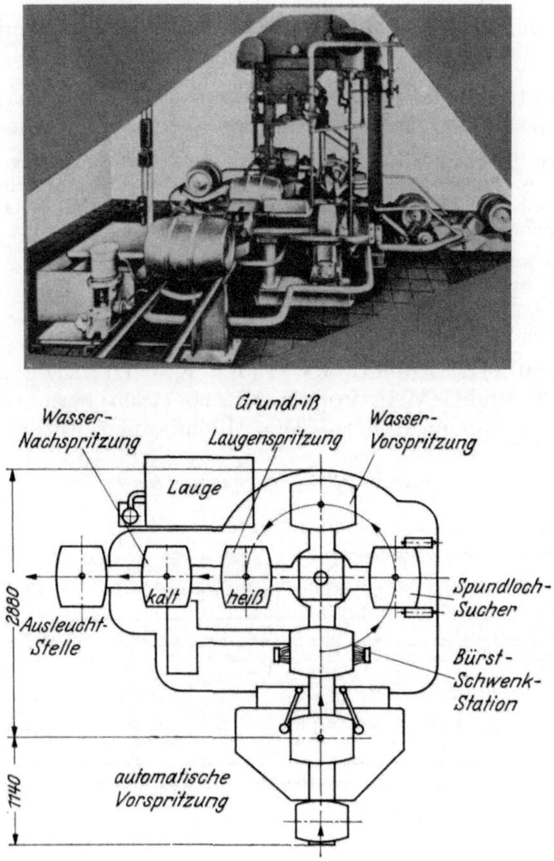

Abb. 8. Faßreinigungsmaschine, Rundläufer (Modell Wagner)
Direkte Ansicht und Grundrißzeichnung

Premixbehälter oder Getränkecontainer werden mit besonders konstruierten Waschmaschinen gereinigt, die meist nach Vorschriften der Getränkehersteller konstruiert sind. Sie sind entweder als Rundläufer ausgeführt oder so gebaut, daß einzelne Container aufgesetzt und dann über Ventile angeschlossen werden. Erst dann erfolgt vollautomatisch der Waschzyklus –Frischwasserspritzung/Laugenspritzung/Frischwassernachspritzung –. Durch die Waschmaschine müssen Innen- und Außenwand der Behälter sowie die gesamten Leitungen und Anschlußstücke ebenso alle Behälterdeckel intensiv gereinigt werden. Die Premixbehälter bestehen meist aus V2A-Stahl und werden mit alkalischen Lösungen gereinigt. Hierfür haben sich chlorierte Phosphate oder konfektionierte Reinigungsmittel auf Basis chlorierter Phosphate bewährt.

Korbflaschen werden am besten mit sogenannten Spritzböcken gereinigt, wobei die Spritzdüse wie bei der Premixbehälter-Reinigung an ein Programm angeschlossen ist. Der Spritzdruck muß so hoch sein, daß auch tatsächlich alle Rückstände einwandfrei entfernt werden. Meist arbeitet man mit Hochdruckpumpen bis zu 30 atü (Abb. 9).

Kastenwäscher sind ebenfalls meist Spezialkonstruktionen, angepaßt an die vorliegenden Betriebsverhältnisse. Die gebräuchlichste Form sind die Tunnel-

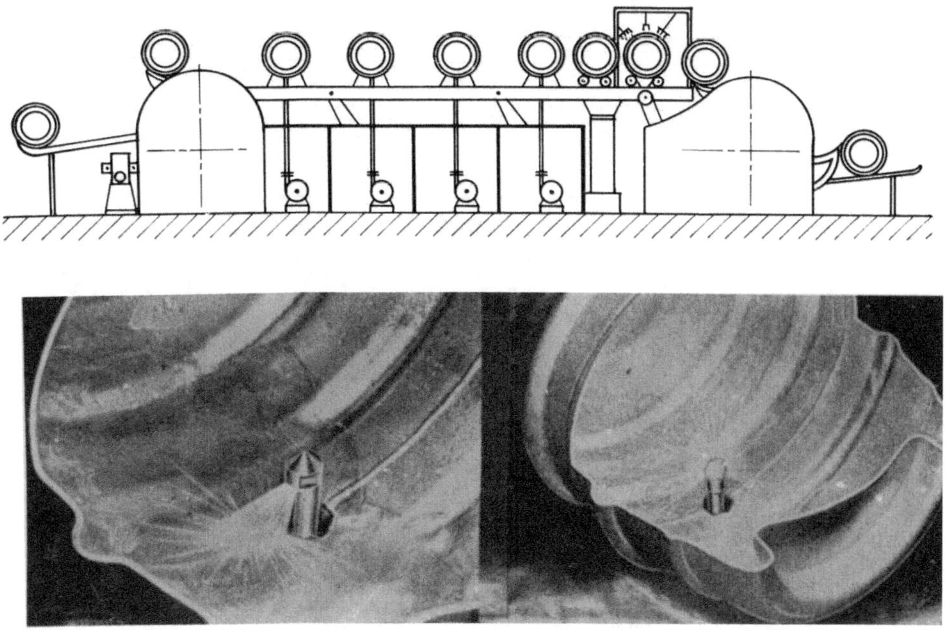

Abb. 9. Faßreinigungsmaschine in Längsanordnung (System nach Vulkan-Werke AG) Schemazeichnung und Darstellung der in ein Bierfaß eingeführten Spritzdüse, wobei das Faß aufgeschnitten wurde — einmal Spundlochspritzer und einmal Faßinnenspritzer

wäscher, bei denen ein kontinuierlich laufendes Transportband durch einen Tunnel läuft, in dem die Kästen mit Wasser abgespritzt werden. Ein Reinigungsbad ist nur in wenigen Fällen üblich. Gewisse Schwierigkeiten machen die neuerdings auf dem Markt befindlichen Kunststoffkästen, wenn sie sich statisch aufladen und dadurch Staub anziehen, der dann fest an den Kästen haftet, auch wenn dieser inzwischen die statische Aufladung wieder abgegeben hat. Diese Staubschicht läßt sich durch einfaches Abspritzen nicht ohne weiteres entfernen. Zusatz von waschaktiven Substanzen verbessert das Reinigungsergebnis. Sicher und erfolgreich können Kunststoffkästen aber nur mit Kastenwaschmaschinen gereinigt werden, die mit rotierenden und stehenden Bürsten ausgerüstet sind. Die hier geschilderten Komplikationen bei der Reinigung der Kunststoffkästen sind aber unwesentlich gegenüber der Tatsache, daß die Entwicklung von Kunststoff- und Leichtmetallkästen z.B. in der Fischindustrie einen großen hygienischen Fortschritt darstellt gegenüber den Holzkisten, deren Reinigung in dem zur Verhinderung von Schmierinfektionen erforderlichen Ausmaße kaum möglich ist. Es muß allerdings ausdrücklich darauf hingewiesen werden, daß man bei Fischkisten weder durch manuelle noch durch maschinelle Bürstenreinigung ausgetrocknete Fischteile restlos entfernen kann. Hier bedarf es der Anwendung eines Wasserstrahles von hohem Druck, mit dem die ganze Kiste behandelt werden muß.

η) Automatische Flaschenreinigung

Die Konstruktion von vollautomatischen Flaschenreinigungsmaschinen hat einen Stand der Technik erreicht, der sich kaum noch wesentlich verbessern läßt. Die Maschinen der verschiedenen Fabrikate besitzen im wesentlichen die gleichen Konstruktionsmerkmale.

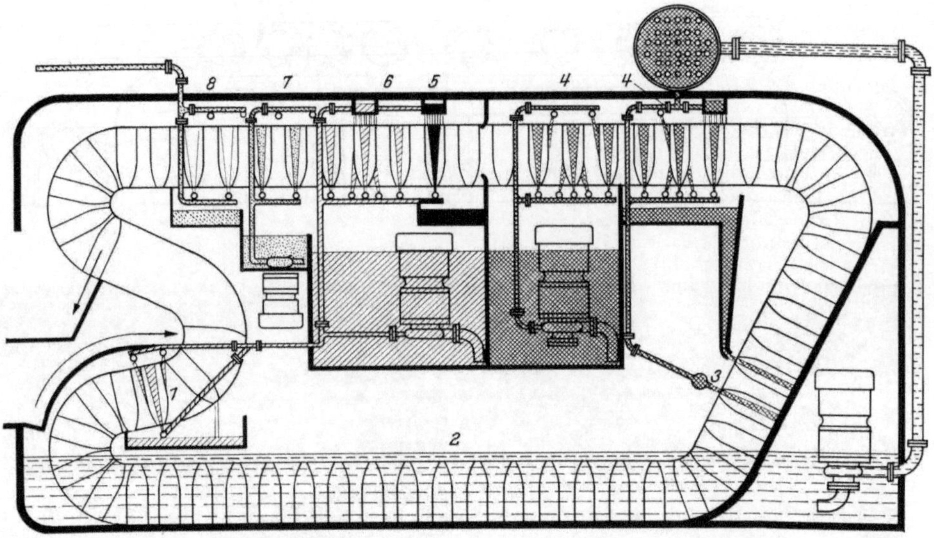

Abb. 10. Schema einer Flaschenspülmaschine Typ Weich-Spritz-Maschine
Die Flaschen werden entsprechend der Pfeilrichtung in die Flaschenträger eingeführt und durchlaufen in der Maschine folgende Stationen: 1 Vorspritzung, 2 Laugenweiche, 3 Laugenüberschüttung, 4 Laugenspritzung, 5 Zwischenspritzung, 6 Warmwasser, 7 Lauwasser, 8 Frischwasser

Das schmutzige Leergut wird mit warmen, wäßrigen, alkalischen Lösungen und mit Wasser in Berührung gebracht. Eine ausreichende mechanische Wirkung wird durch Ausspritzen und durch abwechselndes Füllen und Leeren der Flaschen erzeugt. Es gibt jedoch auch Maschinen, die zusätzlich mit rotierenden Bürsten arbeiten. Der Reinigungsvorgang beruht also bei den meisten Maschinen darauf, daß die Rückstände mit alkalischen Lösungen aufgeweicht, gelöst und anschließend mit Spritzstrahlen aus der Flasche heraus- oder von außen abgespritzt werden. Nach einer anschließenden Klarwasserbehandlung sind die Flaschen füllbereit.

Im wesentlichen arbeiten die Maschinen heute nach folgendem System:

1. Laugenweiche kombiniert mit Laugenspritzung und Wassernachspritzung (Längs-Weich-Spritzmaschine) (Abb. 10).
2. Schleppbadsystem (Soaker) mit Wassernachspritzung (Abb. 11).
3. Nur Laugen- und Wasserspritzung (Rundläufer oder auch Längsspritzmaschinen) (Abb. 12).
4. Einweichrad-Halbautomaten.

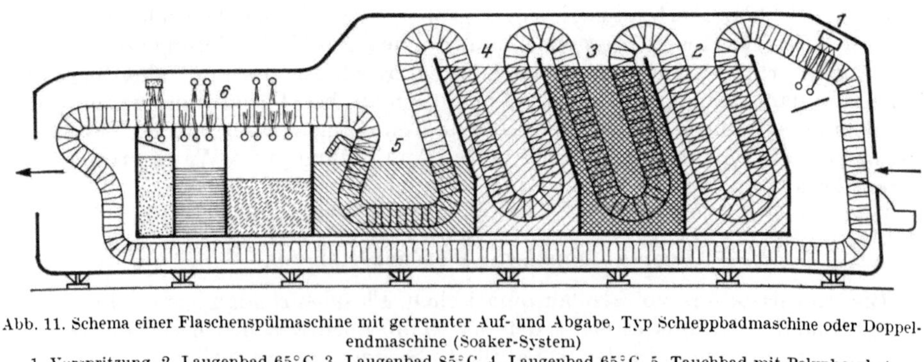

Abb. 11. Schema einer Flaschenspülmaschine mit getrennter Auf- und Abgabe, Typ Schleppbadmaschine oder Doppelendmaschine (Soaker-System)
1. Vorspritzung, 2. Laugenbad 65° C, 3. Laugenbad 85° C, 4. Laugenbad 65° C, 5. Tauchbad mit Polyphosphat, 6. Wasserbäder mit stufenweise abfallender Temperatur

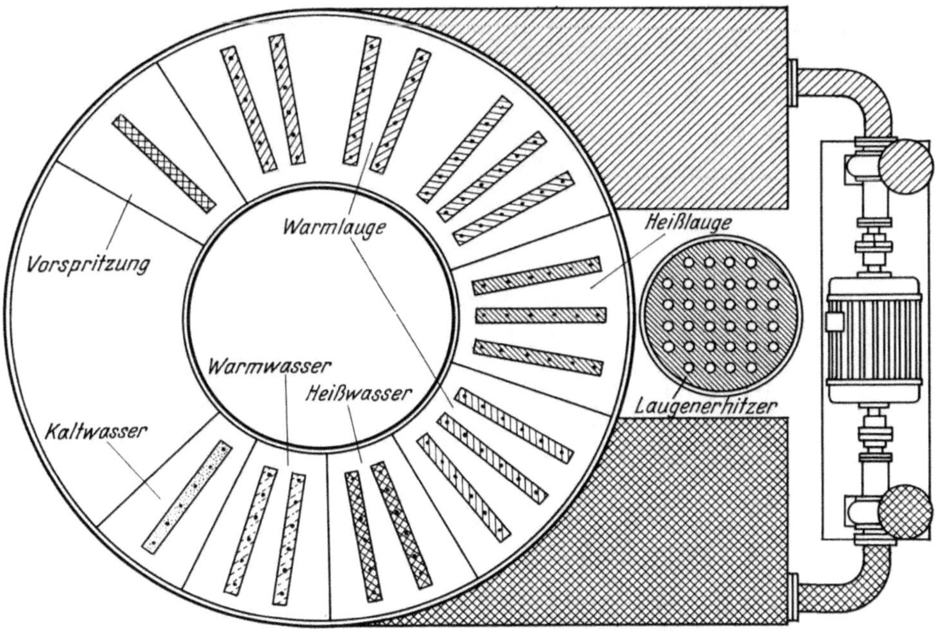

Abb. 12. Schema einer Flaschenspülmaschine Typ Rundspritzmaschine
Dargestellt sind die Spritzrohre. Die Flaschen werden auf einem drehbaren Träger aufgesetzt, der die Flaschen schrittweise über die verschiedenen Spritzrohre bringt

Die einzelnen Maschinentypen weisen verschiedene Einweich- und Spritzzeiten auf. Die Zahl der getrennt arbeitenden Laugenbäder schwankt zwischen 1 und 6. Fast alle modernen Maschinen arbeiten in der heißesten Zone mit Temperaturen von über 80° C. Unterschiede gibt es lediglich in der Auf- und Abstufung der Temperaturen, in der Anordnung und Ausführung der Spritzsysteme sowie im angewandten Spritzdruck. Weiterhin spielt die Menge des Wassers, mit der nachgespritzt wird, für den Reinigungseffekt eine hervorragende Rolle. Gewöhnlich rechnet man zum Nachspritzen mit 0,5 bis 0,7 l Wasser je Flascheneinheit. Unter Berücksichtigung einer teilweise vorliegenden Wasserknappheit und bei besonderer Konstruktion – z.B. bei Wiederverwendung von Frischwasser – kommt man aber auch mit 0,2–0,3 l Frischwasser aus.

Vergleicht man die verschiedenen Reinigungssysteme, so bemerkt man in allen Fällen gewisse Vor- und Nachteile. Wie die Erfahrung lehrt, kann man jedoch bei Einhaltung bestimmter Bedingungen mit allen Systemen hygienisch einwandfreie Flaschen erhalten. Das gleiche gilt, wenn man von wenigen Ausnahmen absieht, auch für alle Maschinen moderner Bauart der verschiedensten Hersteller. Die Schweizer Brauerei-Rundschau (1957) enthält eine Zusammenstellung der wichtigsten Flaschenreinigungssysteme verschiedener Hersteller mit Beschreibung und Schemazeichnung.

Im Prinzip arbeiten die Maschinen wie folgt:

1. Vorreinigung mit Wasser.
2. Reinigung mit Lauge (weichen, spritzen, überschwallen).
3. Nachspülen mit Warm-, Lau- und Frischwasser.

Für die *Vorweiche* bzw. *Vorspritzung* der Flaschen nimmt man das schon gebrauchte ablaufende Warmwasser. Durch diesen Vorgang erreicht man eine Vorwärmung der Flaschen, wodurch der Glasbruch verringert wird.

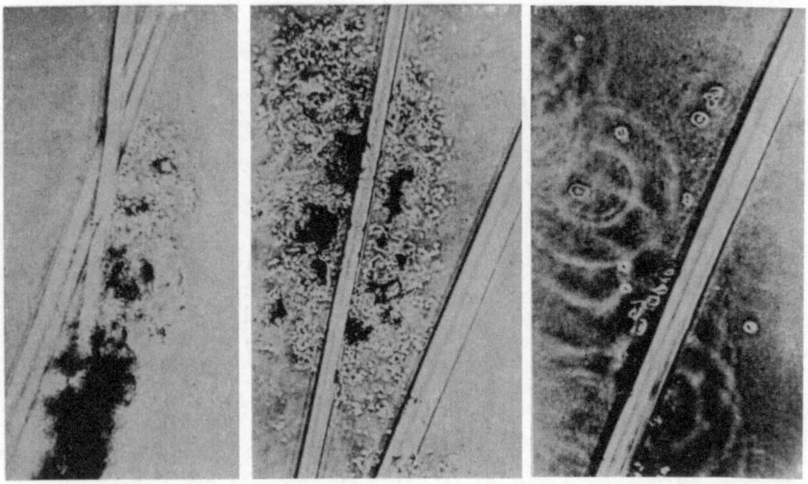

Abb. 13. Reinigungsvorgang mikroskopisch betrachtet. Schmutzrückstände an einer Glasplatte
Von links nach rechts: a Schmutzrückstände werden durch die Alkalieinwirkung zum Quellen gebracht. b Die anwesenden Polyphosphate dispergieren die gequollenen Schmutzrückstände. c Die Lauge nimmt die Schmutzrückstände auf

Die *Reinigungslaugen* enthalten, wie schon mehrfach ausgeführt, Ätznatron, Phosphate, Silikate und als Emulgatoren und Antischaummittel organische Substanzen. Die chemische Industrie bietet für alle Bedürfnisse spezifisch eingestellte Reiniger an. Besonders bewährt haben sich für die vollautomatische Flaschenreinigung polyphosphathaltige Reiniger (B. Jacobsson, 1961).

Polyphosphate binden die Härtebildner des Wassers, so daß Störungen in der Flaschenspülmaschine durch Ausfällen von Härtebildnern nicht eintreten. Diese Härtebildner werden nicht nur in den Laugenstationen durch die alkalischen Chemikalien ausgefällt, sondern sie setzen sich vor allem auch in den Warmwasserbädern als Stein ab und verstopfen dabei die Rohre, Düsen und Pumpen. Dazu kommt, daß die Transportkette, wenn sie mit Stein belegt ist, an Gewicht zunimmt und sich verzieht, so daß die Justierung nicht mehr stimmt. Ein einwandfreies Funktionieren der Flaschenspülmaschine ist also durch die Ausfällung der Härtebildner nicht mehr gewährleistet (Abb. 13).

Ein weiterer Vorteil der Polyphosphate ist, daß sie durch ihre emulsionsstabilisierende Wirkung die Waschkraft der Lauge wesentlich erhöhen. Dadurch bekommen die Flaschen ein tropfenfreies und glanzklares Aussehen (Abb. 14 und 15).

Die starken, die Reinigung fördernden Eigenschaften der Polyphosphate ermöglichen es, die Alkalität der Lauge relativ niedrig zu halten. Hierdurch werden die Etiketten nicht zu stark aufgelöst und zermaischt und können als Ganzes durch den Etikettenabschneider entfernt werden. Ferner wird die Lauge nicht zu stark mit Papierfasern belastet und die Schaumbildung bleibt in Grenzen. Das ist wichtig, weil eine zu starke Schaumbildung ebenfalls starke Störungen verursacht. Es treten Laugenverluste ein, eine ordnungsgemäße Spritzung ist in Frage gestellt und die Etiketten lassen sich nicht mehr einwandfrei abscheiden.

Die Größe der Laugenbehälter ist bei den verschiedenen Flaschenspülmaschinen recht unterschiedlich. Dividiert man das in Litern ausgedrückte Laugenvolumen durch die Stundennennleistung der Maschine, dann kommt man bei einer kombinierten Weich-Spritz-Maschine auf eine Laugenmenge von 0,8–1,2 l/Flasche, bei einer Schleppbad-Maschine auf 1,2–1,6 l und bei einer Rundspritzmaschine nur auf 0,5–0,7 l Lauge je nach Fabrikat. Diese Zahlen zeigen deutlich, daß eine Rundspritzmaschine bezüglich der Lauge nur wenig Reserven hat (Tab. 3).

Abb. 14. Gereinigte Milchflaschen

Von links nach rechts: 1. Braune Flasche wurde mit Ätznatron ohne Zusätze gereinigt. Sie zeigt einen weißen Belag. 2. Dasselbe bei einer weißen Flasche. 3. Braune Flasche wurde mit polyphosphathaltigem Reiniger gereinigt. Bei richtiger Einstellung der Konzentration und der Temperatur ist die Flasche tropfenfrei. 4. Dasselbe bei einer weißen Flasche. 5. Braune Flasche wurde mit einem polyphosphathaltigem Reiniger gereinigt. Temperatur war nicht ausreichend. Es bilden sich auf der Flasche Tropfen. 6. Dasselbe bei einer weißen Flasche

Abb. 15. Gereinigte Bierflaschen

Von links nach rechts: 1. und 2. Die beiden Flaschen wurden in einer Flaschenspülmaschine behandelt, die bezüglich ihrer Laufzeit zu langsam eingestellt war. In dem heißen Dunstraum trocknet bei Übergang von der Lauge zur Wasserstation die Lauge an und läßt sich nur noch durch Absäuern entfernen. 3. und 4. Die beiden Flaschen sind tropfenfrei (s. Abb. 16). 5. und 6. Die beiden Flaschen zeigen noch Wassertropfen; Reinigung nicht ausreichend (s. Abb. 16)

Tabelle 3. *Einige Daten von Flaschenspülmaschinen*

Rundspritzanlage

Flaschen pro Stunde	1 000	1 200	1 500
Laugeninhalt in Litern	350	350	350
Lauge in Litern pro Flasche	**0,35**	**0,29**	**0,23**

Längswaschmaschine

Flaschen pro Stunde	5 000	6—7 000	8—9 000	12 000	15 000
Laugeninhalt in Litern	4 000	4 700	5 800	8 600	10 900
Lauge in Litern pro Flasche	**0,80**	**0,72**	**0,68**	**0,72**	**0,72**

Die Verweildauer einer Flasche in einer Schleppbadmaschine liegt zwischen 20 und 40 min je nach Größe der Maschine. Die echte Laugenkontaktzeit ist aber nur 10 bis 30 min. Der Arbeitsablauf in einer kombinierten Weich-Spritz-Maschine vollzieht sich in 12 bis 15 min, wobei die direkte Laugeneinwirkzeit auf die Flaschen (Abb. 16) nur 4 bis 6 min beträgt. Diese relativ kurze Kontaktzeit wird aber durch starke Laugenbespritzung und -überschüttung ausgeglichen, so daß jede Flasche neben der Weiche noch zusätzlich mit 10–30 l Lauge innen und außen bespritzt und überschüttet wird.

Unabhängig von der Reinigungsmittelmischung und ihrem Alkalitätsgrad hat die Praxis gezeigt, daß die Laugen einen p-Wert von 10 bis 15 haben sollen, um ein sicheres Reinigungsergebnis zu garantieren.

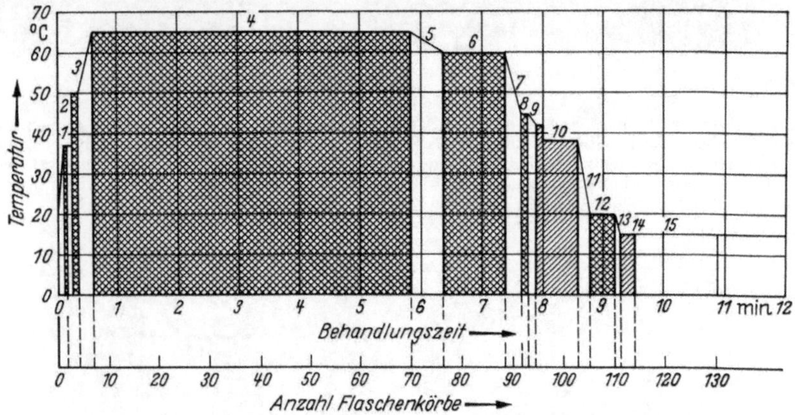

Abb. 16. Temperatur-Zeit-Diagramm am Beispiel einer modernen Weich-Spritz-Maschine
1. Flaschenentleerung, 2. Vorspritzung, 3. Zwischentakt, 4. Weichlauge, 5. Zwischentakt, 6. Spritzlauge, 7. Zwischentakt, 8. Warmwasservorspritzung, 9. Zwischentakt, 10. Warmwasserspritzung, 11. Zwischentakt, 12. Lauwasserspritzung, 13. Zwischentakt, 14. Kaltwasserspritzung, 15. Flaschenausgabe

Definition des p-Wertes:

100 ml Lauge, 15° C, werden mit n-HCl und Phenolphthalein als Indikator titriert. Die Anzahl der verbrauchten Kubikzentimeter HCl entspricht dem p-Wert.

Definition des m-Wertes:

Hierzu gilt das gleiche wie beim p-Wert, nur wird anstelle von Phenolphthalein Methylorange als Indikator eingesetzt.

Lediglich bei schwierigerem Etikettenmaterial, z. B. bei aluminiumkaschiertem Papier, Stannioletiketten, bronzierten oder lackierten Etiketten ist ein höherer p-Wert erforderlich. Um Aluminiumetiketten aufzulösen, braucht man p-Werte von 24 bis 30 und Temperaturen von 80–90° C. Zusätze von Gluconat erleichtern eine gleichmäßige Aluminiumauflösung und verhindern die Bildung von Aluminatstein (A. Siernicki, 1963).

Pilzbewuchs in Sterilmilch- und Weizenbierflaschen sowie in Orangeade-, Süßmost- und Rotweinflaschen machen ebenfalls Schwierigkeiten und erfordern daher eine höhere Laugenkonzentration und hohen Spritzdruck.

Eingetrockneter Weinstein und Salzrückstände aus Mineralwasserflaschen lassen sich meist nur mit Säure entfernen. Ebenso können die sogenannten „Maurerflaschen" (Bierflaschen, die außen Zement- und Kalkrückstände aufweisen) nur mit Säure gereinigt werden. Für diese Zwecke sind säurefeste Spezialmaschinen entwickelt worden (H. Silberzahn, 1959).

Im Mai und September sind Leergutflaschen, die nach dem Verbrauch nicht wieder sofort gereinigt werden, häufig mit Puppen und Larven von Tau- und Essigfliegen befallen. Solche Puppen findet man vor allen Dingen in Sterilmilch- und Bierflaschen, aber auch in anderen Flaschen, die säuerliche Getränkerückstände enthalten. KIRCHBERG u. Mitarb. (1952) und ZURECK (1953 und 1955) beschreiben das Vorkommen von Puppen der *Drosophila*-Fliege in leeren Flaschen. Die Puppen sind hellbraun und haben eine Länge von 3 mm und eine Breite von 1 mm und stammen von *Drosophila Buschei coq. Drosophila fasciata Meig.*, *Drosophila fenestrarum Fall.* und *Drosophila fenebris Fabr.* Diese Puppen haften derartig fest an der Glaswand, daß sie im normalen Spülgang einer vollautomatisch arbeitenden Flaschenspülmaschine nicht entfernt werden können. Diese Flaschen muß man entweder nur mechanisch mit Bürsten reinigen oder man muß sie in eine 20–30%ige Natriumhypochlorit-Lösung einlegen.

Weiterhin machen Flaschen, die mit sogenanntem Hüttenstaub verschmutzt sind, bei der üblichen Flaschenreinigung Schwierigkeiten. Es handelt sich hierbei um ein feines Staub-Ruß-Gemisch, das sich oft auf neue Flaschen auflegt, wenn diese im Industriebezirk nicht in staubgeschützten Räumen gelagert werden. Dieser Hüttenstaub läßt sich weder durch alkalische Bäder noch durch Laugen- und Wasserspritzungen entfernen. Die übliche Flaschenreinigung versagt hierbei also. Die Säuberung gelingt aber durch Absäuern, Behandlung mit starken Netzmitteln oder mechanisches Abbürsten.

Problematisch und sehr umstritten ist die einwandfreie Reinigung der in Deutschland sehr weit verbreiteten Porzellanbügelverschlüsse. Diese Porzellanverschlüsse sind mit der Flasche durch entsprechende Hebel direkt verbunden und haben zur Abdichtung eine Gummischeibe. Bei vollautomatischer Reinigung sind sie außerordentlich störend, nicht nur, weil sie die einwandfreie Mechanik der Maschine stören, sie behindern auch eine einwandfreie Reinigung der Flasche selber.

Weiterhin muß bei der Alkalitätseinstellung der Lauge auf die verzinkten Bügel Rücksicht genommen werden. ZIMMERMANN, W. (1958), weist anhand von vielen praktischen Untersuchungen nach, daß dieser Verschluß aus hygienischen Gesichtspunkten abzulehnen ist. In vielen europäischen Ländern – nicht in Deutschland – sind diese Verschlüsse aus hygienischen Gründen auch verboten.

E. K. MINOR (1959) beschreibt, daß der Reinigungseffekt der Flaschenwaschmaschine mit Ultraschall erhöht werden kann. Der Bericht stützt sich auf Angaben amerikanischer Betriebe. Aus deutschen Betrieben liegen jetzt auch Berichte über Ultraschall-Anwendung bei der Flaschenreinigung vor.

Versuche, die Reinigungslauge durch Abzentrifugieren des Schmutzschlammes zu regenerieren, bringen keine befriedigenden Effekte. Die Lauge kann zwar, nachdem sie einmal frisch angesetzt worden ist, durch Chemikalienzugabe aufgebessert werden, jedoch sind dieser Aufbesserung Grenzen gesetzt. In der Praxis hat sich gezeigt, daß eine Lauge bei einer üblichen Flaschenspülmaschine nach dem System „kombinierte Weich-Spritz-Maschine" unter normalen Bedingungen nicht länger als 25–30 Arbeitsstunden benutzt werden sollte. Auf Flaschenzahl pro Laugenmenge bezogen bedeutet das, daß man mit 1 cbm Lauge etwa 25000–30000 Flaschen reinigen kann, dann aber frische Lauge ansetzen soll. Diese Angabe ist theoretisch und praktisch zu beweisen. Berücksichtigt man, daß z. B. pro Bierflasche im Mittel etwa 0,5 g Schmutz und 1,5 g Etikett in die Lauge eingebracht werden, so ist es schon aus wirtschaftlichen Gründen ratsam, die Laugenbäder nach der angegebenen Stundenzahl frisch anzusetzen, weil eine steigende Nachdosierung von Chemikalien erforderlich ist, wenn der Reinigungseffekt gleichbleiben soll. Notwendig ist dies aber auch aus Gründen der Hygiene. Wichtig ist, daß die Lauge regelmäßig chemisch untersucht wird (E. TEDDEN (1965), H. TONN (1963)).

Wasserbäder. Nach den Laugenbädern werden die Flaschen mit Wasser gespült. Je nachdem, ob die Getränke heiß oder kalt abgefüllt werden sollen, wird die Flasche stufenweise mit Warm-, Lau- und Kaltwasser abgekühlt oder aber sie wird nur mit heißem Wasser ausgespritzt. Die Wasserspritzung dient im wesentlichen dazu, die Laugenreste zu entfernen und die Flaschen klarzuspülen. Es hat sich aber gezeigt, daß die verbrauchte Frischwassermenge einen starken Einfluß auf den bakteriologischen Zustand der Flaschen ausübt. Ein Frischwasserverbrauch je Maschine unter 0,5 l Wasser/Flasche kann den bakteriologischen Zustand der Flasche negativ beeinflussen. Man erkennt hieran, daß Wasser eine echte Spülwirkung hat.

Während das Frischwasser direkt an das Wassernetz angeschlossen ist, sind Lau- und Warmwasser Zirkulationsbäder, die aber ständigen Zufluß von Frischwasser erhalten. Gewöhnlich wird eine Flasche außer der Frischwasserspritzung mit 6–10 l Lau- bzw. Warmwasser ausgespritzt. Bei der vollautomatisch arbeitenden Flaschenspülmaschine ist die Warmwasserstation eine kritische Station. Bedingt durch die günstige Temperatur und durch das Vorhandensein von Laugen- und Getränkeresten bietet sie Mikroorganismen aller Art gute Entwicklungsmöglichkeiten. Außerdem besteht die Gefahr der Ausfällung von Härtebildnern, verursacht durch die Laugenverschleppung und Temperatureinwirkung, die zu den bereits oben beschriebenen Funktionsstörungen führen kann. Die Warmwasserstation einer jeden Flaschenspülmaschine bedarf daher einer besonderen Aufmerksamkeit, um Re-Infektionen und mangelhafte Ausspritzung zu verhindern.

Durch Zusatzgeräte wie Tropfgefäße oder Dosierpumpen, kann man das Warmwasser kontinuierlich mit einer Natriumhypochloritlösung behandeln. Zweckmäßigerweise wird das Warmwasser auf 1–5 mg freies Chlor und das letzte Nachspritzwasser auf 0,3–0,6 mg freies Chlor eingestellt.

Die Versteinung der Warmwasserstation kann man durch verschiedene Maßnahmen einschränken. Vor allen Dingen muß man bestrebt sein, die Alkalitätseinschleppung in das Warmwasserbad herabzusetzen. Direkte Einspritzungen von Lauge durch querspritzende und abprallende Spritzstrahlen müssen ausgeschaltet werden. Die Laugeneintragung durch die Haftflüssigkeit ist sehr groß. An einer 0,5 l fassenden Bierflasche haften im Mittel bei Zimmertemperatur 1,39 g Wasser, an einer 0,5 l-Milchflasche 1,0 g (H. Camphausen, 1961). Es empfiehlt sich daher, die Lauge durch Abtropf- bzw. Zwischenspritzzonen weitestgehend zu entfernen. H. Tonn (1961) hat die Haftflüssigkeit je Flasche direkt bestimmt und gibt für die 0,3-l-Bierflasche folgende Werte an:

bei 40° C 2,99 ml
bei 60° C 2,39 ml
bei 70° C 2,19 ml

Hinzu kommt die Haftmenge des zugehörigen Flaschenträgers, so daß man mit Verschleppungsmengen von Flasche und Flaschenträger von insgesamt

9,98 ml bei 40° C
7,17 ml bei 60° C
6,57 ml bei 70° C

rechnen muß.

Bei den zum Teil sehr hohen Leistungen der Flaschenspülmaschine, die bis 72000 Flaschen/Std beträgt, ergeben sich daher sehr große Verschleppungsmengen. Bewährt hat sich auch das sogenannte Zweilaugenverfahren, das H. Camphausen (1964) wie folgt beschreibt:

„Dieses Verfahren ist natürlich nur in solchen Maschinen anwendbar, die zwei oder mehrere getrennte Laugenbäder aufweisen. Die Lauge 1 – bei Weichspritzmaschinen die Weichlauge – wird mit einem stark alkalisch reagierenden Reiniger angesetzt. Die Lauge 2 – bei diesen Maschinen die Spritzlauge – mit einem Reiniger, der einen hohen Anteil an Polyphosphaten aufweist und einen relativ niedrigen p-Wert hat. Da zunächst einmal die Lauge 2 mit einem niedrigen p-Wert angesetzt wird, kann nur wenig Alkali in das Warmwasser verschleppt werden. Von dem relativ hohen Anteil an Polyphosphat wird ein gewisser Teil in das Warmwasser verschleppt und bewirkt hier eine gute Kalkstabilisierung. Natürlich wird nach kurzer Zeit Alkalität von Lauge 1 in Lauge 2 eingeschleppt werden. Der Anstieg des p-Wertes in Lauge 2 ist je nach Maschinenart unterschiedlich. In den meisten Fällen wird aber immerhin eine Zeit von 4–6 Std benötigt, bis die Lauge 2 denselben p-Wert wie die Lauge 1 erreicht hat. Man läßt nun täglich oder schon nach 5 Std Lauge 2 in Lauge 1 ab und setzt Lauge 2 wiederum frisch an. Wenn man nach diesem Verfahren auch nicht restlos die Alkalieinschleppung in das Warmwasser verhindern kann, so kann man die Werte jedoch relativ niedrig halten. Die Versteinung in der Warmwasserzone wird zeitlich stark verzögert."

Dieses Ergebnis läßt sich durch Zudosierung von Polyphosphat in das Warmwasser noch verbessern. Je nach Maschinenart und Verhältnissen sind hier im

Gegensatz zu der üblichen „Phosphatimpfung“ von 2–4 mg Polyphosphat/l 50–400 mg Polyphosphat/l erforderlich, um wesentliche Verbesserungen zu erzielen.

ϑ) Tauchreinigung und sonstige Reinigung von Spezialapparaten

Käseformen, wie sie für die Herstellung von Camembert- und Schichtkäse gebraucht werden, werden zweckmäßigerweise in Drahtkörben gesammelt und durch Eintauchen in verschiedene Behälter gereinigt. Diese Bäder sind teilweise mit Umwälzpumpen ausgerüstet, um eine Turbulenz der Lösung zu erzielen. Jedoch ist die mechanische Reinigungswirkung solcher Umwälzpumpen meist sehr schwach, so daß es hierbei in erster Linie auf eine gute chemische Reinigung ankommt. Rückstände von Milcheiweiß werden zunächst mit alkalischen Lösungen zum Quellen gebracht und emulgiert. Beim Einstellen der alkalischen Lösung muß das Material der Käseformen berücksichtigt werden, die meist aus Aluminium hergestellt sind. Bewährt hat sich eine Nachbehandlung mit einer schwachen Säure, um das Ansetzen von Milch- und Wasserstein zu verhindern.

Zentrifugenteller kann man ebenfalls in einer Tauchweiche reinigen. Eine Vorrichtung für direkt einströmenden Dampf sorgt für die nötige Turbulenz (Yongia-Reinigungsmaschine u.a.m.).

Butterfässer werden durch Ausschwenken mit heißer Reinigungslösung gereinigt und desinfiziert, wobei man das Holzbutterfaß mit einem wasserglashaltigen Reinigungsmittel behandelt, damit der zurückbleibende Wasserglasfilm Poren und Risse des Holzes schließt. Stahlbutterfässer reinigt man mit einem polyphosphathaltigen Mittel, das noch ein Netzmittel enthält, um das Faß gut zu entfetten. Die Polyphosphate verhindern Ablagerungen in dem Faß und halten die aufgerauhte Stahloberfläche „porenoffen“, um ein Kleben und Schmieren des Butterfettes zu verhindern.

Butterungsmaschinen mit Schlagtrommel und Schneckenabpresser müssen ebenfalls mit einem stark schäumenden und gut entfettend wirkenden Reiniger behandelt werden. Die Metallflächen der Maschine sollen nach der Reinigung frei von Ablagerungen und glatt sein, so daß das Butterfett nicht schmiert. Für solche Reinigungsarbeiten stehen Spezialmittel zur Verfügung. J. Futschik (1957) beschreibt ausführlich die Reinigung von Butterfertigern.

b) Praktische Durchführung der Desinfektion

α) Allgemeines

Für die Desinfektion im Lebensmittelbetrieb gelten im Grund genommen dieselben Prinzipien wie für die Reinigung. Da es praktisch nicht möglich ist, alle Bakterien durch eine einmalige Desinfektion abzutöten, muß man durch eine gezielte Desinfektion zu erreichen suchen, daß die Mikroorganismen, die die Lebensmittel vergiften oder Fehlfabrikate verursachen, vernichtet werden. Vom theoretischen Standpunkt aus wäre es richtig, die verunreinigte Fläche zunächst zu reinigen und dann zu desinfizieren. Wie bereits oben erläutert, lassen sich im praktischen Betrieb die beiden Arbeitsgänge aber nicht immer ohne Schwierigkeiten klar trennen. Schon bei der Reinigung muß man auf eine wirksame Keimtötung hinarbeiten. In den meisten Fällen läßt sich nämlich das Ziel „möglichst keimfrei“ mit einem einfachen Desinfektionsgang nicht erreichen, weil dem Einsatz von Desinfektionsmitteln im Lebensmittelbetrieb hinsichtlich chemischer Beschaffenheit, Konzentration, Zeiteinwirkung und aus toxikologischen Gründen meist enge Grenzen gesetzt sind.

Sicher ist, daß zu jeder Desinfektionsarbeit eine Reinigung gehört.

Im praktischen Betrieb wird – worauf bereits hingewiesen wurde – auch schon im Reinigungsgang desinfiziert, wobei man allerdings nur eine Teildesinfektion erreicht. Darauf folgt der Desinfektionsgang und abschließend eine Wasserklarspülung. Ohne Frage kommt es aber in der Praxis auch vor, daß in *einem* Arbeitsgang gereinigt und desinfiziert wird.

Die Desinfektionsmittel werden – wie die Reinigungsmittel – im Lebensmittelbetrieb gewöhnlich in wäßriger Lösung angewendet. Allerdings gibt es auch Ausnahmen. So hat z.B. M. WILLARD (1964) Formaldehyd-Methanol-Lösungen mit Erfolg geprüft.

Die wichtigsten Faktoren der Desinfektion sind nach H. CAMPHAUSEN (1964) und H. DAMM (1960):

1. Die wäßrige Desinfektionslösung: Hier sind wichtig die chemische Zusammensetzung und Konzentration des Desinfektionsmittels.
2. Temperatur und Einwirkungszeit der Lösung.
3. Art und Menge der abzutötenden Mikroorganismen.
4. Die Oberflächenbeschaffenheit der zu desinfizierenden Gegenstände, Geräte, Behälter und Maschinen.

   Dieses Problem wurde ausführlich diskutiert von KELCH u. Mitarb. (1958) in ihrer Arbeit über „Vergleichende Untersuchungen über den Oberflächenkeimgehalt von Holz- und Metalltischflächen in fleischverarbeitenden Betrieben".
5. Die Art der Vorreinigung: Von Bedeutung ist z.B., ob noch Lebensmittelreste anhaften, die den Desinfektionseffekt stören.

   Die mechanische Wirkung spielt hier nur insofern eine Rolle, als die Keime – z.B. durch den mechanischen Spritzvorgang – rein mechanisch mitentfernt werden. Diese Entfernung ist aber unabhängig vom Desinfektionsmittel und erfolgt sowieso bei jedem Spülgang. Daß das Spritzen für das Gesamtergebnis von Bedeutung ist, wurde schon an anderer Stelle besprochen.

Die in Lebensmittelbetrieben üblichen sogenannten konfektionierten Desinfektionsmittel werden meist in 0,1 bis 0,5 %iger Konzentration eingesetzt. Bei kombinierten Reinigungs- und Desinfektionsmitteln nimmt man in der Regel 0,5–1 %ige Lösungen.

Bei der Desinfektion spielen natürlich auch Zeit und Temperatur der Einwirkung eine große Rolle. Eine Temperatursteigerung um 20–40° C kann bei manchen Desinfektionsmitteln die bactericide Wirkung auf das Zehnfache steigern. Für jedes Desinfektionsmittel gibt es nach F. WEINFURTNER u. Mitarb. (1956) eine bestimmte Charakteristik. Die Abtötungskurven verlaufen bei jedem Desinfektionsmittel anders; das bedeutet, wenn die keimtötende Wirkung zweier verschiedener Desinfektionsmittel bei einer bestimmten Konzentration gleich ist, kann daraus nicht gefolgert werden, daß sie bei anderen Konzentrationen ebenfalls übereinstimmt. Beim Einsatz eines Desinfektionsmittels muß man daher die Vorschriften des Herstellers genau beachten. Da aber nicht jeder praktische Betrieb die angebotenen Desinfektionsmittel überprüfen kann, hat es die Deutsche Landwirtschafts-Gesellschaft (DLG) übernommen, im Hinblick auf den praktischen Gebrauch in milchwirtschaftlichen und Lebensmittelbetrieben Desinfektionsmittel auf ihre keimtötende Wirkung, ihren Nutzeffekt und ihr Korrosionsverhalten gegenüber Metallen zu testen. Bei positivem Ausgang der Prüfung erhalten die Produkte das DLG-Gütezeichen. W. MOHR u. Mitarb. (1954) beschreiben in dem Buch „Die Reinigung und Desinfektion in der Milchwirtschaft" die Richtlinien für die DLG-Prüfung. Mit dem gleichen Problem beschäftigen sich auch F. KIERMEIER u. Mitarb. (1960). Die überarbeiteten Verleihungsbestimmungen und Prüfungsrichtlinien des DLG-Gütezeichens für Reinigungs- und Desinfektionsmittel für die Milchwirtschaft wurden 1963 von der Deutschen Landwirtschafts-Gesellschaft (Marktabteilung) neu herausgegeben.

Die Schwierigkeit, Desinfektionsmittel für den praktischen Gebrauch zu testen, liegt darin, daß man praxisnahe Testmethoden entwickeln muß. Der Test sagt aus, unter welchen Bedingungen ein bestimmter Teststamm abgetötet wird. Dabei ergibt sich zwar eine Vergleichsmöglichkeit für die verschiedenen Desinfektionsmittel (W. MOHR, 1954, A. JANUSCHEK, 1962, F. WEINFURTNER, 1956, G. WILDBRETT, 1961). Man muß jedoch bei der Übertragung der Testergebnisse auf die praktische Anwendung immer berücksichtigen, daß in der Praxis viele unbekannte Varianten auftreten, die bereits unter den Hauptfaktoren der Desinfektion genannt wurden. Nach Möglichkeit muß man mit Überdosierungen und einem großen Sicherheitsfaktor, wie z.B. mit höherer Temperatur und längerer Einwirkungszeit arbeiten. Dies ist allerdings nicht immer möglich. Unter besonderen Umständen kann sogar durch ein spezielles Desinfektionsmittel eine Selektion bei den vorliegenden Mikroorganismen stattfinden. Es ist z.B. bekannt, daß quaternäre Ammoniumbasen grampositive Bakterien schnell abtöten, gegenüber gramnegativen Bakterien aber eine wesentlich schwächere Wirkung haben. Die Chemoresistenz der Mikroorganismen ist abhängig von der morphologischen Struktur, von dem Aufbau der Zellwand und von der Stoffwechselintensität. So sind beispielsweise Schimmelpilze mit chitinhaltiger Zellwand wesentlich widerstandsfähiger als Hefen und viele Bakterienarten. Besonders widerstandsfähig sind natürlich Dauerformen der Mikroorganismen wie z.B. Sporen und Konidien, die von Natur aus mit einer außerordentlich widerstandsfähigen Zellwand ausgerüstet sind. Die Säure- und Alkalifestigkeit ist ebenfalls recht unterschiedlich. So zeigen sich die einen Mikroorganismen recht widerstandsfähig gegenüber Säuren, die anderen gegenüber Alkalien. Wenn man auch im praktischen Betrieb von einer ausgesprochenen Immunität gewisser Mikroorganismen gegenüber einseitig verwendeten Desinfektionsmitteln nicht sprechen kann, so ist doch die Möglichkeit einer Selektion gegeben. Unter diesem Gesichtspunkt hat sich der planmäßige Einsatz chemisch verschiedenartiger Desinfektionsmittel bewährt. Ein planloser Wechsel von verschiedenen Mitteln führt allerdings meist nicht zum Erfolg. In der Getränkeindustrie werden vielfach im regelmäßigen Wechsel kombinierte Reinigungs- und Desinfektionsmittel – z.B. auf der einen Seite Alkali/Chlor oder Quat und auf der anderen Seite Säure/Jodophor – für die Reinigung und Desinfektion von Rohrleitungen, Schläuchen und Fülleraggregaten mit gutem Erfolg eingesetzt.

Beim Einsatz chemisch verschiedenartiger Desinfektionsmittel muß man darauf achten, daß diese Mittel nicht in Mischung eingesetzt werden, da hierbei häufig eine Reaktion zwischen den chemisch verschiedenen Substanzen eintritt, durch die die keimtötende Wirkung aufgehoben werden kann. Es besteht sogar die Möglichkeit, daß Mischprodukte entstehen, die eine ausgesprochene nachteilige Wirkung für den Lebensmittelbetrieb haben. So können z.B. Geschmackstoffe entstehen, wie Chlorphenole, die sich gegebenenfalls auf dem Lebensmittel festsetzen (H. BUSCHKIEL, 1959).

Da dem Praktiker oft der Überblick über die möglichen chemischen Reaktionen der verschiedenen Reinigungs- und Desinfektionsmittel fehlt, ist zu empfehlen, daß die von der einschlägigen Industrie gebrauchsfertig gelieferten Mittel genau nach Vorschrift eingesetzt werden.

Für alle Desinfektionsmittel – mit Ausnahme vielleicht von Formalin – gilt, daß ein guter keimtötender Effekt immer nur dann erzielt werden kann, wenn ein echter Kontakt der Desinfektionsmittellösung mit den Mikroorganismen stattfindet. Das bedeutet, daß entweder die Keime mit der Desinfektionsmittellösung abgespült werden müssen oder die infizierte Fläche genügend lang und intensiv mit Desinfektionsmittellösung bespritzt wird, wie es beispielsweise oben für die automatische Tankreinigung beschrieben wurde. Behälter sollten randvoll mit der

Desinfektionsmittellösung gefüllt, Geräteteile in eine Desinfektionsmittellösung eingelegt werden.

Die Nachwirkung verschiedener Desinfektionsmittel durch sogenannte Filmbildung auf der Fläche wird oft überschätzt.

Die oft umstrittene Frage, ob nach Reinigungs- und Desinfektionsgängen mit Wasser nachgespült werden muß, wurde bereits dahingehend beantwortet, daß in jedem Falle Geräteteile, die mit Lebensmitteln in Berührung kommen, mit Wasser nachzuspülen sind. Die Gefahr, daß das nachspülende Wasser Keime einschleppen kann, muß durch eine entsprechende Wasseraufbereitung ausgeschaltet werden. Es gibt heute genügend sicher arbeitende Verfahren zur Wasserentkeimung, von denen hier die Filtration, Chlorung, Ozonisierung und UV-Bestrahlung aufgeführt werden (J. Holluta, 1949, H. Lagoni u. Mitarb., 1956, B. Haschke, 1956, M. Seelemann u. Mitarb., 1956, G. Zentgraf, 1962).

β) Chlorabspaltende Desinfektionsmittel in milchwirtschaftlichen Betrieben

In Molkereien werden chlorabspaltende Produkte auf organischer oder anorganischer Basis bevorzugt eingesetzt. Zur Anwendung kommen aber auch quaternäre Ammoniumbasen, Peroxyde und neuerdings auch Jodophore.

Chlorabspaltende Produkte, vor allen Dingen Natriumhypochlorit, sind außerordentlich wirksam, dadurch sparsam in der Anwendung und preiswert. T. Kristoffersen u. Mitarb. (1958) beschreiben, daß durch eine Beimischung von Bromid die Desinfektionswirkung gesteigert werden kann. Ein Nachteil von reinem Natriumhypochlorit ist, daß es außerordentlich korrosionsfreudig ist und selbst V-Stähle angreift. Daher kann man es in Molkereien nur in Verbindung mit anderen Chemikalien einsetzen, die den Chlorangriff stark mindern. Möglich ist auch, daß man chlorierte Phosphate oder chlorabspaltende organische Verbindungen, wie Chloramin und dergleichen mehr verwendet (G. H. Botham, 1962). Für den praktischen Verbrauch nimmt man folgende Konzentrationen:

Das letzte Nachspülwasser soll Trinkwasserqualität haben mit einem Aktivchlorgehalt von 0,3 mg Cl_2/l, in Ausnahmefällen bis 0,6 mg Cl_2/l. Höhere Konzentrationen, nämlich 1–10 mg Cl_2/l nimmt man bei langer Desinfektionszeit, wenn bestimmte Geräteteile wie Füller, Ventile und Schläuche über Nacht in eine Chlorlösung gelegt werden oder beispielsweise bei der Behandlung der Warmwasserstationen von Flaschenspülanlagen.

Noch höhere Konzentrationen von 10–50 mg/l Cl_2 sind üblich bei der Desinfektion im Zirkulationsverfahren (CIP), wenn die Desinfektionslösung z. B. im Kreislauf durch Leitungen und Geräte gepumpt wird. Die Einwirkzeiten betragen in diesem Falle 30–60 min. Die höchsten Chlormengen – 100–500 mg Cl_2/l – nimmt man bei den Kurzdesinfektionen. Darunter versteht man ein kurzes Eintauchen der Geräte in die Desinfektionslösung oder das Abspülen von Behältern und Flächen mit dieser Desinfektionslösung.

Bei chlorabspaltenden Desinfektionsmitteln ist es günstig, daß Rückstände von ihnen, wenn sie in das Lebensmittel gelangen, relativ wenig Schaden anrichten. Desinfektionsmittel mit Aktivchlor sind sehr wirksam in der Fischindustrie, haben allerdings den Nachteil, daß sie durch das Eiweiß leicht inaktiviert werden. Dieser Nachteil ist nicht vorhanden, wenn man mit den unten erwähnten quaternären Ammoniumverbindungen desinfiziert.

γ) Quaternäre Ammoniumbasen

In milchwirtschaftlichen Betrieben. In Milchverarbeitungsbetrieben wurden quaternäre Ammoniumverbindungen zunächst wenig eingesetzt, bis mehrfach nachgewiesen wurde, daß eine Beeinflussung der Milchprodukte nicht stattfindet. Dagegen ist die Anwendung in Erzeugerbetrieben in den letzten Jahren an Umfang stark gestiegen. Allerdings nimmt man hier vorwiegend kombinierte Reinigungs- und Desinfektionsmittel auf Quatbasis (G. Wildbrett, 1960). Für die Erzeugung einer qualitativ einwandfreien Milch genügt aber nicht nur eine ordnungsgemäße Reinigung und Desinfektion der Melkmaschinen und Milchgeräte, notwendig ist auch eine einwandfreie Euterdesinfektion. Zu diesem Zweck können die bekannten Reinigungs- und Desinfektionsmittel für die Melkgeräte eingesetzt werden, besser ist es jedoch, spezielle Euterwasch- und -desinfektionsmittel zu nehmen, die die Euterhaut bei guter keimreduzierender Wirkung schonen. W. F. Rehm (1961) und M. Seelemann u. Mitarb. (1962) berichten über Versuche mit verschiedenen Euterwaschmitteln.

Brauereien, Getränke- und Lebensmittelindustrie. In Brauereien, in Betrieben, die alkoholfreie Getränke herstellen, in Lebensmittelbetrieben wie Feinkostbetrieben und in der Fischindustrie, werden quaternäre Ammoniumbasen wegen ihrer hohen Wirksamkeit und ihrem indifferenten Verhalten gegen Metalle gerne eingesetzt. In Brauereien und in der Getränkeindustrie werden vor allen Dingen Rohrleitungen und Schläuche, Füller und Kühler im CIP-Verfahren mit Quats behandelt. Wie bereits oben erwähnt, füllt man vielfach diese Systeme mit Quatlösungen und läßt sie über Nacht gefüllt stehen. Die Lösung wird dann abgezogen, aufgefrischt und wieder verwendet. Letzteres ist ein Vorteil gegenüber der Verwendung chlorabspaltender Produkte. Die Desinfektionswirkung der meisten quaternären Ammoniumbasen ist im alkalischen Milieu stärker als im neutralen und sauren. Deshalb sind die Mischungen von Quats mit Soda oder Ätznatron recht wirksam. Solche Lösungen sind auch haltbar und können wieder verwendet werden. R. Brunner (1960), P. R. Elliker (1958), M. Maloia (1960) und G. Nowak (1961) berichten über Erfahrungen mit quaternären Ammoniumbasen in der Praxis.

Besondere Desinfektionsprobleme bestehen in der *Fischindustrie*, angefangen an Bord der als Fabrikationsstätte anzusehenden Fischdampfer bis zur Herstellung der Präserven und Konserven. Räume, Maschinen und alle mit Fisch in Berührung kommenden Gegenstände müssen nach intensiver Reinigung, wie oben beschrieben, mit einer kräftigen Desinfektionslösung von allen Keimen befreit werden, wobei es sich als notwendig erweist, an Bord moderner Fischereifahrzeuge alle Holzteile im Fischraum durch Kunststoff oder Metall zu ersetzen oder mit einem Kunstharzlack zur Erzielung einer glatten Oberfläche zu versehen. Das gleiche gilt für die früher ausschließlich und heute auch noch sehr oft verwendeten Fischkisten aus Holz. Die neuere Entwicklung von Kisten aus Leichtmetall oder Kunststoff ist ein grundlegender hygienischer Fortschritt.

In der Fischindustrie ist auch – im Hinblick auf die besonders gefürchteten Beta-Bakterien – die Händedesinfektion von großer Bedeutung. Chlorabspaltende Mittel sind – wie bereits oben erwähnt – für die Fischindustrie sehr zu empfehlen. Voll wirksam ist aber erst ihre Kombination mit quaternären Ammoniumverbindungen und Ampholytseifen, da diese Komponenten die „desinfektorische Eiweißlücke" der Aktivchlor-Produkte schließen.

δ) Jodophore

Neuerdings nimmt man auch wieder jodabspaltende Desinfektionsmittel für die Lebensmittelbranche, und zwar in Form der Jodophore, bei denen eine waschaktive Substanz als Jodträger dient. Die Lösungen werden meist mit Phosphorsäure leicht sauer eingestellt (L. Anderson, 1962). In Kombination mit Säure haben sich solche Desinfektionsmittel vor allen Dingen bei der automatischen Tankreinigung in Brauereien bewährt (G. Grafinger, 1965 und H. Pfenninger, 1964), vor allem weil sie gewöhnlich schon in kaltem Zustand gute desinfizierende Eigenschaften besitzen. Natürlich nimmt der Jodgehalt ebenso wie der Chlorgehalt einer Chlorlösung relativ schnell ab. Es ist daher ratsam, die gebrauchsfertige Lösung immer frisch anzusetzen.

ε) Andere Desinfektionsmittel

Neben den bereits erwähnten Desinfektionsmitteln gibt es noch einige andere Produkte mit einer beschränkten Anwendung. Hierzu gehören z. B. die Ampholytseifen, die sich ähnlich wie Quats verhalten und auch in ähnlicher Art eingesetzt werden (H. Edelmeier, 1962). Phenolderivate haben ebenfalls eine gute desinfizierende Wirkung. Nachteilig ist aber, daß ihr Geschmack und Geruch so intensiv ist, daß geschmacks- und geruchsempfindliche Lebensmittel durch Rückstände dieser Substanzen leicht beeinflußt werden. Das gleiche gilt für Formaldehyd, das auch ein außerordentlich starkes und wirksames Desinfektionsmittel ist und daher in Lebensmittelbetrieben und Brauereien eingesetzt wird. Die Anwendung ist allerdings rückläufig, weil der mit diesem Produkt arbeitende Personenkreis durch den starken und stechenden Geruch stark belästigt wird, außerdem werden die Augen angegriffen.

Durch Vernebeln von Formalin kann man eine gute Raumdesinfektion erreichen.

In Brauereien werden vielfach noch Flußsäure, Ammoniumfluorid, Kieselfluorwasserstoffsäure und Natriumborfluorid eingesetzt. Diese Desinfektionsmittel sind aber in letzter Zeit durch quaternäre Ammoniumbasen stark zurückgedrängt worden, weil sie zum Teil recht gefährlich für das Personal sind (H. Schnegg, 1950 und F. Suntrup, 1964).

In der Wein- und in der Saftgetränkeindustrie, z. B. in Süßmostereien sowie in Brauereien wird nach wie vor Schwefeldioxyd oder schweflige Säure bevorzugt als Desinfektionsmittel gebraucht. Die Anwendung geschieht entweder durch Vergasen von SO_2 oder durch Ausspülen mit 2–3 %iger schwefliger Säure, wobei das letztere Verfahren einen sichereren Desinfektionserfolg bringt. Offensichtlich werden aber bisweilen noch andere Produkte verwendet: so berichtet E. Kielhöfer (1954 und 1956) über den erfolgreichen Einsatz von chlorhaltigen Desinfektionsmitteln in der Weinkellerei.

ζ) Dosier- und Zumischgeräte für die Desinfektionslösungen

Für die Automatisierung der Desinfektionsarbeit werden in der Praxis verschiedene Geräte eingesetzt. Hier sind zu nennen:

1. drucklose Tropfdosierung für offene Systeme.
2. Dosierpumpen mit Elektro- oder Wasserantrieb, mengenabhängig oder mengenunabhängig gesteuert.
3. Dosiersysteme, die nach dem Differentialdruckprinzip arbeiten (Venturi- oder Stauscheibenprinzip).

Zu 1.: Die Tropfdosierung ist nur bei offenen Systemen möglich. Mit relativ einfachen Mitteln läßt man die Desinfektionslösung kontinuierlich in Wasserbehälter oder -systeme, beispielsweise in die Wasserstation einer Flaschens ülmaschine, einlaufen.

Zu 2.: Mit Dosierpumpen kann man auch in geschlossenen Systemen arbeiten. Die Dosiergenauigkeit ist abhängig von der Konstruktion der Pumpe und von der Größe der Schwankungen der Wassermenge, die durch das zu behandelnde System fließt. Elektrisch betriebene mengenunabhängige Dosierpumpen arbeiten ziemlich sicher und sind einfach in der Wartung. Wichtig ist natürlich, daß der Pumpenwerkstoff dem aggressiven Charakter der Desinfektionsmittel angepaßt ist. Solche Dosierpumpen werden praktisch für die Wasserchlorung allgemein und speziell bei Flaschenspülmaschinen eingesetzt. Man kann sie auch an

Wasserleitungen anschließen, wenn man ständig eine Desinfektionslösung bestimmter Einstellung entnehmen will.

Zu 3.: Dosierapparate, die nach dem Differentialdrucksystem arbeiten, gibt es ebenfalls in recht vielseitiger Ausführung, auch in sehr verschiedenen Größen, vom größten Zumischtank bis zur kleinen Spritzpistole. Solche Anlagen sind entweder stationär eingebaut oder mobil im Gebrauch. Wenn ein Wasseranschluß vorhanden ist, kann die einmal eingestellte fertige Desinfektionslösung dem Apparat sofort entnommen werden. In solchen Apparaturen nimmt man meist quaternäre Ammoniumbasen und Ampholytseifen. Chlorabspaltende Produkte sind wegen der Korrosionsschwierigkeiten weniger geeignet. Mit Zumischgeräten dieser Art können Behälter, Tanks, Apparate, Geräteflächen, Wände und Räume aus- und abgesprüht werden. Bei Behandlung von Geräteteilen, die direkt mit Lebensmitteln in Berührung kommen, muß darauf geachtet werden, daß die Zeit der Einwirkung nicht zu knapp bemessen wird und daß ordnungsgemäß mit Wasser nachgespült wird. Meistens werden mit solchen Apparaten allerdings Gerätschaften, Maschinenflächen und Wände behandelt, die nicht in direktem Kontakt mit dem Lebensmittel, wie z.B. Getränk stehen (Th. Goldschmidt 1959, E. Klosse 1963, G. Wildbrett u. Mitarb. 1962).

Es gibt natürlich noch andere Geräte, mit denen Desinfektionsmittel verspritzt bzw. versprüht werden können. So werden bisweilen baumspritzartige Apparate benutzt oder auch Injektoren, die mit Wasser oder Dampf betrieben werden können.

η) Andere Desinfektionsverfahren

Die Abtötung von Keimen durch erhöhte Temperaturen ohne Anwendung chemischer Mittel ist in der Getränkeindustrie, Brauerei und Molkerei sehr häufig. Man arbeitet entweder mit strömendem Dampf oder mit heißem Wasser (E. Flückiger u. Mitarb. 1959 und Gehring u. Mitarb., 1959).

Weiterhin besteht die Möglichkeit, durch UV-Bestrahlung zu entkeimen. Die Frage, welches Verfahren am zweckmäßigsten ist, hängt von den örtlichen Verhältnissen ab. Die Reinigungs- und Desinfektionsverfahren müssen daher auf die einzelnen Betriebe, ja auf die einzelnen Arbeitsgänge zugeschnitten werden. Erst die entsprechende Kontrolle gibt Auskunft darüber, ob das eingesetzte Desinfektionsverfahren auch erfolgreich ist.

c) Voraussetzungen für die kombinierte Reinigung und Desinfektion

Wie im vorhergehenden Kapitel erwähnt, ist es auf Grund theoretischer Überlegungen angezeigt, Reinigung und Desinfektion getrennt durchzuführen. Da aber die Verhältnisse in Lebensmittelbetrieben sehr verschieden sein können, kann in bestimmten Fällen auch eine kombinierte Reinigung und Desinfektion zweckmäßig sein. In den meisten Fällen wird man Zeit sparen, wenn man die beiden Arbeitsgänge zusammenzieht. Eine kombinierte Reinigung und Desinfektion mit einem kombinierten Mittel ist unter folgenden Bedingungen möglich:

1. Wenn gut und gründlich vorgereinigt wird.
2. Wenn das Laugenvolumen zu der zu reinigenden Oberfläche, d.h. also zum vorhandenen Schmutz recht günstig ist.
3. Wenn genügend Einwirkzeit zur Verfügung steht.

So können beispielsweise Rohrleitungen im Kreislauf (CIP-Verfahren) und Tanks mit einer Tankreinigungsmaschine – ebenfalls im Kreislauf – ohne weiteres mit einem kombinierten Mittel gleichzeitig gereinigt und desinfiziert werden (Abb. 17). Im einzelnen wurden diese Verfahren schon unter 5a und 5b beschrieben.

Kombinierte Reinigungs- und Desinfektionsmittel werden vor allen Dingen dann gerne eingesetzt, wenn die Reinigungs- und Desinfektionsarbeiten vereinfacht werden sollen und wenn Verwechslungen zwischen Reinigungs- und Desinfektionsmitteln auszuschließen sind. Dies betrifft z.B. den Einsatz im milcherzeugenden Betrieb, also auf dem Bauernhof, wo dem Personal kaum zugemutet werden kann, daß es die Unterschiede zwischen Reinigungs- und Desinfektionsmittel ohne weiteres erkennt.

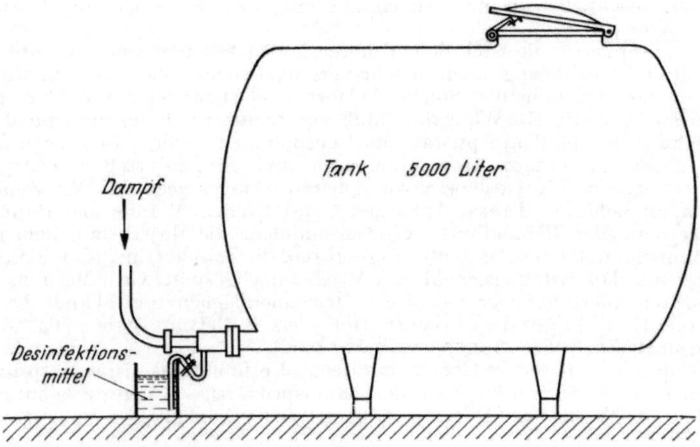

Abb. 17. Desinfektion eines Tanks mittels Dampfinjektor (Desinfektor)

Bei sogenannten Handreinigungsvorgängen, bei denen wegen des Hautangriffes immer Reinigungsmittel von niedriger Alkalität bzw. Acidität eingesetzt werden müssen, sind kombinierte Reinigungs- und Desinfektionsmittel auch vorzuziehen, da bei dieser Arbeitsweise die durch den pH-Wert bewirkte keimtötende Wirkung der Lösung fehlt. Abschließend sei noch darauf hingewiesen, daß zwar im allgemeinen ein besonderer Arbeitsgang für die vollständige Desinfektion unentbehrlich ist, daß es aber – wie schon oben erwähnt – in jedem Falle erwünscht ist, daß schon beim Reinigungsvorgang eine möglichst hohe Keimabtötung erreicht wird.

6. Untersuchungs- und Kontrollmethoden

a) Allgemeines

Wenn man bestrebt ist, einen guten, stets gleichbleibenden Reinigungseffekt zu erzielen, genügt es nicht, daß man das richtige Verfahren benutzt. Es ist vielmehr auch nötig, die Reinigungs- und Desinfektionsarbeiten laufend zu kontrollieren. Für die Betriebskontrolle gibt es chemische Analysenmethoden, physikalische Messungen und bakteriologische Untersuchungen. Zweckmäßigerweise arbeitet man bei der chemischen Analyse in der Regel mit Schnellmethoden, bei denen die Genauigkeit nicht größer zu sein braucht, als es vom Verfahren aus notwendig ist. Für die bakteriologische Kontrolle wählt man ebenfalls Schnellmethoden, und zwar solche, die nach Möglichkeit die langen Bebrütungszeiten abkürzen. Es ist natürlich notwendig, daß Schnellverfahren mit den konventionellen Methoden vergleichbar sind.

Für die physikalischen Messungen benötigt man Thermometer, Druckanzeigegeräte und Schreibeinrichtungen, mit denen man die Werte laufend verfolgen kann. Voraussetzung ist hier, daß die Maßeinrichtungen auch tatsächlich funktionieren.

Neben den Schnellmethoden kann man natürlich auf die konventionellen, vom Gesetzgeber vorgeschriebenen Untersuchungsverfahren nicht verzichten, wenn man erreichen will, daß die Lebensmittel, die mit den gereinigten Gegenständen in Berührung sind, tatsächlich in einwandfreiem Zustand in den Verkehr kommen.

Die visuelle Kontrolle spielt bei Reinigungsarbeiten eine außerordentlich große Rolle und sollte niemals fehlen.

α) Chemische Untersuchung der Reinigungs- bzw. Desinfektionslösungen

Da brauchbare Reinigungsmittel im Lebensmittelbetrieb entweder alkalisch oder sauer sind – neutral reagierende Mittel wie reine Netzmittel organischer Natur, haben sich in Lebensmittelbetrieben nicht bewährt – kann ihre Konzentration relativ einfach durch Neutralisationstitration bestimmt werden. Wenn man die Alkalitäts- bzw. Aciditätswerte eines Reinigungsmittels kennt, kann man aus den Werten der Titration die Konzentration berechnen. Wie der p- bzw. der m-Wert bestimmt wird, wurde bereits auf S. 738 erklärt. Ergänzend dazu sei hier noch bemerkt, daß man natürlich die Konzentration einer Säure durch Titration mit Lauge bestimmen kann. Man stellt hierbei den negativen p-Wert bzw. m-Wert fest.

Für Laugen und Säuren, die immer in derselben Konzentration benutzt werden, kann man eine einfache Schnellmethode anwenden. So wird z.B. für die Untersuchung der Lauge einer Flaschenspülmaschine ein Schüttelkolben bis zu einer bestimmten Marke mit Lauge gefüllt. Dazu gibt man einen Indikator und eine bestimmte Menge einer eingestellten Säure. Man kann auch den Indikator, der in diesem Falle nicht unbedingt Phenolphthalein oder Methylorange sein muß, vorher der Säure zusetzen. Auf diese Weise können Farbveränderungen und damit Abweichungen von der Konzentration sehr schnell festgestellt werden. Um aber die zum Nachdosieren nötige Menge errechnen zu können, braucht man die Titration.

In manchen Fällen ist es erforderlich, eine Reinigungslauge auf Gehalt an freiem Ätznatron zu untersuchen. Durch Zusatz von Bariumchlorid wird Natriumcarbonat ausgeschaltet. Daher enthalten die Titriervorschriften verschiedener Getränkebetriebe den Hinweis, daß der Laugenvorlage Bariumchlorid zuzusetzen ist.

Eine pH-Wert-Bestimmung ist nur dann angebracht, wenn mit schwach alkalischen bzw. schwach sauren Lösungen gereinigt wird oder wenn ein Grenzwert vorgeschrieben wird. So ist beispielsweise im Viehseuchengesetz ein pH-Wert von 11,5 festgelegt. Die genaue Konzentration einer Lauge kann man vor allem, wenn sie stärker alkalisch ist, mit einer pH-Messung nicht ermitteln (vgl. unten).

Chlorbestimmungen in Desinfektionslösungen werden titrimetrisch oder colorimetrisch ausgeführt.

Zur Bestimmung von quaternären Ammoniumbasen in Lösungen genügt in den meisten Fällen eine Untersuchung mit Indikatorpapier, da andere analytische Methoden zu umständlich sind.

β) Bakteriologische Untersuchungsverfahren

Um den bactericiden Erfolg einer Reinigungs- bzw. Desinfektionsarbeit kontrollieren zu können, ist eine bakteriologische Untersuchung notwendig. Bei dieser wird entweder das gereinigte und zu desinfizierende Gerät bzw. Gefäß geprüft oder aber man untersucht das Lebensmittel und erhält damit eine indirekte Auskunft über den Erfolg der Sanitationsmaßnahmen.

Beim direkten Verfahren nimmt man entweder von bestimmten Stellen Abstriche mit einem Wattetupfer oder sogenannte Abklatschproben, wobei ein fertig gegossener Nährboden direkt auf die Fläche abgedrückt wird (K.J. Demeter, 1954). Behälter können mit sterilem Wasser oder Nährlösung ausgespült werden. Anschließend untersucht man die Spülflüssigkeit. Gereinigte Flaschen rollt man zweckmäßigerweise direkt mit einem Nährboden aus.

In der Literatur werden zahlreiche Verfahren — auch Schnellverfahren — beschrieben. Für den Praktiker ist wichtig, daß er unter spezieller Berücksichtigung der Verfahren und Nährböden solche Methoden aussucht, die in kürzester Zeit eine möglichst sichere Aussage geben. Zum Beispiel wird sich eine bakteriologische Untersuchung in einer Brauerei speziell auf Bierschädlinge beschränken, da andere Keimarten für das Getränk uninteressant sind. Als Nährböden werden bevorzugt Bierwürze-Agar und ungehopfte sterile Würzelösung eingesetzt. In Lebensmittelbetrieben, z. B. in Molkereien, verwendet man die bekannten Bouillon-Agar-Nährböden mit und ohne Zusatz von Lactose; zur besseren Differenzierung der säurebildenden Bakterien setzt man noch Chinablau hinzu. Herstellung und Anwendung sind in der Fachliteratur genau beschrieben. Weiterhin werden in Lebensmittelbetrieben als Testorganismen für die Sauberkeit meist Coli-Bakterien bestimmt.

So beschreiben H. Baustian (1958) und H. Klupsch (1963) das bacto-strip-Verfahren als Coli-Schnelltest, M. Knorr u. Mitarb. (1957) sowie O. Kandler u. Mitarb. (1958) das Solotherm-Verfahren. O. Kandler (1960) und P. Pietz (1959) empfehlen für einen Schnellnachweis coliformer Keime den Nitratreduktionstest. D. Thon u. Mitarb. (1958) und W. Schönherr (1958) modifizieren Membranfilter-Untersuchungen. W. Anderson (1960) entwickelt eine vereinfachte Färbemethode für die direkte mikroskopische Untersuchung. D. Limmer (1958), F. Schönberg (1954) und H. Kraus (1954) schlagen zur Coli-Bestimmung das TTC-Verfahren vor, das in relativ kurzer Zeit brauchbare Ergebnisse liefert. (TTC ist die Abkürzung für Triphenyl-Tetrazoliumchlorid, das als Indikator für die Reduktion verwendet wird. Dabei entsteht dunkelrot gefärbtes Formazan.)

D. Bassille (1960), L. Laeli (1958), M. Seelemann u. Mitarb. (1958), K. Schätzel (1959), W. Schönherr (1959), A. Wilssens u. Mitarb. (1956) vergleichen verschiedene Colitestverfahren mit den Standardmethoden.

Zur Kontrolle des gesamten Reinigungs- und Desinfektionsverfahrens und gegebenenfalls zur Identifizierung von Infektionsstellen haben sich die sogenannten Stufenkontrollen bewährt. Nimmt man aus der laufenden Produktion eines Nahrungsmittels an verschiedenen Verarbeitungsstellen (Stufen) Proben und untersucht diese bakteriologisch, so nennt man diese Maßnahme eine Stufenkontrolle. Untersucht man beispielsweise in einer Molkerei Trinkmilchproben, die der Reihe nach an folgenden Stellen gezogen wurden:

nach der Erhitzung,
nach dem Kühler,
vor Einlauf in den Tank,
nach Auslauf aus dem Tank,
beim Füller,
aus der Verpackung,

so kann man gegebenenfalls Infektionsquellen feststellen. So beschreiben G. Beck (1959), J. Futschik (1960), E. Merta (1957) und H. Wagner (1958) praktische Erfahrungen mit der Stufenkontrolle.

In den milchverarbeitenden Betrieben kann natürlich die Reduktaseprobe ebenfalls für die indirekte Reinigungskontrolle mit herangezogen werden.

γ) Visuelle Kontrollen

Die visuelle Kontrolle von gereinigten Gegenständen sollte nicht unterschätzt werden und dürfte bei keiner Reinigungsarbeit fehlen. Abgesehen davon, daß der gereinigte Gegenstand auf grobe Rückstände und eventuell durch den Reinigungsprozeß gebildete Beläge hin untersucht werden muß, soll er durch das Nachspülwasser voll benetzt sein. Wassertropfen und Schlieren zeigen immer an, daß der Gegenstand nicht rückstandsfrei gereinigt wurde. Das gilt für gereinigte Flächen, Geräte wie auch Flaschen. Das geübte Auge erkennt selbst bei schnellaufenden

Flaschenwaschmaschinen an der Form des Wasserfilmes den Zustand der gereinigten Flaschen. Die Flasche muß glanzklar und tropfenfrei sein. Sogenannte Ausleuchtstationen, die die Flaschen gut durchleuchten und gegebenenfalls mit Spiegeln und Vergrößerungsgläsern ausgerüstet sind, erleichtern das Aussortieren. Die visuelle Kontrolle der gereinigten Flaschen kann auch nicht durch optische und elektrische Geräte vollwertig ersetzt werden.

Bei undurchsichtigen Behältern, wie z.B. Milchkannen, ist neben der Prüfung auf die Benetzung der Innenfläche die bekannte Nagelprobe zur Kontrolle anzuwenden.

Auch kann man durch Einsatz bestimmter Indikatoren feinstverteilte Schmutzrückstände sichtbar machen, Laugenreste werden durch Phenolphthalein, Eiweißreste durch Fuchsinlösung sichtbar gemacht (Fuchsinlösung: 0,13 g Fuchsin, 10,0 g Phenol, 100,0 g Glycerin, 150,0 g H_2O).

b) Konzentrationsbestimmungen in gebrauchsfertigen Lösungen

Wie oben beschrieben, kann man die Konzentration einer Reinigungslösung aus dem Ergebnis der Neutralisationstitration berechnen, wenn die Alkalitäts- bzw. Aciditätswerte eines Reinigungsmittels bekannt sind. Die Werte stimmen aber nur dann, wenn man mit einem immer gleichbleibenden konfektionierten Reiniger arbeitet. Sie werden unzuverlässig, wenn man bei sogenannten Komponentenverfahren verschiedene Chemikalien zum Ansetzen der Lauge benutzt, und nicht mit Sicherheit bekannt ist, ob die einzelnen Komponenten auch im gleichen Verhältnis zugegeben wurden.

Die Feststellung der Konzentration über die p-Wert-Bestimmung – beispielsweise bei einer Reinigungslauge – ist bei einem fertigen Mischprodukt auch nur in der frisch bereiteten Lösung möglich. Wenn die Reinigungslauge bereits gebraucht oder sogar durch Zugabe des Produktes nachgeschärft ist, ist die Umrechnung von p- und m-Wert auf die Konzentration nicht mehr genau, da sich die Einzelkomponenten eines konfektionierten Produktes nicht gleichmäßig verbrauchen. Jedoch schmälert diese Tatsache den Wert der p-Wert-Bestimmung in keiner Weise, da beispielsweise in einer alkalischen Lösung die freie Alkalität ein Maß für die Reinigungskraft einer Laugenflotte ist. Wenn man in einem praktischen Versuch erst einmal die Beziehungen zwischen p-Wert und gereinigtem Gegenstand gefunden hat, kann man sehr leicht die Grenzwerte feststellen, auf die es im praktischen Betrieb ankommt und ohne Schwierigkeit den Gebrauchswert der Lauge titrimetrisch ermitteln. Zweckmäßigerweise bestimmt man den p- und den m-Wert. Der p-Wert, als Ausdruck für die freie Alkalität, kann auch als Maß für die Stärke einer Reinigungslauge angenommen werden. Der m-Wert ist ein Maß für die Gesamtalkalität und kann zur Kontrolle mitbestimmt werden, er ist einmal für die Errechnung der Ätzalkalität erforderlich, zum anderen gestattet das Verhältnis p-Wert : m-Wert Rückschlüsse auf das Alter der Lauge. Die Differenz p-Wert : m-Wert nimmt mit dem Laugenverbrauch zu. Bei alter Lauge ist die Differenz größer als bei frischer Lauge (Abb. 18).

E. Tedden (1965) hat versucht, die Beziehungen p-Wert : m-Wert in eine Formel für Praktiker zu bringen, wonach eine Lauge verbraucht ist, wenn $2\,p - m = m - p$ ist. Er kommt aber auch nur auf einen Annäherungswert, der durch viele Varianten stark beeinflußt werden kann.

Wie bereits erwähnt, ist eine pH-Wert-Bestimmung bei relativ starken Reinigungslaugen völlig unzureichend, da der pH-Wert im Bereich der vorkommenden Konzentrationsschwankungen in der Lauge überhaupt nichts oder nur andeutungsweise etwas aussagt.

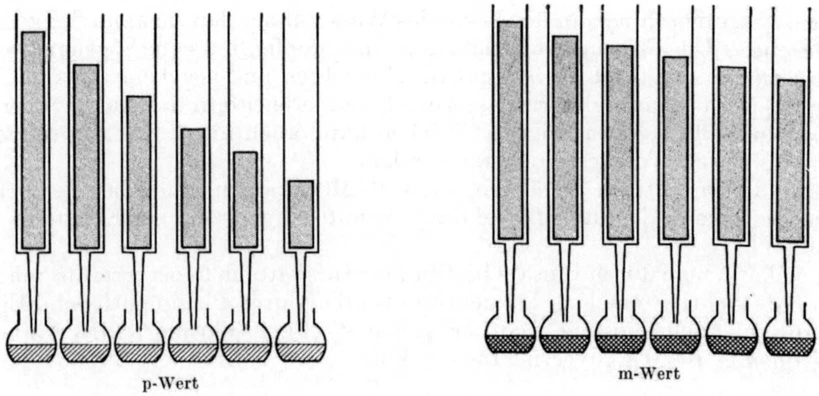

Abb. 18. Laugenabfall
Der Abfall der Wirksamkeit von Reinigungslaugen kann durch titrimetrische Bestimmung des p- und m-Wertes verfolgt werden. Bei frisch angesetzter Lauge sind beide Werte ziemlich gleich, beim Gebrauch fällt der p-Wert stärker als der m-Wert. Gebrauchte Laugen sind daher charakterisiert durch größer werdende Differenzen zwischen p- und m-Wert

Vergleicht man die Abnahme des p-Wertes in einer Lauge mit der entsprechenden Abnahme der Konzentration anhand einer graphischen Darstellung, dann werden die Beziehungen deutlich (Abb. 19). Tabelle 4 zeigt die Werte der Lauge eines bekannten Reinigungsmittels für Flaschen. Das Produkt hat einen p-Wert von 10, d.h. entsprechend der oben gegebenen p-Wert-Definition, daß beim Verbrauch von 10 ml 1 n Salzsäure eine 1 %ige Lösung vorliegt. Die pH-Bestimmungen wurden mit einer Glaselektrode vorgenommen, wobei nur frisch bereitete Lösungen untersucht wurden. Man erkennt sofort, daß die Bestimmung des pH-Wertes keine geeignete Untersuchungsmethode für die Reinigungsmittellauge ist. So läßt sich beispielsweise eine pH-Differenz zwischen 11,80 und 11,76 mit Indikatorpapier kaum erkennen. Der Unterschied zwischen einer 0,5 %igen und einer 0,2 %igen Lauge ist aber vom Standpunkt der Reinigung aus sehr groß.

Bei der Kontrolle von Desinfektionslösungen kann man bei der Bestimmung des Gehaltes an freiem Chlor in Mengen unter 5 mg colorimetrisch (z.B. mit Ortho-

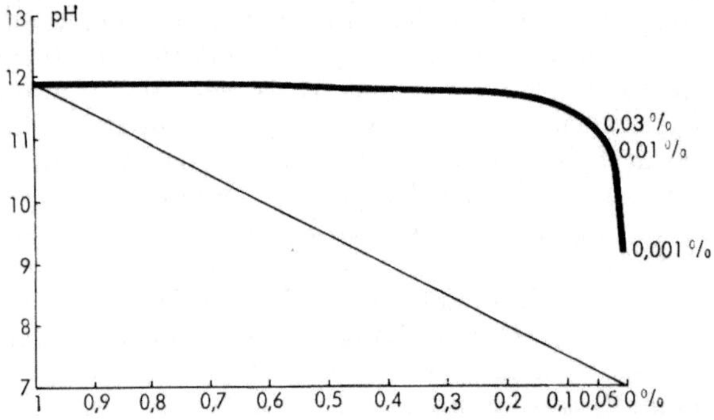

Abb. 19. Gegenüberstellung von pH-Wert und Konzentration (p-Wert) eines konfektionierten Flaschenreinigers

Tabelle 4
Der p-Wert wurde mit 1 n-HCl bestimmt, der pH-Wert mit einer Glaselektrode

p-Wert	Konz. in %	pH-Wert
10,00	1,000	11,92
9,00	0,900	11,91
8,00	0,800	11,91
7,00	0,700	11,90
6,00	0,600	11,90
5,00	0,500	11,80
4,00	0,400	11,79
3,00	0,300	11,78
2,00	0,200	11,76
1,00	0,100	11,51
0,50	0,050	11,36
0,30	0,030	11,20
0,10	0,010	10,80
0,50	0,005	9,18

tolidin) arbeiten, während größere Chlormengen jodometrisch titriert werden müssen.

Der Jodgehalt einer Desinfektionsmittellösung wird durch Titration mit Natriumthiosulfat bestimmt.

c) Bestimmung der Wirksamkeit

Verständlicherweise versucht man in der Praxis immer wieder, ein Maß für den Gebrauchswert einer Lauge zu finden. Dies ist vor allen Dingen deshalb erwünscht, um feststellen zu können, wann eine Lauge verbraucht ist. Es wurde bereits angedeutet, daß die Verschiebung des p- und m-Wertes bei alternden Reinigungslaugen darüber etwas aussagt. Auf diesem Weg erhält man aber keine absoluten Angaben. Die Grenzwerte müssen empirisch für jedes Reinigungsverfahren, zum Teil sogar für jeden Betrieb, festgelegt werden. So ergaben praktische Versuche bei der automatischen Flaschenreinigung, daß ein bestimmter Grenzwert vorhanden ist. Man kann zwar durch Zugabe von Reinigungsmitteln eine Lauge immer wieder auffrischen. Die Zugabemengen werden jedoch – wenn man als Kriterium die gereinigte Flasche nimmt – mit der Zeit immer größer. Bei der visuellen Kontrolle gilt eine Flasche dann als einwandfrei gereinigt, wenn sie tropfenfrei und glanzklar ist. Die Glasoberfläche muß also voll benetzt sein, es dürfen sich keine Tropfen und Schlieren an der Außen- oder an der Innenwand zeigen. Auf Grund dieser Beurteilung stellte E. TEDDEN (1965) – wie bereits erwähnt – die Forderung, daß in der automatischen Flaschenreinigung nach der Reinigung von 20000 bis 30000 Flaschen pro ml Lauge die Lauge frisch angesetzt werden muß.

B. RÖSSLER (1958) schlug vor, den $KMnO_4$-Wert einer Lauge zu bestimmen und die Brauchbarkeit einer Lauge wie beim Abwasser zu bewerten. Ausführliche Reihenbestimmungen brachten aber keine reproduzierbaren Ergebnisse. Das liegt zum Teil daran, daß das anfallende Schmutzgut in seiner Zusammensetzung stark variiert und in keiner Relation zu der durch Permanganat erfaßbaren Verschmutzung steht.

Aus den obigen Ausführungen folgt, daß die Feststellung des p- und des m-Wertes eine brauchbare Methode zur Laugenuntersuchung ist. Hinzu kommt noch, daß man diese Werte recht schnell und einfach ermitteln kann.

Folgende Grenzwerte können angegeben werden:

Alkalische Tank- und Rohrleitungsreinigung (CIP): p-Wert 4–10.

Saure Tankreinigung (Bierlagertanks): negativer p-Wert ca 20 (in Ausnahmefällen auch bis 40).

Automatische Kannenreinigung: p-Wert 7–10.

Automatische Flaschenreinigung (Frischmilch- und Bierflaschen): p-Wert 10.

Stärker verschmutzte Flaschen wie Sterilmilch- und Joghurt-Flaschen, Weizenbier-Flaschen, Fruchtsaft- und Süßmost-Flaschen: p-Wert 16–20.

Sehr stark verschmutzte Flaschen mit Pilzdecken usw.: p-Wert 20–25.

Zur Entfernung aluminiumkaschierter Etiketten p-Wert 25–32.

Plattenerhitzer-Reinigung in Molkereien, Mostereien und Brauereien p-Wert 30–40. Für die alkalische Reinigung, negativer p-Wert 10–16 für die saure Reinigung.

d) Korrosionsfragen

Bei den modernen Reinigungs- und Desinfektionsverfahren wird der Werkstoff, aus dem die Bedarfsgegenstände hergestellt sind, oft sehr starken Belastungen ausgesetzt. Die Anwendung hoher Temperaturen und Spritzdrucke sowie aggressiver

Lösungen läßt eine Korrosion der Werkstoffe als durchaus möglich erscheinen. Besonders harte Bedingungen findet man bei der Reinigung von Milchtanks. Es ist deshalb von großem Interesse, daß kürzlich Kiermeier u. Mitarb. (1966) sowie Wildbrett (1967) das korrosionstechnische Verhalten versprühter Reinigungs- und Desinfektionsmittel gegenüber Werkstoffen für Milchtanks eingehend geprüft und eine vollautomatische Prüfanlage entwickelt haben. Die Untersuchung der Werkstoffe erstreckte sich auf Chromnickelstahl, Reinaluminium und glasfaserverstärkte Polyesterfaser. Versuche mit einer 1%igen Lösung eines handelsüblichen Reinigungs- und Desinfektionsmittels zeigten, daß man Milchtanks grundsätzlich nach dem Hochdruck-Sprüh-Prinzip reinigen kann, ohne Korrosionsschäden befürchten zu müssen, wenn 20 atü Spritzdruck und 80° C nicht überschritten werden.

7. Reinigungs- und Desinfektionsmittel im Kontakt mit Lebensmitteln

Reinigung und Desinfektion sind bei der Gewinnung, Herstellung und Zubereitung von Lebensmitteln deshalb von grundsätzlicher Bedeutung, weil sie, getrennt oder kombiniert angewendet, folgende Funktionen zu erfüllen haben:

1. Sie sollen von allen in Industrie, Handwerk, Einrichtungen zur Gemeinschaftsverpflegung, im Handel und Verkehr benutzten Gegenständen, die dazu bestimmt sind, bei der Gewinnung, Herstellung, Zubereitung, Abmessung, Auswägung, Verpackung, Aufbewahrung, Beförderung oder dem Genusse von Lebensmitteln verwendet zu werden und dabei mit diesen in unmittelbare Berührung zu kommen – lebensmittelrechtlich unter dem Sammelbegriff „Bedarfsgegenstände" zusammengefaßt – Verschmutzungen sowie andere Verunreinigungen entfernen.

2. Die an den genannten Bedarfsgegenständen haftenden, u.U. pathogenen Mikroorganismen und Keime, die gegebenenfalls zu mikrobiellen Lebensmittelvergiftungen führen können (*Salmonella, Clostridium*), Lebensmittelschädigungen z.B. durch Bildung biogener Amine (*Bac. Cereus*), oder unerwünschte lebensmitteltechnologische Veränderungen (Proteolyten, psychrotolerante Keime = „Kühlhausflora") hervorrufen können, müssen abgetötet und entfernt werden.

3. Von den oben erwähnten Bedarfsgegenständen müssen sowohl Verschmutzungen und Verunreinigungen als auch die Reinigungs- und Desinfektionslösungen „rückstandfrei" entfernt werden, so daß eine *vollständige* Benetzung der gereinigten Fläche durch kaltes Wasser wieder möglich ist. Reinigung und Desinfektion sind somit Vorbedingungen bzw. Voraussetzungen für die Herstellung von in Güte und Haltbarkeit, damit in Qualität, einwandfreien Lebensmitteln.

Diese Aufgabenstellung läßt zweifelsfrei erkennen, daß Reinigung und Desinfektion insofern ein vielschichtiges Problem darstellen, als hierdurch hygienische, chemische, technologische und gleichzeitig aber auch pharmakologisch-toxikologische und letztlich gar lebensmittelrechtliche Fragen angesprochen werden.

Die hohe Luftfeuchtigkeit und die bisweilen hohe Temperatur der Verarbeitungsräume sowie das ubiquitäre Vorkommen von Mikroorganismen begünstigen die Verderbnis von Lebensmitteln. So berichtet Mülhens (1965), daß von 100 bakteriologischen Untersuchungen von Kartoffelsalat aus Großküchen, Autobahngaststätten und Feinkostfabriken nur 20 weniger als 100000 Keime/g und nur 10 weniger als 100 Colibakterien/g enthielten. Wenn in einer Quarkspeise mit Obst mehr als 1000 coliforme Keime/g festgestellt werden, so ist – nach Mülhens –

diese Quarkspeise sicherlich mit ungenügender Sorgfalt hergestellt worden. Gleiches gilt für Speiseeis-Automaten, wo aus Trinkwasser und einem praktisch sterilen Pulver ein Fertigprodukt hergestellt wird, das mehrere Millionen Keime und über 10000 Colibakterien/g enthält. Nach Nachrichten aus USA treten dort trotz aller techn. Fortschritte bei der Gewinnung, Herstellung und Zubereitung von Lebensmitteln bakterielle Infektionen, insbesondere durch Salmonellen, häufiger auf als in früheren Jahren. Welche Bedeutung der praktischen Hygiene und damit der Reinigung und Desinfektion zukommt, dürfte aus diesen wenigen Beispielen klar ersichtlich sein.

Gleichzeitig wird damit aber auch der pharmakologisch-toxikologische und letztlich lebensmittelrechtliche Fragenkomplex angeschnitten, denn einerseits dürfen keine giftigen bzw. die menschliche Gesundheit schädigenden Reinigungs- und Desinfektionsmittel, z.B. Schwermetallverbindungen wie Sublimat oder Oxychinoline eingesetzt werden, ferner keine geruchs- oder geschmacksbeeinflussenden Chemikalien wie Karbolsäure, Lysol, Kresol und zum anderen steht die im Jahr 1958 erfolgte Änderung und Ergänzung unseres Lebensmittelgesetzes von 1927 heute mehr denn je im Blickpunkt des Interesses, weil mit der Verwendung von Reinigungs- und Desinfektionsmitteln „unbeabsichtigte" Fremdstoffe bei der Herstellung, Lagerung und Zubereitung auf Lebensmittel übergehen und darin verbleiben können.

Mit dieser Feststellung ist bereits das chemisch-hygienische und lebensmitteltechnologische Problem, wie es durch § 4b Nr. 5 unseres derzeit rechtsgültigen Lebensmittelgesetzes in der Fassung des Änderungs- und Ergänzungsgesetzes vom 21. XII. 1958 fixiert ist, umrissen. Danach ist es nämlich verboten, Bedarfsgegenstände im Sinne des § 2 Nr. 1 so zu verwenden, daß von ihnen fremde Stoffe auf Lebensmittel oder ihre Oberfläche übergehen, „ausgenommen gesundheitlich, geruchlich oder geschmacklich unbedenkliche Anteile, die technisch unvermeidbar sind." Außerdem betrachtet bereits § 4a, Abs. 3 Nr. 2 LMG das Eindringen fremder Stoffe in Lebensmittel bei der Aufbewahrung oder Beförderung als verbotenen mittelbaren Zusatz.

Der Begriff „Bedarfsgegenstände im Sinne des § 2 Nr. 1 LMG" umfaßt nach dem Wortlaut des Gesetzes

> „Eß-, Trink-, Kochgeschirre und andere Gegenstände, die dazu bestimmt sind, bei der Gewinnung, Herstellung, Zubereitung, Abmessung, Auswägung, Verpackung, Aufbewahrung, Beförderung oder dem Genusse von Lebensmitteln verwendet zu werden und dabei mit diesen in unmittelbare Berührung zu kommen."

Somit gehören hierher also alle Gegenstände, die bei der Herstellung, Verarbeitung und Zubereitung von Lebensmitteln mit diesen, also sowohl mit der zu verarbeitenden Rohware als auch dem Zwischen- und/oder Fertigprodukt in unmittelbare Berührung kommen. Dies sind z.B.:

In der Fleischerei: Blutwannen, Fleischhaken, Transportwannen, Fleischwolf, Kutter, Füllmaschinen, Brühkessel, Messer, Zerlegungstische, Brätwannen, Pökelfässer.

Bei der Fischverarbeitung: Schaufeln, Gabeln, Fischhaken, Abbrückbretter, Fischkisten, Garbäder, Arbeitstische, Verarbeitungsmaschinen z.B. zum Köpfen, Entgräten.

Bei der Milcherzeugung: Milchgeschirr bzw. Melkmaschinen, Rohrleitungen, Zapfhähne.

Bei der Milchbearbeitung: Pasteure, Ultrapasteure, Homogenisatoren, Milchleitungen, Milchtanks, Butterfertiger.

In der Käserei: Milchtanks, Käsewannen, Käsefertiger, Käseformen, Käsehorden.

In der Bäckerei und Konditorei: Mehlsiebe, Mehlmischer, Teigknetmaschinen, Mulden, Teigwirkmaschinen, Teilungs- und Formungsmaschinen, Schlagmaschinen.

Bei der Weinbereitung: Traubenmühlen, Rohrleitungen, Fässer, Filter, Flaschen, Siebe.

In der gesamten Getränkeindustrie: neben den Maschinen und sonstigen technischen Einrichtungen zur Bereitung der Getränke, insbesondere Tanks, Kannen, Flüssigkeitsmaße und Flaschen sowie Getränkeschankanlagen.

Die Reinigung und Desinfektion von Wänden, Fußböden oder ganzen Räumen bedarf in dieser Betrachtung deshalb keiner besonderen Erwähnung, weil für diese bei Anwendung der zu fordernden üblichen Sorgfalt ein Kontakt mit Lebensmitteln nicht möglich ist.

Welche Bedeutung man der Reinigung und Desinfektion für die Lebensmittelindustrie zuzumessen hat, geht nicht nur aus dem steigenden Verbrauch an Reinigungs- und Desinfektionsmitteln hervor, sondern auch aus einer Reihe gesetzgeberischer und damit auch unter Strafe gestellter Maßnahmen Es sei hier nur an die Verordnung über Getränkeschankanlagen vom 14. VIII. 1962 (BGBl. I, S. 561) (§ 9) erinnert, an § 6 des Milchgesetzes vom 31. VII. 1930 in Verbindung mit den §§ 15–19 der 1. Verordnung zur Ausführung des Milchgesetzes vom 15. V. 1931; ferner an die Forderungen der Hackfleischverordnung vom 16. VII. 1965 (§ 8) und die Hygieneverordnungen der Bundesländer für die mit der Behandlung von Lebensmitteln tierischer Herkunft (warm- und kaltblütige Tiere) befaßten Betriebe.

Im Hinblick auf die mögliche Kontamination von Lebensmitteln mit Reinigungs- und Desinfektionsmitteln sind diese Hygiene-Verordnungen der Bundesländer richtungweisend. So wird nämlich darin in allen Ländern übereinstimmend festgelegt, daß die Gegenstände, die mit den von den Hygieneverordnungen erfaßten Lebensmitteln in Berührung kommen, „frei von vermeidbaren Resten der verwendeten Reinigungsmittel sein“ müssen, womit wohl auch Desinfektionsmittel gemeint sind. Trotz dieser eigentlich klaren Bestimmung wird in der bayerischen Verordnung ausdrücklich erwähnt, daß „sulfit- oder formalinhaltige Reinigungsmittel“ nicht verwendet werden dürfen.

Mit diesen Bestimmungen, insbesondere dem erwähnten Sulfit- oder Formalinverbot ist das zu behandelnde Hauptproblem angeschnitten. Es erfaßt nämlich einmal die „unbeabsichtigte“ Kontamination von Lebensmitteln durch Rückstände von Reinigungs- und Desinfektionsmitteln, d.h. also das Übergehen fremder Stoffe auf Lebensmittel oder ihre Oberfläche beim Kontakt mit gereinigten und/oder desinfizierten Bedarfsgegenständen in obigem Sinne, andererseits aber auch die eine Verfälschung im Sinne des § 4 LMG darstellende „absichtliche“ Kontamination von Lebensmitteln durch solche Stoffe, die zum Zwecke der Vortäuschung einer besseren Beschaffenheit bezüglich Frische, Haltbarkeit etc. (Sulfitreste in Hackfleisch! Polyphosphate aus Reinigungsmitteln in Brühwürsten!) zugesetzt worden sind.

Unter Bezug auf die in den vorausgegangenen Kapiteln 2–5 gegebenen Darstellungen sei zum besseren Verständnis nochmals ein Abriß über die Arten der verschiedenen Reinigungsverfahren gegeben.

Grundsätzlich unterscheidet man zwischen Kalt- und Warmreinigungsverfahren, zwischen mechanischen und chemischen Verfahren (s. „Zulassungen von Reinigungsverfahren für Getränkeschankanlagen“ auf Grund des § 6 der Polizei-VO über Getränkeschankanlagen vom 22. Oktober 1941). Die Kaltwasserreinigungsverfahren können noch in mechanische und chemische Reinigungsverfahren unterteilt werden. Bei kaltmechanischen Reinigungsverfahren erfolgt die Reinigung durch die scheuernde Einwirkung einer Reinigungsmasse, die aus Flußkies oder anderen hygienisch unbedenklichen Scheuerkörperchen besteht und mit dem Wasserstrom durch die Leitungen getrieben wird. Da diese mechanische Reinigung erfahrungsgemäß unzulänglich ist, wurde sie durch die zusätzliche Verwendung chemischer Hilfsstoffe in ein kalt-mechanisch-chemisches Reinigungsverfahren umgewandelt.

Die konsequente Fortentwicklung und Intensivierung dieser Reinigungsverfahren führte zu den Warm-Reinigungs-Verfahren bzw. der heute üblichen Kombination von Kalt-/Warm-/Kalt-Verfahren. Nur in dieser Kombination, die auch den Faktor „Zeit" wegen seiner Bedeutung für Grad und Alter der Verschmutzung enthält, ist es möglich, den bis heute ständig gesteigerten lebensmitteltechnologischen und hygienischen Anforderungen gerecht zu werden. Für die Beurteilung aller genannter Reinigungsverfahren ist die Feststellung von grundsätzlicher Bedeutung, daß die Reinigungsmittel als heute übliche Kombination mehrerer Grundstoffe primär in wäßriger Lösung angewendet werden und jedes Reinigungsverfahren mit zwei Nachspülvorgängen mit Wasser in „Trinkwasserqualität", nämlich Nachspülen mit warmem Wasser und Nachspülen mit frischem, klarem, fließendem Wasser endet.

Diese immer bei der Reinigung und Desinfektion der Lebensmittelindustrie gültige Grundregel enthält insofern eine chemisch-technische Forderung, als beim Nachspülen mit kaltem Wasser „eine vollständige Benetzung der gereinigten Fläche" eintreten muß. Die Erfüllung dieser Forderung ist eine Funktion der physikalischen und chemischen Eigenschaften der zur Reinigung und Desinfektion eingesetzten Grundchemikalien und der diesen Mitteln beigegebenen Netzmittel, Korrosionsschutzstoffe und gegebenenfalls Substanzen zur Wasserenthärtung.

In den vorausgegangenen Beiträgen über Reinigungs- und Desinfektionsmittel im Lebensmittelbetrieb sind die Komponenten der alkalischen und sauren Reinigungsmittel als solche und auch mit ihrem mengenmäßigen Anteil in den Produkten aufgeführt. Die sauren Reinigungsmittel enthalten außer Säuren bzw. sauer reagierenden Substanzen meist Netzmittel und Stoffe zum Korrosionsschutz. Die Netzmittel, die früher als ober- oder grenzflächenaktive Stoffe Detergentien oder Syndets bezeichnet wurden, werden heute unter dem Fachausdruck „Tenside" zusammengefaßt. Die hierher gehörenden Alkylsulfate, Alkylsulfonate werden auch zur Herstellung kosmetischer Erzeugnisse eingesetzt, ANDREAS u. Mitarb. (1966). Alkyl-Aryl-Sulfonate, quaternäre Ammoniumverbindungen etc. wurden bereits im einzelnen behandelt.

In Übereinstimmung mit der Definition im 3. Nachtrag 1959 zum Deutschen Arzneibuch (DAB 6), Ausgabe 1926, sollte auch bei diesem speziellen Gebiet der Desinfektionstechnik in der Lebensmittelindustrie unter „Desinfizieren" (= Desinfektion) verstanden werden „einen Gegenstand in den Zustand versetzen, daß er nicht mehr infizieren kann", während „Sterilisieren" „einen Gegenstand von lebenden Bakterien frei machen" bedeutet, was letztlich mit Entkeimen gleichsinnig ist. Eine solche Begriffsfestlegung ist um so erforderlicher, als die beiden Begriffe in der Praxis sehr häufig unterschiedslos nebeneinander gebraucht werden. So haben KONRICH-STUTZ (1963) für den Begriff „Desinfektion" allein „143 verschiedene, wenn auch teilweise übereinstimmende Fassungen zusammengetragen", während in der Lebensmitteltechnologie Sterilisieren eigentlich stets als ein physikalisches Verfahren zur Haltbarmachung von Lebensmitteln definiert wird.

Die Wirkstoffkomponenten der Desinfektionsmittel sollen eine „Infektion" – im ursprünglich etymologischen und auch in einem vom lebensmittelhygienischen Standpunkt aus zu fordernden Sinne des Wortes als „Hineintun" von Mikroorganismen aller Art, nicht nur pathogenen Charakters – durch, mittels und über Bedarfsgegenstände verhindern. Daher werden solche Substanzen eingesetzt, welche die Lebensfunktionen dieser Mikroorganismen bzw. Keime chemisch oder physikalisch-chemisch beeinflussen. Hierbei sind Chlor und chlorabspaltende Produkte führend, gefolgt von den Phenolderivaten, quaternären Ammoniumverbindungen (= Quats, amerikanische Abkürzung für diese Stoffklasse), Ampholytseifen und Jodophoren, daneben auch noch Formalin.

So vielfältig die Art der in Reinigungs- und Desinfektionsmitteln verwendeten chemischen Komponenten ist, so vielfältig kann auch die mögliche Kontamination der Lebensmittel sein, die nach Reinigung und Desinfektion der Bedarfsgegenstände mit diesen in Berührung kommen. Wie bereits ausgeführt, ist aber sowohl der Reinigungs- als auch der Desinfektionsvorgang als getrenntes oder heute weitaus überwiegendes Kombinationsverfahren erst mit Beendigung des Nachspülvorganges mit kaltem Wasser „in Trinkwasserqualität" abgeschlossen. Für die dabei geforderte vollständige Benetzbarkeit der gereinigten und/oder desinfizierten Flächen bzw. Bedarfsgegenstände sind dementsprechend die physikalisch-chemischen Eigenschaften der obengenannten Reinigungs- und Desinfektionsmittel verantwortlich in Verbindung mit der Art der Werkstoffe bzw. ihrer Oberflächenstruktur, aus denen die hier zu betrachtenden Bedarfsgegenstände hergestellt sind. Im allgemeinen unterscheidet man Reinigungsobjekte mit rauher (sie halten Verschmutzungen meist stärker fest) und mit glatter Oberfläche.

Grundforderung ist jedoch immer, daß bei allen „Bedarfsgegenständen" eine einfache, werkstoffgerechte Reinigung und Desinfektion garantiert werden muß.

Im Hinblick auf die zunehmende Verwendung von Kunststoffen bei Bearbeitung, Verteilung und Verbrauch von Lebensmitteln — man spricht von einer „Kunststoffkette", die ununterbrochen von der Stätte der Produktion bis zum Endverbraucher reicht —, ist bereits seit 1957 eine „Kommission des Bundesgesundheitsamtes für die gesundheitliche Beurteilung von Kunststoffen und anderen Polymeren im Rahmen des LMG" (Kunststoff-Kommission des BGA) tätig, die in rechtsweisenden „Empfehlungen" die Bedingungen für die zur Herstellung von „Bedarfsgegenständen" zu verwendenden Polymerwerkstoffe sowie Methoden zu deren Untersuchung bekannt gibt. Gerade der sich stetig ausweitende Einsatz von Kunststoffen und anderen Polymeren, z.B. als Auskleidungen von Tanks, stellt auch erhöhte, sogar neue Anforderungen an die Reinigungs- und Desinfektionsmittel (Wildbrett, 1966), da die Probleme der Wasserlöslichkeit, Alterungs- und Fettbeständigkeit dieser Kunststoffe während des Kontaktes mit Lebensmitteln, insbesondere bezüglich der Affinität zu Lebensmittelinhaltsstoffen und zu den chemischen Bestandteilen und dem Wasser der Reinigungs- und Desinfektionsmittel, für die Verfahren der Reinigung und Desinfektion von grundsätzlicher Bedeutung sind; siehe hierzu auch die Empfehlungen „Trinkwasserleitungsrohre aus Kunststoffen" und „Kunststoff-Rohre für Getränkeleitungen von Schankanlagen" der Kunststoffkommission des BGA.

In diesem Zusammenhang sei auf die Untersuchungen von Kiermeier u. Mitarb. (1965) hingewiesen, wonach eine gleichwertige Reinigung der durch begrenzte Temperaturbeständigkeit, Abriebfestigkeit bzw. Ritzhärte und schlechte Benetzbarkeit gekennzeichneten Plastikgefäße, z.B. Polyäthylen, selbst bei verlängerter Reinigungszeit oder erhöhten Temperaturen im Vergleich zu Metallgefäßen (verzinntem Eisen) nicht zu gelingen scheint, wie ein Vergleich der ätherlöslichen Rückstandsmengen in verzinnten Kunststoffkannen und Polyäthylen-Kannen zeigt. Auf die gleiche erschwerte Reinigung und auch Desinfektion von Kunststoffen verweist auch Mülhens (1964).

Auch unterliegt die Benetzbarkeit der Werkstoffe durch deren verschiedenartigen chemischen (strukturellen) Aufbau und der in der Reinigungs- und Desinfektionsmitteln enthaltenen Tenside ziemlichen Schwankungen. Diese Benetzung als Funktion der Berührung zwischen Reinigungsmittellösung und Oberfläche des Reinigungsobjektes wird nach Baumgartner (1953) über den „Randwinkel" gemessen. Ein Randwinkel von 0° bedeutet vollständige Benetzung, ein solcher

Tabelle 5. *Ätherlösliche Rückstände in gereinigten Milchkannen (20 l) aus verzinntem Eisen und Polyäthylen. Verunreinigung mit saurem Rahm, 30% Fett, Reinigung durch 25 sec Ausspritzen bei 1,2 atü und 65°C mit der Lösung eines kombinierten R u. D-Mittels*
(KIERMEIER, 1966)

Versuch Nr.:	Rückstände in Kannen aus	
	Metall mg/Kanne	Polyäthylen mg/Kanne
1	6 ± 0,7	39 ± 4,7*
2	7 ± 0,6	33 ± 3,1*
3	13 ± 2,9	33 ± 9,3

* Unterschied zwischen Metallkannen und Kunststoffkannen mit > 99,9% Wahrscheinlichkeit gesichert.

von 180° eine totale Nichtbenetzung. In der Praxis gilt als Grenze zwischen Netzen und Nichtbenetzen 90°. Nachfolgende Tabelle zeigt die Benetzung der Werkstoffe in Abhängigkeit vom Werkstoff und verschiedenen Reinigungslösungen, gemessen über diesen „Randwinkel“ (Tab. 6):

Tabelle 6. *Gleichgewichtsrandwinkel von Wasser und Reinigungslösungen gegenüber Glas, PVC und Polyäthylen (Mittelwerte aus mindestens 5 Messungen)*
(KIERMEIER, 1966)

Flüssigkeit		Randwinkel gegenüber		
Art	Konzentration %	Glas	PVC	Polyäthylen
Leitungswasser	—	12,7°	66,5°	81,1°
R u. D-Mittel*	0,5	13,1°	28,2°	46,2°
R u. D-Mittel**	1,0	3°	21,3°	45,9°

* Alkalisches Produkt mit QUAT als Desinfektionskomponente.
** Alkalisches Produkt mit aktivem Chlor als Desinfektionskomponente.

Ein Überblick über die chemischen bzw. physiko-chemischen Eigenschaften der erwähnten Grundchemikalien für den Aufbau von Reinigungs- und Desinfektionsmitteln zeigt, daß eigentlich nur Tenside und silikathaltige Reinigungslösungen einen wesentlichen Einfluß auf die Benetzung der Werkstoffoberfläche haben. So besteht also zwischen der Benetzung der Werkstoffoberfläche (auch Adhäsion genannt) als einer physikalischen Funktion und der Voraussetzung für eine einwandfreie Reinigung und Desinfektion insofern eine direkte Relation zu unserem Problem der Kontamination von Lebensmitteln mit solchen „unbeabsichtigten“ Zusatzstoffen wie Reinigungs- und Desinfektionsmittel, als infolge der benetzenden Eigenschaften diese Substanzen an den Wandungen der mit ihnen behandelten Bedarfsgegenstände anhaften. Auf die Bedeutung der Oberflächenstruktur für eine einwandfreie Reinigung und Desinfektion haben DAMM u. Mitarb. bereits 1962 hingewiesen. SCHÖNBERG u. Mitarb. (1963) fordern für die Durchführung einer erfolgreichen Desinfektion z.B. in der Marinadenindustrie den Ersatz der hölzernen Schneidunterlagen und Tischplatten durch solche aus Kunststoff oder nicht rostendem Stahl. Dieser Forderung schließen sich z.B. TÄNDLER (1965) und HADLOCK (1965) vollinhaltlich auch für die Fleischwarenindustrie an. LABOTS (1966) konnte inzwischen experimentell beweisen, daß Holz schlecht zu reinigen und zu entkeimen ist, harte, nicht poröse Materialien wie Polyäthylen, Hartgummi und Plexiglas sich dagegen gut reinigen und desinfizieren lassen.

Betrachtet man die obenerwähnten Chemikalien der Reinigungs- und Desinfektionsmittel unter dem Gesichtspunkt der Beziehungen zwischen „Benetzung der Werkstoffoberfläche" bzw. der Ausspülbarkeit durch die Nachspülvorgänge, so ergibt sich, daß man eine befriedigende Reinigung und Desinfektion nur mit solchen Substanzen erreichen kann, welche die Wasserhärte unwirksam machen, die Verschmutzung ausreichend benetzen, die fetthaltigen Anteile emulgieren, kurzum also gute Netz-, Emulgier- und Dispergiereigenschaften sowie Schaumvermögen haben und in Verbindungen mit einer guten Desinfektionswirkung eine gute bis sehr gute Haftfähigkeit an den Oberflächen der behandelten Bedarfsgegenstände besitzen. Diese Eigenschaften kommen unterschiedslos allen oberflächenaktiven Stoffen zu. Für die Desinfektion sind dies z.B. die als ,,Quats" bezeichneten, 1935 von DOMAGK in die ärztliche Desinfektionstechnik eingeführten, stark desinfizierenden kationaktiven quaternären Ammonium-Verbindungen (= QAV) sowie die Ampholytseifen, die meist wechselnde Gemische von Hydrochloriden und Lactaten des Di-octylaminoäthylglycins mit einem Alkylaminoäthylglycin von seifenähnlicher Beschaffenheit darstellen. Diese Verbindungen, insbesondere die bactericid wirksamen Kationen der dissoziierten QAV werden, da die Oberflächen der meisten gebräuchlichen Materialien wie Metall oder Glas gegenüber Wasser negativ aufgeladen sind, von diesen Oberflächen absorbiert und bilden einen bakteriostatisch wirksamen, haftenden Film. Die sehr guten bactericiden Eigenschaften dieser auch in der Kosmetik, z.B. in Hautschutz- und antiseptischen Cremes, Babylotionen und Haarwässern eingesetzten QAVs lassen sich z.B. an der minimalen keimtötenden Konzentration von Alkylcetylmethylammoniumchlorid für verschiedene lebensmittelschädigende und hygienisch bedenkliche Mikroorganismen erkennen:

Staph. pyogenes	bei 0,0001%
Strept. faecalis	bei 0,0004%
Salm. typhosa	bei 0,003%
Proteus vulgaris	bei 0,05 %

In dem Bestreben, die Lebensmittel in ihrer Frische und Natürlichkeit zu erhalten, also nicht nur den Menschen, sondern auch das Lebensmittel selbst ,,gesund" zu erhalten, und damit den absichtlichen Gebrauch von fremden Stoffen bei der Herstellung von Lebensmitteln allgemein zu unterbinden, mußte man auch die mögliche Kontamination von Lebensmitteln durch unbeabsichtigte fremde Stoffe, z.B. durch Reste von Reinigungs- und Desinfektionsmitteln, berücksichtigen, zumal durch solche Reste neben dem Problem der gesundheitlichen Beurteilung auch unter Umständen das der selektiven Stimulierung von Mikroorganismen, d.h. der unerwünschten Hemmung technologisch wichtiger Keime, z.B. bei der Käseherstellung, ausgelöst werden kann.

Zur Beantwortung dieser beiden Fragen mußte zuerst geklärt werden, welche Mengen von Reinigungs- und/oder Desinfektionsmitteln pro Flächeneinheit des gereinigten Bedarfsgegenstandes, z.B. Milchkanne, Milchflasche, Mineralwasser-, Fruchtsaft-, Bier-, Weinflasche oder auch auf gespültem Geschirr (Kantine!) haften bleiben können.

Hierzu haben SEELEMANN u. Mitarb. (1957) Studien mit Wasser durchgeführt. Konnten die Behältnisse nach dem Entleeren ohne Nachspülen etwa 3 sec abtropfen, so betrug die in jeweils 5 Versuchen ermittelte Rückstandsmenge bei 40 l-Kannen 40 ml, bei 20 l-Kannen 25 ml, bei 1 l-Flaschen 3,7 ml und bei 0,5-l-Flaschen 2,2 ml Flüssigkeit. Damit bestätigen die Autoren praktisch die Ergebnisse von MOHR u. Mitarb. aus dem Jahre 1953, die auf eine 20 l-Kanne 20 ml anhaftendes Wasser rechneten. Die Mengen *reiner* Desinfektionsmittel (nicht Gebrauchslösungen), mit denen in den Gefäßen bei Unterlassung des Nachspülens mit Wasser zu rechnen ist, wurden von SEELEMANN u. Mitarb. angegeben (Tab. 7).

Tabelle 7. *Desinfektionsmittelreste in Kannen und Flaschen*
SEELEMANN u. Mitarb. (1956)

Konzentration der Desinfektionsmittel in %	An den Innenwandungen haften bleibende Desinfektionsmittelmengen bei 0,5 l Flaschen mg	1 l Flaschen mg	20 l Kannen mg	40 l Kannen mg
0,1	2.2	3,7	25	40
0,2	4,4	7,4	50	80
0,5	11,0	18,5	125	200
1,0	22	37	250	400
5,0	110	185	1250	2000
10,0	220	370	2500	4000

Auf die Gesamtmenge Milch würden diese Mengen einer etwa 0,0005 %igen Konzentration in den Kannen und einer 0,0015 %igen Konzentration in den Flaschen entsprechen bei vorschriftsmäßiger Anwendung einer 0,5 %igen Desinfektionsmittellösung. Bei nur 0,1 oder 0,2 %igen Desinfektionslösungen verringert sich der wirksame Anteil entsprechend.

WILDBRETT (1957) hat zur selben Zeit die festgestellten Desinfektionsmittelreste auf das Kannenvolumen bezogen und für die Milch bei Verwendung desinfizierter, nicht nachgespülter 20 l-Kannen bei vollständiger Füllung 0,05 mg/kg freies Chlor bzw. 0,1 mg/kg QAV errechnet. In 0,25 l-Flaschen waren es unter den gleichen Bedingungen 0,3 mg/kg freies Chlor bzw. 0,6 mg/kg QAV.

So kam auch CRAMER (1958) in seinen Untersuchungen über das Haftvermögen von Ampholytseifen an den Oberflächen fester Körper zu dem erwarteten Ergebnis, daß Ampholytseifen auf Oberflächen zwar einen bakteriologisch nachweisbaren Film zurücklassen, die pro Flächeneinheit adsorbierte Menge jedoch einerseits stark von der Art der Oberfläche (Glas, Metall), andererseits aber auch wesentlich von der Intensität, dem Zeitfaktor und der Menge des Nachspülwassers abhängt. Unter Zugrundelegung des für Glasoberflächen nach einmaligem oberflächlichen Waschen ermittelten Wertes von etwa 5 mg/m² Ampholytseifen ergaben sich für die auf der Oberfläche haftende Menge an Desinfektionsmitteln

in einer 0,5 l-Milchflasche aufgerundet 0,12 mg
in einer 20,0 l-Milchkanne aufgerundet 1,1 mg;

d.h. in der Milch, die in diese mit Trinkwasser nachgespülten Gefäße gefüllt wird können sich maximal finden:

in der Milchflasche 0,24 mg/l
in der Milchkanne 0,055 mg/l.

Diese Werte müssen aber als Maximalwerte beurteilt werden, da nach diesen Untersuchungen die Rückstandsmenge an Ampholytseifen in mg/m² nach 5maligem Nachspülen sich um eine Zehnerpotenz auf 0,5 mg/m² erniedrigt.

Zeigen bereits diese Untersuchungen die Abhängigkeit der Rückstandsmengen vom Verhältnis Volumen: Oberfläche, so wurde diese durch KOTTER u. Mitarb. (1962) an 0,5 l und 0,25 l-Flaschen weiterhin bewiesen. Getestet wurden: Hypochlorit, eine QAV, eine Ampholytseife und eine phenolhaltige Polyphosphatverbindung, wobei die Konzentrationen zur Erfassung der auch in der Praxis möglichen Überschreitungen doppelt so stark (1–2%) waren als die von den Herstellern dieser Mittel empfohlenen (0,5–1,0%). Nach einer ausschließlichen Abtropfzeit von nur 3 sec, ohne Nachspülvorgang, betrugen die Rückstandsmengen in 0,5 l-Flaschen im Mittel etwa 1,9 ml, in der 0,25 l-Flasche rund 1,3 ml, was einer Wirkstoffrückstandsmenge von 1 mg/kg Hypochlorit, 5 mg/kg QAV, 8 mg/kg Ampholytseife und 50 mg/kg phenolhaltigem Polyphosphat in der 0,25 l-Flasche bzw. 0,5 mg/kg Hypochlorit, 4 mg/kg QAV, 6 mg/kg Ampholytseife und 40 mg/kg phenolhaltiges Polyphosphat in der 0,5 l-Flasche entsprach.

Wildbrett (1962) konnte in seiner Arbeit über die Bedeutung haftender Rückstände kationaktiver Desinfektionsmittel für die Milchwirtschaft zunächst nachweisen, daß das Haftvermögen ebenso wie die bactericiden Eigenschaften wesentlich vom chemischen Aufbau der QAV (Köhler, 1967) und die Haftmenge selbst vom Werkstoff (Adsorptionsvermögen und Rauhtiefe) abhängt (Tab. 8).

Tabelle 8. *Haftung kationaktiver Verbindungen auf einigen Werkstoffen* (Konzentration der Lösungen: 1 g/l; 1 mal nachgespült mit 1,6 l/m² Wasser; Mittelwerte aus je 3 Versuchen) (Wildbrett, 1962)

Verbindung*	Glas mg/m²	Haftende Menge auf Stahl mg/m²	Polyäthylen mg/m²
DOBC	2,4	1,2	0,9
BDDC	6,7	1,4	2,0
CPC	2,5	1,4	2,1
TDPB	1,6	0,9	1,8

* DOBC = Dodecyl-dihydroxyaethyl-benzyl-ammonium-chlorid
BDDC = Benzyl-dimethyl-diisobutyl-phenoxy-aethoxy-aethyl-ammonium-chlorid
CPC = Cetyl-pyridinium-chlorid
TDPB = Triphenyl-dodecyl-phosphonium-bromid

Des weiteren zeigten diese Untersuchungen, daß die haftenden Rückstandsmengen um so mehr abnehmen, je häufiger bzw. intensiver nachgespült wird, wobei allerdings zwischen der Anwendung kalten oder heißen Wassers kein Unterschied besteht (Tab. 9 und 10).

Tabelle 9. *Haftung kationaktiver Verbindungen an nichtrostendem Stahl in Abhängigkeit von dem Ausmaß des Nachspülens* (Konzentration der Lösungen: 1 g/l; Wassermenge je Nachspülung: 1,6 l/m²: Mittelwerte aus je 3 Versuchen) (Wildbrett, 1962)

Häufigkeit des Nachspülens	Haftende Rückstände von			
	DOBC mg/m²	BDDC mg/m²	CPC mg/m²	TDPB mg/m²
1	1,2	1,4	1,4	0,9
3	1,0	1,1	1,2	0,4
5	0,8	0,5	0,9	0,3
10	0,5	0,4	0,4	0,2

Tabelle 10. *Haftung kationaktiver Verbindungen an Polyäthylen in Abhängigkeit von dem Ausmaß des Nachspülens* (Versuchsbedingungen wie Tabelle 9)

Häufigkeit des Nachspülens	Haftende Rückstände von			
	DOBC mg/m²	BDDC mg/m²	CPC mg/m²	TDPB mg/m²
1	0,9	2,0	2,1	1,8
3	0,6	1,0	1,5	1,4
5	0,5	0,9	1,1	1,1
10	0,4	0,6	0,7	0,7

Nach Spülen mit 8 l/m² — das entspricht Mengen, die unter praktischen Verhältnissen durchaus erreicht werden, nämlich etwa 2,5 l Spülwasser für eine 20 l-Kanne oder 0,2 l Spülwasser für eine 0,25 l-Flasche — sanken die Rückstände in den meisten Fällen unter 1 mg/m², so daß die Grenze von 2 mg/m² unter diesen Bedingungen selbst bei Substanzen mit noch stärkerem Haftvermögen als BDDC kaum erreicht werden dürfte.

Wie die schon erwähnte Arbeit von CRAMER mit Ampholytseifen zeigt, hinterläßt diese Stoffgruppe wesentlich geringere Rückstandsmengen als die QAV's, da nach 5maligem Waschen auf Glas nur noch 0,5 mg/m², auf Stahl keine Reste mehr nachgewiesen werden konnten.

Die Konzentration der Tensidlösung ist nur im Bereich einer Konzentration zwischen 0,1 g/l und 1 g/l von Einfluß auf die Haftmenge. Bei Verwendung einer 10fach stärkeren Lösung, also von 10 g/l, waren die Rückstandswerte innerhalb der Fehlergrenze die gleichen, wie nach Anwendung einer Lösung von 1 g/l. In Übereinstimmung mit STÜPEL (1954) hängt auch nach WILDBRETT diese Erscheinung mit der kritischen Konzentration zusammen, die für DOBC im Bereich von etwa 1 g/l liegt, d.h. bereits in dieser Konzentration ist die maximal mögliche Anreicherung des Tensides in der Grenzfläche, welche das Maß der Adsorption an dem benetzten Werkstoff wesentlich bestimmt, erreicht (TAMAMUSHI u. TAMAKI, 1957). Somit bleibt auf festen Oberflächen keine stärkere filmgrößere Rückstandsmenge zurück, auch wenn die kritische Konzentration der jeweiligen QAV überschritten wird. Deshalb findet man bei wiederholtem Nachwaschen auch stets etwa gleiche Rückstandsmengen, wenn die kritische Konzentration vorher erreicht war.

TSCHAKERT (1958) hatte bereits 1957 durch entsprechende Kontrollversuche an gespültem Geschirr nachgewiesen, daß selbst nach dem normalen Spülen von Hand mit 1 g Tensid/l Spülflotte und Nachspülen mit Kaltwasser (Durchschnitt von insgesamt 320 verschieden verschmutzten Steinguttellern aus einer Kantine während einer Woche) nur 0,0005 g WAS (= waschaktive Substanz) je Teller verblieben waren, was wiederum eine praktische Bestätigung dieser „kritischen Konzentration" ist.

Im Rahmen dieser Betrachtungen über den Einfluß von Reinigungs- und Desinfektionsmitteln auf Lebensmittel ist neben dem Problem der Bildung von Rückständen und damit deren gesundheitlicher Beurteilung (SEELEMANN u. Mitarb., 1958, REHM, 1961, BORMANN u. Mitarb., 1963) auch der Einfluß dieser Rückstände bzw. ihrer Menge auf das Lebensmittel selbst, also auf Geruch, Geschmack, technologische Eignung zur Weiterverarbeitung oder gar auf Qualität und Haltbarkeit als Funktion lebensmittelrechtlicher Bestimmungen zu prüfen.

Die meisten und zugleich umfassendsten Arbeiten zu diesem Fragenkomplex liegen aus dem Gebiet der Milch und Milcherzeugnisse vor, bedingt dadurch, daß bei der Beurteilung von Milch die hygienischen Gesichtspunkte im Vordergrund stehen und die QAV's selbst noch im Verdünnungsbereich von 1 : 100000 ihre stärkste bactericide Wirkung gegenüber grampositiven Bakterien entfalten, zu denen neben den Staphylokokken die milchtechnologisch so wichtigen Milchsäurebakterien (= Säurewecker) gehören, während ihre Wirkung gegenüber den unerwünschten, z.T. schädlichen gramnegativen Mikroorganismen (Coli, Aerogenes, Proteus) deutlich geringer ist und zwar in Verdünnungen $< 1 : 50000$. Die Ampholytseifen ähneln in ihrem bactericiden Spektrum den QAV's.

Doch zunächst zur möglichen Geruchs- und/oder Geschmacksbeeinflussung.

Bereits 1956 konnten SEELEMANN u. Mitarb. bei ihren, praktischen Verhältnissen angepaßten Reinigungs- und Desinfektionsmaßnahmen mit mittelbar nachfolgender Füllung der Kannen mit frisch ermolkener Milch bei Anwendung der vorgeschriebenen Konzentrationen in keinem Falle Geruchs- und Geschmacksveränderungen der Milch durch Reinigungs- und Desinfektionsmittel wahrnehmen, weder nach unmittelbar im Anschluß an die Desinfektion erfolgter Füllung noch nach 24stündiger Aufbewahrung dieser Milch bei 12–15° C. In speziellen Untersuchungen versuchten die Autoren dann festzustellen, welche Mengen von Desinfektionslösungen (Dosylan®, Stecorit®, Calgonit D®, Tego 51®) in der Milch erforderlich sind, um Geruchs- und Geschmacksabweichungen auszulösen. Sie kamen zu dem Ergebnis, daß eine nachteilige Beeinflussung von Geruch und Geschmack erst nach dem Hinzufügen sehr erheblicher Mengen (etwa 10% der Milchmenge) der angegebenen Gebrauchslösung festzustellen ist. Allerdings werden Geruch und Geschmack von Milch bereits durch das Hinzufügen sehr kleiner Mengen – 0,01–0,1 ml zu 100 ml Milch – handelsüblicher konzentrierter Desinfektionsmittel beeinträchtigt. Hierdurch war es möglich, alle bis dahin geäußerten Vermutungen über zu erwartende Geruchs- und/oder Geschmacksbeeinflussungen durch „Spuren" von Desinfektionsmittelrückständen (Phenole – Chlorphenole) auf eine quantitative Basis zu stellen.

Würze und Bier verhalten sich gegenüber Desinfektionsmitteln praktisch gleich (Schnegg, 1950). So bedingen größere Mengen Chlor einen Chlorgeschmack, in Bier gelangendes Alkali vermindert dessen Säuregrad und beeinflußt so die Haltbarkeit. Knorr (1967) konnte bei Zusatz steigender Mengen eines eine QAV enthaltenden Desinfektionsmittels zu hellem Vollbier und dunklem Starkbier während 4 Wochen Einwirkungszeit weder Desinfektionsmitteltrübungen im Flaschenbier noch Fremdgeruch, Fremdgeschmack und nachteilige Schaumbeeinflussung feststellen.

Neben dieser Beeinflussung organoleptischer Eigenschaften stand der Einfluß dieser Rückstände bzw. ihrer Menge auf die technologische Eignung des Lebensmittels zur Weiterverarbeitung im Vordergrund aller Betrachtungen, war doch hierdurch die mikrobiologische Einheit gestört. So konnte Wildbrett (1962) zeigen, daß Rückstände, wie sie auf Grund der geschilderten Versuche in einer 0,2 l-Flasche zu erwarten sind – ausgenommen bei DOBC – genügen, bei Abwesenheit von Milchresten die Entwicklung von *Staphylococcus aureus* zu hemmen. Bei Anwesenheit von Milch oder anderen eiweißhaltigen Stoffen werden die kationaktiven Verbindungen jedoch durch die Eiweißstoffe adsorbiert, unlösliche Komplexe gebildet, das Eiweiß ausgefällt und die mikrobicide Aktivität der QAV wesentlich inaktiviert. Nach Curry u. Barber (1952) kann der Wirkungsabfall bei Anwesenheit von Eiweiß („Eiweißfaktor" = Eiweißfehler, Eiweißverträglichkeit) so stark sein, daß zur Erzielung des gleichen Effektes in eiweißreichem Milieu eine 100fach stärkere Konzentration erforderlich ist als in eiweißfreiem Medium.

Die oben erwähnten gleichen Desinfektionsmittelmengen konnten daher die Säurebildung durch *Streptococcus thermophilus* in Milch nicht meßbar beeinträchtigen. Erst in zehnfacher Konzentration der in 0,2 l-Flaschen zu erwartenden Haftrückstände wurde die Milchsäureproduktion gehemmt.

Über die angebliche „Gefährdung" der Butterei und Käsereitauglichkeit von Milch durch Desinfektionsmittelrückstände liegt inzwischen eine Vielzahl weiterer, klärender Untersuchungen vor, aus den geschilderten physiko-chemischen Gründen meist jedoch nur mit QAV und chlorhaltigen Präparaten. Kauss u. Mitarb. (1962) prüften die Beeinflussung der Säure- und Aromabildung verschiedener Säurewecker-Reinkulturen durch QAV's. Mengen von 2,5 mg Wirkstoff pro l Milch – nach anderen Autoren 3–5 mg/kg – bewirkten eine nur geringgradige Verzögerung. 10–100 mg/kg QAV unterdrückten die Säuerung vollständig (Curry u. Barber, 1952, Wildbrett, 1962). In der Tilsiter- und Camembert-Käserei stellten Frank u. Mitarb. (1964) insofern ähnliche Verhältnisse fest, als ihre Untersuchungen zeigten, daß bei den tatsächlich als Verunreinigung durch QAV-haltige Melkfette bzw. Desinfektionsmittel in die Milch gelangenden Mengen an QAV Käsefehler durch Störungen der Käseproduktion – Hemmung der Milchsäureflora und dadurch Entwicklung einer meist aus gramnegativen Stäbchen und Mikrokokken bestehenden atypischen Mikroflora, die zu bitterem und schließlich fauligem Geschmack sowie zu Blähung der Käse führt – praktisch ausgeschlossen sind, wenn nicht absichtlich Mißbrauch getrieben wird. Um die für technologische Auswirkungen erforderliche Grenzkonzentration von 1 mg/l an QAV zu erreichen, müssen 1 l Milch 10 ml der gebrauchsfertigen 0,1 %igen Desinfektionslösung zugesetzt werden, eine Menge, die selbst bei fehlendem Nachspülen mit Wasser der Kannen *nicht* erreicht werden kann. Auch Swartling (1959) und Wildbrett (1957) kamen zu dem Ergebnis, daß Mengen von mehr als 1 mg/l selbst dann nicht in die Milch gelangen können, wenn auf allen Stufen der Milchgewinnung, bei sämtlichen Lieferanten und der gesamten Verarbeitung QAV ohne Nachspülung verwendet werden, ein Fall also, der sicherlich nicht vorkommen wird.

Nur bei der Joghurtfabrikation bestehen deshalb die größten Gefahrenmomente, weil die biologische Säuerung in kleinen Gefäßen mit relativ großer Oberfläche stattfindet und so anhaftende Reste kationaktiver Desinfektionsmittel – bis zu 0,14 mg QAV/l möglich – unter Umständen die Säurebildner in unmittelbarer Nähe der Flaschenwand durch eine sog. „schleppende Säuerung" stören können (Wildbrett, 1962). Sobald aber die gesamte Milchmenge nicht gleichmäßig durchsäuert, setzt sich der Joghurt vom Glase ab.

Obwohl es wegen der Verschiedenheit der Verbindungen dieser Stoffgruppe sehr schwierig ist, eine einheitliche Beurteilung der QAV, insbesondere für die Milchwirtschaft zu geben, hat Wildbrett (1962) auf Grund seiner eigenen Untersuchungen in Verbindung mit den Arbeiten anderer Forschergruppen einige allgemein gültige Gesichtspunkte im Hinblick auf mögliche Rückstandsmengen von Desinfektionsmitteln, die selbst bei ordnungsgemäßer Anwendung auftreten können und ihre unerwünschten Folgen herausgestellt.

Sieht man nämlich vom Spezialfall der Joghurtherstellung ab, da Joghurtkulturen sehr empfindlich auf Hemmstoffe (Fleischmann, 1954) reagieren – zur Vermeidung der genannten Schwierigkeiten wird empfohlen, Joghurtflaschen nicht mit kationaktiven Verbindungen zu behandeln –, so bestehen keine Bedenken, neben chlorabspaltenden Präparaten QAV für Desinfektionszwecke in milchwirtschaftlichen Betrieben einzusetzen. Wird die desinfizierte Fläche abschließend mit Wasser nachgespült, so sinken die haftenden Rückstände auf unbedeutende Spuren ab. Nachteilige Folgen treten aber nach den bisherigen Erfahrungen auch dann nicht auf, wenn die bactericide Lösung nach dem Gebrauch lediglich genügend abtropfen kann, aber nicht mit Wasser abgespült wird. Die zurückbleibenden Mengen vermögen Milch weder geruchlich bzw. geschmacklich zu beeinträchtigen, noch die Hygienetests, wie Reduktionsprobe (Resazurinprobe) TTC-Hemmstofftest (2.3.5-Triphenyltetrazoliumchlorid) oder die biologische Säuerungsfähigkeit bzw. Fähigkeit zur Labgerinnung in bedenklichem Maße zu beeinflussen.

Etwa die gleiche Beurteilung gilt für die Ampholytseifen und auch für die chlorabspaltenden Desinfektionsmittel. Wie durch Siegenthaler u. Mitarb. bereits 1962 nachgewiesen, folgert Mrozek (1966) aus Literatur und Untersuchungsbefunden, daß bei Milch durch Reste aktiven Chlors bei Reinigung und Desinfektion

1. eine spürbare Beeinflussung der Säuerungsfähigkeit, der Keimvermehrung und der Zusammensetzung der Mikroflora erst bei Zusatzmengen zu befürchten ist, die geschmacklich oder durch Verwässerung leicht zu erkennen sind,

2. selbst bei sehr nachlässiger Arbeitsweise Reste der Reinigungs- und Desinfektionslösung nur in solcher Menge in die Milch gelangen, die produktionstechnisch unbedeutend sind und
3. eine Nachspülung mit einwandfreiem Wasser vor erneuter Benutzung der Gerätschaften unbeschadet dieser Überlegungen schon aus lebensmittelrechtlichen Gründen nachdrücklich zu fordern ist.

Kandler (1961) betont, daß Desinfektionsmittel außer bei vorsätzlichem Zusetzen als Hemmstoff kaum in Frage kommen, d.h. wenn Milch im biologischen Hemmstofftest bei Ausschluß anderer Stoffe auf Grund eines Gehaltes an Desinfektionsmitteln positiv ist, kann dies nur auf grobfahrlässiges oder vorsätzliches Handeln zurückgeführt werden.

Die gleiche Beurteilung gilt sowohl für die „Sulfitreste" in Hackfleisch als auch für die angeblich aus Industriereinigern in Fleischwaren gelangenden Polyphosphate, wie Langner (1964) für letztgenannten Fall eindeutig nachgewiesen hat. Nur bei unsachgemäßer Anwendung ist es denkbar, daß solche Anteile von Polyphosphaten in Fleischerzeugnisse gelangen, die papierchromatographisch erfaßt werden und hierdurch ein „absichtlicher" Zusatz von Polyphosphaten vorgetäuscht wird.

Zusammenfassend lassen sich aus der Vielzahl durchgeführter Untersuchungen zur Frage einer möglichen Kontamination von Lebensmitteln durch Rückstände von Reinigungs- und Desinfektionsmitteln über den Kontakt mit gereinigten und/oder desinfizierten Bedarfsgegenständen folgende Schlußfolgerungen ziehen:

1. Durch bestimmte, heute übliche, in verarbeitungstechnisch richtigen Konzentrationen angewandte Reinigungs- und Desinfektionsmittel bildet sich bei werkstoffgerechter (= korrosionsfreier) Behandlung der Bedarfsgegenstände an deren Oberfläche ein bactericid bzw. bacteriostatisch wirksamer, haftender Film. Bei diesen Substanzen handelt es sich vorwiegend um die unter der Sammelbezeichnung „Tenside" zusammengefaßten QAV's, Ampholytseifen und Jodophore; dazu kommen eventuell noch silikathaltige Lösungen.

2. Trotz dieser vom hygienischen Standpunkt aus wünschenswerten, weil keimhemmenden Filmbildung wurde darin sowohl aus gesundheitlichen als auch lebensmitteltechnologischen Gründen eine Gefahrenquelle im Sinne einer Kontamination mit „unbeabsichtigt" in die Lebensmittel gelangenden Zusatzstoffe (= Rückstände) erblickt. Dies führte teilweise sogar zu der Empfehlung, solche „filmbildenden", insbesondere QAV-haltigen Desinfektionsmittel bei bestimmten Lebensmitteln aus den genannten Gründen nicht einzusetzen.

3. Die pro Flächeneinheit adsorbierte Menge Reinigungs- und Desinfektionsmittel ist einerseits stark von der Art der Oberfläche (Glas, Metall, Kunststoff) und deren Beschaffenheit (Rauhtiefe) sowie – genau wie die bactericiden Eigenschaften – vom chemischen Aufbau der Verbindungen, andererseits aber entscheidend von der Intensität und der Menge (auch Zahl) des Nachspülwassers (Nachspülvorgänge) abhängig. Es sei hier nur daran erinnert, daß Soda, Kalkmilch und Pottasche, z.B. beim Reinigen von Holzbutterfertigern deshalb abgelehnt wurden, weil sie die verwendeten Holzarten angreifen (faserig und rissig machen) und Soda- und Kalkreste sich von Holz nur schwer durch Nachspülen entfernen lassen. Die Konzentration der Reinigungs- und Desinfektionsmittellösungen kann für die Haftmenge unberücksichtigt bleiben. Auch besteht zwischen der Anwendung kalten oder heißen Wassers beim Nachspülen kein Unterschied.

4. Alle Untersuchungen brachten das übereinstimmende und damit klärende Ergebnis, daß selbst bei Unterlassung des Nachspülens mit Wasser, d.h. bei ausschließlichem Abtropfenlassen der in anwendungstechnischer Konzentration benutzten Desinfektionslösung auf der Basis aktiver Chlorverbindungen, QAV's,

Ampholytseifen etc. weder Geruchs- und/oder Geschmacksbeeinflussungen noch lebensmitteltechnologische oder hygienische und gesundheitlich bedenkliche Rückstandsmengen mittelbar über Bedarfsgegenstände in Lebensmittel gelangen. Im übrigen wird bei den DLG-Prüfungen für Reinigungs- und Desinfektionsmittel auch eine solche organoleptische Beeinflussung geprüft und im Falle einer feststellbaren geschmacklichen Abweichung das entsprechende Gütezeichen nicht erteilt. Im biologischen Hemmstofftest feststellbare Gehalte an Desinfektionsmitteln sind ausschließlich auf fahrlässiges oder vorsätzliches Handeln zurückzuführen.

8. Anforderungen an die Beschaffenheit des Wassers für Reinigungs- und Desinfektionszwecke

Ohne Wasser ist eine Reinigung und Desinfektion praktisch nicht möglich. Das Wasser ist Grundelement für die Reinigung im allgemeinen, und zwar sowohl für die mechanische Vorreinigung als Unterstützung der nachfolgenden chemischen Reinigung als auch zur Nachreinigung, d.h. Nachspülung zur Entfernung der aufgezeigten möglichen Rückstände von Reinigungs- und Desinfektionsmitteln. Während die Vorreinigung außerhalb dieser Betrachtung bleiben kann, kommt der Nachspülung im Hinblick auf § 4b Ziff. 5 des Lebensmittelgesetzes in der Fassung des Gesetzes zur Änderung und Ergänzung des Lebensmittelgesetzes vom 21. XII. 1958 grundlegende Bedeutung zu.

Den im vorausgegangenen Kapitel 7 zitierten Untersuchungen war eindeutig zu entnehmen, daß die haftenden Rückstandsmengen „filmbildender" Reinigungs- und Desinfektionsmittel um so mehr abnehmen, je häufiger bzw. intensiver nachgespült wird, wobei zwischen der Anwendung kalten oder heißen Wassers kein Unterschied besteht.

Unter diesen Gesichtspunkten erscheinen die nach jedem Reinigungs- und/oder Desinfektionsvorgang immer wieder geforderten, von verschiedenen Hygienikern aus Gründen der Reinfektion desinfizierter (= entkeimter) Bedarfsgegenstände abgelehnten Nachspülvorgänge in einem neuen, insbesondere lebensmittelrechtlichem Licht.

Für den möglichen Übergang fremder Stoffe von Bedarfsgegenständen auf Lebensmittel wird grundsätzlich gefordert, daß diese Anteile „technisch unvermeidbar" sind. Technisch unvermeidbar ist nach Zipfel (1962), was auch bei sorgfältiger und zumutbarer Bearbeitung mit modernen, dem Stand der Technik entsprechenden Methoden (Verfahren, Maschinen) nicht entfernt werden kann. Die technische Unvermeidbarkeit setzt also gleichzeitig voraus, daß es kein, also auch kein anderes Verfahren gibt, bei dem noch geringere Restmengen verbleiben und das keine ungünstige Beeinflussung zur Folge hat. Die Übertragung dieser lebensmittelrechtlichen Bestimmungen, ergänzt durch die in der Einleitung zu Kapitel 7 zitierten gesetzgeberischen Maßnahmen auf die Reinigung und Desinfektion im Lebensmittelbetrieb besagt also unter Zugrundelegung der bisher gewonnenen Erkenntnisse, daß Bedarfsgegenstände nach erfolgter Reinigung und Desinfektion stets mit Wasser nachzuspülen sind, denn nur durch diese Nachspülvorgänge werden die möglichen Rückstände von „filmbildenden" Reinigungs- und Desinfektionsmitteln von den Bedarfsgegenständen bis auf „technisch unvermeidbare" und damit gesundheitlich, geruchlich und geschmacklich unbedenkliche Anteile, zum Teil sogar rückstandsfrei, entfernt.

So konnte Wildbrett (1962) zeigen, daß beim Nachspülen mit Wassermengen von 8 l/m^2, was unter praktischen Verhältnissen z.B. für Milchflaschen, Milchkannen, Getränkeflaschen durchaus erreicht wird, Rückstandsmengen kationaktiver Verbindungen (QAV) erzielt werden, die unter 1 mg/m^2 liegen. Gemäß den

Untersuchungen von Cramer (1958) hinterlassen Ampholytseifen noch geringere Rückstände, da nach 5 maligem Waschen auf Glas nur noch 0,5 mg/m², auf Stahl keine Reste mehr nachgewiesen werden konnten.

Unter dem Blickwinkel der mit der Reinigung, insbesondere aber Desinfektion der Bedarfsgegenstände, z.B. Milchgeräte, Fleischereigeräte, Rohrleitungen, Flaschen, Getränkeschankanlagen, erreichten Keimfreiheit entsteht aber mit der schon allein aus lebensmittelrechtlichen Gründen gestellten Forderung des Nachspülens ein neues Problem, nämlich das der hygienischen Qualität des zur Anwendung kommenden Wassers. Mohr (1954), Lagoni und Merten (1956), die nach der Reinigung und Desinfektion schon immer ein gründliches Nachspülen verlangen, fordern aber gleichzeitig hierfür ein in physikalischer, chemischer wie auch bakteriologischer Hinsicht nicht zu beanstandendes Wasser, was letztlich den an ein „Trinkwasser“ zu stellenden Anforderungen entspricht. Die von Seelemann u. Mitarb. (1956) gegebene Empfehlung, eine Nachspülung der Milchgeräte nach erfolgter Desinfektion mit nicht abgekochtem Wasser zu unterlassen, darf ausschließlich in den Grenzen beurteilt werden, für die diese Arbeit durchgeführt wurde, d.h. für die Anwendung von in der bakteriologischen Beschaffenheit mangelhaftem Wasser auf Bauernhöfen, durch das beim Nachspülen eine Reinfektion der desinfizierten Flaschen mit hygienisch unerwünschten Keimen erfolgte.

Somit ist also der Begriff „Trinkwasserqualität“ zu definieren, der in Übereinstimmung mit der Auffassung von Schormüller (1961) grundsätzlich auch für das sog. „Brauchwasser“ der Gewerbe- und Industriezweige der Lebensmittelgewinnung, -herstellung und -zubereitung gilt, was sich im übrigen auch aus § 11 Abs. 1 des Bundes-Seuchengesetzes vom 18. VII. 1961 in der Fassung vom 23. I. 1963 ergibt.

> Trinkwasser muß so beschaffen sein, daß durch seinen Genuß oder Gebrauch die menschliche Gesundheit, insbesondere durch Krankheitserreger, nicht geschädigt werden kann.

Wenngleich auch für die Trinkwasserhygiene als Teilgebiet der Gesamthygiene verwaltungsmäßig die Amtsärzte (Vorschriften für die einheitliche Durchführung des Lebensmittelgesetzes) zuständig sind, so sollen doch die auch vom lebensmittelchemischen Standpunkt aus erforderlichen Grundforderungen für ein Trinkwasser im Rahmen des hier anstehenden Problems kurz skizziert werden.

Grundsätzlich muß ein Trinkwasser frei sein von pathogenen Mikroorganismen und Keimen einschließlich Viren, von Lebensmittelschädigungen bewirkenden Keimen sowie von solchen, die unerwünschte lebensmitteltechnologische Veränderungen auslösen können, d.h. neben der völligen Abwesenheit von Krankheitserregern hat ein Trinkwasser eine genügende Keimarmut aufzuweisen. Wenngleich auch aus den bekannten Gründen allgemein gültige Grenzzahlen nicht aufgestellt werden können, so sollte der Gesamtkeimgehalt für Trinkwasser nicht mehr als 100 Keime pro ml betragen, wobei für die tatsächliche und damit letztgültige Beurteilung des Einzelfalles die jeweilige örtliche Situation unbedingt heranzuziehen ist, wodurch u.U. strengere Maßstäbe anzulegen sind.

Der Colititer soll für Trinkwasser grundsätzlich möglichst hoch, nicht aber unter 100 liegen und bei desinfiziertem Trinkwasser überhaupt nicht nachweisbar sein. Bei Anwendung von Wasser mit höheren Keimzahlen oder *Bact. coli* ist z.B. durch Chlorung, Ozonisierung oder UV-Entkeimung eine Keimfreiheit zu erzielen, wobei in Anlehnung an die Ausführungen in Kapitel 7 auf die Arbeit von Siegenthaler u. Mitarb. (1962) hingewiesen werden soll, daß auch durch chloriertes Wasser in die Milch gelangende, bis zu 0,05 mg/l betragende Chloranteile keinen Einfluß bzw. Wirkung ausüben. Auch kann man sich zur Beseitigung eines Keimgehaltes der mechanisch wirkenden Entkeimungsfilter (BERKEFELD oder SEITZ) bedienen.

Unter der Voraussetzung einwandfreier hygienischer Verhältnisse einschließlich einwandfreier organoleptischer Beschaffenheit — das Wasser soll farblos, klar, frei von Geruch und Geschmack sein — sind an die allgemeine chemische Zusammensetzung eines für die Nachspülung vorgesehenen Trinkwassers noch folgende Forderungen zu stellen (KRUSE, 1960): So kann die Carbonathärte zu Störungen Anlaß geben, weil durch die vorwiegend auf Calciumchlorid und Calciumsulfat beruhende Nichtcarbonathärte bei der mit einer Temperaturerhöhung verbundenen Entfernung von Kohlensäure Kalkausscheidungen möglich sind. Übersteigt die Carbonathärte eines Wassers 20° d.H., so sollte eine Wasseraufbereitung z.B. durch Entcarbonisierung oder Ionenaustausch erfolgen. Eine Wasseraufbereitung ist auch bei einem im Wasser gelösten Gehalt an korrodierend wirkenden Gasen, z.B. Sauerstoff und CO_2 sowie einem solchen an Eisen- und Mangansalzen, evtl. auch Magnesiumsalzen erforderlich. Die Gesamthärte sollte deshalb nicht über 20° d.H. liegen.

Bei einem etwa im Neutralbereich (7,0–7,5) liegenden pH-Wert sollte ein solches Wasser – von durch Ortsbesichtigung genehmigten Ausnahmen abgesehen – kein natürliches Phosphat, kein Ammoniak, keine salpetrige Säure und eigentlich nicht mehr als 50 mg/l Salpetersäure = Nitrat enthalten und auch den gleichen Grenzwert an Chlorid nicht überschreiten. Der als Maß für den Gehalt an oxydierbaren (organischen) Stoffen dienende Kaliumpermanganatverbrauch sollte 12 mg/l nicht übersteigen.

Selbstverständlich dürfen in Trinkwasser keine gesundheitsschädlichen, z.B. aus Leitungssystemen stammende Stoffe wie Arsen-, Blei-, Kupfer- oder Zinkverbindungen enthalten sein oder aber von außen her eingeschleppt werden, z.B. über Verunreinigungen durch industrielle Abwässer. Nebenbei bemerkt, ist das Fehlen insbesondere von Eisen- und Kupferverbindungen im Wasser von z.B. Molkereien aus technologischen Gründen (Oxydationskatalysatoren, Geschmacksbeeinflussung, „metallisch") ebenfalls erforderlich.

Bei Berücksichtigung dieser hygienisch-chemischen Anforderungen an ein Trinkwasser — siehe auch DIN 2000 und 2001 über Anforderungen an Trinkwasser für die zentrale und Einzel-Trinkwasserversorgung — kann die Nachspülung keine Gefahr für eine Reinfektion desinfizierter Bedarfsgegenstände bedeuten und es besteht daher in Anwendung der dargelegten Untersuchungen auch keine Veranlassung dafür, „filmbildende" Reinigungs- und Desinfektionsmittel aus angeblich gesundheitlichen Gründen zu verbieten. Im Sinne des wünschenswerten Verbraucherschutzes ist jedoch in Anerkennung bestehender lebensmittelrechtlicher Bestimmungen stets das Nachspülen gereinigter und desinfizierter Bedarfsgegenstände mit Trinkwasser zu fordern und zwar bei sog. Fabrikationseinheiten oder -systemen in einem, dem normalen Verarbeitungsgang entgegengesetzten Nachspülvorgang, d.h. das Wasser ist von unten durch das Leitungssystem zu drükken und oben ausfließen zu lassen, da nur hierdurch die „quantitative Spülung" und damit Rückstandsentfernung garantiert wird. Gleichzeitig ist im Hinblick auf neueste Untersuchungsergebnisse von KIPPHAN u. BIRNBAUM (1967) über die Reinfektion in Flaschenreinigungsmaschinen zu beachten, daß durch konstruktive Maßnahmen das sog. „Atmen" der Flaschen und auch anderer Gefäße durch Eindringen keimhaltiger Luft in den Bereich der gereinigten Flaschen auf alle Fälle verhindert wird, denn hierdurch wird tatsächlich reinfiziert und nicht durch ein Trinkwasser, das im dargelegten Sinne zur Nachspülung eingesetzt wird.

Reinigung und Desinfektion sind nicht nur ein praktisch-hygienisches Erfordernis der Lebensmittelgewinnung, -herstellung und -zubereitung, sondern bei richtiger Anwendung der Reinigungs- und Desinfektionsmittellösungen in der erforderlichen Konzentration und entsprechenden Temperatur bei Anwendung von zwei Nachspülvorgängen mit warmem und kaltemTrinkwasser lebensmitteltechnologische Arbeitsvorgänge, die praktisch zu keiner Kontamination von Lebensmitteln führen und somit dem heutigen Verbraucherschutz im Sinne des eingangs zitierten § 4 b Ziff. 5 LMG entsprechen.

Bibliographie

Demeter, K.J.: Bakteriologische Untersuchungsmethoden der Milchwirtschaft. Stuttgart: Eugen Ulmer 1952.

Deutsche Gesellschaft für Hygiene und Mikrobiologie: Richtlinien für die Prüfung chemischer Desinfektionsmittel. Stuttgart: G. Fischer 1959.

Dorner, W.: Allg. und milchw. Mikrobiologie. Frauenfeld u. Leipzig: Huber & Co. 1943.

Franck, R. u. H. Mühlschlegel: Kunststoffe im Lebensmittelverkehr. Köln: Carl Heymanns K.G. 1962.

Kandler, O.: Der Molkereifachmann. Heft 20 Hildesheim: Heinrichs Verlag K.G. 1961.

Kellermann, R.: Milchwirtschaftliche Mikrobiologie. 2. Aufl. Hildesheim: Heinrichs Verlag K.G. 1954.

Klimmer, M. u. F. Schönberg: Milchkunde und Hygiene. Hannover: Schaper 1956.

Konrich, F. u. L. Stutz: Die bakterielle Keimtötung durch Wärme. Stuttgart: F. Enke 1963.

Kruse, H.: Einheitliche Anforderungen an die Trinkwasserbeschaffenheit und Untersuchungsverfahren in Europa. Stuttgart: Gustav Fischer 1960.

Kühles, R.: Handbuch der Mineralwasser-Industrie. Lübeck: Antäus-Verlag 1947.

Lang, K.: Hygienische Probleme bei Gewinnung, Verarbeitung und Vertrieb von Lebensmitteln. Darmstadt: Dr. Dietrich Steinkopff 1961.

Mohr, W.: Die Reinigung und Desinfektion in der Milchwirtschaft. Hildesheim: Milchwirtschaftlicher Verlag Th. Mann K.G. 1954.

Niven jr., W. W.: Fundamentals of Detergency. London: Reinhold Publ. Corp. 1950.

Precht, H., J. Christophersen u. H. Hensel: Temperatur und Leben. Berlin: Springer 1955.

Ressuggan, J.C.L.: Quarternary ammonium compounds in chemical sterilization. London: United Trade Press Ltd. 1951.

Resuggan, J. C. L.: The cleaning and sterilization of bottles and other glass containers. London: United Trade Press Ltd. 1951.

Roeder, G.: Grundzüge der Milchwirtschaft und des Molkereiwesens. Hamburg u. Berlin: Paul Parey 1954.

Schnegg, H.: Desinfektionstechnik in Brauerei-Betrieben. Nürnberg: Hans Carl K.G. 1950.

Schönherr, W.: Leitfaden der Milchuntersuchung. Leipzig: S. Hirzel 1956.

— Standardmethoden der tierärztlichen Milchuntersuchungen. Jena: VEB Gustav Fischer 1960.

Schormüller, J.: Lehrbuch der Lebensmittelchemie. Berlin-Göttingen-Heidelberg: Springer 1961.

Schwarz, G., B. Hagemann, C. Hüttig, R. Kellermann u. W. Staege: Methodenbuch Bd. VI, Untersuchungen von Milcherzeugnissen und Molkereihilfsstoffen. Radebeul und Berlin: Neumann-Verlag 1950.

Schwarz, G.: Surface active agents. London u. New York: Interscience Publishers 1949.

Sisley, J. P.: Index des huiles sulfonees et des détergents modernes, Vol. II. Paris: Edition Teintex 1949.

Spitta, O.: Handbuch der Lebensmittelchemie. VIII. Band, Teil 2. Berlin Julius Springer 1940.

Stüpel, H.: Synthetische Wasch- und Reinigungsmittel. Stuttgart: Konradin Verlag 1954.

Weinfurtner, F.: Richtlinien für Hefezucht, Biologische Brauerei-Betriebskontrolle und Desinfektionsmittelprüfung. Nürnberg: Hans Carl K. G. 1957.

Zipfel, W.: Lebensmittelrecht. München-Berlin: C.H. Beck'sche Verlagsbuchhandlung 1962.

Zeitschriftenliteratur

Aigner, M.: Über eine neue Reinigungs- und Desinfektionsmethode in der Milchwirtschaft mittels des Kärcher-Dampfstrahlreinigers. Öst. Milchwirtsch.-Ztg. **15**, 197 (1960).

Anderson, Ch. W.: Observation on a one-dip unclear staining procedure for the direct microscopic examination of milk, milk products and other foods. J. Milk Food Techn. **23**, 37 (1960).

ANDERSON, L.: Indentifizierung och förekomst av fekala coliforma i mjölk. Hygienisk Revy **8**, 383 (1958).
— Jodophore als Desinfektionsmittel in der Milchwirtschaft. Milchwiss. **17**, **513** (1962).
ANDREAS, F. u. J. FRANKE: Über den Einsatz moderner Tenside bei der Herstellung kosmetischer Erzeugnisse. Tenside **3**, 419 (1966).
ARUP, H.: Probleme der Korrosion in der Betriebseinrichtung der Molkereien. Molkerei-Ztg. **16**, 1308 (1962).
BABENZIEN, H. D., A. SCHWARTZ u. B. SCHWARTZ: Über Chlorschwund im Trinkwasser. Zbl. Bakt., I. Abt. **185**, 398 (1962).
BADEN, J.: Programmgesteuerte chemische Reinigung. Molk. techn. Heft **26**. Bd. VI, 14 (1963).
BASILLE, D. et G. THIEULIN: Étude comparative de l'épreuve de la recherche des bactéries „indologènes" et de l'épreuve du dénombrement des bactéries „coliformes" engélose au desoxycholate pour le controle bactériologique du lait pasteurisé. Lait **40**, (397), 369 (1960).
BAUMGARTNER, R.: Das Glas-Entfettungsvermögen von Wasch- und Reinigungsmitteln. Seifen, Öle, Fette, Wachse **79**, 488, 514, 540, 568, 597, 622, 645 (1953).
BAUSTIAN, H.: Das bacto-strip-Verfahren. Molkerei- u. Käserei-Ztg. **9**, 428 (1958).
BEATTIE, G.B.: Probleme der Flaschenreinigung und ihre Beseitigung. Dairy Engineering **7**, 115 (1960).
BECK, G.: Milchhygienische Forderungen aus der Sicht der Betriebsüberwachung und Beratung im Molkereiwesen. Dtsch. Molk. Ztg. **79**, 1457 (1957).
BECK, G.: Die Bedeutung der Stufenkontrolle in milchhygienischer Beziehung. Milchwiss. **14**, 65 (1959).
BENCKISER, J.A.: Erfahrungen bei der Flaschenreinigung. Brauer u. Mälzer **11**. **2**, Bd. 3 (1958).
BENDOVÁ, O.: Quartäre Ammoniumverbindungen als Desinfektionsmittel in der Brauindustrie. Kyasný prumysl **9**, 124 (1963).
BERNDT, H.: Wasserbehandlung mit Chlordioxyd. Zbl. Bakt. **191**, **356** (1963).
BIRCHLER, G.: Mechanische Tankreinigung. Schweiz. Brauerei-Rdsch. **73**, **175** (1962).
BLEIER, R. u. E. LEONHARTSBERGER: Qualitätsbeurteilung der Rohmilch auf Grund der Reduktaseproben. Öst. Milchwirtsch.-Ztg. **15**, 129 (1960).
BÖHMLÄNDER, F. u. Mitarb.: Wasseraufbereitung mit Chlordioxyd. Wasser, Luft, Betrieb **4**, 215 (1960).
BÖRGER, K.: Untersuchungen über den Nitratreduktionstest. Milchwiss. **17**, **668** (1962).
BOJKOW, E.: Zur Methodik von Reinigungs- und Desinfektionsversuchen an Melkzeugen mittels bakteriologischer Untersuchungsmethoden. Bodenkultur **11**, 163 (1960).
BOOTH, E.: Praktische Reinigungsverfahren für die Meierei. Dairy Engineering **77**, **293** (1960).
BORMANN, G., A. LÖSER u. M. STANISIC: Über eine waschaktive Substanz auf der Basis von Dodecylbenzolsulfonat. Fette, Seifen, Anstrichmittel. **65**, 818 (1963).
BOTHAM, G.H.: Die Korrosionsbeständigkeit von nichtrostendem Stahl gegenüber den neuen chlorhaltigen organischen Desinfektionsmitteln. XVI. Int. Milchw. Kongr. Bd. C 167 (1962).
BRUNNER, R.: Desinfektionsmittel in der Brauerei. Int. Fachz. Brau-Gär-Kältetechnik **13**, 179 (1960).
BURGHART-SCHNEPF, P. u. H. CAMPHAUSEN: Reinigungsversuche an der Absaugleitung von Melkanlagen. Milchwiss. **16**, 579 (1961).
BUSCHKIEL, H.: Reinigung ist noch keine Desinfektion. Brauer-Bl. Schleswig-Holstein **9**, 1564 (1955).
— Über die unsachgemäße Anwendung von Desinfektionsmitteln. Molkerei- u. Käserei-Ztg. **10**, 426 (1959).
CALHOUN, F.L.: Bottle inspection systems. Brew. Digest **34**, 58 (1959).
CAMPHAUSEN, H.: Untersuchungen über den Einfluß des Maschinenmelkens auf die Beschaffenheit der Milch. Diss. Justus Liebig Hochschule Gießen (1952).
— Erfahrungen bei der maschinellen Kannenreinigung. Molkerei- u. Käserei-Ztg. **12**, 774 (1961).
— Reinigung und Desinfektion im Schmelzkäsebetrieb. Dtsch. Molk. Ztg. **82**, 1665 (1961).
— Reinigung und Desinfektion von Rohrmelkanlagen. Molkerei- u. Käserei-Ztg. **12**, 1419 (1961).
— Automatische Flaschenreinigung. VII. Int. Symposion: „Fremdstoffe in Lebensmitteln" Belgrad (1961).
— Reinigung und Desinfektion in Lebensmittelbetrieben. Feinkostwirtsch. **1**, Heft 6 u. 7 (1964).
— Flaschenreinigung in Mineralbrunnenbetrieben. Naturbrunnen Heft 8 (1964).
CANTOR, A.: The toxicity of Jodophores. Journ. Soc. Cosmet. Chem. **74**, 19 (1956).
— u. H. SHELANSKY: The toxic effectiveness of Jodophores. Soap and Sanitary Chemicals **27**, 133 (1951).

Chambers, G. u. J. McDowall: Das Vorkommen und der Nachweis von Natriumhypochlorit in Bauernmilch in Nordirland. XVI. Int. Milchw. Kongr. Bd. C 425 (1962).
Charonnat, R. u. Mitarb.: Détection des ammoniums quaternaires dans le lait d'alimentation. Ann. Pharm. Franc. **15**, 673 (1957).
Clegg, L. u. W. Hoy: Quaternary Ammonium Compounds. Agriculture (London) **64**, 83 (1957).
Comrie, A. A. D.: Brauereibiologische Betriebskontrolle. Brew. Guardian **89**, 37 (1960).
Cooper, W.C.: Wirksamere Flaschen-Reinigung. South. Dairy Products J. **63**, 1, 109 (1958).
Cramer, G.: Über das Haftvermögen von Ampholytseifen an den Oberflächen fester Körper. Fette u. Seifen **60**, 35 (1958).
Curry, I.C. u. F.W. Barber: Inhibition of Streptococcus lactis by a quaternary ammonium compound in cheese milks. I. Milk and Food Technol. **15**, 278 (1952).
Dachs, E.: Das Prüfen von Reinigungslaugen für Flaschenwaschmaschinen auf chemische und biologische Wirksamkeit. Mineralwasser-Ztg. **14**, 794 (1961).
— Eine neuartige Methode zur Keimfreihaltung bürstenloser Flaschenreinigungsanlagen. Brauwiss. **15**, 3 (1962).
— Die Praxis des infektionsfreien Abfüllens. Brauer und Mälzer **16**, 3 (1963).
— Die Notwendigkeit der bürstenlosen Flaschenreinigung auch in kleinen Betrieben. Brauer und Mälzer **17**, 56 (1964).
Damerow, G. u. U. Holzhäuser: Die programmgesteuerte chemische Reinigung in der Molkerei. Molkerei- u. Käserei-Ztg. **13**, 1080 (1962).
— Erprobung der Alfa-Laval-Tankreinigungsschleuder zur Reinigung und Desinfektion von Milchtanks. Molkerei-Ztg. **16**, 612 (1962).
Damm, H.: Zur Charakteristik unserer gebräuchlichsten Desinfektionsmitteltypen. Akad. Staatsmediz. Düss. Jb. 49 (1956).
— Die Flaschenreinigung in der Molkerei. Molkerei- u. Käserei-Ztg. **9**, 1065 (1958).
— Die wissenschaftlichen Grundlagen der Desinfektion. Schweiz. Milch-Ztg. **18**, (Wissenschaftl. Beil. Nr. 69) 1960.
Damm, H. u. H. Mrozek: Rationalisierung und Automatisierung von Reinigungs- und Desinfektionsaufgaben in der Getränkeindustrie. Naturbrunnen **6**, 160 (1962).
— Rationalisierung und Automatisierung von Reinigungs- und Desinfektionsaufgaben in der Getränkeindustrie. Naturbrunnen **12**, 160 (1962).
— Die Flaschenreinigung in der Brauerei. Brauwelt **104**, 524 (1964).
— Über quaternäre Ammoniumverbindungen. Molkerei-Ztg. (Hildesheim) **18**, 697 (1964).
Demeter, K.J. u. H.V. Köhler: Über die keimtötende Wirkung alkalischer Lösungen mit besonderer Berücksichtigung des pH-Wertes von 11, 5. Milchwiss. **11**, 385 (1956).
Demeter, K.J. u. Mitarb.: Über einen neuen, doppelbahnigen Kannenwäscher mit einschwenkbaren Spritzrohren und seine bakteriologische Wirkung. Dtsch. Molk. Ztg. **78**, 697 (1957).
Domagk, G.: Eine neue Klasse von Desinfektions-Mitteln. Dtsch. Med. Wschr. **61**, 829 (1935).
Dünges, U.: Untersuchungen über die Wirkung quaternärer Ammoniumverbindungen auf milchwirtschaftlich wichtige Mikroorganismen. Dissertation Milchwirtsch. Institut Weihenstephan 1961.
Dunn, C.G.: The quaternary ammonium coumpounds and their uses in the food industry. Advanc. Food Res. **2**, 144 (1949).
Edelmeyer, H.: Milchhygiene und Desinfektion. Dtsch. Molkerei-Ztg. **83**, 2021 (1962).
— Mikroorganismen in der alkoholfreien Getränkeindustrie und ihre Bekämpfung. Naturbrunnen **13**, 184 (1963).
Eisses, J. u. Mitarb.: Ein empfindlicher Nachweis von Jodophoren in Milch. Ned. Melk. Zuiveltijdschr. **14**, 255 (1960).
Elliker, P.R.: Chemische Desinfektionsmittel für die Milchindustrie. Canad. Dairy Ice Cr. J. **37**, 36 (1958).
Emeis, C.C.: Betriebshygiene, Desinfektion und Sterilisation. Mineralwasser-Ztg. **15**, 981 (1962).
England: Dairy plant Sanitation. Milk. Prod. J. **45**, 31 (1954).
Fleischmann, K.: Läßt sich Penicillin in der Milch nachweisen? Dtsch. Molkerei-Ztg. **75**, 534 (1954).
Flückiger, E.: Über die Dampfbehandlung von Melkmaschinen in Kleinbetrieben. 15. Int. Dairy Congr. **4**, 1965 (1959).
— Die Reinigungs- und Desinfektionsprobleme auf dem Bauernhof und in der Käserei. Schweiz. Milch-Ztg. **85**, 201 (1959).
— Die Reinigung von Kupferkesseln mit verschiedenen Putzmitteln und deren Einfluß auf den Kupfergehalt des Emmentalerkäses. Schweiz. Milch-Ztg. **70**, (1960).
Forsogsmejeriet Hilleröd: Reinigung von Stahlbutterfertiger nach Sandstrahlbehandlung. Maelkeritidende **72**, 141 (1959).

FRANK, H. u. O. KANDLER: Die Wirkung von QAV-Desinfektionsmitteln auf die Tilsiter- und Camembertkäserei. Dtsch. Molkerei-Ztg. **85,** 227 (1964).
FRIEDRICH, E.: Desinfektion in der Brauerei. Brauer und Mälzer **14,** 17 (1961).
FUTSCHIK, J.: Über die Brauchbarkeit neuer Coli-Bestimmungsmethoden für die bakteriologische Stufenkontrolle. Öst. Milchwirtsch. **11,** 70 (1956).
— Merkpunkte zur Reinigung und Desinfektion von Butterfertigern. Öst. Milchwirtsch. **12,** H. 23 (1957).
— Über einige den bakt. Reinheitsgrad von Milchkannen beeinflussende Faktoren. Milchwiss. **8,** 1 (1958).
— Aufbau und Reinigung einer modernen Rohrmelkanlage. Milchwiss. **9,** 23 (1959).
— Die chemische Reinigung im Molkereibetrieb. Öst. Milchwirtsch. **15,** 405 (1960).
GALESLOOT, TH.E. u. H. LABOOTS: Laboratory procedures for the evaluation of the bactericidal action of dairy sanitizers. Int. Dairy Federation, Ber. VI-DOC 2 E 58/63 (1958).
GEFFERS, H.: Reinigung und Desinfektion in der Butterei und Käserei. Molkerei- u. Käserei-Ztg. **9,** 1085 (1958).
— Reinigung von Erhitzern und Verdampfern. Molkerei- u. Käserei-Ztg. **10,** 326 (1959).
GEHRING, F.: Über die Verwendung von Plexiglas als Schneidunterlage in Fischverarbeitungsbetrieben, gleichzeitig ein Beitrag zur Methodik von Desinfektionsuntersuchungen. Arch. Lebensmittel-Hyg. **13,** 239 (1962).
GEHRING, F. u. B. MÜLLER: Desinfektion der Melkmaschine mit Dampf. Dtsch. Molkerei-Ztg. **80,** 1756 (1959).
GEIGER, P.: Über die Betriebshygiene und laufende Reinigung einer Speiseeisfabrikationsanlage. Süßwaren **2,** Nr 3,1 (1958).
GOLDINGER, B.: Vergleichende Prüfung maschinell und manuell gereinigter Milchtransportkannen auf ihren Keimgehalt und die Keimvermehrung in der Aufbewahrungszeit. Dtsch. Molk.-Ztg. **82,** 1330 (1961).
GOLDSCHMIDT, TH.: Tego-Zumischgerät für Desinfektionsanlagen. Milchwiss. **14,** 313 (1959).
GRABOWSKI, H.: Die Reinigung und Desinfektion der Stahlbutterfertiger. Dtsch. Molk. Ztg. **80,** 342 (1959).
GREVEMEYER, M.: Wasser zur gewerbsmäßigen Herstellung von Lebensmitteln. Molkerei-Ztg. (Hildesheim) **12,** 907 (1958).
GRIGORIJEWITS, G. u. E. MIKSCHIK: Desinfizierende Reinigung mittels Pentachlorphenol-Lauge. Int. Fachztg. Brau-Gär-Kälte-Technik **13,** 73 (1960).
HADLOK, R.: Die Lebensmittelschädigungen hervorrufenden Keime, ihre Bedeutung und ihre Beeinflussung durch Reinigung und Desinfektion der Betriebe und Geräte. Fleischwirtsch. **45,** 1178 (1965).
HAHN, A. u. U. LAHANN: Kombinierte Reinigung und Desinfektion im Brauereibetrieb. Brauwelt **102,** 553 (1962).
HALTENBERGER, D.: Einfluß von Reinigungs- und Desinfektionsmitteln auf die Lab- und Säuerungsfähigkeit der Milch. Molkerei- und Käserei-Ztg. **9,** 1524 (1958).
HAMANN, R.: Praktische Erfahrungen mit der maschinellen Tankreinigung. Dtsch. Molkerei-Ztg. **85,** 908 (1964).
HEIDRICH, P.: Elektrolytischer Chlorerzeuger. Öst. Milchwirtsch. **12,** H. 20 (1957).
HEINEMANN, A.F.: Automation in der Faß- und Flaschenkellerei. Brauwelt **104,** 885 (1964).
HEYLMANN, K.: Chlorisocyanursäuren als desinfizierender Bestandteil von Reinigungsmitteln Seifen, Öle, Fette, Wachse **90,** 135 (1964).
HILBURG, W.: Betrachtungen zur Frage der Reinigung und Entseuchung von Milchtransportkannen. Arch. Lebensmittelhyg. **11,** 201 (1960).
HOBBIGER, A.: Beobachtungen über die Auswirkungen des Maschinenmelkens auf die hygienische Güte der Milch. XVI. Int. Milchw. Kongr. Bd. A, 517 (1962).
HOLLUTA, J.: Die wissenschaftlichen Grundlagen der Chlorung. Gas, Wasser Fach. **90,** 218 (1949).
INT. MILCHWIRTSCHAFTSVERBAND: Laboratoriumsmethoden für die Bewertung der bakteriziden Wirkung von milchwirtschaftlichen Desinfektionsmitteln. Ber. VI-Doc 14 (1961).
— Standard-Kapazitätstest für die Bestimmung von Desinfektionsmitteln in der Milchwirt. Int. Stand. FIL/IDF 18 (1962).
JACOBSEN, B.: Aspects of the cleaning of bottles. Europ. Brew. Conv. Proced of the Congr. 405 (1961).
JANOSCHEK, A.: Starke Zunahme der Säureträgheit der Milch. Neugestaltung der Desinfektionsmittelprüfung. Molkerei Ztg. **16,** 893 (1962).
— Biophysik und Milchwissenschaft. Dtsch. Molkerei Ztg. **83,** 1159 (1962).
JANSEN, K. u. H.J. SCHÜSSLER: Automatische Tankreinigung in der milchverarbeitenden Industrie und die dafür einzusetzenden Reinigungs- und Desinfektionsmittel. Molk.-Ztg. **17,** 484 (1963).

Jaremko, N.: Zur Bekämpfung des Pyocyaneumvorkommens in Vorzugsmilchbetrieben. Arch. Lebensmittelhyg. **11**, 279 (1960).
Jax, P.: Über den Einfluß des Wasserversorgung des Bauernhofes auf die hygienische Güte der Milch. XVI. Int. Milchw. Kongr. A 511 (1962).
Jennings, W. G.: Circulation Cleaning. J. Dairy Sci. **40, 1471** (1957).
— Circulation Cleaning II. J. Dairy Sci. **42**, 476 (1959).
— Circulation Cleaning III. The Kinetics of a simple Detergent system. J. Dairy Sci. **42, 1763** (1959).
Jensen, H., A. H. Pedersen u. A. Möller-Madsen: Nogle undersögelser vedrörende desinfection of transportpande og maltemoskiner. Ber. 121 Forsögsmejeri Mejeriteknisk Bogforlag. Tornestykket 3 Vanlöse (1959).
Jünger, R.: Die Reinigung von Kannen und Erhitzern in den Molkereien. Molkerei- u. Käserei-Ztg. **9**, 1070 (1958).
Kästli, P. Bakteriologische Untersuchungen an Milchtransportkannen. Schweiz. Milch-Ztg. **86**, 573 (1960).
Kästli, P. u. M. Binz: Vergleichende Untersuchungen mit Methylenblau-Reduktaseprobe bei Konsum- u. Käsereimilch. Schweiz. Milch-Ztg. **85**, 65 (1959).
Kaiser, A.: Über Desinfektionsmaßnahmen in Brauereien. Brauwiss. **102**, 1453 u. 1496 (1962).
Kandler, O.: Über die Schnellbestimmung von Nichtmilchsäurebakterien in Roh- und Trinkmilch. Molkerei- u. Käserei-Ztg. **11**, 1450 (1960).
— Einfluß verschiedener Agar-Sorten auf das Ergebnis von Keimzählungen nach der Plattenmethode. Wiss. Jahr. Ber. Milchwiss. Inst. Weihenstephan, S. 88 (1961).
— Einfluß von Desinfektionsmitteln (QAV-Präparate) auf die Weich- und Schnittkäserei. Molkerei- u. Käserei-Ztg. **14**, 1451 (1963).
— Einfluß von Desinfektionsmitteln auf Weich- und Schnittkäse. Dtsch. Molkerei-Ztg. **84**, 1521 (1963).
Kandler, O. u. F. Buchmayer: Vergleichende Untersuchungen über den Nachweis coliformer Bakterien in Milch unter besonderer Berücksichtigung des Solothermverfahrens. Milchwiss. **14**, 419 (1959).
Kauss, U. u. O. Kandler: Zerstören die QAV-Desinfektionsmittel wirklich das Aroma der Buttereisäurewecker? Dtsch. Molkerei-Ztg. **83**, 1428 (1962).
Kelch, F.: Die Prüfung von Desinfektionsmitteln auf ihre Eignung zur Anwendung in fleischwarenverarbeitenden Betrieben. Arch. Lebensmittelhyg. **6**, 202 (1955).
Kelch, F. u. A. Palm: Vergleichende Untersuchungen über den Oberflächenkeimgehalt von Holz- und Metalltischflächen in fleischverarbeitenden Betrieben. Fleischwirtsch. **10**, 17 (1958).
Kellermann, R.: Bakteriologische Fragen bei der Milchgewinnung mit Melktrupp. Molkerei-Ztg. **11**, 405 (1957).
— Über den Nachweis von Coli-Aerogenes-Bakterien in Molkereigebrauchswasser. Milchwiss. **14**, 487 (1959).
— Für Änderung bzw. Ergänzung der bakteriologischen Einheitsmethoden bei der Keimzahlbestimmung. Molkerei-Ztg. **14**, 1323 (1960).
Kieler Milchwirtsch. Forsch. Ber.: 482 Richtlinien für Aufbau, Montage und Betrieb von Kannenwaschmaschinen. Aufgestellt von einem technischen Ausschuß 1955.
Kielhöfer, E.: Beiträge zur sterilen Flaschenfüllung von Weinen mit unvergorenem Zucker. Weinberg u. Keller **1**, 108 (1954) u. **3**, 421 (1956).
Kiermeier, F.: Wissenschaftlicher Jahresbericht des Milchwissenschaftlichen Instituts der Techn. Hochschule München. Weihenstephan 1966.
— Entwicklungstendenzen bei Reinigungs- und Desinfektionsmitteln in der Milchwirtschaft. Dtsch. Molkerei-Ztg. **87**, 1073 (1966).
Kiermeier, F. u. G. Wildbrett: Das DLG-Gütezeichen für Reinigungs- und Desinfektionsmittel in der Milchwirtschaft. Milchwiss. **15**, 612 (1960).
Kiermeier, F., Kl. v. Grundherr u. G. Wildbrett: Korrosionstechnisches Verhalten versprühter Reinigungs- und Desinfektionslösungen gegenüber Werkstoffen für Milchtanks. Milchwiss. **22**, 76 (1966).
Kipphan, H. u. R. Birnbaum: Die Reinfektionsmöglichkeiten in Flaschenreinigungsmaschinen und ihre Bekämpfung. Milchwiss. **22**, 345 (1967).
Kirschberg, E. u. F. Zureck: Zum Vorkommen von Drosophila-Jugendstadien in pasteurisierter Milch. Z. hyg. Zool. Schädlingsbekämpf. **40**, 370 (1952).
Klein, H: Ein weiterer Beitrag zur Colititer-Bestimmung der Milch. Berl. u. Münch. Tierärztl. Wschft. **68**, 58 (1955).
Klosse, E.: Wirkungsweise von automatischen Desinfektionsmittelmischgeräten. Arch. Lebensmittelhyg. **14**, 162 (1963).
Klupsch, H. J.: Die Notwendigkeit bakteriologischer Schnellmethoden für die Molkereipraxis. Molkerei- u. Käserei-Ztg. **14**, 908 (1963).

KNORR, F.: Reinigungs- und Desinfektionsmittel im Lichte der biologischen Betriebskontrolle Dtsch. Brauwiss. **71**, 377 (1962).
— Chemische Fragen bei der Flaschenreinigung. Brauwelt **102**, 1709 (1962).
— Über die Haltbarkeit des Flaschenbieres. Brauer u. Mälzer **17**, 38 (1964).
— Reinigung und Desinfektion. Brauer und Mälzer **19**, 3 (1966).
— Gutachten über CALGONIT® Quat an Joh. A. Benckiser, GmbH. Ludwigshafen/Rhein (1967).
KNORR, M. u. J. BORNEFF: Solotherm- ein Verfahren und Gerät zur bakteriologischen Schnelltestung von Lebensmitteln. Milchwiss. **12**, 58 (1957).
KOCH, J.: Sterile Flaschen. Dtsch. Weinbau **10**, 91 (1955).
KÖHLER, H.: Quaternäre Ammoniumverbindungen. Riechstoffe, Aromen, Körperpflegemittel **17**, 20 (1967).
KOTTER, L.: Hygienische Überwachung der Milch. Arch. Lebensmittelhyg. **13**, 21 (1962).
KOTTER, L., G. TERPLAN u. G. PFEIFFER: Über den Einfluß von Desinfektionsmittelresten auf die Beurteilung von Milch. Arch. Lebensmittelhyg. **13**, 9 (1962).
KRAUS, H. u. A. LANDGRAF: Beitrag zur Reinigung und Desinfektion in der Fleisch- und Fischhygiene, insbesondere Milchhygiene. Arch. Lebensmittelhyg. **15**, 56 (1964).
KRETSCHMER, K.F.: Beiträge der Mikrobiologie für die Bier- und Limonadengüte. Brauwiss. **103**, 789 (1963).
KRISTOFFERSEN, T.: Mode of Action of Hypochlorite Sanitizers with and without Sodium Bromide. J. Dairy Sci. **41**, 942 (1958).
KRISTOFFERSEN, T. u. A. GOULD: Effect of Sodium Bromide on the Bactericida Effectiveness of Hypochlorite Sanitizers of High Alkalinity. J. Dairy Sci. **41**, 950 (1958).
KRÜGER, K.E.: Untersuchungen über die Wirksamkeit einer maschinellen Reinigung und Desinfektion von Milchtanks in Molkereibetrieben. Arch. Lebensmittelhyg. **15**, 87 (1964).
KUHN, R. u. H. BIELIG: Über Invertseifen I; die Einwirkung von Invertseifen auf Eiweißstoffe. Ber. dtch. chem. Ges. **73**, 1080 (1940).
KUNDRAT, W.: Zuckerhaltige und zuckerfreie Nährböden, ihr Einfluß auf die Keimzahlbestimmung bei der Trinkmilch. Dtsch. Molkerei-Ztg. **80**, 2023 (1959).
KURZMANN, G.E.: Verfahrenstechnik bei der Betriebswasserozonisierung. Molkerei u. Käserei-Ztg. **10**, 58 (1959).
LABOTS, H.: Evaluation of sanitizers. Fleischwirtsch. **46**, 439 (1966).
LABOTS, H. u. T.E. GALESLOOT: Laboratorium-Beurteilung von milchwirtschaftlichen Desinfektionsmittel-Untersuchungen über unterschiedliche Ergebnisse im Kapazitäts-Test bei verschiedenen Desinfektionsmitteln. Neth. Milk Dairy **17**, **117** (1963).
LABREE, T.R.: Effect of Chlorine on Spores of Bazillus coagulans. Food. Technol. **14**, 632 (1960).
LAGONI, H. u. D. MERTEN: Zur Frage des Nachspülens der milchwirtschaftlichen Apparate und Geräte nach der Reinigung und Desinfektion. Molkerei-Ztg. (Hildesheim) **10**, 157 (1956).
LANG, K.: Gedanken zur Neuordnung der bakteriologischen Fleischuntersuchung, namentlich in Bezug auf die Kultur der Fleischvergifter. Arch. Lebensmittelhyg. **11**, 220 (1960).
LANG, R.: Technische Probleme bei der Reinigung und Desinfektion in der Milchwirtschaft. Dtsch. Molkerei-Ztg. **85**, 16 (1964).
LASSERRE, P.: Moderne Reinigungsverfahren in der Nahrungsmittelindustrie. Embouteillage Inf. 27 (1961).
LAUPER, P.: Bakteriologische Untersuchungen an Milchflaschen. Mitt. Lebensmitteluntersuch. Hyg. **52**, 1 (1961).
LAZARUS, N. E. u. D. L. RICHARD: The adsorption of Jodine to Non-ion-tensides. Milk **1952**, 4245.
LEALI, L.: Richerche nella Colimetria del Latte. L'igiene Moderna **51**, 7 (1958).
LEMBKE, A. u. F. WASSERFALL: Zur Methodik der bakteriologischen Laboratoriumsprüfungen von Desinfektionsmitteln. Kieler milchwirtsch. Forschungsber. **14**, 11 (1962).
— Zur Kritik des Koch'schen Plattenverfahrens mittels der Varianzanalyse. Kieler milchwirtsch. Forschungsber. **15**, 269 H 3 (1963).
LIMMER, H.D.: Eine einfache Methode zum Nachweis coliformer Bakterien in pasteurisierter Milch. Dtsch. Milchwirtsch. **4**, 100 (1957).
LINDGREN, B.: Die Wirkung einiger Desinfektionsmittel auf Schimmelsporen. Ber. Nr. 56 d. Staatl. Schw. Molk.-Vers. 1 (1959).
LINDQVIST, B.: Reinigungsmittel für die Milchgeräte auf dem Hofe. Die Entwicklung des Problems in den letzten 10 Jahren. Svenska Mejeritidn. **48**, 347 (1956).
LOO, L.G.W.v.d.: Het reinigen en ontsmetten van melktanks. Missets Zuivel, **63**, 714 u. 735 (1957).
MACHER, L.: Neuzeitliche Reinigungs- und Desinfektionstechnik. Brauer u. Mälzer **17**, 22 (1964).

MAC WOLTER, R.J.: Detergents and their use in dairy plant. J. Soc. Dairy Technol., London 4, 110 (1951).
MALOIA, M.: I sali quaternari di ammonio nell'industria della birra. Birra e Malto 6, 33 (1960).
MASUROVSKY, E.B.: Die Ultraschall-Reinigung von Oberflächen, die mit Milch in Berührung kommen, bei Verwendung von Staph. aureus als Testorganismus. J. Dairy Sci 43, 1545 (1960).
MAYR-WALDBURG, H. u. J. SAUER: Zur Reinigung und Entkeimung der Melkmaschinen. XVI. Int. Milch. Kongr. Bd. A, S. 401 (1962).
MEDUNA, V.v.: Wasserentkeimung durch Ozon in der Getränkeindustrie. Brauwelt **102**, 640 (1962).
MENNINGER, H.: Reinigung und Desinfektion in Molkereibetrieben unter Verwendung von Verdüsungs- bzw. Sprühgeräten. Molkerei- u. Käserei-Ztg. **9**, 1083 (1958).
MENNINGER, M.: Hygiene bei der Gewinnung und dem Transport der Milch. Molkerei-Ztg. (Hildesheim) **17**, 1568 (1963).
MENTH, P.: Einfluß des Infektionsgrades von Milchkannen auf die Haltbarkeit bzw. Keimzahl der Milch. Mitt. Lebensmitteluntersuch. Hyg. **54**, 125 (1963).
MERRILL, E.P.: Reinigungswirkung von Trinatriumphosphat mit und ohne Natriumhypochlorit auf Milcheiweißverunreinigungen. J. Dairy Sci **45**, 613 (1962).
MERTA, E.: Eine einfache Resazurinprobe für Außendienst und Erzeugerberater. Dtsch. Molkerei-Ztg. **79**, 341 (1958).
MEYER-OSCHATZ, W.: Die bakteriologisch-hygienische Prüfung der maschinellen, bürstenlosen Flaschenreinigung. Dtsch. Milchwirtsch. **4**, 124 u. 131 (1957).
MIDDEL, H.: Reinigung und Behandlung der Leichtmetallfässer. Tagesztg. f. Brauer **60**, 203 (1963).
MIKSCHIK, E.: Desinfizierende Reinigung mit Pentachlorphenollauge. Brau-Gär-Kältetechnik **15**, 82 (1962).
MINOR, E.K.: In der Flaschenwaschmaschine wird jetzt mit Ultraschall gereinigt. Food Engin **31**, 72 (1959).
MOHR, W., R. JÜNGER u. E. WEINERT: Prüfung der Reinigungswirkung in Reinigungsmitteln für die Kannenwäsche in automatischen Kannenwaschmaschinen. Kieler milchwirtsch. Forschungsber. **5**, 207 (1953).
MOL, J. u. A.v. HAAN: Over het cantonen van aan rauwe melk Toegevoegd hypochlorit. Alg. Zuivelblad **49**, 330 u. 354 (1957).
MROZEK, H.: Gefährden Chlorreste die Käsereitauglichkeit der Milch? Dtsch. Molkerei-Ztg. **87**, 409 (1966).
— Die Voraussetzungen erfoglreichen Reinigens. Molkerei-Ztg. (Hildesheim) **20**, 843 (1966).
MROZEK, H. u. H.J. SCHÜSSLER: Gebräuchliche und neue Verfahren der Milcherhitzerreinigung. Molkerei- u. Käserei-Ztg. **14**, 174 (1963).
MÜLHENS, K.: Die praktische hygienische Entkeimung und Reinigung in Nahrungsmittelbetrieben und Großküchen. Fette und Seifen **67**, 276 (1965).
MÜLLER, H.: Die Reinigung und Desinfektion von Käsereigeräten nach dem Turbo-Radur-Verfahren. Molkerei- u. Käserei-Ztg. **10**, 133 (1959).
MÜNSTER, W.: Die Reinigung von Milchrohrleitungen. Dtsch. Molkerei-Ztg. **80**, 1448 (1959).
— Über das Anfärben von Reinigungs- u. Desinfektionslösungen mit einem Indikator. Dtsch. Molkerei-Ztg. **81**, 166 (1960).
MUHR, A.C.: Keimarme, haltbare Lebensmittel durch Desinfektion. Alimenta **1**, 13 (1962).
NOWAK, G.: Oberflächenaktive Desinfektions- u. Reinigungsmittel in der Brauerei. Brauwelt **101**, 1309 (1961).
— Moderne Reinigungs- und Desinfektionsmethoden. Mineralwasser-Ztg. **16**, 753 (1963).
— Moderne Reinigungs- und Desinfektionsmittel in der Brauerei. Brauwelt **103**, 861 (1963).
OBIGER, G. u. M. SEELEMANN: Hemmstoffe in der Anlieferungsmilch und Methoden zu ihrem Nachweis. Arch. Lebensmittelhyg. **14**, 10 (1963).
PASCHKE, B.: Stellungsnahme zu „Beeinflussung der Milch durch Desinfektionsmittel". Molkerei- u. Käserei-Ztg.
PETTELKAU, G.: Neue Verfahren zur Reinigung und Desinfektion von Milchtanks.Molkerei- u. Käserei-Ztg. **11**, 1452 (1960).
PFEIFFER, G.: Über den Einfluß von Desinfektionsmitteln auf die hygienische Beschaffenheit der Milch. Vet.-med. Dissertation München 1963.
PFENNINGER, H.: Neues aus der Desinfektionstechnik. Schweiz. Brauerei-Rdsch. **75**, 19 (1964).
PIETZ, P.: Untersuchungen über den chemischen Nachweis von Natriumhypochlorit und Wasserstoffperoxyd in der Anlieferungsmilch und eingestellten Trinkmilch sowie die dadurch auftretenden Verzögerungen der Reduktasezeiten. Milchwiss. **14**, 442 (1959).
— Kritische Untersuchungen über den Schnellnachweis von coliformen Keimen in der eingestellten Trinkmilch. Milchwiss. **14**, 490 (1959).

PILAWSKI, ST.: Laurylpyridinbromid- ein neues Desinfektionsmittel in Brauereien. Przemysl Fermentacyjny 2 (1962).
PLASCHKE, W.: Betriebs- und Stufenkontrollen. Fleischwirtsch. **9**, 546 (1957).
PLOCK, K. u. B. FALK: Bericht über die Voruntersuchung einer in der Molkerei Bad Kreuznach aufgestellten Kannenwaschmaschine. Kieler milchwirtsch. Forschungsber. **5**, 483 (1953).
PÖHLMANN, R.: Vorschläge einer wirkungsvollen Desinfektion vom Ausschlagen bis zum Abfüllen des Bieres. Brauwelt **101**, 2061 (1961).
PULS, W.: Die automatisch gesteuerte Reinigung von Erhitzern und Milchtanks. Dtsch. Molkerei-Ztg. **82**, 975 (1961).
RACKOW, H.G.: Der Colitest mit flüssigen TTC-haltigen Nährmedien aus der Sicht der amtlichen Milchüberwachung. Milchwiss. **16**, 565 (1961).
— Forderung an die Milchüberwachung und -untersuchung unter besonderer Berücksichtigung der Vorzugsmilch. Arch. Lebensmittelhyg. **13**, 129 (1962).
REHM, W.F.: Versuche zur Reduzierung der Keimzahl auf der Euterhaut durch Euterwaschungen. Arch. Lebensmittelhyg. **12**, 257 (1961).
— Können Desinfektionsmittel auf Hypochloritbasis in der Milch mit Guajaktinktur-Neu und Traventol nachgewiesen werden? Molkerei- u. Käserei-Ztg. **12**, 346 (1961).
— Tierexperimentelle Untersuchungen über die toxikologischen Wirkungen einiger in der Milchwirtschaft gebräuchlicher Desinfektionsmittel. Kieler milchwirtschaftl. Forschungsber. **13**, 381 (1961).
— Reinigung und Desinfektion von Rohrmelkanlagen. Mitt. Dtsch. Landwirtsch. Ges. **76**, 772 (1961).
RICHARD, J. u. J. AUCLAIR: Vergleich zweier Methoden zur Reinigung von Melkmaschinen. Lait **42**, 1 (1962).
— Die Bestimmung der Wirksamkeit der Reinigung von Melkmaschinen. XVI. Int. Milchwirtsch. Kongr. Bd. A, S. 297 (1962).
RICKETTS, R.W.: Recent Developments in Cleaning and Sterilisation. J. Inst. Brew., London **68**, 391 (1962).
RITTER, P.: Erfahrungen mit Milchleitungen aus Kunststoff in den Jahren 1957—1959. Schweiz. Milch-Ztg. 27 (1960).
RITTER, W.: Allg. Gesichtspunkte über die Organisation der Prüfung und Überwachung von Reinigungs- und Entkeimungsmitteln in der schweizerischen Milchwirtschaft. Schweiz. Milch-Ztg. **85**, 273 (1959).
RÖSSLER, B.: Die gesundheitliche Bedeutung der Flaschenspülung in Lebensmittelbetrieben. Öff. Gesundheitsdienst **20**, H 6 (1958).
— Flaschen- und Kannenreinigung in Molkereien. Molkerei-Ztg. **12**, 1377 (1958).
ROLAND, F.: Desinfektion ohne Korrosion im Molkereibetrieb. Milchwiss. **10**, 338 (1955).
SCARLETT, C.A.: Chemische Sterilisation in der Molkereiwirtschaft. J. Soc. Dairy Technol., London **15**, 155 (1962).
SCHÄTZEL, K.: Vergleichende Untersuchungen über den Nachweis von Coli-aerogenes-Bakterien in Milch und Milcherzeugnissen. Milchwiss. **14**, 530 u. 548 (1959).
SCHARA, A.: Betriebsinfektionen in den Fruchtsaftgetränke und Limonaden herstellenden Firmen. Mineralwasser-Ztg. **14**, 974 (1961); **15**, 117 (1962).
SCHARENBERG, S.: Mineralwasserfüller im Hinblick auf Getränke-Infektionen. Mineralwasser-Ztg. **16**, 127 (1963).
SCHIEMANN, E.: Rationelle Brauerei-Betriebskontrolle mit dem Membranfilter. Brauwelt **95**, 421 (1955).
SCHMITZ, A.: Amphotere oberflächenaktive Stoffe als Wasch- und Desinfektionsmittel. Fette und Seifen **55**, 10 (1953).
SCHNEIDER, J.: Kondensierte Phosphate, ihre Bedeutung für die Flaschenreinigung und Probleme der Desinfektion in vollautomatischen bürstenlosen Flaschenreinigungsmaschinen. Brauwelt **99**, 88 (1959).
SCHÖNAICH, F.: Die Beschaffenheit des Gebrauchswassers in den Molkereien. Molkerei-Ztg. (Hildesheim) **16**, 922 (1962).
SCHÖNBERG, F.: Wege zu einer besseren Milchhygiene. Arch. Lebensmittelhyg. **13**, 211 (1962).
SCHÖNBERG, F. u. E. WALZ: Über die Möglichkeit der kombinierten Reinigung und Desinfektion in der Milchwirtschaft unter Berücksichtigung neu entwickelter Reinigungs- und Desinfektionsmittel. Arch. Lebensmittelhyg. **6**, 13 (1955).
SCHÖNBERG, F. u. R. KÖNEKAMP: Zum Einfluß handelsüblicher, in Lebensmittelbetrieben gebräuchlicher Desinfektionsmittel auf Laktobakterien, zugleich 'ein Beitrag zur Desinfektion in der Marinadenindustrie. Arch. Lebensmittelhyg. **14**, 82 (1963).
SCHÖNHERR, W.: Grundlegende Forderungen an Reinigungs- und Desinfektionsmittel für den Gebrauch in der Milchwirtschaft Dtsch. Milchwirtsch. **4**, 224 (1957).
— Nährkartonscheiben in Kombination mit Gitternetz-Membranfiltern als Hilfsmittel bei der hygienischen Milchüberwachung. Zbl. Bakt. I. Abt. **171**, 616 (1958).

Schönherr, W.: Zur Frage der Standardisierung des Nachweises coliformer Keime in der Milch. Milchwiss. **14**, 280 (1959).

Schwarze, W.: Ist die Umstellung auf bürstenlose Flaschenreinigung erforderlich? Mineralwasser-Ztg. **14**, 791 (1961).

Schweizer Brauerei Rdsch: Zusammenstellung von Flaschenreinigungsanlagen verschiedener Fabrikate mit Beschreibungen und Schemazeichnungen. Nr.6 (1957).

Seelemann, H.: Eine neue Methode zur Ermittlung von Reinfektionsquellen im Molkereibetrieb. Dtsch. Molkerei-Ztg. **82**, 520 (1961).

Seelemann, M.: Beitrag zur Frage der Gesundheitsschädlichkeit von Desinfektionsmittelresten in der Milch. Molkerei-Ztg. (Hildesheim) **12**, 969 (1958).

— Die milchhygienische Bedeutung der Reinigung und Desinfektion im landwirtschaftlichen Erzeugerbetrieb. Dtsch. Molkerei-Ztg. **81**, 1141 (1960).

— Reinigung und Desinfektion bei der Milchgewinnung als qualitätsfördernde und prophylaktische Maßnahme. Molkerei- u. Käserei-Ztg. **13**, 120 (1962).

— Zur Frage der praktischen Anwendung von Reinigungs- und Desinfektionsmaßnahmen als Mittel zur Verhütung vermeidlicher Milch- und Euterinfektionen. Kieler milchwirtsch. Forschungsber. **14**, 65 (1962).

Seelemann, M. u. A. Meyer: Ergebnisse milchhygienischer Untersuchungen und die daraus zu ziehenden Schlüsse. Molkerei-Ztg. **13**, 497 (1959).

Seelemann, M., M. E. Schulz, H. Buschkiel u. E. Voss: Die Entkeimung von Milchkannen durch UV-Bestrahlung. Milchwiss. **11**, 224 (1956).

Seelemann, M. u. K.H. Wegener: Beeinflussung der Milch durch Desinfektionsmittel. Kieler milchwirtsch. Forschungsber. **8**, 381 (1956).

— Zum Nachweis von Escherichia-Aerobacter-Keimen in Milchproben. Milchwiss. **11**, 51 (1956).

Seelemann, M., J. Papavassilou u. K.H. Wegener: Die bakteriologische Beschaffenheit des Gebrauchswassers auf dem Bauernhof und ihre Bedeutung für die Reinigung und Desinfektion der Milchgeräte. Kieler milchwirtsch. Forschungsber. **8**, 263 (1956).

Shimwell, J.: Der Trugschluß bei der Verwendung von heißem Ätznatron. Brew. J. **99**, 50 (1963).

Siegenthaler, E. u. E. Flückiger: Ist die Verwendung chlorierten Wassers für die Käsefabrikation unbedenklich? Schweiz. Milch-Ztg. Nr. 16 (1962).

Siernicki, A., J. Desbruxelles, F. Hermann u. J. Lefebre: Über das Entfernen von Aluminiumfolien bei der Flaschenreinigung. Brauwelt **103**, 233 (1963).

Sjöholm, C.: Erfahrungen schwedischer Molkereien mit automatischen Anlagen zur Reinigung im geschlossenen System. XVI. Int. Milchwirtsch. Kongr. Bd. C, S. 217 (1962).

Stage, G.: Biologische Probleme bei der Abfüllung von Flaschenbier und alkoholischen Getränken. Brauer u. Mälzer **17**, 94 (1964).

— Welche biologischen Anforderungen sind an die Flaschenreinigung zu stellen? Brauwelt **101**, 693 (1961).

Steen, B : Flaschenreinigungsmaschinen heute. Naturbrunnen **14**, 242 (1964).

Stehle, G. u. H. Altmann: Koniferenöle in der milchwirtschaftlichen Desinfektionstechnik. Dtsch. Molkerei-Ztg. **78**, 1087 (1957).

Steinmetz, H.: Milchkannen-Reinigungsgerät. Molkerei-Ztg. **13**, 598 (1959).

Storgards, T.: Bakteriologisch-hygienische Betriebskontrolle in der Milchwirtschaft. Mejeritidskrift (Finnl.) **22**, 75 (1960).

Stur, D.: Eine Methode zur qualitativen Bestimmung der Tuberkulozidie chemischer Desinfektionsmittel. Zbl. Bakt., I. Abt. **183**, 381 (1961).

— Eine Methode zur quantitativen Bestimmung der Bakterizidie chemischer Desinfektionsmittel. Zbl. Bakt., I. Abt. **182**, 251 (1961).

— Netzmittel und Desinfektionsmittel. Zbl. Bakt., I. Abt. **185**, 271 (1962).

Suntrup, F.: Brauereidesinfektion gestern und heute. Brauwelt **104**, 943 (1964).

Swartling, P.: The influence of the use of Detergents and Sanitizers on the Farm with regard to the quality of milk and milk products. Federation, Int. Commision for Hyg. Prod. and contr. of milk (1956).

— The influence of the use of detergents and sanitizers on the farm with regard to the quality of milk and milk products. Dairy Sci. Abstr. **21**, 1 (1959).

Tändler, K.: Modernisierung und Technisierung in der Fleischwirtschaft. Fleischwirtsch. **45**, 592 (1965).

Tamamushi, B., u. K. Tamaki: Adsorption of Long-Chain Electrolytes at the Solid-Liquid Interface. 2. Int. Congress Surface Activity. Bd. III, **449**. London: Butterworths Sci. Public 1957.

Tedden, E.: Chemische und maschinentechnische Fragen bei der Flaschenreinigung. Brautechnische Arbeitstagung d. Vereinigung ehemal. Ulmer (1960).

— Bericht über chemisch-technische und biologische Untersuchungen bei der automatischen Flaschenreinigung. Naturbrunnen **15**, 30 (1965).

THOME, K.E. u. H. LEESMENT: Reinigung und Desinfektion von Melkmaschinen. Svensk. Mej. Riksforening Med. **52**, 5 (1959).
THON, D. u. K. VOGGEL: Eine verbesserte Membranfilter-Methode zum Nachweis von Coli-Bakterien in Milch. Milchwiss. **13**, 556 (1958).
THURELL, E.K.: Verschiedene Methoden zur Sterilisierung mehrfach gebrauchten Kühlwassers (Lauwasser). Svenska Mejeritidn. **18**, 241 (1956).
TONN, H.: Laugenkonzentrationsänderungen in Flaschenreinigungsanlagen infolge der Verschleppung von Flüssigkeiten. Mschr. Brauerei, 57 (1961).
— Rechnerische Grundlagen zu den Verfahren der Laugeklärung in Flaschenreinigungsanlagen. Mschr. Brauerei **16**, 57 (1963).
TREIBER, H.: Das chemische Reinigungsverfahren von Milch- und Rahmerhitzungseinrichtungen aus rostfreiem, säure- und laugebeständigem Stahl, einschließlich dem dazugehörigen Rohrleitungsnetz aus Chromnickelstahl. Molkerei- u. Käserei-Ztg. **12**, 1412 (1961).
TRÖGER, R.: Eine Vereinfachung der Kapillar-Methode zur Ermittlung der Gasbildung bei Mikroorganismen. Zbl. Bakt., II. Abt. **116**, 644 (1963).
TSCHAKERT, H.E.: Synthetische Waschrohstoffe und ihre Anwendung. Seife, Öle, Fette, Wachse **84**, 111 (1958).
— Spülmittel, deren Wirkungsweise, Prüfmethoden und Grundstoffe, insbesondere solche schaumarmer Natur. Seifen, Öle, Fette, Wachse **93**, 421 (1967).
VOGLER, K., P. LANZ, P. QUITT, O.R. STUDER, W. LERGIER, E. BÖHNI u. B. FUST: Fettsäurehaltige basische Peptide mit antibakterieller Wirkung. Hel. Chim. Acta. **61** Fasc. II. **47**, (1964).
WÄLZHOLZ, G., R. LANG, M. SEELEMANN u. K.E. KRÜGER: Bericht über die Prüfung eines Tankreinigungsgerätes der Firma A. Kärcher, Winnenden bei Stuttgart, auf seinen Einsatz in Molkereibetrieb. Kieler milchwirtsch. Forschungsber. **15**, 283 (1963).
WÄLZHOLZ, G., K. LENZE u. A. HINGSLAGE: Die Spritz- und Verschleppungsverluste von Kannenwäschern und ihr Einfluß auf die Nutzungsdauer des Laugenbades. Kieler milchwirtsch. Forschungsber. **7**, 279 (1955).
— Technische Probleme bei der Konstruktion und dem Betrieb neuzeitlicher Kannenwaschmaschinen. Dtsch. Molkerei-Ztg. **76**, 491, 533 (1955).
WAGEMANN, H.: Desinfizieren, Sterilisieren und Entkeimen. Fleischwirtsch. **46**, 1158 (1966).
— Reinigung und Desinfektion von Schlachteinrichtungen. Fleischwirtsch. **46**, 1311 (1966).
WAGNER, H.: Beobachtungen bei der Stufenkontrolle. Dtsch. Molkerei-Ztg. **79**, 466 (1958).
WALTERS, A.H.: Mikrobiologische Resistenz. Mineralwasser-Ztg. **18**, 61 (1965).
WASSERFALL, F.: Zur bakteriologischen Prüfung von Desinfektionsmitteln. Milchwiss. **17**, 417 (1962).
WASSERFALL, F. u. Mitarb.: Mikrobiologische Kontrolle der kontinuierlichen Herstellung von Sauerrahmbutter nach dem Fettkonzentrat-Kühlverfahren mit einer Alfa-Anlage. IV. Reinigung und Desinfektion. Kieler milchwirtsch. Forschungsber. **14**, 417 (1962).
WEBER-SCHUTT, G.: Der routinemäßige Nachweis von E. Coli bzw. coliformer Bakterien im Wasser. Zbl. Bakt., I. Abt. **194**, 245 (1964).
WEINFURTNER, F.: Die Entwicklung der biologischen Brauereibetriebskontrolle in den vergangenen 100 Jahren. Brauwelt **101**, 1416 (1961).
WEINFURTNER, F., F. WULLINGER u. H. WILLMAR: Ein Beitrag zur Rationalisierung der Flaschenreinigung. Brauwelt **100**, 1313 (1960).
WEINFURTNER, F., A. UHL u. F. WULLINGER: Die Beurteilung der mikrobiziden Wirkung von Desinfektionsmitteln. Zschr. Hyg. Infektionskrankh. **142**, 70 (1955).
— Ein Beitrag zur Wirksamkeitsprüfung von Desinfektionsmitteln. Brauwiss. **9**, 146 (1956).
— Kritische Betrachtungen zur Bestimmung der Wirksamkeit von Desinfektionsmitteln mittels sogenannter Endpunktmethoden und zum Problem der Desinfektion unter den Bedingungen der Praxis. Brauwiss. **9**, 170 (1956).
WELZ, W.: Beitrag zur Methodik biologischer Hemmstoffteste in Milch. Arch. Lebensmittelhyg. **12**, 196 (1961).
WHITT, E.W.: A surface film method of evaluating quaternary ammonium compounds. I. appl. Bact. **21**, 272 (1959).
WIDMER, M.: Vergleichende Prüfung von Methoden zur Kontrolle und Beurteilung des bakteriologischen Reinheitsgrades von Milchtransportkannen. Schweiz. Milch-Ztg. Nr. 89 (1956).
WIENKE, E.: Über den Nachweis von bierschädlichen Organismen in Wasser und gereinigten Flaschen. Brauwelt **96**, 496 (1956).
WILDBRETT, G.: Der Einfluß von Desinfektionsmitteln auf die Verarbeitung von Kävereimilch. 2. Int. Congr. Surface Activity. Bd. IV, S 119. London: Butterworths Sci. Public. 1957.
— Die Reinigung und Desinfektion in Landwirtschafts- und Molkereibetrieb. Dtsch. Molkerei-Ztg. **82**, 1503 (1961).

WILDBRETT, G.: Über die Bedeutung haftender Rückstände kationaktiver Desinfektionsmittel für die Milchwirtschaft. Z. Lebensmittel-Untersuch. u. -Forsch. **118**, 40 (1962).
— Reinigungsfragen in der Käserei. Dtsch. Molk. Ztg., **85**, 663 (1964).
— Probleme bei der Reinigung von Kunststoffen Mitt.-Bl. GDCh., Fachgr. Lebensmittelchem. **20**, 80 (1966).
— Rückwirkungen von Kunststoffen auf Milchbeschaffenheit und -verarbeitung Dtsch. Lebensmittel-Rdsch. **63**, 1 (1967).
— Kritische Einflüsse auf Werkstoffe und ihre Oberfläche durch Reinigungsvorgänge. Dtsch. Molkerei-Ztg. **88**, 1 (1967).
WILDBRETT, G., G. PETTELKAU u. F. KIERMEIER: Über Reinigung und Desinfektion von Tanks. (III. Mitt.) Milchwiss. **16**, 584 (1961).
WILDBRETT, G. u. F. KIERMEIER: Kontrolle der Korrosion durch Reinigungs- und Desinfektionslösungen. Milchwiss. **15**, 511 (1960).
— Über Reinigung und Desinfektion von Tanks. (V. Mitt.) Werkstoff u. Korrosion **12**, 759 (1961).
— Reinigung und Desinfektion von Tanks. Chem. Ing. Techn. **34**, 317 (II. Mitt) (1962).
— Dosiergeräte für Desinfektionslösungen. Milchwiss. **17**, 32 (1962).
WILLARD, M. u. A. ALEXANDER: Comparison of Sterilizing Properties of Formaldehyde-Methanol Solutions with Formaldehyde-Water Solutions. Appl. Microbiol. **12**, 229 (1964).
WILSSENS, A. u. A. D. VLEESCHAUERER: De coliformtest bei 30°C in past. melk. Medd. Landbouwhogesch. **21**, 125 (1956).
WOLF, G.R.: Über das Entfernen von Aluminiumfolien bei der Flaschenreinigung. Brauwelt **103**, 433 (1963).
ZENTGRAF, G.: Zur Desinfektionstechnik in der Brauerei. Brauer u. Mälzer **15**, 6 (1962).
— Die Wasser- und Luftentkeimung im Braugewerbe. Brauereitechniker **16**, 57 (1964).
ZIMMERMANN, W.: Zur Hygiene der Mineralwasserfabrikation. Arch. Hyg. Bakteriol. **142** 609 (1958).
ZURECK, R.: Über das Vorkommen von Puppen der Drosophila-Fliege in leeren Milchflaschen. Molkerei-Ztg. **9**, 213 (1953).
— Über selten vorkommende tierische Schädlinge in Fleisch und Milch. Arch. Lebensmittelhygiene **6**, 77 (1955).

Patente

Atlas Powder Comp., Wilmington (USA): EP 762154 (angem. 1954).
Badische Anilin- und Sodafabrik, Ludwigshafen (Erfinder K. ADAM, H. MERTENS u. O. SCHMIDT): DAS 1088174 (angem. 1959).
Joh. A. Benckiser, Ludwigshafen (Erfinder H. WISSEMEIER und H. KEHRER): DBP 1107364 (angem. 1959).
Dr. Becker G.m.b.H., Seelze bei Hannover: DAS 1095435 (angem. 1959).
Burton Th. Bush Inc., USA (Erfinder W. M. S. GUMP u. M. LUTHY): USP 2334408 (angem. 1943).
Butterworth System Inc., USA: DBP 1165529 (angem. 1958).
Carl Cron G.m.b.H., Mannheim: DAS 1185495 (angem. 1958).
I. Crosfield and Sons Ltd, England (Erfinder M. W. R. HOLLOWAY und TH. KENNEDY): EP 722020 (angem. 1952).
Detrex Comp., Michigan USA (Erfinder I. I. DUNCAN): USP 2748035 (angem. 1953).
Diversey Corp., Illinois, USA (Erfinder V. DVORKOVITZ u. TA. G. HAWLEY): USP 2584017 (angem. 1947).
DuPont de Nemours, Wilmington USA (Erfinder I. K. HUNT): USP 2220451 (angem. 1938).
C. S. Ely, USA: USP 493693 (angem. 1893).
Farbwerke Höchst, Frankfurt/M. (Erfinder W. FRANCK, O. KOLLER und W. PAPE): DAS 1122199 (angem. 1960).
Henkel & Cie GmbH, Düsseldorf (Erfinder W. J. TENNANT): EP 435317 (angem. 1934).
Henkel & Cie GmbH, Düsseldorf (Erfinder H. FIRGAU): DBP 868839 (angem. 1934).
Henkel & Cie GmbH, Düsseldorf: DAS 1153281 (angem. 1958).
Holstein & Kappert, Dortmund: DBGM 1793982.
M. N. Marosi, USA: USP 2836526 (angem. 1956).
Oakite Products, New York, USA (Erfinder S. R. DODD u. E. J. AINSLEY): USP 2629696 (angem. 1949).
Pyrate Sales Inc., Long Island, USA (Erfinder M. T. KENNEDY): DAS 1185566 (angem. 1959).
Röhm & Haas, Darmstadt (Erfinder TH. SCH. ROWLAND): DAS 1098660 (angem. 1959).
Scheele, F., Deutschland: DBP 1155629 (angem. 1962).
Silberzahn, H., Deutschland: DBP 1159798 (angem. 1959).

Strumann, G., Deutschland: DAS 1088879 (angem. 1959).
Strumann, G., Deutschland: DAS 1109245 (angem. 1958).
Tippe, A., Deutschland: DAS 1004554 (angem. 1954).
Unilever N. V., Rotterdam (Erfinder L. F. HENDERSON u. W. FRENCH): DAS 1045584 (angem. 1953).
Wedholms A. B., Nyköping, Schweden (Erfinder G. OESGARD): DBP 1042474 (angem. 1956).
West Laboratories, Long Island USA (Erfinder W. SCHMIDT, G. SUTTON u. C. M. CITRON): USP 3150096 (angem. 1961).
L. Workum: Franz. P. 1117250 (angem. 1954).

Schädlingsbekämpfungsmittel

Von

Dr. G. Wildbrett und Dr. R. Weinberger-Kern, Freising-Weihenstephan

Mit 32 Abbildungen

I. Einführung

1. Schädlinge und ihre Bedeutung

In seiner Umwelt unterscheidet der Mensch zwischen nützlichen und schädlichen Lebewesen. Zu ersteren zählen einerseits *Nutztiere*, die entweder unmittelbar genutzt werden können oder nützliche Produkte liefern, andererseits *Nützlinge*, Lebewesen, welche Schädlinge vernichten bzw. in ihrer Entwicklung hemmen. Demgegenüber bezeichnet der Mensch als *Schädling* im weitesten Sinn des Wortes alle tierischen und pflanzlichen Lebewesen, die seine Gesundheit oder das bestmögliche Gedeihen seiner Kulturpflanzen, Haus- und Nutztiere beeinträchtigen, seine Vorräte mindern oder Materialien zerstören. Die weitgespannte Skala der, vom Standpunkt des Menschen aus gesehen, schädlichen Lebewesen reicht von den Einzellern bis zu den höheren Pflanzen und Säugetieren (vgl. Tab. 1). Besonders bedeutungsvoll unter den Schädlingen sind einerseits Bakterien und Pilze, andererseits die Insekten. Bei mäßiger Populationsdichte innerhalb eines bestimmten Raumes gelten diese Lebewesen nur als potentielle Schädlinge. Zu faktischen Schädlingen werden sie erst bei massenhaftem Auftreten in begrenzten Gebieten, in denen meßbare Schäden eintreten (R. Keilbach, 1966).

Den Schädlingen fallen Jahr für Jahr ungeheure Mengen landwirtschaftlicher Erzeugnisse zum Opfer:

Im Bereich der Pflanzenproduktion werden die Verluste durch Schädlinge auf 10–20% der gesamten Ernte geschätzt (H. Tielecke, 1963). Die trotz verbreiteter Schädlingsbekämpfung heute noch im weltweiten Durchschnitt zu erwartenden beträchtlichen Ernteausfälle bei einigen wichtigen Kulturpflanzen zeigt Tabelle 2. Allein an Reis und Brotgetreide vernichten Pilze, Insekten und Nagetiere schätzungsweise jährlich 33000000 t; eine Menge, die ausreichen würde, 150000000 Menschen zusätzlich zu ernähren (C. H. Brieskorn, 1951). Insgesamt dürften die durch Schädlinge und Unkräuter auf der Welt verursachten Nahrungsverluste jährlich einem Wert von 100–120000000000 DM entsprechen (M. Hanf, 1966).

Parasiten schädigen auch *Nutztiere* nachhaltig, indem sie Gesundheit und Leistungsfähigkeit der Tiere mindern. Starke Belästigung der Kühe durch Fliegen mindert die Milchleistung um 0,7–1 l pro Tag und Tier (J. Spann 1932). Ebenso verursacht ein starker Befall mit den Wanderlarven der Dasselfliegen einen Milchausfall bis zu 2 l je Tag und Tier, Fleischverluste durch schlechtere Entwicklung der Tiere in Höhe von 20–30 kg sowie zusätzliche Wertminderung der Tierhaut für die Lederverarbeitung (W. Bolle, 1956).

Tabelle 1. *Schädlinge in der Umwelt des Menschen*

Lokalisation	Art der Schädlinge	Art der Schädigung
Bei Pflanzen	Viren	Störung des intrazellularen Eiweißstoffwechsels
	Bakterien, Pilze	Entzug bzw. Zerstörung pflanzeneigener Substanz, Bildung von Toxinen
	Höhere Pflanzen	Parasiten: Nährstoffentzug Unkräuter: Konkurrenz um Nährstoffe, Licht und Luft
	Nematoden	Entzug pflanzlicher Substanz, Bildung von Toxinen
	Asseln	Fraßschäden
	Spinnentiere, Insekten	Entzug bzw. Zerstörung pflanzlicher Substanz, Fraßschäden, Übertragung von Krankheitserregern
	Schnecken	Fraßschäden
	Vögel	Fraßschäden
	Nagetiere	Fraßschäden
Bei Tieren	Viren	Störung des intrazellularen Eiweißstoffwechsels
	Bakterien, Pilze	Entzug von Nährstoffen, Zerstörung tierischer Substanz, Bildung von Toxinen
	Spinnentiere, Insekten	Entzug körpereigener Substanz, nervöse Reizung, Übertragung von Krankheitserregern
	Nagetiere	Übertragung von Krankheitserregern
Bei Lebensmittelvorräten	Bakterien, Pilze	Abbau der Inhaltsstoffe, Bildung von Toxinen
	Asseln	Fraßschäden
	Spinnentiere, Insekten	Fraßschäden, Verschmutzung
	Schnecken	Fraßschäden
	Nagetiere	Fraßschäden, Verschmutzung, Übertragung von Krankheitserregern
Bei Materialien	Bakterien, Pilze	Substanzabbau bzw. Zerstörung
	Spinnentiere, Insekten	Fraßschäden
	Muscheln, Krebstiere	Fraßschäden
	Asseln	Fraßschäden
	Nagetiere	Fraßschäden, Zerstörung durch Biß

Lagernde *Vorräte* müssen unbedingt wirksam gegen Schädlinge geschützt werden. Ohne Schutzmaßnahmen ist in den gemäßigten Zonen mit Verlusten bis zu 10%, in Tropengebieten von mehr als 20% zu rechnen (H. SPEICH, 1964). In Westdeutschland belaufen sich die durch Vorratsschädlinge bedingten Verluste an Getreide und -erzeugnissen auf 800000000 DM, an Kartoffeln auf 300000000 DM, an Obst auf 120000000 DM und an Kohl auf 70000000 DM (H. FRENSCH, 1960). Allein dem Kornkäfer fielen hier 1949 schätzungsweise 2,5% der gesamten Getreideernte zum Opfer (H. SPEICH, 1964). In den USA veranschlagte man trotz intensiver Schädlingsbekämpfung die Vorratsverluste auf rd. 7% der eingebrachten Ernte (FOOD PROTECTION COMMITTEE, 1956).

Tabelle 2. *Ernteverluste auf der Welt durch Schädlinge bei einigen Pflanzenkulturen* (H. SPEICH, 1964)

Pflanzenkultur	Verlust %
Tabak	62
Kartoffeln . . .	40
Weizen	35
Äpfel	30
Zuckerrüben . .	24

Schließlich greifen Schädlinge *Materialien* der verschiedensten Art an. Motten sowie andere, Keratine vertilgende Insekten vernichten jährlich etwa 10000 t Wolle (D. F. Waterhouse, 1958). Pilze und Insekten zerstören, besonders in tropischen und subtropischen Zonen, große Mengen Holz.

Die Bedeutung der Schädlinge erschöpft sich jedoch nicht in den angedeuteten Primärschäden, denn zusätzlich dienen viele Schädlinge gleichzeitig als *Vektoren* für zahlreiche Erreger von Krankheiten bei Menschen, Tieren sowie Pflanzen. Allgemein bekannte Beispiele für solche Sekundärschäden bilden die Anophelesmücken als Überträger der Malaria, Ratten, die u.a. in früheren Zeiten für die Verbreitung der Pest eine große Rolle spielten und die grüne Pfirsichblattlaus, welche verschiedene Viren auf wichtige Kulturpflanzen überträgt, wie beispielsweise die Blattrollviren der Kartoffel, Erreger der Mosaikerkrankungen bei Gurken, Sojabohnen und Rüben (R. Keilbach, 1966).

2. Wege der Schädlingsbekämpfung

Die alljährlichen, großen Verluste erfordern dringend eine wirkungsvolle Bekämpfung der Schädlinge. Zwar ermöglicht intensivierte Nutzung der landwirtschaftlichen Produktionsfläche höhere Erträge je Flächeneinheit, doch beginnen sich heute bereits verschiedentlich die Grenzen einer weiteren Steigerung der Flächenerträge abzuzeichnen (B. Rademacher, 1958). Dagegen liegen in einer konsequenten Schädlingsbekämpfung noch unausgeschöpfte Reserven, um die Ernährungsgrundlagen für die ständig zunehmende Erdbevölkerung zu verbessern (THE PRESIDENT'S SCIENCE ADVISORY COMMITTEE, 1964).

Dem Kampf gegen Schädlinge dienen die verschiedenartigsten Mittel und Maßnahmen (vgl. Tabelle 3). Grundsätzlich unterscheidet man zwischen präventiven

Tabelle 3. *Wichtige Maßnahmen im Kampf gegen Schädlinge*

Maßnahme: Typ	Maßnahme: Art	Beispiel	Literatur
Präventiv	Kulturmaßnahmen	Optimale Saat- und Anbautechnik	R. Engst (1961)
	Pflanzenhygiene	Vernichtung kranker Pflanzengewebe	H. Martin (1967), S. 542
		Beseitigung der Unterschlupfmöglichkeiten und Zwischenwirte	
	Züchtung resistenter Pflanzen	Züchtung rostresistenter Weizensorten	H. Martin (1967), S. 13
Curativ	Biologische Bekämpfung	Einsatz bzw. Förderung parasitenfeindlicher Lebewesen	R. Keilbach (1966), S. 9
	Physikalische Bekämpfung	Mechanische Methoden	R.C. Bushland (1960)
		Akustische und optische Hilfsmittel	F. Wagner (1967)
		Eindämmung der Fortpflanzung durch Sterilisation mit Röntgenstrahlen	
	Chemische Bekämpfung	Chemische Giftstoffe	H. Thielecke (1963), S. 8
		Anlockmittel	N. Green u. Mitarb. (1960)
		Abschreckmittel	F. A. Gunther u. L.R. Jeppson (1960), S. 242

und curativen Methoden (H. Fürst 1962, S. 25). In neuerer Zeit stützt sich der Kampf gegen Schädlinge nicht mehr auf Maßnahmen nur eines einzelnen Typs. Vielmehr werden nach Möglichkeit verschiedene Methoden miteinander kombiniert, indem man beispielsweise einerseits selektiv gegen einen bestimmten Schädling wirksame Giftstoffe anwendet und andererseits parallel hierzu eine biologische Bekämpfung einleitet bzw. unterstützt. Derartige Kombinationen sind charakteristisch für den „integrierten Pflanzenschutz", der zukünftig größere Bedeutung gewinnen wird (R. Diercks, 1966). Hierdurch hofft man gleichzeitig der Entwicklung chemoresistenter Schädlingsstämme erfolgreich begegnen zu können (R. Diercks, 1967).

3. Überblick über Schädlingsbekämpfungsmittel

a) Abgrenzung

Entsprechend der sehr umfassenden Definition für Schädlinge (vgl. Abschnitt I./1.) füllt auch der Begriff der Schädlingsbekämpfungsmittel einen weitgespannten Rahmen. Gleichbedeutend mit dem Ausdruck „Schädlingsbekämpfungsmittel", ist der im deutschen Sprachgebrauch immer häufiger anzutreffende, aus dem Angelsächsischen übernommene Begriff „Pesticide". Beide *termini technici* erfassen nicht allein Pflanzenschutzmittel, sondern darüber hinaus noch weitere Gruppen chemischer Bekämpfungsmittel (vgl. Abb. 1).

Je nach der Gruppe von Schädlingen, gegen die sich die Gifte richten, unterteilt man Schädlingsbekämpfungsmittel wie folgt:

Viricide = Viren tötende Stoffe,
Bactericide = Bakterien tötende Stoffe,
Fungicide = Pilze tötende Stoffe,
Herbicide = Unkräuter tötende Stoffe,
Nematicide = Nematoden tötende Stoffe,
Acaricide = Milben tötende Stoffe,
Insecticide = Insekten tötende Stoffe,
Molluscicide = Schnecken tötende Stoffe (eigentlich: Weichtiere tötende Stoffe),
Rodenticide = Nagetiere tötende Stoffe.

Darüberhinaus finden sich im Schrifttum gelegentlich die Begriffe „Ovicide" sowie „Larvicide". Sie bezeichnen solche Substanzen, die Eier bzw. Larven von Insekten oder Spinnentieren abtöten. Deshalb bilden Ovicide und Larvicide keine gesonderten Gruppen neben Insecticiden oder Acariciden, sondern gehören zu letzteren und kennzeichnen lediglich die Wirksamkeit gegen frühere Entwicklungsstadien der betreffenden Schädlinge.

Abb. 1 soll der Übersicht und zugleich der Abgrenzung der Schädlingsbekämpfungsmittel dienen. Zu diesem Zweck sind die Mittel einerseits nach dem Anwendungsort, andererseits nach den Schädlingen geordnet, gegen die sie sich richten.

Soweit die in Abb. 1 aufgeführten Stoffklassen nachfolgend behandelt werden, sind sie durch Unterstreichen kenntlich gemacht. Dabei sollen im Rahmen der weiteren Kapitel nur jene Schädlingsbekämpfungsmittel behandelt werden, die bei sachgemäßer Applikation mit Lebensmitteln oder Rohprodukten in Kontakt kommen und auf diesen Rückstände hinterlassen können.

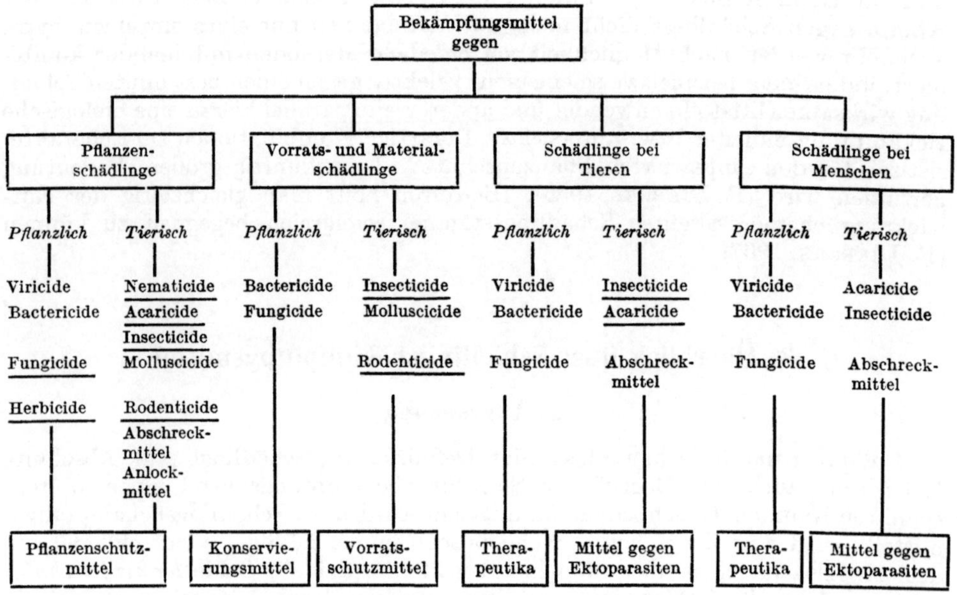

Abb. 1. Einteilung und Abgrenzung von Schädlingsbekämpfungsmitteln

Wie die Übersicht zeigt, greift das Gebiet der Schädlingsbekämpfung in die Hygienebereiche der Human- und Veterinärmedizin hinein, selbst wenn man *a priori* alle Therapeutika ausklammert. Ebenso wie letztere gehören auch alle Mittel gegen Ektoparasiten beim Menschen nicht in den Rahmen dieser Abhandlung. Dagegen sind derartige Mittel, soweit sie an Nutztieren angewandt werden, zu berücksichtigen, denn sie können ebenso wie Pflanzenschutzmittel bei Lebensmitteln Rückstände verursachen.

Zu den chemischen Mitteln gegen Vorratsschädlinge gehören selbstverständlich auch die Konservierungsmittel, welche Verluste durch Bakterien und Pilze verhüten sollen; sie sind jedoch bereits in Bd. 1 dieses Handbuches besprochen worden (W. Diemair u. W. Postel, 1965, S. 1069).

Gerade das Beispiel der Konservierungsmittel belegt, wie schwierig gelegentlich exakte Abgrenzungen sein können, denn aus der Sicht der Schädlingsbekämpfung besteht zwischen Konservierungsmitteln und Mitteln gegen Vorratsschädlinge (vgl. Tabelle 3) kein prinzipieller Unterschied. Trotzdem erscheint die Sonderstellung der Konservierungsmittel insofern gerechtfertigt, als sie generell unmittelbar und absichtlich Lebensmitteln zugesetzt werden, während die übrigen Mittel gegen Vorratsschädlinge nur als unbeabsichtigte, aber nicht immer vermeidbare, mengenmäßig geringfügige Rückstände in Lebensmitteln vorkommen, nachdem Pflanzen, Tiere oder lagernde Vorräte von Rohprodukten mit Chemikalien behandelt worden sind (S. W. Souci, 1965, S. 1060). Üblicherweise zählen auch keimungshemmende Stoffe zu den Vorratsschutzmitteln (S. W. Souci u. E. Mergenthaler, 1965, S. 1215). Zwar mindert der Keimungsprozeß den Wert lagernder Vorräte, doch gehen die Verluste nicht auf einen Schädling zurück, so daß die „Antikeimungsmittel“ nicht in die Gruppe der hier zu besprechenden Substanzen gehören.

Antibiotica zur Bekämpfung pflanzlicher Bacteriosen haben ähnlich wie Viricide bisher im Pflanzenschutz keine größere Bedeutung erlangt; die Entwicklung steckt erst in den Anfängen (P. Müller, 1964, S. 168). Molluscicide dürften ebensowenig wie Abschreck- und Anlockmittel oder die klassischen Rodenticide Rückstände irgendwelcher Art auf Lebensmitteln hinterlassen; sie bleiben daher generell unberücksichtigt. Eine Ausnahme bilden jedoch Substanzen, die einerseits insecticid, andererseits aber auch rodenticid wirken, wie beispielsweise Blausäure oder Dieldrin.

b) Umfang des Einsatzes

Schon seit Jahrtausenden sind chemische Schädlingsbekämpfungsmittel bekannt: Etwa 1200 vor der Zeitenwende dienten Kalk sowie Asche zur Schädlingsbekämpfung in geschlossenen Räumen und Insecticide pflanzlicher Herkunft zur Saatgutbehandlung. Bis weit in das 20. Jahrhundert hinein waren überwiegend anorganische Substanzen — z. B. Arsentrioxid im Weinbau, Sublimat zum Beizen des Saatgutes – im Gebrauch. Zwar hatte M. FARADAY schon 1825 versucht, Acetylen gegen Schädlinge einzusetzen und dabei Hexachlorcyclohexan gefunden, doch blieb dessen insecticide Wirksamkeit bis 1933 unbekannt. Der große Umschwung zugunsten organischer Schädlingsbekämpfungsmittel setzte kurz vor Beginn des 2. Weltkrieges ein, als G. SCHRADER 1937 auf Amido-cyan-phosphorsäureester stieß und ihre hohe Wirksamkeit als Kontaktgift für Insekten erkannte (G. SCHRADER, 1963), und wenig später P. MÜLLER (1939) die insecticide Wirkung des Dichlor-diphenyltrichloräthans entdeckte. 1 Jahr später bekämpften R. E. SLADE u. Mitarb. erstmalig Unkräuter auf chemischem Wege mit Naphthylessigsäure. Seit 1945 sind unzählige weitere organische Schädlingsbekämpfungsmittel synthetisiert worden (K. MAYER, 1959).

Die Weltproduktion an Schädlingsbekämpfungsmitteln erreichte Anfang der sechziger Jahre dieses Jahrhunderts die ungeheure Menge von 1250000 t (F. BERAN, 1963). Den Wert der Produktion an Schädlingsbekämpfungsmitteln in den wichtigsten Herstellerländern für 1962 gibt Tabelle 4 wieder. Mit einem in Zukunft weiter ansteigenden Einsatz chemischer Schädlingsbekämpfungsmittel ist zu rechnen, denn sie stellen für den landwirtschaftlichen Betrieb außerordentlich wichtige und relativ billige Produktionshilfsmittel dar (G. UNTERSTENHÖFER u.a., 1965).

Tabelle 4. *Wert der Produktion von Schädlingsbekämpfungsmittel in den wichtigsten Erzeugerländern 1962* (H. MAIER-BODE 1965)

Land	Produktionswert Mill. $
USA	431,7
Japan	94
BRD	90,7
Großbritannien	85
Frankreich	75
Italien	57,5

Von dem Gesamtwert der abgesetzten Mittel entfielen 1962 in den USA 50% auf Insecticide und jeweils 25% auf Herbicide bzw. Fungicide. Zukünftig dürfte generell der Einsatz von Herbiciden besonders stark ansteigen und bis 1975 den der Insecticide übertreffen, da Arbeitskräfte für die mechanische Unkrautbekämpfung zunehmend knapper werden. Es wird sich daher das Schwergewicht immer stärker auf chemische Maßnahmen verlagern (M. HANF, 1966). In Großbritannien übertrafen die eingesetzten Herbicide wertmäßig schon 1962 jede andere Gruppe von Schädlingsbekämpfungsmitteln (W. SIECKE, 1963).

c) Praktische Anwendung

α) Anwendungsformen

Entsprechend der Form, in der sie angewandt werden, lassen sich Schädlingsbekämpfungsmittel in folgende Gruppen unterteilen (H. FÜRST, 1962, S. 26):

$\alpha\alpha$) Spritzmittel

Als Spritzen bezeichnet man das Ausbringen und Verteilen von Wirkstoffen in flüssiger Form; hierbei wird die Flüssigkeit unter hydraulischem Druck zu Tröpfchen zerstäubt (H. Dünnebeil, 1961, S. 23). Zu diesem Zweck werden die handelsüblichen Präparate – flüssige Konzentrate, Pulver oder Pasten – mit Wasser zu einer „Spritzbrühe" verdünnt. Letztere wird mittels geeigneter Geräte

Tabelle 5. *Verfahren, Teilchengrößen und Aufwandmengen bei der Applikation von Spritzmitteln* (H. Dünnebeil 1961 S. 21; Auszug)

Verfahren	Suspensionen	Emulsionen	Lösungen	Teilchengrößen μ	Aufwandmengen im Ackerbau l/ha	Obstbau l/ha	Hopfen- und Weinbau l/ha
Spritzen	+	+	+	> 150	200—800	1000—3000	1000—4000
Sprühen	+	+	+	50—150	100—400	200—600	200—600
Nebeln	–	+	+	< 50	3—6	3—6	3—6

möglichst gleichmäßig über die zu behandelnde Fläche verteilt. Je nach Größe der entstehenden Tröpfchen unterscheidet man zwischen Spritzen, Sprühen und Vernebeln (vgl. Tabelle 5). Je feiner die Flüssigkeit verteilt wird, um so weniger Spritzbrühe kann pro Flächeneinheit angewandt werden, ohne daß die gleichmäßige Behandlung darunter leidet. Abb. 2 verdeutlicht die großen Unterschiede hinsichtlich der Flüssigkeitszerteilung bei den verschiedenen Applikationsformen für Spritzmittel.

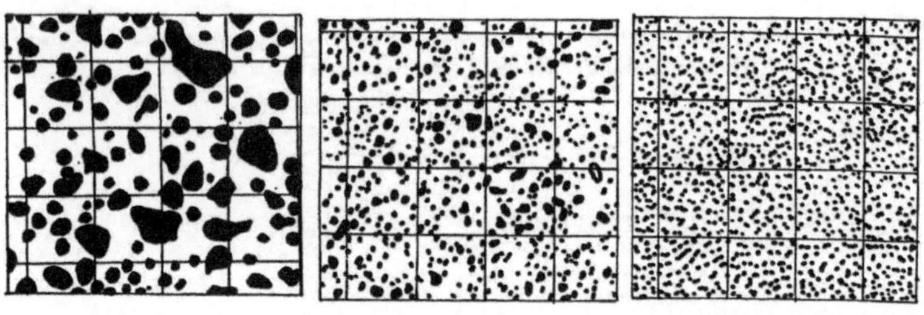

Abb. 2. Tropfenbelag von Schädlingsbekämpfungsmitteln in Abhängigkeit vom Spritzverfahren (H. Dünnebeil, 1961, S. 21)

Spritzmittel finden allgemein für Pflanzenbestände Anwendung; ferner können sie mit Sprüh- und Nebelgeräten auch in geschlossenen Räumen eingesetzt werden (H. Dünnebeil, 1961, S. 194). Darüber hinaus gibt es für die Applikation in kleinem Rahmen, etwa im Haushalt, Zubereitungen in Aerosolform (P. Müller, 1964, S. 111). Die neueste Entwicklung geht dahin, äußerst hoch konzentrierte (50–100% Wirkstoff) Präparate ohne Zusatz von Wasser zu versprühen = ULV-Verfahren (Ultra-low volume) (H. Martin, 1967, S. 122).

$\beta\beta$) Stäubemittel

Als Stäuben bezeichnet man das Ausbringen und Verteilen staubförmiger Schädlingsbekämpfungsmittel durch einen Luftstrom, der mittels Gebläse erzeugt wird; hierbei dient die Luft als Trägermedium. Die Korngröße der Stäube schwankt zwischen 10 und 200 μ (H. DÜNNEBEIL, 1961, S. 56); Stäubemittel müssen nicht wie Spritzmittel vor Gebrauch verdünnt werden. Sie werden deshalb in solchen Fällen bevorzugt, in denen es entweder schwierig ist, das zum Bereiten einer Spritzbrühe notwendige Wasser zu beschaffen, oder das zu transportierende Gewicht eine wesentliche Rolle spielt. Beim Stäuben beträgt die Aufwandsmenge nur etwa 20 kg/ha Ackerland gegenüber 400–800 l/ha Spritzbrühe (H. FRENSCH, 1960, S. 1068).

γγ) Streumittel

Von den Stäubemitteln unterscheiden sich die Streumittel durch ihre gröbere Körnung; die Teilchengröße schwankt zwischen 0,2 und 0,8 mm (P. MÜLLER, 1964, S. 111). Diese Granulate dienen hauptsächlich dazu, Schädlinge auf der Bodenoberfläche oder, nach mechanischer Einarbeitung, auch in tieferen Schichten zu bekämpfen. Dagegen sollen die Pflanzen unbehandelt bleiben. Deshalb müssen die Partikel von den Pflanzenteilen abrollen (H. FRENSCH, 1960, S. 1069).

δδ) Gieß- und Streichmittel

Ebenso wie Streumittel dienen auch Gießmittel der Schädlingsbekämpfung im Boden. Die Zubereitungen stellen meistens Suspensionen dar.

Streichmittel werden gelegentlich als insecticidhaltige Sperringe an Bäumen verwendet. Ein weiteres interessantes Anwendungsgebiet für Kontaktgifte mit längerer Wirksamkeit (z.B. Diazinon allein oder kombiniert mit DDT) bilden insecticide Anstriche für Ställe, Baracken, Keller und Lagerräume (W. HOLZ u. B. LANGE, 1962, S. 207).

εε) Räuchermittel

Entweder wird der Wirkstoff in Räucherkerzen eingearbeitet oder auf Papier aufgetragen und verräuchert bzw. verdampft. Während des Abschwelens oder Verglimmens kann ein Teil des Wirkstoffes zersetzt werden und verloren gehen (P. MÜLLER, 1964, S. 111). Räuchermittel eignen sich nur für geschlossene Räume. Sie finden daher Anwendung gegen Insekten in Gewächshäusern und Arbeitsräumen oder zur Bekämpfung von Nagetieren wie Wühlmäusen in ihrem Bau.

ζζ) Vergasungsmittel

Gasförmige Giftstoffe werden entweder einsatzbereit in Gasflaschen geliefert oder erst am Einsatzort durch chemische Reaktion entwickelt. Das letztgenannte Verfahren ist vielfach üblich, etwa um Blausäure aus Calciumcyanamid unter Einwirkung von Feuchtigkeit und Kohlendioxid zu entwickeln. Der Vorzug gasförmiger Bekämpfungsmittel liegt darin, daß sie in jene Verstecke – Ritzen zwischen oder hinter Brettern und Verschalungen – eindringen, die anderweitig unerreichbar sind. Deswegen werden neuerdings auch mit Insecticiden imprägnierte Materialien zum Aufhängen in Räumen hergestellt, aus denen die Wirkstoffe, welche einen relativ hohen Dampfdruck besitzen müssen, im Laufe mehrerer Monate allmählich in die umgebende Atmosphäre übergehen. Neben der Schädlingsbekämpfung in Arbeitsräumen dienen Vergasungsmittel auch der Bekämpfung in Vorratsräumen, Mühlen, Schiffsräumen und Gewächshäusern (H. FÜRST, 1962, S. 115).

ηη) Beizmittel

Das Saatgut wird mit einer fungiciden oder insecticiden Substanz imprägniert. Am weitesten verbreitet ist das Trockenbeizverfahren, bei dem das Saatgut innig mit einem pulverförmigen Beizmittel vermischt wird, so daß es auf der Samenoberfläche haftet. Eine neuerdings häufiger anzutreffende Abart bildet das Inkrustierungsverfahren zum Überziehen des Saatgutes mit einem den Giftstoff enthaltenden Haftmittel (H. FÜRST, 1962, S. 27).

β) Anwendungsgeräte

Die praktische Anwendung der Schädlingsbekämpfungsmittel in den verschiedenen Formen erfordert spezielle Maschinen und Geräte, die in ihrer Funktion auf die jeweilige Beschaffenheit der Präparate sowie die Gegebenheiten des Einsatzes abgestimmt sein müssen. Das vielseitige Angebot reicht heute von einfachen, tragbaren, manuell zu bedienenden Apparaten bis zu hochentwickelten Spezialgeräten (WHO, 1964). Für sehr große Areale werden sogar besonders ausgerüstete Flugzeuge eingesetzt, die hoch konzentrierte Präparate versprühen oder verstäuben (H. DÜNNEBEIL, 1961, S. 73; WHO, 1964, S. 176). Die Behandlung größerer Räume mittels gasförmiger Schädlingsbekämpfungsmittel erfordert

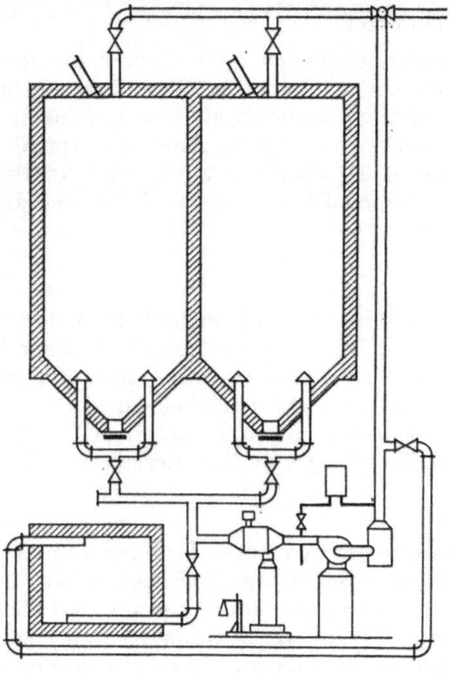

Abb. 3. Schematische Darstellung einer Kreislauf-Silobegasung (H. FRENSCH, 1960, S. 1100)

spezielle Einrichtungen. Abb. 3 zeigt im Schema eine Anlage zum Begasen von Silos und Vorratsräumen.

Da der Erfolg der Bekämpfungsmaßnahmen entscheidend davon abhängt, daß die chemischen Mittel zweckentsprechend und gleichmäßig ausgebracht werden, müssen die hierfür bestimmten Geräte sehr gut durchkonstruiert sein. Deshalb besteht neben der amtlichen Prüfung chemischer Schädlingsbekämpfungsmittel auch eine solche für Geräte. Soweit diese sich in der Prüfung als geeignet erweisen, werden sie in das jährlich neu erscheinende Pflanzenschutzmittelverzeichnis der Biologischen Bundesanstalt für Land- und Forstwirtschaft in Braunschweig aufgenommen. Auch die WHO beschäftigt sich mit anwendungstechnischen Fragen und gibt, ähnlich wie für Schädlingsbekämpfungsmittel, auch für Geräte Spezifikationen heraus (WHO, 1964).

II. Aufbau der Schädlingsbekämpfungsmittel

1. Wirkstoffe

Allgemein wird in einem Schädlingsbekämpfungsmittel die aktive Substanz, die für den toxischen Effekt gegenüber Schädlingen verantwortlich ist, als „Wirkstoff" bezeichnet. Die Zahl der gegen Schädlinge wirksamen Stoffe ist im Laufe der Zeit außerordentlich angewachsen, denn einerseits haben sich viele natürlich vorkommende Substanzen als toxisch erwiesen (D. G. Crosby, 1966), andererseits hat die chemische Industrie zahlreiche Wirkstoffe der verschiedensten Art synthetisiert. Allein in der BRD wurden 1963/64 etwa 130 verschiedene Wirkstoffe im Pflanzenschutz praktisch angewandt (H. Maier-Bode, 1965, S. 13). In den USA belief sich die Zahl der registrierten chemischen Wirkstoffe zur gleichen Zeit auf etwa 900 Substanzen (L. A. Richardson u. M. J. Forter, 1966).

Ist schon ein vollständiger Überblick über die Vielzahl der Wirkstoffe kaum mehr möglich, so erschweren verschiedenartige Formulierungsmöglichkeiten und die Tatsache, daß jeder Hersteller sein Erzeugnis mit einem eigenen Handelsnamen belegt, die Übersicht noch weiter; Handelspräparate auf der Basis ein- und desselben Wirkstoffes tauchen unter verschiedenen Bezeichnungen auf. Um trotzdem wenigstens ein Mindestmaß an Übersicht zu erzielen, hat die ISO (International Organization for Standardization) in mehreren Listen (F. Winkelmann, 1965) für die Wirkstoffe allgemein gebräuchliche Benennungen (*common names*) empfohlen*. Sie sollen der internationalen Verständigung dienen und daher leicht verständlich, möglichst generell gebräuchlich, in allen Sprachen gleich sein und, um Verwechslungen vorzubeugen, nicht den Handelsnamen chemischer oder pharmazeutischer Erzeugnisse ähneln (H. Fürst, 1962, S. 158).

Je nach ihrem Anwendungsgebiet unterteilt man die Wirkstoffe zunächst in einige große Kategorien (vgl. Abschnitt I/3a). Allerdings gibt es einige Überschneidungen: Beispielsweise besitzen manche Organophosphorverbindungen nicht nur insecticiden, sondern auch acariciden und gelegentlich sogar fungistatischen Effekt (H. Scheinpflug u. H. F. Jung 1968). Einige insecticide Chlorkohlenwasserstoffe können auch zur Nagetierbekämpfung auf landwirtschaftlich genutzten Flächen eingesetzt werden, und Methylbromid wirkt sowohl nematicid als auch insecticid (W. Holz u. B. Lange, 1962, S. 183). Folglich war in nachfolgenden Übersichtstabellen eine eindeutige Zuordnung der Wirkstoffe in eine bestimmte Kategorie der Schädlingsbekämpfungsmittel nicht immer möglich.

Selbstverständlich konnten nicht annähernd alle Wirkstoffe in die Tabellen aufgenommen werden; vielmehr mußte sich die Auswahl auf die wichtigsten Vertreter der bedeutendsten Wirkstofftypen beschränken.

a) Insektenbekämpfungsmittel

α) Insecticide

Als Insecticide *anorganischer* Natur besitzen nur noch Pb- sowie Ca-Arsenate (P. Müller, 1964) und darüber hinaus als ausgesprochene Begasungsmittel Phosphorwasserstoff und Schwefeldioxid Bedeutung.

* Soweit feststellbar und in der BRD anerkannt, wurden in den nachfolgenden Tabellen (Nr. 6 bis 9) sowie bei den Formelübersichten die von der ISO empfohlenen Kurzbezeichnungen verwendet und durch Unterstreichen hervorgehoben. Die übrigen Namen stellen entweder chemische Bezeichnungen oder den von einem Hersteller gewählten Handelsnamen dar.

Tabelle 6. *Chemischer Bau, Bezeichnung, Molekulargewicht,*

Insecticid-gruppe	Chemischer Bau	Chemische Bezeichnung	Handels-Bezeichnung	Mol. Gew.	Zustand (chemisc rein)
Chlorierte Kohlenwasserstoffe	CH_3Br	Methylbromid	Methylbromid Dowfume HC-12®	94,9	farblos u geruchlos
	$CH_2Br—CH_2Br$	1,2-Dibromäthan	Äthylenbromid Dowfume W85®	187,9	farblose, süßlich r chende, u brennbare Flüssigkei
	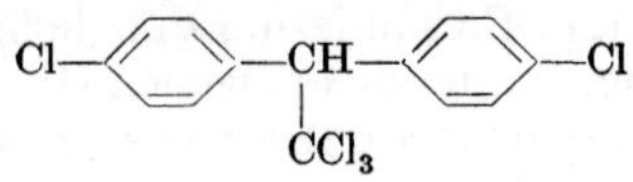	1,1-Bis-(p-chlorphenyl)-2,2,2-trichloräthan	Dichlordiphenyltrichloräthan DDT®	354,5	farblose Kristalle
	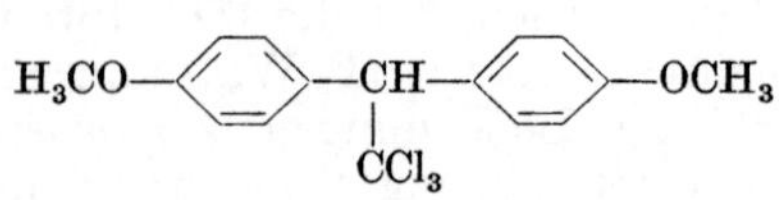	1,1-Bis-(p-methoxyphenyl)-2,2,2-trichloräthan	Methoxychlor DMDT Methoxy-DDT®	345,7	farblose Kristalle
	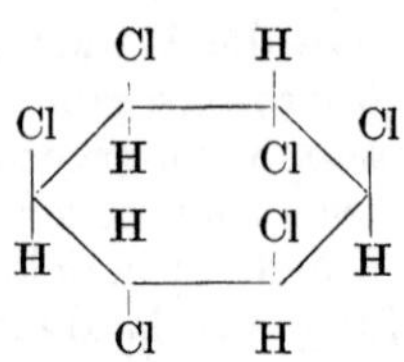	γ-Isomeres von 1,2,3,4,5,6-Hexachlor-cyclohexan	Lindan Gamma-HCH	290,9	weiße Kristalle
	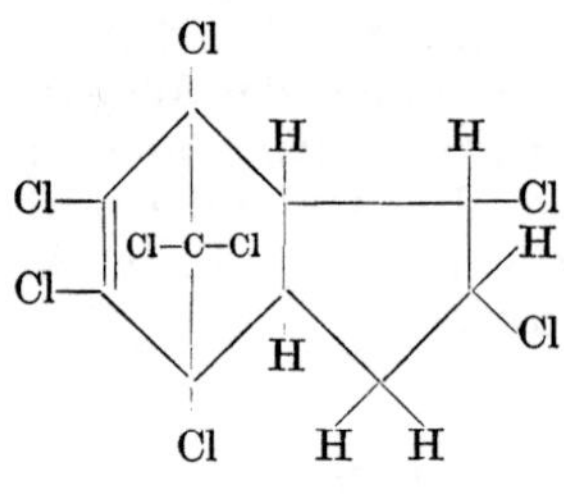	1,2,4,5,6,7,8,8-Octachlor-4,7-endomethylen-3′,4,7,7′-tetrahydrohydrinden	Chlordan Velsicol 1068®	409,8	riviskose, bernsteinfarbene Flüssigkei
	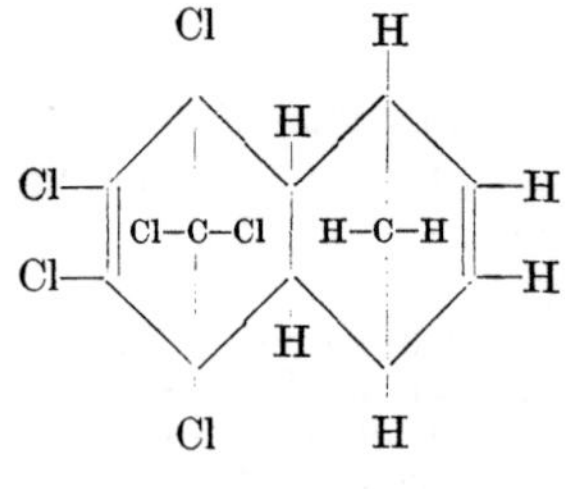	1,2,3,4,10,10-Hexachlor-1,4,4′,5,8,8′-hexahydro-[1,4,5,8-bis (endo-exo)-methylen]-naphthalin	Aldrin	364,9	farblose Kristalle

physikalische Eigenschaften und Anwendungsbereich wichtiger Insekticide

Schmelzpunkt °C	Siedepunkt mmHg/°C	Dampfdruck mm Hg/°C	Löslichkeit in organischen Lösungsmitteln	Löslichkeit in Wasser	Anwendungsbereich	Literatur
93,7	—/3,6	1420/20	—	unlöslich	Getreideentwesung, Bodendesinfektionsmittel	E. FISCHER (1953), S. 750 A. MARGOT (1964), S. 138 H. RÖMPP (1962), S. 3207
9,97	—/131,7	2, 18		4000 mg/kg (20° C)	Vorratstanks für Getreide, Bodenbehandlung	A. MARGOT (1964), S. 138 E. FISCHER (1953), S. 752
108,5-109	1/185-187	$1,5 \cdot 10^{-7}$/20	Äthanol, abs., 60 g/l Aceton, 500 g/l Xylol, 600 g/l Cyclohexanon 1000 g/l	0,001 mg/l	Obst-, Wein-, Garten-, Feld- und Gemüsebau, Textilschutz, veterinärmedizinischer Bereich, Fliegenbekämpfung	W. PERKOW (1956), S. 134—155 H. MAIER-BODE (1965), S. 263 R. MISKUS (1964), S. 97
89	—	—	gut	sehr wenig löslich	Fliegenbekämpfung, Ektoparasiten an Milchvieh, Obstbau und Sonderkulturen (z. B. Kürbis, Melonen, Gurken und Tomaten)	H. MAIER-BODE (1965), S. 296-297 F. A. GUNTHER u. R. C. BLINN (1955), S. 481 W. K. LOWEN, M. L. CLUETT u. H. L. PEASE (1964), S. 303—304
112,9	—	$3,17 \cdot 10^{-2}$/20	Äthanol 64 g/l Aceton 435 g/l Petroläther 29 g/l Äthylenchlorid 298 g/l	10 mg/l	Obst-, Garten- und Ackerbau, Saatschutz- und Räuchermittel	F. A. GUNTHER u. R. C. BLINN (1955), S. 474 W. PERKOW (1968), S. 239—256
—	2/175	$1 \cdot 10^{-5}$/25	gut	sehr wenig löslich	Obst-, Garten- und Ackerbau, gegen Stallfliegen und Stechmücken	W. PERKOW (1956), S. 192—193 T. G. BOWERY (1964), S. 49 P. STEINER u. W. GRUCH (1959), S. 66—68
104,5	2/145	$2,31 \cdot 10^{-5}$/20	50 g/kg Alkohol 1050 g/kg CCl_4 270 g/kg Kerosen bei 25° C	sehr wenig löslich	Ackerbau, Saatgutpuder, Bodeninsekticid	H. MAIER-BODE (1965), S. 328 F. A. GUNTHER u. R. C. BLINN (1955), S. 268 P. E. PORTER (1964), S. 1—2 P. STEINER u. W. GRUCH (1959), S. 10—11

Tabelle 6 (1. Fortsetzung)

Insecticid-gruppe	Chemischer Bau	Chemische Bezeichnung	Handels-Bezeichnung	Mol. Gew.	Zustand (chemisch rein)
	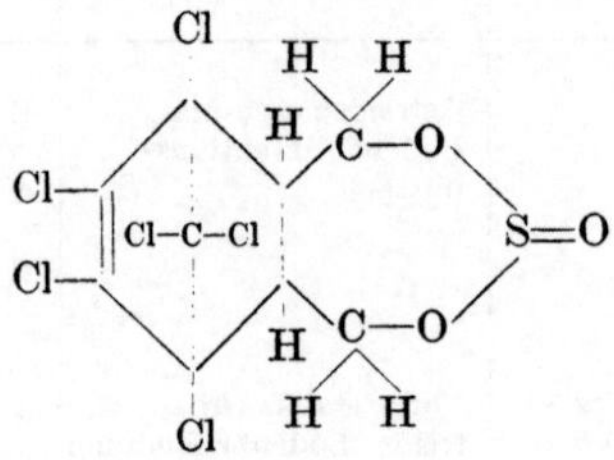	1,4,5,6,7,7-Hexachlor-bicyclo-[1,2,2]-5-hepten-2,3-bis-(methylen)-sulfit	Endosulfan Thiodan	407,0	farblose Kristalle
Organische Phosphorsäureester; 1. Monothiophosphorsäureester	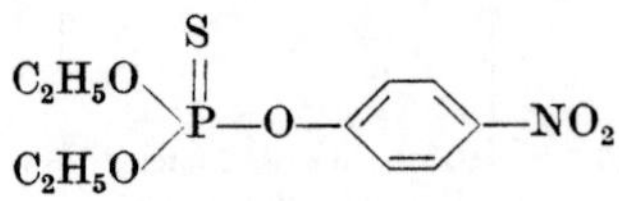	0,0-Diäthyl-0-(p-nitrophenyl)-thionophosphat	Parathionäthyl E 605® Folidol®	291,3	gelbbrau Flüssigke
	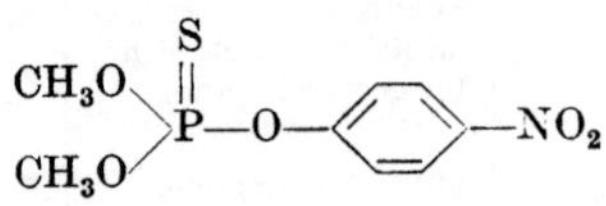	0,0-Dimethyl-0-(p-nitrophenyl)-thionophosphat	Parathionmethyl	263,2	weißes, kristallin Pulver
	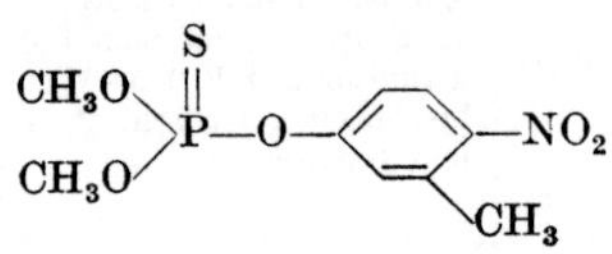	0,0-Dimethyl-0-(3-methyl-4-nitrophenyl)-thionophosphat	Fenitrothion Folithion	277,2	schwach gelbgefär tes Öl
	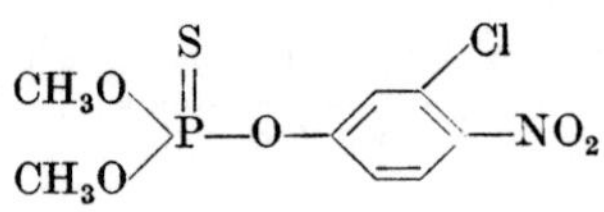	0,0-Dimethyl-0-(3-chlor-4-nitrophenyl-thionophosphat	Chlorthion	297,6	gelbes, k stallines Pulver
	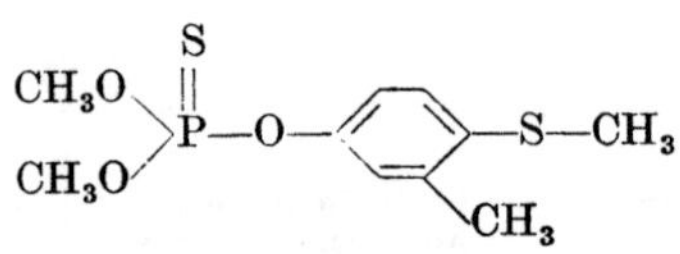	0,0-Dimethyl-(4-methylmercapto-3-methylphenyl)-thionophosphat	Fenthion Baytex® Lebaycid®	278,3	farbloses
	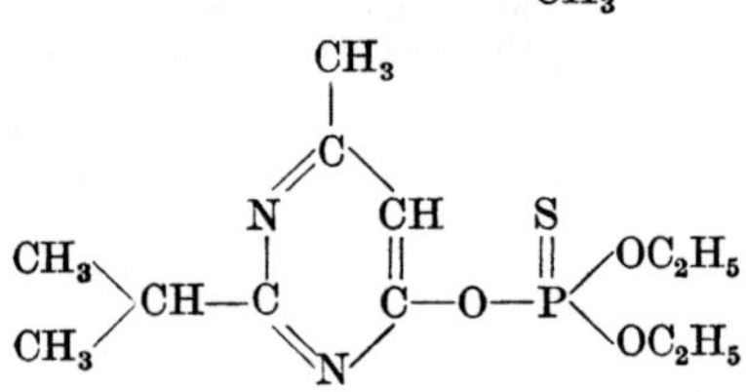	0,0-Diäthyl-0-(2-isopropyl-4-methyl-pyrimidyl-6)-thionophosphat	Diazinon Basudin®	304,4	farbloses
	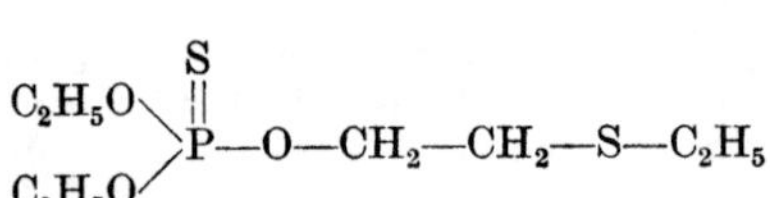 Thionoester I	0,0-Diäthyl-0-2-(äthylmercapto)-äthyl-thionophosphat (I)	Demeton Systox® Mercaptofos® (Isomerengemisch aus 70% I und 30% II)	258,3	schwach-gelbe Flüssigk
	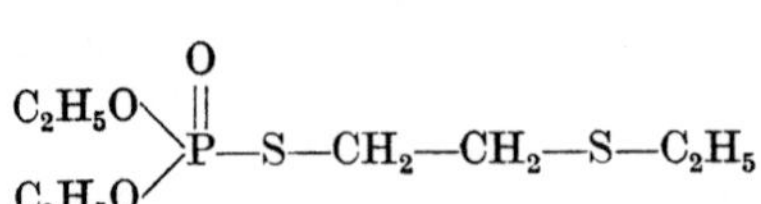 Thiolester II	0,0-Diäthyl-S-2-(äthylmercapto)-äthyl-thiolphosphat (II)			

Tabelle 6 (1. Fortsetzung)

Schmelzpunkt °C	Siedepunkt mmHg/°C	Dampfdruck mm Hg/°C	Löslichkeit in organischen Lösungsmitteln	Löslichkeit in Wasser	Anwendungsbereich	Literatur
α-Form: 111 β-Form: 204	— —	$9 \cdot 10^{-3}/80$	leicht löslich	unlöslich	Obst-, Gemüse- und Ackerbau gegen beißende und saugende Insekten	H. MAIER-BODE (1965), S. 364—365
6,1	$5 \cdot 10^{-2}/$ 113	$0{,}57 \cdot 10^{-5}/20$	meistens leicht löslich	24 mg/l bei 25° C	Obst-, Garten-, Acker- und Weinbau gegen beißende und saugende Insekten u. Spinnmilben	G. SCHRADER (1963), S. 238—239
35—36	$5 \cdot 10^{-2}/$ 109	$0{,}97 \cdot 10^{-5}/20$	meistens leicht löslich	55—60 mg/l bei 25° C	Obst-, Garten-, Acker- und Weinbau gegen beißende und saugende Insekten	G. SCHRADER (1963), S. 223—224; H. MAIER-BODE (1965), S. 80
—	$4 \cdot 10^{-2}/97$	$5{,}4 \cdot 10^{-5}/20$	gut	unlöslich	Obst-, Acker- und Gartenbau gegen saugende und beißende Insekten	G. SCHRADER (1963), S. 292; H. MAIER-BODE (1965), S. 84 bis 85
21	$4 \cdot 10^{-2}/$ 112	$4{,}2 \cdot 10^{-6}/20$	meistens leicht löslich	40 mg/l	Obst-, Garten- u. Ackerbau gegen saugende und beißende Insekten, Stechmückenlarven in Gewässern	G. SCHRADER (1963), S. 282; H. MAIER-BODE (1965), S. 87 bis 88
—	$1 \cdot 10^{-2}/87$	$3 \cdot 10^{-5}/20$	gut	54—56 mg/l	Obst, Garten-, Wein- u. Ackerbau, gegen Dasselfliegen des Rindes und krankheitsübertragende Stechmücken	G. SCHRADER (1963), S. 298—299
—	$1 \cdot 10^{-2}/67$	$8{,}4 \cdot 10^{-5}/20$	meistens leicht löslich	40 mg/l	Obst-, Acker-, Garten- und Weinbau gegen Fliegen und beißende und saugende Insekten, Bekämpfung der Ektoparasiten an Haustieren	G. SCHRADER (1963), S. 149 u. 151; H. MAIER-BODE (1965), S. 102
—	$1{,}5 \cdot 10^{-2}/$ 92	$2{,}48 \cdot 10^{-4}/20$	gut löslich in Ligroin und Petroläther	60 mg/l	Obstbau und Sonderkulturen (z. B. Oliven, Kaffee) gegen saugende Insekten, Blattläuse und Spinnmilben	G. SCHRADER (1963), S. 338—339; H. MAIER-BODE (1965), S. 117
—	$15 \cdot 10^{-2}/$ 93	$2{,}6 \cdot 10^{-4}/20$	gut	2000 mg/l		

Tabelle 6 (2. Fortsetzung)

Insecticid-gruppe	Chemischer Bau	Chemische Bezeichnung	Handels-Bezeichnung	Mol. Gew.	Zustand (chemisch rein)
	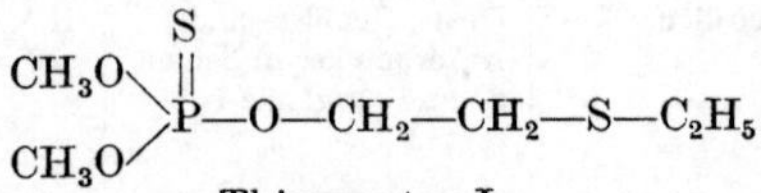 Thionoester I	0,0-Dimethyl-0-2-(äthylmercapto)-äthyl-thionophosphat (I)	Demeton-0-methyl Metasystox® (Isomerengemisch aus 70% I und 30% II)	230,3	schwach-gelbes Öl
	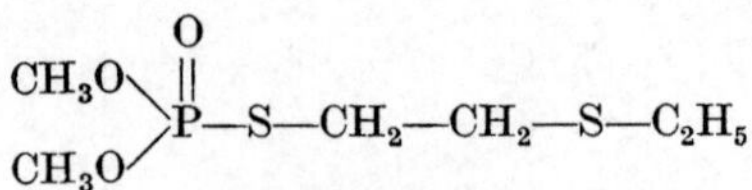 Thiolester II	0,0-Dimethyl-S-2-(äthylmercapto)-äthyl-thiolphosphat (II)			
	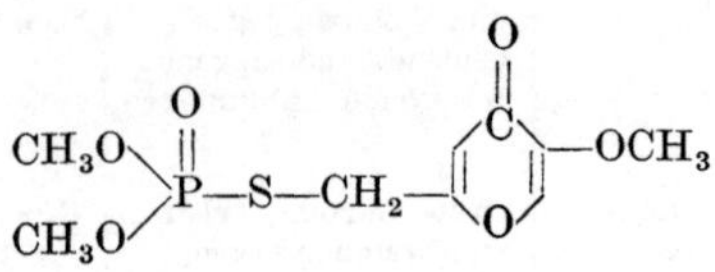	2-(0,0-Dimethyl-phosphorylthiol-methyl)-5-methoxy-pyron-4	Endothion	280,2	farbloses, kristallines Pulver
2. Dithiophosphorsäureester	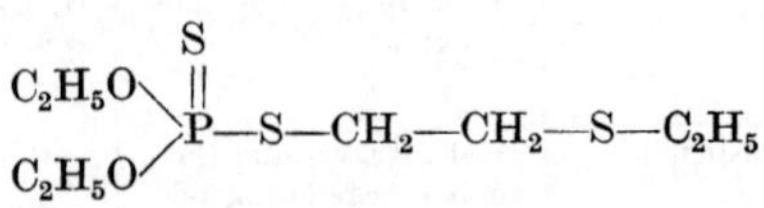	0,0-Diäthyl-S-2-(äthylmercapto)-äthyldithiophosphat	Disulfoton Disyston® Dithio-Systox®	274,4	farbloses Öl
	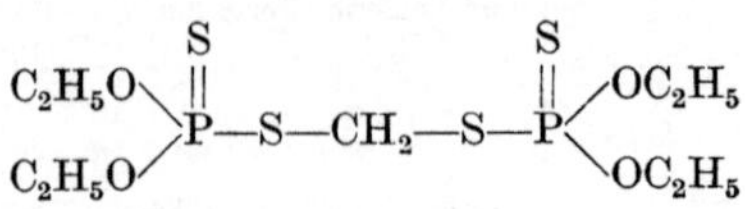	Bis-(0,0-diäthyl-thionophosphoryl)-dithiolmethan	Ethion	384,5	leicht gelb Flüssigkeit
	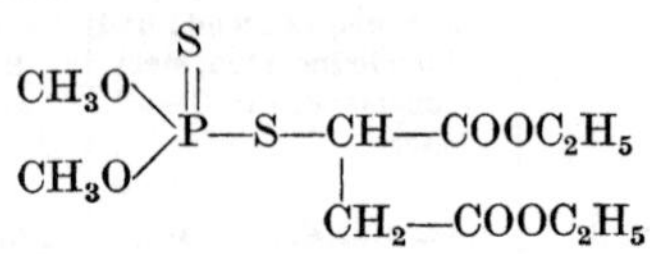	0,0-Dimethyl-S-(1,2-dicarbäthoxy-äthyl)-dithiophosphat	Malathion	330,4	schwach gelbgefärbtes Öl
	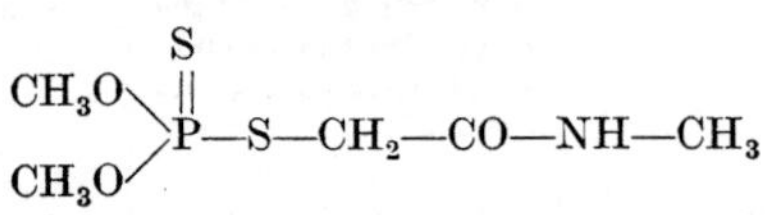	0,0-Dimethyl-S-(N-monomethyl)-carbamyl-methyl-dithiophosphat	Dimethoat Rogor®	229,2	farbloses Öl
	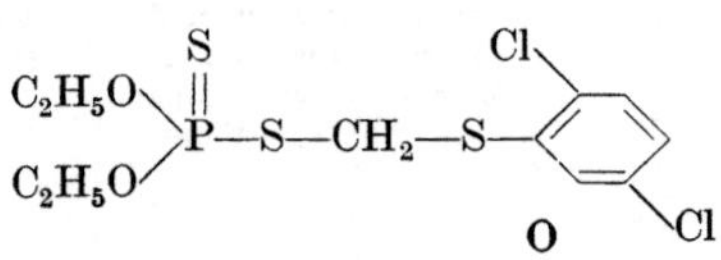	0,0-Diäthyl-S-(2,5-dichlorphenyl-thiomethyl)-dithionophosphat	Phenkapton	377,3	farbloses bis leicht gelblich gefärbtes Öl
	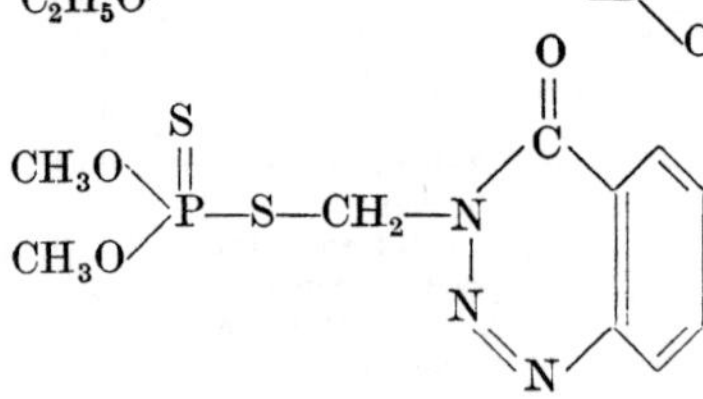	0,0-Dimethyl-S-(3,4-dihydro-4-oxo-1,2,3-benzotriazin-3-yl-methyl)-dithiophosphat	Azinphosmethyl Guthion® Gusathion®	317,3	weiße Kristalle
3. Phosphorsäure- und Phosphonsäureester	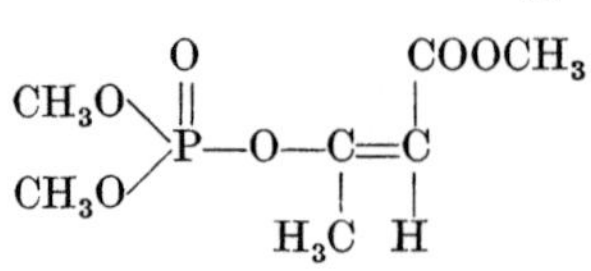	0,0-Dimethyl-0-(1-carbomethoxy-1-propen-2-yl-)phosphat	Mevinphos Phosdrin® mindestens 60% cis-Isomeres	224,2	farblose Flüssigkeit

Tabelle 6 (2. Fortsetzung)

Schmelzpunkt °C	Siedepunkt mmHg/°C	Dampfdruck mm Hg/°C	Löslichkeit in organischen Lösungsmitteln	Löslichkeit in Wasser	Anwendungsbereich	Literatur
—	$5\cdot10^{-2}/58$	$18{,}5\cdot10^{-4}/20$	gut	330 mg/l	Obst-, Garten-, Acker- u. Weinbau u. Sonderkulturen (z.B. Hopfenbau) gegen saugende Insekten und Blattläuse	G. SCHRADER (1963), S. 363—364; H. MAIER-BODE (1965), S. 126—128
—	$5\cdot10^{-2}/74$	$3{,}6\cdot10^{-4}/20$	gut	3300 mg/l		
90—91	—	Flüchtigkeit sehr gering*	—	1500 g/kg	gegen saugende Insekten und Spinnmilben	G. SCHRADER (1963), S. 170; H. TIELECKE (1963), S.91
—	$1\cdot10^{-2}/62$	$1{,}8\cdot10^{-4}/20$	meistens leicht löslich	25 mg/kg	Behandlung von Saatgut	G. SCHRADER (1963), S. 376, 381
—15 bis —12	$3\cdot10^{-1}/164$ bis 165	$1{,}5\cdot10^{-6}/25$	gut löslich in Benzol, Xylol und Aceton	unlöslich	Obst- und Weinbau gegen Blattläuse und Eier der Spinnmilben	H. MAIER-BODE (1965) S. 155—156; G. SCHRADER (1963), S. 323
2,85	$1\cdot10^{-2}/73$	$1{,}25\cdot10^{-4}/20$	meistens leicht löslich	145 mg/kg	Obst-, Wein- und Ackerbau gegen saugende Insekten	G. SCHRADER (1963), S. 136; H. MAIER-BODE (1965), S. 160—162
51—52	$1\cdot10^{-2}/86$	$8{,}5\cdot10^{-6}/20$	meistens gut löslich	39 g/kg	Obst-, Garten-, Acker-, Weinbau und Sonderkulturen (z.B. Oliven) gegen Blattläuse, Spinnmilben und saugende Insekten	G. SCHRADER (1963), S. 117; H. MAIER-BODE (1965), S. 177—178
16	$1\cdot10^{-3}/$ 110 bis 120	$4{,}1\cdot10^{-8}/20$	gut	unlöslich	Obst-, Garten-, Wein-, Acker- u. Hopfenbau gegen beißende und saugende Insekten	G. SCHRADER (1963), S. 321; H. MAIER-BODE (1965), S. 191—192
73—74	zersetzt bei höheren Temperaturen*	Flüchtigkeit sehr gering*	gut	30 mg/l bei 25° C	Obst-, Garten- und Ackerbau	G. SCHRADER (1963), S. 176; H. MAIER-BODE (1965), S. 196 bis 197
—56	0,2/76	$2{,}2\cdot10^{-3}/20$	gut löslich in Aceton und Benzol	in jedem Verhältnis mischbar	Obst-, Garten- und Ackerbau gegen saugende Insekten, Spinnmilben u. einzelne Raupenarten	G. SCHRADER (1963), S. 53; H. MAIER-BODE (1965), S. 206

Tabelle 6 (3. Fortsetzung)

Insecticid-gruppe	Chemischer Bau	Chemische Bezeichnung	Handels-Bezeichnung	Mol. Gew.	Zustand (chemisch rein)
	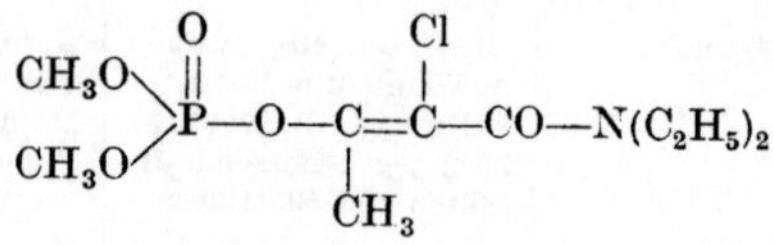	0,0-Dimethyl-0-(1-chlor-1-N-diäthyl-carbaminyl-1-propen-2-yl)-phosphat	Phosphamidon	299,7	farblose Flüssigk
	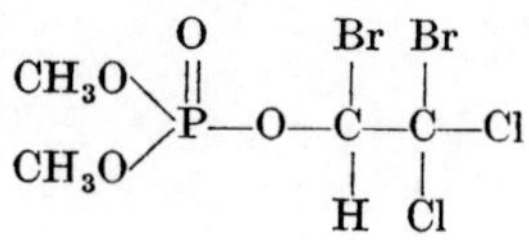	0,0-Dimethyl-0-(1,2-dibrom-2,2-dichlor-äthyl)-phosphat	Dibrom	380,8	farblose gelbliche Flüssigk
	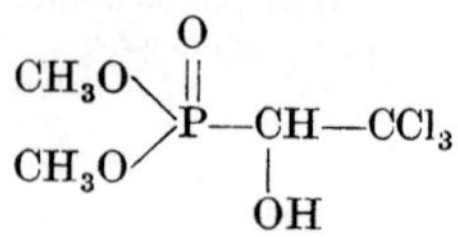	0,0-Dimethyl-(1-hydroxy-2,2,2-tri-chloräthyl)-phosphonat	Trichlorphon Dipterex®	257,5	weißes, kristallin Pulver
Carbaminsäure-ester	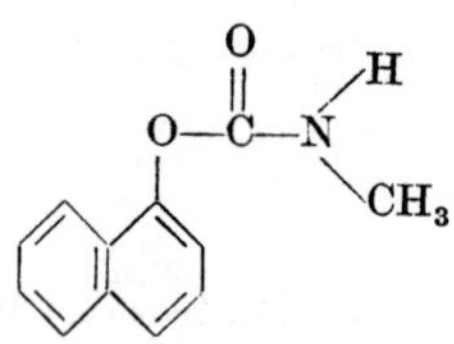	1-Napthyl-N-methylcarbamat	Carbaryl Sevin®	201,2	farblose Kristalle
	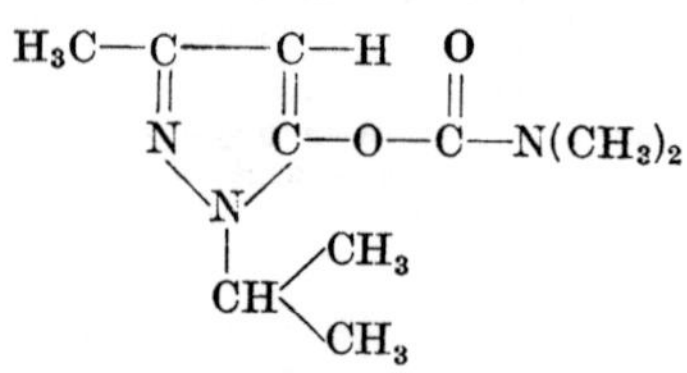	1-Isopropyl-3-methylpyrazolyl-(5)-di-methylcarbamat	Isolan G 23 611®	211,3	farblose Flüssigk
	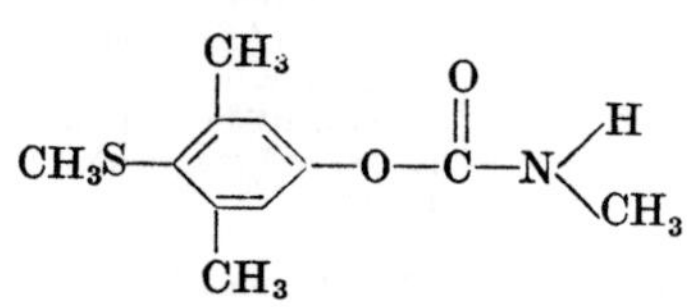	3,5-Dimethyl-4-methylmercapto-phenyl-N-methyl-carbamat	Mercaptodimethur Mesurol®	225,3	farbloses Pulver
Epoxide	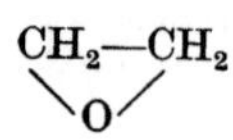	Äthylenoxid	—	44,1	farblose, süßlich riechend Flüssigk
Nitrile	HCN	Cyanwasserstoff	Blausäure	27,0	farblose, leicht be wegliche Flüssigk
	$CH_2{=}CH{-}CN$	Acrylnitril	Ventox®	53,1	farblose, nicht un angeneh riechend Flüssigk

Tabelle 6 (3. Fortsetzung)

Schmelzpunkt °C	Siedepunkt mmHg/°C	Dampfdruck mm Hg/°C	Löslichkeit in organischen Lösungsmitteln	Löslichkeit in Wasser	Anwendungsbereich	Literatur
--	$1 \cdot 10^{-2}/70$	$2{,}5 \cdot 10^{-5}/20$	gut löslich in Äthanol, Äther, Aceton und vielen Kohlenwasserstoffen	in jedem Verhältnis mischbar	Garten- und Obstbau gegen Blattläuse, Blutläuse, Käfer, Spinnmilben, Spannerraupen, Gespinstmotten, Kohlweißlinge	G. SCHRADER (1953), S. 64—67
26	$5 \cdot 10^{-1}/110$	$2 \cdot 10^{-4}/20$	gut löslich in aromatischen Kohlenwasserstoffen	unlöslich	Obst-, Garten- u. Ackerbau gegen Ektoparasiten an Nutztieren, Vorratsschädlinge und Spinnmilben	H. MAIER-BODE (1965), S. 224—225
83—84	$8 \cdot 10^{-2}/96$	$7{,}8 \cdot 10^{-6}/20$	Chloroform 750 mg/l, n-Hexan 800 mg/l bei 25° C, Benzol 152 g/l bei 25° C	154 g/l bei 25° C	Obst-, Garten-, Wein- und Ackerbau gegen beißende und saugende Insekten, gegen Ekto- und Endoparasiten bei Nutztieren	G. SCHRADER (1963), S. 27—29; H. MAIER-BODE (1965), S. 230 bis 232
142	--	$>5 \cdot 10^{-3}/25$	gut	99 mg/l	Obst-, Acker-, Garten- und Weinbau, gegen Ektoparasiten bei Nutztieren	H. MAIER-BODE (1965), S. 244—245
—	$3 \cdot 10^{-1}/105$ bis 107	$1 \cdot 10^{-3}/20$	mit Alkohol, Aceton und Xylol in jedem Verhältnis mischbar	in jedem Verhältnis mischbar	Obst-, Garten- u. Ackerbau gegen saugende Insekten	A. MARGOT u. K. STAMMBACH (1964), S. 257; H. MAIER-BODE (1965), S. 255—256
121,5	—	sehr gering	gut	unlöslich	Obst-, Garten- und Ackerbau gegen beißende Insekten und Spinnmilben, gegen Haushalts- und Hygieneschädlinge	H. MAIER-BODE (1965), S. 259—260
—111,3	10,7	—	—	bildet festes Hydrat	Speicher und Getreidesilos (auch für Mehl), Behandlung von Textilien und Fellen	H. DENNER (1963), S. 145 und 149
—13,2	25,7	—	mit Alkohol und Äther mischbar	mischbar	gegen Vorratsschädlinge in Mehl	E. ASENDORF und W. KLEMPT (1964), S. 628
— 82±1°	77,6 bis 77,7	86,9	löslich in Dimethylformamid, Tetramethyloxamid und Tetramethylensulfon	80 g/l	gegen Voratsschädlinge in Mehl	P. KURTZ (1953), S. 81—82

Tabelle 6 (4. Fortsetzung)

Insecticid-gruppe	Chemischer Bau	Chemische Bezeichnung	Handels-Bezeichnung	Mol. Gew.	Zustand (chemisch rein)
Pflanzliche Insecticide	Summenformel:		Pyrethrum		viskoses Ö
	$C_{21}H_{28}O_3$	Pyrethrin I		328,4	
	$C_{20}H_{28}O_3$	Cinerin I		316,4	
	$C_{22}H_{28}O_5$	Pyrethrin II		372,4	
	$C_{21}H_{28}O_5$	Cinerin II		360,4	
	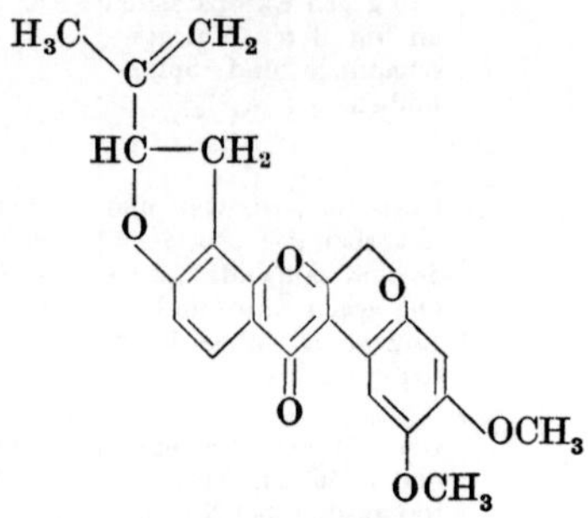	—	Rotenon, Derris	—	weiße Blättchen
	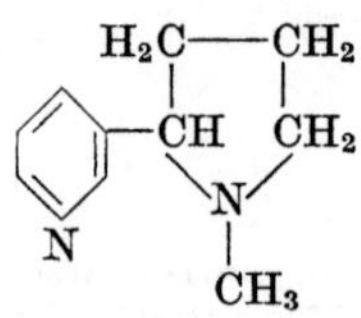	α-Pyridyl-β-N-Methyl-Pyrrolidin	Nicotin	162,2	farbloses Ö

Angaben zum Anwendungsbereich nach S. W. Souci u. E. Mergenthaler (1958, S. 192—235), P. Steiner u. W. Gruch (195
G. Schrader (1963), H. Maier-Bode (1965) u. W. Perkow (1968).

* Nach Angabe des Herstellers.

Über die in Tabelle 6 aufgeführten insecticiden Wirkstoffe hinaus seien noch folgende organische Wirkstoffe erwähnt (P. Müller, 1964):

Teer- und Mineralöle, DNOC (vgl. Tabelle 9 Herbicide), Endrin als Stereoisomeres zu Aldrin (vgl. Tabelle 6) sowie

Tetrachloräthylen

$CCl_2{=}CCl_2$

chem. Bez.:
wie Handelsbezeichnung
MG 165,9
J. Smidt (1954), S. 432

Perthane

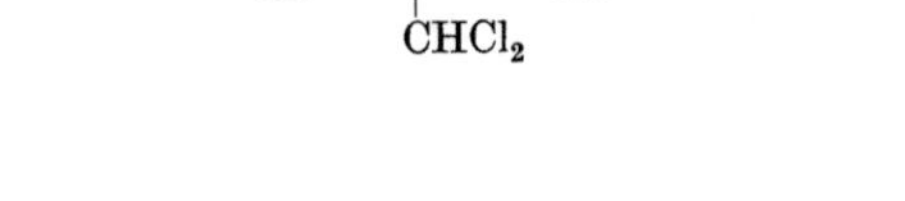

chem. Bez.:
Di-(p-äthylphenyl)-dichloräthan
MG 307,3
W. Perkow (1968) S. 233

Tabelle 6 (4. Fortsetzung)

Schmelzpunkt °C	Siedepunkt mmHg/°C	Dampfdruck mm Hg/°C	Löslichkeit in organischen Lösungsmitteln	Löslichkeit in Wasser	Anwendungsbereich	Literatur
			gut	unlöslich	Fliegen, Haushalts- und Vorratsschädlinge, Tabak-, Kakao- und Mehllagerung, gegen Moskitolarven	W. PERKOW (1956), S. 79; D. B. MCCLELLAN (1964), S. 400
—	$1 \cdot 10^{-1}$/ 170	—				
—		—				
—	$1 \cdot 10^{-1}$/ 200	—				
—		—				
163	—	—	gut	sehr gering	gegen Obst- und Gartenbauschädlinge, zum Vorratsschutz, gegen Dasselfliegen beim Rind	W. PERKOW (1956), S. 89; H. RÖMPP (1962) (1962), S. 1082
— 80°	246—247 (teilweise Zersetzung)	—	gut	gut	gegen Blattläuse	W. PERKOW (1956), S. 97; H. RÖMPP (1962), S. 3479

Aldrin

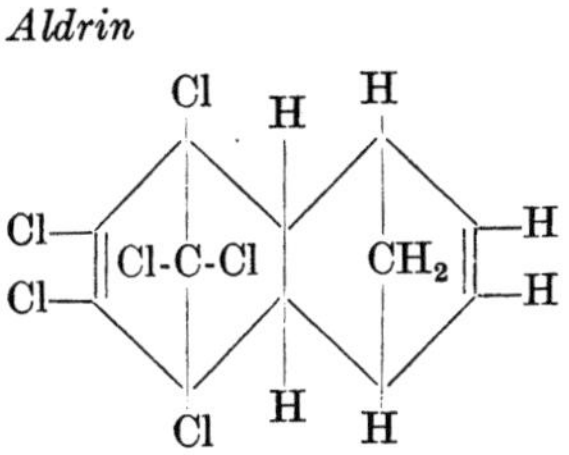

chem. Bez.:

1,2,3,4,10,10-Hexachlor-1,4,4′,5,8,8′-hexahydro-1,4-endo, exo-5,8-dimethanonaphthalin

MG 364,9

W. PERKOW (1968) S. 262

Dieldrin

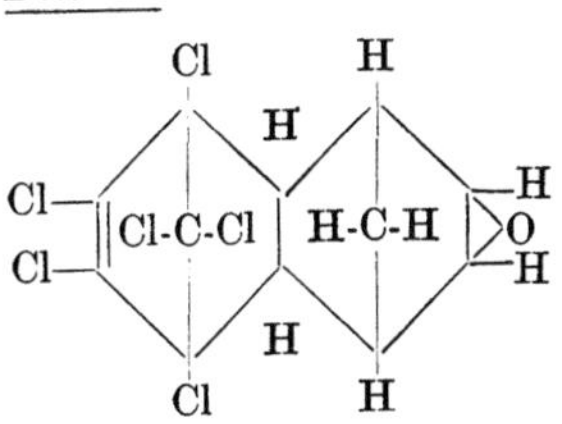

chem. Bez.:

1,2,3,4,10,10-Hexachlor-6,7-epoxy-1,4,4′,5,6,7,8,8′-octahydro-1,4,-endo, exo-5,8-dimethano-naphthalin

MG 380,9

W. PERKOW (1968), S. 267

Heptachlor

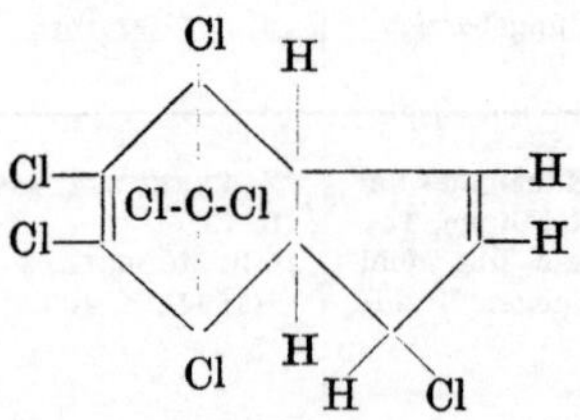

chem. Bez.:

1,4,5,6,7,8,8-Heptachlor-3′,4,7,7′-tetrahydro-4,7-endomethano-inden

MG 373,3

W. PERKOW (1956), S. 204

Telodrin

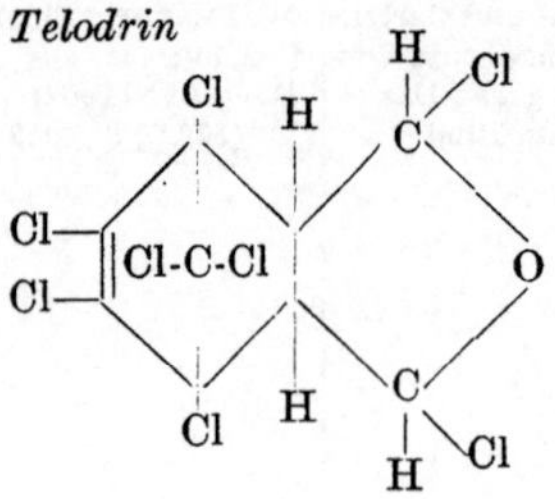

chem. Bez.:

1,3,4,5,6,7,8,8-Octachlor-1,3,3′,4,7,7′-hexahydro-4,7-methano-isobenzofuran

MG 411,8

W. PERKOW (1968), S. 277

Toxaphen ein Polychlorcamphen bisher nicht genau definierter Struktur (W. PERKOW (1956), S. 201)

EPN®

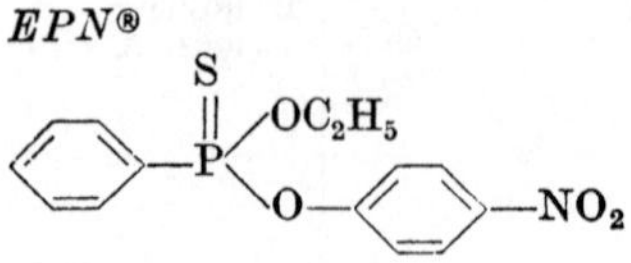

chem. Bez.:

0-Äthyl-0-p-nitrophenyl-phenyl-thionophosphonat

MG 303,3

G. SCHRADER (1963), S. 273

TEPP

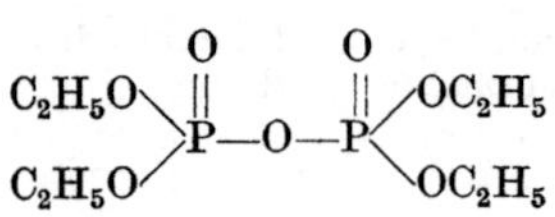

chem. Bez.:

Tetraäthyl-pyrophosphat

MG 290,2

G. SCHRADER (1963), S. 68

Omethoat

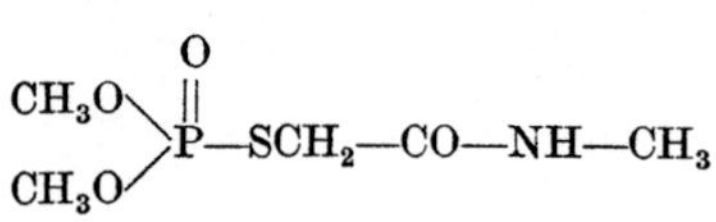

chem. Bez.

0,0-Dimethyl-S-(N-monomethyl)-carbamyl-methyl-thiophosphat

MG 213,1

G. SCHRADER (1963), S. 121

OMPA
(Schradan)

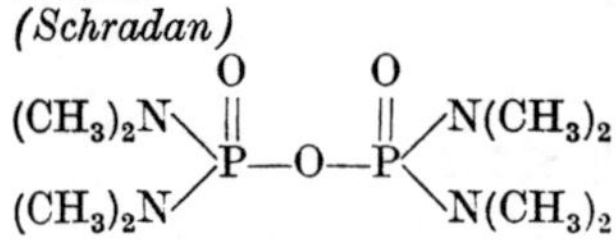

chem. Bez.:

Bis-(dimethylamino)-phosphorsäureanhydrid

MG 286,3

G. SCHRADER (1963), S. 88

Dithion (Sulfotepp)

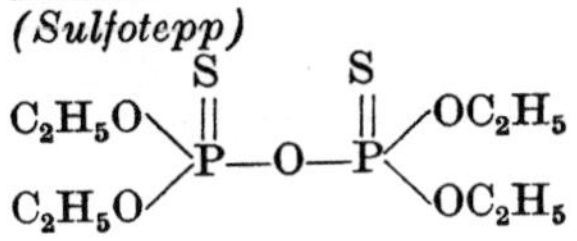

chem. Bez.:

Tetraäthyl-dithio-pyrophosphat

MG 322,3

H. Maier-Bode (1965), S. 240

Chlorthion

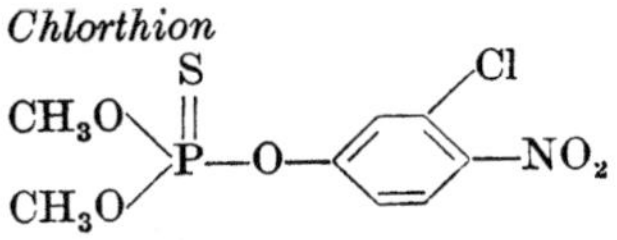

chem. Bez.:

0,0-Dimethyl-0-(3-chlor-4-nitrophenyl)-thionophosphat

MG 297,6

G. Schrader (1963), S. 281

Ronnel

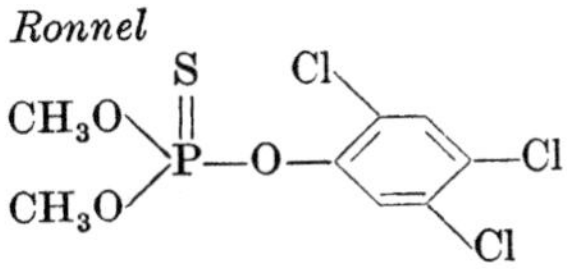

chem. Bez.:

0,0-Dimethyl-0-(2,4,5-trichlorphenyl)-thionophosphat

MG 321,6

G. Schrader (1963), S. 212

Bromophos

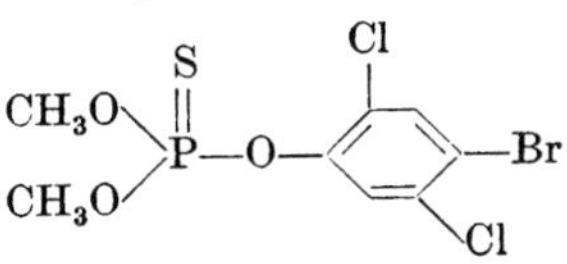

chem. Bez.:

0-(4-Brom-2,5-dichlor-phenyl)-0,0-dimethyl-monothiophosphat

MG 366,0

BIOLOGISCHE BUNDESANSTALT (1967), S. 97

Fensulfothion

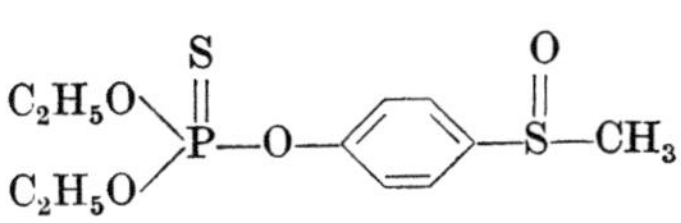

chem. Bez.:

0,0-Diäthyl-0-(4-methylsulfinyl-phenyl-)thionophosphat

MG 308,36

W. Perkow (1968), S. 340

Trithion

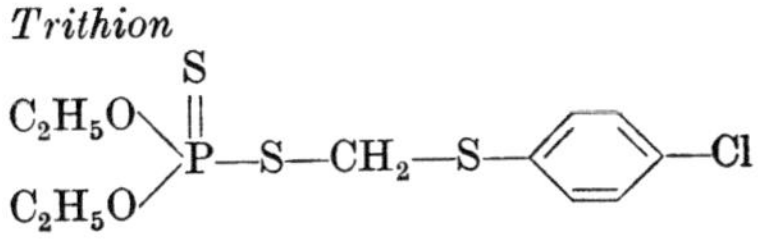

chem. Bez.:

0,0-Diäthyl-p-chlorthiophenyl-methenyldithiophosphat

MG 342,9

G. Schrader (1963), S. 314

Chlorfenvinfos

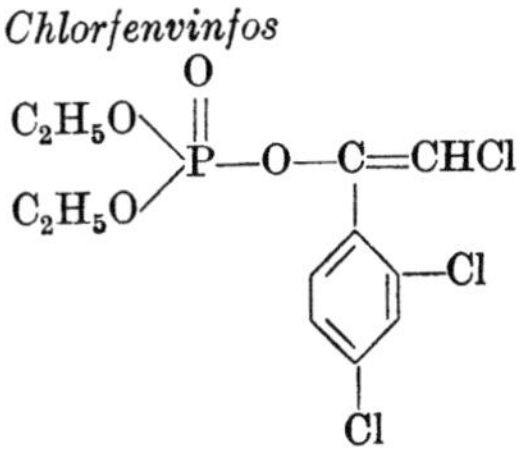

chem. Bez.:

0,0-Diäthyl-0-[1-(2′,4′-dichlorphenyl)-2-chlor-vinyl]-phosphorsäureester

MG 359,5

BASF 1967

Demeton-0-methylsulfoxid
(Metasystox ®)

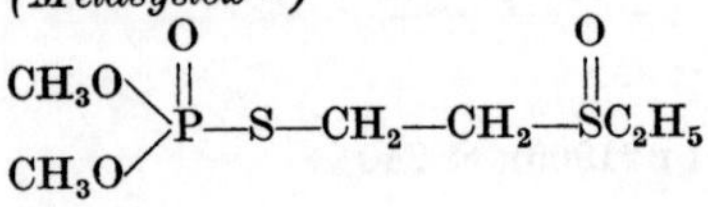

chem. Bez.:

0,0-Dimethyl-S-2-(äthylsulfinyl)-äthylthiol-phosphat

MG 246,3

G. Schrader (1963), S. 416

Dichlorvos
(DDVP)

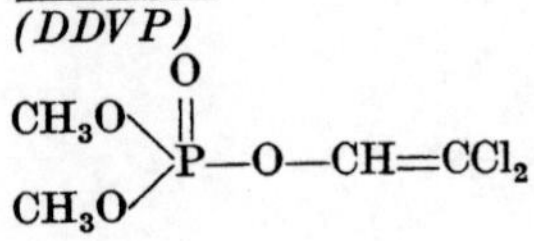

chem. Bez.:

0,0-Dimethyl-0-(2,2-dichlor-vinyl)-phosphat

MG 221,0

G. Schrader (1963), S. 40

Formothion

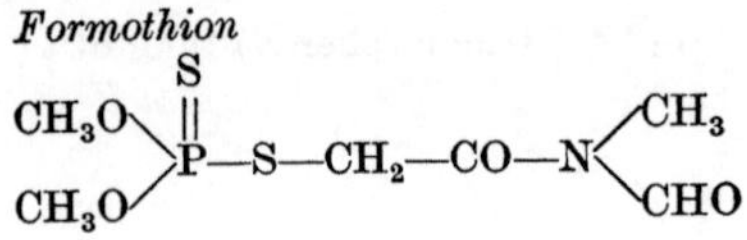

chem. Bez.:

0,0-Dimethyl-S-(N-methyl-N-formyl-carbamoyl-methyl)-dithiophosphat

MG 257,0

W. Perkow (1968), S. 396

Phorate
(Thimet®)

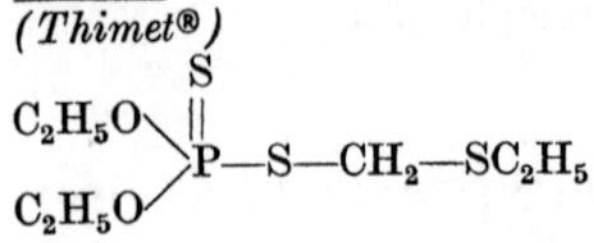

chem. Bez.:

0,0-Diäthyl-S-(äthylmercapto-methyl)-dithio-phosphat

MG 260,4

G. Schrader (1963), S. 393

Menazon

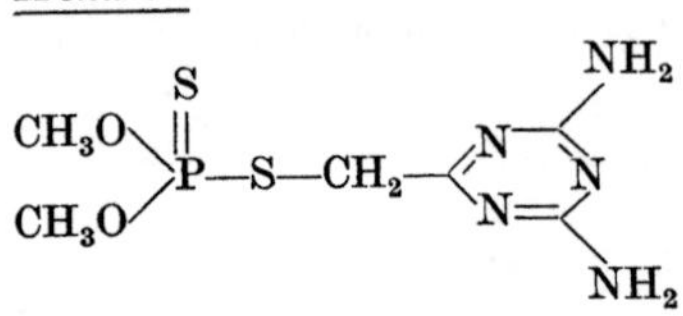

chem. Bez.:

0,0-Dimethyl-S-(4,6-diamino-1,3,5-triazin-2-yl-methyl)-dithiophosphat

MG 281,0

G. Schrader (1963), S. 173

Azinphos

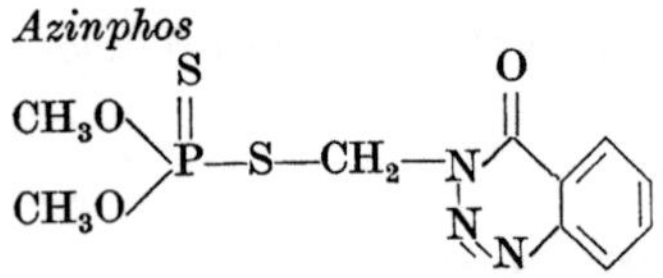

chem. Bez.:

0,0-Dimethyl-S-(3,4-dihydro-4-oxo-1,2,3,-benzotriazin-3-yl-methyl)-dithiophosphat

MG 317,3

H. Maier-Bode (1965), S. 196

Co-Ral

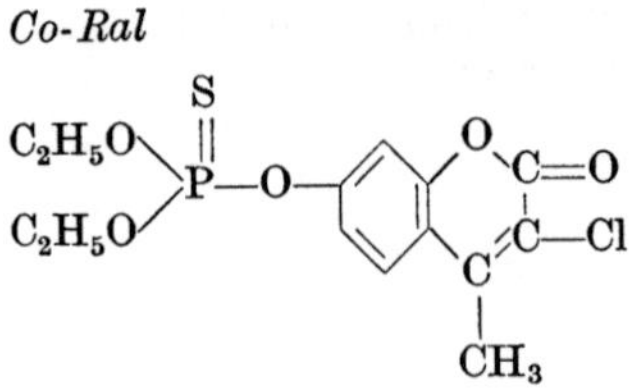

chem. Bez.:

0,0-Diäthyl-0-(3-chlor-4-methyl-cumarinyl-7)-thionophosphat

MG 362,8

G. Schrader (1963), S. 195

Delnav

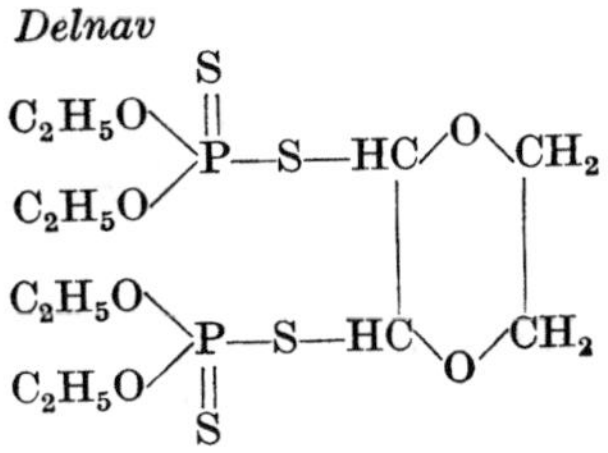

chem. Bez.:

2,3-p-Dioxan-S, S'-bis-(0,0-diäthyl-thiono-phosphat)

MG 456,5

G. SCHRADER (1963) S. 162

Methyl- bzw. Äthylformiat sowie leichtflüchtige organische Flüssigkeiten wie z.B. Tetrachloräthylen kommen neben Methyl- bzw. Äthylendibromid und Äthylenoxid als Begasungsmittel vorwiegend für geschlossene Räume in Betracht. Letzteres wird angewandt im Gemisch mit 10 oder 90% Kohlendioxid (W. PERKOW, 1956, S. 307).

Methylformiat

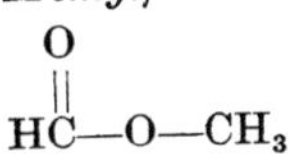

chem. Bez.:

Ameisensäure-methylester

MG 60,1

K. O. SCHMITT (1953), S. 451

Schließlich gewinnt man aus *Bac. thuringiensis* ein insecticid wirksames Protein (K. E. COOKSEY, 1968). Es wirkt gegenüber Kohlweißlingen und einigen anderen Schadinsekten als Fraßgift, besitzt also kein so breites Wirksamkeitsspektrum wie viele synthetische Insecticide (W. FINKENBRINK, 1963).

Zur Gruppe der Insecticide gehören auch die Mottenschutzmittel. Sie sollen Wolle gegen keratinfressende Insekten – Kleinschmetterlinge, zu denen die Kleidermotte zählt sowie Käferarten – langwährend schützen. Von den in Tabelle 6 aufgeführten Insecticiden hat lediglich DDT in faseraffiner Formulierung praktische Bedeutung für den Wollschutz erlangt, während gegen das ebenfalls gut wirksame Dieldrin wegen seiner hohen Giftigkeit bei Anwendung im Haushaltssektor Bedenken bestehen. Phosphorsäureester und natürliche Insecticide wie Pyrethrum oder Rotenon besitzen nicht die für den Wollschutz gegen Motten erforderliche lange Wirksamkeit bzw. Stabilität. Dagegen konnten neben Pentachlorphenol (vgl. Herbicide) folgende Substanzen Bedeutung gewinnen, die eine gewisse Ähnlichkeit mit insecticiden Chlorkohlenwasserstoffen erkennen lassen (R. ZINKERNAGEL, 1964, S. 172):

Eulan U 33®

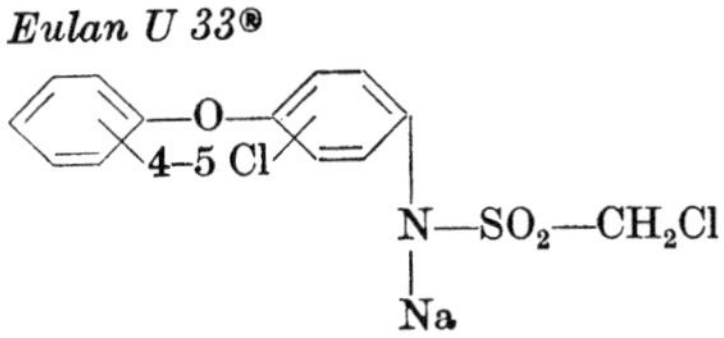

chem. Bez.:

chlorierte Chlormethylsulfonamid-diphenyläther (Gemisch)

MG nicht eindeutig, da Gemisch

R. ZINKERNAGEL (1964), S. 172

Mitin FF®

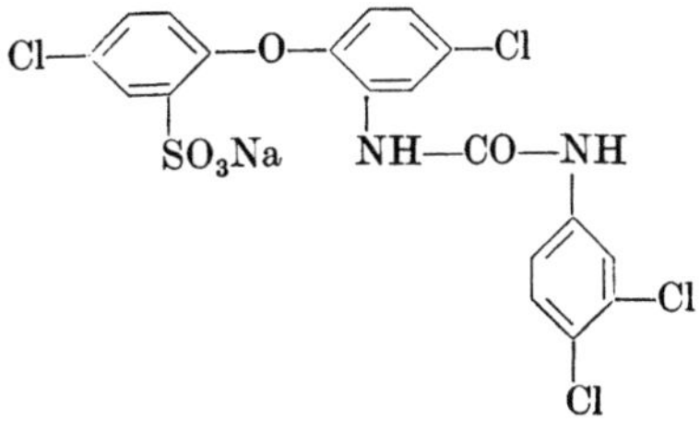

chem. Bez.:

Natrium-(5-chlor-2-[4-chlor-2-[N'-(3,4-dichlorphenyl)-ureido]-phenoxy]-benzol-sulfonat-(1)).

MG 224,8

R. ZINKERNAGEL (1964), S. 172

β) Abschreckstoffe

Stoffe, welche Insekten davon abhalten, zu beißen, Futter aufzunehmen oder sich abzusetzen, bezeichnet man als Abschreckmittel, anglosächsisch „*repellents*". Sie sollen in erster Linie Mensch und Tier vor Belästigung durch Insekten schützen. Da die Insekten oftmals Krankheitserreger übertragen, gewann während des 2. Weltkrieges die Suche nach wirksamen Abschreckstoffen für Truppen auf tropischen Kriegsschauplätzen große Bedeutung (F. A. GUNTHER u. L. R. JEPPSON, 1960, S. 242–255).

Ähnlich wie Pyrethrum wirken auch andere natürliche Insecticide in niedrigen Konzentrationen nicht tötend, sondern nur abstoßend auf Insekten (D. G. CROSBY, 1966). Neben Pyrethrum (vgl. Tabelle 6) haben besonders folgende Wirkstoffe praktische Bedeutung erlangt (P. MÜLLER, 1964):

DMP®

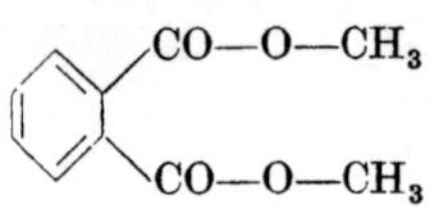

chem. Bez.:

Dimethyl-phthalat,

MG 194,2

P. MÜLLER (1964), S. 126

DBP®

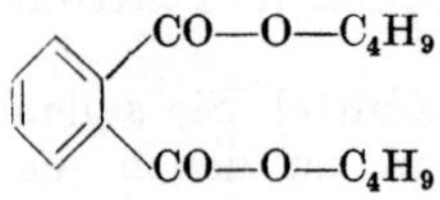

chem. Bez.:

Di-n-butyl-phthalat

MG 278,3

P. MÜLLER (1964), S. 126

Dimethylcarbat®

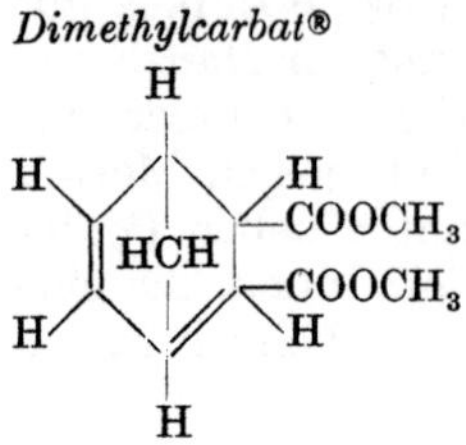

chem. Bez.:

cis-Bicyclo-(2,2,1)-5-hepten-2,3-dicarbonsäure-dimethylester

MG 210,2

W. PERKOW (1968), S. 537

Rutgers 612®

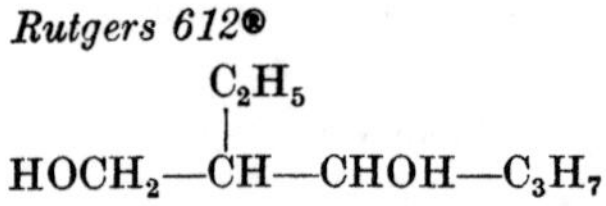

chem. Bez.:

2-Äthyl-1,3-hexandiol

MG 146,2

P. MÜLLER (1964), S. 126

Indalon

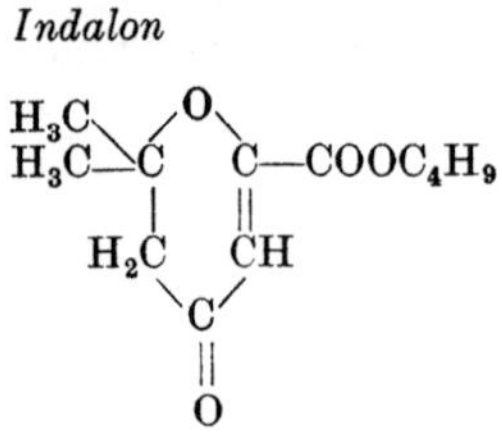

chem. Bez.:

3,4-Dihydro-2,2-dimethyl-4-oxo-2-H-pyran-6-carbonsäure-n-butylester

MG 226,3

P. MÜLLER (1964), S. 126

Meta-Delphene®

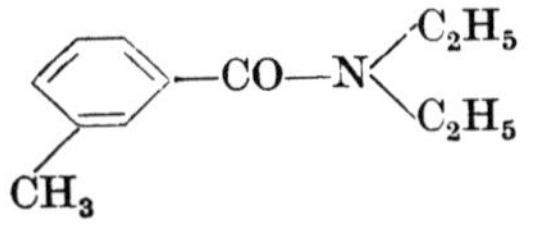

chem. Bez.:

N,N-Diäthyl-2-toluamid

MG 191,1

P. MÜLLER (1964), S. 127

BAA®

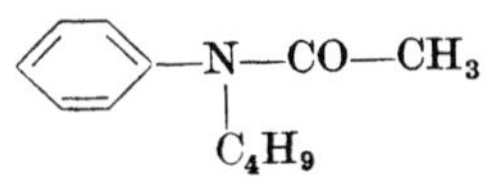

chem. Bez.:

N-Butylacetanilid

MG 191,1

P. MÜLLER (1964), S. 127

Die handelsüblichen Präparate bestehen in der Regel aus einem Gemisch mehrerer Repellents, das man entweder unmittelbar auf der Haut anwendet oder zum Imprägnieren der Wäsche verwendet (G. F. SHAMBAUGH u.a., 1957). Zum Schutz lagernder Vorräte landwirtschaftlicher Erzeugnisse (W. HOLZ u. B. LANGE, 1962, S. 180) sowie zur Behandlung von Verpackungsmaterialien für Nahrungsmittel ist in den USA als einziges Abschreckmittel nur Pyrethrum zugelassen (P. MÜLLER, 1964).

γ) Lockstoffe

Lockstoffe, angelsächsisch „*attractents*", stellen chemische Substanzen dar, welche Insekten oder auch Milben in Fallen locken, wo sie vergiftet oder auf andere Weise getötet werden (F. A. GUNTHER u. L. R. JEPPSON, 1960, S. 242). Im Gegensatz zu Abschreckmitteln, die nur über kürzeste Entfernung wirken, werden Lockstoffe in einem größeren Umkreis von den Schädlingen wahrgenommen. Besonders die *Sexuallockstoffe* zeichnen sich dadurch aus, daß sie in kaum vorstellbar geringen Mengen über große Entfernungen wirksam, artspezifisch sind (M. JACOBSON, 1966; L. F. STEINER, 1952) und nur die Männchen anlocken (N. GREEN u.a., 1960). Hierzu gehören u.a. (P. MÜLLER, 1964, S. 128): Eugenolmethyläther, Geraniol, Anisolaceton, Gyptol und Bombykol.

Futterlockstoffe sind weniger spezifisch und auch nur auf kürzere Entfernung wahrnehmbar. Erfahrungsgemäß ziehen gärende Zuckerlösungen, Proteinhydrolysate, spezielle Bakterienkulturen, Vitaminpräparate, Kohlendioxid oder auch chemische Substanzen wie Pyridin und Safrol bestimmte Insektenarten an (P. MÜLLER, 1964, S. 127).

Eiablagelockstoffe veranlassen weibliche Insekten, ihre Eier an bestimmten Stellen abzulegen. Hierzu gehören beispielsweise Ammoniak, Indol und Skatol (N. GREEN u.a., 1960).

δ) Chemische Sterilisationsmittel

Theoretisch versprechen Sterilisationsmaßnahmen eine Insektenpopulation rascher zu dezimieren als die Applikation von Insecticiden (H. MARTIN, 1967, S. 97). Zwar kann die Sterilisation auf physikalischem Wege erfolgen (R. C. BUSHLAND, 1960), doch sucht man heute vielfach die Männchen mittels chemischer Substanzen unfruchtbar zu machen. Zu den hierfür vorgeschlagenen Verbindungen (P. MÜLLER, 1964) gehören Azaridinderivate, die durchwegs sehr stark alkylierend wirken.

b) Acaricide

Verschiedene insecticide Organophosphorverbindungen wie Systox, Diazinon, Gusathion und Malathion (vgl. Tabelle 6) besitzen auch acaricide Wirksamkeit.

Tabelle 7. *Chemischer Bau, Bezeichnung, Molekulargewicht,*

Acaricid-gruppe	Chemischer Bau	Chemische Bezeichnung	Handels-Bezeichnung	Mol. Gew.	Zustand (chemisch rein)
Aromatische Nitroverbindungen	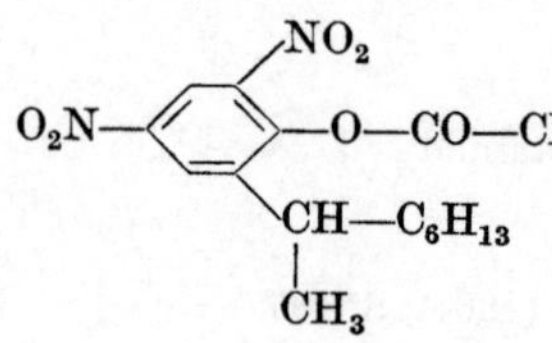	2-(1-Methylheptyl)-4,6-dinitrophenyl-crotonat	Karathan Arathane®	364,4	dickflüssiges gelbes Öl
	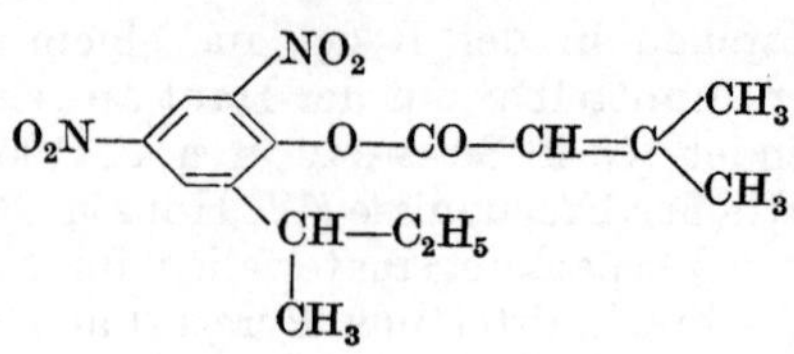	2-sek.-Butyl-4,6-dinitro-phenyl-dimethylacrylat	Binapacryl Acricid	322,0	dickflüssiges gelbes Öl
Chlorierte Benzhydrol-Derivate	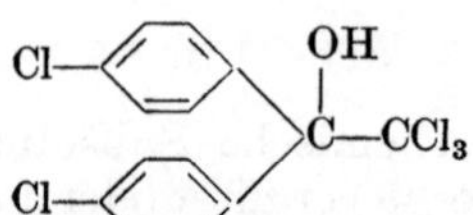	1,1-Bis(4,4'Chlorphenyl)-2,2,2,-trichlor-äthanol	Kelthan, Dicofol	370,5	farbloses Pulver
	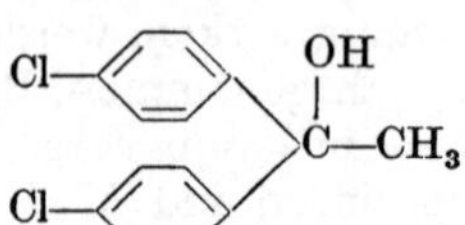	1,1-Bis-(4,4'-Chlorphenyl)-äthanol	Dimite, DMC	267,1	farblose Kristalle
	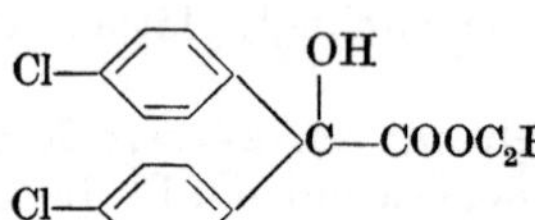	4,4'-Dichlor-benzylsäure-äthylester	Chlorbenzilate	325,2	schwach gelbgefärbtes, dickflüssiges Öl
Sulfide, Sulfone, Sulfonate, Sulfite	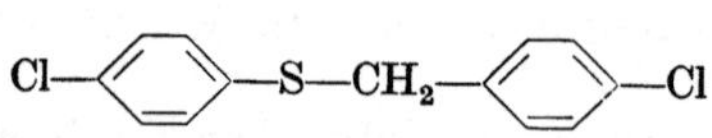	4-Chlorbenzyl-4'-chlorphenyl-sulfid	Chlorbenside Chlorparacide® Mitose	269,2	farblose Kristalle
	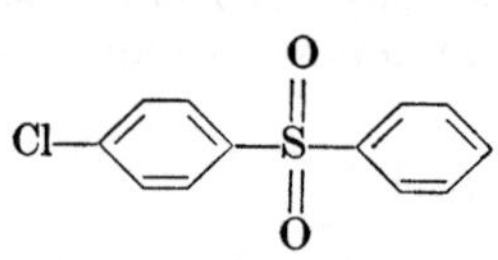	4-Chlorphenyl-phenyl-sulfon	Sulfenon	252,7	farblose Kristalle
	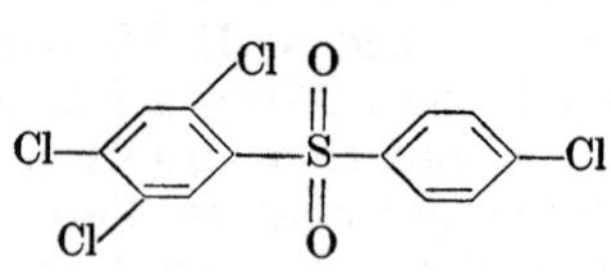	2, 4, 4', 5-Tetra-chlor-diphenyl-sulfon	Tetradifon Tedion	356,1	farblose Kristalle
	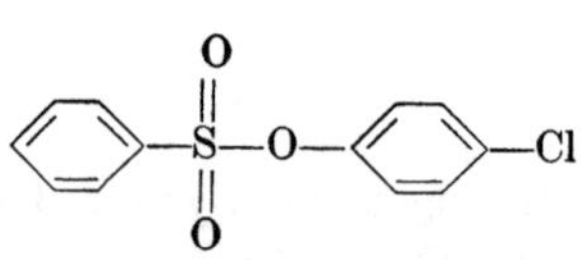	Benzolsulfonsäure-4-chlor-phenylester	Fenson	268,7	farblose Kristalle

physikalische Eigenschaften und Anwendungsbereich wichtiger Acaricide

Schmelzpunkt °C	Siedepunkt mmHg/°C	Dampfdruck mm Hg/°C	Löslichkeit in organischen Lösungsmitteln	Löslichkeit in Wasser	Anwendungsbereich	Literatur
—	$5 \cdot 10^{-2}$/ 138—140	—	löslich in den meisten Lösungsmitteln	unlöslich	Obstbau gegen rote Spinne (auch gegen echten Mehltau)	K. GÄTZI (1964), S. 132
65—69° (techn. Produkt*)	—	$1 \cdot 10^{-4}$/60	Aceton* 780 mg/l Xylen* 700 mg/l Äthanol* 114 mg/l	unlöslich	Obst-, Gemüse-, Hopfen- u. Weinbau gegen Milben	K. GÄTZI (1964), S. 133; W. PERKOW (1968), S. 426
78,5—79,5	< $1 \cdot 10^{-1}$/ 180	—	gut	unlöslich	Hopfen-, Obst- und Weinbau gegen Milben	K. GÄTZI (1964), S. 133
69,0—69,5	—	—	gut	unlöslich	Obst-, Gemüse-, Acker- u. Futterbau gegen beißende Insekten, Weinbau gegen Spinnmilben	K. GÄTZI (1964), S. 133
35—37*	$7 \cdot 10^{-2}$/ 156 bis 158	$2{,}2 \cdot 10^{-6}$/ 20° *	gut	35 mg/kg bei 22° C*	gegen Milben aller Art, insbesondere die Bienenmilben	K. GÄTZI (1964), S. 134; A. MARGOT u. K. STAMMBACH (1964), S. 65
72,5	$5 \cdot 10^{-1}$/ 140°	$1{,}2 \cdot 10^{-5}$/ 30	Äthanol 28 g/l gut löslich in Aceton und aromatischen Kohlenwasserstoffen	unlöslich	Hopfenbau gegen die rote Spinne, allgemeines Milbenbekämpfungsmittel	K. GÄTZI (1964), S. 134; W. PERKOW (1968), S. 441
98	—	—	mäßig löslich in Alkohol, gut löslich in Aceton u. aromatischen Kohlenwasserstoffen	unlöslich	gegen Eier und bewegliche Milbenstadien	K. GÄTZI (1964), S. 134
146,5 — 147,5	—	—	Methanol 10 g/l Benzol 148 g/l Chloroform 255 g/l	200 mg/l bei 50°C	gegen Eier, Larven, Nymphen zahlreicher Spinnmilbenarten	K. GÄTZI (1964), S. 135; W. PERKOW (1968), S. 439
64	—	—	löslich in den meisten Lösungsmitteln	unlöslich	gegen Eier und Jungstadien von Milben	K. GÄTZI (1964), S. 135; W. PERKOW (1968), S. 436

Tabelle 7 (1. Fortsetzung)

Acaricid-gruppe	Chemischer Bau	Chemische Bezeichnung	Handels-Bezeichnung	Mol. Gew.	Zustand (chemisch rein)
	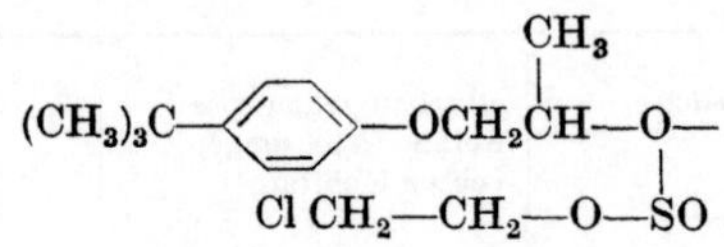	2-(4-tert.-Butylphenoxy)-1-methyläthyl-2′-chloräthylsulfit	Aramite	335,0	braungefärbtes (techn. Produkt)
Chlorphenol-Derivate	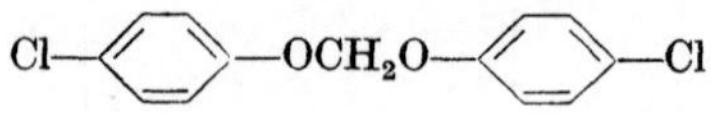	Bis-(p-chlorphenoxy)-methan	Neotran DCPM®	269,1	farblose Kristalle
Chinoxalin-Derivate	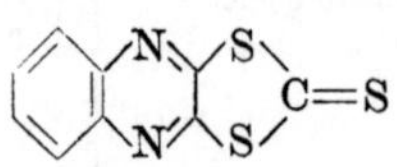	cyclisches Trithiocarbonat des 2,3-Chinonxalindithiols	Thioquinox Eradex®	236,3	gelbes Pulver

Angaben zum Anwendungsbereich nach S. W. SOUCI u. E. MERGENTHALER (1958) sowie W. HOLZ u. B. LANGE (1962).

* Nach Angabe des Herstellers.

Selektiv gegen Milben wirken neben den in Tabelle 7 aufgeführten Substanzen EPN (vgl. Insecticide) (K. GÄTZI, 1964) sowie:

Phenkapton

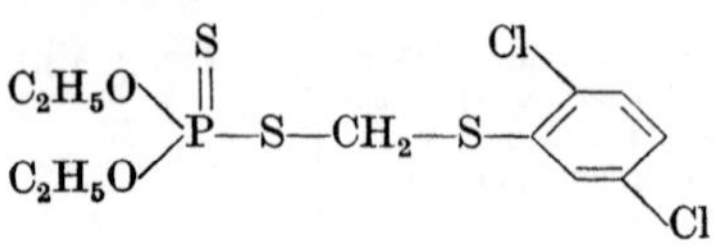

chem. Bez.:

0,0-Diäthyl-S-(2,5-dichlorphenyl-thiomethyl)-dithiophosphat

MG 377,0

H.G. SCHICKE (1962) S. 588

Carbophenothion

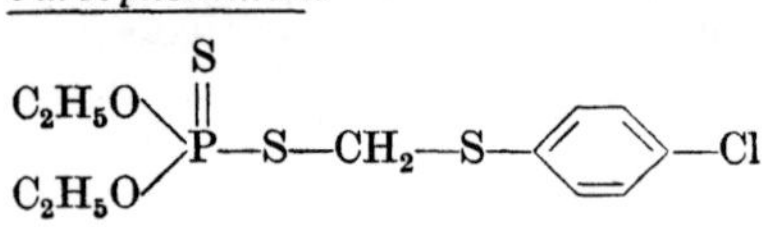

chem. Bez.:

0,0-Diäthyl-S-(p-chlorphenyl-thiomethyl)-dithiophosphat

MG 342,5

H.G. SCHICKE (1962), S. 587

Dinocap
(Karathane)

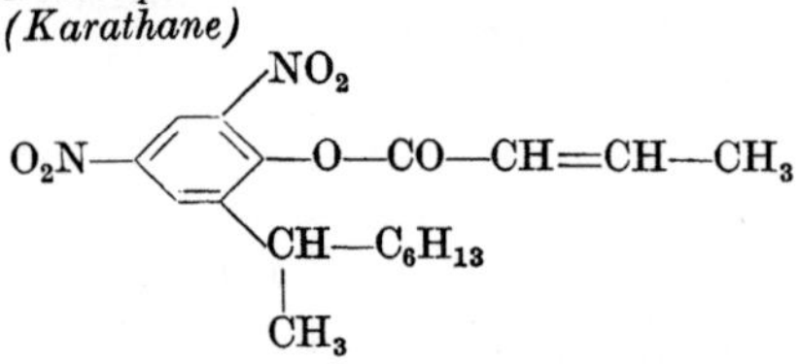

chem. Bez.:

2,4-Dinitro-6-(1-methyl-n-heptyl)-phenylcrotonat

MG 364,4

W. PERKOW (1968), S. 425

Dimite®

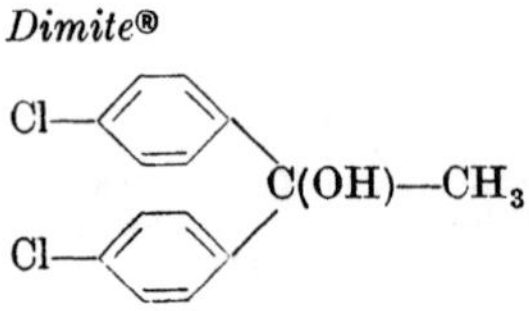

chem. Bez.:

1,1-Bis(p-chlorphenyl)-äthanol

MG 267,1

K. GÄTZI (1964), S. 133

Tabelle 7 (1. Fortsetzung)

Schmelzpunkt °C	Siedepunkt mmHg/°C	Dampfdruck mm Hg/°C	Löslichkeit in organischen Lösungsmitteln	Löslichkeit in Wasser	Anwendungsbereich	Literatur
—	1.10⁻¹/175	—	gut	unlöslich	gegen alle Stadien von Spinnmilben	K. GÄTZI (1964), S. 135
67—68	—	—	sehr leicht löslich in Aceton, Benzol, Tetrachlorkohlenstoff und Äthyläther	unlöslich	gegen alle Stadien der Spinnmilbenarten	K. GÄTZI (1964), S. 136
180	—	$1 \cdot 10^{-7}$ bei 20° *	—	unlöslich	gegen alle Milbenstadien	K. GÄTZI (1964), S. 136

Tetradifon

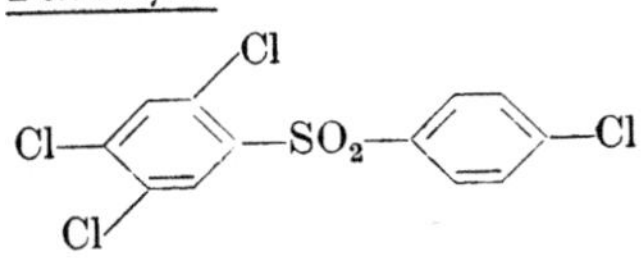

chem. Bez.:

2,4,4′,5-Tetrachlordiphenylsulfon

MG 356,1

K. GÄTZI (1964), S. 135

Chlorfenson

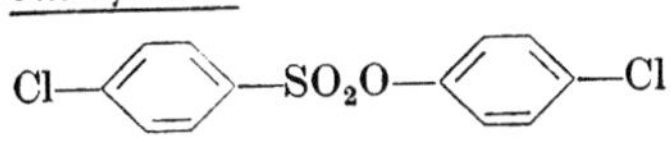

chem. Bez.:

4-Chlor-benzolsulfonsäure-4′-chlorphenylester

MG 303,2

K. GÄTZI (1964), S. 135

Chinomethionat

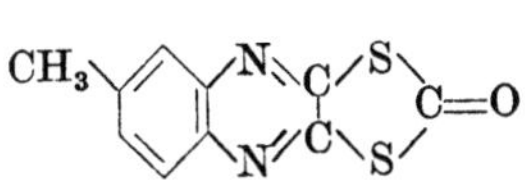

chem. Bez.:

6-Methyl-2,3-chinoxalindithiol-carbonat

MG 234,3

W. PERKOW (1968), S. 443

c) Nematicide

Als Nematicide finden vielfach Halogenkohlenwasserstoffe Verwendung, z.B. Methylbromid, Äthylendibromid (vgl. Tabelle 6) sowie

3-Chlorallylchlorid

$CHCl{=}CH{-}CH_2Cl$

chem. Bez.:

1,3-Dichlorpropen-1

MG 110,9

G. RIEGELBAUER (1953), S. 330

Chlorpikrin

$Cl_3C—NO_2$

chem. Bez.:
Trichlornitromethan
MG 164,4
A. MARGOT (1964), S. 138

Daneben sind noch zu erwähnen:

Metam-Na
(Vapam)

$CH_3NH—CS—SNa \cdot 2{,}5H_2O$

chem. Bez.
N-Methyldithiocarbaminsaures Natrium
MG 130,2
A. MARGOT (1964), S. 139

Nemacid®

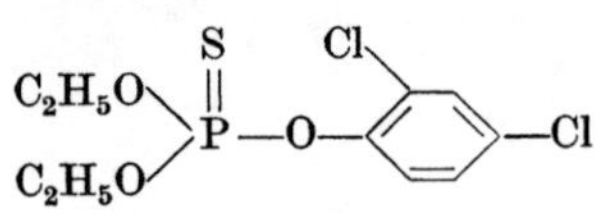

chem. Bez.:
0,0-Diäthyl-0-(2,4-dichlorphenyl)-thiophosphat
MG 315,0
H. G. SCHICKE (1962), S. 586

d) Rodenticide

Außer Begasungsmitteln auf der Basis von Phosphorwasserstoff sowie Kohlenmonoxid werden Fraßgifte angewandt. Bei diesen unterscheidet man zwischen akuten und chronischen Giften (M. REIFF, 1964).

Akute Gifte:

Promurit®

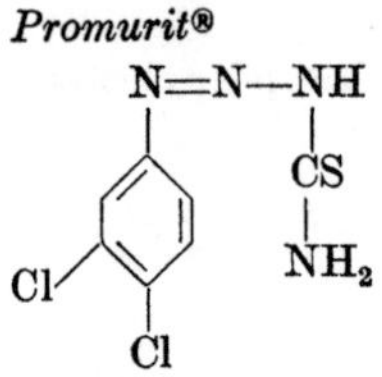

chem. Bez.:
3,4-Dichlorbenzol-diazo-thioharnstoff
MG 249,1
M. REIFF (1964), S. 143

Compond 1080®

$FCH_2—COONa$

chem. Bez.:
Na-fluoracetat
MG 100,0
M. REIFF (1964), S. 143

Castrix®

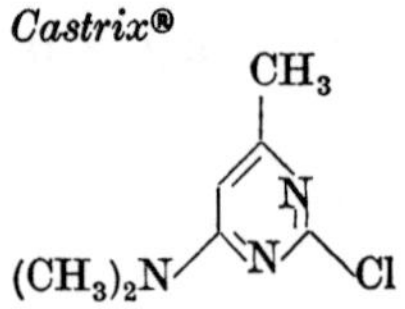

chem. Bez.:
2-Chlor-4-methyl-6-dimethylamino-pyrimidin
MG 171,6
M. REIFF (1964), S. 144

In diese Gruppen gehören auch die insecticiden Chlorkohlenwasserstoffe Endrin und Toxaphen.

Chronische Gifte: Hier spielen die Cumarinderivate, zu denen auch das verbreitet angewandte Warfarin (H. STEIN 1953) zählt, eine große Rolle.

Warfarin

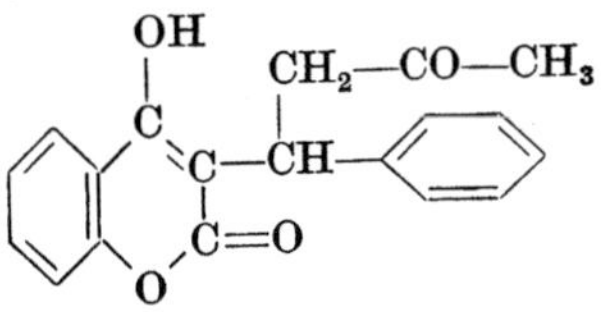

chem. Bez.:

3-(1-Acetonyl-benzyl)-4-oxycumarin

MG 308,3

H. STEIN (1953), S. 565

e) Molluscicide

Einerseits finden ätzende anorganische Stoffe wie Ca-oxid, Kainit ($KCl \cdot MgSO_4 \cdot 3\,H_2O$) und $CaCN_2$ Verwendung, welche den Wassergehalt der Schnecken empfindlich stören, andererseits aber auch organische Verbindungen wie Pentachlorphenol (vgl. Herbicide) und

Metaldehyd

$(CH_3{-}CHO)_4$

chem. Bez.:

Acetaldehyd (tetramer)

MG 176,2

A. MARGOT (1964), S. 140

f) Fungicide

α) Anorganische Fungicide (K. GÄTZI, 1964, S. 160—162)

Die ältesten Fungicide waren anorganischer Natur und besitzen eine auch heute noch als außerordentlich gut zu bezeichnende Wirksamkeit. Keines der zahlreichen organischen Fungicide erreichte bisher die Wirksamkeit kupferhaltiger Mittel gegen die Erreger des falschen Mehltaues und einige andere krankheitserregende Pilze (W. HOLZ u. B. LANGE, S. 16).

Cu-Verbindungen: $CuSO_4 \cdot 3\,Cu(OH)_2$ bildet die Basis der *Bordeaux-Brühe* $2\,CuCO_3 \cdot 3\,Cu(OH)_2$ ist die aktive Grundlage der *Burgunder-Brühe.*

Schwefel: Die Anwendung erfolgt in elementarer Form oder als Schwefelkalkbrühe, die als aktive Substanz CaS_5 (Ca-polysulfid) enthält.

Hg-Verbindungen: Hg-chloride dienen zur Schimmelbekämpfung auf Rasenplätzen und bei Holz, während die organischen Hg-Verbindungen (vgl. unten) als Saatbeizmittel bzw. im Obstbau verwendet werden.

β) Organische Fungicide

Neben den in Tabelle 8 aufgeführten Verbindungen seien noch erwähnt:

Phenylquecksilberacetat

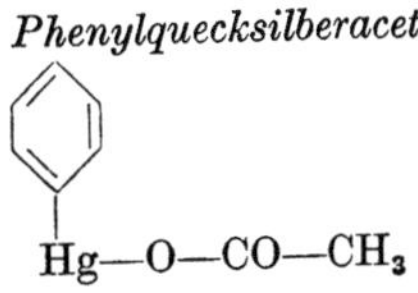

chem. Bez.:

wie Handelsbezeichnung

MG 336,7

H. LEDITSCHKE (1960), S. 373

Äthylquecksilberchlorid

$CH_3{-}CH_2{-}Hg{-}Cl$

chem. Bez.:

wie Handelsbezeichnung

MG 265,1

H. LEDITSCHKE (1960), S. 373

Tabelle 8. *Chemischer Bau, Bezeichnung, Molekulargewicht,*

Fungicid-gruppe	Chemischer Bau	Chemische Bezeichnung	Handels-Bezeichnung	Mol. Gew.	Zustand (chemisch rein)
Dithiocarbaminsäure-Derivate	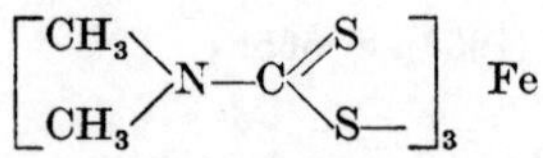	Eisen (III)-Salz der Dimethyldithiocarbaminsäure	Ferbam	416,5	schwarzes Pulver
	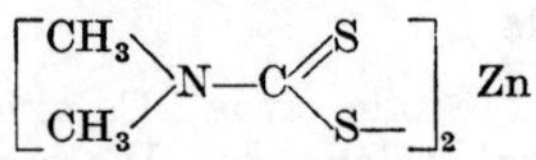	Zinksalz der Dimethyl-dithiocarbaminsäure	Ziram	305,8	farbloses Pulver
	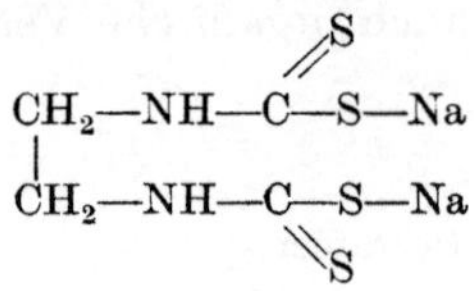	Di-Natriumsalz der Äthylen-bis-dithiocarbaminsäure	Nabam	256,3	kristallisierte Substanz
	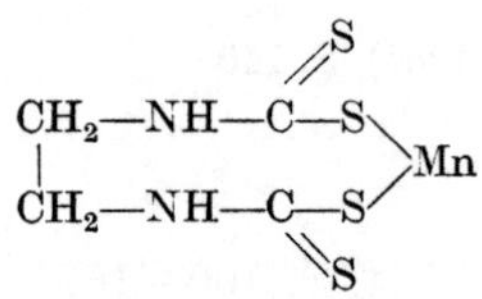	Mangansalz der Äthylen-bis-dithiocarbaminsäure	Maneb Manzate	265,3	gelbliches Pulver
	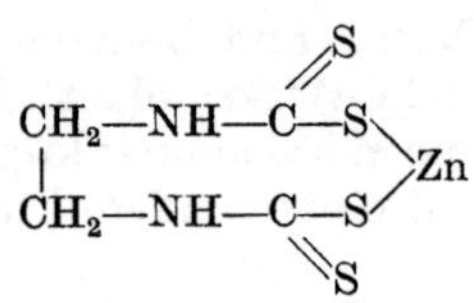	Zinksalz der Äthylen-bis-dithiocarbaminsäure	Zineb	275,7	schwach gefärbtes Pulver
Thiuramverbindungen	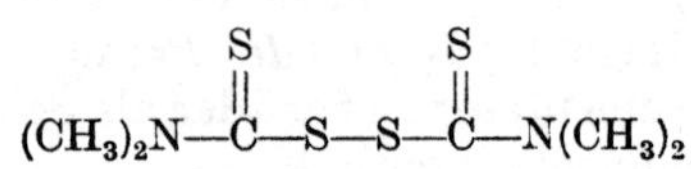	Tetramethylthiuramdisulfid	TMTD Thiram	240,4	farblose Kristalle
Chlorierte und nitrierte aromatische Verbindungen	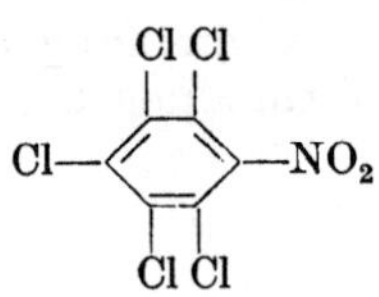	Pentachlornitrobenzol	Terrachlor Brassicol®	295,4	leicht gelb gefärbte, kristalline Substanz
	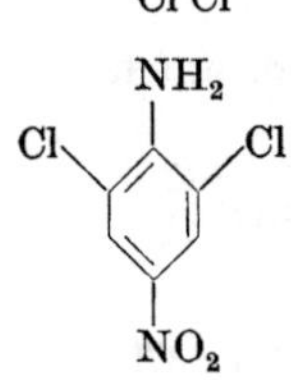	2,6-Dichlor-4-nitroanilin	Dichloran Allisan Botran	207,0	gelbliche Nadeln
Chinone	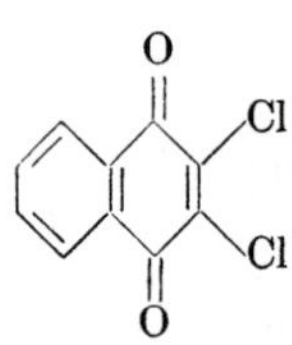	2,3-Dichlor-1,4-naphthochinon	Dichlone Phygon	227,0	glänzende gelbe Kristalle

physikalische Eigenschaften und Anwendungsbereiche wichtiger Fungicide

Schmelzpunkt °C	Siedepunkt mmHg/°C	Dampfdruck mm Hg/°C	Löslichkeit in organischen Lösungsmitteln	Löslichkeit in Wasser	Anwendungsbereich	Literatur
< 180 unter Zersetzung	—	Flüchtigkeit sehr gering	löslich in Chloroform, Aceton, Pyridin u. Acetonitril	120 mg/l bei 25° C	Blattspritzmittel, hauptsächlich im Obstbau gegen Schorf u. gegen Reben-Peronospora	K. Gätzi (1964), S. 163; W. K. Lowen u. H. L. Pease (1964), S. 69
246	—	—	löslich in Alkohol, Aceton u. Schwefelkohlenstoff	65 mg/l	Obst- u. Gemüsebau gegen Schorf	K. Gätzi (1964), S. 164; W. K. Lowen and H. L. Pease (1964), S. 69
Zersetzung	—	—	unlöslich	< 200 mg/l	Blattspritzmittel (meistens im Gemisch mit Zinksulfat)	K. Gätzi (1964), S. 164; W. K. Lowen u. H. L. Pease (1964), S. 70
Zersetzung	—	—	unlöslich	unlöslich	Obst-, Kartoffel- und Weinbau sowie gegen Tabakblauschimmel	K. Gätzi (1964), S. 164; W. K. Lowen u. H. L. Pease (1964), S. 70
Zersetzung	—	—	unlöslich	unlöslich	Gemüsebau	K. Gätzi (1964), S. 164; W. K. Lowen u. H. L. Pease (1964), S. 70
155—156	—	Flüchtigkeit sehr gering	gut löslich in Schwefelkohlenstoff, wenig in Benzol	schwer löslich	Obstbau gegen Schorf, gegen Weißfäule bei Weintrauben; Samenbehandlung	K. Gätzi (1964), S. 164; W. K. Lowen u. H. L. Pease (1964), S. 69 bis 70
144—145	—/328	$5{,}0 \cdot 10^{-5}/20$	gut	0,44 mg/l	Bodenbehandlung gegen Schneeschimmel und andere Keimlingskrankheiten, Gartenbau gegen Salatfäule	M. J. Kolbezen (1964) S. 127—128; K. Gätzi (1964), S. 164
192—194	—	—	löslich in Alkohol und Eisessig	unlöslich	Obst- u. Gemüsebau gegen Schimmel- und Fäulnisbildung	K. Gätzi (1964), S. 165; W. W. Killgore (1964), S. 61—62
193	—	—	nicht gut löslich	0,1 mg/l	Saatbeizmittel, Samenbehandlung	J. R. Lane (1964 a), S. 141—142

Tabelle 8 (1. Fortsetzung)

Fungicid-gruppe	Chemischer Bau	Chemische Bezeichnung	Handels-Bezeichnung	Mol. Gew.	Zustand (chemisch rein)
Chinone	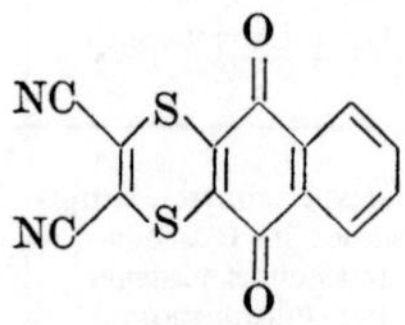	2,3-Dinitrilo-1,4-dithioanthrachinon	Dithianon Delan	296,3	bräunlich Pulver
Trichlormethyl-mercapto-Verbindungen	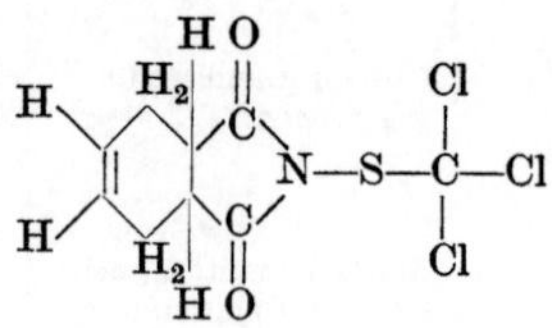	N-Trichlormethyl-thio-4-cyclohexen-1,2-dicarboximid	Captan	300,6	weiße, kristalline Substanz
	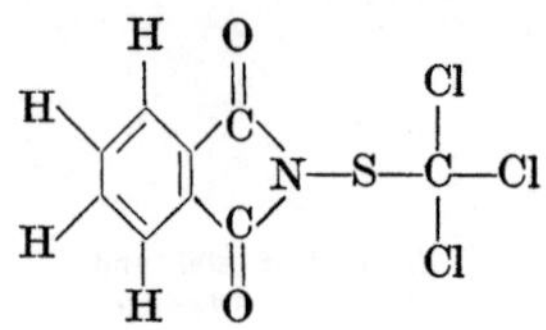	N-Trichlormethy l thio-phthalimid	Folpet Phaltan	296,6	weiße, kristalline Substanz
Heterocyclische Verbindungen	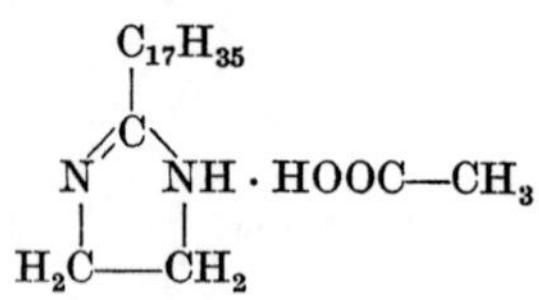	2-Heptadecyl-2-imidazolin-acetat	Glyodin	368,6	weiches Wachs
	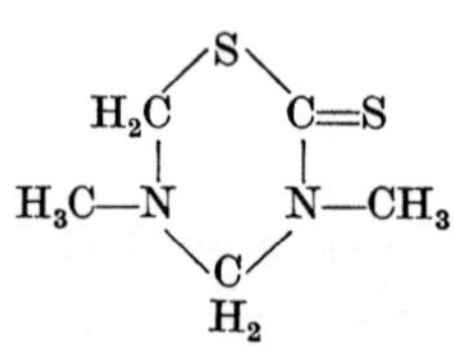	3,5-Dimethyl-tetra-hydro-1,3,5 (2H)-thiadiazin-2-thion	Mylone Dazomet	162,2	farblose Kristalle
	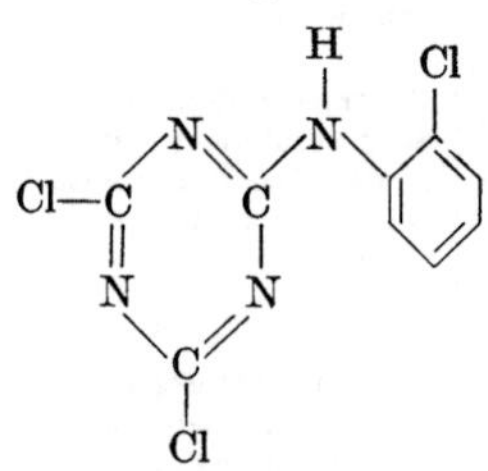	2,4-Dichlor-6-o-chloranilino-s-triazin	Dyrene Kemate®	275,5	weiße, kristalline Substanz
	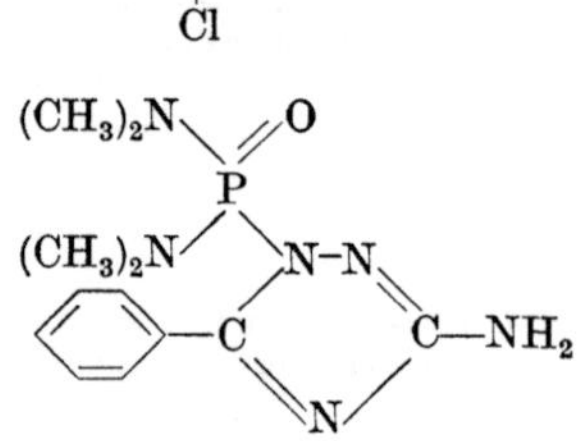	1-(Bis-di-methyl-aminophosphoryl)-3-amino-5-phenyl-1,2,4-triazol	Triamphos Wepsyn®	294,0*	farbloses Produkt
Aliphatische Verbindungen	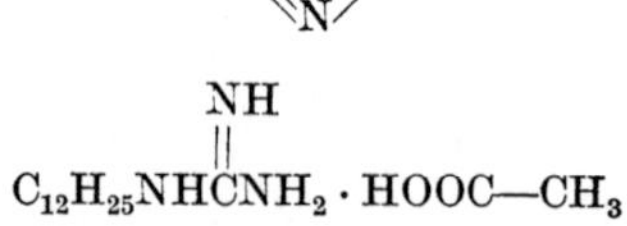	n-Dodecylguanidin-acetat	Dodine Cyprex	287,5	—

Angaben zum Anwendungsbereich nach S. W. SOUCI u. E. MERGENTHALER (1958) sowie W. HOLZ u. B. LANGE (1962).

Tabelle 8 (1. Fortsetzung)

Schmelzpunkt °C	Siedepunkt mmHg/°C	Dampfdruck mm Hg/°C	Löslichkeit in		Anwendungsbereich	Literatur
			organischen Lösungsmitteln	Wasser		
220	—	$< 5 \cdot 10^{-7}$ bei 20° C*	löslich	Spuren*	Obstbau gegen Schorf und Schrotschuß, Weinbau gegen falschen Mehltau	K. GÄTZI (1964), S. 165
178	—	—	nicht gut	unlöslich	Gemüsebau gegen Umfallkrankheiten, Saatbeizmittel, Obstbau gegen Schorf, Weinbau gegen falschen Mehltau u. Grauschimmel	K. GÄTZI (1964), S. 165; J. N. OSPENSON u. Mitarb. (1964), S. 7-8
180	—	Flüchtigkeit sehr gering	nicht gut	unlöslich	Weinbau gegen Reben-Peronospora und Roten Brenner, bei Erdbeeren gegen Botrytis, Erbsenanbau gegen Ascochyta-Brennfleckenkrankheit	K. GÄTZI (1964), S. 166; J. N. OSPENSON u. Mitarb. (1964), S. 137—138
62—68	—	—	—	unlöslich	gegen Apfelschorf, im Kartoffel- und Gemüsebau	H. A. STANSBURY jr. (1964), S. 99—100
99,5 unter Zersetzung	—	—	—	1200 mg/l	gegen freilebende Nematoden und Wurzelgallenälchen, Kartoffelnematoden, Kohlhernie und andere Bodenpilze	H. A. STANSBURY jr. (1964), S. 119—120
159—160	—	—	—	unlöslich	Obstbau gegen Schorf, Kartoffelbau gegen Phytophthora infestans	D. MACDOUGALL u. Mitarb. (1964), S. 79—80; K. GÄTZI (1964), S. 167
167—168	—	Flüchtigkeit sehr gering	gut	250 mg/kg bei 20° C*	Obstbau gegen echten Mehltau	K. GÄTZI (1964), S. 167
136	—	—	gut	630 mg/kg bei 25° C	Obstbau	K. GÄTZI (1964), S. 167; G. L. SUTHERLAND (1964), S. 41

* Nach Angabe des Herstellers.

Brestan®
(Fentinacetat)

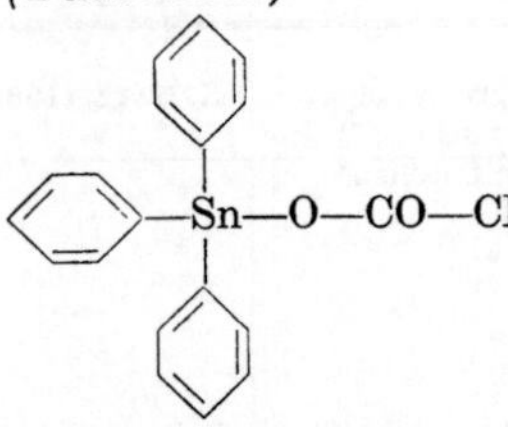

chem. Bez.:

Triphenylzinnacetat

MG 409,0

J.G.A. LUITJEN (1960), S. 382

PETD®

(—S—CS—NH—CH_2—CH_2NH—CS—S—)n

chem. Bez.:

Polyäthylenthiuram-disulfid

MG abhängig von n

K. GÄTZI (1964), S. 164 ; B. NASE (1968)

Im Gemisch mit Zineb kommt es unter der Bezeichnung *Metiram®* auf den Markt

Oxine-Cu

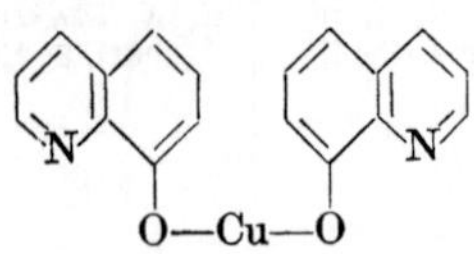

chem. Bez.:

Cu-8-oxychinolin

MG 351,9

H. RÖMPP (1962), S. 3660

Chloranil

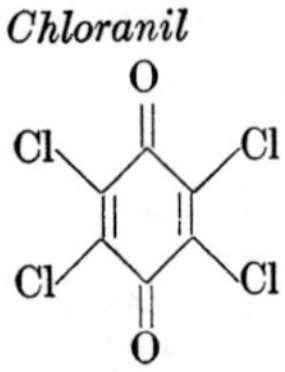

chem. Bez.:

2,3,5,6-Tetrachlor-1,4-benzochinon

MG 245,9

K. THIESS (1953), S. 270

Propineb

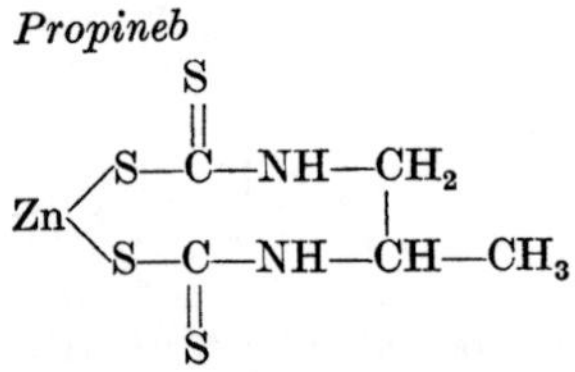

chem. Bez.

Zn-propylen-bis-dithiocarbat

MG 289,9

BAYER 1969

Rhodandinitrobenzol

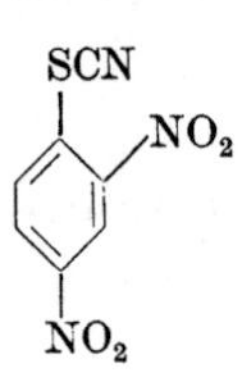

chem. Bez.:

2,4-Dinitrothiocyanbenzol

MG 225,2

H. MARTIN (1967), S. 238

Dichlofluanid

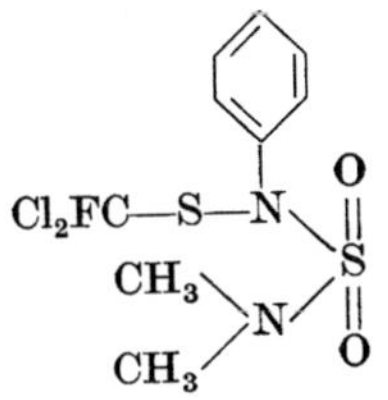

chem. Bez.:

N-[(Dichlor-fluor-methyl)-thio]-N',N'-dimethyl-N-phenyl-schwefelsäurediamid

MG 333,2

BIOLOGISCHE BUNDESANSTALT (1967), S. 98

Vereinzelt finden auch Antibiotica im Pflanzenschutz Verwendung. In diesem Zusammenhang seien erwähnt:

Cycloheximid

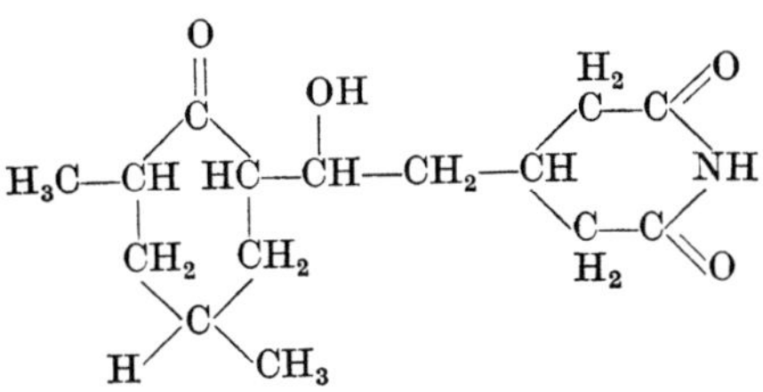

chem. Bez.:

β-2-(3,5-Dimethyl-2-oxocyclohexyl)-2-hydroxy-äthyl-glutarimid

MG 281,4

W.W. KILGORE (1964), S. 1

Griseofulvin

isoliert aus P. griseofulvum bzw. P. janczewski.

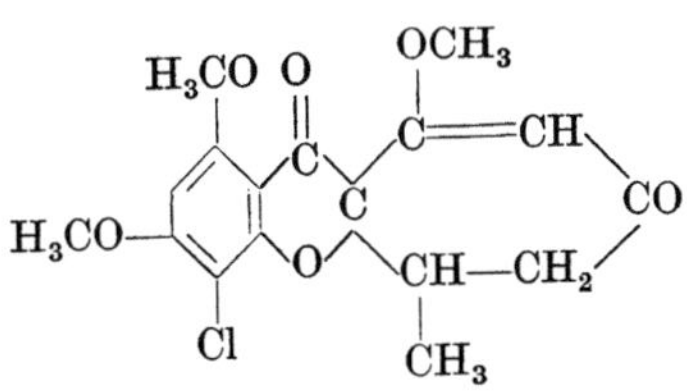

chem. Bez.:

7-Chlor-4,6-dimethoxy-cumaran-3-on-2-spiro-1'-(2'-methoxy-6'methylcyclohex-2'-en-4'-on)

MG 352,5

H. RIETH (1963), S. 10

g) Herbicide

α) Anorganische Herbicide (E. KNÜSLI, 1964, S. 148)

Vorwiegend angewandt werden Na- und Mg-chlorat, Borax sowie $CaCN_2$.

β) Organische Herbicide

Neben den in Tabelle 9 aufgeführten Verbindungen sei noch auf folgende Wirkstoffe hingewiesen:

Pentachlorphenol

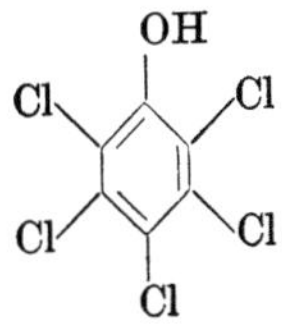

chem. Bez.:

wie Handelsbezeichnung

MG 266,5

O. GOLL (1954), S. 497

Tabelle 9. *Chemischer Bau, Bezeichnung, Molekulargewicht,*

Herbicid-gruppe	Chemischer Bau	Chemische Bezeichnung	Handels-Bezeichnung	Mol. Gew.	Zustand (chemisch rein)
Nitrophenole	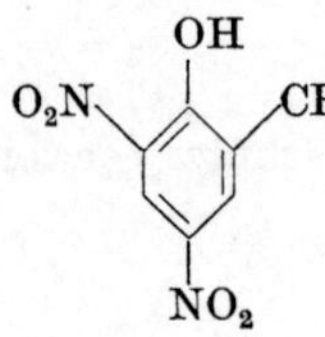	4,6-Dinitro-o-kresol	DNOC	198,1	gelbe Kristalle
	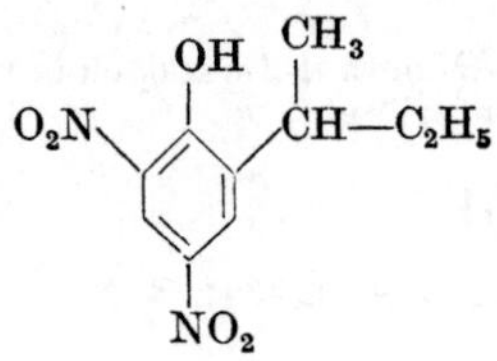	2-sek.-Butyl-4,6-dinitro-phenol	Dinoseb DNBP	240,2	stark gelb gefärbt
Phenoxyessig-säurederivate	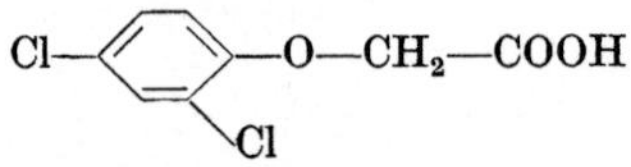	2,4-Dichlorphenoxy-essigsäure	2,4—D	221,0	farblose Kristalle
	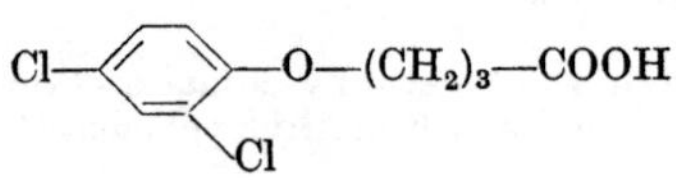	3-(2,4-Dichlorphen-oxy)-buttersäure	2,4-DB	249,1	farblose Kristalle
	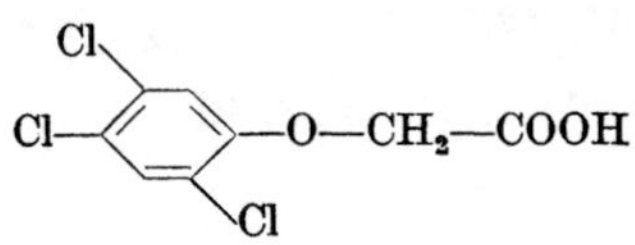	2,4,5-Trichlorphen-oxyessigsäure	2,4,5-T	255,5	farblose Kristalle
	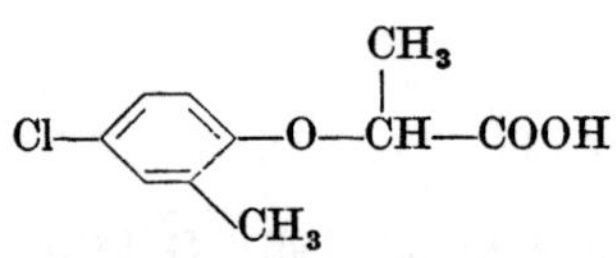	1-(2-Methyl-4-chlorphenoxy)-propionsäure	Mecoprop MCPP	214,6	fest
	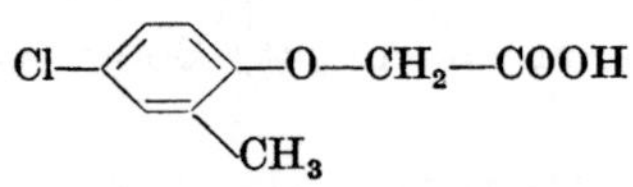	2-Methyl-4-chlor-phenoxyessigsäure	MCPA	200,5	farblose Kristalle
Halogenierte Fettsäuren	CH_3—CCl_2—COONa	Na-2,2-dichlorpro-pionsäure	Dalapon	143,0	farblose Flüssigkei[t]
	Cl_3C—COOH	Trichloressigsäure (auch als Na- bzw. NH_4-Salz)	TCA	163,5	farblose, stark hygroskopische Kristalle
Carbamate	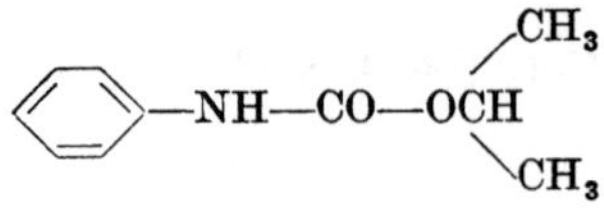	N-Phenylisopro-pyl-carbamat	Propham IPC	179,2	—

physikalische Eigenschaften und Anwendungsbereich wichtiger Herbicide

Schmelz-punkt °C	Siede-punkt mmHg/°C	Dampf-druck mm Hg/°C	Löslichkeit in organischen Lösungsmitteln	Löslichkeit in Wasser	Anwendungsbereich	Literatur
86	—	$1{,}05 \cdot 10^{-6}$	löslich in Alkohol, Äther, Benzol	125 mg/kg	Getreidekulturen gegen Samenunkräuter, Kartoffelanbau als Vorauflaufherbicid	E. KNÜSLI (1964), S. 149; H. GRÜNEWALD (1962), S. 8; G. W. BAILEY u. J. L. WHITE (1965), S. 107
38—42	—	—	Äthanol 230 g/l	50 mg/kg	Ackerbau, gegen Samenunkräuter	E. KNÜSLI (1964), S. 149; H. KURTH (1963), S. 87—88; G. W. BAILEY u. J. L. WHITE (1965), S. 110
141—142	—	$4 \cdot 10^{-1}$/160	Äther 270 g/l Aceton 850 g/l Äthanol 1300 g/l	schwer löslich, gut löslich in Alkalien	Getreideanbau	O. GOLL (1954), S. 498; G. W. BAILEY u. J. L. WHITE (1965)
121—122	—	—	löslich in Äthanol	53 mg/ kg bei 20° C	Getreideanbau und Hülsenfrüchte als Nachauflaufherbicid	E. KNÜSLI (1964), S. 151; G. W. BAILEY u. J. L WHITE (1965)
155	—	—	Äther 234 g/l Äthanol 548 g/l	238 mg/l	Getreideanbau, gegen holziges Unkraut, Keimhemmungsmittel bei Kartoffeln	O. GOLL (1954), S. 499; E. KNÜSLI (1964), S. 150; G. W. BAILEY u. J. L. WHITE (1965)
93—94	—	—	wenig löslich*	620 mg/kg bei 20° C	Getreideanbau und Grünland gegen zweikeimblättrige Unkräuter	E. KNÜSLI (1964), S. 151
121	—	—	Äther 770 g/l Äthanol 1530 g/l	leicht löslich	Getreideanbau, Kartoffelbau als Vorauflaufherbicid	E. KNÜSLI (1964), S. 150; O. GOLL (1954), S. 499; G. W. BAILEY u. J. L. WHITE (1965)
42	—/186 bis 189	1,39/20°	sehr gut löslich in Alkohol	sehr gut	Vernichtung von Gräsern, Kartoffelanbau	H. KOLB (1954), S. 398, H. OETTEL (1963), S. 386
59,2	—/197,6	1,63	gut	gut	Bekämpfung von Gräsern, verhindert Keimen von Kartoffeln	H. KOLB (1954), S. 396
87—88	—	—	—	250 mg/kg bei 20° C	Sojabohnen-, Zuckerrüben und Gemüsekulturen, vor allem gegen Gräser; verhindert Keimen von Kartoffeln	E. KNÜSLI (1964), S. 151; G. W. BAILEY u. J. L. WHITE (1965)

Tabelle 9 (1. Fortsetzung)

Herbicid-gruppe	Chemischer Bau	Chemische Bezeichnung	Handels-Bezeichnung	Mol. Gew.	Zustand (chemisc rein)
Carbamate	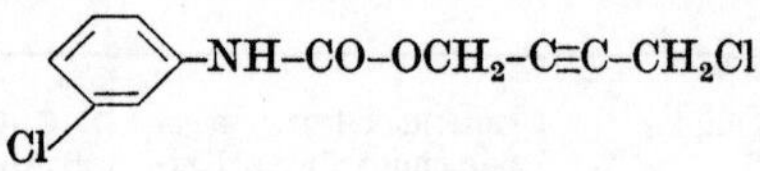	N-(3-Chlorphenyl)-4'-chlorbutin-2'-yl-carbamat	Barban	258,1	weiße Kristalle
Harnstoff-derivate	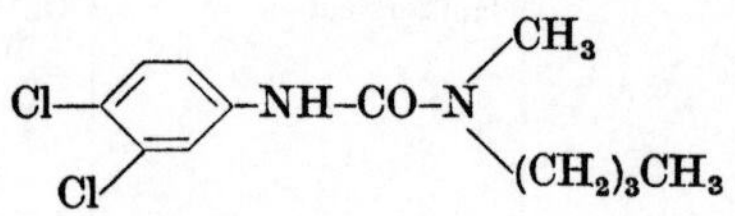	N-(3,4-Dichlorphenyl)-N'-methyl-,N'-n butylharnstoff	Neburon	275,2	fest
		N-(4-Chlorphenyl)-, N'-dimethylharnstoff	Monuron CMU	198,7	weiße, kristallin Substanz
	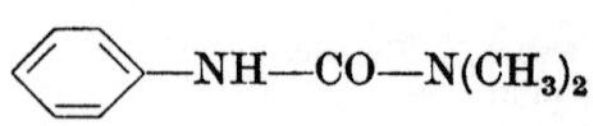	N-phenyl-N', N'-dimethylharnstoff	Fenuron PDU	164,2	—
	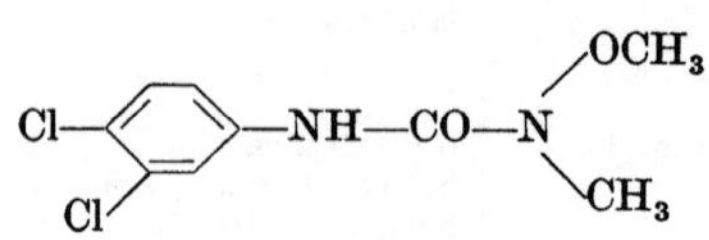	N-(3,4-Dichlor-phenyl-N'-methoxy-N'-methylharnstoff	Linuron Alfalon®	249,1	weißes, kristallin Pulver*
Triazole	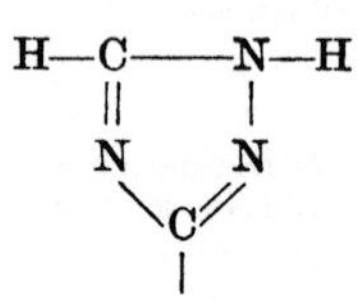	3-Amino-1,2,4-triazol	Amitrole ATA	84,1	weißes, kristallir Pulver
Triazine	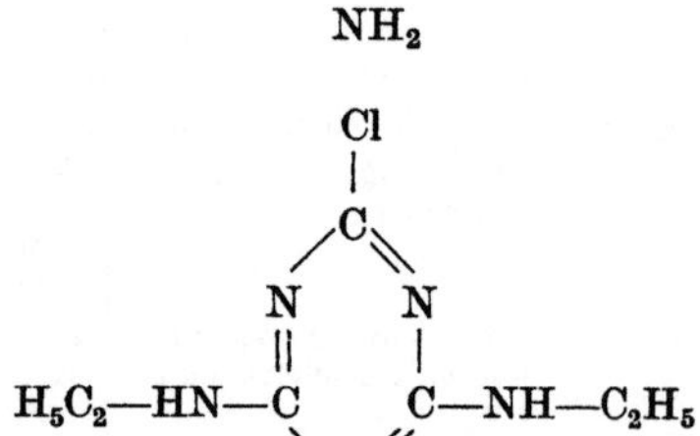	2-Chloro-4-6-bis-äthylamino-s-triazin	Simazin	201,7	—
	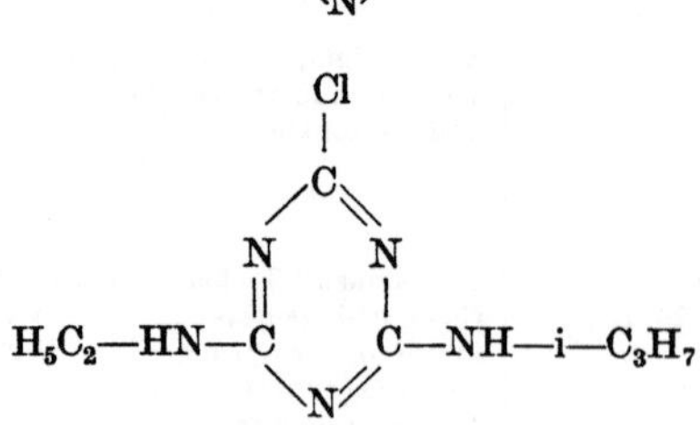	2-Chloro-4-äthyl-amino-6-isopropyl-amino-s-triazin	Atrazin	215,7	—

Tabelle 9 (1. Fortsetzung)

Schmelzpunkt °C	Siedepunkt mmHg/°C	Dampfdruck mm Hg/°C	Löslichkeit in organischen Lösungsmitteln	Löslichkeit in Wasser	Anwendungsbereich	Literatur
74	—	nicht flüchtig*	Benzol 370 g/kg, Äthylendichlorid 546 g/kg, Propylenglykol 150 g/kg*	15 mg/kg bei 25° C	Wildhaferbekämpfung	E. Knüsli (1964), S. 152
102—103	—	—	—	4,8 mg/kg bei 25° C	Sonderkulturen (Obst und Zuckerrohr)	E. Knüsli (1964), S. 153; G. W. Bailey u. J. L. White (1965), S. 119
176—177	—	$5 \cdot 10^{-4}/25$	schwer löslich	230 mg/kg bei 25° C	Acker-, Obst- und Gemüsebau	E. Knüsli (1964), S. 152; H. Tielecke (1963), S. 145; H. Kurth (1963), S. 109—110; G. W. Bailey u. J. L. White (1965), S. 118
127—129	—	$1,6 \cdot 10^{-4}/60$	löslich in Äthanol	2900 mg/kg bei 25° C	Vernichtung tiefwurzelnder Unkräuter, Unkrautbekämpfung in Blumenzwiebelkulturen, Beerenobst, Staudenkulturen und einige Gemüsearten	E. Knüsli (1964), S. 152; W. Holz u. B. Lange (1962), S. 125; G. W. Bailey u. J. L. White (1965), S. 119
93—94	—	$1,5 \cdot 10^{-5}/24$	gut*	75 mg/kg bei 25° C	Acker- (ausgen. Getreidebau) und Gemüsebau, Vorauflaufherbizid	E. Knüsli (1964), S. 153; H. Geissbühler (1969), S. 79-111
150—153*	—	äußerst gering*	löslich in Petroleum, Äthanol und Chloroform	280 g/kg bei 23°C	Bekämpfung widerstandsfähiger Unkräuter	E. Knüsli (1964), S. 155; M. C. Carter (1969), S. 187-206
225—227	—	$6,1 \cdot 10^{-9}/20$	Methanol 400 mg/kg, Chloroform 900 mg/kg	5 mg/kg bei 22° C	Wein-, Mais- und Obstbau und Sonderkulturen, Kartoffelanbau als Vorauflaufherbicid	G. W. Bailey u. J. L. White (1965), S. 116; E. Knüsli (1964), S. 156; H. Tielecke (1963), S. 160; E. Knüsli u. a. (1969), S. 52
172,5—174	—	$3,0 \cdot 10^{-7}/20$	Methylalkohol 18 g/kg, Chloroform 52 g/kg	70 mg/kg bei 22° C	Mais- und Kartoffelbau insbesondere gegen Rhizomunkräuter (z. B. Ackerwinde)	E. Knüsli (1964), G. W. Bailey u. J. L. White (1965), S. 116; E. Knüsli u. a. (1969), S. 52

Tabelle 9 (2. Fortsetzung)

Herbicid-gruppe	Chemischer Bau	Chemische Bezeichnung	Handels-Bezeichnung	Mol. Gew.	Zustand (chemisch rein)
Pyridinderivate	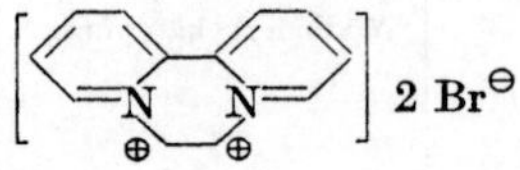	1,1⁵-Äthylen-2,2⁵-dipyridilium-dibromid	Deiquat	344,1	kristallin*
Pyridazine	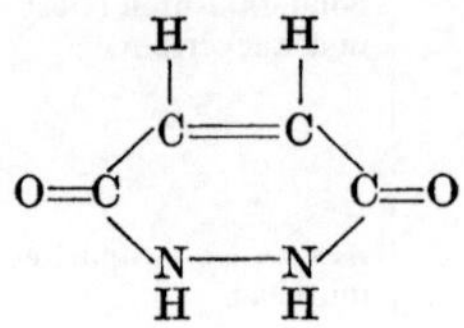	Maleinsäurehydrazid	MH	112,1	kristallin*
	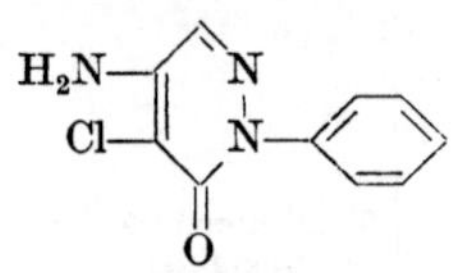	1-Phenyl-4-amino-5-chlorpyridazinon-6	Pyrazon Pyramin® PCA	221,6	kristallin
Benzoë- und Phthalsäure-derivate	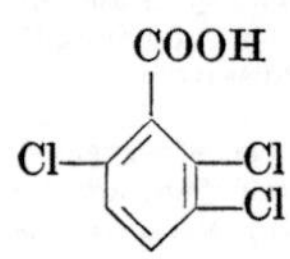	2,3,6-Trichlorbenzoësäure	2,3,6-TBA TCB	225,5	—
	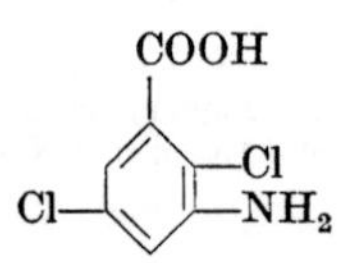	3-Amino-2,5-dichlor-benzoësäure	Amiben	206,0	weiße Kristalle
	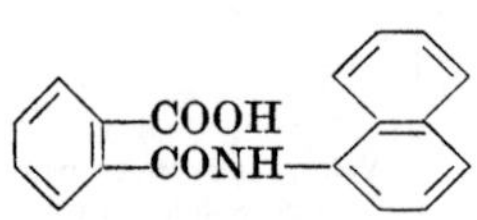	N-(1)-Naphthyl-phthalamidsäure	NPA Alanap®	291,3	weiße Kristalle
	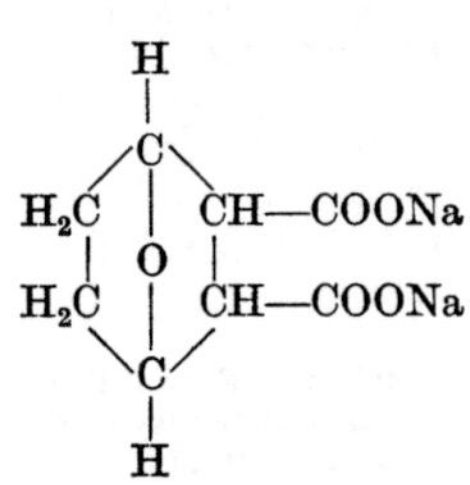	Di-natrium-3,6-endoxo-hexahydro-phthalat	Endothal	230,1	fest

Angaben zum Anwendungsbereich nach S. W. Souci u. E. Mergenthaler (1958, S. 192—235), W. Holz u. B. Lange (1962), H. Kurth (1963) und Biologische Bundesanstalt (1967).

* Nach Angabe des Herstellers.

Tabelle 9 (2. Fortsetzung)

Schmelzpunkt °C	Siedepunkt mmHg/°C	Dampfdruck mm Hg/°C	Löslichkeit in organischen Lösungsmitteln	Löslichkeit in Wasser	Anwendungsbereich	Literatur
über 320	—	—	—	70 g/kg bei 20° C	Pflanzenwuchs unter Obstbäumen, Defolians z. B. für Erbsen, Bohnen, Kartoffeln	E. KNÜSLI (1964), S. 157
296—298	—	—	schwer löslich in Alkohol, Benzol und Aceton*	4 g/kg bei 20° C	Vernichtung von Ungräsern, Keimhemmungsmittel bei Kartoffeln, Zwiebeln und Rüben	E. KNÜSLI (1964), S. 155; H. TIELECKE (1964), S. 164—165
202	—	$7{,}4 \cdot 10^{-2}$/ 40°	Methanol 35,4 g/kg	300 mg/kg bei 20° C	Rübenbau	E. KNÜSLI (1964), S. 155; G. W. BAILEY u. J. L. WHITE (1965), S. 114
125	—	—	Methanol 420 g/kg	7700 mg/kg bei 22° C	Getreidebau gegen dikotyle Unkräuter, Nachauflaufherbicid, allgemeine Unkrautbekämpfung	E. KNÜSLI (1964), S. 154; G. W. BAILEY u. J. L. WHITE (1965)
200—201	—	$7 \cdot 10^{-3}$/100	Chloroform 900 mg/kg Äther 70,1 g/l Äthanol 172,8 g/l Aceton 232,7 g/l	630 mg/kg bei 22° C	Vorauflaufmittel mit weitem Wirkungsspektrum	E. KNÜSLI (1964), S. 155; G. W. BAILEY u. J. L. WHITE (1965), S.102; C. R. SWANSON (1969), S. 300—301
185	—	—	wenig löslich in Aceton, Alkohol und Petroleum	200 mg/kg bei 25° C	gegen keimende Unkräuter und Ungräser, Sonderkulturen als Vorauflaufherbicid	E. KNÜSLI (1964), S. 154; J. R. LANE (1964 b), S. 1—2
—	—	—	—	210 g/kg	Defolians, Rübenbau	H. KURTH (1963), S. 113—114; E. KNÜSLI (1964), S. 154; G. W. BAILEY u. J. L. WHITE (1965)

Aretit®

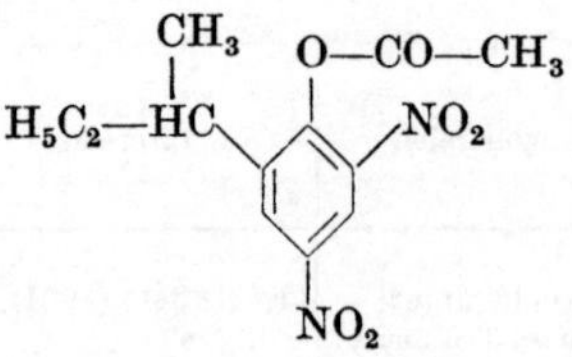

chem. Bez.:

2-sek.-Butyl-4,6-dinitrophenyl-acetat

MG 282,6

E. Knüsli (1964), S. 150

Dichlorprop

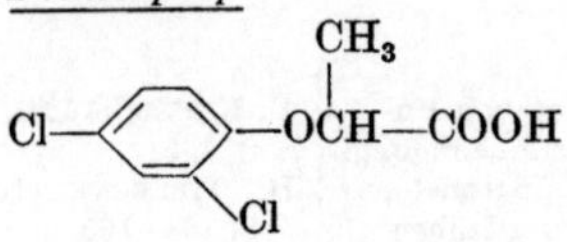

chem. Bez.:

1-(2,4-Dichlorphenoxy-)propionsäure

MG 235,1

E. Knüsli (1964), S. 151

Silvex

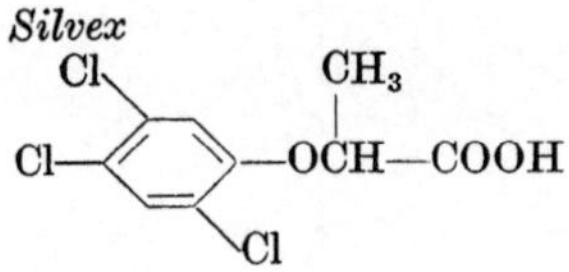

chem. Bez.:

1-(2,4,5-Trichlorphenoxy-)propionsäure

MG 269,5

E. Knüsli (1964), S. 151

SES®

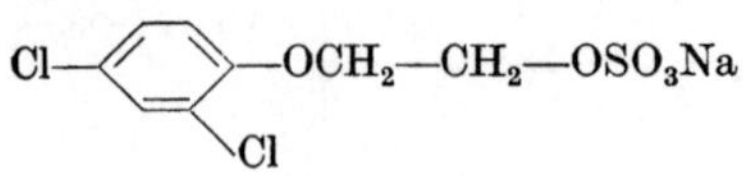

chem. Bez.:

2,4-Dichlorphenoxy-äthylschwefelsäureester

MG 309,1

E. Knüsli (1964), S. 151

Aresin®

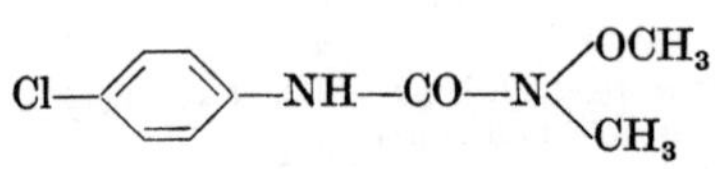

chem. Bez.:

N-(4-chlorphenyl)-N′-methoxy-N′-methyl-harnstoff

MG 214,7

E. Knüsli (1964), S. 153

OMU

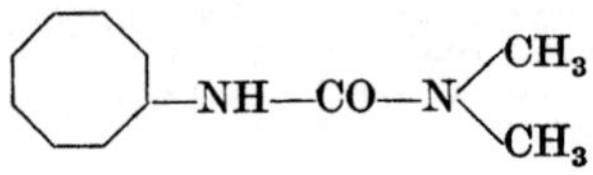

chem. Bez.:

N-Cyclooctyl-N′,N′-dimethylharnstoff

MG 198,3

E. Knüsli (1964), S. 153

Diuron

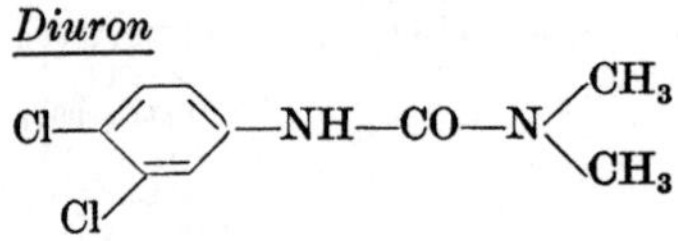

chem. Bez.:

N-(3,4-Dichlorphenyl)-N′, N′-dimethylharnstoff

MG 233,1

E. Knüsli (1964), S. 152

Metobromuron

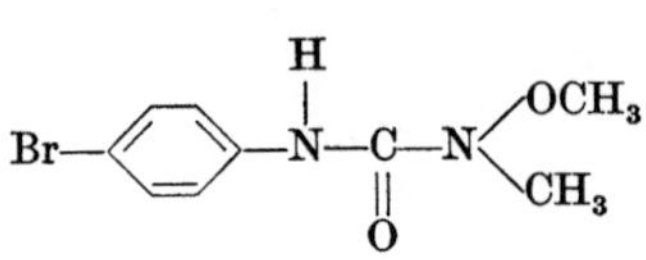

chem. Bez.:

N-(4-Bromphenyl)-N′-methoxy-N′-methylharnstoff

MG 259,1

H. Geissbuhler (1969), S. 82

Propoxur

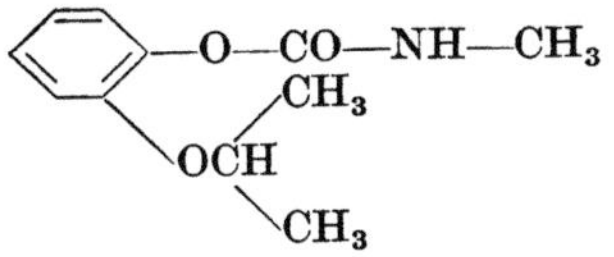

chem. Bez.:

1-N-Methyl-phenoxy-2-iso-propyl-carbamat

MG 209,2

BAYER 1969

E. KNÜSLI (1964), S. 156

Propanil

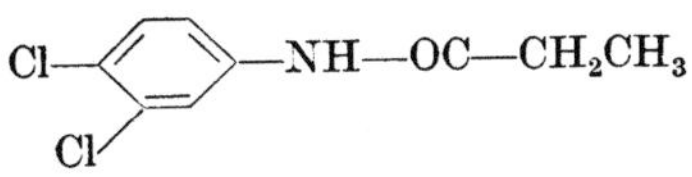

chem. Bez.:

Propionsäure-(3,4-dichloranilid)

MG 218,1

E. KNÜSLI (1964), S. 157

CIPC

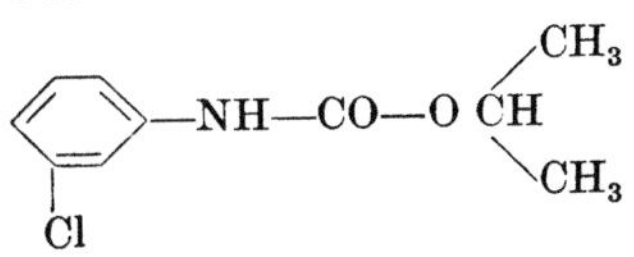

chem. Bez.:

N-(3-Chlorphenyl)-isopropylcarbamat

MG 213,7

E. KNÜSLI (1964), S. 152

Picloram

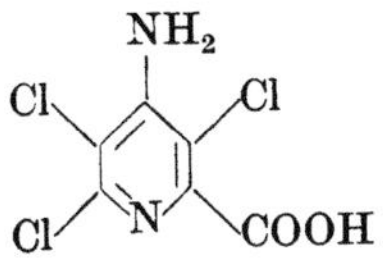

chem. Bez.:

4-Amino-3,5,6-trichlor-2-picolinsäure

MG 240,5

D. G. CROSBY u. M.-Y. LI (1969), S. 343

Atrazin

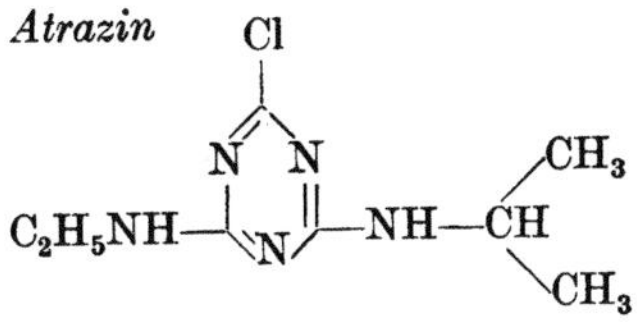

chem. Bez.:

2-Chlor-4-äthylamino-6-isopropylamino-s-triazin

MG 215,7

E. KNÜSLI u. Mitarb. (1969), S. 52

Naphthylessigsäure

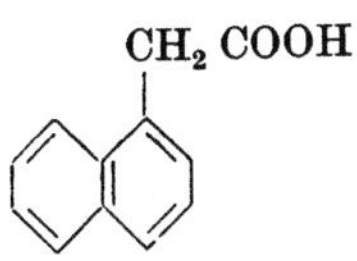

chem. Bez.:

Naphthalen-essigsäure

MG 186,2

D. G. CROSBY u. M.-Y. LI (1969), S. 340

Prometryn

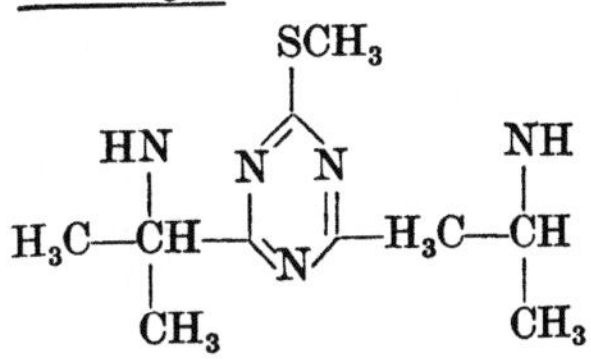

chem. Bez.:

2-Methylthio-4,6-bis-isopropyl-amino-s-triazin

MG 241,4

E. (KNÜSLI) 1964, S. 156

Avadex®

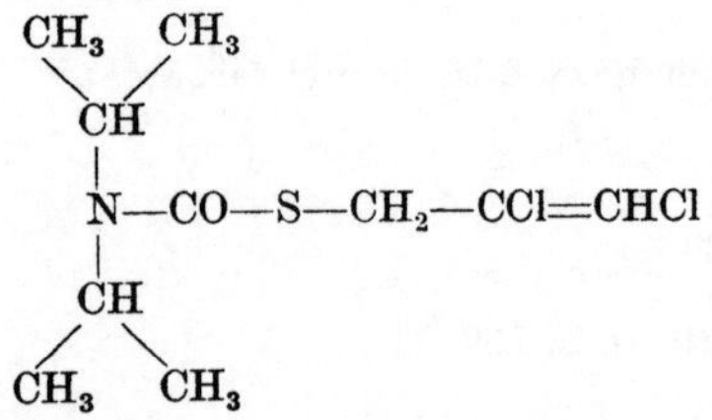

chem. Bez.:

2,3-Dichlorallyl-N,N-bis isopropyl-thiolcarbamat

MG 270,2

E. KNÜSLI (1964), S. 156

CDAA

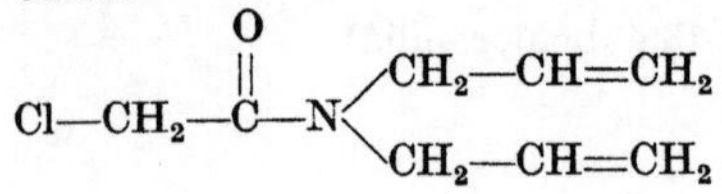

chem. Bez.:

2-Chlor-N,N-diallylacetamid

MG 173,7

E. KNÜSLI (1964), S. 152;
E. G. JAWORSKI (1969), S. 166

Paraquat

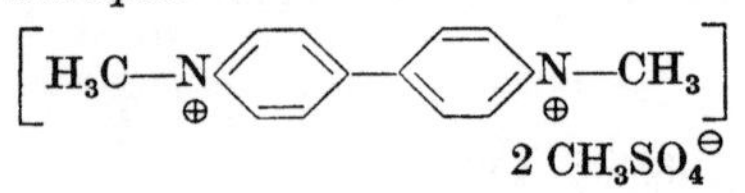

chem. Bez.:

N,N'-Dimethyl-4,4'-dipyridilium-bis-methan-sulfonat

MG 408,4

E. KNÜSLI (1964), S. 157

Sepacid

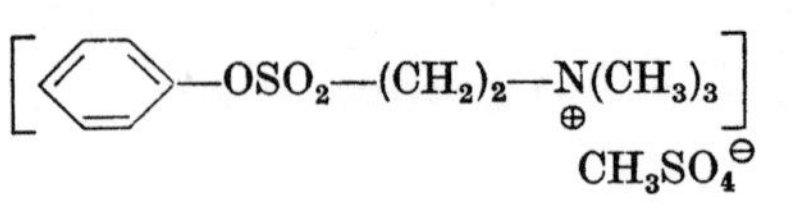

chem. Bez.:

(N-Trimethylammoniumäthansulfonsäure-phenylester)-methylsulfat

MG 355,0

E. KNÜSLI (1964), S. 159

Ferner werden gelegentlich auch Roh-, Diesel- oder Heizöl zur Unkrautbekämpfung eingesetzt.

Speziell gegen Wasserunkräuter und Algen werden insbesondere angewandt: Cu-sulfat, 2,4-D oder 2,4,5-T sowie Simazin, Amitrol, Deiquat, Paraquat, Dichlone (vgl. Fungicide, Tabelle 8) und Sepacid (H. JOHANNES, 1967 S. 7).

2. Zusatzstoffe

Für sich allein werden Wirkstoffe in der Praxis kaum angewandt, sondern fast ausnahmslos in Form sogenannter *Formulierungen*. Diese enthalten neben der biologisch aktiven Basis Zusätze, welche dazu dienen sollen, die praktische Handhabung zu erleichtern, eine gleichmäßige, wirtschaftliche und ausreichende Applikation zu ermöglichen, die Mischbarkeit verschiedener Stoffe zu verbessern, Gefahren für Anwender und behandelte Objekte zu mindern und schließlich Intensität sowie Dauer der Wirksamkeit der Wirkstoffe zu erhöhen (K. BÖNING, 1966). Je nach Applikationsform muß ein und derselbe Wirkstoff unterschiedlich *formuliert* werden. Daraus resultiert eine Unzahl von Präparaten zur chemischen Schädlingsbekämpfung. Allein in den USA waren bis 1964 über 60000 verschiedene Formulierungen registriert (L. A. RICHARDSON, 1966).

Je nach Art eines Präparates und seiner Anwendungsform schwankt der mengenmäßige Anteil der Hilfsstoffe in der Formulierung: Beizmittel für Saatgut enthalten etwa 98% Zusatzstoffe, deren Anteil in fungiciden und insecticiden Präparaten unter Umständen nur etwa 20% ausmacht (K. Böning 1966). Für das in neuester Zeit entwickelte ULV-Verfahren finden sogar nahezu reine Wirkstoffe Verwendung (H. Martin, 1967, S. 122).

a) Synergisten

Um ihre Toxicität für Schädlinge zu steigern, kombiniert man manche Wirkstoffe mit Zusätzen, welche synergistisch wirken. Gesteigerte Toxicität kann auf verbesserter Haftung der aktiven Substanz auf der Oberfläche des Schädlings, auf erhöhter Permeabilität seiner Hülle beruhen oder darauf, daß diese Zusätze den Schädling zu intensiver Giftaufnahme verleiten bzw. die aktive Substanz stabilisieren. Doch sind solche Effekte nicht als Synergismen anzusprechen, weil sie nicht unmittelbar an der toxischen Reaktion beteiligt sind (P. S. Hewlett, 1960). Dagegen stellen Substanzen, die wie Sulfoxide oder Piperonylbutoxid eine Dioxymethylen-phenyl-Gruppe tragen, echte Synergisten für Pyrethrum und Cinerine dar; durch Zusatz von Piperonylbutoxid kann die Insecticidkonzentration auf 10% herabgesetzt werden, ohne die Giftwirkung für Schädlinge zu mindern (J. B. Moore, 1966). Ferner steigert Piperonylbutoxid den toxischen Effekt einiger phosphororganischer Verbindungen gegenüber Hausfliegen (R. A. Hoffmann u.a., 1954). Nachdem DDT-resistente Fliegenstämme beobachtet worden waren, begannen ausgedehnte Versuche, um mittels synergistischer Substanzen Resistenzerscheinungen zu überwinden. Als Synergisten für DDT wirken nach den bisherigen Erfahrungen insbesondere Verbindungen mit 2 p-halogenierten Phenylgruppen (P. A. Hewlett 1960) sowie Benzylalkohol (H. Fürst, 1962, S. 132) und Piperonylcyclonen (A. S. Perry u. W. M. Hoskins, 1951). Zahlreiche weitere Beispiele für Synergisten finden sich in dem Übersichtsbericht von Hewlett (1960).

Sulfoxide

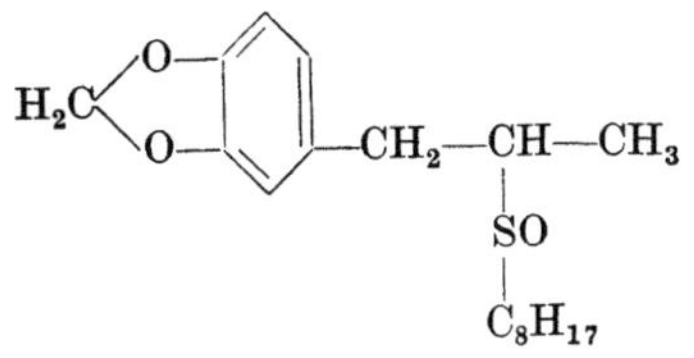

chem. Bez.:

1-Methyl-2-(3,4-dioxymethylenphenyl)-äthyl-n-octyl-sulfoxid

MG 324,5

WHO (1961), S. 386

Piperonylbutoxid

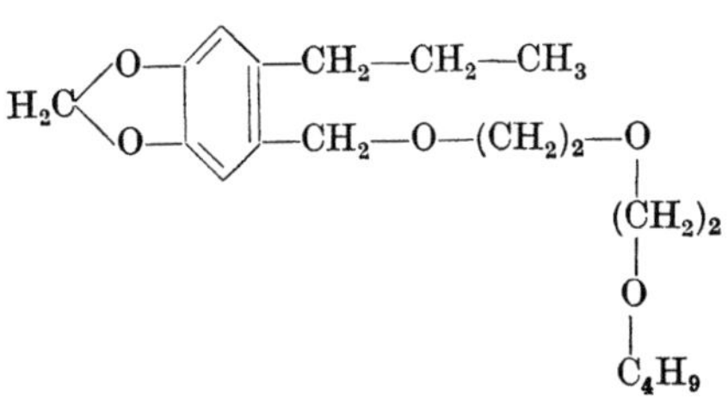

chem. Bez.:

3,4-Dioxymethylen-6-propylbenzyl-diäthylen-glykoläther

MG 338,4

WHO (1961), S. 383

Nicht selten wird Pyrethrum mit andersartigen Insecticiden, z.B. mit Chlorkohlenwasserstoffen kombiniert. Letztere ergänzen die von Pyrethrum rasch ausgelöste Lähmung der Insekten wirksam durch einen sicheren Abtötungseffekt (H. Frensch, 1960, S. 1073). Auch werden verschiedentlich mehrere insecticide Chlorkohlenwasserstoffe in einem Präparat kombiniert, um der Resistenzentwicklung entgegenzuarbeiten (H. Fürst, 1962, S. 48).

b) Hilfsstoffe

α) Stoffe für eine gleichmäßige Applikation

Die Wirtschaftlichkeit des Einsatzes chemischer Schädlingsbekämpfungsmittel hängt entscheidend davon ab, daß die aktiven Substanzen möglichst gleichmäßig über die zu behandelnden Flächen, Vorräte oder Kulturen verteilt werden. Das erfordert einerseits geeignete Geräte und Vorrichtungen zum Ausbringen der Präparate, andererseits aber auch, daß die Wirkstoffe in einer anwendungstechnisch günstigen Form vorliegen.

αα) Trägerstoffe

Stäubemittel entstehen durch Mischen der aktiven Substanz mit einem trockenen Trägermaterial. Mittels saugfähiger Trägerstoffe – Kieselgur oder Bentonit – lassen sich auch flüssige Wirkstoffe zu Stäubemitteln verarbeiten. Mechanische Stäubegeräte verlangen Präparate möglichst einheitlicher Korngröße. Deshalb wird die Mischung von Träger- und Wirkstoffen gemahlen (H. Frensch, 1960, S. 1069). Als Trägerstoffe dienen insbesondere Talkum, Kreide, Kaolin, Holzmehl, Düngemittel, Mehl oder Kleie (H. Fürst, 1962, S. 130). Während Stäubemittel eine durchschnittliche Teilchengröße zwischen 50–60 μ aufweisen sollen, damit sie ausreichend schwebefähig sind, besitzen die als Streumittel angewandten Granulate Partikel in der Größe von etwa 200–800 μ, so daß sie ihrer Korngröße zufolge von den Pflanzen zu Boden rollen, auf oder in dem die Schädlinge bekämpft werden sollen. Als Trägerstoffe für solche Streupräparate dienen vielfach Düngemittel (P. Müller, 1964). Mittels geeigneter Trägerstoffe begrenzter Wasserlöslichkeit (z.B. Silikate, Alginsäurederivate oder Vinylpolymere) läßt sich die Abgabe der wirksamen Substanz zeitlich regulieren (C. G. L. Furmidge u.a., 1968).

Räuchermittel enthalten als Trägermaterial beim Verbrennen schwelende Beistoffe, z.B. mit K-nitrat getränktes Holzmehl (H. Frensch, 1960, S. 1069).

ββ) Lösungsmittel

Wasser dient nicht nur verbreitet als Trägermedium, sondern auch zum Lösen mancher Schädlingsbekämpfungsmittel. Daneben werden Kohlenwasserstoffe und Chlorkohlenwasserstoffe (Trichloräthylen, Tetrachlorkohlenstoff), Alkohole, Ester, Ketone und Äther als Lösungsmittel verwendet (H. Fürst, 1962, S. 131). Echte Lösungen enthalten den Wirkstoff in ideal verteilter Form. Trotzdem spielen Lösungen im Pflanzenschutz keine sehr große Rolle, weil häufig Schädigungen der Pflanzen nicht auszuschließen sind (W. Ebeling, 1963).

Für Zubereitungen in Aerosolform, wie sie insbesondere im Haushalt und in Arbeitsräumen gebraucht werden, eignen sich Lösungsmittel, welche wie Methylenchlorid oder Dichlordifluormethan bei Normaltemperatur gasförmig sind, unter Druck jedoch verflüssigt werden können und daher gleichzeitig als Lösungs- und als Treibmittel dienen (H. Martin, 1967, S. 126). Bei Einsatz andersartiger Lösungsmittel benötigt man besondere Treibstoffe, beispielsweise Kohlendioxid, Lachgas, Propan oder Butan (P. Müller, 1964). Bei den ähnlich wie Räuchermittel anzuwendenden „Reaktionsaerosolen“ (H. G. Bremer, 1963) entwickeln geeignete Energiespender wie Dinitrosopentamethylentetramin in der Wärme, jedoch ohne Feuererscheinung, große Mengen „Treibgas", welches den zu vernebelnden Wirkstoff in dem umgebenden Luftraum verteilt (H. G. BREMER, 1963a).

γγ) Emulgatoren

Soweit keine echten Lösungen vorliegen, muß man verhindern, daß sich die aktive Substanz aus der flüssigen Phase absetzt bzw. aufrahmt oder daß die Emulsion bricht. Hierzu dienen einerseits Emulgatoren, welche die Öl-in-Wasser-Emulsion stabilisieren, andererseits Dispergiermittel und Schutzkolloide, die feste Wirkstoffe nachhaltig suspendieren. Hierfür verwendet man Seifen, bzw. Tenside, insbesondere nichtionogenen Typs (W. EBELING, 1963; H. MARTIN, 1967, S. 156). Je geringer und gleichmäßiger die Größe der festen Partikel ist, um so weniger setzen sie ab. Schutzkolloide, beispielsweise Pflanzengummi, Tragant, Alginate, Casein, Tannin, Dextrine und Celluloseäther sowie Sulfitablauge, verbessern die Stabilität der Suspensionen, indem sie die Viscosität der flüssigen Phase erhöhen (H. FÜRST, 1962, S. 131).

β) Stoffe für verbesserte Kontakt- und Haftwirkung

αα) Netzmittel

Tenside haben in Fertigpräparaten nicht nur dispergierende bzw. emulgierende Aufgaben, sondern sollen darüber hinaus die Benetzung der behandelten Oberflächen durch einen geschlossenen Film begünstigen, und zwar selbst dann, wenn die Oberfläche wie im Falle vieler Pflanzen einen Wachsüberzug trägt. Zugleich lassen Tenside den Wirkstoff in kapillare Zwischenräume eindringen und erhöhen damit die Wirksamkeit der Behandlung (J. MEIERHANS, 1957). Bei der Auswahl der Tenside sind pflanzenschädigende Effekte mancher Typen zu berücksichtigen (C. G. L. FURMIDGE, 1959a, 1959b).

ββ) Haftmittel

Durch die Applikation erzeugte Beläge sollen zum Schutz der behandelten Oberflächen auch unter ungünstigen Witterungsbedingungen (Regen) möglichst lange erhalten bleiben. Die hierfür entscheidende Haftfähigkeit der aktiven Substanz geht einerseits mit steigender Partikelgröße, andererseits mit zunehmender Benetzbarkeit durch Wasser zurück. Schwer lösliche Zusätze wie Gelatine oder Ca-caseinat werden im Verlauf des Trockenprozesses unlöslich und erhöhen dadurch die Haftfestigkeit der wirkstoffhaltigen Beläge. Seit einigen Jahren werden außer den genannten Substanzen auch synthetische Hochpolymere, etwa Polyvinylacetat oder Polyäthylenpolysulfide (E. SOMERS, 1956) und Polybutylen (R. W. FISHER, 1959) als Haftmittel empfohlen.

γ) Stabilisatoren

Wirkstoffe natürlichen Ursprungs, insbesondere Pyrethrum, werden durch Luftsauerstoff oxidiert. Zum Schutz gegen solche Veränderungen setzt man Antioxydantien, beispielsweise Naphthole oder Hydrochinon, zu. Die Oxidationsprodukte, die aus den Stabilisatoren entstehen, sollen unbedenklich sein (H. FÜRST, 1962, S. 132).

δ) Farbstoffe

Sudanrot und roter Bolus werden gelegentlich Schädlingsbekämpfungsmitteln als Warnstoff zugesetzt. Ferner kann man Spritzbeläge auf Pflanzen oder Früchten durch zugegebene Farbstoffe sichtbar machen (H. FÜRST, 1962, S. 132).

III. Toxicität

1. Allgemeines

Unter den zahlreichen chemischen Verunreinigungen in der menschlichen Umwelt nehmen Schädlingsbekämpfungsmittel insofern eine Sonderstellung ein, als sie absichtlich angewandt werden, um lebende Organismen zu vernichten. Grundsätzlich sucht man für die chemische Schädlingsbekämpfung nach Substanzen, welche gegen die Schädlinge vollständig und spezifisch wirken, aber für Gleichwarmblüter möglichst unschädlich sind. Deshalb reagieren vielfach niedere Tiere stärker auf Schädlingsbekämpfungsmittel als Menschen – Fische sind gegen Insecticide gewöhnlich empfindlicher als Vögel und diese wiederum empfindlicher als Säuger (R. D. O'Brien, 1957, S. D. Murphy u.a., 1968). Trotzdem beschränkt sich die Giftwirkung der biociden Substanzen selten auf die Schädlinge allein. Deshalb und wegen der vielfältigen Kontaktmöglichkeiten des Menschen mit den Giftstoffen besitzen die toxischen Eigenschaften chemischer Schädlingsbekämpfungsmittel für den Menschen außerordentliche Bedeutung. Hierbei gilt es, prinzipiell zu unterscheiden zwischen akuter und chronischer Toxicität. Während für den Menschen eine akute Vergiftungsgefahr nur dann gegeben ist, wenn ein Wirkstoff auf direktem Wege – peroral, percutan oder über die Atmung – in den menschlichen Organismus gelangt, bestehen für eine chronische Intoxikation mehrere Möglichkeiten (vgl. Abb. 4), die sich häufig nur schwer überschauen lassen. Daher sind die unmittelbaren Folgen akuter Kontakte mit Schädlingsbekämpfungsmitteln am besten bekannt, etwaige Spätwirkungen sowie Folgen chronischer Belastungen jedoch nur wenig erforscht (J. West u. T. Milby, 1965). Das mit dem Einsatz biocider Chemikalien verbundene Risiko hängt keineswegs allein von dem Giftigkeitsgrad der Wirkstoffe ab, sondern auch von anderen Faktoren wie Anwendungsverfahren und Stabilität der Substanzen (W. J. Hays jr., 1960).

Jede Beurteilung der Toxicität muß neben dem Wirkstoff selbst die in technischen Produkten stets zu erwartenden Verunreinigungen (F. Hauschild, 1962) sowie etwaige Umwandlungsprodukte der ursprünglichen Substanz berücksichtigen. Metaboliten können, wie das Beispiel der insecticiden Thiophosphorsäureester zeigt, giftiger sein als die ursprünglich angewandte Substanz (Hecht, G. u. W. Wirth, 1950).

Die toxische Wirkung der Schädlingsbekämpfungsmittel folgt einer normalen Dosis-Wirkungs-Kurve. Daraus darf gefolgert werden, daß kleine Dosen harmlos sind, größere jedoch Vergiftungen verursachen (W. F. Durham, 1963). Da Lebensmittel gleichzeitig Rückstände mehrerer Schädlingsbekämpfungsmittel enthalten können, muß ein evtl. additiver Effekt nebeneinander vorliegender Substanzen bei der Toxicitäts-Bewertung berücksichtigt werden (FAO 1963, W. F. Durham, 1967). Einige Kombinationen insecticider Phosphorsäureester untereinander (M. W. Williams u.a., 1958; P. Rosenberg u. J. M. Coon, 1958) oder auch mit chlorierten Kohlenwasserstoffen (P. D. Letschenko u. W. J. Svatkov, 1968) zeigen im akut toxischen Bereich eine potenzierte Giftwirkung. Sie beruht im Fall der Kombination von EPN mit Malathion darauf, daß EPN die entgiftende enzymatische Hydrolyse des Malathions bzw. Malaoxons verzögert (F. W. Seume u. R. D. O'Brien, 1960). In den als Rückständen auf Lebensmitteln zu erwartenden Konzentrationen besitzen Schädlingsbekämpfungsmittel jedoch nur eine unabhängige, sich gegenseitig nicht beeinflussende Einzelwirkung (O. R. Klimmer, 1964; M. W. Williams u.a., 1958).

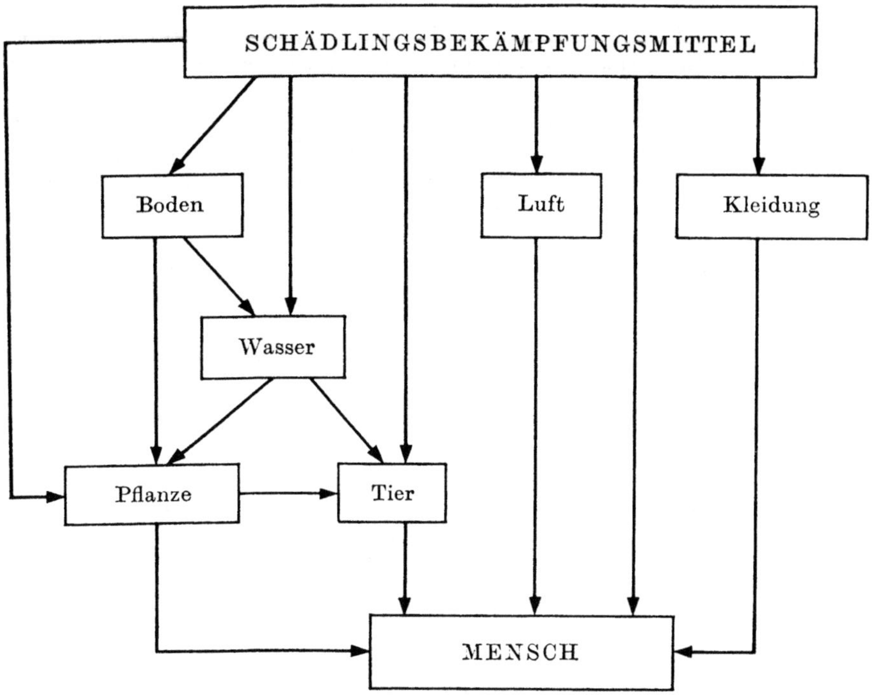

Abb. 4: Die wichtigsten Kontaktmöglichkeiten des Menschen mit chemischen Schädlingsbekämpfungsmitteln

Schließlich wird auch ein evtl. kumulierender Mechanismus biocider Substanzen diskutiert, der bei gleichbleibender Dosis eines Giftstoffes auf längere Sicht fortschreitend Enzyme im Organismus schädigen kann (F. Baer, 1958).

Auf die Zufuhr toxischer Schädlingsbekämpfungsmittel reagiert der Organismus mit erhöhter Stoffwechselaktivität, insbesondere in der Leber. Daher zeigt dieses Organ bei Vergiftungen deutlich ein Bild gesteigerter Funktion (G. Abebahr, 1963). Echte Schädigungen sind jedoch nur bei länger dauernder Belastung mit höheren Dosen zu erwarten als sie in Form von Rückständen auftreten dürften (S. Tilgner, 1956).

a) Akute Toxicität

Akute Vergiftungen können peroral erfolgen oder infolge Inhalation von Dämpfen, Staub oder Sprays bzw. durch perkutane Resorption. Gerade letztere wird vielfach nicht genügend beachtet (W. J. Hays jr., 1960). Bestimmend für die Vergiftungsgeschwindigkeit können insbesondere sein: Dauer und Intensität der Exposition sowie Ausmaß und Geschwindigkeit der Resorption.

Unfälle durch akute Vergiftungen sind meistens darauf zurückzuführen, daß die bestehenden Sicherheitsvorschriften nicht eingehalten werden (W. F. Durham, 1963), sei es aus Unachtsamkeit, sei es wegen ungenügender Sachkenntnis des Personals. Deshalb ereignen sich Unfälle in unterentwickelten Ländern sehr viel häufiger als in Ländern mit höherem Stand der allgemeinen Ausbildung W. J. Hays jr., 1960).

Als Maßstab für die Giftigkeit dient bei gasförmigen Wirkstoffen die „maximale Arbeitsplatzkonzentration“ (MAK), bei allen übrigen Substanzen die „mittlere letale Dosis“ (LD_{50}). Letztere ist allerdings keine absolute Größe, denn sie hängt von zahlreichen Faktoren wie Geschlecht und Alter der Individuen, Art und Menge der Begleitstoffe sowie der Applikationsform ab (E. G. STENGER, 1964, S. 177). E. F. EDSON u. Mitarb. (1966) haben die an Ratten ermittelten LD_{50}-Werte für eine große Zahl von Wirkstoffen listenmäßig zusammengestellt. Hinsichtlich der Dosis letalis für den Menschen bestehen zwischen den verschiedenen Schädlingsbekämpfungsmitteln bzw. ihren Gruppen erhebliche Differenzen (vgl. Tabelle 10).

Tabelle 10. *Einstufung von Schädlingsbekämpfungsmitteln in Toxicitätsklassen aufgrund ihrer Lethaldosis für den Menschen* nach F. BORBELY (1957)

Klasse	Lethaldosis mg/kg Körpergewicht	Schädlingsbekämpfungsmittel
I	> 15000	Pyrethrum
II	5000—15000	Captan, Perthan, Zineb
III	500— 5000	Glyodin, Methoxychlor, Trichlorphenoxyessigsäure, Kaliumcyanat
IV	50—500	Rotenon, DDT, Lindan, Toxaphen, Chlordan, 2,4-D, Malathion, Diazinon, Dipterex, Cumarin, Fluoride, Kupfer, Ziram
V	5—50	Aldrin, Dieldrin, OMPA, Demeton, DNOC, DNBP, Quecksilber, Arsen
VI	< 5	Nicotin, Strychnin, TEPP, Parathion, Kaliumcyanid

b) Chronische Toxicität

Wirksame Maßnahmen zum Schutz der Volksgesundheit setzen die Kenntnis der chronischen Toxicität der zur Schädlingsbekämpfung verwendeten chemischen Stoffe voraus. Selbstverständlich müssen deren Rückstände in Nahrungsmitteln ausnahmslos so niedrig liegen, daß jede akute Vergiftung mit Sicherheit ausgeschlossen ist. Als Maßstab für die Giftigkeit der Schädlingsbekämpfungsmittel im chronischen Versuch gilt die als „maximum no effect level“ bezeichnete Dosis, jene Menge, welche in langdauernden Versuchen – bei Ratten 2 Jahre, bei Hunden und Affen mindestens 1 Jahr – gerade noch keinen erkennbaren Effekt auslöst (FOOD PROTECTION COMMITTEE, 1956).

Der Einfluß chronischer Belastungen durch biocide Chemikalien auf den Gesundheitszustand breiter Bevölkerungsschichten läßt sich kaum erfassen, denn einerseits erfolgt die Giftaufnahme gewöhnlich unbemerkt, andererseits sind die auftretenden Krankheitssymptome atypisch und unterscheiden sich kaum von denen seit langem bekannter, allgemein verbreiteter Erkrankungen wie Erkältungen, nervöser Überreizung, Magen- und Darmstörungen (R. ENGST, 1962). Bisher liegen keine Anzeichen dafür vor, daß bestimmte Erkrankungen häufiger auftreten, seitdem synthetische organische Schädlingsbekämpfungsmittel eingesetzt werden (W. J. HAYS, jr., 1960).

Unter den Gefahren einer chronischen Aufnahme steht eine mögliche cancerogene Wirksamkeit der Stoffe im Vordergrund. Infolge der heute noch unzulänglichen Kenntnisse über die an der Krebsentstehung beim Menschen beteiligten Faktoren und Mechanismen sowie wegen methodischer Schwierigkeiten (O. R. KLIMMER, 1963/64; B. L. OSER, 1962) läßt sich die Frage, ob Rückstände bestimmter Schädlingsbekämpfungsmittel bei chronischer Aufnahme als cancerogen anzusehen sind, nicht mit der wünschenswerten Sicherheit beantworten. An Versuchstieren gewonnene Befunde sind sehr vorsichtig zu interpretieren bzw. auf den Menschen zu übertragen. Daher bietet der Vergleich zwischen Personen, die berufsmäßig in Kontakt mit den fraglichen Stoffen kommen und Menschen ohne solchen Kontakt am ehesten die Möglichkeit, cancerogene Eigenschaften chemischer Schädlingsbekämpfungsmittel zu erkennen (W. F. DURHAM, 1963). Mit Sicherheit waren die bei Moselwinzern gehäuft zu beobachtenden Krebserkrankungen auf Rückstände arsenhaltiger Präparate, die in größeren Mengen mit dem Haustrunk aufgenommen wurden, zurückzuführen (O. R. KLIMMER, 1964). Darüber hinaus besteht bei einigen Substanzen wie Aramite (Acaricid) und den Insecticiden Aldrin und Dieldrin der Verdacht auf tumorfördernde Wirksamkeit, ohne daß die Tierversuche bisher letzte Klarheit über diesen Effekt gegeben haben (F. DURHAM, 1963).

Neben der Cancerogenität ist auch ein evtl. sensibilisierender Effekt der Wirkstoffe zu berücksichtigen. Da allergische Erscheinungen dosisabhängige, individuelle Reaktionen eines gewissen Prozentsatzes der Bevölkerung auf Spuren natürlicher oder künstlicher Stoffe darstellen (O.R. KLIMMER, 1964), ist eine Allergenwirkung auch experimentell sehr schwer nachweisbar. Bisher konnte eine Sensibilisierung nur als Folge äußerer Kontakte der menschlichen Haut mit Schädlingsbekämpfungsmitteln versuchsmäßig nachgewiesen werden (F. BAER u. F. GRIEPENTROG, 1960), nicht dagegen durch Rückstände in Nahrungsmitteln. Wenn auch letztere für einen solchen Effekt zu niedrig liegen dürften, so läßt sich nach Ansicht GRIEPENTROG's (1961) eine Sensibilisierung unter ungünstigen Umständen nicht völlig ausschließen.

2. Spezielle Wirkungen einzelner Schädlingsbekämpfungsmittel

a) Insecticide Chlorkohlenwasserstoffe

In geringen Dosen stimulieren insecticide Chlorkohlenwasserstoffe die Bildung mikrosomaler Enzyme (U. SCHWABE, 1964; U. SCHWABE u. J. WENDLING, 1967; J. W. GILLETT, 1968). Vermutlich bildet diese Aktivierung die Ursache dafür, daß perorale Lindangaben an Milchtiere den Peroxydasespiegel des Gemelks signifikant erhöhen (G. WILDBRETT, 1968). Parallel zu der Anregung der mikrosomalen Enzymbildung wurden bei Ratten morphologische Veränderungen der Feinstruktur der Leber beobachtet (J. R. FOUTS, 1963). Langdauernde Verfütterung entsprechender Dosen chlorierter Kohlenwasserstoffe schädigten Leber und Nieren von Ratten (H. OETTEL, 1954, S. 486). Dagegen wurden, sehr hohe Dosen ausgenommen, weder bei höheren Tieren noch beim Menschen bisher derartige Schäden beobachtet (W. J. HAYS JR., 1963, S. 49).

Insecticide Chlorkohlenwasserstoffe wirken enzymhemmend, überwiegend auf Redoxasen, seltener auf Esterasen (R. KERN, 1962, S. 12). Ihr eigentlicher Angriffspunkt im Organismus ist jedoch das Zentralnervensystem (W. J. HAYS JR., 1963, S. 47; D. L. SHANKLAND, 1964). Schon unterschwellige Dosen beeinträchtigen die Empfindlichkeit von Versuchstieren gegenüber Licht- und Futterreizen. Die verminderte Ansprechbarkeit bleibt nach beendeter Exposition noch lange erhalten. Selbst nach mehrmonatiger Zwischenpause reagieren Versuchstiere auf erneute Applikation der Wirkstoffe mit gesteigerter Empfindlichkeit (L. J. MEDVED u.a., 1964).

Es ist ein Charakteristikum nahezu aller insecticiden Chlorkohlenwasserstoffe, daß sie als ausgesprochene lipoidlösliche Substanzen im Organismus gespeichert werden. Rückstände finden sich deshalb im Depotfett (H. V. CLABORN u.a., 1960; U. KIIGEMAGI u.a., 1958). Näheres vgl. Abschnitt über Rückstandsbildung.

Zu den bedenklichsten Folgen langdauernder Einwirkung chlorierter Kohlenwasserstoffe gehört eine herabgesetzte Vermehrungsquote, die bei Vögeln beobachtet wurde, in deren Organen und Gelegen höhere DDT- (C. F. Wurster jr. u. D. B. Wingate, 1968) bzw. Dieldrinrückstände (G. R. Potts, 1968) gefunden wurden. Ferner verzögerten Lindanrückstände im Futter (8 mg/kg) den Eintritt der Fertilität bei der Aufzucht junger Ratten merklich (H. An der Lahn u. K. Weithaler, 1963).

b) Insecticide Phosphorsäure- und Carbaminsäureester

Schädlingsbekämpfungsmittel auf der Basis von Phosphorsäure- und N-Alkylcarbaminsäureestern stellen hochwirksame Nervengifte dar. Indem sie die Acetylcholinesterase blockieren, fördern sie eine Anreicherung des äußerst giftigen Acetylcholins. Dadurch wird die normale Funktion der Reizleitung gestört, und die Atmung setzt aus, so daß schließlich der Erstickungstod eintritt (R. D. O'Brien, 1960, S. 176).

Nach allgemeiner Ansicht erfolgt die Hemmung der Cholinesterase durch Phosphorylierung des Enzyms. Der entstehende Enzym-Inhibitor-Komplex ist sehr stabil (N. Engelhard u.a., 1967). PAM (Pyridin-aldoxim-2-methyljodid) als gebräuchliches Antidot vermag die Hemmung aufzuheben, indem es den Alkylphosphatrest vom Enzym verdrängt und es damit wieder für die eigentliche physiologische Aufgabe freimacht (R. Zech u.a., 1967). Darüberhinaus wirkt Atropin den Vergiftungssymptomen entgegen und wird daher vielfach therapeutisch verwendet. Ferner mindern Substanzen, welche die Synthese esterspaltender Enzyme fördern oder sich an Cholinesterase reversibel anlagern und diese dadurch vor der Blockierung durch Alkylphosphate schützen, die toxische Wirkung ebenso wie Inhibitoren für die enzymatische Aktivierung der Thiophosphorsäureester (R. D. O'Brien, 1960, S. 195). In vivo geht die biologische Reaktivierung der Cholinesterase teilweise auf die normale Nachbildung der Erythrocyten und des Plasmas zurück (R. D. O'Brien, 1960, S. 178). Je rascher ein Ester hydrolysiert wird, umso weniger toxisch erscheint er (R. D. O'Brien, 1960, S. 194).

Im allgemeinen sind Thiophosphorsäureester wesentlich ungiftiger als die analogen Phosphorsäureester. Daher steigert die bei vielen Phosphorsäureestern zu beobachtende Umlagerung der Thionoform

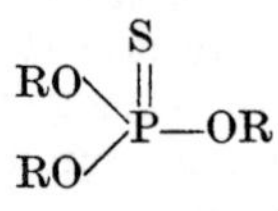

in die entsprechenden Thiolform

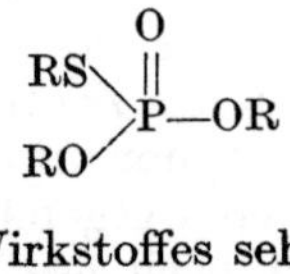

die Toxicität des betreffenden Wirkstoffes sehr nachhaltig (R. D. O'Brien, 1960 S. 91). Dithiophosphorsäureester (z.B. Malathion) wiederum sind weniger toxisch als einfache Thiophosphorsäureester, da die Aktivierung nur durch einen echten Oxidationsprozeß, aber nicht wie bei letztgenannten Verbindungen auch durch intramolekulare Umlagerung erfolgen kann (H. Oettel, 1962, S. 590).

Insecticide Phosphorsäureester, in geringen Mengen zugeführt, vermindern ähnlich wie Chlorkohlenwasserstoffe das Reaktionsvermögen von Ratten und zwar in Konzentrationen, welche zugleich die ersten Anzeichen einer verminderten Aktivität der Cholinesterase erkennen lassen (J. L. Medved u.a., 1964). Erfahrungsgemäß kann die Cholinesteraseaktivität der Erythrocyten um etwa 20% unter den Normalspiegel absinken, ohne daß toxische Symptome eintreten. Bei Tieren wurde ein noch darüber hinausgehender Aktivitätsrückgang ohne Vergiftungserscheinungen beobachtet (H. OETTEL, 1962, S. 590). Als kritischer Grenzwert der Intoxication kann eine 30%ige Enzymhemmung gelten (J. C. GAGE, 1967).

Gelegentlich wurde nach Zufuhr sehr geringer Dosen toxischer Phosphorsäureester eine geringfügig erhöhte Cholinesteraseaktivität beobachtet. Parallel dazu waren erste histologische Veränderungen in den Nebennieren von Ratten festzustellen (V. BENEŠ u. V. CERNA 1966).

c) Übrige Schädlingsbekämpfungsmittel

Unter den Rodenticiden schädigen alle Cumarinderivate die Bildung des Prothrombins in der Leber. Infolgedessen geht die Gerinnungsfähigkeit des Blutes zurück oder fällt sogar vollständig aus. Innere Blutungen bilden letztlich die Todesursache. In den für die Nagetierbekämpfung üblichen Dosen sind die Cumarinderivate bei einmaliger Aufnahme für Mensch und Tier harmlos (E. G. STENGER, 1964, S. 177). Das gilt nicht für Na-fluoracetat. Es wirkt bei Menschen und Haustieren hoch toxisch und greift das Zentralnervensystem an (FORCHE, 1956, S. 628).

Im Umgang mit Hg-haltigen Fungiciden ist größte Vorsicht geboten. Die organischen Quecksilberverbindungen werden entweder *per inhalationem* oder durch perkutane Resorption aufgenommen und führen zu schweren nervösen Störungen (H. OETTEL, 1963, S. 546). Akute Quecksilbervergiftungen können ebenso wie solche durch Arsen erfolgreich mit Hilfe von BAL (Dimercaptopropanol) bekämpft werden (F. BORBELY, 1957).

Die Herbicide DNOC und Karathan können auf die Dauer schwere Stoffwechselstörungen verursachen (F. BORBELY, 1957). Der Verdacht auf cancerogene Wirksamkeit besteht bei den herbiciden Wachstumsregulatoren IPC, CIPC sowie Isopropylcarbamat (F. DURHAM, 1963). Des weiteren ist bekannt, daß 2,4-D die Sedimentationsgeschwindigkeit der Erythrocythen vermindern kann; wahrscheinlich verläuft diese Wirksamkeit parallel mit der wachstumsregulierenden Aktivität dieser Substanz (F. BAER, 1958).

3. Schutzmaßnahmen

Der Umgang mit chemischen Schädlingsbekämpfungsmitteln erfordert besondere Vorsichtsmaßnahmen. Deshalb dürfen weder unberufene Personen noch die in erhöhtem Maße gefährdeten Kinder (PRESIDENTS' SCIENCE ADVISORY COMMITTEE, 1964) Zugang zu diesen Giften haben. Weiterhin sollen die Originalbehälter gut verschließbar sein; Vorräte sind grundsätzlich in den verschlossenen Originalbehältern außerhalb von Wohnungen, Küchen, Ställen oder Futterkammern und niemals in der Nähe von Lebensmitteln aufzubewahren (BERAN, 1963). Entleerte Behälter und Säcke müssen zweckmäßig vernichtet werden, denn sie enthalten immer noch geringe Reste toxischer Stoffe. Beim Verbrennen von Papiersäcken können im Rauch Giftkonzentrationen auftreten, welche höher liegen als jene, die bei der Applikation eines Spritzmittels vorkommen. Die damit verbundene Gefahr wiegt umso schwerer, als man eine Vergiftungsgefahr hierbei kaum in Betracht zieht (WOLFE u.a., 1961).

Bei der Applikation selbst sind die vom Hersteller auf der Packung anzugebenden Schutzmaßnahmen (EPPO, 1959) zu beachten. Wegen der Schwierigkeiten, unverbrauchte Ansätze konzentrierter Formulierungen zweckmäßig aufzubewahren oder zu vernichten, sollen nur die jeweils benötigten Mengen vorbereitet bzw. verdünnt werden (W. PERKOW, 1956, S. 8).

Pflanzenschutzmittel sind, entsprechend ihrer Toxicität und der im Umgang mit den Präparaten bestehenden Gefahren für den Menschen, in Giftklassen eingestuft. Man unterscheidet (H. MAIER-BODE, 1965, S. 30/31):

Giftklasse 1: Giftigste Stoffe, zu denen beispielsweise Spritzmittel auf der Basis mancher organischer Phosphorverbindungen wie Parathion, Endothion, Mevinphos oder des Carbaminsäureesters Metmercapturon zählen.

Giftklasse 2: Zu dieser Gruppe gehören u.a. Aldrin oder Dieldrin enthaltende Saatbehandlungsmittel und Spritzmittel auf der Grundlage von Toxaphen, Dibrom oder Isolan.

Giftklasse 3: Hierunter fallen die zahlenmäßig meisten Formulierungen der verschiedensten Wirkstoffe.

Für die Einstufung sind folgende Gesichtspunkte maßgebend:

1. Beurteilung der Toxicität des Wirkstoffes an Hand der Ergebnisse von Tierexperimenten und Versuchen mit freiwilligen Personen sowie Beobachtungen aus Vergiftungsfällen (O. R. KLIMMER 1957). Hierbei berücksichtigt man die akute, orale und dermale Toxicität sowie die Giftigkeit per inhalationem und im Zusammenhang damit auch den Dampfdruck der jeweiligen Substanz (H. ZEUMER 1968).

2. Beurteilung der Toxicität des Handelspräparates, denn die darin enthaltenen Hilfsstoffe können den toxischen Effekt der giftigen Basis wesentlich erhöhen, etwa indem sie die Resorbierbarkeit steigern (H. ZEUMER 1968).

3. Beurteilung des Handelspräparates aufgrund der darin vorliegenden Wirkstoffkonzentration. Daher können Parathion enthaltende Gieß- oder Spritzmittel je nach Formulierung und Wirkstoffkonzentration der Giftklasse 1, 2 oder 3 zugeordnet sein. Liegt die Giftkonzentration sehr niedrig, wird die Formulierung überhaupt nicht in eine Giftklasse eingereiht, weil sie im Sinn der gesetzlichen Vorschriften nicht als *giftiges* Pflanzenschutzmittel gilt. Trotzdem ist auch im Umgang mit derartigen Präparaten stets Vorsicht geboten, denn sie unterscheiden sich von den in die Giftklassen eingestuften Formulierungen nicht durch die Art der Wirkstoffe, sondern lediglich durch die Konzentration derselben (H. MAIER-BODE, 1965, S. 30).

Das jährlich neu erscheinende Pflanzenschutzmittelverzeichnis der Biologischen Bundesanstalt für Land- und Forstwirtschaft gibt Auskunft über die einem Präparat zugeordnete Giftklasse. Jede Originalpackung muß an 3 verschiedenen Stellen, u.a. am Verschluß, einen deutlich sichtbaren Hinweis auf die Giftklasse tragen (H. OETTEL, 1962).

Mit abgeschlossener Applikation enden die erforderlichen Vorsichtsmaßnahmen keineswegs. Vielmehr ist selbst längere Zeit nach der Anwendung noch Vorsicht im Umgang mit behandelten Materialien bzw. Pflanzen notwendig. So vergifteten sich beispielsweise Pflücker bei der Pfirsichernte durch Parathionrückstände auf dem Laub der besprühten Bäume (M. FEUERSENGER u. G. BRESSAU, 1966). Solche akuten Vergiftungen lassen sich vermeiden, indem man zwischen den Zeitpunkt der letzten Anwendung eines Schädlingsbekämpfungsmittels und den Erntetermin eine Wartefrist einschiebt. Damit dienen diese, als „Karenz-" oder „Wartezeiten" bezeichneten Intervalle auch dem Schutz gegen akute, berufsmäßige Vergiftungen. In erster Linie sollen die Wartezeiten jedoch den Konsumenten vor einer ständigen Belastung durch unerwünschte Rückstände chemischer Schädlingsbekämpfungsmittel auf und in Lebensmitteln schützen. Während der auf Wirkstoffbasis und Art der Formulierung abgestimmten Wartefristen nach dem letzten Einsatz geht die Menge der Wirkstoffreste erheblich zurück. Sie unterliegen während des Zeitraumes den verschiedenartigsten Umwandlungs-, Abbau- und Verdünnungsvorgängen (vgl. Abschnitt IV/3). Die für das Gebiet der BRD empfohlenen Wartezeiten nach Anwendung der amtlich anerkannten Pflanzenschutzmittel sind gemäß dem Stand von 1968 in Tabelle 11 zusammengestellt.

Tabelle 11. *Empfohlene Wartezeiten nach der Anwendung der in der BRD amtlich anerkannten Pflanzenschutzmittel* (Biologische Bundesanstalt 1968)

Wirkstoff bzw. Mittel	Wartezeit in Tagen nach Anwendung				
	im Freiland			unter Glas	
	Obstbau	Acker- u. Futterbau	Gemüsebau	allgemein	Einzelkulturen
Insecticide					
Aldrin	N	nur als Saatgutpuder oder kombiniertes Beizmittel und nur für Getreide- u. Rübensaat, Nachbau von Gemüse: [2]; als Streukonzentrat, Streu- oder Spritzmittel nur in Getreide, Kartoffeln, Rüben (1-malige Anwendung auf derselben Fläche), Nachbau v. Gemüse: [3]; als Spritz- oder Ködermittel gegen Tipula, Nachbau von Gemüse: [3]; als Ködermittel gegen Maulwurfgrille, Nachbau von Gemüse: [2]	nur gegen Schädlinge am oder im Boden; nur als Saatgutpuder oder kombiniertes Beizmittel und nur für Bohnensaatgut, Nachbau von Gemüse: [1]	N auch nicht zur Saatgutbehandlung	
Azinphos	14	14	14	o. A.	o. A.
Bromophos	7 Kernobst: 14	14	14 Salat: 10; Kohl, Bohnen: 7; Gurken, Tomaten: 4; als Gieß- oder Streumittel [4]: Kohl, Möhren, Zwiebeln: 60; Kohlrabi: 42; Rettich, Radieschen: 21	10	Gurken, Tomaten: 4
Carbaryl	7	7	7	o. A.	o. A.
Chlordan	N	nur als Ködermittel gegen Maulwurfgrille, Nachbau von Gemüse: [1]		N auch nicht zur Saatgutbehandlung	
Chlorfenvinfos	N	7	nur als Streumittel [4]: Kohl, Zwiebeln: 60; Kohlrabi: 42; Rettich, Radieschen: 21	o. A.	o. A.

Tabelle 11 (1. Fortsetzung)

Wirkstoff bzw. Mittel	Wartezeit in Tagen nach Anwendung				
	im Freiland			unter Glas	
	Obstbau	Acker- u. Futterbau	Gemüsebau	allgemein	Einzelkulturen
Demeton-methyl (Metasystox-i)	21	21	21	21	o. A.
Demeton-methylsulfoxid (Metasystox R)	21	21	21	21	o. A.
Demeton-methyl-sulfon (in Gusathion MS)	nur Kernobst: 21	N	N	o. A.	o. A.
Derris	keine besonderen Einschränkungen			3	o. A.
Diazinon	10	10	10 Gurken, Tomaten: 4; als Gieß- u. Streumittel[3]: Kohl, Zwiebeln, Möhren: 60; Kohlrabi: 42	14	Gurken, Tomaten: 4
Dibrom	4	4	4	10	Gurken, Tomaten: 4
Dichlordiphenyltrichloräthan (DDT)	nur Äpfel u. Birnen: 42	30	30 als Gießmittel kombiniert mit Lindan gegen Kohlfliege bei Kohl: 60; Kohlrabi: 42	o. A.	o. A.
Dichlorvos	7	7	7	7	o. A.
Dieldrin	N	nur als Saatgutpuder oder kombiniertes Beizmittel		N auch nicht zur Saatgutbehandlung	
		und nur für Getreide-, Mais- u. Rübensaatgut, Nachbau von Gemüse: [2]; als Spritz- u. Stäubemittel kombiniert mit Lindan oder Diazinon nur in Rüben und Kartoffeln, Nachbau von Gemüse: [2]	oder zur Saatgutinkrustierung und nur für Bohnen- u. Zwiebelsaatgut, Nachbau von Gemüse: [1]		
Dimefox	N	als Gießmittel im Hopfenbau: [6]	N	o. A.	o. A.
Dimethoat	21	21	21 als Gießmittel[5] für: Kohl, Möhren, Zwiebeln: 60; Kohlrabi: 42; Rettich und Radieschen: 21	21	o. A.

Tabelle 11 (2. Fortsetzung)

Wirkstoff bzw. Mittel	Wartezeit in Tagen nach Anwendung				
	im Freiland			unter Glas	
	Obstbau	Acker- u. Futterbau	Gemüsebau	allgemein	Einzelkulturen
Disulfoton	N	Hopfen im Ringstreuverfahren bis 1.6.; Kartoffelpflanzgut, für Ernährungszwecke: [7]	N	o. A.	o. A.
Dithiophosphorsäureester (Ultracid)	nur Kernobst: 28	21	N	o. A.	o. A.
Endosulfan	30	30 14 [8]	30	o. A.	o. A.
Endothion	28	28	28	o. A.	o. A.
Fenitrothion	10	10	10 als Gießmittel gegen Kohlfliege für: Kohl: 60; Kohlrabi: 42	o. A.	o. A.
Fensulfothion	N	nur gegen Rübenkopfälchen, Blätter nicht vor der Rübenernte verfüttern	N	o. A.	o. A.
Fenthion	14	10	10	o. A.	o. A.
Formothion	14	14	14	o. A.	o. A.
Heptachlor	N	nur als Saatgutpuder oder kombiniertes Beizmittel und nur für Getreide- u. Rübensaatgut, Nachbau von Gemüse: [2]	nur zur Inkrustierung von Zwiebelsaatgut, Nachbau von Gemüse: [1]	N auch nicht zur Saatgutbehandlung	
Isolan	21	21	21	o. A.	o. A.
Lindan	30	21 als Streu- oder Gießmittel gegen Kohlfliege, Kohl: 60; Kohlrabi: 42	21 auch als Streu- oder Gießmittel zur Saatgutbehandlung	21 Räuchermittel: 14	o. A. o. A.
Malathion	7	7	7 Gurken: 4	10	Gurken, Tomaten: 4
Mercaptodimethur	21	21	21	o. A.	o. A.
Methoxychlor	14 Kirschen: 7	14	14	14	o. A.
Mevinphos	4	4	4	10	Gurken, Tomaten: 4
Nikotin	8	8	8	21	o. A.
Omethoat	N	nur für Hopfen	N	o. A.	o.A.

Tabelle 11 (3. Fortsetzung)

Wirkstoff bzw. Mittel	Wartezeit in Tagen nach Anwendung im Freiland			unter Glas	
	Obstbau	Acker- u. Futterbau	Gemüsebau	allgemein	Einzelkulturen
Parathion	14	14	14 als Gießmittel gegen Kohlfliege für Kohl: 60; Kohlrabi: 42	21	o. A.
Phencapton	14	14	14	21	o. A.
Phosphamidon	21	21	14	o. A.	o. A.
Promecarb	28	28	28	o. A.	o. A.
Propoxur (Unden)	nur Kernobst: 4	4	nur Kohl, Salat u. Hülsenfrüchte: 4	o. A.	o. A.
Pyrethrine (auch mit Piperonylbutoxid)	keine besonderen Einschränkungen			3	o. A.
Toxaphen	nur Birnen, Erdbeeren, Kirschen, Pflaumen: 30; zur Flächenbehandlung gegen Feldmaus nur im Herbst	30 zur Flächenbehandlung gegen Feldmaus und Tipula nur im Herbst	N	o. A.	o. A.
	Nachbau von Gemüse: [9]				
Trichlorphon	10	10	7	10	o. A.
Acaricide					
Binapacryl	21	N	N	o. A.	o. A.
Kelthan	14	N	Bohnen: 14 Gurken: 4	N	vgl. Freiland
Tetradifon	14	N	Bohnen: 14 Gurken: 4	N	vgl. Freiland
Tetrasul	14	N	Bohnen: 14 Gurken: 4	N	vgl. Freiland
Molluscicide					
Metaldehyd (Spritz- und Stäubemittel)	N	14	14	N	Salat: 14
Fungicide					
Ba-polysulfid	30	N	N	o. A.	o. A.
Binapacryl	21	N	N	o. A.	o. A.
Captan	3 Erdbeeren: 7	N	7 Gurken und Tomaten: 4	10	Gurken und Tomaten: 4; Erdbeeren: [10]
Chinolinderivate	N	nur f. Saatkartoffeln	N	o. A.	o. A.
Chinomethionat	14	N	14 Gurken: 4	14	Gurken: 4
Dichlofluanid	nur Kernobst: 7 und Erdbeeren: 14	N	N	N	Erdbeeren: [10]

Tabelle 11 (4. Fortsetzung)

Wirkstoff bzw. Mittel	Wartezeit in Tagen nach Anwendung				
	im Freiland			unter Glas	
	Obstbau	Acker- u. Futterbau	Gemüsebau	allgemein	Einzelkulturen
Dinocap	21	N	21 Gurken: 4	N	Gurken: 4,
Dodin	10 Erdbeeren: bis zur Blüte, jedoch vor Fruchtansatz und nach Ernte	N	N	N	Erdbeeren: vgl. Freiland
Fentinacetat	N	Kartoffeln: 7; Rüben: Blätter nicht vor 30 Tagen nach Behandlung verfüttern	nur Sellerie: 21	N	Sellerie: 21
Ferbam	7	7	3	o. A.	o. A.
Folpet	3 Erdbeeren: 7	N	7 Gurken: 4	10	Gurken: 4 Erdbeeren: 10
Kupfer	keine besonderen Einschränkungen			N	Tomaten, Sellerie: 14; Kohl: nur in Anzuchtbeeten
Mancozeb	7	7	3	21	Gurken, Tomaten: 4; Salat bis zum Schließen der Köpfe; danach 21 Tage
Maneb	7	7	3	o. A.	vgl. Mancozeb
Metiram	7	7	3	o. A.	vgl. Mancozeb
Propineb	7	7	3	o. A.	vgl. Mancozeb
Quintozen (Brassicol)	N	21	21 Salat: nur bis Beginn der Kopfbildung; Kohl: nicht zur Einlagerung von Dauerkohl	30	Salat: nur bis zum Schließen der Köpfe, jedoch nicht später als 21 Tage vor der Ernte
Rhodannitrobenzol	28	N	N	o. A.	o. A.
Schwefel	keine besonderen Einschränkungen			3	o. A.
Schwefelkalkbrühe	keine besonderen Einschränkungen			o. A.	o. A.
TMDT	7	7	3	o. A.	vgl. Mancozeb

Tabelle 11 (5. Fortsetzung)

Wirkstoff bzw. Mittel	Wartezeit in Tagen nach Anwendung im Freiland Obstbau	Acker- u. Futterbau	Gemüsebau	unter Glas allgemein	Einzelkulturen
Triamphos	nur Äpfel: 42	N	N	o. A.	o. A.
Trichlornitrobenzol (Bulbosan)	N	N	nur Gurken: 4 u. Tomaten: 3	N	Gurken, Tomaten: 4
Zineb	7	7	3	o. A.	vgl. Mancozeb
Ziram	7	7	3	o. A.	o. A.

[1] = Nachbau von Gemüse nicht vor 2 Jahren, von Wurzelgemüse nicht vor 3 Jahren nach der Anwendung.

[2] = Nachbau von Gemüse nicht vor 1 Jahr, von Wurzelgemüse nicht vor 2 Jahren nach der Anwendung.

[3] = Nachbau von Gemüse nicht vor 3 Jahren, von Wurzelgemüse nicht vor 5 Jahren nach der Anwendung.

[4] = Anwendung gegen Kohl- bzw. Zwiebelfliege.

[5] = Anwendung gegen Kohl-, Möhren- bzw. Zwiebelfliege.

[6] = Zur einmaligen Anwendung bis 30. 6.

[7] = Nur, wenn Ernte zu dem für Wirtschaftskartoffeln üblichen Zeitpunkt erfolgt und aussortierte Knollen 8 Wochen gelagert sind.

[8] = Nur für Flächen mit unabsichtlicher Verunreinigung infolge Abdrift bei Maikäferbekämpfung.

[9] = Nachbau von Gemüse nicht vor 6 Monaten, von Wurzelgemüse nicht vor 18 Monaten nach der Anwendung.

[10] = Einsatz nur bis zum Ende der Blüte, jedoch spätestens 14 Tage vor der Ernte.

o. A. = ohne Angabe.

N = Anwendung nicht gestattet; bei Kulturen unter Glas ausgenommen die aufgeführten Einzelkulturen.

IV. Rückstandsbildung und Festlegung von Toleranzen

1. Allgemeine Begriffe und Grundlagen

Jede Anwendung eines Schädlingsbekämpfungsmittels hinterläßt ein *Wirkstoffdepot*. Die Höhe desselben hängt von zahlreichen Faktoren ab: Art der Formulierung und Applikationstechnik, behandeltes Gut und dessen Eigenschaften sowie bei Pflanzen im Freiland: meteorologische Verhältnisse zum Zeitpunkt des Ausbringens (W. Ebeling, 1963). Unabhängig von Anwendungsart und -gebiet vollzieht sich in jedem Fall ein mehr oder weniger ausgeprägter, stetiger Rückgang des Wirkstoffdepots. Sobald dieses unter dem Einfluß äußerer Faktoren verdünnt, chemisch verändert wird oder abzuwandern beginnt, geht das Depot in einen *Rückstand* über (H. Niessen, 1966). Während die FAO/WHO (1964) den Begriff des „Rückstandes" als Gemisch aus Wirkstoff, seinen Umwandlungsprodukten sowie Hilfsstoffen bei Pflanzen und Tieren definiert, erfaßt die Rückstandsanalyse nur die wirksame Substanz und, mehr oder weniger vollständig, die Umwandlungsstoffe derselben, jedoch niemals die Reste der mit den Präparaten angewandten Zusatzstoffe. Ferner spricht man, über obige Definition hinausgehend, auch von Rückständen im Boden sowie in Luft und Wasser. Die Beständigkeit der Rückstände gegen die verschiedenartigsten Einflüsse hängt ganz entscheidend von der chemischen Struktur des jeweiligen Wirkstoffes ab. Ferner spielen andere

Faktoren wie beispielsweise Anwendungsgebiet und -form sowie Witterungsbedingungen eine wesentliche Rolle (O. R. Klimmer, 1959, R. Engst, 1966). Doch ist immer mit der Zeit eine langsamere oder schnellere Abnahme der Rückstände festzustellen. Beobachtet man den Wirkstoffverlust in Abhängigkeit von der Zeit, so erhält man Abbaukurven wie sie Abb. 5a für unterschiedliche Applikationsmengen eines Schädlingsbekämpfungsmittels zeigt. Eine mathematische Behandlung der Kurven beweist, daß die Abnahme der Rückstände auf Pflanzen (H. Frehse u. H. Niessen, 1963) und im Boden (G. C. Decker u. Mitarb., 1965; J. W. Hamaker, 1966) den Gesetzesmäßigkeiten einer Reaktion 1. Ordnung folgt. Daher gilt:

$$-\frac{dr}{r} = K_1 \cdot dt \tag{1}$$

r = Rückstandsmenge; t = Zeit; K_1 = Geschwindigkeitskonstante

Durch Integration erhält man:

$$\log r = -K_1 t + \log K_2 \tag{2}$$

Trägt man $\log r$ gegen die Zeit auf, erhält man Kurven lt. Abb. 5c). In dieser Darstellung entspricht K_2 dem Ordinatenabschnitt zum Zeitpunkt 0, also dem ursprünglichen Rückstandswert r_0, welcher das anfängliche Wirkstoffdepot kennzeichnet. Dividiert man daher durch die Depothöhe, so lassen sich, wie Gleichung 2 erkennen läßt, die Abbaukurven unabhängig von

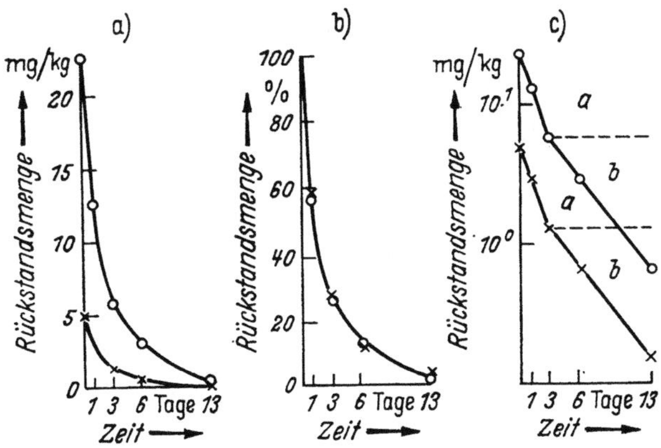

Abb. 5. Abnahme der Rückstände bei Salat nach Behandlung mit Parathion in normaler (x— —x) und 4-facher (o— —o) Aufwandmenge in linearer (a = absolut; b = relativ) und halblogarithmischer (c) Darstellung nach H. Frehse u. H. Niessen (1963)

der Dosierung miteinander vergleichen (vgl. Abb. 5b). K_1 bildet daß Maß für die Steigung der Geraden, welche im allgemeinen nach einigen Tagen einen Knick aufweist. Er entsteht dadurch, daß im Teil a der Kurve die Wirkstoffreste unter dem Einfluß mechanischer Faktoren (Abtropfen, Wind) rasch abnehmen, während in der späteren Phase (Abschnitt *b*) der durch Abbauvorgänge und Verdünnungseffekte infolge des Pflanzenwachstums verursachte Konzentrationsabfall pro Zeiteinheit geringer wird. Falls es sich um sehr beständige Substanzen handelt, oder der Wirkstoff sehr geschützt, etwa gelöst in der Wachsschicht oder in Pflanzenölen, vorliegt, verflacht sich der Kurvenabschnitt *b* nach einiger Zeit nochmals und es entsteht ein weiterer Knickpunkt.

Aus Gleichung 2 kann man die Zeit, welche verstreichen muß, bis die Rückstände auf die Hälfte des ursprünglichen Depots abgesunken sind, wie folgt errechnen:

$$\log \frac{r_0}{2} = -K_1 t_{1/2} + \log K_2 \tag{3}$$

$$K_1 t_{1/2} = -\log r_0 + \log 2 + \log K_2 \tag{4}$$

Da $K_2 = r_0$ (vgl. Text), folgt:

$$t_{1/2} = \frac{\log 2}{K_1} \tag{5}$$

Ganz allgemein läßt sich formulieren:

$$t_{1/n} = \frac{\log n}{K_1} \tag{6}$$

so daß man für jeden beliebigen Anteil des ursprünglichen Depots die notwendige Wartezeit leicht errechnen kann (H. FREHSE u. H. NIESSEN, 1963).

Die Zeitspanne, innerhalb deren die Konzentration der Rückstände auf 50% des ursprünglichen Wertes absinkt, bezeichnet man als ***Rückstands-Halbwertszeit*** (F. A. GUNTHER, 1960). Sie gestattet es, die Beständigkeit verschiedener Wirkstoffe zu vergleichen. Aufgrund ihrer Tendenz zur Bildung von Rückständen bzw.

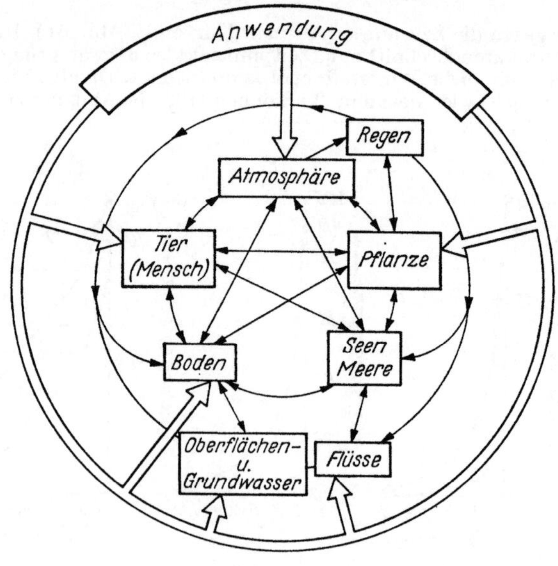

Abb. 6. Wege der Schädlingsbekämpfungsmittel und ihrer Rückstände

der Geschwindigkeit, mit der sie zurückgehen, können chemische Schädlingsbekämpfungsmittel wie folgt klassifiziert werden (R. ENGST, 1966; H. FREHSE u. H. NIESSEN, 1963):

1. Nichtpersistente Mittel: Wirkstoffe dieser Gruppe, wie z.B. Nikotin oder TEPP, sind nur *schwache* Rückstandsbildner ($K_1 > 0{,}1$).

2. Semipersistente Mittel: In diese Gruppe fallen die meisten Wirkstoffe. Sie sind *mäßige* Rückstandsbildner ($0{,}1 > K_1 > 0{,}01$).

3. Persistente Mittel: Die Wirkstoffe dieser Gruppe, z. B. chlorierte Kohlenwasserstoffe oder organische Quecksilberverbindungen sind *starke* Rückstandsbildner ($K_1 < 0{,}01$).

Das Problem der Rückstandsbildung ist insofern äußerst komplex, als Reste chemischer Schädlingsbekämpfungsmittel nicht nur am Ort ihrer Applikation vorliegen können, sondern häufig infolge weiträumiger Transportvorgänge auf den verschiedensten Wegen (vgl. Abb. 6) an Stellen auftreten, an denen sie ursprünglich überhaupt nicht erwartet wurden. Eine wesentliche Rolle spielen hierbei die sogenannten „Nahrungsketten“. Sie führen, wie Untersuchungen an englischen Küsten bewiesen haben, zu einer systematischen Anreicherung der Rückstände von den Meeresalgen bis zu den Eiern fischfressender Vögel vgl. Tab. 12.

Tabelle 12. *Anreicherung des Insecticides Dieldrin über eine Nahrungskette* (J. Robinson u. A. E. J. McGill 1966)

Untersuchtes Material	Gehalt an Dieldrin mg/kg
Meeresalgen	0,001
Mikrozooplankton . .	0,02
Fische	0,03
Seeschwalben (Eier) . .	0,1
Kormorane (Eier) . .	bis 1,2

2. Rückstände im Boden

Schädlingsbekämpfungsmittel werden für Böden angewandt, um Parasiten und Unkräuter zu vernichten (J. P. Martin, 1963). Nicht allein diese direkten Bekämpfungsmaßnahmen verursachen Rückstände von Schädlingsbekämpfungsmitteln im Boden; zusätzlich gelangen Wirkstoffreste auf den verschiedensten Wegen in den Boden (vgl. Abb. 6) und unterliegen dort bestimmten Abbau- und Umwandlungsvorgängen.

Neben den allgemeinen Faktoren – Lichteinfluß, Adsorptionsvorgänge, systemische Wirkung, Dampfdruck, Löslichkeit, hydrolytische Prozesse – bestimmen zusätzlich Bodenbeschaffenheit, Mikroorganismenbesatz sowie Art bzw. Intensität der Bodenbehandlung das Verhalten der Wirkstoffrückstände (C. H. Van Middelem, 1966). Aufgrund der Kenntnis der Abbauquote läßt sich die bei konstanter jährlicher Applikationsmenge eintretende Wirkstoffanreicherung vorausberechnen (J. W. Hamaker, 1966).

a) Bildung von Rückständen

Der chemische Aufbau eines Insecticids bestimmt wesentlich dessen Beständigkeit im Boden. Infolge ihrer stabilen chemischen Struktur erweisen sich die chlorierten Kohlenwasserstoffe als besonders persistente Verbindungen. Dazu trägt auch der mit geringer Polarität gekoppelte lipophile Charakter bei (C. A. Edwards, 1966). Hinsichtlich der Persistenz einzelner Wirkstoffe aus der Reihe der chlorierten Kohlenwasserstoffe gehen die Ansichten auseinander. Während A. C. Foster u. V. R. Boswell (1956) aufgrund ihrer Untersuchungen Endrin für besonders persistent halten und dann erst in der Reihenfolge abnehmender Beständigkeit Dieldrin, Dilan und Toxaphen nennen, bezeichnet C. A. Edwards (1966) DDT als außerordentlich beständig (vgl. Abb. 7), so daß selbst 12 Jahre nach der Applikation noch Reste des Insecticids nachgewiesen werden konnten. Die Rückstände von Aldrin verschwinden dagegen innerhalb verhältnismäßig kurzer Zeit. Dieser Befund deckt sich im übrigen mit Beobachtungen, denen zufolge bei Chlorkohlenwasserstoffen mit einer Verweilzeit zwischen 4 und maximal 30 Jahren gerechnet werden muß (E. Heinisch u. Mitarb., 1968).

Im Gegensatz zu den chlorierten Kohlenwasserstoffen neigen insecticide Phosphorsäureester zu einem rascheren Abbau im Boden (C. A. Edwards, 1966).

Zwar hinterlassen die Wirkstoffe dieser Verbindungsklasse im Boden ebenfalls Rückstände, doch verschwinden sie weit schneller (vgl. Tabelle 13).

Ähnlich den Phosphorsäureestern verursachen auch Ester der Carbaminsäure nur kurzlebige Rückstände: Isolan war nur bis zu 100 Tagen nach der Anwendung nachweisbar (R. BARTHA u. Mitarb., 1967); Reste von Sevin waren bereits nach 7 Tagen zu 50% abgebaut (R. C. BACK, 1965).

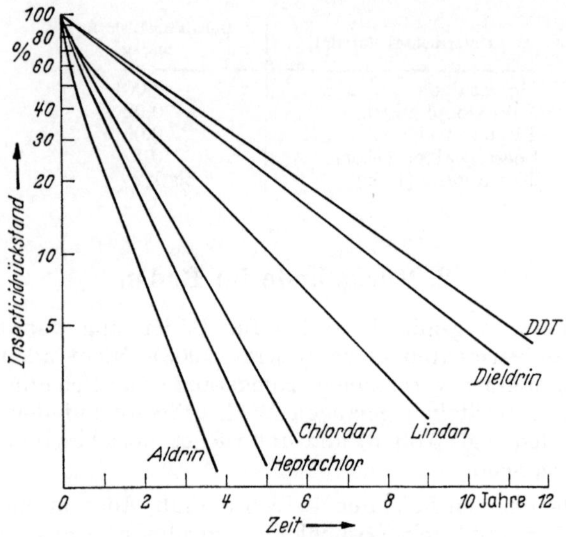

Abb. 7. Zeitliche Abnahme der Rückstandsmengen einiger wichtiger Chlorkohlenwasserstoffe im Boden nach C. A. EDWARDS (1966)

Tabelle 13. *Verweilzeit einiger insecticider Phosphorsäureester im Boden* (nach E. P. LICHTENSTEIN u. K. R. SCHULZ, 1964)

Insecticid	Zeitdauer bis zum Rückgang auf 3,1% der applizierten Insecticidmenge Tage
Malathion	8
Methylparathion . . .	30
Parathion	90

Über die Rückstände von Begasungsmitteln im Boden liegen nur wenige Beobachtungen vor: F. T. PHILLIPS (1964) berichtet über Modellversuche mit Äthylendibromid.

Unter den Herbiciden weisen nach H. V. FREED u. M. L. MONTGOMERY (1963) die substituierten Harnstoffderivate die längste Verweilzeit im Boden auf. G. D. HILL u. Mitarb. (1955) fanden, daß bei einer Anfangskonzentration von 2 mg/kg Monuron nach 90 Tagen erst ca. 10% abgebaut waren. Demgegenüber berichten J. CH. MAJUMDAR u. W. KOCH (1968) von einem überraschend schnellen Abbau solcher Herbicide. Obwohl es in keinem Fall zu nennenswerten Rückständen kam, war von den überprüften Harnstoffderivaten Linuron beständiger als Monolinuron und Metobromuron (J. CH. MAJUMDAR, 1968).

b) Beeinflussung der Rückstände

α) Bodenart

Die Bodentypen beeinflussen Menge, Beständigkeit und Abbau von Wirkstoffrückständen beträchtlich. Generell halten schwere Böden mit höherem Tongehalt und mehr organischen Bestandteilen die Wirkstoffreste besser zurück als leichte Bodenarten (C. A. EDWARDS, 1966). C. A. EDWARDS u. Mitarb. (1957) fanden in ihren Untersuchungen nachstehende Reihenfolge zunehmender Adsorptionsfähigkeit für Aldrin und Lindan:
Sand < schluffig-toniger Lehm < sandig-toniger Lehm < grober Schluff < schlammiger Ton < sandiger Lehm < toniger Lehm < Moorboden.

Für die beiden genannten Insecticide konnte mit Hilfe des Biotestes nachgewiesen werden, daß bei Sandböden, verglichen mit Moorböden, zur Erzielung des gleichen toxischen Effektes die dreißigfache Menge Aldrin notwendig ist. Ähnliche Gesetzesmäßigkeiten gelten auch für Heptachlor (W. R. YOUNG u. W. A. RAWLINS (1958), insecticide Organophosphorverbindungen (L. W. GETZIN, 1958) und Herbicide der verschiedensten Typen (G. W. BAILEY u. J. L. WHITE, 1964). Gegensätzlich verhalten sich Begasungsmittel, die in mineralreicheren Böden besser zurückgehalten werden als in stark kolloidhaltigen.

Außer der Bodenart beeinflussen noch die Bodenstrukturen, der Gehalt an organischen Bestandteilen (B. YARON u. Mitarb., 1967) sowie die Acidität des Bodens die Höhe der Wirkstoffrückstände (C. A. EDWARDS, 1966). Für Aldrin und Lindan konnte eine statistisch gesicherte Korrelation zwischen der Beständigkeit dieser Wirkstoffe im Boden und dessen Gehalt an organischen Bestandteilen nachgewiesen werden (vgl. Tabelle 14).

Tabelle 14. *Beziehung zwischen der Adsorption von Lindan und Aldrin im Boden und dessen Gehalt an organischen Bestandteilen* (auszugsweise nach C. A. EDWARDS u. Mitarb., 1957)

Bodenart	Organische Bestandteile %	Drosophila-Test $LD_{50/24}$ Std. Lindan mg/kg	Aldrin mg/kg
Sand	0,5	0,25	0,055
schluffig, toniger Lehm	1,0	0,38	0,175
sandig, toniger Lehm	1,2	0,51	0,065
grober Schluff	1,4	1,07	0,205
schlammiger Ton	1,8	0,67	0,220
sandiger Lehm	2,6	1,25	0,220
Lehm	3,8	2,65	0,340
toniger Lehm (untere Grenze)	6,4	4,10	0,400
toniger Lehm (obere Grenze)	10,0	5,90	0,540
Moor	40,0	8,60	0,850

Korrelationskoeffizient für Lindan $r = 0{,}9141$
Korrelationskoeffizient für Aldrin $r = 0{,}8935$

β) Andere Faktoren

Neben der chemischen Struktur einer Verbindung und der jeweiligen Bodenart beeinflussen noch zahlreiche weitere Faktoren, wie sie in Tabelle 15 aufgeführt sind, die Rückstandsbildung im Boden.

Tabelle 15. *Einige wichtige Faktoren und deren Einfluß auf die Bildung von Rückständen chemischer Schädlingsbekämpfungsmittel im Boden*

Faktor	Einfluß auf die Rückstandsbildung	Beispiel	Literatur
Dampfdruck eines Wirkstoffes	Mit abnehmendem Dampfdruck steigende Tendenz zu Rückstandsbildung	DDT Phorat	C. A. EDWARDS (1966) P. E. BURT u. Mitarb. (1965)
Löslichkeit eines Wirkstoffes	Mit sinkender Wasserlöslichkeit zunehmende Tendenz zur Rückstandsbildung	Aldrin Mevinphos	C. R. HARRIS (1964 a, b)
Konzentration eines Wirkstoffes	Einfluß noch unklar	—	C. A. EDWARDS (1966)
Formulierung eines Wirkstoffes	Abnehmende Beständigkeit in der Reihenfolge: Granulate, Emulsionen, mischbare Flüssigkeiten, benetzbare Pulver, Stäubepräparate	—	C. A. EDWARDS (1966)
	Beständigkeit auch beeinflußbar durch Trägermaterial und insbesondere durch Lösungsmittel	—	F. T. PHILLIPS (1959)
Temperatur	Mit sinkender Temperatur erhöhte Beständigkeit der Rückstände infolge abnehmender Verdampfung	Aldrin	E. P. LICHTENSTEIN u. K. R. SCHULZ (1959 a)
	Verminderte Beständigkeit infolge beschleunigter Abbau- und Umwandlungsreaktionen bei steigender Temperatur	Oxidation von Aldrin zu Dieldrin	E. P. LICHTENSTEIN u. K. R. SCHULZ (1959 b)
Regen, Auswaschung, Bodenfeuchtigkeit	Mit abnehmendem Feuchtigkeitsgehalt des Bodens erschwerte Wirkstoffwanderung	—	C. A. EDWARDS (1966
Pflanzenbewuchs	Geringfügig beschleunigte Abnahme der Rückstände	—	C. A. EDWARDS (1966)
Mikroorganismenbesatz des Bodens	Mit steigendem Gehalt an Mikroorganismen intensivierte Abbau- und Umwandlungsprozesse	Herbicide	J. P. MARTIN (1963)
Art der Ausbringung eines Wirkstoffes	Mit zunehmender Eindringtiefe in den Boden steigende Beständigkeit der Rückstände	—	C. A. EDWARDS (1966)

c) Beeinflussung des Bodens

Die Rückstände der Schädlingsbekämpfungsmittel bewirken verschiedenartige Veränderungen im Boden. Es werden vor allem die mikrobiologischen und chemischen Eigenschaften des Bodens beeinflußt (J. P. MARTIN, 1963).

Die Wirkung der Schädlingsbekämpfungsmittel beschränkt sich nicht nur auf den beabsichtigten Zweck, die Abtötung oder Reduzierung von Wurzelparasiten und Unkräutern. Gleichzeitig werden häufig auch harmlose oder sogar nützliche Mikroorganismen vernichtet. Die dadurch bedingten Schäden können sich über Jahre erstrecken (J. P. MARTIN, 1963). Am bedenklichsten sind Fungicide (D. E. MUNNECKE, 1967, S. 525–526) sowie Begasungsmittel (R. N. WENSLEY, 1953).

Unter letzteren schädigen Vapam, Chlorpikrin sowie Methylbromid insbesondere nitrifizierende Bakterien, so daß im Boden überhöhte, phytotoxische Ammoniakkonzentrationen entstehen können (D. E. MUNNECKE u. J. FERGUSON, 1960).

Verglichen mit den Begasungsmitteln reichen die Konzentrationen an Herbiciden bei normaler Anwendung nicht aus, um das Wachstum spezifischer Bodenmikroorganismen zu vermindern (J. P. MARTIN, 1963). Größere Mengen dieser Mittel können jedoch für bestimmte Mikroorganismen toxisch sein. Barban, IPC und CIPC aus der Gruppe der Phenylcarbamate hemmen die Aktivität nitrifizierender Bakterien ebenso wie die substituierten Harnstoffderivate Diuron, Fenuron, Linuron und Monuron (R. BARTHA u. Mitarb., 1967).

Die Anwendung der gebräuchlichsten Insecticide in normalen Dosen beeinflußt den Mikroorganismenbesatz des Bodens nicht wesentlich. Die chlorierten Kohlenwasserstoffe Aldrin, Chlordan, DDT, Dieldrin, Endrin, Heptachlor, Lindan, und Toxaphen zeigten während fünfjähriger Versuche keine meßbare Wirkung auf den Mikroorganismenhaushalt des Bodens (J. P. MARTIN, 1963). Dagegen gehen die Ansichten über den Einfluß insecticider Organophosphorverbindungen auseinander. Während BARTHA u. Mitarb. (1967) feststellten, daß Verbindungen dieser Gruppe, sowohl die CO_2-Erzeugung als auch die Nitrifikation zu beeinflussen vermögen, fanden R. KASTING u. J. C. WOODWARD (1951) selbst bei hohen Dosen von Parathion und OMPA keine nachteiligen Auswirkungen auf die Mikroorganismen im Boden.

d) Abbau der Rückstände

Infolge des microbiciden Effektes der Schädlingsbekämpfungsmittel erhöht sich nach deren Anwendung häufig der Gehalt an Stickstoff im Boden. Dieser steht den Kulturpflanzen ebenso zur Verfügung wie manche als zusätzliche Nährstoffe dienende Abbauprodukte der Schädlingsbekämpfungsmittel (J.P. MARTIN, 1963).

Im Boden sind bestimmte Mikroorganismenarten vorhanden, die Wirkstoffrückstände, insbesondere Herbicide anzugreifen vermögen und die dabei entstehenden Abbauprodukte wiederum für sich als Energiequelle nutzen können (C. A. EDWARDS, 1966).

Daneben tragen auch Enzyme aus Wurzelsystemen der Pflanzen zum Abbau der verschiedenartigsten Wirkstoffe bei (P. C. KEARNEY, 1966, S. 250–262).

Verständlicherweise haben biologische Umwandlungs- und Abbauprozesse gerade im Falle der Herbicide verbreitet Interesse gefunden, so daß für manche dieser Wirkstoffe umfangreiches Beobachtungsmaterial vorliegt; es ist in einem von P. C. KEARNEY u. D. D. KAUFMAN (1969) herausgegebenen Buch zusammengestellt worden. Hier können nur wenige Hinweise folgen:

Bei 2,4-D, einem der wichtigsten Vertreter unter den herbiciden Phenoxyalkansäuren, wird anfänglich ein Teil der Chloratome abgespalten. Anschließend öffnet sich der Ring infolge oxidativer Umsetzungen, so daß als Endprodukte neben Chlorid CO_2 und H_2O entstehen (vgl. Abb. 8). Längere Fettsäureseitenketten am Phenylrest der Phenoxyalkansäuren werden durch β-Oxydation abgebaut (V.H. FREED u. M.L. MONTGOMERY, 1963).

Mit einer Chlorabspaltung durch zahlreiche Bakterien und Pilze des Bodens beginnt auch der Abbau chlorierter Fettsäuren (C. L. FOY 1969, S. 232).

Harnstoffderivate vom Typ des Diuron werden zunächst an der Carbamidgruppe demethyliert. Indem anschließend CO_2 und NH_3 abgespalten werden, entsteht als bisher bekanntes Endprodukt 3,4-Dichloranilin (vgl. Abb. 9). Für andere Wirkstoffe ähnlicher Konzentration gilt ein analoger Mechanismus der Umwandlung (H. GEISSBUHLER u. Mitarb., 1963).

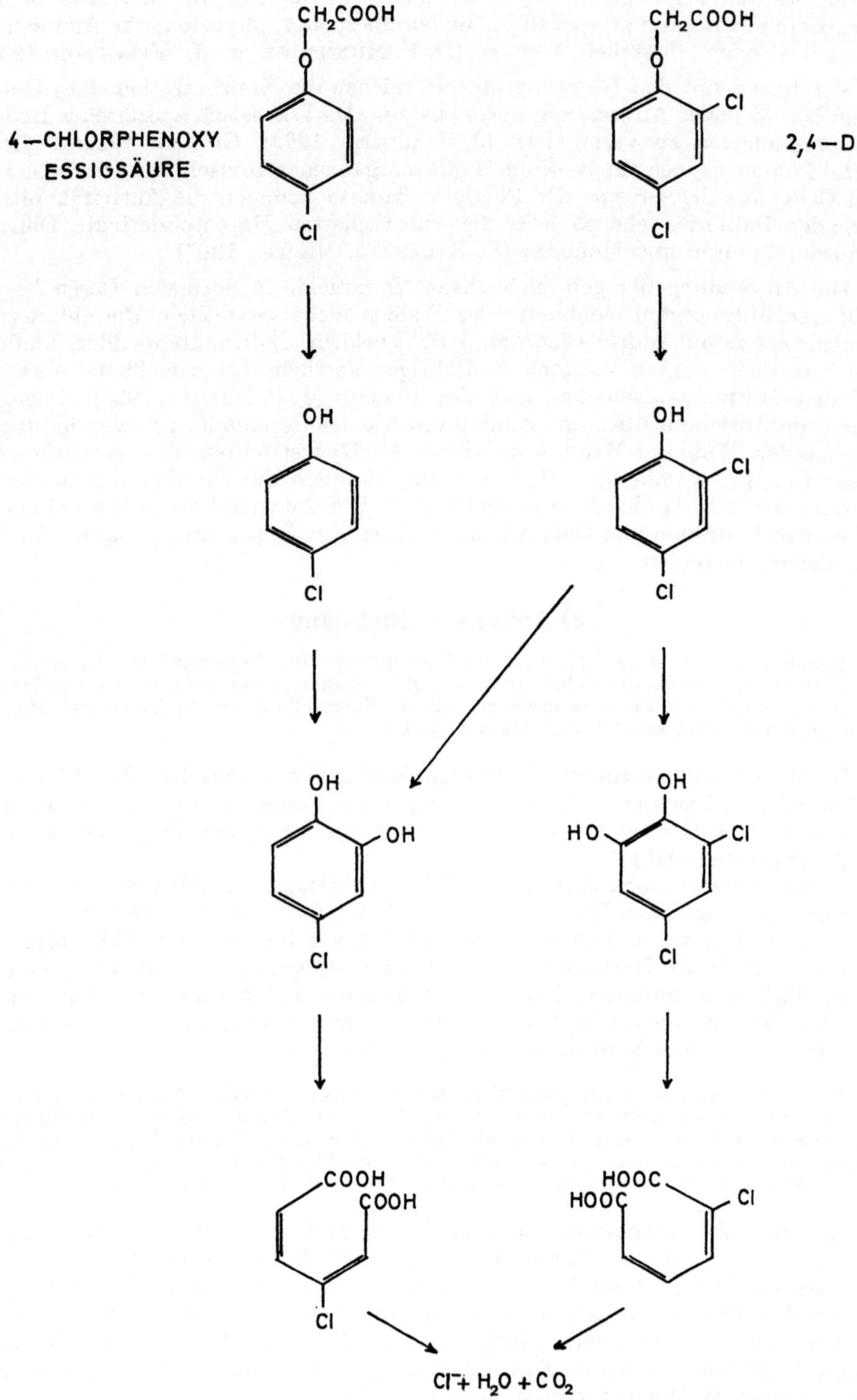

Abb. 8. Mikrobieller Abbau von 2,4-D (I) und 4-Chlor-phenoxyessigsäure (II) im Boden nach M. A. LOOS (1969, S. 28)

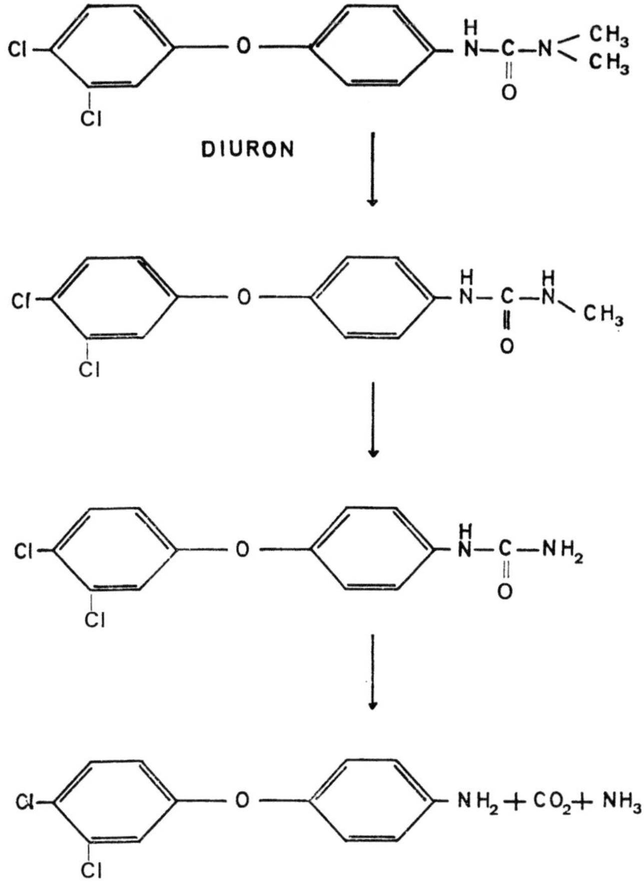

Abb. 9. Mikrobieller Abbau von Diuron im Boden nach H. GEISSBÜHLER (1969, S. 92)

Herbicide auf der Basis substituierter 2,6-Dinitroaniline unterliegen im Boden sowohl einer Abspaltung der substituierenden Kohlenwasserstoffketten als auch einer Reduktion der Nitrogruppen zu Aminogruppen (G. W. PROBST u. J. B. TEPE 1969, S. 264–265). Bei s-Triazinen wurden N-Dealkylierung an den C-Atomen des Ringes und hydrolytische Abspaltung von Alkoxy-Gruppen, gelegentlich sogar eine Öffnung des heterocyclischen Ringes beobachtet (E. KNÜSLI u. Mitarb., 1969, S. 64–74).

Der Abbau der sehr stabilen und persistenten chlorierten Kohlenwasserstoffe verläuft unterschiedlich (C. A. EDWARDS, 1966). Während aus Lindan das für Insekten etwa tausendmal geringer toxisch wirkende Pentachlorcyclohexan entsteht (W. N. YULE u. Mitarb., 1967), geht Aldrin bald nach der Applikation in das wesentlich giftigere Epoxid Dieldrin über (G.C. DECKER u. Mitarb., 1965). Solange mengenmäßig die Rückstände von Aldrin überwiegen, wird dieses rasch oxidiert. Erst nachdem ein ganz bestimmter Überschuß an Dieldrin vorhanden ist, verläuft der weitere Abbau langsamer (G.C. DECKER u. Mitarb., 1965). Eine ähnliche Epoxidbildung findet auch bei Heptachlor statt (R. L. KING u. Mitarb., 1966).

R. ENGST u. M. KUJAWA (1967, 1968) gelang es zu klären, auf welchem Wege *Fusarium oxysporum,* ein im Boden vorkommender Pilz, DDT angreift: Unter

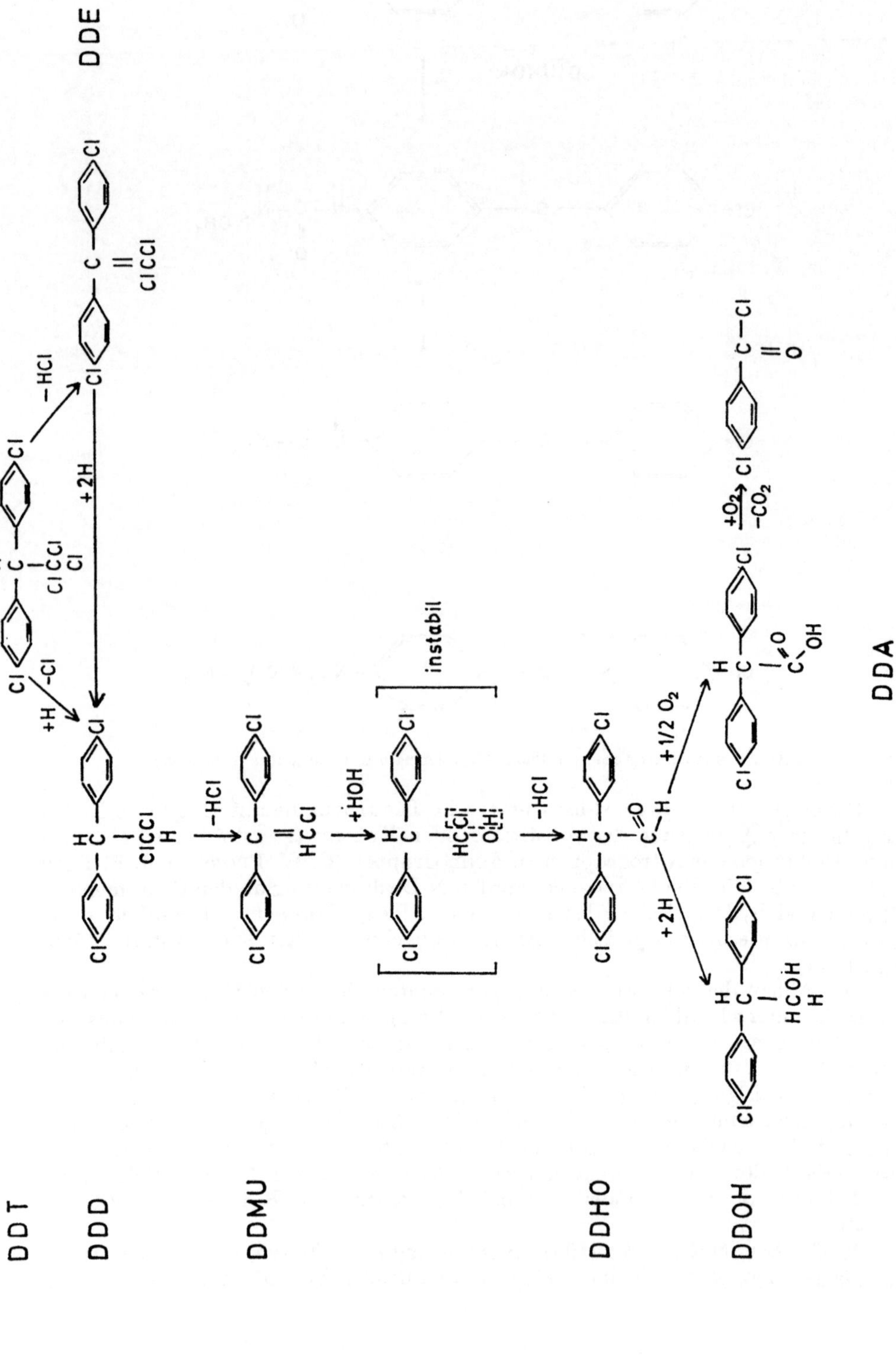

Abb. 10. Enzymatischer Abbau von DDT durch Fusarium oxysporum nach R. Engst u. M. Kujawa (1967)

schrittweiser Abspaltung von Cl bzw. HCl und Wasseranlagerung entstehen im Zuge oxidativer oder reduktiver Reaktionen verschiedene wasserlösliche Substanzen ohne insecticide Wirksamkeit (vgl. Abb. 10).

Aspergillus flavus vermag die entstandenen Epoxide anzugreifen und bildet hydrophile, noch nicht identifizierte Bruchstücke (W. KLEIN u. Mitarb., 1968).

Phosphorsäureester werden im Boden auf hydrolytischem Wege in kaum mehr toxisch wirkende Produkte übergeführt bzw. abgebaut (C.A. EDWARDS, 1966).

3. Rückstände auf und in Pflanzen

Pflanzen kommen mit Schädlingsbekämpfungsmitteln entweder durch direkte Behandlung oder infolge Aufnahme von Wirkstoffrückständen aus dem Boden in Kontakt.

a) Bildung von Rückständen

α) Wirkstoffaufnahme

Nach der Applikation von Schädlingsbekämpfungsmitteln verläuft die Rückstandsbildung recht komplex. Es spielen sowohl Absorptions- als auch Transportvorgänge eine große Rolle (D.G. FINLAYSON u. H.R. MACCARTHY, 1965). Wirkstoffe gelangen durch Absorption über Blätter, Früchte, Wurzeln, Samen, Stamm und Stiele in Pflanzen. Die Absorptionsvorgänge über Stamm, Fruchtstiele oder die Blätter sind einander ähnlich (D.G. FINLAYSON u. H.R. MACCARTHY, 1965). Die Wirkstoffe werden dabei nicht allein über Spaltöffnungen aufgenommen, sondern auch noch auf anderen Wegen, z.B. durch Absorptionsvorgänge und Bruchstellen in der Kutikula (J. VAN OVERBEEK, 1956). Abb. 11 vermittelt einen systematischen Überblick darüber, wie sich Ablagerungen eines Schädlingsbekämpfungsmittel auf der Blattoberfläche verhalten können.

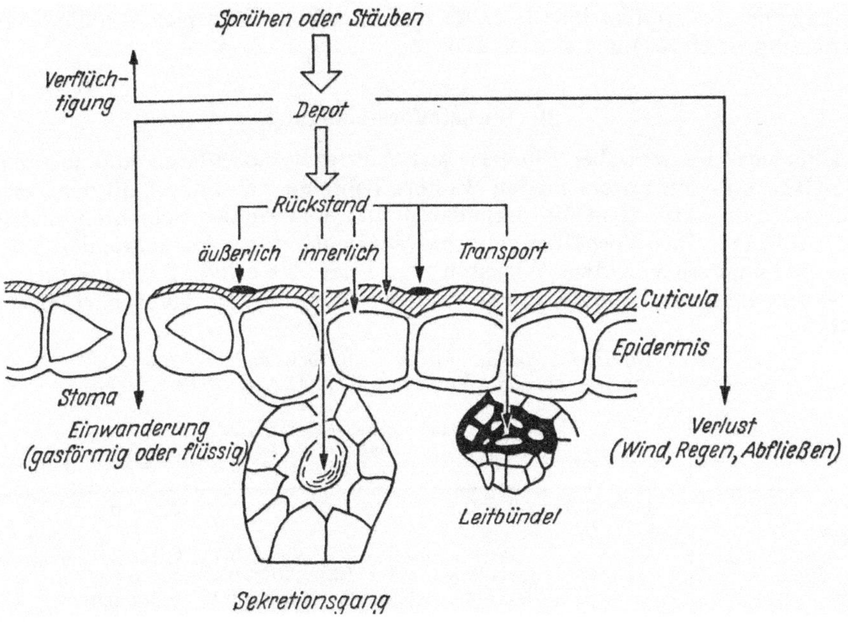

Abb. 11. Schema des Verhaltens der Ablagerungen des Schädlingsbekämpfungsmittels auf der Oberfläche eines Blattes (nach H. F. LINSKENS u. Mitarb., 1965)

Während von ökonomischen und ökologischen Gesichtspunkten aus gesehen, eine Absorption über das Wurzelsystem der verschiedenen Pflanzen besonders wünschenswert wäre, gilt die Absorption von Wirkstoffen in Samen nicht unbedingt als nützlich, weil dadurch die jungen Pflanzen geschädigt werden können (D. G. FINLAYSON u. H. R. MACCARTHY, 1965).

Wenig untersucht wurde bisher die Absorption nach der Fruchtbehandlung. Bei Citrusfrüchten ist jedoch bekannt, daß die angewandten Wirkstoffe in die Schale einwandern und dort gespeichert werden können. DDT findet sich in den Ölzellen der Schale dieser Früchte (F. A. GUNTHER u. Mitarb., 1958 a, b; R. C. BLINN u. Mitarb., 1959 a, b). Abgestorbene Schichten einer Pflanze, wie sie Wachspartikelchen, Haare oder Dorne darstellen, können die Absorptionsfähigkeit für Schädlingsbekämpfungsmittel behindern (D. G. FINLAYSON u. H. R. MACCARTHY, 1965).

Neben der Absorptionsart beeinflussen, wie erwähnt, auch die Transportvorgänge in der Pflanze die Entwicklung von Rückständen. Hinsichtlich Art und Ausmaß des Transportprozesses lassen sich drei Gruppen unterscheiden (D. G. FINLAYSON u. H. R. MACCARTHY, 1965):

Verbindungen mit systemischer Wirkung, mit Residualwirkung und mit kontaminierender Wirkung.

Verbindungen mit *systemischer* Wirkung besitzen die Fähigkeit in die Pflanze einzudringen sowie, ihrer verhältnismäßig guten Wasserlöslichkeit wegen, im Plasmastrom mitzuwandern und dort länger – mindestens 7 Tage (G. UNTERSTENHÖFER u. H. FREHSE, 1963) – wirksam zu bleiben (R. L. METCALF, 1957). Verbindungen mit *Residualwirkung* sind zwar nicht systemisch, es gelingt jedoch auch diesen Wirkstoffen bis zu einem gewissen Grad in das Pflanzeninnere einzudringen und für einige Zeit wirksam zu bleiben. Besonders chlorierte Kohlenwasserstoffe führen so zu unerwünschten Rückständen auf und in den Pflanzen (R. G. HAINES, 1956). *Kontaminierende* Verbindungen schließlich hinterlassen Rückstände nahe der Applikationsstelle, da praktisch kein Transport stattfindet (D. G. FINLAYSON u. H. R. MACCARTHY, 1965).

β) Wirkstoffbeständigkeit

Üblicherweise wird bei Pflanzen zwischen extracuticulären und intracuticulären Rückständen unterschieden. Erstere befinden sich außerhalb der Cuticula, während die letzteren in die cuticularen und epidermalen Schichten eindringen (vgl. Abb. 11). Das Verhältnis von extracuticulären zu intracuticulären Rückständen hängt ab von dem Wirkstoff sowie der Art seiner Formulierung (H. F. LINSKENS u. Mitarb., 1965) und variiert von Pflanzenart zu Pflanzenart (H. TIETZ, 1954).

Tabelle 16. *Halbwertszeiten für Wirkstoffrückstände auf Pflanzen*
Mittelwerte aus mehreren Versuchsreihen (F. A. GUNTHER, 1960)

Wirkstoff	Halbwertszeiten in Tagen auf					
	Luzerne	Salat	Laub von Pfirsichbäumen	Laub von Apfelbäumen	Pfirsichen	Orangen
DDT	6,3 ± 0,3	2,3 ± 0,2	15,7 ± 1,2	—	9,5 ± 0,9	—
Lindan	5,3 ± 0,7	—	—	—	—	—
Dieldrin	—	—	6,5 ± 0,1	4,8 ± 0,7	6,0 ± 2,0	60 ± 0[1]
Parathion	2,0 ± 0	1,3 ± 0,5	4,3 ± 1,3	2,0 ± 0,4	4,5 ± 0,9	—
EPN	—	—	5,0 ± 0	4,0 ± 0,1	9,0 ± 0,8	—
Malathion	—	—	—	4,0 ± 0[1]	5,3 ± 0,7	32 ± 0[1]

[1] Wert stammt aus einer einzigen Versuchsserie.

Obwohl Wirkstoffrückstände bei Pflanzen in der Regel wesentlich rascher abgebaut werden als im Boden, bleiben doch auch hier die Restmengen chlorierter Kohlenwasserstoffe, verglichen mit jenen der übrigen Schädlingsbekämpfungsmittel, am längsten erhalten (vgl. Tabelle 16). Die Organophosphorverbindungen sind nämlich als Ester Witterungseinflüssen bzw. chemischen oder enzymatischen Abbauvorgängen gegenüber leichter zugänglich als die verhältnismäßig stabilen Chlorkohlenwasserstoffe (G. WILDBRETT, 1962).

b) Beeinflussung der Rückstände

Neben pflanzeneigenen Faktoren (W. EBELING, 1963) bestimmen Witterung und Art des Präparates sowohl die Höhe des anfänglichen Wirkstoffdepots als auch die Beständigkeit der Rückstände auf bzw. in Pflanzen (vgl. Tabelle 17).

Tabelle 17. *Entstehung und Verhalten der Rückstände chemischer Schädlingsbekämpfungsmittel bei Pflanzen in Abhängigkeit von maßgeblichen Faktoren*

Faktor	Einfluß auf Rückstandsbildung	Beispiel	Literatur
Oberfläche der Pflanze	Rückstände bei dünnen Blättern im allgemeinen größer als bei dicken, fleischigen Blättern	—	G. C. DECKER u. Mitarb. (1950)
	Rückstände bei Früchten meistens niedriger als bei Blättern	Pfirsiche	G. C. DECKER u. Mitarb. (1950)
Wachstum der Pflanze	Mit zunehmender Pflanzenmasse zurückgehende Wirkstoffkonzentration	Rotklee, Tedion auf Früchten	G. C. DECKER (1957) C. C. CASSIL u. Q. H. FULLMER (1958)
Formulierung des Wirkstoffes	Im allgemeinen höhere Rückstände durch Formulierungen mit lipophilen Flüssigkeiten als durch wäßrige Präparate (Lösungen bzw. Suspensionen).	—	W. EBELING (1963)
	Durch Emulsionen anfänglich höhere Rückstände infolge leichteren Eindringens in die obersten Pflanzenschichten.	DDT bei Orangen	F. A. GUNTHER u. Mitarb. (1946)
	Bei emulgierbaren Konzentraten ähnliche Beläge wie durch Lösungen in lipophilen Flüssigkeiten.	—	W. EBELING (1963)
	Nach anfänglichen Verlusten durch mechanische Einflüsse relativ beständige Beläge durch Stäubepräparate, da weitere Verluste nur durch Flüchtigkeit und Abbau	—	W. EBELING (1963)
Dampfdruck des Wirkstoffes	Mit steigendem Dampfdruck verstärkte Abnahme der Rückstände	Verschiedene Früchte	G. C. DECKER u. Mitarb. (1950); G. C. DECKER (1957)
Regen	Klimatischer Hauptfaktor für Abnahme der Rückstände	—	W. EBELING (1963)

Tabelle 17 (Fortsetzung)

Faktor	Einfluß auf Rückstandsbildung	Beispiel	Literatur
Luftfeuchtigkeit	Bei hoher Luftfeuchtigkeit im allgemeinen beschleunigte Abnahme der Rückstände	—	W. Ebeling (1963) R.J. Starr u. R. E. Johnsen (1968)
Wind	Verminderung der Beläge hauptsächlich auf mechanischem Wege und außerdem durch fördernde Wirkung auf Verflüchtigung durch Abführen verdampfter Wirkstoffanteile	Zweige, Blätter, Früchte	W. Ebeling (1963)
Temperatur	Abbau beschleunigt, bei höheren Rückständen vermutlich stärker als bei niedrigeren	Orangenbaum (Blätter und Früchte)	F.A. Gunther u. Mitarb. (1946)
Licht	Im allgemeinen Abbau von Rückständen begünstigt	DDT auf Kartoffelkraut	V.M. Kirk (1952)

Im Falle einer Behandlung des Saatgutes mit Schädlingsbekämpfungsmitteln findet sich in unmittelbarer Nähe des auskeimenden Samens eine hohe Wirkstoffkonzentration. Sie bildet vermutlich die Ursache dafür, daß, wie H. Maier-Bode (1960, S. 322—323) feststellte, nach Saatgutinkrustierung mit Lindan in Möhren höhere Insecticidrückstände zu erwarten sind als nach ganzflächiger Applikation eines Streupräparates.

c) Beeinflussungen der Pflanzen

Über die nachteiligen Beeinflussungen von Pflanzen, hervorgerufen durch Schädlingsbekämpfungsmittel und deren Rückstände, ist nur wenig bekannt (E.H. Marth, 1965). Man kennt jedoch einige Wirkstoffkombinationen und Applikationsmethoden, die gegenüber gewissen Pflanzen phytotoxisch wirken (H. T. Reynolds, 1958).

Pflanzen können als Folge einer Wirkstoffapplikation in ihrem Wachstum beeinflußt werden, wie man z.B. an Mais und Erbsen beobachtet hat. Bei den chlorierten Kohlenwasserstoffen tritt dieser Einfluß weniger hervor als bei Organophosphorverbindungen und Carbamaten. Letztere hemmen das Wachstum der Pflanzen am stärksten (E.P. Lichtenstein u. Mitarb., 1962). Ähnlich wirken die Herbicide Monuron und Diuron in Kombination mit einigen insecticiden Organophosphorverbindungen. Darüber hinaus können Insecticide die Pflanzenatmung stören (D.G. Finlayson u. H.R. MacCarthy, 1965).

Parathion und Schradan verursachen, ähnlich dem Herbicid 2,4-D, chemische Veränderungen in der Pflanze. Während diese Verbindungen den Kohlenhydratgehalt ansteigen lassen, erhöht Schradan zusätzlich auch den Nitratgehalt in Bohnen und Erbsen (M. M. J. Zeid u. L.K. Cutkomp, 1951) [vgl. hierzu auch Abschnitt V/1].

d) Abbau der Rückstände

α) Abbau auf der Pflanze

Schon wenn die Rückstände kurz nach der Applikation noch ausschließlich auf der Oberfläche der Pflanzen vorliegen, also noch jeglichem Einfluß durch pflanzliche Enzyme oder andersartige Inhaltsstoffe entzogen sind, beginnen unter dem Einfluß klimatischer Faktoren die ersten Umwandlungsprozesse an den Wirkstoffen. Unter diesen Faktoren kommt einerseits dem Sonnenlicht mit seinem kurzwelligen Anteil, andererseits dem Wasser große Bedeutung zu.

αα) Einfluß des Lichtes

Wie Laboratoriumsversuche gezeigt haben, vermögen UV-Strahlen (Wellenlänge: 254 nm) viele Schädlingsbekämpfungsmittel tiefgreifend zu verändern. Aus Feldversuchen liegen hierzu jedoch kaum eindeutige Resultate vor, denn es ist äußerst schwierig, den Einfluß des Lichtes von dem anderer, gleichzeitig wirkender Faktoren – Temperatur, chemische Hydrolyse, Mikroorganismentätigkeit – zu trennen. Sicherlich aber genügen Lichtintensität und spektrale Energieverteilung, um photolytische Effekte auszulösen (D. G. Crosby u. M.-Y. Li, 1969, S. 358–360). Die Kenntnis der Folgen des Lichteinflusses ist deswegen wichtig, weil dieser neben den auch auf chemischem oder biochemischem Wege entstandenen Substanzen völlig andersartige Reaktionsprodukte erzeugen kann. Es scheint nicht ganz ausgeschlossen, daß sich letztere physiologisch anders verhalten als die üblichen Abbauprodukte, nachdem F. Kiermeier u. Mitarb. (1962) schon nach 30 min Bestrahlen äthanolischer DDT-Lösung eine im Gegensatz zu unbestrahlter Lösung stark enzymhemmende Wirksamkeit beobachtet haben.

Nach T. H. Mitchell u. Mitarb. (1961) entstehen infolge UV-Bestrahlung in organischen Lösungsmitteln aus Organophosphorverbindungen Oxydationsprodukte:

Beispielsweise werden Thionoäther zu Sulfoxiden und weiter zu Sulfonen oxydiert; Thionophosphorsäureester gehen in die analogen Phosphorverbindungen über. Die entstehenden Oxydationsprodukte erwiesen sich als ungleich stabiler gegenüber UV-Bestrahlung als die ursprünglichen Wirkstoffe. Eintretende Veränderungen konnten an Paraoxon (O-Analogon zu Parathion) in äthanolischer Lösung schon nach halbstündiger UV-Einwirkung mittlerer Strahlungsintensität spektralphotometrisch nachgewiesen werden (F. Kiermeier u. Mitarb., 1962).

Wenn auch Chlorkohlenwasserstoffe prinzipiell beständiger gegen UV-Licht sind als Organophosphorverbindungen, so veränderten sich doch mehrere Wirkstoffe, z. B. Aldrin, Dieldrin (J. Robinson u. Mitarb., 1966), Heptachlor und dessen Epoxid sowie Methoxychlor eindeutig infolge UV-Bestrahlung (L. C. Mitchell, 1961). Aus DDT entsteht im UV- wie auch im Sonnenlicht in Gegenwart von Sauerstoff 4,4-Dichlorbenzophenon (E. Flech, 1949).

UV-Strahlen greifen auch Herbicide an. Während L. C. Mitchell (1961) nur bei 2,4-D- bzw. 2,4,5-T-Estern photolytische Reaktionen erkannte, berichten D. G. Crosby u. M.-Y. Li (1969, S. 337) auch über lichtinduzierte Umsetzungen an den Säuren selbst. In wäßriger Lösung entsteht aus 2,4-D auf verschiedenen Wegen 1,2,4-Hydroxybenzol, das rasch polymerisiert (vgl. Abb. 12).

Aus IPC bildet sich einerseits unter Abspaltung von 2-Propanol Phenylisocyanat, andererseits Anilin. Letzere reagieren miteinander zu Diphenylharnstoff (vgl. Abb. 13).

Ferner wurden auch an Captan und einigen weiteren Fungiciden durch UV-Licht ausgelöste Reaktionen beobachtet (L. C. Mitchell, 1961). Die gegen Lichteinfluß empfindlichste Gruppe unter den fungiciden Wirkstoffen stellen die Chinonderivate dar. In wäßriger Lösung entsteht aus p-Benzochinon Hydrochinon. Chloranil erwies sich in wäßriger Lösung als sehr empfindlich gegen Licht (H. P. Burchfield, 1967, S. 486–487).

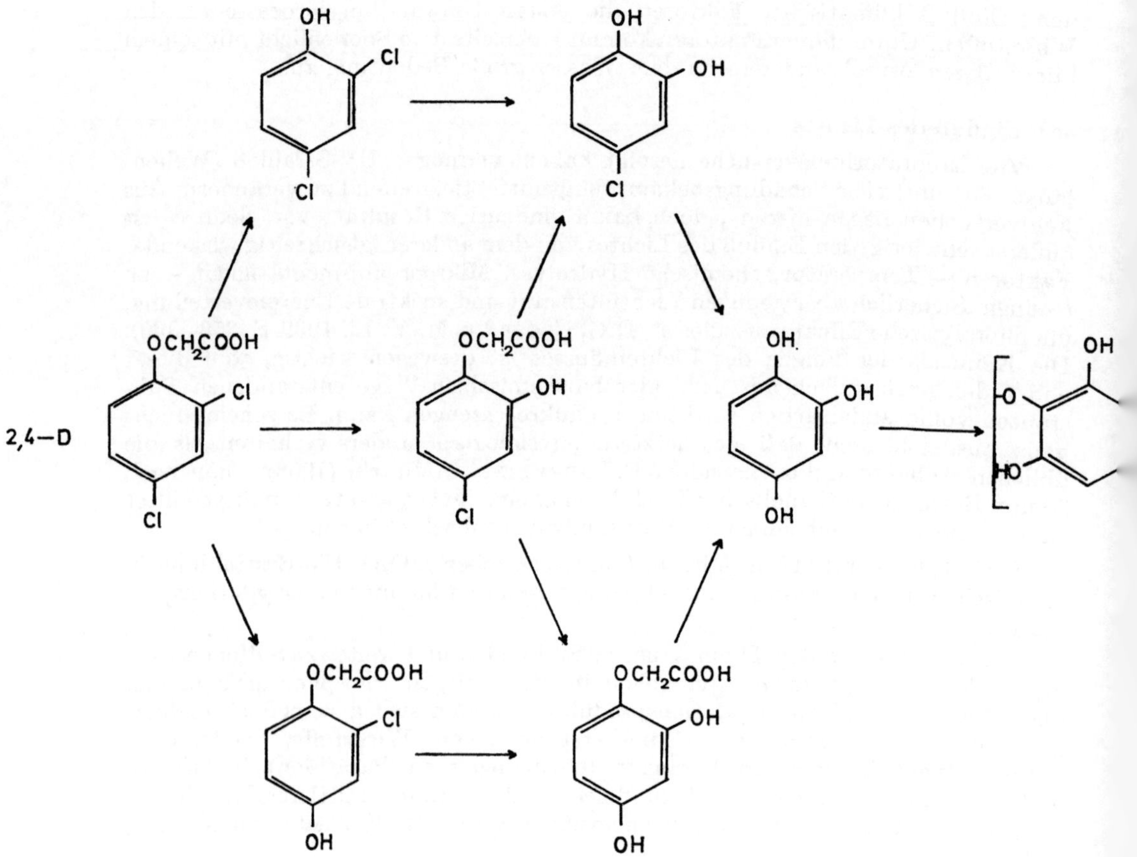

Abb. 12. Photolyse von 2,4-D nach D. C. CROSBY u. M.-Y. LI (1969, S. 337)

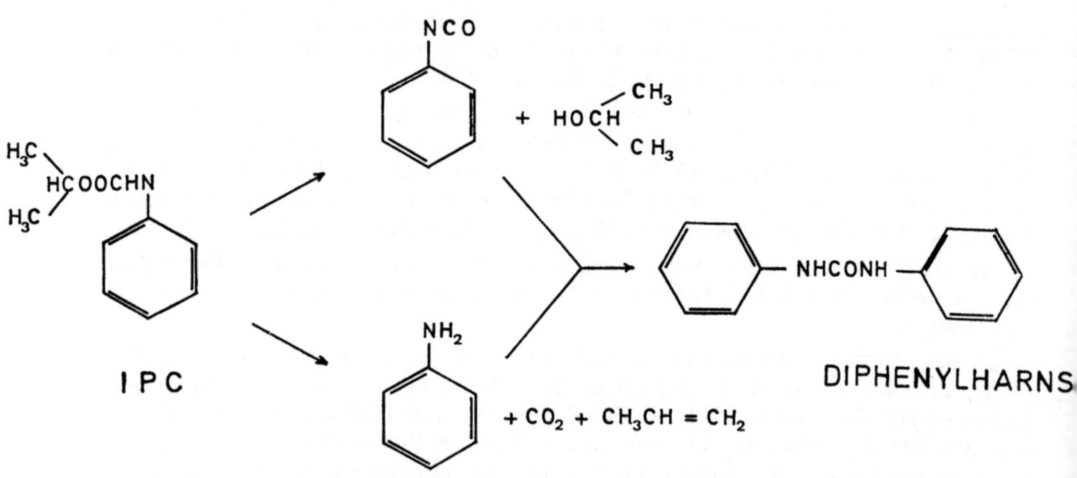

Abb. 13. Wege der Photolyse von IPC nach D. C. CROSBY u. M.-Y. LI (1969, S. 346)

ββ) Einfluß des Wassers

Die Bedeutung des Wassers als Wirkstoffe veränderndes Agens sollte nicht unterschätzt werden, bildet es doch die Voraussetzung der chemischen Hydrolyse von Schädlingsbekämpfungsmitteln. Dabei können Substanzen ohne oder mit veränderter biologischer Wirksamkeit entstehen. Einen Überblick über das hydrolytische Verhalten insecticider Phosphorsäure-Ester, deren Einsatzfähigkeit in der Praxis weitgehend von ihrer Hydrolysenbeständigkeit abhängt, geben R. Mühlmann u. G. Schrader (1957). Einen Sonderfall stellt die partielle Umwandlung von Dipterex in DDVP bei pH 6—7 dar (vgl. Abb. 14).

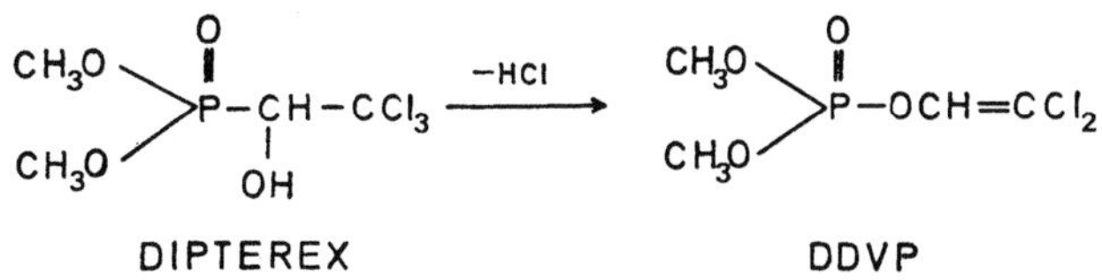

Abb. 14. Übergang von Dipterex in DDVP in wäßriger Lösung bei pH 6—7 (nach R. Mühlmann u. G. Schmrader 1957)

Zu den Fungiciden, welche erfahrungsgemäß in wäßriger Lösung hydrolysieren, zählen Captan, Phaltan und Dichlone. Besonders Captan gilt mit einer Hydrolyse-Halbwertszeit von nur 2,5 Std bei pH 7 als sehr unbeständig, wenn es auch auf Pflanzen wesentlich länger erhalten bleibt, da sich der Wirkstoff nur sehr geringfügig in Wasser löst (H. P. Burchfield, 1967, S. 487/88).

β) Abbau in der Pflanze

αα) Insecticide

Bisher ist das Verhalten chlorierter Kohlenwasserstoffe im Stoffwechsel höherer Pflanzen nur sehr unvollständig erforscht: Heptachlor wird in Heptachlorepoxid und analog Aldrin in Dieldrin (E. Y. Spencer, 1965) umgewandelt. Die Oxydationsvorgänge sind, weitgehend unabhängig von der Pflanzenart, häufig bestätigt worden (E. P. Lichtenstein, 1959). Wie Abb. 15 beweist, verläuft die Oxydation eines großen Teils des Aldrins sehr rasch.

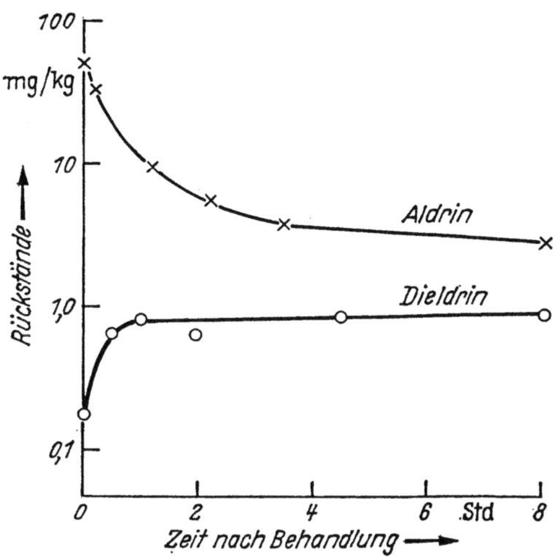

Abb. 15. Aldrin- und Dieldrin-Gehalt auf Luzerne infolge Behandlung mit Aldrin (nach N. Gannon u. G. C. Decker 1958)

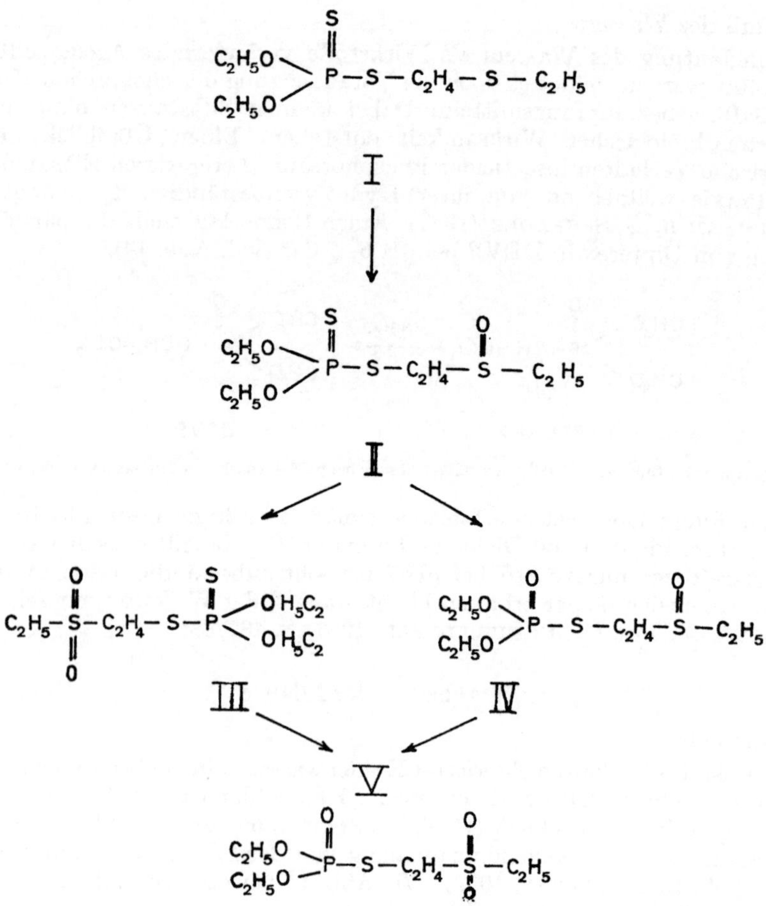

Abb. 16. Schema der Oxydation von Disyston (I) auf Luzerne (Saatgut behandelt) (nach R. L. Metcalf u. Mitarb., 1957). II = Disyston-PS-sulfoxid, III = Disyston-S-sulfon, IV = Disyston-PO-sulfoxid, V = Disyston-PO-sulfon

Ferner gelang es J. Weisgerber u. Mitarb. (1967) nach Applikation von Endrin, dem Stereoisomeren zu Dieldrin, aus Weißkohl 2 Metaboliten zu isolieren, deren einer sich dünnschicht- und gaschromatographisch wie Endrinketon verhält. Den Hauptanteil der Umwandlungsprodukte bildete jedoch eine noch nicht näher identifizierte, ausgesprochen hydrophile Substanz. Die Pflanze scheidet beide Metaboliten neben unverändertem Endrin in den umgebenden Boden aus.

Das Acaricid Chlorbenside geht unter oxydierenden Bedingungen wenigsten teilweise in das entsprechende Sulfon über (F. A. Gunther u. Mitarb., 1957).

Im Gegensatz zu den bisher besprochenen Wirkstoffen wandeln sich Organophosphorverbindungen in der Pflanze besonders leicht um. Selbst relativ stabil erscheinende Wirkstoffe vermag die Pflanze auf oxydativem Wege in Substanzen überzuführen, die im Fall der Thionophosphorverbindungen eine wesentlich erhöhte Toxicität aufweisen (R. D. O'Brien, 1960, S. 91). An diese erste Umwandlungsstufe schließt sich der hydrolytische Abbau zu toxikologisch harmloseren Substanzen an. Bei Thionophosphorsäure-Estern ist auch ohne Oxydation eine Toxicitätssteigerung möglich, wenn nämlich aus der Thionoverbindung

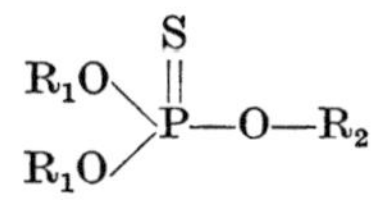

die entsprechende Thiolverbindung

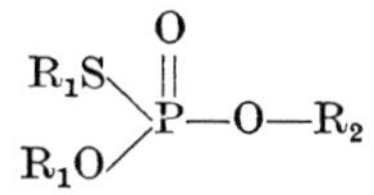

entsteht (W. A. DAVID u. W. W. ALDRIDGE 1957; W. C. DAUTERMAN u. Mitarb. 1960). Die Isomerisation ist sowohl spontan auf rein chemischem Wege (R. D. O'BRIEN 1960, S. 52–61) als auch enzymatisch in der Pflanze (H. NIESSEN u. Mitarb., 1962) möglich.

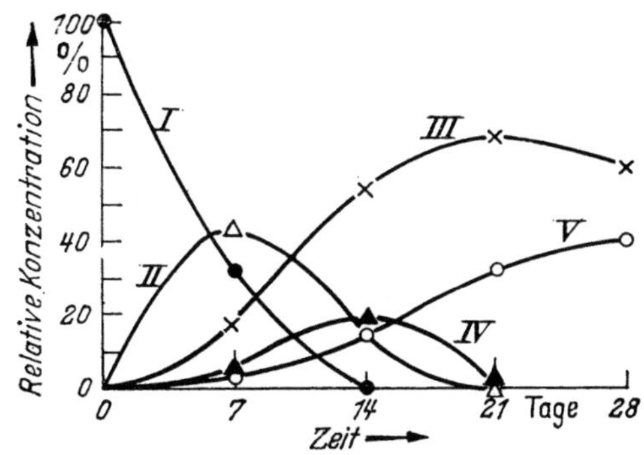

Abb. 17. Zeitliche Veränderungen der Menge an Disyston und seinen Oxydationsprodukten auf Luzerne (nach R. L. METCALF u. Mitarb., 1957), [die römischen Ziffern an den Kurven symbolisieren die betreffenden Verbindungen Abb. 16]

Soweit Thioäther vorliegen, verläuft die Oxydation über die Sulfoxid- zur Sulfonstufe (vgl. Abb. 16). Ergänzend dazu veranschaulicht Abb. 17, wie im Zuge des Abbaus von Disyston die Mengen der verschiedenen Oxydationsprodukte mit der Zeit variieren. Während die Kurven für die intermediär gebildeten Substanzen II, III und IV ein mehr oder minder ausgeprägtes Maximum erkennen lassen, nimmt die Menge des letztlich entstehenden Sulfonphosphorsäure-Esters bis zum Ende der Kontrollzeit zu.

Andere Wege des Abbaus insecticider Organophosphorverbindungen auf Pflanzen zeigt Abb. 18 am Beispiel des Phosdrins auf. Durch Hydrolyse wird entweder Methanol – an 2 verschiedenen Angriffspunkten im Molekül – oder 2-Hydroxycrotonsäure abgespalten. Neben den weiteren, nachgewiesenen Abbauprodukten sind noch Aceton, CO_2 sowie 2,3-β-Propenol zu erwarten.

Zahlreiche weitere Hinweise zum Abbau insecticider Organophosphorverbindungen in Pflanzen finden sich bei R.D. O'BRIEN (1960), G. SCHRADER (1963) und H. MAIER-BODE (1965).

Über die Umwandlung insecticider Carbaminsäure-Ester in Pflanzen ist kaum etwas bekannt. Vermutlich geht ein hydrolytischer Abbau vor sich. N-Methylol, ein wesentlicher Metabolit im tierischen Organismus, wurde bisher bei Pflanzen nicht festgestellt (E. Y. SPENCER, 1965). Die meisten Carbaminsäure-Ester werden rasch abgebaut (H. MAIER-BODE, 1965, S. 245–262). Rückstandshalbwertszeiten für Carbaryl betragen in der Regel nur wenige Tage (D. P. JOHNSON u. H. A. STANSBURG, 1965).

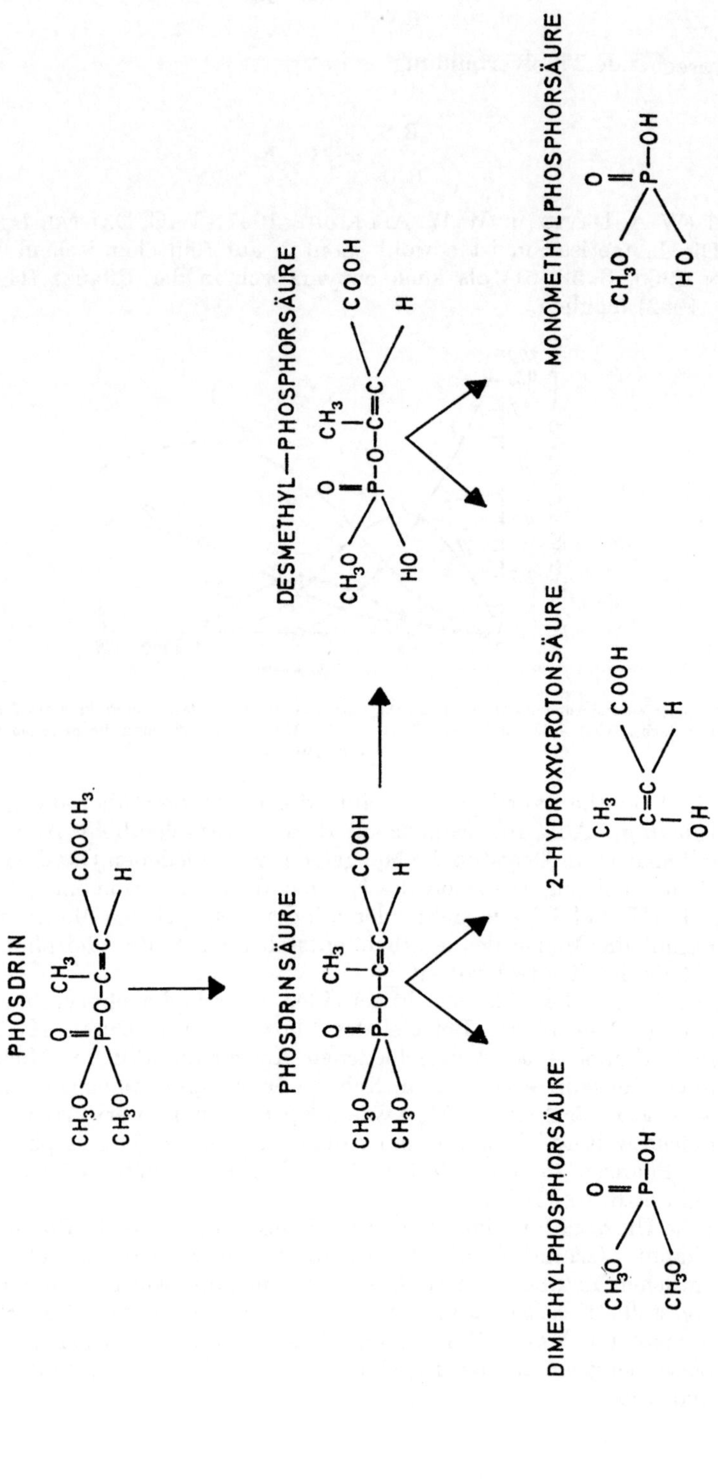

Abb. 18. Schema des Abbaus von Phosdrin in der Pflanze (nach J. E. Casida u. Mitarb. 1946) und E. Y. Spencer u. J. R. Robinson, 1960)

Ganz entscheidend hängt die Haltbarkeit insecticider Rückstände jeweils von der Art der Pflanze ab. Enthält dieselbe große Mengen Lipide, in denen sich die Wirkstoffe lösen können, wird der Abbau erheblich verzögert. Das bekannteste Beispiel dafür bilden Insecticidreste in Möhren. Gemäß Tabelle 18 nimmt die Höhe der Lindanrückstände in Möhren im Laufe der Vegetation bis zum Erntetermin allmählich ab, doch bleiben, unabhängig von der Sorte, stets meßbare Rückstände erhalten, die sich während der anschließenden Lagerung über 6 Monate praktisch nicht ändern.

Tabelle 18. *Lindanrückstände in Möhren infolge Aussaat inkrustierten Saatgutes* (nach R. ENGST, 1967, Auszug)

Reifegruppe	Möhrensorte	Alter bis zur Untersuchung Tage	Lindanrückstände mg/kg
Frühmöhren	Duwicker	79	9,0
		99[1]	3,0
		118	3,0
		199[2]	0,3
		391[3]	0,1
Spätmöhren	Kieler Rote	94	3,0
		113	2,5
		181[1]	0,5
		209[2]	0,4
		399[3]	0,5

[1] Vorgeschriebener Erntetermin.
[2] Tatsächlicher Erntetermin.
[3] 6 Monate eingemietet.

Die in Tabelle 18 wiedergegebenen Resultate entsprechen den allgemeinen Erfahrungen (H. MAIER-BODE, 1965, S. 322) und gelten prinzipiell ebenso für andere Chlorkohlenwasserstoffe, z.B. für Aldrin bzw. Dieldrin (O. KLEE u. P. STEINER, 1961). Als Ursache für die lange Haltbarkeit der Wirkstoffe wurde der Gehalt der Möhren an ätherischen Ölen erkannt, in denen die Insecticide gespeichert werden. Jedoch beeinflußen nicht allein die Menge, sondern auch die chemische Zusammensetzung und die dadurch bedingten physikalischen Eigenschaften der Öle die Rückstandsbildung nachhaltig (W. SCHUPHAN, 1960).

Anfänglich hatte man gehofft, die unerwünschten Rückstände in Möhren auf dem Wege eines Ersatzes der häufig extrem lipophilen Chlorkohlenwasserstoffe durch Organophosphorverbindungen vermeiden zu können. Doch die Erfahrung lehrte, daß auch einige Wirkstoffe aus dieser Gruppe überraschend dauerhafte Rückstände zur Folge haben (vgl. Tabelle 19). Verglichen mit Parathion und Dia-

Tabelle 19. *Rückstände von Parathion, Diazinon bzw. Sevin in Möhren* (nach H. STOBWASSER, 1963, Auszug)

Zeitpunkt der Analyse[1] Tage	Parathion mg/kg	Rückstände von Diazinon mg/kg	Sevin[4] mg/kg
12[2]	0,50	1,00	0,40
42[2]	0,65	—	0,20
82[2]	0,40	0,55	0,25
131[3]	0,40	0,45	—[5]
242[3]	0,45	0,40	—[5]

[1] Zeitspanne zwischen letzter Insecticidanwendung und Analyse.
[2] Probenahme von Versuchparzelle.
[3] Probenahme aus der Miete.
[4] Wirkstoff: Carbaryl.
[5] Nicht mehr nachweisbare Rückstände.

zinon erwiesen sich Dimethoat, Phosdrin und Sevin als weniger beständig (H. STOBWASSER, 1963).

Wie R. ENGST (1967) in Modellversuchen nachzuweisen vermochte, stabilisieren Möhrenöl sowie das darin enthaltene Dipenten Methylparathion (dem Parathion analoger Methylester) gegen hydrolytische Einflüsse (vgl. Tabelle 20). Allerdings scheint das Ausmaß, in dem die Hydrolyse verzögert wird, zu gering, als daß es allein die Dauerhaftigkeit der Rückstände in der beobachteten Größenordnung erklären könnte. Vielmehr ist als zusätzlicher Effekt anzunehmen, daß die Einlagerung in die ölige Phase das Insecticid dem Zugriff abbauender Enzyme entzieht (R. ENGST, 1967).

Tabelle 20. *Halbwertshydrolysezeiten für Methylparathion in Wasser sowie in Wasser-Möhrenöl-Gemischen bei 40° C* (nach R. ENGST, 1967, Auszug)

Medium	Halbwertshydrolysezeiten Tage
Wasser	12,5
Wasser + Möhrenöl .	16,2
Wasser + Dipenten .	18,2

Neben Möhren lassen auch Rettich und Radieschen die Tendenz zu einem verzögerten Abbau von Parathion-Rückständen erkennen (H. MAIER-BODE, 1965, S. 72). In reifen Oliven hinterläßt Parathion ähnlich wie Diazinon höhere Rückstände als das besser wasserlösliche Dimethoat. Chlorkohlenwasserstoffe dürfen keinesfalls gegen die Olivenfliege eingesetzt werden, weil sie sehr hohe Rückstände verursachen (M. E. ALESSANDRINI, 1962).

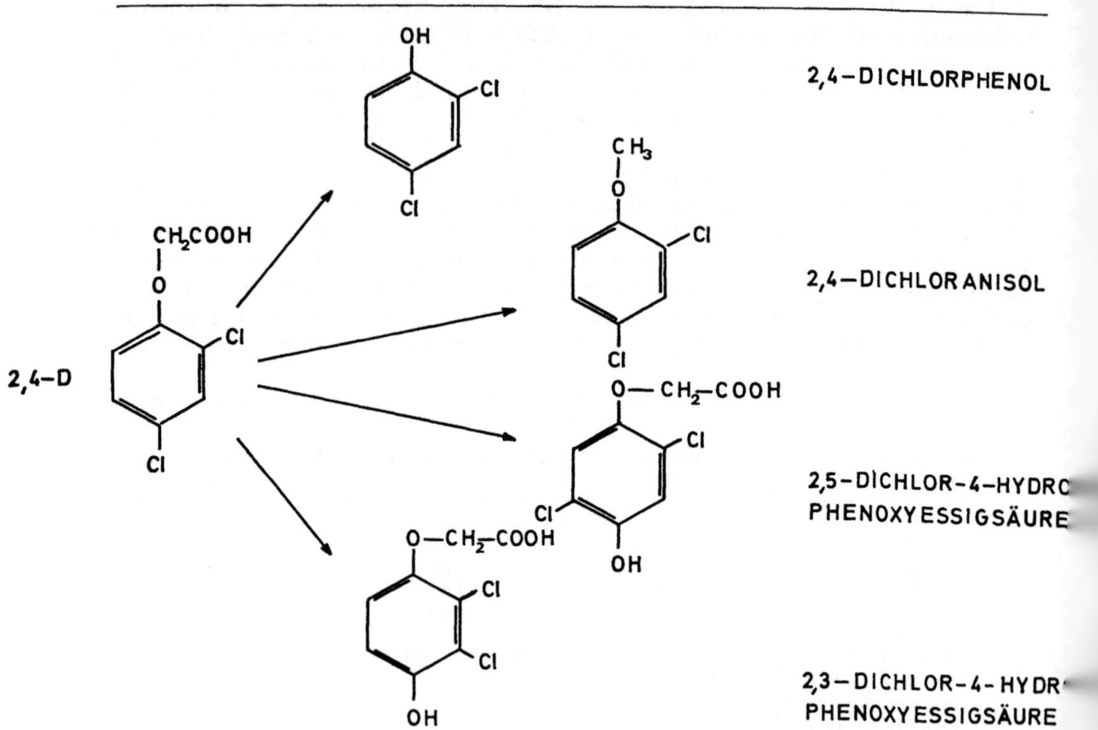

Abb. 19. Wege der Umwandlung von 2,4-D in Pflanzen (nach M. A. LOOS 1969, S. 9—10)

ββ) Herbicide

Herbicide der verschiedenen Typen unterliegen in Pflanzen vielgestaltigen Abbauprozessen: Aus 2,4-D entsteht, wie im Boden, zunächst 2,4-Dichlorphenol, das aber dann nicht weiter umgewandelt wird, sondern mit Glucose konjugiert oder an Asparaginsäure gebunden wird (M. A. Loos, 1969, S. 10–12). Außerdem kann auch eine Hydroxylierung des Ringes stattfinden (vgl. Abb. 19).

Ebenso wie bei 2,4-D verläuft der Abbau der Herbicide vom Typ des Diuron in Pflanzen anders als im Boden. In ersteren sind bisher die im Boden ermittelten Anilinderivate nicht bekannt geworden (H. Geissbuhler, 1969, S. 100). Simazin aus der Gruppe der Triazine wird in Getreidepflanzen hydrolysiert. Der Prozeß ist vermutlich nicht enzymatischer Art. In Modellversuchen gelang es, die nicht proteinartige, dialysierbare und hitzestabile Verbindung des cyclischen Hydroxamates zu isolieren, welche das Simazin in das unschädliche Hydroxysimazin überzuführen vermag (P. C. Kearney, 1966, S. 255).

Neben oxydativen treten gelegentlich auch reduktive Veränderungen auf, wie das Beispiel des Trifluralin mit 2 Nitro-Gruppen beweist (vgl. Abb. 20). Der Wirkstoff besitzt in Möhren eine gewisse Beständigkeit, denn nach Applikation der 14 C-markierten Verbindung entfielen 80% der in den Wurzeln insgesamt gemessenen Radioaktivität auf das unveränderte Herbicid. Es war vorwiegend in der Rinde sowie zwischen Phloem und Xylem lokalisiert (T. Golab u. a., 1967).

TRIFLURALIN

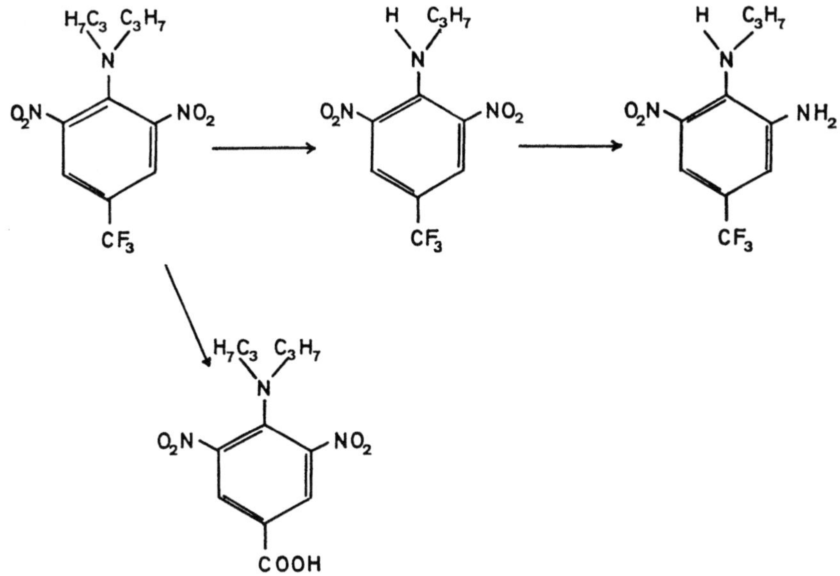

Abb. 20. Umwandlung von Trifluralin in Möhrenwurzeln (nach G. W. Probst u. U. B. Tepe, 1969, S. 267)

γγ) Fungicide

Während es verhältnismäßig leicht gelingt, die Abnahme eines Rückstandes nachzuweisen, bereitet die Bestimmung entstehender Umwandlungsprodukte häufig große Schwierigkeiten. Deshalb finden sich in der Literatur nur sehr wenige Angaben über Abbauprodukte ausgesprochen fungicider Wirkstoffe. Für den Abbau derselben gibt es hauptsächlich indirekte Beweise, sieht man von jenen

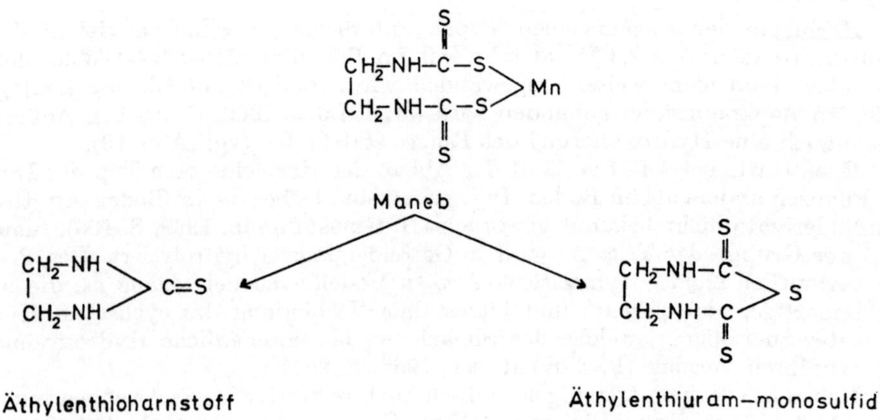

Abb. 21. Abbau von Maneb in wäßriger Suspension infolge 24-stündiger Belüftung (nach R. Engst u. W. Schnaak, 1967)

Substanzen ab, welche fungicid und gleichzeitig herbicid wirken (R.L. Wain u. G.A. Carter, 1967, S. 591–597).

Durch 24-stündiges intensives Belüften verändern sich die Dithiocarbaminsäureester Zineb und verstärkt Maneb deutlich. Als Metaboliten wurden Äthylenthiuram-monosulfid sowie Äthylenthioharnstoff identifiziert, Substanzen, die auch auf Pflanzen nachgewiesen wurden. Das Thiuram-monosulfid geht unter biologischen Verhältnissen vermutlich zunächst in das instabile Äthylendiisocyanat über (vgl. Abb. 21). Zusätzlich entstehen aus Maneb weitere, bisher noch nicht erkannte Abbauprodukte sowie Schwefel. Angesichts der vielfältigen Spaltprodukte erfordert die lebensmittelhygienische Beurteilung der Spritzrückstände von Maneb zukünftig erhöhte Aufmerksamkeit (R. Engst u. W. Schnaak, 1967, 1969).

4. Rückstände von Schädlingsbekämpfungsmitteln bei Tier und Mensch

a) Bildung von Rückständen

α) Allgemeines

Als Folge ihres weitverbreiteten und oftmals großräumigen Einsatzes können Mensch und Tier dem Kontakt mit chemischen Schädlingsbekämpfungsmitteln nicht ausweichen. Infolge dessen ist nicht auszuschließen, daß sich im Organismus Rückstände dieser Substanzen bilden. Dabei ist in erster Linie mit Rückständen insecticider Chlorkohlenwasserstoffe zu rechnen (H. Maier-Bode, 1968). Die möglichen Wege für die Aufnahme der Schädlingsbekämpfungsmittel durch den tierischen Organismus sind in Abb. 21 am Beispiel der Insecticide wiedergegeben (R. Kern, 1964a). Wie daraus hervorgeht, handelt es sich nicht nur um zufällige Kontakte zwischen Tier und Schädlingsbekämpfungsmitteln, denn organische Insecticide, wie z.B. Dimethoat (R.D. Radeleff u. H.V. Claborn, 1960) dienen heute wegen ihrer systemischen Wirkung auch als peroral zu applizierende Therapeutica gegen gewisse Parasitentypen sowie zur Bekämpfung der Larven von Hautbremsen. – Von systemischer Wirkung spricht man, wenn sich der Wirkstoff über den gesamten Organismus verteilt.

Als zweiter Weg für eine Aufnahme organischer Insecticide kommt die Resorption durch die Haut in Betracht, nachdem die Tiere äußerlich mit den Wirk-

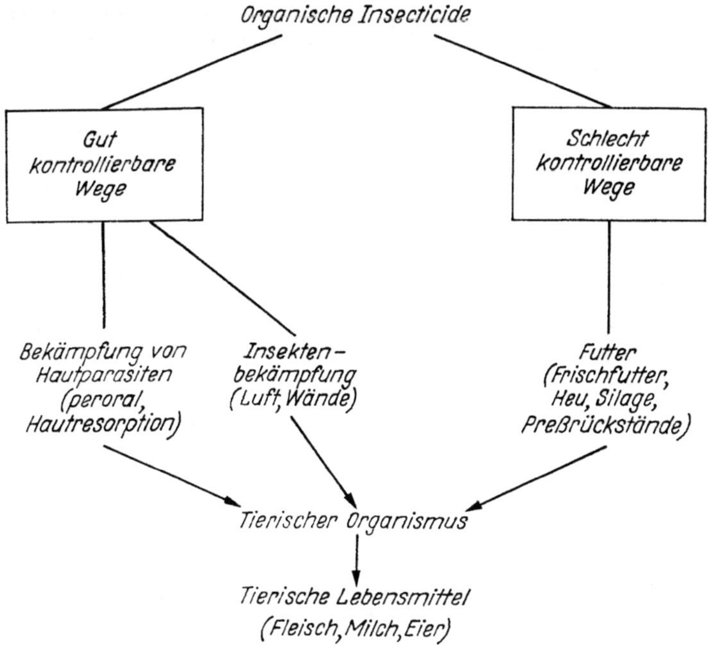

Abb. 22. Möglichkeiten für die Aufnahme organischer Insecticide durch den tierischen Organismus (R. KERN, 1964a)

stoffen behandelt worden sind (H.V. CLABORN u. Mitarb., 1960). Ein Beispiel bildet die früher übliche Bekämpfung der Dasselfliege mittels insecticider Chlorkohlenwasserstoffe (G. WOLF, 1949), Rotenon (M. JACOBSON u. Mitarb., 1959) oder Organophosphorverbindungen (M. C. JVEY u. Mitarb., 1967) bei Milchtieren. Die hierbei durch Resorption vom tierischen Organismus aufgenommenen Wirkstoffmengen sind im allgemeinen abschätzbar, wenn auch beträchtliche Schwankungen auftreten können, da das Ausmaß der Resorption ganz wesentlich von der Zubereitung des angewandten Insecticides abhängt. Werden puderförmige Präparate angewandt, wandern nur geringe Mengen der insecticiden Substanz in den Organismus (R.E. LEIGTHON u. Mitarb., 1952). Aus Suspensionen oder Emulsionen dringen größere Wirkstoffmengen ein (R.E. LEIGTHON u. Mitarb., 1952; M. CLUETT u. Mitarb., 1959; R.L. GOULDING u. L.C. TERRIERE, 1960).

Ein weiterer möglicher Weg für die Wirkstoffaufnahme besteht z.B. darin, daß in Stallungen gegen die Fliegenplage Insecticide versprüht, oder dem Kalkanstrich für die Wände zugesetzt werden (K. HOFER, 1953). Trotz aller Vorkehrungen bei der Behandlung der Ställe – Austreiben der Tiere, Abdecken der Futterkrippen, Tränken und Freßgitter – besteht die Gefahr einer Kontamination der Milch mit Chlorkohlenwasserstoffen, falls die Tiere beispielsweise den insecticidhaltigen Kalkanstrich ablecken können. Deshalb dürfen seit 1969 lt. Artikel 37 des schweizerischen Milchlieferungsregulativs zum Streichen der Viehställe und zur Bekämpfung der Insekten in Ställen nur Kalkmilch und andere ausdrücklich zugelassene Produkte verwendet werden (B. BLANC, 1969). Provisorisch zugelassen sind zur Zeit nur die Wirkstoffe Dimethoat, Pyrethrum (+ Piperonylbutoxid), DDVP (nur für Platten und Bänder), Fenthion (Spritzbänder) sowie Trichlorphon (Spritzmittel und Zuckerköder) (EIDGEN. FORSCHUNGSANSTALT FÜR MILCHWIRTSCHAFT LIEBEFELD, 1969).

Während bei der Insektenbekämpfung am Tier selbst bzw. im Stall zumeist präzise Aussagen hinsichtlich der Art, in begrenzterem Umfang auch bezüglich der Menge des aufgenommenen Wirkstoffes möglich sind, bildet die Aufnahme insecticider Substanzen auf schlecht kontrollierbaren Wegen, insbesondere über Futtermittel, ein ernstes Problem und eine nicht zu unterschätzende Kontaminationsquelle für die Tiere (F. KIERMEIER, 1964).

Als Viehfutter verwendete Unterkulturen in Obstbaugebieten weisen z. B. nach der Behandlung der Baumbestände mit insecticiden Sprühmitteln Rückstände dieser Wirkstoffe auf. Das Gras darf erst nach Ablauf der Karenzzeit abgeweidet oder zwecks Heugewinnung geschnitten werden, denn während der Trocknungszeit nehmen die vorhandenen Rückstände mengenmäßig praktisch nicht ab (H. MAIER-BODE, 1963). Unter ungünstigen Windverhältnissen ist ferner in der Nachbarschaft von Sonderkulturen mit insecticiden Rückständen auch auf Grünflächen zu rechnen (M. HENZI, 1959; G. WILDBRETT, 1962).

Des weiteren enthalten zugekaufte Futtermittel häufig insecticide Rückstände unbekannter Größenordnung. Entsprechende Erfahrungen liegen für Futtermittel aus der Müllerei (G. BRÜCKNER u. Mitarb., 1957), der Obstverwertung (G. C. DECKER, 1959; F. A. GUNTHER u. Mitarb., 1965), sowie für die Weiterverwendung von Preßrückständen aus der Olivenölgewinnung vor (F. A. GUNTHER, 1960).

Für die Bildung insecticider Rückstände ist in erster Linie die Beständigkeit der Wirkstoffe in ihrer ursprünglichen Form wichtig, denn je länger diese Substanzen haltbar sind, desto größer ist die Wahrscheinlichkeit, daß die damit behandelten Futterpflanzen noch relativ große Mengen wirksamer Substanz aufweisen (vgl. Abschnitt IV/3a).

β) Haustiere, Fische, Bienen, freilebende Tiere

Höhe und Verteilung der zu erwartenden Rückstände wurden in zahllosen Versuchen mit den verschiedenartigsten Schädlingsbekämpfungsmitteln und Applikationsmethoden (peroral, intravenös, intraperitoneal, perkutan) geklärt, so daß ein äußerst umfangreiches Erfahrungsmaterial vorliegt. Eine gute Übersicht über die hier vorwiegend interessierenden Insecticidreste in Fleisch und Milch der Nutztiere vermitteln zusammenfassende Berichte von H. V. CLABORN u. Mitarb. (1960), E. H. MARTH (1965) sowie E. F. KNIPLING u. W. E. WESTLAKE (1966).

Durch Insecticide besonders gefährdet sind die Bienen. Deshalb dürfen diese Schädlingsbekämpfungsmittel niemals in die offenen Blüten gespritzt werden. DDT wirkt nach T. PALMER-JONES u. J. W. FORSTER (1958) abstoßend auf Bienen, so daß sie kaum gefährdet sind. Als ungefährlich für Bienen gelten: Thiodan und Toxaphen aus der Reihe der Chlorkohlenwasserstoffe sowie die Esterpräparate Demeton, Dipterex und Ethion. Demeton kann als relativ ungefährlich für Bienen eingestuft werden, da es systemisch wirkt, also kurzfristig von der Oberfläche in die Pflanze eindringt (G. SCHRADER, 1963, S. 18). Genaue Angaben über die Bienengefährlichkeit organischer Insecticide und Acaricide stammen von F. BERAN (1965).

Ebenso wie die Nutztiere des Menschen kommen freilebende Tiere häufig in Kontakt mit Schädlingsbekämpfungsmitteln:

Fische und andere Wassertiere nehmen aus ihrer Umgebung Rückstände von Schädlingsbekämpfungsmitteln auf. Wegen des schnellen Abbaus der Phosphorsäure- und Carbaminsäureester ist wiederum in erster Linie mit den Rückständen chlorierter Kohlenwasserstoffe zu rechnen (R.J. GRAHM, 1960; O.B. COPE, 1961; W.R. BRIDGES, 1961). Eine größere Zahl von Herbiciden, Fungiciden, Insecticiden und Acariciden wirken sehr giftig auf Fische; sie können daher erhebliche Schäden in Fischgewässern anrichten (K. BAUER, 1961). – Wegen ihrer Empfindlichkeit gegen Insecticide können Fische sogar als Testtiere zur biologischen Rückstandsbestimmung dienen (D. RÖMER, 1960). – Aufgrund ihrer Giftigkeit für Fische hat K. BAUER (1961, S. 56) die Schädlingsbekämpfungsmittel in 4 Klassen unterteilt. Demnach zählen insecticide Chlorkohlenwasserstoffe zu den bedenklichsten Stoffen, welche in der Nähe von Fischgewässern überhaupt nicht oder nur mit großer Vorsicht angewandt werden sollen.

Bei Vogelarten aus einem geschlossenen, mit Heptachlor behandelten Gebiet wurden im Gewebe dieser Tiere unterschiedliche Mengen an Heptachlorepoxid festgestellt (vgl. Tabelle 21).

Tabelle 21. *Gehalt an Heptachlorepoxid in dem Gewebe einiger Vogelarten nach Applikation von Heptachlor in ihrem Aufenthaltsgebiet* (nach E.H. MARTH, 1965, Auszug)

Vogelart	Gehalt an Heptachlorepoxid im Gewebe tot aufgefundener Tiere innerhalb 3 Wochen nach Behandlung mg/kg	tot aufgefundener Tiere 11—12 Monate nach Behandlung mg/kg	abgeschossener Tiere 6—12 Monate nach Behandlung mg/kg
Regenpfeiffer	38,0	—	8,0
Spottvögel	27,4	—	—
Sperlinge (Savannah)	26,2	6,2	2,1
Stare	7,4	30,2	—
Tauben	5,8	—	1,0

γ) Milch, Eier

Der tierische Organismus vermag die relativ leicht spaltbaren Herbicide sowie insecticiden Ester meistens quantitativ abzubauen, so daß sie nicht mehr nachgewiesen werden können. Dagegen bleiben insecticide Chlorkohlenwasserstoffe zum überwiegenden Teil als solche erhalten. Sie bilden deshalb nicht nur Rückstände im Gewebe, sondern werden auch unverändert oder nur schwach abgewandelt wieder ausgeschieden. Die partiell über die Milchdrüse lactierender Milchtiere erfolgende Sekretion (R.E. ELY u. Mitarb., 1955; E.H. MARTH u. B.E. ELLICKSON, 1959; N. GANNON u. Mitarb., 1959; J.T. HUBER u. L.J. BISHOP, 1962; J.L. HENDERSON, 1965) bildet ein ernstes Problem, denn Milch als Grundnahrungsmittel von größter Bedeutung sollte prinzipiell frei von jeglichen Resten chemischer Schädlingsbekämpfungsmittel bleiben. Ausnahmsweise können neben Abbauprodukten auch Spuren unveränderter Organophosphorverbindungen in Milch erscheinen, wenn nämlich die Applikation den Magen-Darm-Traktus umgeht (H.V. CLABORN u. Mitarb., 1956; H. THAMM, 1962), d.h. nach äußerlicher Anwendung am Tier.

Obwohl zahlreiche Untersuchungen über die in der Milch zu erwartenden Rückstandsmengen durchgeführt wurden, differieren die vorliegenden Angaben oftmals sehr stark. Der Grund ist darin zu suchen, daß nur selten vergleichbare Voraussetzungen gegeben waren. Es sollen daher aus der großen Zahl der vorliegenden Untersuchungen (E.H. MARTH u. B.E. ELLICKSON, 1959) nur diejenigen von H.V. CLABORN u. Mitarb. (1960) herausgegriffen werden, weil sie einen systematischen Vergleich wenigstens einiger Wirkstoffe zulassen (vgl. Tabelle 22).

Tabelle 22. *Maximale Insecticidrückstände in Milch nach Besprühen der Milchtiere mit 0,5%-igen Emulsionen* (nach H.V. Claborn u. Mitarb. 1960)

Wirkstoff	Maximaler Rückstand in Milch mg/kg	Zeitpunkt der maximalen Ausscheidung nach der Anwendung Tage
Dieldrin	7,00	3
DDT	2,80	2
Methoxychlor	0,70	1
Stroban[1]	0,74	1
Toxaphen	0,61	2
Co-Ral	0,20	5 Std
Perthan	0,17	3
Malathion	0,08	5 Std

[1] Gemisch chlorierter Terpene.

Geflügel scheidet einen Teil der applizierten Chlorkohlenwasserstoffe mit den Eiern wieder aus (E.H. Marth, 1965). Modellversuche mit Mischfutter, dem Mengen von 50, 100 und 200 mg/kg DDT zugesetzt wurden, führten zu einem Wirkstoffgehalt der Hühnereier von 18, 34 und 46 mg/kg DDT. Sogar nach 17 Monaten waren die Eier noch nicht frei von Insecticidresten. Ähnliche Ergebnisse wurden in Versuchen mit den Wirkstoffen Methoxychlor (C.E. Onley u. Mitarb., 1962), Endrin (L.C. Terriere u. Mitarb., 1959), Dieldrin (N. Gannon u. Mitarb., 1959) und Lindan (M.C. Ivey u. Mitarb., 1961) gewonnen. Durchschnittlich enthält der Dotter höhere Rückstände insecticider Chlorkohlenwasserstoffe als das Eiweiß (C.J. Draper u. Mitarb., 1952); C.H. Walker u. Mitarb. (1967) fanden im Eigelb sogar das 5-fache der im Eiklar vorliegenden Konzentration.

δ) Mensch

Auch der Mensch kommt, zum mindesten auf dem Weg über die Ernährung, unvermeidbar mit verschiedenen Schädlingsbekämpfungsmitteln in Berührung. Hinsichtlich des Gehaltes an Wirkstoffrückständen in Fertigmahlzeiten wurden besonders in den USA (J.G. Cummings, 1966; R. E. Duggan u. J.R. Weatherwax, 1967) umfangreiche Untersuchungen durchgeführt. Die vom menschlichen Organismus aufgenommenen Wirkstoffmengen sind den gewonnenen Ergebnissen zufolge nicht gesundheitsgefährdend und liegen einschließlich eventueller toxischer Umwandlungsprodukte in keinem Fall über den dort festgelegten ADI-Werten (ADI = acceptable daily intake for man) (H. Maier-Bode, 1968).

Relativ gesehen liegen die Rückstände am höchsten bei Dieldrin, am niedrigsten bei Lindan, Diazinon und Malathion (H. Maier-Bode, 1968). Als Ursache für den niedrigen Gehalt an Wirkstoffrückständen in Fertiggerichten kann man mit ziemlicher Sicherheit annehmen, daß ein großer Teil der auf den Rohprodukten noch vorhandenen Rückstände bei der industriellen Be- bzw. Verarbeitung und der küchenmäßigen Zubereitung entfernt wird (vgl. Abschnitt VI).

Manche der mit der Nahrung aufgenommenen Schädlingsbekämpfungsmittelreste passieren den Magen-Darm-Kanal unverändert, andere unterliegen tiefgreifenden Umwandlungsprozessen. Bis zu einem gewissen Grad werden die Rückstände im Verdauungskanal resorbiert. Entstehende Bruchstücke können in körpereigene Stoffe eingebaut werden. So erschien beispielsweise ^{32}P nach äußerlicher Anwendung von Co-ral sowohl in den Knochen der Versuchstiere als in Proteinen und Phospholipiden (H.R. Krüger u. Mitarb., 1959).

Ebenso wie im tierischen Organismus erweisen sich die insecticiden Chlorkohlenwasserstoffe und deren Rückstände auch im menschlichen Körper als recht beständig. Die Höhe derselben wurde daher immer wieder kontrolliert. Den in Tabelle 23 wiedergegebenen Befunden zufolge liegen die Rückstände an DDT + DDE bei den Bewohnern Israels, der USA, Ungarns und der Tschechoslowakei (Gruppe 1) erheblich höher als bei der Bevölkerung in der Bundesrepublik, England, Kanada, und Frankreich (Gruppe 2). Der Unterschied beruht darauf, daß in den Ländern der Gruppe 1 pro Kopf wesentlich mehr DDT angewandt wird (H. MAIER-BODE, 1968).

Tabelle 23. *Durchschnittlicher Gehalt an DDT im Körperfett der Bevölkerung verschiedener Länder in den Jahren von 1958—1964* (nach H. MAIER-BODE, 1968)

Land	Jahr	Personenzahl	DDT + DDE im Depotfett mg/kg	
Israel	1963/64	254	19,2	Gruppe 1
USA	1961/62	130	12,6	
	1964	282	8,9	
Ungarn	1960	50	12,4	
Tschechoslowakei	1963/64	229	9,2	
Frankreich	1961	10	5,2	Gruppe 2
Kanada	1959/60	62	4,9	
England	1961/62	131	2,2	
Bundesrepublik Deutschland	1958/59	60	2,2	

Neben DDT finden sich im menschlichen Körperfett noch andere Chlorkohlenwasserstoffe, deren Mengen selbstverständlich vom Ausmaß der Applikation abhängig ist. So wurden in den USA im Fett von 282 Versuchspersonen durchschnittlich 0,57 mg/kg HCH und bei 89 Versuchspersonen im Mittel 0,30 mg/kg Dieldrin gefunden. In England erreichte der an 453 Versuchspersonen festgestellte Dieldrinspiegel nur etwa 0,21 mg/kg, während in Belgien eigenartigerweise überhaupt kein Dieldrin nachgewiesen werden konnte (H. MAIER-BODE, 1968). Schließlich enthält menschliches Körperfett auch Heptachlorepoxid in Spuren (K. WÜNSCHER u. L. ACKER, 1969).

Soweit HCH-Rückstände im Menschenfett vorliegen, bestehen diese nur zu einem überraschend geringen Prozentsatz aus dem γ-Isomeren (Lindan). K. WÜNSCHER u. L. ACKER (1969) ermittelten im Durchschnitt 0,03 mg/kg γ-HCH aber 0,53 mg/kg β-HCH, das entspricht rd. 95% der gesamten Menge an HCH. Es wird vermutet, daß der hohe Gehalt an β-HCH auf seine im Vergleich zu den übrigen Isomeren (α-, γ-, δ-Form) geringe Ausscheidungsquote zurückzuführen sei (W. PERKOW, 1968, S. 248). Es wäre jedoch noch zu prüfen, ob nicht auch im Organismus eine Umlagerung der heute fast ausschließlich angewandten γ- in die β-Form stattfindet.

b) Verhalten der Rückstände

α) Insecticide Chlorkohlenwasserstoffe

Entsprechend ihrem differierenden chemischen Aufbau reagieren die Wirkstoffe im Organismus auch unterschiedlich. Vor allem die chlorierten Kohlenwasserstoffe zeigen ein gegenüber anderen Verbindungen völlig anderes Verhalten. Charakteristisch für insecticide Chlorkohlenwasserstoffe ist die durch ihre hohe Lipoidlöslichkeit (W. PERKOW, 1968, S. 41 u. 190) bedingte Tendenz, sich im Organismus von Mensch und Tier zu speichern und damit zusammenhängend die Tatsache, daß aufgenommene Wirkstoffe teilweise mit Milch oder Eiern unverändert wieder ausgeschieden werden.

Tabelle 24. *Dieldrin-Rückstände in verschiedenen tierischen Geweben nach Verfütterung von Aldrin während 12 Wochen* (nach H.V. CLABORN u. Mitarb., 1960)

Tierart	Verfütterte Aldrinmenge mg/kg	Höhe der Rückstände an Dieldrin in Körperfett mg/kg	Nierenfett mg/kg	Nieren mg/kg	Muskeln mg/kg
Schweine	0*	0	0	0	—[2]
	0,25	0,55	0,53	0	—[2]
	0,75	1,66	1,40	0,05	—[2]
Schafe	0	0	0	0	0
	0,25	0,62	0,65	0,06	0,02
	0,75	2,03	1,90	0,16	0,14
Rinder	0	0	0	0	0
(Stiere)	0,25[1]	0,99	0,88	0,02	0
	0,75[1]	3,40	2,90	0,38	0,07
	2,00[1]	6,80	6,00	0,46	0,13
	10,00[1]	28,50	36,90	2,41	0,45

* Kontrolle; [1] Dieldrin verfüttert; [2] Keine Angaben.

Chlorierte Kohlenwasserstoffe werden vorwiegend in unverändertem Zustand im Fett bzw. den fettreichen Organen gespeichert (R.E. ELY u. Mitarb., 1954; U. KIIGEMAGI u. Mitarb., 1958); in fettarmen Geweben und Organen finden sich im allgemeinen nur wenig insecticide Rückstände (vgl. Tabelle 24). Das Fettgewebe vermag nur eine begrenzte Insecticidmenge zu speichern. Sobald der Sättigungswert im Tierkörper erreicht ist, scheiden die Tiere annähernd so viel Wirkstoff aus wie sie aufnehmen und zwar im Falle des Endrins ausschließlich in umgewandelter Form (Metabolite mit höherer Wasserlöslichkeit als das Insecticid). Nach beendeter Applikation wird der gespeicherte Insecticidvorrat aufgebraucht (W. KLEIN u. Mitarb., 1967a). Man erkennt die 3 verschiedenen Phasen – Speicherungs-, Plateau- und Abklingphase – in Abb. 23 sehr deutlich.

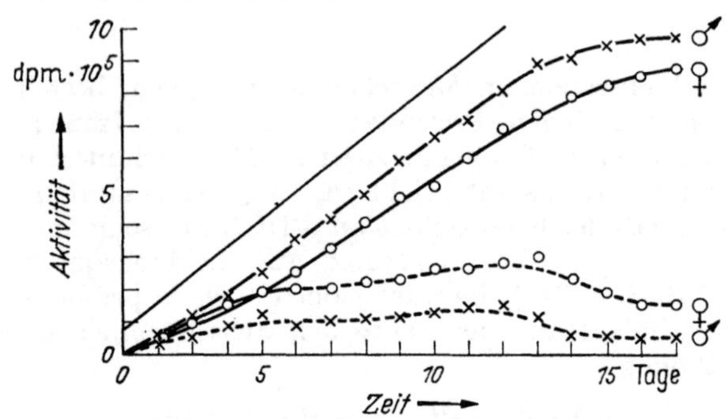

Abb. 23. Speicherung und Ausscheidung von Endrin [^{14}C] nach peroraler Applikation gelöst in Erdnußöl (nach W. KLEIN u. Mitarb. 1967). —= verfütterte Menge; x—x u. o—o = ausgeschiedene Menge; x— —x u. o— —o = gespeicherte Menge

Die maximal speicherfähige Insecticidmenge hängt einerseits von dem Fettanteil im tierischen Gewebe – deswegen speichern weibliche Tiere höhere Mengen als männliche (vgl. Abb. 23) – andererseits von den spezifischen physikochemischen Eigenschaften des jeweiligen Wirkstoffes (O.R. KLIMMER, 1964) ab. Hinsichtlich der Speicherfähigkeit einiger wichtiger insecticider Chlorkohlenwasserstoffe ergibt sich die in Tabelle 25 wiedergegebene Reihenfolge.

Tabelle 25. *Gruppierung von Insecticiden hinsichtlich ihrer Speicherfähigkeit im Fett, verglichen mit der Tendenz zum Übergang in Milch nach Verfütterung bzw. äußerlicher Anwendung der Wirkstoffe bei der Kuh* (G. WILDBRETT, 1962)

Reihenfolge der Insecticide hinsichtlich: Speicherfähigkeit im Fett	Ausscheidung mit der Milch nach Verfütterung	Ausscheidung mit der Milch nach äußerlicher Anwendung	
Aldrin	Aldrin	Dieldrin	Zunehmende Tendenz ↓
Dieldrin	Dieldrin	DDT	
DDT	DDT	Heptachlor	
Heptachlor	Heptachlor	Methoxychlor	
Methoxychlor	Methoxychlor	Toxaphen	
		Malathion	
		Co-Ral	
		Perthan	
		Nikotin	

Gleichzeitige Aufnahme zweier Insecticide verändert das Speichervermögen im Organismus: Die Verfütterung von 12 mg/kg DDT und zusätzlich 0,3 mg/kg Aldrin erhöhte die DDT-Speicherung im Fett von Hunden gegenüber peroralen Gaben der doppelten DDT-Dosis ohne Aldrin-Zugabe auf das 2,5 bis 4-fache (W. DEICHMANN u. Mitarb., 1969).

Die toxikologische Bedeutung der Speicherung für den Organismus ist ein viel diskutiertes Problem (O. R. KLIMMER, 1964). Einerseits hält man die Speicherung insecticider Chlorkohlenwasserstoffe für eine potentielle Gefahr (E. P. LANG, 1950), andererseits gilt sie als ein unbedenklicher Vorgang zur Eliminierung eines fremden Stoffes (W. J. HAYES, 1955). Als etwaige Bestätigung für letztere Ansicht könnte man anführen, daß die Empfindlichkeit der Hausfliegen gegen Insecticide mit steigenden Fettreserven im eigenen Körper (F. KIERMEIER u. Mitarb., 1966) abnimmt.

Gespeicherte Insecticiddepots im Organismus bleiben lange erhalten. Folglich erscheinen Reste chlorierter Kohlenwasserstoffe noch lange Zeit nach abgeschlossener Zufuhr in Milch, wenn auch die Höhe der Rückstände abfällt, sobald dem Organismus kein Wirkstoff mehr verabreicht wird. So konnten beispielsweise geringe Lindan-Rückstände in Milch noch 40 Tage nach Abschluß der Verfütterung festgestellt werden. Erst dann war die Nachweisgrenze der Methode (0,5 mg/kg erreicht (vgl. Abb. 24).

Infolge der nicht auszuschließenden Berührung des Menschen mit Resten insecticider Chlorkohlenwasserstoffe ist auch Humanmilch nicht frei von Rückständen dieser Stoffe. Nach H. EGAN u. Mitarb. (1965) liegen die Rückstände an HCH, Dieldrin und insbesondere DDT höher als in Kuhmilch (vgl. Tabelle 26). HCH trat wie in Kuhmilch so auch in Frauenmilch hauptsächlich in Form des β-Isomeren auf.

Tabelle 26. *Vergleich von Kuh- und Frauenmilch hinsichtlich des durchschnittlichen Gehaltes an insecticiden Chlorkohlenwasserstoffen* (nach H. EGAN u. Mitarb., 1965)

Milchart	Zahl der Proben	Rückstände an p,p'-DDT mg/kg	pp'-DDE mg/kg	DDT+DDE mg/kg	HCH mg/kg	Dieldrin mg/kg
Kuhmilch	60	0,002	0,002	0,004	0,003	0,003
Frauenmilch	19	0,045	0,073	0,128	0,013	0,006

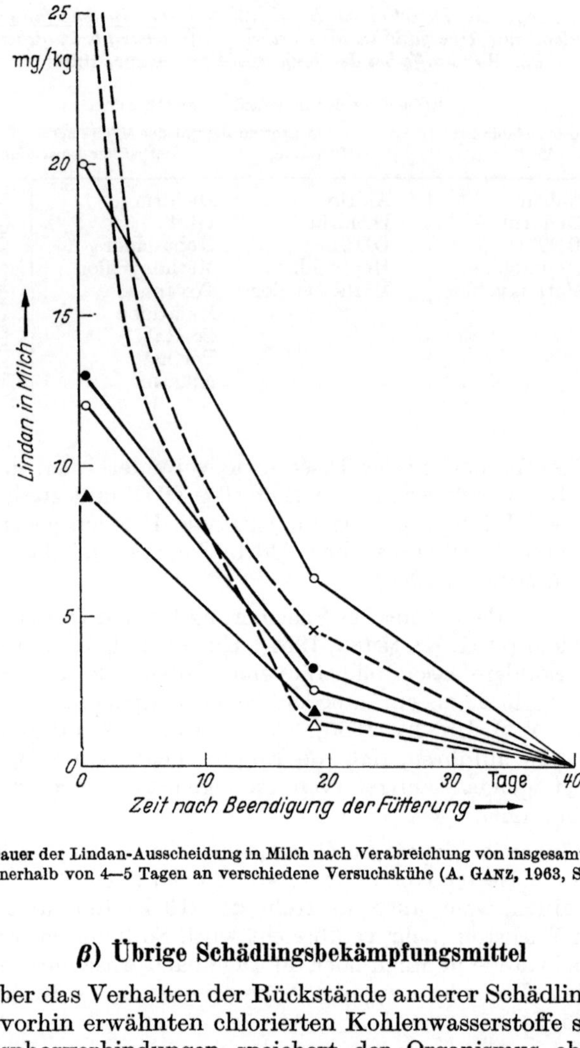

Abb. 24. Höhe und Dauer der Lindan-Ausscheidung in Milch nach Verabreichung von insgesamt 12,5—17 g/Tier Lindan innerhalb von 4—5 Tagen an verschiedene Versuchskühe (A. Ganz, 1963, S. 41)

β) Übrige Schädlingsbekämpfungsmittel

Hinweise über das Verhalten der Rückstände anderer Schädlingsbekämpfungsmittel als der vorhin erwähnten chlorierten Kohlenwasserstoffe sind selten.

Organophosphorverbindungen speichert der Organismus ebenso wenig wie Herbicide (H.V. Claborn u. Mitarb., 1956; P.A. Dahm, 1957). Weder Reste insecticider Organophosphorverbindungen (F. Bär, 1962) noch herbicide Wirkstoffe (C.A. Bache u. Mitarb., 1964; D.E. Fischer u. Mitarb., 1965) gehen nach peroraler Aufnahme in Milch über. Auch Carbaryl konnte nicht nach Verfütterung (G.G. Gyrisco u. Mitarb., 1960) wohl aber kurzfristig nach dem Besprühen der Milchkühe in Milch nachgewiesen werden (J.F. Eheart u. Mitarb., 1962).

c) Abbau von Rückständen

α) Chlorkohlenwasserstoffe

Umwandlung und Abbau der Rückstände von Schädlingsbekämpfungsmitteln im tierischen Organismus wurden eingehend untersucht. Prinzipiell kann sich ein Wirkstoff entweder indifferent verhalten — er verläßt den Organismus unverändert — oder er wird in das Stoffwechselgeschehen miteinbezogen. Im letzteren Fall

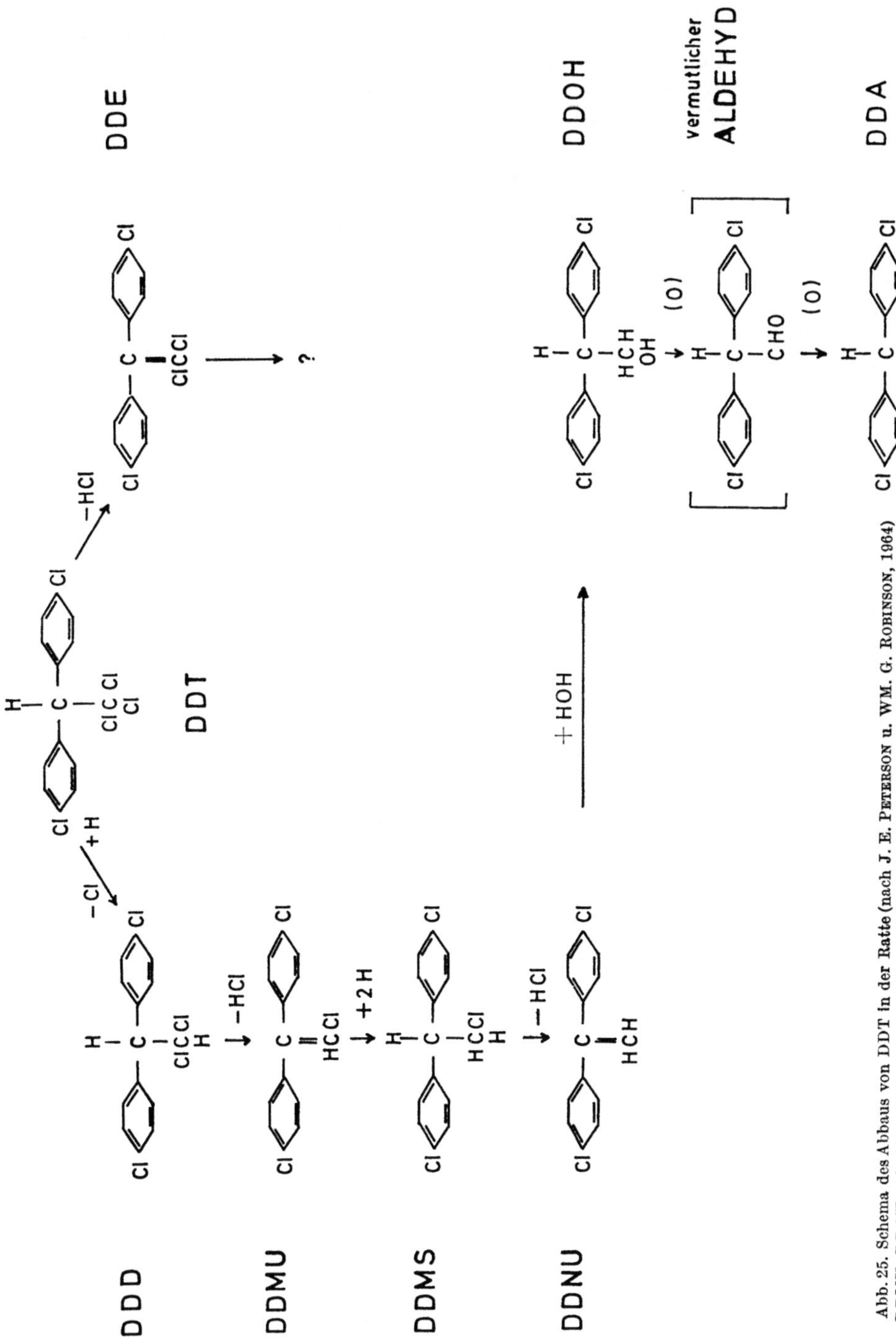

Abb. 25. Schema des Abbaus von DDT in der Ratte (nach J. E. PETERSON u. WM. G. ROBINSON, 1964) DDMU, DDOH vgl. Abb. 10, S. 854; DDMS = 1-Chlor-2,2-bis(4-chlorphenyl)äthan; DDNU = unsymmetrisches Bis(4-chlorphenyl)äthylen

vollziehen sich Umwandlungsreaktionen hauptsächlich oxydativer oder hydrolytischer Art. Daneben wurden jedoch auch reduzierende und entalkylierende Prozesse, Dehydrohalogenierung sowie hydrierende Dehalogenierung beobachtet. Die entstehenden Abbauprodukte, welche aus komplizierten Wirkstoffen auf mehreren Reaktionswegen gebildet werden können, verlassen den Organismus zum Teil erst nach Kuppelung an Glucuronsäure oder als Sulfate (W. Ernst, 1967, S. G. Gorbach u. Mitarb. 1968). Die anfänglichen Umsetzungen führen nicht selten, etwa im Fall mancher Chlorkohlenwasserstoffe (W. Perkow, 1968, S. 26) sowie einiger Organophosphorsäureester (F. W. Seume u. R.D. O'Brien, 1960) zu Substanzen mit höherer Toxicität als die ursprüngliche Ausgangssubstanz.

Wirkstoffe auf der Basis chlorierter Kohlenwasserstoffe verlassen den Organismus wenigstens teilweise wieder unverändert. Jedoch unterliegen einige von ihnen chemischen Veränderungen. Eingehend ist der enzymatische Abbau von DDT untersucht worden. Das Schema nach J.E. Peterson u. Wm.H. Robinson (1964) veranschaulicht den Abbau nach dem heutigen Kenntnisstand (vgl. Abb. 25).

Wenn auch die Ratte ebenso wie *Fusarium oxysporum* DDA bildet, so weicht doch der in Abb. 25 dargestellte Weg in mancher Hinsicht von dem für den Fusarium-Pilz aufgezeichneten Reaktionsschema (vgl. Abb. 9) ab. Der hauptsächliche Unterschied liegt darin, daß der Pilz aus DDMU über ein instabiles Zwischenprodukt sofort DDHO bildet, aus dem je nach Reaktionsbedingungen DDOH oder DDA entsteht, während der Säugetierorganismus offensichtlich einige Zwischenstufen benötigt, um DDMU in einen hypothetischen Aldehyd umzuwandeln, aus dem erst DDOH entstehen soll. DCB wurde beim Säugetier bisher nicht nachgewiesen.

Oxydative Vorgänge konnten auch bei einigen anderen insecticiden Chlorkohlenwasserstoffen beobachtet werden. Als Beispiel hierfür mag die Umwandlung von Heptachlor in sein Epoxid gelten (vgl. Abb. 26), an der vermutlich die Leber mitbeteiligt ist (P. Steiner u. W. Gruch, 1959). Entgegen Abb. 26 vermuten W. Klein u. Mitarb., (1967) allerdings, daß 1 Hydroxylgruppe nach Chlorabspaltung an das der Epoxidgruppe benachbarte C-Atom angelagert wird. Ferner geht Aldrin im Organismus in sein Epoxid, das Dieldrin, über (J.M. Bann u. Mitarb., 1956).

Untersuchungen an Ratten ergaben, daß Lindan im Organismus in Pentachlorcyclohexen übergeführt wird, aus dem infolge weiterer Dehalogenierungs-

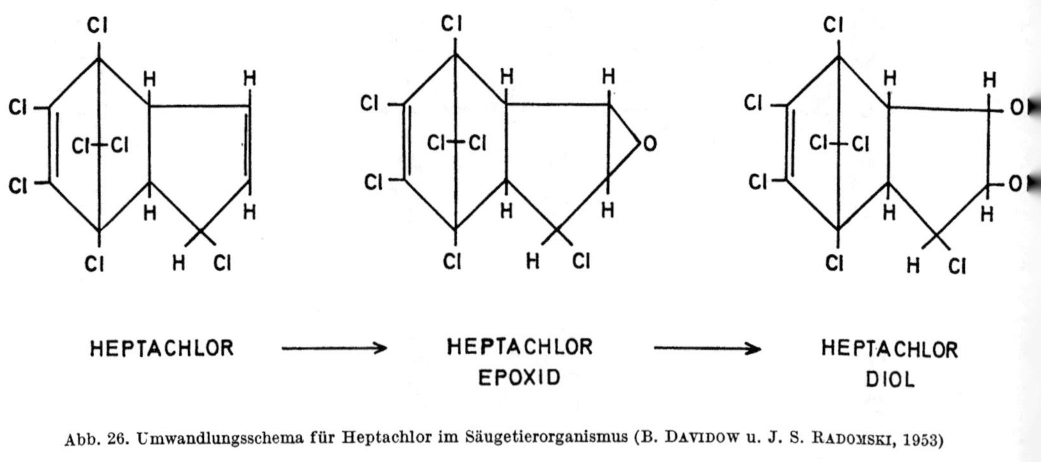

Abb. 26. Umwandlungsschema für Heptachlor im Säugetierorganismus (B. Davidow u. J. S. Radomski, 1953)

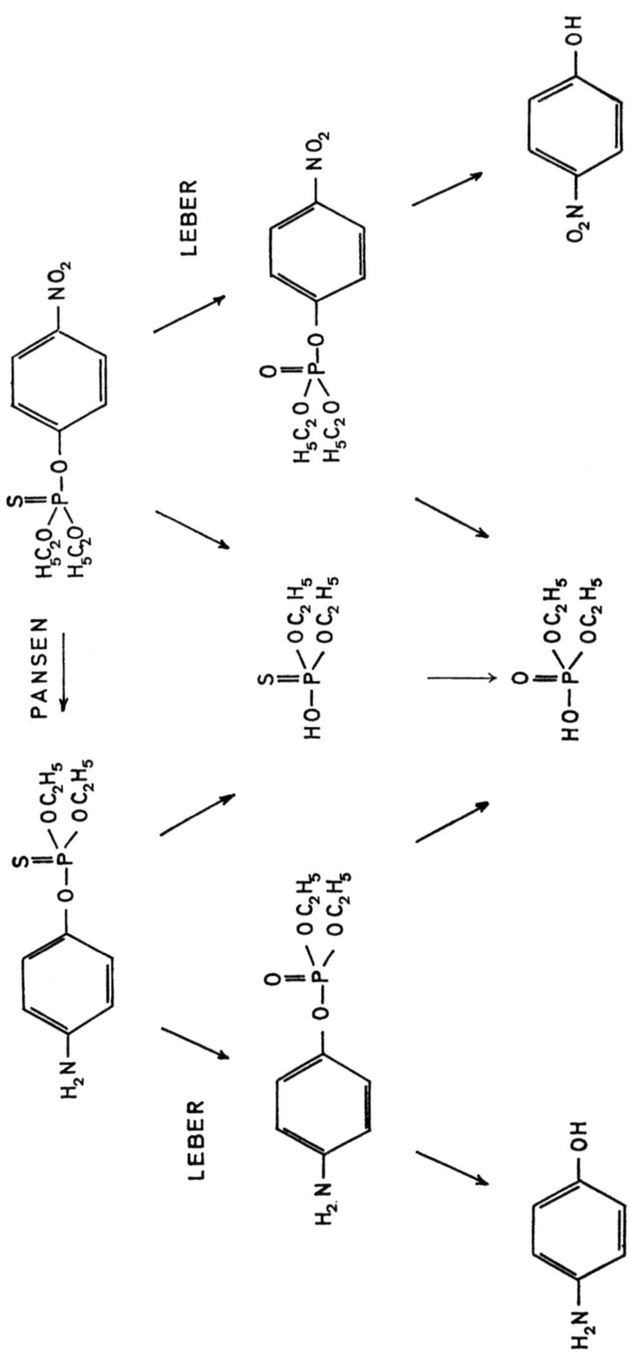

Abb. 27. Abbau von Parathion (E 605) bei Wiederkäuern und Nicht-Wiederkäuern (M. A. AHMED u. Mitarb., 1958)

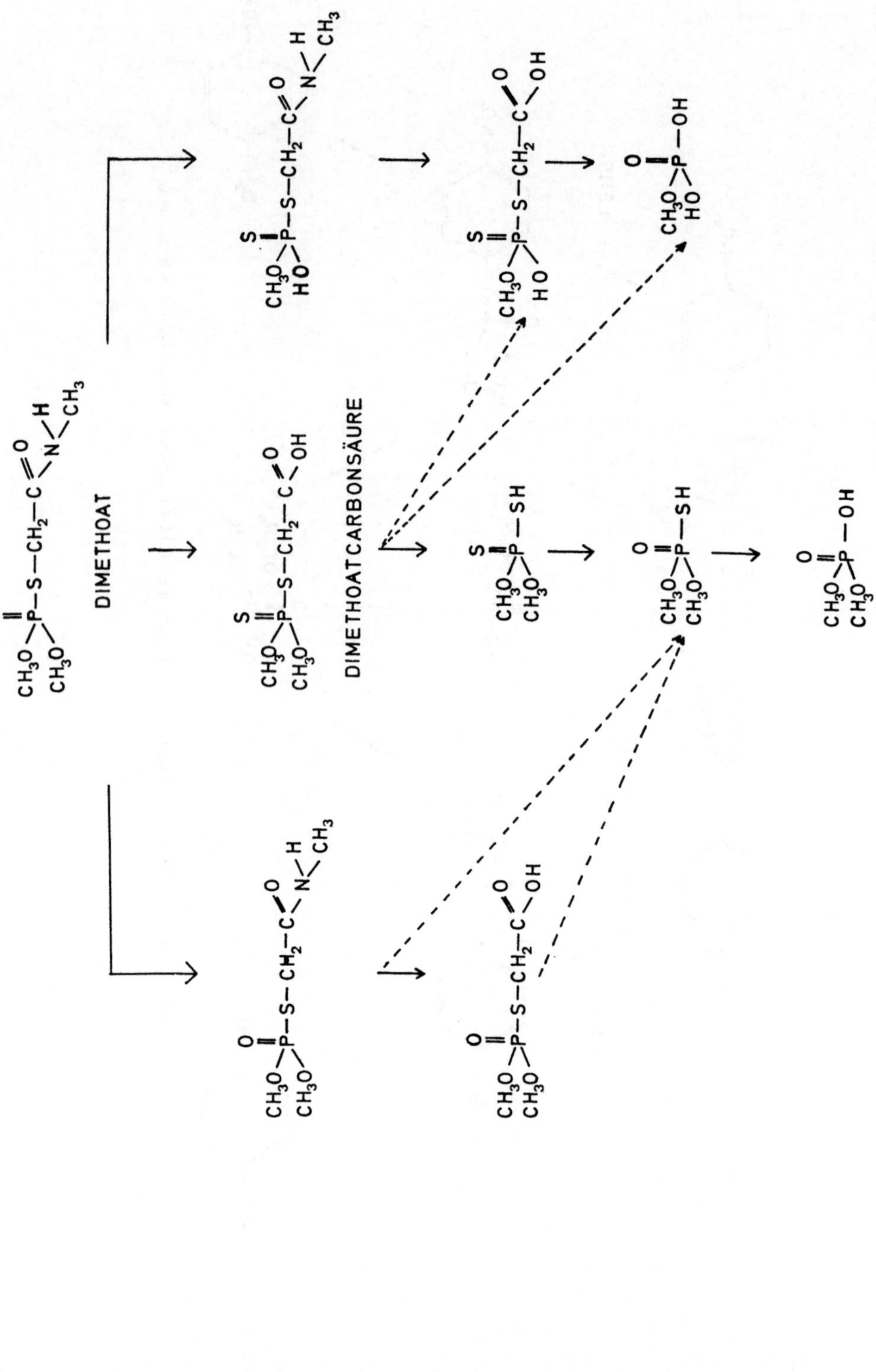

Abb. 28. Abbau von Dimethoat im Schaf. —— = nachgewiesene Wege; ---- = mutmaßliche weitere Abbauwege (W. Ernst, 1967)

schritten Trichlorphenole entstehen (P.L. GROVER u. P. SIMS, 1965). Diese werden dann an Schwefelsäure oder, ähnlich wie das aus Dipterex abgespaltene Trichloräthanol (R.D. O'BRIEN, 1960, S. 224) an Glucuronsäure gebunden und ausgeschieden (W. ERNST, 1967).

β) Übrige Schädlingsbekämpfungsmittel

Die leichter spaltbaren Phosphorsäureester unterliegen im Organismus generell sehr tiefgreifenden Veränderungen (T. R. FUKUTO, 1957). Die stets vorhandenen Esterbindungen bilden bevorzugte Angriffspunkte für den Abbau.

Als typisches Spaltprodukt aller p-Nitrophenylphosphorsäure-Ester erscheint im Harn der Säugetiere p-Nitrophenol, wie Abb. 27 am Beispiel des Parathions zeigt. Der p-Nitrophenylrest kann auch durch Arylesterase in Milch abgespalten werden, doch fällt die Reaktion nur in Colostralmilch, die eine ausreichend hohe Enzymaktivität aufweist, ins Gewicht (B. PICHA, 1969).

Abweichend von dem üblichen Weg entsteht bei Wiederkäuern anstelle des p-Nitrophenols p-Aminophenol, denn unter den im Pansen der Wiederkäuer herrschenden reduzierenden Verhältnissen wird, wie J.W. COOK (1957) nachweisen konnte, Parathion in Aminoparathion umgewandelt (vgl. Abb. 27). Letzteres hemmt die Cholinesterase nicht mehr. Der gleiche Entgiftungsmechanismus gilt auch für andere p-Nitrophenylester wie Chlorthion und EPN (J.W. COOK, 1957).

Als Beispiel für den Abbau andersartig aufgebauter Organophosphorverbindungen sind in Abb. 28 die Umwandlungen von Dimethoat im Körper des Schafes dargestellt.

Abbau sowie Ausscheidung der entstehenden Spaltprodukte sind unabhängig von der Art der Applikation. Die Umwandlung geht sehr schnell und nahezu quantitativ vor sich. Als Hauptprodukt entsteht infolge Abspaltung der N-Methylgruppe Dimethoatcarbonsäure, die vor allem mit dem Harn und nur in geringen Mengen mit den Fäces ausgeschieden wird (F. W. CHAMBERLAIN u. Mitarb., 1961; W.C. DAUTERMAN u. Mitarb., 1959; J.N. KAPLANIS u. Mitarb., 1959). Auch Co-ral unterliegt einem raschen Abbau. Neben den für Organophosphorverbindungen typischen Reaktionen wurde dabei auch eine Öffnung des Lactonringes beobachtet (H.R. KRUEGER u. Mitarb., 1959).

Zur Orientierung über tatsächliche bzw. mutmaßliche Umwandlungs- und Abbauvorgänge bei anderen, wichtigen Schädlingsbekämpfungsmitteln wird auf eine ausführliche Arbeit von W. ERNST (1967) verwiesen. Hinweise auf beobachtete Metabolite enthält Tabelle 27.

Tabelle 27. *Umwandlung und Abbau einiger wichtiger Schädlingsbekämpfungsmittel im Organismus von Säugetieren* (nach W. ERNST, 1967)

Angewandter Wirkstoff: Gruppe	Angewandter Wirkstoff: Vertreter	Untersuchte Tierart	Nachgewiesene Metabolite	Ort der auftretenden Metabolite
Phosphorsäure-ester	DDVP	Ziege, Kuh, Ratte	Dichloräthylglucuronid Dichloracetaldehyd	Harn u. Kot
	Phosamidon Mevinphos	Ratte	Dimethylphosphorsäure	Harn u. Kot
	Dibrom	Kuh	anorganisches Phosphat Mono- und/oder Dimethylphosphat	Harn u. Kot

Tabelle 27 (Fortsetzung)

Angewandter Wirkstoff Gruppe	Vertreter	Untersuchte Tierart	Nachgewiesene Metabolite	Ort der auftretenden Metabolite
Phosphorsäureester	Dipterex	Ratte	Dimethylphosphorsäure Monomethylphosphorsäure	Harn
	Demeton	Maus	Sulfoxide u. Sulfone	Harn
	Diazinon	Ziege, Kuh, Hund	Alkylphosphorsäure- u. Alkylthiophosphorsäuremetabolite	Harn u. Kot
Dinitroverbindungen	DNOC	Kaninchen	O-konjugiertes DNOC, O-konjugiertes 2-Acetamino-4-nitro-6-methylphenol, 3-Amino-5-nitrosalicylsäure u. 2-Nitro-4-amino-6-methylphenol	Harn
Substituierte Harnstoffe	Monuron	Ratte	N-(4-chlorphenyl)-N'-methylharnstoff u. 2-Acetamino-5-chlorphenol,	Harn
	Aresin	Ratte	N-(4-chlorphenyl)-N'-methoxyharnstoff, 2-Amino-5-chlorphenol, 2-Acetamino-5-chlorphenol u. 4-Chloranilin	Harn
	Diuron	Ratte	3,4-Dichloranilin, 2-Amino-4,5-dichlorphenol, 2-Acetamino-4,5-dichlorphenol, 6-Acetamino-2,3-dichlorphenol u. N-(3,4-Dichlorphenyl)-N'-methylharnstoff	Harn
Triazine	Simazin Atrazin Prometryn	Ratte u. Kaninchen	An einer oder an beiden Aminogruppen demethylierte Verbindungen u. Monocarbonsäuren	Harn
Carbaminsäureester	Carbaryl	Ratte u. Meerschweinchen	4-(Methyl-carbamoyloxy)-1-naphthol	Harn

5. Rückstände von Schädlingsbekämpfungsmitteln in Luft und Wasser

Rückstände von Schädlingsbekämpfungsmitteln sind weitverbreitet und finden sich – von wenigen Ausnahmen abgesehen – nahezu überall auf der Erde (W.E. WESTLAKE u. F.A. GUNTHER, 1966). Selbst in Gebieten, in denen Pesticide nicht direkt angewandt werden, kommen Rückstände derartiger Substanzen ebenfalls vor (W.J.L. SLADEN u. Mitarb., 1966). Obwohl Schädlingsbekämpfungsmittel bevorzugt auf dem Weg über die *Nahrungsketten* verbreitet werden, beteiligen sich an dem großräumigen Transport auch Wind- und Wasserströmungen (J.M. COHEN u. C. PINKERTON, 1966).

Ausmaß und Bedeutung der Kontamination von Luft und Wasser mit Schädlingsbekämpfungsmitteln hat man erst vor verhältnismäßig kurzer Zeit voll erkannt. Eine Kontamination der beiden Medien kann entweder direkt infolge der Bekämpfung bestimmter Schädlinge oder auch indirekt auf den in Tabelle 28 aufgezeigten Wegen erfolgen (W.E. WESTLAKE u. F.A. GUNTHER, 1966).

Tabelle 28. *Einige wichtige Kontaminationsmöglichkeiten durch Schädlingsbekämpfungsmittel für Luft und Wasser* (W. E. WESTLAKE u. F. A. GUNTHER, 1966)

Kontaminationsmöglichkeiten für Schädlingsbekämpfungsmittel über	durch	Kontaminiertes Medium
direkte Wege	Bekämpfung von Moskitos, Wasserunkräutern, wertlosen Fischen	Wasser
indirekte Wege	verschiedene Applikationsarten incl. Verflüchtigung von behandelten Großflächen	Luft u. Wasser
	industrielle Abfälle	Luft u. Wasser
	Luftströmungen	Luft u.
	Regen- und Schneefälle	Wasser
	Tauchbäder für Tiere	Wasser
	ausgekippte und zu säubernde Behälter für Wirkstoffe	Wasser
	Haushaltungen (Abflüsse)	Wasser
	verworfene Milch und andere Produkte mit überhöhten Rückstandsmengen	Wasser
	tote Tiere und Exkremente	Wasser
	verfaulte Pflanzenteile	Wasser
	Abwasserkanäle	Wasser

a) Rückstände in Luft

Als Folge großräumiger Schädlingsbekämpfung vom Flugzeug aus ist in jedem Fall mit einer Kontamination der Luft zu rechnen (W.E. WESTLAKE u. F.A. GUNTHER, 1966). Doch schon die manuelle Applikation kann, wenn auch in wesentlich bescheidenerem Rahmen, geringe Wirkstoffanteile in dem Luftraum verteilen. Luftströmungen transportieren die gasförmig oder als feine Partikel, vermutlich häufig an Staubteilen adsorbierten Substanzen in der Atmosphäre von einem Ort zum anderen (J.M. COHEN u. C. PINKERTON, 1966). Gaschromatographische Untersuchungen an Staubproben geben Anhaltspunkte über Art und Menge der in Luft zu erwartenden Schädlingsbekämpfungsmittelreste (vgl. Tabelle 29).

Tabelle 29. *Art und Menge der Wirkstoffrückstände in Staub aus der Atmosphäre* (nach J. M. COHEN u. C. PINKERTON, 1966)

Wirkstoff	Konzentration mg/kg[1]
DDT (techn.)	0,6
Chlordan (techn.) . . .	0,5
DDE	0,2
Ronnel	0,2
Heptachlorepoxid . .	0,04
2,4,5-T	0,04
Dieldrin	0,003
Gesamtchlor	1,34
Gesamtschwefel . . .	0,5

[1] Bezogen auf das Trockengewicht des Staubes.

Wie die Werte in Tabelle 29 beweisen, überwiegen auch in Luft die Rückstände chlorierter Kohlenwasserstoffe deutlich. An der Spitze liegt wiederum DDT, gefolgt von Chlordan und DDE. Dagegen sind die Gehalte an Heptachlorepoxid, 2,4,5-T und Dieldrin bei weitem niedriger. Die Herkunft des in einer Konzentration von 26 mg/kg vorhandenen Arsens ist noch umstritten (J. M. COHEN u. C. PINKERTON, 1966). Über Teilgebieten der USA mit intensiver Obst- bzw. Baumwollkultur enthielt die Luft neben einigen der in Tabelle 29 bereits genannten Wirkstoffen noch Malathion, Parathion und weitere Organophosphorverbindungen. Ihre Mengen erreichten den Nanogramm-Bereich pro Kubikmeter Luft (A. W. BREIDENBACH, 1965).

Zur Insektenbekämpfung in kleineren, geschlossenen Räumen werden allgemein insecticide Aerosolpräparate angeboten. Nach dem Versprühen von DDVP, das sich u.a. wegen seiner hohen Flüchtigkeit gut für diese Applikationsform eignet, sinkt die Insecticidkonzentration innerhalb weniger Stunden unter die als toxikologisch unschädlich anzusehende Konzentration von 1 mg/m^3 Luftraum (vgl. Abb. 29).

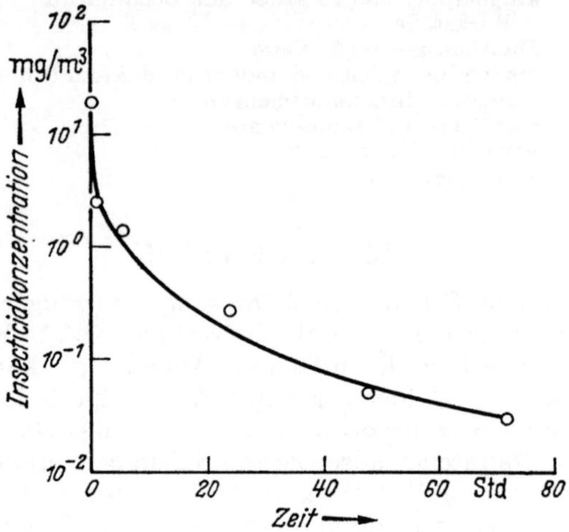

Abb. 29. Abnahme der Insecticidkonzentration in Luft nach Versprühen eines DDVP-Aerosols (nach W. F. DURHAM u. Mitarb., 1957)

b) Rückstände in Wasser

Schädlingsbekämpfungsmittel und deren Rückstände kommen entweder auf direkten oder indirekten Wegen in das Wasser (vgl. Tabelle 28). Nichtflüchtige Substanzen gelangen im allgemeinen zunächst über die Oberflächen- und Grundwässer sowie durch Abtrift in die Flüsse und mit denselben auch in die Weltmeere; Tiefseeströmungen transportieren die Wirkstoffe bis in entlegene Gebiete. Leichter flüchtige Stoffe können unmittelbar auch von der behandelten Oberfläche oder durch Transpiration der Pflanzen in die Atmosphäre gelangen. Von dort kommen sie mit Niederschlägen in Boden und Gewässer. Tabelle 30 gibt am Beispiel von DDT und Dieldrin einige Anhaltspunkte für die Höhe der im Wasser zu erwartenden Rückstände.

Die in Luft und Wasser vorkommenden Rückstände sind – verglichen mit jenen im Boden oder in Pflanzen und Tieren – relativ niedrig. Eindeutig höher als in England (vgl. Tabelle 30) liegen die Werte in den USA. Nach besonders ergiebigen Regenfällen muß mit wesentlich höheren Konzentrationen in den Gewässern gerechnet werden (E. H. MARTH, 1965).

Zahlreiche Faktoren chemischer, physikalischer und biologischer Art beeinflussen Art und Menge der Rückstände im Wasser (S. D. FAUST, 1964; B. I. SPARR u. Mitarb., 1966). Infolge von Adsorptionsvorgängen wandern Schädlingsbe-

Tabelle 30. *Anhaltspunkte hinsichtlich der Rückstandsmengen von DDT und Dieldrin in Luft und Wasser* (nach H. MAIER-BODE, 1968)

Untersuchtes Medium	Höhe der Rückstände von DDT 10^{-6} mg/kg	Dieldrin 10^{-6} mg/kg
Luft über London	10	20
Londoner Regenwasser	210	40
Flußwasser (Schottland)	5	10
Flußwasser (große Flußgebiete der USA)	190	120

kämpfungsmittel teils in den Schlamm, teils werden sie von Wasserpflanzen und Fischen aufgenommen (vgl. Tabelle 31).

Endrin verschwindet verhältnismäßig schnell – innerhalb von 21–29 Tagen – aus dem Wasser, reichert sich aber im Schlamm, in den Wasserpflanzen und vor allem in den Fischen an. Am beständigsten hielt sich der Wirkstoffrest in den Fischen; noch nach 71 Tagen ließen sich Spuren nachweisen (vgl. Tabelle 31). Dieses Verhalten ist typisch für chlorierte Kohlenwasserstoffe, denn ähnliche Ergebnisse liegen aus Untersuchungen mit Toxaphen (L. C. TERRIERE u. Mitarb., 1966), DDT (G.M. WOODWELL u. Mitarb., 1967) und Dieldrin (A.W. BREIDENBACH u. J.J. LICHTENBERG, 1963) vor. DDT-Rückstände in Forellen beliefen sich 12–16 Monate nach der Anwendung auf nahezu 3 mg/kg (S.D. FAUST, 1964).

Tabelle 31. *Abnahme und Verteilung von Endrin-Rückständen in einem Teich* (nach S. D. FAUST, 1964)

Zeit[1] Tage	Wasser mg/l	Schlamm mg/kg	Wasserpflanzen mg/kg	Fische mg/kg
0	0,04	—[2]	—	—
3	0,01	—	—	—
12	0,01	0,17	0,40	—
21	0,004	0,06	0,30	—
29	0,00	—	0,07	—
32	—	—	—	0,35
40	0,00	0,16	0,37	0,79
49	—	0,80	0,00	0,05
51	—	—	0,00	—
57	—	0,35	—	—
71	—	0,00	—	Spuren bis 0,02

[1] nach der Anwendung; [2] — = Angaben fehlen.

Auch Phosphorsäureester und Herbicide auf der Basis von 2,4-D-Verbindungen können in natürliche Gewässer gelangen (H. MAIER-BODE, 1968; S.D. FAUST u. Mitarb., 1962), doch ist wenig bekannt darüber, wie sich die Rückstände verhalten (S.D. FAUST, 1964). Noch 9 Monate nach Behandlung eines Obstgartens mit Parathion in der Nähe eines Teiches wurden 0,41 mg/kg Parathion im Boden, dagegen sehr wenig, nämlich 1,22 μg/l Parathion im Wasser und 0,09 mg/kg Parathion auf dem Seegrund gefunden.

Geringe Mengen chemischer Substanzen zur Schädlingsbekämpfung rufen einen abwegigen Geruch und Geschmack des Trinkwassers hervor. Russischen Untersuchungen zufolge, liegen bei den in Tabelle 32 aufgeführten Wirkstoffen, die Konzentrationen, welche Geruch und Geschmack des Wassers nachweisbar beeinflussen, weit unterhalb der toxikologisch bedenklichen Grenze.

Tabelle 32. *Toxikologisch und sensorisch zulässige Höchstmengen einiger Schädlingsbekämpfungsmittel in Trinkwasser* (S. D. FAUST, 1964)

Wirkstoff	Subtoxische Dosis[1] mg/kg	Tier	Schwellenwert bei Geruch mg/l	Schwellenwert bei Geschmack mg/l	Dauernd zulässige Höchstmenge mg/l	Maximale Aufnahme[2] mg/kg
Malathion	180,0	Kaninchen	0,05—0,25	5,0—6,0	0,05	0,0016
Parathion	5,0	Kaninchen	0,001—0,004	0,08	0,003	0,0001
Methylparathion .	1,0	Ratte	0,02—0,025	1,0	0,02	0,0006
Demeton	0,05	Hund	0,012	—	0,01	0,003
Methyldemeton . .	1,0	Kaninchen	0,01	0,05	0,01	0,003
2,4-D (Na-Salz) . .	500,0	Ratte	1,0—2,0	2,0	1,0	0,03

[1] Geringste Menge, die bei dauernder Verabreichung abnorme physiologische Wirkung bei den Versuchstieren zeigte.
[2] Berechnet auf der Basis der Aufnahme von 2,2 l Wasser pro Tag bei 68,1 kg Körpergewicht.

Mittels Aktivkohle gelingt es, 2,4-D-Verbindungen aus dem Wasser zu entfernen. Stark basische Anionenaustauscher vermögen zwar 2,4-D (Na-Salz) sowie das häufig als Verunreinigung auftretende 2,4-Dichlorphenol zu beseitigen, doch befriedigt ihre Wirksamkeit gegenüber 2,4-D-Estern nicht voll (O.M. ALY u. S.D. FAUST, 1963).

6. Festlegung von Toleranzen

Wie die vorstehenden Ausführungen gezeigt haben, treten Rückstände von Schädlingsbekämpfungsmitteln und/oder deren Abbauprodukte in Lebens- und Futtermitteln, in Luft und Wasser sowie bei Mensch und Tier auf und sind nicht zu verhindern. Da sich diese Rückstände nicht völlig vermeiden lassen, müssen zum Schutze des Verbrauchers Maximalkonzentrationen für die Rückstände dieser Substanzen festgelegt werden (D. HÖTZEL, 1965). Diese Werte bezeichnet man als *Toleranzwerte.* Sie ergeben sich unter Berücksichtigung der anwendungstechnischen Gegebenheiten im Pflanzen- und Vorratsschutz aus den „duldbaren Konzentrationen". Ihnen liegen zur Berechnung jene toxikologischen Daten zugrunde, die als „zulässige Tageshöchstmengen" für Menschen gelten und sich aus den nachfolgenden Kenngrößen (FAO/WHO, 1963) ergeben:

1. Lebensmittelfaktor (food factor): Dieser wird durch den durchschnittlichen Anteil des jeweils in Frage stehenden Lebensmittels an der Gesamtnahrung bestimmt.

2. Annehmbare Tagesdosis (acceptable daily intake): Darunter versteht man diejenige tägliche Dosis einer Chemikalie, welche auf der Grundlage aller gegenwärtig vorliegenden Erkenntnisse mit an Sicherheit grenzender Wahrscheinlichkeit kein gesundheitliches Risiko für den Menschen darstellt, selbst wenn diese Dosis während des ganzen Lebens täglich zugeführt würde. Die annehmbare Tagesdosis erhält man unter Berücksichtigung von bestimmten Sicherheitsfaktoren aus der maximalen Konzentration bzw. Dosis der betreffenden Substanz, die im Experiment noch keine Schädigung hervorruft und in mg/kg Körpergewicht des Menschen angegeben wird.

3. Duldbare Konzentration (permissible level): Diese Kenngröße stellt diejenige Rückstandskonzentration eines Schädlingsbekämpfungsmittels in oder an einem Nahrungsmittel dar, die auch unter ungünstigen Bedingungen mit an Sicherheit grenzender Wahrscheinlichkeit kein gesundheitliches Risiko für den Verbraucher darstellt. Die „duldbare Konzentration" wird berechnet aus der zulässigen Tageshöchstmenge und in mg Schädlingsbekämpfungsmittel pro kg des frischen Lebensmittels (ppm) ausgedrückt.

4. *Toleranzwert* (tolerance): Der Toleranzwert gibt die Konzentration eines Rückstandes von einem Schädlingsbekämpfungsmittel in oder auf einem Lebensmittel zum Zeitpunkt des frühest möglichen Verzehrs an, die der Gesetzgeber auf der Grundlage aller einschlägigen Erwägungen zu tolerieren bereit ist. Der Toleranzwert wird aus den Konzentrationen der Rückstände, die bei ordnungsgemäßer Anwendung in Pflanzen- und Vorratsschutz auftreten und aus den duldbaren Konzentrationen abgeleitet und in mg/kg angegeben. Er darf niemals höher als die duldbare Konzentration liegen, sondern äußerstenfalls gleich hoch sein – in der Regel soll er jedoch niedriger liegen. Die Toleranzwerte sollten die duldbaren Konzentrationen nur dann voll ausschöpfen, wenn aus anwendungstechnischen Gründen, wie z.B. Gewährleistung eines wirksamen Pflanzen- bzw. Vorratsschutzes, die Notwendigkeit dazu besteht (R. Engst u. Mitarb., 1967).

Zur Berechnung der duldbaren Konzentration sind verschiedene Wege vorgeschlagen worden (S. Dormal u. H. Hurtig, 1962). In Europa bildete die „Holländische Formel" den Ausgangspunkt der Diskussion hierüber:

$$K_D = \frac{A \times 70 \times 1000}{400}$$

Hierin bedeuten: K_D die duldbare Konzentration für Menschen (mg Rückstand des jeweiligen Wirkstoffes pro kg Lebensmittel);

A die annehmbare Tagesdosis für den Menschen in mg/kg Körpergewicht, berechnet aus der höchsten Dosis (mg/kg Körpergewicht × Tag), die im Tierversuch noch keinen Schaden hervorrief, dividiert durch einen Sicherheitsfaktor (im allgemeinen 100);

70 das durchschnittliche Körpergewicht des erwachsenen Menschen in kg;

400 die täglich verzehrte Menge an Lebensmitteln, die mit einem bestimmten Wirkstoff behandelt wurde, ausgedrückt in g;

1000 einen Umrechnungsfaktor.

Die Formel schließt folgende, nicht zutreffende Verallgemeinerungen ein (D. Hötzel, 1965):

1. Die täglich aufgenommene Menge an Lebensmitteln mit Rückständen chemischer Schädlingsbekämpfungsmittel wird pauschal auf 400 g veranschlagt. Dabei bleiben die tatsächlichen Verzehrsgewohnheiten der Verbraucher unberücksichtigt, denn je nach Art der verzehrten Lebensmittel kann je nach Anwendungsbreite der verschiedenen Schädlingsbekämpfungsmittel eine recht unterschiedliche Wirkstoffmenge aufgenommen werden.

2. Das Körpergewicht wird generell mit durchschnittlich 70 kg angenommen. Diese Festlegung trägt dem besonderen Schutzbedürfnis einiger Personenkreise nicht genügend Rechnung, bei denen das Verhältnis von Nahrungsaufnahme zu Körpergewicht verschoben ist. Nicht zu den Normalverbrauchern zählen insbesondere Jugendliche und Kinder, gravide und stillende Frauen sowie Schwerstarbeiter. Aus diesen Überlegungen heraus hat D. Hötzel (1965) eine verbesserte Formel entwickelt, um die duldbare Konzentration zu errechnen:

$$K_D = \frac{A \times 70 \times 1000}{V \times 2{,}5}$$

Hierin bedeuten V die tatsächlich täglich verzehrte Menge, ausgedrückt in g; 2,5 den „Kinderfaktor", welcher die relativ hohe Aufnahme der Kinder an Obst und Gemüse berücksichtigt.

Die Einführung einer für alle Länder geltenden Toleranzliste wäre zwar wünschenswert, scheitert jedoch an mehreren Gegebenheiten, so z.B. an den unterschiedlichen klimatischen Bedingungen oder an den variierenden nationalen Verzehrsgewohnheiten (R. Engst u. Mitarb., 1967). Es wurden deshalb von der WHO keine Toleranzen vorgeschlagen, sondern lediglich empfohlene Normen herausgegeben (FAO/WHO, 1963).

Die USA haben in der „*Miller Bill*" schon 1955 Toleranzwerte für Schädlingsbekämpfungsmittel gesetzlich festgelegt (R. Kern, 1964b). Seitdem erschienen dort in regelmäßigen Abständen für jede Warenart genaue Listen, welche die entsprechenden Toleranzwerte für Lebensmittel festlegen. Diesem Vorbild folgten bald auch andere Länder, wie z.B. England, Kanada, Neuseeland, die Niederlande, die Schweiz, die UdSSR und die DDR (R. Engst u. Mitarb., 1967).

Für die Bundesrepublik wurden im Rahmen der Verordnung über Pflanzenschutz-, Schädlingsbekämpfungs- und Vorratsschutzmittel, in der „Höchstmengen-VO", die in oder auf Lebensmittel pflanzlicher Herkunft höchstzulässigen Mengen derartiger Substanzen festgesetzt (vgl. Tabelle 33). Die Werte liegen vielfach unterhalb der in den USA gültigen Toleranzen und selbstverständlich auch weit unter der erfahrungsgemäß toxikologisch vertretbaren Höchstgrenze. Bei Festlegung der Höchstwerte ging man von der Überlegung aus, daß Schädlingsbekämpfungsmittel nur in dem zur Sicherung des angestrebten Effektes unbedingt erforderlichen Maße anzuwenden sind (DEUTSCHE FORSCHUNGSGEMEINSCHAFT 1962) und hat die sich daraus ergebenden Grenzwerte errechnet.

Während die in Tabelle 33 angegebenen Mittel bis zur Höhe der vorgeschriebenen Menge vorhanden sein dürfen, sind die nachfolgenden Mittel für die Behandlung von Pflanzen oder Pflanzenteilen grundsätzlich verboten:

1. Aldrin (HHDN),
2. Amitrol,
3. Aramite,
4. Arsenverbindungen,
5. Chlordan,
6. Dieldrin (Heod),
7. Endrin,
8. Fluoressigsäure,
9. Heptachlor,
10. Heptachlorepoxid,
11. Isobenzan,
12. Isodrin,
13. Quecksilberverbindungen,
14. Selenverbindungen.

V. Einfluß von Schädlingsbekämpfungsmitteln auf Lebensmittel

Da Schädlingsbekämpfungsmittel Substanzen mit physiologischer Wirksamkeit darstellen, erscheint es verständlich, daß sie, während der Erzeugung oder Lagerung angewandt, sowohl die stoffliche Zusammensetzung als auch sensorisch erfaßbare Eigenschaften der Lebensmittel beeinflussen können. Deshalb darf sich das Urteil über evtl. eintretende Nebeneffekte nicht allein auf die Toxicität der Bekämpfungsmittel gegenüber Schädlingen und Mensch beschränken; zusätzlich ist die Frage nach dem Einfluß auf pflanzliche und tierische Lebensmittel im Sinn einer Qualitätsveränderung als weiterer Teilaspekt zu klären (F. Bär, 1957).

Tabelle 33. *Zulässige Höchstmengen an Schädlingsbekämpfungsmitteln in oder auf Lebensmitteln pflanzlicher Herkunft entsprechend der Höchstmengen-VO vom 30. XI. 1966*

Wirkstoff	Höchstmenge mg/kg	in oder auf folgenden Lebensmitteln
Atrazin	0,1	Blattgemüse und sonstige Sproßgemüse, Fruchtgemüse, Wurzelgemüse
	1,0	Spargel
Azinphos-aethyl und Azinphos-methyl	insgesamt 0,4	Blattgemüse und sonstige Sproßgemüse, Fruchtgemüse, Hülsenfrüchte, Obst einschließlich Weintrauben, Hopfen
Barban	0,1	Blattgemüse und sonstige Sproßgemüse, Fruchtgemüse, Wurzelgemüse
Binapacryl	0,3	Fruchtgemüse, Obst einschl. Weintrauben
Blausäure	6,0	Mahlerzeugnisse aus Getreide, Reis, Trockengemüse und -obst, Hülsenfrüchte, Kakaobohnen, frische Äpfel, Teigwaren, Gewürze, Rohkaffee
Bromophos	0,5	Äpfel, Kirschen, Pflaumen, Stachelbeeren, Blumenkohl, Buschbohnen, Spinat
	0,2	Tomaten, Radies, Zwiebeln, Karotten, Möhren
	0,1	Gurken
Captan	15,0	Obst einschl. Weintrauben
Carbaryl	3,0	Blattgemüse und sonstige Sproßgemüse, Fruchtgemüse, Hülsenfrüchte, Obst einschl. Weintrauben
Chlorbensid	1,5	Fruchtgemüse, Obst einschl. Weintrauben
Chlorfenson	1,5	Fruchtgemüse, Obst einschl. Weintrauben
Chlorpropham (CIPC) und Propham (IPC)	insgesamt 0,5	Kartoffeln ohne Schale
Chlorthion	0,5	Blattgemüse und sonstige Sproßgemüse, Fruchtgemüse, Hülsenfrüchte, Obst einschl. Weintrauben
2,4-D	0,05	Blattgemüse und sonstige Sproßgemüse, Fruchtgemüse, Wurzelgemüse
Demeton	0,4	Obst einschl. Weintrauben
Demeton-methyl und Demeton-methylsulfoxid	insgesamt 0,4	Blattgemüse und sonstige Sproßgemüse, Fruchtgemüse, Hülsenfrüchte, Obst einschl. Weintrauben, Hopfen
Diallat	0,05	Blattgemüse und sonstige Sproßgemüse, Fruchtgemüse, Wurzelgemüse
Diazinon	0,5	Blattgemüse und sonstige Sproßgemüse, Fruchtgemüse, Hülsenfrüchte, Wurzelgemüse, Obst einschl. Weintrauben, Hopfen
Dibrom (Naled)	0,2	Blattgemüse und sonstige Sproßgemüse, Fruchtgemüse, Hülsenfrüchte, Obst einschl. Weintrauben
Dichlobenil	0,2	gewaschene Kartoffeln mit Schale
Dichlofluanid	2,0 + 2,0 Dimethyl-aminosulfanilid	Erdbeeren
	0,5 + 0,5 Dimethyl-aminosulfanilid	Äpfel, Birnen

Tabelle 33 (1. Fortsetzung)

Wirkstoff	Höchstmenge mg/kg	in oder auf folgenden Lebensmitteln
Dichlordiphenyltrichloräthan (DDT)	1,0	Kohl, Äpfel, Birnen, Weintrauben
Dimefox	0,1	Hopfen-Blütendolden
Dimethoat	0,5	Blattgemüse und sonstige Sproßgemüse, Fruchtgemüse, Wurzelgemüse, Hülsenfrüchte, Obst einschl. Weintrauben, Hopfen-Blütendolden
Dinitrobutylphenylazetat (Dinoseb-azetat)	0,05	Hülsenfrüchte
Dioxathion	0,4	Blattgemüse und sonstige Sproßgemüse, Fruchtgemüse, Hülsenfrüchte, Obst einschl. Weintrauben
Disulfoton	0,2	Kartoffeln
Diuron	0,05	Blattgemüse und sonstige Sproßgemüse, Fruchtgemüse, Wurzelgemüse
	1,0	Spargel
Dodin	1,0	Äpfel, Birnen, Kirschen
2,4-DP	0,05	Blattgemüse und sonstige Sproßgemüse, Fruchtgemüse, Wurzelgemüse
Endosulfan	0,5	Blattgemüse und sonstige Sproßgemüse, Fruchtgemüse, Hülsenfrüchte, Obst ohne Weintrauben
Fenitrothion	0,4	Blattgemüse und sonstige Sproßgemüse, Fruchtgemüse, Wurzelgemüse, Hülsenfrüchte, Obst einschl. Weintrauben
Fentin (-azetat und hydroxid)	1,0 (berechnet als Zinn)	Sellerieblätter
Ferbam	1,0	Blattgemüse und sonstige Sproßgemüse, Fruchtgemüse, Hülsenfrüchte, Obst einschl. Weintrauben
Folpet	15,0	Obst einschl. Weintrauben, Hopfen
Formothion	0,1	Blattgemüse und sonstige Sproßgemüse, Fruchtgemüse, Wurzelgemüse einschl. Kartoffeln, Zuckerrüben, Hülsenfrüchte, Obst einschl. Weintrauben
Kelthan (Dicofol)	0,5	Fruchtgemüse, Obst einschl. Weintrauben, Hopfen
Kupferverbindungen: Kupfer-Lignin-Verbindung, Kupferoxychlorid („Grünkupfer"-Präparate), Tetrakupfer-Kalziumoxychlorid („Blaukupfer"-Präparate)	15,0 (berechnet als Kupfer)	Blattgemüse und sonstige Sproßgemüse, Fruchtgemüse, Obst einschl. Weintrauben, Hopfen
Lindan	2,0	Blattgemüse und sonstige Sproßgemüse, Fruchtgemüse, Wurzelgemüse, Hülsenfrüchte, Obst,
	0,1	Getreide
	0,03	Mahlerzeugnisse aus Getreide
Linuron	0,1	Möhren, Sellerieknollen, Kartoffeln
	0,3	Selleriekraut
Malathion	0,5	Blattgemüse und sonstige Sproßgemüse, Fruchtgemüse, Hülsenfrüchte, Obst einschl. Weintrauben

Tabelle 33 (2. Fortsetzung)

Wirkstoff	Höchstmenge mg/kg	in oder auf folgenden Lebensmitteln
Malathion	3,0 1,0	Getreide Mahlerzeugnisse aus Getreide
Mancozeb[1]	3,0	Blattgemüse und sonstige Sproßgemüse, Fruchtgemüse, Hülsenfrüchte, Obst einschl. Weintrauben, Hopfen
Maneb	3,0	Blattgemüse und sonstige Sproßgemüse, Fruchtgemüse, Hülsenfrüchte, Obst einschl. Weintrauben, Hopfen
MCPA	0,05	Blattgemüse und sonstige Sproßgemüse, Fruchtgemüse, Wurzelgemüse
MCPB	0,1	Blattgemüse und sonstige Sproßgemüse, Fruchtgemüse, Wurzelgemüse
Mecoprop	0,05	Blattgemüse und sonstige Sproßgemüse, Fruchtgemüse, Wurzelgemüse
Methoxychlor	10,0	Blattgemüse und sonstige Sproßgemüse, Fruchtgemüse, Raps, Obst einschl. Weintrauben
Methylbromid	50 (nur anorganisches Brom als Folge einer Methylbromid-Begasung)	Getreide, Mandelkerne, Nußkerne, Schalen und Inneres von Zitrusfrüchten, Kakaobohnen, Trockenobst
Metiram	3,0	Blattgemüse und sonstige Sproßgemüse, Fruchtgemüse, Hülsenfrüchte, Obst einschl. Weintrauben, Hopfen
Mevinphos	0,1	Blattgemüse und sonstige Sproßgemüse, Fruchtgemüse, Wurzelgemüse, Hülsenfrüchte, Obst einschl. Weintrauben
Mezineb (Propineb)	3,0	Blattgemüse und sonstige Sproßgemüse, Fruchtgemüse, Hülsenfrüchte, Obst einschl. Weintrauben
Monolinuron	0,1	Bohnen, Möhren, Kartoffeln
Monuron	1,0	Spargel
Naphthyl-essigsäure	0,1	Kernobst
Nicotin	0,5	Blattgemüse, und sonstige Sproßgemüse, Fruchtgemüse, Hülsenfrüchte, Obst einschl. Weintrauben
Parathion und Parathionmethyl	insgesamt 0,5	Blattgemüse und sonstige Sproßgemüse, Fruchtgemüse, Wurzelgemüse, Hülsenfrüchte, Obst
Phosphamidon	0,5 0,1	Äpfel Blattgemüse und sonstige Sproßgemüse, Fruchtgemüse, Wurzelgemüse einschl. Kartoffeln und Zuckerrüben, Hülsenfrüchte, Obst, Oliven, Hopfen
Phosphorwasserstoff	0,05	Getreide
Piperonylbutoxid	8,0	Blattgemüse und sonstige Sproßgemüse, Fruchtgemüse, Hülsenfrüchte, Obst einschl. Weintrauben, Mahlerzeugnisse aus Getreide
Prometryn	0,05	Blattgemüse und sonstige Sproßgemüse, Fruchtgemüse, Wurzelgemüse

Tabelle 33 (3. Fortsetzung)

Wirkstoff	Höchstmenge mg/kg	in oder auf folgenden Lebensmitteln
Propham (IPC) und . . . Chlorpropham (CIPC) . .	insgesamt 0,5	Kartoffeln ohne Schale
Pyrethrine[2]	1,0	Blattgemüse und sonstige Sproßgemüse, Fruchtgemüse, Hülsenfrüchte, Obst einschl. Weintrauben
	3,0	Mahlerzeugnisse aus Getreide
Quintozen[3]	1,0	Kohl, Salat, Zwiebeln, Gurken, Radies
Rotenon	0,04	Blattgemüse und sonstige Sproßgemüse, Fruchtgemüse, Hülsenfrüchte, Obst einschl. Weintrauben
Schwefel	50	Blattgemüse und sonstige Sproßgemüse, Fruchtgemüse, Obst einschl. Weintrauben
Simazin	0,05	Blattgemüse und sonstige Sproßgemüse, Fruchtgemüse, Wurzelgemüse, Kartoffeln,
	1,0	Spargel
2,4,5-T	0,01	Blattgemüse und sonstige Sproßgemüse, Fruchtgemüse, Wurzelgemüse
TCA	0,01	Blattgemüse und sonstige Sproßgemüse, Fruchtgemüse, Wurzelgemüse
Tetradifon	1,0	Blattgemüse und sonstige Sproßgemüse, Fruchtgemüse, Gurken, Bohnen, Obst einschl. Weintrauben, Hopfen
Thiram	3,0	Blattgemüse und sonstige Sproßgemüse, Fruchtgemüse, Obst einschl. Weintrauben
Toxaphen	0,4	Birnen, Erdbeeren, Himbeeren, Kirschen, Pflaumen
Triamphos (Wepsyn) . .	0,03	Äpfel
Trichlorfon	0,5	Blattgemüse und sonstige Sproßgemüse, Fruchtgemüse, Wurzelgemüse, Hülsenfrüchte, Obst einschl. Weintrauben
Zineb	3,0	Blattgemüse und sonstige Sproßgemüse, Fruchtgemüse, Hülsenfrüchte, Obst einschl. Weintrauben
Zinophos (Thionazin) . .	0,1	Zuckerrüben
Ziram	3,0	Blattgemüse und sonstige Sproßgemüse, Fruchtgemüse, Hülsenfrüchte, Obst einschl. Weintrauben

[1] Koordinationskomplexe aus Zinkionen und Maneb (H. Martin 1967, S. 227).
[2] Phyrethrin I u. II, Cinerin I u. II, Allethrin, Barthrin, Cyclothrin, Furethrin (W. Perkow 1968, S. 89—90).
[3] Wirkstoff: Pentachlornitrobenzol (H. Martin 1967. S. 250).

1. Einfluß auf die stoffliche Zusammensetzung von Lebensmitteln

a) Insecticide

Einerseits fördern Insecticide, indem sie Schädlinge abtöten, das Wachstum der Pflanzen, andererseits ist jedoch auch, vorwiegend bei den in die Pflanze eindringenden systemischen Präparaten, eine direkte Beeinflussung der behandelten Pflanzen nicht auszuschließen. Vor allem Schuphan u. Mitarb. haben sich dieses Fragenkomplexes experimentell angenommen und verschiedentlich bei

Tabelle 34. *Gehalt an wertgebenden Inhaltsstoffen in Spinat nach Behandlung mit Parathion* (bezogen auf den Gehalt unbehandelter Proben = 100%) nach W. SCHUPHAN u. W. WEINMANN (1964, Auszug)

Inhaltsstoffe	Relativer Gehalt im Frischgewicht %	Relativer Gehalt im Trockengewicht %
Gesamtzucker	115,0**	112,6*
Disaccharide	185,0	181,1
Gesamtvitamin C	88,8	86,9*

* Unterschied zur unbehandelten Vergleichsprobe mit > 95% Wahrscheinlichkeit nachgewiesen.
** Unterschied zur unbehandelten Vergleichsprobe mit > 99% Wahrscheinlichkeit nachgewiesen.

Gemüse Verschiebungen im Gehalt an wertgebenden Bestandteilen nachgewiesen. Tabelle 34 zeigt am Beispiel des Spinats den Einfluß einer Parathionbehandlung auf wertgebende Inhaltsstoffe. Demnach erhöhte sich einerseits der Gehalt an Gesamtzucker (Summe der Mono- und Disaccharide), andererseits sank der Gehalt an Vitamin C ab. Beide Beobachtungen deuten auf einen gestörten Kohlenhydratstoffwechsel hin. Damit deckt sich der Befund an Erbsen und Tomaten, demzufolge Parathion die CO_2-Assimilation stört und gleichzeitig Dissimilationsvorgänge fördert. Die tiefere Ursache könnte hydrolytisch aus dem Insecticidmolekül abgespaltenes p-Nitrophenol bilden, das in der Pflanze als Enzymgift wirkt (H. ZIEGLER, 1957). Eine Zunahme des Gehaltes an Carotin unter dem Einfluß von Parathion war im Spinat nur angedeutet, für Möhren nach Behandlung mit Aldrin jedoch eindeutig bewiesen (W. SCHUPHAN u. W. WEINMANN, 1964). Frühe sowie teilweise auch mittelfrühe, nicht aber späte Möhren aus Lindan-inkrustierten Samen wiesen 200 Tage nach der Aussaat einen gegenüber Vergleichsproben ohne Inkrustierung deutlich gedrückten Carotingehalt auf (vgl. Tabelle 35). Ferner erniedrigten Diazinon sowie DDT den Gesamtsäuregehalt in Kopfkohl (W. SCHUPHAN u.a., 1957); ähnliche Beobachtungen liegen für Parathion bei Frühorangen vor (P.L. HARDING, 1954).

Tabelle 35. *Einfluß einer Inkrustierung des Saatgutes mit Lindan (134 g/kg) auf den Carotingehalt der Möhren zum Zeitpunkt der Ernte* (nach R. ENGST u. Mitarb., 1967; Auszug)

Reifegruppe	Zeitraum bis zur Ernte Tage	Möhrensorte	Carotingehalt der Möhren unbehandelt mg/kg	Carotingehalt der Möhren inkrustiert mg/kg
Frühmöhren	100	Gonsenheimer Treib	53	47
		Duwicker	39	16
		Pariser Markt	33	24
Mittelfrühe Möhren	125	Rotherz	54	56
		Marktgärtner	69	47
Spätmöhren	200	Kieler Rote	99	101
		Lange Rote Stumpfe ohne Herz	133	137

Des weiteren vermögen Insecticide in den pflanzlichen Eiweißstoffwechsel einzugreifen, denn lt. Tabelle 36 sank als Folge der Applikation einiger Wirkstoffe bei insgesamt erhöhtem N-Gehalt der relative Anteil des Eiweiß-N (Eiweiß-N in % des Gesamt-N) bei Kopfkohl deutlich ab. Darüber hinaus deuten Fütterungsversuche mit Ratten darauf hin, daß gleichzeitig die biologische Wertigkeit des Pflanzeneiweißes abnimmt (H. SCHLOTTMANN, 1956).

Tabelle 36. *Wertgebende Inhaltsstoffe in Kopfkohl nach Behandlung mit verschiedenen Insecticiden* (nach W. SCHUPHAN u. Mitarb., 1957; Auszug)

Angewandtes Insecticid	Gehalt		
	Anteil Eiweiß-N an Gesamt-N %	Nitrat mg/kg	Ascorbinsäure g/kg
– (Kontrolle)	75,0	110	6,06
Nicotin	63,4	40	4,41
DDT	64,9	150	4,42
Lindan	67,6	240	4,73
Parathion	72,2	30	6,02
Malathion	67,5	290	5,44
Diazinon	70,7	150	5,22

Dem Schutz lagernder Vorräte gegen Insekten dienen bevorzugt Begasungsmittel. Soweit sie in das Innere der Lebensmittel eindringen, können die reaktionsfähigen Substanzen mit den Inhaltsstoffen der Lebensmittel reagieren. Für Äthylenoxid und analog für Propylenoxid gilt folgendes, generelles Schema (K. PFEILSTICKER u. H. RASMUSSEN, 1968).

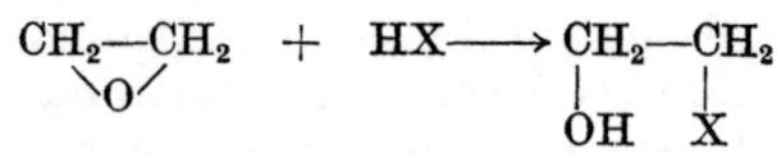

X = OH, OR, Cl, CN, NH_2 oder NHR

Demnach entstehen in Gegenwart von Wasser Glykole, durch Reaktion mit natürlich vorkommenden Chloriden Chlorhydrine; in handelsüblichen Gewürzen wurden zwischen 500 und 1000 mg/kg Chlorhydrine ermittelt (F. WESLEY u. Mitarb., 1965). Ferner sind lt. Schema Umsetzungen mit Proteinen sowie Nucleinsäuren möglich. – In begastem Kakao, Kaffee, Tee und Tabak wurde stets ein gegenüber unbegasten Vergleichsproben erheblich erniedrigter Alkaloidgehalt festgestellt. Des weiteren ließen die mit Äthylenoxid begasten Lebensmittel eine auffällige Tendenz zu verstärktem Schäumen erkennen, wenn sie mit Wasser geschüttelt wurden, und schließlich zeigten getrocknete Pilze, weiße Bohnen und Kaffeebohnen eine verminderte Quellfähigkeit in Wasser (E. KRÖLLER, 1966).

Das ebenfalls zum Begasen häufig angewandte Methylbromid wirkt bei Glucose und insbesondere gegenüber Proteinen als Methylierungsmittel (F. P. WINTERINGHAM u. Mitarb., 1955). Die Methylierung setzt vorwiegend am Imidazolring des Histidins ein; in wesentlich geringerem Umfang wird auch Lysin methyliert (R. G. BRIDGES, 1955b). In Mehl, nicht aber in ungemahlenem Getreide gelang es, nach dem Begasen neben methyliertem Histidin, Dimethylsulfonium-, Methylthio- und Methoxyverbindungen nachzuweisen. In Zwiebeln reagiert Methylbromid mit den S-haltigen Lauchölen unter Bildung von Sulfoniumbromiden (F. BÄR, 1957). Auch Sulfurylfluorid reagiert mit Eiweißstoffen des Mehls und zwar vermutlich an den endständigen Aminogruppen insbesondere von Phenylalanin, Histidin sowie Lysin (R. MEIKLE, 1964).

Ebensowenig wie die vorgenannten Gase verhält sich Blausäure indifferent gegenüber Pflanzeninhaltsstoffen. Ihrer Additionsfähigkeit zufolge bildet sie mit reduzierenden Zuckern wie Glucose die analogen Cyanhydrine, die ihrerseits zunächst in die Amide und später in die Ammoniumsalze der Heptagluconsäure übergehen. Daneben deuten die Ergebnisse aus Modellversuchen auf Ammoniak, Harnstoff, Purine und Diammoniummalonsäurenitril als weitere Reaktionsprodukte hin (E. KRÖLLER u. L. KRULL, 1968). Derartige Reaktionen mit Blausäure sind insbesondere in zuckerreichen Früchten wie Rosinen und Feigen zu erwarten (M. FEUERSENGER, 1965).

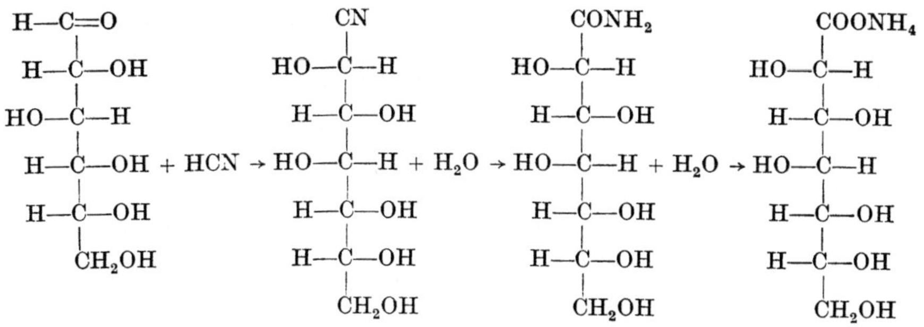

Glucose — Glucose-cyanhydrin — Heptaglucon-säureamid — Ammonium-heptagluconat

Für den Einfluß insecticider Substanzen auf tierische Lebensmittel liegen kaum irgendwelche Anhaltspunkte vor, vermutlich weil Insecticide an Tieren viel seltener angewandt werden als an Pflanzen. Abgesehen von der Tatsache, daß vielfach Chlorkohlenwasserstoffe als unerwünschte Rückstände in Fleisch, Milch und Eier übertreten (H. V. CLABORN u. Mitarb., 1960), beeinflussen die normalerweise im Futter auftretenden Insecticidreste tierische Lebensmittel nach den bisherigen Erfahrungen nicht. Verfütterung überhöhter Dosen kann die Zusammensetzung des Gemelks ändern. So haben F. KIERMEIER u. Mitarb. (1966) unter dem Einfluß täglicher Lindangaben in Höhe von 2,5–5 g/Kuh einen Rückgang des Eiweißgehaltes der Milch beobachtet.

b) Übrige Schädlingsbekämpfungsmittel

Verglichen mit Angaben über Insecticide und ihren Einfluß auf Lebensmittel, enthält die Literatur nur wenig Hinweise über die Auswirkungen fungicider oder herbicider Wirkstoffe. Nach den bisherigen Beobachtungen beeinflussen Herbicide, richtig dosiert, Nutzpflanzen und ihre Früchte nur selten. So fanden M. SEIFFERT u. N. MAKOWSKI (1966) keine nachweisbaren Veränderungen der 1000-Korn-Masse, des Gehaltes an Rohprotein, des Eiweißlösungsgrades und der Viscosität von Braugerste durch MCPA, DNOC oder 2,4-D. Damit stimmen Beobachtungen an Weizen weitgehend überein, der ebenfalls mit den genannten Wirkstoffen behandelt worden war. Im Gegensatz dazu beeinträchtigte Picloram die Eiweißqualität des Weizens, während der Eiweißgehalt gleichzeitig um rd. 20% anstieg. Vermutlich beruht die auch den Lockerungsprozeß während des Backens beeinträchtigende Qualitätsminderung des Mehls auf einem störenden Eingriff des Herbicids in die Eiweißsynthese der Pflanze (E. MAES u. J. STRYCKERS, 1966).

Zum Zweck einer beschleunigten Fruchtreife eingesetzte Wachstumsregulatoren greifen stets unmittelbar in den pflanzlichen Stoffwechsel sowie der zum Verzehr bestimmten Früchte ein. Eine solche gezielte Steuerung des physiologischen Geschehens drückt sich in der Zusammensetzung der Früchte – relativer Eiweißgehalt und Gesamtsäuregehalt waren bei Tomaten erniedrigt (W. SCHUPHAN u. Mitarb., 1957) – aus.

In das Innere der Früchte eindringende Wirkstoffe reagieren u. U. direkt mit den Inhaltsstoffen. Es gelang, in Zitronen einen Ester von 2,4-D mit nicht näher definierten Bestandteilen der Zitrusfrüchte nachzuweisen (L. ERICKSON u. Mitarb., 1963). Den schwermetallhaltigen Wirkstoffen unter den Fungiciden mag insofern spezielle Bedeutung zukommen, als Schwermetalle die Aktivität vieler Enzyme beeinflussen (H. MARTIN, 1967, S. 225). Messungen der Assimilation und Respiration ließen deutlich erkennen, daß Fungicide die Stoffproduktion der behandelten Pflanzen beeinflussen. Daraus resultiert auch eine veränderte Widerstandsfähigkeit lagernden Kernobstes gegen physiologische Krankheiten wie Altersschalenbräune, Lentizellenschalenbräune, Kernhausbräune und Jonathanflecken (H. HANSEN, 1966).

Schließlich weist auch die den Reifungsprozeß lagernden Kernobstes fördernde oder hemmende Wirksamkeit während der Vegetationsperiode angewandter organischer Fungicide eindeutig darauf hin, daß die Wirkstoffe biochemische Reaktionen nachhaltig aktivieren oder hemmen können (H. HANSEN, 1966). Aufgrund langjähriger Beobachtungen ergab sich die in Tabelle 37 wiedergegebene Klassifizierung einiger Fungicide hinsichtlich ihres Einflusses auf den Reifeprozeß.

Tabelle 37. *Klassifizierung von Fungiciden bezüglich ihres Einflusses auf den Reifungsvorgang bei lagernden Äpfeln und Birnen* (nach H. HANSEN, 1966)

Gruppe	Einfluß auf Reifung	Fungicide
I	sehr stark fördernd	Zineb
		Tuzet[1]
II	mittel bis stark fördernd	Captan (nur bei Äpfeln)
		Metiram
III	gering fördernd bis neutral	Maneb
		Dithianon
		Rhodandinitrobenzol
		Mancozeb
		Dichlofluanid
IV	neutral bis gering hemmend	TMTD
		Orthophaltan[2]
		Netzschwefel
V	deutlich hemmend	Ziram
		Captan (nur bei Birnen)

[1] Wirkstoffe: Gemisch aus Methylarsin-bis(dimethyl-dithiocarbamat), Zinkdimethyldithiocarbamat und TMTD.
[2] Wirkstoff: Folpet.

2. Einfluß auf sensorisch wahrnehmbare Eigenschaften

a) Äußere Beschaffenheit

Ohne Schädlingsbekämpfungsmittel würde nicht nur quantitativ weniger geerntet, sondern auch ein in mancher Hinsicht qualitativ schlechteres Angebot auf den Markt gelangen (F. BERAN, 1965a): Geeignete Maßnahmen während der Vegetationsperiode und der anschließenden Vorratshaltung tragen wesentlich dazu bei, den Anteil der infolge Schädlingsbefalls nur teilweise zu verwertenden Früchte zu mindern und die Menge der Insektenfragmente sowie der von Schädlingen stammenden Kotreste, z.B. in Mehl, Reis und Hülsenfrüchten, auf ein Minimum zu reduzieren (CH. H. MAHONEY, 1962; H. HEDDERGOTT, 1965).

Der Verbraucher hat sich sehr rasch an fehlerfreies Aussehen des Obst- und Gemüseangebotes gewöhnt. Er stellt heute hohe Anforderungen an die äußere Beschaffenheit. Nur Erzeugnisse, die qualitätsmäßig in die obersten Handelsklassen eingereiht werden können, bieten Aussicht auf glatten Absatz zu guten Preisen. Schon kleinere Schalenfehler haben eine Eingruppierung in niedere Handelsklassen zur Folge (H. HEDDERGOTT, 1965). Um den hohen Wünschen des Konsumenten gerecht werden zu können, verlangt der Erzeuger deshalb hochwirksame Bekämpfungsprogramme gegen Krankheiten und Schädlinge (F. STIER, 1964). Selbstverständlich dürfen die eingesetzten Präparate das Aussehen der behandelten Früchte nicht schädigen. Sie sollen keine sichtbaren Rückstände auf der Fruchtschale hinterlassen (P. KOIVISTOINEN u. Mitarb., 1965). Darüber hinaus sind jedoch auch andere Beeinflussungen möglich: Während der Vegetationsperiode gespritzte Fungicide können sowohl die Glattheit der Schale als auch die Farbentwicklung von Äpfeln und Birnen verändern (H. HANSEN, 1966; G. REINKEN, 1959). Ähnlich vermögen die herbiciden Wirkstoffe IPC und CIPC die Farbentwicklung lagernder Tomaten zu verzögern (P. KOIVISTOINEN u. Mitarb., 1965).

b) Geruch und Geschmack

Reaktionen zwischen chemischen Substanzen zur Schädlingsbekämpfung und Inhaltsstoffe der behandelten Pflanzen bzw. Lebensmittel äußern sich nicht selten darin, daß diese im Aroma von unbehandelten Vergleichsproben abweichen (W. SCHUPHAN u. Mitarb., 1957); in schweren Fällen kommt es zu erheblichen Qualitätseinbußen durch fremdartige Geruchs- und Geschmackskomponenten. Da Geruch und Geschmack vereint mit dem äußeren Erscheinungsbild die Entscheidung des Konsumenten für oder gegen ein Lebensmittel bestimmen (G. WILDBRETT, 1967), sollte jede amtliche Prüfungsvorschrift für Schädlingsbekämpfungsmittel obligatorisch eine Kontrolle dieser Stoffe sowie der zu erwartenden Umwandlungsprodukte hinsichtlich geschmacklicher und geruchlicher Neutralität gegenüber den direkt oder indirekt über den Boden zu behandelnden Pflanzen bzw. Lebensmitteln einschließen (F. BERAN, 1965a).

Erfahrungsgemäß klingen Geschmackseinbußen mit der Zeit ab. Bei Organophosphorverbindungen genügen u.U. schon 2–3 Tage Abstand von dem Anwendungstermin (D.A. TICHENOR u. Mitarb., 1959); dagegen bleibt der durch chlorierte Kohlenwasserstoffe hervorgerufene Fremdgeschmack bzw. -geruch oftmals über Monate erhalten (M. E. KIRKPATRICK u. Mitarb., 1951). Folglich dürfen die Wartezeiten nicht allein im Hinblick auf die aus toxikologischer Sicht tolerierbaren Rückstandsmengen festgelegt werden. Zusätzlich ist jeweils diejenige Zeitspanne zu berücksichtigen, die verstreichen muß, um eine auftretende Minderung des Genußwertes abklingen zu lassen (F. BERAN, 1965 b). Aus dieser Sicht sind die Empfehlungen der Biologischen Bundesanstalt zu verstehen, welche den Anbau insbesondere von Gemüse erst relativ lange Zeit nach der Bekämpfung der Schädlinge im Boden gestattet (vgl. Tabelle 11). Geschmackliche Beeinträchtigungen bzw. Fehler wurden nämlich selbst dann festgestellt, wenn die Rückstände die nach toxikologischen Kriterien festgelegten Toleranzwerte mengenmäßig nicht überschritten (H. MAIER-BODE, 1966, S. 337). Je nach Wirkstoff können also die toxikologisch vertretbaren Toleranzwerte ober- oder unterhalb jener Grenze liegen, welche im Hinblick auf die geschmackliche und geruchliche Qualität der verzehrsfähigen Lebensmittel akzeptabel erscheinen.

Es ist unmöglich, an dieser Stelle einen umfassenden Überblick über die im Schrifttum niedergelegten Erfahrungen mit Schädlingsbekämpfungsmitteln hinsichtlich ihres Einflusses auf Geruch und Geschmack der Lebensmittel zu geben. – Zusammenfassend hat CH.C. MAHONEY (1962) die bis 1961 vorliegenden Erfahrungen dargestellt. – Tabelle 38 soll jedoch auf diejenigen Wirkstoffe hinweisen, deren Einsatz Fremdgeruch oder -geschmack zur Folge hatte und damit auf

Tabelle 38. *Beobachtungen über Fremdgeschmack bzw. -geruch bei Lebensmitteln und Genußmitteln nach Anwendung chemischer Schädlingsbekämpfungsmittel*

Wirkstoffe: Gruppe	Wirkstoffe: Vertreter	Beeinflußte Lebensmittel: Art	Beeinflußte Lebensmittel: Zustand[5]	Literatur
Insecticide Chlorkohlenwasserstoffe	Aldrin	Kartoffeln	gekocht	E. Horber (1957)
		Squash	eingedost	J. C. Hening u. Mitarb. (1954)
		Kartoffeln	gekocht	W. Faber u. E. Kahl (1955)
	Chlordan	Kartoffeln	–	Ch. H. Mahoney (1962)
		Erdbeeren Himbeeren	tiefgekühlt tiefgekühlt	E. Heinisch u. Elrafie (1964)
	DDT	Kartoffeln	–	H. Leemann-Geymüller (1954)
		Kohl	roh	W. Schuphan u. Mitarb. (1957)
		Kirschen	–	H. Leemann-Geymüller (1954)
	Dieldrin	Kartoffeln	gekocht	W. Faber u. E. Kahl (1955)
		Erdbeeren	eingedost	G. G. Gyrisco u. R. H. Burrage (1954)
	HCH (technisch)	Kartoffeln	gekocht	W. A. Maclinn u. Mitarb. (1950) F. Schmitt (1956)
		Mairübchen Karotten	gekocht gekocht	G. L. Gilpin u. Mitarb. (1957) E. F. Murphy u. Mitarb. (1961)
		Pfirsiche	gefroren oder eingedost	E. F. Murphy u. Mitarb. (1961) G. L. Gilpin u. Mitarb. (1957) C. F. Smith u. Mitarb. (1949)
		Bohnen	–	L. L. Stitt u. J. Evanson (1949)
		Meerrettich	–	H. Leemann-Geymüller (1954)
		Erdnüsse	roh	J. J. Birdsall u. Mitarb. (1957)
		Tabak	–	H. Leemann-Geymüller (1954)
		Milch[1] Butter Rahm	roh – pasteurisiert	W. Kirsch u. G. Schwarz (1950) J. N. Gladenko (1954)
	Lindan	Erdnüsse	roh	P. O. Ritcher u. Mitarb. (1952)
		Kartoffeln	gekocht	F. Schmitt (1956) W. A. Gould u. Mitarb. (1951)
		Karotten Brechbohnen Melonen	gekocht eingedost roh	G. L. Gilpin u. Mitarb. (1957) E. F. Murphy u. Mitarb. (1961)
		Tomaten Pfirsiche Pflaumen	eingedost eingedost eingedost	W. A. Gould u. Mitarb. (1951)

Tabelle 38 (1. Fortsetzung)

Wirkstoffe Gruppe	Wirkstoffe Vertreter	Beeinflußte Lebensmittel Art	Beeinflußte Lebensmittel Zustand[5]	Literatur
		Brot	–	S. EHRENSTORFER (1969)
		Milch	roh	R.E. ELY u. Mitarb. (1952)
		Rahm	–	D.P. FURMAN u. W.M. HOSKINS (1948)
	Methoxychlor	Broccoli	gefroren	E.F. MURPHY u. Mitarb. (1961)
	Methylbromid	Zwiebeln	–	M. FEUERSENGER u. G. MÜLLER (1963)
	Toxaphen	Broccoli Mais Kartoffeln	gefroren gefroren gekocht oder gebraten	E.F. MURPHY u. Mitarb. (1961)
	Toxaphen + DDT	Kartoffeln	gekocht oder gebraten	
	Toxaphen + Lindan .	Kartoffeln	gekocht	W. FABER u. E. KAHL (1955)
Insecticide Organophosphorverbindungen und Carbaminsäure-Ester	Co-Ral	Milch[3]	–	J.L. BROGDON u. Mitarb. (1962)
	Diazinon	Kohl	roh	W. SCHUPHAN u. Mitarb. (1957)
	Dipterex	Milch[4]	roh	H. THAMM (1962)
	Fenthion	Äpfel	–	F. BERAN (1965b)
	Malathion	Brechbohnen	eingedost	E.F. MURPHY u. Mitarb. (1961)
	Parathion	Kohl	roh und gekocht	W. SCHUPHAN u. Mitarb. (1957)
		Erdbeeren	eingedost	G.G. GYRISCO u. R.H. BURRAGE (1954)
	Sevin	Äpfel	roh	F. BERAN (1965b)
	Malathion + Captan	Squash	–	E.F. MURPHY u. Mitarb. (1961)
	Sevin + Phencapton	Äpfel Trauben	– –	F. BERAN (1965b)
Sonstige Insecticide	Blausäure	Tee	–	P. BUTTENBERG u. H. WEISS (1924)
		Fleisch	gefroren	M. FEUERSENGER (1965)
	Äthylenoxid	Kaffee Vollmilch Eier, Eigelb	geröstet getrocknet getrocknet	E. KRÖLLER (1966)
Fungicide	Captan	Erdbeeren	eingedost oder Marmelade	E. TAPIO (1959)
	Dithion	Äpfel	–	F. BERAN (1965b)
	PCNB	Kartoffeln	gedämpft	E.F. MURPHY u. Mitarb. (1961)

Tabelle 38 (2. Fortsetzung)

Wirkstoffe Gruppe	Vertreter	Beeinflußte Lebensmittel Art	Zustand[5]	Literatur
	Phaltan	Erdbeeren	eingedost	G. W. Hope (1964) A. Crang u. G. M. Clarke (1961)
	Thiram	Erdbeeren	eingedost	R. W. Marsh u. Mitarb. (1955)
Herbicide	2,4-D-Amin	Mais	eingedost	F. J. McArdle u. Mitarb. (1961)
	CDAA	Tomaten	eingedost	
	Neburon	Mais	eingedost	
		Limabohnen	eingedost	
		Tomaten	eingedost	

[1] Nach Verfütterung von 30 g/Tag und Kuh.
[2] Infolge Verwendung von Lindan in Mühlen.
[3] Nach Besprühen der Milchkühe mit benetzbarem Pulver.
[4] Nach Verfütterung von 80 mg/kg und Tag.
[5] –: Keine Angaben.

mögliche Gefahren aufmerksam machen. Doch darf die Übersicht keinesfalls dahingehend interpretiert werden, daß die aufgeführten Wirkstoffe in jedem Fall Lebensmitteln einen Fremdgeruch oder -geschmack verleihen. Des weiteren ist zu bedenken, daß sensorisch feststellbare Veränderungen nicht allein auf die Wirkstoffe zurückzuführen sein müssen, sondern daß auch die in einem Präparat enthaltenen Hilfsstoffe unerwünschte Effekte hervorrufen können (F. Beran, 1965; H. Zeumer, 1952; P. Buttenberger u. H. Weiss, 1924).

Nicht selten widersprechen sich in der Literatur beschriebene Erfahrungen über die Auswirkungen von Schädlingsbekämpfungsmitteln auf Geschmack und Geruch behandelter Pflanzen oder Früchte. Die Widersprüche erklären sich aus den verwickelten Zusammenhängen. Sicherlich hängt das Auftreten geruchlicher oder geschmacklicher Veränderungen von mehreren, sich überlagernden und in der Regel experimentell nicht beliebig variierbaren oder eliminierbaren Faktoren ab (E. F. Murphy u. Mitarb., 1961):

1. *Art des Erntegutes:* Hier bestehen nicht allein Unterschiede zwischen den Kulturarten – Bodenfrüchte sind durch Mittel gegen Schädlinge im Boden besonders stark gefährdet (J. J. Birdsall u. Mitarb., 1957) – sondern darüber hinaus auch, wie Versuche mit Kartoffeln gezeigt haben, zwischen den einzelnen Sorten derselben Pflanze (E. Horber, 1957, F. Schmitt, 1955).

2. *Bodentyp:* Humusarme Böden geben im allgemeinen Schädlingsbekämpfungsmittel leichter an Pflanzen ab als stark adsorbierende, humusreiche Böden (E. P. Lichtenstein, 1959). Darüber hinaus besitzen die im Boden vorkommenden Mikroorganismen nachhaltigen Einfluß auf Umwandlungsintensität und -wege eingebrachter Wirkstoffe (E. P. Lichtenstein u. K. R. Schulz; R. P. Upchurch, 1966) [vgl. Abschnitt IV/2].

3. *Klimatische Bedingungen:* Klimatische Faktoren bestimmen die Geschwindigkeit, mit der Rückstände abgebaut werden, wesentlich mit (W. Ebeling, 1963). Daraus erklärt sich, warum Untersuchungen über den Einfluß der Schädlingsbekämpfungsmittel auf Geruch und Geschmack geernteter Pflanzen und Früchte von Jahr zu Jahr in ihren Ergebnissen divergieren können (G. W. Hope, 1964; E. Hinreiner u. M. Simone, 1956).

4. *Formulierung* der Präparate *und* damit verknüpft die *Applikationsmethode:* Beispielsweise veränderte Lindan in Emulsionsform Melonen geruchlich und geschmacklich, nicht aber als Staub angewandt (M. E. Kirkpatrik u. Mitarb., 1951), vermutlich weil die Art des Präparates das Ausmaß der Wirkstoffaufnahme in die Pflanze bestimmt. Allerdings besteht zwar stets ein kausaler Zusammenhang zwischen Aufnahme von Schädlingsbekämpfungsmitteln und Intensität des Fremdgeschmacks, aber nicht immer läßt sich eine proportionale Abhängigkeit derselben von der eingewanderten Menge nachweisen (E. Horber, 1957, M. E. Kirkpatrik u. Mitarb., 1960).

Unter den Chlorkohlenwassserstoffen verursacht erfahrungsgemäß technisches HCH in besonders starkem Maße Fremdgeschmack bei den verschiedenartigsten Ernteerzeugnissen (vgl. Tabelle 38), der völlige Ungenießbarkeit zur Folge haben kann (W. Perkow, 1968, S. 238). Technisches HCH stellt ein Gemisch aus den verschiedenen möglichen Stereoisomeren dar, die zum Teil einen unangenehmen Geruch aufweisen, welcher aus dem Boden in Pflanzen übergeht (G. L. Gilpin u. Mitarb., 1957), oder als Folge unsachgemäßen Räucherns in Vorratsräumen den Geschmack lagernden Obstes beeinträchtigt (W. Perkow, 1968, S. 238). Wegen dieses Nachteils des technischen Isomerengemisches verwendet man heute fast ausschließlich das reine, für Insekten hochtoxische γ-Isomere. Wenn es dadurch auch gelang, die Einbuße an geschmacklicher Qualität wesentlich zu mindern, so sind doch noch immer nicht alle Schwierigkeiten beseitigt (H. Maier-Bode, 1965, S. 317–327). Nach den Erfahrungen von E. Hinreiner u. M. Simone (1956 b) bringt im Falle süßer Kartoffeln, die eingedost werden, die Anwendung des reinen Lindans statt des technischen Isomerengemisches keinen nennenswerten Vorteil. Die Ursachen für die selbst nach Gebrauch von Lindan gelegentlich auftretende Geschmacksverschlechterung ließen sich bis heute nicht eindeutig klären. Einerseits scheinen hierbei Nebenprodukte des Chlorierungsprozesses bei der Fabrikation, insbesondere Hepta- und Octochlorcyclohexan, eine Rolle zu spielen, andererseits mögen intermediär in Boden oder Pflanze entstehende Abbauprodukte den Fremdgeschmack verursachen (W. Perkow, 1968, S. 239–241). Für letztgenannte Deutung spricht die Tatsache, daß Kartoffeln von einem Boden, in dem insecticid wirksame Lindanrückstände nicht mehr nachzuweisen waren, noch immer Fremdgeschmack aufwiesen (F. Schmitt, 1956, S. 69–70).

Ähnlich wie bei technischem HCH die neben der γ-Form vorliegenden Isomeren wegen der Gefahr einer Geschmacksbeeinflussung unerwünscht sind, so enthält auch Malathion im rohen Zustand Begleitstoffe, die Mehl und Brot einen häufig merkaptan- oder knoblauchähnlichen Geruch verleihen und daher entfernt werden müssen (G. Bressau, 1966).

Geschmacksbeeinträchtigende Reaktionsprodukte zwischen Pflanzeninhaltsstoffen und Schädlingsbekämpfungsmitteln wurden am Beispiel von Methylbromid beobachtet (M. Feuersenger u. G. Müller, 1963). Falls genügend Feuchtigkeit vorliegt, zersetzen sich im Mehl entstandene Dimethylsulfoniumsalze spontan und verleihen den Backwaren einen deutlich wahrnehmbaren Sulfoxidgeruch (F. Bär, 1957).

Häufiger als fremdartigen Geruch bzw. Geschmack bedingen Schädlingsbekämpfungsmittel einen Verlust des typischen Eigenaromas (Ch. H. Mahoney, 1962, W. Schuphan u. Mitarb., 1957). Chlorkohlenwasserstoffe (H. Leemann-Geymüller, 1954), aber auch Phosphorsäureester (E. Hinreiner u. M. Simone, 1956) können die volle Ausbildung des Aromas bei Südfrüchten, Pfirsichen, Äpfeln, Melonen und Trauben unterdrücken. Umgekehrt tragen chemische Schädlingsbekämpfungsmittel gelegentlich auch zu einem verbesserten Geschmack des Obstes bei (E. Hinreiner u. M. Simone, 1956).

An Lebensmitteln tierischer Herkunft wurden ebenfalls vereinzelt geschmackliche Veränderungen unter dem Einfluß von Schädlingsbekämpfungsmitteln festgestellt (vgl. Tabelle 38). In allen Fällen handelte es sich um perorale Aufnahme von Insecticiden in Mengen, wie sie bei sachgemäßer Anwendung als Rückstände auf Futterpflanzen nicht zu erwarten sind. Mit Lindan behandeltes Weidegras verursachte einen stark erdigen oder muffigen Geschmack von Milch, Rahm und Butter. Nach beendeter Verfütterung des Insecticids hielt die Geschmacksbeeinträchtigung noch 2–3 Monate an (J. N. Gladenko, 1954). F. H. McDowall u.

Mitarb., (1955) stellten nach peroralen DDT-Gaben einen süßlichen Geschmack der Milch fest, der jedoch weder in Rahm noch in Butter überging.

Im Vergleich zu Chlorkohlenwasserstoffen gefährden die weniger beständigen Organophosphorverbindungen sensorisch erfaßbare Eigenschaften von Milch und Fleisch weit weniger (P. A. DAHM u. Mitarb., 1950). Nach äußerlicher Applikation gegen Dassellarven bleiben Milch sowie Fleisch in der Regel unbeeinflußt (H. V. CLABORN u. Mitarb., 1960).

Dagegen scheint eine gewisse Vorsicht geboten bei peroralen Gaben organischer Phosphorverbindungen gegen Dassellarven. Nach Verfütterung von Dipterex war die Milch sowohl geruchlich als auch geschmacklich in Richtung säuerlich oder metallisch verändert (H. THAMM, 1962). Lt § 3 der 1. AVO zum Milchgesetz darf die Milch der Tiere, die mit derartigen Präparaten behandelt worden sind, nicht früher als 5 Tage nach beendeter Applikation in den Verkehr gebracht werden.

Selbstverständlich sollen geruchsintensive Schädlingsbekämpfungsmittel wie Herbicide nicht offen im gleichen Raum mit Lebensmittlen lagern, weil letztere den Fremdgeruch aufnehmen (S. NIELSEN, 1955). Dagegen haben sich die Befürchtungen, Abweiden von Grünflächen wenige Tage nach dem Ausbringen herbicider Präparate könnte Geruch oder Geschmack der Milch nachteilig verändern, nicht bestätigt (J. W. MITCHELL u. Mitarb., 1946). Aufwandmengen bis zu 300 mg/m^2 2,4-D auf Grünflächen beeinträchtigten Milch in dieser Hinsicht nicht (E. FLÜCKIGER, 1955).

VI. Verhalten der Rückstände bei der Lebensmittelverarbeitung und -zubereitung

Die von den Gesundheitsbehörden festgelegten Toleranzwerte gelten für Rohprodukte. Ebenso beziehen sich die meisten Angaben über analytisch ermittelte Rückstände chemischer Schädlingsbekämpfungsmittel auf landwirtschaftliche Erzeugnisse im geernteten Rohzustand. Sie werden aber häufig nicht im rohen Zustand, sondern erst nach industrieller Bearbeitung und/oder küchenmäßiger Zubereitung verzehrt. Nachdem die vorliegenden Reste der Schädlingsbekämpfungsmittel dabei nicht selten umgewandelt bzw. zerstört werden, entsprechen die auf Rohprodukten festgestellten Rückstandsmengen nicht immer denjenigen, die der Konsument tatsächlich mit seiner Nahrung aufnimmt (D. D. HEMPHILL u. Mitarb., 1969). Aus dem gleichen Grund enthalten verzehrsfertige Speisen meistens unterhalb der Toleranzwerte liegende Restmengen (R. E. DUGGAN u. Mitarb., 1966; J. G. CUMMINGS, 1965). Daher unterscheidet F. A. GUNTHER (1950) zwischen Rückständen auf Ernteprodukten und den zum Zeitpunkt des Verzehrs noch vorliegenden Resten. Zur Zeit mangelt es noch an ausreichenden Erfahrungen darüber, wie sich industrielle Lebensmittelverarbeitung und küchenmäßige Zubereitung der Lebensmittel auf die Reste von Schädlingsbekämpfungsmitteln in Rohprodukten auswirken (H. SEIDLER u. Mitarb., 1968 b). Die zu diesem Fragenkomplex vorliegenden Angaben stammen vorwiegend aus Modellversuchen.

1. Waschen

Oftmals vermag allein wiederholtes Waschen, wie es die Hausfrau unter fließendem Wasser vornimmt, die Rückstände chemischer Schädlingsbekämpfungsmittel deutlich zu vermindern. Schon 3-maliges Waschen entfernte nach H. STOBWASSER (1961) einen beträchtlichen Anteil der auf Salat verbliebenen Organophosphorverbindungen, so daß die in der Praxis zu erwartenden Rückstände zwar nicht vollständig, aber doch bis auf physiologisch unbedenkliche Mengen absinken (vgl. Tabelle 39). Der bei Malathion beobachtete, besonders günstige Effekt mag einerseits durch die Art des Wirkstoffes und seine Formulierung, andererseits durch die vergleichsweise hohen Rückstandsmengen bedingt sein. Wie stark die Formulierung die Abwaschbarkeit der Malathionreste beeinflußt, haben Untersuchungen von P. Koivistoinen u. Mitarb. (1964) gezeigt: Während sich Suspensionsreste, die zum Teil aus festem, ungelöstem Material bestanden, das der Oberfläche anhaftete, relativ gut abwaschen ließen, hafteten die Rückstände eines Emulsionspräparates, dessen Wirkstoffe fest in der Cuticula gebunden und sogar in dieselbe eingedrungen waren, sehr hartnäckig. Des weiteren bestimmt, wie zu erwarten, die Oberflächenbeschaffenheit der behandelten Früchte den Erfolg des Waschprozeßes entscheidend mit.

Tabelle 39. *Abnahme der Rückstände insecticider Organophosphorverbindungen auf Salat durch wiederholtes Waschen mit Wasser* (nach H. Stobwasser, 1961)

Wirkstoff Art	Wirkstoff Menge vor dem Waschen mg/kg	Abnahme der Rückstände[1] durch 3-mal Waschen in %	6-mal Waschen in %	9-mal Waschen in %
Parathion	1,0	40	56	60
Malathion	7,9	69	81	82
Diazinon	0,9	43	50	60

[1] Bezogen auf Menge vor dem Waschen.

Da die Wirkstoffe vielfach nicht auf der Oberfläche verbleiben, sondern entsprechend ihrem Löslichkeitsverhalten allmählich mehr oder weniger in die wachsartige Cuticula eindiffundieren, entscheidet auch das Alter der Rückstände wesentlich über den erzielbaren Abwascheffekt: Gelang es beispielsweise kurz nach dem Auftrocknen noch, IPC und CIPC auf Tomaten und Pflaumen mit fließendem Wasser innerhalb 1 min meßbar zu vermindern, so waren die Wirkstoffe 1 Woche nach der Applikation fest in der Oberfläche gebunden und ließen sich unter den gleichen Bedingungen kaum mehr entfernen (vgl. Tabelle 40). – Ähnliche Erfahrungen teilen auch C.H. Van Middelem (1963) für Parathionreste auf Sellerieblättern, P. De Pietri-Tonelli u. Mitarb. (1965) für Parathionrückstände auf Äpfeln, F.A. Gunther (1950) für Parathionreste auf Zitrusfrüchten sowie P. Koivistoinen u. Mitarb. (1965 a) für Captanreste auf verschiedenen Obstsorten mit. – Wesentlich langsamer in die Schale eindringende Wirkstoffe können noch nach entsprechend längerer Zeit abgewaschen werden. So gelang es beispielsweise, die Rückstände des Acaricides 4,4-Dichlor-α-(trichlormethyl)-

Tabelle 40. *Abnahme der Rückstände von IPC und CIPC auf Tomaten (bei 0° C gelagert) durch Waschen in Abhängigkeit von dem Alter der Rückstände* (nach P. Koivistoinen u. A. Karinpää, 1965b; Auszug)

Alter der Rückstände Wochen	Rückstände vor dem Waschen IPC mg/kg	Rückstände vor dem Waschen CIPC mg/kg	Abnahme der Rückstände von IPC %	Abnahme der Rückstände von CIPC %
0	57,1	58,4	22	25
1	56,8	54,6	6	0
3	44,9	54,7	2	0

benzhydrol auf Zitrusfrüchten noch bis zu 40 Tagen nach der Anwendung durch Waschen meßbar zu reduzieren (F. A. GUNTHER u. Mitarb., (1957).

Zu Beginn der industriellen Verarbeitung werden die Rohprodukte vielfach nicht mit reinem Wasser, sondern mittels chemischer Lösungen gewaschen. Zwar können Tensidlösungen *oberflächliche* Beläge selbst noch 4 Monate nach der Anwendung stark vermindern (F. A. GUNTHER u. Mitarb., 1963), aber tiefer *eingedrungene* Rückstände entziehen sich ihrer Wirkung (F. A. GUNTHER u. Mitarb., 1965). Zum Entfernen von DDT-Resten auf Äpfeln erwies sich eine alkalische Na-Silikat-Lösung (etwa 7%ig bei 38° C) einer 1,5%igen HCl bei gleicher Temperatur klar überlegen. Daher verminderte eine an die alkalische Behandlung angeschlossene saure Wäsche, wie sie in Nordamerika gebräuchlich war, die Rückstände nicht mehr (K. C. WALKER, 1949).

Meistens erfolgt das Waschen in besonderen Maschinen. In der Regel erreichen Bürstenmaschinen einen höheren Wirkungsgrad als bürstenlose Typen. Allerdings besteht bei ersteren die Gefahr, daß sich an den Bürsten im Laufe der Zeit mechanisch von den Früchten entfernte Rückstände anreichern, so daß der Effekt während der Betriebszeit allmählich abfällt (H. R. WOLFE u. Mitarb., 1960).

Unter dem Einfluß chemischer Lösungen findet gelegentlich sogar ein Abbau in der Rohware vorhandener Wirkstoffdepots statt: Die zwecks Spaltung des bitteren Oleuropeins für Speiseoliven angewandte NaOH hydrolysiert das im Mittelmeerraum gegen Schädlinge verbreitet eingesetzte Dimethoat. Die entstehenden Spaltprodukte sind wasserlöslich und diffundieren in die Lauge bzw. Kochsalzlösung aus, in welche man die Oliven einlegt. Auf diese Weise werden den Speiseoliven etwa 85–90% der zum Zeitpunkt der Ernte vorliegenden Rückstände entzogen (M. E. ALLESSANDRINI, 1962; R. SANTI u. R. GIACOMELLI, 1962).

Wenn somit auch vielfach die Möglichkeit besteht, auf Rohprodukten vorhandene Reste chemischer Schädlingsbekämpfungsmittel mehr oder weniger vollständig abzuwaschen, so bietet eine solche Behandlung aus den dargestellten Gründen keine *ausreichende* Sicherheit dafür, daß überhöhte Rückstände auf diese Weise unter den jeweiligen höchstzulässigen Grenzwert herabgedrückt werden (H. R. WOLFE u. a., 1959). Der Erzeuger sollte deswegen unbedingt die empfohlenen Wartezeiten einhalten, statt nach verfrühter Erntezeit zu versuchen, unzulässige Rückstände durch Waschen der Rohware zu reduzieren; jegliches Unterschreiten der Wartefristen bedeutet für den Erzeuger ein unvertretbares Risiko.

2. Mechanische Bearbeitung

Immer dann, wenn die Reste der Schädlingsbekämpfungsmittel in bestimmten Pflanzenteilen oder in einer Fraktion der Lebensmittel angereichert und nicht gleichmäßig in der gesamten Masse verteilt vorliegen, können gezielte Trennoperationen dazu dienen, einen erheblichen Anteil der Rückstände zu beseitigen. Das gilt vor allem für das Entfernen der äußeren Partien pflanzlicher Erzeugnisse. Hierdurch gelingt es, die Rückstände selbst dann noch wirksam zu reduzieren, wenn Waschen nicht mehr zum Erfolg führt, weil die Rückstände bereits zu alt sind und daher auf der Oberfläche so fest haften, daß sie praktisch zu einem Bestandteil derselben geworden sind (C. H. VAN MIDDELEM, 1963).

Die Rückstände der für Zitrusfrüchte angewandten Insecticide finden sich fast ausschließlich in der Schale, in deren ätherischem Öl sie als lipoide Substanzen meistens recht gut in Lösung gehen, während das Fruchtfleisch nahezu frei von unerwünschten Stoffen bleibt (R. T. MURPHY u. Mitarb., 1965; F. A. GUNTHER u. Mitarb., 1963 u. 1965). Da diese Früchte immer geschält verzehrt und die Schalen nur ausnahmsweise verwendet werden, bilden die Rückstände in der Regel keine Gefahr für den Verbraucher. Ähnlich bleiben auch Äpfel nach Anwendung von Parathion insecticid frei; die Rückstände sind stets nur in der Schale lokalisiert (A. Dènes, 1957). Allerdings können beim Schälen durch das Messer geringe Insecticidanteile auf die geschälte Frucht übertragen werden (H. Stobwasser, 1961).

F.C. Lamb u. Mitarb. (1968) zeigten, daß haushaltsmäßiges Waschen und Schälen DDT-Reste bei Kartoffeln ebenso gut reduziert (> 90%) wie maschinelles Waschen und anschließendes Laugenschälen. Für den Erfolg des industriellen Schälens war es gleichgültig, ob eine 5%ige oder eine 15%ige Lauge verwendet wurde. Auch bei Möhren genügt Schälen, um einen erheblichen Anteil der Insecticidreste zu entfernen, die sich in einer 2 mm starken Rindenzone konzentrieren (H. Seidler u. Mitarb., 1968 a).

Nicht immer verhindert die äußere Schale das Eindringen der Wirkstoffe in die darunter liegenden Schichten. Zwar liegen Arsen- und Bleirückstände hauptsächlich in der Schale der Kartoffeln vor, doch enthält der eßbare Anteil der Knolle noch 5–20% der gesamten Menge (E. Sihlborn, 1956). Bei Tomaten wurden dagegen nach 5-maliger Behandlung mit einem organischen Hg-Präparat auf der Oberfläche nur etwa 3%, in der Haut etwa 7%, im Mark aber annähernd 90% der gesamten Quecksilberrückstände festgestellt (A.S. Beidas u. D.J. Higgons, 1957). Auch Methylbromid durchdringt teilweise die Schale, z.B. von Apfelsinen (M. Feuersenger u. G. Müller, 1963) oder Kakaobohnen (M.E. Getzendaner, 1966), doch enthalten die Schalen stets ein vielfaches der im Inneren vorliegenden Rückstände. Das herbicide Maleinsäurehydrazid findet sich ebenfalls hauptsächlich in der Schale von Kartoffeln und Äpfeln, aber ebenso in der Wachstumsspitze der Karotten und in den fleischigen Speicherblättern der Zwiebeln (J. Hoffmann u. R.B. Charson, 1962).

Bei Weißkohl, dessen äußere Blätter während der Vegetation angewandte Insecticide vorwiegend festhalten, beseitigt man mit den Hüllblättern die Rückstände weitgehend. Ähnlich fangen die Kopfblätter der Kohlrabi einen wesentlichen Teil der Spritzpräparate auf, so daß die Köpfe nur vergleichsweise geringe Wirkstoffreste aufweisen (vgl. Tabelle 41).

Tabelle 41. *Verteilung der Rückstände insecticider Phosphorsäureester bei Kohlrabi und Weißkohl* (nach H. Stobwasser, 1961)

Insecticide	Gemüse Art	Gemüse Partie	Insecticidrückstände mg/kg
Parathion	Kohlrabi	Blätter	> 6,0
		Köpfe	0,7
	Weißkohl	Hüllblätter	0,09–0,11
		Gesamtkopf einschließlich Hüllblättern	< 0,02
Malathion	Kohlrabi	Blätter	> 15
		Kopf	1,8

Ähnlich wie das Schälen trennt auch der übliche Mahlprozeß die äußeren Partien von dem Inneren ab. Da auf lagerndes Getreide aufgestäubte Insecticide – DDT (R. Flatow, 1959) bzw. Malathion (G. Bressau, 1966) – nicht bis in den Mehlkörper vordringen, wird der Hauptanteil derselben beim Vermahlen mit der Kleie entfernt. Das gewonnene Mehl enthält nur vergleichsweise wenig Insecticidreste (vgl. Tabelle 42). Entsprechend seinem hohen Gehalt an Schalenanteilen

Tabelle 42. *Verteilung der Malathionrückstände (auf lagernden Roggen gestäubt) auf die im Verlauf der mühlenmäßigen Verarbeitung anfallenden Fraktionen* (nach G. BRESSAU, 1966)

Arbeitsgang	Fraktion Art	Anteil %	Malathion-rückstände mg/kg
Reinigung des Korns	gereinigter Roggen	96,7	3,0
	Schmachtkorn (Fein- und Halbkörner)	2,8	6,7
	Flugkleie (Staub)	0,3	60,0
	Filterstaub (Feinstaub)	0,002	6,0
Vermahlen des gereinigten Roggens	Mehltyp 1150	84	1,9
	„ 815	0,5	1,2
	Blaumehl aus dem Korninneren	0,3	0,6
	Futtermittel aus Rindenschichten des Korns	5,2	13,5
	Kleie	6,2	16,8

weist Schrotmehl höhere Rückstände etwa vorhandener Schädlingsbekämpfungsmittel auf als die feineren Mehltypen (M.E. ALLESSANDRINI u. V. LEONI, 1965).

Wegen ihres möglicherweise hohen Gehaltes an Schädlingsbekämpfungsmittelrückständen bilden die anfallenden Nebenprodukte der Müllerei ebenso wie Rückstände aus der Zitrussaftindustrie (F.A. GUNTHER u. Mitarb., 1965), wenn sie als Futtermittel für Milchtiere verwendet werden, eine beachtenswerte Kontaminationsquelle für Milch mit persistenten Chlorkohlenwasserstoffen (vgl. Abschnitt IV/4a).

Infolge ihrer meistens sehr ausgeprägten lipophilen Eigenschaften erscheinen Insecticide, welche auf natürlichem Wege, d.h. über den tierischen Organismus in die Milch gelangen und nicht nachträglich der Milch zugesetzt wurden, in der lipoiden Phase. Folglich ist zu erwarten, daß sie sich in den Milcherzeugnissen in dem der stattfindenden Fettkonzentrierung entsprechenden Ausmaß anreichern. Deshalb enthält Rahm, absolut gesehen, mehr Lindan bzw. Endrin als Magermilch und Butter mehr als Buttermilch. Um so mehr überrascht die Beobachtung, daß bezogen auf den Fettgehalt, Buttermilch eine sehr viel höhere Lindankonzentration als Butter aufwies (vgl. Tabelle 43). Parallel hierzu stellten R. ENGST u. H. SEIDLER (1969) mit Hilfe von ^{14}C-markiertem DDT fest, daß sich das Insecticid beim Separieren des Rahms nicht proportional dem Fettentzug abtrennen ließ. Die praktisch fettfreie (butyrometrisch kontrollierte) Magermilch enthielt noch 10–20% der ursprünglichen DDT-Menge. Die Ursache hierfür ist bisher noch ziemlich unklar, zumal für die insecticiden Chlorkohlenwasserstoffe Telodrin und Methoxychlor durch Bestimmung der Wirkstoffe in dem aus Rahm ausgeschmolzenen

Tabelle 43. *Verteilung insecticider Chlorkohlenwasserstoffe auf die verschiedenen Fraktionen infolge mechanischer Abtrennung des Fettes im Zuge der Milchverarbeitung zu Butter* (nach B.E. LANGLOIS u. Mitarb., 1964 u. 1965)

Fraktion	Lindanrückstände mg/kg[1]	Lindanrückstände mg/kg Fett	Endrinrückstände mg/kg[1]	Endrinrückstände mg/kg Fett
Pasteurisierte Milch . .	0,80	20,51	0,18	4,81
Magermilch	0,19	—[2]	—[2]	—[2]
Rahm	9,60	29,09	1,69	3,63
Buttermilch	0,71	50,71	0,30	3,70
Butter	20,00	23,60	4,50	5,26

[1] Bezogen auf Gesamtgewicht. [2] Keine Angabe.

Butterfett mit großer Wahrscheinlichkeit nachgewiesen werden konnte, daß die Substanzen tatsächlich im Fett gelöst vorliegen (A.R. STEMP u. B.J. LISKA, 1966). R. ENGST u. H. SEIDLER (1969) vermuten aufgrund ihrer Versuche eine Affinität des Milcheiweißes zu DDT, welche für die erhöhte Retention in der fettfreien Phase verantwortlich sein könnte. Insecticide, die sich wie Heptachlor und dessen Epoxid etwas besser in Wasser lösen als Lindan, Endrin und ähnliche Verbindungen, zeigen eine begrenzte Tendenz, beim Zentrifugieren in Magermilch überzugehen (B.E. LANGLOIS u. Mitarb., 1965).

Des weiteren haben B.E. LANGLOIS u. Mitarb. (1964 u. 1965) auch das Verhalten der Milch nachträglich zugesetzter Insecticide (Lindan, Endrin und Heptachlor) bei der Bruchverarbeitung für Emmentaler Käse verfolgt. Sie stellten fest, daß diese Wirkstoffe nahezu vollständig im zerkleinerten Bruch verbleiben, während in der annähernd fettfreien Molke höchstens Spuren der Chlorkohlenwasserstoffe nachzuweisen waren.

3. Thermische Behandlungsverfahren

Ausgehend von der Annahme, daß erhöhte Temperaturen während der Lebensmittelverarbeitung und -zubereitung Schädlingsbekämpfungsmittelreste verändern oder reduzieren könnten, haben unter den hinsichtlich ihres Einflusses auf Substanzen zur Bekämpfung von Schädlingen überprüften technologischen Verfahren jene Prozesse besonderes Interesse gefunden, die hohe Temperaturen erfordern. Die Untersuchungen haben gezeigt, daß die gegen Schädlinge angewandten Verbindungen aufgrund ihres chemischen Aufbaus in sehr unterschiedlichem Maße beständig gegenüber den während des Pasteurisierens, Kochens, Bratens, Backens, Blanchierens oder Sterilisierens wirksam werdenden Temperaturen sind.

a) Kochen, Blanchieren und Sterilisieren

Nach 2 Std Kochzeit oder 15 min Braten war in Rindfleisch kein unverändertes Dichlorvos mehr nachzuweisen. Als hydrolytische Spaltprodukte wurden Phosphorsäure sowie Methylester derselben identifiziert (K. R. MILLAR u. W.M. AITKEN, 1965). Schon eine kurze Kochzeit von 15 min genügte, um Parathion- bzw. Malathionrückstände an schwarzen Johannisbeeren auf weniger als die Hälfte der Ausgangsmenge zu reduzieren (vgl. Abb. 30). Trichlorphon scheint dagegen be-

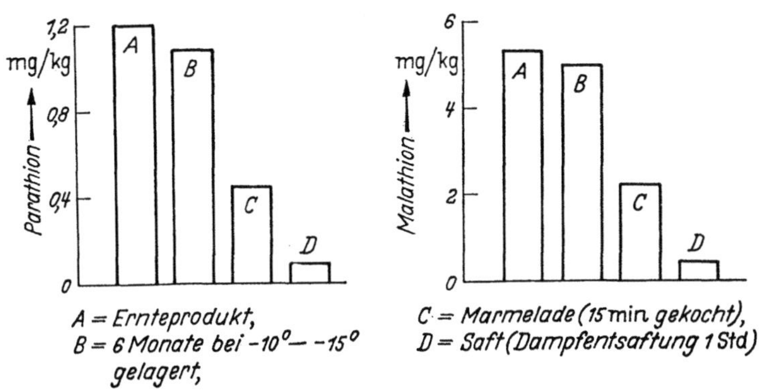

Abb. 30. Verhalten von Parathion- und Malathionrückständen in schwarzen Johannisbeeren bei der Weiterverarbeitung (nach P. KOIVISTOINEN u. P. ROINE 1959)

ständiger zu sein, denn selbst nach 2 Std Kochdauer wurden auf Obst noch mehr als 50% der ursprünglichen Menge gefunden (V. Beneš u. V. Černá, 1967). Vermutlich erfolgt die Zerstörung der Organophosphorsäureverbindungen im wesentlichen auf hydrolytischem Wege. Daneben ist, speziell beim Kochen in offenen Töpfen damit zu rechnen, daß ein Teil der Rückstände mit dem Wasserdampf entweicht oder oxydativen Reaktionen unterliegt. Sogar Kochen unter erhöhtem Druck vermindert daher die Rückstände nicht so weitgehend wie offenes Kochen (C.H. Van Middelem, 1963).

Ähnlich empfindlich wie insecticide Phosphorsäureester sind schwefelhaltige Fungicide. Blanchieren bei etwa 90° C senkte die Rückstände von Captan (P. Koivistoinen u. Mitarb., 1965) bzw. TMTD (H. Maier-Bode, 1966) um nahezu 90%; 2 Std Kochen reduzierte Thiramreste auf Obst um rd. 80% (V. Beneš u. V. Cerna, 1967).

Im Gegensatz zu den bisher besprochenen Substanzen haben sich Chlorkohlenwasserstoffe als recht beständig gegenüber Pasteurisieren (B.E. Langlois u. Mitarb., 1964) erwiesen; Lindan- (H. Seidler u. Mitarb., 1968 a), Endrin- (L.C. Terriere u. Mitarb., 1958) sowie Dieldrinrückstände (N. Gannon u. Mitarb., 1959; M.C. Ifey u. Mitarb., 1961) bleiben trotz Kochens unverändert erhalten. Für die Beständigkeit der Chlorkohlenwasserstoffe spricht des weiteren die Erfahrung, daß mit Fett zubereitete Gerichte durchschnittlich höhere DDT-Rückstände enthalten als fettfreie (K.C. Walker u. Mitarb., 1954). Während des Kochens von Bohnen mit DDT-Resten war außer insgesamt verringerten Rückständen eine Abnahme des DDT zugunsten von DDD zu beobachten. Nach 3 min Kochen bei 1,05 at enthielten Bohnen sogar mehr DDD als DDT (vgl. Tabelle 44). In das Kochwasser gelangten dabei höchstens Spuren des Insecticids. Im Gegensatz dazu traten insecticide Chlorkohlenwasserstoffe aus Geflügelfleisch zusammen mit dem Fett in das Kochwasser über. Die Verluste erreichten je nach Substanz etwa 90% der ursprünglich im Fleisch vorhandenen Menge. Heptachlor wurde hartnäckiger zurückgehalten als DDT, Dieldrin oder Lindan. Daher genügte bei letzteren 1 Std Kochen bei 1,05 at, um mehr als 95% der Rückstände aus dem Fleisch zu entfernen, während unter den gleichen Kochbedingungen Heptachlor im Fleisch selbst nach 3 Std noch gefunden wurde. Ein Teil dieser Rückstände dürfte jedoch durch Resorption des ausgetretenen Fettes wieder in das Fleisch zurückdiffundiert sein. Das Ausmaß des Übertrittes in das Kochwasser scheint allerdings nicht aus-

Tabelle 44. *Abnahme der Rückstände an DDT und ähnlichen Verbindungen auf Bohnen durch küchenmäßige Zubereitung* (nach D.D. Hemphill u. Mitarb., 1969; Auszug)

Zustand der Proben	Rückstände p,p'-DDT mg/kg	o,p'-DDT u. p,p'-DDD mg/kg	insgesamt[4] mg/kg
Unbehandelt (Kontrolle)	0,46	0,20	0,67
Gewaschen und geputzt	0,41	0,18	0,61
Gewaschen, geputzt und gekocht[1]	0,22	0,13	0,36
Gewaschen, geputzt und unter Druck gekocht[2]	0,09	0,14	0,25
Gewaschen, geputzt und elektronisch gekocht[3]	0,23	0,11	0,35

[1] Drucklos 12 min gekocht.
[2] Bei 1,05 at 3 min gekocht.
[3] Mit Mikrowellen 6 min elektronisch gekocht.
[4] Einschließlich jeweils 0,01–0,02 mg/kg p,p'-DDE und o,p-DDD.

schließlich von der Art des Wirkstoffes abzuhängen; vielmehr sprechen Anzeichen dafür, daß zusätzlich auch die *Art* des Fleisches eine Rolle spielt. Während nämlich der DDT- bzw. Heptachlorgehalt pro g Fett in dunklem Fleisch im Laufe des Kochens konstant blieb, nahm er in weißem Fleisch ab. (B.J. LISKA u. Mitarb., 1967).

Neben DDT unterliegen auch andere Chlorkohlenwasserstoffe während des Kochens Abbaureaktionen. So entsteht beispielsweise aus Heptachlor das entsprechende Epoxid (B.J. LISKA u. Mitarb., 1967). Sogar das als sehr stabil geltende Lindan scheint sich infolge Kochens unter erhöhtem Druck (Wasser von 116° C) zu verändern, denn nach 30 min entwickelte sich der für technisches HCH typische Geruch und Geschmack, ohne daß allerdings Trichlorbenzol, das häufigste Abbauprodukt von HCH, nachzuweisen war (W.A. BRITTEN u. D.J. FAIRING, 1950).

An Schädlingsbekämpfungsmittelresten unter dem Einfluß von Koch- bzw. Sterilisationstemperaturen eintretende Veränderungen sind bisher noch weitgehend ungeklärt. Trotzdem verdienen dieselben erhöhtes Interesse, denn durch Reste chemischer Schädlingsbekämpfungsmittel verursachte Geschmacks- und Geruchsfehler treten erfahrungsgemäß gehäuft an gekochten bzw. sterilisierten Produkten auf (vgl. Abschnitt V/2 b). Einen weiteren Beleg für derartige Reaktionen erbrachte G.W. HOPE (1964), indem er nachwies, daß der bei Erdbeeren, die mit Phaltanrückständen sterilisiert worden waren, auftretende Fehlgeschmack nicht zu beobachten ist, wenn man das Fungicid in gleicher Konzentration den gesüßten, aber bereits gekochten Früchten zugibt. Der sich offensichtlich nur während des Sterilisierens entwickelnde Geschmacksfehler kann durch ein thermisch bedingtes Abbauprodukt verursacht sein. Zusätzlich muß jedoch auch die Möglichkeit einer Reaktion mit dem Dosenmaterial berücksichtigt werden, denn der Fehlgeschmack trat nur in unlackierten, nicht aber in lackierten Konservendosen auf (G.W. HOPE, 1964). Unabhängig von den Untersuchungen mit Phaltanrückständen erbrachten auch Versuche mit anderen schwefelhaltigen Fungiciden – TMTD sowie Ziram, nicht aber mit Captan – deutliche Hinweise auf nachteilige Reaktionen, mit dem Werkstoff der Dosen, welche die Haltbarkeit der Obstkonserven verkürzten (vgl. Tabelle 45). Keinesfalls sind die einsetzenden Bombagen auf eine einfache Sulfidbildung zurückzuführen. Vielmehr könnte als Ursache eine Filmbildung auf dem Weißblech in Betracht kommen, welche den Schutzeffekt des Zinnüberzugs durch Passivierung aufhebt, so daß freiliegendes Eisen in Lösung geht. Die mit der allmählichen Korrosion verbundene Wasserstoffentwicklung hebt die ursprüngliche Einbuchtung von Boden und Deckel der Konservendosen auf. – Den Übergang von der ursprünglich konkaven in eine konvexe Wölbung des Dosendeckels und -bodens haben P.W. BOARD u. Mitarb. (1967) als Kriterium

Tabelle 45. *Haltbarkeitsdauer von Obstkonserven mit Zusatz einiger schwefelhaltiger Fungicide in Weißblechdosen* (nach P. W. BOARD u. Mitarb., 1967; Auszug)

Zugesetzte Substanz: Art	Menge mg/kg	Haltbarkeit in Wochen von: Äpfeln	Pfirsichen	Birnen	Ananas
Kontrolle	—	140	205	144	162
TMTD	1	—	—	144	—
	5	48	93	74	119
Thiram	1	—	—	155	—
	5	43	90	86	114
Captan	5	—	—	154	—
Schwefel	2	—	—	159	—
Na_2S	2	—	—	158	—

für das Ende der Lagerfähigkeit gewählt. – Vermutlich katalysieren aus dem Dosenmaterial stammende Fe^{+++}-Ionen auch die Zersetzung von DDT-Rückständen auf Bohnen (A.F. KARLIN u. Mitarb., 1966).

Insgesamt gesehen sind Insecticide aus der Klasse der Chlorkohlenwasserstoffe unter Sterilisationsbedingungen (15 min/116° C) in Milch sehr beständig, denn der Insecticidgehalt pro kg Fett blieb nach Untersuchungen von B.E. LANGLOIS u. Mitarb. (1964 u. 1965) konstant; eine Ausnahme bildeten lediglich die beiden Epoxide, die während der Sterilisation einem stärkeren Angriff unterlagen (vgl. Tabelle 46).

Captan ist als schwefelhaltiges Fungicid vergleichsweise wesentlich temperaturempfindlicher und wird durch Sterilisieren praktisch vollständig zerstört (vgl. Tabelle 47). Ebenso werden Trichlorphon, Mevinphos sowie Dimethoat in Mengen,

Tabelle 46. *Veränderungen des Gehaltes an insecticiden Chlorkohlenwasserstoffen in Milch durch Sterilisation bei 116° C* (nach B. E. LANGLOIS u. Mitarb., 1964 u. 1965)

Insecticid	Rückstände in Rohmilch mg/kg Fett	Rückstände in Sterilmilch mg/kg Fett
Heptachlor[1] . . .	3,72	3,79
Heptachlorepoxid[1] .	21,15	12,56
Dieldrin[1]	19,26	11,19
DDT[2]	26,00	25,12
Lindan[1]	25,00	25,63

[1] Rückstände in Milch nach Verfütterung der Wirkstoffe.
[2] Der Milch nachträglich zugesetzt.

Tabelle 47. *Abnahme der Captan-Rückstände auf Obst durch verschiedene Verarbeitungsprozesse* (nach KOIVISTOINEN u. Mitarb., 1965; Auszug)

Produkt	Captan-Rückstände auf Pflaumen: Rückstand mg/kg	Pflaumen: Abnahme %	Äpfeln: Rückstand mg/kg	Äpfeln: Abnahme %	Stachelbeeren: Rückstand mg/kg	Stachelbeeren: Abnahme %
Rohware (Kontrolle) . .	4,1	0	41,1	0	40,1	0
Konserve[1]	< 0,1	> 99	< 0,1	> 99	< 0,1	> 99
Marmelade[2]	0,4	98	—	—	< 0,1	> 99
Mus	—	—	0,2	> 99[3]	32,4	19[4]
Saft, gepreßt[5]	—	—	7,5	82	—	—
Saft, gepreßt und pasteurisiert[6]	—	—	0,1	> 99	—	—
Saft, mit Dampf extrahiert	—	—	0,2	> 99	0,2	> 99
getrocknet[7]	0,5	98[8,10]	—	—	80,9	69[9,10]

[1] In Zuckersaft 30 min/120° C sterilisiert.
[2] 15 min mit Zuckerzusatz gekocht.
[3] Zerschnittene Früchte 40 min in Wasser gekocht und durch Siebe gedrückt.
[4] Mechanisch zerkleinert, ungekocht.
[5] Mechanisch gepreßt.
[6] Nach dem Pressen in Flaschen 10 min bei 80° C pasteurisiert.
[7] 1 Std mit Dampf extrahiert.
[8] In dünner Schicht 2 Tage in Rotationsofen bei 75° C getrocknet.
[9] In dünner Schicht 3 Tage bei 50° C, anschließend 7 Tage bei 75° C getrocknet. Ausbeute: 0,92 kg Trockenware aus 6 kg Frischware.
[10] Unter Berücksichtigung des durch Trocknen verursachten Gewichtsverlustes.
— = keine Angaben.

wie sie bei sachgerechter Anwendung der Insecticide auf Gemüse zurückbleiben können, während der Konservenfabrikation so weit zerstört, daß sie nicht mehr nachzuweisen sind. Herbicide unterliegen während des Konservierens von Gemüse je nach Wirkstoff einem mehr oder weniger intensiven Abbau (15–100%) (H. MAIER-BODE, 1966).

b) Konzentrieren

Chlorkohlenwasserstoffe sind so thermostabil, daß etwaige Rückstände durch Evaporieren oder vollständiges Trocknen (Konzentrieren) nicht völlig zerstört werden. So enthielten beispielsweise noch rd. 90% aller 1961 in den USA analysierten Proben evaporierter Milch DDT und etwa 43% DDE (H.E.O. HEINEMAN u. G.B. MILLER, 1961). Im Verlauf des Eindampfprozesses nehmen insbesondere die Wirkstoffe in Epoxidform – Heptachlorepoxid sowie Dieldrin – mengenmäßig stark ab, während die wesentlichen Verluste an Heptachlor und Lindan erst unter den extremen Bedingungen des Trocknens zu erwarten sind. Für DDT sind die Befunde insofern nicht eindeutig, als Walzenmilchpulver im Fett wesentlich mehr DDT enthielt als die Rohmilch, während durch Sprühtrocknung der Gehalt deutlich zurückging (vgl. Tabelle 48). Der Grund für den beobachteten DDT-Verlust infolge Sprühtrocknens könnte in einer ausgeprägten Codestillation zusammen mit Wasserdampf liegen, welche durch die hohe Affinität dieses Insecticids zu der während des Sprühtrocknens extrem großen Grenzfläche Luft/Wasser begünstigt wird (F. ACREE JR. u. Mitarb., 1963).

Generell wären infolge des intensiveren Temperatureinflusses bei der Walzentrocknung höhere Insecticidverluste zu erwarten gewesen als durch Sprühtrocknen. Diese Annahme konnte jedoch nur für Endosulfansulfat und Chlordan, aber nicht für die übrigen Substanzen bestätigt werden (vgl. Tabelle 48). Einem Bericht von J.A.H. RUZIKA u. Mitarb. (1967) zufolge bewegten sich die an 18 unter praktischen Bedingungen hergestellten Milchpulverproben beobachteten durchschnittlichen Verluste für die verschiedenen HCH-Isomeren zwischen 20–25%, während Dieldrin um 15% und p,p -DDT um 20 % zurückging.

Auch das wesentlich schonendere Verfahren des Gefriertrocknens (Vacuum bis $1 \cdot 10^{-1}$ Torr) verursacht begrenzte Insecticidverluste. Dabei ergab sich eine

Tabelle 48. *Veränderungen des Gehaltes an insecticiden Chlorkohlenwasserstoffen in Milch durch Konzentrationsprozesse*

Insecticid	Rückstände in Rohmilch mg/kg	Rückstände in Kondensmilch mg/kg	Trockenmilch: Sprühpulver[3] mg/kg	Trockenmilch: Walzenpulver[4] mg/kg	Literaturzitat
Heptachlor[1]	3,72	3,96	0,18	0,21	B. E. LANGLOIS u. Mitarb. (1965)
Heptachlorepoxid[1]	21,15	10,96	7,39	8,09	B. E. LANGLOIS u. Mitarb. (1965)
Dieldrin[1]	19,26	11,38	8,48	9,10	B. E. LANGLOIS u. Mitarb. (1965)
DDT[2]	26,00	23,05	9,85	43,43	B. E. LANGLOIS u. Mitarb. (1964)
Lindan[1]	25,00	26,42	4,38	9,27	B. E. LANGLOIS u. Mitarb. (1964)
Endosulfansulfat[1]	15,20	—	8,80	4,50	T. J. MCCASKEY u. B. J. LISKA (1967)
Chlordan[1]	19,70	—	14,70	9,90	T. J. MCCASKEY u. B. J. LISKA (1967)

1 Rückstände in Milch nach Verfütterung der Wirkstoffe.
2 Der Milch nachträglich zugesetzt.
3 Temperatur der eintretenden Luft 135° C, der austretenden Luft 85° C.
4 Trocknung auf Zweiwalzentrockner bei Normaldruck und 132° C–138° C.

lineare Beziehung zwischen der Höhe der Wirkstoffabnahme und dem Logarithmus des Dampfdruckes der Wirkstoffe Dieldrin, Heptachlorepoxid und Lindan (vgl. Abb. 31), während bei Methoxychlor sowie DDT mit einem Dampfdruck von 1,3 · 10^{-7} Torr keine meßbaren Verluste registriert wurden. Im Gegensatz dazu fand M. KROGER (1968), daß Dieldrin-Rückstände bei der Gefriertrocknung ebenso vollständig erhalten bleiben wie solche von Heptachlor.

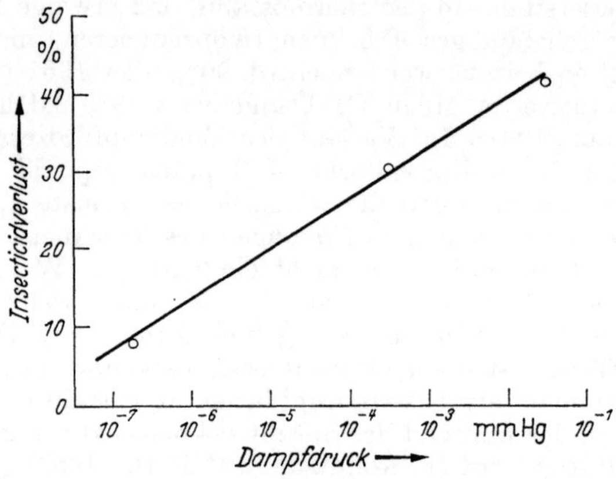

Abb. 31. Relation zwischen Dampfdruck bei 25° C und Insecticidabnahme durch Gefriertrocknen der Milch. Trocknungsdauer 24 Std; Dieldrin 1,8 · 10^{-7} Torr; Heptachlorepoxid 3 · 10^{-4} Torr; Lindan 7 · 10^{-2} Torr (nach F. KIERMEIER u. Mitarb., 1967)

c) Sonstige Verfahren

Erhitzen des Teiges während des Backens setzt nach Untersuchungen von H. SEIDLER u. Mitarb. (1968 b) etwaige Lindan-Rückstände kaum herab. Soweit Verluste eintreten, scheinen sie im wesentlichen durch Verflüchtigung aus den obersten Schichten der Brotlaibe zu erfolgen, denn die Insecticidmenge blieb während des Backprozesses voll erhalten, falls Lindan ausschließlich in das Zentrum der aus rohem Teig geformten Laibe gegeben wurde. Hingegen fand R. FLATOW (1956) im verbackenen Mehl nur 10% des ursprünglichen DDT-Gehaltes. Die tatsächliche Abnahme durch Zersetzung bzw. Verflüchtigung dürfte allerdings unter 90% liegen, denn nach Ansicht von R. FLATOW (1956) soll der Wirkstoff während des Backens fester an das Mehl gebunden werden, so daß er infolge verminderter Wirksamkeit des Extraktionsverfahrens nicht vollständig analytisch erfaßt werden konnte.

Selbstverständlich hat es nicht an Versuchen gefehlt. Schädlingsbekämpfungsmittelreste in Lebensmitteln durch wärmeintensive, technologische Verfahren zu beseitigen. Mittels Molekulardestillation gelang es, Rückstände insecticider Chlorkohlenwasserstoffe nahezu quantitativ aus Fett zu entfernen (vgl. Tabelle 49). Durch 5-stündiges Erhitzen auf 180°–195° C bei maximal 5 · 10^{-1} Torr und anschließende Wasserdampfdestillation konnten Heptachlor sowie Dieldrin vollkommen aus Butteröl abgetrennt werden. Die üblicherweise in Milch zu erwartenden Spuren dieser Wirkstoffe kann man auch mittels Dampfdesodoration bei 50 · 10^{-3} bis 5 · 10^{-1} Torr vollständig beseitigen (M. KROGER, 1968).

Tabelle 49. *Reduzierung des Insecticidgehaltes in Butterfett durch Molekulardestillation* (nach D. D. BILLS u. J. L. SLOAN, 1967; Auszug)

Insecticid Art	Zusatz mg/kg	Abgetrennter Anteil[1] %
Lindan	0,8	94,7
	40,0	96,0
Heptachlor	0,8	94,6
Heptachlorepoxid . .	1,6	97,8
	80,0	98,1
Aldrin	2,4	98,3
	120,0	94,7
DDE	1,6	98,0

[1] Bezogen auf Zusatz.

Versuche, Milchfett mittels einfacher Wasserdampfdestillation von Resten insecticider Chlorkohlenwasserstoffe zu befreien, schlugen fehl (D.D. BILLS u. J.L. SLOAN, 1967). Ebensowenig gelang es, derartige Rückstände durch Abdestillieren der ätherischen Öle aus der Pfefferminze abzutrennen; vielmehr reicherten sich Chlorkohlenwasserstoffe auf Cyclodienbasis, nicht aber DDT, im Destillat auf das 5—20-fache der ursprünglichen Rückstandsmenge an (H. STARR u. Mitarb., 1963).

4. Enzymatische Prozesse

Enzymatische Prozesse sind für die gesamte Lebensmittelgewinnung und -verarbeitung außerordentlich bedeutsam. Trotzdem haben im Zusammenhang damit Reste chemischer Schädlingsbekämpfungsmittel bisher wenig Interesse gefunden. Deshalb mangelt es an ausreichenden Erfahrungen, einerseits über die Beständigkeit dieser Substanzen gegenüber enzymatischen Umsetzungen, wie sie lebensmitteltechnologisch verbreitet genutzt werden und andererseits hinsichtlich ihrer Rückwirkungen auf diese biochemischen Vorgänge.

a) Beständigkeit

Sobald Organophosphorverbindungen mit zerkleinertem Pflanzenmaterial und den darin aktiven Enzymen in Kontakt kommen, besteht die Möglichkeit der Umwandlung bzw. des Abbaus. Daraus erklärt sich die anfängliche Abnahme des Malathiongehaltes auf zerkleinerten, eingefrorenen Äpfeln, die während der Lagerung bei —18° C nicht weiter fortschreitet (vgl. Tabelle 50). Ebensowenig sind enzymatische Reaktionen während des Auftauens gefrorener Produkte auszuschließen (C.H. VAN MIDDELEM, 1963).

Im Laufe längerer Kontaktzeiten mit zerkleinertem, gärendem Pflanzenmaterial werden die organischen Phosphorverbindungen weitgehend zersetzt. In eingesalzenen Bohnen fiel der ursprüngliche Malathiongehalt binnen der ersten 2 Monate auf etwa ein Zehntel ab; der weitere Abbau erfolgte außerordentlich langsam (vgl. Tabelle 50). Untersuchungen an Rübenblattsilage mit Parathionrückständen haben diesen Befund grundsätzlich bestätigt: Innerhalb der ersten 3 Wochen nach dem Einsilieren, also in der Zeit höchster Gärungsintensität wurde die Hauptmenge des Phosphorsäureesters abgebaut (G. WILDBRETT u. Mitarb., 1968). — Analoge Ergebnisse stammen aus Versuchen mit Diazinon in Grassilage (J.C. DERBYSHIRE u. R.T. MURPHY, 1962). — Trotzdem enthielt die Silage nach

Tabelle 50. *Abnahme der Rückstände von Malathion auf eingefrorenen Äpfeln bei – 18° C und eingesalzenen Bohnen (vor der Einlagerung nicht erhitzt) bei + 4° C* (nach P. KOIVISTOINEN u. Mitarb., 1964)

Lagerzeit Monate	Abnahme der Malathionrückstände auf Äpfeln %	Salzbohnen %
1	37	—
2	29	88
4	41	92
8	33	96

6 Monaten noch geringe Parathionreste, wie auch Salzbohnen selbst nach 8 Monaten geringfügige Malathionrückstände aufwiesen (vgl. Tabelle 50).

Verglichen mit Parathion und Malathion widerstehen Chlorkohlenwasserstoffe wie DDT einem enzymatischen Abbau sehr viel besser. Obwohl während der ersten 3 Wochen der Gehalt an DDT deutlich abnahm, konnten 6 Monate nach dem Einsilieren immer noch nahezu 60% der ursprünglichen Menge ermittelt werden (G. WILDBRETT u. Mitarb., 1968). R.H. CARTER u. Mitarb. (1949) konnten in silierten Bohnen sogar binnen 5 Monaten keinen nennenswerten DDT-Abbau nachweisen.

Im Zuge der alkoholischen Vergärung von Traubensaft blieben die Rückstände von 13 überprüften Insecticiden erhalten, ausgenommen Diazinon, welches in dem sauren Milieu (pH 3,5) hydrolysiert wurde. Der ausgegorene Wein enthielt Reste der Wirkstoffe Demeton, Malathion, Parathion, Phosdrin sowie Sevin. Der Hauptanteil von Ethion, Parathion und Trithion fand sich gemeinsam mit den Rückständen insecticider Chlorkohlenwasserstoffe nach beendeter Gärung im Bodensatz (R.R. PAINTER u. Mitarb., 1963).

Weder in lagernder Butter (B.E. LANGLOIS u. Mitarb., 1965) noch in reifendem Käse (B.E. LANGLOIS u. Mitarb., 1964) war eine Zersetzung chlorierter Kohlenwasserstoffe festzustellen.

Während des Fermentierens nehmen die Restmengen fungicider Dithiocarbamate auf Tabak deutlich ab. Wie K. SCHMID u. A. RASTETTER (1967) nachweisen konnten, sanken während der Kammerfermentation die Maneb-Rückstände erheblich ab. Es gelingt demnach, Fungicidreste auf Tabak durch den Prozeß des Fermentierens nachhaltig zu reduzieren. Die während der Fermentation eintretende Erwärmung fördert hydrolytische sowie oxydative Abbaureaktionen, denen die Wirkstoffe je nach chemischem Aufbau mehr oder weniger intensiv unterliegen (vgl. Tabelle 51).

Tabelle 51. *Einfluß der Fermentation des Tabaks auf die Höhe der Fungicidrückstände* (nach K. SCHMID u. A. RASTETTER, 1967; Auszug)

Fungicid	Rückstände[1] auf Sandblatt unfermentiert mg/kg	Sandblatt fermentiert mg/kg	Hauptgut unfermentiert mg/kg	Hauptgut fermentiert mg/kg
– (Kontrolle)	3	0	0	0
Maneb	341	111	56	14
Metiram	216	57	31	7
Polyram-Maneb	131	20	34	25
Dithane	803	56	156	36
Zineb	628	310	270	105

[1] Berechnet als Maneb.

b) Einfluß auf enzymatische Prozesse

Der Einfluß insecticider Substanzen auf lebensmitteltechnologisch bedeutsame Mikroorganismen war der Gegenstand einiger Untersuchungen: Weder DDT (M. Rohrlich u. R. Flatow, 1957) noch Methoxychlor oder Malathion (S.C. Kim u. L.H. Harmon, 1967) vermögen die mikrobielle Säurebildung zu beeinträchtigen. Allerdings hemmte DDT nach R. Flatow (1956) die Zellteilung bei *L. delbrückii*. Verschiedene Thermobakterien sind gegen Lindan empfindlich (K. Hofer, 1953, S. 31–36). Deutlich vermehrte Lochung in Lindan enthaltenden Emmentalerkäsen, die als Folge einer bei geringerem Säuregehalt im Käse verstärkten Entwicklung Propionsäure bildender Bakterien anzusehen ist, deutet darauf hin, daß schon 2–4 mg/kg die Säureentwicklung hemmen können (K. Hofer, 1953, S. 48 bis 54). Dieldrinrückstände in der gleichen Größenordnung (rd. 2 mg/kg) verzögerten die Säureentwicklung in Cheddarkäse. Infolgedessen lag der pH-Wert nach 10-wöchiger Reifung in Gegenwart von Dieldrin bei 5,23–5,35 im insecticidfreien Käse dagegen bei rd. 5,10; vermutlich hemmt Dieldrin die Stoffwechselaktivität einiger Streptococcenarten (R.L. Bradley jr. u. C.F. Li, 1968).

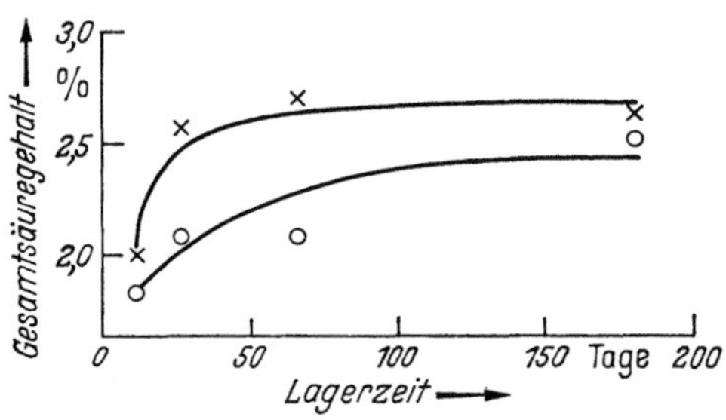

Abb. 32. Zunahme des Gesamtsäuregehaltes (Milchsäure + Essigsäure[1] in eingesäuerten Rübenblättern ohne (o—o) und mit (x—x) Parathion (8,1 mg/kg zum Zeitpunkt des Einsilierens) (nach G. Wildbrett u. Mitarb. 1967)

Außer einer verzögerten Säurebildung durch Mikroorganismen wurden umgekehrt auch Anzeichen für einen die Säureentwicklung fördernden Einfluß insecticider Substanzen gefunden: Versuche mit Rübenblattsilage deuten darauf hin, daß Parathionrückstände, wenigstens während der ersten 2 Monate, die Säuerung in dem silierten Pflanzenmaterial begünstigen (vgl. Abb. 32).

Etwa vorhandene Reste von PCNB, zur Minderung der Verluste an lagerndem Kohl angewandt, beeinträchtigen in den zu erwartenden Konzentrationen den Gärprozeß des Sauerkrauts nicht, wenn die hauptsächlich kontaminierten Außenblätter zuvor entfernt werden (W. Nicolaisen u. R. Buntrock-Pieper, 1957). Allerdings darf Kohl zur Sauerkrautfabrikation überhaupt keine PCNB-Rückstände enthalten (M. Feuersenger, 1963).

Nach den bisher vorliegenden Beobachtungen mindern weder Malathion (G. Bressau, 1966) noch die herbiciden Substanzen 2,4-D, MCPA oder DNOC (M. Seiffert u. N. Makowski, 1966) die für die Bierherstellung wichtige Keimfähigkeit bzw. Brautauglichkeit der Gerste. Nicht völlig unbedenklich verhält sich in dieser Hinsicht Methylbromid. Die verschiedensten Getreidearten büßen nämlich ihre Keimfähigkeit ein, wenn der Wassergehalt beim Begasen 14% oder mehr beträgt (R.E. Blackith u. F.O. Lubatti, 1965).

---

[1] Buttersäure war zu keinem Zeitpunkt nachweisbar.

VII. Hinweise zur Rückstandsanalyse

Die Kontrolle der gegen Schädlinge angewandten Präparate gehört in der Regel nicht zu den Aufgaben des Lebensmittelchemikers. Deshalb sei hier lediglich auf einen grundlegenden Bericht über die gebräuchlichen Methoden zur Analyse handelsüblicher Proben von H.F. Beckman u. Mitarb. (1963, S. 7–24) hingewiesen sowie auf WHO-Spezifikationen für Schädlingsbekämpfungsmittel (WHO, 1961), die ebenfalls Untersuchungsmethoden enthalten. Dagegen arbeiten immer mehr Lebensmittelchemiker in der Überwachung von Lebensmitteln und Bedarfsgegenständen hinsichtlich etwa vorhandener Rückstände von Schädlingsbekämpfungsmitteln. R. Franck u. G. Bressau haben zahlreiche Verfahren in Bd. II/2 (S. 977–1050) dieses Handbuches zusammengestellt. Nachfolgende Abschnitte behandeln daher lediglich ergänzend einige prinzipiell bedeutsame Aspekte.

1. Spezielle Verhältnisse in der Rückstandsanalytik

a) Konzentrationsbereich

Reste chemischer Schädlingsbekämpfungsmittel machen nur wenige mg/kg, meistens sogar nur Bruchteile davon aus. Die absoluten Mengen liegen etwa im Bereich zwischen 10^{-6} und 10^{-9} g. Demnach fällt die Kontrolle der Lebensmittel auf Schädlingsbekämpfungsmittel-Reste in das Gebiet der Mikroanalytik. Nachweis und quantitative Bestimmung derartiger Mengen erfordern besondere Vorsichtsmaßnahmen, die das bisher übliche Maß übersteigen (vgl. Tabelle 52).

Ohne ausreichende Vorsichtsmaßnahmen ist mit Fremdkontamination während der Analyse in einem Ausmaß zu rechnen, das den geringen nachweisbaren Rückständen nahekommt (F. Beran, 1965).

Wegen des hohen Überschusses an Begleitstoffen, denen die Rückstände anhaften oder in welche sie eingelagert sind, bestehen beim Nachweis der Spuren von Schädlingsbekämpfungsmitteln vielfältige und extreme Störmöglichkeiten. Deshalb setzt eine erfolgreiche Analyse ausgefeilte Methoden zur Isolierung der Rückstände voraus: Angenommen aus 10 g Probenmaterial mit 10 μg eines Wirkstoffes (entsprechend 1 mg/kg Rückstand) werden insgesamt nur 0,1 g extrahiert, so macht die gesuchte Substanz lediglich 1/10000 des gesamten Extraktes aus. Ziel der weiteren Aufarbeitung muß es sein, den hohen Überschuß an Begleitstoffen weitestgehend zu beseitigen, so daß die Rückstände möglichst störungsfrei nachgewiesen oder bestimmt werden können. Das Hauptproblem der Rückstandsanalyse liegt nicht in der eigentlichen Bestimmung der einen oder anderen Substanz, sondern vielmehr darin, einen Extrakt zweckmäßig aufzubereiten (R. Engst, 1962). W. Thornburg (1963, S. 87–108) vermittelt eine Übersicht über die Prinzipien, die dazu dienen, die Hauptmasse mitextrahierter Begleitstoffe abzutrennen. Die Entscheidung darüber, welches Verfahren zweckmäßig anzuwenden ist, hängt von der Art des zu analysierenden Materials ab, kann also von Lebensmittel zu Lebensmittel variieren.

b) Vortest

Der Analytiker im Rückstandslabor sieht sich einer zunehmenden Zahl chemischer Stoffe gegenüber, deren An- bzw. Abwesenheit er feststellen soll. Die Aufgabe bereitet in der routinemäßigen Lebensmittelüberwachung insofern

Tabelle 52. *Vorsichtsmaßnahmen gegen störende Einflüsse auf die Ergebnisse der Rückstandsanalyse*

Arbeitsräume und Analysenhilfsmittel	Vorsichtsmaßnahmen Art	Ziel	Literaturzitat
Analysenraum	Abgesonderte Lage ohne direkte Verbindung zu Vorräten an Schädlingsbekämpfungsmitteln	Ausschluß der Kontamination durch störende Stoffe von außen	F. BERAN (1965)
	Entfernung störender Chemikalien (z.B. HCl) aus Räumen zur Gesamtchlorbestimmung oder Dünnschichtchromatographie	Absenken der Blindwerte, verbesserte Nachweisgrenze für Chlorkohlenwasserstoffe auf Dünnschichtchromatogrammen	G. WILDBRETT u. M. RUDOLPHI (1968)
	Glatte, fugenlose Arbeitsflächen	Leichte Entfernbarkeit evtl. verschütteter Extrakte oder Wirkstofflösungen	—
Zuchtraum für Testinsekten	Abgesonderte Lage ohne jegliche Kontaktmöglichkeiten mit Insecticiden	Ausschalten der Gefahr einer Resistenzentwicklung bei Testtieren	A. GANZ (1963, S. 55)
Lösungsmittel	Kontrolle auf Reinheit und gegebenenfalls Reinigung	Absenken der Blindwerte	H. BECKMAN u. W. O. GAUER (1967)
	Lagerung in Vorratsgefäßen aus Glas	Ausschluß die gaschromatographische Analyse störender Verunreinigungen aus Plastikbehältern	J. BURKE u. L. GIUFFRIDA (1964)
Reagentien	Kontrolle auf Reinheit und gegebenenfalls Reinigung	Absenken der Blindwerte	MCKINLEY u. MCCULLY (1967)
Adsorptionsmittel	Kontrolle auf Reinheit und Aktivität	Absenken der Blindwerte und der Nachweisgrenze auf Dünnschichtchromatogrammen	H. BECKMAN u. a. (1967) A. SZOKOLAY u. A. MADARIČ (1969)
Glasgeräte	Sorgfältigste Reinigung	Beseitigung aller Wirkstoffspuren	W. WEINMANN (1968), W. ROTHERT (1967)
	Gründliches Nachspülen nach der Reinigung	Entfernen störender Spülmittelreste	G. WILDBRETT u. M. RUDOLPHI (1968), R. A. MOFFIT (1963, S. 567)

mancherlei Schwierigkeiten, als im Gegensatz zu Feld- oder Tierversuchen mit a priori bekannten Substanzen, die Vorgeschichte der zu kontrollierenden Proben meistens unbekannt bleibt. In der Regel ist sogar ungewiß, ob überhaupt ein Kontakt mit Schädlingsbekämpfungsmitteln stattgefunden hat (G. ZWEIG, 1963, S. 124). Am Beginn jeglicher Kontrolle steht deshalb ein Vortest (*screening test*). Er soll zeigen, ob eine Probe Rückstände in der Größenordnung der amtlich geduldeten Höchstmengen enthält oder nicht (R. ENGST, 1967; H.-P. THIER u. K.G. BERGNER, 1966), er muß also nicht absolut quantitativ sein. Für eine derartige Vorprüfung kommen nur Methoden in Betracht, die folgenden Ansprüchen genügen:

1. Rasche Durchführbarkeit:

Wegen der häufig nur begrenzten Haltbarkeit der Lebensmittel muß die routinemäßige Überprüfung rasch Ergebnisse liefern, so daß die weitere Verteilung oder Verarbeitung möglichst wenig verzögert wird (E. Heinisch, 1962; F. Eder u. Mitarb., 1964). Deshalb bildet die Entwicklung verkürzter Verfahren zur Extraktion und Isolierung der Schädlingsbekämpfungsmittel-Reste aus dem Extrakt eine äußerst wichtige Aufgabe (F. Kiermeier u. Mitarb., 1967). Die wirksame Kontrolle einzelner Rohmilchproben vor dem Mischen mit anderen Anlieferungs-Chargen stellt ein augenblicklich nicht lösbares Problem dar. Es scheint fraglich, ob es überhaupt gelingen wird, eine für die Rampenkontrolle geeignete Schnellmethode zu entwickeln. Z.Zt. ist die Milch längst verarbeitet, bevor das Analysenergebnis vorliegt (G. Wildbrett, 1966).

2. Große Erfassungsbreite:

Es muß möglich sein, in einem einzigen Analysengang viele Wirkstoffe nebeneinander nachzuweisen (R. E. Duggan, 1966). Die Notwendigkeit für solche vielseitige Nachweisverfahren resultiert einerseits aus der Vielzahl der verfügbaren Wirkstoffe und amtlich festgelegten Toleranzen, andererseits daraus, daß in der Praxis häufig mehrere Substanzen neben- oder nacheinander zum Einsatz gelangen; in Californien überstieg 1960 der Anteil jener Präparate, welche 2 oder mehr – gelegentlich sogar über 5 – Wirkstoffe beinhalteten, 40% aller Formulierungen (R. Z. Rollins, 1963, S. 586).

Im Rahmen des Vortestes können Wirkstoffreste auf verschiedenen Wegen erfaßt und damit verdächtige Proben aussortiert werden (H. Frehse, 1963).

α) Chemische oder physikalische Gruppenanalyse

In der Regel werden vorgereinigte Extrakte benötigt. Erschwerend wirkt, daß oftmals nicht für alle Substanzen einer Gruppe ein einheitliches Erkennungsverfahren anwendbar ist, insbesondere dann nicht, wenn die Wirkstoffe bereits teilweise verändert vorliegen. Folglich besteht die Gefahr, daß die eine oder andere Substanz im Zuge der Aufarbeitung des Extraktes entfernt, und daher später nicht mehr erfaßt werden kann (L. A. Richardson u. Mitarb., 1967; W. P. McKinley u. K. A. McCully, 1967).

β) Biologische Verfahren

Diese zeigen nur für die angesetzten Testorganismen toxikologisch signifikante Rückstände an. Die Nachweisgrenze schwankt je nach Substanz entsprechend der manchmal Zehnerpotenzen betragenden Unterschiede zwischen den einzelnen Wirkstoffen beträchtlich (H. Frehse, 1963; M. Rudolphi, 1966, S. 27–28). Parallelversuche mit verschiedenen Testorganismen können deshalb zweckdienlich sein (R. F. Harwood u. S. Areekul, 1960; Y.-P. Sun, 1963, S. 398–423).

γ) Biochemische Verfahren

Der enzymhemmende Effekt insecticider Organophosphorverbindungen und Carbamate gestattet eine Vorprüfung auf der Basis eines Hemmtestes mit Cholinesterase (T.E. Archer, 1963, S. 373–397). Das Verfahren ist zwar einfach, doch wirken sich, ähnlich wie im biologischen Versuch, die um Zehnerpotenzen differierenden wirksamen Hemmkonzentrationen der einzelnen Substanzen begrenzend aus (S. Dormal, 1961). Zweckmäßig nimmt man die Kontrolle in Form der Agar-Diffusionsmethode vor; die colorimetrische Bestimmung wird durch manche Extraktstoffe pflanzlicher Herkunft gestört (H. Ackermann, 1968).

δ) Chromatographische Verfahren

Auf chromatographischem Wege bieten sich heute gute Möglichkeiten, viele insecticide, aber auch fungicide (P.E. WELLS, 1967; R. ENGST u. W. SCHNAAK, 1967 a u. b) Wirkstoffe nebeneinander nachzuweisen und zu identifizieren. Daher finden diese Verfahren verbreitet Verwendung für die Vorkontrolle. Neben der gaschromatograhischen Analyse (J. BURKE u. L. GIUFFRIDA, 1964; K.P. DIMICK u. H. HARTMANN, 1963) hat sich in den letzten Jahren die Dünnschichtchromatographie gut eingeführt (E. STAHL, 1967, S. 609–617; R. ENGST u. Mitarb., 1966; A. SZOKOLAY u. A. MADARIČ, 1969; W. EBING 1969a und b). Dünnschichtchromatographische Verfahren werden heute der Papierchromatographie vorgezogen, weil der Nachweis weniger durch anwesende Begleitstoffe gestört wird (R.M. DOLBY u. I.K. GRAY, 1967), und die Trennung rascher erfolgt (T. SALO u. Mitarb., 1962). Gegenüber der Gaschromatographie besitzt die Dünnschichtchromatographie den Vorzug, daß man ohne teure Geräte auskommt und die Methode lediglich eine gewisse Einarbeitung aber keine Spezialkenntnisse erfordert. Deshalb können auch mittlere Betriebslaboratorien ihre Rohware auf Schädlingsbekämpfungsmittel-Rückstände kontrollieren (G. WILDBRETT, 1966).

c) Identifizierung der Wirkstoffe

Falls der Vortest Rückstände in der Größenordnung der tolerierten Werte anzeigt, muß eine genaue Nachprüfung, möglichst anhand einer zusätzlich zu ziehenden Probe, erfolgen (R. ENGST, 1967). Dafür sind zweckmäßig zwei von einander völlig unabhängige Verfahren anzuwenden, denn beispielsweise zeigte die colorimetrische Analyse im Fett von Heringen rd. 0,9 mg/kg DDT plus DDE an, während die Nachkontrolle mittels Biotestes keinen Hinweis auf irgend welche Insecticidreste lieferte (H. MAIER-BODE, 1965, S. 44). Derartige Blindwerte des Untersuchungsmaterials komplizieren die einwandfreie Bestimmung etwaiger Rückstände sehr, zumal wenn, wie häufig in der Lebensmittelüberwachung, keine unbehandelten Vergleichsproben zur Verfügung stehen. Es ist deswegen unerläßlich, falls die Analyse unzulässige Restmengen ergibt, das Resultat vor einer Beanstandung nochmals nachzukontrollieren. Zur besseren gaschromatographischen Identifizierung haben sich beispielsweise 2 Trennsäulen unterschiedlicher Polarität (H. EGAN, 1967; M.L. SCHAFER u. Mitarb., 1963) bzw. verschiedene Detektortypen (L. GIUFFRIDA u. F. IVES, 1964) bewährt. Trotz ihrer Vielseitigkeit vermag die Gaschromatographie jedoch nicht immer alle toxischen Metaboliten zu erfassen (W. P. MCKINLEY, u. K. A. MCCULLY, 1967). Deswegen bietet sich eine Kombination mit biologischen (H. ROTHERT 1969) bzw. biochemischen Methoden an (W.F. PHILLIPS u. Mitarb., 1962). Neben der häufig angewandten Dünnschichtchromatographie (M.E. GETZ u. H. G. WHEELER, 1968) wird die Spektralphotometrie (TH. JOHNS u. C.H. BRAITHWAITE JR., 1964; R.C. BLINN, 1964) verwendet, um Rückstände zu identifizieren. Hierzu dient schließlich auch die Bestimmung des Verteilungs-Koeffizienten des Wirkstoffes zwischen zwei Lösungsmitteln (M. BOWMAN u. M. BEROZA, 1965; M. BEROZA u. M. BOWMAN, 1965).

Die Vielfalt der festzustellenden Substanzen steigt noch dadurch, daß neben den jeweiligen Wirkstoffen in ihrer ursprünglichen Form auch alle toxikologisch bedeutsamen Umwandlungsprodukte derselben bestimmt werden sollen. Des weiteren sind Abbaustoffe, die während der Lebensmittelverarbeitung- und zubereitung entstehen können, zu berücksichtigen. Derartige Umsetzungsprodukte sind klar zu trennen von Artefakten, die sich gelegentlich während der Analyse bilden. So entstehen beispielsweise bei 230°C auf der Trennsäule des Gaschromatographen aus Endrin 2 Isomere in Keto- bzw. Aldehydform (D.D. PHILIPS u. Mitarb., 1962).

Um die für die Rückstandsanalyse erforderliche Zeitdauer zu verkürzen und damit die Arbeitskapazität zu steigern, hat man versucht, die Verfahren zu automatisieren. Es gelang, einen Summentest zum Nachweis die Acetylcholinesterase hemmender Schädlingsbekämpfungsmittel zu automatisieren (G.D. WINTER u. A. FERRARI, 1963; D.E. OTT u. F.A. GUNTHER, 1966 a). Mit Hilfe einer vorgeschalteten dünnschichtchromatographischen Auftrennung konnte der zunächst unspezifische Nachweis in einen spezifischen umgewandelt werden (D.E. OTT u. F.A. GUNTHER, 1966 b). Des weiteren liegt für die Bestimmung von Diphenyl in der Schale von Citrusfrüchten ein automatisiertes colorimetrisches Verfahren vor. Die Analyse einer Probe einschließlich der zur Abtrennung des Fungicids erforderlichen Wasserdampfdestillation dauert rd. 9 min (F.A. GUNTHER u. D.E. OTT, 1966). Zur automatischen Bestimmung der Reste insecticider Chlorkohlenwasserstoffe haben F.A. GUNTHER u. Mitarb. (1965) eine kontinuierlich arbeitende Verbrennungsanlage mit einer selbstregistrierenden potentiometrischen Meßzelle kombiniert.

2. Hinweise zur Entnahme und Lagerung von Analysenproben

a) Probenahme

H. WERNER hat die allgemeinen Grundsätze für die Probenentnahme in Bd. II/1 (S. 1—13) dargelegt. Über die speziellen, die Rückstandsanalyse betreffenden Ausführungen von R. FRANCK u. G. BRESSAU in Bd. II/2des Handbuches (S. 977 bis 1050) hinaus mögen folgende Hinweise nützlich sein:

Im Gegensatz zu Versuchen, bei denen stets genügend Probenmaterial gezogen werden kann, stellt der Umfang der für die amtliche Lebensmittelüberwachung zu entnehmenden Proben stets einen Kompromiß zwischen dem Streben nach einer möglichst repräsentativen Stichprobe und den entstehenden Kosten dar. Aufgrund jahrzehntelanger Erfahrungen in der Kontrolle auf Schädlingsbekämpfungsmittel-Reste erachtet R.Z. ROLLINS (1963, S. 608) die in Tabelle 53 angegebenen Probemengen als ausreichend für Routineuntersuchungen.

Bei Milch und Rahm darf keine Aufrahmung stattgefunden haben, denn die hauptsächlich als Rückstände auftretenden lipophilen Chlorkohlenwasserstoffe sind nur in der Fettphase zu erwarten. Falls Milcherzeugnisse, die durchwegs aus einem Gemisch vieler Einzellieferungen stammen, unzulässige Rückstände aufweisen, sind nachträglich Einzelproben zu ziehen, um die Herkunft der Kontamination zu ermitteln (R.Z. ROLLINS, 1963, S. 608). Eine sachgerechte Probenahme schließt, soweit irgend möglich, also bei allen Versuchen, grundsätzlich Kontrollproben des unbehandelten Materials ein. Letzteres soll hinsichtlich Standort, Sorte, Reifezustand und Erntebedingungen der Pflanzen unter absolut vergleichbaren Bedingungen gewonnen sein. In Tierversuchen können die Tiere dann als eigene Kontrolle dienen, wenn man, etwa im Zuge der Untersuchung von Milch oder Blut, die Blindwerte während des der Anwendung des Wirkstoffes vorangehenden und/oder folgenden Zeitraumes lang genug beobachtet (G.L. SUTHERLAND, 1965).

Zur Kontrolle der Luft auf Schädlingsbekämpfungsmittel-Reste müssen, da diese nur in minimaler Konzentration vorliegen, große Gasvolumina erfaßt werden. Man verwendet hierzu Pumpen, welche die Luft durch spezielle Auffanggefäße (K. BENCZE, 1963) mit geeigneten Lösungs- oder Absorptionsmitteln hindurchsaugen (M.A. MALINA u. Mitarb., 1959; W.L. BAMESBERGER u. D.F. ADAMS, 1965).

Tabelle 53. *Empfohlene Probemengen zur Bestimmung von Schädlingsbekämpfungsmittel-Resten* (nach R. Z. ROLLINS, 1963, S. 608)

Lebensmittel	Umfang der Probe[1] für Routineuntersuchungen	Nachuntersuchungen[2]
Äpfel, Birnen	6–10 Früchte	12–18 Früchte
Artischocken	2–4 Köpfe	4 Köpfe
Bohnen	900 g	900–1350 g
Beeren	Mindestens 2 Verkaufsgebinde durch Entnahme einzelner Beeren von oben und unten aus verschiedenen Körbchen	450 g, Beeren von verschiedenen Stellen oder ganze Körbchen
Broccoli	Etwa 900 g oder, falls gebündelt, 1 Bündel	1350–1800 g oder 2 Bündel
Kohl	2 Köpfe aus verschiedenen Partien	3 Köpfe
Rosenkohl	450–900 g	etwa 900 g
Blumenkohl	1 Kopf	2–3 Köpfe
Sellerie	1–2, bei Herzblättern 3 Stengel mit Laub	3 Stengel
Mais, süß	4 Kolben aus verschiedenen Partien	4 Kolben
Kürbisse	900 g	etwa 1350 g
Weintrauben	900 g aus verschiedenen Trauben herausgebrochene Büschel	900–1800 g ganze Trauben
Suppengrün	2 Bündel aus verschiedenen Behältern	4 Bündel
Salat	2–3 Köpfe aus verschiedenen Partien	3–4 Köpfe
Erbsen	450–900 g	900–1350 g
Gemüsepaprika	900 g	1350–1800 g
Tomaten	6–10 Früchte	12–18 Früchte
Milch, Rahm	etwa 160 ml	–

[1] Die Mengenberechnung erfolgte auf der Basis 1 lb = 450 g.
[2] Zur Bestätigung des Ergebnisses der Routineuntersuchung; die Proben sind stets aus mehreren Partien oder Behältern zu entnehmen.

b) Lagerung der Proben

Im Zuge der routinemäßigen Lebensmittelüberwachung entspricht die Zahl der entnommenen Analysenproben normalerweise der Arbeitskapazität der Kontrollstelle. Daher müssen hier im Gegensatz zu den Versuchen über die Beständigkeit von Schädlingsbekämpfungsmitteln unter landwirtschaftlichen Bedingungen, bei denen häufig innerhalb kurzer Zeit zahlreiche Proben anfallen, kaum Proben bis zur Untersuchung gelagert werden. Die Art der Aufbewahrung ist den jeweiligen Gegebenheiten – z.B. Umsetzungen in dem Material, Wasseraufnahme bzw. -abgabe, Verlust flüchtiger Bestandteile, notwendige Lagerdauer — anzupassen (L. LYKKEN, 1963). Die Lagerung des Materials im Rohzustand vermag das Analysenergebnis erheblich zu verfälschen, wenn etwa Schädlingsbekämpfungsmittel mit Inhaltsstoffen der Lebensmittel reagieren oder von der Oberfläche in das Innere eindiffundieren (E. HEINISCH, 1962). Einfrieren der Proben kann derartige Reaktionen weitgehend unterbinden, führt aber nicht immer zu dem gewünschten Erfolg: Insecticide Phosphorverbindungen hielten sich auf Grünkohl und schwarzen Johannisbeeren bei −15° bis −20° C monatelang unverändert (H. MAIER-BODE, 1966). Dagegen wurde beobachtet, daß Parathionrückstände auf Spinat bei −20° C innerhalb 10 Tagen meßbar abnahmen (H. BECKMAN u. W. THORNBURG, 1965). Ebenso haben M.S. SCHECHTER u. M.E. GETZ (1967) trotz Einfrierens des Untersuchungsmaterials auf −18° C oxydative Veränderungen an manchen Organophosphorverbindungen festgestellt. In solchen Fällen ist es zweckmäßiger, anstelle der rohen Probe Extrakte in organischen Lösungsmitteln aufzubewahren und zwar im Dunkeln unterhalb −3° C (E. HEINISCH, 1962).

Als Behälter eignen sich verschraubte Gläser mit Aluminiumfolie als Einlage in den Deckeln. Paraffiniertes Papier ist ungeeignet, weil sich Paraffin in den verwendeten Lösungsmitteln löst (W.W. THORNBURG, 1963, S. 87–108). Wirkstoffverluste aus dem Extrakt können allenfalls eintreten, wenn dieser Eisenspuren, herrührend von der mechanischen Zerkleinerung des Materials, enthält, denn Fe^{+++} katalysieren den Abbau chlorierter Kohlenwasserstoffe (E. HEINISCH, 1962). Eine solche Abnahme des DDT-Gehaltes ist auch in gefrorenen Blutproben festgestellt worden (D.J. ECOBICHON u. P.W. SASCHENBRECKER, 1967).

Zur Aufbewahrung der Rohprodukte werden Polyäthylenbeutel empfohlen (G. ZWEIG, 1963, S. 125). Sie haben sich für begaste Proben nicht bewährt, da die gasförmigen Rückstände nach der Probennahme innerhalb weniger Tage meßbar durch die Beutel hindurch in die umgebende Atmosphäre diffundieren können (vgl. Tabelle 54). Hierfür sind nur dicht verschlossene Glasgefäße zu empfehlen.

Tabelle 54. *Abnahme des Bromidgehaltes in Methylenbromid-begastem Trockenfutter während der Lagerung in Polyäthylenbeuteln* (nach F. KIERMEIER u. G. BEHRINGER, 1969)

Lagerzeit Tage	Bromidgehalt in Probe 1 mg/kg	Bromidgehalt in Probe 2 mg/kg
0	36,40	19,10
3	—	16,35
6	31,75	—

Jedes Laboratorium für Schädlingsbekämpfungsmittel benötigt Standardsubstanzen der wichtigsten Wirkstoffe in möglichst reiner Form. Während Chlorkohlenwasserstoffe, ausgenommen Endrin, in kristalliner Form bei Raumtemperatur lange unverändert bleiben, sind Organophosphorverbindungen wesentlich instabiler. Letztere werden deshalb zweckmäßig eingefroren gelagert. Statt Plastikbehälter sollten generell Glasgefäße mit Schliffstopfen verwendet werden (W. W. THORNBURG, 1963, S. 531–544).

3. Kriterien der Analysenverfahren

a) Empfindlichkeit

Der Begriff „Empfindlichkeit" wird häufig fälschlicherweise dazu benutzt, die Grenze zu kennzeichnen, unterhalb derer man nicht mehr mit Sicherheit sagen kann, ob eine Substanz anwesend ist oder nicht (G.L. SUTHERLAND, 1965). Exakt bedeutet die Empfindlichkeit einer Methode jedoch die Änderung eines Meßwertes pro Mengeneinheit des bestimmten Stoffes (J.E. BARNEY II, 1967), also beispielsweise in der photometrischen Analyse den Quotienten $\frac{\triangle E}{\triangle c}$ (E = Extinktion; c = Konzentration der zu bestimmenden Substanz).

Somit ist die Empfindlichkeit nichts anderes als die Maßzahl für die Steigung der Eichgeraden (H. SPECKER, 1968). Wenn auch ein loser Zusammenhang zwischen der Empfindlichkeit im exakten Sinn und der unteren Grenze für den sicheren Nachweis einer Substanz (= Nachweisgrenze, vgl. Abschnitt VII/3b) besteht – notwendige Mindestmenge des Stoffes für die eindeutige Zunahme des Meßwertes über den Blindwert hinaus – so sind doch die Begriffe „Empfindlichkeit" und „Nachweisgrenze" klar gegeneinander abgegrenzt. Es empfiehlt sich, die Unterscheidung im Interesse einer eindeutigen Verständigung genau zu beachten.

b) Nachweis- und Bestimmungsgrenze

α) Fragestellung

Mit sinkender Konzentration der zu bestimmenden Wirkstoffreste fällt die Zuverlässigkeit aller Analysenverfahren immer mehr ab, bis zu einer Grenze, unterhalb derer der Analytiker schließlich nicht mehr zwischen Proben mit und ohne Rückstände zu differenzieren vermag (G.L. SUTHERLAND, 1965); Analysenwert und Blindwert, verursacht durch geringe Anteile des untersuchten Materials, welche den Aufarbeitungsprozeß überstehen, gehen ineinander über.

Erfahrungsgemäß stellt der Blindwert keine für ein bestimmtes Untersuchungsmaterial fixe Größe dar, sondern hängt bei vorgegebener Analysenmethode von der Herkunft des Materials, der Jahreszeit (H. TIETZ u. H. FREHSE, 1960) und bei Pflanzen auch vom Reifezustand (G.L. SUTHERLAND, 1965) ab. Doch nicht allein die Blindwerte, sondern auch die Rückstandswerte streuen innerhalb gewisser Grenzen. Für den niedrigen Bereich von ≤ 1 mg/kg muß man damit rechnen, daß beide Werte, bedingt durch den komplizierten Analysengang bzw. die hohe Störanfälligkeit durch Spuren fremder Substanzen um etwa $\pm$ 20% schwanken. Deswegen wäre es z.B. nicht gerechtfertigt, auf der Basis eines Analysenwertes von 0,35 mg/kg und eines Blindwertes von 0,30 mg/kg den tatsächlichen Rückstand auf 0,05 mg/kg zu beziffern. Legt man nämlich die genannte Schwankungsbreite zugrunde, hätte die Bestimmung statt 0,35 mg/kg ebensogut auch 0,30 mg/kg ergeben und damit der Rückstand 0 sein können. Offensichtlich beruht aber ein solcher Nullwert nicht auf der Exaktheit der angewandten Methode, sondern im Gegenteil auf deren Schwankungsbreite (H. FREHSE u. Mitarb., 1962).

β) Angabe von Rückstandswerten

Um zu einer einheitlichen, unmißverständlichen Interpretation der Ergebnisse in der Rückstandsanalytik zu gelangen, welche auch einen stichhaltigen Vergleich der Resultate aus verschiedenen Laboratorien gestattet, wurden mehrere Vorschläge gemacht (W.W. THORNBURG, 1963, S. 531–544; G.L. SUTHERLAND, 1965). Im folgenden sei die Empfehlung von H. FREHSE u. Mitarb. (1962) dargestellt, weil sie nach Ansicht der Verf. die speziellen Gegebenheiten der Rückstandsanalytik am besten berücksichtigt.

Folgende Werte werden benötigt:

1. Mittlerer Analysenwert Am = Wert des bestimmten Rückstandes in der untersuchten Probe mit einem Rest des Schädlingsbekämpfungsmittels ohne Abzug des Blindwertes.

2. Mittlerer Blindwert Bm = scheinbarer Rückstandswert der Vergleichsprobe ohne Reste des zu bestimmenden Schädlingsbekämpfungsmittels. Daraus errechnet sich der mittlere Nettowert Nm = Am—Bm.

3. Standardabweichung der Blindwerte s_B (Näherungswert aus einer begrenzten Zahl von Messungen); sie ist für jedes Analysenverfahren und jedes Lebensmittel festzustellen.

Nach dem Gauß'schen Fehlerfortpflanzungsgesetz läßt sich die Standardabweichung des Nettowertes s_N berechnen:

$$s_N = \pm \sqrt{s_B{}^2 + s_A{}^2}\,.$$

Unter den hier zu diskutierenden Gegebenheiten liegen A und B in der gleichen Größenordnung – bei einem Unterschied um eine Zehnerpotenz oder mehr ist die Angabe des Analysenergebnisses in Form des Nettowertes a priori selbstverständlich. Man darf folglich ohne großen Fehler angenähert setzen:
$s_A = s_B$. Daraus folgt: $s_N = \pm \sqrt{2\, s_B{}^2}$.

Für den üblichen Fall, daß sowohl der Analysenwert wie auch der Blindwert je 2-fach bestimmt werden, ergibt sich die Standardabweichung des mittleren Nettowertes

$$s_{Nm} = \pm \sqrt{2\left(\frac{s_B}{\sqrt{2}}\right)^2} = \pm\, s_B\,.$$

Nachdem die Verteilung der Blindwerte erfahrungsgemäß im allgemeinen der Gauß'schen Normalverteilung folgt, die Werte also nur zufällig schwanken, gilt, daß in einem Streubereich von $\pm$ 1,5 s_B rd. 87% aller Werte liegen. Demnach bleibt bei einem Nettowert in Höhe von 1,5 s_B eine Wahrscheinlichkeit von nur $\frac{100-87}{2} = 6{,}5\%$ dafür, daß ein tatsächlicher Rückstandswert mit einem zufälligen Blindwert verwechselt wird. Diese Irrtumswahrscheinlichkeit betrachten H. Frehse u. Mitarb. (1962) als noch vertretbar für die exakte quantitative Angabe eines Rückstandswertes und bezeichnen daher die Grenze von 1,5 s_B als „*Bestimmungsgrenze*". Unterhalb derselben lassen sich zwar Rückstände chemischer Schädlingsbekämpfungsmittel noch *nachweisen*, aber wegen der methodischen Streuung nicht mehr einwandfrei *bestimmen*[1]. Als untere Grenze der *Nachweisbarkeit* wird 0,5 s_B gewählt. Dabei beträgt die Wahrscheinlichkeit des Verwechselns eines tatsächlichen Rückstandes mit einer zufälligen Blindwertschwankung bereits rd. 30%. Der geringe Sicherheitsgrad verbietet es, im Bereich zwischen 1,5 s_B und 0,5 s_B *exakte* Rückstandswerte anzugeben. Die Aussage hat sich darauf zu beschränken, die Größenordnung zu nennen. Diese Art der Formulierung gestattet es, gegebenenfalls darauf hinzuweisen, daß mit einem geringen, wenn auch nicht mehr zahlenmäßig genau auszudrückenden Wert gerechnet werden muß, daß die Probe also nicht frei von jeglicher Kontamination durch Schädlingsbekämpfungsmittel ist (vgl. Tabelle 55).

---

[1] Eine entfernte Parallele hierzu findet sich bei R. Engst u. Mitarb. (1966), die zwischen „erkennbaren" und „nachweisbaren" Flecken auf Dünnschichtchromatogrammen differenzieren.

Tabelle 55. *Beispiele für die Angabe der Ergebnisse einer Rückstandsanalyse des mittleren Analysenwertes bei einem mittleren Blindwert von 0,1 ± 0,05 mg/kg* (nach H. FREHSE u. H. NIESSEN, 1963)

Mittlerer Analysenwert mg/kg	Nettowert mg/kg	Rückstand mg/kg	Bemerkungen
0,30	0,20	0,20	Oberhalb der Bestimmungsgrenze
0,20	0,10	0,10	Oberhalb der Bestimmungsgrenze
0,15	0,05	< 0,10[1]	Unterhalb der Bestimmungsgrenze
0,12	0,02	n. n.[2]	Unterhalb der Nachweisgrenze

[1] 0,05 · 1,5 = 0,075 mg/kg, aufgerundet 0,10 mg/kg.
[2] 0,05 · 0,5 = 0,025 mg/kg.

Aus vorstehenden Betrachtungen folgen drei Möglichkeiten, das Ergebnis einer Untersuchung auf Reste von Schädlingsbekämpfungsmitteln darzustellen:

1. $N \geqq 1{,}5\, s_B$ Angabe: N
2. $0{,}5\, s_B \leq N < 1{,}5\, s_B$ Angabe: $< 1{,}5\, s_B$
3. $N < 0{,}5\, s_B$ Angabe: *n. n.*

Die Angabe einer Bestimmungs- bzw. Nachweisgrenze gilt nur für ein bestimmtes Laboratorium und muß nicht auch für eine andere Untersuchungsstelle zutreffen (G. L. SUTHERLAND, 1965) — vgl. auch Abschn. VII/3 d.

Die hier zur statistischen Auswertung herangezogene $1{,}5\, s$ = Grenze, 87% Wahrscheinlichkeit äquivalent, stimmt nicht mit der international häufig gebräuchlichen und auch zur Beurteilung mikroanalytischer Verfahren verwendeten (H. KAISER u. H. SPECKER, 1955) Abgrenzung von $3\, s$, entsprechend 99,73% Wahrscheinlichkeit überein. Für die Kontrolle der Lebensmittel auf Rückstände chemischer Schädlingsbekämpfungsmittel erscheint es jedoch sinnvoll, mit einem geringeren Vertrauensbereich zu arbeiten, auch wenn dabei in Einzelfällen noch Rückstandswerte halbquantitativ mitgeteilt werden, obwohl in Wirklichkeit ein relativ hoher Blindwert vorliegt (H. FREHSE u. H. NIESSEN, 1963). — Selbstverständlich gilt das nicht für die Beurteilung eines die gesetzlich festgelegte Toleranz überschreitenden Rückstandswertes (vgl. Abschn. VII/4 b). — Bestimmt man den Analysenwert und den Blindwert aus je 3 Parallelansätzen, so steigt die Sicherheit von 87% auf 95%, einen für Untersuchungen an biologischem Material allgemein als ausreichend betrachteten Wert (H. FREHSE u. Mitarb., 1962; J.E. BARNEY II, 1967).

γ) Bezug der Rückstandswerte

Im allgemeinen beziehen sich alle Angaben über Rückstandsmengen auf das Frischgewicht des Materials (H. MAIER-BODE, 1965, S. 26). Daraus resultieren Schwierigkeiten für die Beurteilung der Rückstände auf getrockneten Produkten, z.B. Trockenobst. Infolge des mit dem Trocknen verbundenen Gewichtsverlustes kann der Rückstandsspiegel so weit ansteigen, daß allein dadurch die Toleranzgrenze überschritten wird. Umgekehrt wäre es möglich, durch Verdünnen von Preßsäften mit Wasser zu Fruchtsaftgetränken, aus Früchten mit ursprünglich unzulässig hohen Rückständen ein den gesetzlichen Vorschriften genügendes Lebensmittel herzustellen. Deshalb wurde vorgeschlagen, die festzulegenden Toleranzwerte auf die wasserfreie Substanz zu beziehen (C.W. WILSON u. W.E. BAIER, 1963). Die Bestimmung des wasserfreien Anteils wäre durch eine KARL-FISCHER-Titration jederzeit möglich und einfacher, als den Kalorienwert jeder Probe zu ermitteln, welchen H. VAN GEDEREN (1955) als Bezugsgröße für die Toleranzwerte empfohlen hat.

δ) Anforderungen an geeignete Methoden zur Rückstandsanalyse

Hinsichtlich der Mindestanforderungen an eine „zur Rückstandsanalyse geeignete" Methode bestehen bisher keine einheitlichen Ansichten. Während die FOOD AND DRUG ADMINISTRATION eine Nachweisgrenze von 10% des Toleranzwertes (H. MAIER-BODE, 1965, S. 36), aber nicht weniger als 0,01 mg/kg (H.F. BECKMAN u. Mitarb., 1963, S. 180) verlangt, hält R. ENGST (1967) es für wünschenswert, noch 5% der geduldeten Höchstmenge nachweisen zu können; geringere Mengen könnten, falls nicht anders festgelegt, als „nicht nachweisbar" bezeichnet werden. Der Vorschlag würde in Fällen, in denen die Toleranz 0,01 mg/kg beträgt – z. B. für 2,4,5-T auf Gemüse – bedeuten, die Methode müßte mindestens die Möglichkeit bieten, 0,0005 mg/kg nachzuweisen. Eine solche Forderung erscheint extrem hoch. Die bei Milchuntersuchungen erreichte Nachweisgrenze von 0,003 mg/kg Aldrin oder Dieldrin bzw. 0,002 mg/kg Heptachlorepoxid dürfte nahe der realisierbaren Leistungsfähigkeit der Rückstandsmethoden überhaupt liegen (H. EGAN, 1968). Deshalb erscheint die Empfehlung von M.S. SCHECHTER u. M. E. GETZ (1967) diskutabel, für Schädlingsbekämpfungsmittel mit relativ niedrigen Toleranzen nur die Möglichkeit eines Nachweises von 50% des geduldeten Höchstwertes zu verlangen.

Darüber, wie weit unterhalb des maximal tolerierbaren Wertes die Bestimmungsgrenze eines Kontrollverfahrens liegen soll, fehlen im Schrifttum Angaben. Mindestens muß sie aber so niedrig liegen, daß der geringste, noch quantitativ erfaßbare Wert unter Berücksichtigung der methodischen Schwankungsbreite des Analysenverfahrens den zu bestimmenden Toleranzwert nicht überschreitet.

c) Rückgewinnungsquote

Es ist schwierig, die mit einem Analysenverfahren erzielbare Rückgewinnungsquote (*recovery*) stichhaltig zu überprüfen. Einerseits gelingt es nicht, unter praktischen Bedingungen eine definierte Wirkstoffmenge zu applizieren (E. HEINISCH, 1962), andererseits entspricht die nachträgliche Zugabe einer abgemessenen Wirkstoffmenge in gelöster Form in die zu extrahierende Probe keineswegs den realen Verhältnissen bei einer Rückstandsanalyse. Die in praxi stattfindende Adsorption der Substanz in der Cuticula oder Verteilung systemischer Präparate innerhalb der Pflanze entfällt hierbei nämlich (W.W. THORNBURG, 1963, S. 531 bis 544). Abgesehen von der Anwendung radioaktiv markierter Wirkstoffe im begrenztem „Feldversuch" (N. SMITH, 1963, S. 325–372) bleibt nur die Möglichkeit, entweder ein und dieselbe Probe mehrmals nacheinander bzw. mit verschiedenen Lösungsmittelvolumina zu extrahieren, oder mehrere repräsentative Teilproben einheitlichen Untersuchungsmaterials unterschiedlich lang zu behandeln, um daraus Anhaltspunkte über die Wirksamkeit des Verfahrens bzw. Lösungsmittels zu gewinnen (H. FREHSE u. H. NIESSEN, 1963; W.W. THORNBURG, 1965). Mit dem Ziel, die während der einzelnen Teilschritte eintretenden Verluste zu kontrollieren, versetzt man einige Proben in verschiedenen Stadien der Aufarbeitung – z.B. vor der Extraktion, vor und nach der Reinigung des Extraktes an einer Adsorptionssäule – mit bekannten Mengen der zu bestimmenden Substanz und ermittelt so gravierende Verlustquellen. Bei Milchprodukten läßt sich die Wirksamkeit der ersten Extraktion am einfachsten anhand einer Fettbestimmung im ersten Auszug ermitteln (R.A. MOFFIT, 1963, S. 567).

Die routinemäßige Lebensmittelkontrolle auf Schädlingsbekämpfungsmittelreste verlangt möglichst generell anwendbare Methoden zur Extraktion, Reinigung der Extrakte und Identifizierung der Wirkstoffe. Obgleich sich die Substanzen innerhalb einer Gruppe chemisch verwandter Wirkstoffe (z. B. Chlorkohlenwasserstoffe, Carbamate) häufig recht ähnlich verhalten, bestehen doch hinsichtlich mancher Eigenschaften, wie Löslichkeit oder Adsorptionsfähigkeit deutlich Differenzen. Zwar begünstigen diese Unterschiede eine chromatographische Trennung der Substanzen, sie erschweren aber umgekehrt die möglichst verlustlose Isolierung aus dem Extrakt erheblich (F. Eder u. Mitarb., 1964). Kein Lösungsmittel vermag alle Wirkstoffe einer chemischen Gruppe gleich zu erfassen (M. Beroza u. M. Bowman, 1965). Daher bildet der reproduzierbare Prozentsatz, zu dem Schädlingsbekämpfungsmittel-Reste den gesamten Analysengang überstehen, ein entscheidendes Kriterium für die Brauchbarkeit eines Analysenverfahrens. Für Routinearbeiten scheint ein Wirkstoffverlust zwischen 10 und 20% durchaus vertretbar (H. Frehse u. H. Niessen, 1963); er sollte aber 30% nicht übersteigen. Falls die Rückgewinnungsquote weniger als 80% beträgt, arbeitet man zweckmäßig mit einem Faktor, welcher die gefundene Menge auf den tatsächlich vorliegenden Gehalt korrigiert (M.S. Schechter u. M.E. Getz, 1967).

d) Wiederholbarkeit (Reproduzierbarkeit)

DIN 51849 (Deutscher Normenausschuß 1960) empfiehlt, anstelle des im deutschen nicht eindeutigen Begriffes „Reproduzierbarkeit" den Ausdruck „Wiederholbarkeit der Ergebnisse" zu gebrauchen. Prinzipiell ist zu unterscheiden zwischen

Wiederholstreubereich: Ein und derselbe Beobachter wiederholt eine Messung mit ein und demselben Meßgerät an einem Teil der gleichen Probe unter möglichst konstanten Bedingungen. Der Wiederholstreubereich ist nur innerhalb ein und desselben Laboratoriums bedeutsam und dient der Kontrolle des Meßgerätes oder Beobachters.

Vergleichsstreubereich: Mehrere Beobachter in verschiedenen Laboratorien führen Messungen mit Geräten übereinstimmender Konstruktion an der zu vergleichenden Probe durch; der Vergleichsstreubereich tritt dann in Erscheinung, wenn die durch Ringversuche in verschiedenen Laboratorien zwecks methodischer Abstimmung gewonnenen Ergebnisse ausgewertet werden müssen.

Beide Streubereiche werden durch die 3 σ-Grenze, entsprechend 99,73% Wahrscheinlichkeit, abgegrenzt. Zwangsläufig ist der Vergleichsstreubereich stets größer als der Wiederholstreubereich, denn selbst, wenn einheitliche methodische Vorschriften bestehen, bleiben hinsichtlich der Ausführung kleine Unterschiede zwischen den Untersuchungsstellen bestehen. Sie beeinflussen erfahrungsgemäß die Ergebnisse entscheidender als die Qualität der verwendeten Reagenzien (H. Beckman u. Mitarb., 1967). Die aus den Einzelwerten eines jeden Laboratoriums zu erstellenden Normalverteilungskurven mit dem jeweiligen Wiederholstreubereich ergeben, trotzdem sie sich gegenseitig partiell überschneiden, zusammengefaßt eine verbreiterte Normalverteilung, wie R. Püschel (1968) sinnfällig dargestellt hat.

Die Wiederholbarkeit der Werte nimmt aus folgenden Gründen mit sinkendem Gehalt des zu bestimmenden Stoffes generell ab (R. Püschel, 1968):

1. Die Toleranz der Maße, mit denen der Chemiker arbeitet, nimmt zu (z. B. Pipetten, Präzisionsgewicht, Meßkolben).
2. Der Störpegel durch das Grundmaterial (z. B. erhöhter Untergrund in der Spektrometrie) steigt.
3. Chemische Reaktionen verlaufen mit abnehmender Konzentration unvollständig (verminderte Reaktionsgeschwindigkeit).
4. Die Inhomogenität der Verteilung steigt.
5. Die unkontrollierbaren Einschleppungen äußerer Verunreinigungen nehmen zu.
6. Infolge wachsender Schwierigkeiten der Analyse steigen die personellen Anforderungen; der subjektive Einfluß auf das Resultat erhöht sich.

4. Toleranzwerte und Analytik

a) Problematik der 0-Toleranz

α) Theoretische Bedeutung

Ein Problem besonderer Art bedeutet für den Rückstandsanalytiker die für manche Lebensmittel wie beispielsweise Milch oder auch für einige Wirkstoffe geltende 0-Toleranz. Eine derartige Vorschrift, die besagt, daß keinerlei Rückstände chemischer Schädlingsbekämpfungsmittel vorliegen dürfen, ist aus folgenden Überlegungen wenig sinnvoll:

Eine auf 0 festgelegte Toleranz bedeutet, daß kein einziges Molekül der fraglichen Substanz im Lebensmittel vorliegen darf. Kein Analytiker ist imstande, hierfür den exakten Beweis zu liefern, denn er kann einige wenige Moleküle nicht nachweisen. Zwar gelingt es mittels der auf minimale Mengen ansprechenden Elektroneneinfang-Detektoren noch 0,001 mg insecticider Chlorkohlenwasserstoffe zu erfassen, doch entspricht diese Menge immer noch etwa $2 \cdot 10^{12}$ Molekülen DDT (G. Zweig, 1963, S. 4). Somit entzieht sich die Toleranz 0 jeglicher stichhaltigen Kontrolle. Der analytische Beweis dafür, daß diese Toleranz eingehalten worden ist, hängt zwangsläufig von der Zuverlässigkeit und Nachweisgrenze einer spezifischen Methode ab (K. Morgareidge u. G.W. Ingle, 1963, S. 51). Je fähiger der Analytiker und je besser seine Hilfsmittel sind, um so wahrscheinlicher gelingt es ihm, Rückstände zu entdecken (W.F. Durhan, 1963). Mit absinkender Nachweisgrenze der Methoden gleitet die praktische 0-Grenze immer tiefer und verschärft damit die Anforderungen in allen Fällen, in denen *keinerlei* Reste von Schädlingsbekämpfungsmitteln vorhanden sein dürfen (J. L. Henderson, 1962).

β) Bedeutung in der Praxis der Lebensmittelkontrolle

Solange Schädlingsbekämpfungsmittel in den z.Z. üblichen Mengen angewandt werden, sind absolut rückstandsfreie Lebensmittel kaum vorstellbar (A. Moffit, 1963, S. 547). Selbst ohne direkte chemische Maßnahmen gegen Schädlinge läßt sich nicht mit Sicherheit ausschließen, daß Spuren solcher Substanzen aus Boden, Wasser, Luft oder durch andere Umwelteinflüsse aufgenommen und daher auch nachgewiesen werden (R. Engst, 1967). Deshalb finden sich in Milch sehr häufig Reste insecticider Chlorkohlenwasserstoffe (R. Engst u. Mitarb., 1967), obwohl sie an Milchtieren selbst praktisch nicht mehr appliziert werden (G. Wildbrett u. Mitarb., 1964; F. Kiermeier u. Mitarb., 1964). Seit Einführung der äußerst leistungsfähigen Elektroneneinfang-Detektoren in der Gaschromatographie bezweifelt J.L. Henderson (1965 a, b), daß z.Z. überhaupt eine Milchprobe tatsächlich frei von Rückständen gefunden wird.

Für die praktische Lebensmittelkontrolle kann die O-Toleranz nur gleichbedeutend sein mit „nicht erfaßbar" durch eine geeignete Methode ausreichend niedriger Nachweisgrenze (K. Morgareidge u. G.W. Ingle, 1963, S. 51). Wenn auch die Notwendigkeit, höchst empfindliche Nachweismethoden zu entwickeln, unbestritten bleibt, so ist es doch unlogisch, das Kriterium der Rückstandsfreiheit mit der ständig verbesserten analytischen Nachweisbarkeit zu verknüpfen.

Nachdem somit die bisher gebräuchlichen Begriffe „kein Rückstand" bzw. „0-Toleranz" weiterhin weder unter wissenschaftlichen noch unter verwaltungstechnischen Aspekten haltbar sind, sollten sie aufgegeben werden (NAT. ACAD. SCI. 1965). Folgende Wege, die entstandenen Schwierigkeiten zu beseitigen, zeichnen sich ab:

Als Basis für eine Regelung empfiehlt R. ENGST (1967), die Schädlingsbekämpfungsmittel je nach Toxicität in Gruppen einzustufen und für diese „praktische 0-Toleranzen“ lt. Tabelle 56 zu definieren.

Tabelle 56. *Definition „praktischer O-Toleranzen“ für Rückstände chemischer Schädlingsbekämpfungsmittel in Lebensmitteln* (nach R. ENGST, 1967)

Gruppe	Toxikologische Charakterisierung	Praktische O-Toleranz mg/kg
I	weniger bedenkliche Stoffe	< 0,1
II	bedenkliche Stoffe	< 0,02
III	sehr bedenkliche Stoffe	< 0,004

Die Nachweisgrenze der jeweils auszuarbeitenden Analysenverfahren muß auf die genannten Grenzwerte abgestimmt sein. Demgegenüber sieht ein Vorschlag aus den USA zur Registrierung chemischer Schädlingsbekämpfungsmittel (NAT. ACAD. SCI. 1965) vor, jegliche in oder auf einem Lebensmittel verbleibenden und daher mit der eigentlichen Nahrung aufgenommenen Reste dieser Substanzen dann als toxikologisch unwesentlich und daher von der amtlichen Überwachung als unbedeutend niedrig zu beurteilen, wenn ihre Menge unterhalb eines geringen Prozentsatzes der höchsten annehmbaren Tagesdosis bleibt. Im Falle einer derartigen Zulassung wäre nachzuweisen, daß der Verbraucher mit seiner gesamten Tagesration tatsächlich nur eine unbedeutende Dosis des betreffenden Wirkstoffes zu sich nimmt, die beispielsweise 5% der maximalen annehmbaren Tagesdosis nicht überschreitet. Soweit Schädlingsbekämpfungsmittel höhere Rückstände hinterlassen, sollten sie unter der Deklaration „zulässiger Rückstand“ registriert werden, falls die möglicherweise aufgenommene Menge zwar annehmbar, aber nicht mehr unbedeutend ist. Stets sind zum Nachweis der verbleibenden Rückstände geeignete analytische Methoden anzugeben.

Die Realitäten auf dem Sektor der Milchproduktion erfordern es nach R. ENGST u. Mitarb. (1967) für die DDR vorläufig in Trinkmilch 0,05 mg/kg und in Butter 0,2 mg/kg DDT zu tolerieren; die 0-Toleranz ist jedoch energisch anzustreben. Von allen übrigen Chlorkohlenwasserstoffen dagegen dürfen keine nachweisbaren Rückstände vorliegen. Angesichts der wiederholt bewiesenen Tatsache, daß Frauenmilch unvermeidlich DDT enthält (G.E. QUINBY u. Mitarb., 1960) – nach V.J. DAMASKIN (1966) 1–5 mg/l, also vergleichsweise beträchtliche Mengen – gilt es ernsthaft zu überlegen, wie weit man die Anforderungen an Kuhmilch hinsichtlich des Restgehaltes an Schädlingsbekämpfungsmitteln im Vergleich zu Frauenmilch zweckdienlich verschärfen soll.

b) Überschreitung der Toleranz

Wie eine Durchsicht der Literatur zeigt, besteht bisher keine einheitliche Vorstellung darüber, unter welchen Voraussetzungen ein Analysenwert als eindeutige Überschreitung des gesetzlich tolerierten Höchstwertes anzusehen ist: Nach R. ENGST (1967) stellen die festgelegten Toleranzen nicht einen Normalwert dar, sondern vielmehr eine Höchstgrenze; die unvermeidbaren Rückstände sollen in der Regel wesentlich darunter liegen. Daraus ist zu schließen, jeder aus mindestens zwei Parallelbestimmungen gewonnene, oberhalb der geduldeten Höchstmenge liegende Mittelwert bedeute einen nachgewiesenen Verstoß gegen die gesetzlichen Vorschriften. Eine solche Interpretation könnte sich formal auf die Praxis der amtlichen Lebensmittelkontrolle stützen, welche beispielsweise Proben mit einem um 0,1% überhöhten Wassergehalt beanstandet und des weiteren auf die Bedeutung vereinbarter Toleranzen hinsichtlich des Sollwertes bestimmter Qualitätsmerkmale hinweisen. Wie hierzu in DIN 51849 (Deutscher Normenausschuß 1960) ausgeführt wird, dürfen festgelegte Toleranzgrenzen nicht unter- oder überschritten werden, auch nicht um den Prüffehler des angewandten Meßverfahrens.

Von der Sache her sprechen jedoch gewichtige Argumente gegen eine derart strenge Handhabung:

1. Jeder analytisch ermittelte Rückstandswert setzt sich zusammen aus dem Blindwert des Lebensmittels und dem Nettowert des Rückstandes. Während sich in allen Versuchsanordnungen der Blindwert ohne weiteres bestimmen läßt, fehlen bei Marktkontrollen im allgemeinen exakt vergleichbare Blindproben. Die Untersuchungsstelle kann sich daher lediglich aus der Erfahrung heraus auf mittlere Blindwerte stützen, die jedoch im Einzelfall nicht unbedingt zutreffen müssen, denn erfahrungsgemäß können die Blindwerte unbehandelter Proben erheblich schwanken (vgl. Abschn. VII/3 b). Daraus resultiert aber eine nicht absolut sichere Basis für die Beurteilung der Analysenwerte, weil aus letzteren der Nettowert nicht mit der wünschenswerten Zuverlässigkeit berechnet werden kann.

2. Mit Sicherheit sind rückstandsfreie Vergleichsproben häufig überhaupt kaum erreichbar (NAT. ACAD. SCI, 1965), insbesondere, wenn es sich um die ubiquitär auftretenden Reste mancher Chlorkohlenwasserstoffe handelt.

3. Das Gebiet der Analyse von Schädlingsbekämpfungsmittel-Resten ist noch viel zu jung, als daß trotz großer Anstrengungen die hier anzuwendenden, komplizierten Verfahren heute schon so weitgehend erprobt und standardisiert sein können wie Methoden zur Erfassung wertgebender Bestandteile unserer Lebensmittel. Folglich kann man mit solchen bewährten Verfahren ermittelte Unregelmäßigkeiten auch schärfer beurteilen als etwaige Toleranzüberschreitungen.

4. Die zu ermittelnden Rückstände bewegen sich im Bereich von maximal einigen mg/kg, vielfach jedoch darunter. Nachdem die Analysenergebnisse, wie beschrieben (vgl. Abschn. VII/3 d), mit fallender Konzentration der gesuchten Substanz innerhalb eines sich ständig erweiterten Bereichs streuen, liegt die in der Rückstandsanalyse erreichbare Zuverlässigkeit der Meßwerte eindeutig unterhalb derjenigen aus Makroverfahren und zwar sowohl im Falle der Blindwert- als auch der Rückstandsbestimmung.

Angesichts dieser besonderen Verhältnisse scheint es nicht gerechtfertigt, *jeglichen* Analysenbefund oberhalb der gesetzlich tolerierten Höchstgrenze, unabhängig davon, wie weit sie überschritten wird, zur Grundlage einer Beanstandung zu machen. Vielmehr gilt es, Rückstands- und Toleranzwert sinnvoll gegeneinander abzugrenzen. Ebensowenig wie ein minimaler Rückstandswert, dessen Streuungsbereich in den des Blindwertes fällt, als signifikant anzusehen ist (L. E. Mitchell u. L. Lykken, 1963), kann eine Übertretung des vom Gesetzgeber geduldeten Höchstwertes stichhaltig sein, solange Analysen- und Toleranzwert nicht statistisch nachweisbar differieren. Letzterer sollte erst dann als überschritten gelten, wenn der analytisch gefundene Wert oberhalb des für die angewandte Methode gültigen Wiederholstreubereichs (vgl. Abschn. VII/3 d) liegt. Letzterer ergibt sich zwangsläufig aus der ständigen Selbstkontrolle eines Laboratoriums. Die Grenze der signifikanten Überschreitung eines Toleranzwertes erhält man, indem man zu dem zulässigen Höchstwert noch das Dreifache der mittleren methodischen Standardabweichung (99,73% Wahrscheinlichkeit) addiert. Jeder mittlere Rückstandswert, welcher über der sich daraus ergebenden rechnerischen Grenze liegt, verstößt eindeutig gegen die gesetzlichen Vorschriften (F. Bro-Rassmussen u. Mitarb., 1968).

Bibliographie

ARCHER, T. E.: Enzymatic methods. In: Analytical methods for pesticides, plant growth regulators, and food additives. Hrsg.: G. ZWEIG. Bd. I, S. 373—398. New York and London: Academic Press 1963.

ASENDORF, E., u. W. KLEMPT: Cyanverbindungen. In: Ullmann's Encyklopädie der technischen Chemie. 3. Aufl. Bd. 5, S. 626-662. München-Berlin: Urban u. Schwarzenberg 1954.

BÄR, F.: Rückstände von Pflanzenschutzmitteln, Schädlingsbekämpfungsmitteln und dergl. Wiss. Veröffentl. Dtsch. Ges. f. Ernährung Bd. 8. Milch und Milchprodukte S. 33—45. Darmstadt: Steinkopff 1962.

BAUER, K.: Studien über die Nebenwirkungen von Pflanzenschutzmitteln auf Fische und Fischnährtiere. Mitt. Biol. Bundesanstalt f. Land- u. Forstwirtsch. Berlin-Dahlem, H. 105. Berlin u. Hamburg: P. Parey 1961.

BECKMAN, H. F.: Principles of formulation analysis. In: Analytical methods for pesticides, plant growth regulators, and food additives. Hrsg.: G. ZWEIG. Bd. I, S. 7—24. New York and London: Academic Press 1963.

BECKMAN, H. F., R. B. BRUCE, and D. MACDOUGALL: Spectrophotometric methods. In: Analytical methods for pesticides, plant growth regulators, and food additives. Hrsg.: G. ZWEIG. Bd. I, S. 131—188. New York and London: Academic Press 1963.

BENEŠ, V., u. V. CERNÁ: Pflanzenschutz vom Standpunkt der Pesticidrückstände in der CSSR. Proc. VIIth Internat. Congr. Nutrition 1966, Bd. 6, S. 700—706. Oxford: Pergamon Press 1967 u. Braunschweig: F. Vieweg u. Sohn 1967.

Biologische Bundesanstalt für Land- und Forstwirtschaft: Pflanzenschutzmittelverzeichnis 1967. Braunschweig 1967.

Biologische Bundesanstalt für Land- und Forstwirtschaft: Pflanzenschutzmittelverzeichnis 1968, S. 10—18. Braunschweig 1968.

BOLLE, W.: Die große und die kleine Dasselfliege. In: Medizin und Chemie Bd. 5, S. 523—534. Weinheim/Bergstr.: Verlag Chemie GmbH 1956.

BOWERY, T. G.: Heptachlor. In: Analytical methods for pesticides, plant growth regulators, and food additives. Hrsg.: G. ZWEIG. Vol. 2, S. 245—256. New York and London: Academic Press 1964.

BURCHFIELD, H. P.: Chemical and physical interactions. In: D.C. TORGESON: Fungicides. Vol. 1, S. 463—508. New York and London: Academic Press 1967.

BUSHLAND, R. C.: Male sterilization for the control of insects. In: Advanc. in pest control Res. Vol. 3, S. 1—26. New York: Interscience Publishers, Inc. 1960.

CLABORN, H. V., R. D. RADELEFF, and R. C. BUSHLAND: Pesticide residues in meat and milk. Agric. Res. Serv. US. Departm. Agric. ARS-33—63. Dec. 1960.

CROSBY, D. G.: Natural pest control agents. In: Natural pest control agents. Advanc. in Chemistry Ser. Vol. 53, S. 1—16. Washington, D.C.: American Chemical Soc. 1966.

— and M.-Y. LI: Herbicide photodecomposition. In: P.C. KEARNEY and D.D. KAUFMAN: Degradation of herbicides. New York: M. DEKKER 1969.

DAHM, P. A.: Uses of radioisotopes in pesticide research. In: Advanc. pest control Res. Hrsg.: R.L. METCALF. Vol. 1, S. 81—146. New York and London: Interscience Publ. 1957.

DENNER, H.: Äthylenoxyd und andere Oxydoverbindungen. In: Ullmann's Encyklopädie der technischen Chemie. 3. Aufl. Bd. 3, S. 145—149. München-Berlin: Urban u. Schwarzenberg 1953.

Deutsche Forschungsgemeinschaft, Kommission für Pflanzenschutz-, Pflanzenbehandlungs- und Vorratsschutzmittel, 2. Mitt. (März 1962). Zit. nach Dtsch. Lebensmittel-Rdsch. **58**, 210 (1962).

Deutscher Normenausschuß: Prüfung von Mineralölen; Prüffehler und Toleranz. DIN 51849; Berlin: 1960.

DIEMAIR, W., u. W. POSTEL: Chemische Zusatzstoffe. A. Konservierungsstoffe. In: Handbuch der Lebensmittelchemie. Hrsg.: L. ACKER, K.-G. BERGNER, W. DIEMAIR, W. HEIMANN, F. KIERMEIER, J. SCHORMÜLLER u. S. W. SOUCI. Bd. 1, S. 1069—1133. Berlin: Heidelberg, New York 1965.

DÜNNEBEIL, H.: Maschinen und Geräte für Pflanzenschutz und Schädlingsbekämpfung. Berlin: VEB Verlag Technik 1961.

European and Mediterranean Plant Protection Organisation: The need for chemical control and steps taken safeguard public health. Paris 1959.

FAO Committee on Pesticides in Agriculture and WHO Expert Committee on Pesticide Residues: Evaluation of the toxicity of pesticide residues in Food. FAO Meeting Rep. Nr. PL/1963/13. Hrsg.: FAO and WHO; Rom 1964.

FISCHER, E.: Organische Bromverbindungen. In: Ullmann's Encyklopädie der technischen Chemie. 3. Aufl. Bd. 4, S. 749—754. München-Berlin: Urban u. Schwarzenberg 1953.

Flatow, R.: Der quantitative chemische Nachweis von DDT in Mahl- und Backprodukten, das Verhalten des DDT im Mahl- und Backprozeß und die Wirkung des DDT auf Mikroorganismen und Fermente. Diss. Techn. Universität Berlin 1956; zit. nach Z. Lebensmittel-Untersuch. u. Forsch. **110**, 133 (1959).

Food Protection Committee, Food and Nutritition board: Safe use of pesticides in food production. Hrsg.: National Academy of Sciences-National Research Council. Washington D.C. 1956.

Forche, E.: Fluorcarbonsäuren. In: Ullmann's Encyklopädie der technischen Chemie 3. Aufl. Bd. 7, S. 628—629; München-Berlin: Urban u. Schwarzenberg 1956.

Foster, A. C. and V. R. Boswell: Some effects of insecticide spray accumulations in soil on crop plants. U.S. Department of Agriculture, Tech. Bull. 1149, S. 3 (1956). Zit. nach Edwards 1966.

Foy, C. L.: The chlorinated aliphatic acids. In: P.C. Kearney and D.D. Kaufman: Degradation of herbicides. S. 207—254. New York: M. Dekker 1969.

Frensch, H.: Chemische Schädlingsbekämpfungsmittel. In: K. Winnacker u. L. Küchler: Chemische Technologie. 2. Aufl. Bd. 4, S. 1062—1105. München: C. Hanser 1960.

Fürst, H.: Chemie und Pflanzenschutz. Leipzig: VEB Deutscher Verlag für Grundstoffindustrie 1962.

Fukuto, T. R.: Chemistry and action of organic phosphorus insecticides. In: Advanc. pest control Res. Hrsg.: R. L. Metcalf, Vol. 1, S. 147—192. New York and London: Interscience Publish. 1957.

Gätzi, K.: Acaricide. In: Ullmann's Encyklopädie der technischen Chemie. 3. Aufl., 15. Band, S. 131—136. München-Berlin: Urban u. Schwarzenberg 1964.

— Fungicide. In: Ullmann's Encyklopädie der technischen Chemie. 3. Aufl., 15. Band, S. 159—167. München-Berlin: Urban u. Schwarzenberg 1964.

Ganz, A.: Über Bestimmung und Vorkommen von Rückständen insecticider Chlorkohlenwasserstoffe in Milch. Diss. Techn. Hochschule München-Weihenstephan 1963.

Geissbühler, H.: The substituted ureas: In: P.C. Kearney and D.D. Kaufman: Degradation of herbicides. S. 79—112. New York: M. Dekker 1969.

Goll, O.: Chlorphenole. In: Ullmann's Encyklopädie der techischen Chemie. 3. Aufl. Bd. 5, S. 494—498. München-Berlin: Urban u. Schwarzenberg 1954.

Green, N., M. Beroza, and S.A. Hall: Recent developments in chemical attractants for insects. In: Advanc. in pest control Research Vol. 3, S. 129—180. New York: Interscience Publish. Inc. 1960.

Grünewald, H.: Nitrophenole und Nitrokresole. In: Ullmann's Encyklopädie der technischen Chemie. 3. Aufl. Bd. 13, S. 5—8. München-Berlin: Urban u. Schwarzenberg 1962.

Gunther, F. A., and R. C. Blinn: Analysis of insecticides and acaricides. New York and London: Interscience Publish. Inc. 1955.

— and L.R. Jeppson: Modern insecticides and world food production. London: Chapman and Hall 1960.

Hays, W. J. jr.: Clinical handbook on economic poisons. Washington D.C.: Superintendent of Documents. US Government Printing Office 1963.

Hamaker, J. W.: Mathematical prediction of cumulative levels of pesticides in soil. In: R. F. Gould: Organic pesticides in the environment. Advanc. chemistry Ser. Bd. **60**, S. 122—131. Washington D.C.: American Chem. Soc. 1966.

Hewlett, P. S.: Joint action in insecticides. In: Advanc. in pest control Research. Vol. 3, S. 27—74. New York: Interscience Publish. Inc. 1960.

Hofer, K.: Untersuchungen über die Wirksamkeit von Lindan-Präparaten in Rindviehställen sowie den Einfluß von γ-HCH auf die Reifung von Emmentaler-Käse. Diss. Universität München 1953.

Holz, W., u. B. Lange: Fortschritte in der chemischen Schädlingsbekämpfung. 5. Aufl. Oldenburg (Oldbg.): Landwirtschaftsverlag Weser-Ems GmbH. 1962.

Jaworski, E. G.: Chloracetamid. In: Degradation of herbicides. Hrsg.: P. C. Kearney u. D. D. Kaufman. S. 165—185. New York: M. Dekker 1969.

Jacobson, M.: Natural insect attractants and repellents, new tools in pest control. In: Natural pest control agents. Advanc. in Chemistry Ser. Vol. 53, S. 17-26. Washington, D.C.: American Chemical Soc. 1966.

Johannes, H.: Über die Anwendung von Herbiciden an Gewässern. Berlin-Hamburg: P. Parey 1967.

Kearney, P. C.: Metabolism of herbicides in soils. In: R. F. Gould: Organic pesticides in the environment S. 250—262. Washington D. C.: American Chem. Soc. 1966.

— and D.D. Kaufman: Degradation of herbicides. New York: M. Dekker 1969.

Keilbach, R.: Die tierischen Schädlinge Mitteleuropas. Jena: VEB G. Fischer 1966.

Kern, R.: Über die Hemmung von Peroxydasen durch organische Insecticide. Diss. Techn. Hochsch. München-Weihenstephan 1962.

KIERMEIER, F., R. KERN, G. WILDBRETT u. E. STEGER: Auswirkungen peroraler Gaben des Insecticides Gamma-HCH auf einige Eigenschaften der Kuhmilch. 17. Internat. Milchwirtsch. Kongr. München 1966, Bd. A, S. 457—465.

KILGORE, W. W.: Acti-dione. In: Analytical methods for pesticides, plant growth regulators, and food additives. Hrsg.: G. Zweig. Vol. 3, S. 1—5. New York and London: Academic Press 1964.

KLIMMER, O.R.: Zur Frage der Rückstände von Pflanzen- und Vorratsschutzmitteln in Lebensmitteln. Schriftenreihe Bund f. Lebensmittelrecht u. Lebensmittelkunde H 28, 52—67 (1959).

KNÜSLI, E.: Herbicide und Algicide: In: Ullmann's Encyklopädie der technischen Chemie. 3. Aufl., 15. Band, S. 145—159. München-Berlin: Urban u. Schwarzenberg 1964.

— D. BERRER, G. DUPUIS, and H. ESSER: s-Triazines. In: P.C. KEARNEY and D.D. KAUFMAN: Degradation of herbicides S. 51—78. New York: M. Dekker 1969.

KOLB, H.: Chloressigsäuren. In: Ullmann's Encyklopädie der technischen Chemie. 3. Aufl. Bd. 5, S. 389—399. München-Berlin: Urban u. Schwarzenberg 1954.

KOLBEZEN, M.J.: PCNB. In: Analytical methods for pesticides, plant growth regulators, and food additives. Hrsg.: G. ZWEIG, Vol. 3, S. 127—136. New York and London: Academic Press 1964.

KURTH, H.: Chemische Unkrautbekämpfung. 2. Aufl. Jena: G. Fischer 1963.

KURTZ, P.: Acrylnitril. In: Ullmann's Encyklopädie der technischen Chemie. 3. Aufl., 3. Band, S. 81—82. München-Berlin: Urban und Schwarzenberg 1953.

KUTEPOW, N., von: Propionsäure. In: Ullmann's Encyklopädie der technischen Chemie. 3.Aufl. Bd. 14, S. 383—388. München-Berlin: Urban u. Schwarzenberg 1963.

LANE, J.R.: Phygon — also Dichlone: In: Analytical methods for pesticides, plant growth regulators, and food additives. Hrsg.: G. Zweig. Vol. 3, S. 141—150. New York and London: Academic Press 1964.

LANE, G. R.: Alanap. In: Analytical methods for pesticides, plant growth regulators, and food additives. Hrsg.: G. Zweig. Vol. 4, S. 1—2. New York and London: Academic Press 1964.

LEDITSCHKE, H.: Quecksilberverbindungen. In: Ullmann's Encyklopädie der technischen Chemie. 3. Aufl., 12. Band. S. 373—376. München-Berlin: Urban u. Schwarzenberg 1960.

LOOS, M.A.: Phenoxylalkanoic acids. In: P.C. KEARNEY and D.D. KAUFMAN: Degradation of herbicides. S. 1—49. New York: M. Dekker 1969.

LOWEN, W.K., M.L. CLUETT, and H.L. PEASE: Methoxychlor. In: Analytical methods for pesticides, plant growth regulators, and food additives. Hrsg.: G. Zweig. Vol. 2, S. 303—312. New York and London: Academic Press 1964.

LOWEN, W.K., and H.L. PEASE: Dithiocarbamates. In: Analytical methods for pesticides, plant growth regulators, and food additives. Hrsg.: G. Zweig. Vol. 3, S. 69—98. New York and London: Academic Press 1964.

LUITJEN, J. G. A.: Zinnverbindungen. In: Ullmann's Encyklopädie der technischen Chemie. 3. Aufl., 2. Band, S. 380—383. München-Berlin: Urban u. Schwarzenberg 1960.

MACDOUGALL, D., H.P. BURCHFIELD, and E.E. STORRS: Dyrene. In: Analytical methods for pesticides, plant growth regulators, and food additives. Hrsg.: G. Zweig. Vol. 3, S. 79—98. New York and London: Academic Press 1964.

MAIER-BODE, H.: Pflanzenschutzmittelrückstände. Stuttgart: E. Ulmer 1965.

MAJUMDAR, J.CH.: Untersuchungen über selektive Wirkung, Translokation und Abbau der Herbicide Linuron, Monolinuron und Metobromuron. Diss. Universität Hohenheim 1968.

MARGOT, A.: Nematicide. In: Ullmann's Encyklopädie der technischen Chemie. 3. Aufl., 15. Band, S. 137—139. München-Berlin: Urban u. Schwarzenberg 1964.

— Molluscicide. In: Ullmann's Encyklopädie der technischen Chemie. 3. Aufl., 15. Band, S. 140—141. München-Berlin: Urban u. Schwarzenberg 1964.

— and K. STAMMBACH: Isolan. In: Analytical methods for pesticides, plant growth regulators, and food additives. Hrsg.: G. Zweig. Vol. 2, S. 257—262. New York and London: Academic Press 1964.

MARTIN, H.: Die wissenschaftlichen Grundlagen des Pflanzenschutzes. Weinheim/Bergstr.: Verlag Chemie 1967.

MAYER, K.: 4500 Jahre Pflanzenschutz. Stuttgart: E. Ulmer 1959.

MCCLELLAN, D.B.: Pyrethrum: Pyrethrin I and Pyrethrin II. In: Analytical methods for pesticides, plant growth regulators, and food additives. Hrsg.: G. Zweig. Vol. 2, S. 399 bis 414. New York and London: Academic Press 1964.

MEIERHANS, J.: Einfluß der chemisch-physikalischen Eigenschaften fungicider Spritzmittel auf ihre biologische Wirksamkeit. 4. Internat. Pflanzenschutzkongreß, Hamburg, Bd. 2, S. 1407—1412 (1957).

MIDDELEM VAN, C.H.: Fate and persistence of organic pesticides in the environment. In: R.F. GOULD: Organic pesticides in the environment. Advanc. chem. Ser. Bd. 60, S. 228—249. Washington D.C.: American Chem. Soc. 1966.

Miskus, R.: DDT. In: Analytical methods for pesticides, plant growth regulators, and food aditives. Hrsg.: G. Zweig. Vol. 2, S. 97—108. New York and London: Academic Press 1964.
Moffitt, R.A.: Residue analysis in the dairy industry. In: Analytical methods for pesticides, plant growth regulators, and food additives. Hrsg.: G. Zweig. Vol. I, S. 545—570. New York and London: Academic Press 1963.
Moore, J.B.: Chemistry and Biochemistry of Pyrethrins. In: Natural pest control agents. Advanc. in Chemistry Ser. Vol. 53, S. 39—50. Washington, D.C.: American Chemical Soc. 1966.
Morgareidge, K., and G.W. Ingle: Principles of Food additive analysis. In: Analytical methods for pesticides, plant growth regulators, and food additives. Hrsg.: G. Zweig. Vol. 1, S. 47—85. New York and London: Academic Press 1963.
Müller, P.: Insecticide und andere Insektenbekämpfungsmittel. In: Ullmann's Enzyklopädie der technischen Chemie. 3. Aufl. Bd. 15, S. 111—131. München-Berlin: Urban u. Schwarzenberg 1964.
Nielsen, S.: Rapport concernant l'influence des désherbants sur la qualité du lait et des produits laitières. Brüssel Internat. Milchwirtsch. Verband 1955.
Munnecke, D.E.: Fungicides in the soil environment. In: D.C. Torgeson: Fungicides. Vol. 1, S. 510—560. New York and London: Academic Press 1967.
O'Brien, R.D.: Toxic phosphorus esters. New York and London: Academic Press 1960.
Oettel, H.: Toxikologie der Chlorkohlenwasserstoffe. In: Ullmann's Encyklopädie der technischen Chemie 3. Aufl. Bd. 5, S. 486—494. München-Berlin: Urban u. Schwarzenberg 1954.
— Toxikologie der Phosphorsäureester. In: Ullmann's Encyklopädie der technischen Chemie. 3. Aufl. Bd. 13, S. 590—594. München-Berlin: Urban u. Schwarzenberg 1962.
— Toxikologie von Quecksilber und -verbindungen. In: Ullmann's Encyklopädie der technischen Chemie. 3. Aufl. Bd. 14, S. 546—547. München-Berlin: Urban u. Schwarzenberg 1963.
Ospenson, J.N., D.E. Pack, G.K. Kohn, H.P. Burchfield, and E.E. Storrs: Chloranil. In: Analytical methods for pesticides, plant growth regulators, and food additives. Hrsg.: G. Zweig. Vol. 3, S. 7—26. New York and London: Academic Press 1964.
Perkow, W.: Die Insektizide. Heidelberg: Dr. A. Hüthig 1956.
— Die Insektizide. 2. Aufl. Heidelberg: Dr. A. Hüthig 1968.
Picha, B.: Zur Wirkung der alkalischen Phosphatase und Aryl-Esterase aus Milch gegenüber insecticiden Phosphorsäure-Estern. Diss. Techn. Hochsch. München-Weihenstephan 1969.
Porter, P.E.: Aldrin. In: Analytical methods for pesticides, plant growth regulators, and food additives. Hrsg.: G. Zweig. Vol. 2, S. 1—24. New York and London: Academic Press 1964.
Probst, G.W., and J.B. Tepe: Trifluralin and related compounds. In: P.C. Kearney and D.D. Kaufman: Degradation of herbicides S. 255—298. New York: M. Dekker 1969.
Reiff, M.: Rodenticide. In: Ullmann's Encyklopädie der technischen Chemie. 3. Aufl., 15. Band, S. 142—145. München-Berlin: Urban u. Schwarzenberg 1964.
Reynolds, H.T.: Research advances in seed and soil treatment with systematic and nonsystematic insecticides. In: R.L. Metcalf: Advanc. pest control Res. Vol. 2, S. 135—182. New York: Interscience Publish. 1958.
Ringelbauer, G.: Allylverbindungen. In: Ullmann's Encyklopädie der technischen Chemie. 3. Aufl., 3. Band, S. 330. München-Berlin: Urban und Schwarzenberg 1953.
Römpp, H.: Chemielexikon. 5. Aufl. Stuttgart: Franckh'sche Verlagsbuchhandl. 1962.
Rollins, R.Z.: Formulation and residue analysis in government laboratories. In: Analytical methods for pesticides, plant growth regulators, and food additives. Hrsg.: G. Zweig. Vol. 1, S. 583—612. New York and London: Academic Press 1963.
Rudolphi, M.: Zur Methodik und Problematik des Nachweises insecticider Chlorkohlenwasserstoffe in Milch und Milchprodukten. Diss. Techn. Hochsch. München-Weihenstephan 1966.
Schicke, H. G.: Phosphorverbindungen. In: Ullmann's Encyklopädie der technischen Chemie. 3. Aufl., 13. Band, S. 587—588. München-Berlin: Urban u. Schwarzenberg 1962.
Schmitt, F.: Experimentelle Untersuchungen über das Verhalten von Hexachlorcyclohexan und Aldrin im Boden, unter besonderer Berücksichtigung von Wirkungsdauer, Beeinflussung der Kleintierfauna und Geschmacksbeeinträchtigung von Bodenfrüchten. Diss. Landwirtsch. Hochschule Hohenheim 1956.
Schmitt, K. O.: Ameisensäure. In: Ullmann's Encyklopädie der technischen Chemie. 3. Aufl., 3. Band, S. 451. München-Berlin: Urban und Schwarzenberg 1953.
Schrader, G.: Die Entwicklung neuer insektizider Phosphorsäure-Ester. 3. Aufl. Weinheim: Verlag Chemie GmbH 1963.
Shambaugh, G.F., R.F. Brown, and J.J. Pratt jr.: Repellents for biting arthropods. In: Advanc. in pest control Research Vol. 1, S. 277—303. New York: Interscience Publish. Inc. 1957.

SMITH, G.N.: Isotope methods. In: Analytical methods for pesticides, plant growth regulators, and food additives. Hrsg.: G. Zweig. Vol. 1, S. 325—372. New York and London: Academic Press 1963.

SMIDT, J.: Chlorkohlenwasserstoffe. In: Ullmann's Encyklopädie der technischen Chemie. 3. Aufl. Bd. 5, S. 400—434. München-Berlin: Urban u. Schwarzenberg 1954.

SOUCI, S.W., u. E. MERGENTHALER: Weitere chemische Zusatzstoffe. In: Handbuch der Lebensmittelchemie. Hrsg.: L. ACKER, K.-G. BERGNER, W. DIEMAIR, W. HEIMANN, F. KIERMEIER, J. SCHORMÜLLER u. S.W. SOUCI. Bd. 1, S. 1159—1222. Berlin, Heidelberg, New York 1965.

— — Chemische Zusatzstoffe; Definition, Einteilung, Zulassung und Anwendung. In: Handbuch der Lebensmittelchemie. Hrsg.: L. ACKER, K.-G. BERGNER, W. DIEMAIR, W. HEIMANN, F. KIERMEIER, J. SCHORMÜLLER u. S.W. SOUCI. Bd. 1, S. 1060—1068. Berlin, Heidelberg, New York 1965.

— — u. E. MERGENTHALER: Fremdstoffe in Lebensmitteln. München: J.F. Bergmann 1958.

SPANN, J.: Milchrückgang durch Beunruhigung der Kühe, verschiedene Maßnahmen zu seiner Verhütung. Kempten: Volkswirtschftl. Verlag Kurz u. Co. GmbH 1932.

SPARR, I., W.G. APPLEBY, D. M.DEVRIES, J.V. OSMUN, J.M. MCBRIDGE, and G.L. FOSTER: Insecticide residues in waterways from agricultural use. Advanc. in Chem. Ser. Vol. 60, S. 146—162. Washington D.C.: Amer. Chem. Soc. 1966.

SPEICH, H.: Schädlingsbekämpfungsmittel; wirtschaftliche Bedeutung. In: Ullmann's Encyklopädie der technischen Chemie. 3. Aufl. Bd. 15, S. 180—183. München-Berlin: Urban u. Schwarzenberg 1964.

STAHL, E.: Dünnschichtchromatographie. 2. Aufl. S. 601—625. Berlin, Heidelberg, New York: Springer 1967.

STANSBURY, H.A. JR.: Glyodin. In: Analytical methods for pesticides, plant growth regulators, and food additives. Hrsg.: G. Zweig. Vol. 3, S. 99—106. New York and London: Academic Press 1964.

STEIN, H.: Dicumarine und andere Cumarin-Derivate. In: Ullmann's Encyklopädie der technischen Chemie. 3. Aufl. 4. Band, S. 562—565. München-Berlin: Urban u. Schwarzenberg 1953.

STEINER, P., u. W. GRUCH: Zur Toxikologie der Insektizide 1. Dien-Gruppe. Mitt. Biol. Bundesanst. Land- u. Forstwirtsch. Berlin-Dahlem. H. 95, S. 99. Berlin u. Hamburg: P. Parey 1959.

STENGER, E.G.: Schädlingsbekämpfungsmittel, Toxikologie. In: Ullmann's Encyklopädie der technischen Chemie. 3. Aufl. Bd. 15, S. 177—180. München-Berlin: Urban u. Schwarzenberg 1964.

SUN, Y.-P.: Bioassay-insects. In: Analytical methods for pesticides, plant growth regulators, and food additives. Hrsg.: G. ZWEIG, Vol. 1, S. 398—423. New York and London: Academic Press 1963.

SUTHERLAND, G. L.: Cyprex. In: Analytical methods for pesticides, plant growth regulators, and food additives. Hrsg.: G. Zweig. Vol. 3, S. 41—42. New York and London: Academic Press 1964.

THIESS, K.: Benzochinon. In: Ullmann's Encyklopädie der technischen Chemie. 3. Aufl., 4. Band, S. 269—271. München-Berlin: Urban und Schwarzenberg 1953.

THORNBURG, W.W.: Extraction and clean-up procedures. In: Analytical methods for pesticides, plant growth regulators, and food additives. Hrsg.: G. ZWEIG. Vol. 1, S. 87—108. New York and London: Academic Press 1963.

— Residue analysis in the food industry. In: Analytical methods for pesticides, plant growth regulators, and food additives. Hrsg.: G. Zweig, Vol. 1, S. 531—544. New York and London: Academic Press 1963.

TIELECKE, H.: Pflanzenschutzmittel. Berlin: Akademie-Verlag 1963.

WAIN, R.L., and G.A. CARTER: Uptake, translocation, and transformation by higher plants. In: D.C. TORGESON: Fungicides: Vol. 1, S. 561—612. New York and London: Academic Press 1967.

WATERHOUSE, D.F.: Wool digestion and mothproofing. In: Advanc. in pest control Research Vol. 2, S. 207—256. New York: Interscience Publish. Inc. 1958.

WENSLEY, R.N.: Microbiological studies of some selected soil fumigants. Canad. J. Bot. **31**, 277 (1953); zit. nach MARTIN 1963.

WESTLAKE, W.E., and F.A. GUNTHER: Occurence and mode of introduction of pesticides in the environment. Advanc. in Chem. Series Vol. 60, S. 110—121. Washington D.C.: Amer. Chem. Soc. 1966.

WILDBRETT, G.: Rückstände von Schädlingsbekämpfungsmitteln in Milch. Wiss. Veröffentl. Dtsch. Ges. f. Ernährung Bd. 8. Milch u. Milchprodukte S. 46—67. Darmstadt: Steinkopff 1962.

WOLF, G.: Dasselbekämpfungsversuche bei Höhenvieh mit Kupfersulfat-, Eisensulfat- und Formalinlösungen sowie mit DFDT und Hexa-Präparaten. Diss. Techn. Hochsch. München-Weihenstephan 1949.
World Health Organization: Specifications for pesticides. Genf: 1961.
— Equipment for vector control. Genf 1964.
ZINKERNAGEL, R.: Materialschutz. In: Ullmann's Encyklopädie der technischen Chemie. 3. Aufl., 15. Band, S. 170—175. München-Berlin: Urban u. Schwarzenberg 1964.
ZWEIG, G.: The pesticide residue laboratory. In: Analytical methods for pesticides, plant growth regulators, and food additives. Hrsg.: G. Zweig, Vol. 1, S. 123—130. New York and London: Academic Press 1963.
— Introduction. In: Analytical methods for pesticides, plant growth regulators, and food additives. Hrsg.: G. Zweig, Vol. 1, S. 1—6. New York and London: Academic Press 1963.

Zeitschriftenliteratur

ABEBAHR, G.: Leberveränderungen bei der E 605-Vergiftung des Menschen. Beiträge gerichtl. Med. **22**, 1—9 (1963).
ACKERMANN, H.: Einfluß pflanzlicher Extraktstoffe auf die Cholinesteraseaktivität. Nahrung **12**, 357—362 (1968).
ACREE, JR. F., M. BEROZA, and M.C. BOWMAN: Codistillation of DDT with water. J. agric. Food Chem. **11**, 278—280 (1963).
AHMED, M.K., J.E. CASIDA, and R.E. NICHOLS: Significance of rumen fluid with particular reference to parathion. J. agric. Food Chem. **6**, 740—746 (1958).
ALLESSANDRINI, M.E.: Insecticide residues in olive oils and table olives from efforts to control the olive fly. Res. Rev. **1**, 92—111 (1962).
— and V. LEONI: Bestimmung von Malathionrückständen in den Fraktionen, die beim Mahlen des Getreides anfallen. Ann. Inst. Sup. Sanità **1**, 753—758 (1965) [italienisch]; zit. nach Z. Lebensmittel-Untersuch. u. Forsch. **136**, 43 (1967).
ALY, O.M., and S.D. FAUST: Studies on the removal of 2,4-D and 2,4-DCP from surface waters. J. Ser. New Jersey Agric. Experiment. Stat., Rutgers, State University of New Jersey, Dept. Sanitation, New Brunswick, N.J. 1963.
BACHE, C.A., R.F. HOLLAND, and D.J. LISK: Absence of phenoxyacid herbicide residues in the milk of dairy cows fed high levels. J. Dairy Sci. **47**, 298—299 (1964).
BACK, R.C.: Significant developments in 8 years with sevin insecticide. J. agric. Food Chem. **13**, 198—199 (1965).
BÄR, F.: Schädlingsbekämpfungsmittel, ihre Einwirkung auf Lebensmittel und ihr Nachweis. Z. Lebensmittel-Untersuch. u. Forsch. **105**, 104—121 (1957).
— Toxicitätskriterien bei der Aufstellung von Toleranzwerten für Pflanzenschutzmittelrückstände in Lebensmitteln. Bundesgesundh.-Bl. **1**, 17—20 (1958).
— Die derzeitigen Kenntnisse zur gesundheitlichen Beurteilung der synthetischen Wachstumsregulatoren für Pflanzen. Bundesgesundh.-Bl. **1**, 184—187 (1958).
— u. F. GRIEPENTROG: Die Allergenwirkung von fremden Stoffen in den Lebensmitteln. Medizin u. Ernähr. **1**, 99—104 (1960).
BAILEY, G.W., and J.L. WHITE: Review of adsorption and desorption of organic pesticides by soil colloids, with implications concerning pesticide bioactivity. J. agric. Food Chem. **12**, 324—332 (1964).
— Herbicides: A compilation of their physical, chemical and biological properties. Res. Rev. **10**, 97—122 (1965).
BAMESBERGER, W.L., and D.F. ADAMS: Collection technique for aerosol and gaseous herbicides. J. agric. Food Chem. **13**, 552—554 (1965).
BANN, J.M., T.J. DE CINO, N. W. EARLE, Y.-P. SUN: The fate of aldrin and dieldrin in the animal body. J. agric. Food Chem. **4**, 937—941 (1956).
BARNEY II, J.E.: The meaning of „sensitivity" in trace analysis. Talanta **14**, 1363—1366 (1967).
BARTHA, R., R.P. LANZILOTTA, and D. PRAMER: Stability and effects of some pesticides in soil. Appl. Microbiol. **15**, 67—75 (1967).
BECKMAN, H., and W. THORNBURG: Effect of frozen storage on parathion residues. J. Food Sci. **30**, 656—662 (1965).
— K. CARROL, W. THORNBURG, R.J. VETRO, R.D. SMITH, A. MITTLER, M.B. KECSKES, A. BEVENUE, and Y. KAWANO: The new Florisil: A statistical evaluation for chlorinated pesticides. J. Ass. off. analyt. Chem. **50**, 1251—1257 (1967).
— and W.O. GAUER: Solvent purification for residue analysis by non-distillation methods. Res. Rev. **18**, 1—19 (1967).

BEIDAS, A.S., and D.J. HIGGONS: Mercury residues in sprayed crops. I. Tomatoes. J. Sci. Food Agric. **8**, 597—600 (1957).

BENCZE, K.: A spectrophotometric method for determining pentachlorphenol in air. Analyst **88**, 622—626 (1963).

BERAN, F.: Das Rückstandsproblem in Österreich. Res. Rev. **4**, 82—95 (1963).

— Pflanzenarzt **18**, 22—24 (1965).

— Die Gestaltung des Pflanzenschutzes, eine verantwortungsvolle Aufgabe der Pflanzenärzte. Nachrichtenbl. Dtsch. Pflanzenschutzdienst **17**, 49—55 (1965 a).

— Untersuchungen über die Geschmacksbeeinflussung von Äpfeln, Birnen und Trauben durch einige Insecticide, Kombinationspräparate und Fungicide. Pflanzenschutzber. (Wien) **32**, 85—101 (1965 b).

— u. J. NEURURER: Nomenklatur und Charakteristik chemischer Herbicide. Z. Pflanzenkrankh. (Pflanzenpathol.) Pflanzenschutz **74**, 317—331 (1967).

BEROZA, M., and M.C. BOWMAN: Extraction of insecticides for clean up and identification. J. Ass. off. analyt. Chem. **48**, 358—370 (1965).

BILLS, D.D., and J.L. SLOAN: Removal of chlorinated insecticide residues from milk fat by molecular distillation. J. agric. Food Chem. **15**, 676—678 (1967).

BIRDSALL, J.J., K.G. WECKEL, and R.K. CHAPMAN: Effects of chlorinated hydrocarbon insecticides on flavors of vegetables. J. agric. Food Chem. **5**, 523—526 (1957).

BLACKITH, R.E., and O.F. LUBATTI: Prolonged storage of cereals fumigated with methyl bromide. J. Sci. Food Agric. **16**, 455—457 (1965).

BLANC, B.: Heutige Kenntnisse der Käsefabrikation und der Käsefehler. Schweiz. Milchztg. **95**, 301—302 (1969).

BLINN, R.C.: Infrared and ultraviolett spectrophotometry in residue evaluations. Res. Rev. **5**, 130—138 (1964).

— G.E. CARMAN, W.H. EWART, and F.A. GUNTHER: Residual behavior of various insecticides on and in lemons and oranges. J. econ. Entomol. **52**, 42—45 (1959 a).

— R.W. DORNER, J.H. BARKLEY, L.R. JEPPSON, F.A. GUNTHER, and C.C. CASSIL: Locale of aged Tedion residues on citrus fruits. J. econ. Entomol. **52**, 723—724 (1959 b).

BOARD, P.W., R.V. HOLLAND, and R.G.P. ELBOURNE: The effect of sulphur containing fungicides on the corrosion of plain cans of fruit. J. Sci. Food Agric. **18**, 232—236 (1967).

BÖNING, K.: Wirkung und Giftigkeit der wichtigsten Stoffgruppen der in der landwirtschaftlichen und gärtnerischen Praxis verwendeten Pflanzenschutzmittel. Bayer. Landw. Jahrb. **43**, 3—13 (1966).

BORBELY, F.: Über die Toxikologie der in der Schweiz gebrauchten Schädlingsbekämpfungsmittel. Mitt. Lebensmitteluntersuch. Hyg. **48**, 383—395 (1957).

BOWMAN, J.S., and J.E. CASIDA: Metabolism of the systemic insecticide Thimet in plants. J. agric. Food Chem. **5**, 192—197 (1957).

— and M. BEROZA: Extraction p-values of pesticides and related compounds in six binary solvent systems. J. Ass. off analyt. Chem. **48**, 943—952 (1965).

BRADLEY JR., R.L., and C.F. LI: The effect of dieldrin on acid development during manufacture of cheddar cheese. J. Milk Food Technol. **31**, 202—203 (1968).

BREIDENBACH, A.W.: Pesticide residues in air and water. Arch. Environ. Health **10**, 827—830 (1965).

— and J.J. LICHTENBERG: Identification of DDT and dieldrin in rivers — A report of the national water quality network. Science **141**, 899—900 (1963).

BREMER, H.G.: Dinitrosopentamethylentetramin, ein Treibmittel für Reaktionsaerosole. Zbl. Biol. Aerosolforsch. **11** (2), 114—131 (1963 a).

— Fungicide Reaktionsaerosole. Z. Pflanzenkrankh. (Pflanzenpathol.) Pflanzenschutz **70**, 321—331 (1963 b).

BRESSAU, G.: Über Rückstände von Vorratsschutzmitteln — insbesondere Malathion — in Getreide. Dtsch. Lebensmittel-Rdsch. **62**, 390—395 (1966).

BRIDGES, R.G.: N-Methylation as a result of fumigation wheat with methylbromide. J. Sci. Food Agric. **6**, 261—268 (1955).

BRIDGES, W.R.: Disappearance of endrin from fish and other materials of a pond environment. Trans. Amer. Fisheries Soc. **90**, 332 (1961); zit. nach E.H. MARTH, 1965.

BRIESKORN, C.H.: Über die Einflußnahme einiger neuzeitlicher Schädlings- und Unkrautbekämpfungsmittel auf unsere Lebensmittel. Z. Lebensmitt. Unters. u. Forsch. **93**, 292—298 (1951).

BRITTIN, W.A., and J.D. FAIRING: A study of the effects of processing on spray residue. J. Ass. off. agric. Food Chem. **33**, 599—607 (1950).

BROGDON, J.L., M.E. KIRKPATRICK, and E.H. DAWSON: Flavor of meat from animals treated with malathion, ronnel or co-ral. J. agric. Food Chem. **10**, 34—36 (1962).

Bro-Rasmussen, F., F. Rodin, u. K. Voldum-Clausen: Überprüfung einer gaschromatographischen Methode zur Bestimmung chlorierter Insecticide in Butter und pflanzlichen Erzeugnissen. Z. Lebensmitt. Untersuch. u. Forsch. **138**, 276—284 (1968).

Brückner, G., R. Flatow, u. M. Rohrlich: Der quantitative chemische Nachweis von DDT in Mahl- und Backprodukten und das Verhalten des DDT im Mahl- und Backprozeß. Getreide u. Mehl **7**, 73—77 (1957).

Burke, J., and L. Giuffrida: Investigation of electron capture gas chromatography for the analysis of multiple pesticide residues in vegetables. J. Ass. off. agric. Chem. **47**, 326—342 (1964).

Burt, P.E., R. Bardner, and P. Etheridge: The influence of the volatility and water solubility of systemic insecticides on their movement through soil and absorption by plant roots. Ann. Appl. Biol. **56**, 411(1965); zit. nach C.A. Edwards 1966.

Buttenberger, P., u. H. Weiss: Über die Beeinflussung von Lebensmitteln bei der Blausäuredurchgasung von Schiffen und Speichern. Z. Untersuch. Nahrungs- u. Genußmittel **43**, 104—118 (1924).

Casida, J.E., P.E. Gatterdam, L.W. Getzin, and R.K. Chapman: Residual properties of the systemic insecticide 0,0-Dimethyl-1-carbmethoxy-1-propen-2-yl-phosphate. J. agric. Food Chem. **4**, 236—243 (1956).

Carter, R.H., P.C. Hubanks, H.D. Mann, F.F. Smith, and P.C. Piquett: DDT content of milk from cows fed pea vine silage containing DDT residues. J. econ. Entomol. **42**, 119 (1949).

Chamberlain, W.F., P.E. Gatterdam, and D.E. Hopkins: The metabolism of ^{32}P – labeled dimethoate in sheep. J. econ. Entomol. **54**, 733—736 (1961).

Claborn, H.V., R.D. Radeleff, H.F. Beckman, and G.T. Woodward: Malathion in milk and fat from sprayed cattle. J. agric. Food Chem. **4**, 941—942 (1956).

Cluett, M., W.K. Lowen, H.L. Plase, and C.A. Woodhouse: Determination of methoxychlor and/or metabolites in milk following topical application to dairy cows. Abstr. Pap. Amer. Chem. Soc. Sept. 1959, 25 A—26 A; zit. nach Dairy Sci. Abstr. **22**, 269 (1960).

Cohen, J.M., and C. Pinkerton: Widespread translocation of pesticides by air transport and rain out. Advanc. in Chem. Series Vol. 60, S. 163—176. Washington D.C.: Amer. Chem. Soc. 1966.

Cook, J.W.: In vitro destruction of some organophosphorus pesticides by bovine rumen fluid. J. agric. Food Chem. **5**, 859—863 (1957).

Cooksey, K.E.: Purfication of a protein from Bac. thuringiensis to larvae of Lepidoptera. Biochem. J. **106**, 445—448 (1968).

Cope, O.B.: Effects of DDT spraying for spruce budworm on fish in the Yellowstone River System. Trans. Amer. Fisheries Soc. **90**, 239 (1961); zit. nach E.H. Marth (1965).

Crang, A., and G.M. Clarke: Effects of some fungicides on the flavor of fruits and syrups. J. Sci. Food Agric. **12**, 227—231 (1961).

Cummings, J.C.: Pesticide residues in total diet samples. J. Ass. off. agric. Chem. **48**, 1177 bis 1180 (1965).

Dahm, P.A., F.C. Fountaine, J.E. Pankaskie, R.C. Smith, and F.W. Atkeson: The effects. of feeding parathion to dairy cows. J. Dairy Sci. **33**, 747—757 (1950).

Damaskin, V.J.: Cumulation in the human body of DDT acquired via foodstuffs and its toxic effect. Gig. Sanit. **30**, (10), 109 (1965) (russisch); zit. nach Dairy Sci. Abstr. **28**, 955 (1966).

Dauterman, W.C., J.E. Casida, J.B. Knaak, and T. Kowalczyk: Metabolism and residues associated with oral administration of dimethoate to rats and 3 lactating cows. J. agric. Food Chem. **7**, 188—193 (1959).

— G.B. Viado, J.E. Casida, and R.D. O'Brien: Persistance of dimethoate and metabolites following foliar application to plants. J. agric. Food Chem. **8**, 115—119 (1960).

David, W.A.L., and W.N. Aldridge: The insecticidal material in leaves of plants growing in soil treated with parathion: Ann. appl. Biol. **45**, 332—346 (1957).

Davidow, B., and J.L. Radomski: Isolation of an epoxide metabolite from fat tissues of dogs fed heptachlor. J. Pharmakol. exper. Therapie **107**, 259—262 (1953).

Decker, G.C.: Significance of pesticide residues in milk and meat. J. agric. Food Chem. **7**, 681—683 (1959).

— Pesticide residues on plants. Agr. Chemicals **12** (2), 39 (1957); zit. nach W. Ebeling 1963.

— C.J. Weinman, and J.M. Bann: A preliminary report on the rate of insecticide residue loss from treated plants. J. econ. Entomol. **43**, 919—921 (1950).

— W.N. Bruce, and J.H. Bigger: The accumulation and dissipation of residues resulting from the use of aldrin in soils. J. econ. Entomol. **58**, 266—271 (1965).

Deichmann, W., M. Keplinger, J. Dressler, and F. Sala: Retention of dieldrin and DDT in the tissues of dogs fed aldrin and DDT individually and as a mixture. Toxicol. appl. Pharmacol. **14**, 205—213 (1969).

DÉNES, A.: Untersuchungen über die Zersetzung von Dialkyl-p-nitrophenylthiophosphat-Rückständen in Äpfeln. Elelmezes Ipar **11**, 182 (1957) [ungarisch]; zit. nach Z. Lebensmittel-Untersuch. u. Forsch. **108**, 368 (1958).
DERBYSHIRE, J.C., and R.T. MURPHY: Diazinon residues in treated silage and milks of cows fed powdered diazinon. J. agric. Food Chem. **10**, 384—386 (1962).
DIERCKS, R.: Zur Krankheits- und Schädlingsprognose im integrierten Pflanzenschutz. Bayer. Landwirtschaftl. Jahrbuch **43**, 643—662 (1966).
— Die Pflanzengesundheit unter besonderer Berücksichtigung der Probleme des integrierten Pflanzenschutzes. Bayer. Landwirtschaftl. Jahrbuch **44**, Sonderh. 1, S. 110—134 (1967).
DIMICK, K.P., and H. HARTMANN: Gaschromatography for the analysis of pesticides using Aerograph electron capture detector. Res. Rev. **4**, 150—172 (1963).
DOLBY, R.M., and J.K. GRAY: Pesticide testing in dairy factory laboratories. N.Z. J. Dairy Technol. **2**, 138—140 (1967).
DORMAL, S.: Application de la mésure de l'hinbitation des cholinesterases au dosage des residues des pesticides. Mededelingen Landbouwhogeschool Gent **26**, 1508—1512 (1961).
DORMAL VAN DEN BRUEL, S., and H. HURTIG: Principles for the establishment of pesticide residue tolerances. Res. Rev. **1**, 140—151 (1962).
DRAPER, C.J., J.R. HARRIS, D.A. GREENWOOD, C. BIDDULPH, L.E. HARRIS, F. MANGELSON, W. BINNS, and M.L. MINER: The transfer of DDT from the feed to eggs and body tissues of White Leghorn hens. Poultry Sci. **31**, 388—393 (1952).
DUGGAN, R.E.: Science **151**, 101—102 (1966).
— Validation of multiple-residue analysis. J.Ass. off. agric. Chem. **49**, 456—459 (1966).
DURHAM, W.F.: Pesticide residues in foods in relation to human health. Res. Rev. **4**, 33—81 (1963).
— The interaction of pesticides with other factors. Res. Rev. **18**, 21—103 (1967).
— T.B. GAINES, R.H. MCCAULEY, V.A. SEDLAC, A.M. MATTSON, and W.J. HAYES: Studies on the toxicity of 0,0-dimethyl-2,2-dichlorvinyl phosphate. Arch. Industr. Health **15**, 340—349 (1957).
EBELING, W.: Analysis of the basic processes involved in the deposition, degradation, persistence, and effectiveness of pesticides. Res. Rev. **3**, 35—163 (1963).
EBING, W.: Verfahren zur Erzielung gut reproduzierbarer R_F-Werte bei serienmäßig durchgeführter Dünnschichtchromatographie. Routinemethode zur Identifizierung insektizider Chlorkohlenwasserstoffe. J. Chromatog. **44**, 81—94 (1969).
EBING, W.: Über ein Sprühreagens zum dünnschichtchromatographischen Nachweis Cholinesterase hemmender Insecticide. J. Chromatog. **42**, 140—144 (1969).
ECOBICHON, S. D. and P. W. SASCHENBRECKER: Dechlorination of DDT in frozen blood. Science **156**, 663 (1967).
EDER, F., H. SCHOCH, u. R. MÜLLER: Nachweis von Insecticidrückständen (chlorierte Kohlenwasserstoffe, Phosphorsäureester) in bzw. auf Obst und Gemüse mit Hilfe der Papier- und Dünnschichtchromatographie. Mitt. Lebensmitteluntersuch. Hyg. **55**, 98—133 (1964).
EDSON, E.F., D.M. SANDERSON, and D.N. NOAKES: Acute toxicity data for pesticides. World Rev. Pest Control **5**, 143—151 (1966).
EDWARDS, C.A.: Insecticide residues in soils. Res. Rev. **13**, 83—132 (1966).
— S.D. BECK, and E.P. LICHTENSTEIN: Bioassay of aldrin and lindane in soil. J. econ. Entomol. **50**, 622—626 (1957).
EGAN, H.: Pesticide residue analysis: present problems and achievements. J. Ass. off. analyt. Chem. **50**, 74—84 (1967).
— IUPAC Commission on the development, improvement, and standardization of pesticide residue analysis. J. Ass. off. analyt. Chem. **51**, 365—378 (1968).
— R. GOULDING, J. ROBURN, and J. O'G. TATTON: Organochlorine pesticide residue in human fat and human milk. Brit. Medical J. **2**, 66—69 (1965).
EHEART, J.F., E.C. TURNER, and J. DICKINSON: Residues of sevin in whole milk from sprayed and dusted cows. J. econ. Entomol. **55**, 504—505 (1962).
EHRENSTORFER, S.: Untersuchungen über Rückstände von Schädlingsbekämpfungsmitteln in Getreide und Mahlerzeugnissen aus Getreide. Mitt.-Bl. GDCh., Fachgr. Lebensmittelchem. **23**, 8—10 (1969).
Eidgenössische Forschungsanstalt für Milchwirtschaft Liebefeld: Provisorische Freigabe von Insektiziden zur Fliegenbekämpfung in Viehställen. Schweiz. Milchztg. **95**, 372 (1969).
ELY, R.E., L.A. MOORE, H.D. MANN, and R.H. CARTER: The effect of various dosage levels of crystalline lindane on the concentration of lindane in cow's milk. J. Dairy Sci. **35**, 733—737 (1952).
— —, P.E. HUBANKS, R.F. CARTER, and F.W. POOS: Studies on feeding aldrin to dairy cows. J. Dairy Sci. **37**, 294—298 (1954).
— — — —, and T.W. POOS: Excretion of heptachlor epoxide in the milk of dairy cows fed heptachlor-sprayed forage and technical heptachlor. J. Dairy Sci. **38**, 669—672 (1955).

Engelhardt, N., K. Prchal u. M. Nenner: Acetylchlorinesterase. Angew. Chem. **79**, 604—616 (1967).
Engst, R.: Die Anwendung der Schädlingsbekämpfungsmittel als lebensmittelhygienisches und toxikologisches Problem. Nahrung **6**, 68—91 (1962).
— Pestizide – Segen und Fluch zugleich? Wissenschaft u. Fortschritt **16**, 340—344 (1966).
— Aufnahme und Speicherung von Schädlingsbekämpfungsmitteln in Möhren. Qual. Plant Mat. Veg. **14**, 305—316 (1967 a).
— Zur Regelung des Rückstandsproblems in der DDR; Vorschlag einer Toleranzliste. Nachrichtenblatt. Dtsch. Pflanzenschutzdienst **21**, 121—125 (1967 b).
— R. Knoll, u. B. Nickel: Dünnschichtchromatographische Bestimmung von DDT-Rückständen in pflanzlichen Lebensmitteln. Z. Lebensmittel-Untersuch. u. Forsch. **130**, 65—73 (1966).
— u. D. Kubel: Dünnschichtchromatographische Bestimmung von Dimethoat und PO-Dimethoat in pflanzlichen Lebensmitteln. Z. Lebensmittel-Untersuch. u. Forsch. **131**, 149—155 (1966).
— H. Ackerman, u. B. Nickel: Zur Beurteilung rückstandshaltiger Lebensmittel. Ernährungsforsch. **12**, 403—415 (1967 a).
— u. M. Kujawa: Reaktionsverlauf des enzymatischen DDT-Abbaus. Nahrung **11**, 751—760 (1967).
— u. M. Kujawa: Enzymatischer Abbau des DDT durch Schimmelpilze 3. Darstellung des 2,2-Bis(p-chlorphenyl) acetaldehyds (DDHO) und seine Bedeutung im Abbaucyclus. Nahrung **12** (8), 783—785 (1968).
— R. Knoll, u. B. Nickel: Zur Kontamination der Milch mit chlororganischen Insektiziden. Nahrung **11**, 161—171 (1967 b).
— u. W. Schnaak: Untersuchungen zum Metabolismus der fungiciden Äthylen-bis-dithiocarbamate Maneb und Zineb. Z. Lebensmittel-Untersuch. u. Forsch. **134**, 216—221 (1967 a).
— —, Dünnschichtchromatographische Bestimmung von Rückständen der Fungicide Captan und Phaltan. Nahrung **11**, 95—100 (1967 b).
— —, Dünnschichtchromatographischer Nachweis fungitoxischer Substanzen durch Wachstumshemmung von Aspergillus niger. Pharmaz. Zentralh. **106**, 382—385 (1967 c).
— u. W. Schnack: Polarographische Bestimmung des unzersetzten Wirkstoffanteils von Maneb und Zineb. Z. Lebensmittel-Untersuch. u. -Forsch. **139**, 149—152 (1969).
Erickson, L.C., B.L. Brannaman, and Ch. W. Coggins jr.: Residues in stored lemons treated with various formulations of 2,4-D. J. agric. Food Chem **11**, 437—440 (1963).
Ernst, W.: Der Stoffwechsel von Pesticiden in Säugetieren. Res. Rev. **18**, 131—157 (1967).
Faber, W., u. E. Kahl: Ergebnisse mehrjähriger Untersuchungen zur Frage der Geschmacksbeeinflussung von Insektiziden bei Kartoffeln. Pflanzenschutzber. (Wien) **14**, 161—180 (1955).
Faust, S.D.: Pollution of the water environment by organic pesticide. Clinic. Pharmacol. Therap. **5**, 677—686 (1964).
— R.R. Younger, R.J. Tucker, and O.M. Aly: Observations on the occurence and persistence of 2,4-D and 2,4-dichlorphenol in lake water: J. Ser. New Jersey Agric. Experiment. Stat., Rutgers, State University of New Jersey, Dept. Sanitation, New Brunswick, N.J. 1962.
Feuersenger, M.: Zur Verwendung von Pentachlornitrobenzol bei der Lagerung von Kohl. Dtsch. Lebensmittel-Rdsch. **59**, 14—15 (1963).
— Ungezieferbekämpfung in Lebensmittelbetrieben und Lebensmittellagern. Fleischwirtsch. **45**, 318—320 u. 323 (1965).
— u. G. Müller: Methylbromid als Schädlingsbekämpfungsmittel bei Lebensmitteln und Futtermitteln. Dtsch. Lebensmittel-Rdsch. **59**, 69—75 (1963).
— u. G. Bressau: Schädlingsbekämpfung und Lebensmittelgesetzgebung. Bundesgesundh.-Bl. **9**, 297—301 (1966).
Finkenbrink, W.: Ein Pflanzenschutzmittel auf der Basis von Bacillus thuringiensis. Mitt. Biologischen Bundesanstalt f. Land- u. Forstwirtschaft H. 108, S. 85—88 (1963).
Finlayson, D.G., and H.R. MacCarthy: The movement and persistence of insecticides in plant tissue. Res. Rev. **9**, 114—152 (1965).
Fisher, D.E., E.L. John jr., W.H. Gutenman, D.G. Wagner, and D.J. Lisk: Fate of banvel T, ioxynil, tordon, and trifluorilin in the dairy cow. J. Dairy Sci. **48**, 1711—1715 (1965).
Fisher, R.W.: J. econ. Entomol. **52**, 1015—1020 (1959).
Fleck, E.E.: Einwirkung von UV-Licht oder Sonnenstrahlen auf DDT. J. econ. Entomol. **42**, 154—155 (1949); zit. nach Angew. Chem. **62**, 33 (1950).
Flückiger, E.: Der Einfluß der Anwendung von Erpan zur Unkrautbekämpfung auf Weiden auf den Geruch und Geschmack der Milch. Landwirtsch. Jahrbuch Schweiz **69**, 357—364 (1955).

FOUTS, J.R.: Factors influencing the metabolism of drugs in liver microsomes. Ann. New York Acad. Sci. **104**, 875—880 (1963).

FREED, H.V., and M.L. MONTGOMERY: The metabolism of herbicides by plants and soils. Res. Rev. **3**, 1—18 (1963).

FREHSE, H.: Special features in the analysis of pesticide residues: Residue analysis and food control. Res. Rev. **5**, 1—20 (1964).

— H. NIESSEN, u. H. TIETZ: Zur Anwendung des ppm-Begriffs im Bereich sehr kleiner Pflanzenschutzmittel-Rückstände. Pflanzenschutz-Nachrichten „Bayer“ **15**, 113—128 (1962).

— u. H. NIESSEN: Die Analyse von Pflanzenschutzmittelrückständen. Z. analyt. Chem. **192**, 94—136 (1963).

FURMAN, D.P., and W.M. HOSKINS: Benzene hexachloride in cream from cows' milk. J. econ. Entomol. **41**, 106—107 (1948).

FURMIDGE, C.G.L.: The phytotoxicity of surface active agents on leaves of apple and plum trees. J. Sci. Food Agric. **10**, 274—282 (1959 a).

— Variation of phytotoxicity with the chemical structure of surface-active agents. J. Sci. Food Agric. **10**, 419—425 (1959 b).

— A.C. HILL, and J.M. OSGERBY: Physicochemical aspects of the availability of pesticides in soils. II. Controlled release of pesticides from granular formulation. J. Sci. Food Agric. **19**, 91—95 (1968).

GAGE, J.C.: The significance of blood cholinesterase activity measurements. Res. Rev. **18**, 159—173 (1967).

GANNON, N., and G.C. DECKER: The conversion of aldrin to dieldrin on plants. J. econ. Entomol. **51**, 8—11 (1958).

— R.P. LINK, and G.C. DECKER: Insecticide residues in the milk of dairy cows fed insecticides in their daily ration. J. agric. Food Chem. **7**, 829—832 (1959).

— — — Storage of dieldrin in tissues of steers, hogs, lambs, and poultry fed dieldrin in their diets. J. agric. Food Chem. **7**, 826—828 (1959).

GEDEREN VAN, H.: Pesticides as a source of food contamination. Voeding **16**, 742—753 (1955).

GETZ, M.E., and H.G. WHEELER: Thin layer chromatography of organophosphorus insecticides with several absorbents and ternary solvent systems. J. Ass. off. analyt. Chem. **51**, 1101—1107 (1968).

GETZENDANER, M.E.: Bromide residues from methylbromide fumigations of cocoa beans, and processed fractions from fumigated beans. J. agric. Food Chem. **14**, 56—58 (1966).

GETZIN, L.W.: The effect of soils upon the efficiency of systemic insecticides with special references to thimet. Dissertation Abstr. **19**, 625 (1958); zit. nach C.A. EDWARDS 1966.

GILLETT, J.W.: „No effect“ level of DDT in induction of microsomal epoxidation. J. agric. Food Chem. **16**, 295—297 (1968).

GILPIN, G.L., A.B. PARKS, and H. REYNOLDS: Flavor of selected vegetables grown in pesticide-contaminated soils. J. agric. Food Chem. **5**, 44—48 (1957).

GIUFFRIDA, L., and F. IVES: Investigation to two gas chromatographic techniques for the determination of organophosphate pesticide residues. J. Ass. off. agric. Chem. **47**, 1112 bis 1116 (1964).

GLADENKO, I.N.: Organoleptische und toxische Eigenschaften von Fleisch, Fett und Milch von Tieren, die mit Hexachloran behandeltes Futter erhielten. Hyg. u. Sanitätswesen 1954, Nr. 3. 39—44 (russisch); zit. nach Chem. Zbl. **125**, 10121 (1954).

GORBACH, G., O. E. CHRIST, H.-M. KELLNER, G. KLOSS and E. BORNER: Metabolism of endosulfan in milk sheep, J. agric. Food Chem. **16**, 950—953 (1968).

GOULD, W.A., J.P. SLEESMAN, R.W. RINGS, M. LYNN, F. KRANTZ JR., and H.D. BROWN: Flavor evaluation of canned fruits and vegetables treated with newer organic insecticides. Food Technol. **5**, 129—134 (1951).

GOULDING, R.L., and L.C. TERRIERE: Malathion residues in the milk of dairy cows treated for horn fly control. J. econ. Entomol. **52**, 341 (1959).

GRAHAM, R.J.: Effects of forest insect spraying on trout and aquatic insects in some Montana streams. Biological problems in water pollution, Transactions 1959 seminar, US Public Health Serv. Rept. 260—263 (1960); zit. nach E.H. MARTH (1965).

GRIEPENTROG, F.: Schwache Allergene am Beispiel einiger Pflanzenschutzmittel. Medizin u. Ernähr. **2**, 106—108 (1961).

GROVER, P.L., and P. SIMS: The metabolism of 2,3,4,5,6-pentachlor-1 cyclohexane and 8-hexachlorocyclohexane in rats. Biochem. J. **96**, 521—524 (1965).

GUNTHER, F.A., D.L. LINDGREN, M.J. ELLIOT, and J.P. LADUE: Persistence of certain DDT deposits under field conditions. J. econ. Entomol. **39**, 624—627 (1946).

— M.M. BARNES, and G.E. CARMAN: Removal of DDT and parathion from apples, pears, lemons, and oranges. Adv. Chem. Ser. **1**, 137—142 (1950).

— T. A. MILLER and T. E. JENKINS: Continuous chloride-ion combustion method applied to determination of organochlorine insecticide residues. Analyt. Chem. **37,** 1386—1391 (1965).

— R.C. BLINN, and M.M. BARNES: Infrared determination of p-chlorobenzyl-p-chlorophenyl sulfide and its oxidation to its sulfone in pears. J. agric. Food Chem. **5,** 198—210 (1957 a).

— —, L.R. JEPPSON, J.H. BARKLEY, G.J. FRISOME, and R.D. GARMUS: Field persistence of the acaricide 4,4-dichloro-α-(trichloromethyl)-benzhydrol on and in mature lemons and oranges. J. agric. Food. Chem. **5,** 595—598 (1967 b).

— L.R. JEPPSON, J.H. BARKLEY, L.M. ELLIOT, R.C. BLINN, and C.L. DUNN: Persistence of residues of 2,3-p-dioxanedithiol -S,S-bis (0,0-diethylphosphorodithioate) as an acaricide on and in mature lemons and oranges. J. agric. Food Chem. **6,** 210—211 (1958 a).

— W.H. EWART, R.C. BLINN, H.S. ELMER, and G.B. WACKER: Field persistance comparison of residues of the insecticide diazinon in lemons and Valencia oranges and effects on juice flavor. J. agric. Food Chem. **6,** 521—523 (1958 b).

— G.E. CARMAN, R.C. BLINN, and J.H. BARKLEY: Persistence of residues of guthion on and in mature lemons and oranges and in laboratory–processed citrus „pulp“ cattle feed. J. agric. Food Chem. **11,** 424—427 (1963).

— W.H. EWART, J.H. BARKLEY, and R.T. MURHPY: Persistence of residues of dimethoate on and in mature Valencia oranges and in laboratory–processed citrus pulp cattle feed. J. agric. Food Chem. **13,** 548—549 (1965).

— and D.E. OTT: Rapid automated determination of biphenyl in citrus fruit rind. Analyst **91,** 475—481 (1966).

GYRISCO, G.G., and R.H. BURRAGE: Effects of soil treatments with insecticides on plant growth and fruit quality of strawberries. J. econ. Entomol. **47,** 859—863 (1954).

—, D.J. LISE, S.N. FERTIG, E.W. HUDDLESTON, F.H. FOX, R.F. HOLLAND, and G.W. TRIMBERGER: Effects of feeding high levels of sevin on residue, flavor, and odor of the milk of dairy cattle. J. agric. Food Chem. **8,** 409—410 (1960).

HAINES, R.G.: Evidence of lindane translocation in corn plants. J. econ. Entomol. **49,** 563 bis 564 (1956).

HANF, M.: Entwicklung und Ausmaß der Pflanzenschutzmittelanwendung. Z. Pflanzenkrankh. Pflanzenschutz 73, 522—536 (1966).

HANSEN, H.: Über die Nebenwirkungen der organischen Fungicide auf Äpfel und Birnen im Hinblick auf die Qualität und Haltbarkeit der Früchte. Obstbau u. Weinbau (Mitteilungen Südtiroler Beratungsring Lana) **3,** 172—176 (1966).

HARDING, P.L.: Citrus. Ind. **35,** 14—15 u. 18—19 (1954).

HARDORN, H.J., H. BRUNINK u. A.F.H. BESEMER: CIPC-Rückstände in Gemüse. Dtsch. Lebensmittel-Rdsch. **57,** 31—35 (1961).

HARRIES, C.R.: Influence of soil moisture on the toxicity of insecticides in a mineral soil to insects. J. econ. Entomol. **57,** 946—948 (1964 a).

— Influence of soil type and moisture on the toxicity of insecticides in soils to insects. Nature **202,** 724 (1964 b).

HARWOOD, R.F., and S. AREEKUL: Identification of insecticides and acaricides by comparative bioassay. Science **131,** 1369—1370 (1960).

HAUSCHILD: Pharmakologie der Schädlingsbekämpfungsmittel. Ernährungsforsch. **8,** 457—464 (1962).

HAYS JR., W.J.: Pesticides in relation to public health. Ann. Rev. Entomol. **5,** 379—404 (1960).

HECHT, G., u. W. WIRTH: Zur Pharmakologie der Phosphorsäureester: Derivate der Thiophosphorsäure. Arch. exp. Pathol. Pharmakol. **211,** 264—277 (1950).

HEDDERGOTT, H.: Der chemische Pflanzenschutz im Blickpunkt der Öffentlichkeit. Dtsch. Lebensmittel-Rdsch. **61,** 1—8 u. 38—45 (1965).

HEINEMANN, H.E.O., and C.B. MILLER: Pesticide residues and the dairy industry. J. Dairyl. Sci. **44,** 1775—1781 (1961).

HEINISCH, E.: Analytische Probleme bei der Kontrolle von Lebensmitteln auf Pflanzenschutzmittelrückständen. Nahrung **6,** 17—35 (1962).

— u. EL-RAFIE: Chemische Methoden zum Nachweis oder zur Bestimmung von Pflanzenschutzmittelrückständen auf oder in pflanzlichem Erntegut. IV. Chlordan. Nachrichtenbl. dtsch. Pflanzenschutzdienst N.F. **16,** 225—233 (1962).

— H. BEITZ, u. J. HARTISCH: Über die Kontamination landwirtschaftlich und gärtnerisch intensiv genutzter Böden in der DDR mit DDT und Lindan. Nachrichtenbl. dtsch. Pflanzenschutzdienst **48,** 61—67 (1968).

HEMPHIL, D.D., R.E. BALDWIN, H. DEGUZMAN, and H.K. DELOACH: Effects of washing, trimming and cooking on levels of DDT and derivatives in green beens. J. agric. Food Chem. **15,** 290—294 (1969).

HENDERSON, J.L.: Pesticide residue tolerances in milk. Food Technol. **16**, 66, 70 u. 73 (1962).
— Chlorinated organic insecticide residues in milk. J. Milk Food Technol. **28**, 15—18 (1965 a)
— Insecticide residues in milk and dairy products. Res. Rev. **8**, 74—115 (1965).
HENING, J.C., A.C. DAVIS, and W.B. ROBINSON: Flavor and color evaluation of canning crops grown in soil treated with insecticides. Food Technol. **8**, 227 (1954).
HENZI, M.: Jahresbericht 1958 des Untersuchungsamtes Thurgau. Mitt. Lebensmittel-Untersuch. Hyg. **50**, 367 (1959).
HILL, G.D., J.W. MCGAHEN, H.M. BAKER, D.W. FINNERTY, and C.W. BINGEMAN: The fate of substituted urea herbicides in agricultural soils. Agron. J. **47**, 93 (1955).
HINREINER, E., and M. SIMONE: Effects of acaricides on flavor of almonds and canned fruits. Hilgardia **26**, 35—44 (1956 a).
— — Effects of soil insecticides on flavor of vegetable crops. Hilgardia **26**, 76—85 (1956 b).
HÖTZEL, D.: Ermittlung von Toleranzwerten für Rückstände von Pflanzenschutzmitteln in Nahrungsmitteln. Arzneimittel-Forsch. **15**, 573—577 (1965).
HOFFMAN, R.A., T.L. HOPKINS, and A.W. LINDQUIST: J. econ. Entomol. **47**, 72 (1954).
— and R.B. CARSON: Determination and distribution of maleic hydrazid in vegetables and fruits. J. Ass. off. agric. Chem. **45**, 788—789 (1962).
HOPE, G.W.: The effect of some fungicides on the flavor of canned strawberries. J. agric. Food Chem. **12**, 189—191 (1964).
HORBER, E.: Schädlingsbekämpfung und Qualitätsproduktion im Feldbau. Mitt. Lebensmitteluntersuch. Hyg. **48**, 413—434 (1957).
HUBER, J.T., and L.J. BISHOP: Secretion of heptachlor epoxide in the milk of cows fed field-cured hay from soils treated with heptachlor. J. Dairy Sci. **45**, 79—81 (1962).
IVEY, M.C., H.V. CLABORN, H.D. MANN, R.D. RADELEFF, and G.T. WOODWARD: Aldrin and dieldrin content of body tissues of livestock receiving aldrin in their diet. J. agric. Food Chem. **9**, 374—376 (1961).
— R.H. ROBERTS, H.D. MANN, and H.V. CLABORN: Lindane residues in chicken and eggs following poultry house sprays. J. econ. Entomol **54**, 487—490 (1961).
— J.L. ESCHLE, H.V. CLABORN, and O.H. GRAHAM: Ronnel residues in the meat and milk of cattle exposed to ronnel impragnated back rubbers used for horn fly control. J. econ. Entomol. **60**, 712—713 (1967).
JACOBSON, M., J. HORSTEIN, and R.T. MURPHY: The analysis of milk for rotenoids. J. Ass. off. agric. Chem. **42**, 174—180 (1959).
JOHNS, TH., and CH.H. BRAITHWAITE JR.: Selective detection and identification of pesticide residues. Res. Rev. **5**, 45—56 (1964).
JOHNSON, D.P., and H.A. STANSBURG: Adaption of sevin insecticide (carbaryl) residue method to various crops. J. agric. Food Chem. **13**, 235—238 (1965).
KAISER, H., u. H. SPECKER: Bewertung und Vergleich von Analysenverfahren. Z. analyt. Chem. **149**, 46—66 (1956).
KAPLANIS, J.N., W.E. ROBBINS, D.J. DARROW, D.E. HOPKINS, R.E. MONROE, and G. TREIBER: The metabolism of dimethoate in cattle. J. econ. Entomol. **52**, 1190—1194 (1959).
KASTING, R., and J.C. WOODWARD: Persistence and toxicity of parathion when added to soil. Sci. Agr. **31**, 133 (1951); zit. nach H. MARTIN 1963.
KERN, R.: Zum Problem der Insecticidrückstände in tierischen Lebensmitteln. I. Teil. Dtsch. Molkerei-Ztg. **85**, 1763—1767 (1964 a).
— Zum Problem der Insecticidrückstände in tierischen Lebensmitteln. II. Teil. Dtsch. Molkerei-Ztg. **85**, 1807—1808 (1964 b).
KIERMEIER, F.: Über die Kontamination der Milch mit Insecticiden. Med. u. Ernährung, Sonderheft „Pflanzenschutz und Ernährung“ **5**, 10—29 (1964).
— R. KERN, u. G. WILDBRETT: Veränderungen insektizider Wirkstofflösungen und ihre Bedeutung für die Hemmung der Lactoperoxydase in vitro. Z. Naturforsch. **17** b, 794—799 (1962).
— A. GANZ, u. G. WILDBRETT: Zum Problem der Rückstände insecticider Chlorkohlenwasserstoffe in Milch. Z. Lebensmittel-Untersuch. u. Forsch. **124**, 252—257 (1964).
— A. DJARRAHBACHI-RAZAWI, u. G. WILDBRETT: Methodische Verbesserung des Fliegentestes. Z. Lebensmittel-Untersuch. u. Forsch. **131**, 155—158 (1966).
— M. RUDOLPHI, u. G. WILDBRETT: Verhalten der Rückstände insecticider Chlorkohlenwasserstoffe bei der Gefriertrocknung von Milch. Z. Lebensmittel-Untersuch. u. Forsch. **133**, 78—81 (1967).
— G. WILDBRETT, u. M. RUDOLPHI: Erfahrungen mit einem verkürzten Extraktionsverfahren für Insecticidreste aus flüssigen Milcherzeugnissen. Z. Lebensmittel-Untersuch. u. Forsch. **135**, 122—125 (1967).
— u. G. BEHRINGER: Unveröffentlichte Versuche 1969.

Kiigemagi, U., R.G. Sprowls, and L.C. Terriere: Endrin content of milk and body tissues of dairy cows receiving endrin daily in their diet. J. agric. Food Chem. 6, 518—521 (1958).

Kim, S.C., and L.G. Harmon: Effect of pesticide residues on growth and fermentation ability of Str. lactis and L. casei. J. Dairy Sci. **50**, **939** (1967).

King, R.L., N.A. Clark, and R.W. Hemken: Distribution, movement, and persistence of heptachlor and its epoxide in alfalfa plants and soil. J. agric. Food Chem. **14**, 62—65 (1966).

Kirk, V.M.: Study of the disposition of DDT when used as an insecticide for potatoes. Cornell Univ. Agr. Expt. Stat. Memo **312**, 3 (1952); zit. nach W. Ebeling 1963.

Kirkpatrick, M.E., B.M. Mountjoy, L.C. Albright, F.W. Poos, and C.A. Weigel: Flavor and odor of cooked potatoes as affected by the use of lindane and benzene hexachloride as insecticides. Amer. Pot. J. **28**, 792—799 (1951).

— J.L. Brogdon, and R.H. Matthews: Flavour of cantaloups as affected by treatment with lindane. J. agric. Food Chem. **8**, 57—58 (1960).

Kirsch, W., u. G. Schwarz: Untersuchungen über den Einfluß von „Nexit" auf Geruch und Geschmack der Milch. Kieler Milchwirtsch. Forsch. Ber. **2**, 123—125 (1950).

Klee, O., u. P. Steiner: Insektizidrückstände bei Möhren und Futterrüben nach Behandlung mit organischen Phosphorverbindungen und chlorierten Kohlenwasserstoffen. Nachrichtenbl. Dtsch. Pflanzenschutzdienst N.F. **13**, 33—38 (1961).

Klein, W., W. Müller, u. F. Korte: Ausscheidung, Verteilung und Stoffwechsel von Endrin [^{14}C] in Ratten. Liebigs. Ann. Chem. **713**, 180—185 (1968 a).

— F. Korte, I. Weisgerber, R. Kaul, W. Müller, u. A. Djirsarai: Über den Metabolismus von Endrin, Heptachlor und Telodrin. Qual. Plant. Mat. Veg. **15**, 225—238 (1968).

Klimmer, O.R.: Toxikologie der Schädlingsbekämpfungsmittel. Naunyn und Schmiedebergs Arch. exp. Pathol. Pharmakol. **227**, 183—195 (1955).

— Rückstände von Schädlingsbekämpfungsmitteln auf Lebensmitteln und ihre gesundheitliche Bedeutung. Z. Lebensmitt.-Untersuch. u. Forsch. **124**, 350—363 (1963/64).

— Die Beurteilung von Schädlingsbekämpfungsmittelrückständen auf und in Lebensmitteln in der BRD aus toxikologischer Sicht. Med. u. Ernähr. **5**, 193—198 (1964).

Knipling, E.F., and W.E. Westlake: Insecticide use in livestock production. Res. Rev. **13**, 1—32 (1966).

Koivistoinen, P., u. P. Roine: Occurence and disappearence of parathion and malathion residues in vegetables and fruits. J. Sci. Agric. Soc. Finland **31**, 294—302 (1959).

— M. Könönen, A. Karinpää, and P. Roine: Stability of malathion residues in food processing and storage. J. agric. Food Chem. **12**, 557—560 (1964).

— A. Karinpää, M. Könönen, and P. Roine: Magnitude and stability of captan residues in fresh and preserved plant products. J. agric. Food Chem. **13**, 468—473 (1965 a).

— — Stability of isopropyl N-phenylcarbamate and isopropyl N-(3-chlorophenyl)-carbamate residues on fruit treated after harvest. J. agric. Food Chem. **13**, 459—462 (1965).

— A.-L. Koskinen, M. Schulman, A. Karinpää, P. Roine, and A. Salonen: Effect of captan, isopropyl-N-phenylcarbamate, isopropyl-N-(3-chlorphenyl)-carbamate, and malathion on keeping quality of plant commodities in storage. J. agric. Food Chem. **13**, 463—468 (1965 b).

Kröller, E.: Untersuchungen zur Begasung von Lebensmitteln mit Äthylenoxid und zu dessen Restmengenbestimmung. Dtsch. Lebensmittel-Rdsch. **62**, 227—234 (1966).

— u. L. Krull: Über die Möglichkeiten der Metabolitenbildung bei der Begasung von Lebensmitteln mit Blausäure. Z. Lebensmittel-Untersuch. u. Forsch. **136**, 321—324 (1968).

Kroger, M.: Effect of various physical treatments on certain organochlorine hydrocarbon insecticides found in milk fat. J. Dairy Sci. **51**, 196—198 (1958).

Krüger, H.R., J.E. Casida, and R.P. Niedermeier: Bovine metabolism of organophosphorus insecticides; metabolism and residues associated with dermal application of co-ral to rats, a goat and a cow. J. agric. Food Chem. **7**, 182—188 (1959).

Lamb, F.C., R.P. Farrow, E.R. Elkins, R.W. Cook, and J.R. Kimball: Behavior of DDT during commercial and home preparation. Orig.: J. agric. Food Chem. **16**, 272—275 (1968).

Langlois, B.E., B.J. Liska, and D.L. Hill: The effects of processing and storage of dairy products on chlorinated insecticide residues. I. DDT and Lindane. J. Milk Food Technol. **27**, 264—269 (1964).

— — — The effects of processing and storage of products on chlorinated insecticide residues. II. Endrin, Dieldrin, and Heptachlor. J. Milk Food Technol. **28**, 9—11 (1965).

Laudani, H., and F.O. Marzke: Toxicity to fabric insects and resistance to washing and dry cleaning of 6 chlorinated hydrocarbon insecticides. J. econ. Entomol. **42**, **434** (1949).

Leemann-Geymüller, H.: Über die Beeinflussung von Geruch und Geschmack von Nahrungs- und Genußmitteln durch Verwendung systemischer Insecticide. Mitt. Lebensmitteluntersuch. Hyg. **45**, 412—425 (1954).

Leighton, R.E., K.A. Kuiken, and H.A. Smith: Toxicological effects of toxaphene on dairy cows. J. Dairy Sci. **35**, 214—218 (1952).

LETSCHENKO, P.D., u. W.J. SVATKOV: Zur toxikologischen Wirkung von Gemischen aus Chlorophos und DDT auf Tiere. Nahrung **12**, 369—375 (1968).
LICHTENSTEIN, E.P.: Absorption of some chlorinated hydrocarbon insecticides from soils into various crops. J. agric. Food Chem. **7**, 430—433 (1959).
— K. R. SCHULZ: Persistence of some chlorinated hydrocarbon insecticides as influenced by soil types, rate of application and temperature. J. econ. Entomol. **52**, 124—131 (1959 a).
— — Breakdown of lindane and aldrin in soils. J. econ. Entomol. **52**, 118—123 (1959 b).
— W.F. MILLINGTON, and G.T. COWLEY: Insecticidal effects on plant growth; effect of various insecticides on growth and respiration of plants. J. agric. Food Chem. **10**, 251—256 (1962).
— and K.R. SCHULZ: The effects of moisture and microorganisms on the persistence and metabolism of some organophosphorous insecticides in soils, with special emphasis on parathion. J. econ. Entomol. **57**, 618—627 (1964).
LINSKENS, H.F., W. HEINEN, and A.L. STOFFERS: Cuticula of leaves and the residue problem. Res. Rev. **8**, 137—178 (1965).
LISKA, B.J., A.R. STEMP, and W.J. STADELMAN: Effect of method of cooking on chlorinated insecticide residue content in edible chicken tissues. Food Technol. **21**, 117—120 (1967).
LYKKEN, L.: Important considerations in collecting and preparing crop samples for residue analysis. Res. Rev. **3**, 19—34 (1963).
MACLINN, W.A., J.P. REED, and J.C. CAMPBELL: Flavor of potatoes as influenced by organic insecticides. Amer. Pot. J. **27**, 207—209 (1950).
MAES, E., u. J. STRYCKERS: Der mögliche Einfluß von Herbiciden auf die Backqualität von Weizen. Getreide u. Mehl **16**, 81—83 (1966).
MAHONEY, CH. H.: Flavor and quality changes in fruits and vegetables in the United States caused by application of pesticide chemicals. Res. Rev. **1**, 11—23 (1962).
MAIER-BODE, H.: Insektizidrückstände auf Unterkulturen von Obstanlagen nach Anwendung von Pflanzenschutzmitteln auf der Basis organischer Phosphorverbindungen. Z. Pflanzenkrankh. (Pflanzenpathol.) Pflanzenschutz **70**, 449—459 (1963).
— Pflanzenschutzmittelrückstände in Ernteprodukten und Lebensmitteln. Dtsch. Lebensmittel-Rdsch. **62**, 337—342 (1966).
— Zur Verbreitung von Schädlingsbekämpfungsmitteln. Naturwiss. **55**, 470—473 (1968).
MAJUMDAR, J.C., u. W. KOCH: Rückstände von Linuron, Monolinuron und Metobromuron im Boden und in Kartoffelknollen bei der Ernte. Z. Pflanzenkrankh. (Pflanzenpathol.) Pflanzenschutz, Sonderheft IV, 201—207 (1968).
MALINA, M.A., J.M. KEARNY, and B.P. POLEN: Determination of chlordane in air of habitations treated for insect control. J. agric. Food Chem. **7**, 30—33 (1959).
MARSH, R.W., J.T. MARTIN, and A. CRANG: The control of botrytis rot of strawberries, and the effects of fungicide spray residues on the processed fruit. J. Hort. Sci. **30**, 225—233 (1955).
MARTH, E.H., and B.E. ELLICKSON: Insecticide residues in milk and milk products. J. Milk Food Technol. **22**, 112—116, 145—149 u. 179—182 (1959).
MARTH, E.H.: Residues and some effects of chlorinated hydrocarbon insecticides in biological material. Res. Rev. **9**, 1—89 (1965).
MARTIN, J.P.: Influence of pesticide residues on soil microbiological and chemical properties. Res. Rev. **4**, 96—129 (1963).
MCARDLE, F.J., A.N. MARETZKI, R.C. WILEY, and M.G. MODREY: Influence of herbicides on flavor of processed fruits and vegetables. J. agric. Food Chem. **2**, 228—230 (1961).
MCCASKEY, T.A., and B.J. LISKA: Effect of milk processing methods on endosulfane, endosulfanesulfate, and chlordane residues in milk. J. Dairy Sci. **50**, 1991—1993 (1967).
MCDOWALL, F.H., M.R. PATCHELL, F. HURST, and J.M. KELSEY: Effect of treatment of dairy pastures with benzene hexachloride and DDT on the flavor and composition of milk, cream, and butter. New Zealand J. Sci. Technol. **37 A**, 146—155 (1955).
MCKINLEY, W.P., and K.A. MCCULLY: Methodology for the determination of pesticide residues. Canad. Food Industr. **38**, (2), 47, 50 u. 53 (1967).
MEDVED, L.I., E.I. SPYNU, and J.S. KAGAN: The method of conditioned reflexes in toxicology and its application for determining the toxicity of small quantities of pesticides. Res. Rev. **6**, 42—74 (1964).
MEIKLE, R.: The fate of sulphurylfluoride in wheat flour. J. agric. Food Chem. **12**, 464—467 (1964).
METCALF, R.L., T.R. FUKUTO, and R.B. MARCH: Plant metabolism of dithio-systox and thimet. J. econ. Entomol. **50**, 338—345 (1957).
— The role of systemic insecticides in world agriculture. In: Proc. 2nd Internat. Plant Protect. Conference 1956. London: Butterworth 1957; zit. nach D.G. FINLAYSON and H.R. MACCARTHY 1965.
MIDDELEM VAN, C.H.: Parathion residues on leafy crops. Res. Rev. **2**, 77—98 (1963).

Millar, K.R., and W.M. Aitken: Residues in meat following exposure to ^{32}P–labelled dichlorvos vapour in an enclosed space. New Zealand J. agric. Res. **8**, 350—362 (1965).
Mitchell, J.W., R.E. Hogion, and C.F. Gättjens: Tolerance of farm animals to feed containing 2,4-Dichlorphenoxyacetic acid. J. Animal Sci. **5**, 226—232 (1946).
Mitchell, L.C.: The effect of ultraviolett light (2537 Å) on 141 pesticide chemicals by paper chromatography. J. Ass. off. agric. Chem. **44**, 643—712 (1961).
Mitchell, L.E., and L. Lykken: Practical considerations in the degradation of pesticide chemical residues from forage crops. Res. Rev. **4**, 130—149 (1963).
Mitchell, T.H., J.H. Ruzicka, J. Thomson, and B.B. Wheals: The effect of irradiation on 10 parent compounds. J. Chromatogr. **32**, 17—23 (1968).
Mühlmann, R. u. G. Schrader: Hydrolyse der insecticiden Phosphorsäureester. Z. Naturforsch. **12 b**, 196—209 (1957).
Munnecke, D.E., and J. Ferguson: Effect of soil fungicides upon soil-borne plant pathogenic bacteria and soil nitrogen. Plant Disease Reptr. **44**, 552—555 (1960).
Murphy, E.F., A.M. Briant, M.L. Dodds, I.S. Fagerson, M.E. Kirkpatrick, and R.C. Wiley: Effect of insecticides and fungicides on the flavor quality of fruits and vegetables. J. agric. Food Chem. **9**, 214—223 (1961).
Murphy, R.T., J.R. O'Neal, W.A. Ewart, and F.A. Gunther: Persistence of bidrin residues on and in mature oranges and in laboratory-processed citrus pulp cattle feed. J. agric. Food Chem. **13**, 550—552 (1965).
Murphy, S.D., R.L. Lauwerys, and K.L. Cheever: Comparative anticholinesterase action of organophosphorous insecticides in vertebrates. Toxicol. appl. Pharmacol. **12**, 22—26 (1968).
Nase, B.: Fungicide auf der Basis von Kohlensäure- und Thiokohlensäurederivaten. Z. Chemie **8**, 96—103 (1968).
National Academy of Sciences, National Research Council, Pesticide residues Committee: „No residue" and „zero tolerance". Food, Drug cosmet. Law. J. **20**, 608—622 (1965).
Nicolaisen, W., u. R. Buntrock-Pieper: KP2-Bestäubung und Sauerkrautbereitung. Industr. Obst- u. Gemüseverwert. **42**, 341—343 (1957).
Niessen, H.: Toxikologische, gesetzliche und analytische Fragen des Pflanzenschutzes. Pharmaz. Ztg. **111**, 201—206 (1966).
— H. Tietz u. H. Frehse: Über das Vorkommen biologisch aktiver Umwandlungsprodukte des Wirkstoffes S 1752 bei der Anwendung von LEBAYCID. Pflanzenschutz-Nachr. Bayer **15**, 129—151 (1962).
O'Brien, R.D.: Effect of malathion and its isomer on carbohydrate metabolism of the mouse, cockroach, and house fly. J. econ. Entomol. **50**, 79—84 (1957).
Onley, C.E., W.E. Donaldson, and T.W. Kerr: Methoxychlor in eggs and chicken tissues. J. econ. Entomol. **55**, 477—479 (1962).
Oser, B.L.: The experimental induction of cancer by pesticide residues and food additives: its rationale and interpretation. Res. Rev. **1**, 1—10 (1962).
Ott, D.E., and F.A. Gunther: Automated elution filtration analysis for anticholinesterase organophosphorus compounds on thin layer chromatographic scrapings. J. Ass. off. agric. Chem. **49**, 669—674 (1966 b).
— — Rapid screening for some anticholinesterase insecticide residues by automated analysis. J. Ass. off. agric. Chem. **49**, 662—669 (1966 a).
Overbeck van J.: Absorption and translocation of plant regulators. Ann. Rev. Plant Physiol. **7**, 355 (1956); zit. nach D. G. Finlayson u. H.R. Maccarthy 1965.
Painter, R.R., W.W. Kilgore, and C.S. Ough: Distribution of pesticides in fermentation products obtained from artificially fortified grape musts. J. Food Sci. **28**, 342—346 (1963).
Palmer-Jones, T., I.W. Forster, and G.L. Jefferey: Effect on honey bees of DDT and Thiodan applied from the air as sprays to Chou moellier. New Zealand J. Agric. Res. **2**, 481—487 (1959).
Perry, A.S., and W.M. Hoskins: Synergistic action with DDT toward resistant house flies. J. econ. Entomol. **44**, 839—850 (1951).
Peterson, J.E., and W.M.H. Robinson: Metabolic products of p,p'-DDT in the rat. Toxicol. appl. Pharmacol. **6**, 321—327 (1964).
Pfeilsticker, K. u. H. Rasmussen: Untersuchungen über das Verhalten von Äthylenoxid bei Begasung von Lebensmitteln. I. Über die quantitative Bestimmung von Äthylenoxid und seine Rückstandsbildung bei Weizen im Siloversuch. Z. Lebensmittel-Untersuch. u. Forsch. **136**, 1—7 (1968).
Phillips, D.D., G.E. Pollard, and S.B. Soloway: Thermal isomerization of endrin and its behavior in gas chromatography. J. agric. Food Chem. **10**, 217—221 (1962).
Phillips, F.T.: Effect of emulsifiers and organic diluents in soil insecticide and nematicide formulations. Nature **184**, 1512—1513 (1959).
— The sorption of phenol and ethylene dibromide solutions and the chromatographic leaching of phenol in soils. J. Sci. Food Agric. **15**, 444—450 (1964).

PHILLIPS, W.F., M.C. BOWMAN, and R.J. SCHULTHEISS: Estimation of insecticide residues in foods through parallel screening methods. J. agric. Food Chem. **10**, 486—490 (1962).
PIETRI-TONELL; DE, P., B. BAZZI, and R. SANTI: Rogor (dimethoate) residues in food crops. Res. Rev. **11**, 60—99 (1965).
POTTS, G.R.: Success of eggs of the shag on the Farne Islands, Northcumberland, in relation to their content of dieldrin and p,p'-DDT. Nature (London) **217**, 1282—1283 (1968).
The Presidents Advisory Committee: Use of pesticides. Res. Rev. **6**, 1—22 (1964).
PÜSCHEL, R.: Zum Problem der „Genauigkeit" chemischer Analysen. Mikrochim. Acta (Wien) **4**, 783—801 (1968).
QUINBY, G.E., J.F. ARMSTRONG, and W.F. DURHAM: DDT in human milk. Nature (Lond.) **207**, 726—728 (1965).
RADELEFF, R.D., and H.V. CLABORN: Excretion of co-ral in the milk of dairy cattle. J. agric. Food Chem. **8**, 437—439 (1960).
RADEMACHER, B.: Aufgabe und Verantwortung des Pflanzenschutzes. Studium generale **11**, 534—544 (1958).
REINKEN, G.: Untersuchungen über die Wirkung des Pflanzenschutzmittels „TUZET" auf das Triebwachstum und die Früchte verschiedener Apfelsorten. Höfchen-Briefe **12**, 98 bis 110 (1959).
RICHARDSON, L.A., and M.J. FORTER: Pesticides and the food supply. J. Milk Food Technol. **29**, 148—155 (1966).
— J.R. LANE, J.T. PEELER, and J.E. CAMPBELL: Simultaneous determination of selected chlorinated insecticide residues in milk. J. Dairy Sci. **50**, 1073—1077 (1967).
RITCHER, P.O., W. M. KULASH, E.T. JORK JR., W.E. COOPER: Control of rootworms affecting peannuts. J. econ. Entomol. **45**, 965—969 (1952).
ROBINSON, J., A. RICHARDSON, B. BUSH, and K.E. ELGAR: A photoisomerization product of dieldrin. Bull. Environment. Contamin. Toxicol. **1**, 127—132 (1966).
— and A.E.J. MCGILL: Organochlorine insecticide residues in complete prepared meals in Great Britain during 1965. Nature **212**, 1037—1038 (1966).
RÖMER, D.: Bestimmung von Insecticidrückständen und Prüfung von Dauerbelägen (durchgeführt an Thiodan). Anz. Schädlingskde. **33**, 138—140 (1960).
ROHRLICH, M., u. R. FLATOW: Untersuchungen über die Wirkung des p,p'-Dichlordiphenyltrichloräthan (DDT) auf Mikroorganismen und Fermente. Dtsch. Lebensmittel-Rdsch. **53**, 249—254 (1957).
ROSENBERG, P., and J.M. COON: Potentiation between cholinesterase inhibitors. Proc. Soc. Experiment. Biol. Med. **97**, 836—839 (1958).
ROTHERT, H.: Untere Nachweisgrenze für einige Insektizide bei Verwendung optimal ernährter Essigfliegen (Drosophila melanogaster) als Testorganismen. Dtsch. Lebensmittel-Rdsch. **63**, 81—85 (1967).
ROTHERT, H.: Vergiftungsverlauf nach Anwendung verschiedener Insektizide bei Drosophila melanogaster. Z. Angew. Zool **56**, 207—219 (1969).
RUZICKA, J.H.A.: Organochlorine pesticide residues in welfare foods. J. Sci. Food Agric. **18**, 579—582 (1967).
SALO, T., K. SALMINEN, u. K. FISKARI: Dünnschichtchromatographie in der Analytik der Insecticidrückstände. Z. Lebensmittel-Untersuch. u. Forsch. **117**, 369—371 (1962).
SANTI, R. and R. GIACOMELLI: Metabolic fate of ^{32}P labelled dimethoate in olive fruits and some toxicological implications. J. agric. Food Chem. **10**, 257—261 (1962).
SCHAFER, M.L., K.A. BUSCH, and J.E. CAMPBELL: Rapid screening method for DDT in milk with gas chromatography. J. Dairy Sci. **46**, 1025—1032 (1963).
SCHECHTER, M.S., and M.E. GETZ: Comments on screening and analysis of multiple pesticide residues. J. Ass. off. analyt. Chem. **50**, 1056—1061 (1967).
SCHEINPFLUG, H., u. H.F. JUNG: Die Verwendung von organischen Phosphorverbindungen zur Bekämpfung von pilzlichen Krankheitserregern bei Kulturpflanzen. Pflanzenschutz Nachr. Bayer **21**, 79—91 (1968).
SCHLOTTMANN, H.: Pflanzenschutzmaßnahmen und Qualität der Nahrungspflanzen. Landwirtsch. Forsch. **9**, Sonderh. 8, S. 92—99 (1956).
SCHMID, K., u. A. RASTETTER: Der Rückstandsgehalt von Dithiocarbamaten an Tabak in den Jahren 1961—1966 nach der Trocknung und nach der Fermentation. Dtsch. Tabakbau **1967**, 109—112.
SCHUPHAN, W.: Rückstände von Aldrin und Dieldrin in Wurzeln von Möhren und ihr Einfluß auf den biologischen Wert. Z. Pflanzenkrankh. (Pflanzenpathol.) Pflanzenschutz **67**, 340 bis 351 (1960).
— H. SCHLOTTMANN, u. W. WEINMANN: Maßnahmen zur Prüfung der Wirkung phytoprotektiver und wachstumsregelnder Mittel auf Pflanzenqualität, insbesondere auf biochemische Wertmerkmale. Dtsch. Lebensmittel-Rdsch. **53**, 73—80 (1957).

Schuphan, W. u. W. Weinmann: Über die Wirkung einer Parathionbehandlung von Spinat auf wertgebende Inhaltsstoffe und auf den ernährungsphysiologischen Wert des Blattproteins. Z. Pflanzenkrankh. (Pflanzenpathol.) Pflanzenschutz **71,** 12—24 (1964).
Schwabe, U.: DDT-Speicherung bei der Haltung von Versuchstieren als mögliche Fehlerquelle bei Arzneimittelprüfungen. Arzneimitt. Forsch. **14,** 1265—1266 (1964).
— u. I. Wendling: Beschleunigung des Arzneimittelabbaus durch kleine Dosen von DDT und anderen Chlorkohlenwasserstoff-Insecticiden. Arzneimitt. Forsch. **17,** 614—618 (1967).
Seidler, H., M. Härtig, u. R. Engst: Persistenz und Verhalten von ^{36}Cl–markiertem Lindan bei der Erzeugung und Verarbeitung von Möhren. Nahrung **12,** 169—174 (1968a).
— M. Härtig, u. R. Engst: Das Verhalten von radioaktiv markiertem Lindan im Backprozeß. Nahrung **12,** 377—381 (1968 b).
Seiffert, M., u. N. Makowski: Der Einsatz von Herbiciden im Braugerstenanbau in seinem Einfluß auf Qualitätsmerkmale von Gerste und Malz. Nahrung **10,** 353—357 (1966).
Seume, F.W., and R.D. O'Brien: Metabolism of malathion by rat tissue preparation and its modification by EPN. J. agric. Food Chem. **8,** 36—41 (1960).
— — Potentiation of the toxicity to insects and mice of phosphorothionates containing carboxyester and carboxyamide groups. Toxicol. appl. Pharmacol. **2,** 495—503 (1960).
Shankland, D.L.: Involvement of spinal cord and periphal nerves in DDT-poisoning syndrome in albino rats. Toxicol. appl. Pharmacol. **6,** 197—213 (1964).
Siecke, W.: Schädlingsbekämpfung mehr denn je erforderlich. Chem. Industrie (Düsseldorf) **15,** 783—786 (1963).
Sihlbohm, E.: Arsen in Kartoffeln. Sveriges Utsädesfören. T. 1956, 199—201 (schwedisch); zit. nach Z. Lebensmittel-Untersuch. u. Forsch. **108,** 385 (1958).
Sladen, W.J.L., C.M. Menzie, and W.L. Reichel: DDT-residues in Adelic Penguins and a Crabeater Seal from antarctica: ecological implications. Nature **210,** 670—673 (1966).
Smith, C.F., I.D. Jones, and J.A. Rigney: Effect of insecticides on the flavor of peaches. J. econ. Entomol. **42,** 618—623 (1949).
Somers, E.: J. Sci. Food Agric. **7,** 160 (1956).
Specker, H.: Probleme und Möglichkeiten der modernen Spurenanalyse. Angew. Chem. **80,** 297—304 (1968).
Spencer, E.Y., and J.R. Robinson: Metabolism of the systemic insecticide Phosdrin in the pea plant. J. agric. Food Chem. **8,** 293—295 (1960).
— The significance of plant metabolites of insecticide residues. Res. Rev. **9,** 153—168 (1965).
Starr, H., U. Kiigemagi, and L.C. Terriere: Insecticide residues in peppermint and their destillation with peppermint oil. J. agric. Food Chem. **11,** 482—486 (1963).
Starr, R.J., and R.E. Johnson: Laboratory method for determining the rate of volatilization of insecticides from plants. J. agric. Food Chem. **16,** 411—414 (1968).
Steiner, L.F.: Methyleugenol as an attractant for oriental fruit fly. J. econ. Entomol. **45,** 241—248 (1952).
Stemp, A.R., and B.J. Liska: Effect of processing on the telodrin and methoxychlor residues in milk. J. Dairy Sci. **49,** 712 (1966).
Stier, E.F.: Pest control, chemical residues, and the quality of the finished product. Food Technol. **18,** 46—49 (1964).
Stitt, L.L., and J. Evanson: Phytotoxicity and off-quality of vegetables grown in soil treated with insecticides .J. econ. Entomol. **42,** 614—617 (1949).
Stobwasser, H.: Untersuchungen von Rückständen einiger organischer Phosphorverbindungen auf Kopfsalat. Z. Pflanzenkrankh. (Pflanzenpathol.) Pflanzenschutz **68,** 620—626 (1961).
— Untersuchung der Rückstände einiger Phosphorsäureester und von Sevin auf Möhren nach Freilandbehandlung. Z. Pflanzenkrankh. (Pflanzenpathol.) Pflanzenschutz **70,** 459—464 (1963).
Sutherland, G.L.: Residue analytical limit of detectability. Res. Rev. **10,** 85—96 (1965).
Szokolay, A., u. A. Madarič: Eindimensionale, mehrfache Dünnschichtchromatographie chlorierter Insecticide auf Fertigplatten. J. Chromatograph. **42,** 509—515 (1969).
Tapio, E.: Grauschimmel bei Erdbeeren. Puutarha **62,** 270 (1959) (finnisch), zit. nach Hort. Abstr. **29,** 2429 (1959).
Terriere, L.C., U. Kiigemagi, and D.C. England: Endrin content of body tissues of steers, lambs, and hogs receiving endrin in their daily diet. J. agric. Food Chem. **6,** 516—518 (1958).
— G.H. Arscott, and U. Kiigemagi: The endrin content of poultry receiving endrin in their daily diet. J. agric. Food Chem. **7,** 502—504 (1959).
— U. Kiigemagi, A.R. Gerlach, and R.L. Borovicka: The persistence of toxaphene in lake water and its uptake by aquatic plants and animals. J. agric. Food Chem. **14,** 66—69 (1966).

THAMM, H.: Phosphorsäureesterapplikation und Milchhygiene. Ernährungsforsch. **7**, 465—468 (1962).

THIER, H.-P., u. K.-G. BERGNER: Eine Schnellmethode zum Nachweis wichtiger Schädlingsbekämpfungsmittel in Obst und Gemüse. Dtsch. Lebensmittel-Rdsch. **62**, 399—402 (1966).

THORNBURG, W. W.: Preparation and extraction of samples prior to pesticide residue analysis. J. Ass. off. agric. Chem. **48**, 1023—1026 (1965).

TICHENOR, D. A., J. G. RODRIGUEZ, and C. E. CHAPLIN: Effects of certain pesticides on flavor of frozen strawberries. Food Technol. **13**, 587—588 (1959).

TIETZ, H.: Der mit ^{32}P-markierte Diäthylphosphorsäureester des β-Oxyäthylthioäthyläthers, seine Aufnahme in die höhere Pflanze und sein Wanderungsvermögen. Höfchen-Briefe **7**, 1—56 (1954).

— u. H. FREHSE: Methode zur Bestimmung von Rückständen der systemischen Insektizide der Metasystox-Gruppe in pflanzlichem Material. Höfchen-Briefe **13**, 212—221 (1960).

TILGNER, S.: Über Blutbefunde und Leberveränderungen bei chronischen γ-Hexachlorcyclohexan-Intoxikationen. Vortragsber.: Angew. Chem. **68**, 187 (1956).

UNTERSTENHÖFER, G., W. BARTELS, u. M. BONESS: Ergebnisse, Probleme und Tendenzen bei der Entwicklung von Pesticiden. Res. Rev. **8**, 116—136 (1965).

— u. H. FREHSE: Wesen und Bedeutung der systemischen Wirkung von Insektiziden. Pflanzenschutz-Nachr. Bayer **15**, 165—181 (1963).

UPCHURCH, R. P.: Behavior of herbicides in soil. Res. Rev. **16**, 46—85 (1966).

WAGNER, F.: Die physikalisch-mechanischen Pflanzenschutzmethoden und ihre Wandlungen. Bayer. Landwirtschaftl. Jahrbuch **44**, 757—763 (1967).

WALKER, C. H., G. A. HAMILTON, and R. B. HARRISON: Organochlorine insecticide residues in wild birds in Britain. J. Sci. Food Agric. **18**, 123—129 (1967).

WALKER JR., J. K., J. HACSKAYLO, and E. G. PIRES: Some effects of joint applications of pre-emergence herbicides and systemic insecticides on seedling cotton in the green house. Progr. Rept. 2284, Texas Agr. Expt. Sta., College Station (1963); zit. nach D. G. FINLAYSON and H. R. MACCARTHY 1965.

WALKER, K. C.: Problems relating to the removal of DDT spray residue from apples. J. agric. Res. **77**, 383—387 (1949).

— M. B. GOETTE, and G. S. BATCHELOR: Dichlordiphenyltrichlorethane and dichlordiphenyldichlorethylene content of prepared meals. J. agric. Food Chem. **2**, 1034—1036 (1954).

WARE, G. W., and W. J. BRAKEL: Excretion of 3-Cl-aniline and isopropyl-N-(3-chlor-phenyl) carbamate (CIPC) in the milk and urine of dairy cows fed CIPC. J. Dairy Sci. **46**, 120—123 (1963).

WEINMAN, W.: Serienmäßiger quantitativer Nachweis der Insecticidrückstände bei Obst und Gemüse. Z. Lebensmittel-Untersuch. u. Forsch. **107**, 504—510 (1958).

WEISGERBER, I., W. KLEIN, A. DJIRSARAI, u. F. KORTE: Verteilung und Stoffwechsel von Endrin — [^{14}C] in Weißkohl. Liebigs. Ann. Chem. **713**, 175—179 (1968).

WELLS, C. E.: Validation study of a method for pesticide residues in foods and animal feeds. J. Ass. off. analyt. Chem. **50**, 1205—1215 (1967).

WESLEY, F., B. ROURKE, and O. DARBISHIRE: The formation of persistent toxic chlorhydrins in foodstuffs by fumigation with ethylene oxide and with propylene oxide. J. Food Sci. **30**, 1037—1042 (1965).

WEST, I., and T. MILBY: Public health problems arising from the use of pesticides. Res. Rev. **11**, 141—159 (1965).

WILDBRETT, G.: Konsequenzen und Probleme des Einsatzes von Insecticiden für die Milchwirtschaft. Vortrag vor der Fakultät für Landwirtschaft und Gartenbau der Technischen Hochschule München-Weihenstephan am 22. 12. 1966 (unveröffentlicht).

— Die Organoleptik, ein unentbehrliches Hilfsmittel des Lebensmitteltechnologen. Milchwiss. **22**, 673—681 (1967).

— Einfluß der Verfütterung von Lindan an Milchkühe auf Zusammensetzung und Enzymaktivität der Milch. Nahrung **12**, 549—555 (1968).

— A. GANZ, u. F. KIERMEIER: Ausscheidung insecticider Chlorkohlenwasserstoffe in Milch. Milchwiss. **19**, 132—137 (1964).

— A. DJARRAHBACHI-RAZAWI, u. F. KIERMEIER: Verhalten von Insecticidresten in Rübenblattsilage. Milchwiss. **23**, 213—216 (1968).

— u. M. RUDOLPHI: Zur quantitativen Erfassung der Rückstände insecticider Chlorkohlenwasserstoffe in Butterfett mittels Gesamtchlorbestimmung. Milchwiss. **23**, 405—410 (1968).

WILLIAMS, M. W., H. N. FUYAT, J. P. FRAWLY, and O. G. FITZHUGH: In vivo effects of paired combinations of five organic phosphate insecticides. J. agric. Food Chem. **6**, 514—516 (1958).

WILLIAMS, P. P., J. D. ROBBINS, J. GUTIERREZ, and R. E. DAVIS: Rumen bacterial and protozoal responses to insecticide substrates. Appl. Microbiol. **11**, 517—522 (1963).

Wilson, C. W., and W. E. Baier: Toward an equitable basis for assignment of residue tolerance values. Res. Rev. **4**, 1—8 (1963).
Winkelman, F.: Allgemein gebräuchliche Namen für Schädlingsbekämpfungsmittel. DIN-Mitt. **44**, 21 (1965).
Winter, G. D., and A. Ferrari: Automatic wet chemical analysis as applied to pesticide residues. Res. Rev. **5**, 139—147 (1964).
Winteringham, F. P. W., A. Harrison, R. G. Bridges, and P. M. Bridges: Nature of methylbromide residues in fumigated wheat. J. Sci. Food Agric. **6**, 251—261 (1955).
Wolfe, H. R., J. W. Elliot, and W. F. Durham: The trend of DDT- and parathion residues on apples grown in Central Washington. J. econ. Entomol. **52**, 1053—1057 (1959).
— J. F. Armstrong, and W. F. Durham: Residues of some pesticides found on apples grown in Central Washington. Wash. State Hort. Assoc. Proc. **56**, 160—162 (1960).
— W. F. Durham, K. C. Walker, and J. F. Armstrong: Health hazards of discarded pesticide containers. Arch. environm. Health **3**, 531—537 (1961).
Woodwell, G. M., Ch. F. Wurster jr., and P. A. Isaacson: DDT residues in an east coast estuary: A case of biological concentration of a persistent insecticide. Science **156**, 821—824 (1967).
Wünscher, K., u. L. Acker: Über das Vorkommen von chlorierten Insektiziden im Fettgewebe des Menschen. Med. u. Ernährung **10**, 75—80 (1969).
Wurster jr., C. F., and D. B. Wingate: DDT residues and declining reproduction in the Bermuda Petrel. Science (Wash.) **159**, 979—981 (1968).
Yaron, B., A. R. Swoboda, and G. W. Thomas: Aldrin adsorption by soils and clays. J. agric. Food Chem. **15**, 671—675 (1967).
Young, W. R., and W. A. Rawlins: The persistence of heptachlor in soils: J. econ. Entomol. **51**, 11 (1958).
Yule, W. N., M. Chiba, and H. V. Morley: Fate of insecticide residues; decomposition of lindane in soil. J. agric. Food Chem. **15**, 1000—1004 (1967).
Zech, R., W. D. Erdmann, u. H. Engelhard: Grenzen der Therapie mit Oximen bei Vergiftungen mit insecticiden Alkylphosphaten. Arzneimitt. Forsch. **17**, 1196—1202 (1967).
Zeid, M. M. J., and L. K. Cutkomp: Effects associated with toxicity and plant translocation of 3 phosphate insecticides. J. econ. Entomol. **44**, 898—905 (1951).
Zeumer, H.: Geschmacksbeeinflussung durch Hexa-Präparate. Mitt. Biol. Zentralanstalt Land- u. Forstwirtsch. Berlin-Dahlem **74**, 122—125 (1952).
— Persönliche Mitteilung vom 11. 9. 1968 (Biolog. Bundesanst. Land- u. Forstwirtschaft, Braunschweig).
Ziegler, H.: Über die physiologischen Grundlagen der Wirkung des Insektizids E 605 auf den pflanzlichen Organismus. Biol. Zbl. **76**, 43—69 (1957).

Nachtrag während der Korrektur

Ein Überblick über die Höhe der Rückstände insecticider Chlorkohlenwasserstoffe in Milch und Milchprodukten aus der BRD für 1969 stammt von W. Heeschen (1970).

W. Heescher: Rückstände chlorierter Kohlenwasserstoffe von Milch und Milchprodukten. Vortrag auf der Jahresversammlung der Deutschen Gesellschaft für Milchwissenschaft 11./12. 2. 1970 in Gießen.

Hinweise zur lebensmittelrechtlichen Beurteilung von Anstrichmitteln usw., Kunststoffen und anderen Polymeren

Von

Prof. Dr. K.-G. Bergner, Stuttgart

Für die lebensmittelrechtliche Beurteilung der hier abgehandelten Produkte sind in der Bundesrepublik Deutschland nachfolgende Vorschriften zu beachten (weitere Hinweise in den betreffenden Beiträgen):

1. Gesetz über den Verkehr mit Lebensmitteln und Bedarfsgegenständen

Vom 5. Juli 1927 in der Fassung vom 24. Mai 1968 (BGBl. I S. 503, 517), vom 25. Juni 1969 (BGBl.I S. 645) und vom 8. September 1969 BGBl.I S. 1590).

Nach § 2 Nr. 1, 3, 5 unterliegen Anstrichmittel, Kunststoffe usw. den Bestimmungen dieses Gesetzes, wenn sie Bestandteile folgender Bedarfsgegenstände sind:

Nr. 1: Eß-, Trink-, Kochgeschirr und andere Gegenstände, die dazu bestimmt sind, bei der Gewinnung, Herstellung, Zubereitung, Abmessung, Auswägung, Verpackung, Aufbewahrung, Beförderung oder dem Genusse von Lebensmitteln verwendet zu werden und dabei mit diesen in unmittelbare Berührung kommen.

Hierzu gehören z.B. Dosen, Tuben, Säcke, Beutel, andere Verpackungen, Waagschalen, Tischplatten, Tanks, Behälter, Fässer, Trichter, Rohre, Leitungen und andere Einrichtungen zur Lagerung und Beförderung.

Betonbehälter (z.B. Silos) zur Aufbewahrung von festen Lebensmitteln, Wände aus Beton, Putzen und anderen anorganischen Werkstoffen, Kühlanlagen, Kühlschränke, Maschinen, wie Zerkleinerungsmaschinen, Kneter, Mischer, Entsafter, Öfen.

Nr. 2: Kosmetika (siehe Beitrag „Kosmetika").

Nr. 3: Bekleidungsgegenstände (siehe Beitrag „Textile Bedarfsgegenstände, Pelz, Leder"). Spielwaren (evtl. auch Lernmittel und Lerngeräte, Bücher, Malkasten, Farbstifte, Kugelschreiber), Tapeten, Masken, Kerzen, künstliche Pflanzen und Pflanzenteile (z.B. künstliche Blumen).

Nr. 4: Petroleum (siehe Beitrag, „Petroleum und Verkehr mit feuergefährlichen Stoffen").

Nr. 5: „Farben, soweit sie nicht zu den Lebensmitteln gehören" sind ebenfalls Bedarfsgegenstände.

Nach § 3 Nr. 2a und b dürfen Bedarfsgegenstände (außer Nr. 5, „Farben") nicht so hergestellt werden, daß sie bei bestimmungsgemäßem oder vorherzusehendem Gebrauch geeignet sind, die menschliche Gesundheit durch ihre Bestandteile oder Verunreinigungen zu schädigen. Derartige Bedarfsgegenstände sind vom Verkehr ausgeschlossen.

Nach § 4a Abs. 3 Nr. 1 ist es auch verboten, fremde Stoffe der Oberfläche von Lebensmitteln zuzusetzen, sofern sie hierfür nicht ausdrücklich zugelassen sind. Nach Nr. 2 dürfen bei der Aufbewahrung oder Beförderung keine fremden Stoffe in Lebensmittel gelangen (z.B. auch keine Lösungsmittelreste aus Anstrichen).

§ 4b Nr. 5 verbietet die in § 2 Nr. 1 genannten Gegenstände so zu verwenden, daß von ihnen fremde Stoffe auf Lebensmittel oder ihre Oberfläche übergehen, ausgenommen gesundheitlich, geruchlich oder geschmacklich unbedenkliche Anteile, die technisch unvermeidbar sind.

§ 5a Abs. 1 Nr. 4: Ermächtigung für den Bundesminister für Gesundheitswesen, im Einvernehmen mit anderen Ministern „Farbstoffe zu bezeichnen, die verwendet werden dürfen für das Färben, Stempeln und Bedrucken der Oberfläche von Lebensmitteln", von Überzügen, die unmittelbar und anhaftend auf Lebensmittel angebracht sind und von Verpackungsmitteln, deren Farbstoffgehalt bei bestimmungsgemäßem Gebrauch auf Lebensmittel übergehen kann.

§ 5b nimmt Bedarfsgegenstände von den Verboten der § 4a und b und den nach § 5a erlassenen Vorschriften unter gewissen Sicherungsmaßnahmen aus, soweit sie zum Export bestimmt sind.

Nach § 6 dürfen die Organe der amtlichen Lebensmittelüberwachung Kontrollen in den Räumen durchführen, in denen Bedarfsgegenstände zum Verkauf vorrätig gehalten oder feilgehalten, sowie Bedarfsgegenstände im Sinne von § 2 Nr. 1 oder Spielwaren auch hergestellt werden.

Auf Grund des Lebensmittelgesetzes wurden erlassen

1a. Verordnung über die Zulassung fremder Stoffe als Zusatz zu Lebensmitteln

Vom 19. Dezember 1959 (BGBl. I S. 742) i.d.F. vom 12. November 1968 (BGBl. I S. 1179).

§ 2 Abs. 1 Nr. 6 läßt Blattgold und Blattsilber allgemein zum „Färben der Oberfläche" von Lebensmitteln, Nr. 13 u.a. Schellack, Sandarakharz, Benzoeharz und Mastix zum Überziehen von Zuckerwaren und Kakaoerzeugnissen zu. Eine Anlage enthält Reinheitsanforderungen (z.B. Gehalt an As, Pb, Zn, Cu).

1b. Verordnung über färbende Stoffe (Farbstoff-Verordnung)

Vom 19. Dezember 1959 (BGBl. I S. 756) i.d.F. vom 12. November 1968 (BGBl. I S. 1179).

Sie enthält folgende hier interessierende Zulassungen:

Anlage 1, Liste B, Fremde Stoffe, die zum Färben der Überzüge von Käse und der Hüllen von Gelbwurst zugelassen sind; Liste C, Fremde Stoffe, die zum Stempeln der Oberfläche von Lebensmitteln und ihren Verpackungsmitteln sowie zum Färben oder Bemalen der Schale von Eiern zugelassen sind.

Anlage 2: Liste der Stoffe, die zur Vermischung mit den in Anlage 1 aufgeführten färbenden fremden Stoffen ... zugelassen sind (Verschnittmittel, Fließmittel zum Abfüllen von Farbpulvern, Träger oder Bindemittel für Käseüberzüge und Stempelfarben für Käse und Eier).

Anlage 5: Reinheitsanforderungen.

1c. Verordnung über Kaffee

Vom 10. Mai 1930 i.d.F. vom 26. März 1963 (BGBl. I S. 171).

§ 2 Abs. 1 und 2 läßt zum Glasieren von geröstetem Kaffee u.a. Benzoeharz, Mastix, Kolophonium, gelbes Akaroidharz und Schellack unter bestimmten Reinheitsanforderungen zu.

2. Gesetz, betreffend die Verwendung gesundheitsschädlicher Farben bei der Herstellung von Nahrungsmitteln, Genußmitteln und Gebrauchsgegenständen

Vom 5. Juli 1887 (RGBl. S. 277) i.d.F. vom 24. Mai 1968 (BGBl. I S. 503, 517).

(Das stark überalterte Gesetz soll im Zusammenhang mit der Neuordnung des Lebensmittelrechts aufgehoben und durch Rechtsverordnungen ersetzt werden).

§ 1 verbietet die Verwendung gesundheitsschädlicher Farben zur Herstellung von Lebensmitteln. Gesundheitsschädlich sind Farbstoffe und Farbzubereitungen, die Antimon, Arsen,

Barium, Blei, Cadmium, Chrom, Kupfer, Quecksilber, Uran, Zink, Zinn, Gummigutti, Korallin, Pikrinsäure enthalten.

(Hierher zählen z.B. Antimonschwarz Sb_2S_3; Schweinfurter Grün; Kupferarsenitazetat und andere rote, gelbe und grüne Arsenpigmente — heute nur für Schiffbodenanstriche –; $BaCO_3$; Barytgelb $BaCrO_4$; Bleiweiß $2\ PbCO_3 \cdot Pb(OH)_2$; Chromgelb, $PbCrO_4$; Molybdatrot, etwa $27\ PbCrO_4 \cdot 4\ PbMoO_4 \cdot PbSO_4$; Bleicyanamid, PbNCN; Chromrot, $PbCrO_4 \cdot Pb(OH)_2$; Mineralgelb 1893: Bleiantimonat/Bleititanat; Neapelgelb: Bleiantimonat; Chromgrün: Bleichromat/Eisencyanblau; Mennige; Cadmiumgelb, CdS; Cadmiumorange, Cadmiumrot: CdS/CdSe; Cadmiumzinnober, CdS/HgS; Cadmopone, $CdS/ZnS/BaSO_4$; Kupferoxidhydrate; Zinnober; Zinkoxide (Zinkweiß); Lithopone: $ZnS/BaSO_4$ in verschiedenem Verhältnis; Elkadur: 30% ZnS, 20% $BaSO_4$, 50% $BaCO_3$).

§ 2 verbietet die Verwendung dieser gesundheitsschädlichen Farben auch für die Herstellung von Gefäßen, Umhüllungen oder Schutzbedeckungen für Lebensmittel, mit Ausnahme von $BaSO_4$, $BaCO_3$- freien Barytfarblacken, Chromoxid, Cu, Sn, Zn und deren Legierungen als Metallfarben, Zinnober, Zinnoxid, Musivgold (SnS), von in Glasmassen, Glasuren oder Emails eingebrannten Farben und von Außenanstrichen wasserdichter Gefäße (vgl. Beitrag „Bedarfsgegenstände aus keramischen Massen usw.").

Lt. *Rdschr. des RMdI* vom 18. August 1930 (unveröffentlicht; abgedruckt Z. Untersuch. Lebensmittel (Ges. u. VO) **22**, 129 (1930) – entspricht dem Erl. des Preuß. Min. f. Volkswohlfahrt und f. Handel u. Gewerbe vom 29. September 1930 – Volkswohlfahrt **11**, 723 (1930)) sollen auch *Schwefelselencadmium, Schwefelantimon und Schwefelcadmium* zur Färbung von Gummimasse für die in § 2 genannten Gegenstände unbeanstandet bleiben.

§ 3 enthält das Verbot der Verwendung dieser Farben zur Herstellung von kosmetischen Mitteln mit Ausnahme von $BaSO_4$, CdS, Chromoxid, Zinnober, ZnO, Zinnoxid, ZnS, sowie Kupfer, Zinn, Zink und deren Legierungen in Form von Puder (vgl. auch Beitrag „Kosmetika").

In Hautcremes, Seifen, Massageölen, Gesichtswässern, Gesichts-, Körper- und Kinderpuder sind lt. *Preuss. Ministerialerl.* vom 13. Februar 1933 (MiBliV Teil II, S. 6) gemäß Rdschr. des RMdI vom 25. November 1932 nach § 3 nicht zu beanstanden:

Kupfer, sofern es nicht als Färbemittel dient und keine Farbwirkung erfolgt,
Zinkstearat (in Gesichtspudern bis zu 30 Gew.%, in Körper- und Kinderpuder bis zu 10%).

Nach dem *RdErl. des RuPrMdI* vom 15. November 1935 (MiBliV S. 1409) soll Sommersprossensalbe, die zu den kosmetischen Mitteln zählt, mit einem Gehalt bis zu 5% an *weißem Quecksilberpräzipitat* nicht beanstandet werden.

„*Zinc-Pyridinethione*" in Haarcreme gegen Schuppenbildung ist nach Auffassung des *Bundesministeriums für Gesundheitswesen, Stellungnahme* vom 15. April 1965 (abgedruckt: Z. Lebensmitteluntersuch. u. -Forschung (Ges. u. Vo) **129/130**, 2 (1966)) nach § 3 verboten. Ebenso wird die Verwendung von *Zinnfluorid* in kosmetischen Mitteln (Zahnpflegemittel) als verboten nach § 3 Abs. 1 in Verbindung mit § 1 Abs. 2 angesehen (*Stellungnahme des Bundesgesundheitsamts*, Bundesgesundh.-Bl. 1962, S. 242).

§ 4 verbietet diese Farben zur Herstellung von Spielwaren, einschließlich Bilderbogen, Bilderbücher und Tuschfarben für Kinder, von Blumentopfgittern und künstlichen Christbäumen. Ausnahmen: wie in § 2, ferner Schwefelantimon und Schwefelcadmium in Gummimasse, Bleioxid in Firnis, 1% Bleiweiß in sog. Wachsguß, Bleichromat als Öl- oder Lackfarben oder mit Lack- oder Firnis-Überzug, wasserunlösliche Zinkverbindungen (bei Gummispielwaren nur als Färbemittel der Masse oder als Öl- oder Lackfarbe oder mit Lack- oder Firnis-Überzug). *Schwefelselencadmium* zur Färbung von Gummimasse für die Herstellung von Spielzeug (§ 4) soll lt. *Rdschr. des RMdI* vom 18. August 1930 (abgedruckt: Z. Untersuch. Lebensmittel (Ges. u. VO) **22**, 129 (1930); entspricht dem Erl. des Preuß. Min. f. Volkswohlfahrt und für Handel und Gewerbe vom 29. September 1930 – Volkswohlfahrt **11**, 723 (1930)) unbeanstandet bleiben.

§ 5 schließt für Buch- und Steindruck auf den in §§ 2 bis 4 genannten Gegenständen nur arsenhaltige Farben aus.

RdErl. des RuPrMdI betr. Farbengesetz vom 30. August 1935 (Reichsgesundh. Bl. **10**, 830; 1935) dehnt § 5 auch auf solche *neuere Druckverfahren* aus, bei denen Gewähr für festes Haften des Druckes auf der Unterlage gegeben ist.

§ 6 Als frei von gesundheitsschädlichen Stoffen oder „giftfrei" dürfen Tuschfarben nur verkauft werden, wenn sie den Vorschriften von § 4 entsprechen.

§ 7 untersagt arsenhaltige Farben zur Herstellung von Tapeten, Stoffen für Möbel, Vorhänge und Bekleidungsgegenstände, Teppichen, Masken, Kerzen, künstlichen Blättern, Blumen und Früchten. Mit arsenhaltigen Beizen oder Fixierungsmitteln gefärbte oder bedruckte Gespinste oder Gewebe dürfen Arsen nicht in wasserlöslicher Form oder in Mengen über 2 mg in 100 cm^2 enthalten.

§ 8 unterstellt auch Schreibmaterialien, Lampenschirme, Lichtschirme und -manschetten den Vorschriften von § 7. Nicht zum Genuß bestimmte Oblaten dürfen mit $BaSO_4$, Chromoxid und Zinnober hergestellt werden.

§ 9 verbietet Anstrich von Fußböden, Decken, Wänden, Türen, Fenstern der Wohn- und Geschäftsräume, von Roll-, Zug- Klappläden, Vorhängen, Möbeln und sonstigen häuslichen Gebrauchsgegenständen mit arsenhaltigen Wasser- oder Leimfarben.

§ 10 nimmt Farben von den Vorschriften der §§ 2 bis 9 aus, die die in § 1 verbotenen Stoffe nur als technisch unvermeidbare Verunreinigungen enthalten.

Nach § 11 unterliegen Pelzwaren dem Farbengesetz nicht.

Die *Bekanntmachung betr. Untersuchung von Farben, Gespinsten und Geweben auf Arsen und Zinn* vom 10. April 1888 (ZBl. S. 131) enthält eine amtliche Analysenmethode. Auf die „Reinheitskriterien für färbende Stoffe, die in Lebensmitteln verwendet werden dürfen" in Anlage 5, I zur Farbstoffverordnung (siehe 1b.) sei verwiesen mit Grenzwerten für As (5 ppm), Pb (20 ppm), Sb, Cu, Cr, Zn, Ba SO_4. Cd, Hg, Se, Te, Tl, U, Chromate, säurelösliches Ba nicht in nachweisbaren Mengen.

Gegen die Verwendung *wasserunlöslicher* Phthalocyanin-Kupferkomplexe als *kupferhaltige Pigmente* („Heliogen-Blau" und „Heliogen-Grün") nach §§ 2 bis 6 bestehen keine Bedenken; auch können solche kupferhaltige Farbstoffe als giftfrei und gesundheitsunschädlich bezeichnet werden. *RdErl. des RMdI* vom 17. Oktober 1939 (MiBliV S. 2186) und vom 11. September 1941 (MiBliV S. 1652).

3. Verordnung zum Schutze gegen Bleivergiftung bei Anstricharbeiten

Vom 27. Mai 1930 i.d.F. vom 16. März 1956 (BGBl. I S. 130).

Ihr unterliegen alle Lacke und Farben, deren Bleigehalt 2% überschreitet. Für Innenanstriche sind Bleiweiß, Bleisulfat, Zinkoxide mit mehr als 5,5% Pb nicht zugelassen. Das Spritzen bleihaltiger Lacke ist dem Gewerbeaufsichtsamt vorher anzuzeigen; besondere Schutzmaßnahmen.

Der Übergang insbesondere von Metallen aus Bedarfsgegenständen auf Lebensmittel sowie die Beschaffenheit der Räume von Lebensmittelbetrieben wird in einer Anzahl von weiteren Gesetzen und Verordnungen behandelt:

4. Gesetz, betreffend den Verkehr mit blei- und zinkhaltigen Gegenständen

Vom 25. Juni 1888 (RGBl. S. 114) i.d.F. vom 24. Mai 1968 (BGBl. I S. 503, 517).

beschränkt nicht nur den Bleigehalt einer Reihe von metallischen Bedarfsgegenständen (§§ 1, 3), sondern verbietet „blei- oder zinkhaltigen Kautschuk" für Mundstücke von Saugflaschen, Saugringen und Warzenhütchen, „bleihaltigen Kautschuk" für Trinkbecher, Spielwaren (mit Ausnahme massiver Bälle) und für Bier-, Wein- und Essigschläuche (§ 2).

5. Gesetz zur Durchführung der Richtlinie des Rates der Europäischen Wirtschaftsgemeinschaft zur Regelung gesundheitlicher Fragen beim innergemeinschaftlichen Handelsverkehr mit frischem Fleisch

Vom 28. Juni 1965 (BGBl. I S. 547) i.d.F. vom 24. Mai 1968 (BGBl. I S. 503, 531).

Eine Anlage enthält Hygienevorschriften für Schlacht- und Zerlegungsbetriebe (u.a. Anforderungen an Wände, Fußboden und Geräte – Abschnitt 1 Nr. 13, 20, 23; Abschnitt 2 Nr. 5, 14), Vorschriften für die Stempelung (Stempelfarbe: Methylviolett – Abschnitt 8 Nr. 8) und die Beförderung von Fleisch (Anforderungen an Innenwände der Transportmittel und Aufhängevorrichtungen – Abschnitt 11 Nr. 2, 6).

Vorschriften für die Beschaffenheit von Vieh- und Schlachthöfen enthält ferner das *Viehseuchengesetz* i.d.F. vom 27. Februar 1969 (BGBl. I S. 158).

6. Milchgesetz

Vom 31. Juli 1930 (RGBl. I S. 421) i.d.F. vom 24. Mai 1968 (BGBl. I S. 503, 533).

§§ 7, 14 Abs. 5, Nr. 5 Anforderungen an Räume und Gegenstände, die mit Milch in Berührung kommen.

Hierzu *Erste Verordnung zur Ausführung des Milchgesetzes* vom 15. Mai 1931 (RGBl. I S. 150) i.d.F. vom 9. Dezember 1968 (BGBl. I S. 1320).

§ 3 Nr. 2, § 5 Nr. 2: Verbot, Milch und Milcherzeugnisse in den Verkehr zu bringen, die Pb oder technisch vermeidbare Mengen Sb, Sn, Zn, Cd, Cu, Ni, Fe oder Al enthalten.

§ 3 Nr. 3, § 5 Nr. 3, § 19 Nr. 2: Grenzwerte für den Bleigehalt metallischer Geräte, von Email und Glasuren; Verwendung von Kupfergeräten, Verbot von „blei- oder zinkhaltigem Gummi“ und mennigehaltiger Dichtungsmassen.

§ 18: Anforderungen an Räume (Fußböden, Wände).

7. Verordnung (EWG) Nr. 1619/68 des Rates vom 15. Oktober 1968 über Vermarktungsnormen für Eier

(Amtsbl. Europ. Gemeinsch. Nr. L 258/1 vom 21. Oktober 1968).

Art. 14/2 schreibt vor, daß die Eier mit unvermischbarer kochechter schwarzer Farbe gestempelt werden müssen; die Farben müssen den jeweiligen Vorschriften für Lebensmittelfarbstoffe entsprechen.

Art. 22 sieht ergänzende Anforderungen an das Verpackungsmaterial vor.

Hierzu *Verordnung (EWG) Nr. 95/69 der Kommission vom 17. Januar 1969 zur Durchführung der Verordnung (EWG) Nr. 1619/68 über Vermarktungsnormen für Eier.* (Amtsbl. Europ. Gemeinsch. Nr. L 13/13 vom 18. Januar 1969)
mit Anforderungen an Räume und Packmaterial (Art. 1, 3, 4).

8. Das neue Gesetz über Wein, Dessertwein, Schaumwein, weinhaltige Getränke und Branntwein aus Wein (Weingesetz)

vom 16. Juli 1969 (BGBl. I S. 781) tritt am 16. Juli 1971 in Kraft.

§ 6: ein unbeabsichtigtes, technisch unvermeidbares Übergehen nicht ausdrücklich zugelassener Stoffe von Gefäßen, Geräten, Schläuchen und ähnlichen Gegenständen auf Wein und seine Ausgangsstoffe ist kein zulassungspflichtiges „Zusetzen“, soweit es sich um gesundheitlich, geschmacklich und geruchlich unbedenkliche, geringe Anteile handelt. (Nähere Regelungen können erforderlichenfalls durch Rechtsverordnungen erfolgen.)

§ 80: Ermächtigung für Rechtsverordnungen, in denen besondere hygienische Anforderungen an Behältnisse und deren Werkstoffe sowie an sonstige Gegenstände gestellt werden können, die für die Herstellung, Abfüllung, Lagerung oder Beförderung benutzt werden. (Entsprechende Bestimmungen fehlen im bisherigen Weingesetz).

9. Butterverordnung

Vom 2. Juni 1951 (BAnz. Nr. 110 vom 12. Juni 1951) i.d.F. vom 31. Juli 1967 (BAnz. Nr. 145 vom 5. August 1967).

§ 13: Anforderungen an Räume (Fußböden, Wände) von Butterausformstellen.

§ 14 Abs. 6: Für die Verpackung inländischer Butter gelten die DIN-Vorschriften. Der Bundesminister für Ernährung, Landwirtschaft und Forsten wird ermächtigt, besondere Vorschriften zu erlassen. (In 27 Bekanntmachungen wurde von ihm eine größere Anzahl von Buttereinwicklern zugelassen – Stand März 1969.)

10. Käseverordnung

Vom 24. Juni 1965 (BAnz. Nr. 118 vom 30. Juni 1965) i.d.F. vom 7. September 1966 (BAnz. Nr. 182 vom 28. September 1966).

§ 19 und Anlage 3: u.a. Zulassung von Überzugsstoffen, wie Hartparaffine, mikrokristalline Wachse und weichmacherfreie Kunststoffdispersionen einschließlich Reinheitsanforderungen.

11. Verordnung über Obsterzeugnisse

Vom 15. Juli 1933 (RGBl. I S. 495) i.d.F. vom 17. August 1938 (RGBl. I S. 1048).

§§ 4, 10, 18, 25 verbieten die der VO unterliegenden Erzeugnisse so herzustellen, daß sie As, Pb oder Zn oder technisch vermeidbare Mengen Sb oder Cu enthalten.

12. Verordnung über Speiseeis

Vom 15. Juli 1933 (RGBl. I S. 510) i.d.F. vom 15. März 1961 (BGBl. I S. 227).

§ 4 verbietet die der VO unterliegenden Erzeugnisse so herzustellen, daß sie As, Pb oder Zn oder technisch vermeidbare Mengen Sb, Cd oder Cu enthalten.

13. Verordnung über Tafelwässer

Vom 12. November 1934 (RGBl. I S. 1183) i.d.F. vom 11. Februar 1938 (RGBl. I S. 199).

§ 8 verbietet Tafelwässer und Sole so zu gewinnen, herzustellen oder zu befördern, daß sie Pb, Zn, Cd oder Cu enthalten.

14. Verordnung über Getränkeschankanlagen (Getränkeschankanlagenverordnung)

Vom 14. August 1962 (BGBl. I S. 561, 660).

§ 8: Die Bauart aller wesentlichen Teile der Anlagen ist zulassungspflichtig, wozu sie einer Prüfung unterzogen werden.

§ 16 ermächtigt den Bundesminister für Wirtschaft, technische Vorschriften für Getränkeschankanlagen zu erlassen.

Hierzu:

Verordnung über technische Anforderungen an Getränkeschankanlagen vom 15. März 1966 (BAnz. Nr. 56 vom 22. März 1966).

Im Anhang u.a. Anforderungen an Werkstoffe.

und

Richtlinien für das Verfahren zur Zulassung von Kunststoffen (Schläuchen und Rohren), die in Getränkeleitungen von Schankanlagen Verwendung finden i.d.F. vom 3. März 1959 (BAnz. Nr. 47 vom 10. März 1959).

Sonstige Beurteilungsgrundlagen

Im Verkehr mit giftigen Farben und Farbstoffen sind auch die von den Bundesländern ergangenen

Verordnungen (Polizeiverordnungen) über den Handel und Verkehr mit Giften zu beachten.

Für die Anwendung von Anstrichmitteln, Kunststoffen usw. in Räumen und an Geräten zur Gewinnung, Be- und Verarbeitung von Lebensmitteln bestehen weitere Vorschriften in einer Reihe von *Verordnungen der Bundesländer über Bäckereien und Konditoreien, Fleischereibetriebe, zur Durchführung des Milchgesetzes, des Gaststättengesetzes, über den Handel mit Milch, über die hygienische Behandlung von Lebensmitteln bzw. von Lebensmitteln tierischer Herkunft* usw.

Als Richtlinien für die gesundheitliche Beurteilung von Kunststoffen dienen die *Empfehlungen der Kommission des Bundesgesundheitsamts für die gesundheitliche Beurteilung von Kunststoffen und anderen Polymeren im Rahmen des Lebensmittelgesetzes* (von Fall zu Fall veröffentlicht im Bundesgesundheitsblatt), siehe Beitrag „Kunststoffe und andere Polymere für Bedarfsgegenstände". Dort auch die von der Kunststoffkommission veröffentlichten Untersuchungsmethoden, die noch folgende Änderungen und Ergänzungen erfahren haben:

Untersuchung von Kunststoffen, 13. Mitteilung (Bundesgesundh.-Bl. **12**, 324; 1969): Neue Einteilung der Methoden. *Allgemeine Untersuchungsmethoden*, Teil 1: *Identifizierung von Kunststoffen und anderen Polymeren* (Stand vom 15. 8. 1969).

Neben der *Prüfung in der Masse gefärbter Kunststoffe auf Farblässigkeit* (Untersuchung von Kunststoffen, 10. Mitteilung, BundesgesundhBl. **10**, 204 (1967) kommt für die *Prüfung von bunten Kinderspielwaren auf Speichel- und Schweißechtheit* der Einfärbung das Normblatt DIN 53160 in Frage.

Sachverzeichnis

GPSR Compliance

The European Union's (EU) General Product Safety Regulation (GPSR) is a set of rules that requires consumer products to be safe and our obligations to ensure this.

If you have any concerns about our products, you can contact us on ProductSafety@springernature.com

In case Publisher is established outside the EU, the EU authorized representative is:

Springer Nature Customer Service Center GmbH
Europaplatz 3
69115 Heidelberg, Germany

Batch number: 10683448

Printed by Printforce, the Netherlands